Dubbel Taschenbuch für den Maschinenbau 2: Anwendungen

EBOOK INSIDE

Die Zugangsinformationen zum eBook inside finden Sie am Ende des Buchs.

DIE KUNST DES
HEBENS
Schwere Triebwerke schweben lassen und präzise auf den Punkt an ihren Einbauort dirigieren: Kein Kunststück, sondern Arbeitsalltag unserer Kunden. Profitieren auch Sie von richtungsweisenden ABUS Kranlösungen.
02261 37 - 148
verkauf@abus-kransysteme.de
www.abus-kransysteme.de
ABUS
MEHR BEWEGEN.

Beate Bender · Dietmar Göhlich
(Hrsg.)

Dubbel Taschenbuch für den Maschinenbau 2: Anwendungen

26., überarbeitete Auflage

Hrsg.
Prof. Dr.-Ing. Beate Bender
Lehrstuhl für Produktentwicklung,
Fakultät für Maschinenbau
Ruhr-Universität Bochum
Bochum, Deutschland

Prof. Dr.-Ing. Dietmar Göhlich
Fachgebiet Methoden der
Produktentwicklung und Mechatronik,
Fakultät Verkehrs und
Maschinensysteme
Technische Universität Berlin
Berlin, Deutschland

ISBN 978-3-662-59712-5 ISBN 978-3-662-59713-2 (eBook)
https://doi.org/10.1007/978-3-662-59713-2

Die Deutsche Nationalbibliothek verzeichnet diese Publikation in der Deutschen Nationalbibliografie; detaillierte bibliografische Daten sind im Internet über http://dnb.d-nb.de abrufbar.

Springer Vieweg

Springer Vieweg ist ein Imprint der eingetragenen Gesellschaft Springer-Verlag GmbH, DE und ist ein Teil von Springer Nature.
Die Anschrift der Gesellschaft ist: Heidelberger Platz 3, 14197 Berlin, Germany

Vorwort zur 26. Auflage des DUBBEL – Fundiertes Ingenieurwissen in neuem Format

Der DUBBEL ist seit über 100 Jahren für Generationen von Studierenden sowie in der Praxis tätigen Ingenieurinnen und Ingenieuren das Standardwerk für den Maschinenbau. Er dient gleichermaßen als Nachschlagewerk für Universitäten und Hochschulen, technikorientierte Aus- und Weiterbildungsinstitute wie auch zur Lösung konkreter Aufgaben aus der ingenieurwissenschaftlichen Praxis. Die enorme inhaltliche Bandbreite basiert auf den umfangreichen Erfahrungen der Herausgeber und Autoren, die sie im Rahmen von Lehr- und Forschungstätigkeiten an einschlägigen Hochschulen und Universitäten oder während einer verantwortlichen Industrietätigkeit erworben haben.

Die Stoffauswahl ist so getroffen, dass Studierende in der Lage sind, sich problemlos Informationen aus der gesamten Breite des Maschinenbaus zu erschließen. Ingenieurinnen und Ingenieure der Praxis erhalten darüber hinaus ein weitgehend vollständiges Arbeitsmittel zur Lösung typischer Ingenieuraufgaben. Ihnen wird ein schneller Einblick insbesondere auch in solche Fachgebiete gegeben, in denen sie keine Spezialisten sind. So sind zum Beispiel die Ausführungen über Fertigungstechnik nicht nur für Betriebsingenieur*innen gedacht, sondern beispielsweise auch für Konstrukteur*innen und Entwickler*innen, die fertigungsorientiert gestalten. Durch die Vielschichtigkeit technischer Produkte ist eine fachgebietsübergreifende bzw. interdisziplinäre Arbeitsweise nötig. Gerade in Anbetracht der Erweiterung des Produktbegriffs vor dem Hintergrund der Serviceintegration und Digitalisierung müssen Entwicklungsingenieur*innen z. B. über Kenntnisse in der Mechatronik oder Informations- und Kommunikationstechnik verfügen, aber auch auf Systemverständnis sowie Methodenkenntnisse zurückgreifen können. Der DUBBEL hilft somit den Mitarbeiterinnen und Mitarbeitern in allen Unternehmensbereichen der Herstellung und Anwendung maschinenbaulicher Produkte (Anlagen, Maschinen, Apparate, Geräte, Fahrzeuge) bei der Lösung von Problemen: Angefangen bei der Produktplanung, Forschung, Entwicklung, Konstruktion, Arbeitsvorbereitung, Normung, Materialwirtschaft, Fertigung, Montage und Qualitätssicherung über den technischen Vertrieb bis zur Bedienung, Überwachung, Wartung und Instandhaltung und zum Recycling. Die Inhalte stellen das erforderliche Basis- und Detailwissen des Maschinenbaus zur Verfügung und garantieren die Dokumentation des aktuellen Stands der Technik.

Die Vielfalt des Maschinenbaus hinsichtlich Ingenieurtätigkeiten und Fachgebieten, der beständige Erkenntniszuwachs sowie die vielschichtigen

Zielsetzungen des DUBBEL erfordern bei der Stoffzusammenstellung eine enge Zusammenarbeit zwischen Herausgeber*innen und Autor*innen. Es müssen die wesentlichen Grundlagen und die unbedingt erforderlichen, allgemein anwendbaren und gesicherten Erkenntnisse der einzelnen Fachgebiete ausgewählt werden.

Um einerseits diesem Ziel weiterhin gerecht zu werden und andererseits die Übersichtlichkeit und Lesbarkeit zu verbessern, haben die Herausgeberin und der Herausgeber gemeinsam mit dem Springer-Verlag entschieden, Schrift- und Seitengröße deutlich zu erhöhen. Damit finden sich die bewährten Inhalte nunmehr in einer **dreibändigen** Ausgabe. Jeder Band wird künftig zudem als Full-Book-Download über das digitale Buchpaket SpringerLink angeboten.

Die *Reihung der Kapitel* wurde gegenüber der 25. Auflage so verändert, dass im Band 1 Grundlagen und Tabellen, im Band 2 maschinenbauliche Anwendungen und im Band 3 Maschinen und Systeme zu finden sind.

Band 1 mit Grundlagen und Tabellen enthält neben den allgemeinen Tabellenwerken das technische Basiswissen für Ingenieur*innen bestehend aus Mechanik, Festigkeitslehre, Werkstofftechnik, Thermodynamik und Maschinendynamik. Aufgrund vielfacher Leser*innen-Hinweise sind auch die Grundlagen der Mathematik für Ingenieure wieder Teil dieser Auflage des DUBBEL.

Band 2 behandelt maschinenbauliche Anwendungen und umfasst die Produktentwicklung, die virtuelle Produktentwicklung, mechanische Konstruktionselemente, fluidische Antriebe, Elektrotechnik, Messtechnik und Sensorik, Regelungstechnik und Mechatronik, Fertigungsverfahren sowie Fertigungsmittel.

Band 3 fokussiert auf Maschinen und Systeme, im Einzelnen sind dies Kolbenmaschinen, Strömungsmaschinen, Fördertechnik, Verfahrenstechnik, thermischer Apparatebau, Kälte-, Klima- und Heizungstechnik, Biomedizinische Technik, Energietechnik und -wirtschaft sowie Verkehrssysteme (Luftfahrt, Straße und Schiene).

Beibehalten wurden in allen Bänden die am Ende vieler Kapitel aufgeführten quantitativen Arbeitsunterlagen in Form von Tabellen, Diagrammen und Normenauszügen sowie Stoff- und Richtwerte.

Die *Benutzungsanleitung* vor dem Inhaltsverzeichnis hilft, die Buchstruktur einschließlich Anhang sowie die Abkürzungen zu verstehen. Zahlreiche Hinweise und Querverweise zwischen den einzelnen Teilen und Kapiteln erlauben eine effiziente Nutzung des Werkes. Infolge der Uneinheitlichkeit nationaler und internationaler Normen sowie der Gewohnheiten einzelner Fachgebiete ließen sich in wenigen Fällen unterschiedliche Verwendung gleicher Begriffe und Formelzeichen nicht immer vermeiden.

„Informationen aus der Industrie" mit technisch relevanten Anzeigen bekannter Firmen zeigen industrielle Ausführungsformen und ihre Bezugsquellen.

Mit dem Erscheinen der 26. Auflage wird Prof. Grote nach 25 Jahren und sieben Auflagen aus dem Herausgeberteam ausscheiden. Die Herausgeber danken ihm sehr herzlich für seine lange und zeichensetzende Herausgeberschaft des DUBBEL.

Die Herausgeber danken darüber hinaus allen am Werk Beteiligten, in erster Linie den Autoren für ihr Engagement und ihre Bereitschaft zur kurzfristigen Prüfung der Manuskripte im neuen Layout. Wir danken insbesondere Frau G. Fischer vom Springer-Verlag für die verlagsseitige Koordination und Frau N. Kroke, Frau J. Krause sowie Frau Y. Schlatter von der Fa. le-tex publishing services für die engagierte und sachkundige Zusammenarbeit beim Satz und der Kommunikation mit den Autoren. Ein Dank aller Beteiligten geht auch an die Verantwortlichen für das Lektorat beim Springer-Verlag, Herrn M. Kottusch, der insbesondere die Weiterentwicklung des Layouts und die Aufnahme des Mathematikteils vorangetrieben hat, sowie Herrn A. Garbers, der in diesem Jahr das Lektorat des DUBBEL übernommen hat. Beide wurden wirkungsvoll von Frau L. Burato unterstützt.

Abschließend sei auch den vorangegangenen Generationen von Autoren gedankt. Sie haben durch ihre gewissenhafte Arbeit die Anerkennung des DUBBEL begründet, die mit der jetzt vorliegenden 26. Auflage des DUBBEL weiter gefestigt wird.

Dank der Mitwirkung zahlreicher sehr engagierter und kompetenter Personen steht die Marke DUBBEL weiter für höchste Qualität, nunmehr in einem dreibändigen Standardwerk für Ingenieurinnen und Ingenieure in Studium und Beruf.

Bochum und Berlin
im Herbst 2020

Prof. Dr.-Ing. Beate Bender
Prof. Dr.-Ing. Dietmar Göhlich

Hinweise zur Benutzung

Gliederung. Das Werk umfasst 26 Teile in drei Bänden: Band 1 enthält Grundlagen und Tabellen. Hier findet sich das technische Basiswissen für Ingenieure bestehend aus den Teilen Mathematik, Mechanik, Festigkeitslehre, Werkstofftechnik, Thermodynamik und Maschinendynamik sowie allgemeine Tabellen. Band 2 behandelt Anwendungen und Band 3 richtet den Fokus auf Maschinen und Systeme. Die Bände sind jeweils unterteilt in Teile, die Teile in Kapitel, Abschnitte und Unterabschnitte.

Weitere Unterteilungen werden durch fette Überschriften sowie fette und kursive Zeilenanfänge (sog. Spitzmarken) vorgenommen. Sie sollen dem Leser das schnelle Auffinden spezieller Themen erleichtern.

Kolumnentitel oder Seitenüberschriften enthalten auf den linken Seiten (gerade Endziffern) die Namen der Autoren, auf der rechten jene der Kapitel.

Kleindruck. Er wurde für Bildunterschriften und Tabellenüberschriften gewählt, um diese Teile besser vom übrigen Text abzuheben und Druckraum zu sparen.

Inhalts- und Sachverzeichnis sind zur Erleichterung der Benutzung des Werkes ausführlich und Band-übergreifend gestaltet.

Kapitel. Es bildet die Grundeinheit, in der Gleichungen, Bilder und Tabellen jeweils wieder von 1 ab nummeriert sind. Fett in blau gesetzte Bild- und Tabellenbezeichnungen sollen ein schnelles Erkennen der Zuordnung von Bildern und Tabellen zum Text ermöglichen.

Anhang. Am Ende vieler Kapitel befinden sich Anhänge zu Diagrammen und Tabellen sowie zur speziellen Literatur. Sie enthalten die für die praktische Zahlenrechnung notwendigen Kenn- und Stoffwerte sowie Sinnbilder und Normenauszüge des betreffenden Fachgebietes und das im Text angezogene Schrifttum. Am Ende von Band 1 findet sich zudem das Kapitel „Allgemeine Tabellen“. Er enthält die wichtigsten physikalischen Konstanten, die Umrechnungsfaktoren für die Einheiten, das periodische System der Elemente sowie ein Verzeichnis von Bezugsquellen für Technische Regelwerke und Normen. Außerdem sind die Grundgrößen von Gebieten, deren ausführliche Behandlung den Rahmen des Buches sprengen würden, aufgeführt. Hierzu zählen die Kern-, Licht-, Schall- und Umwelttechnik.

Nummerierung und Verweise. Die *Nummerierung* der Bilder, Tabellen, Gleichungen und Literatur gilt für das jeweilige Kapitel. Gleichungsnummern stehen in runden ( ), Literaturziffern in eckigen [ ] Klammern.

Bilder. Hierzu gehören konstruktive und Funktionsdarstellungen, Diagramme, Flussbilder und Schaltpläne.

Bildgruppen. Sie sind, soweit notwendig, in Teilbilder **a, b, c** usw. untergliedert (z. B. Bd. 3, Abb. 14.5). Sind diese nicht in der Bildunterschrift erläutert, so befinden sich die betreffenden Erläuterungen im Text (z. B. Bd. 1, Abb. 17.12). Kompliziertere Bauteile oder Pläne enthalten Positionen, die entweder im Text (z. B. Bd. 3, Abb. 2.26) oder in der Bildunterschrift erläutert sind (z. B. Bd. 3, Abb. 51.5).

Sinnbilder für Schaltpläne von Leitungen, Schaltern, Maschinen und ihren Teilen sowie für Aggregate sind nach Möglichkeit den zugeordneten DIN-Normen oder den Richtlinien entnommen. In Einzelfällen wurde von den Zeichnungsnormen abgewichen, um die Übersicht der Bilder zu verbessern.

Tabellen. Sie ermöglichen es, Zahlenwerte mathematischer und physikalischer Funktionen schnell aufzufinden. In den Beispielen sollen sie den Rechnungsgang einprägsam erläutern und die Ergebnisse übersichtlich darstellen. Aber auch Gleichungen, Sinnbilder und Diagramme sind zum besseren Vergleich bestimmter Verfahren tabellarisch zusammengefasst.

Literatur. *Spezielle Literatur.* Sie ist auf das Sachgebiet eines Kapitels bezogen und befindet sich am Ende eines Kapitels. Eine Ziffer in eckiger [ ] Klammer weist im Text auf das entsprechende Zitat hin. Diese Verzeichnisse enthalten häufig auch grundlegende Normen, Richtlinien und Sicherheitsbestimmungen.

Allgemeine Literatur. Auf das Sachgebiet eines Kapitels bezogene Literatur befindet sich ebenfalls am Ende eines Kapitels und enthält die betreffenden Grundlagenwerke. Literatur, die sich auf das Sachgebiet eines ganzen Teils bezieht, befindet sich am Ende des Teils.

Sachverzeichnis. Nach wichtigen Einzelstichwörtern sind die Stichworte für allgemeine, mehrere Kapitel umfassende Begriffe wie z. B. „Arbeit", „Federn" und „Steuerungen" zusammengefasst. Zur besseren Übersicht ersetzt ein Querstrich nur ein Wort. In diesen Gruppen sind nur die wichtigsten Begriffe auch als Einzelstichwörter aufgeführt. Dieses raumsparende Verfahren lässt natürlich immer einige berechtigte Wünsche der Leser offen, vermeidet aber ein zu langes und daher unübersichtliches Verzeichnis.

Gleichungen. Sie sind der Vorteile wegen als Größengleichungen geschrieben. Sind Zahlenwertgleichungen, wie z. B. bei empirischen Gesetzen oder bei sehr häufig vorkommenden Berechnungen erforderlich, so erhalten sie den Zusatz „Zgl." und die gesondert aufgeführten Einheiten den Zusatz „in". Für einfachere Zahlenwertgleichungen werden gelegentlich auch zugeschnittene Größengleichungen benutzt. Exponentialfunktionen sind meist in der

Form „exp(**x**)" geschrieben. Wo möglich, wurden aus Platzgründen schräge statt waagerechte Bruchstriche verwendet.

Formelzeichen. Sie wurden in der Regel nach DIN 1304 gewählt. Dies ließ sich aber nicht konsequent durchführen, da die einzelnen Fachnormenausschüsse unabhängig sind und eine laufende Anpassung an die internationale Normung erfolgt. Daher mussten in einzelnen Fachgebieten gleiche Größen mit verschiedenen Buchstaben gekennzeichnet werden. Aus diesen Gründen, aber auch um lästiges Umblättern zu ersparen, wurden die in jeder Gleichung vorkommenden Größen wenn möglich in ihrer unmittelbaren Nähe erläutert. Bei Verweisen werden innerhalb eines Kapitels die in den angezogenen Gleichungen erfolgten Erläuterungen nicht wiederholt. Wurden Kompromisse bei Formelzeichen der einzelnen Normen notwendig, so ist dies an den betreffenden Stellen vermerkt.

Zeichen, die sich auf die Zeiteinheit beziehen, tragen einen Punkt. Beispiel: Bd. 1, Gl. (17.5). Variable sind kursiv, Vektoren und Matrizen fett kursiv und Einheiten steil gesetzt.

Einheiten. In diesem Werk ist das Internationale bzw. das SI-Einheitensystem (Système international) verbindlich. Eingeführt ist es durch das „Gesetz über Einheiten im Messwesen" vom 2. 7. 1969 mit seiner Ausführungsverordnung vom 26. 6. 1970. Außer seinen sechs Basiseinheiten m, kg, s, A, K und cd werden auch die abgeleiteten Einheiten N, Pa, J, W und Pa s benutzt. Unzweckmäßige Zahlenwerte können dabei nach DIN 1301 durch Vorsätze für dezimale Vielfache und Teile nach Bd. 1, Tab. 49.3 ersetzt werden. Hierzu lässt auch die Ausführungsverordnung folgende Einheiten bzw. Namen zu:

Masse	1 t = 1000 kg	Zeit	1 h = 60 min = 3600 s
Volumen	$1\ \mathrm{l} = 10^{-3}\ \mathrm{m}^3$	Temperaturdifferenz	1 °C = 1 K
Druck	$1\ \mathrm{bar} = 10^5\ \mathrm{Pa}$	Winkel	$1° = \pi\ \mathrm{rad}/180$

Für die Einheit $1\ \mathrm{rad} = 1\ \mathrm{m/m}$ darf nach DIN 1301 bei Zahlenrechnungen auch 1 stehen.

Da ältere Urkunden, Verträge und älteres Schrifttum noch die früheren Einheitensysteme enthalten, sind ihre Umrechnungsfaktoren für das internationale Maßsystem in Bd. 1, Tab. 49.5 aufgeführt.

Druck. Nach DIN 1314 wird der Druck p in der Einheit bar angegeben und zählt vom Nullpunkt aus. Druckdifferenzen werden durch die Formelzeichen, nicht aber durch die Einheit gekennzeichnet. Dies gilt besonders für die Manometerablesung bzw. atmosphärischen Druckdifferenzen.

DIN-Normen. Hier sind die bei Abschluss der Manuskripte gültigen Ausgaben maßgebend. Dies gilt auch für die dort gegebenen Definitionen und für die angezogenen Richtlinien.

Chronik des Taschenbuchs

Der Plan eines Taschenbuchs für den Maschinenbau geht auf eine Anregung von Heinrich Dubbel, Dozent und später Professor an der Berliner Beuth-Schule, der namhaftesten deutschen Ingenieurschule, im Jahre 1912 zurück. Die Diskussion mit Julius Springer, dem für die technische Literatur zuständigen Teilhaber der „Verlagsbuchhandlung Julius Springer" (wie die Firma damals hieß), dem Dubbel bereits durch mehrere Fachveröffentlichungen verbunden war, führte rasch zu einem positiven Ergebnis. Dubbel übernahm die Herausgeberschaft, stellte die – in ihren Grundzügen bis heute unverändert gebliebene – Gliederung auf und gewann, soweit er die Bearbeitung nicht selbst durchführte, geeignete Autoren, zum erheblichen Teil Kollegen aus der Beuth-Schule. Bereits Mitte 1914 konnte die 1. Auflage erscheinen.

Zunächst war der Absatz unbefriedigend, da der 1. Weltkrieg ausbrach. Das besserte sich aber nach Kriegsende und schon im Jahre 1919 erschien die 2. Auflage, dicht gefolgt von weiteren in den Jahren 1920, 1924, 1929, 1934, 1939, 1941 und 1943. Am 1. 3. 1933 wurde das Taschenbuch als „Lehrbuch an den Preußischen Ingenieurschulen" anerkannt.

H. Dubbel bearbeitete sein Taschenbuch bis zur 9. Auflage im Jahre 1943 selbst. Die 10. Auflage, die Dubbel noch vorbereitete, deren Erscheinen er aber nicht mehr erlebte, war im wesentlichen ein Nachdruck der 9. Auflage.

Nach dem Krieg ergab sich bei der Planung der 11. Auflage der Wunsch, das Taschenbuch gleichermaßen bei den Technischen Hochschulen und den Ingenieurschulen zu verankern. In diesem Sinn wurden gemeinsam Prof. Dr.-Ing. Fr. Sass, Ordinarius für Dieselmaschinen an der Technischen Universität Berlin, und Baudirektor Dipl.-Ing. Charles Bouché, Direktor der Beuth-Schule, unter Mitwirkung des Oberingenieurs Dr.-Ing. Alois Leitner, als Herausgeber gewonnen. Das gesamte Taschenbuch wurde nach der bewährten Disposition H. Dubbels neu bearbeitet und mehrere Fachgebiete neu eingeführt: Ähnlichkeitsmechanik, Gasdynamik, Gaserzeuger und Kältetechnik. So gelang es, den technischen Fortschritt zu berücksichtigen und eine breitere Absatzbasis für das Taschenbuch zu schaffen.

In der 13. Auflage wurden im Vorgriff auf das Einheitengesetz das technische und das internationale Maßsystem nebeneinander benutzt. In dieser Auflage wurde Prof. Dr.-Ing. Egon Martyrer von der Technischen Universität Hannover als Mitherausgeber herangezogen.

Die 14. Auflage wurde von den Herausgebern W. Beitz und K.-H. Küttner und den Autoren vollständig neubearbeitet und erschien 1981, also 67 Jahre nach der ersten. Auch hier wurde im Prinzip die Disposition und die Art der Auswahl der Autoren und Herausgeber beibehalten. Inzwischen hatten aber besonders die Computertechnik, die Elektronik, die Regelung und die Statistik den Maschinenbau beeinflusst. So wurden umfangreichere Berechnungs- und Steuerverfahren entwickelt, und es entstanden neue Spezialgebiete. Der Umfang des unbedingt nötigen Stoffes führte zu zweispaltiger Darstellung bei größerem Satzspiegel. So ist wohl die unveränderte Bezeichnung „Taschenbuch" in der Tradition und nicht im Format begründet.

Das Ansehen, dessen sich das Taschenbuch überall erfreute, führte im Lauf der Jahre auch zu verschiedenen Übersetzungen in fremde Sprachen.

Eine erste russische Ausgabe gab in den zwanziger Jahren der Springer-Verlag selbst heraus, eine weitere erschien unautorisiert. Nach dem 2. Weltkrieg wurden Lizenzen für griechische, italienische, jugoslawische, portugiesische, spanische und tschechische Ausgaben erteilt. Von der Neubearbeitung (14. Auflage) erschienen 1984 eine italienische, 1991 eine chinesische und 1994 eine englische Übersetzung.

1997 wurde K.-H. Grote Mitherausgeber und begleitete 7 Auflagen bis 2018, darunter auch die beiden interaktiven Ausgaben des Taschenbuchs für Maschinenbau um die Jahrtausendwende. Jörg Feldhusen wurde zur 21. Auflage Mitherausgeber des DUBBEL. Mit der 25. Ausgabe übernahmen B. Bender und D. Göhlich zunächst die Mit-Herausgeberschaft gemeinsam mit K.-H. Grote. Entsprechend der Entwicklung des maschinenbaulichen Kontexts wurden die Inhalte des Dubbel erweitert und aktualisiert wie beispielsweise die komplette Überarbeitung des Kapitels Energietechnik oder die gemeinsame Neustrukturierung der Kapitel Mechatronik und Regelungstechnik erkennen lassen. Mit der 26. Auflage übernahmen B. Bender und D. Göhlich die alleinige Herausgeberschaft. Sie führten 2020 eine übersichtliche Band-Dreiteilung ein. Bereits 2001 übertraf der DUBBEL die Marke von 1 Million verkauften Exemplaren seit der Erstauflage. Dieses beachtliche Gesamtergebnis wurde durch die gewissenhaft arbeitenden Autoren und Herausgeber, die sorgfältige Bearbeitung im Verlag und die exakte drucktechnische Herstellung möglich.

Biographische Daten über H. Dubbel

Heinrich Dubbel, der Schöpfer des Taschenbuches, wurde am 8. 4. 1873 als Sohn eines Ingenieurs in Aachen geboren. Dort studierte er an der Technischen Hochschule Maschinenbau und arbeitete in der väterlichen Fabrik als Konstrukteur, nachdem er in Ohio/USA Auslandserfahrungen gesammelt hatte. Vom Jahre 1899 ab lehrte er an den Maschinenbau-Schulen in Köln, Aachen und Essen. Im Jahre 1911 ging er an die Berliner Beuth-Schule, wo er nach fünf Jahren den Titel Professor erhielt. 1934 trat er wegen politischer Differenzen mit den Behörden aus dem öffentlichen Dienst aus und widmete sich in den folgenden Jahren vorwiegend der Beratung des Springer-Verlages auf dem Gebiet des Maschinenbaus. Er starb am 24. 5. 1947 in Berlin.

Dubbel hat sich in hohem Maße auf literarischem Gebiet betätigt. Seine Aufsätze und Bücher, insbesondere über Dampfmaschinen und ihre Steuerungen, Dampfturbinen, Öl- und Gasmaschinen und Fabrikbetrieb genossen großes Ansehen.

Durch das „Taschenbuch für den Maschinenbau" wird sein Name noch bei mancher Ingenieurgeneration in wohlverdienter Erinnerung bleiben.

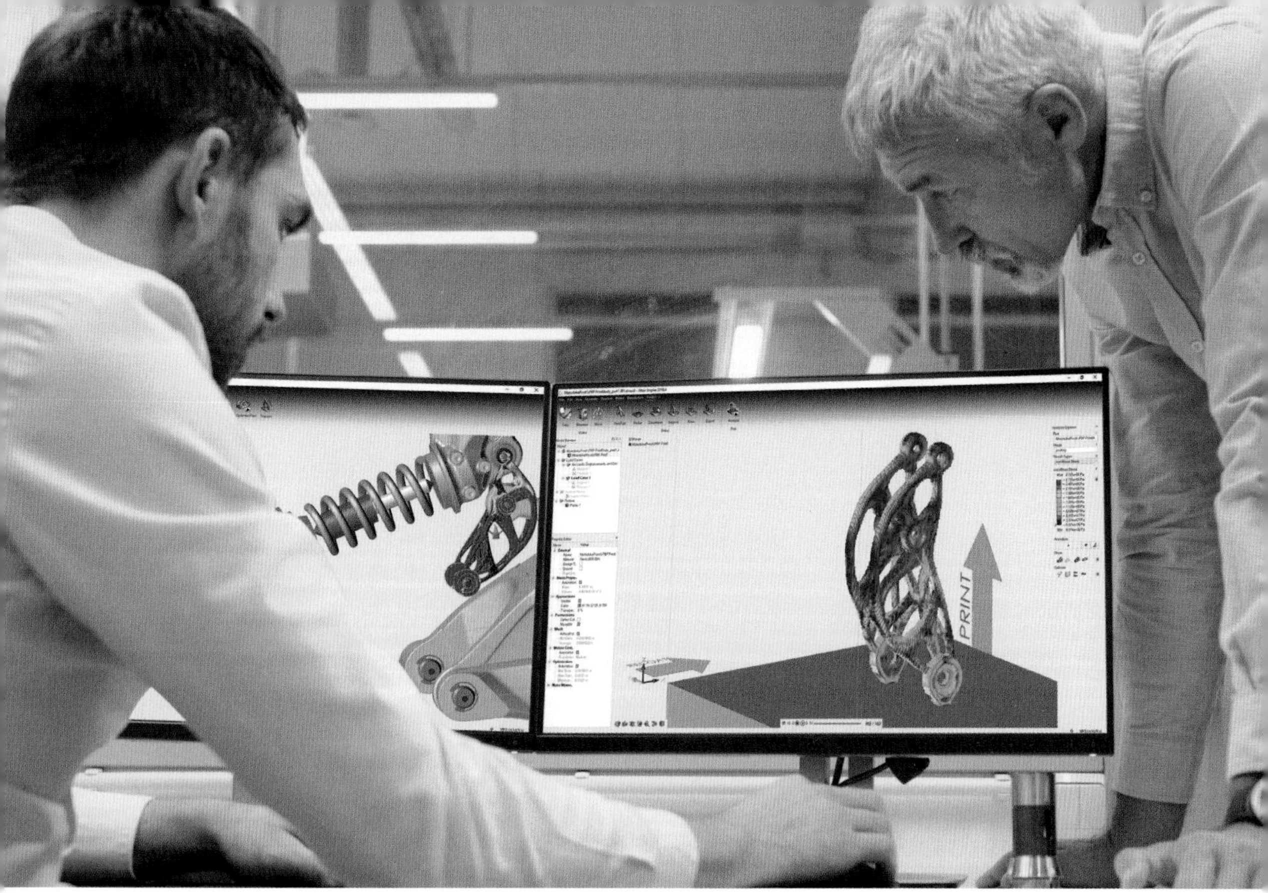

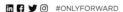

PDMD-A10097-00-7600

FLENDER

flender.com

Inhaltsverzeichnis

Inhaltsverzeichnis Band 1

Teil V Thermodynamik

Inhaltsverzeichnis Band 3

Teil III Fördertechnik

Teil V Thermischer Apparatebau und Industrieöfen

Teil VI Kälte-, Klima- und Heizungstechnik

Verzeichnis der Herausgeber und Autoren

Über die Herausgeber

Professor Dr.-Ing. Beate Bender 1987–2000 Studium des Maschinenbaus und Tätigkeit als Wissenschaftliche Mitarbeiterin am Institut für Maschinenkonstruktion – Konstruktionstechnik an der TU Berlin, bis zu dessen Tod 1998 unter der Leitung von Prof. Beitz. 2001 Promotion an der TU München, 2001 bis 2013 bei Bombardier Transportation Bahntechnologie im Angebotsmanagement, Engineering, Projektleitung und Produktmanagement. Seit 2013 Leiterin des Lehrstuhls für Produktentwicklung an der Ruhr-Universität Bochum. Herausgeberin des DUBBEL, Taschenbuch für den Maschinenbau (ab 25. Auflage), des Pahl/Beitz – Konstruktionslehre (ab 9. Auflage), Mitglied der Wissenschaftlichen Gesellschaft für Produktentwicklung (WiGeP).

Professor Dr.-Ing. Dietmar Göhlich 1979–1985 Studium an der TU Berlin, 1985–1989 Promotion am Georgia Institute of Technology in den U.S.A, 1989 bis 2010 in leitender Funktion in der Pkw-Entwicklung der Daimler AG u. a. in der Gesamtfahrzeugkonstruktion Smart und S-Klasse. Seit 2010 Leiter des Fachgebiets Methoden der Produktentwicklung und Mechatronik und Geschäftsführender Direktor des Instituts für Maschinenkonstruktion und Systemtechnik an der Technischen Universität Berlin. Herausgeber des DUBBEL, Taschenbuch für den Maschinenbau (ab 25. Auflage). Mitglied der Wissenschaftlichen Gesellschaft für Produktentwicklung (WiGeP), Sprecher des BMBF Forschungscampus Mobility2Grid, Mitglied in der acatech – Deutsche Akademie der Technikwissenschaften.

Autorenverzeichnis

Professor Reiner Anderl, geb. 1955, wurde 1984 an der Universität (TH) Karlsruhe promoviert, war in der mittelständigen Industrie (Anlagenbau) tätig und habilitierte sich 1991. Seit 1993 ist er Professor für Datenverarbeitung in der Konstruktion (DiK) an der Technischen Universität Darmstadt. Seit April 2004 war er auch Adjunct Professor an der Universität Virginia Tech (Blacksburg, USA) und seit 2006 Gastprofessor bei UNIMEP (Piracicaba, Brasilien). Von 2005 bis 2010 war er Vizepräsident der Technischen Universität Darmstadt. Seine fachlichen Schwerpunkte liegen in der Produktdatentechnologie und umfassen die Informationsmodellierung, die virtuelle und kooperative Produktentwicklung, die Integration von Design und Engineering sowie die Digitale Fabrik im Rahmen der Forschungsinitiative Industrie 4.0. Außerdem ist Prof. Anderl seit Juli 2017 Präsident der Akademie der Wissenschaften und der Literatur sowie ordentliches Mitglied der Deutschen Akademie für Technikwissenschaften (acatech).

Rüdiger Bähr, geb. 1957, absolvierte eine Lehre als Maschinenbauer in einem Schwermaschinenbau-Großbetrieb in Magdeburg und studierte von 1977 bis 1982 Gießereitechnik an der Nationalen Ostukrainischen Universität (vormals WMI) in Lugansk, Ukraine. Er promovierte 1987 und habilitierte sich im Jahr 1993. Seit 2003 leitet er als apl. Professor den Bereich für Ur- und Umformtechnik an der Universität Magdeburg. Seine fachlichen Schwerpunkte liegen auf den Gebieten Kokillengießen hochbeanspruchter Bauteile für den Automobilbau und der Verfahrensentwicklung.

Dirk Bartel 1989 bis 1994 Studium des Maschinenbaus (Fachrichtung Antriebstechnik) an der Technischen Universität Magdeburg, 2000 Promotion, 2009 Habilitation, 2014 Ernennung zum außerplanmäßigen Professor, seit 2016 Geschäftsführender Leiter des Institutes für Kompetenz in AutoMobilität (IKAM) und des Lehrstuhls für Maschinenelemente und Tribologie der Otto-von-Guericke-Universität Magdeburg, seit 2018 Geschäftsführer der Tribo Technologies GmbH, Mitglied in der GfT und im VDI sowie in mehreren

Programmausschüssen nationaler und internationaler Tagungen.

Stephan Bartelmei Studium des allg. Maschinenbaus an der Universität Hannover, Diplom 1988; danach Wissenschaftlicher Mitarbeiter am Arbeitsbereich Konstruktionstechnik I der TU Hamburg-Harburg; Promotion 1992. Im Anschluss bis 1994 Oberingenieur am gleichen Arbeitsbereich; Industrietätigkeit bis 2000 als Konstruktionsleiter bei dem Baumaschinenhersteller Karl Schaeff GmbH. Ab 2000 Professor für Fahrzeugsystemtechnik, Konstruktionstechnik und Hydraulik an der Jadehochschule in Wilhelmshaven. Zwischenzeitlich Geschäftsführer der N-Transfer GmbH mit der Niedersächsischen Patentverwertungsagentur.

Gregor Beckmann Technische Universität Hamburg, Hamburg, Deutschland

Michael Bongards 1972–1982 Studium und Promotion in Chemietechnik an der Universität Dortmund; danach neun Jahre Tätigkeit in der Softwareentwicklung und Automatisierungstechnik als Geschäftsführender Gesellschafter und Technischer Leiter; von 1991 bis 2020 Professur an der TH Köln – Campus Gummersbach; Nationale und europäische Forschungsprojekte im Bereich der Datenanalyse und Automatisierung für die Umwelttechnik und den Einsatz regenerativer Energien.

Professor Christian Brecher, geboren am 25.08.1969, war von 1995 bis 2001 wissenschaftlicher Mitarbeiter und Oberingenieur der Abt. Maschinentechnik am Werkzeugmaschinenlabor (WZL) der RWTH Aachen und promovierte dort an der Fakultät für Maschinenwesen. Nach ca. 3-jähriger Tätigkeit in der Werkzeugmaschinenindustrie wurde er im Januar 2004 zum Universitätsprofessor für das Fach Werkzeugmaschinen der RWTH Aachen und Mitglied des Direktoriums von WZL und IPT (Fraunhofer Institut für Produktionstechnologie) ernannt. Zu seinen Schwerpunkten gehören Maschinen-, Getriebe- und Steuerungstechnik. Seit 2010 leitet Prof. Brecher darüber hinaus als Gründungsmitglied gemeinsam mit Prof. Hopmann das Aachener Zentrum für Leichtbau AZL. Seit 2018 ist Prof. Brecher Institutsleiter des Fraunhofer Instituts für Produktionstechnologie IPT in Aachen.

Jens Brimmers Aachen, Deutschland

Stephanus Büttgenbach Studium der Physik an der Universität Bonn, Promotion 1973, Habilitation 1980, Wissenschaftlicher Assistent und Professor an der Universität Bonn bis 1985, Tätigkeit als Abteilungs- und Institutsleiter bei der Hahn-Schickard-Gesellschaft für angewandte Forschung, Stuttgart und Villingen-Schwenningen (1985–1991), Professor für Mikrotechnik an der TU Braunschweig und Leiter des Instituts für Mikrotechnik (1991–2011). Inhaber einer „Niedersachsen-Professur Forschung 65+" an der TU Braunschweig (2011–2015). Arbeitsgebiete: Konstruktion, Fertigung und Anwendung mikrotechnischer Komponenten und Systeme.

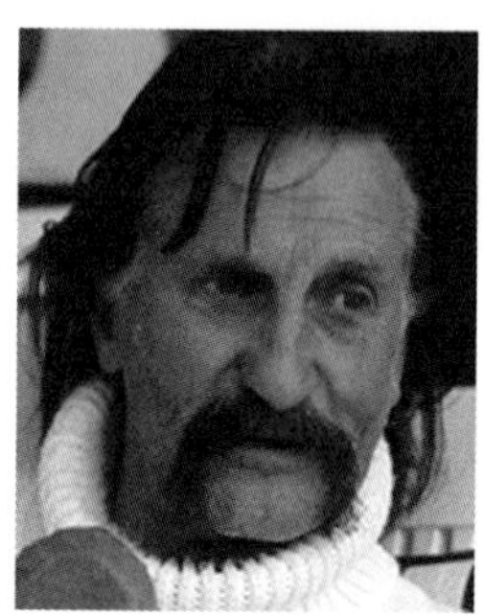

Luigi Colani†, geboren 1928 in Berlin, begann seine außergewöhnliche Karriere als Designer im Paris der frühen 50er Jahre zunächst im Bereich des Automobildesigns. Nach Studien der Aerodynamik an der Sorbonne und einem Aufenthalt in Amerika beim Flugzeughersteller McDonnell Douglas, wo er im Bereich neuer Werkstoffe tätig war, entwickelte er 1953 bei SIMCA die erste Vollkunststoffkarosserie. 1955 kehrt Colani mit großen Visionen und international gesammelten Erfahrungen in seine Heimatstadt Berlin zurück, wo er unter anderem für die Nobelkarosseriehersteller Erdmann & Rossi und Rometsch preisgekrönte Karosserieentwürfe realisierte. Colani wurde bald zu einem weltbekannten „Popstar des Design". Luigi Colani ist Professor für Gestaltungslehre (Design) an der Hochschule der Künste, Bremen, der Baumann Universität, Moskau und den folgenden Universitäten in China: Qing-Hua, Bejing; Tongji, Shanghai; Qingdao, Qingdao; Kunstakademie, Nanjing.

Burkhard Joachim Corves Nach Abschluss seines Maschinenbaustudiums wurde Herr Corves 1989 an der RWTH Aachen zum Dr.-Ing. promoviert. Nach Industrietätigkeit im Sondermaschinenbau in Deutschland und der Schweiz wurde er 2000 zum Universitätsprofessor und Direktor des Instituts für Getriebetechnik, Maschinendynamik und Robotik der RWTH Aachen berufen. Er ist u.a. Vorsitzender des VDI Fachbeirats „Maschinenelemente und Getriebetechnik“ und Mitglied des wiss. Beirats der VDI-GPP sowie Vorsitzender der Member Organization IFToMM Germany. Bis heute fast 450 Veröffentlichungen auf den Gebieten Handhabungstechnik und Robotik, Sondermaschinentechnik, Getriebetechnik, Maschinendynamik und Mechatronik.

Horst Czichos ist Honorarprofessor an der Beuth Hochschule für Technik Berlin. Nach praktischer Ausbildung (Werkzeugmacher, Zähl- und Rechenwerke), Studium (Ing-grad., Dipl.-Phys., Dr.-Ing.) und Industrietätigkeit (Optische Gerätetechnik) war er von 1992 bis 2002 Präsident der BAM sowie von EUROLAB (1999–2003). Für seine Forschungsarbeiten auf dem Gebiet der Tribologie erhielt Professor Czichos 1992 die Ehrendoktorwürde der Universität Leuven. Er ist Autor und Herausgeber mehrerer Bücher, darunter das „Springer Handbook of Metrology and Testing“ (Springer 2011), das Lehrbuch „Mechatronik – Grundlagen und Anwendungen technischer Systeme“ (Springer Vieweg 2019) und das „Tribologie-Handbuch“ (Springer 2020).

Werner Daum, geb. 1956, studierte an der Technischen Universität Berlin Elektrotechnik mit Schwerpunkt Messtechnik. Unmittelbar nach dem Studium trat er 1984 in die Bundesanstalt für Materialforschung und -prüfung (BAM) ein. Nach der Promotion zum Dr.-Ing. im Jahr 1994 durch die TU Berlin wurde er 1996 zum Direktor und Professor an der BAM ernannt und übernahm die Leitung der Fachgruppe „Mess- und Prüftechnik; Sensorik“. Seit dieser Zeit beschäftigte er sich vertiefend mit der Entwicklung von werkstoff- und bauteilintegrierter Sensorik, von faseroptischen Sensoren und von Verfahren zur Zustandsüberwachung von Konstruktionen (smart structures) und

Werkstoffen (smart materials). Von 2012 bis zum Eintritt in den Ruhestand Ende 2019 leitete er die Abteilung 8 „Zerstörungsfreie Prüfung" der BAM.

Berend Denkena promovierte 1992 zum Dr.-Ing. an der Universität Hannover mit einer Dissertation zum „Verschleißverhalten von Schneidkeramik bei instationärer Belastung". Anschließend arbeitete er 10 Jahre in der Werkzeugmaschinenindustrie, u.a. bei der Hüller Hille GmbH und Gildemeister Drehmaschinen GmbH, zuletzt als Leiter Entwicklung und Konstruktion. Am 01.10. 2001 wurde er zum Leiter des Instituts für Fertigungstechnik und Werkzeugmaschinen der Leibniz Universität Hannover berufen. Seine Forschungsgebiete sind spanende Fertigungsverfahren, Werkzeugmaschinen und deren Steuerungen sowie Fertigungsplanung und -organisation.

Ludger Deters 1970–1975 Studium des Allgemeinen Maschinenbaus an der TU Clausthal, 1976–1983 wissenschaftlicher Mitarbeiter und wissenschaftlicher Assistent an der TU Clausthal, 1983 Promotion, 1983–1994 leitende Positionen in Entwicklung und Konstruktion in der Industrie, 1994–2016 Universitätsprofessor für Maschinenelemente und Tribologie an der Otto-von-Guericke-Universität Magdeburg, seit 2016 im Ruhestand. Forschungsgebiete: Tribologie, Gleit- und Wälzlager, Rad/Schiene-Kontakt, Reibung und Verschleiß von Verbrennungsmotorkomponenten.

Peter Dietz† promovierte 1970 im Maschinenbau an der TU Darmstadt. Nach Industrietätigkeiten in der Pittler AG wurde er 1980 an das Institut für Maschinenwesen der TU Clausthal berufen. Zu den von ihm vertretenen Forschungsthemen gehören Welle-Nabe-Verbindungen und weitere Verbindungstechniken, Kupplungen, Seiltrommeln und Seile, Druckkammlager und verfahrenstechnische Maschinen unter besonderen mechanischen, thermischen und chemischen Beanspruchungen. Auf dem Gebiet der Produktentwicklung arbeitete er an Methoden des Requirement Engineering, der Schnittstellenentwicklung im Konstruktionsprozess und Methoden zur Konstruktion lärmarmer Maschinen. Professor Dietz war von 1996 bis 2000 Rektor seiner Universität, ist Mitglied der Royal Society of Visiting Professors in Engineering und war Mitglied des Akkreditierungsrates. Arbeitsgebiete: Konstruktionselemente, Konstruktionslehre, Maschinenakustik.

Andreas Dietzel Studium der Physik an der Universität Göttingen, Promotion 1989, Tätigkeit in verschiedenen Positionen bei IBM in Sindelfingen und Rüschlikon sowie in Mainz als Abteilungsleiter (1990–2003), Projektleiter bei der Robert Bosch GmbH in Reutlingen (2003–2004), Professor für Micro and Nano Scale Engineering an der TU Eindhoven (2004–2012) und Programmmanager am Holst Center, Eindhoven (2007–2012), seit 2012 Professor für Mikrotechnik an der TU Braunschweig und Leiter des Instituts für Mikrotechnik.

Arbeitsgebiet: Konstruktion, Fertigung und Anwendung mikrotechnischer Komponenten und Systeme.

Aktuelle Schwerpunkte: Laser-Mikrofabrikation, Lab-on-Chip-Systeme für pharmazeutische und medizinische Anwendungen, flexible Mikrosysteme, Design und Simulation von Mikrosystemen.

Professor Klaus Dilger, Jahrgang 1962 studierte von 1981–1987 Maschinenwesen/Schwerpunkt Fertigungstechnik an der TU München. 1991 Promotion zum Dr.-Ing., Fügetechnik, danach Oberingenieur am Lehrstuhl für Fügetechnik der TU München. 1991–2004 Geschäftsführer IFF GmbH, 1992 Gründungsgesellschafter CompuVision GmbH, seit 1998 Geschäftsführer der NRW TC-Kleben GmbH, 1997-2002 Universitätsprofessor für Klebtechnik an der RWTH Aachen, seit 2002 Leiter des Instituts für Füge- und Schweißtechnik an der TU Braunschweig in der Nachfolge von Professor Wohlfahrt.

Professor Dr.-Ing. Dr. h.c. Lutz Dorn, geb. 1937 in Mannheim, 1957 Abitur, 1958–63 Studium des Maschinenbaues an der Universität Stuttgart, 1963–67 Forschungstätigkeit an der SLV Mannheim über Elektronenstrahlschweißen, 1969 Promotion TU Hannover, 1967–74 Industrietätigkeiten bei Fa. Steigerwald Strahltechnik, München, Vereinigte Flugtechnische Werke, Bremen, und Messer Griesheim-PECO, München. Professor Dorn war in der Zeit von 1975 bis 2005 ordentlicher Professor für Füge- und Beschichtungstechnik an der TU Berlin. 2005 Emeritierung.

Jörg Feldhusen 1989: Promotion zum Dr.-Ing. an der TU-Berlin, 1989 bis 1994: Hauptabteilungsleiter bei der AEG-Westinghouse Transportation Systems, Berlin. 1994 bis 1999 Technischer Leiter der Siemens Transportation System, Light Rail, Erlangen und Düsseldorf; ab 1999: Professor für Konstruktionstechnik und ab 2000: Inhaber des Lehrstuhls und Direktor des Instituts für „Allgemeine Konstruktionstechnik des Maschinenbaus" an der RWTH Aachen. 2003 bis 2016. Seit 2016 hauptamtlicher Dekan der Fakultät für Maschinenwesen der RWTH University. Mitherausgeber des „DUBBEL – Taschenbuch für den Maschinenbau"; Mitglied der Wissenschaftlichen Gesellschaft für Produktentwicklung (WIGEP); Träger des Ehrenrings des VDI.

Dierk Götz Feldmann Studium des Maschinenbaus an der TH Hannover, Diplom 1967; wissensch. Assistent am Lehrstuhl für Maschinenelemente und hydraulische Strömungsmaschinen, Promotion 1971 mit dem Thema „Dynamik von Hydrogetrieben".

1972 bis 1981 Leiter Konstruktion und Entwicklung bei den Hydraulikherstellern Sauer & Sohn und Sauer Getriebe (heute Danfoss). Von 1982 bis 2005 Universitätsprofessor für Produktentwicklung und Konstruktion an der TU Hamburg.

Forschungsgebiete: Methoden und Werkzeuge der Produktentwicklung und Fluidische Antriebstechnik (Hydrostatik). Mitglied der Wiss. Gesellschaft für Produktentwicklung (WiGeP) und der

Fluid Power Centers of Europe (FPCE). Vorsitzender der Stiftung Joh. und Ella Hinsch.

Marcel Fey Aachen, Deutschland

Uwe Füssel Technische Universität Dresden, Dresden, Deutschland

Hans-Jürgen Gevatter† Professor Gevatter absolvierte ein Studium des Maschinenbaus und Elektrotechnik an der TU Braunschweig. Nach der Promotion war er als Entwicklungsingenieur tätig, dann als Technischer Geschäftsführer in der Industrie. Nach einer Honorarprofessur für das Lehrgebiet Bauelemente der Regelungs- und Steuerungstechnik der TU Braunschweig folgte 1985 die Berufung an die TU Berlin, Lehre und Forschung auf den Gebieten der Geräteelektronik, der Sensortechnik und der Mikrosystemtechnik.

Professor Dr.-Ing. Ulrich Grünhaupt war nach dem Studium der Nachrichtentechnik an der TU Berlin wissenschaftlicher Mitarbeiter am dortigen Institut für Feinwerktechnik. Promotion über Laser-Messtechnik in hochdynamischen Servosystemen. Industrietätigkeit bei der Robert Bosch GmbH in der Entwicklung Breitbandkommunikation, als Projektleiter für optische Übertragungskomponenten und als Produktmanager für optische Übertragungssysteme. 1995 Berufung an die Hochschule Karlsruhe auf das Lehrgebiet Elektronik mit Schwerpunkt Optoelektronik und seit 2010 dort Dekan der Fakultät Elektro- und Informationstechnik.

Univ.-Prof. Dr.-Ing. Peter Gust ist u. a. nach Tätigkeit als Bereichsleiter in der Automobilzulieferindustrie seit 2009 Lehrstuhlinhaber Konstruktion (Engineering Design) an der Bergischen Universität Wuppertal.

Wilfried Hofmann promovierte 1984 an der TU Dresden zum Dr.-Ing. Von 1982 bis 1989 arbeitete er als Entwicklungsingenieur und Projektleiter in der Industrie und war von 1989–1992 Oberassistent an der TU Dresden. Von 1993–2007 war er ordentlicher Professor für Elektrische Maschinen und Antriebe an der TU Chemnitz und leitete von 1998–2003 ein DFG-Graduiertenkolleg. Seit 2007 ist er Universitätsprofessor für Elektrische Maschinen und Antriebe an der TU Dresden. Von 2006 bis 2012 war er Mitglied des wiss. Beirats der ETG und Leiter des Fachbereichs Elektrische Maschinen und Antriebe, Mechatronik (FBA1) in der ETG im VDE. Er ist ordentliches Mitglied der Sächsischen Akademie der Wissenschaften zu Leipzig und der Deutschen Akademie der Technikwissenschaften (acatech) sowie Senior Member im IEEE. Seine Hauptarbeitsgebiete sind Entwurf, Optimierung und Regelung von elektrischen Maschinen und Antrieben, Magnetlagern, Hybridantrieben, Windkraftgeneratoren und Frequenzumrichtern.

Bernd-Robert Höhn Oktober 1965–Oktober 1970: Studium des Maschinenbaus an der Technischen Hochschule Darmstadt; 01.11.1970–31.03.1973: Wissenschaftlicher Mitarbeiter am Institut für Maschinenelemente und Getriebe an der Technischen Hochschule Darmstadt (THD); 01.04.1973–31.03.1979: Dozent am gleichen Institut; 1978: Dr.-Ing. mit dem Dissertationsthema „Räderkurbelgetriebe als Umlaufrastgetriebe – eine systematische Untersuchung zur Ermittlung von Synthesegleichungen"; 01.04.1979: Konstrukteur in der Getriebekonstruktion; ab 01.07.1982: Leiter der Getriebevorentwicklung bei der Firma AUDI; ab 01.08.1986: zusätzlich Leiter der Versuchsabteilung für automatische Getriebe; 01.10.1989: Professor des Lehrstuhls für Maschinenelemente an der Technischen Universität München, Leiter der Forschungsstelle für Zahnräder und Getriebebau (FZG). Pensioniert: 01.10.2011, emeritus of excellence: 30.09.2013.

Dr.-Ing. Albert Hövel absolvierte von 1977 bis 1982 ein Studium der Chemietechnik und promovierte während der 10-jährigen Tätigkeit bei der Philips Kommunikations Industrie AG.

Seit 1993 ist er beim Deutschen Institut für Normung e. V. tätig und seit 2007 Leiter der Technischen Abteilung 1 in Berlin.

Seit Beginn seiner Tätigkeit im Institut war er jeweils über mehrere Jahre tätig als Geschäftsführer der folgenden Normenausschüsse: Armaturen, Chemischer Apparatebau, Erdöl- und Erdgasgewinnung, Kältetechnik, Luft- und Raumfahrt, Rohrleitungen und Dampfkesselanlagen, Sachmerkmale und Überwachungsbedürftige Anlagen.

In 2010 hat er die Geschäftsführung der Kommission Gesundheitswesen (www.kgw.din.de) übernommen. Er vertritt das DIN e. V. in der Kommission Arbeitsschutz und Normung (KAN)

Seit 2009 ist er Lehrbeauftragter an der TU Berlin in den Fachbereichen Innovationsökonomie und Verfahrenstechnik. 2010 betreute er an der Hochschule für Technik und Wirtschaft (HTW) ingenieurtechnische Projekte im Fachbereich Wirtschaftswissenschaften II.

Jan Hummel 2006–2012 Studium der Luft- und Raumfahrttechnik an der Technischen Universität Berlin, 2012–2017 wissenschaftlicher Mitarbeiter mit Lehraufgaben an der TU Berlin und Promotion zum Dr.-Ing, seit 2017 Oberingenieur am Fachgebiet Methoden der Produktentwicklung und Mechatronik, Arbeitsschwerpunkte: Produkt- und Prüfstandsentwicklung, Mechatronik, Entwicklung eines Prüfstands zur automatisierten Vermessung vollflexibler Tragflächen, additive Fertigung

Manfred Kaßner Technische Universität Braunschweig, Braunschweig, Deutschland

Dr.-Ing. Hanfried Kerle studierte Maschinenbau an der TH/TU Braunschweig und promovierte 1973 mit einer Arbeit auf dem Gebiet der Kurvengetriebe. Er erweiterte seine damaligen Forschungsschwerpunkte „Getriebedynamik" und „Experimentelle Getriebelehre" um die Fachgebiete „Handhabungstechnik" und „Robotik" nach einer Umwidmung seines Instituts im Jahre 1990. Neun Jahre später leitete er als Akadem. Direktor bis zu seinem Eintritt in den Ruhestand 2004 die Abteilung „Fertigungsautomatisierung und Werkzeugmaschinen" des IWF; in dieser Zeit beschäftigte er sich vorrangig mit der Entwicklung von Maschinen mit Parallelkinematik für die Produktionstechnik. Seit 2004 stehen bei ihm Themen zur Geschichte der Mechanismen und Maschinen im Mittelpunkt seines wissenschaftlichen Interesses. Er hat bis heute 111 wissenschaftliche Beiträge veröffentlicht und drei Fachbücher verfasst.

Dieter Krause 1992 Promotion zum Thema „Rechnergestütztes Konzipieren mit Integration von Analysen, insbesondere Berechnungen" am Lehrstuhl für Konstruktionstechnik, Friedrich-Alexander-Universität Erlangen-Nürnberg; 1992–1994 Oberingenieur und Gruppenleiter am gleichnamigen Lehrstuhl; 1994–2005 Konstruktionsleiter, Technischer Leiter und Geschäftsführer in unterschiedlichen Unternehmen des Maschinen- und Anlagenbaus; ab 2005 Leiter des Instituts für Produktentwicklung und Konstruktionstechnik (PKT) der Technischen Universität Hamburg (TUHH) mit den Forschungsschwerpunkten Methodenforschung zur Entwicklung von modulare Produktfamilien (Modularisierung) und Strukturanalyse und Versuchstechnik insbesondere für Hochleistungswerkstoffe, wie CFK, Sandwich oder Keramik; Programmverantwortlicher für die Masterstudiengänge Produktentwicklung, Werkstoffe und Produktion und Mechanical Engineering and Management; 2009–2010 Studiendekan Maschinenbau; 2011–2012 Vizepräsident der TUHH; 2015 Hamburger Lehrpreis; seit 2016 DFG-Fachkollegiat im Fachkollegium Konstruktion, Maschinenelemente, Produktentwicklung; seit 2017 Mitglied im Advisory Board der Design Society; seit 2018 Mitglied im Vorstand der Wissenschaftlichen Gesellschaft für Produktentwicklung (WiGeP).

Professor Dr.-Ing. Jörg Krüger, Jahrgang 1962, studierte Elektrotechnik an der Universität GH Paderborn und der Technischen Universität Berlin, an der er 1991 sein Diplom erhielt. Im Anschluss war er als wissenschaftlicher Mitarbeiter des Fraunhofer Instituts für Produktionsanlagen und Konstruktionstechnik (IPK) tätig. Er promovierte im Jahr 1998 zum Thema „Methoden zur Verbesserung der Fehlererkennung an Antriebsstrecken". 1999 gründete er die Firma reCognitec Gesellschaft für digitale Bildverarbeitung mbH, die Lösungen zur Bilderkennung und bildgestützten Automatisierung entwickelt. 2003 wurde Prof. Krüger als Leiter des Fachgebiets Industrielle Automatisierungstechnik am Institut für Werkzeugmaschinen und Fabrikbetrieb (IWF) der TU Berlin berufen. Seit dem 01.01.2004 ist er zudem Leiter des Geschäftsfelds Automatisierungstechnik am Fraunhofer-IPK.

Heinz Lehr Physikstudium an der Freien Universität Berlin, Promotion am Hahn-Meitner-Institut, Planung des Synchrotrons an der ESRF in Grenoble, Geschäftsführer BESSY I, Planung von BESSY II, Forschungsdirektor und Prokurist am Institut für Mikrotechnik Mainz, 1997–2016 Professor an der TU Berlin, Institut für Konstruktion, Mikro- und Medizintechnik.

Forschungsschwerpunkte: Entwicklung und Fertigung intelligenter Produkte für die Medizin-, Mess-, Antriebs- und Tiefseetechnik, intelligente mechatronische Systeme, hochdynamische Aktoren, medizinische und technische Videoendoskope, Chip-on-the-Tip-Optiken mit Autofokus und Zoom, OP-Instrumente mit Aktoren und haptischem Feedback. LED-Beleuchtungstechnik sowie flexible Halte- und Führungssysteme für den OP-Bereich, Techniken zur DNS-Hautimpfung, autonome Tiefseefahrzeuge in druckneutraler Technik, druckneutrale Komponenten für die Tiefsee.

Robert Liebich Studium der Luft- und Raumfahrttechnik an der TU Berlin. Promotion 1997 zum Dr.-Ing. bei Prof. Gasch zum Thema Rotor-Stator-Kontakt mit thermischen Effekten. Mitgründer und alleiniger Geschäftsführer eines Ingenieurbüros. Ab 2001 in diversen Positionen bei Rolls-Royce-Deutschland (Luftfahrtantriebe) tätig. Seit 2007 Professor für Konstruktion und Produktzuverlässigkeit an der TU Berlin. Forschung und Lehre auf den Gebieten der beanspruchungsgerechten Konstruktion, Festigkeit und Lebensdauer sowie der Rotor- und Strukturdynamik insbesondere im Bereich der Luftlager.

Mathias Liewald Studium Maschinenbau an der Universität Dortmund, Promotion 1990 zum Dr.-Ing. in der Umformtechnik; Gruppenleiter Prozessoptimierung Werkzeuge/Presswerk/Prototypen/Betriebsmittel bei der Mercedes-Benz AG in Sindelfingen, ab 1995 Leiter Presswerke bei Gebr. Wackenhut GmbH, ab 1997 Werk- und Spartenleiter ThyssenKrupp Nothelfer GmbH Werk Wadern, Vice President „Dies International" bei ThyssenKrupp Nothelfer GmbH bis 2005; Parallel Studium an der Open University Business School in Milton Keynes/London, Abschluss Master of Business and Administration (MBA) im Zeitraum 1999 bis 2001.

Im April 2005 Berufung an das Institut für Umformtechnik (IFU) der Universität Stuttgart. Forschungsschwerpunkte Blech- und Massivumformung. Lehrtätigkeiten im Bereich Grundlagen der Umformtechnik und im modernen Karosseriebau. Geschäftsführer der Forschungsgesellschaft Umformtechnik (FGU mbH) in Stuttgart seit 2009.

Armin Lohrengel, Jahrgang 1966, studierte Maschinenbau an der TU Clausthal und RWTH Aachen. Bis 1999 war er wissenschaftlicher Assistent am Lehrstuhl für Maschinenelemente der RWTH Aachen. Die Promotion erfolgte über die Lebensdauerorientierte Dimensionierung von Klemmrollenfreiläufen. Ab 1999 war er Leiter der Maschinenentwicklung der Paul Hartmann AG, Heidenheim. Seit 2007 ist er Universitätsprofessor (Lehrstuhl Maschinenelemente und Konstruktionslehre)

und Institutsdirektor des Instituts für Maschinenwesen der Technischen Universität Clausthal.

Apl. Prof. Arndt Lüder studierte an der Universität Magdeburg und promovierte an der Universität Halle-Wittenberg. Seit 2011 vertritt er das Lehr- und Forschungsgebiet in der Fakultät Maschinenbau der Universität Magdeburg. Hier forscht er in den Bereichen objekt-orientierter, agenten-orientierter und mechatronischer Konzepte für Entwurf und Implementierung von verteilten Automatisierungssystemen sowie den dazu notwendigen Architekturen, Entwurfsvorgehen und Werkzeugen.

Jens-Peter Majschak 1984–1989 Studium in der Fachrichtung Verarbeitungsmaschinen an der Technischen Universität Dresden; Abschluss: Diplom. 1989–1995 Wissenschaftlicher Assistent/Mitarbeiter an der Technischen Universität Dresden. 1994–1996 Geschäftsführer GVL Gesellschaft für Verpackungstechnik und -logistik mbH, Dresden; 1995–2000 Fraunhofer Anwendungszentrum für Verarbeitungsmaschinen und Verpackungstechnik (AVV). 2000–2001 IZK GmbH, 2002–2004 Fraunhofer Institut Verfahrenstechnik und Verpackung (Freising). Seit 2004 Professur Verarbeitungsmaschinen/ Verarbeitungstechnik an der Technischen Universität Dresden und Leiter des Dresdner Institutsteils Verarbeitungstechnik des Fraunhofer Instituts für Verfahrenstechnik und Verpackung IVV. Seit 2013 Ordentliches Mitglied der Sächsischen Akademie der Wissenschaften zu Leipzig.

Heinz Mertens Lehre als Maschinenschlosser; Maschinenbaustudium am Ohm-Polytechnikum Nürnberg (TFH) und TH München; Industrietätigkeit bei Robert Bosch GmbH Nürnberg (Konstruktion) und Siemens AG, Dynamowerk Berlin (Konstruktion, Festigkeitsberechnung, Materialprüfung – Oberingenieur). Von 1981 bis 2005 Professor für Konstruktionslehre an der TU Berlin, mit den Schwerpunkten Antriebstechnik und Beanspruchungsgerechtes Konstruieren, Lebensdauer- und Zeitfestigkeitsfragen.

Heinz Motz Bergische Universität Wuppertal, Wuppertal, Deutschland

Stephan Neus Aachen, Deutschland

Professor Dr.-Ing. Kristin Paetzold hat an der TU Chemnitz studiert und an der FAU Erlangen promoviert; seit 2009 leitet sie das Institut für Technische Produktentwicklung an der Universität der Bundeswehr München. Ihre Forschungsschwerpunkte liegen im Bereich Systems Engineering und Integrierte Produktentwicklung; in diesem Kontext beschäftigt sie sich mit fertigungsgerechter Produktentwicklung resp. toleranzgerechter Produktentwicklung.

Gerhard Poll Promotion zum Dr.-Ing. durch die Fakultät für Maschinenwesen der RWTH Aachen 1983; von 1984 bis 1996 Industrietätigkeit bei der SKF Gruppe in Deutschland, den Niederlanden und USA; seit 1996 Inhaber des Lehrstuhls für Maschinenkonstruktion und Tribologie der Leibniz Universität Hannover; Arbeitsschwerpunkte: Tribologie, Fahrzeugtechnik, Antriebssysteme und Komponenten wie stufenlose Getriebe, Wälzlager, Synchronisierungen und dynamische Dichtungen.

Juri E. Postnikov 1994: Abschluss der Moskauer Technischen Universität Bauman,1994–1995 Zusatzstudium Maschinenbau und 1996-2004 Promotion zum Dr.-Ing. an der Otto-von-Guericke-Universität Magdeburg, während der Promotion Aufbau von schweißtechnischen Forschungslaboren sowie Neukonstruktionen von Schweißbrennen. 2002: Designstudium bei Prof. Luigi Colani in Karlsruhe Gründung der Firma BALT-EXIM, 2007: Mitgründung eines Demonstrations- und Forschungszentrums für CNC-Fräsmaschinen an der Moskauer Technischen Universität Bauman. Seit 2005 Autor und Berichterstatter für die Zeitschrift „AUTOPILOT", Verlag „Kommersant", Moskau.

Günter Pritschow Geboren am 3.1.1939 in Berlin. 1959–66: Studium der Fachrichtung Nachrichtentechnik an der TU Berlin mit dem Abschluss: Dipl.-Ing.; 1966–84: 12 Jahre Industrietätigkeiten in leitenden Positionen; 1969–72: Wissenschaftlicher Mitarbeiter am Institut für Werkzeugmaschinen an der TU Berlin, Promotion zum Dr.-Ing.; 1976–80: Professor an der TU Berlin für das Fachgebiet Automatisierungstechnik für Qualitätssicherung und Fertigung; 1984–2005: o. Professor an der Universität Stuttgart für Steuerungstechnik der Werkzeugmaschinen und Fertigungseinrichtungen (in Nachfolge von Prof. Stute) und Geschäftsführender Direktor des Instituts; 1986–90: Prorektor für Lehre an der Universität Stuttgart; 1996-2000: Rektor der Universität Stuttgart.

Helmut Reinhardt 1962: Automatisierungsingenieur im Deutschen Brennstoffinstitut Freiberg; 1966: wiss. Mitarbeiter an der TU Bergakademie Freiberg, Inst. f. Elektrotechnik; 1969: Promotion (selbsttätige Auswertung spezieller Messsignale) und Berufung als Dozent für Regelungstechnik an der TU Bergakademie Freiberg; 1980: Habilitation (Testmethodik für Prozessrechnersoftware); 1989: Abteilungsleiter Prozessführung im AdW-Institut für Aufbereitung Freiberg; 1990 Professor an der Fachhochschule Köln, seit 2004 Lehrbeauftragter.

Rainer Scheuring studierte von 1984–1989 Technische Kybernetik in Stuttgart und Cambridge (England), anschließend promovierte er an der Universität Stuttgart. Von 1994–2004 arbeitete er in verschiedenen Funktionen für die BASF in Ludwigshafen und Antwerpen. Seit 2004 ist er Professor für Automatisierungstechnik an der TH Köln. Zu seinen Schwerpunkten gehören dynamische Anlagensimulation, Regelungs- und Steuerungstechnik.

Dr. Alexander Schloske ist Senior Expert Quality am Fraunhofer-Institut für Produktionstechnik und Automatisierung IPA in Stuttgart. Er ist Qualitätsmanager DGQ/EOQ und besitzt langjährige Projekter-fahrung auf den Gebieten der Produktentwicklung und Prozessoptimierung in den unterschiedlichsten Branchen. Seine beruflichen Schwerpunkte liegen auf der methodischen Produktentwicklung mit der QFD und der FMEA sowie der Sicherstellung der Funktionalen Sicherheit von mechatronischen Systemen. Neben seiner beruflichen Tätigkeit hält er Vorlesungen zum Thema Qualitätsmanagement an der Universität Stuttgart sowie zum Thema Methoden der Produktentwicklung an der Technischen Universität Wien und ist als Dozent für verschiedene Bildungseinrichtung, wie z. B. der Deutschen Gesellschaft für Qualität e. V. (DGQ), tätig.

Prof. Günther Seliger geboren 1947, wurde 1983 an der TU Berlin promoviert, ist seit 1978 als Geschäftsführender Gesellschafter in einem mittelständischen Familienunternehmen engagiert. Nach einer Tätigkeit als Bereichsleiter am Fraunhofer Institut für Produktionsanlagen und Konstruktionstechnik Berlin folgte er 1988 dem Ruf der Technischen Universität Berlin auf eine Professur für Montagetechnik und Fabrikbetrieb. Von 1995–2006 war er Sprecher des DFG-geförderten Sonderforschungsbereiches Demontagefabriken zur Rückgewinnung von Ressourcen in Produkt- und Materialkreisläufen, von 2012–2015 Sprecher des DFG-geförderten Sonderforschungsbereiches Sustainable Manufacturing – Shaping Global Value Creation. In zahlreichen nationalen und internationalen Projekten leistet er wesentliche Forschungsbeiträge zur nachhaltigen industriellen Wertschöpfung.

Manfred Stiebler erwarb das Diplom in Elektrotechnik 1957 an der Technischen Hochschule Darmstadt und promovierte dort zum Dr.-Ing. in 1967. Innerhalb seiner Industrietätigkeit bei der Fa. AEG leitete er das Grundlagenlabor in der Entwicklung der Großmaschinenfabrik Berlin; ab 1970 war er Entwicklungsleiter der Kleinmaschinenfabrik in Oldenburg. In 1977 nahm er den Ruf auf eine Professur im Fachbereich Elektrotechnik der Technischen Universität Berlin an; er ist Emeritus seit 1999. Sein Arbeitsgebiet sind Elektrische Maschinen und Antriebe. Besondere Interessen sind das Betriebsverhalten elektrischer Maschinen sowie die Anwendung der Windenergie. Er war Herausgeber der Zeitschrift Electrical Engineering und Mitglied in verschiedenen nationalen und internationalen Normengremien (DKE, IEC); er ist Mitglied des VDE und Senior Member des IEEE.

Karl Thomas Technische Universität Braunschweig, Braunschweig, Deutschland

Nico Troß Aachen, Deutschland

Professor Dr. h. c. Dr.-Ing. Eckart Uhlmann, Jahrgang 1958, studierte Maschinenbau an der Technischen Universität Berlin und war von 1986 bis 1994 Mitarbeiter und Oberingenieur im Bereich Fertigungstechnik am Institut für Werkzeugmaschinen und Fabrikbetrieb (IWF) der TU Berlin. Dort promovierte er 1993 bei Prof. em. Dr. h. c. mult. Dr.-Ing. Günter Spur zum Thema „Tiefschleifen hochfester keramischer Werkstoffe“. Anschließend war Professor Uhlmann in verantwortlichen Positionen im Bereich der Forschung, Entwicklung und Anwendungstechnik in der Firmengruppe Hermes Schleifmittel GmbH & Co., Hamburg, tätig und seit 1995 auch Prokurist bei diesem Unternehmen. Am 1. September 1997 übernahm Professor Uhlmann die Leitung des Fraunhofer-Instituts für Produktionsanlagen und Konstruktionstechnik (IPK) sowie die Leitung des Fachgebiets Werkzeugmaschinen und Fertigungstechnik am Institut für Werkzeugmaschinen und Fabrikbetrieb (IWF) der TU Berlin im Produktionstechnischen Zentrum Berlin.

Professor Alexander Verl war nach seinem Studium der Elektrotechnik von 1986 bis 1991 an der Universität Erlangen-Nürnberg als Entwicklungsingenieur zunächst bei der Siemens AG in Erlangen tätig. 1994 wechselte er zum Deutschen Zentrum für Luft- und Raumfahrt (DLR) in Oberpfaffenhofen und promovierte dort 1997 im Bereich Robotik und Mechatronik. Ebenfalls 1997 gründete er die AMATEC Robotics GmbH. Er ist seit 2005 Direktor des Instituts für Steuerungstechnik derWerkzeugmaschinen und Fertigungseinrichtungen (ISW) der Universität Stuttgart. Im Rahmen seiner Forschungs- und Lehrtätigkeit befasst er sich unter anderem mit den Themenbereichen Steuerungssysteme und Sensorapplikationen für Werkzeugmaschinen und Industrieroboter, rekonfigurierbare Maschinen sowie Montage- und Servicerobotik.

Professor Birgit Vogel-Heuser studierte und promovierte an der RWTH Aachen. Nach mehrjähriger Tätigkeit in der Industrie sowie als Lehrstuhlleiter an verschiedenen Universitäten ist sie seit 2009 Ordinaria des Lehrstuhl für Automatisierung und Informationssysteme der TU München. Sie forscht in den Bereichen Modellbasiertes interdisziplinäres Engineering, agentenbasierte Systeme, Cyber Physical Production Systems, Softwareevolutiondatenbasierte Systemevolution und Informationsaggregation und leitet seit 2013 den GMA FA 5.15 Agentensysteme.

Stefan Wagner 1982–1988: Studium Maschinenwesen Universitäten Kaiserslautern und Stuttgart, 1989–2016: Universität Stuttgart, Institut für Umformtechnik (IFU), Forschungsgesellschaft Umformtechnik (FGU mbH), Februar 2002: Ernennung zum Honorary Professor an der TU Cluj-Napoca (Rumänien), 01.03.2016: Berufung an die Hochschule Esslingen, Lehrgebiete Umformtechnik, Werkstofftechnik und Leichtbauwerkstoffe.

Manfred Weck *20. Nov. 1937. 1955–1958 Werkzeugmacherlehre. 1959–1961 Studium Maschinenbau, Staatliche Ingenieurschule für Maschinenwesen Iserlohn. 1963–1966 Maschinenbau-Studium an der RWTH Aachen. 1969 Promotion zum Dr.-Ing an der RWTH Aachen. 1969–1971 Oberingenieur am Werkzeugmaschinenlabor (WZL) der RWTH Aachen. 4.12.1971 Habilitation, RWTH Aachen. 1971–1973 Technischer Leiter bei Wolf-Geräte GmbH, Betzdorf. Von 1.6.1973 bis 31.12.2003 o. Professor an der RWTH Aachen, Lehrstuhl für Werkzeugmaschinen und Mitglied des Direktoriums des WZLs. Von 1.9.1980 bis 31.12.2003 Mitglied des Direktoriums des Fraunhofer-Instituts für Produktionstechnologie (IPT). 1992 Ehrendoktor der Technischen Universität Hannover und 2005 Ehrendoktor der Technischen Universität Dresden sowie zahlreiche weitere Ehrungen und Auszeichnungen

Prof. Westkämper promovierte 1977 an der RWTH Aachen über die „Automatisierung in der Einzel- und Serienfertigung" und war 10 Jahre lang in der deutschen Luftfahrt- (MBB) und Elektro-Industrie (AEG) tätig, wo er als Referatsleiter und Leiter von Zentralabteilungen für die Produktionstechnik verantwortlich war. Er wurde 1988 als Lehrstuhlinhaber und Direktor des Institutes für Werkzeugmaschinen und Fertigungstechnik (IWF) an die Technische Universität Braunschweig berufen. Von 1995 bis 2011 war er Direktor des Institutes für Industrielle Fertigung und Fabrikbetrieb (IFF) der Universität Stuttgart und zugleich Leiter des Fraunhofer-Institutes für Produktionstechnik und Automatisierung (IPA) in Stuttgart. Er ist Mitglied der High Level Group der Europäischen Technologieplattform Manufuture und betreut zahlreiche Doktoranden an der von ihm mitgegründeten Graduiertenschule GSaME (Graduate School for advanced Manufacturing Engineering) der Universität Stuttgart. Professor Westkämper ist Mitglied der Akademie der Technik (acatech) und war in zahlreichen Gremien der deutschen und europäischen Forschungsorganisationen tätig. Er erhielt Ehrungen an den Universitäten Mageburg, Cluij – Napoca (Rumänien) und Charkov (Ukraine). Ferner erhielt er das Bundesverdienstkreuz 1. Klasse. Mehr als 800 Publikationen sind in nationalen und Internationalen Journalen erschienen. Seit September 2011 ist er im Ruhestand und hat mehrere Bücher geschrieben, die im Springer Verlag veröffentlicht wurden.

Thomas Widder Technische Universität Braunschweig, Braunschweig, Deutschland

Helmut Wohlfahrt† promovierte 1970 an der Universität Karlsruhe auf dem Gebiet der Werkstoffkunde, erhielt 1979 einen Ruf auf den Lehrstuhl für Werkstofftechnik mit Schwerpunkt Schweißtechnik an der Universität-GH Kassel. 1991 bis 2001 Leiter des Instituts für Schweißtechnik an der Technischen Universität Braunschweig. Festigkeitseigenschaften von Schweißverbindungen, Schweißen von Leichtbauwerkstoffen einschließlich Aluminium-Druckguss mit Schutzgas- und Strahlschweißverfahren, Prozessanalysen bei Laserstrahlverfahren und festigkeitsorientierte FEM-Berechnungen sind Schwerpunkte seiner Forschungsarbeit.

... bis zu 89,5 % Kosten sparen*
89 %
... bis zu 78,1 % Kosten sparen*
78 %
... bis zu 58,58 % Kosten sparen*
58 %
... bis zu 60 % Kosten sparen*
60 %
... 62,1 % Kosten sparen*
bei CFBUS.PUR mit Cat5e anstatt Cat 6A
Garantie igus chainflex 36 Monate Garantie
62 %
... 88 % kürzere Montagezeit*
mit autoglide 5 im Vergleich zu einer Standardlösung mit Führungsrinnen
88 %
... bis zu 74,1 % Kosten sparen*
PVC- statt PUR-Mantel
Garantie igus chainflex 36 Monate Garantie
74 %
Kosten senken.
Technik verbessern.
48 %
... 48 % Gewicht und deutlich Montagezeit sparen*
mit e-kette® YE.42 im Vergleich zu einer marktüblichen Stahl-Schleppkette
Garantie igus e-ketten 36 Monate Garantie
20 %
... 20 % mehr Stabilität*
mit e-kette® E4Q im Vergleich zur e-kette® E4.56
Jetzt ist die Zeit.
www.igus.de/tucd
Mit 55 Jahren Erfahrung in „Kunststoffen für Bewegung“ bietet Ihnen igus® viele Möglichkeiten, klassische Maschinenelemente auszutauschen und gleichzeitig Kosten zu sparen. Dabei ist unser Motto: „Technik rauf, Kosten runter“ und mindestens eines davon wollen wir immer erfüllen. Das ist schon immer unsere Aufgab und unser Angebot an Sie.
igus®
igus® GmbH
Spicher Str. 1a 51147 Köln
info@igus.de www.igus.de
* Garantiebedingungen und weitere Informationen finden Sie online www.igus.de/tucd

Teil I
Grundlagen der Produktentwicklung

Vor dem Hintergrund der Globalisierung bei zunehmend hohem Kosten- und Wettbewerbsdruck ist erfolgreiche Produktentwicklung und Konstruktion für viele Unternehmen der Schlüsselfaktor für nachhaltigen Unternehmenserfolg. Die Durchdringung von Produkten und Services, die Individualisierung von Produkten sowie darüber hinaus deren Digitalisierung führen sowohl zu hoher Komplexität der Produkte selbst als auch der damit verbundenen Produktentwicklungsprozesse.

Produktentwickler und Konstrukteure sind mit komplexen Problemen konfrontiert. Methodisches Vorgehen hat zum Ziel, den Fokus weg vom Herumbessern an der ersten funktionsfähigen Lösung hin zum systematischen Analysieren von Lösungsfeldern anhand definierter Zielkriterien zu richten. Entwickler sollen in die Lage versetzt werden, durch gezielte Merkmalsfestlegung in frühen Entwicklungsphasen Eigenschaften ihres Produktes zu definieren, die erst in späteren Lebensphasen abgesichert und validiert werden können. Erfahrene Produktentwickler verfügen oft über intuitiv erworbene Kompetenzen, die sie dazu befähigen, in ihrem spezifischen Umfeld hervorragende Lösungen zu entwickeln. Konstruktionsmethodische Vorgehensweisen helfen dabei, dieses Wissen zu strukturieren, zu dokumentieren und auch auf andere Anwendungsbereiche übertragbar zu machen. Dies dient nicht zuletzt der Kostenoptimierung von Produkt und Prozess.

Charakteristisch für die Produktentwicklung – im Gegensatz zu vielen anderen Funktionsbereichen – ist die Abwesenheit der „einen, besten Lösung". Vielmehr stellt eine Entwicklungslösung in der Regel einen Kompromiss aus einander zuwiderlaufenden Zielsetzungen dar. Das Produkt kann nicht gleichzeitig das technisch ausgereifteste, langlebigste, kostengünstigste und erste am Markt sein. Problem und Lösung werden beim Entwickeln mit zunehmendem Erkenntnisfortschritt parallel, schrittweise und iterativ konkretisiert. So führt die Wahl eines Lösungsprinzips zur Festlegung neuer Produktmerkmale, die wiederum Auslöser für neue Anforderungen wie beispielsweise die Einhaltung spezifischer Normen und Richtlinien sein können, die wiederum eine Re-Formulierung der Problembeschreibung auslösen können. Diese für die Produktentwicklung charakteristische Vorgehensstrategie stellt das das Management von Produktentwicklungsprojekten vor besondere Herausforderungen im Hinblick auf Planung, Steuerung und Kontrolle.

Methodische Vorgehensweise kann dieses Spannungsfeld nicht auflösen. Sie kann transparent machen und helfen, Rahmenbedingungen zu schaffen, die eine systematische und dokumentierte Vorgehensweise ermöglichen. Dabei sollen Entwickler unterstützt werden, ohne die Kreativität zu behindern oder vorhandenes Erfahrungswissen zu vernachlässigen.

Ziel dieses Kapitels ist es, methodische Unterstützung für zentrale Aktivitäten der Produktentwicklung zur Verfügung zu stellen. Der Umgang mit varianten Produkten wird anhand von Produktarchitekturen der Baukasten- und Baureihenentwicklung gezeigt. Am Beispiel von Toleranzmanagement wird deutlich, dass zielorientierte Gestaltung von Produkten immer vor dem Hintergrund der zu erfüllenden Funktion zu sehen ist. Die abschließend im Überblick zusammengefassten wichtigsten Normen und Zeichnungsrichtlinien bilden die zentrale Grundlage für die gestalterische Umsetzung der technischen Lösungen der Produktentwicklung.

Grundlagen technischer Systeme und des methodischen Vorgehens

1

Beate Bender, Jörg Feldhusen, Dieter Krause, Gregor Beckmann, Kristin Paetzold und Albert Hövel

1.1 Technische Systeme

Jedes technische System erfüllt eine Funktion. Diese lässt sich durch die Transformation definierter Eingangsgrößen in definierte Ausgangsgrößen beschreiben. Beispiele für technische Systeme sind Anlagen, Apparate, Maschinen, Geräte, Baugruppen oder Einzelteile. Technische Systeme können auch integrierte Dienstleistungen enthalten, sie werden dann als Produkt-Service-Systeme oder Hybride Leistungsbündel bezeichnet.

Die Systembetrachtung zielt ab auf die Analyse und Synthese technischer Produkte. Ausgehend vom komplexen Gesamtsystem werden Teilfunktionen bzw. Teilsysteme in der gewünschten Detaillierungstiefe heruntergebrochen. Auf diesem Weg lässt sich die Gesamtaufgabe in Teilaufgaben zerlegen und parallel oder sequentiell bearbeiten. Die Teillösungen werden dann unter Berücksichtigung ihrer Wechselwirkungen wieder zur Gesamtlösung zusammengefügt. Diese Vorgehensweise ermöglicht eine schrittweise Lösung des vorliegenden Problems sowie die Integration unterschiedlicher fachlicher Disziplinen für die Lösungsfindung.

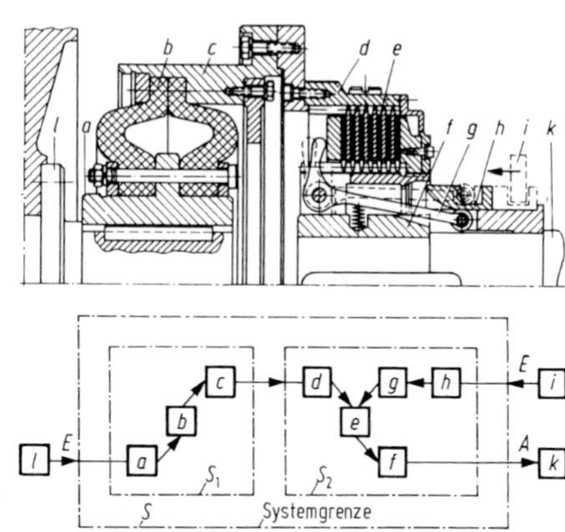

Abb. 1.1 System „Kupplung". *a–h* Systemelemente (beispielsweise), *i–l* Anschlusselemente, *S* Gesamtsystem, S_1 Teilsystem „Elastische Kupplung", S_2 Teilsystem „Schaltkupplung", *E* Eingangsgrößen (Inputs), *A* Ausgangsgröße (Outputs)

B. Bender (✉)
Ruhr-Universität Bochum
Bochum, Deutschland

J. Feldhusen
RWTH Aachen
Aachen, Deutschland

D. Krause
Technische Universität Hamburg
Hamburg, Deutschland

G. Beckmann
Technische Universität Hamburg
Hamburg, Deutschland

K. Paetzold
Universität der Bundeswehr München
München, Deutschland
E-Mail: kristin.paetzold@unibw.de

A. Hövel
Deutsches Institut für Normung e. V.
Berlin, Deutschland
E-Mail: albert.hoevel@din.de

B. Bender und D. Göhlich (Hrsg.), *Dubbel Taschenbuch für den Maschinenbau 2: Anwendungen*,
https://doi.org/10.1007/978-3-662-59713-2_1

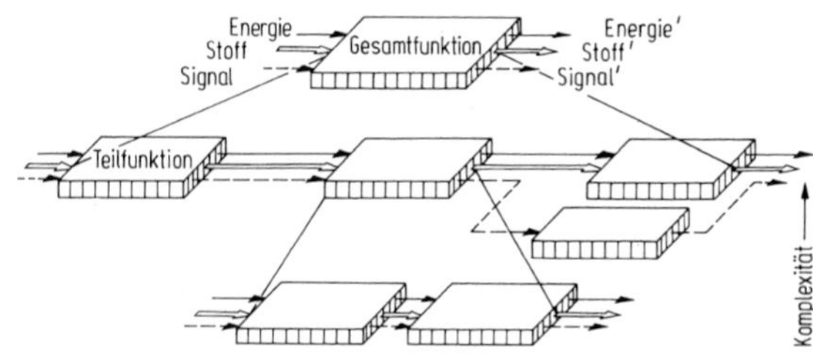

Abb. 1.2 Bilden einer Funktionsstruktur mit Energie-, Stoff-, und Signalfluss durch Gliedern einer Gesamtfunktion in Teilfunktionen

1.1.1 Energie-, Stoff- und Signalumsatz

Ein System ist dadurch gekennzeichnet, dass es von seiner Umgebung abgegrenzt ist, wobei die Verbindungen zur Umgebung – die Eingangs- und Ausgangsgrößen – von der *Systemgrenze* geschnitten werden. Ein System lässt sich nach unterschiedlichen Kriterien in Teilsysteme untergliedern. Die *umsatzorientierte Gliederung* stellt den Fluss von Energie, Stoff und Signal zwischen den Eingangs- und Ausgangsgrößen des Systems dar.

So stellt in Abb. 1.1 das System „Kupplung" innerhalb einer Maschine eine Baugruppe dar, während es selbst in die beiden Teilsysteme „Elastische Kupplung" und „Schaltkupplung" wiederum als selbstständige Baugruppen unterteilt sein kann. Die Teilsysteme lassen sich weiter in Systemelemente, hier Einzelteile, zerlegen. Diese Unterteilung orientiert sich an der Baustruktur. Es ist aber auch denkbar, sie nach Funktionen zu strukturieren: Man könnte das Gesamtsystem „Kuppeln" funktionsorientiert in die Teilsysteme „Ausgleichen" und „Schalten" gliedern, letzteres wiederum in die Untersysteme „Schaltkraft in Normalkraft wandeln" und „Reibkraft übertragen" usw.

In technischen Systemen ist entsprechend dem Anwendungszweck oft eine der Umsatzarten, d. h. entweder der Energie-, der Stoff- oder der Signalfluss vorherrschend. Dieser wird dann als *Hauptfluss* bezeichnet. Bei jedem Umsatz ist die Quantität und Qualität der beteiligten Größen zu beachten, damit die Kriterien für die Präzisierung der Aufgabe sowie die Auswahl und Bewertung einer Lösung eindeutig sind.

1.1.2 Funktionszusammenhang

In einem technischen System mit Energie-, Stoff- und Signalumsatz müssen sowohl eindeutige, reproduzierbare Zusammenhänge zwischen den Eingangs- und Ausgangsgrößen des Gesamtsystems, den Teilsystemen, als auch zwischen den Teilsystemen selbst bestehen. Sie sind im Sinne der Aufgabenerfüllung stets gewollt (z. B. Drehmoment leiten, elektrische in mechanische Energie wandeln, Stofffluss sperren, Signal speichern). Solche Zusammenhänge, die zwischen Eingang und Ausgang eines Systems zur Erfüllung einer Aufgabe bestehen, nennt man *Funktion*. Die Funktion ist eine Formulierung der Aufgabe auf einer abstrakten und lösungsneutralen Ebene. Bezieht sie sich auf die Gesamtaufgabe, so spricht man von der *Gesamtfunktion*. Sie lässt sich oft in erkennbare *Teilfunktionen* gliedern, die den Teilaufgaben innerhalb der Gesamtaufgabe entsprechen (Abb. 1.2). Die Art und Weise, wie die Teilfunktionen zur Gesamtfunktion verknüpft sind, führt zur *Funktionsstruktur*. Häufig lässt sich schon mit der Variation der Zuordnung der Ansatz für unterschiedliche Lösungen legen. Die Verknüpfung von Teilfunktionen zur Gesamtfunktion muss sinnvoll und verträglich geschehen. Zweckmäßig ist, zwischen Haupt- und Nebenfunktion zu unterscheiden. *Hauptfunktionen* dienen unmittelbar der Gesamtfunktion. *Nebenfunktionen* tragen nur mittelbar zur Gesamtfunktion bei; sie haben unterstützenden oder ergänzenden Charakter und sind häufig von der Art der Lösung bedingt (Beispiele: Abb. 1.3 und 1.4). Die Funktionen setzen zu ihrer Erfüllung ein physikalisches Geschehen voraus, wobei

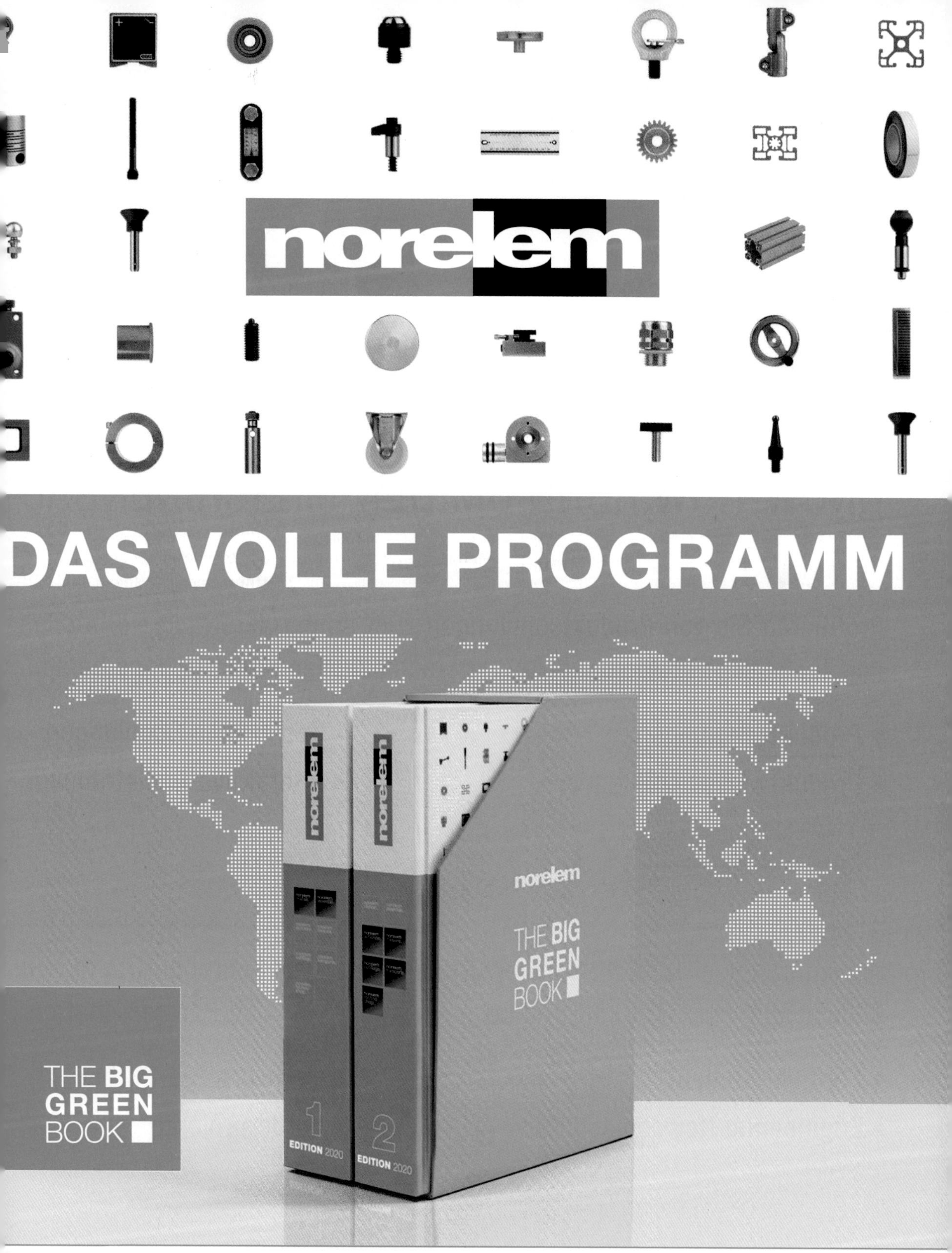

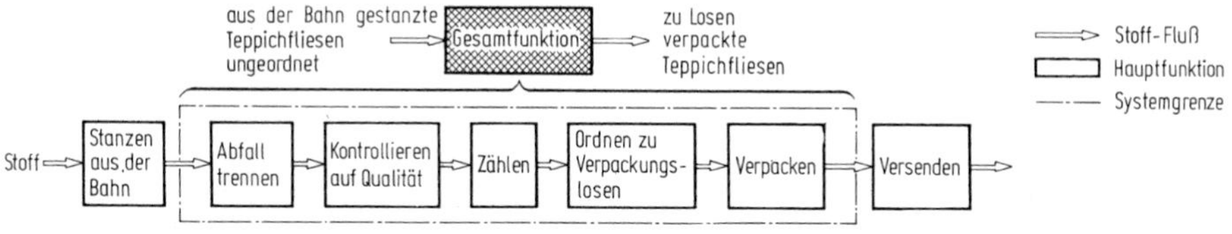

Abb. 1.3 Funktionskette (Funktionsstruktur) beim Verarbeiten von Teppichfliesen

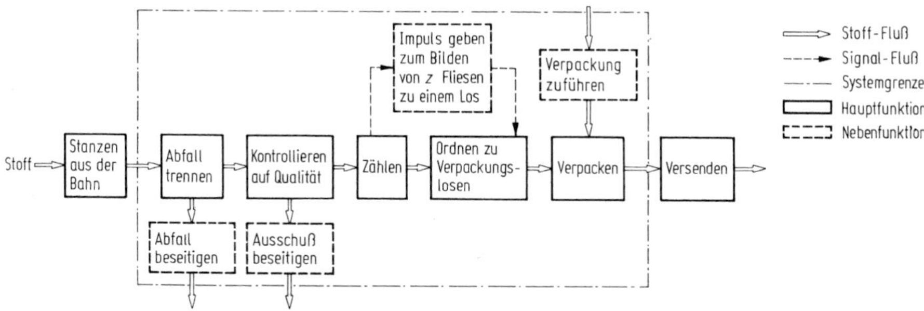

Abb. 1.4 Funktionsstruktur beim Verarbeiten von Teppichfliesen nach Abb. 1.3 mit Nebenfunktionen

die physikalischen Größen von Teilfunktion zu Teilfunktion einander entsprechen müssen; anderenfalls sind Wandlungsfunktionen zwischenzuschalten. Daneben gibt es noch logische Zusammenhänge, die eine Funktionsstruktur bestimmen bzw. beeinflussen. So werden gewisse Teilfunktionen erst erfüllt sein müssen, bevor andere sinnvollerweise eingesetzt werden dürfen (z. B. ist auf Abb. 1.4 die Teilfunktion „Zählen" erst nach „Kontrollieren auf Qualität" sinnvoll). Logische Zusammenhänge sind aber auch in Bezug auf eine Schaltungslogik nötig. Dazu dienen *logische Funktionen*, die in einer zweiwertigen Logik Aussagen wie wahr/unwahr, ja/nein, ein/aus, erfüllt/nicht erfüllt ermöglichen. Es wird zwischen UND-, ODER- und NICHT Funktionen sowie deren Kombination zu komplexen wie NOR- (ODER mit NICHT), NAND- (UND mit NICHT) oder Speicher-Funktionen mit Hilfe von Flip-Flops unterschieden (s. Bd. 1, Teil I).

1.1.3 Wirkzusammenhang

1.1.3.1 Physikalische Effekte

Teilfunktionen werden in der Regel vom physikalischen Geschehen erfüllt, das durch das Vorhandensein *physikalischer Effekte* ermöglicht wird. Der physikalische Effekt ist mittels physikalischer Gesetze, welche die beteiligten physikalischen Größen einander zuordnen, auch quantitativ beschreibbar. Sind diese Effekte im konkreten Fall einer Teilfunktion zugeordnet, so erhält man das *physikalische Wirkprinzip* dieser Teilfunktion (Abb. 1.5). Eine Teilfunktion kann von verschiedenen physikalischen Effekten erfüllt werden (s. Tab. 1.1).

1.1.3.2 Geometrische und stoffliche Merkmale

Die Stelle, an der das physikalische Geschehen zur Wirkung kommt, kennzeichnet den *Wirkort*. Die Erfüllung der Funktion bei Anwendung der physikalischen Effekte wird von der *Wirkgeometrie* (Anordnung von *Wirkflächen* und Wahl von *Wirkbewegungen*) erzwungen. Die Gestalt der Wirkfläche wird durch Art, Form, Lage, Größe und Anzahl einerseits variiert und andererseits festgelegt. In ähnlicher Weise wird die erforderliche Wirkbewegung bestimmt (s. Tab. 1.2). Darüber hinaus muss mindestens eine prinzipielle Vorstellung über die Art des *Werkstoffs* bestehen, mit dem die Wirkgeometrie realisiert werden soll. Erst die Gemeinsamkeit von physikalischem Effekt und geometrischen und stofflichen Merkmalen (Wirkfläche, Wirkbewegung und Werkstoff)

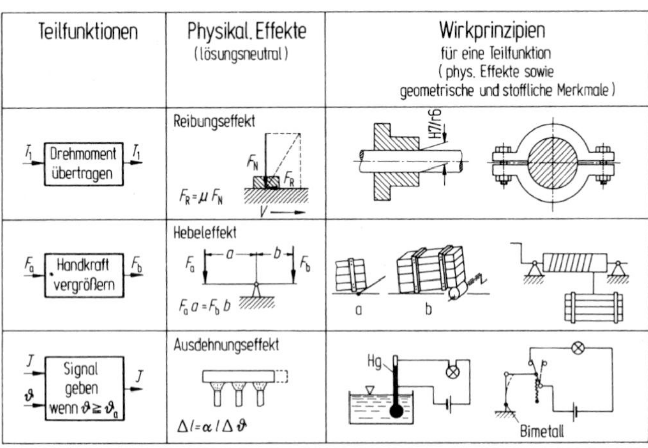

Abb. 1.5 Erfüllen von Teilfunktionen durch Wirkprinzipien, die aus physikalischen Effekten und geometrischen und stofflichen Merkmalen aufgebaut werden

Tab. 1.1 Ordnende Gesichtspunkte und Merkmale zur Variation auf physikalischer Suchebene

Ordnende Gesichtspunkte: Energiearten, physikalische Effekte und Erscheinungsformen	
Merkmale	Beispiele
mechanisch	Gravitation, Trägheit, Fliehkraft
hydraulisch	hydrostatisch, hydrodynamisch
pneumatisch	aerostatisch, aerodynamisch
elektrisch	elektrostatisch, elektrodynamisch, induktiv, kapazitiv, piezoelektrisch, Transformation, Gleichrichtung
magnetisch	ferromagnetisch, elektromagnetisch
optisch	Reflexion, Brechung, Beugung, Interferenz, Polarisation, infrarot, sichtbar, ultraviolett
thermisch	Ausdehnung, Bimetalleffekt, Wärmespeicher, Wärmeübertragung, Wärmeleitung, Wärmeisolierung
chemisch	Verbrennung, Oxidation, Reduktion, auflösen, binden, umwandeln, Elektrolyse, exotherme, endotherme Reaktion
nuklear	Strahlung, Isotopen, Energiequelle
biologisch	Gärung, Verrottung, Zersetzung

lässt das *Wirkprinzip* sichtbar werden (Abb. 1.5). Die Kombination mehrerer Wirkprinzipien führt zur *Wirkstruktur*, die das Prinzip der Lösung erkennen lässt.

Tab. 1.2 Ordnende Gesichtspunkte und Merkmale zur Variation auf gestalterischer Suchebene

Ordnende Gesichtspunkte: Wirkgeometrie, Wirkbewegung und prinzipielle Stoffeigenschaften	
Wirkgeometrie (Wirkkörper, Wirkfläche)	
Merkmale	Beispiele
Art	Punkt, Linie, Fläche, Körper
Form	Rundung, Kreis, Ellipse, Hyperbel, Parabel, Dreieck, Quadrat, Rechteck, Fünf-, Sechs-, Achteck; Zylinder, Kegel, Rhombus, Würfel, Kugel; symmetrisch, asymmetrisch
Lage	axial, radial, vertikal, horizontal; parallel, hintereinander
Größe	klein, groß, schmal, breit, hoch, niedrig
Anzahl	ungeteilt, geteilt; einfach, doppelt, mehrfach
Wirkbewegung	
Merkmale	Beispiele
Art	ruhend, translatorisch, rotatorisch
Form	gleichförmig, ungleichförmig, oszillierend; eben, räumlich
Richtung	in x, y, z-Richtung und/oder um x, y, z-Achse
Betrag	Höhe der Geschwindigkeit
Anzahl	eine, mehrere, zusammengesetzte Bewegungen
Prinzipielle Stoffeigenschaften	
Merkmale	Beispiele
Zustand	fest, flüssig, gasförmig
Verhalten	starr, elastisch, plastisch, zähflüssig
Form	Festkörper, Körner, Pulver, Staub

1.1.4 Bauzusammenhang

Der in der Wirkstruktur erkennbare Wirkzusammenhang ist die Grundlage bei der weiteren Konkretisierung, die zur *Produktstruktur* führt. Diese berücksichtigt den Aufbau eines Produktes, ausgehend von Bauteilen, Baugruppen und deren Zusammenhang im Produkt (Abb. 1.6).

Abb. 1.6 Zusammenhänge in technischen Systemen

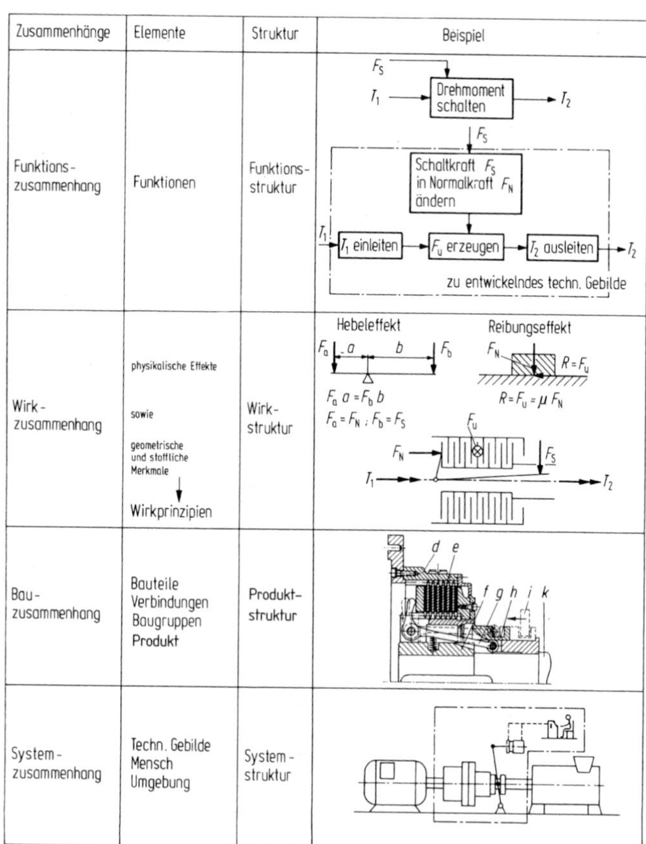

1.1.5 Übergeordneter Systemzusammenhang

Jedes zu gestaltende technische System ist immer auch Bestandteil eines oder mehrerer übergeordneter Systeme. Im Zusammenwirken mit Menschen handelt es sich dabei um sog. *sozio-technische Systeme*. Aus erwünschten bzw. unerwünschten Wechselwirkungen mit diesem übergeordneten (sozio-)technischen System ergeben sich Systemanforderungen an das zu gestaltende technische System.

Die Interaktion von Menschen mit technischen Systemen wird in *sozio-technischen Systemen* modelliert. In Produkt-Service-Systemen findet eine Integration von technischen Systemen und Dienstleistungen (Services) statt. Cyberphysikalische Systeme verbinden virtuelle mit physikalischen Produktkomponenten.

1.2 Methodisches Vorgehen

Ziel des methodischen Vorgehens ist die Unterstützung der Produktentwickler bzw. Konstrukteure beim Problemlösen. Charakteristisch sind die hohe *Komplexität* (viele Systemelemente und starke Wechselwirkungen untereinander), eine hohe *Dynamik* (die Randbedingungen und Ziele ändern sich während der Bearbeitung des Problems) sowie eine *geringe Transparenz* (nicht alle Randbedingungen und Ziele sind klar durchschaubar). Darüber hinaus müssen widersprüchliche Ziele im Produkt umgesetzt werden. Allgemein soll das Produkt in der Regel von möglichst hoher Qualität sein, geringen Anschaffungs- und Lebenslaufkosten verursachen sowie möglichst kurze Lieferzeiten haben.

Das methodische Vorgehen ermöglicht es Produktentwicklern einerseits, unter systematischer Berücksichtigung aller relevanten Randbedingungen einen möglichst guten Kompromiss aus diesen widersprüchlichen Anforderungen für die Lösung ihres Problems zu finden. Andererseits sorgt die methodische Vorgehensweise dafür, dass das Vorgehen strukturiert dokumentiert wird. Dies sichert das Unternehmens Knowhow und kann zudem bei der Umsetzung von gesetzlichen Dokumentationspflichten unterstützen. Die Anwendung einer Konstruktionsmethodik erlaubt zudem, angesichts neuer Erkenntnisse oder neuer Bearbeiter auf bisherige (Teil-)Ergebnisse aufzubauen und diese bei der Generierung neuer Lösungen weiterzuverwenden.

1.2.1 Allgemeine Arbeitsmethodik

Die allgemeine Arbeitsmethodik ergibt sich aus der Anwendung systemtechnischen Denkens auf den Problemlösungsprozess der Produktentwicklung. Diese bestehen aus der Abstraktion des Problems von der konkreten Anwendung, der Zerlegung des Gesamtsystems in Teilsysteme, dem Suchen nach Lösungen für die Teilsysteme, dem Bewerten und Auswählen möglicher Teillösungen, der Kombination der Teillösungen zu Gesamtlösungen sowie Bewerten und Auswählen von geeigneter Gesamtlösungen.

Das Vorgehen wird dabei in einzelne Arbeitsphasen untergliedert, die ausgehend von einer abstrakten Lösung schrittweise konkretisieren. In den einzelnen Phasen werden unterstützende Methoden eingesetzt, die sowohl intuitiv als auch diskursiv betont sein können.

Die Umsetzung der allgemeinen Arbeitsmethodik in konkrete Arbeitsschritte und -ergebnisse stellt die grundsätzliche Logik des Problemlösungsprozesses dar und wird in der VDI 2221 (1993) [2, 32] beschrieben. In der in Überarbeitung befindlichen Version der Richtlinie VDI 2221 [32] wird die Umsetzung dieser Vorgehenslogik in unternehmensspezifischen Produktentwicklungsprozesse näher erläutert sowie auf die zu berücksichtigenden Kontextfaktoren eingegangen.

1.2.2 Abstrahieren zum Erkennen der Funktionen

Der Lösungsprozess läuft in Arbeits- und Entscheidungsschritten in der Regel vom *Qualitativen* immer konkreter werdend zum *Quantitativen* ab. Die Aufgabenstellung bewirkt im Allgemeinen zunächst eine *Konfrontation* mit Problemen und (noch) nicht bekannten Realisationsmöglichkeiten. Weitere allgemeingültige Stufen eines Lösungsprozesses bestehen in einer *Information* über die Aufgabenstellung, *Definition* der wesentlichen Probleme, *Kreation* der Lösungsideen, *Beurteilung* der Lösungen in Hinblick auf die Ziele der Aufgabenstellung und *Entscheidung* über das weitere Vorgehen [1]. Die VDI-Richtlinie 2221 [2, 32] hat ein für viele Anwendungsgebiete geeignetes Vorgehen beim Entwickeln und Konstruieren erarbeitet (Abb. 1.7).

1.2.3 Suche nach Lösungsprinzipien

Bei der Lösungssuche stehen Informationsgewinnung und -verarbeitung mittels Analyse und Synthese im Vordergrund. Konventionelle Hilfsmittel dazu sind Literatur- und Patentrecherchen, Analyse natürlicher und bekannter technischer Systeme, Analogiebetrachtungen, Messungen, Modellversuche. Kreativitätstechniken machen von folgenden Methoden Gebrauch, sodass man sie als allgemein anwendbare Grundlage ansehen kann [3]: gezieltes Fragen, Negation und Neukonzeption, bewusstes Vorwärtsschreiten, Rückwärtsschreiten, Gliederung in Teilprobleme (Faktorisierung) und Systematisieren.

In der Praxis kommen oft Kombinationen unterschiedlicher Methoden zu Anwendung. Beispielsweise kann der Lösungsraum zunächst mit Hilfe von Brainstorming (intuitiv betonte Methode) grob eingegrenzt werden, um dann darauf aufbauend eine Systematisierung der gefundenen Lösungen in einem Ordnungsschema (diskursiv betonte Methode) vorzunehmen, die dann wiederum durch systematische Kombination zur Entwicklung neuen Lösungsmöglichkeiten anregt. Ein Überblick über in der Produktenwicklung anwendbare Methoden findet sich in [1] und [4].

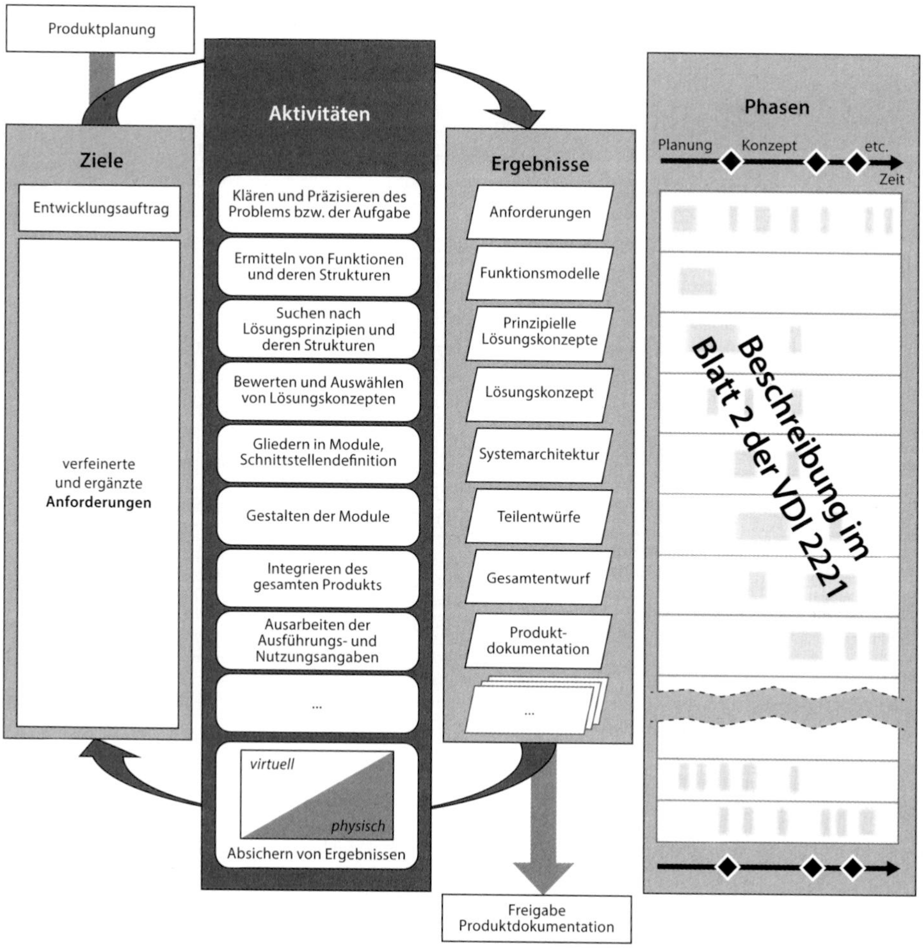

Abb. 1.7 Allgemeines Modell der Produktentwicklung nach [32]

1.2.3.1 Intuitiv betonte Methoden

Diese Methoden stützen sich weitgehend auf Ideenassoziation als Folge unbefangener Äußerungen von Partnern, Analogievorstellungen und gruppendynamischer Effekte. Sie sind mehr oder weniger formalisiert als *Brainstorming*, *Galeriemethode*, *Synektik*, *Methode 635* und *Delphi-Methode* bekannt geworden. Am einfachsten und wenig aufwändig ist das Brainstorming, während die Galeriemethode bei Gestaltungsproblemen besonders hilfreich ist.

1.2.3.2 Diskursiv betonte Methoden

Diese Methoden streben eine Lösung durch bewusst schrittweises Vorgehen an, was aber die Intuition nicht ausschließt. Im Wesentlichen wird zum einen eine systematische Untersuchung des beteiligten oder denkbaren physikalischen Geschehens angestellt, zum anderen werden aus bisher erkannten Zusammenhängen funktioneller, physikalischer oder gestalterischer Art *ordnende Gesichtspunkte* abgeleitet, die in einem Suchschema (Ordnungsschema) Anregung für neue oder andere Lösungsprinzipien sein können.

Systematische Untersuchung des physikalischen Geschehens führt – besonders bei Beteiligung mehrerer physikalischer Größen – dadurch zu verschiedenen Lösungen, dass man die Beziehungen zwischen ihnen, also den Zusammenhang zwischen einer abhängigen und einer unabhängigen Veränderlichen, nacheinander analysiert, wobei die jeweils übrigen Einflussgrößen konstant gehalten werden. Für die Gleichung $y =$

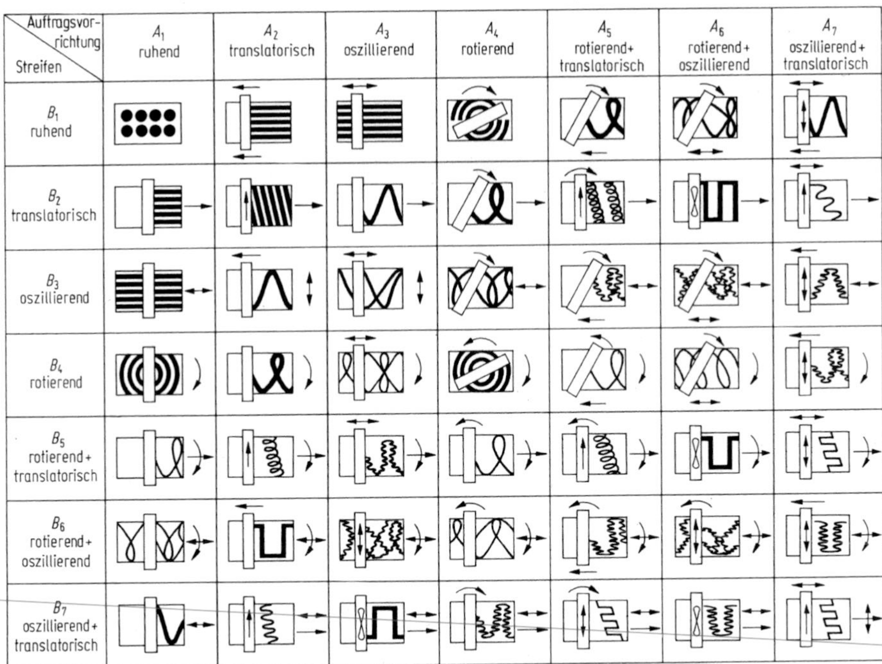

Abb. 1.8 Möglichkeiten zum Beschichten von Teppichbahnen durch Kombination von Bewegungen der Teppichbahn (allg.: Streifen) und der Auftragsvorrichtung (Auszug)

$f\,(u,v,w)$ werden Lösungsvarianten für die Beziehungen $y_1 = f\,(u,\underline{v},\underline{w})$, $y_2 = f\,(\underline{u},v,\underline{w})$ und $y_3 = f\,(\underline{u},\underline{v},w)$ gesucht, wobei die unterstrichenen Größen konstant bleiben sollen. Die sich ergebenden Zusammenhänge werden durch jeweils unterschiedliche Lösungsprinzipien, Wirkflächen oder schon bekannte Bauteile in konkreter Form realisiert [5].

Systematische Suche mit Hilfe von Ordnungsschemata. Eine systematische, geordnete Darstellung von Informationen regt zum Suchen nach weiteren Lösungen an.

Sie lässt wesentliche Lösungsmerkmale erkennen, die wiederum Anregung zur Vervollständigung sein können, und ergibt einen Überblick denkbarer Möglichkeiten und Verknüpfungen. Ordnungsschemata sind beim Konstruktionsprozess vielfältig als Suchschema, Verträglichkeitsmatrix oder Katalog verwendbar [6]. Das allgemein übliche zweidimensionale Schema besteht aus *Spalten* und *Zeilen*, denen Parameter zugeordnet werden, die von einem *ordnenden Gesichtspunkt* abgeleitet sind. In den Schnittfeldern des Schemas (Matrix) werden die Lösungen eingetragen. Bei dem auf Abb. 1.8 dargestellten Beispiel ist der ordnende Gesichtspunkt für die Zeilen die Bewegungsart des Streifens und der für die Spalten die Bewegungsart der Auftragsvorrichtung mit den Parametern ruhend, translatorisch, oszillierend und rotierend bewegt einschließlich der denkbaren Kombinationen. Hilfen zur Wahl von ordnenden Gesichtspunkten und Parametern können die Tab. 1.1 und 1.2 geben. Werden in der Kopfspalte *Teilfunktionen* und in die Kopfzeile *Merkmale zur Lösungssuche* eingetragen, ergeben sich in den Schnittfeldern Lösungen zu einzelnen Teilfunktionen, die zusammengefügt jeweils die *Gesamtfunktion* erfüllen. Stehen $m1$ Lösungen für die Teilfunktion $F1$, $m2$ für die Teilfunktion $F2$ usw. zur Verfügung, so erhält man bei einer vollständigen Kombination $N = m_1 m_2 \ldots m_n$ theoretisch mögliche Varianten für die Gesamtlösung (Abb. 1.9). Selbstverständlich sind nicht alle Kombinationen sinnvoll und verträglich. Nur die aussichtsreich erscheinenden werden weiter verfolgt.

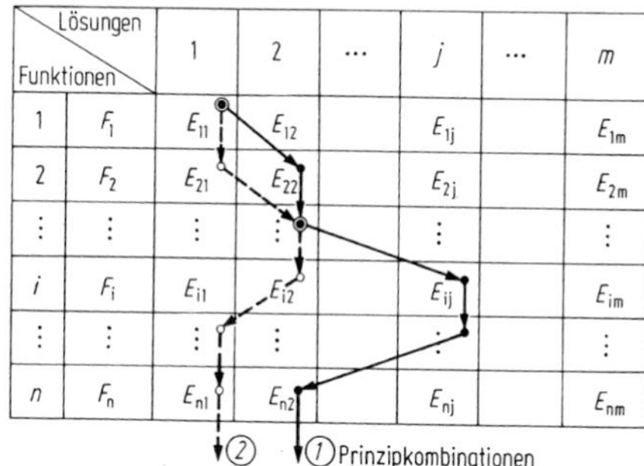

Abb. 1.9 Kombination zu Prinzipkombinationen, welche die Gesamtfunktion durch unterschiedliche Lösungsprinzipien der einzelnen Teilfunktionen erfüllen

Systematische Suche mit Hilfe von Katalogen. Bei wiederkehrenden Aufgaben und solchen, die eine gewisse Allgemeingültigkeit aufweisen, kann sehr vorteilhaft von *Katalogen* Gebrauch gemacht werden [7]. Dies können Kataloge von Zulieferern oder auch mehr oder weniger vollständige Lösungssammlungen sein. Bei einer systematischen Zuordnung von Lösungsmerkmalen zu Bedingungen der jeweiligen Aufgabenstellung kann eine geeignete Lösung direkt übernommen oder aber weitere, neue Anregungen gewonnen werden [8]. Von besonderem Vorteil sind systematisch aufgebaute Kataloge, weil sie neben einem hohen Grad an Vollständigkeit auch noch die charakteristischen Merkmale und Eigenschaften der Lösungen im Vergleich erkennen lassen. Die so erkennbare Systematik ist aber gleichzeitig eine ausgezeichnete Grundlage für die eigene weiterführende Lösungssuche. Roth [6] hat neben einer großen Anzahl unterschiedlicher Kataloge Aufbau und Nutzung solcher *Kataloge* in ausführlicher Weise dargelegt: In der Regel soll er aus einem *Gliederungsteil* (ordnende Gesichtspunkte zur Einteilung, aus denen Umfang und Vollständigkeit ersichtlich sind), *Hauptteil* (Inhalt in Form von Objekten mit erläuternden Formeln und Skizzen) und dem *Zugriffsteil* (Eigenschaftsmerkmale, die eine sichere und einfache Auswahl ermöglichen) bestehen.

TRIZ. TRIZ bezeichnet eine Abkürzung aus dem Russischen für die *Theorie des erfinderischen Problemlösens*, entwickelt ab 1945 von G. Altschuller. Es handelt sich um eine übergeordnete Systematik, in die eine Reihe kombinierbarer Einzelmethoden zur Entwicklung innovativer Ideen und Produkte eingebunden sind. Sie enthält sowohl diskursive als auch intuitive Elemente der Lösungssuche. Basierend auf der Definition eines idealen Endresultats für ein komplexes Entwicklungsproblem und der damit verbundenen Identifikation scheinbar unlösbarer technischer Widersprüche wird TRIZ typischerweise bei Zielkonflikten zwischen Systemparametern eingesetzt. Aufbauend auf der Analyse von ca. 200 000 Patenten fand Altschuller 40 vom konkreten Anwendungsfall unabhängige *innovative Grundprinzipien*, die geeignet sind, Widersprüche zwischen 39 – ebenfalls allgemeingültig definierten – *technischen Parametern* aufzulösen [9]. Die grundsätzliche Vorgehensweise besteht darin, ein vorliegendes Problem vom konkreten Anwendungsfall so zu abstrahieren, dass es sich auf ein verallgemeinerbares Standardproblem zurückführen lässt. Mit Hilfe der *Widerspruchsmatrix* sowie den *innovativen Grundprinzipien* wird das Problem auf allgemeiner Ebene gelöst. Im folgenden Schritt wird die gefundene allgemeine Lösung auf das vorliegende konkrete Problem (rück-)übertragen.

Das aus diesen Grundgedanken durch unterschiedliche Experten stetig weiterentwickelte Methodenbündel unterstützt Anwender umfangreich bei vielen Schritten des Problemlösungsprozesses mit Analyseinstrumenten, Methoden, Lösungsprinzipien und Checklisten. Weiterführende Literatur zu TRIZ findet sich in [1, 10, 11]. Viele Praktische Beispiele sowie die TRIZ Ausbildung beschreibt Orloff in [12, 13] sowie unter www.modern-triz-academy.com.

1.2.4 Beurteilen von Lösungen

Grundlage für die Beurteilung von Lösungen sind die Ziele und Randbedingungen des Entwicklungsproblems, die in den Anforderungen dokumentiert sein müssen.

1.2.4.1 Auswahlverfahren

Ein formalisiertes Auswahlverfahren erleichtert durch *Ausscheiden* und *Bevorzugen* die Auswahl besonders bei einer großen Zahl von Vorschlägen oder Kombinationen. Grundsätzlich sollte ein solcher Auswahlvorgang nach jedem Arbeitsschritt, bei dem Varianten auftreten, durchgeführt werden. Weiterverfolgt wird nur das, was mit der Aufgabe und/oder untereinander *verträglich* ist, *Forderungen* der Anforderungsliste *erfüllt*, eine *Realisierungsmöglichkeit* hinsichtlich Wirkungshöhe, Größe, Anordnung usw. *erkennen* und einen *zulässigen Aufwand* erwarten lässt. Eine Bevorzugung lässt sich dann rechtfertigen, wenn bei noch sehr viel verbliebenen Varianten solche dabei sind, die eine *unmittelbare Sicherheitstechnik* oder günstige ergonomische Voraussetzungen bieten oder *im eigenen Bereich* mit bekannten Know-how, Werkstoffen oder Arbeitsverfahren sowie günstiger Patentlage leicht *realisierbar* erscheinen [1].

1.2.4.2 Bewertungsverfahren

Zur genaueren Beurteilung von Lösungen, die nach einem Auswahlverfahren weiter zu verfolgen sind, soll eine Bewertung den Wert einer Lösung in Bezug auf vorher gestellte Ziele ermitteln. Hierbei sind technische und wirtschaftliche Gesichtspunkte zu berücksichtigen. Methoden: Nutzwertanalyse [14] und technisch-wirtschaftliche Bewertung nach VDI Richtlinie 2225, die im Wesentlichen auf Kesselring [15, 16] zurückgeht. Generelle Arbeitsschritte der Bewertungsverfahren:

Erkennen von Bewertungskriterien. Eine Zielvorstellung umfasst in der Regel mehrere Ziele. Von ihr leiten sich die Bewertungskriterien unmittelbar ab. Sie werden wegen der späteren Zuordnung zu den Wertvorstellungen positiv formuliert (z. B. „geräuscharm" und nicht „laut"). Die Mindestforderungen und Wünsche der Anforderungsliste (erfüllte Forderungen werden nicht mehr berücksichtigt, s. o.: Auswahlverfahren) und allgemeine technische Eigenschaften (Tab. 1.3) geben Hinweise für die Bewertungskriterien. Die Bewertungskriterien müssen voneinander unabhängig sein, damit Doppelbewertungen vermieden werden.

Tab. 1.3 Leitlinie mit Hauptmerkmalen zum Bewerten

Hauptmerkmal	Beispiele
Funktion	Eigenschaften erforderlicher Nebenfunktionsträger, die sich aus dem gewählten Lösungsprinzip oder aus der Konzeptvariante zwangsläufig ergeben
Wirkprinzip	Eigenschaften des oder der gewählten Prinzipien hinsichtlich einfacher und eindeutiger Funktionserfüllung, ausreichende Wirkung, geringe Störgrößen
Gestaltung	geringe Zahl der Komponenten, wenig Komplexität, geringer Raumbedarf, keine besonderen Werkstoff- und Auslegungsprobleme
Sicherheit	Bevorzugung der unmittelbaren Sicherheitstechnik (von Natur aus sicher), keine zusätzlichen Schutzmaßnahmen nötig; Arbeits- und Umweltsicherheit gewährleistet
Ergonomie	Mensch-Maschine-Beziehung befriedigend, keine Belastung oder Beeinträchtigung, gute Formgestaltung
Fertigung	wenige und gebräuchliche Fertigungsverfahren, keine aufwändigen Vorrichtungen, geringe Zahl einfacher Teile
Kontrolle	wenige Kontrollen oder Prüfungen notwendig, einfach aussagesicher durchführbar
Montage	leicht, bequem und schnell, keine besonderen Hilfsmittel
Transport	normale Transportmöglichkeiten, keine Risiken
Gebrauch	einfacher Betrieb, lange Lebensdauer, geringer Verschleiß, leichte und sinnfällige Bedienung
Instandhaltung	geringe und einfache Wartung und Säuberung, leichte Inspektion, problemlose Instandsetzung
Recycling	Gute Verwertbarkeit, problemlose Beseitigung
Aufwand	keine besonderen Betriebs- oder sonstige Nebenkosten, keine Terminrisiken

Untersuchen der Bedeutung für den Gesamtwert. Wenn möglich, ist nur Gleichgewichtiges zu bewerten. Unbedeutende Bewertungskriterien scheiden aus. Unterschiedliche Bedeutung ist mittels Gewichtungsfaktoren zu berücksichtigen. Tab. 1.4 zeigt beide Möglichkeiten.

Zusammenstellen der Eigenschaftsgrößen. Das Zuordnen von Wertvorstellungen wird erleichtert, wenn quantitative Kennwerte für die Eigenschaftsgrößen angegeben werden können, was aber nicht immer möglich ist. Dann sind qualitative verbale Aussagen zu formulieren (Tab. 1.4).

Beurteilen nach Wertvorstellungen. Mit dem Vergeben von Werten (Punkten) geschieht die eigentliche Bewertung. Die Werte ergeben sich aus den ermittelten Eigenschaftsgrößen durch Zuordnen von Wertvorstellungen (w_{ij} bzw. wg_{ij}). Die Nutzwertanalyse benutzt ein größeres (0 D unbrauchbar, bis 10 D ideal), die VDI-Richtlinie 2225 ein kleineres (0 bis 4) Spektrum. Bei der Zuordnung der Werte besteht die Gefahr subjektiver Beeinflussung. Deshalb ist die Vergabe von einer Gruppe von Beurteilenden durchzuführen, und zwar Kriterium nach Kriterium für alle Varianten (Zeile für Zeile), niemals Variante nach Variante.

Bestimmen des Gesamtwerts. Die Addition der ungewichteten bzw. gewichteten Teilwerte (w_j bzw. wg_j) ergibt den Gesamtwert.

Vergleich der Varianten. Hierzu ist es zweckmäßig, die Wertigkeit der Variante zu bestimmen, indem man den Gesamtwert auf den maximal möglichen Gesamtwert (Idealwert) bezieht. In vielen Fällen empfiehlt es sich, eine technische Wertigkeit W_t und eine wirtschaftliche Wertigkeit W_w getrennt zu ermitteln, besonders dann, wenn für letztere die Herstellkosten oder Preise bekannt sind. Die technische Wertigkeit W_t wird bestimmt nach

$$W_j = \frac{\sum_{i=1}^{n} w_{ij}}{w_{\max} n} \quad \text{(ungewichtet) bzw.}$$

$$W_{gj} = \frac{\sum_{i=1}^{n} g_i\, w_{ij}}{w_{\max} \sum_{i=1}^{n} g_i} \quad \text{(gewichtet).}$$

Beide Wertigkeiten lassen sich in einem Wertigkeitsdiagramm zuordnen und auf ihre gegenseitige Ausgewogenheit überprüfen [14, 16].

Abschätzen von Beurteilungsunsicherheiten. Bevor eine Entscheidung gefällt wird, ist abzuschätzen, in welchem Maße Unsicherheiten in der

Tab. 1.4 Mit Werten ergänzte Bewertungsliste, Zahlenwerte beispielsweise (Auszug)

Bewertungskriterien			Eigenschaftsgrößen		Variante V_1 (z. B. M_I)			Variante V_2 (z. B. M_V)		
Nr.		Gew.		Einh.	Eigensch. e_{i1}	Wert w_{i1}	Gew. Wert wg_{i1}	Eigensch. e_{i2}	Wert w_{i2}	Gew. Wert wg_{i2}
1	geringer Kraftstoffverbrauch	0,3	Kraftstoffverbrauch	$\frac{g}{kWh}$	240	8	2,4	300	5	1,5
2	leichte Bauart	0,15	Leistungsgewicht	$\frac{kg}{kW}$	1,7	9	1,35	2,7	4	0,6
3	einfache Fertigung	0,1	Einfachheit der Gussteile	–	kompliziert	2	0,2	mittel	5	0,5
4	hohe Lebensdauer	0,2	Lebensdauer	Fahr-km	80 000	4	0,8	150 000	7	1,4
⋮	⋮	⋮	⋮	⋮	⋮	⋮	⋮	⋮	⋮	⋮
i		g_i			e_{i1}	w_{i1}	wg_{i1}	e_{i2}	w_{i2}	wg_{i2}
⋮	⋮	⋮	⋮	⋮	⋮	⋮	⋮	⋮	⋮	⋮
n		g_n			e_{n1}	w_{n1}	wg_{n1}	e_{n2}	w_{n2}	wg_{n2}
		$\sum_{i=1}^{n} g_i = 1$				Gw_1 W_1	Gwg_1 Wg_1		Gw_2 W_2	Gwg_2 Wg_2

Wertvergabe aufgrund von Informationsmangel und unterschiedlicher Einzelbeurteilung bestehen könnten. Gegebenenfalls ist ein Wertigkeitsbereich oder eine Tendenz zusätzlich zu vermerken. Wertigkeiten geringen Unterschieds legen dabei noch keine Rangfolge fest.

Suchen nach Schwachstellen. Unterdurchschnittliche Werte bezüglich einzelner Bewertungskriterien machen Schwachstellen erkennbar. In der Regel ist eine Variante mit etwas geringerer Wertigkeit aber ausgeglichenen Einzelwerten günstiger als eine mit höherer Wertigkeit aber ausgeprägter Schwachstelle, die sich möglicherweise als nicht befriedigend herausstellen kann.

Bewerten mit unscharf erfassbaren Kriterien. Bei den in der Praxis verwendeten Bewertungskriterien handelt es sich häufig nicht um exakt quantifizierbare, sondern um verbale Beschreibungen, d. h. sie sind unscharf. Ihre Werte liegen in einem bestimmten Intervall mit einer prozentualen Zugehörigkeit (Wahrscheinlichkeit) zwischen 0 und 1. Gleiches gilt prinzipiell auch für Gewichtungsfaktoren. Zur Objektivierung dieses Problems schlagen Breiing und Knosala ein grafisch/mathematisches Verfahren auf Basis von Zugehörigkeitsfunktionen [17] vor. Die prinzipiellen Arbeitsschritte dieser Bewertungsverfahren verlaufen wie zuvor in diesem Kapitel geschildert [18]. In der Praxis kommen diese Bewertungsverfahren für Investitionen von großer unternehmerischer Tragweite zum Einsatz.

1.2.5 Kostenermittlung

Kosten sind neben Qualität und Termin ein zentrales Bewertungskriterium. Deshalb müssen realistische Kostenziele zu Beginn der Entwicklung mit geeigneten Methoden ermittelt und parallel zum Entwicklungsfortschritt nachverfolgt werden.

Herstellkosten HK setzen sich aus *Materialkosten* MK (Fertigungs- und Zuliefermaterial) und *Fertigungskosten* FK zusammen [19]. $HK = MK + FK$. Gegebenenfalls werden noch Sonderkosten der Fertigung zugeschlagen. Bei der differenzierten Zuschlagskalkulation, wie sie bei der Herstellung technischer Produkte üblich ist, ergeben sich die Materialkosten MK aus den Kosten für Fertigungsmaterial FM (ggf. zuzüglich Zuliefermaterial) und den *Materialgemeinkosten* MGK, welche die Kosten der Materialwirtschaft abdecken, sowie die *Fertigungskosten* FK aus den *Fertigungslöhnen* FL und den *Fertigungsgemeinkosten* FGK. $MK = FM + MGK$ und $FK = FL + FGK$. Materialkosten und Fertigungslohnkosten sind variable (vom Beschäftigungsgrad abhängige) Kosten. Die neben dem Fertigungslohn mit der Fertigung verbundenen zusätzlichen Kosten werden unterteilt in feste (fixe) Gemeinkosten (z. B. Amortisation der Fertigungsmittel, Raummiete, Gehälter) und mit der Fertigung unmittelbar verknüpfte, variable (proportionale) Gemeinkosten (z. B. Energiekosten, Werkzeugkosten, Instandhaltung, Hilfslöhne). Zur Erhöhung der Kalkulationsgenauigkeit wird häufig eine *Kostenstellenkalkulation* durchgeführt, die für jede Kostenstelle aus dem dort geltenden Verhältnis von Gemeinkosten zu Einzelkosten einen gesonderten Zuschlagssatz ermittelt und berücksichtigt. Die Herstellkosten ergeben sich dann aus der Kostensumme aller Kostenstellen

$$\begin{aligned} & FM_1 + MGK_1 + FL_1 + FGK_1 + FM_2 + MGK_2 \\ & + FL_2 + FGK_2 + \ldots \\ & = \sum FM_i\,(1 + g_{Mi}) + FL_i\,(1 + g_{Li}) \ . \end{aligned}$$

Der Fertigungslohn ergibt sich aus der Summe der Grund-, Erholungs- und Verteilzeit, gegebenenfalls noch zuzüglich Rüstzeit, multipliziert mit einem Lohnsatz (Lohngruppe) in Geldeinheit (z. B. Euro)/Zeiteinheit. Eine wichtige Größe zur Preisfindung sind die *Selbstkosten*, die sich aus den Herstellkosten HK, den Entwicklungs- und Konstruktionskosten EKK, den Verwaltungsgemeinkosten $VwGK$ und den Vertriebsgemeinkosten $VtGK$ ergeben. $SK = HK + EKK + VwGK + VtGK$. Hinweise für die konkrete Kostenermittlung s. VDI-Richtlinie 2225 (s. Abschn. 44.6).

1.2.5.1 Kostenfrüherkennung

Für den Konstrukteur ist es hilfreich, Kostentendenzen bereits bei der Variation von Lösungen zu erkennen. Dabei genügt es in der Regel, nur die variablen Kosten zu betrachten. Hierfür haben sich folgende Möglichkeiten entwickelt:

Relativkostenkataloge. In diesen werden Preise bzw. Kosten auf eine Vergleichsgröße bezogen. Dadurch ist die Angabe sehr viel länger gültig als bei Absolutkosten. Gebräuchlich sind Relativkostenkataloge für Werkstoffe, Halbzeuge und Normteile. In [15] sind z. B. relative Werkstoffkosten zusammengestellt.

Kostenschätzung über Materialkostenanteil. Ist in einem bestimmten Anwendungsbereich das Verhältnis m von Materialkosten MK zu Herstellkosten HK bekannt und annähernd gleich, können nach [15] bei ermittelten Materialkosten die Herstellkosten abgeschätzt werden. Sie ergeben sich dann zu $HK = MK/m$. Dieses Verfahren versagt allerdings bei stärkeren Änderungen der Baugröße.

Kostenschätzung mit Hilfe von Regressionsrechnungen. Durch statistische Auswertung von Kalkulationsunterlagen werden Kosten in Abhängigkeit von charakteristischen Größen (z. B. Leistung, Gewicht, Durchmesser, Achshöhe) ermittelt. Mit Hilfe der Regressionsrechnung (s. Bd. 1, Teil I) wird ein Zusammenhang gesucht, der mit Hilfe der Regressionskoeffizienten und -exponenten die Regressionsgleichung bestimmt. Mit ihr können dann die Kosten bei einer gewissen Streubreite errechnet werden. Der Aufwand zur Erstellung kann erheblich sein und ist meist nicht ohne Rechnereinsatz möglich. Die Regressionsgleichung sollte so aufgebaut werden, dass aus Gründen der Aktualisierung sich ändernde Größen, wie Stundensätze, eigene Faktoren darstellen oder in Form von Relativkosten gebracht werden. Die Exponenten und Koeffizienten der Regressionsgleichung lassen in der Regel keinen Schluss auf den kostenmäßigen Zusammenhang zu den gewählten geometrischen oder technischen Kenngrößen zu, sie haben mathematisch formalen Charakter. Weitere Angaben zum Vorgehen und Beispiele der Anwendung s. [20].

Kostenschätzung mit Hilfe von Ähnlichkeitsbeziehungen. Liegen geometrisch ähnliche oder halbähnliche Bauteile in einer Baureihe (s. Abschn. 1.5) oder auch nur als eine Variante von schon bekannten vor, sind die Bestimmungen von Kostenwachstumsgesetzen aus Ähnlichkeitsbeziehungen zweckmäßig. Der Stufensprung der Kosten φ_{HK} stellt das Verhältnis der Kosten des *Folgeentwurfs* HK_q (gesuchte Kosten) zu denen des *Grundentwurfs* HK_0 (bekannte Kosten) dar und wird über Ähnlichkeitsbetrachtung ermittelt:

$$\varphi_{HK} = \frac{HK_q}{HK_0} = \frac{MK_q + \sum FK_q}{MK_0 + \sum FK_0}$$

Das Verhältnis der Materialkosten und der einzelnen Fertigungskosten bzw. -zeiten, z. B. für Drehen, Bohren, Schleifen, zu den Herstellkosten wird am Grundentwurf berechnet:

$$a_m = MK_0/HK_0; \quad a_{F,k} = FK_{k,0}/HK_0$$

je k. Fertigungsoperation. Bei bekannten Kostenwachstumgesetzen der Einzelanteile ergibt sich das Kostenwachstumsgesetz des Ganzen mit:

$$\varphi_{HK} = a_m \varphi_{MK} + \sum_k a_{F,k} \varphi_{FK,k}$$

In allgemeiner Form lässt sich in Abhängigkeit von einer charakteristischen Länge schreiben:

$$\varphi_{HK} = \sum_i a_i \varphi_L^{x_i}; \quad \varphi_L = L_q/L_0$$

Mit $\sum_i a_i = 1$ und $a_i \geq 0$.

Die Bestimmung der Exponenten x_i in Abhängigkeit von den entsprechenden Abmessungen (charakteristische Länge) ist für geometrisch ähnliche Teile einfach. Es kann noch mit ganzzahligen Exponenten gearbeitet werden:

$$\varphi_{HK} = a_3 \varphi_L^3 + a_2 \varphi_L^2 + a_1 \varphi_L^1 + (a_0/\varphi_z)$$

mit $\varphi_z = z_q/z_0$; z Losgröße.

Für Materialkosten gilt im Allgemeinen $\varphi_{MK} = \varphi_L^3$. Für die Fertigungsoperationen dient Tab. 1.5. Die Anteile a_i werden in einem Schema (Beispiel in Tab. 1.6) aus dem Grundentwurf unter Zuordnung zu den einzelnen ganzzahligen Exponenten errechnet. Das Kostenwachstumsgesetz dieses Beispiels wäre dann

$$\varphi_{HK} = 0{,}49\varphi_L^3 + 0{,}26\varphi_L^2 + 0{,}20\varphi_L + 0{,}05.$$

Eine doppelt so große geometrisch ähnliche Variante mit $\varphi_L = 2$ würde dann eine Kostensteigerung mit Stufensprung $\varphi_{HK} = 5{,}41$ ergeben. Bei halbähnlichen Varianten sind nur die sich jeweils ändernden Längen mit entsprechenden zugehörigen Exponenten einzusetzen. Die konstant bleibenden Anteile gehen dann in das letzte Glied der Gleichung. Beispiele und Anwendung auf Baugruppen sowie Ermittlung von Kostenstrukturen in [21]. Regeln zur Kostenabsenkung s. [19, 20].

1.2.5.2 Wertanalyse

Die Wertanalyse ist ein planmäßiges Verfahren zur Minimierung der Kosten unter Einfluss umfassender Gesichtspunkte (DIN EN 1325: Value Management, [22]). Aus den kalkulierten Kosten der Einzelteile wird festgestellt, welche Kosten zur Erfüllung der geforderten Gesamtfunktion und notwendigen Teilfunktionen entstehen. Solche „Funktionskosten" sind eine aus-

Tab. 1.5 Exponenten für Zeiten je Einheit bei geometrischer Ähnlichkeit unterschiedlicher Fertigungsoptionen nach [19]

Maschinentyp	Verfahren	Exponent		Treff-sicherheit
		errechnet	gerundet	
Universal-Drehbank	Außen- und Innendrehen	2	2	++
	Gewindedrehen	≈ 1	1	+
	Abstechen	$\approx 1{,}5$	1	+
	Nuten drehen Fasen drehen	≈ 1	1	+
Karussell-Drehmaschine	Außen- und Innendrehen	2	2	++
Radialbohrmaschine	Bohren Gewindeschneiden Senken	≈ 1	1	0
Bohr- und Fräswerke	Drehen Bohren Fräsen	≈ 1	1	0
Nutenfräsmaschine	Passfedernuten fräsen	$\approx 1{,}2$	1	+
Universal-Rundschleifmaschine	Außenrundschleifen	$\approx 1{,}8$	2	++
Kreissäge	Profile sägen	≈ 2	2	0
Tafelschere	Bleche scheren	1,5…1,8	2	+
Kantmaschine	Bleche kanten	$\approx 1{,}25$	1	+
Presse	Profile richten	1,6…1,7	2	+
Fasmaschine	Bleche fasen	1	1	++
Brennmaschine	Bleche brennen	1,25	1	++
MIG- und	I-Nähte V, X,	2	2	++
E-Handschweißen	Kehl-, Ecknähte	2,5	2	++
Glühen		3	3	++
Sandstrahlen (je nach Verrechnung über Gewicht oder Oberfläche)		2 oder 3	2 oder 3	++
Montage		1	1	++
Heften zum Schweißen		1	1	++
Verputzen von Hand		1	1	++
Lackieren		2	2	++

++ Gute Treffsicherheit, + Geringer als bei ++, 0 Stärkere Streuungen sind möglich

Tab. 1.6 Errechnung der Anteile a_i für das Kostenwachstumsgesetz an Hand des Standardablaufplans und der Einzelkosten des Grundentwurfs (Beispiel)

Operation		Kosten, mit φ_L^3 steigend	Kosten, mit φ_L^2 steigend	Kosten, mit φ_L steigend	Konstante Kosten
Material		800			
Brennen	Fügen			60	15
Fasen				35	
Heften			500	105	
Schweißen					
Glühen		80			
Sandstrahlen		40		40	70
Anreißen	mech.			100	15
Bohrwerk	Bearb.			30	
Raboma					
1890 DM $= H_0 =$		Σ_3 (=920)	+ Σ_2 (=500)	+ Σ_1 (=370)	+ Σ_0 (=100)
		Σ_3/H_0 (=0,49)	+ Σ_2/H_0 (=0,26)	+ Σ_1/H_0 (=0,20)	+ Σ_0/H_0 (=0,05)

sagefähige Grundlage zur Beurteilung von Varianten, da gleichermaßen Gesichtspunkte des Vertriebs (sind alle Funktionen unbedingt erforderlich?), der Konstruktion (Wahl geeigneter Funktionsstrukturen und Lösungskonzepte sowie damit notwendiger Teilfunktionen) und der Fertigung (Gestaltung der Einzelteile) erfasst und kritisch beleuchtet werden. Aus dieser Untersuchung ergeben sich wichtige Hinweise zur Suche nach neuen Lösungen mit merklicher Kostenminderung. Die Wertanalyse nutzt bei der nachträglichen Überprüfung dieselben Methoden und Hilfsmittel wie das methodische Konstruieren. Beide sind daher miteinander verträglich und ergänzen einander.

1.3 Arbeitsphasen im Produktentwicklungsprozess

Bei der Entwicklung von Produkten werden typische *Arbeitsphasen* durchlaufen, wobei definierte *Arbeitsergebnisse* erzielt werden (VDI 2221) [2, 32]. Das Durchlaufen der Arbeitsphasen erfolgt nicht streng sequentiell, sondern ist geprägt von *Iterationen zwischen den Phasen*. Ursache dafür ist die beim Lösen komplexer Produktentwicklungsprobleme unvermeidliche Koevolution von Problem und Lösung [11], die die wechselseitige, aufeinander aufbauende Weiterentwicklung von Problem- und Lösungsbeschreibung aufgrund von Detaillierung und Erkenntnisfortschritt im Entwicklungsprozess bezeichnet.

Der mit den Iterationssprüngen verbundene Aufwand sollte möglichst gering gehalten werden. Dies wird begünstigt durch eine klare und zwischen den Stakeholdern abgestimmte Definition der zu erreichenden Ziele mit entsprechenden Messgrößen, die fortlaufende Dokumentation der relevanten Arbeitsergebnisse und Entscheidungsgrundlagen sowie eine möglichst frühe, entwicklungsbegleitende Absicherung und Validierung der Produkteigenschaften. Grundsätzlich gelten beim Durchlaufen der Arbeitsphasen die Prinzipien der allgemeinen Arbeitsmethodik (vgl. Abschn. 1.2.1), woraus sich die übergeordnete Logik der vier Hauptarbeitsphasen Klären der Aufgabenstellung, Konzipieren, Entwerfen und Ausarbeiten ergibt. Unterstützung in den Hauptarbeitsphasen bieten die in Abschn. 1.2 beispielhaft aufgeführten Methoden.

Nicht immer ist das Durchlaufen aller Hauptphasen für das gesamte technische System erforderlich. Vielfach ergibt sich eine Neukonstruktion nur für bestimmte Baugruppen oder Anlagenteile. In anderen Fällen genügt eine Anpassung an andere Gegebenheiten, ohne das Lösungsprinzip ändern zu müssen, oder innerhalb eines vorausgedachten Systems nur Abmessungen oder Anordnungen zu variieren. Hieraus leiten sich drei Konstruktionsarten ab, deren Grenzen hinsichtlich der Bearbeitung einer Aufgabe fließend sein können:

Neukonstruktion Erarbeiten eines neuen Lösungsprinzips bei gleicher, veränderter oder neuer Aufgabenstellung für ein System (Anlage, Apparat, Maschine oder Baugruppe).

Anpassungskonstruktion Anpassen der Gestaltung (Gestalt und Werkstoff) eines bekannten Systems (Lösungsprinzip bleibt gleich) an eine veränderte Aufgabenstellung; dabei auch Hinausschieben bisheriger Grenzen. Neukonstruktion einzelner Baugruppen oder -teile oft nötig.

Variantenkonstruktion Variieren von Größe und/oder Anordnung innerhalb der Grenzen vorausgedachter Systeme. Funktion, Lösungsprinzip und Gestaltung bleiben im Wesentlichen erhalten. Ändert sich nur eine Eigenschaft, wie Farbe oder Länge, wird eine neue Variante erzeugt.

Die Ableitung eines *verallgemeinerten Produktentwicklungsprozesses* aus den vier Hauptarbeitsphasen, z. B. als unternehmensspezifischer Referenzprozess, erfordert darüber hinaus die Berücksichtigung unternehmensexterner und -interner *Kontextfaktoren* [11]. Folgende Faktoren sind häufig bei der Entwicklung kontextspezifischer Produktentwicklungsprozesse von Bedeutung: Marktumfeld, Kunde, Produktionsprozess und Fertigungstechnologie, Lieferantenbeziehung, Integration des Innovationswesens, Randbedingungen aus dem Projektmanagement und Controlling, Art des Entwicklungsauftrags, Einsatz von Methoden und Tools.

1.3.1 Klären der Aufgabenstellung

Das Klären der Aufgabenstellung dient dazu, die mit der Lösung des Problems verbundenen *initialen Termin- Kosten- und Qualitätsziele* möglichst umfassend und vollständig zu identifizieren und in einer (digitalen) Anforderungsliste zu dokumentieren. Das Arbeiten mit Anforderungen begleitet im Zuge des Entwicklungsfortschritts den gesamten Problemlösungsprozess. Anforderungen sind die Grundlage für die Bewertung und Auswahl von (Teil-)Lösungen sowie die Validierung und Verifikation.

Im Verhandlungsprozess zwischen Auftraggeber und Auftragnehmer kommen häufig das Lastenheft und das Pflichtenheft zum Einsatz. Das *Lastenheft* enthält die vom Kunden – idealerweise lösungsneutral – formulierten Anforderungen an das Produkt. Diese Anforderungen werden vom Hersteller im *Pflichtenheft* in eine für seine spezifische Lösung zu erfüllende Anforderungsliste umgesetzt.

Die Aktivitäten beim Arbeiten mit Anforderungen umfassen das Ermitteln aus unterschiedlichen Anforderungsquellen, die Strukturierung entsprechend der Relevanz für bestimmte Produktmerkmale oder -eigenschaften, das Analysieren der Wechselwirkungen untereinander sowie das Spezifizieren für die weitere technische Umsetzung. Parallel muss der jeweils gültige Stand in Bezug auf definierte Produktkonfigurationen dokumentiert und ein Anforderungsänderunsprozess installiert werden.

Eine wichtige Quelle für Anforderungen stellen der Kunde bzw. der Nutzer des Produkts dar. Kunde und Nutzer sind nicht immer identisch. Unverzichtbare Anforderungen stammen zudem aus vielen weiteren Quellen: dem Markt bzw. der Produktstrategie, nationalen oder internationalen Gesetzen und Normen, unternehmensinternen und extern Richtlinien oder Standardisierungsvorgaben, Lieferantenkooperationen bis hin zu Rahmenbedingungen aus für die Entwicklung verfügbaren Ressourcen oder einzuhaltenden Lieferterminen. Eine zentrale Rolle nehmen dabei die Zielkosten und oft auch die einzuhaltende Terminkette ein, da diese mit der Wahl eines technischen Produktkonzepts im Wesentlichen ebenfalls festgelegt sind.

In der Praxis werden die initialen Anforderungen in der Regel aus den Anforderungen und Spezifikationen eines einem bestehenden Vorgängerprodukts abgeleitet, das im Hinblick auf neue Erkenntnisse oder angepasste Zielsetzungen überarbeitet werden soll.

1.3.1.1 Anforderungsliste

Sie enthält die Ziele und Bedingungen (*Anforderungen*) der zu lösenden Aufgabe in Form von Forderungen und Wünschen: – *Forderungen* müssen unter allen Umständen erfüllt werden

(Mindestforderungen sind zu formulieren und anzugeben, z. B. P > 20 kW, L5400mm). – *Wünsche* (mit unterschiedlicher Bedeutung) sollten nach Möglichkeit berücksichtigt werden, eventuell mit dem Zugeständnis, dass ein begrenzter Mehraufwand dabei zulässig ist. Ohne bereits eine bestimmte Lösung festzulegen, sind die Forderungen und Wünsche mit Angaben zur *Quantität* (Anzahl, Stückzahl, Losgröße usw.) und *Qualität* (zulässige Abweichungen, tropenfest usw.) zu versehen. Erst dadurch ergibt sich eine ausreichende Information. Zweckmäßigerweise wird auch die *Quelle* angegeben, aufgrund der die Forderungen oder Wünsche entstanden sind. *Änderungen* und *Ergänzungen* der Aufgabenstellung, wie sie sich im Laufe der Entwicklung nach besserer Kenntnis der Lösungsmöglichkeiten oder infolge zeitbedingter Verschiebung der Schwerpunkte ergeben können, müssen stets in der Anforderungsliste nachgetragen werden.

1.3.1.2 Aufstellung der Anforderungen

Als Hilfe zum Erkennen von Anforderungen wird eine Hauptmerkmalliste (Tab. 1.7) empfohlen. Sie bewirkt beim Bearbeiter eine Assoziation, indem er die dort angegebenen Begriffe auf die vorliegende konkrete Problemstellung überträgt und Fragen stellt, zu denen er eine Antwort benötigt. Die notwendigen Funktionen und die spezifischen Bedingungen werden im Zusammenhang mit dem Energie-, Stoff- und Signalumsatz erfasst (Merkmale Geometrie, Kinematik, Kräfte, Energie, Stoff, Signal). Die anderen Merkmale berücksichtigen die sonst noch bestehenden allgemeinen und spezifischen Bedingungen. Die Begriffszusammenstellung hilft, Wesentliches nicht zu vergessen. Die nachfolgend dargestellte Struktur von Arbeitsschritten ist als ein idealtypischer Leitfaden zum zielführenden Handeln zu verstehen, der sicherstellt, dass prinzipiell folgerichtig vorgegangen wird und keine wesentlichen Schritte unberücksichtigt bleiben. Der wirkliche Arbeitsablauf wird immer von der jeweiligen Problem- und Ausgangslage bestimmt und ist entsprechend anzupassen. So können bestimmte Arbeitsschritte entfallen oder in anderer Reihenfolge zweckmäßiger sein. Wie in den Bildern angedeutet, sind Vor- oder Rücksprünge oder/und iterative Schleifen innerhalb eines Ablaufs notwendig oder zweckmäßig. Auch können erzielte Arbeitsergebnisse oder unvorhersehbare Ereignisse zu einer Änderung des Vorgehens zwingen. Der Denkprozess des Konstrukteurs wird mit dieser Struktur nicht abgebildet. Er ist viel komplexer und lebt von Anregungen und Assoziationen sowie von bewussten und unbewussten Denkschritten, die von der Erfahrung und einer ständigen Reflexion der Teilergebnisse beeinflusst werden. Ungeachtet dessen ist die Beachtung des vorgestellten Vorgehens immer ein wichtiger Anhalt und zielführend, wenn nicht branchen- oder problemspezifische Aufgaben in einer festgelegten Organisation einen anderen Weg nahelegen.

1.3.2 Konzipieren

Konzipieren (Abb. 1.10) ist der Teil des Konstruierens, der nach Klären der Aufgabenstellung durch Abstrahieren, Aufstellen von Funktionsstrukturen und Suchen nach geeigneten Lösungsprinzipien und deren Kombination den grundsätzlichen Lösungsweg mit dem Erarbeiten eines Lösungskonzepts festlegt. Das *Abstrahieren zum Erkennen der wesentlichen Probleme* dient dazu, den Wesenskern der Aufgabe hervortreten zu lassen und sich von festen Vorstellungen sowie konventionellen Lösungen zu befreien, damit neue und zweckmäßigere Lösungswege erkennbar werden. Die Gesamtfunktion (s. Abschn. 1.1.2) wird dann unter Bezug auf den Energie-, Stoff- und Signalumsatz möglichst konkret mit den beteiligten Eingangs- und Ausgangsgrößen lösungsneutral definiert und in erkennbare Teilfunktionen aufgelöst (Funktionsstruktur). Danach folgt die Suche nach den die einzelnen Teilfunktionen erfüllenden *Wirkprinzipien* (s. Abschn. 1.1.3 u. 1.1.4). Diese werden dann anhand der Funktionsstruktur so *kombiniert*, dass sie verträglich sind, die Forderungen der Anforderungsliste erfüllen und einen noch zulässigen Aufwand erwarten lassen. Die Auswahl erfolgt mit einem Auswahlverfahren (s. Abschn. 1.2.5). Die am geeignetsten erscheinenden Kombinationen werden anschließend so weit zu *prinzipiellen*

Tab. 1.7 Leitlinie mit Hauptmerkmalen zum Aufstellen einer Anforderungsliste

Hauptmerkmal	Beispiele
Geometrie	Größe, Höhe, Breite, Länge, Durchmesser, Raumbedarf, Anzahl, Anordnung, Anschluss, Ausbau und Erweiterung
Kinematik	Bewegungsart, Bewegungsrichtung, Geschwindigkeit, Beschleunigung
Kräfte	Kraftgröße, Kraftrichtung, Krafthäufigkeit, Gewicht, Last, Verformung, Steifigkeit, Federeigenschaften, Stabilität, Resonanzen
Energie	Leistung, Wirkungsgrad, Verlust, Reibung, Ventilation, Zustandsgrößen wie Druck, Temperatur, Feuchtigkeit, Erwärmung, Kühlung, Anschlussenergie, Speicherung, Arbeitsaufnahme, Energieumformung
Stoff	Physikalische und chemische Eigenschaften des Eingangs- und Ausgangsprodukts, Hilfsstoffe, vorgeschriebene Werkstoffe (Nahrungsmittelgesetz u. a.), Materialfluss und -transport
Signal	Eingangs- und Ausgangssignale, Anzeigeart, Betriebs- und Überwachungsgeräte, Signalform
Sicherheit	unmittelbare Sicherheitstechnik, Schutzsysteme, Betriebs-, Arbeits- und Umweltsicherheit
Ergonomie	Mensch-Maschine-Beziehung: Bedienung, Bedienungsart, Übersichtlichkeit, Beleuchtung, Formgestaltung
Einkauf	Make-or-Buy-Strategie, A-Lieferanten, Local-Contend, Katalogbaugruppen
Fertigung	Einschränkung durch Produktionsstätte, größte herstellbare Abmessung, bevorzugtes Fertigungsverfahren, Fertigungsmittel, mögliche Qualität und Toleranzen
Kontrolle	Mess- und Prüfmöglichkeit, besondere Vorschriften (TÜV, ASME, DIN, ISO, AD-Merkblätter)
Montage	besondere Montagevorschriften, Zusammenbau, Einbau, Baustellenmontage, Fundamentierung
Transport	Begrenzung durch Hebezeuge, Bahnprofil, Transportwege nach Größe und Gewicht, Versandart und -bedingungen
Gebrauch	Geräuscharmut, Verschleißrate, Anwendung und Absatzgebiet, Einsatzort (z. B. schwefelige Atmosphäre, Tropen, ...)
Instandhaltung	Wartungsfreiheit bzw. Anzahl und Zeitbedarf der Wartung, Inspektion, Austausch und Instandsetzung, Anstrich, Säuberung
Nachhaltigkeit	Recycling, Entsorgung, Endlagerung, Beseitigung, giftige Stoffe, Öko-Bilanz, Energieeffizienz
Kosten	max. zulässige Herstellkosten, Werkzeugkosten, Investition und Amortisation
Termin	Ende der Entwicklung, Netzplan für Zwischenschritte, Lieferzeit

Lösungsvarianten konkretisiert, dass sie beurteilbar und bewertbar werden (s. Abschn. 1.2.5). Dabei müssen ihre wesentlichen technischen und wirtschaftlichen Eigenschaften offenbar werden.

1.3.3 Entwerfen

Unter Entwerfen wird der Teil des Konstruierens verstanden, der für ein technisches Gebilde von der Wirkstruktur bzw. prinzipiellen Lösung ausgehend die Produktstruktur nach technischen und wirtschaftlichen Gesichtspunkten eindeutig und vollständig erarbeitet. Die Tätigkeit des Entwerfens erfordert neben *kreativen* auch sehr viele *korrektive Arbeitsschritte*, wobei Vorgänge der Analyse und Synthese einander abwechseln. Auch hier geht man vom Qualitativen zum Quantitativen, d. h. von der *Grobgestaltung* zur *Feingestaltung*. Abb. 1.11 zeigt Arbeitsschritte, die je nach Komplexität des Lösungskonzepts mehr oder weniger vollständig zu durchlaufen sind. Das Gestalten ist von einem Überlegungs- und Überprüfungsvorgang gekennzeichnet, der durch Befolgen der *Leitlinie* Tab. 1.8 wirksam unterstützt wird. Das jeweils vorhergehende Hauptmerkmal sollte in der Regel erst beachtet sein, bevor das folgende intensiver bearbeitet oder überprüft wird. Diese Reihenfolge hat nichts mit der Bedeutung der Merkmale zu tun, sondern dient arbeitssparendem Vorgehen.

1.3.4 Ausarbeiten

Unter Ausarbeiten wird der Teil des Konstruierens verstanden, der den Entwurf eines technischen Gebildes durch endgültige Vorschriften für Anordnung, Form, Bemessung und Oberflächenbeschaffenheit aller Einzelteile, Festlegen aller

Tab. 1.8 Leitlinie mit Hauptmerkmalen beim Gestalten

Hauptmerkmal	Beispiele
Funktion	Wird die vorgesehene Funktion erfüllt? Welche Nebenfunktionen sind erforderlich?
Wirkprinzip	Bringen die gewählten Wirkprinzipien den gewünschten Effekt? Welche Störungen sind aus dem Prinzip zu erwarten?
Auslegung	Garantieren die gewählten Formen und Abmessungen mit dem vorgesehenen Werkstoff bei der festgelegten Gebrauchszeit und unter der auftretenden Belastung ausreichende Haltbarkeit, zulässige Formänderung, genügende Stabilität, genügende Resonanzfreiheit, störungsfreie Ausdehnung, annehmbares Korrosions- und Verschleißverhalten?
Sicherheit	Sind die Bauteil-, Funktions-, Arbeits- und Umweltsicherheit beeinflussenden Faktoren berücksichtigt?
Ergonomie	Sind die Mensch-Maschine-Beziehungen beachtet? Sind Belastungen oder Beeinträchtigungen vermieden? Wurde auf gute Formgestaltung (Design) geachtet?
Fertigung	Sind Fertigungsgesichtspunkte in technologischer und wirtschaftlicher Hinsicht berücksichtigt?
Kontrolle	Sind die notwendigen Kontrollen möglich und veranlasst?
Montage	Können alle inner- und außerbetrieblichen Montagevorgänge einfach und eindeutig vorgenommen werden?
Transport	Sind inner- und außerbetriebliche Transportbedingungen und -risiken überprüft und berücksichtigt?
Gebrauch	Sind die beim Gebrauch oder Betrieb auftretenden Erscheinungen sowie die Handhabung beachtet?
Instandhaltung	Sind die für Wartung, Inspektion und Instandsetzung erforderlichen Maßnahmen durchführ- und kontrollierbar?
Recycling	Ist Wiederverwendung oder -verwertung ermöglicht worden?
Kosten	Sind vorgegebene Kostengrenzen einzuhalten? Entstehen zusätzliche Betriebs- oder Nebenkosten?
Termin	Sind die Termine einhaltbar? Kann eine andere Gestaltung die Terminsituation verbessern?

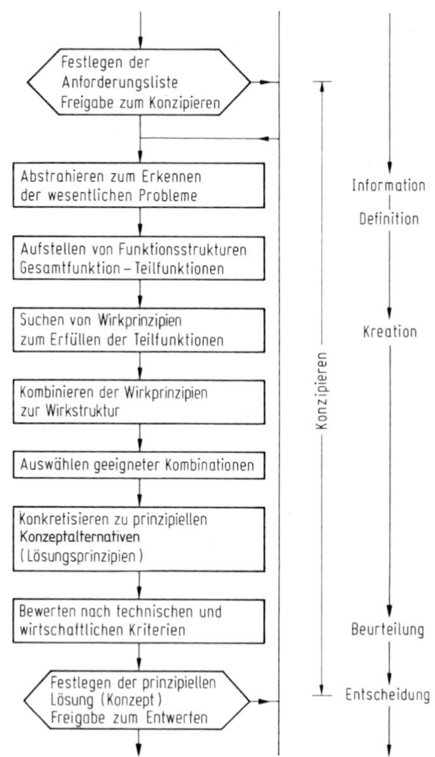

Abb. 1.10 Arbeitsschritte beim Konzipieren

Werkstoffe, Überprüfung der Herstellungsmöglichkeiten sowie der Kosten ergänzt und die verbindlichen zeichnerischen und sonstigen Unterlagen für seine stoffliche Verwirklichung und Nutzung schafft [2, 32, 23]. Schwerpunkt ist das Erarbeiten der Fertigungsunterlagen, besonders der Einzelteil-Zeichnungen, ferner von Gruppen- und Gesamt-Zeichnungen sowie der Stückliste. Daneben können Vorschriften für Fertigung, Montage und Gebrauch notwendig werden. Eine Kontrolle auf Vollständigkeit und Richtigkeit sowie auf interne und externe Normenanwendung schließen diese Phase ab (Abb. 1.12). Mit zunehmendem CAD-Einsatz, insbesondere von 3D-Modellen, ist nicht immer die Erstellung von klassischen technischen Zeichnungen erforderlich. Die produktdefinierenden Daten können auch nur im rechnerinternen Modell gespeichert sein. Je nach Notwendigkeit werden dann nur Teilinformationen, zweckdienliche Bilder und/oder angepasste Darstellungen ausgegeben bzw. aufgerufen. In absehbarer Zeit werden hiervon auch die Zeich-

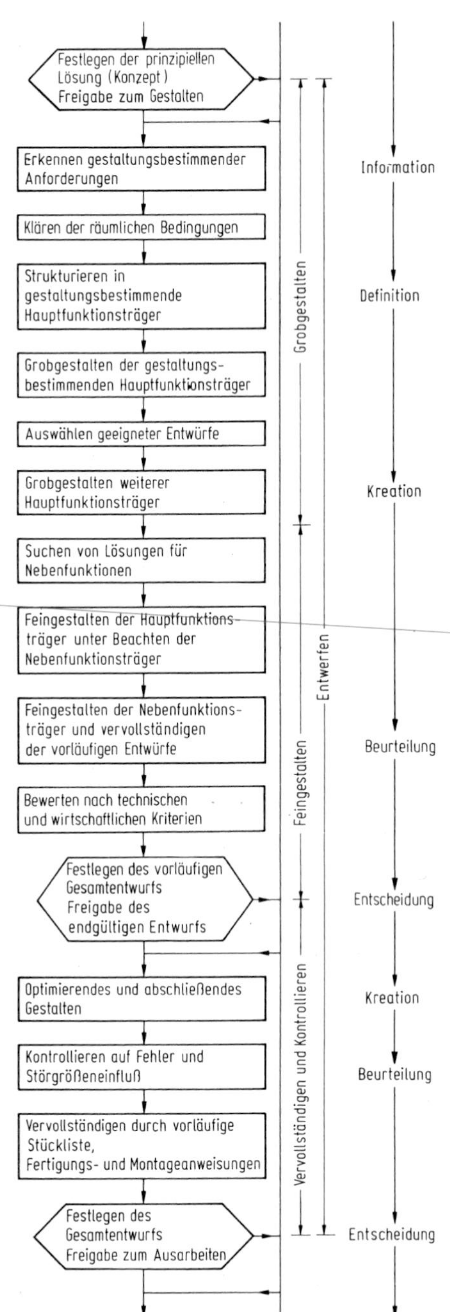

Abb. 1.11 Arbeitsschritte beim Entwerfen. Hauptfunktionsträger: Einzelteile und Baugruppen, die eine Hauptfunktion erfüllen; Nebenfunktionsträger: Einzelteile und Baugruppen, die eine unterstützende Nebenfunktion erfüllen

nungsnormen betroffen sein und an ihrer Stelle rechnerspezifische Präsentationsarten Platz greifen. Die Handhabung in der Industrie ist im

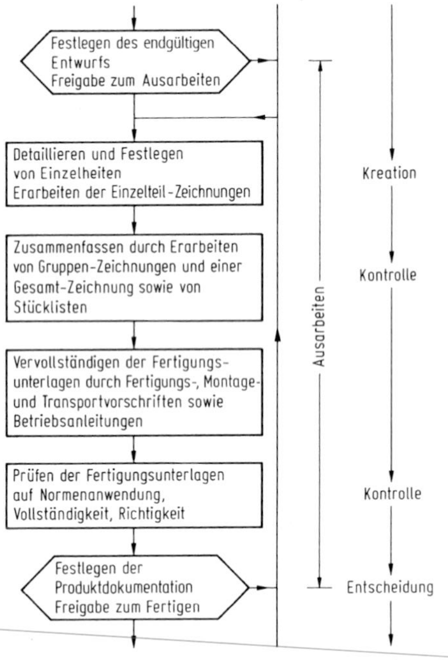

Festlegen des endgültigen Entwurfs Freigabe zum Ausarbeiten
Detaillieren und Festlegen von Einzelheiten Erarbeiten der Einzelteil-Zeichnungen
Zusammenfassen durch Erarbeiten von Gruppen-Zeichnungen und einer Gesamt-Zeichnung sowie von Stücklisten
Vervollständigen der Fertigungsunterlagen durch Fertigungs-, Montage- und Transportvorschriften sowie Betriebsanleitungen
Prüfen der Fertigungsunterlagen auf Normenanwendung, Vollständigkeit, Richtigkeit
Festlegen der Produktdokumentation Freigabe zum Fertigen
Ausarbeiten
Kreation
Kontrolle
Kontrolle
Entscheidung

Abb. 1.12 Arbeitsschritte beim Ausarbeiten

Fluss und daher nicht einheitlich beschreibbar. Wie zwischen Konzept- und Entwurfphase überschneiden sich auch oft Arbeitsschritte der Entwurfs- und Ausarbeitungsphase.

1.3.5 Validierung und Verifikation

Validierung und Verifikation dienen einerseits der Qualitssicherung von Teil- und Endergebnissen der Produktentwicklung. Andererseits stellen sie Steuerungsgrößen für den Produktentwicklungsprozess zur Verfügung, indem ein regelmäßiger Abgleich zwischen den Zielen der Produktentwicklung und dem jeweils erreichten Entwicklungsstand ermöglicht wird.

Validierung beantwortet die Frage danach, in wie weit das Produkt für seinen Einsatzzweck geeignet ist [24]: Wird das richtige Produkt entwickelt? Die *Verifikation* dagegen adressiert die Übereinstimmung des Produkts mit der Spezifikation [24], d. h. den aus den Zielen heruntergebrochenen Einzelanforderungen: Wird das Produkt richtig entwickelt? Dabei ist die Verifikation eine Teilaufgabe der Validierung, die oft auch als *Eigenschaftsabsicherung* bezeichnet wird [11].

In Abhängigkeit von der abzusichernden Produkteigenschaft und dem Entwicklungsfortschritt gibt es unterschiedliche Methoden der Validierung und Verifikation. Die Auswahl wird neben der erforderlichen Aussagegenauigkeit bestimmt von den physikalischen Möglichkeiten sowie den zur Verfügung stehenden Ressourcen (Zeit und Kosten) sowie ggf. vorhandenen (z. B. gesetzlichen) Anforderungen an die Art der Durchführung und Dokumentation der Ergebnisse.

Grundsätzlich lassen sich Produkteigenschaften absichern durch Simulationen (z. B. FEM, MKS), Tests (Versuche mit realen Bauteilen, Modellen oder Prototypen) oder deren Kombination (Hardware in the Loop, Software in the Loop). Im Rahmen der statistischen Versuchsplanung (Design of Experiments) werden zur Vermeidung vollfaktorieller Versuchspläne mehrere Eigenschaften parallel getestet. Die FMEA wird insbesondere zur Eigenschaftsabsicherung auf funktionaler Ebene eingesetzt. Weiterführende Literatur zu den Themen Qualitätssicherung in der Produktentwicklung, Absicherung bzw. Validierung und Verifikation findet sich in [1, 11, 25].

1.4 Gestaltungsregeln

Für die Gestaltung von Produkten existieren unabhängig vom Entwicklungskontext oder den spezifischen Entwicklungszielen übergeordnete Gestaltungregeln. Diese sind je nach ihrem Anwendungsziel und Konkretisierungsgrad in allen Hauptarbeitsphasen einsetzbar.

Die Grundregeln sind so allgemein gehalten, dass sie in jeder Arbeitsphase anwendbar sind. Gestaltungsprinzipien und Gestaltungsrichtlinien dagegen sind nicht immer voneinander unabhängig oder untereinander widerspruchsfrei umsetzbar. Daher können im Gegensatz zu den Grundregeln nicht alle Prinzipien und Richtlinien bei der Entwicklung eines Produkts gleichzeitig bzw. im gleichen Umfang eingehalten werden.

Für eine zielführende Produktgestaltung muss eine Priorisierung zwischen den Gestaltungsprinzipien und Gestaltungsregeln einerseits und den spezifischen Entwicklungszielen andererseits explizit vorgenommen werden.

1.4.1 Grundregeln

Die Grundregeln *eindeutig, einfach* und *sicher* sind Anweisungen zur Gestaltung und leiten sich aus der generellen Zielsetzung ab (s. Abschn. 1.1.5, vgl. auch VDI-Richtlinie 2223: Methodisches Entwerfen technischer Produkte). *Eindeutig*: Wirkung, Verhalten klar und gut erkennbar voraussagen (Erfüllung der technischen Funktion). *Einfach*: Gestaltung durch wenig zusammengesetzte, übersichtlich gestaltete Formen anstreben und den Fertigungsaufwand klein halten (wirtschaftliche Realisierung). *Sicher*: Haltbarkeit, Zuverlässigkeit, Unfallfreiheit und Umweltschutz beim Gestaltungsvorgang gemeinsam erfassen (Sicherheit für Mensch und Umgebung). Werden diese Grundregeln bei der Gestaltung zusammen beachtet, ist eine gute Realisierung zu erwarten. Die Verknüpfung der Leitlinie (s. Tab. 1.8) mit den Grundregeln gibt Anregungen für Fragestellungen und ist eine Hilfe, Wichtiges nicht unbeachtet zu lassen und ein gutes Ergebnis zu erzielen.

1.4.2 Gestaltungsprinzipien

Die Anwendung der Gestaltungsprinzipien muss aufgrund der potentiellen Wechselwirkungen untereinander sowie mit anderen Gestaltungsregeln projekt- bzw. kontextspezifisch ausgewählt und priorisiert werden.

1.4.2.1 Prinzip der Aufgabenteilung

Beim Gestalten ergibt sich für die zu erfüllenden Funktionen die Frage nach der zweckmäßigen Wahl und Zuordnung von Funktionsträgern: Welche Teilfunktionen können gemeinsam mit nur einem Funktionsträger erfüllt werden und welche Teilfunktionen müssen mit einem jeweils zugeordneten, also getrennten Funktionsträger erfüllt werden? Allgemein wird angestrebt, viele Funktionen mit nur wenigen Funktionsträgern zu verwirklichen. Funktionsanalysen, Schwachstellen- und Fehlersuche können jedoch Hinweise geben, ob Einschränkungen oder gegenseitige Behinderungen bzw. Störungen entstehen. Das ist meist der Fall, wenn *Grenzleistungen* angestrebt werden oder das *Verhalten* des Funktionsträgers hinsichtlich wichtiger Bedingungen *eindeutig* und unbeeinflusst bleiben muss. In solchen Fällen ist eine Aufgabenteilung zweckmäßig, bei der die jeweilige Funktion von einem eigenen darauf abgestimmten Funktionsträger erfüllt wird. Das *Prinzip der Aufgabenteilung*, nach dem jeder Funktion ein besonderer Funktionsträger zugeordnet wird, ergibt eine bessere Ausnutzung aufgrund eindeutiger Berechenbarkeit (Übersichtlichkeit), eine höhere Leistungsfähigkeit durch Erreichen absoluter Grenzen, wenn diese allein maßgebend sind, ein eindeutiges Verhalten im Betrieb (Funktionserfüllung, Eigenschaften, Lebensdauer usw.) und einen besseren Fertigungs- und Montageablauf (einfacher, parallel). Von Nachteil ist, dass der bauliche Aufwand meist größer wird, was eine höhere Wirtschaftlichkeit oder Sicherheit ausgleichen muss.

Beispiel (Abb. 1.13)

Gestaltung des Rotorkopfs eines Hubschraubers. – Die Zentrifugalkraft wird allein über das torsionsnachgiebige Glied Z vom Rotorblatt auf das mittige Herzstück geleitet. Das aus der aerodynamischen Belastung herrührende Biegemoment wird allein über Teil B auf die Rollenlager im Rotorkopf abgestützt. Damit konnte jedes Bauteil seiner Aufgabe entsprechend optimal gestaltet werden. Weitere Beispiele sind die Trennung der Radial- und Axialkraftaufnahme bei Festlagern; die Ausführung von Behältern der Verfahrenstechnik mit austenitischem Futterrohr gegen Korrosion, kombiniert mit einer ferritischen Behälterwand zur Druckaufnahme; Keilriemen mit inneren Zugsträngen zur Zugkraftaufnahme, die in Gummi eingebettet sind und bei denen die Oberfläche dieser Schicht einen hohen Reibwert zur Leistungsübertragung aufweist. ◄

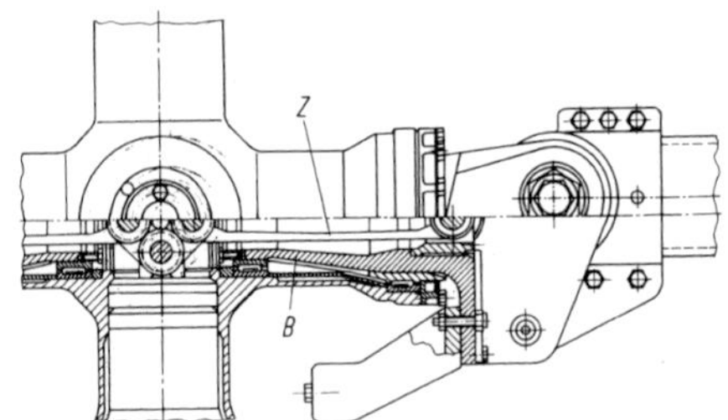

Abb. 1.13 Rotorblattbefestigung eines Hubschraubers nach dem Prinzip der Aufgabenteilung (Bauart Messerschmitt-Bölkow)

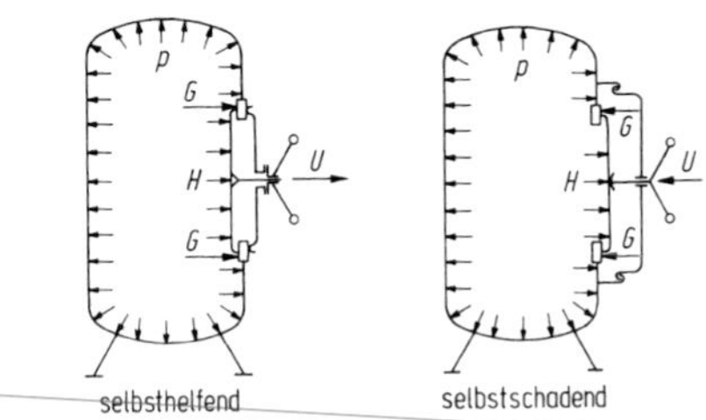

Abb. 1.14 Anordnung eines Mannlochdeckels. U Ursprungswirkung, H Hilfswirkung, G Gesamtwirkung, p Innendruck

1.4.2.2 Prinzip der Selbsthilfe

Nach diesem Prinzip wird versucht, im System selbst eine sich gegenseitig unterstützende Wirkung zu erzielen, die die Funktion besser zu erfüllen und bei Überlast Schäden zu vermeiden hilft. Das Prinzip gewinnt die erforderliche *Gesamtwirkung* aus einer *Ursprungswirkung* und einer *Hilfswirkung* (Beispiel: Abb. 1.14). Gleiche konstruktive Mittel können je nach Anordnung *selbsthelfend* oder *selbstschadend* wirken. Solange in dem Behälter ein gegenüber dem Außendruck höherer Druck herrscht, ist die linke Anordnung selbsthelfend. Herrscht dagegen im Behälter Unterdruck, ist die linke Anordnung selbstschadend, die rechte selbsthelfend. Man unterscheidet:

Selbstverstärkende Lösungen. Bei Normallast ergibt sich die Hilfswirkung in fester Zuordnung aus der Haupt- oder Nebengröße, wobei sich eine *verstärkende Gesamtwirkung* aus Hilfs- und Ursprungswirkung einstellt.

Selbstausgleichende Lösungen. Bei Normallast ergibt sich die Hilfswirkung aus einer begleitenden Nebengröße in fester Zuordnung zu einer Hauptgröße, wobei die Hilfswirkung der Ursprungswirkung *entgegenwirkt* und damit einen *Ausgleich* erzielt, der eine höhere Gesamtwirkung ermöglicht.

Selbstschützende Lösungen. Bei Überlast ergibt sich die Hilfswirkung aus einem neuen, meist *zusätzlichen Kraftleitungsweg* für die belastende Hauptgröße. Das führt zu einer Umverteilung und anderen Beanspruchungsart, bei der die betreffenden Teile tragfähiger sind.

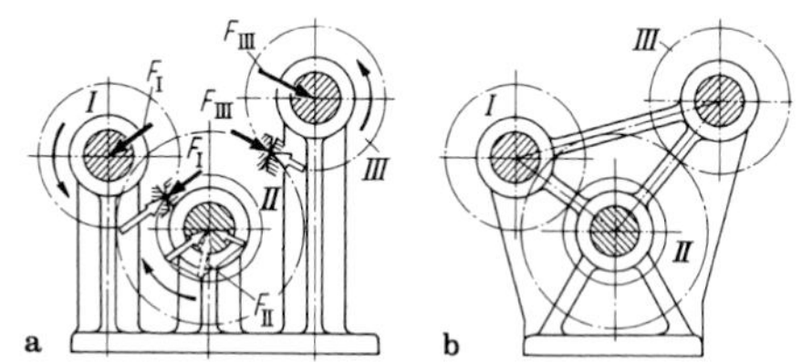

Abb. 1.15 Lagerabstützung eines zweistufigen offenen Getriebes. **a** Extrem falsch, lange Kraftleitungswege, hohe Biegeanteile, schlechte Gussgestaltung; **b** gute Lösung, Lagerkräfte direkt im Verbund aufgenommen, steife Abstützung mit vorwiegender Zug- und Druckbeanspruchung

1.4.2.3 Prinzipien der Kraft- und Energieleitung

Kraftleitung soll das Leiten von Biege- und Drehmomenten einschließen. Sie ist von Verformungen begleitet.

Kraftflussgerechte Gestaltung. Der Kraftfluss ist eine physikalisch nicht begründbare, aber anschauliche Vorstellung für das Leiten von Kräften. Im Querschnitt des betrachteten Bauteils stellt man sich die hindurch geleiteten Kräfte und Momente als Fluss vor. Aus diesem Modell werden folgende prinzipiellen Forderungen für eine kraftflussgerechte Gestaltung abgeleitet: Der Kraftfluss muss stets geschlossen sein (actio = reactio), scharfe Umlenkungen des Kraftflusses und schroffe Änderungen der Kraftflussdichte infolge übergangsloser Querschnittsänderungen sind zu vermeiden (Auftreten von Kerbwirkung).

Prinzip der gleichen Gestaltfestigkeit. Gleiche Ausnutzung der Festigkeit durch geeignete Wahl von Werkstoff und Form anstreben, sofern wirtschaftliche Gründe nicht dagegen sprechen (s. Bd. 1, Tab. 20.2 und Bd. 1, Abschn. 29.5).

Prinzip der direkten und kurzen Kraftleitung. Kräfte und Momente sind von einer Stelle zu einer anderen bei möglichst geringem Werkstoffaufwand zu leiten. *Kleine Verformung* fordert kurzen und direkten Weg sowie möglichst nur Zug- und Druckbeanspruchung in den beteiligten Bauteilen (Beispiel: Abb. 1.15). *Große elastische Verformung* fordert lange Kraftleitungswege sowie vorzugsweise Biege- und/oder Torsionsbeanspruchung (Beispiele: Schraubendruckfeder, Rohrleitung mit biege- und torsionsbeanspruchten Ausgleichsbögen).

Prinzip der abgestimmten Verformung. Die beteiligten Komponenten sind so zu gestalten, dass unter Last eine weitgehende Anpassung mit *gleichgerichteter Verformung* bei möglichst *kleiner Relativverformung* entsteht. Ziel ist es, Spannungsüberhöhungen und Reibkorrosion zu vermeiden oder zu mildern sowie Funktionsstörungen infolge Verformungen zu beseitigen. Durch Lage, Form, Abmessung und Werkstoffwahl (E-Modul) kann eine Abstimmung erreicht werden (Abb. 1.16).

Prinzip des Kraftausgleichs. Funktionsbedingte Hauptgrößen wie aufzunehmende Last, Antriebsmoment und Umfangskraft sind häufig mit begleitenden Nebengrößen wie Axialschub, Spann-, Massen- und Strömungskräften in fester Zuordnung verbunden. Diese Nebengrößen belasten die Kraftleitungszonen zusätzlich und können eine entsprechend aufwändigere Auslegung erfordern. Nach dem Prinzip des Kraftausgleichs werden *Ausgleichelemente* bei vorwiegend relativ mittleren Kräften und *symmetrische Anordnung*

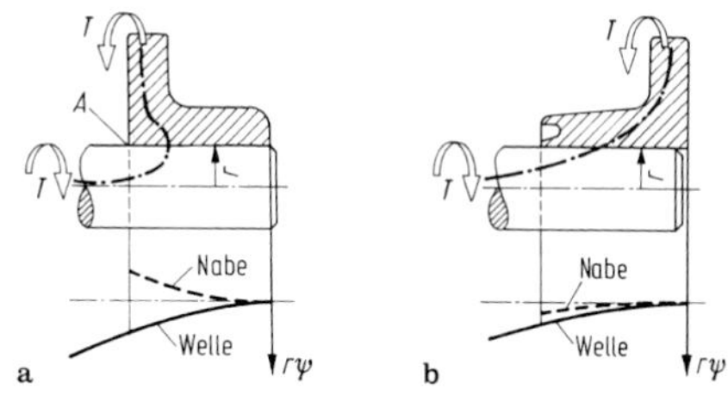

Abb. 1.16 Welle-Nabe-Verbindung. **a** Mit starker Kraftflussumlenkung, hier entgegengerichtete Torsionsverformung bei *A* zwischen Welle und Nabe (Verdrehwinkel); **b** mit allmählicher Kraftflussumlenkung, hier gleichgerichtete Torsionsverformung über der ganzen Nabenlänge (Verdrehwinkel)

bei vorwiegend relativ großen Kräften empfohlen (Abb. 1.17).

1.4.2.4 Prinzipien der Sicherheitstechnik

Nach DIN 31000 unterscheidet man zwischen unmittelbarer, mittelbarer und hinweisender Sicherheitstechnik. Grundsätzlich wird die *unmittelbare* Sicherheit angestrebt, bei der von vornherein und aus sich heraus keine Gefährdung besteht. Dann folgt die *mittelbare* Sicherheit mit dem Aufbau von Schutzsystemen und der Anordnung von Schutzeinrichtungen. Eine *hinweisende* Sicherheitstechnik, die nur vor Gefahren warnen und den Gefährdungsbereich kenntlich machen kann, löst kein Sicherheitsproblem. Das Prinzip der Aufgabenteilung (s. Abschn. 1.4.2) und die Grundregel „eindeutig“ (s. Abschn. 1.4.1) tragen zum Erreichen eines sicheren Verhaltens bei.

Prinzip des sicheren Bestehens (safe-life-Verhalten). Es geht davon aus, dass alle Bauteile und ihr Zusammenhang die vorgesehene Einsatzzeit bei allen wahrscheinlichen oder möglichen Vorkommnissen ohne ein Versagen oder eine Störung überstehen.

Prinzip des beschränkten Versagens (fail-safe-Verhalten). Es lässt während der Einsatzzeit eine Funktionsstörung und/oder einen Bruch zu, ohne dass es dabei zu schwerwiegenden Folgen kommen darf. In diesem Fall muss

- eine wenn auch eingeschränkte Funktion oder Fähigkeit erhalten bleiben, die einen gefährlichen Zustand vermeidet,
- die eingeschränkte Funktion vom versagenden Teil oder einem anderen übernommen und solange ausgeübt werden, bis die Anlage oder Maschine gefahrlos außer Betrieb genommen werden kann,
- der Fehler oder das Versagen erkennbar werden,
- die Versagensstelle ein Beurteilen ihres für die Gesamtsicherheit maßgebenden Zustands ermöglichen.

Prinzip der Mehrfach- oder redundanten Anordnung. Es bedeutet eine Erhöhung der Sicherheit, solange das ausfallende Systemelement von sich aus keine Gefährdung hervorruft und die parallel oder in Serie angeordneten Systemelemente die volle oder wenigstens eingeschränkte Funktion übernehmen. Bei *aktiver Redundanz* (Abb. 1.18) beteiligen sich alle Systemelemente aktiv an der Aufgabe, bei *passiver Redundanz* stehen sie in Reserve, und ihre Aktivierung

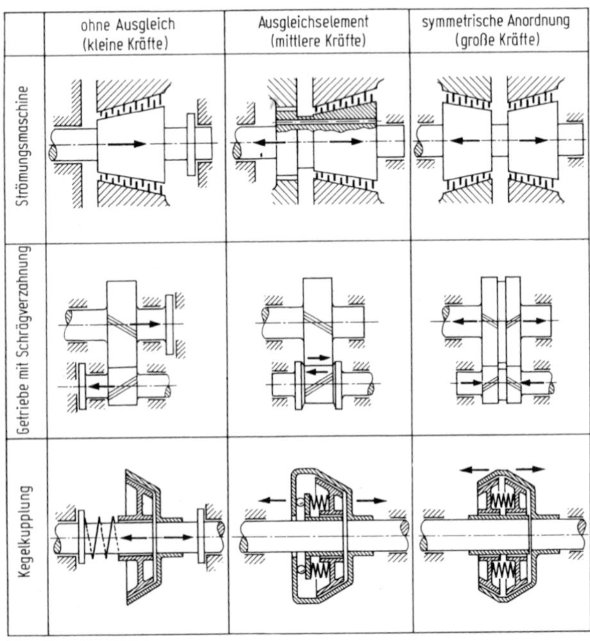

Abb. 1.17 Grundsätzliche Lösungen für Kraftausgleich am Beispiel einer Strömungsmaschine, eines Getriebes und einer Kupplung

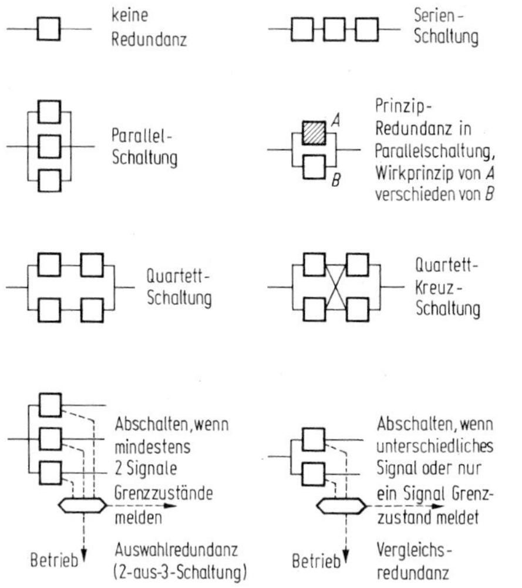

Abb. 1.18 Redundante Anordnungen (Schaltungen von Systemelementen)

macht einen Schaltungsvorgang nötig. *Prinzipredundanz* liegt vor, wenn die Funktion gleich, aber das Wirkprinzip unterschiedlich ist. Die Systemelemente selbst müssen aber einem der vorstehenden Prinzipien folgen.

Mittelbare Sicherheit. Zur mittelbaren Sicherheitstechnik gehören *Schutzsysteme* und *Schutzeinrichtungen*. Letztere dienen zur Sicherung von Gefahrenstellen (z. B. Verkleidung, Verdeckung, Umwehrung) im Zusammenhang mit der Arbeitssicherheit (s. Abschn. 1.4.3). Schutzsysteme dienen dazu, eine Anlage oder Maschine bei Gefahr selbsttätig aus dem Gefahrenzustand zu bringen, den Energie- bzw. Stofffluss zu begrenzen oder bei Vorliegen eines Gefahrenzustands das Inbetriebnehmen zu verhindern. Zur Auslegung von Schutzsystemen sind folgende Forderungen zu beachten:

- *Warnung oder Meldung.* Bevor ein Schutzsystem eine Änderung des Betriebszustands einleitet, ist eine Warnung zu geben, damit seitens der Bedienung und Überwachung wenn möglich noch eine Beseitigung des Gefahrenzustands, wenigstens aber notwendige Folgemaßnahmen, eingeleitet werden können. Wenn ein Schutzsystem eine Inbetriebnahme verhindert, soll es den Grund der Verhinderung anzeigen.
- *Selbstüberwachung.* Ein Schutzsystem muss sich hinsichtlich seiner steten Verfügbarkeit selbst überwachen, d. h. nicht nur der eintretende Gefahrenfall, gegen den geschützt werden soll, hat das System zum Auslösen zu bringen, sondern auch ein Fehler im Schutzsystem selbst. Am besten stellt das Ruhestromprinzip diese Forderung sicher, weil in einem solchen System stets Energie zur Sicherheitsbetätigung gespeichert ist und eine Störung bzw. ein Fehler im System diese Energie zur Schutzauslösung freigibt und dabei die Maschine oder Anlage abschaltet. Das Ruhestromprinzip kann nicht nur in elektrischen Schutzsystemen, sondern auch in Systemen anderer Energiearten angewandt werden.
- *Mehrfache, prinzipverschiedene und unabhängige Schutzsysteme.* Sind Menschenleben in Gefahr oder Schäden größeren Ausmaßes zu erwarten, müssen die Schutzsysteme mindestens zweifach, prinzipverschieden und unabhängig voneinander vorgesehen werden (primärer und sekundärer Schutzkreis).
- *Bistabilität.* Schutzsysteme müssen auf einen definierten Ansprechwert ausgelegt werden. Die Auslösung hat unverzüglich zu erfolgen, ohne dass ein Verharren in Zwischenzuständen auftritt.
- *Wiederanlaufsperre.* Anlagen dürfen nach Beseitigen einer Gefahr nicht von selbst wieder in Betrieb gehen. Sie bedürfen einer neuen geordneten Inbetriebsetzung.
- *Prüfbarkeit.* Schutzsysteme müssen prüfbar sein. Dabei muss die Schutzfunktion erhalten bleiben.

1.4.3 Gestaltungsrichtlinien

Die Anwendung der Gestaltungsrichtlinien muss aufgrund der potentiellen Wechselwirkungen untereinander sowie mit anderen Gestaltungsregeln projekt- bzw. kontextspezifisch ausgewählt und priorisiert werden.

1.4.3.1 Beanspruchungsgerecht

Zu beachten sind die Aussagen der Festigkeitslehre (s. Bd. 1, Teil III), der Werkstofftechnik

(s. Bd. 1, Kap. 29) und die Prinzipien der Kraftleitung (s. Abschn. 1.4.2). In Bau- und Anlageteilen ist eine möglichst hohe und gleichmäßige Ausnutzung anzustreben (Prinzip der gleichen Gestaltfestigkeit), sofern wirtschaftliche Gründe nicht dagegensprechen. Unter Ausnutzung wird das Verhältnis berechnete zu zulässige Beanspruchung verstanden.

1.4.3.2 Formänderungsgerecht

Beanspruchungen sind stets von mehr oder weniger großen Formänderungen begleitet (s. Abschn. 1.4.2). *Formänderungen* können auch aus funktionellen Gründen begrenzt sein (z. B. begrenzte Wellendurchbiegung bei Getrieben, Elektromotoren oder Strömungsmaschinen). Im Betriebszustand dürfen Formänderungen nicht zu Funktionsstörungen führen, da sonst Eindeutigkeit des Kraftflusses oder der Ausdehnung nicht mehr sichergestellt sind und Überlastungen bzw. Bruch die Folge sein können. Zu beachten sind die die Beanspruchung begleitenden Verformungen und gegebenenfalls auch die aus der Querdehnung (Querkontraktion) sich ergebenden Beträge sowie das Prinzip der abgestimmten Verformung (s. Abschn. 1.4.2).

1.4.3.3 Stabilitäts- und resonanzgerecht

Mit *Stabilität* werden alle Probleme der Standsicherheit und Kippgefahr sowie der Knick- und Beulgefahr (s. Bd. 1, Kap. 25) aber auch die des stabilen Betriebs einer Maschine oder Anlage angesprochen. Störungen sollen durch ein stabiles Verhalten, d. h. selbsttätige Rückkehr in die Ausgangs- bzw. Normallage, vermieden werden. Es ist darauf zu achten, dass indifferentes oder gar labiles Verhalten Störungen nicht verstärkt, aufschaukelt oder sie außer Kontrolle bringt. *Resonanzen* haben erhöhte, nicht sicher abschätzbare Beanspruchungen zur Folge. Sie sind daher zu vermeiden, wenn die Ausschläge nicht hinreichend gedämpft werden können (s. Bd. 1, Kap. 15). Dabei soll nicht nur an die Festigkeitsprobleme gedacht werden, sondern auch an Begleiterscheinungen wie Geräusche und Schwingungsausschläge.

1.4.3.4 Ausdehnungsgerecht

Maschinen, Apparate und Geräte arbeiten nur ordnungsgemäß, wenn der Effekt der *Ausdehnung* berücksichtigt worden ist.

Ausdehnung von Bauteilen. Die Ausdehnungszahl ist als Mittelwert über den jeweils durchlaufenden Temperaturbereich zu verstehen; sie ist werkstoff- und temperaturabhängig. Die Ausdehnung der Bauteile hängt ab von der Längenausdehnungszahl β, der betrachteten Länge l des Bauteils und der mittleren Temperaturänderung $\Delta\vartheta_{\mathrm{m}}$ dieser Länge. Die Ausdehnung hat Gestaltungsmaßnahmen zur Folge. Jedes Bauteil muss in seiner Lage eindeutig festgelegt werden und darf nur so viele Freiheitsgrade erhalten, wie es zur ordnungsgemäßen Funktionserfüllung benötigt. Im Allgemeinen bestimmt man einen Festpunkt und ordnet dann für die gewünschten Bewegungsrichtungen entsprechende Führungen an. Diese dürfen nur einen Freiheitsgrad haben; sie sind auf einem Strahl durch den Festpunkt anzuordnen, wobei der Strahl Symmetrielinie des Verzerrungszustands sein muss. Der Verzerrungszustand kann durch die Ausdehnung sowie von last und temperaturabhängigen Spannungen hervorgerufen werden. Da Spannungs- und Temperaturverteilung auch von der Form des Bauteils abhängen, ist die Symmetrielinie des Verzerrungszustands zunächst auf der Symmetrielinie des Bauteils und der des aufgeprägten Temperaturfelds zu suchen.

Relativausdehnung zwischen Bauteilen. Sie ergibt sich aus $\delta_{\mathrm{Rel}} = \beta_1 l_1 \Delta\vartheta_{\mathrm{m1(t)}} - \beta_2 l_2 \Delta\vartheta_{m2(t)}$.

Stationäre Relativausdehnung. Ist die jeweilige mittlere Temperaturdifferenz zeitlich unabhängig, konzentrieren sich die Maßnahmen bei gleichen Längenausdehnungszahlen auf ein Angleichen der Temperaturen und/oder bei unterschiedlichen Temperaturen auf ein Anpassen mittels Wahl von Werkstoffen unterschiedlicher Ausdehnungszahlen.

Instationäre Relativausdehnung. Ändert sich der Temperaturverlauf mit der Zeit (z. B. bei Aufheiz- oder Abkühlvorgängen), ergibt sich oft eine Relativausdehnung, die viel größer ist als im stationären Endzustand, weil die Temperaturen in den einzelnen Bauteilen sehr unterschiedlich sein können. Für den häufigen Fall, Bauteile gleicher Länge und gleicher Ausdehnungszahl, gilt $\delta_{\text{Rel}} = \beta l(\Delta\vartheta_{m1(t)} - \Delta\vartheta_{m2(t)})$. Die Erwärmungskurve ist in ihrem zeitlichen Verlauf durch die Aufheizzeitkonstante charakterisiert. Betrachtet man beispielsweise die Erwärmung $\Delta\vartheta_m$ eines Bauteils bei einem plötzlichen Temperaturanstieg $\Delta\vartheta^*$ des aufheizenden Mediums, so ergibt sich unter der allerdings groben Annahme, dass Oberflächen- und mittlere Bauteiltemperatur gleich seien, was praktisch nur für relativ dünne Wanddicken und hohe Wärmeleitzahlen annähernd zutrifft, der in Abb. 1.19 gezeigte Verlauf, der der Beziehung $\Delta\vartheta_m = \Delta\vartheta^*(1 - e^{-t/T})$ folgt. Hierbei bedeutet t die Zeit und T die Zeitkonstante mit $T = cm/(\alpha A)$; c spezifische Wärme des Bauteilwerkstoffs, $m = \varrho v$ Masse des Bauteils, α Wärmeübergangszahl an der beheizten Oberfläche des Bauteils, A beheizte Oberfläche am Bauteil. Bei unterschiedlichen Zeitkonstanten der Bauteile *1* und *2* ergeben sich verschiedene Temperaturverläufe, die zu einer bestimmten kritischen Zeit eine größte Differenz haben. Wenn es gelingt, die Zeitkonstanten der beteiligten Bauteile gleich groß zu machen, findet eine Relativausdehnung nicht statt. Zur Annäherung der Zeitkonstanten bieten sich konstruktiv zwei Wege an: die Angleichung der Verhältnisse V/A (Volumen zur beheizten Oberfläche) oder die Korrektur über die Beeinflussung der Wärmeübergangszahl mit Hilfe von z. B. Schutzhemden oder anderen Anströmungsgeschwindigkeiten.

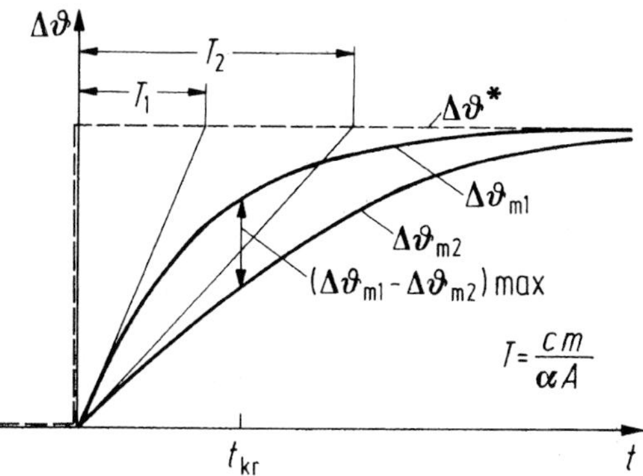

Abb. 1.19 Zeitliche Temperaturänderung bei einem Temperatursprung des aufheizenden Mediums in zwei Bauteilen mit unterschiedlicher Zeitkonstanze

1.4.3.5 Korrosionsgerecht

Korrosionserscheinungen lassen sich nicht vermeiden, sondern nur mindern, weil die Ursache für die Korrosion nicht beseitigt werden kann. Die Verwendung korrosionsfreier Werkstoffe ist oft unwirtschaftlich. Korrosionserscheinungen ist mit einem entsprechenden Konzept und zweckmäßigerer Gestaltung entgegenzuwirken. Die Maßnahmen hängen von der Art der Korrosionserscheinungen ab (s. Bd. 1, Kap. 34).

Ebenmäßig abtragende Korrosion. *Ursache und Erscheinung*: Auftreten von Feuchtigkeit (schwach basischer oder saurer Elektrolyt) unter gleichzeitiger Anwesenheit von Sauerstoff aus der Luft oder dem Medium, insbesondere Taupunktunterschreitung. Weitgehend gleichmäßig abtragende Korrosion an der Oberfläche (bei Stahl z. B. etwa 0,1 mm/Jahr in normaler Atmosphäre). *Abhilfe*: Wanddickenzuschlag und Werkstoff; Verfahrensführung, die Korrosion vermeidet bzw. wirtschaftlich tragbar macht; kleine und glatte Oberflächen mit einem Maximum des Verhältnisses Inhalt zu Oberfläche; keine Feuchtigkeitssammelstellen; keine unterschiedlichen Temperaturen, also gute Isolierung und Verhinderung von Wärme bzw. Kältebrücken.

Lokal angreifende Korrosion. Sie ist besonders gefährlich, weil sie eine sehr große Kerbwirkung zur Folge hat und oft nicht leicht vorhersehbar ist. Korrosionsarten: Spaltkorrosion, Kontaktkorrosion, Schwingungsrisskorrosion, Spannungsrisskorrosion. Ursachen und Abhilfe s. Bd. 1, Kap. 34. Folgende Maßnahmen helfen bei

- *Spaltkorrosion*: glatte, spaltenlose Oberflächen auch an Übergangsstellen; Schweißnähte ohne verbleibenden Wurzelspalt, Stumpfnähte oder durchgeschweißte Kehlnähte vorsehen; Spalt abdichten, Feuchtigkeitsschutz durch Muffen oder Überzüge; Spalte so groß machen, dass infolge Durchströmung oder Austausch keine Anreicherung möglich ist.

- *Kontaktkorrosion*: Metallkombinationen mit geringem Potentialunterschied und daher kleinem Kontaktkorrosionsstrom verwenden; Einwirkung des Elektrolyten auf die Kontaktstelle verhindern, indem die beiden Metalle örtlich isoliert werden; Elektrolyt überhaupt vermeiden; notfalls gesteuerte Korrosion durch gezielten Abtrag an elektrochemisch noch unedlerem „Fressmaterial", sogenannten Opferanoden, vorsehen.
- *Schwingungsrisskorrosion*: mechanische oder thermische Wechselbeanspruchung klein halten, Resonanzerscheinungen vermeiden; Spannungsüberhöhung infolge von Kerben vermeiden; Druckvorspannung durch Kugelstrahlen, Prägepolieren, Nitrieren usw. erhöhen (längere Lebensdauer); korrosives Medium (Elektrolyt) fernhalten; Oberflächenschutzüberzüge (z. B. Gummierung, Einbrennlackierung, galvanische Überzüge mit Druckspannung) vorsehen.
- *Spannungsrisskorrosion*: empfindliche Werkstoffe vermeiden; Zugspannung an der angegriffenen Oberfläche massiv herabsetzen oder ganz vermeiden; Druckspannung in die Oberfläche einbringen (z. B. Schrumpfbandagen, vorgespannte Mehrschalenbauweise, Kugelstrahlen); Eigenzugspannungen durch Spannungsarmglühen abbauen; kathodisch wirkende Überzüge aufbringen; Agenzien vermeiden oder mildern durch Erniedrigung der Konzentration und der Temperatur. Generell ist so zu gestalten, dass auch unter Korrosionsangriff eine möglichst lange und gleiche Lebensdauer aller beteiligten Komponenten erreicht wird. Lässt sich diese Forderung mit entsprechender Werkstoffwahl und Auslegung wirtschaftlich nicht erreichen, muss so konstruiert werden, dass die besonders korrosionsgefährdeten Zonen und Bauteile überwacht und ausgewechselt werden können.

1.4.3.6 Verschleißgerecht

Unter Verschleiß versteht man das unerwünschte Lösen von Teilchen infolge mechanischer Ursachen, wobei auch chemische Effekte beteiligt sein können (s. Bd. 1, Abschn. 33.2). Ebenso wie Korrosion ist Verschleiß nicht immer vermeidbar. Aus konstruktiver Sicht sind Verschleißerscheinungen immer als Ergebnis eines *tribologischen Systems* zu sehen, das sich aus den die Funktion erfüllenden Elementen, deren Eigenschaften und ihrer Umgebung sowie der gewählten Zwischenschichten (Schmiermittel) als Wechselwirkung ergibt. Daraus folgt, dass allein die *Wahl des Schmierstoffs* nicht ausreichend sein kann, sondern stets konstruktive Merkmale entscheidend das Geschehen bestimmen. Dementsprechend ist zunächst zu sorgen für:

- eine ertragbare, eindeutige und örtlich *gleichmäßige Beanspruchung* (u. a. mittels elastisch nachgiebiger oder sich selbst einstellender Elemente),
- eine einen Schmierfilm aufbauende oder unterstützende *Bewegung* der Kontaktflächen,
- eine auch unter Temperatur- oder sonstigen Einflüssen definiert erhalten bleibende *Geometrie* der Bauteile (z. B. Spaltgeometrie, Einlaufzone),
- eine funktionsgerechte *Oberfläche* (Gestalt und Rauigkeit), die sich auch während des Verschleißvorgangs nicht grundsätzlich verschlechtert,
- eine zweckmäßige *Werkstoffwahl*, die aufgrund der Paarung adhäsiven oder abrasiven Verschleiß mildert. Folgende Abhilfemaßnahmen können für die in Bd. 1, Abschn. 33.2 behandelten Grundmechanismen (Verschleißarten) zweckmäßig sein:
- *Adhäsiver Verschleiß*. Die Wahl anderer Werkstoffe und das Einbringen andersartiger Zwischenschichten (z. B. Feststoffschmierstoffe) bringen grundsätzlich Abhilfe.
- *Abrasiver Verschleiß*. Härte des weicheren Partners erhöhen (z. B. Nitrieren, Hartmetallauflage).
- *Ermüdungsverschleiß*. Örtliche Beanspruchung mindern, verteilen.
- *Schichtverschleiß*. Da dieser Vorgang in der Regel bei funktionell nicht schädlichen Verschleißvorgängen in der sogenannten Tieflage entsteht (Abtrag pro Zeit- oder Wegeinheit gering), ist er solange ertragbar, bis die Bauteildicke z. B. den Festigkeitsanforderungen nicht mehr genügt.

- *Reibkorrosion*. Dieser Vorgang ist komplexer Natur (mechanisch-chemisch) und führt zur Absonderung harter Oxidationsprodukte, die die Funktion gefährden, während die Scheuerstelle selbst unter vielfach schädlicher Kerbwirkung leidet. Abhilfe: Vermeiden von Relativbewegungen an Fügestellen durch Verstärken des Bauteils, andere Lastein- und -ableitung, Entlastungsnuten.

1.4.3.7 Arbeitssicherheits- und ergonomiegerecht

Arbeitssicherheitstechnische Gestaltung. Der arbeitende Mensch und seine Umgebung sind vor schädlichen *Einwirkungen* zu schützen. DIN 31000 weist auf Grundforderungen für sicherheitsgerechtes Gestalten technischer Erzeugnisse hin. DIN EN ISO 12100 gibt Anweisungen für Schutzeinrichtungen. *Vorschriften* der Berufsgenossenschaften, der Gewerbeaufsichtsämter und der Technischen Überwachungsvereine sind branchen- und produktabhängig zu befolgen. Aber auch das *Produktsicherheitsgesetz* verpflichtet den Konstrukteur zum verantwortungsvollen Handeln. In einer allgemeinen Verwaltungsvorschrift sowie Verzeichnissen zu diesem Gesetz sind inländische Normen und sonstige Regeln bzw. Vorschriften mit sicherheitstechnischem Inhalt zusammengestellt [26, 27].

Ergonomiegerecht. Die VDI-Richtlinie 2242 [28] gibt Anleitung zum Konstruieren ergonomiegerechter Erzeugnisse. Sie greift dabei auf Arbeitsschritte und Anforderungen an ergonomiegerechte Gestaltung sowie Eigenschaften der Zielgruppe und Nutzer zurück. Auszugsweise können nur einige für den Konstrukteur wichtige Hinweise gegeben werden: körpergerechte Bedienung und Handhabung s. DIN EN ISO 6385, DIN EN 894-3 und DIN 33 402, Klima am Arbeitsplatz s. DIN 33403, Überwachungs- und Steuerungstätigkeiten s. DIN 33404, DIN EN 894-2, EN ISO 11064-2, Lärmreduzierung s. [29].

1.4.3.8 Fertigungs- und kontrollgerecht

Beim Entwerfen und Ausarbeiten ist sowohl auf eine fertigungsgerechte *Baustruktur* als auch auf eine fertigungs- und kontrollgerechte *Werkstückgestaltung* zu achten, die mit einer auf die Fertigung abgestimmten *Werkstoffwahl* einhergeht.

Fertigungsgerechte Produktstruktur. Sie kann unter den Gesichtspunkten einer Differential-, Integral- und Verbundbauweise vorgenommen werden. Unter *Differentialbauweise* wird die Auflösung eines Einzelteils (Träger einer oder mehrerer Funktionen) in mehrere fertigungstechnisch günstige Werkstücke verstanden. Unter *Integralbauweise* wird das Vereinigen mehrerer Einzelteile zu einem Werkstück verstanden. Typische Beispiele hierfür sind Guss- statt Schweißkonstruktionen, Strangpress- statt gefügter Normprofile sowie angeschmiedete statt gefügte Flansche. Unter *Verbundbauweise* soll verstanden werden die unlösbare Verbindung mehrerer unterschiedlich gefertigter Rohteile zu einem weiter zu bearbeitenden Werkstück (z. B. die Verbindung urgeformter und umgeformter Teile), die gleichzeitige Anwendung mehrerer Fügeverfahren zur Verbindung von Werkstücken und die Kombination mehrerer Werkstoffe zur optimalen Nutzung ihrer Eigenschaften. Beispiele sind die Kombination von Stahlgussstücken mit Schweißkonstruktionen sowie Gummi-Metallelemente.

Fertigungsgerechte Werkstückgestaltung. Sie beeinflusst die Form, Abmessungen, Oberflächenqualität, Toleranzen und Fügepassungen, Fertigungsverfahren, Werkzeuge und Qualitätskontrollen. Ziel der Werkstückgestaltung ist es, unter Beachten der verschiedenen Fertigungsverfahren mit ihren einzelnen Verfahrensschritten den *Aufwand* in der Fertigung zu verringern und die *Qualität* des Werkstücks zu verbessern. Vgl.: Urformen s. Kap. 39, Umformen s. Kap. 40, Fügen s. Kap. 8 und Trennen s. Kap. 41.

1.4.3.9 Montagegerecht

Entscheidend ist eine montagegerechte *Baustruktur*, montagegerechte Gestaltung der *Fügestellen* und *Fügeteile* [1]. Bei der Montage lassen sich folgende Teiloperationen in unterschiedlicher Vollständigkeit, Reihenfolge und Häufigkeit erkennen [30]: Speichern – Werkstück handhaben (Erkennen, Ergreifen, Bewegen) – Positionieren – Fügen – Einstellen (Justieren) – Sichern – Kontrollieren.

Allgemeine Richtlinien zur Montage. Anzustreben sind einheitliche Montagearten, wenige, einfache und zwangsläufige Montageoperationen sowie parallele Montagen von Baugruppen.

1.4.3.10 Verbesserung einzelner Montageoperationen

Speichern wird durch stapelbare Werkstücke mit ausreichenden Auflageflächen und Konturen zur eindeutigen Lageorientierung bei nichtsymmetrischen Teilen erleichert.

Werkstück handhaben. Beim Erkennen ist ein Verwechseln ähnlicher Teile auszuschließen. Das einwandfreie und sichere Ergreifen ist besonders für automatische Montageverfahren wichtig. Grundsätzlich sind beim Bewegen kurze Wege anzustreben, ergonomische Erkenntnisse und Sicherheitsaspekte zu beachten sowie eine einfache Handhabung der Werkstücke zu gewährleisten.

Positionieren. Günstig ist, Symmetrie anzustreben, wenn keine Vorzugslage gefordert wird (bei geforderter Vorzugslage ist diese durch die Form zu kennzeichnen), das selbsttätige Ausrichten der Fügeteile zu erzwingen oder, wenn das nicht möglich ist, einstellbare Verbindungen vorzusehen.

Fügen. Oft zu lösende Fügestellen (z. B. zum Austausch von Verschleißteilen) mit leicht lösbaren Verbindungen ausrüsten. Für selten oder nach der Erstmontage überhaupt nicht mehr zu lösende Fügestellen können aufwändig lösbare Verbindungen vorgesehen werden. Gleichzeitiges Verbinden und Positionieren ist anzustreben. Zum Ermöglichen wirtschaftlich vertretbarer Toleranzen ist ein Toleranzausgleich von Werkstücken mit hoher Federsteifigkeit mittels federnder Zwischenelemente oder Ausgleichstücke vorzusehen (toleranzgerecht). Das Einfügen, d. h. Einführen eines Teils zu den Fügeflächen, wird erleichtert durch gute Zugänglichkeit für Montagewerkzeuge, Sichtkontrollen, einfache Bewegungen an den Fügeflächen, Vorsehen von Einführungserleichterungen, Vermeiden gleichzeitiger Fügeoperationen und Vermeiden von Doppelpassungen.

Einstellen. Feinfühliges, reproduzierbares Einstellen ermöglichen. Rückwirkung auf andere Einstelloperationen vermeiden. Einstellergebnis mess- und kontrollierbar machen.

Sichern. Gegen selbstständiges Verändern ist anzustreben, selbstsichernde Verbindungen zu wählen oder form- bzw. stoffschlüssige Zusatzsicherungen vorzusehen, die ohne großen Aufwand montierbar sind.

Kontrollieren. Mit gestalterischen Maßnahmen ist eine einfache Kontrolle (Messen) der funktionsbedingten Forderungen zu ermöglichen. Kontrollieren und weitere Einstellungen müssen ohne Demontage bereits montierter Teile durchführbar sein.

1.4.3.11 Gebrauchs- und instandhaltungsgerecht

Die Gestaltung hat auf die Erfordernisse des Betriebs und der Instandhaltung, die sich in *Wartung, Inspektion* und *Instandsetzung* gliedert, Rücksicht zu nehmen. Generell soll der Gebrauch oder die Inbetriebnahme *sicher* und *einfach* möglich sein. Betriebsergebnisse in Form von Meldungen, Überwachungsdaten und Messgrößen sollen *übersichtlich* anfallen. Der Betrieb darf keine gravierende Belästigung der Umgebung verursachen. Wartungen sollen einfach und kontrollierbar durchgeführt werden können, Inspektionen müssen kritische Zustände erkennen lassen, und die Instandsetzung soll möglichst ohne zeitraubende Montageoperationen möglich sein.

1.4.3.12 Recyclinggerecht

Der Einsparung und Wiedergewinnung von Rohstoffen kommt zunehmende Bedeutung zu. VDI-Richtlinie 2243 [31] weist auf Verfahren zum Recycling hin und gibt konstruktive Hinweise: Wirtschaftliche Demontage, leichte Werkstofftrennung, geeignete verträgliche Werkstoffwahl und -kennzeichnung.

1.5 Entwicklung varianter Produkte

Produzierende Unternehmen bieten zur Sicherung ihrer internationalen Wettbewerbsfähigkeit eine Auswahl an Produktvarianten an, um die unterschiedlichen Kundenbedürfnisse bestmöglich zu erfüllen. Mit steigender Variantenanzahl erhöht sich dabei die unternehmensinterne Vielfalt an Komponenten und Prozessen. Es entsteht eine anspruchsvolle Entwicklungsaufgabe mit vielen Abhängigkeiten. Eine geschickte Produktstrukturierung kann dafür genutzt werden, Produkte, Produktfamilien oder -programme zu entwickeln, die eine hohe Vielfalt an Kundenanforderungen abdecken, dabei jedoch mit einer möglichst kleinen unternehmensinternen Vielfalt auskommen (Abb. 1.20). In die Entwicklung variantenreicher Produkte und deren Produktstrukturen müssen neben der Konstruktion weitere am Produktentstehungsprozess beteiligte Abteilungen, wie Vertrieb, Einkauf oder Produktion, eingebunden werden [33].

Das Angebot hoher Produktvielfalt für den Kunden geht mit Herausforderungen und aufwendigeren Prozessen in allen Produktlebensphasen einher. Die Konstruktion hat z. B. zusätzlichen Aufwand für die Konstruktion der Varianten; die Beschaffung hat mehr Lieferanten und durch geringere Stückzahlen schlechtere Einkaufspreise; die Produktion hat eine komplizierte Fertigungsteuerung und muss speziellere sowie mehr Fertigungsmittel bereithalten; die Angebotskalkulation im Vertrieb ist aufwendiger und der Service hält mehr Ersatzteile bereit. Es kommt zu einem Transparenzverlust und höheren Kosten [34].

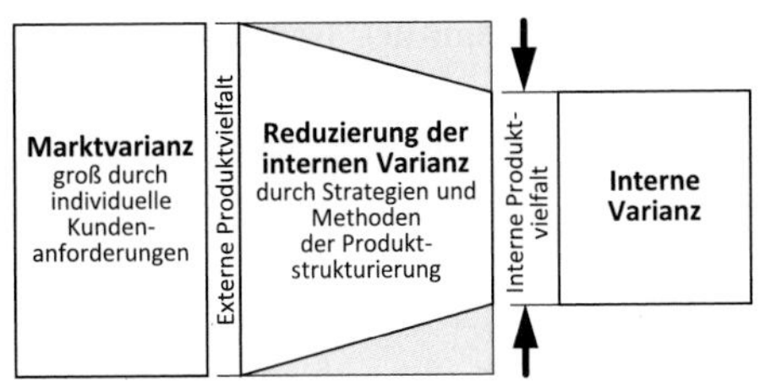

Abb. 1.20 Abbildung einer hohen externen auf eine kleine unternehmensinterne Produktvielfalt. (Nach [33])

1.5.1 Modulare Produktstrukturierung

Durch gezielte modulare Produktstrukturierung können in verschiedenen Produktlebensphasen neben der besseren Beherrschung der Produktvielfalt verschiedene Potenziale erschlossen werden (Abb. 1.21).

1.5.1.1 Gliederung des Produktprogramms

Das **Produktprogramm** (Abb. 1.22, oben) bezeichnet die Gesamtheit aller Erzeugnisse und Leistungen eines produzierenden Unternehmens. Es wird zur internen Organisation und zur Übersicht für den Kunden in verschiedene Produktgruppen gegliedert, deren Benennung in der Praxis uneinheitlich erfolgt. Das Produktprogramm kann aufgeteilt werden in das **Produktionsprogramm**, welches alle selbst produzierten Produkte enthält, sowie die übrigen Leistungen, wie Handelswaren und Dienstleistungen. Das Produktionsprogramm gliedert sich in **Produktlinien**, diese enthalten einzelne **Produktfamilien**, welche wiederum einen Satz von Produktvarianten enthalten. Eine Produktfamilie enthält im Gegensatz zur Produktlinie zwingend ein Maß an physischen Gemeinsamkeiten, während die Produktlinien eine übergeordnete Gruppierung aufgrund von produktplanerischen Aspekten darstellt [33].

1.5.1.2 Produktvariante und -version

Produktvarianten sind technische Systeme mit gleichem Zweck, die sich jedoch in mindestens einer funktionalen und strukturellen Beziehung oder einem Merkmal unterscheiden [35]. Produktvarianten werden genutzt, um unterschiedliche Anforderungen der Kunden an Produkte

Produktentwicklung	Beschaffung	Produktion	Vertrieb	Nutzung	Recycling/ Entsorgung
- Komplexitätsreduktion durch modulare Struktur - Parallelisierung der Entwicklung - Wiederverwendung entwickelter Module - Kapselung von Produktmodifikationen - Vereinfachung der Dokumentation	- Beschaffung vormontierter und -geprüfter Module - Zukauf von Entwicklungs-leistungen	- Vormontage von Modulen - Separates Testen - Skaleneffekte	- Konfiguration von Produkt-varianten - Verkürzte Auslieferungs-zeiten	- Produkt-erweiterung - Austausch defekter Module	- Wieder-verwendung von Modulen - Entsorgung von Modulen

Abb. 1.21 Potentiale modularer Produktstrukturierung in verschiedenen Produktlebensphasen [34]

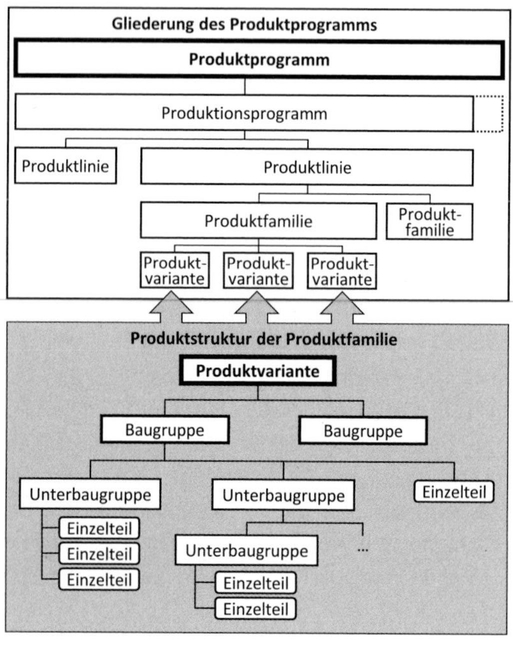

Abb. 1.22 Produktprogrammgliederung und Produktstruktur

dieses Typs zu erfüllen und bestehen damit in der Regel zeitlich parallel.

Eine **Version** dagegen ist ein genau definierter zeitlicher Stand eines Objekts im Rahmen seines Lebenszyklus. Die Version definiert den aktuellen Freigabestatus zur Verwendung des Objekts. Versionen eines Objekts lösen sich zeitlich oder örtlich nacheinander ab [35, 36].

1.5.1.3 Produktstruktur und Produktarchitektur

Die **Produktstruktur** (Abb. 1.22, unten) beschreibt die physische und hierarchische Zusammensetzung eines Produkts aus seinen Komponenten sowie deren physischen Beziehungen und wird synonym zum Begriff **Baustruktur** des Produkts verwendet. Innerhalb der Produktstruktur bilden Baugruppen Strukturstufen, indem sie Einzelteilte und weitere (Unter-)Baugruppen auf tieferer Ebene zusammenfassen. Für die Produktvariantenbildung ist die Art der Produktstruktur entscheidend [37, 38].

Die **Produktarchitektur** umfasst zusätzlich zur Produktstruktur eine funktionale Beschreibung des Produkts und die Zuordnung dieser Funktionen zu den Produktstrukturelementen [38, 39].

Produktstruktur und Produktarchitektur werden im Kontext varianter Produkte variantenübergreifend betrachtet und festgelegt.

1.5.1.4 Komponente

Der Begriff Komponente wird im Kontext der Produktstrukturierung als eine relative Aufteilung der Produktstruktur genutzt. In Abhängigkeit der gewählten Betrachtungsebene und Dekomposition der Produktstruktur können sowohl Einzelteile als auch vollständige Baugruppen für die Dauer eines Produktstrukturierungsprojekts als Komponenten betrachtet werden [33].

1.5.1.5 Modul und Modularität

Module sind **separierbare und kombinierbare Einheiten,** deren Komponenten **modulintern stärkere Kopplungen** aufweisen als zu Komponenten anderer Module (**Entkopplung**). Module werden in verschiedenen Produktvarianten oder anderen Produktfamilien **mehrfach verwendet**, um Einsparungen durch Skaleneffekte zu ermöglichen (**Kommunalität**). Durch **Kombinierbarkeit** der Module können verschiedene Produktvarianten erzeugt werden. Dies kann durch **Schnittstellenstandardisierung** der Module und durch **Funktionsbindung**, bei der jedes Modul genau eine Funktion oder einen festgelegten Satz von Funktionen erfüllt, erreicht werden.

Der Begriff **Modularität** wird in verschiedenen Fachdisziplinen sehr unterschiedlich verstanden. Im Bereich der Produktstrukturierung ist Modularität eine graduelle Eigenschaft der Produktstruktur, der in der Literatur jeweils mehrere der fünf Eigenschaften Entkopplung, Kommunalität, Kombinierbarkeit, Schnittstellenstandardisierung, Funktionsbindung zugeschrieben werden [40].

1.5.1.6 Vorgehen zur modularen Produktstrukturierung

Modularisierung ist die zielorientierte Entwicklung der Modularität der Produktstruktur durch Festlegung von Modulen und deren Schnittstellen. Zur Entwicklung einer modularen Produktstruktur gilt generell folgendes vereinfachtes methodisches Vorgehen (Abb. 1.23).

Dekomposition der bestehenden Produktstruktur: Das bestehende Produkt bzw. Produktkonzept wird in Komponenten zergliedert. Diese bilden die Betrachtungsebene der folgenden Analyse- und Syntheseschritte.

Analyse der Komponenten und Modultreiber: Die Komponenten werden dahingehend analysiert, ob sie mit anderen Komponenten zu Modulen gruppiert werden oder im Extremfall ein eigenes Modul bilden können. Für die Analyse können unterschiedliche Kriterien berücksichtigt werden, welche später zur Bildung von Modulen führen. Man spricht von **Modultreibern** [41]. Modultreiber sind aus technischer Sicht Kopplungen, wie z. B. die Übertragung von Energie zwischen den Komponenten. Zudem sind Anforderungen aus den verschiedenen Produktlebensphasen und Bereichen des Unternehmens als Modultreiber zu berücksichtigen. Beispiele hierfür sind gewünschte Vormontageumfänge, variante Kundenanforderungen oder Übernahmeteile aus anderen Produkten bzw. früheren Produktgenerationen.

Modulsynthese: Unter Abwägung der unterschiedlichen Modultreiber werden neue Module festgelegt.

Überführung in eine neue modulare Produktstruktur: Anstelle von Baugruppen, Unterbaugruppen und Einzelteilen der ursprünglichen Produktstruktur setzt sich die modulare Produktstruktur auf höchster Ebene aus den Modulen zusammen, die aus den Komponenten gebildet wurden. Die Module der neuen flachen Produktstruktur können wiederrum durch Anwendung der Modularisierung auf der nächsttieferen Ebene weiter zergliedert werden. Die Module und ins-

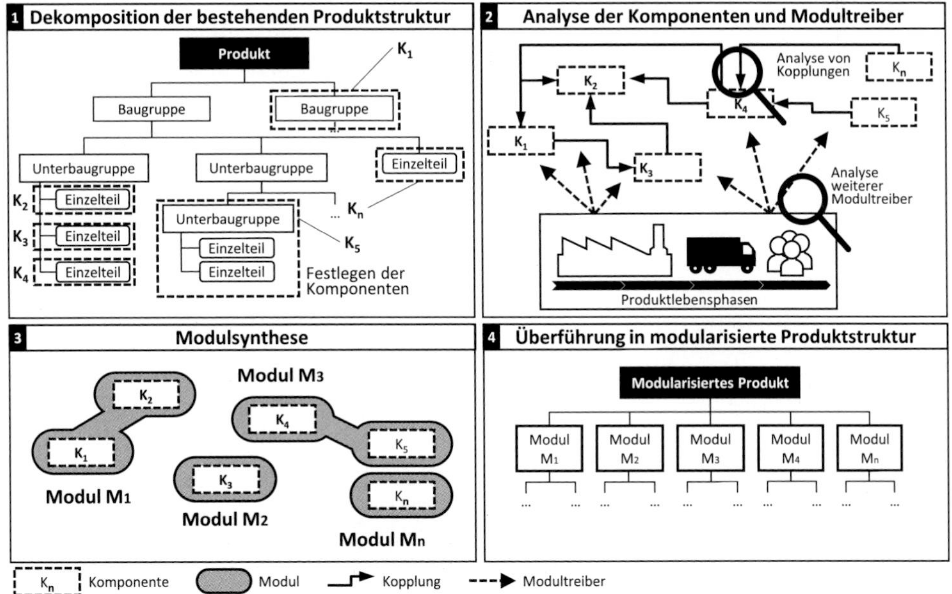

Abb. 1.23 Allgemeines Vorgehen der modularen Produktstrukturierung

besondere deren Schnittstellen werden im weiteren Produktentwicklungsprozess ausgestaltet und bilden zentrale Rahmenbedingungen für die Konstruktion.

Das Ziel der Modularisierung ist nicht zwingend eine möglichst hohe Modularität der Produktstruktur zu erreichen, sondern vielmehr eine an der Strategie ausgerichtete, unternehmens- und produktspezifisch angepasste Produktstruktur, mit der im Produktentstehungsprozess sowie in Vertrieb und Service möglichst viele Vorteile und Vereinfachungen erreicht werden können.

1.5.2 Produktstrukturstrategien

Im Rahmen der Produktstrukturierung kann die Produktstruktur grundlegenden Aufbauprinzipien folgen, den Produktstrukturstrategien. Mit den nachfolgend einzeln betrachteten Strategien, Gleichmodulstrategie, modulare Produktfamilie bzw. Modulbaukasten und Plattformstrategie (Abb. 1.24), wird verfolgt, Module mehrfach zu verwenden, um die benötigte Angebotsvielfalt mit geringer interner Vielfalt zu erzeugen. Beschränkt sich die Vielfalt auf Leistungsklassen, kann eine Baureihe eingesetzt werden [33].

1.5.2.1 Gleichmodulstrategie – Unternehmensweite Mehrfachverwendung

Ziel einer Gleichmodulstrategie (Abb. 1.24, links) ist die **Mehrfachverwendung von Modulen** nicht nur in verschiedenen Produktvarianten innerhalb einer Produktfamilie, sondern in mehreren Produktfamilien eines Produktprogramms. Die wiederverwendbaren Module werden standardisiert, haben meist einen geringen Umfang und können im Extremfall aus nur einer einzelnen Komponente bestehen.

Die hier genannte Gleichmodulstrategie grenzt sich von der Mehrfachverwendung von **Gleichteilen** (Gleichteilestrategie) ab, da diese in der Praxis oftmals mit der Standardisierung von Bauteilen synonym verstanden wird. Die Standardisierung von Gleich- oder Wiederholteilen betrachtet nur einzelne Teile losgelöst von der Produktstruktur und ohne deren Anpassung für die gezielte Mehrfachverwendung. Gleichteile können zur Wiederverwendung unternehmensintern vereinheitlicht werden, den Charakter einer Werksnorm besitzen, in Lösungskatalogen oder Datenbanken dokumentiert sein und mithilfe von Klassifikations- und Suchsystemen einfach mehrfachbenutzt werden [38]. Zwar lässt sich dieser Ansatz einfach, schnell und mit geringem Risiko umsetzen, bietet jedoch bei weitem nicht die Rationalisierungspotenziale der gezielten Wiederverwendung von Modulen, verbunden mit übergreifender Planung der Produktstrukturen. Ein Beispiel für eine Gleichteilstrategie ist unternehmensinterne Standardisierung von Verbindungselementen auf wenige Schraubenverbindungen.

Zur Erhöhung der Wiederverwendungshäufigkeit, sind die Module einer Gleichmodulstrategie meist feingranular, um Skaleneffekte zu erzielen. Ein Beispiel für diese Strategie ist die Mehrfachverwendung eines modularen Bedienpanels in verschiedenen Werkzeugmaschinenproduktfamilien.

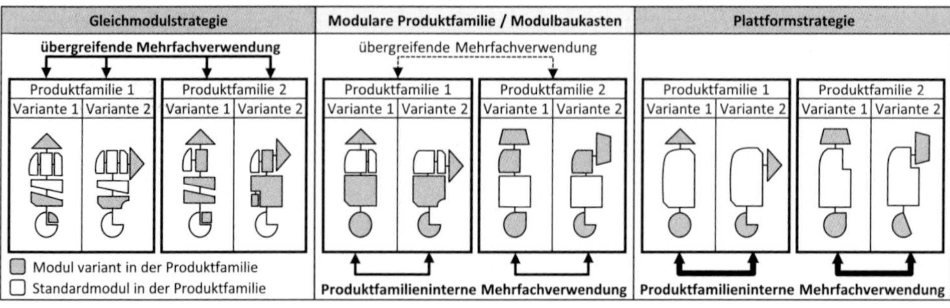

Abb. 1.24 Gleichmodulstrategie, Modulare Produktfamilie und Plattformstrategie, vgl. [33]

1.5.2.2 Modulare Produktfamilie bzw. Modulbaukasten

In einer modularen Produktfamilie bzw. **Modulbaukasten** wird ein möglichst kleiner Satz von **standardisierten und varianten Modulen** genutzt, um Kundenvarianten bei geringer interner Produktvielfalt anzubieten. Es entsteht die Möglichkeit, Module gezielt zu kombinieren, um Produktvarianten innerhalb einer Produktfamilie abzuleiten. Eine übergreifende Verwendung von Modulen in anderen Produktfamilien ist möglich, aber nicht die Hauptzielsetzung (Abb. 1.24, Mitte) [34].

Der Begriff **Baukasten**, aufgebaut aus **Bausteinen**, wird oftmals synonym verwendet. Ziel eines Baukastens ist es ebenfalls mithilfe kombinierbarer Bausteine eine hohe Kundenvielfalt anzubieten [38, 42]. Dabei unterscheidet man Herstellerbaukästen, die beim Hersteller zum Produkt montiert werden und Anwenderbaukästen, die durch den Anwender selbst umgebaut werden können [42]. Kundenanfragen werden durch Kombination der bestehenden Module zu geforderten Produktvarianten konfiguriert, die ggf. um Module aus Neu- bzw. Anpassungskonstruktion ergänzt werden können.

1.5.2.3 Plattformstrategie

Die Plattformstrategie (Abb. 1.24, rechts) bildet einen Spezialfall der Modularisierung, in dem ein langfristig ausgelegtes und **umfassendes Standardmodul, die Plattform**, mit weiteren varianten Modulen kombiniert wird, um Produktvarianten zu erzeugen. In einer Plattform werden möglichst viele standardisierte Kernfunktionen und damit standardisierte Komponenten eines Produktes zusammengefasst. Sie bilden den größten gemeinsamen Nenner und können beispielsweise auch Kernkompetenzen eines Unternehmens abdecken. Da die Plattform einen hohen Anteil des Produkts umfasst, muss sie sehr auf die Anforderungen einer Produktfamilie angepasst sein und kann in der Regel nur innerhalb dieser eingesetzt werden. Eine Plattform soll über mehrere Produktgenerationen hinweg bestehen bleiben, um Skaleneffekte und Produktionsanlagen länger zu nutzen [34, 37, 38, 43].

Der Begriff Plattform kann auch im erweiterten Sinne nicht nur auf physische Komponenten oder Module bezogen werden, sondern beschreibt alle gemeinsamen Werte, wie Technologien, Prozesse oder Wissen, auf die sich verschiedene Produktvarianten stützen [44]. Eine Plattform kann ebenfalls nur auf die Produktarchitektur begrenzt sein, d. h. die Produktstruktur bleibt über die Produktgenerationen als Plattform bestehen, die Detaillierung der Komponenten und Module variiert [43, 45].

1.5.2.4 Baureihe

Eine Baureihe (Abb. 1.25) ist ein technisches System, welches dieselbe Funktion mit der gleichen Lösung in varianten Größenstufen bei möglichst gleicher Produktion erfüllt [38, 42]. Damit adressieren Baureihen die Varianz, die beispielsweise aufgrund unterschiedlicher Leistungswerte benötigt wird; andere Varianz z. B. im Funktionsumfang ist nicht abgedeckt. Baureihen können auf Produkt-, auf Baugruppen- (bzw. Modul-) und Bauteilebenen angewendet werden.

Zur traditionellen Entwicklung einer Baureihe wird ein Grundentwurf vollständig ausgestaltet und Folgeentwürfe abgeleitet. Sowohl Grundlagen als auch Vorgehen werden hier nur stark verkürzt beschrieben; detaillierter in [38, 42]. Rationalisierungseffekte entstehen, wenn bei den Folgeentwürfen mithilfe von physikalischen **Ähnlichkeitsgesetzen** eine konstante Beanspruchung in allen Größenstufungen sichergestellt wird und die Auslegung aller Varianten entfällt. Bei einer geometrischen Reihe wächst jede Variante zur nächsten mit einem konstanten Faktor, dem **Stufensprung**. Mithilfe der Ähnlichkeitsgesetzte, die aus der Modelltechnik abgeleitet sind, können sich ergebende Stufensprünge aller anderen relevanten Größen berechnet werden. Da in maschinenbaulichen Produkten am häufigs-

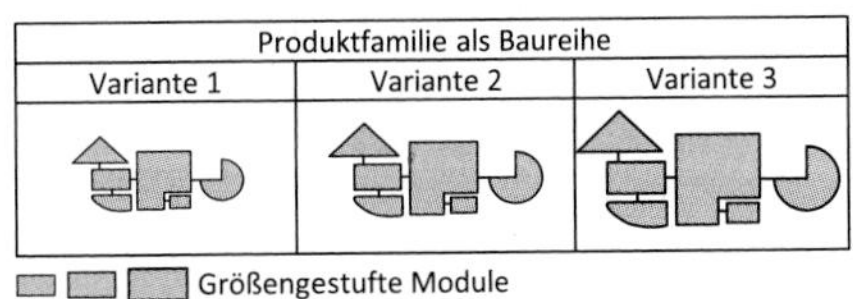

Abb. 1.25 Baureihe

ten statische und dynamische Kräfte gemeinsam auftreten, muss die Kennzahl **Cauchy-Zahl** konstant sein [38]. Dies tritt bei gleichem Werkstoff dann auf, wenn konstante Geschwindigkeiten an vergleichbaren Bauteilpositionen der Baureihen-Varianten bestehen. Werden beispielsweise alle Längen zwischen zwei Größenstufungen um den Faktor 2 vergrößert, ergibt sich mittels Ähnlichkeitsbeziehungen eine Reduzierung der Winkelgeschwindigkeit um den Faktor $(2^{-1}) = 0{,}5$, eine Steigerung der Kräfte und Leistung um Faktor $(2^2) = 4$, Massen und Drehmomente um Faktor $(2^3) = 8$; während Dehnungen sowie Spannungen konstant bleiben $(2^0) = 1$.

Die Betrachtungen sind unter bestimmten Randbedingungen statthaft, z. B. wenn Belastungen durch Temperatur und Gewichtskraft vernachlässigt werden können. Oft lässt sich die angestrebte geometrische Ähnlichkeit nicht realisieren, da technologische Grenzen, Anforderungen, wie Ergonomie oder Mehrfachverwendung von Standardmodulen, die Skalierbarkeit begrenzen und nicht-gestufte Module in die größengestuften Produktvarianten integriert werden müssen. Dies bezeichnet man als **halbähnliche Baureihe** [38, 42].

Das Risiko einer Baureihe ist es, dass diese bei falscher Größenstufung und Stufenanzahl unwirtschaftlich oder vom Kunden nicht akzeptiert wird. Anstelle der traditionellen Festlegung der Stufensprünge auf Basis von **Normzahlreihen** können Optimierungsverfahren genutzt werden [46]. Diese legen die Größenstufung unter Auswertung bestehender Verkaufszahlen oder Marktstudien so fest, dass die Kundenanforderungen mit möglichst wenigen, aber passenden Stufensprüngen getroffen werden.

1.5.2.5 Abgrenzung und Anwendung der Produktstrukturstrategien

Gleichmodul- und Plattformstrategie bilden jeweils Extreme, da entweder nur sehr kleine Module sehr weitreichend oder möglichst große Standardumfänge (Plattform) nur in einem sehr begrenzten Teil des Produktprogramms verwendet werden. Modulare Produktfamilien bzw. Modulbaukästen stehen zwischen diesen Extremen und erlauben einen Kompromiss zwischen effizienter Variantenerzeugung innerhalb einer Produktfamilie und der Wiederverwendung von Module im gesamten Produktprogramm.

Produktstrukturstrategien können kombiniert werden, z. B. kann das Prinzip der Baureihe auf Module innerhalb einer modularen Produktfamilie angewendet oder eine produktfamilien-spezifische Plattform mit produktprogrammweiten Gleichmodulen kombiniert werden. Neben der Nutzung der Produktstrukturstrategien können ebenfalls **prozessseitige Strategien** angewendet werden. Beispielsweise kann der Variantenbildungspunkt weit ans Ende des Produktionsprozesses verschoben werden (**Postponement**), sodass möglichst lange Standardprozesse verwendet werden. Außerdem können Prozesse kommunal (**Prozesskommunalität**) gestaltet werden, sodass unterschiedliche Produktvarianten auf den gleichen, variantenrobusten Prozessanlagen produziert werden können.

1.5.3 Methoden der Produktstrukturierung

Die Produktstrukturierung begleitet den Produktentwicklungsprozess und umfasst dabei mehrere verknüpfte Teilaspekte. Im Rahmen der frühen Phase der Entwicklung werden z. B. Betrachtung von Markt, Kunde und Produktprogrammplanung in die Auswahl und die spätere Ausgestaltung der Produktstrukturstrategie einbezogen. Im Kern der Produktstrukturentwicklung stehen Vorgehensweisen zur Umsetzung von Produktstrukturstrategien. Dies beinhaltet z. B. die Modulfestlegung, Schnittstellengestaltung sowie Entscheidungen zur Umsetzung der Produktvielfalt. Es werden dabei die nötigen Produktions- und Auftragsabwicklungsprozesse einbezogen, die abschließend gestaltet werden [47, 48].

Im Rahmen der Umsetzung der Produktstrukturstrategien können Methoden danach unterschieden werden, auf welche Produktlebensphase das größte Augenmerk zur Erzielung von Verbesserungen gelegt wird, wie die Montage [34]. Methoden mit Fokus auf die Produktentwicklung analysieren beispielsweise intensiv Kopplungen zwischen Komponenten (z. B. [49, 50]) oder gliedern das Produkt funktionsorientiert (z. B. [51, 52]), um aus technischer Sicht eine geeignete Strukturierung zu finden. Integrierte Methoden, z. B. [33, 41, 54], beziehen sowohl technische Aspekte als auch die Anforderungen der verschiedenen Produktlebensphasen gemeinsam ein und streben eine ganzheitliche Verbesserung an. Aufgrund teils widersprüchlicher Anforderungen müssen diese Methoden jedoch eine Abstimmung und Kompromissbildung fördern. Die vorhanden Methoden verfolgen oftmals entweder eine stark Matrix- und Algorithmen-unterstützte Herangehensweise oder setzen auf die Schaffung von Transparenz mithilfe von produktnahen Visualisierungen [55]. Eine übergeordnete Eingruppierung der Methoden in einen ganzheitlichen Ablauf liefert [48], ein Produktentwicklungsprozess inklusive der Produktstrukturierung ist in [33, 39] nachlesbar, eine Methodensammlung stellen z. B. [33, 56] bereit.

1.6 Toleranzgerechtes Konstruieren

Produktentwicklung folgt dem Finalitätsprinzip, vom Produkt wird eine bestimmte Funktionalität erwartet, um vordefinierte Aufgaben zu bewältigen. Die Einhaltung dieser Funktionalität ist ein wesentliches Qualitätsmerkmal. Abweichungen in der Funktionalität können verschiedene Ursachen haben. Ein wichtiger Aspekt, der zu Fehlfunktionen oder Abweichungen in der Funktion führen können, sind geometrische Abweichungen der Bauteile. Damit einher gehen z. B. Abweichungen in der Kinematik, Passungsabweichungen, in deren Folge Reibung oder Spiel zwischen Bauteilen zu Schwingungen bzw. Vibrationen die Folge sind, zu Geräuschentwicklung oder Wirkungsgradverlusten beitragen oder schlicht ästhetische Einschränkungen wie z. B. bei Spaltmaßen im Fahrzeugbau.

Geometrische Abweichungen resultieren aus der Tatsache, dass die in der Konstruktion festgelegten Nominalgeometrien nur unter äußerster Anstrengung durch die Fertigung realisiert werden kann, da Fertigungsprozesse immer abweichungsbehaftet sind. Um das Phänomen bereits in der Konstruktion zu berücksichtigen, erfolgt die Definition von Toleranzen. Über die Toleranzvergabe fließt der Zusammenhang zwischen Fertigung und Konstruktion in den Entwicklungsprozess ein. Die Toleranzvergabe thematisiert, dass die Funktionalität aus geometrischer Sicht unter der Randbedingung der möglichen Fertigungsgenauigkeit in der Entwicklung adressiert wird.

Hieraus ergibt sich eine große Verantwortung für den Konstrukteur. Je enger Toleranzen vergeben sind, desto präziser kann die Funktion des technischen Systems gewährleistet werden, desto aufwändiger und damit teurer wird aber auch die Fertigung. Daher ist genau abzuwägen, in welcher Genauigkeit welche Funktionen notwendig sind und wie darauf aufbauend Toleranzen vergeben werden müssen. Daher gilt für die Toleranzvergabe, dass diese so groß wie möglich aber nur so eng wie nötig erfolgen soll. Um dieser Herausforderung gerecht zu werden, wird mit dem Toleranzmanagement eine Methodik bereitgestellt, die den Konstrukteur in seiner Entscheidungsfindung unterstützt.

1.6.1 Grundlagen für ein Toleranzmanagement

Toleranzen sind ein integraler Bestandteil von Produktbeschreibungen, deren Definition basiert nicht nur auf der Funktion des Gesamtsystems, sondern auch aus fertigungs- und montagetechnischen Aspekten heraus. Nicht zuletzt wird über die Toleranzvergabe auch eine Qualität des technischen Systems beeinflusst. Das Toleranzmanagement muss als eine interdisziplinäre Aufgabe verstanden werden, denn es bildet die Schnittstelle zwischen Konstruktion, Fertigung und Qualitätssicherung. Einflussfaktoren aus allen drei Fachgebieten prägen die Toleranzfestlegung und sollen deshalb im Folgenden erläutert werden.

1.6.1.1 Funktionserfüllung aus konstruktiver Sicht

Aus einer Gesamtsystembetrachtung werden für das technische System Funktionen abgeleitet, die als Grundlage für die konstruktive Tätigkeit dienen. Im Sinne des Toleranzmanagements sind hierbei diejenigen Funktionen zu identifizieren, die durch geometrische Maße determiniert sind. Neben Funktionen der Verbindungsherstellung, der Realisierung von Kinematiken oder Dichtfunktionen sind auch optische und ästhetische Funktionen, wie Spaltmaße einzuhalten, von Bedeutung. Entscheidend dabei ist, dass die Toleranzvergabe aus dieser Sichtweise heraus nicht auf Komponenten oder Bauteile reduziert werden darf sondern gerade auch das Zusammenwirken von Bauteilen und/oder Komponenten miteinander. Im Sinne der Toleranzvergabe gilt es, Geometrien darum daraufhin zu untersuchen, welche physikalischen Wirkzusammenhänge die Funktion beschreiben und welche Geometrieelemente diese Wirkzusammenhänge beeinflussen. Geometrieelemente sind nach DIN EN ISO 17450-1 festgelegt (Tab. 1.9).

Ziel der geometriebasierten Funktionsanalyse ist es, größt-zulässige Gestaltabweichungen festzulegen [58]. Die Analyse von Geometrieelementen hinsichtlich ihres Einflusses auf physikalische Wirkzusammenhänge bzw. deren Größenvarianz liefert die Grundlage für die Festlegung von zulässigen Abweichungen. Kriterien, die die Einhaltung der Funktion präzisieren, sind Maße, Linien, Flächenverläufe, Lage oder Ausrichtungen sowie Oberflächen. Für die Präzisierung der Funktionsmaße selbst gilt es, zulässige Mindest- und Höchstmaße bzw. Wertebereiche, in denen die Funktionsmaße liegen sollen, zu präzisieren.

Tab. 1.9 Begriffsdefinitionen für Geometrieelemente nach DIN EN ISO 17450-1. (Nach [57])

Begriff	Definition
Geometrisches Element	Punkt, Linie, Fläche oder Volumen
Ideales Geometrieelement	Durch parametrisierte Gleichung definiertes Geometrieelement
Situationselement	Punkt, Gerade, Ebene od. Schraubenlinie zur Bestimmung von Lage oder Orientierung des geometrischen Elementes
Nenngeometrieelement	Ideales Geometrieelement, das in der technischen Produktdokumentation dokumentiert ist
Integrales Geometrieelement	Geometrisches Element, das zur wirklichen Oberfläche des Werkstücks gehört
Abgeleitetes Geometrieelement	Geometrisches Element, das physikalisch nicht auf der wirklichen Oberfläche des Werkstücks vorhanden ist
Assoziiertes Geometrieelement	Ideales Geometrieelement, das aus einem oder mehreren realen oder extrahierten Geometrieelementen gebildet wird

1.6.1.2 Fertigungstechnische Rahmenbedingungen

Einflüsse der Fertigung hinsichtlich der Toleranzvergabe umfassen im Wesentlichen zwei Aspekte: die Fertigungsverfahren selbst und die Füge- bzw. Montagereihenfolge, auf die im Folgenden näher eingegangen werden soll.

Fertigungsverfahren Abweichungen von der Bauteilgeometrie resultieren daraus, dass diese aufgrund der Fertigungsverfahren selbst nicht in Nominalgestalt umgesetzt werden können. Wie groß die Abweichungen von der Nominalgestalt sind bzw. sein können, ist abhängig vom gewählten Fertigungsverfahren. Dieses determiniert nicht nur Maßabweichungen (z. B. bei spanenden Verfahren die Schnitthöhe oder Werkzeuggestalt) sondern auch Form- und Lageabweichungen (z. B. durch Verzug bei Spritzgießbauteilen oder Formabweichungen durch die Kraftwirkung von Werkzeugen auf Bauteile in spanender Bearbeitung). Fertigungsabweichungen, die in Kauf genommen werden müssen, werden durch die Allgemeintoleranzen angegeben. Einen beispielhaften Überblick liefert Tab. 1.10. Allgemeintoleranzen sichern einerseits die werkstattüblichen Genauigkeiten, die von dem spezifischen Fertigungsverfahren erwartet werden dürfen und geben damit andererseits dem Hersteller Informationen dazu, welche Anforderungen an seine Fertigung gestellt sind. Jedes Maß in einer Zeichnung, welches keine Toleranzangaben aufweist, ist mit der Allgemeintoleranz versehen und muss daher innerhalb dieser Grenzen als Gutteil bewertet werden. Damit werden mit der Allgemeintoleranz die kleinstmöglichen Abweichungen definiert, *sind kleinere Abweichungen aus funktionaler Sicht erforderlich bedarf es einer Tolerierung.*

Tab. 1.10 Liste von Normen zu Allgemeintoleranzen für verschiedene Fertigungsverfahren

Fertigungsverfahren und Norm	Vorhandene Toleranzen
Metallgusse/Gussstücke DIN 1680-1688	Maße, Formschrägen, Bearbeitungszugaben
Kunststoffspritzguss DIN 16742	Maße, Form- und Lagetoleranzen
Gesenkschmieden Stahl DIN 7527	Maße, Radienmaße, Formversatz, Bearbeitungszugabe, Geradheit, Ebenheit, Rechtwinkligkeit
Gesenkschmieden Alu DIN EN 586-3	Maße, Formversatz, Ebenheit
Schweißen DIN EN ISO 1320	Maße, Winkelmaße, Parallelität, Ebenheit, Geradheit
Spanende Fertigung DIN ISO 2768	Maße, Winkelmaße, alle Form- und Lagetoleranzen

Montage- bzw. Fügereihenfolge Eine Vielzahl von Funktionen in einem technischen System entstehen erst durch das Zusammenfügen einzelner Bauteile zu einer Baugruppe, einer Komponente oder zum Gesamtsystem. Exemplarisch hierfür seien Passungen in Gelenken, oder auch Fugenverläufe z. B. in Fahrzeugen genannt.

Mit der Montagereihenfolge bzw. der Fügefolge wird die hierarchisch gegliederte Reihenfolge im Zusammenbau definiert. Über die Fügefolge muss bereits in den frühen Phasen der Konstruktion nachgedacht werden, da hier durch das Aneinanderfügen von tolerierten Geometrieelementen Toleranzketten aufgebaut werden. Dadurch ist es notwendig zu überlegen, wie toleranzausgleichende Elemente in dieser Toleranzkette zu integrieren sind, um ein problemloses Montieren zu ermöglichen.

Die Fügefolge ist über Bezugssysteme in der Tolerierung manifestiert. Bezüge dienen nach DIN EN ISO 5459 dazu, Ort und/oder Richtung eines Bauteils oder einer Toleranz fest zu legen. Nach DIN EN ISO 5459 wird

- ein Bezug definiert als „... *ein oder mehrere Situationselemente eines oder mehrerer Geometrieelemente, die mit einem oder mehreren realen integralen Geometrieelementen assoziiert sind, welche ausgewählt werden, um den Ort und/oder die Richtung einer Toleranzzone oder eines idealen Geometrieelements festzulegen.*"
- Ein Bezugselement definiert als „... *reales (nicht ideales) integrales Geometrieelement, welches zur Bildung eines Bezugs verwendet wird. Es kann eine vollständige Fläche, ein Teil dieser Fläche oder aber ein Längen-Größenelement sein ...*"
- Eine Bezugsstelle ist „... *Teil eines Bezugselements, welches nominell ein Punkt, eine Strecke oder eine Fläche sein kann.*"

Bezugssysteme dienen dazu, die Lage eines Körpers im Raum genau zu beschreiben. Nur wenn alle 6 Freiheitsgrade (3 rotatorische, 3 translatorische Freiheitsgrade) eingeschränkt werden, spricht man von einem vollständigen Bezugssystem.

Ein Bezugssystem wird nach der 3-2-1-Regel erzeugt. Dazu wird über die Definition von 3 Punkten zunächst eine Fläche erzeugt, die den Primärbezug darstellt. Orthogonal dazu wird durch die Definition von 2 Punkten eine Linie erzeugt, die wiederum die Sekundärebene repräsentiert. Die Tertiärebene liegt in der Orthogonale zur Sekundärebene und ist über einen Punkt definiert (Abb. 1.26; [59]).

Aus der Definition des Bezugssystems und damit der Reihenfolge, in der ein Bauteil zu positionieren ist, gibt Hinweise darauf, wie Ausgleichselemente wie z. B. Loch-Langloch-Kombinationen gestaltet werden müssen, um die Montage trotz Fertigungsabweichungen zu gewährleisten [57].

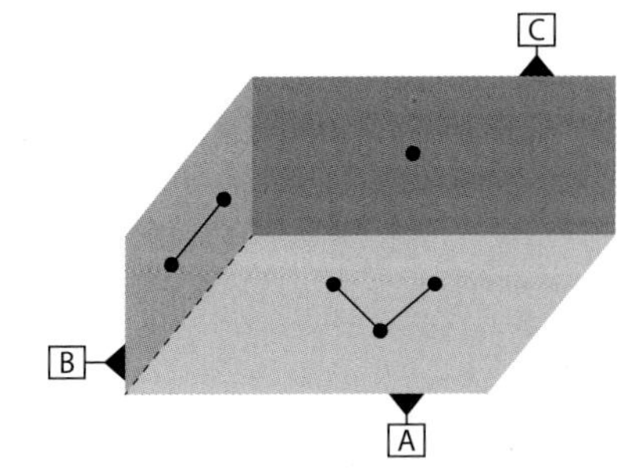

Abb. 1.26 Vollständiges Bezugssystem für ein Bauteil

1.6.1.3 Qualitätssicherung im Toleranzmanagement

Jedes Maß mit Toleranzangaben muss prüfbar sein, andern falls sind Toleranzangaben zur Präzisierung von Maßangaben wertlos. Daher gilt es, in der Toleranzvergabe bzw. in der Konkretisierung der Toleranzen für Geometrieelemente auch zu überlegen, welche Mess- und Prüfmöglichkeiten zur Verfügung stehen bzw. wie die Angaben aus der Zeichnung einfach, eindeutig und sicher geprüft werden können.

Kenngrößen zur qualitativen Bewertung basieren auf statistischen Berechnungen. Grundlage bildet die Annahme, dass die Qualität der Ergebnisse aus der Serienfertigung um einen **Mittelwert μ** als Häufigkeitsmaximum normalverteilt sind:

$$\mu = \frac{1}{n}\sum_{i=1}^{n} X_i \qquad (n - \text{Stichprobengröße};\ X_i - \text{Messwerte } i)$$

Wie in Abb. 1.27 dargestellt, liegt die **Standardabweichung** $\boldsymbol{\sigma}$ im Wendepunkt der Normalverteilung. Zur Qualitätsbewertung wird das Auftreten in des Messwertes in Vielfachen der Standardabweichung angegeben. Die Fläche unter der Kurve beschreibt eine Häufigkeitsverteilung. Die Standardabweichung $\boldsymbol{\sigma}$ wird auf Basis des Mittelwertes bestimmt:

$$\sigma_i = \frac{1}{n-1}\sqrt{\sum_{i=1}^{n}(X_i - \mu_i)^2}$$

Dies ist eine der wesentlichen Größen zur Beschreibung von Normalverteilungen. Aussagen zum Mittelwert und zur Standardabweichung sind nur valide, wenn Die Stichprobengröße ausreichend groß ist. In der Praxis werden zur Ermittlung des Mittelwertes mindestens 5 Teile vermessen. Zur Bestimmung der Standardabweichung dagegen bedarf es deutlich größerer Stichprobenumfänge. In der Praxis soll eine solche mindestens 200 Messungen umfassen. Erst dann liegt der Fehler zwischen realem Prozess und Stichprobe bei ca. 10 % [60].

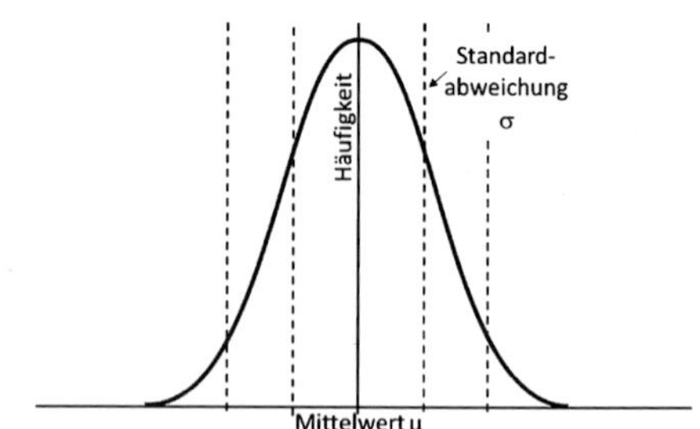

Abb. 1.27 Normalverteilung

1.6.2 Die Toleranzvergabe

Die Toleranzvergabe erfolgt aus der Funktionsbetrachtung heraus. Aus Analysen zur Funktion und unter Berücksichtigung des Bezugssystems wird das Geometrieelement identifiziert, für das eine Toleranzart und ein Toleranzwert zu bestimmen sind. Hierzu stehen Maß-, Form- und Lagetoleranzen zur Verfügung.

1.6.2.1 Maßtoleranzen und Passungen

Nach DIN EN ISO 14405-1 werden Maßtoleranzen durch Zweipunktmessungen am Geometrieelement ermittelt. Hierdurch wird dessen **Istmaß** erfasst, welches vom **Nennmaß** N abweichen kann. Mit der Definition von **Toleranz** $\boldsymbol{T}$ wird ein **oberes Grenzabmaß** $\boldsymbol{A_o}$ und ein **unteres Grenzabmaß** $\boldsymbol{A_u}$ definiert:

$$T = A_o + A_u$$

Angewendet auf das Nennmaß lassen sich hieraus ein Höchstmaß ULS und ein Mindestmaß LLS ableiten. Die Zusammenhänge sind in Abb. 1.28 verdeutlicht.

Passungen resultieren aus der Tatsache, dass die Funktion aus dem Fügen von zwei tolerier-

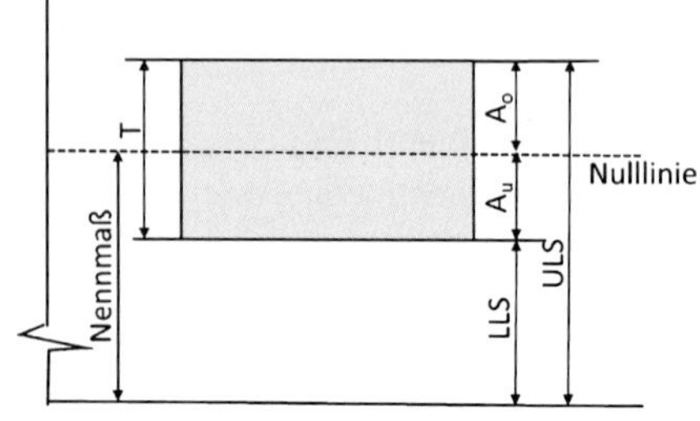

Abb. 1.28 Kenngrößen für Maßtoleranzen. (Nach [61])

ten Geometrieelementen abgeleitet werden muss. Im Wesentlichen werden 3 Passungsarten unterschieden:

- **Spielpassung**: das Innenteil ist stets kleiner als das Außenteil
- **Übergangspassungen**: je nach Istmaß kann zwischen Innen- und Außenteil Spiel oder Übermaß vorliegen.
- **Übermaßpassung**: das Innenteil ist vor dem Fügen größer als das Außenteil

1.6.2.2 Form- und Lagetoleranzen

In DIN EN ISO 1101 sind verschiedene Form- und Lagetoleranzen beschrieben. Einen Überblick liefert Abb. 1.29.

Mit der Form- und Lagetolerierung werden sogenannte **Toleranzzonen** festgelegt, innerhalb derer das Ist-Profil liegen muss. Je nach Art der tolerierten Geometrieelemente kann der durch die Toleranzzone aufgespannte Raum variieren.

Formtoleranzen beziehen sich auf einzelne Geometrieelemente, wohingegen Lagetoleranzen immer mindestens 2 Geometrieelemente in Beziehung zueinanderstehen. Daher bedürfen Lagetoleranzen immer eines Bezugssystems. Eine gewisse Sonderstellung nehmen Profiltoleranzen ein. Ohne Bezugssystem angegeben, sind sie den Formtoleranzen zuzuordnen. Mit der Angabe eines Bezugssystems werden sie zu Lagetoleranzen.

1.6.2.3 Tolerierungsgrundsätze

Tolerierungsgrundsätze dienen in erster Linie dazu, den Zusammenhang zwischen Maß- und Formtoleranzen zu beschreiben. Sie haben aber auch Auswirkungen darauf, was in welcher Art im Sinne der Qualitätssicherung gemessen werden muss. Damit wirkt sich die Festlegung des Tolerierungsgrundsatzes auch auf die Definition des Mess- und Prüfkonzeptes aus. Tolerierungsgrundsätze sind in DIN EN ISO 8015 dokumentiert.

Der heute in der Praxis als Standard zu betrachtende Tolerierungsgrundsatz ist das **Unabhängigkeitsprinzip**. Hiernach gilt, dass alle Anforderungen an Geometrieelemente unabhängig voneinander geprüft werden müssen (DIN EN ISO 2692). Damit muss jeder Toleranzwert separat erfüllt und nachgewiesen werden.

Dem **Hüllprinzip** nach DIN EN ISO 14405-1 liegt der Taylorsche Prüfgrundsatz zugrunde, wonach eine Gutprüfung eine Paarungsprüfung mit einer Lehre ist, die über das komplette Geometrieelement passt. Die Schlechtprüfung erfolgt als Einzelprüfung im Zweipunkt-Verfahren [58]. Damit müssen mit dem Hüllprinzip alle Formtoleranzen gleichzeitig erfüllt sein. Das Geometrieelement darf daher weder das Maximum-Material-Maß noch die Minimum-Material-Maß durchbrechen.

Die **Maximum-Material-Bedingung** ist in DIN EN ISO 2692 geregelt. Dieser Tolerierungsgrundsatz dient vor allem dazu, das Fügen von Geometrieelementen zu unterstützen. Eingetra-

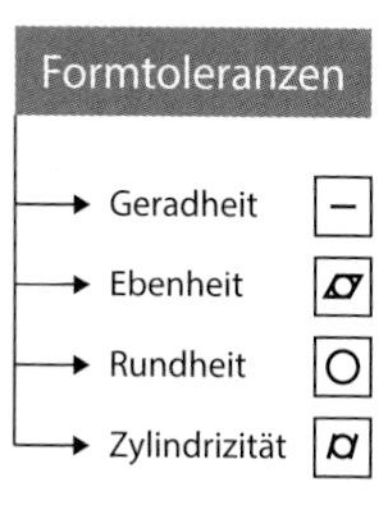

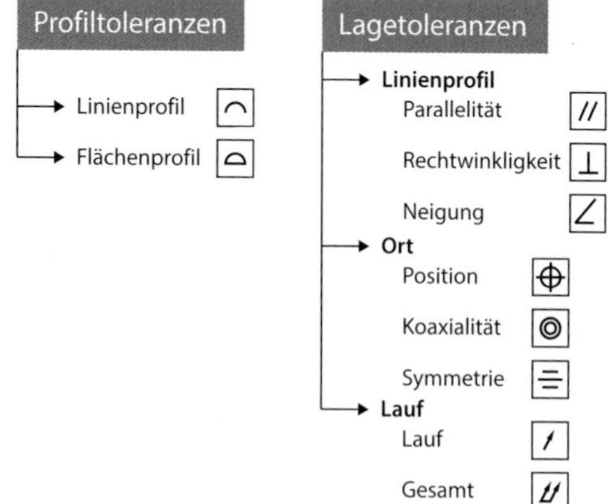

Abb. 1.29 Überblick Form- und Lagetoleranzen

gene Toleranzen dürfen so weit überschritten werden, dass das Maximum-Materialmaß ausgeschöpft ist. Damit können bei geringen Maßabweichungen Form- und Lagetoleranzen überschritten werden.

1.6.3 Die Toleranzanalyse

Während die Toleranzvergabe für jedes einzelne Geometrieelement erfolgt, resultieren sowohl technische als auch optische/ästhetische Funktionen aus der Verknüpfung von Geometrieelementen und/oder Bauteilen. In der Konsequenz stehen Toleranzangaben nicht alleine, sondern hängen über eine Maßkette zusammen. Die Funktionserfüllung eines Bauteils oder auch eines Zusammenbaus ergibt sich daher aus der Summierung einzelner Abweichungen. Dieses Phänomen macht eine Toleranzanalyse erforderlich, die klären soll, ob auch im Zusammenbau die gewünschten Funktionen erreicht werden. Im Folgenden werden die drei üblichen Verfahren kurz erläutert.

1.6.3.1 Analytische Worst-Case-Analyse

Zunächst gilt es, die funktionsrelevanten Maßketten zu identifizieren und auf Basis einer vordefinierten Zählrichtung die Toleranzen als Vektoren mit entsprechender Richtung anzutragen. Dies manifestiert sich in einer Schließmaßgleichung. Ermittelt wird damit zunächst ein Nennschließmaß. Ein Höchst-Schließmaß resultiert daraus, dass für alle Nennmaße die oberen Grenzmaße in die Berechnung einfließen. In Analogie dazu wird ein Mindestschließmaß berechnet. Die Differenz aus beiden bildet die Toleranz für das Schließmaß, also Extremwerte für die Summentoleranz, die wiederum als die härtesten Anforderungen für die Tolerierung betrachtet werden können. Diese Vorgehensweise ist bei nur einfache lineare Maßketten zielführend.

1.6.3.2 Analytische statistische Rechnung

Dieser Art der Rechnung liegt die Annahme zugrunde, dass in der Realität das Spektrum der Normalverteilung im Serienprozess ausgenutzt wird, Einzeltoleranzen, also auch die Toleranzen für das Schließmaß normalverteilt sind. Zur Ermittlung der Schließmaßtoleranzen wird daher das Root-Square-Verfahren herangezogen, das diesem Sachverhalt Rechnung trägt:

$$\text{Summentoleranz} = \sqrt{\sum_{i=1}^{n} \text{Einzeltoleranz}_i^2}$$

Das Ergebnis für die Summentoleranz ist signifikant kleiner als bei einer Worst-Case-Betrachtung und erscheint unter Berücksichtigung erreichbarer Fertigungsgenauigkeiten weitaus realistischer.

1.6.3.3 Numerische statistische Rechnungen

Diese Toleranzanalyse-Art basiert zwar auf der statistischen Analyserechnung nutzt aber zur Ermittlung von Toleranzausprägungen das stochastische Verfahren der Monte-Carlo-Simulation, mit dem zufällige Werte für Einzeltoleranzen erzeugt werden, was offensichtlich einer realistischeren Abbildung der Prozessqualität entspricht. Ein weiterer Vorteil ist, dass beliebige Verteilungsfunktionen und auch komplexere geometrische Beziehungen analysiert werden können. Für dieses Verfahren stehen Tools für die CAD-Systeme zur Verfügung, sodass die Toleranzanalyse direkt angestoßen werden kann. Zudem werden zusätzliche Funktionalitäten wie z. B. Beitragsleister-Analysen angeboten, was wiederum zur Optimierung der Geometrieelemente aber auch zur Toleranzvergabe herangezogen werden kann.

1.6.4 Prozessfähigkeitsanalyse

Während mit der oben dargestellten Toleranzanalyse die Funktionsabsicherung im Zusammenbau unterstützt wird, soll mit der Prozessfähigkeitsanalyse die Qualität der Fertigungsprozesse näher untersucht werden. Ausgangspunkt ist die Überlegung, dass eine Normalverteilung der gemessenen Geometrieelemente innerhalb der Toleranzzone liegt.

Zwei Phänomene können jetzt nach DIN ISO 21747 auftreten (siehe auch Abb. 1.30): Eine

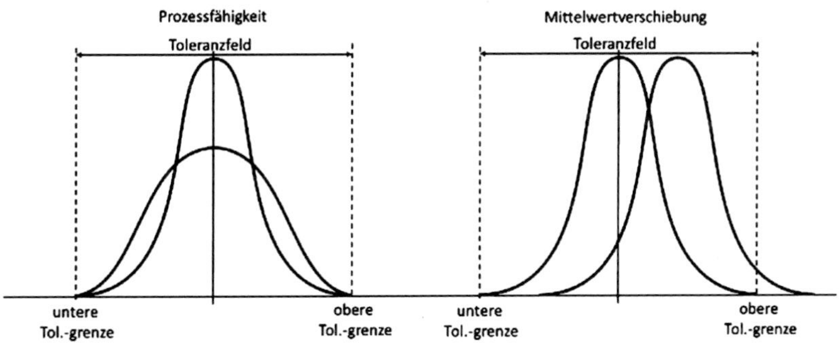

Abb. 1.30 Prozessfähigkeitsanalyse

Mittelwertverschiebung führt dazu, dass möglicherweise zwar ein Großteil der Bauteile Gutteile sind, aber nur ein geringer Prozentsatz tatsächlich Nennmaß aufweist. Solche Effekte sind z. B. bei einem Chargenwechsel im Material oder bei Prozessen mit komplexen Prozessparametern wie dem Spritzgießprozess zu beobachten.

Eine breite Streuung der Ist-Maße vom Bauteil lässt darauf schließen, dass innerhalb des **Fertigungsprozesses** starke **Schwankungen** auftreten. Um eine hohe Prozessqualität aufrecht zu erhalten, ist dann eine geeignete Prozessregelung notwendig. Im Umkehrschluss bedeutet das, dass enge Normalverteilungen auf eine gute Prozessbeherrschung und damit auf eine hohe Prozessqualität schließen lassen.

1.7 Normen und Zeichnungswesen

1.7.1 Normenwerk

1.7.1.1 Überbetriebliche Normen

Nach DIN 820 ist Normung die planmäßige, von interessierten Kreisen gemeinschaftlich durchgeführte Vereinheitlichung materieller und immaterieller Gegenstände zum Nutzen der Allgemeinheit [62]. Wichtige Vorteile der Normung(sarbeit) sind die Verbesserung der Eignung von Produkten, Prozessen und Dienstleistungen für ihren geplanten Zweck, die Vermeidung von Handelshemmnissen und die Erleichterung der technischen Zusammenarbeit [63] (Anmerkung 2 zur Definition 1.1 Normung aus DIN EN 45020). Die Normung kann ein oder mehrere besondere Ziele verfolgen, um ein Produkt, einen Prozess oder eine Dienstleistung zweckdienlich zu gestalten. Solche Ziele können Begrenzung der Vielfalt, Zweckdienlichkeit, Kompatibilität, Austauschbarkeit, Gesundheit, Sicherheit, Umweltschutz, Schutz des Erzeugnisses, gegenseitige Verständigung, wirtschaftliche Ausführung oder Handel sein, sind aber nicht darauf beschränkt. Sie können sich überschneiden (Anmerkung unter Abschnitt 2 aus DIN EN 45020).

Das Ergebnis der Normung sind Normen. Eine Norm ist ein Dokument, das mit Konsens erstellt und von einer anerkannten Institution angenommen wurde und das für die allgemeine und wiederkehrende Anwendung Regeln, Leitlinien oder Merkmale für Tätigkeiten oder deren Ergebnisse festlegt. Normen sollten auf den gesicherten Ergebnissen von Wissenschaft, Technik und Erfahrung basieren und auf die Förderung optimaler Vorteile für die Gesellschaft abzielen. Zur Unterstützung dieses Zieles wurde die Deutsche Normungsstrategie 2016 aktualisiert, basierend auf der ersten Deutschen Normungsstrategie aus dem Jahre 2004. Denn Normung und Standardisierung ist ein Werkzeug zur Gestaltung von Märkten, für die Wettbewerbsfähigkeit der deutschen Wirtschaft und zum Wohlergehen der Bürger. Dieses wertvolle Instrument kann nur gemeinsam mit allen Interessengruppen weiterentwickelt und für die zukünftigen Herausforderungen gerüstet werden. Basierend auf der Vision: „Mit Normung Zukunft gestalten!“ wird dabei folgende Mission: „Normung und Standardisierung in Deutschland dienen Wirtschaft und Gesellschaft zur Stärkung, Gestaltung und Erschließung regionaler und globaler Märkte.“ verfolgt. Hierfür wurden die entsprechenden Ziele erarbeitet und ausführlich beschrieben (www.deutsche-normungsstrategie.de):

1. Der internationale und europäische Handel ist durch Normung und Standardisierung erleichtert.
2. Normung und Standardisierung entlasten und unterstützen die staatliche Regelsetzung.
3. Deutschland treibt weltweit Normung und Standardisierung in Zukunftsthemen durch Vernetzung von Interessensgruppen, den Aufbau neuer Prozesse und offener Plattformen zur Koordination voran.
4. Wirtschaft und Gesellschaft sind die treibenden Kräfte in Normung und Standardisierung.
5. Normung und Standardisierung werden insbesondere von Unternehmen als strategisches und attraktives Instrument genutzt.
6. In der öffentlichen Wahrnehmung besitzt Normung einen hohen Stellenwert.

Normung erfolgt in allen Bereichen und mit folgenden wesentlichen Schwerpunkten:

- Transportwesen
- Maschinenbau
- Informations- und Kommunikationssektor
- Bauwesen
- Werkstoffe
- Energieversorgung, Elektronik und Elektrotechnik
- Gesundheits- und Arbeitsschutz

Die Arten der Normen sind nach DIN 820-3 und DIN EN 45020:

- Deklarationsnorm
- Dienstleistungsnorm
- Gebrauchstauglichkeitsnorm
- Liefernorm
- Maßnorm
- Planungsnorm
- Produktnorm
- Prüfnorm
- Qualitätsnorm
- Schnittstellennorm
- Sicherheitsnorm
- Stoffnorm
- Terminologienorm
- Verfahrensnorm
- Verständigungsnorm

Normen-*Herkunft*: DIN-Normen von DIN (Deutsches Institut für Normung) einschließlich der VDE-Bestimmungen, europäische Normen (EN-Normen) von CEN (Comité Européen de Normalisation) und CENELEC (Comité Européen de Normalisation Electrotechnique) sowie internationale Normen von ISO (International Organization for Standardization) und IEC (International Electrotechnical Commission).

Normen findet man im auf der Internetseite des Beuth-Verlags bzw. fachbezogen bei den jeweiligen Normenausschüssen auf der DIN-Internetseite. Die Regeln der Normung mit den Grundlagen der Normungsarbeit (DIN 820 Teile 1, 3 und 4) sind auch auf der DIN-Webseite öffentlich verfügbar. Neben den nationalen und internationalen Normen bestehen weitere überbetriebliche *Vorschriften* und *Richtlinien*, Beispiele sind:

- VDE-Anwendungsregeln des Verbands Deutscher Elektrotechniker;
- DVGW-Regelwerk des Deutschen Vereins des Gas- und Wasserfaches e. V.;
- Vorschriften der Vereinigung der Technischen Überwachungsvereine, z. B. AD-Merkblätter (Arbeitsgemeinschaft Druckbehälter),
- VDI-Richtlinien des Vereins Deutscher Ingenieure;
- VDMA-Einheitsblätter vom Verband Deutscher Maschinen- und Anlagenbau.

1.7.1.2 Innerbetriebliche Standardisierung (Werknormen)

Zur Sicherung des innerbetrieblichen Know-how und Rationalisierung der Konstruktion und der Fertigung sowie Verbesserung der Prozessabläufe werden innerbetriebliche Werknormen aufgestellt. Sie sind zweckmäßigerweise nach denselben Gesichtspunkten wie überbetriebliche Normen zu gestalten (DIN 820). Innerbetriebliche Normen können genutzt werden zur:

- Beschränkung in überbetrieblichen Normen nach firmenspezifischen Gesichtspunkten;

- Berechnung und Gestaltung von Bauelementen, Baugruppen, Maschinen und Anlagen;
- Festlegung von Lager- und Transportmittel;
- Sicherung der Qualität durch Vorschriften für Bereich des Unternehmens z. B. Fertigungsabläufe, Prüfkriterien, Sicherheitsvorgaben;
- Beschreibung des Stücklistenwesen, der Farbgebung und Nummerungstechnik;
- Festlegungen bei technisch-wirtschaftlichen Optimierungen (z. B. über Fertigungsmittel, Fertigungsverfahren, Betriebsabläufe, Schnittstellen).

In alle Unternehmensbereiche kann durch die Anwendung von Normen und Standards ein betriebswirtschaftlicher Nutzen entstehen. Daher ist eine gemeinsame Bearbeitung der innerbetrieblichen Standardisierung und der überbetrieblichen Normung vorteilhaft. Weitere Bereiche mit Synergieeffekten sind die Patentverwaltung, Prozessdokumentation inkl. Zeichnungen, CAD sowie Verwaltung der Rechtsvorschriften zur Sicherung der Produkt- und Produzentenhaftung [64].

1.7.1.3 Zugang zu Normen

Normen und Standards sind für die Geschäftsprozesse der Unternehmen von grundlegender Bedeutung. Normen oder – allgemein ausgedrückt – technische Regeln sind Bestandteil der strategischen Wissensbasis eines Unternehmens. Die systematische Erschließung dieses Wissensfundus ist daher eine Anforderung, die in den Unternehmen methodisch auf hohem Niveau gelöst werden muss. Anwender müssen gezielt und sicher die Suche nach Technischen Regeln und deren Nachweis durchführen können. Die Technischen Regeln müssen den aktuellen Bestand widerspruchsfrei, zuverlässig und homogen abbilden [65].

Die Durchdringung einer in den Unternehmen etablierten prozessbegleitenden Normenanwendung ist immer noch verbesserungswürdig. Folgende Ausgangssituationen sind bekannt:

- Die wechselseitige Beeinflussung von Recht und Normen in der betrieblichen Praxis ist bei den Verantwortlichen zu wenig bekannt und bleibt dadurch häufig unbeachtet. Begriffe wie „Konformitätserklärung“ und „CE-Kennzeichnung“ werden in ihrer Bedeutung nicht richtig verstanden. In einem methodischen Leitfaden werden die innerbetrieblichen Verantwortlichkeiten sowie die grundsätzlichen Verpflichtungen der einzelnen Unternehmensbereiche, konkret der Geschäftsleiter, der Vertriebsleute und der Produktentwickler, beschrieben [66].
- Die Potenziale von Normenbereitstellungsplattformen werden nicht hinreichend erkannt. Dass es auch anders geht, wird in [67] anhand konkreter Beispiele aus der Praxis erläutert.
- Der Umgang mit Normung und Normen, der sich aus den Anforderungen der verschiedenen Geschäftsprozesse ableiten lässt, wird selten konsequent und systematisch organisiert. Handlungsempfehlungen und Umsetzungsbeispielen gibt [68].

Mittlerweile stehen zahlreiche unternehmensübergreifende und auch branchenspezifische Normenbereitstellungsplattformen, zum Beispiel DITR-Datenservice, Perinorm, e-NORM, Normen-Ticker und verschiedene Online-Portale, den Anwendern zur Verfügung, um Normeninhalte gezielt in ihren Organisationsprozessen umsetzen zu können [69].

Darüber hinaus gewinnen semantikbasiere Recherchemöglichkeiten [70] und XML-Bereitstellungsformen [71] immer mehr an Bedeutung.

Es zeigt sich jedoch, dass offensichtlich noch ein großer Weiterbildungsbedarf besteht, der mit entsprechenden Angeboten – ebenso in der universitären Lehre – gedeckt werden kann [72, 73].

1.7.1.4 Normenanwendung

Eine absolute Verbindlichkeit von Normen im juristischen Sinn gibt es nicht. Nationale und internationale Normen gelten aber als anerkannte Regeln der Technik, deren Beachtung in vielen Fällen vorteilhaft, zweckmäßig und auch unerlässlich ist.

Darüber hinaus gelten vor allem aus wirtschaftlichen Erwägungen alle Werknormen (übernommene überbetriebliche und innerbetriebliche Normen) innerhalb ihres Gültigkeitsbereichs als verbindlich. Die Anwendungsgrenze einer Norm ist im Wesentlichen dadurch gegeben, dass eine Norm nur so lange aktuell sein kann, als sie nicht mit technischen, wirtschaftlichen, sicherheitstechnischen, ethischen oder auch ästhetischen Anforderungen kollidiert. Historische Normen können für Produkte mit langer Lebensdauer und aufgrund von Verträgen weiter genutzt werden.

Empfehlungen und Hinweise zur Anwendung von Normen sind im Beiblatt 3 der DIN 820 beschrieben. Je nach Fachgebiet ist ferner in Normenbereitstellungsplattformen nach zutreffenden Normen, insbesondere nach Sicherheitsnormen (DIN 31000/VDE 1000, [74, 75]) Normen zum Umwelt- Arbeitsschutz und Qualitätsmanagement, zu suchen. Normzahlen und Normzahlreihen zur Größenstufung und Typisierung, vor allem bei Baureihen- und Baukastenentwicklungen, sind möglichst anzuwenden (s. Abschn. 1.5.1).

1.7.2 Grundnormen

Grundnormen sind von allgemeiner, grundlegender Bedeutung [76].

1.7.2.1 Technische Oberflächen

Grundbegriffe. Ein fester Körper wird gegenüber dem umgebenden Raum von seiner *wirklichen Oberfläche* begrenzt. Die *Istoberfläche* stellt die im Rahmen der Messgenauigkeit eines Messverfahrens erfassbare Oberfläche dar. Der geometrisch vollkommen gedachte Körper hat eine ideale, die *geometrische Oberfläche*, die durch die geometrische Beschreibung, z. B. in einer Zeichnung oder in einem rechnerinternen Modell, definiert ist. Die geometrische Oberfläche ist praktisch nicht zu erreichen. *Gestaltabweichungen* sind die Gesamtheit aller Abweichungen der Istoberfläche von der geometrischen Oberfläche [77]. Sie gliedern sich in sechs Ordnungen, Tab. 1.11. Durch die Überlagerung der 1. bis 4. Ordnung ergibt sich i. d. R. die Istoberfläche.

Die Erfassung von technischen Oberflächen in der Rauheitsmesstechnik erfolgt i. d. R. mit dem Tastschnittverfahren. Eine geometrisch ideale Tastspitze tastet die Körperoberfläche ab und liefert als Ergebnis die Istoberfläche als zweidimensionalen Profilschnitt. Hiervon werden alle in der DIN EN ISO 4287 definierten Profile durch Anwendung verschiedener Profilfilter abgeleitet, (Abb. 1.31):

- *Primärprofil* (P-Profil) entsteht aus der Istoberfläche durch Herausfiltern von Gestaltabweichungen mit sehr kurzer Wellenlänge mit dem Filter λ_s.
- *Rauheitsprofil* (R-Profil) entsteht durch das Anwenden des Profilfilters λ_c auf das Primärprofil.
- *Welligkeitsprofil* (W-Profil) resultiert aus dem sukzessiven Anwenden der Profilfilter λ_f und λ_c auf das Primärprofil.

Alle drei Filter verwenden die gleiche Übertragungscharakteristik (vgl. Abb. 1.31), die in der DIN EN ISO 16610-21 beschrieben ist, unterscheiden sich aber in ihrer Grenzwellenlänge.

Die *Mittellinie* des Primärprofils ist die Linie, die durch Einpassen der kleinsten Abweichungsquadrate der Nennform in das Primärprofil festgelegt wird, Abb. 1.32. Die Mittellinien für das R-Profil bzw. das W-Profil entsprechen den langwelligen Profilanteilen, die durch das λ_c-Filter bzw. das λ_f-Filter unterdrückt werden.

Den im Folgenden vorgestellten Kenngrößen liegt ein *Koordinatensystem* zu Grunde, dessen *X*-Achse in Tastrichtung bzw. entlang der Mittellinie zeigt. Die *Y*-Achse liegt rechtwinklig dazu ebenfalls auf der Werkstückoberfläche. Die *Z*-Achse steht orthogonal zur Oberfläche und zeigt nach außen. Als *Bezugslinie* dient die Mittellinie.

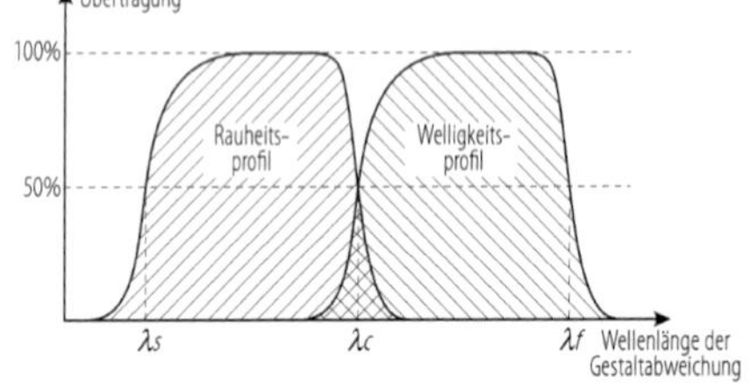

Abb. 1.31 Übertragungscharakteristik für das Rauheits- und Welligkeitsprofil nach DIN EN ISO 4287 und DIN EN ISO 16610-21

Tab. 1.11 Ordnungssystem für Gestaltabweichung [DIN 4760]

Gestaltabweichung (als Profilschnitt überhöht dargestellt)	Beispiel für die Art der Abweichung	Beispiele für die Entstehungsursache
1. Ordnung: Formabweichungen	Geradheits-, Ebenheits-, Rundheitsabweichung u. a.	Fehler in den Führungen der Werkzeugmaschine, Durchbiegung der Maschine oder des Werkstücks
2. Ordnung: Welligkeit	Wellen	Außermittige Einspannung, Form- oder Laufabweichungen eines Fräsers
3. Ordnung: Rauheit	Rillen	Form der Werkzeugschneide, Vorschub oder Zustellung des Werkzeugs
4. Ordnung: Rauheit	Riefen, Schuppen, Kuppen	Vorgang der Spanbildung, Werkstoffverformung beim Strahlen, Knospenbildung bei galvanischer Behandlung
5. Ordnung: Rauheit (nicht mehr in einfacher Weise darstellbar)	Gefügestruktur	Kristallisationsvorgänge, Veränderung der Oberfläche durch chem. Einwirkung (z. B. Beizen), Korrosion
6. Ordnung: (nicht mehr in einfacher Weise darstellbar)	Gitteraufbau des Werkstoffs	

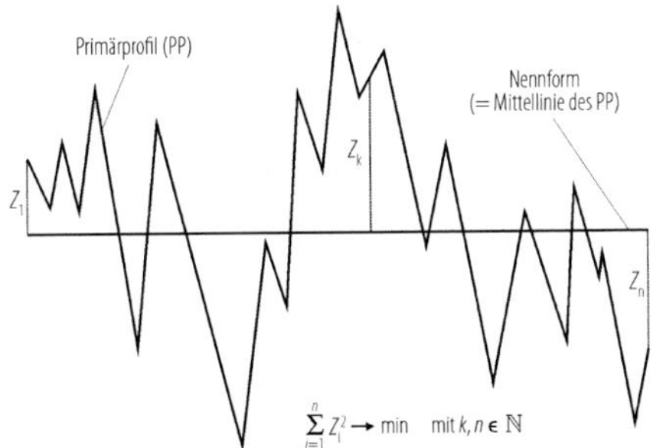

Abb. 1.32 Festlegung der Mittellinie des Primärprofils durch Einpassen der kleinsten Abweichungsquadrate der Nennform

Von der Definition der betrachteten Kenngröße hängt es ab, ob ihre Auswertung über eine *Einzelmessstrecke* l_p, l_r, l_w oder über eine *Messstrecke* l_n erfolgt. Die Längen der Einzelmessstrecken l_r und l_w für das P- bzw. W-Profil entsprechen der Grenzwellenlängen λ_c bzw. λ_f. Für Rauheitsmessungen gilt der Zusammenhang: $l_n = 5 \times l_r$ (vgl. Tab. 1.13).

Nach DIN EN ISO 4287 gilt: Der Ordinatenwert $Z(x)$ ist die Höhe des gemessenen Profils an beliebiger Position x. Die Oberflächenkenngrößen können auf alle Profile angewendet werden. Das Bezugsprofil einer Kenngröße wird aus dem ersten Großbuchstaben ihrer Abkürzung ersichtlich.

- *Höhe der größten Profilspitze* P_p, R_p, W_p ist die Höhe der größten Profilspitze Z_p innerhalb einer Einzelmessstrecke.
- *Tiefe des größten Profiltales* P_v, R_v, W_v ist die Tiefe des größten Profiltales Z_v innerhalb einer Einzelmessstrecke.
- *Größte Höhe des Profils* P_z, R_z, W_z ist die Summe aus der Höhe der größten Profilspitze Z_p und der Tiefe des größten Profiltales Z_v innerhalb einer Einzelmessstrecke. Die Größe R_z ist nicht gleichbedeutend mit der ehemaligen Zehnpunktehöhe R_z.
- *Gesamthöhe des Profils* P_t, R_t, W_t ist die Summe aus der Höhe der größten Profilspitze Z_p und der Tiefe des größten Profiltales Z_v innerhalb der Messstrecke (im Gegensatz zu P_z, R_z, W_z, die über eine Einzelmessstrecke definiert sind).
- *Arithmetischer Mittelwert* P_a, R_a, W_a ist der arithmetische Mittelwert der Beträge der Ordinatenwerte $Z(x)$ innerhalb einer Einzelmessstrecke.
- *Mittlere Rillenbreite der Profilelemente* PS_m, RS_m, WS_m ist der Mittelwert der Breite der Profilelemente X_s innerhalb einer Einzelmessstrecke.

Tab. 1.12 Kennzeichnung von Oberflächen in Zeichnungen durch Symbole, Rauheitsmaße und Zusatzangaben nach DIN EN ISO 1302. *a* Erste Anforderung an die Oberflächenbeschaffenheit, ggf. ergänzt durch die zu verwendende Übertragungscharakteristik, *b* ggf. zweite Anforderung an die Oberflächenbeschaffenheit, *c* Fertigungsverfahren, Behandlung, Beschichtung, etc., *d* Rillenart und -ausrichtung, *e* Bearbeitungszugabe in mm

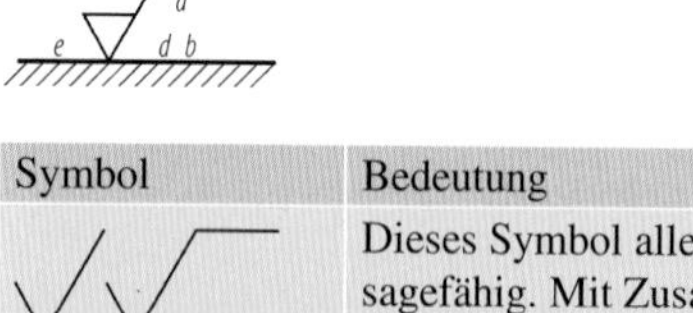

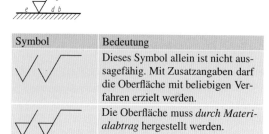

Symbol	Bedeutung
	Dieses Symbol allein ist nicht aussagefähig. Mit Zusatzangaben darf die Oberfläche mit beliebigen Verfahren erzielt werden.
	Die Oberfläche muss *durch Materialabtrag* hergestellt werden.
	Bei der Herstellung der Oberfläche ist *Materialabtrag nicht zulässig*. (Spanlose Formgebung oder Zustand des vorhergehenden Fertigungsverfahrens (Halbzeug) bestehen lassen.)

Festlegen der Rautiefe. Die zulässige Rautiefe einer Oberfläche richtet sich nach der zu erfüllenden Funktion (Traganteil, Setzmaß, Reibungsverhalten, Schichtgrund, Sichtfläche, usw.; vgl. DIN 4764). Andererseits können nur bestimmte Fertigungsverfahren geringe Rautiefen erzielen, wobei die Herstellkosten zu berücksichtigen sind.

Zeichnungsangaben für Oberflächen. Die Oberflächenzeichen und die Zuordnung von Rautiefen sind nach DIN EN ISO 1302 geregelt. Hiernach ist zu unterscheiden, ob das Fertigungsverfahren freigestellt ist, oder ob die Oberfläche durch Materialabtrag hergestellt werden soll bzw. ob Materialabtrag unzulässig ist, Tab. 1.12. Die einzelnen Zusatzangaben *a* bis *e* sind nur dann anzugeben, wenn es für Funktion, Fertigung oder Prüfung erforderlich ist.

Kenngrößenermittlung. Die DIN EN ISO 4288 definiert Regeln und Verfahren zur Kenngrößenermittlung mit Hilfe des Tastschnittverfahrens. Bei der Messung und Auswertung von Kenngrößen, die über eine Einzelmessstrecke definiert sind, wird der arithmetische Mittelwert aus den gemessenen Werten von fünf Einzelmessstrecken gebildet. Soll die Messung auf einer anderen Anzahl von Einzelmessstrecken basieren, ist dem Rauheitskurzzeichen ein entsprechender Index anzuhängen, z. B. R_{z1}, R_{z3}.

Die Höchstwertregel besagt, dass kein Messwert einer Kenngröße die Vorgabe in der technischen Dokumentation überschreiten darf. Diese Anforderung ist durch den Index max zum Ausdruck zu bringen, z. B. $R_{z1\,\mathrm{max}}$.

Bei der Messung von Kenngrößen ist wie folgt vorzugehen: Zunächst wird der Wert der Kenngröße mit geeigneten Mitteln geschätzt. Mit Hilfe von Tab. 1.13 wird die Länge der zugehörigen Einzelmessstrecke ermittelt und die Messung durchgeführt. Liegen die Messwerte innerhalb des zur gewählten Einzelmessstrecke gehörenden Wertebereichs, ist die Messung repräsentativ. Andernfalls muss am Tastschnittgerät entsprechend der gemessenen Werte eine kürzere oder längere Einzelmessstrecke eingestellt und die Messung wiederholt werden.

1.7.2.2 Grenzmaße und Passungen

Toleranzen und Abmaße. Erfolgt nach der internationalen Norm DIN EN ISO 286.

Zur Größenangabe wird in einer Zeichnung das *Nennmaß* angegeben. Es ist nicht möglich, das Werkstück auf dieses Maß absolut genau zu fertigen. Infolgedessen wird am Werkstück ein *Istmaß* messtechnisch erfasst, das je nach Anwendung innerhalb einer *Maßtoleranz*, nämlich zwischen den Grenzmaßen, einem vorgegebenen *Höchstmaß* und einem *Mindestmaß*, liegen darf. Dabei sind die Toleranzen der Messgeräte zu berücksichtigen (s. Kap. 33).

Maßtoleranz ist die Differenz zwischen dem zulässigen Höchst- und Mindestmaß. Sie wird bestimmt durch Größe und Lage. Die *Größe* einer Maßtoleranz wird von den *Grundtole- ranzen* (IT D Internationale Toleranz, IT 1 bis IT 18) bestimmt, die einerseits nach *Nennmaßbereichen* und andererseits nach Grundtoleranzgraden (früher Qualität) bestimmt werden. Dazu wird ein Toleranzfaktor (früher Toleranzeinheit) errechnet mit $i = 0{,}45D^{1/3} + 0{,}001D$ (i in µm, D in mm als

Tab. 1.13 Einzelmessstrecken für die Messung von R_a, R_z, $R_{z1\,max}$ und RS_m nach DIN EN ISO 4288

R_a µm	R_z, $R_{z1\,max}$ µm	RS_m mm	Einzelmess-strecke l_r mm	Messstrecke l_n mm
$(0{,}006) < R_a \leq 0{,}02$	$(0{,}025) < R_z, R_{z1\,max} \leq 0{,}1$	$0{,}013 < RS_m \leq 0{,}04$	0,08	0,4
$0{,}02 < R_a \leq 0{,}1$	$0{,}1 < R_z, R_{z1\,max} \leq 0{,}5$	$0{,}04 < RS_m \leq 0{,}13$	0,25	1,25
$0{,}1 < R_a \leq 2$	$0{,}5 < R_z, R_{z1\,max} \leq 10$	$0{,}13 < RS_m \leq 0{,}4$	0,8	4,0
$2 < R_a \leq 10$	$10 < R_z, R_{z1\,max} \leq 50$	$0{,}4 < RS_m \leq 1{,}3$	2,5	12,5
$10 < R_a \leq 80$	$50 < R_z, R_{z1\,max} \leq 200$	$1{,}3 < RS_m \leq 4$	8	40,0

Tab. 1.14 ISO-Grundtoleranzen in µm nach ISO 286 (Auszug)

Nennmaß-bereich mm	IT											
	5	6	7	8	9	10	11	12	13	14	15	16
	7i	10i	16i	25i	40i	64i	100i	160i	250i	400i	640i	1000i
von 1 bis 3	4	6	10	14	25	40	60	100	140	250	400	600
über 3 bis 6	5	8	12	18	30	48	75	120	180	300	480	750
über 6 bis 10	6	9	15	22	36	58	90	150	220	360	580	900
über 10 bis 18	8	11	18	27	43	70	110	180	270	430	700	1100
über 18 bis 30	9	13	21	33	52	84	130	210	330	520	840	1300
über 30 bis 50	11	16	25	39	62	100	160	250	390	620	1000	1600
über 50 bis 80	13	19	30	46	74	120	190	300	460	740	1200	1900
über 80 bis 120	15	22	35	54	87	140	220	350	540	870	1400	2200
über 120 bis 180	18	25	40	63	100	160	250	400	630	1000	1600	2500
über 180 bis 250	20	29	46	72	115	185	290	460	720	1150	1850	2900
über 250 bis 315	23	32	52	81	130	210	320	520	810	1300	2100	3200
über 315 bis 400	25	36	57	89	140	230	360	570	890	1400	2300	3600
über 400 bis 500	27	40	63	97	155	250	400	630	970	1550	2500	4000

geometrisches Mittel des jeweiligen Nennmaßbereichs bis 500 mm) und dann ab IT 5 entsprechend den Toleranzgraden zu Grundtoleranzen multiplikativ erweitert wird (vgl. Tab. 1.14).

Die *Lage* des Toleranzfeldes zum Nennmaß (Nulllinie) wird durch das *Grundabmaß* bestimmt. Das Grundabmaß ist jenes obere oder untere Abmaß, das der Nulllinie am nächsten liegt. Bei Innenmaßen wird die Lage des Toleranzfeldes mit Großbuchstaben bezeichnet und von A bis H eine positive, bei K bis Z eine negative und mit J eine symmetrische Lage zum Nennmaß festgelegt. Bei Außenmaßen gilt entsprechend: Kleinbuchstaben a bis h für eine negative, ab k für eine positive und bei j wiederum für eine symmetrische Lage.

Als *oberes Abmaß* (ES, es) wird die algebraische Differenz zwischen dem Höchstmaß und dem Nennmaß, als *unteres Abmaß* (EI, ei) die zwischen dem Mindestmaß und Nennmaß verstanden. Ausgehend vom Grundabmaß gelangt man durch Hinzufügen der Grundtoleranz (Toleranzfeldbreite) zum entsprechenden anderen Abmaß (Abb. 1.33).

Als *Toleranzklasse* wird die Kombination eines Grundabmaßes mit dem Toleranzgrad bezeichnet, z. B.: f 7, D 13 usw. (Tab. 1.15).

Werden Maße ohne Toleranzfestlegung angegeben, gelten für Längen- und Winkelmaße Allgemeintoleranzen (früher Freimaßtoleranzen) nach ISO 2768-1. Normalerweise wird die Toleranzklasse „ISO 2768-m" (mittel) gewählt. Solche Festle- gungen bedürfen der Angabe auf der Zeichnung. Zu beachten sind auch die Toleranzen und zulässigen Abweichungen für Gussrohteile (DIN CEN ISO/TS 8062-2) und Schmiedestücke aus Stahl (DIN EN 10234-2) sowie andere Normen.

Schließlich besteht neben der Maßtolerierung noch die *Form- und Lagetolerierung* nach DIN EN ISO 1101, die angewendet wird, wenn eine solche im Einzelfall notwendig erscheint. Mit ihr

Tab. 1.15 Passungsbeispiele in Anlehnung an [78] bei Berücksichtigung der nach ISO 286 empfohlenen Passungsauswahl. Mit * bezeichnete Passungen für Einheitswelle, mit ( ) bezeichnete sind nur aus Reihe 2 gebildet

		Empfohlene Passung	Toleranzfeldlage und -größe für Nennmaß 60 in µm (Außenmaß, Innenmaß; 400 300 200 100 0 100 200 300 400)	Kennzeichen bei Montage	Anwendung
stets Übermaßpassung	fester Preßsitz	H8/x8≤24mm	x8 H8	nur mit Presse oder Temperaturdifferenz fügbar, große Haftkraft	Naben von Zahn-, Lauf- und Schwungrädern, Flansche auf Wellen
		H8/u8>24mm			
	mittlerer Preßsitz	H7/s6		nur mit Presse oder Temperaturdifferenz fügbar, mittlere Haftkraft	Kupplungsnaben, Lagerbuchsen in Gehäusen, Rädern oder Schubstangen, Bronze-Kränze auf GG-Naben
		H7/r6			
Übermaß- oder Spielpassung möglich	Festsitz	H7/n6		mit Presse fügbar	Anker auf Motorwellen, Zahnkränze auf Rädern
	Haftsitz	H7/k6		gut mit Handhammer fügbar	einmalig aufgebrachte Riemenscheiben, Kupplungen, Zahnräder, Schwungräder, feste Handräder und -hebel
	Schiebesitz	H7/j6		von Hand fügbar	leicht einzubauende Riemenscheiben, Zahnräder, Handräder und Lagerbuchsen
stets Spielpassung	Gleitsitz	H7/h6	H7 h6	von Hand noch eben verschiebbar, falls geschmiert	Wechselräder, Reitstockpinole, Stellringe, lose Buchsen für Kolbenbolzen und Rohrleitungen
		H8/h9			
		H11/h9			leicht zusammensteckbare Teile, Distanzbuchsen, Landmaschinenbauteile, falls auf der Welle verstiftet, festgeschraubt oder festgeklemmt, Wellen h11 aus blankem Rundstahl DIN 668
		(H11/h11)			
	enger Laufsitz	G7/h6 *		ohne merkliches Spiel verschiebbar	Schubzahnräder und -kupplungen, Schubstangenlager, Indikatorkolben
		H7/g6			
	Laufsitz	H7/f7		merkliches Spiel	Werkzeugmaschinen-Hauptlager, Kurbelwellen- und Schubstangenlager, Lagerungen an Regulatoren, Gleitmuffen auf Wellen, verschiebbare Kupplungsmuffen, Führungssteine, Kreuzkopf in Gleitbahn
		F8/h6 *			
		H8/f7			
		F8/h9 *			
	leichter Laufsitz	H8/e8		größeres Spiel	Lagerungen langer Wellen, Lager für landwirtschaftliche Maschinen
		E9/h9 *			
	weiter Laufsitz	H8/d9	H8 d9	großes Spiel	mehrfach gelagerte Wellen in Werkzeug- und Kolbenmaschinen, Wellen h9 DIN 669 bzw. DIN 671
		D10/h9 *			
		(H11/d9)			Hydraulik-Kolben im Zylinder, Hebelbolzen, abnehmbare Hebel, Lager für Rollen und Führung
		D10/h11 *			
	mit großem Spiel und Toleranzen behafteter Sitz	C11/h9 *		sehr großes Spiel	Drehzapfen, Schnappstifte, Gabelbolzen an Kfz-Bremsgestängen
		C11/h11 *			
		(H11/c11)			
		(A11/h11) *	530←		Feder- und Bremsgehänge, Bremswellenlager, Kuppelbolzen
		(H11/a11)	H11 a11 →530		

können Form-, Richtungs-, Orts- und Lauftoleranzen festgelegt werden. Den Eintrag von Form- und Lagetolerierung in technische Zeichnungen regelt ISO 5459. Ferner bestimmt ISO 2768-2 Toleranzen für Form und Lage ohne einzelne Toleranzeintragung im Sinne von Allgemeintoleranzen.

Passungen. Sie entstehen durch die Beziehung der Toleranzfelder gepaarter Teile zueinander und stellen bei gleichem Nennmaß eine bestimmte Funktion (z. B. Gleit- und Führungsaufgaben, Reibschluss in Schrumpfverbindungen) aber auch die Austauschbarkeit sicher. Passungsarten werden unterschieden entsprechend Tab. 1.15. Die Zuordnung von Toleranzfeldlage und -größe bestimmt, welche Passungsart mit welchem Spiel bzw. Übermaß vorliegt. Dabei wird zwischen den *Passungssystemen* Einheitsbohrung und Einheitswelle unterschieden.

Einheitsbohrung. Alle Innenmaße erhalten das untere Abmaß 0, also Toleranzfeldlage H. Die unterschiedlichen Passungen werden mit der

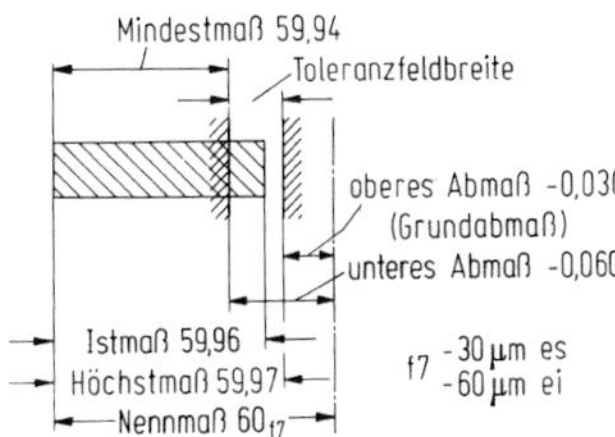

Abb. 1.33 Zuordnung von Nennmaß, Istmaß, Mindest- und Höchstmaß mit oberem (hier Grundabmaß) und unterem Abmaß in mm

Wahl der Toleranzfeldlage bei den Außenmaßen bestimmt (z. B. H7/f7, H7/g6, H7/h6, H7/k6, H7/s6). Zu bevorzugen bei geringen Stückzahlen, beschränkter Anzahl von Werkzeugen und Lehren für Innenbearbeitung.

Einheitswelle. Alle Außenmaße erhalten das obere Abmaß 0, also Toleranzfeldlage h (z. B. G7/h6, F8/h6, E9/h9). Zu bevorzugen bei gezogenem Halbzeug, nicht abgesetzten Wellen, Austauschgleitlagern.

Eine gemischte Anwendung der Passsysteme kann zweckmäßig sein. ISO 286 empfiehlt eine beschränkte *Passungsauswahl*, um Werkzeuge und Lehren einzusparen. Tab. 1.16 gibt hierzu eine Anwendungsübersicht. Andere Passungen sind aus ISO 286 zu entnehmen.

Wichtig ist dabei die Beachtung von Tolerierungsgrundsätzen:

International gilt das *Unabhängigkeitsprinzip* nach DIN EN ISO 8015, nach dem jede einzelne Maß-, Form- oder Lagetoleranz nur für sich allein geprüft wird, ohne Rücksicht darauf, wie die jeweils anderen Abweichungen liegen. So sagt z. B. die Durchmessertoleranz einer Welle nichts über deren Geradheit oder Rundheit aus.

Für Passungen muss generell das Hüllprinzip angewendet werden, um immer eine funktionsgerechte Geometrie zu gewährleisten. Da im internationalen Verkehr das Unabhängigkeitsprinzip verfolgt wird, muss bei Passungen hinter dem Passmaß die Kennzeichnung Ⓔ zusätzlich eingetragen werden, um die Hüllbedingung sicherzustellen.

Besonders tückisch sind sogenannte Gleichdickformen oder ähnliche, wie sie durch elastisches Verformen beim Spannen, durch

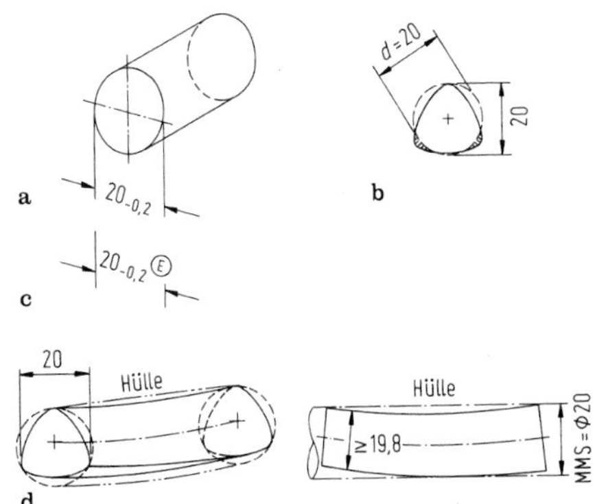

Abb. 1.34 **a** Bemaßter Rundquerschnitt; **b** Nach Unabhängigkeitsprinzip zulässige Formabweichung, die bei einer Gleichdickform trotz vollständiger Einhaltung des Höchstmaßes $d = 20$ mm den Kreis des maximal zulässigen Durchmessers (Hüllkreis) überschreitet; **c** Abhilfe: Kennzeichnung des Maßes mit Ⓔ; **d** Nach dem Hüllprinzip eingeschränkte zulässige Formabweichung, die die Hülle des idealisierten Körpers mit dem Maximum-Material-Maß nirgends durchbricht

Schwingungen beim spitzenlosen Schleifen und beim Bohren entstehen können. Entsprechend Abb. 1.34a,b wäre eine Welle nach einem tolerierten Zeichnungsmaß von beispielsweise 20–0,2 mit einer entstandenen Gleichdickform nach dem Unabhängigkeitsprinzip zulässig, obwohl unter Einhaltung des Maximum-Maßes der Querschnitt an den „Dreiecksspitzen" den Hüllkreis mit dem Maximummaß von 20 mm deutlich überschreitet. Das Teil wäre in eine entsprechend tolerierte Bohrung nicht einpassbar. Abhilfe ist unter dem Unabhängigkeitsprinzip nur durch Kennzeichnung des Maßes mit Ⓔ nach Abb. 1.34c zu erreichen. Es gilt dann jeweils das Hüllprinzip. Abb. 1.34d zeigt, dass eine Gleichdickform nach dem Hüllprinzip nur zulässig ist, soweit sie nicht die Hülle des Maximum-Material-Maßes auch hinsichtlich axialer Formabweichung durchbricht und das Mindestmaß 19,8 mm überall einhält, was eine bedeutend schärfere Bedingung darstellt.

Lageabweichungen bzw. -toleranzen, z. B. Rechtwinkligkeit, Koaxialität, Symmetrie, sind, gleichgültig welcher Tolerierungsgrundsatz verfolgt wird, immer von den Maßtoleranzen unabhängig und müssen gegebenenfalls gesondert angegeben werden.

Tab. 1.16 Zeichnungsformate in mm. (Nach DIN EN ISO 5457)

Formate Reihe A	A0	A1	A2	A3	A4
Beschnittenes Blatt	841 × 1189	594 × 841	420 × 594	297 × 420	210 × 297
Unbeschnittenes Blatt	880 × 1230	625 × 880	450 × 625	330 × 450	240 × 330

Für Allgemeintoleranzen, die vom Fertigungsverfahren abhängig sind, muss zur Kenntnis genommen werden, dass die dortigen Festlegungen nicht immer vollständig sind oder unterschiedliche Tolerierungsgrundsätze zugrunde gelegt wurden. Gegebenenfalls müssen klärende Angaben über zulässige Formabweichungen ergänzt werden. Erläuterungen und Beispiele vgl. [79].

1.7.3 Zeichnungen und Stücklisten

1.7.3.1 Zeichnungsarten

DIN EN ISO 10209 unterscheidet technische Zeichnungen nach Art ihrer Darstellung, Art ihrer Anfertigung, ihrem Inhalt und ihrem Zweck.

Hinsichtlich der *Darstellungsart* wird unterschieden zwischen Skizzen, maßstäblichen Zeichnungen, Maßbildern, Plänen und sonstigen grafischen Darstellungen.

Hinsichtlich der *Anfertigungsart* unterscheidet man zwischen Original- oder Stamm-Zeichnungen als Grundlage für Vervielfältigungen sowie Vordruck-Zeichnungen, die oft unmaßstäblich sind. Es kann zweckmäßig sein, Zeichnungen nach dem Baukastenprinzip aufzubauen. Bei diesem Vorgehen gliedert man Gesamt-Zeichnungen bausteinartig so in Zeichnungsteile, dass man aus diesen neue Gesamt-Zeichnungsvarianten zusammenstellen kann.

Hinsichtlich des *Inhalts* gibt es viele Unterscheidungsmöglichkeiten. Ein Gesichtspunkt ist die Vollständigkeit eines Gebildes in einer Zeichnung. Hier wird unterschieden zwischen Gesamt-, Gruppen-, Einzelteil-, Rohteil-, Gruppen-Teil-, Modell- und Schema-Zeichnungen.

Zur Rationalisierung der Zeichnungsherstellung dienen ferner Sammel-Zeichnungen, die als Sorten-Zeichnungen (für Gestaltungsvarianten) mit aufgedruckter oder getrennter Maßtabelle oder als Satz-Zeichnungen (Zusammenfassung zusammengehörender Einzelteile) aufgebaut sein können.

Beim Erarbeiten der Fertigungsunterlagen interessiert die geeignete *Struktur* eines Zeichnungssatzes. Entsprechend einer fertigungs- und montagegerechten Erzeugnisgliederung besteht der Zeichnungssatz grundsätzlich zunächst aus einer Gesamt-Zeichnung als Zusammenstellungs-Zeichnung des Erzeugnisses, aus der sich möglicherweise noch weitere Zeichnungen (z. B. zum Versand, zur Aufstellung und Montage sowie zur Genehmigung) ableiten, aus mehreren Gruppen-Zeichnungen verschiedener Rangordnung (Komplexität), die den Zusammenbau mehrerer Einzelteile zu einer Fertigungs- bzw. Montageeinheit zeigen, sowie aus Einzelteil-Zeichnungen, die noch für unterschiedliche Fertigungsstufen aufgegliedert sein können (z. B. Rohteil-Zeichnung, Modell-Zeichnung, Vorbearbeitungs-Zeichnung, Endbearbeitungs-Zeichnung). Zeichnungen sind so aufzubauen, dass sie auch für andere Anwendungsfälle wiederverwendbar sind. Wiederholteile und Ersatzteile sind daher auf eigenen Zeichnungen darzustellen. Nach dem Zeichnungssatz ist auch der Stücklistensatz und das System der Zeichnungsnummern aufzubauen (s. „Stücklisten" in diesem Abschnitt und Abschn. 1.6.4).

1.7.3.2 Formate, Linien und Schrift

Linienbreiten und Schrifthöhen sind den Bedürfnissen der Mikroverfilmung angepasst und folgen in ihrem Stufensprung $\sqrt{2}$. Zu bevorzugen ist kursive und vertikale Normschrift (DIN EN ISO 3098-1). Die Schrifthöhe bezieht sich auf Großbuchstaben. Kleinbuchstaben werden bei der Form A mit 10/14 und bei der Form B mit 7/10 der Schrifthöhe ausgeführt. Bevorzugte Schrifthöhen sind 2,5; 3,5; 5 und 7 mm. Die Linienbreite der Mittelschrift soll 1/10 der Schrifthöhe betragen.

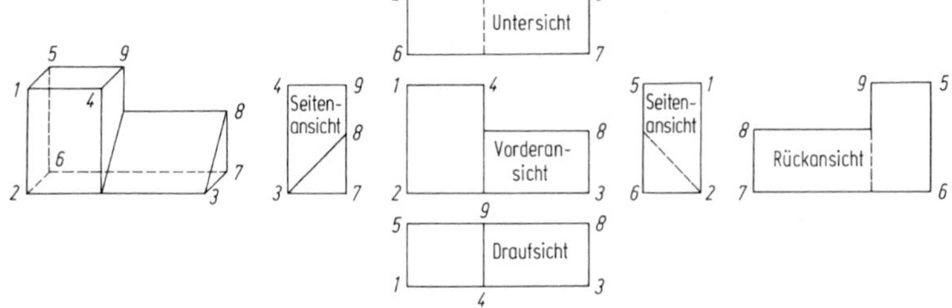

Abb. 1.35 Anordnung der Ansichten und Schnitte bei Normalprojektion

1.7.3.3 Darstellung und Bemaßung

DIN ISO 5455 schreibt folgende *Maßstäbe* vor:

Verkleinerungen:	1 : 2	1 : 5	1 : 10
	1 : 20	1 : 50	1 : 100
	1 : 200	1 : 500	1 : 1000
	1 : 2000	1 : 5000	1 : 10 000
Vergrößerungen:	50 : 1	20 : 1	10 : 1
	5 : 1	2 : 1	

Ansichten und Schnitte werden gewöhnlich in *Normalprojektion* angeordnet (Abb. 1.35).

Die Gegenstände sind in Gesamt-Zeichnungen und Gruppen-Zeichnungen in der *Gebrauchslage*, in Einzelteil-Zeichnungen bevorzugt in der *Fertigungslage* darzustellen. Dabei sind möglichst wenige, aber ausreichende Ansichten (DIN EN ISO 5456-2) oder Schnitte zu wählen, aus der die Gestalt eindeutig ersichtlich ist.

Schnitte machen Zeichnungen übersichtlicher (Wegfall vieler unsichtbarer Kanten) und sind bei zylindrischen Hohlkörpern stets anzuwenden (sichtbare, umlaufende Kanten nicht vergessen).

Das *Klappen* einfacher Querschnittsdarstellungen in die Zeichenebene senkt die Zahl notwendiger Ansichten.

Oft vorkommende Teile werden nur einmal gezeichnet. *Unsichtbare Kanten* nur zeichnen, wenn dadurch Unklarheiten und einfache zusätzliche Darstellungen vermieden werden können. Vereinfachte Darstellungen sind möglich, wenn dadurch die Erkennbarkeit von Funktion, räumlicher Verträglichkeit und wesentlicher Bauteilgestalt im jeweiligen Einzelfall nicht beeinträchtigt wird (DIN 406-11).

Die *Bemaßung* ist eindeutig und übersichtlich vorzunehmen. Regeln sind in den Normen enthalten [79].

1.7.3.4 Stücklisten

Zu jedem Zeichnungssatz gehört eine Stückliste bzw. ein Stücklistensatz, damit ein Erzeugnis vollständig beschrieben werden kann. Eine Stückliste enthält in der Reihenfolge von links nach rechts Spalten für Positionsnummer, Menge, Einheit der Menge, Benennung der Gruppe oder des Teils (einschließlich Normteile, Fremdteile und Hilfsstoffe), Sachnummer und/oder Norm-Kurzbezeichnung zur Identifikation und Bemerkungen. Die Benennung ist nach der Bauform, nicht nach der Zweckbestimmung (Funktion), zu wählen. Eine Stückliste ist generell aus einem Schriftfeld und einem Stücklistenfeld aufgebaut, deren formaler Aufbau in DIN EN ISO 7200 festgelegt ist.

Mengenübersichts-Stückliste. Sie enthält für das Erzeugnis (Abb. 1.36a) nur die Einzelteile mit ihren Mengenangaben. Mehrfach vorkommende Einzelteile erscheinen nur einmal, aber alle Teilenummern der Erzeugnisse sind angeführt. Funktions- und fertigungsorientierte Gruppen sind nicht zu erkennen. Diese einfachste Form einer Stückliste reicht für einfache Erzeugnisse mit nur wenigen Fertigungsstufen aus (Tab. 1.17), für Erzeugnisgliederung nach Abb. 1.36a.

Struktur-Stückliste. Sie gibt die Erzeugnisstruktur mit allen Baugruppen und Teilen wieder, wobei jede Gruppe sofort bis zur höchsten Stufe (Ordnung der Erzeugnisgliederung) gegliedert ist. Die Gliederung der Gruppen und Teile entspricht in der Regel dem Fertigungsablauf

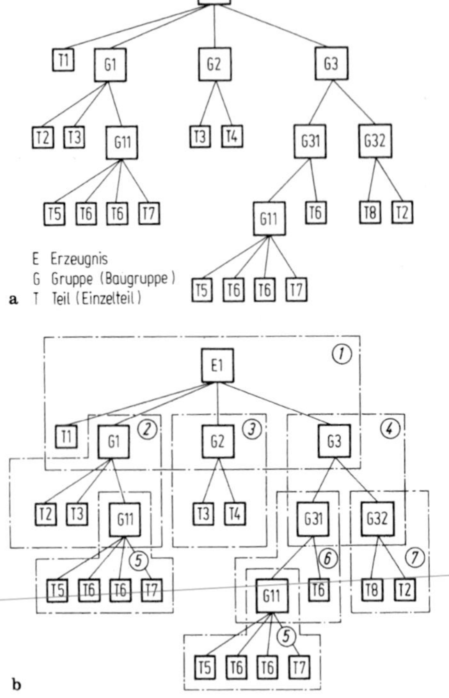

Abb. 1.36 Schema einer Erzeugnisgliederung. **a** Gliederung; **b** Baukasten-Stückliste

(Tab. 1.18). Die Mengenangaben beziehen sich auf das im Stücklistenkopf beschriebene Erzeugnis. Struktur-Stücklisten können sowohl für ein Gesamterzeugnis als auch nur für einzelne Gruppen aufgestellt werden. Ihr Vorteil ist, dass in ihnen die Gesamtstruktur eines Erzeugnisses bzw. einer Gruppe erkennbar ist. Allerdings werden Stücklisten mit vielen Positionsnummern unübersichtlich, vor allem, wenn eine Reihe von Wiederholgruppen an jeweils verschiedenen Stellen wiederkehrt. Dadurch ergeben sich auch Nachteile im Änderungsdienst.

Tab. 1.17 Aufbau einer Mengenübersichts-Stückliste für Erzeugnisgliederung (ME Einheit der Menge)

Menge 1			Benennung E1	Mengenübersichts-Stückliste
Pos.	Menge	ME	Benennung	Sachnummer
1	1	ST	T1	
2	2	ST	T2	
3	2	ST	T3	
4	1	ST	T4	
5	2	ST	T5	
6	5	ST	T6	
7	4	KG	T7	
8	9	M	T8	

Baukasten-Stückliste. Sie umfasst zusammengehörende Gruppen und Teile, *ohne* zunächst auf ein bestimmtes Erzeugnis Bezug zu nehmen. Die Mengenangaben beziehen sich nur auf die im Kopf genannte Baugruppe. Mehrere solche Baukasten-Stücklisten müssen, gegebenenfalls mit anderen Stücklisten, zu einem Stücklistensatz eines Erzeugnisses zusammengestellt werden, z. B. entsprechend Abb. 1.36b. Stückliste E1 besteht aus T1 und den Stücklisten G1, G2 und G3. Diese selbstständigen Stücklisten rufen ihrerseits andere ab, z. B. G11, G31 und G32. Ihre Verwendung empfiehlt sich dort, wo bei einem größeren Erzeugnisspektrum Baugruppen lagermäßig geführt und als Wiederholgruppen in größeren Stückzahlen gefertigt werden.

1.7.4 Sachnummernsysteme

Als Sachnummernsysteme werden solche Systeme bezeichnet, die die Nummerung von Sachen und Sachverhalten umspannen. Dabei ist es zweckmäßig, einer Einzelteil-Zeichnung, der Position in der dazugehörigen Stückliste, dem betreffenden Arbeitsplan und dem Werkstück selbst (Fertigungsteil, Ersatzteil, Lagerteil oder Kaufteil) zur Identifizierung dieselbe Nummer zu geben.

Sachnummern müssen eine Sache *identifizieren*, sie können sie darüber hinaus auch *klassifizieren*.

Sachnummernsysteme können aus *Parallelnummern* und *Verbundnummern* aufgebaut sein.

Unter einer *Parallelnummer* wird jede weitere Identnummer für dasselbe Nummerungsobjekt verstanden, z. B. haben ein Hersteller von Zukaufteilen und der Kunde für das gleiche Teil oft unterschiedliche Identnummern. Man spricht auch von einem Parallelnummernsystem, wenn eine Sachnummer (Identnummer) mit einer unabhängigen Klassifikationsnummer verbunden ist, Abb. 1.37. Der Vorteil einer solchen Parallelver-

Tab. 1.18 Aufbau einer Struktur-Stückliste für Erzeugnisgliederung

Menge 1			Benennung	E1	Struktur-Stückliste
Pos.	Menge	ME	Stufe	Benennung	Sachnummer
1	1	ST	. 1	T1	
2	1	ST	. 1	G1	
3	1	ST	. . 2	T2	
4	1	ST	. . 2	T3	
5	1	ST	. . 2	G11	
6	1	ST	. . . 3	T5	
7	2	ST	. . . 3	T6	
8	2	KG	. . . 3	T7	
9	1	ST	. 1	G2	
10	1	ST	. . 2	T3	
11	1	ST	. . 2	T4	
12	1	ST	. 1	G3	
13	1	ST	. . 2	G31	
14	1	ST	. . . 3	G11	
15	1	ST	 4	T5	
16	2	ST	 4	T6	
17	2	KG	 4	T7	
18	1	ST	. . . 3	T6	
19	1	ST	. . 2	G32	
20	9	M	. . . 3	T8	
21	1	ST	. . . 3	T2	

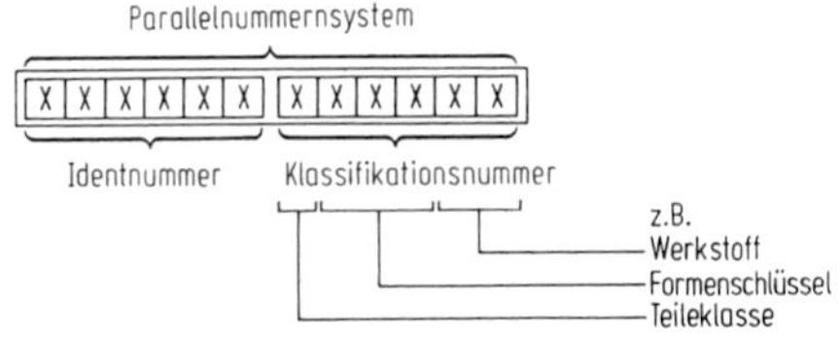

Abb. 1.37 Verknüpfen einer Identnummer mit einer Klassifikationsnummer zu einem Parallel-Nummernsystem nach [80]

Abb. 1.38 Prinzipieller Aufbau einer Sachnummer als Verbund-Nummer. (Nach [80])

schlüsselung liegt in einer großen Flexibilität und Erweiterungsmöglichkeit, da beide Nummern unabhängig voneinander sind. Dieses System ist deshalb für die Mehrzahl von Einsatzfällen anzustreben und bietet Vorteile einer leichteren Daten-Verarbeitung, wenn nur die Identnummer benötigt wird [81, 82].

Unter einer *Verbundnummer* wird eine Nummer verstanden, die aus mehreren Nummernteilen besteht. So zeigt Abb. 1.38 eine Sachnummer als Beispiel, bei der die identifizierende Sachnummer aus einem klassifizierenden Nummernteil und einer Zähl-Nr. besteht. Nachteilig ist ein schnelles „Platzen" des Nummernsystems bei erforderlichen Erweiterungen. Vorteile liegen bei der Anschaulichkeit durch den Klassifikationsteil.

Eine *Klassifizierung* von Sachen und Sachverhalten – sei es im Rahmen einer Sachnummer, sei es mittels eines eigenständigen, von Identnummernsystemen unabhängigen Klassifizierungssystems – ist wichtig, damit Teile wiederholt verwendet und Sachaussagen wiedergefunden werden können. Im Allgemeinen führt man eine abgestufte Klassifizierung durch (Grob- und Feinklassifizierung).

Zur Kennzeichnung von Teilen und Gruppen, insbesondere von Normteilen, haben sich *Sachmerkmale* eingeführt, die bestimmte Eigenschaften, die sich zum Beschreiben und Unterscheiden von Gegenständen innerhalb einer Gegenstandsgruppe eignen, kennzeichnen (DIN 4000). Grundlagen und Anwendung s. [83].

Literatur – Spezielle Literatur

Literatur zu Abschn. 1.1–Abschn. 1.4

1. Feldhusen, J., Grote, K.-H. (Hrsg.): Pahl-Beitz Konstruktionslehre – Methoden und Anwendung erfolgreicher Produktentwicklung, 8. Aufl. Springer, Berlin (2013)
2. VDI-Richtlinie 2221: Methodik zum Entwickeln und Konstruieren technischer Systeme und Produkte. Beuth-Verlag, Düsseldorf (1993)
3. Holliger, H.: Morphologie – Idee und Grundlage einer interdisziplinären Methodenlehre. Kommunikation 1. Bd. 1. Schnelle, Quickborn (1970)
4. Lindemann, U.: Methodische Entwicklung technischer Produkte. Springer, Berlin (2009)
5. Rodenacker, W.G.: Methodisches Konstruieren, 4. Aufl. Konstruktionsbücher, Bd. 27. Springer, Berlin (1991)
6. Roth, K.: Konstruieren mit Konstruktionskatalogen – Kataloge. Konstruieren mit Konstruktionskatalogen, Bd. 2. Springer, Berlin, Heidelberg (2001)
7. VDI-Richtlinie 2222 Bl. 2: Konstruktionsmethodik. Erstellung und Anwendung von Konstruktionskatalogen. Beuth-Verlag, Düsseldorf (1982)
8. Kiper, G.: Katalog einfachster Getriebebauformen. Springer, Berlin (1982)
9. Altschuller, G.S.: Erfinden – Wege zur Lösung technischer Probleme. BTU Cottbus, Cottbus (1998)
10. VDI-Richtlinie 4521: Erfinderisches Problemlösen mit TRIZ. Beuth-Verlag, Düsseldorf (2016)
11. Lindemann, U. (Hrsg.): Handbuch Produktentwicklung. Hanser, München (2016)
12. Orloff, M.A.: Modern TRIZ – A Practical Course with EASyTRIZ Technology. Springer, Berlin (2012)
13. Orloff, M.: Grundlagen der klassischen TRIZ. Springer, Berlin (2006)
14. Zangemeister, C.: Nutzwertanalyse in der Systemtechnik – Eine Methodik zur multidimensionalen Bewertung und Auswahl von Projektalternativen, 5. Aufl. Zangemeister & Partner, Winnemark (2014)
15. VDI-Richtlinie 2225: Technisch-wirtschaftliches Konstruieren. Beuth-Verlag, Düsseldorf (1997)
16. Kesselring, F.: Bewertung von Konstruktionen, ein Mittel zur Steuerung von Konstruktionsarbeit. VDI-Verlag, Düsseldorf (1951)
17. Breiing, A., Knosala, R.: Bewerten technischer Systeme. Springer, Berlin (1997)
18. Haberfellner, R. (Hrsg.): Systems Engineering, Methoden und Praxis, 13. Aufl. Orell Füssli, Zürich (2015)
19. Ehrlenspiel, K., Kiewert, A., Lindemann, U., Mörtl, M.: Kostengünstig Entwickeln und Konstruieren. Springer, Berlin (2014)
20. VDI-Richtlinie 2235: Wirtschaftliche Entscheidungen beim Konstruieren; Methoden und Hilfen. VDI-Verlag, Düsseldorf (1987)
21. Pahl, G., Rieg, F.: Kostenwachstumsgesetze für Baureihen – Mit zahlreichen Anwendungsbeispielen und Rechnerprogrammen für die Konstruktionspraxis. Hanser, München (1984)
22. VDI-Richtlinie 2801: Wertanalytiker/Value-Manager/Wertanalytikerin/Value-Managerin. Beuth-Verlag, Düsseldorf (2010)
23. Ponn, J.: Konzeptentwicklung und Gestaltung technischer Produkte. Springer, Berlin (2011)
24. VDI-Richtlinie 2206: Entwicklungsmethodik für mechatronische Systeme. Beuth-Verlag, Düsseldorf (2004)
25. Kleppmann, W.: Versuchsplanung – Produkte und Prozesse optimieren, 8. Aufl. Praxisreihe Qualitätswissen. Hanser, München (2013)
26. Produktsicherheitsgesetz: Gesetz über die Bereitstellung von Produkten auf dem Markt (8.11.2011)
27. VDI-Richtlinie 2244: Konstruieren sicherheitsgerechter Erzeugnisse. Beuth-Verlag, Düsseldorf (1988)
28. VDI-Richtlinie 2242: Konstruieren ergonomiegerechter Erzeugnisse. Beuth-Verlag, Düsseldorf (2016)
29. VDI-Richtlinie 3720: Konstruktion lärmarmer Maschinen und Anlagen. Beuth-Verlag, Düsseldorf (2014)
30. Andreasen, M.M., Kähler, S., Lund, T.: Montagegerechtes Konstruieren. Springer, Berlin (1985)
31. VDI-Richtlinie 2243: Recyclingorientierte Produktentwicklung. Beuth-Verlag, Düsseldorf (2002)
32. VDI-Richtlinie 2221: Entwicklung technischer Produkte und Systeme. Beuth-Verlag, Berlin (2018)

Literatur zu Abschn. 1.5

33. Krause, D., Gebhardt, N.: Methodische Entwicklung modularer Produktfamilien – Hohe Produktvielfalt beherrschbar entwickeln. Springer Vieweg, Berlin, Heidelberg (2018)
34. Gebhardt, N., Kruse, M., Krause, D.: Gleichteile-, Modul- und Plattformstrategie. In: Lindemann, U. (Hrsg.) Handbuch Produktentwicklung, S. 111–149. Hanser, München (2016)
35. Franke, H.-J. (Hrsg.): Variantenmanagement in der Einzel- und Kleinserienfertigung. Hanser, München (2002). Mit 33 Tabellen.
36. Schichtel, M.: Produktdatenmodellierung in der Praxis. Hanser, München (2002)
37. Schuh, G.: Produktkomplexität managen. Strategien; Methoden; Tools, 1. Aufl. Carl Hanser, München, Wien (2014)
38. Pahl, G., Beitz, W., Feldhusen, J., Grote, K.-H.: Konstruktionslehre. Grundlagen erfolgreicher Produktentwicklung; Methoden und Anwendung, 7. Aufl. Springer, Berlin, Heidelberg (2007)
39. Ulrich, K.T., Eppinger, S.D.: Product design and development, 5. Aufl. McGraw-Hill Irwin, New York (2012)
40. Salvador, F.: Toward a Product System Modularity Construct: Literature Review and Reconceptualization. IEEE Trans Eng Manag **54**(2), 219–240 (2007)

41. Erixon, G.: Modular function deployment. A method for product modularisation. The Royal Inst. of Technology Dept. of Manufacturing Systems Assembly Systems Division, Stockholm (1998)
42. Ehrlenspiel, K., Meerkamm, H.: Integrierte Produktentwicklung. Denkabläufe, Methodeneinsatz, Zusammenarbeit, 5. Aufl. Hanser, München (2013)
43. Meyer, M.H.: Revitalize your product lines through continuous platform renewal. Res Technol Manag **40**(2), 17–28 (1997)
44. Robertson, D., Ulrich, K.: Planning for Product Platforms. Sloan Manage Rev **39**(4), 19–31 (1998)
45. Harlou, U.: Developing product families based on architectures. Contribution to a theory of product families. Department of Mechanical Engineering, Technical University of Denmark, Lyngby (2006)
46. Kipp, T., Krause, D.: Computer Aided Size Range Development – Data Mining vs. Optimization. Proceedings of International Conference on Engineering Design, ICED, Califonia, USA; Society., S. 179–190 (2009)
47. Jiao, J., Simpson, T.W., Siddique, Z.: Product family design and platform-based product development: a state-of-the-art review. J Intell Manuf **18**(1), 5–29 (2007). https://doi.org/10.1007/s10845-007-0003-2
48. Otto, K., Hölttä-Otto, K., Simpson, T.W., Krause, D., Ripperda, S., Ki Moon, S.: Global Views on Modular Design Research. Linking Alternative Methods to Support Modular Product Family Concept Development. J Mech Des **138**(7), 71101 (2016). https://doi.org/10.1115/1.4033654
49. Pimmler, T.U., Eppinger, S.D.: Integration Analysis of Product Decompositions. Proceedings of the 6th Design Theory and Methology Conference. ASME, New York (1994)
50. Lindemann, U., Maurer, M., Braun, T.: Structural Complexity Management. An Approach for the Field of Product Design. Springer, Berlin, Heidelberg (2009)
51. Göpfert, J.: Modulare Produktentwicklung. Zur gemeinsamen Gestaltung von Technik und Organisation. Dt. Univ.-Verl., Wiesbaden (1998)
52. Stone, R.B.: Towards A Theory Of Modular Design. University of Texas, Austin (1997)
53. Krause, D., Beckmann, G., Eilmus, S., Gebhardt, N., Jonas, H., Rettberg, R.: Integrated Development of Modular Product Families: A Methods Toolkit. In: Simpson, T.W. (Hrsg.) Advances in product family and product platform design. Methods & applications, S. 245–269. Springer, New York (2013)
54. Mortensen, N.H., Harlou, U.: Multi-Produkt-Entwicklung – praxisorientierte Werkzeuge und praktische Erfahrungen. In: Schäppi, B., Andreasen, Kirchgeorg, Radermacher (Hrsg.) Handbuch Produktentwicklung, S. 317–339. Hanser, München (2005)
55. Krause, D., Ripperda, S.: An assessment of methodical approaches to support the development of modular product families. Proceedings of International Conference on Engineering Design, ICED13, Design Society., S. 1–10 (2013)
56. Simpson, T.W. (Hrsg.): Advances in product family and product platform design. Methods & applications. Springer, New York (2013)

Literatur zu Abschn. 1.6

57. Bohn, M., Hetsch, K.: Funktionsorientiertes Toleranzdesign. Hanser, München (2017)
58. Jorden, W.: Form- und Lagetoleranzen, 6. Aufl. Hanser, München (2009)
59. Bohn, M., Hetsch, K.: Toleranzmanagement im Automobilbau. Hanser, München (2013)
60. Mannewitz, F., Klein, B.: Statistische Tolerierung. Vieweg Verlag, Braunschweig, Wiesbaden (1993)
61. Klein, B.: Toleranzmanagement im Maschinen- und Fahrzeugbau. Oldenbourg Verlag, München (2012)

Literatur zu Abschn. 1.7

62. DIN 820-1: Normungsarbeit – Teil 1: Grundsätze (2014)
63. DIN EN 45020: Normung und damit zusammenhängende Tätigkeiten. Beuth-Verlag, Berlin (2007)
64. Hartlieb, B., Hövel, A., Müller, N. (Hrsg.): Normung und Standardisierung – Grundlagen, 2. Aufl. Beuth-Verlag, Berlin (2016)
65. Schacht M., Hertel L.: Notwendigkeit und Nutzen von Normeninformationen in Geschäftsprozessen. DIN-Mitteilungen 2009-07, S. 24–30
66. Loerzer, M., Schacht, M.: Konformitätsverantwortung – CE-Kennzeichnung im Produktentstehungsprozess, 1. Aufl. Beuth-Verlag (2016)
67. Schacht M.: Erfolgsfaktor Normenmanagement – Best Practice. DIN-Mitteilungen 2012-04, S. 27–33
68. DIN e. V. (2014): Umgang mit Normung und Normen – Broschüre mit Handlungsempfehlungen und Umsetzungsbeispielen. URL: www.din.de ⟩ Suche unter Publikationen (Stand: 20. Dezember 2016)
69. Hillers, A., Trescher, D.: Professionelles Normen-Management. DIN-Mitteilungen 2016-09, 8–17 (2016)
70. Schacht, M.: Nutzen semantischer Technologien in der Normung und Anwendung – Das Heben eines Wissensschatzes: Normen semantisch analysieren, Inhalte zielgerichtet extrahieren und in Folgeprozessen verwenden. DIN-Mitteilungen 2014-10, 6–11 (2014)
71. Koch, H., Wischhöfer, C.: Die XML-Datenbank der DIN-Gruppe – Entwicklungen und Perspektiven. DIN-Mitteilungen 2016-11, 5–11 (2016)
72. Schacht, M.: Normenbereitstellung. In: Feldhusen, J., Grote, K.-H. (Hrsg.) Pahl-Beitz Konstruktionslehre. Methoden und Anwendung erfolgreicher Produktentwicklung, 8. Aufl., S. 172–179. Springer, Berlin (2013)
73. Hövel, A., Schacht, M.: Ein Karrierebaustein für die berufliche Praxis – Normung in der Lehre –

Ein Überblick über die Aktivitäten der DIN-Gruppe. DIN-Mitteilungen 2013-06, 9–15 (2013)
74. Gesetz über die Neuordnung des Geräte- und Produktsicherheitsrechts (Artikel 1 Gesetz über die Bereitstellung von Produkten auf dem Markt (Produktsicherheitsgesetz – ProdSG)). Beuth-Verlag, Berlin
75. DNA: Normenverzeichnis mit sicherheitstechnischen Festlegungen. Beuth, Berlin
76. DIN-Taschenbuch 1: Mechanische Technik – Grundnormen, 25. Aufl. Beuth-Verlag, Berlin (2014)
77. DIN 4760: Gestaltabweichungen; Begriffe, Ordnungssystem (1982)
78. Reimpell, J., Pautsch, E., Stangenberg, R.: Die normgerechte technische Zeichnung für Konstruktion und Fertigung Bd. 1. VDI-Verlag, Düsseldorf (1967)
79. Jorden, W.: Der Tolerierungsgrundsatz – eine unbekannte Größe mit schwerwiegenden Folgen. Konstruktion **43**, 170–176 (1991)
80. Bernhardt, R.: Nummerungstechnik im Maschinenbau – kurz u. bündig. Vogel, Würzburg (1975)
81. DIN-VDE-Taschenbuch 351: Technische Dokumentation – Normen für Produktdokumentation und Dokumentenmanagement, 4. Aufl. Beuth, Berlin (2014)
82. Eversheim, W.: Rationelle Auftragsabwicklung im Konstruktionsbereich Bd. 1. Girardet, Essen (1971)
83. DIN: Sachmerkmale – DIN 4000, Anwendung in der Praxis. Beuth, Berlin (1979)

Weitere Normen und Richtlinien

DIN EN ISO 17450-1: Geometrische Produktspezifikation (GPS) – Grundlagen – Teil 1: Modell für die geometrische Spezifikation und Prüfung
DIN EN ISO 14405-1: Geometrische Produktspezifikation (GPS) – Dimensionelle Tolerierung – Teil 1: Lineare Größenmaße
DIN EN ISO 2692: Technische Zeichnungen, Form- und Lagetolerierung,
DIN EN ISO 14405-1: GPS – Dimensionelle Tolerierung
DIN ISO 21747: Statistische Verfahren – Prozessleistungs- und Prozessfähigkeitskenngrößen für kontinuierliche Qualitätsmerkmale
DIN ISO 5456-2: Technische Zeichnungen – Projektionsmethoden – Teil 2: Orthogonale Darstellungen 1998/2002
DIN ISO 128-40: Technische Zeichnungen – Allgemeine Grundlagen der Darstellung – Teil 40: Grundregeln für Schnittansichten und Schnitte (ISO 128-40:2001)
DIN ISO 128-44: Technische Zeichnungen – Allgemeine Grundlagen der Darstellung – Teil 44: Schnitte in Zeichnungen der mechanischen Technik (ISO 128-44:2001)
DIN EN ISO 128-20: Technische Zeichnungen – Allgemeine Grundlagen der Darstellung – Teil 20: Linien, Grundregeln (ISO 128-20:1996); Deutsche Fassung EN ISO 128-20:2001 2002
DIN EN ISO 10209: Begriffe im Zeichnungs- und Stücklistenwesen 2012
DIN 323-2: Normzahlen und Normzahlreihen; Einführung 1974
DIN 406-10 – DIN 406-12: Technische Zeichnungen; Maßeintragung; Begriffe, allgemeine Grundlagen; Grundlagen der Anwendung; Eintragung von Toleranzen für Längen- und Winkelmaße
DIN EN ISO 128-20: Technische Zeichnungen – Allgemeine Grundlagen der Darstellung – Teil 20: Linien, Grundregeln 1990
DIN EN ISO 286-1 und -2: Geometrische Produktspezifikation (GPS) – ISO-Toleranzsystem für Längenmaße
DIN EN ISO 1101: Geometrische Produktspezifikation (GPS) – Geometrische Tolerierung – Tolerierung von Form, Richtung, Ort und Lauf
DIN ISO 2768-1 und -2: Allgemeintoleranzen; Toleranzen für Längen- und Winkelmaße ohne einzelne Toleranzeintragung und Toleranzen für Form und Lage ohne einzelne Toleranzeintragung 1991
DIN 820: Normungsarbeit
DIN CEN ISO/TS 8062-2: Geometrische Produktspezifikationen (GPS) – Maß-, Form- und Lagetoleranzen für Formteile – Teil 2: Regeln 2014
DIN EN ISO 1302: Geometrische Produktspezifikation (GPS) – Angabe der Oberflächenbeschaffenheit in der technischen Produktdokumentation 2002
DIN 4000-1: Sachmerkmal-Listen – Teil 1: Begriffe und Grundsätze 2019
DIN 4760: Gestaltabweichungen; Begriffe, Ordnungssystem 1982
DIN EN ISO 8785: Geometrische Produktspezifikation (GPS) – Oberflächenunvollkommenheiten – Begriffe, Definitionen und Kenngrößen 1999
DIN EN ISO 4287: Geometrische Produktspezifikation (GPS) – Oberflächenbeschaffenheit: Tastschnittverfahren – Benennungen, Definitionen und Kenngrößen der Oberflächenbeschaffenheit 2010
DIN 4764: Oberflächen an Teilen für Maschinenbau und Feinwerktechnik; Begriffe nach der Beanspruchung 1982
DIN EN ISO 7200: Technische Produktdokumentation – Datenfelder in Schriftfeldern und Dokumentenstammdaten 2004
DIN EN ISO 5457: Technische Produktdokumentation – Formate und Gestaltung von Zeichnungsvordrucken 2017
DIN EN ISO 3098-1: Technische Produktdokumentation – Schriften – Teil 1: Grundregeln 2015
DIN EN 10254: Gesenkschmiedeteile aus Stahl – Allgemeine technische Lieferbedingungen 2000
DIN EN 10243, -2 Gesenkschmiedeteile aus Stahl – Maßtoleranzen – Teil 1: Warm hergestellt in Hämmern und Senkrecht-Pressen 2000
DIN EN 10243-2: Gesenkschmiedeteile aus Stahl – Maßtoleranzen – Teil 2: Warm hergestellt in Waagerecht-Stauchmaschinen 2000
DIN EN ISO 8015: Geometrische Produktspezifikation (GPS) – Grundlagen – Konzepte, Prinzipien und Regeln 2011
DIN EN ISO 13920: Schweißen – Allgemeintoleranzen für Schweißkonstruktionen – Längen- und Winkelmaße; Form und Lage 1996

DIN 8580: Fertigungsverfahren; Einteilung 2020
DIN 8588: Fertigungsverfahren Zerteilen; Einordnung, Unterteilung, Begriffe 2013
DIN 8593: Fertigungsverfahren Fügen; Einordnung, Unterteilung, Begriffe 2003
DIN 31000/VDE 1000: Allgemeine Leitsätze für das sicherheitsgerechte Gestalten technischer Erzeugnisse (Produkte) 2017
DIN EN ISO 12100: Sicherheit von Maschinen – Allgemeine Gestaltungsleitsätze – Risikobeurteilung und Risikominderung (2011)
DIN 31051: Instandhaltung; Begriffe 2019
DIN EN ISO 6385: Grundsätze der Ergonomie für die Gestaltung von Arbeitssystemen 2016
DIN EN 894-3: Sicherheit von Maschinen – Ergonomische Anforderungen an die Gestaltung von Anzeigen und Stellteilen – Teil 3: Stellteile 2010
DIN 33402-1: Körpermaße des Menschen; Begriffe, Meßverfahren 2008
DIN 33403-2, -3, -5: Klima am Arbeitsplatz und in der Arbeitsumgebung
DIN EN ISO 7731: Ergonomie – Gefahrensignale für öffentliche Bereiche und Arbeitsstätten – Akustische Gefahrensignale 2008
DIN EN 894-2: Sicherheit von Maschinen – Ergonomische Anforderungen an die Gestaltung von Anzeigen und Stellteilen – Teil 2: Anzeigen 2009
DIN EN ISO 11064-2: Ergonomische Gestaltung von Leitzentralen – Teil 2: Grundsätze für die Anordnung von Warten mit Nebenräumen 2001
DIN EN 1325: Value Management – Wörterbuch – Begriffe 2014
DIN EN ISO 4288: Geometrische Produktspezifikation (GPS) – Oberflächenbeschaffenheit: Tastschnittverfahren – Regeln und Verfahren für die Beurteilung der Oberflächenbeschaffenheit 1998
DIN EN ISO 5459: Geometrische Produktspezifikation (GPS) – Geometrische Tolerierung – Bezüge und Bezugssysteme 2013
DIN ISO 5455: Technische Zeichnungen; Maßstäbe 1979
DIN EN 10278: Maße und Grenzabmaße von Blankstahlerzeugnissen 1999

2 Anwendung für Maschinensysteme der Stoffverarbeitung

Jens-Peter Majschak

Energie- und signalverarbeitende Systeme vgl. Bd. 2, Teile I, VII, IX, Bd. 3, Teile I, II, III und IX.

2.1 Aufgabe und Einordnung

Maschinen und Maschinensysteme der Stoffverarbeitung realisieren die vielfältigen Funktionen zur Herstellung von Massenbedarfsgütern, insbesondere Verbrauchsgütern und werden als *Verarbeitungsmaschinen* und *Verarbeitungsanlagen* bezeichnet. Dazu gehören Kunststoff-, Glas-, Keramik-, Papier-, Papierverarbeitungs-, Nahrungsmittel-, Pharmazeutische, Druck-, Verpackungs- und zahlreiche Sondermaschinen. Nachgeordnet dem Wareneingang bzw. der so genannten Prozesstechnik (verfahrenstechnische Anlagen zur Bereitstellung der Rohstoffe oder Vorprodukte), vollziehen Verarbeitungsmaschinen falls erforderlich die Diskretisierung, Formung und schrittweise Weiterverarbeitung zum Endprodukt für den Verbraucher inklusive der Verpackung in mehreren Stufen bis hin zur Ladeeinheit als Schnittstelle zur nachgelagerten Logistikkette. Die Grenzen zwischen den meist form- und lageabhängigen Vorgängen der Verarbeitungstechnik, verfahrenstechnischen Prozessen und Bearbeitungsschritten ähnlich denen in der Fertigungstechnik sind teilweise fließend. Verarbeitungsmaschinen weisen jedoch bestimmte charakteristische Merkmale auf:

- Verarbeitung von Verarbeitungsgütern aus vorwiegend nichtmetallischen, zu einem hohen Anteil biogenen Stoffen (z. B. Lebensmittel), deren Verarbeitungsverhalten wegen komplex vernetzter, schwankender und oft unbekannter Parameter entweder gar nicht, nur ungenügend oder nur mit erheblichem Aufwand analysierbar und modellierbar ist,
- Verarbeitungsgut durchläuft in der Regel mehrere, untereinander verkettete und wechselwirkende Verarbeitungsvorgänge in einer Maschine,
- oft komplizierte Bewegungsverläufe von Verarbeitungsgut und/oder Arbeitsorgan (beispielsweise hinsichtlich Weg, Geschwindigkeit, Beschleunigung, Ruck oder Stoß),
- typischerweise hohe Ungleichförmigkeit in Kraft- und Momentenverläufen bei gleichzeitig extrem hoher Arbeitsgeschwindigkeit (z. B. beim Füllen von Tuben mit mehr als 600 Stück/min, bei der Herstellung von Zigaretten mit mehr als 20 000 Stück/min oder dem Verpacken von Süßwaren mit mehr als 2000 Stück/min),
- zu komplexen Anlagen zusammengeschaltete Einzelmaschinen entsprechend des umzusetzenden technologischen Gesamtverfahrens,
- verschiedene Produktvarianten, die auf ein und derselben Anlage zu produzieren sind, wobei durch die Individualisierung der Massenprodukte sowohl das Spektrum an Varian-

J.-P. Majschak (✉)
Technische Universität Dresden
Dresden, Deutschland
E-Mail: jens-peter.majschak@tu-dresden.de

B. Bender und D. Göhlich (Hrsg.), *Dubbel Taschenbuch für den Maschinenbau 2: Anwendungen*,
https://doi.org/10.1007/978-3-662-59713-2_2

ten als auch die Häufigkeit der entsprechenden Auftragswechsel pro Anlage tendenziell steigt,

- branchenbedingt teilweise schwierige Einsatzbedingungen wie abrasive Stäube, Reinigung mit chemischen, mechanischen, fluidtechnischen und thermischen Mitteln (häufig auch kombiniert eingesetzt).

Ab der Konzipierung des Verfahrens, das von der Maschine oder Anlage zu realisieren ist, werden maßgebliche Voraussetzungen für Erfüllungsgrad und Aufwand hinsichtlich Funktion, Herstellbarkeit, Zuverlässigkeit, Kosteneffizienz und Umweltverträglichkeit in Herstellung und Betrieb der Maschine sowie für die Maschinensicherheit festgelegt. Zu dieser gehört entsprechend gesetzlicher Forderungen auch die Sicherheit des Verbrauchers vor schädlichen Einflüssen der Maschine auf das herzustellende Konsumgut.

Die *Stoffverarbeitungsfunktion* (Verarbeitungsaufgabe) ist die zu realisierende Hauptaufgabe. Die anderen Funktionsbereiche wie Energie, Signal und Raum müssen dieses Ziel optimal umsetzen helfen.

Die Maschine oder Anlage hat stoffliche, energetische und informationstechnische Eingangsgrößen, die zu einer stofflichen Ausgangsgröße, dem Produkt mit bestimmten Quantitäts- und Qualitätsanforderungen zu verarbeiten sind. Informationstechnische Ausgangsgrößen, wie Signale von Sensoren und aus Betriebsdatenerfassungssystemen (BDE), werden zur Steuerung und Regelung von Maschinen und Anlagen benötigt. Die gesamte Verarbeitung erfolgt unter bestimmten Umweltbedingungen (Temperatur, Luftfeuchtigkeit, Aufstellungsort), die die Eigenschaften der zu verarbeitenden Stoffe oder den Verarbeitungsprozess direkt beeinflussen. Andererseits werden durch Maschinen und Anlagen Nebenwirkungen auf die Umgebung und den Menschen erzeugt (Abfälle, Schwingungen, Stäube, Dämpfe u. a.), die minimal zu halten sind.

2.2 Struktur von Verarbeitungsmaschinen

Die Gesamtfunktion der Verarbeitungsmaschine, die selbst ein Teilsystem einer Verarbeitungsanlage ist, wird von vier miteinander in Wechselwirkung stehenden Funktionsbereichen realisiert [1]. Diese vier Funktionsbereiche erfüllen durch die Struktur des Gesamtsystems und die jeweils zugehörigen Teilsysteme Teilfunktionen, die auf die optimale Erfüllung der Gesamtfunktion gerichtet sind (Abb. 2.1).

Im *Funktionsbereich Stoff* wird durch das *Verarbeitungssystem* die Veränderung der Zustände des Verarbeitungsgutes vom Anfangszustand (Rohstoff/Vorprodukt) über verschiedene Zwischenzustände bis zum Endzustand (Zwischen- oder Endprodukt) herbeigeführt. Dabei werden sowohl Eigenschaftsänderungen als auch notwendige Operationen zur Gewährleistung des Stoffflusses realisiert.

Im *Funktionsbereich Energie* wird durch das *Antriebs- oder Energiebereitstellungssystem* die für den Funktionsvollzug im Verarbeitungssystem sowie die für das Steuerungssystem und Systeme zur Prozesskonditionierung benötigte Energie in der erforderlichen Art, Form und Menge zeit- oder zustandsabhängig bereitgestellt.

Im *Funktionsbereich Signal* werden die aus den anderen Funktionsbereichen gewonnenen und von außen zur Verfügung gestellten Informationen so verarbeitet, dass das Antriebssystem im Sinne einer funktionsoptimalen Energieeinleitung in das Verarbeitungssystem beeinflusst und Informationen an das Bedienpersonal, verkettete Nachbarmaschinen bzw. das übergeordnete Informationsverarbeitungssystem gegeben werden können.

Der *Funktionsbereich Raum* hat die Aufgabe, die räumliche Zuordnung der Elemente der anderen Funktionsbereiche und die Ableitung von Kräften und Momenten zu sichern sowie unerwünschte Stoff- (z. B. Schmutz), Energie- (z. B.

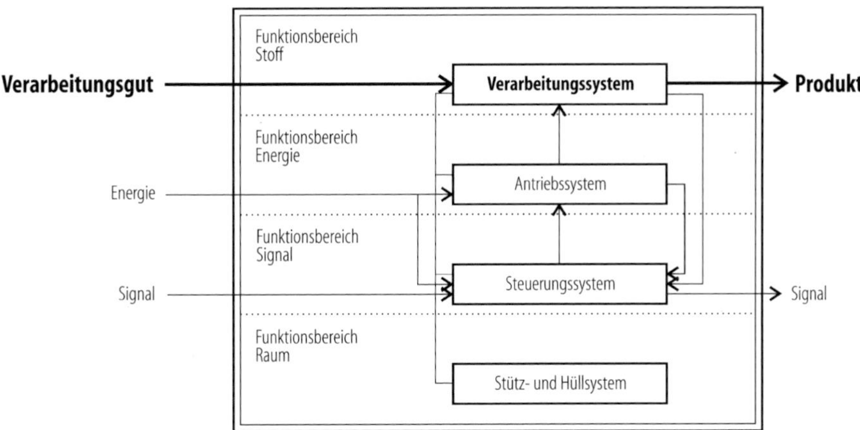

Abb. 2.1 Teilsysteme einer Verarbeitungsmaschine (Vereinfachung: keine Verluste, keine Störgrößen, keine Hilfsprozesse und -medien)

Wärme) und Informationsübergänge (z. B. Sichtschutz) zwischen dem System Maschine und dessen Systemumgebung, zwischen den Teilsystemen oder auch innerhalb der Teilsysteme zu verhindern.

2.2.1 Verarbeitungssystem

Das Verarbeitungssystem realisiert durch seine Elemente und Funktionsstruktur die *Verarbeitungsaufgabe*. Gleiche Verarbeitungsaufgaben können sowohl von den angewendeten physikalischen Effekten als auch von deren konstruktiver Umsetzung unterschiedlich realisiert werden. Für die Herstellung eines Endproduktes werden oft mehrere Rohstoffe und Vorprodukte benötigt, z. B. für eine verkaufsfertig gefüllte Getränkeflasche die Flasche selbst, Füllgut, Etikett, Leim und Verschluss. Alle Rohstoffe und Vorprodukte, die in der Verarbeitungsmaschine zu einem Endprodukt zu verarbeiten sind, werden inklusive dieses Endproduktes als *Verarbeitungsgut* bezeichnet.

Um die große Vielfalt von Verarbeitungsgütern hinsichtlich ihres Verarbeitungsverhaltens in der Maschine systematisch erforschen, beurteilen und kennzeichnen zu können, werden sie anhand für die Verarbeitung grundlegend wichtiger Eigenschaften zu Gutgruppen zusammengefasst [2, 3]:

Strang- und Fadenformgut ist durch seine große Länge im Verhältnis zu Höhe und Breite des Querschnitts und seine Biegsamkeit normal zur Längsachse schon unter Einwirkung des Eigengewichts gekennzeichnet. Das Gut muss nicht im Querschnitt homogen sein. Beispiele: Textil-, Kunststofffaden, Seil, Draht, Teig-, Zigaretten-, Keramikstrang.

Flachformgut ist durch seine große Flächenausdehnung im Verhältnis zur Dicke gekennzeichnet und hat bei Belastung normal zur Fläche eine geringe Steifigkeit, so dass es sich unter Eigengewicht bereits durchbiegt. Entsprechend seiner Längenausdehnung wird es in blattförmiges und bahnförmiges Flachformgut unterteilt. Beispiele: Papier, Pappe, Folie (Kunststoff, Metall), Gewebe, Furnier, Teigbahn, Leder

Stückgut hat im Verhältnis zwischen allen drei Dimensionen keine so enormen Unterschiede wie die zuvor genannten Gutgruppen. Es ist unter Normalbedingungen formbeständig. Eine Unterscheidung in rollfähige (darunter rotationssymmetrische) und nicht rollfähige Formen ist hinsichtlich der maschinellen Handhabung sinnvoll. Beispiele: Obst, Eier, Seife, Bücher

Schüttgut ist eine Dispersion aus dispersem Feststoff, dessen Einzelteilchen selbst formbeständig sind und einem sie umgebenden Gas (in der Regel Luft). Es ist riesel- und schüttfähig und kann in Abhängigkeit von Teilchengröße, -gewicht, -form, Gasanteil und äußerer Belastung das Verhalten einer Flüssigkeit aufweisen. Beispiele: Zucker, Mehl, Reis, Fasern, Tabletten

Hochviskoses pastöses Gut ist durch seine hohe Viskosität und durch sein meist nichtnewtonsches Fließverhalten gekennzeichnet und besitzt meist eine Fließgrenze, die eine gewisse Formbeständigkeit bewirkt. Beispiele: Schokolade (warm), Glas (heiß), Keramikmasse, Teig, Druckfarbe, Leim

Flüssiges Gut hat eine geringe Viskosität und überwiegend newtonsches Fließverhalten. Sinnvoll ist eine Unterscheidung hinsichtlich der Neigung zur Schaumbildung, die bei so genannten stillen Flüssigkeiten deutlich geringer ist als bei Flüssigkeiten, die gelöste Gase enthalten. Beispiele: Wein, Bier, Milch, Waschmittel

Gase oder Aerosole sind reine Gase oder Gasgemische, die mit Feststoff- oder Flüssigkeitsteilchen in geringer Konzentration versetzt sein können. Beispiele: Stickstoff, Kohlendioxid, Sprühfarbe

Im Verarbeitungsprozess unterliegen die Verarbeitungsgüter durch die an ihnen vollzogenen Zustandsänderungen zuweilen einer fortlaufenden Wandlung der Gutgruppen, sei es durch Form, Trenn- oder Fügeprozesse. Um die Teilfunktionen, die in einer Verarbeitungsmaschine realisiert werden, unabhängig von ihrer maschinellen Umsetzung erfassen zu können, ist die Zusammenfassung zu Vorgangsgruppen zweckmäßig:

Trennen ist das Zerlegen eines Stoffes oder Stoffgemisches unter Aufhebung von Kohäsions- und/oder Adhäsionskräften.

Fügen ist das Zusammenbringen von zwei oder mehreren Komponenten und das Herstellen neuer Bindungskräfte (stoff-, form-, kraftschlüssig).

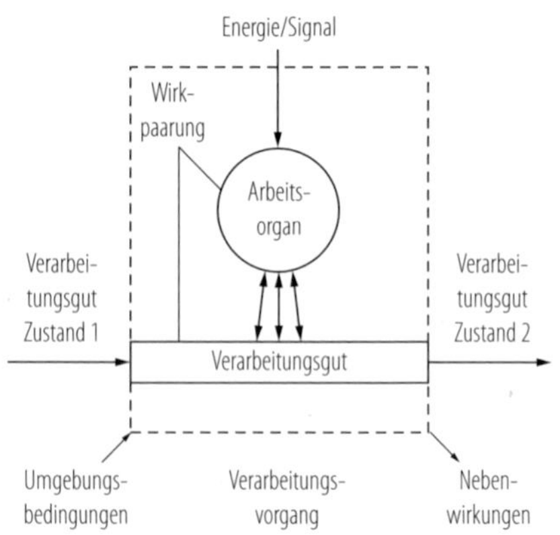

Abb. 2.2 Schema einer Wirkpaarung

Formen ist das Herstellen eines geformten Verarbeitungsgutes aus dem ungeformten oder vorgeformten Zustand ohne wesentliche Masseänderung.

Die weiteren nachfolgend aufgeführten Funktionen dienen der Manipulation und Mengenänderung der Verarbeitungsgüter, verändern aber nicht deren übrige Eigenschaften:

Speichern ist das Herstellen eines Vorrates zum Ausgleich von unterschiedlichem Anfall und Bedarf (Vorratsspeicher, Ausgleichsspeicher, Störungsspeicher).

Dosieren ist das Herstellen bestimmter Mengen (Stückzahl, Volumen, Masse) oder definierter Mengenströme.

Fördern ist das Bewegen des Verarbeitungsgutes innerhalb einer Maschine zwischen verschiedenen Wirkstellen bzw. zwischen verketteten Maschinen in einer Anlage.

Ordnen ist das Bilden von Mengen bzw. Mengenströmen an Verarbeitungsgut mit jeweils gleichen/ähnlichen Eigenschaften der Elemente (Ordnungsmerkmalen): Geometrie, Lage, Farbe, Festigkeit, Masse, Dichte u. a.

Durch die Kombination der Gutvarianten mit den Vorgangsgruppen können die vielfältigen Funktionen in einer Maschine unabhängig von ihrer maschinentechnischen Umsetzung verallgemeinernd erfasst werden. Das erlaubt eine sys-

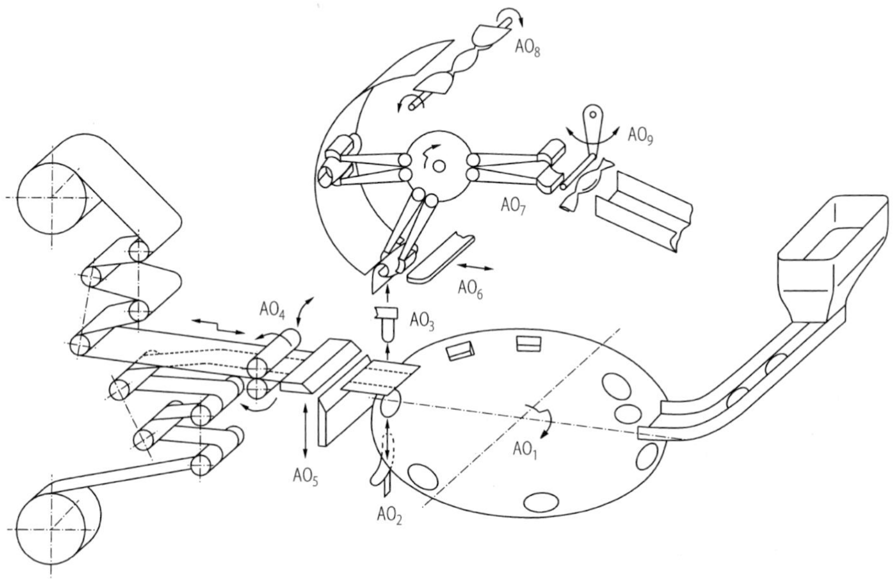

Abb. 2.4 Arbeitsprinzip einer Hartkaramellen-Verpackungsmaschine. Arbeitsorgane (AO): AO_1 Zuführteller, AO_2 Unterstempel, AO_3 Oberstempel, AO_4 Abzugwalzen, AO_5 Messer, AO_6 Unterfalter, AO_7 Greifer, AO_8 Drehgreifer, AO_9 Auswerfer

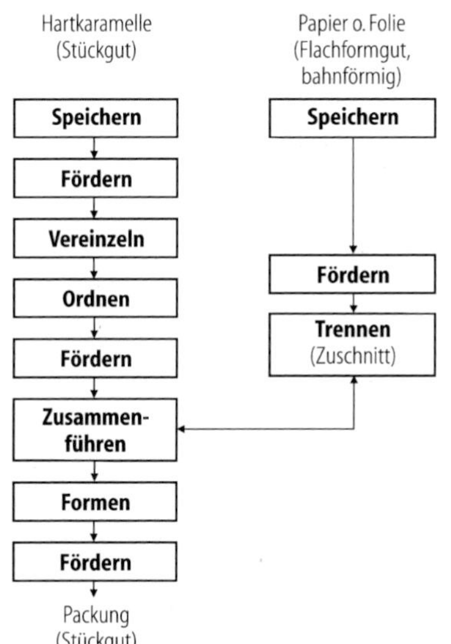

Abb. 2.3 Innermaschinelles Verfahren einer Hartkaramellen-Verpackungsmaschine

tematische Beschreibung, Erforschung und Optimierung sowie eine branchen- und applikationsneutrale Modellierung, Speicherung, Verarbeitung und Kommunikation von Informationen zu diesen Vorgängen, Voraussetzung z. B. für branchenübergreifenden Wissenstransfer.

Das kleinste Teilsystem im Funktionsbereich Stoff, als Gegenstand von Analyse, Synthese und Optimierung in der Verarbeitungstechnik, ist die *Wirkpaarung* (Abb. 2.2), die aus den Elementen *Verarbeitungsgut* und *Arbeitsorgan* besteht. Die Elemente stehen so miteinander in Wechselwirkung, dass die beabsichtigte Zustandsänderung (Funktionsvollzug) von Zustand 1 nach Zustand 2 durch die dosierte Zuführung von Energie erzeugt wird. Das Einwirken des Arbeitsorgans kann durch direkten Kontakt mit dem Verarbeitungsgut (Messer-Papier) oder indirekt über ein Wirkmedium (Wasserstrahl, Luft o. ä.) oder eine Wirkenergie (z. B. Infrarotstrahlung, Hochfrequenzfeld o. a.) erfolgen.

Die Wirkpaarung ist das letzte Glied in der Energieleitungskette und stellt die Zusammenführung zwischen Energie- und Stofffluss dar, so dass bei Entwicklung und Optimierung neben geometrischen sowohl energetische als auch stoffliche Parameter zu berücksichtigen sind.

Der geometrische Ort, an dem der Eingriff des Arbeitsorgans stattfindet, wird als *Wirkstelle* bezeichnet. Es können mehrere Arbeitsorgane an der gleichen Stelle aber zu einem unterschiedlichen Zeitpunkt im Eingriff sein, so dass die

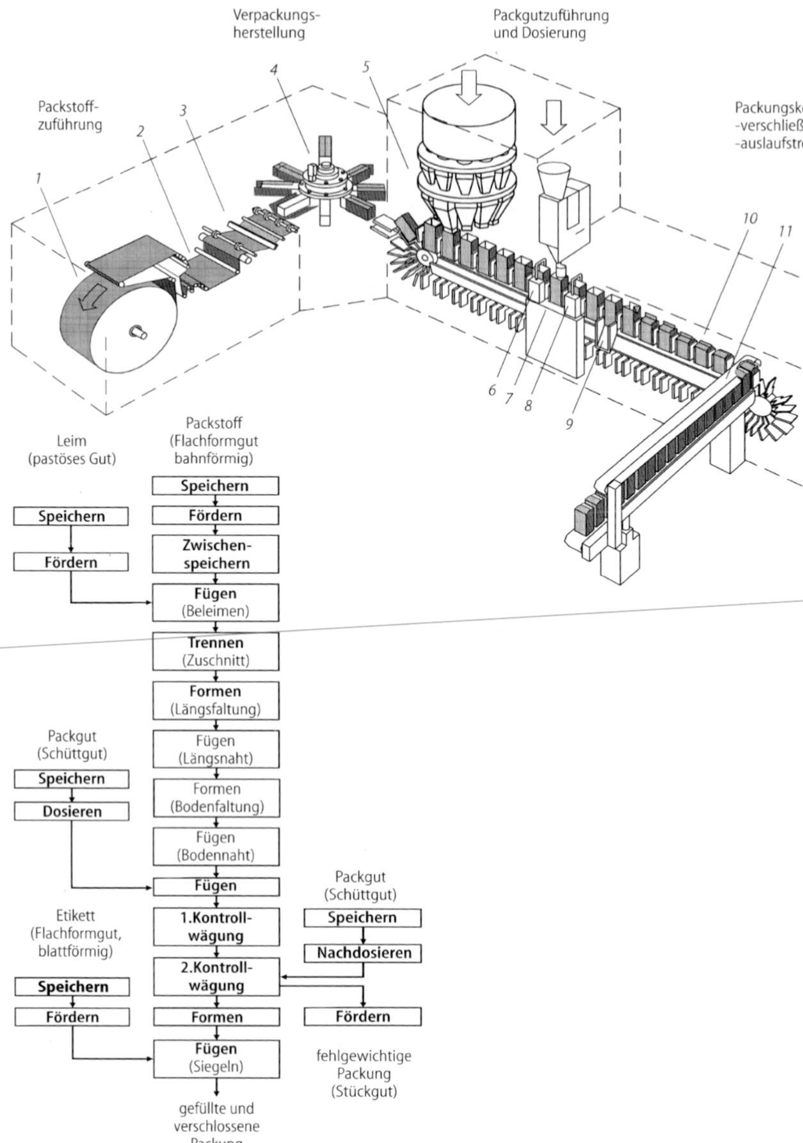

Abb. 2.5 Schüttgut-Verpackungsanlage. *1* Packmittelrolle, *2* Packmittelzuführung, *3* Zuschnittherstellung, *4* Packmittelformung, *5* Mehrkopf-Abfüllwaage, *6* 1. Kontrollwaage, *7* Nachdosierer, *8* 2. Kontrollwaage (Fertigpackung), *9* Fehlpackungsausschleusung, *10* Verschließstation, *11* Verschlussanpressung

Zahl der Wirkpaarungen und Wirkstellen verschieden sein kann, z. B. bei einem dauerbeheizten Schweißorgan mit integriertem Trennmesser.

Zur systematischen Ordnung von Wirkpaarungen kann die Bewegung des Verarbeitungsgutes durch die Wirkstelle herangezogen werden [4]:

I. Klasse von Wirkpaarungen: Das Verarbeitungsgut wird zu einer einzigen Wirkstelle gebracht, dort am Ort verarbeitet und nach Funktionsvollzug von dort – oft über den gleichen Weg – wieder entnommen. Beispiele: Rührer, Mischer, Kneter.

II. Klasse von Wirkpaarungen: Das Verarbeitungsgut bewegt sich diskontinuierlich durch die Maschine (der Weg des Zu- und Abführens zu einer Wirkstelle sind in der Regel nicht

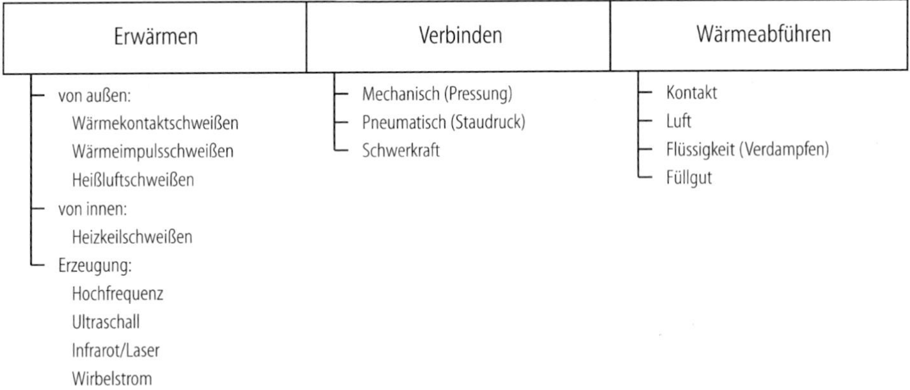

Abb. 2.6 Beispielvarianten für Teilvorgänge des Folienschweißens

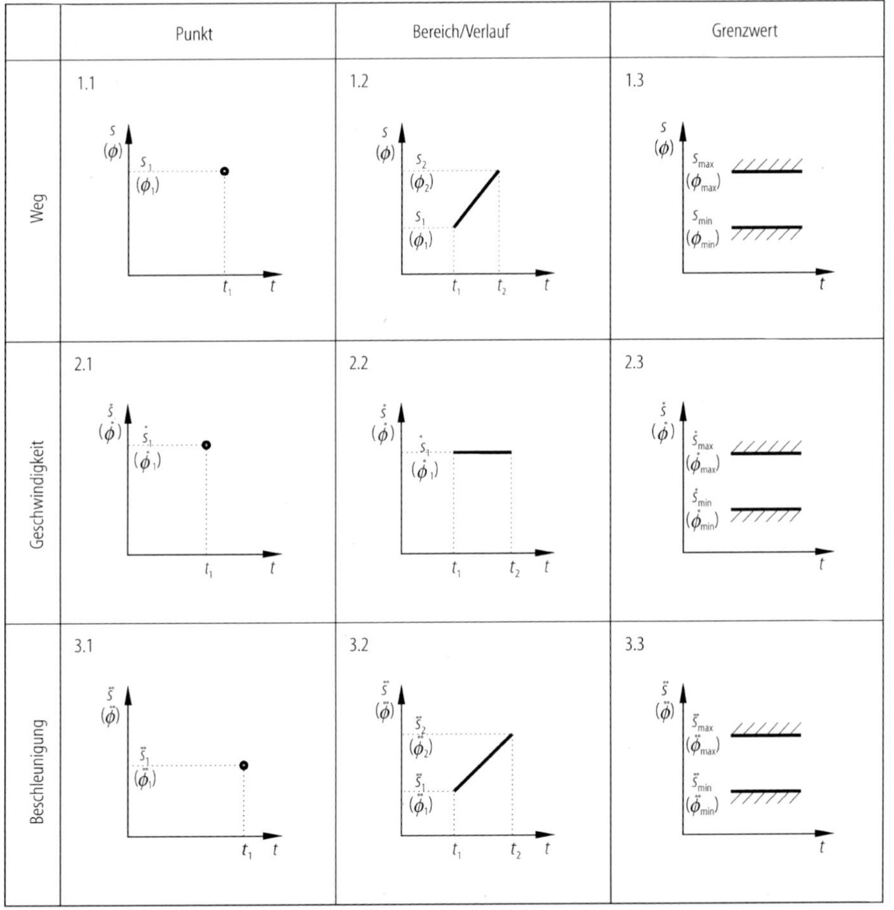

Abb. 2.7 Mögliche verarbeitungstechnische Lage- und Bewegungsvorgaben für das Arbeitsdiagramm

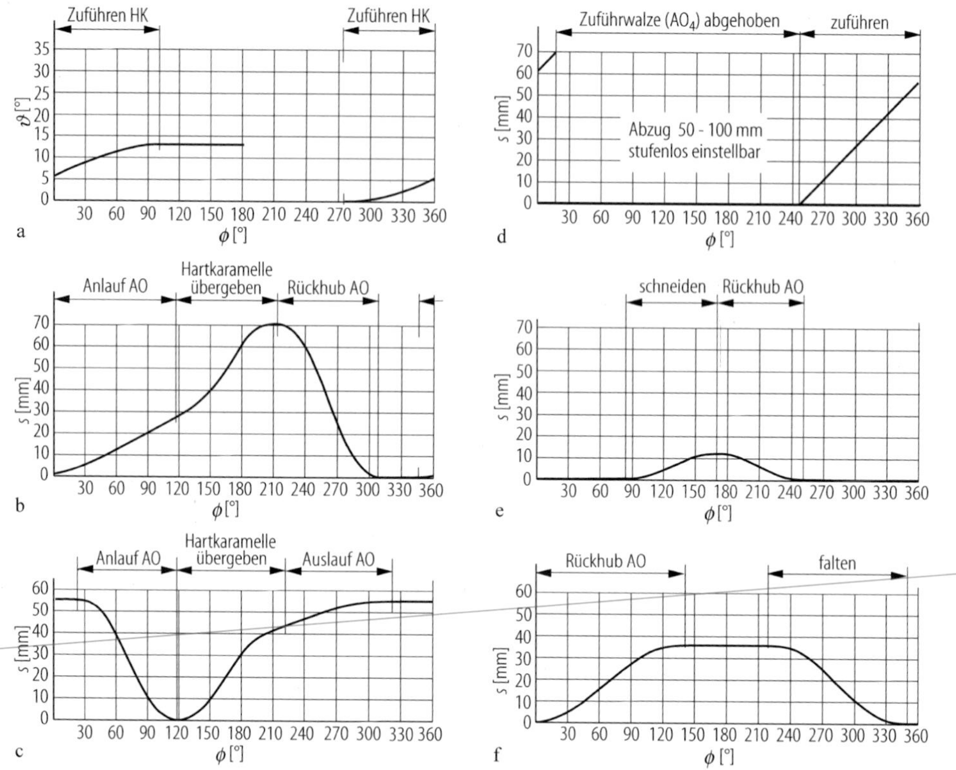

Abb. 2.8 Arbeitsdiagramm einer Hartkaramellen-Verpackungsanlage (Auszug). **a** Zuführteller (AO_1); **b** Unterstempel (AO_2); **c** Oberstempel (AO_3); **d** Packmittel-Zuführung (AO_4); **e** Messer (AO_5); **f** Unterfalter (AO_6)

die gleichen), verbleibt aber während des Verarbeitungsvorganges am Ort und wird erst nach Abschluss desselben zum nächsten Arbeitsorgan bewegt (Mehrpositionsmaschinen mit mehreren Wirkpaarungen). Die Stillstandszeit im innermaschinellen Transport wird durch die notwendige Verarbeitungszeit bestimmt.

III. Klasse von Wirkpaarungen: Das Verarbeitungsgut bewegt sich kontinuierlich durch die Maschine, und der Funktionsvollzug erfolgt während der Gutbewegung, d. h. ein Teil der Arbeitsorganbewegung ist auf die Bewegung des Verarbeitungsgutes synchronisiert. Durch die geringe Zu- und Abführzeit sowie minimale dynamische Beanspruchungen des Verarbeitungsgutes wird eine hohe Produktivität erzielt.

Zur Erfüllung der verarbeitungstechnischen Funktion sind die für den Funktionsvollzug erforderlichen *Wirkpaarungen* zu einem *innermaschinellen Verfahren* zusammengeschaltet. Es werden folgende Grundschaltungsarten von Wirkpaarungen angewandt:

- *Reihenschaltung* verschiedener Wirkpaarungen,
- *Reihenschaltung* gleichartiger Wirkpaarungen zur Erhöhung der für den Verarbeitungsvorgang zur Verfügung stehenden Zeit (z. B. Hauptdosieren und Nachdosieren an zwei aufeinander folgenden Stationen),
- *Parallelschaltung* gleicher Wirkpaarungen mit direkter Kopplung (mehrbahnige Anordnung),
- *Redundanzschaltung* gleicher Wirkpaarungen (parallel), die nicht oder trennbar gekoppelt sind, zur Erhöhung der Gesamtverfügbarkeit,
- *Zusammenführung* und *Verzweigung* des Verarbeitungsgutstromes.

Das *innermaschinelle Verfahren* (Abb. 2.3) ist die schematische Darstellung des Funktionsablaufes, während das *Arbeitsprinzip* einer Maschine (Abb. 2.4 und 2.5) das Zusammenwirken und die räumliche Anordnung der Arbeitsorgane prinzipiell darstellt.

Für die Modellierung und Optimierung des Verarbeitungsvorganges sind die unter dynamischen Beanspruchungsbedingungen ermittelten Eigenschaftskennwerte des Verarbeitungsgutes erforderlich, die den während der Verarbeitung auftretenden Beanspruchungen entsprechen.

Zahlreiche Vorgänge lassen sich in *Teilvorgänge* zerlegen, die durch unterschiedliche physikalische Prinzipien realisiert werden können (Abb. 2.6). Ihre Kombination ergibt eine Vielzahl von Ausführungsvarianten und Optimierungsansätzen.

Die optimale Gestaltung des innermaschinellen Verfahrens ist eine grundlegende Voraussetzung für eine hochproduktive, zuverlässige und ressourceneffiziente Maschine.

2.2.2 Antriebs- und Steuerungssystem

Das Antriebssystem stellt entsprechend seiner Aufgabe die für den Verarbeitungsvorgang benötigte Energie in der erforderlichen Art, Form und Menge zeitveränderlich bereit. Da dies nicht nur Antriebsenergie für mechanische Bewegungen, sondern z. B. auch für Arbeitsorgane, die Wärme übertragen, sein kann, wird auch vom Energiebereitstellungssystem gesprochen.

Die *kinematischen Vorgaben* können Weg-, Geschwindigkeits- oder Beschleunigungsvorgaben sein, die zu einem bestimmten Zeitpunkt oder über einen bestimmten Zeitbereich einzuhalten sind. Oft existieren diese Vorgaben auch als untere oder obere Grenzwerte (Abb. 2.7), die durch die Belastbarkeit des Verarbeitungsgutes, seltener der Verarbeitungsmaschine bestimmt sind.

Weg- oder Geschwindigkeitsvorgaben ergeben sich aus dem zeitlichen und räumlichen Zusammenwirken mehrerer Arbeitsorgane oder aus der Koordinierung zwischen Verarbeitungsgut und Arbeitsorgan und sind mit unterschiedlicher Genauigkeit einzuhalten. Die Bewegungen der Arbeitsorgane bzw. deren gesteuerte oder geregelte Energieabgabe, abgeleitet aus dem Zusammenwirken mit dem Verarbeitungsgut, werden in ihren kinematischen und zeitlichen Anforderungen durch das Arbeitsdiagramm dargestellt (Abb. 2.8), das eine Grundlage für die Antriebs- und Steuerungsauslegung ist.

Die *kinetischen Vorgaben* kennzeichnen den zeitlichen und betragsmäßigen Verlauf des Energieeintrags in die Wirkpaarung. Es gibt charakteristische Verlaufsformen:

- zeitlich konstanter bzw. weitgehend gleichmäßiger Energieeintrag bei stetig verlaufenden Vorgängen, z. B. Mischer, Pumpe, Walze,
- Energieeintrag mit periodischem Verlauf und einem ungleichförmigem Verlauf innerhalb einer Periode, die überwiegend aus reversierenden Arbeitsorganbewegungen resultieren, z. B. Vorschubeinrichtung, Greifer, Faltorgan,
- Energieeintrag mit einem sehr hohen Spitzenwert während einer relativ kurzen Zeit des gesamten Arbeitsspiels, z. B. Stanzmesser, Prägewerkzeug, Pressstempel. Diese Verlaufsform stellt besondere Anforderungen an das Antriebssystem, weil der sehr hohe Kraft- oder Drehmoment-Spitzenwert oft im Gegensatz zu schnellen Bewegungsphasen mit geringem Kraft- oder Momentenbedarf steht (hohe Ungleichförmigkeit).

Die Antriebssysteme werden nach dem Ort der Energiewandlung in zentrale und dezentrale Antriebsstrukturen unterteilt. Beim *zentralen Antrieb* erfolgt die Energiewandlung elektrischer in mechanische Energie zentral durch einen Motor. Durch mechanische Energieverzweigungen und -leitungen (Welle, Riemen, Zahnräder) wird sie bis zu den Arbeitsorganen geleitet, die dadurch entsprechend dem Arbeitsdiagramm zwangsläufig miteinander verbunden sind (Abb. 2.9a). Das im Arbeitsdiagramm festgelegte Programm wird durch Kurven- und andere Mechanismen, die von einer Programmwelle gesteuert werden, realisiert. Die Bewegungscharakteristik außer Start, Stop und Gesamtgeschwindigkeit wird dabei vom Antriebssystem mit übertragen. Der Steuerungsaufwand ist entsprechend gering, ebenso jedoch die flexible Reaktionsmöglichkeit auf veränderte Verarbeitungsbedingungen.

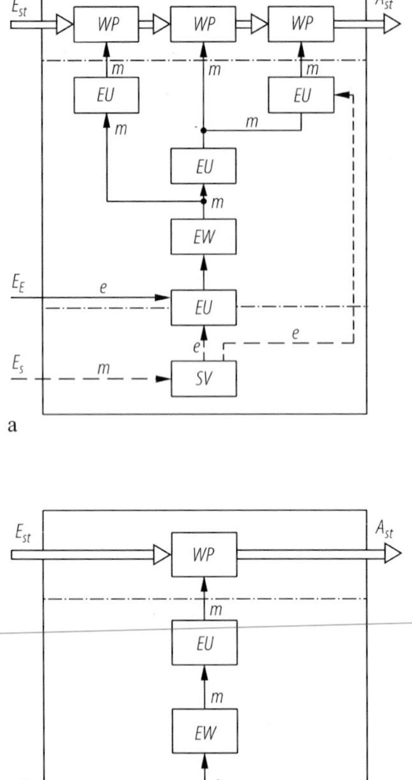

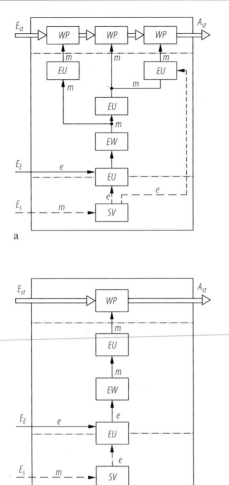

Abb. 2.9 Antriebsstrukturen. **a** zentraler Antrieb; **b** dezentraler Antrieb mit elektromechanischen Energiewandlern; **c** Antrieb einer Wirkpaarung mit elektromechanischem Energiewandler. E_{st} Eingangsgröße Stoff, E_E Eingangsgröße Energie, E_S Eingangsgröße Signal, A_{st} Ausgangsgröße Stoff, A_E Ausgangsgröße Energie, A_s Ausgangsgröße Signal, *WP* Wirkpaar, *EU* Energieumformer, *EW* Energiewandler, *SV* Signalverarbeitung, *e* elektrisch, *m* mechanisch

Beim *dezentralen Antrieb* erfolgt die Leitung der elektrischen Energie bis zum Energiewandler, der direkt vor dem Arbeitsorgan angeordnet (Abb. 2.9b) oder nochmals über mechanische Energieumformer mit diesem gekoppelt ist. Dezentrale Antriebe haben einen geringeren mechanischen Aufwand und sind aufgrund geringerer Reibungs- und Massenkräfte unter Umständen, jedoch nicht immer verlustärmer. Die Steuerungsinformation aus dem Signalbereich wird üblicherweise über Bussysteme direkt bis zum Energiewandler vor dem Arbeitsorgan geleitet. Bewegungssynchronisation und Kollisionsfreiheit müssen auch im Havariefall gewährleistet sein und erfordern einen erhöhten Steuerungsaufwand. Die Energieleitungskette wird vereinfacht und die Anpassung an andere Verarbeitungsbedingungen und Verarbeitungsguteigenschaften ist bei dezentralen Antrieben in weiteren Grenzen durchzuführen (Abb. 2.9c). Problematischer als beim Zentralantrieb sind jedoch der innere Energieausgleich durch Speicherung sowie hohe Dynamik in Verbindung mit hoher Bewegungsgüte und/oder großen Lastspitzen.

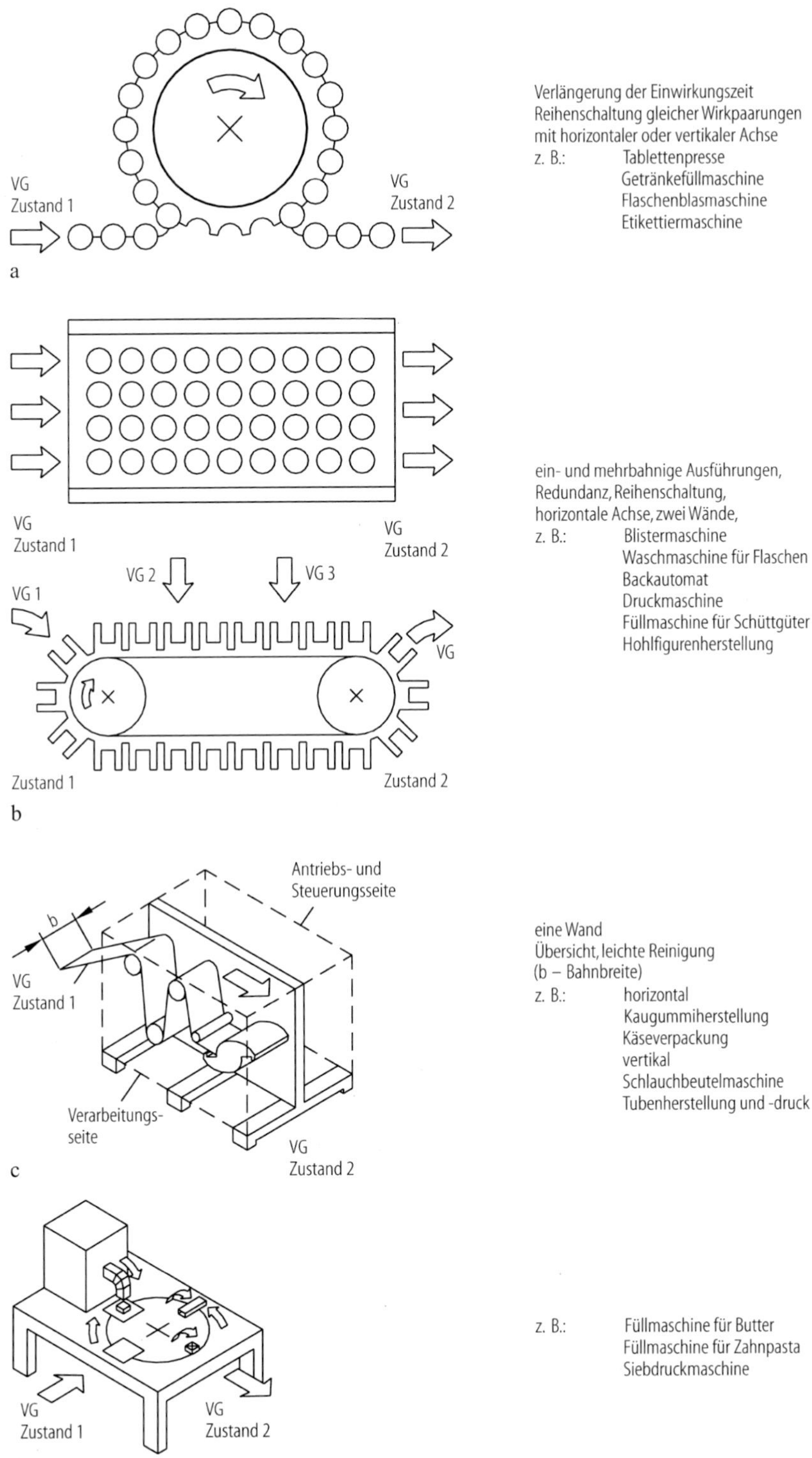

Abb. 2.10 Bauweisen. **a** Karussell-/Trommelbauweise; **b** Linienbauweise; **c** Wandbauweise; **d** Tischbauweise (Rundtisch). VG Verarbeitungsgut

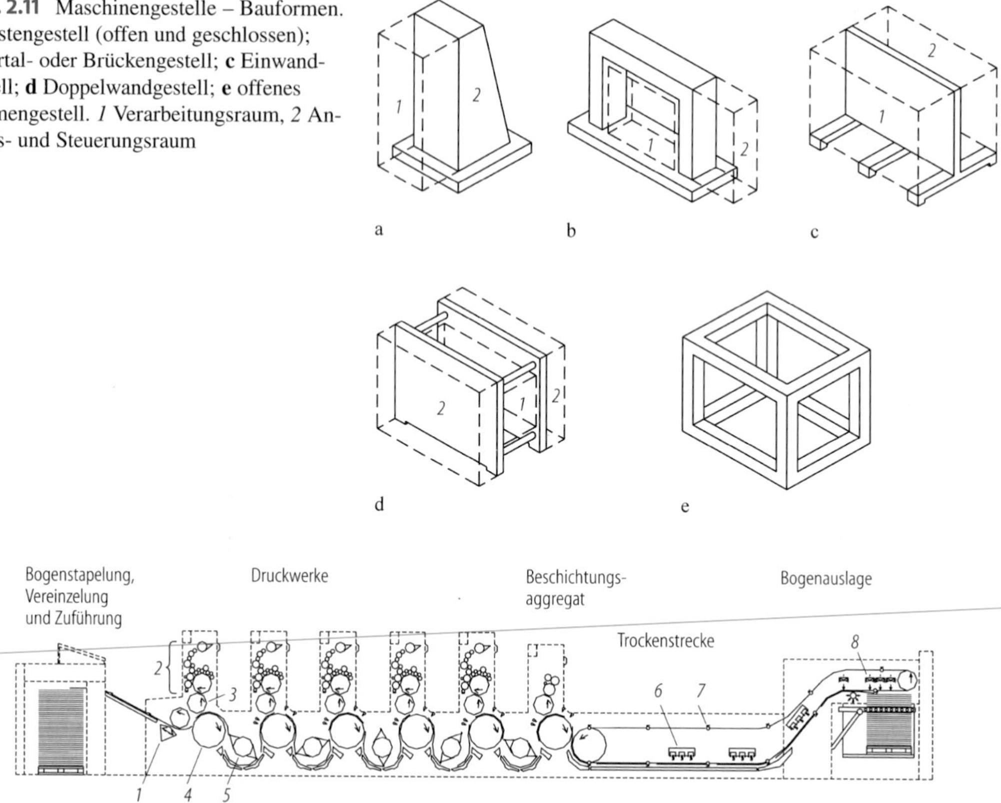

Abb. 2.11 Maschinengestelle – Bauformen. **a** Kastengestell (offen und geschlossen); **b** Portal- oder Brückengestell; **c** Einwandgestell; **d** Doppelwandgestell; **e** offenes Rahmengestell. *1* Verarbeitungsraum, *2* Antriebs- und Steuerungsraum

Abb. 2.12 Fünffarben-Bogenoffsetdruckmaschine. *1* Bogenanleger, *2* Farbwerk, *3* Druckzylinder, *4* Drucktrommel, *5* Übergabetrommel, *6* Heizung, *7* Bogengreifer, *8* Lüfter

2.2.3 Stütz- und Hüllsystem

Der Funktionsbereich Raum hat die Aufgabe, die räumliche Zuordnung der Elemente der anderen Funktionsbereiche und die Ableitung von Kräften und Momenten zu sichern sowie unerwünschte Stoff- (z. B. Schmutz), Energie- (z. B. Wärme) und Informationsübergänge (Sichtschutz) zwischen dem System Maschine und dessen Systemumgebung zu verhindern. Entsprechend den innermaschinellen Verfahren existieren verschiedene Bauweisen, die durch die räumliche Anordnung des Stoffdurchlaufes durch die Arbeitsorgane bestimmt sind. *Karussell-/Trommelbauweise* mit vertikaler oder horizontaler Drehachse wird angewendet, wenn bei langen Verarbeitungszeiten mitlaufende Arbeitsorgane die lange Einwirkzeit sicherstellen (Abb. 2.10a). *Linienbauweise* in ein- und mehrbahniger Ausführung wird bei geradlinigem Verarbeitungsgutdurchlauf eingesetzt (Abb. 2.10b). Eine weitere Unterteilung ergibt sich aus der Anordnung der Funktionsbereiche. *Wandbauweise* wird unter anderem in den Fällen eingesetzt, in denen der Stoffdurchlauf für den Bediener gut zugänglich und die Antriebs- und Steuerungseinrichtungen vom Stofffluss getrennt angeordnet sein sollen (Abb. 2.10c). *Tischbauweise* wird unter anderem bei taktweise angetriebenen Maschinen mit einer geringen Anzahl von Stationen, die räumlich konzentriert sind, angewendet (Abb. 2.10d).

Die Bauweisen bestimmen die Bauformen der Maschinengestelle (Abb. 2.11). Das *Kastengestell* (Abb. 2.11a) wird besonders in den Fällen verwendet, in denen hohe Kräfte aufgebracht werden müssen (Presse, Stanze) bzw. in denen ein kurzer vertikaler Stofffluss vorhanden ist (Schlauchbeutelmaschine). Das *Portal- oder Brückengestell* (Abb. 2.11b) wird eingesetzt, wenn größere Flächen oder Bahnbreiten

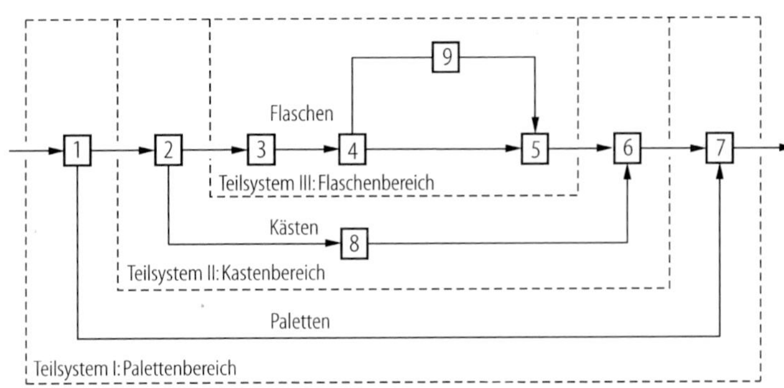

Abb. 2.13 Struktur einer Getränkefüllanlage nach [5]

Teilsystem		Verarbeitungsprozess		Verarbeitungselement
I	Palettenbereich	1	Entpalettieren	Entpalettiermaschine
		7	Palettieren	Palettiermaschine
II	Kastenbereich	2	Auspacken	Auspackmaschine
		6	Einpacken	Einpackmaschine
		8	Reinigen	Reinigungsmaschine
III	Flaschenbereich	3	Reinigen	Reinigungsmaschine
		4	Füllen und Verschließen	Füll- und Verschließmaschine
		5	Etikettieren	Etikettiermaschine
		9	Pasteurisieren	Pasteurisiermaschine

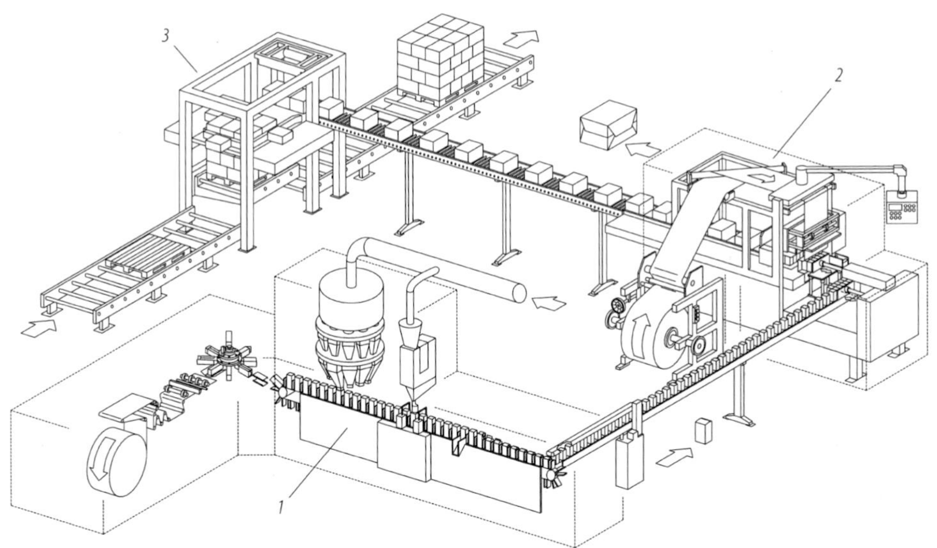

Abb. 2.14 Verpackungsanlage. *1* Form-, Füll- und Verschließmaschine, *2* Sammelpackmaschine, *3* Palettiermaschine

vom Arbeitsorgan zu überdecken sind (Brückenstanze, Querschneider u. a.). Das *Einwandgestell* (Abb. 2.11c) herrscht besonders bei der Verarbeitung von schmalen Bahnen vor, wenn ein ungehinderter Zugang zu den Arbeitsorganen angestrebt ist und unabhängig davon die Antriebs- und Steuerungseinrichtungen zugänglich sein sollen (Blistermaschinen, horizontale Schlauchbeutelmaschinen u. a.). Das *Doppelwandgestell* (Abb. 2.11d) wird besonders bei Maschinen in Linienbauweise, die Bahnen verarbeiten und bei denen eine stabile Lagerung der Arbeitsorgane (Walzen) sowie eine hohe Steifigkeit gewährleistet werden müssen, angewendet (Druckmaschine, Papierverarbeitungsmaschine u. a.). Beide Seitenwände des Gestells sind durch stabile Untergestelle sehr steif miteinander verbunden (Abb. 2.12). Das offene *Rahmengestell* (Abb. 2.11e) wird bei Maschinen in Tischbauweise bzw. bei innermaschinellen Verfahren, die sehr verzweigt sind und geringe dynamische Massenkräfte haben, angewendet. Bei niedrigen Hygieneanforderungen wird es meist aus Fertigprofilen hergestellt, die mit Blech oder Kunststoff verkleidet werden, andernfalls werden Schweißkonstruktionen meist aus Edelstahl eingesetzt.

2.3 Verarbeitungsanlagen

Bei höheren Produktivitätsanforderungen werden die Einzelmaschinen bereits in der Projektierungsphase entsprechend dem vorgesehenen Stoffdurchlauf nach dem technologischen Verfahren zu einer komplexen Anlage zusammengeschaltet (Abb. 2.13). Da die Einzelmaschinen unterschiedliches Ausfallverhalten aufweisen, werden variable Strukturen, Redundanzen in Form von Parallelschaltung von Maschinen sowie Störspeicher eingesetzt, um einen hohen Gesamtwirkungsgrad der Anlage zu gewährleisten.

Durch Simulation dieser Prozesse können bereits vor der Anlagenrealisierung die optimale Struktur und die zugehörigen Auslegungsparameter bestimmt werden [5, 6]. Dadurch lassen sich sehr komplexe Anlagen bereits in der Projektierungsphase optimieren (Abb. 2.14).

Literatur

Spezielle Literatur

1. Heidenreich, E. u. a.: Lehrwerk Verfahrenstechnik, Band Verarbeitungstechnik. Deutscher Verlag für Grundstoffindustrie, Leipzig (1978)
2. Goldhahn, H., Majschak, J.-P.: Bestimmung, Entwicklung und Betrieb von Verarbeitungsmaschinen und -anlagen. In: Banse, G., Reher, E.-O. (Hrsg.): Beiträge zur Allgemeinen Technologie. Abhandlungen der Leibniz-Sozietät der Wissenschaften, Band 26, trafo Wissenschaftsverlag, Berlin (2014)
3. Bleisch, G., Langowski, H.C., Majschak, J.-P.: Lexikon Verpackungstechnik. 2. überarbeitete Auflage, Behr's Verlag, Hamburg (2014)
4. Hennig, J.: Ein Beitrag zur Methodik der Verarbeitungsmaschinenlehre. Diss. B, TU Dresden (1976)
5. Römisch, P., Weiß, M.: Projektierungspraxis Verarbeitungsanlagen. Springer Vieweg (2014)
6. Bleisch, G., Majschak, J.-P., Weiß, U.: Verpackungstechnische Prozesse. Behr's Verlag, Hamburg (2010)

3 Bio-Industrie-Design: Herausforderungen und Visionen

Luigi Colani und Juri Postnikov

Die Natur hat das Rad nicht erfunden, weil die Hauptbewegungsarten Fliegen, Schwimmen, Tauchen, Laufen und Gleiten in Jahrmillionen kontinuierlicher Evolution, die noch anhält, zu derartiger Perfektion reiften. Die technischen Errungenschaften der Menschheit fallen gegen die der Natur zurück.

Die oft in einer Sackgasse endende technologische Entwicklung ist gut beraten, die Naturphänomene in „Think Tanks" durch zu deklinieren um die Bio-Technologie (BIONIK) zu einem der Hauptaufgabengebiete für angehende Ingenieure zu machen.

Hier einige Beispiele aus den Auftragsaufgabenstellungen des Kapitelautors Colani: Für eine international tätige Erdölfirma werden zurzeit hydrodynamische Formen für getauchte Riesentanker untersucht, um diese vor der zerstörerischen Wasseroberflächenproblematik (Grenze zweier Medien) in geringe beruhigte Tauchtiefe zu bringen. Eigene Erfahrungen beim Tauchen bestätigen das nicht optimierte Design z. B. neuester U-Boot Konstruktionen, deren Form in halbgetauchtem Zustand eine fast kilometerlange weiße Gischtschleppe wegen schlechter Hydrodynamik hinterlässt. Die Natur gestaltete z. B. bei Orcas und Belugas, die genauso halbgetaucht gleiten, keine störenden Wasserwellen.

Dieses Beispiel soll das optimierbare Design, einschließlich der Konstruktion z. B. antreibender Propeller, demonstrieren.

Die Natur stellt hier, wie auch in weiteren Vergleichen, die Ingenieurwelt vor große Herausforderungen. Selbst die Druckausgleichsvorgänge bei den größten Säugetieren der Welt, den Walen, z. B. beim schnellen Ab- und Auftauchen sind bisher nicht grundlegend erforscht bzw. in die technisierte Welt übertragbar.

Um in der Wasserwelt zu bleiben: Kein komplexes technisches Gerät würde das schnelle, senkrechte Eintauchen wie das der Wasservögel bei der Nahrungsjagd unbeschadet überstehen, wie auch das Wiederauftauchen mit entsprechendem Medienwechsel.

Der Manta (Teufelsrochen), schon immer Vorbild für alle Flugzeugbauer als Form des idealen Passagierflugzeugs wurde seit dem frühen 20. Jahrhundert schon von Hugo Junkers untersucht und inspirierte ihn zur Konstruktion von „Nur-Flügel-Flugzeugen". Mit der Junkers D-2500 betrat er 1920 Neuland: Ein (fast) Nur-Flügler, bei der Passagiere in Kabinen in der Vorderkante der Tragflügel saßen! Das Nur-Flügel-Flugzeugprinzip wurde nur noch beim B1 und B2 Bomber der Fa. Northrop in den USA, allerdings ohne Passagiertransport, in Ansätzen verfolgt.

Ebenso können in der Bauwirtschaft die Vorbilder der Natur für das Design und die Konstruktion untersucht werden. Die „Riesenwolkenkratzer" der Termitenbauten mit Belüftungssystemen und Fermentationsfeldern, in denen Ameisen unbeschadet tiefe Temperaturen überleben sowie

L. Colani
Mailand, Italien

J. Postnikov (✉)
Magdeburg, Deutschland
E-Mail: dr.postnikov@gmx.de

B. Bender und D. Göhlich (Hrsg.), *Dubbel Taschenbuch für den Maschinenbau 2: Anwendungen*,
https://doi.org/10.1007/978-3-662-59713-2_3

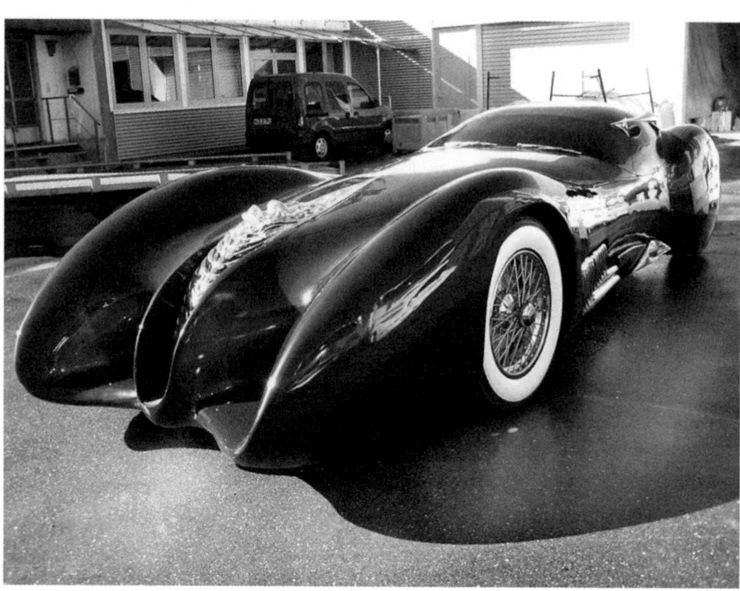

Abb. 3.1 Futuristisches Sportwagen-Design von L. Colani

ein Selbstversorgungssystem aufgebaut haben, können mit von Ingenieuren geplanten Hochhäusern mit ca. 1000 Etagen bzw. 3000 m Höhe verglichen werden.

Der Kapitelautor L. Colani wurde von Ernst Haeckel (Ernst Heinrich Philipp August Haeckel (* 16. Februar 1834 in Potsdam; † 9. August 1919 in Jena) war ein deutscher Mediziner, Zoologe, Philosoph und Freidenker. Er trug durch seine populären Schriften sehr zur Verbreitung des Darwinismus in Deutschland bei.) mit dem Wunderreich der Mikroskopischen Kalkstrukturen bekannt gemacht: Architektur-Inspirationen, die sich seit Urzeiten in den Weltmeeren bilden. Der übergroße Anteil der Weltmeere ist unerforscht, was die Frage nach dem Nutzen der Forschung im interstellaren Raum aufwirft, weil das Überleben der Menschheit wohl eher vom pfleglichen Umgang mit unseren Weltmeeren abhängt, die 70% der Erdoberfläche bedecken. Die vom Autor seinerzeit an der Hochschule für Bildende Künste Berlin (später Kunstakademie bzw. Universität der Künste) umfangreichen Vorlesungen und Seminare über Bauhausneuanfänge konnten leider zur damaligen Zeit nicht umgesetzt werden.

Die vom Autor L. Colani seinerzeit an der Hochschule für Bildende Künste Berlin (später Kunstakademie bzw. Universität der Künste) umfangreichen Vorlesungen und Seminare über Bauhausneuanfänge konnten leider zur damaligen Zeit nicht umgesetzt werden. Viele Jahre später muss festgestellt werden, dass aus der von Kandinsky festgelegten, frohen Farben-Trilogie Würfel, Pyramide und Kugel nur der Würfel übriggeblieben ist und oft auch in Hochschulen und führenden Designteams als „Bauhaus-Stil" gelehrt bzw. verwendet wurde. Die neuen Formen sind kantig rechtwinklig – das Material: Stahl und Glas und die Farbe „grau", siehe Abb. 3.4.

Die deutschen Ingenieurwissenschaften sind auf vielen technischen Gebieten führend in der Welt, das deutsche Design hingegen wird dieses Niveau in der Form- und Farbgebung aber wohl nie erreichen. Der sehr vielversprechende Ansatz durch das Bauhaus in Weimar in den frühen 30 Jahren, wo eine bunt zusammengesetzte Schar junger brillanter, internationaler Kreative sich um Walter Gropius versammelten, um das konservative „Kleinbürgerdesign" auf den Kopf zu stellen.

Wassily Kandinsky, ein russischer Künstler, entwarf die testamentartige Visualisierung in Form eines Bauhaus-Logos in leuchtenden Farben als Ziel und Vermächtnis. Soviel neues Tun war den an die Macht strebenden Nazis leider zu undeutsch, wurde verboten und deren intellektuelle Begründer in alle Welt verstreut. Völlig unverständlich für den Wiederbeginn der deutschen

Abb. 3.2 Ferrari-Design von 1989 von L. Colani

Abb. 3.3 Sportwagen TAMARA, Design J. Postnikov [5, 6]

Abb. 3.4 Geländewagen PARTISAN One Design J. Postnikov [5, 6]

Formgestaltung nach dem verlorenen 2. Weltkrieg ist die Tatsache, dass, wie oben vermerkt, von Kandinskys Dreifachform „Würfel Pyramide und Kugel" nur der Würfel übernommen und kultiviert wurde und somit dem „neuen, universellen" Bauhaus auch eine „neue, falsche Identität" zugeschrieben wurde. Bauhaus war jetzt quadratisch, kubisch, Stahl, Glas und grau. Damit hatte nur 33% der ursprünglichen Bauhausidee überlebt. Diese Testamentsfälschung der Form- und Farbgestaltung kann bis heute als das Rückgrat des deutschen Designs bezeichnet werden. Die Umsetzung dieser Designphilosophie kann z. B. an scharfkantigen Sanitärkeramiken und Armaturen beobachtet werden. Nicht alle Verfechter des „alten Bauhauses" schlossen sich an. Der Autor Colani, als Aerodynamiker und Flugzeugbauer, kehrte zum Design zurück um wieder die ursprüngliche Bauhausidee durch fachliche Kompetenz und Unbeirrbarkeit zu vertreten.

Die Idee des „go back to go forward", für den Autor Colani unverzichtbar für das bessere Deutsche Design wurde von der Industrie nur in Teilen übernommen, jedoch weltweit oft als Basis für spektakuläre Neuentwicklungen, z. B. in der Gestaltung von Sportwagen, siehe Abb. 3.1, Abb. 3.2 und 3.3.

Vom Design-Zentrum in Mailand aus arbeitet der Autor L. Colani an „Think-Tanks" weltweit um eine bessere Bauhaus Design Philosophie auf breiter Ebene einzuführen, um die Tradition des Bauhaus Designs aufzuzeigen, nach dem Motto: Es lebe das „Ur-Bauhaus" [1, 2, 3, 4].

Alternativen zeigen die Philosophien des Designs bzw. der Produktform auf:

1a: Design maximal an Naturvorgaben orientieren, mit oft hochkomplexen, integrierten Funktionsabläufen die oft noch erforscht werden müssen um sie anzuwenden, z. B. das Spinnennetz.

1b: Design maximal an Machbarkeit und Einfachheit, z. B. der Produktion anlehnen. ODER:

2a: Design von Produkten mit maximaler Nutzbarkeit bzw. nicht endender Äktualität" für mehrere Jahrzehnte in mehreren menschliches Generationen, z. B. Darjiling Eisenbahn und Dampfloks (Indien), US-Autos der 50 Jahren (Kuba).

2b: Produkte für eine begrenzte Lebensdauer konzipieren und gestalten, z. B. Smartphones

Literatur

Spezielle Literatur

1. Colani, L.: Part 1 – Designing Tomorrow Car Styling. Fujimoto, A. (Hrsg.): Tomorrow, Bd. 23, Sanei Shobo Publishing, Tokyo (1978). ISBN 978-4-7796-0984-X; Colani, L.: Part 2 – For a Brighter Tomorrow Car Styling. Fujimoto, A. (Hrsg.): Tomorrow, Bd. 34, Sanei Shobo Publishing, Tokio (1981). ISBN 978-4-7796-0984-X; Colani, L.: Part 3 – Bio-design of Tomorrow Car Styling. Fujimoto, A. (Hrsg.): Tomorrow, Bd. 46, Sanei Shobo Publishing, Tokyo (1984). ISBN 978-4-7796-0984-X
2. Bangert, A.: Colani – Fifty Years of Designing the Future. Thames and Hudson, London (2004). ISBN 0-500-34204-0
3. Bangert, A.: Colani – Form Follows Nature. Bangert Verlag, Schopfheim (2009). ISBN 3-936155-09-07
4. Colani, L., Bangert, A.: Colani – The Art of Shaping the Future. Bangert Verlag, Schopfheim (2004). ISBN 3-936155-78-X
5. Postnikov, J.: Конвейер/Renault Logan. Код «Логана», Zeitschrift АВТОПИЛОТ 09/2005, Verlag КОММЕРСАНТЪ, Moskau (2005)
6. Postnikov, J.: Тенденции/Прожект. На больших колёсах, Zeitschrift АВТОПИЛОТ 10/20013, Verlag КОММЕРСАНТЪ, Moskau (2013)

Literatur zu Teil I Grundlagen der Konstruktionstechnik

Bücher

DIN: Verzeichnis der Normen und Norm-Entwürfe. Beuth, Berlin (jährlich)

Ehrlenspiel, K.: Integrierte Produktentwicklung, 2. Aufl. Hanser, München (2002)

Ehrlenspiel, K., Kiewert, A., Lindemann, U.: Kostengünstig Entwickeln und Konstruieren, 2. Aufl. Springer, Berlin (1998)

Hansen, F.: Konstruktionswissenschaft – Grundlagen und Methoden. Hanser, München (1974)

Hubka, V.: Theorie technischer Systeme. Springer, Berlin (1984)

Hubka, V., Eder, W. E.: Theory of Technical Systems – A Total Concept Theory for Engineering Design. Berlin (1988)

Hubka, V., Eder, W. E.: Einführung in die Konstruktionswissenschaft. Übersicht, Modell, Anleitungen. Springer, Berlin (1992)

Koller, R.: Konstruktionslehre für den Maschinenbau. Grundlagen zur Neu- und Weiterentwicklung technischer Produkte, 4. Aufl. Springer, Berlin (1998)

Leyer, A.: Maschinenkonstruktionslehre. Hefte 1–7, technica-Reihe. Birkhäuser, Basel (1977)

Müller, J.: Arbeitsmethoden der Technikwissenschaften – Systematik, Heuristik, Kreativität. Springer, Berlin (1990)

Orloff, M.: Grundlagen der klassischen TRIZ, 3. Aufl. Springer, Berlin (2006)

Orloff, M.: Modern TRIZ. A Practical Course with EASyTRIZ Technology. Springer, New York (2012)

Pahl, G., Beitz, W., Feldhusen, J., Grote, K.H.: Konstruktionslehre, 7. Aufl. Springer, Berlin (2007)

Steinhilper, W., Sauer, B. (Hrsg.): Konstruktionselemente des Maschinenbaus 1. Grundlagen der Berechnung und Gestaltung von Maschinenelementen. Korr. Nachdruck der 6. Aufl. Springer, Berlin (2006)

Steinhilper, W., Sauer, B. (Hrsg.): Konstruktionselemente des Maschinenbaus 2. Grundlagen von Maschinenelementen für Antriebsaufgaben, 5. Aufl. Springer, Berlin (2006)

Rodenacker, W. G.: Methodisches Konstruieren. Konstruktionsbücher Bd. 27, 4. Aufl. Springer, Berlin (1991)

Roth, K.: Konstruieren mit Konstruktionskatalogen; Bd. 1: Konstruktionslehre, Bd. 2: Konstruktionskataloge, 2. Aufl. Berlin: Springer 1994; Bd. 3: Verbindungen und Verschlüsse, Lösungsfindung. Springer, Berlin (1996)

Seeger, H.: Design technischer Produkte, Programme und Systeme. Anforderungen, Lösungen und Bewertungen. Springer, Berlin (1992)

Tjalve, E.: Systematische Formgebung für Industrieprodukte. VDI-Verlag, Düsseldorf (1978)

Wolf, J.: Kreatives Konstruieren. Girardet, Essen (1976)

Zwicky, F.: Entdecken, Erfinden, Forschen im Morphologischen Weltbild. Droemer-Knaur, München (1971)

Zeitschriften:

Konstruktion. Zeitschrift für Produktentwicklung. Springer VDI, Berlin/Düsseldorf, ab (1948)

Normen und Richtlinien

VDI-Richtlinie 2221: Methodik zum Entwickeln und Konstruieren technischer Systeme und Produkte. VDI-Verlag, Düsseldorf (1993)

VDI-Richtlinie 2222: Konstruktionsmethodik – Methodisches Entwickeln von Lösungsprinzipien. VDI-Verlag, Düsseldorf (1997)

VDI-Richtlinie 2223: Methodisches Entwerfen technischer Produkte. VDI-Verlag, Düsseldorf (2004)

VDI-Richtlinie 2225: Technisch-wirtschaftliches Konstruieren. Düsseldorf: VDI-Verlag (1977), Blatt 3: (1998), Blatt 4: (1997)

Teil II
Elektronische Datenverarbeitung

4 Einführung

Reiner Anderl

Die moderne Informations- und Kommunikationstechnologie ist zu einem integralen Bestandteil der Strategie von Unternehmen der Industrie geworden. Verstärkt wird ihre Bedeutung durch die zunehmende Digitalisierung, die aufbauend auf moderner Informations- und Kommunikationstechnologie weitere technologische Ansprüche verfolgt. Hierzu zählen insbesondere neue internetbasierte Geschäftsmodelle, Vernetzung von und Kommunikation zwischen cyberphysischen Objekten, das Erheben, Analysieren und Auswerten von großen Datenmengen (engl.: big data) sowie das Management von anwendungsspezifischen Funktionen, unabhängig von physisch vorhandener Rechnerhardware (engl.: cloud computing).

Die Digitalisierung erfasst alle Unternehmensbereiche und zielt auf einen medienbruchfreien, digitalen Informationsfluss sowohl zwischen den Unternehmensbereichen wie auch über Unternehmensgrenzen hinweg. Im Zusammenhang mit der Verbreitung von Industrie 4.0, der vierten industriellen Revolution, wird dabei von der sogenannten vertikalen und der horizontalen Integration gesprochen. Vertikale Integration definiert dabei den bidirektionalen, digitalen Informationsfluss von den entwickelnden und planenden Unternehmensbereichen hin zu den operativen Produktionsbereichen. Horizontale Integration definiert den digitalen Informationsfluss sowie die digitale Kommunikation zwischen cyberphysischen Produktionssystemen auf operativer Ebene.

Gerade im Hinblick auf einen medienbruchfreien, digitalen Informationsfluss spielt die Digitalisierung des Produktentstehungsprozesses eine bedeutende Rolle. Die Digitalisierung des Produktentstehungsprozesses ist dabei durch eine zunehmende Zusammenführung der an der Produktentstehung beteiligten Wissenschaftsdisziplinen geprägt wie auch durch eine zunehmende Durchdringung aller Phasen des Produktentstehungsprozesses mit rechnerunterstützten Systemen und damit einhergehenden digitalen Informationsflüssen. Darüber hinaus spielen internetbasierte Kommunikationsdienste, sogenannte Web-Services, für die medienbruchfreie Integration der eingesetzten rechnerbasierten Systeme eine bedeutende Rolle.

Die Produktentwicklung, als Teil der Produktentstehung, wird von der Erstellung von Anforderungslisten über den funktionalen, logischen und physikalischen Systementwurf bis hin zur Bauteilgestaltung und fertigungstechnischen Detaillierung durchgängig digital ermöglicht. Dazu sind bereits Ansätze wie R-F-L-P (requirements, functional, logical, physical) verfügbar und werden zunehmend industriell eingesetzt. Methoden wie beispielsweise Model Based Systems Engineering dienen dabei insbesondere zur Auslegung und Dimensionierung von technischen Systemen und erlauben Simulations- und Optimierungsrechnungen bereits in frühen Phasen der Produktentwicklung.

R. Anderl (✉)
Technische Universität Darmstadt
Darmstadt, Deutschland

B. Bender und D. Göhlich (Hrsg.), *Dubbel Taschenbuch für den Maschinenbau 2: Anwendungen*,
https://doi.org/10.1007/978-3-662-59713-2_4

Eine zunehmende Bedeutung gewinnen die sogenannten CAD-Prozessketten (CAD steht für Computer Aided Design, deutsch: Rechnergestütztes Konstruieren). In CAD-Prozessketten werden digitale Bauteilrepräsentationen aus CAD-Systemen für weitere Analysen, Simulationen, Optimierungen und auch für die Erzeugung von Steuerdaten für numerisch gesteuerte Produktionseinrichtungen genutzt. Die wichtigsten CAD-Prozessketten sind:

CAD-FEA	CAD-Finite Elemente Analyse,
CAD-MKS	CAD-Mehrkörpersimulation,
CAD-CFD	CAD-Strömungsmechanik,
CAD-DMU	CAD-Digital Mock-Up,
CAD-RPT/AM	CAD-Rapid Prototyping and Tooling/Additve Manufacturing,
CAD-VR/AR	CAD-Virtual Reality/Augmented Reality,
CAD-TPD	CAD-Technische Produktdokumentation,
CAD-NC	CAD-Numerical Control (numerisch gesteuerte Werkzeugmaschinen),
CAD-RC	CAD-Robot Control (numerisch gesteuerte Roboter- und Handhabungssysteme) sowie
CAD-MC	CAD-Measurement Control (numerisch gesteuerte Messmaschinen).

Darüber hinaus wird die Abbildung aufbau- und ablauforganisatorischer Strukturen in Produktdatenmanagementsystemen (kurz PDM) mit der Bereitstellung der Produktentwicklungs- und Konstruktionsergebnisse per Mausklick immer wichtiger. Ihre Bedeutung liegt darin, den effizienten Zugriff auf bereits entwickelte Produktlösungen zu ermöglichen und für den Produktentwicklungsprozess erforderliche Informationen wie z. B. Norm- und Zukaufteile, Wiederholteile, vordefinierte Produktstrukturen oder auch Plattform- und Modulkonzepte, bereitzustellen.

Zukünftig werden digitale Ergebnisse der Produktentwicklung noch wichtiger werden, denn im Kontext Industrie 4.0 werden sogenannte digitale Zwillinge gebraucht, also individuelle, digitale Repräsentation von physisch hergestellten Bauteilen und Produkten. Digitale Produktmodelle, als Ergebnis der Produktentwicklung, bekommen deshalb zwei wesentliche neue Rollen: Zum einen dienen sie als Grundlage, um eine digitale Repräsentation individueller digitaler Zwillinge, z. B. über parametrische Logiken, zu generieren. Zum anderen werden sie als Referenz genutzt, um individuelle digitale Zwillinge gegen diese digitale Repräsentation zu prüfen, z. B. darauf, ob die geometrische Gestalt übereinstimmt, ob Ist-Abmessungen in vorgegebenen Toleranzbereichen liegen oder ob die Produktstruktur eines digitalen Zwillings der vorgegebenen Produktkonfiguration entspricht.

Digitalisierung des Produktentstehungsprozesses wird damit zu einer erfolgsentscheidenden Einflussgröße auf die Innovationstärke und die Wettbewerbsfähigkeit industrieller Unternehmen.

5 Informationstechnologie

Reiner Anderl

5.1 Grundlagen und Begriffe

Die zentrale Aufgabe der Informationstechnologie ist die Verarbeitung und Bereitstellung von Daten. Als Daten werden im weitesten Sinne Informationen bezeichnet, die sich durch Zeichen in einem Code darstellen lassen, wobei sich der Begriff Daten auf Zahlen, Text oder auch physikalische Größen beziehen kann.

Daten werden meist in Digitalrechnern verarbeitet. Zur Darstellung von analogen physikalischen Größen in einem Digitalrechner ist daher zunächst eine Umwandlung in eine diskretisierte Darstellung notwendig, d. h. unendlich viele Werte werden in endlich viele Werte abgebildet. Werden die endlich vielen Werte der diskretisierten Wertebereiche durch Symbolfolgen codiert, wird dies als Digitalisierung bezeichnet und das Ergebnis ist eine digitale Darstellung (Abb. 5.1).

Die Verarbeitung von Daten in einem Digitalrechner beruht auf der Fähigkeit zur Ausführung von Operationen. Diese Operationen wirken auf Daten. Es werden arithmetische Operationen, logische Operationen und organisatorische Operationen unterschieden.

Arithmetische Operationen sind die vier Grundrechenarten Addition, Subtraktion, Multiplikation und Division. Die Bereitstellung zusätzlicher Operationen (wie z. B. trigonometrische Operationen) vereinfacht die Programmierung, diese werden jedoch auch auf die Grundrechenarten zurückgeführt.

Logische Operationen dienen dem Vergleichen. Durch sie kann ein Verarbeitungsvorgang

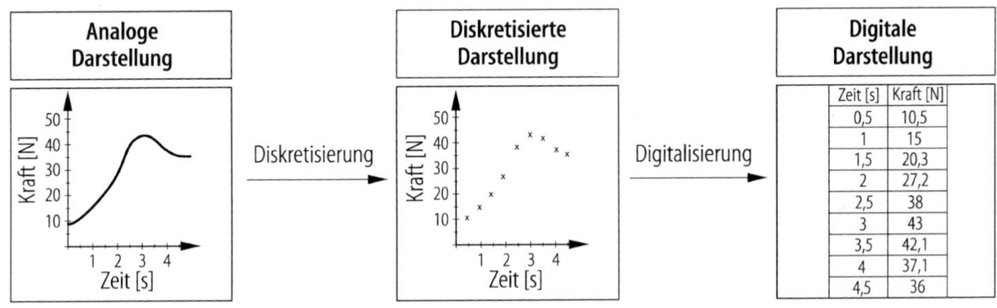

Zeit [s]	Kraft [N]
0,5	10,5
1	15
1,5	20,3
2	27,2
2,5	38
3	43
3,5	42,1
4	37,1
4,5	36

Abb. 5.1 Diskretisierung und Digitalisierung einer Kraft-Zeit-Darstellung [1]

R. Anderl (✉)
Technische Universität Darmstadt
Darmstadt, Deutschland

B. Bender und D. Göhlich (Hrsg.), *Dubbel Taschenbuch für den Maschinenbau 2: Anwendungen*,
https://doi.org/10.1007/978-3-662-59713-2_5

Tab. 5.1 Rechenregeln für Dualoperatoren

Operation	Ergebnis	Übertrag auf nächsthöhere Stelle
$0+0$	0	0
$0+1$	1	0
$1+0$	1	0
$1+1$	0	$+1 =$ Übertragbit
$0-0$	0	0
$0-1$	1	$-1 =$ „Borgbit"
$1-0$	1	0
$1-1$	0	0
$0 \cdot 0$	0	0
$0 \cdot 1$	0	0
$1 \cdot 0$	0	0
$1 \cdot 1$	1	0

abhängig von Zwischenresultaten in seinem Ablauf gesteuert werden.

Organisatorische Operationen dienen zum Daten- und Befehlstransport zwischen den Funktionseinheiten einer digitalen Datenverarbeitungsanlage.

Entsprechend der Operationen stehen die dazu erforderlichen Befehle in geeigneten Programmiersprachen, die ein Teilgebiet der Informatik darstellen, zur Verfügung.

5.1.1 Zahlendarstellungen und arithmetische Operationen

Zur Zahlendarstellung werden Zahlensysteme mit unterschiedlichen Zahlenbasen und einem charakteristischen Ziffernvorrat zu dieser Basis verwendet. Der Wert einer Ziffer hängt von der Stelle in der Ziffernreihe ab. Im Umfeld der elektronischen Datenverarbeitung sind neben der Basis $p = 10$ besonders die Basen 2, 8 und 16 gebräuchlich. Die entsprechenden Zahlensysteme heißen Dezimalsystem, Dualsystem, Oktalsystem und Hexadezimalsystem. Da im Hexadezimalsystem die Dezimalziffern nicht ausreichen, werden die fehlenden Ziffern für die Werte 10 bis 15 durch die Großbuchstaben A bis F repräsentiert.

Zahlen lassen sich damit darstellen in der Form

$$\begin{aligned} a_{10} &= 257_{10} \\ &= 2 \cdot 10^2 + 5 \cdot 10^1 + 7 \cdot 10^0 \\ &\quad \text{im Dezimalsystem} \\ a_2 &= 110101_2 \\ &= 1 \cdot 2^5 + 1 \cdot 2^4 + 0 \cdot 2^3 + 1 \cdot 2^2 + 0 \cdot 2^1 \\ &\quad + 1 \cdot 2^0 \\ &\quad \text{im Dualsystem} \end{aligned}$$

oder allgemein

$$a = \sum_{i=0}^{n-1} a_i \cdot p^i = a_{n-1} \cdot p^{n-1} + \ldots + a_1 \cdot p^1 + a_0 \cdot p^0$$

mit $a \leq a_i < p_i$.

p ist die Basis des Zahlensystems, a_i ist eine Ziffer aus dem Ziffernvorrat zu einer Basis p. Diese Darstellung wird p-adische Darstellung von a genannt. Zahlen lassen sich mit Hilfe verschiedener Methoden von einem Zahlensystem in ein anderes Zahlensystem konvertieren. Konvertierungsmethoden finden sich in [2, 3].

Für die arithmetischen Operationen Addieren, Subtrahieren, Multiplizieren und Dividieren gelten die in Tab. 5.1 aufgeführten Rechenregeln. Wird bei der Anwendung der Operationen der Übertrag (das „Borgen") mit in die Rechnung einbezogen, so gelten die gleichen Regeln wie im Dezimalsystem.

Die Subtraktion lässt sich durch Verwenden von Komplementen auf die Addition zurückführen. Die Bildungsgesetze für Komplemente für eine Zahl a lauten: $k = p^n - a$ für das p-Komplement und $k_{p-1} = p^n - a - 1$ für das $p-1$-Komplement mit der Basis p des Zahlensystems, der Stellenzahl n von a und der maximalen Stellenanzahl n im Zahlenbereich. Beim p-Komplement ist die größte, darstellbare Zahl durch $k_{\max} = p^{n-1} - 1$ definiert, die kleinste Zahl durch $k_{\min} = -p^{n-1} - 1$.

Das folgende Beispiel verdeutlicht die p-Komplement- und $p-1$-Komplementrepräsentation in der binären Zahlendarstellung:

$+168 \rightarrow 010101000$

$-168 \rightarrow 101011000$

bei der p-Komplementdarstellung

$-168 \rightarrow 101010111$

bei der $p-1$-Komplementdarstellung

Die *p - 1*-Komplementbildung einer Dualzahl geschieht durch Invertierung, d. h. Umwandlung der 0 in 1 und umgekehrt in jeder Stelle.

Multiplikation und Division werden in Rechenwerken unter Verwendung besonderer Befehle auf die Addition mit zum Teil besonderen Verfahren zur Verkürzung der Operationszeiten zurückgeführt [4, 5].

In Digitalrechnern werden z. B. aufgrund des schaltungstechnischen Aufwands Daten und Befehle als Kombination von Binärzeichen dargestellt. Die Menge der Binärzeichen ist in Worten mit fester Länge zusammengefasst. Üblich sind Wortlängen mit 8, 16, 32, 64 und 128 Bits.

Die Zahlendarstellung unterscheidet weiterhin zwischen der *Stellenschreibweise*, auch Festkommaschreibweise genannt, und der *Gleitkommaschreibweise*, auch Gleitpunktschreibweise genannt. Bei der Zahlendarstellung in Stellenschreibweise ist der betragsmäßig größte, darstellbare Wert durch die Wortlänge begrenzt. Dies ist beispielsweise bei einem 16-Bit-Wort-Format $(2^{15} - 1) = 32.767$. Wird ein größerer Zahlenbereich benötigt, so können Doppelwörter aus zwei Worten gebildet werden. Ein Vorzeichenbit kann für Markierungen z. B. negativer Zahlen oder für andere Zahlendarstellungen benutzt werden. Bei der Zahlendarstellung in Gleitkommaschreibweise, z. B. $Z = m \cdot 10^q$, ist die Anzahl der Bits der Mantisse m verantwortlich für die Genauigkeit der Zahl, die des Exponenten q für die Größe des Zahlenbereichs [2].

Technisch-wissenschaftliche Rechnungen werden meist mit Zahlen in normierter Gleitkommadarstellung ausgeführt. Bei den Grundrechenarten in der Gleitkommadarstellung (Gleitkomma-Arithmetik) werden beide Teile der Zahl, Mantisse und Exponent, getrennt verarbeitet.

Zahlen der Form $Z = m \cdot p^q$ heißen normiert, wenn

$$|m| = Z_1\, p^{-1} + Z_2\, p^{-2} + \ldots + Z_m\, p^{-m}$$

mit $Z_i \in \{0,1,\ldots,\; m-1\}$ und $Z_1 = 0$ ist.

Die Verarbeitung erfolgt nach den Prinzipien der Festkommatechnik. Bei der Addition dürfen nur Zahlen mit gleichen Exponenten q verarbeitet werden. Die Exponentenangleichung erfolgt derart, dass die Zahl mit dem kleineren Exponenten an die mit dem größeren angeglichen wird. Danach erfolgt die Addition der Mantissen.

Zur Darstellung von Texten werden den Buchstaben, den Ziffern und weiteren Symbolen, den sogenannten Sonderzeichen, je eine Nummer zugeordnet und die Zeichen einzeln in Form der zugeordneten Nummer gespeichert. Ein Text wird dann gespeichert, indem die Codenummern der Zeichen hintereinander im Speicher abgelegt werden. Dieses Prinzip gilt für alle Rechenanlagen. Unterschiede bestehen nur in der Anzahl der Bits, die für die Kodierung eines einzelnen Zeichens verwendet werden, und in den Codetabellen, nach denen die Zuordnung zwischen den Zeichen und ihren Nummern erfolgt.

Die heute am weitesten verbreitete Codetabelle ist die ASCII-Kodierung (ASCII: *American Standard Code for Information Interchange*). Jedem Zeichen dieser Tabelle wird jeweils eine Dual-, Dezimal-, Oktal- und Hexadezimaldarstellung der zugehörigen Codenummer zugeordnet. Ursprünglich wurden im ASCII nur sieben Bits pro Zeichen definiert, ein achtes Bit wurde als Paritätsbit reserviert. In der ISO-Norm 8859 wurde die Tabelle auf acht Bits ausgedehnt und damit der Zeichenvorrat verdoppelt. Damit konnten auch nationale Besonderheiten im ASCII umgesetzt werden. Für den europäischen Raum ist insbesondere der Teil ISO 8859-1 von Bedeutung, der die lateinische Schrift repräsentiert. Entsprechend dieser Tabelle wird beispielsweise dem Schriftzeichen „Ä" die Dualdarstellung 11000100 und die Dezimaldarstellung 196 zugewiesen.

Durch das Unicode-Konsortium wurde ein variables Kodierungsformat zur sprach-, plattform- und programmunabhängigen Darstellung

5

von Textdaten entwickelt, das Zeichen mit 8 Bit (UTF-8), 16 Bit (UTF-16) oder 32 Bit (UTF-32) kodiert. UTF steht dabei für „*Universal Character Set Transformation Format*". Die ersten 8 Bit des Unicodes sind mit ISO-8859-1 identisch. Version 9.0 vom Juni 2016 umfasst 128.737 Zeichen aus verschiedenen Sprachalphabeten oder Symboltabellen und findet sich in zahlreichen modernen Softwareprodukten sowie in modernen Programmiersprachen wie Java.

5.1.2 Datenstrukturen und Datentypen

Datenstrukturen basieren auf Strukturelementen, die Datenelemente zu einem höheren Ganzen zusammenfassen. Datenelementen liegen verschiedene Datentypen zugrunde. Diese Datentypen umfassen jeweils einen definierten Wertebereich. Datenstrukturen werden ausführlich z. B. in [6, 7] behandelt. Von der Seite der Programmiersprachen werden Datenstrukturen in [8] näher besprochen.

5.1.2.1 Einfache Datentypen und Skalare

Einfache Datentypen und Skalare stellen eine geordnete Menge von Werten eines festen Wertebereichs dar. Sie repräsentieren damit Werte aus diesem Wertebereich. In der Regel werden folgende skalare Datentypen angeboten:

- *integer*: ganze Zahlen, deren Wertebereich von der Programmiersprache oder auch der Digitalrechnerhardware abhängt,
- *real*: reelle Zahlen in Gleitkommadarstellung, deren Wertebereich ebenfalls von der Programmiersprache und auch Digitalrechnerhardware abhängt,
- *boolean*: logischer Typ mit den Werten *false* und *true* und
- *char*: ein einzelnes Zeichen, z. B. Buchstabe, Ziffer oder Sonderzeichen.

5.1.2.2 Strukturierte Datentypen

Strukturierte Datentypen ermöglichen es, eine Anzahl von Werten zu einer übergeordneten Menge zusammenzufassen und sie als Gesamtheit oder einzeln zu bearbeiten. Die grundlegenden, strukturierten Datentypen sind:

- *array (Feld)*: Ein- oder mehrdimensionale Felder, deren Elemente alle denselben skalaren Datentyp haben und durch Indizierung der Variable angesprochen werden.
- *record (Verbund)*: Ein hierarchischer Datentyp, dessen Bestandteile aus verschiedenen Datentypen aufgebaut sein können. Der Zugriff auf einzelne Werte erfolgt durch Angabe des Weges durch die Hierarchie zum gewünschten Element.
- *file (Datei)*: Eine Reihe von Daten gleichen Typs, wobei es sich dabei auch um Verbunde oder Felder handeln darf. Im Unterschied zu den anderen Datentypen muss eine Datei zusätzlich zur Deklaration noch geöffnet und nach der Bearbeitung wieder geschlossen werden.

5.1.2.3 Abstrakte Datentypen

Komplexere Datenmodelle besitzen Strukturen, die oberhalb der Abstraktionsebene von strukturierten Datentypen angesiedelt sind. Diese Strukturen lassen sich in Klassen einteilen, zu denen jeweils ein generischer Datentyp definiert werden kann, auf den dann alle in einer Klasse vorkommenden Strukturen zurückgeführt werden können. Solche generischen Datentypen können als abstrakte Datentypen (ADT) realisiert werden, auf denen eine definierte Menge von Operationen anwendbar ist. Ein wichtiger abstrakter Datentyp ist der Graph (Abb. 5.2). Es werden ungerichtete und gerichtete Graphen unterschieden. Ein ungerichteter Graph G besteht aus zwei Mengen: Einer Menge V von Knoten (engl. Vertices) und einer Menge E von Kanten (engl. Edges), d. h. $G = (V, E)$. Eine Kante a aus E verbindet stets zwei Knoten A und B aus V miteinander. Es gilt für den ungerichteten Graphen $a = \{A, B\} = \{B, A\}$. Die Anzahl der Kanten, die mit dem Knoten verbunden sind, wird der Grad eines Knotens genannt. Neben den ungerichteten Graphen existieren auch gerichtete Graphen, deren Kanten mit einer Vorzugsrichtung versehen sind. Bei ihnen sind die Kanten $a = \{A, B\}$ und $a' = \{B, A\}$ verschieden.

Dies wird in der grafischen Darstellung durch einen Pfeil gekennzeichnet.

Wesentliche Operationen auf Graphen sind das Erzeugen und das Entfernen von Knoten und Kanten sowie das Traversieren des Graphen, d. h. das Besuchen aller Knoten. Das Traversieren von Knoten wird z. B. genutzt, um auf den Nutzinformationen jedes Knotens des Graphen Operationen auszuführen.

Die *Liste* (engl. *list*) ist ein vereinfachter Graph, denn jeder Knoten, außer den beiden Endknoten, ist mit genau zwei anderen Knoten (Vorgänger- und Nachfolgerknoten) über je eine Kante verbunden. Von den beiden Listenenden geht jeweils nur eine Kante ab.

Der *Stapel* (engl. *stack* bzw. *last in first out*, LIFO) oder auch Keller ist eine einfach verkettete Liste, bei der ein Knoten nur am Listenkopf eingefügt oder entfernt werden kann.

Die (Warte-)*Schlange* (engl. *queue* bzw. *first in first out*, FIFO) ist eine doppelt verkettete Liste, bei der Knoten nur an dem einen Ende eingefügt und an dem anderen Ende entfernt werden.

Ein *Baum* ist ein gerichteter Graph mit Knoten, auf die nur jeweils eine eingehende Kante zeigt. Eine Ausnahme stellt die Wurzel des Baumes dar, sie besitzt keine eingehende Kante. Von den Knoten eines Baumes weisen ein oder mehrere ausweisende Kanten zu weiteren Knoten, deren ausgehende Kanten wiederum auf Knoten verweisen können. Knoten, von denen keine Kanten ausgehen, werden Blätter genannt, alle anderen Knoten heißen innere Knoten. Spezielle Bäume sind binäre Bäume oder kurz Binärbäume, deren Knoten genau zwei ausgehende Kanten besitzen. Daneben sind auch Viererbäume (engl.: quadtrees) und Achterbäume (engl.: octrees) gebräuchlich. Allgemein werden Bäume, die mehr als zwei ausgehende Kanten besitzen, B-Bäume oder Vielweg-Bäume genannt.

Die Operationen, die auf einem binären Baum ausgeführt werden können, sind das Erzeugen eines Baumknotens, das Einfügen eines Knotens in einen Baum anhand des eingetragenen Schlüssels und der auf ihm definierten Ordnungsrelation, das Löschen eines Knotens aus dem Baum, das Suchen nach einem Knoten anhand eines Schlüssels und das Traversieren des Baumes.

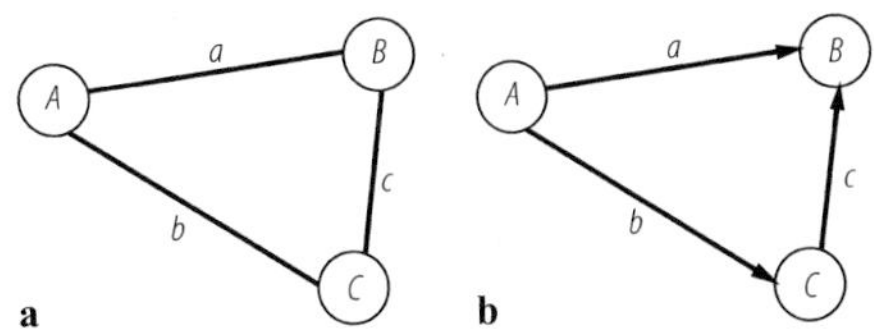

Abb. 5.2 **a** Ungerichteter Graph mit den Knoten A, B, C und den Kanten $a = \{A, B\} = \{B, A\}$, $b = \{A, C\} = \{C, A\}$, $c = \{B, C\} = \{C, B\}$; **b** Gerichteter Graph mit den Knoten A, B, C und den Kanten $a = \{A, B\}, b = \{A, C\}, c = \{C, B\}$

5.1.3 Algorithmen

Ein Algorithmus ist eine vollständig bestimmte, endliche Folge von Anweisungen, nach denen die Werte der Ausgangsgrößen aus den Werten der Eingangsgrößen berechnet werden können [9]. Somit ist ein Algorithmus entsprechend seiner Semantik ein Verfahren zur Lösung einer bestimmten Aufgabe. Die formale Spezifikation von Algorithmen ist beispielsweise in [7] zu finden.

Um die Leistungsfähigkeit von Algorithmen zu quantifizieren, wurde die Komplexität definiert. Die Komplexität eines Algorithmus quantifiziert den Aufwand, den Algorithmus auf einem Rechner auszuführen. Die Komplexität hängt vom Umfang der zu bearbeitenden Daten, der sogenannten Problem- oder Aufgabengröße ab. Sie ist ein wesentliches Kriterium zur Auswahl eines Algorithmus. Zur Quantifizierung der Komplexität wird ein abstraktes Kostenmaß, eingeteilt in Ordnungsklassen (*O-Notation*) [10], verwendet. Diese Kosten können sich einerseits auf die Ausführungszeit (*Zeitkomplexität*) oder auf den Speicherplatzbedarf (*Platzkomplexität*) beziehen. Die Komplexität von verschiedenen Algorithmen wird beispielsweise in [6] näher behandelt.

Algorithmen, die bei Einhalten der Vorbedingung die Nachbedingung einer Semantik erfüllen, können zu Klassen zusammengefasst werden. Zu den wichtigsten Algorithmen bzw. Algorithmenklassen gehören die Sortieralgorithmen, Suchalgorithmen, kryptografische und numerische Algorithmen.

5.1.3.1 Sortieralgorithmen

Insbesondere Zahlen, jedoch auch beliebige andere Objekte, auf denen eine sog. Ordnungsrelation definiert werden kann, können mit Sortierverfahren sortiert werden. Eine Ordnungsrelation $\leq$ setzt jeweils zwei Objekte der Menge M der zu sortierenden Objekte in eine Beziehung, für die das Idempotenzgesetz (für alle i aus M gilt: $i \leq i$) und das Transitivgesetz (für alle a, b, c aus M gilt: $a \leq b \wedge b \leq c \rightarrow a \leq c$) gilt. Eine tiefergehende Darstellung von Sortieralgorithmen ist in [8] und [12] zu finden.

5.1.3.2 Suchalgorithmen

Als Beispiel seien hier das sequentielle und das binäre Suchen genannt.

Mit dem *sequentiellen Suchen* kann in sequentiellen Dateien und in Feldern gesucht werden, indem die Suchbedingung vom Beginn der Datei oder Feldes an nacheinander auf alle Objekte angewendet wird, bis sie erfüllt ist.

Das *binäre Suchen* auf Feldern macht sich die Ordnung des Feldes zunutze, indem ein Objekt ausgewählt und über die Suchbedingung entschieden wird, ob das Objekt schon gefunden wurde. Ist dies nicht der Fall, so kann anhand der Ordnungsrelation für das Sortieren herausgefunden werden, ob das zu suchende Objekt links oder rechts vom aktuellen Objekt liegt.

5.1.3.3 Kryptografische Algorithmen

Ziel der *Kryptografie* (griech.: verborgen schreiben) ist zum einen die Chiffrierung, d. h. Nachrichten durch Verschlüsselung vor unbefugtem Zugriff zu schützen, und zum anderen die Authentisierung, d. h. dem Empfänger zu ermöglichen, dass er feststellen kann, ob die Nachrichten in der Tat von dem erwarteten Sender kommen oder ob sie durch einen Fälscher eingespielt wurden [12]. Auf die Methoden der Kryptografie wird in Abschn. 5.4 eingegangen.

5.1.4 Numerische Berechnungsverfahren

Numerische Berechnungsverfahren nutzen Algorithmen zur Lösung mathematischer Probleme unter vorwiegender Verwendung der Grundrechenarten mit den zur Verfügung stehenden mathematischen Funktionen. Die existierenden numerischen Algorithmen sind so vielfältig, dass hier nur ein grober Überblick in Form einer Klasseneinteilung gegeben werden kann. Die Klasseneinteilung orientiert sich an der Struktur von [13].

5.1.4.1 Numerische Verfahren zur Lösung algebraischer und transzendentaler Gleichungen

Mit Hilfe des Newton'schen Verfahrens, des Regula-Falsi-Verfahrens, des Verfahrens von Steffensen oder des Pegasus-Verfahrens können transzendentale Gleichungen wie z. B. $\cos(x) - x = 0$ numerisch gelöst werden. Algebraische Gleichungen können z. B. mit dem Horner-Schema, dem Verfahren von Muller, dem Verfahren von Bauhuber oder dem Verfahren von Jenkins und Traub gelöst werden.

5.1.4.2 Numerische Verfahren zur Lösung linearer Gleichungssysteme

Es werden direkte und iterative Methoden zur Lösung linearer Gleichungssysteme eingesetzt. Der Gauß-Algorithmus und das Verfahren von Cholesky sind die bekanntesten Vertreter direkter Verfahren. Sie haben die Eigenschaft, dass sie lineare Gleichungssysteme theoretisch exakt lösen können. In der Praxis spielen jedoch Rundungsfehler eine große Rolle. Daher werden bei großen linearen Gleichungssystemen oft iterative Verfahren verwendet, die zwar die Lösung nur annähern, jedoch sehr schnell arbeiten. Das Gauß-Jordan-Verfahren ist ein Beispiel für solche iterative Verfahren.

5.1.4.3 Numerische Verfahren zur Lösung von Systemen nichtlinearer Gleichungen

Systeme nichtlinearer Gleichungen werden meist mit dem Newton'schen Verfahren gelöst. Weitere Verfahren sind Regula-Falsi, das Gradientenverfahren und das Verfahren von Brown.

5.1.4.4 Verfahren zur Berechnung von Eigenwerten und Eigenvektoren von Matrizen

Um Eigenwerte und Eigenvektoren von Matrizen näherungsweise zu berechnen, gibt es z. B. das Iterationsverfahren nach von Mises. Direkte Methoden wie z. B. das Verfahren von Krylov oder das Verfahren von Martin, Parlett, Peters, Reinsch und Wilkinson können zwar Eigenwerte theoretisch exakt berechnen, werden aber in der Praxis meist als iterative Methoden benutzt.

5.1.4.5 Numerische Approximation stetiger Funktionen

Die Fehlerquadrat-Methode nach Gauß ist eines der bekanntesten Verfahren, um Funktionen zu approximieren. Falls die zu approximierenden Funktionen Polynome sind, bieten sich für die Approximation die sogenannten Tschebyscheff-Polynome an. Die Fourier-Transformation wird hingegen eher für die Approximation von Signalen genutzt.

5.1.4.6 Numerische Interpolation

Bei der numerischen Interpolation geht es darum, zu gegebenen Funktionswerten Funktionen (meist Polynome und sog. Splines) zu finden, die an den gegebenen Stellen genau die gewünschten Funktionswerte besitzen. Bekannte Verfahren sind die Interpolation nach Lagrange, das Interpolationsschema von Aitken oder die Interpolation nach Newton. Bei der Spline-Interpolation werden Polynom-Splines dritten Grades, Hermite-Splines fünften Grades oder Bézier-Splines verwendet. Auch rationale Funktionen werden für die Interpolation benutzt, deren Verfahren werden Rationale Interpolation genannt.

In CAD-Systemen sind Interpolationsverfahren von besonderer Bedeutung. Zum Beispiel kann ein Anwender sog. Stützpunkte definieren, aus denen die Algorithmen mit Hilfe von Interpolationsmethoden freigeformte Kurven oder freigeformte Flächen generieren.

5.1.4.7 Numerische Verfahren zur Lösung partieller Differentialgleichungen

Die meisten numerischen Probleme, die in der Praxis entstehen, resultieren daraus, dass partielle Differentialgleichungen zwar bei der Modellierung von technischen Systemen entstehen, jedoch nur mit numerischen Näherungsverfahren gelöst werden können. Im Maschinenbau gehören z. B. die Methode der Finiten Elemente, aber auch sogenannte Differenzenverfahren, die Linienmethode oder Finite-Volumen-Verfahren zur Klasse der Verfahren für die Behandlung partieller Differentialgleichungen. Bei der Lösung komplexer partieller Differentialgleichungen werden oft auch Verfahren aus den anderen Klassen verwendet.

5.1.5 Programmiermethoden

Bedingt durch eine zunehmende Komplexität des Softwareentwicklungsprozesses erfordert die Realisierung von Projekten in der Planung und Konzeption eine genaue Analyse und Strategie. Zur Durchführung von Softwareprojekten existieren vielfältige Hilfsmittel, die zum Teil jedoch nicht konsistent über alle Phasen des Software-Lebenszyklus (s. Abschn. 5.1.8) anwendbar sind und deshalb entsprechend einem Vorgehensmodell ausgewählt werden müssen. Daneben stehen auch sog. Basistechniken zur Verfügung.

Vorgehensmodelle beschreiben die Vorgehensplanung und umfassen die Einteilung in verschiedene Entwicklungsstadien und die Organisation des gesamten Ablaufes. Typische Vorgehensmodelle sind das klassische Wasserfallmodell, die Prototyp-Entwicklung und das Spiralmodell.

Dem klassischen Wasserfallmodell [14] liegt die Vorstellung zugrunde, dass die Phasen der Softwareentwicklung in einem flussorientierten Ablauf durchlaufen werden. Am Ende jeder Phase steht ein Teilergebnis, das den nachfolgen-

5

den Phasen als Eingangsinformation zur Weiterbearbeitung übergeben wird. Jede einzelne Phase kann wieder in Planung, Realisierung und Überprüfung eingeteilt werden.

Das Vorgehensmodell der Prototyp-Entwicklung [15] sieht vor, dass für verschiedene Teilbereiche innerhalb kurzer Zeit unter Vernachlässigung der Qualitätseigenschaften, Prototypen erstellt werden, anhand derer sich die wichtigsten Problemlösungen erkennen und erklären lassen. Wenn alle Prototypen eines Projektes in ihren Funktionen den Ansprüchen genügen, ist die Wahrscheinlichkeit nicht erkannter Fehlerquellen gering.

Basistechniken sind Beschreibungsmechanismen, die für den Kernbereich der Software-Entwicklung, Analyse – Planung – Entwurf, vorgeschlagen werden. Sie umfassen die Methoden wie Programmablaufpläne, Struktogramme oder die Pseudo-Sprache sowie Methoden zur Daten-, Funktions- und Informationsmodellierung.

Der *Programmablaufplan* (PAP) nach DIN 66001 [16] (oder Flussdiagramm) stellt ein relativ einfaches Mittel dar, um strukturiert Lösungen darzustellen. Die Norm umfasst eine definierte Anzahl von Symbolen, die mit Hilfe von Pfeilen den Informationsfluss abbilden. Bei der darauffolgenden Umsetzung in einer Programmiersprache hält sich die Programmstruktur streng an den vorher erarbeiteten Ablaufplan, so dass bei der Umsetzung nur noch programmiertechnische Fragen beachtet werden müssen. Größere Probleme werden in kleinere, unabhängige Teilabschnitte zerlegt.

Der Nachteil von Programmablaufplänen ist, dass bei komplexeren Programmen leicht eine nicht mehr zu durchschauende Programmstruktur entstehen kann, so dass *Struktogramme* (oder Nassi-Shneidermann-Diagramme) favorisiert werden. Die drei Hauptelemente von Struktogrammen sind Sequenz, Wiederholung und Auswahl [17].

Diese Hauptelemente werden auch bei der Darstellung eines strukturierten Programmablaufs mit Hilfe eines *Pseudo-Codes* (Pseudo-Sprache) eingesetzt, der unabhängig von der jeweils verwendeten Programmiersprache die logische Struktur des Programms darstellt.

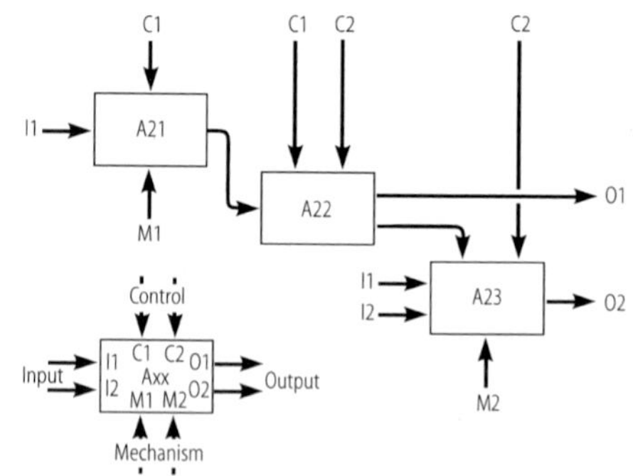

Abb. 5.3 Notation und Beispiel für ein SADT-Diagramm

Zu den Daten- und Funktionsmodellierungsmodellen gehören z. B. das *Entity-Relationship-Modell* (ERM) und die *Structured Analysis and Design Technique* (SADT).

Durch das *Entity-Relationship-Modell* lassen sich die Relationen (Beziehungen) zwischen Entitäten (Objekten) beschreiben. Diese Technik, die ursprünglich für den Datenbank-Entwurf entwickelt wurde, wird in der Definitionsphase für Systeme mit komplexen Daten eingesetzt.

Die SADT-Methode dient der allgemeinen Analyse bestehender und dem Entwurf geplanter Systeme. Ein System ist eine Verkettung datenverarbeitender Funktionen, Prozesse, Aktivitäten oder Tätigkeiten. Durch geeignete Modellbildung lassen sich die verschiedenen Funktionen und die dazwischen fließenden Daten untersuchen. Die Übersichtlichkeit des Modells wird durch die Top-Down-Zerlegung sichergestellt, die ein System zuerst als Ganzes betrachtet und danach schrittweise ins Detail geht (Abb. 5.3).

Die *Ereignisgesteuerte Prozesskette* (EPK) ist eine Methode zur Geschäftsprozessmodellierung. Sie hat die Darstellung der zeitlich-logischen Abfolge von Funktionen zum Gegenstand. Die wesentlichen Konstrukte zur Prozessmodellierung sind die Funktion und das Ereignis, d. h. Prozesse werden als Abfolge von ressourcen- und zeitverbrauchenden Funktionen dargestellt, die durch Ereignisse miteinander verknüpft werden. Eine erweiterte Darstellung der EPK umfasst sowohl die Beziehung zwischen den Konstrukten der Daten- und Funktionssicht als auch der Organisationssicht und ist in der sogenannten eEPK (erweiterte EPK) dokumentiert [18, 19]. Eine

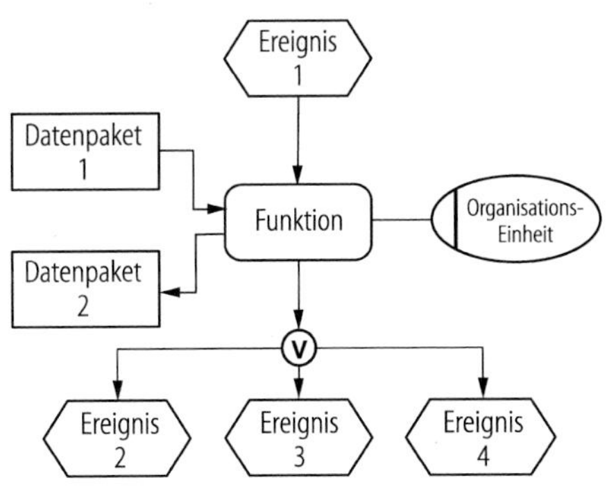

Abb. 5.4 Grundmodell der erweiterten Ereignisgesteuerten Prozesskette

Darstellung des Grundmodells der Ereignisgesteuerten Prozesskette findet sich in Abb. 5.4. Die Grundelemente und deren Verknüpfungsoperationen sind in Tab. 5.3 und 5.4 aufgeführt.

Die *Unified Modeling Language* (UML) hat sich als Quasi-Standard zur Informationsmodellierung für objektorientierte Softwaresysteme durchgesetzt. Sie ist in erster Linie die Beschreibung einer einheitlichen Notation und die Definition eines Metamodells. Den Entwicklern werden in der UML Notationen zur Verfügung gestellt, die in der Regel in verschiedenen Diagrammtypen (wie z. B. Anwendungsfall- und Klassendiagramme) je nach Entwicklungsstand der Software zur Anwendung kommen [20].

Ein Anwendungsfall ist die Beschreibung einer typischen Interaktion zwischen dem Anwender und dem System. Das *Anwendungsfalldiagramm* zeigt die Beziehungen zwischen Akteuren und Anwendungsfällen, d. h. es stellt das Systemverhalten aus Sicht des Anwenders dar. Akteure, die in der Regel eine Gruppe von Benutzern eines Systems darstellen, die eine spezifische Rolle spielen, sind eine Klasse. Diese kann mit dem betrachteten System Daten austauschen. Klassendiagramme beschreiben die Arten von Objekten im System und die statischen Beziehungen zwischen diesen. Eine Klasse enthält die Beschreibung der Struktur und des Verhaltens von Objekten, die sie erzeugt oder die mit ihr erzeugt werden können. Objekte werden aus vorhandenen Klassen produziert und sind die in einer Anwendung agierenden Einheiten. Die Definition einer Klasse setzt sich aus Attributen und Operationen zusammen. Wichtig sind die Beziehungen zwischen Klassen. Sie werden unterschieden in *Generalisierung und Spezialisierung, Assoziation, Aggregation* und *Komposition.*

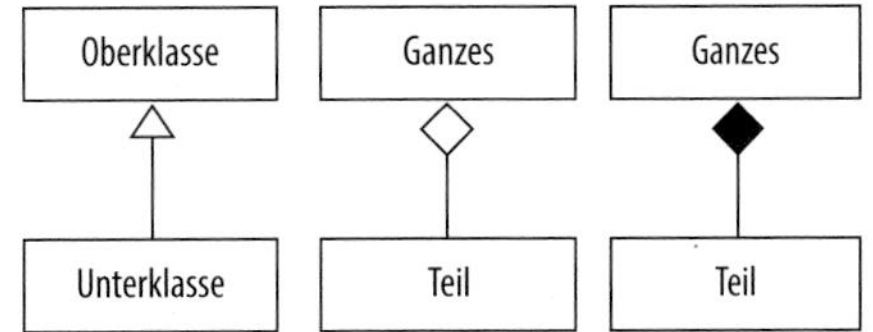

Abb. 5.5 Generalisierung, Aggregation und Komposition

Die *Generalisierung und Spezialisierung*, auch *Vererbung* genannt, ist ein Konzept bzw. ein Umsetzungsmechanismus, in dem die Beziehung zwischen Ober- und Unterklasse hergestellt wird. Sie wird durch einen Pfeil von der Unter- zur Oberklasse visualisiert (Abb. 5.5).

Die *Assoziation* ist eine bidirektionale Beziehung. Sie beschreibt als Relation zwischen Klassen die gemeinsame Semantik und die Struktur einer Menge von Objektverbindungen. Assoziationen ermöglichen die Kommunikation der Objekte untereinander. Spezielle Varianten von Assoziationen stellen die Aggregation und die Komposition dar. Eine *Aggregation* ist eine Assoziation, deren beteiligte Klassen eine Ganzes-Teile-Hierarchie darstellen. Unter der Aggregation wird die Zusammensetzung eines Objektes aus einer Menge von einzelnen Teilen verstanden. Die Aggregation wird durch eine Linie mit einer nicht ausgefüllten Raute auf der Seite des Ganzen dargestellt.

Eine *Komposition* ist eine strenge Form der Aggregation, bei der die Teile vom Ganzen existenzabhängig sind. Es gelten die meisten Aussagen über die Aggregation auch für die Komposition. Allerdings kann die Multiplizität (Anzahl der Elemente) auf der Seite des Aggregats nur 1 sein. Jedes Teil ist nur Teil genau eines Kompositionsobjektes, sonst wäre die Existenzabhängigkeit widersprüchlich. Im Gegensatz zur Aggregation ist die Raute im Diagramm gefüllt.

Zur Darstellung dynamischer Sachverhalte werden in der UML Verhaltens- oder Interaktionsdiagramme verwendet. Derartige Notationen werden eingesetzt, wenn das Verhalten von einigen Objekten in genau einem Anwendungsfall betrachtet werden soll (Zusammenarbeit zwischen mehreren Objekten aufzeigen).

Die *Systems Modeling Language* (SysML) ist eine Notation zur Modellierung technischer Systeme. Dabei wird in SysML erst mit zunehmendem Detaillierungsgrad die Aufteilung zwischen Software und Hardware vorgenommen. Auch Informationen, Prozesse, Benutzer und Anlagen können dargestellt werden. Damit eignet sich SysML insbesondere zur Beschreibung komplexer Systeme. Die Systems Modeling Language ist als Dialekt (Profil) von UML 2.x definiert und unterstützt die vorhandenen Methoden der Spezifikation, der Analyse, des Designs, der Verifikation und der Validierung [21].

5.1.6 Programmiersprachen

Die Menge aller Anweisungen zur Beschreibung von Algorithmen wird in einer algorithmischen Programmiersprache ausgedrückt. Bei den algorithmischen Programmiersprachen werden niedere Maschinensprachen und höhere problemorientierte Sprachen unterschieden [22].

Maschinenorientierte Programmiersprachen bestehen aus Anweisungen, die die gleiche oder eine ähnliche Struktur wie die Befehle einer bestimmten digitalen Datenverarbeitungsanlage besitzen. Die Befehle können vom Prozessor direkt ausgeführt werden. Operations- und Adressteil der Befehle werden in Binärform als eine Folge von Binärzeichen (Maschinensprache) oder durch mnemotechnische Symbole (symbolische Maschinensprache) dargestellt. Symbolische Maschinensprachen werden auch Assemblersprachen genannt. Maschinenorientierte Programmiersprachen finden Anwendung, wenn hohe Ansprüche bezüglich der Ausführungszeit oder der erforderlichen Speicherkapazität zu erfüllen sind.

Problemorientierte Programmiersprachen werden in imperative und deklarative Sprachen unterschieden, wobei manche Sprachen Paradigmen beider Entwürfe beinhalten. Deklarative Sprachen definieren das zu lösende Problem, während imperative Sprachen festlegen, wie ein Problem zu lösen ist [22]. Eine entsprechende Klassifikation zeigt Tab. 5.2.

Tab. 5.2 Einteilung der Programmiersprachen. (Nach [22])

Deklarative Sprachen	
Funktionale Sprachen	Lisp/Scheme, ML, Haskell
Datenfluss-Sprachen	Id, Val
Logische Sprachen	Prolog, Tabellenkalkulation
Template-Basierte Sprachen	XSLT
Imperative Sprachen	
Von-Neumann-Sprachen	C, Ada, Fortan
Skriptsprachen	Perl, Python, PHP, ...
Objektorientierte Sprache	Smalltalk, C++, Java, C# ...

Funktionale Sprachen basieren auf dem sogenannten Lambda-Kalkül der Mathematik; einer Notationsform für Funktionen und Ausdrücke, die aus Funktionen gebildet und ausgewertet werden können. Logikorientierte Sprachen basieren auf der Prädikatenlogik erster Ordnung, einem Teil der mathematischen Logik, bei der Aussagen (Fakten und Regeln) spezifiziert werden. Sie werden vom System benutzt, um eine Benutzeranfrage durch eine Beweisführung zu bestätigen und den in den Regeln und Fakten enthaltenen Variablen Werte zuzuweisen. Von-Neumann-Sprachen sind klassische prozedurale Programmiersprachen, die mit direkten Speicherzugriffen arbeiten. Objektorientierte Sprachen basieren auf gekapselten Objekten, die aus Datenstrukturen und den darauf definierten Operationen (Methoden) bestehen. Abschn. 5.1.7 behandelt die objektorientierte Programmierung näher.

Höhere Programmiersprachen müssen zu ihrer Ausführung im Rechner übersetzt werden. Dies erfolgt beispielsweise durch einen sog. Übersetzer (*compiler*). Das in einer höheren Programmiersprache geschriebene Quellprogramm (*source program*) wird in ein bedeutungsgleiches Maschinenprogramm (*object program*) übersetzt. Dabei müssen die im Programm aufgerufenen Unterprogramme an das Hauptprogramm gebunden werden (*linker*).

Eine andere Form der Programmabarbeitung ist die Interpretation. Von einem Interpretierer (*interpreter*) wird jede Anweisung des Quellprogramms übersetzt und sofort ausgeführt. Der Vorteil der Übersetzung ist, dass die Transformation der höheren Programmiersprache in die Maschinensprache nur einmal erfolgen muss und das Maschinenprogramm beliebig oft abgearbeitet werden kann. Bei der Interpretation ist dagegen die Übersetzung bei jedem Programmlauf neu zu leisten. Dadurch können sich Zeitverluste ergeben. Andererseits werden aber nur die durch den Steuerfluss vorgegebenen Programmteile durchlaufen.

5.1.7 Objektorientierte Programmierung

Das Prinzip der objektorientierten Programmierung ist eine Kombination von imperativem Programmieren und Konzepten der begrifflichen Datenabstraktion. Objektorientierte Programmierung versteht sich im Allgemeinen als die Identifizierung von (dynamischen) Objekten (-klassen) eines Problems, die jeweils eine bestimmte Rolle im Programm spielen und die in vordefinierter Weise miteinander interagieren [23].

Ein Objekt besteht aus Daten und Operationen. Die Speicherung und Bearbeitung von Daten erfolgt über die dazu ausgelegten Operationen. Objektinhalte sind nur für die im Objekt definierten und zugänglichen Prozeduren und Funktionen (= Operatoren) erreichbar. Über diese Methoden wird das Verhalten von Objekten beschrieben. Eine Methode kann als eine Anweisung gesehen werden, die die Reaktion eines Objektes auf den Erhalt einer bestimmten Nachricht beschreibt.

In der Regel wird zwischen Klassen und Instanzen (Exemplare) unterschieden. Klassen können Instanzen von sich selbst erzeugen. Jedes Objekt ist Instanz genau einer Klasse („... ist Element einer Menge") und weiß, welcher Klasse es angehört. Die Erzeugung von Instanzen einer Klasse erfolgt durch den Versand von Nachrichten mit einer speziellen Kennung. In jeder Nachricht muss ein Empfänger, d. h. die Angabe der Klasse, an die die Nachricht gerichtet ist und ein Selektor zur Bezeichnung der beim Empfänger auszulösenden Operation enthalten sein. Der Begriff der Klasse ergibt sich durch das Zusammenfassen von Objekten zu Objektfamilien, die bestimmte Eigenschaften gemein haben. Dabei werden sowohl die innere Struktur als auch die Reaktionsfähigkeiten der Objekte berücksichtigt. Allgemeinere Klassen heißen Oberklassen und spezialisierte Klassen heißen Unterklassen. Bei der Konstruktion einer solchen Spezialisierung erbt die Unterklasse alle Eigenschaften der Oberklasse, zusätzlich können neue Eigenschaften definiert und geerbte Eigenschaften verändert werden.

5.1.8 Softwareentwicklung

Die Softwareentwicklung lässt sich in einem Phasenmodell beschreiben. Eine Phase ist die Zusammenfassung von Einzelaktivitäten zu Tätigkeitsgruppen, die zu einem oder mehreren Teilergebnissen führen [24, 25]. Es werden die Phasen Planung, Definition, Entwurf, Implementierung, Abnahme und Einführung, Anwendung, Wartung und Pflege sowie Migration und Stilllegung unterschieden. Insgesamt wird durch diese Phasen des Software-Lebenszyklus (*Software Life Cycle*) die Lebenszeit eines Softwareproduktes beschrieben (Abb. 5.6). In der Planungsphase wird eine Analyse des Problems durchgeführt, alle Einflussgrößen gesammelt und eine Abschätzung der Durchführbarkeit aus wirtschaftlicher, technischer und personeller Sicht durchgeführt.

Aufgabe der Definitionsphase ist es, eine konsistente und vollständige Anforderungsdefinition (ein Pflichtenheft) zu erstellen. Dabei sind die Schritte Definition, Beschreibung und Bewertung der Anforderungen auszuführen.

Das Ergebnis der Entwurfsphase ist eine komplette Beschreibung für eine softwaretechnische Lösung, ohne auf eine konkrete Programmiersprache einzugehen. Zur Beschreibung einzelner Algorithmen und Programme können die in Abschn. 5.1.5 angesprochenen Basistechniken verwendet werden.

Die Vorgänge bei der Implementierung lassen sich im Durchlaufen des Zyklus Codieren, Übersetzen/Laden/Ausführen (oder Interpretieren) und Testen beschreiben.

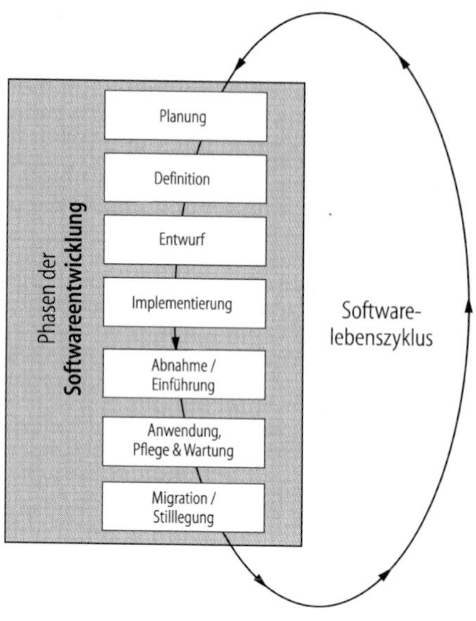

Abb. 5.6 Phasen des Software-Lebenszyklus

In der Einführungs- und Abnahmephase wird das Softwareprodukt in die Zielumgebung übertragen, d. h. installiert, in Betrieb genommen und freigegeben. Zur Abnahme gehören auch die Benutzerdokumentation sowie die Benutzerschulung.

In der Anwendungsphase erfolgen der Einsatz des Softwareprodukts, aber auch Wartungs- und Pflegemaßnahmen. Die Begriffe Wartung und Pflege sind in Bezug auf die Software als Fehlerbehebung bzw. Anpassung, Änderung und Weiterentwicklung zu verstehen. Der Zustand eines Softwareproduktes wird mit einer Versionsnummer dokumentiert.

Die Stilllegung eines Softwareproduktes entspricht der Außerbetriebnahme und eventuell der Inbetriebnahme eines Nachfolgeproduktes. Werden Elemente aus dem Vorgängerprodukt übernommen und mit neuen Elementen verknüpft, wird von Migration gesprochen.

5.2 Digitalrechnertechnologie

5.2.1 Hardwarekomponenten

Der Aufbau von Digitalrechnern wird nach den zentralen Komponenten, der Rechnereinheit und den peripheren Geräten unterschieden.

5.2.1.1 Rechnereinheit

Die Rechnereinheit enthält die datenverarbeitenden Komponenten des Rechners.

Prozessor. Die zentrale Komponente eines Digitalrechners ist der Prozessor, engl: central processing unit (CPU). Die Aufgabe des Prozessors besteht darin, Maschineninstruktionen von Programmen auszuführen, die in den Programmen festgelegten Daten zu verarbeiten und in Interaktion mit anderen Rechnerkomponenten zu treten. Aus Sicht des Hardwareentwicklers besteht ein Prozessor aus einem oder mehreren Prozessorkernen. Ein Prozessorkern gliedert sich funktionell in ein Steuerwerk und ein Rechenwerk. Das Steuerwerk liefert Steuerbefehle in bestimmter Reihenfolge an das Rechenwerk und trifft Entscheidungen nach den eintreffenden Bedingungen und Eingabedaten, während das Rechenwerk die gewünschten Operationen ausführt. Bei den Prozessorausführungen werden die Architekturen RISC (RISC, Reduced Instruction Set Computer) und CISC (CISC, Complex Instruction Set Computer) unterschieden. Bei der RISC-Architektur ist der Befehlssatz des Prozessors stark reduziert. Das einheitliche Referenzieren digitaler Anlagen liefern sogenannte Benchmark-Tests. Leistungsparameter von Prozessoren sind die Anzahl pro Zeiteinheit ausführbarer Instruktionen (MIPS, Million Instructions Per Second) oder Rechenoperationen (FLOPS, Floating Point Operation Per Second). Für spezielle Aufgaben werden häufig optimierte Prozessoren verwendet. So besitzen viele Rechnereinheiten neben der CPU auch weitere, spezialisierte Prozessoren, wie z. B. einen Graphikprozessor (graphics processing unit, GPU).

Speicher. Speicher haben die Aufgabe der Aufbewahrung von Daten und Befehlen. Aufgrund der Anforderungen aus der Verarbeitung der Befehle (schnelle Ausführung) und Daten (große Datenmengen, kurze Zugriffszeit) sowie der Kosten ergibt sich eine Aufteilung von Speichern in zueinander abgestimmte Kategorien (Speicherhierarchie). Register sind Speicher zur Aufnahme der aktuell in einem Verarbeitungsschritt benötigten Daten. Ihre Zugriffszeiten sind auf die Verarbeitungsgeschwindigkeit der Verarbeitungseinheiten, des Prozessors, ausgelegt. Deshalb werden nahe am Register eines Prozessors schnelle, in der Kapazität jedoch begrenzte Speicher, sog. Pufferspeicher (Cache memory), eingesetzt. Sie dienen als Zwischenspeicher zwischen Register und Hauptspeicher. Der Hauptspeicher (engl.: main memory) hat die Aufgabe, Befehle und Daten für das Rechenwerk bereitzuhalten. Jede Speicherzelle des Hauptspeichers hat eine eigene Adresse und steht in wahlfreiem, direktem Zugriff. Hauptspeicher, Pufferspeicher und Register werden als Halbleiterspeicher unterschiedlicher Technologie [26] hergestellt. Sie werden unterschieden in Nur-Lese-Speicher (ROM, Read Only Memory) und in Schreib-Lese-Speicher (RAM, Random Access Memory). Bei den Nur-Lese-Speichern wird weiter unterschieden in PROM (Programmable Read Only Memory) als Festwertspeicher, der mit einem Programmiergerät einmal elektrisch programmiert werden kann; EPROM (Erasable Programmable Read Only Memory) als löschbarer programmierbarer Festwertspeicher; REPROM (REProgrammable ROM), der nach Löschen des Inhalts erneut programmiert werden kann, und EAROM (Electrically Alterable Read Only Memory) als elektrisch veränderbarer Festwertspeicher [27]. Zur Speicherung großer Datenmengen werden periphere Speicher unterschiedlicher Bauform als sog. Hintergrundspeicher verwendet.

Peripheriebausteine. Die Verbindung zu Hardwarekomponenten außerhalb der Rechnereinheit erhält der Prozessor über Peripheriebausteine. Die Eigenschaften des Peripheriebausteins hängen vom Typ der Schnittstelle ab, die er anbietet. Je nach Art der Übertragung wird zwischen seriellen und parallelen Schnittstellen differenziert. Kennzeichnend ist hierbei die Art der Datenübertragung. Die sog. parallele Schnittstelle nach IEEE1284 dient vor allem zur bidirektionalen Übertragung von Daten zwischen Digitalrechner und Peripheriegeräten wie Druckern oder Scannern. Ein weiterer Vertreter der parallelen Übertragungstechnik stellt der sog. ATA-Standard (Advanced Technology Attachment) dar, welcher für die Anbindung von Massenspeichern wie Festplatten oder optischen Laufwerken genutzt wird. Dem gegenüber stehen moderne, serielle Schnittstellen, welche die Daten nicht parallel, sondern seriell übertragen. Bedeutende Vertreter sind USB-Schnittstellen (Universal Serial Bus) und Serial ATA. Die USB-Schnittstelle hat die parallele Schnittstelle und die serielle Schnittstelle nach RS-232 weitgehend abgelöst. Ebenso wird der ATA-Standard durch den Serial-ATA Standard ersetzt.

5.2.1.2 Peripheriegeräte

Die nicht in der Zentraleinheit enthaltenen Funktionseinheiten zur Erfassung, Übertragung, Speicherung sowie Ein- und Ausgabe von Daten lassen sich in periphere Geräte zusammenfassen. Die Daten müssen in einer für die peripheren Geräte verarbeitbaren Form vorliegen. Es werden standardisierte Codes (z. B. ASCII-Code usw.) verwendet. Die Übertragung von Daten zwischen dem Hauptspeicher und den peripheren Geräten erfordert neben der eigentlichen Übertragungsleitung technische Einrichtungen z. B. für Abstimmung der unterschiedlichen Arbeitsgeschwindigkeiten, Entschlüsselung des Übertragungswunsches, Codesicherung usw., die Kanäle genannt werden.

Periphere Speicher haben die Aufgabe der Lagerung der nicht im Hauptspeicher unterzubringenden Daten und Programme. Sie unterscheiden sich hinsichtlich des Speicherverfahrens und damit des Datenträgers und der Geräte sowie des Zugriffs und der Transport- und Übertragungseinheiten [26, 27]. Magnetische Speicherverfahren beruhen auf dem Prinzip der Erzeugung gerichteter, magnetischer Dipole in magnetisierbarem Material. Die zwei Magnetisierungseinrichtungen der Dipole stellen die digitalen Signale Null und Eins dar. Als Datenträger dienen Magnetplatten (z. B. Festplatten), Magnetbänder sowie biegsame Magnetfolien (z. B. Floppy-Disk). Optische Speicherverfahren beruhen auf unterschiedlichen Reflexionseigenschaften einer Datenschicht. Als Trägermaterial dient eine rotierende Scheibe, über der senkrecht zur Rotationsachse ein Schreib-/Lesekopf bewegt wird. Beispiele: CD-ROM (Compact Disc Read Only Memory), DVD+RW (Digital Video Disc ReWritable), Blue-ray usw. Das magneto-optische Speicherverfahren (MO) basiert auf der Kombination des magnetischen Verfahrens für das erstmalige Aufzeichnen und Wiederbeschreiben eines Speichers mit den optischen Verfahren für das Lesen [28, 29]. Flash Speicher beruhen auf dem Prinzip der Speicherung elektrischer Ladungen in sog. „Floating Gates" auf speziellen Transistoren. Diese „Floating Gates" sind elektrisch isoliert und damit in der Lage, elektrische Ladungen dauerhaft zu speichern. Die Ladung beeinflusst die Leitfähigkeit eines Transistors. Zum Schreiben, d. h. zum Aufbringen und Entfernen von Ladung des Floating Gates, wird der Tunnel-Effekt aus der Quantenmechanik genutzt, welcher es Elektronen ermöglicht, durch die Isolationsschicht zu wandern. Die Datenträger dieses Typs sind digitale Speicherchips, die ein sehr breites Einsatzspektrum besitzen. Häufig anzutreffen sind Speicher mit USB-Schnittstellen sowie spezielle Speichermedien für mobile Geräte. Aufgrund der schnelleren Zugriffszeiten und dem Fehlen von beweglichen Teilen finden Flash Speicher auch als Ersatz für magnetische Speichermedien Verwendung. Diese Speicher werden als SSD Speicher (Solid State Disk) bezeichnet. Häufig werden mehrere periphere Speichereinheiten in Form sog. RAID Systemen (Redundant Array of Independent Disks) angeboten. Hierbei werden die Lese- und Schreibbefehle auf mehrere Speicher verteilt, um dadurch in Abhängigkeit von der Konfiguration entweder einen höheren Datendurchsatz oder eine höhere Ausfallsicherheit zu erreichen.

Eingabegeräte und Ausgabegeräte dienen als Benutzungsschnittstelle zum Datentransfer in Rechenanlagen. Die Einteilung erfolgt nach unterschiedlichen Gesichtspunkten, z. B. der Form der Daten (codiert, uncodiert) oder der Art der Daten (alphanumerisch, grafisch). Zu den herkömmlichen Eingabegeräten gehören z. B. Tastatur, Maus und Touchpad. In mobilen Geräten wie Smartphones und Tablets werden diese zunehmend auf eine berührungsempfindliche Graphikausgabe abgebildet (Touchscreen). Virtual Reality-Systeme (VR-Systeme) vereinen Ein- und Ausgabegeräte, wobei eine generierte, fiktive Welt erzeugt wird, die dreidimensionale visuelle Reize an die Sinne des VR-Nutzers vermittelt (z. B. über Projektoren) und über ein 3-D-Eingabegerät (z. B. Datenhandschuh) gesteuert werden kann.

5.2.2 Hardwarearchitekturen

Digitalrechner werden in verschiedenen Größen- und Leistungsklassen hergestellt. Sie unterscheiden sich in den Abmessungen ihrer Gehäuse, dem Aufbau und der Leistungsfähigkeit ihres Prozessors, der Verfügbarkeit und Leistungsfähigkeit von Zusatzprozessoren, der Größe und Zusammensetzung (z. B. RAM, ROM, EPROM) des Hauptspeichers, der Anzahl und Art der eingebauten Schnittstellen, der Verfügbarkeit und Größe von Massenspeichern, der Verfügbarkeit von Peripheriegeräten und in ihrer elektrischen Leistungsaufnahme. Bei den mobilen Geräten wird zwischen PDAs (personal digital assistant), Smartphones, Tablets und Notebooks (oder früher auch Laptops) unterschieden. Sie besitzen Akkumulatoren zur Stromversorgung, die dem Benutzer ein vom Stromnetz unabhängiges Arbeiten ermöglicht. Zunehmend verlaufen die Grenzen zwischen Smartphones, Tablets und Notebooks hierbei fließend. Weiterhin kann eine hohe Verbreitung von Einplatinencomputern beobachtet werden. Diese werden aufgrund ihrer kompakten Form häufig für das Internet der Dinge (engl.: Internet of Things) verwendet. Personal Computer (PCs) sind Digitalrechner, die speziell für einen einzelnen Benutzer auf übliche Büroanwendungen abgestimmt sind. Die in der Regel leistungsstärkeren Arbeitsplatzrechner (engl.: workstations) sind Digitalrechner, die ebenfalls für einen Benutzer konzipiert (engl.: single user), aber üblicherweise miteinander vernetzt sind und über einen Zugriff auf Server dem Benutzer zusätzliche Dienste anbieten (vgl. Abschn. 5.2.4 Client-Server-Modell). Server sind leistungsfähige Rechner, die über ein Netzwerk anderen Rechnern und deren Benutzern Dienstleistungen zur Verfügung stellen. Sie besitzen meist keine eigenen Ein- und Ausgabegeräte zur Kommunikation mit Benutzern, da sie ihre Dienste ausschließlich über das Netzwerk anbieten. Dazu gehören z. B. Virtuelle Computer, die nicht aus Hardware, sondern aus Software bestehen. Diese Software läuft auf einem oder mehreren physischen Rechnern (Hosts). Dies sind leistungsfähige Computer, welche Speicher und Rechenleistung für die virtuellen Computer (Clients) zur Verfügung stellen. Die Virtualisierung ermöglicht die Unabhängigkeit von einer bestimmten physischen Hardware. Dadurch kann die Leistungsfähigkeit des virtuellen Computers je nach Bedarf bereitgestellt werden, was eine bessere Auslastung der zugrundeliegenden Systeme ermöglicht. Dem gegenüber steht ein höherer Rechenaufwand auf Seiten des Hosts durch die Virtualisierung. Auf Großrechnern können mehrere Benutzer (engl.: multi user) mehrere Programme (engl.: multi tasking) ausführen. Die Benutzer sind über Terminals oder über ein Netzwerk am Rechner angemeldet und teilen sich Ressourcen wie Rechenzeit, Hauptspeicher, Massenspeicher und Ein-/Ausgabegeräte. Großrechner werden zunehmend durch Kombinationen aus Arbeitsplatzrechnern und Servern ersetzt, die bei gleicher oder höherer Leistung kostengünstiger in der Anschaffung und im Betrieb sind. Eine besondere Rechnergruppe stellen die Prozessrechner dar. In ihrem Kern sind es Digitalrechner, ihre Umgebung setzt sich allerdings aus Systemen der Verarbeitung analoger Signale zusammen, die registriert und mit Sollwerten verglichen werden müssen. Prozessrechner steuern und regeln Aktuatoren wie Motoren und Stellglieder.

5.2.3 Rechnernetze

Als Rechnernetz werden räumlich verteilte Systeme von Rechnern, Steuereinheiten und peripheren Geräten bezeichnet, die durch Datenübertragungseinrichtungen miteinander verbunden sind [29]. Die Datenübertragungseinrichtung sorgt für die Kommunikation zwischen Sender und Empfänger über ein Übertragungsmedium. Hierbei kommt dem Übertragungsmedium die horizontale Kommunikation zu und die vertikale Kommunikation wird auf die sog. Kommunikationsprotokolle verteilt [30]. Kommunikationsprotokolle sind Regeln, nach denen zwei Kommunikationspartner (Sender-Empfänger) eine Verbindung zwischen sich aufbauen, Informationen austauschen und die Verbindung wieder abbauen. Ein allgemeines abstraktes Kommunikationsprotokoll ist das OSI Referenzmodell (OSI: Open Systems Interconnection, ISO 7498/1–4) [31–34]. Ein typisches Protokoll, das der 3. Schicht des OSI-Schichtenmodells zugeordnet ist, ist das IP (Internet Protokoll), ein typisches Protokoll, das der 4. Schicht zugeordnet werden kann, ist das TCP (Transmission Control Protocol) [35].

Das OSI Referenzmodell besteht aus 7 Schichten. Das Übertragungsmedium und die Anwenderfunktionen sind nicht Bestandteil der Standardisierung. Die Einteilung der Schichten kann anhand ihrer Aufgaben beschrieben werden:

1. Physikalische Schicht: Herstellen der physikalischen Verbindung zur Bitübertragung.
2. Sicherungsschicht: Sichern der Übertragung auf den einzelnen Teilstrecken. Bitübertragungsfehler werden erkannt und behoben.
3. Vermittlungsschicht: Festlegen des Verbindungsweges, Auf- und Abbau der Verbindung auf den Teilstrecken der Übertragung und Verknüpfung der Teilstrecken.
4. Transportschicht: Kontrollieren des vollständigen Datentransfers zwischen zwei Teilnehmern.
5. Kommunikationsschicht: Regeln des Ablaufs der Kommunikation.
6. Darstellungsschicht: Anpassen unterschiedlicher Formen der Informationsdarstellung
7. Anwendungsschicht: Regeln der technischen Randbedingungen für die Anwendungsprogramme der Benutzer [36].

Zahlreiche Netzwerkkomponenten dienen als Sender, Empfänger, Übertragungsmedien und Kopplungseinheiten. Sender/Empfänger werden über ein Datenaustauschprotokoll und mittels eines Übertragungsmediums verbunden. Die Sender (in der Regel Rechner), wie auch die Empfänger, werden als Dienstbenutzerknoten bezeichnet. Als Übertragungsmedien werden in Rechnernetzen üblicherweise verdrillte Kupferkabel,

Koaxialkabel, Glasfaserkabel oder auch Richtfunkstrecken verwendet. Kopplungseinheiten wie z. B. Repeater, Bridge, Router, Gateway ermöglichen ein Verbinden von Netzen von unterschiedlicher Struktur und Aufbau [37]. Die Aufgabe von Kopplungseinheiten ist die Adressumwandlung, Wegewahl, Flusskontrolle, Fragmentierung und Reassemblierung von Datenpaketen, Zugangskontrolle sowie das Netzwerkmanagement. Kopplungseinheiten werden auch als Vermittlungsknoten bezeichnet und arbeiten je nach ihrer Aufgabe auf unterschiedlichen OSI Schichten. Die Struktur eines Rechnernetzes, d. h. die Anordnung der Knoten im Netz, wird als Netzwerktopologie bezeichnet. Knoten sind miteinander kommunizierende Datenstationen und Einheiten. Die wichtigsten Netztopologien sind: Stern-Topologie, Ring-Topologie, Bus-Topologie, Baum-Topologie (typisch für MAN- und LAN-Netzwerke) und Netze unbeschränkter Topologie (WAN Netzwerke) [38]. Rechnernetze werden üblicherweise nach ihrer geografischen Ausdehnung klassifiziert. Lokale Netzwerke (LAN, Local Area Network) sind räumlich begrenzt und unabhängig von Netzanbietern sogenannten Netzwerkprovidern.

MAN-Netzwerke (MAN, Metropolitan Area Network) beziehen sich auf Stadtgebiete, benutzen aber weitgehend die gleiche Technologie wie LAN-Netzwerke. Weitverkehrsnetze (WAN, Wide Area Network) haben eine überregionale Ausdehnung und benutzen die Übertragungseinrichtungen der Netzanbieter [29]. Als Netzwerktechnologien sind vor allem Ethernet, ISDN, ADSL und ATM (Asynchronous Transfer Mode) zu nennen. ATM steht für verbindungsorientierte, mit Breitbandverfahren arbeitende Netztechnologie vorwiegend im WAN und MAN.

ISDN steht für Integrated Service Digital Network und arbeitet mit einer Übertragung von 64 KBit=s pro Kanal. Bei ISDN handelt es sich um ein Netz, das vorrangig für Telefonie und Fax Dienste genutzt wird. Der Bereich der Datenübertragung über ISDN wurde weitgehend durch die ADSL Technologie abgelöst. DSL (Digital Subscriber Line) ist eine Standleitungstechnologie, die durch geeignet hohe Frequenzkanäle bis zu 1000 MBit/s durch nicht abgeschirmte Kupferkabel über kurze Strecken übertragen kann. Neben den leitungsgebundenen Netzen gewinnen funkbasierte Netzwerke wie WLAN und GSM bzw. UMTS (Universal Mobile Telecommunications System) basierte Verbindungstechnologien an Bedeutung. Aufgrund der Charakteristik von Funknetzen sind entsprechende Verschlüsselungsmaßnahmen zu treffen. WLAN (Wireless LAN) wird für kabellose Netze kleinerer Ausdehnung genutzt. Die erreichbaren Geschwindigkeiten betragen im WLAN Bereich bis zu 6900 Mbit/s (netto) und in den UMTS Netzen bis zu 42 Mbit/s. Der Nachfolgestandard für UMTS, LTE (Long Term Evolution) erlaubt in der ersten Ausbaustufe Datenraten von bis zu 300 Mbit/s. Diese können jedoch in Abhängigkeit der Umgebungsbedingungen deutlich variieren. Die fünfte Mobilfunkgeneration 5G befindet sich in der Einführung und soll nach weiteren Entwicklungen Datenraten bis über 10 Gbit/s erreichen.

5.2.4 Client-/Serverarchitekturen

Ein Großteil der Netzwerkkommunikation insbesondere für Internetanwendungen findet über die Client-Serverarchitektur statt. Bei einer Client-Serverarchitektur wird die Verarbeitung von Prozessen über die Anforderung von einem Dienstleistungsprozess auf zwei funktionale Einheiten verteilt, wobei die Kommunikation über ein Netzwerk erfolgt (Abb. 5.7). Werden dabei unterschiedliche Betriebssysteme eingesetzt, handelt es sich um eine sog. heterogene Umgebung. Insbesondere im Bereich der cyber-physischen Systeme (CPS, engl.: cyber-physical-systems) bietet sich diese Technologie an. CPS bezeichnet die Integration von Computer-Funktionalitäten in physische Komponenten, welche dadurch ein digitales Abbild mit zusätzlichen Informationen und Funktionen erhalten [39]. Mithilfe von CPS-Komponenten im Produktionssektor können somit vernetze und auch autonom agierende Produktionssysteme realisiert werden, welche sowohl einen hohen Automatisierungsgrad als auch ein hohes Maß an Flexibilität aufweisen. Bei Client-Server-Systemen können die CPS-Komponenten als leistungsbegrenzte Clients auf Dienste

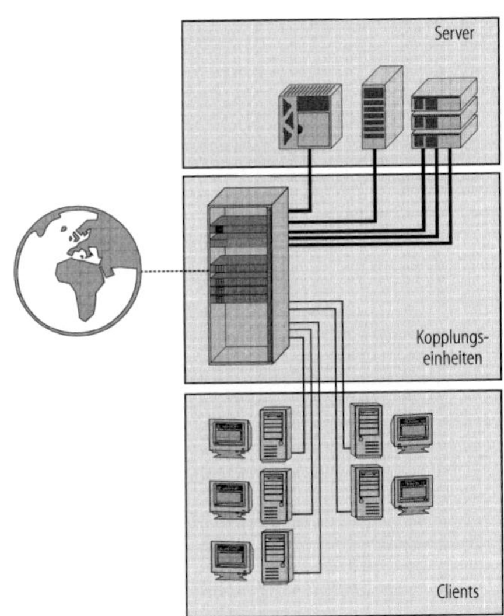

Abb. 5.7 Beispiel für eine heterogene Client-/Serverinstallation

von sehr viel leistungsstärkeren Servern zurückgreifen. Zu den typischen Anwendungen von Servern gehören Datenbank- und Fileserver sowie Webserver. Webserver stellen statische oder dynamische Dokumente zur Verfügung, welche durch Client-Programme angezeigt und verarbeitet werden können. Für die Verwaltung größerer Datenbestände werden in verteilten Anwendungen Datenbankserver eingesetzt. Hierbei werden relationale, meist SQL (structured query language) basierte Systeme und non-SQL Datenbanken unterschieden. Typische Vertreter für non-SQL Datenbanken sind objektorientierte Datenbanken, objektrelationale Datenbanken und semistrukturierte Datenbanken [40].

5.2.5 Betriebssysteme

Das Zusammenspiel der Funktionseinheiten eines Digitalrechners während des Ablaufs von Rechenprozessen wird durch das Betriebssystem realisiert. Die allgemeine Aufgabe eines Betriebssystems besteht in der wirtschaftlichen Nutzung der Betriebsmittel und der Bereitstellung einer zugänglichen Umgebung für die Anwenderprogramme [41, 43]. Für die verschiedenen Anwendungsfälle der Datenverarbeitung haben sich im Laufe der Entwicklung bestimmte Arten von Betriebssystemen herauskristallisiert, bei denen funktionelle Eigenschaften der Prozessverarbeitung besonders hervorgehoben und zur Namensgebung verwendet werden.

Ein heutiges Betriebssystem eines Digitalrechners kann schematisch in die Schichten Hardware-Ressourcen Management (für die Verwaltung und Steuerung elektronischer Bauteile z. B. Prozessoren, Arbeitsspeicher), Kernel als Kern des Betriebssystems (Speicherverwaltung, der Prozess- und Thread-Scheduler, die Gerätetreiber, Dateisysteme und die Kommunikations- und Programmierschnittstellen) und Benutzerschicht (Systemprozesse, Benutzerprozesse und Benutzerapplikationen) eingeteilt werden. Eine Klassifizierung lässt sich nur unter gleichzeitiger Berücksichtigung mehrerer Merkmale durchführen. Es werden Merkmale unterschieden, die durch den Prozessablauf und durch die Benutzung geprägt sind.

5.2.5.1 Rechnernutzung

Beim Einprogrammbetrieb (single programming) befindet sich jeweils nur ein Anwendungsprogramm im Hauptspeicher. Es belegt ausschließlich sowohl den Hauptspeicher als auch alle anderen Betriebsmittel. Bei Ein- und Ausgabevorgängen steht der Prozessor ungenutzt im Wartezustand. Beim heute üblichen Mehrprogrammbetrieb (präziser: Mehrprozessbetrieb, multiprocessing) sind mehrere Anwenderprogramme gleichzeitig im Hauptspeicher. Sie beanspruchen zu einem bestimmten Zeitpunkt die jeweilig freien Betriebsmittel, insbesondere den Prozessor.

5.2.5.2 Betriebsarten

Beim Stapelbetrieb stehen die Anwenderprogramme in einer Warteschlange und werden nacheinander bearbeitet. Die Bearbeitung eines Stapels kann im Ein- oder Mehrprogrammbetrieb erfolgen. Beim Mehrprogrammbetrieb lässt sich die Bearbeitungsfolge über Strategien steuern, z. B. der kürzeste Auftrag wird als nächster bearbeitet usw. Der Zeitscheibenbetrieb (time sharing) beruht auf der dynamischen Verwaltung des Prozessors, der einem Anwenderprogramm nicht bis zum Ende der Bearbeitung zur Verfügung steht, sondern ihn einem noch aktiven (d. h.

5

laufenden) Prozess entzieht, um ihn einem anderen zuzuteilen (auch Multitasking genannt).

5.2.5.3 Kommunikationsart

Bei einer indirekten Kommunikation zwischen Anwender und DV-Anlage erfolgt eine von der Verarbeitung getrennte Datenerfassung. Die Bearbeitung erfolgt im Stapelbetrieb. Bei der direkten Kommunikation erfolgt eine Eingabe direkt durch den Anwender, die Ausgabe erfolgt unmittelbar. Es wird zwischen programmgeführtem und benutzergeführtem Dialog differenziert.

5.3 Internet und Integrationstechnologien

Das Internet ist ein großes, weltweites Netzwerk mit unbeschränkter Topologie, welches bestehende physische Netzwerke über Router miteinander verbindet. Als Protokoll wird TCP/IP (transmission control protocol/internet protocol) verwendet [35]. Dabei bezeichnet IP (internet protocol) einen Standard, der u. a. jedem Netzwerkteilnehmer eine eindeutige Adresse (IP-Adresse) zuordnet. 1978 wurden für die Darstellung der Adresse 32-Bit vorgesehen, die ca. 4,3 Mrd. Netzwerkadressen ermöglicht. Da sich das Internet stark ausbreitete, wurde dieser Adressenvorrat knapp und so wurde 1998 IPv6 spezifiziert, das neben einer Adressendarstellung von 128-Bit auch Sicherheitsmerkmale zur Authentifikation und Verschlüsselung von IP-Paketen aufweist [48]. Auf das Internet Protokoll setzen verschiedene Protokollanwendungen und Dienste auf (Schicht 5–7 des OSI-Schichtenmodells), die die Datenübertragung im Internet ermöglichen.

Das World Wide Web (WWW) ist ein skalierbarer Informationsdienst innerhalb des Internets. Dies bedeutet, dass jeder, der am Internet angeschlossen ist und über einen WWW-Server verfügt, Informationen im Netz verbreiten kann. Das WWW ist ein hypermediales System, d. h. es werden neben Informationen in Textgestalt auch grafik-, audio- und videofähige Daten über das Internet übertragen. Die Daten werden von einem Client beim WWW-Server abgerufen und auf dem lokalen Arbeitsplatzrechner (Client) dargestellt. Als Protokollanwendung wird http (hyper text transfer protocol) verwendet. Um eine WWW-Information abrufen zu können, muss die sog. http-Adresse oder URL (uniform resource locator) bekannt sein [35].

E-Mail (Electronic Mail) dient zum Senden und Empfangen elektronischer Post; dazu werden das Simple Mail Transfer Protocol (SMTP), das Post Office Protocol (POP) und das Internet Message Access Protocol (IMAP) verwendet. In Newsgroups/ Webforen können Internetnutzer an Diskussionen über unterschiedlichste Themen teilnehmen. Die Diskussionsgruppen sind in einer Baumstruktur in Themen und Unterthemen gegliedert.

Erforderliche Methoden und Werkzeuge sind HTML, Browser und Editoren. Die Hyper Text Markup Language (HTML) ist eine sog. Auszeichnungssprache, die die Erstellung von plattformunabhängigen Hypertext-Dokumenten ermöglicht. Die HTML Dokumente sind im Prinzip Standard Generalized Markup Language Dokumente (SGML: ISO Standard 8879) mit genereller Semantik, die sich für die Darstellung von Texten, Hypertexten, News, Mails, Hypermedias (Audio, Video), Menüs, Datenbank-Suchergebnissen sowie für einfach strukturierte Dokumente mit eingebetteten Grafiken, Tabellen und mathematischen Symbolen eignet.

XML (extensible markup language) ist eine Metasprache, die auf der Grundlage des ISO-Standards SGML entwickelt wurde. XML enthält im Gegensatz zu HTML keine vordefinierten Auszeichnungselemente (Tags) und vereinfacht dadurch die Erlernbarkeit. Charakteristisch für XML ist die Trennung der Daten von ihrer Repräsentation und Präsentation, z. B. die Darstellung im Browser.

Ein Browser ist ein Programm zur Darstellung von Text-, Grafik- und Videoinformationen aus dem WWW. Er kann aber auch für die Dateiübertragung per file transfer protocol (FTP) genutzt werden. Für Browser gibt es Erweiterungen, die als sog. plug-in bezeichnet werden. Ein Beispiel für ein plug-in ist ein 3-D-Visualisierer, dem es möglich ist, 3-D-Grafiken darzustellen und Operationen, wie Rotieren oder Verschieben, auf 3-D-Objekte anzuwenden.

Das Internet lässt sich auch zur Integration von Geschäftsprozessen nutzen. Diese umfasst in der Regel den Zusammenschluss von Daten aus unterschiedlichen Quellen sowie Anwendungssoftwaresystemen. Das übergreifende Ziel besteht darin, den Automatisierungsgrad und die Interaktion (z. B. im Unternehmen und mit Partnern) zu verbessern. Die Integration stützt sich dabei auf verschiedene Kommunikations- und Middleware-Technologien. Diesbezüglich bilden Enterprise Application Integration (EAI) [43] und Service Oriented Integration (SOI) [44] neben den klassischen Konzepten wie Datenkopplung, Datenreplikation bzw. -föderation, geeignete Ansätze zum Zusammenführen von Personen, Informationen und Prozessen einer Organisation. EAI bezeichnet eine Infrastruktur zur prozessorientierten Integration von verschiedenartigen Anwendungssystemen. Das Prinzip stützt sich auf die Vermittlung von Daten und Mitteilungen zwischen Anwendungen mit Hilfe einer zentralen Integrationsplattform. Diese Integrationsplattform verhüllt anwendungsunabhängige Technologien (Middleware), die Dienstleistungen zur Vermittlung zwischen verteilten Anwendungen anbieten und die Komplexität der zugrundeliegenden Applikationen und Infrastruktur abstrahieren. Folgende Plattformen sind Beispiele für Middleware bzw. Standardplattformen.

Architekturen der EAI:

- Common Object Request Broker Architecture (CORBA) [45],
- Java Platform, Enterprise Edition (Java EE) [46],
- .NET, eine Implementierung des Common Language Infrastructure-Standards [49],
- WebSphere [50] und
- SAP Process Integration (SAP PI) [51].

SOI richtet das Augenmerk bei der serviceorientierten Integration auf die Schnittstellen [47] und nicht auf eine zentrale Middleware (vgl. EAI) innerhalb einer Service Oriented Architecture (SOA). In der Systemarchitektur SOA werden im Wesentlichen Funktionalitäten und Daten von Anwendungen als unabhängige Services und mit Hilfe von Standards propagiert. Diese Services sind so ausgelegt, dass sie unabhängig von einer Implementierung, also von ihrer eigentlichen Beschreibung genutzt werden können. SOI wird oft auch über Internettechnologie (Web) nutzbare Anwendungs- oder Systemfunktionalität realisiert. Daher werden diese Services als Webdienste (Web Services) bezeichnet. Dabei gibt es zwei grundsätzliche Ansätze: SOAP und RESTful Web Services.

SOAP ist ein Protokoll, das auf einer XML-Repräsentation der Anfrage an den Service beruht. SOAP-fähige Web Services lassen sich durch die Web Services Description Language (WSDL) beschreiben. Der Universal Description Discovery and Integration (UDDI) Standard ermöglicht einen Verzeichnisdienst, bei dem Web Services registriert und kategorisiert werden können und so leicht gefunden werden können [52].

Hingegen nutzen RESTful Web Services zur Identifikation von Services URLs und verwenden zum Austausch von Daten das http Protokoll bzw. das https Protokoll. Dies ermöglicht eine einfache Nutzung eines RESTful Web Service mit Hilfe eines Webbrowsers. RESTful Web Services sind nach Fielding [53] durch fünf Merkmale charakterisiert:

1. Client-Server: Die Belange der Bedienoberfläche (Client) sind von den Belangen der Datenhaltung (Server) getrennt. Dies ermöglicht eine client-seitige Plattformunabhängigkeit.
2. Stateless: Alle Informationen, die für die Bearbeitung der Anfrage benötigt werden, müssen in der Anfrage enthalten sein. Dadurch wird das System skalierbar.
3. Cache: Daten in Antworten sind entweder als zwischenspeicherbar oder als nicht-zwischenspeicherbar markiert. Dadurch lässt sich die Netzwerkperformanz erhöhen.
4. Uniform interface: Es werden die vier Bedingungen identification of resources, manipulation of resources through representations, selfdescriptive messages und hypermedia as the engine of application state erfüllt. Dies bedeutet, dass verlinkte multimediale Dokumente (Hypermedien) den Zustand der Applikation bzw. deren Objekte (Ressourcen) beschreiben. Dadurch wird ein navigierbarer,

multimedialer Katalog durch die Funktionalitäten und Daten der Applikation ermöglicht.

5. Layered: Für jede Komponente im Web Service ist nur die nächstliegende Schicht zugreifbar. Dadurch werden dahinterliegende Schichten verborgen und eventuelle Änderungen in einer Schicht haben nicht Auswirkungen auf alle anderen Schichten, sondern nur auf die direkt benachbarten Schichten.

RESTful Web Services lassen sich in vielen Programmiersprachen durch Frameworks leicht umsetzen, z. B. Java EE [54] oder Python [55]. Dies ermöglicht eine Realisierung der Zusammenstellung von Daten aus unterschiedlichen Quellen sowie Anwendungssoftwaresystemen über webbasierte Schnittstellen.

5.4 Sicherheit

Die Sicherheit von informationstechnischen Systemen in der Industrie umfasst die Betriebssicherheit (engl. *safety*) sowie die IT-Sicherheit (engl. *security*) des Systems [56]. Während sich die Betriebssicherheit bzw. technische Sicherheit eines Systems auf Maßnahmen zur Gewährleistung eines störungs- und gefahrenfreien Betriebszustands zum Schutz des Menschen und der Umwelt bezieht, befasst sich die IT-Sicherheit mit Methoden zum Schutz vor unberechtigten Zugriffen auf Systeme und Informationen (Abb. 5.8). Durch die zunehmende Digitalisierung und Vernetzung von industriellen Systemen hängt die Gesamtsicherheit grundsätzlich von beiden Sicherheitsaspekten ab, entsprechend verschmelzen die Maßnahmen zunehmend.

5.4.1 Betriebssicherheit – Safety

Unter dem Begriff *safety*, der Betriebssicherheit eines Systems, wird die Erhaltung eines definierten, störungsfreien Betriebszustands beschrieben. Die Zuverlässigkeit eines Systems korreliert dabei umgekehrt zu seiner Ausfallwahrscheinlichkeit.

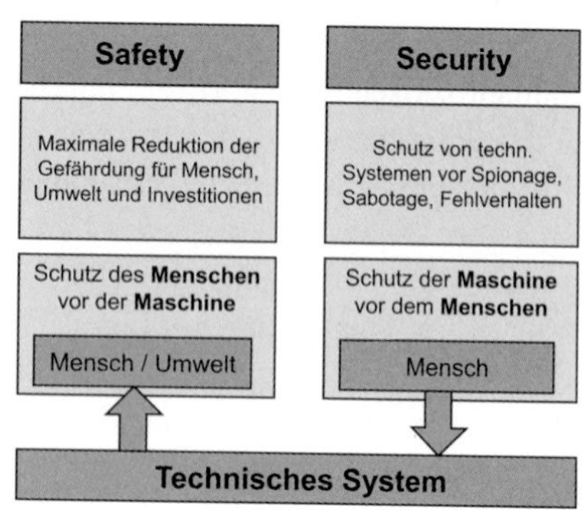

Abb. 5.8 Ziele der Gesamtsicherheit eines technischen Systems

Die funktionale Sicherheit, die durch die Norm IEC 61508 beschrieben wird, gibt Vorschläge und enthält Maßnahmen, um Risiken eines sicherheitsbezogenen Systems zu verringern. Das Risiko setzt sich dabei zusammen aus der Eintrittswahrscheinlichkeit eines gefährlichen Betriebszustandes und der Schwere seiner Folgen. Die Anforderungen an technische Maßnahmen zur Senkung des Risikos, wie z. B. Redundanz oder technische Sicherheitseinrichtungen, werden durch die Sicherheitsintegritätsstufen (engl. *safety integrity level*) SIL 1 bis 4 beschrieben [57].

5.4.2 IT-Sicherheit – Security

Der Begriff Security umfasst die informationstechnische (IT-) Sicherheit von Systemen und bezeichnet den Schutz der Systeme vor Zugriffen, Manipulationen und Wissensgewinn durch Unberechtigte. Die ISO/IEC 27000-Reihe (auch ISO/IEC 27000-Familie) ist eine Reihe von Standards der IT-Sicherheit. Die IEC 62443-Reihe beschreibt die Sicherheit von industriellen Kommunikationsnetzwerken sowie die wichtigsten Maßnahmen zu deren Absicherung.

Ziel dieser Normen und der IT-Sicherheit insgesamt ist es, Methoden bereitzustellen, mit denen die in IT-Systemen geforderten Eigenschaften, auch Schutzziele genannt, erreicht werden. Diese Schutzziele sind: *Vertraulichkeit*, *Integrität*, *Authentizität*, *Verbindlichkeit* und *Verfügbarkeit* [58].

5.4.2.1 Vertraulichkeit

Vertraulichkeit (engl. *confidentiality*) bezeichnet die Eigenschaft, dass der Inhalt einer Nachricht geheim zwischen den berechtigten Kommunikationspartnern übermittelt und nicht von unberechtigten Teilnehmern einsehbar ist. Dadurch wird ausgeschlossen, dass ein Informationsgewinn für unberechtigte durch das Abhören einer Nachricht, insbesondere in nicht vertrauten Umgebungen, wie z. B. Funknetze oder dem Internet, möglich ist.

Vertraulichkeit lässt sich mittels Verschlüsselung erreichen. Dabei wird der Inhalt einer Nachricht durch die Transformation in eine geschützte, nicht lesbare Form geheim gehalten. Die Sicherheit bezüglich der Vertraulichkeit wird daran bemessen, dass diese verschlüsselte Nachricht von Unberechtigten nicht in die unverschlüsselte Form überführbar ist.

5.4.2.2 Integrität

Das Schutzziel der Integrität (engl. *integrity*) bezeichnet die Unversehrtheit des Nachrichteninhalts zwischen Sender und Empfänger. Es wird damit gefordert, dass der Inhalt einer Nachricht unverändert bei dem Empfänger so ankommt, wie dieser vom Sender erstellt wurde. Diese Eigenschaft lässt sich auch auf Systeme (Systemintegrität) und Software (Softwareintegrität) übertragen. Hier soll sichergestellt werden, dass die Funktion des Systems bzw. der Software in genau der Art gegeben ist, wie sie vom Hersteller vorgesehen ist.

Die Integrität wird durch das Schutzziel Authentizität miterfasst. Die Integrität einer Nachricht wird in der Praxis durch Prüfsummen (engl. *checksum*) bzw. Hashfunktionen nachgewiesen.

5.4.2.3 Authentizität

Authentizität (engl. *authenticity*) bezeichnet die Echtheit einer Nachricht und ihrer Herkunft. Durch den Vorgang der Authentifikation wird überprüft, ob der Sender der Nachricht tatsächlich der Ersteller des Inhalts ist. Dies schließt den Inhalt der Nachricht, d. h. deren Nachrichtenintegrität, mit ein. Für den Beweis der Authentizität wird in der Informationstechnik das Wissen des Senders über eine bestimmte Information, z. B. eines Schlüssels, genutzt. In der Praxis geschieht dieser Nachweis mittels Digitaler Signaturen und Nachrichtenauthentifizierungscodes (engl. *Message Authentication Code*, MAC).

5.4.2.4 Verbindlichkeit

Die Verbindlichkeit bezieht sich auf die Autorenschaft einer Nachricht. Mit ihr wird sichergestellt, dass der Autor einer Nachricht eindeutig nachgewiesen wird und das Senden der Nachricht vom Autor nicht abstreitbar ist. Aus diesem Grund wird bei diesem Schutzziel auch synonym von *Nichtabstreitbarkeit* (engl. *non-reputability*) gesprochen.

5.4.2.5 Verfügbarkeit

Mit Verfügbarkeit (engl. *availability*) wird die Wahrscheinlichkeit für das Vorhandensein eines definierten Betriebszustands eines Systems bezeichnet, in dem das System bestimmungsgemäß seine Anforderungen erfüllt und Anfragen in festgelegter Reaktionszeit beantwortet. Vor allem im Bereich industrieller IT-Systeme, die für die Steuerung und Regelung von technischen Prozessen verantwortlich sind, spielt die Verfügbarkeit eine wesentliche Rolle. Angriffe auf die Verfügbarkeit von Systemen sind z. B. Denial-of-Service (DoS) Angriffe, bei denen ein System durch eine hohe Anzahl an Anfragen gezielt überlastet wird und dadurch nicht mehr in der Lage ist, auf gewünschte Anfragen zu reagieren.

5.4.3 Kryptografie

Die *Kryptografie* ist die Wissenschaft von der Verschlüsselung von Informationen. Neben der *Kryptoanalyse*, dem Forschungsgebiet zum Brechen von kryptografischen Verfahren, ist sie ein Teilgebiet der *Kryptologie*.

In der modernen Kryptografie, die sich seit Mitte des 20. Jahrhunderts entwickelt hat, sind verschiedene kryptografische Verfahren entstanden. Diese werden, neben weiteren Anwendungen, zum Verschlüsseln von Informationen sowie zur Erstellung von Digitalen Signaturen verwendet. Diese kryptografischen Verfahren werden zur

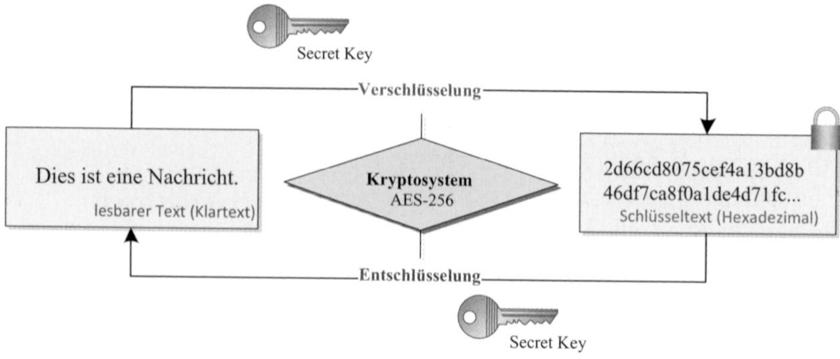

Abb. 5.9 Funktionsweise der symmetrischen Verschlüsselung

Umsetzung der vorgenannten Schutzziele verwendet.

Verschlüsselungsverfahren überführen den verständlichen *Klartext* einer Nachricht mit Hilfe einer mathematischen Funktion (*Kryptosystem*) und eines *Schlüssels* in einen nicht mehr verständlichen *Schlüsseltext* (*Chiffrat* bzw. *Kryptogramm*). Zum Lesen des Inhalts wird dieses Chiffrat vom Empfänger entschlüsselt.

Bei den Verschlüsselungsverfahren wird aufgrund der unterschiedlichen Verwendung von Schlüsseln bei der Ver- und Entschlüsselung in *symmetrische* und *asymmetrische Kryptosysteme* unterschieden [59].

5.4.3.1 Symmetrische Kryptosysteme

Symmetrische Kryptosysteme besitzen die Eigenschaft, dass sowohl für die Verschlüsselung als auch für die Entschlüsselung von den beiden Kommunikationspartnern *derselbe geheime* Schlüssel verwendet wird (engl. *secret-key-cryptography*). Die Funktionsweise ist in Abb. 5.9 dargestellt. Sie eignen sich für die Vertraulichkeit von Informationen. Moderne symmetrische Verfahren arbeiten mit einer Substitution (Ersetzung) und Permutation (Veränderung der Reihenfolge) von Bitfolgen. Durch diese einfachen Operationen erreichen diese Systeme eine sehr hohe Geschwindigkeit. Sie zeichnen sich durch ihre Einfachheit und ihre hohe Sicherheit bei ausreichend großer Schlüssellänge aus. Bedeutendstes Beispiel für ein symmetrisches Kryptosystem ist der Rijndael-Algorithmus, der im Jahre 2000 vom NIST (*National Institute of Standards and Technology*) als AES (*Advanced Encryption Standard*) standardisiert wurde. Dieser Algorithmus findet sehr breite Verwendung in der Informationstechnik und im Internet. Nachteile der symmetrischen Verfahren sind der schwierige geheime Austausch des benötigten Schlüssels (Schlüsselaustauschproblem) sowie die hohe Anzahl an benötigten Schlüsseln und deren Geheimhaltung bei vielen Kommunikationspartnern.

5.4.3.2 Asymmetrische Kryptosysteme

Zur Lösung des Schlüsselaustauschproblems der symmetrischen Verfahren wurden beginnend mit dem Diffie-Hellman-Schlüsselaustausch im Jahre 1976 die asymmetrischen Kryptosysteme entwickelt.

Asymmetrische Kryptosysteme unterscheiden sich darin von den symmetrischen Verfahren, dass für die Verschlüsselung ein anderer Schlüssel, nämlich ein *öffentlicher Schlüssel* (engl. *public key*), verwendet und nur bei der Entschlüsselung der Nachricht ein *geheimer Schlüssel* (engl. *private key*) benötigt wird (Abb. 5.10). Die Verfahren werden daher auch Public-Key-Verschlüsselungsverfahren genannt.

Öffentlicher und privater Schlüssel bilden in diesem Verfahren ein Schlüsselpaar. Eine mit dem öffentlichen Schlüssel verschlüsselte Nachricht ist dadurch nur mit dem zugehörigen privaten Schlüssel, der vom Empfänger geheim gehalten wird, zu entschlüsseln.

Da die öffentlichen Schlüssel in speziellen Verwaltungsinfrastrukturen (Public-Key-Infrastrukturen, PKI) frei zugänglich aufbewahrt werden, ist das Schlüsselaustauschproblem mit asymmetrischen Verfahren einfach lösbar.

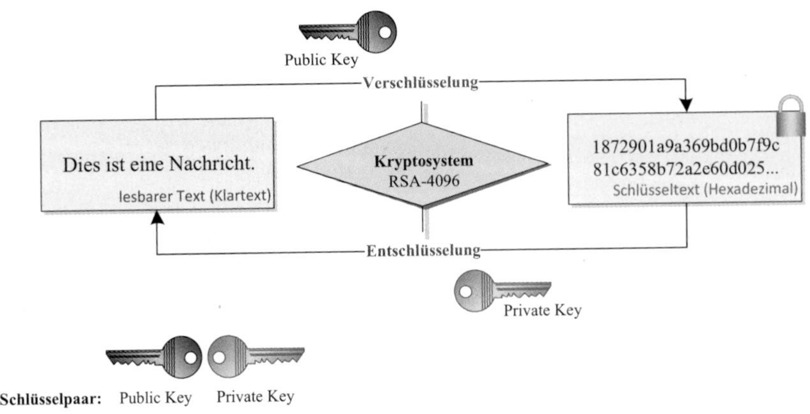

Abb. 5.10 Funktionsweise der asymmetrischen Verschlüsselung

Die Sicherheit asymmetrischer Verfahren basiert auf einer mathematischen Einwegfunktion, die in eine Richtung leicht und ihre Umkehrfunktion sehr schwer zu berechnen ist. Dies ist mit der einfachen, diskreten Exponentialfunktion und umgekehrt dem schweren diskreten Logarithmus gegeben. Durch den höheren Rechenaufwand bei der Ver- und Entschlüsselung sind diese Verfahren allerdings deutlich langsamer als die symmetrischen Verfahren. Dieser Umstand wird dadurch gelöst, dass Nachrichten symmetrisch verschlüsselt und der benutzte, im Verhältnis zur Nachricht kurze, symmetrische Schlüssel wiederum mit dem öffentlichen Schlüssel des Nachrichtenempfängers verschlüsselt wird. Mit dieser *hybriden Verschlüsselung* nutzt man die Vorteile beider Systeme.

Das Verbreitetste Public-Key-Kryptosystem ist das RSA-Kryptosystem, benannt nach dessen Begründer Ronald L. Rivest, Adi Shamir und Leonard Adleman [60].

5.4.3.3 Digitale Signaturen

Eine weitere nützliche Eigenschaft der asymmetrischen Kryptosysteme ist die Erzeugung von Digitalen Signaturen. Mit einer Signatur wird der Inhalt einer Nachricht digital unterzeichnet und damit sowohl die Unversehrtheit des Inhalts (*Integrität*), die Echtheit der Herkunft (*Authentizität*) und auch die *Verbindlichkeit* nachgewiesen. Zum Signieren einer Nachricht wird für diese mittels einer Hashfunktion ein eindeutiger Prüfwert (engl. *hash*) erzeugt. Dieser wird mit dem privaten Schlüssel des Verfassers verschlüsselt und daraus entsteht die digitale Signatur der Nachricht. Der Empfänger wird dann seinerseits den Hashwert der Nachricht erzeugen und das Ergebnis durch Entschlüsselung der Signatur mit dem bekannten öffentlichen Schlüssel des Senders vergleichen. Dabei wird die Herkunft der Nachricht eindeutig nachgewiesen, da davon ausgegangen wird, dass nur der Sender im Besitz des geheimen Schlüssels ist. Des Weiteren wird damit die Unversehrtheit der Nachricht bewiesen, da die Hashwerte bei zwischenzeitlicher Änderung der Nachricht nicht mehr identisch wären [61].

Anhang

Tab. 5.3 Die Grundelemente der erweiterten ereignisgesteuerten Prozesskette

Elemente	Definition	Zusätzliche Bemerkung
Ereignis	Das *Ereignis* beschreibt das Eintreten eines betriebswirtschaftlichen Zustandes, der eine Handlung (Funktion) auslöst bzw. das Ergebnis einer Funktion sein kann.	Jeder Geschäftsprozess beginnt mit einem Start-/Auslöseereignis und endet mit einem End-/Ergebnisereignis.
Funktion	Die *Funktion* beschreibt, was nach einem auslösenden Ereignis gemacht werden soll.	Funktionen verbrauchen Ressourcen und Zeit. Bei der Beschreibung der Funktionen sollten Verben verwendet werden.
Organisations-einheit	Die *Organisationseinheit* beschreibt die Gliederungsstruktur eines Unternehmens. Sie gibt an, welche Person (Personenkreis) die bestimmte Funktion ausführt.	Die Organisationseinheit kann nur mit Funktionen verbunden werden.
Informations-objekt	Das *Informationsobjekt* ist eine Abbildung eines Gegenstandes der realen Welt. Sie kann nur mit Funktionen verbunden werden.	Mit dem Informationsobjekt werden die für die Durchführung der Funktion benötigten Daten angegeben. Sie kann nur mit Funktionen verbunden werden.
Dokument	Ein *Dokument* ist ein Informationsträger, der Informationsobjekten zugeordnet werden kann.	Schriftliche Dokumente, die durch das Unternehmen „wandern" bzw. in den Betrieb gelangen oder nach außen gesendet werden.
∧ ∨ XOR	Die 3 verschiedenen logischen *Operatoren* beschreiben die Verknüpfungen zwischen Ereignis und Funktion.	$\wedge$ = UND $\vee$ = ODER XOR = exklusives Oder
Prozess-wegweiser	Der *Prozesswegweiser* zeigt die Verbindung zwischen einzelnen Prozessen.	Der Prozesswegweiser (Unterprozess) ermöglicht es einzelne Geschäftsprozesse miteinander zu verbinden.
↓	Der *Kontrollfluss* beschreibt die zeitlich-logische Abhängigkeit von Ereignissen und Funktionen.	Der Kontrollfluss gibt alle möglichen Durchgänge durch eine EPK wieder. Der Kontrollfluss kann mittels der Operatoren aufgespaltet werden.
→ ←	Der *Informations-/Materialfluss* gibt an, ob von einer Funktion gelesen, geändert oder geschrieben wird.	Der Informations-/Materialfluss zeigt den Datenfluss zwischen Informationsobjekt und Funktion auf.
…………………	Die *Zuordnung* zeigt den Zusammenhang zwischen Organisationseinheit und Funktion.	Die Zuordnung beschreibt welche Person (Personenkreis) die Funktion bearbeitet.

Tab. 5.4 Übersicht über die Verknüpfungsoperationen

Verknüpfungsart		Verknüpfungsoperatoren		
		Exklusives ODER	UND	ODER
Ereignisverknüpfung	Auslösende Ereignisse (AE)	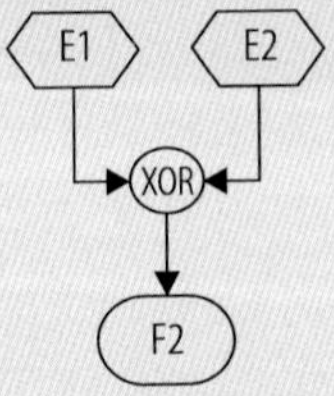 E1 E2 XOR F2	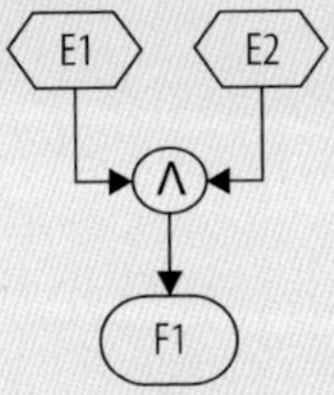 E1 E2 ∧ F1	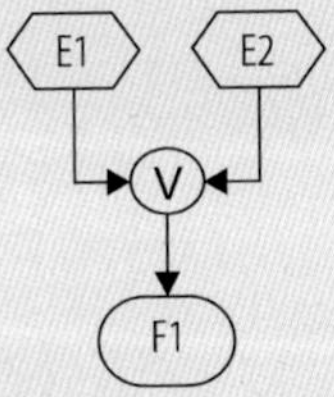 E1 E2 ∨ F1
	Erzeugte Ereignisse (EE)	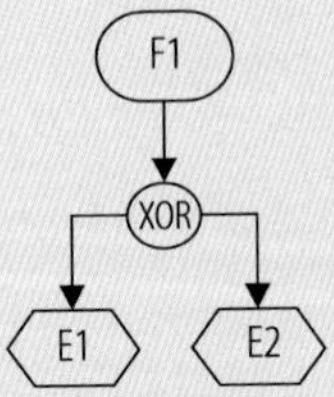 F1 XOR E1 E2	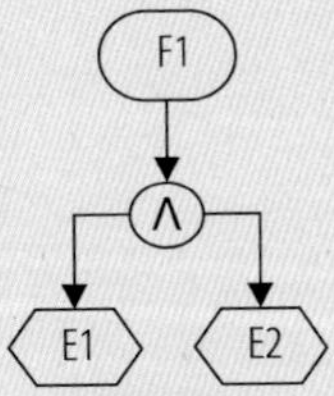 F1 ∧ E1 E2	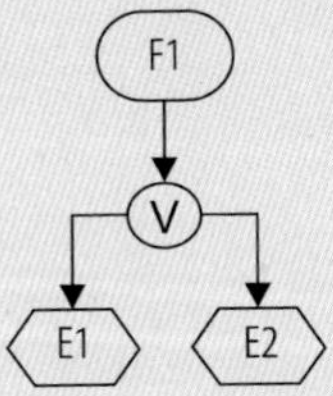 F1 ∨ E1 E2
Funktionsverknüpfung	Auslösende Ereignisse (AE)		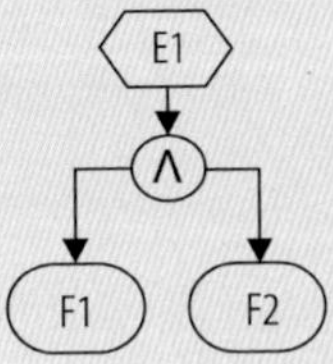 E1 ∧ F1 F2	
	Erzeugte Ereignisse (EE)	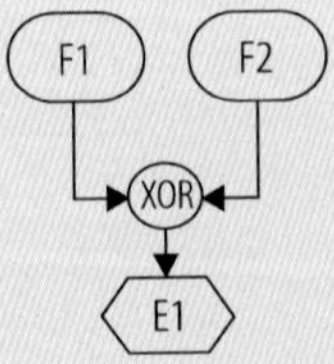 F1 F2 XOR E1	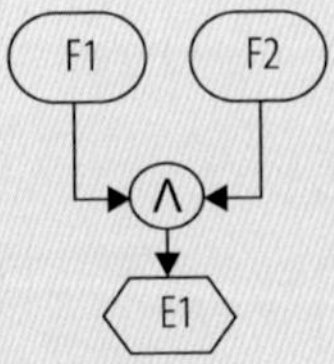 F1 F2 ∧ E1	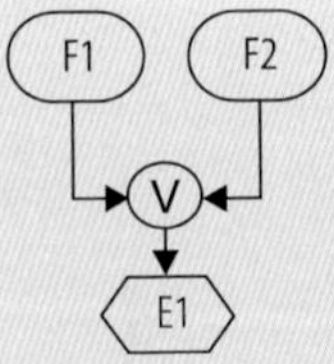 F1 F2 ∨ E1

Tab. 5.5 Übersicht über die wichtigsten Diagramme der Unified Modeling Language (UML)

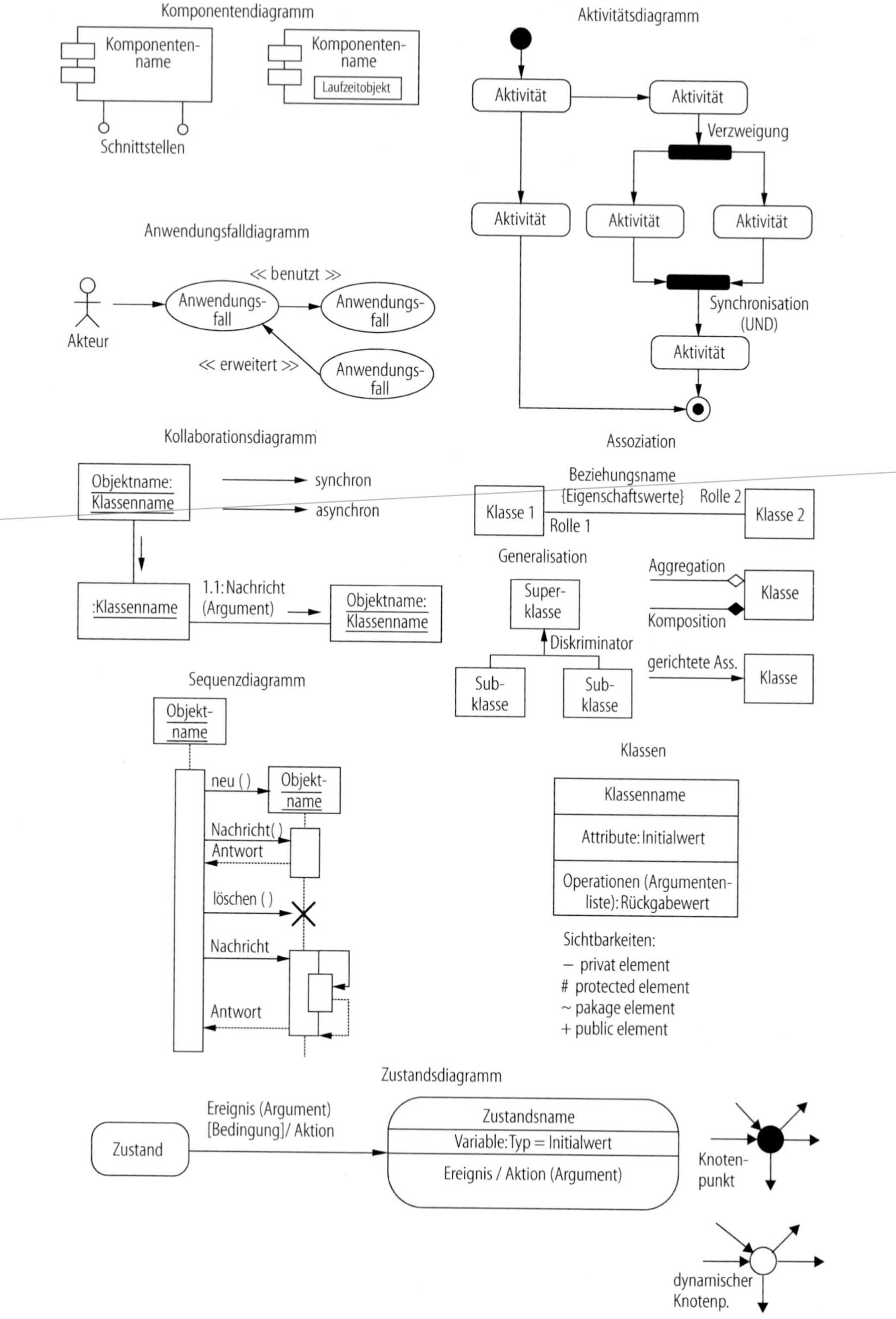

Komponentendiagramm

Komponenten-name

Komponenten-name

Laufzeitobjekt

Schnittstellen

Aktivitätsdiagramm

Aktivität

Aktivität

Verzweigung

Aktivität

Aktivität

Aktivität

Synchronisation (UND)

Aktivität

Anwendungsfalldiagramm

≪ benutzt ≫

Akteur

Anwendungs-fall

Anwendungs-fall

≪ erweitert ≫

Anwendungs-fall

Kollaborationsdiagramm

Objektname: Klassenname

synchron

asynchron

:Klassenname

1.1: Nachricht (Argument)

Objektname: Klassenname

Assoziation

Beziehungsname {Eigenschaftswerte}

Klasse 1

Rolle 2

Rolle 1

Klasse 2

Generalisation

Super-klasse

Diskriminator

Sub-klasse

Sub-klasse

Aggregation

Klasse

Komposition

gerichtete Ass.

Klasse

Sequenzdiagramm

Objekt-name

neu ()

Objekt-name

Nachricht()

Antwort

löschen ()

Nachricht

Antwort

Klassen

Klassenname
Attribute: Initialwert
Operationen (Argumenten-liste): Rückgabewert

Sichtbarkeiten:

– privat element

protected element

~ pakage element

+ public element

Zustandsdiagramm

Zustand

Ereignis (Argument) [Bedingung]/ Aktion

Zustandsname

Variable: Typ = Initialwert

Ereignis / Aktion (Argument)

Knoten-punkt

dynamischer Knotenp.

Literatur

1. Rechenberg, P.: Was ist Informatik? Hanser, München, Wien (1994)
2. Rembold, U. (Hrsg.): Einführung in die Informatik für Ingenieure und Naturwissenschaftler. Hanser, München (2002)
3. Woitowitz, R., Urbanski, K., Gehrke, W.: Digitaltechnik. Springer, Heidelberg (2011)
4. Zuse, K.: Rechnen im Dualsystem. Zuse KG, Bad Hersfeld (1950)
5. Anderson, S.F., et al.: The IBMSystem 360 Model 91 floating point execution unit. Ibm J Res Dev **11**(1), 34–53 (1967)
6. Ottmann, T., Widmayer, P.: Algorithmen und Datentypen. Spektrum Akademischer Verlag, Heidelberg (2012)
7. Sedgewick, R.: Algorithmen. Pearson Studium, München (2014)
8. Louden, K.C.: Programming languages – principles and practice, 3. Aufl. Ceanage Learning, Boston (2011)
9. DIN IEC 60050-351: Internationales Elektrotechnisches Wörterbuch – Teil 351: Leittechnik. Beuth, Berlin (2009)
10. Graham, R.L., Knuth, D.E., Patashnik, O.: Concrete mathematics. Addison-Wesley, Reading (1994)
11. Pepper, P.: Programmieren lernen – Eine grundlegende Einführung mit Java, 3. Aufl. Springer, Berlin (2007)
12. Schmeh, K.: Kryptografie und Public-Key-Infrastrukturen im Internet, 5. Aufl. dpunkt.verlag, Heidelberg (2013)
13. Engeln-Müllges, G., Reutter, F.: Formelsammlung zur Numerischen Mathematik mit MODULA-2-Programmen. BI-Wissenschaftsverlag, Mannheim, Wien, Zürich (1988)
14. Boehm, B.W.: Software engineering economics. Prentice-Hall, Englewood Cliffs (1981)
15. Budde, R., Kuhlenkamp, K., Mathiassen, L., Zullinghoven, H.: Approaches to prototyping. Springer, Berlin (1984)
16. DIN 66001: Informationsverarbeitung; Sinnbilder und ihre Anwendungen. Beuth, Berlin (1983)
17. Eigner, M., et al.: Informationstechnologie für Ingenieure. Springer, Berlin (2012)
18. Scheer, A.-W.: ARIS-Modellierungsmethoden, Metamodelle, Anwendungen, 4. Aufl. Springer, Berlin (2001)
19. Scheer, A.-W., Nüttgens, M., Zimmermann, V.: Objektorientierte Ereignisgesteuerte Prozesskette (oEPK) – Methode und Anwendung. In: Scheer, A.-W. (Hrsg.) Veröffentlichungen des Instituts für Wirtschaftsinformatik Heft 141. Saarbrücken (1997)
20. van Randen, et al.: Einführung in die UML. Springer, Berlin (2016)
21. Weilkiens, T.: Systems Engineering mit SysML/UML. dpunkt.verlag, Heidelberg (2008)
22. Scott, M.L.: Programming language pragmatics, 4. Aufl. Elsevier, San Francisco (2015)
23. Nguyen, T.H.: Erkenntnistheoretische und begriffliche Grundlagen der objektorientierten Datenmodellierung. Institut für Informatik, Uni Leipzig, Leipzig (1999)
24. Balzert, H.: Die Entwicklung von Softwaresystemen. BI-Wissenschaftsverlag, Mannheim (1982)
25. Balzert, H.: CASE. BI-Wissenschaftsverlag, Mannheim (1993)
26. Stiny, L.: Aktive elektronische Bauelemente, 3. Aufl. Springer, Berlin (2016)
27. Reisch, M.: Elektronische Bauelemente, 1. Aufl. Springer, Berlin (2007)
28. Zabbak, P.: Optische und magnetooptische Platten in File- und Datenbanksystemen. Informatik-Spectrum **13**, 260–275 (1990)
29. Hansen, H.: Wirtschaftsinformatik – Grundlagen u. Anwendungen. De Gruyter, Berlin (2015)
30. Lockemann, P., Krüger, G., Krumm, H.: Telekommunikation und Datenhaltung. Hanser, München (1993)
31. ISO/IEC 7498-1: Informationstechnik; Kommunikation Offener Systeme; Basis-Referenzmodell. Beuth, Berlin. Ausgabe 1994-11
32. ISO 7498-2: Informationsverarbeitungssysteme; Kommunikation offener Systeme; Basis Referenzmodell, Teil 2: Sicherheits-Architektur. Beuth, Berlin, Ausgabe 1989-02
33. ISO/IEC 7498-3: Informationstechnik; Kommunikation Offener Systeme; Basis- Referenzmodell: Benennung und Adressierung. Beuth, Berlin, Ausgabe 1997-04
34. ISO/IEC 7498-4: Informationsverarbeitungssysteme; Kommunikation Offener Systeme; Basis- Referenzmodell, Teil 4: Rahmenangaben für das Management. Beuth, Berlin, Ausgabe 1989-11
35. Freeman, R.L.: Data networks and their operation, in telecommunication system engineering, 4. Aufl. John Wiley & Sons, Hoboken (2005)
36. Zisler, H.: Computer-Netzwerke – Grundlagen, Funktionsweise, Anwendung. Rheinwerk Computing, Bonn (2016)
37. Kerner, H.: Rechnernetze nach OSI. Addison-Wesley, Massachusetts (1995)
38. Meinel, C., Sack, H.: Internetworking – Technische Grundlagen und Anwendungen. Springer, Heidelberg (2012)
39. Lee, E.A.: CPS Foundations. Proceedings of the 47th Design Automation Conference (DAC). ACM/IEEE., S. 737–742 (2010)
40. Meier, A.: SQL- & No-SQL-Datenbanken. Springer, Heidelberg (2016)
41. Halang, W., Spinczyk, O.: Betriebssysteme und Echtzeit. Springer, Berlin (2015)
42. Glatz, E.: Betriebssysteme – Grundlagen, Konzepte, Systemprogrammierung. Depunkt, Heidelberg (2015)
43. Erkayhan, S.: Ein Vorgehensmodell zur automatischen Kopplung von Services am Beispiel der Inte-

gration von Standardsoftwaresystemen. KIT Scientific Publishing, Karlsruhe (2011)
44. Aier, S., Schönherr, M. (Hrsg.): Enterprise Application Integration – Flexibilisierung komplexer Unternehmensarchitekturen. Enterprise Architecture, Bd. 1. Gito, Berlin (2003)
45. Oey, K.J., Wagner, H., Rehbach, S., Bachmann, A.: Mehr als alter Wein in neuen Schläuchen. Eine einführende Darstellung des Konzepts der serviceorientierten Architekturen. In: Aier, S., Schönherr, M. (Hrsg.) Enterprise Application Integration – Flexibilisierung komplexer Unternehmensarchitekturen Enterprise Architecture, Bd. 1, Gito, Berlin (2003)
46. Kumar, B.V., Narayan, P., Ng, T.: Implementing SOA using java EE. Pearson Education, Upper Saddle River (2009)
47. Lorenzelli-Scholz, D.: Service-orientierte Integration mit einem „Enterprise Service Bus". SIGS-DATACOM, Troisdorf (2005). Objektspektrum Nov./Dez.
48. Huitema, C.: IPv6 – die neue Generation: Architektur und Implementierung. Addison-Wesley, München (2000)
49. Clark, B.: Enterprise application integration using.net. Addison-Wesley, Boston (2005)
50. Heritage, I., Jensen, C.T., Kumar, T., Silanes Ruiz, M.L.L., Nanduri, S., Pineda, J.C., Priyadarshi, A., Sanders, K., Shute, D., Talavera, J.M.: Integration throughout and beyond the enterprise. IBM Redbooks, Poughkeepsie (2014)
51. Schmidt, T.: Entwicklung eines SOA orientierten Prototypen für eine komplexe Schnittstellenlandschaft im Verlagsumfeld mittels der SAP PI. GRIN, München (2009)
52. Aier, S., Schönherr, M.: Enterprise application integration: Flexibilisierung komplexer Unternehmensarchitekturen. Gito, (2007)
53. Fielding, R.: Architectural Styles and the Design of Network-based Software Architectures, University of California, Irvine, Dissertation, 2000
54. Dewailly, L.: Building a RESTful web service with spring. Packt Publishing, Birmingham (2015)
55. Grinberg, M.: Flask web development: developing web applications with python. O'Reilly Media, Sebastopol (2014)
56. Schneier, B.: Angewandte Kryptographie. Addison-Wesley, Massachusetts (1996)
57. International Electrotechnical Commission: IEC 61508-1 – Functional safety of electrical/electronic/programmable electronic safety-related systems (2010)
58. Eckert, C.: IT-Sicherheit: Konzepte – Verfahren – Protokolle, 9. Aufl. De Gruyter Oldenbourg Verlag, München (2014)
59. Buchmann, J.: Einführung in die Kryptographie, 6. Aufl. Springer, Heidelberg (2016)
60. Schmeh, K.: Kryptografie und Public-Key-Infrastrukturen im Internet, 2. Aufl. dpunkt.verlag, Heidelberg (2007)
61. Rothe, J.: Komplexitätstheorie und Kryptologie – Eine Einführung in die Kryptokomplexität. Springer, Heidelberg (2008)

Virtuelle Produktentstehung

6

Reiner Anderl

6.1 Produktentstehungsprozess

Der Produktentstehungsprozess ist Teil des Produktlebenszyklus und umfasst die Produktlebensphasen Produktplanung, Produktentwicklung und Konstruktion, Arbeitsvorbereitung und Produktherstellung (s. Kap. 1). Kennzeichnend für den Produktentstehungsprozess ist, dass es sich dabei insbesondere auch um einen informationsverarbeitenden Entscheidungsprozess handelt.

Im Produktentstehungsprozess werden rechnerunterstützte Systeme eingesetzt, um sowohl das Produkt als auch dessen Herstellung mit ingenieurwissenschaftlichen Methoden zu entwickeln. Dabei steht das methodische Erarbeiten, Berechnen, Simulieren und Optimieren der Produkt- und Herstellungsmerkmale sowie das Absichern seiner Eigenschaften durch Analyse und Simulationsverfahren im Vordergrund. In Abb. 6.1 wird der Produktentstehungsprozess in den Produktlebenszyklus eingeordnet.

Erfolgt eine durchgängig digitale Informationsverarbeitung im Produktentstehungsprozess, so wird dieser auch als virtuelle Produktentstehung bezeichnet [2, 3]. Wesentlicher Bestandteil innerhalb des virtuellen Produktentstehungsprozesses bildet der Einsatz von CAx-Prozessketten, welche in Abschn. Abschn. 6.3 erläutert werden. Dabei spielen genormte und Software-neutrale Datenformate wie STEP (Standard for the Exchange of Product Model Data, Arbeitstitel der Norm ISO 10303 „Product Data Representation and Exchange") eine immer wichtigere Rolle, um die Interoperabilität in heterogenen Systeminfrastrukturen zu ermöglichen [45]. Darüber hinaus werden zur Datenverwaltung und zur Steuerung von Informationsflüssen durch den Produktentstehungsprozess PDM-Systeme (Product Data Management) eingesetzt [4–8, 16]. Im Bereich der betriebswirtschaftlichen Anwendungen und der Produktherstellung werden zur Informationsverarbeitung ERP-Systeme (Enterprise Ressource Planning) verwendet [9, 17].

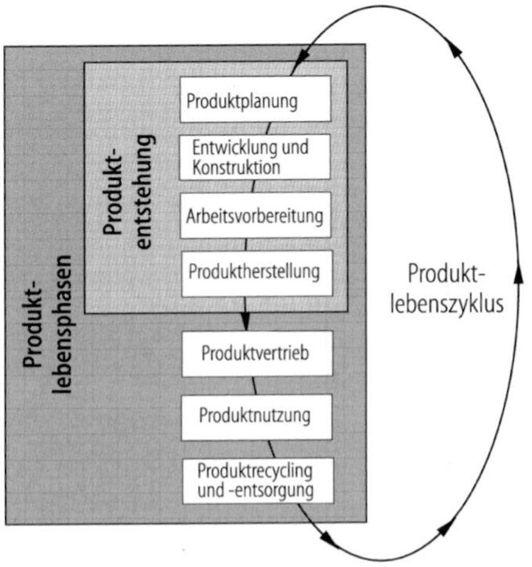

Abb. 6.1 Produktentstehungsprozess, eingeordnet in den Produktlebenszyklus. (Vgl. [1])

Den Anwendungssoftwaresystemen liegt der prinzipielle Architekturansatz zugrunde, Daten zu modellieren, digital zu speichern, Methoden zur Verarbeitung der Daten bereitzustellen und über eine Benutzungsoberfläche sowohl die Me-

R. Anderl (✉)
Technische Universität Darmstadt
Darmstadt, Deutschland

B. Bender und D. Göhlich (Hrsg.), *Dubbel Taschenbuch für den Maschinenbau 2: Anwendungen*,
https://doi.org/10.1007/978-3-662-59713-2_6

thoden effizient zu nutzen wie auch auf die gespeicherten digitalen Daten zuzugreifen. Die digitale Speicherung der Daten wird nach einem Schema durchgeführt, das auch als Produktdatenmodell bezeichnet wird. Dem Produktdatenmodell liegen die Prinzipien der Norm ISO 10303 zugrunde (s. Abschn. 6.6). Die Methoden zur Verarbeitung der Produktdaten sind vielfältig und umfassen Produktdatenaustausch, -speicherung, -archivierung und -transformation. Die Benutzungsoberflächen bauen auf interaktiven Funktionen der Computergrafik auf.

6.2 Basismethoden

Basismethoden dienen zur Erstellung und Verarbeitung von Produktdaten und umfassen Methoden der Geometrischen Modellierung, der Feature-Modellierung, der Parametrik, der wissensbasierten Modellierung und der Dokumentenerstellung.

6.2.1 Geometrische Modellierung

Die geometrische Modellierung dient dazu, die Gestalt von Bauteilen über die Geometrie zu beschreiben. Die Methoden zur geometrischen Modellierung werden in 2-D- und 3-D-Methoden unterschieden [10].

2-D-Methoden zur geometrischen Modellierung umfassen planare, geometrische Beschreibungen mit Hilfe von Linien und ebene Flächen. Linien umfassen Strecken, Kreise und Kreisbögen, Ellipsen, Hyperbeln, Parabeln und die so genannten Freiformkurven. Als Fläche wird bei 2-D-Methoden der geometrischen Modellierung nur die Ebene genutzt.

3-D-Methoden umfassen die räumliche, geometrische Beschreibung einer Bauteilgestalt. Es werden die Methoden Linien-, Flächen- und Volumenmodellierung unterschieden. Eine wichtige Methode der geometrischen Modellierung ist die Transformation geometrischer Objekte, durch die sowohl die Positionierung wie auch die Orientierung geometrischer Objekte beschrieben wird [11]. Die Transformation wird durch 4×4 Matrizen für die Translation, Skalierung und die Rotation definiert.

Die Translationsmatrix verschiebt einen Punkt $P\,(x, y, z)$ in einen Punkt $P'\,(x', y', z')$ über die Translationsanteile T_x, T_y, T_z. Die Translation wird damit über

$$\underbrace{\begin{bmatrix} x' \\ y' \\ z' \\ 1 \end{bmatrix}}_{P'} = \underbrace{\begin{bmatrix} 1 & 0 & 0 & T_x \\ 0 & 1 & 0 & T_y \\ 0 & 0 & 1 & T_z \\ 0 & 0 & 0 & 1 \end{bmatrix}}_{T} \cdot \underbrace{\begin{bmatrix} x \\ y \\ z \\ 1 \end{bmatrix}}_{P}$$

beschrieben.

Bei der Skalierung werden Objekte anhand der Skalierungsfaktoren der jeweiligen Achsen S_x, S_y, S_z transformiert. Sie wird durch

$$T = \begin{bmatrix} S_x & 0 & 0 & 0 \\ 0 & S_y & 0 & 0 \\ 0 & 0 & S_z & 0 \\ 0 & 0 & 0 & 1 \end{bmatrix}$$

beschrieben.

Für die Rotation um die x-Achse gilt:

$$T = \begin{bmatrix} 1 & 0 & 0 & 0 \\ 0 & \cos\theta_x & -\sin\theta_x & 0 \\ 0 & \sin\theta_x & \cos\theta_x & 0 \\ 0 & 0 & 0 & 1 \end{bmatrix}.$$

Für die Rotation um die y-Achse gilt:

$$T = \begin{bmatrix} \cos\theta_x & 0 & \sin\theta_x & 0 \\ 0 & 1 & 0 & 0 \\ -\sin\theta_x & 0 & \cos\theta_x & 0 \\ 0 & 0 & 0 & 1 \end{bmatrix}.$$

Für die Rotation um die z-Achse gilt:

$$T = \begin{bmatrix} \cos\theta_x & -\sin\theta_x & 0 & 0 \\ \sin\theta_x & \cos\theta_x & 0 & 0 \\ 0 & 0 & 1 & 0 \\ 0 & 0 & 0 & 1 \end{bmatrix}.$$

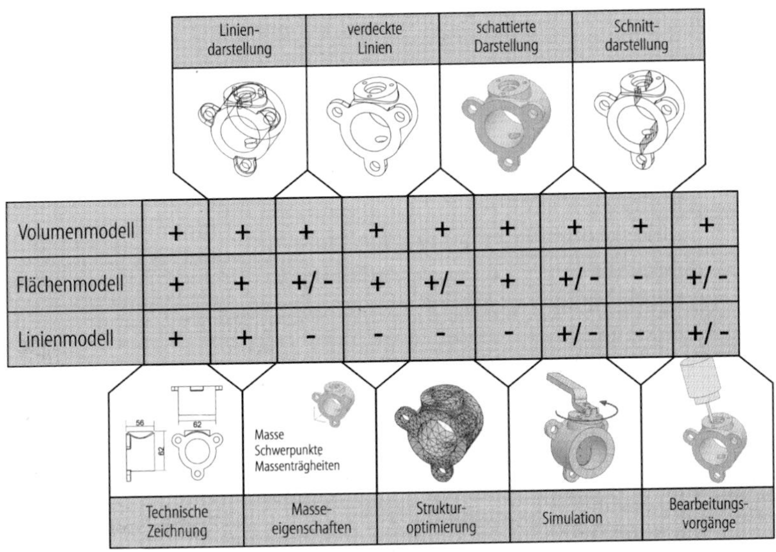

Linien-darstellung
verdeckte Linien
schattierte Darstellung
Schnitt-darstellung
Volumenmodell + + + + + + + + +
Flächenmodell + + +/- + +/- + +/- - +/-
Linienmodell + + - - - - +/- - +/-
Masse
Schwerpunkte
Massenträgheiten
Technische Zeichnung
Masse-eigenschaften
Struktur-optimierung
Simulation
Bearbeitungs-vorgänge

Abb. 6.2 Darstellung und Weiterverarbeitung von Geometriemodelldaten

Die Repräsentation der durch Modellierungsmethoden erzeugten geometrischen Daten bildet eine Grundlage, um verschieden leistungsfähige Weiterverarbeitungsfunktionen zu unterstützen (Abb. 6.2).

Der *Linienmodellierung* (engl.: *wireframe modelling*) liegen lediglich Linienelemente zur Beschreibung der Bauteilgestalt zugrunde. Dies können sowohl analytisch beschriebene Linien (wie Strecke, Kreis und Kreisbogen, Kegelschnittkurven, Durchdringungskurven) als auch Freiformkurven (z. B. Hermitekurven, Bézierkurven und Splinekurven) sein. Linienmodelle sind zwar einfach beschreibbar und benötigen nur vergleichsweise geringe Datenumfänge, bieten jedoch keine ausreichenden Geometriedaten für wichtige Berechnungen wie für das Ausblenden verdeckter Kanten, die Bestimmung von Umrisslinien, die Bestimmung von Durchdringungen, die Berechnung von Schwerpunkten und dem Gewicht.

Der *Flächenmodellierung* (engl.: *surface modelling*) liegt die Beschreibung und digitale Speicherung von Flächen zugrunde. Wichtig ist dabei die mathematisch möglichst exakte Beschreibung von Flächen, da die Flächenbeschreibung in nachfolgenden Prozessen weiterverwendet werden soll, z. B. zur Herstellung der Flächen über numerisch gesteuerte Fertigungsverfahren. Flächen können dabei analytische Flächen (wie Ebene, Zylinder-, Kegel- und Kugelmantelfläche sowie durch eine Erzeugungsvorschrift definierte Regelflächen) und Freiformflächen (wie Gordon-Coons-, Bézier- und Basis-Splineflächen) sein. Zur Modellierung von Flächen wird die mathematische Flächenbeschreibung um die Beschreibung der Verknüpfung der verschiedenen Flächen ergänzt. Daraus entsteht ein topologischer Zusammenhang zwischen den Flächen. Dieser topologische Zusammenhang wird z. B. durch Kanten, die aus der Durchdringung zweier Flächen entstehen, ausgedrückt.

Bei der Flächenmodellierung spielt auch die Vereinfachung von Flächendarstellungen durch Approximation eine wichtige Rolle. Diese Approximation führt zu einer sogenannten Facettendarstellung. Wesentliches Merkmal der Facettendarstellung ist die Approximation von Flächen durch mehrere zueinander angeordnete Ebenen. Zur Bestimmung der Approximation wird das Verfahren der Tesselierung angewendet. Tesselierung bedeutet, eine beliebige Fläche durch ein Netz von geometrisch einfachen Elementen (hier Ebenen) anzunähern. Diese Ebenen werden durch Polygone (Vielecke) begrenzt. Häufig werden als Polygone Dreiecke verwendet. Das Verfahren, eine beliebige Fläche durch Dreiecke anzunähern, wird Triangulation genannt (Abb. 6.3). Hierzu liegen verschiedene Algorithmen vor, wie z. B. Delaunay-Algorithmus [12] oder Watson-Algorithmus [12].

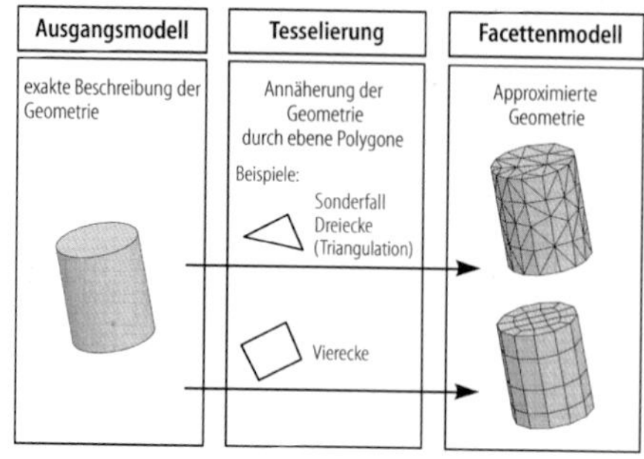

Abb. 6.3 Tesselierung und Triangulation

Die *Volumenmodellierung* (engl.: *solid modelling*) basiert auf der Abbildung des Volumens eines Bauteils. Um die Volumenmodellierung zu ermöglichen, ist eine Betrachtung der Repräsentation der Daten zur geometrischen Beschreibung von Volumina von Bedeutung. Dazu werden drei Kategorien unterschieden: die generative Repräsentation, die akkumulative Repräsentation und die hybride Repräsentation [13].

Der generativen Repräsentation liegt die Beschreibung einer Erzeugungslogik zugrunde. Es werden dabei die Verknüpfungsmodelle (engl. constructive solid geometry, kurz CSG), die Produktionsmodelle (engl.: *sweep representation*) und die Elementfamilienmodelle (engl.: *feature representation*) unterschieden (Abb. 6.4).

Der akkumulativen Repräsentation liegt die Abbildung des Volumens durch eine Datenstruktur zugrunde. Dieser Kategorie werden die topologisch-geometrischen Strukturmodelle (engl.: *boundary representation,* kurz B-Rep), die Binären Zellmodelle (engl. *binary cell decomposition*) und die Finite-Elemente-Modelle (engl.: *finite element representation*) zugeordnet (Abb. 6.5).

Die hybride Repräsentation stellt eine Kombination aus den generativen und akkumulativen Repräsentationsverfahren dar. Die hybride Repräsentation baut meist auf einer Kombination aus Verknüpfung-, Produktions-, Elementfamilien- und topologisch-geometrischem Strukturmodell auf (Abb. 6.6) und wird als Grundlage der geometrischen Modellierung verwendet. Auf der hybriden Repräsentation bauen die meisten Implementierungen der Volumenmodellierungsfunktionen auf.

Ein weiteres Gebiet der geometrischen Modellierung stellt die sogenannte *Baugruppenmodellierung* (engl.: *assembly modeling*) dar. Dabei geht es nicht um die Beschreibung und Repräsentation geometrischer Elemente, sondern vielmehr um die Anordnung von Bauteilen zueinander. Dazu werden grundlegende Funktionen zur Positionierung und Orientierung aber auch geometrisch-technische Anordnungsfunktionen verwendet. Die Positionierung legt den geometrischen Ort im Raum fest, während die Orientierung die Ausrichtung eines Bauteils im Raum definiert. Geometrisch-technische Anordnungsfunktionen dienen dazu, Anordnungen durch geometrisch-technische Begriffe zu beschreiben und die Anordnungsbedingungen digital abzubilden. Zu diesen geometrisch-technischen Begriffen zählen z. B. parallel, orthogonal, tangential,

Abb. 6.4 Generative Volumenmodelle

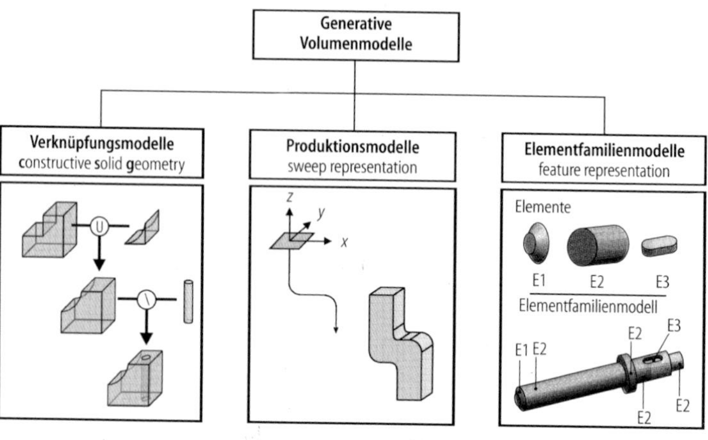

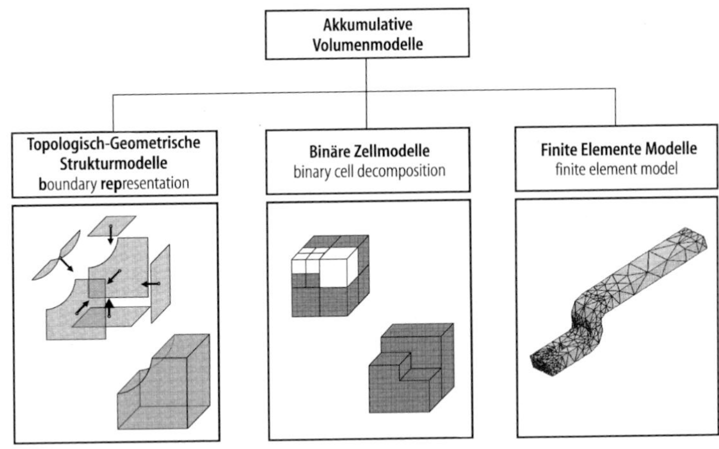

Abb. 6.5 Akkumulative Volumenmodelle

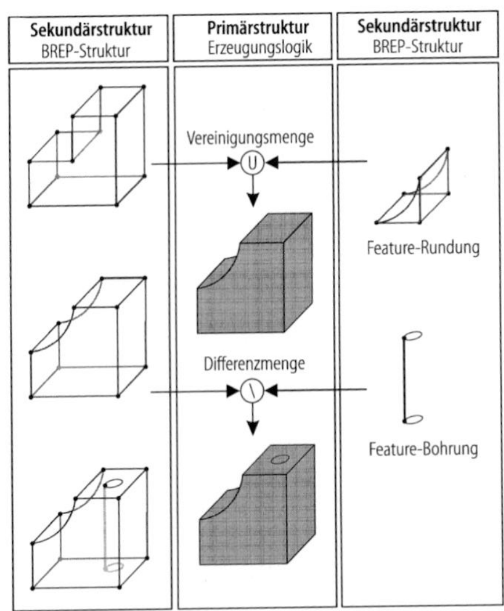

Abb. 6.6 Hybrides Volumenmodell

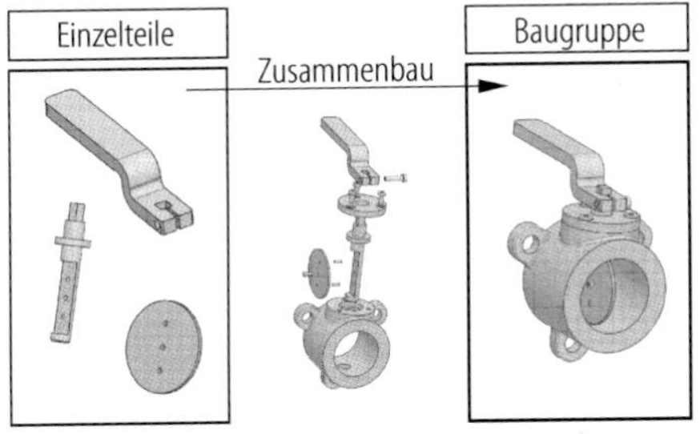

Abb. 6.7 Beispiel für eine Baugruppenmodellierung

fluchtend, passgenau (mit Angabe der Passung) etc. Abb. 6.7 zeigt ein Beispiel für die Baugruppenmodellierung.

6.2.2 Featuretechnologie

Die Methoden der *Featureverarbeitung* erlauben anwendungsbezogene Modellierungs- und Verarbeitungsverfahren. Der Begriff Feature bedeutet dabei, dass komplexe, meist anwendungsbezogene Objekte definiert werden können. Features werden deshalb oft als anwendungsbezogene Bibliotheken (z. B. Featurebibliotheken für Rotationsteile, Frästeile, Blechteile etc.) bereitgestellt. Features können beliebig komplexe Strukturinformationen in sich tragen, d. h. sie können aus mehreren einfachen Komponenten aufgebaut sein, die ihrerseits wiederum Features darstellen. Features werden häufig aus geometrischen Elementen aufgebaut, die als Gesamtheit eine technische Bedeutung ausdrücken, wie z. B. eine Bohrung, eine Passfedernut, eine Fase und andere. Eine einfache Klassifizierung von Features umfasst:

- Formelemente (engl.: *form features*) entsprechen funktionalen oder fertigungstechnischen Elementen wie Bohrung, Nut etc.
- Volumenprimitiva (engl.: *body features*) wie z. B. Quader, Zylinder
- Bearbeitungselemente (engl.: *Operation Features*) hängen mit einem Bearbeitungsschritt zusammen, z. B. Rundungen und Fasen
- Musterelemente (engl.: *Enumerative Features*) stellen kreisförmig oder rechteckig mehrfach angeordnete Elemente dar.

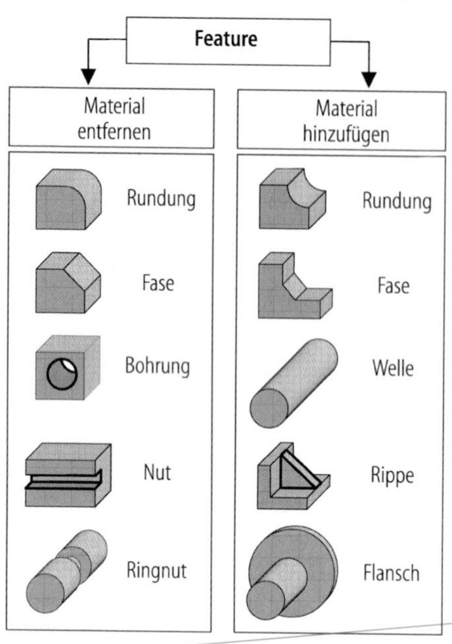

Abb. 6.8 Features zur Beschreibung einer Bauteilgeometrie

Abb. 6.8 zeigt einige Features gängiger CAD-Systeme.

Die Repräsentation der Gestalt eines Features kann direkt durch die Geometrieelemente erfolgen, aus denen das Feature aufgebaut ist (explizite Repräsentation), oder durch eine parametrische Darstellung (implizite Repräsentation). Die parametrische Repräsentation von Features hat den Vorteil, dass darüber Varianten der Featureausprägungen repräsentiert werden können.

6.2.3 Parametrik und Zwangsbedingungen

Eine wichtige Anforderung an die geometrische Modellierung wird durch die Forderungen gestellt, Änderungen schnell und konsistent durchführen zu können, wie auch Varianten einfach bilden zu können. Dazu dienen die Verfahren der Modellierung mit Parametern und Zwangsbedingungen (engl.: constraint modelling). Modellierung mit Zwangsbedingungen bedeutet, dass zwischen den Parametern der geometrischen Elemente Beziehungsnetze aufgebaut werden, wobei in diesen Beziehungsnetzen Berechnungsvorschriften integriert sind. Wird ein Parameterwert geändert, so wird diese Änderung dann auf alle Parameter übertragen, die in diesem Beziehungsnetz eingebunden sind. Die Formulierung von Zwangsbedingungen erfolgt meist über den Zusammenhang zwischen der digitalen Repräsentation der Parameter und der Darstellung der Parameter bzw. der Parameterwerte in einer Darstellung (Präsentation), z. B. als Maßzahl in einer Technischen Zeichnung. Dabei liegt eine sogenannte bidirektionale Assoziativität zwischen geometrischer Parameterrepräsentation und Maßzahl vor. Das heißt, bei Änderung der Maßzahl ändert sich die Bauteilgeometrie und umgekehrt. Diese Art der Modellierung wird auch als parametrische Modellierung bezeichnet.

Zur Verarbeitung der bidirektionalen Assoziativität werden Zwangsbedingungen in Gleichungssystemen abgebildet. Die Verfahren der Gleichungslösung arbeiten mit dem Aufbau und der Lösung von Gleichungssystemen, die konstruktive Lösungen mathematisch repräsentieren [14, 15]. Der Aufbau und die Lösung von Gleichungssystemen wird auch Conceptual Design genannt. Für die Lösung der Gleichungssysteme gibt es verschiedene Vorgehensweisen, die auf unterschiedlichen Formen von Gleichungssystemen aufbauen (Tab. 6.1 und 6.2). Bei konstruktiven Aufgabenstellungen wird zwischen expliziter und impliziter Formulierung der Gleichungssysteme unterschieden.

Der Vorgang der Gleichungslösung erfolgt bei explizit dargestellten Gleichungssystemen gerichtet, d. h. in einer ganz bestimmten Reihenfolge. Die Berechnung der parametrischen Zusammenhänge ergibt sich dabei aus der Folge der Lösung von Gleichungen. Der Vorgang der Gleichungslösung erfolgt bei implizit dargestellten Gleichungssystemen simultan (Abb. 6.9). Zum simultanen Lösen von Gleichungssystemen werden Verfahren der symbolischen oder der numerischen Gleichungslösung eingesetzt. Aufbauend auf den Verfahren der Gleichungslösung werden die parametrischen Modellierungsverfahren bereitgestellt. Es existieren unterschiedliche Verfahren zur parametrischen Modellierung, die auf der Verarbeitung von Parametern und/oder Zwangsbedingungen mit Hilfe verschiedener ma-

Tab. 6.1 Lösungsweg für die simultane Lösungsgleichung

gegeben:	$D_1,\ x_1,\ z_1 = 1$	aus (f_6, f_9, f_8)		
sequentielle Lösung:	$D_2,\ z_2 = 1$	aus (f_7, f_{10})		
reduziertes System für die simultane Gleichungslösung				
$(1')\ (x_4-1)\cdot(x_3-x_2)+(z_4-1)\cdot(z_3-1)-\sqrt{(x_4-1)^2+(z_4-1)^2}\cdot\sqrt{(x_3-x_2)^2+(z_3-1)^2}=0$				
$(2')\ (x_2-1)\cdot(x_3-x_4)-\sqrt{(x_2-1)^2}\cdot\sqrt{(x_3-x_4)^2+(z_3-z_4)^2}=0$				
$(3')\ (x_2-1)\cdot(x_4-1)=0$				
$(4')\ (x_2-1)^2-1=0$				
$(5')\ (x_4-1)^2\cdot(z_4-1)^2-1=0$				
mathematisch korrekte Lösungsalternativen:				
Lösungen durch numerische Iteration:	**Lösungen durch symbolische Berechnungen:**			
A	**A**	**B**	**C**	**D**
$x_2 = 2$	$x_2 = 2$	$x_2 = 0$	$x_2 = 0$	$x_2 = 2$
$x_3 = 2$	$x_3 = 2$	$x_3 = 0$	$x_3 = 0$	$x_3 = 2$
$x_4 = 1$	$x_4 = 1$	$x_4 = 1$	$x_4 = 1$	$x_4 = 1$
$z_3 = 2$	$z_3 = 2$	$z_3 = 2$	$z_3 = 0$	$z_3 = 0$
$z_4 = 2$	$z_4 = 2$	$z_4 = 2$	$z_4 = 0$	$z_4 = 0$

Tab. 6.2 Aufbau von Gleichungssystemen aus der Skizzeninterpretation

(f_1)	$\overrightarrow{P_1P_4} \parallel \overrightarrow{P_2P_3} \Leftrightarrow \lvert\overrightarrow{P_1P_4}\rvert\cdot\lvert\overrightarrow{P_2P_3}\rvert-\overrightarrow{P_1P_4}\cdot\overrightarrow{P_2P_3}=0$	**parallel**
	$(x_4-x_1)\cdot(x_3-x_2)+(z_4-z_1)\cdot(z_3-z_2)-\sqrt{(x_4-x_1)^2+(z_4-z_1)^2}\cdot\sqrt{(x_3-x_2)^2+(z_3-z_2)^2}=0$	
(f_2)	$\overrightarrow{P_1P_2} \parallel \overrightarrow{P_4P_3} \Leftrightarrow \lvert\overrightarrow{P_1P_3}\rvert\cdot\lvert\overrightarrow{P_4P_3}\rvert-\overrightarrow{P_1P_2}\cdot\overrightarrow{P_4P_3}=0$	**parallel**
	$(x_3-x_2)\cdot(x_3-x_4)+(z_2-z_1)\cdot(z_3-z_4)-\sqrt{(x_2-x_1)^2+(z_2-z_1)^2}\cdot\sqrt{(x_3-x_4)^2+(z_3-z_4)^2}=0$	
(f_3)	$\overrightarrow{P_1P_2} \perp \overrightarrow{P_1P_4} \Leftrightarrow \overrightarrow{P_1P_2}\cdot\overrightarrow{P_1P_4}=0$	**orthogonal**
	$(x_2-x_1)\cdot(x_4-x_1)+(z_2-z_1)\cdot(z_4-z_1)=0$	
(f_4)	$(x_2-x_1)^2\cdot(z_2-z_1)^2-D_1^2=0$	**Bemaßung D_1**
(f_5)	$(x_4-x_1)^2+(z_4-z_1)^2-D_2^2=0$	**Bemaßung D_2**
(f_6)	$D_1-1=0$	**gewünschter Wert für D_1**
(f_7)	IF $D_1 \leq 2$	**logische Bedingung**
	$D_2-D_1=0$	**Querschnitt soll quadratisch sein**
	ELSE	**logische Bedingung**
	$D_2-(1{,}4142\cdot D_1)=0$	**Querschnitt soll rechteckig sein**
(f_8)	$z_1-1=0$	**Positionierung des Querschnitts durch $P_1(x_1, z_1)$**
(f_9)	$x_1-1=0$	**Positionierung des Querschnitts durch $P_1(x_1, z_1)$**
(f_{10})	$z_2-z_1=0$	**Orientierung des Querschnitts, horizontale Kante**

thematischer Prinzipien basieren. Die wichtigsten Verfahren sind die Verfahren zur Skizzeninterpretation und Featureverarbeitung.

Die Skizzeninterpretation ist die Grundlage von Skizziersystemen (engl.: sketcher, Tab. 6.1 und 6.2). Skizziersysteme dienen der schnellen Eingabe von Geometrien. Dabei handelt es sich um das Skizzieren von zunächst ungenauen Geometrien, die anschließend durch die Skizzeninterpretation analysiert und modifiziert werden, so dass genaue Geometrien entstehen. Die Analyse basiert dabei auf der Auswertung vordefinierter Regeln, die dazu dienen, exakte Geometrieelemente aus einer Skizze zu bestimmen. Dabei werden beispielsweise annähernd exakt skizzierte Strecken (z. B. parallel oder orthogonal zueinander angeordnet) vom System als solche erkannt und als exakte Linien (z. B. parallel oder orthogonal) repräsentiert. Die entsprechenden geometrischen Zwangsbedingungen werden in der

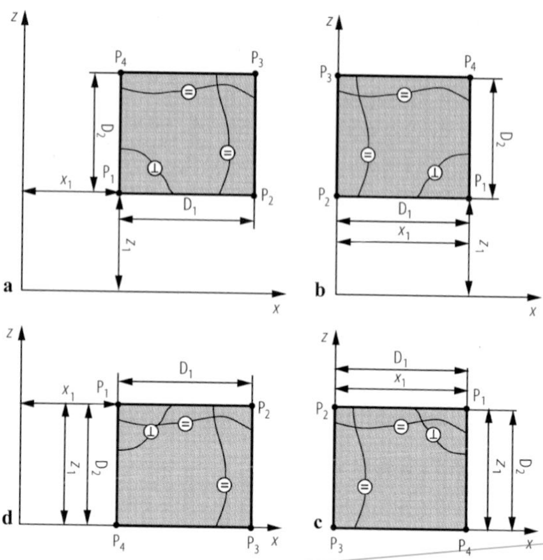

Abb. 6.9 Mathematisch korrekte Lösungsalternativen für das Gleichungssystem aus Tab. 6.1

digitalen Repräsentation zugewiesen, wenn die analysierten Winkel und Längen innerhalb voreingestellter Toleranzen liegen. Solche Skizzen bilden häufig auch den Ausgangspunkt zur Erstellung von Zwangsbedingungen für eine Bauteilkonstruktion. Abb. 6.10 veranschaulicht die über Skizzeninterpretation gewonnenen Zwangsbedingungen für eine Bauteilbeschreibung.

Um Regeln auf eine Skizze anwenden zu können, bedarf es geeigneter Algorithmen. Hier finden meist solche Algorithmen Anwendung, die auf der Pixeldarstellung der Skizze am Bildschirm basieren. Den einzelnen Geometrieelementen der Skizze (Punkte, Linien, Kreissegmente etc.) werden dabei umschreibende Pixelfelder (engl.: bounding boxes) zugeordnet. Diese Pixelfelder dienen dazu, die genaue Lage der Elemente zueinander zu bestimmen.

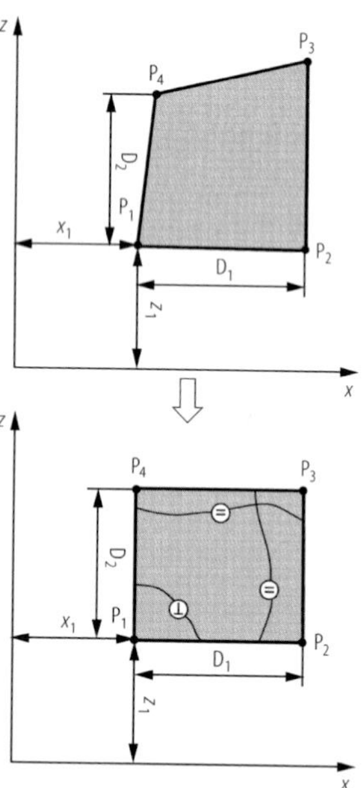

Abb. 6.10 Zwangsbedingungen aus Skizzeninterpretation

6.2.4 Wissensbasierte Modellierung

Die wissensbasierte Modellierung baut auf der Verarbeitung von Zwangsbedingungen und insbesondere auch der Parametrik auf und nutzt deren Funktionalität, um Konstruktionswissen und -logiken in die digitale Repräsentation von Bauteilen abzubilden. Dabei werden insbesondere Methoden zur Abbildung von Konstruktionsrichtlinien und -regeln unterstützt. Die dabei verwendeten Prinzipien sind Makros, Skripte, Regeln, User Defined Features, Tabellen und Tabellenkalkulationen.

6.2.4.1 Makros

Makros sind Zusammenfassungen von geometrischen Gestaltkomplexen, die meist über parametrische Beziehungen und Zwangsbedingungen die Bestimmung von Variantenausprägungen zulassen.

6.2.4.2 Skripte

Skripte enthalten Erzeugungslogiken, die in einer Skriptsprache programmiert werden. Der Vorteil von Skripten liegt in der Möglichkeit, Ablauflogiken formulieren zu können.

6.2.4.3 Regeln

Regeln dienen zur Formulierung von „wenn ..., dann ...“-Bedingungen. Dies ist besonders wichtig, wenn in einer Konstruktionslogik alternative Konstruktionswege auszuwählen sind.

6.2.4.4 User Defined Features

User Defined Features sind Kopien von Erzeugungslogiken, die bei der interaktiven Beschreibung von Konstruktionen mitprotokolliert werden. Der Vorteil liegt darin, dass komplexe und umfangreiche Konstruktionsabläufe einfach beschrieben werden und in der Beschreibung Änderungen, z. B. von Parameterwerten, vorgenommen werden können, die dann zur jeweiligen Variantenausprägung führen.

6.2.4.5 Tabellen

Tabellen dienen der Abbildung von Parameterwerten für Gestalt bestimmende Bauteilparameter, um zulässige Variantenausprägungen zu definieren. Durch Tabellen werden die Bauteilvarianten auf zulässige Abmessungen begrenzt und die Auswahl von Bauteilparameterwerten wird auf vorher definierte, standardisierte Parameterwerte reduziert.

6.2.4.6 Tabellenkalkulation

Gerade die Tabellenkalkulation erlaubt es, Methoden der Auslegungs- und Dimensionierungsrechnung mit der parametrischen Modellierung der Bauteilgeometrie zu verbinden. Die Auslegungs- und Dimensionierungsvorschriften werden dabei im Tabellenkalkulationssystem modelliert und auf Parameter bezogen. Die Parameter werden dabei als Spalten der Tabelle angeordnet. Die Zeilen der Tabellen führen dann zu den jeweiligen Ausprägungen der Varianten. Die Parameter der Spalten werden mit den Parametern der Bauteilgeometrie verknüpft. Somit wird bei Auswahl einer Tabellenzeile der entsprechende Parameterwert als Parameterwert der Bauteilgeometrie übertragen und dann die entsprechende Geometrie ausgeprägt (Abb. 6.11).

6.2.5 Modellierung der Produktstruktur

Neben der geometrischen Modellierung hat sich die Modellierung der Produktstruktur zu einer wichtigen Basismethode herausgebildet. Methoden der Modellierung der Produktstruktur zielen darauf ab, Strukturen, die für das Konstruieren wichtig sind, digital zu repräsentieren. Dazu gehören insbesondere die Produktstruktur, aber auch die Featurestruktur und die Modellstruktur (Abb. 6.12). Die Struktur wird dabei meist

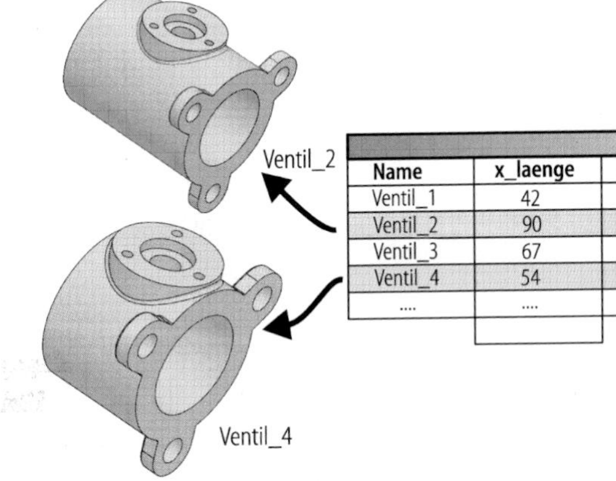

Ventil_2
Ventil_4
Name | x_laenge | d_innen | d_aussen | d_flansc
Ventil_1 | 42 | 33 | 43 | 35
Ventil_2 | 90 | 41 | 56 | 65
Ventil_3 | 67 | 53 | 63
Ventil_4 | 54 | 67 | 79
.... | .... | .... | ....

Abb. 6.11 Verknüpfung parametrischer Bauteilgeometrie mit Tabellenkalkulation

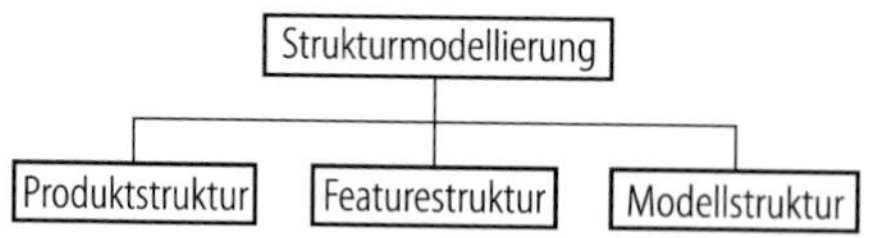

Abb. 6.12 Produktstruktur, Featurestruktur und Modellstruktur

als hierarchische Struktur abgebildet. Eine Liste stellt einen Sonderfall einer hierarchischen Struktur dar. Die *Produktstruktur* bildet den Aufbau eines Produktes in Form einer hierarchischen Struktur ab. Vielfach wird die Produktstruktur auch als Erzeugnisstruktur bezeichnet. Die Grundlage einer Produktstruktur stellt der sogenannte Stammbaum dar (Abb. 6.13).

Ein Nachteil der Darstellung einer Produktstruktur als hierarchische Struktur liegt in der redundanten Abbildung mehrfach vorkommender Bauteile. Um dies zu vermeiden, erfolgt die digitale Repräsentation meist als Netzwerkstruktur, woraus die hierarchische Struktur (Baumdarstellung) abgeleitet werden kann.

Die *Featurestruktur* wird als sogenannter Featurebaum dargestellt. Ein Featurebaum enthält die logische Abfolge der für eine Bauteilmodellierung verwendeten Features und zeigt die

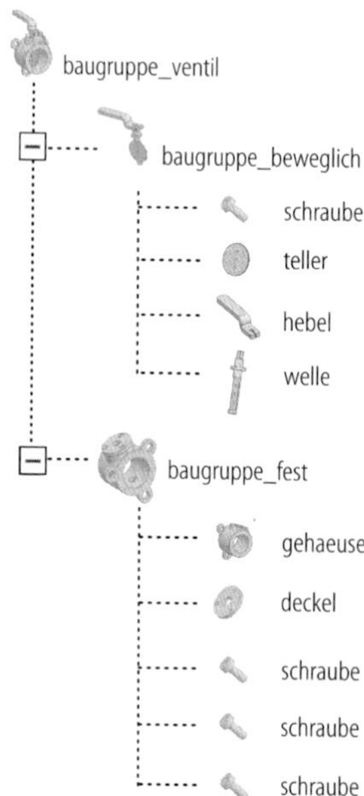

Abb. 6.13 Stammbaum einer Produktstruktur

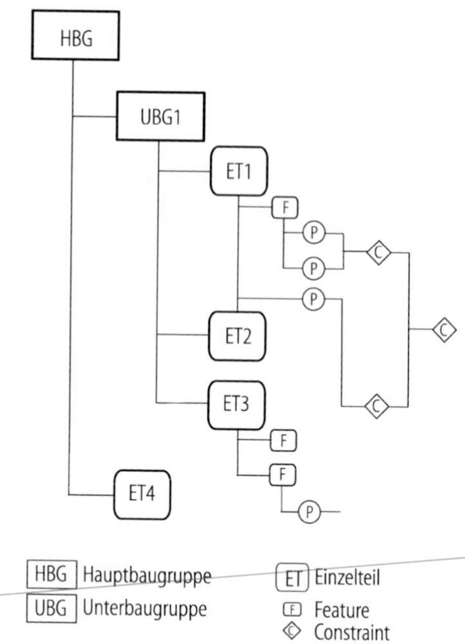

Abb. 6.14 Beispiel einer Modellstruktur

untereinander bestehenden Abhängigkeiten zwischen Features auf.

Die *Modellstruktur* bildet Modellierungsfunktionen in eine hierarchische Struktur ab. Der daraus resultierende Strukturbaum zeigt übersichtlich den Aufbau der digitalen Repräsentation des Bauteils bzw. der Bauteile (Abb. 6.14).

Sie bietet den Vorteil, dass damit der Aufbau der digitalen Repräsentation schnell erfasst werden kann und eine Navigation durch den Aufbau der digitalen Repräsentation möglich ist. Darüber hinaus können Modellierungsschritte selektiert und gezielt manipuliert werden.

6.2.6 Durchgängige Erstellung von Dokumenten

Ähnlich der geometrischen Modellierung werden Methoden zur Erstellung von Dokumenten bereitgestellt. Diese Methoden beziehen sich auf die verschiedenen Dokumentarten, wie z. B. Erstellung von Technischen Zeichnungen, Stücklisten, Arbeitspläne. Die Methoden zur Erstellung von Dokumenten bauen dabei auf Funktionen der Computergrafik und der Textverarbeitung auf.

Zur Erstellung von Technischen Zeichnungen werden Funktionen zur Geometriebeschreibung in Ansichten, Schnitten und Einzelheiten verwendet. Darüber hinaus stehen Funktionen zur Bemaßung wie auch zur Beschreibung von Toleranzen, Passungen, Oberflächenangaben, Werkstoffen, Fertigungsvorschriften und allgemeinen Angaben zur Verfügung. Eine besondere Bedeutung haben Funktionen zur normgerechten Darstellung von Formelementen und Normteilen, da sie es erlauben, diese komplexen Bauteile normgerecht in Technische Zeichnungen einzufügen. Ergänzt werden diese Funktionen durch Funktionen zur Erstellung des Zeichnungsrahmens und des Zeichnungskopfes und den Eintrag von administrativen und organisatorischen Daten.

Vielfach werden Technische Zeichnungen auch direkt aus der 3-dimensionalen digitalen Bauteilrepräsentation abgeleitet. Dies bedeutet, dass insbesondere Ansichten, Schnitte und Einzelheiten eines Bauteils, das als Volumenmodell vorliegt, berechnet und in der Technischen Zeichnung dargestellt werden können. Das Maßbild muss nach den Normen für Technische Zeichnungen in der Regel noch ergänzt werden.

Die Erstellung von Stücklisten kann direkt aus der Produktstruktur erfolgen. Entsprechend der Stücklistenart können Mengenübersichts-, Struktur- oder Baukastenstücklisten bzw. auch als Kombination die Baukastenstrukturstückliste erzeugt werden.

6.3 CAx-Prozessketten

Im Produktentstehungsprozess werden diverse, rechnergestützte Prozessketten digital durchlaufen, die die Absicherung und Optimierung der Konstruktion, Analysen des Produktverhaltens sowie die Arbeitsvorbereitung unterstützen. Diese Prozessketten werden unter dem Begriff CAx-Prozessketten zusammengefasst, wobei CAx für *computer aided x* (dt.: rechnerunterstütztes x) steht. Der Platzhalter x symbolisiert dabei die jeweiligen Teildisziplinen wie Design (CAD) oder Fertigungsvorbereitung (CAM) [18]. CAx-Prozessketten ermöglichen über Modellierungs- oder Programmierungsverfahren den Aufbau einer digitalen Repräsentation, mit deren Hilfe Visualisierungen, Analysen, Simulationen, Optimierungen oder Steuerdaten berechnet werden können. Die CAD-Systeme (*computer aided design*, engl. für rechnerunterstütztes Konstruieren) nehmen dabei eine zentrale Stellung ein. Darunter wird die Produktmodellierung in speziellen Softwaresystemen verstanden, über die Einzelteile oder ganze Baugruppen konstruiert werden. Es entstehen sogenannte digitale CAD-Modelle. Diese digitalen CAD-Modelle bilden die Basis für die Datentransformation in den nachfolgend vorgestellten CAx-Prozessketten.

6.3.1 CAD-CAE-Prozessketten

Unter dem Begriff CAD-CAE-Prozessketten (CAE: *computer aided engineering*) werden unterschiedliche Prozessketten zur rechnerunterstützten Berechnung, Analyse, Simulation und Optimierung zusammengefasst. Sie ermöglichen es in unterschiedlichen Domänen wie Mechanik, Thermodynamik, Elektrik, Elektronik oder Optik Aussagen über Eigenschaften, Verhalten und Beanspruchbarkeit eines Produktes zu gewinnen. CAD-CAE-Prozessketten lassen sich in die drei Phasen *Preprocessing, Processing* und *Postprocessing* untergliedern. Beim *Preprocessing* wird das Berechnungs-, Analyse- oder Simulationsmodell aufgebaut. Dabei wird aus dem digitalen CAD-Modell ein problembezogenes Ersatzmodell abgeleitet. Im Zuge dessen werden häufig Idealisierungen an der Geometrie vorgenommen, durch die der Rechenaufwand im späteren Processing reduziert werden kann. Zudem werden Randbedingungen, wie z. B. der Lastfall, sowie Materialeigenschaften definiert. Im *Processing* werden die Ergebnisrohdaten mittels eines sog. *Solvers* (in der Regel ein Gleichungslöser) erzeugt. Dazu wird das Berechnungs-, Analyse- oder Simulationsmodell in ein Gleichungssystem überführt und über numerische Berechnungsverfahren gelöst. Im *Postprocessing* erfolgt schließlich eine Aufbereitung der Berechnungsdaten zu Visualisierungen und Ergebnisberichten, auf deren Grundlage eine Interpretation der Ergebnisse vorgenommen werden kann [19]. Ausgerichtet

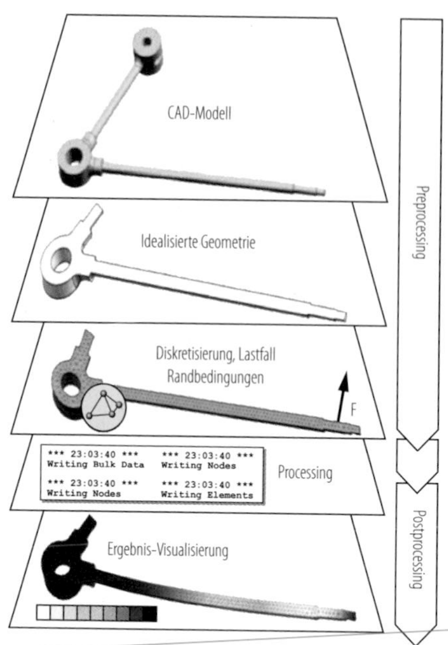

Abb. 6.15 Phasen der CAD-CAE-Prozessketten

auf die konkrete Problemstellung, wie Struktur-, Strömungs-, Elektromagnetismus- oder Kinematikanalyse, finden spezifische CAD-CAE-Prozessketten Anwendung. Deren relevanteste Vertreter werden in den nachfolgenden Abschnitten vorgestellt. Abb. 6.15 gibt eine Übersicht über die typischen Phasen der CAD-CAE-Prozessketten.

6.3.2 Prozesskette CAD-FEM

Ziel der Prozesskette CAD-FEM (FEM: Finite-Elemente-Methode, auch bekannt unter FEA: *finit element analysis*) ist es unter Berücksichtigung der Materialeigenschaften, insbesondere die Festigkeit eines Bauteils mittels numerischer Lösungsmethoden zu ermitteln. Häufig wird sie für die Berechnung mechanischer Spannungen und Deformationen zu einem anliegenden Lastfall herangezogen. Auch das Lösen von Problemstellungen aus Bereichen wie Thermodynamik, Akustik, Elektro- sowie Magnetostatik ist darüber möglich. Für die Berechnung wird die aus dem CAD-Modell abgeleitete Bauteilgeometrie über endlich viele, sogenannter finiter Elemente, approximiert [20]. Durch diese Diskretisierung lässt sich das physikalische Verhalten mit bekannten Ansatzfunktionen numerisch berechnen.

6.3.3 Prozesskette CAD-CFD

Ziel der Prozesskette CAD-CFD (CFD: *computational fluid dynamics*) ist die Simulation strömungsmechanischer Problemstellungen. Hierbei werden Druck, Kraft (zum Beispiel Auftrieb und Widerstandskraft), Geschwindigkeit und weitere Größen berechnet [21]. Zur Lösung wird zumeist die Finite-Volumen-Methode eingesetzt. Des Weiteren kann aber auch auf andere numerische Berechnungsverfahren wie FEM zurückgegriffen werden. Als Ausgangsgeometrie wird die Oberflächengeometrie des um- bzw. durchströmten Körpers verwendet. Das Strömungsmedium wird über seine strömungsrelevanten Eigenschaften wie Viskosität und Dichte definiert. Bei der Repräsentation des Berechnungsnetzes wird zwischen der räumlichen Betrachtungsweise (Formulierung nach Euler) und der materiellen Betrachtungsweise (Formulierung nach Lagrange) unterschieden. Während im ersteren Fall die Berechnung anhand eines unbewegten Berechnungsnetzes an festen Raumpunkten erfolgt, bewegt sich das Berechnungsnetz in letzterem Fall mit der Strömung mit.

6.3.4 Prozesskette CAD-MKS

Ziel der Prozesskette CAD-MKS (MKS: Mehrkörpersimulation, engl. MBS: *multi body simulation*) ist die Analyse und Simulation des kinematischen und dynamischen Verhaltens von Baugruppen. Die kinematische MKS zielt auf die Simulation eines zu untersuchenden Bewegungsablaufs ab, um mögliche Gelenkstellungen, Kollisionsbereiche oder den maximalen Arbeitsbereich der kinematischen Struktur zu identifizieren [22]. Mit der dynamischen MKS-Simulation hingegen können durch die Zuweisung von Masseeigenschaften dynamische Kräfte berechnet werden, die aus der Bewegung resultieren. So können ermittelte Lagerkräfte als Randbedingungen in die CAD-FEM-Prozesskette einfließen. Das Simulationsmodell der Mehrkörpersimulation wird aus Starrkörpern und Gelenken anhand der Geometriedaten und Produktstruktur des CAD-Modells aufgebaut.

6.3.5 Prozesskette CAD-DMU

Ziel der Prozesskette CAD-DMU (DMU: *digital mock up,* bedeutet digitale Attrappe) ist es, eine digitale Attrappe zu einem Produkt zu erzeugen und damit virtuelle Versuche durchzuführen [23]. Eine digitale Attrappe kann zur Simulation von Ein- und Ausbauvorgängen einzelner Komponenten von Zusammenbauten eingesetzt werden, um z. B. deren Montierbarkeit oder Demontierbarkeit zu analysieren. Die digitale Repräsentation von Bauteilen in DMU-Systemen erfolgt hauptsächlich durch die Produktstruktur sowie eine vereinfachte Geometrie der Einzelteile und Baugruppen auf Basis tesselierter Volumen- und Flächengeometrien. Nach Zuweisung von Materialeigenschaften können Gewicht, Schwerpunktlage sowie Trägheitstensor für das Produkt berechnet werden. Weiterhin können aus dem Digital Mock-Up Präsentationsmodelle für Anwendungen der Virtuellen Realität (VR) abgeleitet werden [24].

6.3.6 Prozesskette CAD-CAM

Ziel der Prozesskette CAD-CAM (CAM: *computer aided manufacturing*) ist die Erstellung von NC-Steuerdaten (NC: *numerical control*) für NC- und CNC-Maschinen (CNC: *computerized numerical control*), numerisch gesteuerte Roboter- und Handhabungssysteme (RC) sowie numerisch gesteuerte Messmaschinen (MC), um die Arbeitsvorbereitung in der Fertigung zu unterstützen. Ausgangspunkt für die Generierung von NC-Steuerdaten sind Geometrieinformationen über das zu fertigende Werkstück, die aus dem zugehörigen CAD-Modell gewonnen werden [25]. Das *Preprocessing* umfasst die Festlegung des Rohteils, die Bestimmung der zu verwendenden Werkzeugmaschine, die Auswahl der Werkzeuge und Vorrichtungen sowie die Definition der Fertigungsstrategie und Planung der Operationsfolge. Mit diesen Angaben wird zunächst ein Bearbeitungsprogramm erzeugt, das anschließend über einen *Postprozessor* in die maschinen- und steuerungsspezifischen NC-Steuerdaten übersetzt wird. Über Kinematiksimulationen des Fertigungsprozesses ist es möglich, potentielle Kollisionen zwischen Werkzeug und Werkstück bereits im CAM-System zu erkennen.

6.3.7 Prozesskette CAD-TPD

Ziel der Prozesskette CAD-TPD (TPD: Technische Produktdokumentation) ist es, Dokumente von CAD-Modellen für die technische Produktdokumentation abzuleiten. Diese Daten der Produktrepräsentation werden z. B. zur Erstellung von technischen Zeichnungen, Arbeitsplänen, Stücklisten und weiterer, moderner Publikationsformen wie 3D-PDF genutzt [26, 27]. Bei der Produktpräsentation wird zwischen statischen (unabhängig von der Zeit) und dynamischen (abhängig von der Zeit) Darstellungen unterschieden. Den statischen Darstellungen werden u. a. Tabellen, technische Zeichnungen, Diagramme oder Illustrationen zugeordnet, aber auch Darstellungen mit Methoden der Virtuellen Realität (engl.: *virtual reality*, kurz VR) und der erweiterten Realität (engl.: *augmented reality*, kurz AR). Dynamisch sind beispielsweise Animationen oder Simulationen zeitabhängiger Abläufe. Auch dem Entwicklungsprozess nachgeschaltete Funktionen wie Einkauf, Vertrieb und Service (Kundendienst, Ersatzteile) können durch Dokumentationen auf Basis der CAD-Modelle unterstützt werden. Für Montagezwecke können Explosionsdarstellungen oder für Bedienungsanleitungen fotorealistische Darstellungen aus dem CAD-Modell abgeleitet werden. Zunehmende Bedeutung gewinnt dabei das direkte, referenzierte Einbinden von CAD-Daten in Dokumente der technischen Produktdokumentation. Dadurch lässt sich das CAD-Modell direkt im Kontext des Dokumentes laden und ändern.

6.3.8 Prozesskette CAD-VR/AR

Ziel der Prozesskette CAD-VR/AR (VR: *virtual reality*; AR: *augmented reality*) ist es, ein CAD-Modell in eine virtuelle oder reale Umgebung einzubinden. VR beschreibt dabei eine vom Digitalrechner generierte virtuelle Umgebung, die als Benutzungsschnittstelle dient und durch Immersion, Interaktion und Imagination gekennzeichnet ist. *Immersion* beschreibt dabei den Grad des Einbezogenseins des Benutzers in die virtuelle Umgebung, *Interaktion* die Möglichkeit mit der Umgebung in Echtzeit zu interagieren und *Imagination* die Illusion des Vorhandenseins manipulierbarer Objekte [28, 29].

AR bezeichnet dagegen die erweiterte Realität. Bei dieser Technik wird eine reale Szene, die durch ein halb-transparentes Display eines Datenhelms oder einer -brille weiterhin sichtbar bleibt, mit computer-generierter Information angereichert [30]. Anwendungen von AR sind heute vor allem in den Bereichen Schulung und Weiterbildung von Fachkräften sowie Instandhaltung zu finden [31]. Neuere Anwendungsbereiche der AR-Technik zielen unter anderem auf das Marketing und den Bildungsmarkt. So kann beispielsweise Bekleidung vor dem Onlinekauf mithilfe passender Technologie digital „getragen" werden. Aber auch in Bereichen wie der Medizin wird AR für Trainingszwecke oder zur OP-Unterstützung verwendet [32].

In der virtuellen Realität können beispielsweise Fahrten in einem Fahrzeug unternommen werden, welches als CAD-Modell vorliegt. Aus solchen Testfahrten können Erkenntnisse abgeleitet werden, die zur Beseitigung auftretender Probleme und Schwächen beitragen. In der erweiterten Realität wird dagegen keine virtuelle Umgebung benötigt. Hier kann ein CAD-Modell ausreichend sein, welches unter anderem an ein bestehendes Produkt angebunden werden kann. So ist es z. B. möglich Einbauuntersuchungen virtueller Produkte an einem bestehenden physischen Produkt durchzuführen, oder Unklarheiten hinsichtlich des optischen Designs mithilfe der Einbindung realer Umgebung schneller abzuklären.

6.3.9 Prozesskette CAD-AF

Ziel der Prozesskette CAD-AF (AF: Additive Fertigung) ist es, ein physisches Produkt mithilfe additiver (schichtenweise materialzuführender) Fertigungsverfahren aus einem CAD-Modell möglichst schnell und einfach zu generieren [33]. Als Grundlage werden Geometriebeschreibungen von CAD-Systemen verwendet, um Steuerdaten für die schnelle Erstellung von realen Prototypen und Endprodukten ableiten zu können. Dazu erfolgt nach der Triangulierung der analytisch oder parametrisch beschriebenen Produktgeometrie die Transformation des ursprünglichen Dateiformates in ein für die Additive Fertigung eigenes Format (z. B. STL). Anschließend erfolgt die Bildung einzelner Schichten des STL-Modells, welche Grundlage für eine schrittweise Fertigung sind [34]. Diese Daten können dann zur Herstellung der Produkte (z. B. über das Stereolithographieverfahren) genutzt werden. Meist sind in der Phase der Modellierung innerhalb des CAD- und AF-Systems Vereinfachungen zu treffen und Stützkonstruktionen zu berücksichtigen. Nach dem Bauprozess erfolgt im *Postprocessing* die Nachbearbeitung (z. B. Entfernung der Stützkonstruktion) des Produktes, bevor es verwendet werden kann.

Änderungen an den physikalischen Produkten können durch das Verfahren der Flächenrückführung wieder in das CAD-System einfließen, sodass das CAD-Modell als Original betrachtet werden kann. Gegenüber konventionellen Fertigungsverfahren kann mit der Technologie der Additiven Fertigung die Herstellungszeit von individualisierten Produkten signifikant reduziert werden.

6.4 Produktdatenmanagement

Produktdaten sind Daten über ein Produkt, die aus den Phasen des Produktlebenszyklus gewonnen werden. Das Produktdatenmanagement stellt Methoden bereit, um Produktdaten im Produktentwicklungsprozess zu verwalten und Produktdatenflüsse durch die Prozessketten der Produktentwicklung zu steuern [35, 36].

6.4.1 Methoden des Produktdatenmanagements

Die Methoden des Produktdatenmanagements zielen dabei auf die Repräsentation von strukturellen Produktmerkmalen und bilden diese auf ablauf- und aufbauorganisatorische Strukturen ab. Zu den Methoden des Produktdatenmanagements zählen insbesondere

- Produktstrukturierung,
- Variantenmanagement,
- Konfigurationsmanagement,
- Produktidentifikation und -klassifikation sowie
- Freigabe- und Änderungswesen.

Die *Produktstrukturierung* umfasst Methoden zur Abbildung der Produktstruktur. Der Begriff des Produktes entspricht dabei der Definition eines Erzeugnisses [37]. Daher kann ebenso von der Erzeugnisstruktur gesprochen werden. Die Produktstruktur bildet den Aufbau eines Produktes in der analysierenden Betrachtung in Form einer hierarchischen Struktur ab. Dabei wird die Frage beantwortet, aus welchen Bauteilen ein Produkt besteht. Ist darüber hinaus interessant, in welchen Baugruppen ein Einzelteil Verwendung findet, wird von einer synthetisierenden Betrachtung gesprochen. Diese synthetisierende Betrachtung kommt zur Anwendung, um sogenannte Teileverwendungsnachweise zu erstellen, während mit Hilfe der Repräsentation der analytischen Betrachtungsweise Stücklisten abgeleitet werden. Sowohl die Stücklisten als auch die Verwendungsnachweise werden in drei Kategorien eingeteilt (beschrieben werden hier die Stücklistenarten, der Aufbau der Verwendungsnachweise erfolgt entsprechend):

- Mengenübersichtsstückliste: Eine Mengenübersichtsstückliste führt für alle Bauteile eines Produkts die Sachnummern jeweils einmalig mit ihren Gesamtmengen und Einheiten. Die Zusammenbaustruktur ist daraus jedoch nicht direkt ersichtlich.
- Strukturstückliste: Die Strukturstückliste gibt zusätzlich zu den Informationen der Mengenübersichtsstückliste die Ebene der Produktstruktur an, in der das Bauteil verbaut wird. Damit sind die Produktstruktur und der Aufbau einzelner Baugruppen direkt zu erkennen. Dabei können mehrfach genutzte Bauteile und Baugruppen auch mehrfach in der Stückliste geführt werden.
- Baukastenstückliste: Um das mehrfache Auflisten und Speichern von Bauteilen und Baugruppen zu verhindern, besteht eine Baukastenstückliste aus mehreren Listen, einer für das Gesamtprodukt und einer für jede Baugruppe. Durch die Nennung der Unterbaugruppen in der Baugruppentabelle kann die Produktstruktur nachvollzogen werden.

Um Produktvarianten abzubilden, müsste bei diesen Stücklistenarten je eine Stückliste pro Variante angelegt werden. Dies führt bei variantenreichen Produkten durch den Gleichteileanteil der Varianten zu einem überhöhten Speicherplatzbedarf. Die redundante Datenhaltung erfordert einen zusätzlichen Aufwand zur Sicherung der Konsistenz der Datensätze. Aus diesen Gründen wurden weitere Stücklistenarten entwickelt, die den besonderen Anforderungen variantenreicher Produkte genügen.

Der Produktlebenszyklus variantenreicher Produkte ist durch hohe Komplexität geprägt. Als Komplexitätstreiber sind die Vielfalt der Bauteilvarianten, deren Beziehungen zueinander, die Änderungshäufigkeit sowie die zunehmende Bedeutung der Software für viele Produktfunktionen zu nennen [38]. Diese Komplexität wird darüber hinaus durch die Kombinatorik der Variantenvielfalt exponentiell erhöht. Die Variantenvielfalt eines Produktes wird durch die Anzahl und Kombinierbarkeit der Ausprägungen der Produktmerkmale definiert.

Die oben vorgestellten Stücklistenarten können diese Vielfalt nicht effizient verwalten (Speicherbedarf, Redundanz, Konsistenz etc.). Daher werden im Folgenden spezielle Stücklisten für variantenreiche Produkte vorgestellt:

- Gleichteile-/Baukastenstückliste,
- Plus-Minus-Stückliste und
- Variantenstückliste mit Variantenleiste (VmV).

Um die mehrfache Speicherung der Gleichteile der verschiedenen Produktvarianten zu verhindern, wird eine Gleichteilestückliste angelegt. Für jedes Produkt wird dann eine Baukastenstückliste erstellt, in der auf die Gleichteilestückliste referenziert wird (Abb. 6.16). Wie bei den herkömmlichen Stücklistentypen wird auch bei dieser Methode eine Liste je Produktvariante benötigt.

Die Plus-Minus-Stückliste greift das Konzept der Gleichteilestückliste auf und erfasst zusätzlich alle Produktvarianten in einer Tabelle (Abb. 6.17). In der ersten Spalte werden die Sachnummern aller enthaltenen Komponenten (Baugruppen und Einzelteile) aufgeführt. In der zweiten Spalte werden die Gleichteile aus der Menge aller Komponenten definiert. Die folgenden Spalten enthalten die Produktvarianten, das heißt die Mengen der Komponenten, die zusätzlich zu den Gleichteilen in der jeweiligen Produktvariante enthalten sind. Um eine möglichst große Überdeckung der fiktiven Gleichteilegruppe zu erreichen, sind in diesen Spalten für Gleichteile auch negative Einträge zugelassen, und zwar dann, wenn ein Gleichteil nicht oder in einer geringeren Menge vorkommt. In dem gegebenen Beispiel (Abb. 6.17) kommt Baugruppe B1 beispielsweise in allen Produktvarianten vor. Teil T2 kommt in allen Varianten außer Produkt P3 vor.

Plus-Minus-Stückliste

Produkt P				
	Gleichteile	P1	P2	P3
B1	1			
B2			2	2
B4		2		
T2	1			–1
T10			1	
T11			1	2

Abb. 6.17 Plus-Minus-Stückliste

Baukastenstücklisten

Produktvariante P1		
Sach-Nr.	Menge	Einheit.
GT1	1	St.
B4	2	St.

Produktvariante P2		
Sach-Nr.	Menge	Einheit.
GT1	1	St.
B2	2	St.
T10	1	St.
T11	1	St.

Gleichteilestückliste

Gleichteilestückliste GT1 Produkt P		
Sach-Nr.	Menge	Einheit.
B1	1	St.
T2	1	St.

Abb. 6.16 Gleichteilestückliste und Baukastenstückliste

Ist die Variantenvielfalt sehr hoch, dann ist die Variantenstückliste mit Variantenleiste (VmV) eine effiziente Art einer Stückliste. Diese Stücklistenart basiert auf der Verwaltung aller Produktvarianten über einen fiktiven Stammdatensatz. Diese Methode ermöglicht:

- die Abbildung mehrerer Produktvarianten unter einer Sachnummer, deren Eindeutigkeit durch Kombination mit der Auftragsnummer sichergestellt wird,
- die Abbildung mehrstufiger Varianten,
- die optionale Festlegung von Auswahlkriterien, z. B. Sachmerkmalen,
- die optionale Festlegung von Auswahllogiken, z. B. Entscheidungstabellen, und
- die (halb-) automatische Ableitung von Stücklisten konkreter Produktvarianten für den Auftragsabwicklungsprozess.

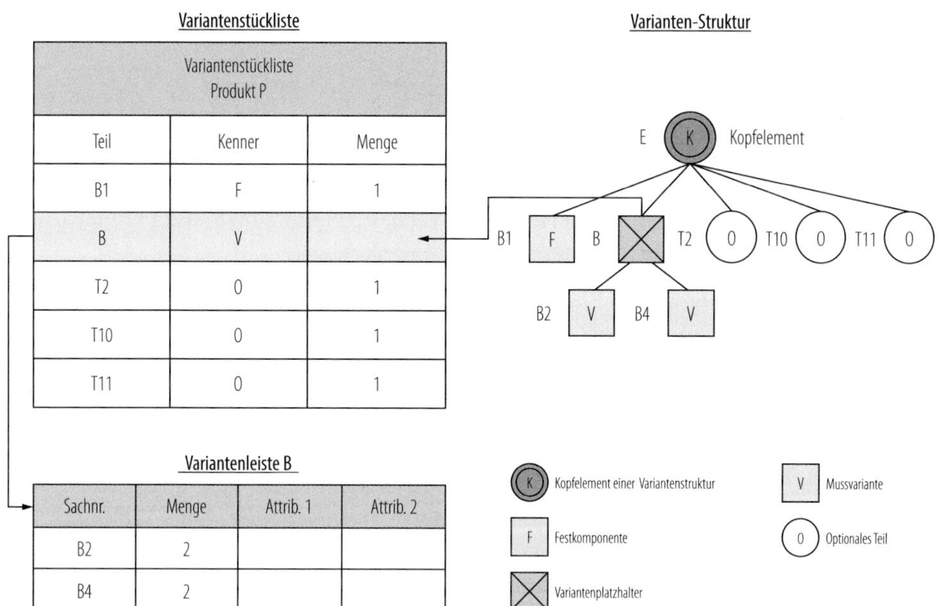

Variantenstückliste

Variantenstückliste Produkt P		
Teil	Kenner	Menge
B1	F	1
B	V	
T2	0	1
T10	0	1
T11	0	1

Variantenleiste B

Sachnr.	Menge	Attrib. 1	Attrib. 2
B2	2		
B4	2		

Abb. 6.18 Variantenstückliste mit Variantenleiste

Dazu muss die Darstellung der Produktvarianten wie folgt strukturiert sein (Abb. 6.18):

- Das Kopfelement (K) stellt den Stammdatensatz aller Produktvarianten dar.
- Als Festkomponenten (F) werden Komponenten (Baugruppen und Einzelteile) bezeichnet, die immer in dem repräsentierten Produkt vorkommen.
- Muss-Varianten (V) sind alternative Komponenten, von denen immer eine ausgewählt werden muss.
- Options-/Kann-Varianten (O) können (aber müssen nicht) zusätzlich ausgewählt werden.
- Mengenvarianten (M) treten in Abhängigkeit bestimmter Parameter in unterschiedlichen Mengen innerhalb eines Produktes auf (Abb. 6.18).

Die VmV besteht aus einer Liste, die alle Komponenten oder deren Platzhalter enthält. Die Muss-Varianten darin werden durch einen Platzhalter vertreten, welcher auf die Variantenleiste verweist. In der Variantenleiste sind alle alternativen Ausprägungen aufgeführt. Die Variantenleiste bietet außerdem die Möglichkeit, zusätzliche Attribute zu definieren, die zur Unterstützung der Auswahlentscheidung dienen können, wie z. B. technische oder vertriebliche Kombinationsrestriktionen. Für den Auftragsabwicklungsprozess wird eine temporäre Stückliste generiert, die durch die Kombination von Sachnummer und Auftragsnummer eindeutig identifizierbar ist. Die Ableitung der auftragsspezifischen Stückliste ist Teil des *Konfigurationsmanagements.*

Eine Konfiguration beschreibt ein Objekt zu einem bestimmten Zeitpunkt. Die Planung, Durchführung und Überwachung von Konfigurationen ist die Aufgabe des Konfigurationsmanagements. Ziel ist es, zu jedem Zeitpunkt im Produktlebenslauf den Zustand eines Produktes zu kennen und darüber hinaus nachweisen zu können, durch welche Änderungen es zu dem aktuellen Zustand gekommen ist [8]. Für technische Produkte ist der Begriff des Konfigurationsmanagements doppelt belegt. Zum einen wird unter einer Konfiguration die Zusammenstellung eines individuellen Produktes aus einer vorbestimmten Zahl möglicher Teilevarianten verstanden (Produktkonfiguration). Dieser Konfigurationsbegriff ist durch die Online-Konfiguratoren vieler Hersteller z. B. der Automobilindustrie, aber auch anderer Branchen weit verbreitet. Gegenstand dieses Bereichs des Konfigurationsmanagements ist die Identifikation, Formulierung und Überwachung von technischen und vertrieblichen Restriktionen, die die Auswahlmöglichkeiten des Kunden beschränken, sodass der Konfigurationsprozess mit einem konsistenten herstellbaren Produkt abschließt. Diese Restriktionen werden in Form von Regeln in einem Konfigurationssystem (Produktkonfigurator) hinterlegt und ausgewertet. Der Produktkonfigurator ist in erster Linie ein Instrument, um bei der Individualisierung eines Produktes und bei der Erstellung eines Angebots Unterstützung zu leisten.

Zum anderen entstammt dem Projektmanagement der Raumfahrtindustrie eine weitere Ausprägung des Konfigurationsbegriffs. Zur Steuerung parallelisierter Entwicklungsprozesse ist in großen Projekten das Management von Teilergebnissen in Form von Versionsständen einzelner Bauteile erforderlich (Versionierung). Der Begriff Konfiguration meint in diesem Zusammenhang ebenfalls eine bestimmte Zusammenstellung, jedoch die unterschiedlichen Teileversionen zu immer demselben Produkt. Wird diese Konfiguration zu einem bestimmten Zeitpunkt im Entwicklungsprozess eingefroren, wird von einer Baseline gesprochen. Diese dient als gemeinschaftlich anerkannte Grundlage für weitere Entwicklungsschritte. Durch den steigenden Anteil von Elektronik und Software in vielen Produkten nimmt diese Bedeutung des Konfigurationsmanagements weiter zu.

Einen wichtigen Beitrag zur eindeutigen Identifikation der Komponenten einer Konfiguration leistet das betriebliche Sachnummernsystem. Darüber hinaus ist das Konfigurationsmanagement eng mit dem Freigabe- und Änderungswesen verzahnt.

Die rein verbale Beschreibung ist angesichts der Vielfalt und Komplexität heutiger Produkte, Baugruppen und Einzelteile nicht ausreichend. Zur eindeutigen *Identifikation* werden diese mit Sachnummern versehen. Neben der Identifikation haben Sachnummern außerdem eine *Klassifikationsfunktion*. Eine Identifikationsnummer dient dazu, z. B. Bauteile und Unterlagen eindeutig (unverwechselbar) zu bezeichnen. Die Identifikationsnummer wird deshalb innerhalb ihres Bereichs einmalig festgelegt. Hingegen drückt eine Klassifikationsnummer Ähnlichkeitsmerkmale aus und stellt die Zuordnung von z. B. Bauteilen oder Unterlagen zu einer oder mehreren Gruppen ähnlicher Elemente her. Diese Merkmale können geometrischer oder funktionaler Natur sein. In einigen Fällen beschreiben sie auch eine Verwendung innerhalb der Produktstruktur (z. B. Vorderwagen).

Identifikations- und Klassifikationsnummern gehen in die Sachnummer ein. Sachnummern werden dabei nach dem Prinzip der Parallelverschlüsselung oder dem Prinzip der Verbundnummer generiert. Bei einer Sachnummer mit Parallelverschlüsselung wird strikt zwischen identifizierendem und klassifizierendem Nummernanteil unterschieden. Eine Verbundnummer enthält sowohl den identifizierenden als auch den klassifizierenden Anteil, ohne dass diese voneinander getrennt werden können. Die Trennung der Identifikation von der Klassifikation hat den Vorteil, dass Änderungen an der Klassifikation vorgenommen werden können, ohne das gesamte Sachnummernsystem neu aufzustellen. Darüber hinaus ist die Kapazitätsgrenze von Verbundnummern häufig aufgrund der beschränkten Stellenzahl der klassifizierenden Abschnitte deutlich geringer als die der Parallelverschlüsselung.

Im Rahmen der Produktentwicklung durchläuft ein Produkt verschiedene Phasen. Das Freigabewesen beschreibt die in der Produktentwicklung notwendigen organisatorischen Maßnahmen, die im Zusammenhang mit dem Übergang des Produkts von einer Phase in die nächste stehen. Das Freigabewesen gibt dabei vor, welchen Genehmigungszustand (Freigabestatus, z. B. in Arbeit, in Änderung, in Prüfung, vorfreigegeben, freigegeben) entwickelte Bauteile und erarbeitete Dokumente innerhalb einer Entwicklungsphase durchlaufen müssen (Freigabeprozess). Diese Entwicklungsphasen werden über sogenannte Reifegrade identifiziert, z. B. Entwurf, Detaillierung, Prototyp, Null-Serie und Serie. Prüfabläufe legen fest, welchen Status ein Dokument innerhalb eines Reifegrades durchlaufen muss. In PDM-Systemen wird der Entwicklungsstand eines Bauteils oder Dokuments durch eine Kombination aus Status und Reifegrad, z. B. durch den sogenannten Fortschrittskenner, gekennzeichnet.

Insbesondere der Übergang zwischen zwei Reifegraden muss für komplexe Produkte durch das Freigabemanagement unterstützt werden.

Das Änderungswesen beschreibt die organisatorischen Maßnahmen, um Änderungen auch nach einer Freigabe durchführen zu können, und legt die Verantwortlichkeiten sowie den Ablauf und die Dokumentation von Änderungen fest. Ein Änderungsablauf hat folgende Bestandteile: Änderungsantrag, Prüfung des Änderungsantrags, Änderungsauftrag, Durchführung der Änderungen, Mitteilung über geänderte Bauteile und Dokumente. Nach erfolgter Änderung haben die betroffenen Bauteile und Dokumente erneut einen Freigabeprozess zu durchlaufen.

In Bezug auf die Dokumentation und Nachvollziehbarkeit von Änderungen spielt das Konfigurationsmanagement eine wichtige Rolle. Insbesondere sind die Verantwortlichkeiten ebenso wie die tatsächlichen Entscheidungen, die zu der Änderung geführt haben, zu dokumentieren.

6.4.2 Funktionen des Produktdatenmanagementsystems

Der Kern des PDM-Systems bildet das *Integrierte Produktmodell*. Dieses dient der Integration aller am Produktlebenszyklus beteiligten Domänen und deren Anwendungssoftwaresystemen. Ziel ist dabei die gemeinsame Nutzung aller relevanten Produktdaten durch deren rechnerverarbeitbare Abbildung. Das integrierte Produktmodell setzt sich hierbei aus der Produktdefinition, Produktrepräsentation und Produktpräsentation zusammen [45]. Die weitere Nutzung einmal erzeugter Produktdaten in späteren Produktlebensphasen erzeugt einen durchgängigen Informationsfluss, der die Effizienz der dabei unterstützten Aufgaben in Bezug auf Zeit, Kosten und Qualität unterstützen soll. Zur Integration der Produktdaten aus dem Produktmodell und der bauteilspezifischen Daten aus den späteren Produktlebensphasen dient das integrierte Bauteildatenmodell [39]. Dieser Ansatz ermöglicht eine Zuordnung individueller Daten zu einzelnen Bauteilen und damit eine individuelle Repräsentation von Bauteilen.

In der internationalen Norm ISO 10303 (STEP) wurde das Integrierte Produktmodell für den Bereich der Produktentstehung standardisiert. Abb. 6.19 zeigt das darin definierte *PDM-Schema*. Die Vorlage des PDM-Schemas muss in einem systematischen Anpassungsprozess (dieser Anpassungsprozess wird als „Mapping" bezeichnet) derart modifiziert werden, dass die administrativen und organisatorischen Besonderheiten eines Unternehmens einfließen. Produktdatenmanagementsysteme sind neben der Anpassung des Datenmodells auch in Bezug auf ihre Funktionen den spezifischen Anforderungen eines Unternehmens anzupassen. Dies wird als „Customizing" bezeichnet.

Die Funktionen von PDM-Systemen können in die vier Bausteine

- Elementverwaltung,
- Privilegienverwaltung,
- Ablaufverwaltung und
- Dateiverwaltung

unterschieden werden. Die *Elementverwaltung* übernimmt die Verwaltung verschiedener Objektklassen, wie die der Artikel, der digitalen Modelle und Dokumente sowie der Projekte. Sie erlaubt dazu die zustandsorientierte Verwaltung dieser Elemente, d. h. unter Berücksichtigung von Freigabe- und Änderungsstatus, und deren gegenseitigen Abhängigkeiten. Die Verwaltung der Elemente erfolgt durch die sogenannten Stammdaten. Stammdaten beziehen sich dabei jeweils auf eine Objektklasse und beschreiben sie unabhängig von strukturellen Abhängigkeiten.

Der Begriff Privileg bedeutet Vorrecht oder Sonderrecht. In PDM-Systemen dient die *Privilegienverwaltung* der Zuweisung von Zugriffsrechten auf die Datenbestände an Benutzergruppen (z. B. Konstruktionsleiter, Konstruktionsteam, Konstrukteur). Mit Hilfe der Privilegienverwaltung werden zunächst Benutzergruppen definiert. Die Benutzergruppen werden dabei neben dem Systemadministrator in Besitzer (engl. „owner"), Gruppen (engl. „group") und Sonstige (in der englischen Terminologie als „world" bezeichnet) eingeteilt. Grundlegende Zugriffsrechte sind „kein Zugriff", „Lesen", „Schreiben" und

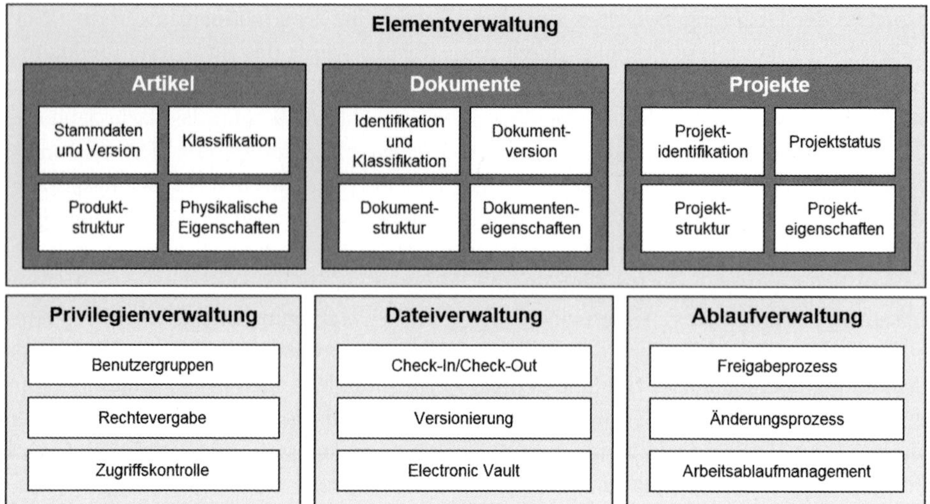

Abb. 6.19 Informationsbereiche des PDM-Schemas

„Löschen". Kombinationen davon sind möglich (z. B. Kopieren).

Die *Ablaufverwaltung* erlaubt die Verwaltung von Konstruktionsabläufen und die Darstellung der Entwicklungsgeschichte. Die Ablaufverwaltung enthält darüber hinaus zunehmend Methoden des Workflow-Managements. Ein Workflow ist ein abgegrenzter, definierter Prozess unter besonderer Berücksichtigung seines logischen und strukturierten Ablaufs, von seiner Initiierung bis zu seinem Abschluss. Als wichtigste Beispiele sind der Freigabeworkflow und der Änderungsworkflow zu nennen.

Die *Dateiverwaltung* erlaubt die Verwaltung der Elemente der PDM-Systeme unter Wahrung der Datensicherheit. Dies bedeutet, dass auf vom PDM-System angelegte Dateien nur über das PDM-System selbst wieder zugegriffen werden kann. Dazu verwenden PDM-Systeme codierte Dateiverzeichnisse (Electronic Vault), deren Namen durch die PDM-Systeme verschlüsselt und auch wieder entschlüsselt werden. Der Begriff Electronic Vault wird auch mit dem Begriff elektronischer Aktenschrank oder elektronischer Tresor übersetzt. Bezogen auf den geregelten Zugriff im Produktentwicklungsprozess wird die Organisation des Zugriffs über Transaktionskonzepte gesteuert (Check-In und Check-Out Mechanismen). Diese Transaktionsmechanismen verhindern, dass inkonsistente Zustände in Dateien auftreten können, was z. B. möglich sein könnte, wenn Dateien (z. B. die Datei einer technischen Zeichnung) gleichzeitig mehreren Benutzern zur Änderung bereitgestellt würden.

6.4.3 Architektur des Produktdatenmanagementsystems

In PDM-Systemen werden alle während der Produktentstehung anfallenden Produkt- und Entwicklungsinformationen zentral verwaltet und die Entwicklungsabläufe gesteuert. Somit haben PDM-Systeme einen administrativen Charakter [40] und dienen als zentrale Informationsdrehscheibe zur Speicherung, Verwaltung, Bereitstellung und Versorgung aller an der Produktentstehung beteiligten Bereiche mit relevanten Produktdaten sowie gleichzeitig als Integrationsdrehscheibe für alle an der Produktentwicklung beteiligten CAx-Systeme.

Die Architektur moderner Produktdatenmanagementsysteme beruht auf komponenten- bzw. schichtenorientierten Architekturprinzipien, die auf der Einteilung in Client- und Serverprozesse beruhen. In der Regel können bei einer Multi-Tier-Architektur folgende Schichten unterschieden werden [6]:

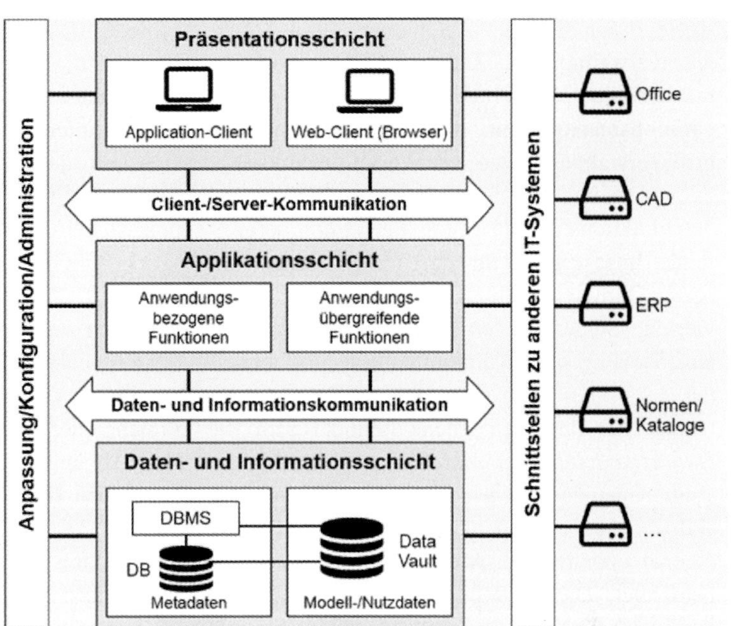

Abb. 6.20 Schichten eines PDM-Systems. (In Anlehnung an [6])

- Präsentationsschicht,
- Applikationsschicht und
- Daten- und Informationsschicht.

Abb. 6.20 zeigt die Schichten in einer Multi-Tier-Architektur eines PDM-Systems. In Abhängigkeit von der technischen Umsetzung der Client- und Server-Systeme können die Funktionen der verschiedenen Schichten in unterschiedlichem Umfang auf Client und Server aufgeteilt werden. In der Regel werden die Funktionen der Präsentationsschicht durch den Client übernommen, während die Funktionen der Applikations- und/oder der Datenschicht von einem oder mehreren Servern realisiert werden [41]. Bei dem Zugriff auf die Funktionen kann auch zwischen einer web-enabled und web-centered Architektur unterschieden werden [42].

Die *Präsentationsschicht* stellt die graphische Benutzungsoberfläche zur Visualisierung der Daten und zur Kommunikation mit dem Anwender zur Verfügung. Der Zugriff auf die Objekte und Funktionen des PDM-Systems erfolgt in dieser Schicht. Die Präsentationsschicht ist für die Aufbereitung der Daten und die Kommunikation mit dem Anwender verantwortlich. Aus der Sicht der Anwender kommt der graphischen Benutzeroberfläche des PDM-Systems eine besondere Bedeutung zu. Dadurch soll die anwenderfreundliche und fehlerrobuste Kommunikation gewährleistet werden. Ebenfalls sollen die für die Anwender benötigten Funktionen einfach zugänglich bereitgestellt sowie die Daten übersichtlich dargestellt werden.

Aufgrund der vielfältigen Möglichkeiten der Technologien sollen die Zugriffe auf die Produktdaten auf unterschiedliche Weise ermöglicht werden, wie z. B. anhand von Rechnern, Web-Browser oder auf mobilen Endgeräten. Zusätzlich dazu müssen die Darstellungsformen an die technischen Möglichkeiten der jeweiligen Benutzungsoberfläche angepasst werden. Zwischen den genannten Schichten werden standardisierte Schnittstellen verwendet, wie z. B. DCOM oder XML-basierte Web-Services [8].

Die tatsächlichen Anwendungsfunktionen mit der entsprechenden Funktionslogik werden in der über der Datenhaltungsschicht liegenden *Applikationsschicht* realisiert. Die Applikationsschicht eines PDM-Systems besteht aus Funktionsmodulen, die anwendungsbezogen oder anwendungsübergreifend sein können [43]. Die anwendungsbezogenen Funktionsmodule unterstützten das applikationsspezifische Datenmanagement. Beispiele dafür sind die Zeichnungs- und Stücklistenverwaltung, das Daten- und Dokumentenmanagement, das Produktstruktur- und Konfigurationsmanagement, die Benutzer- und Zugriffsverwaltung sowie das Workflow- und Prozessmanagement. Die anwendungsübergreifenden Funktionsmodule stellen die systemübergreifende Infrastruktur für das Datenmanagement bereit. Darunter fallen z. B. Funktionen für Archivierung, Steuerung von Ein- und Ausgabegeräten, Viewing oder Kommunikationsmöglichkeiten.

Auf der untersten Ebene befindet sich die *Daten- und Informationsschicht* des Produktdatenmanagementsystems, die eine oder mehrere Datenbanken zur Speicherung und Verwaltung eigener oder fremder Meta- sowie Modelldaten beinhaltet. Die Modelldaten werden innerhalb von sogenannten Data Vaults gehalten. Sowohl die Metadaten als auch die Modelldaten können auf verschiedene Server an unterschiedlichen Standorten verteilt werden.

Zwischen der Applikations- und der Präsentationsschicht kann eine prozedurale oder objektorientierte Client-/Server-Middleware eingesetzt werden, um eine flexible Verteilung und Kommunikation zwischen den Clients und den Servern zu ermöglichen. Zwischen der Anwendungs- und der Daten- und Informationsschicht wird eine Daten-/Kommunikations-Middleware eingesetzt, die eine weitgehende Unabhängigkeit der PDM-Applikationen von den eingesetzten Datenbanken sicherstellt [6]. Mit der zunehmenden Bedeutung der IT-Technologien und den stetig wachsenden Datenmengen und Funktionen, die in verteilter Entwicklungsumgebung genutzt werden sollen, setzen PDM-Systeme zunehmend auf serviceorientierte Architektur (SOA) mit SOAP oder RESTful Webservices [44].

6.5 Kooperative Produktentwicklung

Die Globalisierung führt zunehmend zu einer örtlichen und zeitlichen Verteilung von Aufgaben, Informationen und Wissen. Die räumliche und zeitliche Trennung ebenso wie kulturelle Unterschiede führen zu einem erhöhten Kommunikations- und Synchronisationsbedarf für Entwicklungsabläufe.

Das interdisziplinäre Forschungsgebiet, das sich mit der Zusammenarbeit auf Basis von Informations- und Kommunikationstechnologien befasst, wird Computer Supported Cooperative Work (CSCW, deutsch: rechnergestützte Gruppenarbeit) genannt. Die rechnergestützte Gruppenarbeit und damit auch die kooperative Produktentwicklung lässt sich zeitlich in synchrone oder asynchrone Gruppenarbeit und örtlich in nahe oder entfernte Gruppenarbeit klassifizieren. Abhängig davon, ob die Zusammenarbeit am selben Ort oder an unterschiedlichen Orten und zur selben Zeit oder zu unterschiedlichen Zeitpunkten stattfindet, bieten sich verschiedene rechnerbasierte Technologien zur Unterstützung an. Hierzu zählen vor allem:

- Global vernetzte PLM-Systeme
- Telefon-/Videokonferenzen
- Desktop-Sharing
- Nachrichtensysteme
- Soziale Netzwerke
- Webbasierte Kooperationsplattformen
- Gruppeneditoren

Die ungehinderte aber gesicherte Kommunikation und die Integration heterogener und verteilter Anwendungen stellen essentielle Anforderungen für die Gestaltung einer intakten Zusammenarbeit dar.

6.6 Schnittstellen

Schnittstellen sind für den Rechnereinsatz im Produktentstehungsprozess von besonderer Bedeutung. Sie zielen einerseits auf die Softwareintegration (systeminterne Schnittstellen) wie auch auf die Kopplung von Anwendungssoftwaresystemen (Schnittstellen zum Produktdatenaustausch) [45–47].

Systeminterne Schnittstellen werden insbesondere zur Ergänzung der Anwendungssoftware durch zusätzliche Programme angeboten. Sie werden deshalb auch als API (Application Programming Interface) bezeichnet.

Schnittstellen zum Produktdatenaustausch definieren Datenformate und Datenstrukturen zum Austausch von Produktdaten. Die Datenformate lassen sich in native und neutrale Datenformate unterteilen. Native Datenformate sind jeweils bezogen auf ein bestimmtes Anwendungssoftwaresystem. Sie sind also abhängig vom Hersteller des Anwendungssoftwaresystems. Neutrale Datenformate weisen keine Anwendungsbindung auf und eignen sich daher für den Austausch zwischen verschiedenen, heterogenen Anwendungssoftwaresystemen. Die Übertragung von einem nativen in ein neutrales Format geht jedoch in der Regel mit einem Informationsverlust einher.

Zu den neutralen Datenformaten zählen insbesondere:

IGES (Initial Graphics Exchange Specification) [48] dient dem Austausch von technischen Zeichnungen und Geometriemodellen.

STEP (Standards for the Exchange of Product Model Data) wurde unter dem Arbeitstitel STEP bekannt und ist in der internationalen Norm ISO 10303 „Product Data Representation and Exchange" beschrieben [51]. Die Norm deckt neben dem Produktdatenaustausch auch die Sytemintegration über Datenbanken (Product Data Sharing) ab. STEP stellt für Prozessketten die Plattform für die Integration von Anwendungssystemen dar und deckt unter anderem den Austausch von Geometriemodellen, technischen Zeichnungen, Featuremodellen und Produktstrukturen ab. Produktmodelle können jedoch noch nicht parametrisch ausgetauscht werden. Industrielle Bedeutung haben die STEP Anwendungsprotokolle (kurz AP) gewonnen [52]. Die wichtigsten STEP-Anwendungsprotokolle sind

- AP 203 Configuration Controlled Design [53],
- AP 212 Electrotechnical Design and Installation [54],
- AP 214 Core Data for Mechanical Automotive Design Processes [36] und
- AP 242 Managed model based 3D engineering [60].

JT (Jupiter Tesselation) ist ein weiteres, neutrales 3D-Datenformat. Es zeichnet sich durch seine Leichtgewichtigkeit aus, die mittels einer Tesselierung variablen Detaillierungsgrad (engl. Level-of-Detail (LOD)) erreicht wird. Für die Abbildung exakter Geometrien wird das Parasolid XT Format verwendet [55]. Neben der Geometrie werden auch Baugruppen und Produktstrukturen, sowie Metadaten wie Product Manufacturing Information (PMI) unterstützt. Der API-Zugang wird über das JT OPEN Toolkit realisiert [56]. Die Einsatzgebiete von JT sind Visualisierung, Datenaustausch sowie kollaboratives Arbeiten. In vielen Bereichen der Industrie, vor allem der Automobilindustrie, bereits als Quasi-Standard etabliert, gewinnt JT durch die Aufnahme als ISO 14306:2012 [57] zunehmend an strategischer Bedeutung.

DXF (Drawing Exchange File) [50], dient dem Austausch von technischen Zeichnungen und Geometriemodellen.

STL (Standard Tesselation Language) ist ein Dateiformat welches sich als de-facto-Standard für additive Fertigung und Rapid Prototyping etabliert hat [58]. Das STL-Format approximiert die Oberfläche von Bauteilen beliebig genau über Dreiecke.

PDF (Portable Document Format) ist ein standardisiertes Datenformat zur Darstellung von Dokumenten unabhängig von Anwendungssoftware, Hardware und Betriebssystem [59]. PDF-Dateien können Texte und Grafiken und in einer erweiterten Version auch 3D-Modelle enthalten (3D-PDF).

Die Bedeutung von neutralen Schnittstellen und standardisierten Datenformaten gewinnt im Zuge der digitalen Transformation zunehmend an Bedeutung. Zukünftig sollen alle über den Lebenszyklus eines Produktes anfallenden Daten in einem digitalen Modell, dem *Digitalen Zwilling*, erfasst und bereitgestellt werden. Hierzu zählen neben den Daten der virtuellen Produktentstehung, wie z. B. CAD-Modelle und Produktstrukturen, auch Daten der Produktfertigung, wie Maschinen- oder Qualitätsparameter, und Daten der Produktnutzung, wie Zustandsdaten und Betriebszeiten.

Literatur

1. Rude, S.: Wissensbasiertes Konstruieren. Shaker, Aachen (1998). als Manuskript gedruckt
2. Krause, F.L., Tang, T., Ahle, U. (Hrsg.): Abschlussbericht zum Projekt iViP – integrierte Virtuelle Produktentstehung. PFT Schriftenreihe, Forschungszentrum Karlsruhe. Hanser, München (2002)
3. Spur, G., Krause, F.-L.: Das virtuelle Produkt. Management der CAD-Technik. Hanser, München (1997)
4. Vajna, S., Weber, C., Bley, H., Zeman, K.: CAx für Ingenieure – Eine praxisbezogene Einführung. Springer, Berlin, Heidelberg (2009)
5. VDI-Richtlinie 2219: Informationsverarbeitung in der Produktentwicklung Einführung und Wirtschaftlichkeit von EDM/PDM-Systemen. Beuth, Berlin (2002)
6. Abramovici, M., Sieg, C.: PDM-Technologie im Wandel – Stand und Entwicklungsperspektiven. Ind Manag **5**, 71–75 (2001)
7. Krause, F.-L., Franke, H.-J., Gausemeier, J.: Innovationspotentiale in der Produktentwicklung. Hanser, München, Wien (2007)
8. Eigner, M., Stelzer, R.: Produktdatenmanagement-Systeme. Ein Leitfaden für Product Development und Life Cycle Management. Springer, Berlin Heidelberg (2013)
9. Schöttner, J.: Produktdatenmanagement in der Fertigungsindustrie. Hanser, München (1999)
10. Lee, K.: Principles of CAD/CAM/CAE Systems. Addison Wesley, Longman, New York (1999)
11. Newman, W., Sproull, R.: Principles of interactive computer graphics. McGraw-Hill, New York (1973)
12. Watson, D.F.: Computing the n-dimensional delaunay tesselation with application to voronoi polygons. Comput J **24**, 167–172 (1981)
13. Seiler, W.: Technische Modellierungs- und Kommunikationsverfahren für das Konzipieren und Gestalten auf der Basis der Modell-Integration. Fortschr.-Ber. **10**(49), 39 (1985)
14. Anderl, R., Mendgen, R.: Modelling with constraints–theoretical foundation and application. Comput Aided Des **28**(3), 155–168 (1996)
15. Shah, J., Mäntylä, M.: Parametric and feature based CAD/CAM: concepts, techniques and applications. John Wiley & Sons, Hoboken (1995)
16. Eigner, M., Roubanov, D., Fafirov, R.: Modellbasierte virtuelle Produktentwicklung. Springer, Berlin Heidelberg (2014)
17. Härdler, J., Gonschorek, T. (Hrsg.): Betriebswirtschaftslehre für Ingenieure. Lehr- und Praxisbuch: mit 52 Tabellen und zahlreichen Übungsaufgaben, 6. Aufl. Hanser, München (2016)
18. Vajna, S., Weber, C., Bley, H., Zeman, K., Hehenberger, P.: CAx für Ingenieure – Eine praxisbezogene Einführung. Springer, Berlin Heidelberg (2009)
19. Roubanov, D.: Produktmodelle und Simulation (CAE). In: Eigner, M. (Hrsg.) Modellbasierte virtuelle Produktentwicklung. Springer, Berlin Heidelberg (2014)
20. Schäfer, M.: Numerik im Maschinenbau. Springer, Berlin (1999)
21. Wendt, J. (Hrsg.): Computational fluid dynamics. Springer, Berlin Heidelberg (2009)
22. Rill, G., et al.: Grundlagen und Methodik der Mehrkörpersimulation. Vertieft in Matlab-Beispielen, Übungen und Anwendungen. Springer, Berlin Heidelberg (2014)
23. Eigner, R., Stelzer, R.: Product lifecycle management. Springer, Berlin Heidelberg (2009)
24. Rieg, F., Steinhilper, R.: Simulation. In: Rieg, F., Steinhilper, R. (Hrsg.) Handbuch Konstruktion, S. 887–906. Hanser, München Wien (2012)
25. Hehenberger, P.: Computerunterstützte Fertigung – Eine kompakte Einführung. Springer, Heidelberg Dordrecht London New York (2011)
26. Anderl, R., Anggraeni, N., Strang, D.: Digitale Prozesskette zur effizienten technischen Produktdokumentation. ZWF Zeitschrift für wirtschaftlichen Fabrikbetrieb **108**(3), 101–102 (2013). https://doi.org/10.3139/104.013030
27. VDI 4500 Blatt 4. Beuth Verlag (2011)
28. Dörner, R., Broll, W., Grimm, P., Jung, B.: Virtual und Augmented Reality (VR/AR). Springer, Berlin Heidelberg (2013)
29. Burdea, G.: Force and touch feedback for virtual reality. Wiley, New York, NY (1996)
30. Alt, T.: Augmented Reality in der Produktion. Herbert Utz, München (2003)
31. Azuma, R.T.: A survey of augmented reality. Presence: Teleoperations Virtual Environ **6**(4), 355–385 (1997)
32. Schiling, T.: Augmented Reality in der Produktentstehung. ISLE, Ilmenau (2008)
33. VDI 3405. Beuth Verlag (2014)
34. Gebhardt, A.: Additive Fertigungsverfahren. Hanser, München (2016)
35. Grabowski, H., Lossack, R.S., Weißkopf, J.: Datenmanagement in der Produktentwicklung. Hanser, München (2002)
36. ISO 10303-214: Industrielle Automatisierungssysteme und Integration – Produktdatendarstellung und -austausch – Teil 214: Anwendungsprotokoll: Datenmodelle für die Prozesskette Mechanik in der Automobilindustrie. Beuth, Berlin (2010)
37. DIN 199-1: Technische Produktdokumentation – CAD-Modelle, Zeichnungen und Stücklisten – Teil 1: Begriffe. Beuth, Berlin (2002)
38. Schuh, G.: Produktkomplexität managen – Strategien, Methoden, Tools. Hanser, München (2005)
39. Anderl, R., Strang, D., Picard, A., Christ, A.: Integriertes Bauteildatenmodell für Industrie 4.0. Informationsträger für cyber-physische Produktionssysteme. Zeitschrift Für Wirtschaftlichen Fabrikbetrieb **109**, 64–69 (2014)

40. Eigner, M., Gerhardt, F., Gilz, T., Mogo Nem, F.: Informationstechnologie für Ingenieure. Springer, Berlin, Heidelberg (2012)
41. Arnold, V., Dettmering, H., Engel, T., Karcher, A.: Produkt Lifecycle Management beherrschen – Ein Anwenderhandbuch für den Mittelstand. Springer, Berlin, Heidelberg (2011)
42. Gausemeier, J., Hahn, A., Kespohl, H.D., Seifert, L.: Vernetzte Produktentwicklung – Der erfolgreiche Weg zum Global Engineering Networking. Hanser, München, Wien (2006)
43. Wehlitz, P.A.: Nutzenorientierte Einführung eines Produktdatenmanagement-Systems. Herbert Utz, München (2000)
44. Steinmetz, C., Christ, A., Anderl, R.: Data management based on Internet technology using RESTful web services. 10th International Workshop on Integrated Design Engineering, Gommern, 10–12 September. (2014)
45. Anderl, R., Trippner, D.: STEP-standard for the exchange of product model data. Teubner, Stuttgart (2000)
46. Grabowski, H., Rude, S.: Informationslogistik. Teubner, Stuttgart (1999)
47. Grabowski, H., Anderl, R., Polly, A.: Integriertes Produktmodell. Entwicklungen zur Normung von CIM. Beuth, Berlin (1993)
48. National Institute of Standards and Technology (NIST): IGES – initial graphics exchange specification. ANSI standard Y14.26M (1995)
49. Verband der Automobilindustrie e. V. (VDA): VDA-Flächenschnittstelle (VDAFS) Version 2.0 (1987)
50. Rudolph, D., Stürznickel, T., Weissenberger, L.: DXF Intern. CR/LF Verlag, Essen (1998)
51. ISO 10303-1: Industrielle Automatisierungssysteme und Integration – Produktdatendarstellung und -austausch, Teil 1: Überblick und grundlegende Prinzipien. Beuth, Berlin (1995)
52. Schichtel, M.: Produktdatenmodellierung in der Praxis. Hanser, München (2002)
53. ISO/TS 10303-203: Industrial automation systems and integration – Product data representation and exchange – Part 203: Application protocol: Configuration controlled 3D design of mechanical parts and assemblies (2005)
54. ISO 10303-212: Industrial automation systems and integration – Product data representation and exchange, Part 212: Application protocol: Electrotechnical design and installation. Beuth, Berlin (2001)
55. Siemens Product Lifecycle Management Software Inc.: Parasolid XT Format Reference
56. Siemens Product Lifecycle Management Software Inc.: JT File Format Reference Version 9.5 Rev-D (2010)
57. ISO 14306:2012 Industrial automation systems and integration – JT file format specification for 3D visualization. Beuth Berlin
58. Gebhardt, A.: Generative Fertigungsverfahren. Additive Manufacturing und 3D Drucken für Prototyping ; Tooling ; Produktion, 3. Aufl. Hanser, München (2013)
59. ISO Internationale Organisation für Normung: ISO 32000-1 Dokumenten-Management – Portables Dokumenten Format – Teil 1: PDF 1.7 (2008)
60. ISO 10303-242: Industrial automation systems and integration – Product data representation and exchange – Part 242: Application protocol: Managed model-based 3D engineering

7 Elektronische Datenverarbeitung – Agentenbasiertes Steuern

Arndt Lüder und Birgit Vogel-Heuser

7.1 Einleitung

Moderne Produktionssysteme besitzen eine zunehmend komplexe Struktur und ein wachsend komplexes Verhalten. Insbesondere müssen sie möglichst flexibel an sich ändernde Bedingungen der Anlagennutzung anpassbar sein [1]. Dabei sollen sie sich je nach Anwendungsgebiet flexibel an sich ändernde Produktsortimente und Ausbringungsmengen, genutzte Produktionsressourcen und anwendbare Produktionstechnologien anpassen, um die effizienteste Produktionsweise sicherzustellen [2]. Diese Situation hat zum einen tiefgreifenden Einfluss auf die Architektur von Produktionssystemen und ihrer Steuerungssysteme und zum anderen verändert es ihren Entwurfsprozess. Die dabei notwendige Verknüpfung der physikalischen Daten sowie Vorgänge in einem Produktionssystem mit der entsprechenden virtuellen Repräsentation im Steuerungssystem, kann hierbei als Cyber-Physical Production System (CPPS) angesehen werden, welches die Grundlage für die Implementierung von Agenten darstellt [3].

Agenten haben sich in den letzten Jahren als neues Architektur- und Verhaltensparadigma entwickelt. Ursprünglich im Bereich der künstlichen Intelligenz entstanden [4], haben sie bereits in weite Bereiche der Steuerung von Produktionssystemen Einzug gehalten [5, 6, 7]. Der agentenorientierte Ansatz ist ein sehr gutes Hilfsmittel zur Lösung komplexer Aufgaben bei Entwurf und Nutzung von Steuerungssystemen für Produktionssysteme. Dieser Ansatz stellt zum einen die realen Entitäten eines Produktionssystems in den Mittelpunkt und berücksichtigt darüber hinaus dessen Zweck und Ziele in der Produktion sowie das Verhalten zur Erreichung dieser Ziele explizit. Somit ist der agentenorientierte Ansatz insbesondere für Problemstellungen mit komplexen und hochvolatilen Randbedingungen sowie dem Zwang zur Anpassung geeignet, wie sie zum Beispiel bei der Produktionsplanung, der Logistik oder der Anlagenwartung auftreten [8].

7.2 Agentenbegriff

Ein Agent ist eine abgrenzbare (Hardware- oder/und Software-) Einheit mit definierten Zwecken und Zielen. Er ist bestrebt, diese Ziele durch selbstständiges Verhalten zu erreichen und damit seinen Zweck zu erfüllen. Im Rahmen seines Verhaltens interagiert der Agent mit seiner Umwelt. Diese Umwelt kann sowohl aus beliebigen Systemen (1-Agenten-Architektur) oder auch weiteren Agenten bestehen (Agentensystemarchitektur) [9].

Ein Agentensystem besteht folglich aus einer Menge von Agenten, die interagieren, um ein gemeinsames oder mehrere (zum Teil auch konkurrierende) Ziele zu erfüllen und dabei be-

A. Lüder
Otto-von-Guericke-Universität Magdeburg
Magdeburg, Deutschland

B. Vogel-Heuser (✉)
Technische Universität München
Garching, Deutschland

B. Bender und D. Göhlich (Hrsg.), *Dubbel Taschenbuch für den Maschinenbau 2: Anwendungen*,
https://doi.org/10.1007/978-3-662-59713-2_7

stimmten (zumeist gemeinsamen) Optimierungskriterien zu folgen.

Agenten und Agentensysteme werden dabei als Modellierungsprinzip angesehen, das zur Durchdringung von Problemstellungen und zur Lösungsstrukturierung genutzt wird. Sie sind unabhängig von ihrer technischen Realisierung und sind wie CPPS durch die Fähigkeit gekennzeichnet, mittels Sensoren und Aktoren unmittelbar physikalische Daten erfassen und auf physikalische Vorgänge einwirken sowie weltweit verfügbare Daten und Dienste über digitale Netze austauschen zu können. Die Anwendbarkeit von CPPS und Agentensystemen erstreckt sich von intelligenten Produktionssystemen und intelligenten Stromnetzen bis hin zu Logistiksystemen und Unternehmensnetzwerken (vgl. [3, 10]).

In den letzten Jahren haben sich bestimmte Realisierungstechnologien etabliert, die zunehmend Anwendung finden. Zum einen haben sich Softwareagentensysteme etabliert [10, 11, 12]. Diese Implementierungstechnologie stellt Laufzeitumgebungen, Ablaufsysteme und Plattformen für technische Agenten bereit, die als mögliche Basis zur Realisierung von Agentensystemen dienen können. Sie wurden und werden in Bereichen der Informatik entwickelt. Den Softwareagenten stehen sogenannte Hardwareagenten gegenüber. Diese werden durch eine Kombination von Software und Hardware gebildet wie es zum Beispiel bei fahrerlosen Transportsystemen der Fall ist [13].

Grundlage des Verhaltens von Agenten in Produktionssystemen ist ein dediziertes, im Agenten implementiertes Modell seiner Umwelt. Er kann unter Nutzung dieses Modells das Verhalten seiner Umwelt erkennen und entsprechend seiner Ziele und seines Handlungsspielraumes darauf reagieren. Zu diesem Zweck besitzt der Agent Eingriffsmöglichkeiten in seine Umwelt, die je nach genutzter Implementierungstechnologie über Interaktion oder direkten physikalischen Eingriff realisiert sind.

Der Handlungsspielraum des Agenten schränkt seine Einwirkungsfähigkeiten ein. Somit wird der Grad an Flexibilität des Agenten und damit auch des CPPS durch einen vorgegebenen Handlungsspielraum und dessen technische Umsetzung festgelegt.

Eine wichtige Eigenschaft des Agenten bildet die Autonomie. Jeder Agent besitzt die ausschließliche Kontrolle über seinen internen Zustand und sein Verhalten, durch die er aufgrund seines lokalen Wissens über seine Handlungen/Aktivitäten entscheidet.

Zur Umsetzung dieses Verhaltens wird im Bereich der agentenbasierten Steuerungsarchitekturen die sogenannte Believe-Desire-Intention (BDI) Architektur für Agenten [4] verwendet. Nimmt die Umwelt eines Agenten einen bestimmten Zustand ein, der für den Agenten eine bestimmte Bedeutung besitzt, so wird er durch eigene Aktivitäten darauf reagieren (Reaktivität). Dies ermöglicht in Produktionssystemen zum Beispiel die Implementierung von Agenten, die auf Anforderung ihrer Umwelt ein bestimmtes Verhalten zeigen und eine Bearbeitung ausführen (Ressourcenagenten). Ebenso können Agenten eigene Ziele anstreben/verfolgen und zur Erreichung dieser ein (zielgerichtetes) spezielles Verhalten aufzeigen (Proaktivität). Dies ermöglicht in Produktionssystemen die Implementierung von Agenten, die selbständig Aufträge, die von außerhalb des Produktionssystems kommen, gezielt ausführen und dazu das Verhalten von anderen Agenten abfordern. Ein Beispiel hierfür sind Agenten, die die Ausführung von Produktionsaufträgen steuern (Auftragsagenten) [14].

Eine detaillierte Untersuchung des Agentenbegriffes und seiner Anwendung im Bereich der Steuerungssysteme findet sich in [9].

7.3 Entwurfsprozess für Agentensysteme

Für den Entwurf von agentenbasierten Steuerungssystemen existieren verschiedene Ansätze [3, 15–20]. Im Hinblick auf die Einfachheit der Anwendung und die Unabhängigkeit von Implementierungstechnologien hat sich die Kombination der Designing Agent-based Control Systems (DACS) Methode [21] mit entsprechenden Methoden des modellbasierten Entwurfes etabliert (siehe Abb. 7.1).

Der erste Schritt der DACS Methode zielt auf die Analyse und Beschreibung der Menge von notwendigen Steuerungsentscheidungen im Produktionssystem ab. Ausgehend von einer Festlegung der zu untersuchenden und zu steuernden Ebene in der Steuerungspyramide des Produktionssystems wird analysiert, welche Steuerentscheidungen für die korrekte Funktionsweise des Produktionssystems auf der betrachteten Ebene notwendig sind. Ebenso werden die Abhängigkeiten identifiziert, die zu Interaktionen zwischen Steuerungsentscheidungen führen müssen. Es wird dabei analysiert, welche Informationen in den Interaktionen ausgetauscht werden müssen. Als Ergebnis des ersten Schrittes entsteht ein Entscheidungsmodell.

Im zweiten Schritt der Methode erfolgt die Spezifikation der Agentenmenge für das Steuerungssystem. Zu diesem Zweck werden die einzelnen Steuerungsentscheidungen des Entscheidungsmodells gruppiert und einzelnen Agenten zugeordnet. Entsprechend ergeben sich notwendige Interaktionen zwischen den Agenten aus den Interaktionen zwischen Steuerungsentscheidungen im Entscheidungsmodell. Bei der Definition von Agenten und Interaktionen muss darauf geachtet werden, welche Agenteneigenschaften für das korrekte Steuerungsverhalten notwendig sind, d. h. ob die Agenten eher als Anbieter von Funktionalitäten für andere Agenten (reaktiv) oder als Nutzer von Funktionalitäten anderer Agenten (proaktiv) gestaltet sein müssen. Im Ergebnis des Schrittes entsteht ein Agentenmodell.

Im dritten und letzten Schritt der DACS Methode werden die notwendigen Interaktionen zwischen den Agenten konkretisiert. Dazu werden die Anforderungen der Interaktionen erhoben und mit den Möglichkeiten von Interaktionsprotokollen aus einer Bibliothek verglichen. Für jede Interaktion wird das am besten geeignete Protokoll ausgewählt und angepasst. Im Ergebnis des Schrittes wird das Agentenmodell um Interaktionsprotokolle in Form eines Interaktionsmodells erweitert.

Auf der Basis von Entscheidungsmodell, Agentenmodell und Interaktionsmodell kann nun ein Steuerungssystem für ein Produktionssystem mit geeigneten Technologien implementiert werden.

Hierzu muss in einem ersten Schritt die Implementierungstechnologie ausgewählt werden. Je nach Anforderung kommen hier Softwareagenten oder Hard- und Softwareagenten zum Einsatz, die Migrationsfähigkeiten besitzen können. Migrationsfähigkeiten bedeuten dabei, dass sich ein Agent von einem Ort oder Ausführungskontext zu einem anderen bewegen kann. Dies kann sowohl räumlich zwischen Plattformen als auch logisch zwischen Systemen erfolgen. Diese Eigenschaft ist insbesondere dann zu nutzen, wenn die Qualität der Zielerreichung des Agenten oder die Qualität des Gesamtsystems maßgeblich von seiner Ausführungsposition abhängen. Hilfestellung bei der Technologieauswahl gibt unter anderem [9].

Nach der Auswahl der Implementierungstechnologien werden zuerst die Agenten und nachfolgend die Interaktionen zwischen den Agenten implementiert. Hierbei sind sowohl die notwendigen und genutzten softwaretechnischen als auch die mechanischen, elektrischen, etc. Implementierungstechnologien zu berücksichtigen.

Sind die Implementierungen erfolgt, folgen Integration, Test und Inbetriebnahme.

Bei der Betrachtung von agentenbasierten Feldsteuerungssystemen sind die Spezifika der zu steuernden Anlage zu berücksichtigen. Entsprechend muss die Identifikation der Agenten angepasst und konkretisiert werden. Ein anwendbares Vorgehensmodell dazu liefert eine speziell auf die Feldebene von Produktionssystemen angepasste Technologie, die auf die modellbasierte Implementierung von Softwareagenten auf Speicherprogrammierbaren Steuerungen (SPS) auf Basis der Modelle und Diagramme der Systems Modeling Language (SysML) abzielt [22].

Der Ansatz sieht verschiedene Transformationen wie Query/View/Transformation (QVT) und Meta-Object-Facility-Model-to-Text-Transformation (MOFM2T) vor, in der verschiedene Diagramme der SysML zur Modellierung der jeweils relevanten Informationen verwendet werden können (s. Abb. 7.2). Für eine automatische Implementierung der so beschriebenen Software-

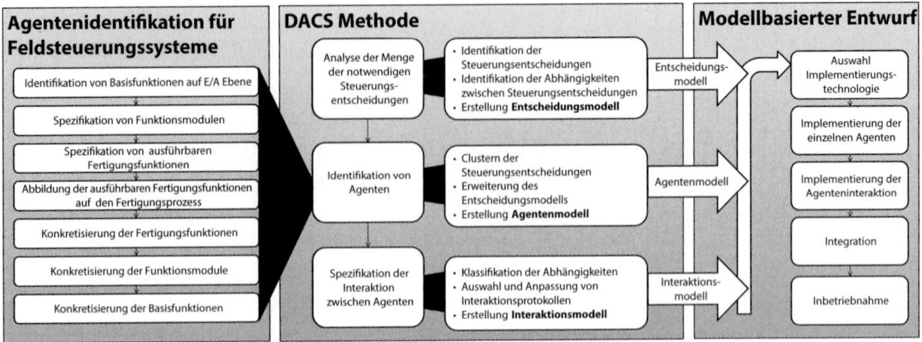

Abb. 7.1 Erweiterte DACS Methode für den Entwurf von agentenbasierten Steuerungssystemen

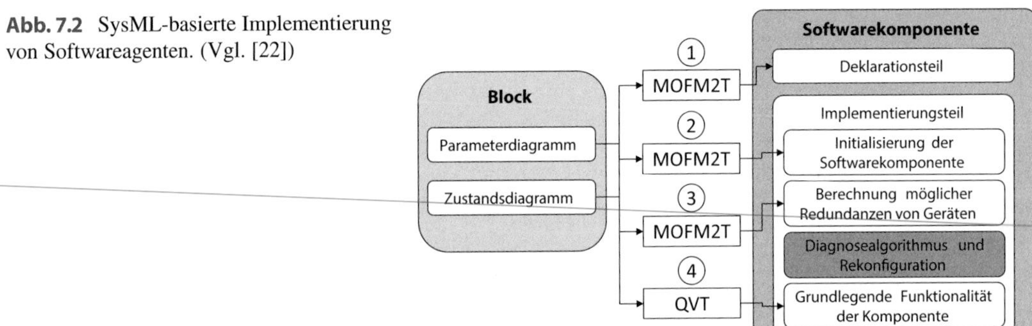

Abb. 7.2 SysML-basierte Implementierung von Softwareagenten. (Vgl. [22])

agenten auf SPS wurden Codegeneratoren entwickelt, die eine Transformation der SysML-basierten Agentenmodelle in laufzeitfähigen Steuerungscode nach IEC 61131-3 realisieren [23].

7.4 Anwendungsbeispiele

Es ist bereits eine Vielzahl von praktischen Anwendungsfällen von Agentensystemen in der Steuerungstechnik dokumentiert worden [9]. Hier sollen nachfolgend drei repräsentativ beschrieben werden.

7.4.1 Agentenbasierte Produktionsplanung

Im Bereich der Produktionsplanungssysteme besteht die Notwendigkeit eingehende Produktionsaufträge adäquat (optimal bezüglich mindestens eines Kriteriums) auf eine veränderliche Menge von Produktionsressourcen zu verteilen, den Ablauf des Fertigungsprozesses zu steuern und auf eventuelle Probleme im Produktionssystem (z. B. Ausfälle) schnellstmöglich zu reagieren.

Ein Mittel zur Umsetzung dieser Anforderungen bilden dezentrale agentenbasierte Steuerungssysteme. Agenten können hier als autonom und kooperativ agierende Steuerungsentitäten sowohl die produktbezogene als auch die ressourcenbezogene Komplexität kapseln und über Verhandlungslösungen eine Interaktion zwischen diesen sichern. Damit werden wichtige Steuerungsteile entkoppelt und einzeln entwerfbar.

Die Lösung des genannten Problems basiert auf der Implementierung eines mehrschichtigen agentenbasierten Steuerungssystems bestehend aus den Agenten Produktagent, Produktagentensupervisor, Ressourcenagent, Ressourcenagentensupervisor, Ability Broker und Product Data Repository.

Ein Produktagent steuert und verwaltet die Ausführung eines Produktionsauftrages. Er wird mit allen notwendigen auftragsbezogenen Informationen zur Startzeit des Agenten versorgt,

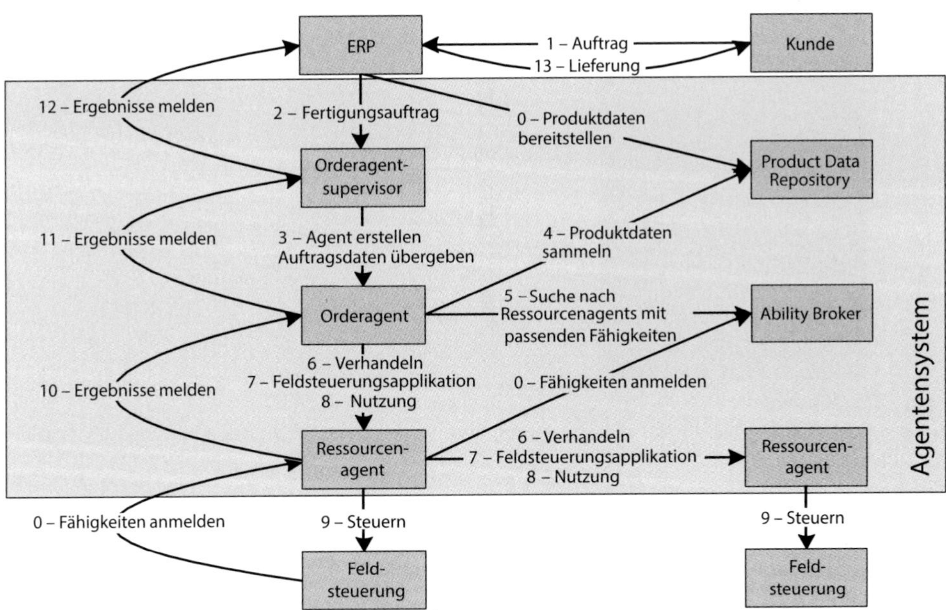

Abb. 7.3 Agentenmodell zur agentenbasierten Produktionsplanung

sammelt selbständig produktbezogene Informationen, verhandelt mit Ressourcenagenten über die Ausführung einzelner Fertigungsschritte und steuert die Ausführung von Fertigungsprozessen auf den Ressourcenagenten.

Ein Produktagentensupervisor steuert die Erstellung und das Datenmanagement aller Produktagenten in Kooperation mit dem ERP. Er überträgt Produktionsaufträge an Produktagenten, überwacht die Ausführung und ändert gegebenenfalls Produktionsaufträge zur Laufzeit.

Ein Ressourcenagent stellt Produktionsfähigkeiten für die Produktagenten bereit und kapselt damit das von ihm gesteuerte CPPS. Er meldet die Produktfunktionalitäten dieses CPPS bei einem Ability Broker an. Gemeinsam mit den Produktagenten bestimmt der Ressourcenagent Fertigungspläne und genutzte Steuerungsapplikationen auf den ihm unterlagerten Produktionsressourcen.

Ein Ressourcenagentensupervisor sichert den Zugriff auf Ressourcen von überlagerten Steuerungsebenen (z. B. SCADA Systemen) sowie den Start- und Geräteintegrationsprozess für Ressourcenagenten.

Ein Ability Broker stellt die Möglichkeit der Suche nach Ressourcen bereit, die ein Produktagent für die Ausführung eines Produktionsschrittes benötigt. Dazu speichert und vergleicht er Beschreibungen von ausführbaren und notwendigen Produktionsprozessen.

Ein Produktdatenrepository stellt produktbezogene Informationen wie notwendige Produktionsprozesse und nutzbare Steuerungsapplikationsteile bereit.

Die verschiedenen Agenten interagieren in einem dezentralen Steuerungsprozess mit agentenspezifischen Interaktionsmechanismen auf der Basis von Verhandlungslösungen. Der dabei genutzte Ablauf ist in Abb. 7.3 dargestellt. Die detaillierte Anwendung dieses Vorgehens ist in [14] beschrieben.

Die beschriebene Struktur der Entkoppelung von produkt- und ressourcenbezogener Steuerung findet in einer Vielzahl von Agentenarchitekturen der Produktionsplanungsebene statt. In [9] und [10] werden einige repräsentative Beispiele für derartige Agentensysteme vorgestellt. Entsprechend kann die Verteilung der Steuerungsaufgaben auf Produkt- und Ressourcenagenten als Entwurfsmuster (Design Pattern) aufgefasst werden [24]. Zudem ermöglicht diese Struktur eine dedizierte Betrachtung von agentengesteuerten CPPS, die sich flexibel an sich än-

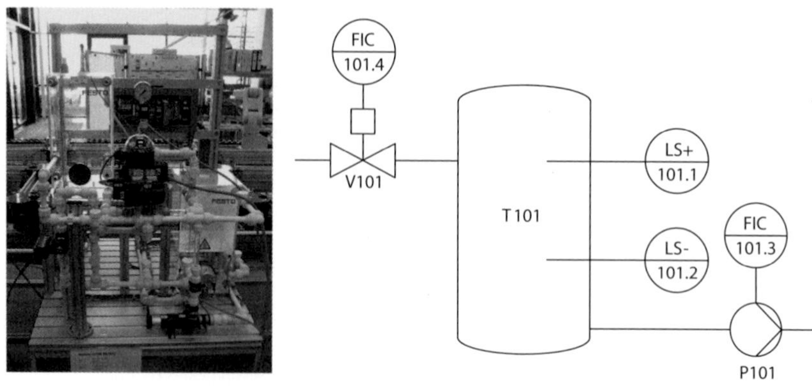

Abb. 7.4 Applikationsbeispiel für das genutzte Modellwissen einer agentenorientierten Füllstandsüberwachung

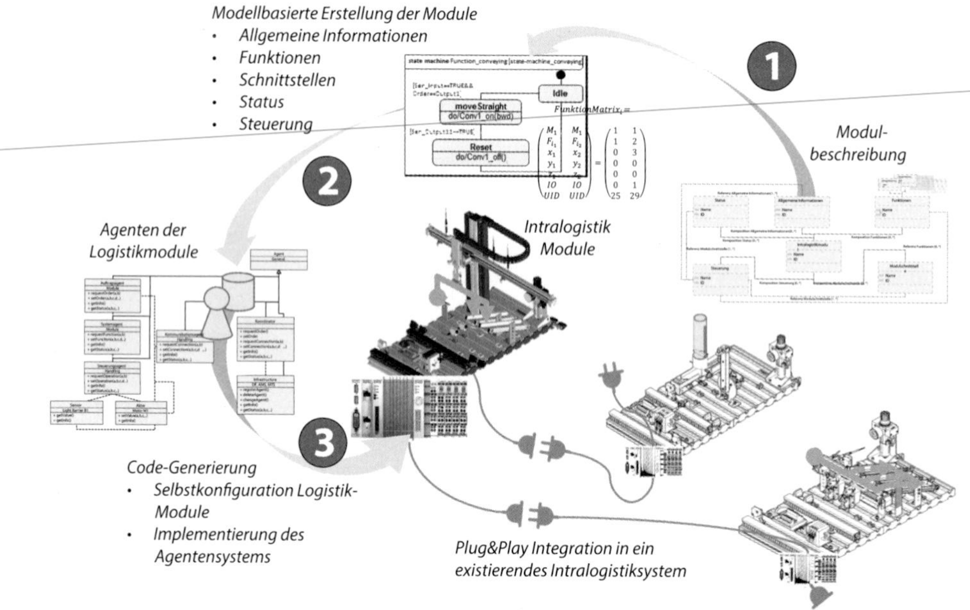

Abb. 7.5 Modellbasierte Erstellung von Agenten für die Intralogistik. (Vgl. [28])

dernde Anwendungsbedingungen anpassen können [25].

7.4.2 Agentenbasierte Feldsteuerung

Produktionsanlagen unterliegen hohen Anforderungen bezüglich der Toleranz gegenüber Fehlern und Ausfällen von Anlagenteilen, wie zum Beispiel Sensoren und Aktoren. Da das Anhalten eines Produktionsprozesses gefolgt von Wartungsarbeiten an der Produktionsanlage aus technologischen oder wirtschaftlichen Gründen nicht immer möglich ist, ist es notwendig auch nach dem Ausfall von Teilen einer Produktionsanlage einen (eingeschränkten) Notbetrieb zu ermöglichen.

Ein Mittel dies zu erreichen ist die Implementierung von Softwareagenten, die Wissen über den Aufbau und die Zusammenhänge innerhalb einer Produktionsanlage enthalten. In diesem Wissen können zum einen Informationen bezüglich alternativer Informationsquellen (z. B. redundanter Sensoren [26]) sowie alternativer

Möglichkeiten zur Ausführung des Produktionsprozesses [27] (z. B. alternative Bearbeitungsschritte) hinterlegt sein.

Mit Hilfe von Softwareagenten (Abb. 7.2) kann der Füllstand eines Behälters trotz Sensorausfall mit dem Wissen über den Zu- und Abfluss des Behälters als alternative Informationsquellen ermittelt werden. Somit kann der Betrieb mit geringerer Genauigkeit aufrecht erhalten werden ([26]; siehe Abb. 7.4).

7.4.3 Agenten in der Intralogistik

Eine weitere Implementierungsmöglichkeit von Agenten auf Feldebene stellt die Domäne Intralogistik bereit. Hierbei repräsentieren die Agenten einzelne Fördertechnikmodule im Gesamtsystem (vgl. [28]). Um die Selbstkonfiguration und -steuerung des Systems zu ermöglichen, müssen die Softwareagenten Kenntnisse über spezifische Eigenschaften (z. B. transportierbares Fördergut) und Fähigkeiten besitzen und den Standort des repräsentierten Fördertechnikmoduls in der Systemtopologie bestimmen. Diese Kenntnisse können durch die Verwendung von standardisierten Modellierungssprachen, z. B. UML, SysML, entwickelt und in die Wissensbasis des Agenten gespeichert werden (siehe Abb. 7.5). Damit ist es möglich, auf Fördertechnikmodul-Ebene eine effiziente Routenplanung durchzuführen.

Neben den Fördertechnikmodul-Agenten sollen auch „Planungsagenten" eingeführt werden, die über zugeschnittene Informationen zur Ableitung einer globalen logischen Struktur verfügen. Durch das Zusammenspiel lokaler und globaler Agenten entsteht eine lernfähige Software-Infrastruktur, die das Auffinden und Bewerten möglicher Wegstrecken, die Koordination von Lastwechseln sowie eine Online-Rekonfiguration des Fördersystems nach Hinzufügen/Entfernen von Fördertechnikmodulen unterstützt. Die Erstellung der IEC-61131-3 kompatiblen Steuerungssoftware erfolgt durch automatische Codegeneratoren (vgl. [23]).

Literatur

1. Kühnle, H.: Post mass production paradigm (PMPP) trajectories. J Manuf Technol Manag **18**, 1022–1037 (2007)
2. Wünsch, D., Lüder, A., Heinze, M.: Flexibility and re-configurability in manufacturing by means of distributed automation systems – an overview. In: Kühnle, H. (Hrsg.) Distributed manufacturing, S. 51–70. Springer, London (2010)
3. Leitão, P., Karnouskos, S., Ribeiro, L., Lee, J., Strasser, T., Colombo, A.W.: Smart agents in industrial Cyber–physical systems. Proc IEEE **104**(5), 1086–1101 (2016)
4. Weiss, G.: Multiagent systems – a modern approach to distributed artificial intelligence. MIT Press, Cambridge (1999)
5. Shen, W., Hao, Q., Yoon, H., Norrie, D.H.: Applications of agent systems in intelligent manufacturing: an update review. Int J Adv Eng Informatics **20**(4), 415–431 (2006)
6. Mařík, V., Vrba, P., Leitão, P. (Hrsg.): Holonic and multi-agent systems for manufacturing. 5th International Conference on Industrial Applications of Holonic and Multi-Agent Systems, HoloMAS 2011, Toulouse, 29.–31. August. Lecture Notes in Artificial Intelligence (LNAI) 6867. Springer, Berlin, Heidelberg (2011)
7. Wagner, T., Göhner, P., de A. Urbano, P.G.: Softwareagenten – Einführung und Überblick über eine alternative Art der Softwareentwicklung. Teil I: Agentenorientierte Softwareentwicklung. Atp – Autom Prax **45**(10), 48–57 (2003)
8. Göhner, P. (Hrsg.): Agentensysteme in der Automatisierungstechnik. Xpert.press. Springer, Berlin, Heidelberg (2013)
9. Verein Deutscher Ingenieure: VDI Richtlinie 2653 – Agentensysteme in der Automatisierungstechnik – Entwicklung. VDI, Düsseldorf (2012)
10. Leitao, P., Karnouskos, S.: Industrial agents – emerging applications of software agents in industry. Elsevier (2015)
11. Bellifemine, F., Caire, G., Greenwood, D.: Developing multi-agent systems with JADE. Wiley series in agent technology. Wiley, Hoboken (2007)
12. Theiss, S., Vasyutynskyy, V., Kabitzsch, K.: Software agents in industry: a customized framework in theory and praxis. IEEE Trans Ind Informatics **5**(2), 147–156 (2009)
13. Ullrich, G.: Fahrerlose Transportsysteme. Reihe Fortschritte der Robotik, Bd. 22. Springer, Berlin Heidelberg (2011)
14. Ferrarini, L., Lüder, A. (Hrsg.): Agent-based technology manufacturing control systems. ISA Publisher (2011). ISBN 978-1936007042

15. VanBrussels, H., Wyns, J., Valckenaers, P., Bongaerts, L., Peeters, P.: Reference architecture for holonic manufacturing systems – PROSA. Comput Ind **37**, 255–274 (1998)
16. Lüder, A., Peschke, J., Sauter, T., Deter, S., Diep, D.: Distributed intelligence for plant automation based on multi-agent systems – the PABADIS approach, Special Issue on Application of Multiagent Systems to PP&C. J Prod Plan Control **15**(2), 201–212 (2004)
17. Colombo, A., Schoop, R., Leitao, P., Restivo, F.: A Collaborative Automation Approach to Distributed Production Systems. 2nd International Conference on Industrial Informatics, Berlin, S. 27–32 (2004). Proceedings
18. Ferrarini, L., Veber, C., Lüder, A., Peschke, J., Kalogeras, A., Gialelis, J., Rode, J., Wünsch, D., Chapurlat, V.: Control architecture for reconfigurable manufacturing systems – the PABADIS'PROMISE approach. 11th IEEE International Conference on Emerging Technologies and Factory Automation, Prague. (2006). Proceedings
19. Wooldridge, M., Jennings, N., Kinny, D.: The gaia methodology for agent-oriented analysis and design. Auton Agent Multi Agent Syst **3**(3), 285–312 (2000)
20. Lüder, A., Peschke, J.: Incremental design of distributed control systems using GAIA-UML. 12th IEEE International Conference on Emerging Technologies and Factory Automation, Patras. (2007)
21. Bussmann, S., Jennings, N.R., Wooldridge, M.: Multiagent systems for manufacturing control: a design methodology. In: Series on agent technology. Springer, Berlin (2004)
22. Hehenberger, P., Vogel-Heuser, B., Eynard, B., Horvath, I., Bradley, D., Tomiyama, T., Achiche, S.: Trends on design, modelling, simulation and integration of Cyber physical systems: methods and applications. Comput Ind **82**, 273–289 (2016)
23. Witsch, D., Vogel-Heuser, B.: Close integration between UML and IEC 61131-3: new possibilities through object-oriented extensions. 15th IEEE International Conference on Emerging Technologies and Factory Automation, S. 1–6 (2010)
24. Bratukin, A., Lüder, A., Treytl, A.: Applications of agent systems in intelligent manufacturing. In: Kühnle, H. (Hrsg.) Distributed manufacturing, S. 113–138. Springer, London (2010)
25. Regulin, D., Vogel-Heuser, B.: Agentenorientierte Verknüpfung existierender heterogener automatisierter Produktionsanlagen durch mobile Roboter zu einem Industrie-4.0-System. In: Vogel-Heuser, Bauernhansl, T., ten Hompel, M. (Hrsg.) Handbuch Industrie 4.0 – Produktion, Automatisierung und Logistik. Springer, Berlin Heidelberg (2015) https://doi.org/10.1007/978-3-662-45537-1_96-1
26. Schütz, D., Wannagat, A., Legat, C., Vogel-Heuser, B.: Development of PLC-based software for increasing the dependability of production automation systemss. IEEE Trans Ind Informatics **9**(4), 2397–2406 (2013)
27. Legat, C., Schütz, D., Vogel-Heuser, B.: Automatic generation of field control strategies for supporting (re-)engineering of manufacturing systems. J Intell Manuf **25**(5), 1101–1111 (2013)
28. Regulin, D., Schütz, D., Aicher, T., Vogel-Heuser, B.: Model based design of knowledge bases in multi agent systems for enabling automatic reconfiguration capabilities of material flow modules. 12th IEEE International Conference on Automation Science and Engineering, S. 133–140 (2016)

Literatur zu Teil II Elektronische Datenverarbeitung

Bücher

Anderl, R., Trippner, D.: STEP, Standard of the Exchange of Product Model Data. Teubner, Stuttgart (2000)

Eigner, M., Stelzer, R.: Product Lifecycle Management – Ein Leitfaden für Product Development und Life Cycle Management. Springer, Dordrecht Heidelberg Berlin New York (2009)

Goos, G.: Vorlesungen über Informatik, Band 1–4. Springer, Berlin (1997–2001)

Kunwoo, L.: Principles of CAD/CAM/CAE Systems. Addison-Wesley, Boston (1999)

Rembold, U., Levi, P.: Einführung in die Informatik für Naturwissenschaftler und Ingenieure. Hanser, München (2002)

Spur, G., Krause, F.-L.: Das virtuelle Produkt. Management in der CAD-Technik. Carl Hanser, München, Wien (1997)

Zeitschriften

CAD-CAM Report. Hoppenstedt, Darmstadt

CADplus. Göller, Baden-Baden

Digital Engineering Magazin. WIN, Vaterstetten

Informatik-Spektrum. Springer, Berlin

Objektspektrum. SIGS-DATACOM, Troisdorf

Zeitschrift für wissenschaftlichen Fabrikbetrieb. Hanser, München

Teil III
Mechanische Konstruktionselemente

Das Kapitel Mechanische Konstruktionselemente ist wohl das umfangreichste im Dubbel. Dies ist insofern nachvollziehbar, da die mechanischen Konstruktionselemente in nahezu allen Bereichen des Maschinenbaus eingesetzt werden. Diese Gruppe der Konstruktionselemente ist sozusagen das Rückgrat des Maschinenbaus. Hierzu gehören in ihrem konstruktiven Aufbau einfachere Verbindungselemente wie Schrauben, Bolzen, Nieten, Passfedern oder Federn, aber auch komplexer gestaltete Elemente wie Kupplungen, Bremsen und Getriebe. Darüber hinaus gehören der Gruppe auch die mechanischen Lagerungsarten wie Wälz- und Gleitlager an, die – je nach Eignung – in nahezu jeder Maschine mit drehenden Bauteilen verwendet werden. Eine Besonderheit stellen die speziellen Bauteilverbindungen wie Schweißen, Löten, Kleben und Reibschlussverbindungen dar, die für sich nicht unbedingt im landläufigen Sinne Maschinenelemente sind, aber die mindestens genauso wichtig für die Gestaltung von Bauteilen des Maschinenbaus und der angrenzenden Disziplinen sind. Einen verhältnismäßig großen Bereich des Kapitels nehmen die verschiedenen mechanischen Getriebearten ein. Hier werden die bekannten Zugmittelgetriebe wie Flachriemen-, Keilriemen-, Zahnriemen- und Kettengetriebe vorgestellt. Es folgen die Reibradgetriebe und die wesentlich häufiger zum Einsatz kommenden Zahnradgetriebe in ihren verschiedensten Ausführungen. Der Bereich Getriebe schließt mit der Getriebetechnik, die sich mit Gelenk- und Kurvengetrieben beschäftigt.

Jedes dieser im weiteren Verlauf vorgestellten mechanischen Konstruktionselemente ist bei näherer Betrachtung weitaus komplexer in seinen Eigenschaften und Berechnungsgrundlagen, als dass dies im Rahmen des Taschenbuchs für den Maschinenbau in Gänze darstellbar wäre. Zu diversen Maschinenelementen gibt es eigene Fachbücher, wissenschaftliche Abhandlungen und experimentelle Untersuchungen, die die Eigenschaften und das Verhalten näher beschreiben und genauere aber auch meist erheblich aufwendigere Berechnungsverfahren liefern. Bei den meisten Anwendungen ist diese detailliertere Betrachtung bei der ersten Konzeptauswahl allerdings nicht notwendig. Ziel der folgenden Unterkapitel ist es also, die für eine maschinenbauliche Konstruktion Verantwortlichen in die Lage zu versetzen, das jeweilige Konstruktionselement in seinem Aufbau und seiner Funktion zu verstehen, es für den späteren Betrieb auszulegen und in den Kontext mit anderen Konstruktionselementen der Gesamtkonstruktion zu setzen.

8 Bauteilverbindungen

Helmut Wohlfahrt, Thomas Widder, Manfred Kaßner, Karl Thomas, Klaus Dilger, Heinz Mertens und Robert Liebich

8.1 Schweißen

Klaus Dilger

Kapitel basiert auf: H. Wohlfahrt†, K. Thomas† und M. Kaßner†.

Beim *Verbindungsschweißen* werden die Teile durch Schweißnähte am Schweißstoß zum Schweißteil zusammengefügt. Mehrere Schweißteile ergeben die Schweißgruppe und mehrere Schweißgruppen die Schweißkonstruktion. Durch *Auftragschweißen* können verschlissene Flächen von Werkstücken neu aufgetragen, Oberflächen weniger verschleißfester Werkstoffe mit Schichten aus Verschleißwerkstoffen gepanzert (Schweißpanzern), korrosiv unbeständige Trägerwerkstoffe mit korrosionsbeständigen Werkstoffen „plattiert" (Schweißplattieren) oder zwischen nichtartgleichen Werkstoffen kann durch den Auftragwerkstoff eine beanspruchungsgerechte Bindung erzielt werden (Puffern). Neben Metallen lassen sich auch viele Kunststoffe durch Schweißen miteinander verbinden.

8.1.1 Schweißverfahren

Verbindungsmöglichkeiten. Beim Metallschweißen werden die metallischen Werkstoffe verbunden:

Durch Erwärmen der Stoßstellen bis in den Schmelzbereich (Schmelzschweißen) meist unter Zusetzen von artgleichem Werkstoff (Zusatzwerkstoff) mit gleichem oder nahezu gleichem Schmelzbereich wie die zu verbindenden Werkstoffe. An der Stoßstelle ist eine flüssige Zone vorhanden, die nach dem Erkalten Gussgefüge aufweist.

Durch Erwärmen der Stoßstellen (u. U. bis zum Schmelzen) *und Anwenden von Druck* (Pressschweißen). Soweit an der Verbindungs-

H. Wohlfahrt
Technische Universität Braunschweig
Braunschweig, Deutschland

T. Widder
Technische Universität Braunschweig
Braunschweig, Deutschland

M. Kaßner
Technische Universität Braunschweig
Braunschweig, Deutschland
E-Mail: m-kassner@alice-dsl.net

K. Thomas
Technische Universität Braunschweig
Braunschweig, Deutschland

K. Dilger (✉)
Technische Universität Braunschweig
Braunschweig, Deutschland
E-Mail: k.dilger@tu-braunschweig.de

H. Mertens
Technische Universität Berlin
Berlin, Deutschland
E-Mail: heinz.mertens@tu-berlin.de

R. Liebich
Technische Universität Berlin
Berlin, Deutschland
E-Mail: robert.liebich@tu-berlin.de

B. Bender und D. Göhlich (Hrsg.), *Dubbel Taschenbuch für den Maschinenbau 2: Anwendungen*,
https://doi.org/10.1007/978-3-662-59713-2_8

stelle kein Schmelzfluss, aber große plastische Verformung eingetreten ist, wird das Gefüge nach dem Erkalten in der Regel feinkörnig sein.

Durch Anwenden von Druck im kalten Zustand der Werkstoffe (Kaltpressschweißen). Die Verbindung lässt sich nur durch große plastische Verformungen der oxidfreien Oberflächen an der Stoßstelle herstellen; das Gefüge ist sehr stark kaltverformt.

Durch Erwärmen der Schweißzone im Vakuum oder in einem Schutzgas unter Anwendung von geringem Druck ohne plastische Verformung an der Verbindungsstelle (Diffusionsschweißen). Die Temperatur an der Verbindungsstelle muss eine für die Diffusion der Metallatome ausreichende Höhe haben. Außerdem wird dafür eine hinreichende Zeit benötigt.

Wärmequellen. Gasflamme (Gasschweißen), elektrischer Lichtbogen (Lichtbogenschweißen), Joule'sche Wärme im Werkstück (Widerstandsschweißen), Induktion (Induktionsschweißen), Joule'sche Wärme in der flüssigen Schweißschlacke (Elektro-Schlacke-Schweißen), Relativbewegung zwischen den Grenzflächen (Reibschweißen und Ultraschallschweißen), Energie hoch beschleunigter Elektronen (Elektronenstrahlschweißen), Lichtenergie extremer Fokussierung oder Bündelung (Lichtstrahl-, Laserstrahlschweißen), exotherme chemische Reaktion (aluminothermisches Schweißen), flüssiger Wärmeträger (Gießschweißen) und Ofen (Feuerschweißen).

Verfahren. Beim Gas- und Lichtbogenschweißen überwiegen immer noch die *Handschweißverfahren*, bei denen die Wärmequelle, die Gasflamme oder der elektrische Lichtbogen, durch den Schweißer von Hand geführt wird. Zur Erhöhung der Schweißgeschwindigkeit kann der Schweißstelle der Zusatzwerkstoff von Spulen (Drahtelektrode) zugeführt werden – *teilmechanische Verfahren* –, wobei wegen der Stromzuführung zur Elektrode in unmittelbarer Nähe des Lichtbogens eine wesentlich höhere Stromdichte als bei der Handschweißung mit umhüllter Elektrode möglich ist. Insbesondere im Behälterbau oder bei Auftragschweißungen kann auch das Fortschreiten der Wärmequelle entlang der Schweißnaht durch eine Fahrbewegung des Schweißkopfes oder durch Bewegen – Fahren oder Drehen – des Werkstücks bewirkt werden – *vollmechanische Schweißverfahren.* In der Massenfertigung erfolgt das Schweißen in Spann- und Haltevorrichtungen mit automatischem – u. U. rechnergesteuertem – Ablauf des Schweißvorgangs – *automatisches Schweißen* –, meistens mit Robotern.

Die häufig anzutreffenden Verfahren sind mit ihren Merkmalen und Hauptanwendungsgebieten in Tab. 8.1 zusammengestellt. Es werden weit über 200 Schweißverfahren gezählt. Neben den bereits aufgeführten Merkmalen der Wärmequellen und dem Grad der Mechanisierung unterscheiden sich die Verfahren in den Anwendungsmöglichkeiten. Bei manchen sind nur bestimmte Schweißpositionen möglich. Fugenform und Nahtart sind ebenfalls zum Teil oder ganz vom Schweißverfahren abhängig. Daneben bestehen beim Lichtbogenschweißen Unterschiede im Einbrandverhalten, unter dem die Aufschmelztiefe der Fugenflanken unter der Einwirkung des Lichtbogens zu verstehen ist.

Die Auswahl des für die Fertigung optimalen Schweißverfahrens wird von vielen technischen und wirtschaftlichen Faktoren bestimmt, sodass sich hierfür keine allgemein gültigen Regeln aufstellen lassen. Ausführliche Informationen über Schweißverfahren enthalten [1]–[4]

8.1.2 Schweißbarkeit der Werkstoffe

Die Schweißbarkeit metallischer Werkstoffe wird nach DIN-Fachbericht ISO/TR 581 in *Schweißeignung* (Verbindung kann aufgrund der Werkstoffeigenschaften hergestellt werden), *Schweißmöglichkeit* (fachgerechte Herstellbarkeit) und *Schweißsicherheit* (Betriebsbewährung des Bauteils) unterteilt. Bei Wahl eines zweckmäßigen Schweißverfahrens und sachgerechter Ausführung sind nahezu alle Stahlsorten und Nichteisenmetalle schweißbar.

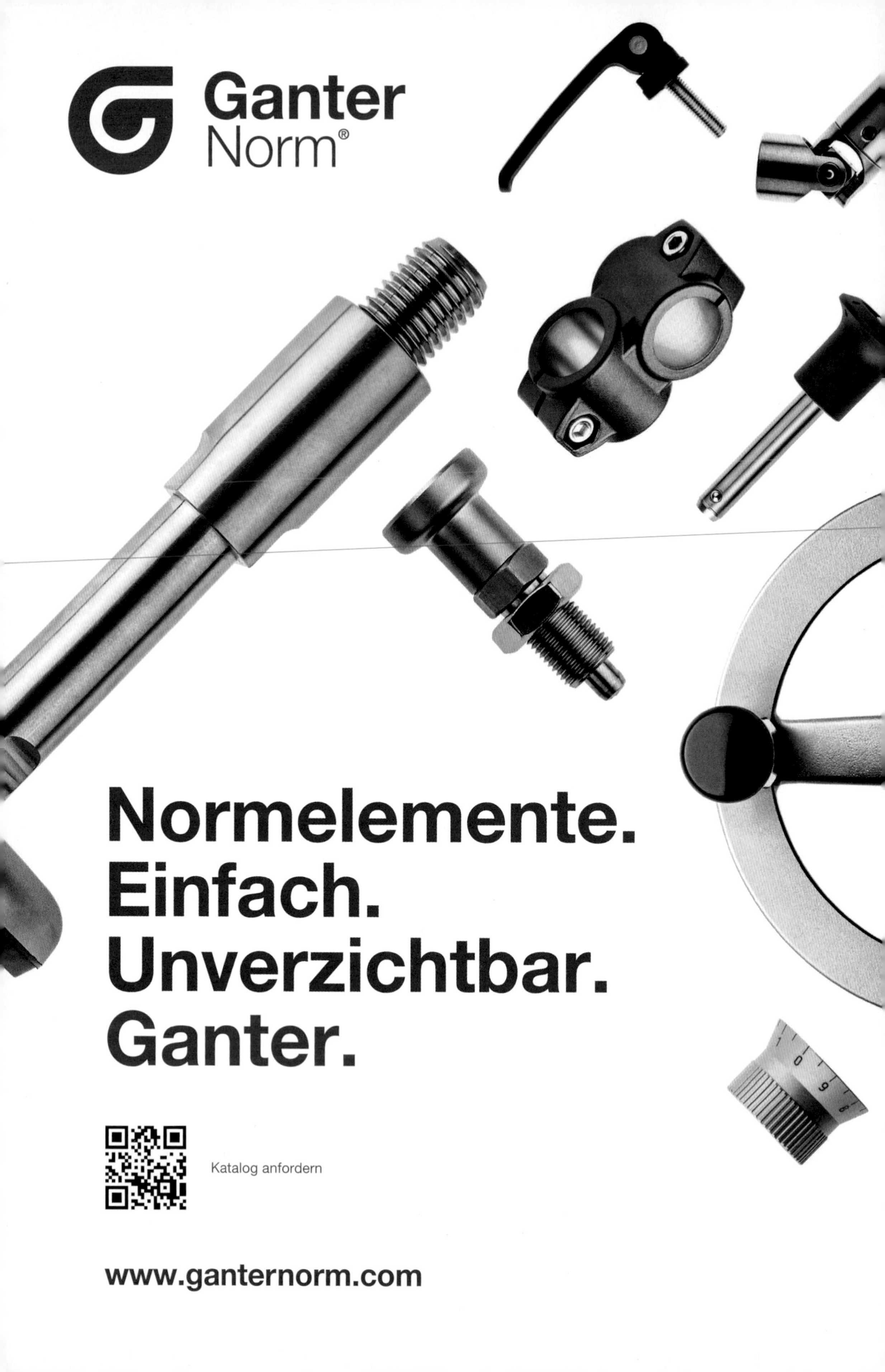

Tab. 8.1 Übersicht über die wichtigsten Schweißverfahren

Schweißverfahren	Kennzeichnende Merkmale	Hauptanwendung
Gasschmelz-schweißen (Autogen-schweißen)	Der Injektor- oder der Gleichdruckbrenner erwärmt durch das verbrennende Gasgemisch – vorwiegend ein Acetylen-Sauerstoff-Gemisch im Mischungsverhältnis 1 : 1 bis 1 : 1,1 – die Schweißstelle auf Schmelztemperatur. In der Schweißfuge fehlender Werkstoff wird durch Zusatzdraht (Gasschweißstab) zugegeben.	Besonders für Stumpf- und Eckstöße in allen Schweißpositionen, vorwiegend bei Dünnblechen und Rohren aus Stahl und bei Kupfer. Wanddicken normal bis 5 mm. Bis 3 mm Wanddicke Nachlinks-, über 3 mm Nachrechts-schweißung.
Lichtbogen-schmelz-schweißen	Der Lichtbogen brennt zwischen einer Elektrode und dem Werkstück, zwischen zwei Elektroden und/oder den Werkstücken.	
Lichtbogen-Handschweißen (abschmelzende Elektrode)	Der Lichtbogen brennt zwischen der Elektrode, die gleichzeitig als Zusatzwerkstoff abschmilzt, und dem Werkstück. Der Schweißstrom – 15 bis 20 A/mm^2 Kerndrahtquerschnitt der Elektrode bei 10 bis 45 V Lichtbogenbrennspannung – wird von Geräten besonderer Bauart als Gleichstrom von Schweißumformern oder Schweißgleichrichtern oder als Wechselstrom von Schweißtransformatoren geliefert. Der Kerndraht der Elektroden ist meist aus Werkstoffen gleicher oder ähnlicher chemischer Zusammensetzung wie die zu verschweißenden Teile hergestellt. Die Art der Umhüllung (z. B. sauer, rutil, basisch oder zellulosehaltig) hat Einfluss auf das Schweißverhalten der Elektrode und die Eigenschaften der fertigen Schweißnaht. Neben der metallurgischen Wirkung der Hüllenbestandteile (Reaktion zwischen Schlacke und Schweißgut) können diese auch zur Erhöhung des Ausbringens (Hochleistungs-Elektrode) oder zum Legieren des Schweißgutes (hüllenlegierte Elektroden) beitragen.	Bei allen Stoß- und Nahtarten, in allen Schweißpositionen und für fast alle Eisen- und Nichteisenmetalle bei entsprechender Auswahl der Elektroden und der Schweißbedingungen (Vorwärmung, Wärmeführung beim Schweißen, Abkühlung, Wärmenachbehandlung). Kleinste Wanddicke etwa 1 mm.
Metalllichtbogen-schweißen mit Fülldrahtelektrode	Lichtbogen brennt ohne zusätzliche Schutzgaszuführung zwischen der von der Rolle zugeführten abschmelzenden Elektrode und dem Werkstück. Die Elektrode ist zugleich Zusatzwerkstoff. Die röhrenförmige Elektrode (Außendurchmesser 1,0 mm und größer) enthält innen vorwiegend mineralische Bestandteile zur Desoxidation der Schmelze, aber auch Metalllegierungen zum Auflegieren der Schmelze.	Vorwiegend für un- und niedriglegierte Stähle und für Hartauftragungen (Verschleißschichten).
Unter-Pulver-Schweißen (UP-Schweißen)	Lichtbogen brennt unsichtbar zwischen einer von der Rolle zugeführten Drahtelektrode und dem Werkstück unter einer Schicht aus besonderem Schweißpulver. Der Schweißkopf wird (selten) von Hand (teilmechanisch) oder meist vollmechanisch geführt, die Drahtvorschubgeschwindigkeit kann durch die Lichtbogenlänge gesteuert sein; Zündung unter der Pulverschicht durch die der Schweißspannung überlagerte Hochfrequenzspannung, bis zu fünf Schweißköpfe möglich, deren Lichtbögen in derselben Kaverne brennen.	Bei Stumpf- und Kehlnähten hauptsächlich in waagerechter Schweißposition, aber auch horizontal und waagerecht an senkrechter Wand mit besonderen Vorrichtungen zum Halten des Pulvers. Kleinste Blechdicke etwa 2 mm, wegen der großen Abschmelzleistung aber vorwiegend bei dicken Blechen und langen Nähten.
Unter-Pulver-Band-Schweißen	Lichtbogen brennt unsichtbar zwischen einer von der Rolle zugeführten bandförmigen Elektrode (bis etwa 100 mm Breite) und der Werkstückoberfläche unter einer Schicht aus besonders zusammengesetztem Schweißpulver. Der Schweißkopf wird maschinell geführt. Die Bandvorschubgeschwindigkeit kann durch die Lichtbogenlänge gesteuert sein.	Vervollkommnung des UP-Schweißens für großflächige Auftragung vorwiegend von korrosionshemmenden Schichten (Schweißplattieren). Anwendung nur bei größeren Werkstückdicken wegen des Verzugs durch die Schweißwärme möglich.

Tab. 8.1 (Fortsetzung)

Schweißverfahren	Kennzeichnende Merkmale	Hauptanwendung
Unter-Pulver-Einseiten-Schweißen	Zur Steigerung der Abschmelzleistung werden bis zu drei Schweißköpfe hintereinander angeordnet. In die Schweißfuge kann auch vor der Schweißstelle Granulat aus Eisenlegierung eingebracht werden. Wegen des großen Schweißbades und der hohen örtlichen Wärmezufuhr ist Badsicherung (hoher Wurzelsteg oder kräftige Wurzellage) erforderlich.	Vorwiegend im Schiffbau zum Schweißen langer Stumpfnähte ausschließlich von einer Seite ohne Wenden des Werkstücks (Sektionsbauweise) bis etwa 40 mm Werkstückdicke an unlegierten und Feinkornstählen.
Schutzgas-schweißen	Der sichtbare Lichtbogen brennt in einem Schutzgasmantel.	
Wolfram-Inertgas-(WIG)-Schweißen	Lichtbogen brennt in einem Schutzstrom aus inertem Gas zwischen der Wolfram-Elektrode (vielfach mit Thoriumzusatz) und dem Werkstück. Der Zusatzwerkstoff wird von Hand oder maschinell von Rollen zugegeben. Als Schutzgas wird in Deutschland fast ausschließlich Argon verwendet, daneben je nach Werkstoff und Anforderung auch Argon-Heliumgemische und reines Helium. Schweißungen mit Gleichstrom, nur bei Aluminium und dessen Legierungen mit Wechselstrom. Hochfrequenzüberlagerung zur Erleichterung der Zündung.	Bei allen Stoß- und Nahtarten und in allen Schweißpositionen für nahezu alle metallischen Werkstoffe, vorwiegend aber die korrosions- und zunderbeständigen CrNi-Stähle, Aluminium und dessen Legierungen (ohne Flussmittel), Kupfer und Kupferlegierungen (mit Flussmittel) bis zu mittleren Blechdicken.
(Wolfram-) Plasma-(WP)-Schweißen	Das Lichtbogen-Plasma (in Elektronen und Ionen zerlegte ein- oder mehratomige Gase – vorzugsweise Argon, Stickstoff oder Wasserstoff) schmilzt Grund- und Zusatzwerkstoff.	
Plasma-Strahl-(WPS)-Schweißen	Lichtbogen brennt zwischen Wolfram-Elektrode und Innenwand der Düse (nicht übertragener Lichtbogen). Der aus der Düse herausgedrückte Plasma-(ionisierter Schutzgas-) Strahl schmilzt den Werkstoff (und den als Draht oder Stab zugeführten Zusatzwerkstoff) an der Schweißstelle oder erwärmt die Werkstückoberfläche bis auf Bindetemperatur und den pulverförmig zugeführten Zusatzwerkstoff (vorwiegend Hartlegierungen) bis auf Schmelztemperatur.	Vorwiegend zum Verbindungsschweißen hochlegierter Stähle kleiner Wanddicken (z. B. Längsnahtschweißen von Rohren) und zum Auftragen (Schweißplattieren) von Legierungen mit schwer schmelzbaren Bestandteilen (Karbiden) bei geringer Aufschmelzung des Trägerwerkstoffs.
Plasma-Lichtbogen-(WPL)-Schweißen	Lichtbogen brennt zwischen Wolfram-Elektrode und Werkstück (übertragener Lichtbogen). Zünden wird durch einen in der Düse zwischen Wolfram-Elektrode und Düseninnenseite brennenden Lichtbogen geringer Stromdichte (Pilot-Lichtbogen) erleichtert. Zuführen des Zusatzwerkstoffes vorwiegend in Pulverform. Stärkeres An-(Auf-) Schmelzen des Grundwerkstoffes als beim Plasma-Strahl-Schweißen.	Vorwiegend zum Auftragen (Schweißplattieren) korrosions- und verschleißhemmender Schichten sowie von hochtemperaturbeständigen Werkstoffen auf Grundwerkstoffe geringerer Beständigkeit.
Metall-Schutzgas-(MSG)-Schweißen	Lichtbogen brennt in einem Schutzstrom aus inertem oder aktivem Gas zwischen der von der Rolle zugeführten abschmelzenden Metallelektrode und dem Werkstück. Die Elektrode ist zugleich Zusatzwerkstoff und daher auf den zu verschweißenden Werkstoff abzustimmen.	

Tab. 8.1 (Fortsetzung)

Schweißverfahren	Kennzeichnende Merkmale	Hauptanwendung
Metall-Inertgas-(MIG)-Schweißen	Schutzgas, meist reines Argon, selten Ar-He-Gemische oder reines He. Wegen der Stromzuführung zur Elektrode in unmittelbarer Nähe des Lichtbogens sind Stromdichten um 100 A/mm^2 mit der daraus folgenden hohen Abschmelzgeschwindigkeit möglich. Elektrodendmr. vorwiegend unter 2,4 mm. Sprühlichtbogen (hohe Stromdichte) bei größeren Wanddicken und Auftragungen in waagerechter Position, Kurzlichtbogen (niedrige Stromdichte und dünne Drahtelektrode) bei kleinen Wanddicken, schweißempfindlichen Werkstoffen und in allen Schweißpositionen. Für empfindliche Werkstoffe und in anderen Sonderfällen Impulslichtbogenschweißen (rhythmisches Umschalten zwischen hohem Impulsstrom und niedrigem Grundstrom durch elektronische Steuerung, wobei der Lichtbogen erhalten bleibt) zur Begrenzung der Wärmezufuhr zur Schweißstelle, wegen des günstigeren Tropfenübergangs und der Reduzierung des Abbrands.	Bei fast allen Stoß- und Nahtarten in allen Schweißpositionen für alle legierten Stähle, Aluminium und seine Legierungen, Kupfer und Kupferlegierungen (mit Flussmittel) über etwa 1 mm Blechdicke.
Metall-Aktivgas-schweißen mit Mischgas (MAGM)	Gasgemische aus Argon, Kohlendioxid (bis 18 %) und Sauerstoff (bis 5 %) sollen die Nachteile inerter Schutzgase (Preis, Porenbildung bei einigen Werkstoffen) und der Kohlensäure (Spritzen, Abbrand von Legierungselementen) vermindern. Sprüh-, Kurz- und Impuls-Lichtbogen wie beim MIG-Schweißen.	Für unlegierte, niedriglegierte und einige hochlegierte Stähle aller Blechdicken und in allen Schweißpositionen. Beim Schweißen der hochlegierten korrosionsbeständigen Stähle ist die Abnahme der Korrosionsbeständigkeit durch Chromkarbidbildung in Abhängigkeit vom CO_2-Gehalt des Schutzgases zu berücksichtigen.
Metall-Aktivgas-schweißen mit Kohlendioxid (CO_2) (MAGC)	*Kohlendioxid* dient als Ersatz für das teurere Argon oder Helium, jedoch wird bei hohen Temperaturen Sauerstoff aus dem Gas abgespalten, das mit dem zu verschweißenden Werkstoff und Zusatzwerkstoff reagiert (Oxydation). Verbrennende Legierungselemente (Silicium, Mangan) müssen durch Zusatzwerkstoff (überlegiert) auch zur Desoxydation des Schweißgutes zugeführt werden.	Überwiegend für beruhigte unlegierte Stähle aller Dickenbereiche in Sprühlichtbogen- oder Kurzlichtbogentechnik (kleine Dicken, Zwangslagen).
	Kohlendioxid oder Mischgas mit *Falzdraht* oder Fülldraht, einem zu einem Röhrchen gefalzten Blechstreifen mit eingeschlossenem Schweißpulver als Elektrode und Zusatzwerkstoff, ist eine Weiterentwicklung der Metallaktivgas-Schweißverfahren zur besseren metallurgischen Beeinflussung des Schweißgutes.	Vorwiegend für unlegierte Stähle bei waagerechter Schweißposition und für Auftragung (Verschleißschichten).
Strahl-schweißen	Energiereiche gebündelte Strahlung erzeugt bei ihrem Auftreffen auf bzw. Eindringen in das Werkstück die für den Schweißprozess erforderliche Wärme.	
Elektronenstrahl-schweißen	Die kinetische Energie von Elektronen, durch Hochspannung (bis 175 kV) auf hohe Geschwindigkeit beschleunigt, erwärmt das Werkstück an der Auftreffstelle auf Verdampfungs- oder Schmelztemperatur. Durch Bündelung des Elektronenstrahls (elektromagnetische Linsen) auf Brennfleckdurchmesser unter 0,1 mm begrenzte örtliche Erhitzung mit großer Tiefenwirkung. Schweißprozess meistens im Hochvakuum oder mit hohen Energieverlusten (Ionisationsverluste) an Luft.	Vorwiegend für schweißempfindliche Werkstoffe, Kfz-Industrie und Sonderaufgaben. Großer apparativer Aufwand (Vorrichtungen) bei Serienfertigung, genaue Vorbereitung der Stoßflächen.

Tab. 8.1 (Fortsetzung)

Schweißverfahren	Kennzeichnende Merkmale	Hauptanwendung
Laserstrahl-schweißen	Ein in einem Festkörper-, Dioden- oder Gas-Laser erzeugter Laserstrahl erwärmt nach Fokussierung durch eine Linse beim Auftreffen auf das Werkstück die Schweißstelle auf Schweißtemperatur. Zum Schutz des Schweißguts kann ein Schutzgas durch eine Düse auf die Schweißstelle geleitet werden. Automatisierte Führung des Lasers ist zweckmäßig und ermöglicht große Arbeitsabstände und Geschwindigkeiten.	Vor allem dünnwandige Teile aus Stählen und NE-Metallen bis ca. 5 mm Wanddicke.
Laserhybrid-schweißen	Kombination eines Schutzgasschweißverfahrens (z. B. Plasma, WIG, MIG/MAG) mit dem Laserschweißen. Durch die Vorteile beider Verfahren, gute Spaltüberbrückbarkeit und tiefe schmale Nähte mit geringem Wärmeeintrag, lassen sich günstigen Nahtgeometrien bei hoher Schweißgeschwindigkeit erzielen.	Schweißen von Bauteilen und Rohren aus Stählen und NE-Metallen, Automobilkarosserien.
Widerstands-schmelz-schweißen	Der Schmelzfluss wird durch elektrischen Widerstand erzeugt.	
Elektro-Schlacke-Schweißen	Schmelzflüssige Schlacke mit ähnlicher Zusammensetzung wie das Schweißpulver der Unter-Pulver-Schweißung wird durch den hindurchfließenden Strom erwärmt. Sie schmilzt den zu verschweißenden Werkstoff auf und den Zusatzwerkstoff ab. Stromzuführung erfolgt zu der den Widerstand bildenden Schlacke, sie wird durch gekühlte Kupferbacken gehalten und geformt.	Für Stumpfstöße in senkrecht steigender Schweißposition bei unlegierten und niedriglegierten Stählen mit Werkstückdicken ab 8 mm bis etwa 1000 mm. Geeignet auch zum Auftragschweißen in senkrechter und waagerechter Schweißposition (Schweißplattieren).
Widerstands-pressschweißen	Durch den elektrischen Widerstand in der Schweißzone entsteht beim Stromdurchgang die zum Schweißen erforderliche Wärme. Die Bindung zwischen den zu verbindenden Stellen wird durch Zusammenpressen der Teile erzeugt. Der erforderliche Pressdruck muss um so höher sein, je niedriger die Temperatur ist.	
Punktschweißen	Die beiden flächig aufeinanderliegenden Werkstücke werden durch zwei gegenüberliegende, meist ballige Kupferelektroden an einzelnen Punkten aufeinandergedrückt. Der Schweißstrom, Wechselstrom oder Gleichstrom hoher Stromstärke bei niedriger Spannung, erwärmt die zu verbindenden Teile vorwiegend durch den Übergangswiderstand Blech/Blech punktförmig auf Schmelztemperatur oder dicht darunter.	Zum Verbinden von Blechen aus unlegiertem und legiertem Stahl, Leichtmetallen und anderen NE-Metallen. Blechdicke normal bei Stahl mit etwa 2 × 6 mm, bei Leichtmetall mit etwa 2 × 3 mm begrenzt. Größere Blechdicken (bis 30 mm bzw. bis 6 mm) erfordern sehr hohe elektrische Leistungen.
Pressstumpf-schweißen (Wulstschweißen)	Die sauberen, planparallel bearbeiteten Stoßflächen liegen unter Druck aufeinander. Durch den Übergangswiderstand der Berührungsfläche erwärmt der Schweißstrom – Gleichstrom oder Wechselstrom mit hoher Stromstärke und geringer Spannung – die Werkstücke in einem schmalen Bereich auf die Schweißtemperatur, die dicht unter der Schmelztemperatur liegt. Verschweißung unter stetigem Stauchdruck mit Wulstbildung. Erwärmung statt durch direkten Stromdurchgang auch induktiv.	Stumpfstöße von Blechen und einfachen Profilformen aus unlegierten und niedriglegierten Stählen bis etwa 3000 mm^2 Querschnitt.

Tab. 8.1 (Fortsetzung)

Schweißverfahren	Kennzeichnende Merkmale	Hauptanwendung
Abbrenn-stumpfschweißen	Die unbearbeiteten Stoßflächen werden während des Stromdurchgangs in so leichter Berührung gehalten, dass der Werkstoff an den kleinen örtlichen Berührungsstellen wegen der großen Stromdichte stetig abbrennt. Das flüssige Metall wird aus der Stoßstelle herausgeschleudert. Nach genügender Tiefe der Abbrandzone erfolgt die Verschweißung durch schlagartiges Stauchen meistens unter gleichzeitiger Stromabschaltung. An der Schweißstelle entsteht ein Grat durch das aus der Stoßfuge herausgequetschte flüssige Material.	Stumpfstöße von Profilen und Blechen aus unlegierten und legierten Stählen, Leichtmetallen und Kupfer bis 60 000 mm^2 bei flächigen und 120 000 mm^2 bei Rohr-Querschnitten. Auch die Verbindung verschiedenartiger Werkstoffe ist möglich, z. B. Schnellarbeitsstahl mit Werkzeugstahl.
Buckelschweißen	Die beiden flächig aufeinanderliegenden Werkstücke, von denen eines mit eingedrückten Buckeln bzw. geprägten Warzen (bei Muttern auch ringförmig) versehen ist oder zwischen denen geformte Einlegestücke angeordnet sind, werden durch plattenförmige Elektroden aufeinandergedrückt. Der Schweißstrom – Wechsel- oder Gleichstrom hoher Stromstärke bei niedriger Spannung – erwärmt die Teile an den Berührungsstellen auf die Schweißtemperatur dicht unter der Schmelztemperatur. Buckel und Warzen werden durch den Stauchdruck ganz oder teilweise eingeebnet.	Befestigen von Beschlägen, Muttern usw. an Flächen, besonders an Stahl in der Massenfertigung (Pressteile), wenn mehrere Schweißstellen dicht beieinander liegen und von den Plattenelektroden gleichzeitig erfasst werden können.
Nahtschweißen	Den überlappt oder auch stumpf zu stoßenden Teilen wird der Strom, meist Wechselstrom hoher Stromstärke bei niedriger Spannung, über scheibenförmige Elektroden, die gleichzeitig den Stauchdruck übertragen, oder Schleifkontakte zugeführt. Es entsteht eine ununterbrochene Naht. Bei Stumpfstößen sind ein- oder beidseitig die Naht überdeckende Folien erforderlich (Folien-Stumpfnahtschweißen).	Meist zum Verbinden von Blechen aus unlegiertem Stahl, besonders im Behälterbau. Blechdicke bei Stahl mit 2 × 3 mm, bei Leichtmetall mit 2 × 2,5 mm begrenzt.
Pressschweißen mit unterschiedlicher Energiezufuhr		
Pressschweißen mit magnetisch bewegtem Lichtbogen (MBP-Schweißen)	Zwischen stumpfgestoßenen Rohren mit rundem oder rechteckigem Querschnitt wird ein etwa 1,5 mm breiter Spalt eingestellt, in dem die Zündung eines Lichtbogens erfolgt. Mit Hilfe eines umlaufenden Magnetfeldes wird der Lichtbogen im Spalt bewegt und er erwärmt die Kontaktflächen. Nach dem Abschalten des Stromes und Magnetfeldes tritt die Bindung durch einen Stauchvorgang ein. Zugabe von CO_2 als Schutzgas verbessert das Zünden und den Start der Lichtbogenbewegung.	Für Stumpfnähte zwischen Rohren aus Stählen bis 6 mm Wanddicke sowie aus Temperguss und Kupfer.
Hochfrequenz-widerstands-schweißen	Hiermit werden Längs- und Schraubennähte von Rohren geschweißt. Man unterscheidet Verfahren mit konduktiver bzw. induktiver Energieübertragung. Beim konduktiven Verfahren erfolgt der Stromübergang durch Schleif- oder Rollenkontakte. Durch ein elektromagnetisches Wechselfeld wird im Rohr eine Spannung induziert, die Wirbelströme zur Folge hat und zu einer örtlichen Erhitzung an der Verbindungsstelle führt. Es genügt ein verhältnismäßig geringer Druck über Formwalzen, um eine Pressschweißung herzustellen. Beim induktiven Verfahren wird zur Erzeugung der Wirbelströme in der Rohrwandung ein ein- oder mehrwindiger Ringindikator eingesetzt.	Rohre aus Stählen bis 200 mm Durchmesser und Wanddicken bis 8 mm beim konduktiven Verfahren sowie 450 mm Durchmesser und Wanddicken bis 13 mm induktiv.

8

Tab. 8.1 (Fortsetzung)

Schweißverfahren	Kennzeichnende Merkmale	Hauptanwendung
Lichtbogen-Bolzenschweißen (z. B. Cyc-Arc-Verfahren, Nelson-Verfahren)	Das vorwiegende runde, auf eine Fläche aufzuschweißende Werkstück (Bolzen) wird bei eingeschaltetem Schweißstrom mit der Fläche in Berührung gebracht, durch Abheben der Lichtbogen gezogen und nach vorgegebener Lichtbogenbrennzeit unter Abschalten des Stroms der Bolzen schlagartig auf die Fläche aufgepresst.	Vorwiegend zum Aufschweißen von Gewinde- und Stehbolzen auf Flächen.
Kondensator-Stoßentladungsschweißen	Erzeugen der Schmelzwärme durch bei Annäherung der Werkstücke sich entladende Kondensatoren. Verbindung der Teile im Schmelzfluss unter Beibehalten des Anpressdruckes bis zum Erstarren des Schmelzbads. Konzentrierte Wärmezufuhr mit geringer Wärmeableitung, daher auch Verschweißen von Teilen mit sehr unterschiedlichen Schmelztemperaturen möglich.	Vorwiegend dünne Bolzen und Stifte auf dicke Bleche. Stumpfschweißen von Drähten.
Rotationsreibschweißen	Die rotationssymmetrischen Teile werden in einer hochtourigen Drehvorrichtung aneinander gepresst, wobei das eine Teil festgehalten wird, während das andere Teil sich dreht. Nach ausreichender Erwärmung wird der Kraftschluss des Antriebes aufgehoben und die Teile werden durch Druck miteinander verbunden. Variante: oszillierendes Linearreibschweißen zwischen nicht rotationssymmetrischen Querschnitten.	Anschweißen von Verbindern an Rohre, Auslassventile.
Rührreibschweißen	Beim patentgeschützten Rührreibschweißen für linien- und punktförmige Verbindungen dringt ein zentrisch aus einem Zapfen herausragender Pin im Stoßbereich in die fest aufgespannten Werkstücke ein. Der in Nahtrichtung bewegte rotierende Pin und die an der Oberfläche mitreibende Zapfenschulter erwärmen die Fügezone und der dort lokal plastizierte Werkstoff wird durch den Pin verrührt. Der Materialausfluss um den Pin ist dem beim Strangpressen vergleichbar, die Verbindung erfolgt als eine Art Warmpressschweißung.	Rührreibschweißen für längere Stumpfnähte zwischen Al-Blechen geeignet.
Ultraschallschweißen	Die meistens flächigen Teile werden unter Druck mechanischen Schwingungen im Ultraschallbereich ausgesetzt und dadurch miteinander verbunden. Es tritt sowohl Erwärmung als auch Aufreißen der ein Verbinden verhindernden Oberflächenschichten (Oxide) auf.	Vorwiegend zum Verbinden von dünnwandigen Werkstoffen, die durch Widerstandspunktschweißen nicht gefügt werden können, und dünnen Drähten (Litzen).
Diffussionsschweißen	Zu verbindende Teile mit ebenen und möglichst blanken Oberflächen werden im Vakuum- oder Schutzgasofen bei Temperaturen, die bis knapp unter die Solidustemperatur reichen können, über mehrere Stunden hohem Druck ausgesetzt. Über Kriechen und Diffusion erzeugen atomare Bindungen höchste Festigkeit.	Nicht schmelzschweißgeeignete Stoffe.

8.1.2.1 Schweißeignung von Stahl

Werkstoffbedingte Einflüsse. Sie gliedern sich wie folgt:

Erschmelzungsart. Massenstähle (unlegierte Stähle) und niedriglegierte Stähle werden im Sauerstoff-Aufblaskonverter, Sonderstähle vorwiegend im induktiven oder Kohlelichtbogen-Elektroofen (E-Stahl) erschmolzen.

Vergießungsart (Desoxidation). Seigerungszonen im Kern unberuhigt vergossener Stähle sollen beim Schweißen nicht aufgeschmolzen („angeschnitten") werden (Abb. 8.1), da sie Anreicherungen an Schwefel (Rotbruch), Phosphor (Kaltbruch), Stickstoff (Alterung) und Kohlenstoff (Härtung) enthalten. Durch Beruhigen der Schmelze (Zugabe von 0,1 bis 0,3 % Si oder doppeltes Beruhigen mit Silizium und Aluminium) werden die Entmischungsvorgänge beim Erstarren vermieden.

Alterung (Reckalterung). Wichtigstes Kennzeichen der Alterung von Stahl ist die Abnahme der Zähigkeit durch Lagern nach Kaltverformung, d. h. Übergang vom zähen zum spröden Bruch (im Kerbschlagversuch bereits nahe Raumtemperatur). Alterung steigert beim Zusammentreffen ungünstiger Umstände die Gefahr eines Sprödbruchs.

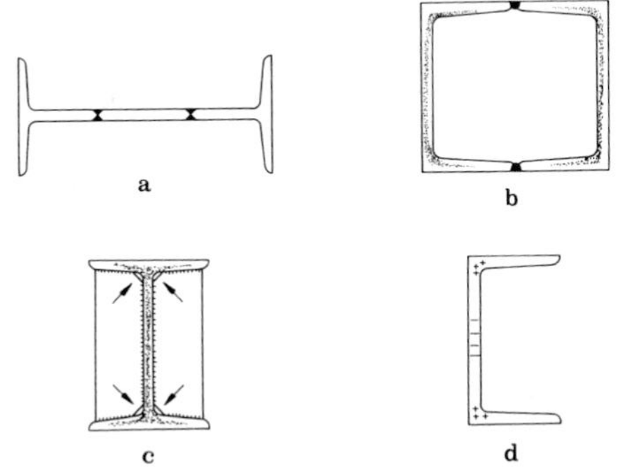

Abb. 8.1 Nahtanordnungen bei Walzprofilen. **a** Bei I-Träger Widerstandsmoment durch eingeschweißtes Stegblech vergrößert; **b** Schweißungen an seigerungsfreien Zonen zweier U-Profile; **c** Stegaussteifungen mit Aussparungen in den Walzprofilecken (unberuhigter Stahl); **d** Eigenspannungen in U-Profilen (+ Zug, − Druck)

C-Gehalt: In unlegierten Stählen ist bis zu 0,25 % unter normalen Schweißbedingungen keine wesentliche Aufhärtung neben der Schweißnaht zu erwarten; sie tritt erst auf, wenn die kritische Abkühlungsgeschwindigkeit verringert wird: durch höhere Kohlenstoffgehalte allein (über 0,25 %) oder durch Kohlenstoff in Verbindung mit Legierungselementen wie Mangan, Molybdän, Chrom, Nickel u. a. Gut schweißbar sind solche legierte Stahlwerkstoffe, z. B. Mn-Stähle mit bis 4 % Mn, wenn der C-Gehalt niedrig ist.

Mn-Gehalt: In unlegierten Stählen wirkt Mangan bis etwa 4 % günstig (Erhöhung von Festigkeit und Kerbschlagzähigkeit), daher ist es Hauptelement (bis etwa 1,5 %) in höherfesten Feinkornstählen. Bei Gehalten über 12 % (Mangan-Hartstahl) sind Sondermaßnahmen beim Schweißen (sehr schnelle Abkühlung) wegen der Bildung von ε-Martensit erforderlich. In austenitischen Cr-Ni-Stählen setzt Mangan (bis etwa 6 %) die Rissneigung herab.

Si-Gehalt: Unlegierte Stähle oberhalb etwa 0,6 % neigen zur Poren- und Rissbildung. In Drahtelektroden für das Metall-Aktivgas-Schweißen (z. B. CO_2) sind jedoch etwa 1,1 % für die Desoxidation des Schweißguts erforderlich.

Cu-Gehalt: Liegt allgemein nur als Verunreinigung vor. Gehalte um 0,5 % in witterungsbeständigen Stählen können zusammen mit höheren C-Gehalten (über etwa 0,20 %) Heißriss- und Versprödungsgefahr bewirken.

Cr-Gehalt: Liegt in unlegierten Stählen nur als Verunreinigung (unter 0,2 %) vor. In warmfesten Stählen (bis 5 %) starke Herabsetzung der kritischen Abkühlungsgeschwindigkeit (Lufthärter), sie sind daher nur mit Vorwärmung (bis etwa 400 °C) schweißbar. Ferritische und martensitische Cr-Stähle (9 bis 30 % Cr) sind wegen Grobkorn- und Sigmaphasen-Bildung in und neben der Naht nur bedingt, evtl. mit austenitischen Zusatzwerkstoffen und mit Vorwärmung und Wärmenachbehandlung, schweißbar. In austenitischen Cr-Ni-Stählen (16 bis 25 % Cr) besteht bei ungünstig hohen Cr-Gehalten und nicht zweckentsprechenden Schweißbedingungen die Gefahr einer Sigmaphasen-Versprödung.

Ni-Gehalt: Vorwiegend in hochfesten Feinkorn- und Vergütungsstählen (bis etwa 2 %). Erfordert wegen Förderung der Durchvergütbarkeit (Martensit) genaue Abstimmung der Schweißbedingungen und Verwendung wasserstoffkontrollierter Elektroden. Kaltzähe Ni-Stähle (vorwiegend 5 bis 9 %) sind ebenfalls Vergütungsstähle, jedoch mit niedrigem C-Gehalt (unter 0,1 %). Sie sind mit austenitischen oder hochnickelhaltigen Zusatzwerkstoffen schweißbar. In austenitischen Cr-Ni-Stählen wirkt Ni als Austenitbildner und beeinflusst in der Regel die Schweißbarkeit nicht nachteilig.

Mo-Gehalt: Ist in höherfesten Feinkornstählen (bis 0,5 %) und in warmfesten Stählen (bis 1 %) ohne direkten Einfluss auf die Schweißbarkeit. In austenitischen Cr-Ni-Stählen über etwa 3 % besteht Versprödungsgefahr durch Förderung von Sigma- und Laves-Phase bei ungünstigen Schweißbedingungen.

Ti- und Nb-Gehalt: Ist in Feinkornstählen (bis etwa 0,3 %) ohne direkten Einfluss auf die Schweißbarkeit. In austenitischen Cr-Ni-Stählen wird Ti zur Verhinderung des Kornzerfalls (Abbinden des Kohlenstoffs zu Sonderkarbiden) zulegiert. Bei zu hohen Gehalten (über etwa 1 %) besteht die Gefahr einer Versprödung der Grundmasse.

Al-Gehalt: Liegt in Feinkornstählen als Desoxidations- und Denitrierungsmittel mit gleichzeitiger Wirkung auf Feinkörnigkeit vor. Bei zu hohen Gehalten (über etwa 0,03 %) wird eine Rissneigung durch Korngrenzenausscheidungen im Schweißgut und in der wärmebeeinflussten Zone begünstigt.

Werkstoffbedingte Bruchgefahren. Hochbeanspruchte Schweißverbindungen sollen auf etwaige Überlastung durch plastische Verformung und nicht durch verformungslosen Bruch (Sprödbruch) reagieren. Die Neigung zum Sprödbruch wächst mit fallender Temperatur, steigender Beanspruchungsgeschwindigkeit, zunehmender Mehrachsigkeit der Beanspruchung (z. B. Kerbwirkung von Anrissen, ungünstige Gestaltung) und zunehmender Blechdicke. Weiter wird die Sprödbruchneigung durch solche Zusätze im Stahl erhöht, welche die Aufhärtung oder die Alterung begünstigen oder verstärken. Die Sprödbruchneigung nimmt vom Feinkornstahl (Al-beruhigt) über den beruhigt vergossenen zum unberuhigt vergossenen Stahl zu (vgl. *DIN EN 10 025*). Die ausreichende Sicherheit gegen Sprödbrüche in geschweißten Bauteilen lässt sich durch die Werkstoffwahl nach *DIN EN 1993-1-10* erreichen. Terrassenbruchgefahr besteht bei Walzerzeugnissen, wenn diese in Dickenrichtung beansprucht werden (Fertigungsbeanspruchung, z. B. durch Schweißeigenspannungen, oder Betriebsbelastung). Ursache sind flächenförmig ausgewalzte Sulfideinschlüsse. Die *DIN EN 1993-1-10* enthält Empfehlungen zum Vermeiden von Terrassenbrüchen in geschweißten Konstruktionen aus Baustahl.

8.1.2.2 Schweißsicherheit

Sie ist bei einer Konstruktion durch die konstruktive Gestaltung (Kraftfluss, Nahtanordnung, Werkstückdicke, Kerbwirkung, Steifigkeitssprünge) und den Beanspruchungszustand (Art und Größe der Spannungen, Mehrachsigkeitsgrad, Beanspruchungsgeschwindigkeit, Temperatur, Korrosion) bedingt.

Grundregeln für Nahtanordnung. Zahl der Schweißnähte klein halten, Nähte möglichst nicht an Stellen höchster und ungünstiger Beanspruchung anordnen, Nahtkreuzungen vermeiden, bei Nahtanordnung Kraftfluss beachten, bei Walzprofilen günstige Nahtlage vorsehen, z. B. bei eingeschweißtem Stegblech eines I-Trägers (Abb. 8.1a), Verschweißen von U-Profilen (Abb. 8.1b), Stegaussteifungen (Abb. 8.1c) in unberuhigten Zonen vermeiden und an Profilenden schweißen. In Zug-Eigenspannungszonen (Abb. 8.1d) Schweißungen vermeiden.

Bauteildicke. Bei dünnen Blechen besteht nach dem Schweißen ein vorwiegend zweiach-

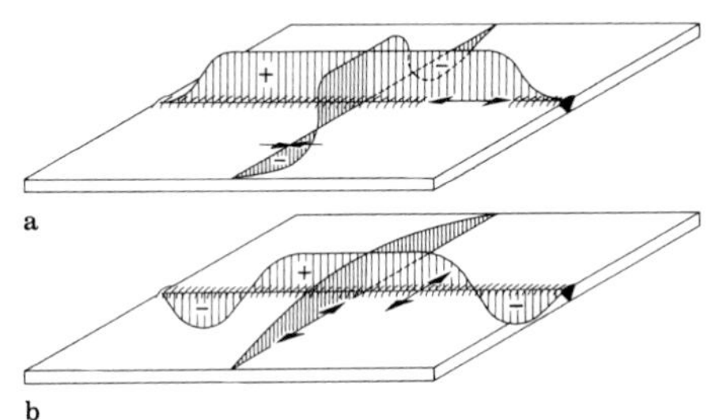

Abb. 8.2 Schweißeigenspannungen. **a** In Nahtrichtung (Längsspannungen); **b** quer zur Nahtrichtung (Querspannungen)

siger Eigenspannungszustand in der Blechebene (Abb. 8.2a,b), die Spannung in der dritten Richtung steigt mit zunehmender Blechdicke an. Dreiachsiger Zugspannungszustand bedeutet erhöhte Sprödbruchgefahr, da die Zugspannung der dritten Richtung (Blechdicke) die plastische Verformung und damit den Spannungsabbau behindert. Detaillierte Angaben zur Ausbildung von schweißbedingten Eigenspannungen und zu deren Auswirkungen enthalten [5] und [6]. Mit zunehmender Blechdicke nimmt außerdem die Gefahr der Aufhärtung neben der Schweißnaht (Wärmeeinflusszone) in Abhängigkeit von Schweißverfahren und Schweißbedingungen zu.

Bei unlegierten Stählen wird ab etwa 25 mm Blechdicke daher Vorwärmen auf 100 bis 400 °C je nach Werkstoff und Dicke und/oder Spannungsarmglühen z. B. bei 550 bis 650 °C angewendet. Bei legierten Stählen sind die Vorwärm- und Wärmenachbehandlungstemperaturen in Abhängigkeit von den Legierungselementen, den zu verschweißenden Querschnitten und dem Schweißverfahren festzulegen (Werkstoffblätter der Stahlwerke).

Für kaltverformte Baustähle ist das Schweißen im Verformungsbereich einschließlich des Bereichs der anliegenden Flächen nur unter Berücksichtigung einiger Randbedingungen möglich. Diese Angaben zum Schweißen von kaltverformten Bausstählen sind in *DIN EN 1993-1-8* enthalten und beziehen sich auf überwiegend statisch belastete Konstruktionen. Für ermüdungsbeanspruchte Bauteile sind in dieser Norm engere Grenzwerte angegeben.

Fertigungsbedingte Schweißsicherheit. Sie wird durch die Vorbereitung zum Schweißen (Schweißverfahren, Zusatzwerkstoff, Stoßart, Fugenform, Vorwärmung), die Ausführung der Arbeit (Wärmeführung, Wärmeeinbringung, Schweißfolge) und die Nachbehandlung (Wärmebehandlung, Bearbeitung, Beizen) beeinflusst.

Bei dicken Querschnitten sind *Schweißverfahren* mit großer Wärmezufuhr zu bevorzugen (Ausnahme: Feinkornstähle, hochfeste vergütete Baustähle, vollaustenitische Stähle, Chrom-Stähle). Die *Fugenform* soll so gewählt werden, dass die Schweißgutmenge bei sicherem Aufschmelzen der Fugenflanken möglichst klein gehalten wird. Die *Mehr-Lagen-Schweißung* ist bei größeren Schweißquerschnitten der *Ein-Lagen-Schweißung* vorzuziehen, da die erstgeschweißten Lagen durch die nachfolgenden wärmebehandelt (normalgeglüht) werden. Die letzte Lage besitzt wie die Ein-Lagen-Schweißung Gussstruktur.

Die *Schrumpfung* der Schweißnähte bedeutet Maß- und Formänderungen des Schweißteils oder Schweißeigenspannungen durch das Zusammenziehen des Schweißguts beim Abkühlen. Diese Wirkung wird dadurch verstärkt, dass zuvor beim Erwärmen der Schweißstelle der Werkstoff wegen der Behinderung durch den umgebenden kalten Werkstoff gestaucht wurde. Die *Querschrumpfung* ist abhängig von Schweißverfahren, Werkstückdicke und Anzahl der Schweißlagen (Abb. 8.3a), die *Winkelschrumpfung* tritt besonders bei Nähten mit unsymmetrischen Fugenformen auf, Abb. 8.3b. Die Maß- und Winkeländerungen sind durch Zugaben und Winkelvorgabe zu berücksichtigen. Die *Längsschrumpfung* führt bei kleineren Werkstückdicken und besonders bei Kehlnähten zu Verkürzungen (0,1 bis 0,3 mm/m), Krümmungen, Beulungen und Verwerfungen. Die verkrümmende Wirkung wird aber auch absichtlich und kontrolliert bei Brücken- und Krankonstruktionen genutzt.

Richten von Konstruktionsteilen vor und nach dem Schweißen kann entweder unter Aufbringen äußerer Kräfte oder durch Schrumpfwirkung

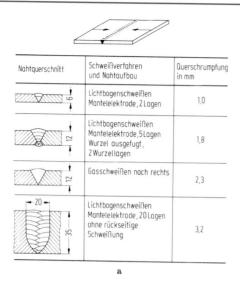

Nahtquerschnitt	Schweißverfahren und Nahtaufbau	Querschrumpfung in mm
6	Lichtbogenschweißen Mantelelektrode, 2 Lagen	1,0
12	Lichtbogenschweißen Mantelelektrode, 5 Lagen Wurzel ausgefugt, 2 Wurzellagen	1,8
12	Gasschweißen nach rechts	2,3
20, 35	Lichtbogenschweißen Mantelelektrode, 20 Lagen ohne rückseitige Schweißung	3,2

a

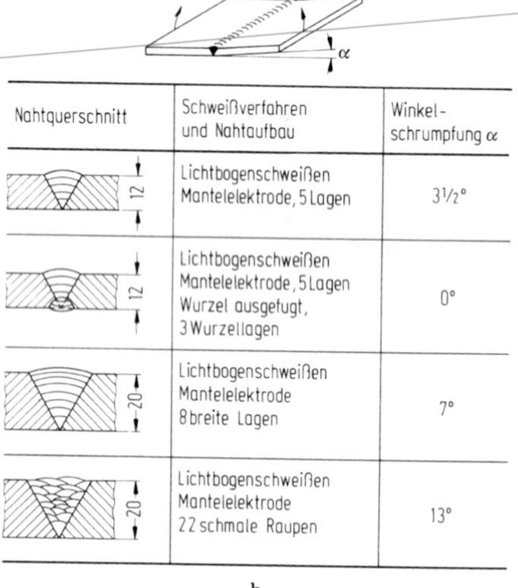

Nahtquerschnitt	Schweißverfahren und Nahtaufbau	Winkelschrumpfung α
12	Lichtbogenschweißen Mantelelektrode, 5 Lagen	3½°
12	Lichtbogenschweißen Mantelelektrode, 5 Lagen Wurzel ausgefugt, 3 Wurzellagen	0°
20	Lichtbogenschweißen Mantelelektrode 8 breite Lagen	7°
20	Lichtbogenschweißen Mantelelektrode 22 schmale Raupen	13°

b

Abb. 8.3 Schrumpfungen bei einem Stumpfstoß nach *Hänsch/Krebs* [6]. **a** Querschrumpfung; **b** Winkelschrumpfung

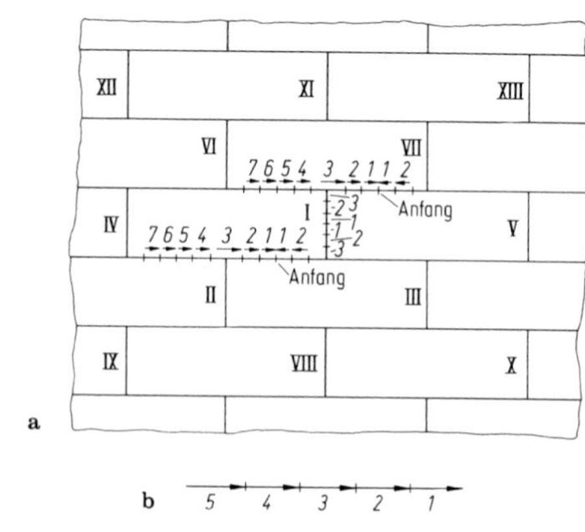

Abb. 8.4 Schweißfolge. **a** Reihenfolge der Schweißschritte *1* bis *7* in den 6 Längsnähten und Schweißschritte *1* bis *3* in den Quernähten I bis XIII einer Plattenwand; **b** Pilgerschritt-Schweißung

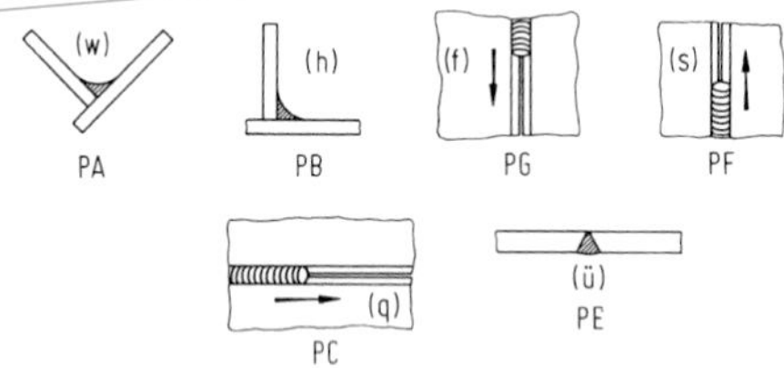

Abb. 8.5 Schweißpositionen (s. Text) PA … PG nach *DIN EN ISO 6947*

erkaltender Teile (Richten mit der Flamme) erfolgen. Kaltrichten ist wegen Rissgefahr möglichst zu vermeiden.

Die *Schweißfolge*, d. h. die Reihenfolge der Schweißarbeiten innerhalb einer Naht und im ganzen Bauteil, beeinflusst die Maß- und Formänderung wie auch die Schweißeigenspannungen. Beide können durch zweckentsprechendes Festlegen der einzelnen Schweißschritte in einem Schweißfolgeplan in Grenzen gehalten werden. Bei Trommeln werden z. B. erst die Längsnähte, dann die Rundnähte geschweißt; Schweißfolge bei Längs- und Quernähten an Platten gemäß Abb. 8.4a. Abschnittweises Schweißen im Pilgerschrittverfahren empfiehlt sich bei Längsnähten, Abb. 8.4b. Weitere Informationen zu schweißbedingten Verformungen und zum Richten sowie zur Schweißfolge sind in [5] und [6] ausgeführt.

Der Schwierigkeitsgrad beim Schweißen wächst in der Reihenfolge der *Schweißpositionen* (*DIN EN ISO 6947*) von Wannen- (PA), Horizontal-Vertikal (PB) über Fall- (PG), Steig- (PF), Quer- (PC) zu Überkopfposition (PE), Abb. 8.5. Position (PG) ist nur mit bestimmten Elektroden (Fallnahtelektroden) und Schweißbedingungen (Kurzlichtbogen beim MIG/MAG-Schweißen) möglich.

Muss bei Temperaturen unterhalb des Gefrierpunkts geschweißt werden, so ist der *Schweißplatz* auf mindestens +10 °C zu *erwärmen* und das Werkstück vorzuwärmen (50 bis 100 °C); bei Arbeiten in großer Höhe muss ein Windschutz angebracht werden.

Zusatzwerkstoff. Er soll so ausgewählt werden, dass die Festigkeitswerte (Streckgrenze, Zugfestigkeit, Dehnung und Kerbschlagzähigkeit) der Schweißverbindung mindestens die Gewährleistungs- (Berechnungs-) oder Normwerte des Grundwerkstoffs erreichen. Ausreichende Verformungsfähigkeit des Schweißguts ist besonders dann von Bedeutung, wenn der Grundwerkstoff geringe Schweißeignung hat oder wenn aus anderen Gründen Sprödbruchgefahr besteht. In diesem Fall sind Elektroden mit wasserstoffkontrollierter basischer Umhüllung und erhöhtem Mn-Gehalt (1,0 bis 1,8 %) oder gleichwertige Drahtelektroden zu bevorzugen.

Normen: *DIN EN ISO 2560*: Umhüllte Stabelektroden zum Lichtbogenhandschweißen von unlegierten Stählen und Feinkornstählen. – *DIN EN 12 536*: Schweißzusätze – Stäbe zum Gasschweißen von unlegierten und warmfesten Stählen. – *DIN EN 14 700*: Schweißzusätze zum Hartauftragen. – *DIN EN ISO 14 343*: Schweißzusätze – Drahtelektroden, Drähte und Stäbe zum Lichtbogenschweißen von nichtrostenden und hitzebeständigen Stählen. – *DIN EN ISO 14171*: Drahtelektroden und Draht-Pulver-Kombinationen zum Unterpulverschweißen von unlegierten Stählen und Feinkornstählen. *DIN EN ISO 14 341*: Drahtelektroden und Schweißgut zum Metall-Schutzgasschweißen von unlegierten Stählen und Feinkornstählen. Über die Schweißeignung der einzelnen Stähle s. Bd. 1, Abschn. 31.1.

8.1.2.3 Schweißbarkeit von Gusseisen, Temperguss und Nichteisenmetallen

Grauguss (EN-GJL-150 bis EN-GJL-350) (DIN EN 1561) wird vorwiegend in Reparatur- und Ausbesserungsfällen geschweißt. Bei kleineren Wanddicken empfiehlt sich die Gasschmelzschweißung, bei dickeren Querschnitten die Lichtbogen-Handschweißung mit besonders legierten Gusseisen-Schweißstäben unter Anwendung eines Flussmittels bzw. von Elektroden bei teilweiser Verwendung eines Flussmittels und Vorwärmen des Werkstücks auf 600 bis 700 °C (Warmschweißung). Kaltschweißungen (Lichtbogen-Handschweißung) mit Nickel-, Nickel-Kupfer- (Monel-) oder Nickel-Eisen-Stabelektroden werden mit einer Vorwärmung von 100 bis 200 °C ausgeführt. Das Schweißgut ist gut, die Wärmeeinflusszone meist gut (abhängig von den Schweißbedingungen) bearbeitbar, dagegen nicht bei Verwendung normaler Stahlelektroden (B-Typ) oder Stahl-Sonderelektroden (erhöhter C-Gehalt) ohne Wärmenachbehandlung.

Schwarzer Temperguss (z. B. EN-GJMB-350-10) (DIN EN 1562) und *weißer Temperguss (z. B. EN-GJMW-350-10) (DIN EN 1562)* lassen sich stets weichlöten. Schweißbarkeit muss mit dem Hersteller besonders vereinbart werden. Bei *EN-GJMW-360-12 (DIN EN 1562)* ist bis 8 mm Wanddicke dagegen stets Schweißeignung für Konstruktionsschweißungen vorhanden (ohne Wärmenachbehandlung). Für untergeordnete Zwecke können auch schwarzer Temperguss (Temperkohle über den ganzen Querschnitt) und weißer Temperguss (entkohlte Randzone) mit normalen oder niedriglegierten Zusatzwerkstoffen geschweißt werden, wobei schwarzer Temperguss wegen des im Schweißgut zusätzlich gelösten Kohlenstoffs (aufgeschmolzene Temperkohle) harte und rissgefährdete Nähte ergibt (Vorwärmen auf 200 bis 250 °C).

Gusseisen mit Kugelgraphit (z. B. EN-GJS-350-10) (DIN EN 1563) kann mit Sonderelektroden (Ni-legiert) unter Vorwärmung (500 °C) und Wärmenachbehandlung (900 bis 950 °C) sowie Anlassen (700 bis 750 °C) geschweißt werden. Ohne Wärmebehandlung ähnliches Verhalten wie bei schwarzem Temperguss.

Aluminiumknetwerkstoffe (DIN EN 573-2) sind unlegiert nahezu mit allen Verfahren schweißbar. Kaltverfestigung wird in der wärmebeeinflussten Zone durch Kristallerholung und Rekristallisation aufgehoben. Bauteile aus *Aluminiumdruckguss* können mit verschiedenen Schmelz- und Pressschweißverfahren gefügt werden, wenn ihr Gasgehalt hinreichend niedrig ist [7].

8

Aushärtende Aluminiumknetlegierungen üblicher Zusammensetzung als Kalt- oder Warmaushärter lassen sich größtenteils nach fast allen Verfahren schweißen. Im Schweißgut und in der wärmebeeinflussten Zone ist keine Aushärtung vorhanden, bzw. sie wurde durch die Wärmeeinwirkung aufgehoben. AlZnMg wird im ausgehärteten Zustand geschweißt. Anschließend ergibt sich ein Festigkeitsanstieg im Nahtbereich durch Kaltaushärtung. Schweißverfahren mit schmaler Wärmeeinflusszone sind aus Festigkeitsgründen zu bevorzugen. Bei gleichartigem Zusatzwerkstoff kann eine Wärmebehandlung nach dem Schweißen gleiche Festigkeiten wie im Grundwerkstoff ergeben.

Nichtaushärtende Aluminiumknetlegierungen lassen sich in der Regel gut mit allen Verfahren schweißen. Bei Magnesium als Legierungselement treten über 5 % Mg Schwierigkeiten auf, sodass diese Legierungen für Schweißkonstruktionen nicht eingesetzt werden.

Kupfer bereitet in den sauerstoffarmen Sorten keine Schwierigkeiten. Die Elektrotechnik verwendet aber viel sauerstoffhaltiges Kupfer, das beim Gasschweißen schäumt. Mit Schutzgas-Schweißverfahren und u. U. besonders legierten Zusatzwerkstoffen lassen sich sowohl für die Festigkeit als auch für die Leitfähigkeit ausreichende Ergebnisse erzielen (DIN EN ISO 9606-3).

Kupferlegierungen wie CuZn (Messing), CuSn (Bronze) und CuSnZn (Rotguss) lassen sich bei ausreichender Erfahrung zufrieden stellend schweißen. Aus dem Messing dampft bei Lichtbogen-Schweißverfahren jedoch Zink aus, sodass die Schweißnaht kupferreicher wird; bei verschiedenen Bronzen können Entmischungsvorgänge eintreten.

Nickel und *Nickellegierungen* sind gut schweißbar (Ausnahme: Nickel-Eisen-Legierungen) (DIN EN ISO 9606-4). Die hohe Gasaufnahme (Sauerstoff, Wasserstoff) erfordert ebenso wie die Neigung zur Grobkörnigkeit besondere Maßnahmen beim Schweißen (geringe Wärmezufuhr, Schutzgas) und bei den Zusatzwerkstoffen (desoxidierende Bestandteile). Sauberkeit (Fettfreiheit) der Fügebereiche ist erforderlich. Lichtbogen-Schweißverfahren sind zu bevorzugen.

Schweißzusatzwerkstoffe. Es gilt stets der Grundsatz der *artgleichen* Schweißung, von dem nur in begründeten Ausnahmefällen oder wenn eine artgleiche Schweißung schweißtechnisch nicht möglich ist, abgewichen werden sollte.

Normen: *DIN EN ISO 18 273*: Schweißzusätze – Massivdrähte und -stäbe zum Schmelzschweißen von Aluminium und Aluminiumlegierungen. – *DIN EN ISO 24 373*: Schweißzusätze – Massivdrähte und -Stäbe zum Schmelzschweißen von Kupfer und Kupferlegierungen. – *DIN EN ISO 14 172*: Schweißzusätze – Umhüllte Stabelektroden zum Lichtbogenhandschweißen von Nickel und Nickellegierungen. – *DIN EN ISO 18 274*: Schweißzusätze – Massivdrähte, -bänder und -stäbe zum Schmelzschweißen von Nickel und Nickellegierungen. – *DIN EN ISO 1071*: Schweißzusätze – Umhüllte Stabelektroden, Drähte, Stäbe und Fülldrahtelektroden zum Schmelzschweißen von Gusseisen. Ausführliche Informationen über die Schweißarbeit von metallischen Konstruktionswerkstoffen, über Schweißmetallurgie und über geeignete Zusatzwerkstoffe enthalten [8] bis [12].

8.1.3 Stoß- und Nahtarten

Die Stoßart ergibt sich aus der konstruktiven Anordnung der zu verschweißenden Teile. Sie ist mitbestimmend für die Nahtart. Normen geben Richtlinien für die Fugenformen in Abhängigkeit vom Schweißverfahren hinsichtlich Werkstückdickenbereich, Öffnungswinkel, Stegabstand, Steg- und Flankenhöhe.

Normen: *DIN EN ISO 9692 T1 bis T4*: Schweißen und verwandte Prozesse – Empfehlungen zur Schweißnahtvorbereitung – *T1*: Lichtbogenhandschweißen, Schutzgasschweißen, Gasschweißen, WIG-Schweißen und Strahlschweißen von Stählen. – *T2*: Schweißnahtvorbereitung – Unterpulverschweißen von

Stahl. – *T3*: Empfehlungen für Fugenformen – Metall-Inertgasschweißen und Wolfram-Inertgasschweißen von Aluminium und Aluminiumlegierungen. – *T4*: Empfehlungen zur Schweißnahtvorbereitung – plattierte Stähle. – *DIN 8552 T3*: Schweißnahtvorbereitung, Fugenformen an Kupfer und Kupferlegierungen, Gasschmelzschweißen und Schutzgasschweißen.

Fugenvorbereitung. Durch mechanische Trennverfahren und vor allem Brennschneiden (s. Abschn. 8.1.6).

Mit neuzeitlichen Düsen lassen sich an unlegierten Stählen, z. B. bei 20 mm Blechdicke. Schneidgeschwindigkeiten von 550 mm/min erreichen. Für einwandfreie Schnittkanten ist eine maschinelle Führung des Brenners erforderlich. Nicht brennschneidbare Werkstoffe (z. B. Cr-Ni-Stähle, Kupfer, Nickel, Aluminium) werden mit dem *Plasma-Lichtbogen* geschnitten. Bei unlegierten und niedriglegierten Stählen wird das Plasmaschneiden auch ohne Nachbearbeitung angewendet. Unlegierte Stahlbleche bis 12 mm Dicke lassen sich sehr wirtschaftlich mit dem Laser schneiden.

Das *Ausfugen der Wurzel* für die wurzelseitige Gegenschweißung kann durch Meißeln (Presslufthämmer mit Formmeißeln), Schleifen (Handschleifmaschinen), Hobeln, autogenes Brennfugen (Sonderbrenner ähnlich dem beim Brennschneiden verwendeten, jedoch mit angenähert tangentialer Schneidrichtung) oder Kohlelichtbogen-Brennfugen (durch Kohlelichtbogen geschmolzener Werkstoff wird mittels Pressluft aus der Fuge geschleudert) erfolgen. Die Anwendbarkeit dieser Verfahren richtet sich nach Werkstoff, Form der Naht (gerade, gekrümmt), konstruktiven Gegebenheiten und Zugänglichkeit.

Stumpfstoß. *I-Naht*: Einfachste Nahtart, für höhere Belastung ist im Allgemeinen ein Nachschweißen der Naht auf der Wurzelseite nach Ausfugen erforderlich.

V-Naht (Abb. 8.3 und 8.6a,e,d,g): Zum Herabsetzen der Winkelschrumpfung muss der Öffnungswinkel klein (≈ 60°) gehalten werden. Kleinster Öffnungswinkel für noch einwandfreie Wurzelschweißung > 45°. Bei teil- und vollmechanischen Schweißverfahren sind auch kleinere Öffnungswinkel möglich.

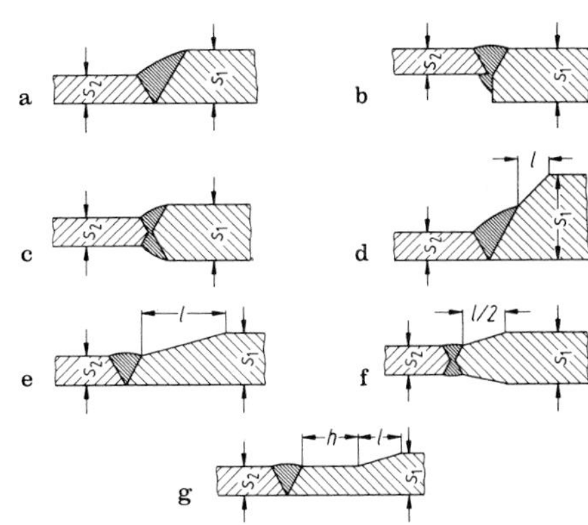

Abb. 8.6 Ausführungsformen von Stumpfstößen bei ungleichen Querschnitten. **a–d** für vorwiegend ruhende; **e–g** für schwingende Beanspruchung

Doppel-V-Naht (X-Naht) (Abb. 8.6c): Anwendung bei größeren Blechdicken als V-Naht, da bei gleichem Öffnungswinkel nur die halbe Schweißgutmenge benötigt wird. Winkelschrumpfung kann weitgehend vermieden werden, wenn Lagen abwechselnd von beiden Seiten eingebracht werden. Die Wurzel soll (in Abhängigkeit vom Schweißverfahren) vor dem Schweißen der Gegenlage ausgefugt werden.

Weitere Nahtarten: Bördelnaht, Steilflankennaht, Y-Naht, U-(Tulpen-)Naht und Doppel-U-Naht.

Stumpfstoß bei Werkstücken ungleicher Dicke (Abb. 8.6). Querschnitt möglichst in Kraftrichtung symmetrisch anordnen (Abb. 8.6c,f), bei Dickenunterschieden unter $s_1 - s_2 = 10\,\text{mm}$ und vorwiegend ruhender Beanspruchung kann auf Angleichung verzichtet werden, Abb. 8.6a,b, sonst abschrägen, Abb. 8.6d. Bei schwingender Beanspruchung schon oberhalb $s_1 - s_2 = 3\,\text{mm}$ anschrägen (Neigung 1 : 4 bis 1 : 5), um Steifigkeitssprung herabzusetzen, Abb. 8.6e,f. Bei höchster Beanspruchung dickeres Blech auf einer Länge $h \geqq 2\,s_2$ abarbeiten, Abb. 8.6g.

Überlappstoß (Abb. 8.7). Der Kräfteverlauf in einer Kehlnaht ist bei einer Hohlkehlnaht

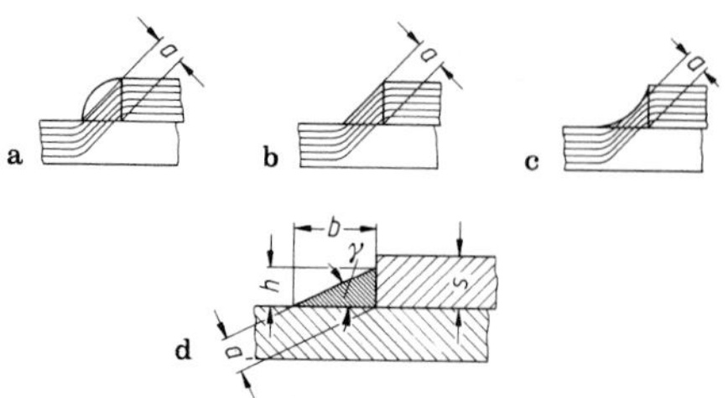

Abb. 8.7 Nahtformen und Kraftfluss. **a** Wölb-; **b** Flach-; **c** Hohlkehl-; **d** unsymmetrische Stirnkehlnaht

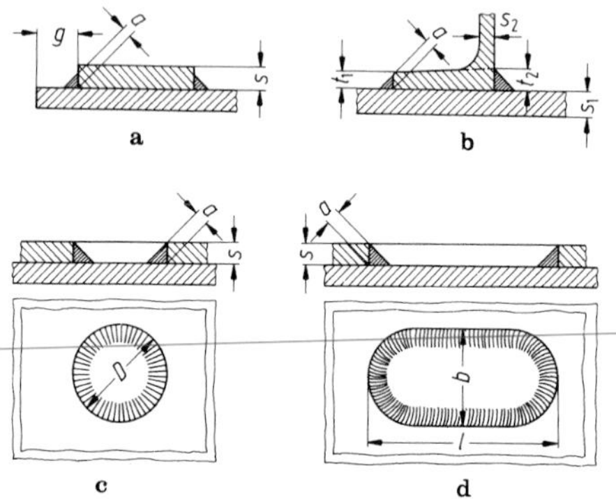

Abb. 8.8 Blechverbindungen. **a** Parallelstoß; **b** Anschluss eines Walzprofils an ein Blech; **c** Lochschweißung; **d** Schlitzschweißung

(Abb. 8.7c) günstiger als bei der Flachnaht (Abb. 8.7b); die Wölbnaht (Abb. 8.7a) ist am ungünstigsten. Allgemein ist bei schwingender Beanspruchung jede Kraftumlenkung nachteilig. Die rechnerische Nahtdicke a ergibt sich aus der Höhe des eingeschriebenen gleichschenkligen Dreiecks. Sie soll nicht stärker als rechnerisch erforderlich, höchstens jedoch mit $a = 0{,}7s$ ausgeführt werden. Bei Stirnkehlnähten schreibt der Stahlbau im Fall vorwiegend ruhender Beanspruchung eine Kehlnahtdicke von mindestens $a = 0{,}5\,s$ und Ausführung mit $h{:}b = 1 : 1$ oder flacher vor, Abb. 8.7d. Bei schwingender Beanspruchung (Eisenbahnbrückenbau) soll $\gamma \leqq 25°$ und die Kehlnahtdicke $a' = 0{,}5\,s$ betragen.

Parallelstoß (Abb. 8.8a). Wegen entfallender Fugenvorbereitung sind möglichst Kehlnähte anzuwenden. Zum Vermeiden der Kantenanschmelzung wird als Überstand $g \geqq 1{,}4\ a + 3\,\text{mm}$ empfohlen.

Bei Walzprofilen richtet sich die Kehlnahtdicke $a \leqq 0{,}7\ t$ nach der Dicke t des dünnsten Teils, Abb. 8.8b. Die Nähte sollen nicht dicker und nicht länger als rechnerisch erforderlich ausgeführt werden. Als Kehlnahtdicke sind in *DIN EN 1993-1-11/NA* mindestens 3 mm bzw. $\sqrt{\max s} - 0{,}5$ vorgeschrieben, Kehlnahtlänge $\leqq 150\,\text{a}$. Außerdem werden im Maschinenbau (nicht Brücken- oder Stahlhochbau) Loch- oder Schlitzschweißungen angewendet, Abb. 8.8c,d. Für die Dicke des oberen Blechs soll $s \leqq 15\,\text{mm}$ eingehalten werden, für die Abmessungen des Schlitzes werden $b \geqq 2{,}5\ s$ (mindestens 25 mm) und $l \geqq 3\ b$ (Behälterbau) oder $l \geqq 2\ b$ (Maschinenbau) empfohlen. Das Ausfüllen des Schlitzes mit Schweißgut unterbleibt wegen dadurch entstehender großer Schweißeigenspannungen; bei Korrosionsgefahr wird der Schlitz z. B. mit dauerelastischem Kunststoff ausgefüllt.

T-Stoß (Abb. 8.9). Die einfachste Nahtart ist die Kehlnaht. Sie eignet sich besonders zum Übertragen von Schubkräften. Die einseitige Kehlnaht (Abb. 8.9a,b) ist nur dann zu verwenden, wenn kleine Kräfte auftreten. Bei der beidseitigen Kehlnaht, die mit einem Verfahren mit Tiefeinbrandwirkung (z. B. vollmechanisches MSG- oder UP-Schweißen) ausgeführt ist, kann der Einbrand e (Abb. 8.9c) bei der Ermittlung der Kehlnahtdickeberücksichtigt werden. Für den Stahlbau ist die Bestimmung der rechnerischen Nahtdicke in *DIN EN 1993-1-8* in Abhängigkeit vom Einbrand angegeben (vgl. Abb. 8.18 und [23]). Die Bindungslücke mit Kerbwirkung an der Stoßstelle (Abb. 8.9d) entfällt, wenn das Profil ähnlich Abb. 8.10 durch Doppel-HV-(K-)Naht mit beidseitiger Kehlnahtabdeckung angeschlossen wird. Diese Nahtform wird für höchste vorwiegend ruhende und schwingende Beanspruchung angewendet. Es ist $t = s_1 + 2h/3$ mit ungleichschenkliger Kehlnaht. Einbrandkerben und unverschweißte Wurzelspalte müssen besonders bei schwingender Beanspruchung vermieden oder ausgeschliffen werden.

Kreuzstoß (Abb. 8.10). Nahtarten wie beim T-Stoß, jedoch muss bei Zugbeanspruchung an den angeschweißten Stegen das mittlere Quer-

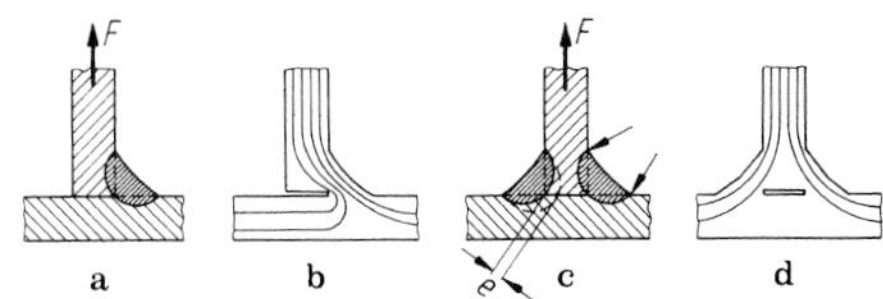

Abb. 8.9 Kehlnähte am T-Stoß. **a** Einseitige Naht; **b** Bindebild und Kraftfluss; **c** Doppelnaht; **d** Bindebild und Kraftfluss

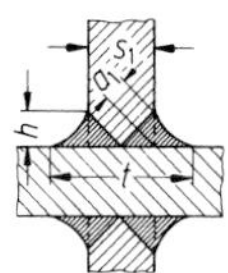

Abb. 8.10 DHV-(K-)Naht mit Doppel-Kehlnaht am Kreuzstoß

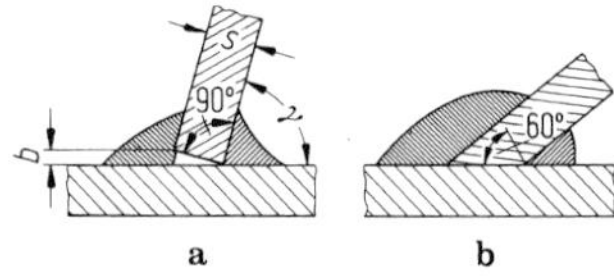

Abb. 8.11 Kehlnähte am Schrägstoß. **a** Ohne Kantenvorbereitung; **b** mit Kantenvorbereitung

blech auf Doppelungen (z. B. mittels Ultraschall) untersucht werden und garantierte Querzugeignung haben (*DIN EN 1993-1-10*).

Schrägstoß (Abb. 8.11). Nahtarten wie bei T-Stoß. Die Güte der Schweißnaht ist vom Winkel γ abhängig. Es kann ohne Fugenvorbereitung geschweißt werden, wenn keine großen Kräfte zu übertragen sind.

Kehlnähte lassen sich nur einwandfrei ausführen, wenn bei rechtwinkliger Stirnfläche $b \leqq 2\,\text{mm}$ und bei beidseitiger Schweißung $\gamma \geqq 60°$ ist. Eine Ausführung nach Abb. 8.11b ist entweder zu vermeiden oder die Stirnfläche des schräg aufgesetzten Blechs muss bearbeitet werden (z. B. 60°-Abschrägung herstellen).

Eckstoß (Abb. 8.12a). Der Eckstoß ist ausführungsmäßig ein T-Stoß. Allgemein gilt, dass an Stellen mit Kraftumlenkung nicht geschweißt werden soll. Bei Druckbehältern wird daher die Schweißnaht außerhalb der Krümmung angeordnet, Abb. 8.12b. Der Mindestabstand der

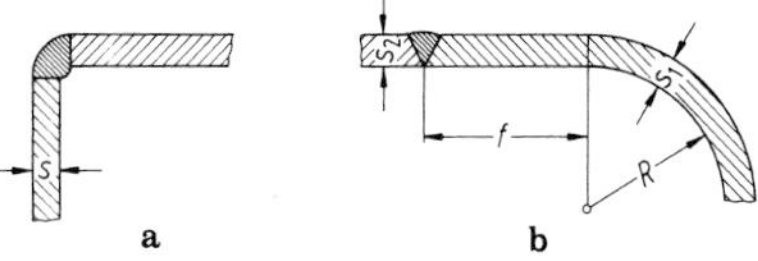

Abb. 8.12 Konstruktive Ecken. **a** Eckstoß; **b** Eckenausbildung bei vorverformten Teilen, z. B. Kesselböden

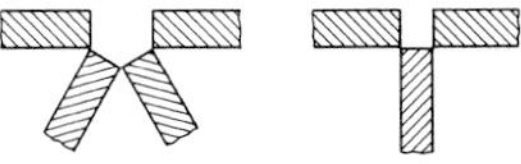

Abb. 8.13 Mehrfachstoß

Schweißnaht von der Krümmung soll $f \geqq 5\,s_1$ betragen.

Beim Schweißen in kaltverformten Bereichen sind die Angaben im Abschnitt Schweißsicherheit zu beachten. Bei Abweichungen von den dort angegebenen Maßen ist ein Mindestabstand f (Abb. 8.12b) einzuhalten oder das kaltverformte Teil normalzuglühen.

8

Mehrfachstoß (Abb. 8.13). Wegen der unsicheren Erfassung der unteren Bleche (Einbrand) beim Schweißen von einer Seite ist diese Stoßart nur bei sorgfältiger Herstellungsmöglichkeit oder in festigkeitsmäßig untergeordneten Fällen anzuwenden, bei beiderseitiger Zugänglichkeit muss die Wurzel ausgefugt und gegengeschweißt werden.

Weitere Informationen zu Stoß- und Nahtausbildung sowie zur konstruktiven Ausbildung geschweißter Bauteile sind in [13] bis [17] angegeben. Bei der Bestimmung der maßgebenden Kehlnahtdicke sind die Angaben zu berücksichtigen, die in den jeweils für den Festigkeitsnachweis maßgebenden Normen enthalten sind (siehe Tab. 8.20)

8.1.4 Darstellung der Schweißnähte

Symbole und Darstellung: DIN EN ISO 2553.

Nahtarten. Sie können symbolhaft (Abb. 8.14a,c) oder erläuternd (Abb. 8.14b,d) dargestellt werden. Die symbolhafte Darstellung ist zu bevorzugen. Die Stellung des Symbols zur

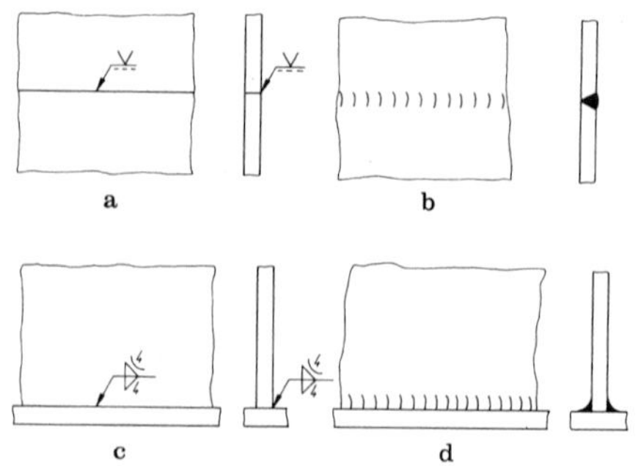

Abb. 8.14 Darstellungsformen. **a** Stumpfstoß symbolhaft; **b** Stumpfstoß erläuternd; **c** Doppelkehlnaht symbolhaft; **d** Doppelkehlnaht erläuternd

Bezugslinie kennzeichnet die Lage der Naht am Stoß. Tab. 8.19 enthält Grund- und Zusatzsymbole sowie erläuternde Nahtdarstellungen.

Schweißverfahren. Begriffe und Verfahrenskennzahlen nach *DIN 1910-100* und *DIN EN ISO 4063*. Die in früher gültigen Normen enthaltenen Abkürzungen sind weit verbreitet und werden hier nach der Verfahrenskennzahl eingeklammert aufgeführt: *Gasschweißen 3 (G) – Lichtbogenhandschweißen 111 (E), Unterpulverschweißen 12 (UP), Wolfram-Inertgas-Schweißen 141 (WIG), Metall-Inertgas-Schweißen 131 (MIG), Metall-Aktivgas-Schweißen 135 (MAG)*. Es wird zusätzlich zwischen dem Handschweißen, dem teilmechanischen, vollmechanischen und automatischen Schweißen unterschieden.

Güte der Schweißverbindung. Nach Aufwand in Fertigung und Prüfung werden in *DIN EN ISO 5817* (Schmelzschweißverbindungen an Stahl, Nickel, Titan und deren Legierungen (ohne Strahlschweißen), Bewertungsgruppen von Unregelmäßigkeiten) folgende Bewertungsgruppen unterschieden: Stumpfnähte und Kehlnähte: D (niedrig), C (mittel), B (hoch).

Die zu wählenden Bewertungsgruppen sind vom Konstrukteur mit Unterstützung der Fertigungsabteilungen, der Qualitätsstellen, gegebenenfalls mit Aufsichtsbehörden und sonstigen Gremien festzulegen. Sie sind abhängig von der Belastungsart (vorwiegend ruhend, schwingend), den Umgebungseinflüssen (chem. Angriffe, Temperatur) und zusätzlichen Anforderungen (z. B. Dichtheit, Sicherheitsanforderungen). Zu gewährleisten sind sie durch: Schweißeignung des Werkstoffs für Verfahren und Anwendungszweck; fachgerechte und überwachte Vorbereitung; Auswahl des Schweißverfahrens nach Werkstoff, Werkstückdicke und Beanspruchung der Schweißverbindung; auf den Werkstoff abgestimmten, geprüften und zugelassenen Zusatzwerkstoff; geprüfte und bei der Arbeit durch Schweißaufsichtspersonal überwachte Schweißer; Nachweis einwandfreier Ausführung der Schweißarbeiten (z. B. Durchstrahlung); Sonderanforderungen (z. B. Vakuumdichtigkeit, allseitiges Schleifen der Nähte).

Schweißposition. Kurzbezeichnung s. Abb. 8.5.

Beispiele

Abb. 8.15a: V-U-Naht, V-Naht hergestellt mit Metall-Aktivgas-Schweißen (135), U-Naht hergestellt mit UP-Schweißen (12), geforderte Bewertungsgruppe C, Wannenposition PA. Abb. 8.15b: Unterbrochene Kehlnaht mit Kehlnahtdicke *a*, Vormaß *υ*, Zwischenraum *e*, Länge *l* und Anzahl *n* der Einzelnähte, hergestellt durch Lichtbogenhandschweißen (111), geforderte Bewertungsgruppe C, Horizontal-Vertikalposition PB. ◀

Nach *DIN EN ISO 10 042* lassen sich Lichtbogenschweißverbindungen aus Aluminium und Aluminiumlegierungen bewerten. Für Elektronenstahl- und Laserschweißverbindungen aus

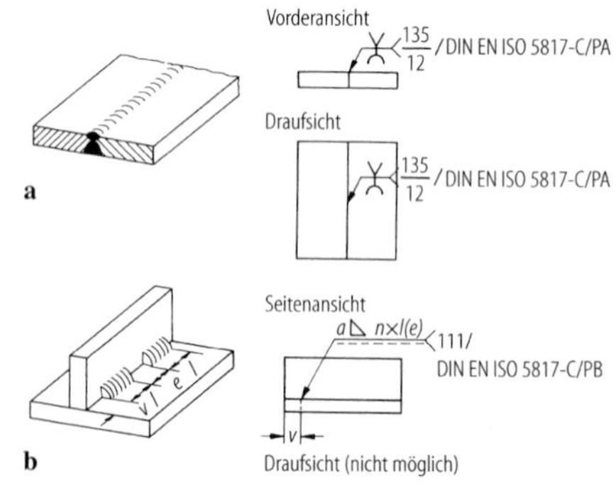

Abb. 8.15 Zeichnerische Darstellung. **a** Stumpfnaht (V-U-Naht) mit zusätzlichen Fertigungsangaben; **b** unterbrochene Kehlnaht mit Vormaß *υ* und zusätzlichen Fertigungsangaben

Stählen gilt *T1*, für strahlgeschweißte Verbindungen aus Aluminium und Aluminiumlegierungen *T2* der *DIN EN ISO 13 919*.

8.1.5 Festigkeit von Schweißverbindungen

8.1.5.1 Tragfähigkeit

Sie ist bei Schweißverbindungen abhängig von den *Eigenschaften* des Grundwerkstoffs, der wärmebeeinflussten Übergangszone und des Schweißguts, der *Beanspruchungsart* (Zug, Druck, Schub, statische oder schwingende Beanspruchung), der Nahtform, Nahtanordnung und Nahtbearbeitung, dem *Zusammenwirken der Betriebsspannungen* mit den *Schweißeigenspannungen* (insbesondere bei Stabilitätsfällen, unter bestimmten Voraussetzungen auch bei schwingender Beanspruchung) und der *Nahtgüte*. Höchste Anforderungen an die Gestaltung und die Ausführung sind bei schwingender Beanspruchung zu stellen. Detaillierte Informationen zur Tragfähigkeit und Festigkeitsberechnung sowie zur Konstruktion geschweißter Bauteile enthalten [14]–[24]

Vorwiegend ruhende Belastung. Bei vorwiegend ruhender Belastung einer senkrecht zur Zugrichtung gelegenen Stumpfnaht liegen die plastische Verformung und der Bruch in der Regel neben der Schweißnaht, bei Belastung parallel zur Schweißnaht haben Grundwerkstoff und Schweißgut gleiche Verformung, was bei Gefügearten mit niedriger Zähigkeit (z. B. Martensit in der wärmebeeinflussten Zone) zu Rissen und Brüchen in dieser Zone führen kann.

Schwingende Belastung. Bei dieser Belastung tritt der Schwingbruch am Nahtübergang oder bei nicht durchschweißten Nähten bzw. Kehlnähten an der Nahtwurzel auf. Die Schwingfestigkeit geschweißter Konstruktionen hängt wesentlich von der lokalen Kerbwirkung ab, die sich aus Stoß- und Nahtausbildung ergibt, und ist niedriger als die Schwingfestigkeit des Grundwerkstoffes. Für die meisten Werkstoffarten und Schweißverbindungsformen sind in Normen und Richtlinien sowie in Merkblättern in Abhängigkeit vom Nachweiskonzept Angaben zur Ermüdungsfestigkeit zu finden. (siehe Tab. 8.20 und [14]–[24]). Neuere Normen und Richtlinien (z.B. [20] und [21]) enthalten mittelspannungsunabhängige Ermüdungsfestigkeitswerte ausgehend davon, dass in geschweißten Bauteilen hohe Zugeigenspannungen vorliegen können und diese wie Mittelspannungen wirken. Bei vielen Schweißkonstruktionen werden diese Eigenspannungen jedoch durch die in der Nutzung auftretenden Beanspruchungen verändert bzw. abgebaut (z.B. durch statische Vor- und Überlasten), so dass die Schwingfestigkeitswerte mittelspannungsabhängig sind. In welchen Fällen das so ist, geht aus [6] sowie [21] hervor. Ausführliche Informationen zum Eigenspannungseinfluss auf die Schwingfestigkeit sind in [22] enthalten. Durch Nachbehandeln der Nahtübergänge (z.B. Schleifen, WIG-Aufschmelzen, Hämmern) kann die Schwingfestigkeit von Schweißverbindungen angehoben werden, und z.B. in [20] sind dazu geeignete Schwingfestigkeitswerte zu finden.

Der Größeneinfluss. Zeitweilige Überlastungen sind ohne Einfluss, wenn gewisse Grenzwerte der Schwingspielzahl und der Spannung (Schadenslinie) nicht überschritten werden.

Kleine Einschlüsse *in* der Naht (rundliche Poren oder Schlacken) setzen die Dauerfestigkeit unbearbeiteter Schweißnähte nicht oder nur unwesentlich herab. Risse und Oberflächenfehler, wie z. B. Einbrandkerben, Endkrater, unsaubere Ansatzstellen und vom Zünden des Lichtbogens neben der Naht herrührende Zündstellen, können dagegen Ausgangspunkte für den Schwingbruch sein und setzen somit die Schwingfestigkeit herab. *DIN EN ISO 5817* enthält im informativen Anhang C Angaben über die Korrelation von Schweißnahtqualitätskriterien und Schwingfestigkeit. Detaillierte Informationen hierzu sind im DVS Merkblatt 705 aufgeführt.

Bei der Tragfähigkeitsbewertung von schwingenden Beanspruchungen ist für Belastungen mit konstanter Lastamplitude die Dauerfestigkeit und für wechselnde Lastamplituden die Betriebsfestigkeit maßgebend. Im geregelten Industriebereich enthalten die jeweils maßgebenden Normen

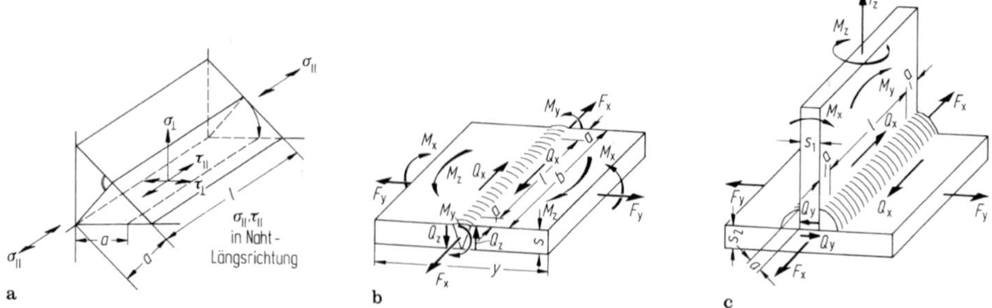

Abb. 8.16 Spannungen in Schweißnähten und Schnittgrößen an Schweißverbindungen sowie ihre Kennzeichnung. **a** Kehlnaht; **b** Stumpfstoß (V-Naht); **c** T-Stoß

oder Richtlinien Vorgaben für die Nachweisführung der Dauer- bzw. Betriebsfestigkeit (siehe Tab. 8.20). Im ungeregelten Anwendungsbereich kann der Dauer- bzw. Betriebsfähigkeitsnachweis nach der FKM-Richtlinien [21] vorgenommen werden.

8.1.5.2 Berechnung

Bei den in Vorschriften, Regelwerken oder Richtlinien enthaltenen Vorgehensweisen zur Festigkeitsberechnung von schmelzgeschweißten Verbindungen und zur Bemessung von Schweißnähten (Tab. 8.20) wird zwischen dem *Nennspannungskonzept* und *örtlichen Konzepten* unterschieden. Für vorwiegend ruhend beanspruchte Schweißverbindungen erfolgt im Allgemeinen der Festigkeitsnachweis mit *Nennspannungen*, wobei dafür *zulässige Spannungen* oder *Grenzzustände mit unterschiedlichen Teilsicherheitsbeiwerten* für die Beanspruchungen sowie für die Beanspruchbarkeiten heranzuziehen sind. Die Bemessung nach Grenzzuständen und mit Teilsicherheitsbeiwerten nach *DIN EN 1993-1-8* ist für den Stahlbau vorgeschrieben. Bei vorwiegend ruhender Beanspruchung kann nach [21] der Festigkeitsnachweis von geschweißten Bauteilen auch auf der Grundlage von örtlichen Spannungen vorgenommen werden, die als *Struktur-* oder *Kerbspannungen* ermittelt werden.

Für schwingend beanspruchte Verbindungen stehen für den Nachweis der Ermüdungsfestigkeit (Dauerschwing- und Betriebsfestigkeit) neben dem vor allem in Regelwerken aufgeführten Nennspannungskonzept folgende lokale Berechnungskonzepte zur Verfügung, die in neueren Normen z. B. *DIN EN 1993-1-9*, in der FKM-Richtlinie [21] und in den IIW-Empfehlungen zur Schwingfestigkeit geschweißter Bauteile [20] enthalten sind. Es sind dies *das Strukturspannungskonzept, das Kerbspannungskonzept (Konzept der örtlich elastischen Spannungen), das Kerbdehnungskonzept (Örtliche Konzept) und bruchmechanische Konzepte* (s. Bd. 1, Abschn. 29.2). Die lokalen Beanspruchungen kann man mit der Methode der Finiten Elemente und ausreichend feiner Elementierung des Verbindungsbereiches ermitteln. Die Anwendung und die Einsatzmöglichkeiten dieser Konzepte sind in [18, 19, 20, 21, 23] angegeben, die auch Angaben für die Abschätzung der Lebensdauer nach verschiedenen Schadensakkumulationshypothesen beim Betriebsfestigkeitsnachweis enthalten. Bruchmechanische Ansätze verwendet man außerdem zum Abschätzen der Sprödbruchsicherheit und der Tragfähigkeit von Schweißverbindungen mit Unregelmäßigkeiten [20].

Nach dem **Nennspannungskonzept mit zulässigen Spannungen** erfolgt die Berechnung von Schweißverbindungen in nachstehender Reihenfolge:

Ermitteln der angreifenden Belastungen. Für Bauteile, die gesetzlichen oder vom Auftraggeber aufgestellten Vorschriften unterliegen, sind die darin enthaltenen Angaben für die Festlegung zu den Lastannahmen, Stoß- und Sicherheitsbeiwerten anzuwenden, Tab. 8.20. In allen anderen Fällen können diese Vorschriften als Anhaltspunkte dienen. Unsicherheiten bei der Kraftermittlung werden durch entsprechendes Festlegen der zulässigen Spannung oder Wahl geeigneter Sicherheitsfaktoren berücksichtigt.

Berechnen der Nennspannungen in den Schweißnähten und Anschlussquerschnitten. Die Nennspannungen werden aus den Belastungen nach den Regeln der Festigkeitslehre (s. Bd. 1, Teil III) berechnet. Zum Teil sind die anzuwendenden Gleichungen in Vorschriften festgelegt, Tab. 8.20. Abb. 8.16a enthält die Bezeichnungen für die Normal- und Schubspannungen für das Beispiel der Kehlnaht. Die in Stumpf- und Kehlnähten auftretenden Schnittgrößen sind Abb. 8.16b und Abb. 8.16c zu entnehmen.

Im Bauteil und in dessen Schweißnähten treten häufig mehrere Spannungen gleichzeitig auf, aus denen man einen Vergleichswert σ_v bildet. Bei vorwiegend ruhender Beanspruchung darf der Vergleichswert nicht größer als zul σ sein. Liegt schwingende Beanspruchung vor, findet der Vergleich mit der zulässigen Spannungsschwingbreite der Zeitfestigkeit bzw. der Dauerfestigkeit statt. Bei der Rechnung ist jeweils zu σ_{max} das zugehörige τ und zu τ_{max} das zugehörige σ zu wählen. Außerdem ist getrennt hiervon nachzuweisen, dass die Schubspannung τ allein den zulässigen Schubspannungswert nicht übersteigt.

Bei der Berechnung von *Stumpfstößen* wird als Nahtdicke stets die Blechdicke s des dünneren Blechs eingesetzt (Abb. 8.6). Die maßgebende *Nahtlänge* ist $l = b - 2a$, wenn die Naht zwei Endkrater hat. Bei Verwendung von Vorsatzstücken (Abb. 8.17) oder kraterfreier Ausführung gilt $l = b$. Bei *Kehlnähten* (Abb. 8.16a) ergibt sich die Kehlnahtdicke a aus der Höhe des eingeschriebenen gleichschenkligen Dreiecks. Die Spannung wird für den in die Anschlussebene geklappten Querschnitt mit der Dicke a berechnet. Beim *Schrägstoß* dürfen Kehlnähte mit kleineren Öffnungswinkeln als $\gamma = 60°$ nicht als tragend in die Berechnung eingesetzt werden (Ausnahme: Das Schweißverfahren gewährleistet das sichere Erfassen des Wurzelpunkts). Bei *Ankern, Ankerrohren und Stehbolzen* muss der Abscherquerschnitt der Schweißnähte mindestens 125 % des Bolzen- und Ankerquerschnitts betragen. Die Anker sind auf beiden Seiten der zu verankernden Wandungen zu verschweißen.

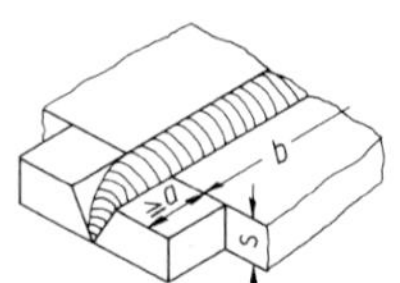

Abb. 8.17 Stumpfstoß mit Vorsatzstück für Schweißnahtauslauf

Festlegen der zulässigen Spannungen. *Vorwiegend ruhende Beanspruchung.* Für den nicht geregelten Bereich des Maschinenbaus können Werte für Stähle, Stahlguss, Gusseisen und Aluminiumlegierungen der FKM-Richtlinie [21] entnommen werden, Tab. 8.20. Bauteile aus Aluminiumlegierungen können außerdem nach *DIN EN 1999-1-1* bemessen werden. Für den Druckbehälterbau sind in *DIN EN 13445-3* und für den Kranbau in *DIN EN 13001-3-1* zulässige Spannungswerte für statisch belastete Schweißverbindungen aufgeführt.

Vergleich der Nennspannungen mit den zulässigen Spannungen. *Vorwiegend ruhende Beanspruchung* vorh. $\sigma_w \leqq$ zul σ_w, vorh. $\tau_w \leqq$ zul τ_w oder $S = R_e/\sigma$ bei Sicherheit gegen plastische Verformung. Im Kessel- und Rohrleitungsbau ist evtl. die Warm- oder Zeitstandfestigkeit zu berücksichtigen.

Vorwiegend ruhende Beanspruchung Einzelheiten für die Nachweisführung sind in branchenbezogen Normen und Richtlinien festgelegt (Tab. 8.20) Für den Stahlbau ist der statische Nachweis in *DIN EN 1993-1-8* geregelt, die Bestandteil der Normenreihe *DIN EN 1993-1* (Eurocode 3) ist und die auch für den ungeregelten Bereich bzw. für andere Industriebereiche herangezogen werden kann wie die nationale Vorgängernorm *DIN 18800-1*. Nach *DIN EN 1993-1-8* erfolgt die Bemessung von Schweißverbindungen mit Nennspannungen und nach Grenzzuständen sowie mit Teilsicherheitsbeiwerten, wobei der Nachweis von Schweißverbindungen mit der Berechnung der Beanspruchungen und der Beanspruchbarkeiten am elastisch verformten Tragsystem im Vordergrund steht. Darüber hinaus erlauben die Normen des Eurocode 3 auch, plastische Formänderungen bei der Ermittlung von

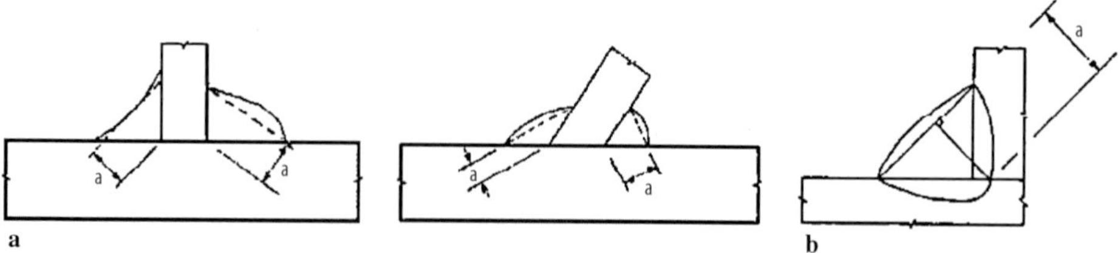

Abb. 8.18 Festlegung der Kehlnahtdicke bei unterschiedlichem Einbrand nach DIN EN 1993-1-8. **a** Kehlnahtdicke bei normalem Einbrand **b** Kehlnahtdicke bei tiefem Einbrand

Beanspruchungen und Beanspruchbarkeiten zu berücksichtigen. Die nach *DIN EN 1993-1-8* zu beachtenden Anforderungen an Abmessungen bzw. an geometrische Kenngrößen sind in Tab. 2 zusammengestellt. In DIN EN 1993-1-8 werden die Spannungskomponenten in Kehlnähten abweichend vom Abb. 8.16a auf die um 45° gedrehte Nahtquerschnittsfläche bezogen, Abb. 8.19. Die Umrechnung der Spannungskomponenten auf die Bezugsebene von *DIN EN 1993-1-8* ist in Abb. 8.20 angegeben. Des Weiteren sind bei der Ermittlung von Beanspruchungen geschweißter Verbindungen des Stahlbaus die Normvorgaben für Lastannahmen bzw. Einwirkungen und zugehörige Teilsicherheitsbeiwerte zu beachten, Tab. 8.20.

Für die Beanspruchbarkeit von durchgeschweißten Stumpfnähten gilt nach *DIN EN 1993-1-8* generell die Tragfähigkeit des schwächeren der verbundenen Bauteile, wobei das Schweißgut die Mindestwerte der Streckgrenze und der Zugfestigkeit des Grundwerkstoffes einhalten muss. Darüber hinaus erfordert die europäische Norm für die Ausführung von Schweißverbindungen des Stahlbaus *DIN EN 1090-2* in Abhängigkeit von der festzulegenden Ausführungsklasse einen bestimmten Prüfumfang. So ist bei Stumpfstoßverbindungen üblicher Stahlbauten eine zerstörungsfreie Prüfung nach DIN EN ISO 17635 durchzuführen. Der Tragfähigkeitsnachweis von nicht durchgeschweißten Stumpfnähten ist nach *DIN EN 1993-1-8* in der Regel wie für Kehlnähte mit tiefem Einbrand durchzuführen. Im Abb. 8.18 ist die Bestimmung der Kehlnahtdicke nach *DIN EN 1993-1-8* bei normalem und tiefem Einbrand dargestellt.

Die Ermittlung der **Beanspruchbarkeiten** von Kehlnahtverbindungen erfolgt nach *DIN EN 1993-1-8* ausgehend von der Zugfestigkeit des Grundwerkstoffes, wobei der Teilsicherheitsbeiwert für die Beanspruchbarkeit $\gamma_{M2} = 1{,}25$ und in Abhängigkeit vom Grundwerkstoff der Korrelationsbeiwert β_w nach Tab. 3 zu berücksichtigen sind. DIN EN 1993-1-8 enthält für den Nachweis der **Tragfähigkeit von Kehlnähten** das richtungsbezogene und vereinfachte Verfahren.

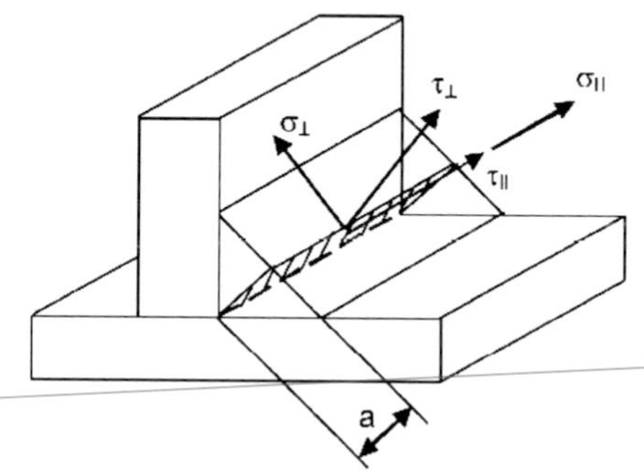

Abb. 8.19 Spannungen im wirksamen Kehlnahtquerschnitt nach DIN EN 1993-1-8

Das **richtungsbezogene Verfahren** ist für den Nachweis von Normal- und Schubspannungen quer zur Naht sowie von Schubspannungen längs zur Naht anzuwenden, wobei folgende zwei Bedingungen einzuhalten sind:

$$[\sigma_\perp^2 + 3 \cdot (\tau_\perp^2 + \tau_\parallel^2)]^{0,5} \leq f_u/(\beta_w \cdot \gamma_{M2})$$

und

$$\sigma_\perp \leq 0{,}9 \cdot f_u/(\beta_w \cdot \gamma_{M2})$$

Hierbei ist f_u die Zugfestigkeit des schwächeren der angeschlossenen Bauteile. Bei Kehlnahtverbindungen von Bauteilen verschiedener Stahlsorten sind in der Regel die Werkstoffkenngrößen des Bauteils mit der geringeren Festigkeit heranzuziehen. Die Spannungskomponente

Tab. 8.2 Anforderungen an Abmessungen bzw. geometrische Kenngrößen von Schweißverbindungen in DIN EN 1993-1-8

Geometrische Kenngröße	Anforderungen an Abmessungen bzw. Grenzwerte
Berücksichtigter Wanddickenbereich t geschweißter Bauteile	$t \geq 4$ mm, Hohlprofile: $t \geq 2{,}5$ mm DIN EN 1993-1-8/NA: Flacherzeugnissen und offenen Profilen $t \geq 3$ mm
Begrenzung der Kehlnahtdicke a	$a \geq 3$ mm[a] DIN EN 1993-1-8/NA: $\sqrt{\max t} - 0{,}5$ bei Flacherzeugnissen und offenen Profilen $t \geq 3$ mm
Rechnerische bzw. wirksame Kehlnahtdicke a	Wirksame Kehlnahtdicke a ist i. d. R. die bis zum theoretischen Wurzelpunkt gemessene Höhe des einschreibbaren Dreiecks, Abb. 8.18a bei normalem Einbrand, Abb. 8.18b bei tiefem Einbrand
Rechnerische bzw. wirksame Schweißnaht- bzw. Kehlnahtlänge	l_{eff} wirksame Nahtlänge Die wirksame Kehlnahtlänge ist die tatsächliche Länge der Schweißnaht abzüglich des zweifachen Betrages der wirksamen Kehlnaht a. (entfällt bei voller Ausführung bis zum Nahtende)
Minimale Länge von Kehlnähten	$l \geq 6{,}0 \cdot a$ bzw. $l \geq 30$ mm
Maximale Länge von Flankenkehlnähten bei unmittelbarem Anschluss von Stäben bzw. Winkelprofilen	$l_{\text{eff}} \leq 150 \cdot a$ Bei Schweißnahtlängen $l \geq 150 \cdot a$ ist der Abminderungsbeiwert $\beta_{\text{Lw},l} = 1{,}2 - 0{,}2 \cdot L_j/(150 \cdot a)$ zu berücksichtigen. L_j ist die Gesamtlänge der Überlappung in Richtung der Kraftübertragung.
Rechnerische Länge von Flankenkehlnähten bei unmittelbarem Stabanschluss	Bei Schweißnahtlängen $l \leq 150 \cdot a$ ist die volle Schweißnahtlänge wirksam.
Nahtdicke durchgeschweißter Stumpfnähte	Bauteildicke an der Verbindungsstelle bzw. kleinste Wanddicke der verbundenen Bauteile
Nahtdicke nicht durchgeschweißter Stumpfnähte	wie bei Kehlnähten mit tiefem Einbrand (vgl. Abb. 8.18b)
Rechnerische bzw. wirksame Schweißnahtfläche	Wirksame Schweißnahtfläche $A_{\text{w}} = \Sigma a \cdot l_{\text{eff}}$ um 45° gedreht gegenüber Anschlussfläche des angeschweißten Bleches (vgl. Abb. 8.19)

[a] DIN EN 1993-1-8 enthält keine Obergrenze für die Kehlnahtdicke. Es ist jedoch zweckmäßig, die angegebene maximale Kehlnahtdicke $a \leq 0{,}7 \cdot t$ einzuhalten, die bisher in DIN 18800-1 galt.

in Richtung der Schweißnaht braucht nicht berücksichtigt werden.

Das **vereinfachte Verfahren** ist für den Festigkeitsnachweis von Kehlnähten anzuwenden, wenn an jedem Punkt längs der Naht die Resultierende aller auf die wirksame Kehlnahtfläche einwirkenden Kräfte je Längeneinheit die Bedingung $F_{w,Ed} \leq F_{w,Rd}$ erfüllt. Dabei ist $F_{w,Ed}$ der Bemessungswert der auf die Kehlnahtfläche einwirkenden Kräfte je Längeneinheit und $F_{w,Rd}$ der Bemessungswert der Tragfähigkeit der Schweißnaht je Längeneinheit. Dieses Verfahren entspricht im Prinzip einem Schubspannungsnachweis vor allem bei Beanspruchungen längs zur Naht. Die Tragfähigkeit der Schweißnaht je Längeneinheit, die unabhängig von der Orientierung der wirksamen Kehlnahtfläche zur einwirkenden Kraft anzunehmen ist, ergibt sich mit $F_{w,Rd} = f_{vw,d}\, a$, wobei $f_{vw,d}$ der Bemessungswert der Scherfestigkeit der Schweißnaht ist, $f_{vw,d} = (f_u/\sqrt{3})/(\beta_w \gamma_{M2})$. Die Zugfestigkeit f_u und die Beiwerte β_{w} und γ_{M2} sind analog zum richtungsabhängigen Verfahren festzulegen. Tab. 8.1 enthält eine Zusammenstellung der für Kehlnähte maßgebenden Kennwerte der Beanspruchbarkeit nach *DIN EN 1993-1-8* (Tragfähigkeit für das richtungsbezogene Verfahren und Scherfestigkeit für das vereinfachte Verfahren). Dies bezieht sich auf wesentliche Baustähle als Grundmaterial und auf Bauteile mit Wanddicken $t \leq 40$ mm.

Nach *DIN EN 1993-1-8* sind **lokale Exzentrizitäten** (relativ zur Wirkungslinie der einwirkenden Kraft) bei Schweißverbindungen mit einseitigen Kehlnähten oder einseitig nicht durchgeschweißten Stumpfnähten zu berücksichtigen, wenn durch ein Biegemoment um die Längsachse der Schweißnaht eine Zugbeanspruchung in der Schweißnahtwurzel (vgl. Abb. 8.21a,b) oder

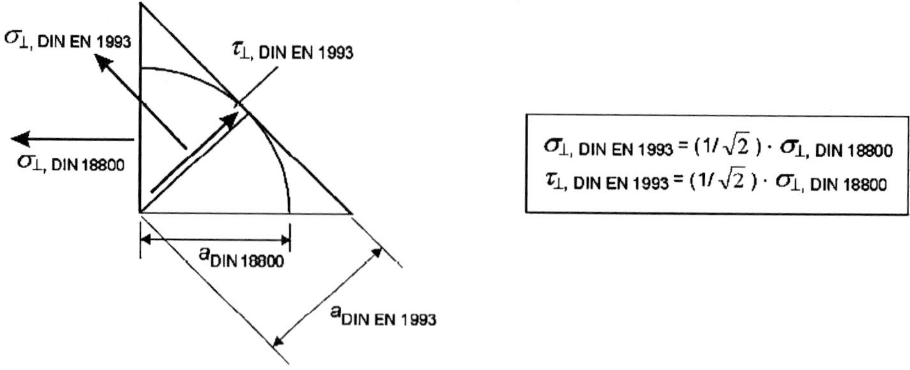

Abb. 8.20 Quer zur Naht wirkende Spannungskomponenten in der Kehlnaht nach DIN 18800-1 und DIN EN 1993-1-8 mit Umrechnungsbeziehungen

Tab. 8.3 Korrelationsbeiwert β_w für Kehlnähte nach DIN EN 1993-1-8 und DIN EN 1993-1-8/NA

In DIN EN 1993-1-8 erfasste Stahlsorten			Korrelations-beiwert β_w
EN 10025	EN 10210	EN 10219	
S235, S235 W	S235H	S235H	0,8
S275, S275 N/NL, S275M/ML	S275H, S275NH/NLH, S275M/ML	S275H, S275NH/NLH, S275MH/MLH	0,85
S355, S355 N/NL, S355M/ML, S355 W	S355H, S355NH/NLH	S355H, S355NH/NLH, S355MH/MLH	0,9
S420 N/NL, S420M/ML		S420MH/MLH	1,0
S460 N/NL, S460M/ML, S460Q/QL/QL1	S460NH/NLH	S460NH/NLH, S460MH/MLH	1,0
In DIN EN 1993-1-8/NA erfasste Stahlsorten			
S420			0,88
S460			0,85
In DIN EN 10340 und DIN EN 1993-1-8/NA erfasste Stahlgusssorten			
GS200, GS240, G17MN5+QT, G20Mn5+N			1,0
G20Mn5+QT			1,1

durch eine Zugkraft senkrecht zur Längsachse ein Biegemoment und damit eine Zugbeanspruchung in der Schweißnahtwurzel (vgl. Abb. 8.21c,d) entsteht. Nach Möglichkeit sind jedoch lokale Exzentrizitäten zu vermeiden.

Die **Exzentrizität von Überlappverbindung** darf bei einschenkligen Anschlüssen von Winkelprofilen vernachlässigt werden, sofern die wirksame Querschnittsfläche verwendet wird, die sich aus der Bruttoquerschnittsfläche ergibt. Bei Anschlüssen von gleichschenkligen Winkeln und ungleichschenkligen Winkeln mit Anschluss des größeren Schenkels ist die tatsächlich vorliegende Bruttoquerschnittsfläche maßgebend. Bei Anschlüssen von ungleichschenkligen Winkeln mit Anschluss des kleineren Schenkels ist die Bruttoquerschnittsfläche maßgebend, die sich für den Anschluss eines gleichschenkligen Winkels mit der Schenkellänge des kleineren, vorliegenden Schenkels ergibt. In diesen Fällen darf auch der Nachweis des angeschlossenen Bauteils wie unter zentrisch angreifender Kraft erfolgen.

Beim Nachweis von **unterbrochen geschweißten Kehlnähte** ist nach *DIN EN 1993-1-8* die vorhandene Schweißnahtschubspannung bzw. die Scherkraft je Längeneinheit $F_{w,Ed}$ mit dem Beiwert $(e+l)\cdot l$ zu erhöhen (vgl. Abb. 8.22).

In [24] ist die Nachweisführung von vorwiegend ruhend beanspruchten Schweißverbindungen nach DIN EN 1993-1-8 ausführlich mit Beispielen im Vergleich zur bisher geltenden

Tab. 8.4 Kennwerte der Beanspruchbarkeit von Kehlnahtverbindungen nach DIN EN 1993-1-8 in Abhängigkeit vom Grundwerkstoff für Wanddicken $t \leq 40$ mm

Grund-werkstoff	Nennwert für Wanddicke $t \leq 40$ mm		Tragfähigkeit bzw. Beanspruchbarkeit von Kehlnähten mit Teilsicherheitsbeiwert $\gamma_{M2} = 1{,}25$			
	Streckgrenze	Zugfestigkeit		Vereinfachtes Verfahren	Richtungsbezogenes Verfahren	
	f_y	f_u	β_w	$f_{vw,d} = (f_u/\sqrt{3})/(\beta_w \cdot \gamma_{M2})$	$0{,}9 \cdot f_u/\gamma_{M2}$	$f_u/(\beta_w \cdot \gamma_{M2})$
	[N/mm²]	[N/mm²]		[N/mm²]	[N/mm²]	[N/mm²]
S235	235[a]	360[a]	0,8	207,8	259,2	360
S275	275[a]	430[a]	0,85	233,7	309,6	404,7
S355	355[a]	510[a]	0,9	261,7	367,2	453,3
S420 N/NL	420[b]	520[b]	1,0	240,2	374,4	416
S460 N/NL	460[b]	540[b]	1,0	249,4	388,8	432

[a] Nennwert nach DIN EN 1993-1-1 bzw. EN 10025-2
[b] Nennwert nach DIN EN 1993-1-1 bzw. EN 10025-3

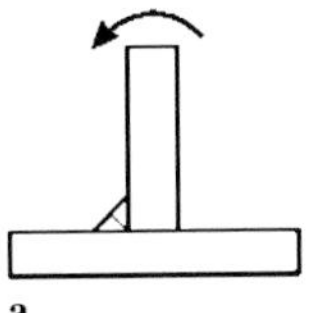

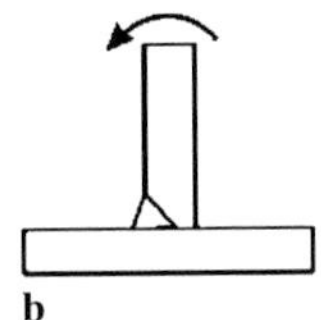

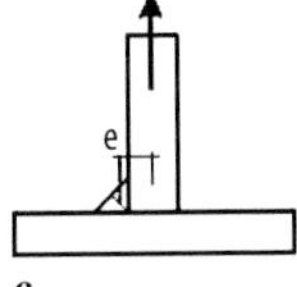

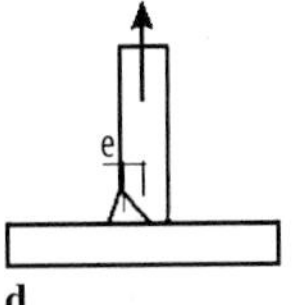

Abb. 8.21 Einseitige Kehlnähte und einseitig nicht durchgeschweißte Stumpfnähte nach DIN EN 1993-1-8. **a**, **b** Biegemoment bewirkt Zugbeanspruchung in der Schweißnahtwurzel **c**, **d** Zugkraft bewirkt Zugbeanspruchung in der Schweißnahtwurzel

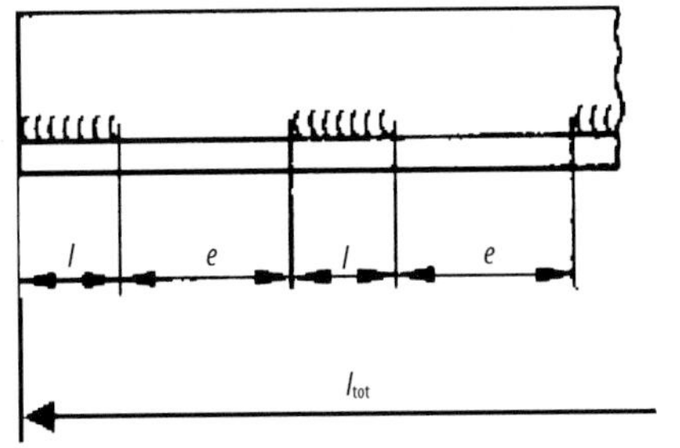

Abb. 8.22 Vorgaben zur Berechnung der Beanspruchungen in unterbrochen geschweißten Längsnähte aus DIN EN 1993-1-8

nationalen Norm DIN 18800-1 erläutert. Außerdem enthält die FKM-Richtlinie [21] Angaben für den Festigkeitsnachweis statisch belasteter Schweißnähte. Diese Angaben beziehen auf den Nachweis mit Nennspannungen und mit örtlichen Spannungen und berücksichtigen auch plastische Formänderungen.

Schwingende Beanspruchung – Bei konstanter Lastamplitude wird die Zeit- oder Dauerfestigkeit nachgewiesen, bei variablen Lastamplituden die Betriebsfestigkeit. Beides kann mit dem Nennspannungskonzept (s. Bd. 1, Abschn. 29. 2.2) oder mit örtlichen Konzepten (s. Bd. 1, Abschn. 29.2.3) berechnet werden.

Nennspannungskonzept. Die Berechnung der Spannungen erfolgt wie bei vorwiegend ruhender Beanspruchung nach den Regeln der Festigkeitslehre (s. Bd. 1, Teil III) mit elastischem Stoffgesetz. Die zulässigen Spannungsschwingbreiten sind für die verschiedenen Anwendungen in unterschiedlichen Regelwerken und Richtlinien enthalten (siehe Tab. 8.20). Die zulässigen Spannungsschwingbreiten hängen ab vom Kerbfall (Verbindungsform, Schweißnahtausbildung) und häufig auch von der Mittelspannung σ_m bzw. dem Spannungsverhältnis $\kappa = \min\sigma/\max\sigma$ bzw. $\kappa = \min\tau/\max\tau$ (international statt κ oft R). Die κ- bzw. R-Werte kennzeichnen die Beanspruchungsbereiche: reine Wechselbeanspruchung (–1), Wechselbereich (<0), Zug- und Druckschwellbereiche (>0) und statische Zug- oder Druckbeanspruchung (+1). Für die meisten Regelwerke wurden die Schwingfestigkeitswerte an Kleinproben ermittelt.

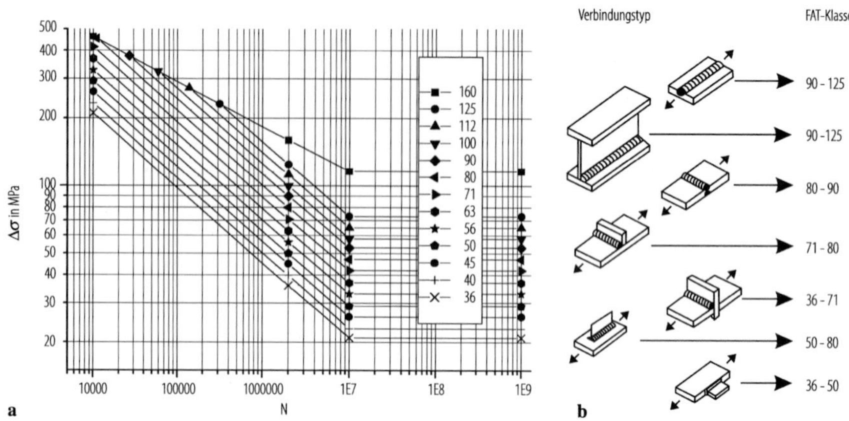

Abb. 8.23 **a** Wöhlerdiagramm für Schweißverbindungen aus Stahl, beansprucht mit konstanter Spannungsamplitude, Normalspannungen, Neigung der Kurven für die Klassen 36 bis 125 beträgt $m = 3$, FAT-Klasse 160 mit $m = 5$ gilt für nahtlose gewalzte oder gepresste Profile aus Stahl; **b** Zuordnung zwischen Verbindungstyp und FAT-Klasse gemäß [20]

Das IIW (International Institute of Welding) hat Empfehlungen veröffentlicht für den Festigkeitsnachweis geschweißter Bauteile aus Stählen und Aluminiumlegierungen mit Nennspannungen, Struktur- und Kerbspannungen sowie nach dem Bruchmechanikkonzept [20]. Dabei kann die Beanspruchung mit konstanter oder variabler Lastamplitude erfolgen. Die IIW-Empfehlungen, *DIN EN 1993-1-9* und die FKM-Richtlinie [21] sind neuere Berechnungsrichtlinien, denen das von der Mittelspannung unabhängige $\Delta\sigma$-Konzept zugrunde liegt. Sie enthalten an Bauteilen bestimmte Schwingfestigkeitswerte. Es wird davon ausgegangen, dass in geschweißten Bauteilen in der Regel hohe Eigenspannungen auftreten, diese wie Mittelspannungen wirken und somit das Spannungsverhältnis die Beträge der Schwingfestigkeitswerte nicht beeinflusst. In [6] und [21] sind geschweißte Bauteilverbindungen aufgeführt, bei denen sich die Eigenspannnungen durch äußere Belastungen reduzieren, so dass von mittelspannungsabhängigen Schwingfestigkeitswerten ausgegangen werden kann. Diese geschweißten Bauteile können daher nach [21] wirtschaftlicher als nach IIW-Empfehlungen bemessen werden. Nach den IIW-Empfehlungen lässt sich im Festigkeitsnachweis mit Nennspannungen auch die Wirkung von schwingfestigkeitssteigernden Nachbehandlungen, wie das WIG-Aufschmelzen, Beschleifen oder Hämmern der Nahtübergänge, erfassen.

Für geschweißte Bauteile aus Stählen sind für den Zeit- und Dauerfestigkeitsnachweis mit Nennspannungen in Abb. 8.23a Wöhlerlinien (s. Bd. 1, Abschn. 29.3.2) einiger Schwingfestigkeitsklassen (FAT-Klassen) für Normalspannungen dargestellt. Für Schubspannungen sind Wöhlerlinien [20, 21] zu entnehmen. Im Abb. 8.23b werden einzelne Verbindungen mit den ihnen zugeordneten FAT-Klassen wiedergegeben. Dabei handelt es sich um Bereiche unterschiedlicher Nahtausführung und anderer Nebenbedingungen, wie z. B. der Länge eines aufgeschweißten Blechs. Die Zahl, mit der eine FAT-Klasse gekennzeichnet ist, stimmt mit ihrer Spannungsschwingbreite bei 2×10^6 Lastspielen überein. In den IIW-Empfehlungen haben die Wöhlerlinien für alle Schweißverbindungen die Neigung $m = 3$ und für den ungeschweißten Grundwerkstoff $m = 5$. Der Dauerfestigkeitswert ist bezogen auf 10^7 Lastspiele.

Die Schwingfestigkeitsangaben für den Nennspannungensnachweis in *DIN EN 1993-1-9* und in der FKM-Richtlinie basieren auf den IIW-Empfehlungen. Dies gilt vor allem für die Schwingfestigkeitswerte der verschiedenen Kerbfälle. Abweichungen gibt es bei der Berücksichtigung von Mittelspannungen. In *DIN EN*

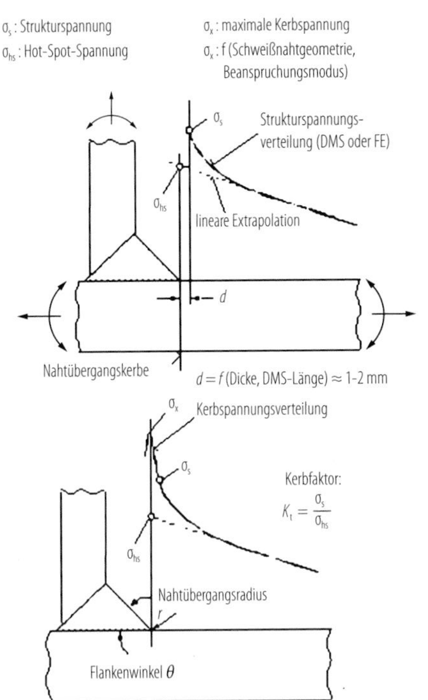

Abb. 8.24 Definition der Spannungen für Struktur- und Kerbspannungskonzept

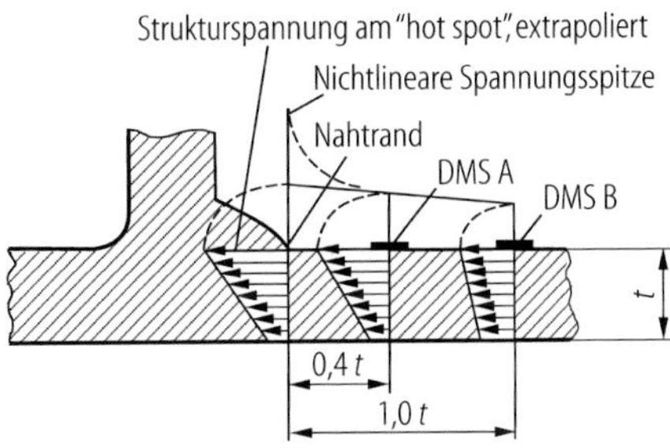

Abb. 8.25 Aus dem Dehnungsmessstellen A und B durch Extrapolieren berechnete Strukturspannung am Nahtrand

1993-1-9 und in der FKM-Richtlinie werden die Spannungskomponenten in der Kehlnaht abweichend von *DIN EN 1993-1-8* (vgl. Abb. 8.19) wie in Abb. 8.16a definiert. Der Dauerfestigkeitswert ist in *DIN EN 1993-1-9* bezogen auf 5×10^6 Lastspiele.

Örtliche Konzepte (s. Bd. 1, Abschn. 29.2). Mit Struktur- und Kerbspannungskonzept können die in Verbindungszone vorliegenden geometrischen Verhältnisse bei der Spannungsberechnung berücksichtigt werden. So lässt sich mit dem Strukturspannungskonzept die Bauteilgeometrie und mit dem Kerbspannungskonzept die Schweißnahtgeometrie unmittelbar bei der Beanspruchungsermittlung erfassen, Abb. 8.24. Dadurch kann eine wirtschaftlichere und zugleich sichere Bemessung von schwingbelasteten Bauteilen erzielt werden, und es wird den Berechnungsmöglichkeiten moderner numerischer Berechnungsverfahren entsprochen, wie z. B. der Finite-Elemente-Methode (s. Bd. 1, Abschn. 26.1).

Schwingende Beanspruchung – Strukturspannungskonzept. Es ergänzt das in den Regelwerken enthaltene Nennspannungskonzept (s. Bd. 1, Abschn. 29.2), führt zu einer höheren Werkstoffausnutzung und zur treffsicheren Bemessung neuer Schweißkonstruktionen [18, 19, 20, 21]. Das Strukturspannungskonzept darf nur angewendet werden, wenn die Normalspannungen vornehmlich senkrecht zur Schweißnaht wirken und sich der Schwingungsriss – sofern er auftritt – am Schweißnahtübergang ausbildet. Es gilt nicht für von der Wurzel ausgehende Risse [18, 19, 20, 21]. Die Strukturspannung für den Ort des „hot spot", die erwartete Rissausgangsstelle, ergibt sich aus Dehnungsmessungen, Abb. 8.25, oder aus einer Finite-Elemente-Berechnung nach [18, 19, 20, 21]. Man extrapoliert auf die Stelle des „hot spot" mit linearen Ansatz, z. B.

$$\varepsilon_{hs} = 1{,}67\varepsilon_A - 0{,}67\,\varepsilon_B\ ,$$

und erhält die Strukturspannung

$$\sigma_{hs} = E\,\varepsilon_{hs}\ .$$

Bei drei Mess- bzw. Berechnungspunkten wird ein quadratischer Ansatz verwendet. [20, 21] enthalten Strukturspannungs-Wöhlerkurven für die verschiedenen Strukturdetails aus unlegiertem Baustahl und einigen Aluminiumlegierungen. Aus Tab. 8.5 sind für die unterschiedlichen Strukturdetails die FAT-Klasse und die bis zu 10^7 Lastspielen ertragbare Schwingbreite $\Delta\sigma_{R,L}$ zu entnehmen. Die Werte gelten für Blechdicken bis 25 mm, darüber werden niedrigere Werte verwendet [20, 21].

8

Tab. 8.5 Zuordnung von Strukturdetails zu den Klassen der Spannungsschwingbreite; Einfluss der Eigenspannungen ist einbezogen, Winkel- und Kantenversatz sind unberücksichtigt und müssen bei der Spannungsermittlung erfasst werden; gültig für Stahl und die gewöhnlich konstruktiv verwendeten Aluminiumlegierungen; Blechdicke 25 mm; die $\Delta\sigma_{R,L}$-Werte gelten für $N = 10^7$, s. Abb. 8.23a.

Nr.	Strukturdetail	Beschreibung	Stahl		Aluminium	
			FAT-Klasse	$\Delta\sigma_{R,L}$ in N/mm^2	FAT-Klasse	$\Delta\sigma_{R,L}$ in N/mm^2
1		Stumpfnaht, zerstörungsfreie Prüfung	100	74	40	29
2		Kreuzstoß, DHV-Naht mit Doppelkehlnaht	100	74	40	29
3		Quersteife mit Kehlnaht	100	74	40	29
4		Längssteife mit Kehlnaht, nicht am Bauteilrand	100	74	40	29
5		Stirnkehlnaht an einer Gurtplatte, nicht am Blechrand, und ähnliche Verbindungen	100	74	40	29
6		Kreuzstoß mit tragenden Kehlnähten	90	66	36	26

Schwingende Beanspruchung – Kerbspannungskonzept (s. Bd. 1, Abschn. 29.2). Hierbei sind im Berechnungsmodell die verschiedenen Nahtübergänge (Nahtober- und Wurzelseite) durch einen Referenzradius r_{ref} abzubilden, Abb. 8.26. Nach [18–21, 23] kann von folgenden Werten des Referenzradius für Stahl-, Aluminiumverbindungen ausgegangen werden:

- Bei Blechdicken ab 5 mm ist $r_{ref} = 1{,}0$ mm.
- Bei Blechdicken kleiner 3 mm sollte $r_{ref} = 0{,}05$ mm angenommen werden.

Weitere Hinweise für den Referenzradius vor allem bezogen auf Blechdicken zwischen 3 und 5 mm enthält [23].

Für die mit einem Referenzradius erfassten Nahtübergänge sind für numerische Spannungsberechnungen ausreichend kleine Elemente vorzusehen. Tab. 8.6 enthält hierfür Empfehlungen nach [23]. Weitere Hinweise zur Modellierung der Kerbradien von Schweißverbindungen sind in [18, 19, 20, 21] angegeben. Die Spannungsberechnung erfolgt linear-elastisch.

In Abhängigkeit von der Größe des Referenzradius enthalten [18-21, 23] Schwingfestigkeitsangaben (FAT-Klasse, Referenzwöhlerlinie) für die Bewertung der berechneten Kerbspannungen im Nahtübergang. Für die Schwingfestigkeitsbewertung von Berechnungen mit dem Referenzradius $r_{ref} = 1{,}0$ mm gilt für Verbindungen aus Stahl FAT 255 und aus Aluminiumlegierungen FAT 71 nach IIW-Empfehlungen [20], wobei für den Spannungsnachweis die berechneten Hauptspannungen heranzuziehen sind. Die industrielle Anwendbarkeit ist durch rechnerische

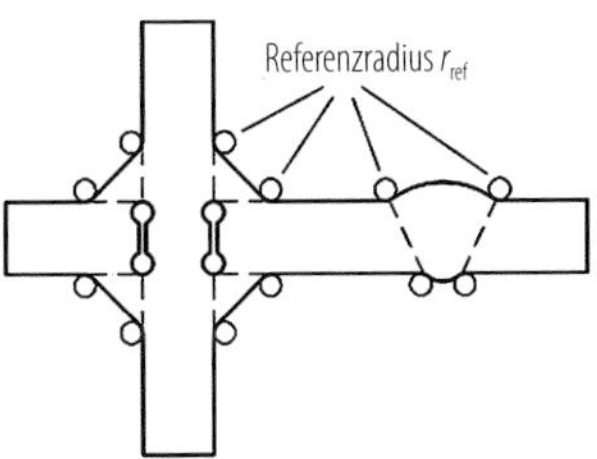

Abb. 8.26 Berechnung von Kerbspannungen mittels des Referenzradius

und experimentelle Untersuchungen an Musterbauteilen aus verschiedensten Industriebereichen aufgezeigt worden [23].

Betriebsfestigkeitsnachweis. Der Betriebsfestigkeitsnachweis (s. Bd. 1, Abschn. 29.5.3) ist bei zeitlich sich häufig ändernden Belastungsamplituden zu führen. Die IIW-Empfehlungen für die Schwingfestigkeit geschweißter Verbindungen [20] enthalten Vorgaben für die Durchführung des Betriebsfestigkeitsnachweises unabhängig vom industriellen Anwendungsgebiet. Das bezieht sich auf die Nachweisführung mit Nenn-, Struktur- und Kerbspannungen. Gleiches gilt für die FKM-Richtlinie [21], die für den Maschinenbau maßgebend ist. Für den Stahlbau ist der Betriebsfestigkeitsnachweis in *DIN EN 1993-1-9* und für den Kranbau in *DIN EN 13001-3-1* geregelt (siehe auch Tab. 8.20).

8.1.5.3 Pressschweißverbindungen

Pressstumpf-, Abbrennstumpf- und Reibschweißen. Berechnungsquerschnitt ist der kleinste Querschnitt in bzw. neben der Naht, Tab. 8.7. Bei Anwendungen im bauaufsichtlichen Bereich ist die Beanspruchbarkeit der Verbindungen durch Gutachten einer vom Deutschen Institut für Bautechnik anerkannten Stelle nachzuweisen.

Widerstandspunkt- und Widerstandsnahtschweißen. Diese Verbindungen werden i. Allg. auf Abscheren beansprucht. Es ergibt sich eine niedrige Dauerfestigkeit wegen erheblicher Kerbwirkung. Da der Punktdurchmesser nicht bekannt ist und auch durch zerstörungsfreie Prüfverfahren kaum bestimmt werden kann, werden die ertragbaren Bruchlasten aus Versuchen bestimmt. Einzelheiten sind den Merkblättern *DVS 2902 T3* „Widerstandspunktschweißen von Stählen bis 3 mm Einzeldicke, Konstruktion und Berechnung“, *DVS 2906 T1* „Widerstands-Rollennahtschweißen – Verfahren und Grundlagen“, *DVS 2916* „Prüfen von Punktschweißverbindungen“ und *DIN 1993-1-3* „Stahlhochbau“ zu entnehmen.

8.1.6 Thermisches Abtragen

8.1.6.1 Verfahren der Autogentechnik

Die zum Abtragen erforderliche Wärme entsteht aus Oxidation, der Werkstoffabtrag erfolgt im Sauerstoffstrahl. Normen: DIN 8590; DIN 2310-6; DIN EN ISO 9013.

Brennschneiden. Das durch eine Brenngas-Sauerstoff-Flamme örtlich auf Zündtemperatur erwärmte Werkstück verbrennt im Schneidsauerstoffstrahl, die Schneidschlacke (Oxide und Schmelze) wird vom O_2-Strahl aus der Fuge getrieben. Schneidbedingungen: Das Metall muss im O_2-Strom verbrennen, die Entzündungstemperatur muss unter der Schmelztemperatur liegen, die Oxidschmelztemperatur unter der Schmelztemperatur des Werkstoffs. Die Bedingungen werden erfüllt bei un- und niedriglegierten Stählen, Titan und Molybdän, nicht erfüllt bei Aluminium, Kupfer, Grauguss und i. Allg. bei hochlegierten Stählen. Vorwärmung ist bei Kohlenstoffgehalten $> 0,3\,\%$ erforderlich wegen Aufhärtung. Formteilgenauigkeit und Schnittflächengüte sind abhängig von Brennschneidmaschine, Führungseinrichtung, Schneidgeschwindigkeit und -bedingungen (Senkrecht-, Schräg-, Gerad-, Kurven-, Hand-, Maschinenschnitt mit Ein- oder Mehrfachbrenneranordnung).

Brennfugen. (Fugenhobeln). Muldenförmiges Abtragen von Werkstückflächen durch besonders geformte Düse, aus der zusätzlich Sauerstoff zum „Hobeln“ austritt.

Brennflämmen. Es dient mit schichtförmigem Werkstoffabtrag zum Säubern von Stahlblöcken,

8

Tab. 8.6 Empfehlung für Elementgröße (entlang und senkrecht zur Kerboberfläche)

Element Typ (Verschiebungs-funktion)	Relative Größe	Größe für $r_{ref} = 1{,}0\,\text{mm}$	Größe für $r_{ref} = 0{,}05\,\text{mm}$	Anzahl der Elemente bei Achtelkreis (45°-Bogen)	Anzahl der Elemente am Umfang (360°)
Quadratischer Ansatz	$\leqq r/4$	$\leqq 0{,}25\,\text{mm}$	$\leqq 0{,}012\,\text{mm}$	$\geqq 3$	$\geqq 24$
Linearer Ansatz	$\leqq r/6$	$\leqq 0{,}15\,\text{mm}$	$\leqq 0{,}008\,\text{mm}$	$\geqq 5$	$\geqq 40$

Tab. 8.7 Richtwerte für zulässige Spannungen von Pressstumpf-, Abbrennstumpf- und Reibschweißverbindungen von Stählen

Beanspruchungsart	Naht bearbeitet	Naht unbearbeitet	Bemerkungen
vorwiegend ruhend	0,9 … 1,0 zul σ	0,9 … 1,0 zul σ	Pressstumpf-, Abbrennstumpf- oder Reibschweißen
schwingend	0,6 … 0,8 zul σ_a	0,6 … 0,8 zul σ_a	Pressstumpfschweißen
	0,8 … 0,9 zul σ_a	0,6 … 0,8 zul σ_a	Abbrennstumpfschweißen
	0,8 … 0,9 zul σ_a	0,6 … 0,7 zul σ_a	Reibschweißen

zul σ = zulässige Spannung des Grundwerkstoffs
zul σ_a = zulässiger Spannungsausschlag des Grundwerkstoffs

Knüppeln und Rohrluppen vor der Weiterverarbeitung.

Brennbohren. Mit Sauerstoff- (SL), Sauerstoff-Pulver- (SPL) oder Sauerstoff-Kernlanze (SKL) ist es ein thermisches Lochstechen, das bevorzugt an mineralischen Stoffen (Beton, Stahlbeton) angewendet wird. Die SL arbeitet nur mit einem Rohr und ist weitgehend durch die SPL, die mit einem Rohr und zusätzlichem Eisen- oder Eisen-Aluminiumpulver arbeitet, ersetzt. Bei der SKL wird ein Rohr, das mit Drähten gefüllt ist, verwendet. Das auf Weißglut erhitzte Rohrende wird in allen drei Fällen auf das Werkstück aufgesetzt und verbrennt unter Sauerstoffzugabe. Metallische Werkstoffe verbrennen, mineralische schmelzen und bilden mit Metalloxid dünnflüssige Schlacke. Das Brennbohren ist bei allen Metallen, Nichtmetallen und mineralischen Werkstoffen anwendbar.

Flammstrahlen. Es dient zum Abtragen (Verbrennen oder Umwandeln) von Schichten und Belägen, zur Reinigung oder Vorbehandlung metallischer oder mineralischer Werkstücke.

8.1.6.2 Elektrische Gasentladung

Lichtbogen-Sauerstoffschneiden. Der Lichtbogen brennt zwischen einer umhüllten Hohlelektrode und dem Werkstück. Sauerstoff wird der Schnittfuge durch die Bohrung der Elektrode zugeführt.

Lichtbogen-Druckluft-Fugen. Es dient zum Ausarbeiten von Schweißnähten und Rissen an metallischen Werkstoffen. Örtliches Schmelzen des Grundwerkstoffs wird durch einen Lichtbogen zwischen verkupferter Kohleelektrode und Werkstück erreicht. Parallel zur Elektrode zugeführte Pressluft dient zur teilweisen Verbrennung des aufgeschmolzenen Werkstoffs und treibt Schmelze und Schlacke aus der entstehenden Fuge.

Plasma-Schmelzschneiden. Ein eingeschnürter Lichtbogen führt zur Dissoziation mehratomiger und zur Ionisation einatomiger Gase. Im Plasmastrahl hoher Temperatur und großer kinetischer Energie schmilzt der Werkstoff und verdampft teilweise. Durch die Werkstück- oder Brennerbewegung entsteht eine Schnittfuge. Plasmagase sind Argon, Wasserstoff oder deren Gemische, als Schneidgase kommen je nach Werkstoff Argon, Stickstoff, Wasserstoff oder deren Gemische, bei un- und niedriglegierten Stählen auch Druckluft in Frage. Elektrisch leitende Werkstoffe werden mit übertragenem, nichtleitende mit nicht übertragenem Lichtbogen geschnitten. Hohe Schneidgeschwindigkeiten sind bei guter Schnittgüte erreichbar. Anwendbar ist das Verfahren für alle Stähle und NE-Metalle.

8.1.6.3 Abtragen durch Strahl

Verwendet wird ein energiereicher Strahl (Laser, Elektronen). Hohe Energiedichte des Nd:YAG-Festkörper- oder CO_2-Gaslaserstrahls führt zum Schmelzen, zum Verdampfen oder Sublimieren des Werkstoffs. Der Schneidvorgang wird bei leicht entzündlichen Werkstoffen durch inertes Gas und bei Metallen, insbesondere bei Stahl, durch Sauerstoff unterstützt: *Laserbrennschneiden*. Schmelzen des Werkstoffs und Verwendung inerten Gases: *Laserschmelzschneiden*. Überführung des Werkstoffs unmittelbar in den gasförmigen Zustand: *Laser-Sublimierschneiden*. Vorteile des Laserschneidens sind geringe Wärmeeinwirkung, schmale Schnittfuge, geringer Verzug und hohe Schneidgeschwindigkeit. Schneidbar sind neben Metallen auch organische Stoffe und Kunststoffe, Holz, Leder, Gummi, Papier, Keramik, Quarzglas, Porzellan, Glimmer, Steine und Graphit.

Der Elektronenstrahl mit erhöhter Leistungsdichte im Brennfleck (bis $10^8\,\mathrm{W/cm^2}$, beim Schweißen $10^6\,\mathrm{W/cm^2}$) führt zu einer großen Verdampfungsrate des Werkstoffs. Genügt ein Elektronenstrahlimpuls zum Durchstoßen des Werkstücks, spricht man von Perforieren. Als Bohren bezeichnet man das Mehrimpulsschneiden mit dem Elektronenstrahl.

8.2 Löten und alternative Fügeverfahren

Klaus Dilger

Kapitel basiert auf: H. Wohlfahrt†, K. Thomas† und M. Kaßner†.

8.2.1 Lötvorgang

Unter Löten versteht man das Verbinden erwärmter, im festen Zustand verbleibender Metalle durch schmelzende metallische Zusatzwerkstoffe (Lote) [25, 27]. Die Werkstücke müssen an der Lötstelle mindestens die *Arbeitstemperatur* erreicht haben. Sie ist immer höher als der untere Schmelzpunkt (Soliduspunkt) des Lots und kann unterhalb des oberen Schmelzpunkts (Liquiduspunkt) liegen. Eine Bindung zwischen Werkstück und Lotmetall tritt auch auf, wenn das Werkstück zwar die Arbeitstemperatur nicht ganz erreicht, dafür aber das Lotmetall eine wesentlich höhere Temperatur hat. Diese Werkstücktemperatur wird häufig mit *Bindetemperatur* oder Benetzungstemperatur bezeichnet. Sie ist stets niedriger als die Arbeitstemperatur und hat nur beim Fugenlöten (Schweißlöten) technische Bedeutung.

Damit flüssige Lote benetzen und fließen können, müssen die Werkstückoberflächen metallisch rein sein. Dicke Oxidschichten werden mechanisch entfernt und dünne Oxidschichten, die zum Teil noch während der Erwärmung auf Löttemperatur entstehen, durch Flussmittel gelöst oder durch Flussmittel bzw. Gase reduziert.

Die *Bindung* ist abhängig von den Reaktionen zwischen Lot und Grundwerkstoff und von der Verarbeitungstemperatur. Neben der reinen Oberflächenbindung im Fall fehlender Legierungsbildung zwischen Grundwerkstoff und Lot tritt in den meisten Fällen Diffusion einer oder mehrerer Komponenten des Lots in den Grundwerkstoff und umgekehrt ein. Beim Hartlöten von weichem Stahl diffundiert häufig Kupfer entlang den Korngrenzen und führt dadurch zur Lötbrüchigkeit. Die Festigkeit der Lötverbindung ist von der Spaltbreite abhängig. Unterhalb einer kleinsten Spaltbreite (etwa 0,02 mm) fällt die Festigkeit wegen zunehmender Bindefehler stark ab. Umgekehrt bringt auch zunehmende Spaltbreite eine Abnahme der Festigkeit mit sich. Der obere Grenzwert der Spaltbreite von etwa 0,5 mm sollte daher nicht überschritten werden. Als besonders günstig haben sich Spalte von 0,05 bis 0,2 mm erwiesen. Bearbeitungsriefen vom Drehen oder Hobeln sollen, wenn ihre Tiefe 0,02 mm übersteigt, möglichst in Flussrichtung des Lots liegen.

8.2.2 Weichlöten

Weichlöten wird bei einer Arbeitstemperatur unterhalb 450 °C, vorwiegend bei Stahl, Kupfer und Cu-Legierungen, ausgeführt. Die Lote sind meistens Legierungen der Metalle Blei, Zinn, Antimon, Cadmium und Zink; für Aluminium-Werkstoffe: Legierungen der Metalle Zink, Zinn und Cadmium, ggf. mit Zusätzen von Aluminium; *DIN 1707 T 100*: Weichlote und *DIN EN ISO 9453*: Weichlote.

Erwärmung der Lötstelle. Sie wird mit einem warmen Kupferkolben, einem Brenner, im Ofen, durch elektrischen Widerstand oder im Schmelzbad des Lotmetalls erwärmt. Der Beseitigung der Oxidschichten dienen bei Schwermetallen Flussmittel auf der Basis von Zink- u. a. Metallchloriden und/oder Ammoniumchlorid, ferner organische Säuren (Zitronen-, Öl-, Stearin-, Benzoesäure) sowie Amine, Diamine und Harnstoff, Halogenverbindungen, natürliche oder modifizierte natürliche Harze mit Zusätzen halogenhaltiger oder -freier Aktivierungszusätze. Zu beachten ist, dass Flussmittelreste korrodierend wirken können. Auf geeigente Auswahl und Nacharbeit ist zu achten, *DIN EN ISO 9454-1*: Flussmittel zum Weichlöten.

Festigkeit der Lötverbindung. Sie hängt von der chemischen Zusammensetzung der Lote, vom Grundwerkstoff und der Dauer der Belastung ab, weil die Weichlote bereits bei Raumtemperatur unter Last kriechen, Abb. 8.27. Der Einfluss der Temperatur auf die Festigkeit ist Abb. 8.28 zu entnehmen.

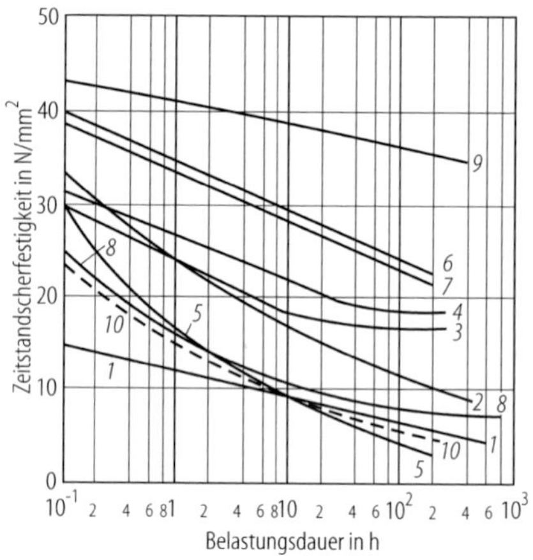

Abb. 8.27 Zeitstandscherfestigkeit von Lötverbindungen an E-Cu mit verschiedenen Sonderweichloten im Vergleich zu S-Pb50Sn50Sb [27]. *1* S-Pb97Ag3, *2* etwa S-Sn62Pb36Ag2, *3* S-Sn96Ag4, *4* S-Sn95Sb5, *5* etwa S-Sn50Pb32Cd18, *6* Cd 95 %, Ag 5 % (nicht genormt), *7* S-Cd82Zn16Ag2, *8* Sn 70 %, Cd 52 %, Zn 5 % (nicht genormt), *9* etwa S-Cd68Zn22Ag10, *10* S-Pb50Sn50Sb

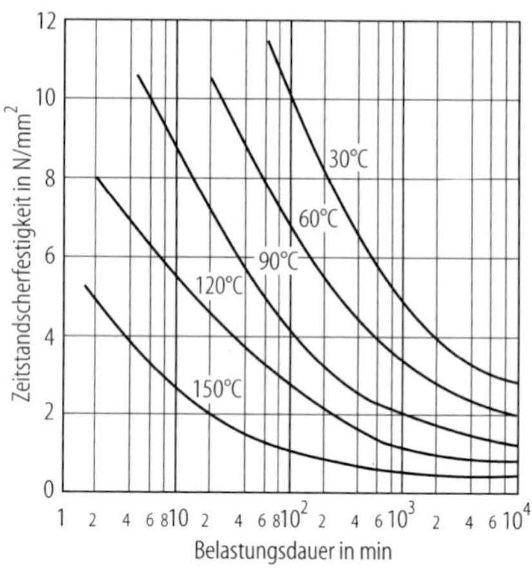

Abb. 8.28 Zeitstandscherfestigkeit von Weichlötverbindungen an Stahl S235JR mit S-Pb50Sn50 bei verschiedenen Prüftemperaturen [27]

8.2.3 Hartlöten und Schweißlöten (Fugenlöten)

Die Arbeitstemperaturen liegen über 450 °C, Lotmetalle: Tab. 8.8.

Normen: *DIN EN ISO 17672*: Hartlöten – Lote. *DIN EN 1045*: Hartlöten; Flussmittel zum Hartlöten. *DIN 65 169*: Luft- und Raumfahrt; Hart- und hochtemperaturgelötete Bauteile; Konstruktionsrichtlinien.

Hartlote. In Tab. 8.8 sind für verschiedene Anwendungsfälle geeignete Hartlote mit Bezeichnungen nach älteren Normane angegeben. Die aktuelle Norm für Hartlote *DIN EN ISO 17672* enthält Codierungssyteme zur Vorgängernorm *DIN EN 1044* und zu anderen internationalen Normen.

Erwärmung der Lötstelle. Erwärmt wird vorwiegend mit der Flamme, im Schutzgasofen oder mittels Stromdurchgang. Als Flussmittel zur Beseitigung von Metalloxiden mit Wirktemperatur zwischen 550 und 800 °C eignen sich Borver-

Tab. 8.8 Auswahl von Hartloten aus DIN EN ISO 17672 mit Anwendungsempfehlungen

Kennzeichen nach *DIN EN ISO 17672*	Kennzeichen nach *DIN EN 1044*	Frühere Bezeichnung nach *DIN 8513 T1-3*	Arbeitstemperatur °C	Bevorzugt zu verwenden für									
				Stahl	Edelstahl	Temperguss	Kupfer	Kupferlegierungen	Nickel	Nickellegierungen	Edelmetalle	Hartmetalle	Wolfram- und Molybdänwerkstoffe
Ag 340	AG 304	L-Ag 40 Cd	610	X		X	X	X	X	X			
Ag 350	AG 301	L-Ag 50 Cd	640		X			X			X		
Ag 330	AG 306	L-Ag 30 Cd	680	X		X	X	X	X	X			
Ag 449	AG 502	L-AG 49	690									X	X
CuP 182	CP 201	L-CuP 8	710				X	X					
CuP 284	CP 102	L-Ag 15 P	710				X	X					
CuP 279	CP 105	L-Ag 2 P	710				X	X					
	AG 202	L-Ag 60	710								X		
	AG 309	L-Ag 20 Cd	750	X		X	X	X	X	X			
Ag 225	AG 205	L-Ag 25	780	X		X	X	X	X	X			
Ag 272	AG 401	L-Ag 72	780				X	X	X	X			
Ag 212	AG 207	L-Ag 12	830	X		X	X	X	X	X			
Ag 427	AG 503	L-Ag 27	840									X	X
Ag 205	AG 208	L-Ag 5	860	X		X	X	X	X	X			
Cu 470	CU 302	L-CuZn 40 Sn	900	X		X	X	X	X	X			
Ag 485	AG 501	L-Ag 85	960	X					X	X			
Cu 922	CU 201	L-CuSn 6	1040						X				
Cu 141	CU 104	L-SFCu	1100	X									
Cu 110	CU 101	L-CU 101	1100	X									

8

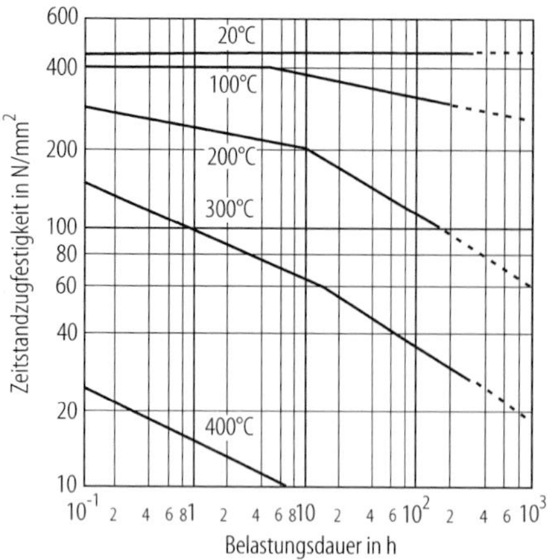

Abb. 8.29 Zeitstandzugfestigkeit von Hartlötverbindungen mit dem Lot AG 306 (Ag 30 %, Cu 28 %, Zn 21 %, Cd 21 %) bei verschiedenen Prüftemperaturen [27]

bindungen und komplexe Fluoride, zwischen 600 und 1000 °C Chloride und Fluoride ohne Borverbindungen, zwischen 750 und 1100 °C Borverbindungen und ab 1000 °C Borverbindungen, Phosphate und Silicate.

Festigkeit der Lötverbindung. Sie hängt stark von den Grund- und Lotwerkstoffen ab, sinkt je nach Lot unterschiedlich bei Langzeitbeanspruchung gegenüber der Festigkeit des Kurzzeitversuchs und wird zudem maßgeblich von der Spaltbreite, Betriebstemperatur und, sofern schwingende Belastung vorliegt, von der Schwingspielzahl beeinflusst. Als Anhaltswert sei die Dauerumlaufbiegefestigkeit von 180 N/mm^2 einer aus unlegiertem Baustahl mit dem Lot AG 205 (Ag 25 %, Cu 40 %, Zn 35 %) hergestellten Stumpflötung genannt. Die Zeitstandzugfestigkeit bei verschiedenen Prüftemperaturen für Verbindungen mit dem Lot AG 306 (Ag 30 %, Cu 28 %, Zn 21 %, Cd 21 %) enthält Abb. 8.29. Weitere Informationen zum Hartlöten enthält [26].

8.2.4 Hochtemperaturlöten

Hochtemperaturgelötet wird bei Arbeitstemperaturen über 900 °C im Vakuum oder im Ofen unter Schutzgas, mitunter mit geringem Wasserstoffzusatz zur Reduktion von Oxiden, um teure Bauteile zu verbinden, die wegen ihrer Werkstoffkombination oder ihrer konstruktiven Ausbildung nicht schweißbar sind. Auch hohe Betriebstemperaturen können entscheidend sein. Als Lote dienen Legierungen, in denen Nickel, Kobalt, Gold oder ein anderes Edel- oder Sondermetall (Beryllium, Titan, Zirkonium, Hafnium, Vanadin, Niob, Tantal, Chrom, Molybdän, Wolfram) das maßgebliche Element ist. Gelötet werden insbesondere hochwarmfeste Legierungen auf Eisen-, Nickel- oder Kobaltbasis sowie Sondermetalle. Auch Verbindungen zwischen Keramik und Hartmetallen sowie zwischen diesen Werkstoffen und metallischen Trägerwerkstoffen lassen sich herstellen. Da die hohe Arbeitstemperatur und die Gaszusammensetzung den Grundwerkstoff beeinträchtigen können, z. B. durch Grobkornbildung oder eine ungünstige Ausscheidung, müssen die Verfahrensbedingungen sorgfältig gewählt werden. Die meisten Sondermetalle reagieren bereits bei mäßig erhöhten Temperaturen intensiv mit Sauerstoff, Stickstoff, Kohlenstoff und Wasserstoff. Deshalb dürfen diese Stoffe nicht im Gas vorkommen und auch nicht aus Ofenbaustoffen entweichen. In den Verbindungen lässt sich die ungünstige Wirkung einiger spröder Zwischenschichten durch Lösungsglühen herabsetzen.

Festigkeit der Hochtemperaturlötungen. Sie hängt stark von den Grundwerkstoffen, der Bauteilgeometrie, der Oberflächenvorbehandlung, den Prozessparametern und der sich meist anschließenden Wärmebehandlung ab. In der Regel liegen die Festigkeitswerte über denen vergleichbarer Hartlötungen. Aus Abb. 8.20 sind die Zeitstandfestigkeiten einer Nickelbasislegierung und einer Lötverbindung aus diesem Werkstoff mit dem Lot Ni 105 (Cr 19 %, Si 10 %, B bis 0,03 %, C bis 0,06 %, P bis 0,02 %, Rest Ni) ersichtlich. Weitere Informationen zum Hochtemperaturlöten enthält [26].

8.2.5 Lichtbogenlöten, Laserlöten

In neuerer Zeit wird zur Erwärmung der Lötstelle und zum Abschmelzen des Lotes häufig der Lichtbogen eingesetzt. Analog zu den

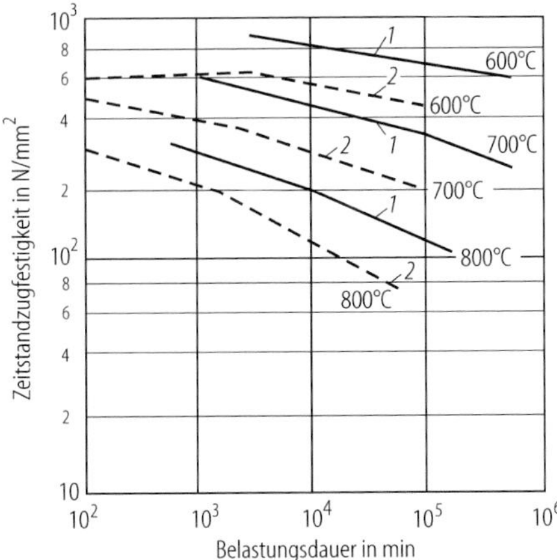

Abb. 8.30 Zeitstandzugfestigkeiten von NiCr20TiAl (Nimonic 80 A) und Hochtemperaturlötungen aus diesem Werkstoff mit dem Lot Ni105 (Cr 19 %, Si 10 %, B bis 0,03 %, C bis 0,06 %, P bis 0,02 %, Rest Ni) bei verschiedenen Prüftemperaturen [27]. *1* Grundwerkstoff NiCr20TiAl nach Wärmebehandlung 8 h/1080 °C. *2* Lötverbindung, gefertigt 15 min/1190 °C, danach 20 h/1100 °C+16 h / 710 °C

entsprechenden Schweißverfahren kann man dabei sowohl das Metall-Schutzgas-Löten als auch das Metall-Inertgas- und Plasma-Löten anwenden. Merkblatt: DVS 0938 T1–T3. Beim MIG- und MAG-Löten dient die abschmelzende Drahtelektrode aus einer Kupferbasislegierung als Lot. Beim WIG- und Plasma-Löten wird stabförmiges oder drahtförmiges Lot im Lichtbogen abgeschmolzen. Die Plasmadüse schnürt beim Plasmalöten den Lichtbogen zusätzlich ein und erhöht so die Energiedichte, was in höherer Lötgeschwindigkeit ausgenutzt werden kann.

Das Lichtbogenlöten bringt gegenüber dem Schutzgasschweißen den Vorteil merklich geringerer Arbeitstemperaturen, da die Schmelztemperaturbereiche der Kupferbasislote nur von 910 °C bis 1040 °C reichen, so dass eine geringere Wärmebelastung des Grundwerkstoffs und einer möglichen Beschichtung vorliegt. Der Verdampfungs- und Verbrennungsprozess einer Zinkschicht (Verdampfungstemperatur von Zink 906 °C) wird gegenüber dem Schweißen erheblich eingeschränkt und damit die Schicht weniger durch Porenbildung geschädigt, so dass ihre Schutzwirkung – auch mittels der Fernschutzwirkung des Zinks – erhalten bleiben kann.

Die geringe Wärmeeinbringung wird beim MIG/MAG-Löten mit einem Kurz- oder Impulslichtbogen realisiert, wobei die Stromquellen im unteren Bereich gut regelbar sein müssen. Modifizierte Lichtbogenprozesse erlauben eine extrem minimierte Energiezufuhr und ermöglichen damit nicht nur das Fügen sehr dünner Feinbleche ab etwa 0,3 mm, sondern bieten im Prinzip sogar die Möglichkeit, Zinkbasislote mit Schmelztemperaturen unter 450 °C zu verarbeiten. Die Verfahren gewährleisten außerdem eine sehr gute Spaltüberbrückbarkeit und geringen Verzug.

Durch die verringerte Wärmebelastung werden auch wärmebedingte Gefügeveränderungen des Grundwerkstoffs weitgehend vermieden und somit die hohen Festigkeitswerte hoch- und höchstfester Feinkornbaustähle nicht beeinträchtigt. Das MIG-Hartlöten bringt deshalb im Automobilbau beim Verbinden dünner Stahlfeinbleche einer Karosserie (Dicke < 3 mm) mit tragenden Strukturteilen aus äußerst hochfestem Baustahl entscheidende Vorteile, so dass es sogar in manchen Fällen zur Vorschrift geworden ist.

Übliche Lote sind Bronzen vom Typ SG-CuSi3 oder SG-CuAl8 (DIN EN ISO 24373 und DVS 0938-1). Flussmittel sind im Allgemeinen nicht nötig. Als Schutzgase werden Argon oder Argon mit Beimengungen von Sauerstoff und Kohlendioxid eingesetzt. Bei Blechen mit Dicken $t \leq 0{,}8$ mm lassen sich mit dem Schutzgaslöten gleiche Zugfestigkeiten erreichen wie beim Schweißen, oder zum Teil sogar größere.

Auch der Laser bietet die Möglichkeit einer gut steuerbaren, gezielt geringen Wärmeeinbringung zum Löten verzinkter Stahlbleche. Beim Arbeiten mit großem Brennfleck und mit den schon genannten Bronzeloten lassen sich ebenfalls korrosionsfreie Lötnähte und sehr schmale Zonen mit Zinkverdampfung neben den Nähten erreichen, in denen die Fernwirkung des Zinkschutzes noch voll greift.

8.2.6 Umformtechnische Fügeverfahren

Beim Fügen durch Umformen (*DIN 8593-5*) wird die Verbindung zwischen überlappt angeordneten

Fügeteilen durch örtliche plastische Verformung der Fügeteile selbst und/oder geeigneter Hilfsfügeteile geschaffen. Im Zusammenhang mit modernen Leichtbaukonzepten haben neu entwickelte umformtechnische Fügeverfahren wie Stanznieten oder Clinchen große Bedeutung gewonnen. Eine hinreichende Umformbarkeit der zu fügenden Werkstoffe ist Voraussetzung.

Stanznieten. Im Gegensatz zu den herkömmlichen Nietverfahren ist beim heute vielfach eingesetzten Stanznieten [25, 28] kein Vorbohren der Fügeteile erforderlich. Dieser Vorteil hat für den leichtbauorientierten Fahrzeugbau Bedeutung. Die bei diesem Nietverfahren verwendeten Halbhohl- oder Vollniete dienen als Schneidwerkzeuge, die unter Stempeldruck in einem Arbeitsgang die Bohrung stanzen und eine unlösbare Verbindung schaffen. Halbhohlniete durchtrennen dabei nur das obere Blech. Das untere Blech wird dagegen mit dem Niet aufgespreizt und unter Kragenbildung zu einem Schließkopf umgeformt. Die Kragenform wird wesentlich durch die Gravur der den Gegendruck ausübenden Matrize bestimmt. Der Stanzbutzen aus dem oberen Blech wird im hohlen Nietschaft unverlierbar eingeschlossen. Vollniete durchtrennen dagegen beide Bleche und die Matrize muss den Stanzbutzen aufnehmen können. Die unlösbare Verbindung kommt dadurch zustande, dass durch den Druck des Stempels mit einem ringförmigen Wulst Werkstoff beider Blechteile plastisch verformt wird und in den Freiraum des konkav geformten Vollniets fließt.

Durchsetzfügen (Clinchen). Beim Durchsetzfügen entsteht eine Verbindung zwischen den Werkstoffen der Blechfügeteile aufgrund gemeinsamen Durchsetzens (*DIN 8587*) an der Fügestelle in Verbindung mit einem Einschneiden oder auch ohne Einschneiden (*DIN 8588*) und nachfolgendem Kaltstauchen (*DIN 8583-1, DIN 8583-3*), [25, 28]. Ein Hilfsfügeteil ist dazu nicht nötig.

Beim Clinchen mit Schneidanteil werden die Blechteile im Fügebereich durch Stempeldruck in den Spalt zwischen zwei Schneidbacken einer Matrize gedrückt, dabei partiell eingeschnitten und durchgesetzt, also im Spalt aus der ursprünglichen Blechebene heraus verschoben. Dabei bleibt der Werkstoffzusammenhang zum übrigen Blechteil gewahrt. Der herausgedrückte stegförmige Bereich wird durch weiteren Stempeldruck gegen einen tiefer angeordneten Amboss der Matrize gepresst und kaltgestaucht. Das Spreizen der federnd gelagerten Schneidbacken der Matrize ermöglicht ein Breiten des kaltgestauchten Werkstoffs, das bedeutet ein gemeinsames Seitwärtsfließen von stempelseitigem und matrizenseitigem Werkstoff, wobei sich zwangsläufig ein Hinterschneiden der beiden Blechabschnitte und damit kraft- und formschlüssige Verbindungen ergeben. Das Durchsetzfügen mit Schneidanteil findet Anwendung z. B. bei rechteckförmigen Verbindungspunkten, bei denen an zwei Seiten eingeschnitten wird. Diese Verbindungsart eignet sich auch für hochfeste Werkstoffe, Gasdichtigkeit ist aber nicht gegeben.

Beim Clinchen ohne Schneidanteil erfolgt ein Einsenken und Durchsetzen des Fügebereichs in einer Formmatrize oder einem Formgesenk mittels Stempeldruck und ein Breiten auf dem Matrizenamboss, wenn nachgebende bewegliche Matrizenlamellen das für das Entstehen des Schließkopfes durch Hinterschneidungen nötige Fließen der beiden Blechwerkstoffe erlauben. Bei Starrmatrizen ohne bewegliche Teile lässt sich der für die Bildung von Hinterschneidungen, und damit Kraft- und Formschluss, nötige Effekt durch das Fließen der Werkstoffe in einen Ringkanal im Matrizenboden erreichen. Rundpunkte sind die typische Fügegeometrie für das Clinchen ohne Schneidanteil. Sie sind gasdicht, und es ist möglich, ihre Ausstülpung nachträglich flach zu stauchen.

Einstufiges Clinchen mit oder ohne Schneidanteil liegt vor, wenn die Verbindung mit dem ununterbrochenen Hub eines einzigen Werkzeugteils entsteht. Diese Verfahrensart lässt sich mit einfachen Fügepressen ausführen. Bei mehrstufigem Clinchen werden ein oberer Schneidstempel und ein unterer Stauchstempel in geeigneter Weise nacheinander gegeneinander bewegt, wobei Durchsetz- und Stauchphase zeitlich getrennt sind. Diese kompliziertere Verfahrensvariante hat einen etwas geringeren Fügekraftbedarf, benötigt aber ein aufwendigeres Einstellen der Werkzeuge.

Das Clinchen ist, wie auch das Stanznieten, ein wärmearmes Fügeverfahren ohne thermische Beeinflussung der Fügestelle, mit dem sich wasser- und luftdichte Verbindungen von unbeschichteten und beschichteten Blechen gleicher oder ungleicher Dicke aus unterschiedlichen Werkstoffen ohne zusätzliche Oberflächenbehandlungen herstellen lassen. Bei hohen Standzeiten der Werkzeuge und geringen Investitionskosten ergeben sich für beide Verfahren auch wirtschaftliche Vorteile z. B. gegenüber dem Punktschweißen. Die statische Festigkeit von Clinchverbindungen kann etwas unter oder über der von Punktschweißungen liegen, die Dauerfestigkeit bei fehlender Kerbwirkung die von Punktschweißverbindungen übertreffen.

Die Werkzeuge für das Durchsetzfügen sind pneumatisch oder hydraulisch angetriebene Fügezangen, die für Hand- oder Maschinenbetrieb ausgelegt und auch robotergeführt sein können.

Das Clinchen kann in vielen Bereichen der blechverarbeitenden Industrie das Punktschweißen ersetzen. Mit der im modernen Automobilbau breiter werdenden Werkstoffvielfalt wächst die Bedeutung dieses neueren Verfahrens. Es wird einerseits auch in Kombination mit dem Kleben angewandt, z. B. um das bei Beanspruchung von Clinchverbindungen mögliche „Ausknöpfen" (Herausreißen) der Fügestellen zu vermeiden. Andererseits ermöglicht es im Zusammenwirken mit eingeführten Fügeverfahren neue und günstige Fertigungsabläufe, z. B. wenn es die für das Widerstandspunktschweißen erforderlichen Heftoperationen übernimmt oder wenn es beim Kleben zum Fixieren der Teile bzw. zum Anpressen während der Aushärtezeit dient.

Linienförmig umformendes Fügen. Als ein Fügeverfahren mit linienförmiger Umformung wurde das Rollfügen entwickelt, das Flachmaterial kraft- und formschlüssig zu Stahlträgern und -profilen verbindet [25, 29]. Dabei walzt zunächst ein spezielles Rollwerkzeug eine Nut in das Gurtmaterial ein. Das für den Steg vorgesehene Material erhält beidseitig an den Kanten eine Kontur und wird dann in die Gurtnut eingesetzt. Anschließend walzen Rollwerkzeuge auf beiden Seiten des Steges eine Schließnut in das Gurtmaterial ein, wobei Gurtmaterial in die Konturen an den Stegkanten fließt.

Das Verfahren bietet einerseits bei Stahlträgern erweiterte Gestaltungsmöglichkeiten, weil im Gegensatz zu warmgewalzten Profilen die Dicken von Gurt und Steg frei wählbar sind und die Stege deutlich schlanker und außerdem auch versetzt zur Mittelachse angeordnet sein können. Zur Gewichtsreduzierung ist zudem die Verarbeitung von Lochmaterial möglich. Als erwärmungsfreies Verfahren ermöglicht es andererseits, auch Verbindungen von anderen Materialien als Stahl und zwischen unterschiedlichen Materialien wie Stahl und Aluminium oder Kunststoff herzustellen.

8.3 Kleben

Klaus Dilger

Kapitel basiert auf: T. Widder.

8.3.1 Anwendung und Vorgang

Anwendung. Die Klebtechnik [30] ermöglicht das stoffschlüssige Verbinden metallischer, organischer, anorganisch nichtmetallischer und natürlicher Werkstoffe sowie Materialkombinationen. Ein- und zweikomponentige Klebstoffe werden für viele Anwendungen in der Serienfertigung fertigungstechnisch und wirtschaftlich vorteilhaft eingesetzt.

Fügeteile, die sich thermisch oder mechanisch nicht oder nur unter hohem Aufwand verbinden lassen, können durch Kleben gefügt werden. Besondere Vorteile hat die Klebtechnik, wenn die zu fügenden Werkstoffe durch thermische Fügeverfahren nachteilige Veränderungen ihrer mechanisch-technologischen Eigenschaften erfahren.

Sandwichkonstruktionen, Strukturbauteile, Triebköpfe von Schienenfahrzeugen und andere Baugruppen, z. B. Schubumkehrer leistungsstarker Maschinen werden erfolgreich geklebt. Im Karosserie-Leichtbau erfährt die moderne

Klebtechnik [32] durch Steifigkeitserhöhungen bei gleichzeitiger Gewichtsverminderung sowie verbessertem Crash-Verhalten geklebter Strukturen gegenüber konventionellen Bauweisen eine hohe Priorität. Stand der Technik sind innovative Anwendungen im Automobilbau, z. B. Strukturschäume in Hohlkörpern, spritzbare, heißhärtende Versteifungsmaterialien auf Blechen, crashfeste Strukturklebstoffe und flächige Innen-Außenblech-Klebungen.

Die zerstörungsfreie Inline-Prüfung ist durch US-Prüfung und Thermografie möglich.

Bindung. Die Bindung erfolgt aufgrund von Adhäsion und Kohäsion. Die Adhäsion besteht nach dem Benetzen der Fügeteile durch den Klebstoff zwischen diesen unterschiedlichen Phasen. Hierbei ist zumindest bei nicht porösen Werkstoffen die spezifische Adhäsion, die auf physikalischen Wechselwirkungen zwischen den Atomen/Molekülen beruht von größerer Bedeutung als die mechanische Adhäsion, die in einer mechanischen Verklammerung begründet ist.

Bedingungen für die Herstellung fehlerfreier Klebungen sind die gute und gleichmäßige Benetzung der Klebflächen durch den Klebstoff sowie eine möglichst geringe innere Spannung infolge von Schrumpfung nach dem Abbinden des Klebstoffs. Das Abbinden des Klebstoffs führt zur Ausbildung von Kohäsionskräften, die für die Kraftübertragung in der Klebschicht verantwortlich sind. Weitere Bedingungen sind öl-, korrosions- und verunreinigungsfreie Fügeteiloberflächen sowie die Verminderung von Gas- oder Lufteinschlüssen in der Klebschicht. Beim Einsatz von warmaushärtenden Einkomponenten-Epoxidharzen im Karosserierohbau sind jedoch Minimalmengen von prozessbedingten Ölen zulässig.

Oberflächenvorbehandlung der Fügeteile
Sie erfolgt häufig mittels Entfetten, eventuell unterstützt durch Ultraschall und mechanische Reinigungsverfahren, Strahlen mit fettfreiem feinkörnigen Korund unmittelbar vor dem Klebprozess. Chemische Oberflächenvorbehandlungsverfahren wie Beizen mit nichtoxidierender Säure, Ätzen mit oxidierender Säure oder elektrochemische Behandlung ergeben bei Leichtmetalllegierungen, Kupfer und Kupfer-Legierungen alterungsbeständigere Bindefestigkeiten als mechanischen Vorbehandlungsverfahren. Vorteilhaft ist auch eine Laserstrahl-Behandlung. Thermoplastische Kunststoffe, insbesondere Polyolefine, sind aufgrund ihrer geringen Oberflächenenergie vor dem Kleben durch eine Corona-, eine Atmosphärenplasma-Vorbehandlung oder eine Beflammung der Fügeteiloberflächen vorzubehandeln und/oder zu aktivieren.

8.3.2 Klebstoffe

Es wird zwischen physikalisch abbindenden und chemisch reagierenden Klebstoffen unterschieden. Diese können warm oder kalt härten. Eine besondere Klebstoffgruppe stellen die hochviskosen polymeren Haftklebstoffe dar, die nicht abbinden, sondern sich infolge ihres dauerhaft viskosen Verhaltens an die Fügeteiloberflächentopologie vollständig anpassen und dauerklebrig sind, sodass eine sofortige Haftung resultiert, die über einen Zeitraum von bis zu 72 h weiter aufgebaut wird. Schmelzklebstoffe sind Thermoplaste, die oberhalb der Schmelztemperatur aufgetragen werden und bei Abkühlung Kohäsion aufbauen.

Lösungsmittelhaltige Kontaktklebstoffe trocknen nach dem Auftrag auf den Fügeflächen durch Lösungsmittelaustritt. Die beschichteten Fügeflächen werden nach einer definierten Ablüftzeit zusammengepresst und durch Diffusion der Klebstoffmoleküle beider Schichten verbinden sich diese. Die wasser- und lösungsmittelbasierten Klebstoffe binden in ähnlicher Weise durch das Ausdiffundieren des Lösungsmittels ab. Voraussetzung hierfür ist die Durchlässigkeit der Fügeteile für die entsprechenden Lösungsmittel. Die ebenfalls physikalisch abbindenden Plastisole bestehen aus einem in Flüssigkeiten dispergierten Polymer, bevorzugt Polyvinylchlorid, das bei erhöhter Temperatur die Flüssigkeiten als Weichmacher aufnimmt. Durch Zugabe von Epoxidharzen kann die Wärmebeständigkeit verbessert werden.

Die ein- oder zweikomponentigen chemisch reagierenden Klebstoffe werden als niedrigmolekulare Substanzen verarbeitet. Durch Polykondensation, Polyaddition oder Polymerisation entstehen lineare oder räumlich vernetzte Stoffe, in denen Makromoleküle mit großen Molekulargewichten vorliegen. Beispiele sind Epoxidharz-,

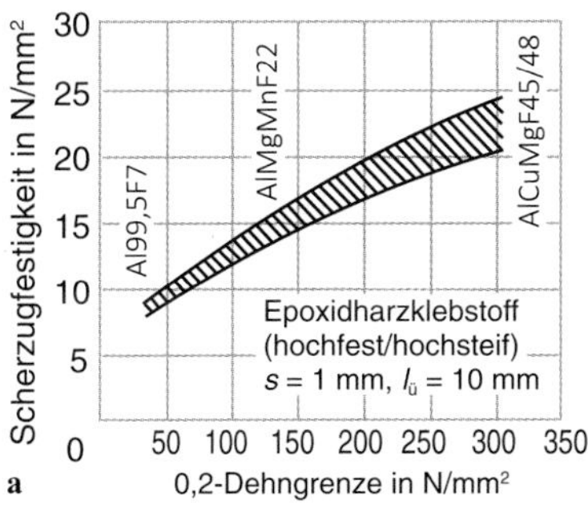

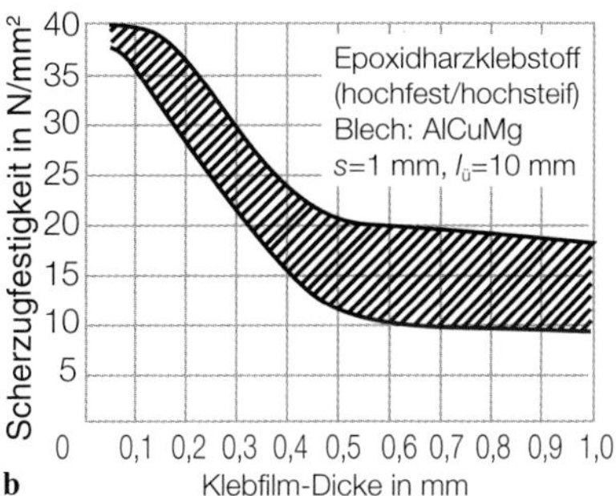

Abb. 8.31 Scherzugfestigkeit von Klebverbindungen. **a** in Abhängigkeit von der Dehngrenze bei Leichtmetallen; **b** in Abhängigkeit von der Klebschichtdicke

Phenolharz-, Polyurethan-, Silikon-, und Acrylatklebstoffe.

Einkomponentige chemisch reagierende Klebstoffe vernetzen nach der Applikation z. B. durch die Einwirkung von Luftfeuchtigkeit, durch Sauerstoffabschluss oder durch eine entsprechende Temperaturerhöhung.

Zweikomponentige chemisch reagierende Klebstoffe sind in einem definierten Mengenverhältnis zu mischen und innerhalb der Topfzeit zu verarbeiten.

Polykondensationsklebstoffe

Bei *Polykondensationsklebstoffen* erfolgt die Aushärtung unter Entstehung von Polykondensationsprodukten (z. B. Wasser, Alkohol, Essigsäure). Häufig findet der Aushärteprozess unter höheren Temperaturen und Drücken statt.

Polymerisationsklebstoffe sind meist einkomponentig und daher einfach zu verarbeiten. Sie führen im Allgemeinen zu thermoplastischen Klebschichten, die eine geringere Beständigkeit aufweisen als vernetzte Klebschichten, wie sie z. B. bei einigen additionsvernetzten Klebstoffen entstehen.

Polyadditionsklebstoffe härten meist ohne Freiwerden von Spaltprodukten durch eine Additionsreaktion aus. Sie sind ohne Druck kalt und warm aushärtbar [30].

Zur Auswahl einiger Klebstoffe mit Verarbeitungsbedingungen siehe Kap. 12.4.2, Habenicht, G.: Kleben, 6. Aufl.; Brockmann, W., Geiß, P. L., Klingen, J., Schröder, K. B.: Klebtechnik (Literatur zu Abschn. 8.3) sowie Ruge, J.: Handbuch der Schweißtechnik, Bd. II, 3. Aufl. (Literatur zu Abschn. 8.1.1).

8.3.3 Tragfähigkeit

Die Tragfähigkeit von Klebverbindungen wird beeinflusst durch den Klebstoff, die mechanisch-technologischen Eigenschaften der zu klebenden Werkstoffe, deren konstruktive Gestaltung [31], die Beanspruchungsart sowie den Herstellungsbedingungen.

Besonders gut eignen sich Eisenwerkstoffe, Leichtmetalle (Aluminium- und Magnesiumlegierungen), organische, anorganisch nichtmetallische Werkstoffe sowie Naturstoffe für Klebverbindungen. Unlösliche und unpolare Kunststoffe sind im Allgemeinen ohne Vorbehandlung nicht klebbar.

Die Scherzugfestigkeit, d. h. das Verhältnis der Bruchlast zur Klebfläche einer einschnittigen Klebverbindung, nimmt mit wachsender Steifigkeit bzw. geringerer Plastizierung der Fügeteile der Fügeteile zu und mit steigender Klebschichtdicke ab, Abb. 8.31.

Die Festigkeit des Klebstoffs ist von seinem chemischen Aufbau und seinen Verarbeitungsbedingungen abhängig, Tab. 8.9.

Die konstruktive Gestaltung der Verbindung beeinflusst die Festigkeit erheblich. Die einschnittige Verbindung (Abb. 8.32) ergibt durch die zusätzliche Biegung und die damit verbundene Neigung zum Abschälen niedrigere Scherzugfestigkeiten als die zweischnittige. Auch die Schäftung ist wegen der gleichmäßigeren Schub-

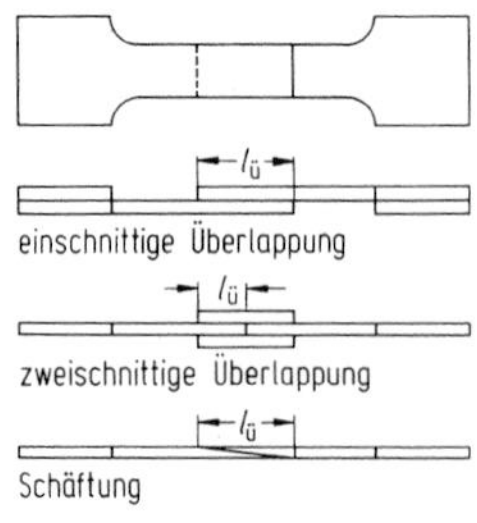

Abb. 8.32 Nahtformen bei Klebverbindungen (Probestäbe)

spannungsverteilung in der Klebfuge als klebgerechte Geometrie sehr gut geeignet. Wegen des inhomogenen Spannungszustands nimmt die Festigkeit einer Klebverbindung mit zunehmender Überlappungslänge ab, Abb. 8.33.

Dagegen nimmt die Scherzugfestigkeit der einschnittigen Klebverbindung bei konstanter Überlappungslänge $l_{ü}$ mit wachsender Blechdicke bis zu einem Grenzwert zu, weil die Dehnung des Fügeteils und damit die Spannungsüberhöhung in der Klebschicht reduziert werden. Die Scherzugfestigkeit ist folglich vom Überlappungsverhältnis $ü$ = Überlappungslänge $l_{ü}/$ Blechdicke s abhängig. Die Erhöhung von $ü$ über einen optimalen Wert bewirkt aufgrund der an den Enden der Überdeckung auftretenden Spannungsspitzen keine Vorteile. Für die Bemessung gilt, dass die optimale Überlappung dann erreicht ist, wenn die durch die Klebung übertragbare Last (Klebfestigkeit $\tau_{\mathrm{B}} = F_{\max}/(l_{ü}b)$) der Last entspricht, die zum Fließen der Fügeteile führt $(R_{\mathrm{p}0,2}/R_{\mathrm{s}})bs$. Hieraus ergibt sich $l_{ü\,\mathrm{opt}} = R_{\mathrm{p}0,2}s/\tau_{\mathrm{B}}$. Die Festigkeit einer Klebverbindung wird oft durch Alterungseinflüsse gemindert und kann im Klimawechsel- oder Salzsprühnebeltest

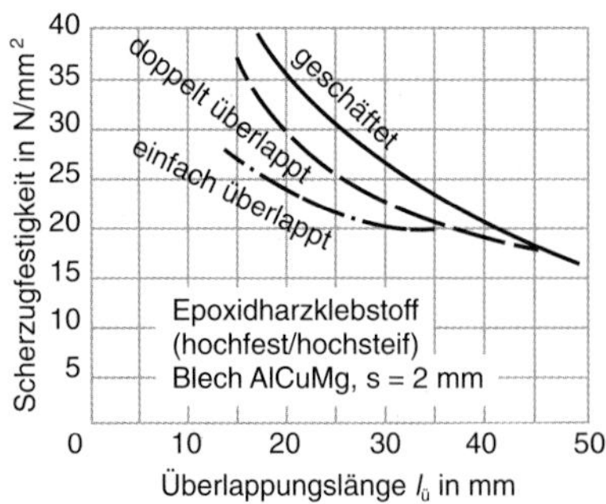

Abb. 8.33 Scherzugfestigkeit von Klebverbindungen in Abhängigkeit der Überlappungslänge

geprüft werden. Ein Abfall der Festigkeit auf 75 % nach Alterung wird im Allgemeinen akzeptiert. Das entstehende Bruchbild ist zu bewerten. Adhäsionsbrüche sind zu vermeiden. Klebverbindungen unterliegen einem Temperatureinfluss. Für strukturelle Klebungen gilt: Bei Erwärmung auf Temperaturen unter der Glasübergangstemperatur T_{g} ist der Temperatureinfluss eher gering. Oberhalb von T_{g} jedoch erfolgt ein hoher Festigkeitsabfall. Elastische Klebstoffe werden oberhalb von T_{g} eingesetzt. Klebverbindungen weisen wegen der homogenen Lasteinleitung und der hieraus resultierenden geringen Kerbwirkung eine gute Schwingfestigkeit auf [31, 32].

8.4 Reibschlussverbindungen

H. Mertens und R. Liebich

8.4.1 Formen, Anwendungen

Reibschlussverbindungen [33–50] mit zylindrischen oder kegeligen Wirkflächen werden in erster Linie als Welle-Nabe-Verbindungen zur Drehmomentübertragung zwischen Welle und Nabe mit und ohne Zwischenelemente (Abb. 8.34) oder zum Einleiten von Axialkräften in Achsen oder Stangenköpfen (z. B. Abb. 8.35) verwendet. Neben der Kraftübertragung – sicher bei Betrieb, durchrutschend bei Überlastung mit Grundlagen nach Bd. 1, Abschn. 12.11 – spielen bei der Auswahl dieser Verbindungen die Selbstzentrierung, die Einstell- bzw. Nachstellbarkeit in Umfangsrichtung, der Fertigungs- und Montageaufwand, die notwendigen Fertigungstoleranzen, die Lös- bzw. Wiederverwendbarkeit eine Rolle. Schwer lösbar sind zylindrische Pressverbände nach Abb. 8.34d, leichter lösbar Pressverbände mit kegeligen Wirkflächen nach Abb. 8.34e sowie leichter füg- und lösbar die Verbindungen mit Zwischenelementen. Nicht selbstzentrierend sind die Klemmverbindung nach Abb. 8.34b, die Verbindung mit Flach- oder Hohlkeil nach Abb. 8.34c, der Ringfederspannsatz nach Abb. 8.34i, die Verbindung mit Sternscheiben nach Abb. 8.34j und mit Wellenspannhülse nach Abb. 8.34m. Pressverbände (Längs-, Quer-, Kegel-Pressverbände)

Tab. 8.9 Basis-Kunststoffe für das Kleben von Stahl (Stahl-Informations-Zentrum, Merkblatt 382)

Klebstoff	Verarbeitungsbedingungen Temperatur (°C) / Druck	Festigkeit	Verformbarkeit	Alterungsbeständigkeit	Wärmebeständigkeit bis °C
Haftklebstoffe	RT / Anpressen	4	1	1–2	60
Kontaktklebstoffe	RT / Anpressen	3–4	1	2–3	80
Dispersionsklebstoffe	RT / kein Druck	3–4	1	3	80
Schmelzklebstoffe	> 100 / Klebstoff verpressen	3–4	1	2	100
PVC-Plastisol	150–250 / kein Druck	3–4	1	2	120
Epoxidharz 2-K	RT / kein Druck	1–2	2	3	120
Epoxidharz 1-K	> 120 / kein Druck	1	2	2	150
Phenolharz 1-K	ca. 150 / Autoklav	1	3	1–2	200
Polyurethan 2-K	RT / kein Druck	2–3	1	2–3	100
Polyurethan 1-K	RT / feuchtigkeitshärtend	3	1	2–3	120
Silikonharz 1-K	RT / kein Druck	4	1	1	200
Cyanacrylat 1-K	RT / kein Druck	2	3–4	3	80
Acrylat 1-K / strahlungshärtend	RT / UV-Bestrahlung	1–2	2	1–2	100

1-K aus einer Komponente, 2-K aus zwei Komponenten bestehend; RT Raumtemperatur; 1 sehr gut; 2 gut; 3 mittel; 4 niedrig bzw. ungünstig.

erfordern eine hohe Fertigungsgenauigkeit, etwas geringere die hydraulische Hohlmantelspannhülse [45]. Auswahl von Welle-Nabe-Verbindungen mit Konstruktionskatalogen s. [37].

Reibschlussverbindungen mit *ebenen Wirkflächen* werden heute häufig anstelle von Nietverbindungen zur Kraftübertragung zwischen Blechen im Stahl- und Kranbau als *gleitfeste Verbindung mit hochfesten Schrauben* (GV-Verbindungen) verwendet. Reibschlüssig erfolgt auch die Übertragung von häufig auftretenden Betriebslasten in drehstarren, nichtschaltbaren *Wellenflanschkupplungen* [40].

8.4.2 Pressverbände

Entwurfsberechnung. Sie erfolgt nach DIN 7190 für zylindrische Pressverbände für das höchste sicher zu übertragende Drehmoment M_t oder die höchste sicher zu übertragende Axialkraft F_{ax} zunächst ohne Berücksichtigung von Fliehkräften für zwei konzentrische Ringe mit gleicher axialer Länge l_F; näherungsweise kann diese Berechnung auch für Klemmverbindungen nach Abb. 8.35 angewendet werden. Durch die Berechnung soll sichergestellt werden, dass der durch das kleinste wirksame *Übermaß* $|\check{P}_w|$ zwischen Wellendurchmesser und Nabenbohrung erzeugte niedrigste *Fugendruck* $\check{p}$ die erforderliche *Haftkraft (Reibkraft)* aufbringt und der durch das größte Übermaß $|\hat{P}_w|$ bewirkte *Fugendruck* $\hat{p}$ nicht zu einer Überschreitung der zulässigen Bauteilbeanspruchungen bzw. -dehnungen führt; für Fugendruck gilt damit $\check{p} \leqq p \leqq \hat{p}$.

Zum Übertragen von M_t mindest erforderlicher Fugendruck $p_{min} = 2M_t\, S_r/(\pi D_F^2\, l_F\, \mu_{ru})$, $p_{min} \leqq \check{p}$, bei Axialbeanspruchung $p_{min} = F_{ax}\, S_r/(\pi D_F\, l_F\, \mu_{rl})$, mit Soll-Sicherheit S_r gegen Rutschen, Haftbeiwert μ_{ru} bzw. μ_{rl} bei Rutschen in Umfangs- bzw. Längsrichtung Tab. 8.10, Fugendurchmesser D_F nach dem Fügen (Rechnung mit Nennmaß), Fugenlänge l_F.

Für rein *elastisch beanspruchte Pressverbände* ohne Berücksichtigung von Kantenpressungen beträgt allgemein das bezogene wirksame Übermaß $\xi_w = |P_w|/D_F$ und gleichzeitig $\xi_w = K\, p/E_A$ mit der Hilfsgröße (Index A bzw. I für Außen- bzw. Innenteil):

$$K = \frac{E_A}{E_I}\left(\frac{1+Q_I^2}{1-Q_I^2} - \upsilon_I\right) + \frac{1+Q_A^2}{1-Q_A^2} + \nu_A \,.$$

Elastizitätsmoduln E_A und E_I, Durchmesserverhältnisse $Q_A = D_F/D_{aA}$ und $Q_I = D_{iI}/D_F$, Querdehnzahlen ν_A und ν_I ($\nu \approx 0{,}3$ für St; $\nu \approx 0{,}25$ für GG 20 bis GG 25).

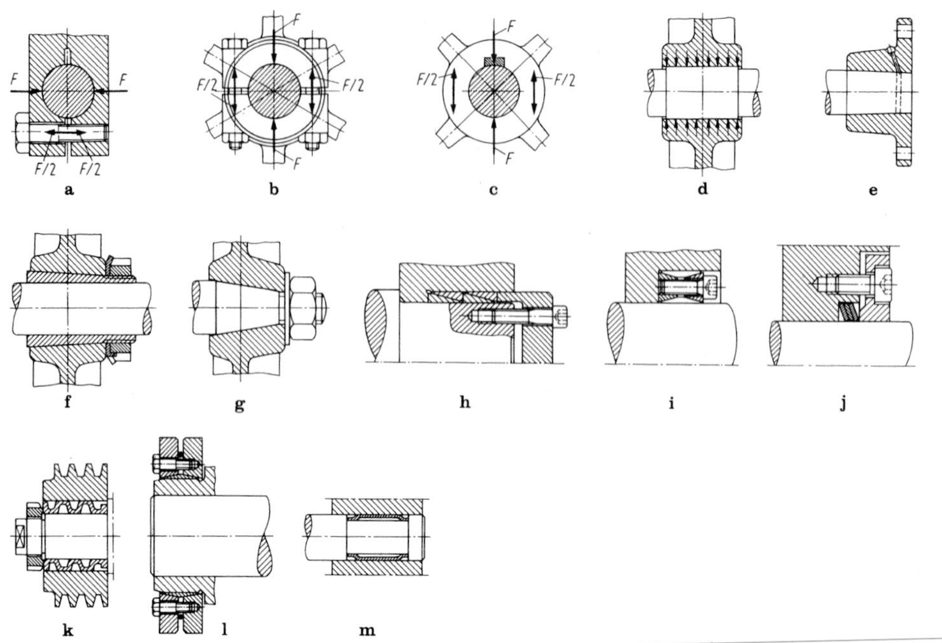

Abb. 8.34 Reibschlussverbindungen nach Niemann. **a** Klemmverbindung mit geschlitzter Nabe; **b** mit geteilter Nabe; **c** mit Hohlkeil; **d** Zylindrischer Pressverband; **e** Ölpressverband; **f** Pressverband mit kegeliger Spannbüchse; **g** Kegelpressverband; **h** Spannverbindung mit Kegelspannringen (nach Ringfeder); **i** Spannsatz (nach Ringfeder); **j** Sternscheiben (nach Ringspann); **k** Wellenspannhülse (nach Spieth); **l** Schrumpfscheiben-Verbindung (nach Stüwe); **m** Wellenspannhülse (nach Deutsche Star)

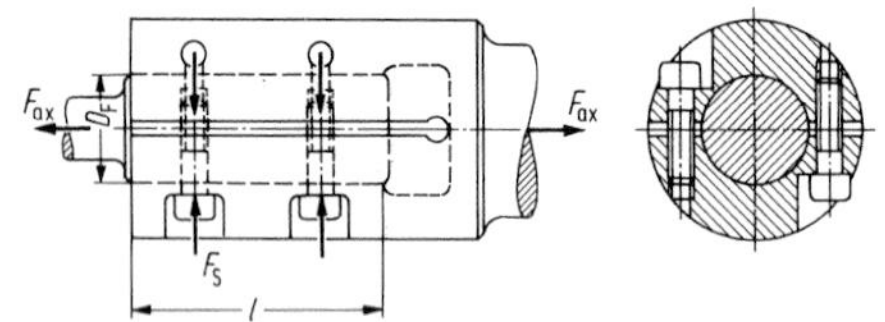

Abb. 8.35 Axial-(längs-)belastete zylindrische Klemmverbindung ($z = 4$)

Das wirksame *Übermaß* $|P_w|$ ist infolge Glättung von Rauheitsspitzen beim Fügen kleiner als die vor dem Fügen messbare Istpassung $|P_i|$, die aufgrund der Zeichnungsabmaße von Wellendurchmesser und Nabenbohrung zwischen den Grenzen $|\check{P}|$ und $|\hat{P}|$ liegt; $|\check{P}| \leqq |P_i| \leqq |\hat{P}|$. Sofern keine experimentellen Werte vorliegen, gilt für Längs- und Querpressverbände $|P_w| = |P_i| - 0{,}8(R_{zA} + R_{zI})$ mit den gemittelten Rautiefen der Fügeflächen R_{zA} bzw. R_{zI}. Sind die Mittenrauhwerte R_a vorgegeben, so können hierfür die nach Beiblatt 1 zu DIN 4768 Teil 1 ermittelten Mittelwerte der gemittelten Rautiefe R_z eingesetzt werden. Wegen $\check{\xi}_w = |\check{P}_w|/D_F = K\check{p}/E_A$ und $|\check{P}_w| = |\check{P}| - 0{,}8(R_{zA} + R_{zI})$ ist bei gegebener Passung $|\check{P}|$ das wirksame Übermaß $|\check{P}_w|$ und der Fugendruck $\check{p}$ bestimmt oder bei gegebenem Fugendruck $\check{p}$ das wirksame Übermaß $|\check{P}_w|$ bzw. die Passung $|\check{P}|$ berechenbar, wenn die Hauptabmessungen von Außen- und Innenring festliegen. Analog gilt $\hat{\xi}_w = |\hat{P}_w|/D_F = K\hat{p}/E_A$, sodass mit gegebener Passung $|\hat{P}|$ der höchste Fugendruck $\hat{p}$ bekannt ist. Passungsbeispiele s. Tab. 1.17.

Die höchste Radialspannung $\sigma_r = -\hat{p}$ tritt an der Fuge des Außen- und Innenteils auf (Abb. 8.36), die höchste Umfangsspannung im Außenring beträgt wieder an der Fuge $\sigma_{\varphi A} = (1+Q_A^2)\hat{p}/(1-Q_A^2)$, die höchste Tangentialspannung am Innenring beträgt $\sigma_{\varphi I} = -2\hat{p}/(1 - Q_I^2)$ für $Q_I > 0$ und liegt am Innenrand bzw. $\sigma_{\varphi I} = -\hat{p}$ überall für eine Vollwelle mit $Q_I = 0$. Nach der Schubspannungshypothese (SH) ergeben sich damit die höchsten Vergleichsspannungen im Außenring zu $\sigma_v = 2\hat{p}/(1 - Q_A^2)$, im Innenring mit $Q_I > 0$ zu $\sigma_v = 2\hat{p}/(1 - Q_I^2)$ bzw. der Vollwelle zu $\sigma_v = \hat{p}$. Diese Vergleichsspannungen werden nach DIN 7190 mit den Festigkeitskenn-

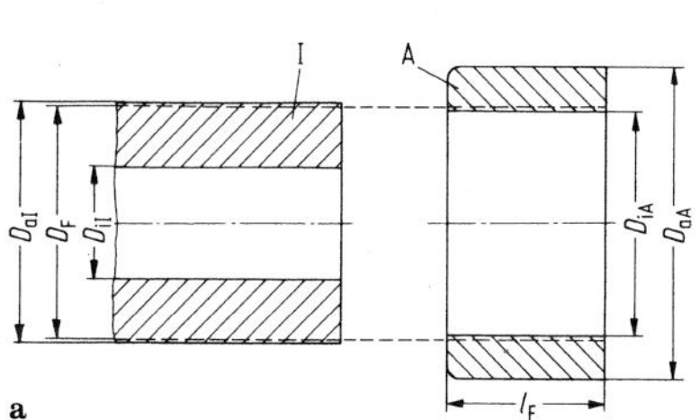

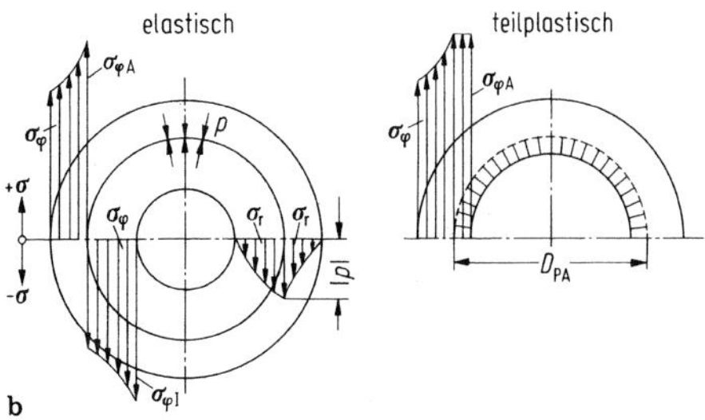

Abb. 8.36 Spannungsverteilung in elastischen Pressverbänden mit Hohlwelle. **a** vor dem Fügen; **b** nach dem Fügen. σ_φ Umfangs-, σ_r Radialspannungen, p Fugendruck; Nabe nach Fügen elastisch oder teilplastisch

Tab. 8.10 Haftbeiwerte bei Querpressverbänden in Längs- und Umfangsrichtung beim Rutschen (nach DIN 7190) für Entwurfsberechnung

Werkstoffpaarung	Schmierung, Fügung	Haftbeiwerte μ_{rl}, μ_{ru}
Stahl-Stahl-Paarungen	Verfahren A	0,12
	Verfahren B	0,18
	Verfahren C	0,14
	Verfahren D	0,20
Stahl-Gusseisen-Paarungen	Verfahren A	0,10
	Verfahren B	0,16
Stahl-MgAl-Paarungen	trocken	0,10 bis 0,15
Stahl-CuZn-Paarungen	trocken	0,17 bis 0,25

Verfahren A: Druckölverbände normal gefügt mit Mineralöl
Verfahren B: Druckölverbände mit entfetteten Pressflächen (mit Glyzerin gefügt)
Verfahren C: Schrumpfverband normal nach Erwärmung des Außenteils bis zu 300 °C im Elektroofen
Verfahren D: Schrumpfverband mit entfetteten Pressflächen nach Erwärmung im Elektroofen bis zu 300 °C

werten $(2R_{eLA}/\sqrt{3})$ bzw. $(2R_{eLI}/\sqrt{3})$ (modifizierte SH) verglichen, die mit den unteren Streckgrenzen R_{eL} von Außenteil und Innenteil festliegen; z. B. $2\hat{p}/(1-Q_A^2) \leqq 2R_{eLA}/(\sqrt{3}\cdot S_{PA})$; $\hat{p} \leqq (1-Q_A^2)R_{eLA}/(\sqrt{3}\cdot S_{PA})$ mit der Soll-Sicherheit S_P gegen plastische Dehnung. Analoge Bewertung für Innenring oder Vollwelle. Flussplan für elastische Auslegung [37].

Für duktile Werkstoffe mit einer Bruchdehnung $A \geqq 10$ % und einer Brucheinschnürung $\geqq 30$ % wird in DIN 7190 für Vollwellen und $E_A = E_I = E$ sowie $\upsilon_A = \upsilon_I = \upsilon$ ein einfaches Berechnungsverfahren für *elastisch-plastisch beanspruchte Pressverbände* beschrieben. Dabei bildet sich im Außenteil eine innenliegende plastische Zone aus, die von einer außenliegenden elastischen Restzone durch eine Zylinderfläche mit dem Plastizitätsdurchmesser D_{PA} getrennt wird (Abb. 8.36). Der bezogene Plastizitätsdurchmesser $\zeta = D_{PA}/D_F$ wird durch Lösen der transzendenten Gleichung $2\ln\zeta - (Q_A\zeta)^2 + 1 - \sqrt{3}\cdot p/R_{eLA} = 0$ bestimmt, wobei $1 \leqq \zeta \leqq 1/Q_A$ gelten muss. Das für den Fugendruck p erforderliche bezogene wirksame Übermaß $\xi_w = |P_w|/D_F$ ergibt sich zu $\xi_w = 2\zeta^2 R_{eLA}/(\sqrt{3}\cdot E)$. Schließlich ist noch der Anteil der plastisch beanspruchten Ringfläche q_{PA} am gesamten Querschnitt q_A des Außenteils zu überprüfen, mit $q_{PA}/q_A = (\zeta^2-1)Q^2{}_A/(1-Q_A^2) \leqq 0{,}3$ für hochbeanspruchte Pressverbände im Maschinenbau. Kontrolle, ob Vollwelle rein elastisch unter Druck p bleibt, erfolgt wie bei elastisch beanspruchten Pressverbänden. Kontrolle gegen vollplastische Beanspruchung des Außenteils mit $p \leqq 2R_{eLA}/(\sqrt{3}\cdot S_{PA})$ für $Q_A < 1/e = 0{,}368$ bzw. $p \leqq -2R_{eLA}(\ln Q_A)/(\sqrt{3}\cdot S_{PA})$ für $Q_A > 0{,}368$ mit Soll-Sicherheit S_{PA} gegen vollplastische Beanspruchung. Flussdiagramme s. DIN 7190.

Die *Abschätzung der Dauerfestigkeit* von Welle-Nabe-Verbindungen erfolgt zweckmäßig über die Berechnung der Nennspannungsamplituden und der zugehörigen Mittelspannungen aus Biegung und Torsion in der Welle unter Berücksichtigung von Versuchsergebnissen an ähnlichen Welle-Nabe-Verbindungen. In DIN 743-2 findet man Kerbwirkungszahlen für Biegung β_{kb} und Torsion β_{kt} (s. a. Bd. 1, Kap. 28). Einen ersten Überblick gibt Tab. 8.11.

Ähnliche Kerbwirkungszahlen müssen auch für vergleichbare Kegelpressverbände und kommerziell erhältliche reibschlüssige Welle-

8

Tab. 8.11 Kerbwirkungszahlen für Pressverbände (nach TGL 19340) mit Fugendurchmesser $D_F = 40\,\text{mm}$ [37], modifiziert

Nabenform	Passung	Kerbwirkungszahl ($D = 40\,\text{mm}$)	R_m in N/mm^2								
			400	500	600	700	800	900	1000	1100	1200
	H8/u8	β_{kb}	1,8	2,0	2,1	2,3	2,5	2,7	2,8	2,8	2,9
		β_{kt}	1,2	1,3	1,4	1,5	1,6	1,7	1,8	1,8	1,9
$r/D \geqq 0{,}06$	H8/u8 Nabe aus gehärtetem Stahl	β_{kb}	1,6	1,7	1,8	1,9	2,0	2,1	2,2	2,3	2,3
		β_{kt}	1,0	1,1	1,2	1,2	1,3	1,4	1,4	1,5	1,5
	H8/u8		Nicht zu empfehlen [39]								
$r/D = 0{,}5$	H8/u8	β_{kb}	1,0	1,0	1,1	1,1	1,2	1,3	1,3	1,4	1,4
		β_{kt}	1,0	1,0	1,0	1,0	1,1	1,1	1,2	1,2	1,2

Nabe-Verbindungen mit Zwischenelementen (Abb. 8.34h–m) angenommen werden. Zusammenstellung von Kerbwirkungszahlen [37, 41].

Grobgestaltung. In der Regel $l_F/D_F \leqq 1{,}5$, wenn Auslegung auf statische Drehmomentbeanspruchung, da größere Längen kaum höhere Rutschmomente ergeben. Bei wechselnden oder umlaufenden Biegemomenten $l_F/D_F \geqq 0{,}5$ sowie möglichst volle Innenteile, um axiales Auswandern der Welle aus der Nabe durch Mikrogleiten zu vermeiden. Um große Drehmomente übertragen zu können, soll möglichst eine volle Welle mit einer nicht zu dünnwandigen Nabe ($Q_A \leqq 0{,}5$) gepaart werden. Der größtmögliche Gewinn an Fugendruck p gegenüber der rein elastischen Auslegung ergibt sich im Bereich $0{,}3 \leqq Q_A \leqq 0{,}4$. Optimal gestaltete Pressverbände für wechselnde oder umlaufende Biegemomente erzielt man durch Verstärkung des Wellendurchmessers D_W auf Fugendurchmesser D_F nach $D_F/D_W \approx 1{,}1$ bis 1,15 mit Übergangsradien r nach $r/D_F \approx 0{,}22$ bis 0,18, wobei für hochfeste Wellenwerkstoffe der jeweils rechte Grenzwert zu wählen ist [39]. Sofern kein Wellenabsatz vorgesehen werden kann, können sinngemäß kreisförmige Welleneinstiche mit etwas überstehender Nabe eingesetzt werden. Keinesfalls sollen jedoch Nuten oder Einstiche innerhalb des Pressverbands, z. B. für Passfedern, vorgesehen werden. Falls Welle und Nabe aus Werkstoffen mit ungleichen elastischen Konstanten gefertigt werden, so soll die Welle den größeren Elastizitätsmodul aufweisen ($E_I > E_A$).

Hinweis: Hydraulisch gefügte Verbände dürfen erst nach erfolgtem Ölfilmabbau (10 min bis 2 h) beansprucht werden. Fügetemperaturen für Naben aus Baustahl niedriger Festigkeit, Stahlguss oder Gusseisen mit Kugelgraphit maximal 350 °C, für Naben aus hochvergütetem Baustahl oder einsatzgehärtetem Stahl maximal 200 °C (DIN 7190).

Grobgestaltung von Kegelpressverbänden. Bauart nach Abb. 8.34g. Die Kegelneigung (durchmesserbezogen nach DIN 254) ist auf jeden Fall selbsthemmend zu wählen, bei Stahl/Stahl-Paarung also kleiner oder gleich 1 : 5. Da das Außenteil bei Erstbelastung durch Drehmoment eine schraubenförmige Aufschubbewegung ausführt, wird die wirksame Reibungszahl in axialer Richtung praktisch aufgehoben. Deshalb sind Kegelpressverbände, die größere Drehmomente übertragen müssen, axial zu verspannen, da sich sonst bei Überschreiten des maximal zulässigen Drehmomentes auch ein *„selbsthemmender"* Pressverband augenblicklich löst. Pass- oder Scheibenfedern, die zur Lagesicherung in Umfangsrichtung in Kegelpresssitzen eingesetzt werden, z. B. DIN 1448, DIN 1449, verhindern die schraubenförmige Aufschubbewegung, womit der Fugendruck nicht voll zur Drehmomentübertragung genutzt werden kann: In hochbelasteten Kegelpressverbänden sollen damit keine Pass- oder Scheibenfedern vorgesehen werden. Überschlägige Berechnung als zylindrischer Pressverband mit mittlerem Fugendurchmesser D_{Fm} und axialer Fugenlänge l_{F}. Der zum Übertragen von M_{t} mindest erforderliche Fugendruck $p_{\min} = 2M_{\mathrm{t}}S_{\mathrm{r}}/[\pi D^2{}_{\mathrm{Fm}}(l_{\mathrm{F}}/\cos\beta) \cdot \mu_{\mathrm{ru}}]$ mit der Soll-Sicherheit S_{r} gegen Rutschen und dem Kegelwinkel $\alpha = 2\beta$. Die dafür notwendige Einpresskraft $F_{\mathrm{e}} \geqq p_{\min} D_{\mathrm{Fm}} \pi l_{\mathrm{F}}(\tan\beta + \mu_{\mathrm{rl}})$; die Lösekraft vor Belastung durch Drehmoment M_{t} folgt mit negativem μ_{rl}. Der erforderliche Aufschubweg wird durch das kleinste erforderliche Übermaß $|\check{P}_{\mathrm{w}}|$ und das größte zulässige Übermaß $|\hat{P}_{\mathrm{w}}|$ unter Berücksichtigung des Kegelwinkels $\alpha = 2\beta$ bestimmt. Berechnungen unter Berücksichtigung der Winkelabweichung zwischen Innen- und Außenteil s. [37].

Feingestaltung. Pressverbände werden im Betrieb häufig durch wechselnde bzw. schwellende Torsion und/oder umlaufende Biegung beansprucht. Die schwingenden Momente können in der Fuge Gleitbewegungen (*Schlupf*) mit wechselnden Richtungen hervorrufen. Mit zunehmendem Schlupf wird die Dauerhaltbarkeit von reibschlüssig gepaarten Bauteilen zum Teil stark vermindert [38]. Entsprechend dem *Prinzip der abgestimmten Verformung* können z. B. bei Torsionsbelastung nach Abb. 1.18 die Relativverschiebungen zwischen Nabe und Welle durch eine geeignete Kraftführung und Nabengestaltung vermindert werden. Genaue Ermittlung der Fugenpressung und der Relativverschiebung ist mit Finite Elemente Rechnungen möglich. Pressverbände mit geringer Kerbwirkung und großer Tragfähigkeit entstehen, wenn Gestaltung ($D_{\mathrm{F}}/D_{\mathrm{W}} \geqq 1{,}1$), Fertigung (Nabe elastisch-plastisch) und Wärmebehandlung (induktives Randschichthärten, Einsatzhärten oder Gasnitrieren) zweckmäßig gewählt bzw. aufeinander abgestimmt werden, wie in [37] anhand von statistisch gut abgesicherten Dauerfestigkeitsversuchen gezeigt wird.

Die relativ geringe Kerbwirkung bei elastisch-plastisch gefügten biegebelasteten Querpressverbänden gegenüber elastisch gefügten bestätigt den in [36, 38] beschriebenen Wirkmechanismus bei Reibdauerbeanspruchung, mit der Konsequenz, dass der Fugendruck zur Vermeidung von Relativverschiebungen möglichst hoch gewählt werden soll, was bei zusätzlich wirkender Torsion Maßnahmen zur Anpassung der Torsionssteifigkeit nach Abb. 1.18 einschränkt. Die optimale Gestaltung hängt dann vom Verhältnis der zu übertragenden Biegemoment-Amplitude M_{ba} zur Torsionsmoment-Amplitude M_{ta} ab. Zur Beurteilung kann bei Vermeidung von Reibkorrosion (vgl. Bd. 1, Gl. 28.5) die Interaktionsformel

$$\left[\frac{M_{\mathrm{ba}}}{(M_{\mathrm{ba}})_{\mathrm{ertr}}}\right]^2 + \left[\frac{M_{\mathrm{ta}}}{(M_{\mathrm{ta}})_{\mathrm{ertr}}}\right]^2 \leqq \frac{1}{S_{\mathrm{D}}}$$

genutzt werden [39], wenn die *ertragbaren* Biege- und Torsionsmoment-Amplituden $(M_{\mathrm{ba}})_{\mathrm{ertr}}$ und $(M_{\mathrm{ta}})_{\mathrm{ertr}}$ unter Beachtung der statischen Momentenanteile aus Versuchen bekannt sind; Sicherheit gegen Dauerbruch S_{D}. Wegen des quadratischen Zusammenhangs dominiert in der Praxis häufig ein Belastungsanteil, sodass die konstruktiven Maßnahmen sich dann an der Hauptbelastungskomponente orientieren können.

Wird ein Pressverband zusätzlich durch Fliehkräfte beansprucht, so sind wegen der zusätzlichen Aufweitung besonders der Nabe, verfeinerte Berechnungen zur Ermittlung des Fugendrucks eventuell erforderlich. – Vereinfachte Abschätzung nach DIN 7190 oder [35].

8.4.3 Klemmverbindungen

Leicht lösbare Klemmverbindungen entstehen im einfachsten Fall dadurch, dass eben begrenzte Teile durch Schraubenkräfte aufeinander gepresst werden. Solche einflächigen, ebenen Klemmverbindungen werden auch zur Feststellung von Gleitführungen nach Abb. 45.52 in vielfältigen Formen herangezogen. Im Stahl- und Kranbau werden Klemmverbindungen als gleitfeste Verbindungen mit hochfesten Schrauben (GV-Verbindungen) eingesetzt.

In GV-Verbindungen nach DIN 18 800 sind die Schrauben planmäßig nach Norm vorzuspannen. Damit lassen sich in besonders vorbehandelten Berührungsflächen der zu verbindenden Bauteile Kräfte senkrecht zu den Schraubenachsen durch Reibung übertragen. Bei Verwendung mit hochfesten Passschrauben wird gleichzeitig die Kraftübertragung durch Abscheren und Lochleibungsdruck herangezogen (GVP-Verbindungen), s. Abschn. 8.5. Gleitfeste Verbindungen dürfen mit einem Lochspiel $\Delta d \leqq 1$ oder 2 mm (GV-Verbindungen) und mit einem Lochspiel $\Delta d \leqq 0{,}3$ mm (GVP-Verbindungen) ausgeführt werden. Nachweis der Tragsicherheit der Verbindungen und deren Gebrauchstauglichkeit nach Norm. Für überschlägige Berechnungen kann eine Reibungszahl $\mu = 0{,}5$ bei einer Sicherheitszahl S_G gegen Gleiten von 1,25 (Hauptlasten) mit vorgeschriebener Reibflächenbehandlung (Stahlgusskiesstrahlen oder zweimal Flammstrahlen oder Sandstrahlen oder Aufbringen eines gleitfesten Beschichtungsstoffs) angewendet werden. Für die Bauteilquerschnitte mit Lochschwächung darf dabei beim Allgemeinen Spannungsnachweis angenommen werden, dass 40 % der übertragbaren Kraft derjenigen hochfesten Schrauben, die im betrachteten Querschnitt mit Lochabzug liegen, vor Beginn der Lochschwächung durch Reibschluss angeschlossen sind (Kraftvorabzug). Außerdem ist der Vollquerschnitt mit der Gesamtkraft nachzuweisen.

Klemmverbindungen mit *zylindrischer* Wirkfläche nach Abb. 8.35 oder Abb. 8.37 (Abb. 8.34a) mit geschlitzter Nabe (Hebel) oder Abb. 8.34b mit geteilter Nabe übertragen Drehmomente M_t oder Axialkräfte F_{ax} ähnlich wie Pressverbände (Abschn. 8.4.2), wenn im noch ungeklemmten Zustand eine Übergangspassung und keine Spielpassung vorliegt. Bei einer Spielpassung liegt dagegen eine Linienberührung vor. *Geschlitzte Hebel* nach Abb. 8.37 werden nur zur Übertragung geringer und wenig schwankender Drehmomente verwendet. Sie haben den Vorteil, dass die Hebel- oder Nabenstellung leicht in Längs- und Umfangsrichtung verändert werden kann. Genaue Berechnung: [33, 34].

8.4.3.1 Entwurfsberechnung

Für *Klemmverbindung* nach Abb. 8.35 mit z Schrauben und Vorspannkraft F_s je Schraube und

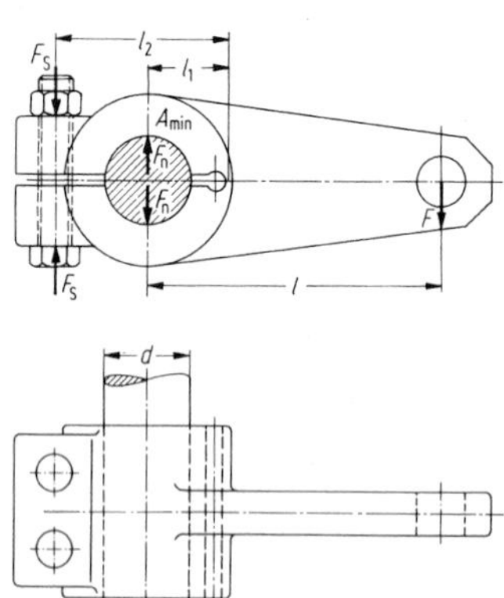

Abb. 8.37 Momentenbelastete Klemmverbindung mit geschlitztem Hebel

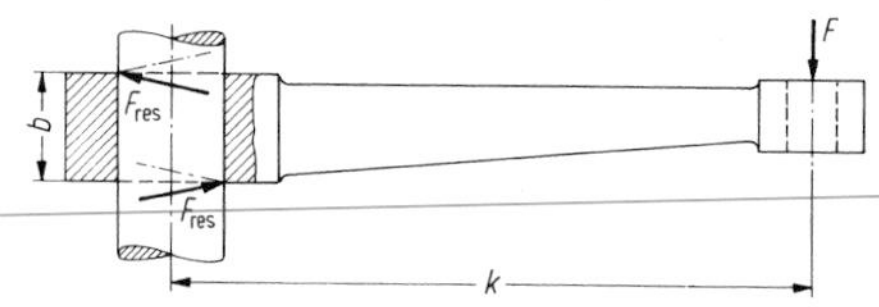

Abb. 8.38 Längsbelastete Klemmverbindung mit exzentrischem Kraftangriff

Linienberührung. Übertragbare Längskraft $F = 2\mu z F_s/S$. Wenn durch überlagerte Schwingbewegungen oder Stöße die Reibungszahl μ herabgesetzt werden kann, soll hierfür die Reibungszahl der Bewegung μ_r gewählt werden. Anhaltswerte Tab. 8.10. Darf man annehmen, dass statt der Linienberührung sich bei spielfreier Passung eine gleichmäßig verteilte Flächenpressung p über den Bohrungsumfang πd und die Klemmlänge l einstellt, dann beträgt die übertragbare Längskraft $F = \pi \mu z F_s/S$. Die Reibungszahl μ kann durch geeignete Oberflächenbehandlung, durch Carborundum-Pulver in der Fuge, oder einseitig geklebte oder genietete nichtmetallische Beilagen erhöht werden.

Für *Klemmverbindung mit exzentrischem Kraftangriff* nach Abb. 8.38. Zur Berechnung der Selbsthemmgrenze wird angenommen, dass das Biegemoment (kF) und die Längskraft F durch örtlich konzentrierte Kräfte F_{res} in den Reibungskegel-Mantellinien an den Nabengrenzen im Abstand b aufgenommen werden. Bedingung für sicheres Klemmen unter ruhender Kraft F: $k \geqq b/(2\mu_{rl})$, also mit $\mu_{rl} = 0{,}07$ für

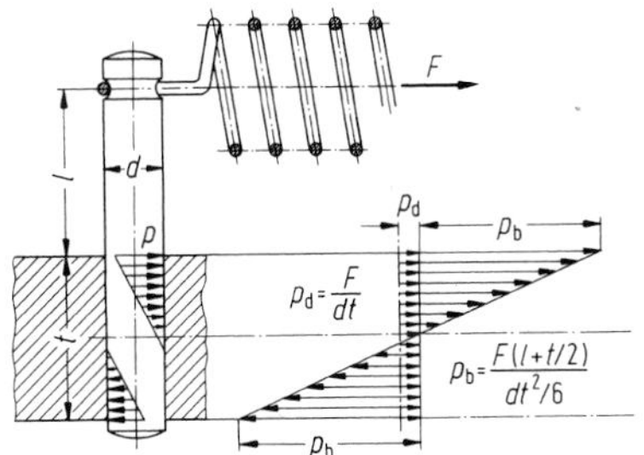

Abb. 8.39 Querkraftbelastete Steckverbindung mit linear angenommener Flächenpressungsverteilung

St/St $k \geqq 7{,}0\,b$. Klemmen kann allerdings bei $\mu_{\text{rl}} = 0{,}16$ und Angriff des resultierenden Normalkräftepaars in der Bohrung im Abstand $2/3\,b$ bereits bei $k \approx 2b$ eintreten. Zur Berechnung der Flächenpressung wird eine lineare Flächenpressungsverteilung ähnlich Abb. 8.39 angenommen. Als Richtwert für zulässige Flächenpressungen gelten $p_{\text{zul}} = 50$ bis $90\,\text{N/mm}^2$ für Paarung St/St und $p_{\text{zul}} = 32$ bis $50\,\text{N/mm}^2$ für St/GG.

8.5 Formschlussverbindungen

H. Mertens und R. Liebich

8.5.1 Formen, Anwendungen

Die einfachsten Verbindungselemente im Maschinenbau sind Stifte, Bolzen, Passfedern, Scheibenfedern, Keile [51–61]. Sie dienen zur Lagesicherung von Bauteilen gegeneinander, zur gelenkigen Verbindung und Lagerung, zur Kraftübertragung. Die Verbindungen entstehen durch das Ineinandergreifen von Teilekonturen der Verbindungselemente. Werden die Verbindungselemente in Bauteile integriert, so entstehen fertigungstechnisch aufwändigere, aber meist genauere und höher belastbare Formschlussverbindungen, wie z. B. Keil- und Zahnwellen-Verbindungen zwischen Welle und Nabe oder Stirnkerbverzahnungen zur Verbindung zwischen Wellen und Naben oder zur Verbindung von Wellen untereinander. Eine Demontage dieser Verbindungen ist meist mit nur kleinem Kraftaufwand möglich, wobei Vorzugsrichtungen bestehen. Nicht vorgespannte Formschlussverbindungen besitzen wegen des ungünstigen Kraftflusses und relativ starker Kerben meist eine sehr niedrige dynamische Tragfähigkeit. Die statische Tragfähigkeit ist dagegen bei geeigneter Werkstoffwahl wesentlich günstiger einzuschätzen, sodass in der Praxis Kombinationen von Reibschlussverbindungen für häufig auftretende Betriebslasten und Formschlussverbindungen für seltene hohe Lasten vorkommen, z. B. starre Wellen-Flanschverbindungen mit Schrauben und Stiften. Als Sonderfall der Formschlussverbindungen können Nietverbindungen behandelt werden, deren Demontage z. B. durch Ausbohren der Niete möglich ist.

8.5.2 Stiftverbindungen

Stifte zur formschlüssigen Verbindung von Naben, Hebeln, Stellringen auf Wellen oder Achsen und zur Lagesicherung von Verschraubteilen und als Steckstifte (einseitig eingespannte Biegeträger zur Krafteinleitung in Schraubenfedern, Zugseile u. a.) werden mit Längs-Presssitz und Übermaß in Bohrungen eingeschlagen. Bohrungen für Zylinderstifte werden auf Passmaß aufgerieben; Bohrungen für Spannstifte (Spannhülsen) werden mit H 12 und für Kerbstifte i. Allg. mit H 11 gefertigt. Kegelstifte in vor der Montage gemeinsam geriebenen Bohrungen geben beste Lagesicherung. Die Toleranzfelder der Zylinderstift-Durchmesser (DIN EN 22 338) werden durch die Formen der Stiftenden unterschieden, Abb. 8.40.

Normen: *DIN EN 22 339*: Kegelstifte. – *DIN EN 22 338*: Zylinderstifte. – *DIN 258*: Kegelstifte, mit Gewindezapfen und konstanten Kegellängen. – *DIN 1469*: Passkerbstifte mit Hals. – *DIN EN ISO 8 739*: Zylinderkerbstifte mit Einführ-Ende. – *DIN EN ISO 8 744*: Kegelkerbstifte. – *DIN EN ISO 8 745*: Passkerbstifte. – *DIN EN ISO 8 740*: Zylinderkerbstifte. – *DIN EN ISO 8 741*: Steckkerbstifte. – *DIN EN ISO 8 742*: Knebelkerbstifte. – *DIN EN ISO 8 746*: Halbrundkerbnägel. – *DIN EN ISO 8 747*: Senkkerbnägel. – *DIN 1481*: Spannstifte (Spannhülsen), schwere Ausführung. – *DIN 6325*: Zylinderstifte, gehärtet, Toleranzfeld m6. – *DIN EN ISO 8 750*: Spiral-Spannstifte, Regelausführung. – *DIN EN ISO 8 748*: Spiral-

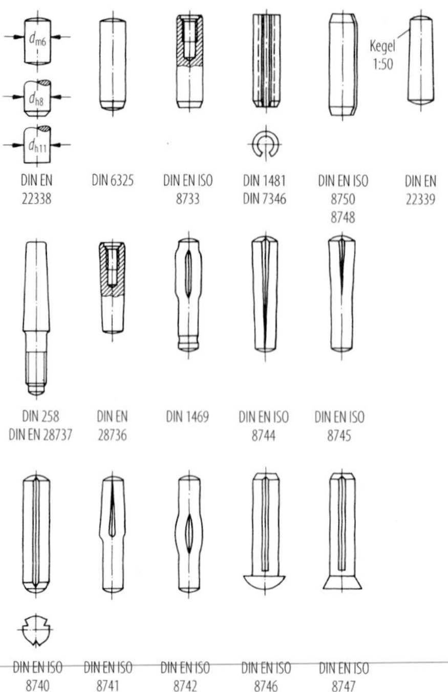

Abb. 8.40 Genormte Stifte (Auswahl)

Spannstifte, schwere Ausführung. – *DIN 7346*: Spannstifte (Spannhülsen), leichte Ausführung. – *DIN EN 28 737*: Kegelstifte, mit Gewindezapfen und konstanten Zapfenlängen. – *DIN EN 28 736*: Kegelstifte mit Innengewinde. – *DIN EN ISO 8 733*: Zylinderstifte mit Innengewinde.

Steckstifte nach Abb. 8.39 werden im Einspannquerschnitt vorwiegend auf Biegung mit Biegemoment $M_b = Fl$ beansprucht. Bei Annahme einer linearen Flächenpressungsverteilung zwischen Stift und Bohrung (starrer Stift) wird zusätzlich zur Flächenpressung durch Übermaß ein maximaler Druck $p_{max} = p_d + p_b = F(4 + 6\,l/t)/(dt)$ errechnet. Genaueres Berechnungsmodell als gebetteter Balken mit Schubverformung [57]. Analoge Überlegungen erlauben die Abschätzung der Flächenpressung p_{max} zwischen Querstift und Welle in einer Welle-Nabe-Verbindung unter Torsionsmoment M_t nach Abb. 8.46a zu $p_{max} = 6M_t/(dD^2)$. Richtwerte für zulässige Flächenpressungen von Stiftverbindungen Tab. 8.12 und Spannungen Tab. 8.13.

8.5.3 Bolzenverbindungen

Genormte Bolzen nach Abb. 8.41 mit Durchmessern (3, 4, 5, 6), 8, 10, 12, 14, 16, 18, 20, 24 … 100, dienen vielseitig als Achs- und Gelenkbolzen mit einem Freiheitsgrad, Abb. 8.41.

Normen: *DIN EN 22 340*: Bolzen ohne Kopf. – *DIN EN 22 341*: Bolzen mit Kopf. – *DIN 1445*: Bolzen mit Kopf und Gewindezapfen. – Nicht mehr für Neukonstruktionen verwenden: *ISO 2340*: Bolzen ohne Kopf, Ausführung m, *DIN 1434*: Bolzen mit kleinem Kopf, Ausführung m, *DIN 1435*: Bolzen mit kleinem Kopf, Ausführung mg, *DIN 1436*: Bolzen mit großem Kopf, Ausführung mg.

Entwurfsberechnung. Für Abb. 8.42: Bolzenbeanspruchung unter Biegemoment $M_b = (F/2)(b_1/2 + b/4)$; Flächenpressung innen $p = F/(bd)$, außen $p = F/(2b_1 d)$; Schubspannung im Bolzen $\tau_s = 2F/(\pi d^2)$ wird meist vernachlässigt. Stangen- und Gabelbeanspruchung

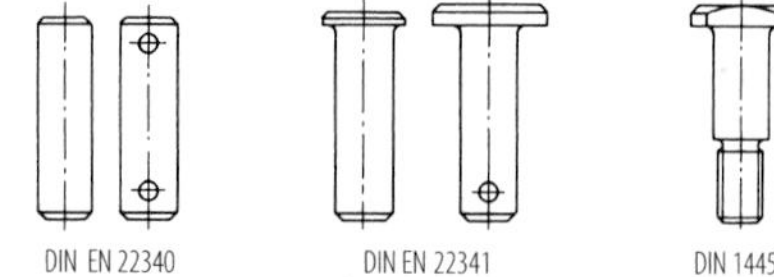

Abb. 8.41 Genormte Bolzen (Auswahl)

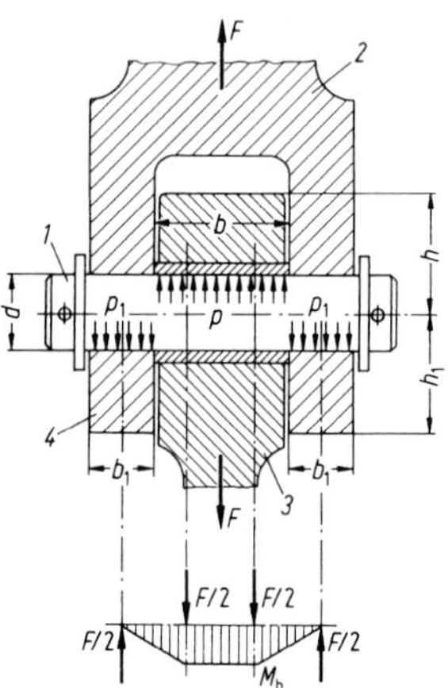

Abb. 8.42 Bolzenverbindung als Gelenk (mit vereinfachter Momentenverteilung als Berechnungsgrundlage). *1* Bolzen, *2* Gabel, *3* Stange, *4* Lasche

Tab. 8.12 Richtwerte für zulässige Flächenpressungen bei Bolzen- und Stiftverbindungen

p_{zul} in N/mm² für Werkstoffpaarung	Festsitze[a]			Gleitsitze[b]
	ruhende Last	schwellende Last	wechselnde Last	
St 50 K/GG 9 S 20/GG	70	50	32	5
St 50 K/GS 9 S 20/GS	80	56	40	7
St 50 K/Rg, Bz. St geh./Rg, Bz.	32	22	16	8 10
St 50 K/St 37	90	63	45	
St 50 K/St 50	125	90	56	
St geh./St 60	160	100	63	
St geh./St 70	180	110	70	
St geh./St geh.				16

[a] Traganteil bei Kerbstiften 70 %.
[b] Für Gelenke.

Tab. 8.13 Richtwerte für zulässige Biege- und Schubnennspannungen für Bolzen und Stiftverbindungen

Stift- oder Bolzenwerkstoff	$\sigma_{b\,zul}$ in N/mm²			$\tau_{s\,zul}$ in N/mm²		
	ruhende Last	schwellende Last	wechselnde Last	ruhende Last	schwellende Last	wechselnde Last
9 S20, 4.6	80	56	35	50	35	25
St 50 K, 6.8 9 SMnPb 28 K	110	80	50	70	50	35
St 60, 8.8 C 35, C 45	140	100	63	90	63	45
St 70	160	110	70	100	70	50

aus Zugspannungen in Stangen- oder Gabel-Restquerschnitten in Querebene durch Bolzenachse (Stangenkopfweite t, Laschenweite t_1) sowie aus Schubspannungen in Stangenkopf- und Laschenenden in den durch Abscheren gefährdeten Längsflächen $b(h - d/2)$ bzw. $2b_1(h_1 - d/2)$ beiderseits des Bolzens. Richtwerte für Abmessungen: $b/d = 1{,}5\ldots1{,}7$; $b_1/d = 0{,}4\ldots0{,}5$; $h_1/d \approx h/d = 1{,}2\ldots1{,}5$; $t_1/d \approx t/d = 2\ldots2{,}5$. Richtwerte für zulässige Flächenpressungen Tab. 8.12 und Spannungen Tab. 8.13. Feingestaltung der Bolzenverbindung [54] – wie Passungswahl zwischen Bolzen, Lasche und Gabel – hat erheblichen Einfluss auf die angenommene Lastverteilung.

8.5.4 Keilverbindungen

Formschlüssige Verbindungen benötigen zumindest bei wechselnden Belastungen geeignet eingesetzte Vorspannkräfte, um spielfrei zu sein. Zum Verspannen wird i. Allg. die Keilwirkung mit Keilwinkeln im Bereich der Selbsthemmung genützt (s. Bd. 1, Abschn. 12.11). In Abb. 8.43 wird eine Formschlussverbindung mit *Kerbverzahnung* durch eine Befestigungsschraube vorgespannt. Mit solchen Verbindungen kann z. B. der Werkzeugwechsel bei Drehmaschinen erleichtert werden, weil sich neben dem Reibschluss in Richtung der Zähne in den dazu senkrechten Richtungen das Werkzeug spielfrei positionieren lässt. In ähnlicher Weise wirken Stirnzahn-Kupplungen mit *Hirth-Verzahnungen* (s. Abb. 10.2). Zum Verbinden von Stangen miteinander werden Keilverbindungen nach Abb. 8.44, zum Verbinden von Stangen mit Hülsen (z. B. Kreuzköpfen) oder Stangen mit Traversen Keilverbindungen ähnlich Abb. 8.45a mit Anschlagbund an der Stange oder Abb. 8.45b mit Kegelpassung verwendet. Sie blockieren alle Freiheitsgrade, die ein Gelenk haben würde.

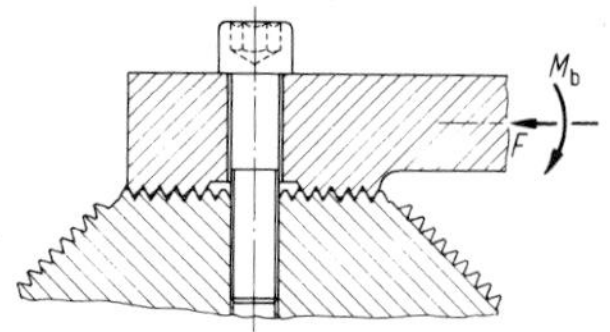

Abb. 8.43 Formschlussverbindung mit Kerbverzahnung

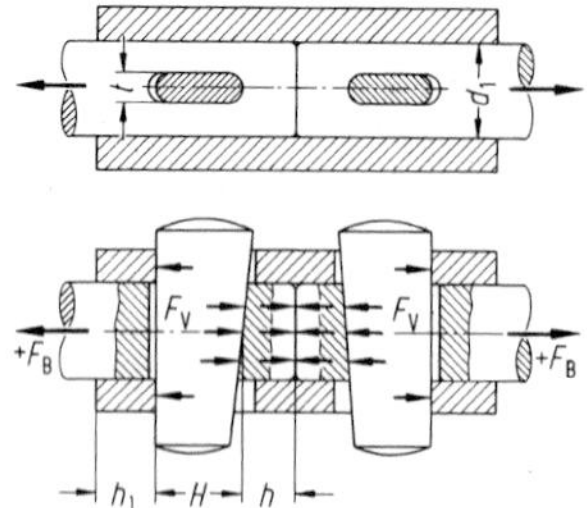

Abb. 8.44 Querkeilverbindung zum Verbinden von Stangen unter Zugbelastung

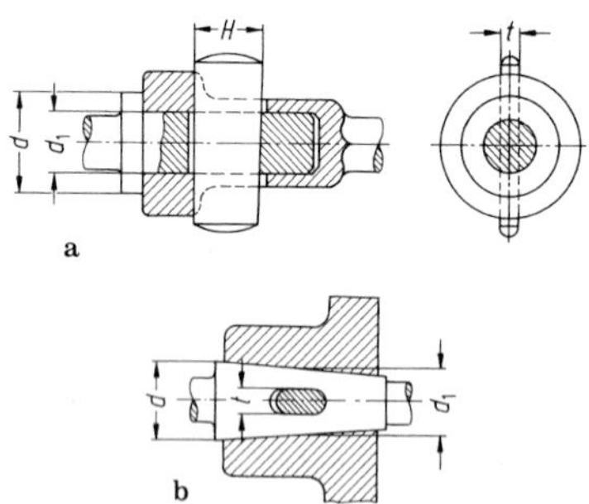

Abb. 8.45 Flachkeilverbindung zum Verbinden von Stange und Hülse für Zug- oder Druckbelastung. **a** Stange mit Bund; **b** Stange mit Konus

Feingestaltung der Keilverbindung unter Berücksichtigung der Verformung der zu verbindenden Teile in Anlehnung an die bei der Auslegung von Schraubenverbindungen bekannten Verspannungsschaubilder (z. B. Abb. 8.71) mit Dauerschwingfestigkeitsberechnung.

8.5.5 Pass- und Scheibenfeder-Verbindungen

Die Passfederverbindung ist die bei einseitiger (schwellender) Belastung am häufigsten verwendete Welle-Nabe-Verbindung, Abb. 8.46c. Bei geeigneter Passungswahl sind axiale Relativverschiebungen zwischen Nabe und Welle möglich, Abb. 8.46d; die Passfeder (Gleitfeder) wird in der Wellennut mit Zylinderschrauben festgelegt. Die billige Scheibenfeder (Abb. 8.46b) wird für kleine Drehmomente verwendet, besonders bei Werkzeugmaschinen und Kraftfahrzeugen.

Normen: *DIN 6885 Bl. 1*: Passfedern-Nuten, hohe Form. – *DIN 6885 Bl. 2*: Passfedern-Nuten, hohe Form für Werkzeugmaschinen, Abmessungen und Anwendung. – *DIN 6885 Bl. 3*: Passfedern – niedrige Form, Abmessungen und Anwendung. – *DIN 6888*: Scheibenfedern, Abmessungen und Anwendung. – *DIN 6892*: Passfedern – Berechnung und Gestaltung.

Entwurfsberechnung. Für Passfeder nach Abb. 8.46c: Flächenpressung p zwischen Passfeder und Nabe: $p = 2M_t/[D(h - t_1)l_{tr}]$ mit Torsionsmoment M_t, Wellendurchmesser D, Passfederhöhe h, Wellennuttiefe t_1 und tragender Länge l_{tr}. Tragende Länge l_{tr} von Passfederstirnform (geradestirnig, rundstirnig) abhängig. Wegen der Fertigungstoleranzen und zur Vermeidung von Doppelpassungen wird i. Allg. nur eine Passfeder eingesetzt. Für seltene hohe Drehmomente und bei zähem Werkstoffverhalten wird manchmal auch eine zweite Passfeder zugelassen und so gerechnet, als ob eineinhalb Passfedern tragen würden. *Richtwerte* für zulässige Flächenpressungen nach [55]: Für GG-Nabe $p_{zul} \leqq 50\,\text{N/mm}^2$ für $l_{tr}/D = 1{,}6 \ldots 2{,}1$; St-Nabe $p_{zul} \leqq 90\,\text{N/mm}^2$ für $l_{tr}/D = 1{,}1 \ldots 1{,}4$, wobei in Einzelfällen für seltene hohe Sonderlasten auch $p = 200\,\text{N/mm}^2$ zulässig sind.

Dauerfestigkeit der Welle mit Kerbwirkungszahlen β_k nach Zusammenstellung in [37]. *Anhaltswerte*: Wellendurchmesser $D = 34$ mm, Welle Ck 35/St 50; Biegung $\beta_{kb} = 2{,}4 \ldots 2{,}6$, Torsion $\beta_{kt} = 1{,}7 \ldots 1{,}8$, wobei die Nennspannungen mit dem Außendurchmesser der Welle berechnet werden. Mit wachsendem Durchmesser steigen die Kerbwirkungszahlen!

Grobgestaltung. Passungen für Passfedern mit Toleranzfeld h 9 nach DIN 6885: *Gleitsitz* (Nutenbreite H 9 für Welle, D 10 für Nabe; Nenn-

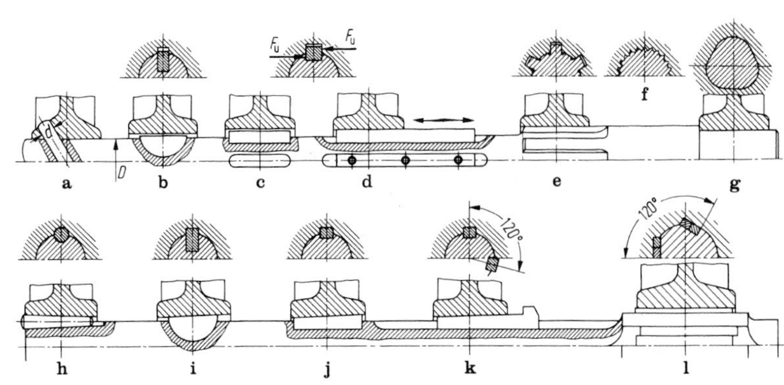

Abb. 8.46 Formschlussverbindungen nach [55]. **a** Querstift; **b** Scheibenfeder; **c** Passfeder; **d** Gleitfeder; **e** Keilwelle (Zahnwelle); **f** Kerbzahnprofil; **g** Polygonprofil; **h** Kegelstift (Stirnkeil); **i** Scheibenkeil; **j** Flachkeil; **k** Nasenkeil; **l** Tangentkeile. **h** bis **l** vorgespannter Formschluss

durchmesser g 6 für Welle, H 7 für Nabe); *Übergangssitz,* leicht montierbar (Nutenbreite N 9 für Welle, JS 9 für Nabe; Nenndurchmesser h 7 für Welle, H 8 für Nabe); *fester Sitz, noch gut abziehbar*, für niedrige wechselnde Momente (Nutenbreite P 9 für Welle und Nabe; Nenndurchmesser j 6 für Welle, H 7 für Nabe); *fester Sitz, schwer abziehbar* (Nutenbreite P 9 für Welle und Nabe; Nenndurchmesser für Welle k 6 und Nabe H 7). Wie bei den reibschlüssigen Welle-Nabe-Verbindungen (s. Abb. 1.18) kann durch einen günstigen Kraftfluss die Flächenpressung zwischen Passfeder und Nabe vergleichmäßigt werden, wenn bei relativ dünnen Naben die Drehmomenteinleitung und -abnahme konstruktiv entkoppelt werden. Bei dickwandigen und normalen Naben (mit $D_i/D_a \leqq 0{,}6$) hängt die maximale Flächenpressung kaum vom Ort der nabenseitigen Lastabnahme ab. Bei Gleitfedern sind zur Vermeidung von Verschleiß die Oberflächen von Welle und Passfeder eventuell härter auszuführen als die der Nabe.

Feingestaltung. Überschlägige und verfeinerte Berechnungen nach DIN 6892. Maßnahmen zur Dauerfestigkeitssteigerung durch Nuten mit größeren Kerbgrundradien sind nur sinnvoll, wenn nicht Schwingungsverschleiß aus Umlaufbiegung vorzeitig zum Bruch der Welle führt.

Entwurfsberechnung für Scheibenfeder nach Abb. 8.46b: Analog Passfederverbindung, allerdings mit höherer Wellenschwächung. Zuordnung von Scheibenfeder und Wellendurchmesser nach DIN 6888: Für Scheibenfedern, die vorrangig zur Feststellung der Lage der Nabe gegenüber Welle dienen, werden größere Wellendurchmesser vorgesehen als für lediglich drehmomentübertragende Scheibenfedern. Werden Scheibenfedern in Verbindung mit Kegelpressverbindungen eingesetzt, so sind sie grundsätzlich für das gesamte Drehmoment zu bemessen (s. auch Abschn. 8.4.2).

8.5.6 Zahn- und Keilwellenverbindungen

Für hohe wechselnde oder stoßende Drehmomentbelastungen sind Passfeder- und Stiftverbindungen ungeeignet, außerdem bewirken diese i. Allg. mehr oder weniger starke Unwuchten. Höhere Drehmomente lassen sich mit Zahn- und Keilwellenverbindungen (Abb. 8.46e) oder Kerbverzahnungen (Abb. 8.46f) übertragen.

Normen: *DIN ISO 14*: Keilwellen-Verbindungen mit geraden Flanken und Innenzentrierung (frühere Ausgaben *DIN 5461, DIN 5462, DIN 5463*). – *DIN 5466-1*: Tragfähigkeitsberechnung von Zahn- und Keilwellen-Verbindungen, Grundlagen. – *DIN 5471 bis 5472*: Werkzeugmaschinen; Keilwellen- und Keilnabenprofile mit 4 bzw. 6 Keilen, Innenzentrierung, Maße. – *DIN 5480*: Zahnwellen-Verbindungen mit Evolventenflanken. – *DIN 5481*: Kerbzahnnaben- und Kerbzahnwellen-Profile (Kerbverzahnungen).

Feingestaltung. Tragfähigkeitsberechnung für flankenzentrierte Zahn- und Keilwellenverbindungen mit Spiel- und Übergangspassung nach DIN 5466-1 (Entwurf) einschließlich Abschätzung des Verschleißverhaltens. Nachrechnung der Nabe auf Aufweitung – insbesondere bei Kerbverzahnung.

8.5.7 Polygonwellenverbindungen

Während bei den Keil- und Zahnwellen-Verbindungen ausgeprägte Formschlusselemente (Keile, Zähne) die Kerbwirkung hinreichend bekannt ist, wird sie bei Wellen mit Polygonprofil Abb. 8.46g stark unterschätzt [59]. In der Praxis werden vor allem die genormten P3G- und P4C-Profile nach DIN 32 711 und DIN 32 712 eingesetzt. Naben mit P4C-Profil lassen sich unter Drehmomentbelastung relativ zur Welle verschieben, was bei P3G-Profilen nicht möglich ist. Da die Naben durch die Keilwirkung der Polygonflächen sehr hoch beansprucht werden, werden häufig gehärtete Stahlnaben eingesetzt; hierfür kommt nur das innenschleifbare P3G-Profil in Betracht.

Normen: *DIN 32 711*: Antriebselemente; Polygonprofile P3G. – *DIN 32 712*: Antriebselemente; Polygonprofile P4C.

8.5.8 Vorgespannte Welle-Nabe-Verbindungen

Bauformen nach Abb. 8.46h–l. Sie verbinden ähnlich wie Keilverbindungen nach Abschn. 8.5.4 den Vorteil des Formschlusses mit der Vorspannung, neigen aber zur Exzentrizität zwischen Welle und Nabe; auch als Hohlkeil ohne Nut in Welle mit nur Reibschluss (Abschn. 8.4).

Normen: *DIN 268*: Tangentkeile und Tangentkeilnuten, für stoßartige Wechselbeanspruchungen. – *DIN 271*: Tangentkeile und Tangentkeilnuten, für gleichbleibende Beanspruchung. – *DIN 6883*: Flachkeile. – *DIN 6884*: Nasenkeile. – *DIN 6886*: Keile, Nuten. – *DIN 6887*: Nasenkeile, Nuten. – *DIN 6889*: Nasenhohlkeile.

Entwurfsberechnung. Das durch Reibschluss übertragbare Drehmoment ist von der Eintreibkraft des Keils abhängig und damit z. B. bei Hohlkeilen ungewiss. Formschlüssige vorgespannte Verbindungen werden deshalb *nur* auf Formschluss nachgerechnet und die Spielfreiheit für schwankende bzw. wechselnde Belastungen über eine erfahrungsabhängige zulässige Flächenpressung berücksichtigt.

Anhaltswerte: Abschn. 8.5.4. Mit Ausnahme der Tangentkeile eignen sich verspannte Welle-Nabe-Verbindungen nur zur Übertragung kleinerer Drehmomente sowie zur axialen Fixierung. Sie sind nur bei verhältnismäßig geringen Umfangsgeschwindigkeiten einsetzbar, da die einseitige Verspannung einerseits zu größeren Unwuchtbeiträgen führt, andererseits die Fliehkräfte der Nabe die Verspannung mindern. Bei Tangentkeilen ist zu beachten, dass im Rahmen der Entwurfsberechnung nur ein Keilpaar das Drehmoment aufnimmt und bei geteilten Naben die Trennfuge den 120°-Winkel halbiert.

8.5.9 Axiale Sicherungselemente

Sicherungselemente auf Wellen oder Achsen dienen zur Lagesicherung oder zur Führung mit zum Teil erheblichen Axialkräften. Die gleiche Funktion übernehmen Wellenbunde, Wellenmuttern und Deckel. In Abb. 8.47 sind Sicherungselemente mit Reib- und Formschluss zusammengestellt. Für große Kräfte werden vorzugsweise *formschlüssige Sicherungen* eingesetzt.

Normen: siehe Abb. 8.47.

Entwurfsberechnung. Belastbarkeit der Sicherungselemente entweder nach entsprechenden Normen oder Firmenunterlagen [60]. Sicherungsringe nach DIN 471 erfordern getrennte Berechnungen für die Tragfähigkeiten von Nut und Sicherungsring [56] sowie die Kontrolle der vom Wellendurchmesser abhängigen Ablösedrehzahl. Die in der Norm angegebenen Tragfähigkeiten enthalten keine Sicherheiten gegen Fließen bei statischer Beanspruchung und gegen Dauerbruch bei schwellender Beanspruchung; gegen Bruch bei statischer Beanspruchung ist eine mindestens zweifache Sicherheit vorhanden. Es werden für die axiale Tragfähigkeit des Sicherungsrings

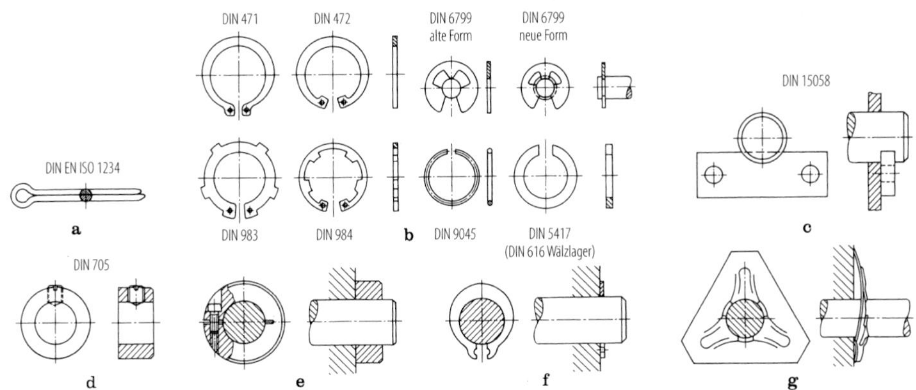

Abb. 8.47 Axiale Sicherungselemente. **a** Splinte; **b** Sicherungsringe; **c** Achshalter; **d** Stellringe; **e** Klemmringe; **f** selbstsperrender Sicherungsring; **g** selbstsperrender Dreieckring

Zahlenwerte für scharfkantige Anlage und Anlage mit Schrägung oder Rundung angegeben. Für die Minderung der Dauerschwingfestigkeit der Wellen durch axialkraftbelastete Sicherungsringe liegen Untersuchungsergebnisse vor [52].

8.5.10 Nietverbindungen

Nieten ist ein Fügen durch Umformen eines Verbindungselements, wobei eine i. Allg. unlösbare und zumindest bei hohen Belastungen formschlüssig tragende Verbindung der zu fügenden Teile entsteht [55]. Je nach Art des Niets und seiner Zugänglichkeit kann das Umformen durch axiales Stauchen (Schlagen) des Schafts eines *Vollniets* und Anstauchen eines *Schließkopfes* (Abb. 8.48), durch Anbördeln oder Aufweiten eines Bunds an einem *Hohlniet* sowie durch Stauchen eines *Schließrings* um den *Schließringbolzen* eines zweiteiligen Nietverbindungselements erfolgen, Abb. 8.49 und Abb. 8.50. Technische Zeichnungen für Metallbau DIN ISO 5261.

Als dichte und kraftübertragende Verbindung ist die Nietverbindung bei Kesseln, Behältern und Rohren mit hohem Innendruck in den letzten 50 Jahren weitgehend durch die Schweißverbindung ersetzt worden. Auch im Stahlbau ist die Bedeutung gegenüber Schweißverbindungen und hochfesten HV-Schraubenverbindungen (formschlüssig und/oder reibschlüssig) zurückgegangen. Die klassische Niettechnik verursacht relativ hohe Zeitkosten und ein hohes Maß an Erfahrung, besonders beim Erzielen dichter Überlappungsstöße. Im Leichtmetallbau werden hochbeanspruchte Teile aus Leichtmetall-Legierungen vereinzelt statt durch Nieten durch Schmelzschweißen oder gar Kleben verbunden, wenngleich diese Verbin-

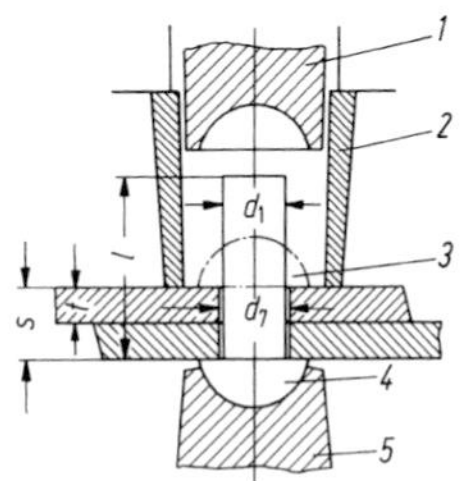

Abb. 8.48 Schlagen einer einschnittigen Vollnietverbindung; *1* Döpper, *2* Niederhalter zum Blechschließen bei Maschinennietung, *3* Schließkopf (als Halbrundkopf nach DIN 124), *4* Setzkopf, *5* Gegenhalter

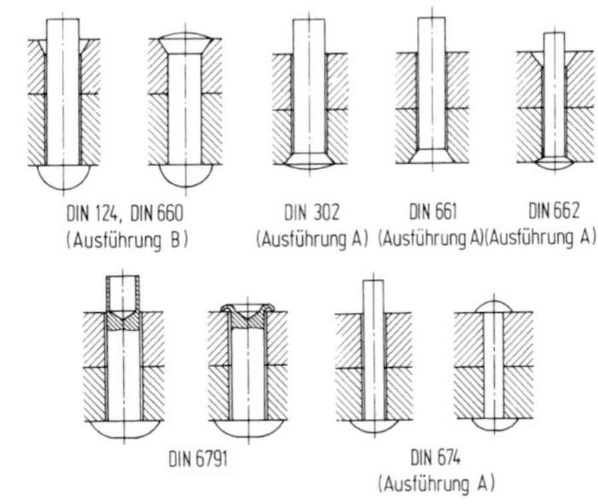

Abb. 8.49 Genormte Nietformen (Auswahl)

8

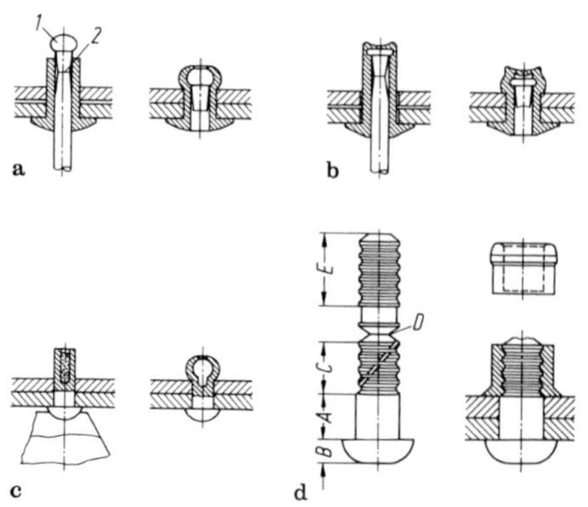

Abb. 8.50 Blindnietformen und Schließringbolzen-Verbindung. **a** DIN 7337 Blindniet; **b** POP-Becher-Blindniet; **c** Sprengniet; **d** Passniet DIN 65 155. *1* Nietdorn, *2* Sollbruchstelle

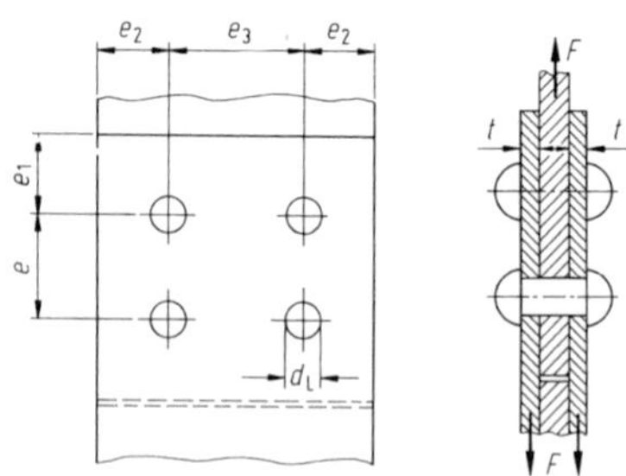

Abb. 8.51 Beispiel einer Doppellaschennietung (zweischnittig)

dungen Nachteile aufweisen. Durch die höheren Temperaturen beim Schweißen können Gefügeänderungen, Eigenspannungen und Verzug auftreten, beim Kleben muss der Temperatureinsatz und das Kriechverhalten beachtet werden. Bisweilen erhalten Klebeverbindungen zusätzliche Niete zur Erhöhung der Sicherheit gegen Schälen. Auch werden Nieten noch dort angewandt, wo z. B. die Verbindung von Stahl mit Aluminium ein Schweißen unmöglich macht (für dichte Verbindungen in Blechschornsteinen oder Rohren ohne inneren Überdruck) [51].

Wenn möglich werden *Vollniete* meist durch *Hohlniete*, *Blindniete* und *Schließring-Bolzen-Verbindungen* aus Stahl oder Aluminium ersetzt. Blindniete nach Abb. 8.50 können von einer Seite aus gesteckt und angeschlossen werden. Die früher üblichen Sprengniete werden heute durch neue Systeme wie Hohlniete mit Durchzieh-Nietdorn, Becher-Blindniete (luft- und wasserdicht aufgrund der becherförmigen Nietschaftausführung) oder Modifikationen abgelöst [61]. Diese Nietsysteme benötigen geeignete Nietwerkzeuge, die ebenfalls von den Niętherstellern angeboten werden. Schließringbolzen-Verbindungen nach Abb. 8.50 setzen voraus, dass die zu verbindenden Teile von beiden Seiten zugänglich sind, während das Verarbeitungswerkzeug i. Allg. nur von einer Seite angreift. Es packt den in die vorbereitete Bohrung eingeführten Bolzen außerhalb des Schließrings im geriffelten Zugteil *E* an, übt eine Zugkraft auf den Bolzen aus, während es gleichzeitig eine Druckkraft auf den konischen Ansatz des Schließrings ausübt. Dadurch werden bei Betätigung des Werkzeugs zunächst die zu verbindenden Teile mit der im Bolzen zulässigen Zugkraft zusammengedrückt und anschließend der Schließring in die Schließrillen im Teil *C* eingestaucht. Ist die Verformung des Schließrings beendet, reißt der Zugteil des Bolzens in der Sollbruchstelle *D* ab.

Entwurfsberechnung. Zur Auslegung sind die jeweils gültigen Berechnungsvorschriften zu beachten. Für Stahlbauten DIN 18 800-1, für Krane DIN 15 018-1, für stählerne Straßenbrücken DIN 18 809, für Aluminiumkonstruktionen DIN 4113-1, für Luftfahrt DIN 29 730-1, DIN 29 731-1. Nietverbindungen nach Abb. 8.51 versagen bei statischer Belastung, wenn die Scherfestigkeit des Nietwerkstoffs oder die Lochleibungsfestigkeit des Bauteilwerkstoffs überschritten werden, auch wenn die Lochleibungsverformung zu groß wird. Zur vereinfachten Auslegung werden in den Vorschriften Rand- und Lochabstände e_1, e_2, e_3, e abhängig vom Lochdurchmesser d_L und/oder der kleinsten zu verbindenden Materialdicke t angegeben. Dieselben Vorschriften gelten auch für HV-Verbindungen! Bei Stabanschlüssen dürfen in Kraftrichtung höchstens sechs Schrauben oder Nieten hintereinander angeordnet werden.

8.5.10.1 Gestaltungshinweise

Normenübersicht zu Nieten nach *DIN 4000-9*: Sachmerkmal-Leisten, Leiste Nr. 3; Auswahl: *DIN 124*: Halbrundniete. – *DIN 302*: Senkniete. – *DIN 660*: Halbrundniete. – *DIN 661*: Senkniete. –

Tab. 8.14 Zuordnung Niet- und Fügeteilwerkstoffe [51]

Nietwerkstoff	Werkstoff der Fügeteile
Al 99,5	Al 99,5 und höhere Reinheitsgrade
Al 99	Al 99, AlMn
AlMg 3	AlMg 3, AlMg 5, AlMgMn, AlMg 4,5 Mn, AlMgSi 0,5, AlMgSi 0,8
AlMg 5	AlMg 5, AlMg 4,5 Mn, AlMgSi 1, AlZnMg 1
AlMgSi 1	AlMgSi 1, AlMg 5, AlZnMg 1
AlCuMg 0,5	AlCuMg 1 und AlCuMg 2
AlCuMg 1	AlCuMg 1, AlCuMg 2, AlZnMgCu 0,5, AlZnMgCu 1,5

DIN 662: Linsenniete. – *DIN 674*: Flachrundniete. – *DIN 675*: Flachsenkniete. – *DIN 6791*: Halbhohlniete mit Flachrundkopf. – *DIN 6792*: Halbhohlniete mit Senkkopf. – *DIN 7337*: Blindniete mit Sollbruchdorn. – *DIN 7338*: Niete für Brems- und Kupplungsbeläge. – *DIN 7339*: Hohlniete, einteilig. – *DIN 7340*: Rohrniete. – *DIN 65 155*: Passniete. – *DIN 65 156*: Passniete.

Wo Stahlniete mit $d_1 > 10\,\text{mm}$ verwendet werden, müssen sie i. Allg. vor dem Nieten auf Hellrotglut erwärmt werden. Kleinere Stahlniete etwa bis 10 mm Durchmesser, Leichtmetall-, Messing- und Kupferniete werden kaltgeschlagen.

Nietwerkstoff und Fügeteilwerkstoff müssen mit Rücksicht auf Korrosionsbeständigkeit aufeinander abgestimmt werden. Tab. 8.14 gibt eine Zuordnung Nietwerkstoff-Fügeteilwerkstoff nach [51] wieder. Oft muss der Korrosionsschutz durch einen (abdichtenden) Anstrich verbessert werden. Besondere Vorschriften für Luftfahrt (v. a. LN 9198) und den Hochbau (DIN 18 801) sind zu beachten.

8.6 Schraubenverbindungen

H. Mertens und R. Liebich

8.6.1 Aufgaben

Eine Schraubenverbindung [62–74] ist eine lösbare Verbindung von zwei oder mehreren Teilen durch eine oder mehrere Schrauben. Die wichtigsten Verbindungsarten zeigt Abb. 8.52 [66]. Die *Befestigungsschrauben* dieser Schraubenverbindungen müssen die auf die Teile wirkenden ruhenden oder schwingenden Betriebskräfte ohne nennenswerte Relativbewegungen der Teile gegeneinander sicherstellen, sofern nicht Formschlusselemente nach Abschn. 8.5 oder Zentrierbunde teilweise diese Aufgabe übernehmen. Sollen dagegen definierte Relativbewegungen zwischen den Teilen erzielt werden, so eignen sich dafür *Bewegungsschrauben*, durch die Drehbewegungen in Längsbewegungen umgesetzt werden; wie z. B. bei Werkzeugmaschinenspindeln oder Schraubstöcken.

8.6.2 Kenngrößen der Schraubenbewegung

Beim Anziehen oder Lösen von Befestigungsschrauben bzw. Betätigen von Bewegungsschrauben wird eine Schraubenbewegung (Schraubung) um und längs einer festen Achse, der Schraubenachse, ausgeführt. Bei einer vollen Schraubenumdrehung entsteht längs der Schraubenachse eine (relative) Axialverschiebung, die der *Steigung* P_h (flank lead) in Abb. 8.53 entspricht. Die Abwicklung einer auf einem Zylinder mit dem Radius $r_\text{m} = d_\text{m}/2$ liegenden Schraubenlinie ergibt eine ansteigende Gerade mit dem *Steigungswinkel* β_m mit $\tan\beta_\text{m} = P_\text{h}/(\pi d_\text{m})$. Allgemein ergibt sich für den Radius r der Steigungswinkel β zu $\tan\beta = (r_\text{m}/r)\tan\beta_\text{m}$, er ist für kleinere Radien größer als für größere. Der achsparallele Abstand aufeinander folgender gleichgerichteter Flanken heißt *Teilung* P (flank pitch). Bei eingängigem Gewinde ist die Steigung P_h gleich der Teilung P. Für n-gängiges Gewinde gilt $P_\text{h} = nP$.

8.6.3 Gewindearten

Übersicht zu allgemein oder für größere Sondergebiete angewendete Gewinde in DIN 202. Für zylindrische Gewinde sind Begriffe und Definitionen in DIN 2244 festgelegt (Deutsch, Englisch, Französisch). Das *Gewindeprofil* ist der Umriss eines Gewindes im Achsschnitt, die *Gewindeflanken* sind in der Regel die geraden Teile

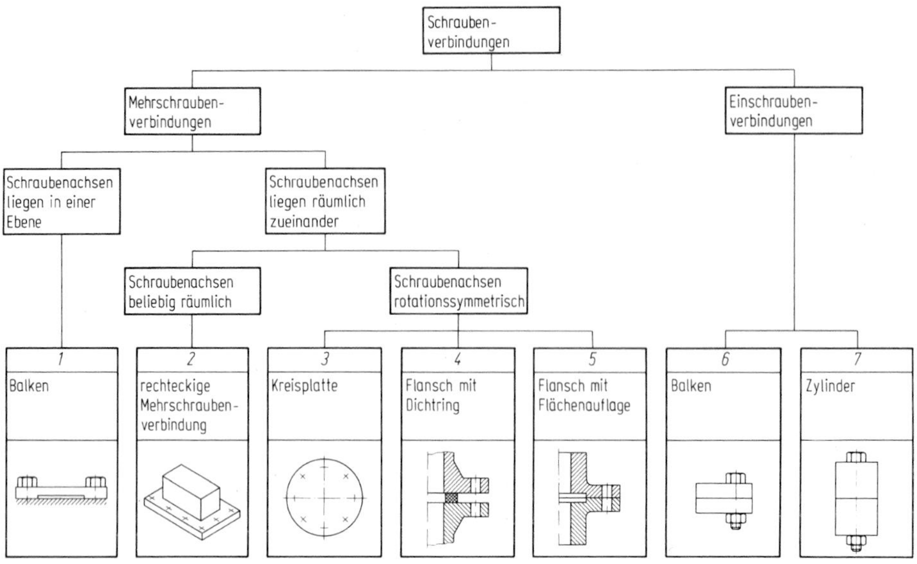

Abb. 8.52 Einteilung der Verbindungsarten [66]

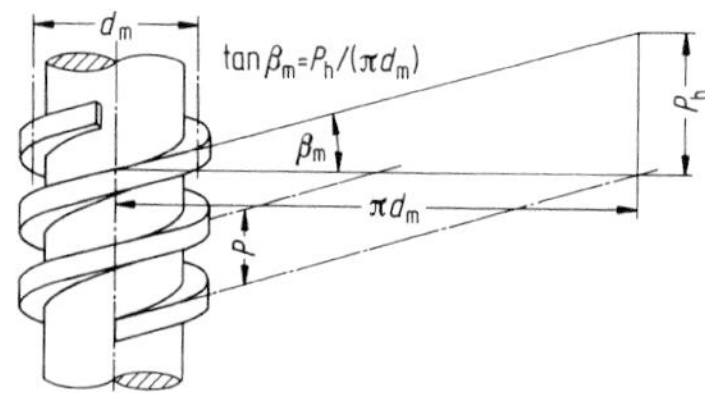

Abb. 8.53 Schraubenspindel mit zweigängigem Flachgewinde. P_h Steigung, P Teilung ($P_h = 2P$), β_m mittlerer Steigungswinkel

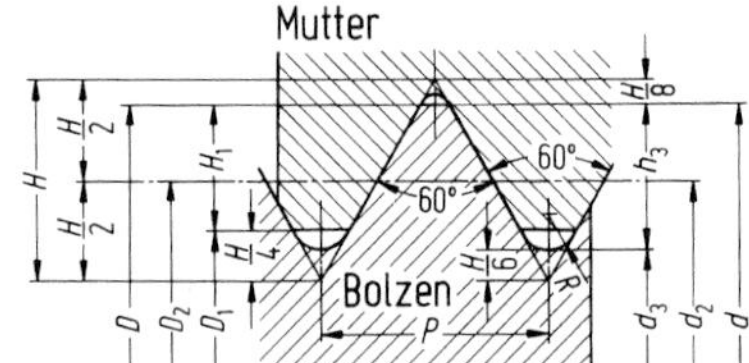

Abb. 8.54 Metrisches ISO-Gewinde (DIN 13 T 19). $D_1 = d - 2H_1$, $d_2 = D_2 = d - 0{,}64952P$, $d_3 = d - 1{,}22687P$, $H = 0{,}86603P$, $H_1 = 0{,}54127P$, $h_3 = 0{,}61343P$, $R = H/6 = 0{,}14434P$

des Gewindeprofils, die nicht zur Schraubenachse parallel sind.

8.6.3.1 Spitzgewinde für Befestigungsschrauben

Das *Metrische ISO-Gewinde* nach DIN 13-19 ist ein verbessertes und weltweit vereinheitlichtes Gewinde. Das Fertigungsprofil für Bolzen und Mutter (Nullprofil bei Gewindepassung ohne Flankenspiel) s. Abb. 8.54. Der Außendurchmesser d des Bolzengewindes ist gleich dem Außendurchmesser D des Muttergewindes; er wird auch als *Nenndurchmesser* bezeichnet. Mit dem *Kerndurchmesser* d_3 wird der Kernquerschnitt $A_3 = \pi d_3^2/4$ berechnet. Auf dem *Flankendurchmesser* d_2 des Bolzens bzw. D_2 der Mutter haben die Gewinderille und der Gewindezahn in Achsrichtung gleiche Breite. Für den (mittleren) Steigungswinkel gilt: $\tan\beta = P/(\pi d_2)$. H ist die Höhe des theoretischen, scharf geschnittenen Dreieckprofils mit dem *Flankenwinkel* $\alpha = 60°$. Die Flankenüberdeckung H_1 wird auch *Gewindetragtiefe* genannt. Der Ausrundungsradius am Außendurchmesser der Mutter ist nicht vorgeschrieben, da er sich aus der Fertigung zwangsläufig ergibt und weil die Beanspruchungen dort nicht so groß sind. Als Bezugsquerschnitt für Festigkeitsberechnungen wird der Spannungsquerschnitt $A_S = \pi(d_2 + d_3)^2/16$ benötigt. In DIN 14 sind metrische ISO-Gewinde für Durchmesser unter 1 mm genormt.

In Tab. 8.22 sind Nenndurchmesser d, Steigung P, Kernquerschnitt A_3 und Spannungsquerschnitt A_S für Auswahlreihen von (metrischen ISO-)Regel- und Feingewinden nach DIN

13 T 12 und T 28 zusammengestellt. DIN 13 T12 wurde in DIN ISO 261 integriert. Regelgewinde, d. h. Gewinde mit größerer Steigung, sind hinsichtlich der Belastbarkeit gegenüber Feingewinden zu bevorzugen.

Das *Whitworth-Rohrgewinde* nach DIN 259 T 1 bis 5, DIN ISO 228, mit zylindrischem Innen- und Außengewinde wird noch für Rohre und Rohrverbindungen verwendet, es ist nicht selbstdichtend. Für Neukonstruktionen ist DIN EN ISO 228-1 zu verwenden. Für selbstdichtende Verbindungen können bei Gewindedurchmessern bis 26 mm kegelige Außengewinde nach DIN 158, z. B. für Verschlussschrauben und Schmiernippel eingesetzt werden. Whitworth-Rohrgewinde für Rohrverschraubungen auch nach DIN 3858.

8.6.3.2 Flachgewinde für Bewegungsschrauben

Das Trapez- und Sägengewinde führen zu geringerer Reibung zwischen Bolzen und Mutter als das Spitzgewinde. Die Nennprofile von Bolzen und Mutter eines *Metrischen Trapezgewindes* nach DIN 103-1 mit Spiel im Außen- und Kerndurchmesser und ohne Flankenspiel mit genormten Bezeichnungen s. Abb. 8.55. Das Trapezgewinde ist flankenzentriert und sollte deshalb nur durch Längskräfte (und Drehmomente) belastet werden; es sperrt bei Verkantung. Mehrgängige Trapezgewinde haben das gleiche Profil wie eingängige Gewinde mit der Steigung P_h = Teilung P. Tab. 8.23 enthält Nennmaße für Trapezgewinde. Das *Metrische Sägengewinde* nach DIN 513-1 mit asymmetrischem Gewindeprofil hat tragende Gewindeflanken mit Teilflankenwinkeln (Winkel zwischen Flanke und der Senkrechten zur Gewindeachse im Achsabschnitt) von 3° und Spiel im Kerndurchmesser und zwischen den nichttragenden Gewindeflanken.

8.6.3.3 Rundgewinde, Wälzschraubtriebe

Rundgewinde (allgemein DIN 405 oder mit großer Tragtiefe nach DIN 20 400) werden für Befestigungs- und Bewegungsschrauben bei Gefahr von Verschmutzung verwendet. Noch geringere Reibmomente als Sägengewinde weisen *Wälzschraubtriebe* mit Wälzkörpern zwischen den Schraubenflächen von Mutter und Spindel auf; die Erzeugenden der Schraubenflächen sind meist gekrümmte Linien (z. B. Kreisbogen oder gotisches Profil) [72].

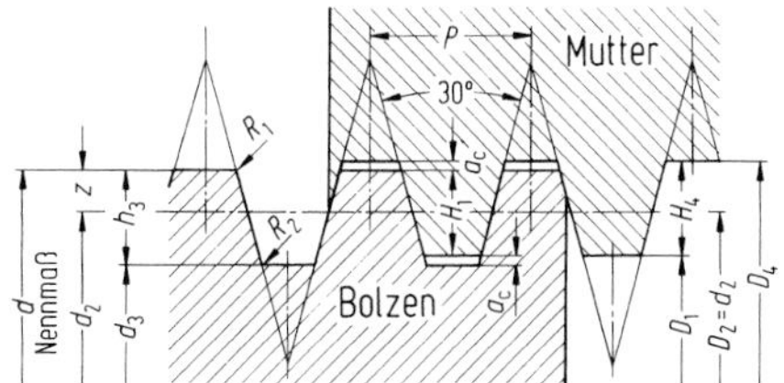

Abb. 8.55 Metrisches ISO-Trapezgewinde (DIN 103-1). $D_1 = d - 2\,H_1 = d - P$, $H_1 = 0{,}5\,P$, $H_4 = H_1 + a_c = 0{,}5\,P + a_c$, $h_3 = H_1 + a_c = 0{,}5\,P + a_c$, $z = 0{,}25P = H_1/2$, $D_4 = d + 2\,a_c$, $d_3 = d - 2\,h_3$, $d_2 = D_2 = d - 2\,z = d - 0{,}5\,P$, $R_1 = \max 0{,}5\,a_c$, $R_2 = \max a_c$, a_c = Spiel (Index c von $c_{rest} \hat{=}$ Spitze)

8.6.4 Schrauben- und Mutterarten

8

Die Benennung von Schrauben, Muttern und Zubehör ist in DIN ISO 1891 international festgelegt. Abb. 8.56 zeigt Grund- und Sonderformen der Schraubenverbindungen.

Kopfschrauben (Abb. 8.56a). Sie unterscheiden sich durch Kopfform, Schaftform und Schraubenenden. Die *Kopfform* wird durch die Antriebsart mitbestimmt; Beispiele: Sechskantschrauben (DIN EN ISO 4014, 4017, 8765, 8676), Innensechskantschrauben, Schlitz- und Kreuzschlitzschrauben (DIN EN ISO 1207). In DIN 74 werden Senkungen genormt. Senkdurchmesser für zylindrische Senkungen nach DIN 974-1.

Das *Schraubenende* wird u. a. durch die Schraubenfertigung oder Montage bestimmt. Schrauben zum automatisierten Montieren in Fertigungsstraßen benötigen Suchspitzen mit 90° Spitze; zum Aufnehmen von in das Muttergewinde eingedrungenen gewissen Lackmengen dienen Schabenuten. – Gewindeenden nach DIN EN ISO 4753, Gewindeausläufe und -freistiche auch für Gewindegrundlöcher (Sackbohrungen) nach DIN 76.

Die *Schaftform* wird durch die Fertigung oder zusätzliche Anforderungen festgelegt. Bei *Dehn-*

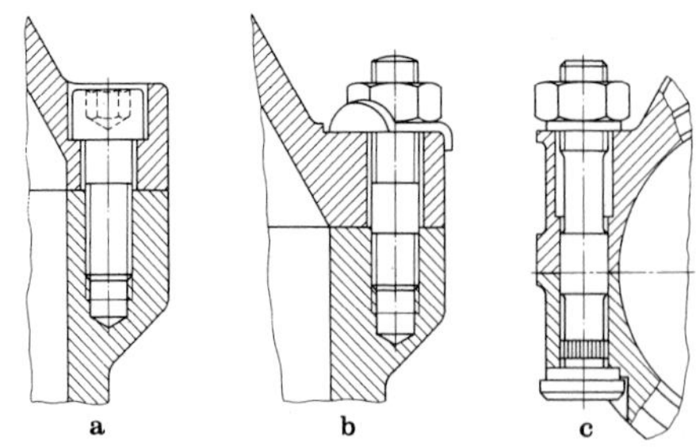

Abb. 8.56 Grundformen und Sonderformen der Schraubenverbindungen. **a** Zylinderschraube mit Innensechskant als Kopfschraube; **b** Stiftschraube in Gussgehäuse, mit Sicherungsblech mit Lappen; **c** Durchsteckschraube in Sonderbauform für Pleuellagerdeckel-Verschraubung

schaftschrauben (Dehn- oder Taillenschrauben) mit hoher Nachgiebigkeit ist der Schaftdurchmesser kleiner als der Kerndurchmesser. Bei *Passschrauben* (z. B. Sechskant-Passschrauben nach DIN 609) wird der Schaftdurchmesser mit Passsitz (z. B. k6) zur Lagesicherung ausgeführt. Bei *Vollschaftschrauben* ist der Schaftdurchmesser gleich dem Gewindedurchmesser, bei *Dünnschaftschrauben* ungefähr gleich dem Flankendurchmesser (Durchmesser des Ausgangsmaterials für gerolltes Gewinde).

Stiftschrauben (Abb. 8.56b). Sie haben ein 2 d-langes Einschraubende nach DIN 835 zum Einschrauben vorwiegend in Aluminiumlegierungen, ein 1,25 d-langes Einschraubende nach DIN 939 zum Einschrauben in Gusseisen oder ein 1 d-langes Einschraubende nach DIN 938 zum Einschrauben vorwiegend in Stahl.

Schraubenbolzen. DIN 2509. Sie dienen z. B. zum Verbinden von Teilen mit Hilfe beiderseits aufgeschraubter Muttern. Ein Zweikantzapfen an einem Gewindeende soll die Möglichkeit geben, ein Drehen des Schraubenbolzens bei der Montage zu verhindern. *Schraubenbolzen* und *Durchsteckschrauben* erfordern *Durchgangslöcher*, die nach den jeweiligen konstruktiven Gegebenheiten festgelegt werden; Durchgangslöcher nach DIN EN 20 273 (fein, mittel, grob; z. B. d_h = 10,5 mm, = 11 mm, = 12 mm für M 10).

Gewindestifte. Diese besitzen durchgehendes Gewinde, einen Schlitz oder Innen-Sechskant auf der einen Seite und Kegelkuppe (DIN EN ISO 2342, 24 766 bzw. 4026), Zapfen (DIN EN ISO 27 435 bzw. DIN EN ISO 4028), Ringschneide (DIN EN 27 436 bzw. DIN EN ISO 4029) oder Spitze (DIN EN 27 434 bzw. DIN EN ISO 4027) auf der anderen Seite. Sie werden auch mit Druckzapfen nach DIN 6332 hergestellt und eignen sich als Bauelemente für Spannschrauben mit Kreuzgriff nach DIN 6335, Sterngriff nach DIN 6336 und Kegelgriff nach DIN 99 (bis M 24) oder mit Druckstück nach DIN 6311.

Schraubensonderformen (Abb. 8.56c). Sie haben z. B. Passsitz und geriffelte Drehsicherung; s. auch DIN 4000-2 (Sachmerkmal-Leisten für Schrauben und Muttern). DIN 7999 (Sechskant-Passschrauben, hochfest, mit großen Schlüsselweiten für Stahlkonstruktionen).

Muttern. Im Maschinenbau werden am häufigsten *Sechskantmuttern* verwendet; die früher übliche Höhe von 0,8 d galt für Muttern aus Stahl nach DIN 934. Für Neukonstruktionen sind bis 64 mm Gewindedurchmesser Sechskantmuttern nach DIN EN ISO 4032, 4034 mit Regelgewinde und DIN EN ISO 8673, 8674 mit Feingewinde zu verwenden. Wird für Sonderfälle eine niedrigere Mutterhöhe notwendig, dann kann eventuell DIN EN ISO 4035, 4036, 8675 eingesetzt werden. *Hutmuttern* (Abb. 8.57a) nach DIN 917 (niedrige Form) und DIN 1587 (hohe Form) bieten mitunter Verletzungsschutz, sie werden auch in Verbindung mit Dichtscheiben verwendet, um Aus- oder Eindringen von Flüssigkeiten zu vermeiden. Zur axialen Lagesicherung von Naben und Ringen auf Wellen oder zur axialen Kraftübertragung werden für den Werkzeugmaschinenbau entwickelte Muttersonderformen, wie *Nutmuttern* (Abb. 8.57b) verwendet, die mit einem Hakenschlüssel nach DIN 1810 anzuziehen sind, mitunter auch *Kreuzlochmuttern* (Abb. 8.57f) nach DIN 548 und DIN 1816. Für geringe Vorspannkräfte kommen *Rändelmuttern* nach DIN 6303, *Schlitzmuttern* nach DIN 546 oder *Flügelmuttern* (Abb. 8.57c) in Frage. Bei Stahlkonstruktionen und im Karosseriebau verwendet man mitunter Vierkant-Schweißmuttern nach DIN 928 oder *Sechskant-Schweißmuttern*

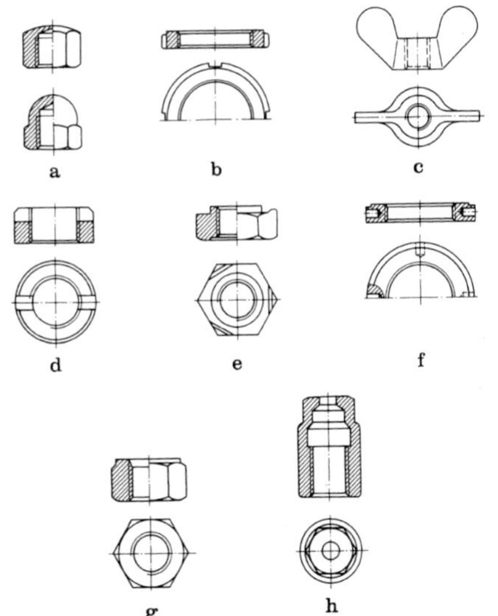

Abb. 8.57 Genormte Mutter-Sonderformen. **a** Hutmutter DIN 917 und DIN 1587; **b** Nutmutter DIN 1804 und DIN 981 Feingewinde (M 6 bis M 200); **c** Flügelmutter DIN 315 (M 5 bis M 24); **d** Schlitzmutter DIN 546 (bis M 20); **e** Sechskant-Schweißmutter DIN 929 (bis M 16); **f** Kreuzlochmutter DIN 1816 (Feingewinde M 6 bis M 200); **g** Sechskantmutter mit Zentrieransatz DIN 2510-5; **h** Kapselmutter für Schraubenverbindungen mit Dehnschaft DIN 2510-6

(Abb. 8.57e), die auf dem Grundmaterial durch Punktschweißen befestigt werden. Für Schraubenverbindungen mit Dehnschaft wurden *Sechskant-Muttern mit Zentrieransatz* (Abb. 8.57g) und *Kapselmuttern* (Abb. 8.57h) entwickelt. Einen gleichmäßigen Übergang des Kraftflusses vom Zug im Bolzen auf Druck in der Mutternauflagefläche verschaffen *Zugmuttern*.

Unterlegscheiben. Sie müssen unter Schrauben und Muttern verwendet werden, wenn der Werkstoff der Unterlage zum Setzen neigt oder überbeansprucht würde; Form z. B. nach DIN EN ISO 7089. Bei U- und I-Trägern müssen viereckige Unterlegscheiben zum Ausgleich der 8- bzw. 14 %igen Neigung verwendet werden, DIN 434 bzw. DIN 435. Passschrauben nach DIN 7968 erfordern i. Allg. Unterlegscheiben nach DIN 7989.

8.6.5 Schrauben- und Mutternwerkstoffe

Nach DIN EN ISO 898-1 werden Schraubenwerkstoffe nach *Festigkeitsklassen* bezeichnet. Das Kennzeichen der Festigkeitsklasse besteht aus zwei Zahlen, die durch einen Punkt getrennt sind. *Beispiel*: 5.6, 6.8, 8.8, 9.8, 10.9, 12.9 … Die *erste* Zahl entspricht 1/100 der Nennzugfestigkeit R_m in N/mm^2; die *zweite* Zahl gibt das 10-fache des Verhältnisses der Nennstreckgrenze R_{eL} bzw. $R_{p0,2}$ zur Nennzugfestigkeit R_m (Streckgrenzenverhältnis) an. Die Multiplikation beider Zahlen ergibt ein Zehntel der Nennstreckgrenze in N/mm^2.

Muttern mit festgelegten Prüfkräften werden nach DIN EN 20 898-2 mit einer Festigkeitsklasse zwischen 4 und 12 gekennzeichnet. Die Kennzahl entspricht i. Allg. 1/100 der Mindestzugfestigkeit einer Schraube in N/mm^2, die bei Paarung mit der Mutter bis zu der Mindeststreckgrenze belastet werden kann. *Beispiel*: Schraube 8.8 – Mutter 8, bis zur Mindeststreckgrenze der Schraube belastbar. Im Allgemeinen können Muttern höherer Festigkeitsklassen anstelle von Muttern der niedrigen Festigkeitsklassen verwendet werden. Dies ist ratsam für eine Schraube-Mutter-Verbindung mit Belastungen oberhalb der Streckgrenze oder oberhalb der Prüfspannung.

DIN EN ISO 898 gilt nicht für spezielle Anforderungen wie Schweißbarkeit, Korrosionsbeständigkeit, Warmfestigkeit über +300 °C und Kaltzähigkeit unter −50 °C, Dauerfestigkeit.

Die erforderliche Tiefe von Gewindebohrungen hängt vom Werkstoff des Muttergewindeteils ab. Empfohlene Einschraubtiefe für Sacklochgewinde gibt Tab. 8.15. In Grauguss oder Leichtmetall sind Stiftschrauben mit Muttern anstelle von Kopfschrauben zu empfehlen [73].

Tab. 8.15 Mindesteinschraubtiefen in Sacklochgewinde [63]

	Empfohlene Einschraubtiefe für die Festigkeitsklassen				
	8.8	8.8	10.9	10.9	12.9
Gewindefeinheit d/P	< 9	≧ 9	< 9	≧ 9	< 9
Mutterwerkstoff					
harte Al-Leg. AlCuMg1	1,1 d	1,4 d		—	
Grauguss GG 25	1,0 d	1,25 d		1,4 d	
Stahl St 37, C 15 N	1,0 d	1,25 d		1,4 d	
Stahl St 50, C 35 N	0,9 d	1,0 d		1,2 d	
Stahl vergütet mit $R_m > 800\,\mathrm{N/mm^2}$	0,8 d	0,9 d		1,0 d	

8.6.6 Kräfte und Verformungen beim Anziehen von Schraubenverbindungen

Anziehdrehmoment. Wird eine symmetrische Durchsteck-Schraubenverbindung nach Abb. 8.58 durch Drehen der Mutter angezogen, dann entsteht eine Zugkraft, genannt *Vorspannkraft* F_V, im Schraubenbolzen und eine gleich hohe Druckkraft zwischen den Platten. Dadurch längt sich der Schraubenbolzen um f_S und die Platten werden um f_P zusammengedrückt. Die Platten werden etwa im Bereich der *Rötscher-Kegel* zusammengepresst, die sich von Kreisen unter Kopf bzw. Mutter mit jeweils Schlüsselweiten-Durchmesser s, allgemeiner Kopfauflage- bzw. Mutterauflagedurchmesser (d_w bzw. D_w) unter 45° erstrecken.

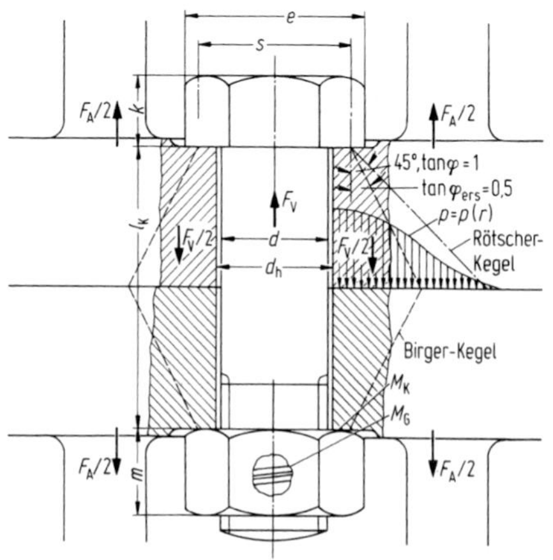

Abb. 8.58 Durchsteckschraube zum Verspannen zweier Platten (Flansche) unter Anziehen der Mutter. (F_V Vorspannkraft in der Schraubenverbindung bei fehlender äußerer Betriebskraft F_A)

Beim Drehen der Mutter müssen das mit F_V steigende *Reibungsmoment im Gewinde* M_G und das *Reibungsmoment in der Mutterauflage* M_K überwunden werden; Anziehdrehmoment $M_A = M_G + M_K$. Nach Bd. 1, Abschn. 12.11 wird $M_G = F_V(d_2/2)\tan(\beta_m + \varrho')$ mit Flankendurchmesser d_2, mittlerem Steigungswinkel β_m und Gewindereibungszahl $\mu' = \tan\varrho' = \mu_G/\cos(\alpha/2)$ mit Flankenwinkel α und Reibungszahl μ_G im Gewinde. Für Spitzgewinde mit $\alpha = 60°$ ist $\mu' = 1{,}155\mu_G$. Das Moment M_K beträgt $M_K = F_V\mu_K D_{km}/2$ mit der Reibungszahl μ_K in der Mutterauflage und wirksamen Durchmesser D_{km} für das zugehörige Reibungsmoment. Reibungszahlen s. [74], z. B. Schraube aus Stahl, phosphatiert sowie Mutter aus Stahl, blank, trocken: $\mu_G = \mu_K = 0{,}12$ bis $0{,}18$; geölt: $\mu_G = \mu_K = 0{,}10$ bis $0{,}16$; MoS_2: 0,08 bis 0,12. Für Spitzgewinde mit $\alpha = 60°$ und Steigung P, also $\tan\beta_m = P/(\pi d_2)$, folgt vereinfacht wegen $\tan(\beta_m + \varrho') \approx \tan\beta_m + \tan\varrho'$

$$M_A \approx F_V[0{,}159P + \mu_G 0{,}577 d_2 + D_{km}\mu_K/2]\,. \tag{8.1}$$

Beispiel

Für eine Sechskantschraube M 10 mit metrischem ISO-Spitzgewinde ($d_2 = 9{,}03$ mm, 1,5 mm) nach DIN EN ISO 4014, Mutter nach DIN EN ISO 4032 ($d_w = 14{,}6$ mm), Durchgangsloch nach DIN EN 20 273 (mittel: $d_h = 11$ mm) ohne Ansenkung gilt annähernd: $D_{km} = (d_w + d_h)/2 = 12{,}8$ mm. Mit z. B. $\mu_G = \mu_K = 0{,}16$ wird $M_A = F_V\,(0{,}238 + 0{,}833 + 1{,}024)$ mm. Die Summe der Reibungsmomente beträgt dann etwa

90 % des Gesamtanziehdrehmoments. Bei geschmierten Schrauben, meist auch bei galvanisch aufgebrachten Überzügen, ist der Reibungsanteil geringer, sodass solche Schrauben bei gleichem Anzugsmoment eine höhere Vorspannung F_V erhalten. ◄

Das zum Lösen notwendige Reibmoment im Gewinde M_{GL} beträgt $M_{GL} = F_V(d_2/2)\tan(\varrho' - \beta_m)$. Man spricht von *Selbsthemmung*, solange zum Lösen ein Moment $M_{GL} > 0$ erforderlich ist. Selbsthemmung hört auf, sobald $M_{GL} = 0$ wird, d. h. $\beta_m = \varrho'$, falls Reibmoment M_K in der Mutter- bzw. Kopfauflage vernachlässigt wird. Das Gesamtmoment M_L zum Lösen ist, sofern keine Erschütterungen die wirksame Reibungszahl μ' verringern, bei metrischem ISO-Spitzgewinde etwa gleich dem 0,7- bis 0,9-fachen des Anziehdrehmoments M_A.

Vorspannkraft F_V und Anziehmoment M_A bewirken *Zug- und Torsionsspannungen* in der Schraube. Die Nenn-Zugspannung σ_z wird entweder mit dem Gewinde-Spannungsquerschnitt A_S oder falls kleiner, mit dem Taillenquerschnitt A_T berechnet, die Nenn-Torsionsspannung τ analog mit den entsprechenden Widerstandsmomenten. Die Mises-Vergleichsspannung (s. Bd. 1, Abschn. 19.3.3) σ_V ergibt dann die Materialanstrengung. Wird eine 90 %ige Ausnutzung der Schraubenwerkstoff-Mindeststreckgrenze als zulässig angesehen, dann lassen sich für vorgegebene Reibungszahlen *zulässige Montagevorspannkräfte* F_{sp} und die zugehörigen *Anziehdrehmomente* M_{sp} Tabellen wie in VDI-Richtlinie 2230, Ausgabe 1986, entnehmen oder mit den von Herstellerfirmen zu beziehenden Schraubenrechnern bestimmen. Einen Auszug aus solchen Tabellen gibt Tab. 8.24.

Anziehverfahren. Erforderliche Anziehdrehmomente sind vom Anziehverfahren abhängig. Das Verhältnis der sich beim Anziehen praktisch ergebenden maximalen zur minimalen Vorspannkraft $F_{M\,max}/F_{M\,min}$ wird als *Anziehfaktor* α_A bezeichnet, die Spannweite beträgt $\Delta F_M = F_{M\,max} - F_{M\,min} = F_{M\,min}(\alpha_A - 1)$. Der allein auf die Streuung der Reibungszahlen entfallende Anteil liegt erfahrungsgemäß in den Grenzen 1,25 : 1 bis 2 : 1. Für die Dimensionierung von Schraubenverbindungen können in Anlehnung an VDI-Richtlinie 2230, Ausgabe 1986, Richtwerte für α_A (Werte in Klammern) angegeben werden [74]:

Impulsgesteuertes Anziehen mit *Schlagschrauber* (2,5 bis 4) und *drehmomentgesteuertes Anziehen* mit *Drehschrauber* (1,7 bis 2,5), wobei das Einstellen des Schraubers entsprechend einem experimentell ermittelten Nachziehmoment erfolgt. Für drehmomentgesteuertes Anziehen mit *Drehmomentschlüssel, signalgebendem Schlüssel* oder *Präzisionsdrehschrauber* mit dynamischer Drehmomentmessung: (1,6 bis 1,8), wenn Sollanziehmoment durch Schätzen der aktuellen Reibungszahl oder (1,4 bis 1,6), wenn Sollanziehmoment durch Messung von F_M an der Verschraubung bestimmt wird.

Hydraulisches Anziehen durch Einstellen über Längen- bzw. Druckmessung (1,2 bis 1,6), wobei die Vorspannkraft über zusätzliche Mutter auf dem verlängerten Gewinde und Beidrehen der Schraubenmutter erfolgt. *Verlängerungsmessung* der kalibrierten Schraube (1,2). *Drehwinkelgesteuertes Anziehen*, motorisch oder manuell (1,1 bis 1,3) mit versuchsmäßig bestimmten Voranziehmoment und Drehwinkel; Streuung wird wesentlich durch Streuung der Streckgrenze im verbauten Schraubenlos bestimmt, sodass bei Dimensionierung entsprechend $F_{M\,min}$ formal der Wert $\alpha_A = 1$ gesetzt werden kann. *Streckgrenzengesteuertes Anziehen*, motorisch oder manuell (1,1 bis 1,3, formal bei Dimensionierung für $F_{M\,min}$ wieder $\alpha_A = 1$). *Thermisch kontrolliertes Anziehen* wird im Turbinenbau angewendet und ist bezüglich der Vor- und Nachteile mit dem hydraulischen Anziehen vergleichbar; die Schrauben zur Befestigung des Gehäusedeckels sind dabei mit einer Mittelbohrung zum Heizen und Überwachen ihrer Temperatur ausgerüstet.

Neufassung der VDI-Richtlinie 2230 vom Okt. 2003 enthält detailliertere Angaben zu Anziehfaktor, Streuung und Einstellverfahren.

Montagekraft. Kräfte und Verformungen nach dem Anziehen richten sich nach der wirksamen *Montagekraft* F_M. Unter der Annahme linearen Steifigkeitsverhaltens lassen sich die

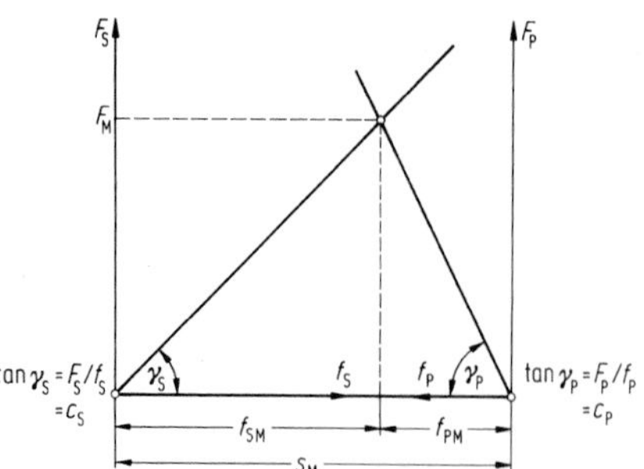

Abb. 8.59 Verspannungsdreieck als grafische Darstellung der Kräfte und Verformungen beim Anziehen. F_S Zugkraft in Schraube $F_S = F_S(f_S)$, f_S Längung der Schraube, F_P Druckkraft in den Platten, $F_P = F_P(f_P)$, f_P Zusammendrückung der Platten, F_M Vorspannkraft bei Montage, s_M Weg der Mutter auf dem Gewinde

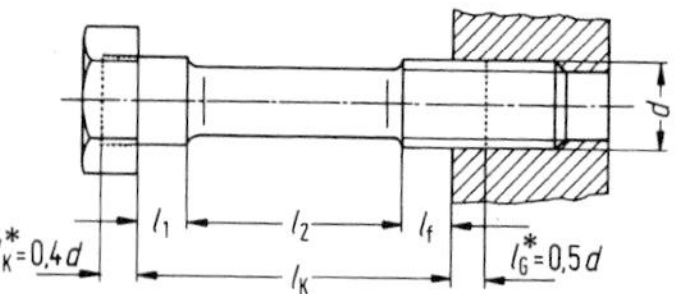

Abb. 8.60 Aufteilung einer Schraube in einzelne zylindrische Körper zur Berechnung ihrer elastischen Nachgiebigkeit (VDI-Richtlinie 2230, Ausgabe 1986)

grafischen Einzeldarstellungen der Kraft-Verformungs-Kennlinien für Schrauben und Platten in einem Geradlinien-Schaubild, dem sog. *Verspannungsdreieck* zusammenfassen, Abb. 8.59. Mit den angegebenen Bezeichnungen gilt für die Steifigkeit c_S der Schrauben $c_S = F_S/f_S$, für die elastische Nachgiebigkeit δ_S der Schrauben $\delta_S = 1/c_S$. Die Steifigkeit der Platten zwischen Schraubenkopf- und Mutternauflage ist $c_P = F_P/f_P$, die elastische Nachgiebigkeit $\delta_P = 1/c_P$ bei zentrischer Verspannung. Nach dem Anziehen der Mutter gilt für die Montagekräfte in Schraubenbolzen und Platten $F_{SM} = F_{PM} = F_M$; für die Verformung gilt $f_{SM} + f_{PM} = s_M$, mit s_M als Axialverschiebung der Mutter auf dem Gewinde, vorausgesetzt, dass Kopf und Mutter vor dem Anziehen allseitig satt auf den ebenen Platten oder passenden Ansenkungen aufliegen.

Nachgiebigkeit der Schraube. Die Schraube setzt sich aus einer Anzahl von Einzelelementen zusammen, die durch zylindrische Körper verschiedener Längen l_i und Querschnitte A_i gut ersetzbar sind, Abb. 8.60. Die Nachgiebigkeit eines zylindrischen Einzelelements folgt zu $\delta_i = l_i/(E_S A_i)$ mit dem Elastizitätsmodul E_S des Schraubenwerkstoffs. Die Nachgiebigkeit der Schraube δ_S insgesamt wird $\delta_S = \Sigma\delta_i$. Die elastische Nachgiebigkeit des Kopfes wird in VDI-Richtlinie 2230, Ausgabe 1986, für genormte Sechskant- und Innensechskantschrauben mit $\delta_K = 0{,}4\ d/(E_S A_N)$ bei $A_N = \pi d^2/4$ angegeben, für die Nachgiebigkeit des eingeschraubten Gewindekerns gilt $\delta_G = 0{,}5\ d/(E_S A_3)$ mit Kernquerschnitt $A_3 = \pi d_3^2/4$ und für die Nachgiebigkeit der Schrauben- und Mutterprofile $\delta_M = 0{,}4\ d/(E_S A_N)$ für Muttern nach DIN EN ISO 4032 (DIN 934), für das freiliegende Gewindeteil mit Länge l_f und Kernquerschnitt A_3 gilt $\delta_f = l_f/(E_S A_3)$. Für Abb. 8.60 gilt also $\delta_S = \delta_K + \delta_1 + \delta_2 + \delta_f + \delta_G + \delta_M$. Detailliertere Berechnungsvorschläge siehe Neufassung der VDI-Richtlinie 2230 vom Okt. 2003.

Nachgiebigkeit zentrisch verspannter Platten. Die Nachgiebigkeit der Platten δ_P bei zentrischer Verspannung lässt sich nach Birger [64] näherungsweise bestimmen, indem man die Nachgiebigkeit des unter einem Winkel φ_{ers} (mit $\tan\varphi_{ers} = 0{,}5$) unter Schraubenkopf und Mutter sich ausbreitenden Doppelkegels mit Bohrung d_h und gleichmäßig verteilter Druckspannung in den einzelnen Querschnitten ermittelt, Abb. 8.65. Für solche Platten gibt auch die VDI-Richtlinie 2230, Ausgabe 1986, Näherungsformeln; die Steifigkeit c_P oder die Nachgiebigkeit δ_P der Platten werden aus Steifigkeit oder Nachgiebigkeit eines Ersatzzylinders mit einem Querschnitt A_{ers} berechnet: A_{ers} nach Abb. 8.61; $\delta_P = l_K/(A_{ers} E_P)$ mit dem Elastizitätsmodul E_P der verspannten Platten.

Streuungen beim Anziehen. Die beim Anziehen auftretenden Streuungen der Montagekraft F_M zwischen $F_{M\,min}$ und $F_{M\,max}$ können nach Abb. 8.62 übersichtlich im Verspannungsschaubild berücksichtigt werden. Die maximale Vorspannkraft $F_{M\,max}$ muss kleiner bleiben als die zulässige Schraubenkraft, die nach VDI-Richtlinie 2230, Ausgabe 1986, für die nicht streckgrenzen- oder drehwinkelgesteuerten Anziehverfahren einer 90 %igen Streckgrenzenausnutzung

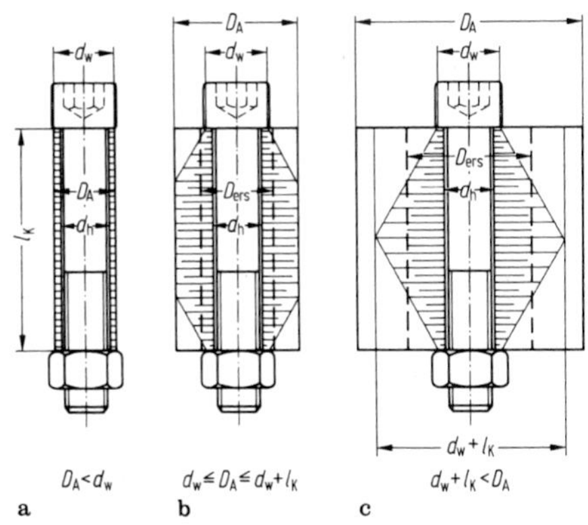

Abb. 8.61 Ersatzdruckzylinder zur Berechnung der elastischen Nachgiebigkeit von verspannten Hülsen und Platten nach VDI-Richtlinie 2230, Ausgabe 1986

a $A_{ers} = \frac{\pi}{4}(D_A^2 - d_h^2)$

b $A_{ers} = \frac{\pi}{4}(d_w^2 - d_h^2) + \frac{\pi}{8}d_w(D_A - d_w)\left[\left(\sqrt[3]{\frac{l_K d_w}{D_A^2}} + 1\right)^2 - 1\right]$

c $A_{ers} = \frac{\pi}{4}(d_w^2 - d_h^2) + \frac{\pi}{8}d_w l_K\left[\left(\sqrt[3]{\frac{l_K d_w}{(l_K + d_w)^2}} + 1\right)^2 - 1\right]$

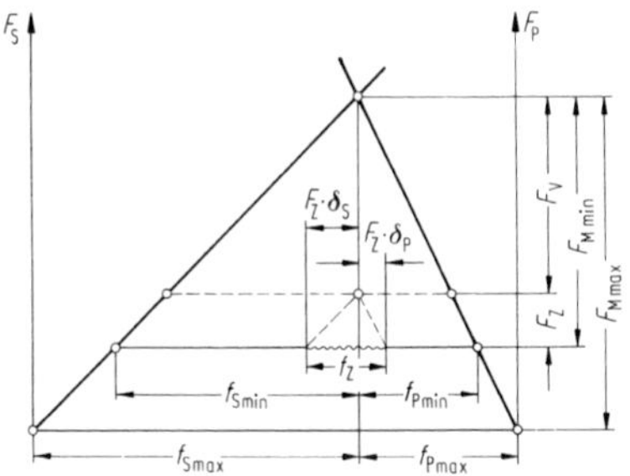

Abb. 8.62 Verspannungsschaubilder zur Ermittlung des Einflusses von Setzen und Vorspannkraftstreuung

für Schrauben bis M 39 entspricht – Grenze $F_{M\,max} = F_{Sp}$.

Setzen. Während des Anziehens bis zur Montagevorspannkraft F_M im Bereich $F_{M\,min}$ bis $F_{M\,max}$ werden die Auflageflächen unter Kopf und Mutter sowie die Trennfugen zwischen den Platten eingeebnet. Aber auch danach wird durch zeitlich veränderliche Betriebskräfte ein Setzen in den Trennfugen mit weiterem Einebnen von Oberflächenrauhigkeiten auftreten. Die Höhe des Setzbetrags f_Z ist sowohl von der Anzahl der Trennfugen als auch von der Größe der Rauigkeit der Fugenflächen abhängig. Er wächst im Mittel mit dem Klemmlängenverhältnis (l_K/d). Für massive Verbindungen mit Schrauben nach DIN EN ISO 4014 (DIN 931) gilt

$$f_Z \approx 3{,}29\left(l_K/d\right)^{0{,}34} \cdot 10^{-3}\,\text{mm}\,. \qquad (8.2)$$

Detaillierte Angaben zu f_Z siehe VDI-Richtlinie 2230, Neufassung 2003.

Durch das Setzen der Verbindung um den Betrag f_Z verringert sich die Montagevorspannkraft F_M nochmals um den Betrag F_Z. Von $F_{M\,min}$ bleibt damit nur die Vorspannkraft $F_V = F_{M\,min} - F_Z$ übrig (Abb. 8.62). F_V muss mindestens gleich der erforderlichen Vorspannkraft $F_{V\,erf}$ sein. Der Setzbetrag bewirkt eine Verringerung der Schraubenlängung um $F_Z\delta_S$ und der Plattenzusammendrückung um $F_Z\delta_P$; es gilt also $f_Z = F_Z\delta_S + F_Z\delta_P$ und somit $F_Z = f_Z/(\delta_S + \delta_P)$. Um das Setzen nicht unnötig zu vergrößern, dürfen bei hochfesten, stark vorgespannten Schrauben keine Sicherungsbleche, Unterlegscheiben oder Federringe unter Schraubenkopf oder Mutter verwendet werden. Auch sollen die Auflageflächen unter Schraubenkopf und Mutter stets gut bearbeitet sein und rechtwinklig zur Schraubenachse stehen [73, 74].

8.6.7 Überlagerung von Vorspannkraft und Betriebslast

Zentrische Verspannung und Belastung. Greift an einer symmetrisch gestalteten und (zentrisch) vorgespannten Schraubenverbindung nach Abb. 8.58 eine axiale Zugkraft F_A zentrisch unter Kopf und Mutter der Durchsteckschraube an, dann wird die Schraube um einen Betrag f_{SA} zusätzlich verlängert und die Zusammendrückung der Platten um den gleichen Betrag f_{PA} vermindert; d. h. Schraube und Platte sind weggleich (parallel) bezüglich der Zugkraft F_A geschaltet, solange kein Klaffen der Schraubenverbindung in der Trennfuge auftritt. Es gilt für die *Schraubenzusatzkraft* $F_{SA} = c_S\, f_{SA}$ und für $F_A = (c_S + c_P)\, f_{SA}$; die *Klemmkraft* in den Platten wird um $F_{PA} = F_A - F_{SA} = c_P\, f_{SA}$ vermindert. Die Kräfte können zweckdienlich in das Verspannungsschaubild eingezeichnet werden, Abb. 8.63.

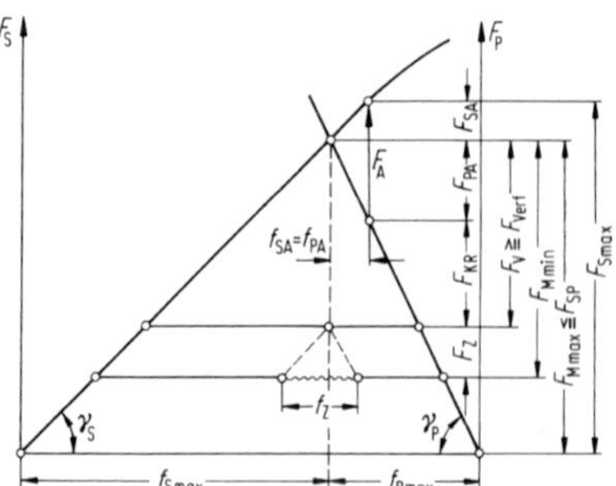

Abb. 8.63 Verspannungsschaubild zur Ermittlung der Schraubenzusatzkraft F_{SA}, der max. Schraubenkraft $F_{S\,max}$ und der Restklemmkraft F_{KR} mit $\tan\gamma_S = c_S$ und $\tan\gamma_P = c_P$

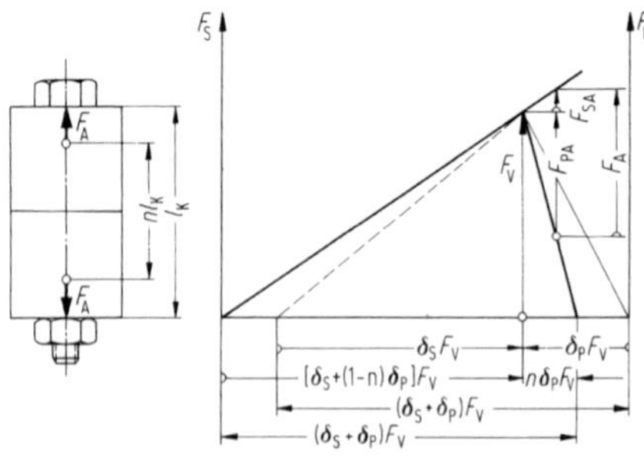

Abb. 8.64 Verspannungsschaubild für innerhalb der verspannten Teile eingeleitete Betriebskraft F_A (ohne Berücksichtigung von Setzen und Vorspannkraftstreuung)

Weiter gilt $F_{SA} = (c_S/(c_S + c_P))\ F_A \equiv \Phi_K F_A$ mit dem *Kraftverhältnis* Φ_K für Angriff der äußeren Kraft F_A direkt unter Kopf und Mutter. Mit $\delta_S = 1/c_S$ und $\delta_P = 1/c_P$ wird dann

$$\Phi_K = \frac{c_S}{c_S + c_P} = \frac{\delta_P}{\delta_S + \delta_P}\,. \tag{8.3}$$

Die *Restklemmkraft* in der Trennfuge F_{KR} nach Belastung und Setzen ist $F_{KR} = F_V - F_{PA} = F_V - (1 - \Phi_K)F_A$; sie muss mindestens gleich der erforderlichen Klemmkraft sein: $F_{KR} \geqq F_{K\,erf}$. Damit ergibt sich für die erforderliche Vorspannkraft $F_{V\,erf} = F_{K\,erf} + F_{PA} \leqq F_V$ und für die minimale Montage-Vorspannkraft $F_{M\,min} = F_{V\,erf} + F_Z$ mit dem Vorspannkraftverlust F_Z infolge Setzens. Mit dem Anziehfaktor α_A wird die maximale Montage-Vorspannkraft

$$\begin{aligned} F_{M\,max} &= \alpha_A F_{M\,min} \\ &= \alpha_A\left[F_{K\,erf} + (1 - \Phi_K)F_A + F_Z\right]. \end{aligned} \tag{8.4}$$

Wird nach dem Anziehvorgang eine 90 %ige Streckgrenzenausnutzung zugelassen, dann darf $F_{M\,max}$ höchstens F_{Sp} nach Tab. 8.24 bzw. VDI-Richtlinie 2230, Ausgabe 1986, erreichen. Damit nach Aufbringen der Betriebslast F_A die Streckgrenze dann nicht überschritten wird, darf F_{SA} nicht größer als etwa 13 % der maximalen Montage-Vorspannkraft $F_{M\,max}$ sein, was möglichst niedrige Werte des Kraftverhältnisses Φ_K erfordert.

Im Allgemeinen greift die äußere Axialkraft auch bei zentrischem Angriff nicht unmittelbar unter Kopf und Mutter an, sondern innerhalb der verspannten Teile. Nimmt man an, dass die Kraftangriffspunkte nicht die Entfernung l_K zwischen Kopf- und Mutterauflage haben, sondern nur die Entfernung nl_K (z. B. $n = 0{,}5$), dann werden nicht mehr alle Plattenbereiche durch die Axialkraft F_A entlastet – die Steifigkeitsverhältnisse der be- und entlasteten Bereiche der Schraubenverbindung ändern sich. Die Zusammenhänge sind in Abb. 8.64 dargestellt, wobei Setzen und Vorspannkraft-Streuungen nicht berücksichtigt wurden. Die Schraubenzusatzkraft F_{SA} berechnet man nun mit $F_{SA} = \Phi_n F_A$ mit dem Kraftverhältnis Φ_n für zentrische Einleitung der Axialkraft F_A in Ebenen im Abstand (nl_K):

$$\Phi_n = n\Phi_K = \frac{nc_S}{c_S + c_P} = \frac{n\delta_P}{\delta_S + \delta_P}\,. \tag{8.5}$$

Schwingende äußere Lasten. Bei schwingender äußerer Last werden sowohl die maximale Betriebskraft F_{Ao} und die minimale Betriebskraft F_{Au} unter Beachtung des Vorzeichens in das Verspannungsschaubild eingetragen (Abb. 8.65a) und hieraus die Schwingbelastung für die Schraube abgeleitet. Bei wechselnder Betriebslast ist $F_{Ao} = -F_{Au}$, sodass der Wechselkraftanteil F_{SAa} der Schraubenzusatzlast gleich F_{SAo} ist. Bei schwellender Betriebslast ist $F_{Ao} = F_A$ und $F_{Au} = 0$, womit der Wechselkraftanteil durch $F_{SAa} = \Phi_K F_A/2$ bzw. $F_{SAa} = \Phi_n F_A/2$ gegeben ist, Abb. 8.65b. In Abb. 8.65c ist eine zentrisch

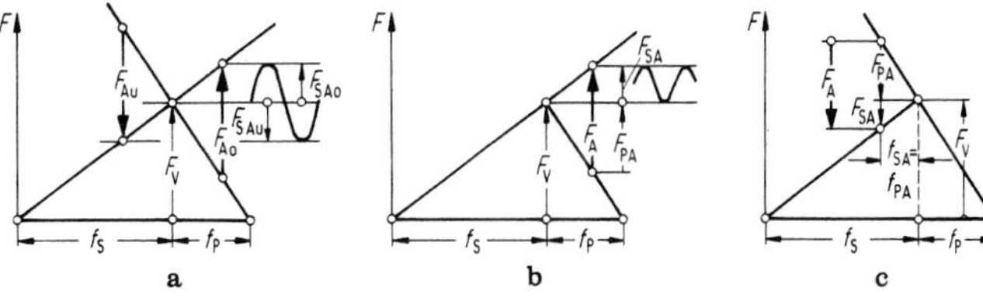

Abb. 8.65 Verspannungsschaubilder für äußere Betriebskräfte F_A. **a** als schwingende Zug-Druckkraft (F_{Au} negativ!); **b** als schwellende Zugkraft; **c** als statische Druckkraft

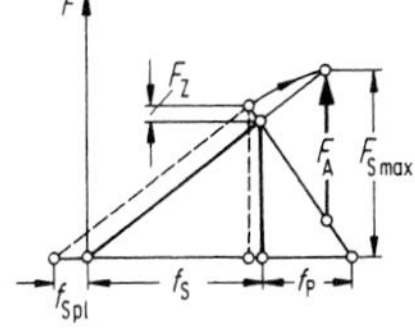

Abb. 8.66 Verspannungsschaubild bei Beanspruchung der Schraube bis in den plastischen Bereich (unter Einfluss der Betriebskraft F_A)

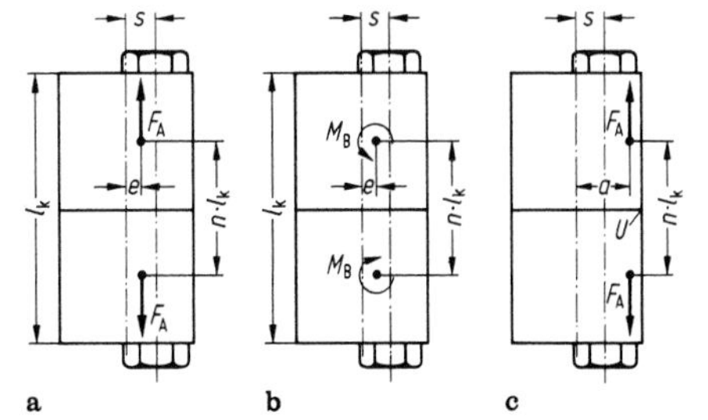

Abb. 8.67 Vorgespannte und belastete prismatische Schraubenverbindung. **a** mit Zugkraft F_A bei $e = \Phi_K s$; **b** mit reiner Biegemomentbelastung M_B; **c** mit Zugkraft F_A im Abstand a von der Schwerlinie des prismatischen Balkens mit Bohrung

angreifende statische Druckkraft F_A eingezeichnet.

Belastung bis in den plastischen Bereich. Wird eine Schraube durch eine zentrisch angreifende äußere Zugkraft F_A in den plastischen Bereich hinein beansprucht, dann folgt Änderung des (gestrichelt dargestellten) Vorspanndreiecks nach Abb. 8.66. Nach dem Entlasten, dem Entfernen der äußeren Kraft F_A, bleibt nur die um F_Z verminderte Vorspannkraft zurück; F_Z erhält man mit $F_Z = f_{Spl}/(\delta_S + \delta_P)$ mit f_{Spl} als plastischem Verformungsanteil unter der gesamten Schraubenkraft $F_{S\,max}$ nach Aufbringen von F_A. Analoge Betrachtungen sind bei Druckkräften und einem Setzen der verspannten Platten erforderlich.

Exzentrische Verspannung und Belastung. Der bisher behandelte Fall einer zentrisch verspannten und zentrisch belasteten Schraubenverbindung ist konstruktiv nur selten exakt zu verwirklichen. Wenn die Schraubenachse und die Resultierende der äußeren Kraft F_A nicht mit der Schwerlinie der verspannten Teile zusammenfallen, sondern nach Abb. 8.67 parallel zu dieser liegen, wird die Schraubenzusatzlast dadurch u. U. wesentlich beeinflusst; zusätzlich wird meist ein Biegemoment in der Trennfuge der Schraubenverbindung erzeugt, sodass die exzentrisch belastete Schraubenverbindung zum Abheben (Klaffen) in der Trennfuge neigt. Es ist anzustreben, das Klaffen der Schraubenverbindung durch geeignete Gestaltung zu verhindern; Gestaltungshinweise für Einschraubenverbindungen nach Abb. 8.68 (Zylinderverbindungen).

Zur Berechnung der Kräfte und Momente in exzentrisch belasteten Schraubenverbindungen sind in Tab. 8.16 die Ergebnisse verschiedener Modellrechnungen zusammengefasst; vorausgesetzt wird, dass kein Klaffen in der Trennfuge auftritt und dass die Krafteinleitung über die verspannten Teile im Abstand $(n l_K)/2$ von der Trennfuge der Schraubenverbindung erfolgt. Neben der Schrauben-(Zug-Druck-)Nachgiebigkeit $\delta_S = 1/c_S$ und der Platten-(Zug-Druck-)Nachgiebigkeit $\delta_P = 1/c_p$ nach Abb. 8.59 werden die Schrauben-Biegenachgiebigkeit β_S und eine Platten-Biegenachgiebigkeit β_p benötigt. Für prismatische Biegestäbe gilt $\beta = l_K/(E I_B)$ mit dem Elastizitätsmodul E, der Klemmlänge l_K und dem Trägheitsmoment des Biegekörpers I_B. Der Abstand e der Kraft F_A von der Schwerlinie der verspannten Teile nach Abb. 8.67a wurde mit $e = \Phi_K s$ sowie Φ_K nach Gl. (8.3) so festgelegt, dass die Schraubenzusatzlast F_{SA} gleich der Schraubenzusatzlast einer zentrisch verspannten und belasteten Schraubenverbindung und das Zusatzbiegemoment in der Schraube M_{Sb} gleich Null wird; eine vorhandene Plat-

Zylinderverbindungen

	Gestaltungsrichtlinien	ungünstig	günstig
1	Vorspannkräfte: Möglichst hoch vorspannen -höhere Festigkeitsklasse -genaues Anziehverfahren -kleine Reibungszahlen	niedrige Vorspannkräfte	hohe Vorspannkräfte (Anziehverfahren mit kleinem Anziehfakor α_A wählen)
2	Steifigkeitsverhältnis: Die Nachgiebigkeit der Schraube soll möglichst viel größer sein als die der Platte (evtl. Taillenschraube) $\delta_S \gg \delta_P$	dünner schmaler Zylinder (bei gegeb. Nenn-Φ)	Zylinderdurchmesser $G = d_w + h_{min}$
3	Exzentrizität der Schraube: Eine möglichst geringe Exzentrizität der Schraubenlage (vor allem bei zentrischer Last) vorsehen	große Exzentrizität s	minimale Exzentrizität s
4	Exzentrizität des Kraftangriffs: Minimale Exzentrizität bewirkt meist kleinere Schraubenzusatzbelastungen, wenn $a > s$	große Exzentrizität a	minimale Exzentrizität a
5	Höhe der Krafteinleitung: Den Kraftangriff möglichst weit nach unten zur Trennfuge legen	Kraftangriff im oberen Bereich	Kraftangriff in der Nähe der Trennfuge
	Grobe Richtwerte für n	$n \approx 0{,}7$	$n \approx 0{,}3$

Abb. 8.68 Richtlinien für die Gestaltung von Zylinderverbindungen nach [66, 74], ergänzt

tendruckkraft wird um die Plattenentlastung F_{PA} vermindert und in der Trennfuge ein vorhandenes Biegemoment um M_{Pb} verändert. Eine reine Biegemomentbelastung M_B nach Abb. 8.67b erzeugt eine Schraubenzusatzlast $F_{SA} = n\Phi_{mK}M_B/s$ mit dem Kraftverhältnis

$$\Phi_{mK} = \frac{\beta_S\beta_P s^2/(\beta_S + \beta_P)}{\delta_P + \delta_S + (\beta_S\beta_P s^2)/(\beta_S + \beta_P)} \approx \frac{\beta_P s^2}{\delta_P + \delta_S + (\beta_P s^2)} \tag{8.6}$$

da meist $\beta_P \ll \beta_S$. Für eine exzentrische Schraubenlast F_A nach Abb. 8.67c ergibt sich dann durch Überlagerung der Belastungen nach Abb. 8.67a,b mit $M_B = F_A(a - e)$ die Schraubenzusatzlast $F_{SA} = n\Phi_{eK}F_A$ mit

$$\Phi_{eK} \approx \delta_P + \frac{(\beta_P a\, s)}{\delta_P + \delta_S + (\beta_P s^2)}\,. \tag{8.7}$$

Die Schraubenvorspannkraft F_V (Zug) erzeugt in der Trennfuge der Schraubenverbindung eine gleich große Druckkraft F_P, auch ein Schraubenbiegemoment $M_{Sb} = -F_V s\beta_P/(\beta_S + \beta_P) \equiv -\Psi_K F_V s$ und in der Trennfuge ein Biegemoment $M_{Pb} = -F_V s\beta_S/(\beta_S + \beta_P) \approx -F_V s$.

Für prismatische Balken mit einer Ersatzfläche A_{ers} und einem Ersatzträgheitsmoment $I_{B\,ers}$ gilt $\beta_P/\delta_P = A_{ers}/I_{B\,ers}$. In der VDI-Richtlinie 2230, Ausgabe 1986, werden als Beispiele die Berechnung einer Pleuellagerdeckelverschraubung und die Berechnung einer Zylinderdeckelverschraubung behandelt [74]. Die neuen Berechnungsvorschläge in der Neufassung der VDI-Richtlinie 2230 vom Okt. 2003 sind in der Praxis zu erproben; wegen der sehr niedrigen Werte für n sollten in kritischen Fällen eigene FEM-Berechnungen erfolgen!

Abhebegrenze. Zur Bestimmung der Grenzbelastung $F_{A\,ab}$ bzw. $M_{B\,ab}$ bei der in der Trennfuge der Schraubenverbindung gerade noch kein Klaffen auftritt, wird die Druckspannung aus der minimalen Vorspannkraft F_V und den Betriebsbelastungen F_A und M_B in der Trennfuge berechnet. Für Nicht-Klaffen ist erforderlich, dass diese Druckspannung an keiner Trennfugenstelle, z. B. an der Stelle U in Abb. 8.67c bei positivem F_A, in den Zugbereich gelangt.

Stülpen von Flanschen. Bei Flanschverbindungen mit dünnen Flanschblättern können sich diese unter den äußeren Zugkräften wie Tellerfedern stülpen oder unter äußeren Momenten wie Hutränder krempeln. Konstruktive Gestaltungshinweise für Mehrschraubenverbindungen mit Flanschen s. Abb. 8.69. Bei elastischen Dichtungen zwischen den Flanschen ist deren Nachgiebigkeit zur Nachgiebigkeit der Flansche zu addieren.

Tab. 8.16 Schrauben- und Platten(zusatz)kräfte bzw. -(zusatz)momente infolge äußerer Belastung sowie Vorspannung

Kräfte und Momente in Schraube und Trennfuge	Belastung nach			Schraubenvorspannkraft F_V
	Abb. 8.67a Schraubenlast bei $e = \Phi_K s$	Abb. 8.67b reine Momentenbelastung	Abb. 8.67c exzentrische Last $(\beta_P \ll \beta_S)$	
F_{SA}	$n\Phi_K F_A$	$n\frac{\Phi_{mK}}{s} M_B$	$\approx n\Phi_{eK} F_A$	$F_V(= F_S)$
F_{PA}	$(1 - n\Phi_K)F_A$	$-n\frac{\Phi_{mK}}{s} M_B$	$\approx (1 - n\Phi_{eK})F_A$	$F_V(= F_P)$
M_{Sb}	0	$n\frac{\delta_P+\delta_S}{\beta_S s^2}(\Phi_{mK} M_B)$	$\frac{n\beta_P(a-e)}{\beta_S+\beta_P+\frac{\beta_S\beta_P s^2}{\delta_S+\delta_P}} F_A$	$-\Psi_K F_V s$
M_{Pb}	$(1 - n)F_A e$	$M_B - M_{Sb} - (F_S s)$	$\approx F_A a - F_S s$	$\approx -F_V s$
	mit Lasteinleitung in verspannte Teile im Abstand $n l_K/2$ von der Trennfuge: $\Phi_K = \delta_P/(\delta_P + \delta_S)$			mit $\Psi_K = \delta_P/(\delta_P + \delta_S)$

8.6.8 Auslegung und Dauerfestigkeitsberechnung von Schraubenverbindungen

Betriebsbelastungen. Zur Auslegung der Schraubenverbindung müssen die im Betrieb auftretenden äußeren Belastungen möglichst genau bekannt sein. Für den Entwurf ist es zweckmäßig zwischen selten auftretenden hohen Sonderlasten und häufig auftretenden Betriebslasten zu unterscheiden. Die seltenen, hohen Sonderlasten wird man im Sinne der Festigkeitsberechnung statisch bewerten, für die häufig auftretenden Betriebslasten wird man meist eine Dauerfestigkeitsbewertung zumindest in der Entwurfsphase anstreben. Ideal – aber nicht oft realisierbar – ist eine Schraubenverbindung, die die anschließenden Bauteilquerschnitte für die auftretenden Betriebs- und Sonderlasten vollwertig ersetzt.

Einschraubenverbindung. Aus den äußeren Belastungen einer Mehrschraubenverbindung sind im ersten Schritt die Belastungen der höchstbeanspruchten Einschraubenverbindung abzuleiten. Für diesen Schritt stehen vielfältige Rechnerprogramme zur Verfügung, z. B. [67]. In einfachen Fällen lassen sich die auf die Einschraubenverbindungen wirkenden Betriebs- und Sonderlasten auch ohne Rechnereinsatz ermitteln, was aber bei der Abschätzung der Lasteinleitungshöhe $n l_K$ erhebliche Erfahrung erfordert. Zur Auslegung der Einschraubenverbindung müssen danach die äußere Axialkraft F_A, die gegebenenfalls über die Trennfuge zu übertragenden Querkräfte F_x und F_y, sowie die Biegemomente M_x und M_y sowohl für die Sonderlasten als auch für Betriebslasten bekannt sein, Abb. 8.70. Weiterhin sind zur Festlegung einer Mindest-Restklemmkraft die erforderliche Dichtpresskraft und/oder zur Aufnahme von Fugenreibungskräften $F_Q = \sqrt{F_x^2 + F_y^2} = \mu F_N$ die erforderliche Normalkraft F_N anzugeben und das voraussichtlich angewandte Anziehverfahren mit dem Anziehfaktor α_A festzulegen.

Vordimensionierung. Die maximale Schraubenkraft $F_{S\,max}$ kann für eine erste überschlägige Rechnung zu $F_{S\,max} \approx \alpha_A(F_{K\,erf} + F_A)$ angenommen werden. Sie muss, wenn eine 90 %ige Streckgrenzenauslastung beim Anziehen als zulässig angesehen wird, kleiner als $F_{Sp}/0{,}9$ nach Tab. 8.24 oder einer Tabelle der VDI-Richtlinie 2230, Ausgabe 1986, sein. Für eine gewünschte Festigkeitsklasse kann damit der erforderliche Schraubendurchmesser d gefunden werden oder für einen im ersten Entwurf zunächst festgelegten Schraubendurchmesser die notwendige Festigkeitsklasse der Schraube. Anhand des gegebenenfalls bereits hier zu korrigierenden Konstruktionsentwurfs ist die Klemmlänge l_K festzulegen, deren Kenntnis für die Berechnung der Schraubennachgiebigkeit δ_S und der Plattennachgiebigkeit δ_P erforderlich ist. Falls die überschlägig mit $F_{S\,max} = F_{Sp}/0{,}9$ bei elastischem Anziehen oder $F_{S\,max} = 1{,}2\ F_{Sp}/0{,}9$ für streckgrenz- bzw. streckgrenzüberschreitendes Anziehen zu berechnende Flächenpressung p unter Kopf und Mutter eine Klemmlängenänderung wegen zusätzlich erforderlicher hochfester Unterlegscheiben notwendig macht, ist auch dies zu berück-

8

Mehrschraubenverbindungen			
	Gestaltungsrichtlinien	ungünstig	günstig
1	Vorspannkräfte: Möglichst hoch vorspannen -höhere Festigkeitsklasse -günstiges Anziehverfahren -kleine Reibungszahlen	niedrige Vorspannkräfte	hohe Vorspannkräfte (Anziehverfahren mit kleinem Anziehfaktor α_A wählen)
2	Schraubenanzahl z: Eine möglichst große Schraubenanzahl vorsehen, die durch die Schlüsselaußenmaße begrenzt wird	geringe Schraubenanzahl bzw. wenige große Schrauben	große Schraubenanzahl bei rotat. sym. Verb.: $z = \frac{d_l \cdot \pi}{d_w + h}$ (aufgerundet)
3	Flanschblatthöhe: Flanschblatt möglichst dick gestalten, Richtwert: Blatthöhe > Exzentrizität f		$h > f$
4	Exzentrizität f: minimieren, eventuell Innensechskantschraube wählen, jedoch Übergangsradius nach Festigkeit (z.B. Dauerfestigkeit) bemessen		$f \rightarrow$ minimal
5	Blattüberstand: Blattüberstand $ü$ mindestens gleich der Blatthöhe h oder größer setzen	$ü < h$	$ü \approx h$
6	Auflagefläche: Eine definierte Fläche in der Trennfuge durch einen Einstich schaffen. Tiefe des Einstichs h_e maximal 10% der Blatthöhe h		$l_1 \approx (d_w + h)/2$
7	Anschlußsteifigkeit: Möglichst große Anschlußsteifigkeiten erzeugen, ideal ist der volle Anschlußquerschnitt		

Abb. 8.69 Richtlinien für die Gestaltung von Mehrschraubenverbindungen nach [66, 74], ergänzt

sichtigen. Die Flächenpressung wird hierbei mit der Größe der Auflagefläche A_P nach der Formel $p = F_{S\,max}/A_P$ berechnet und darf nicht größer als die Grenzflächenpressung p_G nach Tab. 8.23 sein. Für exzentrisch verspannte und exzentrisch belastete Schraubenverbindungen ist nun zu prüfen, ob unter den ungünstigsten Belastungen Klaffen in der Trennfuge oder zumindest im Bereich des Birger-Kegels nach Abb. 8.58 verhindert werden kann und ob die erforderliche Mindestklemmkraft $F_{K\,erf}$ unter Berücksichtigung von Setzen und Exzentrizität gewährleistet ist. Es ist auf jeden Fall anzustreben, dass die häufig auftretenden Betriebslasten quer zur Schraubenachse reibschlüssig übertragen werden – zur Übertragung von selten auftretenden hohen Sonderlasten können eventuell zusätzliche Formschlusselemente (Stifte) eingesetzt werden [40].

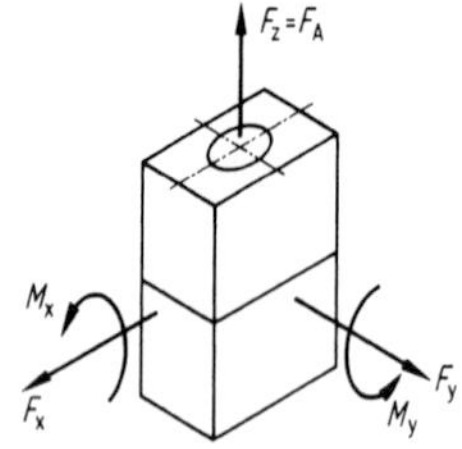

Abb. 8.70 Mögliche Belastungen einer Einschraubenverbindung. F_A Axialkraft; $F_Q = \sqrt{F_x^2 + F_y^2}$ Querkraft; M_x, M_y Biegemomente

Kraftverhältnisse. Die Zug-Druck-Nachgiebigkeiten δ_S und δ_P sind nach Abb. 8.60 und Abb. 8.61 zu bestimmen; die Biegenachgiebigkeiten β_S und β_P werden durch Aufsummieren der maßgebenden Teilnachgiebigkeiten $\beta_i = l_i/(E I_{Bi})$ mit den Teillängen l_i, dem Elastizitätsmodul E und den Flächenträgheitsmomenten I_{Bi} abgeschätzt. Für eine Schraube nach Abb. 8.60 gilt analog zur Ermittlung von δ_S sinngemäß: $\beta_S \approx \beta_k + \beta_1 + \beta_2 + \beta_f + \beta_G + 8\delta_M/d^2$ mit den Flächenträgheitsmomenten $I_{Bi} = \pi d_i^4/64$ und der Nachgiebigkeit für die Mutterverschiebung δ_M. Die Biegenachgiebigkeit des Ersatzbiegebalkens ist wesentlich ungenauer zu berechnen. In erster Näherung gilt $\beta_P = \delta_P A_{ers}/I_{ers}$ mit A_{ers} nach Abb. 8.61 und $I_{ers} = b h_B^3/12$ mit geschätzten Werten für die Breite b und die Höhe h_b eines Rechteck-Biegebalkens; für b und h_B dürfen höchstens Werte gewählt werden, die den Durchmesser des Birger-Kegels (Abb. 8.58) in der Trennfugenebene nicht überschreiten.

Schraubenbelastungen. Für die Einschraubenverbindungen nach Abb. 8.67 werden die Schraubenkräfte F_S und Schrauben-Biegemomente M_{Sb} mit Tab. 8.16 bestimmt. Richtwerte für den Faktor n s. Abb. 8.68. Im Zweifelsfall ist jeweils der ungünstigere Wert von n zu wählen. Die Formeln setzen planparallele Auflageflächen für Schraubenkopf und Mutter voraus. Die maximale Montage-Vorspannkraft wird mit Gl. (8.4) mit $\Phi_K \rightarrow n\Phi_{eK}$ festgelegt, das Gewindereibungsmoment beim Anziehen nach Abschn. 8.6.6.

Maximale Schraubenspannung. Unter der maximalen Montage-Vorspannkraft wird eine Vollschaftschraube im Bolzengewinde durch die Nenn-Zugspannung $\sigma_{zM} = F_{M\,max}/A_S$ und eine Nenn-Torsionsspannung $\tau_{tM} = M_G/W_p$ (mit dem polaren Widerstandsmoment W_p des Spannungsquerschnitts A_S) belastet; das durch $F_{M\,max}$ in einer exzentrisch verspannten Schraubenverbindung erzeugte Biegemoment M_{Sb} darf meist unberücksichtigt bleiben. Zusätzlich wirkt die aus den axialen Betriebskräften und -momenten resultierende Zusatzkraft F_{SAo} und deshalb z. B. bei exzentrischer Betriebskraft F_{Ao} die zusätzliche Zugspannung $\sigma_{SAo} = n\Phi_{eK}F_{Ao}/A_S$. Die Überlagerung dieser Spannungen nach der Mises-Hypothese ergibt die Vergleichsspannung $\sigma_{z\,red}$, die nach VDI-Richtlinie 2230, Ausgabe 1986, bei elastischem Anziehen bis dicht an $R_{p\,0,2}$ heranreichen, bei streckgrenz- bzw. streckgrenzüberschreitendem Anziehen $R_{p\,0,2}$ sogar rechnerisch beschränkt überschreiten darf. Diese überschlägige Betrachtungsweise setzt voraus, dass das Material auch im gekerbten Zustand ausreichend fließfähig bleibt, dass das Gewinde nicht abgestreift wird und dass die bei Betriebslast auftretenden Setzerscheinungen bei der Bestimmung der Restklemmkraft jeweils beachtet werden. Bei großen Schrauben reicht diese einfache Berechnungsmethode zur Beurteilung des Bauteilversagens nicht mehr aus [68, 69]. Für Dehnschaft- und Taillenschrauben ist statt des Spannungsquerschnitts A_S der engste Querschnitt A_T zu berücksichtigen, analoges gilt für die Widerstandsmomente W_p.

Flächenpressung unter Kopf und Mutter. Die Einhaltung der zulässigen Flächenpressung p in der Kopf- und Mutterauflage ist für eine maximale rechnerische Schraubenkraft $F_{S\,max} = f_a(F_{M\,max} + \Phi F_{Ao})$ nachzuprüfen, mit $f_a = 1$ für elastisches Anziehen und $f_a = 1{,}2$ für streckgrenz- bzw. streckgrenzüberschreitendes Anziehen sowie dem ungünstigsten Kraftverhältnis Φ. Zulässige Flächenpressungen nach Tab. 8.23.

Flächenpressung im Gewinde. Für Schrauben-Mutter-Kombinationen mit festgelegten Prüfkräften nach DIN EN 20 898-2 ist die Flächenpressung im Gewinde bei zügiger Belastung nicht nachzurechnen. Bei Bewegungsschrauben bestimmt die Flächenpressung p im Gewinde die erforderliche Mutterhöhe. Die tragende Fläche eines Gewindegangs ergibt sich aus den Abmessungen nach Abb. 8.54 und Abb. 8.55. Mutterhöhen mit $h > 1{,}5d$ werden nicht ausgenutzt und sind nicht mehr zu berücksichtigen; als zulässige Flächenpressung kann dann unter der Annahme einer gleichmäßigen Pressungsverteilung für Bewegungsschrauben mit Bronzemuttern angenommen werden: $p_{zul} = 7{,}5\,N/mm^2$ bei unlegierten Maschinenbaustählen, $p_{zul} = 15\,N/mm^2$ bei hochfestem Stahl.

Abstreiffestigkeit von Schrauben- und Muttergewinde. Die Tragfähigkeit der Gewindeverbindung bei zügiger Belastung wird durch die Schubfestigkeit $\tau_B \approx 0{,}6R_m$ von Schraube oder Mutter und durch die zugeordneten effektiven Scherflächen A_{SG}, die wiederum von der Mutteraufweitung, der plastischen Gewindeverbiegung und den Fertigungstoleranzen abhängen, bestimmt. Für Muttern mit einem Verhältnis von Schlüsselweite/Nenndurchmesser = 1,5 ist beispielsweise für Mutteraufweitung und plastische Gewindeverformung zusätzlich eine Reduktion der geometrischen Scherfläche um 25 % anzunehmen; der Einfluss der Reibung beim Anziehen der Schraubenverbindung kann durch einen Abschlag von 10 bis 15 % berücksichtigt werden [74], Ausgabe 1986.

Dauerschwingbeanspruchung. Der maßgebende Spannungsausschlag σ_{Sa} bei Dauerschwingbeanspruchung mit 10^6 oder mehr Lastspielen wird aus der Nennspannungsamplitude $\sigma_{za} = n\Phi_{eK}(F_{Ao} - F_{Au})/(2A_3)$ und der zugehörigen Biegenennspannungsamplitude $\sigma_{ba} = [(M_{Sb})_o - (M_{Sb})_u]/(2W_3)$ ermittelt – Abb. 8.64 und Tab. 8.16, Kernquerschnitt A_3 und zugehöriges Biegewiderstandsmoment $W_3 = \pi d_3^3/32$. *Spannungsausschlag* σ_{Sa} muss kleiner als der zulässige Wert $\sigma_{A\,zul}$ bleiben, der mit der *erforderlichen* Sicherheitszahl S_D nach $\sigma_{A\,zul} = \sigma_A/S_D$ und Tab. 8.17 für Schrauben der Festigkeitsklassen 8.8, 10.9 und 12.9 nach VDI-

Richtlinie 2230 abgeschätzt werden kann. Der Faktor 0,75 in der Formel für σ_{ASV} berücksichtigt, dass die Streuung der Dauerhaltbarkeit um den Versuchsmittelwert 25 % betragen kann [74, Ausgabe 1986; leicht modifizierte Vorschläge siehe Neufassung].

Die Dauerhaltbarkeit σ_A ist wegen der scharfen Kerben des Spitzgewindes und der Krafteinleitung über eine Druckmutter, z. B. nach Abb. 8.58, sehr niedrig im Vergleich zur Dauerhaltbarkeit eines glatten Stabes aus gleichem Werkstoff. Die Lasteinleitung über eine Druckmutter ist deshalb sehr ungünstig, weil durch die Formänderung des belasteten Gewindes die Zugkraft im Bolzen nicht gleichmäßig über alle Gewindegänge verteilt wird und durch die Kraftfluss-Umlenkung aus der Zugkraft im Bolzen eine Druckkraft in der Mutter wird. Man kann annehmen, dass bei einer üblichen Druckmutter im ersten Gang bereits bis zu 40 % der Zugkraft F_S übertragen werden, wenn keine Lastumverteilung durch Fließvorgänge (Setzen) beim Anziehen der Schraube erfolgt.

Schraubenverbindungen mit schlussvergüteten Schrauben bis $d = 40$ mm erweisen sich wegen solcher plastischer Lastumverteilungsvorgänge als relativ mittelspannungsunempfindlich, Abb. 8.71. Die erhöhte Dauerhaltbarkeit schlussgewalzter Schrauben geht dagegen mit wachsender Vorspannung zurück.

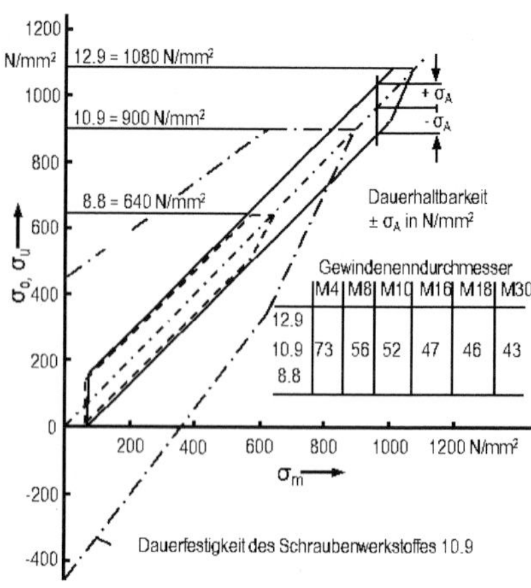

Abb. 8.71 Dauerhaltbarkeitsgrenzen für schlussvergütete Schrauben mit geschnittenem Gewinde und Druckmutter (Schraubengewinde werden heute vorzugsweise gerollt; Dauerhaltbarkeitswerte deshalb auf sicherer Seite)

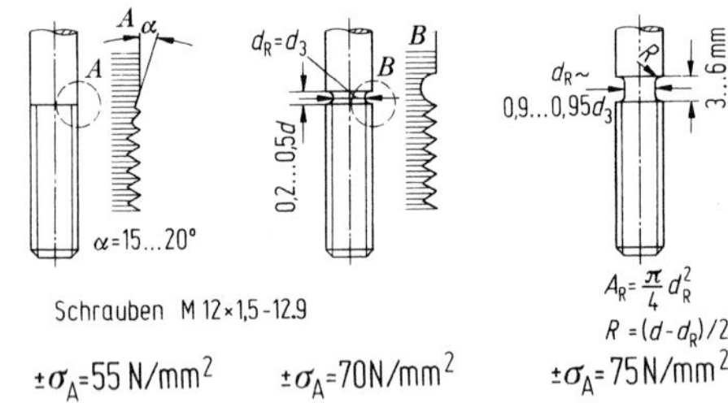

Abb. 8.72 Einfluss der Gestaltung von Gewindeausläufen auf den ertragenen Wechselspannungsausschlag σ_A am Übergang vom Gewinde zum Schaft [63]

Gewindeauslauf und Kopf-Schaft-Übergang. Wird durch Vergüten und Rollen die Dauerfestigkeit des Bolzengewindes erheblich gesteigert, so müssen auch Kerbstellen an anderen Stellen der Schrauben, wie z. B. der Gewindeauslauf nach DIN 76-1, auf Dauerhaltbarkeit nachgerechnet und wenn nötig konstruktiv verbessert werden. In Abb. 8.72 ist der im Mittel ertragbare Spannungsausschlag in verschiedenen Übergängen zwischen Gewinde und Schaft aufgeführt [63]. Der Übergangsradius für den Kopf-Schaft-Übergang ist in den Normen für Schrauben festgelegt. Die Ausführung als tolerierter Übergangsradius reicht für Normschrauben mit relativ niedrigen Köpfen auch meist noch aus, wenn durch Kaltverfestigung das Gewinde auf höchste Dauerhaltbarkeitswerte gebracht wird. Durch Erhöhung der Übergangsradien auf 0,08 d können besonders dauerhafte Schrauben, allerdings mit geringer Vergrößerung des Kopfaußendurchmessers, konstruiert werden.

Große Schrauben [66–68]. Der Erhöhung der Dauerfestigkeit durch Rollen sind abmessungsseitig Grenzen gesetzt. Für große Schrauben werden deshalb bei hohen dynamischen Belastungsanteilen weitere Maßnahmen zur Steigerung der Dauerhaltbarkeit angewendet. In Abb. 8.73 werden die ersten Gewindegänge an der Mutter durch eine Verlagerung der Kraftflussumlenkung und am Sacklochgewinde durch den kegeligen Übergangsradius zum Schaft mit übergreifendem Gewinde entlastet. Die Dehnschraube ist biegeweich und wird mit einer Ansatzkuppe im

Tab. 8.17 Dauerhaltbarkeit des Gewindes von Schrauben der Festigkeitsklassen 8.8, 10.9 und 12.9 (Anhaltswerte) mit Gewinde-Nenndurchmesser d bis 40 mm und Druckmuttern, Schraubenkraft an der 0,2%-Dehngrenze $F_{0,2}$, Vorspannkraft F_V (nach VDI-Richtlinie 2230, Ausgabe 1986)

Dauerhaltbarkeit	Gewinde schlussvergütet (SV)	Gewinde schlussgewalzt (SG)
$\pm\sigma_A$ in N/mm^2	$\sigma_{ASV} \approx 0{,}75\left(\frac{180}{d} + 52\right)$, d in mm	$\sigma_{ASG} \approx \left(2 - \frac{F_V}{F_{0,2}}\right)\sigma_{ASV}$
Vorspannkraftabhängig	nein	ja
Gültigkeitsbereich	$0{,}2\,F_{0,2} < F_V < 0{,}8\,F_{0,2}$	$0{,}2\,F_{0,2} < F_V < 0{,}8\,F_{0,2}$

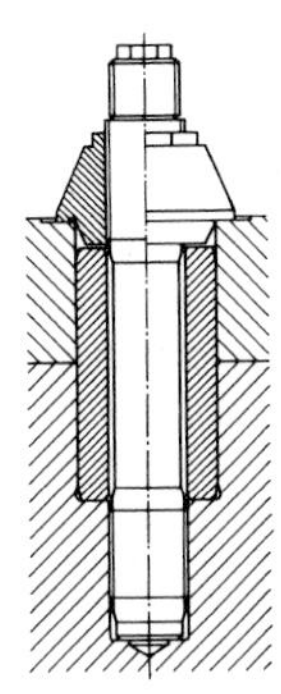

Abb. 8.73 Konstruktive Maßnahmen zur Steigerung der Dauerfestigkeit großer Schrauben

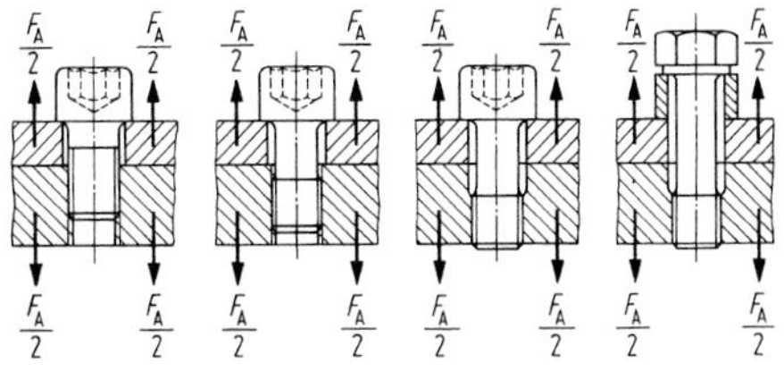

Abb. 8.74 Konstruktive Maßnahmen mit steigender Dauerhaltbarkeit und steigender Losdrehsicherheit der Schraubenverbindung

Sacklochgrund verspannt. Die relativ biegeweiche Dehnschraube wird hydraulisch vorgespannt und durch eine Scherbüchse von hohen seltenen Querkräften entlastet, während die häufig auftretenden Betriebs-Querkräfte durch Reibschluss übertragen werden. Die Vorspannkräfte beim Anziehen sind unter Beachtung bruchmechanischer Berechnungen festzulegen [68].

Schraubenverbindungen mit Sonderanforderungen. Sie werden bezüglich höherer oder tieferer Temperaturen und/oder Korrosion z. B. in [63, 71, 73] behandelt.

8.6.9 Sicherung von Schraubenverbindungen

Eine konstruktiv richtig ausgelegte Schraubenverbindung, die zuverlässig vorgespannt ist, braucht i. Allg. keine zusätzliche Schraubensicherung, insbesondere bei hochfesten Schraubenwerkstoffen, genügender Schraubennachgiebigkeit δ_S, genügender Klemmlänge ($l_K \geqq 5d$) und einem Minimum von Trennfugen. Maßnahmen zur Vergrößerung der Klemmlänge oder zur Erhöhung der Nachgiebigkeit δ_S (Abb. 8.74) haben nicht nur den Vorteil, dass sie die Schraubenzusatzlast F_{SA} herabsetzen, sondern auch den Vorteil erhöhter Sicherheit gegen Losdrehen.

Durch *Lockern* infolge *Setzens* bzw. *Kriechens* der Verbindungselemente oder durch selbsttätiges *Losdrehen* als Folge von Relativbewegungen zwischen den Kontaktflächen kann in manchen Fällen die erforderliche Vorspannkraft jedoch unterschritten werden, sodass bereits bei der konstruktiven Auslegung geeignete Sicherungselemente vorzusehen sind. Kriechen kann z. B. beim Verspannen von niederfesten Kupfer- oder lackierten Stahl-Blechen selbst bei Raumtemperatur beobachtet werden, während Relativbewegungen zwischen den Kontaktflächen vor allem bei dünnen verspannten Teilen und Belastungen senkrecht zur Achsrichtung der Schraube bei unzureichender Vorspannkraft auftreten. Man unterscheidet zwischen *„Setzsicherungen"* zur Kompensierung der Kriech- und Setzbeträge und *„Losdrehsicherungen"*, die in der Lage sind, das bei Relativbewegung entstehende „innere" Losdrehmoment zu blockieren oder zu verhindern; *„Verliersicherungen"* können ein teilweises Losdrehen nicht verhindern, wohl aber ein vollständiges Auseinanderfallen der Schraubenverbindung.

Tab. 8.18 gibt einen Überblick über die Funktion und Wirksamkeit verschiedener Sicherungselemente [63, 71, 73, 74], s. auch DIN 25 201 für Schienenfahrzeuge.

Tab. 8.18 Einteilung der Sicherungselemente nach Funktion und Wirksamkeit nach [63, 71, 73, 74]

Gruppeneinteilung nach Funktion	Beispiel	Wirksamkeit
mitverspannte federnde Elemente	Tellerfedern Spannscheiben DIN 6796, 6908, 6900	Setzsicherung für axialbeanspruchte kurze Schrauben der unteren Festigkeitsklassen ($\leqq$ 6.8)
formschlüssige Elemente	Kronenmutter DIN 935 Schraube mit Splintloch DIN 962 Drahtsicherung Scheibe mit Außennase DIN 432	Verliersicherung für querbeanspruchte Schraubenverbindungen der unteren Festigkeitsklassen ($\leqq$ 6.8)
klemmende Elemente	Ganzmetallmuttern mit Klemmteil Gewindefurchende Schrauben Muttern mit Kunststoffeinsatz[a] Schrauben mit Kunststoffbeschichtung in Gewinde[a]	Verliersicherung
sperrende Elemente	Sperrzahnschraube Sperrzahnmutter	Losdrehsicherung: Ausnahme gehärtete Oberfläche (HRC > 40)
klebende Elemente	mikroverkapselte Schrauben[a] Flüssigklebstoff[a]	Losdrehsicherung

[a] Temperaturabhängigkeit beachten.

Mitverspannte federnde Elemente vermögen in der Regel Losdrehvorgänge infolge wechselnder Querverschiebung nicht zu verhindern. Für axialbeanspruchte sehr kurze Schrauben der unteren Festigkeitsklassen ($\leqq$ 6.8) kann die Verwendung als Setzsicherung empfohlen werden. Die Federwirkung muss jedoch auch unter voller Vorspannkraft und höchster Betriebskraft vorhanden sein. Zu beachten ist die Gefahr von Spaltkorrosion in entsprechender Atmosphäre [62, 73, 74].

Formschlüssige Elemente können ein begrenztes Losdrehmoment aufnehmen und sollten daher auch nur bei Schrauben im unteren Festigkeitsbereich ($\leqq$ 6.8) eingesetzt werden. Da sie in der Regel nur eine geringe Restvorspannkraft aufrechterhalten, sichern sie die Verbindung insbesondere nach Setzen gegen Verlieren, Abb. 8.75. Für Nutmuttern nach DIN 1804 werden i. Allg. und insbesondere im Werkzeugmaschinenbau Sicherungsbleche mit Innennase nach DIN 462 verwendet, Abb. 8.75d.

Klemmende Elemente in „selbstsichernden" Muttern nach DIN EN ISO 7040, 7042, 10 511 z. B. Abb. 8.76a bieten einen hohen Reibschluss und können zumindest als Verliersicherungen angesehen werden. Kontermutter (mit einer niedrigeren Mutter als untere Mutter) nach Abb. 8.76b schützen nicht zuverlässig gegen Losdrehen.

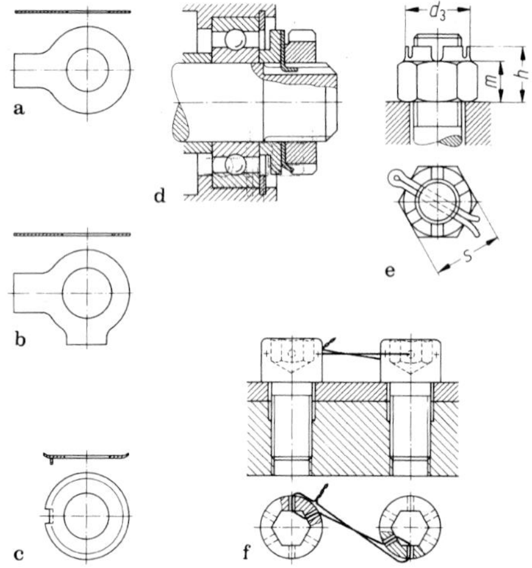

Abb. 8.75 Formschlüssige Schraubensicherungen. **a** Sicherungsblech mit Lappen DIN 93; **b** Sicherungsblech mit zwei Lappen DIN 463; **c** Sicherungsblech mit Außennase DIN 432; **d** Sicherungsblech mit Innennase DIN 462 für Nutmutter DIN 1804; **e** Kronenmutter DIN 935 mit Splint DIN 94; **f** Drahtsicherung

Sperrende Elemente (Rippen oder Zähne) in der Auflagefläche von Schraube oder Mutter nach Abb. 8.76c und Abb. 8.76d vermögen in den meisten Anwendungsfällen das innere Losdreh-

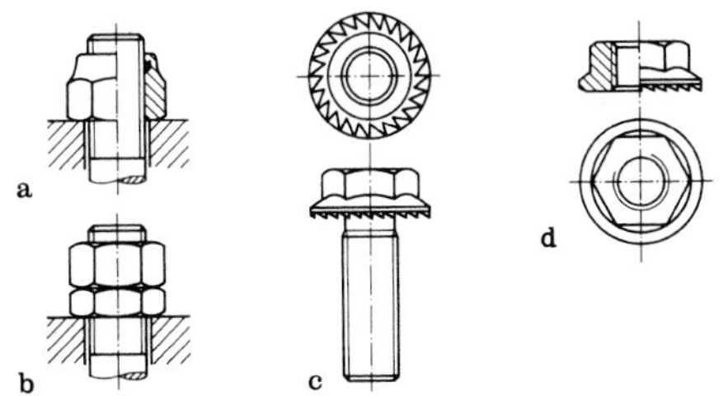

Abb. 8.76 Reibschlüssige und sperrende Schraubensicherungen. **a** Selbstsichernde Mutter; **b** Kontermutter; **c** Sperrzahnschraube; **d** Sperrzahnmutter

moment zu blockieren und somit die Vorspannkraft in voller Höhe zu erhalten, da sie sich in nicht gehärtete Oberflächen eingraben; allerdings ist die Kerbwirkung der Oberflächenverformung zu beachten [65].

Klebende Elemente bewirken einen Stoffschluss im Gewinde und verhindern damit Relativbewegungen zwischen Bolzen- und Muttergewindeflanschen, sodass die inneren Losdrehmomente nicht wirksam werden [73]. Klebende Sicherungselemente sind insbesondere bei gehärteten Oberflächen geeignet, wo sperrende Elemente nicht mehr anwendbar sind. Zu beachten ist die zum Teil stark störende Gewindereibung beim Anziehen sowie die Anwendungsgrenze von etwa 90 °C. Im Großmaschinenbau werden Schrauben und Muttern oft durch Kehl-Schweißnähte an einer oder zwei Sechskantflächen gegen Losdrehen gesichert.

8

Anhang

Tab. 8.19 Grundsymbole zur Darstellung von Schweißnähten nach DIN EN ISO 2553-2014-04. Diese Norm enthält weitere Vorgaben zur symbolischen Schweißnahtdarstellung in Zeichnungen

Nr.	Kennzeichnung	Darstellung der Naht (die Strichlinien geben die Nahtvorbereitung vor dem Schweißen an)	Symbol[a]
1	I-Naht[b]	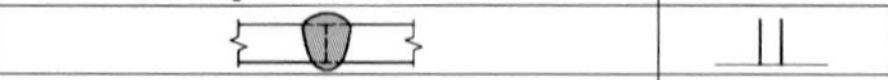	
2	V-Naht[b]	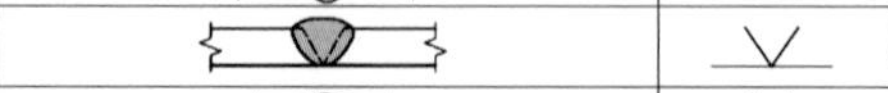	
3	Y-Naht[b]	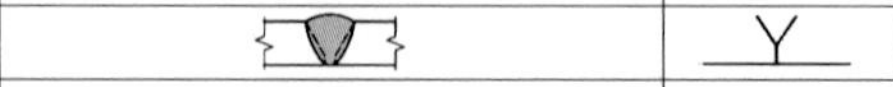	
4	HV-Naht[b]	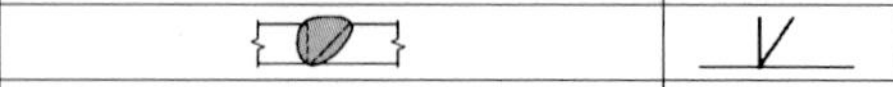	
5	HY-Naht[b]	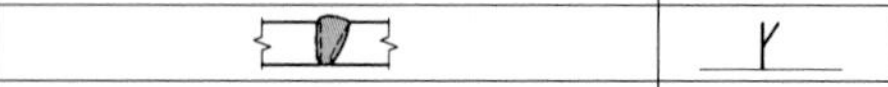	
6	U-Naht[b]	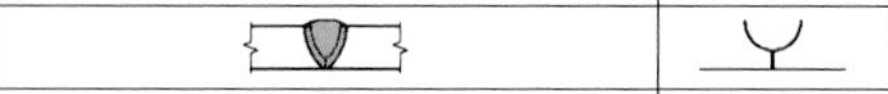	
7	HU-Naht[b]; J(ot)-Naht[b]	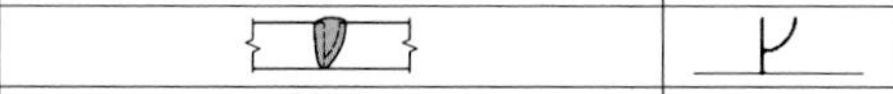	
8	aufgeweitete Y-Naht[b]	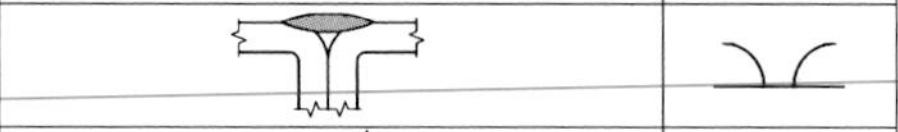	
9	aufgeweitete HY -Naht[b]	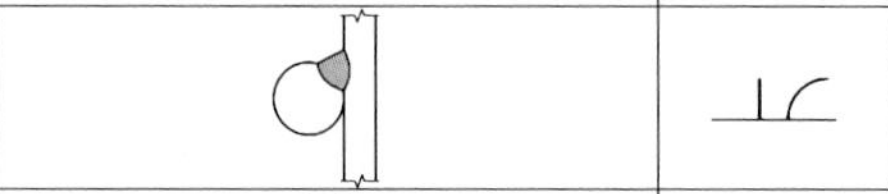	
10	Kehlnaht	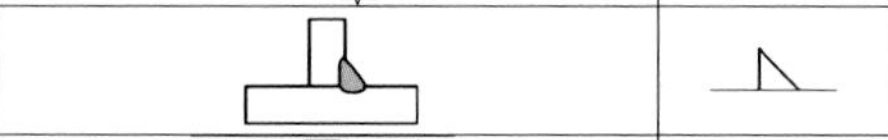	
11	Lochnaht (in Schlitzen oder Rundlöchern)	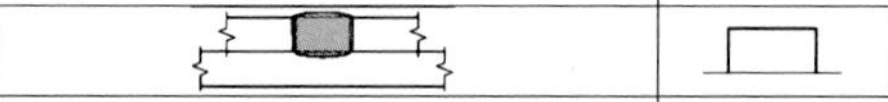	
12	widerstandsgeschweißte Punktnaht (einschließlich Buckelnaht in System A)	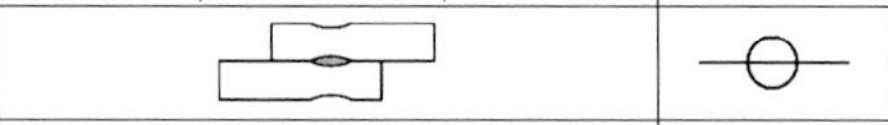	
13	schmelzgeschweißte Punktnaht (und Buckelnaht in System B)	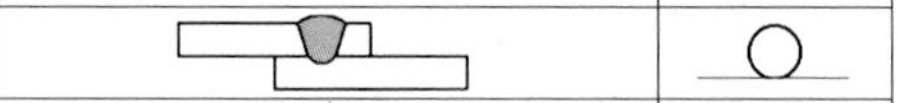	
14	Widerstandsrollenschweißnaht	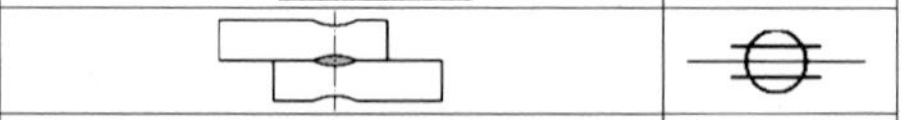	
15	schmelzgeschweißte Liniennaht	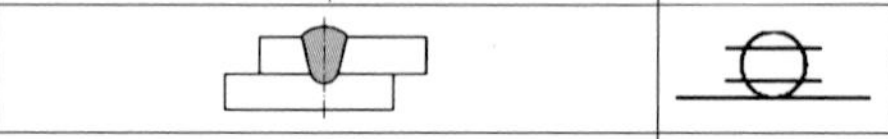	
16	Bolzenschweißverbindung	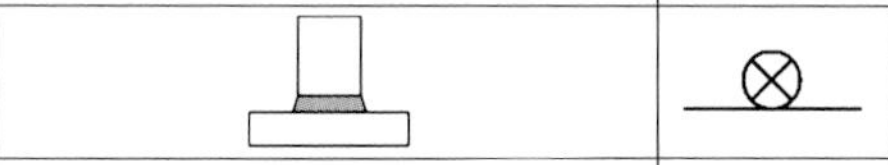	
17	Steilflankennaht; Steilflanken-V-Naht[b]	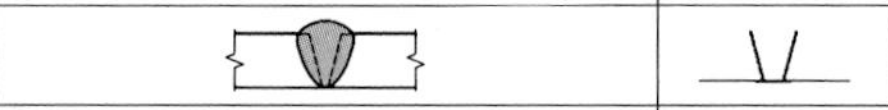	
18	Halbsteilflankennaht; Halbsteilflanken-V-Naht[b]	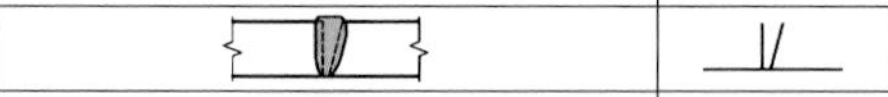	
19	Stirnnaht[c]		
20	Bördelnaht	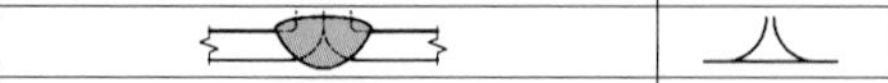	
21	Auftragschweißung		
22	Stichnaht	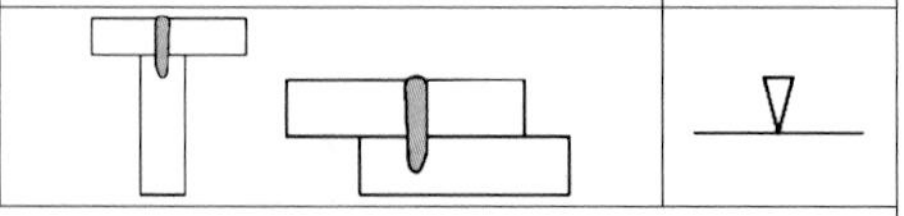	

[a] Die graue Linie ist nicht Teil des Symbols. Sie zeigt die Position der Bezugslinie an.
[b] Stumpfnähte sind durchgeschweißt, soweit nichts anderes durch die Maße am Schweißsymbol oder durch Verweisung auf andere Stellen angegeben ist, z.B. die WPS.
[c] Darf auch für Stöße verwendet werden, bei denen mehr als 2 Fügeteile zu verbinden sind.

Tab. 8.20 Normen, Vorschriften und Richtlinien für die Festigkeitsberechnung geschweißter Bauteile

Anwendungsgebiet	Allgemeine Grundsätze	Schweißnahtberechnung
Geschweißte Konstruktionen aus Stahl und Aluminiumlegierungen	IIW-Recommendations for fatigue design of welded joints and components. IIW document XIII-2151-07/XV-1254-07. Welding Research Council New York, WRC-Bulletin 520, 2009	
1. Maschinenbau	FKM-Richtlinie: Rechnerischer Festigkeitsnachweis für Maschinenbauteile. 6. Aufl. VDMA-Verlag, Frankfurt/Main, 2012	
2. Stahlbau	DIN EN 1993, Eurocode 3: Bemessung und Konstruktion von Stahlbauten Teil 1: Allgemeine Regeln Teil 2: Stahlbrücken Teil 3: Türme, Maste und Schornsteine Teil 4: Silos Teil 5: Pfähle und Spundwände Teil 6: Kranbahnen	DIN EN 1993-1-8: 2010-12, Eurocode 3: Bemessung und Konstruktion von Stahlbauten – Teil 1-8: Bemessung von Anschlüssen; DIN EN 1993-1-9: 2010-12, Eurocode 3: Bemessung und Konstruktion von Stahlbauten – Teil 1-9: Ermüdung
3. Aluminiumbau	DIN EN 1999, Eurocode 9: Bemessung und Konstruktion von Aluminiumtragwerken	DIN EN 1999-1-1:2010-05, Eurocode 9: Bemessung und Konstruktion von Aluminiumtragwerken – Teil 1-1: Allgemeine Bemessungsregeln; DIN EN 1999-1-3:2011-11, Eurocode 9: Bemessung und Konstruktion von Aluminiumtragwerken – Teil 1-3: Ermüdungsbeanspruchte Tragwerke
4. Eisenbahnbrückenbau	RIL 804 Vorschriften für Eisenbahnbrücken und sonstige Ingenieurbauten (VEI), Deutsche Bahn Berlin, FB 101 Einwirkungen auf Brücken, FB 103 Stahlbrücken	
5. Kranbau	DIN EN 13001: Krane – Konstruktion allgemein; DIN EN 1993, Eurocode 3: Bemessung und Konstruktion von Stahlbauten	DIN EN 13001-3-1:2012-09: Krane – Konstruktion allgemein – Teil 3-1: Grenzzustände und Sicherheitsnachweis von Stahltragwerken
6. Schienenfahrzeugbau	DIN EN 12663:2010-07, Bahnanwendungen – Festigkeitsanforderungen an Wagenkästen von Schienenfahrzeugen. Teil 1: Lokomotiven und Personenfahrzeuge, Teil 2: Güterwagen; DIN EN 13749:2011-06, Bahnanwendungen – Radsätze und Drehgestelle – Festlegungsverfahren für Festigkeitsanforderungen an Drehgestellrahmen; DIN EN 15827:2011-06, Bahnanwendungen – Anforderungen für Drehgestelle und Fahrwerke.	DVS-Richtlinie 1612: Gestaltung und Dauerfestigkeitsbewertung von Schienenfahrzeugbau. DVS Media GmbH Düsseldorf, April 2009 DVS-Richtlinie 1608: Gestaltung und Festigkeitsbewertung von Schweißverbindungen an Aluminiumlegierungen im Schienenfahrzeugbau. DVS Media GmbH Düsseldorf, September 2011
7. Schiffbau	Vorschriften und Richtlinien des Germanischen Lloyds Hamburg. I. Schiffstechnik, Teil 1: Seeschiffe, Kap. 1: Schiffskörper (Abs. 19: Schweißverbindungen, Abs. 20: Ermüdungsfestigkeit), 2012; II. Werkstoffe und Schweißtechnik 1999 bis 2011,	
8. Fördertechnik	DIN 4118:1981-06, Fördergerüste und Fördertürme für den Bergbau; Lastannahmen, Berechnungs- und Konstruktionsgrundlagen; DIN EN 1993, Eurocode 3: Bemessung und Konstruktion von Stahlbauten	

8

Tab. 8.20 (Fortsetzung)

Anwendungsgebiet	Allgemeine Grundsätze	Schweißnahtberechnung
9. Windenergieanlagen	DIN EN 61400:2011-08, Windenergieanlagen	DIN EN 1993-1-8: 2010-12, Eurocode 3: Bemessung und Konstruktion von Stahlbauten – Teil 1-8: Bemessung von Anschlüssen; DIN EN 1993-1-9: 2010-12, Eurocode 3: Bemessung und Konstruktion von Stahlbauten – Teil 1-9: Ermüdung
10. Gerüste	DIN 4420-1:2004-03, Arbeits- und Schutzgerüste – Teil 1: Schutzgerüste – Leistungsanforderungen, Entwurf, Konstruktion und Bemessung; DIN EN 1993, Eurocode 3: Bemessung und Konstruktion von Stahlbauten	
11. Druckbehälterbau	DIN EN 13445:2012-12: Unbefeuerte Druckbehälter, Teil 1: Allgemeines, Teil 2: Werkstoffe, Teil 3: Konstruktion, Teil 4: Herstellung, Teil 5: Inspektion und Prüfung	DIN EN 13445-3:2012-12, Unbefeuerte Druckbehälter – Teil 3: Konstruktion
12. Rohrleitungsbau	DIN EN 13480:2012-11: Metallische industrielle Rohrleitungen – Teil 1: Allgemeines, Teil 2: Werkstoffe, Teil 3: Konstruktion und Berechnung, Teil 4: Fertigung und Verlegung, Teil 5: Prüfung, Teil 6: Zusätzliche Anforderungen an erdgedeckte Rohrleitungen, Teil 8: Zusatzanforderungen an Rohrleitungen aus Aluminium und Aluminiumlegierungen	DIN EN 13480-3:2012-11, Metallische industrielle Rohrleitungen – Teil 3: Konstruktion und Berechnung

Tab. 8.21 Metrisches ISO-Gewinde, Regel- und Feingewinde-Auswahlreihen (nach DIN 13, Teil 12, Teil 12 Beiblatt und Teil 28)

Nenn-durch-messer *d*	Regelgewinde			Feingewinde (fein)			Feingewinde (extra fein)		
	Steigung *P*	Kernquer-schnitt A_3	Spannungs-querschnitt A_S	Steigung *P*	Kernquer-schnitt A_3	Spannungs-querschnitt A_S	Steigung *P*	Kernquer-schnitt A_3	Spannungs-querschnitt A_S
in mm	in mm	in mm²	in mm²	in mm	in mm²	in mm²	in mm	in mm²	in mm²
4	0,7	7,75	8,78	(0,5)	9,01	9,79	(0,35)	10,02	10,6
5	0,8	12,69	14,2	(0,75)	13,07	14,5	(0,5)	15,12	16,1
6	1	17,89	20,1	(0,75)	20,27	22,0	(0,5)	22,79	24,0
8	1,25	32,84	36,6	1	36,03	39,2	(0,75)	39,37	41,8
10	1,5	52,30	58,0	1,25	56,29	61,2	0,75	64,75	67,9
12	1,75	76,25	84,3	1,25	86,03	92,1	1	91,15	96,1
(14)	2	104,7	115	1,5	116,1	125	1	128,1	134
16	2	144,1	157	1,5	157,5	167	1	171,4	178
(18)	2,5	175,1	193	1,5	205,1	216	1	221,0	229
20	2,5	225,2	245	1,5	259,0	272	1	276,8	285
(22)	2,5	281,5	303	1,5	319,2	333	1	338,9	348
24	3	324,3	353	2	364,6	384	1,5	385,7	401
(27)	3	427,1	459	2	473,2	496	1,5	497,2	514
30	3,5	519	561	2	596,0	621	1,5	622,8	642
(33)	3,5	647,2	694	2	732,8	761	1,5	762,6	784
36	4	759,3	817	3	820,4	865	1,5	916,5	940
(39)	4	913	976	3	979,7	1028	1,5	1085	1110
42	4,5	1045	1121	3	1153	1206	1,5	1267	1294
(45)	4,5	1224	1306	3	1341	1398	1,5	1463	1492
48	5	1377	1473	3	1543	1604	1,5	1674	1705
(52)	5	1652	1758	3	1834	1900	2	1928	1973
56	5,5	1905	2030	4	2050	2144	2	2252	2301
(60)	5,5	2227	2362	4	2384	2485	2	2601	2653
64	6	2520	2676	4	2743	2851	2	2975	3031
(68)	6	2888	3055	4	3127	3242	2	3374	3434
72[a]	6	3287	3463	4	3536	3658	2	3799	3862
(76)[a]	6	3700	3889	4	3970	4100	2	4248	4315
80[a]	6	4144	4344	4	4429	4566	2	4723	4794
(85)[a]	6	4734	4945	4	5038	5190	2	5352	4530
90[a]	6	5364	5590	4	5687	5840	2	6020	6100
(95)[a]	6	6032	6270	4	6375	6540	2	6727	6810
100[a]	6	6740	7000	4	7102	7280	2	7473	7560

[a] Feingewinde

Tab. 8.22 Nennmaße für metrisches ISO-Trapezgewinde (Auswahl) nach DIN 103-4 (Steigung nach Vorzugsreihe DIN 103-2)

Gew.-Nenn-durchmesser d	Steigung P	Flankendurch-messer $d_2 = D_2$	Mutteraußen-durchmesser D_4	Bolzenkern-durchmesser d_3	Mutterkern-durchmesser D_1	Bolzenkern-querschnitt $\pi d_3^2/4$
in mm						in mm^2
10	2	9,0	10,5	7,5	8,0	44
12	3	10,5	12,5	8,5	9,0	57
16	4	14,0	16,5	11,5	12,0	104
20	4	18,0	20,5	15,5	16,0	189
24	5	21,5	24,5	18,5	19,0	269
28	5	25,5	28,5	22,5	23,0	398
(30)	6	27,0	31,0	23,0	24,0	415
32	6	29,0	33,0	25,0	26,0	491
36	6	33,0	37,0	29,0	30,0	661
40	7	36,5	41,0	32,0	33,0	804
44	7	40,5	45,0	36,0	37,0	1018
48	8	44,0	49,0	39,0	40,0	1195
(50)	8	46,0	51,0	41,0	42,0	1320
52	8	48,0	53,0	43,0	44,0	1452
(55)	9	50,5	56,0	45,0	46,0	1590
60	9	55,5	61,0	50,0	51,0	1964
(65)	10	60,0	66,0	54,0	55,0	2290
70	10	65,0	71,0	59,0	60,0	2734
(75)	10	70,0	76,0	64,0	65,0	3217
80	10	75,0	81,0	69,0	70,0	3739
90	12	84,0	91,0	77,0	78,0	4657
100	12	94,0	101,0	87,0	88,0	5945

Tab. 8.23 Spannkräfte F_{Sp} und Anziehdrehmomente M_{Sp} für Schaft- und Taillen-Schrauben mit metrischen ISO-Regelgewinden nach DIN ISO 262 (DIN 13-13) und Kopfauflagen nach DIN EN ISO 4762 (DIN 912) bzw. DIN 931, für Reibungszahl $\mu_G = \mu_K = 0{,}12$ bei 90 %iger Streckgrenzenausnutzung (nach VDI-Richtlinie 2230, Ausgabe 1986)

Abmessung	F_{Sp} in N			M_{Sp} in Nm		
	8.8[a]	10.9[a]	12.9[a]	8.8[a]	10.9[a]	12.9[a]
Schaftschrauben						
M 4	4050	6000	7000	2,8	4,1	4,8
M 5	6600	9700	11 400	5,5	8,1	9,5
M 6	9400	13 700	16 100	9,5	14,0	16,5
(M 7)	13 700	20 100	23 500	15,5	23,0	27,0
M 8	17 200	25 000	29 500	23,0	34,0	40,0
M 10	27 500	40 000	47 000	46,0	68,0	79,0
M 12	40 000	59 000	69 000	79,0	117,0	135,0
M 14	55 000	80 000	94 000	125,0	185,0	215,0
M 16	75 000	111 000	130 000	195,0	280,0	330,0
M 18	94 000	135 000	157 000	280,0	390,0	460,0
M 20	121 000	173 000	202 000	390,0	560,0	650,0
M 22	152 000	216 000	250 000	530,0	750,0	880,0
M 24	175 000	249 000	290 000	670,0	960,0	1120,0
M 27	230 000	330 000	385 000	1000,0	1400,0	1650,0
M 30	280 000	400 000	465 000	1350,0	1900,0	2250,0
Taillenschrauben ($d_T = 0{,}9 \cdot d_3$)						
M 5	4500	6600	7800	3,8	5,5	6,5
M 6	6300	9300	10 900	6,5	9,5	11,1
(M 7)	9500	14 000	16 400	10,9	16,0	18,5
M 8	11 800	17 300	20 200	16,0	23,0	27,1
M 10	18 900	27 500	32 500	32,0	47,0	55,0
M 12	27 500	40 500	47 500	55,0	81,0	95,0
M 14	38 000	56 000	65 000	88,0	130,0	150,0
M 16	53 000	79 000	92 000	135,0	200,0	235,0
M 18	66 000	94 000	110 000	195,0	280,0	320,0
M 20	86 000	123 000	144 000	280,0	400,0	460,0
M 22	109 000	155 000	182 000	380,0	540,0	630,0
M 24	124 000	177 000	207 000	480,0	680,0	800,0
M 27	166 000	236 000	275 000	720,0	1020,0	1190,0
M 30	200 000	285 000	335 000	970,0	1400,0	1600,0

[a] Festigkeitsklassen nach DIN EN ISO 898-1

Tab. 8.24 Grenzflächenpressung p_G in N/mm^2 für gedrückte Teile verschiedener Werkstoffe (nach VDI-Richtlinie 2230, Ausgabe 1986 – Die Neufassung vom Okt. 2003 enthält zum Teil deutlich geänderte Pressungen p_G)

Werkstoff	Zugfestigkeit R_m (N/mm^2)	Grenzflächenpressung[a] p_G (N/mm^2)
St 37	370	260
St 50	500	420
C 45	800	700
42 CrMo4	1000	850
30 CrNiMo8	1200	750
X 5 CrNiMo 18 10[b]	500 bis 700	210
X 10 CrNiMo 18 9[b]	500 bis 750	220
Rostfreie, ausscheidungshärternde Werkstoffe	1200 bis 1500	1000 bis 1250
Titan, unlegiert	390 bis 540	300
Ti-6 Al-4 V	1100	1000
GG 15	150	600
GG 25	250	800
GG 35	350	900
GG 40	400	1100
GGG 35.3	350	480
GDMgAl9	300 (200)	220 (140)
GKMgAl9	200 (300)	140 (220)
GKAlSi 6 Cu 4	–	200
AlZnMgCu 0,5	450	370
Al99	160	140
GFK-Verbundwerkstoff	–	120
GFK-Verbundwerkstoff	–	140

[a] Beim motorischen Anziehen können die Werte der Grenzflächenpressung bis zu 25 % kleiner sein.
[b] Bei kaltverfestigten Werkstoffen liegen Grenzflächenpressungen wesentlich höher.

Literatur

Spezielle Literatur

1. Ruge, J.: Handbuch der Schweißtechnik. Bd. II. Verfahren und Fertigung. 3. Aufl. Springer, Berlin (1993), Softcover reprint (2012)
2. Killing, R. und Killing U.: Kompendium der Schweißtechnik, Bd. 1: Verfahren der Schweißtechnik. Fachbuchreihe Schweißtechnik Bd. 128/1. DVS Media, Düsseldorf (2002)
3. Dilthey, U.: Schweißtechnische Fertigungsverfahren: Bd. 1. Schweiß- und Schneidtechnologien. 3. Aufl. Springer, Berlin (2006)
4. Matthes, K.-J. und Schneider, W.: Schweißtechnik. Schweißen von metallischen Konstruktionswerkstoffen, 5. Aufl. Hanser, München (2011)
5. Radaj, D.: Eigenspannungen und Verzug beim Schweißen. Rechen- und Meßverfahren. DVS Fachbuchreihe Schweißtechnik Bd. 143. DVS Media, Düsseldorf (2002)
6. Hänsch, H. J. und Krebs, J.: Eigenspannungen und Formänderungen in Schweißkonstruktionen. DVS Fachbuchreihe Schweißtechnik Bd. 138. DVS Media, Düsseldorf (2006)
7. Wohlfahrt, H. u. a.: Schweißen von Druckguss – Verfahren und Metallurgie. In: Jahrbuch der Schweißtechnik 1996, DVS Media, Düsseldorf (1996)
8. Ruge, J.: Handbuch der Schweißtechnik. Bd. I. Werkstoffe. 3. Aufl. Springer, Berlin (1991)
9. Beckert, M. und Herold, H.: Kompendium der Schweißtechnik, Bd. 3: Eignung metallischer Werkstoffe zum Schweißen. Fachbuchreihe Schweißtechnik Bd. 128/3. DVS Media, Düsseldorf (2002)
10. Probst, R. und Herold, H.: Kompendium der Schweißtechnik, Bd. 2: Schweißmetallurgie. FachbuchreiheSchweißtechnik Bd. 128/2. DVS Media, Düsseldorf (2002)
11. Dilthey, U.: Schweißtechnische Fertigungsverfahren: Bd. 2: Verhalten der Werkstoffe beim Schweißen. 3. Aufl. Springer, Berlin (2005)
12. Schuster, J.: Schweißen von Eisen-, Stahl- und Nickelwerkstoffen. Leitfaden für die schweißmetallurgische Praxis. Fachbuchreihe Schweißtechnik Bd. 130. DVS Media, Düsseldorf (2010)
13. Ruge, J.: Handbuch der Schweißtechnik. Bd. III. Konstruktive Gestaltung der Bauteile. Unter Mitarbeit von H. Wösle. Springer, Berlin (1985)
14. Neumann, A.: Schweißtechnisches Handbuch für Konstrukteure, Fachbuchreihe Schweißtechnik, Bd. 80/I bis 80/IV. Teil 1: Grundlagen, Tragfähigkeit, Gestaltung, 6. Aufl.DVS Media, Düsseldorf (1996); Teil 2: Stahl-, Kessel- u. Rohrleitungsbau, 5. Aufl. DVS Media, Düsseldorf (1988); Teil 3: Maschinen- u. Fahrzeugbau, 6. Aufl. DVS Media, Düsseldorf (1998), Neumann, A., Hobbacher, A.: Teil 4: Geschweißte Aluminiumkonstruktionen, 4. Aufl. DVS Media, Düsseldorf (1993)
15. Behnisch, H., Neumann, A., Neuhoff, R.: Kompendium der Schweißtechnik, Bd. 4: Berechnung und Gestaltung von Schweißkonstruktionen. Fachbuchreihe Schweißtechnik Bd. 128/4. DVS Media, Düsseldorf (2002)
16. Dilthey, U., Brandenburg, A.: Schweißtechnische Fertigungsverfahren, Bd. 3: Gestaltung und Festigkeit von Schweißkonstruktionen. 2. Aufl. Springer, Berlin (2002)
17. Hofmann, H.-G., Sahmel, P. u. Veit, H.-J.: Grundlagen der Gestaltung geschweißter Stahlkonstruktionen. DVS Fachbuchreihe Bd. 12. DVS Media, Düsseldorf (2003)
18. Radaj, D., Sonsino, C. M.: Ermüdungsfestigkeit von Schweißverbindungen nach lokalen Konzepten. Fachbuchreihe Schweißtechnik Bd. 142. DVS Media, Düsseldorf (2000)
19. Radaj, D., Sonsino, C. M. und Fricke, W.: Fatigue assessment of welded joints by local approaches. Woodhead Publishing, Cambridge (2006)
20. Hobbacher, A. (Editor): Recommendations for fatigue design of welded joints and components. IIW document XIII-2151-07/XV-1254-07. Welding Research Council New York, WRC-Bulletin 520(2009)
21. FKM-Richtlinie: Rechnerischer Festigkeitsnachweis für Maschinenbauteile. 6. Aufl. VDMA, Frankfurt (2012)
22. Nitschke-Pagel, Th. und Dilger, K.: Eigenspannungen in Schweißverbindungen. Teil 2: Bewertung von Eigenspannungen. Schweißen und Schneiden 59 (2007), Heft 1, S. 23–32
23. DVS-Berichte Bd. 256: Festigkeit geschweißter Bauteile: Anwendbarkeit lokaler Nachweiskonzepte bei Schwingbeanspruchung. DVS Media, Düsseldorf (2009)
24. Kaßner, M.: Auslegung und Ausführung von geschweißten Stahltragwerken. Vergleich von europäischem und bisher national geltendem Regelwerk. DVS-Berichte Bd. 280. DVS Media, Düsseldorf (2011)
25. Matthes, K-J. und Riedel, F. (Hrsg.): Fügetechnik. Überblick, Löten, Kleben, Fügen durch Umformen. 1. Aufl. Fachbuchverlag Leipzig im Hanser Verlag, München (2003)
26. DVS-Berichte Bd. 263, 243, 231, 212, 192: Hart- und Hochtemperaturlöten und Diffusionsschweißen. DVS Media, Düsseldorf (2010, 2007, 2004, 2001, 1998)
27. Müller, W.; Müller, J.-U.: Löttechnik – Leitfaden für die Praxis. Fachbuchreihe Schweißtechnik. Bd. 127. DVS Media, Düsseldorf (1995)
28. Budde, L. und Pilgrim, R.: Stanznieten und Durchsetzfügen. Die Bibliothek der Technik, Bd. 115. Verlag Moderne Industrie, Landsberg/Lech (1995)
29. Hahn, O., Klein, A. und Lappe, W.: Linienförmiges umformtechnisches Fügen – Von der Forschung indie Praxis. VDI Report 1595 (2001) S. 225–251
30. Habenicht G.: Kleben – Grundlagen, Technologien, Anwendungen. 5. Aufl. Springer, Berlin (2006)
31. Dilger, K.: Selecting the right joint design and fabrication techniques. In: Dillard, David A. (Hrsg.)

8

Advances in structural adhesive bonding. Kap. 11. Woodhead publishing (2010)
32. Dilger K.: Kleben im Leichtbau. In: Henning F, Moeller E, editors. Handbuch Leichtbau: Methoden, Werkstoffe, Fertigung. Kap. 4.: Carl Hanser Verlag, München (2011)
33. Eberhard, G.: Klemmverbindungen mit geschlitzter Nabe. Konstruktion **32**, 389–393 (1980)
34. Eberhard, G.: Theoretische und experimentelle Untersuchungen an Klemmverbindungen mit geschlitzter Nabe. Diss. Universität Hannover (1980)
35. Gamer, U., Kollmann, F.G.: A theory of rotating elastoplastic shrink fits. Ing. Arch. **56**, 254–264 (1986)
36. Häusler, N.: Zum Mechanismus der Biegemomentübertragung in Schrumpfverbindungen. Diss. TH Darmstadt (1974)
37. Kollmann, F. G.: Welle-Nabe-Verbindungen. Konstruktionsbücher, Bd. 32. Springer, Berlin (1984)
38. Kreitner, L.: Die Auswirkung von Reibkorrosion und von Reibdauerbeanspruchung auf die Dauerhaltbarkeit zusammengesetzter Maschinenteile. Diss. TH Darmstadt (1976)
39. Leidich, F.: Beanspruchung von Pressverbindungen im elastischen Bereich und Auslegung gegen Dauerbruch. Diss. TH Darmstadt (1983)
40. Michligk, Th.: Statisch überbestimmte Flanschverbindungen mit gleichzeitigem Reib- und Formschluss. Diss. TU Berlin (1988)
41. Seefluth, R.: Dauerfestigkeit an Wellen-Naben-Verbindungen. Diss. TU Berlin (1970)
42. Bikon-Technik: Welle-Nabe-Verbindungen. Grevenbroich (1989)
43. Fenner: Taper-Lock-Spannbuchsen. Nettetal-Breyell (1988)
44. Hochreuter & Baum: DOKO Spannelemente. Ansbach (ohne Jahr)
45. Lenze, Südtechnik: ETP-Spannbuchsen für Wellen-Nabenverbindungen. Waiblingen (ohne Jahr)
46. Ringfeder: Spannsätze, Spannelemente, Schrumpfscheiben. Krefeld (1988)
47. Ringspann: TOLLOK Konus-Spannelemente, Sternscheiben und Spannscheiben für Welle-Nabe-Verbindungen. Bad Homburg (1989)
48. SKF Kugellagerfabriken: Druckölverband. Schweinfurt (1977)
49. Spieth-Maschinenelemente: Druckhülsen. Esslingen (ohne Jahr)
50. Stüwe: Schrumpfscheiben-Verbindung. Hattingen (1989)
51. Aluminium-Zentrale Düsseldorf: Aluminium-Taschenbuch, 15. Aufl. Aluminium-Verlag, Düsseldorf (1995)
52. Beitz, W., Pfeiffer, B.: Einfluss von Sicherungsringverbindungen auf die Dauerfestigkeit dynamisch belasteten Wellen. Konstruktion **39**, 7–13 (1987)
53. Gerber, H.W.: Statisch überbestimmte Flanschverbindungen mit Reib- und Formschlusselementen unter Torsions-, Biege- und Querkraftbelastung. Forschungsheft **356** der Forschungsvereinigung Antriebstechnik e.V., Frankfurt (1992)
54. Michligk, Th.: Statisch überbestimmte Flanschverbindungen mit gleichzeitigem Reib- und Formschluss. Diss. TU Berlin (1988)
55. Niemann, G.: Maschinenelemente, Bd. 1, 2. Aufl. Springer, Berlin (1981), Neufassung: Niemann, G.,Winter, H., Höhn, B.-R., Stahl, K.: Maschinenelemente,Band I, 5. Aufl. Springer Vieweg, Berlin (2019)
56. Pahl, G., Heinrich, J.: Berechnung von Sicherungsringverbindungen – Formzahlen, Dauerfestigkeit, Ringverhalten. Konstruktion **39**, 1–6 (1987)
57. Sollmann, H.: Ein Beitrag zu Elastizität der Bolzen-Laschen-Verbindung. Wiss. Z. d. TU Dresden **14**, 1417–1424 (1965)
58. Willms, V.: Auslegung von Bolzenverbindungen mit minimalem Bolzengewicht. Konstruktion **34**, 63–70 (1982)
59. Winterfeld, J.: Einflüsse der Reibdauerbeanspruchung auf die Tragfähigkeit von P4C-Welle-Nabe-Verbindungen. Diss. TU Berlin (2001)
60. Seeger-Orbis GmbH, Königstein
61. Gebr. Titgemeyer, Gesellschaft für Befestigungstechnik, Osnabrück – Gesipa Blindniettechnik GmbH, Mörfelden-Walldorf – Honsel, A.: Nieten- und Metallwarenfabrik, Fröndenberg/Ruhr
62. Bauer, C.D.: Ungenügende Dauerhaltbarkeit mitverspannter federnder Elemente. Konstruktion **38**, 59–62 (1986)
63. Blume, D., Illgner, K.H.: Schrauben-Vademecum, 7. Aufl. Bauer & Schaurte Karcher GmbH, Neuß/Rhein (1988)
64. Birger, J.A.: Die Stauchung zusammengeschraubter Platten oder Flansche (russ.). Russ. Eng. J. **5**, 35–38 (1961). Auszug in: Konstruktion **15**, 160 (1963)
65. Esser, J.: Verriegelungsrippen an Sicherungsschrauben und Muttern. Ingenieurdienst, Nr. 34. Bauer & Schaurte Karcher GmbH, Neuss/Rhein (1986)
66. Galwelat, M.: Rechnerunterstützte Gestaltung von Schraubenverbindungen. Diss. TU Berlin (1979)
67. Galwelat, M.: Programmsystem zum Auslegen von Schraubenverbindungen. Konstruktion **31**, 275–282 (1979)
68. Kober, A.: Schäden an großen Schraubverbindungen – Spannungsanalyse – Bruchmechanik – Abhilfemaßnahmen. Maschinenschaden **59**, 1–9 (1986)
69. Kober, A.: Zum betriebsfesten Dimensionieren großer Schraubenverbindungen unter schwingender Beanspruchung mit besonderem Bezug auf den Abmessungsbereich M 220 DIN 13. Maschinenschaden **60**, 1–8 (1987)
70. Koenigsmann, W., Vogt, G.: Dauerfestigkeit von Schraubenverbindungen großer Nenndurchmesser. Konstruktion **33**, 219–231 (1981)
71. Kübler, K.H., Mages, W.: Handbuch der hochfesten Schrauben. Girardet, Essen (1986)

72. Spieß, D.: Das Steifigkeits- und Reibungsverhalten unterschiedlich gestalteter Kugelschraubtriebe mit vorgespannten und nicht vorgespannten Muttersystemen. Diss. TU Berlin (1970)
73. Wiegand, H., Kloss, K.-H., Thomala, W.: Schraubenverbindungen, 4. Aufl. In: Konstruktionsbücher, Bd. 5. Springer, Berlin (1988), Neufassung: Kloos, K.-H., Thomala, W.: Schraubenverbindungen, 5. Aufl. Springer, Berlin (2007)
74. VDI-Richtlinie 2230 Bl. 1: Systematische Berechnung hochbeanspruchter Schraubenverbindungen – Zylindrische Einschraubenverbindungen. In: VDI EKV Ausschuss Schraubenverbindungen. Beuth, Berlin (1986). Neufassung Nov. (2015)

Weiterführende Literatur

Müller, P., Wolff, L.: Handbuch des Unterpulverschweißens. Teil I: Verfahren, Einstellpraxis, Geräte, Wirtschaftlichkeit. Teil II: Schweißzusätze und Schweißpulver. Teil III: Draht/Pulver-Kombinationen für Stähle. Schweißergebnisse, Schweißparameter. Teil IV Schweißen mit Bandelektroden. Teil V: Berechnung und Gestaltung von Schweißkonstruktionen – Schweißtechnologie – Anwendungsbeispiele. In: Fachbuchreihe Schweißtechnik, Bd. 63/I – V. DVS Media, Düsseldorf (1976, 1978, 1979, 1983)

Killing, R.: Handbuch der Schweißverfahren Teil I: Lichtbogenschweißverfahren. Fachbuchreihe Schweißtechnik, Bd. 93. DVS Media, Düsseldorf (1999)

Böhme, D., Hermann, F.D.: Handbuch der Schweißverfahren Teil II: Autogentechnik, Thermisches Schneiden, Elektronen-/Laserstrahlschweißen, Reib-, Ultraschall- und Diffusionsschweißen. Fachbuchreihe Schweißtechnik, Bd. 76/II. DVS Media, Düsseldorf (1992)

Schultz, H.: Elektronenstrahlschweißen. Fachbuchreihe Schweißtechnik, Bd. 93. DVS Media, Düsseldorf (2000)

Conn, W. M.: Technische Physik in Einzeldarstellungen. Bd. 13. Springer, Berlin (1959)

Krause, M.: Widerstandspressschweißen. Schweißtechnische Praxis, Bd. 25. DVS Media, Düsseldorf (1993)

Neumann, A., Schober, D.: Reibschweißen von Metallen Konstruktion, Technologie, Qualitätssicherung –

DVS Berichte Bd. 266: Strahlschweißen von Aluminium. DVS Media, Düsseldorf (2010)

Lohrmann, G.R., Lueb, H.: Kleine Werkstoffkunde für das Schweißen von Stahl und Eisen. Fachbuchreihe Schweißtechnik, Bd. 8, 8. Aufl. DVS Media, Düsseldorf (1995)

Boese, U.: Das Verhalten der Stähle beim Schweißen, Teil I: Grundlagen. Teil II: Anwendung. Fachbuchreihe Schweißtechnik, Bd. 44/I, 4. Aufl. und Bd. 44/II, 5. Aufl., DVS Media, Düsseldorf (1995, 2005)

Boese, U. und Ippendorf, F.: Das Verhalten der Stähle beim Schweißen, Teil II: Anwendungen. In: Fachbuchreihe Schweißtechnik, Bd. 44/II, 6. Aufl., DVS Media, Düsseldorf (2011)

Nitschke-Pagel, Th., Dilger, K.: Eigenspannungen in Schweißverbindungen. Teil 1: Ursachen der Eigenspannungsentstehung beim Schweißen. Schweißen und Schneiden 58 (2006), Heft 9, S. 466–479

Nitschke-Pagel, Th., Dilger, K.: Eigenspannungen in Schweißverbindungen. Teil 3: Verringerung von Eigenspannungen. Schweißen und Schneiden 59 (2007), H. 7-8, S. 387–395

Nitschke-Pagel, Th.: Schwingfestigkeitsverbessernde Methoden, Übersicht über Anwendungsmöglichkeiten, Vor- und Nachteile. In: „Festigkeit gefügter Bauteile" DVS-Berichte Bd. 236, DVS Media, Düsseldorf, 2005, S. 136/142

Nitschke-Pagel, Th., Wohlfahrt, H.: Anwendung des lokalen Dauerfestigkeitskonzepts zur Bewertung der Wirksamkeit von Schweißnahtnachbehandlungsmaßnahmen. International Journal of Materials Research, Vol. 97 (2006),Nr. 12, S. 1697/1705

Strassburg, F. W., Wehner, H.: Schweißen nichtrostender Stähle. In: Fachbuchreihe Schweißtechnik, Bd. 67, 3. Aufl. DVS Media, Düsseldorf (2009)

Aluminium-Zentrale Düsseldorf: Aluminium-Taschenbuch, Bd. 1: Grundlagen und Werkstoffe, 16. Aufl. Beuth Verlag, Berlin (2009)

Ostermann, F.: Anwendungstechnologie Aluminium. 2. Aufl., Springer, Berlin/Heidelberg (2007)

Neumann, A., Kluge, D.: Fertigungsplanung in der Schweißtechnik. Fachbuchreihe Schweißtechnik Bd. 106. DVS Media, Düsseldorf (1992)

Trillmich, R., Welz, W.: Bolzenschweißen. Grundlagen und Anwendung. Fachbuchreihe Schweißtechnik Bd. 133. DVS Media, Düsseldorf (1997)

Pohle, C.: Schweißen von Werkstoffkombinationen. Metallkundliche und fertigungstechnische Grundlagen sowie Ausführungsbeispiele. Fachbuchreihe Schweißtechnik Bd. 140, DVS Media, Düsseldorf (2000)

Seyffarth, P., Scharff, A., Meyer, B.: Großer Atlas-Schweiß-ZTU-Schaubilder. Fachbuchreihe Schweißtechnik Bd. 110. DVS Media, Düsseldorf (1992)

Lohrmann, G. R., Lueb, H.: Kleine Werkstoffkunde für das Schweißen von Stahl und Eisen. Fachbuchreihe Schweißtechnik Bd. 8, DVS Media, Düsseldorf (1995)

Wodara, J.: Ultraschallfügen und -trennen. Fachbuchreihe Schweißtechnik Bd. 151. DVS Media, Düsseldorf (2004)

Mordike, B. L., Wiesner, P.: Fügen von Magnesiumwerkstoffen. Fachbuchreihe Schweißtechnik Bd. 147. DVS Media, Düsseldorf (2005)

Schoer, H.: Schweißen und Hartlöten von Aluminiumwerkstoffen. Fachbuchreihe Schweißtechnik Bd. 137. DVS Media, Düsseldorf (2002)

DVS-Berichte Bd. 271/253:Verfahren und Anwendung der Lasermaterialbearbeitung/Neue Entwicklung in der Lasermaterialverarbeitung. DVS Media, Düsseldorf (2010/2008)

Fahrenwaldt, H., Schuler, V.: Praxiswissen Schweißtechnik. Werkstoffe, Verfahren, Fertigung. 4. Aufl. Vieweg+Teubner Verlag, Wiesbaden (2011)

Schulze, G.: Metallurgie des Schweißens. Eisenwerkstoffe – Nichteisenmetallische Werkstoffe. 4. Aufl. Springer, Berlin 2009

Lison, R.: Schweißen und Löten von Sondermetallen und ihren Legierungen. Fachbuchreihe Schweißtechnik Bd. 118. DVS Media, Düsseldorf (1996)

Pohle, C.: Eigenschaften geschweißter Mischverbindungen zwischen Stählen und Chrom-Nickel-Stählen. Fachbuchreihe Schweißtechnik Bd. 121. DVS Media, Düsseldorf (1994)

Lison, R.: Wege zum Stoffschluss über Schweiß- und Lötprozesse. Fachbuchreihe Schweißtechnik Bd. 131. DVS Media, Düsseldorf (1998)

Ruge, J.: Handbuch der Schweißtechnik, Berechnung von Schweißkonstruktionen, Bd. IV. Springer, Berlin (1985, 1988)

Radaj, D., Koller, R., Dilthey, U., Buxbaum, O.: Laserschweißgerechtes Konstruieren. Fachbuchreihe Schweißtechnik Bd. 116. DVS Media, Düsseldorf(1994)

Radaj, D.: Schweißprozesssimulation. Grundlagen und Anwendungen. DVS Fachbuchreihe Schweißtechnik Bd. 141. DVS Media, Düsseldorf (1999)

Neumann, A., Neuhoff, R.: Schweißnahtberechnung im geregelten und ungeregelten Bereich. Grundlagen mit Berechnungsbeispielen. Fachbuchreihe Schweißtechnik Bd. 132. DVS Media, Düsseldorf (2003)

DVS-Fachbuch: Bruchmechanische Bewertung von Fehlern in Schweißverbindungen, 2. Aufl. Fachbuchreihe Schweißtechnik Bd. 101. DVS Media, Düsseldorf(2004)

Haibach, E.: Betriebsfestigkeit – Verfahren und Daten zur Bauteilberechnung, 3. Aufl. Springer, Berlin (2006)

Wiedemann, J.: Leichtbau. Elemente, Konstruktion. 3. Aufl. Springer, Berlin (2007)

Radaj, D. und Vormwald, M.: Ermüdungsfestigkeit. Grundlagen für Ingenieure. 3. Aufl. Springer, Berlin/Heidelberg 2007

Fricke, W.: IIW recommendations for the fatigue assessment of welded structures by notch stress analysis: IIW-2006-09. Woodhead Publishing Series in Welding and Other Joining Technologies No. 78, Cambridge (2012), (http://www.woodheadpublishing.com/EN/book.aspx?bookID=2911)

Büttemeier, H., Kaßner, M., Strothmann, M.: Schweißtechnisches Handbuch Schienenfahrzeugbau. DVS Fachbuchreihe Schweißtechnik Bd. 148. 1. Aufl. DVS Media, Düsseldorf (2010)

Krebs, J., Hübner, P., Kaßner, M.: Eigenspanungseinfluss auf Schwingfestigkeit und Bewertung in geschweißten Bauteilen. DVS-Berichte Bd. 234, 2. Aufl. DVS Media, Düsseldorf (2012)

Dokumentation D 761: REFRESH – Lebensdauerverlängerung bestehender und neuer geschweißter Stahlkonstruktionen. FOSTA Forschungsvereinigung Stahlanwendung e. V., Düsseldorf (2010)

Wilden, J., Bartout, D., Hofmann, F.: DVS Berichte Bd. 249: Lichtbogenfügeprozesse – Stand der Technik und Zukunftspotenzial. DVS Media, Düsseldorf (2009)

DVS e. V. (Hrsg.): Fügetechnik – Schweißtechnik. Lehrunterlage. 8. Auflage. DVS Media, Düsseldorf (2012)

Dorn, L.: Hartlöten und Hochtemperaturlöten. Grundlagen und Anwendung. Expert Verlag, Renningen (2007)

DVS-Berichte Bd. 290: Weichlöten 2013. DVS Media, Düsseldorf (2013)

Wittke, K. und Scheel, W.: Handbuch Lötverbindungen. Eugen G. Leuze Verlag, Bad Saulgau (2011)

Lappe, W. und Niemeier, R.: Der „coole" Weg zum Profil. Z. Stahlbau 71(2002)Heft 11, S. 781–788

Hahn, O., Klein, A, Lappe, W. und Brach, K.: Rollfügen ermöglicht Herstellen beanspruchungsoptimierter Profile Maschinenmarkt, Würzburg 106 (2000) 46, S. 50–54

Stahl-Informations-Zentrum: Kleben von Stahl und Edelstahl-Rostfrei. Merkblatt 382. Stahl-Informations-Zentrum, Düsseldorf

Brandenburg, A.: Kleben metallischer Werkstoffe. Fachbuchreihe Schweißtechnik Bd. 144. DVS Media, Düsseldorf (2001)

Habenicht, G.: Kleben – erfolgreich und fehlerfrei. Vieweg Verlag Wiesbaden, 2003

Adams, Robert D.: Adhesive bonding. Science, technology and applications. Crc Press Inc (17. Mai 2005)

Normen und Richtlinien

DIN-DVS Taschenbuch 8, Schweißtechnik 1: Schweißzusätze, Qualitäts- und Prüfnormen, 17. Aufl. Beuth, Berlin (2013)

DIN-DVS Taschenbuch 65, Schweißtechnik 2: Autogenverfahren, Thermisches Schneiden, Normen und Merkblätter. 11. Aufl. Beuth, Berlin (2012)

DIN-DVS Taschenbuch 145, Schweißtechnik 3: Begriffe, Zeichnerische Darstellung, Schweißnahtvorbereitung, Bewertungsgruppen. 8. Aufl. Beuth, Berlin (2010)

DIN-DVS-Taschenbuch 312/1, 312/2 und 312/3, Schweißtechnik 9, 11 und 15: Widerstandsschweißen: Ausbildung, Grundlagen, Verfahren und Werkstoffe. Qualitätssicherung und Prüfung. Ausrüstung. 3. Aufl. Beuth, Berlin (2010)

Taschenbuch DVS Merkblätter Widerstandsschweißen. In: Fachbuchreihe Schweißtechnik Bd. 68/III. 5. Aufl. DVS Media, Düsseldorf (2002)

DIN-DVS Taschenbuch 283 Schweißtechnik 6: Strahlschweißen, Bolzenschweißen, Reibschweißen. Normen, Merkblätter. 3. Aufl. Beuth, Berlin (2009)

DIN-DVS Taschenbuch 283 Schweißtechnik 6: Elektronenstrahl-, Laserstrahlschweißen, Normen, Richtlinien und Merkblätter. 4. Aufl. Beuth, Berlin (2010)

DIN-DVS Taschenbuch 284. Schweißtechnik 7: Schweißtechnische Fertigung und Schweißverbindungen, Normen, Merkblätter. 3. Aufl. Beuth, Berlin (2009)

DIN-DVS Taschenbuch 369, Schweißtechnik 10: Zerstörungsfreie und zerstörende Prüfungen von Schweißverbindungen. 2. Aufl.. DVS Media, Düsseldorf (2011)

DIN-DVS Taschenbuch 65, Schweißtechnik 2: Autogenverfahren, Thermisches Schneiden, Normen und Merkblätter.11. Aufl. Beuth, Berlin (2012)

Mußmann, J.: DIN-DVS Normenbuch Schweißen im Stahlbau. Normen für die Herstellerzertifizierung nach DIN EN 1090-1. 3. Aufl. DVS Media, Düsseldorf (2012)

Büttemeier, H.: Schweißen im Schienenfahrzeugbau, DIN/DVS Normen-Handbuch. 1. Aufl. DVS Media, Düsseldorf (2010)

Schambach, B., Zentner, F.: Qualitätssicherung in der Schweißtechnik I Schmelzschweißen. DIN/DVS Taschenbücher.1. Aufl. DVS Media, Düsseldorf (2013)

DIN-DVS Taschenbuch 196/1, 196/2: Schweißtechnik 5: Hartlöten. Schweißtechnik 12: Weichlöten, gedruckte Schaltungen. 5. Aufl./1. Aufl. Beuth, Berlin (2008)

Taschenbuch DVS-Merkblätter und -Richtlinien: Mechanisches Fügen. Fachbuchreihe Schweißtechnik Bd. 153.DVS Media, Düsseldorf (2009)

Taschenbuch DVS-Merkblätter und -Richtlinien Fügen von Kunststoffen. Fachbuchreihe Schweißtechnik Bd. 68/IV. DVS Media, Düsseldorf, (2012)

Verband der technischen Überwachungsvereine: Normen Handbuch: Technische Regeln für Dampfkessel 2010. Heymanns, Beuth, Berlin (2010)

Verband der Technischen Überwachungsvereine: AD Merkblätter, Taschenbuch 2011. 7. Aufl., Heymanns, Beuth, Berlin (2011)

Saechtling, H., Woebcken, W.: Kunststoff-Taschenbuch. 28. Aufl. Hanser, München (2001)

DIN 29730: Nietrechnungswerte bei statischer Beanspruchung für Universal-Nietverbindungen

DIN 29731: Nietrechnungswerte bei statischer Beanspruchung für Senknietverbindungen

DIN-Taschenbuch 10: 55, 140: Fasteners. Beuth, Berlin (2001)

DIN-Taschenbuch 45: Gewinde. Beuth, Berlin (2006)

VDI-Richtlinie 2230 Bl. 1: Systematische Berechnung hochbeanspruchter Schraubenverbindungen – Zylindrische Einschraubenverbindungen. Beuth, Berlin (2003)

9 Federnde Verbindungen (Federn)

Heinz Mertens, Robert Liebich und Peter Gust

9.1 Aufgaben, Eigenschaften, Kenngrößen

9.1.1 Aufgaben

Eine Feder ist ein Konstruktionselement mit der Fähigkeit *Arbeit auf einem verhältnismäßig großen Weg aufzunehmen* und diese ganz oder teilweise als *Formänderungsenergie* zu speichern. Wird die Feder entlastet, so wird die gespeicherte Energie ganz oder teilweise wieder abgegeben. Eine Feder kann damit durch ihre energiespeichernden und -verzehrenden Eigenschaften (durch *Speicher- und Dämpfungsvermögen*) beschrieben werden. Hieraus können folgende Aufgaben abgeleitet werden:

- Aufrechterhalten einer nahezu konstanten Kraft bei kleinen Wegänderungen durch Bewegung, Setzen und Verschleiß, z. B. Kontaktfedern, Ringspannscheiben zur Schraubensicherung, Andrückfedern in Rutschkupplungen,
- Vermeiden hoher Kräfte bei kleinen Relativverschiebungen zwischen Bauteilen durch Wärmedehnungen, Setzen oder andere eingeprägte Verformungen, z. B. Kompensatoren in Rohr- und Stromleitungen, Dehnfugenausgleich in Plattenkonstruktionen, Laschen oder Membranen in Kupplungen,
- Belastungsausgleich oder räumlich gleichmäßiges Verteilen von Kräften, z. B. für Federung von Fahrzeugen, für Federkernmatratzen,
- Spielfreies Führen von Maschinenteilen, z. B. mit parallelen Blattfedern, mit Gummigelenken,
- Speichern von Energie, z. B. Uhrenfedern oder Federmotoren für Spielzeuge,
- Rückführen eines Bauteils in seine Ausgangslage nach einer Auslenkung, z. B. Ventilfedern, Rückstellfedern in hydraulischen Ventilen und Messgeräten – auch für Rückschlagventile,
- Messen von Kräften und Momenten in Mess- und Regeleinrichtungen bei reproduzierbarem, genügend linearem Zusammenhang zwischen Kraft und Verformung, z. B. Federwaagen,
- Beeinflussen des Schwingungsverhaltens von Antriebssträngen, insbesondere Tilgung oder Dämpfung angeregter Schwingungen bei stationärem oder instationärem Betrieb, aber auch umgekehrt zur Erzeugung von Resonanzschwingungen z. B. in Schwingförderern oder Schwingprüfmaschinen, s. Bd. 1, Kap. 15 und Bd. 3, Abschn. 19.3.2,

H. Mertens (✉)
Technische Universität Berlin
Berlin, Deutschland
E-Mail: heinz.mertens@tu-berlin.de

R. Liebich
Technische Universität Berlin
Berlin, Deutschland
E-Mail: robert.liebich@tu-berlin.de

P. Gust
Bergische Universität Wuppertal
Wuppertal, Deutschland
E-Mail: peter.gust@uni-wuppertal.de

B. Bender und D. Göhlich (Hrsg.), *Dubbel Taschenbuch für den Maschinenbau 2: Anwendungen*,
https://doi.org/10.1007/978-3-662-59713-2_9

- Schwingungsisolierung, Schwingungsdämpfung, Verstimmung; aktive und passive Isolierung von Maschinen und Geräten, s. Bd. 1, Abschn. 46.3,
- Mildern von Stößen durch Auffangen der Stoßenergie auf längeren Wegen, z. B. Fahrzeug-Gasfeder-Dämpfer, Pufferfedern, Stoßisolierung von Hammerfundamenten, s. Bd. 3, Abschn. 53.4.3.

Eine vom Verwendungszweck unabhängige Einteilung der Federn kann über den Federwerkstoff: *Metallfedern, Gummifedern,* faserverstärkte *Kunststoffedern, Gasfedern* erfolgen. Bei Metallfedern ist die Werkstoffdämpfungsfähigkeit verhältnismäßig gering, bei Federn aus Gummi oder Kunststoff technisch nutzbar. Die federnden Eigenschaften von Metallen lassen sich nur durch bestimmte Formgebung ausnutzen (*Formfederung*); auch Gummi ist noch relativ steif und praktisch inkompressibel. Nur bei Gasfedern kann die *Volumenfederung* ausgenutzt werden.

9.1.2 Federkennlinie, Federsteifigkeit, Federnachgiebigkeit

Federkennlinie. Sie gibt die Abhängigkeit der auf die Feder wirkenden Federkraft F (oder des Federdrehmoments M_t) vom Federweg s (bzw. dem Verdrehwinkel φ), der Auslenkungsdifferenz zwischen den Kraftangriffsstellen, wieder, Abb. 9.1. Die Steigung der Kennlinie $\mathrm{d}F/\mathrm{d}s$ wird *Federsteifigkeit* c oder nach DIN EN 13 906 *Federrate* R genannt. Solange der Federwerkstoff dem Hooke'schen Gesetz genügt und die Federn reibungsfrei sind, können für kleine Federwege geradlinige Federkennlinien auftreten. Es gilt dann

$$c = \frac{\mathrm{d}F}{\mathrm{d}s} = \frac{F}{s} = \frac{F_{\max}}{s_{\max}}$$

bzw.

$$c_t = \frac{\mathrm{d}M_t}{\mathrm{d}\varphi} = \frac{M_t}{\varphi} = \frac{M_{t\,\max}}{\varphi_{\max}}. \tag{9.1}$$

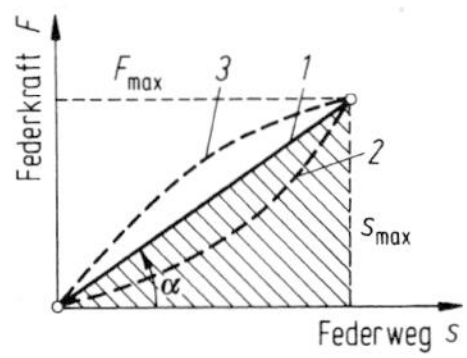

Abb. 9.1 Federkennlinien bei zügiger Belastung. *1* geradlinige Federkennlinie, *2* progressive Federkennlinie, *3* degressive Federkennlinie, Arbeitsaufnahmefähigeit W für Kennlinie *1 schraffiert*

Der Kehrwert der Federsteifigkeit (oft auch kurz Federsteife) heißt *Federnachgiebigkeit* δ

$$\delta = \frac{1}{c} = \frac{\mathrm{d}s}{\mathrm{d}F} \quad \text{bzw.} \quad \delta_t = \frac{1}{c_t} = \frac{\mathrm{d}\varphi}{\mathrm{d}M_t}. \tag{9.2}$$

9.1.3 Arbeitsaufnahmefähigkeit, Nutzungsgrad, Dämpfungsvermögen, Dämpfungsfaktor

Die Fläche unter der Kennlinie (Abb. 9.1) ist ein Maß für die Arbeitsaufnahmefähigkeit oder das Arbeitsvermögen einer Feder (s. Bd. 1, Abschn. 14.2),

$$W = \int_0^{s_{\max}} F\,\mathrm{d}s \quad \text{bzw.} \quad W_t = \int_0^{\varphi_{\max}} M_t\,\mathrm{d}\varphi\,. \tag{9.3}$$

Für Federn mit geradliniger Kennlinie gilt zwischen $s = 0$ und $s = s_{\max}$

$$W = F_{\max}\frac{s_{\max}}{2} = c\,\frac{s_{\max}^2}{2} = \frac{F_{\max}^2}{2c}$$

bzw.

$$W_t = M_{t\,\max}\frac{\varphi_{\max}}{2} = c_t\,\frac{\varphi_{\max}^2}{2} = \frac{M_{t\,\max}^2}{2c_t}. \tag{9.4}$$

Mit dem Hooke'schen Gesetz $\sigma = E\varepsilon = E(s/l)$ gilt für die Arbeitsaufnahmefähigkeit eines Werkstoffs bei über Federquerschnitt A und Federlänge l gleichmäßig verteilter Zug- oder Druckbeanspruchung sowie dem Volumen $V = Al$:

$$W = \int_0^{s_{\max}} F\,\mathrm{d}s = \int_0^{s_{\max}} \frac{F}{A}\,(Al)\,\mathrm{d}\frac{s}{l} = \frac{V\sigma_{\max}^2}{2E}$$

bzw.

$$W_t = \frac{V\tau_{max}^2}{2G} \tag{9.5}$$

bei Schubbeanspruchung. Bei nicht gleichmäßig verteilter Beanspruchung gilt

$$W = \frac{\eta_A V\sigma_{max}^2}{2E} \quad \text{bzw.} \quad W_t = \frac{\eta_A V\tau_{max}^2}{2G} \tag{9.6}$$

mit dem *Volumennutzungsgrad* η_A, der von der jeweiligen Federgestalt und der Belastungsart abhängt und einen nützlichen Vergleich verschiedener Federarten hinsichtlich Werkstoffausnutzung gibt.

Bei zyklischer Verformung, z. B. schwellendem Federweg nach Abb. 9.2a oder wechselndem Federweg nach Abb. 9.2b, ist die von der Kennlinie umschlossene Fläche ein Maß für die während eines Lastspiels dissipierte Energie W_D. Für linear viskoelastische Federwerkstoffe wird zur Kennzeichnung des hieraus resultierenden Dämpfungsvermögens der *Dämpfungsfaktor* ψ genutzt: Er gibt bei reiner Wechselverformung entsprechend Abb. 9.2b das Verhältnis der kennlinienumschlossenen, W_D-proportionalen Fläche zur Dreiecksfläche mit der Verformungsamplitude $\hat{s}$ als Grundlinie und der zugehörigen Federkraftamplitude F_c als Höhe wieder; die Dreiecksfläche ist ein Maß für die in der Umkehrlage gespeicherte elastische Verformungsenergie W_{pot}:

$$\psi = \frac{W_D}{W_{pot}}. \tag{9.7}$$

Erweiterung auf nichtlineares Verhalten bei zyklischer Verformung, s. Abschn. 9.3 [1]. Zur

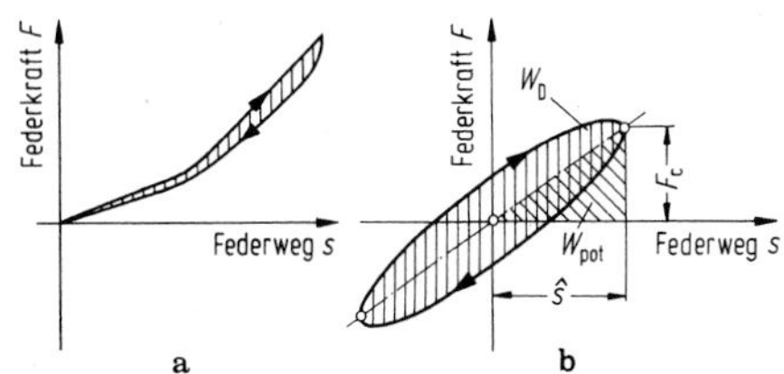

Abb. 9.2 Federkennlinien bei schwingender Belastung. **a** Kennlinie bei schwellend beanspruchten, zweistufig geschichteten Blattfedern; **b** Hystereseschleife in Ellipsenform für einen wechselbeanspruchten viskoelastischen Federwerkstoff mit geschwindigkeitsproportionaler Dämpfungskraft

Kennzeichnung des nichtlinearen Federverhaltens, insbesondere bei nichtstationärer Beanspruchung, sind erweiterte Feder-Dämpfer-Simulations-Modelle, s. Abschn. 9.3 [2] erforderlich.

9.2 Metallfedern

Metallfedern [3–16] werden meist aus hochfesten Federwerkstoffen (s. Bd. 1, Abschn. 31.1.4) hergestellt. Alle Normen über Federstähle enthalten Anforderungen zur Oberflächenbeschaffenheit, da die Zeit- und Dauerfestigkeit von Federn wesentlich von einer kerbfreien Oberfläche abhängt. Diese Forderungen müssen auch auf gefertigte und montierte Federn übertragen werden, was bedeutet, dass Riss- und Scheuerstellen bei Montage und Betrieb zu vermeiden sind, Qualitätssicherung ist unerlässlich. Auch durch Korrosionseinfluss kann die Lebensdauer stark herabgesetzt werden. Als Korrosionsschutz können organische oder anorganische Schutzüberzüge aufgebracht werden, s. Bd. 1, Kap. 34. Bei galvanischen Schutzüberzügen ist die Gefahr von Wasserstoffversprödung zu beachten, s. Bd. 1, Abschn. 34.2.3. Weiterhin können je nach Korrosionsbelastung verschiedene Chrom-Nickel-Stähle oder NE-Metalle eingesetzt werden. Bei Berechnung und Gestaltung von Federn sind die jeweils im Folgenden genannten DIN-Normen zu beachten. In technischen Zeichnungen werden Federn nach DIN ISO 2162 dargestellt.

9.2.1 Zug/Druck-beanspruchte Zug- oder Druckfedern

Zugstäbe, Druckstäbe. *Anwendung.* Wegen hoher Federsteife nur in hochfrequenten Prüfmaschinen und Schwingungserregern sowie als Einzelelemente in Schraubenverbindungen (s. Abschn. 8.6).

Grundlagen. Für Stab mit Länge l, Querschnitt A und Elastizitätsmodul E gilt für Federsteife $c = EA/l$. Der Nutzungsgrad des federnden Volumens ist $\eta_A = 1$, falls Einspannkerbwirkung durch entsprechende Übergänge vermieden wird: Schulterstäbe.

Ringfedern. *Anwendung.* Wegen hoher dissipierter Energie als Pufferfeder sowie als Überlastsicherung und Dämpfungselement im Pressenbau [9].

Bauform (Abb. 9.3a). Zug- und druckbeanspruchte Ringe mit konischen Wirkflächen; (Innenringquerschnitt A_i zu Außenringquerschnitt A_a) $\approx 0{,}8$. (Außenring-Außendurchmesser d_a zu Ringbreite b) ≈ 5 bis 6.

Grundlagen. Zur Vermeidung von Selbsthemmung wird bei feinbearbeiteten Ringen mit Reibungswinkel $\varrho \approx 7°$ der Neigungswinkel $\alpha \approx 12°$ gewählt; bei unbearbeiteten größeren, im Gesenk geschlagenen Ringen mit $\varrho \approx 9°$ der Neigungswinkel $\alpha \approx 14°$. Für Belastung $F\uparrow$ und Entlastung $F\downarrow$ gilt analog zu Bewegungsschrauben (s. Bd. 1, Abschn. 12.11):

$$F\uparrow = F_c \frac{\tan(\alpha+\varrho)}{\tan\alpha} \approx (1{,}5\ldots1{,}6)\,F_c\,, \quad (9.8)$$

$$F\downarrow = F_c \frac{\tan(\alpha-\varrho)}{\tan\alpha}\,, \quad (9.9)$$

mit der Federkraft F_c ohne Reibungsberücksichtigung nach Abb. 9.3b. Für Arbeitsaufnahme $W\uparrow$ bei Belastung gilt $W\uparrow = (F\uparrow)\,s/2$, für Arbeitsabgabe $W\downarrow$ bei Entlastung $W\downarrow = (F\downarrow)\,s/2$, dissipierte Energie $W_D = W\uparrow - W\downarrow \approx 3/4W\uparrow$.

Für die Zugspannung σ_z im Außenring und die Druckspannung σ_d im Innenring gilt aus Gleichgewichtsgründen $\sigma_z A_a = \sigma_d A_i$. Die Flächenpressung p in der Reibfläche wird damit $p = \sigma_z A_a/(l\,d_m)$, mit der Überlappungslänge l einer Kegelpaarung. Die Tangentialkraft F_t im Außenring $F_t = \sigma_z A_a$ begrenzt die maximale Tragkraft F_{max}, da gilt

$$F\uparrow = F_t\pi\,\tan(\alpha+\varrho) = \sigma_z A_a \pi\,\tan(\alpha+\varrho)\,. \quad (9.10)$$

Die Zusammendrückung s einer Ringfedersäule mit insgesamt n Ringen, darunter je zwei halben Endringen wird

$$s = 0{,}5n\,\frac{\sigma_z d_{ma} + \sigma_d d_{mi}}{E\,\tan\alpha}\,. \quad (9.11)$$

Entwurfsberechnung. Für bearbeitete Ringe aus gehärtetem und angelassenem Edelstahl und seltene Höchstbeanspruchung kann als zulässige Beanspruchung $1000\,\mathrm{N/mm^2}$ angenommen werden; zulässige Druckbeanspruchung $\sigma_{d\,zul}$ etwa 20 % höher ($E = 2{,}1\cdot10^5\,\mathrm{N/mm^2}$).

Feingestaltung. Abhängig von Schmierung (auch Lebensdauerschmierung). Serienprodukte nach Herstellerangaben.

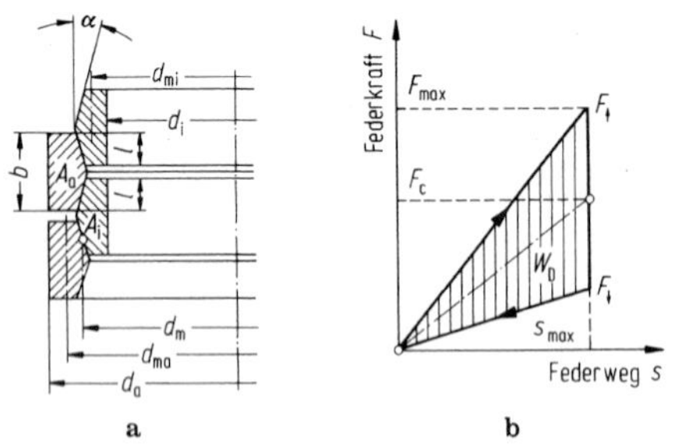

Abb. 9.3 Ringfeder. **a** Querschnitt; **b** Kennlinie vor dem Blockieren

9.2.2 Einfache und geschichtete Blattfedern (gerade oder schwachgekrümmte, biegebeanspruchte Federn)

Einfache Blattfedern. *Anwendung.* Als Andrückfedern von Schiebern, Ankern, Klinken in Gesperren, als Kontaktfeder in Schaltern, als Führungsfedern.

Grundformen (Tab. 9.1). Als Rechteckfeder (Tab. 9.1a) mit einem über die Länge gleichbleibenden Rechteckquerschnitt der Dicke t und der Breite b oder als Dreieck- (Tab. 9.1b) oder Trapezfeder (Tab. 9.1d) mit gleichbleibender Dicke t und linear veränderlicher Breite $b(x)$ oder als Parabelfeder (Tab. 9.1c) mit gleichbleibender Breite b und parabolischem Verlauf der Höhe $h(x)$ oder als Rechteck-Parallelfeder (Tab. 9.1e).

Tab. 9.1 Grundformen und Berechnungsformeln zur Grobgestaltung von Blattfedern

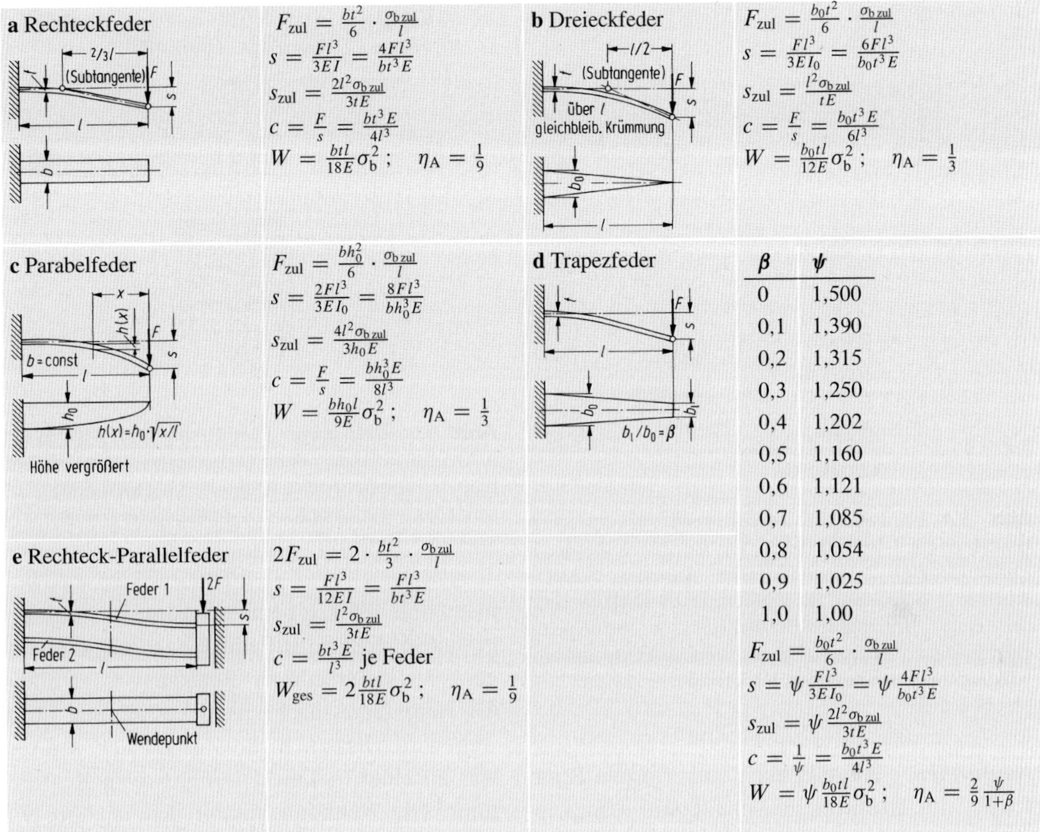

a Rechteckfeder

$F_{zul} = \frac{bt^2}{6} \cdot \frac{\sigma_{b\,zul}}{l}$

$s = \frac{Fl^3}{3EI} = \frac{4Fl^3}{bt^3E}$

$s_{zul} = \frac{2l^2\sigma_{b\,zul}}{3tE}$

$c = \frac{F}{s} = \frac{bt^3E}{4l^3}$

$W = \frac{btl}{18E}\sigma_b^2; \quad \eta_A = \frac{1}{9}$

b Dreieckfeder

$F_{zul} = \frac{b_0t^2}{6} \cdot \frac{\sigma_{b\,zul}}{l}$

$s = \frac{Fl^3}{3EI_0} = \frac{6Fl^3}{b_0t^3E}$

$s_{zul} = \frac{l^2\sigma_{b\,zul}}{tE}$

$c = \frac{F}{s} = \frac{b_0t^3E}{6l^3}$

$W = \frac{b_0tl}{12E}\sigma_b^2; \quad \eta_A = \frac{1}{3}$

c Parabelfeder

$F_{zul} = \frac{bh_0^2}{6} \cdot \frac{\sigma_{b\,zul}}{l}$

$s = \frac{2Fl^3}{3EI_0} = \frac{8Fl^3}{bh_0^3E}$

$s_{zul} = \frac{4l^2\sigma_{b\,zul}}{3h_0E}$

$c = \frac{F}{s} = \frac{bh_0^3E}{8l^3}$

$W = \frac{bh_0l}{9E}\sigma_b^2; \quad \eta_A = \frac{1}{3}$

d Trapezfeder

β	ψ
0	1,500
0,1	1,390
0,2	1,315
0,3	1,250
0,4	1,202
0,5	1,160
0,6	1,121
0,7	1,085
0,8	1,054
0,9	1,025
1,0	1,00

$F_{zul} = \frac{b_0t^2}{6} \cdot \frac{\sigma_{b\,zul}}{l}$

$s = \psi\frac{Fl^3}{3EI_0} = \psi\frac{4Fl^3}{b_0t^3E}$

$s_{zul} = \psi\frac{2l^2\sigma_{b\,zul}}{3tE}$

$c = \frac{1}{\psi} = \frac{b_0t^3E}{4l^3}$

$W = \psi\frac{b_0tl}{18E}\sigma_b^2; \quad \eta_A = \frac{2}{9}\frac{\psi}{1+\beta}$

e Rechteck-Parallelfeder

$2F_{zul} = 2 \cdot \frac{bt^2}{3} \cdot \frac{\sigma_{b\,zul}}{l}$

$s = \frac{Fl^3}{12EI} = \frac{Fl^3}{bt^3E}$

$s_{zul} = \frac{l^2\sigma_{b\,zul}}{3tE}$

$c = \frac{bt^3E}{l^3}$ je Feder

$W_{ges} = 2\frac{btl}{18E}\sigma_b^2; \quad \eta_A = \frac{1}{9}$

Entwurfberechnung. Formeln für die zulässige Querkraft F_{zul}, die Verformung s bzw. zulässige Verformung s_{zul} abhängig von der Querkraft F bzw. der zulässigen Biegenennspannung $\sigma_{b\,zul}$, die Federsteife c, die Federarbeit W und den Volumennutzungsgrad η_A: Tab. 9.1. Ist die Breite b sehr groß gegenüber der Dicke t, dann ist der E-Modul in den Formeln durch $E/(1-\upsilon^2)$ zu ersetzen, mit der Poisson'schen Querkontraktionzahl $\upsilon \approx 0{,}3$ (s. Bd. 1, Kap. 21). Die Dreieckfeder und die Parabelfeder sind Träger gleicher Rand-Biegebeanspruchung (s. Bd. 1, Abschn. 20. 4.5). Wird die Rechteck-Parallelfeder für die vertikale Abstützung eines Schwingtisches mit dem Gewicht $G = mg$ verwendet, dann ist bei der Berechnung der Eigenkreisfrequenz ω_e die astatische Pendelwirkung zu berücksichtigen:

$$\omega_e = \sqrt{\frac{c}{m} - \frac{g}{l_{red}}},$$

mit l_{red} als Krümmungsradius der Bahnkurve der durch die stützenden Blattfedern parallel geführten Masse, $l_{red} \approx 0{,}82\,l$; bei Aufhängung an senkrechten Blattfedern ist das Minuszeichen unter der Wurzel in ein Pluszeichen umzukehren.

Feingestaltung. Um die Einspannkerbwirkung niedrig zu halten, müssen die Einspannkanten gerundet und Beilagen aus Papier, Kunststoff, Messing, Kupfer u. a. oder Verkupferung (oder Verzinkung) im Einspannbereich vorgesehen werden. Befestigungsbohrungen müssen von der Einspannkante der Federblätter um mindestens $3t$ entfernt sein. Deckscheiben sollten mindestens 3 t dick sein. Die Einspannkerbwirkung kann durch Dickenanpassung oder Breitenanpassung vermieden werden, Abb. 9.4.

Geschichtete Blattfedern. *Anwendung.* Zur Federung und Radführung in Land-, Schienen- und Straßenfahrzeugen.

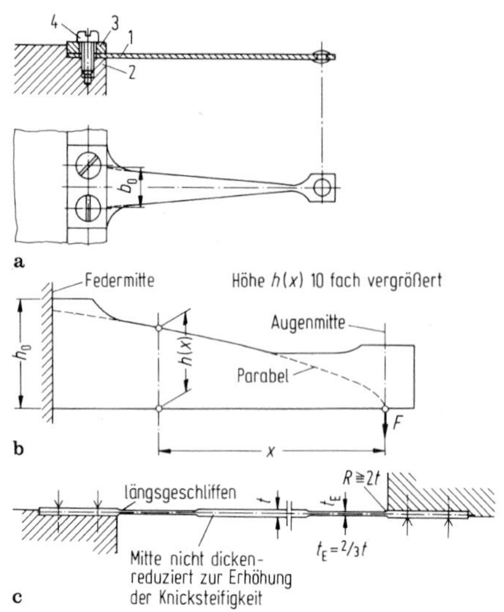

Abb. 9.4 Feingestaltung schwingend beanspruchter Blattfedern. **a** *1* Dreiecksfeder (mit auf $2\,b_0$ verbreiterter Einspannbreite), *2* Spannfläche mit Anschlag, *3* Deckscheibe, *4* Schrauben (lackgesichert); **b** Dickenverlauf bei einer Brüninghaus-Parabelfeder; **c** beiderseitig eingespannte Blattfeder (Führungsfeder), Einspannkerbwirkung durch beiderseitige Dickenreduzierung auf $2/3\,t$ berücksichtigt

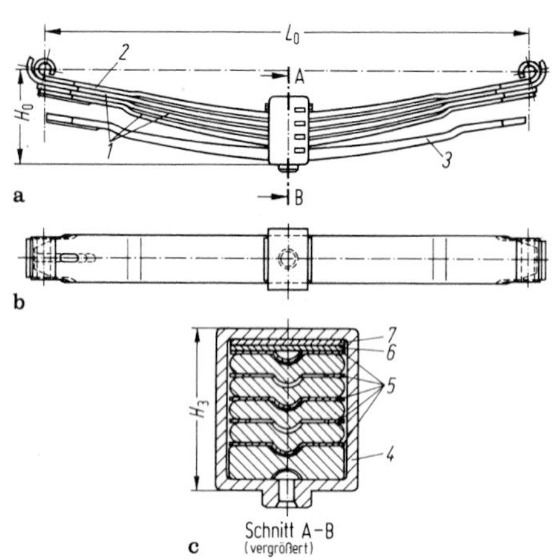

Abb. 9.5 Zweistufige Parabelfeder für Güterwagen. **a** Ansicht; **b** Draufsicht; **c** Querschnitt in Mitte. *1* Federblatt, *2* Hauptfederblatt (Zugseite kugelgestrahlt), *3* Zusatzfeder, *4* Federbund, *5* Zwischenlage (verzinkt), *6* Nasenkeil, *7* Treibkeil

Bauformen. Als elliptisch vorverformte Blattfedern mit Rechteckquerschnitt und Längsrippen nach DIN 11 747 für ein- und zweiachsige landwirtschaftliche Transportanhänger; als vorverformte Trapez- und Parabelfedern nach DIN 2094; als vorverformte Parabelfedern nach DIN 5544 T 1,2 nach Abb. 9.5 für Schienenfahrzeuge.

Entwurfsberechnung. In Anlehnung an Tab. 9.1 unter Beachtung der eventuell von der Belastung abhängigen Federschaltung (Bd. 1, Abschn. 15.1). In erster Näherung können weggleich geschaltete Federteile gleicher Blechdicke als nebeneinanderliegend (mit derselben neutralen Faser) betrachtet werden. Die rechnerisch nicht erfassbare, stark von der Schmierung und der Oberflächenbeschaffenheit der Blätter abhängige Reibung hat den (begrenzten) Vorteil der Dämpfung, aber gegenüber anderen Dämpfern den Nachteil, dass Körperschall ungedämmt weitergeleitet wird.

Feingestaltung. Gestaltungshinweise für Federenden und Lasteinleitungsstellen s. Normen. Abb. 9.5 zeigt eine beanspruchungsgerecht gestaltete Mehrblatt-Parabelfeder für Güterwagen [7]. Bei niedriger Belastung trägt alleine die Hauptfeder, nach einem bestimmten Federweg wird zusätzlich die Zusatzfeder wirksam, was zu einer (geknickt) progressiven Kennlinie führt. Die Kennlinie nimmt den in Abb. 9.2a gezeigten Verlauf an. Zur Steigerung der Dauerfestigkeit werden die aus ölhärtenden Edelstahl 50 CrV4 bestehenden Federblätter so gestaltet, dass die geschichteten Federblätter sich nicht in hochbeanspruchten parabelförmigen Bereichen berühren; die Federblätter werden auf $R_m = 1450$ bis $1600\ \mathrm{N/mm^2}$ vergütet, vorgesetzt, auf der Zugseite kugelgestrahlt und allseitig mit Zinkstaubfarbe gegen Korrosion geschützt. Erzielte Dauerfestigkeitswerte im Versuch, s. [7].

9.2.3 Spiralfedern (ebene gewundene, biegebeanspruchte Federn) und Schenkelfedern (biegebeanspruchte Schraubenfedern)

Spiralfedern. *Anwendung.* Als Triebfedern für Uhren, als Rückstellfedern in elektrischen Messgeräten nach DIN 43 801.

Bauformen. Als archimedische Spirale nach Tab. 9.2a mit rechteckigem Querschnitt und beidseitig fest eingespannten Federenden, als spiralförmig um einen Federkern (Welle) gewickeltes Federband nach DIN 8287.

Entwurfsberechnung (Tab. 9.2a). In den Gleichungen ist die durch die Krümmung hervorgerufene Spannungserhöhung innen im Federquerschnitt nicht berücksichtigt, da i. Allg. das Wickelverhältnis w = Krümmungsradius / (halbe Banddicke) genügend groß ist und bei Beanspruchung im Wickelsinne dort eine Druckspannung mit höherer zulässiger Beanspruchung wirkt. Anhaltswerte für zulässige Beanspruchung wie für schraubenförmig gewundene Biegefedern.

Feingestaltung der Federn und der Befestigungsenden für Triebfedern s. DIN 8287.

Schraubenförmig gewundene Biegefedern. *Anwendung.* Zum Rückführen oder Andrücken von Hebeln, Deckeln und dergleichen („Mausefallenfeder").

Bauformen. Nach DIN EN 13 906-3 mit festeingespannten Federschenkeln oder Führung des ruhenden Schenkels auf einem Dorn nach Tab. 9.2b. Wickelverhältnis $w = D_m/d = 4$ bis 20.

Entwurfsberechnung (Tab. 9.2b). Wegen der Einspannbedingungen nahezu gleichmäßige Biegebeanspruchung im Wickelbereich. Bei ausnahmsweise nicht im Wickelsinne wirkender schwellender Belastung ist der die Spannungsvergrößerung am Innenrand berücksichtigende Faktor q für Rundfedern $q = (w + 0{,}07)/(w - 0{,}75)$ in die Rechnung einzubeziehen. Zulässige Beanspruchungen nach DIN EN 13 906-3 oder vereinfacht mit um den Faktor 1,42 erhöhten Werten für torsionsbeanspruchte Schraubendruckfedern. Auch die Spannungen in den Drahtabbiegestellen an den Schenkeln sind nachzurechnen.

Feingestaltung. Wird auf einem Dorn nach Tab. 9.2b geführt, dann ist Spiel zwischen Feder und Führung notwendig (Dorndurchmesser $\approx 0{,}8$ bis $0{,}9D_i$), genauere Angaben, auch für die Federsteife, s. DIN EN 13 906-3.

9.2.4 Tellerfedern (scheibenförmige, biegebeanspruchte Federn)

Anwendung. Wegen geringen Platzbedarfs (meist zu Säulen geschichtet) und/oder wegen großer Kräfte bei kleinen Wegen als Spannelement in Vorrichtungen und Werkzeugen, zur Betätigung von Ventilen, für Puffer- und Stoßdämpferfedern, zur Abstützung von Maschinen und Fundamenten, für Längs- und Toleranzausgleich und dergleichen.

Bauarten. Gebräuchliche Tellerfedern nach DIN 2093 sind kegelschalenförmig gestaltete, in Achsrichtung belastbare Ringscheiben. Sie werden mit und ohne Auflageflächen gefertigt, Abb. 9.6.

Grobgestaltung. $D_e/D_i \approx 2$; für Reihe A gilt $D_e/t \approx 18$, $h_0/t \approx 0{,}4$; für Reihe B gilt $D_e/t \approx 28$, $h_0/t \approx 0{,}75$; D_e und D_i sind mit h12 bzw. H12 toleriert; Belastbarkeit im Bereich $D_e = 8$ bis 250 mm z. B. für Reihe B normgemäß mit $F_{max} \approx 120$ N bis 120 kN bei Federweg $s \approx 0{,}75h_0$.

Entwurfsberechnung. Bei Krafteinleitung über die Kreislinien I und III nach Abb. 9.6 gelten für

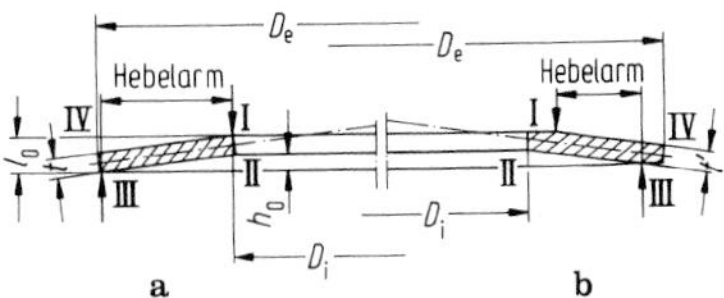

Abb. 9.6 Einzeltellerfeder und Querschnittsstellen der nach Almen-László zu berechnenden Spannungen (nach DIN 2092). **a** ohne Auflageflächen. Gruppe 1 ($t < 1{,}25$mm) und Gruppe 2 ($1{,}25\,\text{mm} \leqq t \leqq 6\,\text{mm}$); **b** mit Auflageflächen. Gruppe 3 ($6\,\text{mm} < t \leqq 14\,\text{mm}$). Bezeichnung einer Tellerfeder der Reihe A mit Außendurchmesser $D_e = 40$ mm, Gruppe 2: Tellerfeder DIN 2093 – A40

Tab. 9.2 Grundformen und Berechnungsformeln zur Grobgestaltung von Spiralfedern und Schenkelfedern mit gleichmäßiger Biegebeanspruchung

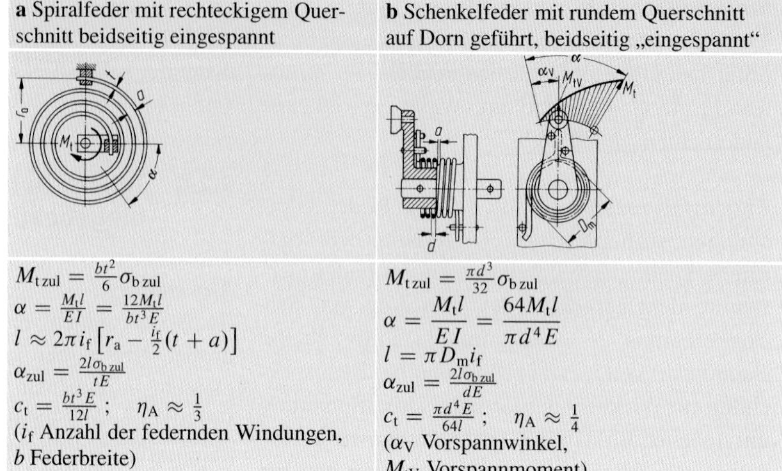

a Spiralfeder mit rechteckigem Querschnitt beidseitig eingespannt	**b** Schenkelfeder mit rundem Querschnitt auf Dorn geführt, beidseitig „eingespannt"
$M_{\mathrm{t\,zul}} = \frac{bt^2}{6}\sigma_{\mathrm{b\,zul}}$ $\alpha = \frac{M_t l}{EI} = \frac{12 M_t l}{bt^3 E}$ $l \approx 2\pi i_f \left[r_a - \frac{i_f}{2}(t+a)\right]$ $\alpha_{\mathrm{zul}} = \frac{2l\sigma_{\mathrm{b\,zul}}}{tE}$ $c_t = \frac{bt^3 E}{12l}; \quad \eta_A \approx \frac{1}{3}$ (i_f Anzahl der federnden Windungen, b Federbreite)	$M_{\mathrm{t\,zul}} = \frac{\pi d^3}{32}\sigma_{\mathrm{b\,zul}}$ $\alpha = \frac{M_t l}{EI} = \frac{64 M_t l}{\pi d^4 E}$ $l = \pi D_m i_f$ $\alpha_{\mathrm{zul}} = \frac{2l\sigma_{\mathrm{b\,zul}}}{dE}$ $c_t = \frac{\pi d^4 E}{64l}; \quad \eta_A \approx \frac{1}{4}$ (α_V Vorspannwinkel, M_{tV} Vorspannmoment)

$h_0/t \leqq 0{,}4$ (Reihe A) die Näherungsformeln

$$F \approx \frac{4E}{(1-\upsilon^2)}\frac{(t^3 s)}{K_1 D_e^2} \quad \text{oder}$$

$$c \approx \frac{4E}{(1-\upsilon^2)}\frac{t^3}{K_1 D_e^2} \tag{9.12}$$

$$\sigma_{\mathrm{I,\,II}} \approx \mp\frac{F K_3}{t^2} \quad \text{sowie} \quad \sigma_{\mathrm{III,\,IV}} \approx -\frac{D_i}{D_e}\sigma_{\mathrm{I,\,II}} \tag{9.13}$$

für die Federkraft F, die Federsteife c, die Randspannung σ, mit dem nach DIN EN 16984 2017 für Edelstähle gültigen $4E/(1-\upsilon^2) = 905{,}5\,\mathrm{kN/mm^2}$. Für $D_e/D_i = 2$ sind die vom Durchmesserverhältnis abhängigen dimensionslosen Beiwerte: $K_1 = 0{,}69$; $K_3 = 1{,}38$.

Für $h_0/t > 0{,}4$ können die Nichtlinearitäten der Federn nicht mehr vernachlässigt werden; hierfür sind die von Almen und László abgeleiteten Formeln [3] nach DIN 2092 bei Tellerfedern ohne Auflageflächen ausreichend genau. Die Auswertung dieser Gleichungen führt zu den Federkennlinien nach Abb. 9.7. Die in Abb. 9.8 dargestellte typische Spannungsverteilung [14] zeigt, dass abhängig von der Lage des lastabhängigen Spannungspols die größten rechnerischen Zugspannungen an der Tellerfederunterseite an den Stellen II oder III auftreten, die größte Druckspannung ist an der Stelle I zu erwarten.

Bei Tellerfedern nach DIN EN 16983, die nur *statisch* ohne Laständerung oder mit gelegentlichen Laständerungen in größeren Zeitabständen und weniger als 10^4 Lastspielen belastet werden, darf die rechnerische Druckspannung σ_{I} bei $s = 0{,}75\,h_0$ bis zu $\sigma_{\mathrm{I}} = 2000$ bis $2400\,\mathrm{N/mm^2}$ betragen, ohne dass wesentliche Setzerscheinungen zu befürchten sind.

Bei *schwingender* Beanspruchung zwischen den Federweggrenzen s_o und s_u sind die zugehörigen Ober- und Unterspannungen $\sigma_{\mathrm{IIo}}(\sigma_{\mathrm{IIIo}})$ und $\sigma_{\mathrm{IIu}}(\sigma_{\mathrm{IIIu}})$ auf das Einhalten der z. B. in Abb. 9.9 wiedergegebenen Spannungshubgrenzen der Dauer- und Zeitfestigkeitsschaubilder nachzurechnen. Berechnungsbeispiele für ruhende bzw. selten veränderliche Beanspruchung und für schwingende Beanspruchung s. DIN 2092.

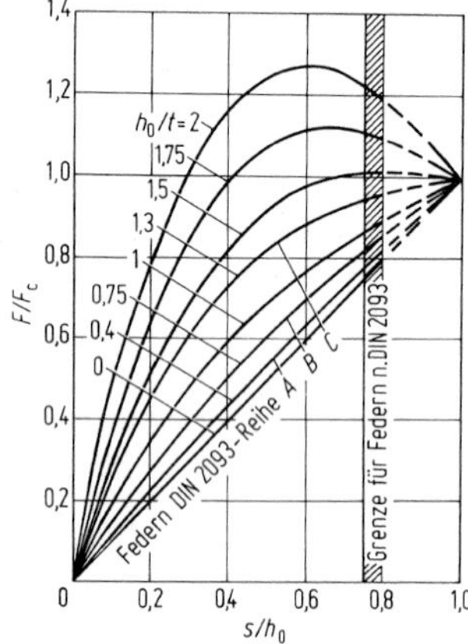

Abb. 9.7 Verlauf der nach Almen-László errechneten Federkennlinien bei verschiedenen Verhältnissen h_0/t (DIN 2092). Errechnete Federkraft für $s = h_0$: $F_c = 4Et^3 h_0/[(1-\upsilon^2)K_1 D_e^2]$

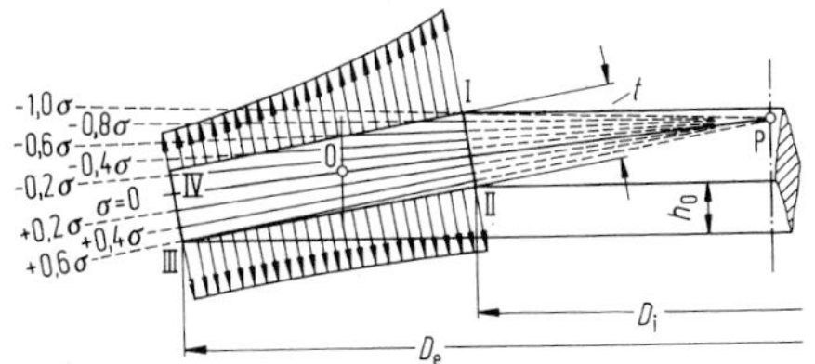

Abb. 9.8 Spannungsverteilung längs der Querschnittsränder und Linien gleicher Normalspannung in einem Tellerfeder-Querschnitt nach Lutz [14]. P belastungsabhängiger Spannungspol auf der Tellerfederachse

Feingestaltung. Gemessene Kennlinien weichen von den errechneten Kennlinien wegen der Kontaktbedingungen in den Auflagepunkten bzw. -flächen (Abwälzen, Gleiten) mehr oder weniger stark ab. Durch gleichsinnig geschichtete Einzeltellerfedern (Federpakete), wechselseitig aneinandergereihte Einzeltellerfedern oder Federpakete (Federsäulen) lassen sich die Kennlinien variieren und auch progressiv gestalten, wenn durch Zwischenringe oder Stufen am Führungsbolzen z. B. die Verformungen über $s \approx 0{,}75\ h_0$ blockiert werden. Insbesondere bei Federpaketen ist die von der Oberflächenbeschaffenheit und Schmierung abhängige Reibung nicht mehr vernachlässigbar. Einzelheiten über verschiedene Möglichkeiten des Kennlinienverlaufs s. Literatur in DIN 2092 und Kataloge der Tellerfederhersteller. Die Führungselemente und Auflagen für Tellerfedern sollen nach Möglichkeit einsatzgehärtet sein (Ersatztiefe $\approx 0{,}8$ mm) und eine Mindesthärte von 55 HRC aufweisen. Die Oberflächen der Führungselemente sollen glatt und möglichst geschliffen sein, Führungsspiel genormt etwa 1 bis 2 % des Durchmessers des Führungselements. Bei schwingender Belastung sind die Federn mit mindestens $s_u = (0{,}15$ bis $0{,}20)\ h_0$ vorzuspannen, um Anrissen infolge Zugeigenspannungen aus dem Setzvorgang an der Stelle I vorzubeugen.

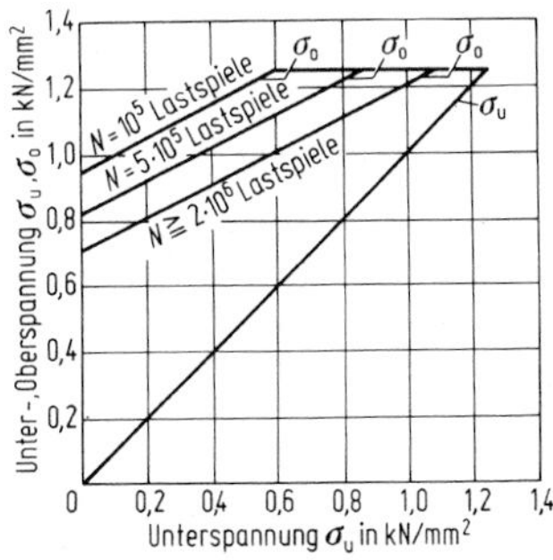

Abb. 9.9 Dauer- und Zeitfestigkeitsschaubild für Tellerfedern DIN 2093 mit 1 mm $\leqq t \leqq$ 6 mm in Federsäulen mit maximal sechs wechselseitig aneinandergereihten Einzeltellerfedern (99 % Überlebenswahrscheinlichkeit, Raumtemperatur)

9.2.5 Drehstabfedern (gerade, drehbeanspruchte Federn)

Anwendung. Zur elastischen Kopplung von Antriebselementen, zur Drehkraftmessung, in Drehmomentschlüsseln, in Fahrzeugen als Drehstabilisator.

Bauarten. Grundformen nach Tab. 9.3; mit rundem Querschnitt nach DIN 2091 oder mit rechteckigem Querschnitt, jeweils auch gebündelt.

Entwurfsberechnung nach Tab. 9.3 oder ausführlicher für runde Querschnitte nach DIN 2091. Hiernach gilt für Stähle nach DIN 17 221 mit einer Vergütungsfestigkeit $R_m = 1600$ bis $1800\,\text{N/mm}^2$ und Schubmodul $G = 78\,500\,\text{N/mm}^2$ bei statischer Belastung für nicht vorgesetzte Stäbe $\tau_{t\,zul} = 700\,\text{N/mm}^2$ und für vorgesetzte Stäbe $\tau_{t\,zul} = 1020\,\text{N/mm}^2$; die Dauerschwellfestigkeit ($N = 2 \cdot 10^6$) für vorgesetzte Stäbe mit geschliffener und kugelgestrahlter Oberfläche kann für ⌀ 20 mm $740\,\text{N/mm}^2$, für ⌀ 60 noch $550\,\text{N/mm}^2$ betragen. Zeitfestigkeits- und Dauerfestigkeitswerte abhängig von der Mittelspannung sowie Richtwerte für Relaxation bzw. Kriechen s. DIN 2091.

Feingestaltung. Gestaltung der Drehstabköpfe mit Vierkant-, Sechskantprofil oder Kerbverzahnung in DIN 2091 genormt (Kerbverzahnung nach DIN 5481); vorwiegend für Stäbe, die nur in einer Drehrichtung beansprucht werden. Kleinster Kopfdurchmesser d_F mindestens 1,25- bis 1,30-facher Stabdurchmesser d. Wegen hoher Kerbempfindlichkeit des hochfesten Federwerkstoffs Kerb- und Riefenfreiheit sowie Druckeigenspannung durch z. B. Kugelstrahlen anstre-

Tab. 9.3 Grundformen und Berechnungsformeln zur Grobgestaltung von Drehstabfedern

a Runde Drehstabfedern mit untersch. Einspannenden

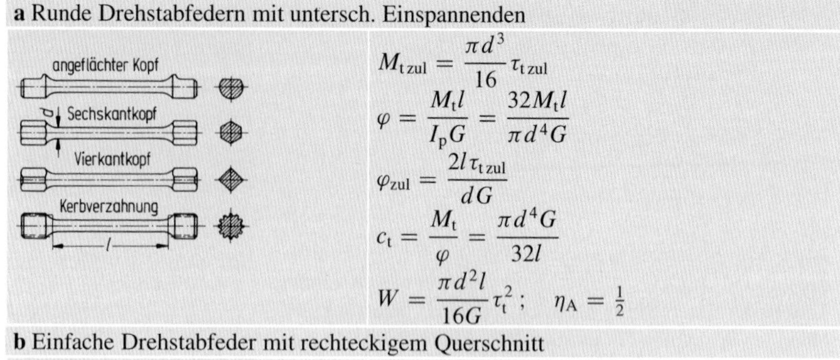

$$M_{\mathrm{t\,zul}} = \frac{\pi d^3}{16}\tau_{\mathrm{t\,zul}}$$
$$\varphi = \frac{M_{\mathrm{t}} l}{I_{\mathrm{p}} G} = \frac{32 M_{\mathrm{t}} l}{\pi d^4 G}$$
$$\varphi_{\mathrm{zul}} = \frac{2l\tau_{\mathrm{t\,zul}}}{dG}$$
$$c_{\mathrm{t}} = \frac{M_{\mathrm{t}}}{\varphi} = \frac{\pi d^4 G}{32 l}$$
$$W = \frac{\pi d^2 l}{16G}\tau_{\mathrm{t}}^2; \quad \eta_{\mathrm{A}} = \tfrac{1}{2}$$

b Einfache Drehstabfeder mit rechteckigem Querschnitt

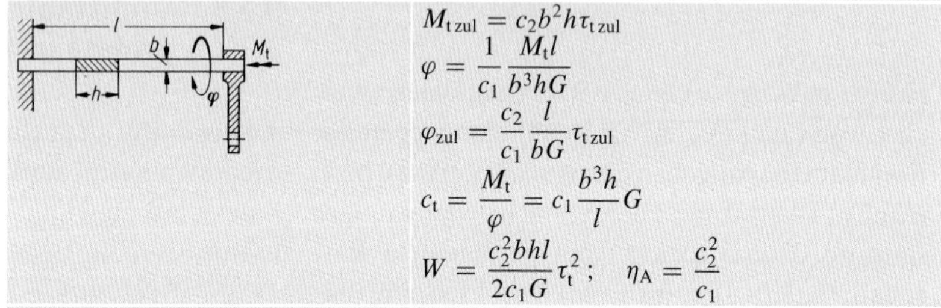

$$M_{\mathrm{t\,zul}} = c_2 b^2 h \tau_{\mathrm{t\,zul}}$$
$$\varphi = \frac{1}{c_1}\frac{M_{\mathrm{t}} l}{b^3 h G}$$
$$\varphi_{\mathrm{zul}} = \frac{c_2}{c_1}\frac{l}{bG}\tau_{\mathrm{t\,zul}}$$
$$c_{\mathrm{t}} = \frac{M_{\mathrm{t}}}{\varphi} = c_1 \frac{b^3 h}{l} G$$
$$W = \frac{c_2^2 b h l}{2 c_1 G}\tau_{\mathrm{t}}^2; \quad \eta_{\mathrm{A}} = \frac{c_2^2}{c_1}$$

c Gebündelte Rechteckfedern

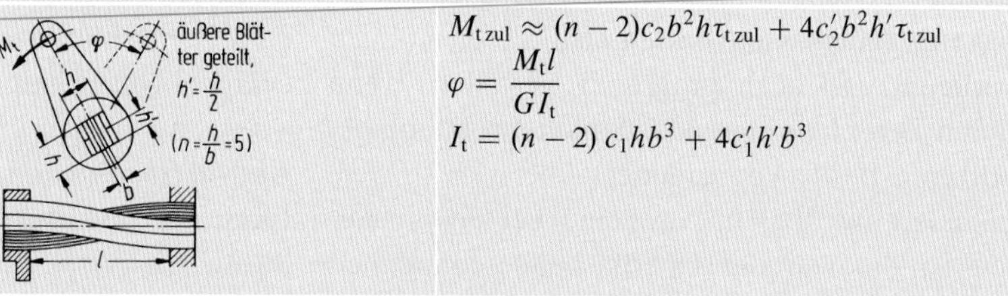

$$M_{\mathrm{t\,zul}} \approx (n-2) c_2 b^2 h \tau_{\mathrm{t\,zul}} + 4 c_2' b^2 h' \tau_{\mathrm{t\,zul}}$$
$$\varphi = \frac{M_{\mathrm{t}} l}{G I_{\mathrm{t}}}$$
$$I_{\mathrm{t}} = (n-2)\, c_1 h b^3 + 4 c_1' h' b^3$$

Werte für $c_1(c_1')$ und $c_2(c_2')$ s. Bd. 1, Tab. 20.7

ben. Bei schwellend beanspruchten Federn kann durch Vorsetzen, d. h. Verformen über die Fließgrenze in Richtung der späteren Betriebsbeanspruchung, ein günstiger, nicht nur oberflächennaher Eigenspannungszustand eingestellt werden [5]. Berechnung der federwirksamen Länge l_{f} unter Einfluss der kreisförmigen Übergänge zum Kopf nach DIN 2091. Dauerhafter Korrosionsschutz ist bei Drehfedern (Tab. 9.3a) leicht aufzubringen, da diese bei geeigneter Einspannung verschleiß- und reibungsfrei arbeiten. Gestaltung von Stabilisatoren auch mit Augenköpfen an den gekröpften Enden, falls bei ihnen die Enden nicht lediglich schenkelförmig abgebogen werden [6].

Eine genaue Berechnung von Drehstabfedern mit rechteckigem Querschnitt erfordert die Berücksichtigung der durch Wölbkrafttorsion zusätzlich auftretenden Zug- und Druckspannungen. Bei gebündelten Federn, z. B. vier parallelgeschalteten Rundstäben oder auch Rechteckfedern (Tab. 9.3c) liegt keine reine Torsion vor, so dass Relativbewegungen insbesondere bei Rechteckfederbündeln auftreten; sie sind deshalb nicht dauerfest gegen Verschleiß und Korrosion zu schützen.

9.2.6 Zylindrische Schraubendruckfedern und Schraubenzugfedern

Anwendung. Als Andrück-, Ausrück-, Rückführfedern in Kupplungen, Bremsen, Ventilen, Schaltern, Bürstenhaltern und dergleichen, als Tragfedern in Fahrzeugen und von Maschinenfundamenten.

Bauarten. Druck- bzw. Zugfedern entprechend Tab. 9.4 nach DIN EN 13 906-1 bzw. -2. Ösen bzw. Hakenöffnungen für Zugfedern nach DIN 2097.

Entwurfsberechnung. Formeln für runden Drahtquerschnitt nach Tab. 9.5 entsprechend Bd. 1, Abschn. 20.5, wobei Schubspannungen aus Querkraft und Normalspannungen bei der Berechnung der Federverformung vernachlässigt werden. Die Nennschubspannung τ wird mit dem mittleren Windungsdurchmesser D und dem Drahtdurchmesser d bestimmt: $\tau = (FD/2)/(\pi d^3/16)$; die infolge der Krümmung des Drahts am federinneren Querschnittsrand vergrößerte Randspannung $\tau_k = k\tau$ wird mit dem Spannungsbeiwert k, der vom Wickelverhältnis $w = D/d$ abhängt, bestimmt. Die Betriebsbeanspruchung wird bei statischer und quasistatischer Belastung ohne Berücksichtigung des Beiwerts k, bei dynamischer Belastung mit Beiwert k ermittelt. Bei üblichen Wickelverhältnissen $w = 4 \ldots 20$ gilt: $k \approx 1{,}4 \ldots 1{,}07$. Um einen schnellen Überblick über die gegenseitigen Abhängigkeiten der verschiedenen Federarten zu erhalten, hat sich für Variantenrechnungen das Geradliniendiagramm Abb. 9.10 bewährt. Bei angenommenen Werten von D, d wird abhängig von der Nennschubspannung τ die Schraubenkraft F und der Federweg je Windung (s/n) in Normzahldarstellung abgelesen. Bei überschlägigen Berechnungen empfiehlt sich zunächst für Stahlfedern mit $\tau = 500\,\mathrm{N/mm^2}$ zu rechnen. In das Geradliniendiagramm, sind als Beispiel die Werte einer Feder mit dem Wickelverhältnis $w = 20$ eingezeichnet.

Hinweis. Um bei der Fertigung oder Beschaffung von Schraubenfedern Missverständnisse zu vermeiden, bedient man sich für die Angaben für Druckfedern zweckmäßig des Vordrucks in DIN 2099 T 1 und für die Angaben für Zugfedern des Vordrucks in DIN 2099 T 2.

Zylindrische Schraubendruckfedern. *Feingestaltung.* Schraubendruckfedern werden in der Regel rechts gewickelt, in Federsätzen abwechselnd rechts und links, wobei die Außenfeder meist rechts gewickelt ist. Um beim Drücken der Feder auf Block ein gleichmäßiges Anliegen aller

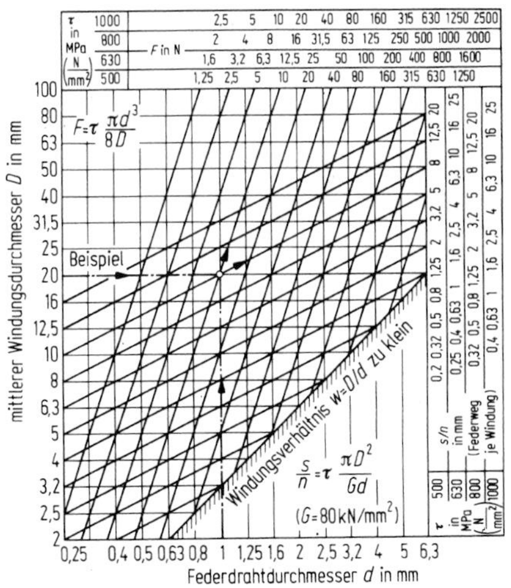

Abb. 9.10 Geradliniendiagramm der gegenseitigen Abhängigkeiten der verschiedenen Schraubenfederdaten nach H. R. Thomsen. Beispiel $d = 1\,\mathrm{mm}$, $D = 20\,\mathrm{mm}$, $\tau = 500\,\mathrm{N/mm^2}$: $F = 10\,\mathrm{N}$, $s/n = 8\,\mathrm{mm}$

Windungen zu erreichen, soll die Gesamtzahl der Windungen möglichst auf 1/2 enden, vor allem bei kleinen Windungszahlen (DIN 2096 T 1). Die Federenden werden angelegt und zur Krafteinleitung entweder plangeschliffen oder unbearbeitet belassen, was bei größeren Drahtdurchmessern angepasste Federteller erfordert. Die Anzahl der erforderlichen, nicht federnd wirksamen Endwindungen hängt vorwiegend vom Herstellungsverfahren ab. Die Gesamtanzahl der Windungen n_t beträgt bei n federnd wirksamen Windungen bei kaltgeformten Federn nach DIN EN 15800 von 2009: $n_t = n + 2$ und bei warmgeformten Federn nach DIN 2096: $n_t = n + 1{,}5$. Der Mindestabstand zwischen den wirksamen Windungen S_a/n bei der höchsten Betriebsbelastung hängt von der Belastungsart und ebenfalls vom Fertigungsverfahren ab; *Anhaltswerte:* $S_a/n \approx 0{,}02\,(D + d)$ bei statischer Belastung bzw. $\approx 0{,}04\,(D + d)$ bei dynamischer Beanspruchung; genauer DIN EN 13 906-1. Aus fertigungstechnischen Gründen müssen alle Federn auf Blocklänge zusammengedrückt werden können, Blocklänge L_c.

Ergänzungen zur Berechnung nach Tab. 9.4 für kalt- und warmgeformte Stahl-Druckfedern mit Gütevorschriften nach DIN 2095, DIN 2096 T 1 und 2 sind ebenfalls in DIN EN 13 906-1 zusammengestellt. Für kaltgeformte Federn aus pa-

Tab. 9.4 Grundformen und Berechnungsformeln für zylindrische Schraubendruck- und Schraubenzugfedern aus runden Drähten

a Druckfeder (Ber. nach DIN EN 13906-1)	**b** Zugfeder (Ber. in Anlehnung an Entwuf DIN EN 13906-2)
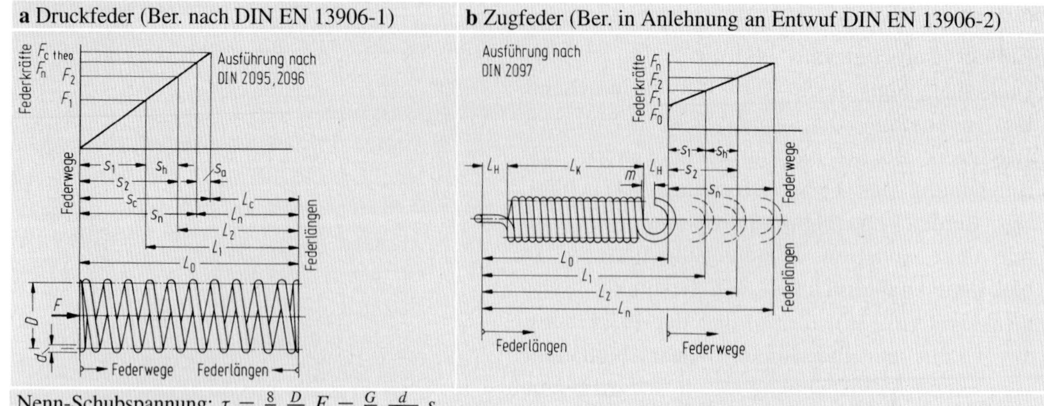	
Nenn-Schubspannung: $\tau = \frac{8}{\pi}\frac{D}{d^3}F = \frac{G}{\pi}\frac{d}{nD^2}s$	
Schubspannung mit Drahtkrümmungseinfluss: $\tau_k = k\tau$; $k = \frac{w+0,5}{w-0,75}$; $w = \frac{D}{d}$	
Federweg: $s = \frac{8D^3n}{Gd^4}F$; n: Anzahl der wirksamen Windungen	
Federrate: $c = \frac{\Delta F}{\Delta s} = \frac{Gd^4}{8D^3n}$	$c = \frac{\Delta F}{\Delta s} = \frac{Gd^4}{8D^3n}$ $\left(= \frac{F-F_0}{s}\right.$ bei innerer Vorspannung$\left.\right)$
Arbeitsaufnahme: $W = 1/2\,F\,s$ bei Druckfedern	$W = 1/2(F_0 + F)\,s$ bei Zugfedern

tentiert-gezogenem Federdraht der Sorte SH und DH nach DIN EN 10 270-1 sind für Fertigungs- und Betriebsbelastungen folgende Grenzen zu beachten: Die zulässige Nennschubspannung bei Blocklänge beträgt $\tau_{c\,zul} = 0{,}56 R_m$, mit der vom Drahtdurchmesser abhängigen Mindestzugfestigkeit R_m. Die zulässige Nennschubspannung bei statischer oder quasistatischer Betriebsbeanspruchung wird durch die je nach Anwendungsfall vertretbare *Relaxation*, d. h. den Kraftverlust bei konstanter Einspannlänge begrenzt. Ergebnisse von Relaxationsversuchen s. DIN EN 13 906-1; es wurden insbesondere bei größeren Drahtdurchmessern (6 mm) und erhöhten Temperaturen (80 °C) nach 48 h erhebliche prozentuale Kraftverluste (15 %) bei kaltgeformten Druckfedern und selbst dauerfest ertragbaren Oberspannungen von $\tau = 800\,\text{N/mm}^2$ gemessen. Zur Bewertung der dynamischen Beanspruchungen im Zeitfestigkeitsbereich (Lastspielzahlen $N = 10^4$ bis 10^7) und im Dauerfestigkeitsbereich (Lastspielzahlen $N \geqq 10^7$) dienen Goodman-Diagramme, in denen die zulässige Randoberspannung τ_{kO} über der Randunterspannung τ_{kU} aufgetragen wird und aus denen der ertragbare Spannungshub τ_{kH} abgelesen werden kann. Ein Dauerfestigkeitsschaubild für nicht kugelgestrahlte Federn zeigt Abb. 9.11. Durch Kugelstrahlen kann der zulässige Spannungshub dieser Federn um etwa 20 % erhöht werden. Druckfedern mit Drahtdurchmessern über 17 mm werden nicht mehr kaltgeformt, sondern ausschließlich durch Warmformung aus z. B. warmgewalzten vergütbaren Stählen nach DIN ISO 7619 von 2012 hergestellt. Als Vormaterialien werden je nach Anforderung Stähle mit gewalzter oder spanend bearbeiteter, d. h. gedrehter, geschälter oder geschliffener Oberfläche verwendet. Zur Steigerung der ertragbaren Hubspannung bei dynamischer Beanspruchung wird kugelgestrahlt. DIN EN 13 906-1 enthält auch Berechnungsformeln zur *Querfederung*, zur *Knickung*, zur *Eigenfrequenz* und zur *Stoßbelastung*.

Progressive Schraubendruckfedern, wie sie für Kraftfahrzeugkonstruktionen bisweilen gefordert werden, können aus beiderseitig konisch verjüngten Stäben mit veränderlichem Wickelabstand oder konstantem Drahtdurchmesser mit veränderlichem Windungsdurchmesser – nicht zylindrisch – hergestellt werden. Während des Einfederns wird ein Teil der Windungen kontinuierlich zunehmend auf Block gesetzt und dadurch vorzeitig als Federungselement ausgeschaltet [5, 10, 16].

Tab. 9.5 Übersicht über die für Gummifedern verwendeten Elastomere und ihre wichtigsten Eigenschaften

Elastomere mit Kurzzeichen nach DIN ISO 1629 und Handelsnamen-Beispiel	Styrol-Butadien-Kautschuk	Natur-kautschuk-(Polyiso-pren)	Butyl-Kautschuk-(Brom-, Chlor-)	Ethylen-Propy-len-Dien-Kautschuk	Chloropren-Kautschuk	Chlor-sulphonyl-Poly-ethylen-Kautschuk	Nitril-Bu-tadien-Kautschuk	Polyester-Urethane-Kautschuk	Methyl-Vi-nyl-Silikon-Kautschuk	Polyacrylat-Kautschuk (PA)	Fluor-Kautschuk
	SBR	NR	BIIR CIIR	EPDM	CR	CSM	NBR	AU.EU	MVQ	ACM	FPM
Eigenschaften	Buna	Gummi	Butyl	Buna AP	Neoprene	Hypalon	Perbunan	Vulkollan	Silopren	Cyanacryl	Viton
Shore-A-Härte, (DIN 7619-1)	30...100	20...100	40...85	40...85	20...90	50...85	40...100	65...95	40...80	55...90	65...90
Reißdehnung (DIN 53504)	100...800	100...800	400...800	150...500	100...800	200...250	100...700	300...700	100...400	100...350	100...300
Temperatur-einsatzbereich in °C	−50...100	−55...90	−40...120	−50...130	−40...100	−20...120	−40...100	−25...80	−60...200	−20...150	−20...200
Beständigkeit gegen Kohlen-wasserstoffe	gering	gering	gering	mittelmäßig	mittelmäßig	gut bis mittelmäßig	gut		gut	sehr gut	hervor-ragend
Kriechfestigkeit	sehr gut	hervor-ragend	mittel	gut	gut	mittel	sehr gut	gut	gut	gut	gut
Dämpfung	gut	mittelmäßig	sehr gut	gut	gut	sehr gut	sehr gut	gut	gut	sehr gut	stark tem-peratur-abhängig
Haftfestigkeit an Metall	gut	hervor-ragend	mittelmäßig	mittelmäßig	gut	mittelmäßig	sehr gut	sehr gut	mittel	mittel	gut
spezielle Eigenschaften	—	brennbar	gut säure-beständig	hervor-ragend ozon-beständig	—	gut säure-beständig	—	wasser-empfindlich bei 40 °C	flamm-widrig	brennbar (hell her-stellbar)	silikonöl-beständig
Preisindex	100	85	125	120	250	270	170	400	800	350	1000

9

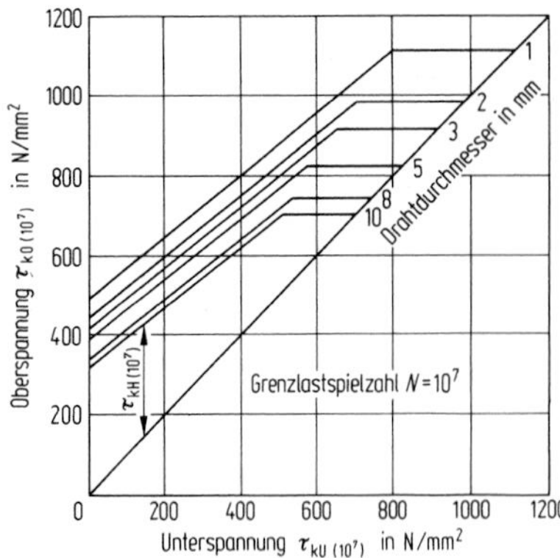

Abb. 9.11 Dauerfestigkeitsschaubild (Goodman-Diagramm) nach DIN EN 13 906-1 für kaltgeformte Schraubendruckfedern aus patentiert-gezogenem Federstahldraht der Sorte DH nach EN 10 270-1, nicht kugelgestrahlt

Schraubendruckfedern werden bisweilen in Form von *Federnestern* mit zwei (oder drei) konzentrischen, abwechselnd rechts und links gewickelten Federn eingesetzt, um einen gegebenen Raum optimal auszunutzen. Sorgfältige Zentrierung der Einzelfederenden und genügend Radialspiel zwischen den Federn ist vorzusehen.

Zylindrische Schraubenzugfedern. *Feingestaltung.* Ösen- und Hakenformen für kaltgeformte Zugfedern nach DIN 2097. Bei Federn mit Ösen wird die Gesamtanzahl der Windungen durch die Stellung der Ösen festgelegt; bei eingeschraubten oder eingerollten Endstücken ist die Gesamtzahl der Windungen um die Anzahl der durch Einrollen oder Einschrauben von Endstücken blockierten Windungen höher als die Anzahl der federnden Windungen. Bei Zugfedern mit Vorspannung liegen die Windungen aneinander, nicht unbedingt bei Zugfedern ohne Vorspannung.

Ergänzungen zur Berechnung nach Tab. 9.4 für kalt- und warmgeformte Stahl-Zugfedern s. DIN EN 13 906-2. Für die Berechnung und Konstruktion sind neben dem gegebenen Einbauraum in erster Linie die zu verrichtende Federarbeit und die höchste Federkraft F_n maßgebend. Für kaltgeformte Zugfedern beträgt bei statischer oder quasistatischer Belastung die zulässige Nennschubspannung $\tau_{zul} = 0{,}45 R_m$, mit der vom Durchmesser abhängigen Mindestzugfestigkeit R_m. Aus Platzersparnisgründen werden kaltgeformte Zugfedern meist mit einer inneren Vorspannkraft F_0 gewickelt, sodass ihre theoretische Zugkraft-Verformungs-Kennlinie entsprechend Tab. 9.4b verläuft. Wickel-Nennschubspannung τ_0 nach DIN EN 13906-2.

Bei schwingender Belastung sind Zugfedern nach Möglichkeit zu vermeiden, da die Spannungsspitzen in den Ösen rechnerisch nur unsicher erfassbar sind, weil ihre Oberfläche wegen der im unbelasteten Zustand meist eng aneinander liegenden Windungen nicht durch Kugelstrahlen verfestigt werden kann und weil ein Dauerbruch, im Gegensatz zur Schraubendruckfeder, unmittelbar zu Folgeschäden führen kann. Müssen Zugfedern bei schwingender Belastung angewandt werden, dann nur als kaltgeformte Zugfedern, zweckmäßig mit eingeschraubten Lochlaschen nach DIN EN 13 906-2.

9.3 Gummifedern

Gummifedern [1, 2, 17–20] sind Konstruktionselemente, deren hohe Nachgiebigkeit durch die Elastizität der verwendeten Elastomere (Gummi), aber auch durch deren Formgebung und Verbindung mit Metallteilen bestimmt wird.

9.3.1 Der Werkstoff „Gummi" und seine Eigenschaften

Grundlegendes über Elastomere s. Bd. 1, Abschn. 32.8. In Tab. 9.5 sind für Natur- und Kunstkautschuksorten, die sich für Federelemente verwenden lassen, Angaben über bemerkenswerte Eigenschaften zusammengestellt.

Die Verformung einer Gummifeder setzt sich aus elastischer Formänderung und von der Belastungshöhe und der Zeit abhängigem *Kriechen* zusammen. Zum Kriechen unter ruhender Last kommt ein *Setzen* unter schwingender Last während der ersten $5 \cdot 10^5$ Lastspiele hinzu. Nach der Entlastung und einem Rückfließen aufgrund von Eigenspannungen bleibt eventuell ein merklicher, werkstoffabhängiger *Verformungsrest* (DIN ISO 815, DIN ISO 2285). Kriech- (Fließ-) und

Setzerscheinungen sind bei Kunstkautschukmischungen wesentlich stärker ausgeprägt als bei hochelastischen Naturkautschukmischungen; sie sind ebenso wie die auf den gleichen physikalischen Zusammenhang zurückzuführende Dämpfung temperaturabhängig. Bei 80 °C beginnen auch hochelastische Gummimischungen bereits erheblich zu kriechen. Der Werkstoff „Gummi" kann im Anwendungsbereich gut mit rheologischen Modellen [2, 17] beschrieben werden. Im Allgemeinen werden für den *Schubmodul G* und den *Kompressionsmodul K* unterschiedliche rheologische Modelle benötigt.

Der *Kompressionsmodul K* gibt die relative Volumenänderung unter allseitigem Druck an. Für linear elastische Materialien ist $K = E/(3-6\nu)$ und $E = 2G(1+\nu)$ mit der Querkontraktionszahl ν. Für Elastomere gilt bei kleinen Verformungen und Belastungsgeschwindigkeiten $\nu \approx 0{,}5$ und $E \approx 3\,G$; der Kompressionsmodul K kann z. B. etwa 1280 N/mm² bei einem Schubmodul G von 18 N/mm² betragen ($\nu = 0{,}493$), womit Gummi praktisch inkompressibel reagiert, was bei Gestaltung und Einbau zu beachten ist.

Infolge der verhältnismäßig hohen ertragbaren Schiebungen werden die Federkennlinien bis in den nichtlinearen Bereich hinein genutzt, das Hooke'sche Gesetz gilt deshalb, auch bei niedrigen Belastungsgeschwindigkeiten, nur angenähert im gesamten Anwendungsbereich. Zur Kennzeichnung von Gummiqualitäten wird in der Praxis die *Shore-A-Härte* nach DIN ISO 7619 von 2012 – kurz shA – benutzt, die bestenfalls mit einer Unsicherheit von ±2 shA reproduzierbar gemessen werden kann. Der Shore-A-Härte kann ein Schätzwert für den Schubmodul G nach Abb. 9.12 zugeordnet werden. Neue Gummifedern sind i. Allg. härter als bereits dynamisch beanspruchte.

Die im Gummi wirkenden Dämpfungskräfte können nur in jeweils eng begrenzten Frequenzbereichen als geschwindigkeitsproportional betrachtet werden. Selbst bei hochelastischen Qualitäten mit niedriger Shorehärte ergeben sich im normalen Schwingfrequenzbereich von 25 bis 50 Hz bereits bis 20 %ige Überhöhungen des bei zügiger Belastung gemessenen E-Moduls bzw. G-Moduls; bei höheren Shorehärten im Bereich

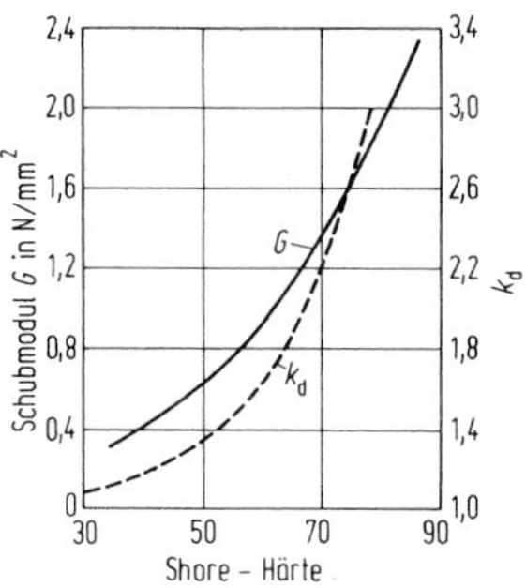

Abb. 9.12 Schubmodul G und Dynamikfaktor k_d von Gummi (Naturkautschuk) in Abhängigkeit der Shore-A-Härte [18]

54 bis 72 shA kann die Überhöhung 40 bis 60 % betragen. Man muss deswegen bei Gummielementen zwischen der statischen Federsteifigkeit c und der dynamischen Federsteifigkeit c_{dyn} unterscheiden. Vereinfachend besteht zwischen beiden Kennwerten der Zusammenhang $c_{dyn} = k_d c$. Als Richtwert gilt, dass der nur wenig mit der Frequenz zunehmende Faktor k_d in einem üblichen Härtebereich 35 bis 60 shA zwischen 1,1 bis 1,6 liegt, bei Shore-Härten über 60 aber auch erheblich höher liegen kann, Abb. 9.12. Zur Bestimmung genauerer Kennwerte für die von der Frequenz, der Verformungsamplitude, der Mittelverformung und der Temperatur abhängigen visko-elastischen Eigenschaften s. DIN 53 513 oder [2].

9.3.2 Gummifederelemente

Anwendung. Im steigendem Maße für die *Schwingungsisolierung* im Motorenbau und als elastische Verbindungselemente und -gelenke im Maschinenbau, weil sie sich in idealer Weise konstruktiven Anforderungen anpassen lassen [18].

Bauarten. Gummielemente können als frei geformte, kompakte Elemente, wie z. B. einfachen zylindrischen Gummiblöcken mit $d = h$ für Schwingungsisolierung, oder als gefügte oder gebundene Elemente eingesetzt werden. Bei gefügten Federn muss durch ausreichende Pressung in den Wirkflächen sichergestellt sein, dass die Spannungen auf den Gummi möglichst gleichmäßig und ohne Verformungsbehinderung übertragen werden. Meist werden Gummifederelemente als sog. Gummi-Metall-Elemente, z. B. nach Tab. 9.6, ausgeführt, wobei die bei der Vulkanisation innig mit dem Gummi verbundenen Metallflächen eine einwandfreie Kraftübertragung gewährleisten. Solche Elemente werden in großen Serien hergestellt und sind mit ihren verhältnismäßig sicher angebbaren Steifigkeits- und Festigkeitswerten in Herstellerkatalogen aufgeführt. Für neue Aufgaben sollten sie nicht ohne eingehende Rücksprache mit dem Hersteller ausgewählt werden. Schubbelastete Gummimetallfedern werden bevorzugt bei mittleren Belastungen eingesetzt, sobald größere Federwege bzw. niedrige Eigenschwingungszahlen gefordert werden. Druckbelastete Gummielemente werden bei großen Lasten angewendet, sobald hohe Steifigkeit in Belastungsrichtung erlaubt oder erwünscht ist. Zugbeanspruchte Gummielemente werden verwendet, wenn sehr kleine Massen schwingungsisoliert aufgehängt werden sollen, sie haben den Vorteil besonders günstiger Geräuschisolierung. Weitere Bauformen s. VDI-Richtlinie 2062.

Entwurfsberechnung nach Tab. 9.6. Anhaltswerte für zulässige Beanspruchungen Tab. 9.7. Im Allgemeinen darf man mit der statischen Schubverformung nicht über $\tan\gamma = 0{,}2$ bis 0,4 hinausgehen; die Druckverformung soll kleiner als $\varepsilon = 0{,}1$ sein.

Feingestaltung. Bei schubbelasteten Gummimetallfedern (Tab. 9.6a,b) soll das Dicke/Länge-Verhältnis $t/l \ll 0{,}25$ bleiben, damit zusätzliche Normalspannungen an den schubübertragenden Metallflächen klein gehalten werden können; auch die Kennlinie ist dann weitgehend geradlinig und die Dauerhaltbarkeit wird erhöht. Der Vermeidung von Zugspannungen an den Flächengrenzen dient auch eine Druckvorspannung der Elemente, Abb. 9.13 [19]. Bei drehschubbeanspruchten Elementen (Tab. 9.6c,d) tritt eine Spannungserhöhung an den Grenzen der lastübertragenden Flächen nicht auf, weshalb sie stärker schubverformt werden als in Schubrichtung begrenzte Gummi-Metall-Federn. Nach Möglichkeit sollten sie als Körper gleicher Schubbeanspruchung gestaltet werden, Abb. 9.14 [20].

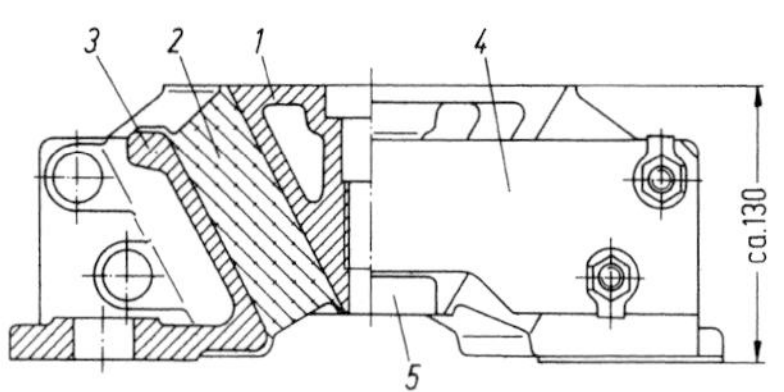

Abb. 9.13 Motorlager für Lokomotiv- und Schiffdieselmotoren im Querschnitt und in Draufsicht nach [19]. *1* Innenteil (Gussteil) mit Gewinde und Querkrafteinleitung über Passring, *2* Schub- und druckbeanspruchter Gummikörper, *3* Befestigungswinkel (Gussteile), *4* Zugstege, *5* Rückanschlag am Innenteil *1*

Die Steifigkeit druckbeanspruchter Gummielemente kann erhöht werden, wenn dünne Metallplatten parallel zur Druckfläche einvulkanisiert oder eingepresst werden, Abb. 9.15 [19], und damit die Querdehnung des Gummis noch stärker behindern, als dies durch die äußeren Druckflächen geschieht. Die Querbehinderung durch die nicht gleitfähigen Druckflächen wird durch den *Formfaktor k*, das Verhältnis von belasteter Gummifläche zu freier Gummioberfläche (Tab. 9.6e), erfasst. Dünne Metallplatten können auch zur Wärmeableitung und damit zur Temperaturerniedrigung in schwingend beanspruchten Elastomere-Elementen genutzt werden. Wegen der Dämpfungsfähigkeit der Elastomere entstehen im Inneren hohe Temperaturen (Wärmenester), die mit modernen Berechnungsmethoden, Finite Elemente Rechnungen, vorhergesagt werden können [2].

Hinweis. Weitere Gestaltungsgesichtspunkte sind jeweils nach vorherigen Diskussionen mit den Herstellern unter Einbeziehung ihrer vielfältigen Erfahrung zu berücksichtigen. Von den Herstellern ist auch in jedem Einzelfalle die zulässige

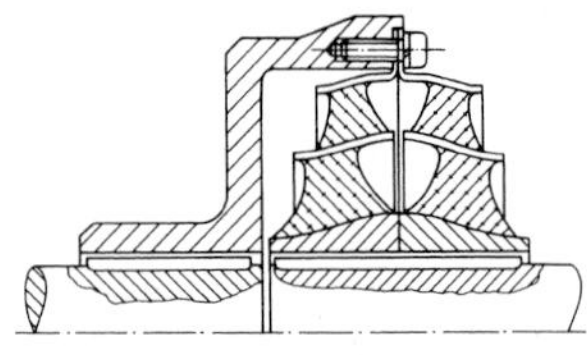

Abb. 9.14 Drehelastische Wellenkupplung nach [20]

Tab. 9.6 Bauformen von Gummi-Metall-Federn mit Berechnungsgrundlagen

Federart	Federform, Belastung	Berechnungsgleichungen	Geltungsbereich, Bemerkungen
Scheibenfeder unter Parallelschub **a**	Schubspannungsverteilung	$s \approx \frac{Ft}{lbG}$ $\tau_n \approx \frac{F}{lb} \approx G\frac{s}{t}$ $s_{zul} \approx t\gamma_{zul}$ $\eta_a \approx 1 \quad$ falls $l \gg t$ $F_{zul} \approx blG\gamma_{zul}$	Im Bereich $s/t \approx \gamma \leqq 20°$ ($s \leqq 0{,}35\,t$) ist Kennlinie praktisch gerade. An den Rändern bei **I...IV** ist $\tau = 0$. Von da an steigt τ zunächst über τ_n hinaus an. Bei **I** und **III** ist Zugspannung überlagert, bei **II** und **IV** Druckspannung.
Hülsenfeder unter Axialschub **b**		$s \approx \frac{F\ \ln(d_a/d_i)}{2\pi lG}$ $\tau_{ni} = \frac{F}{\pi d_i l}\,; \quad \tau_{na} = \frac{F}{\pi d_a l}$ $s_{zul} = \frac{d_i}{2}\ln\frac{d_a}{d_i}\gamma_{zul}$ $F_{zul} = \pi d_i l G\gamma_{zul}$	Linearität bis $\gamma_{ni} = \frac{\tau_{ni}}{G} \leqq 20°$ Falls Gummihöhe l mit dem Kehrwert des Durchmessers abnimmt, also $l_i d_i = l_a d_a$, gilt $\tau_{ni} = \tau_{na}$ und $s \approx \frac{F(d_a - d_i)}{2\pi d_i l_i G}\,; \quad \eta_A = 1$ (Körper gleicher Beanspruchung)
Scheibenfeder unter Drehschub **c**	$(t_a/t_i = d_a/d_i)$	$\varphi \approx \frac{24M_t t_a}{\pi G(d_a^4 - d_i^3 d_a)}$ $\tau = \varphi\frac{d_a}{2t_a}G = \varphi\frac{d_i}{2t_i}G$ $\varphi_{zul} = \frac{2t_a}{d_a}\gamma_{zul}\,, \quad \eta_A = 1$ $M_{t\,zul} = \frac{\pi G(d_a^3 - d_i^3)}{12}\gamma_{zul}$	Gültig für $\varphi \leqq 20° \cdot 2t_a/d_a$ Falls $t_i = t_a = t$ ist $\varphi = \frac{32M_t t}{\pi(d_a^4 - d_i^4)G}$ Bei gleichem t_a und damit gleichem φ_{zul} fällt $M_{t\,zul}$ für $d_a/d_i = 2$ auf das 0,8-fache gegenüber gezeichneter Feder
Hülsenfeder unter Drehschub **d**		$\varphi \approx \frac{M_t}{\pi lG}\left(\frac{1}{d_i^2} - \frac{1}{d_a^2}\right)$ $\tau_i = \frac{2M_t}{\pi d_i^2 l}\,; \quad \tau_a = \frac{2M_t}{\pi d_a^2 l}$ $\varphi_{zul} = \frac{(d_a^2 - d_i^2)}{2d_a^2}\gamma_{zul}$ $M_{t\,zul} = \frac{\pi G d_i^2 l}{2}\gamma_{zul}$	Falls Gummibreite l mit dem Kehrwertquadrat des Durchmessers abnimmt, also $l_i d_i^2 = l_a d_a^2$, gilt $\tau_i = \tau_a$, $\eta_A = 1$ und $\varphi = \frac{2M_t}{\pi l_i G d_i^2}\ln\frac{d_a}{d_i}$ $\varphi_{zul} = \ln\frac{d_a}{d_i}\gamma_{zul}$ (Linearität bis $\gamma \approx 40°$)
Gummipuffer unter Drucklast **e**		$s \approx \frac{4Fh}{E_{rech}\pi d^2}$ $F_{zul} = \frac{\pi d^2}{4}\sigma_{zul}$ Bei Dauerbelastung $s_{zul} = 0{,}1h$, sonst Kriechen Formfaktor $k = \frac{\pi d^2/4}{\pi dh} = \frac{d}{4h}$	rechnerischer E-Modul in N/mm² Shore-Härte 72, 67, 54, 44, 32 Formfaktor k

Tab. 9.7 Anhaltswerte für die überschlägige Berechnung von zulässigen Belastungen und Verformungen von Gummielementen (k: Formfaktor nach Tab. 9.6e: zulässige Wechselbeanpruchungen etwa $1/3$ bis $1/2$ der zulässigen statischen Beanspruchungen) nach [17]

Shore-Härte sh (A)	Dichte in t/m³	E-Modul E_{st} bei Druck in N/mm²		G-Modul G_{st} in N/mm²	Dynamikfaktor k_d	Zulässige statische Verformung in % bei ständiger statischer Belastung		Zulässige Spannung in N/mm² bei ständiger statischer Belastung		
		$k = 1/4$	$k = 1$			Druck	Schub, Zug	Druck $k = 1/4$	Druck $k = 1$	Schub, Zug
30	0,99	1,1	4,5	0,3	1,1	10...15	50...75	0,18	0,7	0,2
40	1,04	1,6	6,5	0,4	1,2	10...15	45...70	0,25	1,0	0,28
50	1,1	2,2	9,0	0,55	1,3	10...15	40...60	0,36	1,4	0,33
60	1,18	3,3	13,0	0,8	1,6	10...15	30...45	0,5	2,0	0,36
70	1,27	5,2	20,0	1,3	2,3	10...15	20...30	0,8	3,2	0,38

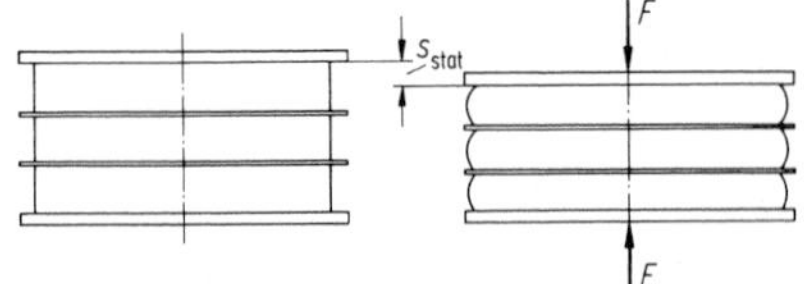

Abb. 9.15 Druckbeanspruchter Gummi-Metall-Körper mit einvulkanisierten, die Querdrehung weitgehend behindernden Zwischenblechen nach [19]. (Resultierender E-Modul: $E_R = KG$, mit $K = 19{,}5$ für Formfaktor $k = d/4h = 1{,}5$)

Belastbarkeit der Gummifeder zu erfragen, falls sie in Herstellerkatalogen nicht aufgeführt ist.

9.4 Federn aus Faser-Kunststoff-Verbunden

Mit Faser-Kunststoff-Verbunden [21–29] sollen die Vorteile von Metallfedern (hohe Belastbarkeit, kleiner Bauraum, niedrige Relaxation) und von Gummifedern (niedrigeres Gewicht, Dämpfungsfähigkeit) vereinigt werden. Die Tragfähigkeit und Steifigkeit wird von den Fasern (meist Glasfasern, aber auch Aramidfasern und Kohlenstofffasern) und der Matrix (meist Polyester- oder Epoxydharze) bestimmt. Die Werkstoffeigenschaften des Verbundwerkstoffs sind abhängig vom Faservolumenanteil (30 bis 60 %) variierbar und damit gleichsam einstellbar. Die chemische und mechanische Verträglichkeit der Komponenten muss unter den Umgebungsbedingungen bei Fertigung, Lagerung und Betrieb sichergestellt werden, z. B. sind Feuchtigkeit und Temperatur zu beachten [21, 22].

Anwendung Als Blattfedern und Lenker im Automobil- und Schienenfahrzeugbau [23, 24], für Hochleistungssportgeräte, für stromisolierende Abstützungen im Elektromaschinenbau, für Elemente des Flugzeugbaus. Vorteilhaft ist das gutmütige Ermüdungsverhalten, insbesondere bei Blattfedern. Es zeigen sich keine schlagartigen, vollständigen Durchtrennungen der Federkörper, sondern sukzessive, gut beobachtbare Brüche einzelner Fasern.

Bauarten Zug- und biegebeanspruchte Federn mit Grundformen nach Abschn. 9.2.1 und Abschn. 9.2.2 und oft metallverstärkten Krafteinleitungsstellen, vornehmlich Parabel-Blattfedern. Deren Kontur sollte an den Enden zur Aufnahme des Querkraftschubs in einen Rechteckteil übergehen. Die Fasern verlaufen unidirektional in Federlängsrichtung. Auch Drehstabfedern [25].

Entwurfsberechnung Wegen Anisotropie der Festigkeitseigenschaften ist i. Allg. die Kunststoffmatrix festigkeitsbestimmend. Die für Metallfedern gültigen einfachen Entwurfsberechnungen, die i. Allg. keine Bewertung der Schubspannungen berücksichtigen, können höchstens als erste Vergleichsbasis bei Vorliegen von Bauteilversuchen an Kunststofffedern verwendet werden. Es muss darüber hinaus stets geklärt werden, ob die Matrix eine ausreichende Knicksicherheit gewährleistet. Den Verformungsverlauf und die Festigkeit dimensioniert man bei großen Verformungen mittels FE-Rechnungen (s. Bd. 1, Kap. 26). Da die Schubfestigkeit des Werkstoffs niedrig ist, muss unbedingt die Querkraft-Schubbeanspruchung überprüft werden [26–29].

Feingestaltung Die Krafteinleitung erfolgt bei Zugstäben zweckmäßigerweise über zwei metallene Garnrollen, um die die Faser praktisch endlos gewickelt wird; der Abstand zwischen den Garnrollen wird durch ein drucksteifes Konstruktionselement sichergestellt. Eine ähnliche Konstruktion wird für massenreduzierte Pleuel (Kohlenstofffaser/Aluminium) erprobt [22]. Allgemein ist darauf zu achten, dass die in Längsrichtung eingebetteten Glasfasern nicht durchschnitten werden. Bei Blattfedern können Federaugen als Schlaufen angeformt oder aber aus Stahlbändern oder Al-Strangpressprofilen angeschraubt werden. Verschraubungen durch den Federkörper sind in Bereiche niedriger Biegespannung zu legen. Wegen der anfänglich hohen Relaxation im Federkörper sollte man die Schrauben mehrfach nachziehen [29].

9.5 Gasfedern

Das Prinzip von Gasfedern (Luftfedern) [30–35] beruht auf der Kompressibilität eines in einen Behälter eingeschlossenen Gas-(Luft-)volumens.

Anwendung. Im Kraftfahrzeugbau zur Darstellung nichtlinearer Kennlinien sowie zur Niveauregelung, in Luftkupplungen [31].

Bauarten. Kolben-Luftfeder ähnlich Luftpumpe mit konstantem Querschnitt A und variabler Luftsäulenhöhe. Die Zusammendrückung der Luftsäule h_0 um Weg s bewirkt Druckerhöhung von Druck p_0 (= Innendruck bei $s = 0$) auf Enddruck p. Die erforderliche Dichtung für Kolben führt zu einer Reibungskraft und damit zu Energieverlusten. Reibung entfällt bei Rollfelderbälgen. Auch Kombination mit Flüssigkeitsdämpfer.

Grundlagen. Zustandsgleichung für Gase $pv^{\mathrm{n}} = \mathrm{const}$, mit absolutem Druck p, spezifischem Volumen v und Polytropenexponent n nach Bd. 1, Kap. 41. Für Kolben-Luftfedern ohne Berücksichtigung der Reibung erhält man eine nichtlineare Federkennlinie für Kraftzunahme

$$\Delta F = p_0 A \left(-1 + \frac{1}{(1 - s/h_0)^n} \right) .$$

Weitere Angaben: VDI-Richtlinie 2062 Bl. 2 und [30–35].

9.6 Industrie-Stoßdämpfer

9.6.1 Anwendungsgebiete

Industrie-Stoßdämpfer sind wartungsfreie hydraulische Bauelemente mit *besonderen Dämpfungseigenschaften*, mit denen sie sich von anderen federnden Bauelementen unterscheiden. Überall, wo produziert und transportiert wird, sind Massen in Bewegung, die in einem bestimmten Arbeitsrhythmus einen Richtungswechsel erfahren oder die abgebremst und positioniert werden müssen. Die Massen beinhalten eine mit dem Quadrat der Geschwindigkeit wachsende kinetische Energie. Bei Aufnahme dieser Energie durch Stoßdämpfer, also beim Abbremsen der Masse, treten Kräfte auf, die sich mit der umzuwandelnden mechanischen Energie und also mit der Produktionsgeschwindigkeit der Anlage erhöhen. Eine Steigerung der Produktionsgeschwindigkeit bedingt eine steigende Maschinenbelastung; sie verlangt eine Verringerung der Abbremskräfte.

Forderung ist es, die bewegten Massen positionsgenau und in kürzester Zeit mit möglichst kleinen Bremskräften abzubremsen. Während Federpuffer, Gummipuffer, Luftpuffer und hydraulische Bremszylinder eine Abbremskinematik aufweisen, die eine unakzeptable Höchstkraft bedingt, bremsen Industriestoßdämpfer sanft und in kurzer Verzögerungszeit mit nahezu konstanter Bremskraft über den gesamten Bremsweg, (siehe auch VDI 2061).

9.6.2 Funktionsweise des Industrie-Stoßdämpfers

Diese *ideale Brems-Kinematik* (konstante Verzögerung, zeitlich linearer Geschwindigkeitsverlauf) verdankt der Industrie-Stoßdämpfer seinem konstruktiven Aufbau: Beim Abbremsvorgang wird die Kolbenstange in den Stoßdämpfer eingeschoben; das Hydraulik-Öl, das sich vor dem Kolben befindet, wird durch Drosselöffnungen verdrängt und vom sog. Absorber aufgenommen; proportional zum verfahrenen Hub nimmt die Zahl der wirksamen Drosselbohrungen ab, so dass damit die Kolbenkraft (und damit die auf die abzubremsende Masse wirkende Bremskraft) annähernd konstant bleibt. Daraus resultiert die Abbrems-Kinematik (Abb. 9.16).

Die Industrie bietet eine Vielfalt von konstruktiven Varianten (leichte bis schwere Baureihen, Sicherheitsdämpfer, Rotationsdämpfer, einstellbare, selbsteinstellende und fest eingestellte Dämpfer) für alle anfallenden Aufgaben. Hübe von wenigen mm bis zu mehreren dm, Kräfte von wenigen N bis in den kN-Bereich, Energien von wenigen J bis zu mehreren 100 kJ.

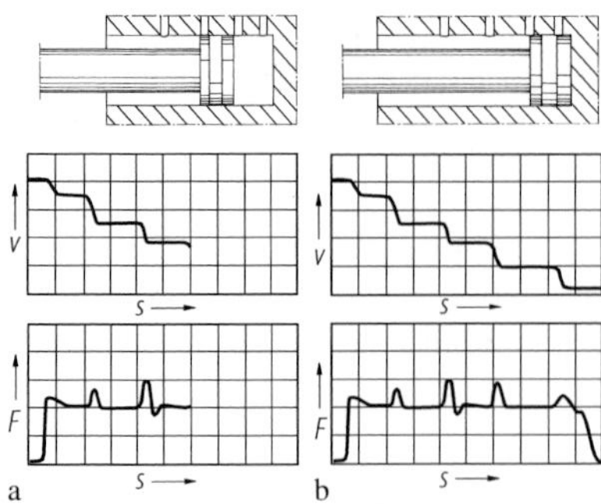

Abb. 9.16 Verlauf von Geschwindigkeit v und Kraft F über dem Kolbenweg s beim Einfahren des Kolbens. **a** Halber Hub; **b** voller Hub

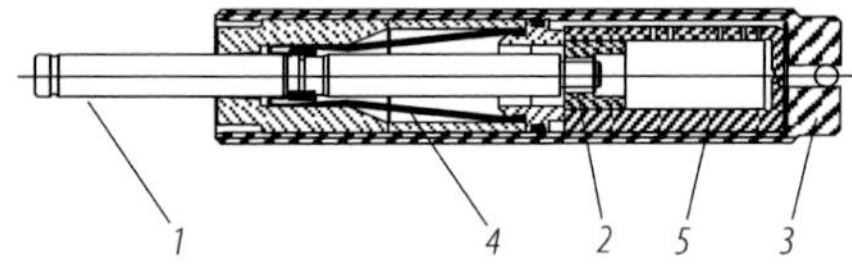

Abb. 9.17 Aufbau eines Industrie-Stoßdämpfers. *1* Kolbenstange, gehärtet, hochfester Stahl, rostfrei, *2* Kolben Sintermetall, selbstschmierend, *3* Korpus, massiv, geschlossener Boden, *4* Absorber, dynamische Dichtung als Rollmembrane, *5* Hochdruckhülse, hochfester legierter Stahl, gasnitriert, für Innendrücke bis 1000 bar

Der Einsatz von Industrie-Stoßdämpfern ermöglicht Produktionssteigerung von Maschinen und Anlagen, erhöht die Lebensdauer, senkt Konstruktions-, Produkt- und Betriebskosten, senkt den Verschleiß und mindert den Betriebslärm.

9.6.3 Aufbau eines Industrie-Stoßdämpfers (Abb. 9.17)

Die Rollmembrane (Absorber) dient als Rückstellelement; Volumenausgleich und hermetische Abdichtung bei einer Lebensdauer bis zu 25 Millionen Lastwechseln.

9.6.4 Berechnung und Auswahl (Abb. 9.18)

Parameter zur Auswahl des Industrie-Stoßdämpfers sind die je Hub oder je Zeiteinheit (z. B. je Stunde) anfallende mechanische Gesamtenergie und die sich daraus ergebende sog. *effektive Masse* m_e sowie die Taktzahl.

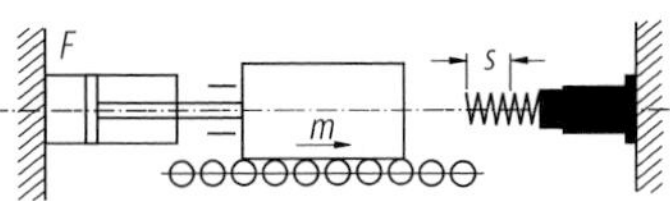

Abb. 9.18 Bewegte Masse mit Antriebskraft: Berechnungsbeispiel

$$W_1 = 0{,}5 \cdot m \cdot v^2\,, \quad m_e = 2\,\frac{W_3}{v^2}\,,$$
$$W_2 = F \cdot s\,,$$
$$W_3 = W_1 + W_2\,,$$
$$Q = s_F\,\frac{W_3}{s} \quad \text{mit}\ s_F = 1{,}2\ldots1{,}5,$$
$$W_4 = W_3 \cdot x\,,$$

mit

- W_1 kinetische Energie pro Hub (in Nm);
- W_2 Energie/Arbeit der Antriebskraft pro Hub (in Nm);
- W_3 Gesamtenergie pro Hub (in Nm);
- W_4 Gesamtenergie pro Stunde (in Nm/h);
- m_e effektive Masse (in kg);
- Q Gegenkraft oder Stützkraft (in N);
- m abzubremsende Masse (in kg);
- F Kraft, zusätzliche Antriebskraft (in N);
- s Stoßdämpferhub (in m);
- x Anzahl der Hübe pro Stunde (in 1/h);
- v Auftreffgeschwindigkeit der Masse (in m/s).

Beispiel

$m = 36\,\text{kg}$; $v = 1{,}5\,\text{m/s}$; $F = 400\,\text{N}$; $x = 1000\,1/\text{h}$; $s = 0{,}025\,\text{m}$ (gewählt)

$W_1 = 0{,}5 \cdot 36 \cdot 1{,}5^2 = 41$ Nm; $W_2 = 400 \cdot 0{,}025 = 10$ Nm; $W_3 = 41 + 10 = 51$ Nm; $W_4 = 51 \cdot 1000 = 51\,000$ Nm; $m_e = 2 \cdot 51 : 1{,}5^2 = 45$ kg; $Q = 1{,}2 \cdot 51 : 0{,}025 = 2448$ N. ◀

Literatur

Spezielle Literatur

1. Federn, K.: Dämpfung elastischer Kupplungen (Wesen, Frequenz- und Temperaturabhängigkeit. Ermittlung). VDI-Ber. **299**, 47–61 (1977)

2. Kümmlee, H.: Ein Verfahren zur Vorhersage des nichtlinearen Steifigkeits- und Dämpfungsverhaltens sowie der Erwärmung drehelastischer Gummikupplungen bei stationärem Betrieb. Diss. TU Berlin 1985 und VDI-Fortschrittsber. **1/136**. VDI-Verlag, Düsseldorf (1986)
3. Almen, J.O., Laszlo, A.: The uniform-section disk spring. Trans. ASME **58**, 305–314 (1936)
4. v. Estorff, H.-E.: Einheitsparabelfedern für Kraftfahrzeug-Anhänger. Brüninghaus-Information Nr. 2 (1973)
5. v. Estorff, H.-E.: Technische Daten Fahrzeugfedern. Teil 1, Drehfedern. Stahlwerke Brüninghaus, Werdohl (1973)
6. v. Estorff, H.-E.: Technische Daten Fahrzeugfedern. Teil 3, Stabilisatoren. Stahlwerke Brüninghaus, Werdohl (1969)
7. v. Estorff, H.-E.: Parabelfedern für Güterwagen. Techn. Mitt. Krupp **37**, 109–115 (1979)
8. Federn, K.: Federnde Verbindungen (Federn). In: Dubbel, 16. Aufl. Springer, Berlin (1987)
9. Friedrichs, J.: Die Uerdinger Ringfeder (R). Draht **15**, 539–542 (1964)
10. Go, G.D.: Problematik der Auslegung von Schraubendruckfedern unter Berücksichtigung des Abwälzverfahrens. Automobil Ind. **3**, 359–367 (1982)
11. Groß, S.: Berechnung und Gestaltung von Metallfedern. Springer, Berlin (1960)
12. Hegemann, F.: Über die dynamischen Festigkeitseigenschaften von Blattfedern für Nutzfahrzeuge. Diss. TH Aachen (1970)
13. Kaiser, B.: Dauerfestigkeitsschaubilder für hochbeanspruchte Schraubenfedern. Draht **4**, 48–53 (2002)
14. Lutz, O.: Zur Berechnung der Tellerfeder. Konstruktion **12**, 57–59 (1960)
15. Meissner, M., Schorcht, H.-J.: Metallfedern. Grundlagen, Werkstoffe, Berechnung Gestaltung und Rechnereinsatz, 3. Aufl. Springer Vieweg, Berlin (2015)
16. Ulbricht, J.: Progressive Schraubendruckfeder mit veränderlichem Drahtdurchmesser für den Fahrzeugbau. ATZ 71 H. 6 (1969)
17. Federn, K.: Federnde Verbindungen (Federn). In: Dubbel, 16. Aufl. Springer, Berlin (1987)
18. Göbel, E.F.: Gummifedern, Berechnung und Gestaltung, 3. Aufl. In: Konstruktions-Bücher, Bd. 7. Springer, Berlin (1969)
19. Jörn, R., Lang, G.: Gummi-Metall-Elemente zur elastischen Lagerung von Motoren. MTZ **29**, 252–258 (1968)
20. Pinnekamp, W., Jörn, R.: Neue Drehfederelemente aus Gummi für elastische Kupplungen. MTZ **25**, 130–135 (1964)
21. Schürmann, H.: Konstruieren mit Faser-Kunststoff-Verbunden. Springer, Berlin (2005)
22. Ophey, L.: Faser-Kunststoff-Verbundwerkstoffe. VDI-Z. **128**, 817–824 (1986)
23. Kunststoff-Federn (GFK). Krupp Brüninghaus GmbH, Werdohl (1987)
24. Franke, O., Schürmann, H.: Federlenker für Hochgeschwindigkeitszüge. Materialprüfung **10**, 428–437 (2003)
25. Puck, A.: GFK-Drehrohrfedern sollen höchstbeanspruchte Stahlfedern substituieren. Kunststoffe **80**, 1380–1383 (1990)
26. Götte, T., Jakobi, R., Puck, A.: Grundlagen der Dimensionierung von Nutzfahrzeug-Blattfedern aus Faser-Kunststoff-Verbunden. Kunststoffe **75**, 100–104 (1985)
27. Götte, T.: Zur Gestaltung und Dimensionierung von Lkw-Blattfedern aus Glasfaser-Kunststoff. In: VDI Fortschritt-Berichte, Reihe 1, Nr. 174, Düsseldorf (1989)
28. Knickrehm, A., Schürmann, H.: Möglichkeiten zur Steigerung der Lebensdauer von unidirektionalen FKV bei Biegeschwellbeanspruchung. Tagungshandbuch AVK-TV, Baden-Baden (1999)
29. Bastian, P., Schürmann, H.: Klemm-Krafteinleitungen für hoch biegebeanspruchte Faserverbund-Bauteile. Konstruktion **10**, 63–69 (2002)
30. Behles, F.: Zur Beurteilung der Gasfederung. ATZ **63**, 311–314 (1961)
31. Die Gasfeder. Technische Informationen. Stabilus GmbH, Koblenz (1983)
32. Hamaekers, A.: Entkoppelte Hydrolager als Lösung des Zielkonflikts bei der Auslegung von Motorlagern. Automobil Ind. **5**, 553–560 (1985)
33. Keitel, H.: Die Rollfeder ein federndes Maschinenelement mit horizontaler Kennlinie. Draht **15**, 534–538 (1964)
34. Reimpell, J.C.: Fahrwerktechnik, Bd. 2, S. 207. Vogel, Würzburg (1975)
35. Spurk, J.H., Andrä, R.: Theorie des Hydrolagers. Automobil Ind. **5**, 553–560 (1985)

Normen und Richtlinien

DIN-Taschenbuch 29: Federn 1: Berechnungs- und Konstruktionsgrundlagen, Qualitätsanforderungen, Bestellangaben, Begriffe, Formelzeichen und Darstellungen. Beuth, Berlin (2015)

DIN-Taschenbuch 349: Federn 2: Werkstoffe, Halbzeuge, Beuth. Berlin (2012)

DIN-Taschenbuch 479: Kautschuk und Elastomere. Physikalische und chemische Prüfverfahren. Beuth, Berlin (2017)

DIN 740–2: Antriebstechnik; Nachgiebige Wellenkupplungen: Begriffe und Berechnungsunterlagen. Beuth, Berlin (1986)

DIN 53 505: Prüfung von Kautschuk und Elastomeren, Härteprüfung nach Shore A und D. Beuth, Berlin (2000), zurückgezogen, ersetzt durch: DIN 7619-1: Elastomere und thermoplastische Elastomere, Bestimmung der Eindringhärte. Beuth, Berlin (2012)

DIN 53 513: Prüfung von Kautschuk und Elastomeren. Bestimmung von visko-elastischen Eigenschaften von Elastomeren bei erzwungenen Schwingungen außerhalb der Resonanz. Beuth, Berlin (1990)

DIN 53 531-2: Prüfung von Kautschuk und Elastomeren; Bestimmung der Haftung zu starren Materialien; Prüfung zwischen Zylindern mit kegeligen Enden. Beuth, Berlin (1990)

DIN 53 533-1: Prüfung von Elastomeren; Prüfung der Wärmebildung und des Zermürbungswiderstandes im Dauerschwingversuch (Flexometerprüfung). T 1: Grundlagen. Beuth, Berlin (1988)

VDI-Richtlinie 2061: Bauelemente zur Reduzierung von Stoßwirkungen, Oktober 2007

VDI-Richtlinie 2062: Schwingungsisolierung; Bl. 1: Begriffe und Methoden, Beuth, Berlin (2011); Bl. 2: Schwingungsisolierelement. Beuth, Berlin (2007)

10 Kupplungen und Bremsen

Armin Lohrengel und Peter Dietz

10.1 Überblick, Aufgaben

Kupplungen dienen zur *Übertragung* von Drehmomenten bei Wellen mit und ohne Verlagerung. Elastische Kupplungen beeinflussen *das dynamische Verhalten* von Antriebssträngen, schaltbare Kupplungen haben als Funktion die *Schaltung und Begrenzung* von Drehmomenten. Abb. 10.1 gibt einen Überblick über die Funktionen; die *Kombination* von Kupplungen unterschiedlicher Bauart erlaubt auch eine Kombination ihrer Eigenschaften.

Kupplungen erfüllen im Gegensatz zu Getrieben (vgl. Kap. 13, 14, 15 und 16) keine Aufgaben der Energiewandlung und weisen im stationären Zustand gleich große Drehmomente M_t am Eingang und Ausgang auf. Systembedingte Energieaufnahmen und -abgaben können nur elastisch (Elastische Kupplungen) oder durch Wärme (Reibungskupplungen) erfolgen, daher stehen dynamische Beanspruchungen, Wärmespeicherungs- und Kühlungsprobleme und Verschleißvorgänge im Vordergrund der Auslegung von Kupplungen.

Gesichtspunkte zur Auswahl. *Allgemein:* Übertragbares Nenn- und Spitzendrehmoment, Dauerfestigkeit, maximale Drehzahl, Spiel, Art und Trägheitsmoment der zu kuppelnden Maschinen, Stöße, zeitlicher Momentenverlauf, Befestigung, Abmessungen, Gewicht. *Bei elastischen und Ausgleichskupplungen:* Wellenlage, zulässige Radial-, Axial- und Winkelverlagerungen, zulässige radiale und axiale Kräfte, Biegemomente, Elastizität, Dämpfung, Beeinflussung der kritischen Drehzahl. *Bei Schaltkupplungen:* Schalthäufigkeit, zulässige Temperaturen, Erwärmung, Kühlung, Schaltzeit, Schaltkräfte und -wege, Restmoment nach dem Ausschalten,

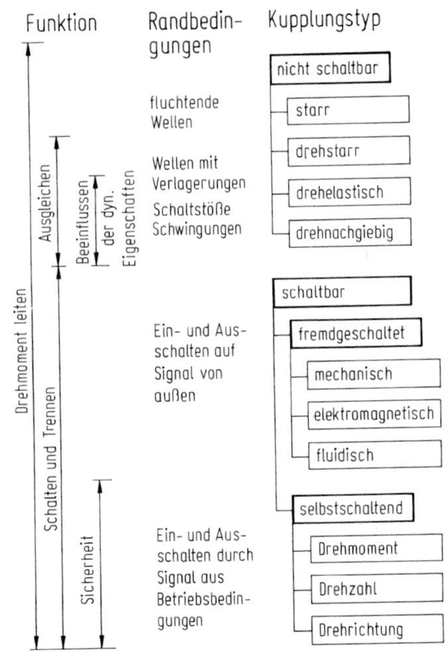

Abb. 10.1 Einteilung der Wellenkupplungen nach Funktionen

A. Lohrengel (✉)
Technische Universität Clausthal-Zellerfeld
Clausthal-Zellerfeld, Deutschland
E-Mail: lohrengel@imw.tu-clausthal.de

P. Dietz
Technische Universität Clausthal-Zellerfeld
Clausthal-Zellerfeld, Deutschland

B. Bender und D. Göhlich (Hrsg.), *Dubbel Taschenbuch für den Maschinenbau 2: Anwendungen*,
https://doi.org/10.1007/978-3-662-59713-2_10

Betätigungsgeschwindigkeit, Ratterneigung. *Betriebseigenschaften:* Ausrichtbarkeit, radiale oder axiale Montage, Lebensdauer, Verschleißnachstellung, Austausch von Verschleißteilen, Schallerzeugung und -leitung, Umgebungsbedingungen.

Kenngrößen zur Auswahl. Eine Übersicht über typische Kenngrößen nichtschaltbarer Kupplungen in Abhängigkeit vom Nenndrehmoment gibt Abb. 10.22. Dabei wird deutlich, dass eine zunehmende Elastizität mit zunehmender Kupplungsgröße und abnehmender zulässiger Drehzahl verbunden ist.

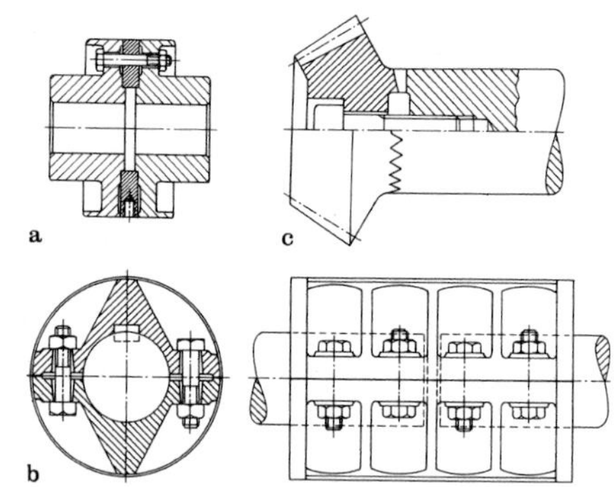

Abb. 10.2 Drehstarre, nicht schaltbare Kupplungen. **a** Scheibenkupplung; **b** Schalenkupplung, der Blechmantel dient zur Unfallverhütung; **c** Stirnzahnkupplung

10.2 Drehstarre, nicht schaltbare Kupplungen

10.2.1 Starre Kupplungen

Sie leiten alle Lastgrößen (z. B. Biegemomente und Drehmomentstöße) in voller Höhe und ungedämpft weiter. Bei der Verwendung von starren Kupplungen ist generell auf eine korrekte Ausrichtung sowie auf mögliche Probleme, die aus Biegeschwingungen herrühren, zu achten.

Bauarten. Die *Scheibenkupplung* (Abb. 10.2a) überträgt Drehmomente mit Reibschluss durch vorgespannte Schrauben (bis zu $M_{max} = 10^6$ Nm, $n_{max} = 8000\,\text{min}^{-1}$), die Zentrieraufgabe wird durch Zentrierbunde erfüllt. Bei zweiteiliger Zwischenscheibe ist eine radiale Demontage möglich. Sonderbauarten werden auch mit Kegelsitz und Druckölverband ausgeführt. Die *Schalenkupplung* (Abb. 10.2b) ermöglicht bei radial kleinen Abmessungen einen einfachen Ausbau ohne die Wellen zu verschieben (bis zu $M_{max} = 0{,}3 \cdot 10^6$ Nm, $n_{max} = 1700\,\text{min}^{-1}$). Die zwei Halbschalen werden mit den Wellen reibschlüssig verbunden. Zusätzlich können Passfedern verwendet werden. Sie ist nicht für wechselnde, stoßartige Lasten geeignet. Die *Stirnzahnkupplung* (Abb. 10.2c) ist eine sehr klein bauende, selbstzentrierende Kupplung mit axialen Zähnen (Hirth-Verzahnung), die eine hohe axiale Vorspannung erfordert. Sie ist spielfrei und für wechselnde Drehmomente und hohe Drehzahlen geeignet.

10.2.2 Drehstarre Ausgleichskupplungen

Drehstarre Ausgleichskupplungen können je nach Bauart axiale, radiale und/oder winklige Wellenverlagerungen ausgleichen. Sie werden eingesetzt, wenn bei vorwiegend winkeltreuer Übertragung das Drehschwingungsverhalten nicht verändert werden soll. Kupplungen mit Formschluss (z. B. Klauenkupplung, Zahnkupplung) müssen ausreichend geschmiert werden, bei Kupplungen mit elastischen Elementen (z. B. Federlaschen-, Metallbalg- und Membrankupplungen) ist die Betriebsfestigkeit der Elemente und ihrer Befestigungen zu beachten.

Bauarten. Die *Klauenkupplung* (Abb. 10.3a) mit axialen Mitnehmern gleicht nur Axialversatz aus. Sie kann auch als Schaltkupplung ausgeführt werden. Die *Parallelkurbelkupplung* (Abb. 10.3b) erlaubt den Ausgleich von großen Radialverlagerungen paralleler Wellen. Die beiden Kupplungsscheiben sind über jeweils parallele Lenker mit einer Mittelscheibe verbunden und ermöglichen eine winkeltreue Übertragung (bis zu $M_{max} = 6600$ Nm, ΔK_r bis 275 mm). Bei der *Ringspann-Ausgleichskupplung* (Abb. 10.3c) greifen von beiden Kupplungsscheiben her in umgekehrter geometrischer

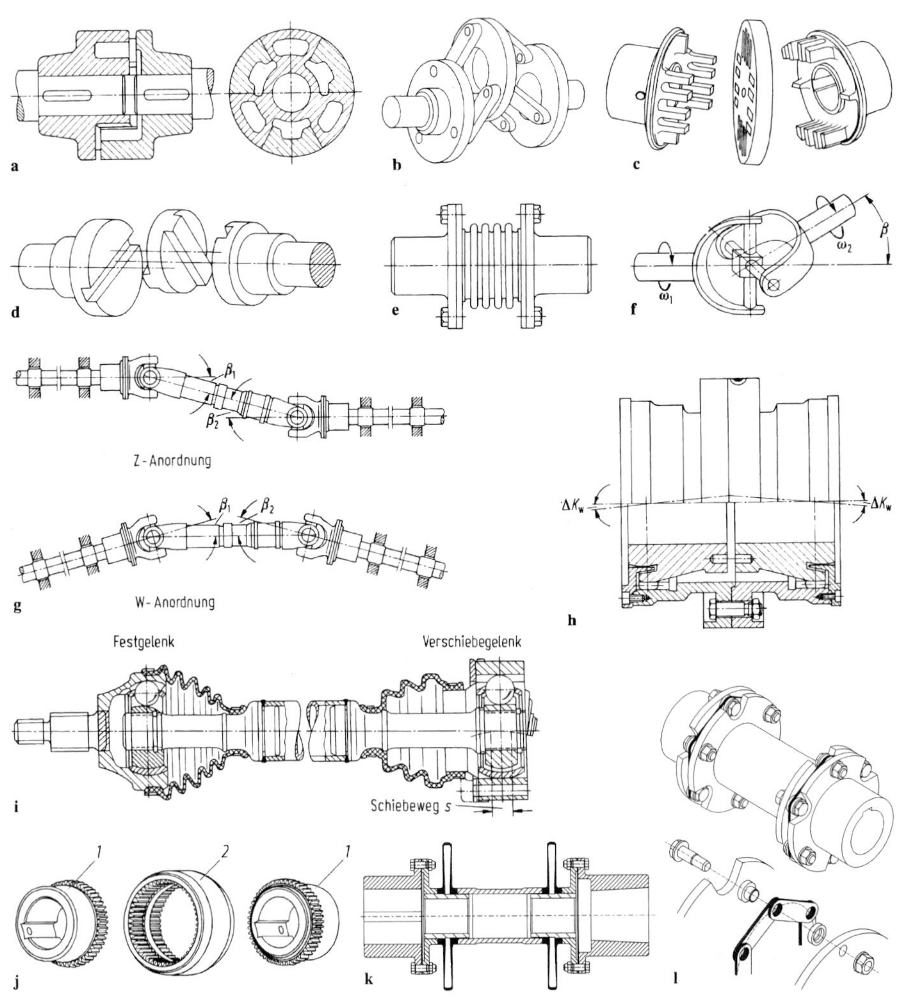

Abb. 10.3 Drehstarre Ausgleichskupplungen. **a** Klauenkupplung; **b** Parallelkurbelkupplung (Schmidt); **c** Ausgleichskupplung (Ringspann); **d** Kreuzschlitz-Kupplung; **e** Metallbalgkupplung; **f** Kreuzgelenk; **g** Kreuzgelenkwelle; **h** Zahnkupplung, Hochleistungsausführung in Stahl (KWD); **i** Kugelgelenkwelle mit Fest- und Verschiebegelenk (Löbro); **j** Zahnkupplung für verminderte Anforderungen mit *1* Stahlnaben, *2* Kunststoffhülse (KTR, Rheine); **k** Membrankupplung (BHS); **l** Federlamellenkupplung (Flender)

Anordnung Mitnehmer in eine Zwischenscheibe ein, die mit entsprechend vielen senkrecht aufeinander stehenden Langlöchern versehen ist (bis zu $M_{\text{max}} = 8000\,\text{Nm}$). Die kurz bauende *Kreuzschlitz-(Oldham-)Kupplung* (Abb. 10.3d) überträgt wegen Verschleißproblemen nur kleine Drehmomente. Die beiden Kupplungshälften sind über ein Zwischenstück mit zwei senkrecht zueinander stehenden Mitnehmern verbunden, die in Nuten der beiden Kupplungshälften eingreifen. Es lassen sich geringe axiale, radiale und winklige Verlagerungen ausgleichen ($\Delta K_{\text{r}} = 1\ldots5\,\text{mm}$, $\Delta K_{\text{w}} = 1\ldots3°$). *Metallbalgkupplungen* (Abb. 10.3e) können radialen, axialen und winkligen Wellenversatz ausgleichen. Die Flansche sind mit einem Kupplungskörper in Form eines metallischen Balges verbunden ($M_{\text{max}} = 4000\,\text{Nm}$). Sie müssen nicht geschmiert werden und sind für höhere Temperaturen geeignet. *Federstegkupplungen* sind ähnlich den Metallbalgkupplungen aufgebaut. Als Verbindungselement dient hier ein zylindrisches Bauteil, das durch radiale Einschnitte biegeweich gestaltet ist. Durch ihren homogenen Aufbau sind sie auch für hohe Drehzahlen geeignet ($n_{\text{max}} > 10^5\,\text{min}^{-1}$). Das *Kreuzgelenk* (Abb. 10.3f) gestattet Beugewinkel bis zu 40°, formt aber eine gleichförmige Winkelgeschwindigkeit ω_1 in eine mit $2\omega_1$ pulsierende Winkelgeschwindigkeit ω_2 um. Dabei gilt $\omega_2 = \omega_1 \cos\beta/(1 - \sin^2\beta \ \sin^2\alpha_1)$, wobei β der Beugewinkel (ΔK_w) nach DIN 740 und α_1 der Drehwinkel der Welle 1 ist. Die Maximal- und Minimalwerte sind $\omega_{2\,\max} = \omega_1/\cos\beta$; $\omega_{2\,\min} = \omega_1 \cos\beta$ und der Ungleichförmigkeitsgrad $U = (\omega_{2\,\max} - \omega_{2\,\min})/\omega_1 = \tan\beta \ \sin\beta$. Bei der *Kreuzgelenkwelle* (Abb. 10.3g) [1,2] wird über ein zweites Kreuzgelenk in W- oder Z-Anordnung die Pulsation zwischen An- und Abtrieb aufgehoben. Die Zwischenwelle wird in jedem Fall dynamisch angeregt. Hierfür müssen die Gabeln der Verbindungswelle und die An- und Abtriebswelle in einer Ebene liegen und gleiche Beugungswinkel $\beta_1 = \beta_2$ besitzen. Ein großer Beugungswinkel β mindert aufgrund der dynamischen Kräfte die übertragbare Leistung. *Zahnkupplungen* (Abb. 10.3h) [3] übertragen das Drehmoment (bis zu $M_{\max} = 5 \cdot 10^6$ Nm, $n_{\max} = 10^5\,\text{min}^{-1}$) über ineinander gefügte Außen- und Innenverzahnungen. Während die Innenverzahnung gerade ist, wird die Außenverzahnung nahezu ausschließlich ballig (bombiert) ausgeführt. Dies ermöglicht den Ausgleich von winkligem Wellenversatz (ΔK_w bis 1,5°). Spezielle Bombierungsformen lassen für Sonderanwendungen auch größere Auslenkwinkel (ΔK_w bis 4,0°) zu. Der zulässige radiale Wellenversatz für Doppelzahnkupplungen ist proportional der Entfernung L zwischen den beiden Verzahnungspaarungen ($\Delta K_r = L \ \tan \ \Delta K_w$). Vorteilhaft sind die geringe Baugröße (hohe Leistungsdichte), die Unempfindlichkeit gegen Überlastungen und die Eignung für hohe Drehzahlen [9]. Der Wartungsaufwand für die Schmierung zur Erhaltung der Betriebssicherheit ist ein wesentlicher Nachteil. Daneben können die Unbestimmtheit axialer und radialer Rückwirkungen auf die Lager, Unwuchten und Spiel den stabilen Lauf negativ beeinflussen. Diese Einflussfaktoren zeigen eine große Abhängigkeit von unbestimmten Größen wie dem Reibbeiwert und der Lastverteilung. Die Schmierung (vgl. Bd. 1, Abschn. 33.4) kann mittels Fett, Öl- bzw. Öldurchlaufschmierung erfolgen. Bei höheren Drehzahlen wird i. d. R. Öl verwendet. Die Schmierung mit Fett hat hingegen verschiedene Nachteile wie die Fettkragenbildung, das Entstehen von Unwuchten, das Auszentrifugieren von Fett, die Bindung von Verschleißpartikeln sowie das schlechte Erreichen und die damit verbundene ungenügende Schmierung der Zahnflanken. Die zulässigen Flächenpressungen in den aktiven Zahnflanken sind abhängig von der Werkstoffpaarung und Oberflächen- bzw. Wärmebehandlung (Richtwerte bei ungehärteten, vergüteten Stählen 10 bis $15\,\text{N/mm}^2$). Für Anwendungen mit nicht so hohen Anforderungen kann die Hülse aus Kunststoff gefertigt werden (Abb. 10.3j), die Schmierungsprobleme vermindern sich dadurch erheblich. *Gleichlaufgelenke* übertragen im Gegensatz zu den Kreuzgelenken bei Ablenkwinkeln bis zu 50° das Drehmoment homokinetisch (gleichförmig). Gleichlaufgelenke können in drei verschiedene Bauarten unterteilt werden: Doppelkreuz-, Kugel- und Polypodengelenk. Das *Doppelkreuzgelenk* entsteht durch zwei Einzelkreuzgelenke, die mit einem dazwischen liegenden starren und kurzen Mittelteil verbunden sind. *Gleichlauf-Kugelgelenke* übertragen das Drehmoment mittels Kugeln, die in Führungsrillen laufen. Sie können als *Fest- und Verschiebegelenke* ausgeführt werden (Abb. 10.3i) (max. Beugewinkel $\beta_{\max} \approx 50°$ bzw. $\beta_{\max} \approx 25°$). Das Prinzip des *Polypodengelenks* zeichnet sich dadurch aus, dass eine durchbohrte Kugel von einem Zylinderzapfen (Pode) in einem geschlitzten Hohlzylinder geführt wird. Für den praktischen Einsatz haben sich *Tripodegelenke* bewährt. Wie bei den Kugelgelenken kann hier ebenfalls in Fest- und Verschiebegelenke (max. Beugewinkel $\beta_{\max} \approx 45°$ bzw. $\beta_{\max} \approx 25°$) unterschieden werden. Die *Membrankupplung* (Abb. 10.3k) gleicht axiale und winklige Wellenverlagerungen durch elastische Verformung von Blechringen aus, die jeweils am äußeren und inneren Durchmesser befestigt sind ($\Delta K_w = 0{,}5\ldots1°$, $\Delta K_a = 1\ldots5\,\text{mm}$). Die Überlastempfindlichkeit ist durch die Betriebsfestigkeit der Membranen gegeben [10]. Die *Federlaschenkupplung* (kein Bild) gleicht durch wechselseitig an die Kupplungsflansche angeschraubte, zugbeanspruchte Laschenpakete Winkel-, Axial- und beim Einsatz von zwei Kupplungselementen auch Radialverlagerungen aus.

Sie ist wie die Membrankupplung schmierungs- und wartungsfrei und damit auch für höhere Temperaturen geeignet. Sind die Laschen in Stahl ausgeführt, werden Drehmomente bis $M_{max} = 1{,}45 \cdot 10^6$ Nm erreicht. Bei der *Federscheiben-* bzw. *Federlamellenkupplung* (Abb. 10.31), die sich durch die Ausführung der Ausgleichselemente von der Federlaschenkupplung unterscheidet, werden die Kupplungsflansche über biegeweiche, aber in Umfangsrichtung starre Scheiben bzw. Lamellen verbunden (bis zu $M_{max} = 0{,}125 \cdot 10^6$ Nm). Die Kupplungsflansche sind wechselseitig auf gleichem Durchmesser mit den flexiblen Elementen verbunden. So können winklige und axiale Verlagerungen ausgeglichen werden. Bei Bauformen mit Zwischenstück ist es zudem möglich, radiale Verlagerungen auszugleichen (ΔK_W bis 3°, $\Delta K_a = 0{,}7 \ldots 3{,}5$ mm, $\Delta K_r = 1 \ldots 5{,}8$ mm). Zwischenstücke können so gestaltet sein, dass ein radialer Ausbau mit oder ohne Verschieben der angeflanschten Aggregate möglich ist.

10.3 Elastische, nicht schaltbare Kupplungen

Elastische Kupplungen enthalten elastische Übertragungselemente aus metallischen oder nichtmetallischen Werkstoffen. Aufgrund ihrer Eigenschaften konzentriert sich ihr Einsatzfeld auf den Ausgleich von axialen, radialen und winkligen Fluchtungsfehlern (z. B. wegen Wärmedehnung oder betriebsbedingter Verlagerungen der Wellen), die schlupffreie Übertragung von Drehbewegungen und die Verringerung von Drehmomentschwankungen und Schwingungen (z. B. bei Kolbenmaschinen, Fördermaschinen usw.) sowie von Drehmomentstößen (z. B. Anfahrstöße im Antriebsstrang, Havarie).

10.3.1 Feder- und Dämpfungsverhalten

Feder- und Dämpfungsverhalten einer elastischen Kupplung verändern die *dynamischen Eigenschaften* eines Antriebssystems. *Stoßanregungen* werden durch die elastische Speicherwirkung der Übertragungselemente verringert. Ein großer Verdrehwinkel $\Delta\varphi$ verringert bei gegebener eingeleiteter Arbeit $\Delta W = \int_{\varphi_1}^{\varphi_2} M_K \, d\varphi$ das Spitzendrehmoment M_S bzw. den Drehmomentstoß. Die Schwingungsdämpfung erfolgt durch die „verhältnismäßige Dämpfung ψ“, eine kombinierte Wirkung aus „innerer“ Dämpfung (Werkstoffdämpfung) und „äußerer“ Dämpfung (Reibungsdämpfung im Bereich der Kontaktflächen). Dabei ist die „innere“ Dämpfung bei Elastomerkupplungen aufgrund ihrer viskoelastischen Eigenschaften im Vergleich zu metallischen Kupplungen erheblich größer, bei metallischen Kupplungen ist sie i. Allg. vernachlässigbar. *Resonanzfrequenzen im Antriebsstrang* können durch den Einsatz elastischer Kupplungen zu unkritischen Betriebsbereichen hin verlagert werden.

Elastizität. Sie wird durch Federn (vgl. Kap. 9) aus Metall oder Elastomer (Gummi, Kunststoff) bewirkt. Kennwerte für die Elastizität sind die Drehfedersteife $C_T = dM_t/d\varphi$ (Tangente an Federkennlinie, Abb. 10.4), die Axial- und Radialfedersteifen C_a bzw. C_r sowie die Winkelfedersteife C_W [DIN 740]. Während metallische Federn ein überwiegend linearelastisches Verhalten aufweisen, werden viele Elastomere im Kurzzeitbereich durch ein nichtlineares, im Langzeitbereich durch ein viskoelastisches Materialverhalten beschrieben. Das dynamische Verformungsverhalten von Elastomerkupplungen ist eine Funktion von Geometrie, Frequenz, Amplitude, statischer Vorspannung, Temperatur, Belastungsdauer und Alter. Diese Parameter sind bei der dynamischen Auslegung entsprechend den Herstellerangaben zu berücksichtigen. Danach ergibt sich zumeist eine mit steigendem Drehmoment progressive Federkennlinie (Abb. 10.5), die für metallelastische Ausführungen besondere konstruktive Maßnahmen erfordert. Die dynamische Drehfedersteife von Elastomerkupplungen ist proportional zur Frequenz und zur statischen Vorlast und größer als die statische Drehfedersteife $C_{T\,dyn} \approx 1{,}3 \ldots 1{,}4\, C_{T\,stat}$ (bei $f = 10$ Hz und $T = 20$ °C). Sie verringert sich mit steigender Temperatur und Amplitude sowie mit zunehmendem Alter. Mit fallender Temperatur kommt es bei Elastomeren (vgl. Bd. 1, Kap. 32) im Bereich

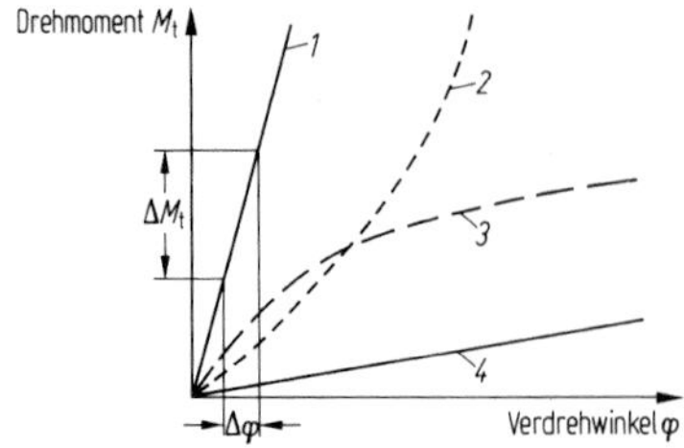

Abb. 10.4 Typische Federkennlinien elastischer Kupplungen. *1* linear steif, *2* progressiv, *3* degressiv, *4* linear nachgiebig

der „Glasumwandlungstemperatur" zur Kaltsprödigkeit, in deren Folge ein Anstieg des Elastizitäts- und Schubmoduls sowie eine Abnahme der Bruchdehnung verzeichnet werden. Bei höheren Temperaturen stellt sich eine Beschleunigung der Alterungsprozesse durch Oxidation des Gummis mit Luftsauerstoff ein. Synthetische Elastomere sind zur Verstärkung meist mit Gewebeeinlagen versehen, haben eine höhere Alterungsbeständigkeit und sind in aggressiver Umgebung beständiger [11, 12]. Sie sollten auf Schub oder Druck, nicht auf Zug beansprucht werden. Die maximale Umgebungstemperatur ist bei Elastomerkupplungen mit < 80...100 °C deutlich niedriger als bei metallelastischen Kupplungen mit < 120 bis 150 °C; die maximalen Einsatztemperaturen sind für Kurzzeit- und Dauerbelastung der Kupplung unterschiedlich. Die mechanische Beanspruchung führt im Werkstoff zu einer Zerstörung der Kettenmoleküle, die im Gegensatz zum chemischen Angriff nicht an der Oberfläche, sondern an den höchstbeanspruchten Stellen beginnt. Trotz dieser Störeinflüsse werden Elastomerkupplungen überwiegend dort eingesetzt, wo Wartungsfreiheit erwünscht ist.

Dämpfung. Die Dämpfung der Kupplungen beruht größtenteils auf der Materialdämpfung der verwendeten Elastomere und der Fügestellenreibung in den Kontaktflächen. Als Dämpfungskennwert für lineare Drehfederkennlinien und geschwindigkeitsproportionale Dämpfung wird in DIN 740 Teil 2 die *„verhältnismäßige Dämpfung"* $\psi = A_D/A_{el}$ festgelegt. Sie beschreibt das Verhältnis von Dämpfungsarbeit A_D, repräsentiert durch den in einer Schwingungsperiode generierten Flächeninhalt einer idealen Hystereseschleife (Abb. 10.6) zur elastischen Formänderungsarbeit A_{el}, wobei gilt:

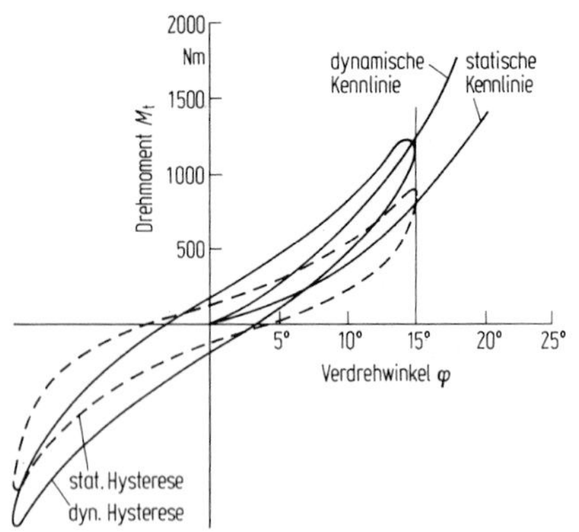

Abb. 10.5 Statische und dynamische Hystereseschleife einer Scheibenkupplung mit Armierung bei $f > 1\,\text{Hz}$

$$A_D = \int_0^T \left(\varphi \dot{M}_t - \dot{\varphi} M_t\right) \mathrm{d}t = \int_0^{2\pi} M_t \,\mathrm{d}\varphi\,,$$

$$A_{el} = \tfrac{1}{2}\, C_{T\ \mathrm{dyn}}\ \varphi_A^2\,,$$

mit φ_A als Amplitude des Verdrehwinkels im M_t, φ-Diagramm. Die Auswertung der Hysterese erfolgt dabei unter Zugrundelegung einer harmonischen Anregung des Schwingungsmodells (Rheologie abgebildet nach Kelvin-Voigt, bei Kupplungen mit kombinierter viskoelastischer und trockener Reibungsdämpfung nach Japs) oder durch die experimentelle Bestimmung der Dämpfungsparameter im Ausschwingversuch [13]. Im Belastungsverfahren nach Gerlach können die Kriech- und Setzeigenschaften durch stufenweise Belastung ermittelt werden. Die Dämpfung ist von Werkstoff, Temperatur, Belastungshöhe, -ausschlag, -frequenz sowie Einsatzdauer abhängig und liegt bei Gummikupplungen im Bereich von $\psi = 0{,}8\ldots2$. Bei metallelastischen Kupplungen können über Reibungs- und Viskosekräfte ebenfalls beachtliche Dämpfungswerte erzielt werden. Außer durch die konstruktive Gestaltung lassen sich Dämpfung und Elastizität, insbesondere im Bereich der Elastomerkupplungen, durch unterschiedliche Materialmischungen in weiten Bereichen variieren. Aufgrund technologischer und werkstoff-

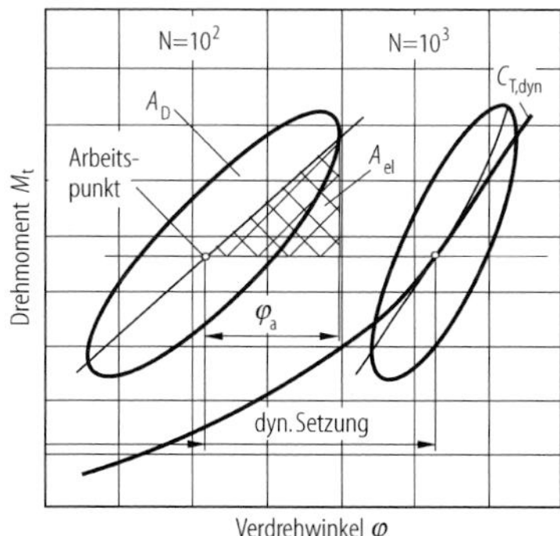

Abb. 10.6 Verhältnismäßige Dämpfung in Abhängigkeit von der Lastspielzahl N. A_D Dämpfungsarbeit während eines Schwingungszyklus; A_{el} elastische Formänderungsarbeit

licher Schwankungen kann jedoch die Streuung der Materialeigenschaften bis zu 10 % betragen.

10.3.2 Auslegungsgesichtspunkte, Schwingungsverhalten

Eine elastische Kupplung ist so auszulegen, dass die auftretenden Belastungen und Temperaturen in allen Betriebszuständen die zulässigen Werte nicht überschreiten [14]. Dabei ist nach statischer (z. B. Asynchronmotor an Lüfter gekuppelt), harmonischer (lineare Drehschwingung), periodischer (Dieselgenerator), transienter (Durchfahren von Resonanzen) und nichtperiodischer Beanspruchung (Stoß durch Lastzuschaltung) zu unterscheiden, die verschiedene Auslegungskriterien erfordern. Nach DIN 740 Teil 2 kann die Kupplungsauslegung nach drei Verfahren erfolgen:

a) Überschlägige Berechnung mit herstellerspezifischen Erfahrungswerten,
b) Überschlägige Berechnung auf der Basis eines linearen Zweimassenschwingers,
c) Höhere Berechnungsverfahren, z. B. [15, 16, 52, 54].

Berechnungsverfahren a) liegt keine einheitliche Modellvorstellung zugrunde, es hat den höchsten Unsicherheitsfaktor.

Berechnungsverfahren b) kann angewendet werden, wenn die Kupplung praktisch das einzige elastische Glied ist, ihre Steifigkeit wesentlich geringer ist als die des übrigen Antriebsstranges und die Anlage bezüglich der Drehschwingungen auf ein Zweimassensystem reduzierbar ist. In diesem Fall gilt folgender Rechnungsgang nach DIN 740 Teil 2:

1. Bei statischer Beanspruchung muss das zulässige *Nenndrehmoment* M_{KN} der Kupplung mindestens so groß sein wie das stationäre Nennmoment M_{AN} an der Antriebs- bzw. M_{LN} an der Lastseite

$$M_{AN}\, S_\vartheta \leqq M_{KN} \geqq M_{LN}\, S_\vartheta \,.$$

Die Betriebstemperatur wird durch den Temperaturfaktor $S_\vartheta = 1 \ldots 1{,}8$ (bei $-20 \ldots +80$ °C, je nach Werkstoff) berücksichtigt.

2. Beim Auftreten von Drehmomentstößen muss das zulässige *Maximaldrehmoment* $M_{K\,max}$ der Kupplung mindestens so groß sein wie die im Betrieb auftretenden Spitzendrehmomente M_S bzw. größer sein als die Spitzendrehmomente M_{AS} an der Antriebs- und M_{LS} an der Lastseite unter Berücksichtigung der Massenträgheiten J_A bzw. J_L. Die Stoßfaktoren S_A bzw. $S_L = 0 \ldots 2{,}0$ (in der Praxis $\approx 1{,}8$), der Anlauffaktor $S_Z = 1{,}3$ für Anfahrhäufigkeiten $120\,h^{-1} < Z \leqq 240\,h^{-1}$ (sonst nach Herstellerangaben), und der Temperaturfaktor S_ϑ sind zu berücksichtigen

$$M_{K\,max} \geqq \left(M_{AS} \frac{J_L}{J_A + J_L} S_A + M_L \right) S_Z\, S_\vartheta + M_{AN}\, S_\vartheta \,,$$

$$M_{K\,max} \geqq \left(M_{LS} \frac{J_A}{J_A + J_L} S_L + M_L \right) S_Z\, S_\vartheta + M_{LN}\, S_\vartheta \,.$$

M_L ist nur dann zu addieren, wenn ein Lastdrehmoment während der Beschleunigung auftritt.

3. Beim schnellen Durchfahren einer *Resonanz* mit den erregenden Spitzendrehmomenten M_{Ai} bzw. M_{Li} der Grundfrequenz $f_i = 0$ oder einer evtl. auftretenden höheren Harmonischen f_i an der Antriebs- und Lastseite darf

10

$M_{K\,max}$ nicht überschritten werden

$$M_{K\,max} \geqq \left(M_{Ai}\frac{J_L}{J_A + J_L}V_R\right) S_Z\, S_\vartheta + M_{AN}\, S_\vartheta\,,$$

$$M_{K\,max} \geqq \left(M_{Li}\frac{J_A}{J_A + J_L}V_R\right) S_Z\, S_\vartheta + M_{LN}\, S_\vartheta\,.$$

Da mit voller Resonanzüberhöhung V_R gerechnet wird, d. h. Eigenfrequenz des Zweimassenschwingers f_e gleich Beanspruchungsfrequenz f_i, kann das Beschleunigungsdrehmoment vernachlässigt werden. Resonanzfaktor $V_R \approx 2\pi/\psi$, Index i: harmonische Anregung i-ter Ordnung.

4. Bei Belastung durch ein *Dauerwechselmoment* (harmonische oder periodische Beanspruchung) mit den Amplituden M_{Ai} bzw. M_{Li} darf das zulässige *Wechseldrehmoment* M_{KW} nicht überschritten werden

$$M_{Ai}\frac{J_L}{J_A + J_L}V_{fi}\, S_\vartheta\, S_f \leqq M_{KW} \geqq M_{Li}\frac{J_A}{J_A + J_L}V_{fi}\, S_\vartheta\, S_f\,.$$

Frequenzfaktor S_f: für Frequenz

$$f \leqq 10\,\text{Hz}: \quad S_f = 1\,,$$
$$f > 10\,\text{Hz}: \quad S_f = \sqrt{f/10}\,.$$

Der Vergrößerungsfaktor V_{fi} für einen zwangserregten Zweimassenschwinger gibt die Vergrößerung des mit der anregenden Frequenz f_i wirkenden Drehmoments an

$$V_{fi} = \sqrt{\frac{1 + \left(\frac{\psi}{2\pi}\right)^2}{\left(1 - \frac{f_i^2}{f_e^2}\right)^2 + \left(\frac{\psi}{2\pi}\right)^2}}\,.$$

Die Eigenfrequenz f_e berechnet sich aus den Trägheitsmomenten J_A und J_L der Antriebs- bzw. Lastseite sowie der Drehfedersteife $C_{T\,dyn}$ zu

$$f_e = \frac{1}{2\pi}\sqrt{C_{T\,dyn}\left(\frac{1}{J_A} + \frac{1}{J_L}\right)}\,.$$

Sie soll nicht mit torsionserregenden Frequenzen f_e wie z. B. der Betriebsfrequenz oder Vielfachen davon zusammenfallen (Abstand mindestens $\pm 20\,\%$ für alle Harmonischen der Erregerfrequenz). Zu beachten ist, dass Asynchronmotore beim Anfahren unabhängig von ihrer Nenndrehzahl mit der Netzfrequenz (50 Hz) erregen [17]. Manche Kupplungen (Kardan, Doppelzahn) können mit zweifacher Betriebsfrequenz erregen. Ist $f_i < \sqrt{2} f_e$, so läuft die elastisch angekuppelte Maschine ruhiger als die erregende. Beim Durchfahren der Resonanz wird das sich dabei einstellende Moment umso kleiner, je größer die Dämpfung ψ ist. Für 3. und 4. kann es notwendig sein, eine Frequenzanalyse der Anregungsmomente vorzunehmen, um Lage und Amplitude zu ermitteln.

5. Die zulässigen axialen, radialen und winkligen Verlagerungsmöglichkeiten der Kupplung (ΔK_a, ΔK_r, ΔK_W) müssen größer sein als die tatsächlich auftretenden Wellenverlagerungen ($\Delta W_a \cdot S_\theta$, $\Delta W_r \cdot S_\theta \cdot S_n$, $\Delta W_W \cdot S_\theta \cdot S_n$) unter Beachtung des Drehzahlfaktors S_n, der die Walkarbeit bei großem Radial- oder Winkelversatz berücksichtigt. Durch Verlagerungen entstehen mit den Kupplungssteifigkeiten C_a, C_r und C_W Rückstellkräfte und -momente auf die benachbarten Bauteile, die auf ihre Zulässigkeit zu überprüfen sind [18]. Eine gute Ausrichtung, besonders bei Dauerbetrieb und hoher Drehzahl, ist die wichtigste Maßnahme zur Verlängerung der Kupplungslebensdauer.
6. Durch die hohen Dämpfungswerte von Elastomeren wird verhältnismäßig viel mechanische Leistung in Wärme umgewandelt, die bei periodischen Belastungen zu einer inneren Aufheizung des Gummikerns und schließlich zur chemischen Zersetzung führen kann. Es ist sicherzustellen, dass die auftretende Dämpfungsleistung P_{Wi} kleiner als die zulässige Wärmeleistung P_{KW} der Kupplung ist

$$P_{KW} \geqq \frac{\pi\, M_{Wi}^2\, f_i}{V_R\, C_{T\,dyn}}\,.$$

Die Möglichkeit c) zur Kupplungsauslegung ist die Anwendung höherer Berechnungsverfahren in Form von Drehschwingungsrechnungen unter Berücksichtigung von nichtlinearen Zusammenhängen und komplexeren Einflüssen des Gesamtantriebsstrangs. Diese Berechnungsverfahren sind nach DIN 740 Teil 2 bei Mehrmassensystemen, nichtlinearen (Feder-)Kennlinien, Spiel und Stoßanregungungen, die keine Rechtecksfunktionen darstellen, anzuwenden. Wenn bei Resonanzdurchläufen die Drehmomentüberhöhungen zu ermitteln sind, die Dämpfungswärme nicht mit einer harmonischen Anregung berechnet werden kann und Kennwerte für transiente Betriebszustände gefordert sind, müssen Drehschwingungssimulationen im Zeitbereich durchgeführt werden, um das dynamische Verhalten des Antriebsstrangs zu ermitteln und die Kupplungen auszulegen.

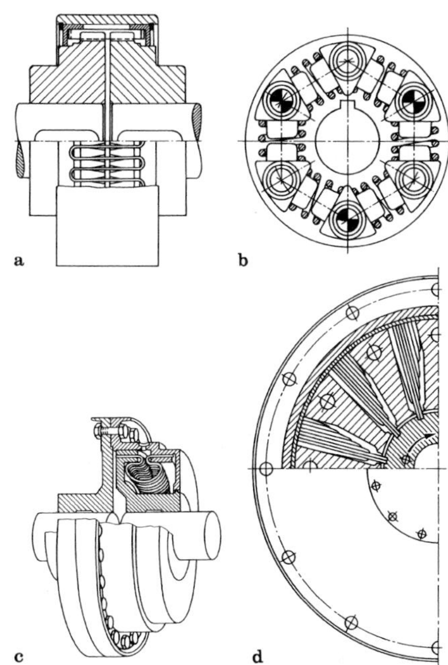

Abb. 10.7 Metallelastische Kupplungen. **a** Schlangenfederkupplung (Malmedie-Bibby) mit konstruktiv erzwungener progressiver Kennlinie ($\varphi = 1{,}2°$); **b** Schraubenfederkupplung (Cardeflex) mit tangentialen, vorgespannten Schraubendruckfedern (φ bis 5°); **c** Voith-Maurer-Kupplung mit linearer Kennlinie; **d** Geislinger-Kupplung mit radial angeordneten Blattfederpaketen; Reibungs- und einstellbare Öldämpfung durch Ölverdrängung aus Federkammern (φ bis 9°)

10.3.3 Bauarten

Metallelastische Kupplungen. Die Bauarten unterscheiden sich im Wesentlichen durch die Verwendung unterschiedlicher Federarten (Verdrehwinkel $\varphi = 2 \ldots 25°$) bei unterschiedlicher Dämpfung (Abb. 10.7a–d). Ferner kann durch konstruktive Mittel die an sich lineare Federkennlinie in eine meist progressive geändert werden, z. B. bei der *Schlangenfederkupplung* durch sich axial verjüngende „Zähne".

Elastomerkupplungen mittlerer Elastizität. Sie haben Verdrehwinkel $\varphi < 5°$ und sind entweder *Bolzenkupplungen* (Abb. 10.8a), die zylindrische, ballige oder gerillte Elastomerhülsen aufweisen, oder *Klauenkupplungen* (Abb. 10.8b) mit auf Biegung oder Druck beanspruchten Elementen. ΔK_r bewegt sich im Bereich von einigen mm, ΔK_W bis 3°, und ΔK_a bis 20 mm.

Elastomerkupplungen hoher Elastizität. Dies sind Kupplungen mit Verdrehwinkeln von $\varphi = 5 \ldots 30°$, typisch $> 10°$ bei Nenndrehmoment ($\Delta K_r = 6 \ldots 10\,\text{mm}$, $\Delta K_w = 8°$, $\Delta K_a = 10 \ldots 15\,\text{mm}$). Diese Kupplungen fallen meist schon durch ihr großes Gummivolumen auf, z. B. die *Wulstkupplungen* (Abb. 10.8c) mit einem Wulst, der bei Flanschkupplungen (Schwungradanbau) zur Scheibe werden kann. Die Federkennlinien sind meist linear, wie auch bei den *Scheibenkupplungen* (Abb. 10.8d). Eine weitere Bauart ist die *Rollenkupplung* (Abb. 10.8f), bei der zylindrische Rollen, eingepresst zwischen einer Nabe und einer dazu winklig versetzten Ausnehmung, das eingeleitete Drehmoment übertragen. Eine Möglichkeit zur Realisierung unterschiedlicher Kennlinienverläufe bieten Kombinationen aus Klauen- und Rollenkupplung (Abb. 10.8b,f) oder die Kombination von Gummielementen in Parallel- oder Reihenschaltung (Abb. 10.8e). Sie weisen hinsichtlich des Torsionsverhaltens zum einen oft eine weiche Kennlinie für das Einwirken von geringen Lasten und zum anderen eine harte Federkennlinie für hohe Torsionsbelastungen auf.

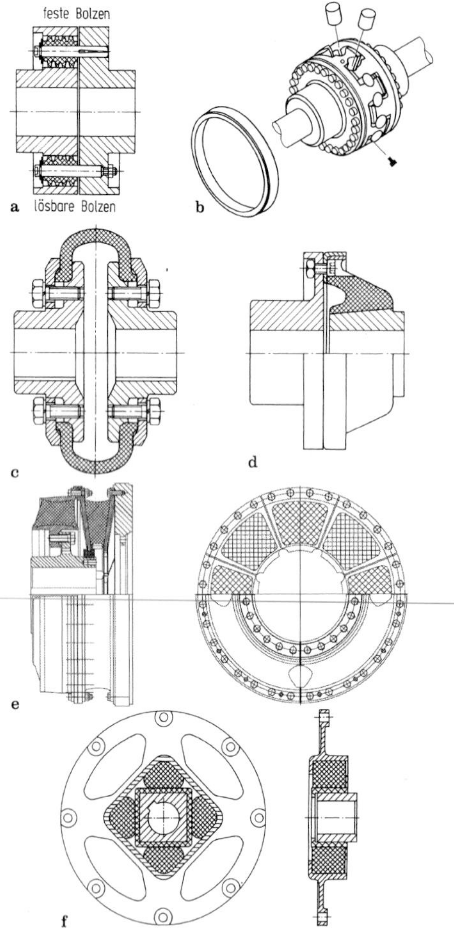

Abb. 10.8 Elastomerkupplungen. **a** Bolzenkupplung (Renk-ELCO-Kupplung, Renk), durch profilierte, vorgespannte Gummihülsen progressive Kennlinie $\varphi = 2\ldots 3°$; **b** Klauenkupplung mit druckelastischen, ohne Axialverschiebung wechselbaren Elementen (Ringfeder-TSCHAN), durchschlagsicher, Federkennlinie progressiv (φ bis 2,5°); **c** hochelastische Wulstkupplung (Periflex, Stromag) mit ringförmigem, senkrecht zur Umfangsrichtung aufgeschnittenem Gummireifen, Federkennlinie progressiv; **d** Scheibenkupplung (Kegelflex-Kupplung, Kauermann) mit anvulkanisierter Gummischeibe, lineare Federkennlinie veränderbar durch unterschiedliche Gummisorten (φ bis 10°); **e** Gummikupplung (TRI-Konzept, Stromag) mit einer Kombination aus Gummielementen für hohe radiale und axiale Nachgiebigkeiten ($\varphi = 5\ldots 12°$); **f** Rollen-Kupplung (Centaflex-R) nach dem ROSTA-Prinzip mit leicht progressiver Kennlinie (φ bis 15°)

10.3.4 Auswahlgesichtspunkte

Einfache gleichförmige Antriebe (Elektromotoren, Kreiselpumpen, Ventilatoren u. a.) werden zum Ausgleich von Anfahrstößen und Wellenlagefehlern mit *Elastomerkupplungen* mittlerer Elastizität ($\varphi < 5°$) gekuppelt, die zudem preisgünstig und wartungsfrei sind. *Stark ungleichförmige Antriebe* (Kolbenmaschinen, Brecher, Pressen, Walzwerke) oder die *Verlegung der Resonanzdrehzahl* erfordern hochelastische Kupplungen ($\varphi = 5\ldots 30°$), die auch für große Wellenverlagerungen besonders gut geeignet sind. *Große Axialverschiebungen* sind vor allem mit Bolzen- und Klauenkupplungen gut beherrschbar. Da Elastomerkupplungen i. Allg. das schwächste Glied im Antriebsstrang darstellen, übernehmen sie im Falle einer Havarie eine zusätzliche Sicherheitsfunktion. Dennoch muss bei vielen Anwendungsfällen die Durchschlagsicherheit, d. h. die Fähigkeit, Drehmoment auch bei Zerstörung der elastischen Elemente zu übertragen, gewährleistet sein (z. B. bei Aufzugsantrieben oder Schiffsantrieben). Diese Eigenschaft ist ohne konstruktiven Mehraufwand bei Bolzen- und Klauenkupplungen schon vorhanden. Die *zulässigen Drehzahlen* sind bei drehelastischen Kupplungen allgemein niedriger als bei drehstarren (z. B. Zahn- und Membrankupplungen).

10.4 Drehnachgiebige, nicht schaltbare Kupplungen

Drehnachgiebige, nicht schaltbare Kupplungen vereinen die Funktionen von Anlauf- und Sicherheitskupplung und dienen weiterhin zur Torsionsschwingungsdämpfung (vgl. Abschn. 10.3); durch zusätzliche Einrichtungen können sie auch schaltbar ausgeführt werden.

Die bekannteste Bauart der drehnachgiebigen Kupplungen ist die *hydrodynamische Kupplung* [19–22]. Ihre Hauptelemente sind Pumpenrad, Turbinenrad und viskoses Medium (Abb. 10.9a,b). Beide Schaufelräder bilden zusammen mit der Gehäuseschale einen Arbeitsraum, in dem das viskose Medium – angetrieben durch das Pumpenrad – umläuft (Fliehkraftwir-

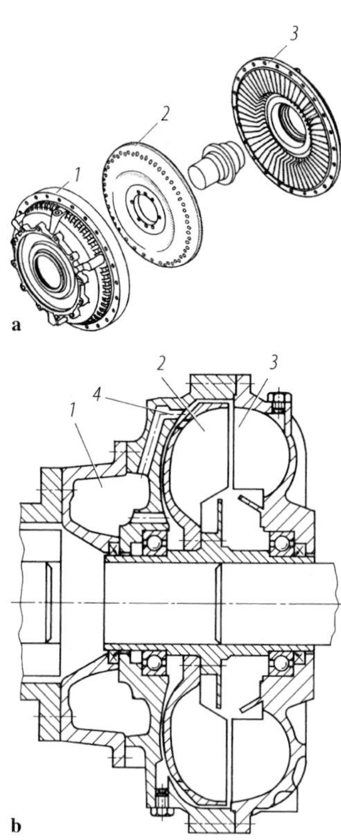

Abb. 10.9 Hydrodynamische Schlupfkupplung. **a** Schematische Darstellung: *1* Gehäuse, *2* Turbinenrad, *3* Pumpenrad; **b** Schnittdarstellung: *1* Gehäuse mit Verzögerungskammer, *2* Turbinenrad, *3* Pumpenrad, *4* Einspritzdüse (TSCHAN)

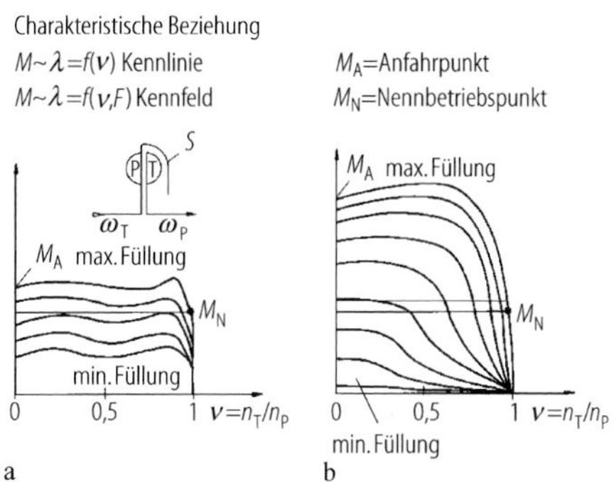

Abb. 10.10 Kennfelder hydrodynamischer Kupplungen. **a** Konstantfüllungskupplung; **b** Stell- und Schaltkupplung

kung). Das Turbinenrad wird durch den Flüssigkeitsstrom beaufschlagt und mitgenommen [19]. Das übertragbare Drehmoment M_T ist proportional dem Quadrat der Antriebswinkelgeschwindigkeit ω_P und beträgt nach der hydrodynamischen Modellgleichung $M_T = \lambda \cdot \varrho \cdot \omega_P^2 \cdot D_P^5$ (Dichte des viskosen Mediums ϱ, Durchmesser des Pumpenschaufelrades D_P). Weitere Hinweise zur Auslegung dieser Kupplungsart gibt die VDI-Richtlinie 2153.

Das Betriebsverhalten einer hydrodynamischen Kupplung wird von der Leistungszahl $\lambda = f(\upsilon)$ und dem Drehzahlverhältnis $\upsilon = n_T/n_P$ (Abtriebsdrehzahl n_T, Antriebsdrehzahl n_P) bestimmt. Beeinflusst durch Bauart und -form sowie durch unterschiedliche Füllungsgrade der Pumpe ergeben sich vielfältige Drehmoment-Drehzahl-Kennfelder $M \sim \lambda(\upsilon, F)$ (Abb. 10.10a, b). Damit ist es möglich, hydrodynamische Kupplungen für unterschiedliche Charakteristiken auszulegen bzw. einzustellen.

Im Gegensatz zu den bisher betrachteten Bauarten arbeiten drehnachgiebige Kupplungen immer mit einer Drehzahldifferenz zwischen An- und Abtriebsseite, dem sogenannten Schlupf s mit $s = 1 - \upsilon$, der durch die Betriebsbedingungen einstellbar ist.

Bei der *Induktionskupplung* dienen magnetische Felder als Übertragungsmedium. Die Magnetkräfte werden durch die induktive Wirkung unterschiedlich schnell rotierender, aneinander vorbeilaufender Polpaare erzeugt. Diese Kupplungen arbeiten verschleißfrei, die Magnetisierung umgebender Bauteile und die Zuführung des Stroms über Schleifringe sind jedoch problematisch. Außerdem bauen sie groß im Vergleich zu allen anderen Kupplungsarten.

10.5 Fremdgeschaltete Kupplungen

Schaltbare Kupplungen werden eingesetzt, um Teile eines Antriebsstrangs wahlweise miteinander zu verbinden oder zu trennen. Dabei erfolgt das Öffnen und Schließen des Drehmomentflusses bei den fremdgeschalteten Kupplungen auf ein externes Signal durch mechanische, hydraulische, pneumatische oder elektromagnetische Betätigung. Entsprechend dem zur Drehmomentübertragung verwendeten physikalischen Prinzip unterscheidet man mechanisch, hydrodynamisch und magnetisch wirkende Kupplungen. Mechanische Kupplungen, werden weiter-

hin nach der Verbindungsart in *formschlüssige und kraftschlüssige Schaltkupplungen* untergliedert. In der Regel erlauben Schaltkupplungen keine Wellenverlagerungen, sie werden deshalb oft mit Ausgleichskupplungen (drehstarre, drehelastische oder drehnachgiebige nichtschaltbare Kupplungen) kombiniert.

Fremdgeschaltete Kupplungen können nach folgenden Kriterien eingeteilt werden:

Schaltprinzip. *Schließende* Kupplungen übertragen im eingeschalteten Zustand das Drehmoment, während *öffnende* Kupplungen beim Einschalten den Drehmomentfluss unterbrechen. Bei elektromagnetisch betätigten Kupplungen werden *arbeitsstrombetätigte* Kupplungen schließend und *ruhestrombetätigte* Kupplungen öffnend genannt.

Betätigungsart. Im Maschinenbau werden überwiegend elektromagnetisch oder durch Druckmittel (hydraulisch, pneumatisch) betätigte Kupplungen eingesetzt, weil die Schaltvorgänge im Vergleich zu mechanisch betätigten Kupplungen leichter automatisierbar sind (vgl. Abschn. 10.5.2). Mechanische Betätigungen ermöglichen jedoch Direktschaltungen ohne zusätzliche Energiebereitstellung (Kfz-Kupplung, Bootswendegetriebe).

10.5.1 Formschlüssige Schaltkupplungen

Bei den formschlüssigen Schaltkupplungen dienen Klauen, Zähne oder andere Formschlusselemente zur Kraftübertragung. Sie sind deshalb nur im Stillstand oder im Synchronlauf der Wellen einschaltbar, einige Bauformen erlauben jedoch das Ausrücken unter Last und bei voller Drehzahl, sofern die Trennkräfte nicht zu hoch sind. Die formschlüssigen Schaltkupplungen übertragen, bezogen auf ihre Abmessungen, sehr hohe Drehmomente und sind vergleichsweise preisgünstig. In den meisten Fällen gestatten sie axiale

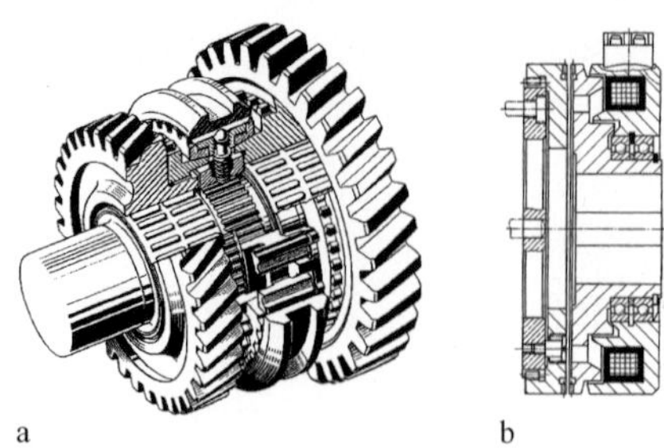

Abb. 10.11 Formschlüssige Schaltkupplungen. **a** Mechanisch betätigte Zahnkupplung mit axial angeordneten Zähnen (Zahnradfabrik Friedrichshafen); **b** Schleifringlose Elektromagnet-Zahnkupplung mit radial angordneten Zähnen (Ortlinghaus)

Wellenverschiebungen bei oft hohen Verschiebekräften (Reibkräften).

Bauarten. Die ausrückbare *Klauenkupplung* (vgl. Abb. 10.3a) ist die einfachste und am häufigsten im Allgemeinen Maschinenbau verwendete formschlüssige Schaltkupplung. *Schaltbare Zahnkupplungen* werden vor allem im Getriebebau eingesetzt (Abb. 10.11a), wobei das Schalten während des Betriebs durch Synchronisierungseinrichtungen erleichtert wird. Die *elektromagnetisch betätigte Zahnkupplung* in Abb. 10.11b verfügt über zwei Planräder, die bei genau fluchtenden Achsen, zum Teil auch bei geringen Relativgeschwindigkeiten, durch Magnetkraft eingeschaltet und durch Federkraft ausgekuppelt werden.

10.5.2 Kraft-(Reib-)schlüssige Schaltkupplungen

Bei den reibschlüssigen Kupplungen erfolgt die Drehmomentübertragung durch das Aneinanderpressen von mindestens zwei Reibflächen [23]. Dabei muss die Anpresskraft ein dem zu übertragenden Drehmoment entsprechendes Reibmoment erzeugen. Reibungskupplungen bieten den Vorteil, dass sie unter Last und auch bei großen Drehzahlunterschieden ein- und ausschaltbar sind. Da das übertragbare Drehmoment durch den Reibschluss begrenzt ist, arbeiten sie gleichzeitig als Sicherheitskupplung. Nachteilig ist die beim Einschalten entstehende Reibungswärme (Rutschen) und der Verschleiß der Reibflächen.

Bauarten. Nach der Form (eben, zylindrisch, kegelig) und Anzahl der Reibflächen unterscheidet man *Einflächenkupplungen* (Abb. 10.12a), *Zweiflächen-(Einscheiben-)kupplungen* (Abb. 10.12b), *Mehrflächen-(Lamellen-)kupplungen* (Abb. 10.12c), *Zylinder- und Kegelkupplungen* (Abb. 10.12d). Die Reibpaarungen dieser Kupplungen können entweder trocken- oder nasslaufend (ölgeschmiert) ausgeführt werden. Für den *Nasslauf* kommen Reibpaarungen wie Stahl/Stahl, Stahl/Papier und Stahl/Sinterbronze zur Anwendung, für den *Trockenlauf* meist Stahl/Sinterbronze oder Stahl/Kohlenstofffaser, Keramik [23, 53]. *Lamellenkupplungen* (vgl. Abb. 10.12c) übertragen durch Parallelschaltung mehrerer Reibflächen trotz ihrer kleinen Außenabmessungen hohe Drehmomente und sind preisgünstig. Nachteilig sind die im nicht geschalteten Zustand auftretenden Leerlauf- und Schleppmomente, die zu Leistungsverlusten und zu einer übermäßigen Kupplungserwärmung führen können [24]. Da die Lamellenkupplungen wegen ihres geringen Bauvolumens nur geringe Wärmemengen speichern und abgeben können, sind sie i. d. R. nasslaufend. Dabei kommt der Bestimmung des erforderlichen Kühlölstroms und der thermischen Nachrechnung besondere Bedeutung zu [25]. Im Vergleich zu Lamellenkupplungen kann bei Ein-, Zweiflächen-, Kegel- und Zylinderkupplungen (vgl. Abb. 10.12a,b,d) die Reibungswärme gut abgeführt werden, außerdem verfügen sie über klar definierte Trennspalte, sodass die Leerlaufdrehmomente vergleichsweise gering sind. Diese Kupplungen bauen jedoch bei vergleichbaren Übertragungsmomenten größer. *Kupplungs-Brems-Kombinationen* (Abb. 10.13) stellen die Kombination einer Schaltkupplung mit einer Bremse in einer Baueinheit dar. Sie sind besonders geeignet für hohe Schaltfrequenzen und schnelle, positionsgenaue Schaltungen. Um kürzeste Schaltintervalle zu erreichen, können bei der (getrennten) Schaltung von Kupplung und Bremse Überschneidungen gewählt werden. Die *Magnetpulverkupplung* (Abb. 10.14) ist eine elektromagnetisch betätigte Reibungskupplung. Das in einem Hohlraum zwischen An- und Abtrieb befindliche Magnetpulver wird durch Anlegen eines elektromagnetischen Feldes verdichtet, sodass eine reibschlüssige Verbindung der beiden Kupplungsseiten entsteht [29]. Dabei ist der Schlupf abhängig von der Stärke des Magnetfeldes, die zulässige Schlupfleistung wird von der realisierbaren Wärmeabfuhr begrenzt. Die Kupplung ermöglicht ein weiches Anfahren und kann durch entsprechende Steuerung als Überlastkupplung verwendet werden.

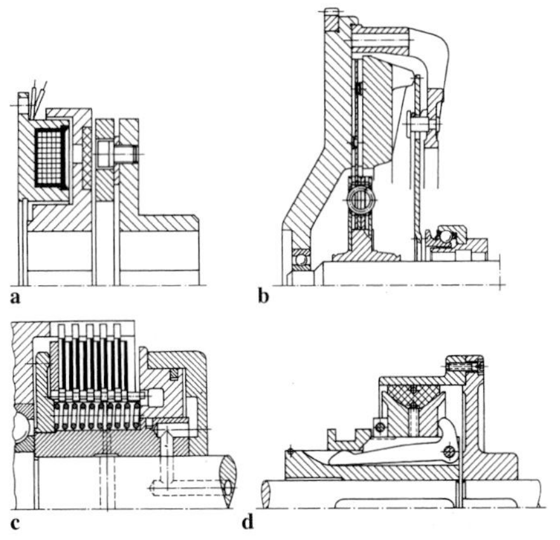

Abb. 10.12 Bauarten reibschlüssiger Schaltkupplungen. **a** Schleifringlose elektromagnetisch betätigte Einflächenkupplung (Ortlinghaus); **b** mechanisch betätigte Einscheibenkupplung (Membranfederkupplung) für Nutzfahrzeuge; **c** hydraulisch betätigte, nasslaufende Lamellenkupplung (Ortlinghaus); **d** mechanisch betätigte Kegelkupplung (Conax, Desch)

Betätigungsarten. Hydraulisch betätigte Kupplungen besitzen geringe äußere Abmessungen und ermöglichen die Übertragung hoher Drehmomente. Sie benötigen ein Ölversorgungssystem. Bei hydraulisch betätigten Kupplungen ist zu beachten, dass die Viskosität des Druckmittels Schaltverzögerungen verursachen kann. Die Masse des Druckmittels führt zu Fliehwirkungen, die bei der Druckberechnung berücksichtigt werden müssen und besondere Maßnahmen zum Trennen der Kupplungen erfordern. Für Anwendungsfälle, bei denen ein schnelles und genaues Schalten erforderlich ist, eignen sich besonders

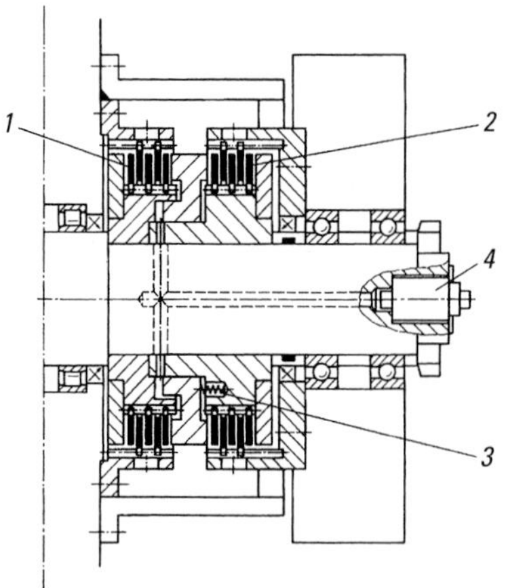

Abb. 10.13 Hydraulisch betätigte Kupplungs-Brems-Kombination (Ortlinghaus). *1* Bremse hydraulisch gelüftet, *2* Kupplung hydraulisch gegen Federvorspannung geschlossen, *3* Federvorspannung, *4* Öleinführung

Kupplungen mit pneumatischer Betätigung. Generell zeichnen sich druckmittelbetätigte Kupplungen durch Fernbedienbarkeit und Steuerbarkeit des Drehmomentes aus, sie erfordern im Allgemeinen für die Druckmittelzufuhr ein freies Wellenende. Elektromagnetisch betätigte Kupplungen eignen sich aufgrund der einfachen Energiezufuhr besonders für die Automatisierung. Nachteilig sind u. a. die Wärmeentwicklung der Magnetspulen, Streuströme in der Zuführung und die Magnetisierung der Umgebung. Mechanische Betätigungseinrichtungen werden im Allgemeinen Maschinenbau selten eingesetzt, vorrangig dort, wo kleine Schaltkräfte erforderlich sind, die Schaltgenauigkeit ausreichend und eine feinfühlige Bedienung vorgesehen ist (z. B. Kfz-Kupplung).

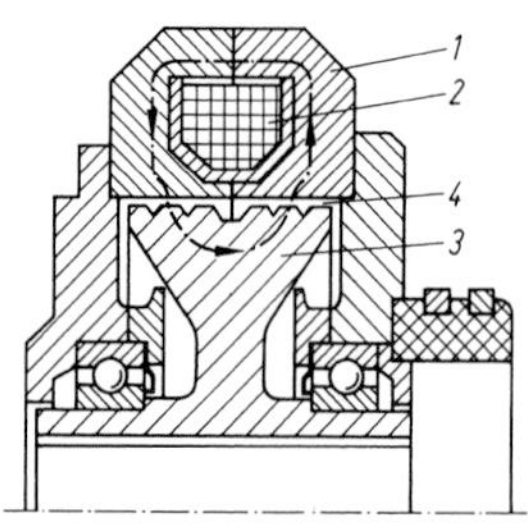

Abb. 10.14 Magnetpulverkupplung mit eingetragenem Magnetfluss. *1* Eisenkörper mit *2* Magnetringspule, *3* Läufer, *4* Luftspalt mit Magnetpulver

Betriebsarten. Trockenlaufende Kupplungen werden mit maximal drei Reibscheiben ausgelegt, für die ein Lüftungsspiel von 0,5 mm bis 1 mm pro Reibfläche üblich ist. Im normalen Betriebszustand ist deshalb das Leerlaufmoment vernachlässigbar klein. In Ausnahmefällen können Taumelbewegungen der Reib- und Innenscheibe (durch Axialschwingungen im Antriebsstrang) oder auch die Sogwirkung zwischen schnell rotierenden Kupplungsscheiben (durch Unterdruck) zu einer beträchtlichen Erhöhung des Leerlaufmomentes führen. Trockenlaufende Kupplungen haben kurze Ansprechzeiten. Nasslaufende Kupplungen werden überwiegend dort eingesetzt, wo die Umgebung nicht ölfrei gemacht werden kann (z. B. Getriebe) oder wenn hohe Schaltfrequenzen eine entsprechend hohe Wärmeabfuhr erfordern. Das Öl wird hierbei gezielt als Kühlmittel eingesetzt (Innenölkühlung). Die Nachteile nasslaufender Reibsysteme sind niedrige Gleitreibungszahlen und ein relativ hohes Leerlaufmoment. Letzteres kann u. a. durch die Reibflächenausbildung (Nuten, Rillen) und eine gegebenenfalls eingesetzte Lamellenwellung beeinflusst werden.

Reibwerkstoffe (Tab. 10.1) sollten möglichst geringe Unterschiede in den Reibungszahlen μ_0 und μ aufweisen, da dann eher der Stick-Slip-Effekt (Rattern) vermieden werden kann. Dies ist besonders für den Trockenlauf wichtig.

10.5.3 Der Schaltvorgang bei reibschlüssigen Schaltkupplungen

Die Grundlagen der Kupplungsberechnung werden am vereinfachten Modell einer von ω_{20} auf ω_{11} zu beschleunigenden Last erläutert (Abb. 10.15). Der Motor mit dem Antriebsmoment M_A besitzt das Massenträgheitsmoment J_A und läuft mit der Winkelgeschwindigkeit ω_{10} um. Die Last (Lastmoment M_L, Massenträgheitsmoment J_L, Winkelgeschwindigkeit ω_{20}) kann über die Schaltkupplung (Kennmoment M_K, Außenradius R und Innenradius r der Reibflächen, Anpresskraft F) mit dem Antrieb verbunden werden.

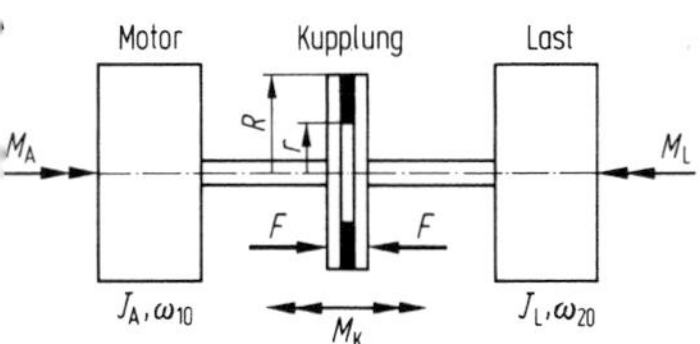

15 Ersatzmodell eines Antriebssystems

10.16 ist der prinzipielle Schaltvorgang cht dargestellt.

Betätigung der Kupplung liegt im Anem das *Leerlaufmoment* M_r vor (z. B. ndige Trennung von Lamellen). Nach ng und dem *Ansprechverzug* t_{11} wird der *Anstiegszeit* t_{12} die Drehmomentgung aufgebaut. Das nach der Anstiegs-Kupplungsstrang wirkende *Schaltmoment* sich aus dem *Lastmoment* M_L und ei-Überwindung der Massenträgheiten not-*Beschleunigungsmoment* M_a zusam-Moment M_S muss somit um M_a größer M_L, um die Drehzahl der Last erhökönnen (vgl. Abb. 10.16). M_S ist i. Allg. onstant und hängt u. a. von der *Gleitgedigkeit*, der *Reibflächentemperatur* sowie *nstruktiven Randbedingungen* ab. Bei der

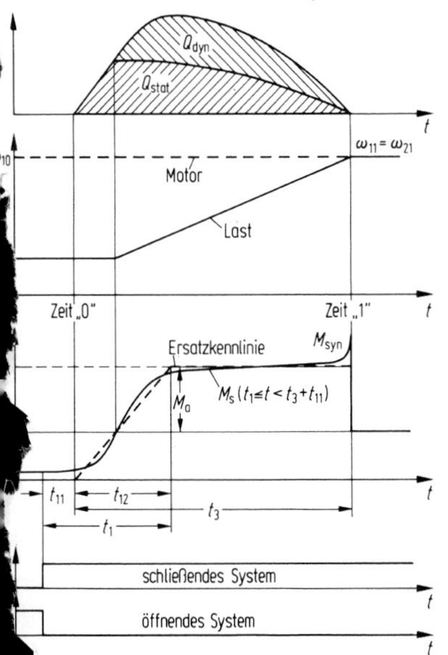

Schaltvorgang fremdbetätigter Reibkupplun-

Differenzgeschwindigkeit Null bildet sich kurzzeitig das *Synchronmoment* M_{syn} aus, bevor beim Gleichlauf von An- und Abtrieb schließlich das in diesem Beispiel konstante Lastmoment M_L vorliegt.

Für die Berechnung des Kennmoments der Kupplung wird der reale Drehmomentverlauf durch einen linearen Anstieg (in der Zeit t_{12}) mit nachfolgend konstantem Moment angenähert. Das dadurch definierte Kennmoment M_K kann somit nach Gl. (10.1) vereinfacht bestimmt werden.

$$M_K = C \pm \sqrt{C^2 - B} \quad \text{mit}$$
$$C = \frac{M_L \cdot t_3 + J_L \cdot (\omega_{10} - \omega_{20})}{2 \cdot t_3 - t_{12}} \quad \text{und}$$
$$B = \frac{t_{12} \cdot M_L^2}{2 \cdot t_3 - t_{12}} \,. \tag{10.1}$$

Gl. (10.1) gilt für $M_L = \text{const}$ und $\omega_{10} = \omega_{11} = \text{const}$, d. h. die Motordrehzahl sinkt beim Kuppeln nicht ab. Die Anstiegszeit t_{12} ist eine kupplungs- bzw. betätigungsspezifische Größe, während die Rutschzeit t_3 u. a. von der Last abhängt

$$t_3 = \frac{J_L \cdot (\omega_{10} - \omega_{20})}{M_K - M_L} + \frac{t_{12}}{2} \cdot \left(1 + \frac{M_L}{M_K}\right) . \tag{10.2}$$

Nach Gl. (10.2) steigt die Rutschzeit t_3 mit größerer Last (M_L, J_L) und größerer Anstiegszeit t_{12}, während ein großes Kennmoment der Kupplung M_K die Rutschzeit verringert.

Die beim Einkuppeln in Wärme umgewandelte Schaltarbeit Q ergibt sich bei vorhandenem Kennmoment M_K und der jeweiligen Differenz der Winkelgeschwindigkeiten zu $\Delta Q = \Delta\omega \cdot M_K \cdot \Delta t$. Gemittelt über die gesamte Rutschzeit t_3 gilt $\Delta\omega \approx (\omega_{10} - \omega_{20})/2$. Mit den Vereinfachungen von Gl. (10.1) kann die Schaltarbeit nach Gl. (10.3) berechnet werden

$$Q = \frac{(\omega_{10} - \omega_{20})^2}{2} \cdot \frac{J_L}{1 - M_L/M_K} + \frac{\omega_{10} - \omega_{20}}{2} \cdot t_{12} \cdot M_L \,. \tag{10.3}$$

Diese Schaltarbeit setzt sich aus der vom Lastmoment herrührenden *statischen Schaltarbeit* Q_{stat} und der *dynamischen Schaltarbeit* Q_{dyn}

zur Überwindung der Massenträgheit J_L zusammen (vgl. Abb. 10.16 oben). Bei einer Beschleunigung von $\omega_2 = \omega_{20}$ auf $\omega_2 = \omega_{21} = \omega_{11}$ wird also die Hälfte der während des Schaltens zugeführten Energie in Wärme umgewandelt. Da die Motordrehzahl normalerweise absinkt und damit der Gleichlauf der Kupplungsscheiben früher erreicht wird, ergibt sich eine gegenüber dieser vereinfachten Betrachtung verringerte Reibarbeit. Wenn M_S nach dem Einschalten erst langsam ansteigt, vergrößert sich die Reibarbeit, weil bis zum Erreichen von $M_S = M_L$ kein Drehzahlanstieg auftritt. Ebenso steigt t_3 an.

Wenn die Reibarbeit minimiert werden soll, muss der Ausdruck $1 - (M_L/M_K)$ möglichst große Werte annehmen, d. h. es muss $M_K \gg M_L$ gewählt werden. Bei gegebenem M_L besteht demnach die Forderung nach einer *„harten"* Kupplung mit einer entsprechend kurzen Rutschzeit t_3, um die Wärmebelastung klein zu halten. Eine derartige Kupplung kann aber u. U. starke *Drehmomentstöße* erzeugen; der gesamte Antriebsstrang muss auf das Kupplungsmoment ausgelegt sein. Das andere Extrem einer zu *„weichen"* Kupplung mit $M_K \to M_L$ ergibt zwar ein sanftes Einkuppeln, aber auch eine hohe Erwärmung der Reibflächen. Die Wärmebelastung kann bei großer Rutschzeit t_3 und häufigem Schalten zur thermischen Zerstörung der Kupplung führen. Die beim einmaligen Kuppeln anfallende Wärme ist hauptsächlich von der *Winkelgeschwindigkeitsdifferenz* und der *Reibflächenpressung* abhängig. Bei *mehrmaligem* Schalten steigt die Reibflächentemperatur mit der Schalthäufigkeit an.

Vom Kupplungshersteller werden Werte für die maximal zulässige Wärmebelastung Q_E bei *einmaliger* Schaltung sowie Q_{zul} bei *mehrmaligem* Schalten ermittelt. Dabei ist Q_E vom *Reibflächenwerkstoff* und der *Wärmekapazität* der Kupplung abhängig, Q_{zul} wird hauptsächlich von der *Kühlung* und *Wärmeabfuhr* bestimmt.

Empirisch oder über aufwändige mathematische Ansätze gewonnene Werte für Q_E und Q_{zul} können als *Kennlinien* für bestimmte Kupplungen dargestellt werden (Abb. 10.17). Hier wird die zulässige Schaltarbeit Q_{zul} (pro Schaltvorgang)

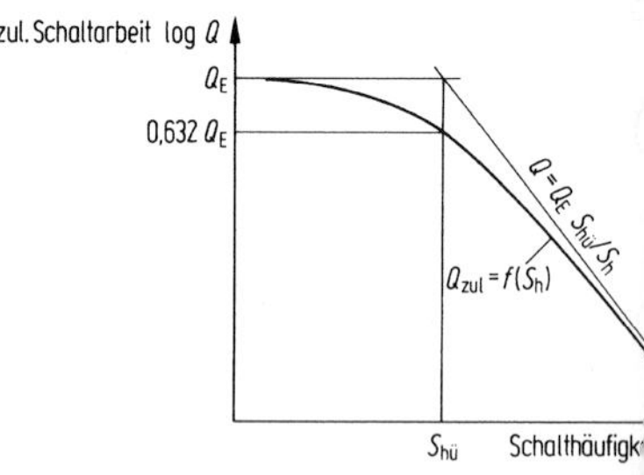

Abb. 10.17 Zulässige Schaltarbeit nach Gl. Funktion der Schalthäufigkeit

als Funktion der *Schalthäufigkeit* S_h gen. Die *Übergangsschalthäufigkeit* einen *charakteristischen Wert* der Ken wird vom Kupplungshersteller bestimm Kenngrößen Q_E und $S_{hü}$ kann somit die Wärmebelastung Q_{zul} nach Gl. (10.4 hängigkeit von der Schalthäufigkeit S_h werden

$$Q_{zul} = Q_E \cdot \left(1 - e^{-S_{hü}/S_h}\right) .$$

10.5.4 Auslegung einer reibschlüssigen Schaltku

Reibschlüssige Kupplungen werden in gigkeit der Belastungsart nach versc Kennwerten ausgelegt. Schaltkupplunge Wesentlichen das Anlagenmoment ü müssen und lediglich zur Beschleunigu ger Massen dienen, werden nach dem S ment M_S ausgelegt. Schaltkupplungen, nem definierten Drehmoment durchruts len (Sicherheitskupplungen), werden zu übertragenden maximalen Mome mensioniert. Kupplungen, die zur B gung großer Massen eingesetzt werde deshalb eine große Schaltarbeit aufn sen, werden nach der ertragbaren W tung ausgelegt [30, 31].

Neue theoretische Ansätze zielen d durch die Veränderung des Kupplungs während der Rutschzeit die Reibtem senken und somit die zulässige Sch zu erhöhen [32].

Das zu *übertragende Moment* $M_{\ddot{u}}$ richtet sich nach dem Nennmoment der Kraft- und Arbeitsmaschine, wobei Ungleichförmigkeiten (z. B. bei Kolbenmaschinen) oder das Kippmoment $(2\ldots3 \cdot M_N)$ bei Kurzschlussläufermotoren zu berücksichtigen sind. Im Allgemeinen ist das *übertragbare Moment* $M_{\ddot{u}}$, das sich im Synchronlauf der Reibflächen einstellt, größer als das Schaltmoment M_S der Kupplung, weil die Gleitreibungszahl μ kleiner als die Haftreibungszahl μ_0 ist (vgl. Tab. 10.1). Dies gilt insbesondere für nasslaufende Kupplungen. Für die praktische Auslegung einer Reibkupplung wird das geforderte Moment M_K in Gl. (10.5) eingesetzt, sodass die notwendige Anpresskraft F, die Reibflächenzahl z und der notwendige mittlere Halbmesser der Reibflächen $r_m = (R + r)/2$ iterativ festgelegt werden können (vgl. Abb. 10.15).

$$M_K = F \cdot \mu \cdot z \cdot r_m \quad (10.5)$$

Ist beispielsweise ein kleiner Durchmesser der Kupplung gefordert, kann die Zahl der Reibbeläge oder die Anpresskraft (maximal zulässige Flächenpressung, vgl. Tab. 10.1) erhöht werden.

Für die Berechnung der Schaltzeit t_{ges} ist nach Abb. 10.16 der Ansprechverzug t_{11} zu beachten: $t_{ges} = t_{11} + t_3$. Im Sinne einer vereinfachten Aus-…egung kann die Anstiegszeit t_{12} vernachlässigt …erden. Die Rutschzeit t_3 (vgl. Gl. (10.2)) ergibt …ich damit zu

$$t_3 = \frac{J_L \cdot (\omega_{10} - \omega_{20})}{M_K - M_L} \quad (10.6)$$

…e *Schaltarbeit* Q (vgl. Gl. (10.3)) kann wie …estimmt werden

$$\ldots \frac{(\omega_{10} - \omega_{20})^2}{2} \cdot \frac{J_L}{1 - M_L/M_K} . \quad (10.7)$$

…ne beanspruchungsgerechte Reibflä-…nsionierung bietet sich der Vergleich …arungsspezifischen Kennwerten, wie …ze, flächenbezogene Schaltarbeit bei … Schaltung q_{AE} und die zulässi-…zogene Reibleistung $\dot{q}_{A0}$, an (vgl.

Die vorhandene flächenbezogene Schaltarbeit q_A kann nach Gl. (10.8) berechnet werden, wobei $A_{Rg} = A_R \cdot z = \pi \cdot (R^2 - r^2) \cdot z$ die gesamte Reibungsfläche der Kupplung angibt (z, R, r Anzahl bzw. Abmessungen der Reibflächen):

$$q_A = \frac{Q}{A_{Rg}} < q_{AE} . \quad (10.8)$$

Bezogen auf die Rutschzeit t_3 ergibt sich die vorhandene flächenbezogene Reibleistung $\dot{q}_A$ zu

$$\dot{q}_A = \frac{q_A}{t_3} = p_R \cdot v_R \cdot \mu < \dot{q}_{A0} , \quad (10.9)$$

wobei p_R die Reibflächenpressung, v_R die Gleitgeschwindigkeit und μ die Gleitreibungszahl bezeichnet.

10.5.5 Auswahl einer Kupplungsgröße

Ausgehend vom Lastmoment M_L, der (reduzierten) Massenträgheit J_L, der Winkelgeschwindigkeitsdifferenz $\Delta\omega$, der ungefähr geforderten Rutschzeit t_3 und der Anstiegszeit t_{12} kann das erforderliche Kennmoment M_K der Kupplung abgeschätzt werden (vgl. Gl. (10.1)). Anschließend kann mit den zugeordneten Katalogwerten für die Anstiegszeit t_{12} der gewählten Kupplung die Rutschzeit t_3 und die Schaltarbeit Q bestimmt werden (vgl. Gln. (10.2) und (10.3)). Sind keine Angaben über die Anstiegszeit verfügbar, kann eine vereinfachte Berechnung nach Gl. (10.6) bzw. (10.7) durchgeführt werden. Soll das Abfallen der Antriebsdrehzahl beim Einkuppeln sowie die Massenträgheit des Antriebs (mit Getriebe) berücksichtigt werden, so ist weiterführende Literatur heranzuziehen. Die berechnete Schaltarbeit Q kann mit den zulässigen Katalogwerten Q_E für die gewählte Kupplung verglichen werden. Bei häufigem Schalten ($S_h > S_{h\ddot{u}}$) ist die zulässige Schaltarbeit mit Hilfe von Gl. (10.4) zu bestimmen und mit der tatsächlich verrichteten Schaltarbeit zu vergleichen.

10.5.6 Allgemeine Auswahlkriterien [33]

10.5.6.1 Betriebsarten und Betätigungssysteme, Eigenschaften

Einflächenkupplungen. Um bei gegebenem Drehmoment möglichst kleine Durchmesser zu erlangen, werden trockenlaufende Reibpaarungen bevorzugt. Ein geschlossener Axialkraftfluss innerhalb der Kupplung ist nur unter Verwendung einer elektromagnetischen Betätigung möglich; schnelles Ansprechen bei kurzen Lüftwegen; geringes Leerlaufmoment.

Einscheibenkupplungen. Ebenfalls Trockenlauf für größere Drehmomente; sämtliche Betätigungsarten kommen vor, die hydraulische Betätigung wird aber wegen der Gefahr der Leckverluste meist vermieden (Reibbeläge werden ölverschmiert); gute Kühlung (Kühlrippen); schnelles Ansprechen; geringes Leerlaufmoment; relativ ratterfrei (Werkstoffe mit degressiver μ/v_R-Charakteristik).

Lamellenkupplungen [24–28]. Kleine Baugröße auch bei großen Drehmomenten, bei hoher Schaltarbeit (z. B. Schaltungen unter Last in Getrieben) ist eine wirksame Kühlung nur mit Hilfe eines Ölumlaufs zu erreichen, d. h. nasslaufend. Es sind alle Betätigungsarten möglich. Bei durchfluteten Lamellen (elektromagnetische Betätigung) können nur ferromagnetische Reibpaarungen gewählt werden. Schnelles Ansprechen bei Nasslauf kann durch dünnes Öl, Ölnebel oder Nuten in den Lamellen erreicht werden; vergleichsweise hohes Leerlaufmoment (kann u. a. durch gewellte Lamellen, Nuten und Rillen in der Reibfläche begrenzt werden); geringer Verschleiß bei Nasslauf, d. h. größere Lebensdauer.

Konuskupplung (Kegelkupplung). Geeignet für hohe Drehmomente und hohe Schaltarbeiten im Trockenlauf; Betätigung meist mechanisch oder pneumatisch.

10.5.7 Bremsen

Bei Bremsen handelt es sich vom Funktionsprinzip her um Schaltkupplungen mit unbeweglichem Abtrieb und 100 % Schlupf mit der Aufgabe, die Geschwindigkeit einer bewegten Masse zu verringern, eine Bewegung zu verhindern oder ein Lastmoment zu erzeugen. Im Vordergrund der Gestaltung steht deshalb eine möglichst rasche Wärmeabfuhr. Den physikalischen Wirkprinzipien der Schaltkupplungen entsprechend gibt es mechanische, hydraulische, pneumatische und elektromagnetische Bremsen. Nach dem Verwendungszweck unterscheidet man *Sperren* (*Richtungskupplung*), *Haltebremsen* (verhindert unbeabsichtigtes Anlaufen einer Welle aus dem Stillstand), Regelbremsen (Einhalten einer bestimmten Wellendrehzahl) und *Leistungsbremsen* (Leistungsumwandler). Weiterhin ist es möglich, Kupplung und Bremse zu einer konstruktiven Einheit – einer *Kupplungs-Brems-Kombination* – zusammenzufassen (vgl. Abb. 10.13) [34]. Genauere Beschreibungen und Berechnungen können den Hauptanwendungsgebieten entsprechend Bd. 3, Teil II, III bzw. IX entnommen werden. Die Berechnung mechanischer, schaltbarer Bremsen erfolgt analog der Kupplungsberechnung, wobei das Kupplungsmoment M_K durch das Bremsmoment und das Beschleunigungsmoment M_A durch das Verzögerungsmoment ersetzt wird. Zu beachten ist der Einfluss und zeitliche Verlauf des Lastmoments, z. B. bei Leistungsbremsen, beim Abbremsen gegen laufenden Antrieb und beim Abbremsen ablaufender Lasten in der Fördertechnik. Gestaltungsgrundsätze für Bremsen sind den Normen DIN 15 431 bis DIN 15 437 zu entnehmen. DIN 15 434-1 enthält Berechnungsgrundsätze für Trommel- und Scheibenbremsen. Weitere Hinweise enthält die VDI-Richtlinie 2241.

Bauarten. Abb. 10.18 zeigt verschiedene Bremsenbauarten. Prinzipiell können alle Schaltkupplungsarten auch als Bremsen ausgeführt werden (vgl. Abb. 10.12 und 10.14), hinzu kommen spezielle Bauarten. Zu den mechanischen Bremsen zählen Backen-, Scheiben- und Bandbremsen. *Backenbremsen*

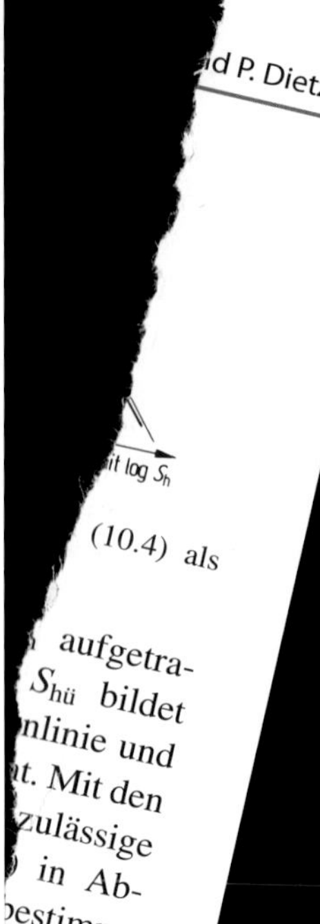

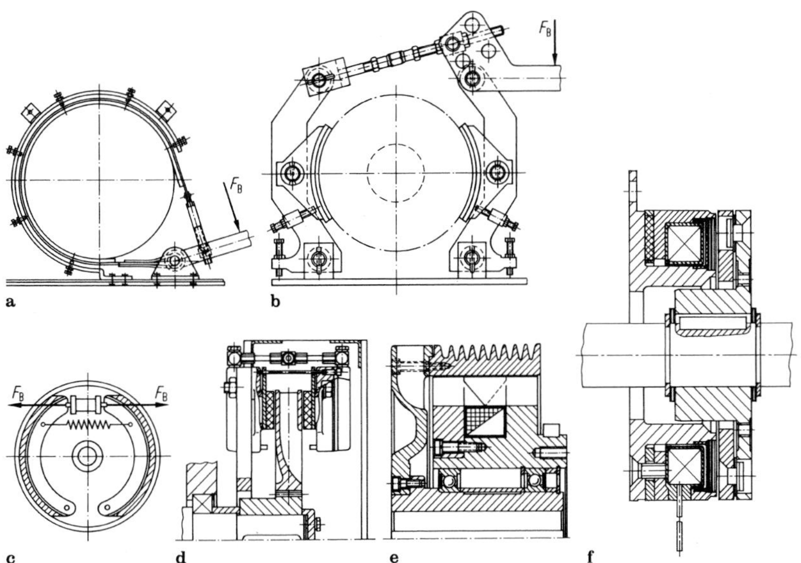

Abb. 10.18 Bremsbauarten (Betätigungskraft F_B teilweise eingetragen). **a** Bandbremse; **b** Außenbackenbremse (doppelt); **c** Innenbackenbremse (Trommelbremse, Simplex); **d** pneumatisch betätigte Scheibenbremse (Ortlinghaus); **e** Induktionsbremse mit Lüfterrad (Stromag); **f** Permanentmagnetbremse (Lenze)

lassen sich in Außen- und Innenbackenbremsen (Abb. 10.18b,c) unterteilen (Fahrzeuge, Hebezeuge). *Bandbremsen* (Abb. 10.18a) erfordern wegen der selbstverstärkenden Wirkung der Umschlingungsreibung nur geringe Betätigungskräfte bzw. können selbstverstärkend ausgeführt werden. *Scheibenbremsen* (Abb. 10.18d) weisen – insbesondere bei innenbelüfteter Bauweise – günstige Kühlungsverhältnisse auf. Neue Systeme aus C/C-SiC-Faserkeramiken weisen eine hohe Temperaturstabilität, eine geringe Wärmedehnung sowie ein geringes Gewicht auf (Rennsport, Flugzeugbau) [35]. Scheibenbremsen – im Automobilbau schon lange bewährt – setzen sich auch in der Industrie aufgrund ihrer kompakten Bauweise und der Möglichkeit einer parallelen Anordnung immer stärker durch. Pneumatisch betätigte, mechanische Bremsen eignen sich besonders zur Verzögerung großer Massen, z. B. bei Antrieben von Scheren und Pressen. Bei Bremsen mit elektromagnetischer Betätigung unterscheidet man die Betätigung gegen Federn oder Permanentmagneten (Industrieroboter). Durch die Verwendung temperaturstabiler Seltene-Erden-Magnete werden hohe, konstante Bremsmomente erreicht [36]. *Leistungsbremsen* werden überwiegend mit hydraulischem (Wasser oder Öl als Medium) oder elektromagnetischem Wirkprinzip (Generator- und Wirbelstrombremsen) ausgeführt (Abb. 10.18e,f). Generator- und elektrische Wirbelstrombremsen sind verschleißfrei und erlauben eine leichte Abfuhr der anfallenden Verlustenergie. Bei Generatorbremsen kann die gewonnene Bremsenergie in das Leitungsnetz zurückgespeist werden. Wirbelstrombremsen haben den Vorteil einer reibungsunabhängigen Bremswirkung (Schienenfahrzeuge, Hebezeuge). Das Bremsmoment zeigt bei Leistungsbremsen ein stark drehzahlabhängiges Verhalten [37]. Eine weitere Bremse mit elektromagnetischem Wirkprinzip ist die *Magnetpulverbremse*, die sich durch einfachen Aufbau, niedriges Gewicht und geringen Platzbedarf auszeichnet (vgl. Abschn. 10.5.2).

10.6 Selbsttätig schaltende Kupplungen

Als selbsttätig schaltende Kupplungen werden alle Kupplungen bezeichnet, deren Schaltvorgang durch einen der Betriebsparameter Drehzahl, Drehmoment oder Drehrichtung ausgelöst wird [38].

10.6.1 Drehmomentgeschaltete Kupplungen

Drehmomentgeschaltete Kupplungen werden hauptsächlich zur Drehmomentbegrenzung zwischen Antriebs- und Abtriebsseite verwendet. In dieser Funktion werden sie auch als Sicherheitskupplungen bezeichnet [39]. Die Dimensionierung aller Komponenten einer Anlage auf maximale Spitzenmomente des Gesamtsystems kann durch Einbau einer Sicherheitskupplung entfallen.

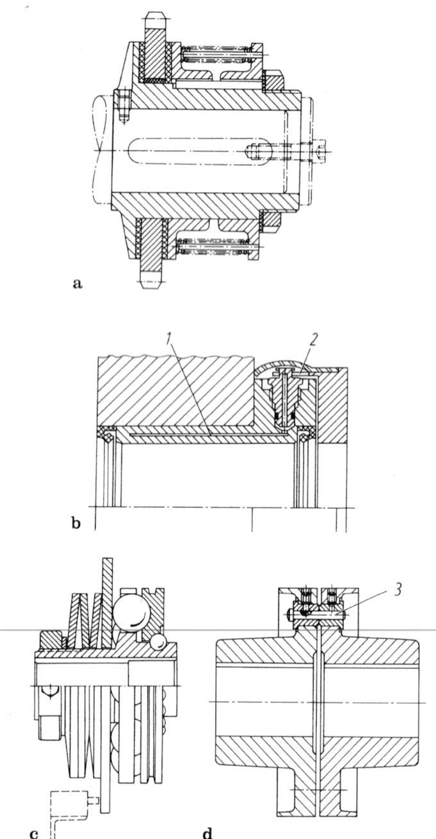

Abb. 10.19 Drehmomentgeschaltete Kupplungen (Sicherheitskupplungen). **a** Zweiflächen-Rutschkupplung mit Federvorspannung (Ringspann); **b** Kupplung mit Drucköl-Pressverband (Voith): *1* Druckölraum, *2* Abschergabel für vollständige Entlastung im Rutschfall; **c** Sperrkörperkupplung mit Endschalter (Mayr); **d** Brechbolzenkupplung, *3* Bolzen am Umfang

Bauarten. Rutschkupplungen (Abb. 10.19a) sind als reibschlüssige Kupplungen mit fest einstellbarer Kupplungskraft auszuführen. Dabei ist darauf zu achten, dass sich die Vorspannkraft nur wenig mit dem Verschleißweg ändert, um einen wartungsarmen Betrieb sicherzustellen (flache Federkennlinien). Mittels Schlupfwächter können diese Kupplungen überwacht werden, damit sie im Dauerschlupfbetrieb nicht überhitzen. Häufiges Schalten dieser Kupplungen führt zu starker Erwärmung, die bei der Auslegung berücksichtigt werden muss. *Druckölverbindungen* (Abb. 10.19b) übertragen in Abhängigkeit des anliegenden Öldrucks das Drehmoment reibschlüssig. Die radiale Anpresskraft wird mit Drucköl erzeugt, das sich in einer zylindrischen Druckkammer des Antriebsflansches befindet. Beim Rutschmoment setzt ein Abscherring das Drucköl und somit die Drehmomentverbindung frei [40]. *Sperrkörperkupplungen* verwenden Ausrückelemente (Abb. 10.19c), z. B. federkraftbelastete Kugeln oder Bolzen, die bei einem vorberechneten Grenzmoment aus der Einrastposition herausgleiten. Bei einigen Ausführungen koppeln die Elemente automatisch bei Unterschreiten des Grenzmoments wieder ein. Bei *Brechbolzen-*, *Brechring-* und *Zugbolzenkupplungen* (Abb. 10.19d) [41, 42] versagen die dafür vorgesehenen Elemente beim Erreichen des Grenzmoments durch einen kontrollierten Bruch (Sollbruchstelle). Bedingt durch Unterschiede in den Werkstoffeigenschaften und durch Fertigungseinflüsse kann das Bruchmoment der Sollbruchstelle schwanken. Alle drehmomentgeschalteten Kupplungen können elektromechanische oder elektronische Schalter zur Abschaltung des Antriebsmotors auslösen.

10.6.2 Drehzahlgeschaltete Kupplungen

Bei diesen Kupplungen wird meist ab einer bestimmten Drehzahl die Drehmomentübertragung zwischen Antriebs- und Abtriebsseite zugeschaltet (Anlaufkupplungen); es gibt auch Bauformen, die bei Drehzahlüberschreitung ein Abschalten bewirken. Anlaufkupplungen ermöglichen ein lastfreies Hochfahren der Antriebsmaschine (Elektro- oder Verbrennungsmotor) und ein Zuschalten der Arbeitsmaschine bei der gewünschten Drehzahl. Damit können die Arbeitsmaschine entsprechend dem niedrigeren Arbeitsmoment und die Antriebsmaschine für lastfreies Beschleunigen bzw. reines Arbeitsmoment ausgelegt werden.

Bauarten. Bei *Fliehkraftkupplungen* nach Abb. 10.20a übertragen federkraftbelastete Segmente [43] beim Überschreiten einer Grenzdrehzahl das Drehmoment M_K in Abhängigkeit des Reibfaktors μ, der Anzahl der Segmente i, des Radius des Schwerpunkts der Segmente r_m, ihrer Masse m, der Winkelgeschwindigkeit ω und des Reibradius R nach der Beziehung $M_K = \mu \cdot i \cdot (m \cdot r_m \cdot \omega^2 - F_F) \cdot R$. Während des Schaltvorgangs wird durch die Zentrifugalkraft die Rückhaltekraft der Federn F_F überwunden. Bei der Auslegung von reibschlüssigen Kupplungen für eine hohe Schalthäufigkeit (Dauerschaltung) bzw. länger andauerndes Durchrutschen, z. B. bei der Nutzung dieser Kupplungsart als Sicherheitskupplung, ist eine Wärmebilanz aufzustellen (vgl. Abschn. 10.5). Statt Segmenten wird bei Füllgutkupplungen (Abb. 10.20b) von einem sternförmigen Rotor Füllgut, wie Pulver, Kugeln oder Rollen, gegen die Mantelfläche des Abtriebsteils geschleudert. Dadurch wird ein Reibschluss zwischen Antriebs- und Abtriebsseite hergestellt. Auch hier steigt das übertragbare Moment mit dem Quadrat der Drehzahl. Bei Nenndrehzahl laufen diese Kupplungen schlupf- und damit verlustfrei. Diese Bauart wird hauptsächlich bei höheren Drehzahlen eingesetzt.

10.6.3 Richtungsgeschaltete Kupplungen (Freiläufe)

Kupplungen, die durch die relative Drehrichtung der An- und Abtriebsseite geschaltet werden, gehören zu den richtungsbetätigten Kupplungen [44]. Bei diesen Kupplungen werden in einer Drehrichtung die Antriebs- und Abtriebsseite reib- oder formschlüssig gekoppelt (Sperrzustand), in der Gegendrehrichtung erfolgt eine Entkopplung der Antriebselemente (Freilaufzustand). Freilaufkupplungen werden im Maschinenbau z. B. als Rücklaufsperren (in Fördermitteln, Strömungsmaschinen, automatischen Kfz-Getrieben), Überholkupplungen (in Mehr-Motor-Antrieben, Anlasserantrieben, Fahrradnaben) und Schrittschaltfreiläufen (bei Vorschubeinrichtungen und Schaltwerkgetrieben) eingesetzt.

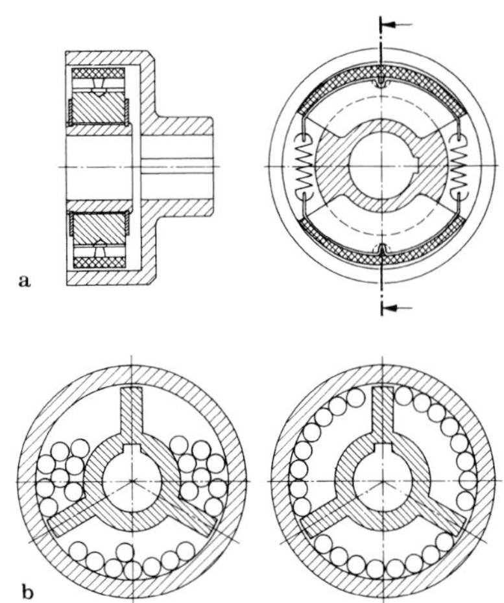

Abb. 10.20 Drehzahlgeschaltete Kupplungen. **a** Fliehkraftkupplung mit Segmenten [43]; **b** Füllgutkupplung

Bauarten. *Klinkenfreiläufe* (Ratschen) nehmen in einer Drehrichtung den Antrieb formschlüssig mit. Bei den reibschlüssig arbeitenden *Klemmfreiläufen* fassen hingegen die Elemente in jeder Stellung fast geräuschlos, mit größerer Schaltgeschwindigkeit und bei kleineren geometrischen Abmessungen. Bei der Bauform in Abb. 10.21a handelt es sich um *Klemmrollenfreiläufe* mit Innenstern, bei denen einzeln gefederte Rollen in keilförmige Taschen gedrückt werden. *Klemmkörperfreiläufe* nach Abb. 10.21b [45–48] besitzen unrunde Klemmkörper zwischen kreiszylindrischen Laufbahnen. Den größten Einfluss auf die Lebensdauer haben Verschleiß mindernde Additive im Schmierstoff [49] sowie Beschichtungen. Bei Rücklaufsperren in Fliehkraftausführung lässt sich durch eine Fliehkraftentkopplung zwischen Antrieb und Abtrieb der Verschleiß herabsetzen oder bei einer völligen Fliehkraftabhebung sogar vermeiden. Für eine einwandfreie Funktion ist eine exakte radiale Lagerung wichtig (Baueinheiten mit Wälzlagern). In die Schaltung kann auch von außen eingegriffen werden: Abschaltung (vollkommener Freilaufzustand), Umschaltung, vollkommene Sperre, Zuschaltung nur während einer Umdrehung (Eintouren-Kupplung). Bei *Klauen- oder Zahnfreiläufen* (Abb. 10.21c) [22] werden Zähne zur Drehmomentübertragung verwendet. Diese Zahnkupplung schaltet automatisch, wenn sich die Kupplungsmuffe axial auf dem Steilgewinde aufgrund einer Drehzahldifferenz zwischen Antriebs- und Abtriebsseite verschiebt. Allgemein wird diese Kupplungsart für wenige Schaltungen ausgelegt. Die rechnerische Auslegung von Kupplungen als Rücklaufsperren [50] ist durch die hohe Dynamik der Kräfte der Arbeitssysteme, z. B. Förderbänder, nur mittels Berechnung des Schwingungsverhaltens des Gesamtsystems mit hoher Genauigkeit möglich [51].

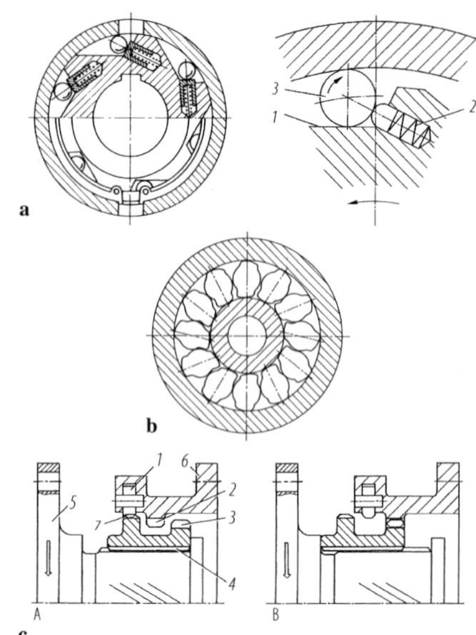

Abb. 10.21 Freiläufe. **a** Klemmrollenfreilauf mit Innenstern und Einzelfederung: *1* Wirkfläche, *2* Feder, *3* Klemmrollenfreilauf (Stieber); **b** Klemmkörperfreilauf (Ringspann); **c** Zahnfreilauf: *1* Klinke, *2* Kupplungsverzahnung, *3* Kupplungsmuffe, *4* Steilgewinde, *5* Antrieb, *6* Abtrieb, *7* Klinkenverzahnung; A offen, B geschlossen

Anhang

Tab. 10.1 Merkmale von oft angewendeten Reibpaarungen

Reibpaarungen	Nasslauf				Trockenlauf		
	Sinter-bronze/ Stahl	Sinter-eisen/ Stahl	Papier/ Stahl	Stahl, gehärtet/ Stahl, gehärtet	Sinter-bronze/ Stahl	Orga-nische Beläge/ Grauguss	Stahl, nitriert/ Stahl, nitriert
Reibungszahlen							
Gleitreibungs-zahl μ	0,05...0,10	0,07...0,10	0,10...0,12	0,05...0,08	0,15...0,30	0,3...0,4	0,3...0,4
Haftreibungs-zahl μ_0	0,12...0,14	0,10...0,14	0,08...0,10	0,08...0,12	0,2 ...0,4	0,3...0,5	0,4...0,6
Verhältnis μ_0/μ	1,4 ...2	1,2 ...1,5	0,8 ...1	1,4 ...1,6	1,25...1,6	1,0...1,3	1,2...1,5
Technische Daten (Richtwerte)							
max. Gleitge-schwindigkeit v_R in m/s	40	20	30	20	25	40	25
max. Reibflä-chenpressung p_R in N/mm^2	4	4	2	0,5	2	1	0,5
zulässige flä-chenbezogene Schaltarbeit bei einmaliger Schaltung q_{AE} in J/mm^2	1...2	0,5...1	0,8...1,5	0,3...0,5	1...1,5	2...4	0,5...1
zulässige flä-chenbezogene Reibleistung $\dot{q}_{A0}$ [W/mm^2] (vgl. VDI2241 Bl. 1, Abschnitt 3.2.2)	1,5...2,5	0,7...1,2	1...2	0,4...0,8	1,5...2,0	3...6	1...2

10

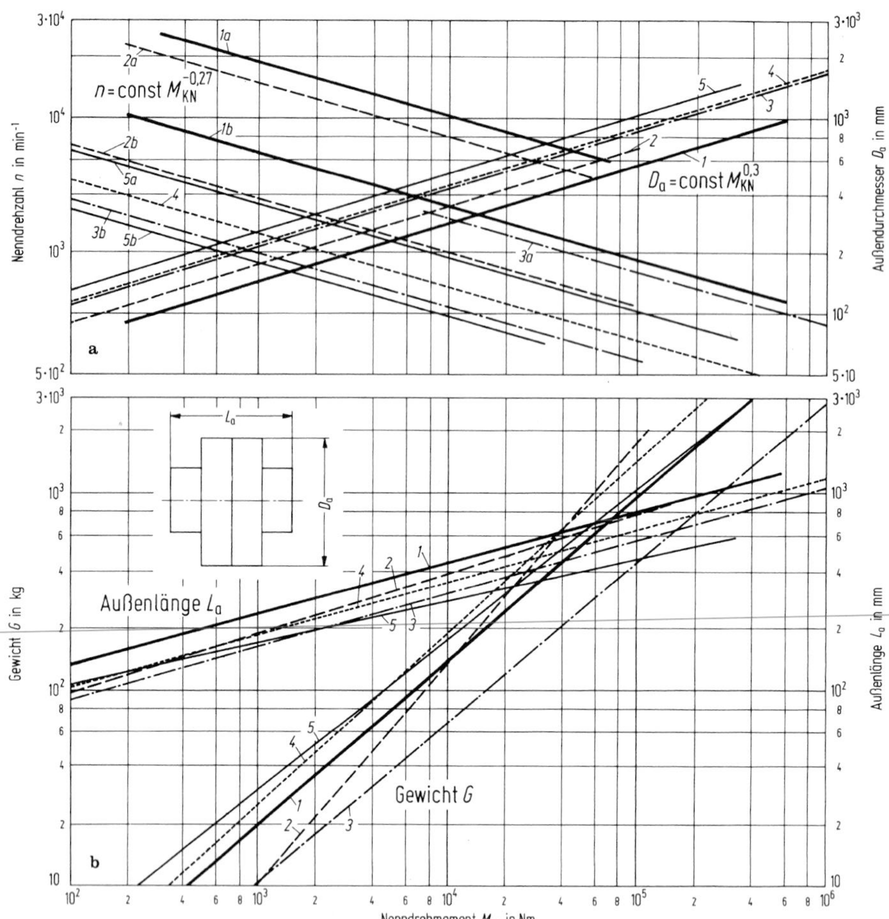

Abb. 10.22 Kenngrößen nicht schaltbarer Kupplungen. **a** Drehzahl n bzw. Außendurchmesser D_a; **b** Gewichte G bzw. Längen L_a nach Katalogangaben. *1* Doppelzahnkupplungen, *2* Membran- und Federlaschenkupplungen, *3* Metallelastische (drehelastische) Kupplungen, *4* Elastomerkupplungen mittlerer Elastizität, *5* Elastomerkupplungen hoher Elastizität, *a* schnelllaufende Typen, *b* mittelschnelllaufende Typen

Literatur

Spezielle Literatur

1. Hartz, H.: Antriebe mit Kreuzgelenkwellen. Teil 1: Kinematische und dynamische Zusammenhänge. Antriebstechnik **24**, 72–75 (1985)
2. Hartz, H.: Antriebe mit Kreuzgelenkwellen. Teil 2: Probleme und ihre Lösungen. Antriebstechnik **24**, 61–69 (1985)
3. Benkler, H.: Zur Auslegung bogenverzahnter Zahnkupplungen. Konstruktion **24**, 326–333 (1972)
4. Heinz, R.: Untersuchung der Zahnkraft und Reibungsverhältnisse in Zahnkupplungen. Konstruktion **30**, 483–492 (1978)
5. Pahl, G., Strauß, E., Bauer, H.P.: Fresslastgrenze nichtgehärteter Zahnkupplungen. Konstruktion **37**, 109–116 (1985)
6. Pahl, G., Müller, N.: Temperaturverhalten ölgefüllter Zahnkupplungen. VDI-Berichte **649**, 157–177 (1987)
7. Stotko, H.: Moderne Entwicklungen bei Bogenzahn-Kupplungen. Konstruktion **36**, 433–437 (1984)
8. Kunze, G.: Untersuchungen zur Beurteilung von Verzahnungen für Mitnehmerverbindungen, insbesondere von Zahnkupplungen. Diss. TU Dresden (1988)
9. Basedow, C.: Zahnkupplungen für hohe Drehzahlen. Antriebstechnik **23**, 18–21 (1984)
10. Henkel, G.: Membrankupplungen – Theoretische und experimentelle Untersuchung ebener und konzentrisch gewellter Kreisringmembranen. Diss. Univ. Hannover (1980)
11. Böhm, P., Mehlan, A.: Silikonkautschuk – Ein Werkstoff für elastische Kupplungen öffnet neue Einsatzgebiete. In: Kupplungen in Antriebssystemen

'97: Problemlösungen, Erfahrungen, Trends. VDI-Berichte **1323**, S. 177 ff. (1997)
12. Fritzemeier, E.: Langzeitverhalten von druckbelasteten Elastomerelementen. In: Kupplungen in Antriebssystemen '97: Problemlösungen, Erfahrungen, Trends. VDI-Berichte **1323**, S. 161 ff. (1997)
13. Mesch, A.: Untersuchung zum Wirkmechanismus drehmomentübertragender elastischer Kupplungen mit komplexen Dämpfungseigenschaften. VDI-Fortschrittsberichte, Nr. **262**. VDI-Verlag, Düsseldorf (1996)
14. Gnilke, W.: Zur Größenauswahl drehnachgiebiger Kupplungen. Maschinenbautechnik **31**, 537–540 (1982)
15. Peeken, H., Troeder, C., Döpper, R.: Angenäherte Bestimmung des Temperaturfeldes in elastischen Reifenkupplungen. Konstruktion **38**, 485–489 (1986)
16. Troeder, C., Peeken, H., Elspass, A.: Berechnungsverfahren von Antriebssystemen mit drehelastischer Kupplung. VDI-Berichte **649**, 41–68 (1987)
17. Hartz, H.: Anwendungskriterien für hochdrehelastische Kupplungen. Teil 1: Antriebsarten und deren Besonderheiten. Antriebstechnik **25**, 47–52 (1986)
18. Heyer, R., Möllers, W.: Rückstellkräfte und -momente nachgiebiger Kupplungen bei Wellenverlagerungen. Antriebstechnik **26**, 43–50 (1987)
19. Höller, H.: Hydrodynamische Kupplungen im Antrieb von Gurtförderern. F+H Fördern und Heben **5**, 396–399 (1996)
20. Menne, A.: Einflüsse von hydrodynamischen Kupplungen auf Torsionsschwingungen in Antriebssystemen. Antriebstechnik **3**, 56–61 (1997)
21. Huitenga, H.: Verbesserung des Anlaufverhaltens hydrodynamischer Kupplungen durch Modifikation der Kreislaufgeometrie. VDI-Fortschrittsberichte, Reihe 7, Nr. **332** (1997)
22. Stölzle, K., Rossig, F.: Synchronisierende, selbstschaltende Kupplungen für Ein-Wellen-Cogeneration-Kraftwerke. Zeitschrift Antriebstechnik **8**, 46–50 (1995)
23. Gauger, D.: Wirkmechanismen und Belastungsgrenzen von Reibpaarungen trockenlaufender Kupplungen. In: VDI-Fortschrittsberichte, Reihe 1, Konstruktionstechnik/Maschinenelemente. VDI-Verlag, Düsseldorf (1998)
24. Funk, W.: Leerlaufverhalten ölgekühlter Lamellenkupplungen. FVA-Forschungsreport (1998)
25. Höhn, B.-R., Winter, H.: Einfluss von Lamellenbehandlung und modernen Getriebeölen auf das Lebensdauer- und Schaltverhalten von nasslaufenden Lamellenkupplungen. FVA-Forschungsreport (1997)
26. Höhn, B.-R., Winter, H.: Programm zur Auslegung und thermischen Nachrechnung von Lamellenkupplungen. FVA-Forschungsreport (1997)
27. Federn, K., Beisel, W.: Betriebsverhalten nasslaufender Lamellenkupplungen. Antriebstechnik **25**, 47–52 (1986)
28. Korte, W.: Betriebs- und Leerlaufverhalten von nasslaufenden Lamellenkupplungen. VDI-Berichte **649**, 335–358 (1987)
29. Korte, W., Rüggen, W.: Magnetpulverkupplungen. asr-digest für angewandte Antriebstechnik **3**, 47–49 (1979)
30. Pahl, G., Oedekoven, A.: Kennzahlen zum Temperaturverhalten von trockenlaufenden Reibungskupplungen bei Einzelschaltung. VDI-Berichte **649**, 289–306 (1987)
31. Pahl, G., Oedekoven, A.: Temperaturverhalten von trockenlaufenden Reibungskupplungen. Konstruktion **42**, 109–119 (1990)
32. Pahl, G., Habedank, W.: Schaltkennlinienbeeinflussung bei Reibungskupplungen. Konstruktion **48**, 87–93 (1996)
33. Ernst, L., Rüggen, W.: Richtige Auswahl von Kupplungen und Bremsen. Antriebstechnik **21**, 616–619 (1982)
34. Schmidt, B.: Kupplungs-Brems-Technologie vs. Servoantriebe. Antriebstechnik **4**, 76–77 (1996)
35. Füller, K.-H.: Tribologisches, mechanisches und thermisches Verhalten neuer Bremsenwerkstoffe in Kfz-Scheibenbremsen. Diss. Univ. Stuttgart (1998)
36. Meinhardt, H.: Federkraft- oder Permanentmagnetbremsen: Haben beide Systeme ihre Berechtigung? Antriebstechnik **11**, 37–40 (1995)
37. Schneider, R.: Elektromagnetische Hysteresekupplung. VDI-Berichte **649**, 435–447 (1987)
38. Wiedenroth, W.: Kupplungen. VDI-Z **132**, 137–145 (1990)
39. Winter, H., Schubert, M.: Vergleich von Sicherheitskupplungen in Wellensträngen. Antriebstechnik **33**, 53–56 (1994)
40. Winter, H., Hoppe, F.: Kupplung mit Druckölverbindung zur Drehmomentbegrenzung in Schwermaschinenantrieben. Antriebstechnik **29**, 47–52 (1990)
41. Rettig, H., Hoppe, F.: Sicherheitskupplung mit Brechringen für Schwermaschinenantriebe. Antriebstechnik **25**, 48–53 (1986)
42. Weiss, H.: Zugbolzen-Überlastkupplung – Sichere Drehmomentbegrenzung durch vorgespannte Zugbolzen. Antriebstechnik **23**, 38–42 (1985)
43. Fleissig, M.: Untersuchungen zum Drehmomentverhalten von Fliehkraftkupplungen. VDI-Z **126**, 869–872 (1984)
44. Timtner, K.: Freilaufkupplungen für zukunftsorientierte Anwendungen. Antriebstechnik **25**, 31–35 (1986)
45. Heubach, T.: Gebrauchsdauer von Freilaufkupplungen. Antriebstechnik **9**, 56–61 (1998)
46. Peeken, H., Hinzen, H.: Funktionsfähigkeit und Gebrauchsdauer von Klemmkörperfreiläufen im Schaltbetrieb. Antriebstechnik **25**, 35–40 (1986)
47. Rossmanek, P.: Untersuchungen zum dynamischen Betriebsverhalten von Freilaufkupplungen, Teil 1 und 2. Antriebstechnik **35**, Nr. 1: 55–57, Nr. 2: 45–48 (1995)

48. Timtner, K.: Neue Rücklaufsperren für höchste Drehmomente und extreme Wellenverlagerungen. Antriebstechnik **34**, Nr. 4: 86–92 (1995)
49. Tönsmann, A.: Verschleiß und Funktion – Der Einfluss des Schaltverschleißes auf die Schaltgenauigkeit von Klemmrollenfreiläufen. Diss. Univ. Paderborn (1989)
50. Timtner, K., Heubach, T.: Schnellaufende Rücklaufsperren für Förderanlagen. In: Kupplungen in Antriebssystemen '97: Problemlösungen, Erfahrungen, Trends. VDI-Berichte **1323** (1997)
51. Gold, P. W., Lohrengel, A., Deppenkemper, P.: Lebensdauerberechnung von Klemmkörperfreiläufen im Schaltbetrieb. In: Kupplungen in Antriebssystemen '97: Problemlösungen, Erfahrungen, Trends. VDI-Berichte **1323** (1997)
52. Tikhomolov, A., Zaytsev, A.: Simulationsumgebung zur Unterstützung der Kupplungsauslegung. In: Kupplungen und Kupplungssysteme in Antrieben 2017, VDI Berichte 2309 (2017)
53. Stockinger, U., Pflaum, H., Stahl, K. Zeiteffiziente Methodik zur Ermittlung des Reibungsverhaltens nasslaufender Lamellenkupplungen mit Carbon-Reibbelag. In: Kupplungen und Kupplungssysteme in Antrieben 2017, VDI Berichte 2309 (2017)
54. Albers, A., Ott, S., Basiewicz, M. Schepanski, N. Klotz, Th.: Methode zur Ermittlung der zulässigen thermomechanischen Beanspruchbarkeit trockenlaufender Friktionspaarungen. In: Kupplungen und Kupplungssysteme in Antrieben 2017, VDI Berichte 2309 (2017)

Weiterführende Literatur

Peeken, H., Troeder, C.: Elastische Kupplungen: Ausführungen, Eigenschaften, Berechnungen. Springer, Berlin (1986)

Hinz, R.: Verbindungselemente: Achsen, Wellen, Lager, Kupplungen, 3. Aufl. Fachbuchverlag, Leipzig (1989)

Schmelz, F., v. Seherr-Thoss, H.-Ch.: Gelenke und Gelenkwellen: Berechnung, Gestaltung, Anwendungen, 2. Aufl. Springer, Berlin (2002)

Neumann, B., Niemann, G., Winter, H.: Maschinenelemente, Band 3, 2. Aufl. Springer, Berlin (1986)

Orthwein, W.: Clutches and brakes: design and selection, 2. Aufl. Dekker, New York (2004)

Winkelmann, S., Hartmuth, H.: Schaltbare Reibkupplungen: Grundlagen, Eigenschaften, Konstruktionen. Springer, Berlin (1985)

Geilker, U.: Industriekupplungen: Funktion, Auslegung, Anwendung. Verlag Moderne Industrie, Landsberg/Lech (1999)

DIN Taschenbuch 44: Normen über Hebezeuge, 5. Aufl, S. 56–67. Beuth, Berlin (1995)

Albers, A.: Kupplungen und Bremsen. In: Steinhilper, Sauer. Konstruktionselemente des Maschinenbaus 2. Springer-Verlag (2012), ISBN: 978-3-642-24302-8

Normen und Richtlinien

DIN 115: Schalenkupplungen

DIN 116: Scheibenkupplungen

DIN 740: Nachgiebige Wellenkupplungen

DIN 15 431–15 437: Trommel- und Scheibenbremsen

DIN 42 955: Toleranzen für Befestigungsflansche für elektrische Maschinen, zulässige Lageabweichungen

DIN 43 648: Elektromagnet-Kupplungen

DIN 71 752: Gabelgelenke

DIN 71 802, 71 803, 71 805: Winkelgelenke

VDI 2153: Hydrodynamische Leistungsübertragung

VDI 2240: Wellenkupplungen

VDI 2241 Blatt 1 und 2: Schaltbare fremdbetätigte Reibkupplungen und -bremsen

VDI 2722 (E): Gelenkwellen und Gelenkwellenstränge mit Kreuzgelenken – Einbaubedingungen für Homokinematik (2001)

DIN ISO 1940-1, Mechnaische Schwingungen, Anforderungen an die Auswuchtgüte von Rotoren in starrem Zustand, Ausgabe 2004-04

Wälzlager

11

Gerhard Poll

11.1 Kennzeichen und Eigenschaften der Wälzlager

Wälzlager übertragen – wie auch *Gleitlager* (vgl. Kap. 12) – Kräfte zwischen relativ zueinander bewegten Maschinenteilen und führen sie. Durch Zwischenschaltung von *Wälzkörpern* wird das Gleiten durch ein Rollen mit kleinem Gleitanteil (*Wälzen*) ersetzt, Abb. 11.1, mit den Vorteilen:

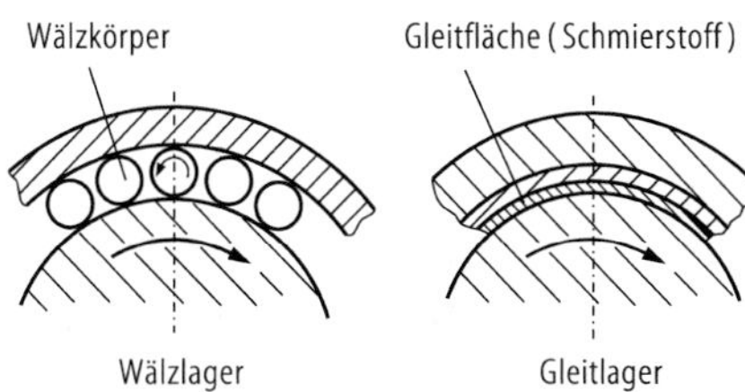

Abb. 11.1 Wirkprinzip eines Wälzlagers im Vergleich zum Gleitlager

- leichter Aufbau eines *elastohydrodynamischen Schmierfilms*,
- geringer Bewegungswiderstand auch beim Anlauf aus dem Stillstand,
- geringer Kühlungs- und Schmierstoffbedarf; *Fettschmierung* meist ausreichend,
- radiale, axiale und kombinierte Belastbarkeit mit geringem Aufwand erzielbar,
- annähernd spielfreier bzw. vorgespannter Betrieb möglich,
- Wälzlager sind als einbaufertige Normteilbaureihen weltweit verfügbar.

Nachteile sind:

- radialer Raumbedarf der Wälzkörper (weniger bei *Nadellagern* und *Dünnringlagern*),
- hohe Anforderungen an die Fertigungsgenauigkeit der Umbauteile,
- Empfindlichkeit gegenüber Stößen, Stillstandserschütterungen, oszillierenden Bewegungen kleiner Amplitude und Stromdurchgang,
- Ein- und Ausbau oft schwieriger als bei Gleitlagern, da nur in Sonderausführung teilbar,
- hohe Anforderungen an die Sauberkeit,
- starke Streuung der Lebensdauer einzelner Lager. Überlebenswahrscheinlichkeit nur für eine hinreichend große Gruppe gleichartiger Lagerungen berechenbar,
- Schwingungsanregung (Geräusche) durch die bewegten Einzelkontakte,
- begrenzte Drehzahl u. a. durch Fliehkraft der umlaufenden Wälzkörper.

11.2 Bauarten der Wälzlager

In allen Wälzlagern rollen kugel- oder rollenförmige Wälzkörper, meist von einem *Käfig* gehalten, auf *Laufbahnen* hoher Festigkeit, Oberflächengüte und Formtreue, die in den *Innen-* bzw. *Außenring* des Lagers oder in die anschließenden Bauteile eingearbeitet sind.

G. Poll (✉)
Leibniz Universität Hannover
Hannover, Deutschland
E-Mail: poll@imkt.uni-hannover.de

B. Bender und D. Göhlich (Hrsg.), *Dubbel Taschenbuch für den Maschinenbau 2: Anwendungen*,
https://doi.org/10.1007/978-3-662-59713-2_11

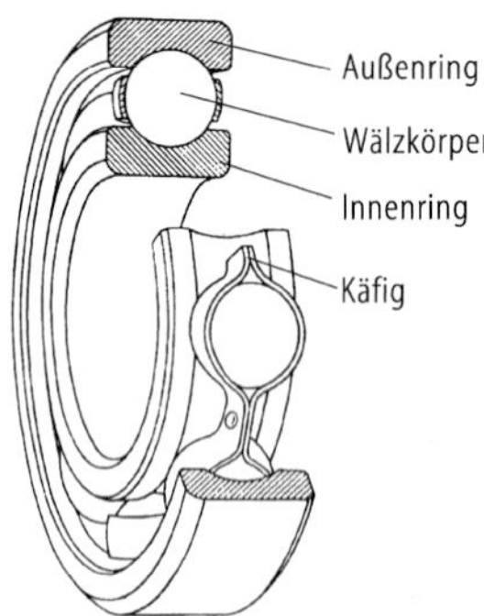

Abb. 11.2 Rillenkugellager

11.2.1 Lager für rotierende Bewegungen

Rillenkugellager (DIN 625), Abb. 11.2, sind am vielseitigsten einsetzbar, da sie besonders kostengünstig und leicht verfügbar sind, als Einzellager sowohl Radial- als auch Axialkräfte in beiden Richtungen aufnehmen, hohe Drehzahlen bei geringen Laufgeräuschen ertragen, geringe Ansprüche an die Schmierung stellen und den Schmierstoff wenig beanspruchen. Rillenkugellager werden in großer Stückzahl auch als befettete und abgedichtete Einheiten gefertigt. Die Standardausführung hat keine Einfüllnuten und daher eine beidseitig gleich hohe axiale Tragfähigkeit, allerdings weniger Kugeln. Sie nimmt auch geringe Kippmomente auf (daher z. B. in Spannrollen ein einzelnes Lager ausreichend). Für hohe radiale Belastungen gibt es zweireihige Lager. Rillenkugellager sind nicht zerlegbar. Aufgrund der relativ großen *Axialluft* sind mehrere Winkelminuten Schiefstellung zwischen den Lagerringen zulässig.

Entsprechend der Wälzkörpergeometrie unterscheidet man *Kugel-* und *Rollenlager*, Abb. 11.3. Rollen können als Zylinderabschnitte, als Kegelstümpfe oder als symmetrische bzw. asymmetrische Tonnen mit Kreisbogenprofil geformt sein. Theoretisch ergibt sich damit im unbelasteten Zustand eine *Linienberührung*, während Kugellager *Punktberührung* aufweisen, da der Kugelradius kleiner ist als die Laufbahnkrümmungsradien. Infolge der größeren Berührflächen, die bei Belastung durch elastische Verformung entstehen, nehmen Rollenlager bei gleicher Werkstoffbeanspruchung höhere Kräfte auf. Praktisch herrscht eine *„modifizierte Linienberührung"*: Um die bei reiner Linienberührung unvermeidlichen Spannungsspitzen an den Enden abzubauen, erhielten Zylinderrollen zunächst zu den Stirnflächen hin ballige Übergangszonen. Heute bevorzugt man für Zylinder- und Kegelrollen leicht konvexe (z. B. logarithmische) Profile, sodass auch bei mehreren Winkelminuten Schiefstellung zwischen Innen- und Außenring keine unstetigen Spannungsverläufe mit Spitzen auftreten. Sphärische Rollen haben ähnlich Kugellagern einen geringfügig kleineren Profilkrümmungsradius als ihre Laufbahnen. Da Rollen anders als Kugeln eine definierte Rotationsachse haben, müssen besondere Maßnahmen einen Schräglauf (*„Schränken"*) verhindern. Kugellager sind daher i. Allg. hinsichtlich der *Schmierung* weniger anspruchsvoll als Rollenlager, erreichen längere *Fettgebrauchsdauern* und höhere Drehzahlen und neigen weniger zum katastrophalen Versagen. Rollen werden zwischen zwei *Borden* mit Spiel geführt (*Zylinderrollenlager*, frühere Bauformen von Pendelrollenlager und *Tonnenlager*), an einem festen Bord

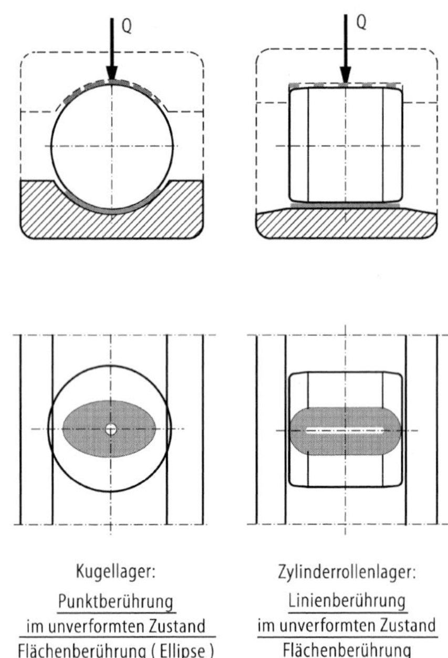

Abb. 11.3 Punktberührung (Kugellager) und Linienberührung (Rollenlager)

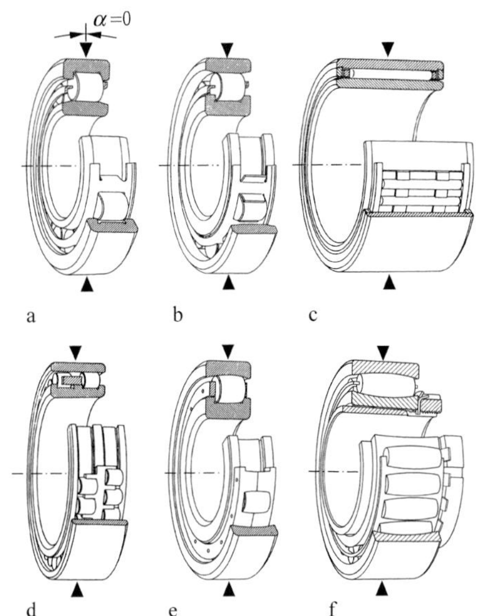

Abb. 11.4 Lager für ausschließlich radiale Belastung. **a, b, d** Zylinderrollenlager mit Borden an einem Ring: **a** Bauform NU; **b** Bauform N; **d** Bauform NN (zweireihig); **c** Nadellager; **e** Tonnenlager; **f** Toroidallager. ▼ radiale Last

oder an einem losen Führungsring mit *Spannführung* (*Kegelrollenlager*, Pendelrollenlager), vorwiegend durch den Käfig (*Nadellager*) oder durch Reibungskräfte zwischen Rollen und Laufbahnen (*Pendelrollen-* und *Toroidallager*).

Entsprechend dem *Druckwinkel* α und damit der bevorzugten Lastrichtung unterscheidet man reine *Radial-* ($\alpha = 0°$), reine *Axial-* ($\alpha = 90°$) und *Schräglager* ($0° < \alpha < 90°$). Der *Druckwinkel* gibt die Orientierung der *Drucklinie* an (die Senkrechte auf der Berührtangente zwischen Wälzkörpern und bordloser Ringlaufbahn, Abb. 11.4, 11.6, 11.7 und 11.8). Der Schnittpunkt der Drucklinien mit der Lagerachse (der *Druckmittelpunkt*) ist gedachter Angriffspunkt der äußeren Kräfte. Die axiale Tragfähigkeit nimmt mit dem Druckwinkel zu, die Eignung für hohe Drehzahlen jedoch ab (ungünstigere Zerlegung von Fliehkräften, größerer *Bohrschlupf*).

11.2.1.1 Lager für ausschließlich oder überwiegend radiale Belastung

Zylinderrollenlager der Bauform NU mit Führungsborden am Außenring gestatten das kostengünstige Centerless-Schleifen der bordlosen Innenringlaufbahnen und deren visuelle Inspektion im Einbauzustand sowie die Demontage von Innenringen mit festem Sitz durch Erwärmen. Bei horizontaler Welle bilden die Borde ein Ölreservoir, das beim Anfahren aus dem Stillstand hilft. Die ältere Bauform N (heute z. B. bei zweireihigen Zylinderrollenlagern NN für Werkzeugmaschinenspindeln) mit Führungsborden am Innenring erreicht bei drehender Welle und niedrigen Belastungen höhere Drehzahlen und Winkelbeschleunigungen, da die Rollensätze durch die Reibung an den Borden nicht gebremst, sondern angetrieben werden und sich überschüssiges Öl nicht zwischen den Borden staut. *Vollrollige Zylinderrollenlager* ohne Käfig ertragen hohe radiale Belastungen bei mäßigen Drehzahlen. *Nadellager* haben eine große Zahl langer, dünner Rollen (Längen-Durchmesserverhältnis größer oder gleich 2,5), sodass die Tragfähigkeit trotz geringer Bauhöhe hoch ist, vorausgesetzt, die Laufbahnen fluchten sehr genau. Die Ursprungsbauform hat Wälzkörper mit abgerundeten Stirnflächen und führt diese hauptsächlich über den Käfig, der meist durch abnehmbare Borde gehalten wird; heutige Ausführungen arbeiten auch mit Bordführung.

Zylinderrollenlager und Nadellager zeichnen sich durch folgende Vorteile aus:

- hohe radiale Tragfähigkeit,
- Eignung für hohe Drehzahlen (gilt für Zylinderrollenlager),
- optimale Loslagerfunktion, da langsame Axialverschiebungen in den Wälzkontakten fast widerstandsfrei möglich sind, wenn die Lager umlaufen,
- Zerlegbarkeit, sodass die Ringe einschließlich zugehöriger Rollensätze getrennt montiert und demontiert werden können; feste Sitze beider Ringe sind damit möglich, ohne Ein- und Ausbaukräfte über die Wälzkontakte zu leiten,
- bordlose Laufbahnen können auch vom Anwender in die Umbauteile integriert werden. Dafür werden Einzelkomponenten (z. B. Nadelkränze oder Nadelbüchsen) angeboten.

Nachteilig sind die Empfindlichkeit gegen Schiefstellung und die kostspieligen engen Fertigungs-

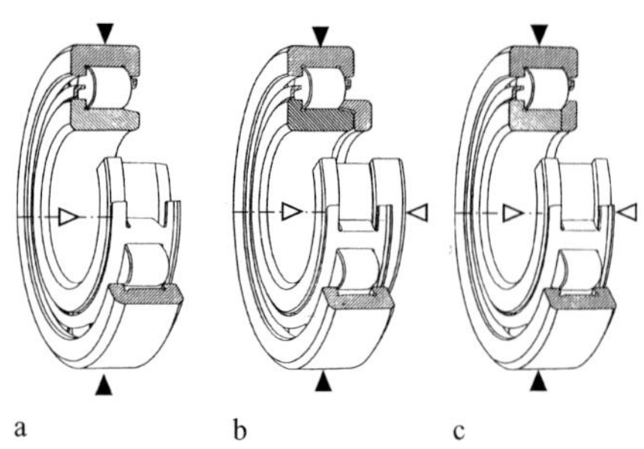

Abb. 11.5 Axial belastbare Zylinderrollenlager mit Borden innen und außen. **a** Bauform NJ (nur einseitig axial belastbar); **b** Bauform NJ + HJ; **c** Bauform NUP; ▼ radiale Hauptlast; ▷ mögliche axiale Zusatzlast

toleranzen bei Führung der Rollen zwischen zwei Borden.

Zylinderrollenlager mit Führungsborden an einem Ring und zusätzlichen Halteborden bzw. *Bordscheiben* oder *Winkelringen* am anderen Ring, Abb. 11.5, können bei ausreichender Radialbelastung auch dauernd geringe und kurzzeitig mittlere Axialkräfte aufnehmen und damit als *Festlager* oder *Stützlager* dienen (Steigerung der Axialbelastbarkeit durch hydrodynamisch günstige „offene" Bordgeometrien). Die Bauform NJ hat einen Haltebord am Innenring für Axialkräfte in einer Richtung und ggf. einen Winkelring (HJ) für die andere Richtung (zusätzlicher axialer Bauraum!). Die Bauart NUP hat eine lose Bordscheibe und einen verkürzten Innenring (dadurch Breite wie Standardlager NU, aber kein Auffädelkegel für die Wälzkörper). Entsprechende Varianten sind auch in der Grundbauform N möglich. Für eine eindeutige Führung muss das Axialspiel zwischen den Führungsborden immer kleiner sein als zwischen den Halteborden und den Bordscheiben bzw. Winkelringen.

Toroidallager und *Tonnenlager* (DIN 635) sind einreihige Radiallager mit hohlkugelförmigen (sphärischen) Laufbahnen und tonnenförmigen Rollen. Dadurch beeinträchtigen auch große Fluchtungsfehler und Schiefstellungen die Ermüdungslebensdauer und die Funktion nicht. Langsame Winkeländerungen erfolgen bei umlaufenden Lagern verschleißfrei und nahezu widerstandslos durch Querschlupf innerhalb der Wälzkontakte genauso wie bei *Pendelkugellagern* und *Pendelrollenlagern*, siehe Abschnitt „Lager für radiale und axiale Belastungen" (Vorsicht jedoch bei schnellen Taumelbewegungen und großen Schiefstellungen bei umlaufendem Außenring!). Winkeleinstellbarkeit wird auch bei anderen Lagerbauarten erreicht, indem man die Außenringmantelfläche sphärisch gestaltet und in hohlkugelige Gehäuse einsetzt (z. B. *Y-Lager* als Abart der Rillenkugellager und spezielle Nadellager) oder Standardlager in die Bohrung von sphärischen Gelenkgleitlagern einbaut. (Nachteil: unvollkommene Einstellung bei Wellendurchbiegungen unter Last wegen Gleitreibung.) Im Gegensatz zu den älteren Tonnenlagern werden die Rollen der Toroidallager nicht zwischen Borden, sondern durch Reibungskräfte geführt. Aufgrund der inneren Lagergeometrie entspricht einem kleinen Radialspiel eine so große Axialluft, dass das Lager anstelle eines Zylinderrollenlagers als Loslager verwendet werden kann (jedoch weniger montagefreundlich, da nicht zerlegbar).

11.2.1.2 Lager für ausschließlich oder überwiegend axiale Belastung

Reine Axiallager (Abb. 11.6) sind *Axialrillenkugellager* (DIN 711, DIN 715), *Axialzylinderrollenlager* (DIN 722), *Axialnadellager* und *Axialkegelrollenlager*. *Axialpendelrollenlager* (DIN 728) und *Vierpunktlager* (DIN 628) sind vom Druckwinkel her eigentlich Schräglager, können aber nur bei überwiegender Axialbelastung zusätzlich kleine Radialkräfte aufnehmen (sonst bei Vierpunktlagern keine kinematisch einwandfreie Zweipunktberührung und übermäßiger Bohrschlupf). In Kombination mit Radiallagern werden Axiallager mit radialem Spiel zwischen Außenring und Gehäuse eingebaut, um Radialkräfte auszuschließen. Eine mit der Drehzahl zunehmende Mindestaxialbelastung ist erforderlich, damit die Wälzkörper trotz Fliehkräften und Kreiselmomenten kinematisch richtig abrollen. Nur Vierpunktlager können mit einer Wälzkörperreihe Axialkräfte in beiden Richtungen und Kippmomente aufnehmen. Die übrigen Axiallager wirken nur als zweireihige Ausführung oder als Lagerpaar zweiseitig. Axialpendelrollenlager sind in sich winkeleinstellbar, die übrigen Axiallager reagieren empfindlich auf Schiefstellungen

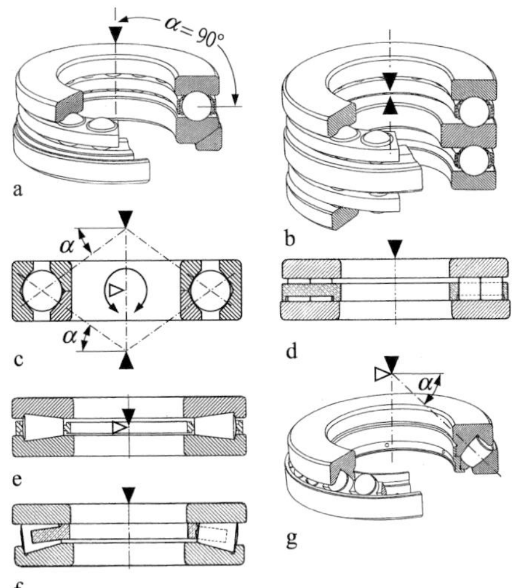

Abb. 11.6 Lager für ausschließlich oder überwiegend axiale Belastung. **a** Einseitig wirkendes Axialrillenkugellager (hier winkeleinstellbar dank sphärischer Gehäusescheibe); **b** doppelseitig wirkendes Axialrillenkugellager; **c** Vierpunktlager; **d** Axialzylinderrollenlager mit unterteilten Rollen; **e** Axialkegelrollenlager, symmetrische Bauform; **f** Axialkegelrollenlager, asymmetrische Bauform; **g** Axialpendelrollenlager; ▼ axiale Hauptlast; ▷ mögliche radiale Zusatzlast; ↷ Kippmoment

(ungleichmäßige Lastverteilung auf die Wälzkörper; Abhilfe durch ballige Gehäusescheiben, in Abb. 11.6a für Axialrillenkugellager dargestellt, Nachteil: Gleitreibung). Andererseits gleichen Axialzylinderrollen-, Axialnadel- und asymmetrische Axialkegelrollenlager mit einer planen Scheibe radiale Verlagerungen der Welle durch Verschiebung im Lager reibungsfrei aus. Bohrschlupf tritt nur bei Axialkegelrollenlagern und Axialpendelrollenlagern nicht auf, dafür Gleitreibung an den Borden. Die größte Bohrreibung haben Axialzylinderrollen- und Axialnadellager, weshalb die Wälzkörper häufig in Segmente mit unterschiedlichen Drehzahlen unterteilt werden.

11.2.1.3 Lager für radiale und axiale Belastungen (Schräglager)

Schräglager sind für radiale, axiale und kombinierte Belastungen geeignet, da die Drucklinien geneigt sind. Schräglager mit festen Druckwinkeln sind *Schulterkugellager* (DIN 615), *Schrägkugellager* (DIN 628), *Kegelrollenlager* (DIN 720), *Kreuzkegel-* und *Kreuzzylinderrollenlager*

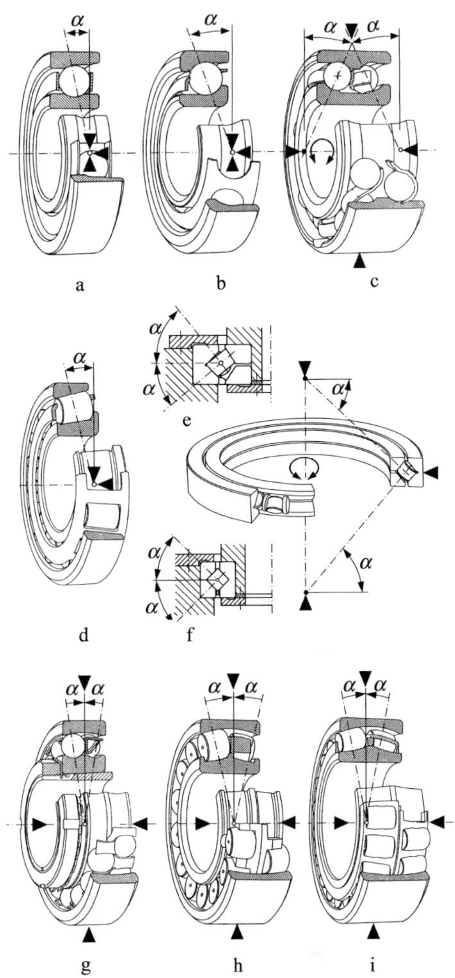

Abb. 11.7 Lager für radiale und axiale Belastungen (Schräglager). **a** Schulterkugellager; **b** einreihiges Schrägkugellager; **c** zweireihiges Schrägkugellager; **d** einreihiges Kegelrollenlager; **e** Kreuzkegelrollenlager; **f** Kreuzzylinderrollenlager; **g** Pendelkugellager; **h** Pendelrollenlager mit festen Führungsborden; **i** Pendelrollenlager mit losem Führungsring. ▼, ▶ radiale bzw. axiale Last; ↷ Kippmoment

(Abb. 11.7), *Pendelkugellager* (DIN 630) und *Pendelrollenlager* (DIN 635). Rillenkugellager haben je nach resultierender Lastrichtung veränderliche Druckwinkel und werden dadurch bei Axialbelastung zu Schräglagern (Abb. 11.8).

Einreihige Schrägkugellager und Kegelrollenlager nehmen Axialkräfte nur in einer Richtung auf. Durch den Druckwinkel entsteht bei Radialbelastung eine *innere Axialkraftkomponente*. Bei wechselnder axialer Belastungsrichtung oder

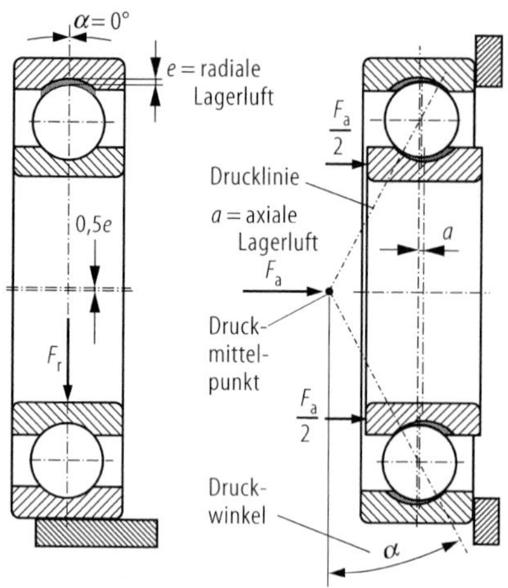

Abb. 11.8 Radiale und axiale Lagerluft sowie Druckwinkel von Rillenkugellagern *links* bei radialer, *rechts* bei axialer Belastungsrichtung

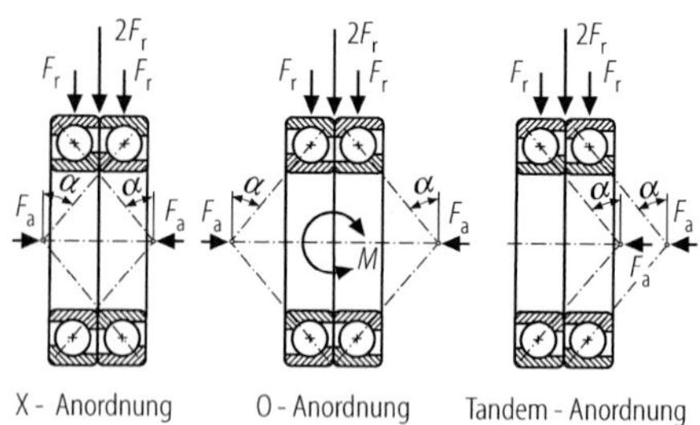

Abb. 11.9 O-, X- und Tandemanordnung, hier z. B. mit Schrägkugellagern

radialen Belastungen, deren innere Axialkraftkomponente nicht durch eine *äußere Axialkraft* im Gleichgewicht gehalten wird, müssen Schräglager daher zusammen mit einem *Stützlager*, vorzugsweise einem weiteren Schräglager, für die jeweils andere Lastrichtung eingesetzt werden oder es sind *zweireihige Schrägkugellager* (DIN 628-3), *zweireihige Kegelrollenlager*, *Kreuzzylinderrollenlager* oder *Kreuzkegelrollenlager* zu verwenden. Bei den Kreuzzylinder- und Kreuzkegelrollenlagern sind die Rollen, deren Durchmesser größer ist als ihre Länge, abwechselnd um 90° gegeneinander verschwenkt angeordnet, sodass die beiden Wälzkörperreihen ähnlich wie bei Vierpunktlagern in einer Ebene liegen. Sie bauen dadurch kompakt, haben aber bei axialer Belastung nur die halbe Tragfähigkeit echter zweireihiger Lager, da jeweils nur die Hälfte der Wälzkörper trägt. Zweireihige Schräglager haben in der Regel *O-Anordnung* und eine fest vorgegebene Fertigungslagerluft. Sie werden zunehmend auch als befettete Lagerungseinheiten mit Dichtungen und teilweise auch integrierten Umbauteilen wie z. B. Flanschen gefertigt. Werden zwei einzelne Schräglager eingebaut, ist eine O- oder *X-Anordnung* möglich, Abb. 11.9. Dabei muss der Anwender das Axialspiel durch „*Anstellen*" der Lager gegeneinander bei der Montage einstellen. Häufig werden daher *gepaarte Lager* mit definierten *Fertigungslagerluftwerten* verschiedener Größenklassen eingesetzt. Zusammen mit den Einbaupassungen ergibt sich bei Anordnung unmittelbar nebeneinander entweder ein positives Lagerspiel oder leichte, mittlere bzw. hohe Vorspannung. Solche Lager werden auch im *Tandem* verbaut, um hohe Axiallasten gleichmäßig zu verteilen (Druckmittelpunkte beider Lager auf derselben Seite). Bei O-Anordnung liegen die Druckmittelpunkte in weitem Abstand voneinander auf den voneinander abgewandten Seiten der Lager, bei X-Anordnung in kleinerem Abstand auf den einander zugewandten. Die O-Anordnung nimmt daher beachtliche Kippmomente auf und reicht oft alleine als Lagerung einer Welle aus. Zusammen mit einem weiteren Lager entsteht ein statisch unbestimmtes System (nur vorteilhaft, wenn hohe Biegesteifigkeit erforderlich).

Schrägkugellager werden mit einer Reihe unterschiedlicher Druckwinkel gefertigt (bis Druckwinkel $\alpha = 45°$ *Radial-*, darüber *Axialschrägkugellager*). Lager mit kleinen Druckwinkeln sind radial steif und für hohe Drehzahlen geeignet, Lager mit großen Druckwinkeln axial steif und für hohe Drehzahlen weniger geeignet. Schrägkugellager sind zumindest im eingebauten Zustand nicht *zerlegbar*, wohl aber Schulterkugellager (veraltet); sie erlauben wegen der zylindrischen Laufbahnabschnitte auch eine begrenzte Axialverschiebung im Lager bei verringerter Tragfähigkeit wegen schlechter *Schmiegung* (das Verhältnis des Laufbahn- zum Wälzkörperkrümmungsradius). Kegelrollenlager sind zerlegbar und damit montagefreundlich (wie Zylinderrollen- und Nadellager, jedoch keine Loslagerverschiebung im Lager möglich). Wegen der Spannführung an nur einem Bord sind Kegelrollenlager kostengünstiger (axiale Längentoleranzen unkritisch). Die kegelige Form der Rollen (für ein bohrschlupffreies Abrollen Schnittpunkt aller Wälzkörpermantellinien in einem Punkt auf der Lagerachse) erzeugt immer eine Kraftkomponente mit entsprechendem Gleitreibungsanteil auf den Bord. Da alle Kräfte primär als Normalkräfte über die Laufbahnen übertragen werden und im Gegensatz zu Zylinderrollenlagern NJ oder NUP nur ein Bruchteil einer äußeren Axialkraft am Bord wirksam wird, sind Kegelrollenlager auch rein axial belastbar (um so höher, je größer der Druckwinkel). Infolge der Neigung der Rollenachsen ist bei Kegelrollenlagern die Berührgeometrie zwischen Rollen und Bord für eine hydrodynamische Schmierung und genaue Führung der Rollen günstig (bei älteren Lagerausführungen erst nach Einlauf mit Verschleiß; dadurch anfänglich höhere Reibung, aber automatisierte Lufteinstellung über das Reibmoment leichter). Pendelkugellager und Pendelrollenlager sind zweireihige, nicht zerlegbare Schräglager, bei denen die Druckmittelpunkte der beiden Reihen zusammenfallen und die Außenringlaufbahn hohlkugelig ausgebildet ist. Dadurch sind sie wie die Tonnenlager und Toroidallager (siehe Abschnitt „Lager für ausschließlich oder überwiegend radiale Belastung“) in sich winkeleinstellbar. Im Gegensatz zu diesen sind Pendelkugellager und Pendelrollenlager – je nach Baureihe und Druckwinkel unterschiedlich hoch – axial belastbar. Wegen der ungünstigen Schmiegung zwischen Kugeln und Außenringlaufbahn sind Pendelkugellager weniger tragfähig als Rillenkugellager. Dank der Tonnenform der Wälzkörper haben Pendelrollenlager hingegen eine günstige Schmiegung und eine hohe Tragfähigkeit. Ältere Ausführungen mit festen Borden und anfänglich auch asymmetrischen Rollen sind heute durch symmetrische Rollen ohne festen Bord, teilweise mit losem Führungsring, verdrängt. Dadurch kann sich bei axialer Belastung selbsttätig ein größerer Druckwinkel einstellen. Eine übermäßige Axialbelastung im Verhältnis zur Radialkraft ist jedoch bedenklich, da dann eine Wälzkörperreihe völlig entlastet wird.

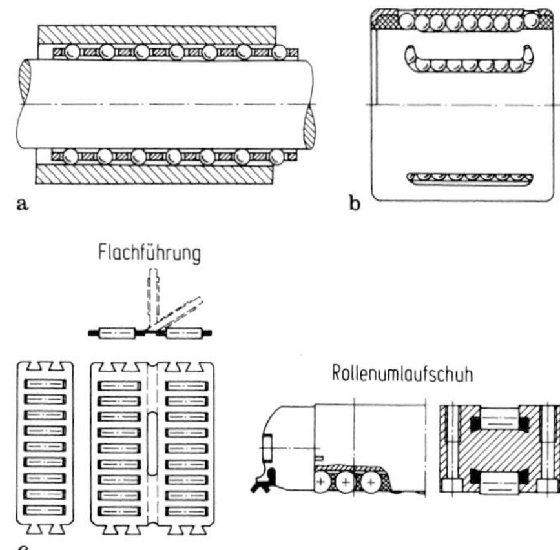

Abb. 11.10 Längsführungen (s. Text)

11.2.2 Linearwälzlager

Bei einfachen *Kugelführungen* (Abb. 11.10a) und *Flachführungen* (Abb. 11.10c) werden die Wälzkörper in hülsen- bzw. leiterförmigen Käfigen gehalten, die dem Hub annähernd mit der halben Geschwindigkeit folgen. Dadurch ist der Weg begrenzt und es besteht infolge unsymmetrischen Schlupfes die Gefahr eines allmählichen Auswanderns in Längsrichtung. Bei *Kugelumlaufbüchsen* (Abb. 11.10b) und *Rollenumlaufschuhen* wird dies vermieden, indem die Wälzkörper durch entsprechende Bahnen wieder zum Anfang des Kontaktbereiches zurückgeführt werden. Die Bauformen mit Kugeln laufen auf geraden, runden Stangen mit entsprechend bearbeiteten Oberflächen. Die Bauformen mit Rollen eignen sich für Flachführungen mit ebenen Gegenflächen.

11.3 Wälzlagerkäfige

Lagerkäfige haben je nach Lagerbauart unterschiedliche Aufgaben:

- Weiterleitung von Massen- und Schlupfkräften,
- Verhinderung einer unmittelbaren Berührung der Wälzkörper, da sich dann wegen der einander entgegengerichteten, gleich großen Umfangsgeschwindigkeiten kein hydrodynamischer Schmierfilm aufbauen kann (nur bei

niedrigen Geschwindigkeiten zulässig, siehe vollrollige Lager und Linearlager),

- gleichmäßige Verteilung der Wälzkörper bei teilgefüllten Lagern (z. B. Rillenkugellager),
- Führung von Wälzkörpern.

Die Mehrzahl der Käfige ist *wälzkörpergeführt*, entweder über *Stege* auf deren äußeren Mantelflächen oder über *Bolzen* in den Bohrungen hohler Rollen (dadurch größere Rollenanzahl). Bei hohen Beschleunigungen werden *bordgeführte Käfige* eingesetzt. Dabei sind einteilige *Fensterkäfige* mehrteiligen genieteten, geklammerten, geschweißten oder geschraubten Ausführungen vorzuziehen, da diese Verbindungen eine Schwachstelle darstellen. *Kunststoffkäfige* (meist aus glasfaserverstärktem Polyamid, für hohe Temperaturen auch aus Polyimid, Polyethersulfon und Polyetheretherketon gespritzt, für hohe Drehzahlen aus harzgetränkten gewickelten Textilfasern) sind auch bei Rillenkugellagern einteilig, da infolge ihrer Elastizität die Wälzkörper in die Taschen einschnappen. Sie bauen Zerrkräfte elastisch ab und haben gute Notlaufeigenschaften (kein katastrophales Versagen mit Blockieren des Lagers). Weitere gängige Käfigwerkstoffe sind Messing und Stahl, in Sonderfällen Leichtmetall. Aus ihnen werden entweder *Massivkäfige* spanend gefertigt bzw. gegossen oder *Blechkäfige* geformt. Stahlblechkäfige werden phosphatiert; bei selbstschmierenden Käfigen für Spezialanwendungen sind in die Matrix (z. B. Polyimid) Festschmierstoffe (z. B. MoS_2 oder PTFE) eingelagert, die sich auf die Wälzkörper übertragen, oder man versilbert metallische Käfige.

11.4 Wälzlagerwerkstoffe

Die Tragfähigkeit der Wälzlager beruht darauf, dass die wälzbeanspruchten Werkstoffe sehr rein und in den hochbeanspruchten Zonen ausreichend hart und zäh sind. Dies wird durch entsprechende Erschmelzungsverfahren und Vergüten (Härten und anschließendes Anlassen) auf 670 + 170 HV erreicht (vgl. Bd. 1, Abschn. 31.1). Dazu müssen Standard-Wälzlagerstähle *durchhärtbar*, *einsatzhärtbar* oder für Flamm- und Induktionshärtung geeignet sein, z. B.:

- durchhärtender Stahl 100 Cr 6 oder
- Einsatzstahl 17 MnCr 5.

Wälzkörper werden meist durchgehärtet (mit Ausnahme hohlgebohrter Rollen z. B. im Verband mit Bolzenkäfigen). Wälzlagerringe kleiner und mittlerer Durchmesser werden in Europa ebenfalls meist durchgehärtet; in USA (insbesondere bei Kegelrollenlagern) wird jedoch vorwiegend einsatzgehärtet. Bei Lagern mit geringen Anforderungen an die Tragfähigkeit werden auch *naturharte Stähle* eingesetzt, in Spezialanwendungen mit hohen Temperaturen, z. B. Triebwerkslagern, *warmfeste Stähle*. *Hybridlager* mit Stahlringen und Keramikwälzkörpern (z. B. aus Siliziumnitrid) eignen sich wegen deren geringerer Dichte besonders für hohe Drehzahlen und stellen geringere Ansprüche an die Schmierung (vollständig keramische Lager für extrem hohe Temperaturen und aggressive Medien). Im Kontakt mit Lebensmitteln und korrosiven Medien bei niedrigen Belastungen setzt man *Kunststofflager* ein, bei höheren Belastungen *korrosionsbeständige Stähle*, von denen es auch härtbare oder nicht magnetisierbare Varianten gibt. Bei unzureichender Schmierung werden *Beschichtungen* aufgebracht, z. B. Wolframkarbid-Kohlenstoff im PVD-Verfahren. Weitere Informationen zu Lagerwerkstoffen siehe Bd. 1, Abschn. 31.1.4.

11.5 Bezeichnungen für Wälzlager

Kurzzeichen für Wälzlager setzen sich nach DIN 623 Teil 1 aus *Vorsetzzeichen*, *Basiszeichen* und *Nachsetzzeichen* zusammen. Vorsetzzeichen bezeichnen Teile von vollständigen Wälzlagern (z. B.: L freier Ring eines nicht selbsthaltenden Lagers, R der dazu gehörige andere Ring mit dem Rollenkranz), Basiszeichen Art und Größe des Lagers, Tab. 11.1.

Die Abmessungen (Bohrung d, Außendurchmesser D, Breite B) der Wälzlager sind so aufgebaut, dass jeder Lagerbohrung mehrere Breitenmaße und Außendurchmesser zugeordnet sind,

Tab. 11.1 Basiszeichen für Wälzlager

Lagerreihe			Zeichen für Lagerbohrung s. DIN 623
Lagerart s. DIN 623	Maßreihe		
	Breiten- oder Höhenreihe s. DIN 616	Durchmesserreihe	

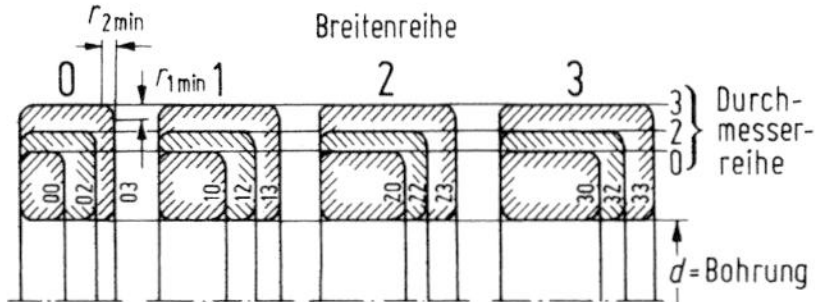

Abb. 11.11 Aufbau der Maßpläne für Radiallager

um einen großen Lastbereich abzudecken (DIN 616). Die Stufung erfolgt für Radiallager nach *Breitenreihen* (7, 8, 9, 0, 1, 2, 3, 4, 5, 6) und *Durchmesserreihen* (7, 8, 9, 0, 1, 2, 3, 4, 5). Durch Verbindung der beiden Kennzahlen (*B* vor *D*!) wird die *Maßreihe* gebildet, Abb. 11.11. Daneben gelten Maßpläne für Kegelrollenlager und Axiallager (Höhenreihe 7, 9, 1, 2; Durchmesserreihe 0, 1, 2, 3, 4, 5). Für Bohrungsdurchmesser von 20 bis 480 mm wird die Bohrungskennzahl angegeben. Ausgenommen für die Lagergrößen bis $d = 17\,\text{mm}$ Bohrung ergibt sich *d* in mm durch Multiplikation der Bohrungskennzahl mit 5. Zum Beispiel bedeutet das Basiskennzeichen 6204: Rillenkugellager einreihig (Lagerreihe 62), Maßreihe 02 (Breitenreihe 0 mit $B = 14\,\text{mm}$, sie wird bei Rillenkugellagern in der Bezeichnung weggelassen, und Durchmesserreihe 2 mit $D = 47\,\text{mm}$), Bohrung $d = 5 \times 04 = 20\,\text{mm}$. Bei Bohrungsdurchmessern unter 20 und über 480 mm ersetzt die Millimeterangabe (teilweise durch Schrägstrich getrennt) die Bohrungskennzahl. Für Kegelrollenlager sieht ISO 355 eine neue Kennzeichnung vor: T für Kegelrollenlager (engl. taper), anschließend die Winkelreihe (2, 3, 4, 5, 7) für den Druckwinkel α, die Durchmesserreihe (B, C, D, E, F, G), die Breitenreihe (B, C, D, E) und der dreistellige Bohrungsdurchmesser in mm.

Die Nachsetzzeichen kennzeichnen die Stabilisierungstemperatur, Dichtungs- und Käfigausführung, Genauigkeit, Lagerluft etc.

11.6 Konstruktive Ausführung von Lagerungen [1–5]

11.6.1 Fest-Loslager-Anordnung

Wellen müssen durch ein oder, je nach Lastrichtung abwechselnd, durch zwei Lager axial positioniert werden. Das jeweils nicht führende Lager muss – außer bei Anstellung von Schräglagern – axial beweglich sein, um unzulässige Verspannungen aufgrund der Längentoleranzen bzw. ungleicher Wärmedehnung der Welle und des Gehäuses zu vermeiden. Bei *Fest-Loslagerung*, Abb. 11.12, führt das *Festlager* in beiden Richtungen. Dafür eignen sich axial beidseitig belastbare Lager oder Lagerpaare, also Rillenkugellager, zweireihige oder gepaarte Schräglager in O- oder X-Anordnung, Abb. 11.13, Pendelrollenlager und Pendelkugellager, doppelseitig wirkende Axiallager und Zylinderrollenlager mit Halteborden. Als *Loslager* können Rillenkugellager, alle Radiallager und zweireihige Schräglager bzw. Schräglagerpaare in O- oder X-Anordnung eingesetzt werden, Abb. 11.12 und 11.13, meist muss dann aber der Innenring auf der Welle oder der Außenring im Gehäuse verschiebbar sein (Nachteil: Reibungswiderstand, Gefahr der *Passungsrostbildung*, des Verschleißes oder des Ausschlagens der Sitze; Abhilfe: auf Schneiden oder elastisch gelagerte Gehäuse). Die günstigere Verschiebung in den Wälzkontakten des Lagers (bei rotierendem Lager annähernd widerstandslos, Presssitz für beide Ringe erlaubt) ist bei Zylinderrollenlagern, Abb. 11.12a und 11.13b, Nadellagern und Toroidallagern möglich. Andererseits bieten Rillenkugellager als Loslager den Vorteil, dass sie über Federn axial belastet werden können, siehe folgender Abschnitt.

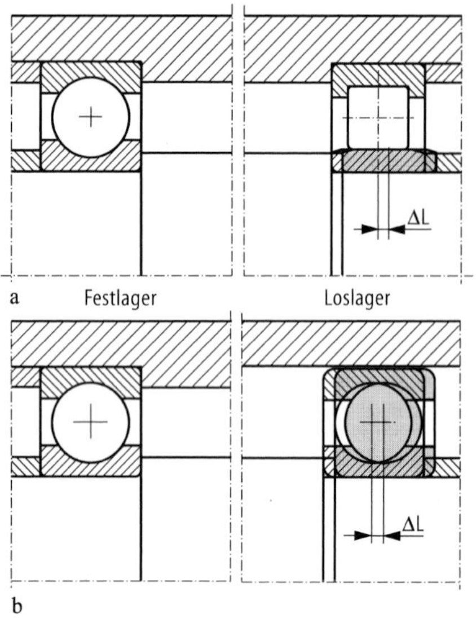

Abb. 11.12 Fest-Los-Lagerungen (Prinzip) mit *Loslagerverschiebung* im Lager (**a**) und zwischen Außenring und Gehäuse (**b**), hier für nicht umlaufende Lastrichtung (*Punktlast*) am Außenring und umlaufende (*Umfangslast*) am Innenring

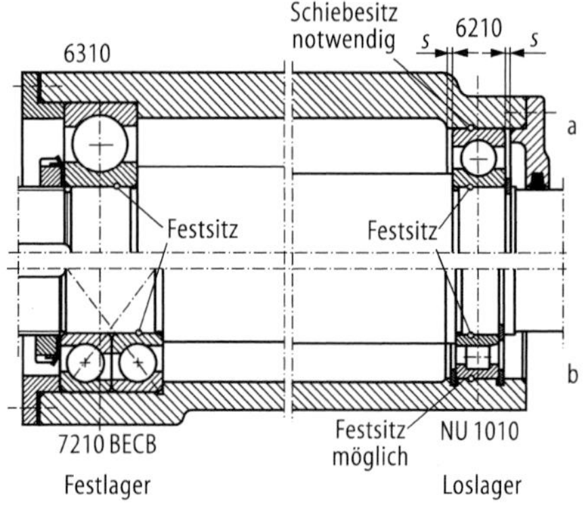

Abb. 11.13 Zwei mögliche konstruktive Ausführungen von Fest-Los-Lagerungen. **a** Mit Rillenkugellagern als Fest- und Loslager (mit Verschiebung zwischen Außenring und Gehäuse für nicht umlaufende Lastrichtung am Außenring und umlaufende am Innenring); **b** mit gepaarten Schrägkugellagern als Festlager und einem Zylinderrollenlager als Loslager (mit innerer Verschiebung)

11.6.2 Schwimmende oder Stütz-Traglagerung und angestellte Lagerung

Eine wechselseitige Führung durch zwei Lager kann mit Axialspiel *s* als *schwimmende* bzw. *Stütz-Traglagerung* (Abb. 11.14) oder ohne Axi-

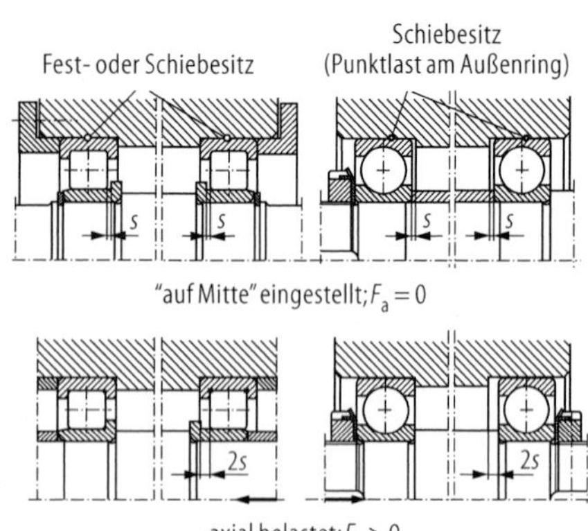

Abb. 11.14 Zwei Möglichkeiten der schwimmenden Lagerung

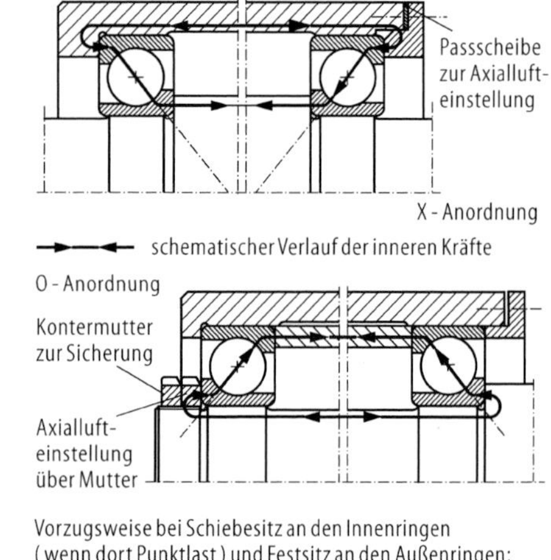

Abb. 11.15 Zwei Varianten einer starr angestellten Lagerung (Prinzip)

alspiel als *angestellte Lagerung* (Abb. 11.15) ausgeführt werden (schwimmende Lagerungen mit Rillenkugellagern oder Zylinderrollenlagern mit einem Haltebord; bei Rillenkugellagern i. d. R. beide Lager mit Schiebesitzen innen oder außen; starr angestellte Lagerungen i. d. R. mit Schräglagern). Oft stellt man die Lager über Federn axial gegeneinander an, Abb. 11.16a, um die Laufruhe zu erhöhen bzw. eine Mindestbelastung sicherzustellen (bei häufigen Richtungswechseln der Axi-

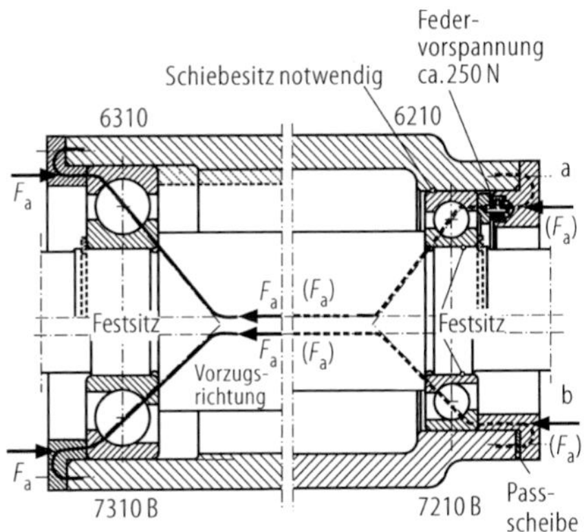

Abb. 11.16 Zwei konstruktive Ausführungen angestellter Lagerungen (nicht umlaufende Lastrichtung für die Außenringe und umlaufende für die Innenringe). **a** mit federnd angestellten Rillenkugellagern; **b** mit starr angestellten Schrägkugellagern

alkraft mit Überschreitung der Federvorspannung Anlagewechsel mit Gleitbewegungen, dann Fest-Loslager-Anordnung mit federbelastetem Loslager besser, Abb. 11.16a gestrichelt). *Federanstellung* wird vorwiegend mit Rillenkugellagern ausgeführt und hat den Vorteil eines zwanglosen Ausgleichs von Toleranzen und thermisch bedingten Längenänderungen. Bei Schräglagern ist die *starre Anstellung* funktionssicherer; bei Federanstellung können Innen- und Außenring unter unzulässiger Spielvergrößerung und ggf. Druckwinkeländerung auseinandergleiten, wenn die innere Axialkraftkomponente die Federvorspannung übersteigt. Bei starrer Anstellung wird die Luft in der Einbausituation über Muttern oder Schrauben eingestellt oder über Passscheiben bzw. zugepasste Zwischenringe festgelegt, Abb. 11.15 und 11.16b. Bei entsprechend genauer Fertigung der Lagersitze kann mit Hilfe der im Abschnitt „Lager für radiale und axiale Belastungen" beschriebenen gepaarten Lagersätze die Lufteinstellung beim Einbau entfallen. Bei starrer Anstellung beeinflussen Wärmedehnungen im Allgemeinen die Lagerluft; nur bei Schräglagern in O-Anordnung gibt es einen optimalen Lagerabstand, bei dem sich radiale und axiale Wärmedehnungen genau kompensieren.

11.6.3 Lagersitze, axiale und radiale Festlegung der Lagerringe

Zur axialen Festlegung von Lagerringen dienen Gehäusedeckel, Achskappen, Muttern, Sprengringe, Spann- und Abziehhülsen. Eine radiale Abstützung über feste Sitze ist möglichst vorzuziehen (Vermeidung von Relativbewegungen mit *Passungsrostbildung*, insbesondere bei Schwingungen z. B. in Fahrzeugen, gute Unterstützung der Lagerringe zur Vermeidung von Biegespannungen und zur Verteilung der Belastung auf möglichst viele Wälzkörper). *Lose Passungen* oder *Übergangssitze* sind aber häufig erforderlich, um Axiallager radial freizusetzen, nicht zerlegbare Lager einzubauen, ohne die Wälzkontakte zu beschädigen und in sich nicht verschiebbare Lager als Loslager einzusetzen. Sie sind nur bei nicht umlaufender radialer Lastrichtung (*Punktlast*) relativ zum betrachteten Lagerring zulässig. Das Größtspiel ist möglichst klein zu halten, um den Lagerring ausreichend zu unterstützen. Eine umlaufende Lastrichtung (*Umfangslast*) erfordert in der Regel, eine unbestimmte meist einen *Festsitz* (sonst Passungsrost und Verschleiß). Eine übermäßige Streuung der Einbaulagerluft bis hin zu unzulässigen Verspannungen, zu lose Sitze oder zu große Zugspannungen in den Ringen sind dabei durch enge Tolerierung zu vermeiden (Hinweise zur Wahl des Sitzcharakters bei verschiedenen Lastfällen in Abb. 11.17, detaillierte Empfehlungen zur Passungswahl in den Katalogen der Wälzlagerhersteller). Dabei ist zu beachten, dass nach DIN 620 Innen- und Außendurchmesser der Lager jeweils vom Nennmaß aus nach Minus toleriert sind, sodass sich mit einer Einheitsbohrung ein Schiebesitz und mit einer Einheitswelle ein Übergangssitz ergibt, Abb. 11.18, entsprechend dem häufigsten Lastfall mit Punktlast für den Innenring und Umfangslast für den Außenring. Die Außenringe von zur reinen Axialkraftaufnahme radial freigesetzten Lagern werden mit Haltenut und Stift am Mitdrehen gehindert, ebenso wie Außenringe, die trotz unbestimmter radialer Lastrichtung nur einen Übergangssitz erhalten (z. B.

Bewegung					
	IR	rotiert	steht still	steht still	rotiert
	AR	steht still	rotiert	rotiert	steht still
	LR	unveränderlich	rotiert mit AR	unveränderlich	rotiert mit IR
Schema		ω_i, F_r	ω_i, F_{r_u}	ω_i, F_r	ω_i, F_{r_u}
Lastfall		IR: Umfangslast AR: Punktlast		IR: Punktlast AR: Umfangslast	
Passung		IR: feste Passung erforderlich AR: lose Passung zulässig		IR: lose Passung zulässig AR: feste Passung erforderlich	
IR - Innenring AR - Aussenring LR - Lastrichtung					

Abb. 11.17 Passungswahl abhängig vom Lastfall

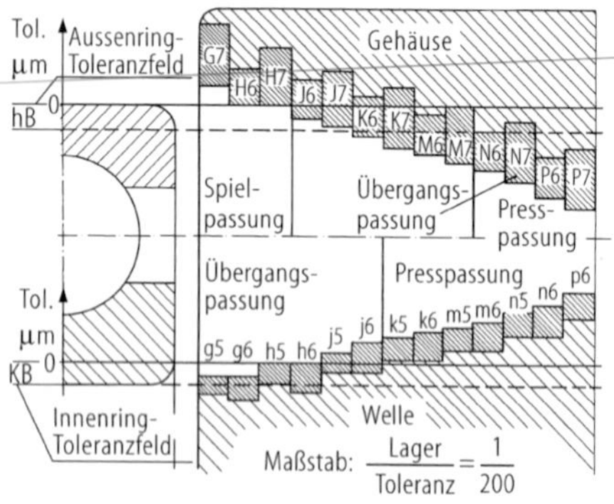

Abb. 11.18 Wälzlagertoleranzen und ISO-Toleranzen für Wellen und Gehäuse

bei geteilten Gehäusen); ein axiales Festklemmen von Lagerringen reicht grundsätzlich nicht aus.

Aufgrund der geringen Dicke der Lagerringe sind starre Lagersitze mit geringen Form- und Lageabweichungen vorgeschrieben. Für die Lager selber sieht DIN 620 die *Toleranzklassen* P0 (Normaltoleranz) P6, P6X, P5, P4 und P2 (in der Reihenfolge steigender Genauigkeit) vor. Für hochgenaue Lagerungen z. B. von Werkzeugmaschinenspindeln werden auch die Toleranzklassen SP (Spezial-Präzision), UP (Ultra-Präzision) und HG (hochgenau) verwendet. Zöllige Kegelrollenlager gibt es in den Toleranzklassen Normal und Q3.

11.6.4 Lagerluft

Die *Radial-* bzw. *Axialluft* ist das Maß, um das sich die Lagerringe in radialer bzw. axialer Richtung von einer Endlage in die andere gegeneinander verschieben lassen, Abb. 11.8. Außer bei Zylinderrollenlagern gibt es eine eindeutig durch die innere Lagergeometrie festgelegte Beziehung zwischen radialer und axialer Lagerluft. Die *Betriebslagerluft* resultiert aus der *Einbaulagerluft* und Luftänderungen durch Temperaturdifferenzen. Die Einbaulagerluft ergibt sich aus der *Herstelllagerluft* und Durchmesseränderungen der Laufbahnen infolge von Passungsübermaßen. Diese Einflüsse müssen bei der Wahl der Herstelllagerluft beachtet werden. Für unterschiedliche Einsatzbedingungen werden die Luftklassen C1, C2, CN (früher C0: Normalluft, in der Lagerbezeichnung nicht angegeben), C3, C4 und C5 (in der Reihenfolge wachsender Luft) gefertigt. Die Einbaulagerluft muss ausreichen, um unzulässig hohe Verspannungen durch Temperaturunterschiede sicher zu vermeiden. Bei Rillenkugellagern ist zu beachten, dass die Druckwinkel und damit die axiale Belastbarkeit mit steigender Betriebslagerluft zunehmen. Bei Toroidallagern gilt dasselbe für die mögliche Axialverschiebung im Lager. Ansonsten sollte die Betriebslagerluft aber in Hinblick auf eine möglichst gleichmäßige Lastverteilung auf die Wälzkontakte im Lager, die Führungsgenauigkeit und die Steifigkeit im Idealfall gerade nur so groß sein, dass keine Funktionsstörung oder Verminderung der Lebensdauer eintritt. Mit zunehmender radialer Belastung verlagert sich das Optimum vom Wert Null in den Vorspannungsbereich.

11.7 Wälzlagerschmierung

11.7.1 Allgemeines

Fette, *Öle* und *Festschmierstoffe* erfüllen im Wälzlager folgende Aufgaben:

- Verhinderung oder Verminderung von Verschleiß an Kontaktstellen mit gleitenden Bewegungsanteilen,

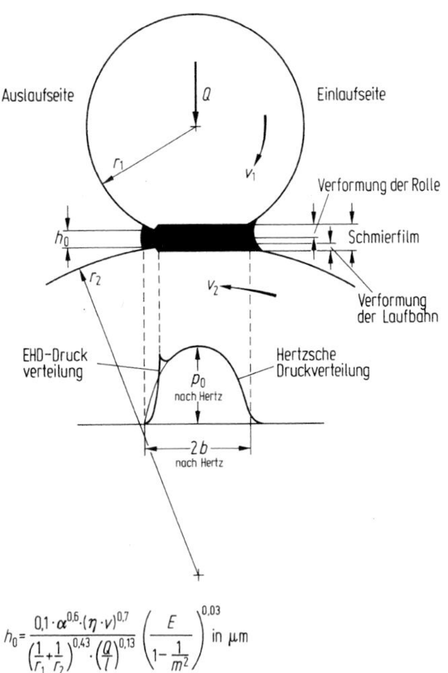

Abb. 11.19 Elastohydrodynamischer Schmierfilm, Beispiel Rolle/Innenring [6, 8]. h_0 [Im] kleinste Schmierfilmdicke im Rollkontakt, α [mm^2/N] Druck-Viskositäts-Koeffizient, η [mPa s] dynamische Viskosität, v [m/s] $= (v_1 + v_2)/2$ hydrodynamisch wirksame Geschwindigkeit, r_1 [mm] Radius der Rolle, r_2 [mm] Radius der Innenringlaufbahn, Q [N] Rollenbelastung, l [mm] Rollenlänge, E [N/mm^2] Elastizitätsmodul = 2,08 · 10^5 für Stahl, $1/m$ [–] Poisson'sche Konstante = 0,3 für Stahl

- Abbau von Spannungsspitzen und zusätzlichen Reibungsschubspannungen an der Oberfläche der Wälzkontakte, die zu vorzeitiger Ermüdung führen können,
- Korrosionsschutz und
- Kühlung, indem sie die Abfuhr der Verlustleistung aus dem Lager unterstützen (nur mit Ölen bei ausreichender Durchströmung möglich).

Die beiden ersten Aufgaben erfordern es, die metallischen Oberflächen durch einen *hydrodynamischen Flüssigkeitsfilm* oder eine schützende *Reaktionsschicht* zu trennen. Bei der hydrodynamischen Schmierfilmbildung spielen bei Punkt- und Linienberührung die elastischen Verformungen eine wesentliche Rolle, sodass man von *elastohydrodynamischer Schmierung* spricht. Dadurch ergibt sich ein etwas anderer Druckverlauf als nach Hertz, Abb. 11.19. Man kann nach

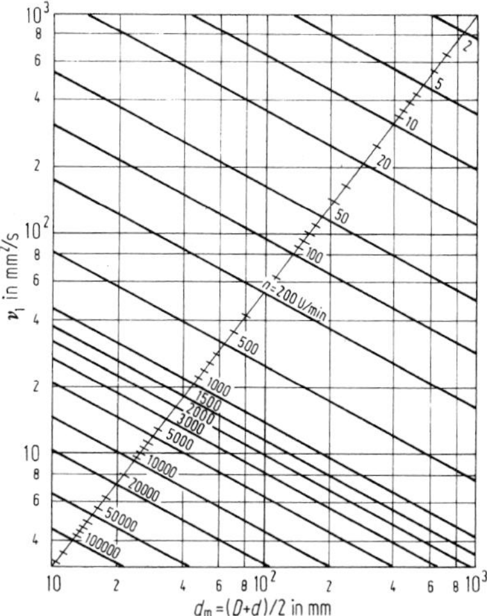

Abb. 11.20 Zur vollständigen hydrodynamischen Trennung der Oberflächen in den Wälzkontakten notwendige kinematische Bezugsviskosität ν_1 von Mineralölen in Abhängigkeit des mittleren Lagerdurchmessers d_m und der Lagerdrehzahl n

der Theorie von Dowson und Higginson berechnen [6], ob die Schmierfilmdicke die Rauheiten der Oberflächen weit genug übersteigt oder überprüfen, ob die tatsächliche, bei Betriebstemperatur vorliegende, kinematische Viskosität υ mindestens die erforderliche Viskosität ν_1 erreicht (d. h.: ein *Viskositätsverhältnis* $\varkappa = \nu/\nu_1$ größer als eins).

Die *Bezugsviskosität* ν_1 reicht bei gegebener Rollgeschwindigkeit im Wälzkontakt gerade zur vollständigen Trennung der Oberflächen aus. Sie ist in Abb. 11.20 abzulesen, wobei die Rollgeschwindigkeit durch die Drehzahl und den mittleren Durchmesser des Lagers gegeben ist, oder lässt sich nach folgenden Gleichungen berechnen:

$$\nu_1 = 45\,000\, n^{-0{,}83}\, d_m^{-0{,}5} \quad \text{für } n < 1000\,\text{min}^{-1} \tag{11.1}$$

$$\nu_1 = 4\,500\, n^{-0{,}5}\, d_m^{-0{,}5} \quad \text{für } n \geqq 1000\,\text{min}^{-1}, \tag{11.2}$$

mit ν_1 [mm^2/s] kinematische Bezugsviskosität, $d_m = (d + D)/2$ [mm] mittlerer Lagerdurchmesser, d [mm] Bohrungsdurchmesser, D [mm] Außendurchmesser, n [min^{-1}] Lagerdrehzahl.

An die Stelle von κ kann auch unmittelbar der Schmierfilmparameter λ, das Verhältnis aus

11

Schmierfilmdicke und Summenrauheit der Oberflächen, treten. Die Angaben von Abb. 11.20 gelten für Mineralöle; für andere Öle sind sie nur anwendbar, wenn sie das gleiche Druck-Viskositäts-Verhalten haben. Es hat wegen der in Wälzkontakten herrschenden hohen Drücke von bis zu 4000 MPa einen großen Einfluss auf die Schmierfilmausbildung. Bei Fetten wird nach heutigem Kenntnisstand mit der kinematischen Viskosität des Grundöls gerechnet.

11.7.2 Fettschmierung

Fette bestehen aus einem Seifengerüst (Verdicker, dient als Ölspeicher) und einem Grundöl. *Fettschmierung* ist die Standardlösung für über 90 % aller Wälzlagerungen, da sie wenig konstruktiven Aufwand für die Versorgung der Lagerstellen und für die Dichtungen erfordert und eine Art *Minimalmengenschmierung* mit sehr geringen Reibungsverlusten darstellt. Neuerdings werden *abgedichtete* oder *gedeckelte Lager* mit Fettschmierung auch in ansonsten ölgeschmierten Getrieben ohne Filtersystem eingesetzt, um sie vor Partikeln zu schützen und dadurch ihre Ermüdungslebensdauer zu steigern.

Fette verlieren ihre Gebrauchseigenschaften nach einem Zeitraum, der von den physikalisch-chemischen Fetteigenschaften, der Lagerbauart, der Drehzahl und der Temperatur abhängt. Bei offenen Lagern ist ein *Fettwechsel* oder *Nachschmieren* sinnvoll, wenn die Fettgebrauchsdauer deutlich unter der geforderten Ermüdungslebensdauer des Lagers liegt (bei Lagern mit integrierten Deck- oder Dichtscheiben unmöglich, d. h. gleichzeitig Ende der Lagergebrauchsdauer). Beim Fettwechsel wird das Lager gereinigt und neu befettet (rechtzeitig vor Schädigung durch unzureichende Schmierung). Dagegen wird beim Nachschmieren die Lagerstelle nicht geöffnet, sondern durch Bohrungen neues Fett bei betriebswarmem, sich drehendem Lager eingebracht und das gebrauchte Fett so weit wie möglich verdrängt. Es darf noch nicht verhärtet sein, weshalb die *Nachschmierfristen* wesentlich kürzer anzusetzen sind als die *Fettwechselfristen*. *Fettmengenregler* (mit der Welle umlaufende Scheiben, die überschüssiges Fett in seitliche Gehäuseräume oder nach außen abschleudern, kombiniert mit Stauscheiben, die eine ausreichende Fettmenge zurückhalten, Abb. 11.21) erlauben dabei, größere Mengen Neufett zuzuführen ohne das Lager dauerhaft zu überfüllen. Bei *Neubefettung* oder einem Fettwechsel empfiehlt sich mit Rücksicht auf Gebrauchsdauer und Reibung eine Füllmenge von rund 30 % des nicht von bewegten Teilen überstrichenen freien Volumens für mittlere Drehzahlen (niedrige mehr, höhere weniger). Im Betrieb stellt sich im Lagerinnern drehzahlabhängig die notwendige Fettmenge selbsttätig ein, wenn das überschüssige Fett in seitliche Freiräume ausweichen kann. Richtwerte für die Nachschmier- und Fettwechselfrist von Lithiumfett ergeben sich aus Abb. 11.22, wobei die Beiwerte k_f aus Tab. 11.2 hervorgehen. Die *Schmierfrist* t_f entspricht dabei der Fettgebrauchsdauer F_{10} (maximale Fettwechselfrist mit Ausfallwahrscheinlichkeit $\leqq 10\,\%$ bei Standardbedingungen, d. h. Temperaturen von bis zu +70 °C am Lageraußenring, darüber Halbierung je 15 K Temperaturerhöhung). Mit weiteren *Minderungsfaktoren* f_n für Verunreinigungen, Schwingungen, Luftströmungen durch das Lager, Zentrifugalkräfte, vertikale Einbaulage und höhere Lagerbelastungen ergibt sich die *verminderte Schmierfrist*:

$$t_{\mathrm{f}q} = t_\mathrm{f}\ f_1\ f_2\ f_3\ f_4\ f_5\ f_6 = t_\mathrm{f}\ q\ , \qquad (11.3)$$

mit q als dem *Gesamtminderungsfaktor*. Die längsten Fristen bis zum Nachschmieren liegen erfahrungsgemäß bei: $t_{\mathrm{f}n} = 0{,}5 \ldots 0{,}7\ t_{\mathrm{f}q}$. Bei günstigen Betriebsbedingungen und speziellen Fetten können die Gebrauchsdauern und Schmierfristen auch erheblich höher liegen.

Eine Übersicht über Aufbau und Eigenschaften der wichtigsten Fettarten gibt Tab. 11.4. Zur Wälzlagerschmierung werden überwiegend Schmierfette der Konsistenzklassen 1, 2 und 3 (NLGI-Werte) eingesetzt. Wenn – wie bei Wälzlagern in unsauberer Umgebung empfohlen – keine nach innen fördernden Dichtungen verwendet werden, müssen Fettverluste durch ausreichende Konsistenz (höher bei hohen Betriebstemperaturen, intensiven Schwingungen und vertikaler Welle) begrenzt werden. Für geringe Anlaufrei-

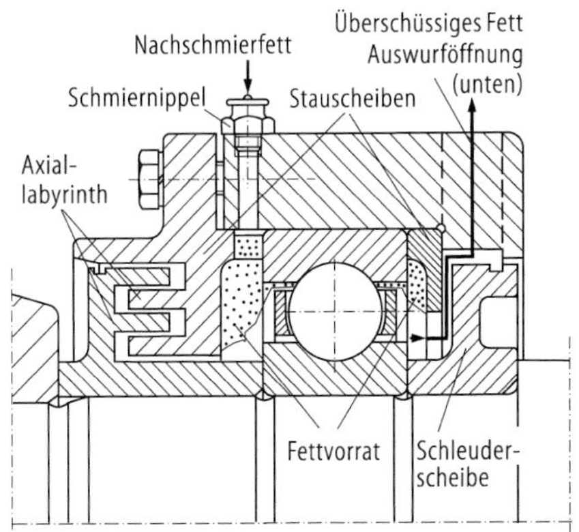

Abb. 11.21 Wälzlager mit Fettmengenregler

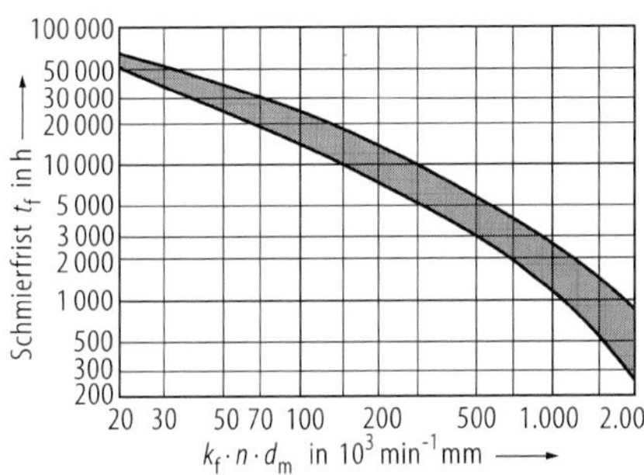

Abb. 11.22 Schmierfrist t_f für Standard-Lithiumseifenfette, gültig bei $P/C \leqq 0{,}1$ und 70 °C, ohne Minderungsfaktoren [7, 8]

bung und die Fettförderung in Nachschmieranlagen ist hingegen eine niedrige Konsistenz vorteilhaft. Für viele Gebrauchseigenschaften der Fette, wie z. B. die Schmierfilmbildung und die Reibung im eingelaufenen Zustand, sind die Grundölviskosität und das Ölabgabeverhalten wesentlich wichtiger als die Konsistenz (bei übermäßiger Ölabgabe, z. B. infolge Schwingungen, „Ausbluten"; bei zu geringer, z. B. infolge niedriger Temperaturen, Mangelschmierung). Weitere Richtlinien für die Fettauswahl enthält Tab. 11.5. Fetten ähnlich sind Polymerschmierstoffe, deren schwammähnliche Matrix, z. B. aus Polyethylen, mit Öl gefüllt ist und aufgrund ihrer Formstabilität im Lager verbleibt.

Tab. 11.2 Beiwerte k_f zur Berücksichtigung der Wälzlagerbauart bei der Schmierfrist [8]

Lagerbauart	k_f
Rillenkugellager	
– einreihig	0,9...1,1
– zweireihig	1,5
Schrägkugellager	
– einreihig	1,6
– zweireihig	2
Spindellager	
– $\alpha = 15°$	0,75
– $\alpha = 25°$	0,9
Vierpunktlager	1,6
Pendelkugellager	1,3...1,6
Axial-Rillenkugellager	5...6
Axial-Schrägkugellager	
– zweireihig	1,4
Zylinderrollenlager	
– einreihig	3...3,5[a]
– zweireihig	3,5
– vollrollig	25
Axial-Zylinderrollenlager	90
Nadellager	3,5
Kegelrollenlager	4
Tonnenlager	10
Pendelrollenlager ohne Borde („E")	7...9
Pendelrollenlager mit Mittelbord	9...12

[a] für radial und konstant axial belastete Lager; bei wechselnder Axiallast gilt $k_f = 2$

11.7.3 Ölschmierung

Ölschmierung herrscht vor, wo benachbarte Maschinenelemente ohnehin mit Öl versorgt werden, wo die Gebrauchsdauer von Fetten, z. B. wegen hoher Drehzahlen, zu kurz und häufiges Nachschmieren nicht möglich ist oder wo man z. B. wegen hoher Drehzahlen und Reibungsverlusten zusätzlich Wärme abführen muss. Die Gebrauchsdauer von Ölen ist ebenfalls begrenzt, jedoch wegen der größeren Volumina i. Allg. länger als die der Fette; Ölwechsel sind außerdem leichter durchzuführen als Nachschmieren oder Fettwechsel. Zwei Wege verhelfen zu einer niedrigen Lagertemperatur: eine sparsame oder eine sehr

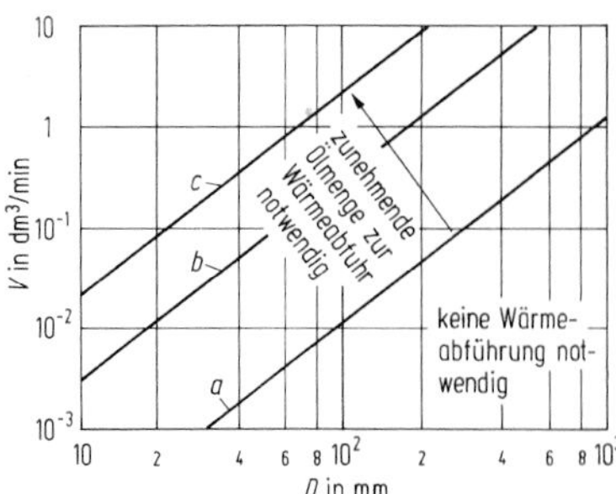

Abb. 11.23 Ölmenge bei Umlaufschmierung. *a* Zur Schmierung ausreichende Ölmenge; *b* obere Grenze für Lager symmetrischer Bauform; *c* obere Grenze für Lager unsymmetrischer Bauform

reichliche Ölzufuhr. Bei hohen Drehzahlen bevorzugt man zwecks Minimierung der Scherverluste heute kleinste Ölmengen (*Tropfölschmierung*, *Ölnebelschmierung* oder *Öl-Luft-Schmierung*). Bei *Öleinspritzschmierung* (mit mindestens 15 m/s zwischen Käfig und einem Ring, ausreichende Ablaufkanäle erforderlich) für hohe und *Ölumlaufschmierung* (drucklos, ggf. mit Hilfe von Förderringen oder der Förderwirkung von Lagern mit unsymmetrischen Querschnitten) für mittlere Drehzahlen hingegen steht die Wärmeabfuhr im Vordergrund. Bei beiden kann man das umlaufende Öl filtern und so lebensdauermindernde Laufbahnbeschädigungen durch überrollte Partikel bekämpfen. Richtwerte für die Ölmenge bei Umlaufschmierung in Abhängigkeit vom Wälzlageraußendurchmesser D enthält Abb. 11.23. Die *Ölbad-* oder *Öltauchschmierung* ist für niedrige Drehzahlen geeignet (Ölstand i. Allg. nur bis Mitte des untersten Wälzkörpers, sonst Schaumbildung bzw. hohe Planschverluste!).

Bei normalen Bedingungen können unlegierte, bevorzugt aber inhibierte *Mineralöle* (verbesserte Alterungsbeständigkeit nach DIN 51 517) verwendet werden. Hohe Belastungen erfordern bei einem Viskositätsverhältnis $\kappa < 1$ und/oder hohen Gleitreibungsanteilen Öle mit verschleißmindernden Zusätzen (P- bzw. EP-Additive). *Synthetische Öle* werden bei extrem hohen oder tiefen Temperaturen angewandt, *Silikonöle* nur bei geringen Belastungen. Kennwerte verschiedener Öle enthält Tab. 11.6.

11.7.4 Feststoffschmierung

Festschmierstoffe, z. B. Graphit, Wolframdisulfid, Molybdändisulfid (MoS_2), Polytetrafluorethylen (PTFE) und Weichmetallfilme, z. B. aus Silber, werden bei sehr hohen Temperaturen bzw. im Vakuum eingesetzt oder bei sehr langsamen bzw. oszillierenden Bewegungen (dabei kein trennender hydrodynamischer Flüssigkeitsfilm und keine verschleißmindernden Grenzschichten durch Additivreaktionen). Sie sind ähnlich Reaktionsschichten aufgrund ihrer besonderen Struktur schmierwirksam (haftfähig und gegen Normalbeanspruchung stabil, aber niedriger Scherwiderstand).

Weiteres zur Wahl des Schmierverfahrens in Tab. 11.7.

11.8 Wälzlagerdichtungen [9, 10]

Wälzlager müssen vordringlich gegen Zutritt von festen und flüssigen Verunreinigungen geschützt werden (sonst Korrosion, Verschleiß und vorzeitige Ermüdungsschäden; ohne hinreichende Sauberkeit keine *Dauerwälzfestigkeit* auch bei geringen Belastungen). *Aktive Dichtelemente* werden daher bei Fettschmierung bevorzugt nach außen fördernd eingebaut. Bei ausreichender Konsistenz des Fettes und normaler Ölabgabe genügt dabei die Stauwirkung nicht berührender Dichtungsteile, um ausreichend Schmierstoff im Lager zu halten. Die sehr kleine nach außen geförderte Grundölmenge schützt berührende Dichtungen vor Verschleiß und hilft, Verunreinigungen fernzuhalten. Bei Überschmierung kann überschüssiges Fett entweichen. Häufig reichen *berührungsfreie Dichtungen* aus; wirksamer sind *berührende Dichtungen*, am besten mit vorgeschaltetem *Labyrinth*, Abb. 11.24.

Bei Ölschmierung ist es vordringlich, das Öl im Lagergehäuse zu halten. Es werden aktive Dichtelemente eingesetzt, die nach innen fördern, Abb. 11.25, solange der Ölstand die Dichtflächen nicht erreicht auch Labyrinthdichtungen, bei höherem Ölstand i. Allg. berührende Dichtungen. Dem Schutz gegen Verunreinigungen dienen äußere Zusatzdichtungen oder zusätzliche äußere

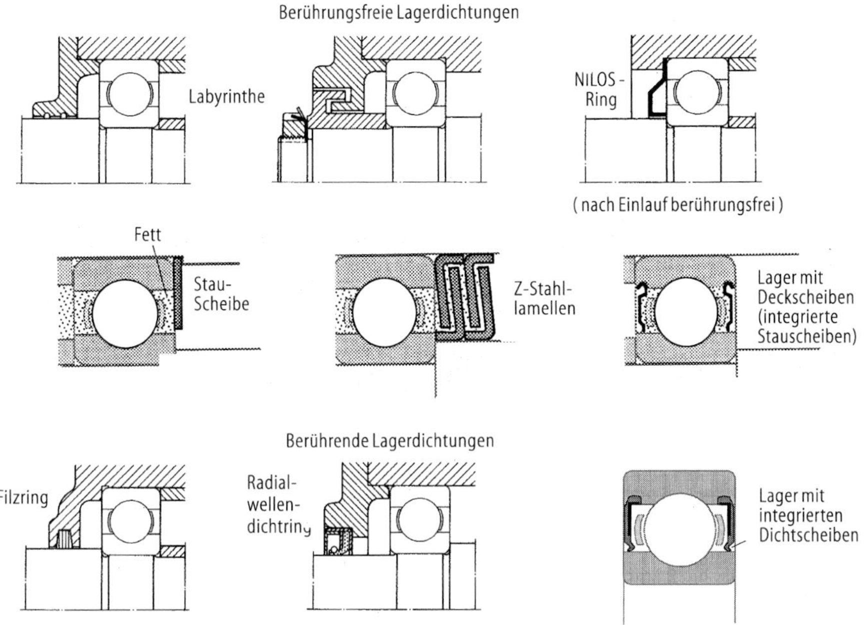

Abb. 11.24 Dichtungen gegen Zutritt von Verunreinigungen und Fettaustritt

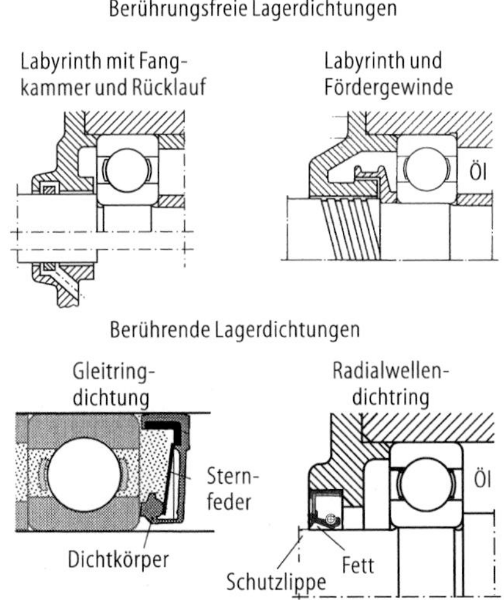

Abb. 11.25 Dichtungen gegen Austritt von Öl

Schutzlippen (Fettreservoir als Schutz gegen Verschleiß vorteilhaft).

Berührende Dichtungen sind *Filzringe*, *Radialwellendichtringe* (die als Spezialbauform, z. B. *Dichtscheiben*, Nachsetzzeichen RS, auch in das Lager integriert werden können) und *Gleitringdichtungen*. Sie können nach einem Einlauf verschleißfrei arbeiten, solange eine mikro-elastohydrodynamische Schmierung vorliegt und der Werkstoff nicht altert oder die Kontaktflächen durch Ölkohlebildung geschädigt werden. Dichtlippen aus Nitril-Butadien-Kautschuken (NBR) verhärten und verspröden um so schneller, je höher die Betriebstemperaturen sind; Fluorkautschuke (FKM) und Polytetrafluorethylen (PTFE) sind hingegen alterungsbeständig, haben aber infolge Ölkohlebildung ebenfalls eine begrenzte Lebensdauer. Bei allen diesen Werkstoffen baut sich die Anpresskraft im Laufe der Zeit durch bleibende Formänderungen ab, sofern nicht metallische Federn eingesetzt werden. Nicht berührende Dichtungen sind in das Lager integrierte *Deckscheiben* (Nachsetzzeichen Z) oder äußere Labyrinthe als anwendungsspezifische Konstruktion bzw. als Kaufteile wie *Z-Lamellen* und federnde Dichtscheiben (*Nilosringe*, nach Einlaufverschleiß berührungsfrei). Sie erlauben wegen der geringeren Reibungsverluste höhere Drehzahlen als berührende Dichtungen und verschleißen auch bei unzureichender Schmierung i. Allg. nicht. Äußere Labyrinthe, Z-Lamellen und Radialwellendichtringe (Pumpwirkung vom kleinen zum großen Kontaktwinkel) fördern je nach Einbaurichtung aktiv nach innen oder außen.

11.9 Belastbarkeit und Lebensdauer der Wälzlager

11.9.1 Grundlagen

11.9.1.1 Werkstoffanstrengung und Ermüdung im Wälzkontakt

Bei ausreichender Schmierung und Sauberkeit und mittleren bis hohen Belastungen endet die Lagerlebensdauer durch Ermüdungsschäden, die vom Werkstoffinnern bis zur Lauffläche fortschreiten (Ausbröckelungen von Werkstoffpartikeln, *Schälen* und *Grübchenbildung* bei Schmierung). Wahrscheinlich beginnt der *Ermüdungsprozess* an Werkstoffinhomogenitäten durch Überschreiten der Schubschwellfestigkeit. Bei reiner Normalbeanspruchung bestimmen die Druckflächenabmessungen und die höchste Flächenpressung p_0 (in Kontaktflächenmitte) die räumliche Verteilung und die Höhe der Werkstoffbeanspruchung (Abb. 11.26 für Linienberührung nach verschiedenen Vergleichsspannungshypothesen). Sie folgen nach der *Hertz'schen Theorie* (s. Bd. 1, Kap. 22; Annahmen: homogene und isotrope Körper, elastisches Verhalten, Druckfläche eben und klein gegenüber Körperabmessungen) aus der Berührgeometrie (Schmiegung) und der Wälzkörperbelastung Q.

Die größte Schubspannung $\tau_{max} = 0{,}31\ p_0$ (Vergleichsspannung nach der Schubspannungshypothese $\sigma_v = 0{,}61\ p_0$, nach der Gestaltänderungsenergiedichtehypothese $\sigma_v = 0{,}56 p_0$) wirkt im Punkt $x = 0$, bei Linienberührung im Abstand von 0,78 b von der Oberfläche (b: halbe Breite der rechteckigen Druckfläche), bei Punktberührung im Abstand 0,47 a (a: kleine Halbachse der Druckellipse). Schubspannungen infolge Gleitbewegungen erhöhen das Spannungsmaximum, Abb. 11.27, und verschieben es in Richtung Oberfläche.

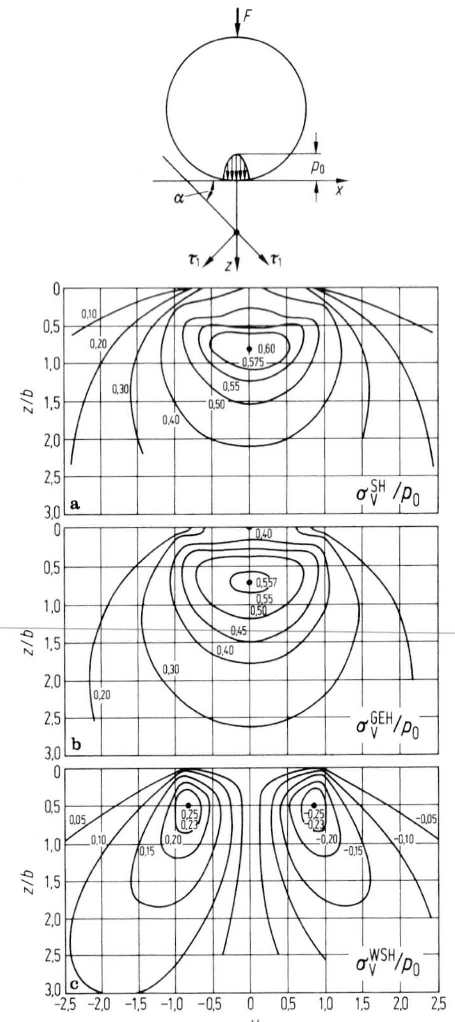

Abb. 11.26 Dimensionslose Vergleichsspannungen σ_v/p_0 [11] in der Kontaktzone bei Linienberührung und reiner Normalbelastung. **a** Hauptschubspannungshypothese; **b** Gestaltänderungsenergiedichtehypothese; **c** Wechselschubspannungshypothese

11.9.1.2 Lastverteilung im Wälzlager

Die i. Allg. ungleichmäßige *Lastverteilung* auf mehrere Wälzkontakte (Wälzkontaktbelastung Q_ψ, Maximalwert Q_{max}) ergibt sich über deren elastische Formänderungen aus dem Gleichgewicht mit den von außen am Lager angreifenden Kräften (Radialkraft F_r, Axialkraft F_a), s. z. B. Abb. 11.28 für Schräglager. Die Wälzkontaktkräfte Q wirken in Richtung des Druckwinkels α, während die radiale Lastkomponente F_r mit der Resultierenden F aus F_r und F_a den Winkel β bildet. Unterhalb eines Grenzwertes von F_a/F_r bzw. von β wird die Laufbahn nur über einen Teil des Umfangs belastet, darüber verteilt sich die Belastung gleichförmiger auf immer mehr Wälzkörper (daher mit F_r zunehmende begrenzte axiale Vorspannung vorteilhaft). Eine völlig gleiche Belastung aller Wälzkörper ist nur bei rei-

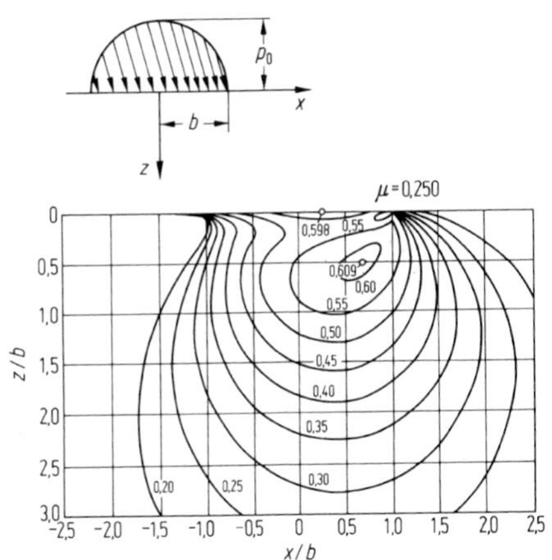

Abb. 11.27 Dimensionslose Vergleichsspannung σ_v/p_0 in der Kontaktzone bei Linienberührung und überlagerter Normal- und Tangentialbelastung [12]

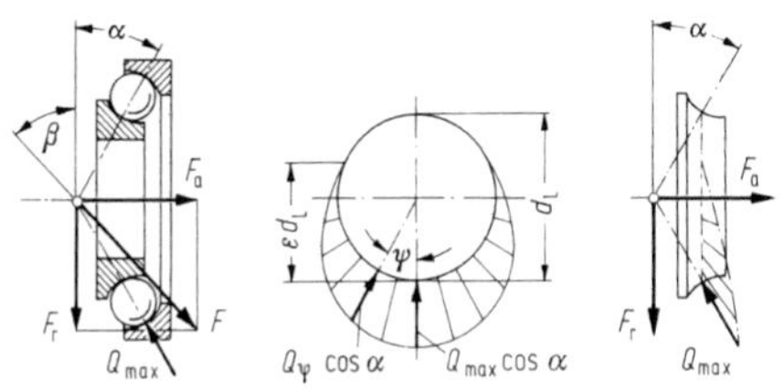

Abb. 11.28 Lastverteilung im einreihigen Schrägkugellager [13]. α Druckwinkel, d_L Laufbahndurchmesser, F_a Axialkraft, F_r Radialkraft, β Richtungswinkel der Lagerbelastung F, Q_ψ Wälzkörperbelastung, ψ Lagewinkel des Wälzkörpers, Q_{max} maximale Wälzkörperbelastung, $\varepsilon \cdot d_L$ Erstreckung der Laufbahnbelastung

ner Axiallast ohne Schiefstellung möglich. Die Hertz'sche Theorie ergibt für Punktberührung: $Q_\psi/Q_{max} = (\delta_\psi/\delta_{max})^{3/2}$ (Q_ψ Wälzkontaktbelastung an der Stelle ψ, Q_{max} maximale Wälzkontaktbelastung, δ_ψ Verschiebung der Körper an der Stelle ψ, δ_{max} maximale Verschiebung). Bei $\varepsilon = 0{,}5$ (Abb. 11.28, halber Lagerumfang belastet) gilt z. B.:

$$Q_{max} = 4{,}37 \frac{F_r}{z \cos\alpha} \tag{11.4}$$

mit z = Anzahl der Wälzkörper. Bei Linienberührung (z. B. einreihiges Kegelrollenlager) folgt die Lastverteilung zu $Q_r/Q_{max} = (\delta_r/\delta_{max})^{1{,}08}$. Für $\varepsilon = 0{,}5$ ist die maximale Wälzkörperbelastung

$$Q_{max} = 4{,}06 \frac{F_r}{z \cos\alpha} \,. \tag{11.5}$$

Mit $\alpha = 0°$ sind diese Gleichungen auch für spielfreie Radiallager und rein radial belastete Rillenkugellager gültig. Sie liegen der Berechnung der Tragzahlen zugrunde.

11.9.2 Statische bzw. dynamische Tragfähigkeit und Lebensdauerberechnung

11.9.2.1 Grundlagen

Obwohl die Spannungen im Werkstoff unterhalb der Kontaktfläche für die Beanspruchung des Werkstoffs maßgeblich sind, werden in der Praxis bei der Lagerberechnung Kennzahlen mit der Dimension einer Kraft verwendet: die *äquivalente statische* bzw. *dynamische Belastung* P_0 bzw. P für die Beanspruchung und die *statische* bzw. *dynamische Tragzahl* C_0 bzw. C als Maß für die Tragfähigkeit. Steht ein Lager still, schwenkt oder läuft langsam um, so gilt es als statisch beansprucht. Auch wenn umlaufende Lager kurzzeitig starke Stöße erleiden, ist die statische Tragsicherheit zu überprüfen. Die dynamische Tragzahl C gilt für umlaufende Lager. Die Begriffe statisch und dynamisch beziehen sich somit nicht auf Änderungen der äußeren Belastung. Die Tragzahlen ergeben sich nach DIN ISO 76 und DIN ISO 281, unter Berücksichtigung der Lastverteilung auf die Wälzkörper und ihrer Anzahl, der Schmiegung, der Größe des beanspruchten Volumens und der Werkstoffeigenschaften aus den zulässigen Spannungswerten.

11.9.2.2 Äquivalente Lagerbelastung

Zusammengesetzte Radial- und Axialbelastungen werden durch die *äquivalenten Lagerbelastungen* P_0 (statisch) bzw. P (dynamisch) ersetzt, die im Lager die gleichen Beanspruchungen hervorrufen:

äquivalente statische Belastung
$$P_0 = \max\,(X_0 F_r + Y_0 F_a, F_r) \tag{11.6}$$

äquivalente dynamische Belastung
$$P = (X F_r + Y F_a) \tag{11.7}$$

Hierin sind F_r die Radialkomponente der Belastung, F_a die Axialkomponente der Belastung, X,

X_0 die *Radialfaktoren* und Y, Y_0 die *Axialfaktoren* des Lagers (Tab. 2 und 3 der DIN ISO 76, unterschiedlich entsprechend dem Druckwinkel je nach Lagerbauart und Größenreihe).

11.9.2.3 Statische Tragfähigkeit

Bei statischer Beanspruchung entsprechen die zulässigen Spannungen und dementsprechend die statische Tragzahl C_0 nach DIN ISO 76 einer bleibenden (plastischen) *Formänderung* von 0,01 % des Wälzkörperdurchmessers (entsprechend einer maximalen Hertz'schen Pressung p_0 von 4600 N/mm^2 bei Pendelkugellagern, 4200 N/mm^2 bei Kugellagern und 4000 N/mm^2 bei Rollenlagern; sie kann bei geringen Anforderungen an die Laufruhe bzw. sehr langsam umlaufenden Lagern auch überschritten werden; physikalisch begründete Grenze ist das „*Shake-down-Limit*" [14, 15], oberhalb dessen lokales Fließen bei jeder Überrollung trotz Eigenspannungsaufbau und Verfestigung weiter fortschreitet).

Forderung (statische Sicherheit S_0 nach Tab. 11.8):

$$P_0 \leqq \frac{C_0}{S_0} . \tag{11.8}$$

11.9.2.4 Dynamische Tragfähigkeit und Berechnung der Ermüdungslebensdauer

Bei dynamischer Beanspruchung geht die gegenwärtig in ISO 281:1990 genormte Berechnungsmethode davon aus, dass Wälzlager immer im Zeitfestigkeitsbereich arbeiten. Die Anzahl der Umdrehungen der Lagerringe oder der Lagerscheiben relativ zueinander bis zum Ausfall durch Werkstoffermüdung, die sogenannte *Lagerlebensdauer*, streut auch bei identischer Belastung beträchtlich (Ursache: Unregelmäßigkeiten des Werkstoffgefüges und der wälzbeanspruchten Funktionsflächen, die sich nach Größe, Anzahl und Lage von Lager zu Lager unterscheiden), sodass die Vorausberechnung einer Lebensdauer für ein bestimmtes Lager nicht möglich ist. Die *dynamische Tragzahl* wurde daher als diejenige äquivalente Belastung definiert, bei der 90 % einer größeren Anzahl gleichartiger Lager unter Standardbedingungen eine Million Umdrehungen überleben. Die Lebensdauer ist definitionsgemäß erschöpft, wenn die ersten Schäden infolge Werkstoffermüdung an einer der wälzbeanspruchten Oberflächen erkennbar werden. Von der *Ermüdungslebensdauer* ist die u. U. wesentlich kürzere *Gebrauchsdauer* zu unterscheiden (die tatsächliche funktionsfähige Einsatzzeit unter Einbezug aller *Versagensmechanismen*). Die Berechnung der sogenannten *nominellen Lebensdauer* (Ausfallwahrscheinlichkeit: 10 %) für beliebige Belastungen erfolgt über das Verhältnis C/P der dynamischen Tragzahl zur tatsächlich vorliegenden äquivalenten dynamischen Belastung, potenziert mit einem Exponenten p (p beträgt nach Norm 3 für Kugellager und 10/3 für Rollenlager, wobei gewisse Abweichungen von einer gleichmäßigen Spannungsverteilung entlang der Berührlinie bereits eingerechnet sind; bei idealer Spannungsverteilung gilt $p = 4$):

$$L_{10} = \left(\frac{C}{P}\right)^{\mathrm{p}} \text{ in } 10^6 \text{ Umdrehungen des Lagers} . \tag{11.9}$$

Bei konstanter Drehzahl n des Lagers in min^{-1} gilt für die Lebensdauer $L_{10\,\mathrm{h}}$ in Stunden:

$$L_{10\,\mathrm{h}} = 10^6 \frac{L_{10}}{60n} . \tag{11.10}$$

Die nominelle Lebensdauer dient häufig lediglich als Ähnlichkeitskennzahl (Vergleich der Lebenserwartung von Lagern bzw. Erfahrungswerte für die notwendige nominelle Lebensdauer in verschiedenen Anwendungen s. Tab. 11.9). Die Hersteller erweitern aber die Berechnungsverfahren zunehmend mit dem Ziel genauerer quantitativer Angaben: die Lebensdauern für von 90 % abweichende Erlebenswahrscheinlichkeiten werden mit dem Faktor a_1 berechnet; Werkstoffeigenschaften, die von Standard-Wälzlagerstählen abweichen, werden mit dem Faktor a_2 und besondere Betriebsbedingungen, insbesondere Schmierungszustände mit einem Viskositätsverhältnis $\varkappa \neq 1$, über den Faktor a_3 berücksichtigt. So entsteht die *modifizierte Lebensdauer* L_{na} (der Index n steht für die *Ausfallwahrscheinlichkeit* in %,

Überlebenswahrscheinlichkeit $S = (100-n)\%$):

$$L_{na} = a_1 a_2 a_3 L_{10} = a_1 a_2 a_3 \left(\frac{C}{P}\right)^{\mathrm{p}} \quad (11.11)$$

in 10^6 Umdrehungen des Lagers.

Tab. 11.3 gibt a_1 in Abhängigkeit von n für eine Weibull-Verteilung der Ausfälle mit einem Exponenten $e = 1{,}5$ an; für beliebige Werte von e gilt:

$$a_1 = \left[\frac{\ln(100/S)}{\ln(100/90)}\right]^{\frac{1}{e}} . \quad (11.12)$$

Eine Berücksichtigung des Werkstoffeinflusses an sich erfolgt nicht über den Faktor a_2, sondern unmittelbar über Beiwerte zu den Tragzahlen:

- den Faktor b_{m} für die kontinuierliche Verbesserung der Wälzlagerstähle,
- den *statischen Härtefaktor* (f_{H0}; $C_{\mathrm{H0}} = f_{\mathrm{H0}}\ C_0$) und den *dynamischen Härtefaktor* (f_{H}; $C_{\mathrm{H}} = f_{\mathrm{H}}\ C$) *Härtefaktor* für vom Standardwert $HV = 670\,\mathrm{N/mm^2}$ abweichende Oberflächenhärten, Tab. 11.10 und
- den *Temperaturfaktor* $f_{\mathrm{T}}(C_{\mathrm{T}} = f_{\mathrm{T}} C)$ für Betriebswerte über 150 °C, s. Tab. 11.11.

Darüber hinaus gibt es einen wechselseitigen Einfluss von Werkstoff und Schmierstoff, sodass die Faktoren a_2 und a_3 sinnvollerweise zum Beiwert a_{23} verschmelzen:

$$L_{na} = a_1\, a_{23}\, L_{10} = a_1\, a_{23} \left(\frac{C}{P}\right)^{\mathrm{p}} \quad (11.13)$$

in 10^6 Umdrehungen des Lagers.

Er berücksichtigt, dass die Schmierfilmdicke auch oberhalb $\varkappa = 1$ (gerade vollständige Trennung der Oberflächen) die Werkstoffbeanspruchung beeinflusst, sodass die Lebensdauer bei $\varkappa \gg 1$ (dicke Filme) bis zum 2,5-fachen ansteigen kann. Bei niedrigen Drehzahlen oder Viskositäten ($\varkappa \ll 1$), kann die Ermüdungslebensdauer hingegen auf $1/10$ des nominellen Wertes abfallen. Abb. 11.29 und 11.30 zeigen entsprechende Verläufe des Faktors a_{23} nach Angaben verschiedener Hersteller. Bei $\varkappa < 1$ können Lager statt durch Wälzermüdung auch durch Verschleiß ausfallen; a_{23} berücksichtigt dies nicht. Die schädliche Wirkung von $\varkappa < 1$ wird bei ausreichender Sauberkeit durch geeignete Additivierung mit Hilfe verschleißschützender und reibungsmindernder Reaktionsschichten gemildert. Bei ausreichend dicken Schmierfilmen und hoher Sauberkeit hingegen steigt nach neueren Erkenntnissen die Lebensdauer über den Faktor 2,5 hinaus bis zur Dauerwälzfestigkeit, wenn die äquivalente Belastung kleiner als die Ermüdungsgrenzbelastung P_{u} oder C_{u} bleibt. Diese entspricht für Standard-Wälzlagerstähle und Fertigungstoleranzen ungefähr einer maximalen Hertz'schen Pressung $p_0 = 1500\,\mathrm{N/mm^2}$ (ideale Bedingungen: $p_0 \leqq 2200\,\mathrm{N/mm^2}$; schlechtere Fertigungsqualität und Werkstoffe: $p_0 \geqq 2200\,\mathrm{N/mm^2}$). Sie kann aus der statischen Tragzahl C_0 für Lager mit einem Bohrungsdurchmesser $d_{\mathrm{m}} < 150$ mm wie folgt abgeschätzt werden:

$$\begin{aligned} \text{Rollenlager: } P_{\mathrm{u}}, C_{\mathrm{u}} &\approx C_0/8{,}2\,, \\ \text{Pendelkugellager: } P_{\mathrm{u}}, C_{\mathrm{u}} &\approx C_0/35{,}5\,, \\ \text{übrige Kugellager: } P_{\mathrm{u}}, C_{\mathrm{u}} &\approx C_0/27\,. \end{aligned} \quad (11.14)$$

Die Norm DIN ISO 281 benutzt daher einen kombinierten Faktor a_{ISO}, hier auch als a_{DIN} bezeichnet (oder herstellerspezifisch a_{xyz}), der auf einer Systembetrachtung beruht, zur Berechnung der *erweiterten Lebensdauer*

$$L_{nm} = a_1\, a_{xyz}\, L_{10} = a_1\, a_{xyz} \left(\frac{C}{P}\right)^{\mathrm{p}}$$

in 10^6 Umdrehungen des Lagers. (11.15)

Zur Korrektur der nominellen Lebensdauer wird a_{ISO} dem Belastungsverhältnis P_{u}/P bzw. C_{u}/P, dem Viskositätsverhältnis x und einem Faktor e_{c} oder η_{c} für die Verschmutzung entsprechend Abb. 11.31 bis Abb. 11.34 für die unterschiedlichen Lagerhauptbauarten zugeordnet. Der Faktor η_{c} bzw. e_{c} erfasst verschiedene Grade der Verunreinigung, Tab. 11.12. Beim Überrollen von festen Partikeln mit einer Größe von mehr als 10 bis 20 µm mit hinreichend hoher Streckgrenze und Duktilität werden die Oberflächen so ver-

Tab. 11.3 Lebensdauerbeiwert a_1 für die Erlebenswahrscheinlichkeit

Ausfallwahrscheinlichkeit in %	10	5	4	3	2	1
Ermüdungslaufzeit	L_{10}	L_5	L_4	L_3	L_2	L_1
Faktor a_1	1	0,62	0,53	0,44	0,33	0,21

formt, dass von lokalen Spannungsüberhöhungen bei nachfolgenden Überrollungen vorzeitige Ermüdungsschäden ausgehen (weiche Partikel verformen sich im Wälzkontakt plastisch, während große spröde Partikel in kleine Teilchen zerbrechen; beide sind daher weniger schädlich). Für $\varkappa > 4$ ist jeweils die Kurve $\varkappa = 4$ zu verwenden. Für $\eta_c P_u / P$ gegen Null geht a_{DIN} für alle $\varkappa$-Werte gegen 0,1 (gilt für Schmierstoffe ohne EP-Zusätze, mit Additiven ggf. höher).

Auch mit diesen Modifikationen können die herstellerspezifischen Wälzkörper- und Laufbahnprofile, die Lagerluft, Schiefstellungen, zusätzliche Spannungen in den Ringen durch Presssitze, Gehäuseverformungen [16, 17] und Fliehkräfte bei der Ermüdungslebensdauer nicht über das genormte Berechnungsverfahren mit äquivalenten Belastungen und Tragzahlen, sondern nur mit speziellen Berechnungsprogrammen der Lagerhersteller oder angenähert mit Beiwerten erfasst werden. Nicht berücksichtigt sind weitere, die Gebrauchsdauer möglicherweise begrenzende, Ausfallursachen: Verschleiß der Laufbahnen oder der Käfige, Ermüdungsbrüche von Käfigbauteilen, Schmierstoff- oder Dichtungsversagen, Korrosion und Wälzkörperschlupf infolge zu niedriger Belastung. Die notwendige *Mindestbelastung* richtet sich unter anderem nach der Drehzahl und etwaigen Winkelbeschleunigungen.

11.9.2.5 Lebensdauerberechnung bei zeitlich veränderlicher Belastung und Drehzahl

Läuft ein Wälzlager bei veränderlichen Drehzahlen und Belastungen, so kann man die Ermüdungslebensdauer aus Gl. (11.9) nach der Palmgren-Miner-Regel mit der *mittleren Drehzahl* n_{m} und der *mittleren äquivalenten dynamischen Belastung* P_{m} bestimmen.

Beliebig veränderliche Drehzahl und Lagerbelastung: sind die Drehzahl und die Lagerbelastung im Zeitraum T eindeutig definierte Zeitfunktionen $n(t)$ und $p(t)$, gilt:

$$P_{\mathrm{m}} = \sqrt[p]{\frac{\int_0^T n(t) \cdot P^p(t)\,\mathrm{d}t}{\int_0^T n(t)\,\mathrm{d}t}} \quad \text{und}$$

$$n_{\mathrm{m}} = \frac{1}{T} \int\limits_0^T n(t)\,\mathrm{d}t\,. \tag{11.16}$$

Bei stufenweise veränderlichen Beanspruchungsgrößen n_i und P_i im Zeitraum T gilt für P_{m} die aus (11.16) abgeleitete Summenformel über z Zeitabschnitte Δt_i, wobei $q_i = (\Delta t_i / T) \cdot 100$ die jeweiligen Zeitanteile der Wirkungsdauer in % sind:

$$P_{\mathrm{m}} = \sqrt[p]{\frac{q_1 \cdot n_1 \cdot P_1^p + q_2 \cdot n_2 \cdot P_2^p + \ldots + q_z \cdot n_z \cdot P_z^p}{q_1 \cdot n_1 + q_2 \cdot n_2 + \ldots + q_z \cdot n_z}}$$

und

$$n_{\mathrm{m}} = q_1 \cdot n_1 + q_2 \cdot n_2 + \ldots + q_z \cdot n_z\,. \tag{11.17}$$

11.10 Bewegungswiderstand und Referenzdrehzahlen der Wälzlager

Der Bewegungswiderstand von Wälzlagern ergibt sich bei vollständiger Trennung der Oberflächen durch einen Schmierfilm aus zwei Beiträgen: *Hystereseverluste* im Werkstoff bei der zyklischen Verformung der Wälzkörper und der Ringe während jeder Überrollung und *Scherverluste* im Schmierstoff im Wälzkontakt, zwischen Käfig und Wälzkörpern (bei bordgeführten Käfigen auch zwischen Käfigen und Ringen) sowie durch Strömungen im Lager außerhalb der eigentlichen Kontakte. Diese Reibungskomponenten lassen sich formal ohne nähere Berücksichtigung der physikalischen Zusammenhänge zu einem Ausdruck mit zwei Termen zusammensetzen [18]:

$$M_R = M_0 + M_1 \,. \tag{11.18}$$

In den ersten Term gehen die Drehzahl und die Schmierstoffviskosität exponentiell sowie ein Beiwert f_0 linear ein; der zweite Term ist der sogenannte *lastabhängige Anteil*, der linear von der für das Reibungsmoment maßgebenden äquivalenten Lagerbelastung P_1 (Berechnung siehe Kataloge der Wälzlagerhersteller) und einem Reibungskoeffizienten f_1 abhängt:

$$M_R = 10^{-7} f_0 (\nu n)^{2/3} d_m^3 + f_1 P_1 d_m \quad \text{für } \nu n \geqq 2000 \tag{11.19}$$

bzw.

$$M_R = 10^{-7} f_0 160 d_m^3 + f_1 P_1 d_m \quad \text{für } \nu n < 2000 \tag{11.20}$$

mit: M_R [N mm] Reibmoment, ν [mm^2/s] kinematische Viskosität bei Betriebstemperatur, n [min^{-1}] Lagerdrehzahl, $d_m = (d + D)/2$ [mm] mittlerer Lagerdurchmesser, d [mm] Lagerbohrungsdurchmesser, D [mm] Lageraußendurchmesser. Die Koeffizienten f_0 und f_1 sind von der Schmierungsart und von der Lagerbauart abhängig (f_{0r} und f_{1r} für Referenzbedingungen in Tab. 11.13).

Absolute Maximaldrehzahlen von Wälzlagern lassen sich nicht angeben. Mit zunehmender Drehzahl wachsen die Beanspruchungen der Außenringlaufbahn und des Käfigs, die Gefahr von Wälzkörperschlupf am Innenring, die Verlustleistung und damit die Lagertemperatur. Die Wälzfestigkeit des Lagerwerkstoffs und seine Dimensionsstabilität, die Zeitstandfestigkeit nichtmetallischer Käfigwerkstoffe und Dichtungen und die Schmierstoffgebrauchsdauer bestimmen die zulässigen Betriebstemperaturen. Mit Rücksicht auf den Schmierstoff strebt man an, die sogenannte *Referenztemperatur* nicht zu überschreiten. Diejenige Drehzahl, bei der unter Referenzbedingungen (Erwärmung des Lagers ausschließlich durch seine eigene Verlustleistung, natürliche Wärmeabfuhr mit der *Referenzwärmeflussdichte* q_r über die *Referenzoberfläche* ohne zusätzliche Kühlung) eine Temperaturerhöhung von 50 °C gegenüber der *Referenzumgebungstemperatur* 20 °C auf die Referenztemperatur 70 °C eintritt, wird als *thermische Referenzdrehzahl* $n_{\theta r}$ bezeichnet. Die weiteren Referenzbedingungen nach DIN ISO 15312 sind:

- Referenzbelastung für Radiallager ($0° \leqq \alpha \leqq 45°$): $P_{1r} = 0{,}05\, C_0$ (reine Radialbelastung),
- Referenzbelastung für Axiallager ($45° \leqq \alpha \leqq 90°$): $P_{1r} = 0{,}02\, C_0$ (reine zentrische Axialbelastung),
- Referenzviskosität eines Schmieröles bei Referenztemperatur 70 °C: $\nu_r = 12\,\text{mm}^2/\text{s}$ für Radiallager, $\nu_r = 24\,\text{mm}^2/\text{s}$ für Axiallager,
- Referenz-Grundölviskosität eines Lithiumseifenfettes mit mineralischem Grundöl bei 40 °C: $\nu_r = 24\,\text{mm}^2/\text{s}$, Fettfüllung: 30 % des freien Volumens.

Referenzoberfläche der Radiallager außer Kegelrollenlager:

$$A_r = \pi (D + d)\, B \tag{11.21}$$

mit A_r [mm^2] Referenzoberfläche, D [mm] Lageraußendurchmesser, d [mm] Lagerbohrungsdurchmesser, B [mm] Lagerbreite. Übrige Lagerbauarten s. DIN ISO 15312.

Für Radiallager bzw. Axiallager betragen die Referenzwärmeflussdichten q_r:

$$\begin{aligned} &A_r \leqq 50\,000\,\text{mm}^2: \\ &\qquad q_r = 16\,\text{kW/m}^2 \\ &\text{bzw.} \quad q_r = 20\,\text{kW/m}^2\,, \\ &A_r > 50\,000\,\text{mm}^2: \\ &\qquad q_r = 16\left(\frac{A_r}{50\,000}\right)^{-0{,}34} \text{kW/m}^2 \\ &\text{bzw.} \quad q_r = 20\left(\frac{A_r}{50\,000}\right)^{-0{,}16} \text{kW/m}^2\,. \end{aligned} \tag{11.22}$$

Im Referenzzustand fließt über die Referenzoberfläche der Wärmestrom

$$\Phi_r = q_r\, A_r\,, \tag{11.23}$$

11

der ohne zusätzliche Kühlung gleich der Lagerverlustleistung N_r bei Referenzdrehzahl $n_{\theta r}$ ist (s. Gl. (11.19)):

$$\begin{aligned}\Phi_r &= N_r = 2\pi n_{\theta r}\,(M_{0r} + M_{1r}) \\ &= 2\pi n_{\theta r}\left(10^{-7} f_{0r}(\nu n)^{2/3} d_m^3 + f_{1r} p_{1r} d_m\right). \end{aligned} \tag{11.24}$$

Die Referenzdrehzahl $n_{\theta r}$ ergibt sich als Lösung dieser Gleichungen. (Berechnung der Grenzdrehzahl für eine Betriebstemperatur von 70 °C bei beliebigen Betriebszuständen durch Einsetzen der zugehörigen Werte.) Bei Ölumlaufschmierung wird zusätzlich ein Wärmestrom

$$\Phi_{\text{Öl}} = \dot{V}_{\text{Öl}}\, c\, \varrho (T_A - T_E)$$

über das Öl abgeführt, daher im Referenzzustand:

$$N_r = \Phi_r + \Phi_{\text{Öl}} \tag{11.25}$$

mit: $\dot{V}_{\text{Öl}}$ Volumenstrom, c spezifische Wärmekapazität (1,7 bis 2,4 kJ/(kg K)) und ϱ Dichte des Öls, T_A Ölaustritts- und T_E Öleintrittstemperatur.

Anhang

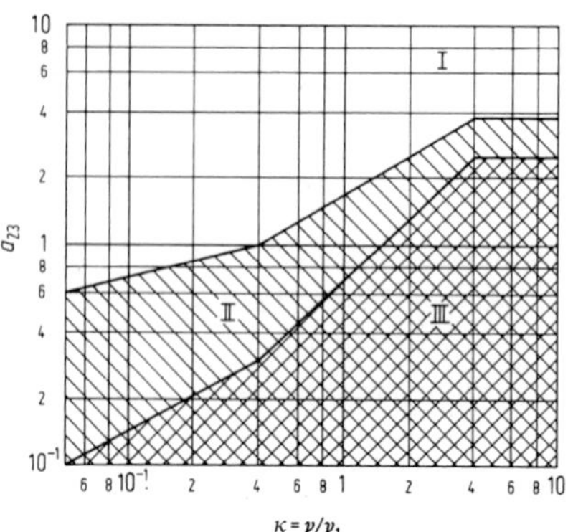

Abb. 11.29 a_{23}-Diagramm nach [21] – ν Betriebsviskosität des Schmierstoffs, υ_1 Bezugsviskosität – *Bereich I*: Übergang zur Dauerfestigkeit. Voraussetzung: Höchste Sauberkeit im Schmierspalt und nicht zu hohe Belastung ($p_0 < 1800$ N/mm²), wenn Dauerfestigkeit angestrebt wird. *II*: Gute Sauberkeit im Schmierspalt. Geeignete Additive im Schmierstoff. *III*: Ungünstige Betriebsbedingungen, Verunreinigungen im Schmierstoff, ungeeignete Schmierstoffe

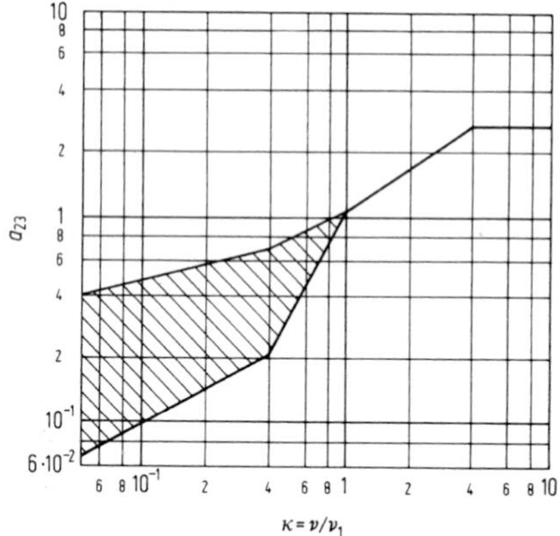

Abb. 11.30 a_{23}-Diagramm nach [20]. Höhere Werte im Bereich der Rasterfläche bei Verwendung von EP-Zusätzen

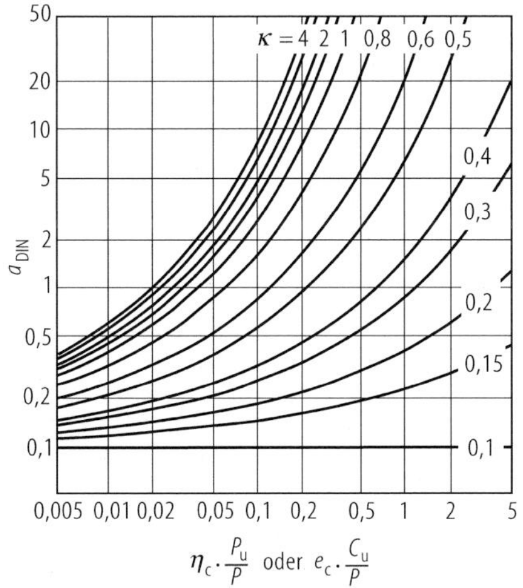

Abb. 11.31 Beiwert a_{DIN} (a_{ISO}) für alle Kugellager mit Ausnahme der Axialkugellager ([20] und DIN ISO 281)

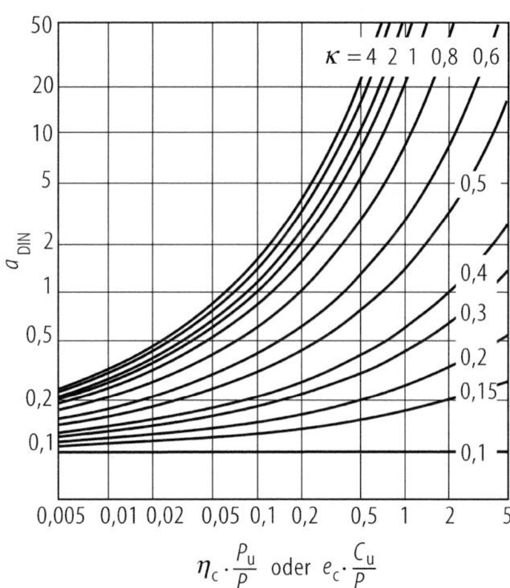

Abb. 11.33 Beiwert a_{DIN} (a_{ISO}) für Axialkugellager ([20] und DIN ISO 281)

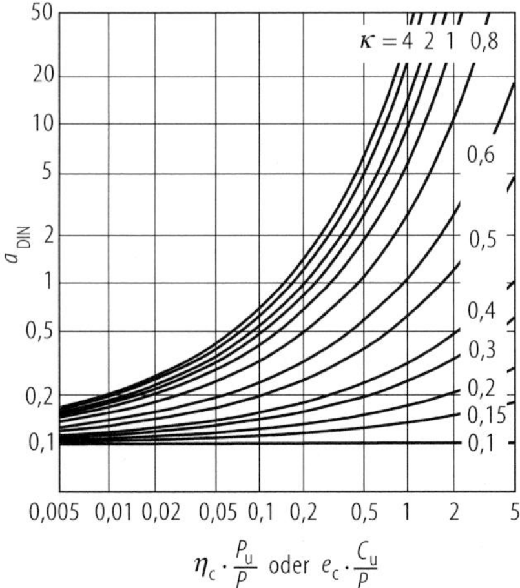

Abb. 11.32 Beiwert a_{DIN} (a_{ISO}) für alle Rollenlager mit Ausnahme der Axialrollenlager ([20] und DIN ISO 281)

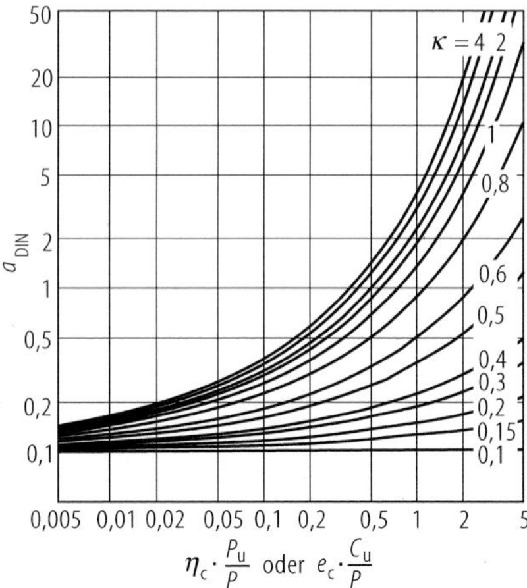

Abb. 11.34 Beiwert a_{DIN} (a_{ISO}) für Axialrollenlager ([20] und DIN ISO 281)

Tab. 11.4 Wälzlagerfette und ihre Eigenschaften

Nr.	Eindicker	Grundöl	Gebrauchstemperatur °C[a]	Verhalten gegen Wasser	Besondere Hinweise
1	Natrium-Seife	Mineralöl	−20...+100	nicht beständig	emulgiert mit Wasser, wird daher u. U. flüssig
2	Lithium-Seife[b]	Mineralöl	−20...+130	beständig bis 90 °C	emulgiert mit wenig Wasser, wird aber bei größeren Mengen weicher, Mehrzweckfett
3	Lithium-komplex-Seife	Mineralöl	−30...+150	beständig	Mehrzweckfett mit hoher Temperaturbeständigkeit
4	Calcium-Seife[b]	Mineralöl	−20... +50	sehr beständig	gute Dichtwirkung gegen Wasser, eingedrungenes Wasser wird nicht aufgenommen
5	Aluminium-Seife	Mineralöl	−20... +70	beständig	gute Dichtwirkung gegen Wasser
6	Natrium-komplex-Seife	Mineralöl	−20...+130	beständig bis etwa 80 °C	für höhere Temperaturen und Belastungen geeignet
7	Calcium-komplex-Seife[b]	Mineralöl	−20...+130	sehr beständig	Mehrzweckfett, geeignet für höhere Temperaturen und Belastungen
8	Barium-komplex-Seife[b]	Mineralöl	−20...+150	beständig	für höhere Temperaturen und Belastungen sowie auch Drehzahlen (abhängig von der Grundölviskosität) geeignet; dampfbeständig
9	Polyharnstoff[b]	Mineralöl	−20...+150	beständig	für höhere Temperaturen, Belastungen und Drehzahlen geeignet
10	Aluminium-komplex-Seife[b]	Mineralöl	−20...+150	beständig	für höhere Temperaturen und Belastungen sowie auch Drehzahlen (abhängig von der Grundölviskosität) geeignet
11	Bentonit	Mineralöl und/ oder Esteröl	−20...+150	beständig	Gelfett, für höhere Temperaturen bei niedrigen Drehzahlen geeignet
12	Lithium-Seife[b]	Esteröl	−60...+130	beständig	für niedrige Temperaturen und hohe Drehzahlen geeignet
13	Lithium-komplex-Seife	Esteröl	−50...+220	beständig	Mehrbereichsschmierfett für weiten Temperaturbereich
14	Barium-komplex-Seife	Esteröl	−60...+130	beständig	für hohe Drehzahlen und niedrige Temperaturen geeignet, dampfbeständig
15	Lithium-Seife	Siliconöl	−40...+170	sehr beständig	für höhere und niedrige Temperaturen bei geringer Belastung bis zu mittleren Drehzahlen geeignet

[a] Abhängig von Lagerart und Schmierfrist. Durch Auswahl geeigneter Mineralöle kann bei den Fetten 1 bis 10 das Kälteverhalten verbessert werden (z. B. −30 °C in Sonderfällen bis zu −55 °C).
[b] Auch mit EP-Zusätzen.

Tab. 11.5 Fettauswahl nach verschiedenen Kriterien [11.8]

Kriterien für die Auswahl des Fettes	Eigenschaften des zu wählenden Fettes
Betriebsbedingungen	Fettauswahl nach Tab. 11.4
Drehzahlkennwert $n \cdot d_m$	
Belastungsverhältnis P/C	
Forderungen an Laufeigenschaften	
geringe Reibung, auch beim Start	Fett der Konsistenzklasse 1...2 mit synthetischem Grundöl niedriger Viskosität
niedrige und konstante Reibung im Beharrungszustand, aber höhere Startreibung zulässig	Fett der Konsistenzklasse 3...4, Fettmenge < 30 % des freien Lagerraums oder Fett der Konsistenzklasse 2...3, Fettmenge < 20 % des freien Lagerraums
geringes Laufgeräusch	gefiltertes Fett (hoher Reinheitsgrad) der Konsistenzklasse 2, bei besonders hohen Forderungen an Geräuscharmut sehr gut gefiltertes Fett der Konsistenzklasse 1...2 mit Grundöl hoher Viskosität
Einbauverhältnisse	
Stellung der Lagerachse schräg oder senkrecht	haftfähiges Fett der Konsistenzklasse 2...3
Außenring dreht, Innenring steht oder auf Lager wirkt Fliehkraft	Fett der Konsistenzklasse 3...4 mit hohem Dickungsmittelanteil
Wartung	
häufige Nachschmierung	weiches Fett der Konsistenzklasse 1...2
gelegentliche Nachschmierung, for-life-Schmierung	walkstabiles Fett der Konsistenzklasse 2...3, Gebrauchstemperatur deutlich höher als Betriebstemperatur
Umweltverhältnisse	
hohe Temperatur, for-life-Schmierung	temperaturstabiles Fett mit synthetischem Grundöl und mit temperaturstabilem (eventuell synthetischem) Verdicker
hohe Temperatur, Nachschmierung	Fett, das bei hoher Temperatur keine Rückstände bildet
tiefe Temperatur	Fett mit dünnem synthetischem Grundöl und geeignetem Verdicker, Konsistenzklasse 1...2
staubige Umgebung	festes Fett der Konsistenzklasse 3
Kondenswasser	emulgierendes Fett, zum Beispiel Natron- oder Lithiumseifenfett
Spritzwasser	wasserabweisendes Fett, zum Beispiel Kalziumseifenfett
aggressive Medien (Säuren, Basen usw.)	Sonderfett, bei Wälzlager oder Schmierstoffhersteller erfragen
radioaktive Strahlung	bis Energiedosis $2 \cdot 10^4$ J/kg Wälzlagerfette nach DIN 51825, bis Energiedosis $2 \cdot 10^7$ J/kg: bei Wälzlagerherstellern zurückfragen
Schwingungsbeanspruchung	Lithium-EP-Fett der Konsistenzklasse 2, häufige Nachschmierung. Bei mäßiger Schwingungsbeanspruchung Barium-Komplex-Seifenfett der Konsistenzklasse 2 mit Festschmierstoffzusätzen oder Lithiumseifenfett der Konsistenzklasse 3
Vakuum	bis 10^{-5} Wälzlagerfette nach DIN 51825, bei höheren Vakua bei Wälzlagerherstellern zurückfragen

Tab. 11.6 Kennwerte verschiedener Öle [11.8]

	Mineralöl	Polyalphaolefine	Polyglykol (wasser-unlöslich)	Ester	Silikonöl	Alkosyfluoröl
Viskosität bei 40 °C in mm^2/s	2...4500	15...1200	20...2000	7...4000	4...100 000	20...650
Eisatz für Ölsumpf-Temperatur in °C bis	100	150	100...150	150	150...200	150...220
Einsatz für Ölumlauf-Temperatur in °C bis	150	200	150...200	200	250	240
Pourpoint in °C	–20[b]	–40[b]	–40	–60[b]	–60[b]	–30[b]
Flammpunkt in °C	220	230...260[b]	200...260	220...260	300[b]	–
Verdampfungsverluste	mäßig	niedrig	mäßig bis hoch	niedrig	niedrig[b]	sehr niedrig[b]
Wasserbeständigkeit	gut	gut	gut[b], schlecht trenn-bar, da gleiche Dichte	mäßig bis gut	gut	gut
V-*T*-Verhalten	mäßig	mäßig bis gut	gut	gut	sehr gut	mäßig bis gut
Druck-Viskositäts-Koeffizient in m^2/N[c]	$1{,}1 \ldots 3{,}5 \cdot 10^8$	$1{,}1 \ldots 2{,}2 \cdot 10^8$	$1{,}2 \ldots 3{,}2 \cdot 10^8$	$1{,}5 \ldots 4{,}5 \cdot 10^8$	$1{,}0 \ldots 3{,}0 \cdot 10^8$	$2{,}5 \ldots 4{,}4 \cdot 10^8$
Eignung für hohe Temperaturen (≈ 150 °C)	mäßig	gut	mäßig bis gut[b]	gut[b]	sehr gut	sehr gut
Eignung für hohe Last	sehr gut[a]	sehr gut[a]	sehr gut[a]	gut	schlecht[b]	gut
Verträglichkeit mit Elastomeren	gut	gut[b]	mäßig, bei An-strichen prüfen	mäßig bis schlecht	sehr gut	gut
Preisrelationen	1	6	4...10	4...10	40...100	200...800

[a] Mit EP-Zusätzen.
[b] Abhängig vom Öltyp.
[c] Gemessen bis 200 bar. Höhe ist abhängig vom Öltyp und der Viskosität.

Tab. 11.7 Wahl des Schmierverfahrens [11.8]

Schmierstoff	Schmierverfahren	Geräte für das Schmierverfahren	Konstruktive Maßnahmen	Erreichbarer Drehzahlkennwert $n \cdot d_m$ in min^{-1} mm[a]	Geeignete Lagerbauarten, Betriebsverhalten
Festschmierstoff	for-life-Schmierung	–	–	≈ 1500	vorwiegend Rillenkugellager
	Nachschmierung	–	–		
Fett	for-life-Schmierung	–	–	$\approx 0{,}5 \cdot 10^6 \approx 1 \cdot 10^6$ für geeignete Sonderfette, Schmierfristen nach Abb. 11.22	alle Lagerbauarten, außer Axial-Pendelrollenlager, jedoch abhängig von Drehgeschwindigkeit und Fettart. Niedrige Reibung und günstiges Geräuschverhalten mit Sonderfetten
	Nachschmierung	Handpresse, Fettpumpe	Zuführbohrungen, eventuell Fettmengenregler, Auffangraum für Altfett		
	Sprühschmierung	Verbrauchsschmieranlage[b]	Zuführung durch Rohre oder Bohrungen, Auffangraum für Altfett		
Öl (größere Ölmenge)	Ölsumpfschmierung	Peilstab, Standrohr, Niveaukontrolle	Gehäuse mit ausreichendem Ölvolumen, Überlaufbohrungen, Anschluss für Kontrollgeräte	$0{,}5 \cdot 10^6$	alle Lagerbauarten, Geräuschdämpfung abhängig von der Ölviskosität, höhere Lagerreibung durch Ölplanschverluste, gute Kühlwirkung, Abführung von Verschleißteilchen bei Umlauf- und Spritzschmierung
	Ölumlaufschmierung durch Eigenförderung der Lager oder dem Lager zugeordnete Förderelemente		Ölzulaufbohrungen, Lagergehäuse mit ausreichendem Volumen. Förderelemente, die auf Ölviskosität und Drehgeschwindigkeit abgestimmt sind. Förderwirkung der Lager beachten	muss jeweils ermittelt werden	
	Ölumlaufschmierung	Umlaufschmieranlage[b]	ausreichend große Bohrungen für Ölzulauf und Ölablauf	$\approx 1 \cdot 10^6$	
	Öleinspritzschmierung	Umlaufschmieranlage mit Spritzdüsen	Ölzulauf durch gerichtete Düsen, Ölablauf durch ausreichend große Bohrungen	bis $4 \cdot 10^6$ erprobt	
Öl (Minimalmenge)	Ölimpulsschmierung, Öltropfschmierung	Verbrauchsschmieranlage[b], Tropföler, Ölsprühschmieranlage	Ablaufbohrungen	$\approx 1{,}5 \cdot 10^6$ abhängig von Lagerbauart, Ölviskosität, Ölmenge, konstruktiver Ausbildung	alle Lagerbauarten. Geräuschdämpfung abhängig von der Ölviskosität, Reibung von der Ölmenge und der Ölviskosität abhängig
	Ölnebelschmierung	Ölnebenanlage[c], evtl. Ölabscheider	eventuell Absaugvorrichtung		
	Öl-Luft-Schmierung	Öl-Luft-Schmieranlage[d]	eventuell Absaugvorrichtung		

[a] Von Lagerbauart und Einbauverhältnissen abhängig.
[b] Zentralschmieranlage bestehend aus Pumpe, Behälter, Filter, Rohrleitungen, Ventilen, Drosseln. Umlaufanlage mit Ölrückführung, eventuell mit Kühler. Verbrauchsanlage mit zeitlich gesteuerten Dosierventilen geringer Fördermenge (5…10 mm^3/Hub).
[c] Ölnebelanlage bestehend aus Behälter, Mikronebelöler, Leitungen, Rückverdichterdüsen, Steuerung, Druckluftversorgung.
[d] Öl-Luft-Schmieranlage bestehend aus Pumpe, Behälter, Leitungen, volumetrischem Öl-Luft-Dosierverteiler, Düsen, Steuerung, Druckluftversorgung.

Tab. 11.8 Empfohlene Mindestwerte der statischen Tragsicherheit für Wälzlager [19]

Einsatzfall	S_0
Ruhiger, erschütterungsarmer Betrieb und normaler Betrieb mit geringen Ansprüchen an die Laufruhe; Lager mit nur geringen Drehbewegungen	$\geqq 1$
Normaler Betrieb mit höheren Anforderungen an die Laufruhe	$\geqq 2$
Betrieb mit ausgeprägten Stoßbelastungen	$\geqq 3$
Lagerung mit hohen Ansprüchen an Laufgenauigkeit und Laufruhe	$\geqq 4$

Tab. 11.9 Erfahrungswerte für erforderliche Lebensdauer

	h
Kraftfahrzeuge (Volllast)	
Personenwagen	900... 1600
Lastwagen u. Omnibusse	1700... 9000
Schienenfahrzeuge	
Achslager Förderwagen	10 000... 34 000
Straßenbahnwagen	30 000... 50 000
Reisezugwagen	20 000... 34 000
Lokomotiven	30 000... 100 000
Getriebe von Schienenfahrzeugen	15 000... 70 000
Landmaschinen	2000... 5000
Baumaschinen	1000... 5000
Elektromotoren für Haushaltsgeräte	1500... 4000
Serienmotoren	20 000... 40 000
Großmotoren	50 000... 100 000
Werkzeugmaschinen	15 000... 80 000
Getriebe im Allg. Maschinenbau	4000... 20 000
Großgetriebe	20 000... 80 000
Ventilatoren, Gebläse	12 000... 80 000
Zahnradpumpen	500... 8000
Windkraftanlagen	100 000... 200 000
Papier- und Druckmaschinen	50 000... 200 000
Textilmaschinen	10 000... 50 000

Tab. 11.10 Statischer Härtefaktor f_{H0} und dynamischer Härtefaktor f_H [19]

Härte			Statischer Härtefaktor f_{H0}		Dynamischer Härtefaktor f_H
Vickers HV	Rockwell HRC[a]	Brinell HB[a]	Kugellager	Zylinderrollenlager u. Nadellager	Alle Lagerbauarten
700	60,1	–	1	1	1
650	57,8	–	0,99	1	0,93
600	55,2	–	0,84	0,98	0,78
550	52,3	–	0,71	0,95	0,65
500	49,1	–	0,59	0,88	0,52
450	45,3	428	0,47	0,71	0,42
400	40,8	380	0,38	0,57	0,33
350	35,5	333	0,29	0,43	0,25
300	29,8	285	0,21	0,32	0,18
250	22,2	238	0,15	0,23	0,12
200	–	190	0,09	0,15	0,07

[a] Umgewertet nach DIN 50150

Tab. 11.11 Temperaturfaktor f_T [19]

Lagertemperatur °C	Temperaturfaktor f_T
125	1
150	1
175	0,92
200	0,88
250	0,73
300	0,6

Tab. 11.12 Beiwert η_c bzw. e_c (Richtwerte) für verschiedene Grade der Verunreinigung [20]

Betriebsverhältnisse	Beiwert η_c [a]
größte Sauberkeit (Teilchengröße der Verunreinigungen in der Größenordnung der Schmierfilmdicke)	1
große Sauberkeit (entspricht den Verhältnissen, die für fettgefüllte Lager mit Dichtscheiben auf beiden Seiten typisch sind)	0,8
normale Sauberkeit (entspricht den Verhältnissen, die für fettgefüllte Lager mit Deckscheiben auf beiden Seiten typisch sind)	0,5
Verunreinigungen (entspricht den Verhältnissen, die für Lager ohne Deck- oder Dichtscheiben typisch sind; Grobfilterung des Schmierstoffs und/oder von außen eindringende feste Verunreinigungen	0,5...0,1
starke Verunreinigungen[b]	0

[a] Die angegebenen η_c-Werte gelten nur für typische feste Verunreinigungen; lebensdauermindernde Einflüsse bei Eindringen von Wasser oder sonstigen Flüssigkeiten in die Lagerung sind hier nicht berücksichtigt.
[b] Bei extrem starker Verunreinigung überwiegt der Verschleiß; die Lebensdauer liegt in diesem Fall weit unter dem errechneten Wert für L_{naa}.

Tab. 11.13 Koeffizienten f_{0r} und f_{1r} für verschiedene Lagerbauarten und Maßreihen bei Referenzbedingungen nach ISO CD (Committee Draft) 15312, Referenz-Nr. ISO/TC 4/SC 8 N224

Lagerbauart	Maßreihe	f_{0r}	f_{1r}
Einreihige Rillenkugellager	18		
	28	1,7	0,0001
	38		
	19		
	39	1,7	0,00015
	00		
	10		
	02	2	
	03	2,3	0,0002
	04	2,3	
Pendelkugellager	02	2,5	0,00008
	22	3	0,00008
	03	3,5	0,00008
	23	4	0,00008
Einreihige Schrägkugellager $22° < \alpha \leqq 40°$	02	2	0,00025
	03	3	0,00035
Zweireihige oder gepaarte Schrägkugellager	32	5	0,00035
	33	7	0,00035
Vierpunktlager	02	2	0,00037
	03	3	
Einreihige Zylinderrollenlager mit Käfig	10	2	0,0002
	02	2	0,0003
	22	3	0,0004
	03	2	0,00035
	23	4	0,0004
	04	2	0,0004
Vollrollige einreihige Zylinderrollenlager	18	5	0,00055
	29	6	0,00055
	30	7	0,00055
	22	8	0,00055
	23	12	0,00055
Vollrollige zweireihige Zylinderrollenlager	48	9	0,00055
	49	11	0,00055
	50	13	0,00055
Nadellager	48	5	0,0005
	49	5,5	0,0005
	69	10	0,0005

Tab. 11.13 (Fortsetzung)

Lagerbauart	Maßreihe	f_{0r}	f_{1r}
Pendelrollenlager	39	4,5	0,00017
	30	4,5	0,00017
	40	6,5	0,00027
	31	5,5	0,00027
	41	7	0,00049
	22	4	0,00019
	32	6	0,00036
	03	3,5	0,00019
	23	4,5	0,0003
Kegelrollenlager	02		
	03		
	30	3	0,0004
	29		
	20		
	22		
	23		
	13	4,5	0,0004
	31		
	32		
Axial-Zylinderrollenlager	11	3	0,0015
	12	4	0,0015
Axial-Nadellager	[a]	5	0,0015
Axial-Pendelrollenlager	92	3,7	0,0003
	93	4,5	0,0004
	94	5	0,0005
Axial-Pendelrollenlager, modifizierte Bauart	92	2,5	0,00023
	93	3	0,0003
	94	3,3	0,00033

[a] Maßreihe nach ISO 3031

Literatur

Spezielle Literatur

1. Jürgensmeyer, W., v. Bezold, H.: Gestaltung von Wälzlagerungen. Springer, Berlin (1953)
2. Eschmann, P.: Das Leistungsvermögen der Wälzlager. Springer, Berlin (1964)
3. Brändlein, J., Eschmann, P., Hasbargen, L., Weigand, K.: Die Wälzlagerpraxis, 3. Aufl. Vereinigte Fachverlage GmbH, Mainz (1995)
4. Hampp, W.: Wälzlagerungen, Berechnung und Gestaltung. Springer, Berlin (1971)
5. Albert, M., Köttritsch, H.: Wälzlager – Theorie und Praxis. Springer, Wien (1987)
6. Dowson, D., Higginson, G.R.: Elasto-hydrodynamic lubrication, 2. Aufl. Pergamon Press Ltd., Oxford (1977)
7. Gesellschaft für Tribologie (GfT): GfT-Arbeitsblatt 3: Wälzlagerschmierung (1993)
8. FAG Kugelfischer Georg Schäfer: Schmierung von Wälzlagern, Publ. Nr. WL 81115 DA. Schweinfurt (1985)
9. Halliger, L.: Abdichtung von Wälzlagerungen. TZ für praktische Metallbearbeitung **60**(4), 207–218 (1966)
10. Müller, H.K.: Abdichtung bewegter Maschinenteile. Medienverlag U. Müller, Waiblingen (1990)
11. Schlicht, H., Zwirlein, O., Schreiber, E.: Ermüdung bei Wälzlagern und deren Beeinflussung durch Werkstoffeigenschaften. FAG-Wälzlagertechnik **1987**
12. Stöcklein, W.: Aussagekräftige Berechnungsmethode zur Dimensionierung von Wälzlagern. In: Wälzlagertechnik, Teil 2: Berechnung von Lagerungen und Gehäusen in der Antriebstechnik. Kontakt und Studium, Band 248. Expert-Verlag, Grafenau (1988)
13. Palmgren, A.: Grundlagen der Wälzlagerpraxis, 3. Aufl. Franckh'sche Verlagsbuchhandlung W. Keller & Co, Stuttgart (1964)
14. Harris, T.A.: Rolling Bearing Analysis, 3. Aufl. Wiley, New York (1991)
15. Rydholm, G.: On Inequalities and Shakedown in Contact Problems. Linköping Studies in Science and Technology, Dissertations **61**(1981)
16. Münnich, H., Erhard, M., Niemeyer, P.: Auswirkungen elastischer Verformungen auf die Krafteinleitung in Wälzlagern. Kugellager-Z. **155**, 3–12
17. Sommerfeld, H., Schimion, W.: Leichtbau von Lagergehäusen durch günstige Krafteinleitung. Z. Leichtbau der Verkehrsfahrzeuge **3**, 3–7 (1969)
18. Palmgren, A.: Neue Untersuchungen über Energieverluste in Wälzlagern. In: VDI-Berichte, Band 20, S. 117–121 (1957)
19. Paland, E.-G.: Technisches Taschenbuch. Selbstverlag, Hannover (1995)
20. SKF Hauptkatalog: Katalog 4000/1V Reg. 47-28000-1994-12 (1994)
21. FAG Standardprogramm: Katalog WL 41510/2 DB. (1987)

Weiterführende Literatur

FAG, Schweinfurt
Hoesch Rothe Erde, Dortmund
INA, Herzogenaurach
Koyo, Hamburg
NSK, Ratingen
NTN, Erkrath-Unterfeldhaus
SKF, Schweinfurt
SNR, Stuttgart
TIMKEN, Canton, Ohio (USA)

Normen und Richtlinien

DIN-Taschenbuch Nr. 24: Wälzlager, 5. Aufl. Beuth, Berlin (1985)
DIN 611: Übersicht über das Gebiet der Wälzlager
DIN 615: Schulterkugellager
DIN 616: Wälzlager, Maßpläne
DIN 617: Nadellager mit Käfig
DIN 618: Nadelhülsen, Nadelbuchsen
DIN 620: Toleranzen
DIN 622: Tragfähigkeit von Wälzlagern
DIN 623: Bezeichnungen
DIN 625: Rillenkugellager
DIN 628: Schrägkugellager
DIN 630: Pendelkugellager
DIN 635: Tonnenlager, Pendelrollenlager
DIN 711: Axial-Rillenkugellager
DIN 715: zweiseitige Axial-Rillenkugellager
DIN 720: Kegelrollenlager
DIN 722: Axial-Zylinderrollenlager
DIN 728: Axial-Pendelrollenlager
DIN 736–739: Stehlagergehäuse für Wälzlager
DIN 981: Nutmuttern
DIN 4515: Spannhülsen
DIN 5401: Kugeln
DIN 5402: Zylinderrollen, Walzen, Nadeln
DIN 5404: Axial-Nadelkränze
DIN 5405: Radial-Nadelkränze
DIN 5406: Sicherungsbleche
DIN 5407: Walzenkränze
DIN 5412: Zylinderrollenlager
DIN 5416: Abziehhülsen
DIN 5417: Sprengringe
DIN 5418: Anschlussmaße
DIN 5419: Filzringe, Filzstreifen, Ringnuten für Wälzlagergehäuse
DIN 5425-1: Wälzlager-Toleranzen für den Einbau, Allgemeine Richtlinien
DIN 51 825: Wälzlagerfette
DIN-ISO 76: Statische Tragzahlen
DIN ISO 281: Wälzlager – Dynamische Tragzahlen und nominelle Lebensdauer
DIN-ISO 355: Metrische Kegelrollenlager
DIN ISO 15312: Wälzlager – Thermische Bezugsdrehzahl – Berechnung und Beiwerte

12 Gleitlagerungen

Ludger Deters und Dirk Bartel

12.1 Grundlagen

12.1.1 Aufgabe, Einteilung und Anwendungen

Gleitlager sollen relativ zueinander bewegte Teile möglichst genau, reibungsarm und verschleißfrei führen und Kräfte zwischen den Reibpartnern übertragen. Je nach Art und Richtung der auftretenden Kräfte werden statisch oder dynamisch belastete Radial- und Axialgleitlager unterschieden. Gleitlager werden mit Öl, Fett, Gasen oder Festschmierstoffen, welche auch aus dem Lagerwerkstoff stammen können, geschmiert.

Gleitlager sind unempfindlich gegen Stöße und Erschütterungen und wirken schwingungs- und geräuschdämpfend. Sie vertragen geringe Verschmutzungen und und können bei dauerhafter Gas- bzw. Flüssigkeitsreibung, richtiger Werkstoffwahl und einwandfreier Wartung praktisch eine unbegrenzte Lebensdauer erreichen. Gleitlager können bei sehr hohen und bei niedrigen Gleitgeschwindigkeiten eingesetzt werden. Der Aufbau ist relativ einfach und der Platzbedarf gering. Sie können ungeteilt, aber auch geteilt ausgeführt werden, was den Ein- und Ausbau stark vereinfacht. Nachteilig sind bei Gleitlagern ein häufig höheres Anlaufreibmoment gegenüber Wälzlagern und der verschleißbehaftete Betrieb bei niedrigen Drehzahlen (Ausnahme: hydrostatische Gleitlager) und bei öl- oder fettgeschmierten Gleitlagern die höhere Reibung gegenüber öl- oder fettgeschmierten Wälzlagern.

Gleitlager werden in Maschinen und Geräten jedweder Art verwendet. Hauptsächlich werden Gleitlager u. a. in folgenden Anwendungen genutzt: Verbrennungsmotoren (Kurbelwellen-, Pleuel-, Kolbenbolzen- und Nockenwellenlager), Kolbenverdichter und -pumpen, Getriebe, Dampf- und Wasserturbinen, Generatoren, Kreisel- und Zahnradpumpen, Werkzeugmaschinen, Schiffsantrieben, Walzwerke, Pressen, aber auch in Führungen und Gelenken (häufig bei Mischreibung und trockener Reibung) bei niedrigen Geschwindigkeiten sowie in der Land-, Hausgeräte-, Büro- und Messgerätetechnik und Unterhaltungselektronik.

12.1.2 Wirkungsweise

In einem Gleitlager können Reibung und Verschleiß durch Schmierung gezielt beeinflusst werden. Hierzu kommen Schmierstoffe zum Einsatz, die fest, flüssig, konsistent oder gasförmig sein können. Der Einsatz von Schmierstoffen ist vielfach an das Ziel gekoppelt, eine teilweise oder vollständige Trennung der Oberflächen zu realisieren. Hierfür kann der hydro- oder aerodynamische (fluiddynamische) sowie hydro-

L. Deters
Otto-von-Guericke-Universität Magdeburg
Magdeburg, Deutschland
E-Mail: ludger.deters@ovgu.de

D. Bartel (✉)
Otto-von-Guericke-Universität Magdeburg
Magdeburg, Deutschland
E-Mail: dirk.bartel@ovgu.de

B. Bender und D. Göhlich (Hrsg.), *Dubbel Taschenbuch für den Maschinenbau 2: Anwendungen*,
https://doi.org/10.1007/978-3-662-59713-2_12

oder aerostatische (fluidstatische) Effekt ausgenutzt werden. Für eine *fluiddynamische Schmierung* sind ein sich verengender Schmierspalt, ein viskoser, an den Oberflächen haftender fluider Schmierstoff und eine Schmierstoffförderung in Richtung des sich verengenden Spaltes erforderlich. Wird genügend Schmierstoff in den konvergierenden Spalt gefördert, kommt es zu einer vollkommenen Trennung der Oberflächen durch den Schmierstoff. Bei zylindrischen Radialgleitlagern wird der sich verengende Schmierspalt ohne weitere Maßnahmen durch die Exzentrizität der Welle im Lager erzeugt. Sie stellt sich so ein, dass das Integral der Druckverteilung über der Lagerfläche mit der äußeren Lagerkraft im Gleichgewicht steht, Abb. 12.1.

Bei Mehrgleitflächen- und Kippsegmentradiallagern werden konvergierende Spalte durch spezielle Spaltformen realisiert. Selbst im unbelasteten bzw. sehr niedrig belasteten Zustand, d. h. bei zentrischer Wellenlage im Lager, weist die Welle gegenüber den Gleitflächen jeweils die Herstellungs-Exzentrizität e_{man} auf, sodass sich selbst bei diesem Betriebsfall Tragdrücke im Schmierspalt ausbilden, die die Welle zentrieren.

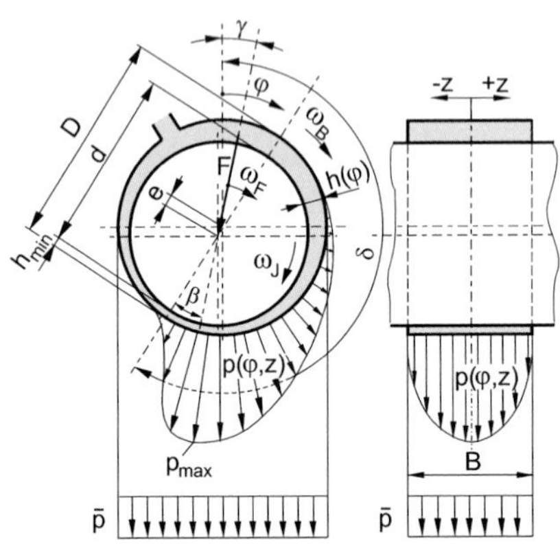

Abb. 12.1 Zylindrisches Radialgleitlager (schematisch) mit Druckverteilung. F Lagerkraft, ω_F Winkelgeschwindigkeit der Lagerkraft, ω_J Winkelgeschwindigkeit der Welle, ω_B Winkelgeschwindigkeit des Lagers, d Wellendurchmesser, D Lagerinnendurchmesser (Lagernenndurchmesser), B tragende Lagerbreite (ohne Fasen), $h(\varphi)$ Schmierspalthöhe, h_{min} minimale Schmierfilmdicke, e Exzentrizität, $p(\varphi, z)$ Druckverteilung im Schmierfilm, p_{max} größter Schmierfilmdruck, $\bar{p}$ spezifische Lagerbelastung, β Verlagerungswinkel, γ Lastwinkel, δ Winkellage der minimalen Schmierfilmdicke, φ und z Koordinaten

Bei Last verlagert sich dann die Welle um die Exzentrizität e gegenüber dem Schalenmittelpunkt, Abb. 12.14.

Bei Axialgleitlagern wird der konvergierende Spalt beispielsweise durch Keilflächen, die in einer feststehenden Spurplatte eingearbeitet sind, oder durch mehrere unabhängig voneinander kippbewegliche Gleitschuhe sichergestellt (Abb. 12.7 und 12.8).

Bei *fluidstatischer Schmierung* werden in die Lagerschale (Radiallager; Abb. 12.17) bzw. in die Spurplatte (Axiallager; Abb. 12.18) Taschen eingebracht, in die von außen ein fluider Schmierstoff mit Druck eingepresst wird. Der Schmierstoffdruck, der außerhalb des Lagers durch eine Pumpe erzeugt wird, sorgt für die Tragfähigkeit des Lagers.

Bei *Feststoffschmierung* wird ein gewisser Verschleiß benötigt, um den im Lagerwerkstoff eingebundenen Festschmierstoff (z. B. PTFE, Grafit) oder den Lagerwerkstoff selbst (z. B. PA, POM) freizusetzen, wenn dieser als Schmierstoff wirken soll. Der Festschmierstoff wird besonders beim Einlauf auf den Gegenkörper übertragen und setzt dort die Rauheitstäler zu (Transferschicht), sodass bei günstigen Bedingungen der Kontaktbereich vollständig mit Festschmierstoff gefüllt ist.

12.1.3 Reibungszustände

Die in Abb. 12.2 dargestellte *Stribeck-Kurve* gibt einen guten Überblick über die in öl- und gasgeschmierten Gleitlagern vorkommenden Reibungszustände. Für ein zylindrisches Radialgleitlager ist der Zusammenhang zwischen der Reibungszahl f und der Gümbel-Hersey-Zahl (GHZ) $\eta\omega_J/\bar{p}$ gezeigt, wenn die Winkelgeschwindigkeit des Lagers $\omega_B = 0$ ist. Die Reibungszahl f ist definiert als $f = F_f/F$ mit F_f als Reibungskraft und F als Lagerkraft.

Beim Anfahren aus dem Stillstand wird bei A die Haftreibung überwunden und zunächst das Gebiet der *Grenzreibung* durchlaufen, in dem die Oberflächen von einem dünnen Grenzfilm (flüssiger Schmierstoff) oder einer dünnen Grenzschicht (gasförmiger Schmierstoff) bedeckt sind.

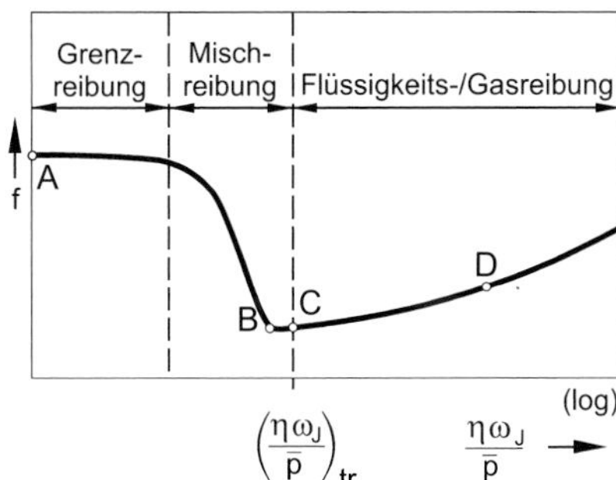

Abb. 12.2 Stribeck-Kurve (schematisch). f Reibungszahl, η dynamische Schmierstoffviskosität, ω_J Winkelgeschwindigkeit der Welle, $\bar{p}$ spezifische Lagerbelastung, $(\eta\omega_J/\bar{p})$ GHZ, $(\eta\omega_J/\bar{p})_{tr}$ GHZ beim Übergang von Misch- zur vollständigen Flüssigkeits- oder Gasreibung

Das Reibungsverhalten wird hier von den Werkstoffen und den Oberflächenrauigkeiten der Reibpartner sowie dem Grenzfilm bzw. der Grenzschicht bestimmt. Mit zunehmender Gleitgeschwindigkeit wird die Schmierung mehr und mehr wirksam. Bei *Mischreibung* liegen Grenz- und Flüssigkeits- bzw. Gasreibung nebeneinander vor. Die Reibungszahl f erreicht innerhalb des Mischreibungsbereichs bei B ein Minimum. Der Übergang von der Mischreibung in den Zustand der Flüssigkeits- bzw. Gasreibung erfolgt erst bei C. Nur bei *vollständiger Flüssigkeits- oder Gasreibung* findet eine vollkommene Trennung der Oberflächen durch den Schmierfilm statt, sodass kein Verschleiß auftritt. Der Betriebspunkt D sollte von C weit genug entfernt liegen, damit das Lager bei Last-, Drehzahl- und Temperaturschwankungen nicht zeitweise in der Mischreibung betrieben wird.

12.2 Berechnung fluiddynamischer Gleitlager

Die Berechnung basiert auf numerischen Lösungen der instationären Reynolds'schen Differenzialgleichung für laminare Strömungen in kartesischen Koordinaten mit η der dynamischen Viskosität des Schmierstoffs (ist abhängig von Temperatur, Druck und Schergefälle), ρ der Dichte des Schmierstoffs (ist abhängig von Temperatur und Druck), h der Spalthöhe, $U_{1,2}$ den Umfangsgeschwindigkeiten von Körper 1 und 2 und t der Zeit, in der bei instationären Gleitlagern eine Spalthöhenänderung erfolgt [1]:

$$\frac{\partial}{\partial x}\left(\frac{\rho h^3}{\eta}\frac{\partial p}{\partial x}\right)+\frac{\partial}{\partial z}\left(\frac{\rho h^3}{\eta}\frac{\partial p}{\partial z}\right) = 6\,(U_1+U_2)\,\frac{\partial\,(\rho h)}{\partial x}+12\frac{\partial\,(\rho h)}{\partial t} \qquad (12.1)$$

Im Falle von hydrodynamischen (flüssigkeitsgeschmierten) Gleitlagern kann in guter Näherung von einem Schmierstoff mit konstanter Dichte ausgegangen werden. Bei aerodynamischen (gasgeschmierten) Lagern ist dies nicht mehr zulässig. Wird die Dichte als konstant vorausgesetzt vereinfacht sich Gl. (12.1) zu:

$$\frac{\partial}{\partial x}\left(\frac{h^3}{\eta}\frac{\partial p}{\partial x}\right)+\frac{\partial}{\partial z}\left(\frac{h^3}{\eta}\frac{\partial p}{\partial z}\right) = 6\,(U_1+U_2)\,\frac{\partial h}{\partial x}+12\frac{\partial h}{\partial t} \qquad (12.2)$$

Wegen der höheren Komplexität von aerodynamischen Gleitlagern werden diese in den nachfolgenden Ausführungen nicht weiter betrachtet. Hier sei auf die entsprechende Fachliteratur verwiesen.

12.2.1 Stationär belastete Radialgleitlager

Für hydrodynamische, vollumschlossene Radialgleitlager mit endlicher Breite kann Gl. (12.2) weiter vereinfacht werden (Bezeichnungen nach Abb. 12.1 sowie $R = D/2$ dem Radius des Lagerinnendurchmessers, $\partial x = \partial\varphi \cdot R$, $h = R \cdot \psi_{\text{eff}} \cdot (1+\varepsilon\cdot\cos\varphi)$ der Spalthöhe eines ideal kreiszylindrischen Radialgleitlagers ohne Berücksichtigung von Deformationen und Rauigkeiten, ψ_{eff} dem effektiven relativen Lagerspiel bei Betriebstemperatur und $\varepsilon = 2e/(D-d)$ der relativen Exzentrizität). U_J und U_B sind die Umfangsgeschwindigkeiten von Welle und Lager.

$$\frac{1}{R^2}\frac{\partial}{\partial\varphi}\left(\frac{h^3}{\eta}\frac{\partial p}{\partial\varphi}\right)+\frac{\partial}{\partial z}\left(\frac{h^3}{\eta}\frac{\partial p}{\partial z}\right) = \frac{6\,(U_J+U_B)}{R}\frac{\partial h}{\partial\varphi} \qquad (12.3)$$

Gleichung (12.3) gilt für konstante Belastungen, wobei die Welle als auch das Lager mit konstanter Geschwindigkeit rotieren können.

Im Schmierfilm tritt Turbulenz auf, wenn für die *Reynoldszahl* gilt:

$$\mathrm{Re} = \frac{\rho D \omega_{\mathrm{eff}} C_{\mathrm{eff}}}{4\eta_{\mathrm{eff}}} \geq \frac{41,3}{\sqrt{\psi_{\mathrm{eff}}}} \tag{12.4}$$

Hierbei ist $\omega_{\mathrm{eff}} = \omega_J + \omega_B - 2\omega_F$ die effektive Winkelgeschwindigkeit mit $\omega_J = 2U_J/d$ und $\omega_B = 2U_B/D$ den Winkelgeschwindigkeiten von Welle und Lager, $\omega_F = \partial\gamma/\partial t = \mathit{konst.}$ der Winkelgeschwindigkeit einer umlaufenden Lagerkraft (z.B. bei einer Unwucht) sowie C_{eff} das effektive Lagerspiel (Warmspiel). Bei Turbulenz entstehen höhere Reibungsverluste und infolgedessen höhere Lagertemperaturen. Andererseits kann die Tragfähigkeit steigen. Hydrodynamische Lager mit turbulenten Strömungsverhältnissen im Schmierfilm lassen sich mit den nachfolgend aufgeführten Berechnungsverfahren nur noch eingeschränkt auslegen.

12.2.1.1 Spezifische Lagerbelastung, relative Lagerbreite, effektives relatives Lagerspiel und effektive dynamische Viskosität des Schmierstoffs

Zur Beurteilung der mechanischen Beanspruchung der Lagerwerkstoffe wird bei Radialgleitlagern die Lagerkraft F auf die *projizierte Lagerfläche* $B \cdot D$ bezogen und die **spezifische Lagerbelastung** $\bar{p} = F/(B \cdot D)$ gebildet, die dann anhand der zulässigen spezifischen Lagerbelastung $\bar{p}_{\mathrm{lim}}$ aus Tab. 12.1 zu überprüfen ist.

Für die *relative Lagerbreite* $B^* = B/D$ werden im Allgemeinen Werte von $B/D = 0,2$ bis 1 gewählt. Bei Konstruktionen mit $B/D > 1$ sollte eine Einstellbarkeit der Lager vorgesehen werden, um der Gefahr von Kantenpressungen vorzubeugen.

Das sich im Betrieb einstellende effektive Lagerspiel $C_{\mathrm{eff}} = D_{\mathrm{eff}} - d_{\mathrm{eff}}$ mit den im Betrieb auftretenden effektiven Lagerinnen- und Wellendurchmessern D_{eff} und d_{eff} beeinflusst das Betriebsverhalten von Radialgleitlagern. Richtwerte für das effektive *relative Lagerspiel* $\psi_{\mathrm{eff}} = C_{\mathrm{eff}}/D_{\mathrm{eff}}$ werden häufig überschlagsmäßig nach [2] in Abhängigkeit von der Umfangsgeschwindigkeit der Welle U_{J} ($U_{\mathrm{B}} = 0$) mit Hilfe der Beziehung $\psi_{\mathrm{eff}} = 0,8\sqrt[4]{U_{\mathrm{J}}}$ mit U_{J} in m/s und ψ_{eff} in ‰ oder mit der Beziehung $\psi_{\mathrm{eff}} = 0,001\sqrt[4]{\omega_{\mathrm{J}}/10}$ mit ω_{J} in 1/s abgeschätzt. Da das Lagerspiel das Betriebsverhalten des Lagers stark beeinflusst und vom Konstrukteur einfach zu verändern ist, sollte das Lagerspiel mittels Parametervariation je nach Anforderung möglichst optimal gewählt werden. Das sich aufgrund von Passungen und Einbauverhältnissen nach dem Einbau ergebende mittlere relative Lagerspiel $\bar{\psi}$ kann berechnet werden aus

$$\bar{\psi} = 0,5(\psi_{\max} + \psi_{\min}) \tag{12.5}$$

mit dem maximalen relativen Lagerspiel $\psi_{\max} = (D_{\max} - d_{\min})/D$ und dem minimalen relativen Lagerspiel $\psi_{\min} = (D_{\min} - d_{\max})/D$. $d_{\max}$ und $d_{\min}$ beschreiben den maximalen und minimalen Wellendurchmesser aufgrund der Fertigungstoleranz. $D_{\max}$ und $D_{\min}$ repräsentieren den maximalen und minimalen Innendurchmesser des Lagers, wobei die Werte gelten, die sich nach dem Einbau bei Umgebungstemperatur einstellen. Für die Berechnung von Radialgleitlagern ist jedoch nicht das mittlere relative Lagerspiel im Einbauzustand, das sog. Kaltspiel, von Interesse, sondern das **effektive relative Lagerspiel** ψ_{eff}, das sich bei der effektiven Schmierfilmtemperatur T_{eff} im Betrieb ergibt. ψ_{eff} kann aus $\psi_{\mathrm{eff}} = \bar{\psi} + \Delta\psi_{\mathrm{th}}$ bestimmt werden, wenn die thermische Änderung des relativen Lagerspiels $\Delta\psi_{\mathrm{th}}$ bekannt ist. Können sich Welle und Lager frei ausdehnen, wird mit den linearen Wärmeausdehnungskoeffizienten $\alpha_{\mathrm{l,J}}$ und $\alpha_{\mathrm{l,B}}$ und den Temperaturen T_{J} und T_{B} von Welle und Lager und der Umgebungstemperatur T_{amb} die thermische Änderung des relativen Lagerspiels $\Delta\psi_{\mathrm{th}}$ ermittelt aus

$$\Delta\psi_{\mathrm{th}} = \alpha_{\mathrm{l,B}}\,(T_{\mathrm{B}} - T_{\mathrm{amb}}) - \alpha_{\mathrm{l,J}}\,(T_{\mathrm{J}} - T_{\mathrm{amb}})\ . \tag{12.6}$$

Es kann aber auch der Fall auftreten, dass sich der Wellendurchmesser infolge Erwärmung vergrößert, während sich das Lager im kälteren Maschinenrahmen nur nach innen ausdehnen kann und seinen Durchmesser verringert. Die Änderung des relativen Lagerspiels ergibt sich dann mit der Lagerwanddicke s zu

$$\Delta\psi_{\text{th}} = -\Big[2\alpha_{\text{l,B}}\frac{s}{D}(T_{\text{B}} - T_{\text{amb}}) + \alpha_{\text{l,J}}(T_{\text{J}} - T_{\text{amb}})\Big]. \quad (12.7)$$

Näherungsweise kann in Gln. (12.6) und (12.7) $T_{\text{J}} \approx T_{\text{B}} \approx T_{\text{eff}}$ gesetzt werden.

Neben den zuvor aufgeführten geometrischen Lagerkenngrößen ist für die Lagerberechnung auch die Kenntnis der im Betrieb auftretenden **effektiven dynamischen Viskosität des Schmierstoffs** erforderlich. Wenn der Schmierstoff gegeben ist und die effektive Temperatur entweder bekannt ist oder zunächst geschätzt wird, kann nach DIN 31652 die Schmierstoffviskosität nach der Beziehung von Niemann-Cameron-Vogel mit der Schmierstofftemperatur T in °C berechnet werden, die der vielfach bekannteren Ausgangsgleichung von Vogel äquivalent ist.

$$\eta_{\text{eff}} = 10^{\frac{C_1}{T_{\text{eff}}+95\,^\circ\text{C}}+C_2} \quad (12.8)$$

Die Koeffizienten C_1 und C_2 lassen sich berechnen, wenn vom Öl die dynamischen Viskositäten bei zwei verschiedenen Temperaturen bekannt sind. Mit $T_1 < T_2$ gilt:

$$C_1 = -\frac{(T_1 + 95\,^\circ\text{C}) \cdot \left\{\frac{\ln[\eta(T_1)] - \ln[\eta(T_2)]}{2.3026}\right\}}{\frac{T_1+95\,^\circ\text{C}}{T_2+95\,^\circ\text{C}} - 1}$$

$$C_2 = \log\left[\eta\left(T_2\right)\right] - \frac{C_1}{T_2 + 95\,^\circ\text{C}}$$

Im Schmierstoff-Datenblatt werden meist die Viskositäten bei 40 und 100 °C angegeben. Sind dort nur die kinematischen Viskositäten ν angegeben, sind diese mit $\eta = \nu \cdot \rho$ umzurechnen. Ist im Datenblatt nur die Dichte bei 15 °C und nicht die Dichten bei den beiden Temperaturen angegeben, können die Dichten näherungsweise mit $\rho(T) = \rho_{15} - 0{,}00064(T - 15\,^\circ\text{C})$ abgeschätzt werden.

Bei stationären Gleitlagern mit üblichen spezifischen Belastungen kann die Abhängigkeit der Viskosität vom Druck häufig vernachlässigt werden. Die Vernachlässigung stellt eine zusätzliche Auslegungssicherheit dar.

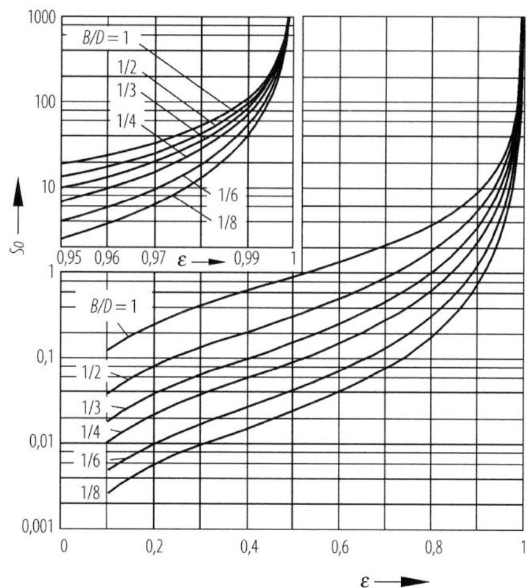

Abb. 12.3 Sommerfeldzahl So für vollumschlossene Radialgleitlager in Abhängigkeit von B/D und ε nach DIN 31652

12.2.1.2 Tragfähigkeit

Die Tragfähigkeit von hydrodynamischen Radialgleitlagern kann mit Hilfe der dimensionslosen *Sommerfeldzahl*

$$\text{So} = \frac{\bar{p}\psi_{\text{eff}}^2}{\eta_{\text{eff}}\ |\ \omega_{\text{eff}}\ |} \quad (12.9)$$

beschrieben werden. Wenn die relative Exzentrizität ε mittels So und B/D anhand von Abb. 12.3 bestimmt wird, kann anschließend die **minimale Schmierfilmdicke** $h_{\min}$ berechnet werden:

$$h_{\min} = \frac{D}{2}\psi_{\text{eff}}\ (1 - \varepsilon)\ . \quad (12.10)$$

Um Verschleiß zu vermeiden, sollte die im Betrieb auftretende minimale Schmierfilmdicke $h_{\min}$ größer als die zulässige minimale Schmierfilmdicke im Betrieb $h_{\lim}$ sein ($h_{\min} > h_{\lim}$). Erfahrungsrichtwerte für $h_{\lim}$ können Tab. 12.2 oder der VDI-Richtlinie 2204 entnommen werden. Die Lage der kleinsten Schmierspalthöhe im Lager wird durch den Verlagerungswinkel β angegeben, Abb. 12.4. Die Verlagerung des Wellenmittelpunktes liegt angenähert auf einem Halbkreis, dem sog. *Gümbel'schen Halbkreis*.

12

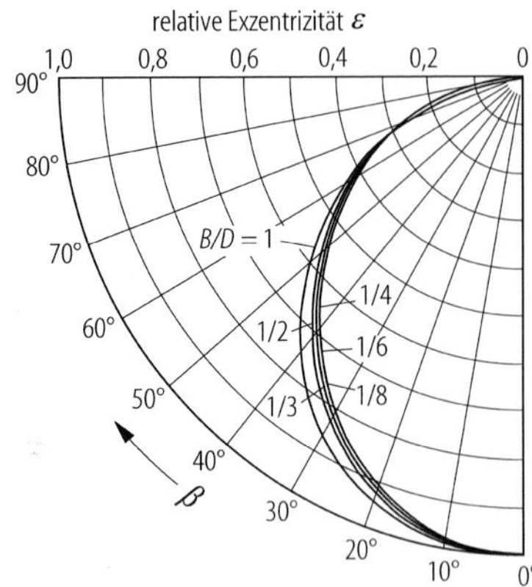

Abb. 12.4 Verlagerungswinkel β für vollumschlossene Radialgleitlager in Abhängigkeit von B/D und ε nach DIN 31 652

12.2.1.3 Reibung

Die Reibung ergibt sich aus der Scherung des Schmierstoffes im Schmierspalt und kann mit Hilfe des Newton'schen Schubspannungsansatzes $\tau = \eta(U_\mathrm{J} - U_\mathrm{B})/h$ ermittelt werden.

Die im Radialgleitlager anfallende Reibungsleistung wird berechnet mit der Gleichung

$$P_\mathrm{f} = f\ F\,(U_\mathrm{J} - U_\mathrm{B})\ . \tag{12.11}$$

Die auf das effektive relative Lagerspiel ψ_eff bezogene Reibungszahl f ist in Abb. 12.26 dargestellt. Für vollumschlossene Gleitlager ist die analytische Lösung:

$$\frac{f}{\psi_\mathrm{eff}} = \frac{\pi}{\mathrm{So}\sqrt{1-\varepsilon^2}} + \frac{\varepsilon}{2}\sin\beta\ . \tag{12.12}$$

Die im Lager entstehende Reibungsleistung ist eine Verlustleistung und wird nahezu vollständig in Wärme umgewandelt.

12.2.1.4 Schmierstoffdurchsatz

Der Schmierstoff im Lager soll einen tragfähigen Schmierfilm bilden, der die beiden Gleitflächen möglichst vollständig voneinander trennt. Infolge der Druckentwicklung im Schmierfilm fließt Schmierstoff an beiden Seiten des Lagers ab, der durch neu zugeführten Schmierstoff ersetzt werden muss. Für diesen Anteil Q_1 des Schmierstoffdurchsatzes gilt nach DIN 31 652:

$$Q_1 = D^3 \psi_\mathrm{eff}\, \omega_\mathrm{eff}\, Q_1^*\ . \tag{12.13}$$

Die Schmierstoffdurchsatz-Kennzahl Q_1^* für den durch den hydrodynamischen Druckaufbau bewirkten Seitenfluss ist Abb. 12.27 zu entnehmen. Die Zufuhr von Q_1 kann drucklos erfolgen. Wenn der Schmierstoff mit dem Druck p_en zugeführt wird, erhöht sich der Schmierstoffdurchsatz, was sich günstig auf den Wärmetransport aus dem Lager auswirkt. Dieser Anteil Q_p des Schmierstoffdurchsatzes infolge Zuführdrucks ergibt sich nach DIN 31 652 aus

$$Q_p = D^3 \psi_\mathrm{eff}^3\, p_\mathrm{en}\, \frac{Q_p^*}{\eta_\mathrm{eff}} \tag{12.14}$$

mit der Schmierstoffdurchsatz-Kennzahl Q_p^* infolge Zuführdrucks, die je nach Schmierstoff-Zuführungselement (Schmierloch, Schmiernut oder Schmiertasche) mit Hilfe von Tab. 12.3 bestimmt werden kann. Der Schmierstoffzuführdruck p_en liegt üblicherweise zwischen 0,5 und 5 bar, damit hydrostatische Zusatzbelastungen vermieden werden.

Bei Verwendung einer umlaufenden Ringnut entstehen zwei unabhängige Druckberge, Abb. 12.5. Die Berechnung wird hier je Lagerhälfte mit der halben Belastung durchgeführt. Bei der Wärmebilanz ist von Q_1 nur der halbe Wert einzusetzen, da der Schmierstoff, der in die Ringnut strömt, nicht an der Wärmeabfuhr teilnimmt.

Bei Verwendung von Schmiertaschen sollte die relative Taschenbreite $b_\mathrm{P}/B < 0{,}7$ sein. Der gesamte Schmierstoffdurchsatz beträgt bei

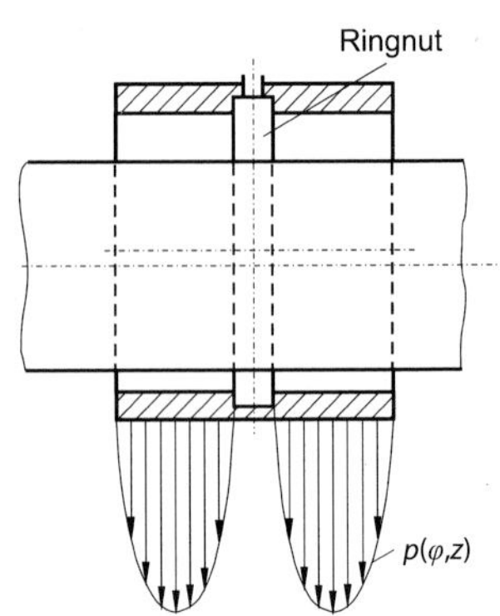

Abb. 12.5 Radialgleitlager (schematisch) mit Druckverteilung in Breitenrichtung bei Schmierstoffzufuhr durch eine umlaufende Ringnut

druckloser Schmierung $Q = Q_1$ und bei Druckschmierung $Q = Q_1 + Q_p$.

12.2.1.5 Wärmebilanz

Zur Berechnung der Tragfähigkeit und der Reibung ist die im Betrieb auftretende effektive Schmierstoffviskosität erforderlich, die von der effektiven Schmierstofftemperatur abhängt. Diese resultiert aus der Wärmebilanz von im Lager erzeugter Reibungsleistung und den abfließenden Wärmeströmen. Bei drucklos geschmierten Lagern, z. B. bei Ringschmierung, wird die Wärme hauptsächlich durch Konvektion (über das Gehäuse) an die Umgebung abgeführt. Lager mit Umlaufschmierung geben die Wärme vorwiegend durch den Schmierstoff ab. Für die Lagertemperatur T_B gilt bei reiner *Konvektionskühlung*

$$T_B = \left[\frac{P_f}{k_A A}\right] + T_{amb} \tag{12.15}$$

mit dem der Fläche A zugeordneten äußeren Wärmedurchgangskoeffizienten k_A. Bei freier Konvektion (Luftgeschwindigkeit $v_{amb} > 1\,\text{m/s}$) beträgt $k_A = (15\ldots20)\ \text{W/(m}^2\text{K)}$, wobei der untere Wert für Lager in Maschinengehäusen gilt [4]. Bei Anströmung des Lagergehäuses mit Luft (erzwungene Konvektion) mit einer Geschwindigkeit $v_{amb} > 1{,}2\,\text{m/s}$ kann k_A berechnet werden aus $k_A \approx 7 + 12\sqrt{v_{amb}}$ mit v_{amb} in m/s.

Liegen keine genauen Daten, wie z. B. aus einem CAD-Modell, vor, kann nach DIN 31652 bei zylindrischen Lagergehäusen die wärmeabgebende Oberfläche A aus $A \approx (\pi/2)(D_H^2 - D^2) + \pi D_H B_H$ mit dem Gehäuseaußendurchmesser D_H und der axialen Gehäusebreite B_H bestimmt werden, bei Stehlagern näherungsweise aus $A = \pi H(B_H + H/2)$ mit der Stehlagergesamthöhe H und bei Lagern im Maschinenverband überschlagsmäßig aus $A = (15\ldots30)BD$. Die effektive Schmierstofftemperatur T_{eff} kann bei Wärmeabfuhr durch Konvektion angenähert gleich der Lagertemperatur gesetzt werden ($T_{eff} = T_B$).

Bei *Umlaufschmierung* werden i. Allg. die Schmierstofftemperatur am Eintritt ins Lager T_{en}, der Schmierstoffzuführdruck p_{en} und die Art des Zuführungselements mit der entsprechenden Geometrie vorgegeben. Bestimmt werden müssen der gesamte Schmierstoffdurchsatz durchs Lager $Q = Q_1 + Q_p$ nach Gln. (12.13) und (12.14), die Schmierstofftemperatur beim Austritt aus dem Lager T_{ex} und die effektive Schmierstofftemperatur T_{eff}. Die beiden Temperaturen T_{ex} und T_{eff} werden ermittelt aus

$$T_{ex} = \left[\frac{P_f}{c_p \varrho Q}\right] + T_{en} \tag{12.16}$$

und

$$T_{eff} = \frac{T_{en} + T_{ex}}{2}\,. \tag{12.17}$$

Die volumenspezifische Wärmekapazität des Schmierstoffs $c_p \varrho$ weist für Mineralöl einen Wert von ungefähr $c_p\,\varrho = 1{,}8 \cdot 10^6\ \text{Nm/(m}^3\,\text{K)}$ auf. Bei hohen Umfangsgeschwindigkeiten empfiehlt es sich, anstelle des Mittelwertes für T_{eff} einen Wert zu wählen, der näher an T_{ex} liegt. Da bei steigender Lagertemperatur Härte und Festigkeit der Lagerwerkstoffe abnehmen, was sich besonders stark bei Pb- und Sn-Legierungen bemerkbar macht, und bei Temperaturen über 80 °C mit einer verstärkten Alterung der Schmierstoffe auf Mineralölbasis zu rechnen ist, sollte sichergestellt werden, dass T_B und T_{ex} die höchstzulässige Lagertemperatur T_{lim} aus Tab. 12.4 nicht überschreiten.

Im Berechnungsablauf zur Bestimmung von T_{eff} sind am Anfang häufig nur T_{amb} und T_{en} bekannt. Zunächst werden daher je nach Wärmeabgabebedingung T_B oder T_{ex} geschätzt (Empfehlung: $T_B = T_{amb} + 20$ °C und $T_{ex} = T_{en} + 20$ °C). Aus der Wärmebilanz ergibt sich dann ein neuer Wert für T_B bzw. T_{ex}, der durch Mittelwertbildung mit dem zuvor zugrunde gelegten Temperaturwert solange iterativ korrigiert wird, bis in der Rechnung die Differenz zwischen Ein- und Ausgangswert einen vorgegebenen Grenzwert unterschreitet.

12.2.1.6 Betriebssicherheit

Wird ein stationär belastetes Radialgleitlager mit variierenden Betriebsparametern betrieben, so ist zu beachten, ob der Wechsel von einem Betriebszustand zum nächsten allmählich oder innerhalb einer kurzen Zeitspanne stattfindet. Wenn beispielsweise auf einen Betriebszustand mit hoher thermischer Belastung unmittelbar ein anderer mit hohem $\bar{p}$ und niedrigem ω_{eff} folgt, sollte der neue Betriebspunkt auch mit den Viskositäts- und Lagerspieldaten des vorhergehenden Falls berechnet werden.

Der Übergang in die Mischreibung kann durch die Übergangsschmierfilmdicke $h_{\text{lim,tr}}$ gekennzeichnet werden. Diese ergibt sich aus den Rauheiten von Welle und Lager sowie herstellungs-, montage- und beanspruchungsbedingten Form- und Lageabweichungen von Welle und Lager und ändert sich in Abhängigkeit vom Einlauf- und Verschleißzustand des Gleitlagers. Vorgehensweisen zur Ermittlung von $h_{\text{lim,tr}}$ können DIN 31652 oder VDI 2204 entnommen werden.

Mit bekanntem $h_{\text{lim,tr}}$ kann dann nach VDI 2204 die Gleitgeschwindigkeit für den Übergang in die Mischreibung U_{tr} näherungsweise aus folgender Gleichung bestimmt werden:

$$U_{\text{tr}} = \frac{\bar{p}\,\psi_{\text{eff}}\,h_{\text{lim,tr}}}{\eta_{\text{eff}}\sqrt{\frac{3}{2}}\left[1+\sqrt{2}\frac{\bar{p}\,D}{E_{\text{rsl}}\,h_{\text{lim,tr}}}\right]^{2/3}} \tag{12.18}$$

für den resultierenden Elastizitätsmodul E_{rsl} gilt

$$\frac{1}{E_{\text{rsl}}} = \frac{1}{2}\left(\frac{1-\nu_{\text{J}}^2}{E_{\text{J}}} + \frac{1-\nu_{\text{B}}^2}{E_{\text{B}}}\right),$$

wobei E_{J} und E_{B} die E-Module von Welle und Lager darstellen und ν_{J} und ν_{B} die dazugehörigen Querkontraktionszahlen. Dabei wird berücksichtigt, dass sich infolge elastischer Deformationen die tragende Druckzone in Umfangsrichtung vergrößert und sich in diesem Bereich ebenfalls das effektive Lagerspiel verringert, was sich beides tragfähigkeitssteigernd auswirkt. Das Lager sollte so ausgelegt werden, dass $U_{\text{tr}} < U_{\text{lim,tr}}$, die zulässige Gleitgeschwindigkeit für den Übergang in die Mischreibung, ist. Für $U_{\text{lim,tr}}$ gilt nach [5]: $U_{\text{lim,tr}} = 1\,\text{m/s}$ für $U > 3\,\text{m/s}$ und $U_{\text{lim,tr}} = U/3$ für $U < 3\,\text{m/s}$. Um die Erwärmung des Lagerwerkstoffs beim häufigeren Durchfahren des Mischreibungsgebiets im zulässigen Bereich zu halten, sollte für den Bereich $0{,}5\,\text{m/s} < U_{\text{tr}} < 1\,\text{m/s}$ der Grenzwert $(\bar{p}U_{\text{tr}})_{\text{lim}} = 25 \cdot 10^5\,\text{W/m}^2$ nicht überschritten werden. Für $U_{\text{tr}} < 0{,}5\,\text{m/s}$ sollte die Bedingung $\bar{p} \leqq 5\,\text{N/mm}^2$ eingehalten werden, weil sonst die Werkstofffestigkeit infolge zu großer spezifischer Lagerbelastung und zu hoher Reibflächentemperaturen übertroffen wird.

12.2.2 Radialgleitlager im instationären Betrieb

Bei instationär belasteten Radialgleitlagern sind Lagerkraft (Betrag und Richtung) und effektive Winkelgeschwindigkeit ω_{eff} von der Zeit abhängig. Demzufolge hängen auch Tragfähigkeit, Reibung, Schmierstoffdurchsatz und effektive Schmierstofftemperatur von der Zeit ab. Wenn sich Lagerkraft und effektive Winkelgeschwindigkeit periodisch ändern, wie z. B. in Lagern von Kolbenmaschinen, zeigt die Verlagerungsbahn des Wellenmittelpunktes einen geschlossenen Verlauf.

Zur Berechnung von instationär belasteten Radialgleitlagern wird die Reynolds'sche Differentialgleichung (Gl. (12.3)) auf der rechten Seite um das Glied $12\,\partial h/\partial t$ erweitert, denn neben den Drehbewegungen treten hier auch Verdrängungsbewegungen in radialer Richtung auf. Weiterhin gilt für die effektive Winkelgeschwindigkeit $\omega_{\text{eff}} = \omega_J + \omega_B - 2\dot{\delta}$ mit $\dot{\delta} = \partial\delta/\partial t$ der Verlagerungsgeschwindigkeit des minimalen Spaltes h_{min}, Abb. 12.1. Je nach Verlagerungsrichtung von h_{min} kann ω_{eff} erhöht oder reduziert werden.

Die Lösung der Differentialgleichung kann numerisch oder nach dem Verfahren der überlagerten Traganteile erfolgen [6, 7]. Zur Berechnung der Wellenmittelpunktsbahn wird dabei häufig auf Näherungsfunktionen nach [8] für die Sommerfeldzahl der Drehung So_{D} und die der Verdrängung So_{V} zurückgegriffen. Bei periodischer Lagerbelastung ist die Iteration solange durchzuführen, bis sich eine geschlossene Verlagerungsbahn ergibt.

12.2.3 Stationär belastete Axialgleitlager

Der zur hydrodynamischen Druckentwicklung erforderliche konvergierende Spalt wird bei Axialgleitlagern dadurch erzeugt, dass Keilflächen in feststehende Spurplatten eingearbeitet oder mehrere unabhängig voneinander kippbewegliche Gleitschuhe (segment- oder kreisförmig) eingesetzt werden, bei denen sich, je nach Wahl der Unterstützungsstelle, der Lagerkonstruktion und der Betriebsbedingungen, die Neigung der Gleitschuhe und die kleinste Schmierspalthöhe am Schmierspaltaustritt oder kurz davor selbstständig einstellt, Abb. 12.6, 12.7 und 12.8. Zwischen den Lagersegmenten angeordnete Freiräume dienen der Schmierstoffzufuhr. Mittig unterstützte Gleitschuhe sind für beide Drehrichtungen geeignet, weisen aber gegenüber den im optimalen Bereich abgestützten Gleitschuhen eine geringere Tragfähigkeit und eine höhere Reibung auf. Bei Kippsegmentlagern wirken sich im Betrieb auftretende Verformungen der Gleitschuhe aufgrund von Schmierfilmdrücken und Temperaturunterschieden zwischen Gleitschuhober- und -unterseite tragfähigkeitsmindernd, aber reibungssenkend aus.

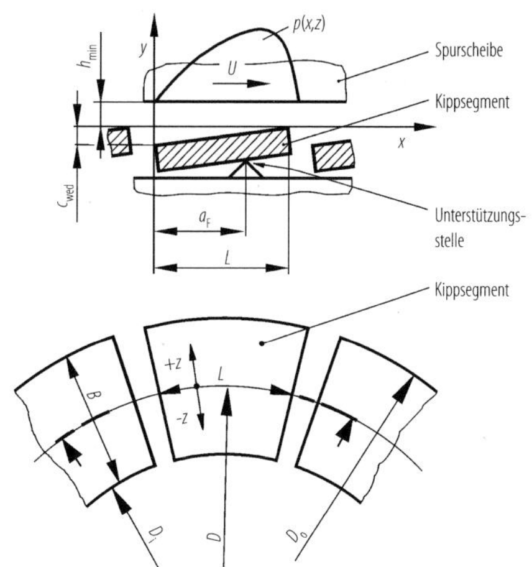

Abb. 12.7 Axialkippsegmentlager (schematisch) mit Druckverteilung. $p(x,z)$ Druckverteilung im Schmierfilm, U Gleitgeschwindigkeit auf dem mittleren Gleitdurchmesser, D mittlerer Gleitdurchmesser, D_i Innendurchmesser der Gleitfläche, D_o Außendurchmesser der Gleitfläche, B Segmentbreite, L Segmentlänge in Umfangsrichtung, a_F Abstand der Unterstützungsstelle vom Spalteintritt in Umfangsrichtung, C_wed Keiltiefe, h_min kleinste Schmierspalthöhe, x, y und z Koordinaten

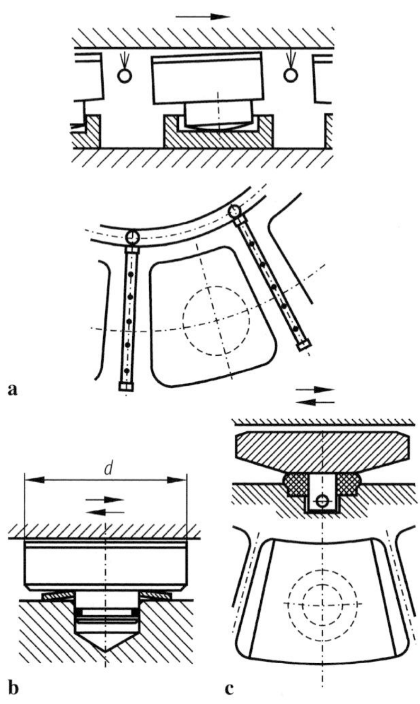

Abb. 12.6 Ausführungsvarianten für Axialgleitlager. **a** kippbeweglicher segmentförmiger Gleitschuh für eine Drehrichtung mit starrer kugelförmiger Abstützung und Schmierölversorgung mittels Einspritzung zwischen den Gleitschuhen; **b** kippbeweglicher kreisförmiger Gleitschuh für gleichbleibende und wechselnde Drehrichtung mit elastischer Abstützung über eine Tellerfeder (d Durchmesser des Kreisgleitschuhs); **c** kippbeweglicher segmentförmiger Gleitschuh für gleichbleibende und wechselnde Drehrichtung mit elastischer Abstützung

Die Auswahl der Lagerbauart hängt von den Betriebsbedingungen ab. Bei hohen Flächenpressungen und häufigem An- und Auslaufen unter Last sind Kippsegmentlager zu bevorzugen, da sich die Keilneigung, den Betriebsbedingungen entsprechend, selbstständig einstellt und die Segmente im Stillstand parallel zur Spurscheibe stehen. Um bei Segmentlagern mit fest eingearbeiteten Keilflächen im Stillstand das Gewicht des Rotors und eventuell eine zusätzliche Lagerkraft aufnehmen zu können, sollte bei allen Lagersegmenten eine Rastfläche vorgesehen werden.

Wenn keine nennenswerten Axialkräfte aufzunehmen sind, werden häufig ebene Anlaufbunde ohne eingearbeitete Keilflächen eingesetzt, die zur sicheren Versorgung mit Schmierstoff und zur besseren Kühlung mit radial verlaufenden Nuten versehen sind. Geringfügige thermisch bedingte ballige Wölbungen bewirken dann eine –

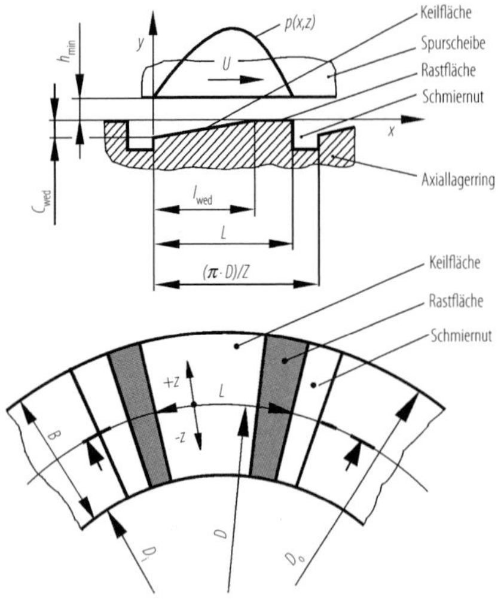

Abb. 12.8 Axialsegmentlager mit fest eingearbeiteten Keil- und Rastflächen (schematisch) mit Druckverteilung. $p(x, z)$ Druckverteilung im Schmierfilm, U Gleitgeschwindigkeit auf dem mittleren Gleitdurchmesser, D mittlerer Gleitdurchmesser (mittlerer Tragringdurchmesser), D_o Tragringaußendurchmesser, D_i Tragringinnendurchmesser, B Segmentbreite, L Segmentlänge in Umfangsrichtung, l_{wed} Keillänge, C_{wed} Keiltiefe, h_{min} kleinste Schmierspalthöhe, x, y und z Koordinaten

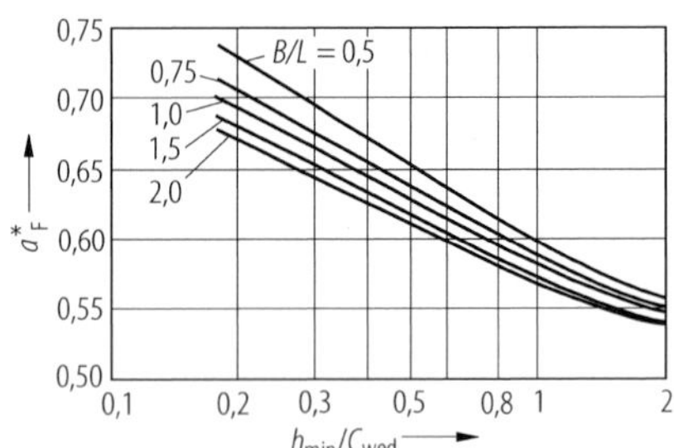

Abb. 12.9 Bezogene Unterstützungsstelle a_F^* für Axialkippsegmentlager in Abhängigkeit von B/L und h_{min}/C_{wed} nach DIN 31 654

allerdings geringe – hydrodynamische Tragfähigkeit.

Nachfolgend werden Kippsegmentlager (Abb. 12.7) und Segmentlager mit fest eingearbeiteten Keil- und Rastflächen (Abb. 12.8) behandelt. Bei Letzteren soll das Verhältnis von Keilflächenlänge l_{wed} zu Segmentlänge L den optimalen Wert $l_{wed}/L = 0{,}75$ aufweisen [10]. Grundlage der Berechnung ist Gl. (12.2), wobei der letzte Term zu streichen ist. Es wird außerdem davon ausgegangen, dass die Oberflächen eben sind und sich im Betrieb nicht verformen. Wenn die Reynoldszahl $\mathrm{Re} = \varrho U h_{min}/\eta_{eff}$ größere Werte als die kritische Reynoldszahl aufweist, liegen turbulente Strömungsverhältnisse vor, ansonsten laminare ($\mathrm{Re}_{cr} = 600$ für Keilspalte mit $h_{min}/C_{wed} = 0{,}8$). Das nachfolgend beschriebene Berechnungsverfahren ist für turbulente Strömung im Schmierspalt nur begrenzt anwendbar.

12.2.3.1 Unterstützungsstelle

Bei Kippsegmentlagern werden durch die Wahl des relativen Abstands der Unterstützungsstelle $a_F^* = a_F/L$ vom Spalteintritt in Bewegungsrichtung und der relativen Lagerbreite B/L sowohl die bezogene minimale Schmierfilmdicke h_{min}/C_{wed} als auch die Tragfähigkeits-, Reibungs- und Schmierstoffdurchsatz-Kennzahl festgelegt. Diese Werte ändern sich auch bei wechselnden Betriebsbedingungen nicht im Gegensatz zu Segmentlagern mit fest eingearbeiteten Keilflächen, bei denen sich neben der bezogenen minimalen Schmierfilmdicke (anderes h_{min}) auch alle anderen Kennzahlen den wechselnden Bedingungen anpassen. Die Lage der Unterstützungsstelle a_F^* sollte anhand von Abb. 12.9 so gewählt werden, dass $h_{min}/C_{wed} = 0{,}5 \ldots 1{,}2$ (optimal 0,8) beträgt, wenn hohe Tragfähigkeit gewünscht wird und h_{min}/C_{wed} Werte von 0,25 bis 0,4 aufweist, wenn hoher Schmierstoffdurchsatz zur Kühlung benötigt wird.

12.2.3.2 Tragfähigkeit

Die Tragfähigkeit von hydrodynamischen Axialgleitlagern ist auf die sich in den Schmierspalten bildenden Druckverteilungen zurückzuführen.

Die Tragfähigkeit von Axialkippsegmentlagern wird durch die dimensionslose Tragkraftkennzahl F^* bestimmt:

$$F^* = \frac{\bar{p}\, h_{min}^2}{\eta_{eff}\, U L}\,. \tag{12.19}$$

Da bei Segmentlagern mit fest eingearbeiteten Keil- und Rastflächen zu Beginn der Auslegung weder h_{min} noch η_{eff} und F^* bekannt sind und um eine zweifache Iteration über h_{min} und T_{eff} zu vermeiden, wird F^* nach DIN 31 653 zur Trag-

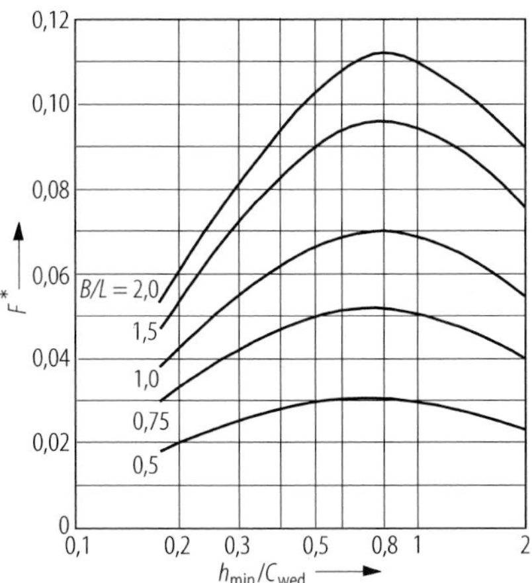

Abb. 12.10 Tragfähigkeitskennzahl F^* für Axialkippsegmentlager in Abhängigkeit von B/L und h_{min}/C_{wed} nach DIN 31 654

kraftkennzahl für Segmentlager F_B^* modifiziert:

$$F_B^* = F^* \left(\frac{C_{wed}}{h_{min}}\right)^2 = \frac{\bar{p}\,C_{wed}^2}{\eta_{eff}\,UL}. \quad (12.20)$$

F^* und F_B^* sind in Abb. 12.10 bzw. 12.11 dargestellt, und zwar abhängig von h_{min}/C_{wed} und dem Verhältnis von Segmentbreite zu Segmentlänge B/L. Für die Segmente werden Werte von $B/L = 0{,}75 \ldots 1{,}5$ (meist $B/L \approx 1{,}0$) gewählt. Größere B/L-Werte wirken sich i. Allg. günstig auf das Temperaturniveau im Schmierfilm aus.

Die spezifische Lagerbelastung $\bar{p}$ berechnet sich aus $\bar{p} = F/(ZBL)$ mit der Segmentanzahl Z, wobei diese je nach Lagergröße i. Allg. zwischen $Z = 4$ und $Z = 12$ liegt. $\bar{p}$ sollte kleiner als $\bar{p}_{lim}$ aus Tab. 12.1 sein ($\bar{p} < \bar{p}_{lim}$). Sind die Lagerabmessungen bei der Auslegung noch frei wählbar, wird nach Festlegung von B/L und Z die Segmentlänge L überschlagsmäßig mit

$$L \geqq \sqrt{\frac{F}{\bar{p}_{lim}\,Z(B/L)}}$$

dimensioniert. Der mittlere Gleitdurchmesser D ergibt sich aus $D = ZL/(\pi\phi)$ mit dem Ausnutzungsgrad der Gleitfläche $\phi = ZBL/(\pi DB) \leqq 0{,}8$. Ausnutzungsgrade kleiner als $\phi = 0{,}8$ senken in der Regel die Lagertemperatur. Mit der Winkelgeschwindigkeit der

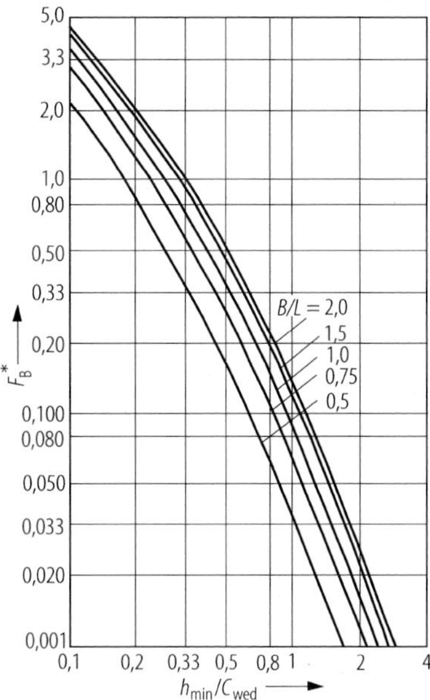

Abb. 12.11 Tragfähigkeitskennzahl F_B^* für Axialsegmentlager mit fest eingearbeiteten Keil- und Rastflächen in Abhängigkeit von B/L und h_{min}/C_{wed} nach DIN 31 653

Spurscheibe ω wird die mittlere Gleitgeschwindigkeit U aus $U = (D/2)\,\omega$ bestimmt. Bei vorgegebenem Schmierstoff und bekannter oder geschätzter effektiver Schmierstofftemperatur im Schmierfilm T_{eff} kann die effektive Schmierstoffviskosität η_{eff} mit Gl. (12.8) berechnet werden. Bei Wahl von a_F^* kann unter Berücksichtigung von B/L aus Abb. 12.9 h_{min}/C_{wed} abgelesen und danach mit dieser Größe aus Abb. 12.10 F^* entnommen werden. Nun liegen alle Größen vor, um für Kippsegmentgleitlager die minimale Schmierfilmdicke h_{min} aus

$$h_{min} = \sqrt{\frac{F^*\eta_{eff}\,UL}{\bar{p}}}$$

ermitteln zu können.

Bei Segmentlagern mit eingearbeiteten Keil- und Rastflächen wird unter Vorgabe einer herzustellenden Keiltiefe C_{wed} mit den zuvor diskutierten Größen zunächst F_B^* mit Gl. (12.20) bestimmt und dann aus Abb. 12.11 h_{min}/C_{wed} abgelesen, woraus h_{min} abgeleitet wird. Das Verhältnis von Keilfläche C_{wed} zur Segmentlänge L sollte im Bereich $C_{wed}/L = 1/200 \ldots 1/400 \ldots 1/800$ liegen. Ein verschleißfreier Betrieb erfordert, dass

12

$h_{min} > h_{lim}$ nach Tab. 12.5 ist. Richtwerte für die mindestzulässige Schmierfilmdicke im Betrieb h_{lim} können nach DIN 31 653 und DIN 31 654 auch aus der Beziehung

$$h_{lim} = C\sqrt{\frac{UDF_{st}}{F}} \cdot 10^{-5}$$

gewonnen werden mit U in m/s, D in m und der im Stillstand auftretenden Belastung F_{st} in N. Wenn $h_{lim} \leqq 1{,}25\, h_{lim,tr}$ wird, so ist die Beziehung $h_{lim} = 1{,}25\, h_{lim,tr}$ zu verwenden, wobei $h_{lim,tr}$ die minimale Schmierfilmdicke für den Übergang von Misch- zur Flüssigkeitsreibung darstellt und aus

$$h_{lim,tr} = C\sqrt{\frac{DRz}{12\,000}}$$

berechnet wird mit dem mittleren Gleitdurchmesser D und der gemittelten Rautiefe der Spurscheibe Rz jeweils in m. In den Beziehungen für h_{lim} und $h_{lim,tr}$ ist für Kippsegmentlager $C = 1$ und für Segmentlager $C = 2$ zu setzen.

12.2.3.3 Reibung

Die Reibung von hydrodynamischen Axialgleitlagern resultiert aus der Scherung des Schmierstoffes in den Schmierspalten. Die in den Gleitschuhzwischenräumen auftretende Reibung wird vernachlässigt.

Die Reibungsverluste von Axialkippsegmentlagern lassen sich mit Hilfe der Reibungskennzahl f^* erfassen:

$$f^* = f\,\bar{p}\frac{h_{min}}{\eta_{eff}\,U}\,. \qquad (12.21)$$

Für Segmentlager gilt entsprechend:

$$f_B^* = f^*\left(\frac{C_{wed}}{h_{min}}\right) = f\,\bar{p}\frac{C_{wed}}{\eta_{eff}\,U}\,. \qquad (12.22)$$

Die Kennzahlen f^* und f_B^* sind in Abb. 12.28 bzw. 12.29 aufgezeichnet.

Für die Reibungsleistung ergibt sich bei Kippsegmentlagern $P_f = f^*\eta_{eff}\,U^2 ZBL/h_{min}$ und bei Segmentlagern $P_f = f_B^*\eta_{eff}\,U^2\,ZBL/C_{wed}$.

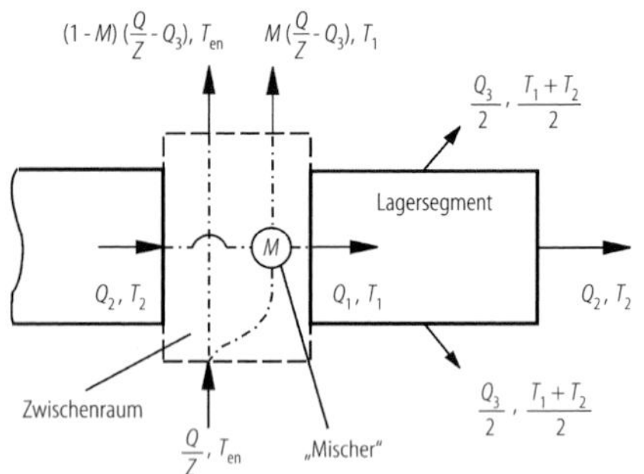

Abb. 12.12 Schmierstoffdurchsatz- und Wärmebilanz in Zwischenräumen und Schmierspalten (schematisch) von hydrodynamischen Axialgleitlagern mit Segmenten nach [11]. Z Anzahl der Segmente, Q Schmierstoffdurchsatz durchs Lager, Q_1 Schmierstoffdurchsatz am Spalteintritt, Q_2 Schmierstoffdurchsatz am Spaltaustritt, Q_3 Schmierstoffdurchsatz an den Seitenrändern, M Mischungsfaktor, T_{en} Schmierstofftemperatur am Eintritt ins Lager, T_1 Schmierstofftemperatur am Spalteintritt, T_2 Schmierstofftemperatur am Spaltaustritt

12.2.3.4 Schmierstoffdurchsatz

Von dem an jedem Segment mit der Temperatur T_1 in den Schmierspalt eintretenden Schmierstoffstrom Q_1 wird an beiden Seiten der Segmente infolge des hydrodynamischen Druckaufbaus jeweils der Teil $Q_3/2$ mit der Temperatur $(T_1 + T_2)/2$ wieder herausgefördert. Der Rest Q_2 verlässt den Spalt am Austritt mit der Temperatur T2, Abb. 12.12. Daraus folgt: $Q_1 = Q_2 + Q_3$ mit $Q_1 = Q_1^* Q_0$, $Q_3 = Q_3^* Q_0$, $Q_2 = Q_1 - Q_3$ und $Q_0 = Bh_{min}\,U$. Die bezogenen Größen Q_1^* und Q_3^* können Abb. 12.30 für Kippsegmentlager und Abb. 12.31 für Segmentlager entnommen werden. Der zur hydrodynamischen Lastübertragung mindest erforderliche Schmierstoffvolumenstrom für das Lager ergibt sich aus $Q_{hyd,min} = ZQ_1$.

12.2.3.5 Wärmebilanz

Drucklos geschmierte Axialgleitlager leiten die im Schmierfilm durch Reibung entstehende Wärme überwiegend durch *Konvektion* ab. Für die sich einstellende Lagertemperatur T_B gilt damit

$$T_B = \frac{P_f}{k_A \cdot A} + T_{amb}\,. \qquad (12.23)$$

Der äußere Wärmeübergangskoeffizient k_A wird wie bei den Radiallagern berechnet. Die wärmeabgebende Fläche A kann nach

DIN 31 653 und DIN 31 654 bei Axiallagern mit zylindrischen Lagergehäusen aus $A \approx (\pi/2)D_\mathrm{H}^2 + \pi D_\mathrm{H} B_\mathrm{H}$ (Bezeichnungen wie bei den Radiallagern) und bei Lagern im Maschinenverband aus $A \approx (15\ldots20)ZBL$ bestimmt werden. Die effektive Schmierfilmtemperatur T_eff entspricht bei Kühlung mit Konvektion der Lagertemperatur T_B, d. h. $T_\mathrm{eff} = T_\mathrm{B}$.

Bei der Wärmeabfuhr durch *Umlaufschmierung* mit Schmierstoffrückkühlung werden meistens die Erwärmung $\Delta T = T_\mathrm{en} - T_\mathrm{ex}$ und die Eintrittstemperatur T_en des zuzuführenden frischen Schmierstoffs vorgegeben. Dabei sollte die Temperaturdifferenz ΔT zwischen der Schmierstofftemperatur am Eintritt ins Lager T_en und derjenigen am Austritt aus dem Lager T_ex ungefähr $\Delta T = 10\ldots30\,\mathrm{K}$ betragen. Bestimmt werden muss dann noch der erforderliche Durchsatz von frischem Schmierstoff durch das Lager Q, die effektive Schmierstofftemperatur im Schmierfilm T_eff und die Schmierstofftemperatur am Austrittsspalt T_2, die der Lagertemperatur T_B entspricht, d. h. $T_2 = T_\mathrm{B}$. Q kann ermittelt werden aus

$$Q = Q^* Q_0 = \frac{P_\mathrm{f}}{c_p \varrho \Delta T} \qquad (12.24)$$

mit dem bezogenen Schmierstoffdurchsatz des Lagers

$$Q^* = \frac{f^* Z \bar{p}}{F^* c_p\, \varrho\, \Delta T}$$

für Kippsegmentlager und

$$Q^* = \frac{f_\mathrm{B}^* Z \bar{p}}{F_\mathrm{B}^* c_p\, \varrho\, \Delta T (h_\mathrm{min}/C_\mathrm{wed})}$$

für Segmentlager mit fest eingearbeiteten Keil- und Rastflächen. Für T_eff und T_2 folgen aus Abb. 12.13:

$$T_\mathrm{eff} = T_\mathrm{en} + \Delta T_1 + \frac{\Delta T_2}{2} \qquad (12.25)$$

und

$$T_2 = T_\mathrm{en} + \Delta T_1 + \Delta T_2\,. \qquad (12.26)$$

Mit Hilfe von Abb. 12.12 kann nach [11] unter der Annahme, dass die Reibungswärme alleine durch den Schmierstoff abtransportiert wird

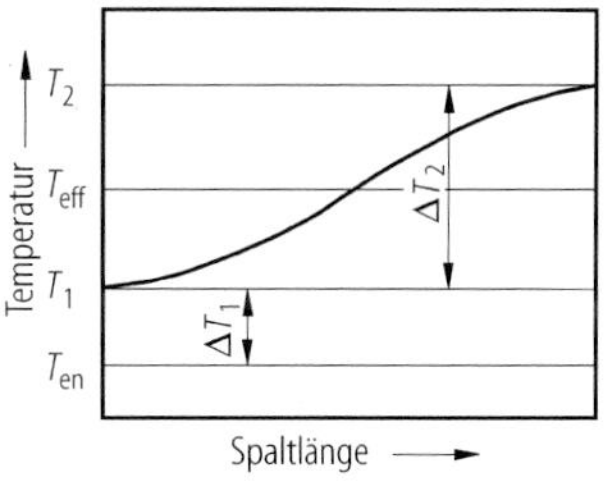

Abb. 12.13 Temperaturverlauf im Schmierfilm (schematisch) von Axialgleitlagern mit Segmenten. T_en Schmierstofftemperatur am Eintritt ins Lager, T_1 Schmierstofftemperatur am Spalteintritt, T_2 Schmierstofftemperatur am Spaltaustritt, T_eff effektive Schmierstofftemperatur, ΔT_1 Temperaturdifferenz zwischen T_1 und T_en, ΔT_2 Temperaturdifferenz zwischen T_2 und T_1

und dass sich der Schmierstoff am Spaltaustritt um ΔT_2 und der an den Seitenrändern austretende Schmierstoff um $\Delta T_2/2$ erwärmt hat, für die Temperaturerhöhung des Schmierstoffs im Spalt ΔT_2 die Beziehung

$$\Delta T_2 = T_2 - T_1 = \frac{\Delta T Q^*}{(Q_1^* - 0{,}5 Q_3^*)\, Z}$$

abgeleitet werden und für die Temperaturdifferenz $\Delta T_1 = T_1 - T_\mathrm{en}$ zwischen der Schmierstofftemperatur am Spalteintritt T_1 und der Temperatur des frisch zugeführten Schmierstoffs T_en die Gleichung

$$\Delta T_1 = \Delta T_2 \frac{Q_1^* - Q_3^*}{M Q^*/Z + (1 - M) Q_3^*}\,.$$

Der Mischungsfaktor M, der zwischen $M = 0$ (keine Mischung) und $M = 1$ (vollkommene Mischung) variieren kann, berücksichtigt Mischungsvorgänge in den Zwischenräumen, Abb. 12.12. Erfahrungsgemäß liegt der Mischungsfaktor zwischen $M = 0{,}4$ und 0,6. Er hängt von den Betriebsbedingungen, den konstruktiven Gegebenheiten, dem Schmierstoff und der Art der Schmierstoffzufuhr ab [12].

Zum Schluss muss überprüft werden, ob T_B (bei Konvektion) bzw. T_2 (bei Umlaufschmierung) kleiner als die höchstzulässige Lagertemperatur T_lim nach Tab. 12.4 ist. Wie bei den Radiallagern sind auch bei den Axiallagern im Berechnungsablauf zur Bestimmung von T_eff am Anfang häufig nur T_amb und T_en bekannt. Zunächst wird daher je nach Wärmeabgabebedingung T_B bzw. T_{eff} geschätzt. Aus der Wärmebilanz ergibt sich dann ein neuer Wert für T_B bzw. T_{eff}, der durch Mittelwertbildung mit dem zuvor zugrunde gelegten Temperaturwert solange iterativ korrigiert wird, bis in der Rechnung die Differenz zwischen Ein- und Ausgabewert einen vorgegebenen Grenzwert unterschreitet.

12.2.3.6 Betriebssicherheit

Betriebssicherheit wird erreicht, wenn die errechneten Betriebskennwerte h_{min}, T_B bzw. T_2 und $\bar{p}$ die entsprechenden zulässigen Betriebsrichtwerte nicht unter- bzw. überschreiten. Wenn $h_{min} < h_{lim,tr}$ wird, tritt Mischreibung auf und damit verbunden Verschleiß. Um das Mischreibungsgebiet beim An- und Auslaufen möglichst schadensfrei zu durchfahren, sollten für die mittlere Gleitgeschwindigkeit für den Übergang in die Mischreibung U_{tr} Werte größer als $U_{tr} = 1{,}5$ bis $2\,\mathrm{m/s}$ vermieden werden, da sonst unzulässig hohe Temperaturen im Schmierfilm und den Gleitflächen auftreten können. Für Kippsegmentlager ergibt sich U_{tr} aus $U_{tr} = \bar{p}h^2_{min,tr}/(\eta_{eff}F^*L)$ und für Segmentlager mit fest eingearbeiteten Keil- und Rastflächen aus $U_{tr} = \bar{p}\ C^2_{wed}/(\eta_{eff}\ F^*_{B,tr}L)$, wobei $F^*_{B,\,tr}$ aus Abb. 12.11 mit $h_{min}/C_{wed} = h_{min,tr}/C_{wed}$ und B/L gewonnen wird. Bei Lagern mit konstanter Last sollte der Auslegungspunkt weit genug oberhalb von U_{tr} liegen. Treten nur drehzahlabhängige Belastungen auf (z. B. Strömungskräfte beim Ventilator mit waagerechter Welle), kommt Mischreibung erst bei hohen Drehzahlen vor, da die Belastung schneller ansteigt als die Tragfähigkeit des Lagers. Hier sollte $U < U_{tr}$ sein. Ferner gibt es Anwendungsfälle, bei denen neben einer konstanten Axialkraft noch ein drehzahlabhängiger Anteil dazu addiert werden muss (z. B. bei Wasserturbinen mit senkrechter Welle). Dann existieren ein unterer und ein oberer Mischreibungsbereich. U sollte weit genug entfernt von beiden liegen.

12.2.4 Mehrgleitflächenlager

Leichtbelastete und schnelllaufende Wellen (z. B. in Schleifspindeln, Gas- (Bd. 3, Kap. 13) und Dampfturbinen (Bd. 3, Kap. 11), Turboverdichtern (Bd. 3, Kap. 12), Turbogetrieben usw.) neigen in zylindrischen Radialgleitlagern zu instabilem Laufverhalten. Bei Mehrgleitflächenlagern mit drei und mehr Gleitflächen tritt dieses Problem i. Allg. nicht auf, da sie selbst im unbelasteten Zustand bei zentrischer Wellenlage mehrere konvergierende Spalte am Umfang aufweisen, die bei Wellendrehung zur Bildung von annähernd gleichen stabilisierenden Druckverteilungen führen. Die am Umfang verteilten Druckberge bleiben auch unter Last, allerdings in geänderter, an die Last angepasster Form erhalten, wobei deren Tragkräfte sich geometrisch addieren und der Lagerkraft das Gleichgewicht halten, Abb. 12.14. Aufgrund der hydrodynamischen Verspannungswirkung im Betrieb ist bei Mehrgleitflächenlagern die Führungsgenauigkeit besonders hoch, allerdings ist gegenüber zylindrischen Radialgleitlagern die Tragfähigkeit verringert und die Reibungsleistung erhöht. Die guten Führungseigenschaften von Mehrgleitflächenlagern werden vor allem da genutzt, wo eine besonders gute Führungsgenauigkeit erforderlich ist, z. B. bei vertikalen Pumpen, bei Turbomaschinen und bei Werkzeugmaschinenlagerungen.

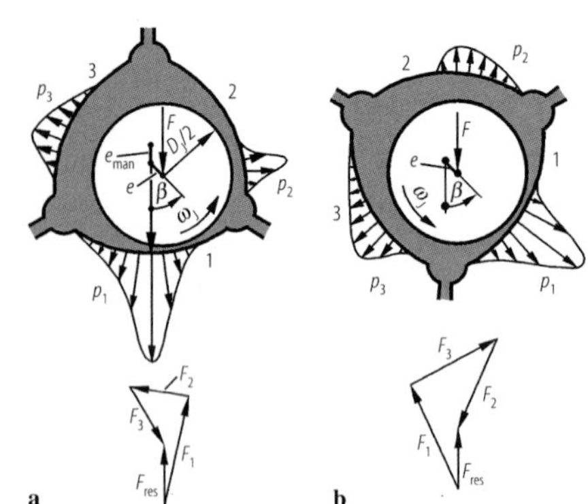

Abb. 12.14 Vollumschlossene Mehrgleitflächenlager mit Druckverteilungen und Kräftegleichgewichten (schematisch). **a** Kraftrichtung mittig auf die Gleitfläche; **b** Kraftrichtung auf Ölversorgungsnut; F Lagerkraft, ω_J Winkelgeschwindigkeit der Welle, e Exzentrizität, $e_{man} = (D - D_J)/2$ Herstellexzentrizität, D Lagerinnendurchmesser (Lagernenndurchmesser), β Verlagerungswinkel (Winkel zwischen der Lage der Wellenzapfen-Exzentrizität e und der Lastrichtung), p_1 bis p_3 Druckverteilungen an den entsprechenden Gleitflächen, F_1 bis F_3 Tragkräfte aus den Druckverteilungen, F_{res} Tragkraft des Lagers

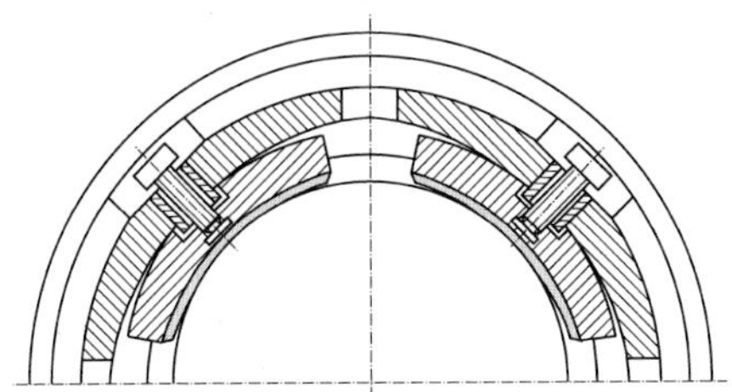

Abb. 12.15 Radialgleitlager mit Kippsegmenten (John Crane, Göttingen)

Eine umlaufende Lagerkraft kann bei Mehrgleitflächenlagern Schwingungen anregen, da die Lagersteifigkeit richtungsabhängig ist, Abb. 12.14. Um bei hohen Umfangsgeschwindigkeiten die Lagertemperaturen von vollumschließenden Lagern im zulässigen Bereich zu halten, sind relativ große Spiele erforderlich, die jedoch den Übergang zu turbulenter Strömung begünstigen. Mit Radial-Kippsegmentlagern (Abb. 12.15) können die hohen Reibungsverluste und die Lagertemperaturen verringert werden, da sie die Welle nur teilweise umschließen und kälterer Schmierstoff in den Schmierspalt gelangen kann. Außerdem sind sie bei punktförmiger Abstützung unempfindlich gegen Schiefstellungen der Welle. Die Anwendung eines Radialgleitlagers mit Kippsegmenten bei vertikaler Wellenanordnung ist in Abb. 12.16 zu sehen. Die Berechnung von Mehrgleitfächen- und Kippsegmentgleitlagern kann nach DIN 31657 erfolgen.

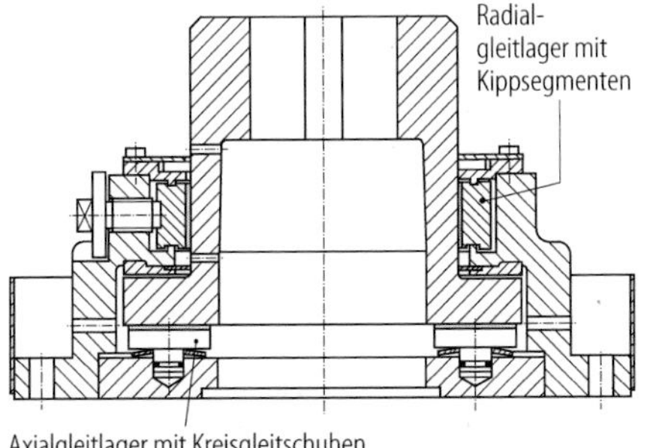

Abb. 12.16 Vertikallager-Einsatz mit einem Radialgleitlager aus einzeln einstellbaren Kippsegmenten und einem Axiallager aus kippbeweglichen Kreisgleitschuhen (Renk, Hannover)

12.3 Hydrostatische Anfahrhilfen

Wenn bei hydrodynamischen Gleitlagern häufiges Anfahren unter hoher Startlast ($\bar{p} > 2{,}5\ldots3\,\mathrm{N/mm^2}$), Trudelbetrieb mit niedrigen Drehzahlen oder sehr lange Auslaufzeiten auftreten, kann der Einsatz von hydrostatischen Anfahrhilfen empfehlenswert sein. Hierzu werden eine oder günstiger zwei Schmiertaschen (bessere radiale Wellenführung) in der unteren Lagerschale im Kontaktbereich mit der Welle eingebracht, die mit einem unter Druck stehenden Schmierstoff von einer externen Pumpe mit einem Pumpendruck von max. 200 bar beim Anheben und von ca. 100 bar beim Halten der Welle versorgt werden.

12.4 Berechnung hydrostatischer Gleitlager

Bei hydrostatischen Gleitlagern wird der zum Tragen erforderliche Druck im Schmierspalt von einer externen Pumpe erzeugt. Der unter Druck stehende Schmierstoff kann den Schmiertaschen im Lager mit jeweils einer Pumpe pro Tasche oder mit einer Pumpe für alle Schmiertaschen und jeweils einer Drossel (Kapillare, Blende usw.) vor jeder Tasche zugeführt werden. Die Schmierspalthöhe im Lager stellt sich entsprechend der Belastung ein.

12.4.1 Hydrostatische Radialgleitlager

Es werden Lager mit und ohne Zwischennuten zwischen den Schmiertaschen hergestellt. Diese Lager können nach DIN 31655 und 31656 berechnet werden. Nachfolgend werden Lager mit Zwischennuten (Abb. 12.17) behandelt, die z. B. bei schnelldrehenden Wellen eingesetzt werden.

Für die Berechnung, die sich an DIN 31656 anlehnt, wird auf die Bezeichnungen in Abb. 12.17 verwiesen. Es gelten folgende Voraussetzungen: Lastrichtung mittig auf Schmiertasche, konstanter Pumpendruck p_{en}, Kapillare vor jeder Tasche, Drosselverhältnis $\xi = 1$, relative Exzentrizität $\varepsilon < 0{,}4$. Für die

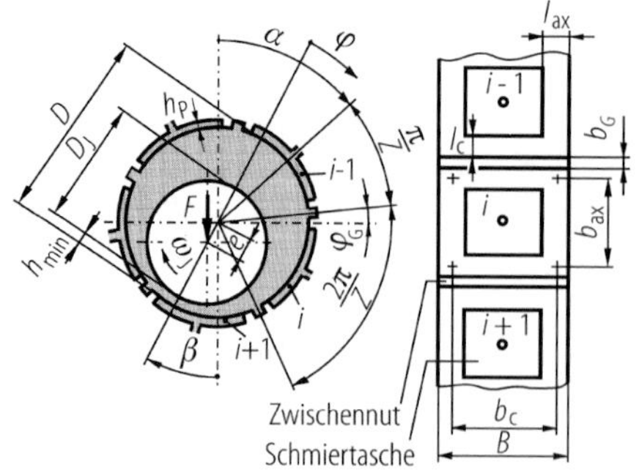

Abb. 12.17 Hydrostatisches Radialgleitlager mit Zwischennuten (schematisch). F Lagerkraft, ω_J Winkelgeschwindigkeit der Welle, e Exzentrizität, β Verlagerungswinkel, Z Anzahl der Schmiertaschen, α Stellwinkel der 1. Tasche bezogen auf Taschenmitte, B Lagerbreite, D Lagerinnendurchmesser (Lagernenndurchmesser), D_J Wellendurchmesser, h_{min} kleinste Spalthöhe, h_P Schmiertaschentiefe, l_{ax} axiale Steglänge, l_c Umfangssteglänge, b_G Zwischennutbreite, $\varphi_G = l_c/D + b_G/D$ halber Umfangswinkel von l_c und b_G, $b_{ax} = [(\pi/Z) - \varphi_G]D$ Abströmbreite in axialer Richtung, $b_c = B - l_{ax}$ Abströmbreite in Umfangsrichtung

effektive Tragkraftkennzahl F^*_{eff} gilt:

$$F^*_{eff} = \frac{\pi F}{Z\, b_c\, b_{ax}\, p_{en}} \quad (12.27)$$

mit Z als Anzahl der Schmiertaschen. Die minimale Schmierfilmdicke h_{min} kann berechnet werden aus

$$h_{min} = C_R(1 - \varepsilon) \quad (12.28)$$

mit $C_R = (D - D_J)/2$ als radiales Lagerspiel. Die relative Exzentrizität ε folgt aus

$$\varepsilon = \frac{0{,}4\, F^*_{eff}}{\left(F^*_{eff}/F^*_{eff,0}\right)(\varepsilon = 0{,}4) \cdot F^*_{eff,0}\,(\varepsilon = 0{,}4)}$$

mit der effektiven Tragkraftkennzahl $F^*_{eff,\,0}(\varepsilon = 0{,}4)$ bei $\omega_J = 0$ und $\varepsilon = 0{,}4$ aus Abb. 12.32 und dem Tragkraftkennzahlenverhältnis $(F^*_{eff}/F^*_{eff,\,0})(\varepsilon = 0{,}4)$ bei $\varepsilon = 0{,}4$ aus Abb. 12.33. Darin bedeuten $\varkappa = l_{ax}\, b_c/(l_c b_{ax})$ das Widerstandsverhältnis und

$$K_{rot,nom} = \frac{\varkappa}{1 + \varkappa}\, \xi\, \pi_f\, \frac{l_c}{D}$$

die nominelle Dreheinflusskennzahl mit dem bezogenen Reibungsdruck $\pi_f = \eta_B \omega_J/(p_{en}\psi^2)$, wobei die effektive dynamische Schmierstoffviskosität im Lager η_B aus Gl. (12.8) und das relative Lagerspiel aus $\psi = 2\, C_R/D$ berechnet werden. Der Schmierstoffdurchsatz Q lässt sich unter der Annahme, dass Q^* bei $\varepsilon < 0{,}5 \approx Q^*$ bei $\varepsilon = 0$ ist, folgendermaßen bestimmen:

$$Q = Q^*\, C_R^3 \frac{p_{en}}{\eta_B} \quad \text{mit}$$

$$Q^* = \frac{Z}{6}\left[\frac{1}{1+\xi}\,\frac{B}{D}\,\frac{\varkappa + 1}{\varkappa}\,\frac{1 - (l_{ax}/B)}{l_c/D}\right] \quad (12.29)$$

als die Schmierstoffdurchsatzkennzahl. In dieser Gleichung ist $1/(1 + \xi) = (p_{P,0}/p_{en})$ mit dem Taschendruck $p_{P,0}$ bei $\varepsilon = 0$ und dem Drosselverhältnis $\xi = R_{cp}/R_{P,0}$, wobei sich der Strömungswiderstand der Kapillare R_{cp} aus $R_{cp} = 128\, \eta_{cp}\, l_{cp}(1 + a)/(\pi d^4_{cp})$ mit der effektiven dynamischen Schmierstoffviskosität in der Kapillare η_{cp} nach Gl. (12.8), der Länge und dem Durchmesser der Kapillare l_{cp} und d_{cp} und dem Trägheitsanteil des Strömungswiderstandes $a = (0{,}135/\pi)\, \varrho Q/(\eta_{cp} l_{cp} Z)$ mit der Dichte ϱ des zugeführten Schmierstoffs berechnen lässt und der Strömungswiderstand einer Tasche $R_{P,0}$ bei $\varepsilon = 0$ der Gleichung $R_{P,\,0} = 6\eta_B l_{ax}/(b_{ax}\, C_R^3[1 + \varkappa])$ genügt. Die Überprüfung, ob laminare oder turbulente Strömungsverhältnisse vorhanden sind, erfolgt mit der Bedingung $Re_{cp} = 4\rho Q/(\pi\, \eta_{cp} d_{cp} Z) < 2300$ für die Kapillare und mit der Bedingung $Re_p = U h_p \rho/\eta_{cp} < 1000$ für die Tragtasche. Wenn die Bedingungen erfüllt werden, liegt jeweils eine laminare Strömung vor.

Um den nicht linearen Trägheitsanteil am Strömungswiderstand der Kapillare im Bereich $a = 0{,}1 \ldots 0{,}2$ zu halten, sollte die Reynolds-Zahl für die Kapillare Re_{cp} Werte von $Re_{cp} = 1000 \ldots 1500$ möglichst nicht überschreiten.

Die Pumpenleistung beträgt ohne Berücksichtigung des Pumpenwirkungsgrades

$$P_p = Q\, p_{en} = Q^* \frac{p^2_{en}\, C^3_R}{\eta_B}. \quad (12.30)$$

Die Reibungsleistung P_f folgt aus

$$P_f = P^*_f\, \eta_B\, \omega^2_J \frac{BD^3}{4C_R} \quad (12.31)$$

mit der Reibungsleistungskennzahl P_f^* aus der Beziehung

$$P_f^* = \pi A_{lan}^* \left[\frac{1}{\sqrt{1-\varepsilon^2}} + \frac{4C_R}{h_P} \left(\frac{1}{A_{lan}^*} - 1 \right) \right]$$

in der

$$A_{lan}^* = \frac{2}{\pi} \left[\pi \frac{l_{ax}}{B} + Z \frac{l_c}{D} \left(1 - 2\frac{l_{ax}}{B} \right) - Z \frac{l_{ax}}{B} \frac{b_G}{D} \right]$$

die bezogene Stegfläche bedeutet. Für die aufzubringende Gesamtleistung P_{tot} gilt dann

$$P_{tot} = P_p + P_f \,. \qquad (12.32)$$

Die Gesamtleistung lässt sich minimieren, wenn für das Leistungsverhältnis $P^* = P_f/P_p$ ungefähr $P^* = 2$ gesetzt und die Bedingung

$$\pi_f = \frac{\eta_B \omega_J}{p_{en} \psi^2} = \frac{1}{2} \sqrt{\frac{P^* Q^*}{P_f^*(B/D)}}$$

eingehalten wird. So weist z. B. ein Lager mit $Z = 4$; $B/D = 1$; $\varepsilon = 0{,}4$; $h_P = 40\, C_R$; $\alpha = 0$; $b_G/D = 0{,}05$; $P^* = 2$ und $l_{ax}/B = 0{,}1$ eine optimierte Umfangssteglänge von $l_c/D = 0{,}1$ auf und die dazugehörigen Kenngrößen lauten: $\varkappa = 1{,}416$; $F_{eff}^* = 0{,}3927$; $\pi_f = 1{,}288$; $P_f^* = 1{,}531$; $Q^* = 5{,}08$ und $P_{tot}^* = P_{tot}/(F\omega C_R) = 10{,}349$.

In den Kapillaren wird der Schmierstoff durch Dissipation erwärmt. Die Temperaturerhöhung des Schmierstoffes beim Durchströmen der Kapillaren beträgt bei $\varepsilon = 0$:

$$\Delta T_{cp} = \frac{p_{en} - p_{P.0}}{c_p \rho} = \frac{p_{en}}{c_p \rho} \frac{\xi}{1+\xi} \,.$$

Der Temperaturanstieg des Schmierstoffes beim Durchfließen des Lagers beläuft sich bei $\varepsilon = 0$ auf:

$$\Delta T_B = \frac{p_{P.0}}{c_p \rho} + \frac{P_f}{c_p \rho Q} = \frac{p_{en}}{c_p \rho} \left(\frac{1}{1+\xi} + P^* \right) .$$

Damit können die mittlere Temperatur in den Kapillaren T_{cp} und die mittlere Temperatur im Lager T_B bestimmt werden zu: $T_{cp} = T_{en} + \Delta T_{cp}/2$ und $T_B = T_{en} + \Delta T_{cp} + \Delta T_B/2$. Die wirksamen Viskositäten in den Kapillaren η_{cp} und im Lager η_B lassen sich dann mit Gl. (12.8) zu $\eta_{cp} = \eta(T_{cp})$ und $\eta_B = \eta(T_B)$ ermitteln.

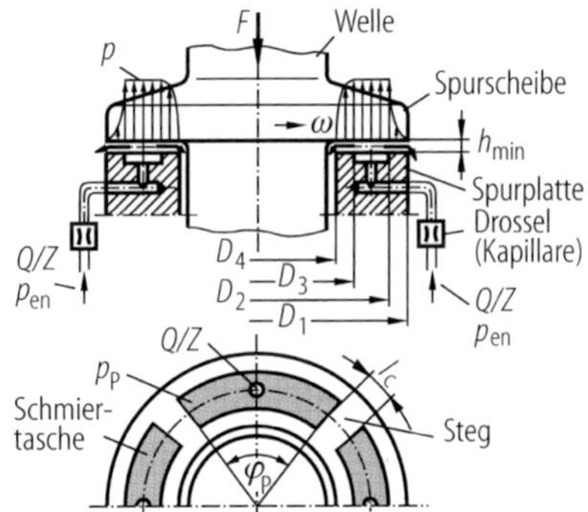

Abb. 12.18 Hydrostatisches Mehrflächen-Axialgleitlager (schematisch). F Lagerkraft, ω Winkelgeschwindigkeit der Spurscheibe, p Druckverteilung, p_P Taschendruck, p_{en} Zuführdruck (Pumpendruck), φ_P Umfangswinkel der Schmiertasche, Z Anzahl der Schmiertaschen, Q Schmierstoffdurchsatz des Lagers, D_1 Spurplattenaußendurchmesser, D_2 Schmiertaschenaußendurchmesser, D_3 Schmiertascheninnendurchmesser, D_4 Spurplatteninnendurchmesser, l_c Stegbreite in Umfangsrichtung auf dem mittleren Spurplattendurchmesser

12.4.2 Hydrostatische Axialgleitlager

Es soll hier ein Mehrflächen-Axiallager mit Schmiertaschen und Kapillaren als Drosseln vorgestellt werden. Für die Berechnung gelten die in Abb. 12.18 angegebenen Bezeichnungen. Es wird angenommen, dass bei der Bestimmung der Tragkraft und des Schmierstoffdurchsatzes die Scher- gegenüber der Druckströmung vernachlässigt werden kann (gültig für kleine Umfangsgeschwindigkeiten). Außerdem bleiben die Tragfähigkeit und die Reibung im Stegbereich zwischen den Schmiertaschen unberücksichtigt.

Die Tragkraft F kann dann näherungsweise bestimmt werden aus

$$F = \frac{Z\varphi_P}{16} \frac{p_{en}}{1+\xi} \left[\frac{D_1^2 - D_2^2}{\ln(D_1/D_2)} - \frac{D_3^2 - D_4^2}{\ln(D_3/D_4)} \right] \qquad (12.33)$$

mit dem Umfangswinkel der Schmiertasche $\varphi_P = (2\pi/Z) - 2\,l_c/D$ und dem mittleren Spurplattendurchmesser $D = (D_1 + D_4)/2$. Der Schmierstoffdurchsatz Q ergibt sich aus

$$Q = \frac{Z\varphi_P}{12} \frac{h_{min}^3}{\eta_B} \frac{p_{en}}{1+\xi} \left[\frac{1}{\ln(D_1/D_2)} + \frac{1}{\ln(D_3/D_4)} \right] . \qquad (12.34)$$

12

Für das Reibungsmoment M_f gilt:

$$M_f = \frac{\pi}{32} \frac{\eta_B \omega}{h_{min}} \left(D_1^4 - D_2^4 + D_3^4 - D_4^4\right) . \tag{12.35}$$

Die Reibungsleistung P_f folgt aus $P_f = M_f \omega$ und mit der Pumpenleistung $P_p = p_{en} Q$ kann die Gesamtleistung $P_{tot} = P_f + P_p$ ermittelt werden. Das Drosselverhältnis ξ sollte bei $\xi = 1$ liegen und die Spaltweite h_{min} größer als

$$h_{lim} = 1{,}25 \sqrt{\frac{D_m Rz}{3000}}$$

sein mit D_m dem mittleren Spurplattendurchmesser und Rz der gemittelten Rauhtiefe der Spurscheibe jeweils in m.

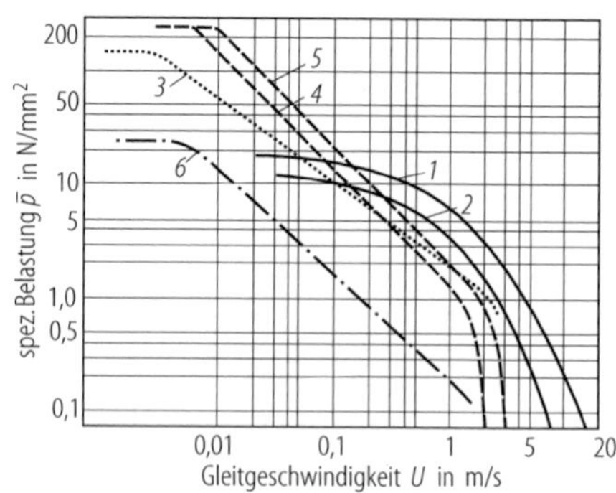

Abb. 12.19 Zulässige Betriebsbereiche für verschiedene wartungsfreie bzw. wartungsarme Gleitlager nach [13]. *1* Gleitlager aus Sinterbronze; *2* Gleitlager aus Sintereisen; *3* metallkeramisches Gleitlager; *4* Verbundgleitlager mit Acetalharz; *5* Verbundgleitlager mit PTFE-Schicht; *6* Vollkunststoff-Gleitlager (Polyamid). (Der zulässige Einsatzbereich liegt jeweils unterhalb der Kurve.)

12.5 Dichtungen

Bei Gleitlagern haben Wellendichtungen die Aufgabe, den Austritt von Öl und Ölnebel zu verhindern bzw. zu minimieren und das Eindringen von Fremdkörpern und Wasser in schädlichen Mengen zu verhüten. Die Art der Dichtung richtet sich nach dem jeweiligen Anwendungsfall. Folgende Dichtungsarten werden serienmäßig eingesetzt: Schneidendichtungen, schwimmende Schneiden- und Spaltdichtungen, einstellbare Kammerdichtungen, Schneidendichtungen mit Zusatzlabyrinth oder mit Zusatzkammer, Dralldichtungen, Weichdichtungen, Filzringe, fettgeschmierte Dichtungen, Spritzringdichtungen usw.

12.6 Wartungsfreie Gleitlager

Wartungsfreie Gleitlager zeigen ihre höchste Tragfähigkeit bei kleiner Gleitgeschwindigkeit. Hier können sie oft um ein Vielfaches höher belastet werden als hydrodynamische Gleitlager, die bei niedriger Gleitgeschwindigkeit im Mischreibungsgebiet laufen. Mit zunehmender Geschwindigkeit nimmt die ertragbare spezifische Belastung $\bar{p}$ jedoch ab $[\bar{p}U \leqq (\bar{p}U)_{zul}]$, weil durch die zunehmende Reibungswärme die Lagertemperatur unzulässig hoch ansteigen würde. Typische Einsatzbereiche für unterschiedliche

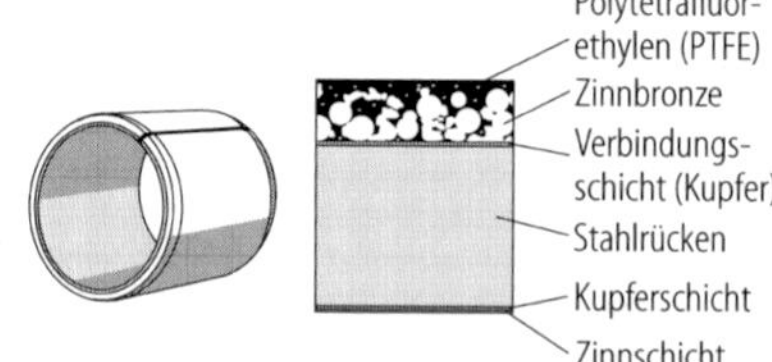

Abb. 12.20 Aufbau eines wartungsfreien Gleitlagers aus Verbundwerkstoffen. (Nach [13])

wartungsfreie Gleitlager sind in Abb. 12.19 dargestellt. Der Einsatzbereich liegt unter der jeweiligen Linie.

Als Lagerbauarten werden beispielsweise Sintergleitlager, metallkeramische Gleitlager, Vollkunststofflager aus Thermoplasten oder Duroplasten, Gleitlager aus Verbundwerkstoffen oder aus Kunstkohle eingesetzt. Der typische Aufbau eines Gleitlagers aus Verbundwerkstoffen ist in Abb. 12.20 dargestellt.

Wartungsfreie Gleitlager benötigen für die Funktion einen gewissen Verschleiß, um den Festschmierstoff (z. B. PTFE, Grafit) oder den Lagerwerkstoff selbst freizusetzen, wenn dieser als Schmierstoff wirken soll. Der Festschmierstoff wird besonders beim Einlauf auf den Gegenkörper übertragen und setzt dort die Rauheitstäler zu, sodass bei günstigen Bedingungen der Kontaktbereich zwischen Lager und Welle vollständig mit Festschmierstoff ausgefüllt ist. Die Berechnung der wartungsfreien Gleitlager umfasst die mechanische Belastbarkeit, die Lagertemperatur, wobei die richtige Erfassung der Wärmeabgabebedingungen entscheidend ist, den Verschleiß und damit die Lebensdauer [13]. Anwendung finden wartungsfreie Gleitlager vor allem da, wo ein hydrodynamischer Schmierfilmaufbau wegen niedriger Gleitgeschwindigkeiten nicht möglich, eine hydrostatische Lagerung zu aufwändig oder ein Einsatz von flüssigen Schmierstoffen unerwünscht ist. Für Lager mit oszillierenden Schwenkbewegungen werden in weiten Bereichen des Maschinenbaus auch Gelenklager eingesetzt, die am Innen- und Außenring sphärische Gleitflächen besitzen [14].

12.7 Konstruktive Gestaltung

12.7.1 Konstruktion und Schmierspaltausbildung

Die Berechnung hydrodynamischer Radialgleitlager legt eine in axialer Richtung parallele Schmierspaltform zugrunde, Abb. 12.1. Durch die sich unter Belastung einstellende Verformung der Welle (Krümmung) und durch Fluchtungsfehler (Schiefstellung) wird in starr angeordneten Lagern die Parallelität des Schmierspaltes gestört, Abb. 12.21. Das führt zu Kantentragen (erhöhte Kantenpressung) und zu Tragkraftminderungen, die bei Lagerbreiten $B/D > 0{,}3$ deutlich spürbar werden. Durch konstruktive Maßnahmen zur Anpassung des Lagers an den Verformungszustand der Welle kann dem entgegengewirkt werden. Grundsätzlich ist das möglich durch Anwendung möglichst kleiner Lagerbreiten. Bei Endlagern, die stärker von Wellenschiefstellungen betroffen sind, kann eine Anpassung aber auch erreicht werden durch elastische Nachgiebigkeit des Lagerkörpers (Abb. 12.22a) oder durch eine kippbewegliche Anordnung, Abb. 12.22b. Bei Mittellagern, bei denen häufiger eine Wellenkrümmung zu Problemen führt, lässt sich das Kantentragen dadurch vermindern, indem die Lagerbohrungsenden leicht konisch erweitert werden (Abb. 12.22c) bzw. die Lagerschale nicht über die ganze Länge im Lagerkörper abgestützt wird, Abb. 12.22d,e. Weitere Anpassungen zur Tragfähigkeitssteigerung werden über Einlaufvorgänge erreicht. Bei Axiallagern können Schiefstellungen der Spurplatte durch eine elastische Abstützung der Spurplatte oder der einzelnen Segmente ausgeglichen werden, Abb. 12.6b. Letzteres bewirkt auch ein gleichmäßiges Tragen aller Segmente.

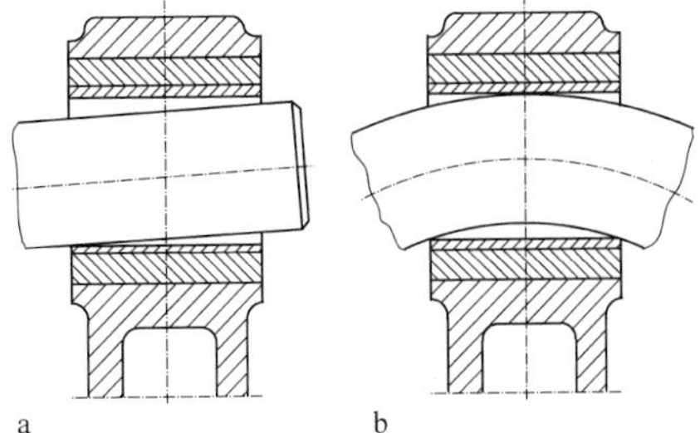

Abb. 12.21 Kantentragen bei starren Lagerkörpern [16]. **a** Wellenschiefstellung in einem Endlager; **b** Wellenkrümmung in einem Mittellager

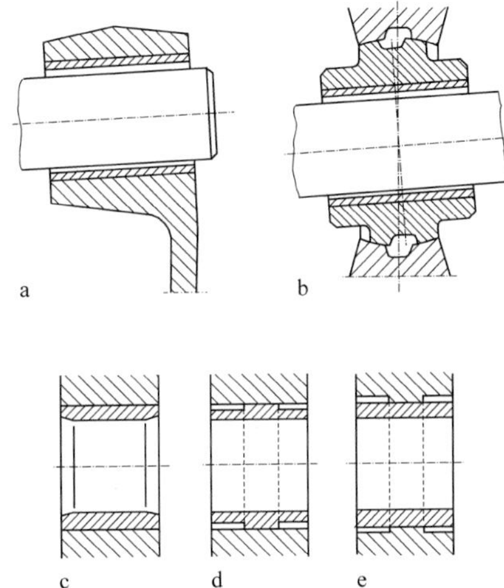

Abb. 12.22 Konstruktive Maßnahmen zur Minderung des Kantentragens. **a** Elastische Nachgiebigkeit [16]; **b** Kippbeweglichkeit des Lagerkörpers [17]; **c** konische Erweiterung der Lagerbohrungsenden [17]; **d** und **e** elastische Verformung der Lagerbuchse bei verringerter Stützbreite im Lagerkörper [17]

12.7.2 Lagerschmierung

Ein Lager muss so konstruiert sein, dass sich der Gleitraum hinreichend mit Schmierstoff versorgen lässt. Das kann geschehen durch feste oder lose Schmierringe (Abb. 12.23) oder durch

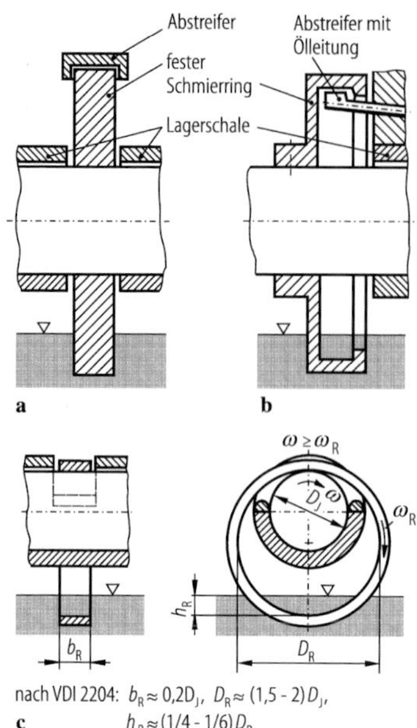

Abb. 12.23 Ringschmierung. **a** Fester Schmierring mit Abstreifer für beidseitige Ölversorgung; **b** fester Schmierring für innere Ölübergabe und Abstreifer für einseitige Ölversorgung (Gefahr des Ölabschleuderns geringer als bei Variante **a**); **c** loser Schmierring

Umlaufschmierung (Abb. 12.24). Feste Schmierringe mit Abstreifer (Abb. 12.23a) sind nach VDI 2204 für Geschwindigkeiten von 10 m/s am Ringaußendurchmesser geeignet. Bei höheren Geschwindigkeiten schleudert das Öl ab, und es bildet sich Schaum im Ölvorrat. Bei festen Schmierringen im geschlossenen Ringkanal oder mit geeignetem Ringquerschnitt (Abb. 12.23b) nimmt dagegen die Fördermenge mit steigender Ringgeschwindigkeit zu. Hier liegt der Einsatzbereich nach VDI 2204 bei 14 bis 24 m/s.

Bei losen Schmierringen (Abb. 12.23c) wächst das Fördervolumen zunächst mit steigender Ringgeschwindigkeit an, erreicht ein Maximum und fällt dann wieder ab. Lose Schmierringe können nach VDI 2204 zwischen 10 und 20 m/s eingesetzt werden, wobei die Einsatzgrenze von der Ringform, der Schmierstoffviskosität, der Reibung zwischen Ring und Welle und der Eintauchtiefe abhängig ist. Sie können zwischen 1 und 4 l/min fördern. Die oberen Werte werden aber nur mit profilierten Ringen erreicht. Bei dynamischer Belastung oder Stößen sind lose Ringe ungeeignet.

Ölumlaufschmiersysteme, im Wesentlichen bestehend aus Pumpe, Ölbehälter, Kühler, Volumenstromregler, Filter, Zuführ- und Rücklaufleitungen und Mess- und Regeleinrichtungen für Öltemperatur und -druck versorgen meist mehrere Lager zentral mit gekühltem und gefiltertem Öl, wobei der Zuführdruck zwischen 0,5 und 5 bar liegen kann.

Die Geschwindigkeit in den Zuführleitungen sollte 1,5 bis 2 m/s nicht überschreiten. Die Rohrdurchmesser der Rücklaufleitungen sollte 4- bis 6-mal so groß wie die der Zuführleitungen sein und ein gleichmäßiges Gefälle von ca. 15° aufweisen.

Die Schmierstoffzufuhr sollte in der unbelasteten Zone im Bereich des divergierenden Spalts erfolgen, um in der belasteten Zone einen ungestörten Druckaufbau mit maximaler Tragwirkung zu erzielen und die Verschäumungsgefahr für den Schmierstoff zu mindern. Bei instationär belasteten Radialgleitlagern kann die günstigste Lage der Schmierstoffzufuhr aus der Wellenverlagerungsbahn ermittelt werden. Die gleichmäßige Verteilung des Schmierstoffs über der Lagerbreite erfolgt in der Regel entweder über eine oder mehrere Taschen oder Bohrungen oder über eine Ringnut. Letztere (ganz oder teilweise umlaufend) wird häufig bei rotierender oder unbestimmter Lastrichtung eingesetzt. Bei einem schmalen Lager wird i. Allg. eine Bohrung eingebracht. Die axiale Breite von Schmiertaschen sollte weniger als 70 % der Lagerbreite betragen, um den Seitenfluss klein zu halten.

Abstreifer können verhindern, dass heiß austretender Schmierstoff wieder in den Gleitraum eintritt. Bei Axiallagern für vertikal angeordnete Wellen ist darauf zu achten, dass trotz der Wirkung der Fliehkraft die innenliegenden Bereiche der Gleitflächen ausreichend mit Schmierstoff versorgt werden.

12.7.3 Lagerkühlung

Bei Lagern mit Ringschmierung wird die Reibungswärme überwiegend über das Lagergehäuse an die Umgebung abgegeben. Dabei hängt die Kühlwirkung von den Umströmungsverhältnis-

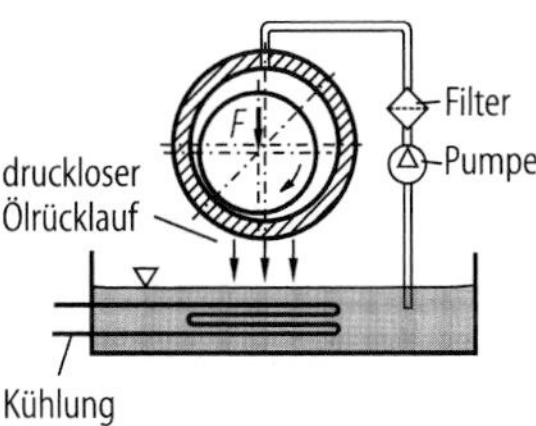

Abb. 12.24 Ölumlaufschmierung mit Kühlung (schematisch)

sen am Lagergehäuse ab. Bei Umlaufschmierung wird die Wärme hauptsächlich mit dem Schmierstoff abgeführt. Ohne zusätzliche Kühlung des Ölvorrats sind dabei Ölabkühlungen bis zu 10 K möglich [18]. Durch den Einbau von Rohrschlangen, die von gekühltem Wasser oder Kühlöl durchflossen werden, in den Ölsumpf oder -sammelbehälter (Abb. 12.24), lässt sich eine Ölrückkühlung von 20 bis 30 K erzielen.

12.7.4 Lagerwerkstoffe

Neben ausreichender Festigkeit, Widerstandsfähigkeit gegen Korrosion und Kavitation und chemischer Beständigkeit gegen den Schmierstoff und die sich darin befindlichen Stoffe (Additive) sollten die Lagerwerkstoffe auch besondere Gleiteigenschaften besitzen. Hierfür spielen eine gute Benetzbarkeit und eine hohe Kapillarität durch den eingesetzten Schmierstoff, Notlaufeigenschaften und ausreichendes Einlauf-, Einbettungs- und Verschleißverhalten eine wichtige Rolle. Bei guter *Benetzbarkeit* wird die Gleitlageroberfläche vollständig von einem Schmierfilm bedeckt, und bei hoher *Kapillarität* kann der Schmierstoff auch in den engen Spalt zwischen Welle und Lagerschale eindringen und dort für einen Schmierfilmaufbau zur Verfügung stehen. Von Bedeutung sind diese Eigenschaften vor allem im Mischreibungsgebiet beim An- und Auslauf des Lagers, wenn nur wenig Schmierstoff in der Kontaktzone vorhanden ist.

Der Lagerwerkstoff sollte auch *Notlaufeigenschaft* aufweisen, damit bei Versagen der Schmierung das Lager kurzzeitig ohne große Schädigung betriebsfähig gehalten werden kann. Dabei wirken noch Restölmengen sowie eventuell im Lagerwerkstoff vorhandene Festschmierstoffe (Graphit, Molybdändisulfid) mit. Hauptsächlich werden die Notlaufeigenschaften aber durch die Eigenschaften der Lagermetalle bestimmt. Am besten eignen sich niedrig schmelzende Metalle geringer Härte, die bei örtlicher Erhitzung aufschmelzen und so die Reibung niedrig halten. Wichtig ist in diesem Zusammenhang auch die Unempfindlichkeit gegen Fressen, d. h. der Widerstand des Gleitlagerwerkstoffs gegen die Bildung von adhäsiven Bindungen mit dem Gegenkörper.

Günstig ist außerdem ein gutes *Einlaufverhalten*. Ziel ist es, die Oberflächen und die Form der Laufflächen durch Abrieb und Verformung ohne merkliche Beeinträchtigung der Funktionen in kurzer Zeit so anzupassen, dass die durch Fertigung, Montage und elastische Verformungen bedingten Abweichungen von der Sollform des Gleitraumes weitgehend ausgeglichen werden. In Verbindung mit Stahlwellen nehmen die Gleiteigenschaften und das Einlaufverhalten von Lagerwerkstoffen in folgender Reihenfolge ab: Weißmetall (WM) auf Bleibasis, WM auf Zinnbasis, Bleibronzen, Rotguss, Zinnbronzen, Sondermessing [19].

Durch das *Einbettungsverhalten* können Fremdkörper (Schmutz- und/oder Verschleißpartikel) in die Gleitfläche eingelagert und dadurch deren schädigende Wirkung gemildert werden. Dennoch verlangen auch einbettungsfähige Werkstoffe, die Lager vor Verschmutzung zu schützen und den Schmierstoff durch Filterung sauber zu halten.

Die *Verschleißfestigkeit* der Lagerwerkstoffe nimmt ausgehend von den Bronzen über Messing, Al-Pb-Bronzen, Rotguss, Al-Zn- und Kadmiumlegierungen bis hin zu den Weißmetallen ab [19]. Lagerwerkstoffe mit einer hohen *Verschleißfestigkeit* zeichnen sich dadurch aus, dass sie dem Herauslösen kleiner Teilchen aus der Laufschicht einen hohen Widerstand entgegenbringen. Dauerhaft oder kurzzeitig mischreibungsbeanspruchte Gleitlager (z. B. während des An- und Auslaufens) sind durch Verschleiß gekennzeichnet. Wegen der starken Abhängigkeit von den Betriebsbedingungen und den Eigenschaften der Reibpartner und des Schmierstoffs lassen sich allgemein gültige Aussagen zum Verschleiß kaum machen.

Als *metallische* Lagerwerkstoffe werden Blei-, Zinn-, Kupfer- und Aluminium-Legierungen eingesetzt. Für eine Auswahl von Lagerwerkstoffen sind im Tab. 12.1 Werte über die höchstzulässige spezifische Lagerbelastung angegeben.

Für bestimmte Anwendungsfälle (Wasserschmierung, Trockenlauf, chemisch aggressive Medien) werden auch *nichtmetallische Werkstoffe*, wie z. B. Gummi, Kunststoff und Keramik, verwendet. Dabei sind deren von den Metallen abweichende physikalische Eigenschaften (Festigkeit, Elastizität, Wärmeleitfähigkeit, thermische Stabilität) besonders zu beachten.

Bei wartungsfreien Lagern kommen z. B. Kunststoffe, Sintermetalle mit inkorporierten Festschmierstoffen oder auch ölgetränkte Sintermetalle zum Einsatz.

Der Werkstoff, der mit einer Umfangslast beaufschlagt wird (meistens die Welle oder bei Axiallagern die Spurscheibe) sollte eine höhere Härte aufweisen als der Werkstoff, der mit einer Punktlast beansprucht wird (meistens die Lagerbuchse oder bei Axiallagern das Gleitsegment). Nach [19] gilt: $(H/E)_{\text{Umfangslast}} =$ 1,5 bis 2 $(H/E)_{\text{Punktlast}}$ mit H als Härte und E als E-Modul. Der Werkstoff, auf den die äußere Last als Punktlast wirkt, sollte als Lagerwerkstoff ausgebildet sein (Konstruktionsregel: Punktlast für Lagerwerkstoff!).

12.7.5 Lagerbauformen

Als Bauarten werden bei Gleitlagern grundsätzlich Axial- und Radiallager unterschieden. Bei Radiallagern werden die Lagerbuchsen geteilt (2 Halbschalen) oder ungeteilt jeweils mit oder ohne axiale Gleitflächen ausgeführt, Abb. 12.25. Die Buchsen und Halbschalen können dick- oder dünnwandig sein.

Dickwandige Buchsen und Schalen sind auch ohne steifes Gehäuse formstabil. Bei ihnen wird die gewünschte Gleitflächengeometrie auch bei geringem oder ohne Presssitz im Gehäuse gewährleistet. Die Oberflächenstruktur der Gehäuseaufnahmebohrung hat bei ihnen keinen nennenswerten Einfluss auf die Gleitflächen. Sie werden in der Regel aus einem einzigen Lagerwerkstoff (Massivlager) hergestellt oder aus einem Stützkörper mit einer Lagerwerkstoff-Ausgussschicht (Verbundlager). Buchsen werden i. Allg. aus einem Rohr oder aus Stangenmaterial produziert.

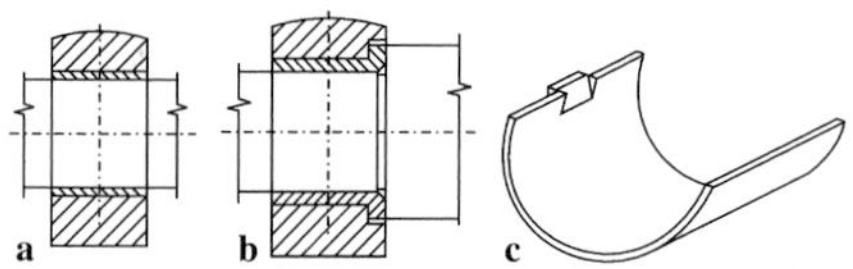

Abb. 12.25 Bauformen von Radialgleitlagern. **a** dünnwandige Buchse; **b** dickwandige Buchse mit einseitiger axialer Gleitfläche; **c** dünnwandige Halbschale mit Arretierungsnocken

Dünnwandige Buchsen und Schalen erreichen erst nach dem Einbau ins Gehäuse bei ausreichender Pressung zwischen Gehäuse und Lager ihre endgültige Form. Im freien Zustand sind sie nicht formstabil und unrund. Sie werden meistens aus einem Bandabschnitt (Platine) durch Biegen, Pressen oder Rollen hergestellt, welches aus einem einzigen (massiv) oder aus einem mehrschichtigen (2-, 3- oder 4-schichtigen) Werkstoff (meistens mit Stahlrücken) besteht. Bei Mehrschichtlagern werden die guten Eigenschaften der einzelnen Werkstoffschichten zu einem optimalen Gesamtverhalten des Lagers verknüpft.

Die Schichtdicke des Lagerwerkstoffs sollte so gering wie möglich sein, wobei die untere Grenze durch fertigungstechnische Gründe, durch eine genügende Verschleißdicke und durch eine ausreichende Einbettfähigkeit von Verschleiß- und Schmutzpartikeln gegeben ist. Die Belastbarkeit (Quetschgrenze und Ermüdungsfestigkeit) steigt an, wenn die Schichtdicke abnimmt.

Neben zylindrischen Radialgleitlagern werden auch Mehrgleitflächenlager eingesetzt, letztere vor allem bei hohen Drehzahlen und als Präzisionslager mit sehr hoher Steifigkeit. Bei Mehrgleitflächenlagern können die Gleitsegmente fest eingearbeitet oder kippbeweglich ausgeführt sein. Gelenklager mit sphärischen Gleitflächen kommen bei niedrigen Geschwindigkeiten bei Gefahr von Schiefstellungen und Fluchtungsfehlern zum Einsatz.

In den meisten Anwendungsfällen werden Lagerschalen und Buchsen in die Gehäusebohrung eingepresst, Abb. 12.25. Wichtig ist, dass die Pressung bei allen Betriebszutänden so groß bleibt, dass eine Verschiebung der Schale in der Bohrung verhindert wird. Die bei Lagerschalen und gerollten Buchsen auftretenden Teilfugen sollten beim Einbau so gelegt werden, dass sie sich senkrecht zur Lastrichtung befinden.

Als *Axiallager* werden z. B. Axialsegmentlager mit fest in einen Spurring eingearbeiteten Keilflächen oder Axialkippsegmentlager mit kippbeweglichen Segmenten verwendet. In beiden Fällen können die Gleitsegmente entweder aus Massivwerkstoff oder aus Verbundmaterial hergestellt werden.

Anhang

Tab. 12.1 Erfahrungsrichtwerte für die höchstzulässige spezifische Lagerbelastung $\overline{p}_{\text{lim}}$ nach DIN 31 652

Lagerwerkstoff-Gruppe	$\bar{p}_{\text{lim}}$ in N/mm^2 [a]
Pb[b]- und Sn-Legierungen	5 (15)
Cu Pb-Legierungen	7 (20)
Cu Sn-Legierungen	7 (25)
Al Sn-Legierungen	7 (18)
Al Zn-Legierungen	7 (20)

[a] Klammerwerte nur ausnahmsweise aufgrund besonderer Betriebsbedingungen, z. B. bei sehr niedrigen Gleitgeschwindigkeiten, zulässig.

[b] Aufgrund der Toxizität von Blei ist die Anwendung von bleihaltigen Lagerwerkstoffen zunehmend einzuschränken.

Tab. 12.2 Erfahrungsrichtwerte für die kleinstzulässige minimale Schmierfilmdicke h_{lim} im Betrieb in µm nach DIN 31 652

Wellen-durchmesser d in mm	Gleitgeschwindigkeit der Welle U_J in m/s				
	< 1	1–3	3–10	10–30	> 30
24 bis 63	3	4	5	7	10
63 bis 160	4	5	7	9	12
160 bis 400	6	7	9	11	14
400 bis 1000	8	9	11	13	16
1000 bis 2500	10	12	14	16	18

Tab. 12.3 Schmierstoffdurchsatz-Kennzahl infolge Zuführdruck Q_P^* nach DIN 31 652 (Auszug). d_H Bohrungsdurchmesser des Schmierlochs, b_P Schmiertaschenbreite, b_G Schmiernutbreite

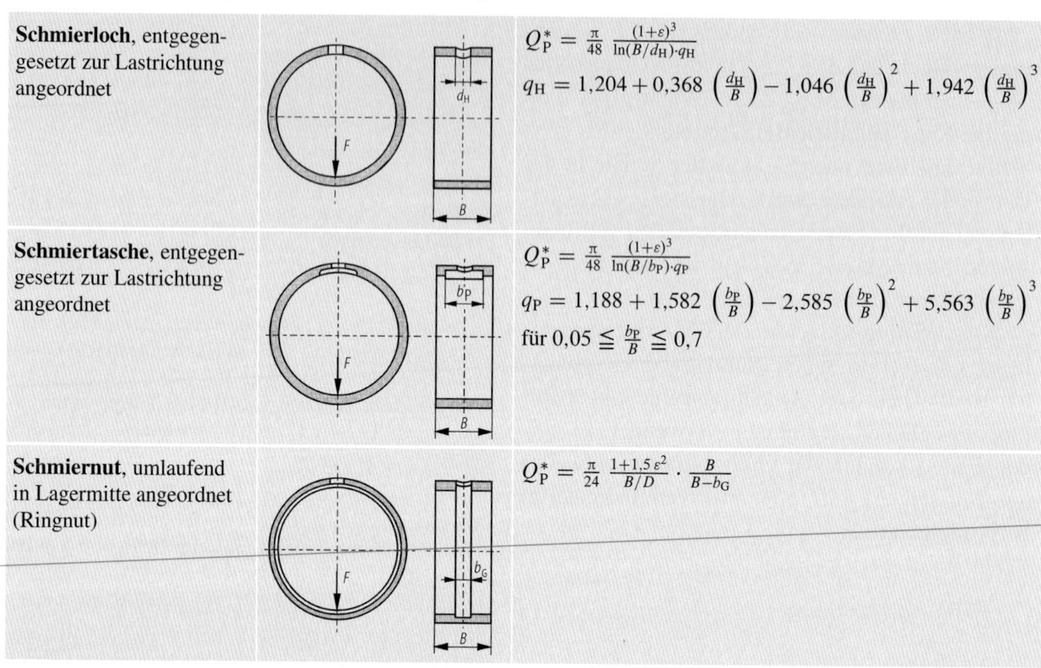

Schmierloch, entgegengesetzt zur Lastrichtung angeordnet	d_H, F, B	$Q_P^* = \frac{\pi}{48} \frac{(1+\varepsilon)^3}{\ln(B/d_H) \cdot q_H}$ $q_H = 1{,}204 + 0{,}368 \left(\frac{d_H}{B}\right) - 1{,}046 \left(\frac{d_H}{B}\right)^2 + 1{,}942 \left(\frac{d_H}{B}\right)^3$
Schmiertasche, entgegengesetzt zur Lastrichtung angeordnet	b_P, F, B	$Q_P^* = \frac{\pi}{48} \frac{(1+\varepsilon)^3}{\ln(B/b_P) \cdot q_P}$ $q_P = 1{,}188 + 1{,}582 \left(\frac{b_P}{B}\right) - 2{,}585 \left(\frac{b_P}{B}\right)^2 + 5{,}563 \left(\frac{b_P}{B}\right)^3$ für $0{,}05 \leqq \frac{b_P}{B} \leqq 0{,}7$
Schmiernut, umlaufend in Lagermitte angeordnet (Ringnut)	F, b_G, B	$Q_P^* = \frac{\pi}{24} \frac{1+1{,}5\varepsilon^2}{B/D} \cdot \frac{B}{B-b_G}$

Tab. 12.4 Erfahrungswerte für die höchstzulässige Lagertemperatur T_{lim} nach DIN 31 652

Art der Lagerschmierung	T_{lim} in °C Verhältnis von Gesamtschmierstoffvolumen zu Schmierstoffvolumen pro Minute (Schmierstoffdurchsatz)	
	bis 5	über 5
Druckschmierung (Umlaufschmierung)	100 (115)[a]	110 (125)[a]
drucklose Schmierung (Eigenschmierung)	90 (110)[a]	

[a] Klammerwerte nur ausnahmsweise bei besonderen Betriebsbedingungen zulässig

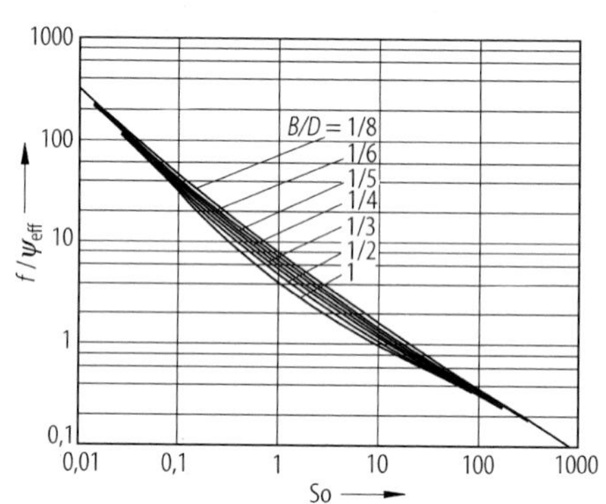

Abb. 12.26 Bezogene Reibungszahl f/ψ_{eff} für vollumschlossene Radialgleitlager in Abhängigkeit von B/D und So nach DIN 31 652

Tab. 12.5 Richtwerte für die mindestzulässige Schmierfilmdicke im Betrieb h_{lim} in µm für Axialkippsegmentlager bei $F_{\text{st}}/F = 1$ nach DIN 31 654. Werte in Klammern gelten bei $F_{\text{st}}/F = 0{,}25$. Für Segmentlager mit fest eingearbeiteten Keil- und Rastflächen nach DIN 31 653 Tabellenwerte für h_{lim} verdoppeln. Bei $F_{\text{st}}/F = 0$ Werte der 1. Spalte verwenden

mittl. Gleitdurchmesser D in mm	mittl. Gleitgeschwindigkeit der Spurscheibe U in m/s					
	1–2,4	2,4–4	4–6,3	6,3–10	10–24	24–40
24 bis 63	4 (4)	4 (4)	4,8 (4)	6 (4)	8,5 (4,3)	12 (6)
63 bis 160	6,5 (6,5)	6,5 (6,5)	7,5 (6,5)	9,5 (6,5)	14 (7)	19 (9,5)
160 bis 400	10 (10)	10 (10)	12 (10)	15 (10)	22 (11)	30 (15)
400 bis 1000	16 (16)	16 (16)	19 (16)	24 (17)	35 (17)	48 (24)
1000 bis 2500	26 (26)	26 (26)	30 (26)	38 (26)	55 (27)	75 (37)

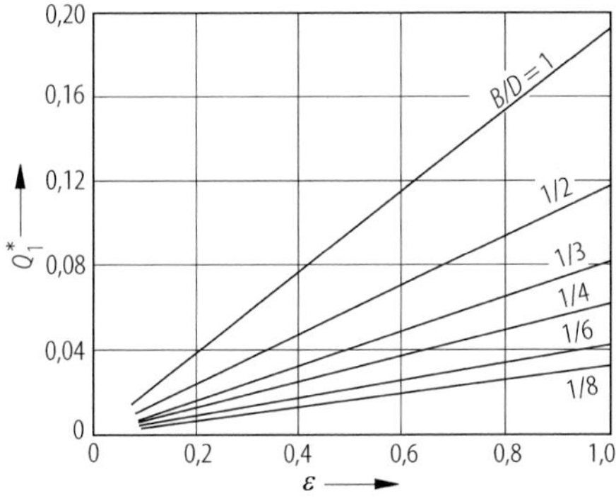

Abb. 12.27 Schmierstoffdurchsatz-Kennzahl infolge hydrodynamischer Druckentwicklung Q_1^* für vollumschlossene Radialgleitlager in Abhängigkeit von B/D und ε nach DIN 31 652

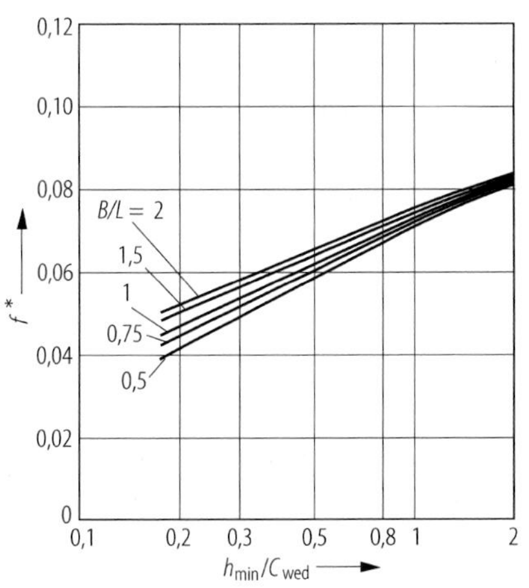

Abb. 12.28 Reibungskennzahl f^* für Axialkippsegmentlager in Abhängigkeit von B/L und $h_{\text{min}}/C_{\text{wed}}$ nach DIN 31 654

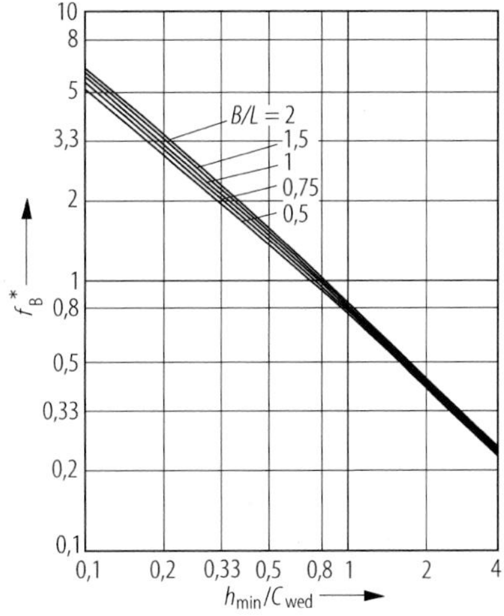

Abb. 12.29 Reibungskennzahl f_B^* für Axialsegmentlager mit fest eingearbeiteten Keil- und Rastflächen in Abhängigkeit von B/L und $h_{\text{min}}/C_{\text{wed}}$ nach DIN 31 653

12

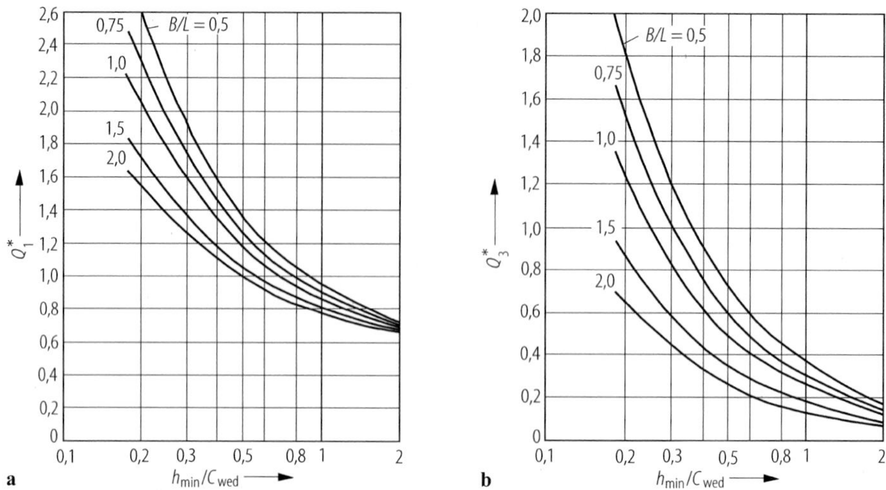

Abb. 12.30 Schmierstoffdurchsatz-Kennzahlen für Axialkippsegmentlager nach DIN 31 654. **a** Schmierstoffdurchsatz-Kennzahl am Eintrittsspalt Q_1^* in Abhängigkeit von B/L und h_{min}/C_{wed}; **b** Schmierstoffdurchsatz-Kennzahl an den Seitenrändern Q_3^* in Abhängigkeit von B/L und h_{min}/C_{wed}

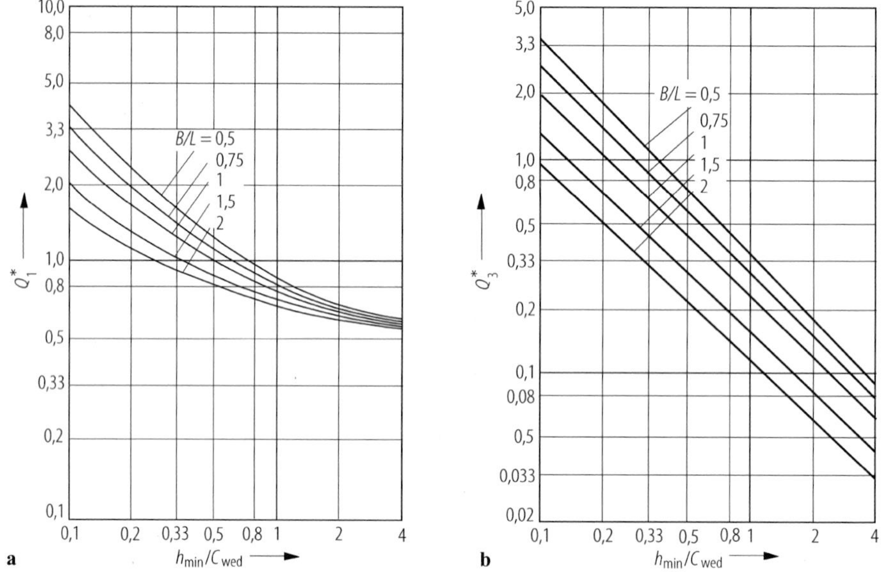

Abb. 12.31 Schmierstoffdurchsatz-Kennzahlen für Axialsegmentlager mit fest eingearbeiteten Keil- und Rastflächen nach DIN 31 653. **a** Schmierstoffdurchsatz-Kennzahl am Eintrittsspalt Q_1^* in Abhängigkeit von B/L und h_{min}/C_{wed}; **b** Schmierspaltdurchsatz-Kennzahl an den Seitenrändern Q_3^* in Abhängigkeit von B/L und h_{min}/C_{wed}

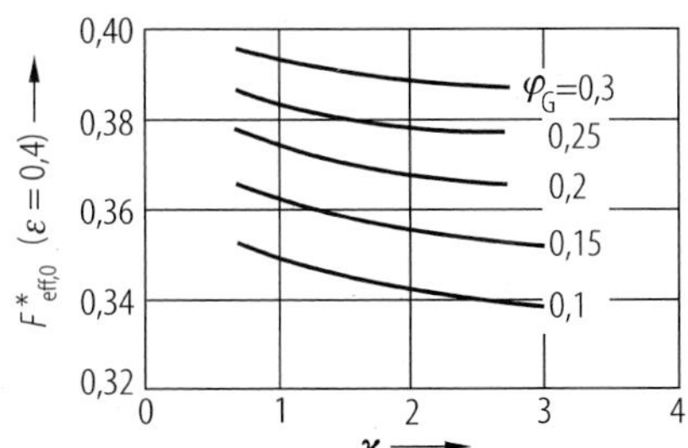

Abb. 12.32 Effektive Tragkraftkennzahl $F^*_{\text{eff},\,0}$ bei $\varepsilon = 0{,}4$ in Abhängigkeit von κ und φ_G für $z = 4$, $\alpha = 0$, $\xi = 1$ und $\omega_J = 0$ nach DIN 31 656

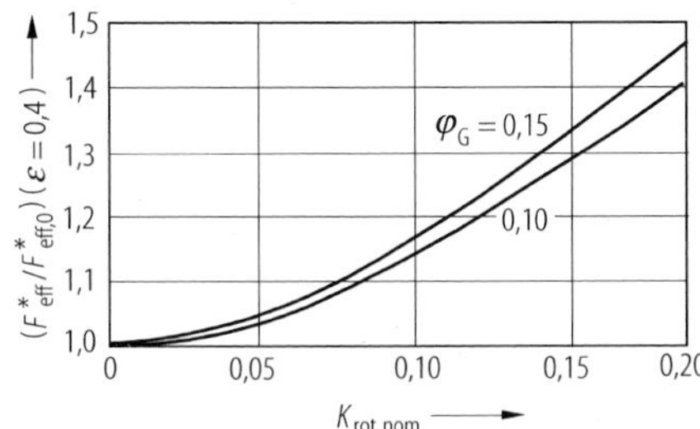

Abb. 12.33 Verhältnis der effektiven Tragkraftkennzahlen $F^*_{\text{eff}}/F^*_{\text{eff},\,0}$ bei $\varepsilon = 0{,}4$ in Abhängigkeit von $K_{\text{rot,nom}}$ und φ_G für $z = 4$, $\alpha = 0$, $\xi = 1$ und $\kappa = 1$ bis 2 nach DIN 31 656

Literatur

Spezielle Literatur

1. Bartel, D.: Simulation von Tribosystemen – Grundlagen und Anwendungen. Vieweg+Teubner, Wiesbaden (2010)
2. Vogelpohl, G.: Betriebssichere Gleitlager. Springer, Berlin (1967)
3. Lang, O.R., Steinhilper, W.: Gleitlager. Springer, Berlin (1978)
4. Spiegel, K.: Konstruktive Fragen des Gleitlagers unter Berücksichtigung der Schmierung. Gleitlager als moderne Maschinenelemente. Tribotechnik, Band 400. Expert, Ehningen (1993)
5. Noack, G.: Berechnung hydrodynamisch geschmierter Gleitlager – dargestellt am Beispiel der Radiallager. Gleitlager als moderne Maschinenelemente. Tribotechnik, Band 400. Expert-Verlag, Ehningen (1993)
6. Holland, J.: Beitrag zur Erfassung der Schmierverhältnisse in Verbrennungskraftmaschinen. VDI-Forsch. Heft 475. VDI-Verlag, Düsseldorf (1959)
7. Affenzeller, J., Gläser, H.: Lagerung und Schmierung von Verbrennungsmotoren. Die Verbrennungskraftmaschine. In: Neue Folge, Bd. 8, Springer, Wien (1996)
8. Butenschön, H.-J.: Das hydrodynamische, zylindrische Gleitlager endlicher Breite unter instationärer Belastung. Diss. Univ. Karlsruhe (1976)
9. Kanarachos, A.: Ein Beitrag zum Problem hydrodynamischer Gleitlager maximaler Tragfähigkeit. Konstruktion **28**, 391–395 (1976)
10. Pollmann, E.: Berechnungsverfahren für Axiallager. Konstruktion **33**, 103–108 (1981). S. 159–162
11. Deters, L.: Hochtourige Axialgleitlager mit kippbeweglichen Kreisgleitschuhen. Antriebstechnik **27**, 58–64 (1988)
12. Ruß, A.G.: Vergleichende Betrachtung wartungsfreier und selbstschmierender Gleitlager. In: Bartz, W.-J.: Selbstschmierende und wartungsfreie Gleitlager – Typen, Eigenschaften, Einsatzgrenzen und Anwendungen, Band 422. Expert-Verlag, Ehningen (1993)
13. Berger, M.: Untersuchungen an wartungfreien trockenlaufenden Verbundgleitlagern. Diss. Univ. Magdeburg. Shaker, Aachen (2000)
14. Sautter, S., von Wenz, V.: Moderne Gelenklager – Stand der Technik und Entwicklungstendenzen. Konstruktion **38**, 433–441 (1986)
15. Droste, K.: Zur Frage der Betriebssicherheit bei Querlagern. Schmiertechnik **1**, 2–6 (1954)
16. Steinhilper, W., Röper, R.: Maschinen- und Konstruktionselemente Bd. 3. Springer, Berlin (1994)
17. Fronius, S.: Konstruktionslehre – Antriebstechnik. Verlag Technik, Berlin (1979)
18. Peeken, H.: Gleitlagerungen. In: DUBBEL-Taschenbuch für den Maschinenbau, 19. Aufl. Springer, Berlin (1997)
19. Spiegel, K., Fricke, J.: Bemessungs- und Gestaltungsregeln für Gleitlager: Herkunft – Bedeutung – Grundlagen – Fortschritt. Tribol Schmierungstech **47**, 5 (2000)

Normen und Richtlinien

DIN 38: Lagermetallausguss in Gleitlagern
DIN 118: Stehgleitlager mit Ringschmierung
DIN ISO 3547: Gleitlager – Gerollte Buchsen
DIN 322: Schmierringe
DIN 502/503: Flanschlager
DIN 504: Augenlager
DIN 505/506: Deckellager
DIN ISO 12240: Gelenklager
DIN ISO 12128: Schmierlöcher, Schmiernuten, Schmiertaschen
DIN ISO 4381/4382/4383: Lagerwerkstoffe
DIN/ISO 4384: Härteprüfung an Lagermetallen
DIN/ISO 4386: Prüfung der Bindung metallischer Verbundgleitlager
DIN 7473/7474: Dickwandige Verbundgleitlager mit zylindrischer Bohrung, geteilt/ungeteilt
DIN 7477: Schmiertaschen für dickwandige Verbundgleitlager
DIN 8221: Buchsen für Gleitlager nach DIN 502/503/504

DIN 31 651: Gleitlagerkurzzeichen und Benennungen
DIN 31 652: Berechnung von hydrodynamischen Radial-Gleitlagern
DIN 31 653: Berechnung von Axialsegmentlagern
DIN 31 654: Berechnung von Axial-Kippsegmentlagern
DIN 31 655: Berechnung von hydrostatischen Radial-Gleitlagern ohne Zwischennuten
DIN 31 656: Berechnung von hydrostatischen Radial-Gleitlagern mit Zwischennuten
DIN 31 657: Berechnung von Mehrflächen- und Kippsegment-Radialgleitlagern
DIN 31 661: Gleitlager; Begriffe, Merkmale und Ursachen von Veränderungen und Schäden
DIN 31 670: Qualitätssicherung von Gleitlagern
DIN 31 690: Gehäusegleitlager; Stehlager
DIN 31 692: Gleitlager; Hinweise für die Schmierung
DIN 31 696: Segment-Axiallager; Einbaumaße
DIN 31 697: Ring-Axiallager; Einbaumaße
DIN 31 698: Gleitlager; Passungen
DIN 50 282: Gleitlager; Das tribologische Verhalten von metallischen Gleitwerkstoffen; Kennzeichnende Begriffe
DIN ISO 4381: Gleitlager; Zinn-Gusslegierungen für Verbundgleitlager
DIN ISO 4382: Gleitlager; Kupferlegierungen
DIN ISO 4383: Gleitlager; Verbundwerkstoffe für dünnwandige Gleitlager
DIN ISO 6279: Gleitlager; Aluminiumlegierungen für Einstofflager (zurückgezogen)
DIN ISO 6691: Thermoplastische Polymere für Gleitlager
VDI 2201: Gestaltung von Lagerungen (zurückgezogen)
VDI 2202: Schmierstoffe und Schmiereinrichtungen für Gleit- und Wälzlager (zurückgezogen)
VDI 2204: Gleitlagerberechnung

13 Zugmittelgetriebe

Heinz Mertens und Robert Liebich

13.1 Bauarten, Anwendungen

Zugmittelgetriebe dienen zur Wandlung von Drehzahlen und Drehmomenten zwischen zwei oder mehr nichtkoaxialen Wellen, auch mit größeren Wellenabständen, bei geringem Bauaufwand. Als Zugmittel finden endlose Flachriemen, Keilriemen, Synchronriemen oder Ketten Verwendung, die die Riemenscheiben oder Kettenräder von An- und Abtriebswellen umschlingen und dabei Umfangsgeschwindigkeiten und Umfangskräfte übertragen [1, 2].

Reibschlüssige Zugmittelgetriebe. Sie erfordern zur Aufrechterhaltung des Reibschlusses stets eine Mindestvorspannkraft. Die Drehzahlwandlung erfolgt bei richtiger Auslegung mit einem geringen, lastabhängigen Schlupf (Dehnschlupf) und nahezu konstanter (Abb. 13.1) oder stufenlos verstellbarer (z. B. Abb. 13.8c) Übersetzung.

Formschlüssige Zugmittelgetriebe. Sie erfordern zur Erzielung eines optimalen Laufverhaltens mit hoher Lebensdauer und/oder zur Vermeidung von Übersetzungsfehlern (Überspringen von Zähnen) ebenfalls eine bauartabhängige Mindestvorspannkraft, Abb. 13.2. Sie erzeugen dann eine konstante Übersetzung, wenn die meist geringe Ungleichförmigkeit der Drehübertragung mit der Frequenz der einlaufenden Zähne oder Kettenglieder (Polygoneffekt) vernachlässigt wird.

H. Mertens (✉)
Technische Universität Berlin
Berlin, Deutschland
E-Mail: heinz.mertens@tu-berlin.de

R. Liebich
Technische Universität Berlin
Berlin, Deutschland
E-Mail: robert.liebich@tu-berlin.de

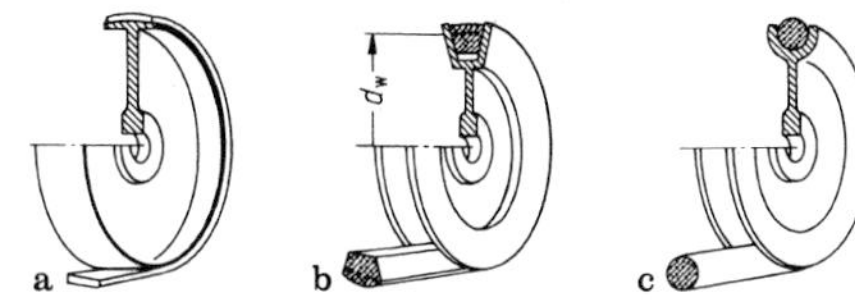

Abb. 13.1 Reibschlüssige Zugmittel. **a** Flachriemen; **b** Keilriemen; **c** Rundriemen, jeweils mit Riemenscheibe

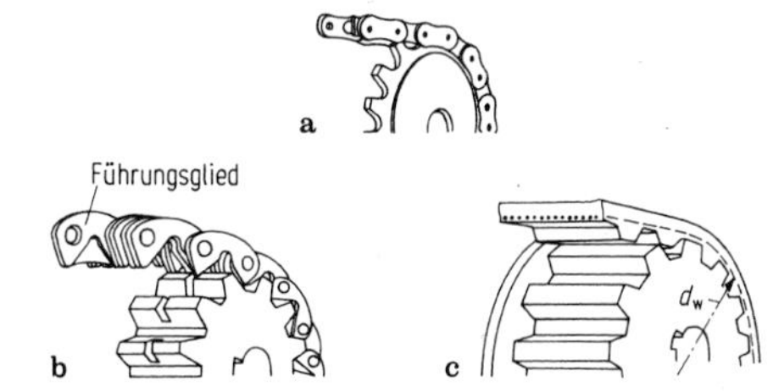

Abb. 13.2 Formschlüssige Zugmittel. **a** Rollen- bzw. Hülsenkette auf Kettenrad; **b** Zahnkette auf Zahnrad; **c** Synchronriemen auf Synchronscheibe

Flachriemen, Keilriemen und Synchronriemen ermöglichen wegen ihrer leichten Tordierbarkeit den Aufbau räumlicher Antriebe mit nichtparallelen Wellen, Abb. 13.3d,e. Stahlketten sind nur für Antriebe zwischen parallelen Wellen geeignet. Die mit wachsender Umfangsgeschwindigkeit v des Zugmittels wachsenden Fliehkräfte vermindern die übertragbaren Umfangskräfte. Die

B. Bender und D. Göhlich (Hrsg.), *Dubbel Taschenbuch für den Maschinenbau 2: Anwendungen*,
https://doi.org/10.1007/978-3-662-59713-2_13

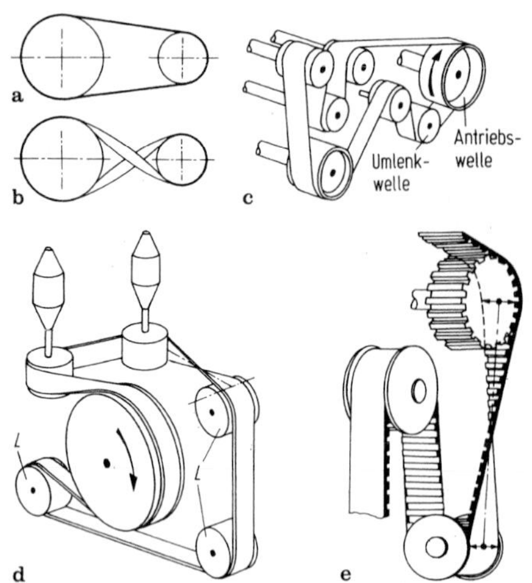

Abb. 13.3 Ebene (**a** bis **c**) und räumliche (**d** und **e**) Antriebe. **a** offenes Riemengetriebe; **b** gekreuztes Riemengetriebe; **c** Vielwellenantrieb mit Flachriemen; **d** räumlicher Flachriementrieb mit drei Leitrollen *L*; **e** räumliches Synchronriemengetriebe

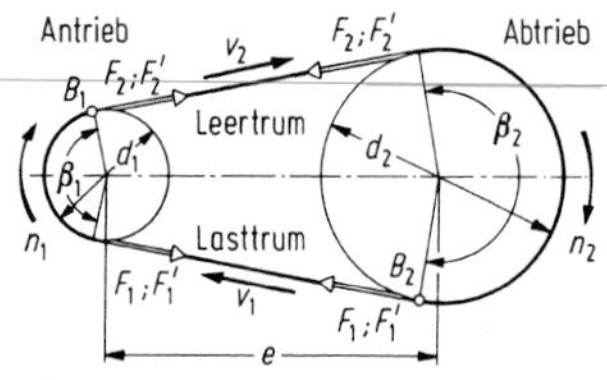

Abb. 13.4 Bezeichnungen am offenen Riemengetriebe mit Index 1 für die kleinere Scheibe

maximale Leistung wird daher bei einer, allerdings meist vom kleinsten Scheibendurchmesser abhängigen, optimalen Umfangsgeschwindigkeit v_{opt} des Zugmittels übertragen.

13.2 Flachriemengetriebe

13.2.1 Kräfte am Flachriemengetriebe

Die Übertragung der Umfangskraft zwischen Riemen und Riemenscheibe erfolgt durch Schubspannungen. Für den Grenzfall des Gleitens im gesamten Umschlingungsbogen (Gleitschlupf, s. Bd. 1, Abschn. 12.11) gilt nach Eytelwein $F_1'/F_2' = e^{\mu\beta}$ mit den Trumkräften F_1' und F_2' ohne Fliehkraft und dem Umschlingungswinkel β [rad] $= (\pi/180) \cdot \beta$ [Grad] (e $=$ 2,718) (Abb. 13.4). Im normalen Betrieb durchläuft der Riemen auf jeder Riemenscheibe zuerst einen Ruhebogen β_r, in dem der Riemen auf der Riemenscheibe nicht gleitet und dann den Wirkbogen $\beta_w = \beta - \beta_r$. Schubspannungen werden im Ruhebogen durch Haftreibung übertragen, im Wirkbogen durch Gleitreibung [3]. Vernachlässigt man die Schubspannungsübertragung im Ruhebogen, dann gilt nach Grashof für das Trumkraftverhältnis $F_1'/F_2' = e^{\mu\beta_w}$. In Entwurfsberechnungen wird der *Bemessungslast* der volle Umschlingungswinkel β der kleineren Scheibe zugeordnet

$$F_1'/F_2' = m = e^{\mu\beta} . \qquad (13.1)$$

Die in den Umschlingungsbögen des Riemens wirkenden Fliehkräfte, die dort den Auflagedruck vermindern, werden durch die freien Trume abgestützt und wirken daher als Fliehkraft $F_f = \varrho v^2 A = q v^2$ gleichmäßig im gesamten Riemen (ϱ mittlere Dichte, A Querschnitt des Riemens, q Masse eines Zugmittels je Längeneinheit). Nutzbare Trumkräfte $F_1' = F_1 - F_f = mF_2'$; $F_2' = F_2 - F_f = F_1'/m$; Umfangskraft (Nutzkraft) $F_u = F_1 - F_2 = F_1' - F_2' = F_1'(1 - 1/m)$, maximale Trumkraft

$$F_{max} = F_1 = F_1' + F_f = F_2' + F_u + F_f .$$

Die *Wellenspannkraft* F_W, die i. Allg. nicht in Richtung der Winkelhalbierenden von β weist, die aber für die Lagerbelastung maßgebend ist, beträgt nach Abb. 13.5

$$F_W = \sqrt{F_1'^2 + F_2'^2 - 2F_1'F_2'\cos\beta} . \qquad (13.2)$$

Der *Durchzugsgrad* Φ kennzeichnet die zur Erzeugung der Umfangskraft mindestens erforderliche Wellenspannkraft in Abhängigkeit von Reibungszahl μ und Umschlingungswinkel β

$$\Phi = F_u/F_W = (m-1)/\sqrt{m^2 + 1 - 2m\cos\beta} . \qquad (13.3)$$

Die *Ausbeute* k kennzeichnet die mit der zulässigen Trumkraft F_1' erzielbare Umfangskraft F_u in Abhängigkeit von μ und β

$$k = F_u/F_1' = 1 - (1/m) . \qquad (13.4)$$

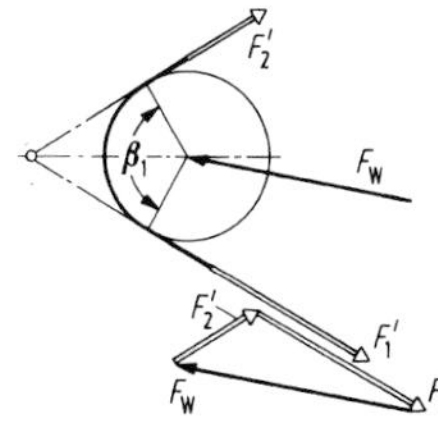

Abb. 13.5 Auf eine Riemenscheibe wirkende Kräfte

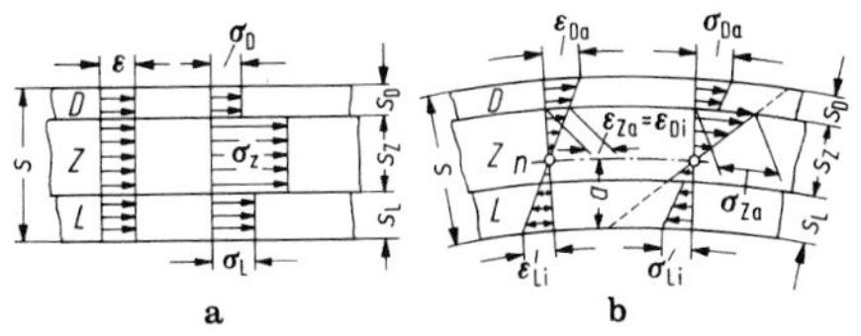

Abb. 13.6 Dehnungen und Spannungen in Mehrschichtriemen. **a** bei Zugbeanspruchung; **b** bei Biegebeanspruchung (*n* neutrale Faser)

Die Verminderung der Ausbeute mit abnehmendem Umschlingungswinkel wird durch den Winkelfaktor c_β ausgedrückt, der auf $\beta = \pi$ bzw. 180° bezogen ist. Winkelfaktor $c_\beta = k_\beta / k_\pi$ bei $\mu = \text{const}$; es gilt für $\beta > \pi$: $c_\beta \geqq \beta/\pi = (\beta\ [\text{Grad}])/180$.

13.2.2 Beanspruchungen

Homogene Flachriemen. Aus den Kräften und dem Riemenquerschnitt $A = bs$ ergeben sich die Spannungen für homogene Riemen. Für Mehrschichtriemen sind diese Spannungen nur als fiktive, rechnerische Mittelwerte zu betrachten.

Trumspannungen	$\sigma_1 = F_1/A\,, \quad \sigma_2 = F_2/A\,,$
Nutzspannung	$\sigma_\text{n} = F_\text{u}/A = \sigma_1 - \sigma_2\,,$
Fliehspannung	$\sigma_\text{f} = F_\text{f}/A = \varrho v^2\,.$

Die Biegespannung ergibt sich aus der Biegedehnung im Umschlingungsbogen der kleineren Scheibe. Biegespannung $\sigma_\text{b} = E_\text{b}\varepsilon_\text{b} = E_\text{b}s/d_{\text{w}_1}$ (E_b Elastizitätsmodul bei Biegung, ε_b Riemendehnung bei Biegung, s Riemendicke).

Max. Beanspruchung

$$\sigma_\text{max} = \sigma_1 + \sigma_\text{b} = \sigma_2 + \sigma_\text{n} + \sigma_\text{b}\,. \quad (13.5)$$

Bei halb gekreuzten (geschränkten) und gekreuzten Riemengetrieben erfährt der Riemen eine zusätzliche Schränkspannung σ_s an seinen Rändern, sodass hier $\sigma_{\text{max,s}} = \sigma_1 + \sigma_\text{b} + \sigma_\text{s}$ ist.

Mehrschicht-Flachriemen. Bei Mehrschichtriemen (Abb. 13.10), die aus einer hochfesten tragenden Zugschicht Z, einer Laufschicht L zur Übertragung der Reibkraft auf der Innenseite und häufig noch aus einer Deckschicht D oder einer weiteren Laufschicht (für Mehrscheiben-Antriebe) auf der Außenseite des Riemens zusammengesetzt sind, entstehen bei Dehnungen sehr unterschiedliche Spannungen in den einzelnen Schichten. Bei Biegung hängt die Lage der neutralen Biegefaser im Riemen von Dicke und E-Modul der einzelnen Schichten ab. Abb. 13.6 zeigt die Spannungsverteilung bei Zug- und Biegebeanspruchung qualitativ.

Für die praktische Auslegung auch von Mehrschichtriemen wird vereinfacht nur die für den jeweiligen Riementyp zulässige Umfangskraft pro Riemenbreite F_u^* zugrundegelegt, die auch die ertragbare Wechselbiegebeanspruchung für zulässige Mindestscheibendurchmesser d_min und die zugeordnete, maximal zulässige Biegefrequenz f_B berücksichtigt. Die neutrale Faser bei Biegung wird in der Mitte der Riemendicke bei $s/2$ angenommen; die Dehnung ε bei Zugbeanspruchung mit einem mittleren Zug-Modul (EA^*) berechnet: $\varepsilon = F^*/(EA^*)$.

13.2.3 Geometrische Beziehungen

Der wirksame Laufdurchmesser d_w eines Riemens ist durch die Lage seiner biegeneutralen Faser im Umschlingungsbogen gegeben. Für überschlägige Rechnungen kann man vereinfacht den Scheibendurchmesser d statt d_w einsetzen. Für homogene Riemen gilt: $d_{\text{w}_1} = d_1 + s$; $d_{\text{w}_2} = d_2 + s$; für Schichtriemen gilt dies angenähert.

Offenes Riemengetriebe (Abb. 13.4). *Umschlingungswinkel*

$$\beta_1 = 2\arccos[(d_2 - d_1)/2e]\,; \quad \beta_2 = 2\pi - \beta_1\,;$$

Riemenlänge (gestreckte Länge der neutralen Biegefaser)

$$L_w = 2e\sin(\beta_1/2) + (d_{w_1}\beta_1 + d_{w_2}\beta_2)/2\,.$$

Näherungsformel für *Wellenmittenabstand e* bei gegebener Riemenlänge

$$e \approx \left(p + \sqrt{p^2 - q}\right) \quad \text{mit}$$
$$p = 0{,}25L_w - \pi(d_{w_1} + d_{w_2})/8$$

und $q = (d_{w_2} - d_{w_1})^2/8$. Die Vergrößerung Δe des Wellenabstands zum Vordehnen des Riemens um $\varepsilon_0 = \Delta L/L$ ergibt sich aus je einer Rechnung für L_w und $(1+\varepsilon_0)\,L_w$ oder $\Delta e \approx (\varepsilon_0 L_w/2)/\sin(\beta_1/2)$.

Gekreuztes Riemengetriebe. Abb. 13.3b mit Bezeichnungen nach Abb. 13.4. *Umschlingungswinkel*

$$\beta_1 = \beta_2 = \beta_{kr} = 2\,\pi - \beta_R \quad \text{mit}$$
$$\beta_R = 2\arccos[(d_{w_1} + d_{w_2})/(2e)]\,.$$

Länge des gekreuzten Riemens (mittlere Faser)

$$L_{kr} = 2e\sin(\beta_R/2) + (d_{w_1} + d_{w_2})\beta_{kr}/2)\,.$$

Wegen Schränkspannungen σ_s empfiehlt sich $e \geqq 20b$. Lebensdauer wegen gegenläufiger Biegung geringer als bei offenem Riemengetriebe.

Geschränktes Riemengetriebe (Abb. 13.7). Kreuzungswinkel $\delta \neq 0°$. Länge der mittleren Faser des halbgekreuzten Riemens mit $\delta = 90°$:

$$L_{90} \approx 2e + d_{w_1}(\pi + \gamma)/2 + d_{w_2}(\pi + \varphi)/2$$

mit $\tan(\gamma/2) = d_{w_1}/(2e)$ und $\tan(\varphi/2) = d_{w_2}/(2e)$. Konstruktionsmaße e_1 und e_2 ($\leqq b/2$) beachten, damit der Riemen in der richtigen Scheibenebene aufläuft! Das ablaufende Trum darf im Winkel (bis 25°) zur Scheibenebene liegen, Laufrichtung nicht umkehrbar. Wegen Schränkspannung σ_s empfiehlt sich $e \geqq 20b$ und $e > 2(d_w)_{max}$.

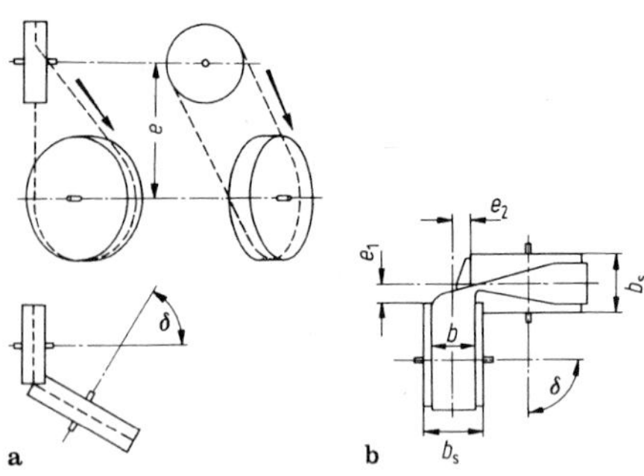

Abb. 13.7 Riemengeometrie am geschränkten Riemengetriebe. **a** stumpfwinklig geschränkt; **b** rechtwinklig geschränkt

13.2.4 Kinematik, Leistung, Wirkungsgrad

Riemengeschwindigkeiten

$$v_1 = \pi n_{an} d_{w,\,an}; \quad v_2 = \pi n_{ab} d_{w,\,ab}\,. \qquad (13.6)$$

Infolge der größeren Dehnung muss die Geschwindigkeit v_1 des Lasttrums zum Aufrechterhalten eines stationären Betriebs etwas größer als die Geschwindigkeit v_2 des Leertrums sein. Der Ausgleich zwischen den Dehnungen von Last- und Leertrums erfolgt praktisch durch Dehnschlupf in den Wirkbögen von Antriebs- und Abtriebsscheibe. Der *Dehnschlupf* ψ ergibt sich zu $\psi = \varepsilon_1 - \varepsilon_2 = (\sigma_1 - \sigma_2)/E = \sigma_n/E \approx (v_1 - v_2)/v_1$. Die *Übersetzung i* ist daher im normalen Betrieb geringfügig lastabhängig:

$$\begin{aligned} i &= n_{an}/n_{ab} = d_{w,\,ab}\,v_1/(d_{w,\,an}\,v_2) \\ &\approx d_{w,\,ab}/[d_{w,\,an}(1 - \sigma_n/E)]. \end{aligned} \qquad (13.7)$$

Bei Leerlauf gilt $i \approx d_{ab}/d_{an}$.

Biegefrequenz (Anzahl der Biegewechsel je s; z_s Anzahl der Scheiben.)

$$f_B = z_s v/L_w = (z_s \pi d_{w_1} n_1)/L_w \qquad (13.8)$$

Die Drehmomente folgen aus den Trumkräften

$$M_1 = F_u d_{w_1}/2; \quad M_2 = F_u d_{w_2}/2\,.$$

Leistungen:

$$P_{an} = 2\pi M_{an} n_{an}; \quad P_{ab} = 2\pi M_{ab} n_{ab}\,. \quad (13.9)$$

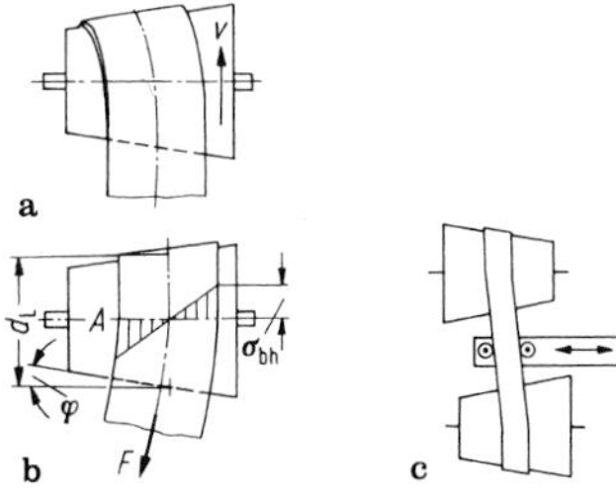

Abb. 13.8 **a** Axiales Auflaufen des Riemens zum größeren Durchmesser; **b** Gleichgewicht beim tangentialen Auflaufen des Riemens auf konische Scheibe; **c** Antrieb mit zwei konischen Scheiben für stufenlos verstellbare Übersetzung

Bemessungsleistung $c_B P_{an}$ mit Betriebsfaktor c_B nach Tab. 13.1 für ersten Entwurf ohne Schwingungsrechnung (in Anlehnung an DIN 2218 oder Richtlinie VDI 2758).

Wirkungsgrad $\eta = P_{ab}/P_{an} = M_{ab}/(M_{an}i) \approx (1-\sigma_n/E) = 1 - \psi$. Der Wirkungsgrad hängt bei Vernachlässigung von Lagerreibung und Ventilationsverlusten praktisch nur vom Schlupf ab, weil die Umfangskraft eines jeden Trums an beiden Scheiben als gleich groß anzunehmen ist. Wirkungsgrade im Bestpunkt $\eta = 0{,}96$ (Chromleder) und $\eta = 0{,}98$ (Elastomer-Laufschicht).

13.2.5 Riemenlauf und Vorspannung

Konusscheiben bei Verstellgetrieben. Auf einer konischen Scheibe nimmt der auf den größeren Durchmesser auflaufende Riemenrand eine höhere Geschwindigkeit an als der andere, sodass das folgende Riemenstück zum größeren Durchmesser hin gekippt wird und dadurch auf einen größeren Laufdurchmesser d_L auflaufen will, Abb. 13.8a. Ein im Umschlingungsbogen nicht gleitendes Riemenstück muss die unterschiedlichen Geschwindigkeiten über Dehnungen ausgleichen, es muss die Form eines Kegelstumpfmantels annehmen und gleichsam hochkant gebogen werden, Abb. 13.8b. Gleichgewicht tritt ein, wenn das durch diese Biegeverformung bei A entstehende Biegemoment durch Schrägzug des Trums ausgeglichen wird, Abb. 13.8c. Axialversatz etwa 0,6 · Riemenbreite, der genaue Versatz ergibt sich nach kurzer Einlaufzeit.

Flachriemengetriebe mit konstanten Übersetzungen. Die Scheiben üblicher offener und gekreuzter Flachriemengetriebe werden mit leicht kreisförmig gewölbten Laufflächen nach DIN 111 (ISO 22) ausgeführt (Tab. 13.2), um den stets zum größten Scheibendurchmesser strebenden Riemen axial zu führen. Bei offenen Riemengetrieben mit waagerechten Wellen kann bei einer Übersetzung $i > 3$ die kleinere Scheibe zylindrisch ausgeführt werden. Voraussetzungen für guten Riemenlauf sind: Achsparallelität beider Wellen, zentrisch laufende Riemenscheiben, Ausrichten der größten Durchmesser gewölbter Riemenscheiben fluchtend in einer Ebene, Riemenränder innerhalb der Scheibenbreite $b_s > b$, glatte Scheibenlaufflächen nach DIN 111. „Griffige", poröse oder wellige Oberflächen oder klebende Haftmittel behindern den natürlichen Dehnschlupf im Wirkbogen, erhöhen den Verschleiß und können durch Stick-Slip-Effekte Längsschwingungen des Riemens anregen.

Räumliche Riemengetriebe (Abb. 13.3d,e) erhalten zylindrische Riemenscheiben. Zur sicheren Riemenführung bei halbgekreuzten Riemengetrieben ($\delta = 90°$) werden empfohlen: Scheibenbreite $b_s = 2b$, axialer Abstand der Scheibenmittelebene vom jeweiligen Gegenrad e_1, $e_2 = (0{,}2\ldots0{,}5)b$ (Abb. 13.7b), $d_2/d_1 = 1\ldots2{,}5$, $e \geqq 20b$.

Erzeugung der Vorspannung. Die für den Reibschluss mindestens erforderliche Wellenbelastung F_W kann mit den Verfahren nach Abb. 13.9a,b erzeugt werden durch:

a. *Auflegedehnung bei starrem Achsabstand.* Hierbei wird die Riemenlänge so bemessen, dass der Riemen beim Auflegen auf die Scheiben durch elastische Dehnung vorgespannt wird. Bei einstellbarem Achsabstand (z. B. Antriebsmotor auf Spannschienen) kann die Vorspannung auch nach dem Auflegen durch Vergrößerung des Achsabstands erzeugt werden. Bei starrem Achsabstand bleibt die Riemenlänge bei allen Betriebszuständen konstant. Deshalb werden die Trumkräfte F' und

Tab. 13.1 Betriebsfaktor c_B zur angenäherten Berücksichtigung des dynamischen Verhaltens von Antriebs- und Arbeitsmaschine sowie der täglichen Betriebsdauer für offene Zugmittelgetriebe ohne Spannrolle

Arbeitsweise der Antriebsmaschine	Arbeitsweise der getriebenen Maschine			
	gleichmäßig	fast gleichmäßig	mittlere Stöße	starke Stöße
gleichmäßig	$1 + 0{,}04q + r$	$1 + 0{,}24q + r$	$1 + 0{,}44q + r$	$1 + 0{,}64q + r$
mittlere Stöße	$1 + 0{,}14q + r$	$1 + 0{,}38q + r$	$1 + 0{,}62q + r$	$1 + 0{,}86q + 1{,}2r$
starke Stöße	$1 + 0{,}24q + r$	$1 + 0{,}52q + r$	$1 + 0{,}78q + 1{,}2r$	$1 + 1{,}06q + 1{,}5r$

mit $q = 1{,}0$ für Synchronriemen; $q = 0{,}5$ für Flachriemen und Keilriemen; sowie $r = 0$ für tägliche Betriebsdauer bis 10 h; $r = 0{,}1$ für tägliche Betriebsdauer über 10 h bis 16 h; $r = 0{,}2$ für tägliche Betriebsdauer über 16 h

$q = 1{,}1$ sowie $r = 0$ für formschlüssige Kettengetriebe

Die niedrigen q-Werte von c_B für Flach- und Keilriemen setzen voraus, dass seltene kurzzeitige Überlastungen durch Schlupfvorgänge teilweise ausgeglichen werden. Für formschlüssige Zugmitteltriebe muss sichergestellt werden, dass die Bemessungsleistung die höchsten Belastungsspitzen einschließlich der Massenmomente und Stöße abdeckt!

Beispiele für Arbeitsweise der *Antriebsmaschine*

Arbeitsweise	Antriebsmaschine
gleichmäßig	Elektromotoren mit niedrigem Anlaufmoment (bis 1,5 × Nennmoment), Wasser- und Dampfturbinen, Verbrennungsmotoren mit 8 und mehr Zylindern.
mittlere Stöße	Elektromotoren mit mittlerem Anlaufmoment (1,5 bis 2,5 Nennmoment), Verbrennungsmotoren mit 4 bis 6 Zylindern.
starke Stöße	Elektromotoren mit hohem Anlauf- und Bremsmoment (über 2,5 × Nennmoment), Hydraulikmotoren, Verbrennungsmotoren bis 4 Zylinder.

Beispiele für Arbeitsweise der *getriebenen Maschine*

Arbeitsweise	Getriebene Maschine
gleichmäßig	geringe zu beschleunigende Massen; Schreibmaschinen, Bandförderer für leichtes Gut, Haushaltsmaschinen.
fast gleichmäßig	mittlere zu beschleunigende Massen; leichte Ventilatoren, leichte bis mittlere Holzbearbeitungsmaschinen, Bandförderer für Erz, Kohle, Sand, Rührwerke (flüssig, halbflüssig), Dreh-, Bohr-, Schleifmaschinen, Textilmaschinen, Druckereimaschinen, Kreiselpumpen, Waschmaschinen.
mittlere Stöße	mittlere zu beschleunigende Massen; Förderanlagen für schweres Gut, Schraubenförderer, Mischmaschinen, Großventilatoren, Generatoren und Erregermaschinen, Zentrifugen, Gummiverarbeitungsmaschinen, Hammermühlen.
starke Stöße	große zu beschleunigende Massen; Kolbenpumpen und Kompressoren mit Ungleichförmigkeit < 1 : 80; Kugelwalzen und Kiesmühlen, Kollergänge, Scheren, Stanzen, Walzwerke für Nichteisenmetalle, Steinbrecher.

die Wellenspannkräfte F_W durch die Fliehkraft vermindert. Die Auflegedehnung muss daher entsprechend σ_f größer gewählt werden, um bei Betriebsdrehzahl den erforderlichen Reibschluss sicherzustellen. Die Wellenbelastung steigt schwach mit zunehmendem Drehmoment, sie wird durch die genaue Dehnungsverteilung festgelegt [3]. Da die Auflegedehnung über lange Betriebszeiten aufrechterhalten werden soll, eignet sich dieses Spannverfahren vor allem für Riemen mit hoher Maßstabilität, z. B. Mehrschichtriemen mit Polyamid- oder Polyester-Zugschichten; es ist das dafür überwiegend angewandte Spannverfahren.

b. *Spannrolle am Leertrum.* Die bewegliche feder- oder gewichtsbelastete Spannrolle erzeugt konstante Trumkraft F_2 bei allen Betriebszuständen. Bei Anwendung der Spannrolle auf der Außenseite des Riemens wird zugleich der Umschlingungswinkel β erhöht und dadurch der Winkelfaktor c_β verbessert. Die zusätzliche Spannrolle erhöht jedoch die Biegefrequenz und mindert dadurch bei größeren

Tab. 13.2 Empfohlene Wölbhöhen h entsprechend DIN 111

	d_1 in mm	h in mm für $b_s \leqq$ 250 mm	h in mm für $b_s >$ 250 mm
	bis 112	0,3	0,3
	bis 140	0,4	0,4
	bis 180	0,5	0,5
	bis 224	0,6	0,6
	bis 355	0,8	0,8
	bis 500	1,0	1,0
	bis 710	1,2	1,2
	bis 1000	1,2	1,5
	bis 1400	1,5	2,0
	bis 2000	1,8	2,5

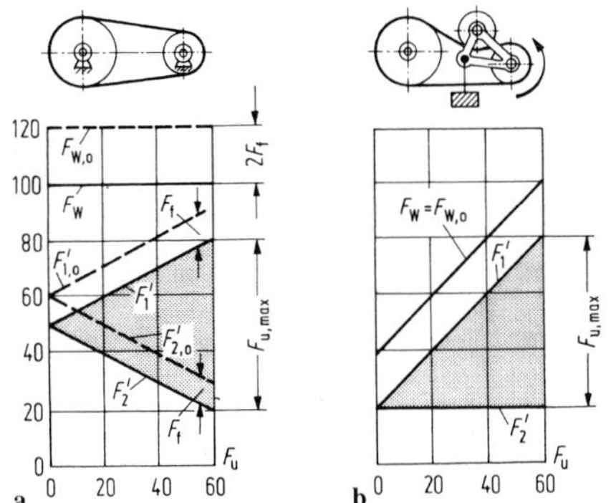

Abb. 13.9 Abhängigkeit der Trumkräfte und der Wellenbelastung F_W von der Umfangskraft F_u bei konstanter Drehzahl mit verschiedenen Spannverfahren **a**, **b** (für $\beta_1 = \beta_2 = 180°$). Index 0: Kräfte im Stillstand

Riemengeschwindigkeiten die zulässige Nutzspannung. Ihr Durchmesser soll mit Rücksicht auf die Lebensdauer des Riemens größer als $d_{1,\,min}$, ihre Lauffläche stets zylindrisch sein. Dieses Spannverfahren führt bei kleinen Drehmomenten zu niedrigen Trum- und Wellenbelastungen, es ist daher geeignet für Antriebe mit überwiegend Teillastbetrieb und Riemen mit zeitabhängiger Nachdehnung, wobei auch hier die Gefahr von Schwingungen zu beachten ist. Wird eine *feste* (einstellbare) Spannrolle am Leertrum zur Einstellung der Auflegedehnung und auch zur Vergrößerung von β benutzt, so stellt sich das gleiche Betriebsverhalten wie im Spannverfahren nach (Abb. 13.9a) ein.

13.2.6 Riemenwerkstoffe

Früher übliche Riemen aus Leder wurden wegen ihrer geringeren Festigkeit, kürzeren Lebensdauer und starken Nachdehnung im Betrieb von Kunststoff-Mehrschichtriemen (Verbundriemen) abgelöst. Die Riemen werden entweder in passender Länge endlos hergestellt oder am Einsatzort an ihren schräg geschnittenen, zugeschärften Enden unter Erwärmung endlos geklebt. Abb. 13.10 und Tab. 13.3 zeigen Aufbau und Werkstoffe gebräuchlicher Riemenbauarten, Tab. 13.4 die Werkstoffkennwerte von Flachriemen-Zugschichten.

13.2.7 Entwurfsberechnung

Die zulässige Beanspruchung von Riemen wird nicht durch deren Zugfestigkeit, sondern durch Zerrüttung (Zermürbung) und bei ungenügender Vorspannung durch Verschleiß begrenzt. So beträgt die Zugfestigkeit R_m bei Flachriemen das 10- bis 20fache der zulässigen Betriebsbeanspruchung σ_n. Die Schädigung von Riemen wird beschleunigt durch höhere Temperaturen und höhere Walkarbeit, d. h. durch höhere Biegefrequenzen und kleinere Biegeradien. Die zu-

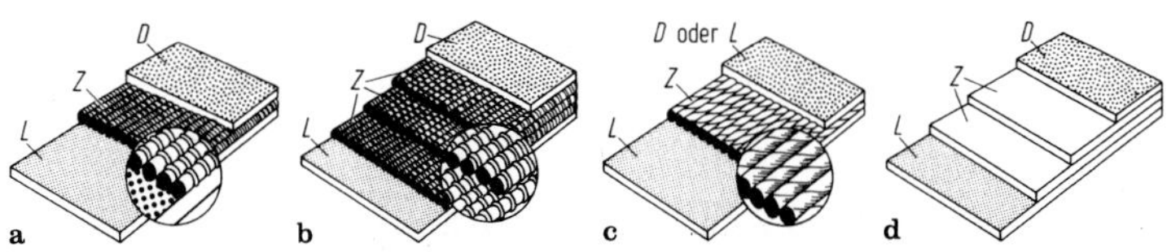

Abb. 13.10 Aufbau von Schichtriemen. **a** Einlagiger Textilriemen; **b** mehrlagiger Textilriemen; **c** Polyestercordriemen; **d** Bandriemen mit breiten Zugbändern, überwiegend verwendete Bauart; D Deckschicht, Z Zugschicht, L Laufschicht

Tab. 13.3 Aufbau und Anwendung der Riemen nach Abb. 13.10 (Richtwerte, maßgebend sind die Herstellerangaben)

Riemen	a	b	c	d
Zugschicht[a]	PA, B	B, PA, E	E	PA
Laufschicht(en)[a]	PU	G oder Balata	G oder CH	G oder CH
Herstellung	endlos auf Maß	Zuschnitt von Rolle, endlos vulkanisiert am Einsatzort	endlos auf Maß	Zuschnitt von Rolle, endlos geklebt am Einsatzort
Anwendung	hohe Drehzahlen, Schleifspindeln	robust, für niedrige Leistungen	Mehrscheibentriebe höchste Geschwindigkeit bis 1000 kW	robust, häufigste Bauart, bis 6000 kW für Zwei- und Mehrwellengetriebe
v_{max} in m/s	70	20 ... 50	100	70
$d_{1,min}$ in mm ab	15	150	20	63
$f_{B,max}$ bei d_{min} in 1/s	10 ... 20(50)[b]	10 ... 20	30(100)[b]	30(80)[b]
$F_u{}^*{}_{,max}$ in N/mm	10	30	48	48(110)[b]
max. Dehnung ε im Betrieb in %	3	2 ... 4	1,8	3
Umgebungstemperaturbereich in °C	−20 ... +70	−20 ... +70	−40 ... +80	−20 ... +80

[a] PA Polyamid, E Polyester, B Baumwolle, CH Chromleder, PU Polyurethan, G Elastomer (Gummi).
[b] Klammerwerte nur nach Rücksprache mit Hersteller.

Tab. 13.4 Werkstoffkennwerte von Flachriemen-Zugschichten

Werkstoff	R_m N/mm^2	E_{Zug} N/mm^2	ρ kg/m^3	Bruchdehnung %	Reibwert gegen GG u. Stahl
Polyester-Kord	900	700 000	1400	15	
Polyamid-Band	500	150 000	1140	20 ... 25	
Leder, hochwertig	30 ... 50	300 ... 500	900	30	0,3 ... 0,7
Leder, normal	20 ... 30	100 ... 300	1000	30	0,3 ... 0,7

lässige Betriebsbelastung wird aus Versuchen bestimmt. Die überschlägige Auslegung eines offenen Flachriemengetriebes der häufigsten Bauart nach Abb. 13.10d geht von der zulässigen auf 1 mm Riemenbreite bezogenen (Index *) Nennumfangskraft F^*_{uN} bei einem zugeordneten kleinsten zulässigen Scheibendurchmesser $d_{1,\,min}$ der kleineren Riemenscheibe nach Tab. 13.6 aus. Die Riemengeschwindigkeit v_{max} und die Biegefrequenz $f_{B,\,max}$ nach Tab. 13.3 sollen nicht überschritten werden.

Mit Durchmesser der kleinsten Scheibe d_1, Umschlingungswinkel β_1, Winkelfaktor c_β, Riemenbreite b und Antriebsdrehzahl n_{an} ergeben sich für Riemen nach Abb. 13.10d in Anlehnung an Herstellerangaben [4]:

zul. bezogene Umfangskraft

$$F^*_{u,\,zul} \approx c_\beta F^*_{uN}(2 - d_{1,\,min}/d_1)$$

Bemessungsleistung $c_B P_{an} \leqq F^*_{u,\,zul} b d_{w,\,an} \pi n_{an}$

Riemenbreite $b \geqq c_B P_{an} / \left(F^*_{u,\,zul} d_{w,\,an} \pi n_{an}\right)$.

Verbesserungen der Berechnung entsprechend Gl. (13.11) bei Keilriemen sind zu erwarten. Wird ein Riemengetriebe mit starrem Achsabstand nach Abb. 13.9a vorgesehen, muss der Riemen mit elastischer Auflegedehnung montiert werden. Wählt man bei Betrieb mit $F^*_{u,\,zul}$ die Summe $(F'_1 + F'_2) = k_v F^*_{u,\,zul} b$ und berücksichtigt die Fliehkraft im Betrieb nach Abb. 13.9a, so errechnet sich die Auflegedehnung ε_a zu

$$\begin{aligned}\varepsilon_a &= \Delta L/L = \varepsilon_0 + \varepsilon_f \\ &= \left[(k_v/2)F^*_{u,\,zul} + F^*_f\right] / (EA^*)\end{aligned}$$

mit $F^*_f = \varrho' v^2$; (EA^*) und ϱ' nach Tab. 13.6. Anhaltswerte für $k_v = (m+1)/(m-1)$ mit m nach Gl. (13.1), z. B. für $\beta_1 = \pi$ und $\mu = 0{,}51$: $k_v = (5+1)/(5-1) = 1{,}5$ oder $\mu = 0{,}4$: $k_v = 1{,}8$. Riemenlänge entspannt, d. h. um die Auflegedehnung kleiner:

$$L = L_w/(1+\varepsilon_a)\,.$$

Wellenbelastung durch Vorspannung im Stillstand mit Zuschlag F^*_f und

$$\begin{aligned}F_1 = F_2 &= \left[(k_v/2)F^*_{u,\,zul} + F^*_f\right] b \\ &= \varepsilon_a(EA^*)\, b \\ F_{W0} &= F_1\sqrt{2(1-\cos\beta_1)} = 2\,F_1\sin(\beta_1/2)\,.\end{aligned} \tag{13.10}$$

Vergleich der Biegefrequenz f_B mit der zulässigen Biegefrequenz $f_{B,\,max}$ für kleinsten Riemenscheibendurchmesser $d_{1,\,min}$ nach Herstellerangaben.

Maßgebend für eine abschließende Entscheidung ist auch das Schwingungsverhalten des Riementriebs mit Berechnungen in Anlehnung an DIN 740–2 für *Nachgiebige Wellenkupplungen* und für *Saitenschwingungen*. Die Erfahrungen der Riemenhersteller sollten im Einzelfall stets erfragt werden, Hersteller [5].

13.3 Keilriemen

13.3.1 Anwendungen und Eigenschaften

Keilriemen (Abb. 13.1b) dienen der reibschlüssigen Bewegungs- und Leistungsübertragung über mittlere Wellenabstände [10]. Sie werden in den Keilriemenscheiben in allen Lagen sicher geführt, auch bei kurzem Durchrutschen und bei Winkeltrieben. Fast alle Typen sind auch zum Kuppeln (Spannen des Keilriemens bei laufender Antriebsscheibe mittels radialbeweglicher Welle oder Spannrolle) geeignet. Abmessungen sind

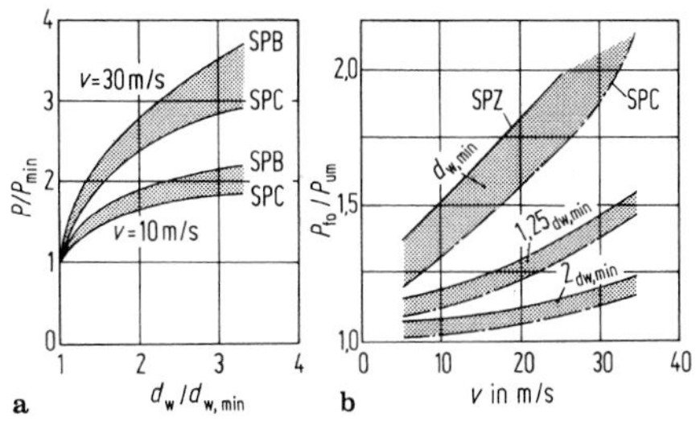

Abb. 13.11 Übertragbare Leistung von Schmalkeilriemen nach DIN 7753 bei gleicher Lebensdauer [6, 7]. **a** ummantelte Keilriemen; **b** Verhältnis der Leistung P_{fo} flankenoffener zur Leistung P_{um} ummantelter Schmalkeilriemen. $d_{w,\,min}$ nach Tab. 13.5

für die Grundtypen international genormt, s. Tab. 13.5. Weitere Typen für Sonderzwecke, Abb. 13.12.

Die reibschlüssige Übertragung der Umfangskraft erfolgt nur über die seitlichen Keilflächen des Riemenprofils. Verstellbarkeit des Wellenabstands um Beträge x nach ISO 155 oder Herstellerangaben ist vorzusehen; überschlägig reicht meist $x \geqq +0{,}03L_w$ zum Spannen und Nachspannen des Riemens und $|x| \geqq 0{,}015L_w$ zum zwanglosen Auflegen des Riemens über den Scheibenrand hinweg. Die Wirkdurchmesser d_w (Abb. 13.1b) und zugeordneten Wirkbreiten b_w (Abb. 13.12a und Tab. 13.5) von Riemen und Keilriemenscheibe kennzeichnen die Lage der biegeneutralen Zugschicht im Keilriemenprofil. Sie sollten mit dem entsprechenden Richtdurchmesser d_r und der Richtbreite b_r der Keilriemenscheiben möglichst übereinstimmen (gilt nicht für Keilrippenriemen nach DIN 7867). Der Scheibenwinkel α wird wegen der Querdehnung des Riemens abhängig von d_r vorgeschrieben. Häufige (f_B) und große ($1/d_w$) Biegeverformungen steigern die innere Erwärmung des Riemens und mindern bei gleicher Lebensdauer seine übertragbare Leistung, Abb. 13.11a. Voraussetzung für hohe Lebensdauer sind: ständige Aufrechterhaltung (Kontrolle) der richtigen Vorspannung, genaue Ausrichtung sowie glatte Oberflächen der Rillenscheiben, $d_{w,\,min}$ und Wellenmittenabstand e nicht kleiner als nötig, Gegenbiegung (Rückenspannrolle) vermeiden. Spannrollen, wenn unvermeidbar, als Keilriemenscheiben mit $d_w > d_{w,\,min}$ ausbilden.

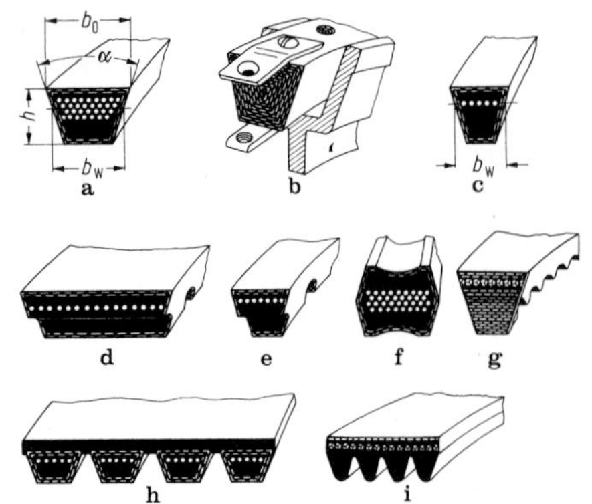

Abb. 13.12 Typen von Keilriemen. **a** bis **i** s. Text

Betriebsgrenzen. Umgebungstemperaturen: −30 bis 80 °C (−55 bis 70 °C); $i_{max} \approx 10$; $e \approx (0{,}7\ldots2)(d_{w_1} + d_{w_2})$; $F_W = (1{,}5\ldots2{,}5)F_u$; Leistungen bis P_{max} >1000 kW (bis zu 35 parallele Stränge), $\eta_{max} = 0{,}97$ für Einzelriemen; η_{max} bis 0,95 für Keilrippenriemen.

13.3.2 Typen und Bauarten von Keilriemen

Die Typen sind gekennzeichnet durch die geometrischen Abmessungen des Riemenprofils, die Bauarten durch den inneren Aufbau. Abb. 13.12a–i zeigt die häufigsten Typen von Keilriemen:

a. *Endlose Keilriemen* nach DIN 2215 (auch klassische Keilriemen). $b_0/h \approx 1{,}5\ldots1{,}6$; Profile bezeichnet nach Breite b_0; Keilriemenscheibenmaße und Werkstoffe s. DIN 2211 und DIN 2217.

b. *Endliche Keilriemen* nach DIN 2216. Meterware, starke Gewebeeinlagen, vorgelocht für Riemenschloss, für mittlere Umfangsgeschwindigkeiten. P_{max} bis zu 15 % niedriger, $d_{w,\,min}$ bis zu 15 % größer als bei endlosen Keilriemen nach DIN 2215 mit gleichem Profil. Größere bleibende Dehnung, daher öfteres Nachspannen oder Kürzen erforderlich.

c. *Endlose Schmalkeilriemen*nach DIN 7753, $b_0/h \approx 1{,}2\ldots1{,}4$ mit Schmalkeilriemenscheiben nach DIN 2211 (Maße und Werkstoff). Sie übertragen höhere Leistung als Keilriemen gleicher Wirkbreite nach DIN 2215. Meistverwendeter Riementyp.

d. *Endlose Breitkeilriemen*für industrielle Drehzahlwandler nach DIN 7719, gilt nicht für Kraftfahrzeuge oder Landmaschinen. $b_0/h = 2{,}8\ldots3{,}25$. Rillenwinkel $\alpha = 24\ldots30°$. Kleinere Keilwinkel ergeben größeren Stellbereich, aber Gefahr der Selbsthemmung (Festklemmen des Keilriemens in der Scheibenrille). Stellbereich $i_{max}/i_{min} = 4\ldots12$ möglich bei zwei Verstellscheiben.

e. *Gezahnte Keilriemen.* Keilriemen nach **a** bis **d** mit Quernuten in der Profilinnenfläche zur Erhöhung der Biegewilligkeit. Nuten verursachen – sofern keine ungleiche Teilung der Quernutenabstände gewählt wird – periodische Einlaufstöße und Geräusch.

f. *Endlose Hexagonalriemen* für Landmaschinen (*Doppelkeilriemen*) nach DIN 7722. $b_{max}/h \approx 1{,}3$. Für ebene Vielwellenantriebe mit gegenläufigen Scheiben. Übertragbare Leistung etwa wie bei Keilriemen nach DIN 2215 mit gleicher maximaler Profilbreite.

g. *Flankenoffene Keilriemen.* Profile nach DIN 2215 und DIN 7753 Teil 1. Sie haben nur eine äußere Gewebedeckschicht, jedoch keine Gewebeummantelung an den tragenden Flanken und der „gezahnten" Innenfläche. Sie übertragen höhere Leistungen insbesondere bei kleinen Scheibendurchmessern und hohen Geschwindigkeiten (Abb. 13.11b), vertragen kleinere Scheibendurchmesser (etwa 0,7 bis 0,8 $d_{w,\,min}$ nach Tab. 13.5) als ummantelte Keilriemen, erfordern dadurch auch weniger Bauraum bei gleicher Leistung und sind weniger empfindlich gegen Öl, Wärme, Schlupf und Abrieb.

h. *Verbund-Schmalkeilriemen* (Kraftbänder). Sie bestehen aus bis zu fünf gleich langen (satzkonstanten) Schmalkeilriemen oder klassischen Keilriemen, die durch ein Deckband fest miteinander verbunden sind. Deckband verhindert Verdrillen oder starkes Schwingen einzelner Riemen des Satzes. Rillenscheiben nach ISO 5290.

i. *Keilrippenriemen* (Rippenbänder) nach DIN 7867. Weiterentwicklung von Verbundkeilriemen in Richtung Flachriemen [8]. Fünf Profile mit Rippenabstand in mm: PH 1,60; PJ 2,34; PK 3,56; PL 4,70; PM 9,40. PK vorzugsweise für Kraftfahrzeugbau, PJ, PL, PM vorzugsweise für industrielle Riemenantriebe, PH für spezielle Anwendungen. Breite bis zu 60 Rippen. Übertragbare Leistung mit Übersetzungszuschlag pro Rippe nach Herstellerangaben. Umfangsgeschwindigkeiten je nach Profil bis $v \approx 60\,\text{m/s}$. Kleinere Scheibendurchmesser und höhere Übersetzungen je Stufe als bei Keilriemen vermindern den erforderlichen Bauraum, Laufruhe und Gleichförmigkeit der Bewegung sind größer; Gegenbiegung möglich.

13.3.3 Entwurfsberechnung

Zur Berechnung der lebensdauerabhängigen Nennleistung P_N offener Keilriemengetriebe wird eine in ISO 5292 angegebene, an Versuchsergebnisse anpaßbare Zahlenwertgleichung zunehmend verwendet. Durch Einführung von Bezugskenngrößen lässt sich diese Gleichung übersichtlicher gestalten:

$$P_N = c_\beta P_0 \cdot \frac{v}{v_0} \cdot \left[1 + K_2\left(1 - \frac{d_{w,\,min}}{d_{w_1}} \cdot \frac{1}{K_i}\right) + K_3\left[1 - \left(\frac{v}{v_0}\right)^2\right] + K_4 \ln\left(\frac{v_0}{v} \cdot \frac{L_w}{L_0}\right)\right] \tag{13.11}$$

mit dem Winkelfaktor $c_\beta = 1{,}25 \cdot (1 - 5^{\beta_1/\pi})$; Umschlingungswinkel β_1 der kleineren Scheibe; Nennleistung P_0 bei Umfangsgeschwindigkeit v_0 für Mindest-Scheibendurchmesser $d_{w,\,min}$ bei Übersetzung $i = 1$ ($\beta_1 = 180°$ bzw. π) sowie Riemenlänge L_0; Nennleistung P_N bei Umfangsgeschwindigkeit v für Wirkdurchmesser der kleineren Scheibe d_{w_1} bei Übersetzung $i \neq 0$ ($\beta_1 \neq 180°$ bzw. π) sowie Riemenlänge L_w; $K_i \approx 1{,}124 - 0{,}124 \exp(-3(i - 1))$ und $i \geqq 0$. In Tab. 13.5 ist eine Auswertung der Katalogangaben eines Herstellers zur ersten Orientierung angegeben. Zur Orientierung können auch die Normen DIN 2218 und DIN 7753 genutzt werden. Die richtige Bemessung eines Riementriebs hängt von einer Reihe von Faktoren und Umweltbedingungen ab. – Es wird deshalb empfohlen, besonders bei schwierigen Antriebsproblemen die Erfahrungen der Firmen dieses Fachgebiets, d. h. [5] Hersteller und Anwender [9] von Keilriemen und Antrieben zu berücksichtigen.

Die Bemessungsleistung $c_B P_{an} \leqq z P_N$ für z parallel laufende Riemen wird mit Schätzwerten für c_B nach Tab. 13.1 bestimmt, sodass die erforderliche Riemenanzahl $z \geqq c_B P_{an}/P_N$ ist. Berechnung aller anderen Systemgrößen wie bei Flachriemen oder nach Richtlinie VDI 2758.

13.4 Synchronriemen (Zahnriemen)

13.4.1 Aufbau, Eigenschaften, Anwendung

Synchronriemen (Zahnriemen (Abb. 13.13) haben eine einseitige oder doppelseitige Verzahnung, mit der sie die Umfangskräfte formschlüssig ohne Schlupf übertragen, Abb. 13.2c. Der Riemenkörper besteht aus Neoprene oder Polyurethan mit Zugsträngen aus hochfesten Glasfasern oder Stahl-, Kevlar- bzw. Polyestercord, die bei den meist endlos in Normlängen hergestellten Riemen schraubenförmig gewickelt sind. Der Zugstrang bestimmt die neutrale Biegeebene, seine Länge ist zugleich die Wirklänge L_w des Riemens, er läuft auf den Wirkdurchmessern $d_{w_{1,2}} = z_{1,2} p_b/\pi$ um die Synchronscheiben (Zahnscheiben) mit den Zähnezahlen z_1, z_2 und der Zahnteilung p_b. Synchronriemen (Zahnrie-

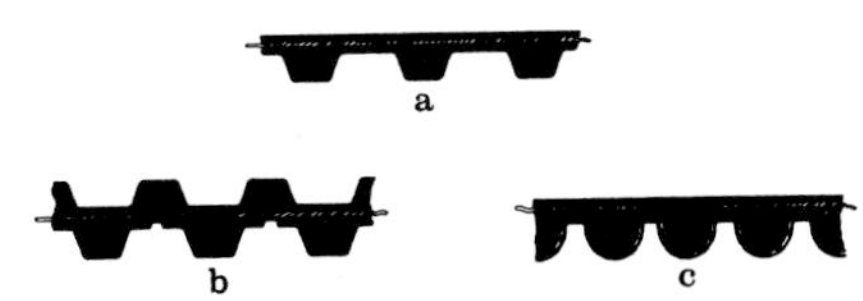

Abb. 13.13 Profilformen von Zahnriemen. **a, b** einfach und doppelt verzahnt nach DIN 7721 mit metrischer und ISO 5296 mit Zoll-Teilung; **c** HTD-(High Torque Drive-)Profil

13

men) laufen bei richtiger Einstellung wartungsfrei, keine Schmierung erforderlich. Bei größeren Geschwindigkeiten, Leistungen, Vorspannungen und Riemenbreiten entstehen Zahneingriffsgeräusche, Grundfrequenz $f_0 = n_1 z_1$. Synchronriemen eignen sich wegen der formschlüssigen Bewegungsübertragung für übersetzungstreue Antriebe (z. B. Ventilsteuerungen), bei beidseitiger Verzahnung auch für Vielwellenantriebe mit gegenläufigen Scheiben, bei größeren Achsabständen auch für räumliche Antriebe, Abb. 13.3e.

Normen: DIN 7721 und ISO 5296 zu Abmessungen und Messung der Wirklänge. Scheiben ISO 5294.

13.4.2 Gestaltungshinweise

Bei ebenen Getrieben müssen die Synchronriemen durch seitliche Borde an mindestens einer Zahnscheibe beidseitig oder wechselseitig an zwei Zahnscheiben axial geführt werden. Zum Auflegen und Vorspannen sollte eine Welle oder Spannwelle radial beweglich sein. Bei festem Wellenabstand werden die Zahnscheiben gemeinsam mit dem aufgelegten Riemen montiert. Spannrollen möglichst als Zahnscheiben ($d_w > d_{w_1}$) ausbilden und zur Vermeidung von Gegenbiegung am Leertrum innen anordnen, aber nicht federnd, weil keine Nachdehnung des Riemens bei richtiger Auslegung zu erwarten ist. Empfohlene Grenzwerte: $e \approx (0{,}5\ldots 2)(d_{w_1} + d_{w_2})$, $d_1/b \geqq 1$. Bei räumlichen Synchronriementrieben muss die Gerade zwischen Auf- und Ablaufpunkten zugleich Schnittlinie der beiden mittleren Radebenen sein, sodass der Riemen nur verdrillt, nicht aber seitlich abgezogen wird (s. Abb. 13.3e); seitliche Borde können entfallen; Wellenabstand je 90° Verdrillung $e_{90} \geqq 12b$.

Betriebsgrenzen. Umgebungstemperatur = −40 bis 90 °C; $P_{max} = 400\,\text{kW}$; $v_{max} = 40$ (Typ T 20)…80 (T 5) m/s; $f_{B,\,max} \approx 100\,\text{s}^{-1}$; $i_{max} \approx 12$; $\eta_{max} \approx 0{,}98$.

13.4.3 Entwurfsberechnung

Berechnung von L_w (angenähert), e und v wie für Flachriemengetriebe; genau: $L_w = p_b z_b$ mit z_b = Riemenzähnezahl; Zahl der eingreifenden Zähne $z_{e1} = z_1 \beta_1 / 2\,\pi$ (auf ganze Zahl abgerundet); Übersetzung $i = z_2/z_1$; Wahl des Riemens nach der gegebenen Leistung und der Zähnezahl $z_1 \geqq z_{1,\,min}$ mit Leistungsangaben für Bezugsbreite b_{s0} nach Tab. 13.8 und Breitenfaktor $k_w = (b_s/b_{s0})^{1{,}14}$ nach ISO 5295 sowie Lasteinleitungsfaktor $k_z = 1$ für $z_{e1} \geqq 6$ bzw. $k_z = 1 - 0{,}2(6 - z_{e1})$ für $z_{e1} < 6$.

Mit der übertragbaren Leistung

$$c_B P_{an} \leqq k_z P_0 \frac{v}{v_0} \frac{b_s}{b_{s0}} \left\{ 1{,}5 \left(\frac{b_s}{b_{s0}} \right)^{0{,}14} - 0{,}5 \left(\frac{v}{v_0} \right)^2 \right\}$$

und $v = n_1 z_1 p_b = n_2 z_2 p_b$ ergibt sich die mindest erforderliche Riemenbreite b_s. Maximale Riemenbreiten $b_{s,\,max} \approx (4\ldots 10) p_b$. Empfohlene Wellenvorspannkraft $F_{W0} \approx F_u$. Der Betriebsfaktor c_B ist bei Übersetzungen ins Schnelle für $1/i \approx 1{,}24$ gegenüber Tab. 13.1 nach Herstellerangabe zu erhöhen. Höhere Leistungen sind mit HTD-(High Torque Drive-) Riemen [10] und RPP-Riemen (Riemen mit parabolischem Profil) [11] als weiterentwickelte Trapezzahnriemen sowie mit AT-Riemen [12] als verstärkte T-Typen übertragbar. Zusätzliches Entscheidungskriterium bei der Riemenauswahl, insbesondere im Automobilbau, ist eine möglichst niedrige Geräuschentwicklung, die durch modifizierte Trapezzahnformen angestrebt wird. Hersteller [5]. Rechengang für Trapezprofil und kreisbogenförmiges Profil s. Richtlinie VDI 2758.

13.5 Kettengetriebe

13.5.1 Bauarten, Eigenschaften, Anwendung

Kettengetriebe (Abb. 13.2a,b) übertragen formschlüssig und schlupflos Leistungen bis 200 kW je Einzelkette mit niedrigen Umfangsgeschwindigkeiten zwischen parallelen Wellen, bei mehr als zwei Wellen auch gegenläufig. Leistungen bis über 500 kW sind mit Mehrfachketten (ausgeführt bis 12fach, überwiegend bis 3fach) möglich. Bei kleinen Zähnezahlen des kleineren Kettenrads wird die Drehübertragung wegen des rhythmisch veränderlichen Kettenab- bzw. -auflauforts, des sog. *Polygoneffekts*, ungleichmäßig. Daraus folgen periodisch schwankende Trumgeschwindigkeiten, Anregung von Schwingungen und Geräuschen bei höheren Kettengeschwindigkeiten. Milderung bei größerer Zähnezahl und kleinerer Teilung. Andererseits mildert die Kette Betriebsstöße aufgrund ihrer Längselastizität. Die Lebensdauer einer Kette wird begrenzt durch die maximal ertragbare Verschleißlängung und vermindert durch ungenügende Schmierung, Verschmutzung, Stoß- und Schwingungsbeanspruchung. Häufigste Bauarten sind die *Buchsenkette* nach DIN 8154, Abb. 13.14a (im geschlossenen Getriebegehäuse bei sehr guter Schmierung), die *Rollenkette* nach DIN 8187 und DIN 8188, Abb. 13.14b (meistverwendete Bauart, die geschmierte Rolle vermindert Verschleiß und Geräusch) und die *Zahnkette* nach DIN 8190 (Abb. 13.2b) (ruhiger Lauf bei höheren Umfangsgeschwindigkeiten). Weitere *Stahlgelenkketten* s. DIN 8194 mit Bauformen und Benennungen (deutsch, englisch, französisch).

Stufenlos verstellbare *Kettengetriebe* (sogenannte CVT-Getriebe – Continuously Variable Transmission) werden entweder mit radialverzahnten Kegelscheiben und Ketten mit querbeweglichen, in die Zähne der Kegelscheiben eingreifenden Lamellen (überwiegend Formschluss) oder mit glatten Kegelscheiben und reibschlüssig zwischen diesen laufenden Ketten (Zylinder- und Ringrollenketten, Wiegedruckstückketten, Keilketten) ausgeführt [13, 14]. Als Alternative zur zugkraftbelasteten Stahlgelenkkette sind auch *Schubgliederbänder* (Ganzmetall-Keilriemen) bekannt, deren Glieder im Wesentlichen auf Druck beansprucht werden [15].

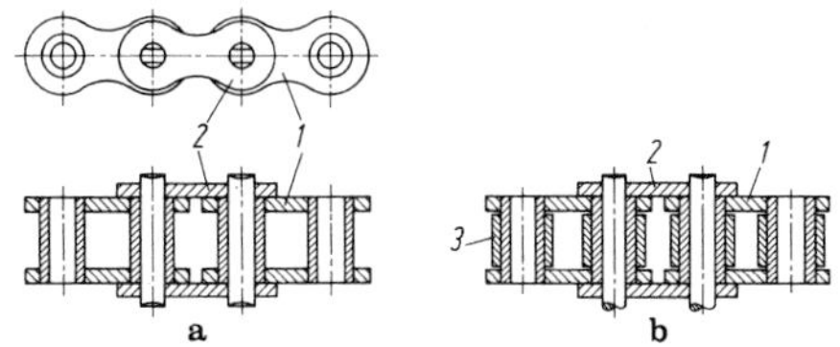

Abb. 13.14 Getriebeketten. **a** einfache Buchsenkette; **b** einfache Rollenkette; *1* Innenglied mit eingepressten Hülsen, *2* Außenglied mit Bolzen, *3* bewegliche Rolle

13.5.2 Gestaltungshinweise

Wellenabstände möglichst für eine gerade Zahl von Kettengliedern (Teilung p) bemessen, um gekröpfte Glieder zu vermeiden. Achsabstand so, dass Umschlingungswinkel mindestens 120° auf Kleinrad, normal: $e = 30\ldots50\,p$. Der Durchhang im Leertrum soll etwa 1 % des Achsabstands betragen. Die maximal zulässige Verschleißlängung der Kette Δl sollte i. Allg. 3 % der ursprünglichen Kettenlänge l nicht überschreiten, bei Kettenrädern mit mehr als 67 Zähnen nur $\Delta l/l \leqq 200/z_2$ in %, jedoch bei festem Wellenabstand ohne Spannvorrichtung nur $\Delta l/l \leqq (0{,}6\ldots1{,}5)\%$. Ausgleich des Kettenverschleißes durch querverschiebliche Wellen oder, bei festem Wellenabstand, durch zylindrische Spannrolle (bis $v = 1$ m/s) oder verzahntes Spannrad, jeweils im Leertrum, durch Federn oder Gewicht gering belastet. Wegen des Polygoneffekts sollten Räder mit mindestens 17 Zähnen gewählt werden. Für mittlere bis hohe Geschwindigkeit oder höchstzulässige Belastung soll das Kleinrad gehärtete Zähne und möglichst 21 Zähne aufweisen. Kettenräder sollten normalerweise höchstens 150 Zähne besit-

13

zen. Bevorzugte Zähnezahlen: 17, 19, 21, 23, 25, 38, 57, 76, 95 und 114. Wenn Kettentrieb mit Neigung zur Waagerechten größer als 60° angeordnet, dann notwendige Kettenspannung durch Spannrollen, Spannräder oder andere geeignete Hilfsmittel. Von Spann- und Umlenkrädern sollen mindestens drei Zähne im Eingriff sein. Übersetzung i: 3 bis 7 günstig, bis über 10fach möglich. Erforderliche Schmierung ist abhängig vom Kettentyp und Kettengeschwindigkeit υ. *Hinweise zu Rollenketten* s. DIN ISO 10 823.

13.5.2.1 Gestaltungs- und Berechnungshinweise

Siehe [14, 15]. *Anwendungsgebiete* s. Abschn. 26.4.2 und 45.2.2, meistens in Kombination mit nachgeschaltetem Zahnradgetriebe. Stellbereiche bis etwa 6, Leistungsbereiche für formschlüssige Lamellenketten bis 13,5 kW, für reibschlüssige Ketten bis 175 kW.

13.5.3 Entwurfsberechnung

Kettengeschwindigkeit $\upsilon = n_1 z_1\, p = n_2\, z_2 p$, Teilkreisdurchmesser (Rollenmitten) $d_{\mathrm{w}_{1,2}} = p/\sin(\pi/z_{1,2})$, Kettenlänge $l = Xp$ mit Gliederanzahl X (volle, gerade Anzahl), $X \geqq X_0$ mit $X_0 = 2e/p + (z_1+z_2)/2 + p(z_2-z_1)^2/(4e\pi^2)$, Achsabstand

$$e \approx \frac{p}{4}\left[\left(X - \tfrac{z_1+z_2}{2}\right) + \sqrt{\left(X - \tfrac{z_1+z_2}{2}\right)^2 - 2\left(\tfrac{z_2-z_1}{\pi}\right)^2}\,\right].$$

Die Teilung p der Rollenketten nach DIN 8187 (europäische Bauart, Kennbuchstabe B) und DIN 8188 (amerikanische Bauart, Kennbuchstabe A) ist in Zollstufung genormt, s. Tab. 13.7.

Zur Drehzahl n_0 gehört die Leistung P_0; für $n_1 \leqq n_0$, $i \leqq 7$ gilt in erster Näherung

$$P_{\mathrm{N}} \approx P_0 \left(\frac{n_1}{n_0}\right)^{0,9} N^{0,97} \left(\frac{z_1}{19}\right)^{1,073} \left(\frac{i}{3}\right)^{0,18} \cdot \left(\frac{e}{40p}\right)^{0,26}$$

mit Bemessungsleistung $c_{\mathrm{B}} P_{\mathrm{an}} \leqq P_{\mathrm{N}}$, wobei der Betriebsfaktor in Anlehnung an Tab. 13.1 geschätzt werden kann $N = 1$ für Einfachkette, $N = 2$ für Zweifachkette, $N = 3$ für Dreifachkette. Genauere Auswahl nach DIN ISO 10 823. Typisches Leistungsdiagramm zur Auslegung nach Herstellerunterlagen s. Abb. 13.15. Hersteller [5].

Anhang

Tab. 13.5 Keilriemen-Abmessungen (Auswahl) und Riemenkennwerte zur Abschätzung der übertragbaren Nennleistung P_N nach Gl. (13.11) in Anlehnung an Herstellerangaben [17, 18], gültig für Drehzahlen der kleineren Scheibe $n_1 \leqq n_{1,\max}$ und $\upsilon \leqq \upsilon_{\max}$. Profilbezeichnung nach DIN 7753-1 (entspricht ISO 4184) bzw. DIN 2215 (Zahl) oder ISO (Buchstabe)

Profilbezeichnung		Wirkbreite	Bezugslänge	Leistung	Geschwindigkeit	Geschwindigkeit	Drehzahl	Durchmesser	Leistungskenngrößen		
DIN	ISO	b_W mm	L_0 mm	P_0 kW	u_0 m/s	$u_{\max}$[d] m/s	$n_{\max}$[d] $\min^{-1}$	$d_{w,\min}$ mm	K_2	$K_3 = (1-K_4)/2$	K_4
SPZ[c]	SPZ	8,5	1600	1,90	19,50	44,0	8000	63	4,610	0,250	0,500
SPA[c]	SPA	11	2500	3,57	20,73	44,0	6000	90	4,268	0,270	0,460
SPB[c]	SPB	14	3550	9,43	25,95	41,9	5000	140	2,832	0,330	0,340
SPC[c]	SPC	19	5600	21,54	28,15	44,5	3500	224	2,339	0,353	0,294
6[a b]	Y	5,3	315	0,21	12,22	35,2	12 000	20	4,730	0,200	0,600
10[a c]	Z	8,5	822	0,53	13,02	32,7	6000	45	4,725	0,250	0,500
13[a c]	A	11	1730	1,04	11,52	33,5	6000	71	5,950	0,160	0,680
17[a c]	B	14	2283	2,99	16,42	33,4	4000	112	4,113	0,240	0,520
22[a c]	C	19	3802	8,28	21,02	33,4	2850	180	2,725	0,300	0,400
32[a c]	D	27	6375	21,45	24,54	34,2	1450	315	1,994	0,330	0,340
40[a c]	E	32	7182	30,18	24,62	33,5	1200	450	1,713	0,350	0,300

[a] Stimmt überein mit maximaler Breite b_0 nach Abb. 13.12a.
[b] Flankenoffene Ausführung.
[c] Mit Gewebe-Ummantelung.
[d] Obere Grenze der Katalogangaben.

Tab. 13.6 Flachriemen (Siegling, Hannover) Extremultur 80/85 G (Laufschicht Elastomer) oder L (Laufschicht Chromleder). Zugmodul (EA^*), Riemendicke s. Riemenmasse pro Lauffläche ϱ', $^* \mathrel{\hat{=}}$ bezogen auf 1 mm Riemenbreite

Typ Nr.			10	14	20	28	40	54	80
$d_{1,\min}$		mm	63	100	140	200	280	385	540
F^*_{uN}		N/mm	8	12,5	17,5	25	35	48,5	67,5
$EA^* = F^*/\varepsilon$		N/mm	500	700	1000	1400	2000	2700	4000
s	G	mm	1,5	1,7	2,5	2,9	3,5	4,3	5,7
	L	mm	2,2	2,7	3,0	3,7	4,5	5,7	7,5
ϱ'	G	kg/m²	1,5	11,7	2,7	3,1	3,8	4,7	6,1
	L	kg/m²	2,1	2,4	3,1	3,6	4,5	6,1	7,4

Tab. 13.7 Genormte Rollenketten (Auswahl)

DIN 8187 Ketten-Nr.	P_0 kW ≈	n_0 min⁻¹ ≈	DIN 8188 Ketten-Nr.	P_0 kW ≈	n_0 min⁻¹ ≈	p mm
06 B	3,5	1700				9,525
08 B	7,5	1400	08 A	8,5	1950	12,7
10 B	11,0	1200	10 A	14,8	1550	15,875
12 B	14,7	1050	12 A	19,0	1300	19,05
16 B	32,0	680	16 A	34,2	980	25,4
20 B	47,5	500	20 A	54,0	720	31,75
24 B	68,0	350	24 A	70,0	550	38,1
28 B	78,0	300	28 A	85,0	440	44,45
32 B	92,0	250	32 A	105	320	50,8
40 B	120	180	40 A	120	205	63,5
48 B	140	125	48 A	100	100	76,2
56 B	160	80				88,9
64 B	160	54				101,6
72 B	124	30				114,3

Tab. 13.8 Kennwerte gebräuchlicher Synchronriemen für Überschlagsberechnung in Anlehnung an Herstellerangaben mit Glasfaserlitze Gf [18] und Stahllitze St [19]

Typ	Zugfaser	Teilung p_b mm	P_0 kW	u_0 m/s	b_{s0} mm	$z_{1,\min}$ für n_1 in min⁻¹	$u_{\max}$ m/s	$n_{\max}$ min⁻¹
XL	Gf	5,080	3,61	29,85	25,4	$10\left(\frac{n_1}{950}\right)^{0,20}$	25,4	10 000
L	Gf	9,525	4,72	28,96	25,4	$12\left(\frac{n_1}{950}\right)^{0,30}$	46	6000
H	Gf	12,700	16,33	38,94	25,4	$16\left(\frac{n_1}{950}\right)^{0,24}$	61	6000
XH	Gf	22,225	16,94	29,85	25,4	$20\left(\frac{n_1}{950}\right)^{0,17}$	50	4400
XXH	Gf	31,750	20,31	29,21	25,4	$22\left(\frac{n_1}{950}\right)^{0,15}$	50	3000
T 2,5	St	2,5	0,95[b]	25,00	25,4	10/18[a]	(25)	15 000
T 5	St	5,0	9,38[b]	86,16	25,4	10/15[a]	80	15 000
T 10	St	10	16,32[b]	65,98	25,4	12/20[a]	60	15 000
T 20	St	20	22,91[b]	50,18	25,4	15/25[a]	45	6000

[a] Höhere Mindestzähnezahl bei Gegenbiegung.

[b] Gerechnet für 6 tragende Zähne (nach Herstellerangaben $z_{e\max} = 15$).

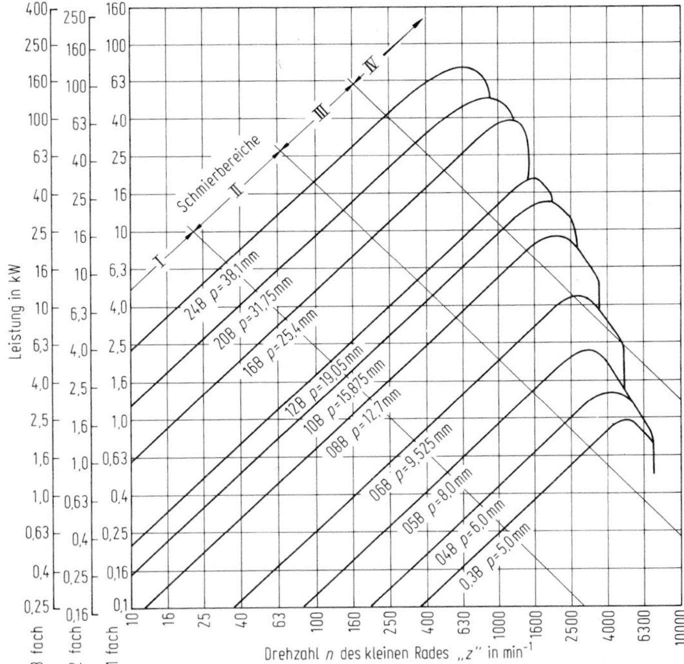

Abb. 13.15 Leistungsbereiche von Rollenketten nach DIN 8187 (ISO 606) für Schmierungsbereiche *I*: Handschmierung, *II*: Tropfschmierung, *III*: Tauchschmierung, *IV*: Druckumlaufschmierung (Arnold & Stolzenberg, Einbeck [20])

Literatur

Spezielle Literatur

1. Dittrich, O., Schumann, R. u. a.: Anwendungen der Antriebstechnik. Bd. III. Krausskopf, Mainz (1974)
2. Umschlingungsgetriebe. Systemelemente der Modernen Antriebstechnik. Tagung Fulda. VDI-Verlag, Düsseldorf (1999)
3. Halbmann, W.: Zum Schlupf kraftschlüssiger Umschlingungsgetriebe. VDI-Fortschrittsber. Reihe 1, Nr. 145. VDI-Verlag, Düsseldorf (1986)
4. Siegling: 30053 Hannover (Druckschriften über Hochleistungs-Flachriemen, Transport- und Prozessbänder, Spindelbänder, Falt- und Förderriemen)
5. Handbuch Antriebstechnik: Tabellenwerte über Lieferanten und Produktdaten. Krausskopf, Mainz (erscheint jährlich)
6. Müller, H. W.: Anwendungsbereiche der Keilriemen in der Antriebstechnik. In: Arntz-Optibelt-Gruppe Höxter: Keilriemen. Heyer, Essen (1972)
7. Müller, H. W.: Zugmittelgetriebe. In: Dubbel: 16. Aufl. Springer, Berlin (1987)
8. Optibelt: 37671 Höxter (Druckschriften über Antriebselemente, Rippenbänder)
9. Wölfle, F., Kaufhold, T.: Simulationsprogramm zur Vorhersage der dynamischen Vorgänge in Nebenaggregateantrieben mit Keilrippenriemen. Vieweg-Verlag: MTZ 64 (2003) 414/421
10. ContiTech Antriebssysteme. 30165 Hannover (Druckschriften über Keilriemen), Keilrippenriemen, Zahnriemen und HDT Zahnriemenantriebe)
11. Pirelli. 63801 Kleinostheim (Druckschriften über Zahnriemen)
12. Mulco. 30159 Hannover (Druckschriften über Zahnriemen)
13. PIV Drives. 61352 Bad Homburg: Druckschriften 139/4 und 159/11 (1991)
14. Ernst, H.: Anwendung mechanisch-stufenloser Antriebe. VDI-Berichte Nr. 803. VDI-Verlag, Düsseldorf (1990)
15. Cuypers, M. H., Seroo, J. M.: Durch Metallriemen und -ketten in stufenlosen Kraftfahrzeuggetrieben übertragbare Drehmomente. Antriebstechnik 29 (1990) Nr. 5, 72–76
16. Berents, R., Maahs, G., Schiffner, H., Vogt, E.: Handbuch der Kettentechnik. Firmenschrift Arnold & Stolzenburg, Einbeck (1989)
17. FAG Kugelfischer Georg Schäfer: Schmierung von Wälzlagern, Publ. Nr. WL 81115 DA. Schweinfurt (1985)
18. Müller, H.K.: Abdichtung bewegter Maschinenteile. Medienverlag U. Müller, Waiblingen (1990)
19. Stöcklein, W.: Aussagekräftige Berechnungsmethode zur Dimensionierung von Wälzlagern. In: Wälzlagertechnik, Teil 2: Berechnung von Lagerungen und Gehäusen in der Antriebstechnik. Kontakt und Studium, Band 248. Expert-Verlag, Grafenau (1988)
20. Münnich, H., Erhard, M., Niemeyer, P.: Auswirkungen elastischer Verformungen auf die Krafteinleitung in Wälzlagern. Kugellager-Z. **155**, 3–12

Reibradgetriebe

14

Gerhard Poll

14.1 Wirkungsweise, Definitionen

Reibradgetriebe oder auch *Wälzgetriebe* sind gleichförmig übersetzende Reibschlussgetriebe [1], bei denen im Gegensatz zu Zugmittelgetrieben keine großflächige Berührung auftritt, sondern näherungsweise punkt- oder linienförmige Kontakte vorliegen. Die Größe der durch Abplattung entstehenden Berührfläche sowie die Pressungsverteilung lassen sich mit Hilfe der Hertz'schen Gleichungen (s. Bd. 1, Kap. 22) bestimmen. Bei weichen nichtmetallischen Werkstoffen findet die Theorie der *Stribeck'schen Wälzpressung* Anwendung. Die Momentenübertragung erfolgt durch Umfangskräfte F_t, die zwischen den rotationssymmetrischen Rädern unter der Anpresskraft F_n (Abb. 14.1a) wirken. Man definiert einen Kraftschlussbeiwert f bzw. *Nutzreibwert* (s. a. Tab. 14.2)

$$\mu_N = f = \frac{F_t}{F_n}, \qquad (14.1)$$

der stets kleiner als der tatsächliche Reibwert μ ist. Damit ist die Kraftschlussausnutzung bzw. der tangentiale Nutzungsgrad

$$\upsilon_t = \frac{\mu_N}{\mu} = \frac{f}{\mu}. \qquad (14.2)$$

G. Poll (✉)
Leibniz Universität Hannover
Hannover, Deutschland
E-Mail: poll@imkt.uni-hannover.de

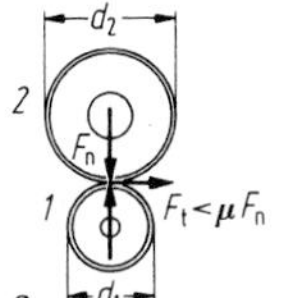

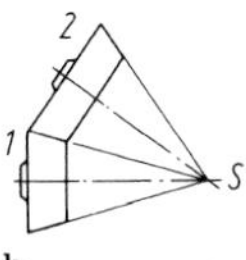

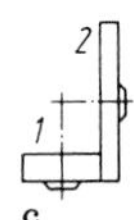

Abb. 14.1 Kräfte und Übersetzung bei Reibrädern. **a** Mit parallelen Achsen; **b** mit einander schneidenden Achsen, ohne Bohrreibung; **c** mit einander schneidenden Achsen, mit Bohrschlupf in der Berührlinie

Die Drehachsen liegen zumeist in einer Ebene, um den bei windschiefen Achsen auftretenden Schräglauf zu vermeiden. Bei Verstellgetrieben muss jedoch eine *Bohrbewegung* (s. Abschn. 14.3.1) in Kauf genommen werden. Nur wenn die Spitzen der beiden Wälzkegel in einem Punkt zusammenfallen, ist reines Rollen möglich (Abb. 14.1b). Die Übersetzung ist definiert als Drehzahlverhältnis von Antriebs- (Index 1-) und Abtriebs-(Index 2-)welle:

$$i = \frac{n_1}{n_2} = \frac{d_2}{d_1}. \qquad (14.3)$$

In der Literatur findet man für die Übersetzung, insbesondere von Verstellgetrieben auch den u. U. vorzeichenbehafteten Kehrwert $i = n_2/n_1$. Die in der Praxis oft konstante Antriebsdrehzahl n_1 dient dabei als Bezugsgröße, mit der Folge, dass bei stillstehender Abtriebswelle ($n_2 = 0$) nicht $i = \infty$ wird.

B. Bender und D. Göhlich (Hrsg.), *Dubbel Taschenbuch für den Maschinenbau 2: Anwendungen*,
https://doi.org/10.1007/978-3-662-59713-2_14

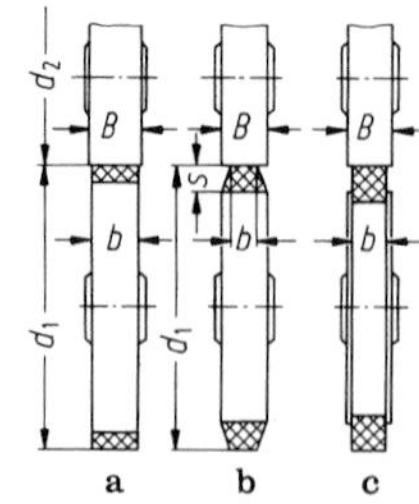

Abb. 14.2 Reibräder mit Reibbelägen, wobei $B > b$. **a** Harter organischer Reibbelag; **b** Reibring aus Gummi, aufvulkanisiert; **c** Reibring aus Gummi, aufgespannt

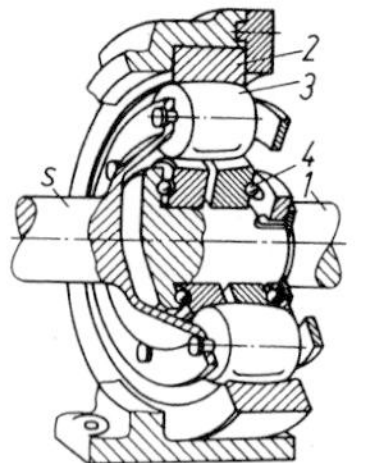

Abb. 14.4 Planeten-Reibradgetriebe nach [2]. *1* Antriebswelle für geteiltes Sonnenrad, *2* feststehender Außenring, *3* ballige Planetenräder, *4* Einrichtung zur drehmomentabhängigen Anpassung der beiden auf Welle *1* axial verschieb- und drehbaren Sonnenradhälften (vgl. Abb. 14.5). *s* Planetenträger als Abtrieb

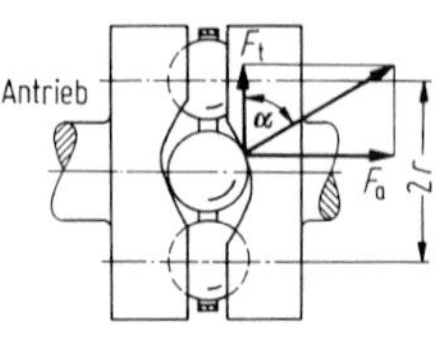

Abb. 14.3 Vorrichtung zur Erzeugung einer drehmomentabhängigen Axialkraft $F_a = F_t \tan\alpha = (M/r)\tan\alpha$

14.2 Bauarten, Beispiele

Reibradgetriebe bestehen in der einfachsten Ausführung aus zwei Rotationskörpern, die unmittelbar auf An- und Abtriebswelle angeordnet sind. Zur Verringerung der hohen Anpresskräfte, die in diesem Fall vollständig von den Lagern aufgenommen werden müssen, bevorzugt man Paarungen mit größeren Reibwerten (Abb. 14.2). Besondere Eigenschaften lassen sich durch Konstruktionen mit Zwischengliedern erzielen, was mit dem Nachteil einer Reihenschaltung zweier Kontaktstellen im Leistungsfluss verbunden ist, jedoch eine Parallelschaltung mehrerer Zwischenglieder ermöglicht, wodurch sich die Leistung erhöhen und die Lagerbelastung verringern lässt (z. B. planetenartige Anordnung zur Verringerung der Radialkräfte). Bei Verstellgetrieben können An- und Abtriebswelle dann raumfest angeordnet werden, und die Bohrbewegung lässt sich im gesamten Verstellbereich minimieren.

Die Anpresskraft F_n wird entweder durch Federkraft erzeugt, wodurch sie in der Regel konstant ist und ein Durchrutschen bei Überlast ermöglicht wird, oder sie wächst mit zunehmender Belastung. Die Kraft ist dabei prinzipbedingt lastabhängig (Abb. 14.5b, d) oder sie wird durch drehmomentabhängige Anpressvorrichtungen, wie z. B. in Abb. 14.3 dargestellt, gezielt beeinflusst. Dadurch ändert sich die Übersetzung mit schwankender Belastung nur geringfügig, das Getriebe ist *„drehmomentensteif"*.

14.2.1 Reibradgetriebe mit festem Übersetzungsverhältnis

Bei allen Anwendungen, die keinen Synchronlauf erfordern, stehen Reibradgetriebe mit festem Übersetzungsverhältnis in direkter Konkurrenz zu formschlüssigen Getriebetypen wie z. B. Zahnradgetrieben. Sie zeichnen sich durch einfachen Aufbau aus, der kostengünstige Konstruktionen erlaubt und können gleichzeitig die Aufgabe einer Überlastkupplung übernehmen. Eine zweifache Funktion erfüllen sie auch bei Lagerung und Antrieb großer rohrförmiger Behälter.

Da die Geometrie der Kontaktzone zeitlich unveränderlich ist, sind im Gegensatz zu Zahnradgetrieben keine periodischen Schwingungsanregungen (Eingriffsstoß, Zahnsteifigkeitsschwankung) zu befürchten. Es lassen sich daher sehr geräuscharme Getriebe realisieren (Abb. 14.4) und auch sehr hohe Drehzahlen (z. B. bis 16 000 1/s bei Texturiermaschinen) sind bei Übersetzung ins Schnelle erreichbar.

14.2.2 Wälzgetriebe mit stufenlos einstellbarer Übersetzung

Der fehlende Formschluss bei Wälzgetrieben ermöglicht eine stufenlose Veränderung ihrer Übersetzung in den Grenzen $i_{\min}$ und $i_{\max}$. Diese Eigenschaft wird durch das *Stellverhältnis* $\varphi = i_{\max}/i_{\min}$ gekennzeichnet. Durch Kombination mit einem Planetengetriebe zu einem Stellkoppelgetriebe (s. Abschn. 15.9) kann das Stellver-

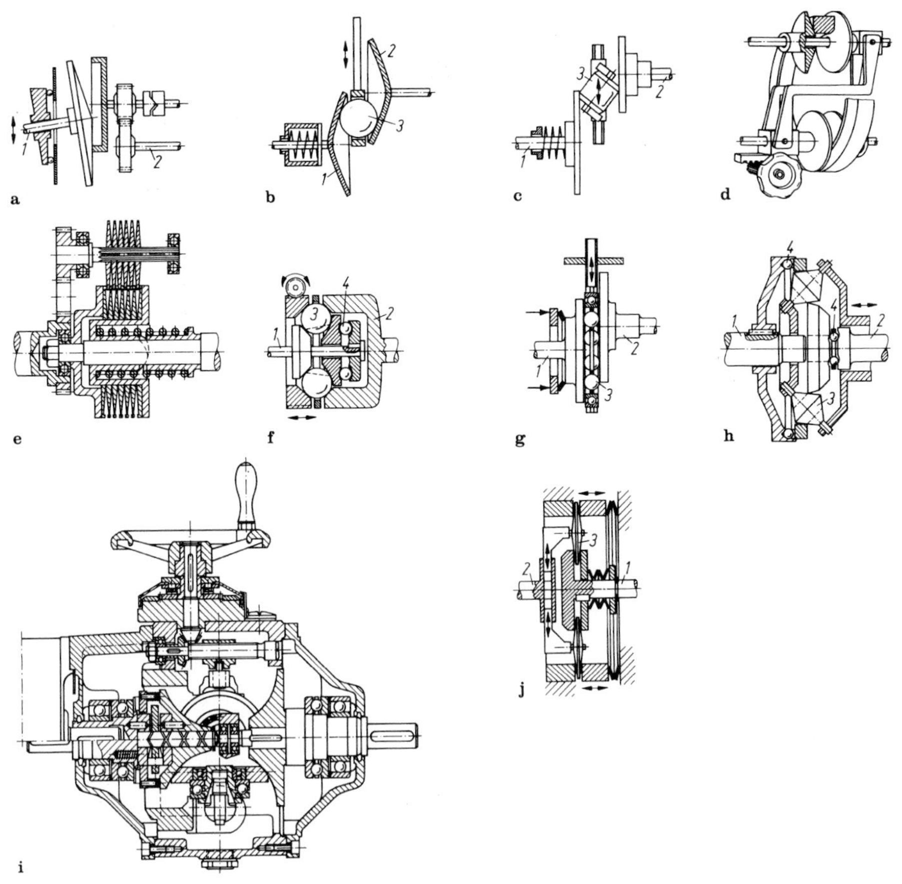

Abb. 14.5 Schematische Darstellung einiger Wälzgetriebe (vgl. Tab. 14.1). *1* Antrieb, *2* Abtrieb, *3* Zwischenglied, *4* Einrichtung zur drehmomentenabhängigen Anpassung der Wälzkörper

hältnis beliebig erweitert oder eingeengt werden, wodurch z. B. mit jeder Bauart eine Drehrichtungsumkehr möglich ist.

Verstellgetriebe oder auch kurz *Stellgetriebe* werden oft als komplette Antriebseinheiten mit anmontierten Asynchronmotoren angeboten, womit man durch Polumschaltung den Verstellbereich zusätzlich vergrößern kann. In den meisten Fällen können abtriebsseitige Untersetzungsgetriebe montiert werden, mit deren Hilfe beliebige Drehzahlbereiche möglich sind. Abb. 14.5 zeigt eine Auswahl gebräuchlicher Funktionsprinzipien. (Getriebe nach Abb. 14.5a trockenlaufend mit Kunststoff-Reibring, alle übrigen mit geschmierten Wälzkörpern aus Stahl.) Die große Vielfalt entsteht durch die unterschiedlichen Anforderungen, die an Reibradgetriebe gestellt werden, wie Wirtschaftlichkeit (Preis, Wirkungsgrad, Lebensdauer), Verstellung im Stillstand, Verstellung bis $n_2 = 0$ usw.

Die Auswahl eines geeigneten Verstellgetriebes für einen bestimmten Anwendungsfall erfolgt unter der Voraussetzung, dass der Antrieb den Drehmomentenbedarf der Arbeitsmaschine im gesamten Drehzahlbereich decken muss. Der als Abtriebskennlinie bezeichnete Verlauf des Abtriebsmoments über der Drehzahl n_2 ist somit eine wichtige Eigenschaft des Verstellantriebs. Bei konstanter Antriebsdrehzahl n_1 lässt sich das Verhalten der Bauarten nach Abb. 14.5 durch verschiedene Bereiche (Tab. 14.1) der schematischen Abtriebskennlinie nach Abb. 14.6 darstellen. Das bei vielen Bauarten in einem gewissen Verstellbereich *II* konstante zulässige Drehmoment kann bei extremen Übersetzungen (Bereiche *I* und *III*) oft nicht mehr übertragen werden,

Tab. 14.1 Kenndaten der Wälzgetriebe (Abb. 14.5) nach Herstellerkatalogen (Stand 1989). Werte für jeweils größten und kleinsten Typ mit angeflanschtem Antriebsmotor, $n_1 = 24\ 1/\mathrm{s}$

Bild-Nr.	Bezeichnung (Hersteller)	$P_{2\,max}$ kW	$M_{2\,max}$ Nm	$\varphi = \frac{(n_2/n_1)_{max}}{(n_2/n_1)_{min}}$	$\eta_{max} = \frac{P_2}{P_{el}}$	Kennlinienbereiche
5a	Kegel-Reibring-Getriebe (SEW, Stöber, Prym, Flender-Himmelwerke)	10	75	$1{,}25/0{,}25 = 5$	0,9	*II*, *III*
		0,08	2,4	$1{,}1/0{,}22 = 5$	0,7	
5b	Hohlkegel-Kugel-Getriebe (Heynau)	0,15[b]	0,6	$2/0{,}22 = 6$	0,61	*II*, *III*
		0,05	0,36	$3/0{,}33 = 9$	0,55	
5c	Kegel-Scheiben-Getriebe (Unicum)	103	1407	$0{,}86/0{,}43 = 2$	0,92	*II*, *III*
		0,15	3,8	$2{,}4/0{,}2 = 12$	0,92	
5d	Ring-Keilscheiben-Getriebe H-Trieb (Heynau)	3,2	43	$3/0{,}33 = 9$	0,79	*II*, *III*
		0,2	3,0	$3/0{,}33 = 9$	0,79	
5e	Kegelscheiben-Ring-Getriebe Beier-Getriebe (Sumitomo)	120[a]	3440	$1{,}3/0{,}33 = 4$	0,8	*III*
		0,2	3,2	$0{,}8/0{,}2 = 4$	0,8	
5f	Kugel-Ringe-Getriebe (Planetroll, Neuweg)	5,76	150	$0/0{,}39 = \infty$	0,77	*I*, *II*, *III*
		0,02	1,2	$0/0{,}39 = \infty$	0,7	
5g	Kugel-Scheiben-Getriebe (PIV, Reimers)	2,36[b]	13,4	$1{,}2/0 = \infty$	0,79	*III*
		0,086[c]	2,0	$1{,}2/0 = \infty$	0,72	
5h	Doppelkegel-Ring-Getriebe (Kopp)	68[d]	1200	$1{,}2/0{,}2 = 6$	0,9	*I*, *III*
		0,8[d]	18	$1{,}2/0{,}12 = 10$	0,9	
5i	Torusgetriebe (Arter)	10,4	120	$2{,}21/0{,}29 = 7{,}75$	0,95	*III*
		0,14	2	$2{,}14/0{,}21 = 10$	0,8	
5j	Planeten-Kegelscheiben-Ring-Getriebe Disco (Lenze)	18,6	300	$0{,}67/0{,}13 = 5$	0,86	*III*
		0,12	2	$0{,}67/0{,}11 = 6$	0,85	

[a] $n_1 = 12{,}5\ 1/\mathrm{s}$
[b] $n_1 = 47\ 1/\mathrm{s}$
[c] mit Getriebe
[d] ohne Antriebsmotor

da dann z. B. die zulässigen Hertz'schen Pressungen durch kleinere Krümmungsradien überschritten werden oder die Bohrbewegung zu erhöhtem Verschleiß führt. Der häufig hyperbelförmige Drehmomentabfall im Bereich wird zudem durch die begrenzte Antriebsleistung verursacht.

Gegenwärtig stehen drei Bauarten von Reibradgetrieben als *stufenlose Fahrzeugantriebe (CVT)* zur Diskussion [3–7]:

- das *Halbtoroidgetriebe*, Abb. 14.5i,
- das *Volltoroidgetriebe*, Abb. 14.7 und
- das *Kegelringgetriebe*, Abb. 14.8.

Es wird erwartet, dass sie höhere Leistungsdichten erreichen werden als die konkurrierenden Umschlingungsmittelgetriebe.

Toroidgetriebe haben torusförmige An- und Abtriebsscheiben, zwischen denen Momente über Zwischenrollen übertragen werden; sie befinden sich im Torusraum zwischen diesen Zentralscheiben und werden zur Einstellung der gewünschten Übersetzung um Achsen geschwenkt, die den Torusmittenkreis tangieren. Meist werden zwei Halbgetriebe parallel geschaltet, um die für die Leistungsübertragung nötige axiale Vorspannung ohne verlustreiche Axiallager zu erzeugen und eine höhere Leistung übertragen zu können. Die beiden Antriebsscheiben sitzen dabei auf der inneren, die zwei Abtriebsscheiben auf der äußeren Zentralwelle.

Halbtoroidgetriebe (Abb. 14.5i) nützen nur die innere Hälfte des Torusraumes aus ($\varepsilon < 180°$). Die Berührflächennormalen der beiden Kontaktstellen schließen einen Winkel ein, sodass eine

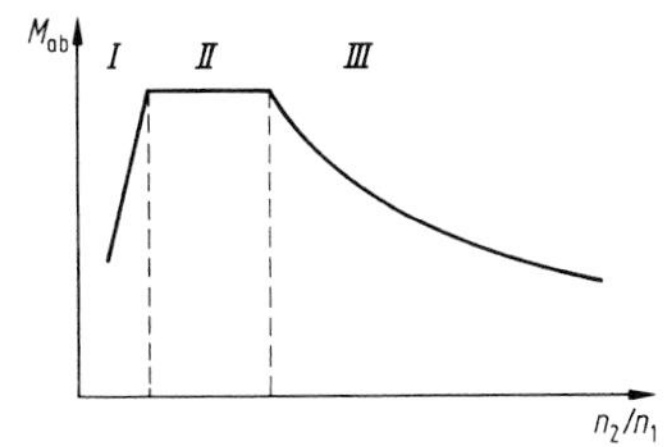

Abb. 14.6 Schematische Abtriebskennlinie der Wälzgetriebe nach Abb. 14.5. Die bei den einzelnen Bauarten vorhandenen Bereiche sind in Tab. 14.1 angegeben

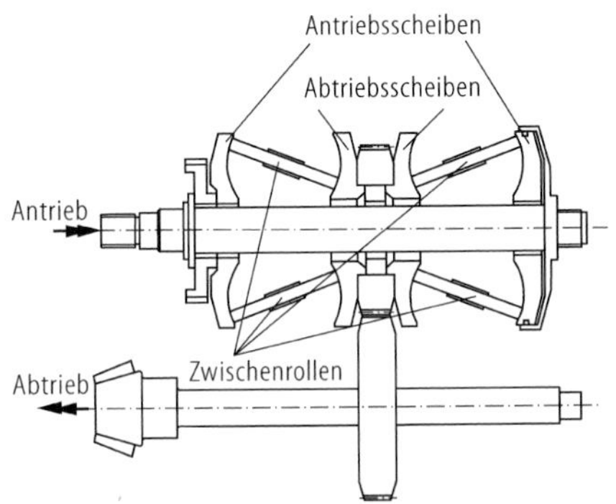

Abb. 14.7 Volltoroidgetriebe, schematische Darstellung [4]

erhebliche Axialkraft auf die Zwischenrolle entsteht, die durch eine entsprechende Lagerung mit hohen Bohrschlupfverlusten abgefangen werden muss. Hingegen sind die Bohrschlupfverluste in den eigentlichen Traktionskontaktstellen gering (1 % im optimalen Betriebspunkt bei 80 % Kraftschlussausnutzung), da sich die Berührtangenten und die Drehachsen annähernd in einem Punkt schneiden (Bohr/Wälzverhältnis i. Allg. 0 bis 0,2, maximal bis 0,5).

Bei Volltoroidgetrieben (Abb. 14.7) durchstößt die Verbindungslinie zwischen den beiden Kontaktstellen einer Zwischenrolle den Mittenkreis des Torus ($\varepsilon = 180°$), sodass keine Axialkraft auf die Rollen wirkt. Allerdings sind die Bohrschlupfverluste in den Traktionskontaktstellen höher (2 bis 3 %, Bohr/Wälzverhältnis 0,8 bis 1,0).

Das Kegelringgetriebe (Abb. 14.8) besteht aus einem Ausgangsreibkegel und einem Eingangsreibkegel, um den ein Reibring angeordnet ist. Die Position dieses Reibrings bestimmt die aktuelle Übersetzung. Die erforderliche Anpressung

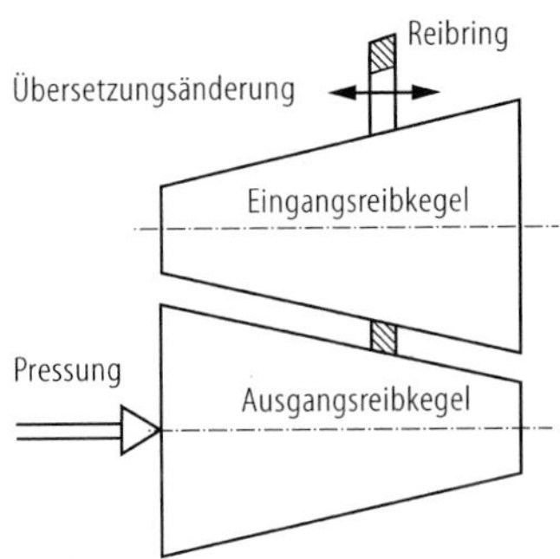

Abb. 14.8 Kegelringgetriebe, schematische Darstellung [7]

entsteht durch Verschieben des Ausgangsreibkegels. Mit entsprechend schlanken Kegeln können ähnlich günstige Bohr/Wälzverhältnisse ($\approx$ 0,18) erzielt werden wie mit Halbtoroidgetrieben, jedoch bei geringen Axialkräften. Im Vergleich zu Kegelgetrieben mit zwischengeschalteten Rollen ist die spezifische Belastung der Kontaktstellen kleiner.

Durch Aufprägen eines Schräglaufwinkels kann erreicht werden, dass Zwischenrollen und Reibringe mit geringem äußeren Kraftaufwand durch Querreibkräfte in Positionen mit geänderten Übersetzungen gelenkt werden.

14.3 Berechnungsgrundlagen

14.3.1 Bohrbewegung

Zur Berechnung der Relativbewegung im Kontaktbereich werden die beteiligten Reibräder durch Kegel ersetzt, die die als eben angenommene Berührfläche tangieren. Im Allgemeinen fallen die in der Berührebene liegenden Spitzen dieser Wälzkegel nicht in einem Punkt zusammen, wie in Abb. 14.9 dargestellt. Die Umfangsgeschwindigkeiten sind dann nur im Punkt P identisch, entlang der Mantellinien nimmt ihre Differenz zu. Diese dem reinen Abrollen überlagerte Bewegung lässt sich durch eine Relativdrehung mit der Winkelgeschwindigkeit $\boldsymbol{\omega}_b$ beschreiben, die normal zur Berührebene gerichtet ist. Allgemein ergibt sich die Relativbewegung von Wälzkörper *2* gegenüber *1* durch die Vektorgleichung $\vec{\omega}_{rel} = \vec{\omega}_2 - \vec{\omega}_1$. Durch Zerlegung in Anteile senk-

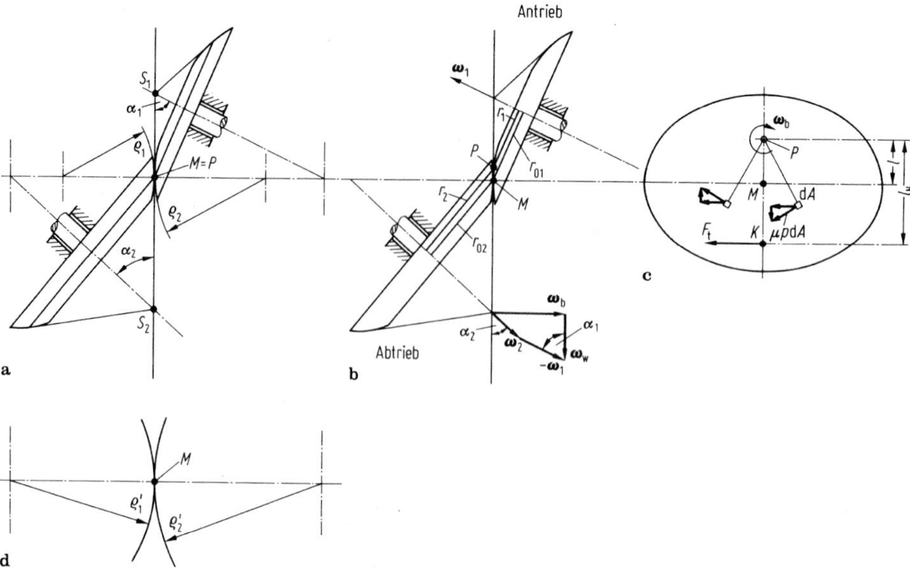

Abb. 14.9 Wälzkontakt mit Bohrbewegung. **a** im Leerlauf; **b** unter Last; **c** vergrößerte Berührellipse mit Reibkräften in Richtung der Gleitgeschwindigkeit, Verlagerung des Drehpols P um l bei Auftreten einer Umfangslast F_t; **d** geklappte Schnittdarstellung von **a** mit Hauptkrümmungsradien ϱ_1' und ϱ_2'

recht und parallel zur Berührfläche lassen sich die gesuchten Bohr- und Wälzgeschwindigkeiten bestimmen:

$$\vec{\omega}_b + \vec{\omega}_w = \vec{\omega}_2 - \vec{\omega}_1$$

mit den Beträgen

$$\omega_b = |\omega_2 \sin \alpha_2 \pm \omega_1 \sin \alpha_1| \tag{14.4}$$

$$\omega_w = |\omega_2 \cos \alpha_2 \pm \omega_1 \cos \alpha_1| \tag{14.5}$$

Pluszeichen, wenn P zwischen S_1 und S_2 liegt; Minuszeichen, wenn ein Wälzkegel Hohlkegel ist.

Das *Bohr/Wälzverhältnis* ω_b/ω_w kennzeichnet das Ausmaß der Bohrbewegung und der damit verbundenen Verluste. Es wird durch die Bauart bestimmt und variiert im Verstellbereich (z. B. 0 bis 15 Abb. 14.5a und 0 bis 0,5 Abb. 14.5i).

14.3.2 Schlupf

Die Größe und Form, d. h. die Halbachsen a und b der Hertz'schen Berührellipse werden u. a. durch die Hauptkrümmungsradien der Wälzkörper im Berührpunkt bestimmt. In der durch die Drehachsen aufgespannten Ebene sind das die Radien ϱ_1 und ϱ_2. Die dazu und wiederum zur Berührfläche senkrechte Ebene erzeugt Kegelschnitte mit den Krümmungsradien ϱ_1' und ϱ_2' im Berührpunkt.

Bei vorhandener Bohrbewegung sind die Umfangsgeschwindigkeiten der Wälzkörper nur in einem Punkt, dem Drehpol P, identisch. Seine Lage bestimmt infolgedessen die jeweilige Übersetzung. Im Leerlauf liegt P in der Mitte M der Berührellipse (Abb. 14.9a), womit das Drehzahlverhältnis $\omega_{02}/\omega_{01} = r_{01}/r_{02}$ festliegt. In Richtung der Gleitgeschwindigkeiten entstehen Reibkräfte, die zwar ein Moment um P erzeugen, jedoch aus Symmetriegründen keine resultierende Umfangskraft ergeben.

Bei Momentenübertragung und unveränderlicher Lage der Berührfläche muss der Drehpol demzufolge außerhalb der Mitte M liegen [8]. Die integrale Wirkung der Reibkräfte $\mu p \, \mathrm{d}A$ in Umfangsrichtung ergibt dann die gewünschte Tangentialkraft F_t. Weiterhin entsteht ein Bohrmoment M_b um P. Diese Schnittreaktionen lassen sich zu einer resultierenden Kraft F_t zusammenfassen, deren Wirkungslinie durch den fiktiven Kraftangriffspunkt K geht. Damit gilt $M_b = F_t \, l_N$. Um das Bohrmoment zu minimieren, sollte die Berührfläche möglichst klein sein. Bei vorhandenen Bohrbewegungen bevorzugt man daher Punktberührung. Die wiederum in P übereinstimmenden Umfangsgeschwindigkeiten beider Wälzkörper liefern das Drehzahlverhältnis unter Last

$$\frac{\omega_2}{\omega_1} = \frac{r_1}{r_2}\,.$$

Die relative Übersetzungsänderung gegenüber dem Leerlauf bezeichnet man als Wälzschlupf s_w

$$\begin{aligned} s_\mathrm{w} &= \frac{\omega_{02}/\omega_{01} - \omega_2/\omega_1}{\omega_{02}/\omega_{01}} = 1 - \frac{r_1/r_2}{r_{01}/r_{02}} \\ &= 1 - \frac{(r_{01} - l\ \sin\alpha_1)/(r_{02} + l\ \sin\alpha_2)}{r_{01}/r_{02}} \\ &= 1 - \frac{(r_{01} - l\ \sin\alpha_1)/r_{01}}{(r_{02} + l\ \sin\alpha_2)/r_{02}} \end{aligned} \quad (14.6)$$

Bei konstanter Anpresskraft F_n sowie unveränderlichem Reibwert μ vergrößert sich der Schlupf demnach mit steigender Belastung, d. h. zunehmender Polauswanderung l. Große Raddurchmesser sowie kleine Kegelwinkel α und damit kleinerer Bohrschlupf wirken sich günstig auf den Wirkungsgrad aus, da sie den Längsschlupf verringern.

Auch bei $\alpha_{1,2} = 0$, das heißt ohne Bohrschlupf (z. B. Abb. 14.1a, b), ist der Nutzreibwert μ_N bzw. der Kraftschlussbeiwert f vom Längsschlupf in ähnlicher Weise abhängig; allerdings ist der Kraftanstieg mit dem Schlupf steiler, da die Gleitgeschwindigkeitsvektoren in der Berührfläche nicht in die Richtung der gewünschten Kraftübertragung gedreht werden müssen, um den höchstmöglichen Kraftschluss zu erzielen. Dies liegt daran, dass sowohl bei trocken laufenden als auch bei geschmierten Wälzkontakten *elastischer Formänderungsschlupf* auftritt [9–11], dem sich bei geschmierten Kontakten zusätzlich die Scherung im Fluidfilm überlagert. Der Wälzschlupf wird dann definiert als:

$$s_\mathrm{w} = \frac{r_{01}\omega_1 - r_{02}\omega_2}{r_{01}\omega_1} \quad (14.7)$$

Berechnungsverfahren zur Bestimmung der übertragbaren Umfangskräfte und der die Kinematik bestimmenden Länge l setzen zumeist eine von Tangentialkräften unbeeinflusste Geometrie und Druckverteilung in der Hertz'schen Berührfläche voraus. Für den einfachsten Fall eines konstanten Reibwerts liegen Zustandsdiagramme vor [8, 12], die in anschaulicher Weise die gegenseitige Abhängigkeit der Einflussgrößen l, l_N, a, b und v_t darstellen.

Aktuelle Theorien [13] berücksichtigen vom Schlupf bzw. von der Gleitgeschwindigkeit abhängige Schubspannungen in der Kontaktfläche, speziell für den häufigsten Fall geschmierter Hertz'scher Kontaktflächen. Die gleichzeitige Berechnung elastischer Verformungen und hydrodynamischer Vorgänge charakterisiert diese EHD-(elasto-hydrodynamischen) Kontakte. Der Druckverlauf in der Kontaktzone ähnelt der Hertz'schen Pressungsverteilung mit Maximalwerten von einigen $1000\,\mathrm{N/mm^2}$. Dadurch werden die Schmierstoffeigenschaften im Spalt stark verändert. Insbesondere spezielle Reibradöle, sog. traction fluids [14], verfestigen sich dabei und ermöglichen eine Trennung der Oberflächen (Spaltweite $< 1\,\mu\mathrm{m}$ [15]) bei gleichzeitig hoher zulässiger Scherbeanspruchung in der Größenordnung von $\tau = 100\,\mathrm{N/mm^2}$. Abb. 14.10 zeigt gemessene Reibungszahlkurven für ein herkömmliches Mineralöl mit günstigem, hohem Naphtengehalt und ein synthetisches Reibradöl bei unterschiedlichen Bohr/Wälzverhältnissen.

Unabhängig von dem hier untersuchten Wälzschlupf tritt bei unterschiedlichen elastischen Eigenschaften der Wälzkörper eine Übersetzungsänderung durch Änderung der Reibradien infolge lastabhängiger elastischer Verformungen auf. Es sind Konstruktionen denkbar, bei denen der Wälzschlupf dadurch sogar vollständig kompensiert wird.

Die Schlupfwerte s_w ausgeführter Stellgetriebe liegen bei Nennlast zwischen 1,5 und 5 %, ausnahmsweise darüber.

14.3.3 Übertragbare Leistung und Wirkungsgrad

Tab. 14.1 gibt die *Leistungsdaten* der in Abb. 14.5 gezeigten Getriebebauarten nach Herstellerkatalogen für den jeweils größten und kleinsten Typ

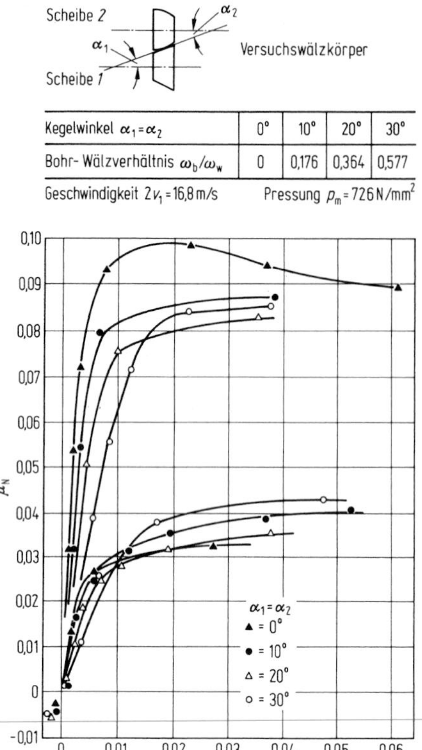

Abb. 14.10 Reibungszahlkurven nach [16] eines naphtenbasischen Mineralöls und eines synthetischen Reibradöls (höhere μ_N-Werte) bei verschiedenen Bohr/Wälzverhältnissen

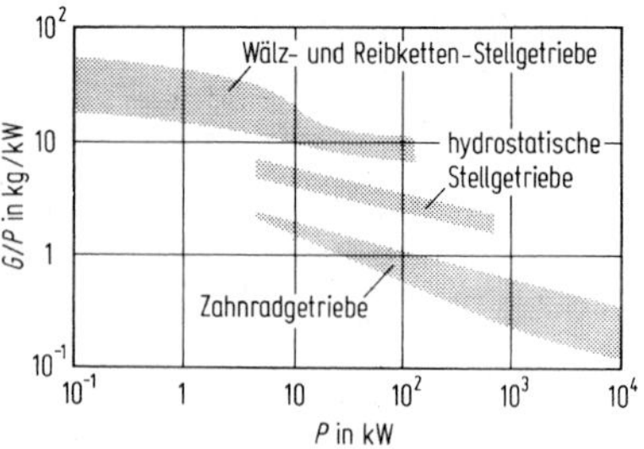

Abb. 14.11 Leistungsgewicht von Wälzgetrieben im Vergleich

wieder. Die angegebene Leistung ist die zur Verfügung stehende mechanische Leistung P_2 an der Abtriebswelle. Der damit gebildete Gesamtwirkungsgrad berechnet sich unter Zugrundelegung der aufgenommenen elektrischen Leistung P_{el}.

Neben der durch Werkstoffestigkeit und Reibungsverschleiß begrenzten Hertz'schen Pressung bestimmen die bei zunehmender Baugröße infolge schlechter Wärmeabfuhr ansteigenden Temperaturen die Leistungsgrenze von Wälzgetrieben.

Bei gleichem Gewicht und damit etwa gleicher Wellen- und Lagerbelastbarkeit ist die Nennleistung von Wälzgetrieben etwa eine Größenordnung geringer als die von Zahnradgetrieben (Abb. 14.11), weil diese bei gleicher Beanspruchung der Berührflächen die volle Normalkraft F_n, reibschlüssige Getriebe jedoch nur μF_n als Umfangskraft übertragen können.

Leistungsverluste treten vor allem in den Lagern und im Reibkontakt selbst auf. Nur bei Wälzpaarungen ohne Bohrbewegung kann die Reibleistung unmittelbar angegeben werden. Die Differenz der Umfangsgeschwindigkeiten in der Kontaktfläche ist dabei näherungsweise überall gleich und hat im Leerlaufberührpunkt den Wert

$$\Delta v = \omega_1 \, r_{01} - \omega_2 \, r_{02} = \omega_1 r_{01} \left(1 - \frac{\omega_2 \, r_{02}}{\omega_1 r_{01}}\right) = \omega_1 \, r_{01} \, s_w \, . \tag{14.8}$$

Damit ist die Reibleistung

$$P_V = \Delta v \, \mu_N \, F_n = \omega_1 \, r_{01} \, s_w \, \mu_N \, F_n \, . \tag{14.9}$$

Zusammengehörige Reib- und Schlupfwerte μ_N und s_w entnimmt man z. B. vorhandenen Reibungszahlkurven oder rechnet überschlägig mit den in Tab. 14.2 angegebenen Daten. Bei vorhandener Bohrbewegung lässt sich die Reibleistung nach [17] folgendermaßen abschätzen. Zunächst ermittelt man den zu dem vorliegenden Kraftverhältnis $\mu_N = F_t/F_n$ zugehörigen Schlupf aus der Kraftschluss-Schlupfkurve für Bohrbewegung und setzt diesen in obige Gleichung ein. Den Nutzreibwert wählt man dann jedoch für diesen Schlupf aus der Kurve ohne Bohrbewegung aus. Von diesem hohen Reibwert wird bei Bohrbewegung nur ein Teil für die Übertragung der Umfangskraft ausgenutzt, der Rest ist den Bohrreibungsverlusten zuzuordnen. Genauere Berechnungsverfahren findet man z. B. in [13].

14.3.4 Gebräuchliche Werkstoffpaarungen

Tab. 14.2 zeigt eine Auswahl verwendeter *Reibradwerkstoffe* mit Richtwerten für die Berechnung. Bei metallischen Werkstoffen ist die zulässige Hertz'sche Pressung $p_{\text{H zul}}$ angegeben, sonst die erlaubte Stribeck'sche Wälzpressung

$$k_{\text{zul}} = \frac{F_{\text{n}}}{bd_1}, \tag{14.10}$$

vgl. Abb. 14.2b bzw. $k^*_{\text{zul}} = F_{\text{n}}/(d_0 b)$ mit $d_0 = d_1 d_2/(d_1 + d_2)$, Abb. 14.2a. Die angegebenen Nutzreibwerte μ_{N} enthalten eine gewisse, übliche Sicherheit. Angaben nach [17], sonstige Quellen sind gekennzeichnet.

Die an Reibpaarungen gestellten Anforderungen in Bezug auf hohe Wälz- und Verschleißfestigkeit bei gleichzeitig hohem Reibwert sind nicht gleichzeitig optimal zu erfüllen. Wegen der bei Verstellgetrieben günstigen Punktberührung findet man dort fast ausschließlich Ganzstahlgetriebe. Reibradgetriebe mit festem Übersetzungsverhältnis weisen demgegenüber meist Linienberührung auf und lassen sich preisgünstig mit Elastomer-Reibrädern gestalten, da die auftretenden Wellen- und Lagerbelastungen gering sind. Schmierstoffe und Schmutz müssen jedoch unbedingt von den Laufflächen ferngehalten werden, um den hohen Reibwert gewährleisten zu können.

14.4 Hinweise für Anwendung und Betrieb

Reibradgetriebe mit festem Übersetzungsverhältnis werden häufig in feinmechanischen Antrieben zur Übertragung geringer Leistungen eingesetzt. Durch Abheben der Räder wirken sie als Schaltkupplung (Tonbandgeräte). Bei weichem Gummireibbelag sind sie besonders geräuscharm, leise bei gehärteten, feingeschliffenen und geschmierten Stahlreibflächen, aber laut bei schnellaufenden trockenen metallischen Reibpaarungen.

Verstell-Reibradgetriebe dienen zum Antrieb solcher Geräte und Maschinen, deren Antriebsgeschwindigkeit stufenlos einstellbar sein soll (Fahrzeuge, Rührwerke, sanftanlaufende Förderbänder), aber auch zur Konstanthaltung einer Drehzahl durch manuelle Übersetzungseinstellung oder automatische Regelung. Der Verstellbereich sollte so klein wie möglich gewählt werden, um ihn voll auszunutzen. So wird örtlicher Verschleiß, d. h. Laufrillenbildung bei längerer Laufzeit mit gleicher Übersetzung vermieden. Eine Ausnahme stellt das Getriebe nach Abb. 14.5f dar, da die Kugelrollbahnen sich auch bei gleicher Übersetzung mit jedem Umlauf ändern [19]. Bei langsam laufenden Antrieben ist die Verwendung einer kleinen Baugröße mit vorgeschalteter Übersetzung ins Schnelle und nachgeschalteter Übersetzung ins Langsame meist günstiger als eine schwere Baugröße ohne Zusatzgetriebe, da die Wirtschaftlichkeit von Reibradgetrieben mit steigendem Drehzahlniveau zunimmt [20]. Wenn für Feinregelungen nur ein geringes Stellverhältnis erforderlich ist, sollte ein *Planeten-Stellkoppelgetriebe* (s. Abschn. 15.9.8) verwendet werden, wodurch das Stellgetriebe nur einen Teil der Gesamtleistung übertragen muss und entsprechend klein gewählt werden kann.

Bei den meisten ausgeführten Getrieben steigt die Anpresskraft entweder bauartbedingt oder infolge drehmomentabhängiger Anpressvorrichtungen mit steigender Belastung an. Im Teillastbereich erreicht man dadurch eine Entlastung der Wälzkörper und vermeidet bei Lastüberschreitungen starken Verschleiß durch Rutschen. Zur Verringerung der bei großer Überlastung drohenden Bruchgefahr bieten manche Hersteller ihre Getriebe mit zusätzlichen Rutschkupplungen an.

Tab. 14.2 Eigenschaften einiger Werkstoffpaarungen

Paarung	Schmierung	$p_{H\,zul}$, k^*_{zul}, k_{zul} N/mm^2	Nutzreibwert μ_N	zugehöriger Schlupf s_w in %
gehärteter Stahl – gehärteter Stahl für Bohr-Wälzverhältnis		Punktberührung		
$\omega_b/\omega_w = 0$ $= 1$ $= 10$	naphten-basisches Reibradöl	$p_{H\,zul} = 2500 \ldots 3000$ $p_{H\,zul} = 2000 \ldots 2500$ $p_{H\,zul} = 300 \ldots 800$	0,03 ...0,05 0,025...0,045 0,015...0,03	0,5...2 1 ...2 4 ...7
$\omega_b/\omega_w = 0$ $= 1$ $= 10$	synth. Reibrad-Schmierstoff	$p_{H\,zul} = 2500 \ldots 3000$ $p_{H\,zul} = 2000 \ldots 2500$ $p_{H\,zul} = 300 \ldots 800$	0,05...0,08 0,04...0,07 0,02...0,04	0...1 1...3 3...5
		Linienberührung		
Grauguss-Stahl GG 26-St 70	paraffin-basisches Reibradöl	$p_{H\,zul} = 450$	0,02...0,04	1...3
		Linienberührung		
Grauguss-Stahl				
GG 21-St 70 GG 18-St 50 (Kranräder, DIN 15070)	trocken	$p_{H\,zul} = 320 \ldots 390$	0,1...0,15	0,5...1,5
		Linienberührung		
Gummireibräder				
nach DIN 8220 Belag aufvulkanisiert gegen St [18]	trocken	$v < 1\,\text{m/s}$: $k^*_{zul} = 0{,}48$ $v = 1 \ldots 30\,\text{m/s}$: $k^*_{zul} = 0{,}48/v^{0,75}$	0,6...0,8	6...8
Belag aufgepresst		$v < 0{,}6\,\text{m/s}$: $k^*_{zul} = 0{,}48$ $v = 0{,}6 \ldots 30\,\text{m/s}$: $k^*_{zul} = 0{,}33/v^{0,75}$	0,6...0,8	6...8
		Linienberührung		
organischer Reibwerkstoff	trocken	$k_{zul} = 0{,}8 \ldots 1{,}4$	0,3...0,6	2...5

Literatur

Spezielle Literatur

1. VDI-Richtlinie 2155: Gleichförmig übersetzende Reibschlussgetriebe, Bauarten und Kennzeichen. VDI-Verlag, Düsseldorf (1977)
2. Hewko, L.O.: Roller traction drive unit for extremely quiet power transmission. J. Hydronautics **2**, 160–167 (1968)
3. Machida, H., Ichihara, Y.: Traction Drive CVT for Motorcycle. In: XXIII Fisita Congress – The Promise of New Technology in the Automotive Industry, Torino. Technical Papers Volume I, No. **905086**, 663–670 (1990)
4. Fellows, G.T., Greenwood, C.J.: The Design and Development of an Experimental Traction Drive CVT for a 2.0 Litre FWD Passenger Car. SAE Technical Paper Series No. **910408** (1991)
5. Elser, W., Griguscheit, M., Breunig, B., Lechner, G.: Optimierung stufenloser Toroidgetriebe für PKW. VDI-Ber. **1393**, 513–526 (1998)
6. Tenberge, P.: Toroidgetriebe mit verbesserten Kennwerten. VDI-Ber. **1393**, 703–724 (1998)
7. Dräger, C., Gold, P.W., Kammler, M.; Rohs, U.: Das Kegelringgetriebe – ein stufenloses Reibradgetriebe auf dem Prüfstand. ATZ Automobiltechnische Zeitschrift **100**, 9, 640–646 (1998)
8. Lutz, O.: Grundsätzliches über stufenlos verstellbare Wälzgetriebe. Konstruktion **7**, 330–335 (1955), **9**, 169–171 (1957), **10**, 425–427 (1958)
9. Carter, F.J.: On the Action of a Locomotive Driving Wheel. Proc. R. Soc. Lond. A **112**, 151–157 (1926)
10. Fromm, H.: Berechnung des Schlupfes beim Rollen deformierbarer Scheiben. Zeitschrift für angewandte Mathematik und Mechanik **7**, 1, 27–58 (1927)
11. Kalker, J.J.: On the Rolling Contact of Two Elastic Bodies in the Presence of Dry Friction. Diss. TH Delft (1967)
12. Overlach, H., Severin, D.: Berechnung von Wälzgetriebepaarungen mit ellipsenförmigen Berührungsflächen und ihr Verhalten unter hydrodynamischer Schmierung. Konstruktion **18**, 357–367 (1966)

13. Gaggermeier, H.: Untersuchungen zur Reibkraftübertragung in Regel-Reibradgetrieben im Bereich elastohydrodynamischer Schmierung. Diss. TU München (1977)
14. Matzat, N.: Einsatz und Entwicklung von Traktionsflüssigkeiten; synthetische Schmierstoffe und Arbeitsflüssigkeiten. In: 4. Int. Koll., Technische Akademie Esslingen, Paper-Nr. 16, S. 16.1–16.26 (1984)
15. Johnson, K.L., Tevaarwerk, J.L.: Shear behaviour of elastohydrodynamic oil films. Proc. R. Soc. Lond. A **356**, 215–236 (1977)
16. Winter, H., Gaggermeier, H.: Versuche zur Kraftübertragung in Verstell-Reibradgetrieben im Bereich elasto-hydrodynamischer Schmierung. Konstruktion **31**, 2–6, 55–62 (1979)
17. Niemann, G., Winter, H.: Maschinenelemente, Band III, 2. Aufl. Springer, Berlin (1983)
18. Bauerfeind, E.: Zur Kraftübertragung mit Gummiwälzrädern. Antriebstechnik **5**, 383–391 (1966)
19. Basedow, G.: Stufenlose Nullgetriebe schützen vor Überlast und Anfahrstößen. Antriebstechnik **25**, 20–25 (1986)
20. Schroebler, W.: Praktische Erfahrungen mit speziellen Reibradgetrieben. Tech. Mitt. **61**, 411–414 (1968)

Zahnradgetriebe

15

Bernd-Robert Höhn

Vorteile: Schlupflose Übertragung von Bewegungen (Feingeräte) sowie von Leistungen (bis 120 MW in einem Eingriff). Hohe Leistungsdichte. Hoher Wirkungsgrad (beachte Bedingungen bei Schnecken- und Schraubradgetrieben).

Nachteile: Starre Kraftübertragung (evtl. elastische Kupplung vorsehen), Schwingungsanregung durch Zahneingriff; Reduzierung durch feinere Verzahnungsqualität, Schrägverzahnung, usw.

Räderpaarungen (Abb. 15.1), Parallele Wellen: *Stirnräder*, einfachste Herstellung, am sichersten beherrschbar, bis zu höchsten Leistungen und Drehzahlen;

- Innenverzahnung teurer, eingeschränkte Herstellmöglichkeiten, u. U. „fliegende Ritzel", hauptsächlich für Planetengetriebe.
- Sich schneidende Wellen (meist unter 90°): *Kegelräder.*
- Kleine Achsversetzung: *Hypoidräder,* wegen Längsgleitens bei Punktberührung EP-Schmiermittel erforderlich [1].

Große Achsversetzung (Achsabstand): *Stirnschraubräder*, für kleine Kräfte (Punktberührung) außer bei kleinen Kreuzungswinkeln. *Schneckengetriebe* für hohe Tragkraft (Linienberührung) bei größeren Übersetzungen; bei Umkehr des Kraftflusses u. U. selbsthemmend.

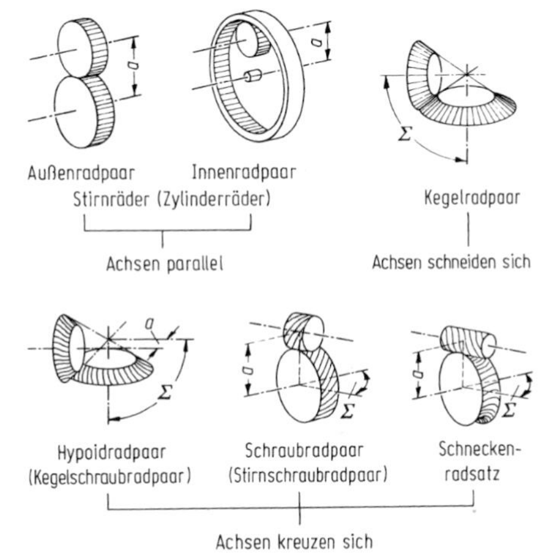

Abb. 15.1 Zahnradpaarungen

Geräuschverhalten (s. Bd. 1, Kap. 48).
Günstig sind *hohe Gleitanteile:* Schneckengetriebe (bis 10 dB niedrigerer Geräuschpegel als bei Stirnradgetrieben erreichbar), Hypoidgetriebe. Bei hochbelasteten Stirnradgetrieben feiner Qualität lässt sich Geräuschpegel nur durch Übergang von Gerad- auf Schrägverzahnung (möglichst ganzzahlige Sprungüberdeckung $\varepsilon_\beta = 1$ besser $\varepsilon_\beta = 2$) entscheidend senken. Bei niedrig belasteten Getrieben (Feingeräte) überwiegt Einfluss der Verzahnungsgenauigkeit. Bei kleinen Leistungen Kunststoffzahnräder (Ritzel aus Metall), Geräuschminderung bis 6 dB; Paarung Kunststoff/Kunststoff bis 12 dB gegenüber Stahl/Stahl [2].

Wirkungsgrad η.
Bei voller Belastung einschließlich Plansch-, Lager-, Dichtungsverlusten bei Ölschmierung: Einstufiges Stirnradgetriebe mit Wälzlagern ca. 98 % (1 % Verlust je Welle) bei bester Qualität (Turbogetriebe) bis 99 %, langsam laufende, fettgeschmierte Stirnradstufe, gegossen η = 93 %, gefräst 95 %; Kegelradgetriebe 97 %; Hypoidgetriebe 85 bis 96 %, Schneckengetriebe 40 bis 95 % (s. Abschn. 15.8.5). Reibungszahl bei ölgeschmierten

B.-R. Höhn (✉)
Technische Universität München
Garching, Deutschland
E-Mail: fzg@fzg.mw.tum.de

B. Bender und D. Göhlich (Hrsg.), *Dubbel Taschenbuch für den Maschinenbau 2: Anwendungen*,
https://doi.org/10.1007/978-3-662-59713-2_15

Zahnflanken $\mu_m = 0{,}025 \ldots 0{,}07$. Gesamtwirkungsgrad $\eta = \eta_1\eta_2 \ldots$ mit η_1 Wirkungsgrad der 1. Stufe, usw. Bei Teillast und Anfahren (niedrigere Temperatur) Wirkungsgrad erheblich niedriger.

15.1 Stirnräder

Ein Zahnradpaar – Verzahnungsgeometrie soll Drehbewegung *gleichförmig* von Welle $\bar{a}$ auf Welle $\bar{b}$ übertragen: $\omega_{\bar{a}}/\omega_{\bar{b}} = \text{const}$. Dies geschieht, wenn zwei gedachte *Wälzzylinder* aufeinander abrollen, Abb. 15.2. Die Zahnformen müssen so beschaffen sein, dass diese Bedingung eingehalten wird.

15.1.1 Verzahnungsgesetz

Abb. 15.3 gilt für ebene Verzahnung: Die Umfangsgeschwindigkeiten beider Wälzkreise müssen im Berührpunkt – *Wälzpunkt C* – gleich sein. Statt Drehung um O_1 und O_2 lässt man Rad 2 (Wälzkreis 2) auf *stillstehendem* Rad 1 (Wälzkreis 1) abrollen. Jeder Punkt auf Rad 2 – auch der momentane Berührpunkt Y_2 – macht dabei eine Drehbewegung um den jeweiligen *Momentanpol* – den Wälzpunkt C. Damit sich Flanke 2 dabei weder von Flanke 1 abhebt noch in diese eindringt, muss gemeinsame Tangente TT in Y auch Tangente an Kreis mit Radius $\overline{CY}$ um C sein. Das heißt TT muss senkrecht auf YC stehen – für jede Wälzstellung:

Die Berührnormale muss stets durch den Wälzpunkt gehen.

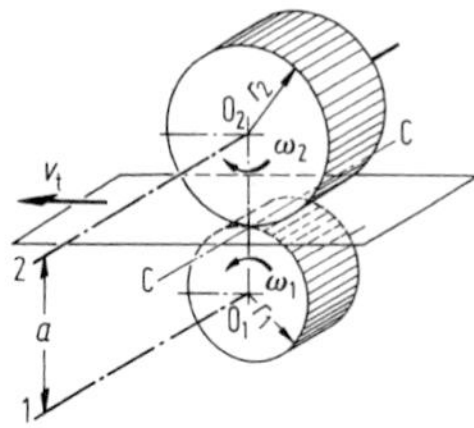

Abb. 15.2 Wälzzylinder mit gemeinsamer Wälzebene. 1 Achse des Kleinrades (Ritzel); 2 Achse des Großrades (Rad); Ritzel treibend: $\omega_1 = \omega_{\bar{a}}$, $\omega_2 = \omega_{\bar{b}}$; Rad treibend: $\omega_2 = \omega_{\bar{a}}$, $\omega_1 = \omega_{\bar{b}}$; Gerade O_1O_2: Mittenlinie, Strecke $\overline{O_1O_2}$: Achsabstand a

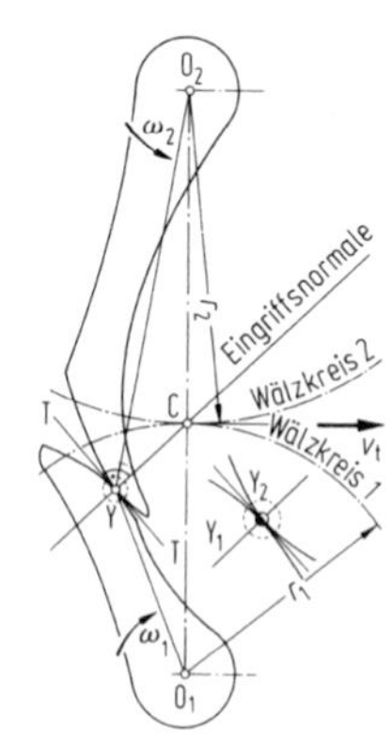

Abb. 15.3 Zum Verzahnungsgesetz

Räumliche Verzahnung. Die Bewegung wird auch dann gleichförmig übertragen, wenn das Verzahnungsgesetz nur für *eine* Eingriffsstellung im Stirnschnitt eingehalten ist und der Berührpunkt bei der Drehbewegung über die *Breite* wandert. Schrägverzahnung mit Sprungüberdeckung Gl. (15.13) $\varepsilon_\beta > 1$. Wildhaber-Novikov-Verzahnung (s. Abschn. 15.1.8).

15.1.2 Übersetzung, Zähnezahlverhältnis, Momentenverhältnis

Übersetzung (Abb. 15.2)

$$i = \frac{\omega_{\bar{a}}}{\omega_{\bar{b}}} = \frac{n_{\bar{a}}}{n_{\bar{b}}} = \frac{r_{\bar{b}}}{r_{\bar{a}}} . \qquad (15.1)$$

Gesamtübersetzung $i = i_1 \cdot i_2 \ldots$ mit i_1 Übersetzung der 1. Stufe, usw.

Zähnezahlverhältnis (bei Stirnrädern = Radienverhältnis)

$$u = \frac{z_2}{z_1} = \frac{r_2}{r_1} = \frac{\omega_1}{\omega_2} \quad \text{stets} > 1 . \qquad (15.2)$$

u zur Berechnung der Ersatzkrümmungsradien (s. Abschn. 15.1.7) erforderlich.

Übersetzung ins Langsame (Rad 1 treibt):

$$i = u .$$

Übersetzung ins Schnelle (Rad 2 treibt):

$$i = 1/u .$$

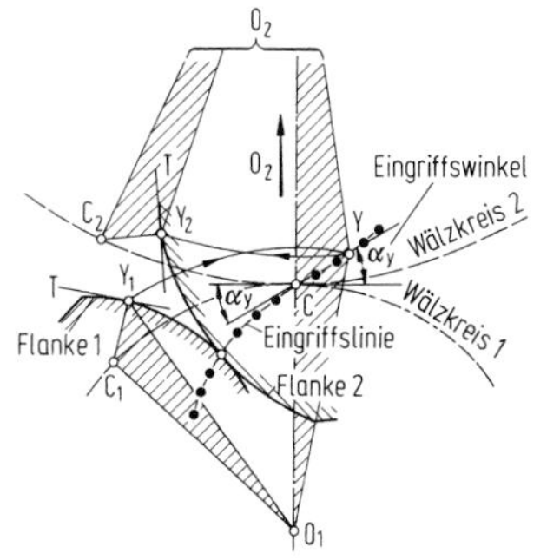

Abb. 15.4 Punktweise Konstruktion von Eingriffslinie und Gegenflanke

Wälzpunkt C teilt demnach Achsabstand a im umgekehrten Verhältnis der Winkelgeschwindigkeiten, Gl. (15.6). Bei Verzahnungen mit *nicht konstanter* Übersetzung (z. B. elliptischen Zahnrädern) muss C seine Lage auf Mittenlinie O_1O_2 nach Gl. (15.1) ändern.

15.1.2.1 Momentenverhältnis

$$i_M = \frac{M_{\bar{b}}}{M_{\bar{a}}} . \qquad (15.3)$$

Bei Leistungsgetrieben mit hohem Wirkungsgrad praktisch $i_M = i$.

15.1.3 Konstruktion von Eingriffslinie und Gegenflanke

Flanke 1 und Wälzkreise gegeben, Abb. 15.4. Normale in Punkt Y_1 schneidet Wälzkreis 1 in C_1. Dreht man Rad 1 mit Dreieck Y_1 C_1 O_1 bis C_1 in C fällt, so ist Y ein Punkt der Eingriffslinie (geometrischer Ort aller Eingriffspunkte), da YC Flankennormale. Zurückdrehen des Dreiecks YCO_2 um Bogenstück $\widehat{CC_2}=\widehat{CC_1}$ führt Y in den Y_1 zugeordneten Punkt der Gegenflanke Y_2.

15.1.4 Flankenlinien und Formen der Verzahnung

15.1.4.1 Flankenlinien (Abb. 15.5).

Geradverzahnung für kleine Umfangsgeschwindigkeiten; Vorteil: keine Axialkräfte,

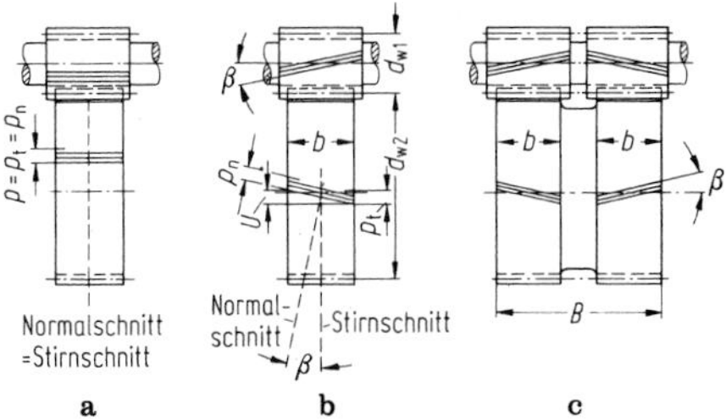

Abb. 15.5 Stirnräder. **a** Gerad-; **b** Schräg-; **c** Doppelschrägverzahnung

einfache Herstellung, geeignet für Schieberäder; Nachteil: weniger laufruhig.

Schrägverzahnung für höhere Tragfähigkeit und Umfangsgeschwindigkeit wegen gleichförmigere und geräuschärmere Drehmomentübertragung unter Belastung, bessere Laufruhe; Nachteil: Axialkräfte.

Doppel-Schrägverzahnung ermöglicht Ausgleich der Axialkräfte. Nachteil: Spalt für Werkzeugauslauf, Lastaufteilung nicht immer sicher, u. U. Axialschwingungen.

Beachte: Wälz- und Gleitbewegungen vollziehen sich auch bei Schrägverzahnung im Stirnschnitt.

Einzelverzahnung. Einfaches Zahnprofil eines Rades vorgegeben. Profil des Gegenrades nach Abschn. 15.1.3 konstruieren bzw. gegebenes Profil wird beim Abwälzen durch Werkzeug nachgebildet [1].

Paarverzahnung. Erzeugen der Verzahnungen durch Abwälzen eines gemeinsamen *Bezugsprofils* der *Planverzahnung:* Für Stirnräder ist dies die Verzahnung einer ebenen Platte – d. h. einer Zahnstange (z. B. Abb. 15.10), für Kegelräder die eines ebenen Rades – des Planrades, Bezugsprofil und Gegenprofil sind *nicht* identisch, zwei Werkzeuge erforderlich [1].

Satzräderverzahnung. Profil und Gegenprofil (Zahnstangen-Werkzeug für Rad und Gegenrad) der Planverzahnung sind hier *identisch*, sodass *ein* Werkzeug genügt, um sämtliche Räder herzustellen, die auch sämtlich miteinander kämmen können, wenn bei Herstellung Profilmittellinie = Wälzbahn ist. Evolventen-Satzräder [3].

15.1.5 Allgemeine Verzahnungsgrößen

Abb. 15.6 und 15.7. Die Gleichungen gelten auch für Schrägstirnräder (künftige Schreibweise für Schrägstirnräder: *//Schr.: ... //.*) Stirnschnittwerte (Abb. 15.5) werden mit Index *t* und Normalschnittwerte mit *n* gekennzeichnet. Bei Geradverzahnung können Indizes *t* und *n* wegfallen. Angaben zur Innenverzahnung s. Abschn. 15.1.7.

Teilung *p*. Abstand zweier gleichliegender Flanken auf dem Wälzkreis. Wenn *p* durch genormten Modul $m = p/\pi$ bestimmt ist, wird zugehöriger Kreis als *Teilkreis* bezeichnet. (Bei Evolventenverzahnung evtl. Teilkreis $\neq$ Wälzkreis.)

$$p = \pi d/z = \pi m,$$
$$//\text{Schr.: } p_n = p_t \cos\beta = \pi m_n; \quad p_t = \pi m_t//. \tag{15.4}$$

Teilungen von Ritzel und Rad müssen übereinstimmen.

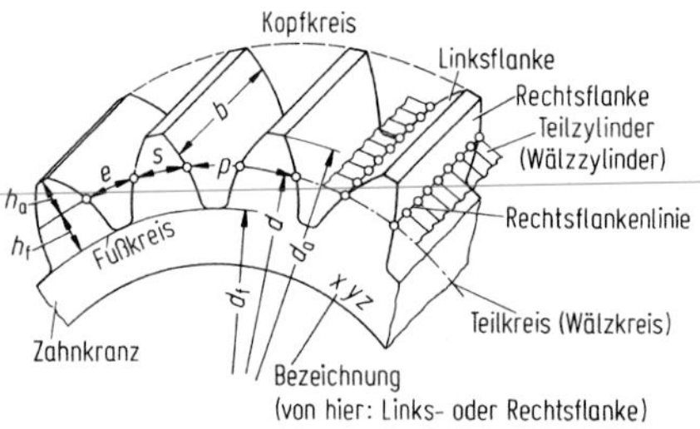

Abb. 15.6 Bezeichnungen und Maße der Stirnradverzahnung

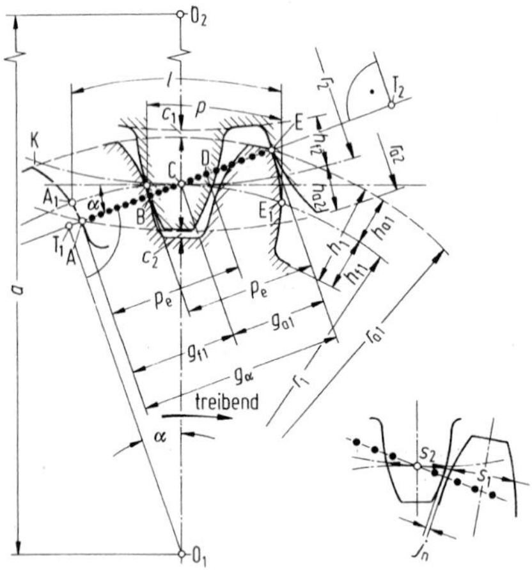

Abb. 15.7 Verzahnungsmaße der Stirnradpaarung (Evolventenverzahnung). B innerer Einzeleingriffspunkt: Vorauseilendes Zahnpaar tritt gerade außer Eingriff (Pkt. E). D äußerer Einzeleingriffspunkt: Nachfolgendes Zahnpaar tritt gerade in Eingriff. – Für Rad 2 ist B der äußere Einzeleingriffspunkt

15.1.5.1 Teilkreisdurchmesser

$$\begin{aligned} d_1 &= 2r_1 = z_1 p/\pi = z_1 m,\\ d_2 &= 2r_2 = z_2 p/\pi = z_2 m,\\ //\text{Schr.: } d_1 &= z_1 p_t/\pi = z_1 m_t,\\ d_2 &= z_2 p_t/\pi = z_2 m_t//. \end{aligned} \tag{15.5}$$

15.1.5.2 Achsabstand (Abb. 15.2):

$$\left.\begin{aligned} a &= r_1 + r_2 = m(z_1 + z_2)/2\\ &= m z_1 (1+u)/2\\ //\text{Schr.: }&\text{mit } m = m_t//. \end{aligned}\right\} \tag{15.6}$$

Evolventenverz. s. Gl. (15.30), (15.33).

Bei Innenverzahnung z_2, d_2, a negativ (s. Abschn. 15.1.7).

Modul *m*. Wichtige Maßstabsgröße. Kopf- und Fußhöhen meist abhängig von *m* gewählt. Zur Beschränkung der Werkzeuganzahl m_n aus Normreihe wählen, Tab. 15.1.

$//$Schr.: $m_t = m_n/\cos\beta//$. (In England und USA **Diametral Pitch** üblich: $P_d = z/d$. Mit *d* in Zoll: *m* in mm $= 25{,}4/P_d$.)

Tab. 15.1 Modulreihe (DIN 780 und ISO-Norm 54-1977). Ohne Zeichen: Vorzugsreihe I, mit Zeichen siehe 20. Auflage: Reihe II

Modul *m* in mm						
1	>1,75<	>3,5<	>7<	>14<	25	>45<
>1,125<	2	4	8	16	>28<	50
1,25	>2,25<	>4,5<	>9<	>18<	32	
>1,375<	2,5	5	10	20	>36<	
1,5	>2,75<	>5,5<	>11<	>22<	40	
	3	6	12			

Zahnhöhen. Kopfhöhe h_a (normal = m), Fußhöhe h_f

$$(\text{normal} = 1,1\,m \ldots 1,3\,m)\,.$$
$$/\!/\text{Schr.: mit } m = m_n/\!/\,, \qquad (15.7)$$

Zahnhöhe $h = h_a + h_f$, gemeinsame Zahnhöhe $h_w = h_{a1} + h_{a2}$.

15.1.5.3 Kopfkreisdurchmesser

$$d_a = d + 2h_a = 2a - d_{f\,\text{Gegenrad}} - 2c\,. \qquad (15.8)$$

15.1.5.4 Fußkreisdurchmesser

$$d_f = d - 2h_f\,. \qquad (15.9)$$

Kopfspiel *c*. Abstand des Kopfkreises vom Fußkreis des Gegenrades (normal = 0,1 m ... 0,3 m),

//Schr.: mit $m = m_n$//,

$$\left.\begin{aligned} c_1 &= h_1 - h_w = a - (d_{a1} + d_{f2})/2,\\ c_2 &= h_2 - h_w = a - (d_{a2} + d_{f1})/2. \end{aligned}\right\} \qquad (15.10)$$

Zahndicke im Teilkreis

$$s = p - e \qquad (15.11)$$

mit Lückenweite e. s_1 und s_2 werden um *Zahndickenabmaß* A_s kleiner als das Nennmaß ausgeführt. Dadurch entsteht

Drehflankenspiel

$$j_t = p - s_1 - s_2\,, \qquad (15.12)$$

Normalflankenspiel $j_n = j_t \cdot \cos\alpha$; kürzester Abstand zwischen den Rückflanken; erforderlich, um Klemmen bei Erwärmung, Quellen (Kunststoffe!) oder infolge Fertigungstoleranzen zu vermeiden.

//Schr.: $j_n = j_t \cos\alpha_n \cdot \cos\beta$// . Anhaltswerte für A_s nach Tab. 15.4.

Eingriffsstrecke g_α. Für den Eingriff ausgenutzter Teil der Eingriffslinie. Normalerweise durch Kopfkreise begrenzt, bei unterschnittenen Zähnen schon vorher, Abb. 15.7, 15.11.

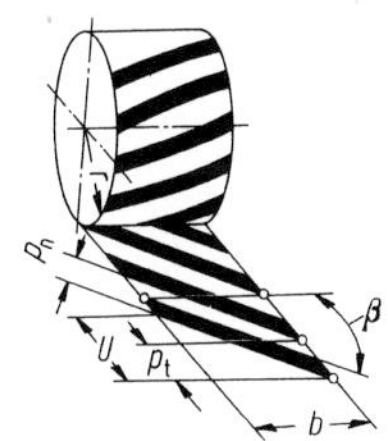

Abb. 15.8 Sprung U und Schrägungswinkel β an einem Schrägstirnrad (DIN 3960)

Eingriffslänge *l*. Von Beginn bis Ende des Eingriffs durchlaufener Drehweg A_1 bis E_1 auf Wälzkreis, Abb. 15.7.

Profilüberdeckung ε_α. Verhältnis Eingriffslänge zu Teilung. Für gleichförmige Bewegungsübertragung bei Geradverzahnung $\varepsilon_\alpha = l/p > 1$ erforderlich; meist 1,1 ... 1,25 (auch für Schrägverzahnung) gefordert. ε_α bei Evolventenverzahnung s. Abschn. 15.1.7.

Eingriffswinkel α. Winkel zwischen Tangente an Wälzkreis in C und jeweiliger Eingriffsnormalen YC (Abb. 15.4 und 15.7); α bei Evolventenverzahnung s. Abschn. 15.1.7,

//Schr.: $\tan\alpha_t = \tan\alpha_n/\cos\beta$//, mit d_t Stirneingriffswinkel und d_n Normaleingriffswinkel.

Eingriffsprofil, aktives Profil, Abb. 15.7: Der für den Eingriff ausgenutzte Teil der Zahnflanke AK.

Zusätzliche Größen für Schrägverzahnung:

Sprung (bei Schrägverzahnung) U: Abstand der Endpunkte einer Flankenlinie über die Breite, gemessen auf dem Teilkreisbogen. $U = b\tan\beta$, Abb. 15.8.

Flankenrichtung. Rechtssteigend: β positiv, linkssteigend: β negativ. Bei Außenverzahnung müssen Flankenrichtungen von Ritzel und Rad *entgegengesetzt*, bei Innenverzahnungen *gleich* sein.

Sprungüberdeckung

$$\varepsilon_\beta = \frac{U}{p_t} = \frac{b\sin\beta}{m_n\pi}\,. \qquad (15.13)$$

15

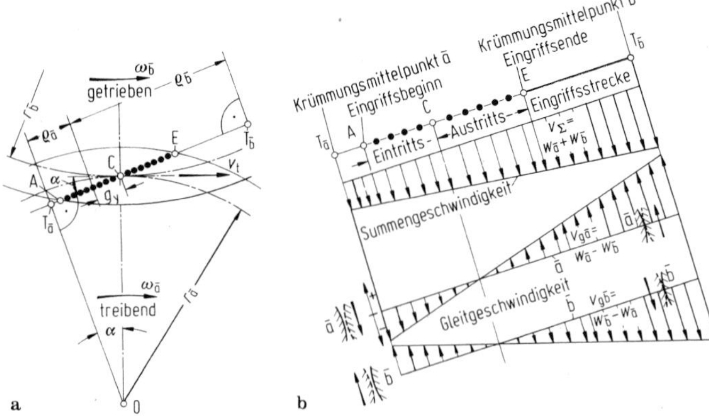

Abb. 15.9 Geschwindigkeiten an den Zahnflanken. **a** Maße zur Berechnung, Index ā: treibend, b̄: getrieben; **b** Geschwindigkeiten der Flankenberührpunkte während des Eingriffs

Auch bei kleinen Zahnhöhen (Grenzfall Null) gleichförmige Bewegungsübertragung möglich, wenn $\varepsilon_\beta > 1$.

Gesamtüberdeckung

$$\varepsilon_\gamma = \varepsilon_\alpha + \varepsilon_\beta \,. \tag{15.14}$$

15.1.6 Gleit- und Rollbewegung

Nach Bewegungsgesetz (s. Bd. 1, Abschn. 13.1.2) Absolutgeschwindigkeit in Richtung der Eingriffstangente TT (Abb. 15.9)

$$\left.\begin{aligned} w_{\bar a} &= \omega_{\bar a}\varrho_{\bar a} = (v_t/r_{\bar a})(r_{\bar a}\sin\alpha \mp g_y) \\ &= v_t(\sin\alpha \mp g_y/r_{\bar a}), \\ w_{\bar b} &= \omega_{\bar b}\varrho_{\bar b} = (v_t/r_{\bar b})(r_{\bar b}\sin\alpha \pm g_y) \\ &= v_t(\sin\alpha \pm g_y/r_{\bar b}). \end{aligned}\right\} \tag{15.15}$$

Oberes Vorzeichen für Eingriffspunkt auf Fußflanke $\bar a$ oder Kopf $\bar b$, unteres Zeichen auf Kopfflanke $\bar a$ oder Fuß $\bar b$.

+ am Kopf ($\bar a$ oder $\bar b$); – am Fuß ($\bar a$ oder $\bar b$).

Summengeschwindigkeit, wichtig für Schmierdruck (s. Abschn. 15.3),

$$\begin{aligned} v_\Sigma &= w_{\bar a} + w_{\bar b} \\ &= v_t\,[2\sin\alpha \mp g_y\,(1/r_{\bar a} + 1/r_{\bar b})] \\ &= v_t\,[2\sin\alpha \mp g_y\,(1 + 1/i)/r_{\bar a}]\,, \end{aligned}$$

Minus-Zeichen am Fuß $\bar a$ oder Kopf $\bar b$; Plus-Zeichen am Fuß $\bar b$ oder Kopf $\bar a$.

Summenfaktor

$$K_\Sigma = v_\Sigma/v_t = [2\sin\alpha \mp g_y(1 + 1/i)/r_{\bar a}]\,. \tag{15.16}$$

Gleitgeschwindigkeit, wichtig für Erwärmung, Fressbeanspruchung (s. Abschn. 15.5.1),

$$\begin{aligned} v_{ga} &= w_{\bar a} - w_{\bar b}\,, \quad v_{gb} = w_{\bar b} - w_{\bar a} = -v_{ga}\,, \\ v_g &= \mp v_t g_y\,(1/r_{\bar a} + 1/r_{\bar b})\,. \end{aligned} \tag{15.17}$$

Gleitfaktor K_g

$$\begin{aligned} K_g &= v_g/v_t = \mp g_y\,(1/r_{\bar a} + 1/r_{\bar b}) \\ &= \mp g_y\,(1 + 1/i)\,/r_{\bar a}\,. \end{aligned} \tag{15.18}$$

Minus-Zeichen an Fuß $\bar a$ oder $\bar b$, Plus-Zeichen an Kopf $\bar a$ oder $\bar b$. Das Vorzeichen kennzeichnet die Richtung der Reibkraft, Abb. 15.9b.

15.1.7 Evolventenverzahnung

Im Maschinenbau fast ausschließlich verwendet: Einfaches genaues Herstellen im Hüllschnittverfahren (geradflankiges Bezugsprofil, Abb. 15.10), Satzrädereigenschaften, gleichförmige Bewegungsübertragung auch bei Achsabstandsabweichungen, unterschiedliche Zahnformen, Zähnezahlen und Achsabstände mit gleichen Werkzeug durch Profilverschiebung möglich, Richtung und Größe der Zahnnormalkraft (Lagerkraft) während des Eingriffs konstant.

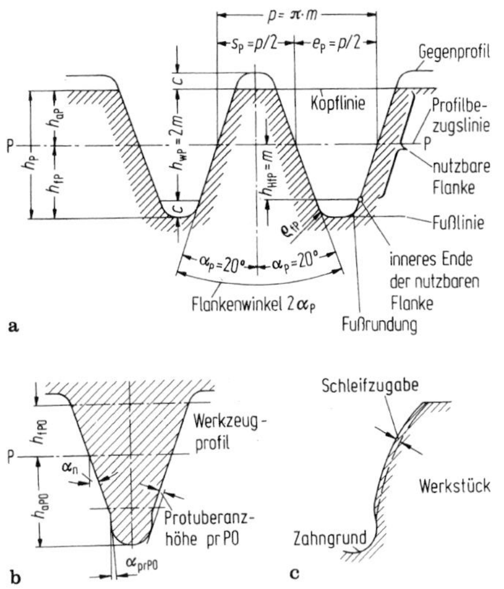

Abb. 15.10 Bezugsprofile der Evolentenverzahnung. **a** Bezugs-Zahnstange nach (DIN 867); **b** Protuberanz-Werkzeug nach [4], $\alpha_{\mathrm{prP0}} \approx (0,3\ldots0,6)\alpha_{\mathrm{n}}$ (der Kopfhöhe h_{aP0} des Werkzeug-Bezugprofils entspricht die Fußhöhe h_{fP} des Verzahnungs-Bezugsprofils); **c** mit **b** erzeugte Zahlenflanke

Besonderheiten der Evolventenverzahnung. Eingriffslinie ist Gerade unter Eingriffswinkel α, wirksame Profile der Zahnflanken sind Kreisevolventen, wobei die Zahnflanken der Planverzahnung (Zahnstange) gerade, die der Außenräder konvex und die der Hohlräder konkav sind.

Kreisevolventen werden beschrieben von Punkten einer Geraden, der „Erzeugenden", die sich auf einem Kreis, „Grundkreis", abwälzt (s. Bd. 1, Teil I).

Das geradflankige *Bezugsprofil* ist für den Maschinenbau in DIN 867 genormt (Abb. 15.10a); (näheres siehe DIN 3972). Für die meisten Anwendungsfälle erhält man hiermit geeignete und ausgewogene Verzahnungen. – Bezugsprofil für die Feinwerktechnik DIN 58 400.

Sonderfälle. Protuberanzprofil (Abb. 15.10b), das Zahnfuß freischneidet, um Kerben durch Verzahnungsschleifen zu vermeiden. – Größere Zahnhöhe ($h_{\mathrm{w}} \approx 2,5\ m$ statt $2\ m$) für besonders laufruhige Getriebe (Hochverzahnung, Fressgefahr beachten!). – Eingriffswinkel 15° bei verstellbaren Achsabständen (größere Profilüberdeckung). – ISO-Norm: ISO 6336.

Evolventenfunktion. Zur Berechnung zahlreicher Größen der Evolventenverzahnung, z. B. der Zahndicke an beliebiger Stelle, benutzt man zweckmäßig Evolventenfunktion „inv α" (sprich „involut α"), die als Funktion von α tabelliert ist und in Rechnerprogrammen vorliegt.

$$\operatorname{inv}\alpha = \tan\alpha - \widehat{\alpha}\ . \qquad (15.19)$$

Verzahnungsgrößen der Evolventenverzahnung. Es gelten die allgemeinen Beziehungen in Abschn. 15.1.5. Weitere Maße siehe Abb. 15.7:
Grundkreis: $r_{\mathrm{b1}} = r_1 \cos\alpha,\ r_{\mathrm{b2}} = u r_{\mathrm{b1}}$,

$$//\text{Schr.: } r_{\mathrm{b}} = r\cos\alpha_{\mathrm{t}}//. \qquad (15.20)$$

Eingriffsteilung $p_{\mathrm{e}} = p\cos\alpha = p_{\mathrm{b}}$ *Grundkreisteilung*,
//Schr.: Stirneingriffsteilung $p_{\mathrm{et}} = p_{\mathrm{t}}\cos\alpha_{\mathrm{t}}$
Normaleingriffsteilung

$$p_{\mathrm{en}} = p_{\mathrm{n}}\cos\alpha_{\mathrm{n}}//\ . \qquad (15.21)$$

Krümmungsradien //Schr.: Im *Stirnschnitt*// nach Abb. 15.7 und 15.9a:

$$\left.\begin{aligned}
\varrho_{\mathrm{C1}} &= \overline{\mathrm{T_1C}} = 0{,}5 d_{\mathrm{b1}}\tan\alpha_{\mathrm{w}} = 0{,}5 d_1 \sin\alpha_{\mathrm{w}},\\
\varrho_{\mathrm{C2}} &= \overline{\mathrm{CT_2}} = u\varrho_{\mathrm{C1}},\\
\varrho_{\mathrm{A2}} &= \overline{\mathrm{AT_2}} = 0{,}5\left(d_{\mathrm{a2}}^2 - d_{\mathrm{b2}}^2\right)^{1/2},\\
\varrho_{\mathrm{E1}} &= 0{,}5\left(d_{\mathrm{a1}}^2 - d_{\mathrm{b1}}^2\right)^{1/2},\\
\varrho_{\mathrm{B1}} &= \overline{\mathrm{T_1B}} = \varrho_{\mathrm{E1}} - p_{\mathrm{et}},\\
\varrho_{\mathrm{B2}} &= \overline{\mathrm{BT_2}} = a\sin\alpha_{\mathrm{w}} - \varrho_{\mathrm{B1}}
\end{aligned}\right\} \qquad (15.22)$$

mit $d_{\mathrm{b}} = 2r_{\mathrm{b}}$, d_{a} (Abb. 15.6), α_{w} Betriebseingriffswinkel,
//Schr.: $\alpha_{\mathrm{w}} = \alpha_{\mathrm{wt}}$//.

(ϱ mit Index 2 bei *Innen*verzahnung *negativ*!)

$$\left.\begin{array}{l}\textit{Eingriffsstrecke.}\\ \quad g_\alpha = g_\mathrm{f} + g_\mathrm{a} \quad \text{mit}\\ \text{Fußeingriffsstrecke:}\\ \quad g_\mathrm{f} = \overline{\mathrm{AC}} = \varrho_{\mathrm{A}2} - \varrho_{\mathrm{C}2} \quad \text{und}\\ \text{Kopfeingriffsstrecke 1:}\\ \quad g_\mathrm{a} = \overline{\mathrm{CE}} = \varrho_{\mathrm{E}1} - \varrho_{\mathrm{C}1},\\ \quad g_\alpha = 0{,}5 d_{\mathrm{b}1}\Big(\Big[(d_{\mathrm{a}1}/d_{\mathrm{b}1})^2 - 1\Big]^{1/2}\\ \qquad + u\Big[(d_{\mathrm{a}2}/d_{\mathrm{b}2})^2 - 1\Big]^{1/2}\\ \qquad - \tan\alpha_\mathrm{w}[u+1]\Big),\\ /\!/\text{Schr.: } \alpha_\mathrm{w} = \alpha_\mathrm{wt}/\!/.\end{array}\right\} \quad (15.23)$$

$$\textit{Profilüberdeckung: } \varepsilon_\alpha = g_\alpha / p_\mathrm{e}\,,$$
$$/\!/\text{Schr.: } \varepsilon_\alpha = g_\alpha / p_\mathrm{et}/\!/. \quad (15.24)$$

$$\left.\begin{array}{l}\textit{Zahndicke} \text{ am Radius } r_\mathrm{y} \text{ (Stirnschnittwerte).}\\ s_\mathrm{y} = 2r_\mathrm{y}(s/2r + \mathrm{inv}\,\alpha - \mathrm{inv}\,\alpha_\mathrm{y})\\ \text{mit } \alpha_\mathrm{y} \text{ aus } \cos\alpha_\mathrm{y} = r_\mathrm{b}/r_\mathrm{y} = r\cos\alpha/r_\mathrm{y}\\ \text{bei gegebenem } s \text{ und } \alpha \text{ am Radius } r. -\\ \text{Am Kopf } s_\mathrm{an} > 0{,}2m_\mathrm{n}\text{, Abb. 15.13 und 15.14}\,.\end{array}\right\} \quad (15.25)$$

$$\left.\begin{array}{l}\textit{Achsabstand } a_\mathrm{y} \text{ aus Zahndicken bei spiel-}\\ \text{freiem Eingriff (Stirnschnittwerte):}\\ a_\mathrm{y} = a\cos\alpha/\cos\alpha_\mathrm{y}\\ \text{mit } a \text{ nach Gl. (15.6) und } \alpha_\mathrm{y} \text{ aus}\\ \mathrm{inv}\,\alpha_\mathrm{y} = \mathrm{inv}\,\alpha + \dfrac{z_1(s_1+s_2) - 2\pi r_1}{2r_1(z_1+z_2)}\\ \text{mit } s_1 \text{ am Radius } r_1, s_2 \text{ und}\\ r_2 \text{ Gl. (15.27). } \alpha \text{ bei } r_1 \text{ und } r_2\,.\end{array}\right\} \quad (15.26)$$

Unterschnitt (Abb. 15.11). Bei kleinen Zähnezahlen unterschneidet die Kopfflanke der Zahnstange den Zahnfuß des Rades dann, wenn Schnittpunkt H unterhalb T_1 liegt. Die Bahn des abgerundeten Zahnstangenkopfes (relative Kopfbahn) schneidet beim Abwälzen Evolvente in U; entsprechender Punkt auf Eingrifflinie: U′.

Unterschnitt kann Überdeckung verringern, Abb. 15.11 („schädlicher" Unterschnitt) und schwächt den Zahnfuß. Grenzzähnezahl folgt aus

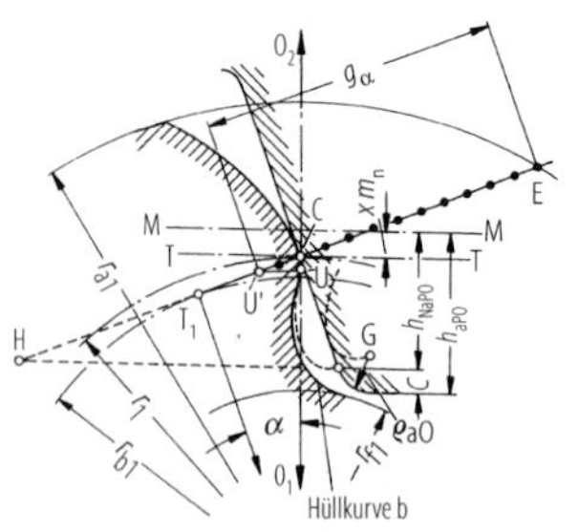

Abb. 15.11 Unterschnitt: Beginn des Eingriffs erst bei U möglich; verbleibende Eingriffsstrecke: g_α. „Schädlicher" Unterschnitt, wenn Kopfkreisradius des Gegenrades $> \overline{O_2U'}$.

Bedingung, dass H in T_1 fällt.

$$z_\mathrm{G} = 2\cos\beta(h_\mathrm{NaP0} - x m_\mathrm{n})/(m_\mathrm{n}\ \sin^2\alpha_\mathrm{t})$$

mit $h_\mathrm{NaP0} = h_\mathrm{aP0} - \varrho_\mathrm{aP0}(1 - \sin\alpha_\mathrm{n})$ s. Abb. 15.11.

Durch Abrücken des Werkzeuges (positive Profilverschiebung x), kleineres h_NaP0 oder Schrägverzahnung kann man demnach Unterschnitt vermeiden, d. h. die Grenzzähnezahl verringern, Abb. 15.13.

Profilverschobene Verzahnung (Normalfall der Evolventenverzahnung). Beim Herstellen wird Werkzeug-Bezugsprofil um Betrag xm vom Teilkreis (Radius r) abgerückt (Profilverschiebung $= +xm$) oder hineingerückt ($-xm$) und auf diesem abgewälzt. Grundkreisradien $r_\mathrm{b} = r\cos\alpha$ bleiben unverändert. – Hiermit Unterschnitt vermeidbar, größere Krümmungsradien, dickerer Zahnfuß und Einhalten bestimmter Achsabstände bei genormtem Modul möglich. Überdeckung meist kleiner, Radialkraft größer als Folge des größeren Betriebseingriffswinkels. Nur geringe Änderung der Zahnform bei großen Zähnezahlen.

15.1.7.1 Maße profilverschobener Räder

Zahndicke am Teilkreisradius r: $s = m(\pi/2 + 2x\tan\,\alpha) + A_\mathrm{s}$ mit (negativem) Zahndickenabmaß A_s; Anhaltswerte für A_s, Tab. 15.4 (s. Abschn. 15.2);

$$\begin{aligned}/\!/\text{Schr.: } s_\mathrm{n} &= s_\mathrm{t}\cos\beta\\ &= m_\mathrm{n}(\pi/2 + 2x\tan\alpha_\mathrm{n}) + A_\mathrm{sn}/\!/\,.\end{aligned} \quad (15.27)$$

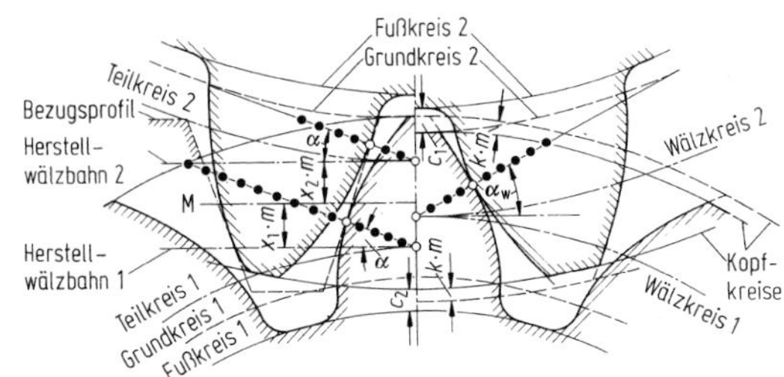

Abb. 15.12 Profilverschobene Verzahnung (V-Verzahnung). *Links:* Verzahnung von Rad und Gegenrad mit gemeinsamem Bezugsprofil (beachte: *keine* Flankenberührung!); *rechts:* Betriebsstellung der Verzahnung nach Zusammenschieben und Kopfhöhenänderung km (beachte: kein gemeinsames Erzeugungs-Bezugsprofil)

Fußkreisdurchmesser $d_f = d + 2xm - 2h_{fP}$,
//Schr.: mit $m = m_n$//.

$$(15.28)$$

Kopfkreisdurchmesser

$$d_a = 2a - d_{f\,gegen} - 2c$$

$$d_a = d + 2xm + 2h_{aP} + 2km\,, \qquad (15.29)$$

//Schr.: mit $m = m_n$//, h_{fP}, h_{aP}, c, s. Abb. 15.10a.

km Kopfhöhenänderung (=Zusammenschiebung, Abb. 15.12), Gl. (15.32), zur Aufrechterhaltung des Kopfspiels negative Werte bei Außenradpaaren (positive bei Innenradpaaren, dann meist null gesetzt).

Achsabstand:

$$a = 0{,}5m(z_1 + z_2)\cos\alpha/\cos\alpha_w = a_d\cos\alpha/\cos\alpha_w\,, \qquad (15.30)$$

//Schr.: mit $m = m_t = m_n/\cos\beta$; $\alpha = \alpha_t$; $\alpha_w = \alpha_{wt}$//, a_d Achsabstand der Null-Verzahnung. Fertigungstoleranz ($\pm$ Achsabstandsabweichung $A_a = A_{a1} + A_{a2}$) vergrößert oder verkleinert Flankenspiel. Anhaltswerte für A_{a1}, A_{a2} s. Tab. 15.4 (s. Abschn. 15.2).

Betriebseingriffswinkel α_w aus

$$\operatorname{inv}\alpha_w = \operatorname{inv}\alpha + 2\tan\alpha(x_1 + x_2)/(z_1 + z_2)\,, \qquad (15.31)$$

//Schr.: $\operatorname{inv}\alpha_{wt} = \operatorname{inv}\alpha_t + 2\tan\alpha_n(x_1 + x_2)/(z_1 + z_2)$//.

Kopfhöhenänderung

$$km_n = a - a_d - m_n(x_1 + x_2) \qquad (15.32)$$

mit a_d (Achsabstand der Nullverzahnung) nach Gl. (15.33). Für Bezugsprofil nach DIN 867: $\alpha = 20°$, $\cos\alpha = 0{,}940$, $\tan\alpha = 0{,}364$, $\operatorname{inv}\alpha = 0{,}0149$.

Null-Verzahnung:

$$x_1 = x_2 = 0, \quad \alpha_w = \alpha,$$

$$a = a_d = 0{,}5m(z_1 + z_2)\,, \qquad (15.33)$$

//Schr.: $\alpha_{wt} = \alpha_t$//.

V-Null-Verzahnung: $x_1 = -x_2$, $\alpha_w = \alpha$, $a = a_d$.

Zur Beseitigung des Unterschnitts und zur Verstärkung des Ritzels auf Kosten des Rads bei $u \neq 1$.

V-Verzahnung: $x_1 + x_2 \neq 0$. Viele brauchbare Profilverschiebungssysteme [3, 5].

Zusätzliche Angaben für Evolventen-Schrägverzahnung. Die Berührlinien sind auch hier Geraden, verlaufen jedoch schräg über die Zahnflanken und wandern beim Eingriff über die Zahnbreite. Die *Profilverschiebung* wird in Vielfachen des *Normalmoduls* angegeben.

Im Normalschnitt ist die Zahnform der einer Evolventen-Geradverzahnung mit einer *Ersatzzähnezahl* z_{nx} ähnlich:

$$z_{nx} = z/\left(\cos^2\beta_b\cos\beta\right) \approx z/\cos^3\beta\,, \qquad (15.34)$$

wird benutzt bei Wahl der Profilverschiebungen, für Festlegung der geometrischen Grenzen (z. B. Kopfdicke) und für die Festigkeitsberechnung.

$$\left.\begin{array}{l}\textit{Grundschrägungswinkel}\ \beta_b\ \text{aus}\\ \tan\beta_b = \tan\beta\cos\alpha_t\\ \text{oder}\ \sin\beta_b = \sin\beta\cos\alpha_n\,.\end{array}\right\} \qquad (15.35)$$

Sonderverzahnungen mit Ritzelzähnezahlen 1 bis 4 siehe [6].

15

Man kann alle Gleichungen der Verzahnungsgeometrie ungeändert anwenden, wenn die Zähnezahl des Hohlrades z_2 *negativ* eingesetzt wird. Alle Rechenwerte der Durchmesser werden damit negativ, so auch Zähnezahlverhältnis und Achsabstand eines Innenradpaars. (In den Zeichnungen sind jedoch die Absolutwerte anzugeben!) Profilverschiebung zum Kopf hin – also

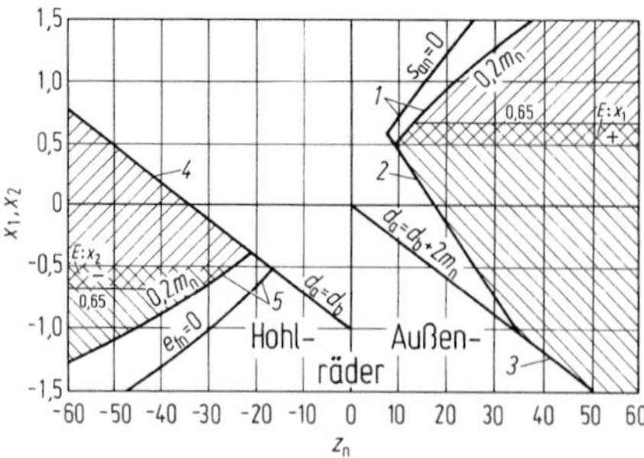

Abb. 15.13 Bereich der ausführbaren Profilverschiebungen nach DIN 3960 für Evolventenverzahnungen mit Bezugsprofil nach DIN 867. *1* Mindest-Zahnkopfdicke; *2* Unterschnitt; *3*, *4* Mindest-Kopfkreisdurchmesser; *5* Mindest-Lückenweite; *E* Empfohlener Bereich für V-Null-Verzahnung bei Innenradpaaren

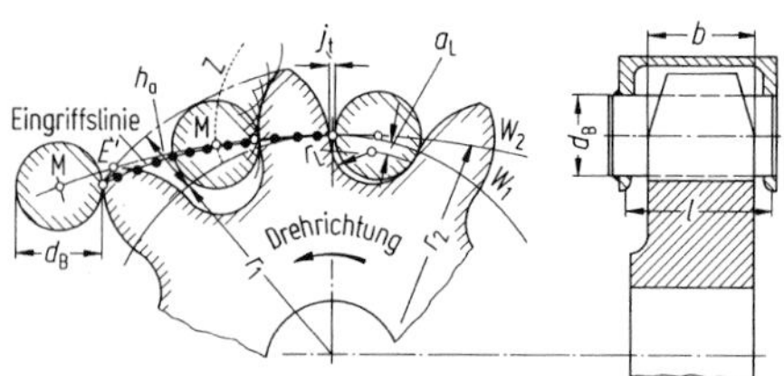

Abb. 15.14 Triebstockverzahnung. Konstruktion von Eingriffslinie und Zahnflanke, Abmessungen

Tab. 15.2 Anhaltswerte für Triebstockverzahnung von Krandrehwerken mit Ritzel aus St70 und Bolzen aus St60 bei schwerem Betrieb [10]

Umfangskraft F_t	in kN	20	30	40
Ritzel-Zähnezahl z_1	–	9	9	9
Modul m	in mm	21	25	30
Zahnbreite b	in mm	80	90	110
Bolzendurchmesser d_B	in mm	35	45	50

bei Innenverzahnung nach *innen* wird als positiv bezeichnet. Lediglich der Fußkreisdurchmesser ergibt sich aus dem erzeugenden Werkzeug: $d_{f2} = 2a_0 - d_{a0}$, mit a_0 Achsabstand beim Verzahnen, d_{a0} Schneidrad-Kopfkreisdurchmesser.

Wahl der Profilverschiebung. Günstig: V-Null-Verzahnung mit $x = \pm 0,5 \ldots 0,65$. Bei $z_2 < -40$ (extrem –26), $z_1 \geqq 14$ (extrem 12) und $z_1 + z_2 \leqq -10$ Bedingungen für Herstellung und Montage (radialer Zusammenbau) beachten. Andere V-Null-Verzahnungen s. (DIN 3993). – V-Verzahnung ergibt keine wesentlich höhere Tragfähigkeit, jedoch größere Freiheit in der Gestaltung, erfordert allerdings Nachprüfung auf Eingriffsstörungen, Kopfdicken und Lückenweiten, Abb. 15.13. Bei Planetengetrieben Planetenzähnezahl z_P um 0,5 bis 1,5 kleiner wählen als sich aus z_Z (Sonnenrad) und z_H (Hohlrad) für Nullverzahnung ergäbe. Mit Gl. (15.30) und (15.31) bestimmt man $x_Z + x_P$; $x_P + x_H \leqq 0$ anstreben. – Steigungsrichtung bei Schrägverzahnung s. Abschn. 15.1.5. Umfassende Darstellung der Geometrie-Beziehungen: (DIN 3993) [7–9].

15.1.8 Sonstige Verzahnungen (außer Evolventen) und ungleichmäßig übersetzende Zahnräder

Zykloidenverzahnung. Flankenformen entstehen durch Abwälzen zweier Rollkreise auf den Wälzkreisen. Außer für Kapselpumpen kaum noch angewendet, da genaue Herstellung schwierig (für jede Zähnezahl eigener Wälzfräser), empfindlich gegen Achsabstandsabweichungen und nicht momententreu.

Triebstockverzahnungen. Angewendet für Drehkränze bei großen Durchmessern und rauem Betrieb, Zahnstangenwinden, Abb. 15.14. Bei Abwälzen von W_2 auf W_1 beschreibt M Kurve Z; Äquidistante mit Bolzenradius ergibt Ritzelflanke.

Anhaltswerte.
Kleinste Ritzelzähnezahl min $z_1 \approx 8 \ldots 12$ für Umfangsgeschwindigkeit $v_t = 0{,}2 \ldots 1{,}0$ m/s; Bolzendurchmesser $d_B \approx 1{,}7\,m$; Zahnkopfhöhe $h_a \approx m\,(1 + 0{,}03 z_1)$; Zahnbreite $b \approx 3{,}3\,m$, mittlere Auflagelänge des Bolzens $l \approx b + m + 5$ mm; Lückenradius $r_L \approx 0{,}5 d_B + 0{,}02\,m$; Abstand $a_L \approx 0{,}15\,m$; Flankenspiel $j_t \approx 0{,}04\,m$. – *Tragkraft* nach praktischen Erfahrungen: Tab. 15.2.

15.1.8.1 Wildhaber-Novikov-(W-N-)Verzahnung

Zahnformen. In der Grundform besteht Ritzelflanke aus konvexem und Radflanke aus konkavem Kreisbogen mit Radius $\varrho_1 = \varrho_2$ um Wälzpunkt C, Abb. 15.15. Berührung auf gesamtem Kreisbogen nur in dieser Eingriffsstellung, d. h. keine Profilüberdeckung vorhanden.

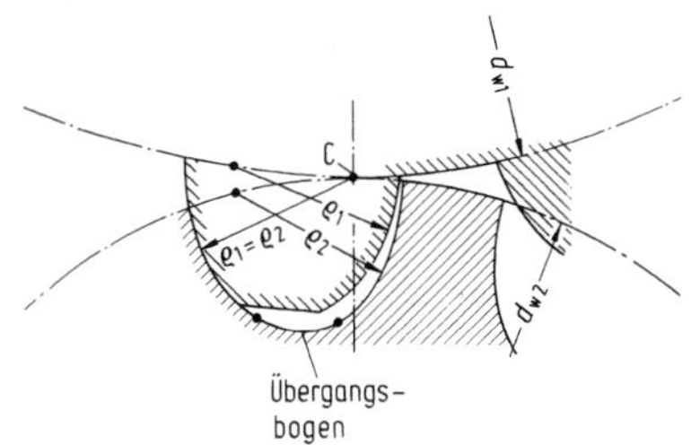

Abb. 15.15 W-N-Verzahnung. Ritzelflanke konvex, Radflanke konkav (*links*: Grundform; *rechts*: praktische Ausführung $\varrho_2 > \varrho_1$)

Gleichmäßige Bewegungsübertragung nur durch Schrägverzahnung mit Sprungüberdeckung $\varepsilon_\beta > 1$ möglich. – Um Kantentragen an Kopf oder Fuß bei Achsabstandsabweichungen zu vermeiden, wird ϱ_2 etwas größer als ϱ_1 ausgeführt – Punktberührung. – Bei Drehübertragung wandert Berührpunkt über die Zahnbreite.

Einheitliche Werkzeuge (je Modul und Schrägungswinkel) für Ritzel und Rad erhält man bei Verzahnung mit konvexem Kopf- und konkavem Fußprofil [1, 11, 12].

Tragfähigkeit. Hertz'sche Abplattungsfläche ist sphärische Fläche. Wegen der guten Anschmiegung in Breitenrichtung ist die entsprechende Ausdehnung größer als die in Höhenrichtung. Über die Zahnbreite wandernde Druckfläche günstig für Schmierdruckbildung; Reibleistung gering. Gleitgeschwindigkeit im Stirnschnitt für jeden Flankenberührpunkt gleich. Dadurch Verschleiß gleichmäßig (günstig für Einlaufläppen).

Flankentragfähigkeit (aus Vergleich der Hertz'schen Pressung) (s. Bd. 1, Kap. 22), Drehmoment ca. 2- bis 3mal so hoch wie bei Evolventenverzahnung.

Zahnfußtragfähigkeit etwa gleich wie bei Evolventenverzahnung. Wegen des punktförmigen Kraftangriffs Gefahr von Eckbrüchen bei $\varepsilon_\beta \approx 1$ und Ausbrüchen in Zahnmitte (Einzeleingriff) bei $\varepsilon_\beta > 1,2$.

Betriebsverhalten. Bei genauer, steifer Ausführung günstiges Geräusch- und Schwingungsverhalten. Teilungs- und Flankenlinienabweichungen führen zu Stößen bei Zahneingriffsbeginn. Achsabstands- und Achsneigungsabweichungen (auch durch Verformung) bewirken u. U. beachtliche Verlagerung des Eingriffs zu Kopf bzw. Fuß, d. h. Erhöhung von Flanken- und Fußbeanspruchung sowie verstärktes Laufgeräusch.

Exzentrische Zahnräder [13–18].

Unrunde Zahnräder [19–23].

15.2 Verzahnungsabweichungen und -toleranzen, Flankenspiel

Verzahnungsgenauigkeit durch Angabe der Qualität nach DIN 3961 bis 67 vorschreiben! Qualität 1: Höchste Genauigkeit, Qualität 12 gröbste. Beispiele: Lehrzahnräder Q 2 bis 4; Schiffs- und Turbogetriebe Q 4 bis 6; Schwermaschinenbau Q 6 bis 7; kleinere Industriegetriebe, Kran- und

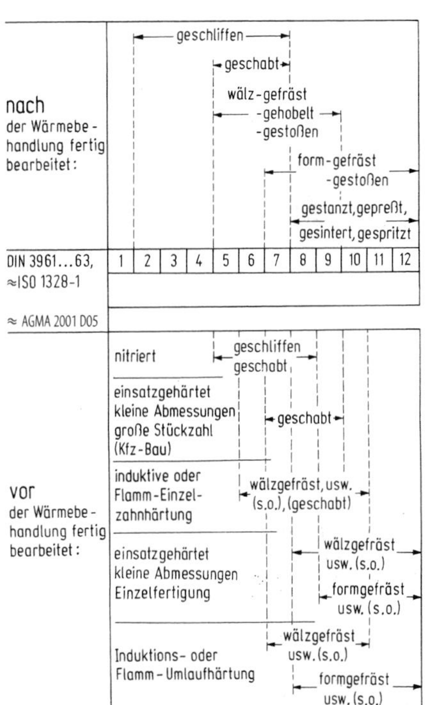

Abb. 15.16 Verzahnungsqualität und Herstellverfahren (ungefähre Zuordnung der DIN-, ISO- und AGMA-Qualitäten nach der Einzelteilungs-Abweichung, $m = 6$, $d = 75 \ldots 150\,\text{mm}$). Herstellverfahren s. Abschn. 43.3.2

Tab. 15.3 Abschätzung der Flankenlinien-Winkelabweichung $f_{H\beta}$. Genauwerte s. DIN 3961: $f_{H\beta} = H_\varphi \cdot 4{,}16 b^{0{,}14}$; Tabellen: DIN 3962

DIN-Qualität	3	4	5	6	7	8	9	10	11	12
Faktor H_φ	0,57	0,76	1	1,32	1,85	2,59	4,01	6,22	9,63	14,9

Bandgetriebe Q 6 bis 8; langsame, offene Getriebe Q 10 bis 12; Drehkränze Q 9 (gegossen >Q 12). – Bei großen Zahnbreiten empfehlen sich Flankenlinien- oder Profilkorrekturen, d. h. bewusste Abweichungen zum Ausgleich von Verformungen, um ein gleichmäßiges Tragbild zu erreichen [1] (s. Abschn. 31.3).

Toleranzen der *Einzelabweichungen* (Profil, Teilung, Rundlauf, Flankenlinien): DIN 3962, der *Wälzabweichungen* – Erfassung durch Einflanken- und Zweiflankenwälzprüfung. – Toleranzen der *Achsabstände* DIN 3964, der Zahndicken DIN 3967. – $f_{H\beta}$ s. Tab. 15.3.

Durch verschiedene Fertigungs- und Wärmebehandlungsverfahren erreichbare Genauigkeiten und Vergleich der DIN- mit den ISO- und AGMA-Qualitäten s. Abb. 15.16.

Empfehlungen zur Wahl der *Zahndicken-Abmaße* A_{sne}, *Zahndicken-Toleranzen* T_{sn} und *Achsabstandsabmaße* A_{a}: Tab. 15.4.

Damit *theoretisches Flankenspiel:*

$$j_{\text{t}} = \frac{-(A_{\text{sn}\,1} + A_{\text{sn}\,2}) + A_{\text{a}} \tan \alpha_{\text{n}}}{\cos \beta}, \quad (15.36)$$

max j_{t} mit $A_{\text{sn}} = A_{\text{sne}} - T_{\text{sn}}$ und $A_{\text{a max}}$,
min j_{t} mit $A_{\text{sn}} = A_{\text{sne}}$ und $A_{\text{a min}}$.

Theoretisches *Verdreh*-Flankenspiel $j_{\text{n}} = j_{\text{t}} / \cos \alpha_{\text{n}} \cos \beta$.

Abnahme-Flankenspiel durch Fertigungsabweichungen meist kleiner.

Betriebs-Flankenspiel z. B. beim Anlaufen durch schnellere Erwärmung der Räder gegen-

Tab. 15.4 Empfehlungen[a,b] für obere Zahndickenabmaße A_{sne} und -toleranzen T_{sn} nach DIN 3967 (Mai 1977) und Achsabstandsabmaße A_{a} nach DIN 3964 (Febr. 1976)

Nr.	Anwendung	Getriebe-Passsystem		
		A_{sne}-Reihe[a]	T_{sn}-Reihe[b]	Achsabstandsabmaße A_{a} nach js
1	gegossene Drehkränze DIN > 12	2a	29 (30)	10
2	Drehkränze (normales Spiel)	a	28	9
3	Drehkränze, Konverter (enges Spiel)	bc	26	9 (8)
4	Turbogetriebe ($\Delta\vartheta \approx 70$ K)[a]	c...cd	25	7
5	Kunststoffmaschinen	cd	25	7
6	allg. Maschinenbau, Schwermaschinenbau, nicht reversierend	b	26	7
7	allg. Maschinenbau, Schwermaschinenbau, reversierend, Scheren, Fahrwerke	c...e	25...24	7...6
8	Kraftfahrzeuge	d	26	7
9	Ackerschlepper, Mähdrescher	e	27...28	8
10	Werkzeugmaschinen	f	24...25	6
11	Druckmaschinen (Walzenantriebe)	f...g	24	6
12	Messgetriebe $\Delta\vartheta \approx 20$ K (50 K)[c]	g(f)	22	5

[a] Bedingung: $|A_{\text{sne}\,1}| \geq |A_{\text{ai}}|$ und $|A_{\text{sne}\,2}| \geq |A_{\text{ai}}|$ beachten!
[b] Bedingung: $|T_{\text{sn}}| \geq 2R$ beachten!
[c] $\Delta\vartheta$: Temperaturdifferenz zwischen Zahnrädern und Gehäuse

über dem Gehäuse u. U. wesentlich kleiner als $j_{n,\,t}$.

15.3 Schmierung und Kühlung

Schmierfilmdicke: Zur Beurteilung des Schmierzustandes, insbesondere bezüglich Gleitverschleiß, Kaltfressen und Graufleckenn, eignet sich die minimale Schmierfilmdicke im Wälzpunkt nach der EHD-Theorie. Für Stahlzahnräder gilt nach Oster auf der Basis von [24] mit dem bei der Innenverzahnung negativen Zähnezahlverhältnis u als Näherung die Zahlenwertgleichung

$$h_C = 0{,}003\left[(au)/(u+1)^2\right]^{0,3}\cdot(\nu_0\,\upsilon_t)^{0,7}\cdot(p_C/840)^{0,26}\text{ in }\mu\text{m}$$
$$\left(p_C = Z_H Z_E\sqrt{\frac{F_t}{d_1 b}\cdot\frac{u+1}{u}}\text{ nach Gl. (15.48)}\right). \qquad (15.37)$$

Die Schmierfilmstoffzähigkeit ν_0 in mm²/s ergibt sich aus der Massentemperatur

$$\vartheta_0 = \vartheta_L + 7400[(P_{VZP}+P_{VZO})/(ab)]^{0,72} \approx \vartheta_L + 2{,}2\cdot 10^{-4}(\varepsilon_\alpha m/a)^{0,72}\upsilon_t^{0,576}p_C^{1,73}\text{ in °C}.$$

Hierbei bedeuten: Achsabstand a und Breite b in mm, Umfangsgeschwindigkeit υ_t in m/s, Leerlauftemperatur ϑ_L ≈ Öltemp. in °C, Zahnverlustleistung $P_{VZP} + P_{VZO}$ aus Gl. (15.39) in kW, Hertz'sche Pressung im Wälzpunkt p_C in N/mm² (s. Gl. (15.37)) und ε_α die Profilüberdeckung. Zur qualitativen Beurteilung dient die spezifische Schmierfilmdicke

$$\lambda = \frac{h_c}{(R_{a1}+R_{a2})/2}, \qquad (15.38)$$

$\lambda > 2$: überwiegend hydrodynamische Schmierung, kaum Verschleiß.

$\lambda < 0{,}7$: Bereich vieler Industriegetriebe, Grenzschmierung überwiegt. Graufleckenrisiko prüfen!

15.3.1 Schmierstoff und Schmierungsart

Hinweise zur Auswahl: Tab. 15.5

Schmierstoffzähigkeit (DIN 51 502) bzw. Walkpenetration (DIN 51 804) je nach Temperatur: *Handauftrag*; Haftschmiermittel NLGI-Klasse 1 bis 3 (NLGI = National Lubricating Grease Institut). Zentralschmieranlagen: Schmierfette NLGI 1 bis 2 (förderbar); *Sprühauftrag:* Fließfette NLGI 00-0 (sprühbar); *Tauchschmierung:* Fließfette NLGI 000-0 (fließfähig); *Schmierölzähigkeit:* Anhaltswerte nach Abb. 15.17. (Einfluss von Rauheit, Temperatur, Schmierungsart, Betriebsart [1]). EP-Zusätze bei Fressgefahr; synthetische Öle (kleine Reibungszahl, hoher Viskositätsindex, teuer) bei extremen Betriebsbedingungen.

Schmiereinrichtungen, Gehäuseanschlüsse s. Abschn. 15.10.4.

Wärmehaushalt. Verlustleistung P_V soll Kühlleistung P_K nicht überschreiten. Für kleine bis mittlere Getriebe meist Luftkühlung durch Gehäusewände (Kühlfläche A in m²) und Temperaturunterschied von Gehäuse zur Umgebungsluft $\vartheta_G - \vartheta_\infty$ ausreichend. Überschuss an Verlustleistung durch Wasserkühlung abführen.

$$P_V = P_{VZP} + P_{VZ0} + P_{VLP} + P_{VL0} + P_{VD} + P_{VX0} \qquad (15.39)$$

Überschlägig:
Lastabhängige Verzahnungsverluste $P_{VZP} = 0{,}5\ldots1\,\%$ der Nennleistung je Stufe (bei $\upsilon > 20\,\text{m/s}$ lastunabhängige Verzahnungsverluste P_{VZ0} zusätzlich berücksichtigen [1]); Lagerverluste: lastabhängige P_{VLP} und lastunabhängige P_{VL0} (s. Abschn. 12.2); sonstige Verlustquellen, wie z. B. Dichtungen (P_{VD}) (s. Abschn. 12.5).

Kühlleistung (Wärmeabgabe) des Gehäuses:

$$P_{KG} = \alpha A(\vartheta_G - \vartheta_\infty)\quad\text{mit}\quad \alpha = 15\ldots25\,\text{W/(m}^2\text{K)} \qquad (15.40)$$

für ruhende Luft und unbehinderte Konvektion (untere Grenze: hoher Schmutz- und Staubabfall, kleine Drehzahlen, große Getriebe). Bei Lüfter auf schnelllaufender Welle erhöht sich α um Faktor f_K: Stirnradgetriebe mit 1 Lüfter $f_K \approx 1{,}4$; 2 Lüfter $f_K \approx 2{,}5$; Kegelradgetriebe mit 1 Lüfter $f_K \approx 2{,}0$. – Einfluss von Windgeschwindigkeit sowie Sonneneinstrahlung beachtlich.

15

Tab. 15.5 Wahl von Schmierstoff und Schmierungsart

Umfangs-geschwindigkeit m/s	Schmierstoff	Schmierungsart	Getriebe-bauform	Besonderheiten
bis 2,5	Haftschmiere	Auftragen mit Pinsel, Spachtel[a,b]	offen	möglichst Abdeck-haube vorsehen
bis 4 (evtl. 6)	Fließfett	Sprühschmierung		
bis 8 (evtl. 10)		Tauchschmierung. Jedoch Einspritz-schmierung bei Großgetrieben (> 400 kW), Gleitlagergetrieben, Vertikalgetrieben	geschlossen	
bis 15	Öl			
bis 25 (evtl. 30)				Tauchschmierung mit Blechwanne, Kühlrippen
über 25 (evtl. 30)		Einspritzschmierung		
bis 40		Nebelschmierung		für niedrige Belas-tung, Aussetzbetrieb

[a] Bei der niedrigsten Konsistenz-Klasse (NLGI 000-0) auch Tauchschmierung möglich.
[b] Zum Beispiel Zementmühlen, Drehrohröfen, Bagger, Flusswehre. Möglichst auch hier Abdeckung vorsehen (Schmutz und Staub im Schmierstoff wirken wie Schmiergel).

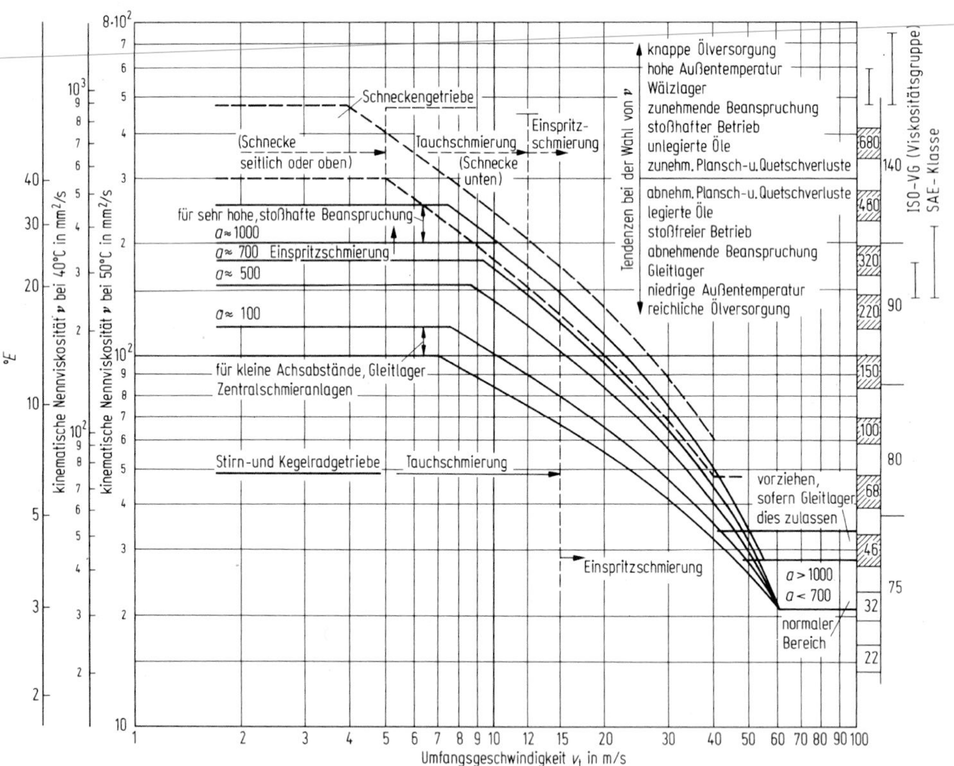

Abb. 15.17 Wahl der Schmieröl-Viskosität für Stirn-, Kegel- und Schneckengetriebe. Näherungsweise Zuordnung der ISO- und SAE-Viskositätsklassen; Vorzugsklassen schraffiert. Tauchschmierung bei höheren v_t auch möglich, wenn abgeschleudertes Öl durch Rippen oder Ölleitbleche dem Zahneingang zugeführt wird

15.4 Werkstoffe und Wärmebehandlung – Verzahnungsherstellung

Tragfähigkeit der Werkstoffe und entsprechende Qualitätsanforderungen s. Tab. 15.14. Daneben sind *Kosten* von Werkstoff und Wärmebehandlung, *Zerspanbarkeit* bzw. *Verarbeitbarkeit, Geräuschverhalten, Stückzahl* (Herstellverfahren) entscheidend (in manchen Bereichen allein wichtig) für die Auswahl.

15.4.1 Typische Beispiele aus verschiedenen Anwendungsgebieten

Zahnräder für Kleingeräte, Instrumente, Haushaltsgeräte usw. (d. h. für Bewegungsübertragung oder kleine Kräfte): Zn-, Ms-, Al-Legierungen. Thermoplaste (Spritzguss); Automatenstähle, Baustähle; Al-, Zn-, Cu-Knetlegierungen, Hartgewebe, Thermoplaste (Strangpressen, Kaltziehen, Pressen bzw. Stanzen, bzw. Fräsen); Sintermetalle (Fertigsintern).

Kraftfahrzeug-Zahnräder. Legierte Einsatzstähle – gefräst oder gestoßen, geschabt – einsatzgehärtet – (evtl. geschliffen statt geschabt); niedrig legierte Vergütungsstähle – gefräst oder gestoßen, geschabt – carbonitriert.

Turbogetriebe-, Schiffsgetriebe-Zahnräder. Legierte Vergütungsstähle – gefräst evtl. geschabt; Al-freie Nitrierstähle – gefräst, geschabt (oder geschliffen) – gasnitriert (evtl. geschliffen); legierte Einsatzstähle – gefräst – einsatzgehärtet – geschliffen.

Großzahnräder, Drehkränze. Legierter Stahlguss (Ausschussrisiko durch Lunker beachten) legierter Vergütungsstahl (gewalzt) – gefräst – evtl. Induktions- oder Flamm-Einzelzahnhärtung.

Industriegetriebe, Baukastengetriebe. Unlegierte und legierte Vergütungsstähle – wälzgefräst oder -gestoßen oder -gehobelt. Legierte Einsatzstähle – wälzgefräst o. ä. – einsatzgehärtet – geschliffen (evtl. mit Hartmetall-Wälzfräser fertiggefräst, evtl. gehont). Al-freie Nitrierstähle – wälzgefräst o. ä. (evtl. geschabt oder geschliffen, evtl. geläppt) – gasnitriert. Unlegierte und legierte Vergütungsstähle – wälzgefräst o. ä., geschabt – nitrocarburiert, oder induktiv – oder flammgehärtet.

15.4.2 Werkstoffe und Wärmebehandlung – Gesichtspunkte für die Auswahl

Grauguss GG, Sphäroguss GGG, Stahlguss GS – Hinweise siehe Tab. 15.14. Sondergusseisen bei geeigneter Wärmebehandlung den Vergütungsstählen gleichwertig (Zerspanbarkeit beachten!) [25].

Vergütungsstähle – ungehärtet.
Die Zahnräder – damit auch die Getriebe – bauen größer, schwerer, teurer als mit gehärteten Verzahnungen. Jedoch: Wärmebehandlung (vor dem Verzahnen) risikolos, keine Maßänderungen *nach* dem Verzahnen, meist kein Verzahnungsschleifen erforderlich; der relativ weiche Werkstoff gleicht Mängel in Konstruktion und Fertigung durch Einlaufen eher aus; Nacharbeiten der Zahnflanken von Hand möglich; meist Überschuss an Bruchsicherheit.

Einssatzstähle – einsatzgehärtet.
Aufwändig, aber für kleine bis mittlere Radgrößen bis in Bereich höchster Härte (HRC = 58 ... 62), Fuß- und Flankenfestigkeiten beherrschbar. Härteverzüge erfordern bei Einzelfertigung Verzahnungschleifen (bis d = 3000 mm, m bis 36 mm). Für gröbere Qualitäten ungeschliffen (s. Abb. 15.16) (meist $d \leqq 250$ mm, $m \leqq 6$ mm; mit Einschränkung $d \leqq 500$ mm, $m \leqq 10$ mm).

Vergütungsstähle – Umlaufhärtung (Flamm- oder Induktion).
Kostengünstig für kleine bis mittlere Radgrößen (normal: $d \leqq 200$ mm, $m \leqq 6$ mm; extrem d bis 1500 mm, m bis 18 mm), im mittleren Härtebereich (HRC = 45 bis 56) sicher beherrschbar, darüber erhöhte Rissgefahr. Gleichmäßige Verzahnungsqualität nur bei konstanten Werkstoffwerten und konstant gehaltener Wärmebehandlung [25].

Vergütungsstähle – Einzelzahn – Beidflankenhärtung (Flamm- oder Induktion).
Kostengünstig für Großräder (d bis ca. 3000 mm, m > 8 mm); im mittleren Härtebereich (HRC = 45 bis 56) beherrschbar. Sorgfältige Vorbereitung (Härteprobestücke), konstante d. h. laufend überwachte Härte-Einstelldaten erforderlich. Verzugsarm, Verzahnungsschleifen meist nicht

erforderlich. Zahngrund ungehärtet, reduzierte Fußfestigkeit [26].

Vergütungsstähle – Einzelzahn – Lückenhärtung (Flamm- oder Induktion).
Zahngrund mitgehärtet. Kostengünstig für Großräder im mittleren Härtebereich (wie bei Beidflankenhärtung, aber Flamme nur bei $m > 16$ mm) (HRC = 45 bis 52, evtl. 56). Geringes Härterisiko (Härterisse) nur bei entsprechender Vorbereitung und Überwachung, langjährigen Erfahrungen, geeigneten Werkstoffen und optimalen Härtebedingungen (Härteprobestücke). Verzugsarm, aber häufig Teilungsfehler bei Härtebeginn; Verzahnungsschleifen oft erforderlich [26].

Al-freie Nitrierstähle, Vergütungsstähle, Einsatzstähle – nitriert (Langzeitgasnitriert).
Verzugsarmes, diffiziles Verfahren. Normal: Nitrierhärtetiefe Nht $\approx$ 0,3 mm, $d < 300$ mm, $m \leqq 6$ mm; schwieriger: Nht $\approx$ 0,6 mm, $d < 600$ mm, $m < 10$ mm. Bei Nitrierstählen für größere d und m geringere Festigkeit ansetzen! Hierbei und bei dünnwandigen Rädern wegen Verzug meist Verzahnungsschleifen nach dem Nitrieren. Hohe Festigkeit sicher erreichbar nur bei besonderer Werkstoffqualität, langjähriger Erfahrungen, optimalen Fertigungs- und Kontrolleinrichtungen. Sonst starke Schwankungen der Festigkeit möglich. Besonders Nitrierstähle sind empfindlich gegen Stöße und Kantentragen. Verbindungsschicht < 15 µm anstreben.

Vergütungsstähle – nitrocarburiert (kurzzeit-gasnitriert).
Neues verzugsarmes Verfahren, das viele Probleme des Kurzzeit-Badnitrierens vermeidet [27] und dieses weitgehend verdrängt hat. Nur wenig überlastbar.

Vergütungsstähle – nitrocarburiert (kurzzeit-badnitriert).
Verzugsarmes Verfahren. Normal: $d < 300$ mm, $m < 6$ mm; schwieriger: d bis 600 mm, m bis 10 mm. Praktisch keine Diffusionszone, d. h. reduzierte Tragfähigkeit, wenn Verbindungsschicht (< 30 µm dick) verschlissen.

Vergütungsstähle – carbonitriert.
Härtetiefen (stickstoffhaltige Martensitschichten) 0,2 bis 0,6 mm. Möglichst hohe Kernfestigkeit zum Stützen der dünnen Härteschicht. Geeignet für kleine Zahnräder bei großen Stückzahlen.

15.5 Tragfähigkeit von Gerad- und Schrägstirnrädern

15.5.1 Zahnschäden und Abhilfen

Definitionen und Ursachen s. DIN 3979, vgl. Abb. 15.18.

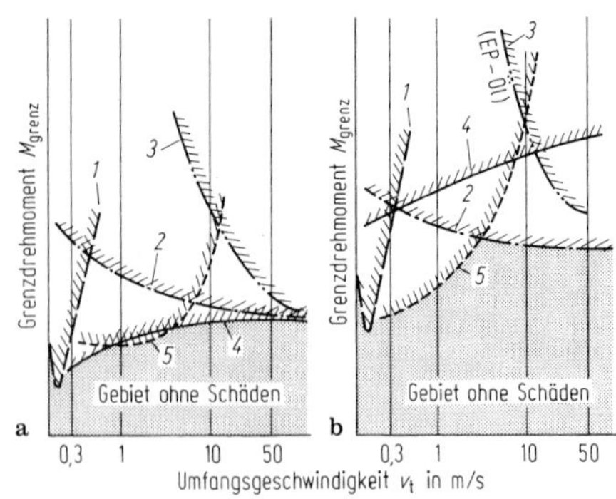

Abb. 15.18 Haupttragfähigkeitsgrenzen von Zahnrädern. **a** Vergütungsstahl; **b** Einsatzstahl. *1* Verschleißgrenze, *2* Zahnbruchgrenze, *3* Fressgrenze (Warmfressen), *4* Grübchengrenze, *5* Graufleckengrenze

Gewaltbruch meist durch Unfall, Blockierungen o. ä.; Kräfte kaum abschätzbar. Abhilfe: Überlastschutz, Soll-Brechglieder.

Dauerbruch. Ermüdungsbruch nach längerer Laufzeit oberhalb der Dauerfestigkeit, meist ausgehend von Kerben, Härterissen, Werkstoff- oder Wärmebehandlungsmängeln im Zahnfuß. – *Abhilfe:* größere Moduln, Betriebseingriffswinkel (Profilverschiebung), Fußausrundung (Schleifkerben vermeiden), Oberflächenhärten (insbesondere Einsatzhärtung), Kugelstrahlen, genaue Verzahnung, Zahn-Endrücknahme oder Breitenballigkeit zur Entlastung der Zahnenden.

Grübchenbildung (pitting). Grübchenartige Ausbröckelungen insbesondere zwischen Fuß- und Wälzkreis infolge zu hoher Flankenpressung. Kleine Einlaufgrübchen (initial pitting) bauen bei Vergütungsstahl örtliche Überlastungen ab und kommen zum Stillstand – daher unschädlich. Fortschreitende Grübchenbildung (progressive pitting) führt zur Zerstörung der Zahnflanken. – Abhilfe: Große Krümmungsradien (Profilverschiebung), Oberflächenhärtung (insbesondere Einsatzhärtung) s. Abb. 15.18, zähere Öle, genaue Verzahnung, kleine Flankenrauheit [28–30].

Grauflecken (micropitting). Vielzahl von mikroskopisch kleinen Anrissen und Ausbrüchen, optischer Eindruck eines grauen Flecks. Abhilfe durch verbesserte Schmierbedingung (auch Einfluss des Additivs) [31].

Warmfressen. Riefen und Fressmarken im Bereich hoher Gleitgeschwindigkeiten infolge einer durch Werkstoff und Schmierstoff bedingten Grenztemperatur. – Abhilfe durch kleinere Moduln, Kopf- und Fußrücknahme, Nitrieren, kleine Flankenrauheit (Einlaufen), besonders wirksam: EP-Öle (Öle mit chemisch aktiven Zusätzen).

Kaltfressen. Riefenverschleiß mit starkem Materialabtrag bei niedrigen Umfangsgeschwindigkeiten. – Abhilfe durch bessere Verzahnungsgenauigkeit, glattere Zahnflanken, zäheren Schmierstoff, Kopfrücknahme.

Abriebverschleiß. Flächenhafter Materialabtrag insbesondere an Kopf und Fuß, oft maßgebend bei kleinen Umfangsgeschwindigkeiten ($\upsilon_t < 0{,}5\,\mathrm{m/s}$) infolge mangelnder Schmierdruckbildung. – Abhilfe durch hohe Schmierstoff-Zähigkeit, gewisse synthetische Schmierstoffe, manche EP-Zusätze, MoS-Suspension, Oberflächenhärten oder Nitrieren. Wichtig: Gleiche Flankenhärte an Ritzel und Rad.

15.5.2 Pflichtenheft

Vor Beginn des Entwurfs alle Anforderungen und Einflüsse auf die Funktion des Getriebes zusammenstellen. Hinweise: Tab. 15.6.

15.5.3 Anhaltswerte für die Dimensionierung

Verzahnungsdaten: Übersetzung, Modul, Achsabstand Durchmesser, Überdeckung (s. Abschn. 15.1.2, 15.1.4, 15.1.5 und 15.1.7).

Ritzeldurchmesser d_1. Aus vereinfachtem Kennwert für die Wälzpressung $K^* = [F_t(u+1)/(bd_1u)]$ folgt:

$$d_1 \geqq \sqrt[3]{\frac{2M_1}{K^*(b/d_1)}\,\frac{u+1}{u}}\,. \qquad (15.41)$$

Entgegen DIN 3990 und sonstigen Getriebenormen wird das Drehmoment mit M statt mit T bezeichnet, um eine Einheitlichkeit aller Fachgebiete zu erhalten.

Erfahrungswerte für K^* nach ausgeführten Getrieben; Beispiele Tab. 15.7. Wahl von Werkstoff und Wärmebehandlung (s. Abschn. 15.4). Bei Vergütungsstählen Härte des Ritzelwerkstoffs um ca. HB = 40 höher als Härte des Radwerkstoffs wählen.

Zahnbreite b nach Anhaltswerten für b/d_1, Tab. 15.8. Bei größeren Breiten Flankenlinien-Korrekturen zum Ausgleich der Verformungen notwendig (insbesondere bei gehärteten Verzahnungen). Sprungüberdeckung: Gl. (15.13) beachten.

Zähnezahl und Modul. Minimale Ritzelzähnezahlen Tab. 15.9. Damit Modul aus Gl. (15.41) und (15.5) bestimmen. Empfehlungen für Mindestmoduln beachten Tab. 15.10. – Genormte Modulreihe Tab. 15.1.

Nach Bestimmung des Moduls prüfen, ob bei aufgestecktem Ritzel (Passfeder o. ä.) ausreichende Kranzdicke unter Zahnfuß vorhanden (s. Abb. 15.46) oder ob bei verzahnter Welle verbleibender Wellenquerschnitt ausreicht.

Geradverzahnung – Schrägverzahnung. Eigenschaften s. Abschn. 15.1.4. Bei stoßhaftem Betrieb eher zu Schrägverzahnung und feinerer Qualität übergehen. – Für mittlere Verhältnisse:

Gerad:
Bis $\upsilon_t = 1\,\mathrm{m/s}$ mit Q 10–12, bis $5\,\mathrm{m/s}$ mit Q 8–9, bis $20\,\mathrm{m/s}$ mit Q 6–7.

Schräg oder Doppelschräg:
Bei ungehärteten Stählen sowie Gusswerkstoffen gröbere Qualitäten erlaubt (einlauffähig, Überschuss an Bruchsicherheit).

Bis $\upsilon_t = 2\,\mathrm{m/s}$ mit Q 10–12 ungehärtet, Q 7–8 gehärtet, bis $\upsilon_t = 5\,\mathrm{m/s}$ mit Q 8–9 ungehärtet, Q 7–8 gehärtet, bis $\upsilon_t = 20\,\mathrm{m/s}$ mit Q 6–7, über $\upsilon_t = 40\,\mathrm{m/s}$ mit Q 4–5.

Schrägungswinkel. *Einfache Schrägverzahnung* $\beta = 6$ bis $15°$ (Begrenzung der Axialkraft). – Sprungüberdeckung Gl. (15.13) prüfen: Bis $\upsilon_t = 20\,\mathrm{m/s}$: $\varepsilon_\beta \geqq 1{,}0$; $\varepsilon_\gamma \geqq$

15

Tab. 15.6 Pflichtenheft für Zahnradgetriebe. (Hierzu Skizze mit den Anschlussmaßen)

Auswirkung auf: Abdichtung A, Anwendungsfaktor B, Fertigung F, Getriebebauart G, Gehäusekonstruktion H, Kühlung/Heizung K, Lager L, Schmierung S, Verzahnung V, zul. Spannung Z.		
1. *Hauptfunktionen,* erforderlich für die Entwurfsrechnung		
○ An-/Abtriebsdrehzahlen (Übersetzungkonstant, Schaltstufe-Toleranz); Drehrichtung konstant/wechselnd .... Z ○ Art der Arbeitsmaschine, der Antriebsmaschine .... B	○ Kundenvorschriften zu den Hauptfunktionen: Getriebeart (Stirnräder, Kegelräder usw.) Einbauart (Stand-, Aufsteck-, Flanschgetriebe usw.) Sonstiges (Anwendungsfaktor, Mehrmotorenantrieb, Schwungräder, An-/Abtrieb links/rechts/wahlweise) .. K, B, F, V	○ Lage der Arbeitsmaschine zur Antriebsmaschine (Lage von Antriebswelle zu Abtriebswelle des Getriebes, veränderliche Lage, Grenzen) Getriebeart, evtl. Achsabstand G ○ Leistung, Dauerbetriebsmoment, Nennmoment der Arbeits-/Antriebsmaschine, Maximalmoment, Anfahrmoment o. ä. .. B
2. *Sonstige Funktionen,* erforderlich für Entwurf, Nachrechnung und Gestaltung		
2.1 *Betriebsdaten* ○ Anzahl der Anfahrten der Maschine .... B ○ Folgen eines Schadensfalles (Gefährdung von Menschenleben, Produktionsausfall) .... Z ○ Kipp-, Anfahr-, Abschaltmoment der Antriebsmaschine, Höhe, Anzahl und Dauer der Stöße im Betrieb, Spitzenmoment, Katastrophenmoment .... B ○ Laufzeit pro Tag, % Einschaltdauer. .... B ○ Überlastsicherung, Abschaltmoment. .... B ○ Umkehr der Kraftrichtung (Reversierbetrieb) .... Z 2.2 *Fertigungsdaten* ○ Einschränkungen für Werkstoffwahl (Bearbeitbarkeit, Lieferzeit) ○ Maß- und Gewichtsbeschränkungen durch Werkzeugmaschinen, Ofenabmessungen, Härteeinrichtungen .... F ○ Verfügbare Werkzeuge .... F	2.3 *Kräfte am Getriebe* ○ Axialkräfte auf An- und Abtriebswelle (z. B. Zahnkupplung) . H, L, V ○ Kräfte auf das Gehäuse ..... H, L ○ Radialkräfte auf An- und Abtriebswelle (z. B. Kettenrad, Riemenscheibe) .... H, L ○ Rücklaufsperre S 2.4 *Kundenforderungen: Vorschriften, Abnahmebedingungen* ○ Art der Kupplungen an An- und Abtrieb .... L, V ○ Berechnungsvorschrift (z. B. Klassifikationsgesellschaften, Werksvorschriften) .... Z ○ Form der Wellenzapfen an An- und Abtrieb (Flansch angeschmiedet – Lochkreis, Passfeder o. ä., eingerichtet für Ölpressverband) ○ Geräusch, Wirkungsgrad, Garantie (Art des Probelaufes) .... V, H, F ○ Gestaltung (geschmiedete, geschweißte, geschrumpfte Zahnkränze; Wellen-Naben-Verbindung; gegossene geschweißte Gehäuse) .... Z, H ○ Unfallverhütungsvorschriften	2.5 *Schmierung* ○ Heizung (zum Anfahren) ○ Kühlung (Süß-, Salz-, Brackwasser oder Luft, Temperatur); Zentrale Kühlanlage oder Einzelkühlung ○ Schmierstoff frei wählbar/Vorschriften. ○ Versorgung durch zentrale Schmieranlage (Schmierstoff, Viskosität, Druck) oder Einzelgetriebeschmierung 2.6 *Umgebung, Aufstellungsort* ○ Aufstellungsort (Halle, gedeckt, im Freien) .... A, S, K ○ Beschränkungen für Montage, Einbau, Raum, Gewicht, Transport, Schmutz, Staub, Fremdkörper, Spritzwasser, Wasserdampf . A, H, F ○ Fundament (z. B. Stahlgerüst, Beton) starr; getrennt (gemeinsam mit An- und Abtrieb) .... H ○ Temperatur (max., min.), Sonneneinstrahlung .... K, S

2,2; über 40 m/s: $\varepsilon_\beta \geqq 2$, $\varepsilon_\gamma \geqq 3{,}2$. *Doppelschrägverzahnung* nur wenn Einfach-Schrägverzahnung zu breit oder Axialkräfte zu groß: $\beta = 20$ bis 30°. Achtung: Nur eine Welle axial festlegen und prüfen ob Axialkräfte von außen eingeleitet werden (dann ungleichmäßige Kraftaufteilung!). – Pfeilspitze sollte i. Allg. nacheilen. Grenzen der Herstellung (z. B. Fräserauslauf) beachten (s. Abschn. 15.10.3).

Lagerkräfte (Abb. 15.19). Zahnnormalkraft $F_t/\cos\alpha_{wt}$ wirkt als Querkraft, Axialkraft $F_x = F_t \tan\beta$ am Hebelarm r auf Welle. Hieraus Radial- und Axial-Lagerkräfte bei A und B entsprechend den Abständen der Lager bestimmen. Bei Berechnung der Radiallagerkräfte Kippmoment der Axialkräfte beachten!

Tab. 15.7 K^*-Faktoren ausgeführter Stirnradgetriebe (für Nennleistung, wenn nicht anders angegeben) nach Firmenangaben und [1, 32–34]. Werkstoff: Stahl (wenn nicht anders angegeben). Wärmebehandlung: v vergütet; eh einsatzgehärtet; n nitriert. Bearbeitung: f gefräst, gehobelt gestoßen; s geschabt; g geschliffen

Anwendung Antrieb/Abtrieb	v m/s	Ritzel Werkstoff Wärmebehandlung Bearbeitung	Ritzel Härte	Rad Werkstoff Wärmebehandlung Bearbeitung	Rad Härte	K^*-Faktor N/mm^2	Bemerkungen
Turbine/Generator	>20	v, f	225 HB	v, f	180 HB	0,80	$K_A \approx 1{,}1$[a]
	>20	n, s	>60 HRC	n, s	>60 HRC	2,0	
	>20	eh, g	>58 HRC	eh, g	>58 HRC	2,8	
E-Motor/Industriegetriebe (24-h-Betrieb)	5	v, f	210 HB	v, f	180 HB	1,2	$K_A \approx 1{,}3$[a]
		v, f	350 HB	v, f	300 HB	2,0	
		eh, g	>58 HRC	eh, g	>58 HRC	4,4	
	10	v, f	210 HB	v, f	180 HB	1,0	
		v, f	350 HB	v, f	300 HB	1,8	
		eh, g	>58 HRC	eh, g	>58 HRC	4,0	
E-Motor/Großgetriebe (Aufzüge, Drehöfen, Mühlen)	<5	v, f	225 HB	v, f	180 HB	0,6	$K_A \approx 1{,}6$[a]
		v, f	260 HB	v, f	210 HB	1,0	
	7,5	eh, g	>58 HRC	v, f	320 HB	1,5	
Konverter (für *Maximal*moment)	0,3	v, f	260 HB	GS, f	180 HB	1,3	*nicht* Katastrophenmoment
E-Motor/Werkzeugmaschinen (Wälzfräsmaschinen)	22	eh, g	>58 HRC	eh, g	>58 HRC	3,0	für *selten* auftretendes Spitzenmoment
	0,3	eh, g	>58 HRC	eh, g	>58 HRC	9,0	
Fräsmaschinen (Spindelstock)	22	eh, g	>58 HRC	Gusspolyamid 12 g, f	75 Shore D	0,70	
E-Motor/Kran-Hubwerk (für *max.* Hublast und Dauerbetrieb)	10 … 14	v, f	230/280 HB	v, f	190/230 HB	1,1	1. Stufe
	4 … 8	v, f	230/280 HB	v, f	190/230 HB	1,3	2. Stufe
	2 … 4	v, f	230/280 HB	v, f	190/230 HB	1,6	3. Stufe
	0,5 … 2	v, f	230/280 HB	v, f	190/230 HB	1,8	4. Stufe
E-Motor/Greifer-Hubwerk (für *max.* Greifer-Schließmoment)	12	eh, g	>58 HRC	eh, g	>58 HRC	7,0	1. Stufe
	6	eh, g	>58 HRC	eh, g	>58 HRC	11,0	2. Stufe
	3	eh, g	>58 HRC	eh, g	>58 HRC	15,0	3. Stufe
E-Motor/kleine Industriegetriebe	<5	v, f	350 HB	Hartgewebe		0,53	
		v, f	350 HB	Polyamid		0,35	
E-Motor/kleine Geräte	<5	v, f	200 HB	Zink-Druckguss		0,20	
	<3	v, f	200 HB	Messing, Aluminium		0,20	
	<3	Messing, Aluminium		Messing, Aluminium		0,10	

Bemerkungen für K-Faktoren in den ersten Zeilen
[a] Anwendungsfaktor für Nachrechnung.

15

Tab. 15.8 Größtwerte für b/d_1 von ortsfesten Stirnradgetrieben mit steifem Fundament; besonders bei Maximalwerten empfehlen sich Profil- und Breitenkorrekturen zur Erreichung eines gleichmäßigen Tragbildes bei Nennmoment

Gerad- und Schrägverzahnung; beidseitige, symmetrische Lagerung,	
normalisiert (HB $\leq$ 180):	$b/d_1 \leqq 1{,}6$
vergütet (HB $\geq$ 200):	$b/d_1 \leqq 1{,}4$
einsatz- oder randschicht-gehärtet:	$b/d_1 \leqq 1{,}1$
nitiert:	$b/d_1 \leqq 0{,}8$
Doppel-Schrägverzahnung:	$B/d_1 \leqq 1{,}8$fache der o. a. b/d_1-Werte, B siehe Abb. 15.5
Beiseitige, *un*symmetrische Lagerung:	80 % der o. a. Werte
Gleich große Ritzel und Räder (Kammwalzen und $i = 1$)	120 % der o. a. Werte
Fliegende Lagerung:	50 % der o. a. Werte

Tab. 15.9 Minimale Ritzelzähnezahlen z_1.

$z = 12$	praktisch kleinste Zähnezahl für Leistungsgetriebe (Gegenzähnezahl $\geq$ 23)
$z = 7$	kleinste Zähnezahl für Bewegungsübertragung bei Bezugsprofil nach DIN 867, Geradverzahnung
$z = 5$	kleinste Zähnezahl für Bewegungsübertragung bei Bezugsprofil nach DIN 58 400 (Feinwerktechnik), Geradverzahnung
$z = 1 \ldots 4$	für Bewegungsübertragung möglich mit Staffelrädern oder Schrägstirnrädern, $\varepsilon_\alpha < 1$

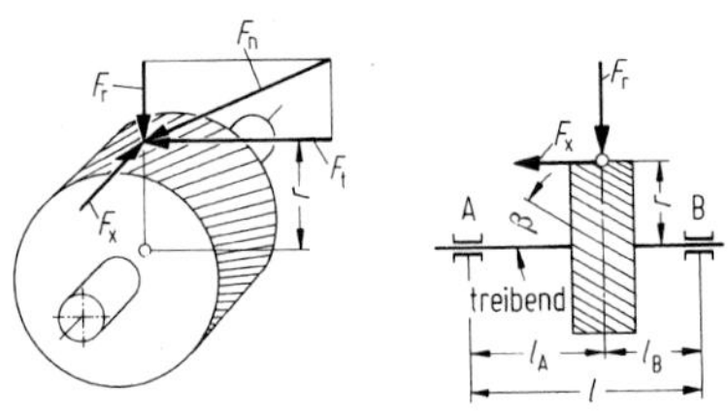

Abb. 15.19 Zahnkraft-Komponenten zur Berechnung der Lagerkräfte

15.5.4 Nachrechnung der Tragfähigkeit

Man prüft, ob das Getriebe bei geforderter Lebensdauer ausreichende rechnerische Sicherheiten gegen alle Schadensgrenzen aufweist.

Grundgedanke. Berechnung basiert auf der am Zahn angreifenden Nenn-Umfangskraft einer fehlerfreien, starren Verzahnung, mittleren Schmierbedingungen und auf Festigkeitswerten, die an Standard-Referenz-Prüfrädern bei Standard-Prüfbedingungen ermittelt wurden.

In Wirklichkeit liegen abweichende Voraussetzungen vor: Äußere Zusatzkräfte durch Anfahrstöße, Belastungsschwankungen; innere Zusatzkräfte durch Verzahnungsabweichungen und Verformungen; Baugrößeneinfluss, Schmierung (Umfangsgeschwindigkeit; Viskosität, Rauheit); Fußausrundung usw. Die Wirkung dieser Abweichungen wird durch Einflussfaktoren erfasst.

Tab. 15.10 Mindestwerte für den Modul

DIN-Verzahnungsqualität	Lagerung	mind. m_n oder m_t
11 … 12	Stahlkonstruktion, leichtes Gehäuse	$b/10 \ldots b/15$
8 … 9	Stahlkonstruktion oder fliegendes Ritzel	$b/15 \ldots b/25$
6 … 7	gute Lagerung im Gehäuse	$b/20 \ldots b/30$
6 … 7	genau parallele, starre Lagerung	$b/25 \ldots b/35$
5 … 6	$b/d_1 \leq 1$, genau parallele, starre Lagerung	$b/40 \ldots b/60$
Feinwerktechnik (DIN 58 405)		$b/10$ Geradverzahnung $b/16$ Schrägverzahnung

Eingangsgrößen s. Rechenschema mit Beispiel.

$$\text{Umfangskraft } F_t = 2M/d = 2P/(d\omega)\,; \tag{15.42}$$

$$\text{Umfangsgeschwindigkeit } v_t = 0{,}5 d\omega = \pi d n\,. \tag{15.43}$$

Anwendungsbereich für vereinfachte Berechnung von Industriegetrieben: Bezugsprofil DIN 867: $\alpha_0 = 20°$, $h_{a0}/m = 1{,}25 \pm 0{,}05$, $\varrho_{a0}/m = 0{,}25 \pm 0{,}05$. Ritzelzähnezahl: $15 \leqq z_1 \leqq 50$. Mittlere bis hohe Belastung: $K_A F_t/b \gtrapprox 200\,\text{N/mm}^2$ Zahnbreite. Betrieb im unterkritischen Bereich, s. Abb. 15.20. Profilüberdeckung: $1{,}2 < \varepsilon_\alpha < 1{,}9$. $v_t > 1\,\text{m/s}$. Rauheit in der Fußausrundung $R_z < 16\,\mu\text{m}$. Schmierstoff nach Tab. 15.5 und Abb. 15.18. Bei Schrägverzahnung $\varepsilon_\beta \geqq 1$.

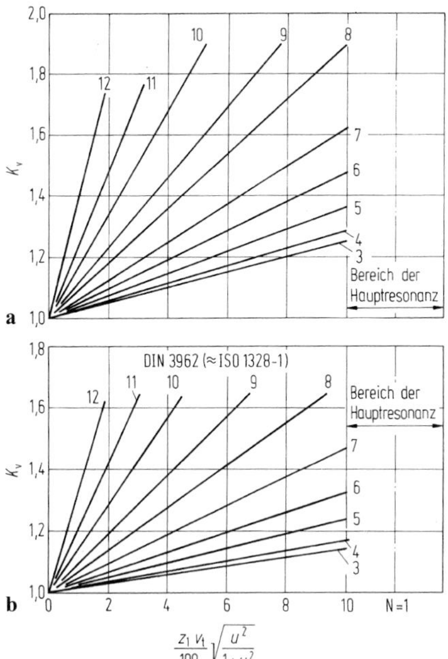

Abb. 15.20 Dynamikfaktor K_v (DIN 3990/ISO 6336). **a** Geradstirnräder; **b** Schrägstirnräder mit $\varepsilon_\beta \gtrsim 1$ (für $\varepsilon_\beta <$ 1 s. DIN 3990, [1])

Bei *abweichenden* Voraussetzungen Berechnung nach DIN 3990, [1].

15.5.4.1 Kraftfaktoren

Sie dienen zur Bestimmung der maßgebenden Kraft pro mm Zahnbreite, gültig für alle Beanspruchungsgrenzen. Die Faktoren werden näherungsweise wie folgt berechnet: K_v mit Qualität der Verzahnung und $K_{H\beta}$ oder $K_{F\beta}$ mit Umfangskraft $F_t K_A K_v / b$. Manche Kraftfaktoren werden bei kleinen Fehlern und hohen äußeren Umfangskräften zu 1.

Anwendungsfaktor K_A. Er berücksichtigt die von Antrieb oder Abtrieb eingeleiteten Zusatzkräfte. – Anhaltswerte siehe Tab. 15.11. – Rechnet man mit dem Maximalmoment (s. Tab. 15.11c), so ist $K_A = 1$ zu setzen.

Dynamikfaktor K_v berücksichtigt innere dynamische Zusatzkräfte: Abb. 15.20.

Breitenfaktor $K_{H\beta}$ (Flanke) $\approx K_{F\beta}$ (Fuß) berücksichtigt Einfluss von Herstelltoleranzen f_{ma}

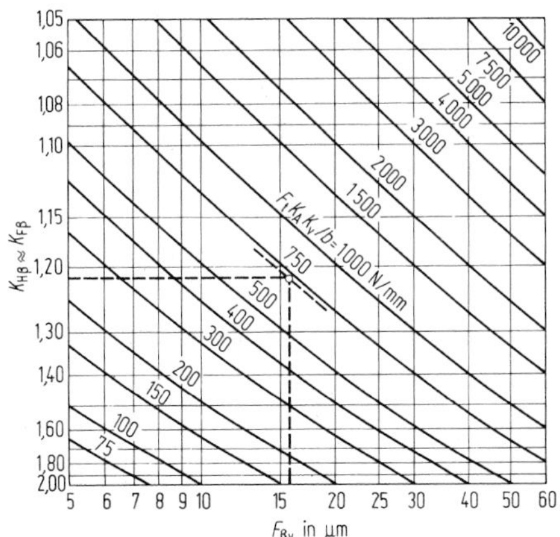

Abb. 15.21 Breitenfaktor $K_{H\beta} (\approx K_{F\beta})$ (DIN 3990/ISO)

und Gesamt-Verformung f_{shg} auf Kraftverteilung über die Zahnbreite: Man bestimmt

$$F_{\beta y} = x_\beta F_{\beta x} = x_\beta (f_{ma} + f_{shg}) \qquad (15.44)$$

und entnimmt $K_{H\beta} (\approx K_{F\beta})$ aus Abb. 15.21.

x_β s. Tab. 15.12.

$f_{ma} \approx f_{H\beta}$ eines Rades nach Tab. 15.3 oder nach Sondervorschrift einsetzen. f_{shg} nach bewährten Getrieben Tab. 15.13; die Konstruktion ist entsprechend steif auszuführen. Im Zweifelsfalle Verformung – insbesondere der Ritzelwelle – nachprüfen. Kontrolle nach Tragbild unter Last mit ölfestem Tragbildlack möglich (DIN 3990).

Stirnfaktoren $K_{H\alpha}$ (Flanke) und $K_{F\alpha}$ (Fuß) berücksichtigen ungleichmäßige Aufteilung der Umfangskraft auf die im Eingriff befindlichen Zahnpaare infolge von Teilungs- und Formabweichungen.

Für *Überschlags*rechnungen oder grobe Verzahnung bei niedriger Belastung:

$$\begin{aligned} &\text{Geradverz.:} && K_{H\alpha} = 1/Z_\varepsilon^2 \geqq 1,2; \\ &\text{Schrägverz.:} && K_{H\alpha} = \varepsilon_{\alpha n} \geqq 1,4. \end{aligned} \qquad (15.45)$$

$$\left.\begin{aligned} &\text{Geradverz.:} && K_{F\alpha} = 1/Y_\varepsilon \geqq 1,2; \\ &\text{Schrägverz.:} && K_{F\alpha} = \varepsilon_{\alpha n} \geqq 1,4. \end{aligned}\right\} \qquad (15.46)$$

Man rechnet hiermit auf der sicheren Seite, Z_ε s. Gl. (15.51), Y_ε s. Gl. (15.52).

Für normalbelastete Getriebe (Dauerbruchsicherheit $S_F \leqq 2$, Grübchensicherheit $S_G \leqq 1{,}3$)

15

Tab. 15.11 Anwendungsfaktoren für Zahnradgetriebe

a) Für Industrie-Getriebe ($n < 3600\,\text{min}^{-1}$, $(z_1 v_1/100)\left[u^2/(1+u^2)\right]^{1/2} < 10$ mit v_t in m/s)				
Arbeitsweise der Antriebsmaschine (Beispiele s. b))	Arbeitsweise der getriebenen Maschine			
	gleichmäßig	mäßige Stöße	mittlere Stöße	starke Stöße[a]
gleichmäßig	1,00	1,25	1,50	1,75
leichte Stöße	1,10	1,35	1,60	1,85
mäßige Stöße	1,25	1,50	1,75	2,0
starke Stöße	1,50	1,75	2,0	2,25 oder höher

b) Beispiele für Arbeitsweise der Antriebsmaschinen	
Arbeitsweise	Antriebsmaschine
gleichmäßig	Elektromotor, Dampfturbine, Gasturbine bei gleichmäßigem Betrieb (geringe, selten auftretende Anfahrmomente)
leichte Stöße	Dampfturbine, Gasturbine, Hydraulikmotor, Elektromotor (größere, häufig auftretende Anfahrmomente)
mäßige Stöße	Mehrzylinder-Verbrennungsmotor
starke Stöße	Einzylinder-Verbrennungsmotor

c) Beispiele für Arbeitsweise der getriebenen Maschinen	
Arbeitsweise	getriebene Maschine
gleichmäßig	Stromerzeuger, gleichmäßig beschickte Gurtförderer oder Plattenbänder, Förderschnecken, leichte Aufzüge, Vorschubantriebe von Werkzeugmaschinen, Lüfter, Turboverdichter, Rührer und Mischer für Stoffe mit gleichmäßiger Dichte, Stanzen bei Auslegung nach maximalem Schnittmoment.
mäßige Stöße	ungleichmäßig beschickte Gurtförderer oder Plattenbänder, Hauptantriebe von Werkzeugmaschinen, schwere Aufzüge, Drehwerke von Kränen, schwere Zentrifugen, Rührer und Mischer für Stoffe mit unregelmäßiger Dichte, Zuteilpumpen, Kolbenpumpen mit mehreren Zylindern.
mittlere Stöße	Mischer mit unterbrochenem Betrieb für Gummi und Kunststoffe, leichte Kugelmühlen, Holzbearbeitung, Einzylinder-Kolbenpumpen.
starke Stöße	Eimerkettenantriebe, Siebantriebe, Löffelbagger, schwere Kugelmühlen, Gummikneter, Hüttenmaschinen, schwere Zuteilpumpen, Rotary-Bohranlagen, Kollergänge.

Die Tabellenwerte gelten für das Nennmoment der Arbeitsmaschine. Man kann hierfür ersatzweise das Nennmoment des Antriebsmotors benutzen, sofern dieses dem Momentbedarf der Arbeitsmaschine entspricht.
Die Werte gelten nur für Getriebe, die nicht im Resonanzbereich arbeiten und nur bei gleichmäßigem Leistungsbedarf. Bei Anwendungen mit ungewöhnlich schweren Belastungen, Motoren mit hohen Anlaufmomenten, Aussetzbetrieb oder bei Betrieb mit extremen, wiederholten Stoßbelastungen muss man die Getriebe auf Sicherheit gegen statische und Zeitfestigkeit überprüfen.
Sind für bestimmte Gebiete gesonderte Anwendungsfaktoren gefordert, so sind diese zu verwenden.
Bei einer Bremse sind die aus den Massenträgheitsmomenten resultierenden Drehmomente zu beachten. Mitunter sind diese maßgebend für die maximale Getriebebeanspruchung.
Bei einer hydraulischen Kupplung zwischen Motor und Getriebe können die K_A-Werte für mäßige mittlere und starke Stöße vermindert werden, wenn die Kennung der Kupplung dies gestattet.
[a] Nitrierte oder nitrocarburierte Zahnräder im Allgemeinen nicht geeignet.

mit DIN Qualität 8 oder feiner bei Geradverzahnung bzw. 7 oder feiner bei Schrägverzahnung:

$$K_{H\alpha} = K_{F\alpha} \approx 1\,. \tag{15.47}$$

15.5.4.2 Sicherheit gegen Grübchenbildung

Die Flankenpressung (Hertz'sche Pressung s. Bd. 1, Abschn. 22.2) im Wälzpunkt muss kleiner als die zulässige Pressung sein; damit Bedingung für die Sicherheit:

$$S_H = \sigma_{H\,\lim} Z_X / \left(\sigma_{H0}\sqrt{K_A K_v K_{H\beta} K_{H\alpha}}\right) \geqq S_{H\,\min}\,. \tag{15.48}$$

Hierin ist $\sigma_{H\,\lim}$ die Dauer-Wälzfestigkeit nach Prüfstandversuchen und Erfahrungen mit ausgeführten Getrieben Tab. 15.14.

Tab. 15.12 Einlauf-Kennwert für Gl. (15.44)

Werkstoff	$\sigma_{\mathrm{H\,lim}}$ (N/mm²)	x_β [a]
Gusseisen		0,45[b]
Vergütungsstahl	400	0,20[b]
Vergütungsstahl	800	0,60[b]
Vergütungsstahl	1200	0,73[b]
einsatzgehärtet oder nitriert		0,85

[a] Gültig für beliebiges $F_{\beta x} = (f_{\mathrm{ma}} + f_{\mathrm{shg}})$ bei $v_t \leqq 5\,\mathrm{m/s}$, für $F_{\beta x} < 80\,\mu\mathrm{m}$ bei $5\,\mathrm{m/s} \leqq v_t < 10\,\mathrm{m/s}$, für $F_{\beta x} < 40\,\mu\mathrm{m}$ bei $v_t \geqq 10\,\mathrm{m/s}$.
Bei größeren $F_{\beta x}$ s. ISO 6336, [1].
[b] Gegebenenfalls linear interpolieren, auch bei unterschiedlichen Werkstoffen von Ritzel und Rad.

σ_{HO} *Nennwert der Flankenpressung:*

$$\sigma_{\mathrm{H0}} = \underbrace{Z_{\mathrm{H}} Z_{\mathrm{E}} \sqrt{\frac{F_{\mathrm{t}}}{d_1 b} \frac{u+1}{u}}}_{p_{\mathrm{C}}} Z_\varepsilon Z_\beta = Z_{\mathrm{H}} Z_{\mathrm{E}} \sqrt{K^*} Z_\varepsilon Z_\beta\,. \qquad (15.49)$$

p_{C}: Hertz'sche Pressung im Wälzpunkt

Z_{X} *Größenfaktor* für Grübchenfestigkeit Abb. 15.22.

Z_{H} *Zonenfaktor*, erfasst Krümmung im Wälzpunkt:

$$Z_{\mathrm{H}} = \sqrt{\frac{2\cos\beta_{\mathrm{b}} \cos\alpha_{\mathrm{wt}}}{\cos^2\alpha_{\mathrm{t}} \sin\alpha_{\mathrm{wt}}}}\,. \qquad (15.50)$$

Z_{E} *Elastizitätsfaktor:*

$$\begin{aligned} &\text{St/St:} && Z_{\mathrm{E}} \approx 190\sqrt{\mathrm{N/mm^2}}\,,\\ &\text{St/GG:} && Z_{\mathrm{E}} \approx 165\sqrt{\mathrm{N/mm^2}}\,,\\ &\text{GG/GG:} && Z_{\mathrm{E}} \approx 145\sqrt{\mathrm{N/mm^2}}\,. \end{aligned}$$

Z_ε Überdeckungsfaktor, Z_β Schrägenfaktor:

$$\left.\begin{aligned} &Z_\varepsilon = \sqrt{(4-\varepsilon_\alpha)/3}\\ &\qquad \text{für Geradverzahnung,}\\ &Z_\varepsilon = \sqrt{1/\varepsilon_\alpha}\\ &\qquad \text{für Schrägverzahnung } (\varepsilon_\beta \geqq 1)\,,\\ &Z_\beta = \sqrt{\cos\beta}\,. \end{aligned}\right\} \qquad (15.51)$$

u Zähnezahlverhältnis z_2/z_1, bei Innenradpaaren negativ.

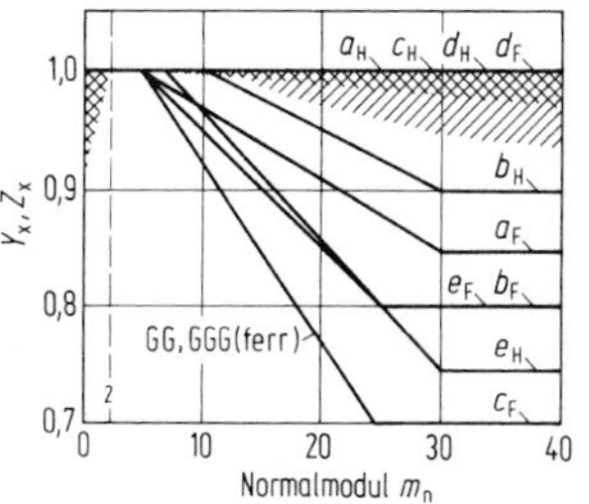

$a_{\mathrm{F}}, a_{\mathrm{H}}$ Bau- und Vergütungsstähle, GGG perl., GTS perl. } Dauerfestigkeit
$b_{\mathrm{F}}, b_{\mathrm{H}}$ randgehärtete Stähle, } Dauerfestigkeit
$c_{\mathrm{F}}, c_{\mathrm{H}}$ Grauguss, GGG ferr., } Dauerfestigkeit
$d_{\mathrm{F}}, d_{\mathrm{H}}$ alle Werkstoffe bei statischer Beanspruchung
$e_{\mathrm{F}}, e_{\mathrm{H}}$ nitrierte Stähle

Abb. 15.22 Größenfaktor für Zahnfußfestigkeit (Index F). Größenfaktor für Grübchentragfähigkeit (Index H) n. DIN 3990

Schmierfilmeinfluss: Bei anderen Schmierstoffen und Zähigkeiten als nach Tab. 15.5 und Abb. 15.17: Einfluss auf $\sigma_{\mathrm{H\,lim}}$ nach DIN 3990 berücksichtigen. Bei gefrästen Zahnflanken 85 % von $\sigma_{\mathrm{H\,lim}}$ einsetzen (Rauigkeitseinfluss).

Bei gehärteten, geschliffenen Gegenrädern kann $\sigma_{\mathrm{H\,lim}}$ vergüteter Räder um Werkstoffpaarungsfaktor Z_{W} erhöht werden:

$$Z_{\mathrm{W}} = 1{,}2 - \frac{\mathrm{HB} - 130}{1700} \qquad (15.52)$$

mit HB des vergüteten Rades.

Gleichung (15.49) gilt für Schrägverzahnungen mit $\varepsilon_\beta \geqq 1$. Andernfalls s. DIN 3990. Bei $z_{\mathrm{n1}} < 20$: σ_{HO} auf inneren Einzelgriffspunkt B (s. Abb. 15.7) umrechnen (DIN 3390), [1].

Mindest-Sicherheit $S_{\mathrm{H\,min}}$: Anhaltswerte s. Tab. 15.15.

Graufleckigkeit s. [31, 35], näherungsweise: $\lambda_{\mathrm{krit}} \approx 0{,}7$. Bei $\lambda > \lambda_{\mathrm{krit}}$ ist nach bisherigen Erfahrungen nicht mit Grauflecken zu rechnen, λ s. Abschn. 15.3.

15.5.4.3 Sicherheit gegen Dauerbruch

Die am Zahnfuß auftretende örtliche Spannung (unter Berücksichtigung der Kerbwirkung) muss kleiner als die zulässige Spannung sein. Damit Bedingung für die Sicherheit:

$$S_{\mathrm{F}} = \frac{\sigma_{\mathrm{FE}} Y_{\mathrm{X}}}{\sigma_{\mathrm{FO}} K_{\mathrm{A}} K_{\mathrm{v}} K_{\mathrm{F}\beta} K_{\mathrm{F}\alpha}} \geqq S_{\mathrm{F\,min}}\,. \qquad (15.53)$$

Tab. 15.13 Anhaltswerte für zulässige Flankenlinienabweichungen durch Gesamt-Verformung f_{shg} in µm (für das Radpaar im Getriebe)

Zahnbreite b in mm	bis 20	über 20 bis 40	über 40 bis 100	über 100 bis 200	über 200 bis 315	über 315 bis 560	über 560
Sehr steife Getriebe (z. B. stationäre Turbogetriebe)	5	6,5	7	8	10	12	16
Mittlere Steifigkeit (meiste Industriegetriebe)	6	7	8	11	14	18	24
Nachgiebige Getriebe	10	13	18	25	30	38	50

Bei weichen anpassungsfähigen Rädern (z. B. geschweißten Einstegrädern und kleinen Schrägungswinkeln, bei kleinen Nabendurchmessern, kleinen Nabenbreiten) für die Berechnung f_{shg} aus Zeile 2 benutzen.

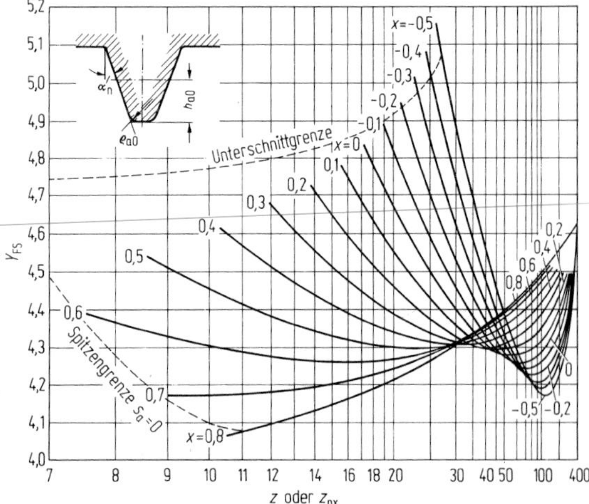

Abb. 15.23 Kopffaktor (ISO 6336). Y_{FS} ($= Y_{Fa} \cdot Y_{Sa}$) für Bezugsprofil: $\alpha_n = 20°$, $h_a/m_n = 1$, $h_{a0}/m_n = 1{,}25$, $\varrho_{a0}/m_n = 0{,}25$; für Zahnstange $Y_{FS} = 4{,}62$; für Innenstirnräder mit $\varrho_F = \varrho_{a0}/2$: $Y_{FS} = 5{,}79$.

Hierin ist $\sigma_{FE} = \sigma_{F\,lim} \cdot 2{,}0$; $\sigma_{F\,lim}$ die Biege-Nenn-Dauerfestigkeit des Standard-Referenz-Prüfrades mit Spannungskorrekturfaktor (≈ Kerbformzahl) = 2,0; Anhaltswerte für σ_{FE} nach Prüfstandsversuchen s. Tab. 15.14.

Y_X *Größenfaktor* für Zahnfußfestigkeit Abb. 15.22.

σ_{FO} Nennwert der Grundspannung:

$$\sigma_{FO} = \frac{F_t}{bm_n} Y_{FS} Y_\varepsilon Y_\beta \,. \tag{15.54}$$

Y_{FS} *Kopffaktor*, erfasst Zahnform einschließlich Kerbform bei Kraftangriff am Kopf. Für Bezugsprofil nach DIN 867 s. Abb. 15.23.

Y_ε Überdeckungsfaktor erfasst Umrechnung auf Kraftangriff im äußeren Einzeleingriffspunkt (bei Schrägverzahnung für die Ersatzverzahnung im Normalschnitt, Gl. (15.34)). Y_β Schrägenfaktor.

$$\left.\begin{aligned} Y_\varepsilon &= 0{,}25 + \frac{0{,}75}{\varepsilon_{\alpha_n}} \\ Y_\beta &= 1 - \frac{\beta°}{120} \geqq 0{,}75 \,. \end{aligned}\right\} \tag{15.55}$$

Bei großen Fußausrundungen muss man die Kerbempfindlichkeit berücksichtigen (DIN 3990), [1]. Einfluss von größerer Rauheit, Schleifkerben, Kugelstrahlen, Ausschleifen der Kerben [36–38].

15.5.4.4 Sicherheit gegen Warmfressen und Kaltfressen

Oft nachträgliche Abhilfemaßnahmen möglich (s. Abschn. 15.5.1) [1, 39, 40]. Berechnung s. [1] und DIN 3990.

Tab. 15.14 Übliche Zahnradwerkstoffe, Anwendung, Festigkeit

Nr.	Art, Behandlung		δ[a]	Anwendung, Eigenschaften						HB Flanke	$\sigma_{H\,lim}$ in N/mm²[e]	σ_{FE} in N/mm²[e]
1	Grauguss DIN EN 1561	EN-GJL-200		für komplizierte Radformen, kostengünstig, leicht zerspanbar, geräuschdämpfend – stoßempfindlich						190	330 … 400[f]	110 … 160[f]
2		EN-GJL-250								220	360 … 435[f]	140 … 190[f]
3	Schwarzer Temperguss DIN EN 1562	EN-GJMB-350-10	10 %	für kleine Abmessungen, Eigenschaften zwischen GJL und GJS						150	350[f]	260[f]
4		EN-GJMB-650-02	2 %							235	470 … 575[f]	360 … 440[f]
5	Sphäroguss DIN EN 1563 DIN EN 1564	EN-GJS-400-15	15 %	auch für große Abmessungen; Eigenschaften zwischen GJL und GJS, auch Flamm- und Induktionshärtung möglich						180	470[f]	360[f]
6		EN-GJS-600-3	3 %							240	560 … 610[f)]	410 … 460[f)]
7		EN-GJS-1000-5[g]	5 %							330	700 … 750[f]	470 … 520[f]
8	Unlegierter Stahlguss DIN 1681	GS-52	18 %	bei großen Abmessungen kostengünstiger als gewalzte oder geschmiedete Räder – schwer vergießbar (Lunker, Gussspannungen)						160	280 … 415[f]	230 … 360[f]
9		GS-60	15 %							180	315 … 445[f]	250 … 375[f]
10	Allgemeine Baustähle DIN EN 10025	S235JR	26 %	S235JR gut schweißbar, kein definiertes Gefüge						120	315 … 430[f]	250 … 380[f]
11		E295	20 %							160	350 … 485[f)]	280 … 420[f)]
12		E335	16 %							190	375 … 540[f]	320 … 450[f]
	Vergütungsstähle DIN EN 10083 (auch als Stahlguss[h])		R_m in N/mm² für Vergütungsquerschnitt nach DIN									
			⌀20	⌀50	⌀100	⌀250	⌀500	⌀1000				
13		2 C 45 N[b]	700	680	650					190	470 … 590[f,h]	320 … 520[f,h]
14		34 CrMo 4V[c]	980	880	800	700				270	540 … 800[f,h]	440 … 670[f,h]
15		42 CrMo 4 V[e]	1080	960	870	740				300	580 … 840[f,h]	460 … 690[f,h]
16		34 CrNiMo 6 V	1190	1050	940	790				310	590 … 860[f,h]	470 … 700[f,h]
16A		30 CrNiMo 8		1160	1050	800; 1200	1000			320	610 … 870[f,h]	480 … 710[f,h]
16B		36 NiCrMo 16 V				1300	1200	1100		350	640 … 915[f,h]	500 … 730[f,h]
17	Vergütungsstähle flamm- oder induktionsgehärtet	2 C 45		*Umlauf*härtung, kleine Abmessungen, $b < 20$								Fuß mitgehärtet
18		34 CrMo 4		Umlauf- oder Einzelzahnhärtung						50 HRC	980 … 1275	460 … 760
19		42 CrMo 4		*Umlauf*härtung (Einzelzahnhärtung)						56 HRC	1060 … 1330	540 … 820
20		34 CrNiMo 6		*Einzelzahnhärtung,* riss*un*empfindlich, für hohe Kernfestigkeit bei ungehärteten Zahnfuß								Fuß nicht mitgehärtet 300 … 460
21	Vergütungs- und Einsatzstähle	42 CrMo 4 V		Nht < 0,6; $R_m > 800$; $m < 16$; etwas einlauffähig, weniger kantenempfindlich als 31 CrMo V 9						48 … 57 HRC	780 … 1215	520 … 860
22	nitriert	16 MnCr 5V		Nht > 0,6; $R_m > 700$; $m < 10$								

15

Tab. 15.14 (Fortsetzung)

Nr.	Art, Behandlung		δ[a]	Anwendung, Eigenschaften	HB Flanke	$\sigma_{H\,lim}$ in N/mm^2[e]	σ_{FE} in N/mm^2[e]
23	Nitrierstähle	31 CrMo V 9 V		Standardstahl Nht < 0,6, $R_m > 900$; $m < 16$; kantenempfindlich,	57 … 65 HRC	1125 … 1450	540 … 940
24	nitriert	15 CrMoV 5 9 V		für Nht > 0,6; $R_m > 900$; $m < 16$			
25	Vergütungs- und	1 C 45 N		geringer Verzug, günstiger Preis;	30 … 45 HRC	650 … 780	450 … 580
26	Einsatzstähle,	16 MnCr 5 N		$d < 300$; $m < 6$			
27	nitrocarboriert	42 CrMo 4 V		höhere Kernfestigkeit und Oberflächenhärte; $d < 600$; $m < 10$	45 … 57 HRC	650 … 950	450 … 770
28	carbonitriert	34 Cr 4 V		Kernfestigkeit bis 45 HRC, Kfz-Getriebe	55 … 60 HRC	1100 … 1350	600 … 900
29	Einsatzstähle	16 MnCr 5		Standardstahl; normal bis $m = 20$	58 … 62 HRC	1300 … 1650	620 … 1050
30	DIN EN 10084	15 CrNi 6		für große Abmessungen, über $m = 16$;			
31	einsatzgehärtet	18 CrNiMo 7-6		bei Stoßbelastung über $m = 5$			

[a] Bruchdehnung als Maß für die Zähigkeit.
[b] Preisgünstig, gut zerspanbar; bei günstigem glättungsfähigem Schwarz-Weiß-Gefüge $\sigma_{H\,lim}$ bis 700.
[c] Gut schweißbar
[d] Standardstahl für mittlere und große Räder.
[e] Festigkeitskennwerte für R_m, $\sigma_{H\,lim}$ und σ_{FE} nach ISO 6336-5.
Obere Grenzwerte für Qualitäts-Industriegetriebe (Werkstoffqualität ME, kontrollierte Erschmelzung, hoher Reinheitsgrad, geschliffene Zahnflanken, Abnahme nach Werkszeugnis, langjährige Erfahrung mit sorgfältiger überwachter Wärmebehandlung, umfassender Kontrolle von Oberflächenhärte, Härteverlauf, Gefüge usw.)
Untere Grenzwerte und ohne Streubereich angegebene Werte sicher erreichbar. Sie gelten für Werkstoffe der Qualität ML aus Lagerhaltung und bei begrenzter Kontrolle der Haupt-Werkstoff- und Wärmebehandlungsdaten.
[f] Bei abweichender Härte in der Gruppe Nr. 1/2, 3/4, 5…7, 8/9, 10…12, 13…16B linear interpolieren.
[g] Zwischenstufenvergütet.
[h] Bei GS $\sigma_{H\,lim}$ und σ_{FE} um ca. $80\,N/mm^2$ niedriger.

Tab. 15.15 Anhaltswerte für Sicherheitsfaktoren

Schadensgrenze	Dauerfestigkeit		
Lastannahme	Maximal-moment	Nennmoment × Anwendungsfaktor	
(a)–(b)–(c)	(a)	(b)	(c)
Grübchen-Sicherheit $S_{H_{min}}$	0,5...0,7	1,0...1,2	1,3...1,6
Zahnbruch-Sicherheit $S_{F_{min}}$	0,7...1,0	1,3...1,5[a]	1,6...3,0[a]

(a) Bei Berechnungen mit *Maximal*moment gegen *Dauer*festigkeit (z. B. Scheren, Pressen, Konverter, Hubwerke); Werte gelten für vergütete oder einsatzgehärtete Zahnräder (Nitrieren vermeiden).
(b) Normalfall (meiste Industriegetriebe); Anlagengetriebe bei erhöhten Anforderungen; Werte im oberen Bereich.
(c) Hohe Zuverlässigkeit, kritische Fälle (sehr hohe Lastwechselzahlen, hohes Schadensrisiko, hohe Folgekosten, keine Ersatzteile, keine Überlastsicherung – z. B. Groß-, Turbo-, Schiffs-, Flugzeuggetriebe).
[a] Ausreichende Sicherheit (ca. 1,5) gegen Maximalmoment (z. B. Anfahrstöße) vorsehen.

15.5.4.5 Sicherheit gegen Gleitverschleiß

Notwendig bei Geschwindigkeiten unter 0,5 m/s. Nach [19] ist mit erhöhtem Verschleiß zu rechnen, wenn die rechnerische Mindestschmierfilmdicke nach Gl. (15.37) 0,1 µm unterschreitet (Verschleißhochlage bei ca. 0,01 bis 0,02 µm. Abhilfemaßnahmen (s. Abschn. 15.5.1). Berechnung s. [1].

Berechnung von *Zeitgetrieben,* Getrieben mit selten auftretenden *Belastungsspitzen* oder mit *Lastkollektiven*:
[1, 41].

15.5.4.6 Rechenschema mit Beispiel

Nachrechnung der Tragfähigkeit der 1. Stirnradstufe eines Rührwerks.
Antrieb: E-Motor. □ bedeutet Zeichnungsangabe.

Gegeben: Motordrehzahl: $n_1 = 1000\,\text{min}^{-1}$, Leistung $P = 51\,\text{kW}$; ruhiger Lauf gefordert, s. a. Abschn. 15.5.3. Achsabstand a vorgegeben

- □ Verzahnungsqualität 6 nach DIN 3962 (s. a. Tab. 15.3), $f_{H\beta} = 10\,\mu\text{m}$.
- □ Bezugsprofil nach DIN 867, $\alpha_n = 20°$, Abb. 15.10.
- □ Zahnradwerkstoff: Ritzel 16 Mn Cr 5 (Tab. 15.14, Nr. 30), Rad 42 Cr Mo 4 V (Tab. 15.14, Nr. 15).
- □ Härte: Ritzel 60 HRC, Rad 300 HB.
- □ Flankenbearbeitung (Rauheit): geschliffen, $R_a = 0{,}5\,\mu\text{m}$ (entsprechend $R_z \approx 3\,\mu\text{m}$).
- □ Rauheit am Zahnfuß: $R_a \leqq 2\,\mu\text{m}$ (entsprechend $R_z \approx 12\,\mu\text{m}$).

	Geometrie:	Rad 1	Rad 2	Einheit
□	Normaleingriffswinkel α_n	20		°
□	Normalmodul m_n	3,5		mm
□	Achsabstand a	180		mm
□	Zahnbreite b	53		mm
□	Zähnezahl z	36	63	- -
–	Zähnezahlverhältnis u	1,75		- -
□	Schrägungswinkel β	12		°
□	Profilverschiebungsfaktor x	0,5	0,3686	- -
□	Teilkreisdurchmesser d, Gl. (15.5)	128,815	225,426	mm
□	Fußkreisdurchmesser d_f, Gl. (15.28)	123,5	219,2	mm
□	Kopfkreisdurchmesser d_a Gl. (15.29) mit $h_{fP} = 1{,}25\,\text{m}$; $c = 0{,}25\,\text{m}$	139,0	234,7	mm
	Stirneingriffswinkel α_t, (s. Abschn. 15.1.5, Eingriffs-∢)	20,4103		°
	Grundkreis d_b, Gl. (15.20)	120,728	211,274	mm
	Eingriffsteilung p_{et}, Gl. (15.21)	10,535		mm
	Betriebseingriffs-∢ α_{wt} Gl. (15.31)	22,7462		°
	Eingriffsstrecke g_α, Gl. (15.23)	15,9		mm
	Profilüberdeckung ε_α, Gl. (15.24)	1,51		- -
	Sprungüberdeckung ε_β, Gl. (15.13)	1,00		- -
	Gesamtüberdeckung ε_γ, Gl. (15.14)	2,51		- -

Nachrechnung der Tragfähigkeit
Umfangskraft, Gl. (15.42), $F_t = 7561\,\text{N}$.

K^*-Faktor, Gl. (15.41) = 1,74 nach Tab. 15.7 ausreichend dimensioniert.

Umfangsgeschwindigkeit Gl. (15.43): $v_t = 6{,}7\,\text{m/s}$.

15

Schmierölviskosität bei 40 °C, Abb. 15.17: $\nu_{40} \approx 1{,}3 \cdot 10^2\,\text{mm}^2/\text{s}$, ISO-VG 220.

Kraftfaktoren

Anwendungsfaktor: $K_A = 1{,}3$ angesetzt (s. auch Tab. 15.11).

Dynamikfaktor: $K_v \approx 1{,}08$ nach Abb. 15.20b mit $(v_t \cdot z_1/100) \cdot \left[u^2/\left(1+u^2\right)\right]^{1/2} = 2{,}1$.

Breitenfaktor, $K_{H\beta} (\approx K_{F\beta})$:

Einlauf-Kennwert nach Tab. 15.12 für $\sigma_{H\,\lim} = 750\,\text{N/mm}^2$/eins. geh.: $x_\beta = 0{,}55/0{,}85$, $f_{ma} \approx f_{H\beta} = 10\,\mu\text{m}$ (Verzahnungsqualität 6, s. oben), Flankenlinienabweichung durch Gesamtverformung: $f_{shg} = 8\,\mu\text{m}$ nach Tab. 15.13. Mit Gl. (15.44): $F_{\beta y} = 12{,}6\,\mu\text{m}$.

Aus Abb. 15.21, mit $F_t K_A K_v / b = 200\,\text{N/mm}^2$: $K_{H\beta}\ (\approx K_{F\beta}) \approx 1{,}6$.

Stirnfaktor, $K_{H\alpha}$ und $K_{F\alpha}$: Schrägverzahnung, DIN Qualität $\leqq 7$, Gl. (15.47): $K_{H\alpha} = K_{F\alpha} = 1$.

Sicherheit gegen Grübchenbildung

Zonenfaktor, Gl. (15.50) mit β_b nach Gl. (15.35), α_t, α_{wt}: $Z_H \approx 2{,}3$.

Elastizitätsfaktor, für St/St: $Z_E \approx 190\sqrt{\text{N/mm}^2}$.

Überdeckungs- und Schrägenfaktor Gl. (15.51): $Z_\varepsilon Z_\beta \approx 0{,}8$.

Nennwert der Flankenpressung, Gl. (15.49): $\sigma_{HO} = 466\,\text{N/mm}^2$.

Größenfaktor, Abb. 15.22: $Z_X = 1$.

Grübchen-Dauerfestigkeit, Tab. 15.14 angesetzt für Ritzel $\sigma_{H\,\lim} = 1500\,\text{N/mm}^2$, für Rad 300 HB $\sigma_{H\,\lim} = 750\,\text{N/mm}^2$.

Werkstoffpaarungsfaktor (Rad) Gl. (15.52): $Z_W = 1{,}1$.

Sicherheitsfaktor für Grübchenbildung, Gl. (15.48): Ritzel $S_H = 2{,}1$, Rad $S_H = 1{,}2$. Nach Tab. 15.15 ausreichend.

Sicherheit gegen Dauerbruch

Kopffaktor, Abb. 15.23: $Y_{FS\,1} \approx 4{,}32$, $Y_{FS\,2} \approx 4{,}35$ (mit Gl. (15.34): $z_{n1} = 38{,}3$, $z_{n2} = 67$).

Überdeckungs- und Schrägenfaktor, Gl. (15.55): $Y_\varepsilon Y_\beta \approx 0{,}67$.

Nennwert der Grundspannung, Gl. (15.54): $\sigma_{FO\,1} = 157\,\text{N/mm}^2$, $\sigma_{FO\,2} = 158\,\text{N/mm}^2$.

Grunddauerfestigkeit, nach Tab. 15.14 angesetzt für Ritzel $\sigma_{FE} = 900\,\text{N/mm}^2$, für Rad $\sigma_{FE} = 600\,\text{N/mm}^2$.

Größenfaktor, Abb. 15.22: $Y_X = 1$.

Sicherheitsfaktor für Dauerbruch, Gl. (15.53): Ritzel $S_{F\,1} = 3{,}4$, Rad $S_{F\,2} = 2{,}2$. Nach Tab. 15.15 ausreichend.

15.6 Kegelräder

Eigenschaften (s. Kap. 15, Einleitung). Gegenüber Schneckengetrieben höherer Wirkungsgrad und bei größeren Leistungen (oft als Kegel-Stirnradgetriebe, s. Abschn. 15.10.1) kostengünstiger. Gegenüber Stirnrädern schwieriger herstellbar (Höhenversatz, Achsenwinkelabweichungen, starke Härteverzüge, axiale Lage von Rad und Ritzel, Ausbiegung bei fliegendem Ritzel). *Gegenmaßnahmen*: Beschränkung der Zahnbreite, breitenballige Verzahnung, Zusammen-Läppen und -Paaren von Ritzel und Rad oder Schleifen bzw. Hartschneiden, axiales Einstellen von Ritzel und Rad, Wälzlager (kleines Lagerspiel), steife Gehäuse (s. Abschn. 15.6.5).

15.6.1 Geradzahn-Kegelräder

Normal bis $v = 6\,\text{m/s}$, geschliffen bis $50\,\text{m/s}$ (Flugzeugbau). Zahnhöhe i. Allg. zur Kegelspitze abnehmend (proportionaler Zahnhöhenverlauf) [42]. Herstellung durch Fräsen oder Hobeln. Häufig auch durch Gesenkschmieden oder Gießen für Verwendung bei Kegelrad-Differentialen und kleinen Verstellgetrieben.

15.6.2 Kegelräder mit Schräg- oder Bogenverzahnung

Geräuscharmer Lauf; gefräst oder gehobelt und geläppt bis $v = 40\,\text{m/s}$; geschliffen oder hartgeschnitten bis $80\,\text{m/s}$ (extrem bis $130\,\text{m/s}$); Axialkräfte beachten! Verwendung: Industriegetriebe, Fahrzeuggetriebe.

Schrägverzahnung. Konstanter Schrägungswinkel über die Breite, i. Allg. proportionaler Zahnhöhenverlauf. Herstellung durch Fräsen oder Hobeln.

Bogenverzahnung. Spiralwinkel (Schrägungswinkel) über die Breite veränderlich. Flankenlinienverlauf, Zahnhöhenverlauf (proportional oder parallel = konst. Zahnhöhe) und Spiralwinkel weitgehend durch Herstellverfahren bedingt, traditionell abhängig von einzelnen Maschinenherstellern (s. Abschn. 43.3.2). Moderne CNC-Maschinen sind zunehmend für verschiedene Verfahren einsetzbar. Detaillierte Auslegung von Bogenverzahnungen nach Vorschriften der Maschinenhersteller.

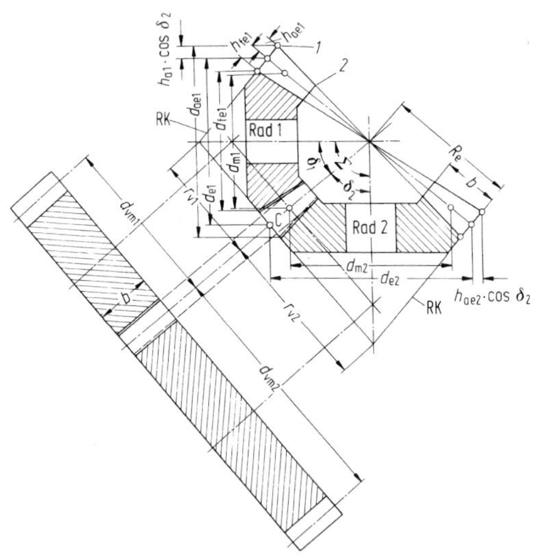

Abb. 15.24 Kegelradpaar und Ersatzstirnräder zur Berechnung der Tragfähigkeit. *1* Ferse, *2* Zehe

15.6.3 Zahnform

Geradflankiges Bezugsplanrad, realisiert durch Werkzeuge mit geraden Schneiden (meist getrennt für beide Flanken), führt zu *Oktoiden*-Verzahnung [43]. Deshalb Profilverschiebung nur als *V-Null-Verzahnung* (s. Abschn. 15.1.7), daneben Verstärkung des Ritzels zu Lasten des Rades durch Zahndickenänderung (Profil-Seitenverschiebung) und/oder unterschiedliche Flankenwinkel auf Vor- und Rückflanke möglich.

15.6.4 Kegelrad-Geometrie

Verzahnungsabmessungen (Abb. 15.24). Maße am *äußeren* Teilkegel (Rückenkegel): Index e. Die Zahnform ist (auf dem Rückenkegel RK) näherungsweise gleich der einer Stirnradverzahnung mit den Radien r_{v1} und r_{v2} auf den Mantellinien der Rückenkegel. Für Schräg- und Bogenverzahnungen gelten die folgenden Beziehungen für die Stirnschnittwerte der Kegelräder und Ersatzstirnräder, d. h. $m = m_t = m_n / \cos\beta$.

Achsenwinkel $\Sigma = \delta_1 + \delta_2$, meist $\Sigma = 90°$. (15.56)

Teilkegelwinkel δ_1 aus

$$\tan\delta_1 = \sin\Sigma/(u + \cos\Sigma)\,, \qquad (15.57)$$

für $\Sigma = 90°$:

$$\tan\delta_1 = 1/u,\ \tan\delta_2 = u\,. \qquad (15.58)$$

Äußere Teilkegellänge

$$R_e = 0{,}5\, d_e / \sin\delta\,, \qquad (15.59)$$

für $\Sigma = 90°$:

$$R_e = (d_{e1}/2)\sqrt{u^2+1}\,. \qquad (15.60)$$

Äußerer Teilkreisdurchmesser

$$d_{e1} = z_1 m_e,\ d_{e2} = z_2 m_e\,, \qquad (15.61)$$

mit Modul am Rückenkegel m_e.

Zähnezahlverhältnis

$$u = z_2/z_1 = d_{e2}/d_{e1} = \sin\delta_2/\sin\delta_1\,, \qquad (15.62)$$

für $\Sigma = 90°$, siehe Gl. (15.58).

Kopfkreisdurchmesser

$$d_{ae1} = d_{e1} + 2h_{ae1}\cos\delta_1\,, \qquad (15.63)$$

$$d_{ae2} = d_{e2} + 2h_{ae2}\cos\delta_2\,, \qquad (15.64)$$

normal:

$$h_{ae1} = m_e(1+x_h);\ h_{ae2} = m_e(1-x_h)\,. \qquad (15.65)$$

Maße am inneren Teilkegel: Index i statt e.

Ersatz-Stirnräder, bezogen auf Mitte Zahnbreite (Maße: Index m) – maßgebend für die Tragfähigkeitsberechnung (unabhängig vom Zahnhöhenverlauf), Abb. 15.24.

$$d_{m1} = d_{e1} - b\sin\delta_1,\ d_{m2} = u d_{m1}\,, \qquad (15.66)$$

für $\Sigma = 90°$:

$$d_{m1} = d_{e1} - \left(b/\sqrt{u^2+1}\right)\,. \qquad (15.67)$$

$$d_{vm1} = d_{m1}/\cos\delta_1,\ d_{vm2} = d_{m2}/\cos\delta_2\,, \qquad (15.68)$$

für $\Sigma = 90°$:

$$d_{vm1} = d_{m1}\sqrt{(u^2+1)/u^2},\ d_{vm2} = d_{vm1} \cdot u^2 \quad (15.69)$$

$$m_m = d_{m1}/z_1 = d_{m2}/z_2 = m_{vm} = d_{vm1}/z_{v1} = d_{vm2}/z_{v2}\,. \quad (15.70)$$

$$z_{v1} = z_1\sqrt{(u^2+1)/u^2}, \quad z_{v2} = z_{v1} \cdot u^2\,. \quad (15.71)$$

Empfehlungen zur Wahl von Zähnezahl, Modul, Zahnbreite, Profilverschiebung, Tab. 15.16, Flankenspiel Tab. 15.17. Bezugsprofil für Geradzahn-Kegelräder s. Abb. 15.10, ISO 677.

15.6.5 Tragfähigkeit

Die Tragfähigkeit wird für alle Kegelräder unabhängig vom Herstellverfahren für die Ersatz-Stirnräder nach Gl. (15.66) bis (15.71) mit $F_t = 2M_1/d_{m1}$ bestimmt. Detaillierte Berechnungsverfahren nach DIN 3991, ISO 10 300 und [1, 44–46], ähnlich der Tragfähigkeitsberechnung für Stirnräder (s. Abschn. 15.5.4), jedoch unter Berücksichtigung kegelradtypischer Besonderheiten. Anhaltswerte für $K_{\beta\alpha} = (K_{H\beta}K_{H\alpha}) \approx (K_{F\beta}K_{F\alpha})$ nach Gl. (15.48) und (15.53) wegen begrenzten Tragbildes (breitenballige Verzahnung):

$K_{\beta\alpha} = 2{,}0$ bei beidseitiger Lagerung von Ritzel und Rad,

$K_{\beta\alpha} = 2{,}2$ bei fliegendem Ritzel und beidseitig gelagertem Tellerrad,

$K_{\beta\alpha} = 2{,}5$ bei fliegend gelagertem Ritzel und Tellerrad.

Kontrolle: Tragbild darf bei keinem Betriebszustand an einem Zahnende liegen (s. Abschn. 15.6.7).

15.6.6 Lagerkräfte

Berechnung der Kraftkomponenten nach Tab. 15.18 und Abb. 15.25. Bei Berechnung der Radial-Lagerkräfte Kippmoment der Axialkräfte beachten.

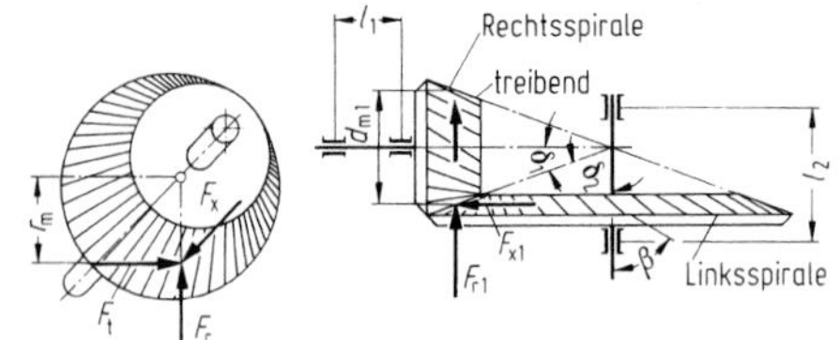

Abb. 15.25 Zahnkraft-Komponenten zur Berechnung der Lagerkräfte

15.6.7 Hinweise zur Konstruktion von Kegelrädern

Bei Ritzeln, auf Welle aufgesteckt: Zahnkranzdicke unter der Zehe ≥ 2 m (evtl. Nut beachten). – Abstand der Lager nach Abb. 15.25: $l_1 = (1{,}2\ldots2)\,d_1$ bei $u = 1\ldots2$; $l_1 = (2\ldots2{,}5)\,d_1$ bei $u = 3\ldots6$; ein Lager möglichst dicht am Ritzelkopf; $l_2 > 0{,}7d_2$. – Tragbild unter Volllast ca. $0{,}85b$ (Zahnenden frei) bei hoher Verzahnungs- und Gehäusegenauigkeit und steifer Ausführung, sonst kleiner (ca. $0{,}7b$). – Schrägungsrichtung so wählen, dass Axialkraft das Ritzel vom Eingriff weg drückt (Sichern des Flankenspiels). – Lagerung muss axiales Einstellen von Ritzel und Rad gestatten (Tragbild und Flankenspiel). – Zahnbreiten von Ritzel und Rad möglichst gleich (Einlaufkanten!).

15.6.8 Sondergetriebe

Hypoidgetriebe. Kegelräder mit sich kreuzenden Achsen (Abb. 15.1). Ausführung durchweg mit Bogenverzahnung nach Angaben der Maschinenhersteller [47–50]. Verwendung insbesondere in Kfz-Hinterachsgetrieben. Tragfähigkeitsberechnung mit Hilfe von *Ersatz-Kegelrädern* [1] und anschließender Vorgehensweise nach Abschn. 15.6.5

Kronenradgetriebe (Abb. 15.26). Ritzel ist Gerad- oder Schrägstirnrad, Kronenrad wird durch Wälzstoßen mit Schneidrad, ähnlich dem Ritzel, hergestellt; auch Achsversetzung des Ritzels ist möglich. Ritzel unempfindlich gegen Tragbildverlagerung, muss nicht axial eingestellt werden. Tragfähigkeit geringer als bei Kegelrädern gleicher Baugröße [32].

Tab. 15.16 Anhaltswerte für die Wahl von Ritzelzähnezahl[a], Zahnbreite und Profilverschiebungsfaktor[b] bei Kegelrädern mit $\Sigma = 90°$ und ohne Achsversetzung

u	1	1,12	1,25	1,6	2	2,5	3	4	5	6
z_1	18...40	18...38	17...36	16...34	15...30	13...26	12...23	10...18	8...14	7...11
$b/d_1 \leq$	0,212	0,226	0,240	0,284	0,336	0,404	0,474	0,615	0,75	0,75
x_h	0	0,03	0,06	0,12	0,18	0,24	0,28	0,36	0,42	0,45

Grenzwerte: $b/R_e \leqq 0{,}3$; $b/m \leqq 10$; bei Schräg-und Bogenverzahnung $\varepsilon_\beta \geqq 1{,}5$; Basis für b/d_1 : $b/d_1 \leqq 0{,}15\sqrt{u^2+1}$

[a] Für bogenverzahnt, gehärtete Kegelräder z_1 mehr an der unteren, für geradverzahnte, ungehärtete mehr an der oberen Grenz wählen.

[b] Für geradverzahnte Kegelräder mit V-O-Verzahnung ($x_{h\,1} = -x_{h\,2}$) und normale Zahnhöhe ($h_{gP} = h_{fP} = m$, Abb. 15.10), Profilverschiebung bei Schräg- oder Spiralverzahnung etwa 85 % dieser Werte, Kontrolle auf Unterschnitt an den Ersatz-Stirnrädern.

Tab. 15.17 Normale Flankenspiele für Kegel- und Schneckengetriebe

Modul m	bis 1,6	über 1,6 bis 5	über 5 bis 16	über 16
Flankenspiel	(0,08... 0,04) m	(0,05... 0,03) m	(0,04... 0,03) m	(0,03... 0,02) m

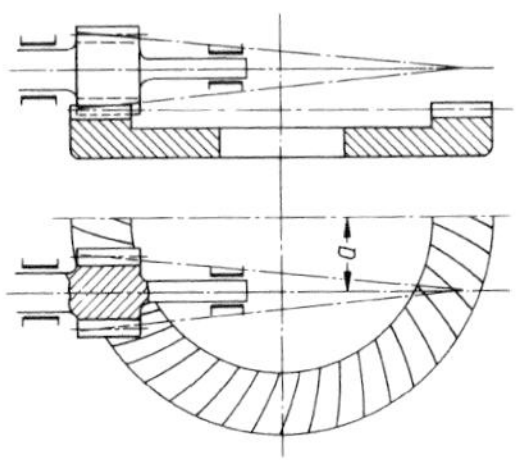

Abb. 15.26 Kronenradgetriebe mit Achsversetzung a

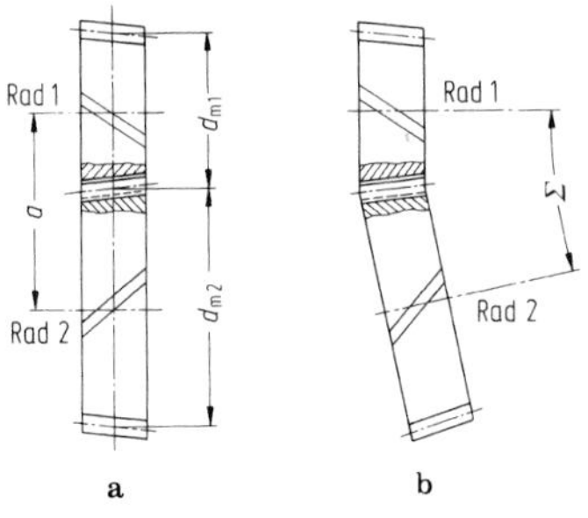

Abb. 15.27 Kegelige Stirnräder. **a** als Stirnradpaar (parallele Achsen); **b** als Kegelradpaar (Achsenwinkel Σ)

Kegelige Stirnräder (Abb. 15.27). Gerad- oder Schrägstirnräder mit über der Breite veränderlicher Profilverschiebung. Nach Abb. 15.27a geeignet zur Einstellung auf spielfreien Eingriff, nach Abb. 15.27b für kleine Teilkegelwinkel, die auf Kegelrad-Verzahnmaschinen nicht eingestellt werden können [51–53].

15.7 Stirnschraubräder

Eigenschaften (s. Kap. 15, Einleitung), Verwendung: Tachoantriebe, kleine Geräte, Textilmaschinen, Zentrifugen u. ä. [1, 4, 33, 34, 54–57].

15.8 Schneckengetriebe

Eigenschaften (s. Kap. 15, Einleitung): Übliche Übersetzung in einer Stufe 5 ... 70 ins Langsame, 5 ... 15 ins Schnelle. Selbsthemmung bei treibendem Rad (d. h. $\eta' \leqq 0$) bedingt Wirkungsgrad $\eta < 50$ % bei treibender Schnecke! Jede Änderung der Schnecke erfordert Änderungen des Werkzeugs (Paarverzahnung, s. Abschn. 15.1.4).

Hauptanwendung bis Achsabstand $a \leq 160$ mm, n_1 bis $3000\,\text{min}^{-1}$, ausgeführt bis $a = 2$ m und 1000 kW Leistung. – Spielarme Duplex-Schnecken für Teilgetriebe [58].

Paarungsarten, Abb. 15.28; am gebräuchlichsten sind Zylinder-Schneckengetriebe Abb. 15.28a. Globoid-Schneckengetriebe Abb. 15.28b, s. [59], Stirnrad-Schneckengetriebe Abb. 15.28c, s. [60].

Flankenform ergibt sich aus der Herstellung (s. Abschn. 43.3.2). ZA-, ZN-, ZK- und ZI-Schnecken unterscheiden sich nur wenig in Wirkungsgrad und Flankentragfähigkeit. ZC-(Hohlflanken-) Schnecken sind diesbezüglich etwas günstiger, jedoch empfindlicher gegen Belastungsschwankungen (Schneckendurchbiegungen).

15

Tab. 15.18 Berechnung der Zahnkraft-Komponenten am Kegelrad. – Werte der Winkel β, α und δ des Zahnrads verwenden, für das die Belastung bestimmt wird

Spiral- und Drehrichtung[a] des treibenden Rades	Axialkraft	Radialkraft
Rechtsspirale, rechtsdrehend oder Linksspirale, linksdrehend	treibendes Rad $F_x = (F_t/\cos\beta)(\tan\alpha_n \sin\delta + \sin\beta\cos\delta)$	treibendes Rad $F_r = (F_t/\cos\beta)(\tan\alpha_n \cos\delta - \sin\beta\sin\delta)$
	getriebenes Rad $F_x = (F_t/\cos\beta)(\tan\alpha_n \sin\delta - \sin\beta\cos\delta)$	Radialkraft: getriebenes Rad $F_r = (F_t/\cos\beta)(\tan\alpha_n \cos\delta + \sin\beta\sin\delta)$
Rechtsspirale, linksdrehend oder Linksspirale, rechtsdrehend	treibendes Rad $F_x = (F_t/\cos\beta)(\tan\alpha_n \sin\delta - \sin\beta\cos\delta)$	Radialkraft: treibendes Rad $F_r = (F_t/\cos\beta)(\tan\alpha_n \cos\delta + \sin\beta\sin\delta)$
	Axialkraft: getriebenes Rad $F_x = (F_t/\cos\beta)(\tan\alpha_n \sin\delta + \sin\beta\cos\delta)$	Radialkraft: getriebenes Rad $F_r = (F_t/\cos\beta)(\tan\alpha_n \cos\delta - \sin\beta\sin\delta)$

[a] Spiralrichtung und Drehrichtung von der Kegelspitze aus gesehen.

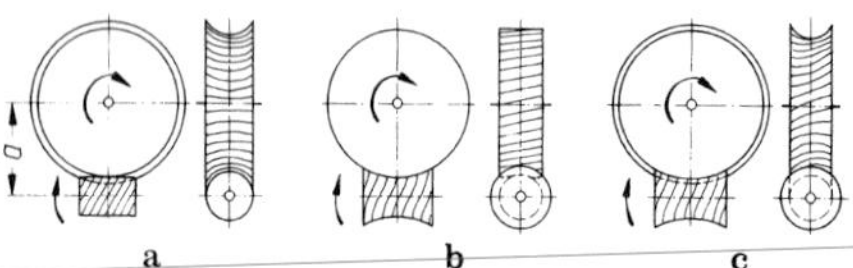

Abb. 15.28 Paarungsarten der Schneckengetriebe. **a** Zylinder-Schneckengetriebe (Zylinderschnecke – Globoidrad); **b** Stirnrad-Schneckengetriebe (Globoidschnecke – Stirnrad); **c** Globoid-Schneckengetriebe (Globoidschnecke – Globoidrad)

15.8.1 Zylinderschnecken-Geometrie

Für Achsenwinkel $\Sigma = 90°$: Ausgangsgrößen sind Mittenkreisdurchmesser der Schnecke d_{m1} und Zahnprofil im Axialschnitt, Abb. 15.29. Bei anderen Achsenwinkeln gelten die Beziehungen für zylindrische Schraubenräder sinngemäß (s. Abschn. 15.7).

Gleichungen folgen aus den Beziehungen zwischen *Zahnstangenprofil* der Schnecke (im Axialschnitt) und Schneckenrad (Zeichen: Z) oder aus Betrachtung der Schnecke als *Schrägstirnrad* (Zeichen: S) oder als *Gewindespindel* (Zeichen: G).

15.8.1.1 Hauptmaße und Verzahnungsdaten

Übersetzung:

$$i = n_{\bar{a}}/n_{\bar{b}} \quad \text{(bei treibender Schnecke} = n_1/n_2\text{)} \tag{15.72}$$

Zähnezahlverhältnis:

$$u = z_2/z_1 \quad \text{(bei treibender Schnecke} = i\text{)}\,. \tag{15.73}$$

Achsabstand:

$$a = (d_{m1} + d_{m2})/2 = (d_{m1} + d_2 + 2xm)/2\,. \tag{15.74}$$

Profilverschiebung $x \cdot m$: Da eine Zahnstange (= Axialschnitt der Schnecke) durch Profilverschiebung nicht verändert wird, kann nur das Schneckenrad eine Profilverschiebung $x \cdot m = x_2 \cdot m$ erhalten, dadurch verschiebt sich die Wälzgerade der Zahnstange, der Wälzkreis (= Teilkreis) des Rads bleibt unverändert. Wahl der Profilverschiebung (s. Abschn. 15.8.2).

Modul m, Axialteilung p_x, Formzahl q:

$$m = m_{x1} = m_{t2} = p_x/\pi = p_{z1}/(\pi z_1) = d_{m1} \cdot q = d_{m1} \tan\gamma_m/z_1\,. \tag{15.75}$$

Durchmesser:

$$d_{m1} = 2a - d_{m2}\,, \tag{15.76}$$

$$d_{a1} = d_{m1} + 2m\,, \tag{15.77}$$

$$d_{a2} = d_{m2} + 2m\,, \tag{15.78}$$

$$d_2 = z_2 m = d_{m2} - 2xm\,, \tag{15.79}$$

$$d_{e2} = d_{a2} + m\,, \tag{15.80}$$

$$d_{f1} = d_{m1} - 2(m + c_1)\,, \tag{15.81}$$

$$d_{f2} = d_{m2} - 2(m + c_2)\,. \tag{15.82}$$

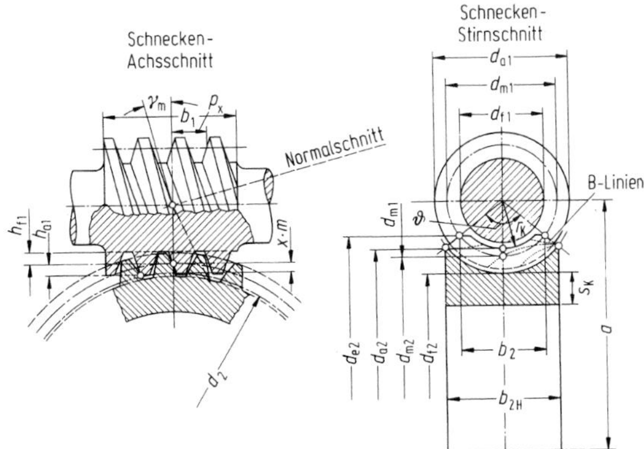

Abb. 15.29 Bestimmungsgrößen eines Zylinderschneckengetriebes. S_K Kranzdicke, r_K Kopfkehlhalbmesser, ϑ Umfassungswinkel

Anmerkungen:
Bei normalem Schneckenprofil ist $2m$ als gemeinsame Zahnhöhe üblich (Gl. (15.77) und (15.78)).

Für (15.79)–(15.82) gilt: Teilkreis = Wälzkreis, s. Bemerkung zu Gl. (15.77) und (15.78).

Kopfspiel meist $c_1 = c_2 \approx 0{,}2m$.
Mittensteigungswinkel:

$$\tan \gamma_m = m z_1/d_{m1} = d_2/(u d_{m1}) = z_1/q \,, \qquad (15.83)$$

$$\tan \gamma_m = [(2a/d_{m1}) - 1]\, z_1/\,(z_2 + 2x)\ . \qquad (15.84)$$

Gleitgeschwindigkeit am Mittenkreis:

$$v_{gm} = \pi d_{m1} n_1/\cos \gamma_m\ . \qquad (15.85)$$

Für ZI-Schnecken gelten ferner die Beziehungen für Evolventen-Schrägstirnräder (s. Abschn. 15.1.7) mit $\beta_m = 90° - \gamma_m$.

15.8.1.2 Berührlinien (B-Linien)

Berührpunkte und Zahnform des Rads können aus gegebenem Achsschnittprofil A der Schnecke bei gegebenem Wälzkreis (= Teilkreis) des Rads nach dem Verzahnungsgesetz berechnet oder konstruiert werden (s. Abschn. 15.1.1).

Dasselbe gilt für jeden Schnitt P parallel zum Schnecken-Achsschnitt. So erhält man *B-Linien*; Beispiel s. Abb. 15.29. Da das Zahnprofil der Schnecke im Schnitt P von dem im Achsschnitt abweicht, ergibt sich hier auch ein anderes Gegenprofil.

Konstruktion s. [1], Berechnung [61, 62].

15.8.2 Auslegung

Vorab alle Anforderungen und Einflüsse auf Beanspruchung und Funktion sorgfältig klären. Vergleiche Pflichtenheft für Stirnradgetriebe, Tab. 15.6.

Man bestimmt Abmessungen und kontrolliert gemäß DIN 3996 die Sicherheiten S_H, S_F, S_W, S_δ bei hohen Drehzahlen sowie die Temperatursicherheit S_T und korrigiert – wenn nötig – die angenommenen Werte.

15.8.2.1 Achsabstand a, Übersetzung i und Leistung P_1 gegeben

Zähnezahl z_1 nach Erfahrung [BS 721] wählen (a in mm) Zahlenwertgleichung

$$z_1 \approx \left(7 + 2{,}4\, a^{1/2}\right)/\,i\ , \qquad (15.86)$$

Zähnezahl z_1 auf nächste ganze Zahl auf- oder abrunden; dann nach Gl. (15.73) z_2.

Beachten: Nicht ganzzahliges Verhältnis z_2/z_1 erleichtert Herstellen des Rades mit Schlagzahn und verringert schädliche Wirkung von Teilungsabweichungen. Mit der Radzähnezahl z_2 wächst die Laufruhe; möglichst $z_2 \geqq 30$ bei $\alpha_x = 20°$ und normaler Zahnhöhe.

Wahl des Durchmesser-Achsabstands-Verhältnisses d_{m1}/a nach Abb. 15.30. Tendenzen von S_H, S_δ und η_z beachten!

Hinsichtlich eines möglichst hohen Wirkungsgrads strebt man also ein kleines d_{m1}/a an, je-

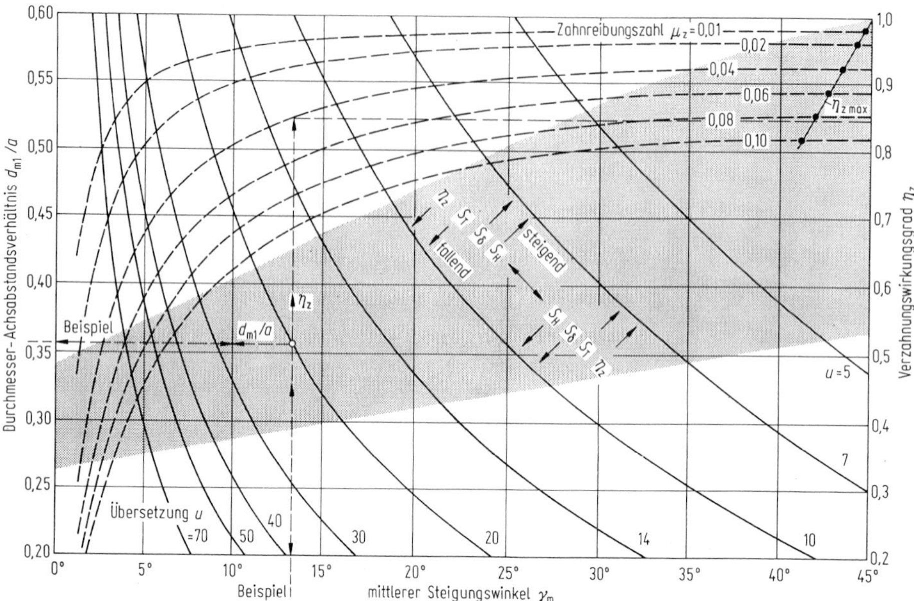

Abb. 15.30 Durchmesser-Achsabstands-Verhältnis d_{m1}/a; nach Gl. (15.84) mit x=0; (*linke Ordinate*), Einfluss (Tendenzen) auf Sicherheiten S_δ, S_H, S_T und Wirkungsgrad η_z. Verzahnungswirkungsgrad bei treibender Schnecke η_z nach Gl. (15.102) (*rechte Ordinate*). *Schraffiertes Feld* begrenzt Bereich industriell ausgeführter Schneckengetriebe

doch ist die Durchbiegung zu beachten, Gefahr des Schneckenwellenbruchs.

Dann $d_{m1} = a\,(d_{m1}/a)$ *und* $\tan\gamma_m$ nach Gl. (15.84). Schließlich ist zu prüfen, ob vorhandene Werkzeuge (insbesondere Wälzfräser) verwendet werden können. Damit liegt meist auch die Zahnform fest.

Empfehlung für Profilverschiebungsfaktor x

- ZI-Schnecken: $-0{,}5 \leqq x \leqq +0{,}5$, vorzugsweise: $x \approx 0$;
- ZC-Schnecken: $0 \leqq x \leqq 1{,}0$, vorzugsweise: $x \approx 0{,}5$.

Weitere Größen: nach Gln. (15.75)–(15.82).

Anhaltswerte für weitere Maße (s. Abb. 15.29):

$$b_1 \approx 2\,m\,(z_2+1)^{1/2}\,,$$
$$b_{2H} \approx 2\,m\left[0,5 + (d_{m1}/m+1)^{1/2}\right]. \quad (15.87)$$

15.8.2.2 Schnecke (d_{m1}, z_1, m) und Übersetzung i gegeben

Interessant, wenn Wälzfräser für das Verzahnen des Rades vorhanden sind. Weiter beachten, dass *eine* Schnecke (d. h. auch *ein* Wälzfräser) für verschiedene Übersetzungen verwendbar ist und hierfür unterschiedliche Achsabstände ergibt. Zunächst z_2 nach Gl. (15.73) bestimmen und x_2 wählen, d_{m2} nach Gl. (15.79) und a nach Gl. (15.74). Weiter wie oben beschrieben.

15.8.2.3 Radmoment T_2, Drehzahl n_2, Übersetzung i gegeben

Achsabstand a aus Gl. (15.106) und den dort angegebenen Größen berechnen. a auf nächsthöheren Wert der Reihe nach (DIN 3976) aufrunden. Weiter wie oben beschrieben.

15.8.3 Zahnkräfte, Lagerkräfte

Berechnung der Umfangskraft F_t aus Drehmoment M, das sich mit Anwendungsfaktor K_A aus dem Nennmoment M_N bestimmt, s. Tab. 15.11.

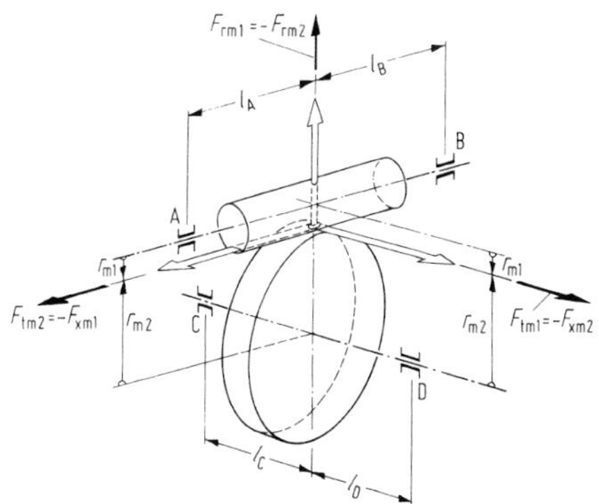

Abb. 15.31 Zahnkräfte an einem Schneckengetriebe

Auch die Zahnkräfte profilverschobener Räder werden für r_m angegeben [1].

$$F_{tm1} = F_{tm2}\tan(\gamma_m + \arctan\mu_{zm}) = -F_{xm2}\,. \tag{15.88}$$

μ_{zm} nach Gl. (15.100) (s. Abschn. 15.8.5).

$$F_{tm2} = -F_{xm1}\,, \tag{15.89a}$$

$$F_{rm1} = F_{rm2} = F_{tm2}\tan\alpha_x\,. \tag{15.89b}$$

Lagerkräfte ergeben sich aus diesen Kraftkomponenten, Radien und Lagerabständen, Abb. 15.31. Dabei Kippmomente beachten:

$$M_{K1} = F_{tm2}r_{m1}, \quad M_{K2} = F_{tm1}r_{m2}\,. \tag{15.90}$$

Ebenso evtl. äußere Querkräfte auf Eingangs- oder Ausgangswelle berücksichtigen.

15.8.4 Geschwindigkeiten, Beanspruchungskennwerte

- Gleitgeschwindigkeit am Mittenkreis:

$$v_{gm} = \frac{\pi\, d_{m1} n_1}{\cos\gamma_m}\,. \tag{15.91}$$

- Beanspruchungskennwerte:
  Zur Beurteilung der Tragfähigkeit von Schneckengetrieben sind dimensionslose Kennwerte (p_m^* für die mittlere Flankenpressung σ_{Hm}, h^* für die mittlere Schmierspaltdicke h, s^* für den mittleren Gleitweg s_{gm}) eingeführt, die nur von der Geometrie der verwendeten Verzahnung abhängen. Diese sind für ZI-, ZA-, ZN- und ZK-Schneckengetriebe in Gln. (15.92)–(15.94) als Näherungsgleichungen beschrieben.

$$p_m^* = 1{,}03\cdot\left(0{,}4 + \frac{x}{u} + 0{,}01\cdot z_2 - 0{,}083\cdot\frac{b_{2H}}{m_x} + \frac{\sqrt{2q-1}}{6{,}9} + \frac{q + 50\cdot(u+1)/u}{15{,}9 + 3{,}75\cdot q}\right), \tag{15.92}$$

$$h^* = 0{,}018 + \frac{q}{7{,}86\cdot(q+z_2)} + \frac{1}{z_2} + \frac{x}{110} - \frac{u}{36\,300} + \frac{b_{2H}}{370{,}4\cdot m_x} - \frac{\sqrt{2q-1}}{213{,}9}, \tag{15.93}$$

$$s^* = 0{,}78 + 0{,}21\cdot u + 5{,}6/\tan\gamma_m\,. \tag{15.94}$$

Für ZC-Schneckengetriebe sind Gln. (15.95)–(15.97) relevant:

$$p_m^* = 1{,}03\cdot\left(0{,}31 + 0{,}78\cdot\frac{x}{u} + 0{,}008\cdot z_2 - 0{,}065\cdot\frac{b_{2H}}{m_x} + \frac{\sqrt{2q-1}}{8{,}9} + \frac{q + 50\cdot(u+1)/u}{20{,}3 + 47{,}9\cdot q}\right), \tag{15.95}$$

$$h^* = 0{,}025 + \frac{q}{5{,}83\cdot(q+z_2)} + \frac{1}{z_2} + \frac{x}{81{,}6} - \frac{u}{26\,920} + \frac{b_{2H}}{274{,}7\cdot m_x} - \frac{\sqrt{2q-1}}{158{,}6}, \tag{15.96}$$

$$s^* = 0{,}94 + 0{,}25\cdot u + 6{,}7/\tan\gamma_m\,. \tag{15.97}$$

- Mittlere Flankenpressung σ_{Hm}:

$$\sigma_{Hm} = \frac{4}{\pi}\cdot\left(\frac{p_m^*\cdot M_2\cdot 10^3\cdot E_{red}}{a^3}\right)^{0{,}5}. \tag{15.98}$$

- Ersatz-E-Modul:

$$E_{\text{red}} = \frac{2}{\left(1 - \upsilon_1^2\right)/E_1 + \left(1 - \upsilon_2^2\right)/E_2}\,. \tag{15.99}$$

Für verschiedene Werkstoffe ist der E-Modul sowie die Querkontraktionszahl υ in Tab. 15.19 angegeben.

- Mittlere Schmierspaltdicke:

$$h_{\min\,\text{m}} = 21 \cdot h^* \cdot \frac{c_\alpha^{0,6} \cdot \eta_{0\text{M}}^{0,7} \cdot n_1^{0,7} \cdot a^{1,39} \cdot E_{\text{red}}^{0,03}}{T_{M_2}^{0,13}}\,. \tag{15.100}$$

Näherungswert für Druckviskositätsexponenten für Mineralöle $c_\alpha = 1,7 \cdot 10^{-8}$ m^2/N, für Polyglykole $c_\alpha = 1,3 \cdot 10^{-8}$ m^2/N; $\eta_{0\text{M}}$ dynamische Viskosität bei Massentemperatur ϑ_{M}, s. DIN 3996.

15.8.5 Reibungszahl, Wirkungsgrad

- Mittlere Zahnreibungszahl:

$$\mu_{\text{zm}} = \mu_{0\text{T}} \cdot Y_{\text{S}} \cdot Y_{\text{G}} \cdot Y_{\text{W}} \cdot Y_{\text{R}}\,. \tag{15.101}$$

Grundreibungszahl $\mu_{0\text{T}}$ ist aus Abb. 15.32 zu bestimmen; Baugrößenfaktor $Y_{\text{S}} = (100/a)^{0,5}$ im Bereich von $a = 65 \ldots 250$ mm; Geometriefaktor $Y_{\text{G}} = (0,07/h^*)^{0,5}$; Werkstofffaktor Y_{W} nach Tab. 15.19; Rauheitsfaktor $Y_{\text{R}} = (R_{\text{a1}}/0,5)^{0,25}$ mit R_{a1} als arithmetische Mittenrauheit der Schnecke.

- Verzahnungswirkungsgrad η_{z} (Schnecke treibt):

$$\eta_{\text{z}} = \frac{\tan \gamma_{\text{m}}}{\tan\left(\gamma_{\text{m}} + \operatorname{arc\,tan} \mu_{\text{zm}}\right)}, \tag{15.102}$$

- Verzahnungsverlustleistung P_{Vz} bei treibender Schnecke:

$$P_{\text{Vz}} = \frac{0,1 \cdot M_2 \cdot n_1}{u} \cdot \left(\frac{1}{\eta_{\text{z}}} - 1\right). \tag{15.103}$$

Tab. 15.19 Werkstoffkennwerte für Schneckengetriebe

Norm	Schneckenrad-werkstoff	$R_{\text{p}\,0,2\,\min}$ N/mm^2	R_{m} N/mm^2	HB	δ_5	E-Modul N/mm^2	ν	ϱ_{Rad} mg/mm^2	$\sigma_{\text{H lim}}$[b] N/mm^2	$\tau_{\text{F lim}}$ N/mm^2	Y_{W}
DIN 1705	GZ-CuSn 12	150	280	95	5	88 300	0,35	8,8	425	82	1,0
	GZ-CuSn 12 Ni	180	300	100	8	98 100	0,35	8,8	520	90	0,95
DIN 1714	GZ-CuAl 10 Ni[a,b]	300	700	160	13	122 600	0,35	7,4	660	120	1,1
DIN 1691	GG-25[a]	165[d]	250	220	0,8	98 100	0,3	7,0	350	70	1,4
DIN 1693	GGG-40[a]	250	400	260	15	175 000	0,3	7,0	490	115	1,3
	GGG-70[a]	440	700	–	2	175 000	0,3	7,0	490	–	–

[a] Nur für Gleitgeschwindigkeiten $\upsilon_{\text{gm}} < 0,5$ m/s geeignet.
[b] Grübchenfestigkeiten gelten innerhalb der Lebensdauer, in der die gemittelte Grübchenfläche einen Maximalwert von 50 % nicht überschreitet. Werte gelten für einsatzgehärtete Schnecken (geschliffen, HRC 60± 2); für vergütete, ungeschliffene Schnecken: Werte für $\sigma_{\text{H lim}} \times 0,75$; für Graugussschnecken: Werte für $\sigma_{\text{H lim}} \times 0,5$.
[c] Nur mit Mineralöl betreibar, sonst Fressen.
[d] Wert für $R_{\text{p0,1}}$.

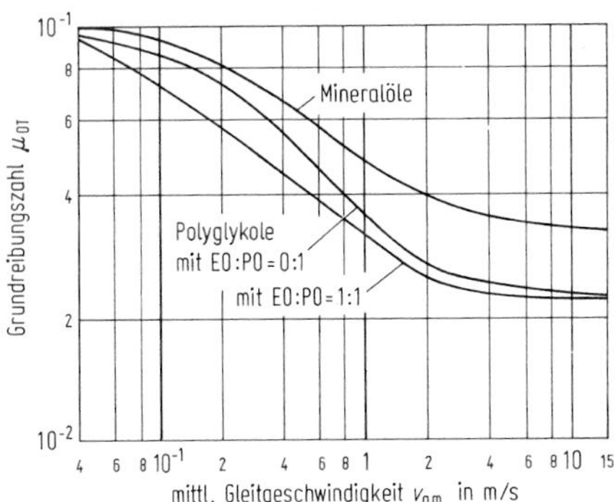

Abb. 15.32 Grundreibungszahl μ_{0T} des Standard-Referenzgetriebes

15.8.5.1 Gesamtwirkungsgrad

Gesamtwirkungsgrad η ist mittels Gesamtverlustleistung P_V zu bestimmen:

$$\eta_{ges} = P_2/(P_2+P_V) = (P_1-P_V)/P_1 \quad (15.104)$$

$$P_V = P_{Vz} + P_{V0} + P_{VLP} + P_{VD} \quad (15.105)$$

P_{V0} Leerlaufverlustleistung, P_{VLP} Lagerverlustleistung infolge der Lagerbelastung und P_{VD} Dichtungsverlustleistung nach DIN 3996.

Anhaltswerte s. Tab. 15.20. Tendenzen bezogen auf die dort angegebenen Werte decken einen Streubereich von $\pm$ 2 ... 3 % ab:

- Radwerkstoff CuSn-Bronze günstiger als GG, Al-Bronze, Messing;
- Gehärtete, geschliffene Schnecke günstiger als vergütete, gefräste Schnecke;
- ZC-Schnecke günstiger als übrige Zahnformen;
- Geeignete Syntheseöle günstiger als Mineralöle (Einlaufeigenschaft beachten);
- Große Steigung (mehrgängige und dünne Schnecken – Durchbiegung beachten) günstiger als kleine Steigung (eingängige und dicke Schnecken).

Tab. 15.20 Gesamtwirkungsgrade in % von Zylinderschneckengetrieben (Anhaltswerte), Wälzlagerung, übliches Polyglykol. Unterer Wirkungsgradbereich für Achsabstände a < 200 mm, oberer Bereich für a bis 500 mm. Bei Verwendung von Mineralöl sind die Werte um etwa 2 % (niedrige Übersetzung) bis 10 % (hohe Übersetzung) zu verringern. Für Wirkungsgrade geringer als 50 % besteht Selbsthemmung oder Gefahr der Selbsthemmung

n_1 in U/min	Übersetzung i				
	5	10	20	40	70
15	77...89	73...86	63...79	49...69	38...58
150	84...94	81...92	70...89	59...82	45...72
1500	92...95	90...95	83...92	76...89	64...77
3000	93...96	91...95	85...93	78...89	69...79

15.8.6 Nachrechnung der Tragfähigkeit

15.8.6.1 Nachrechnung der Sicherheit gegen Grübchenbildung S_H

Zahlenwertgleichung

$$S_H = \sigma_{H\,lim} \cdot Z_h \cdot Z_v \cdot Z_s \cdot Z_{oil}/\sigma_{Hm} \geq S_{H\,lim} = 1{,}0 \quad (15.106)$$

(Einheiten s. Tabellen).

$\sigma_{H\,lim}$ Grübchenfestigkeit s. Tab. 15.19, σ_{Hm} mittlere Flankenpressung nach Gl. (15.98). – Lebensdauerfaktor $Z_h = (25\,000/L_h)^{1/6} \leq 1{,}6$ mit L_h in h; Geschwindigkeitsfaktor $Z_v = [5/(4 + v_{gm})]^{0,5}$; Baugrößenfaktor $Z_s = [3000/(2900 + a)]^{0,5}$; Schmierstofffaktor $Z_{oil} = 1{,}0$ für Polyglykole bzw. $Z_{oil} = 0{,}89$ für Mineralöle.

15.8.6.2 Nachrechnung der Verschleißsicherheit S_W

Gefährdet sind in erster Linie die Flanken geringerer Härte, d. h. meist die Radflanken.

$$S_W = \delta_{W\,lim\,n} \cdot E_{red}/(J_0 \cdot W_{ML} \cdot s^* \cdot \sigma_{Hm} \cdot a \cdot N_L) \geq S_{W\,min} = 11\,. \quad (15.107)$$

$\delta_{W\,lim\,n}$ Grenzwert des Flankenabtrages – hierfür sind diverse Kriterien ansetzbar, z. B. Flankenspielkriterium $\delta_{W\,lim\,n} = 0{,}3 \cdot m_x \cdot \cos\gamma_m$ oder Spitzgrenze $\delta_{W\,lim\,n} = m_x \cdot \cos\gamma_m \cdot (\pi/2 - 2\tan\alpha_0)$. J_0 Grundverschleißintensität nach Abb. 15.33; Schmierfilmdickenkennwert $K_W = h_{min\,m} \cdot W_S$ mit $h_{min\,m}$ nach Gl. (15.100) und Schmierstoff-Strukturfaktor W_S = 1 für Mineralöl, W_S =

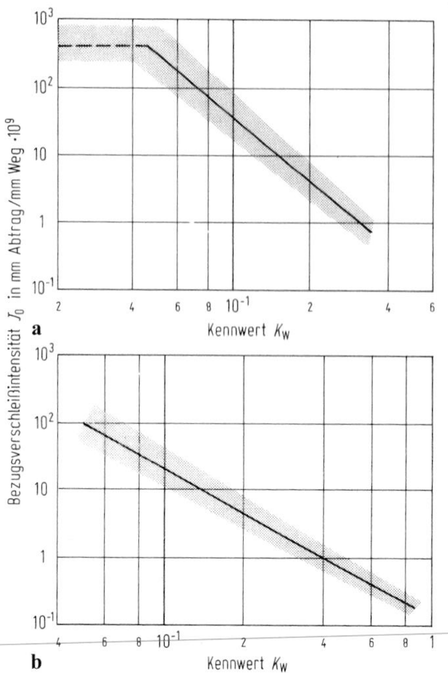

Abb. 15.33 Bezugsverschleißintensität, Radwerkstoff GZ-CuSn 12 Ni (Mittelwerte und Streubereich) [63]. **a** Schmierung mit Mineralöl; **b** Schmierung mit Polyglykol

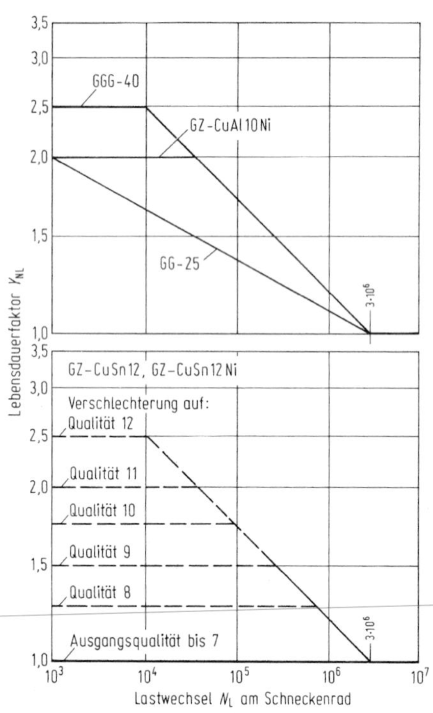

Abb. 15.34 Lebensdauerfaktor Y_{NL} nach Versuchen [64]

$1/\eta_{0\mathrm{M}}^{0,35}$ für Polyglykole; die dynamische Viskosität $\eta_{0\mathrm{M}}$ ist für die Radmassentemperatur ϑ_M einzusetzen, welche nach DIN 3996 zu bestimmen ist. Werkstoff/Schmierstofffaktor W_{ML} nach Tab. 15.21. s^* nach Gln. (15.93) und (15.96); σ_{Hm} nach Gl. (15.98); N_L Lastspielzahl bis Lebensdauerende; E_{red} nach Gl. (15.99).

15.8.6.3 Nachrechnung der Zahnbruchsicherheit S_F

Durch zu hohe Zahnfußspannungen können die Schneckenradzähne plastisch verformt werden oder ausbrechen.

$$S_\mathrm{F} = \frac{\tau_{\mathrm{F\,lim}} \cdot Y_{\mathrm{NL}} \cdot b_{2\mathrm{H}} \cdot m_\mathrm{x}}{F_{\mathrm{tm2}} \cdot Y_{\mathrm{eps}} \cdot Y_\mathrm{F} \cdot Y_\gamma \cdot Y_\mathrm{K}} \geq S_{\mathrm{F\,min}} = 1{,}1\,. \quad (15.108)$$

$\tau_{\mathrm{F\,lim}}$ Schubdauerfestigkeit s. Tab. 15.19, wenn Qualitätsverschlechterung tolerierbar sind nach DIN 3996 höhere Werte zugelassen. – Lebensdauerfaktor Y_{NL} nach Abb. 15.34; Überdeckungsfaktor $Y_{\mathrm{eps}} = 0{,}5$; Formfaktor $Y_\mathrm{F} = 2{,}74 \cdot m_\mathrm{x}/[(m_{\mathrm{t2}}\cdot\pi/2-\Delta s)+(d_{\mathrm{m2}}-d_{\mathrm{f2}})\cdot\tan\alpha_0/\cos\gamma_\mathrm{m}]$ mit Δs als Abnahme der Zahnfußdickensehne durch Verschleiß innerhalb der geforderten Lebensdauer; Steigungsfaktor $Y_\gamma = 1/\cos\gamma_\mathrm{m}$; Kranzdickenfaktor $Y_\mathrm{K} = 1{,}0$ für Kranzdicke $s_\mathrm{K} \geq 1{,}5 \cdot m_\mathrm{x}$, $Y_\mathrm{K} = 1{,}25$ für $s_\mathrm{K} < 1{,}5 \cdot m_\mathrm{x}$ (s_K s. Abb. 15.29).

15.8.6.4 Nachrechnung der Durchbiegesicherheit S_δ

Die Durchbiegung δ der Schnecke muss begrenzt werden, um Störungen des Eingriffs (Verletzung des Verzahnungsgesetzes, s. Abschn. 15.1.1) und größere Tragbildverlagerungen (örtliche Beanspruchungserhöhung, ungleichmäßiger Verschleiß) zu vermeiden.

$$S_\delta = \delta_{\mathrm{lim}} \cdot d_{\mathrm{m1}}^4 \cdot (l_\mathrm{A} + l_\mathrm{B}) \Big/ \Big[3{,}2 \cdot 10^{-5} \cdot l_\mathrm{A}^2 \cdot l_\mathrm{B}^2 \cdot F_{\mathrm{tm2}} \cdot \sqrt{\tan^2(\gamma_\mathrm{m} + \arctan\mu_{\mathrm{zm}}) + \tan^2\alpha_0/\cos^2\gamma_\mathrm{m}}\Big] \geq S_{\delta\,\mathrm{min}} = 1{,}0 \quad (15.109)$$

Tab. 15.21 Bekannte Werkstoff/Schmierstofffaktoren W_{ML} für Schnecken aus 16 MnCr5E

Radwerkstoff	Mineralöl	Polyglykol	Polyglykol (EO : PO = 1 : 1)
GZ-CuSn12Ni	1,0[a]	1,2[a]	2,3
GZ-CuSn12	1,6[a]	1,5[a]	–
GZ-CuAl10Ni	2,5[b]	–[c]	–[c]

[a] Streubereich $\pm 25\,\%$
[b] gültig für $h_{\min\,m} < 0{,}07\,\mu m$; für $h_{\min\,m} \geq 0{,}07\,\mu m$: $J_W \cong const = 600 \cdot 10^{-9}$
[c] nicht betreibbar, Fressen

δ_{lim} Grenzwert der Durchbiegung, nach Praxiserfahrungen $\delta_{lim} = 0{,}01 \cdot m_x$.

15.8.6.5 Nachrechnung der Temperatursicherheit S_T

Mit steigender Temperatur sinkt die Schmierstofflebensdauer rapide, Radialwellendichtringe werden angegriffen. Bei Einspritzschmierung kann $S_T = P_K/P_V$ durch Steigerung der Kühlleistung P_K erhöht werden. Bei Tauchschmierung ist die Ölsumpftemperatur ϑ_S gemäß DIN 3996 zu überprüfen.

$$S_T = \vartheta_{S\,lim}/\vartheta_S \geq S_{T\,min} = 1{,}1\,. \qquad (15.110)$$

15.8.6.6 Nachrechnung der Fresssicherheit S_S

Fressen für Räder aus CuSn-Bronzen unkritisch, für Räder aus Eisenwerkstoffen kritisch für $v_{gm} > 0{,}5\,m/s$; Anhaltswert nach [65].

15.8.7 Gestaltung, Werkstoffe, Lagerung, Genauigkeit, Schmierung, Montage

Gestaltung von Gehäusen (s. Abschn. 15.10). Beispiel s. Abb. 15.35.

Lage der Schnecke bei Tauchschmierung möglichst unten, bei $v_1 < 10\,m/s$ auch seitlich, bei $v_1 < 5\,m/s$ auch oben; bei Einspritzschmierung Lage beliebig.

Schnecke optimal aus Einsatzstahl (58 ... 62 HRC) oder legiertem Vergütungsstahl randgehärtet (HRC < 56) bei $v_g < 3\,m/s$ auch ungehärtet.

Bei Leistungsgetrieben meist als rechtssteigende Vollschnecke, Abb. 15.35. Für – kostengünstige, niedrig belastete Getriebe auch Aufsteck-Hohlschnecke. Lagerabstand möglichst klein (Durchbiegung!): $l = (1{,}3 \ldots 1{,}5)\,a$.

Schneckenradkranz bei Leistungsgetrieben Schleuderbronze (GZ–CuSn 12 oder GZ–CuSn 12 Ni) am besten geeignet, da einlauffähig und Fressneigung gering. Al-Bronze, Sondermessing nur für niedrige Gleitgeschwindigkeiten (Fressgefahr, höherer Gleitverschleiß). GG nur für $v_{gm} < 0{,}5\,m/s$.

Radkranz meist durch Passschrauben mit Nabe verschraubt; elektronenstrahlgeschweißte, aufgeschrumpfte oder aufgegossene Radkränze s. [1].

Lagerabstand der Radwelle nicht zu klein (Kippgefahr!): $l_2 = l_C + l_D = (0{,}5 \ldots 0{,}7)\,d_2$ (s. Abb. 15.31).

Lagerung durchweg in Wälzlagern, nur für hohe Laufruhe (z. B. bei Aufzügen) Gleitlager.

Schneckenwelle. Bei kleinen bzw. mittleren Abmessungen angestellte Lagerung mit Schulter- oder Schrägkugellagern bzw. Kegelrollenlagern Reihe 313. Bei großen Abmessungen Fest-Los-Lagerung z. B. mit zweireihigem Schrägkugellager).

Radwelle: Rillenkugellager Reihe 63 oder Kegelrollenlager Reihe 302, 322.

Genauigkeit, Flankenspiel. Qualitäten nach DIN 3974, *Einzel- und Sammelabweichungen:* DIN-Qualität 4 bis 5 für genaue Teilgetriebe, Richtgeräte u. ä.; DIN-Q. 5 bis 6 für Aufzüge und laufruhige Getriebe mit $v_1 < 5\,m/s$; DIN-Q. 8 bis 9 für normale Industriegetriebe; DIN-Q. 10

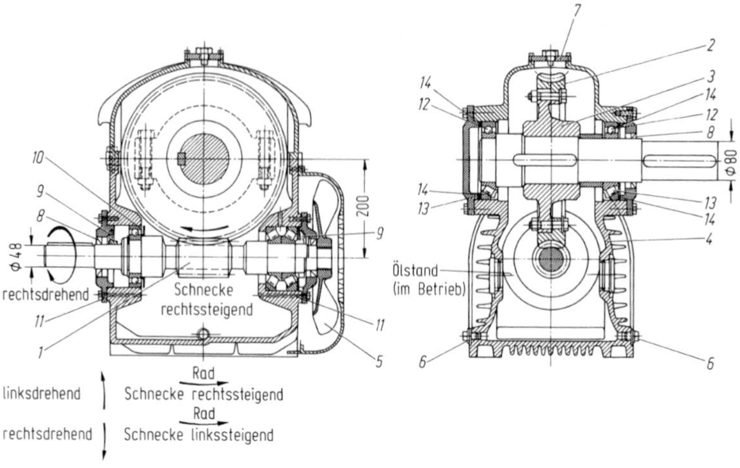

Abb. 15.35 Schneckengetriebe (Flender, Bocholt). Nennleistung 24,5 kW, $n_1 = 1500\,\text{min}^{-1}$, $i = 20$. *1* ZC-Schnecke, 16 MnCr5 einsatzgehärtet, geschliffen; *2* Radkranz GZ - CuSn 12 Ni; *3* Nabe St 37; *4* Gehäuse GG 20 mit waagerechten Rippen; *5* Lüfter; *6* Ölablass *7* Schaulochdeckel mit Entlüftung; *8* Radialdichtringe (nach innen dichtend); unterschiedliche Abdichtung der Schneckenwelle dargestellt; *9* zusätzliche Dichtringe; *10* Schleuderscheibe; *11* Ölrücklauf (versetzt gezeichnet); *12* Schulterkugellager (für leichten Betrieb); *13* Kegelrollenlager (für schweren Betrieb); *14* Passscheiben für axiales Einstellen des Rads

bis 12 für Nebenantriebe, Handantriebe u. ä. mit $v_1 < 3\,\text{m/s}$.

Tragbild auf Auslaufseite einstellen (Schmierkeil!). *Einlaufen* (mit Nennmoment, niedriger Drehzahl, dünnflüssigem Öl) erhöht Wirkungsgrad und Flankentragfähigkeit, jedoch nur in Sonderfällen wirtschaftlich möglich.

Flankenspiel etwa nach Tab. 15.17. Spielarme Getriebe [58].

Schmierung. Anhalt für die Wahl der Ölviskosität und Schmierungsart s. Abb. 15.18. Fettschmierung nur bei $v_1 < 1\,\text{m/s}$ oder Aussetzbetrieb (Wärmeabfuhr), Abrieb im Fett (schwierigen Fettwechsel beachten!). Mineralöle mit milden EP-Zusätzen erleichtern das Einlaufen. Syntheseöle ermöglichen niedrige Reibungszahlen d. h. hohen Wirkungsgrad und hohe Wärmegrenzleistung; reduzieren Verschleiß, Einlaufverhalten daher meist ungünstiger (gesteigerte Gefahr der Grübchenbildung). Ölwechsel nach Einlauf, dann nach ca. 3 000 h, dann etwa jährlich [66]. Z. T. Lebensdauerschmierung üblich.

15.9 Umlaufgetriebe

Basiert im Wesentlichen auf der Fassung der 18. Auflage (Autor: H. W. Müller)

15.9.1 Kinematische Grundlagen, Bezeichnungen

Umlaufgetriebe unterscheiden sich nur in einem Punkt wesentlich von einfachen, üblichen Übersetzungsgetrieben: Während bei Übersetzungsgetrieben das Gehäuse mitsamt den darin gelagerten Rädern fest mit einem Fundament verbunden ist, wird es bei Umlaufgetrieben drehbar mit einer zusätzlichen (Hohl-)Welle im Fundament gelagert. Dadurch entsteht aus dem zwangläufigen Übersetzungsgetriebe mit dem Laufgrad $F = 1$ ein zwangloses *Differential- oder Überlagerungsgetriebe* mit dem Laufgrad $F = 2$. (Der Laufgrad eines Getriebes gibt an, wie viele Bewegungen ihm beliebig vorgegeben werden können und müssen, um seinen Bewegungszustand eindeutig zu bestimmen.) Das ursprüngliche Gehäuse schrumpft dabei auf einen Steg s zusammen, der nur noch die Radlagerungen trägt. Schutz und Öldichtheit werden durch ein neues Gehäuse gewährleistet, das aber jetzt kinematisch ein Teil des Fundaments ist. Das Drehmoment der neuen Stegwelle s ist identisch mit dem Stützmoment des ursprünglichen Getriebegehäuses.

Auf diese Weise entstehen Umlaufgetriebe aus Zahn- und Reibradgetrieben (*Umlaufrädergetriebe*), hydrostatischen Getrieben, Zugmittel-, Gelenk- und sonstigen Getrieben [67]. Umlaufrädergetriebe (häufigste Bauarten s. Abb. 15.36) werden auch als *„Planetengetriebe"* und ihre Räder mit umlaufenden Achsen als *„Planetenräder"* oder *„Planeten"* bezeichnet.

Wird die neue Stegwelle s momentan oder ständig festgehalten oder stillstehend gedacht, so wird das Umlaufgetriebe wieder zum *„Standgetriebe"* mit der *„Standübersetzung"* i_{12} seiner beliebig mit *1* und *2* bezeichneten *„Standgetriebewellen"* und den *„Standwirkungsgraden"* η in den beiden bei Vertauschung von An- und Abtrieb möglichen Richtungen des Leistungsflusses (Lfl):

$$\text{Standübersetzung} \quad i_{12} = \left(\frac{n_1}{n_2}\right)_{(n_s=0)}$$

Standwirkungsgrad η_{12} bei Antrieb an Welle *1*, Abtrieb bei *2*

Standwirkungsgrad η_{21} bei Antrieb an Welle *2*, Abtrieb bei *1*.

Die Indices 1, 2, s kennzeichnen jeweils die zugeordneten Wellen mit ihren Rädern bzw. dem Steg. Die Reihenfolge der Indices bedeutet bei Drehzahlverhältnissen oder -übersetzungen: erster Index Zähler, zweiter Index Nenner, bei Wirkungsgraden: erster Index Antriebswelle, zweiter Index Abtriebswelle. Planetenräder werden mit p und dem Index des Rads, mit dem sie jeweils kämmen, bezeichnet, Abb. 15.36.

a	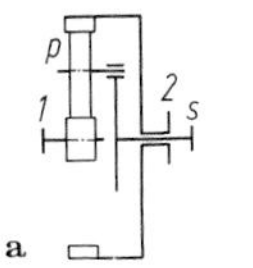 A: $i_{12} = -1{,}2 \ldots -11{,}3$ B:[a] $i_{12} = z_2/z_1$ C: $\eta_{12} \approx \eta_{21} \approx 0{,}985$ D: $(\lvert z_2 \rvert + \lvert z_1 \rvert)/q = g$
b	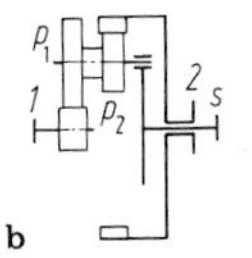 A: $i_{12} = -0{,}54 \ldots -1 \ldots -53$ B:[a] $i_{12} = (z_2/z_{p2})(z_{p1}/z_1)$ C: $\eta_{12} \approx \eta_{21} \approx 0{,}985$ D: $(\lvert z_{p1} z_2 \rvert + \lvert z_1 z_{p2} \rvert)/qt = g$
c	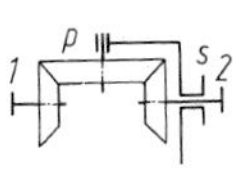 A: $i_{12} = -1$ B: $i_{12} = -z_2/z_1$ C: $\eta_{12} \approx \eta_{21} \approx 0{,}98$ D: $(\lvert z_2 \rvert + \lvert z_1 \rvert)/q = g$
d	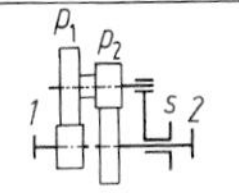 A: $i_{12} = 1 \ldots 41$ B: $i_{12} = (z_2/z_{p2})(z_{p1}/z_1)$ C: $\eta_{12} \approx \eta_{21} \approx 0{,}98$ D: $(\lvert z_{p1} z_2 \rvert - \lvert z_1 z_{p2} \rvert)/qt = g$
e	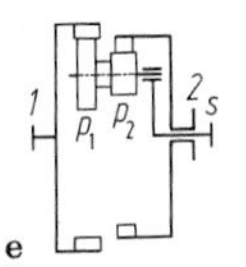 A: $i_{12} = 1 \ldots 2{,}7$ B:[a] $i_{12} = (z_2/z_{p2})(z_{p1}/z_1)$ C: $\eta_{12} \approx \eta_{21} \approx 0{,}99$ D: $(\lvert z_{p1} z_2 \rvert - \lvert z_1 z_{p2} \rvert)/qt = g$
f	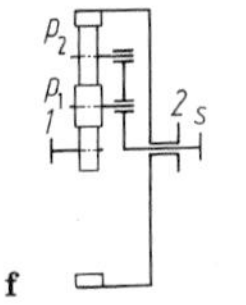 A: $i_{12} = 1{,}2 \ldots 17{,}6$ B:[a] $i_{12} = -z_2/z_1$ C: $\eta_{12} \approx \eta_{21} \approx 0{,}975$ D: $(\lvert z_2 \rvert - \lvert z_1 \rvert)/q = g$
g	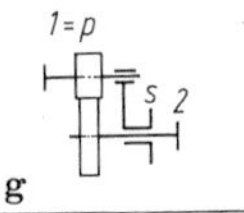 A: $i_{12} = -0{,}2 \ldots -17{,}6$ B: $i_{12} = -z_2/z_1$ C: $\eta_{12} \approx \eta_{21} \approx 0{,}99$ D: z_1, z_2 beliebig

[a]) Zähnezahlen von Hohlrädern sind negativ, s. DIN 3960

Abb. 15.36 Die häufigsten Bauarten von Planetengetrieben. **a** bis **c** Minusgetriebe; **d** bis **f** Plusgetriebe; **g** offenes Planetengetriebe. z Zähnezahlen; A: möglicher Bereich der Standübersetzung bei $q = 3$ Planeten(sätzen) am Umfang, etwa gleiche Zahnfußspannung aller Räder, $z_{min} = 17$, $z_{max} = 300$; B: Standübersetzung; C: $\eta_{12} = \eta_{21}$ mit $\eta_{wa} = 0,99$ einer Stirnradstufe, $\eta_{wi} = 0{,}995$ einer Hohlradstufe; D: Zähnezahlbedingungen für gleichmäßige Anordnung von q Planeten(sätzen) am Umfang, $\pm g$ ganze Zahl, t größter gemeinsamer Teiler von z_{p1} und z_{p2} eines Stufenplaneten

Diese einheitliche Indizierung mit 1, 2 und s der Umlaufgetriebewellen vereinfacht und erleichtert die Berechnung und erlaubt z. B. das Betriebsverhalten aller Bauformen der Umlaufgetriebe mit einem einzigen, einfachen Rechenprogramm zu analysieren [68, 69].

Bei einem Zahnradstandgetriebe wird die Leistung ausschließlich als *„Wälzleistung"* P_W beim Abwälzen der Räder mit ihren *„Wälzdrehzahlen"* n_{w1} und n_{w2} über den Zahneingriff übertragen. Dabei geht die Zahnreibungsverlustleistung P_{vz} als Verlustwärme verloren.

Werden bei einem zunächst *stillstehenden* Standgetriebe der Steg s und die beiden Standgetriebewellen 1 und 2 mit gleichen Drehzahlen

15

n_s, $n_1 = n_s$ und $n_2 = n_s$ in Bewegung gesetzt, so rotiert das gesamte Getriebe einschließlich der beiden Standgetriebewellen ohne innere Relativbewegung, wie eine Kupplung. Es kann dabei *„Kupplungsleistung“* P_k verlustlos mit der *„Kupplungsdrehzahl“* n_s übertragen. Wird eine Kupplungsdrehzahl n_s einem *laufenden* Standgetriebe überlagert, so entsteht der typische Betriebszustand eines Umlaufgetriebes mit drei laufenden Wellen mit den Drehzahlen n_s, $n_1 = n_{w1} + n_s$ und $n_2 = n_{w2} + n_s$. Dabei überlagern sich zugleich auch die nur zwischen den Radwellen *1* und *2* übertragbare Wälzleistung P_w und die verlustfrei zwischen allen drei Wellen übertragene Kupplungsleistung P_k, vgl. Abschn. 15.9.4.

Umgekehrt ergeben sich die Wälzdrehzahlen eines mit drei Wellen laufenden Getriebes zu $n_{w1} = n_1 - n_s$ und $n_{w2} = n_2 - n_s$ sowie die Standübersetzung

$$i_{12} = \frac{n_{w1}}{n_{w2}} = \frac{n_1 - n_s}{n_2 - n_s} . \qquad (15.111)$$

Umgeformt vereinfacht sich diese für alle Umlaufgetriebebauarten gültige *Drehzahl-Grundgleichung* zu

$$n_1 - n_2 i_{12} - n_s(1 - i_{12}) = 0 . \qquad (15.112)$$

Während die *Übersetzung* i_{12} eines zwangläufigen Standgetriebes durch seine geometrischen Daten, z. B. Raddurchmesser, unveränderlich festgelegt ist, können beim dreiwelligen Umlaufgetriebe zwei *beliebige* Drehzahlen vorgegeben werden, die seinen Bewegungszustand bestimmen. Die mit solchen Drehzahlen gebildeten Drehzahlverhältnisse können nicht mehr als bauartabhängige „Übersetzung“ i bezeichnet werden, sondern werden *„freie Drehzahlverhältnisse“* k genannt. Diese Unterscheidung ist besonders zu beachten, weil beide Größen in *einer* Gleichung vorkommen können. So ergibt sich z. B. aus Gl. (15.112) bei beliebig vorgegebenen freien Drehzahlen n_1 und n_2:

$$k_{1s} = n_1/n_s = (1 - i_{12})/(1 - i_{12}/k_{12}) .$$

Wird jedoch eine der drei Wellen festgehalten, z. B. $n_2 = 0$, oder $n_1 = 0$, so wird das Getriebe wieder zwangläufig und es ergeben sich mit Gl. (15.112) die *„Umlaufübersetzungen“*

$$i_{1s} = 1 - i_{12}, \qquad i_{2s} = 1 - 1/i_{12} \qquad (15.113)$$

sowie deren Reziprokwerte, bei denen Steg und Planetenräder umlaufen. Die jeweils im Index einer Übersetzung i nicht genannte Welle steht still.

15.9.2 Allgemeingültigkeit der Berechnungsgleichungen

Kinematisch sind die beiden Standgetriebewellen und die Stegwelle eines Umlaufgetriebes gleichrangig. Daher kann Gl. (15.112) auch in allgemeiner Form geschrieben werden [31]:

$$n_a - n_b i_{ab} - n_c(1 - i_{ab}) = 0 , \qquad (15.114)$$

wobei a, b und c in beliebiger Zuordnung durch 1, 2 oder s ersetzt werden können. Daraus folgt z. B. Tab. 15.22 zur unmittelbaren Berechnung eines beliebigen freien Drehzahlverhältnisses k oder $1/k$, wenn eine beliebige Stand- oder Umlaufübersetzung i und ein beliebiges freies Drehzahlverhältnis k oder $1/k$ eines Getriebes bekannt sind. Daraus folgt in weiterer Konsequenz, dass auch die Gleichungen *aller* Betriebsdaten, also auch für Drehmomente, Leistungen und Wirkungsgrade, gültig bleiben, wenn die Indices der Wellen in beliebiger aber in allen Gleichungen in gleicher Weise vertauscht werden.

Da diese Betriebsgrößen nur von einer Standübersetzung und den zugehörigen Standwirkungsgraden, nicht aber vom inneren Aufbau eines Umlaufgetriebes abhängen, gelten die für einfache Umlaufgetriebe gegebenen Gleichungen auch für beliebig zusammengesetzte Getriebe, solange diese mit drei äußeren Anschlusswellen a, b und c den Laufgrad $F = 2$ aufweisen und sofern ihre Drehzahlen und Drehmomente nicht gegenseitig voneinander anhängen, wie etwa bei hydrodynamischen Wandlern. Dabei ist es gleichgültig, welche drei aus einer Vielzahl von im Getriebe vorhandenen Gliedern bzw. Wellen als äußere Anschlusswellen gewählt werden.

Bei ungleichmäßig übersetzenden Getrieben, z. B. Gelenkgetrieben, gelten die Gleichungen je-

Tab. 15.22 Allgemein gültige Umrechnung von freien Drehzahlverhältnissen k oder $1/k$ eines Getriebes mit einer bekannten Stand- oder Umlaufübersetzung i_{ab}. Für a und b die Indices der bekannten Übersetzung, für c den Index der übrigen Welle einsetzen

Gesucht	In Abhängigkeit vom freien Drehzahlverhältnis		
	k_{ab} oder k_{ba}	k_{bc} oder k_{cb}	k_{ca} oder k_{ac}
$k_{ab} =$	$1/k_{ba}$	$k_{cb}(1 - i_{ab}) + i_{ab}$	$\frac{k_{ac} \cdot i_{ac}}{k_{ac-1+i_{ab}}}$
$k_{bc} =$	$\frac{1 - i_{ab}}{k_{ab} - i_{ab}}$	$1/k_{cb}$	$\frac{k_{ac} + i_{ab} - 1}{i_{ab}}$
$k_{ca} =$	$\frac{1 - i_{ab}k_{ba}}{1 - i_{ab}}$	$\frac{1}{1 - i_{ab}(1 - k_{bc})}$	$1/k_{ac}$

Schlüssel		a | b | c / 1 | 2 | s	a | b | c / s | 1 | 2	a | b | c / 1 | s | 2
Allg.	Beispiel	1, 2, s	1, s, 2	1, 2s
i_{ab}	+ 3	= $\boxed{i_{12}}$	i_{s1}	i_{1s}
i_{ba}	+ 1/3	= i_{21}	i_{1s}	i_{s1}
i_{ac}	− 2	= i_{1s}	i_{s2}	$\boxed{i_{12}}$
i_{ca}	− 1/2	= i_{s1}	i_{2s}	i_{21}
i_{bc}	+ 2/3	= i_{2s}	$\boxed{i_{12}}$	i_{s2}
i_{cb}	+ 3/2	= i_{s2}	i_{21}	i_{2s}

Abb. 15.37 Beispiel für drei kinematisch gleichwertige Planetengetriebe

weils nur für *eine* relative Gliedlage ihrer *zwangläufigen* kinematischen Kette [70] und die zugehörige *momentane* Übersetzung zwischen zwei der drei Anschlusswellen.

Aus der beliebigen Vertauschbarkeit der Indices folgt der für die Getriebesynthese nützliche Satz:

Stimmt eine beliebige Stand- oder Umlaufübersetzung eines Umlaufgetriebes mit einer beliebigen Stand- oder Umlaufübersetzung eines anderen Umlaufgetriebes überein, so sind beide Getriebe kinematisch gleichwertig, d. h., beide haben dieselben sechs Übersetzungen, jedoch in der Regel unterschiedliche Wirkungsgrade.

Beispiel für kinematisch gleichwertige Getriebe s. Abb. 15.37.

15.9.3 Vorzeichenregeln

Drehzahlen. Alle Drehzahlen paralleler Wellen mit gleicher Drehrichtung haben gleiche Vorzeichen. Die positive Drehrichtung ($n > 0$) wird beliebig gewählt. Drehzahlen mit entgegengesetzter Drehrichtung sind dann negativ. Daraus folgt:

Übersetzungen i und freie Drehzahlverhältnisse k sind bei gleichsinnig laufenden Wellen positiv ($i, k > 0$), *bei gegenläufigen Wellen negativ* ($i, k < 0$).

Der Drehsinn gesuchter Drehzahlen ergibt sich dann nach derselben Regel aus ihrem nach Gln. (15.112), (15.114) oder Tab. 15.22 errechneten Vorzeichen.

Drehmomente. Ein äußeres Drehmoment ist positiv ($M > 0$), wenn es in der positiv definierten Drehrichtung auf (!) das Getriebe wirkt; in der entgegengesetzten Wirkungsrichtung ist es negativ ($M < 0$).

Leistungen. Aus vorstehenden Definitionen folgt: Einem Getriebe zugeführte Antriebsleistung ist stets positiv ($P_{an} = 2\pi M_{an} n_{an} > 0$), weil eine Antriebswelle stets die Drehrichtung im Drehsinn des antreibenden Drehmoments annimmt. Abtriebsleistungen sind dagegen negativ ($P_{ab} < 0$), weil das äußere, *auf* das Getriebe bremsend wirkende Abtriebsmoment der Abtriebsdrehrichtung entgegengerichtet ist. Verlustleistungen sind als abgeführte Leistungen negativ ($P_v < 0$).

15.9.4 Drehmomente, Leistungen, Wirkungsgrade

Drehmomente. Das *Verhältnis* der Drehmomente wird allein durch die Standübersetzung i_{12} und die Standwirkungsgrade η_{12} und η_{21} bestimmt. Es verändert sich nicht, wenn einem laufenden Standgetriebe beliebige Kupplungsdrehzahlen n_s (verlustfrei) überlagert werden.

Aus den Gleichgewichtsbedingungen folgt das Momentengleichgewicht

$$M_1 + M_2 + M_s = 0\,. \tag{15.115}$$

Für das Standgetriebe folgt aus der Leistungsbilanz in den beiden Lfl.-Richtungen:

$$\begin{aligned}\text{Antrieb bei 1:}\quad & M_2 n_2 = -M_1 n_1 \eta_{12}\\ \text{Antrieb bei 2:}\quad & M_2 n_2 = -M_1 n_1/\eta_{21}\,.\end{aligned}$$

Durch Zusammenfassen der beiden Wirkungsgrade im Ausdruck η_0^{w1} lassen sich die Drehmomentverhältnisse unabhängig vom Leistungsfluss formulieren:

$$\frac{M_2}{M_1} = -\frac{n_1}{n_2}\eta_0^{\mathrm{w1}} = -i_{12}\eta_0^{\mathrm{w1}}\,. \tag{15.116}$$

Mit Gln. (15.115) und (15.116) folgt

$$\frac{M_s}{M_1} = i_{12}\eta_0^{\mathrm{w1}} - 1\,, \tag{15.117}$$

$$\frac{M_s}{M_2} = \frac{1}{i_{12}\eta_0^{\mathrm{w1}}} - 1\,. \tag{15.118}$$

Dabei folgt der Exponent w1 aus dem Vorzeichen der Wälzleistung P_{w1} der Welle *1*: Ist $P_{\mathrm{w1}} > 0$, fließt die Wälzleistung von Welle *1* nach *2*, ist $P_{\mathrm{w1}} < 0$, von *2* nach *1*. Daraus folgt die Definition von η_0^{w1} für die Berechnung:

$$P_{\mathrm{w1}}^* = M_1^*(n_1 - n_s) \cdot 2\pi \begin{cases} > 0\colon & \mathrm{w1} = +1 \rightarrow \eta_0^{\mathrm{w1}} = \eta_{12} \\ < 0\colon & \mathrm{w1} = -1 \rightarrow \eta_0^{\mathrm{w1}} = 1/\eta_{21} \end{cases} \tag{15.119}$$

wobei M_1^* das vorgegebene Drehmoment ist, oder bei Vorgabe von M_2 oder M_s, mit $\eta_0^{\mathrm{w1}} = 1$ (!) aus Gl. (15.116) oder (15.117) berechnet wird. Die Gln. (15.116) bis (15.118) zeigen, dass die Verhältnisse der drei Wellenmomente zueinander nur von der Standübersetzung i_{12} und den Standwirkungsgraden η_0^{w1} bestimmt werden und somit bei jedem der beiden Wälzleistungsflüsse konstant sind

$$M_1 : M_2 : M_s = f\left(i_{12},\ \eta_0^{\mathrm{w1}}\right) = \text{const.} \tag{15.120}$$

Diese für Differentialgetriebe charakteristische Gleichung gilt unabhängig von den jeweiligen Drehzahlen, auch wenn eine Welle stillgesetzt ist. Wird über die drei Wellen eines Umlaufgetriebes Leistung zwischen drei Maschinen übertragen, so müssen Gl. (15.112) für die Drehzahlen wie auch Gln. (15.115) und (15.120) für die Drehmomente erfüllt sein. Dabei regelt sich ein Betriebszustand ein, bei dem die noch freie gegenseitige Zuordnung von Drehzahlen und Drehmomenten durch die Kennlinien $M = f(n)$ der angeschlossenen Maschinen erfolgt [67]. Ist damit kein stabiler Zustand erreichbar, geht die Anlage durch oder bleibt stehen. Ist eines der Drehmomente $M = 0$ (z. B. Maschine abgekuppelt), so werden nach Gl. (15.120) auch die übrigen Momente gleich Null, das Getriebe läuft leer, Leistungsübertragung ist nicht möglich. Zusammenfassung der Drehmomentgleichungen s. Tab. 15.23.

Nach Gl. (15.115) muss eines der drei Wellenmomente das entgegengesetzte Vorzeichen der beiden übrigen haben und im Betrag gleich deren Summe sein. Diese Welle heißt *Summenwelle*, die anderen beiden *Differenzwellen*. Bei Umlaufgetrieben mit negativer Standübersetzung (*Minusgetriebe*) ist die Stegwelle stets Summenwelle, bei positiver Standübersetzung (*Plusgetriebe*) ist es die langsamer laufende Standgetriebewelle. Wird die Summenwelle stillgesetzt, entsteht an den beiden laufenden Differenzwellen wegen ihrer gleichsinnigen Drehmomente stets eine negative Übersetzung, bei Stillsetzung einer Differenzwelle eine positive. Daher kann jedes einfa-

Tab. 15.23 Formeln für die Drehmomente. Mit $\mathrm{w1} = +1$: $\eta_0^{\mathrm{w1}} = \eta_{12}$ oder $\mathrm{w1} = -1$: $\eta_0^{\mathrm{w1}} = 1/\eta_{21}$, w1 aus Tab. 15.24 für Übersetzungsgetriebe, aus Tab. 15.25 für Überlagerungsgetriebe oder aus Gl. (15.103)

$M_1 + M_2 + M_s = 0$	$M_1 : M_2 M_s = f(i_{12}, \eta_0^{\mathrm{w1}}) = \text{const}$
$M_2/M_1 = -i_{12}\eta_0^{\mathrm{w1}}$	$M_s/M_1 = i_{12}\eta_0^{\mathrm{w1}} - 1$ $M_s/M_2 = 1/(i_{12}\eta_0^{\mathrm{w1}}) - 1$

che Umlaufgetriebe zwei reziproke negative und vier paarweise reziproke positive Übersetzungen erzeugen.

Leistungen. Mit M in Nm (kNm), n in s^{-1}, werden die Wellenleistungen und die Verlustleistung P_v:

$$P_1 = M_1 n_1 2\,\pi \text{ W (kW)}, \tag{15.121}$$

$$P_2 = M_2 n_2 2\,\pi \text{ W (kW)}, \tag{15.122}$$

$$P_\mathrm{s} = M_\mathrm{s} n_\mathrm{s} 2\,\pi \text{ W (kW)} \tag{15.123}$$

$$P_\mathrm{v} = -M_1\,(n_1 - n_\mathrm{s})\,2\,\pi\left(1 - \eta_0^{\mathrm{w1}}\right) \text{ W (kW)}\,. \tag{15.124}$$

Ein charakteristisches Merkmal der Umlaufgetriebe ist die Entstehung der Wellenleistungen P_1 und P_2 als Summe (Überlagerung) von Wälz- und Kupplungsleistung. Mit $\omega = 2\pi n$ wird:

$$\text{Wellenleistung} = \text{Wälzleistung} + \text{Kupplungsleistung}$$

$$\begin{aligned} P_1 &= P_{\mathrm{w}1} + P_{\mathrm{k}1} = M_1(\omega_1 - \omega_\mathrm{s}) + M_1\omega_\mathrm{s} \\ P_2 &= P_{\mathrm{w}2} + P_{\mathrm{k}2} = M_2(\omega_2 - \omega_\mathrm{s}) + M_2\omega_\mathrm{s} \\ P_\mathrm{s} &= \qquad\quad\; P_\mathrm{ks} = M_\mathrm{s}\omega_\mathrm{s}\,. \end{aligned}$$

Je nach Wahl der Drehzahlen können Wälz- und Kupplungsleistung gleiche oder entgegengesetzte Vorzeichen, d. h. gleich- oder einander entgegengerichtete Leistungsflüsse aufweisen. Daher können sich die Wellenleistungen P_1 und P_2 als Summe oder als Differenz dieser beiden Teilleistungen ergeben. Im ersten Fall bleibt die verlustbehaftete Wälzleistung kleiner als die Wellenleistung, dann wird der Gesamtwirkungsgrad höher als der Standwirkungsgrad. Bei entgegengerichteten Teilleistungsflüssen kann die Wälzleistung aber beliebig größer als die Wellenleistung werden; der Gesamtwirkungsgrad wird dann entsprechend niedriger als der Standwirkungsgrad. Er kann sogar negativ werden und dadurch zur Selbsthemmung des Getriebes führen, s. Abschn. 15.9.5. Diese Betrachtung der Teilleistungen gibt Einblick in das Betriebsverhalten eines einfachen Planetengetriebes, sie ist aber zur Berechnung der Betriebsdaten nicht erforderlich. Durch Überlagerung *beliebiger* Wälz- und Kupplungsleistungen kann bei *jedem* Umlaufgetriebe *jeder* der sechs möglichen Leistungsflüsse erzeugt werden: je drei mit Welle *1*, *2* oder *s* als alleiniger Antriebswelle und zwei Abtriebswellen (Leistungsteilung) oder *1*, *2* oder *s* als alleiniger Abtriebswelle mit zwei Antriebswellen (*Leistungssummierung*). Welches die alleinige An- oder Abtriebswelle (*Gesamtleistungswelle GLW*) ist, wird allein durch die Standübersetzung i_{12} und ein beliebiges freies Drehzahlverhältnis k bestimmt, s. Tab. 15.25.

Soll ein Überlagerungsgetriebe mit seiner GLW als einziger Antriebswelle (Motor) und zwei Abtriebswellen (Arbeitsmaschinen) laufen, so können die Drehzahlverhältnisse k_{12}, $k_{1\mathrm{s}}$ bzw. $k_{2\mathrm{s}}$ nur innerhalb der in Tab. 15.25 dafür angegebenen Bereiche liegen. Werden einem Überlagerungsgetriebe bei Anschluss von zwei Motoren und einer Arbeitsmaschine die Drehzahlen vorgegeben und ist dabei die Abtriebswelle zugleich GLW, so herrscht Leistungssummierung. Ist jedoch einer der beiden Motoren an die GLW angeschlossen, so treibt er allein das Getriebe an, während der andere Motor neben der Arbeitsmaschine einen Abtrieb bilden muss und übersynchron als Bremse angetrieben wird, vgl. Abschn. 15.9.7.

Wirkungsgrad. Mit den allgemeinen Definitionen

$$\text{Wirkungsgrad} \quad \eta = -(P_\mathrm{ab}/P_\mathrm{an}) = 1 - \zeta \tag{15.125}$$

$$\text{Verlustgrad} \quad \zeta = -(P_\mathrm{v}/P_\mathrm{an}) = 1 - \eta \tag{15.126}$$

wird der Gesamtwirkungsgrad eines Planetengetriebes mit zwei oder drei laufenden Wellen

$$\begin{aligned} \eta_\mathrm{ges} &= 1 + \frac{P_\mathrm{v}}{\Sigma P_\mathrm{an}} \\ &= 1 - \frac{M_1\,(n_1 - n_\mathrm{s})\,2\pi\left(1 - \eta_0^{\mathrm{w1}}\right)}{\Sigma P_\mathrm{an}} \end{aligned} \tag{15.127}$$

mit P_v nach Gl. (15.124) und der einen oder den beiden Wellenleistungen nach Gln. (15.121)–(15.123), die sich durch ihr *positives Vorzeichen* als Antriebsleistungen P_an ausweisen. (Bei einem selbsthemmungsfähigen Getriebe darf jedoch eine Abtriebswelle, deren Leistung nur infolge von

15

Tab. 15.24 Wirkungsgrade der Umlauf-Übersetzungsgetriebe (Für einfache Zahnradplanetengetriebe gilt: $\eta_{12} \approx \eta_{21}$, für Planeten-Koppelgetriebe $\eta_{\mathrm{I\,II}}$ und $\eta_{\mathrm{II\,I}}$ getrennt bestimmen; erster Index Antriebswelle, zweiter Abtriebswelle.)

i_{12}	< 0	$0\ldots1$	> 0
$\eta_{1\,\mathrm{s}}$	$\frac{i_{12}\eta_{12}-1}{i_{12}-1}$	$\frac{i_{12}/\eta_{21}-1}{i_{12}-1}$	$\frac{i_{12}\eta_{12}-1}{i_{12}-1}$
w 1	+1	−1	+1
$\eta_{\mathrm{s}\,1}$	$\frac{i_{12}-1}{i_{12}/\eta_{21}-1}$	$\frac{i_{12}-1}{i_{12}\eta_{12}-1}$	$\frac{i_{12}-1}{i_{12}/\eta_{21}-1}$
w 1	−1	+1	−1
$\eta_{2\,\mathrm{s}}$	$\frac{i_{12}-\eta_{21}}{i_{12}-1}$	$\frac{i_{12}-\eta_{21}}{i_{12}-1}$	$\frac{i_{12}-1/\eta_{12}}{i_{12}-1}$
w 1	−1	−1	+1
$\eta_{\mathrm{s}\,2}$	$\frac{i_{12}-1}{i_{12}-1/\eta_{12}}$	$\frac{i_{12}-1}{i_{12}-1/\eta_{12}}$	$\frac{i_{12}-1}{i_{12}-\eta_{21}}$
w 1	+1	+1	−1

Selbsthemmung (s. Abschn. 15.9.5) ein positives Vorzeichen annimmt, jedoch ohne Sh. mit M aus Gln. (15.116)–(15.118) für $\eta_0^{\mathrm{w1}} = 1$ negativ wäre, *nicht* berücksichtigt werden.) Die Minuszeichen in den Definitionsgleichungen (15.125) und (15.126) sind erforderlich, damit η und ζ, wie gewohnt, trotz der negativen Quotienten (P_v, $P_\mathrm{ab} < 0$) einen positiven Wert annehmen.

Der Wirkungsgrad lässt sich bei Übersetzungsgetrieben auch allein durch Standübersetzung und Standwirkungsgrad, bei Überlagerungsgetrieben zusätzlich durch ein freies Drehzahlverhältnis, z. B. k_{12}, das die GLW bestimmt, ausdrücken, Tab. 15.24, 15.25 [67], wobei die zutreffende Gleichung noch vom jeweils zugehörigen Leistungsfluss abhängt.

Einfache Zahnrad-Planetengetriebe sind als *Standgetriebe* wie übliche Zahnrad-Übersetzungsgetriebe praktisch verlustsymmetrisch, d. h. $\eta_{12} = \eta_{21}$. Bei *Umlaufgetrieben*, insbesondere bei Plusgetrieben, können die Wirkungsgrade in jeweils entgegengesetzten Leistungsflussrichtungen wegen der Überlagerung von Wälz- und Kupplungsleistung jedoch sehr unterschiedlich sein. Bei Minusgetrieben sind die Umlaufwirkungsgrade stets höher als der Standwirkungsgrad.

In Gl. (15.127) und Tab. 15.23, 15.25 wird – wie auch in der übrigen Literatur – angenommen, dass bei umlaufendem Steg die Zahnreibungs- und Planetenlagerverluste bei Übertragung der Wälzleistung P_w der Last proportional und gleich groß wie beim Standgetriebe seien. Nur diese Verluste werden der Berechnung zugrunde gelegt. Bei mitrotierendem Steg auftretende zusätzliche Plansch- und Ventilationsverluste, Verluste durch Dichtringreibung sowie Einflüsse durch die Schmierölführung können gegebenenfalls *nach* der Berechnung von η_ges zusätzlich berücksichtigt werden.

Bei der Bestimmung des Standwirkungsgrads dürfen nur die genannten *lastabhängigen* Verluste herangezogen werden. Liegen genauere Angaben nicht vor, so genügt es für praktische Berechnungen, einen Wälzwirkungsgrad $\eta_\mathrm{wa} \approx 0{,}99$ für eine außenverzahnte Stirnradpaarung und $\eta_\mathrm{wi} = 0{,}995$ für eine Hohlradstufe mit einer Innenverzahnung anzunehmen, vgl. Abb. 15.36; für genauere Wirkungsgradbestimmung s. [71].

15.9.5 Selbsthemmung und Teilhemmung

Bei Selbsthemmung (Sh) kann ein Getriebe auch mit beliebig großen Antriebsmomenten nicht bewegt werden; es wird durch den Antriebsmoment proportionale Reibkräfte innerlich blockiert. Seine Reibungsverlustleistung P_v wäre größer als die Antriebsleistung P_an. Es läuft jedoch, wenn ihm die zur Überwindung der Reibung noch fehlende Leistung bzw. das zum Lösen der Verklemmung erforderliche *„Lösemoment"* durch Antreiben der Abtriebswelle in Abtriebsdrehrichtung zusätzlich zugeführt wird.

Beispiel

Selbsthemmende Hubwerke müssen zum Senken einer (antreibenden) Last am eigentlichen Abtrieb angetrieben werden. ◄

Einfache Planetengetriebe mit zwei oder drei angeschlossenen Wellen sind bei einer Standübersetzung $\eta_{12} < i_{12} < 1/\eta_{21}$ selbsthemmungsfähig. Selbsthemmung tritt jedoch nur ein, wenn Welle s einzige Abtriebswelle ist. Analog sind beliebig zusammengesetzte Planetengetriebe mit $\eta_\mathrm{ab} < i_\mathrm{ab} < 1/\eta_\mathrm{ba}$ und Laufgrad 2 selbsthemmungsfähig aber nur selbsthemmend, wenn

Tab. 15.25 Wirkungsgrade der Überlagerungsgetriebe und Zuordnung der Bereiche von k_{12}, k_{1s} und k_{2s} zur Lage der Gesamtleistungswelle GLW [67]; Lfl. Leistungsfluss

i_{12}	k_{12}	k_{1s}	k_{2s}	GLW	Lfl.	Wirkungsgrad η_{ges}	w1	Lfl.	Wirkungsgrad η_{ges}	w1
<0	$<i_{12}$	$>i_{1s}$	<0	1	$1<\frac{2}{s}$	$\frac{k_{12}-i_{12}+i_{12}\eta_{12}(1-k_{12})}{k_{12}(1-i_{12})}$	+1	$\frac{2}{s}>1$	$\frac{k_{12}\eta_{21}(1-i_{12})}{\eta_{21}(k_{12}-i_{12})+i_{12}(1-k_{12})}$	−1
	$i_{12}\ldots 0$	<0	$>i_{2s}$	2	$2<\frac{1}{s}$	$\frac{k_{12}-i_{12}+\eta_{21}(1-k_{12})}{1-i_{12}}$	−1	$\frac{1}{s}>2$	$\frac{\eta_{12}(1-i_{12})}{\eta_{12}(k_{12}-i_{12})+1-k_{12}}$	+1
	$0\ldots 1$	$0\ldots 1$	$1\ldots i_{2s}$	s	$s<\frac{1}{2}$	$\frac{(k_{12}-i_{12}\eta_{12})(1-i_{12})}{(k_{12}-i_{12})(1-i_{12}\eta_{12})}$	+1	$\frac{1}{2}>s$	$\frac{(k_{12}-i_{12})(\eta_{12}-i_{12})}{(k_{12}\eta_{21}-i_{12})(1-i_{12})}$	−1
	>1	$1\ldots i_{1s}$	$0\ldots 1$	s	$s<\frac{1}{2}$	$\frac{(k_{12}\eta_{21}-i_{12})(1-i_{12})}{(k_{12}-i_{12})(\eta_{21}-i_{12})}$	−1	$\frac{1}{2}>s$	$\frac{(k_{12}-i_{12})(1-i_{12}\eta_{12})}{(k_{12}-i_{12}\eta_{12})(1-i_{12})}$	+1
$0\ldots 1$	<0	$0\ldots i_{1s}$	$i_{2s}\ldots 0$	s	$s<\frac{1}{2}$	$\frac{(k_{12}-i_{12}\eta_{12})(1-i_{12})}{(k_{12}-i_{12})(1-i_{12}\eta_{12})}$	+1	$\frac{1}{2}>s$	$\frac{(k_{12}-i_{12})(\eta_{12}-i_{12})}{(k_{12}\eta_{21}-i_{12})(1-i_{12})}$	−1
	$0\ldots i_{12}$	<0	$<i_{2s}$	2	$2<\frac{1}{s}$	$\frac{k_{12}-i_{12}+\eta_{21}(1-k_{12})}{1-i_{12}}$	−1	$\frac{1}{s}>2$	$\frac{\eta_{12}(1-i_{12})}{\eta_{12}(k_{12}-i_{12})+1-k_{12}}$	+1
	$i_{12}\ldots 1$	>1	>1	1	$1<\frac{2}{s}$	$\frac{k_{12}-i_{12}+i_{12}\eta_{12}(1-k_{12})}{k_{12}(1-i_{12})}$	+1	$\frac{2}{s}>1$	$\frac{k_{12}\eta_{21}(1-i_{12})}{\eta_{21}(k_{12}-i_{12})+i_{12}(1-k_{12})}$	−1
	>1	$i_{1s}\ldots 1$	$0\ldots 1$	1	$1<\frac{2}{s}$	$\frac{\eta_{21}(k_{12}-i_{12})+i_{12}(1-k_{12})}{k_{12}\eta_{21}(1-i_{12})}$	−1	$\frac{2}{s}>1$	$\frac{k_{12}(1-i_{12})}{k_{12}-i_{12}+i_{12}\eta_{12}(1-k_{12})}$	+1
>1	<0	$i_{1s}\ldots 0$	$0\ldots i_{2s}$	s	$s<\frac{1}{2}$	$\frac{(k_{12}\eta_{21}-i_{12})(1-i_{12})}{(k_{12}-i_{12})(\eta_{21}-i_{12})}$	−1	$\frac{1}{2}>s$	$\frac{(k_{12}-i_{12})(1-i_{12}\eta_{12})}{(k_{12}-i_{12}\eta_{12})(1-i_{12})}$	+1
	$0\ldots 1$	$0\ldots 1$	$i_{2s}\ldots 1$	2	$2<\frac{1}{s}$	$\frac{\eta_{12}(k_{12}-i_{12})+1-k_{12}}{\eta_{12}(1-i_{12})}$	+1	$\frac{1}{s}>2$	$\frac{1-i_{12}}{k_{12}+\eta_{21}(1-k_{12})}$	−1
	$1\ldots i_{12}$	>1	>1	2	$2<\frac{1}{s}$	$\frac{k_{12}-i_{12}+\eta_{21}(1-k_{12})}{1-i_{12}}$	−1	$\frac{1}{s}>2$	$\frac{\eta_{12}(1-i_{12})}{\eta_{12}(k_{12}-i_{12})+1-k_{12}}$	+1
	$>i_{12}$	$<i_{1s}$	<0	1	$1<\frac{2}{s}$	$\frac{k_{12}-i_{12}+i_{12}\eta_{12}(1-k_{12})}{k_{12}(1-i_{12})}$	+1	$\frac{2}{s}>1$	$\frac{k_{12}\eta_{21}(1-i_{12})}{\eta_{21}(k_{12}-i_{12})+i_{12}(1-k_{12})}$	−1

Welle c die einzige Abtriebswelle bildet (vgl. Abschn. 15.9.2). Bei Leistungsfluss in Selbsthemmungsrichtung kehren das Drehmoment M_j der *Abtriebswelle j* und somit die „Abtriebsleistung" P_j im Vergleich zu einem reibungsfreien Betrieb ($\eta_{12} = \eta_{21} = 1$) ihr Vorzeichen um. Die dabei positiv werdende „Abtriebsleistung" P_j wird aber nicht zu einer „echten" Antriebsleitung. So bleiben z. B. die tragenden Flanken dieselben wie wenn j eine Abtriebswelle wäre, sie wechseln nicht auf die bei „echtem" Antrieb tragende andere Seite. Deshalb darf die positiv gewordene „Abtriebsleistung" nicht als P_an in Gln. (15.125) bis (15.127) eingesetzt, sondern nur als $P_\mathrm{ab} > 0$ in Gl. (15.125) berücksichtigt werden!

Damit ergibt sich als Kriterium für Selbsthemmung ein *negativer Wirkungsgrad* für den *Laufzustand* mit Leistungsfluss in Selbsthemmungsrichtung.

Ist Welle s (bzw. c) eines selbsthemmungsfähigen Getriebes nur eine von zwei Abtriebswellen, so tritt *Teilhemmung* ein, ausführlich s. [67, 68].

15.9.6 Konstruktive Hinweise

Planetengetriebe weisen gegenüber einfachen Übersetzungsgetrieben einige konstruktive Besonderheiten auf [72]. Mittels Leistungsverzweigung über q am Umfang angeordnete Planetenräder oder Planetenradsätze lässt sich die übertragbare Leistung von Planetengetrieben oder gleichartig aufgebauten Standgetrieben, Verzweigungs- oder Sterngetriebe genannt, um den Faktor q steigern, wenn gleichmäßiges Tragen aller Verzahnungen einer solchen statisch überbestimmten Anordnung gesichert ist, z. B. dadurch, dass die elastische Nachgiebigkeit im Verzahnungsbereich größer ist als die hier wirksamen Maßabweichungen. Bei $q = 3$ Planeten(sätzen) am Umfang ist das Getriebe *statisch bestimmt*, wenn eines der drei Getriebeglieder *1*, *2* oder *s*, wie häufig ausgeführt, ohne Lagerung im Getriebegehäuse nur durch die Zahneingriffe unter Last zentriert wird. Trotzdem sind *dynamische* Zusatzbelastungen vorhanden s. [73]. Alle vorstehenden Berechnungen werden von der Anzahl q dieser Planeten(sätze) nicht beeinflusst. Eine gleichmäßige Verteilung mehrerer Planeten am Unfang ist geometrisch nur möglich, wenn die Zähnezahlbedingungen nach Abb. 15.36 (für andere Getriebebauformen s. [67]) ganzzahlig erfüllt sind. Bei *„Stufenplaneten"*, Abb. 15.36b,d,e ist zusätzlich eine genaue gegenseitige Lagezuordnung ihrer beiden Planetenzahnkränze und eine Markierung der in Montagestellung kämmenden Zahnpaare erforderlich. Getriebe mit Einfachplaneten sind deshalb einfacher zu fertigen. Bei der Lebensdauerberechnung der Planetenlager sind die Fliehkräfte der Planeten zu berücksichtigen und deren *Relativdrehzahlen* ($n_\mathrm{p} - n_\mathrm{s}$) gegenüber dem Steg zugrunde zu legen [74]. Für Getriebe nach Abb. 15.36 sind diese

$$(n_\mathrm{p1} - n_\mathrm{s}) = (n_1 - n_\mathrm{s}) z_1 / z_\mathrm{p1} = (n_\mathrm{p2} - n_\mathrm{s}) = (n_2 - n_\mathrm{s}) z_2 / z_\mathrm{p2} \,.$$

Bei Getrieben nach Abb. 15.36a,c,f ist $z_\mathrm{p1} = z_\mathrm{p2} = z_\mathrm{p}$ und $n_\mathrm{p1} = n_\mathrm{p2} = n_\mathrm{p}$ zu setzen.

15.9.7 Auslegung einfacher Planetengetriebe

15.9.7.1 Übersetzungsgetriebe

Beispiel

$i_\mathrm{soll} = +3$, kleinste Zähnezahl $z_\mathrm{n} = 19$, $q = 3$ Planeten am Umfang. Es gibt drei mögliche Standübersetzungen nach Gl. (15.113), mit jeweils geeigneten Bauarten nach Abb. 15.36:

$$i_\mathrm{soll} = i_{12} = +3, \text{ Bauarten d, f,}$$

$$i_\mathrm{soll} = i_{1\mathrm{s}}\colon\ i_{12} = 1 - i_{1\mathrm{s}} = 1 - 3 = -2, \text{ Bauarten a, b,}$$

$$i_\mathrm{soll} = i_{\mathrm{s}1}\colon\ i_{12} = 1 - 1/i_{\mathrm{s}1} = 1 - 1/3 = 2/3, \text{ Bauarten d, e, f,}$$

$$i_\mathrm{soll} = i_{21},\ i_{\mathrm{s}2},\ i_{2\mathrm{s}}$$

ergibt gleiche Getriebe mit vertauschten Bezeichnungen 1 und 2. Geeignete Bauart: Getriebe nach Abb. 15.36a mit $i_{12} = -2$ führt zur einfachsten Konstruktion, s. Abb. 15.37. Bestimmung der Zähnezahlen: Zugleich müssen die Gleichungen B und D nach Abb. 15.36a sowie für die Achsabstände $a_{1p} = a_{2p}$ erfüllt sein. Für ein Nullgetriebe ($x_1 = x_2 = 0$, Abschn. 15.1.7) folgt:

$$z_2 = i_{12} z_1 = (-2)34 = -68 .$$

$a_{1p} = a_{2p} = (z_1 + z_p)m/2 = (|z_2| - z_p)m/2$; somit werden $z_p = (|z_2| - z_1)/2 = 17$. $(z_1 + |z_2|)/q = (34 + 68)/3 = 34$ ganzzahlig, Montagebedingung erfüllt. Falls sie nicht erfüllt ist, z_{min} variieren und Achsabstände mittels Profilverschiebung angleichen, s. Abschn. 15.1.7. Abschließend die Berechnung des Moduls nach Abschn. 15.5 und den konstruktiven Entwurf unter Berücksichtigung der auf die Planetenradlager wirkenden Fliehkräfte ausführen. ◄

15.9.7.2 Überlagerungsgetriebe

Bei jedem Überlagerungsgetriebe sind mit dessen Standübersetzung i_{12} und zwei Drehzahlen n oder einem freien Drehzahlverhältnis k die Gesamtleistungswelle bestimmt und durch ein Drehmoment zusätzlich der Leistungsfluss (Lfl) und der Gesamtwirkungsgrad η_{ges} festgelegt. Daher kann die Zuordnung eines gewollten Lfl zu vorgegebenen Drehzahlen nur in begrenzten Bereichen der freien Drehzahlverhältnisse k realisiert werden, s. Tab. 15.25. Die Bereichsgrenzen sind jeweils durch Stillstand einer Welle bei einer Stand- oder Umlaufübersetzung oder durch den „Kupplungspunkt" ($n_1 = n_2 = n_s$) gekennzeichnet.

Drehzahlen konstant. Werden drei konstante *Drehzahlen* n_a, n_b, n_c vorgegeben, so ergibt sich die dazu erforderliche Standübersetzung $i_{12} = i_{soll}$ aus Gl. (15.111). Setzt man dabei n_a, n_b, n_c in den sechs möglichen Kombinationen als n_1, n_2 und n_s ein, so erhält man drei Paare von zueinander reziproken Standübersetzungen und damit drei verschiedene, kinematisch gleichwertige Getriebe, z. B. nach Abb. 15.37, mit jeweils vertauschten Indices 1 und 2 der Standgetriebewellen. Aus der kinematischen Gleichwertigkeit dieser drei Getriebe folgt, dass bei jedem die Welle mit derselben Drehzahl n_a, n_b oder n_c Gesamtleistungswelle ist. Somit liegt bei Vorgabe von drei Drehzahlen die Leistungsverteilung zwischen den zugehörigen Wellen fest und zwar unabhängig davon, wo und wie diese Wellen in der schließlich gewählten Getriebebauart angeordnet sind, s. Tab. 15.25.

Beispiel

n_a, n_b, $n_c = 18, 9, 12\,s^{-1}$. Mit z. B. $n_1 = 9$, $n_2 = 12$, $n_s = 18$ folgt mit Gl. (15.111): $i_{12} = 1{,}5$, $k_{12} = 9/12$, damit aus Tab. 15.25 unter $i_{12} > 1$ und $k_{12} = 0 \ldots 1 \rightarrow$ GLW ist Welle 2, d. h. die Welle mit $n = 12\,s^{-1}$. ◄

Werden zwei konstante *Drehzahlverhältnisse*, z. B. k_{ab}, k_{cb} vorgegeben, so errechnet man i_{ab} aus Tab. 15.22 und findet mit $i_{ab} = i_{soll}$ drei Standübersetzungen sowie geeignete Bauarten wie im Abschnitt Übersetzungsgetriebe.

Drehzahlen stufenlos veränderlich. Bei einem Überlagerungsgetriebe mit stufenlos veränderlichen Drehzahlen erfolgen die Berechnungen jeweils für dessen beide, beliebig mit ° und * bezeichneten Drehzahl-Verstellgrenzen wie bei konstanten Drehzahlen. Bei einer Anordnung nach Abb. 15.38 seien den Getriebewellen a, b und c, Drehzahlen wie folgt zugeordnet:

n_a = variable Abtriebsdrehzahl

$$\varphi_a = n_a^\circ / n_a^* = k_{ab}^\circ / k_{ab}^* \text{ Stellverhältnis Welle } a \quad (15.128)$$

n_b = konstant vorgegeben (Hauptmotor H)

n_c = einstellbar vorgegeben (Nebenmotor N)

$$\varphi_c = n_c^\circ / n_c^* = k_{cb}^\circ / k_{cb}^* \text{ Stellverhältnis Welle } c\,. \quad (15.129)$$

Bei einer Drehzahlumkehr innerhalb eines Stellbereichs wird $\varphi < 0$. Die Zuordnung der jeweils minimalen und maximalen Drehzahlverhältnisse k zu ° oder * ist beliebig; somit ergeben sich vier mögliche Kombinationen: ein beliebig gewähltes φ_a mit zwei zueinander reziproken φ_c (ergibt zwei Lösungen) und das reziproke φ_a mit denselben φ_c (ergibt die gleichen zwei Lösungen). Aus jeder lassen sich durch Anwendung der Gl. (15.114) auf die Stellgrenzen ° und * zwei Gleichungen zur Bestimmung der Stand- oder

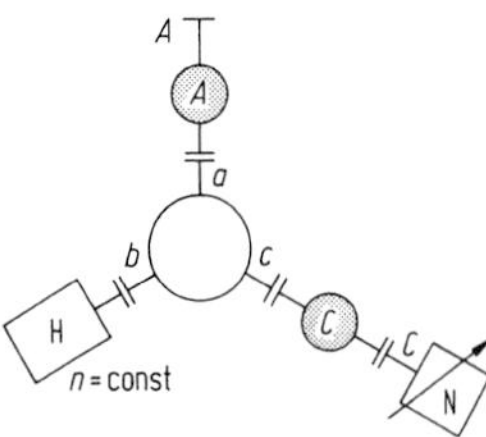

Abb. 15.38 Symbol eines Überlagerungsgetriebes mit stufenlos veränderlicher Abtriebsdrehzahl. H Hauptmotor mit konstanter Drehzahl; N Nebenmotor mit stufenlos einstellbarer Drehzahl; *A*, *C* mögliche Lagen eines Ergänzungsgetriebes

Umlaufübersetzung i_{ba} (bei $n_c = 0$) eines geeigneten Planetengetriebes entweder für gegebenes $k^*_{ab,\,soll}$ oder gegebenes $k^*_{cb,\,soll}$ ableiten:

$$i_{ba,\,a} = \frac{1 - \varphi_c}{k^*_{ab,\,soll}(\varphi_a - \varphi_c)} \tag{15.130a}$$

oder

$$i_{ba,\,c} = 1 + \frac{1 - \varphi_a}{k^*_{cb,\,soll}(\varphi_a - \varphi_c)}. \tag{15.131a}$$

Das jeweils nicht vorgegebene Drehzahlverhältnis k ergibt sich für beide Grenzen $^\circ$ und * (sowie für beliebige Zwischendrehzahlen) mit der aus Gl. (15.114) abgeleiteten Stellfunktion:

$$k_{cb,\,a} = \frac{1 - i_{ba,\,a}\,k_{ab}}{1 - i_{ba,\,a}} \tag{15.130b}$$

bzw.

$$k_{ab,\,c} = \frac{1 - k_{cb}(1 - i_{ba,\,c})}{i_{ba,\,c}}. \tag{15.131b}$$

Diese so berechneten Grenz-Drehzahlverhältnisse $k^\circ_{cb,\,a}$, $k^*_{cb,\,a}$ oder $k^\circ_{ab,\,c}$, $k^*_{ab,\,c}$ erfüllen zwar das vorgegebene Stellverhältnis φ_c bzw. φ_a, in der Regel aber nicht die gewünschten Drehzahlverhältnisse k_{soll}. Daher ist eine Anpassung durch *ein* zusätzliches *Übersetzungsgetriebe C* an Welle *c* erforderlich, wenn nach Gln. (15.130a), (15.130b) gerechnet wurde, bzw. *A* an *a* nach Gln. (15.131a), (15.131b), s. Abb. 15.38. Die Übersetzung eines solchen *Ergänzungsgetriebes A* oder *C* wird

$$i_{Cc} = k_{cb,\,soll}/k_{cb,\,a} \quad \text{bzw.} \quad i_{Aa} = k_{ab,\,soll}/k_{ab,\,c}.$$

Die Lage *A* oder *C* eines solchen Ergänzungsgetriebes beeinflusst die Absolutdrehzahlen im Getriebe, sodass es nach Durchrechnung aller Möglichkeiten an diejenige Stelle platziert wird, die zu den günstigsten Drehzahlen und Drehmomenten in der Gesamtanlage führt. Das geeignetste Planetengetriebe wählt man aus den vier Lösungen für $i_{ba} = i_{soll}$ mit je drei möglichen Bauarten wie im Abschnitt Übersetzungsgetriebe aus. Die Aufteilung der Antriebsleistung auf Hauptmotor H und Nebenmotor N lässt sich für die gefundenen Lösungen nach Abschn. 15.9.4 berechnen. Sie lässt sich auch bei verlustlos gedachtem Betrieb (Index 0) als erstes aus φ_a und φ_c bestimmen [75], um ungeeignete Drehzahlvorgaben von vorn herein zu erkennen: Mit der auf die gesamte Antriebsleistung bezogenen Leistung des Nebenmotors N

$$\varepsilon_0 = P_c/(P_b + P_c) = -P_c/P_a$$

gilt an den Stellgrenzen

$$\varepsilon^*_0 = \frac{1 - \varphi_a}{1 - \varphi_c} \quad \text{und} \quad \varepsilon^\circ_0 = \frac{\varphi_c}{\varphi_a}\varepsilon^*_0. \tag{132,133}$$

Nach Abb. 15.39 lassen sich günstige Kombinationen von φ_a und φ_c z. B. für $\varepsilon_0 = -0{,}5 \ldots +0{,}5$ vor Beginn der Auslegung für beide Stellgrenzen abschätzen. Bei $\varepsilon_0 < 0$ läuft der Nebenmotor *N* als Generator, $P_c < 0$.

Beispiel

Mit Lösungen *1* und *2*: gefordert $n_a = 66 \ldots 40\,\text{s}^{-1}$, $n_b = 25\,\text{s}^{-1}$, $n_{c,1} = 33 \ldots -50\,\text{s}^{-1}$, $n_{c,2} = -50 \ldots 33\,\text{s}^{-1}$. Daraus $\varphi_a = n^\circ_a/n^*_a = 66/40 = 1{,}650$, $\varphi_{c,1} = n^\circ_c/n^*_c = 33/-50 = -0{,}660$, $\varphi_{c,2} = -50/33 = -1{,}515$.

Lösung 1: $k^*_{ab,\,soll} = 40/25 = 1{,}60$, $k^*_{cb,\,soll,\,1} = -50/25 = -2$, Gl. (15.130a): $i_{ba,\,a1} = (1+0{,}660)/[1{,}60(1{,}650+0,660)] = 0,449$, Gl. (15.130b): $k^*_{cb,\,a1} = (1 - 0{,}449 \cdot 1{,}60)/(1 - 0{,}449) = 0{,}511 \neq k^*_{cb,\,soll,\,1}$, Ergänzungsgetriebe *C*: $i_{Cc,\,1} = 2{,}00/0{,}511 = -3{,}914$.

Lösung 2: $k^*_{ab,\,soll} = 1{,}60$, $k^*_{cb,\,soll,\,2} = 33/25 = 1{,}320$, Gl. (15.130a): $i_{ba,\,a2} =$

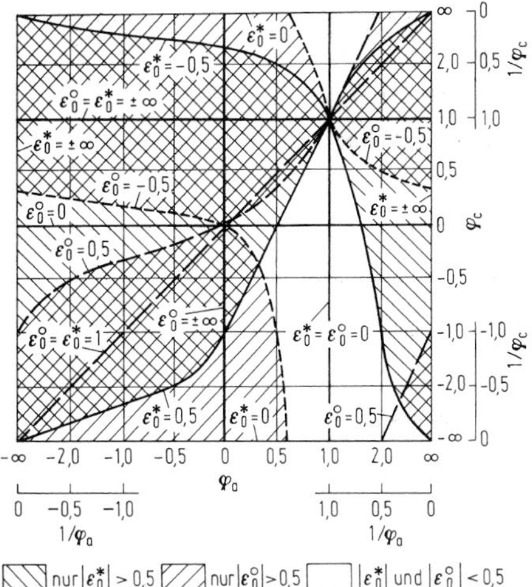

Abb. 15.39 Abhängigkeit der Leistungsverhältnisse ε_0 von der Kombination der Stellverhältnisse φ_a und φ_c eines Überlagerungsgetriebes nach Abb. 15.38 sowie φ $(= \varphi_a)$ und $\varphi' (= \varphi_c)$ eines Stellkoppelgetriebes nach Abb. 15.43

$(1 + 1{,}515)/[1{,}60\,(1{,}650 + 1{,}515)] = 0{,}497$, Gl. (15.130b): $k^*_{\text{cb, a2}} = (1-0{,}497 \cdot 1{,}60)/(1-0{,}497) = 0{,}407 \neq k_{\text{cb, soll, 2}}$, $i_{\text{Cc, 2}} = 1{,}320/0{,}409 = 3{,}243$. Die beiden weiteren Lösungen mit Gln. (15.130a), (15.130b) folgen aus Gl. (15.131a): $i_{\text{ba, c1}} = 1{,}141$ bzw. $i_{\text{ba, c2}} = 0{,}844$, Gl. (15.131b): $k^*_{\text{ab, c1}} = 0{,}627 \neq k \neq k^*_{\text{ab, soll}}$ bzw. $k^*_{\text{ab, c2}} = 0{,}941 \neq k^*_{\text{ab, soll}}$, daraus $i_{\text{Aa, 1}} = 1{,}60/0{,}629 = 2{,}544$, und $i_{\text{Aa, 2}} = 1{,}60/0{,}941 = 1{,}70$. Gleiche Rechnung mit umgepoltem Hauptmotor, $n_b = -25$, ergibt gleiche Leistungsverhältnisse ε_0, gleich große aber negative Standübersetzungen i_{ba} aber andere Ergänzungsgetriebe. $\varepsilon^*_{0,1} = (1 - 1{,}65)/(1 + 0{,}66) = -0{,}39$ (Nebenmotor läuft als Generator), $\varepsilon^\circ_{0,1} = -0{,}66(-0{,}39)/1{,}65 = 0{,}16$ (Nebenmotor läuft mit geringer Antriebsleistung, wie erwünscht). $\varepsilon^*_{0,2} = (1 - 1{,}65)/-0{,}258, \varepsilon^\circ_{0,2} = -1{,}52(-0{,}258)/1{,}65 = 0{,}24$. ◄

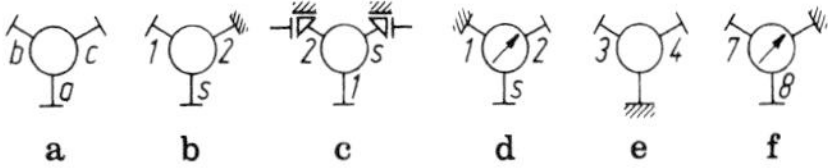

Abb. 15.40 Symbole für Umlaufgetriebe. **a** mit beliebiger oder unbekannter Lage der Stegwelle; **b** Welle *2* konstruktiv stillgesetzt; **c** Wellen *2* und *s* können an- oder abgekuppelt oder festgebremst werden; **d** Umlauf-Stellgetriebe mit stufenlos verstellbarer Standübersetzung, z. B. hydrostatisches Umlauf-Stellgetriebe; **e** einfaches Übersetzungsgetriebe mit stillstehendem Gehäuse und zwei Anschlusswellen, bezeichnet mit Ziffern > 2; **f** einfaches Stellgetriebe mit stufenlos verstellbarer Übersetzung, stillstehendem Gehäuse und Wellenbezeichnungen > 2, z. B. Keilriemen-Stellgetriebe

15.9.8 Zusammengesetzte Planetengetriebe

15.9.8.1 Getriebesymbole und Wellenbezeichnungen

Getriebesymbole nach Abb. 15.40, die nur noch die für die Berechnung erforderlichen Informationen (Lage der Wellen und deren Koppelungen) enthalten, erleichtern die Übersicht und vereinfachen die Analyse und Synthese zusammengesetzter Planetengetriebe erheblich. Die Wellen aller Teilgetriebe eines zusammengesetzten Planetengetriebes werden weiterhin mit *1*, *2* und *s* bezeichnet, wobei für die Wellen des zweiten Getriebes ein Strich (*1'*, *2'*, *s'* und für die Wellen eines etwa vorhandenen dritten Planetengetriebes zwei Striche (*1''*, *2''*, *s''*) hinzugefügt werden usw. Abb. 15.41, 15.42. Damit können alle bisher angegebenen Gleichungen einschließlich der Tab. 15.22 bis 15.25 oder ein vorhandenes Rechenprogramm [68] unmittelbar für jedes Teilgetriebe benutzt werden. Die zur Identifizierung des Teilgetriebes hinzugefügten Striche werden bei der Rechnung jeweils ignoriert und danach wieder angebracht.

15.9.8.2 Bauarten zusammengesetzter Planetengetriebe

Reihen-Planetengetriebe, Abb. 15.41, sind in Reihe geschaltete Planeten-Übersetzungsgetriebe mit je *einer* festgehaltenen Welle zur Verwirklichung hoher Übersetzungen mit gutem Wirkungsgrad. Geringer Bauraum bei besten Gesamtwirkungsgraden wird mit Minusgetrieben nach Abb. 15.36a, b erzielt. Berechnung von

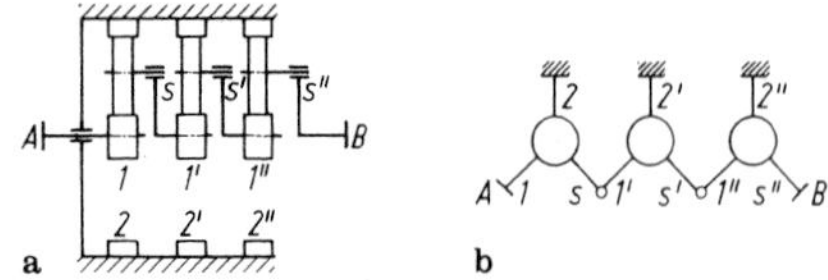

Abb. 15.41 Beispiel eines dreistufigen Reihen-Planetengetriebes. **a** Schema; **b** Symbol mit den aus **a** übertragenen Wellenbezeichnungen, hier $i_{AB} = i_{1s}i_{1's'}i_{1''s''}$; $\eta_{AB} = \eta_{1s}\eta_{1's'}\eta_{1''s''}$; $\eta_{BA} = \eta_{s''1''}\eta_{s'1'}\eta_{s1}$

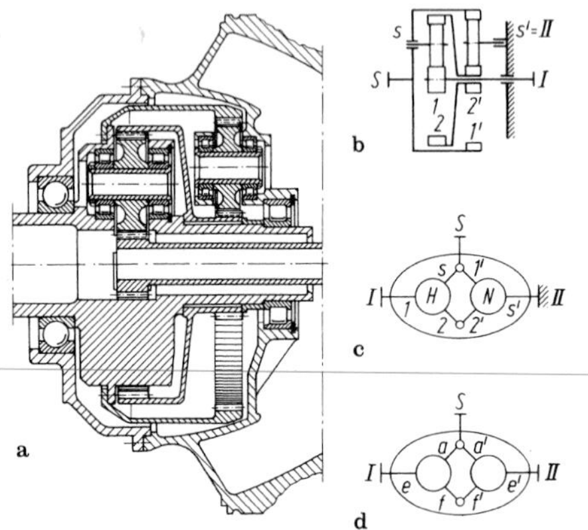

Abb. 15.42 Beispiel eines Planeten-Koppelgetriebes als Turboprop. Reduktionsgetriebe [77]. **a** Schnittzeichnung; **b** Schema mit Wellenbezeichnungen; **c** Getriebesymbol mit lagegerecht aus **b** übernommenen Wellenbezeichnungen; **d** Symbol eines Planeten-Koppelgetriebes mit funktionsorientierter Bezeichnung seiner Wellen nach ihrer Lage: a, a' **a**ngeschlossene Koppelwelle, f, f' **f**reie Koppelwelle, e, e' **E**inzelwellen; I, II, S analog dem einfachen Umlaufgetriebe bezeichnete äußere Anschlusswellen

Gesamtübersetzung und -wirkungsgrad analog einfachen mehrstufigen Übersetzungsgetrieben, Abb. 15.42 (s. auch Kap. 15 Einleitung und Abschn. 15.1.2).

Planeten-Koppelgetriebe, Abb. 15.44, bestehen aus zwei Planetengetrieben, die mit *je zwei* Wellen miteinander gekoppelt sind. Solche Getriebe erreichen als Übersetzungs- oder Überlagerungsgetriebe besonders geringes Leistungsgewicht und -volumen bei Übersetzungen bis zu $i > |50|$ [68, 76]. Mit den äußeren Anschlusswellen I, II und S nach Abb. 15.42b–d hat ein Planeten-Koppelgetriebe drei Anschlusswellen mit dem Freiheitsgrad $F = 2$, wie ein einfaches Planetengetriebe. Daher hat es als Gesamtgetriebe auch das gleiche Betriebsverhalten und lässt sich genau wie ein solches mit denselben Gleichungen und den Tab. 15.22 bis 15.25 berechnen, wenn man die Indices 1, 2 und s statt der analogen Wellenbezeichnungen I, II und S einsetzt [67]. Wird die angeschlossene Koppelwelle S festgehalten, so wirkt das Getriebe als Reihengetriebe wie ein Standgetriebe und seine *„Reihenübersetzung“* (analoge Standübersetzung) $i_{I\,II}$ sowie seine Reihenwirkungsgrade (analoge Standwirkungsgrade) $\eta_{I\,II}$ und $\eta_{II\,I}$ lassen sich wie für Reihengetriebe, Abb. 15.41, bestimmen, s. Beispiel.

Läuft ein Planeten-Koppelgetriebe als Überlagerungsgetriebe, so sind seine beiden Teilgetriebe in ihren Funktionen gleichwertig. Wird eine seiner Einzelwellen, z. B. Welle II, Abb. 15.42b, 15.42, festgehalten, so läuft das zugehörige Teilgetriebe als Übersetzungsgetriebe und kann durch ein Planetengetriebe mit einer stillgesetzten Welle oder durch ein einfaches Übersetzungsgetriebe mit stillstehendem Gehäuse gebildet werden. Als „Nebengetriebe“ N hat es hier nur die Aufgabe, das Drehzahlverhältnis $k_{2s} = i_{2'1'}$ des mit den äußeren Anschlusswellen verbundenen „Hauptgetriebes“ H vorzugeben. Die äußere Übersetzung des Planeten-Koppelgetriebes $i_{IS} = k_{ea}$ lässt sich dann mit Tab. 15.22 berechnen. Ersetzt man die Funktionsorientierten Bezeichnungen nach Abb. 15.42d durch die allgemeinen Bezeichnungen (s. Abschn. 15.9.2), z. B. $e \to a$, $a \to b$, $f \to c$, so wird in Tab. 15.22, 1. Zeile, das gesuchte Drehzahlverhältnis $k_{ea} = k_{ab} = k_{cb}(1 - i_{ab}) + i_{ab}$ und rücktransformiert zu den ursprünglichen Bezeichnungen nach Abb. 15.42d:

$$i_{IS} = k_{ea} = k_{fa}(1 - i_{ea}) + i_{ea}\,, \qquad (15.134)$$

wobei i_{ea} die Übersetzung des Hauptgetriebes bei stillstehend gedachter Welle f bedeutet.

Beispiel

Für das Getriebe nach Abb. 15.42 gilt: $i_{12} = -4{,}3$, $i_{1'2'} = -0{,}36$. Damit wird in vorstehender Gleichung $k_{fa} = k_{2s} = i_{2'1'} = 1/-0{,}36 = -2{,}778$ und $i_{ea} = i_{1s} = 1 - i_{12} = 1 + 4{,}3 = 5{,}3$, somit Gl. (15.134) $i_{IS} = k_{ea} = -2{,}778(1 - 5{,}3) + 5{,}3 = 17{,}24$.

Gleiches Ergebnis und zusätzlich die Wirkungsgrade erhält man, wenn man das einem einfachen Planetengetriebe analoge Planeten-Koppelgetriebe erzeugt: Nach Abb. 15.44d, c und Gl. (15.113) wird $i_{\mathrm{I\,II}} = i_{\mathrm{ef}} \cdot i_{\mathrm{f'e'}} = i_{12} \cdot i_{2's'} = i_{12} \cdot (1 - 1/i_{1'2'}) = -4{,}3 \cdot (1 - 1/-0{,}36) = -16{,}24$. Daraus mit Gl. (15.113) $i_{\mathrm{IS}} = 1 - i_{\mathrm{I\,II}} = 1 - (-16{,}24) = 17{,}24$. Reihenwirkungsgrad: $\eta_{\mathrm{I\,II}} = \eta_{\mathrm{ef}} \cdot \eta_{\mathrm{f'e'}} = \eta_{12} \cdot \eta_{2's'} = 0{,}985 \cdot 0{,}989 = 0{,}974$, mit $\eta_{2's'} = (i_{1'2'} - \eta_{2'1'})/(i_{1'2'} - 1)$ nach Tab. 15.24 und mit $\eta_{12} = \eta_{21} = \eta_{1'2'} = \eta_{2'1'} = 0{,}985$. Daraus nach Tab. 15.24 unter $i_{12} < 0$: $\eta_{\mathrm{IS}} = (i_{\mathrm{I\,II}}\eta_{\mathrm{I\,II}} - 1)/(i_{\mathrm{I\,II}} - 1) = (-16{,}24 \cdot 0{,}974 - 1)/(-16{,}24 - 1) = 0{,}976$.

Die durch das Nebengetriebe fließende Leistung hängt bei Vernachlässigung der Reibung (Index 0) nur von den Übersetzungen ab und lässt sich mit Bezeichnungen nach Abb. 15.42d leicht abschätzen: Mit der Definition des Leistungsverhältnisses

$$\varepsilon_0 = \frac{\text{Antriebsleistung des Nebengetriebes}}{\text{Antriebsleistung des Koppelgetriebes}} = \frac{P_{\mathrm{f'}}}{P_{\mathrm{I}}} = \frac{P_{\mathrm{a'}}}{P_{\mathrm{S}}} \tag{15.135}$$

gilt [59]

$$\varepsilon_0 = 1 - i_{\mathrm{ea}}/k_{\mathrm{ea}} = 1 - i_{\mathrm{ea}}/i_{\mathrm{IS}} \quad \text{oder auch}$$
$$\varepsilon_0 = (1 - 1/i_{\mathrm{IS}})/(1 - 1/i_{\mathrm{f'a'}})\,.$$

Mit diesen Gleichungen wird für das Beispiel zu Abb. 15.42 $\varepsilon_0 = (1 - 1/17{,}24)/1 - 1/-2{,}778) = 0{,}693$. ◀

Stellkoppelgetriebe (Abb. 15.43) sind Planeten-Koppelgetriebe, die als Nebengetriebe ein Stellgetriebe mit stufenlos verstellbarer Übersetzung $i_{\mathrm{f'a'}}$ enthalten und damit auch eine stufenlos verstellbare Gesamtübersetzung i_{IS} bieten. Ihre Wirkungsweise entspricht derjenigen eines Überlagerungsgetriebes mit stufenlos veränderlichen Drehzahlen, Abb. 15.38, bei dem statt eines drehzahlveränderlichen Nebenmotors N ein Nebengetriebe N mit stufenlos veränderlicher Übersetzung eingesetzt wird, Abb. 15.43c. Das Stellverhältnis φ (Stellbereich) eines Stellkoppelgetriebes ist für ein beliebiges Stellverhältnis φ' des

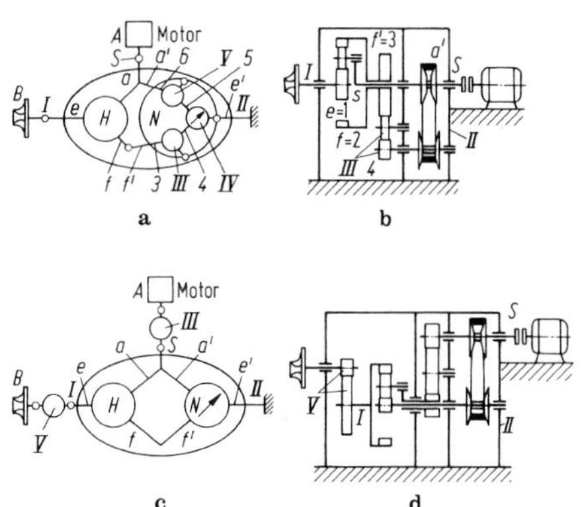

Abb. 15.43 Stellkoppelgetriebe mit stufenlos verstellbarem Keilriemengetriebe [78]. **a** Symbol einer Ausführung mit zum Nebengetriebe zählenden Ergänzungsgetrieben *III* und *V*; **b** Räderschema eines Stellkoppelgetriebes nach **a** mit Ergänzungsgetriebe *III*; **c** symbolische Darstellung mit äußeren Ergänzungsgetrieben *III* und *V*; **d** Räderschema eines Getriebes nach **c** mit Ergänzungsgetriebe *V* und einem zusätzlichen zweistufigen Getriebe mit $i = 1$ zur Achsabstandsüberbrückung

Nebengetriebes N bei geeigneter Auslegung des Hauptgetriebes H beliebig wählbar. In der Regel wird als Nebengetriebe ein handelsübliches Stellgetriebe verwendet, dessen Gehäuse als festgehaltene „Stegwelle" der Einzelwelle e' des Nebengetriebes entspricht. Die Berechnung erfolgt, wie für Planeten-Koppelgetriebe mit konstanter Übersetzung, je einmal für die beiden Übersetzungsgrenzen des Stellbereichs. Dabei werden alle einander zugeordneten Größen an einer beliebigen der beiden Übersetzungsgrenzen mit $^\circ$, die entsprechenden Werte der anderen Übersetzungsgrenze mit * bezeichnet. Damit werden die Stellverhältnisse φ des Koppelgetriebes und φ' des Nebengetriebes wie folgt definiert:

$$\varphi = i^\circ_{\mathrm{IS}}/i^*_{\mathrm{IS}}, \quad \varphi' = i^\circ_{\mathrm{f'a'}}/i^*_{\mathrm{f'a'}} \tag{15.136}$$

Bei Drehzahlumkehr innerhalb eines Stellbereichs werden φ und/oder φ' negativ. Der durch das Nebengetriebe fließende Anteil ε_0 der äußeren Leistung lässt sich bei *reibungsfrei* (Index 0) gedachtem Betrieb bereits aus den Stellverhältnissen abschätzen: Mit ε_0 nach Gl. (15.135) werden an den Stellgrenzen

$$\varepsilon^*_0 = (1 - \varphi)/(1 - \varphi'), \qquad \varepsilon^\circ_0 = \varepsilon^*_0\,\varphi'/\varphi\,.$$

Abb. 15.39 zeigt die Bereiche für $\varepsilon_0 < |0{,}5|$ und $\varepsilon_0 > |0{,}5|$ für die möglichen Kombinationen der Stellverhältnisse φ und φ'. Zur Verwirklichung der vorgegebenen Stellverhältnisse φ und φ' ist ein Planetengetriebe mit der Übersetzung i_{ea} zwischen den Wellen e und a bei stillstehend gedachter Welle f auszulegen. Je nachdem, ob dabei von der Übersetzungsgrenze i^*_{IS} oder $i^*_{f'a'}$ ausgegangen wird, ergibt sich

$$i_{ea} = i^*_{IS}(\varphi - \varphi')/(1 - \varphi') \qquad (15.137)$$

oder

$$1/i_{ea} = 1 + (1 - \varphi)/[i^*_{f'a'}(\varphi - \varphi')] \,. \qquad (15.138)$$

Die jeweils nicht vorgegebene Übersetzungsgrenze $i^*_{f'a'}$ bzw. i^*_{IS} ergibt sich dann mit $k_{fa} = i_{f'a'}$ aus Gl. (15.134). Sie weicht in der Regel von der gewollten Sollübersetzung i_{soll} ab, sodass Ergänzungsgetriebe *III* und/oder *V* nach Abb. 15.43a,b bei Auslegung mit Gl. (15.137) oder nach Abb. 15.43c,d mit Gl. (15.138) erforderlich sind. Die Übersetzungen dieser Ergänzungsgetriebe werden sinngemäß wie in Unterabschnitt Abschn. 15.9.7 Überlagerungsgetriebe bestimmt. Die Zuordnung von i_{IS} zu $i_{f'a'}$ ergibt sich für beliebige Betriebspunkte innerhalb des Stellbereichs aus Gl. (15.134), ausführlicher s. [78].

Reduzierte Planeten-Koppelgetriebe sind Planeten-Koppelgetriebe, bei denen die Stege der beiden Teilgetriebe die freie Koppelwelle ff' (Abb. 15.42d) bilden und dadurch zu einem Bauteil zusammengefasst werden können. Außerdem sind die auf der angeschlossenen Koppelwelle sitzenden Zahnräder der beiden Teilgetriebe und die mit ihnen kämmenden Planetenräder gleich groß; sie lassen sich deshalb auf ein einziges Räderpaar reduzieren [67, 79], Abb. 15.44. Ein gegebenes reduziertes Koppelgetriebe lässt sich jedoch zu drei verschiedenen Planeten-Koppelgetrieben erweitern, je nachdem, ob Welle A, B oder C als dessen angeschlossene Koppelwelle S betrachtet wird. Alle drei haben bezüglich der Wellen A, B und C das gleiche Drehzahlverhalten und sind deshalb kinematisch gleichwertig, jedoch können ihre Wirkungsgrade erheblich voneinander abweichen. Das einzige, dem reduzierten Koppelgetriebe „wirkungsgleiche" einfache Koppelgetriebe ist dasjenige, bei dem die Drehmomente der zur angeschlossenen Koppelwelle gehörigen Zentralräder gleiche Wirkungsrichtungen haben und somit gleichgerichtete Leistungsflüsse erzeugen. Sein Kennzeichen: Seine Einzelwellen *I* und *II* bilden je eine Differenz- und eine Summenwelle ihres Teilgetriebes, Abschn. 15.9.4 [67, 69]. Dieses hat zugleich den höchsten Wirkungsgrad. Seine Ermittlung geschieht durch einen einfachen Formalismus [69]: Ist eine Standübersetzung $i_{xy} > 1$, so ist y Summenwelle, andernfalls, also auch bei negativer Standübersetzung, ist y eine Differenzwelle. Man bezeichne nacheinander die Welle S in Abb. 15.44b–d mit x und die jeweils mit *I* und *II* verbundenen Wellen der Teilgetriebe *I*, *II* und *III* mit y. Dann wird i_{12} oder i_{21} zu i_{xy}. In Abb. 15.44 sind die Summenwellen in den Symbolen durch Doppelstriche markiert. Kombination Abb. 15.44c erweist sich als das wirkungsgleiche Planeten-Koppelgetriebe, das nun stellvertretend für das reduzierte Koppelgetriebe analysiert wird, wie es zum Abb. 15.42 beschrieben wurde.

15.10 Gestaltung der Zahnradgetriebe

Die hier angegebenen Regeln und Anhaltswerte basieren auf vielen ausgeführten Konstruktionen im Maschinenbau für mittlere Verhältnisse. Die so ermittelten Maße sind sinnvoll aufzurunden. Andere Abmessungen sind nach Erfahrungen in bestimmten Bereichen oder nach Einzeluntersuchungen zweckmäßig oder notwendig. Wenn möglich, sind Festigkeit und Steifigkeit nachzurechnen.

15.10.1 Bauarten

15.10.1.1 Stirnradgetriebe

Normalbauform nach Abb. 15.45a,b – einfach, betriebssicher, gut zugänglich.

Koaxialer An- und Abtrieb. Nach Abb. 15.45c kleinere und leichtere Getriebe, durch Last-

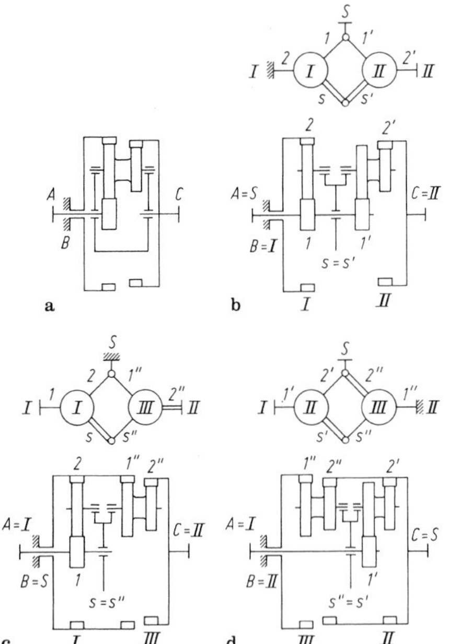

Abb. 15.44 Reduziertes Planeten-Koppelgetriebe. **a** Schema des reduzierten Koppelgetriebes; **b** bis **d** schematische Darstellung und Symbole (mit Doppelstrich für Summenwelle) der drei davon herleitbaren kinematisch gleichwertigen einfachen Planeten-Koppelgetriebe mit **c** als dem wirkungsgleichen

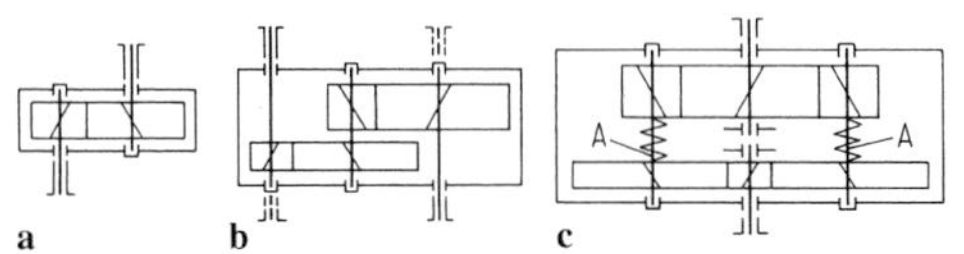

Abb. 15.45 Getriebe mit seitlich versetztem An- und Abtrieb. **a** einstufig für $i < 6\,(8)$; **b** zweistufig für $6 < i < 25\,(35)$, Ritzel der 1. Stufe so angeordnet, dass Verdrehung und Biegung entgegenwirken; **c** Getriebe mit koaxialem An- und Abtrieb mit Leistungsverzweigung und drehelastischen Wellen

ausgleichsmomente wird innere Leistungsverzweigung erreicht, siehe auch Planetengetriebe (s. Abschn. 15.9).

Aufteilung der Gesamtübersetzung für die Bedingung: Minimales Gesamtvolumen der Räder, freie Wahl von b/d oder b/a (überprüfen nach Tab. 15.8); Index I erste Stufe usw. $\sigma_{\mathrm{H\,lim}}$-Werte siehe Tab. 15.14.

Zweistufiges Getriebe:

$$u_{\mathrm{I}} \approx 0{,}8 \frac{u\sigma_{\mathrm{H\,lim\,I}}}{\sigma_{\mathrm{H\,lim\,II}}}^{2/3} . \tag{15.139}$$

Dreistufiges Getriebe:

$$u_{\mathrm{I}} \approx 0{,}6u^{4/7} \frac{\sigma_{\mathrm{H\,lim\,I}}}{\sigma_{\mathrm{H\,lim\,II}}}^{2/7} \frac{\sigma_{\mathrm{H\,lim\,I}}}{\sigma_{\mathrm{H\,lim\,II}}}^{4/7} , \tag{15.140}$$

$$u_{\mathrm{II}} \approx 1{,}1u^{2/7} \frac{\sigma_{\mathrm{H\,lim\,II}}}{\sigma_{\mathrm{H\,lim\,I}}}^{4/7} \frac{\sigma_{\mathrm{H\,lim\,II}}}{\sigma_{\mathrm{H\,lim\,III}}}^{2/7} . \tag{15.141}$$

$$\text{Gesamt } u = u_{\mathrm{I}} u_{\mathrm{II}} \ldots \tag{15.142}$$

15.10.1.2 Kegel-Stirnradgetriebe

Für $i > (3 \ldots 5)$ nach Abb. 15.46 steifer und kostengünstiger als Kegelradgetriebe (große Tellerräder, dünne Ritzelwellen). Meist Kegelräder in 1. Stufe (für größere Momente in 2. und 3. Stufe Stirnräder kostengünstiger und unempfindlicher); Ausnahme: Schnellaufende Getriebe mit hohen Geräuschanforderungen [1] oder Baukastengetriebe [80].

a zur *Entlastung* der Zahnenden: bei $b > 10\,m$: $h_{\mathrm{A}} \approx m$, bei $b < m$: $h_{\mathrm{A}} \approx 1 + 0{,}1\,m$.

P_1 *Richtflächen* (innen oder außen) für Zahnräder, die nicht auf Welle oder Spanndorn verzahnt werden können, ab ca. 700 mm Durchmesser: $h_{\mathrm{P}} \approx 0{,}1$ mm, $b_{\mathrm{P}} \approx 10$ mm. 2. Richtfläche P_2 bei $b > 500$ mm.

Planlaufabweichung: N bei $v_{\mathrm{t}} \leqq 25\,\mathrm{m/s}$, T bei $v_{\mathrm{t}} > 25\,\mathrm{m/s}$.

Transport-, *Spann-* und *Erleichterungslöcher*, Anzahl n:

$$\begin{aligned} d_{\mathrm{a}} &< 300: && \text{– (Spannen durch Bohrung)} \\ 300 < d_{\mathrm{a}} &< 500: && n = 4, \\ 500 < d_{\mathrm{a}} &< 1500: && n = 5, \\ 1500 < d_{\mathrm{a}} &< 3000: && n = 6, \\ d_{\mathrm{a}} &> 3000: && n = 8, \end{aligned}$$

(Spannmöglichkeit der Werkstatt prüfen) – keine Löcher bei Schnelllaufgetrieben; bei Vollscheibenrädern schwerer als 15 kg Gewindesacklöcher G zum Transport.

Nabendurchmesser. $d_{\mathrm{N}} = (1{,}2 \ldots 1{,}6)d_{\mathrm{sh}}$ (je nach Werkstoff, Schrumpf; kleine Werte bei großem d_{sh}); Nabenbreite $b_{\mathrm{N}} \geqq d_{\mathrm{sh}}$ und $b_{\mathrm{N}} \geqq d_{\mathrm{a}}/6$ (bei Schrägverzahnung Kippen durch Aufhebung des Spiels oder Klaffen des Schrumpfsitzes prüfen). – V Vorstehende Nabe vermeiden.

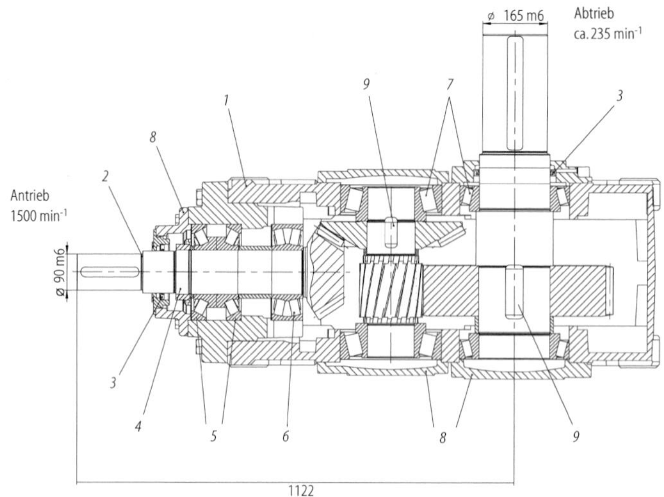

Abb. 15.46 Kegelstirnradgetriebe aus einem Getriebebaukastensystem (SEW-Eurodrive, Bruchsal). Nennleistung $P = 1{,}16\,\text{MW}$, Tauchschmierung 80 l Öl, Gewicht ohne Öl 1300 kg, Ölstandkontrolle durch Ölmessstab, Ölniveauglas oder Ölniveauwächter, Stirn- und Kegelräder einsatzgehärtet und geschliffen. Gehäuse *1* in Monoblockausführung, Anschlag für Kupplungsnabe an Wellenschulter *2*, Schutz des Wellendichtrings *3* durch Staubschutzdeckel, Fest-Los-Lagerung der Kegelritzelwelle *4* durch ein gepaartes Kegelrollenlagerpaar *5* und ein Pendelrollenlager *6*, Lagerung der Zwischen- und Abtriebswelle durch Kegelrollenlager in X-Anordnung *7*, Einstellung der Lagerungen durch Deckel mit Zentrierrand *8* sowie mit Beilegscheiben, Formschlüssige Welle-Nabe-Verbindung (z. B. für Hubanwendungen) durch Passfedern *9*

b zum *Schutz* gegen *Transportschäden*:

- Kantenbruch $a \approx 0{,}5 + 0{,}01 d_{\text{sh}}$,
- Kopfkantenbruch $k \approx 0{,}2 + 0{,}045\, m$,
- Stirnkantenbruch $t \approx 3\, k$.

Kanten*abrundung* mit Radius $\approx k$ bzw. t bei höchsten Anforderungen (z. B. Flugzeuggetriebe) und nitrierten Verzahnungen (s. auch Abschn. 15.4).

c *Restnabendicke:*

- ungehärtet oder nitriert $h_{\text{R}} > 2{,}5\, m$,
- Einsatz-, Flamm-, Induktions-, Flanken-, oder
- Lückenhärtung $h_{\text{R}} > 3{,}5\, m$,
- flamm- oder induktive Umlaufhärtung $h_{\text{R}} > 6\, m$

(Lage der Passfeder und Schrumpfspannung beachten).

Bei *Oberflächenhärtung* angeben, welche Bereiche weich bleiben müssen, z. B. Gewindelöcher, evtl. Bohrungen).

15.10.1.3 Schnecken-Stirnradgetriebe

Je nach Baugröße ab $i > 12$ wirtschaftlich. Möglichst Schneckengetriebe in 1. Stufe (Wirkungsgrad, Geräusch, Baugröße); Ausnahme: Wenn Stirnritzel direkt auf Motorwelle sitzt, z. B. bei Getriebemotoren (keine Kupplung, keine gesonderte Ritzellagerung erforderlich).

15.10.2 Anschluss an Motor und Arbeitsmaschine

Bei *Getriebemotoren* bis 50 kW (meist 0,4 bis 4 kW) E-Motor oft direkt am Getriebe angeflanscht (keine Kupplung, keine getrennte Aufstellung, kein Ausrichten).

Bei *größeren Leistungen* meist getrennte Aufstellung, Anschluss an Motor und Arbeitsmaschine durch Ausgleichkupplungen (s. Kap. 10). Durch Quer- und Winkelversatz oder überhängende Kupplungen, Axialbewegungen des Motorankers und des Abtriebs können – trotz Ausgleichkupplungen – erhebliche Kräfte eingeleitet werden (bei Dimensionierung der Lager, Gehäuse, Wellen und Kraftaufteilung auf zwei Pfeilhälften beachten!). Dies trifft bei Zapfen-(Aufsteck-)getrieben für die Abtriebswelle nicht zu, bei angeflanschtem Motor auch nicht für die Antriebsseite. Die Getriebe-Abtriebswelle ist fest mit der Welle der Arbeitsmaschine verbunden, das Getriebe reitet auf ihr. Getriebegewicht und Querkräfte aus dem Abstützmoment müssen von dieser Welle und einer Drehmomentstütze aufgenommen werden.

15.10.3 Gestalten und Bemaßen der Zahnräder

Fertig – einschließlich Verzahnung – gegossene (auch Spritzguss-)Zahnräder bei kleinen Abmessungen, geringen Beanspruchungen und großen Stückzahlen, evtl. mit angegossenen Nocken, Klauen usw., für hohe Belastungen auch fertiggeschmiedet (z. B. Differentialkegelräder). Im Maschinenbau für kleine und mittlere Abmessungen meist *Voll-* oder *konturgedrehte* Scheibenräder; bei größeren Abmessungen haben *geschweißte* Räder (auch bei Legierungsstählen bis 300 HB evtl. 340 HB) Guss-, Schrumpf- und Schraubkonstruktionen weitgehend verdrängt (s. Abschn. 15.4).

15.10.3.1 Zahnradbauarten

Bei $d < 500$ mm und Serien – gesenkgeschmiedet, bei Einzelfertigung – Vollscheiben oder Stegräder (Leichtbau) aus geschmiedetem Rundmaterial; bei $500 < d < 1200$ mm Scheibenräder oder Stegräder freiformgeschmiedet oder/und evtl. konturgedreht, bei hohen Sicherheitsanforderungen auch für größere Abmessungen; bei $d > 700$ mm meist geschweißt ($b/d <$ 0,15 . . . 0,20: Einscheiben-, darüber Zweischeiben-, $b >$ 1000 . . . 1500 mm: Dreischeibenräder). – Übergang bei den kleineren Werten bei hoher Beanspruchung, dicker Bandage, senkrechter Welle, wenn hohe axiale Steifigkeit nötig (großes β), bei feinerer Verzahnungsqualität (Steifigkeit beim Verzahnen)!

Allgemeine Gestaltungsregeln. Abb. 15.47. Wenn h_R den hier angegebenen Grenzwert unterschreitet, muss die Verzahnung in die Welle geschnitten werden. Bei aufgeschrumpften, dünnen Zahnkränzen Schrumpfspannung und Zahnfußbeanspruchung beachten [81]. – Stets prüfen, ob Spannen zum Verzahnen und Verzahnungschleifen möglich.

Angaben für Verzahnungen und Radkörpermaße in Zeichnungen s. DIN 3966 und DIN 7184.

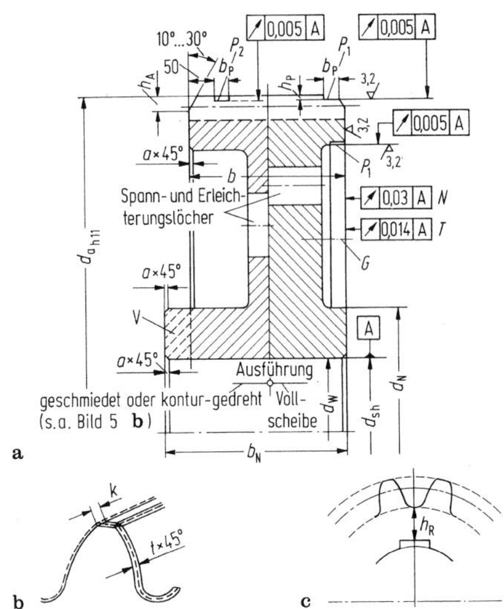

Abb. 15.47 Radkörperabmessungen – allgemein

15.10.4 Gestalten der Gehäuse

Meist Gesamtgehäuse als tragende Konstruktion, Beispiele s. Abb. 15.46 und 15.35.

Bei größeren Getrieben mitunter steifer Unterkasten mit aufgesetzten Lageroberteilen. Oberkasten hat dann nur Schutzfunktion, gute Inspizierbarkeit [1].

15.10.4.1 Allgemeine Gestaltungsregeln

Gegossene Gehäuse bei mehr als drei Stück vorzugsweise aus GG 20 (EN-GJL-200), Großgetriebe GG 18 (EN-GJL-180) (leicht vergießbar, Schwund und Verzug gering, leicht zerspanbar), GGG 40 (EN_GJS-400-18), GS 38.1 (GE 200) (schweißbar!) (höhere Festigkeit, schwierigere Verarbeitung). Bei Leichtmetallen höhere Wärmedehnung und geringere Steifigkeit beachten.

Geschweißte Gehäuse ermöglichen Gewichtsersparnis (Versteifung durch Rippen oder Profile); geeignet für Einzelfertigung und Stoßbeanspruchung. Werkstoff meist St 37-1 (P 235 TR 1) oder 2 (S 235 JRG 2) (hochbeansprucht: St 52-3 (S 355 J 2 G 3, S 355 JO).

Ungeteilte Gehäuse bei Kleingetrieben bevorzugt; Einbau durch seitliche Öffnungen. Im Übrigen *waagerechte Teilfuge* in Wellenebene günstig für Abdichtung, Montage, Inspektion.

Lagerschrauben entsprechend statischer Zahnfußtragfähigkeit auslegen. Anziehen auf 70 bis 80 % R_e. – Mindestens 2 *Passstifte* ($d \approx$ 0,8 Flanschschraubendurchmesser) im Teilfugen-Flansch vorsehen, bei größeren Getrieben weitere nahe den Lagern. – *Schrauben* im *Getriebeinneren* sichern. – Im Oberflansch mind. zwei gegenüberliegende Gewinde für *Abdrückschrauben* vorsehen.

Fußschrauben aus Abstützmoment des Getriebes berechnen. – Bei Stahlrahmenfundamenten *Passstifte* und **Einstellschrauben** (mit Feingewinde) im Getriebefuß zweckmäßig.

Abstand zwischen Rädern und Gehäusewänden groß genug, um Einklemmen von Bruchstücken zu vermeiden. Abstand zwischen Rädern sowie zwischen Rädern und Gehäusewänden seitlich und am Durchmesser nach Zahlenwertgleichung

$$s_A \approx 2 + 3\,m + B \quad \text{mit}$$
$$B = 0{,}65(v_t - 25) \geqq 0, \quad (v_t \text{ in m/s})$$

zum Boden etwa 2 s_A, sofern der Ölvorrat ausreicht. Bei Einspritzschmierung große Ablauföffnung wichtig: Durchmesser ca. $(3\ldots4)s_A$.

Bei Tauchschmierung *Ölablassschraube* (evtl. mit Magnetkerze s. unten) an der tiefsten Stelle. Neigung des Getriebebodens zur Ablassöffnung 5 bis 10 %.

Ausrichtflächen bei größeren Getrieben an den Schmalseiten des Unterflansches ca. 120 mm × 40 mm vorstehend, bei Großgetrieben auch an den äußeren Lagerstellen.

Bearbeitung der Flanschflächen $R_z = 25\,\mu\text{m}$, Lagersitze und Lagerstirnflächen $R_z = 16\,\mu\text{m}$, Schaulochdeckel, Fußflächen $R_z = 100\,\mu\text{m}$.

Schaulochdeckel soll Inspektion aller Zahneingriffe über die ganze Zahnbreite und der Schmierölversorgung gestatten. Bei Verliergefahr Klappdeckel und -schrauben vorsehen (z. B. bei Krangetrieben).

Durchgangsbohrungen zum Gehäuseinneren vermeiden (Öldichtigkeit).

Hebenasen, Ringschrauben o. ä. zum Abheben des Oberkastens und zum Heben des Getriebes (am Unterkasten) vorsehen.

Entlüftung zum Druckausgleich mit Filter (gegen Schmutz und Feuchtigkeit) an der höchsten Stelle (Spritzrichtung beachten!). – Bei Tauchschmierung *Schauglas* oder *Peilstab* erforderlich. Der Peilstab kann mit *Magnetkerze* versehen werden (Verschleißkontrolle). Bei Einspritzschmierung Anschlüsse für Überwachung von *Öldruck, Durchflussmenge, Temperatur* [1].

Gehäuseabmessungen werden durch die Formsteifigkeit (nicht die Festigkeit) bestimmt. Anhaltswerte siehe Tab. 15.26.

15.10.5 Lagerung

Wälzlager durchweg bevorzugt (s. Kap. 11). *Gleitlager* nur bei Schnellaufgetrieben (etwa $v_t > 30\,\text{m/s}$), sehr großen Abmessungen oder besonderer Laufruhe (s. Kap. 12).

Lager möglichst *dicht* neben den Zahnrädern (Mindestabstand s. Abschn. 15.10.4), jedoch Mindest-Lagerabstand $0{,}7d_2$ (Auswirkung von Achsabstandsabweichungen, Lagersteifigkeit, Kippmoment aus Axialkraft).

Fliegende Lagerung vermeiden. Gegebenenfalls Lagerabstand ca. 2- bis 3mal Überhang wählen, Wellendurchmesser > Überhang.

Tab. 15.26 Anhaltswerte für die Maße von Getriebegehäusen (L = größte Gehäuselänge in mm)

Bauteil	Bez.	Gusskonstruktion	Schweißkonstruktion
Wanddicke für Unterkasten	w_W[a]		
a) ungehärtetet Verzahnung			
GG		$0{,}007L + 6$ mm[b]	$0{,}004L + 4$ mm
GGG, GS		$0{,}005L + 4$ mm	
b) gehärtete Verzahnung			
GG		$0{,}010L + 6$ mm[b]	$0{,}005L + 4$ mm
GGG, GS		$0{,}007L + 4$ mm	
minimal		GG, GGG: 8 mm; GS: 12 mm	4 mm
maximal		50 mm	25 mm
mittragender Oberkasten, Lagerdeckel	w_O[c]	$0{,}8w_W$	$0{,}8w_W$
nicht mittragende Haube	w_H[c]	$0{,}5w_W$	$0{,}5w_W$
Versteifungs- und Kühlrippen	w_R	0,7 · Dicke der zu versteifenden Wände	
Flanschdicke	w_F[d]	$1{,}5w_W$	$2w_W$
Flanschbreite (vorstehender Teil)	b_F	$3w_W + 10$ mm	$4w_W + 10$ mm
durchgehende Fußleiste mit Ausnehmung	w_L	$3w_W$ (Wanddicke w_W)	
durchgehende Fußleiste ohne Ausnehmung	w_L	$1{,}8w_W$	$3{,}5w_W$
durchgehende Quer-Fußleiste	w_Q	$1{,}5w_W$	$1{,}5w_W$
Breite der Fußleiste (vorstehender Teil)	b_L	$3{,}5w_W + 15$ mm	$4{,}5w_W + 15$ mm
Außendurchmesser der Lagergehäuse	D_G	1,2 · Lageraußendurchmesser	
Lagerschraubendurchmesser[e]	d_S	$2w_W$	$3w_W$
Flanschschraubendurchmesser[f]	d_F	$1{,}2w_W$	$1{,}5w_W$
Abstand der Flanschschrauben	L_F	$(6\ldots10)d_F$[g]	$(6\ldots10)d_F$[g]
Fundamentschrauben[h]	d_U	$1{,}6w_W$	$2w_W$
Schaulochdeckelschrauben	d_D	$0{,}8w_W$	$1w_W$

[a] Bei Getrieben ab ca. $L = 3000$ mm, Unterkasten oft doppelwandig mit 70 % der o. a. Wanddicke.
[b] Bei Turbogetrieben: + ca. 10 mm (Schwingungs- und Geräuschdämpfung).
[c] Evtl. dicker, entsprechend gefordertem Geräuschpegel.
[d] Für Durchsteckschrauben.
[e] Möglichst dicht am Lager.
[f] = Abdrückschraubendurchmesser
[g] Je nach Dichtigkeitsandorderungen.
[h] Anzahl $\approx 2 \times$ Anzahl der Lagerschrauben.

Bei *Doppelschrägverzahnung* nur eine Welle axial festlegen, i. Allg. die Radwelle (mit den größeren Massen; über die oft größere Axialkräfte von außen eingeleitet werden).

Bei *kleinen* Getrieben meist Rillen-Kugellager, Fest-Los-Lagerung wirtschaftlich, bei *mittleren* Größen Rillenkugellager als Festlager, Zylinderrollenlager als Loslager oder Kegelrollenlager in 0-Anordnung (sofern Lagerabstand nicht zu groß). – Bei *Gerad-* oder *Schräg*stirnrädern mit $F_a/F_r \leqq 0{,}3$ Zylinderrollenlager möglich. – *Hohe Axialkräfte* in getrennten Axiallagern aufnehmen:

Vierpunktlager (auch bei Umkehr der Axialkraft),

Pendelrollenlager bis $F_a/F_r = 0{,}55$; hierbei beachten: Bei $F_a/F_r > 0{,}1\ldots0{,}25$ zentrieren die Lager ein, darunter nicht; evtl. Schiefstellung bei Umkehr der Axialkraft und relativ großes Axialspiel beachten. *Zweireihige Kegelrollenlager* für hohe Axialkräfte und Richtungswechsel geeignet, Abb. 15.35.

Einstellbare Lagerung z. B. durch Exzenterbüchsen bei Groß- und Schnellaufgetrieben zum Einstellen des Tragbildes angewendet.

Lagerschmierung bei Seriengetrieben durch Spritzöl oder durch Ölfangtaschen, von denen aus Öl oder Bohrungen ($d \approx 0{,}01 \times$ Lageraußendurchmesser, mindestens 3 mm) hinter die Lager geleitet wird. Bei Groß- und Schnellaufgetrieben meist Einspritzschmierung (Öldüsendurchmesser $\geqq$ 2,5 mm wegen Verstopfungsgefahr, entsprechend ca. 3 l/min); Ölrücklauf aus dem Raum hinter dem Lager durch Bohrung ($d \approx 0{,}03 \times$ Lageraußendurchmesser, mindestens 10 mm oder mehrere Bohrungen) sicherstellen (in der Höhe der unteren Wälzkörper, dadurch Ölvorrat für Anfahren).

Anhang

Tab. 15.27 Evolventenfunktion ev $\alpha = \tan\alpha - \operatorname{arc}\alpha$ (neue Schreibweise: inv $\alpha = \tan\alpha - \operatorname{arc}\alpha$)

$\alpha°$	0′	10′	20′	30′	40′	50′
12	0,003117	0,003250	0,003387	0,003528	0,003673	0,003822
13	0,003975	4132	4294	4459	4629	4803
14	0,004982	5165	5353	5545	5742	5943
15	0,006150	6361	6577	6798	7025	7256
16	0,007493	7735	7982	8234	8492	8756
17	0,009025	9299	9580	9866	10158	10456
18	0,010760	11071	11387	11709	12038	12373
19	0,012715	13063	13418	13779	14148	14523
20	0,014904	0,015293	0,015689	0,016092	0,016502	0,016920
21	0,017345	17777	18217	18665	19120	19583
22	0,020054	20533	21019	21514	22018	22529
23	0,023049	23577	24114	24660	25214	25777
24	0,026350	26931	27521	28121	28729	29348
25	0,029975	30613	31260	31917	32583	33260
26	0,033947	34644	35352	36069	36798	37537
27	0,038287	39047	39819	40602	41395	42201
28	0,043017	43845	44685	45537	46400	47276
29	0,048164	49064	49976	50901	51838	52788
30	0,053751	0,054728	0,055717	0,056720	0,057736	0,058765

Literatur

Spezielle Literatur

1. Niemann, G., Winter, H.: Maschinenelemente, Bd. II u. III, 2. Aufl. Springer, Berlin (1989)
2. Rettig, H., Plewe, H.-J.: Lebensdauer und Verschleißverhalten langsam laufender Zahnräder. Antriebstechnik **16**, 357–361 (1977)
3. Winter, H.: Die tragfähigste Evolventen-Geradverzahnung. Vieweg, Braunschweig (1954)
4. Seifried, A., Bürkle, R.: Die Berührung der Zahnflanken von Evolventenschraubenrädern, Werkst. u. Betr. **101**, 183–187 (1968)
5. Dudley, D. W.: Gear Handbook. McGraw-Hill, New York (1962)
6. Richter, W.: Auslegung profilverschobener Außenverzahnungen. Konstruktion **14**, 189–196 (1962)
7. Piepka, E.: Eingriffsstörungen bei Evolventen-Innerverzahnung. VDI-Z **112**, 215–222 (1970)
8. Clarenbach, J., Körner, G., Wolkenstein, R.: Geometrische Auslegung von zylindrischen Innenradpaaren – Erläuterung zum Normentwurf DIN 3993. Antriebstechnik (1975) 651–658
9. Erney, G.: Auslegung von Evolventen-Innenverzahnungen. Antriebstechnik **14**, 625–629 (1975)
10. Pohl, F.: Betriebshütte, Bd. I, Abschn. Kegelradbearbeitung und Maschinen für Kegelradbearbeitung. Ernst & Sohn, Berlin (1957)
11. Niemann, G.: Novikov-Verzahnung und andere Sonderverzahnungen für hohe Tragfähigkeit. VDI-Ber. **47**, 5–12 (1961)
12. Shotter, B. A.: Experiences with Conformal/WN-gearing. World Congress on Gearing, Paris 1977, Vol. I, p. 527
13. Grodzinski, P.: Eccentric gear mechanisms. Mach. Design **25**, 141–150 (1953)
14. Miano, S. V.: Twin eccentric gears. Prod. Eng. **33**, 47–51 (1962), s. auch [18]
15. Benford, R. L.: Customized motions. Mach. design **40**, 151–154 (1968)
16. Federn, K., Müller, K.-H., Pourabdolrahim, R.: Drehschwingprüfmaschine für umlaufende Maschinenelemente. Konstruktion **26**, 340–349 (1974)
17. Mitome, K., Ishida, K.: Eccentric gearing. Trans. ASME J. Eng. Ind (1974) 94–100
18. Ernst, H.: Die Hebezeuge, Bd. I. Vieweg, Braunschweig (1973)
19. Chironis, N. P.: Gear design and application. New York: McGraw-Hill 1967; enthält Aufsätze von: *Bloomfield, B.:* Noncircular gears, S. 158–163; *Rappaport, S.:* Elliptical gears of cyclic speed variations, S. 166–168, *Miano, S. V.:* Twin eccentric gears, S. 169–173
20. Cunningham, F., Cunningham, D.: Rediscovering the noncircular gear. Mach. Design **45**, 80–85 (1973)
21. Ludwig, F.: Verwendung eines Koppelgetriebes zum Herstellen wälzverzahnter Ellipsenräder. VDI-Ber. **12**, 139–144 (1956)
22. Ferguson, R. J., Daws, L. F., Kerr, J. H.: The design of a stepless transmission using non-circular gears. Mech. and Mach. Theory **10**, 467–478 (1975)
23. Yokoyama, Y., Ogawa, K., u. a.: Dynamic characteristic of the noncircular planetary gear mechanisms with nonuniform motion. Bull. ISME **17**, 149–156 (1974)
24. Dowson, D., Higginson, G. R.: Elasto-hydrodynamic lubrication. Vieweg, Braunschweig, Pergamon Press, Oxford (1966)
25. Johansson, M., Vesanen, A., Rettig, H.: Austinitisches-bainitisches Gusseisen als Konstruktionswerkstoff im Getriebebau. Antriebstechnik **15**, 593–600 (1976)
26. Winter, H., Weiß, T.: Tragfähigkeitsuntersuchungen an induktions- und flammgehärteten Zahnrädern. Teil I + II. Antriebstechnik **27**, 45–50 (1988), 57–62
27. Walzel, H.: Kann das Nikotrierverfahren das Badnitrieren ersetzen? TZ für prakt. Metallbearb. **70**, 291–294 (1976)
28. Joachim, F.-J.: Untersuchungen zur Grübchenbildung an vergüteten und normalisierten Zahnrädern (Einfluss von Werkstoffpaarung, Oberflächen- und Eigenspannungszustand). Diss. TU München (1984)
29. Knauer, G.: Zur Grübchentragfähigkeit einsatzgehärteter Zahnräder – Einfluss von Werkstoff und Schmierstoff unter besonderer Berücksichtigung des Reinheitsgrades und der Betriebstemperatur. Diss. TU München (1988)
30. Schaller, K.-V.: Betriebsfestigkeitsuntersuchungen zur Grübchenbildung an einsatzgehärteten Stirnradflanken. Diss. TU München (1990)
31. Winter, H., Schönnenbeck, G.: Graufleckigkeit an einsatzgehärteten Zahnrädern: Ermüdung der Werkstoffrandschicht mit möglicherweise schweren Folgeschäden. Antriebstechnik **24**, 53–61 (1985)
32. Dudley, D. W., Winter, H.: Zahnräder. Springer, Berlin (1961)
33. Henriot, G.: Engrenages. Dunod, Paris (1980)
34. Seifried, A.: Über die Auslegung von Stirnradgetrieben. VDI-Z **109**, 236–241 (1967)
35. Emmert, S.: Untersuchungen zur Zahnflankenermüdung (Graufleckigkeit, Grübchenbildung) schnellaufender Stirnradgetriebe. (1994)
36. Winter, H., Wirth, X.: Einfluss von Schleifkerben auf die Zahnfußdauertragfähigkeit oberflächengehärteter Zahnräder. Antriebstechnik **17**, 37–41 (1978)
37. Brinck, P.: Zahnfußtragfähigkeit oberflächengehärteter Stirnräder bei Lastrichtungsumkehr. Diss. TU München (1989)
38. Anzinger, M.: Werkstoff- und Fertigungseinflüsse auf die Zahnfußtragfähigkeit, insbesondere im hohen Zeitfestigkeitsgebiet. Diss. TU München (1991)
39. Michaelis, K.: Die Integraltemperatur zur Beurteilung der Fresstragfähigkeit von Stirnradgetrieben. Diss. TU München (1987)
40. Collenberg, H. F.: Untersuchungen zur Fresstragfähigkeit schnellaufender Stirnradgetriebe. Diss. TU München (1991)

41. Rhenius, K. Th.: Betriebsfestigkeitsrechnungen von Maschinenelementen in Ackerschleppern mit Hilfe von Lastkollektiven. Konstruktion **29**, 85–93 (1977)
42. Maag-Taschenbuch. MAAG AG, Zürich (1985)
43. Keck, K. F.: Die Zahnradpraxis, Teil 1 u. 2. Oldenbourg (1956) und München (1958)
44. Paul, M.: Einfluss von Balligkeit und Lageabweichungen auf die Zahnfußbeanspruchung spiralverzahnter Kegelräder. Diss. TU München (1986)
45. Wech, L.: Untersuchungen zum Wirkungsgrad von Kegelrad- und Hypoidgetrieben. Diss. TU München (1987)
46. Vollhüter, F.: Grübchen- und Zahnfußtragfähigkeit von Kegelrädern mit und ohne Achsversetzung (1992)
47. Keck, K. F.: Die Bestimmung der Verzahnungsabmessung bei kegeligen Schraubgetrieben mit 90° Achswinkel. ATZ 55 (1953) 302–308
48. Coleman, W.: Hypoidgetriebe mit beliebigen Achswinkeln. Automotive Ind., Juni (1974)
49. Richter, M.: Der Verzahnungswirkungsgrad und die Fresstragfähigkeit von Hypoid- und Schraubenradgetrieben. Diss. TU München (1976)
50. Winter, H., Richter, M.: Verzahnungswirkungsgrad und Fresstragfähigkeit von Hypoid- und Schraubenradgetrieben. Antriebstechnik **15**, 211–218 (1976)
51. Krause, W.: Untersuchungen zur Geräuschverhalten evolventenverzahnter Geradstirnräder der Feinwerktechnik. VDI-Ber. 105 (1967)
52. Gavrilenko, V. A., Bezrukov, V. I.: The geometrical design of gear transmissions comprising involute bevel gears. Russ. Eng. J. **56**, 34–38 (1976)
53. Beam, A. S.: Beveloid gearing. Mach. Design. (1954) 220–238
54. Naruse, Ch.: Verschleiß, Tragfähigkeit und Verlustleistung von Schraubenradgetrieben. Diss. TH München (1964)
55. Wetzel, R.: Graphische Bestimmung des Schrägungswinkels für das treibende Rad bei Schraubentrieben mit gegebenem Wellenabstand. Werkst. u. Betr. **88**, 718–719 (1955)
56. Jacobsen, u. a.: Crossed helical gears for high speed automotive applications. Inst. mech. Eng., Proc. of the Automotive Div. (1961/62) 359–384
57. Rohonyi, C.: Berechnung profilverschobener, zylindrischer Schraubenräder. Konstruktion **15**, 453–455 (1963)
58. Heyer, E.: Spielfreie Verzahnungen besonders bei Schneckengetrieben. Industriebl. **54**, 509–512 (1954)
59. Macabrey, C.: Globoid-Schneckengetriebe „Cone-Drive". TZ f. prakt. Metallbearb., Teil I, **58**, 669–672 (1964); Teil II, **59**, 711–714 (1965)
60. Jarchow, F.: Stirnrad-Globoid-Schneckengetriebe. TZ f. prakt. Metallbearb. **60**, 717–722 (1966)
61. Wilkesmann, H.: Berechnung von Schneckengetrieben mit unterschiedlichen Zahnprofilen. Diss. TU München (1974)
62. Holler, R.: Rechnersimulation der Kinematik und 3 D-Messung der Flankengeometrie von Schneckengetrieben und Kegelrädern. Diss. RWTH Aachen (1976)
63. Neupert, K.: Verschleißfähigkeit und Wirkungsgrad von Zylinderschneckengetrieben. Diss. TU München (1990)
64. Mathiak, D.: Untersuchungen über Flankentragfähigkeit, Zahnfußtragfähigkeit und Wirkungsgrad von Zylinderschneckengetrieben. Diss. TU München (1984)
65. Steingröver, K.: Untersuchungen zu Verschleiß, Verlustgrad und Fressen bei Zylinderschneckengetrieben. (1993)
66. Hecking, L.: Schneckengetriebe im Kranbau. dima **3**, 39–41 (1967)
67. Müller, H. W.: Die Umlaufgetriebe, Berechnung, Anwendung, Auslegung. Springer, Berlin (1971)
68. Müller, H. W.: Einheitliche Berechnung von Planetengetrieben. Antriebstechnik **15**, 11–17 (1976), 85–89, 145–149
69. Müller, H. W.: Programmierte Analyse von Planetengetrieben. Antriebstechnik **28**, 6 (1989)
70. Müller, H. W.: Ungleichmäßig übersetzende Umlaufgetriebe. VDI Fortschrittsber. Reihe 1, **159**, 49–64 (1988)
71. Schoo, A.: Verzahnungsverlustleistungen in Planetenradgetrieben. VDI-Ber. **627**, 121–140 (1988)
72. Jarchow, F.: Entwicklungsstand bei Planetengetrieben. VDI-Ber. **672**, 15–44 (1988)
73. Winkelmann, L.: Lastverteilung in Planetengetrieben. VDI-Ber. **672**, 45–74 (1988)
74. Potthoff, H.: Anwendungsgrenzen vollrolliger Planetenrad-Wälzlager. VDI-Ber. **672**, 245–264 (1988)
75. Müller, H. W.: Überlagerungssysteme. VDI-Ber. **618**, 59–78 (1986)
76. Dreher, K.: Rechnergestützte Optimierung von Planeten-Koppelgetrieben. Diss. Darmstadt (1983)
77. Brass, E. A.: Two stage planetary arrangements for the 15 : 1 turboprop reduction gear. ASME Paper 60-SA-1 (1960)
78. Müller, H. W.: Anpassung stufenloser Getriebe an die Kennlinie einer Maschine. Und: Optimierung der Grundanordnung stufenloser Stellgetriebe. Maschinenmarkt **90**, 1968–1971 (1981) 2183–2185
79. Schnetz, K.: Reduzierte Planeten-Koppelgetriebe. Diss. Darmstadt (1976)
80. Hofmann, E.: Neuartige Kegelradgetriebemotoren und Kegelradgetriebe. Antriebstechnik **17**, 271–275 (1978)
81. Lechner, G.: Zahnfußfestigkeit von Zahnradbandagen. Konstruktion **19**, 41–47 (1967)
84. Elstorpff, M.-G.: Einflüsse auf die Grübchentragfähigkeit einsatzgehärteter Stirnräder bis in das höchste Zeitfestigkeitsgebiet (1993)

Weiterführende Literatur

Buckingham, E.: Analytical Mechanics of Gears. McGraw Hill, New York (1949)

Drago, R. J.: Fundamentals of Gear Design. Butterworth, Boston (1988)

Dudley, D. W.: Gear Handbook. McGraw Hill, New York (1962)

Dudley, D. W.: Practical Gear Design. McGraw Hill, New York (1984)

Dudley, D. W., Winter, H.: Zahnräder. Springer, Berlin (1961)

Henriot, G.: Engrenages. Dunod, Paris (1980)

Keck, K. F.: Die Zahnradpraxis, Teil 1 u. 2. Oldenbourg, München (1956) u. (1978)

Maag-Taschenbuch, MAAG AG, Zürich (1985)

Merritt, H. E.: Gear Engineering. Pitman, London (1971)

Niemann, G., Winter, H.: Maschinenelemente. Bd. II u. III, 2. Aufl. Springer, Berlin (1989/86)

Thomas, K. K., Charchut, W.: Die Tragfähigkeit der Zahnräder. Hanser, München (1971)

Zimmer, H. W.: Verzahnungen I, Stirnräder mit geraden und schrägen Zähnen. Springer, Berlin (1968)

Zeitschriften:

Hofschneider, M., Leube, H., Schlötermann, K.: Jahresübersicht Zahnräder und Zahnradgetriebe, Schneckengetriebe. VDI-Z **123**, 943–949 (1981) (erscheint jährlich)

Niemann, G., Richter, W.: Versuchsergebnisse zur Zahnflanken-Tragfähigkeit. Konstruktion **12**, 185–194, 236–241, 269–278, 319–321, 360–364, 397–402 (1960)

Richter, W.: Auslegung profilverschobener Außenverzahnungen. Konstruktion **12**, 189–196 (1962)

Winter, H.: Int. Konferenz Leitungsübertragung und Getriebe. Chicago 1977, Themenübersicht. Antriebstechnik. Paris 1977, Themenübersicht. Antriebstechn. **16**, 580–582 (1977)

ISO-Normen

ISO 53: Bezugsprofil für Stirnräder für den allgemeinen Maschinenbau und den Schwermaschinenbau

ISO 677: Bezugsprofil für geradverzahnte Kegelräder für den allgemeinen Maschinenbau und den Schwermaschinenbau

ISO 701: Internationale Verzahnungsterminologie: Symbole für geometrische Größen

ISO/R 1122: Vokabular für Zahnräder; Geometrische Begriffe

ISO/R 1122, Add. 2: Vokabular für Zahnräder; Geometrische Begriffe, Schneckengetriebe

ISO 1328-1: Stirnräder mit Evolventenverzahnung – ISO Genauigkeitssystem

ISO 1340: Stirnräder; Angaben für die Bestellung

ISO 1341: Geradverzahnte Kegelräder, Angaben für die Bestellung

ISO 2203: Zeichnungen; Darstellung von Zahnrädern

ISO 6336: Tragfähigkeitsberechnung von Stirnrädern

DIN-Normen

DIN Taschenbuch 106. Antriebstechnik 1. Normen über die Verzahnungsterminologie. Beuth, Berlin, Köln (1981)

DIN 37: Zeichnungen; Darstellung von Zahnrädern

DIN 780: Modulreihe für Zahnräder; Moduln für Stirnräder und Zylinderschneckengetriebe

DIN 783: Wellenenden für Zahnradgetriebe mit Wälzlagern

DIN 867: Bezugsprofil für Stirnräder (Zylinderräder) mit Evolventenverzahnung für den allgemeinen Maschinenbau und den Schwermaschinenbau

DIN 868: Allgemeine Begriffe und Bestimmungsgrößen für Zahnräder, Zahnradpaare und Zahnradgetriebe

DIN 3960: Begriffe und Bestimmungsgrößen für Stirnräder (Zylinderräder) und Stirnradpaare (Zylinderradpaare) mit Evolventenverzahnung

DIN 3961: Toleranzen für Stirnradverzahnungen; Grundlagen

DIN 3962: Toleranzen für Stirnradverzahnungen; Zulässige Abweichungen einzelner Bestimmungsgrößen

DIN 3963: Toleranzen für Stirnradverzahnungen; Zulässige Wälzabweichungen einzelner Bestimmungsgrößen

DIN 3963: Toleranzen für Stirnradverzahnungen; Zulässige Wälzabweichungen

DIN 3964: Toleranzen für Stirnradverzahnungen; Gehäuse-Toleranzen

DIN 3966: Angaben für Verzahnungen in Zeichnungen; Angaben für Stirnrad-(Zylinderrad-)Evolventenverzahnungen und Geradzahn-Kegelradverzahnungen

DIN 3967: Getriebe-Passsystem; Flankenspiel, Zahndickenabmaße und Zahndickentoleranzen

DIN 3970: Lehrzahnräder zum Prüfen von Stirnrädern

DIN 3971: Verzahnungen; Bestimmungsgrößen und Fehler an Kegelrädern

DIN 3972: Bezugsprofile von Verzahnwerkzeugen für Evolventenverzahnungen nach DIN 867

DIN 3975: Begriffe und Bestimmungsgrößen für Zylinderschneckengetriebe mit Achsenwinkel 90°

DIN 3976: Zylinderschnecken; Abmessungen, Zuordnung von Achsabständen und Übersetzungen in Schneckengetrieben

DIN 3978: Schrägungswinkel für Stirnradverzahnungen

DIN 3979: Zahnschäden an Zahnradgetrieben; Bezeichnung, Merkmale, Ursachen

DIN 3990: Tragfähigkeitsberechnung von Stirnrädern

DIN 3991: Tragfähigkeitsberechnung von Kegelrädern

DIN 3992: Profilverschiebung bei Stirnrädern mit Außenverzahnung

DIN 3993: Geometrische Auslegung von zylindrischen Innenradpaaren

DIN 3994: Profilverschiebung bei geradverzahnten Stirnrädern mit 05-Verzahnung, Einführung

DIN 3995: Geradverzahnte Außen-Stirnräder mit 05-Verzahnung

DIN 3996: Tragfähigkeit von Zylinder-Schneckengetrieben mit Achswinkel $\Sigma = 90°$

DIN 3998: Benennungen an Zahnrädern und Zahnradpaaren

DIN 3999: Kurzzeichen für Verzahnungen
DIN 58 400: Bezugsprofil für Stirnräder mit Evolventenverzahnung für die Feinwerktechnik
DIN 58 405: Stirnradgetriebe der Feinwerktechnik
DIN 58 420: Lehrzahnräder zum Prüfen von Stirnrädern der Feinwerktechnik
DIN 58 425: Kreisbogenverzahnungen für die Feinwerktechnik
DIN 45 635 T 23: Geräuschmessung an Maschinengetrieben

VDI-Richtlinien

VDI-Richtlinie 2060: Beurteilungsmaßstäbe für den Auswuchtzustand rotierender starrer Körper
VDI-Richtlinie 2159: Getriebegeräusche; Messverfahren – Beurteilung – Messen und Auswerten, Zahlenbeispiele
VDI-Richtlinie 2546: Zahnräder aus thermoplastischen Kunststoffen
VDI-Richtlinie 3720: Lärmarm konstruieren

Ausländische Normen

BS 721
BS 436
AGDA 201.02
AGDA 207.06

16 Getriebetechnik

Burkhard Corves und Hanfried Kerle

16.1 Getriebesystematik

16.1.1 Grundlagen

Getriebedefinition. Getriebe sind mechanische Systeme zum Wandeln oder Übertragen von Bewegungen und Kräften (Drehmomenten). Sie bestehen aus mindestens drei Gliedern, eines davon muss als *Gestell* festgelegt sein [R1]. Hinsichtlich Vollständigkeit unterscheidet man zwischen der *kinematischen Kette*, dem *Mechanismus* und dem *Getriebe*. Der Mechanismus entsteht aus der Kette, wenn von dieser ein Glied als Gestell gewählt wird. Werden die Glieder einer kinematischen Kette mit n Gliedern von i gleich 1 bis n nummeriert, so kann das als Gestell gewählte Glied i als i;0 gekennzeichnet werden. Das Getriebe entsteht aus dem Mechanismus, wenn dieser an einem oder mehreren Gliedern angetrieben wird.

Getriebe zur Bewegungs- und Leistungsübertragung zwischen im Gestell gelagerten Gliedern werden *Übertragungsgetriebe* genannt, Getriebe zum Führen von Punkten auf Gliedern oder von Gliedern insgesamt heißen *Führungsgetriebe* [R1, R2]. Eine Übersicht über die Lösung von Bewegungsproblemen mit Hilfe von Getrieben ist in [R3] zu finden.

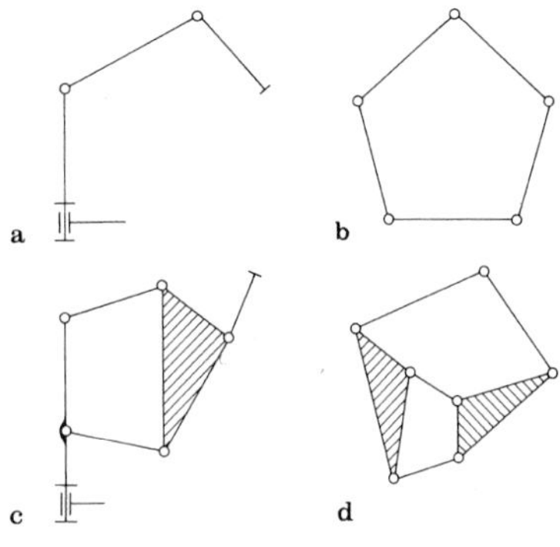

Abb. 16.1 Kinematische Ketten. **a** offen; **b** geschlossen; **c** offen verzweigt; **d** geschlossen verzweigt

Getriebeaufbau. Strukturelle Untersuchungen zur Anzahl und Anordnung der Glieder und der sie verbindenden Gelenke beginnen meist bei der kinematischen Kette. Es gibt *offene* und *geschlossene* sowie *offene verzweigte* und *geschlossene verzweigte* kinematische Ketten, Abb. 16.1. Beim Übergang von der Kette zum Mechanismus wird meist auch die Art des Gelenkes festgelegt.

Punkte auf Gliedern *ebener* Getriebe bewegen sich auf Bahnen in zueinander parallelen Ebenen; Punkte auf Gliedern (allgemein) *räumlicher* Getriebe bewegen sich auf Raumkurven oder auf Bahnen in nicht zueinander parallelen Ebenen [R4]; *sphärische* Getriebe sind spezielle räumliche Getriebe mit Punktbahnen auf konzentrischen Kugeln, Abb. 16.2 [R5].

B. Corves (✉)
RWTH Aachen
Aachen, Deutschland
E-Mail: corves@igm.rwth-aachen.de

H. Kerle
Technische Universität Braunschweig
Braunschweig, Deutschland
E-Mail: h.kerle@t-online.de

B. Bender und D. Göhlich (Hrsg.), *Dubbel Taschenbuch für den Maschinenbau 2: Anwendungen*,
https://doi.org/10.1007/978-3-662-59713-2_16

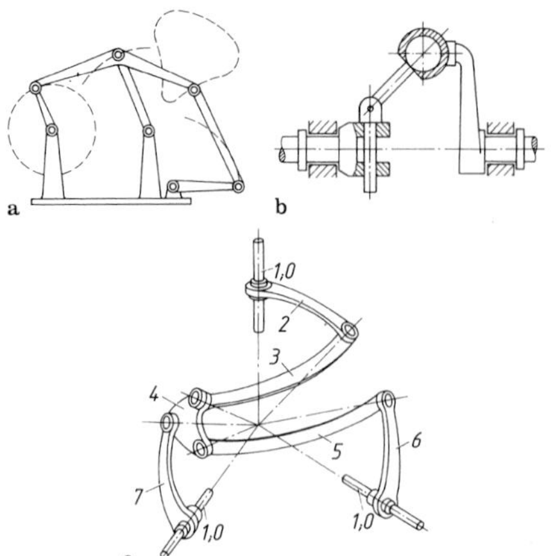

Abb. 16.2 Getriebebeispiele. **a** eben; **b** allgemein räumlich (Wellenkupplung); **c** sphärisch. *1;0* Gestell, *2–7* bewegte Getriebeglieder

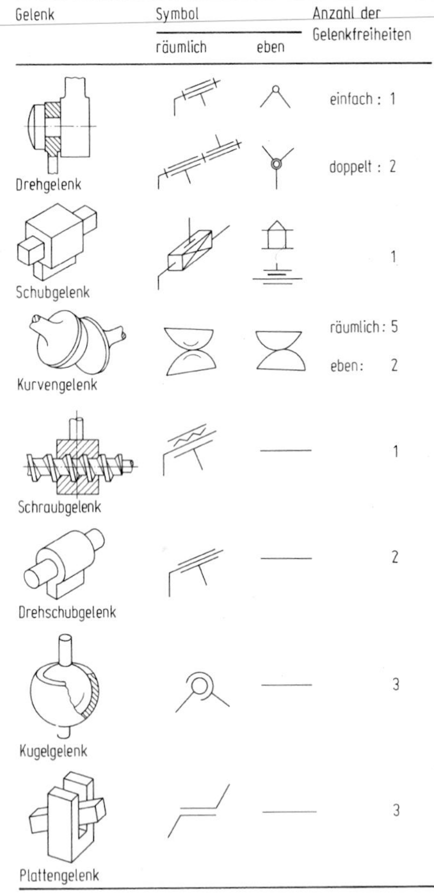

Gelenk	Symbol räumlich	Symbol eben	Anzahl der Gelenkfreiheiten
Drehgelenk			einfach : 1
			doppelt : 2
Schubgelenk			1
Kurvengelenk			räumlich : 5 eben: 2
Schraubgelenk		—	1
Drehschubgelenk		—	2
Kugelgelenk		—	3
Plattengelenk		—	3

Abb. 16.3 Gelenke und Gelenksymbole

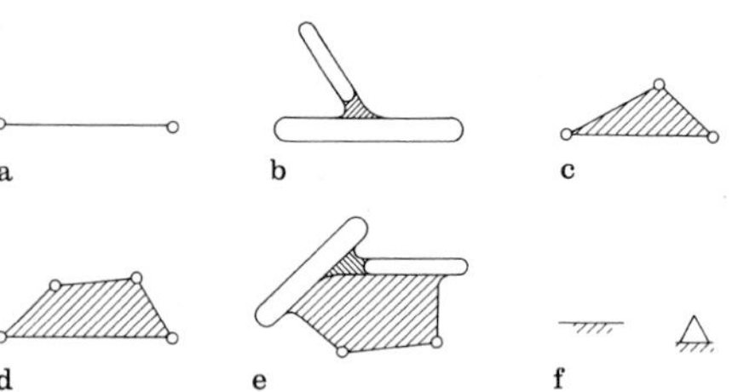

Abb. 16.4 Gliedersymbole für ebene Getriebe. **a** binäres (n_2-)Glied mit zwei Drehgelenkelementen; **b** binäres (n_2-)Glied mit zwei Schubgelenkelementen; **c** ternäres (n_3-)Glied mit drei Drehgelenkelementen; **d** quaternäres (n_4-)Glied mit vier Drehgelenkelementen; **e** quaternäres (n_4-)Glied mit zwei Drehgelenk- und zwei Schubgelenkelementen; **f** Gestellglied

Ein *Elementenpaar* aus zwei sich berührenden Elementen(teilen) bestimmt das *Gelenk*. Ebene Getriebe brauchen zum Aufbau ebene Gelenke mit bis zu zwei *Gelenkfreiheiten* (Drehungen und Schiebungen), räumliche Getriebe dagegen neben ebenen Gelenken sehr oft zusätzlich räumliche Gelenke mit bis zu fünf Gelenkfreiheiten, Abb. 16.3. Beispielsweise ist das Dreh- und das Drehschubgelenk durch Welle und Bohrung, das Schubgelenk durch Voll- und Hohlprisma, das Schraubgelenk durch Schraube und Mutter, das Kugelgelenk durch Vollkugel und Kugelpfanne gekennzeichnet. *Niedere* Elementenpaare oder Gleitgelenke berühren einander in Flächen (z. B. Welle und Bohrung), *höhere* in Linien (z. B. Kurvenscheibe und Rolle) oder in Punkten (z. B. Kugel auf Platte). *Formschlüssige* Gelenke sichern die Berührung der Elemente durch angepasste Formgebung; bei *kraftschlüssigen* Gelenken bedarf es einer oder mehrerer zusätzlicher äußerer Kräfte, um die Berührung dauernd aufrechtzuerhalten.

Bei *ebenen* Getrieben mit zumeist Dreh- und Schubgelenken ist es sinnvoll, die Getriebeglieder entsprechend der Zahl der Gliedgelenkteile in binäre (n_2-), ternäre (n_3-) und quaternäre (n_4-)Glieder zu unterteilen (Abb. 16.4), zumal zusätzlich ein ebenes Kurvengelenk kinematisch durch ein binäres Glied ersetzt werden kann (vgl. Abschn. 16.1.2).

Getriebe-Laufgrad (Getriebe-Freiheitsgrad). Der Laufgrad oder Freiheitsgrad F eines Getriebes ist von der Zahl n der Glieder (einschließlich

Gestell), der Zahl g der Gelenke mit dem jeweiligen *Gelenkfreiheitsgrad* f (= Anzahl der Gelenkfreiheiten) und dem *Bewegungsgrad* b abhängig:

$$F = b(n-1) - \sum_{i=1}^{g} (b - f_i) . \qquad (16.1)$$

Für allgemein räumliche Getriebe ist $b = 6$, für sphärische und ebene Getriebe $b = 3$ einzusetzen. Wenn obendrein einzelne Glieder bewegt werden können, ohne dass das ganze Getriebe bewegt werden muss (z. B. drehbar gelagerte Rolle auf Kurvenscheibe), ist F um diese *identischen Freiheiten* zu verringern. Für ebene Getriebe, die nur Dreh- und Schubgelenke mit $f = 1$ besitzen, gilt die *Grübler'sche Laufbedingung*

$$F = 3(n-1) - 2g . \qquad (16.2)$$

$F = 1$ bedeutet Zwanglauf nach der Definition von *Reuleaux*, z. B. für das viergliedrige Getriebe (Abb. 16.5a) mit $n = 4$ und $g = 4$. Für ein fünfgliedriges Getriebe (Abb. 16.5b) mit $n = 5$ und $g = 5$ gilt $F = 2$. Der Laufgrad eines Getriebes bestimmt im Allgemeinen die Anzahl der Getriebeglieder, die in einem Getriebe unabhängig voneinander angetrieben werden können und müssen, um die gewünschte Bewegungs- oder Leistungsübertragung zu realisieren. Bei $F = 2$ müssen an zwei Stellen unabhängig voneinander Bewegungen eingeleitet werden (z. B. Haupt- und Verstellantrieb), oder es sind zwei voneinander unabhängige Kräfte bzw. Momente am Abtrieb wirksam (Differenzialgetriebe oder selbsteinstellende Getriebe). Für $F > 2$ gelten entsprechend höhere Mindestvoraussetzungen.

16.1.2 Arten ebener Getriebe

Viergliedrige Drehgelenkgetriebe. Ein viergliedriges Drehgelenkgetriebe ist umlauffähig, wenn die *Grashof-Bedingung* erfüllt ist: Die Summe aus den Längen des kürzesten und des längsten Glieds muss kleiner sein als die Summe aus den Längen der beiden anderen Glieder. Es kann nur ein „kürzestes" (l_{min}), aber bis zu drei „längste" Glieder (Längengleichheit) geben. Je nach Zuordnung von l_{min} zu den vier Längen a, b, c, d (Abb. 16.5a) entsteht die *Kurbelschwinge* ($l_{min} = a, c$), die *Doppelkurbel* ($l_{min} = d$) oder die *Doppelschwinge* ($l_{min} = b$). Die nicht umlauffähigen viergliedrigen Drehgelenkgetriebe werden als *Totalschwingen* bezeichnet. Sämtliche Relativ-Schwingbewegungen erfolgen symmetrisch zum benachbarten Glied. Es gibt Innen- und Außenschwingen. Totalschwingen können nur ein „längstes", aber bis zu drei „kürzeste" Glieder enthalten. Als dritte Gruppe gibt es die *durchschlagfähigen* Getriebe mit Längengleichheit je zweier Gliederpaare, z. B. *Parallelkurbelgetriebe*.

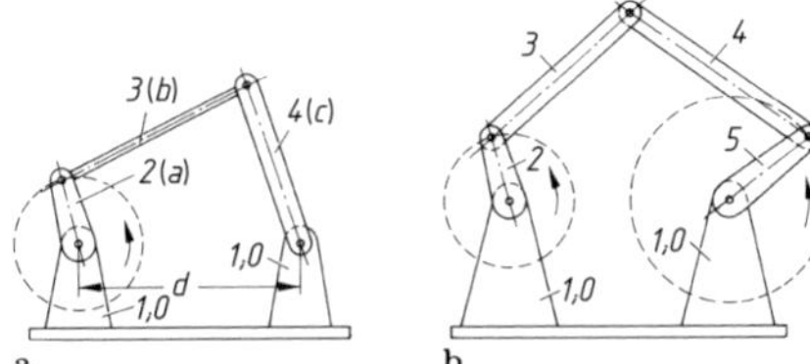

Abb. 16.5 Ebene Drehgelenkgetriebe. **a** viergliedriges Getriebe ($F = 1$); **b** fünfgliedriges Getriebe ($F = 2$). *1;0* Gestell, *2–5* bewegte Getriebeglieder, *a–d* Abmessungen (Längen)

Viergliedrige Schubgelenkgetriebe. Beim Ersatz von Drehgelenken durch Schubgelenke entstehen Schubgelenk-Ketten und -Getriebe. *Schleifen*bewegungen entstehen, wenn das Schubgelenk zwei bewegte Glieder verbindet. Aus dem Gelenkviereck (kinematische Kette jedes viergliedrigen Getriebes) kommen drei Ketten zustande (Abb. 16.6): Kette *I* mit einem Schubgelenk, Kette *II* mit zwei benachbarten und Kette *III* mit zwei Diagonal-Schubgelenken. Die drei Ketten führen durch *kinematische Umkehrung* (Elementenumkehrung und Gestellwechsel) zu sechs viergliedrigen Schubgelenkgetrieben. Dabei bedeutet in Abb. 16.6 z. B. die Bezeichnung $2 = 3$ für das Getriebe *I b*, dass es für die Getriebestruktur irrelevant ist, ob aus der kinematischen Kette Glied 2 oder Glied 3 zum Gestell gewählt wird. Jedes Schubgelenk verursacht – unbeeinflusst von den Getriebeabmessungen – Winkelgeschwindigkeits-Gleichheiten, z. B. bei

16

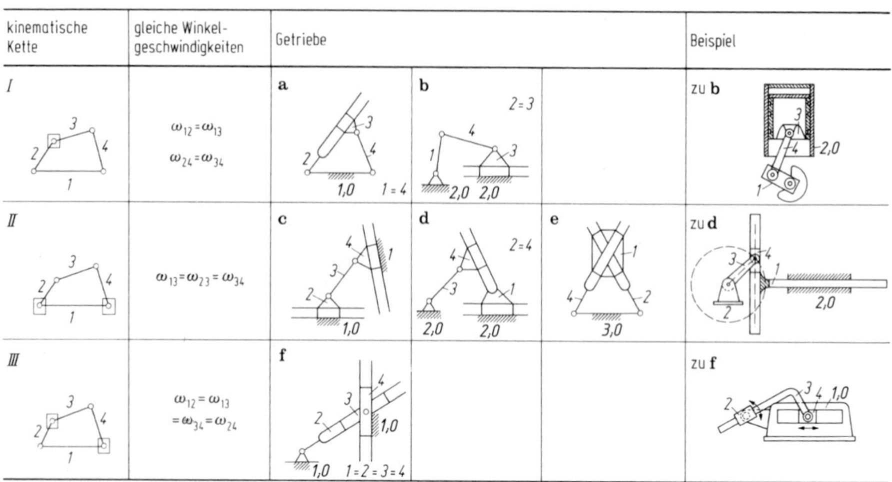

Abb. 16.6 Viergliedrige Schubgelenkgetriebe. **a** Kurbelschleife; **b** Schubkurbel; **c** Doppelschieber; **d** Kreuzschubkurbel; **e** Doppelschleife (Oldham-Kupplung); **f** Schubschleife

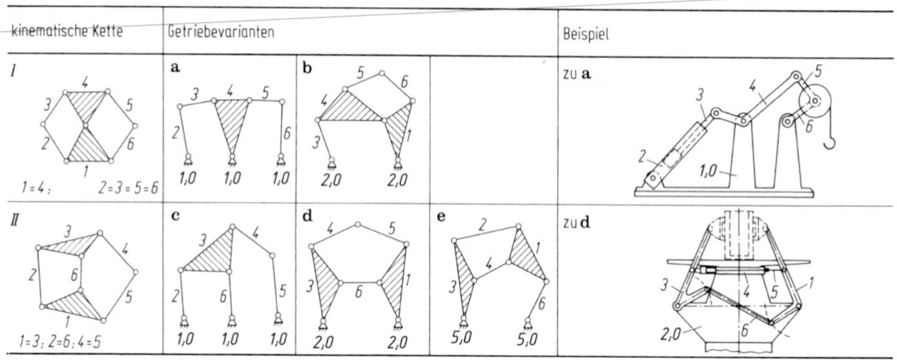

Abb. 16.7 Sechsgliedrige zwangläufige kinematische Ketten und Getriebebeispiele (*I*: Watt'sche, *II*: Stephenson'sche Kette)

der Kette *I* $\omega_{12} = \omega_{13}$ und $\omega_{24} = \omega_{34}$. Allgemein gilt: $\omega_{ij} = -\omega_{ji}$ ist die Winkelgeschwindigkeit des Glieds *i* gegenüber dem Glied *j*. Schubgelenkgetriebe sind deshalb teilweise gleichmäßig übersetzende Getriebe (konstante Übersetzungsverhältnisse).

Mehrgliedrige Gelenkgetriebe. Für jede Gruppe kinematischer Ketten gleicher Gliederzahl und gleichen Laufgrads gibt es eine eindeutig bestimmbare Zahl unterschiedlicher Ketten und Getriebe. Abb. 16.7 zeigt sechsgliedrige zwangläufige Ketten ($F = 1$) auf der Grundlage der *Watt'schen* und *Stephenson'schen Kette* (Varianten durch Gestellwechsel) mit zwei Anwendungsbeispielen. Betrachtet man die beiden aus der Watt'schen Kette herleitbaren Getriebe a und b, so fällt auf, dass Getriebe b, bei dem eines der binären Getriebeglieder als Gestell festgelegt wird, sich gegenüber einem viergliedrigen Getriebe nur als Führungsgetriebe eignet, da bei der Verwendung als Übertragungsgetriebe die Getriebeglieder 5 und 6 wirkungslos wären. Als geführtes Glied ist hier besonders das Glied 5 zu erwähnen, da bei diesem Glied im Gegensatz zu allen anderen Getriebegliedern die angrenzenden Gelenkpunkte alle auf allgemeinen Koppelkurven geführt werden. Demgegenüber eignet sich das Getriebe a, bei dem eines der beiden ternären Getriebeglieder als Gestell ge-

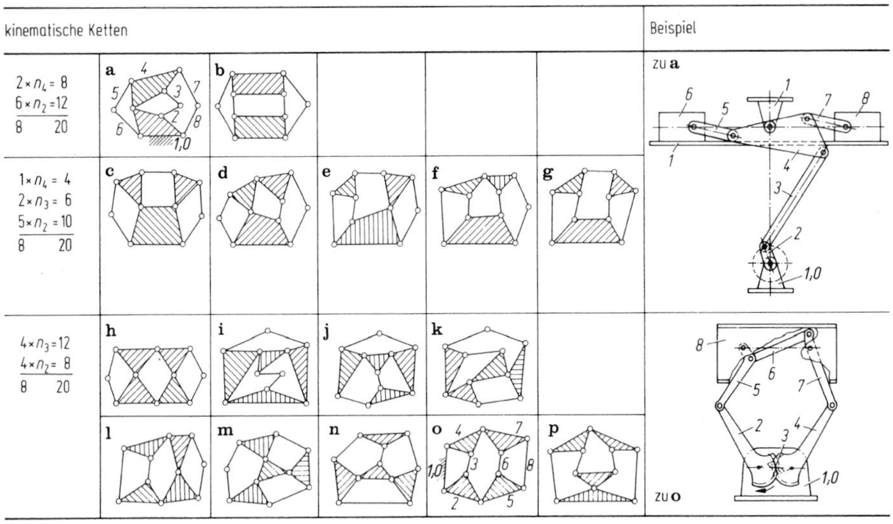

kinematische Ketten						Beispiel
$2 \times n_4 = 8$ $6 \times n_2 = 12$ 8 20	a	b				zu a
$1 \times n_4 = 4$ $2 \times n_3 = 6$ $5 \times n_2 = 10$ 8 20	c	d	e	f	g	
$4 \times n_3 = 12$ $4 \times n_2 = 8$ 8 20	h	i	j	k		
	l	m	n	o	p	zu o

Abb. 16.8 Achtgliedrige zwangläufige kinematische Ketten und Getriebebeispiele

wählt wird, besonders als Übertragungsgetriebe und kann in diesem Sinne als Hintereinanderschaltung zweier viergliedriger Getriebe mit gemeinsamen Gestell 1;0 und Kopplungsglied 4 betrachtet werden. Für das Getriebe d ergibt sich die ausschließliche Verwendung als Führungsgetriebe mit der gleichen Begründung wie für Getriebe b. Demgegenüber bieten sich die beiden Getriebe c und d insbesondere als Übertragungsgetriebe an. Die Aufbaugleichungen (Abb. 16.8) führen zu achtgliedrigen zwangläufigen Ketten mit zwei quaternären und sechs binären, mit einer quaternären, zwei ternären und fünf binären sowie mit vier ternären und vier binären Gliedern.

Kurvengetriebe. Die Standard-Kurvengetriebe sind dreigliedrige Kurvengetriebe, bestehend aus *Kurvenglied, Eingriffsglied* (Stößel bzw. Schieber oder Schwinge) und *Steg.* Kurvenglied und Eingriffsglied berühren einander im *Kurvengelenk* (Berührpunkt *K*) – in vielen Fällen verbessert dort ein zusätzliches Abtastglied, z. B. eine drehbar im Eingriffsglied gelagerte Rolle mit einer identischen Freiheit, die Laufeigenschaften; der Steg verbindet Kurvenglied und Eingriffsglied [R6]. Im Normalfall ist der Steg das Gestell *1*, das Kurvenglied das Antriebsglied *2* und das Eingriffsglied das Abtriebsglied *3*.

Alle dreigliedrigen Kurvengetriebe lassen sich durch *Gestellwechsel* aus der dreigliedrigen *Kurvengelenkkette* mit Dreh- und Schubgelenken ableiten, die wiederum aus einer entsprechenden viergliedrigen Kette (*Ersatzkette*) hervorgeht (Abb. 16.9). In dieser Ersatzkette verbindet ein binäres Glied die augenblicklich im Berührpunkt *K* zugeordneten Krümmungsmittelpunkte von Kurvenglied und Eingriffsglied bzw. Abtastglied. Der in der Getriebetechnik auch als Satz von Kennedy/Aronhold bekannte *„Dreipolsatz"* sagt aus, dass die Relativbewegungen dreier Glieder *i, j, k* (beliebige Gliednummern) zueinander durch die drei auf einer Geraden (*Polgerade*) liegenden *Momentan(dreh)pole ij, ik* und *jk* festgelegt werden [1] (Doppel- und Mehrfachgelenke stellen in einem Punkt entartete Polgeradenstücke dar). Gerade bei Kurvengetrieben hat dieser Satz sowohl für die Systematik (Ersatzgetriebe, Gleit- oder Wälzkurvengetriebe) als auch für die Analyse (Geschwindigkeitsermittlung) als auch für die Synthese (Ermittlung der Hauptabmessungen) besondere Bedeutung.

Allgemein entstehen aus jeder Kette mit Drehgelenken und mindestens vier Gliedern Kurvengelenkketten, wenn je ein binäres Glied durch ein Kurvengelenk ersetzt wird. Ist das Verbindungsgelenk dieses binären Glieds zum Nachbarglied ein *Umlaufgelenk*, so wird die zugehörige Kur-

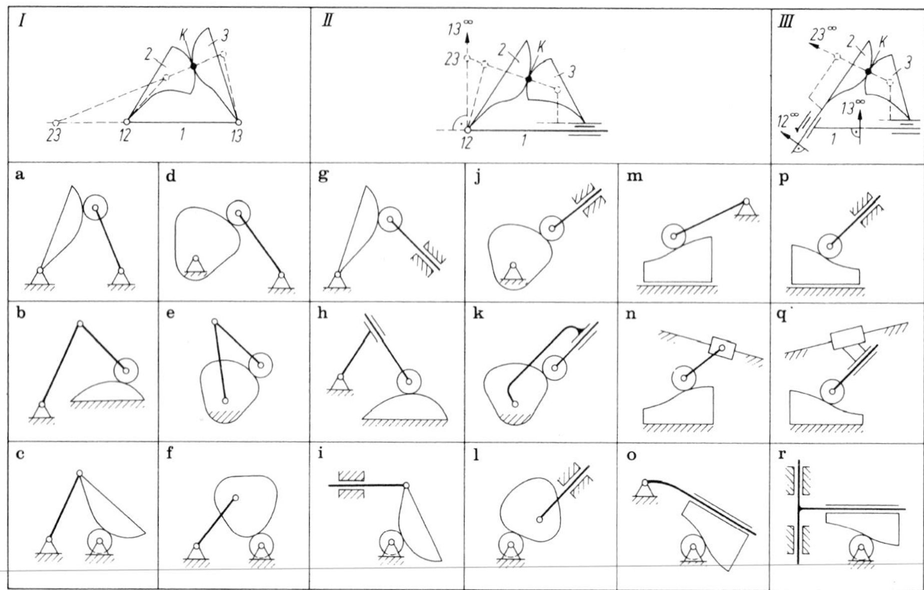

Abb. 16.9 Systematik dreigliedriger Kurvengetriebe mit Dreh- und Schubgelenken

ve als geschlossene Kurve voll umrollt, ist ein *Schwinggelenk* vorhanden, so kann nur eine teilberollte Kurve (Kulisse) mit Hin- und Rücklauf des Abtastglieds in dieser Kulisse vorgesehen werden. Die Austauschbarkeit zwischen Ketten bzw. Getrieben mit Dreh- und Kurvengelenken (Theorie der Ersatzgetriebe) reicht bis zur Beschleunigungsstufe bei den kinematischen Berechnungsmethoden, vgl. Abschn. 16.2.

Im Allgemeinen stellt sich im (ebenen) Kurvengelenk *Gleiten* und *Wälzen* (= Rollen) der sich berührenden Glieder entsprechend den beiden Gelenkfreiheiten ein; die meisten Kurvengetriebe sind deshalb *Gleitkurvengetriebe*. Im speziellen Fall der *Wälzkurvengetriebe* findet im Kurvengelenk reines Rollen statt, weil der Momentanpol *23* in einem dreigliedrigen Kurvengetriebe (Abb. 16.9) mit dem Berührpunkt K zusammenfällt. *Zahnradgetriebe* mit zwei kämmenden Kurvenflanken ordnen sich als Gleitkurvengetriebe hier problemlos ein. Nähere Angaben zur Berechnung und Auslegung können zum einen den VDI-Richtlinien [R7], [R8], [R9] und [R10], aber z. B. auch [1] und [2] entnommen werden.

16.2 Getriebeanalyse

16.2.1 Kinematische Analyse ebener Getriebe

16.2.1.1 Zeichnungsfolge-Rechenmethode

Übertragungsfunktionen der viergliedrigen Getriebe. *Lagenbeziehungen.* Bei Gelenkgetrieben im Allgemeinen und bei viergliedrigen Getrieben im Besonderen besteht eine wichtige Aufgabe darin, bestimmte Relativlagen zweier Getriebeglieder zueinander festzulegen. Diese Zuordnung wird als *„Übertragungsfunktion nullter Ordnung"* bezeichnet. Bei der *Schubkurbel* mit der kinematischen Versetzung e ist die augenblickliche Lage des Gleitsteins c als Abtriebsglied der Lage der Kurbel a als Antriebsglied in Abhängigkeit vom Kurbelwinkel φ zuzuordnen (Abb. 16.10a):

$$s = a\cos\varphi + \sqrt{b^2 - (a\sin\varphi - e)^2}\,. \quad (16.3)$$

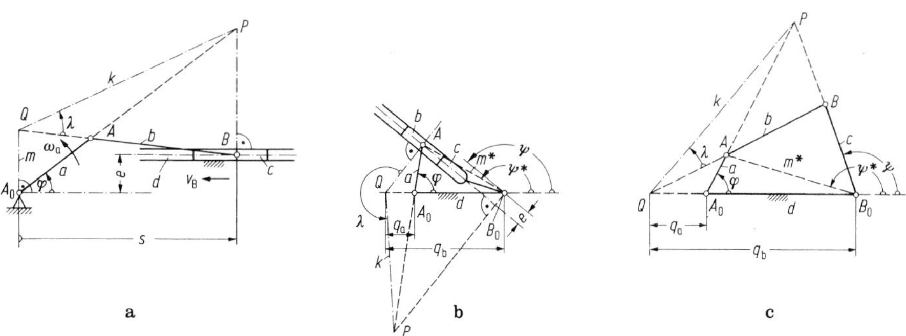

Abb. 16.10 Geometrische Grundlagen zu den Übertragungsfunktionen **a** der Schubkurbel; **b** der Kurbelschleife; **c** des viergliedrigen Drehgelenkgetriebes

Mit den Beziehungen

$$\psi^* = 180^\circ - \arccos\left(\frac{d - a\cos\varphi}{m^*}\right)$$

und

$$m^* = \sqrt{a^2 + d^2 - 2ad\cos\varphi}\,.$$

lässt sich für die *Kurbelschleife* (Abb. 16.10b) die Lage ψ des Schleifenhebels c wie folgt berechnen:

$$\psi = \psi^* - \arcsin(e/m^*)\,. \tag{16.4}$$

Beim *viergliedrigen Drehgelenkgetriebe* gilt in Übereinstimmung mit Abb. 16.10c

$$\psi = \psi^* - K\arccos\left(\frac{m^{*2} + c^2 - b^2}{2m^*c}\right). \tag{16.5}$$

$K = +1$ für $\psi^* > \psi$ bzw. $K = -1$ für $\psi^* < \psi$ ist Kennwert für die Einbaulage des Getriebes.

Geschwindigkeitszustand als Übertragungsfunktion 1. Ordnung. Für die Schubkurbel (Abb. 16.10a) stellt die vorzeichenorientierte (gerichtete) „*Drehschubstrecke*" m (nach *Hain*) die auf die Winkelgeschwindigkeit ω_a der Kurbel bezogene Geschwindigkeit v_B des Gleitsteins dar:

$$m = \text{ÜF1} = v_B/\omega_a = ds/d\varphi\,. \tag{16.6}$$

Die Drehschubstrecke als Übertragungsfunktion 1. Ordnung (ÜF1) des Gleitsteins kann senkrecht auf der Schubrichtung als Abstand des Relativpols Q vom Kurbeldrehpunkt A_0 abgegriffen werden.

Für die Kurbelschleife (Abb. 16.10b) und für das viergliedrige Drehgelenkgetriebe (Abb. 16.10c) wird die ÜF1 des Glieds c durch das Winkelgeschwindigkeitsverhältnis ω_c/ω_a oder reziproke Übersetzungsverhältnis $1/i$ mit den Polabständen q_a und q_b ausgedrückt

$$\text{ÜF1} = \omega_c/\omega_a = d\psi/d\varphi = 1/i = q_a/q_b\,. \tag{16.7}$$

Der Pol Q entspricht dem Wälzpunkt zweier im Eingriff stehender Zahnräder und kann sowohl innerhalb (Außenverzahnung) als auch außerhalb (Innenverzahnung) der Strecke $\overline{A_0B_0}$ zu liegen kommen.

Beschleunigungszustand als Übertragungsfunktion 2. Ordnung. Die Übertragungsfunktion 2. Ordnung (ÜF2) kann mit Hilfe des Kollineationswinkels λ und der ÜF1 bestimmt werden. Die kinematische Ableitung beruht auf dem Gesetz, dass die Geschwindigkeit des Relativpols Q auf der Gestellgeraden A_0B_0 ein Maß für die Beschleunigung des Abtriebsglieds c ist. Mit λ als Winkel zwischen Koppel b (bei der Kurbelschleife zwischen der Normalen auf der Schubrichtung) und Kollineationsachse k als Verbindung der beiden Momentanpole P und Q gilt für den Gleitstein der Schubkurbel (Abb. 16.10a)

$$\text{ÜF2} = d^2s/d\varphi^2 = \text{ÜF1}/\tan\lambda\,. \tag{16.8}$$

Für die Kurbelschleife und für das viergliedrige Drehgelenkgetriebe gilt als ÜF2 des Glieds c

(Abb. 16.10b,c)

$$ÜF2 = \mathrm{d}^2\psi/\mathrm{d}\varphi^2 = ÜF1(1 - ÜF1)/\tan\lambda\,. \tag{16.9}$$

Mit Hilfe der Übertragungsfunktionen wiederum lässt sich die Beschleunigung a_B des Gleitsteins bzw. Winkelbeschleunigung α_c des Glieds c bei Kurbelschleife und viergliedrigem Drehgelenkgetriebe ermitteln:

$$a_B,\ \alpha_c = ÜF2 \cdot \omega_a^2 + ÜF1 \cdot \alpha_a\,. \tag{16.10}$$

Die umlauffähige Kurbelschleife und das umlauffähige viergliedrige Drehgelenkgetriebe können für zwei verschiedene Hauptbewegungen verwendet werden, nämlich zur Erzeugung schwingender und umlaufender Abtriebsbewegungen. Es stehen die schwingende ($d > a + e$) und die umlaufende ($d < a + e$) Kurbelschleife sowie das viergliedrige Drehgelenkgetriebe als Kurbelschwinge und als Doppelkurbel zur Verfügung. Die schwingende Kurbelschleife und die Kurbelschwinge werden für hin und her gehende Bewegungen verwendet, die umlaufende Kurbelschleife und die Doppelkurbel dienen zur Erzeugung ungleichmäßiger Umlaufbewegungen, z. B. als *Vorschaltgetriebe* [R11].

16.2.1.2 Schleifen-Iterationsmethode

Die Struktur des zu untersuchenden Getriebes wird in die komplexe (Gauß'sche) Zahlenebene gelegt, Abb. 16.11. Die komplexe Zahl

$$z = x + \mathrm{i}y = r\exp(\mathrm{i}\varphi), \quad \mathrm{i} = \sqrt{-1}\,, \tag{16.11}$$

beschreibt dann die Verbindungsgerade zweier Gelenkpunkte. Zunächst geht man von einer vorgegebenen Anfangslage des Antriebsglieds (der Antriebsglieder) mit $r = r_{an}$ für einen Antriebsschieber und $\varphi = \varphi_{an}$ für eine Antriebskurbel und dazu passend geschätzten Lagegrößen (Wege r_j und/oder Winkel φ_j im Bogenmaß) der übrigen Glieder aus:

$$r_j^* = r_j + \Delta r_j\,, \quad \varphi_j^* = \varphi_j + \Delta\varphi_j\,. \tag{16.12}$$

Die Abweichungen Δr_j und/oder $\Delta\varphi_j$ dieser Schätzwerte von den exakten Werten r_j^* bzw.

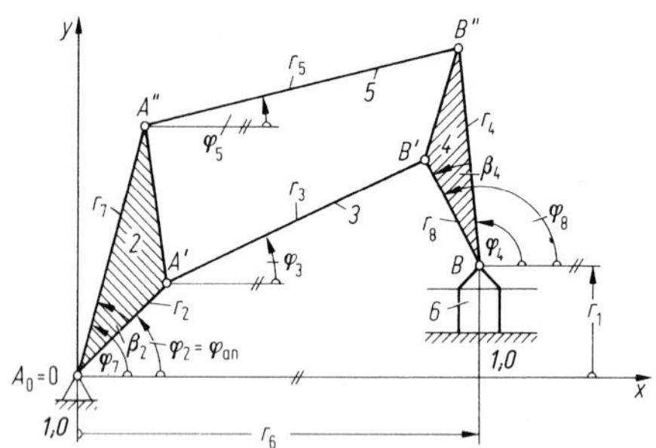

Abb. 16.11 Sechsgliedriges Getriebe mit Verzweigung ($F = 1$). *1;0* Gestell, *2* Antriebskurbel, *3–5* Zwischenglieder, *6* Abtriebsschieber

φ_j^* werden als Unbekannte in einem linearen Gleichungssystem so lange iterativ berechnet, bis sie vom Betrage her einen vorzuschreibenden kleinen positiven Wert nicht mehr überschreiten. Dann wird r_{an} bzw. φ_{an} um ein Inkrement erhöht, wobei die zuvor iterierte Lage des Getriebes als neue Schätzlage dient, usw. [3]. Grundlage der Iterationsrechnung bilden die *„Geschlossenheitsbedingungen"* der das Getriebe ersetzenden Polygone oder Schleifen aus den komplexen Zahlen z_j:

$$\varepsilon_k = \sum_{j=1}^{m}(z_j) = \sum_{j=1}^{m}\left[r_j\exp(\mathrm{i}\varphi_j)\right] = 0\,; \quad k = 1(1)p \tag{16.13}$$

(Summation über m Gelenkabstände). Die Gl. (16.13) ist p-mal auszuwerten. Die Anzahl p der voneinander unabhängigen Schleifen errechnet sich unabhängig vom Laufgrad F eines Getriebes mit n Gliedern und g Gelenken zu

$$p = g - (n - 1)\,. \tag{16.14}$$

Für das Getriebe in Abb. 16.11 ergibt sich $p = 7 - (6 - 1) = 2$ und folglich

$$\begin{aligned}
&\varphi_{an} = \varphi_2 = \varphi_2^* \quad \text{(Antriebsgleichung)}\,,\\
&r_2\exp(\mathrm{i}\varphi_2) + r_3\exp(\mathrm{i}\varphi_3)\\
&\quad - r_8\exp(\mathrm{i}\varphi_8) - \mathrm{i}r_1 - r_6 = 0\,,\\
&r_7\exp(\mathrm{i}\varphi_7) + r_5\exp(\mathrm{i}\varphi_5)\\
&\quad - r_4\exp(\mathrm{i}\varphi_4) - \mathrm{i}r_1 - r_6 = 0\,.
\end{aligned}$$

Mit den konstanten Winkeln β_2 und β_4 gilt $\varphi_7 = \varphi_2 + \beta_2$ bzw. $\varphi_8 = \varphi_4 + \beta_4$. Die Längen r_j sind bis auf r_6 ebenfalls konstant und wie φ_{an} vorgegeben.

Mit den Geschlossenheitsbedingungen stehen $2p$ (Real- und Imaginärteil) transzendente Gleichungen für die Ermittlung ebenso vieler Lagegrößen des Getriebes zur Verfügung. Eine Taylorreihen-Entwicklung für

$$z_j^* = z_j + \Delta z_j \ , \tag{16.15}$$

die nur die Reihenglieder 1. Ordnung berücksichtigt, führt nach dem Einsetzen in die Gl. (16.13) auf die Iterationsvorschrift

$$\Delta r_{an} = 0 \quad \text{bzw.}$$
$$\Delta\varphi_{an} = 0 \quad \text{(Antriebsgleichung)} \tag{16.16a}$$

$$\sum_{j=1}^{m} \left[\exp(i\varphi_j)\Delta r_j + i r_j \exp(i\varphi_j)\Delta\varphi_j \right] = -\varepsilon_k \ ; \quad k = 1(1)p \ . \tag{16.16b}$$

Aus Real- und Imaginärteil der Gl. (16.16b) und aus Gl. (16.16a) entsteht auf diese Weise ein lineares Gleichungssystem

$$\boldsymbol{K}\ \boldsymbol{\Delta e} = \boldsymbol{b}_{\mathrm{L}} \tag{16.17}$$

mit einer $(2p+1)\cdot(2p+1)$-Koeffizientenmatrix $\boldsymbol{K}$ für die Komponenten des Korrekturvektors $\Delta\boldsymbol{e}$, der die Abweichungen Δr_j und/oder $\Delta\varphi_j$ enthält, $j = 1(1)m$. Nach jedem Iterationsschritt erfolgt eine Verbesserung des (Start-)Vektors $\boldsymbol{b}_{\mathrm{L}}$ – bestehend aus den Real- und Imaginärteilen der komplexen Summen ε_k in Gl. (16.13) – entsprechend Gl. (16.12). Für die exakt berechnete Lage des Getriebes verschwinden die ε_k (Kontrollmöglichkeit und Abbruchkriterium). Der Wert der Determinante der Koeffizientenmatrix $\boldsymbol{K}$ ist fortwährend zu beobachten. Wenn das Gleichungssystem (16.17) keine Lösung besitzt, ist entweder eine Geschlossenheitsbedingung verletzt oder eine Sonderstellung des Getriebes mit schlechten Übertragungseigenschaften hinsichtlich der Bewegungen und Kräfte erreicht. Ein Vorzeichenwechsel der Determinante weist auf einen Wechsel der Einbaulage hin.

Zur Ermittlung der Geschwindigkeiten und Beschleunigungen werden die Geschlossenheitsbedingungen – Gl. (16.13) – ein- bzw. zweimal nach der Zeit abgeleitet. Das führt auf zwei weitere lineare Gleichungssysteme mit der bekannten Koeffizientenmatrix $\boldsymbol{K}$, die jetzt nur einmal zu lösen sind

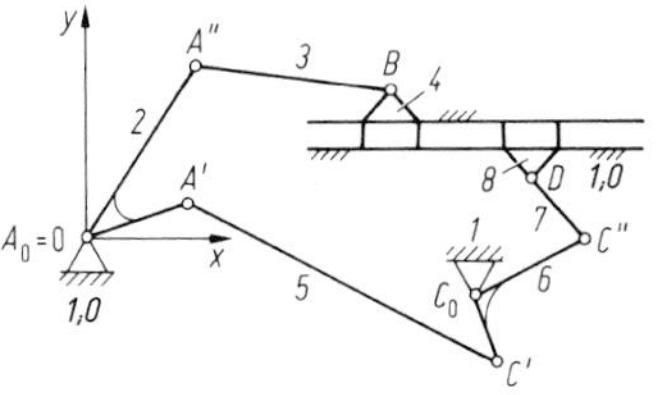

Abb. 16.12 Aus einfachen Modulen zusammengesetztes achtgliedriges Getriebe ($F = 1$). *1;0* Gestell, *2* Antriebskurbel, *4* und *8* Abtriebsschieber; *3*, *5–7* Zwischenglieder

$$\boldsymbol{K}\ \dot{\boldsymbol{e}} = \boldsymbol{b}_{\mathrm{V}} \tag{16.18}$$

bzw.

$$\boldsymbol{K}\ddot{\boldsymbol{e}} = \boldsymbol{b}_{\mathrm{A}}. \tag{16.19}$$

Die Vektoren $\dot{\boldsymbol{e}}$ und $\ddot{\boldsymbol{e}}$ enthalten die Geschwindigkeiten $\dot{r}_j$ und/oder $\dot{\varphi}_j$ bzw. Beschleunigungen $\ddot{r}_j$ und/oder $\ddot{\varphi}_j$, $j = 1(1)m$; der Vektor $\boldsymbol{b}_{\mathrm{V}}$ enthält bis auf die Antriebsgeschwindigkeit $\dot{r}_{an}$ bzw. $\dot{\varphi}_{an}$ lauter Nullen; im Vektor $\boldsymbol{b}_{\mathrm{A}}$ treten im Wesentlichen Normal- und Coriolisbeschleunigungsterme auf.

16.2.1.3 Modul-Methode

Diese Methode erweist sich als besonders anwenderfreundlich für Gelenkgetriebe, die sich aus *„Zweischlägen"* (zwei gelenkig verbundene binäre Glieder) mit Dreh- und Schubgelenken zusammensetzen. Voraussetzung ist ferner, dass die Antriebsgrößen (Weg oder Drehwinkel, bezogen auf das Gestell) als Zeitfunktionen vorliegen. Die in Abb. 16.12 skizzierte Struktur eines zwangläufigen achtgliedrigen Gelenkgetriebes (Doppelpresse) enthält die einfacheren Kinematikbaugruppen (*Module*) *„Drehantrieb (DAN)"* A_0A', *„Zweischlag mit drei Drehgelenken (DDD)"* $A'C'C_0$, $C_0C'C''$, $A'A_0A''$ und *„Zweischlag mit Schubgelenk als Anschluss (DDS)"* $C''D$, $A''B$. Die Ausgabegrößen – z. B. Koordinaten x, y eines Gliedpunkts P und Winkel w eines Glieds mit zeitlichen Ableitungen – eines Moduls sind entweder variable Eingabegrößen für das nachfolgende Modul oder Endergebnisse.

Konstante Eingabegrößen stellen z. B. Gelenkpunktabstände l, statische Versetzungen v und Lagekennwerte K dar. Ein ternäres Glied mit drei Drehgelenken (Glieder *2* und *6* in Abb. 16.12) lässt sich formal auf einen Zweischlag DDD zurückführen.

Für das weitere Vorgehen wird auf [R12] und [R8] verwiesen.

16.2.2 Kinetostatische Analyse ebener Getriebe

Bei der Berechnung der in den Gelenken übertragenen Kräfte zwischen den Getriebegliedern verzichtet man im ersten Ansatz auf die Berücksichtigung der Reibung, d. h. in einem Schub- oder Schleifengelenk wirkt die Gelenkkraft senkrecht zur Schubrichtung, in einem Kurvengelenk in Richtung der Normalen im Berührpunkt. Man setzt ferner voraus, dass das Antriebsglied sich mit konstanter Geschwindigkeit v bzw. Winkelgeschwindigkeit Ω bewegt. Die dafür notwendige Antriebskraft bzw. das Antriebs(dreh)moment kann ermittelt werden.

Die Gelenkkräfte im Gelenk jk zwischen zwei Getriebegliedern j und k ergeben sich stets paarweise durch „Freischneiden" (Schnitt durch das Gelenk jk). Wenn G_{jk} die Gelenkkraft vom Glied j auf das Glied k darstellt, gilt $G_{jk} = -G_{kj}$ sowohl für die Richtung der Gelenkkraft als Vektor als auch für die Komponenten X_{jk} und Y_{jk} in x- und y-Richtung, Abb. 16.13. Die Gelenkkräfte an einem Glied k stehen nach den drei Bedingungen der ebenen Statik mit den übrigen am Glied k wirkenden Kräften und Momenten im Gleichgewicht. Dazu zählen auch die Trägheitskraft – in Komponenten $-m_k \ddot{x}_k$ und $-m_k \ddot{y}_k$ – im Schwerpunkt S_k (Masse m_k in kg), der sich mit den Beschleunigungen $\ddot{x}_k$ und $\ddot{y}_k$ in x- bzw. y-Richtung bewegt, und das Trägheitskraftmoment $-J_k \ddot{\varphi}_k$ (Massenträgheitsmoment J_k in kg m^2 bezüglich des Schwerpunkts) des mit der augenblicklichen Winkelbeschleunigung $\ddot{\varphi}_k$ in der x-y-Ebene drehenden Glieds.

Für ein ternäres Antriebsglied mit der Gliednummer *2*, das im Gestell *1* drehbar gelagert und mit den Gliedern n und m durch Drehgelenke verbunden ist und an dem neben den Trägheitswirkungen (hier: eine Zentrifugalkraft allein) das Antriebsmoment M_{an}, ein zusätzliches Moment M_2 und im Punkt P_2 eine äußere Kraft F_2 angreifen, lauten die Gleichgewichtsbedingungen für $\varphi_2 = \varphi_{\text{an}} = \Omega t$ (Zeit t), Abb. 16.14a [R13]:

$$X_{12} + X_{n\,2} + X_{m\,2} + m_2\, r_2\, \Omega^2 \cos(\varphi_2 + \gamma_2) + F_2 \cos(\tau_2) = 0\,, \tag{16.20}$$

$$Y_{12} + Y_{n\,2} + Y_{m\,2} + m_2\, r_2\, \Omega^2 \sin(\varphi_2 + \gamma_2) + F_2 \sin(\tau_2) = 0\,, \tag{16.21}$$

$$\begin{aligned} M_{\text{an}} &+ Y_{n\,2}\, l_{2\,n} \cos(\varphi_2) \\ &+ Y_{m\,2}\, l_{2\,m} \cos(\varphi_2 + \beta_2) \\ &- X_{n\,2}\, l_{2\,n} \sin(\varphi_2) \\ &- X_{m\,2}\, l_{2\,m} \sin(\varphi_2 + \beta_2) \\ &+ F_2\, p_2 \sin(\tau_2 - \varphi_2 - \varepsilon_2) + M_2 = 0\,. \end{aligned} \tag{16.22}$$

Für ein allgemein bewegtes ternäres Glied mit der Gliednummer k, das mit den Gliedern j und m durch Drehgelenke, mit dem Glied l durch ein Schub- oder Schleifengelenk verbunden ist, gilt

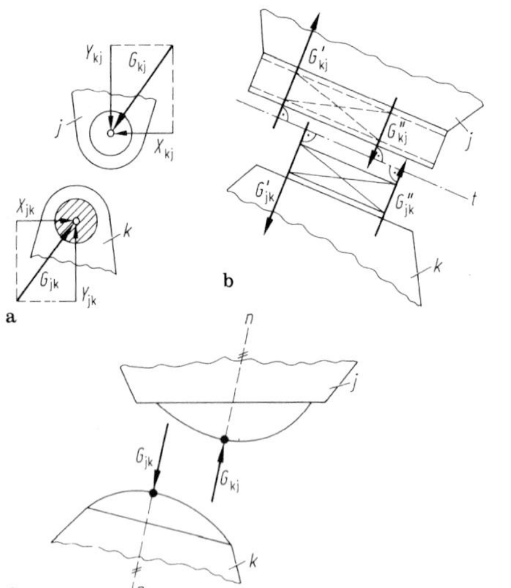

Abb. 16.13 Kräfte in einem reibungsfreien Gelenk. **a** Drehgelenk; **b** Schub- oder Schleifengelenk (Schubrichtung t); **c** Kurvengelenk (Normalenrichtung n)

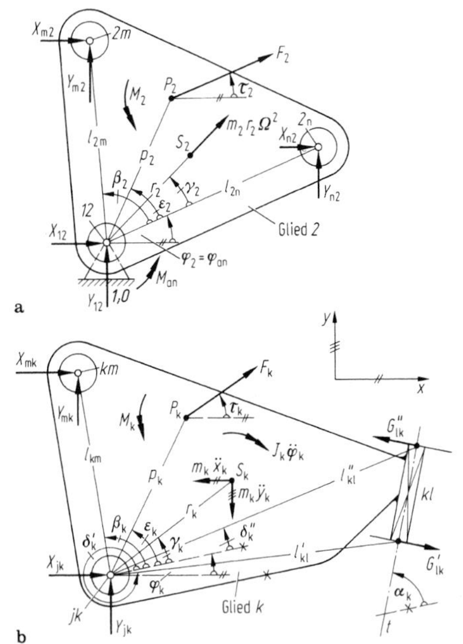

Abb. 16.14 Kräfte und Momente an ternären Getriebegliedern mit Dreh- und Schubgelenkelementen. **a** Antriebsglied; **b** allgemein bewegtes Glied

das Gleichgewicht (Abb. 16.14b)

$$X_{jk} + \left(G'_{lk} - G''_{lk}\right)\sin(\varphi_k + \alpha_k) + X_{mk} + F_k\cos(\tau_k) - m_k\ddot{x}_k = 0\,, \quad (16.23)$$

$$Y_{jk} - \left(G'_{lk} - G''_{lk}\right)\cos(\varphi_k + \alpha_k) + Y_{mk} + F_k\sin(\tau_k) - m_k\ddot{y}_k = 0\,, \quad (16.24)$$

$$\begin{aligned} &G''_{lk} l''_{kl}\cos\left(\alpha_k - \delta''_k\right) + Y_{mk}\, l_{km}\cos(\varphi_k + \beta_k) \\ &- G'_{lk}\, l'_{kl}\cos\left(\alpha_k - \delta'_k\right) \\ &- X_{mk}\, l_{km}\sin(\varphi_k + \beta_k) \\ &+ F_k\, p_k\sin(\tau_k - \varphi_k - \varepsilon_k) + M_k - J_k\,\ddot{\varphi}_k \\ &+ m_k\, r_k[\ddot{x}_k\sin(\varphi_k + \gamma_k) - \ddot{y}_k\cos(\varphi_k + \gamma_k)] \\ &= 0\,. \end{aligned} \quad (16.25)$$

Im Allgemeinen sind bis auf φ_2, φ_k, τ_2, τ_k die angegebenen Winkel und Längen konstant. Der Übergang zu binären Gliedern geschieht durch Nullsetzen der entsprechenden Gelenkabstände und der dazugehörigen Gelenkkräfte bzw. Gelenkkraftkomponenten.

Für die bewegten $n - 1$ Glieder eines n-gliedrigen Getriebes mit dem Laufgrad F, g_1 Dreh- und Schubgelenken sowie g_2 Kurvengelenken sind $3\,(n - 1)$ lineare Gleichungen für F Antriebsgrößen (Kraft oder Drehmoment), $2g_1$ und g_2 Gelenkkräfte bzw. Komponenten aufzustellen:

$$3(n - 1) = 2g_1 + g_2 + F\,. \quad (16.26)$$

Unter Berücksichtigung von $G_{kj} = -G_{jk}$, $X_{kj} = -X_{jk}$ und $Y_{kj} = -Y_{jk}$ entsteht für jede Getriebestellung das lineare Gleichungssystem

$$\boldsymbol{A}\,\boldsymbol{x} = \boldsymbol{r} \quad (16.27)$$

mit dem Unbekannten-Vektor $\boldsymbol{x}$, der die Gelenkkräfte bzw. ihre Komponenten und die Antriebsgrößen enthält, der Koeffizientenmatrix $\boldsymbol{A}$, die durch Streichen derjenigen Spalten, die nur ein von null verschiedenes Element enthalten, und der zugehörigen Zeilen auf eine „Kernmatrix“ reduziert werden kann, und dem Vektor $\boldsymbol{r}$, der sich im Wesentlichen aus den bekannten (vorgegebenen) Kräften und Momenten zusammensetzt.

16.2.3 Kinematische Analyse räumlicher Getriebe

Eine geschlossen analytische Darstellung der Kinematik räumlicher Getriebe ist nur in Einzelfällen möglich [4]. Deswegen empfiehlt sich eine iterative Methode – vgl. Abschn. 16.2.1 – auf der Basis von Kugelkoordinaten (räumliche Polarkoordinaten r_j, α_j, β_j) für jedes Getriebeglied j [5] in der Vektorform

$$\boldsymbol{r}_j = r_j\,\boldsymbol{e}_j \quad (16.28a)$$

mit der Länge r_j und dem Einheitsvektor

$$\boldsymbol{e}_j = \begin{bmatrix} \cos(\alpha_j)\cdot\cos(\beta_j) \\ \cos(\alpha_j)\cdot\sin(\beta_j) \\ \sin(\alpha_j) \end{bmatrix}, \quad (16.28b)$$

Abb. 16.15a. Die Beschreibung der Struktur des räumlichen Getriebes (Beispiel in Abb. 16.15c) erfolgt anhand des *„vektoriellen*

16

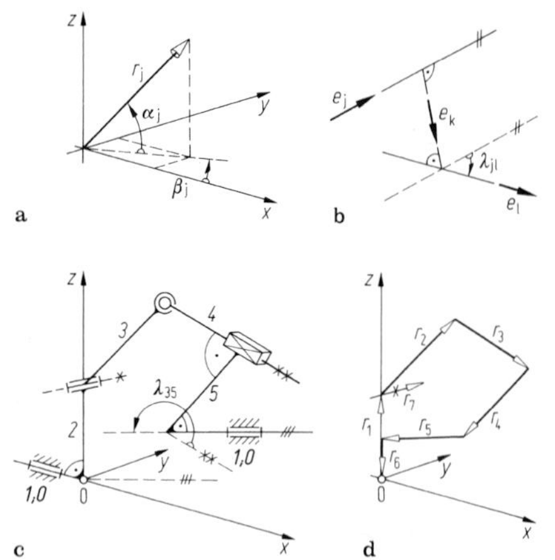

Abb. 16.15 Zur kinematischen Analyse räumlicher Getriebe. **a** Kugelkoordinaten; **b** Einheitsvektoren sich kreuzender und sich schneidender Bewegungsachsen; **c** Beispielgetriebe Wellenkupplung; **d** vektorielles Ersatzsystem für *c*

Ersatzsystems", Abb. 16.15d. Die konstanten Koordinaten sind die Baugrößen, die variablen Koordinaten die zu berechnenden stellungs- und zeitabhängigen Bewegungsgrößen des Getriebes mit zeitlichen Ableitungen (Geschwindigkeiten und Beschleunigungen); variabel sind ebenfalls die vorzugebenden zeitabhängigen Antriebsgrößen r_{an} oder α_{an} oder β_{an} entsprechend dem Laufgrad F (Gl. (16.1)). Die Geschlossenheitsbedingung

$$\sum_j (\boldsymbol{r}_j) = \boldsymbol{0} \qquad (16.29)$$

ist p-mal auszuwerten (p nach Gl. (16.14)). Die während der Bewegung dauernd aufrechtzuerhaltende Lage von Bewegungsachsen (z. B. Dreh-, Schub- und Schraubachsen) zueinander kann einerseits durch Skalarprodukte

$$\boldsymbol{e}_j \cdot \boldsymbol{e}_l = \cos(\lambda_{jl}) , \qquad (16.30)$$

andererseits durch Vektorprodukte

$$\boldsymbol{e}_j \times \boldsymbol{e}_l = \boldsymbol{e}_k \sin(\lambda_{jl}) , \qquad (16.31)$$

ausgedrückt werden (Kreuzungswinkel λ_{jl} = const.), Abb. 16.15b. Hierzu verwendet man entweder die bereits in Gl. (16.29) definierten Vektoren $\mathbf{r}_j$ oder führt neue ein, z. B. $\mathbf{r}_7$ in Abb. 16.15d.

Die Auswertung der Gln. (16.29) bis (16.31) geschieht iterativ mit Hilfe der nach den Gliedern 1. Ordnung abgebrochenen Taylorreihen-Entwicklungen

$$\boldsymbol{e}_j^* = \boldsymbol{e}_j + \boldsymbol{e}_{j,\alpha}\Delta\alpha_j + \boldsymbol{e}_{j,\beta}\Delta\beta_j ,$$
$$\boldsymbol{e}_{j,\alpha} = \partial \boldsymbol{e}_j/\partial\alpha_j , \quad \boldsymbol{e}_{j,\beta} = \partial \boldsymbol{e}_j/\partial\beta_j , \qquad (16.32a)$$
$$\boldsymbol{r}_j^* = r_j \boldsymbol{e}_j^* + \boldsymbol{e}_j \Delta r_j . \qquad (16.32b)$$

Setzt man die exakten Werte $\boldsymbol{e}_j^*$ und $\boldsymbol{r}_j^*$ in die Gln. (16.29) bis (16.31) ein, lässt sich ein lineares Gleichungssystem für die Korrekturen Δr_j, $\Delta\alpha_j$ und $\Delta\beta_j$ der Schätzwerte $\boldsymbol{e}_j$ und r_j aufbauen. Begonnen wird mit einer Anfangsstellung des Antriebsglieds und dazugehörigen Schätzwerten für die Bewegungsgrößen des Getriebes nach Zeichnung oder Überschlagsrechnung; die genügend genau iterierte Lage liefert die Schätzwerte für die nächste Lage nach einer Inkrementierung der Antriebsgröße usw. Die Werte der Geschwindigkeits- und Beschleunigungsstufe lassen sich aus den ein- bzw. zweimaligen zeitlichen Ableitungen der Gln. (16.29) bis (16.31) ermitteln.

16.2.4 Laufgüte der Getriebe

Die Laufgüte der Getriebe hängt von den geometrischen und kinematischen Größen, von konstruktiven und materiellen Eigenschaften der Glieder und Gelenke sowie vom Kräftespiel bzw. Leistungsfluss im Getriebe ab [6]. Wichtige Kenngrößen für den letztgenannten Einfluss sind – zumindest für ebene Getriebe – der Übertragungswinkel und das dynamische Laufkriterium.

16.2.4.1 Übertragungswinkel

Der Übertragungswinkel gibt durch seine Abweichung vom Bestwert 90° die Güte der Bewegungsübertragung vom Antrieb zum Abtrieb an. Er ist definiert als Winkel μ zwischen der Tangente t_{a} an die absolute Bahn des zu untersuchenden Gelenkpunkts am *Gelenkführungsglied* [7] (im Gestell gelagerte Abtriebsglieder sind immer Gelenkführungsglieder) und der Tangente t_{r} an die relative Bahn des das Gelenkführungsglied treibenden (Übertragungs-)Glieds ge-

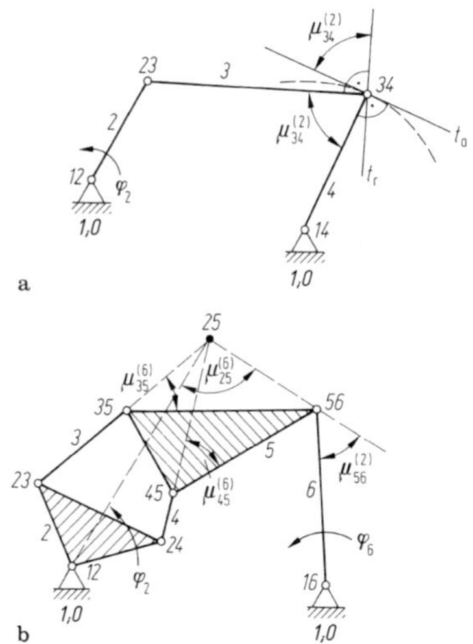

Abb. 16.16 Übertragungswinkel. **a** viergliedriges Getriebe; **b** sechsgliedriges Getriebe mit Verzweigung

genüber dem Antriebsglied. Beim viergliedrigen Drehgelenkgetriebe ist dies auch der Winkel μ_{34} zwischen den Gliedern *3* und *4* (Abb. 16.16a), wenn das Glied *2* antreibt; bei einer Schubkurbel ist die Richtung *1434* durch die Normale zur Schubrichtung zu ersetzen. Zu kleine μ-Werte signalisieren Klemmgefahr.

Bei mehrgliedrigen Getrieben mit Verzweigungen sind gegebenenfalls mehrere Übertragungswinkel zu beachten, deren Ermittlung nur mit Kenntnis der Momentanpol-Konfiguration erfolgen kann. Bei dem in Abb. 16.16b skizzierten sechsgliedrigen Getriebe ($F = 1$) gilt $\mu_{56}^{(2)}$ für die Bewegungsübertragung vom Antriebsglied *2* auf das Abtriebsglied *6*; in umgekehrter Richtung mit dem Antriebsglied *6* und dem Abtriebsglied *2* gelten dagegen die Winkel $\mu_{25}^{(6)}$, $\mu_{35}^{(6)}$ und $\mu_{45}^{(6)}$.

16.2.4.2 Dynamisches Laufkriterium

Bei einem massebehafteten Getriebe kann der Leistungsfluss während einer Bewegungsperiode fortlaufend seine Richtung ändern; der Übertragungswinkel hat deswegen bei Gelenkgetrieben nur eine auf den Begriff *„Gegen-Klemmwinkel"* beschränkte Bedeutung. Schnell laufende Gelenkgetriebe sollten anhand des dynamischen Laufkriteriums bewertet werden, bei dem sowohl der Einfluss der Trägheitswirkungen als auch der äußeren Belastung Berücksichtigung findet [8].

16.3 Getriebesynthese

Mit Hilfe der Getriebesynthese (Maßsynthese) werden Getriebelösungen für vorgegebene Übertragungs- und Führungsaufgaben von Punkten und Gliedlagen gesucht. Sie verwendet die in der Getriebesystematik vorgestellten Bauformen und die in der Getriebeanalyse ermittelten geometrisch-kinematischen Eigenschaften der Getriebe. Parallel zu bestimmten Syntheseverfahren werden mit geeigneten Analyse-Rechenprogrammen Getriebe ebenfalls nach der Methode „Synthese durch iterative Analyse" gefunden.

16.3.1 Viergelenkgetriebe

16.3.1.1 Übertragungs- und beschleunigungsgünstige Schwingbewegungen

Das viergliedrige Drehgelenkgetriebe (Abb. 16.17) wandelt als Kurbelschwinge eine Umlaufbewegung in eine Schwingbewegung um. Dem Schwingwinkel ψ_0 ist der Kurbelwinkel φ_0 zugeordnet. Für φ_0 und ψ_0 gibt es unendlich viele Kurbelschwingen. $\psi_0/2$ in B_0 und $\varphi_0/2$ in A_0 an d $\left(\overline{A_0B_0} = d\right)$ angetragen, ergeben den Schnittpunkt R. Die Mittelsenkrechte von $\overline{A_0R}$ in M_a schneidet B_0R in M_b. Kreise mit $\overline{M_aR} = r_a$ und $\overline{M_bR} = r_b$ sind geometrische Orte für Kurbellagen A_a und Schwingenlagen B_a einer Kurbelschwinge in *äußerer Totlage* $A_0A_aB_aB_0$ bei beliebigem Winkel β. Wenn d angenommen wird, ergeben sich die Abmessungen zu

$$a = 2r_a\cos(180° - \beta - \varphi_0/2)\,, \qquad (16.33)$$

$$b = 2r_b\cos(180° - \delta - \beta - \varphi_0/2) - a\,,$$
$$\delta = (\varphi_0 - \psi_0)/2 \qquad (16.34)$$

und

$$c = \sqrt{d^2 + (a+b)^2 - 2d(a+b)\cos\beta}\,. \qquad (16.35)$$

Mit β lassen sich die übertragungsgünstigsten Kurbelschwingen [R14], die übertragungsgünstigste Verstellmöglichkeit bei veränderlichen φ_0

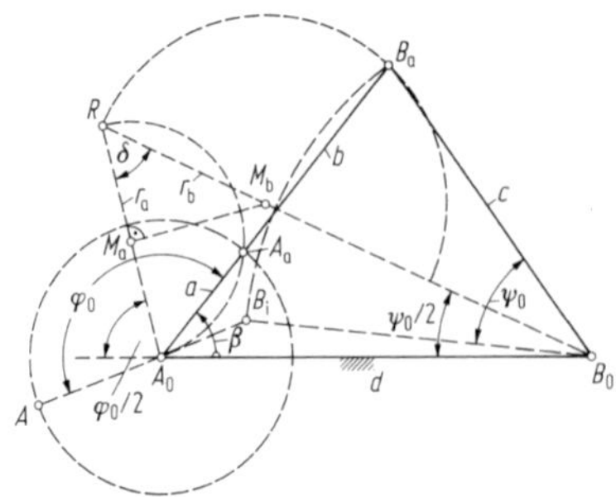

Abb. 16.17 Geometrische Grundlagen der Alt'schen Totlagenkonstruktion für Kurbelschwingen

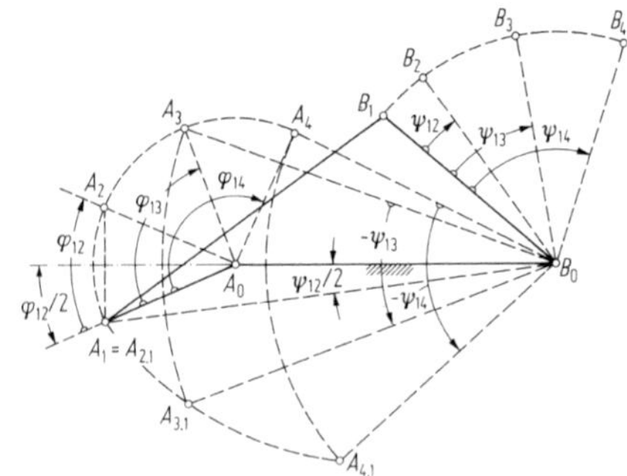

Abb. 16.18 Synthese des viergliedrigen Drehgelenkgetriebes für gegebene Winkellagen

und ψ_0, die übertragungsgünstigsten sechsgliedrigen Reihengetriebe sowie die beschleunigungsgünstigste Kurbelschwinge mit der kleinsten Maximalbeschleunigung im Hin- oder Rückgang bestimmen.

Für die Schubkurbel gibt es eine ähnliche Konstruktion und entsprechende Ergebnisse für die übertragungs- und beschleunigungsgünstigsten Abmessungen.

16.3.1.2 Winkelzuordnungen

Mit Hilfe der Burmester'schen Kreispunkt- und Mittelpunktkurve lassen sich vier (homologe) Lagen einer Ebene und nach Schnitt zweier solcher Kurven fünf derartige Lagen beherrschen. Einfachere Verfahren ergeben sich bei Benutzung der Sonderlagen. Der programmierbare Rechner ermöglicht die Berechnung der maßsynthetischen Kurven ohne Benutzung der Burmester-Theorie mittels selbsttätig ablaufender Iterationen [9]. Für eine einfache Dreilagensynthese sind einfache geometrische und rechnerische Verfahren anwendbar [1]. Weitere Möglichkeiten ergeben sich mit Punktlagenreduktionen oder unscharfen Lagevorgaben [10].

Beispiel

Die drei Winkel φ_{12}, φ_{13}, φ_{14} sollen den Winkeln ψ_{12}, ψ_{13}, ψ_{14} zugeordnet werden (Abb. 16.18). – Man trägt z. B. die Winkel $\varphi_{12}/2$ in A_0 und $\psi_{12}/2$ in B_0 an A_0B_0 an, deren freie Schenkel einander in A_1 schneiden. Mit der Kurbellänge $\overline{A_0A_1}$ werden die Kurbellagen A_0A_2, A_0A_3, A_0A_4 mit den zugehörigen φ-Winkeln festgelegt. Die Punkte A_2, A_3, A_4 dreht man um B_0 im entgegengesetzten Sinn der gegebenen ψ-Winkel, also um $-\psi_{12}, -\psi_{13}, -\psi_{14}$, und findet die Punkte $A_{2,1}$, $A_{3,1}$, $A_{4,1}$, von denen $A_{2,1}$ als Punktlagenreduktion mit A_1 zusammenfällt. Der Kreis durch die drei Punkte $A_1 = A_{2,1}$, $A_{3,1}$, $A_{4,1}$ ergibt als Mittelpunkt die Gelenkpunktlage B_1 und damit alle Abmessungen des gesuchten Getriebes in seiner Lage *1*. Zu Beginn der Konstruktion können auch anstelle von A_1 ein Gelenkpunkt B_1, also eine Gliedlänge $\overline{B_0B_1}$, und außerdem andere zugeordnete Anfangs-Winkelpaare gewählt werden. Bei sechsgliedrigen Getrieben kann man sechs und unter gewissen Voraussetzungen sogar acht zugeordnete Winkelpaare mit entsprechend erweiterter Punktlagenreduktion definieren. ◄

16.3.1.3 Erzeugung gegebener ebener Kurven

Theoretisch lässt sich eine gegebene ebene Kurve in neun Punkten genau durch die sog. *Koppelkurve* eines viergliedrigen Drehgelenkgetriebes erzeugen. Praktische Verfahren für allgemeine Lagen sind bisher nur, wie im folgenden Beispiel, für sieben Punkte bekannt geworden.

Beispiel

Sind fünf Punkte E_1 bis E_5 auf einer Kurve gegeben (Abb. 16.19), so schneiden z. B. die Mittelsenkrechten der Strecken $\overline{E_1E_4}$ und $\overline{E_2E_3}$ einander in B_0, von dem ein beliebiger Strahl x_0 ausgeht. An diesen trägt man die Strahlen x_1, x_2 so an, dass sie mit x_0 die Winkel $\psi_{14}/2$ und $\psi_{23}/2$ einschließen, die von den

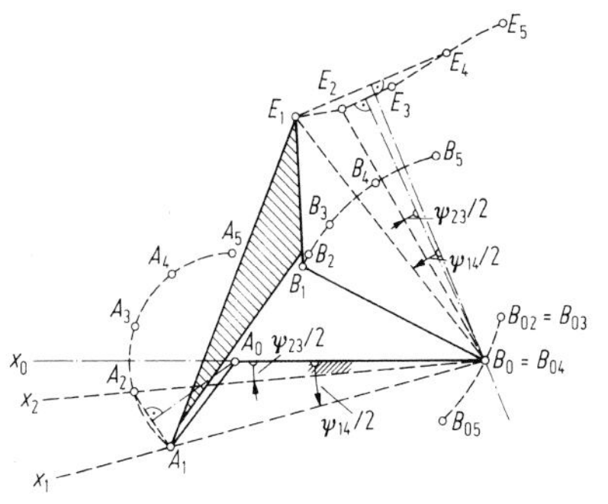

Abb. 16.19 Synthese des viergliedrigen Drehgelenkgetriebes für gegebene Koppelpunktlagen

Mittelsenkrechten und B_0E_1 sowie B_0E_2 gebildet werden. Mit beliebiger gleicher Länge werden $\overline{E_1A_1} = \overline{E_2A_2}$ mit A_1 auf x_1 und A_2 auf x_2 abgetragen. Die Mittelsenkrechte von $\overline{A_1A_2}$ schneidet x_0 in A_0, und es lässt sich der Kreis um A_0 durch A_1 und A_2 zeichnen, auf dem sich A_3, A_4, A_5 als Schnittpunkte der Kreise um E_3, E_4, E_5 mit $\overline{E_1A_1}$ als Halbmesser ergeben. Mit $\Delta E_1A_1B_{02} = \Delta E_2A_2B_0$, $\Delta E_1A_1B_{05} = \Delta E_5A_5B_0$ werden die Punkte B_{02} und B_{05} gefunden. Entsprechendes ergäbe sich mit den Punkten A_3 und A_4 zu $B_{03} = B_{02}$ und $B_{04} = B_0$ als Punktlagenreduktionen. Der Kreis durch die drei Punkte $B_0 = B_{04}$, $B_{02} = B_{03}$ und B_{05} ergibt durch seinen Mittelpunkt die Punktlage B_1 und damit das gesuchte Getriebe in seiner Lage *1*. Zu Beginn kann man auch andere E-Punkte paaren und damit einen anderen Schnittpunkt B_0 erhalten. Da der Strahl x_0 und die Längen $\overline{E_1A_1}$ beliebig angenommen wurden, lässt sich die Koppelkurve mit der gegebenen Kurve auch in sieben E-Punkten zur Deckung bringen. ◄

16.3.2 Kurvengetriebe

Das dreigliedrige Kurvengetriebe mit dem Steg als Gestell wird meist zur Erzeugung von periodischen Bewegungen mit Rasten (Stillständen des Abtriebsglieds) und beschleunigungsgünstigen Übergängen verwendet. Die technologische Aufgabenstellung innerhalb eines übergeordneten *Maschinenzyklogramms* bestimmt den *Bewegungsplan* (Abb. 16.20a) eines Kurvengetriebes mit einzelnen Bewegungsabschnitten *ik*. Damit liegt grob die funktionale Abhängigkeit der Abtriebsbewegung s für einen Rollenstößel (Abb. 16.20b) oder ψ für einen Rollenhebel (Abb. 16.20c) von der Antriebsbewegung φ (Drehwinkel der Kurvenscheibe) vor. Formal lässt sich ein Hebeldrehwinkel ψ im Bogenmaß über die Beziehung $s = l\ \psi$ (Hebellänge $l = \overline{B_0B}$) in einen Stößelhub umrechnen. Mit Ausnahme der Rasten wird jedem Bewegungsabschnitt ein „Bewegungsgesetz" in normierter, d. h. auf den Teilhub $S_{ik} = s_k - s_i$ bzw. $\Psi_{ik} = \psi_k - \psi_i$ und Teildrehwinkel $\Phi_{ik} = \varphi_k - \varphi_i$ bezogener Schreibweise zugeordnet [R7, R6–R10]:

$$(s - s_i)/S_{ik} = f_{ik}[(\varphi - \varphi_i)/\Phi_{ik}] = f(z) \quad (16.36)$$

Die Funktionen $f(z)$ sind in der Hauptsache Potenzfunktionen $f(z) = A_0 + A_1 z + A_2 z^2 + \ldots + A_n z^n$ oder trigonometrische Funktionen $f(z) = A \cos(\upsilon z) + B \sin(\upsilon z)$ oder Kombinationen aus beiden. Die Randwerte der Ableitungen nach dem Drehwinkel φ oder Übertragungsfunktionen 1. und 2. Ordnung an den Stellen i und k bestimmen den Typ der Bewegungsaufgabe und sind unbedingt stoßfrei (kein Sprung von s' bzw. ψ') und ruckfrei (kein Sprung von s'' bzw. ψ'') anzupassen. Weitere Gütekriterien ergeben sich aus den Maximalbeträgen folgender Ableitungen der normierten Gesetze nach z:

Geschwindigkeitskennwert

$$C_\text{v} = \max(|f'|),$$

Beschleunigungskennwert

$$C_\text{a} = \max(|f''|),$$

Ruckkennwert

$$C_j = \max(|f'''|),$$

statischer Momentenkennwert

$$C_{\text{M}_\text{stat}} = C_\text{v},$$

dynamischer Momentenkennwert

$$C_{\text{M}_\text{dyn}} = \max(|f' f''|).$$

Die kleinsten Werte obiger Kennwerte für die ausgewählte Funktion $f(z)$ sind jeweils optimal [11].

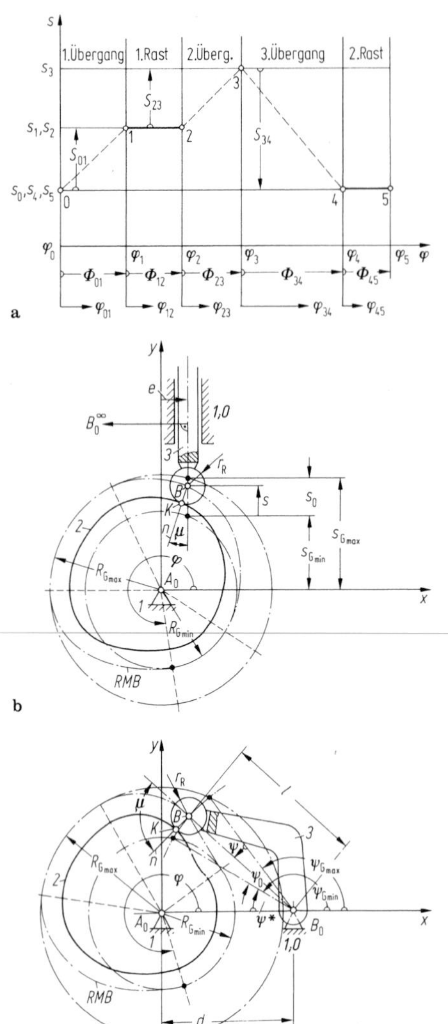

Abb. 16.20 Bezeichnungen an ebenen dreigliedrigen Kurvengetrieben. **a** Bewegungsplan; **b** Getriebe mit Rollenstößel; **c** Getriebe mit Rollenhebel

Für eine vorgeschriebene Bewegungsaufgabe gibt es unendlich viele Kurvenprofile, von denen das übertragungsgünstigste (Kleinstwert des Übertragungswinkels μ am wenigstens von 90° abweichend) bestimmt werden kann. Die hierfür gültigen „Hauptabmessungen" sind beim Kurvengetriebe mit Rollenstößel die Versetzung e und der Radius des „Grundkreises" $R_{\mathrm{G\,min}}$ der Rollenmittelpunktsbahn (RMB) bzw. der „Grundhub" $S_{\mathrm{G\,min}}$ und beim Kurvengetriebe mit Rollenhebel die Hebellänge l und der „Grundwinkel" $\psi_{\mathrm{G\,min}}$ bzw. ψ^* zwischen Hebel und Gestell. Zur Bestimmung dieser Hauptabmessungen für übertragungsgünstige Getriebe kann das Hodographenverfahren oder das Näherungsverfahren nach Flocke verwendet werden [1] und [2].

16.4 Sondergetriebe

Für die Gruppe der Sondergetriebe zur Erfüllung spezieller Bewegungsaufgaben bei zum Teil außergewöhnlichen konstruktiven Randbedingungen sei auf die spezielle Literatur und die jeweiligen VDI-Richtlinien hingewiesen:

Räumliche Gelenkgetriebe und Gelenkwellen [12, R15], räumliche Kurvengetriebe [13], Schrittgetriebe (Schaltgetriebe) [14], Räderkurbelgetriebe als Kombinationen aus Gelenkgetrieben und aus mindestens zwei Rädern für Umlaufrast- und Pilgerschrittbewegungen [15].

Literatur

Spezielle Literatur

1. Kerle, H., Corves, B., Hüsing, M.: Getriebetechnik – Grundlagen, Entwicklung und Anwendung ungleichmäßig übersetzender Getriebe. 5. Auflage Springer Vieweg, Wiesbaden (2015)
2. Fricke, A., Günzel, D., Schaeffler, T.: Bewegungstechnik; Konzipieren und Auslegen von mechanischen Getrieben, Fachbuchverlag Leipzig im Carl Hanser Verlag, München (2015)
3. Uicker, J. J. jr., Pennock, G. R., Shigley, J. E.: Theory of Machines and Mechanisms. Oxford University Press, New York, Oxford (2011)
4. Husty, M., Karger, A., Sachs, H., Steinhilper, W.: Kinematik und Robotik. Springer, Berlin; Heidelberg; New York etc. (1997)
5. Lohe, R.: Berechnung und Ausgleich von Kräften in räumlichen Mechanismen. Fortschr.-Ber. VDI-Z., Reihe 1, Nr. 103 (1983)
6. Marx, U.: Ein Beitrag zur kinetischen Analyse ebener viergliedriger Gelenkgetriebe unter dem Aspekt Bewegungsgüte. Fortschr.-Ber. VDI-Z., Reihe 1, Nr. 144 (1986)
7. Müller, H. W.: Beurteilung periodischer Getriebe mit Hilfe des „Übertragungswinkels". Konstruktion **37**, 431–436 (1985)
8. Stündel, D.: Das dynamische Laufkriterium bei Gerätemechanismen. Feingerätetechn. **23**, 507–509 (1974)
9. Braune, R.: Ein Beitrag zur Maßsynthese ebener viergliedriger Kurbelgetriebe. Diss. RWTH Aachen (1980)

10. Lin, S.: Getriebesynthese nach unscharfen Lagevorgaben durch Positionierung eines vorbestimmten Getriebes. Diss. TU Dresden, Fortschr.-Ber. VDI, Reihe 1, Nr. 313, Düsseldorf (1999)
11. Alpers, B.: Schranken und Extremalfunktionen für die Kennwerte der VDI Richtlinie 2143, In: 18. VDI Getriebetagung, Bewegungstechnik 2016, 20./21.09.2016 Nürtingen, VDI Bericht 2286, VDI-Verlag GmbH, Düsseldorf (2016)
12. Seher-Toss, H.C., Schmelz, F., Aucktor, E.: Gelenke und Gelenkwellen, 2. Aufl. Springer, München; Heidelberg (2002)
13. Niggemann, H.: CAD-gestützte grafische Maßsythese sphärischer und räumlicher Übertragungskurvengetriebe. Diss. RWTH Aachen (2009) Shaker Verlag
14. Hain, K.: Wege verkürzen zur Totalsynthese: iterative Methode empfiehlt sich beim Berechnen von Gelenk-Schrittgetrieben für ein lückenloses Lösungsfeld. Maschinenmarkt. **94**, 34, 54–59 (1988)
15. Volmer, J. (Hrsg.): Getriebetechnik – Grundlagen. Verlag Technik, Berlin (1995)

Weiterführende Literatur

Angeles, J.: Spatial kinematic chains. Springer, Berlin (1982)

Beyer, R.: Technische Raumkinematik. Springer, Berlin (1963)

Dresig, H.: Schwingungen und mechanische Antriebssysteme, Modelbildung, Berechnung, Analyse, Synthese, 2. Aufl. Springer, Berlin Heidelberg New York (2006)

Hagedorn, L., Thonfeld, W., Rankers, A.: Konstruktive Getriebelehre, 6., bearb. Aufl. Springer, Berlin (2009)

Lohse, G.: Konstruktion von Kurvengetrieben. Expert, Renningen (1994)

Luck, K., Modler, K.-H.: Getriebetechnik – Analyse, Synthese, Optimierung, 2. Aufl. Springer, Berlin (1995)

Luck, K., Müller, W., Strauchmann, H.: Kinematische Analyse räumlicher Mechanismen mit Hilfe der Vektorrechnung. Wiss. Zeitschr. TU Dresden **29**, 837–841 (1980)

Schramm, D., Hiller, M., Bardini, R.: Modellbildung und Simulation der Dynamik von Kraftfahrzeugen. Springer, Heidelberg Dordrecht London New York (2010)

Steinhilper, W., Hennerici, H., Britz, S.: Kinematische Grundlagen ebener Mechanismen und Getriebe. Vogel, Würzburg (1993)

Volmer, J. (Hrsg.): Getriebetechnik – Lehrbuch, 5. Aufl. VEB Verlag Technik, Berlin (1987)

Volmer, J. (Hrsg.): Kurvengetriebe, 2. Aufl. Hüthig, Heidelberg (1989)

Volmer, J. (Hrsg.): Getriebetechnik – Grundlagen, 2. Aufl. Verlag Technik, Berlin (1995)

Waldron, K.J., Kinzel, G.L., Agrawal, S.K.: Kinematics, Dynamics, and Design of Machinery, 3nd Edition. Wiley, New York (2016)

VDI-Richtlinien

[R1] VDI-Richtlinie 2127: Getriebetechnische Grundlagen; Begriffsbestimmungen der Getriebe (1993)

[R2] VDI-Richtlinie 2740, Bl. 2: Mechanische Einrichtungen in der Automatisierungstechnik; Führungsgetriebe (2002)

[R3] VDI-Richtlinie 2727, Bl. 1: Konstruktionskataloge; Lösung von Bewegungsaufgaben mit Getrieben; Grundlagen (1991)

[R4] VDI-Richtlinie 2156: Einfache räumliche Kurbelgetriebe; Systematik und Begriffsbestimmungen (2015)

[R5] VDI-Richtlinie 2154: Sphärische viergliedrige Kurbelgetriebe; Grundlagen und Systematik (2015)

[R6] VDI-Richtlinie 2142, Bl. 1: Auslegung ebener Kurvengetriebe; Grundlagen, Profilberechnung und Konstruktion (2018)

[R7] VDI-Richtlinie 2143, Bl. 2: Bewegungsgesetze für Kurvengetriebe; Praktische Anwendung (1987)

[R8] VDI-Richtlinie 2142, Bl. 2: Auslegung ebener Kurvengetriebe; Berechnungsmodule für Kurven- und Koppelgetriebe (2011)

[R9] VDI-Richtlinie 2142, Blatt 3: Auslegung ebener Kurvengetriebe; Praxisbeispiele (2014)

[R10] VDI-Richtlinie 2143, Bl. 1: Bewegungsgesetze für Kurvengetriebe; Theoretische Grundlagen (1980)

[R11] VDI-Richtlinie 2727, Bl. 5: Konstruktionskataloge; Lösung von Bewegungsaufgaben mit Getrieben; Erzeugung von ungleichmäßigen Umlaufbewegungen ohne Stillstand (Vorschaltgetriebe); Antrieb gleichsinnig drehend (2006)

[R12] VDI-Richtlinie 2729, Blatt 1: Modulare Analyse ebener Gelenkgetriebe mit Dreh- und Schubgelenken; Kinematische Analyse (2016)

[R13] VDI-Richtlinie 2149, Bl. 1: Getriebedynamik; Starrkörper-Mechanismen (2008)

[R14] VDI-Richtlinie 2130: Getriebe für Hub- und Schwingbewegungen; Konstruktion und Berechnung viergliedriger ebener Gelenkgetriebe für gegebene Totlagen (1984)

[R15] VDI-Richtlinie 2722: Gelenkwellen und Gelenkwellenstränge mit Kreuzgelenken – Einbaubedingungen für Homokinematik (2003)

Literatur zu Teil III Mechanische Konstruktionselemente

Bücher

Decker, K.-H.: Maschinenelemente, Funktion, Gestaltung und Berechnung, 20. Aufl. Hanser München (2018)

Hennecke, M., Skrotzki, B., Akademischer Verein Hütte e.V. (Hrsg.): Hütte: Grundlagen der Ingenieurwissenschaften, 35. Aufl. Springer, Berlin (2021)

Klein, M.: Einführung in die DIN-Normen, 14. Aufl. Beuth, Berlin (2008); Teubner, Stuttgart (2008)

Knauer, B., Wende, A.: Konstruktionstechnik und Leichtbau. Akademie-Verlag, Berlin (1988)

Künne, B.: Köhler/Rögnitz Maschinenteile, Teil 1 und Teil 2, 10. Aufl. Vieweg+Teubner, Wiesbaden (2007/2008)

Bender, B., Gericke, K. (Hrsg.): Pahl/Beitz – Konstruktionslehre, Methoden und Anwendung erfolgreicher Produktentwicklung, 9. Aufl. Springer Vieweg (2020)

Krause, W.: Konstruktionselemente der Feinmechanik, 4. Aufl. Hanser, München (2018)

Niemann, G.,Winter, H., Höhn, B.-R., Stahl, K.: Maschinenelemente,Band I, 5. Aufl. Springer Vieweg, Berlin (2019)

Niemann, G., Winter, H.: Maschinenelemente, Band II und III, 2. Aufl. Springer, Berlin (1983)

Wittel, H., Jannasch, D., Voßsiek, J., Spura, C.: Roloff/Matek Maschinenelemente; Normung, Berechnung, Gestaltung, 24. Aufl. Springer Vieweg, Braunschweig (2019)

Tochtermann, W., Bodenstein, F.: Konstruktionselemente des Maschinenbaus, Teil 1 und 2, 9. Aufl. Springer, Berlin (1979)

VDI-Gesellschaft Produkt- und Prozessgestaltung (Hrsg.): VDI-Handbuch: Produktentwicklung und Konstruktion, Beuth, Berlin

Wächter, K.: Konstruktionslehre für Maschinenbauingenieure, 2. Aufl. VEB Verlag Technik, Berlin (1989)

Matthiesen, S., Wartzack, S., Zimmer, D. (Hrsg.): Konstruktion, Zeitschrift für Produktentwicklung und Ingenieur-Werkstoffe. VDI Fachmedien, Düsseldorf

DIN-Mitteilungen. Beuth, Berlin

Schweißen und Schneiden, Fachzeitschrift für die Schweiß-, Schneid- und Löttechnik. DVS Media, Düsseldorf

Sauer, B. (Hrsg.): Konstruktionselemente des Maschinenbaus. Band 1: Grundlagen der Berechnung und Gestaltung, 9. Aufl. Springer, Berlin (2016); Band 2: Grundlagen für Antriebsaufgaben, 8. Aufl. Springer Vieweg, Berlin (2018)

Teil IV
Fluidische Antriebe

Band 2, Teil IV des DUBBEL behandelt Antriebe, deren Getriebeteil als Medium zur Energieübertragung ein Fluid nutzt. Das Fluid kann flüssig oder gasförmig sein. Getriebe mit flüssigem Medium sind Hydrostatische Getriebe und Hydrodynamische Getriebe (Hydrodynamischer Wandler), Getriebe mit gasförmigem Medium sind Pneumatische Getriebe. Antriebsmaschinen solcher Antriebe sind bei stationären Anwendungen – Pressen, Spritzgießmaschinen, Werkzeugmaschinen – typischerweise Elektromotore und bei mobilen Anwendungen – Baumaschinen, landwirtschafte Maschinen – Verbrennungsmotore. Bei Luftfahrzeugen ist das Strahltriebwerk, bei Schiffen Elektromotor oder Verbrennungsmotor die Antriebsmaschine.

Hydrodynamischer Wandler (siehe dazu DUBBEL, Bd. 3, Kap. 10 und Antriebsmaschinen sind nicht Gegenstand des DUBBEL, Bd. 2, Teil IV.

Zur Übertragung größerer Leistung bei kleinen Energieverlusten werden Getriebe eingesetzt, bei denen ein Umlaufrädergetriebe als mechanischer Strang mit einem hydrostatischen Getriebe mit stetig veränderbarer Übersetzung so kombiniert wird, dass das entstehende Getriebe eine stetig verstellbare Übersetzung hat. Da über einen großen Stellbereich die Energie parallel über den mechanischen und den hydrostatischen Strang übertragen wird, weist ein solches Getriebe deutlich kleinere Energieverluste als ein rein hydrostatisches Getriebe auf. Bekannt ist das CSD – Getriebe der Fa. Sundstrand, Rockford/Illinois, das zwischen Flugzeugtriebwerk und Bordgenerator angeordnet bei sich ändernder Triebwerksdrehzahl für eine konstante Generatordrehzahl sorgt. Nach mehreren Anwendungsanläufen in der Vergangenheit ist diese Technik inzwischen bei Landmaschinen größerer Leistung fest etabliert. Auch diese Technik kann in Kapitel H nicht detailliert behandelt werden.

17 Hydrostatik und Pneumatik in der Antriebstechnik

Dierk Feldmann und Stephan Bartelmei

17.1 Das hydrostatische Getriebe

Kennzeichen des Hydrostatischen Getriebes ist, dass die von der Antriebsmaschine bereitgestellte mechanische Energie in dem hydrostatischen Getriebe in die Energie einer Flüssigkeit gewandelt wird, als Flüssigkeitsenergie transportiert und wieder in mechanische Energie zurückgewandelt wird (Abb. 17.1). Dabei kann die Energieform – Rotationsenergie oder Translationsenergie – zwischen Ein- und Ausgang des Getriebes verändert werden (siehe Abb. 19.1a), das Verhältnis der die Energiehöhe bestimmenden Größen – Drehmoment, Drehzahl, Kraft und Geschwindigkeit – verändert werden (Getriebeübersetzung, siehe Abschn. 17.1.1 und 19.2) und die Energiehöhe begrenzt werden (Druckbegrenzung, siehe z. B. Abb. 19.1a).

Wesentliches Merkmal des Hydrostatischen Getriebes ist, dass der Energieinhalt der Flüssigkeit durch hohen Druck und kleines Volumen, d. h. bei kontinuierlicher Energieübertragung kleinen Volumenströmen erreicht wird; im Gegensatz dazu wird die Energie bei hydrodynamischen Getrieben (hydrodynamischer Wandler) bei mäßigen Drücken und hohen Volumenströmen übertragen.

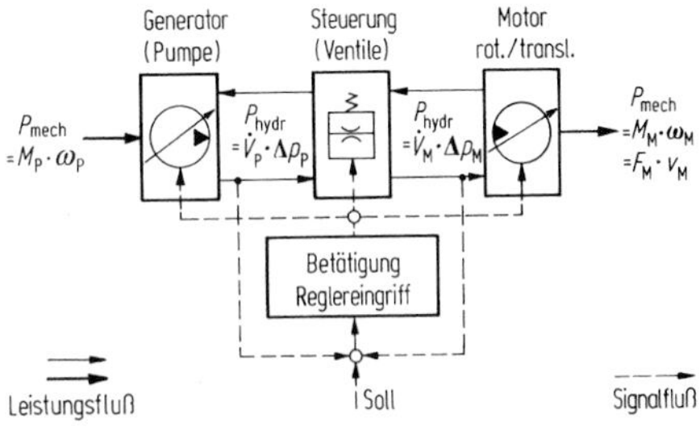

Abb. 17.1 Blockschaltbild des Hydrostatischen Getriebes

Aus den in Abschn. 17.1.2 dargestellten Beziehungen zwischen den Eingangs- und Ausgangsgrößen des Getriebes entnimmt man, dass es mehrere Möglichkeiten gibt, das Verhältnis zwischen Eingangs- und Ausgangsgrößen zu verändern. Bei einem Getriebe mit rotierendem Eingang (Pumpenwelle) und rotierendem Ausgang (Hydromotorwelle) kann das Verhältnis der Drehzahlen n_M zu n_P durch Änderung der Hubvolumina von Pumpe und Motor – jedes für sich oder kombiniert – geschehen, wenn mindestens eine der beiden Maschinen hubvolumenverstellbar ist. Das Drehzahlverhältnis kann auch durch Änderung des Volumenstromquotienten, technisch sinnvoll durch Ableitung eines Teilvolumenstroms, erfolgen. Die Hubvolumenveränderung wirkt unmittelbar auf das Verhältnis von Motormoment M_M zu Pumpenmoment M_P, das auch – ohne Beurteilung, ob technisch sinnvoll – durch Änderung des Druckdifferenzquotienten verändert werden kann.

D. Feldmann (✉)
Technische Universität Hamburg-Harburg
Hamburg, Deutschland
E-Mail: dgfeldmann@seekante.de

S. Bartelmei
Jadehochschule Wilhelmshaven
Wilhelmshaven, Deutschland
E-Mail: Bartelmei@jade-hs.de

B. Bender und D. Göhlich (Hrsg.), *Dubbel Taschenbuch für den Maschinenbau 2: Anwendungen*,
https://doi.org/10.1007/978-3-662-59713-2_17

17.1.1 Elemente des Hydrostatischen Getriebes

Der typische Aufbau eines Hydrostatischen Getriebes (Abb. 17.1) besteht aus einem Eingangsglied Pumpe, einem Ausgangsglied Hydromotor (Rotationsmotor oder Zylinder), einer Hydraulikleitungs- und Ventilanordnung und einer Steuer- und Regeleinrichtung. Pumpen wie Motoren sind wegen hoher Arbeitsdrücke **Verdrängermaschinen**, sie können als **Konstantmaschinen** mit festem Hubvolumen (gefördertes Volumen je Umdrehung der Welle) oder mit veränderbarem Hubvolumen als **Verstellmaschinen** ausgeführt werden.

Bei der Verwendung von **Konstantmaschinen (Zahnrad und Schraubenmaschinen** Abschn. 18.1, Abb. 18.1 und Abschn. 18.1.1, Abb. 18.2 und 18.3) kann ein veränderlicher Volumenstrom zum Verbraucher (Hydromotor, Zylinder) durch die Anordnung mehrerer Pumpenelemente unterschiedlichen Hubvolumens mit gemeinsamer Antriebswelle erreicht werden, indem mittels Ventilen Förderelemente zu- und weggeschaltet werden. Eine weitere Möglichkeit der Erzeugung eines veränderlichen Volumenstroms bei Verwendung einer Pumpe konstanten Hubvolumens ist, die Drehzahl der Pumpenwelle zu verändern. Diese Lösung wird bei Systemen mit elektromotorischem Antrieb angewendet. Bei der Verlustbetrachtung ist darauf zu achten, dass die betriebsbereichsabhängigen Verluste des drehzahlvariablen Elektromotors mit seiner Steuerung korrekt berücksichtigt werden. Abführung eines Teilvolumenstroms ist eine weitere, eher verlustbehaftete Lösung. Die vorgestellten Lösungen kommen für kleine und ggf. mittlere zu übertragende Leistungen in Frage.

Als Verdrängermaschinen, die mit konstantem oder variablem Hubvolumen ausgeführt werden, sind Flügelzellenmaschinen (Abb. 18.4a), Axialkolbenmaschinen (Abschn. 18.1.3, Abb. 18.5 und 18.6) und Radialkolbenmaschinen (Abschn. 18.1.3, Abb. 18.7 und 18.9) bekannt.

Bei **Kolbenmaschinen** kann die Hubvolumenverstellung aus der Neutralstellung in beiden Richtungen erfolgen; das bedeutet Umkehrung der Förderrichtung bei gleichbleibender Drehrichtung der Antriebswelle (Pumpe) resp. Umkehrung der Wellendrehrichtung bei gleichbleibender Zuführung des Volumenstroms beim Hydromotor und der Fahrrichtung beim Zylinder. Die Einstellung des Hubvolumens kann durch äußeren Eingriff oder systeminterne Regelvorgänge erfolgen, z. B. eine Nullhubdruckregelung (siehe Abschn. 19.3.2 und Abb. 18.4). Dabei erfolgt die Hubvolumenverstellung bei Maschinen mit größerem Hubvolumen und höheren Arbeitsdrücken wegen der erforderlichen großen Stellkräfte in der Maschine mittels eines Servosystems mit großer Verstärkung. Die Ansteuerung erfolgt mechanisch oder elektrisch, im Fall elektrischer Ansteuerung z. B. mit Strom bis 100 mA bei 24 V.

Radialkolbenmotoren mit großem Hubvolumen für große Drehmomente bei niedrigen Drehzahlen der Motorwelle werden als Konstantmaschinen oder Maschinen mit 2 Hubvolumenstufen (Abb. 18.9) ausgeführt.

Zylinder als Motoren mit translatorischem Ausgang können bei entsprechender Ventilanordnung und -schaltung von Boden- und Ringraum bei gegebenem Volumenstrom zum Zylinder mit 2 verschiedenen Geschwindigkeiten der Kolbenstange ausgefahren werden.

Verdrängermaschinen weisen Verluste auf, die vom Betriebszustand – eingestelltes Hubvolumen, Drehzahl, Betriebsdruck, Viskosität und Kompressibilität der Hydraulikflüssigkeit – abhängen. Bei Verdrängermaschinen mit rotierendem Ein- und Ausgang sind es mechanische Verluste infolge von Reibung, Strömungsverluste infolge von Strömungswiderständen in der Maschine und volumetrische (Leck-)Verluste. Reibungsverluste entstehen in Gleit- und Wälzpaarungen, wie sie an den Zahnrädern der Zahnradmaschinen, der Flügel-Ring-Paarung der Flügelzellenmaschinen und der Kolben-Buchsen-Paarung, den Gleitschuhen (resp. dem Kugelkopf des Kolbens) und der Ventil- und Lagerplatte der Kolbenmaschinen auftreten; sie sind abhängig von dem Betriebsdruck, der Drehzahl der Welle, dem eingestellten Hubvolumen und der Schmierfähigkeit der Hydraulikflüssigkeit. Reibung in Lagern, Dichtungen und an Körpern, die in einer drucklosen Hydraulikflüssigkeit rotieren (Blockzylinder im fluidgefüllten Gehäuse u. ä.) ist bauartabhängig primär von der Drehzahl und weniger vom Betriebsdruck abhängig. Da die Reibungs- und die Strömungsverluste nur sehr aufwändig voneinander zu trennen sind, werden sie mit einem, dem mechanisch-hydraulischen Wirkungsgrad beschrieben.

Die Leckverluste bestimmen den volumetrischen Wirkungsgrad. Sie hängen wesentlich vom Betriebsdruck, den sich im Betrieb einstellenden Spaltgeometrien (Spalthöhe, Spaltlänge) und der Viskosität der Hydraulikflüssgkeit ab. Die Kompressibilität der Hydraulikflüssigkeit bewirkt mit steigendem Druck eine Verringerung des Volumenstroms; diese Volumenstromabnahme ist nicht den Leckverlusten zuzuschlagen und ist bei Anwendungen mit hohen Arbeitsdrücken gesondert zu betrachten.

Bei einem **Zylinder** (Abb. 18.10) sind es die Reibkräfte an der Kolben- und der Kolbenstangendichtung, die mechanische Verluste verursachen; Strömungsverluste sind in der Regel klein. Leckverluste treten nicht auf, wenn Kolben und Kolbenstange mit Elastomerdichtungen versehen sind.

Abb. 17.2 zeigt exemplarisch, dass die vorstehend beschriebenen Verluste zu Wirkungsgraden führen, die von dem Betriebszustand der Maschine abhängen. Die Modelle zu ihrer Beschreibung sind entweder sehr vereinfachend und damit nur für generelle Aussagen brauchbar oder so komplex, dass zu ihrer Verifizierung große, aufwendig zu ermittelnde Datenmengen erforderlich sind. Für die detaillierte Auslegung eines Hydrostatischen Getriebes können beim Hersteller der Maschine in der Regel vorliegende Wirkungsgradtabellen verwendet werden. Parameter in solchen Tabellen sind typisch Hubvolumen, Druck und Drehzahl. Dabei ist darauf zu achten, dass auch die Viskosität der Flüssigkeit und ihre Dichte als Parameter eingehen, also die Wirkungsgrade beeinflussen.

Zur zweiten Grundelementgruppe gehören **Ventile und Leitungen. Schaltventile und Stetigventile werden** durch ein meist elektrisches oder mechanisches äußeres Signal angesteuert und stellen Wege für die Hydraulikflüssigkeit ein oder sperren sie ab, indem sie Durchflussquerschnitte verändern (siehe Abschn. 18.3.1 Wegeventile, Abschn. 18.3.5 Proportionalventile und Abschn. 18.3.6 Servoventile). Erfolgt die Ansteuerung der Ventile elektrisch, so liegt die Ansteuerleistung im Bereich von 2,5 W für ein Servoventil, 25 bis 50 W für ein Proportionalventil und maximal 100 W für ein Wegeventil.

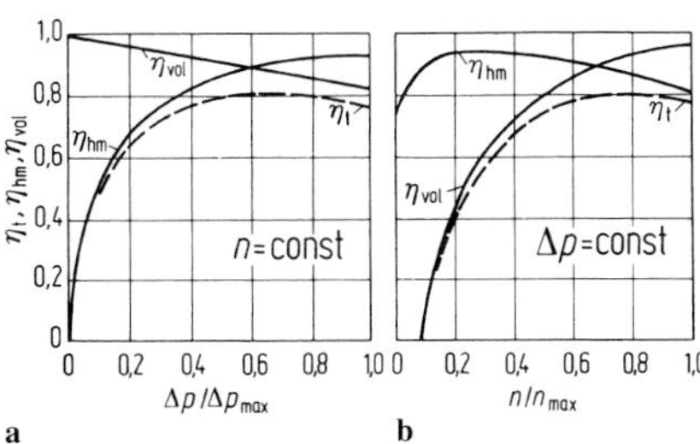

Abb. 17.2 Typischer Verlauf der Wirkungsgradkennlinien einer Konstantpumpe abhängig **a** vom Betriebsdruck, **b** von der Betriebsdrehzahl

Weiter gehören zu dieser Elementegruppe Ventile, die einen Zustand der Hydraulikflüssigkeit erfassen und selbsttätig eine Funktion ausführen. Hierzu gehören vom Druck in System gesteuerte sog. Druckventile (Abschn. 18.3.3 Druckbegrenzungsventile, Druckregelventile und Druckschaltventile) und vom Volumenstrom gesteuerte Ventile (Abschn. 18.3.2 Sperrventile, Abschn. 18.3.4 Stromventile).

Als **Leitungen** zur Führung der Hydraulikflüssigkeit werden Rohre, Schläuche und Bohrungen in Steuerblöcken verwendet. Die Leitungen zur Verbindung von Pumpe und Motor ebenso wie **Ventile** zur Steuerung der Volumenströme lassen Energieverluste entstehen, einmal durch Druckreduzierung im Fluid bei der Durchströmung von Widerständen, zum anderen durch Volumenverluste (Leckagen). Die Höhe der Energieverluste hängt von der Dimensionierung der Leitungen und Ventile, ihrer strömungstechnischen Gestaltung und von Viskosität und Dichte des Fluids ab; sie sind bei üblicher Dimensionierung im Verhältnis der zu übertragenen Energie klein.

Das dritte Grundelement ist die **Hydraulikflüssigkeit**, sie ist das Transportmittel für den Energietransport von der Antriebsmaschine zum Verbraucher. An sie werden die folgenden Anforderungen gestellt:

- Die Flüssigkeit muss den Druckwechsel im Betrieb ertragen und muss scherstabil sein. Dabei ist zu beachten, dass die in den Maschinen auftretenden maximalen Drücke deutlich über den mittels Betriebsmessungen ermittelten Drücken liegen.
- Die Flüssigkeit muss in einem möglichst großen Temperaturbereich dauerhaft einsetzbar sein, d. h. bei niedriger Temperatur noch fließfähig und bei hoher Temperatur ausreichend viskos und thermisch stabil. Eine typische Anforderung ist −20 °C bis +100 °C.
- Die Flüssigkeit muss eine gute Schmierfähigkeit haben, nachzuweisen durch FZG-Test und andere Verfahren.
- Die Flüssigkeit muss für bestimmte Anwendungen schwer entflammbar sein (Bergbau, Flugzeug) und für andere biologisch schnell abbaubar (Maschinen in der Nahrungsmittelproduktion, Anlagen im (Trink-)Wasserbereich).

Aussagen zu Art, Eigenschaften und physikalischen Kennwerten von Hydraulikflüssigkeiten finden sich in Abschn. 18.4 und 20.2.

Die Temperatur der Hydraulikflüssigkeit im hydrostatischen Getriebe wird durch die Höhe der Energieverluste im System, das Flüssigkeitsvolumen und die **Heizung und Kühlung** bestimmt. Um ausreichend lange Betriebszeiten einer Anlage zu erreichen, ist die Höhe der Temperatur mediumspezifisch zu begrenzen. Dabei ist zu beachten, dass die Temperatur des Fluids in den Maschinen deutlich höher ist als in dem Tank der Anlage. Die Betriebszeit für eine Füllung der Anlage hängt von der Belastung des Fluids durch Scherung, Oxidation und Vermischung mit Fremdflüssigkeit, typisch z. B. Wasser, ab. Bei additivierten Fluiden verbrauchen sich die Additive, z. B. der VI-Verbesserer, der zur Erzielung einer flacheren Viskosität-Temperatur-Abhängigkeit eingesetzt wird. Die Alterung des Fluids hängt auch von chemisch wirksamen Verschleißpartikeln ab.

Hydrostatische Getriebe können mittels **Blasen- oder Kolbenspeicher** effizient Energie speichern. Das ist dort von Nutzen, wo über der Zeit stark unterschiedliche Ausgangsdrehzahlen oder Kolbengeschwindigkeiten und daraus folgend sehr unterschiedliche Volumenströme zu realisieren sind. In langen Zeitabschnitten mit niedrigen Volumenanforderungen des Hydromotors wird der Speicher gefüllt, um bei kurzzeitiger Anforderung eines großen Volumens dieses abgeben zu können, ohne dass dazu eine Pumpe großen Hubvolumens vorgesehen werden muss.

Eine hohe Sauberkeit durch kontinuierliches **Filtern** der Hydraulikflüssigkeit ist Voraussetzung für die einwandfreie Funktion und eine angemessene Lebensdauer eines hydrostatischen Systems. Eine hohe Sauberkeit des Fluids muss schon beim Aufbau des Systems mit im technischen Sinn sauberen Komponenten und einer Befüllung mit vor Ort gefiltertem Fluid gewährleistet werden. Gängige Filterfeinheiten sind 10 μm nominal und 25 μm absolut. Metallische Abriebpartikel, die im Betrieb in der Maschine entstehen und feine Sandpartikel, die bei Luftaustausch mit der Umwelt ins System eingetragen werden, müssen festgehalten und entfernt werden. Zu kontrollieren und zu begrenzen ist weiterhin der Wassergehalt des Fluids, der, wenn zu groß, die Alterung der Hydraulikflüssigkeit beschleunigt, wodurch die Schmierfähigkeit abnimmt. Schädlich und alterungsfördernd ist auch ein zu hoher Gehalt an ungelöster Luft im Hydraulikmedium. Angaben zu Grenzwerten machen die Flüssigkeitshersteller.

Die **Geräuschemission** eines hydrostatischen Getriebes ist abhängig vom Typ der Pumpen und Hydromotoren (Schrauben-, Zahnrad-, Flügel- oder Kolbenprinzip), dem Betriebsdruck, der Baugröße (Hubvolumen) und der Drehzahl. Durch konstruktive Maßnahmen an den Maschinen und dem Gesamtsystem können deutliche Schallpegelsenkungen erreicht werden. Vermeidung von Schwingungsübertragung von der Pumpe auf die Umgebung ist eine der bessernden Maßnahmen.

17.1.2 Berechnung des Betriebsverhaltens des Hydrostatischen Getriebes

Die physikalischen Größen zur Beschreibung des Zusammenhangs von Ausgangs- zu Eingangsgrößen des hydrostatischen Getriebes mit den Indizes zu ihrer genaueren Spezifizierung sind in Tab. 17.1 zusammengestellt.

Die Abhängigkeit der physikalischen Betriebsgrößen voneinander wird im Folgenden für reale Maschinen mit Verlusten angegeben. Da stationäre Energieübertragung zugrunde gelegt wird, ist es üblich, statt Energie Leistung zu betrachten. Die Verluste realer Maschinen werden durch den hydraulisch-mechanischen und den volumetrischen Wirkungsgrad beschrieben. Der Exponent +1 gilt für Pumpen, −1 für Motoren. Für verlustfreie Maschinen sind die Wirkungsgrade gleich 1. Im Rahmen dieses Kapitels wird auf das Zustandekommen der Leistungsverluste und aus ihnen folgende Wirkungsgrade eingegangen.

Tab. 17.1 Formelgrößen und Indizes

Formelgrößen	
A	Fläche
c	Fließgeschwindigkeit
c_m	mittlere Fließgeschwindigkeit
F	Kraft
M	Moment
n	Drehzahl
P	Leistung
p	Druck
Δp	Druckdifferenz
V	Volumen
$\dot{V}$	Volumenstrom
v	Geschwindigkeit
η	Wirkungsgrad
ϱ	Dichte
ν	Viskosität
Indizes	
h	hydraulisch
hm	hydraulisch-mechanisch
M	Motor
m	mechanisch
P	Pumpe
t	total
th	theoretisch
ü	Übertragung
v	Verlust
vol	volumetrisch

Für Zylinder (s. Abb. 18.10) mit einer mit dem Druck p beaufschlagten Kolbenfläche A_K – oder Ringraumfläche A_R – und der Kolbenstangengeschwindigkeit v gilt:

Volumenstrom	$\dot{V} = A_{K(R)} \cdot v \cdot \eta_{vol}^{\pm 1}$
Kraft	$F = p \cdot A_{K(R)} \cdot (1/\eta_{hm})^{\pm 1}$
Leistung	$P = p \cdot \dot{V} \cdot (1/\eta_t)^{\pm 1}$

Der volumetrische Wirkungsgrad bei Zylindern mit Elastomerdichtungen an Kolben und Kolbenstange ist 1.

Führt man den Volumenstrom aus dem Zylinderringraum zusammen mit dem Pumpenstrom in den Kolbenraum, ergibt sich für einen gegebenen Volumenstrom der Pumpe $\dot{V}_P$ die erhöhte Geschwindigkeit v_{Diff} und die kleinere Kraft F_{Diff}; mit der Kolbenfläche A_K und der Ringraumfläche A_R ist (ohne Verluste)

$$v_{Diff} = \dot{V}_P/(A_K - A_R) \quad \text{und}$$
$$F_{Diff} = (A_K - A_R) \cdot p$$

Für eine Verdrängermaschine mit rotierendem Ein- oder Ausgang (Pumpenantriebwelle, Motorabtriebswelle), dem Hubvolumen V_{th}, der Differenzdruckbeaufschlagung Δp zwischen Ein- und Ausgang und der Wellendrehzahl n gilt:

Volumenstrom	$\dot{V} = n \cdot V_{th} \cdot \eta_{vol}^{\pm 1}$
Drehmoment	$M = \Delta p \cdot V_{th}/2\pi \cdot (1/\eta_{hm})^{\pm 1}$
Leistung	$P = \Delta p \cdot \dot{V} \cdot (1/\eta_t)^{\pm 1}$

Zur Überwindung der Strömungswiderstände in Ventilen, Leitungen und Steuerblöcken ist eine Druckdifferenz erforderlich, deren Größe von dem Widerstandskennwert k des durchströmten Elements, dem Volumenstrom $\dot{V}$ und der Strömungsform abhängt:

$$\Delta p = k \cdot \dot{V} \quad \text{bei laminarer Strömung}$$
$$\Delta p = k \cdot \dot{V}^2 \quad \text{bei turbulenter Strömung}$$
$$P = \Delta p \cdot \dot{V}.$$

Daraus ergibt sich ein hydraulischer Wirkungsgrad zu

$$\eta_h = 1 - \Delta p / p_1$$

Für das verlustlose Hydrostatische Getriebe mit rotierender Welle am Eingang wie am Ausgang gilt:

$$n_M / n_P = (V_{thP} / V_{thM}) \cdot (\dot{V}_M / \dot{V}_P)$$
$$M_P / M_M = (V_{thP} / V_{thM}) \cdot (\Delta p_P / \Delta p_M).$$

Für das verlustlose Getriebe mit rotierendem Eingang (Pumpendrehzahl n_P) und translatorischem Ausgang (Kolbengeschwindigkeit v_M) gilt:

$$v_M / n_P = (V_{thP} / A_M) \cdot (\dot{V}_M / \dot{V}_P)$$

Das Pumpendrehmoment M_P verhält sich zur Zylinderkraft F_M wie:

$$M_P / F_M = (V_{thP} / (2\pi \cdot A_M)) \cdot (\Delta p_P / \Delta p_M).$$

Bei einem Getriebe ohne Stromteilung, d. h. ohne Ableitung eines Teils des Pumpenstroms in den Tank, ist der Quotient der Volumenströme gleich 1, bei druckverlustfreier Strömung des Hydraulikmediums von der Pumpe zum Motor ist der Quotient der Druckdifferenzen gleich 1.

Anhand der Leistungsflüsse in einer Pumpe werden im Folgenden die Wirkungsgrade einer Verdrängermaschine erklärt.

Abb. 17.3 zeigt die Leistungsflüsse in einer Verdrängermaschine, dargestellt am Beispiel einer Pumpe. Daraus folgt:

- Die zugeführte mechanische Leistung

  $$P_{mP} = M_P \cdot 2\pi \cdot n_P$$

  wird durch die Reibung im Triebwerk, zwischen den Verdrängerelementen und an den Dichtungen um die Reibverlustleistung

  $$P_{vr} = M_r \cdot 2\pi \cdot n_P$$

  gemindert: Die Wandlungsleistung ist

  $$P_{wh} = P_{mP} - P_{vr} = (M_P - M_r) \cdot 2\pi \cdot n_P,$$

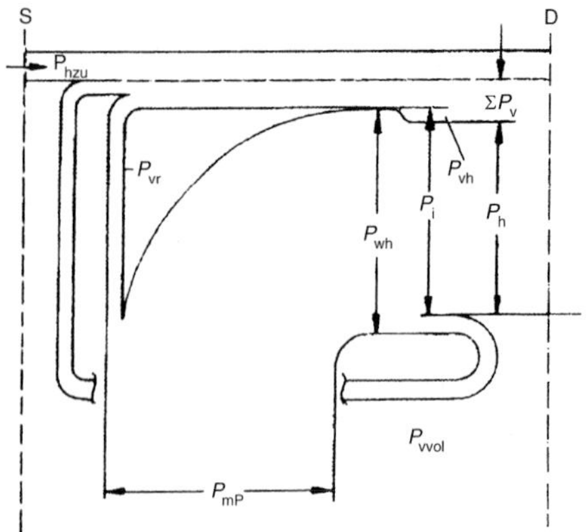

Abb. 17.3 Leistungsflussbild einer Hydropumpe

mechanischer Wirkungsgrad:

$$\eta_{mP} = P_{wh} / P_{mP} = 1 - M_r / M_P .$$

- Die Wandlungsleistung P_{wh} wird auf den Verdrängungsvolumenstrom

  $$\dot{V}_{th} = V_{th} \cdot n$$

  übertragen:

  $$P_{wm} \Rightarrow P_{wh} = \dot{V}_{th} \cdot \Delta p_i .$$

Die (Innen-)Druckdifferenz Δp_i bewirkt einen Leckverluststrom (innere und äußere Leckverluste), der den Verdrängungsvolumenstrom auf den effektiven Pumpenförderstrom

$$\dot{V}_P = \dot{V}_{th} - \dot{V}_{vl} = \dot{V}_{th}\, \eta_{vol}$$

reduziert. Die ausnutzbare Leistung wird auf die Innenleistung

$$P_i = \dot{V}_P \cdot \Delta p_i$$

verringert. Der zugehörige volumetrische Leistungsverlust

$$P_{vvol} = \dot{V}_{vl} \cdot \Delta p_i = P_{wh} - P_i$$

wird erfasst durch den volumetrischen Wirkungsgrad

$$\eta_{vol} = P_i / P_{wh} = 1 - \dot{V}_{vl} / \dot{V}_{th} .$$

- Der Förderstrom erfährt innerhalb der Maschine Strömungsdruckverluste Δp_{vh}. Die hydraulische Verlustleistung

$$P_{\mathrm{vh}} = \dot{V}_{\mathrm{P}} \cdot \Delta p_{\mathrm{vh}}$$

setzt die Innenleistung P_{i} herab auf die Pumpenförderleistung

$$P_{\mathrm{hP}} = P_{\mathrm{i}} - P_{\mathrm{vh}} = P_{\mathrm{i}} \cdot \eta_{\mathrm{h}} = \dot{V}_{\mathrm{P}} \cdot \Delta p_{\mathrm{P}}$$

mit $\Delta p_{\mathrm{p}} = \Delta p_{\mathrm{i}} - \Delta p_{\mathrm{vh}}$. Der hydraulische Wirkungsgrad ist

$$\eta_{\mathrm{h}} = P_{\mathrm{hP}}/P_{\mathrm{i}} = 1 - \Delta p_{\mathrm{vh}}/\Delta p_{\mathrm{i}}\,.$$

- Mechanische und hydraulische Verluste erscheinen gleichsinnig als Moment- bzw. Druckverluste und sind messtechnisch mit einfachen Mitteln nicht zu trennen. Daher Zusammenfassung zum hydraulisch-mechanischen Wirkungsgrad

$$\eta_{\mathrm{hm}} = \eta_{\mathrm{h}} \cdot \eta_{\mathrm{m}}$$

.

- Die Bilanz der Wandlung mechanischer Antriebsleistung

$$P_{\mathrm{mP}} = M_{\mathrm{P}} \cdot 2\,\pi \cdot n_{\mathrm{P}}$$

in die hydraulische Förderleistung

$$P_{\mathrm{hP}} = \dot{V}_{\mathrm{P}} \cdot \Delta p_{\mathrm{P}}$$

wird zusammengefasst im Gesamtwirkungsgrad

$$\eta_{\mathrm{t}} = P_{\mathrm{hP}}/P_{\mathrm{mP}} = \eta_{\mathrm{vol}} \cdot \eta_{\mathrm{hm}}\,.$$

- Die Leistungsbilanz eines Motors wird in entsprechender Weise aufgestellt, wobei die hydraulische Leistung

$$P_{\mathrm{hM}} = \dot{V}_{\mathrm{M}} \cdot \Delta p_{\mathrm{M}}$$

zugeführt wird und P_{mM} Ausgangsleistung ist. Bei der Betrachtung eines Hydrogetriebes sind zusätzlich die Strom- und Druckverluste in den Ventilen und Leitungen zu berücksichtigen.

Abb. 17.2 zeigt typische Wirkungsgradkennlinien von Verdrängermaschinen. Die Diagramme zeigen die starke Abhängigkeit der Wirkungsgrade vom Betriebszustand.

Bei der Leistungsbetrachtung wurde die Arbeit resp. Leistung nicht berücksichtigt, die erforderlich ist, um die kompressible Hydraulikflüssigkeit von niedrigem auf hohes Druckniveau zu heben. Bei konstantem Massenstrom bedeutet das eine Volumenstromreduzierung, die sich wie ein Leckverlust auswirkt, da sich die durch Expansion der Flüssigkeit durch Druckabsenkung nicht nutzen lässt.

17.1.3 Energieübertragung durch Gase

Erzeugung der Druckluft zentral in Kompressor-/Speichereinheiten mit Kühlung und Trocknung, Verteilung durch Leitungsnetze. Begrenzung des Druckbereichs mit Rücksicht auf einstufige Verdichtung und hohen Wärmeumsatz bei größeren Drücken (Kompressionswärme, Entspannungskälte). Arbeitsdruck für Standardanwendungen 6 bar, für sog. Hochdruckanwendungen 10 bis 16 bar. Aufbereitung der Druckluft an der Entnahmestelle durch Wartungseinheiten, aufgebaut aus Filter, Druckregler und Öler.

Gase sind stark kompressibel, daher Arbeitsgeschwindigkeiten lastabhängig bis zum (vorteilhaften) Stillstand bei Grenzlast. Energieübertragung nur im kleinen Leistungsbereich, z. T. bei polytroper Zustandsänderung mit Expansionsverhältnis bis 1 : 2, häufig ohne Entspannung im Volldruckbetrieb (Geräuschentwicklung!). Anwendung in sog. Drucklufttechnik: Handgeführte Drucklufthämmer, Bohr- und Schleifmaschinen, Schrauber u. ä. Einsatz der sog. Pneumatik in der Betriebsmittelautomatisierung für Pressen, Transport-, Handhabungs- und Spannvorrichtungen. Steuerungen pneumatisch als Ablauf- und Speicher-(Taktstufen-)Steuerungen, in Verbindung mit elektronischen Steuerungen (SPS-Steuerungen). Genaue Geschwindigkeitswerte bei pneumatischen Vorschubeinrichtungen durch parallelgeschaltete hydraulische Regeleinheiten (Pneumohydraulik). Drosselsteuerungen in Verbindung mit elektronischen Reglern zur Positions- und Geschwindigkeitseinstellung.

Anhang

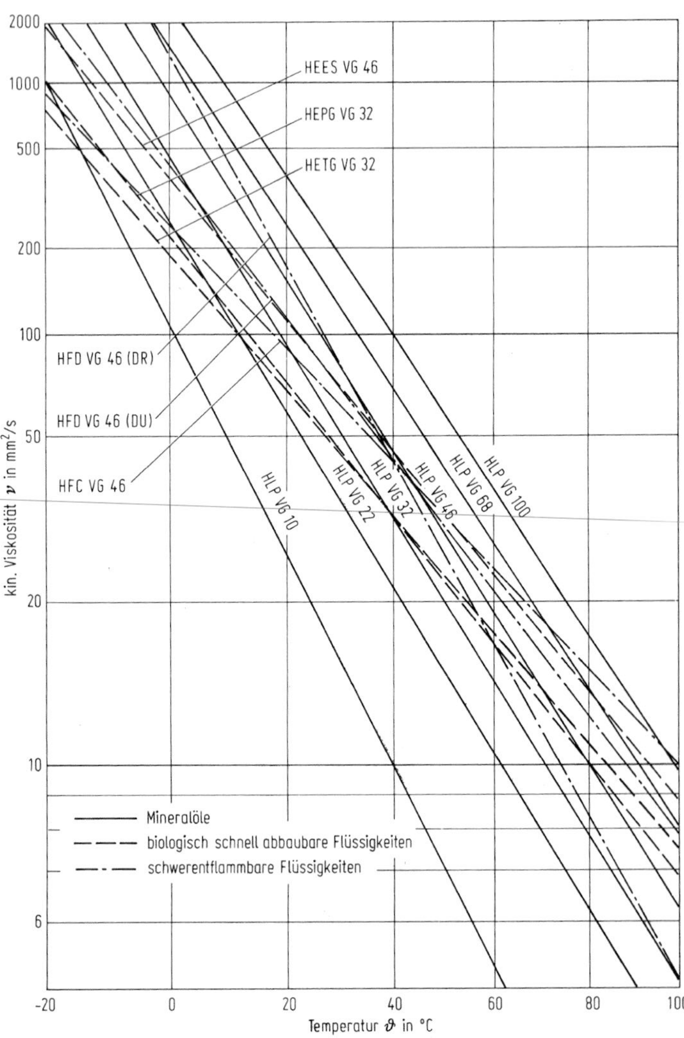

Abb. 17.4 Viskositäts-Temperatur-Diagramm für Hydraulikflüssigkeiten

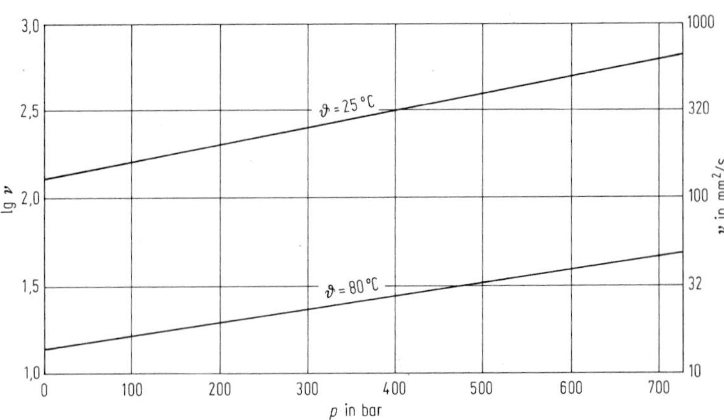

Abb. 17.5 Abhängigkeit der kinematischen Viskosität eines HLP 46 von Druck und Temperatur

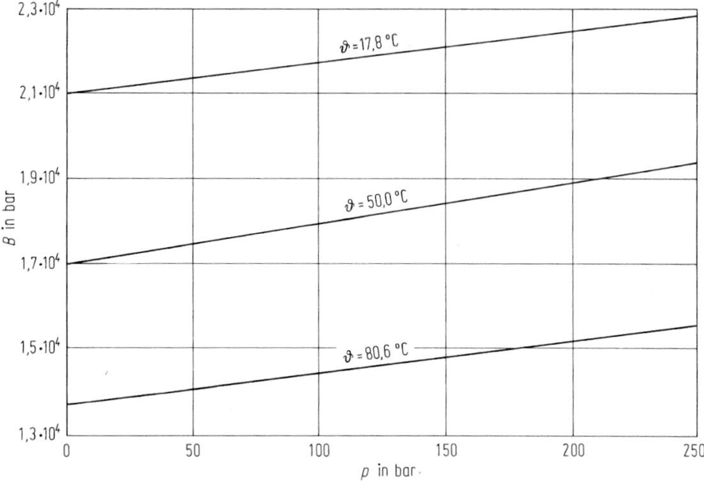

Abb. 17.6 Abhängigkeit des Kompressionsmoduls eines HLP 46 von Druck und Temperatur

Benennung	Sinnbild	
	Verdrängervolumen	
	konstant	veränderlich
Pumpen - mit einer Stromrichtung		
- mit zwei Stromrichtungen (reversierbar)		
Hydromotoren - mit einer Stromrichtung		
- mit zwei Stromrichtungen (reversierbar)		
Pumpe/Motor - Einheiten, die sowohl als Pumpe und als Hydromotor arbeiten		
Pumpen-Antrieb - mit Elektromotor	M	
-mit nichtelektrischer Antriebseinheit	M	
Zylinder - einfachwirkend		
- doppeltwirkender Differentialzylinder		
- doppeltwirkender Zylinder, mit beidseitiger Kolbenstange		
- Dämpfung einstellbar, beidseitig		

Benennung	Sinnbild
Wegeventile (schaltend) Ventile, die zum Öffnen und Schließen verschiedener Durchflußwege dienen. Wegeventile sind im wesentlichen gekennzeichnet durch: - die Anzahl der Schaltstellungen Kennzeichnung durch 0, a, b	a 0 b
- die Anzahl der Anschlüsse Kennzeichnung (an der Grundstellung 0) P Pumpe, Druck T Tank, Rücklauf A, B Verbraucher X, Y, Z Steueranschlüsse L Lecköl	
Benennung, z.B.: 4 / 3-Wegeventil Anzahl der Schaltstellungen Anzahl der Anschlüsse	A B a 0 b P T
Drosselnde Wegeventile Wegeventile mit stufenlosem Übergang zwischen den einzelnen Schaltstellungen bei veränderlicher Drosselwirkung. - elektrohydraulisches Proportional-Wegeventil	A B P T
Sperrventile Ventile, die Druck und Volumenstrom in einer Richtung dicht absperren. - Rückschlagventil	
- entsperrbares Rückschlagventil	
- Wechselventil	

Benennung	Sinnbild
Druckventile Ventile, die durch Druck schalten.	ISO 1219-1
- Druckbegrenzungsventil, direkt gesteuert	
- Druckbegrenzungsventil, vorgesteuert	
- Druckminderventil (Druckregelventil), direkt gesteuert	
Stromventile Ventile, in denen der Volumenstrom eine Druckdifferenz bewirkt.	
- Drossel, fest bzw. einstellbar	
- 2-Wege-Stromregelventil	
- 3-Wege-Stromregelventil	
Leitungen und Verbindungen - Leitungen Arbeitsleitungen	
Steuer- und Leckölleitungen	
Flexible Leitungen	
- Leitungsverbindung, -kreuzung	
Öl-Aufbereitung, Meßgeräte, Sonstiges - Behälter mit Leitung, Kühler, Filter und Belüftung	
- Hydrospeicher	

Abb. 17.7 Sinnbilder für die Darstellung von hydrostatischen Systemen in Schaltplänen nach DIN ISO 1219-1

Bauelemente hydrostatischer Getriebe 18

Dierk Feldmann und Stephan Bartelmei

Eine Auswahl von Sinnbildern zur Darstellung von Bauelementen in Schaltplänen gibt Abb. 17.7.

18.1 Verdrängermaschinen mit rotierender Welle

Hydropumpen und -motoren sind Umlaufverdrängermaschinen oder Hubverdrängermaschinen, s. Abb. 18.1. Allen Maschinen gemeinsam ist das Förderprinzip: Das zu fördernde Fluid tritt zulaufseitig in einen sich vergrößernden Verdrängerraum ein, der Raum wird abgeschlossen, dann mit der Ablaufseite verbunden und Fluid wird aus dem sich verkleinernden Verdrängerraum ausgeschoben. Änderung der Größe des Verdrängerraums durch Drehen der Maschinenwelle; die Volumendifferenz zwischen Maximum und Minimum wird durch Form und Abmessungen des Verdrängerraums, seine Veränderung mit der Drehung der Welle und die volumenverändernde Kinematik der Maschine bestimmt. Umlaufverdrängermaschinen fördern in Zellen, deren Volumen sich durch die geometrische Gestaltung der Begrenzungswände zyklisch ändert, bei Hubverdrängermaschinen ändert sich das Zellenvolumen durch die hin- und hergehende Bewegung des Kolbens in einem Zylinder. Wegen der inneren Strömungsumkehr benötigen die Hubverdrängermaschinen eine Schieber- oder Ventilsteuerung zwischen Verdrängerraum und Zu- und Ablauf (s. Bd. 3, Kap. 2).

Es gibt Maschinen mit festem Verdrängungsvolumen pro Umdrehung (Konstantmaschinen, Hubvolumen V_{th}: Zahnrad- und Schraubenmaschinen) und Maschinen, die sowohl mit konstantem als auch mit stufenweise oder stetig einstellbarem Hubvolumen ausgeführt sein können (Verstellmaschinen: Flügelzellen-, Reihenkolben-, Radialkolben- und Axialkolbenmaschinen in unterschiedlichen Ausführungsformen).

Bis auf Langsamläufermotoren werden Verdrängermaschinen der verschiedenen Bauarten baugrößenabhängig mit hohen (1500 1/min) bis sehr hohen Drehzahlen (bis 5000 1/min) betrieben (s. Tab. 18.1); daraus resultieren hohe Relativgeschwindigkeiten zwischen Bauteiloberflächen (z. B. Kolben und Bohrung, Zahnkopf und Gehäuse, Flügel und Laufring). Deshalb kann die Abdichtung von Räumen hohen gegen solche niedrigen Drucks nicht durch Elastomerdichtungen, sondern nur durch Spalte und ggf. metallische oder keramische Dichtelemente vorgenommen werden. Soll das durch die Dichtspalte strömende Volumen pro Zeit (Leckage, Verlust) klein sein, müssen die Spalte eng und die Spaltlänge groß sein. Unter Druck stehendes Medium führt in der Regel zu einer Spaltaufweitung, kann aber bei unsymmetrischem Gehäuse auch zu einer Spaltverringerung und als Folge zum

D. Feldmann (✉)
Technische Universität Hamburg-Harburg
Hamburg, Deutschland
E-Mail: dgfeldmann@seekante.de

S. Bartelmei
Jadehochschule Wilhelmshaven
Wilhelmshaven, Deutschland
E-Mail: Bartelmei@jade-hs.de

B. Bender und D. Göhlich (Hrsg.), *Dubbel Taschenbuch für den Maschinenbau 2: Anwendungen*,
https://doi.org/10.1007/978-3-662-59713-2_18

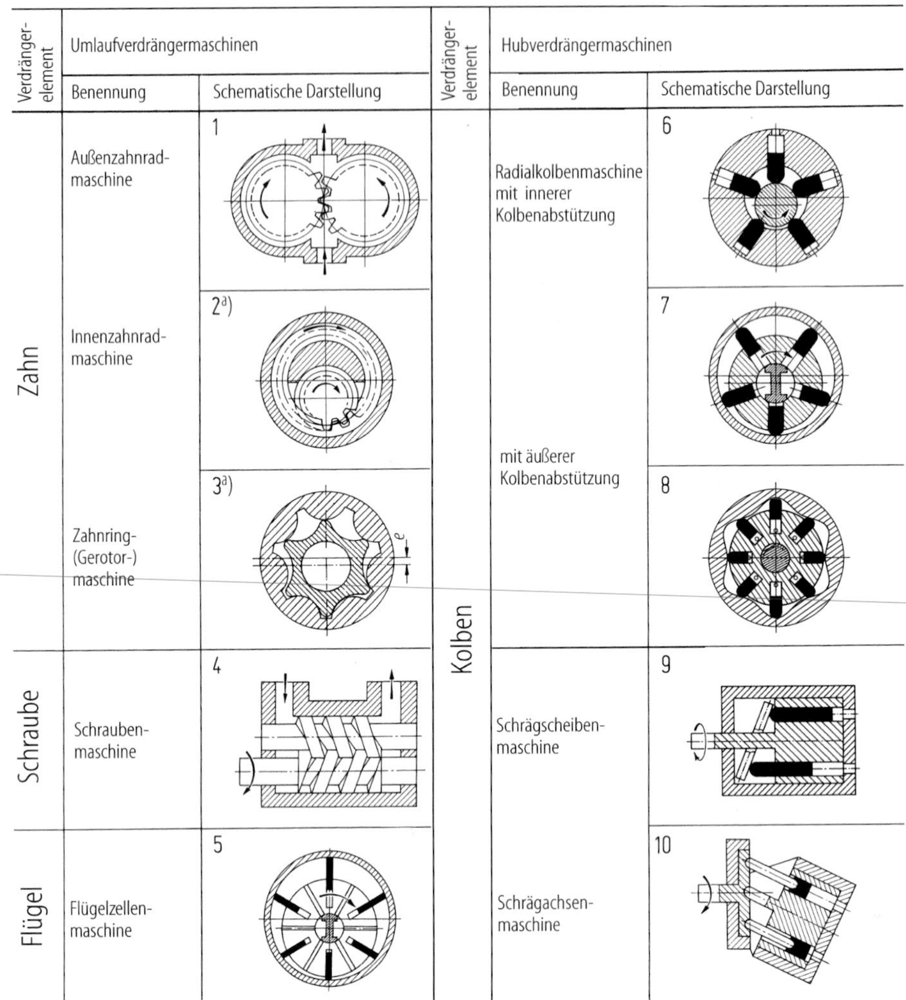

Verdränger-element
Umlaufverdrängermaschinen
Benennung
Schematische Darstellung
Verdränger-element
Hubverdrängermaschinen
Benennung
Schematische Darstellung
Zahn
Außenzahnrad-maschine
1
Innenzahnrad-maschine
2a)
Zahnring-(Gerotor-)maschine
3a)
e
Schraube
Schrauben-maschine
4
Flügel
Flügelzellen-maschine
5
Kolben
Radialkolbenmaschine mit innerer Kolbenabstützung
6
7
mit äußerer Kolbenabstützung
8
Schrägscheiben-maschine
9
Schrägachsen-maschine
10

a) Die Einrichtung zur Verbindung der Verdrängerräume mit der Saug- und der Druckleitung ist bei den Bauarten 2,3,6 und 8-10 nicht dargestellt.

Abb. 18.1 In fluidischen (hydrostatischen) Systemen häufig verwendete Bauarten von Verdrängermaschinen

Klemmen führen, was bauartabhängig die Höhe des zulässigen Arbeitsdrucks begrenzt. Eine Kontrolle der Spalthöhe erfolgt bei vielen Maschinen durch besondere konstruktive Lösungen. Typisch sind druckbeaufschlagte Seitenplatten (z. B. bei Zahnradpumpen und Flügelzellenpumpen), die die Vergrößerung axialer Spalte bei Druckanstieg verhindern. Selbsteinstellende Spalte liegen vor bei hydrostatisch/hydrodynamisch wirkenden axialen Lagern, z. B. an den Gleitschuhen und dem Blockzylinder von Axialkolbenmaschinen, während nicht einstellende, d. h. in der Regel mit steigendem Druck größer werdende Spalte bei Schraubenpumpen, nicht kompensierten Zahnradpumpen und an der Paarung Kolben/Bohrung aller Kolbenpumpen vorliegen. Je besser enge Spalte in der Fertigung hergestellt und im Betrieb eng gehalten werden können, desto besser eignet sich eine Maschine für hohe Drücke. Hier liegt ein Grund dafür, dass für hohe Drücke über 250 bar in der Regel Kolbenpumpen eingesetzt werden.

Kräfte auf Bauteile und insbesondere auf Lager (s. Kap. 12) sind ein weiterer Konstruktionsaspekt, in dem sich die verschiedenen Bauformen unterscheiden. Große Kräfte auf Gleitlager stellen hohe Anforderungen an die Schmierfähigkeit des Hydraulikmediums und die Werkstoff-

Tab. 18.1 Typische Kennwerte von ausgewählten Verdrängermaschinen – Baureihen

Bauart: Nr. in Abb. 18.1	Maschinenart	Hubvolumen [cm^3/U]	Nenndruck = Dauerbetriebs-druckbereich [bar]	Nenndrehzahl = Dauerbetriebs-drehzahlbereich [1000 1/min]	Leistung im Dauerbetrieb [kW]	Maschinenmasse/ Leistung im Dauerbetrieb [kg/ kW]
1	Pu -, MoS - K	4 bis 63	250 bis 170	4,0 bis 2,3	7,5 bis 45	0,12 bis 0,37
2	Pu - K	5 bis 250	320	3,6 bis 1,5	4 bis 193	1,3 bis 0,82
3	MoL - K	80 bis 500	210 bis 120	0,87 bis 0,15	6,6 bis 18,2	0,6 bis 2,1
3	MoL - K	160 bis 800	250	0,5 bis 0,2	27 bis 112	k.A.
4	Pu - K	5 bis 300	280 bis 210	3 bis 1,5	7 bis 335	k.A.
5	Pu - V	18 bis 193	210 bis 175	2,7 bis 2,2	11 bis 95	1 bis 0,35
6	Pu - K	0,2 bis 8,4	700	1,45	0,25 bis 11	12,5 bis 3,5
7	Pu - V	19 bis 140	350 bis 280	2,9 bis 1,8	34 bis 125	0,55 bis 0,85
8	MoL - K	1250 bis 70 400	350	0,4 bis 0,02	k.A.	k.A.
9	Pu - V	42 bis 250	420	4,2 bis 2,3	136 bis 447	0,23 bis 0,37
9	MoS - K	42 bis 130	420	4,2 bis 3,1	135 bis 400	0,11 bis 0,14
10	MoS - V	60 bis 250	480	3,6 bis 2,2	336 bis 850	0,13 bis 0,16
10	Pu - V	28 bis 1000	350	3,15 bis 0,95	52 bis 540	0,3 bis 0,8
10	MoS - V	60 bis 280	450	4,45 bis 2,5	2010 bis 525	0,14 bis 0,2

Pu: Pumpe, MoS: Schnellläufermotor, MoL: Langsamläufermotor, - K konstantes Hubvolumen, - V veränderbares Hubvolumen

wahl der Gleitpartner (Stahl/Guss, Stahl/Bronze); mit Gleitlager sind hier alle aufeinander gleitenden Flächen, also nicht nur Wellenlager gemeint. Hohe Lagerpressungen findet man z. B. bei der Paarung Kolben/Bohrung von Schrägscheiben-Axialkolbenmaschinen oder der Paarung Flügel/Hubring und Flügel/Rotor bei Flügelzellenpumpen. Hydrodynamischer Druckaufbau führt hier zur Entlastung, er setzt allerdings eine ausreichende Gleitgeschwindigkeit voraus. Häufig können Gleitlager vorteilhaft hydrostatisch entlastet werden, Beispiele sind die Lagerung der Gleitschuhe auf dem Hubring bzw. der Schrägscheibe bei Radial- und Axialkolbenmaschinen und die Lagerung des Zylinderblocks auf dem Endgehäuse bei Axialkolbenmaschinen. Hydrostatische Entlastung bedeutet aber Volumenstrombedarf und damit Einbuße an volumetrischem Wirkungsgrad.

Belastung von Wälzlagern: Hohe Belastung bei gleichzeitig hohen Drehzahlen führt zu vergleichsweise großen Lagern, typisch zu sehen bei Schrägachsen-Axialkolbenmaschinen, wenn eine ausreichend hohe Lebensdauer erreicht werden soll.

Drücke im Förderraum führen zu Spannungen in den Wandungen, die vom Werkstoff ertragen werden müssen. Große unter Innendruck stehende Volumina erfordern bei hohen Drücken große Wandstärken und hochfeste Materialien; in Maschinen für hohe Drücke wird der Verdrängerraum deshalb durch die Parallelschaltung mehrerer kleiner Kolben/Zylinder-Einheiten gebildet.

Für Kolbenmaschinen generell gilt die Gesetzmäßigkeit der konstanten mittleren Kolbengeschwindigkeit. Es ergeben sich zwei technisch wichtige Fakten:

- mit zunehmender Maschinengröße nimmt die Nenndrehzahl (oder die maximal zulässige Antriebsdrehzahl) ab, es gilt $n \cdot (V_{\text{th}})^{1/3} = \text{const}$ und
- mit Verringerung des Hubvolumens einer Verstellmaschine erhöht sich die zulässige maximale Drehzahl; das ist primär bei Hydromotoren von Bedeutung.

Für die Auswahl des Maschinentyps sind bei gefordertem Hubvolumen die folgenden Parameter ausschlaggebend: Verstellbarkeit, Druckhöhe, maximale Drehzahl, Leistungsgewicht, Anlaufverhalten (bei Motoren), Betriebsmittel und -viskositätsbereich und schließlich das Wirkungsgradkennfeld. Zur Orientierung für eine solche Auswahl sind in Tab. 18.1 Kennwerte zu der Leistungsfähigkeit der verschiedenen Bauarten von Verdrängermaschinen angegeben. Die Tabelle zeigt typische Wertebereiche für ausgewählte marktgängige Baureihen von Pumpen und Motoren; typabhängig sind auch kleinere und größere Maschinen verfügbar. Die jeweils kleineren Werte von Druck und Drehzahl gelten für die größeren Maschinen, während die Leistung mit der Maschinengröße wächst. Die auf die Leistung bezogene Masse einer Maschine zeigt ein uneinheitliches Bild; der erste Wert des angegebenen Bereichs ist typischerweise der kleineren, der zweite der größeren Maschine zuzuordnen. Für Langsamläufermotoren sind keine Angaben zur umsetzbaren Leistung gemacht, da sie nach ihrem Drehmoment ausgewählt werden, das sich aus dem Hubvolumen und der Druckdifferenz unter Berücksichtigung des Wirkungsgrads ergibt. Die Grundlagen zur Berechnung des stationären Betriebsverhaltens der Maschinen und des mit ihnen aufgebauten Getriebes sind in Abschn. 17.1.2 und 19.2.1 gegeben.

18.1.1 Zahnradpumpen und Zahnring-(Gerotor-)pumpen

Zahnrad- und Zahnringpumpen weisen zwei um ortsfest liegende Achsen drehende Zahnräder auf; der durch Zähne, Zahnlücken und die Gehäusewände gebildete Verdrängungsraum ändert mit der Drehung der Räder und dem Zahneingriff sein Volumen, wodurch die Förderung zustande kommt. Die resultierende Förderstrompulsation hängt in ihrer Größe und Frequenz von der Verzahnungsgeometrie und der Zahl der Zahneingriffe pro Umdrehung ab. Förderstrompulsation hat Druckpulsation zur Folge, daraus resultiert Schallemission, stark bei der Außenzahnradpumpe, weniger stark bei der Innenzahnrad- und der Zahnringpumpe.

Das Fördervolumen pro Umdrehung ist konstant, eine Veränderung des Förderstroms einer Pumpeneinheit ist durch Verwendung einer Mehrfachpumpe (Doppel- oder Dreifachpumpe) und geeigneter Steuerung der Pumpenströme möglich. Mehrfachpumpen auch zur unabhängigen Versorgung mehrerer Verbraucher.

Außenzahnradpumpe mit zwei evolventenverzahnten Rädern sind preisgünstig, überdecken einen großen Hubvolumenbereich und sind für mittlere Drücke geeignet. Bei einfachstem Aufbau (Plattenbauweise) haben die Pumpen bei hohem Druck einen mäßigen volumetrischen Wirkungsgrad; Verbesserung durch selbstständig betriebsdruckgesteuerte Radial- und Axialspaltkompensation, Abb. 18.2. Volumetrischer Wirkungsgrad kompensierter Pumpen größer 0,9, hydraulisch-mechanischer Wirkungsgrad bei 0,9, sodass Gesamtwirkungsgrade von 0,8 bis 0,85 erreicht werden. Außenzahnradpumpen sind robust, Wellenlager (meist Gleitlager) haben gute Notlaufeigenschaften, Pumpen sind selbstsaugend. Es werden Versionen mit integrierter Druck- und/oder Volumenstromsteuerung angeboten. Geräuschemission kann durch Parallelschaltung von 2 Zahnradsätzen reduziert werden, die um eine halbe Zahnteilung gegeneinander verdreht auf der Welle angeordnet sind. Dadurch Reduzierung der Förderstrompulsation von 15 auf 3,5 % bei gleicher Zähnezahl.

Innenzahnradpumpen (Abb. 18.3) haben durch angepasste Zahnformen günstige Zahneingriffsverhältnisse, geringe Volumenstrompulsation, durch Radial- und Axialkompensation enge Leckspalte und eignen sich daher für höhere Betriebsdrücke (300 bar) bei gutem Wirkungsgrad von um 0,9. Sie zeichnen sich durch niedrige Schalldruckpegel aus: Eine Pumpe NG 20 mit 20 cm^3/U, 300 bar, 1450 l/min und einer Antriebsleistung von 15 kW hat einen Schalldruckpegel von 62 dB(A). Die Herstellung von Innenzahnradpumpen ist aufwändiger als die von Außenzahnradpumpen, sie sind entsprechend teurer.

Bei **Zahnringpumpen** (Abb. 18.1, Nr. 3) haben die Zähne des außenverzahnten Ritzels und des innenverzahnten Rings Trochoidenform. Die Abdichtung zwischen Saug- und Druckraum erfolgt am Umfang des Ritzels, ein Zahn ist immer im Kontakt mit der Gegenfläche des Hohlrads, die Dichtwirkung und damit der volumetrische Wirkungsgrad lassen allerdings mit steigendem

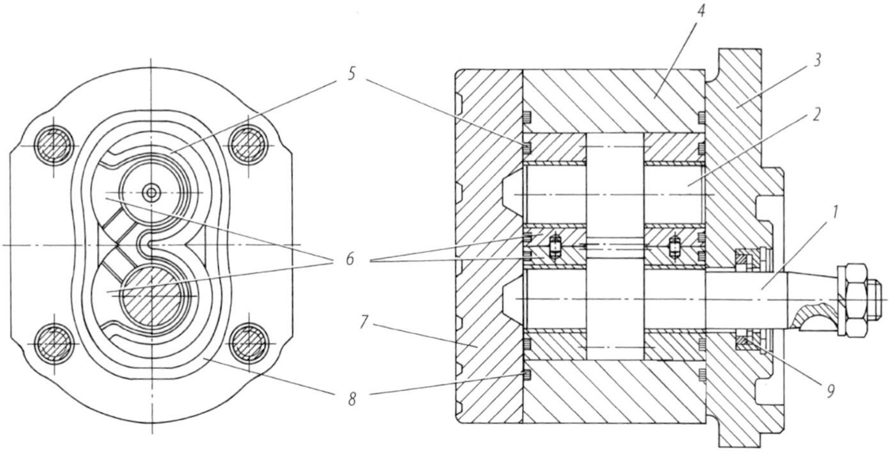

Abb. 18.2 Außenzahnradpumpe mit axialer und radialer Spaltkompensation (Bosch Rexroth). *1* treibendes Zahnrad, *2* getriebenes Zahnrad, *3* Lagerdeckel, *4* Pumpengehäuse, *5* Axialfelddichtung mit Stützring, *6* Lagerbuchsen, *7* Verschlussdeckel, *8* Gehäuseabdichtung, *9* Wellendichtung

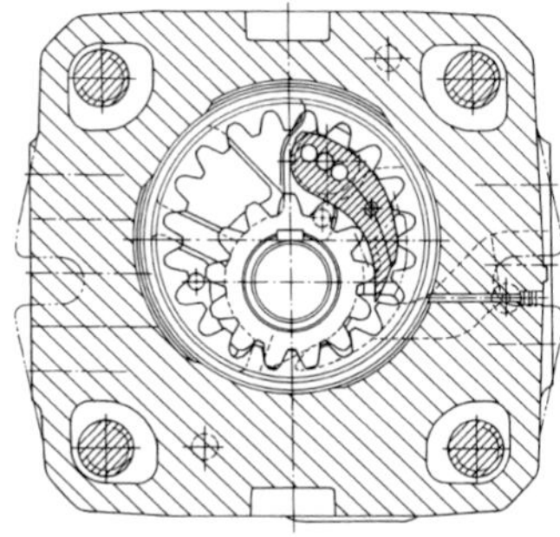

Abb. 18.3 Innenzahnradpumpe mit axialer und radialer Spaltkompensation. (Bucher, Baureihe QRH)

Druck deutlich nach. Pumpe ist gut für niedrigere Drücke geeignet. Wegen geringer Zähnezahl erfolgt die Zellenvergrößerung langsam, die Pumpe hat ein gutes Saugvermögen und eine geringe Geräuschemission. Typische Einsatzgebiete: Füllpumpen für geschlossenen Kreislauf, Lenkhilfepumpe, Schmierölpumpen; kostengünstig.

18.1.2 Flügelzellenpumpen

Abb. 18.4a zeigt eine Flügelzellenpumpe. Durch Drehung des exzentrisch zum Stator gelagerten Rotors, in dessen radialen Schlitzen die Flügel angeordnet sind, ändern die durch Flügel-, Rotor- und Gehäuseflächen begrenzten Verdrängerräume ihr Volumen, sodass es auf der Zulaufseite (Saugseite) zu einer Volumenvergrößerung und Flüssigkeitsaufnahme, auf der Druckseite entsprechend zu einer Volumenabnahme und damit Abgabe von Flüssigkeit in die Druckleitung kommt. Der Stator wird in der Regel als ein in das Gehäuse eingelegter Hubring aus hochfestem Stahl ausgeführt; durch Verschiebung des Hubrings senkrecht zur im Gehäuse festgelagerten Welle wird das Fördervolumen pro Umdrehung verändert, wie man unmittelbar aus der Gleichung $V_{th} = 4\,\pi \cdot r_m \cdot b \cdot e$ erkennt; e ist die Exzentrizität des Hubrings, r_m ein mittlerer Radius des ausgefahrenen Flügels und b die Hubringbreite. Durch Verschieben des Hubrings über die zentrische Lage hinaus wird bei gleich bleibender Wellendrehrichtung die Förderrichtung umgekehrt. Flügelzellenpumpen sind für mittlere Drücke geeignet. Die spezifischen Belastungen der Gleitpartner des Triebwerks sind hoch, ebenso die Lagerbelastungen. Zur Lagerentlastung werden mehrhubige Pumpen ausgeführt, deren Hubvolumen dann nicht veränderbar ist. Die Volumenstrompulsation ist relativ niedrig, die Geräuschemission flügelzahlabhängig (Frequenz) mittelmäßig. Wirkungsgrad 0,75 bis 0,85 (bis 0,9, wenn mehrhubig).

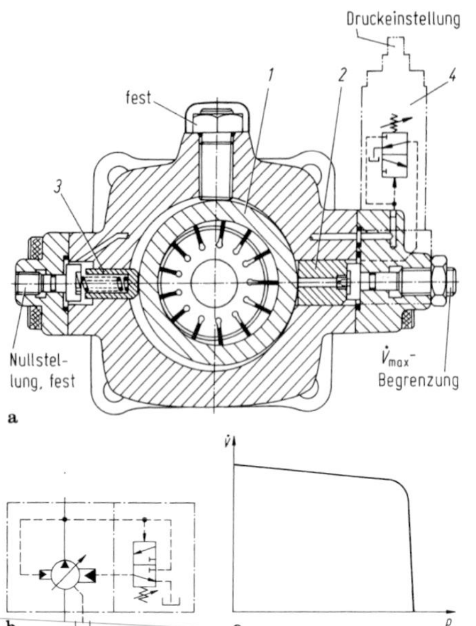

Abb. 18.4 Flügelzellenpumpe mit Nullhub-Druckregler (Bosch Rexroth). *1* Hubring, *2*, *3* Stellkolben, *4* Druckregler; **b** Schaltbild; **c** Kennlinie

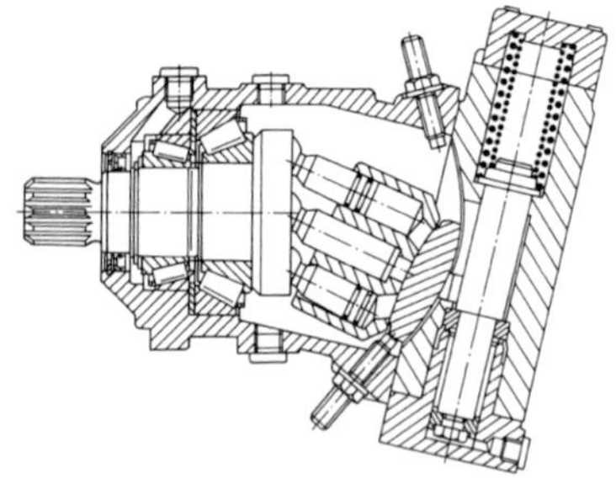

Abb. 18.5 Schrägachsen-Verstellpumpe mit hydraulisch-mechanischem Leistungsregler für offenen Kreislauf. (Bosch Rexroth/Brueninghaus, Baureihe A7V)

18.1.3 Kolbenpumpen

Aufgrund ihrer spezifischen Merkmale werden in immer größerem Umfang Kolbenpumpen eingesetzt. Sie zeichnen sich aus durch

- Eignung für hohe Drücke bei gutem volumetrischem Wirkungsgrad,
- guten hydraulisch-mechanischer Wirkungsgrad,
- Verstellbarkeit des Hubvolumens (vom Prinzip her),
- hohe Leistungsdichte,
- die gleich gute Eignung als Bauart für Pumpen und Motoren.

Pumpen haben in der Regel mehrere parallel wirkende Zylinder, deren Förderströme sich addieren. Die Pulsation des Gesamtförderstroms (Ungleichförmigkeitsgrad) nimmt mit steigender Kolbenzahl ab, von 14 % bei 3 Kolben auf 1,5 % bei 9 (gerade Kolbenzahlen führen zu erheblich größerer Ungleichförmigkeit als ungerade). Durch laufende Entwicklungen sollen die relativ hohe Geräuschemission (bei Anwendung der hohen Drücke) und die konstruktionsbedingt höheren Kosten reduziert werden. Kostendegression ist zu erreichen durch Fertigungsentwicklung (-verfahren, -maschinen) und Anpassung der Konstruktion an das Anwendungsspektrum (statt einer mehrere Baureihen, Entfeinerung, Reduzierung der Funktionsvarianten). Anwendung neuartiger Werkstoffe wird untersucht, z. B. Keramik und Kunststoffe. Verstellung des Hubvolumens zunehmend durch elektrohydraulische Stellsysteme.

Schrägachsenpumpen Prinzip Thoma (Abb. 18.5) werden heute im Wesentlichen im offenen Kreislauf als direkt ansaugende, in eine Richtung fördernde Pumpen eingesetzt. Es sind (im Vergleich zur Schrägscheibenkonstruktion) größere Schwenkwinkel möglich, damit können bei gleichen Abmessungen des Triebwerks größere Förderströme erreicht werden. Wellenlager drehen unter hoher Lagerbelastung, das führt zu großen Lagern. Volumenstromsteuerung durch Schiebersteuerung, in das Triebwerk integriert, moderne Konstruktionen mit Steuerlinse (aufwändige Herstellung der sphärischen und zylindrischen Funktionsflächen, aber baulich unaufwändig).

Schrägscheibenpumpen (Abb. 18.6) haben sich für Anwendungen im geschlossenen Kreislauf durchgesetzt. Sie bauen prinzipbedingt kompakt, auf die Wellenlager wirken kleine Kräfte, daher weniger aufwändige Lagerung; hochbelastete Schwenkscheibenlagerung hat Drehzahl nahe Null. Welle kann durch die Pumpe hindurchgeführt werden und weitere Pumpen (Füll-

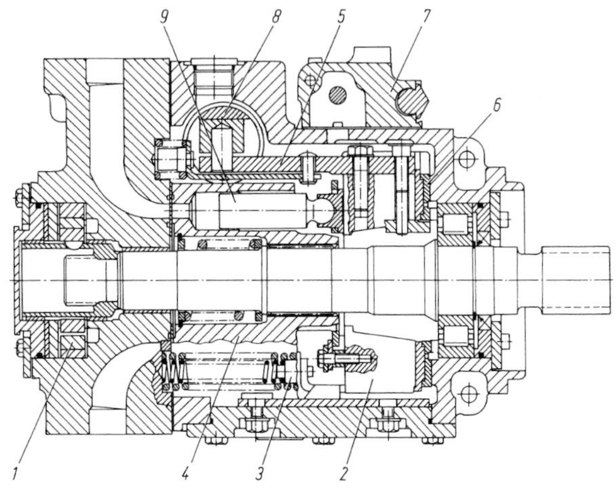

Abb. 18.6 Schrägscheiben-Axialkolbenpumpe mit mechanisch-hydraulischer Servoverstellung und Füllpumpe für geschlossenen Kreislauf (Sauer-Danfoss, Baureihe 90). *1* Füllpumpe, *2* Wiege, *3* Wiegenrückstellung, *4* Blockzylinder, *5* Wiegenverstellhebel, *6* Wiegenlagerung, *7* Servoventil, *8* Servokolben, *9* Kolben mit Gleitschuh

pumpe, 2. Hauptpumpe, Arbeitshydraulikpumpen) antreiben (Durchtriebspumpe). Schrägscheibenpumpen sind in der Regel nicht selbstansaugend. Schiebersteuerung zwischen Blockzylinder und Endgehäuse, nur ein relativ bewegtes Dichtflächenpaar, typischerweise ebene Funktionsflächen.

Radialkolbenpumpen mit rotierendem Zylinderstern, äußerer Kolbenabstützung durch Gleitschuhe und zentralem Steuerzapfen für mittlere Hubvolumina und Drücke bis 300 (350) bar (Abb. 18.7a). Gutes Regelverhalten, relativ niedrige Geräuschemission, guter Wirkungsgrad um 0,9. Große Pumpen mit Wälzlagerabstützung der Kolben für Anwendungen mit besonders hohen Anforderungen an Lebensdauer und Zuverlässigkeit.

Radialkolbenpumpen mit innerer Kolbenabstützung als Hochdruckpumpen für Drücke über 600 bar. Kolben bewegen sich radial im Gehäuse und stützen sich auf angetriebenem Exzenter ab. Wegen der hohen Drücke Ventilsteuerung zur Erzielung eines guten volumetrischen Wirkungsgrads. Kleine Hubvolumina, in der Regel nicht verstellbar. Mehrreihige Pumpen für größere Förderströme oder unabhängige Versorgung mehrerer Verbraucher. Sonderbauform ist die sauggeregelte Pumpe, deren Förderstrom ab einer Grenzdrehzahl nicht mehr zunimmt, weil der Verdrängerraum im Saughub nicht mehr vollständig gefüllt wird. Druck bis 160 bar, Drehzahlen bis 6000 min^{-1}. Anwendung bei der Kfz-Hydraulik.

18.1.4 Andere Pumpenbauarten

Schraubenpumpen (Abb. 18.1, Nr. 4) sind Konstantpumpen; sie werden dort eingesetzt, wo es auf besondere Laufruhe ankommt, z. B. bei Fahrstuhlantrieben in Wohngebäuden. Wegen fehlender Kompensationsmöglichkeiten im Druckbereich beschränkt.

18.1.5 Hydromotoren in Umlaufverdrängerbauart

Außenzahnradmotoren sind schnellaufende Maschinen und eignen sich für Antriebe, bei denen die Motoren erst bei höheren Drehzahlen belastet werden; sie haben kein gutes Anlaufverhalten unter Last. Bei Mehrquadrantenbetrieb ist auf richtige Leckölabfuhr zu achten.

Zahnringmotoren (Orbit-, Gerotormotor) werden bevorzugt als Langsamläufermotoren gebaut. Im Gegensatz zur Pumpe ist hier der Zahnring (das Hohlrad) gehäusefest, das Ritzel macht eine exzentrische Bewegung um die Achse des Zahnrings und dreht sich dabei langsam um die eigene Achse (2-welliges Umlaufrädergetriebe). Durch eine Kardanwelle wird die Ritzeldrehung auf die Ausgangswelle übertragen. Die Motoren sind für einen mittleren Druckbereich geeignet und zeigen gutes Anlaufverhalten.

Flügelzellenmotoren werden als Konstantmotoren und als Verstellmotoren mit stetig oder

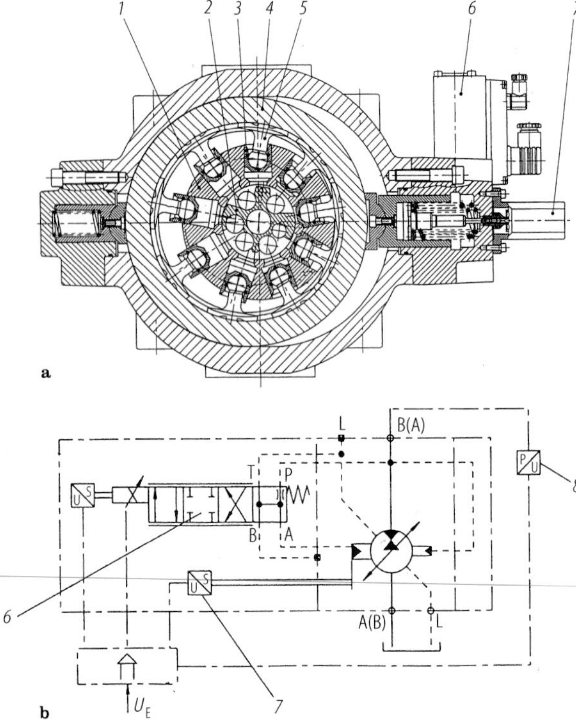

Abb. 18.7 Radialkolbenpumpe (Moog). *1* Zylinderstern, *2* Steuerzapfen, *3* Kolben, *4* Hubring, *5* Gleitschuh, *6* Steuerventil, *7* Positionsaufnehmer; nicht dargestellt Druckaufnehmer (*8*); **b** Schaltbild

in Stufen verstellbaren Hubvolumen hergestellt; Anwendung im Bereich mittlerer Drücke.

18.1.6 Hydromotoren in Hubverdränger-(Kolben-)bauart

Unterschieden werden Schnellläufer- und Langsamläufermotoren. *Schnellläufer* sind typisch Axialkolbenmaschinen der in Abb. 18.1 gezeigten Bauarten. Schrägachsenmotoren haben ein etwas besseres Anlaufverhalten als Schrägscheibenmotoren; vorteilhaft, wenn Anlauf unter hoher Last erfolgen muss. Das Schrägachsenprinzip lässt große Schwenkwinkel bis zu 45° zu (Schrägscheibe typisch bis 20°), siehe dazu Abb. 18.8, dadurch große Momente und großer Verstellbereich (Selbsthemmung bei ungefähr 5°); wichtig dort, wo durch Reduzierung des Motorhubvolumens die Motordrehzahl erhöht werden soll, unter Inkaufnahme eines abnehmenden Drehmoments.

Langsamläufer sind typisch Radialkolbenmotoren. Bei Maschinen mit äußerer Kolbenabstützung stützen sich die Kolben auf dem wellenförmigen Profil des Hubrings ab, siehe Abb. 18.9. Die Motoren werden u. a. mit drehendem Gehäuse und stehendem Zylinderstern/Welle als sog. Radnabenmotoren und als Aufsteckmotoren mit stehendem Gehäuse und drehender Hohlwelle ausgeführt. Bei Motoren mit innerer Kolbenab-

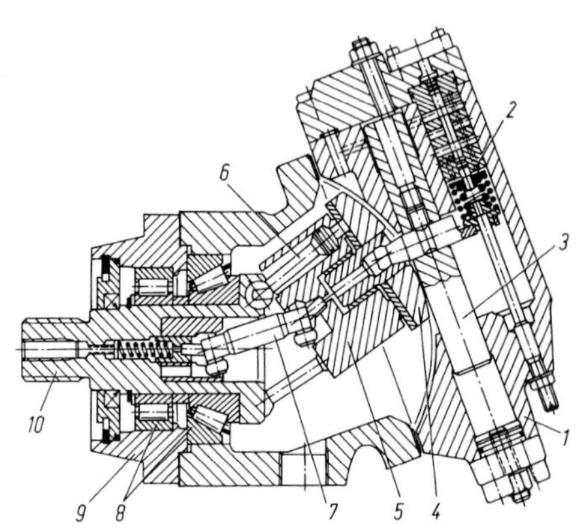

Abb. 18.8 Schrägachsenmotor mit großem Schwenkbereich (Parker, V12). *1* Endgehäuse, *2* Servoventil, *3* Servokolben, *4* Ventil-/Steuersegment, *5* Zylinderblock, *6* sphärischer Kolben mit laminiertem Kolbenring, *7* Zylinderblockmitnahme, *8* Wellenlager, *9* Lagergehäuse, *10* Antriebswelle

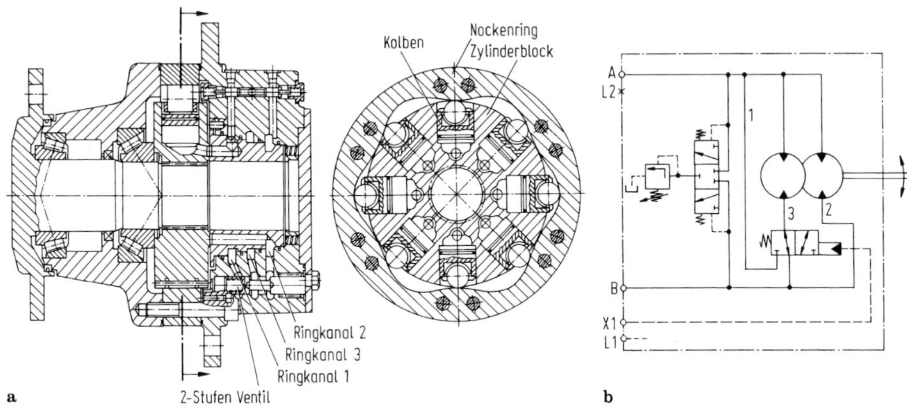

Abb. 18.9 **a** Langsamlaufender Radialkolbenmotor in 2-Stufen-Ausführung als Radnabenmotor; **b** Schaltbild

stützung wird die Kolbenkraft über Pleuel auf den Wellenexzenter übertragen (Kolben bewegen sich rein radial), oder es werden pleuellose Konstruktionen verwendet (z. B. schwenkbare Kolben oder Pentagon auf Exzenterwelle). Langsamläufer-Radialkolbenmotoren haben in der Regel einen sehr guten volumetrischen und guten hydraulisch-mechanischen (Anlauf-)Wirkungsgrad. Sie bauen groß und stehen im Wettbewerb mit Schnellläufermotor – Reduziergetriebe – Aggregaten. In der Regel handelt es sich um Konstantmotoren, bauartabhängig können sie aber auch als Verstellmotoren (stufig oder stetig) ausgeführt werden.

18.2 Verdrängermaschinen mit translatorischem (Ein- und) Ausgang

Zylinder werden einfachwirkend (Tauchkolbenzylinder) und doppeltwirkend (Differentialzylinder, Abb. 18.10) gebaut. Bei der nur für Schub geeigneten Tauchkolbenbauart ist die Kolbenstange zugleich Kolben und in der Stangenführung im Kopf gedichtet. Erforderliche Führungslänge ca. 2,5 × Stangendurchmesser. Rückhub erfolgt durch äußere Kräfte oder eingebaute Feder. Differentialzylinder sind durch wechselweise Kolbenbeaufschlagung für Drücken und Ziehen einsetzbar. Stangenseitige Ringfläche A_R ist um den Stangenquerschnitt kleiner als die Kolbenfläche A_K. Daher unterschiedliche Druck- und Zugkräfte bei gleichem Betriebsdruck sowie verschiedene Geschwindigkeiten für Vorschub und Rücklauf bei gleichem Speisevolumenstrom. Eilvorlauf durch Verbinden beider Anschlüsse mit der Zulaufleitung; aktive Fläche ist dann der Stangenquerschnitt. Gleichgangzylinder mit beidseitiger Stangenausführung oder als Differentialzylinder mit Flächenverhältnis $\varphi = 2$ und Einsatz eines speziellen Eilgangventils (siehe Eilvorlauf).

Zylinderbauformen und Hauptmaße sind weitgehend standardisiert („Normzylinder"). Nach DIN ISO 3320 Zylinderbohrungen 8 … 400 mm, gestuft gemäß R 10, und Kolbenstangendurchmesser 4 … 360 mm (nach Reihe R 20, jeweils Rundwerte). Zuordnung der Werte für Hydrozylinder gem. DIN ISO 7181 so, dass das Flächenverhältnis $\varphi = A_\mathrm{K}/A_\mathrm{R}$ ungefähr gleich ist den Vorzugsgrößen 1,06–1,12–1,25–1,4–1,6–2–2,5–5. Kolbenhub-Grundreihe nach DIN ISO 4393, Nenndrücke nach DIN ISO 3322, typisch bis 320 bar. Berechnung erfolgt nach den Grundformeln in Abschn. 17.1.1, dabei ggf. hohen Rücklaufdruck beim schnellen Einziehen beachten. Wirkungsgrade: Differentialzylinder bei Vorlauf $\eta_\mathrm{t} = 0{,}9 \ldots 0{,}95$, bei Zug $\eta_\mathrm{t} = 0{,}85 \ldots 0{,}9$. Bei Hubendgeschwindigkeiten >0,1 m/s Endlagendämpfung vorsehen. Wegen der verschieden großen Arbeitsvolumenströme auf Kolbenboden- und Stangenseite erfordert der Einsatz von Differentialzylindern im geschlossenen Kreislauf große Füllpumpe und besonderes Ausspülventil; Anwendung von Gleichgangzylindern bietet sich an.

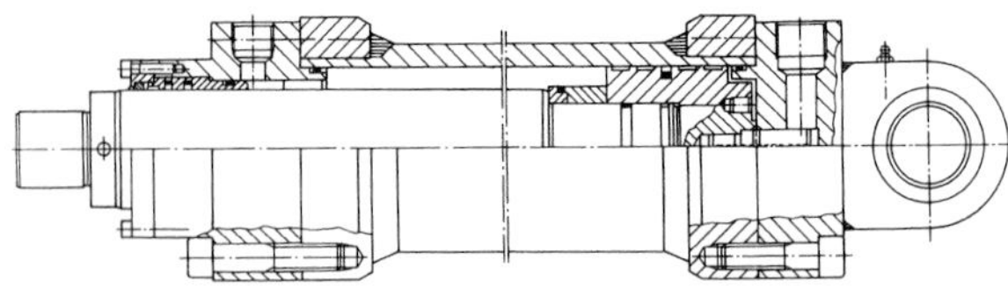

Abb. 18.10 Differentialzylinder (Montanhydraulik)

Einbaurichtlinien: Zylinder nicht als tragende Konstruktion benutzen, von Biegemomenten und Querkräften freihalten (Gelenkanschlüsse an Boden und Stangenkopf). Last auf kürzestem Wege funktionsgerecht abstützen, Dehnung ermöglichen, Durchbiegung bei langen Zylindern.

18.3 Hydroventile

Ventile sind in den Leistungsfluss zwischen Pumpen und Motoren eingefügte Stellorgane mit unstetiger (Schaltventile) oder stetiger (Stellventile) Wirkungsweise. Einteilung s. Tab. 18.2.

18.3.1 Wegeventile

Bezeichnung für Ventile, die durch von außen eingeleitete Stellbewegungen Verbindungen zwischen den Anschlüssen herstellen und dadurch Lauf und Fließrichtung des Ölstroms bestimmen. Sie haben in der Mehrzahl eine Schaltfunktion (Auf – Zu), doch ist auch eine stetige Stellfunktion (Drosselwirkung) möglich, d. h. Beeinflussung der Stromstärke. Wegen des damit verbundenen Verlusts ist diese Funktion nur für kleine Leistung anwendbar (vgl. Proportionalventil).

Bezeichnung der Ventile nach Anzahl der geschalteten Anschlüsse (Wege) und Anzahl der Schaltstellungen (z. B. 4 Anschlüsse, 3 Schaltpositionen: 4/3-Wegeventil).

Bezeichnung der Anschlüsse: P Druckanschluss; T Ablaufanschluss; A, B Arbeitsanschlüsse; X, Y Steueranschlüsse.

Sitzventile sind unempfindlich gegen Medium und Verschmutzung, daher funktionssicher und für hohen Druck geeignet. Nachteilig sind begrenzte Funktion und hohe Betätigungskräfte. Bei direktbetätigten Ventilen Schließfunktion durch Druckbelastung der Dichtelemente, Öffnen

Tab. 18.2 Typ, Funktion, Arbeitsweise und Bauformen von Hydroventilen

Typ	*Funktion*
Wegeventil	Freigeben, Sperren und Lenken des Druckmittelstroms
Sperrventil	Freigeben von nur einer Durchflussrichtung
Druckventil	Regeln eines Drucks durch Steuern des Druckmittelstroms abhängig vom Druck
Stromventil	Beeinflussung von Druck und Druckmittelstromstärke (Volumenstrom)
Arbeitsweise	
Sitzventil	Dichtelemente Ventilkegel, Kugel, Platte; Freigeben und leckstromfreies Sperren eines Druckmittelwegs
Schieberventil	Dichtelement Ventilschieber (Längsschieber, Drehschieber); Freigeben und leckstrombehaftetes Sperren eines oder gleichzeitig mehrerer Druckmittelwege
Bauformen	
Einzelventilsystem	mit Gewindeanschluss zur Verrohrung oder zum Montieren auf verrohrter Anschussplatte (genormtes Lochbild)
Plattenaufbausystem	höhenverkettetes Ventilsystem aus Reihenplatten und Zwischenplattenventilen
Steuerblock	2-Wege-Einbauventile als Hauptsteuerstufen und ihre Verbindungen sowie Steuerleitungen im Steuerblock, Steuerventile angeflanscht

mit Schaltmitteln. Dabei Beschränkung auf Anschluss-DN < 4 mm und einfache Schaltfunktion (2/2- und 3/2-Wegeventile, Abb. 18.11). Große Querschnitte (handelsüblich DN 6–DN 160) in 2/2-Wege-Einbauventilen mit indirekter Betätigung möglich. Ausführung: federbelasteter, druckgesteuerter Schließkegel (Flächenverhältnis z. B. 1 : 1,6, auch Flächenverhältnis 1 : 1, dann kein Sitzventil) in genormter Patrone zum Einbau in Steuerblöcke. Auf den Abschlussdeckel sind je nach Funktion (Wegeventil, DBV-Hauptsteuerstufe) kleine Vorsteuerventile geschraubt (Abb. 18.12). Vorteile sind kleines Bauvolumen bei großem Volumenstrom, kurze Schaltzeiten,

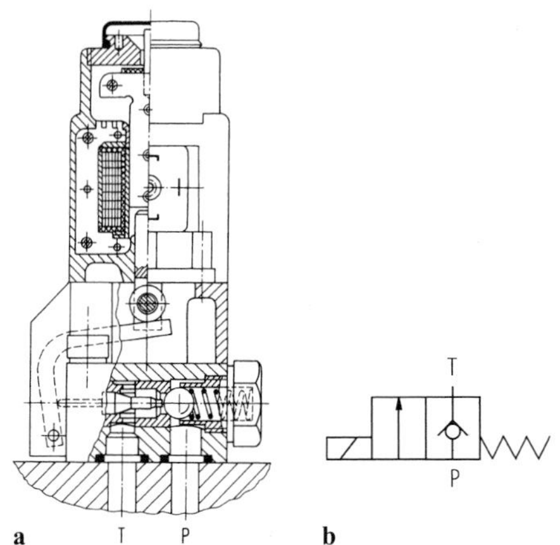

Abb. 18.11 **a** 2/2-Wegesitzventil, direkt magnetbetätigt, für Plattenaufbau (Heilmeier & Weinlein); **b** Symbol

weiches Schalten durch Feinsteuernuten am Sitzrand.

Längsschieberventile haben größte Verbreitung, da der Schieberkolben gleichzeitig mehrere Wege schaltet und durch seine Gestaltung bei gleichem Gehäuse verschiedene Schaltbilder ermöglicht werden. Aufbau prinzipiell nach Abb. 18.13. Leitungsanschlüsse werden durch gebohrte oder gegossene Kanäle an die Ringnuten im Gehäuse herangeführt. Der genutete Kolben gibt je nach Stellung Fließwege zwischen verschiedenen Anschlüssen frei. Durch Flächengleichheit der Schieberkammern statischer Druckausgleich. Die Öffnungscharakteristik ist durch Drosselkerben an den Kolbenabsätzen beeinflussbar, durch Ändern der Stegbreite des Kolbens sind verschiedene Schaltbilder möglich (z. B. dauernde Verbindung zweier Wege). Gegenseitige Lage der Steuerkanten von Kolben- und Gehäusenuten () beeinflusst Schaltcharakteristik. Bei negativer Überdeckung sind kurzzeitig mehrere Räume miteinander verbunden, dabei Gefahr unerwünschter Bewegungen der Motoren, liefert aber bessere Feinfühligkeit bei Stromsteuerungen und Abbau von Druckspitzen beim Abschalten laufender Massen. Bessere Abdichtung und dadurch geringere Leckverluste durch positive Überdeckung.

Betriebsdruck der Schieberventile bis 350 bar. Leckverluste bei höheren Drücken nicht vernachlässigbar. Durchflusswiderstände beachten (Herstellerangabe, ca. 3 ... 8 bar bei Nennstrom).

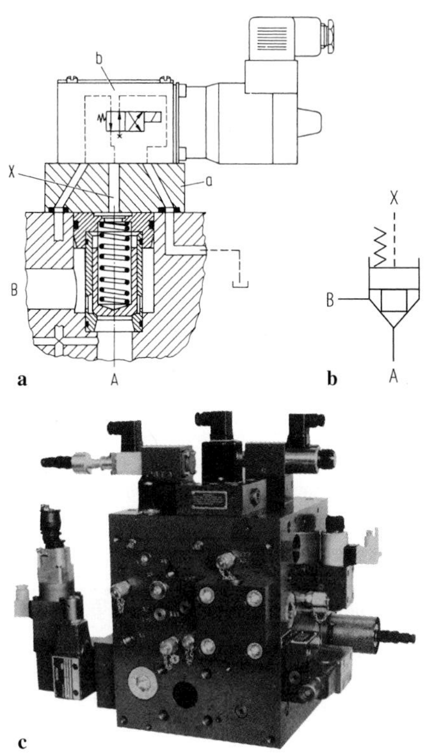

Abb. 18.12 **a** 2/2-Wege-Einbauventil(Bosch Rexroth). *A*, *B* Arbeitsanschlüsse, *X* Steueranschluss, *a* Abdeckplatte (Deckel), *b* Vorsteuerventil; **b** Symbol; **c** Steuerblock mit 2-Wege-Einbauventilen und aufgebauten Vorsteuerventilen

Ventile werden ohne und mit bevorzugter Schaltstellung gebaut; sog. Impulsventile verbleiben nach dem Schaltvorgang in geschalteter Stellung, sonst erfolgt Rücklauf in die Ruhelage durch Federkraft oder, bei großen Ventilen, hydraulische Belastung. Schalten der Ventile durch manuelle oder mechanische Betätigung, durch hydraulischen oder pneumatischen Druck oder durch Elektromagnetkraft. Direkte elektromagnetische Betätigung ist wegen der relativ kleinen Magnetkräfte auf Ventile bis DN 10 beschränkt. Schaltung größerer Ventile durch aufgeflanschte Vorsteuerventile kleiner Nenngröße mit Drucköl, das dem Arbeitskreislauf (eigenvorgesteuert) oder gesonderter Steuerölversorgung (fremdvorgesteuert) entnommen wird. Erforderlicher Steuerdruck ca. 4 bar. Magnete vorzugsweise in druckdichter Bauform (unter Öl schaltend)

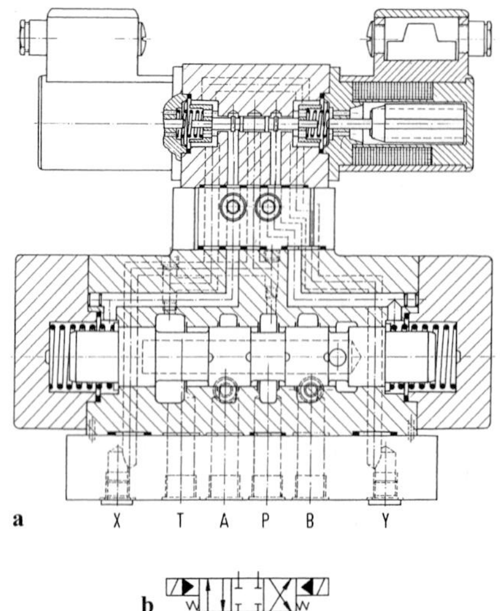

Abb. 18.13 **a** Vorgesteuertes 4/3-Wegeventil mit Elektromagnetbestätigung (Bosch Rexroth); **b** Symbol

für Gleich- und Wechselstrom. Übliche Spannungen 24, 48, 180 und 220 V, Schaltleistung max. 100 W.

18.3.2 Sperrventile

Sperrventile lassen Durchfluss nur in einer Richtung zu. Aufbau nach dem Sitzventilprinzip, in einfachster Form federbelastetes Kugelventil (Öffnungsdruck 0,5 ... 3 bar). Verwendung als Richtungsventile und Vorspannventile. Bauformen für Leitungs- und Blockeinbau. Da Abschluss leckstromfrei, dienen Sperrventile oft als Halteventile für Zylinder unter Last. In solchen Fällen Rücklauffreigabe durch Entsperren mittels Aufsteuerkolben, bei großen DN mit einem Hilfsventil gesteuert (Abb. 18.14).

18.3.3 Druckventile

Druckventile steuern Wege und Durchflussquerschnitte in Abhängigkeit vom erfassten Druck mit dem Ziel, einen vorgegebenen Drucksollwert einzuregeln oder einen Weg für das Druckmedium freizugeben.

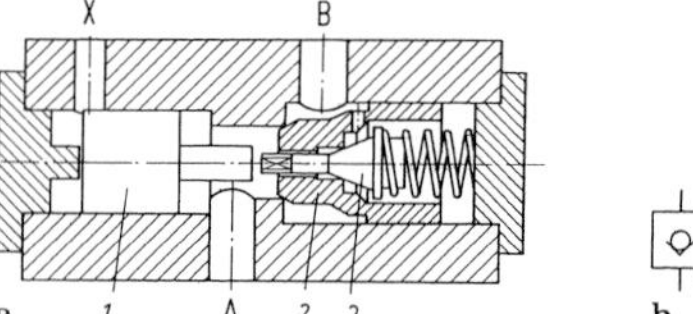

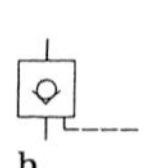

Abb. 18.14 Entsperrbares Rückschlagventil (Bosch Rexroth). *A*, *B* Arbeitsanschlüsse, *X* Steueranschluss, *1* Entsperrkolben, *2* Hauptkegel, *3* Vorsteuerkegel; **b** Symbol

Druckbegrenzungsventile. Diese geben beim Erreichen des Einstelldrucks den Ölabfluss in den Tank frei und begrenzen den Systemdruck derart, dass bei nur geringem weiteren Druckanstieg der Drosselquerschnitt schnell anwächst. Bei direkt gesteuerten Druckbegrenzungsventilen hebt das Drucköl den Dichtkegel gegen Federkraft vom Sitz ab. Durch den Wechsel statischer (Druck-) und dynamischer (Strahl-)Kräfte am Kegel besteht Schwinggefahr, der durch Dämpfung der Kegelbewegung begegnet wird. Anstieg des Drucks mit zunehmender Stromstärke, oberhalb der vom Einstelldruck abhängigen „Sättigung" sehr stark. Merkbare Öffnungs-/Schließhysterese.

Für große Stromstärken (Volumenströme) vorgesteuerte Bauweise wie in Abb. 18.15. Hauptkegel (3) wird durch schwache Feder und rückseitige Druckbeaufschlagung in Schließstellung gehalten, bis das als Vorsteuerventil eingesetzte Druckbegrenzungsventil (1) öffnet; über die Düse (2) fließt ein Steuerstrom, der Druck hinter dem Hauptkegel sinkt, der Kegel öffnet und gibt den Weg zwischen den Anschlüssen A und B frei. Durch Rückraumentlastung mittels 2/2-Wegeventil (angeschlossen an X) kann das vorgesteuerte DBV zum Umlaufventil erweitert werden.

Druckregelventile. Diese halten den Druck hinter dem Ventil unabhängig von der Größe des höheren Vordrucks durch Drosseln des Zulaufs zur Ablaufleitung konstant, ggf., bei ansteigenden äußeren Lasten, auch durch zusätzliche Freigabe des Ablaufs (3-Wege-Druckregelventil).

Druckschaltventile. Diese geben beim Erreichen des Einstelldrucks Stromwege für weitere

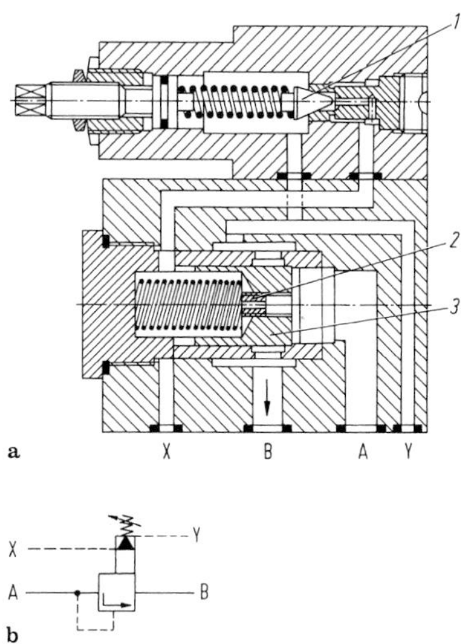

Abb. 18.15 Vorgesteuertes Druckbegrenzungsventil für Plattenaufbau (Bosch Rexroth). *A*, *B* Arbeitsanschlüsse, *X* Steueranschluss, *Y* Leckölanschluss, *1* Vorsteuerkegel, *2* Steuerdüse, *3* Hauptstufenkolben; **b** Symbol

Arbeitsabläufe frei. Die eigengesteuerte Bauform schaltet auf einen nachgeordneten Arbeitskreis weiter, hält aber den Druck im Primärkreis (Zuschaltventil, Folgeventil). Fremdgesteuerte Ventile schalten druckabhängig einen weiteren Arbeitskreislauf zu oder geben in diesem einen drucklosen Umlauf frei (Abschaltventil, Speicherladeventil).

18.3.4 Stromventile

Stromventile nehmen durch Wirkung des sie durchströmenden Druckmediums Einfluss auf Druck und Volumenstrom im System. Drosselventile und Stromregelventile werden in einfachen Systemen kleiner Leistung zur Steuerung resp. Regelung der Ausgangsgeschwindigkeit eines Antriebs angewendet. Sie bauen eine Druckdifferenz auf (Drosselventil, 2-Wege-Stromregelventil) oder führen einen Teilvolumenstrom ab 3-Wege-Stromregelventil (); beides führt zu einer Verlustleistung, die den Energienutzungsgrad des Antriebs deutlich mindert.

Drosselventile. Durch äußeren Stelleingriff im Drosselquerschnitt einstellbare Ausführungen siehe Abb. 18.16. Drosseln sollen mit möglichst

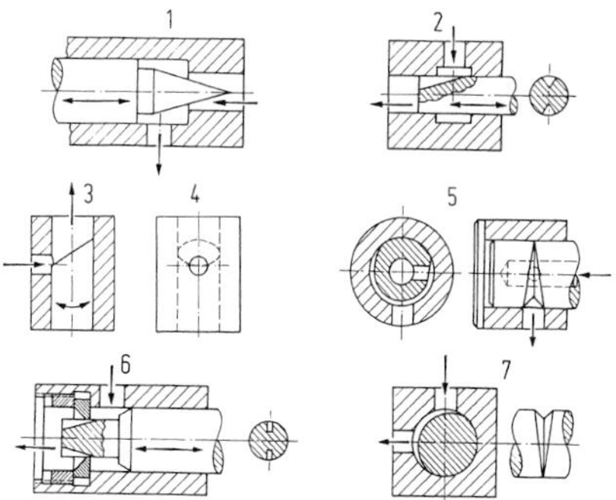

Abb. 18.16 Drosselausführungen

kurzen, scharfkantigen Drosselwegen (Blende!) ausgeführt sein, damit der Einfluss der Ölviskosität (Temperatur) auf die Druckdifferenz möglichst klein ist.

Stromregelventile messen den Verbrauchervolumenstrom und halten ihn durch selbsttätige Verstellung eines Drosselquerschnitts im Hauptstrom (im Zusammenwirken mit dem Druckbegrenzungsventil des Systems) oder im Nebenstrom konstant. Ausführungen:

2-Wege-Stromregelventile. Aufbau Abb. 18.17a. Der vom Zulaufanschluss (Druckanschluss P) zum Verbraucheranschluss (Arbeitsanschluss A) fließende Volumenstrom ruft an der Messblende (1) eine Druckdifferenz hervor, mit der der Drosselkolben (2) beaufschlagt wird. Ist der durch das Ventil fließende Volumenstrom größer als der durch die Messblendeneinstellung vorgegebene Sollwert, wird durch Verschiebung des Drosselkolbens der durch seine Stellung bestimmte Drosselquerschnitt verringert, die Druckdifferenz P − A steigt und das solange, bis durch Ableitung eines Teilvolumenstroms vor dem Stromregelventil – z. B. über das Druckbegrenzungsventil des Systems – der dem Anschluss P zufließende Volumenstrom dem Sollwert entspricht.

3-Wege-Stromregelventile stellen konstanten Volumenstrom zum Verbraucher durch Ableiten des überschüssigen Pumpenförderstromes ein (Abb. 18.17b). Aufbau ähnlich wie oben, jedoch öffnet Drosselkolben (2) einen Abflussquer-

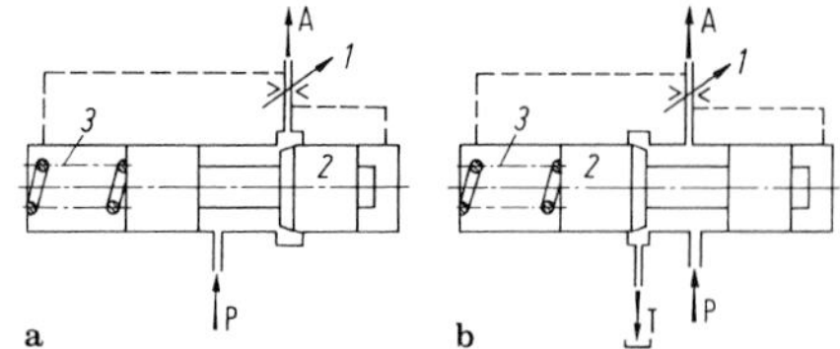

Abb. 18.17 Schemabilder der Stromregelventile. **a** 2-Wege-Ausführung; **b** 3-Wege-Ausführung. *P* Druckanschluss, *A* Arbeitsanschluss, *T* Ablaufanschluss, *1* Messblende, *2* Drosselkolben, *3* Feder

schnitt. Einbau nur in der Verbraucherzulaufleitung möglich.

Regelgenauigkeit der Stromregler 2 ... 5 %. In Ruhestellung Rücklauf des Drosselkolbens unter Federkraft auf max. Öffnung, daher Anfahrstoß im Getriebe. Stromteiler sind nach ähnlichem Prinzip aufgebaut. Bessere Stromteilung, auch für Rückwärtslauf, durch Parallelschaltung zweier Zahnradmotoren, deren Wellen mechanisch gekuppelt sind.

18.3.5 Proportionalventile

Mit Proportionalventilen ist die Einstellung der Schaltwege mit stetigem Übergang möglich, damit sind Übergangsfunktionen (Anlauf, Stopp) sowie Volumenstromeinstellungen darstellbar. Ebenso können Ansprechdrücke von Druckbegrenzungsventilen und Sollwerte von Stromregelventilen mittels eines elektrischen Signals vorgegeben werden. Die Größe des elektrischen Ansteuerstroms wird im Proportionalmagneten (0–10 V, ca. 25–50 W) in eine Kraft umgesetzt, die bei Wegeventilen gegen die Kraft einer Feder wirkend den Kolben verstellt, bei Druckventilen die Federvorspannung bestimmt. Störgrößen wie Strömungs- und Reibungskräfte am Kolben werden nicht korrigiert, Wiederholgenauigkeit und Umkehrspanne liegen im Bereich von 3–6 %. Genaueres Arbeiten und höhere Grenzfrequenzen werden erreicht, wenn die durch das elektrische Signal geforderte Position des Magnetankers im geschlossenen Lageregelkreis angefahren wird.

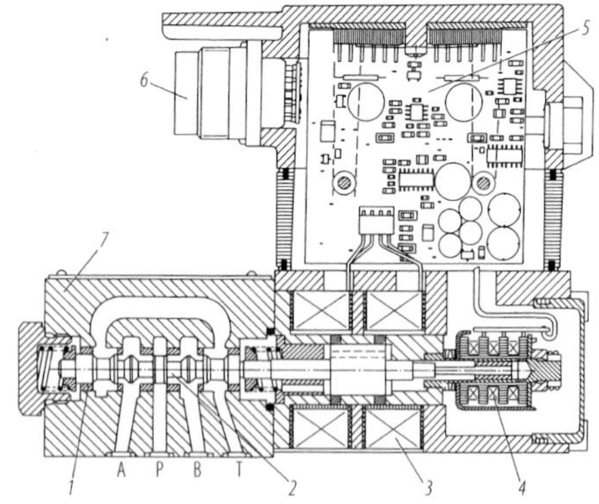

Abb. 18.18 Regelventil in Proportionaltechnik (Bosch Rexroth). *1* Stahlhülse, *2* Steuerschieber, *3* Doppelhubmagnet, *4* induktiver Weggeber, *5* Elektronik, *6* 11-poliger Stecker, *7* Gussgehäuse

Proportional-Wegeventile sind Drosselventile mit 4/3-Wege-Schaltbild (Abb. 18.18). Die lagegeregelte Position des Steuerschiebers (2) wird durch die Kraft des Doppelhubmagneten (3) eingestellt, die Position des Steuerkolbens wird durch den induktiven Wegaufnehmer (4) erfasst. Die Ventile sind aufgebaut aus konventionellen Ventilbauelementen und so kostengünstiger als Servoventile. Sie stellen keine besonderen Ansprüche an die Sauberkeit des Öls, normale Filterfeinheit ist hinreichend. Ihre Grenzfrequenz beträgt 20–40 Hz, die Stellhysterese liegt um 0,3 % ohne und 0,1 % bei Lageregelung des Magnetankers. Zur Verarbeitung größerer hydraulischer Leistungen werden 2-stufige Proportionalventile eingesetzt; ihre Bezeichnung als Servo-Proportionalventile lässt erkennen, dass die Abgrenzung zwischen Proportionaltechnik und Servotechnik fließend ist. Neben Proportional-Wegeventilen werden Proportional-Druckventile angewendet.

18.3.6 Servoventile

Für hohe Anforderungen an Stellgenauigkeit und Dynamik werden Servoventile eingesetzt, die 2- und 3-stufig ausgeführt werden. Sie werden mit kleinen Strömen (100 mA) angesteuert, ihre hydraulische Ausgangsleistung kann 100 kW und mehr betragen.

18.3.7 Ventile für spezielle Anwendungen

Über die vorstehend vorgestellten Ventile hinaus gibt es Ventile, die für spezielle Anwendungen entwickelt worden sind. Ein Beispiel sind Senkbremsventile, die im Kranbau zur feinfühligen Steuerung der Senkbewegung von Lasten (z. B. eines Auslegers) eingesetzt werden. Andere Ventiltypen sind Prioritätsventile für Lenkung und Bremse, Speicherladeventile und Schnellschaltventile, die bei einem Kettenfahrzeug bei Ausfall eines Kettenantriebs den anderen Antrieb sofort stillsetzt, um eine unbeabsichtigte Lenkbewegung zu verhindern.

18.4 Hydraulikflüssigkeiten

Als Betriebsflüssigkeit in hydrostatischen Systemen werden Mineralöle, Pflanzenöle, synthetische Flüssigkeiten, Wasser und Wasser-Öl-Emulsionen verwendet, die Wahl des Flüssigkeitstyps hängt von den Anforderungen des jeweiligen Anwendungsfalls ab.

In der überwiegenden Zahl der Standardanwendungen werden heute additivierte Mineralöle eingesetzt, die als HL- und HLP-Öle in DIN genormt sind. HL-Öle enthalten Zusätze, die eine schnelle Alterung der Flüssigkeit durch Oxydation verhindern (besonders wichtig bei höheren Betriebstemperaturen und ungehindertem Luftzutritt), HLP-Öle zusätzlich Substanzen, die das Lasttragevermögen des Schmierstoffs insbesondere bei Mischreibung in Gleitkontakten erhöhen. Daneben werden Additive zur Verhinderung von Korrosion, zur Verbesserung des Luftabgabevermögens und zum in Schwebe halten von Abrieb und Wasser beigegeben. In mobilen Anwendungen werden auch Dieselmotorenöle der Typen API-CC und -CD eingesetzt.

Wenn unkontrollierter Austritt von Hydraulikflüssigkeiten in die Umgebung nicht sicher verhindert werden kann (mobile Arbeitsmaschinen und am Einsatzort aufzubauende Anlagen), werden heute biologisch schnell abbaubare und nicht toxische Flüssigkeiten eingesetzt: pflanzliche Öle, vorwiegend Rapsöl, synthetische Esteröle und Polyglykole (VDMA 24 568); auch hier werden die Grundflüssigkeiten additiviert, um Alterungsbeständigkeit u. a. Eigenschaften zu verbessern. Für die Einstufung als biologisch schnell abbaubare Flüssigkeit wird eine Abbaurate >80 % in 21 Tagen (CEC-Test) verlangt, nicht toxisch heißt Einstufung in die Wassergefährdungsklasse 0. Labortests und Feldanwendungen bestätigen das große technische Potential dieser Flüssigkeiten. Bei der Umölung ist auf die Einhaltung der Restgehaltsgrenze für Fremdflüssigkeit (siehe Angabe des Flüssigkeitsherstellers) zu achten, im Betrieb auf niedrigen Wassergehalt und die Einhaltung der spezifizierten Temperaturgrenzen.

In Anwendungen, bei denen sich austretendes Öl entzünden und verbrennen kann (Beispiele: Walzwerksanlagen, Untertagebergbau, Flugzeug) wird die Verwendung sogenannter schwer entflammbarer Flüssigkeiten der Typen HFA, HFB, HFC oder HFD (DIN 51 502) gefordert bzw. vorgeschrieben. Mit den wasserhaltigen Typen HFA und HFB werden z. T. spezielle Komponenten (Pumpen, Ventile etc.) eingesetzt. HFD-Flüssigkeiten (z. B. Skydrol) können toxisch sein und Schleimhäute angreifen.

Glykolbasierende Flüssigkeiten und reines Wasser sind in hydrostatischen Anlagen der Nahrungsmittelverarbeitung zu finden. Für die Reinwasserhydraulik sind spezielle Bauelemente erforderlich.

Für den Betrieb sind die physikalischen Kennwerte Viskosität ν, Dichte ϱ und Kompressionsmodul B von Bedeutung; sie beeinflussen unmittelbar Funktion, Energienutzungsgrad und dynamisches (Schwingungs-)Verhalten des Systems. Die Schmierfähigkeit der Flüssigkeit, beschrieben durch die FZG-Laststufe, beeinflusst den Bauteilverschleiß, das Luftabgabevermögen den Gehalt an ungelöster Luft. Zur Bestimmung des Alterungszustands der Flüssigkeit wird häufig die Neutralisationszahl (NZ) genutzt. Die Abhängigkeit der physikalischen Eigenschaften einer Hydraulikflüssigkeit auf Mineralölbasis von Temperatur und Druck zeigt Tab. 18.3.

Tab. 18.3 Abhängigkeit des Kompressionsmoduls und der Viskosität von Hydraulikflüssigkeiten von Temperatur und Druck

Zustandsgröße	Abhängigkeit	Erklärung
Kompressionsmodul B	$lgB_{0\vartheta} = lgB_{0\vartheta_0} - k_{B\vartheta} \cdot (\vartheta - \vartheta_0)$ $B_{p\vartheta} = B_{0\vartheta} + k_{B_p} \cdot p$	ϑ Temperatur [°C] p Druck [bar] $B_{0\vartheta}$ Kompressionsmodul bei p_{at} und Temp. ϑ $B_{p\vartheta}$ Kompressionsmodul bei Druck p und Temp. ϑ $B_{0\vartheta_0}$, $k_{B\vartheta}$, k_{B_p} Kennwerte der Flüssigkeit
kinematische Viskosität ν	$lg\,lg\,(\nu_{0\vartheta} + k_{\nu 1}) = k_{\nu 3} - k_{\nu 2} \cdot lgT$ $lg\,\nu_{p\vartheta} = lg\nu_{0\vartheta} + k_{\nu 4} \cdot p$	T absolute Temperatur [K] p Druck [bar] $\nu_{0\vartheta}$ Viskosität bei P_{at} und Temperatur T $\nu_{p\vartheta}$ Viskosität bei Druck p und Temperatur T $k_{\nu 1}$, $k_{\nu 2}$, $k_{\nu 3}$, $k_{\nu 4}$ Kennwerte der Flüssigkeit

Mineralölbasierende Hydraulikflüssigkeiten werden in 6 Viskositätsklassen von $\nu = 10$ bis $100\,\text{mm}^2/\text{s}$ bei 40 °C (100 F) angeboten (DIN 51 524), andere Flüssigkeiten z. T. in einem engeren Viskositätsbereich. Die Viskosität ändert sich sehr stark mit der Temperatur (s. Abb. 17.4), durch Additivzugabe (VI-Verbesserer) kann die Abhängigkeit verringert werden; bei Berechnungen ist auch die Viskositätsänderung mit dem Druck zu berücksichtigen (bei einem HLP 46 und 50 °C steigt sie von $35\,\text{mm}^2/\text{s}$ bei p_{at} auf $160\,\text{mm}^2/\text{s}$ bei 800 bar, s. auch Abb. 17.5). Die Wahl der Viskositätsklasse hängt vom vorgesehenen Betriebstemperaturbereich und der vom Hersteller der Pumpen und Motoren spezifizierten Maximal- und Mindestviskosität am Eingang in die Maschinen ab. Die minimale Betriebstemperatur wird durch die Anwendung bestimmt (bis −30 °C), die maximale Temperatur kann durch Kühlung kontrolliert werden (typisch 70 °C bei stationären, 100 °C bei mobilen Anwendungen).

Die Dichte ϱ der Flüssigkeiten liegt bei 40 °C zwischen 0,85 (typ. Mineralöl) und $1{,}2\,\text{kg/dm}^3$ (schwer entflammbare Phosphatester), sie fällt im Betriebstemperaturbereich mit steigender Temperatur um etwa 10 % ab. Der Kompressionsmodul B beschreibt die Volumenänderung bei Druckänderung (und damit die Dichteänderung mit dem Druck), er nimmt mit steigender Temperatur ab und steigendem Druck zu. Für ein Mineralöl wurde bei 20 °C B zu $2{,}1 \cdot 10^4$ bar bei Atmosphärendruck und $2{,}3 \cdot 10^4$ bar bei 250 bar Druck und bei 80 °C zu 1,4 bzw. $1{,}6 \cdot 10^4$ bar gemessen (s. Abb. 17.6). Der B entsprechende E-Modul von Stahl ist $2{,}1 \cdot 10^6$ bar.

18.5 Hydraulikzubehör

Zum Zusammenschalten von Hydrogeräten werden Leitungen aus Stahl oder Schläuche aus Elastomermaterial mit Stahleinlagen verwendet, die durch Rohrverschraubungen verbunden werden. Vielfach werden Steuerblöcke mit Einbauventilen und aufgeflanschten Einzelventilen angewendet. Weitere Elemente sind Ölbehälter (Volumen ca. 3–5 mal Pumpenfördervolumen je Minute), Filter (Filterfeinheit 10–30–50 µm, genauere Angabe ist die Filtrationsrate β und die zu erreichende Reinheitsklasse), Hydrospeicher, Ölkühler (Luft oder Wasserkühlung), Heizelemente sowie Messgeräte und Überwachungsgeräte.

19 Aufbau und Funktion der Hydrostatischen Getriebe

Dierk Feldmann und Stephan Bartelmei

19.1 Hydrostatische Kreisläufe

Der Umlauf der Druckflüssigkeit in einem hydrostatischen Getriebe heißt Kreislauf, der offen oder geschlossen, mit oder ohne Speisepumpe ausgeführt wird. Ein Kreislauf ist durch mindestens ein Druckbegrenzungsventil (DBV) gegen Überlastung zu sichern, ggf. ist zusätzlich ein DBV zwischen Motor und Steuerventil erforderlich, wenn schiebende Last auftreten kann (Abb. 19.1a, Zylindertrieb).

19.1.1 Offener Kreislauf (Abb. 19.1a)

Beim offenen Kreislauf erfolgt der Umlauf über den Ölbehälter. Die Pumpe fördert immer in gleicher Stromrichtung, vom Motor fließt das Öl nahezu drucklos in den Ölbehälter zurück. Eine Änderung der Arbeitsrichtung des Motors erfolgt durch Umschalten des Stroms mittels eines 4-Wegeventils. Hydrokreise mit Konstantpumpen werden mit und ohne drucklosen Umlauf des Pumpenförderstroms in Ruhestellung ausgeführt. Verstellpumpen schwenken üblicherweise auf Nullförderung zurück. Offene Kreisläufe werden typisch angewendet, wenn Differentialzylinder verwendet werden und/oder mehrere Verbraucher (Motoren) parallel und ggf. gleichzeitig betrieben werden müssen. Vorteile des offenen Kreises sind die Abfuhr der Verlustwärme mit dem Ölstrom sowie die Kühlung und Reinigung des Öls im Tank. Nachteilig ist die konstante Energieflussrichtung. Bremsleistung des Hydromotors (Rotationsmotor, Zylinder), die z. B. beim Senken von Lasten anfällt, kann nur durch Drosselung auf dem Abflussweg abgeführt werden (Ablaufdrosselventil, bei höheren Anforderungen spez. Senkbremsventile).

19.1.2 Geschlossener Kreislauf (Abb. 19.1b)

Beim geschlossenen Kreislauf strömt das Öl vom Motor durch eine Leitung zur Pumpenzulaufseite zurück. Die Richtung des Energieflusses ist umkehrbar; „Bremsleistung", wie sie beim Senken und Verzögern von Massen auftritt, wird vom Hydromotor/Zylinder zur Pumpe geführt und von ihr an die Antriebsmaschine abgegeben. Ist diese Antriebsmaschine ein Elektromotor, kann die Bremsenergie als elektrische Energie ins Netz zurückgespeist werden, ist sie eine Verbrennungskraftmaschine, wird deren Bremsvermögen ausgenutzt, um die Belastung des Hydraulikmediums durch Drosselung und damit auch den Kühlaufwand niedrig zu halten. Dadurch können die Systeme mit sehr kleinen Tankvolumina arbeiten. In Anwendungen, bei denen ein einzelner

D. Feldmann (✉)
Technische Universität Hamburg-Harburg
Hamburg, Deutschland
E-Mail: dgfeldmann@seekante.de

S. Bartelmei
Jadehochschule Wilhelmshaven
Wilhelmshaven, Deutschland
E-Mail: Bartelmei@jade-hs.de

B. Bender und D. Göhlich (Hrsg.), *Dubbel Taschenbuch für den Maschinenbau 2: Anwendungen*,
https://doi.org/10.1007/978-3-662-59713-2_19

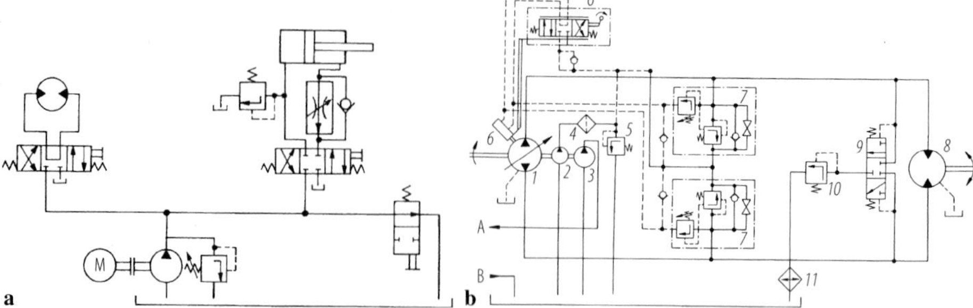

Abb. 19.1 **a** Offener Kreislauf mit Drehmotor und stromgeregeltem Zylinder in Parallelschaltung, druckloser Umlauf in Ruhestellung; **b** geschlossener Kreislauf: *1* Hauptpumpe, *2* Füllpumpe, *3* Arbeitshydraulikpumpe, *4* Filter, *5* Fülldruckbegrenzungsventil, *6* Servoverstellung, mech. betätigt, *7* Nullhub- und Maximaldruckbegrenzungsventile, Kurzschlussventil, *8* Hydromotor, *9* Spülventil, *10* Spüldruckbegrenzungsventil, *11* Kühler. *A* Druckleitung zum Arbeitshydrauliksystem, *B* Rücklaufleitung vom Arbeitshydrauliksystem

Verbrennungsmotor mehrere geschlossene und offene Kreisläufe antreibt, kann die Bremsleistung eines Teilsystems in anderen Teilsystemen ausgenutzt werden; ein typisches Beispiel hierfür ist das Hydrauliksystem eines Pistenpflegegeräts, das aus zwei geschlossenen Kreisläufen (1 pro Kette) und 3 bis 6 offenen Kreisläufen besteht.

Arbeitsrichtungswechsel des Motors wird durch Umkehren der Pumpenförderrichtung beim Durchschwenken verstellbarer Maschinen durch Null bewirkt. Geschlossene Kreisläufe sind mit einer Speisepumpe mit einem Druck von ca. 10 bis 20 bar aufzuladen. Dadurch wird die Hauptpumpe zulaufseitig zwangsgefüllt, Leckverluste des Hauptkreises werden ersetzt, und durch den Überschussstrom der Speisepumpe wird Öl aus dem Hauptkreis zur Kühlung und Reinigung ausgetauscht (Spülventil erforderlich: Position 9, 10 in Abb. 19.1b); Hubvolumen der Füllpumpe ca. 10 bis 20 % des Hauptpumpenhubvolumens. Sichern des Kreislaufs erfolgt durch zwei Druckbegrenzungsventile. Für Sondersituationen (z. B. Abschleppen) ist ein Kurzschlussventil vorzusehen.

19.1.3 Halboffener Kreislauf

Bei geschlossenen Kreisläufen mit Differentialzylindern führt der Unterschied zwischen stangenseitiger Ringfläche und Kolbenfläche zu Differenzvolumenströmen, die je nach Bewegungsrichtung des Zylinders eingespeist oder abgeführt werden müssen. Spülventil und Speisepumpe sind entsprechend zu bemessen.

19.2 Funktion des Hydrostatischen Getriebes

19.2.1 Berechnung des stationären Betriebsverhaltens

Bei stationärem Betrieb gibt der Motor die mechanische Leistung $P_{ab} = P_{mM} = M_M \cdot 2\pi \cdot n_M$ bzw. $F_M \cdot v_M$ zur Überwindung der Arbeits- und Reibungswiderstände ab und nimmt dabei die hydraulische Leistung $P_{hM} = \dot{V}_M \cdot \Delta p_M = P_{mM}/\eta_{tM}$ auf. Die dem Getriebe zugeführte Leistung $P_{zu} = P_{mP}$ wird umgesetzt in die hydraulische Leistung $P_{hP} = \dot{V}_P \cdot \Delta p_P = P_{mP} \cdot \eta_{tP}$ und deckt außer der Motorleistung die Übertragungsverluste (Druck- Δp_{hL} und Stromverluste $\dot{V}_v$) im Kreislauf:

$$\dot{V}_M = \dot{V}_P - \dot{V}_v = \dot{V}_P\,(1 - \dot{V}_v/\dot{V}_p) = \dot{V}_P \cdot \eta_{vol\ddot{U}}\,,$$

$$\Delta p_M = \Delta p_P - \Delta p_{h\,L} = \Delta p_P \cdot \eta_{h\ddot{U}}\,.$$

Gesamtwirkungsgrad:

$$\begin{aligned}\eta_t &= P_{ab}/P_{zu}\\ &= \dot{V}_M \cdot \Delta p_M \cdot \eta_{tM} \cdot \eta_{tP}/\dot{V}_P \cdot \Delta p_P\\ &= \eta_{v\ddot{U}} \cdot \eta_{h\ddot{U}} \cdot \eta_{tP} \cdot \eta_{tM}\,.\end{aligned}$$

Der Verlustwärmestrom $Q_v = P_{zu} \cdot (1 - \eta_t)$ muss durch Konvektion an den Bauteilen und dem Ölbehälter und durch Kühler abgeführt werden. Zulässige Übertemperatur des Öls gegen Umgebung 50 bis 80 K. Die Definitionen

Bewegungswandlung

$$\nu = n_M / n_P = (V_{thP} / V_{thM}) \cdot \eta_{volÜ} \cdot \eta_{volP} \cdot \eta_{volM}$$

$$\text{mit} \quad \eta_{volÜ} = 1 - \dot{V}_v / \dot{V}_p \,,$$

Momentwandlung

$$\mu = M_M / M_P = (V_{thM} / V_{thP}) \cdot \eta_{hÜ} \cdot \eta_{hmP} \cdot \eta_{hmM}$$

$$\text{mit} \quad \eta_{hÜ} = 1 - \Delta p_{hL} / \Delta p_P$$

zeigen, dass die Getriebeübersetzung durch zwei Maßnahmen – auch während des Betriebs – zu beeinflussen ist.

a) Verändern von V_{thP} / V_{thM} = Verstellgetriebe,
b) verändern $\dot{V}_v / \dot{V}_p$ = Stromteilgetriebe.

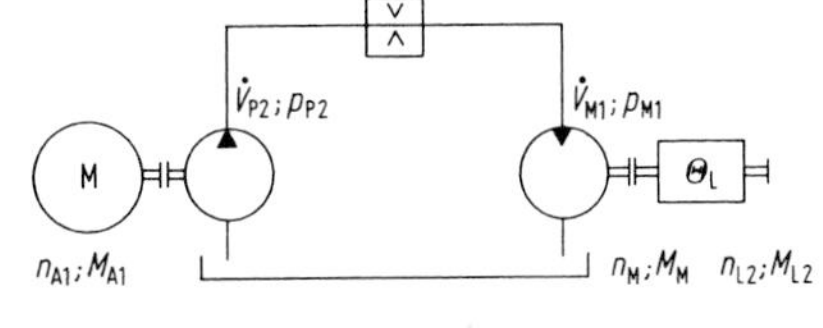

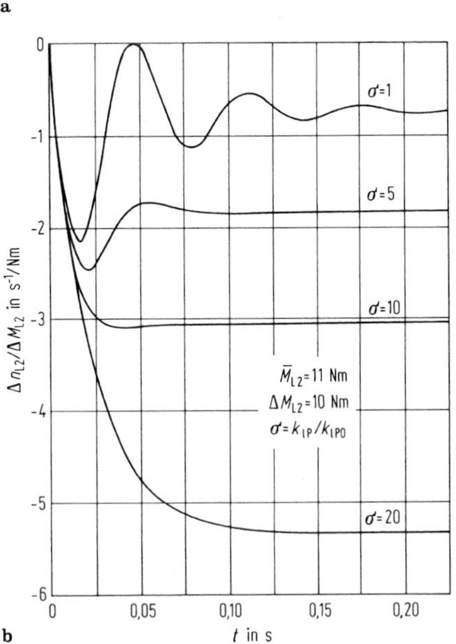

Abb. 19.2 **a** Schaltbild eines hydrostatischen Antriebs; **b** Übergangsfunktion bei sprungförmiger Erhöhung des Lastmoments M_{L2} um ΔM_{L2}, dargestellt ist die Drehzahländerung Δn_{L2} bezogen auf ΔM_{L2}. Parameter $\sigma = \eta_{volP} / \eta_{volP0} = k_{lP} / k_{lP0}$ beschreibt den Einfluss der Pumpenleckage auf die Dämpfung der Schwingung des Systems

19.2.2 Dynamisches Betriebsverhalten

Hydrostatische Getriebe sind grundsätzlich schwingungsfähige Systeme (s. Bd. 1, Kap. 47); sehr vereinfacht können sie als 2-Massen-Schwinger betrachtet werden. Bei Anregungen mit einer dominierenden Frequenz im Bereich von 1–30 Hz kann es zu deutlichen Schwingungsausschlägen bei Druck, Volumenstrom, Motordrehzahl oder Verfahrgeschwindigkeit eines Zylinders kommen (s. Abb. 19.2).

Die bestimmenden Massen des Schwingungssystems sind die Masse der Antriebsmaschine und die Masse der angetriebenen Arbeitsmaschine. Im Vergleich zu diesen Massen sind die rotierenden Massen von Pumpe und Hydromotor bzw. die translatorisch bewegte Masse des Zylinders klein. Die Federeigenschaften des Systems werden im Wesentlichen durch die Volumenänderung des Hydraulikmediums mit dem Druck und die Aufweitung der Leitungen (Rohr, Schlauch) und ggf. vorhandene Speicher in der Druckleitung bestimmt; die Länge und der Durchmesser der Leitung sind hier ausschlaggebend, aber auch die Temperatur des Hydraulikmediums und der mittlere Arbeitsdruck. Die Dämpfung des Systems wird im Wesentlichen durch die Verluste in den Maschinen und in der Übertragungsleitung bestimmt; Leckverluste in Pumpe, Motor und Leitung haben eine erheblich größere Dämpfungswirkung als Reibungs- und Strömungsverluste.

19.3 Steuerung der Getriebeübersetzung

19.3.1 Getriebe mit Verstelleinheiten

Die Getriebeübersetzung wird verändert durch:

Primärverstellung: Die von 0 bis zum maximalen Hubvolumen, im Fall des geschlossenen Kreislaufs typisch in beide Richtungen verstellbare Pumpe speist einen Konstantmotor. Die Hubvolumenverstellung erfolgt nur bei kleinen Pumpen unmittelbar mechanisch, in der Regel wird ein servohydraulisches, kraftverstärkendes Stellsystem mit mechanischem, hydraulischem oder elektrischem Eingangssignal eingesetzt, das integraler Bestandteil der Pumpe ist (s. Abb. 18.6).

Sekundärverstellung: Pumpe fördert konstanten Volumenstrom, Motor ist verstellbar. Verstellung hydraulisch oder elektro-hydraulisch.

Verbundverstellung: Beide Maschinen sind verstellbar, Verstellung erfolgt nacheinander oder gleichzeitig gegenläufig.

Das prinzipielle Verhalten des Getriebes zeigt Abb. 19.3. Im Pumpenverstellbereich (Motordrehzahl $0 - n_1$) nimmt der Pumpenförderstrom, konstante Pumpendrehzahl angenommen, linear zu, ebenso die von der Pumpe aufgenommene Leistung. Das Motorhubvolumen ist maximal und bleibt unverändert; der Motor kann, wenn abgefordert, von Drehzahl 0 bis n_1 sein maximales Drehmoment abgeben; bei Drehzahl n_1 stellt sich P_E (Eckleistung) ein. Ist die Pumpe maximal ausgeschwenkt, kann die Motordrehzahl dadurch erhöht werden, dass das Hubvolumen des Motors verringert wird. Da die Pumpe keine größere Leistung als P_E aufnehmen und abgeben kann, muss das Drehmoment des Motors mit zunehmender Drehzahl abfallen.

Antriebe mit reiner Sekundärverstellung sind üblicherweise Systeme, bei denen der Hydromotor seinen Volumenstrom aus einem sogenannten Konstantdrucknetz bezieht. Von außen wird dem Hydromotor ein Drehzahlsollwert vorgegeben, eine Regeleinrichtung (hydraulisch oder elektrisch) sorgt dafür, dass das Hubvolumen des Motors bei vorgegebenem Druck genau so eingestellt wird, dass bei der anliegenden Last (Motordrehmoment) die geforderte Drehzahl erreicht wird. Wegen des involvierten Regelsystems wird üblicherweise von Sekundärregelung gesprochen. Wesentliche Merkmale der Sekundärregelung: völlige Trennung zwischen Drucknetz und Verbrauchern: es können mehrere Verbraucher parallel am selben Netz betrieben werden, ohne sich gegenseitig zu beeinflussen; hohe Dynamik, hydraulische Speicherung von Bremsenergie. Abb. 19.4 zeigt eine Ausführungsform der Sekundärregelung.

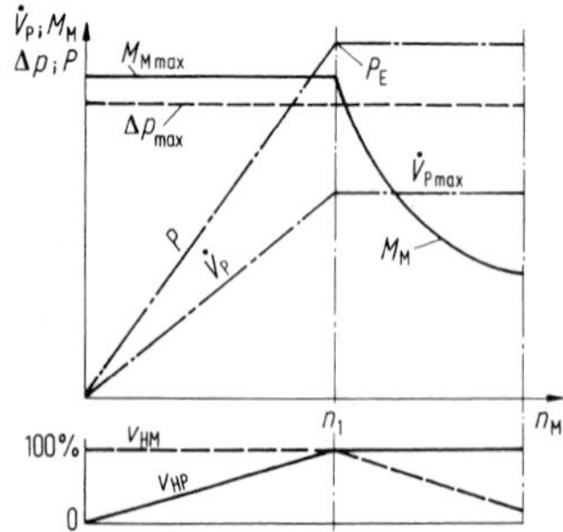

Abb. 19.3 Kennlinien eines Getriebes mit Primär-Sekundärverstellung

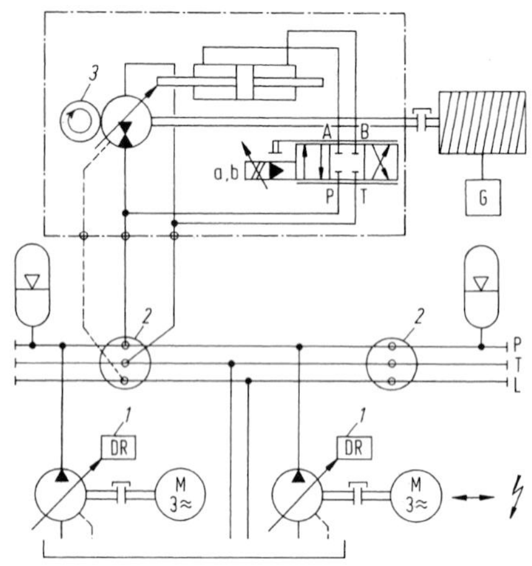

Abb. 19.4 Sekundärregelung am Konstantdrucksystem. *1* Druckregler, *2* „hydraulischer Stecker“, *3* elektrischer Drehgeber

19.3.2 Selbsttätig arbeitende Regler und Verstellungen an Verstellmaschinen

Bei Verstellpumpen und Verstellmotoren werden Regler und automatische Verstellungen eingesetzt, die durch den Systemdruck, die Maschinendrehzahl oder ein volumenstromabhängiges Signal aktiviert werden. An Pumpen werden Druckregler eingesetzt: Der Nullhubdruckregler steuert das Pumpenhubvolumen so, dass ab dem Erreichen seines Einstelldrucks gerade soviel Volumenstrom gefördert wird, wie notwendig ist, um den Einstelldruck aufrechtzuerhalten. Ein Mooringdruckregler ist in der Lage, die Verstellpumpe über 0 in die Gegenrichtung zu steuern, sodass z. B. bei einer Schiffswinde mit konstantem Seilzug geholt und gefiert werden kann. Bei Motoren wird eine Verstellung ausgeführt, bei der der zunächst auf kleinem Hubvolumen stehende Motor mit Erreichen eines eingestellten Drucks auf großes Hubvolumen gestellt wird, um ein größeres Drehmoment aufbringen zu können, wobei die Verstellung automatisch druckgesteuert erfolgt. Abb. 18.4b in Abschn. 18.1.2 und Abb. 19.1b in diesem Kapitel zeigen die typischen Schaltungen für Nullhubdruckregler: bei der Flügelzellenpumpe wird der über ein druckgesteuertes Ventil aus der Hochdruckleitung entnommene Steuerstrom auf den großen Stellkolben geleitet und baut dort einen Druck auf, der eine ausreichend große Kraft erzeugt, um die Pumpe gegen die Kraft des kleinen Stellkolbens zurückzuschwenken. Bei der Axialkolbenpumpe wird das Drucksignal des Servoverstellventils von dem Signal des Nullhubdruckreglers übersteuert und die Pumpe schwenkt zurück.

Pumpendrehzahlgesteuerte Verstellsysteme sind unter dem Begriff automotive Steuerung bekannt. Bei ihnen wird das Hubvolumen der Pumpe mit zunehmender Pumpendrehzahl entsprechend einer variabel vorgebbaren Charakteristik vergrößert, sodass die Getriebeübersetzung von der Verbrennungsmotordrehzahl abhängig wird. Man erhält eine Fahrcharakteristik, die der eines Fahrzeugs mit hydrodynamischem Wandler ähnlich ist. Gleichzeitig wird durch eine überlagerte druckabhängige Verstellung das Hubvolumen der Pumpe reduziert, wenn das von der Pumpe geforderte Drehmoment größer als das vom Verbrennungsmotor zur Verfügung gestellte zu werden droht. Die Charakteristik einer solchen Steuerung zeigt Abb. 19.5.

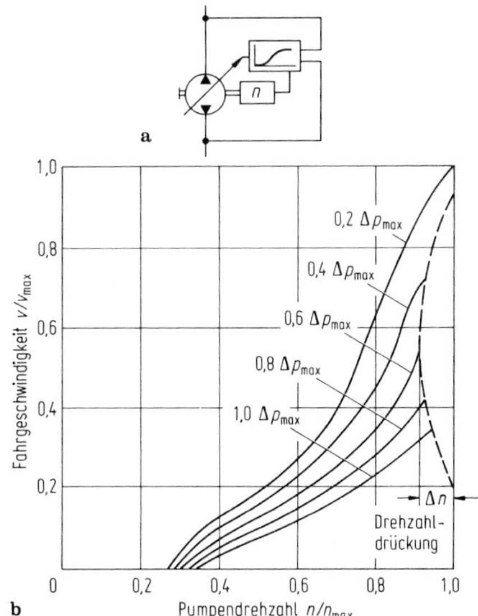

Abb. 19.5 Fahrautomatik-Steuerung. **a** Schaltsymbol; **b** Charakteristik

Zunehmend werden heute mechanisch-hydraulische Regel- und Stellsysteme wie die vorgenannten durch elektronisch/elektrisch/hydraulische Systeme ersetzt, bei denen Systemgrößen wie Drehzahlen, Drücke und Hubvolumina in elektrische Signale umgewandelt und in einem Regel- und Steuersystem verarbeitet werden, und elektrische Stellsignale an die Pumpen- und Motorverstellungen gegeben werden. Hiermit ergeben sich sehr viel größere Freiheiten zur Realisierung von Steuer- und Regelaufgaben als mit den bisher und in der Vergangenheit angewendeten mechanisch-hydraulischen Systemen.

20 Auslegung und Ausführung von Hydrostatischen Getrieben

Dierk Feldmann und Stephan Bartelmei

20.1 Schaltungen

Pumpen und Motoren werden über Leitungen und Ventile miteinander verbunden. Jeder Anschluss eines Motors bzw. eines Zylinders wird über zwei Widerstände gesteuert, die bei Schaltventilen die Zustände Widerstand groß (Ventil geschlossen) und Widerstand klein (Ventil offen) und bei Stetigventilen auch Zwischenzustände einnehmen können. Durch die möglichen Zustandskombinationen kann dem angesteuerten Verdrängerraum Medium zugeführt, von ihm Medium abgeführt oder der Verdrängerraum abgesperrt werden (siehe Abb. 20.1a). Beim Einsatz von Schaltventilen wird der gesamte Pumpenförderstrom entweder zum Motor oder zum Tank gefördert, der Einsatz von Stetigventilen lässt eine Zumessung nur eines Teils des Pumpenförderstroms zum Motor/Zylinder zu (beide Widerstände haben endlichen Wert).

Technisch wird die Widerstandsanordnung nach Abb. 20.1 entweder in Form von Kolbenschieberventilen (s. Abb. 18.13), Sitzventilen (s. Abb. 18.11) oder 2-Wege-Einbauventilen (s. Abb. 18.12) ausgeführt. Kolbenschieberventile bedeuten feste, durch die Kolben- und Gehäusegestaltung vorgegebene Schaltlogik (s. Abb. 20.1b); Sitzventile, insbesondere 2-Wege-Einbauventile, bedeuten beliebige Schaltlogik, abhängig von der Ansteuerung der Ventile. Alle Sinnbilder nach Abb. 20.1b können durch die Kombination der Stellwerte der vier Widerstände W 1 bis W 4 realisiert werden.

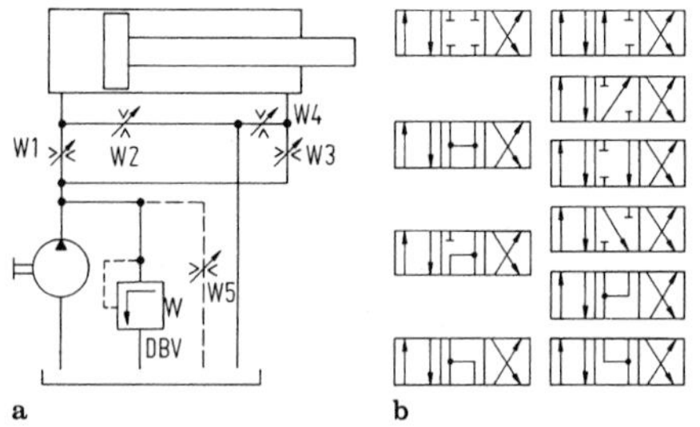

Abb. 20.1 Wegeschaltung **a** durch Einzelwiderstände, **b** durch Kolbenschieberventile

Eine typische Funktionsanforderung ist druckloser Pumpenumlauf bei Halten der Last; er wird durch ein Kolbenschieberventil mit einem Schaltsinnbild entsprechend Abb. 20.2a erreicht, bei Verwendung von Einzelwiderständen (2-Wege-Einbauventilen) ist entsprechend Abb. 20.1 – gestrichelt dargestellt – ein zusätzlicher Einzelwiderstand W 5 erforderlich.

Mehrfachpumpen werden angewendet, wenn schnelle Bewegungen bei kleiner Belastung und langsame Bewegungen bei großer Belastung gefordert werden und wegen sehr unterschiedlicher Geschwindigkeitsanforderungen der Einsatz einer Verstellpumpe energetisch ungünstig ist. Dann verwendet man eine Schaltung entsprechend Abb. 20.2b, um bei ansteigender Belas-

D. Feldmann (✉)
Technische Universität Hamburg-Harburg
Hamburg, Deutschland
E-Mail: dgfeldmann@seekante.de

S. Bartelmei
Jadehochschule Wilhelmshaven
Wilhelmshaven, Deutschland
E-Mail: Bartelmei@jade-hs.de

B. Bender und D. Göhlich (Hrsg.), *Dubbel Taschenbuch für den Maschinenbau 2: Anwendungen*,
https://doi.org/10.1007/978-3-662-59713-2_20

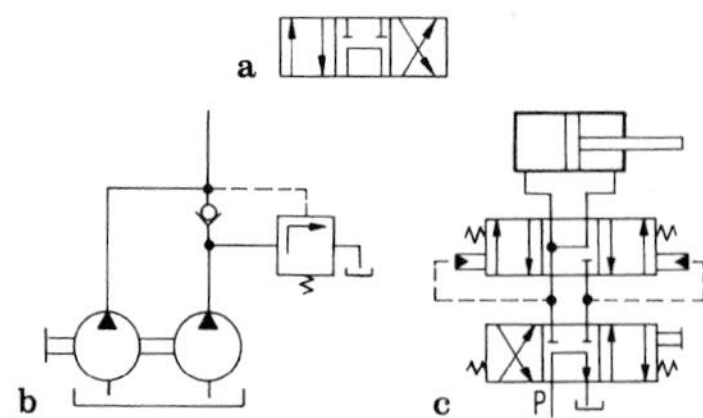

Abb. 20.2 a, b Pumpenumlaufschaltungen; c Eilgangschaltung

tung, d. h. ansteigendem Druck, die größere der beiden Pumpen „abzuschalten", d. h. ihren Förderstrom drucklos in den Tank zurückzuleiten.

Differentialzylinder bringen aufgrund der Flächendifferenz von Kolben- und Stangenseite bei gleichem Druck an beiden Anschlüssen ausreichend große Kräfte für schnelle Vorschubbewegungen auf Eilgang(); die dazu notwendige Schieberventilanordnung ist aufwändig, siehe Abb. 20.2c, die 2-Wege-Ventil-Lösung erfordert kein zusätzliches Ventil: Eilgang wird erreicht, wenn W 1 und W 3 geöffnet und W 2 und W 4 geschlossen sind (Abb. 20.1).

Üblicherweise werden Pumpen und Motoren durch Druckbegrenzungsventile(DBV, Abb. 20.1) abgesichert. Schaltet man mehrere Motoren parallel an eine Pumpe, wird der Motor drehen bzw. der Zylinder verfahren, der aufgrund seiner Last die niedrigste Druckdifferenz erfordert. Durch Anordnung von 2-Wege-Stromregelventilenkann der Volumenstrom zum Motor vorgegeben werden; hat die Pumpe ausreichend Förderstrom, laufen alle Motoren mit Soll-Drehzahl. Die Stromregelventile heben durch Drosselung der Strömung die Druckdifferenz am Motor zu der Druckdifferenz an der Pumpe an; daraus resultieren ggf. hohe Leistungsverluste.

Um Verluste durch Drosselung des Volumenstroms weitgehend zu vermeiden, wird durch Load-Sensing-Schaltungen in Verbindung mit hubvolumenverstellbaren Pumpen (Abb. 20.3) dafür gesorgt, dass die Pumpe gerade den Volumenstrom fördert, der von der Summe aller gleichzeitig aktiven Verbraucher benötigt wird. Dazu wird die Druckdifferenz am Durchflussquerschnitt der Steuerventile auf das Pumpenverstellsystem geführt und über eine Stromregelfunktion der Druck der niedriger belasteten Verbraucher an den Druck des höchstbelasteten Verbrauchers angepasst. Eine Load-Sensing-Schaltung für zwei Verbraucher ist in Abb. 20.3 dargestellt: In der hydraulischen Variante nach Abb. 20.3a wird das Hubvolumen der Verstellpumpe *1* über das Ventil *2* so eingestellt, dass am Steuerventil *4* nur eine geringe Druckdifferenz abfällt. Ventil *2* wird über diese Druckdifferenz gesteuert, wobei Ventil *6* den jeweils höheren der beiden Lastdrücke auf das Ventil *2* leitet. Da davon auszugehen ist, dass die Drücke an den beiden Verbrauchern *7* unterschiedlich sind, werden die Ventile *5* angeordnet, die die Druckanpassung zwischen Versorgungsdruck und Verbraucherdruck vornehmen. Das Ventil *3* schließlich begrenzt den maximalen Druck der Pumpe, es bewirkt die Nullhubfunktion.

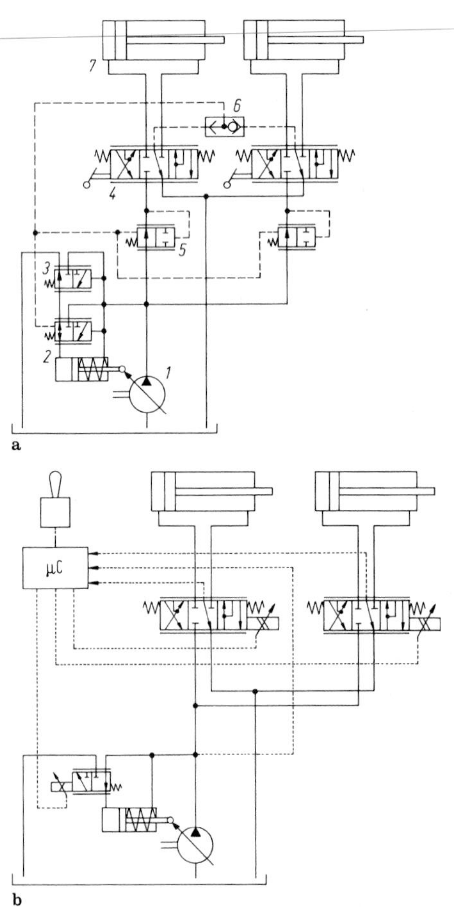

Abb. 20.3 Energiesparende Load-Sensing-Schaltungen. a Hydraulische Lösung (Erklärung der Positionen im Text); b elektrohydraulische Lösung

20.2 Projektierung, Dimensionierung und konstruktive Gestaltung

20.2.1 Projektierung

Die Projektierung eines Antriebs, dargestellt am Beispiel eines Antriebs mit Hydrostatischem Getriebe, umfasst folgende Schritte:

- Erfassen der Antriebsaufgabe, der Leistungsanforderungen, der Umweltbedingungen und Umweltanforderungen und der technischen Randbedingungen und Vorgaben.
- Festlegen der Anforderungen an Wirkungsgrad, Lebensdauer, Geräuschemission, Zuverlässigkeit und Robustheit.
- Auswahl der leistungsübertragenden Elemente: Pumpen, Motoren, verbunden mit der Festlegung des Betriebsdruckbereichs.
- Auswahl der Hydraulikflüssigkeit.
- Festlegung der hydrostatischen Komponenten zur Steuerung und Regelung des Prozesses in Verbindung mit der Festlegung der elektrisch/elektronischen Elemente des Systems.
- Festlegung und Auswahl peripherer Elemente wie Behälter, Filter, Heizung und Kühlung.
- Festlegung und Auswahl von Meß- und Überwachungssystemen.
- Berechnung des stationären und ggf. des dynamischen Systemverhaltens (schließt das thermische Systemverhalten ein).

Die Wahl der Hydraulikflüssigkeit hängt von den Anforderungen ab, die an sie gestellt werden; diese sind:

- Stabilität bei hohen Drücken, hohen Temperaturen, Scherstabilität und damit Aufrechterhaltung der Viskosität,
- Verträglichkeit mit den Werkstoffen der Komponenten des Getriebes,
- Emulgierfähigkeit für Fremdpartikel (Staub, metallischer Abrieb), und
- Wassertrage- und Luftlösevermögen.

Die Zulassung einer Druckflüssigkeit für eine Anwendung mit hoher Belastung erfolgt zweckmäßig durch enge Zusammenarbeit von Fluidhersteller und Additivlieferant, Maschinenhersteller, Systemhersteller und Endanwender. Durch Tests mit einfach herstellbaren Probekörpern aus allen technisch relevanten Werkstoffen und kleinen Probemengen bei niedrigem Zeit- und Energieaufwand – MPH-Test, deutsches Patent Nr. 198 11 304 – lässt sich die Brauchbarkeit von Maschine-Fluidpaarungen vorklären, sodass aufwendige Tests mit vollständigen Hydrostatischen Getrieben, großen Belastungen, großen Flüssigkeitsmengen und langen Laufzeiten – z. B. sogenannte Flywheeltests – nur mit Hydraulikflüssigkeiten durchgeführt werden, die den Vortest bestanden haben.

Tab. 20.1 Arbeitsdruckbereiche in der Hydrostatik

Bezeichnung	Druckbereich	Anwendungsbereich
Niederdruck	30 bis 50 bar	Werkzeugmaschinen (Vorschubtriebe)
Mitteldruck	bis 250 bar	Hub- und Transportanlagen, Mobilhydraulik-Arbeitsgeräte, Flugzeughydraulik, Spritzgießmaschinen
Hochdruck	bis 500 bar	Pressen, Fahrantriebe,
	bis 1000 bar	Werkzeuge, Vorrichtungen, Laborgeräte

20.2.2 Dimensionierung

Primäre Dimensionierungsparameter zur Realisierung eines Schaltplans sind der Arbeitsdruck und der geforderte Volumenstrom sowie der zulässige Druckabfall an Ventilen; sie bestimmen das Hubvolumen von Pumpen und Hydromotoren und ihre Bauart und die Nenngröße der Ventile. Zur Dimensionierung von Leitungen können mittlere Strömungsgeschwindigkeiten als Anhalt dienen; sie werden vom Arbeitsdruck abhängig gemacht. Tab. 20.1 zeigt Arbeitsdruckbereiche für Typen von Anwendungen, Tab. 20.2 empfohlene Strömungsgeschwindigkeiten in Leitungen.

Die Wahl der Viskositätsklasse der in der Projektierungsphase ausgewählten Flüssigkeit richtet sich nach dem zu erwartenden Betriebstemperaturbereich und der daraus folgenden maxi-

Tab. 20.2 Strömungsgeschwindigkeiten

Druckleitungen	<100 bar: $c_m = 4–5$ m/s >200 bar: $c_m = 7$ m/s
Saugleitungen	$\nu = 150\,mm^2/s$; $c_m = 0{,}5$ m/s $\nu = 30\,mm^2/s$; $c_m = 1{,}5$ m/s
Rücklaufleitungen	1,5–4,5 m/s

malen und minimalen Viskosität, deren zulässige Werte in der Regel der Hersteller der Verdrängermaschinen angibt. Der obere Temperaturwert hängt von dem Lastprofil des Arbeitszyklus und den Verlustleistungen des Getriebes, der Wärme-Speicherkapazität des Flüssigkeitsvolumens und der Kühl- und Heizleistung der Anlage ab. Als typische Grenzen können 80 °C bei stationären und 110 °C bei mobilen Anwendungen angesehen werden.

20.2.3 Konstruktive Gestaltung

Die konstruktive Gestaltung eines Hydrostatischen Getriebes richtet sich nach dem Anschluss der Eingangswelle (i. d. R. der Pumpenwelle) an die Antriebsmaschine und dem Anschuss der Hydromotorwelle bzw. der Kolbenstange eines Zylinders an die anzutreibende Konstruktion (Rad oder Achse, Spritzgießform, Pressenstempel, Baggerarm, Schwenktrieb). Die Verbindung der einzelnen Komponenten des Getriebes erfolgt konventionell durch Rohre und Schläuche; dadurch wird u. a. erreicht, dass sich Eingangselement und Ausgangselement relativ zueinander bewegen dürfen.

In großem Umfang werden Steuerungen mit 2-Wege-Einbauventilen in Blockbauweise realisiert. Vorteile dieser Technik gegenüber Verrohrung von Einzelventilen sind Druckfestigkeit, Kompaktheit, Anpassbarkeit der Einbauventile an den jeweiligen maximalen Volumenstrom, unabhängige Schaltbarkeit jedes Einbauventils für sich, Dichtigkeit und damit auch Leckagefreiheit bei Einbau-Sitzventilen und Dichtigkeit nach außen. Die Technik ist empfindlich gegen Fehler, seien es solche im Schaltplan oder in der konstruktiven Umsetzung des Schaltplans; sie können in der Regel am fertigen Block nicht einfach behoben werden.

20.2.4 Werkzeuge

Zur Projektierung, Berechnung und Simulation des Betriebsverhaltens Hydrostatischer Getriebe in Antriebssystemen steht eine Reihe von Softwareprodukten zur Verfügung. Mit dem Programm FLUIDSIM der Firma Festo lassen sich Schaltungen erstellen und simulieren. Der Schwerpunkt dieses Programms liegt dabei auf dem Lehren und Erlernen der hydraulischen Funktionen. Mit dem Simulationsprogram SIMSTER der Firma Bosch Rexroth können geregelte Antriebssysteme modelliert, simuliert und optimiert werden. Mit dem Programm HYVOS des gleichen Herstellers ist die Simulation ventilgesteuerter Zylinderantriebe möglich. Neben den Programmen der Komponentenhersteller gibt es weitere Simulationssoftware wie z. B. das Programmsystem DSHplus der Firma FLUIDON. DSHplus ermöglicht die dynamische nichtlineare Berechnung hydraulischer und pneumatischer Systeme und Komponenten. Für allgemeine Simulationsprogramme, wie z. B. MATLAB/SIMULINK der Firma MathWorks existieren Zusatzmodule zur Berechnung und Simulation hydraulischer Systeme. Zusatzmodule gibt es auch für verschiedene CAD-Systeme. Neben der Modellierung und Simulation von Schaltungen können Rohre, Schläuche und Verbindungen projektiert sowie Material- und Stücklisten erstellt werden. Fast alle Systeme verfügen über leistungsfähige Schnittstellen, über die z. B. eine erstellte und regelungstechnisch optimierte Software in einen Steuerungsrechner geladen werden kann.

Ein „intelligentes" 3D-CAD-Werkzeug für die Steuerblockkonstruktion ist nach Untersuchung der Autoren als Werkzeug für Jedermann nicht verfügbar. Intelligent soll dabei heißen, dass die Logik des Schaltplans vom CAD-System zur Gestaltung und zur Prüfung des Blocks herangezogen wird, indem nach der durch den Konstrukteur vorzunehmenden Platzierung von Schaltplanelementen automatisch die durch den Schaltplan festgelegten Verbindungen hergestellt und nach fertigungstechnischen Anforderungen gestaltet werden. Dabei werden Kollisionsfreiheit und Montierbarkeit für die auf den Block

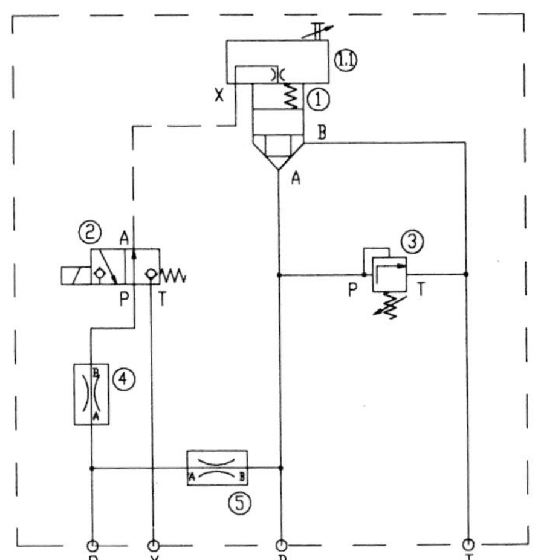

Abb. 20.4 Schaltplan für eine hydrostatische Steuerung

zu montierenden Ventile und Deckel automatisch geprüft.

In einer den Autoren bekannten prototypische Realisierung eines Entwurfswerkzeugs, aus der

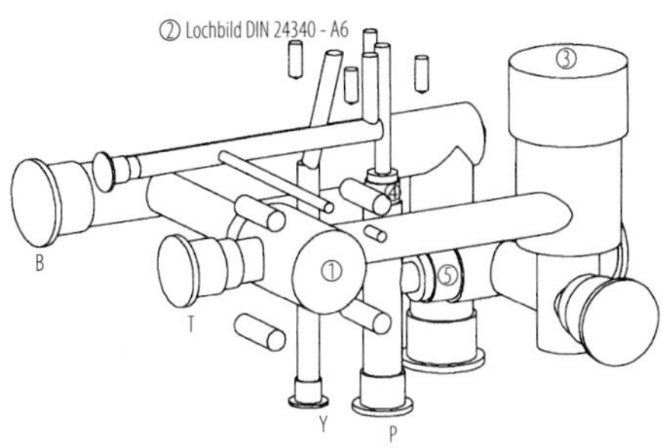

Abb. 20.5 Inverse Darstellung des Steuerblocks zur Schaltung nach Abb. 20.4

Abb. 20.4 (Schaltplan) und Abb. 20.5 (Steuerblock) entnommen sind, wurde nachgewiesen, dass auch erfahrene Blockkonstrukteure durch ein solches Werkzeug schneller und sicherer zu einer optimalen Lösung komplexerer Aufgabenstellungen kommen können.

21 Pneumatische Antriebe

Dierk Feldmann und Stephan Bartelmei

Eigenschaften der Pneumatikantriebe sind:

Vorteile. Große Strömungsgeschwindigkeiten ermöglichen sehr hohe Drehzahlen (30 000 U/min bei Motoren, bis 200 000 U/min bei Turbinen, Drehzahlreduktion mit Getrieben) und, bei gleichzeitig kleiner Masse der Druckluft, hohe Umsteuerfrequenzen (Hämmer usw.). Große Elastizität der Luft, dadurch fast konstante Presskraft auch bei Lageänderung (Spannzylinder, Luftfederung).

Unempfindlichkeit gegenüber Temperaturänderungen, allerdings besteht Gefahr des Einfrierens von Kondenswasser in Leitungen und Ventilen.

Luftführung in Leitungen bis 40 m/s, Leitungslänge wirtschaftlich bis 150 m. Geringer Leitungsaufwand, da Luft nach Energieabgabe abgeblasen wird. Kleine Undichtigkeiten sind technisch bedeutungslos (jedoch Kostenfaktor), keine Verschmutzungsgefahr bei empfindlichem Gut (Lebensmittel, Medizinbereich). Meist mit geringem Aufwand zu installieren, da in vielen Fällen auf vorhandenes Druckluftnetz zurückgegriffen werden kann. Für niedrigen Druck Kunststoffleitungen hinreichend.

D. Feldmann (✉)
Technische Universität Hamburg-Harburg
Hamburg, Deutschland
E-Mail: dgfeldmann@seekante.de

S. Bartelmei
Jadehochschule Wilhelmshaven
Wilhelmshaven, Deutschland
E-Mail: Bartelmei@jade-hs.de

Nachteile. Infolge der Elastizität ist Anwendung im Linearbereich auf Triebe mit mechanisch oder kraftmäßig begrenzter Endlageneinstellung begrenzt. Durch den niedrigen Betriebsdruck nur zur Übertragung kleiner Leistungen geeignet. Mäßige Dynamik. Druckluftenergie relativ teuer.

21.1 Bauelemente

Verdichter. Speisung von Pneumatikanlagen fast ausschließlich aus Leitungsnetz mit zentraler Drucklufterzeugung. Verdichter vgl. Bd. 3, Kap. 3.

Motoren. Drehmotoren werden vorzugsweise als Flügelzellen- oder Zahnradmotoren gebaut, für Bohr- und Schleifmaschinen auch als Turbinen. Da erstere die Expansionsarbeit nicht ausnutzen (Volldruckmaschinen), ist ihr Wirkungsgrad klein. Wegen starker Geräuschentwicklung Auslassschalldämpfer erforderlich. Schwenkmotoren in Zahnstangenbauweise. Schubmotoren (Zylinder) sind von prinzipiell gleichem Aufbau wie Hydrozylinder, jedoch dem niedrigeren Druckbereich entsprechend leichter gebaut (Alu- oder Kunststoffzylinderrohre, Kompaktdichtungen). Für kleine Hübe eignen sich Membranzylinder, bei denen der Kolben durch eine zwischen Kolbenstange und Zylindermantel eingespannte, gestützte Elastikmembran, für größere Hübe als Rollmembran ausgeführt, ersetzt ist. Bei großen Durchmessern ein- oder mehrwulstige Balgzylinder.

B. Bender und D. Göhlich (Hrsg.), *Dubbel Taschenbuch für den Maschinenbau 2: Anwendungen*,
https://doi.org/10.1007/978-3-662-59713-2_21

Für Schneid-, Stanz- und Prägearbeiten, die auf einem sehr kurzen Teil des Hubes ausgeführt werden, sind Schlagzylinder mit Ausnutzung der Expansionsenergie der Druckluft wirtschaftlicher als Volldruckzylinder. Hierbei wird die Druckluft in einer Vorkammer gespeichert und zum Schlag durch eine große Übertrittsbohrung in den Zylinderbodenraum expandiert. Dabei beaufschlagt sie die große Kolbenfläche und erteilt dem System hohe kinetische Energie.

Ventile entsprechen bei Pneumatikanlagen in Aufbau, Funktion und Betätigungsart weitgehend den Hydroventilen (s. Abschn. 18.3). Der niedrigere Druck und die höheren Strömungsgeschwindigkeiten lassen jedoch kleinere Abmessungen und die Verwendung von Aluminium und Kunststoff als Werkstoffe zu. Verbreitete Verwendung der Sitzventile, da diese die größere Betriebssicherheit aufweisen und keiner Schmierung bedürfen. Begrenzung auf 2/2- und 3/2-Wegeventile.

Für kompliziertere Schaltbilder Wegeventile in Schieberbauart. Bei kleinen Baugrößen Schieberkolben eingeschliffen oder in Elastomer-Dichtelementen laufend. Flachschieber mit Keramikdichtplatten (siehe Druckluftöler). Größere Ausführungen sind meist durch in Gehäuse oder Kolben eingelegte O-Ringe gedichtet, da Einläppen auf die erforderliche Passungsgüte zu teuer.

Vorschaltgeräte Druckluft für pneumatische Antriebe ist von Staub und Zunderteilchen zu reinigen, soll trocken sein und das für den Betrieb der Geräte nötige Schmiermittel in Nebelform mitführen. Der Luftdruck soll unabhängig vom Netzdruck in richtiger Höhe konstant vorliegen. Den Antrieben werden daher sog. Wartungseinheiten vorgeschaltet, eine Kombination von Filter, Druckregler und Öler.

Filter bestehen meist aus einer Kombination einer Wirbelkammer zum Ausschleudern grober Verunreinigungen mit einem nachgeschalteten Metallgewebe-, Textil- oder Sinterfilter. Schmutz und Kondenswasser sammeln sich in einem durchsichtigen Gefäß, das die Kontrolle des Verschmutzungszustandes erlaubt.

Druckregler wiegen den hinter dem Drosselorgan herrschenden Druck mit Hilfe einer Membran gegen eine einstellbare Federkraft ab. Steigender Sekundärdruck erhöht die Drosselwirkung, bei weiterem Anstieg, z. B. durch treibende Last, öffnet sich ein Auslassquerschnitt. Die Regelgüte wird gesteigert durch zusätzlichen Ausgleichskolben zur Kompensation des Primärdruckes.

Druckluftöler. Durch das Druckgefälle an einer Düse wird aus einem zur Kontrolle des Ölstandes durchsichtigen Vorratsgefäß Öl angesaugt und im Luftstrom vernebelt. Bei besonderen Ansprüchen an die Ölnebelgüte Mikroöler einsetzen, bei denen durch Teilung des Luftstromes zu große Tropfen innerhalb des Ölers wieder abgeschieden werden. Das Öl in der Abluft belastet die Atemluft, daher Entwicklung schmierfreier Bauformen der Ventile und Motoren durch Gleitteile aus Keramik oder Sinterwerkstoff.

21.2 Schaltung

Automatisierte Anlagen mit Folgesteuerungen sind gegenüber Zeittaktsteuerungen sicherer in der Funktion, da die Fortschaltung zum nächsten Schritt an die Ausführung des vorhergehenden gebunden ist (erfolgsquittierende Schaltung). Aufbau der Steuerungen entweder als sog. Logiksteuerung, d. h. aus Verknüpfung von Einzelschaltelementen, oder als Speichersteuerung, in der jeder Schritt einem Speicherelement zugeordnet ist (z. B. Taktstufensteuerung, Bandspeicher, zunehmend verbreitet SPS-Anlagen). Steuergeräte lassen sich sowohl mit elektrischer Signalgabe als auch vollpneumatisch mit Tasterventilen ausführen. Letztere Bauart hat den Vorteil, dass die gesamte Anlage nur auf die Energiequelle Druckluft angewiesen ist. Elektrische Signalführung ermöglicht die weitgehende Automatisierung durch Verknüpfung mit elektronischer Datenverarbeitung. Handsteuerung für Werkzeugmaschinen (Schrauber, Schleifer usw.) und für einfache Arbeitsgeräte (Pressen, Spannvorrichtungen).

Literatur zu Teil IV Fluidische Antriebe

Backé, W.: Systematik der hydraulischen Widerstandsschaltungen in Ventilen und Regelkreisen. Krausskopf, Mainz (1974)
Bauer, G.: Ölhydraulik. Springer, Berlin (2016)
Findeisen, D., Helduser, S.: Ölhydraulik. Springer, Berlin (2015)
Ivantysyn, J., Ivantysynova, M.: Hydrostatische Pumpen und Motoren. Vogel-Buchverl., Würzburg (1993) In englischer Sprache: Hydrostatic Pumps and Motors. Tech Books International, New Delhi (2003)
Mang, Th., Dresel, W. (Hrsg.): Lubricants and Lubrication. Wiley-VCH, Weinheim (2001)
Matthies, H., Renius, R.: Einführung in die Ölhydraulik. Springer, Berlin (2014)
Prokeś, J.: Hydrostatische Antriebe mit Standardelementen. Krausskopf, Mainz (1968)
Will, D., Gebhardt, N.: Hydraulik – Grundlagen, Komponenten, Systeme. Springer, Berlin (2015)
Watter, H.: Hydraulik und Pneumatik. Springer, Berlin (2017)

Eine Reihe von Herstellern fluidtechnischer Geräte und Anlagen stellen Schulungsmaterial in gedruckter und in digitaler Form zur Verfügung, Einzelheiten sind auf den Webseiten der Unternehmen zu finden.

In dem o+p Konstruktions-Jahrbuch 2015 (Einzelheiten siehe folgender Absatz) ist eine Liste der Promotionen auf dem Gebiet der Fluidtechnik (Hydraulik und Pneumatik) ab 1970 enthalten. Die nachstehende Normenzusammenstellung für die Fluidtechnik ist nach Themen geordnet und enthält ausgewählte Normen, die zur Vertiefung des Inhalts von Kapitel H dienen können. Die Titel der Normen sind nicht wörtlich, sondern aus Platzgründen verkürzt angegeben. Abmessungsnormen sind in der Aufstellung nicht enthalten. Eine weitgehend vollständige Auflistung aller spezifischen Normen der Fluidtechnik findet man im aktuellen o+p Konstruktions-Jahrbuch (zzt. 2016). Mainz: Vereinigte Fachverlage 2015 (Sonderausgabe der Zeitschrift o+p „Ölhydraulik und Pneumatik“).

Technologie und Symbole für Fluidtechnik

DIN 24311: Hydraulische Stetigventile – Begriffe, Zeichen, Einheiten
DIN 24564-1: Bauteile für hydraulische Anlagen. Teil 1: Kenngrößen
DIN ISO 1219-1 u. -2: Graphische Symbole u. Schaltpläne
DIN ISO 14617. Teil 10: Graphische Symbole für Schemazeichnungen
ISO 5784-1 bis -3: Fluid logic circuits, symbols

Hydropumpen und -motore

DIN ISO 4391: Kenngrößen, Begriffe, Formelzeichen
ISO 8426 (2008): Bestimmung des aus Messungen ermittelten Verdrängungsvolumens

Hydroventile

DIN 24311: Stetigventile – Begriffe, Zeichen, Einheiten
DIN ISO 7368 Bl. 1: 2-Wege-Einbauventile – Einbaumaße, Symbole und Anwendungshinweise
ISO 4411: Determination of pressure differential/flow characteristic
ISO 6403: Valves controlling flow and pressure – Test methods
ISO 10770-1 u. -2: Electrically modulated hydraulic control valves – Test methods

Hydrospeicher

DIN EN 14359: Hydrospeicher für Hydraulikanwendungen

Druckflüssigkeiten, Filter und Verschmutzungskontrolle

DIN 24550-1, -2 u. -7: Hydraulikfilter – Begriffe, Nenndrücke, Nenngrößen, Anschlussmaße, Beurteilungskriterien, Anforderungen
DIN 51389-1 bis -3: Mechanische Prüfung von Hydraulikflüssigkeiten in der Flügelzellenpumpe
DIN 51345 bis -2, DIN 52346: Prüfung von schwerentflammbaren wasserhaltigen Flüssigkeiten

DIN 51524-1 bis -3: Mindestanforderungen an Hydrauliköle HL, HLP, HVLP

DIN ISO 15380: Anforderungen an Hydraulikflüssigkeiten HETG, HEPG, HEES, HEPR

DIN 51587: Bestimmung des Alterungsverhaltens von wirkstoffhaltigen Hydraulikölen

ISO 4405, 4406, 4407, 11500: Fluid contamination – Coding and determination of particulate contamination

ISO 6073: Prediction of the bulk moduli of petroleum fluids

ISO 1158: Lubricants (class L) – Family H (hydraulic systems) – Specifications for categories HH, HL, HM, HR, HV and HG

ISO 12922: Spec. For HFAS, HFB, HFC, HFDR, HFDU

ISO 16889: Multi-pass method for evaluating filtration performance of a filter element

VDMA 24314: Wechsel von Druckflüssigkeiten – Richtlinien

VDMA 24568, 24569, 24570: Biologisch schnell abbaubare Druckflüssigkeiten – Technische Mindestanforderungen, Umstellungsrichtlinien, Wirkung auf Legierungen aus Buntmetallen

Rohrleitungen, Schlauchleitungen

DIN 2445-1, -2 u. Bbl. 1: Nahtlose Stahlrohre für schwellende Beanspruchung – Auslegungsgrundlagen und Maße

DIN ISO 10763: – Nahtlose und geschweißte Präzisionsstahlrohre – Maße und Nenndrücke

DIN 2353: Lötlose Rohrverschraubungen mit Schneidring

ISO 8434-1: Metallische Rohrverschraubungen für Fluidtechnik und allgemeine Anwendungen

DIN 20018-1 bis -4: Schläuche mit Textileinlagen

DIN 20066: Hydraulikschlauchleitungen – Maße, Anforderungen

DIN EN 853 bis 857: Hydraulikschläuche mit Drahtgeflechteinlage, Textileinlage, Drahtspiraleinlage – Spezifikation

DIN EN 26801: Schläuche – Bestimmung der Volumenzunahme

DIN EN ISO 7751: Schläuche – Verhältnisse von Prüf- und Berstdruck zur Auslegung des Betriebsdruckes

DIN 20066: Hydraulikschlauchleitungen – Maße, Anforderungen

Hydroanlagen

DIN 24346: Ausführungsgrundlagen

DIN EN ISO 4413: Allgemeine Regeln und sicherheitstechnische Anforderungen an Hydraulikanlagen und deren Bauteile

Pneumatikkomponenten und -systeme

DIN EN ISO 4414: Allgemeine Regeln und sicherheitstechnische Anforderungen an Pneumatikanlagen und deren Bauteile

ISO 6358: Components using compressible fluids – Determination of flow-rate characteristics

ISO DIS 19973-1 bis -3: Assessment of component reliability by testing – General procedures, Valves, Cylinders with piston rod

Weitere spezifische Normen gibt es zu den Kategorien Dichtungen, Geräuschmessung und Sicherheit, u. a.

DIN 45635-41: Geräuschmessung an Maschinen – Luftschallemission, Hüllflächenverfahren, Hydroaggregate

DIN 3601-1 bis -4: O-Ringe

DIN ISO 5597: Hydraulikzylinder – Einbauräume für Kolben- und Stangendichtungen

DIN ISO 10766: Abmessungen der Einbauräume für Führungsbänder

ISO 4412-1 bis -3: Test code for determination of airborne noise levels – pumps, motors

ISO 6072: Compatibility between fluids and standard elastomeric materials

ISO 10767-1 bis -3: Determination of pressure ripple levels generated in Systems and components – Pecision and simplified method for pumps, method for motors

Teil V
Elektrotechnik

Grundlagen

22

Wilfried Hofmann und Manfred Stiebler

Die Elektrotechnik umfasst die Gesamtheit der technischen Anwendungen, in denen die Wirkungen des elektrischen Stroms und die Eigenschaften elektrischer und magnetischer Felder ausgenutzt werden. Ihre Verfahren und Produkte unterliegen der laufenden Weiterentwicklung und durchdringen zunehmend alle Bereiche des öffentlichen und privaten Lebens. Die Einteilung der Elektrotechnik, bei der verschiedene Varianten in Gebrauch sind, kann in folgender Weise erfolgen:

- Die *elektrische Energietechnik* befasst sich mit der Erzeugung, Übertragung und Verteilung elektrischer Energie sowie ihrer Anwendung, beispielsweise bei elektrischen Antrieben.
- Die *Mess- und Automatisierungstechnik* verwendet Komponenten und Methoden der Mess-, Steuer- und Regelungstechnik, die unter Einsatz der Prozessdatenverarbeitung zur Prozessführung in vielen Bereichen der Technik genutzt werden.
- Die *Informations- und Kommunikationstechnik* hat zum Gegenstand die Übertragung und Verarbeitung von Informationen; hierzu gehören die Hochfrequenztechnik, die optische Nachrichtentechnik und die Kommunikationsnetze.
- Die *Mikroelektronik und Mikrosystemtechnik* ist die Technik der Bauelemente und der integrierten Schaltungen sowie der Mikrosysteme unter Anwendung der weiteren Basistechniken Mikromechanik, -sensorik und -optik.

Als grundlegende Fachgebiete kommen die *Theoretische Elektrotechnik* und die *Werkstoffe der Elektrotechnik* in allen genannten Bereichen zur Anwendung.

Für die elektrotechnischen Geräte und Verfahren sind in internationalen und nationalen Normen die technischen Anforderungen und die der Sicherheit von Menschen und Sachen dienenden Sicherheitsvorschriften formuliert (Größen der Elektrotechnik: Tab. 22.3).

In diesem Teil wird vorwiegend die elektrische Energietechnik dargestellt. Elektronische Konstruktionskomponenten Kap. 37, Elektrische Messtechnik (s. Kap. 32).

22.1 Grundgesetze

22.1.1 Feldgrößen und -gleichungen

Nach der klassischen Elektrodynamik [1, 2, 3] wird der Raum vom elektromagnetischen Feld erfüllt. Dieses wird durch fünf Feldgrößen beschrieben, die Vektorcharakter haben; es sind die elektrische und die magnetische Feldstärke, die elektrische Verschiebungsdichte und die magnetische Flussdichte sowie die elektrische Stromdichte (Tab. 22.1).

W. Hofmann (✉)
Technische Universität Dresden
Dresden, Deutschland

M. Stiebler
Technische Universität Berlin
Berlin, Deutschland

B. Bender und D. Göhlich (Hrsg.), *Dubbel Taschenbuch für den Maschinenbau 2: Anwendungen*,
https://doi.org/10.1007/978-3-662-59713-2_22

Tab. 22.1 Feldgrößen und ihre Formelzeichen

elektrisches Feld	Verschiebungsdichte D	Elektrische Feldstärke E
Strömungsfeld	Stromdichte J	Elektrische Feldstärke E
magnetisches Feld	Flussdichte B	Magnetische Feldstärke H

Aufgrund der Erfahrung gelten für die makroskopischen elektromagnetischen Erscheinungen die vier *Maxwell'schen Gleichungen* [4]. Sie werden hier in der Integralform mit den zugehörigen Aussagen notiert:

Durchflutungsgesetz:

$$\oint_c \boldsymbol{H} \mathrm{d}\boldsymbol{s} = \iint_A \left(\boldsymbol{J} + \frac{\delta \boldsymbol{D}}{\delta t} \right) \mathrm{d}\boldsymbol{A} \,. \tag{22.1}$$

Das Umlaufintegral der magnetischen Feldstärke längs der Berandung einer Fläche ist unabhängig vom Bezugssystem gleich der Summe aus Leitungsstrom und Verschiebungsstrom durch diese Fläche.

Induktionsgesetz:

$$\oint_c (\boldsymbol{E} + \boldsymbol{v} \times \boldsymbol{B}) \mathrm{d}\boldsymbol{s} = -\frac{\delta}{\delta t} \iint_A \boldsymbol{B} \mathrm{d}\boldsymbol{A} \,. \tag{22.2}$$

Das Umlaufintegral der elektrischen Feldstärke längs der Berandung einer Fläche ist gleich der negativen zeitlichen Änderung des magnetischen Flusses durch diese Fläche.

Quellenfreiheit des Magnetfelds:

$$\oiint_A \boldsymbol{B} \, \mathrm{d}\boldsymbol{A} = 0 \,. \tag{22.3}$$

Der magnetische Fluss durch eine geschlossene Hüllfläche verschwindet.

4. Maxwell'sche Gleichung:

$$\oiint_A \boldsymbol{D} \, \mathrm{d}\boldsymbol{A} = \iiint_V \varrho \, \mathrm{d}V \,. \tag{22.4}$$

Der Verschiebungsfluss durch eine geschlossene Hüllfläche ist gleich der umschlossenen Ladung, dargestellt durch das Volumenintegral über die Ladungsdichte ϱ.

Die Feldgrößen sind durch drei *Materialgleichungen* verknüpft:

$$\boldsymbol{D} = \varepsilon \boldsymbol{E} \quad \boldsymbol{J} = \kappa \boldsymbol{E} \quad \boldsymbol{B} = \mu \boldsymbol{H} \,. \tag{22.5}$$

Stromdichte und Verschiebungsdichte sind der elektrischen Feldstärke, die Flussdichte der magnetischen Feldstärke proportional. Die *elektrische Leitfähigkeit* κ, die *Dielektrizitätskonstante* ε und die *Permeabilität* μ sind i. Allg. Tensoren, bei isotropen Stoffen jedoch skalare Ortsfunktionen. Die Feldgleichungen sind gültig für rasch veränderliche Vorgänge; sie lassen sich für langsame Vorgänge, wie sie bei den technischen Frequenzen auftreten, spezialisieren. Schließlich können die Gleichungen für zeitlich konstante Feldgrößen noch stärker vereinfacht werden.

22.1.2 Elektrostatisches Feld

In einem Feld mit konstanten Feldgrößen und ruhenden Ladungen gilt, dass das Umlaufintegral der Feldstärke über eine geschlossene Bahnkurve verschwindet

$$\oint_s \boldsymbol{E} \, \mathrm{d}\boldsymbol{s} = 0 \,. \tag{22.6}$$

Diese Beziehung bildet zusammen mit Gl. (22.4) und der Materialgleichung aus Gl. (22.5)

$$\boldsymbol{D} = \varepsilon \boldsymbol{E}$$

die Grundgleichungen der Elektrostatik. Die Dielektrizitätskonstante ε lässt sich darstellen als Produkt aus der elektrischen Feldkonstante ε_0 des Vakuums und der relativen Dielektrizitätszahl ε_r, die eine Stoffeigenschaft ist (s. Tab. 22.4): $\varepsilon = \varepsilon_0 \varepsilon_\mathrm{r}$ mit $\varepsilon_0 = 8{,}85 \cdot 10^{-12}\,\mathrm{A \cdot s/(V \cdot m)}$.

Nach Gl. (22.6) kann die elektrische Feldstärke mittels $\boldsymbol{E} = -\operatorname{grad} \varphi$ durch den negativen Gradienten einer skalaren Potentialfunktion φ dargestellt werden. Die Spannung zwischen zwei Punkten 1 und 2 ist unabhängig vom Integrationsweg

$$U_{12} = \int_1^2 \boldsymbol{E} \, \mathrm{d}\boldsymbol{s} = \varphi_1 - \varphi_2 \,. \tag{22.7}$$

Das elektrostatische Feld lässt sich bildhaft darstellen mit Hilfe von Äquipotentiallinien,

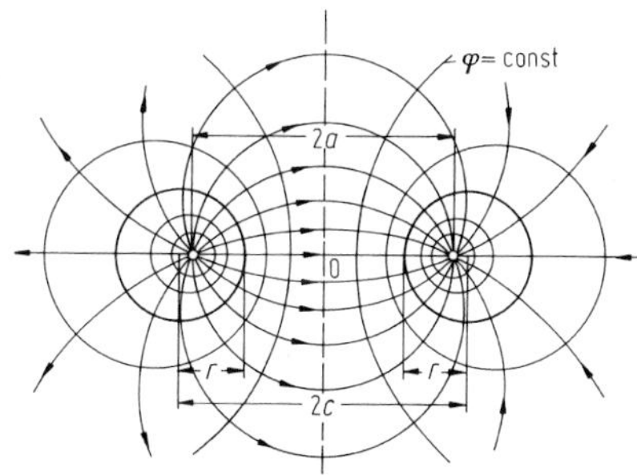

Abb. 22.1 Feldbild paralleler Linienquellen ungleichnamiger Ladungen

$\varphi = \text{const}$, und dazu orthogonalen Feldlinien, die tangential zum Vektor der elektrischen Feldstärke verlaufen. Zur Ermittlung des Felds gibt es verschiedene Verfahren, die analytisch oder numerisch die Potentialgleichungen lösen. Abb. 22.1 zeigt als Beispiel das Feld zweier ungleichnamiger Linienladungen im Abstand $2\,a$. Wegen der zylindrischen Form der Äquipotentialflächen wird dadurch gleichzeitig das äußere Feld paralleler Leiter mit Kreisquerschnitt beschrieben, hier beispielsweise solcher mit Radius r im Abstand $2\,c$ der Mittelachsen.

Auf einen geladenen Körper wird im elektrischen Feld eine Kraft ausgeübt

$$\boldsymbol{F} = \int_Q \boldsymbol{E}\,\mathrm{d}Q\,. \tag{22.8}$$

Im einfachen Fall wird das Feld durch eine Punktladung Q_1 erzeugt; nach dem Coulomb'schen Gesetz wirkt dann auf eine „Probeladung" Q_2 im Abstand r die Kraft

$$\boldsymbol{F} = \frac{Q_1 Q_2}{4\pi\varepsilon r^2}\boldsymbol{r}_0 = \boldsymbol{E}_1 Q_2\,. \tag{22.9}$$

Darin gibt der Einheits-Radiusvektor $\boldsymbol{r}_0$ die Richtung der Kraft an, die bei gleichen Vorzeichen von Q_1 und Q_2 abstoßend, im anderen Falle anziehend wirkt.

22.1.3 Stationäres Strömungsfeld

Im stationären elektromagnetischen Feld sind die fließenden Ströme zeitlich konstant. Der durch eine Fläche tretende Strom ergibt sich aus dem Integral der Stromdichte

$$I = \iint_A \boldsymbol{J}\,\mathrm{d}\boldsymbol{A}\,. \tag{22.10}$$

Die in Gl. (22.5) enthaltene Gleichung $\boldsymbol{J} = \kappa\boldsymbol{E}$ stellt bereits die Differentialform des *Ohm'schen Gesetzes* dar. Bei isotropen Leitern weisen elektrische Feldstärke und Stromdichte die gleiche Richtung auf, wobei der Quotient den spezifischen *Widerstand* ϱ darstellt

$$\varrho = \frac{1}{\kappa}\,.$$

Die Stromrichtung ist konventionell vom Punkte höheren Potentials zum Punkte niederen Potentials festgelegt. Der fließende Strom erzeugt im Widerstand Verluste, die als Wärme anfallen; ihr spezifischer (volumenbezogener) Wert ist nach dem Joule'schen Gesetz

$$p = \kappa E^2 = \frac{1}{\kappa}J^2\,. \tag{22.11}$$

Der *1. Kirchhoff'sche Satz* sagt aus, dass das Integral der Stromdichte über eine geschlossene Hüllfläche verschwindet

$$\oiint \boldsymbol{J}\,\mathrm{d}\boldsymbol{A} = I = 0\,. \tag{22.12}$$

Spannung und Strom sind einander proportional; ihr Quotient ist der ohmsche Widerstand. In der üblichen Darstellung für Stromkreise mit diskreten Komponenten lautet das *Ohm'sche Gesetz*

$$R = \frac{U}{I}\,. \tag{22.13}$$

22.1.4 Stationäres magnetisches Feld

Aus der 1. Maxwell'schen Gleichung lässt sich für statische Bedingungen herleiten, dass das Umlaufintegral der magnetischen Feldstärke längs einer Bahnkurve gleich dem umschlossenen Strom ist [2, 3]:

$$\oint_C \boldsymbol{H}\,\mathrm{d}\boldsymbol{s} = I\,. \tag{22.14}$$

Ferner gilt die Quellenfreiheit des magnetischen Felds Gl. (22.3) und die in Gl. (22.5) enthaltene Beziehung zwischen Flussdichte und Feldstärke

$$\boldsymbol{B} = \mu \boldsymbol{H} .$$

Die *Permeabilität* μ lässt sich, ähnlich wie die Dielektrizitätskonstante des elektrischen Felds, als Produkt der magnetischen Feldkonstante μ_0 für den leeren Raum und der relativen Permeabilitätszahl μ_r ausdrücken.

$$\mu = \mu_0 \mu_r \quad \text{mit } \mu_0 = 1{,}256 \cdot 10^{-6} \, \frac{\text{V s}}{\text{A m}} .$$

Die Magnetisierungskennlinie als Darstellung der Flussdichte B über der Feldstärke H ist bei den ferromagnetischen Stoffen nichtlinear und weist Sättigungsverhalten auf. Auch ist bei Vorliegen von Hysterese der Zusammenhang nicht eindeutig.

Das magnetische Feld B übt auf eine mit der Geschwindigkeit v bewegte Ladung Q eine Kraft aus. Ist gleichzeitig ein elektrisches Feld E vorhanden, so wirkt diese ablenkend und wird als Lorentz-Kraft bezeichnet

$$\boldsymbol{F} = Q(\boldsymbol{E} + \boldsymbol{v} \times \boldsymbol{B}) .$$

22.1.5 Quasistationäres elektromagnetisches Feld

Bei veränderlichen elektromagnetischen Feldern gelten die vollständigen Maxwell'schen Gleichungen. Kann dabei der Beitrag der Verschiebungsströme vernachlässigt werden ($|\partial \boldsymbol{D}/\partial t| \ll |\boldsymbol{J}|$), sodass der Strom in nicht verzweigten Abschnitten eines Stromkreises überall gleich ist, heißen solche Felder langsam veränderlich. Diese quasistationäre Betrachtungsweise ist bei den in vielen Problemen, insbesondere der elektrischen Energietechnik vorkommenden Frequenzen zulässig. Als Grundgesetze des quasistationären Felds treten das Induktionsgesetz Gl. (22.2) und die spezialisierte Form des Durchflutungsgesetzes Gl. (22.1) auf

$$\oint_C \boldsymbol{H} \mathrm{d}\boldsymbol{s} = \iint_A \boldsymbol{J} \mathrm{d}\boldsymbol{A} . \tag{22.15}$$

Es gilt weiterhin die Quellenfreiheit des magnetischen Felds nach Gl. (22.3) und die Aussage über die Ladung nach Gl. (22.4) gemäß dem 4. Maxwell'schen Gesetz.

Werden Leiter von einem veränderlichen magnetischen Feld durchsetzt, so werden darin Wirbelströme induziert. Durch die Wechselwirkung von Magnetfeld und induzierten Strömen tritt eine ungleichmäßige Verteilung der Stromdichte über den Leiterquerschnitt auf. Ein dem Leiter eingeprägter Wechselstrom ist dann mit höheren Verlusten verknüpft, als dies bei Gleichstrom nach dem Ohm'schen Gesetz der Fall wäre. Die Erscheinung wird als Stromverdrängung oder Skineffekt bezeichnet, weil die Stromdichte zum Rand des Leiters zunimmt.

Im Gegensatz zum quasistationären Feld sind für Probleme der Wellenausbreitung und Strahlung instationäre elektromagnetische Felder zu betrachten, bei denen nunmehr die Verschiebungsstromdichte überwiegt und damit die Voraussetzung ($|\partial \boldsymbol{D}/\partial t| \gg |\boldsymbol{J}|$) vorliegt.

22.2 Elektrische Stromkreise

22.2.1 Gleichstromkreise

Betrachtet werden Schaltungen, die aus Gleichspannungs- oder Gleichstromquellen, ohmschen Widerständen und verbindenden Leitungen bestehen. An einem Widerstand, der vom Strom I durchflossen wird, fällt eine zu I proportionale Spannung ab, die dem Ohm'schen Gesetz Gl. (22.13) folgt [1]:

$$U = R \cdot I \quad \text{bzw.} \quad I = G \cdot U \quad \text{bei } G = \frac{1}{R} . \tag{22.16}$$

Der *Leitwert* G ist der Kehrwert des ohmschen Widerstands R. Im Widerstand wird eine Leistung umgesetzt, die sich ergibt als

$$P = U \cdot I = R \cdot I^2 = \frac{U^2}{R} . \tag{22.17}$$

Eine Gleichstromquelle, z. B. eine Batterie, kann durch eine ideale Quelle der Quellenspannung U_s mit einem in Reihe geschalteten Innenwiderstand R_s dargestellt werden. Wird mit dem Symbol E für die elektromotorische Kraft

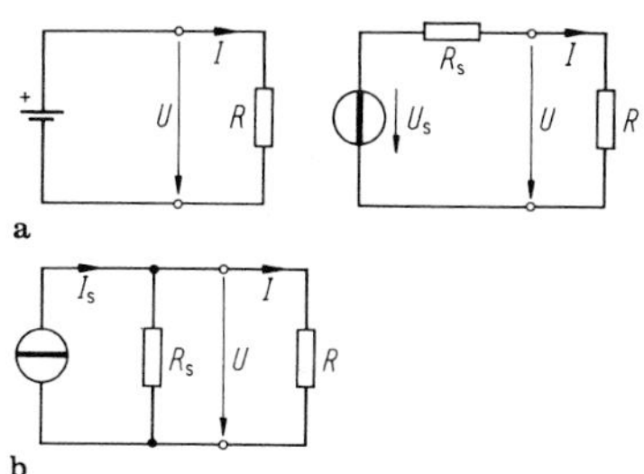

Abb. 22.2 Spannungs- und Stromquellen mit Innenwiderstand. **a** Eingeprägte Spannung, **b** eingeprägter Strom (DIN 5489 bzw. IEC 60 375)

(EMK) gearbeitet, so gilt $E = -U_s$. Gleichwertig ist eine Darstellung mittels eines eingeprägten Stroms I_s und parallel geschaltetem Innenleitwert $G_s = 1/R_s$ (Abb. 22.2). Liegt ein lang gestreckter Leiter in Form eines Drahts der Länge l und des Querschnitts A vor, so kann unter Voraussetzung der bei Gleichstrom konstanten Stromdichte der *Widerstand* berechnet werden als

$$R = \frac{\varrho l}{A}\,.$$

Der *spezifische Widerstand* $\varrho = 1/\kappa$ ist i. Allg. temperaturabhängig; bei vielen Widerstandsmaterialien gilt, abgesehen von sehr tiefen und sehr hohen Temperaturen, ein linearer Zusammenhang. Der Bezugswert wird als ϱ_{20} bei der Temperatur $\vartheta = 20\,°\mathrm{C}$ festgelegt

$$\varrho = \varrho_{20}(1 + \alpha(\vartheta - 20\,°\mathrm{C}))\,. \qquad (22.18)$$

In Tab. 22.5 sind für verschiedene Materialien die spezifischen Widerstände und Temperaturkoeffizienten angegeben.

Lineare Widerstände erscheinen in der Darstellung $I = f(U)$ als Geraden. Nichtlineare Widerstände weisen dagegen gekrümmte Kenn-

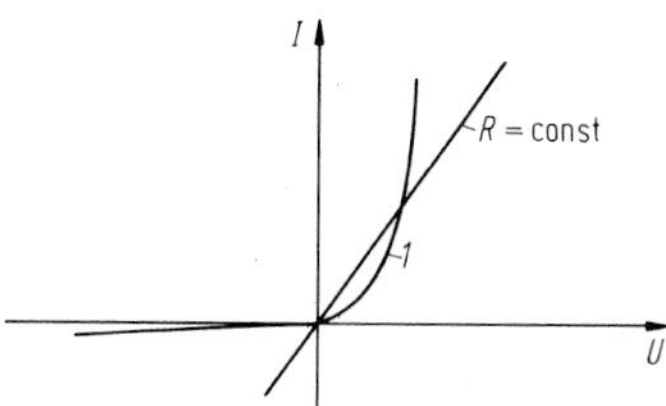

Abb. 22.3 Kennlinien eines linearen und eines nichtlinearen Widerstands (Beispiel Diode). *1* Diode

linien auf. Abb. 22.3 zeigt als Beispiel die Strom-Spannungskennlinie einer Halbleiterdiode; diese folgt näherungsweise einer Exponentialfunktion und weist im 1. Quadranten den Durchlassbereich und im 3. Quadranten den Sperrbereich auf.

22.2.2 Kirchhoff'sche Sätze

Bei der Analyse von Stromkreisen und Netzwerken ist zunächst ein Zählpfeilsystem festzulegen. Hier wird die Konvention des Verbrauchersystems verwendet. Danach sind an Verbrauchern (passiven Elementen) Strom und Spannungsabfall gleichgerichtet; von Erzeugern (Generatoren) eingeprägte (Quellen-)Spannungen werden jedoch entgegen der Stromrichtung gezählt.

Der *1. Kirchhoff'sche Satz* besagt (in Übereinstimmung mit der allgemeinen Form Gl. (22.12)), dass in jedem Knoten eines elektrischen Netzwerks die Summe der zufließenden gleich der Summe der abfließenden Ströme ist. Für einen Knoten mit n abgehenden Zweigen gilt daher

$$\sum_{i=1}^{n} I_i = 0\,. \qquad (22.19)$$

Nach dem *2. Kirchhoff'schen Satz* (bereits allgemein in Gl. (22.6) enthalten) wird die Summe der Zweigspannungen in einem beliebigen, geschlossenen Umlauf gleich Null. In einer Schleife aus n Zweigen ist also

$$\sum_{i=1}^{n} U_i = 0\,. \qquad (22.20)$$

Auf einfache Weise lassen sich jetzt die resultierenden Werte von Reihen- und Parallelschaltungen verschiedener Widerstände berechnen (Abb. 22.4):

$$R_{\mathrm{res}} = \sum_{i=1}^{n} R_i$$

bei Reihenschaltung und

$$G_{\mathrm{res}} = \sum_{i=1}^{n} G_i = \sum_{i=1}^{n} \frac{1}{R_i} = \frac{1}{R_{\mathrm{res}}} \qquad (22.21)$$

bei Parallelschaltung.

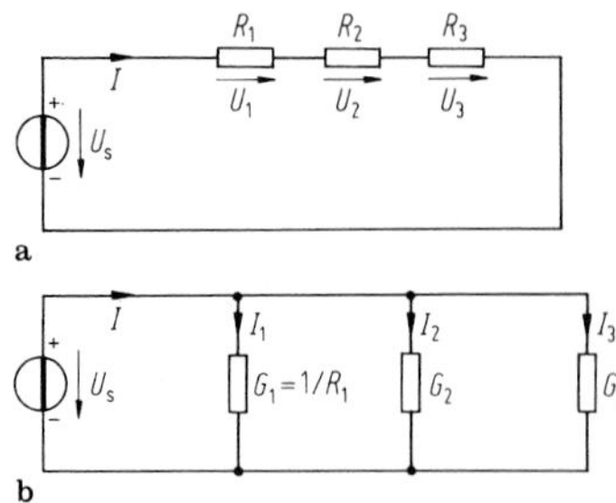

Abb. 22.4 **a** Reihenschaltung und **b** Parallelschaltung von Widerständen

Die Kirchhoff'schen Sätze gelten allgemein auch bei zeitlich veränderlichen Strömen und Spannungen. Sie bilden die Grundlage der *Netzwerktheorie* [1].

Beispiel

Es wird der allgemeine Fall einer Brückenschaltung berechnet. In Abb. 22.5 speist die eingeprägte Spannung U eine Schaltung, die die Brückenzweige $R_1 \dots R_4$ und den Diagonalzweig R_5 enthält. Das Netzwerk weist $n = 4$ Knoten auf, und es lassen sich dafür $(n-1) = 3$ linear unabhängige Gleichungen angeben:

$$I = I_1 + I_2 = I_3 + I_4\,, \quad I_5 = I_1 - I_3\,. \quad ◀$$

Die Zahl der linear unabhängigen Maschengleichungen ergibt sich aus der Anzahl der von den Zweigen des Netzwerks aufgespannten Flächen, wobei jeder Zweig mindestens einmal vertreten sein muss; diese Anzahl ist hier $m = 3$.

$$U = R_1 I_1 + R_3 I_3 = R_2 I_2 + R_4 I_4\,,$$
$$0 = R_1 I_1 - R_2 I_2 + R_5 I_5\,.$$

Es interessiert besonders der Strom I_5 durch den Diagonalzweig. Man errechnet

$$I_5 = U[R_2 R_3 - R_1 R_4]/ \\ [R_5(R_1 + R_3)(R_2 + R_4) \\ + R_1 R_3 (R_2 + R_4) \\ + R_2 R_4 (R_1 + R_3)]\,.$$

Bei abgeglichener Brücke verschwindet der Diagonalstrom I_5. Es ist unmittelbar ersichtlich, dass dies der Fall ist, wenn $R_1/R_2 = R_3/R_4$.

Abb. 22.5 Brückenschaltung als Netzwerk

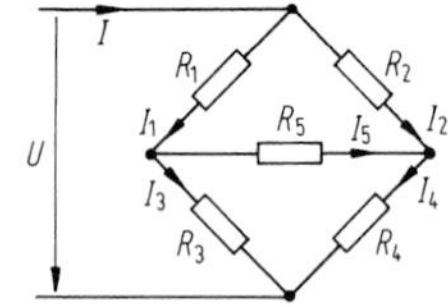

Von dieser Tatsache macht die *Wheatstonebrücke* zur Widerstandsmessung Gebrauch (s. Abschn. 32.2.2). Darin sind beispielsweise R_1 ein Festwiderstand bekannter Größe, R_2 der Prüfling und R_3, R_4 einstellbare Vergleichsnormale. Im Diagonalzweig wird ein Nullindikator eingesetzt.

Beispiel

Umrechnung einer Sternschaltung in eine gleichwertige Dreieckschaltung, die zur Vereinfachung der Berechnung größerer Netzwerke beitragen kann. Die Sternschaltung mit den Widerständen R_1, R_2, R_3 weist die gleichen Ströme und Spannungsabfälle in Bezug auf die Punkte *1*, *2*, *3* auf, wie die Dreieckschaltung mit den Widerständen R_{12}, R_{23}, R_{31} (Abb. 22.6), wenn

$$R_1 = \frac{R_{31} R_{12}}{R_{12} + R_{23} + R_{31}}\,, \qquad R_{12} = R_1 + R_2 + \frac{R_1 R_2}{R_3}\,,$$
$$R_2 = \frac{R_{12} R_{23}}{R_{12} + R_{23} + R_{31}}\,, \qquad R_{23} = R_2 + R_3 + \frac{R_2 R_3}{R_1}\,,$$
$$R_3 = \frac{R_{23} R_{31}}{R_{12} + R_{23} + R_{31}}\,, \qquad R_{31} = R_3 + R_1 + \frac{R_3 R_1}{R_2}\,. \quad ◀$$

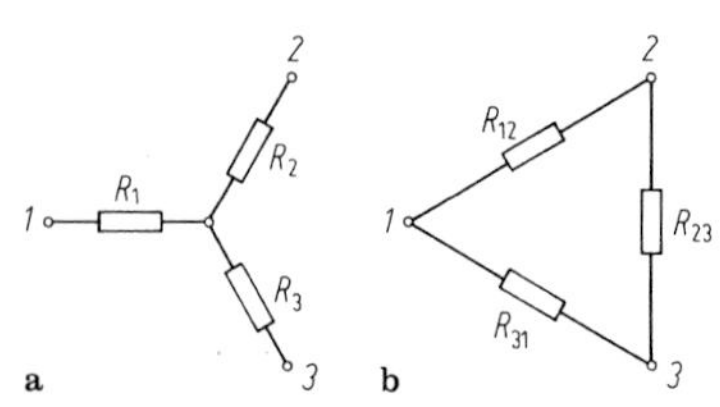

Abb. 22.6 Zur Umwandlung von Stern- in Dreieckschaltung und umgekehrt. **a** Sternschaltung, **b** Dreieckschaltung

22.2.3 Kapazitäten

In einer Anordnung mit zwei Elektroden besteht zwischen Ladung Q und Spannung U eine lineare Beziehung, wobei der Quotient die Kapazität C darstellt

$$C = \frac{Q}{U} = \frac{\iint_A \boldsymbol{D}\,\mathrm{d}\boldsymbol{A}}{\int_s \boldsymbol{E}\,\mathrm{d}\boldsymbol{s}} . \tag{22.22}$$

Ein Bauelement aus zwei flächenhaften Elektroden mit dazwischenliegendem Dielektrikum stellt einen *Kondensator* dar. Das einfachste Beispiel hierfür ist der *Plattenkondensator*, bei dem die Elektroden parallele Platten sind. Vernachlässigt man die Randeffekte, so sind nach Gl. (22.7) und Abb. 22.7 Feldstärke und Kapazität gegeben durch

$$E = \frac{Q}{\varepsilon A} = \frac{U}{d} , \quad C = \frac{Q}{U} = \varepsilon \frac{A}{d} . \tag{22.23}$$

Das Potential im Dielektrikum ist proportional dem Abstand von der Elektrode mit Nullpotential:

$$\varphi = Ex \quad \text{mit } 0 \le x \le d .$$

Für einige Stoffe ist die relative Dielektrizitätszahl ε_r und die Durchschlagfestigkeit E_d in Tab. 22.4 angegeben. Die Beziehungen Gl. (22.23) gelten auch für veränderliche Ladung $q(t)$ und Spannung $u(t)$. Die zeitliche Ableitung der Ladung ist der Strom $i(t)$. Daraus folgt

$$i = \frac{\mathrm{d}q}{\mathrm{d}t} = C\frac{\mathrm{d}u}{\mathrm{d}t} . \tag{22.24}$$

Die im Kondensator gespeicherte Energie ist allgemein

$$W_\mathrm{e} = \int_0^U q\,\mathrm{d}u = \frac{1}{2}CU^2 .$$

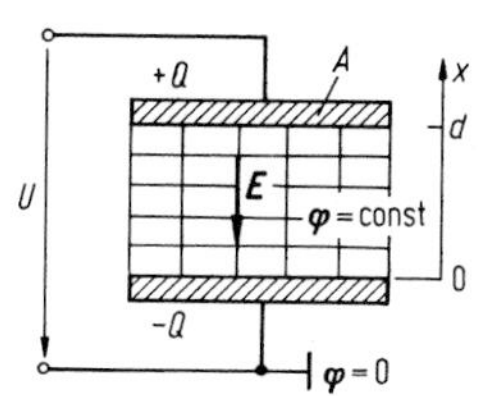

Abb. 22.7 Prinzipdarstellung eines Plattenkondensators

22.2.4 Induktionsgesetz

Betrachtet wird zunächst eine Leiterschleife, die von einem Magnetfeld durchsetzt wird. Der magnetische Fluss ist

$$\Phi = \iint_A \boldsymbol{B}\,\mathrm{d}\boldsymbol{A} . \tag{22.25}$$

Nach dem Induktionsgesetz entsteht in dieser aus einer Windung bestehenden Schleife bei Flussänderung die Umlaufspannung e (früher EMK), die der induzierten Spannung entgegengerichtet ist

$$e = -\frac{\mathrm{d}\Phi}{\mathrm{d}t} = -u_\mathrm{i} .$$

Die Flussänderung kann herbeigeführt werden

- durch Relativbewegung einer Leiterschleife gegenüber einem zeitlich konstanten Feld und/oder
- in einer relativ zur Feldachse ruhenden Leiterschleife infolge zeitlicher Flussänderung.

Zur Erläuterung des ersten Falles wird angenommen, dass eine rechteckige Schleife mit den Seiten *1*, *2* drehbar um die Mittelachse in einem homogenen Feld der Induktion B angeordnet ist (Abb. 22.8). Bei Rotation mit der konstanten Winkelgeschwindigkeit $\omega = \mathrm{d}\gamma/\mathrm{d}t = \text{const}$ gilt

$$\Phi = B \cdot A \cdot \cos\gamma , \quad u_\mathrm{i} = -B \cdot A \cdot \omega \cdot \sin\omega t .$$

Das gleiche Ergebnis stellt sich ein, wenn die Schleife in der Position $\gamma = 0$ feststeht und die Flussdichte sich zeitlich nach dem Sinusgesetz ändert

$$B = \hat{B} \cos\omega t .$$

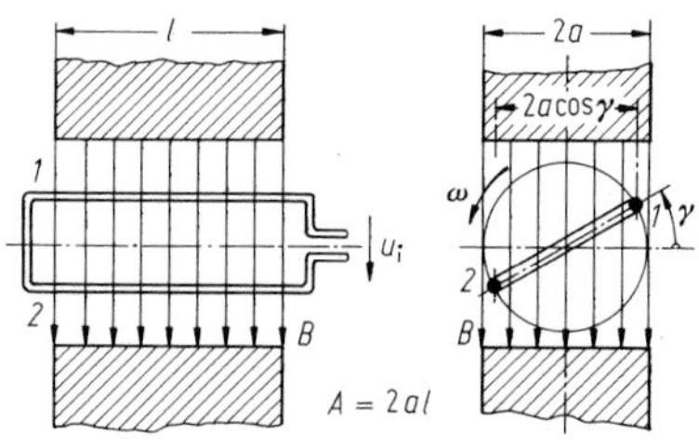

Abb. 22.8 Zur Erläuterung des Induktionsgesetzes

22.2.5 Induktivitäten

Liegt eine komplizierter berandete Fläche vor als bei der einfachen Schleife, so wird die nach Gl. (22.25) maßgebende Fläche von einem Teil der Feldlinien mehrfach durchsetzt. Insbesondere ist bei einer Spule der verkettete Fluss Ψ gleich der Summe der Teilflüsse Φ_n, die die einzelnen Windungen durchsetzen. Der Quotient aus Ψ und I stellt eine Kenngröße der Anordnung dar, die als Koeffizient der Selbstinduktion (*Selbstinduktivität*) bezeichnet wird

$$L = \frac{\Psi}{I} = \frac{\sum_n \Phi_n}{I} \,. \qquad (22.26)$$

Ein einfaches Beispiel stellt die Ringspule mit kreisförmigem Querschnitt des Radius $r \ll R$ dar (Abb. 22.9). Man kann davon ausgehen, dass im Inneren ein homogenes Feld mit der Induktion B herrscht; bei w Windungen ist der Verkettungsfluss

$$\Psi = w\Phi \quad \text{mit } \Phi = Br^2\pi \quad \text{bei } B = \frac{\mu w I}{2R\pi} \,.$$

Damit ergibt sich die *Induktivität* zu

$$L = \frac{\Psi}{I} = w^2 \mu \frac{r^2}{2R} \,.$$

Ein anderes Beispiel liegt bei einer Luftspaltdrossel vor, deren magnetischer Kreis aus dem Luftspalt der Länge δ und dem Eisenrückschluss besteht. Bei nicht zu großen Flussdichten im Eisen ist $\mu_r \gg 1$, sodass näherungsweise die gesamte magnetische Spannung am Luftspalt abfällt. Bei Voraussetzung eines homogenen Felds ist die Induktivität der Spule mit w Windungen

$$L = w^2 \mu_0 \frac{A}{\delta} = w^2 \Lambda = \frac{w^2}{R_m} \,.$$

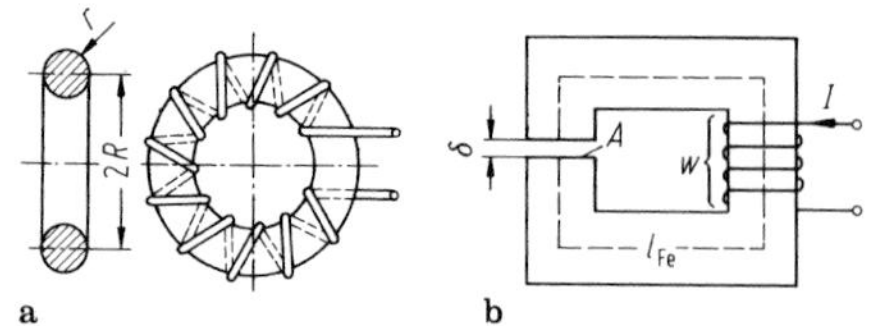

Abb. 22.9 Drosselspulen. **a** Ringspule, **b** Luftspaltdrossel

Darin bezeichnet Λ den *magnetischen Leitwert*; R_m ist der *magnetische Widerstand*. In Analogie zum elektrischen Stromkreis fällt an einem magnetischen Widerstand R_m bei Durchgang des Flusses Φ eine magnetische Spannung V ab, die durch eine eingeprägte magnetische Spannung Θ (*Durchflutung*) aufzubringen ist

$$V = R_m \Phi \quad \text{bei} \quad \Psi = w\Phi \quad \text{und}$$
$$V = wI = \Theta \,.$$

Die im Magnetfeld gespeicherte Energie ist

$$W_m = \int_0^I \Psi \, di = \frac{1}{2} L I^2 \,. \qquad (22.27)$$

Bei Stromänderung wird in der Spule durch Selbstinduktion eine Spannung induziert, die der Flussänderung entgegenwirkt und im Verbraucher-Zählpfeilsystem lautet

$$u = \frac{d\Psi}{dt} = L \frac{di}{dt} \,. \qquad (22.28)$$

In beiden obigen Gleichungen gilt das zweite Gleichheitszeichen nur dann, wenn die Permeabilität nicht von der herrschenden Feldstärke abhängt und die Induktivität konstant ist.

22.2.6 Magnetische Materialien

Nach dem Verhalten der Stoffe im Magnetfeld werden paramagnetische, diamagnetische und ferromagnetische Materialien unterschieden [5, 6]. Bei den beiden erstgenannten ist die Permeabilitätszahl μ_r wenig verschieden von 1. Ganz anders verhalten sich die ferromagnetischen Stoffe, zu denen insbesondere Eisen, Nickel, Kobalt und ihre Legierungen gehören. Diese führen bei gegebener magnetischer Feldstärke wesentlich höhere Flussdichten als Luft. Die Feldverstärkung lässt sich durch die *magnetische Polarisation* J oder die Magnetisierung M ausdrücken

$$B = J + \mu_0 H = \mu_0 (M + H) \,.$$

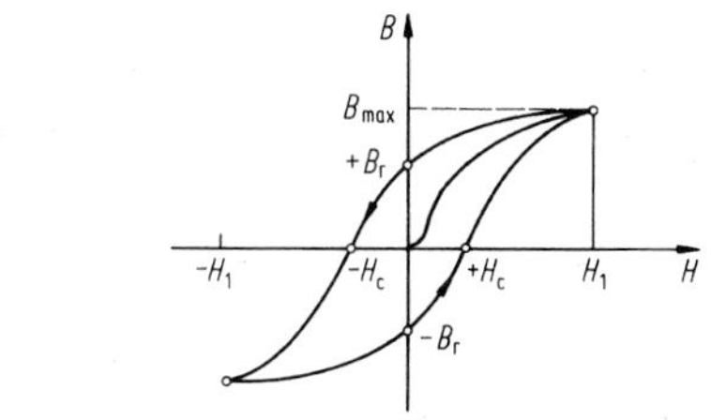

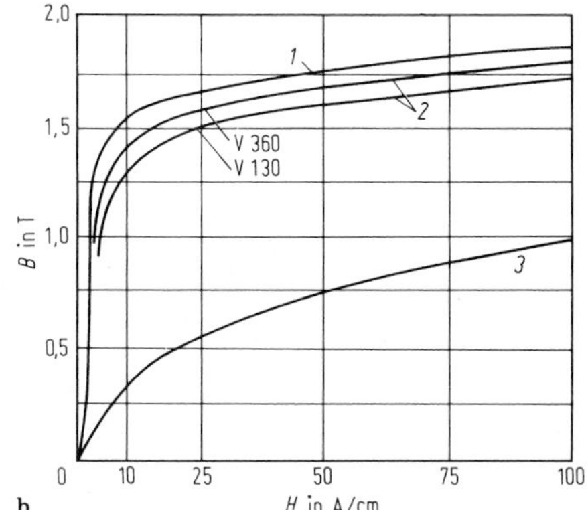

Abb. 22.10 Magnetisierungskennlinien. **a** Hystereseschleife (Prinzipbild), **b** Kennlinien weichmagnetischer Werkstoffe. *1* Kaltband, Stahlguss, *2* Elektroblech, siliziert, *3* Grauguss

In der Regel werden ferromagnetische Materialeigenschaften in der Magnetisierungskennlinie $B = f(H)$ dargestellt (Abb. 22.10). Steuert man eine Probe, ausgehend von $H = 0$, bis $H = H_1$ aus, so ergibt sich die sog. Neukurve mit der typischen Sättigungseigenschaft. Wird nun die Erregung zurückgenommen, so folgt die Flussdichte nicht der ursprünglichen Kurve. Bei zyklischer Änderung der Aussteuerung zwischen H_1 und $-H_1$ ergibt sich eine *Hystereseschleife*. Ihr Flächeninhalt ist bei einmaligem Durchlaufen der Kommutierungskurve den spezifischen Hystereseverlusten proportional.

In der Elektrotechnik werden *weichmagnetische* und *hartmagnetische* Materialien verwendet. Erstere sind für den Aufbau magnetischer Kreise in elektrischen Maschinen und Apparaten vorgesehen. Ihre Koerzitivfeldstärken H_c liegen unterhalb von 300 A/m. Erwünscht sind neben einer möglichst hohen Sättigungsinduktion möglichst niedrige Ummagnetisierungsverluste. Diese setzen sich aus den Hystereseverlusten und den Wirbelstromverlusten zusammen.

Bei hartmagnetischen Werkstoffen liegt dagegen eine breite Hystereseschleife vor (H_c größer als 10 kA/m). Sie werden in den Permanentmagneten eingesetzt, deren Qualität vor allem durch die Remanenzinduktion B_r, die Koerzitivfeldstärke H_c und die maximale spezifische magnetische Energie $(BH)_{max}$ beschrieben wird. Diese Kenngrößen gehen aus der Entmagnetisierungskennlinie hervor, das ist die $B(H)$ Kurve im 2. Quadranten (Abb. 22.11a). Außer den bekannten AlNiCo-Magneten und Ferritmagneten werden heute erheblich verbesserte Eigenschaften mit den Seltenerdmagneten erzielt, die als Samarium-Kobalt-Magnete und Neodymium-Eisen-Bor-Magnete im Abb. 22.11a berücksichtigt sind.

Bei der Verwendung von Permanentmagneten zur Flusserzeugung in Maschinen und Apparaten ist darauf zu achten, dass durch betriebsmäßige Ströme keine solchen negativen Feldstärken auftreten, die links vom „Knie" liegen und eine bleibende Entmagnetisierung herbeiführen können. In diesem Zusammenhang ist der Temperaturkoeffzient der Koerzitivfeldstärke zu beachten. Während dieser bei Ferritmagneten positiv ist, treten bei NdFeB-Magneten deutliche negative Temperaturkoeffizienten auf. Dies begrenzt den Einsatz der Magneten in Bereichen, wo Temperaturen > 120 °C auftreten. Durch Technologiefortschritte sind Verbesserungen der Temperaturstabilität und bei den Korrosionseigenschaften bei diesen Materialen erreicht worden (Abb. 22.11b).

22.2.7 Kraftwirkungen im elektromagnetischen Feld

Die Kraft auf einen Körper im Feld folgt dem allgemeinen Gesetz für die volumenbezogene Kraftdichte

$$\boldsymbol{f}_V = \boldsymbol{J} \times \boldsymbol{B} - \frac{1}{2}\boldsymbol{H}^2 \operatorname{grad} \mu \,. \qquad (22.29)$$

Der erste Term gibt die Stromkraftdichte an, die ein die Stromdichte $\boldsymbol{J}$ führender Leiter im äußeren Feld der Induktion $\boldsymbol{B}$ erfährt. Der zweite Term tritt nur bei ortsabhängig veränderlicher Permeabilität auf und wird als permeable Kraftdichte bezeichnet.

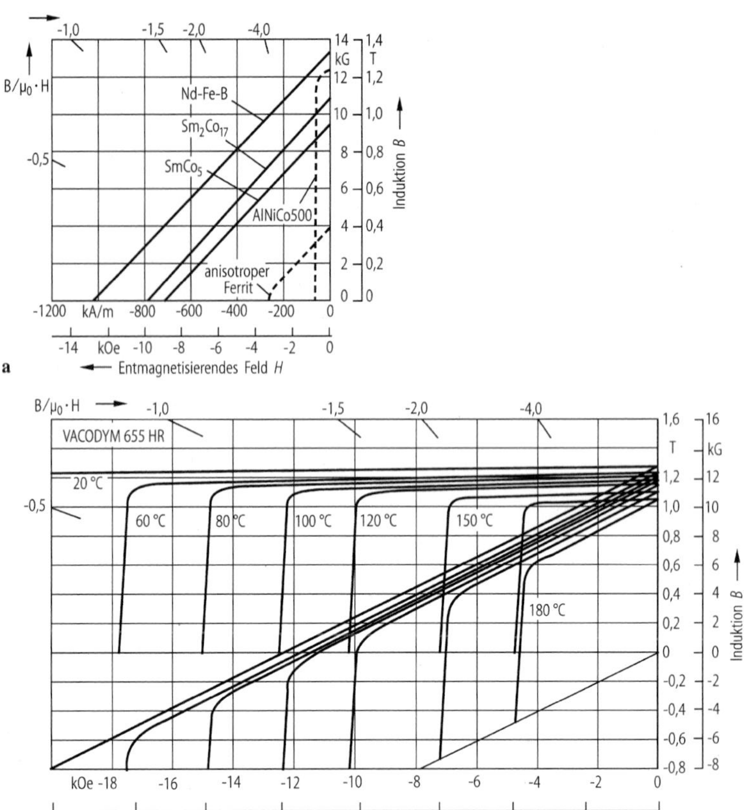

Abb. 22.11 Eigenschaften permanentmagnetischer Werkstoffe. **a** Entmagnetisierungskennlinie verschiedener Materialien bei Raumtemperatur. **b** NdFeB-Material mit erhöhter Temperaturstabilität (VAC Vacuumschmelze)

Auf ein Längenelement ds eines linienhaften stromdurchflossenen Leiters wirkt die Kraft

$$\mathrm{d}\boldsymbol{F} = I(\mathrm{d}\boldsymbol{s} \times \boldsymbol{B})\,. \qquad (22.30)$$

Speziell ergibt sich für einen geraden Leiter der Länge l in einem senkrecht dazu verlaufenden Magnetfeld der Flussdichte B die Kraft

$$F = IBl\,.$$

Die Richtung der Kraft ergibt sich senkrecht zu I und B aus der Vorschubrichtung einer Rechtsschraube („*Rechte-Hand-Regel*").

Damit lässt sich auch die Kraft zwischen zwei parallelen stromführenden Leitern angeben. Der Strom I_1 erzeugt in einer Entfernung r vom Leiter 1 nach dem Durchflutungsgesetz die Feldstärke $H = I_1/(2\pi r)$. Die Kraft, die auf den im Abstand d angeordneten, den Strom I_2 führenden Leiter 2 der Länge l wirkt, ist vom Betrag

$$F = \frac{\mu_0}{2\pi}\frac{I_1 I_2}{d} l\,.$$

Die Kraft auf den Leiter 1 ist gleich groß. Bei gleicher Stromrichtung in beiden Leitern erfolgt eine Anziehung, bei entgegengesetzter Stromrichtung eine Abstoßung. Mit $I_1 = I_2 = I$ wird die Beziehung als Definitionsgleichung für die Einheit der elektrischen Stromstärke herangezogen.

Andererseits entstehen in einem Magnetfeld an Grenzflächen zwischen Bereichen unterschiedlicher Permeabilität mechanische Spannungen. Bei Grenzflächen zwischen Eisen und Luft tritt auf diese Weise Längszug und Querdruck auf. Geht ein Feld der Induktion B senkrecht durch eine Fläche, die Bereiche mit μ_1 und μ_2 trennt, so entsteht die normal zur Fläche gerichtete spezifische Kraft

$$\sigma = \frac{1}{2}\left(\frac{1}{\mu_1} - \frac{1}{\mu_2}\right) B^2\,. \qquad (22.31)$$

Im Falle von $\mu_1 = \mu_0$ für Luft und $\mu_2 = \mu_0\mu_r \gg \mu_0$ für Eisen ist die Anziehungs-

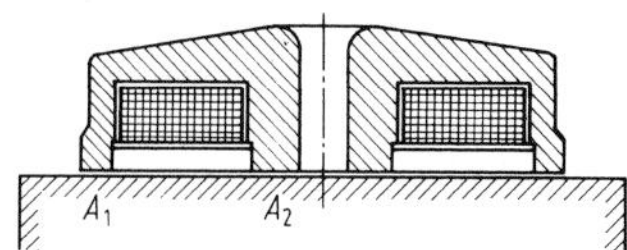

Abb. 22.12 Elektromagnet (Prinzipbild)

kraft über die Fläche A näherungsweise

$$F = \frac{1}{2\mu_0} B^2 A\,.$$

Eine Anwendung erfolgt im Elektromagneten für ferromagnetische Lasten (Abb. 22.12).

22.3 Wechselstromtechnik

22.3.1 Wechselstromgrößen

Ist der zeitliche Verlauf eines Stroms $i(t)$ periodisch mit der Periodendauer T, deren Kehrwert die Frequenz $f = 1/T$ ist, so gelten folgende Festlegungen:

- *Gleichwert* (arithmetischer Mittelwert)

$$\bar{i} = \frac{1}{T}\int_0^T i\,\mathrm{d}t\,. \tag{22.32}$$

- *Effektivwert* (quadratischer Mittelwert)

$$I = \sqrt{\frac{1}{T}\int_0^T i^2\mathrm{d}t}\,. \tag{22.33}$$

In gleicher Weise sind Mittelwert $\bar{u}$ und Effektivwert U einer periodischen Spannung $u(t)$ definiert.

Ein Mischstrom weist neben einem Gleichwert die Grundschwingung der Frequenz f und Oberschwingungen ganzzahliger Vielfacher der Grundfrequenz auf. Der Effektivwert eines solchen Stroms ist dann

$$I = \sqrt{\bar{i}^2 + I_1^2 + I_2^2 + I_3^2 + \ldots} = \sqrt{\bar{i}^2 + I_\sim^2}\,.$$

Betrachtet man weiter nur Wechselgrößen ($\bar{i} = 0$, $I = I_\sim$), so lässt sich deren Grundschwingungsgehalt angeben mit $g_i = I_1/I$. Ein Maß für die Verzerrung eines Wechselstroms durch Oberschwingungen ist der *Klirrfaktor*

$$k_i = \sqrt{1 - g_i^2}\,.$$

Ist $\hat{i}$ der Scheitelwert des Wechselstroms, so gilt als Scheitelfaktor der Quotient $\hat{i}/I$.

Ein reiner Grundschwingungsstrom liegt vor bei

$$i = \hat{i}\,\cos(\omega t + \varphi_\mathrm{i}) \quad \text{mit } \omega = 2\pi f\,. \tag{22.34}$$

Sein arithmetischer Mittelwert ist Null, und der Effektivwert wird $I = \hat{i}/\sqrt{2}$. Er ist maßgebend für die Verluste in einem ohmschen Widerstand R

$$P_\mathrm{V} = R \cdot I^2\,.$$

Ströme nach Gl. (22.34) stellen sich ein in den Zweigen von Schaltungen aus linearen Elementen, wenn die eingeprägten Spannungen und Ströme ebenfalls sinusförmig mit Grundfrequenz verlaufen und etwaige Übergangsvorgänge abgeklungen sind.

Wechselströme nach Gl. (22.34) und gleicher Gesetzmäßigkeit folgende Wechselspannungen sind gekennzeichnet durch Betrag (Amplitude oder Effektivwert), Frequenz und Phasenlage gegenüber einer willkürlich festgelegten Zeitachse $t = 0$. Sie lassen sich als Realteile komplexer periodischer Funktionen darstellen

$$\begin{aligned} i &= \mathrm{Re}\left(\sqrt{2}\,I\mathrm{e}^{\mathrm{j}(\omega t + \varphi_\mathrm{i})}\right) \\ &= \mathrm{Re}\left(\sqrt{2}\,\underline{I}\mathrm{e}^{\mathrm{j}\omega t}\right) \quad \text{mit} \quad \underline{I} = I\mathrm{e}^{\mathrm{j}\varphi_\mathrm{i}}\,, \\ u &= \mathrm{Re}\left(\sqrt{2}\,U\mathrm{e}^{\mathrm{j}(\omega t + \varphi_\mathrm{u})}\right) \\ &= \mathrm{Re}\left(\sqrt{2}\,\underline{U}\mathrm{e}^{\mathrm{j}\omega t}\right) \quad \text{mit} \quad \underline{U} = U\mathrm{e}^{\mathrm{j}\varphi_\mathrm{u}}\,. \end{aligned} \tag{22.35}$$

Danach sind bei gegebener Kreisfrequenz ω Strom und Spannung ausreichend beschrieben durch die komplexen Größen $\underline{I}$, $\underline{U}$, die die Informationen über Betrag und Phasenlage enthalten (Abb. 22.13). Ihre Darstellung in der komplexen Ebene bietet sich an; sie werden dann *Zeiger* (engl.: phasor) genannt. Der Quotient aus $\underline{U}$ und $\underline{I}$ ist ebenfalls komplex und bezeichnet die *Impedanz* $\underline{Z}$ mit den Komponenten *Resistanz* R

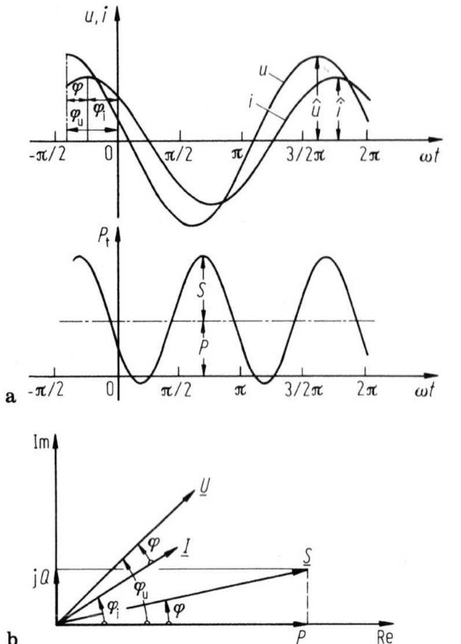

Abb. 22.13 Darstellung von Wechselstromgrößen. **a** Verlauf von Spannung, Strom und Leistung, **b** Zeigerbild

und *Reaktanz* X. Ihr Kehrwert wird *Admittanz* $\underline{Y}$ genannt und hat die Komponenten *Konduktanz* G und *Suszeptanz* B.

$$\begin{aligned} \underline{Z} &= \frac{\underline{U}}{\underline{I}} = R + \mathrm{j}X \quad \text{und} \\ \underline{Y} &= \frac{\underline{I}}{\underline{U}} = \frac{1}{\underline{Z}} = G + \mathrm{j}B \,. \end{aligned} \tag{22.36}$$

Passive lineare Elemente in Wechselstromschaltungen sind Widerstände, Kapazitäten und Induktivitäten. Aufgrund der Ansätze in Gln. (22.35) und (22.36) lassen sich ihre Wechselstromwiderstände einfach berechnen

$$\begin{aligned} u_\mathrm{R} = Ri \quad &\to \underline{U}_\mathrm{R} = R\underline{I} \\ &\to \underline{Z}_\mathrm{R} = R \,, \\ i_\mathrm{C} = C\frac{\mathrm{d}u}{\mathrm{d}t} \quad &\to \underline{I}_\mathrm{C} = \mathrm{j}\omega C\underline{U} \\ &\to \underline{Z}_\mathrm{C} = \frac{1}{\mathrm{j}\omega C} = -\mathrm{j}X_\mathrm{C} \,, \\ u_\mathrm{L} = L\frac{\mathrm{d}i}{\mathrm{d}t} \quad &\to \underline{U}_\mathrm{L} = \mathrm{j}\omega L\underline{I} \\ &\to \underline{Z}_\mathrm{L} = \mathrm{j}\omega L = \mathrm{j}X_\mathrm{L} \,. \end{aligned} \tag{22.37}$$

Danach eilt der Strom gegenüber der Spannung in der Induktivität um $\pi/2$ nach, während er bei der Kapazität um $\pi/2$ vordreht. Im ohmschen Widerstand tritt dagegen keine Phasendrehung auf. Eine *Drossel* lässt sich aus der Reihenschaltung ihrer Selbstinduktivität mit dem ohmschen Wicklungswiderstand darstellen. Ihre Impedanz ist

$$\underline{Z} = R + \mathrm{j}\omega L = Z\mathrm{e}^{\mathrm{j}\varphi}$$
$$\text{mit} \quad Z = \sqrt{R^2 + \omega^2 L^2} \,,$$
$$\tan\varphi = \frac{\omega L}{R} \,.$$

Die Darstellung der Zeiger in der komplexen Ebene erfolgt mit Bezug auf die durch $\omega t = 0$ festgelegte reelle Achse. Die Augenblickswerte der Ströme und Spannungen können dann in jedem Zeitaugenblick als Projektionen der mit der Kreisfrequenz ω rotierenden Zeiger auf die reelle Achse aufgefasst werden; für die Beträge der Zeiger sind dabei die Amplituden $\hat{U}$, $\hat{I}$ zu wählen.

Ein Kondensator kann näherungsweise dargestellt werden als Parallelschaltung einer Kapazität mit einem Leitwert, welcher die Verluste im Dielektrikum berücksichtigt und mit dem Verlustwinkel δ erfasst werden kann

$$\underline{Y} = \mathrm{j}\omega C + G \,, \quad \tan\delta = \frac{G}{\omega C} \,.$$

22.3.2 Leistung

In einer einphasigen Schaltung gilt für den Augenblickswert der Leistung $p(t) = u(t) \cdot i(t)$.

Sind Strom und Spannung Sinusgrößen nach Gl. (22.35), so folgt mit $\varphi = \varphi_\mathrm{u} - \varphi_\mathrm{i}$ und $\varphi_\mathrm{e} = \varphi_\mathrm{u} + \varphi_\mathrm{i}$:

$$\begin{aligned} p(t) &= UI\left[\cos\varphi + \cos(2\omega t + \varphi_\mathrm{e})\right] \\ &= P + S\,\cos(2\omega t + \varphi_\mathrm{e}) \,. \end{aligned}$$

Danach schwingt die Leistung mit der zweifachen Frequenz des Wechselstroms um ihren Mittelwert. Es ist P die *Wirkleistung* und S die *Scheinleistung*. Dazu wird noch die Grundschwingungs-*Blindleistung* Q definiert:

$$\begin{aligned} P &= UI\cos\varphi \,, \quad S = UI \,, \\ Q &= \sqrt{S^2 - P^2} = UI\sin\varphi \,. \end{aligned} \tag{22.38}$$

Die Leistungswerte lassen sich in der komplexen Leistung zusammenfassen (Abb. 22.13b):

$$\underline{S} = \underline{UI}^* = P + \mathrm{j}Q \,. \tag{22.39}$$

Darin ist $\underline{I}^*$ der konjugiert komplexe Stromzeiger.

22.3.3 Drehstrom

Als Drehstromsystem wird ein verkettetes dreiphasiges Wechselstromsystem bezeichnet. Die Verkettung erfolgt in Form von Stern- oder Dreieckschaltungen. Ein symmetrisches System liegt vor, wenn die Wechselgrößen bei gleicher Frequenz gleich große Amplituden aufweisen und jeweils um $2\pi/3$ gegeneinander phasenverschoben sind. Dies gilt für das Spannungssystem

$$\begin{aligned} u_1 &= \sqrt{2}\,U\cos\omega t \\ &\to \underline{U}_1 = U\,, \\ u_2 &= \sqrt{2}\,U\cos(\omega t - 2\pi/3) \\ &\to \underline{U}_2 = U\mathrm{e}^{-\mathrm{j}2\pi/3}\,, \\ u_3 &= \sqrt{2}\,U\cos(\omega t - 4\pi/3) \\ &\to \underline{U}_3 = U\mathrm{e}^{-\mathrm{j}4\pi/3}\,. \end{aligned} \tag{22.40}$$

Normgemäß werden im Drehstromsystem die Phasen U, V, W bezeichnet; die zugehörigen abgehenden Leitungen heißen L1, L2, L3. Ein Drehstrom-Dreileitersystem führt nur diese drei Außenleiter; ein Vierleitersystem weist zusätzlich einen Sternpunktleiter auf, der gleichzeitig Nullleiter ist. In Abb. 22.14 sind symmetrische Dreiphasensysteme in *Stern-* und in *Dreieckschaltung* dargestellt. Sind $\underline{U}_{12}$, $\underline{U}_{23}$, $\underline{U}_{31}$ die Außenleiterspannungen und $\underline{I}_1$, $\underline{I}_2$, $\underline{I}_3$ die Außenleiterströme, so gelten die folgenden Beziehungen.

Bei *Sternschaltung*:

Die Außenleiterströme sind gleich den Strangströmen

$$\underline{I}_1 = \underline{I}_\mathrm{U}\,, \quad \underline{I}_2 = \underline{I}_\mathrm{V}\,, \quad \underline{I}_3 = \underline{I}_\mathrm{W}\,.$$

Die Außenleiterspannungen sind gleich den Differenzen der jeweiligen Strangspannungen

$$\underline{U}_{12} = \underline{U}_\mathrm{UN} - \underline{U}_\mathrm{VN}\,, \quad \underline{U}_{23} = \underline{U}_\mathrm{VN} - \underline{U}_\mathrm{WN}\,,$$
$$\underline{U}_{31} = \underline{U}_\mathrm{WN} - \underline{U}_\mathrm{UN}\,.$$

Bei Symmetrie gilt $I_\mathrm{L} = I_\mathrm{Str}$ und $U_\mathrm{L} = \sqrt{3}U_\mathrm{Str}$ sowie $\underline{I}_\mathrm{N} = -\underline{I}_1 - \underline{I}_2 - \underline{I}_3 = 0$. Der Nullleiter führt somit keinen Strom. Ist in der Schaltung kein Nullleiter vorhanden, so gilt immer $I_\mathrm{N} = 0$.

Bei *Dreieckschaltung*:

Die Außenleiterströme sind gleich den Differenzen der jeweiligen Strangströme

$$\underline{I}_1 = \underline{I}_\mathrm{UV} - \underline{I}_\mathrm{WU}\,, \quad \underline{I}_2 = \underline{I}_\mathrm{VW} - \underline{I}_\mathrm{UV}\,,$$
$$\underline{I}_3 = \underline{I}_\mathrm{WU} - \underline{I}_\mathrm{VW}\,.$$

Die Außenleiterspannungen sind gleich den Strangspannungen

$$\underline{U}_{12} = \underline{U}_\mathrm{UV}\,, \quad \underline{U}_{23} = \underline{U}_\mathrm{VW}\,,$$
$$\underline{U}_{31} = \underline{U}_\mathrm{WU}\,.$$

In der symmetrischen Schaltung ist $I_\mathrm{L} = \sqrt{3}I_\mathrm{Str}$ und $U_\mathrm{L} = U_\mathrm{Str}$. Die Leistung im symmetrischen Drehstromsystem ist unabhängig von der Schaltung

$$\begin{aligned} P &= 3U_\mathrm{Str}I_\mathrm{Str}\,\cos\varphi \\ &= \sqrt{3}U_\mathrm{L}I_\mathrm{L}\,\cos\varphi = S\,\cos\varphi\,. \end{aligned}$$

Die Wirkleistung ist zeitlich konstant; Leistungspulsationen treten nicht auf. Analog dem Wechselstromsystem gilt für die Blindleistung

$$Q = \sqrt{3}U_\mathrm{L}I_\mathrm{L}\,\sin\varphi = S\,\sin\varphi\,.$$

22.3.3.1 Symmetrische Komponenten

Die in Abb. 22.14 dargestellten Drehstromgrößen bilden symmetrische Strom- und Spannungssysteme, gekennzeichnet durch gleich große Amplituden bzw. gleiche Effektivwerte und Phasenverschiebungen gegeneinander um jeweils den Winkel $2\pi/3$. Dabei ist beispielsweise das dreiphasige Stromsystem $\underline{I}_\mathrm{U}$, $\underline{I}_\mathrm{V}$, $\underline{I}_\mathrm{W}$ durch den Strom $\underline{I}_\mathrm{U}$ eindeutig beschrieben. Bei unsymmetrischer Belastung, insbesondere auch bei unsymmetrischen Kurzschlüssen stellt sich jedoch ein unsymmetrisches Stromsystem ein. Zur Untersuchung des Verhaltens der Schaltungen wird die Methode der symmetrischen Komponenten eingesetzt.

Durch eine geeignete, umkehrbare Transformation werden den Originalkomponenten, hier $\underline{I}_\mathrm{U}$, $\underline{I}_\mathrm{V}$, $\underline{I}_\mathrm{W}$, die symmetrischen Komponenten $\underline{I}_0$, $\underline{I}_1$, $\underline{I}_2$ für das Nullsystem, das Mit- und das Gegensystem zugeordnet; die Transformati-

22

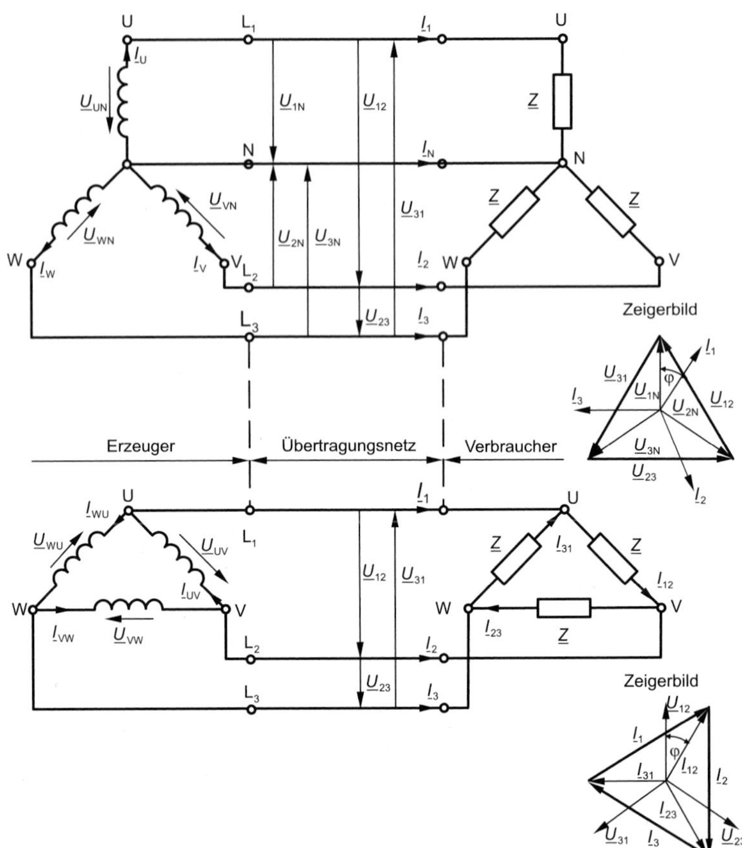

Abb. 22.14 Symmetrische Drehstromschaltungen in Stern und Dreieck

on lautet in der bezugskomponenteninvarianten Form

$$\begin{bmatrix} \underline{I}_0 \\ \underline{I}_1 \\ \underline{I}_2 \end{bmatrix} = \frac{1}{3} \begin{bmatrix} 1 & 1 & 1 \\ 1 & \underline{a} & \underline{a}^2 \\ 1 & \underline{a}^2 & \underline{a} \end{bmatrix} \begin{bmatrix} \underline{I}_\mathrm{U} \\ \underline{I}_\mathrm{V} \\ \underline{I}_\mathrm{W} \end{bmatrix} \quad \text{mit} \quad \underline{a} = \mathrm{e}^{\mathrm{j}2\pi/3} \tag{22.41}$$

$$\begin{bmatrix} \underline{I}_\mathrm{U} \\ \underline{I}_\mathrm{V} \\ \underline{I}_\mathrm{W} \end{bmatrix} = \begin{bmatrix} 1 & 1 & 1 \\ 1 & \underline{a}^2 & \underline{a} \\ 1 & \underline{a} & \underline{a}^2 \end{bmatrix} \begin{bmatrix} \underline{I}_0 \\ \underline{I}_1 \\ \underline{I}_2 \end{bmatrix}$$

Durch die Anwendung der Transformation wird ein symmetrisches Mitsystem *1*, ein symmetrisches Gegensystem *2* und ein Nullsystem *0* erzeugt. Letzteres tritt nur auf, wenn die Stromsumme der Originalkomponenten von Null verschieden ist. In den Betriebsmitteln (Generatoren, Motoren) bilden die Mitkomponenten synchron umlaufende, die Gegenkomponenten gegenlaufende Felder. Die Nullkomponenten (Homopolarkomponenten) sind phasengleich und tragen nicht zum Drehfeld bei. Aus den symmetrischen Komponenten eines Stromsystems lassen sich wiederum die Phasenströme zusammensetzen (Abb. 22.15). Die Anwendung der symmetrischen Komponenten erfolgt vornehmlich bei Kurzschlussuntersuchungen in elektrischen Maschinen und Netzen.

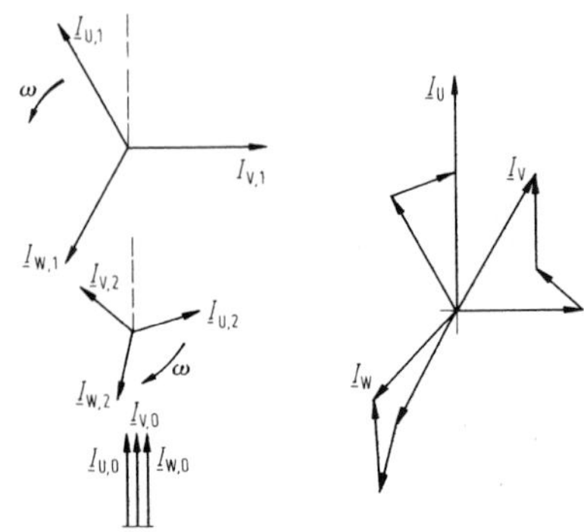

Abb. 22.15 Drehstromsystem aus symmetrischen Komponenten

22.3.3.2 Ortskurvendarstellung

Eine Ortskurve ist in der komplexen Ebene der geometrische Ort der Endpunkte aller Zeiger einer Wechselgröße in Abhängigkeit von einem reellen Parameter. Der interessierende Parameter ist in der Regel die Kreisfrequenz ω bzw. die Frequenz f der Schwingung.

Betrachtet man eine Drossel als Reihenschaltung aus ohmschen Widerstand und Induktivität, so ist die Impedanz-Ortskurve $\underline{Z} = R + \mathrm{j}\omega L$ eine Gerade (Abb. 22.16a). Die Bildung des Kehrwerts einer komplexen Größe wird Inversion genannt. Dabei ist der Kehrwert des Betrags zu nehmen und der Phasenwinkel an der reellen Achse zu spiegeln. Die Inversion einer Geraden, die nicht durch den Ursprung geht, ist ein Kreis, der durch den Ursprung geht. Hier ergibt sich für die Admittanz $\underline{Y} = 1/\underline{Z}$ ein Halbkreis, da die Impedanzgerade $\underline{Z}(\omega)$ nur für positive imaginäre Werte existiert.

Die Ortskurve $\underline{Y}(\omega)$ stellt bei angepasstem Maßstab gleichzeitig die Ortskurve des Stroms $\underline{I}(\omega)$ bei Einprägung einer festen Spannung $\underline{U}$ dar, die in die reelle Achse der komplexen Ebene gelegt wird. Die jeweils am Widerstand und an der Induktivität auftretenden Spannungsabfälle setzen sich zur angelegten Spannung zusammen.

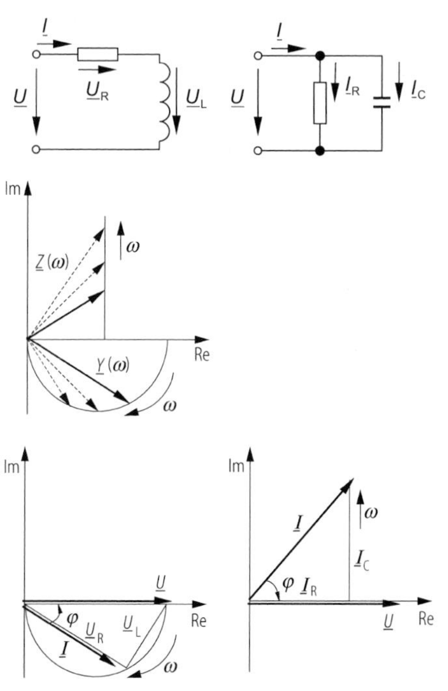

Abb. 22.16 Ortskurven dualer Schaltungen. **a** ohmsch-induktive Last als Reihenschaltung, **b** ohmsch-kapazitive Last als Parallelschaltung

Bei einer aus Widerstand und Kapazität bestehenden Parallelschaltung nach Abb. 22.16b liegt die komplexe Admittanz $\underline{Y} = 1/R + \mathrm{j}\omega C$ vor. Ihre Ortskurve ist eine Gerade parallel zur imaginären Achse im ersten Quadranten, und die zugeordnete Impedanzkurve ist ein Halbkreis. Die Ortskurve der Impedanz der Schaltung *a* entspricht somit der Admittanzkurve der Schaltung *b* und umgekehrt; die beiden Schaltungen sind dual. Wiederum gilt die Admittanzkurve im veränderten Maßstab auch als Stromortskurve, wenn die angelegte Spannung $\underline{U}$ nicht von ω abhängig ist.

Bei komplizierteren Schaltungen ergeben sich Ortskurven höherer Ordnung. Eine Anwendung erfolgt beispielsweise in der Theorie der Wechselstrommaschinen (s. Abschn. 24.2).

22.3.4 Schwingkreise und Filter

Passive *Zweipole*, die Kondensatoren und Drosselspulen enthalten, sind schwingungsfähige Gebilde. Bei Anregung kann zwischen den unterschiedlichen Energiespeichern Kapazität und Induktivität Energieaustausch in Form von Pendelungen stattfinden. Hier wird das Wechselstromverhalten im eingeschwungenen Zustand betrachtet. Resonanz liegt vor, wenn bei einer bestimmten Frequenz die Blindkomponente der Impedanz bzw. der Admittanz zu Null wird.

Einfache resonanzfähige Schaltungen mit R, L und C sind der *Reihen-* und der *Parallelschwingkreis*. Der Impedanz der Reihenschaltung mit den Komponenten R, ωL, $1/\omega C$ entspricht in der Parallelschaltung die Admittanz mit den Komponenten G, ωC, $1/\omega L$. Das Stromverhalten des einen Schwingkreises ist dem Spannungsverhalten des anderen analog. Die beiden Schaltungen werden als dual bezeichnet (Tab. 22.2).

Bei der Kennkreisfrequenz ω_0 liegt Resonanz vor. Dabei sind die Scheinwiderstände von Induktivität und Kapazität gleich groß; sie haben den Wert $Z_0 = 1/Y_0$. Bei eingeprägter Spannung

22

Tab. 22.2 Dualität von Reihen- und Parallelschwingkreis

Schaltung	Reihe $\underline{Z} = R + \mathrm{j}\left(\omega L - \frac{1}{\omega C}\right)$	Parallel $\underline{Y} = G + \mathrm{j}\left(\omega C - \frac{1}{\omega L}\right)$
Resonanzfall	$\omega_0 = \frac{1}{\sqrt{LC}}, \quad Z_0 = \sqrt{\frac{L}{C}} = \frac{1}{Y_0}$	
Dämpfung	$d_\mathrm{r} = \frac{1}{2}\frac{R}{Z_0} = \frac{1}{2Q_\mathrm{r}}$, $\underline{Y} = Y_0 \cdot \frac{1}{2d_\mathrm{r} + \mathrm{j}\left(\frac{\omega}{\omega_0} - \frac{\omega_0}{\omega}\right)}$, $\underline{I} = \underline{Y}\,\underline{U}$	$d_\mathrm{p} = \frac{1}{2}\frac{G}{Y_0} = \frac{1}{2Q_\mathrm{p}}$, $\underline{Z} = Z_0 \cdot \frac{1}{2d_\mathrm{p} + \mathrm{j}\left(\frac{\omega}{\omega_0} - \frac{\omega_0}{\omega}\right)}$, $\underline{U} = \underline{Z}\,\underline{I}$

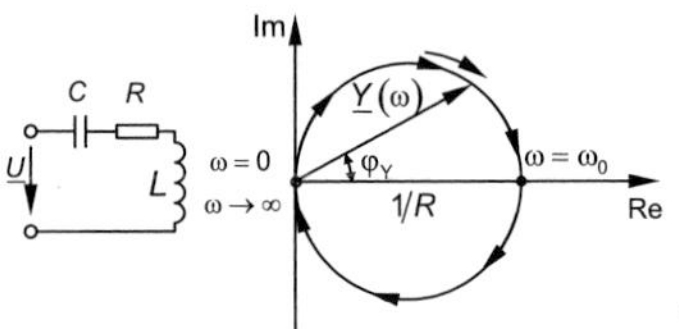

Abb. 22.17 Ortskurve eines Reihenschwingkreises

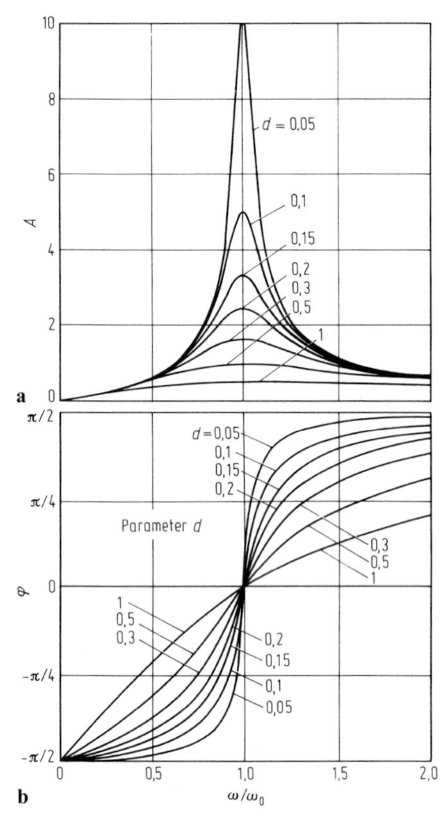

Abb. 22.18 Resonanzkurven eines Schwingkreises. **a** Amplitudengang, **b** Phasengang

am Reihenschwingkreis ist der Strom dann nur noch durch den ohmschen Widerstand bestimmt. Analog ergibt sich am Parallelschwingkreis bei eingeprägtem Strom die Spannung allein abhängig vom Leitwert. Kennzeichnend dafür ist eine Dämpfung d bzw. deren halber Kehrwert, die Güte Q des Schwingkreises. Die Ortskurve der Resonanzschaltung ist ein Kreis (Abb. 22.17).

Charakteristisch für das Resonanzverhalten ist die Funktion $\underline{Y}/Y_0$ bei der Reihenschaltung bzw. $\underline{Z}/Z_0$ bei der Parallelschaltung. Ihr Betrag wird Amplitudenresonanzkurve genannt und mit $A(\omega)$ bezeichnet, während der Winkel $\varphi(\omega)$ die Phasenresonanzkurve darstellt (Abb. 22.18):

$$\underline{A} = A\mathrm{e}^{-\mathrm{j}\varphi} \quad \text{mit } A = \frac{1}{\sqrt{\frac{1}{Q^2 + \left(\frac{\omega}{\omega_0} - \frac{\omega_0}{\omega}\right)^2}}},$$

$$\tan\varphi = \left(\frac{\omega}{\omega_0} - \frac{\omega_0}{\omega}\right) Q .$$

22.3.4.1 Vierpole

Vierpole sind Netzwerke mit vier zugänglichen Anschlüssen. Im engeren Sinne werden damit *Zweitore* bezeichnet, die die Eingangsklemmen eines Zweipols *1* und die Ausgangsklemmen eines anderen Zweipols *2* aufweisen. Die Beziehungen zwischen den vier komplexen Größen $\underline{U}_1$, $\underline{U}_2$, $\underline{I}_1$, $\underline{I}_2$ beschreiben ihr Verhalten.

Aktive Vierpole enthalten Strom- oder Spannungsquellen, andernfalls heißen sie passiv. Für passive, insbesondere lineare Vierpole gelten Beschreibungsgleichungen unterschiedlicher Form; die gebräuchlichsten sind:

Kettenform (vorwärts):

$$\begin{bmatrix} \underline{U}_1 \\ \underline{I}_1 \end{bmatrix} = \begin{bmatrix} \underline{A}_{11} & \underline{A}_{12} \\ \underline{A}_{21} & \underline{A}_{22} \end{bmatrix} \begin{bmatrix} \underline{U}_2 \\ \underline{I}_2 \end{bmatrix} .$$

Widerstandsform:

$$\begin{bmatrix} \underline{U}_1 \\ \underline{U}_2 \end{bmatrix} = \begin{bmatrix} \underline{Z}_{11} & \underline{Z}_{12} \\ \underline{Z}_{21} & \underline{Z}_{22} \end{bmatrix} \begin{bmatrix} \underline{I}_1 \\ \underline{I}_2 \end{bmatrix} . \qquad (22.42)$$

Leitwertform:

$$\begin{bmatrix} \underline{I}_1 \\ \underline{I}_2 \end{bmatrix} = \begin{bmatrix} \underline{Y}_{11} & \underline{Y}_{12} \\ \underline{Y}_{21} & \underline{Y}_{22} \end{bmatrix} \begin{bmatrix} \underline{U}_1 \\ \underline{U}_2 \end{bmatrix} .$$

Hybridform *I*:

$$\begin{bmatrix} \underline{U}_1 \\ \underline{I}_2 \end{bmatrix} = \begin{bmatrix} \underline{H}_{11} & \underline{H}_{12} \\ \underline{H}_{21} & \underline{H}_{22} \end{bmatrix} \begin{bmatrix} \underline{I}_1 \\ \underline{U}_2 \end{bmatrix} .$$

Messtechnisch können die Koeffizienten durch Leerlauf- und Kurzschlussversuche ermittelt werden. Sind in der Widerstandsform die Bedingungen $\underline{Z}_{22} = \underline{Z}_{11}$ und $\underline{Z}_{21} = \underline{Z}_{12}$ erfüllt, so ist der Vierpol symmetrisch.

Die Anwendung der Vierpolgleichungen ist zweckmäßig bei der Berechnung umfangreicher Schaltungen (Kettenschaltungen, Filter); dazu wird aus den Gln. (22.42) die mit Rücksicht auf die Aufgabe zweckmäßige Form ausgewählt.

Passive lineare Vierpole können durch Ersatzschaltungen in T- oder Π-Form dargestellt werden; wegen der Gleichheit der Koppelimpedanzen bei den sog. umkehrbaren Schaltungen treten drei unabhängige Koeffizienten auf (Abb. 22.19). Die Zuordnung der *Z*-Parameter zur T-Schaltung und der *Y*-Parameter zur Π-Schaltung ist besonders sinnfällig.

22.3.4.2 Filter

Die Frequenzabhängigkeit der Blindwiderstände kann ausgenutzt werden, um bei nichtsinusförmigen Wechselgrößen oder bei Mischgrößen die Amplituden bestimmter Frequenzbereiche zu unterdrücken. Dem Durchlassbereich mit niedriger Dämpfung steht der Sperrbereich mit hoher Dämpfung gegenüber. Durchlass- und Sperrbereiche sind durch die Grenzfrequenzen getrennt. Filter können als *Hochpässe*, *Tiefpässe*, *Bandpässe* oder *Bandsperren* konzipiert sein.

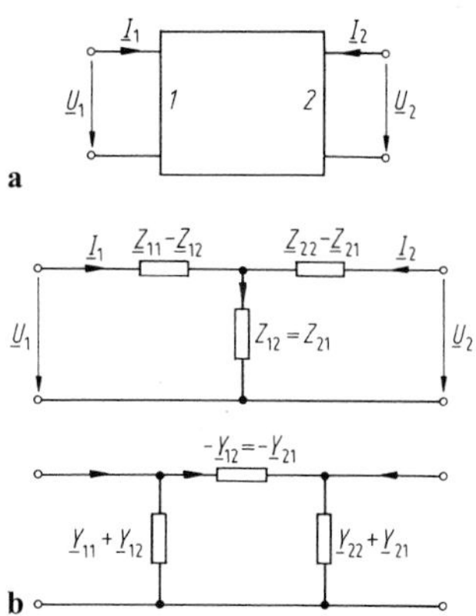

Abb. 22.19 Vierpole. **a** allgemeine Darstellung, **b** umkehrbare Vierpole als T- und Π-Schaltung

In Abb. 22.20 sind zwei Reaktanzvierpole dargestellt, ein Tiefpass und ein Hochpass. Im folgenden werden einige Eigenschaften des Tiefpasses erläutert.

Für die T-Schaltung gilt nach Gl. (22.42)

$$A_{11} = A = 1 - \omega^2 \cdot 2LC .$$

Der Durchlassbereich ist gegeben durch $1 > A > -1$; er erstreckt sich danach von $\omega = 0$ bis zur oberen Grenzkreisfrequenz

$$\omega_\mathrm{g} = \frac{1}{\sqrt{LC}} .$$

Als *Wellenwiderstand* wird die im Durchlassbereich reelle Impedanz Z_W bezeichnet

$$Z_\mathrm{W} = \sqrt{\frac{A_{12}}{A_{21}}} = \sqrt{\frac{L}{C} - \omega^2 L^2} .$$

Wird ein symmetrischer Vierpol mit dem Wellenwiderstand abgeschlossen, so ist sein Ein-

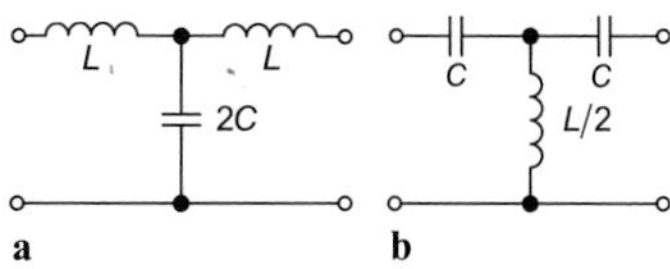

Abb. 22.20 Reaktanz-Vierpole. **a** Tiefpass, **b** Hochpass

gangswiderstand ebenfalls gleich dem Wellenwiderstand. Die Ausgangsspannung ist dann dem Betrage nach gleich der Eingangsspannung.

Filter- und Siebschaltungen der Nachrichtentechnik werden nach dem Wellenparameterverfahren als Kettenschaltungen aus Elementar-Vierpolen aufgebaut derart, dass der eingangsseitige Wellenwiderstand eines Vierpols der Kette gleich dem ausgangsseitigen Wellenwiderstand des vorausgehenden Vierpols ist.

22.4 Netzwerke

22.4.1 Ausgleichsvorgänge

In einem *Netzwerk* [8] finden beim Übergang von einem stationären Zustand in einen anderen Ausgleichsvorgänge statt. Ausgelöst werden sie in der Regel durch einen Schaltvorgang.

Die Berechnung von Übergangsvorgängen kann im Zeitbereich erfolgen. Daneben wird bei linearen Systemen auch die Laplace-Transformation eingesetzt. Bei passiven Netzwerken mit verschwindenden Anfangswerten lässt sich auch die Operatorenrechnung verwenden, wobei die Operatorgleichungen für eine Schaltung den komplexen Gleichungen für harmonische Wechselgrößen im eingeschwungenen Zustand entsprechen.

Das Öffnen oder Schließen eines Schalters soll zum Zeitpunkt $t = 0$ erfolgen. Unmittelbar vorher seien die Zweigströme und Zweigspannungen $i(-0)$, $u(-0)$; unmittelbar nach dem Schalten weisen sie die Anfangswerte $i(+0)$, $u(+0)$ auf. Da die gespeicherten Energien in elektrischen und magnetischen Feldern sich nicht sprunghaft ändern können, gilt dies auch für Spannung und Ladung eines Kondensators sowie für Strom und magnetischen Fluss einer Spule.

22.4.1.1 Berechnung im Zeitbereich

Die Berechnung von Ausgleichsvorgängen kann im Zeitbereich durch Integration der Differentialgleichungen erfolgen, die nach den Kirchhoff'schen Sätzen für das betrachtete Netzwerk aufgestellt werden. In einem linearen System mit konstanten Koeffizienten ist die Differentialgleichung für die Ströme in einem System n-ter Ordnung von der Form

$$\frac{\mathrm{d}\boldsymbol{i}}{\mathrm{d}t} = \boldsymbol{A}\boldsymbol{i} + \boldsymbol{B}\boldsymbol{u} \quad \text{mit } \boldsymbol{i}(+0) = \boldsymbol{I}_0 \,. \tag{22.43a}$$

In dieser allgemeinen Schreibweise bezeichnen bei einem System n. Ordnung mit m Eingängen $i(n)$ den Stromvektor, allgemein Vektor der Zustandsgrößen, $A(n, n)$ die Systemmatrix, $B(n, m)$ die Eingangsmatrix, auch Steuermatrix genannt, und $u(m)$ den Vektor der eingeprägten Spannungen, allgemein der Eingangsgrößen. Die Lösung setzt sich aus der homogenen und einer partikulären Lösung zusammen

$$\boldsymbol{i} = \boldsymbol{i}_\mathrm{h} + \boldsymbol{i}_\mathrm{p} \quad \text{mit } \boldsymbol{i}_\mathrm{h} = \boldsymbol{VQC} \,. \tag{22.43b}$$

Darin ist $\boldsymbol{V}$ die Matrix der Eigenvektoren $\boldsymbol{V}_k$, $\boldsymbol{Q}$ die Diagonalmatrix der Exponentialfunktionen $\exp(s_\mathrm{K}t)$, $\boldsymbol{C}$ die Spaltenmatrix der Integrationskonstanten c_k. Bei Anwendung des Verfahrens werden berechnet ($\mathbf{1}$: Einheitsmatrix):

- die Eigenwerte s_k aus $\det(s\mathbf{1} - \boldsymbol{A}) = 0$,
- von Null verschiedene Eigenvektoren $\boldsymbol{V}_k$ aus $(s_\mathrm{K} \cdot \mathbf{1} - \boldsymbol{A}) \cdot \boldsymbol{V}_\mathrm{K} = 0$,
- die Konstanten c_K aus den Anfangsbedingungen.

Es ist $\boldsymbol{i}_\mathrm{h}(t)$ der Vektor der flüchtigen Ströme, die partikuläre Lösung $\boldsymbol{i}_\mathrm{p}(t)$ bezeichnet den eingeschwungenen Zustand, der bei Einprägung von konstanten oder periodischen Spannungen mit den bekannten Methoden für Gleich- und Wechselstromnetzwerke berechnet werden kann.

22.4.1.2 Behandlung mittels Laplace-Transformation

Soll das lineare Gleichungssystem Gl. (22.43a) mit Hilfe der Laplace-Transformation gelöst werden, so ist zunächst die Gleichung im Bildbereich anzugeben. Unter Benutzung der Laplace-Variablen ist dies

$$(s\mathbf{1} - \boldsymbol{A})\boldsymbol{I}(s) - \boldsymbol{I}(+0) = \boldsymbol{BU}(s) \,. \tag{22.44a}$$

Die Funktion der Eingangsgrößen muss dazu in den Bildbereich (*Laplace-Bereich*) transformiert werden gemäß dem Basisintegral

$$F(s) = \int_0^\infty f(t)\,\mathrm{e}^{-st}\,\mathrm{d}t\,.$$

Danach erfolgt die Lösung der algebraischen Gleichung Gl. (22.43b) im Bildbereich und schließlich die Rücktransformation in den Zeitbereich. Dazu ist der Entwicklungssatz der Laplace-Transformation nützlich. Ist die Bildbereichslösung der Ströme I_i $(i = 1 \ldots n)$ eine rationale Funktion von Polynomen in s nach

$$I_i(s) = \frac{Z_i(s)}{N(s)}\,,$$

mit den Nennerwurzeln s_k $(k = 1 \ldots n)$ als Einfachwurzeln, so erhält man

$$i_i(t) = \sum_{k=1}^{n} \frac{Z_i(s_k)}{(\mathrm{d}N/\mathrm{d}s)_{s_k}} \mathrm{e}^{s_k t}\,. \qquad (22.44\mathrm{b})$$

Bei den Transformationen leisten die bekannten Korrespondenztabellen gute Dienste.

22.4.1.3 Einschalten einer ohmsch-induktiven Last

Für das Einschalten einer mittels R und L dargestellten Drossel gilt

$$L\frac{\mathrm{d}i}{\mathrm{d}t} + Ri = u(t) \quad \text{mit } i(0) = 0\,.$$

Beim Aufschalten einer Gleichspannung ist

$$u(t) = U_0 \quad \text{für } t \geq 0$$
$$\Rightarrow i = \frac{U_0}{R}\left(1 - \mathrm{e}^{-t/T}\right) \quad \text{mit } T = \frac{L}{R}\,. \qquad (22.45)$$

Der Stromanstieg erfolgt nach einer Exponentialfunktion mit der Zeitkonstante T (Abb. 22.21a). Beim Aufschalten einer Wechselspannung wird

$$u(t) = \sqrt{2}\,U \cdot \cos(\omega t + \varphi)$$
$$\Rightarrow i = \sqrt{2}\,I\Big[\cos(\omega t + \varphi - \varphi_z) - \mathrm{e}^{-t/T} \cdot \cos(\varphi - \varphi_z)\Big] \qquad (22.46)$$

$$\text{mit } I = \frac{U}{Z}\,, \quad Z = \sqrt{R^2 + \omega^2 L^2}\,,$$
$$\varphi_z = \arctan \omega T\,.$$

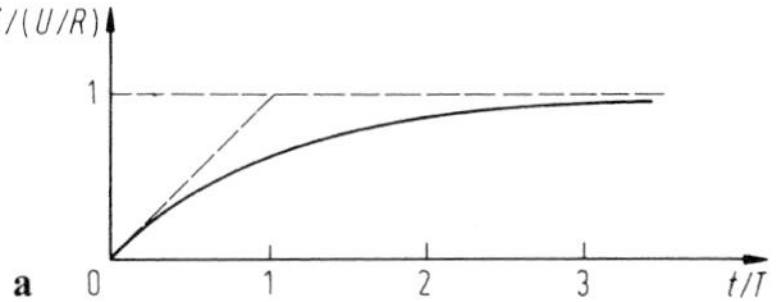

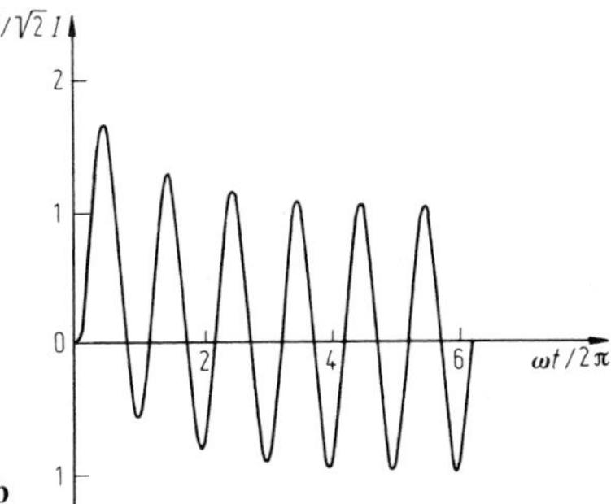

Abb. 22.21 Einschaltvorgänge bei einer ohmsch-induktiven Last; **a** an Gleichspannung, **b** an Wechselspannung

In der Gleichung des Stroms gibt I den Effektivwert des eingeschwungenen Zustands an. Der Übergangsvorgang ist gekennzeichnet durch ein Gleichstromglied, dessen Größe vom Einschaltzeitpunkt abhängt (Abb. 22.21b). Es hat sein Maximum bei $\varphi = \varphi_z$ und verschwindet bei $|\varphi - \varphi_z| = \pi/2$. Schaltet man also eine Spule mit $R \ll \omega L$ im Spannungsmaximum ein, so wird sich der eingeschwungene Zustand annähernd sofort einstellen, während beim Schalten im Spannungsnulldurchgang ein erhebliches Überschwingen bis zum Doppelten der stationären Amplitude auftritt.

22.4.1.4 Einschalten eines Reihenresonanzkreises an einer Gleichspannung

Betrachtet wird die Reihenschaltung aus R, L und C mit der Zustandsgleichung

$$L\frac{\mathrm{d}i}{\mathrm{d}t} + Ri + \frac{1}{C}\int i\,\mathrm{d}t = U_0 \quad \text{bei } i(0) = 0\,.$$

Der Lösungsansatz im Zeitbereich lautet $i = A_1\mathrm{e}^{s_1 t} + A_2\mathrm{e}^{s_2 t}$, und die charakteristische Gleichung ist

$$s^2 + 2\delta s + \omega_0^2 = 0 \quad \text{mit } \omega_0^2 = \frac{1}{LC}\,,$$
$$\delta = \frac{R}{2L} = d\omega_0\,, \quad d = \frac{\delta}{\omega_0}\,.$$

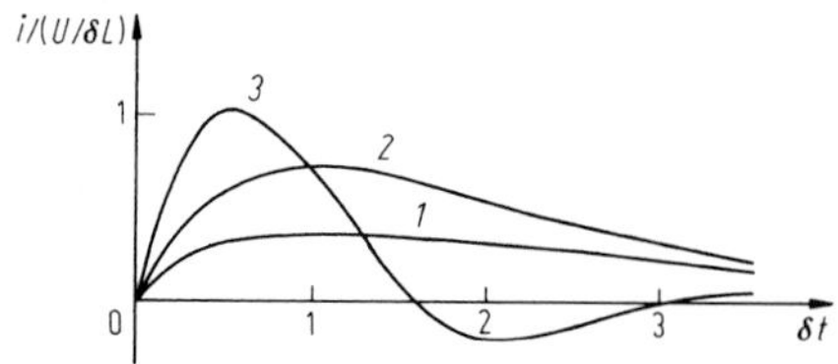

Abb. 22.22 Einschalten eines Reihenresonanzkreises. *1* Aperiodischer Fall, *2* aperiodischer Grenzfall, *3* periodischer Fall

Sie hat die Lösungen

$$s_{1,2} = -\delta \pm \sqrt{\delta^2 - \omega_0^2}\,.$$

Es bezeichnen ω_0 die Kennkreisfrequenz, δ das Dekrement und d die Dämpfung. Es sind drei Fälle zu unterscheiden:

Aperiodischer Fall:
Bei $\delta^2 > \omega_0^2$ bzw. $d > 1$ ergeben sich zwei reelle Wurzeln und die Lösung

$$i(t) = \frac{U_0}{\alpha L} \mathrm{e}^{-\delta t} \sinh(\alpha t) \quad \text{mit } \alpha = \sqrt{\delta^2 - \omega_0^2}\,. \tag{22.47a}$$

Aperiodischer Grenzfall:
Eine reelle Doppelwurzel tritt auf bei $\delta^2 = \omega_0^2$; man erhält

$$i(t) = \frac{U_0}{L} t \mathrm{e}^{-\delta t}\,. \tag{22.47b}$$

Periodischer Fall:
Im Falle $\delta^2 < \omega_0^2$ bzw. $d < 1$ liegt ein konjugiert komplexes Wurzelpaar vor; die Lösung ist dann

$$i(t) = \frac{U_0}{\omega L} \mathrm{e}^{-\delta t} \sin \omega t \quad \text{mit } \omega = \sqrt{\omega_0^2 - \delta^2}\,. \tag{22.47c}$$

In Abb. 22.22 sind die prinzipiellen Verläufe der Übergangsvorgänge dargestellt.

22.4.2 Netzwerkberechnung

Mit dem stationären und dynamischen Verhalten von Netzwerken befasst sich die Netzwerktheorie [1, 4]. Grundlage der Berechnung des Verhaltens von Netzwerken sind die Kirchhoff'schen Sätze. Auf dem ersten Kirchhoff'schen Gesetz beruht die Knotenanalyse, auf dem zweiten die Maschenanalyse.

Zur Analyse größerer Netzwerke empfiehlt sich die Anwendung topologischer Verfahren. Sie erlauben ein systematisches Vorgehen bei der Aufstellung der Gleichungssysteme. Dazu wird die Graphentheorie herangezogen und als Hilfsmittel die Matrizenrechnung verwendet. Die Lösung erfolgt schließlich mit Hilfe eines Rechners.

Grundbegriffe für die Schnittmengen- und Schleifenanalyse sind Knoten, Zweig, Masche und Baum. Der Schaltung in Abb. 22.5 lässt sich beispielsweise ein Graph zuordnen, der sechs Zweige und vier Knoten enthält. Gibt es k Knoten und z Zweige, so weist das Netzwerk $p = k - 1$ unabhängige Knotengleichungen auf. Als Masche wird eine in sich geschlossene Kette von Zweigen bezeichnet. Es gibt $m = z - k + 1$ unabhängige Maschengleichungen. (Im Beispiel ist $p = 5$ und $m = 3$.) Ein Baum ist ein Teil des Netzwerks, der alle Knoten und so viele Zweige (Baumzweige) enthält, dass keine Masche gebildet wird. Die nicht im Baum enthaltenen Zweige heißen Verbindungszweige. Die Vorschrift zum Aufstellen der Maschengleichungen lautet dann: Man zeichne einen beliebigen Baum und wähle m Maschenumläufe derart, dass jeder Verbindungszweig genau einmal durchlaufen wird. Zusammen mit den Knotengleichungen für $k - 1$ beliebig gewählte Knoten liegen dann z unabhängige Gleichungen für die Zweigströme vor. Die Zweigspannungen lassen sich daraus leicht berechnen.

22.5 Werkstoffe und Bauelemente

22.5.1 Leiter, Halbleiter, Isolatoren

Bei den festen Stoffen [5–7] erstrecken sich die vorkommenden Werte des spezifischen Widerstands über etwa 25 Zehnerpotenzen. Die Stromleitung geschieht durch Elektronen und Defektelektronen („Löcher"). Nach der Trägerdichte und ihrer Beweglichkeit werden die Feststoffe eingeteilt in (Abb. 22.23):

- gute *metallische Leiter* (insbesondere Cu, Al, Ag), zulässige Dauerbelastung Tab. 27.2,

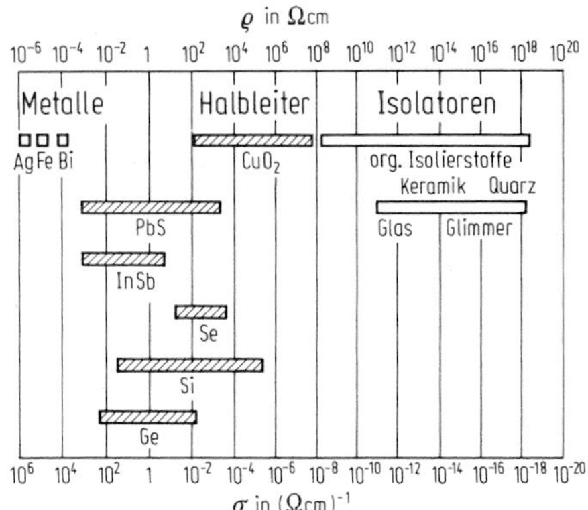

Abb. 22.23 Spezifischer Widerstand von Materialien der Elektrotechnik

- *Halbleiter* (Si, Ge, Se sowie Verbindungen der III. und V. Gruppe des periodischen Systems der Elemente),
- *Isolatoren* (organische und anorganische wie z. B. Porzellan, Glas, Glimmer) (Tab. 22.4).

Halbleiter bilden die Grundlage für die Bauelemente und Schaltkreise der Elektronik und Mikroelektronik [9–11]. Sie weisen im ungestörten, reinen Halbleiterkristall bei tiefen Temperaturen keine freien Ladungsträger auf und verhalten sich wie Isolatoren. Frei bewegliche Träger können durch Wärmezufuhr oder Lichteinstrahlung entstehen.

Durch Dotierung mit Atomen der III. Gruppe (Akzeptoren) oder der V. Gruppe (Donatoren) werden Halbleiter p-leitend bzw. n-leitend. Für die jeweiligen Eigenschaften der Halbleiterelemente sind die Sperrschichteffekte an pn-Übergängen maßgebend.

22.5.2 Besondere Eigenschaften bei Leitern

22.5.2.1 Supraleitung

Die bei den Metallen vorliegende Temperaturabhängigkeit des spezifischen Widerstands ist im Bereich der normal bei Betriebsmitteln vorkommenden Temperaturen linear (s. Gl. (22.18)). Im Bereich sehr tiefer Temperaturen weisen jedoch einige Metalle und Metallegierungen supraleitende Eigenschaften auf: Bei Unterschreitung der sog. *Sprungtemperatur* T_c ist kein nachweisbarer elektrischer Widerstand vorhanden. Zur Aufrechterhaltung der Supraleitung dürfen neben der Temperatur bestimmte kritische Werte der Stromdichte und der Stärke des äußeren Magnetfelds nicht überschritten werden.

Die Anwendung der Supraleitung wird in der Energietechnik für Generatoren, Transformatoren, Kabel, Kurzschlussstrombegrenzer und induktive elektrische Speicher in Betracht gezogen. Einen Marktdurchbruch hat die Supraleitung bisher in der Magnet-Resonanz-Tomographie erzielen können. Es wurden die Hochfeldsupraleiter entwickelt, zu denen NbTi ($T_c = 9{,}3\,\mathrm{K}$), Nb_3Sn ($T_c = 18{,}0\,\mathrm{K}$) und V_3Ga zählen (Abb. 22.24). Beispielsweise erreicht man mit Nb Ti-Supraleitern bei einer Temperatur von 4,2 K und einer Stromdichte von $70\,\mathrm{kA/cm^2}$ eine kritische magnetische Flussdichte von 8 T. Wegen der niedrigen Sprungtemperaturen ist als Kühlmittel Helium erforderlich, das in einer Kälteanlage verflüssigt werden muss.

Seit der Entdeckung der sog. Hochtemperatur-Supraleiter sind Sprungtemperaturen von über 100 K erzielt worden. So liegt bei der Verbindung $YBa_2Cu_3O_7$ der Wert T_c bei 93 K. Die Attraktivität solcher Supraleiter liegt darin, dass hierbei als Kühlmittel flüssiger Stickstoff (77 K) anstelle des viel teureren Heliums ausreicht. Die erreichbare Stromdichte liegt mit über $100\,\mathrm{A/mm^2}$ deutlich über der herkömmlicher Leitermaterialien. Wegen der Probleme bei der technischen Herstellung verlustarmer Wicklungen ist eine breite industrielle Anwendung der neuen Supraleiter derzeit noch nicht absehbar [12].

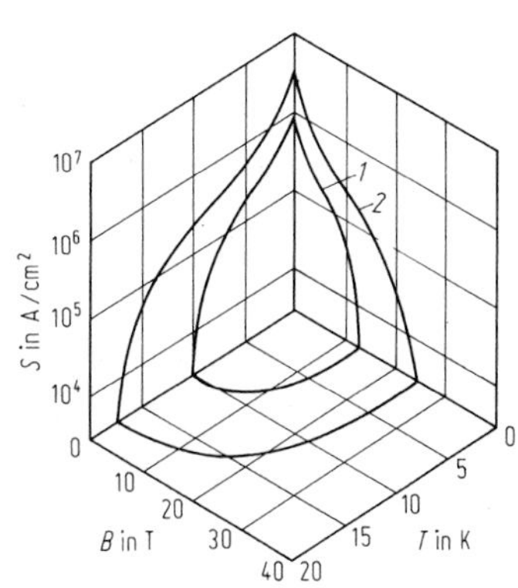

Abb. 22.24 Sprungtemperaturen von Supraleitern. *1* Niobtitan, *2* Niobzinn

22.5.2.2 Halleffekt

Fließt in einem bandförmigen Leiter von rechteckigem Querschnitt ein Strom, so wird unter Einwirkung eines senkrecht zur Bandebene gerichteten Magnetfelds eine Hallspannung erzeugt. Dies ist die Spannungsdifferenz zwischen gegenüberliegenden Punkten der beiden Ränder des Bands. Der Halleffekt wird zur Messung von Magnetfeldern in Luftspalten herangezogen. Eingesetzt werden dünne Plättchen aus Materialien mit hohen Hallkoeffizienten. Beispielsweise erzielt man mit InAs-Hallsonden bei einem Messstrom von 0,1 A infolge einer Induktion von 1 T eine Hallspannung in der Größenordnung 100 mV.

22.5.2.3 Seebeck- und Peltier-Effekt

Werden zwei verschiedenartige Leiter durch eine Lötstelle verbunden, so tritt entsprechend der thermoelektrischen Spannungsreihe eine Thermospannung auf. In einem geschlossenen Stromkreis macht sich die Thermospannung nach außen nur bemerkbar, wenn die beiden vorkommenden Lötstellen unterschiedliche Temperaturen aufweisen (s. Abschn. 31.7).

Nach dem *Seebeck-Effekt* ist die entstehende Urspannung in einem aus zwei verschiedenen Metallen zusammengesetzten Kreis proportional der Temperaturdifferenz zwischen der warmen und der kalten Lötstelle. Dies wird in den sog. Thermoelementen ausgenutzt. Als Beispiel wird das Kupfer-Konstantan-Element angeführt, das bei einer Temperaturdifferenz von 100 K die Thermospannung 4,15 mV liefert.

Der *Peltier-Effekt* bezeichnet die Umkehrung des Seebeck-Effekts. Bei einem stromdurchflossenen Kreis aus zwei Metallen wird, abgesehen von der Joule'schen Wärme, der einen Lötstelle Wärme zugeführt, von der anderen abgeführt. Diese Peltier-Wärme ist dem Strom proportional. Eine Anwendung findet sich bei speziellen Kühlelementen.

22.5.3 Stoffe im elektrischen Feld

Isolierstoffe sind gekennzeichnet durch ihre Dielektrizitätszahl oder Permittivität ε_r und ihre Durchschlagsfeldstärke E_d (s. Tab. 22.4). Im elektrischen Feld erfolgt eine Polarisation der Ladungen in den Molekülen. Mit der Feldstärke ist die Polarisation verknüpft über $P = \chi_e \varepsilon_0 E$ mit $\chi_e = \varepsilon_r - 1 =$ elektrische Suszeptibilität.

Bei einigen dielektrischen Stoffen ist der Zusammenhang zwischen Polarisation und elektrischer Feldstärke nichtlinear und außerdem nicht eindeutig (Hystereseverhalten). Dieses Verhalten wird mit *Ferroelektrizität* bezeichnet.

22.5.3.1 Piezoelektrizität

Einige Kristalle lassen sich durch Druck- oder Zugspannungen polarisieren. Auf entgegengesetzten Oberflächen entstehen Flächenladungen unterschiedlichen Vorzeichens. Umgekehrt kann man bei solchen Stoffen (z. B. Quarz, Turmalin) durch Anlegen eines elektrischen Felds abhängig von dessen Polarität und Richtung eine Längenänderung herbeiführen. Dies ist der reziproke piezoelektrische Effekt.

Piezoelektrische Werkstoffe werden zur elektromechanischen Wandlung von Schwingungen eingesetzt. Beispiele sind Piezoaufnehmer in der Messtechnik und Kristallmikrophone, insbesondere aber die Verwendung von Quarzkristallen in Oszillatoren (Quarzuhren). Neuerdings finden piezoelektrische Wandler auch als Aktoren in die Antriebstechnik Eingang [13].

22.5.3.2 Photoelemente und Solarzellen

Solarzellen sind Photoelemente mit pn-Übergang, in denen bei Lichteinfall durch Trennung der Elektronen und Löcher an der Raumladungszone eine Spannung entsteht; die Zelle kann dann Energie in eine äußere Last liefern. Das Verhalten beschreibt eine Diodenkennlinie, die abhängig von der Einstrahlung um den (negativen) Fotostrom verschoben wird und im 4. Quadranten zwischen Leerlaufspannung und Kurzschlussstrom verläuft (Abb. 22.25a).

Solarzellen können aus monokristallinem, polykristallinem oder amorphem Silizium hergestellt werden. Die Siliziumzellen unterschiedlicher Technologie unterscheiden sich nach Herstellungsaufwand und Wirkungsgrad; bei industriellen Zellen werden derzeit Wirkungsgrade von ca. 13–16 % erzielt. Durch Reihen- und Parallelschaltungen werden die Zellen zu Solargeneratoren zusammengeschaltet. Abb. 22.25b zeigt

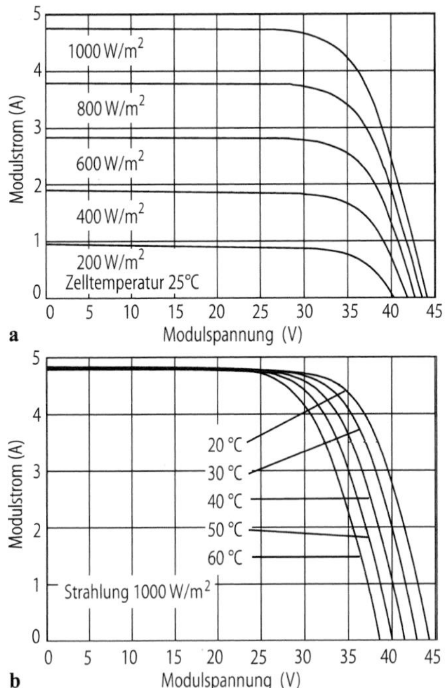

Abb. 22.25 Kennlinie photovoltaischer Wandler. **a** Solarzelle als Diode mit Fotostromanteil, *1* Diode, *2* Solarzelle, **b** Solarmodul (Shell SP150)

Kennlinien eines Solarmoduls für einen solchen Generator, der aus multikristallinem Silizium besteht und bei 25 °C und einer Einstrahlung von $100\,\mathrm{mW/cm^2}$ eine maximale Leistung von 150 W abgibt.

Solargeneratoren haben in der Satellitentechnik ihren festen Platz als Stromerzeuger. Für den Einsatz auf der Erde finden sie in der Fotovoltaik zunehmende Verbreitung als umweltfreundliche Energiequellen (s. Bd. 3, Abschn. 48.6).

22.5.4 Stoffe im Magnetfeld

Die magnetischen Eigenschaften eines Stoffs werden durch die magnetische Suzeptibilität χ_m bestimmt, die den Zusammenhang zwischen Magnetisierung M und magnetischer Feldstärke H bestimmt

$$M = \chi_\mathrm{m} H \quad \text{mit } \chi_\mathrm{m} = \mu_\mathrm{r} - 1\,.$$

Es sind folgende Materialgruppen zu unterscheiden:

- *paramagnetische* Stoffe, μ_r wenig größer als 1 (z. B. Al mit $\chi_\mathrm{m} = 0{,}21 \cdot 10^{-4}$),
- *diamagnetische* Stoffe, μ_r wenig kleiner als 1 (z. B. Ag mit $\chi_\mathrm{m} = -0{,}19 \cdot 10^{-4}$),
- *ferromagnetische* Stoffe (Fe, Ni, Co und einige Legierungen), χ_m wesentlich größer als 1, und zwar bis $1 \cdot 10^5$.

Die Magnetisierungskennlinien $B(H)$ oder $M(H)$ ferromagnetischer Stoffe weisen die Eigenschaften Sättigung und Hysterese auf. (Erläuterungen zu diesen technisch relevanten Eigenschaften s. Abschn. 22.2). Werden die Stoffe von einem Wechselfeld durchsetzt, so entstehen Ummagnetisierungsverluste, die sich im Wesentlichen aus Wirbelstrom- und Hystereseanteilen zusammensetzen.

Ferromagnetische Körper erfahren durch Ummagnetisierung elastische Längenänderungen. Diese Erscheinung wird als Magnetostriktion bezeichnet. Sie kann für die Herstellung von Ultraschallschwingungen genutzt werden, ist andererseits aber auch bei Transformatoren die Ursache für Geräuscherzeugung.

22.5.5 Elektrolyte

Bei Strömen durch Elektrolyte (Basen, Säuren, Salzlösungen und -schmelzen) erfolgt der Ladungstransport durch Ionen, nämlich positiv (*Kationen*) oder negativ (*Anioden*) geladene Molekülteile. Ionen in einem flüssigen Leiter wandern unter Einwirkung eines elektrischen Felds zur Kathode (negativer Pol) bzw. zur Anode (positiv geladener Pol). Damit geht ein Materialtransport einher. Dieser Vorgang wird bei der Elektrolyse technisch ausgenutzt.

Elektrolyseanlagen sind Einrichtungen zur getrennten Abscheidung von Anionen und Kationen mit Hilfe des elektrischen Stroms. Dabei ist eine hohe Reinheit der abgeschiedenen Stoffe erzielbar. Elektrolytkupfer für elektrische Leitzwecke weist 99,9 % Reinheit auf. Die Aluminiumelektrolyse erfolgt unter Einsatz von Bauxit und Kryolith in schmelzflüssigem Zustand. Galvanisieren ist das elektrolytische Aufbringen von Oberflächenüberzügen (z. B. Vernickeln, Vercadmen).

Anhang

Tab. 22.3 Größen der Elektrotechnik mit Formelzeichen und Einheiten (nach DIN 1304)

Benennung	Formelzeichen	Einheit	Name	Bemerkung	Umrechnung
elektrische Ladung	Q	C	Coulomb		$1\,\text{C} = 1\,\text{A}\cdot\text{s}$
Elementarladung	e	C		$e = 1{,}6 \cdot 10^{-19}\,\text{C}$	
Raumladungsdichte	ρ	C/m^3			
el. Flussdichte (Verschiebungsdichte)	D	C/m^2			
el. Polarisation	P	C/m^2		$P = D - \varepsilon_0 E$	
el. Potential	φ	V			
el. Spannung (Potentialdifferenz)	U	V	Volt		
el. Feldstärke	E	V/m			
el. Kapazität	C	F	Farad	$C = Q/U$	$1\,\text{F} = 1\,\text{C/V}$ $= 1\,\text{A}\cdot\text{s/V}$
Dielektrizitätskonstante	ε	F/m		$\varepsilon = D/E$	
el. Feldkonstante	ε_0	F/m		$\varepsilon_0 = 8{,}854 \cdot 10^{-12}\,\text{F/m}$	
Dielektrizitätszahl	ε_r	1		$\varepsilon_\text{r} = \varepsilon/\varepsilon_0$	
el. Suszeptibilität	χ_e	1		$\chi_\text{e} = \varepsilon_\text{r} - 1$	
el. Stromstärke	I	A	Ampere		
el. Stromdichte	S, J	A/m^2			
el. Strombelag	A	A/m			
el. Durchflutung	Θ	A			
magn. Spannung	V	A			
magn. Feldstärke	H	A/m			
magn. Fluss	Φ	Wb	Weber		$1\,\text{Wb} = 1\,\text{V}\cdot\text{s}$
Verkettungsfluss	Ψ	Wb		$\Psi = \xi N \Phi$	
magn. Flussdichte (Induktion)	B	T	Tesla		$1\,\text{T} = 1\,\text{Wb/m}^2$
Induktivität	L	H	Henry	$L = \Psi/I$	$1\,\text{H} = 1\,\text{Wb/A}$ $= 1\,\text{V}\cdot\text{s/A}$
Permeabilität	μ	H/m		$\mu = B/H$	
magn. Feldkonstante	μ_0	H/m		$\mu_0 = 1{,}257 \cdot 10^{-6}\,\text{H/m}$	
Permeabilitätszahl	μ_τ	1		$\mu_\tau = \mu/\mu_0$	
magn. Suszeptibilität	χ_m	1		$\chi_\text{m} = \mu_\tau - 1$	
Magnetisierung	M	A/m		$M = \chi_\text{m} H$ $= B/\mu_0 - H$	
magn. Polarisation	J	T		$J = \mu_0 M$ $= B - \mu_0 H$	
magn. Widerstand, Reluktanz	R_m	H^{-1}		$R_\text{m} = \Theta/\Phi$	
magn. Leitwert	Λ	H		$\Lambda = 1/R_\text{m}$	
el. Widerstand (Wirkwiderstand, Resistanz)	R	Ω	Ohm	$R = U/I$	
el. Leitwert (Wirkleitwert, Konduktanz)	G	S	Siemens	$G = 1/R$	
spez. el. Widerstand (Resistivität)	ρ	$\Omega\cdot\text{m}$			
el. Leitfähigkeit (Konduktivität)	κ, γ, σ	S/m		$\kappa = 1/\rho$	
Blindwiderstand (Reaktanz)	X	Ω			
Impedanz (komplex)	$\underline{Z}$	Ω		$\underline{Z} = R + \text{j}X$	
Scheinwiderstand (Betrag der Impedanz)	Z	Ω		$Z = \sqrt{R^2 + X^2}$	
Blindleitwert (Suszeptanz)	B	S			
Admittanz (komplex)	$\underline{Y}$	S		$\underline{Y} = G + \text{j}B$	
Scheinleitwert (Betrag der Admittanz)	Y	S		$Y = \sqrt{G^2 + B^2}$	

Tab. 22.3 (Fortsetzung)

Benennung	Formelzeichen	Einheit	Name	Bemerkung	Umrechnung
Energie, Arbeit	W	J	Joule		$1\,J = 1\,N \cdot m = 1\,W \cdot s$
Leistung, Wirkleistung	P	W	Watt		$1\,W = 1\,J/s$
Blindleistung	Q	var	var		$1\,var = 1\,V \cdot A$
Scheinleistung	S	VA	Voltampere		$1\,VA = 1\,V \cdot A$
Phasenverschiebungswinkel	φ	rad	Radiant		$1\,rad = 57{,}296°$
Leistungsfaktor	λ	1		$\lambda = P/S$	
Streufaktor	σ	1			
Windungszahl	N, w	1			
Wicklungsfaktor	ξ	1			
Kraft	F	N	Newton		$1\,N = 1\,kg \cdot m/s^2$
Drehmoment	M	$N \cdot m$			
Periodendauer	T	s	Sekunde		
Frequenz	f	Hz	Hertz		$1\,Hz = 1/s$
Kreisfrequenz	ω	s^{-1}		$\omega = 2\pi f$	
Drehzahl	n	s^{-1}		(auch in min^{-1})	
Winkelgeschwindigkeit	Ω	rad/s		$\Omega = 2\pi\, n$	
Trägheitsmoment	J	$kg \cdot m^2$			$1\,kg \cdot m^2 = 1\,N \cdot m \cdot s^2$

Tab. 22.4 Eigenschaften einiger Isolierstoffe: Dielektrizitätszahlen ε_r, Verlustfaktor $\tan\delta$ bei 50 Hz und Durchschlagfestigkeit E_d

	ε_r	$\tan\delta \cdot 10^4$	$E_d[\frac{kV}{mm}]$
Glas	5...7	10...100	10...40
Hartporzellan	6	170...250	35
Glimmer	4,5...8		50
Hartpapier	4	200...400	25
Epoxid-Gießharz	3,2...3,9	35...50	20...45
Polyester-Gießharz	3...7	30...300	25...45
Polyethylen	2,3	2...4	40
Polycarbonat	3	7	100
Transformatoröl	2,2...2,4	1...5	15...25
Wasser, dest.	80,8		
Luft, 1 bar, 18 °C			3

Tab. 22.5 Spezifische Widerstände ρ, Leitwerte κ und Temperaturkoeffizienten α einiger Leiter

	$\rho_{20}\,[\Omega \cdot mm^2/m]$	$\kappa_{20}\,[S \cdot m/mm^2]$	α [1/K]
Silber	0,016	62,5	0,0038
Kupfer	0,01786	56,0	0,0039
Aluminium	0,02857	35,0	0,0038
Stahl	0,1...0,15	7...10	0,0045...0,006
Zinn	0,11	9	0,0042
Bronze	0,018...0,056	18...55	
Messing	0,07...0,09	11...14	0,0015
Manganin	0,43	2,3	0,00001
Konstantan	0,5	2	−0,00003
Chromnickelstahl	1,1	0,91	0,0002

Literatur

Spezielle Literatur

1. Mathis, W., Reibiger, A.: Küpfmüller Theoretische Elektrotechnik, 20. Aufl. Springer Vieweg, Berlin (2017)
2. Henke, H.: Elektromagnetische Felder, Theorie und Anwendungen, 5. Aufl. Springer Vieweg, Berlin (2015)
3. Lehner, G.: Elektromagnetische Feldtheorie, 8. Aufl. Springer Vieweg, Berlin (2018)
4. Schwab, A.J.: Begriffswelt der Feldtheorie, 8. Aufl. Springer Vieweg, Berlin (2019)
5. Ivers Tiffée, E., Münch, W. v.: Werkstoffe der Elektrotechnik, 10. Aufl. Teubner, Stuttgart (2007)
6. Hofmann, H., Spindler, J.: Werkstoffe in der Elektrotechnik, 7. Aufl. Hanser, München (2013)
7. Merkel, M., Thomas, K.H.: Taschenbuch der Werkstoffe, 7. Aufl. Hanser, Leipzig (2008)
8. Scheithauer, R.: Signale und Systeme, 2. Aufl. Vieweg+Teubner, Stuttgart (2005)
9. Thuselt, F.: Physik der Halbleiterbauelemente, 3. Aufl. Springer Spektrum (2018)
10. Hübener, R. P.: Leiter, Halbleiter, Supraleiter, 3. Aufl. Springer Spektrum, Berlin (2020)
11. Tietze, U., Schenk, C., Gamm, E.: Halbleiter-Schaltungstechnik, 16. Aufl. Springer Vieweg, Berlin (2019)
12. Buckel, W., Kleiner, R.: Supraleitung, 7. Aufl. Wiley-VCH, Zürich (2012)
13. Janocha, H.: Unkonventionelle Aktoren, 2. Aufl. Oldenbourg, München (2013)

23 Transformatoren und Wandler

Wilfried Hofmann und Manfred Stiebler

23.1 Einphasentransformatoren

23.1.1 Wirkungsweise und Ersatzschaltbilder

Ein einfacher Transformator weist zwei Wicklungen (*Primärwicklung* 1 und *Sekundärwicklung* 2) auf, die magnetisch gekoppelt sind [1–3]. Er stellt damit einen umkehrbaren Vierpol dar. Aktive Teile des Transformators sind das Wicklungskupfer und das den magnetischen Fluss führende Eisen; je nach Aufbau spricht man vom *Kern-* oder *Manteltransformator* (Abb. 23.1).

Die magnetischen Eigenschaften werden durch die Induktivitäten L_1, L_2 der Wicklungen und durch die Gegeninduktivität M beschrieben. Fließen die Wicklungsströme i_1, i_2, so entstehen die mit der Primär- und Sekundärwicklung verketteten Flüsse (Gesamtflüsse):

$$\Psi_1 = L_1 i_1 + M i_2, \quad \Psi_2 = L_2 i_2 + M i_1. \quad (23.1)$$

Der Grad der magnetischen Kopplung äußert sich in dem Streukoeffizienten

$$\sigma = 1 - \frac{M^2}{L_1 L_2}. \quad (23.2)$$

W. Hofmann (✉)
Technische Universität Dresden
Dresden, Deutschland

M. Stiebler
Technische Universität Berlin
Berlin, Deutschland

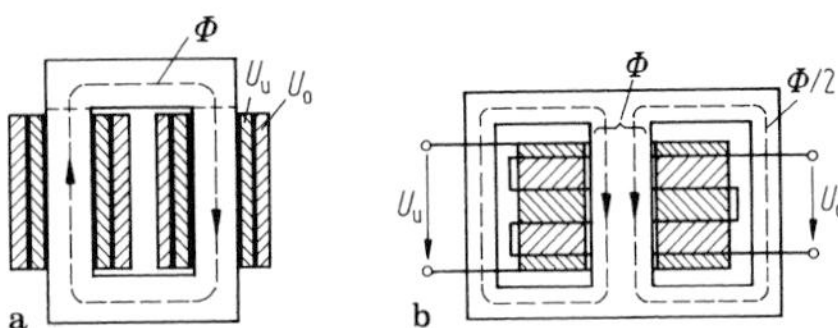

Abb. 23.1 Aufbau von Einphasentransformatoren. **a** Kerntrafo, **b** Manteltrafo

Außerdem weisen die Wicklungen die ohmschen Widerstände R_1, R_2 auf. Dem Transformator lässt sich ein *Ersatzschaltbild* nach Abb. 23.2a zuordnen. Das Verhalten im eingeschwungenen Zustand bei sinusförmigen Klemmengrößen der Kreisfrequenz ω wird dann beschrieben durch die Spannungsgleichungen

$$\begin{aligned} \underline{U}_1 &= (R_1 + \mathrm{j}\omega L_1)\,\underline{I}_1 + \mathrm{j}\omega M \underline{I}_2\,, \\ \underline{U}_2 &= \mathrm{j}\omega M \underline{I}_1 + (R_2 + \mathrm{j}\omega L_2)\,\underline{I}_2\,. \end{aligned} \quad (23.3)$$

Es ist zweckmäßig, durch Einführung eines Übersetzungsverhältnisses *ü* die Schaltung derart umzuformen, dass sich das Ersatzschaltbild als ein galvanisch gekoppeltes T-Glied darstellen lässt. Darin sollen die Sekundärgrößen in einer auf die Primärseite bezogenen Form auftreten (Abb. 23.2b):

$$\underline{U}'_2 = \ddot{\mathrm{u}}\underline{U}_2\,, \quad \underline{I}'_2 = \frac{\underline{I}_2}{\ddot{\mathrm{u}}}\,.$$

Die beiden Ersatzschaltbilder sind leistungsinvariant. Das Übersetzungsverhältnis *ü* ist im Prinzip frei wählbar; es ist aber nahe liegend, *ü*

B. Bender und D. Göhlich (Hrsg.), *Dubbel Taschenbuch für den Maschinenbau 2: Anwendungen*,
https://doi.org/10.1007/978-3-662-59713-2_23

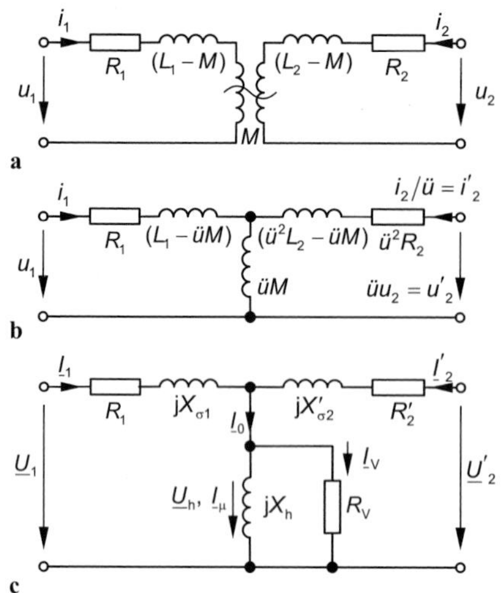

Abb. 23.2 Ersatzschaltbilder des Transformators mit zwei Wicklungen. **a** Grundschaltung, **b** Umrechnung der Sekundärseite auf die Primärseite, **c** Ersatzschaltbild für Wechselstrom (mit Eisen-Verlustwiderstand)

durch das Verhältnis der Windungszahlen zu definieren

$$\ddot{u} = \frac{w_1}{w_2}\,.$$

Dies ist physikalisch sinnvoll, denn damit wird dem Querzweig des Ersatzschaltbilds der Haupt- oder Nutzfluss Φ_h zugeordnet, während die Längszweige die primären und sekundären Streuflüsse Φ_{σ_1}, Φ_{σ_2} erfassen. Als induktive Parameter der Schaltung treten die *Hauptinduktivität* L_h und die *Streuinduktivitäten* L_{σ_1}, L_{σ_2} auf

$$\begin{aligned}
L_h &= \ddot{u}M\,,\\
L_{\sigma_1} &= L_1 - \ddot{u}M = L_1 - L_h\,,\\
L_{\sigma_2} &= L_2 - \frac{M}{\ddot{u}}\,,\\
L'_2 &= \ddot{u}^2 L_2\,,\quad L'_{\sigma_2} = \ddot{u}^2 L_{\sigma_2}\,,\quad R'_2 = \ddot{u}^2 R_2\,.
\end{aligned} \tag{23.4}$$

Es ist zweckmäßig, im Ersatzschaltbild außer den Wicklungsverlusten (Kupferverlusten) auch die Ummagnetisierungsverluste des Transformatorkerns zu berücksichtigen. Dies geschieht am einfachsten durch einen konstanten Verlustwiderstand R_V parallel zur Hauptinduktivität. Weil die im Verlustwiderstand anfallende Leistung dem Quadrat der Spannung an der Hauptinduktivität proportional ist, können damit allerdings die aus Wirbelstrom- und Hystereseanteilen bestehenden Eisenverluste nur näherungsweise erfasst werden. Wird der Transformator mit einer festen Frequenz f bzw. Kreisfrequenz $\omega = 2\,\pi\,f$ betrieben, so benutzt man im Ersatzschaltbild zweckmäßig statt der Induktivitäten die gemäß $X = \omega\,L$ zugeordneten *Reaktanzen* (Abb. 23.2c).

23.1.2 Spannungsinduktion

Durch die Flussänderungen im Kern entsteht eine Hauptfeldspannung, die sich nach dem Induktionsgesetz ergibt und auf die Primärseite bezogen wird

$$u_h = w_1\,\frac{d\Phi_h}{dt} = \frac{d\Psi_h}{dt}\,. \tag{23.5a}$$

Ändert sich der Fluss nach einem Sinusgesetz, so ergibt sich die induzierte Spannung als harmonische Schwingung mit der eingeprägten Frequenz und dem Effektivwert

$$U_h = \frac{\omega}{\sqrt{2}}\,w_1\hat{\Phi}_h = 4{,}44\,f\,w_1\,\hat{B}\,A_{Fe}\,. \tag{23.5b}$$

Die induzierte Spannung ist also proportional der Frequenz f, der Windungszahl w_1, der Amplitude der Induktion $\hat{B}$ und dem Eisenquerschnitt A_{Fe}.

23.1.3 Leerlauf und Kurzschluss

Im Leerlauf verhalten sich nicht zu kleine Transformatoren annähernd spannungsideal; bei $\underline{I}_2 = 0$ ist nämlich die sekundäre Klemmenspannung $\underline{U}_{20} \approx \underline{U}_1/\ddot{u}$. Der aufgenommene Strom $\underline{I}_0$ eilt der Spannung um fast 90° nach. Die aufgenommene *Wirkleistung* $P = U_1 I_0 \cos\varphi_0$ deckt im Wesentlichen die Ummagnetisierungsverluste, während die Komponente $Q = U_1 I_0\,\sin\varphi_0 = U_1 I_\mu$ die aufgenommene Magnetisierungsblindleistung darstellt. Charakteristisch für einen Transformator ist der auf den Bemessungswert bezogene relative Leerlaufstrom $i_0 = I_0/I_N$; er liegt bei wenigen Prozent. Aus P_0 und Q_0 lassen sich in guter Näherung die Parameter R_V und $X_1 = \omega L_1$ des Er-

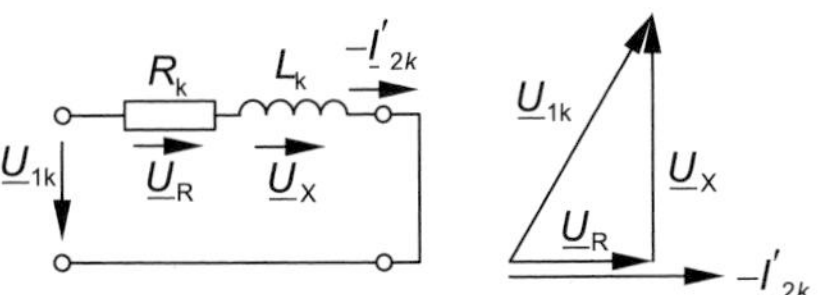

Abb. 23.3 Ersatzschaltbild und Zeigerdiagramm im Kurzschluss

satzschaltbilds berechnen. Die Leerlaufkennlinie $U_1 = f(I_0)$ weist Sättigungseigenschaft auf.

Beim Kurzschluss, $\underline{U}_2 = 0$, zeigt der Transformator annähernd stromideales Verhalten, sodass der Magnetisierungsstrom nicht mehr ins Gewicht fällt und $I_{2k} \approx -I_1 ü$ ist.

Das Verhalten wird jetzt nur noch durch die ohmschen Strangwiderstände und die Streureaktanzen bestimmt. Die Kurzschlussimpedanz ist näherungsweise

$$\underline{Z}_k = R_k + jX_k \quad \text{mit } R_k = R_1 + ü^2 R_2 ,$$
$$X_k = \omega(L_{\sigma_1} + ü^2 L_{\sigma_2}) .$$

Dazu lässt sich das Ersatzschaltbild auf die Darstellung in Abb. 23.3 vereinfachen. Als relative Kurzschlussspannung wird bezeichnet das Verhältnis

$$u_k = \frac{Z_k I_N}{U_N} .$$

Bei Leistungstransformatoren liegen typische Werte von u_k zwischen 4 und 6 %.

23.1.4 Zeigerdiagramm

Bezieht man alle Größen mit Hilfe des Übersetzungsverhältnisses *ü* auf die Primärseite, so wird aus der Spannungsgleichung (23.3) die neue Form

$$\underline{U}_1 = (R_1 + jX_1)\underline{I}_1 + jX_h\underline{I}'_2$$
$$\underline{U}'_2 = jX_h\underline{I}_1 + (R'_2 + jX'_2)\underline{I}'_2$$
$$\text{mit } X_1 = \omega L_1 , \quad X_h = \omega L_h , \quad X'_2 = \omega L'_2 . \tag{23.6}$$

Im Querzweig des zugeordneten Ersatzschaltbilds (Abb. 23.2b) fließt der Magnetisierungsstrom

$$\underline{I}_\mu = \underline{I}_1 + \underline{I}'_2 .$$

Bei Belastung wird der Primärstrom groß gegen den Magnetisierungsstrom. Man spricht

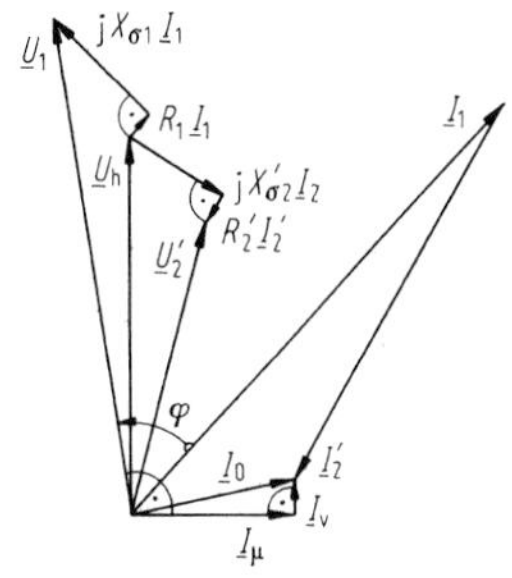

Abb. 23.4 Zeigerdiagramm für einen Betrieb mit ohmsch-induktiver Last

dann von Amperewindungsgleichgewicht, weil $I_1 w_1 \approx I_2 w_2$.

Für einen Betriebszustand mit ohmsch-induktiver Last auf der Sekundärseite mit den Klemmengrößen $\underline{U}'_2$, $\underline{I}'_2$ wurde bei zusätzlicher Berücksichtigung des Eisenverlustwiderstands R_V (Abb. 23.2c) das Zeigerdiagramm (Abb. 23.4) gezeichnet. Darin ist $\underline{I}_\mu$ der Magnetisierungsstrom, welcher der Hauptfeldspannung $\underline{U}_h = j\omega L_h \underline{I}_\mu$ um 90° nacheilt. $\underline{I}_\mu$ und die Verluststromkomponente $\underline{I}_V$, die ihrerseits in Phase mit $\underline{U}_h$ liegen muss, setzen sich zum Strom $\underline{I}_0$ zusammen. Dieser stellt im Zeigerbild die geometrische Summe aus Primärstrom und bezogenem Sekundärstrom dar.

Beim *Spartransformator* (Autotransformator) haben Primär- und Sekundärwicklung einen gemeinsamen Teil und sind daher nicht mehr galvanisch getrennt (Abb. 23.5). Sofern die Windungszahl der Zusatzwicklung w_z kleiner ist als die Windungszahl w_g des gemeinsamen Wicklungsteils, so wird dieser, bei Vernachlässigung des Magnetisierungsstroms, nur von dem w_z/w_g-fachen Teil des oberspannungsseitigen Stroms durchflossen. Dadurch vermindert sich die Typenleistung S_T gegenüber der Bemessungsleistung S_N eines Transformators mit zwei

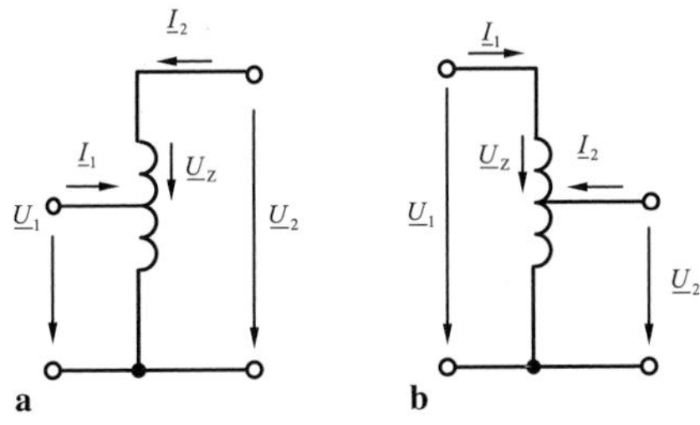

Abb. 23.5 Spartransformator. **a** $U_2 > U_1$, **b** $U_2 < U_1$

getrennten Wicklungen entsprechend dem Verhältnis $S_T/S_N = U_z/U_o = (1 - U_u/U_o)$ bei U_o = Oberspannung und U_u = Unterspannung. Der Vorteil der Materialeinsparung zeigt sich besonders bei Übersetzungsverhältnissen, die wenig von 1 abweichen.

23.2 Messwandler

Messwandler sind spezielle Transformatoren, die in Energieanlagen auftretende Spannungen und Ströme maßstabsgetreu umwandeln sollen, sodass damit Messgeräte, Zähler und Schutzeinrichtungen angesteuert werden können (s. Abschn. 32.2). Normwerte der Sekundärgrößen sind 100 V bei Spannungswandlern und 1 bzw. 5 A bei Stromwandlern. Die Sekundärseite ist galvanisch von der Primärseite getrennt; diese Eigenschaft der Messwandler ist vor allem in Hochspannungsanlagen wichtig (Abb. 23.6).

Wandlerfehler äußern sich als Betragsfehler und Winkelfehler. Nach der Genauigkeit werden die Messwandler in Klassen eingeteilt, die nach dem zulässigen Betragsfehler in Prozent benannt sind (Kl. 0,1; 0,2 oder 1,0) [4, 5].

23.2.1 Stromwandler

Im Stromwandler sind Primär- und Sekundärwicklung über einen ferromagnetischen Schicht- oder Ringkern magnetisch streuungsarm gekoppelt. Sind hohe Ströme zu messen, so wird der Kern mit der Sekundärwicklung über den Primärleiter (Stromschiene oder Kabel) geschoben, sodass als primäre Windungszahl 1 oder, bei mehrfachem Durchstecken eines Kabels, eine kleine natürliche Zahl auftritt. Der Sekundärkreis wird durch eine niederohmige Bürde abgeschlossen; die Nennleistung liegt dabei in der Größenordnung 10 VA.

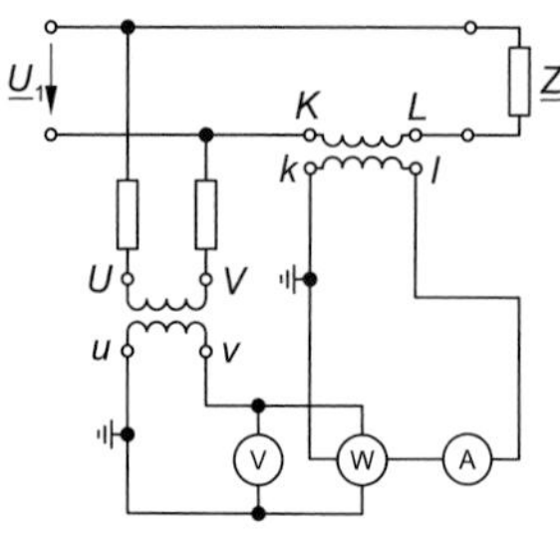

Abb. 23.6 Messwandler für Spannung und Strom in einer einphasigen Schaltung

Da der Wandlerfehler direkt mit dem Auftreten des Leerlaufstroms I_0 zusammenhängt, werden für die Kerne Bleche mit hoher Permeabilität im Arbeitsbereich benötigt. Messfehler treten weiterhin auf, wenn der Kern durch Gleichstromglieder im Primärkreis bis in den gesättigten Bereich vormagnetisiert wird.

23.2.2 Spannungswandler

Spannungswandler sind für sekundärseitige Belastung in der Größenordnung 10 VA, bemessen und arbeiten dabei praktisch im Leerlauf. Dadurch ist annähernd spannungsideales Verhalten gegeben, und die Messgröße folgt im Rahmen der Messgenauigkeit der Primärspannung.

23.3 Drehstromtransformatoren

Drehstromtransformatoren weisen eine Primärwicklung und (mindestens) eine Sekundärwicklung mit je drei Strängen auf. Leistungstransformatoren in der Energieversorgung enthalten primär die Oberspannungswicklung, sekundär die Unterspannungswicklung [6]. Zur Symmetrierung bei unsymmetrischer Belastung kann eine sog. Tertiärwicklung hinzutreten. Der Kern besteht in der Regel aus geschichteten Elektroblechen; zur Erzielung niedriger Ummagnetisierungsverluste werden silizierte, kornorientierte Bleche von 0,35 mm Dicke mit Goss-Textur verwendet.

Als Kernbauformen werden, ausgehend von den Kern- und Mantel-Einphasen-Transforma-

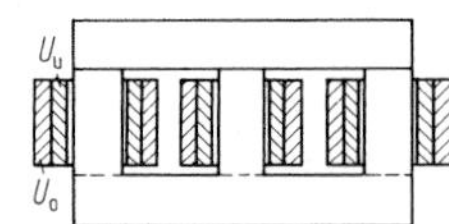

Abb. 23.7 Aufbau eines Dreischenkeltransformators für Drehstrom

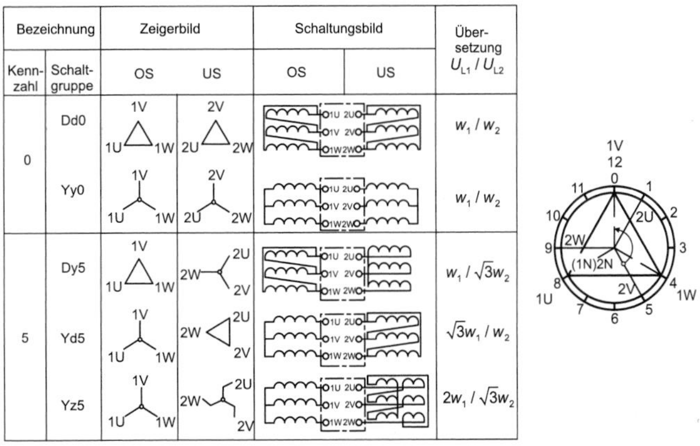

Abb. 23.8 Schaltgruppen von Drehstromtransformatoren

Bezeichnung		Zeigerbild		Schaltungsbild		Übersetzung U_{L1} / U_{L2}
Kennzahl	Schaltgruppe	OS	US	OS	US	
0	Dd0	1V 1U 1W	2V 2U 2W	1U 1V 1W	2U 2V 2W	w_1 / w_2
	Yy0	1V 1U 1W	2V 2U 2W	1U 1V 1W	2U 2V 2W	w_1 / w_2
5	Dy5	1V 1U 1W	2U 2W 2V	1U 1V 1W	2U 2V 2W	$w_1 / \sqrt{3} w_2$
	Yd5	1V 1U 1W	2U 2W 2V	1U 1V 1W	2U 2V 2W	$\sqrt{3} w_1 / w_2$
	Yz5	1V 1U 1W	2U 2W 2V	1U 1V 1W	2U 2V 2W	$2 w_1 / \sqrt{3} w_2$

toren, hauptsächlich *Dreischenkelausführungen* eingesetzt (Abb. 23.7). *Fünfschenkeltransformatoren* weisen außerdem zwei äußere Rückschlussschenkel auf. Die Wicklungen bestehen in der Regel aus isolierten Kupferleitern. Leistungstransformatoren befinden sich im Kessel unter Öl, das gleichzeitig als Isolier- und Kühlmittel für die Wicklung dient. Sekundäres Kühlmittel ist in der Regel Luft.

Die Wicklungen der Transformatoren werden nach Schaltgruppen eingeteilt. Deren dreistelliger Schlüssel gibt erst die Schaltung der *Oberspannungsseite* OS (Großbuchstaben), danach die Schaltung der *Unterspannungsseite* US (Kleinbuchstaben) und schließlich eine Kennziffer für die Winkeldifferenz zwischen den Zeigern der (tatsächlichen oder fiktiven) Sternspannungen von entsprechenden Wicklungen der Ober- und Unterspannungsseite an. Diese Kennziffer bezeichnet (wie bei einer Uhr) Vielfache von 30°. In Abb. 23.8 ist eine Reihe gebräuchlicher Schaltungen dargestellt.

Transformatoren der Schaltgruppe Yy0 sind nicht geeignet für unsymmetrische, insbesondere einphasige Belastung, weil sich dann in den Schenkeln kein Amperewindungsgleichgewicht einstellen kann. Bei Dreischenkeltransformatoren tritt dann vielmehr ein in allen Schenkeln gleichphasiger Zusatzfluss auf, der sich über die Kesselwände schließt und dort unerwünschte Stromwärmeverluste hervorruft. Außerdem findet eine Verlagerung des Sternpunktpotentials statt. Eine Symmetrierung kann jedoch durch eine auf den drei Schenkeln angeordnete, in sich geschlossene Ausgleichs- oder *Tertiärwicklung*

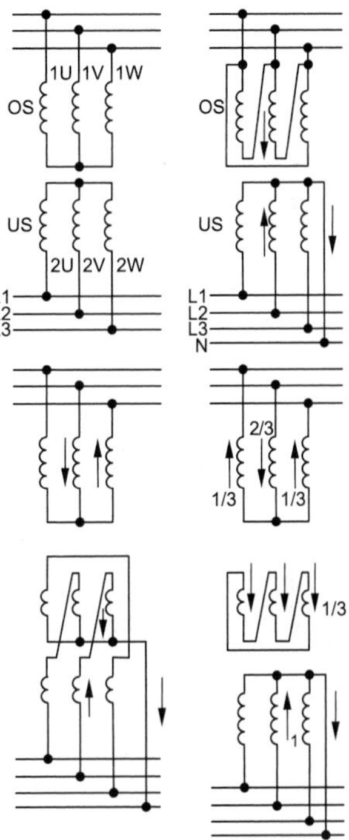

Abb. 23.9 Schaltungen von Leistungstransformatoren und Stromfluss bei Sternpunktbelastung (Beispiele)

erfolgen. In dieser Form werden Netzkupplungstransformatoren gebaut. Für Verteiltransformatoren empfiehlt sich die Schaltung Dy5, die sekundärseitig einphasig voll belastbar ist. Ähnliches gilt für die sekundärseitige Zickzackschaltung bei Yz5, wobei eine Einphasenlast sich auf zwei Schenkel verteilt (Abb. 23.9).

Wie beim Einphasentransformator wird die Nennkurzschlussspannung definiert als diejenige Klemmenspannung, die den Nennstrom durch eine Wicklung treibt, während die andere kurzge-

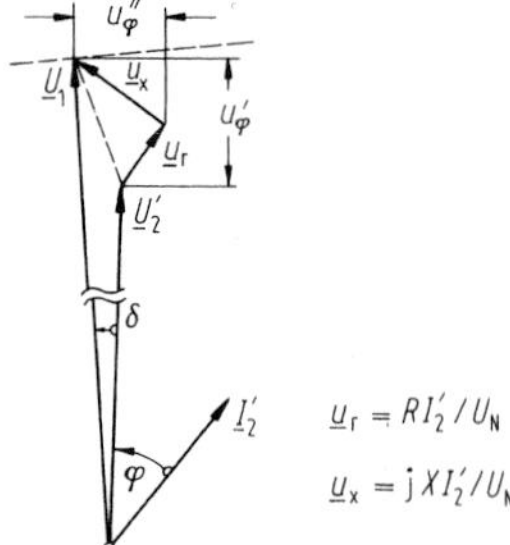

Abb. 23.10 Zur Ermittlung der Spannungsänderung

schlossen ist. Bezogen auf die Nennspannung ergibt sich die relative Nennkurzschlussspannung.

Als Spannungsänderung wird die aufgrund der Wicklungswiderstände und der Streuung sich ergebende Differenz der Spannung $\underline{U}'_2$ gegenüber der festen Spannung $\underline{U}_1$ bezeichnet; sie ist abhängig vom Belastungsstrom und dessen Phasenlage. Bei Bemessungsstrom ist die relative Spannungsänderung gegenüber Bemessungsspannung

$$\Delta u = u'_\varphi + \tfrac{1}{2}u''_{\varphi^2} \approx u'_\varphi$$

mit

$$\begin{aligned} u'_\varphi &= u_r \cos\varphi + u_x \sin\varphi\,, \\ u''_\varphi &= u_x \cos\varphi - u_r \sin\varphi\,. \end{aligned} \tag{23.7}$$

Darin sind u_r und u_x die relativen ohmschen und induktiven Spannungsabfälle bei Bemessungsstrom, die zusammen (Abb. 23.10) das *Kapp'sche Dreieck* bilden. Die elektrischen Daten für Transformatoren bis 40 MVA sind genormt. Durch Anzapfungen der Wicklung kann in Verbindung mit einem Stufenschalter schrittweise eine Anpassung an die Oberspannung innerhalb eines Stellbereichs erfolgen. Stelltransformatoren werden auch mit kleinen Leistungen für Labor- und Prüfzwecke eingesetzt.

23.4 Spezielle Anwendungen von Transformatoren

23.4.1 Regeltransformatoren

Übersetzungsverhältnisse von Transformatoren lassen sich stufenförmig und stetig einstellen und können über sekundärseitig eingesetzte Stellorgane gesteuert werden [7]. Dies geschieht über Anzapfungen, die sich über Stufenschalter anwählen lassen. Sie sind als mechanische Lastumschalter oder auch auf elektrischer Basis mit Thyristoren ausführbar. In der Energieversorgung setzt man Stelltransformatoren mit Anzapfungen in der Nähe des Übersetzungsnennwertes als Regeltransformatoren ein. Die eingesetzten Transformatoren dienen zur Verbesserung der Spannungsverhältnisse und zu einer Steuerung des Leistungsflusses und werden als Längs-, Quer- oder Schrägregler verwendet. Sie gewinnen in Zukunft noch mehr an Bedeutung, da durch Einspeisung regenerativ erzeugter Elektroenergie die Spannungshaltung immer schwieriger wird. Zum Aufbau von Regeltransformatoren erfährt man Näheres in [8]. Abb. 23.11 zeigt Regelprinzipien, die bei Regeltransformatoren eingesetzt werden.

Bei der Längsregelung wird mit einer Zusatzspannung in Längsrichtung der Blindstromanteil verstellt, bei der Querregelung kann der Wirkstrom variiert werden. Mit der 60°-Schrägregelung, die meist aus ökonomischen Gründen zum Einsatz kommt, werden beide Stromanteile verändert.

23.4.2 Mittelfrequenztransformatoren

Mit gesteigerter Übertragungsfrequenz der Wechselgrößen kann eine wesentliche Reduzierung der Masse und Baugröße des Transformators erreicht werden. Bis zu Frequenzen von 10 kHz lassen sich herkömmliche Kernmaterialien verwenden. Für höhere Frequenzen (20–100 kHz) besteht das Aktivmaterial aus Leistungsferriten bzw. metallischen HF-Legierungen. Diese Materialien weisen wegen ihrer reduzierten Hysterese verhältnismäßig kleine Verlustziffern aus (4–20 W/kg, 20 kHz, 0,2 T). Grundsätzlich gilt, dass die nutzbare Felddichte mit steigender Frequenz ebenso wie mit steigender Leistung abnimmt. Mittelfrequenztransformatoren sind das Kernstück getakteter Stromversorgungen, z. B. für die 400 Hz-Bordnetzstromversorgung in der Luftfahrt, Schiffsbordnetze, Radio- und TV-Sender und -Empfänger, Automobil-Bordnetze, Mess- und Sensorsysteme und Unter-Wasser-Anlagen. Wegen der hohen Übertragungsfrequenzen ist besonderes Augenmerk

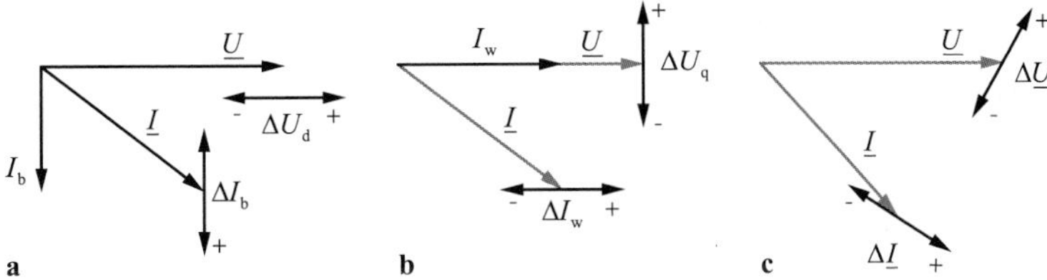

Abb. 23.11 Wirk- und Blindleistungsstellung über Regeltransformatoren: **a** Längsregelung, **b** Querregelung, **c** 60°-Schrägregelung

auf die Wicklung zu legen. Der auftretende Skin- und Proximity-Effekt verlangt den Aufbau bifilarer Wicklungen. In Abb. 23.12 ist die Anwendung eines 400 Hz-Transformators zur Stromversorgung eines Flugzeugs gezeigt. Es dient dort zur Spannungsanpassung zwischen dem 400 Hz-Wechselstrom-Bordnetz und dem Gleichrichter zur Gleichstromversorgung. Insbesondere werden 400 Hz-Transformatoren (ein- oder dreiphasig) zur sicheren Trennung für Ladestationen an Flughäfen zur Versorgung des Bordnetzes parkender Flugzeuge, elektrischer Erstversorgung militärischer Flugzeuge oder als Netztransformator auch für die Schiffsbordnetze eingesetzt. Bei Verwendung amorpher Kernmaterialien lassen sich Wirkungsgrade bis 99,5 % erreichen.

Zur massearmen Energieversorgung elektrischer Bahnen bietet sich ebenfalls der Einsatz einer höheren Übertragungsfrequenz an als die üblichen 16,7 Hz (Mitteleuropa) oder 50 Hz (Frankreich). Ein netzseitiger Umrichter formt die Bahnnetzfrequenz über einen Hochvolt-Gleichspannungszwischenkreis in die wesentlich höhere Übertragungsfrequenz für den MF-Transformator um, auf dessen Sekundärseite dann ein weiterer Umrichter mit einem Niedervolt-Spannungszwischenkreis die Anpassung an die Zugfrequenz oder den Traktionsmotor vornimmt (Abb. 23.13).

Relativ neu ist der Einsatz von MF-Transformatoren (1 kHz) mit Gleichrichterteil in tragbaren Schweißgeräten zum Widerstandsschweißen, z. B. in Hand- oder Roboterschweißzangen

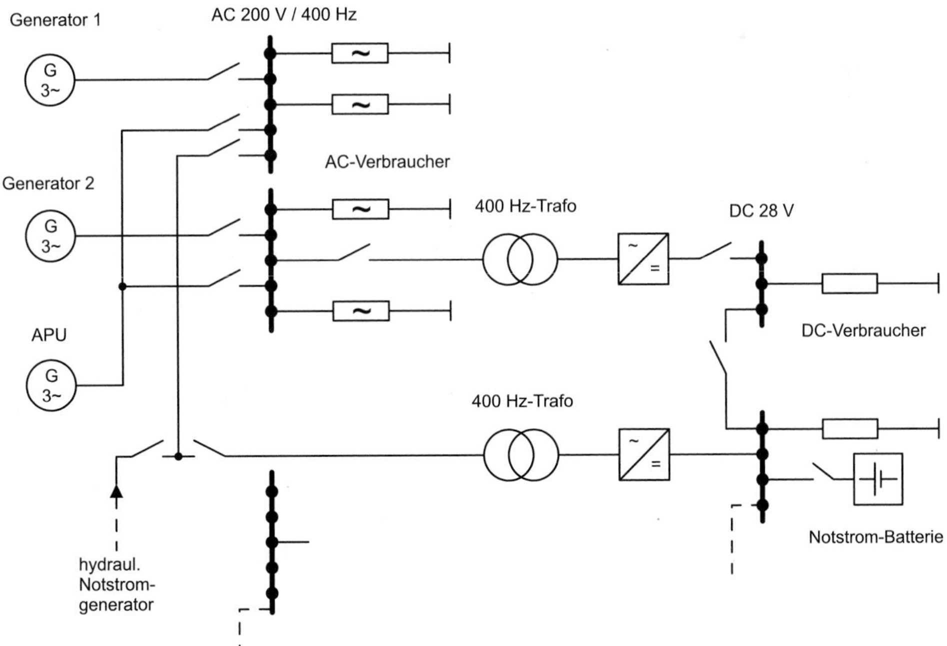

Abb. 23.12 400 Hz-Transformatoren im Bordnetz eines Flugzeugs (Airbus) [9]

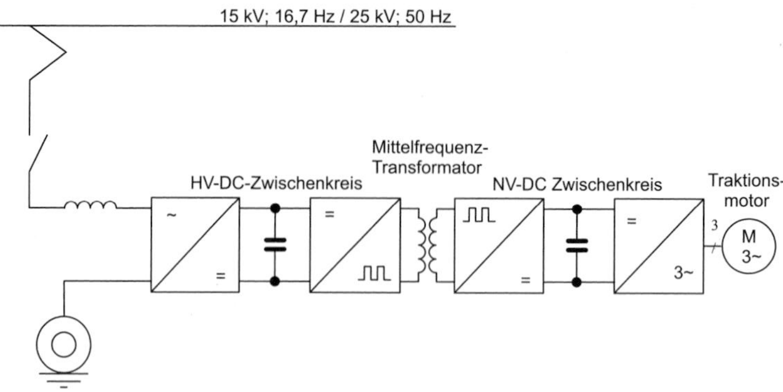

Abb. 23.13 Mittelfrequenz-Transformator zur Zugstromversorgung (*HV* – Hochvolt, *NV* – Niedervolt, *DC* – Gleichstrom)

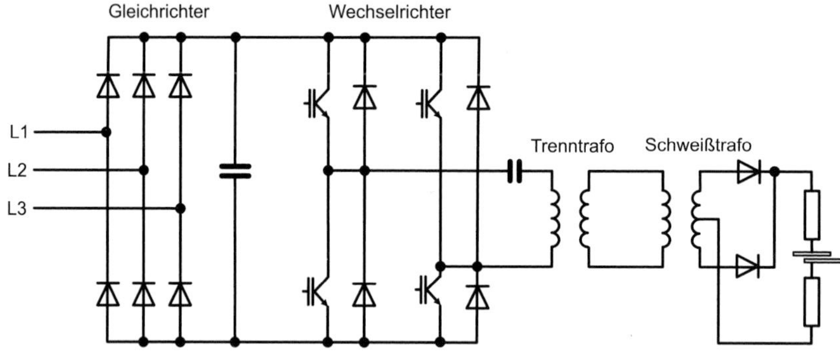

Abb. 23.14 Mittelfrequenz-Transformator mit Gleichrichterteil zum Schweißen

(Abb. 23.14). Die impulsförmige Belastung kann durch den dreiphasigen Anschluss des Eingangsgleichrichters ans Netz insofern in ihrer Wirkung vermindert werden, da sie jetzt nicht mehr als einphasige Last wie bei Wechselstromgeräten wirkt. Die Sekundärwicklung des Transformators muss dazu für eine hohe Strombelastung ausgelegt sein.

23.4.3 Berührungslose Energieübertragung

Transformatoren mit höheren Übertragungsfrequenzen lassen sich vorteilhaft zur kontaktlosen Energieübertragung über begrenzte Luftspalte nutzen [10]. Da die begrenzte Baugröße weiterhin ein Merkmal ist, muss die Transformation über Mittelfrequenz (typisch: 20–50 kHz) erfolgen.

Für bewegte Teile sind rotatorische, aber auch lineare Bewegungsformen nutzbar.

Zu besonders hohen Spannungen kommt es bei hohen Geschwindigkeiten wie fahrerlosen Transportsystemen oder Hängebahnen. Bei ruhenden Systemen wird im Allgemeinen mit einem großen Luftspalt gearbeitet, er begrenzt zugleich die übertragbare Leistung. Wirtschaftlich und großtechnisch kann das bei Ladesystemen für Batterien in Elektrofahrzeugen genutzt werden. Mit Luftspalten von bis zu 7 mm lassen sich Leistungen bis 8 kW berührungslos übertragen.

Eine häufig verwendete Bauform basiert auf Ferrithalbschalen. Andere Anwendungen sind zunehmend in Ladegeräten für Elektrofahrzeuge zu sehen, wie in Abb. 23.15 gezeigt.

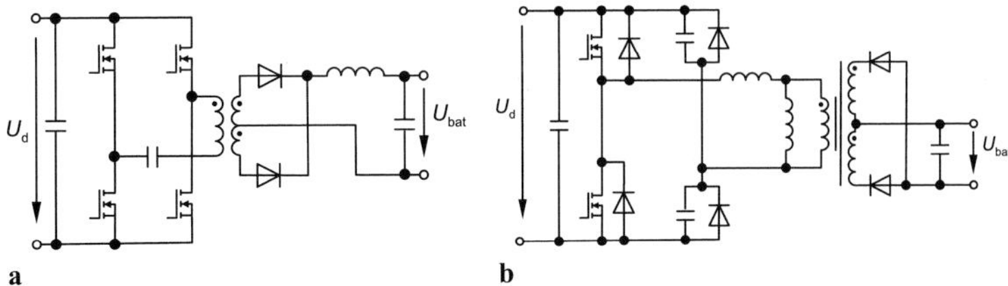

Abb. 23.15 Batterieladegerät mit **a** Vollbrücken-Gegentaktwandler, **b** LLC-Wandler, [11]

Literatur

Spezielle Literatur

1. Müller, G., Ponick, B.: Grundlagen elektrischer Maschinen, 10. Aufl. Wiley-VCH, Weinheim (2014)
2. Hofmann, W.: Elektrische Maschinen. Pearson, München (2013)
3. Fischer, R.: Elektrische Maschinen, 17. Aufl. Hanser, München (2017)
4. Schrüfer, E.; Reindl, L.M.; Zagar, B.: Elektrische Messtechnik, 12. Aufl. Hanser, München (2018)
5. Mühl, T.: Einführung in die elektrische Meßtechnik, 5. Aufl. Springer Vieweg, Wiesbaden (2017)
6. Baier, P.: Dreiphasen-Leistungstransformatoren. VDE-Verlag, Offenbach (2009)
7. Janus, R.: Nagel, H.: Transformatoren, 2. Aufl. VDE-Verlag, Offenbach (2005)
8. Schwab, A. J.: Elektroenergiesysteme, 6. Aufl. Springer Vieweg, Berlin (2020)
9. Heuck, K.; Dettmann, K.-D.; Schulz, D.: Elektrische Energieversorgung, 9. Aufl. Springer Vieweg, Wiesbaden (2013)
10. Schedler, D.: Kontaktlose Energieübertragung. Verlag Moderne Industrie SEW EURODRIVE, Landsberg (2009)
11. de Doncker, R., Hofmann, W., Mertens, A., Schäfer, U., et al.: VDE Studie: Elektrofahrzeuge; Bedeutung, Stand der Technik, Handlungsbedarf. Frankfurt a. M. (2010)

24 Elektrische Maschinen

Wilfried Hofmann und Manfred Stiebler

24.1 Allgemeines

Elektrische Maschinen wandeln mechanische in elektrische Energie (*Generator*) oder umgekehrt (*Motor*). Jede Maschine weist (mindestens) ein ruhendes und ein bewegliches Hauptelement auf; bei drehenden Maschinen sind dies *Stator* und *Rotor*. In der Regel sind sie aus lamelliertem Eisen aufgebaut und tragen Wicklungen aus isolierten Kupferleitern. Die Drehmomentbildung geschieht überwiegend elektromagnetisch durch Kraftwirkung im magnetischen Feld. Maßgebend dafür sind der Strombelag der Wicklung, die den Laststrom führt, und die magnetische Flussdichte im Luftspalt zwischen Stator und Rotor [1–5].

Die Bemessungswerte der Leistungen und Drehzahlen ausgeführter elektrischer Maschinen überspannen sehr weite Bereiche. Von Kleinstmotoren unter 1 W Leistung bis Grenzleistungsgeneratoren in der Größenordnung 1,7 GVA treten die verschiedensten konstruktiven Ausführungen auf.

W. Hofmann (✉)
Technische Universität Dresden
Dresden, Deutschland

M. Stiebler
Technische Universität Berlin
Berlin, Deutschland

24.1.1 Maschinenarten

Nach ihrer Wirkungsweise lassen sich fast alle elektrischen Maschinen auf drei Grundtypen zurückführen:

Asynchronmaschinen. Sie weisen in der Regel im Stator *3* (*Primärteil*) eine Drehstromwicklung *1* und im Rotor *4* (*Sekundärteil*) eine Kurzschlusswicklung *2* auf (Abb. 24.1). Für einige Zwecke werden auch Schleifringläufer mit einer mehrsträngigen Wicklung gebaut. Die Leistung wird mittels des im Primärteil erzeugten Drehfelds auf den asynchron rotierenden Sekundärteil übertragen.

Synchronmaschinen. Meistens ist im Stator *1* eine Drehstromwicklung *2* (*Ankerwicklung*) angeordnet. Der Rotor *3* (*Induktor*) stellt das Magnetfeld bereit. Bei mittleren und großen Maschinen dient dazu eine Erregerwicklung auf dem als Schenkelpolläufer oder Turboläufer *4* ausge-

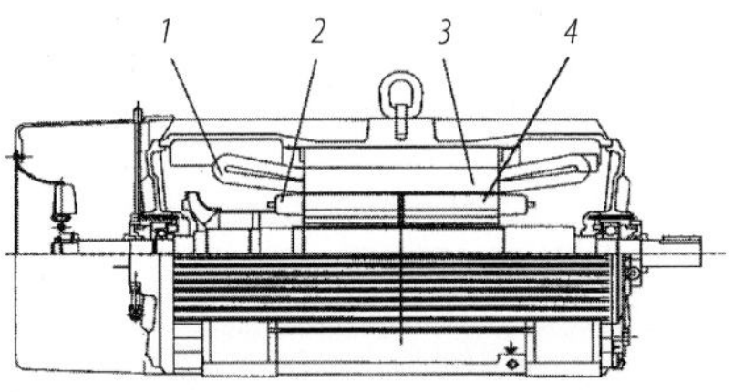

Abb. 24.1 Asynchronmotor. (Quelle Siemens, Erläuterungen im Text)

B. Bender und D. Göhlich (Hrsg.), *Dubbel Taschenbuch für den Maschinenbau 2: Anwendungen*,
https://doi.org/10.1007/978-3-662-59713-2_24

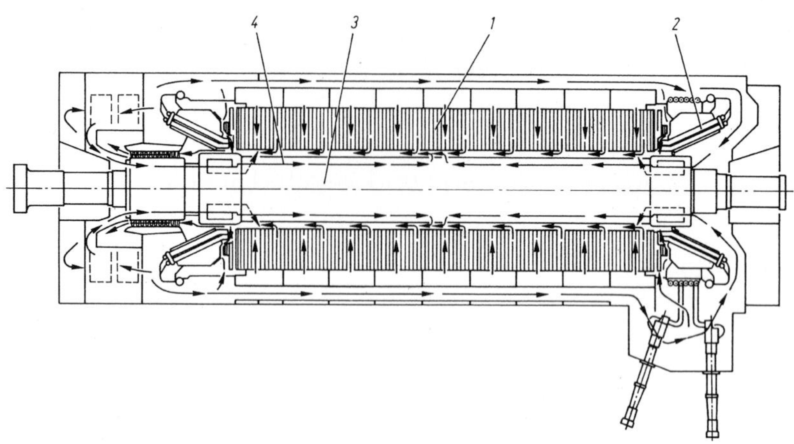

Abb. 24.2 Turbogenerator. (Quelle Siemens/KWU, Erläuterungen im Text)

bildeten Rotor (Abb. 24.2). Bei kleineren Maschinen verwendet man vorteilhaft Permanentmagnete zur Bereitstellung des Magnetflusses. Die Erzeugung eines Drehmoments aufgrund variablen magnetischen Widerstands erfolgt in den Reluktanzmaschinen, die im Rotor weder Wicklungen noch Magnete aufweisen.

Gleichstrommaschinen. Bei ihnen ist eine *Kommutatorwicklung 1* (Ankerwicklung) im Rotor *2* angeordnet, während der magnetische Fluss im Stator *3* erzeugt wird. Dies kann wiederum mittels einer Erregerwicklung oder durch Permanentmagnete geschehen. Ähnlich wie bei der Synchronmaschine wird durch das Erregerfeld in der Ankerwicklung eine Wechselspannung induziert, die bei der Gleichstrommaschine jedoch durch den mechanischen Kommutator *4* und die darauf schleifenden Bürsten *5* in eine Gleichspannung umgeformt wird (Abb. 24.3).

Kommutatormaschinen kommen auch als *Einphasen-Reihenschlussmotoren* vor; bei kleinen Leistungen ist dafür die Bezeichnung Universalmotor üblich. Für umrichtergespeiste Antriebe sind auch besondere Bauformen von Asynchron- und Synchronmotoren entwickelt worden (s. Abschn. 45.2).

Abb. 24.3 Gleichstrommotor, fremdbelüftet. (Quelle ABB, Erläuterungen im Text)

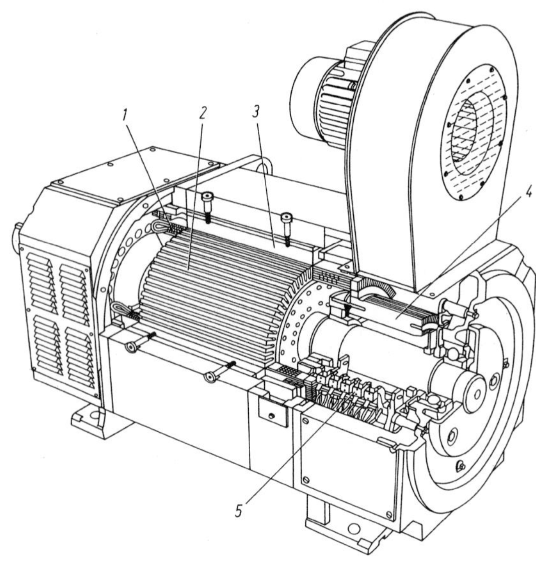

Für geregelte Kleinantriebe werden Permanentmagnetmotoren unter der Bezeichnung bürstenloser Gleichstrommotor eingesetzt; dies sind vom Prinzip Synchronmotoren, die über eine elektronische Kommutierungsschaltung aus einer Gleichspannungsquelle gespeist werden. Sie gehören zu der Gruppe der elektronisch kommutierten Motoren (EC motors). Schrittmotoren sind Maschinen für den Betrieb in offener Steuerkette zur Umsetzung elektrischer Impulse in definierte Drehwinkel (s. Abschn. 24.5). Geschaltete Reluktanzmotoren (SR motors) sind Reluktanzmaschinen spezieller Konstruktion für geregelten Betrieb an einer leistungselektronischen Versorgung.

Linearmotoren sind nichtrotierende Maschinen asynchroner oder synchroner Bauart. Sie können als Langstator- oder als Kurzstatormaschinen ausgeführt werden (s. Abschn. 24.6).

24.1.2 Bauformen und Achshöhen

Die Bauformen für drehende elektrische Maschinen werden in DIN EN 60 034-7 (VDE 0530 Teil 7) beschrieben. In Abb. 24.4 ist neben dem DIN-Kurzzeichen entsprechend IEC-Code I auch das Zeichen nach IEC-Code II angegeben.

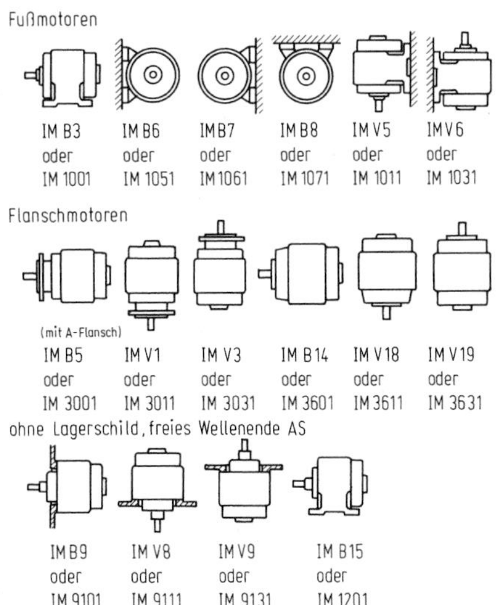

Abb. 24.4 Bauformen elektrischer Maschinen. (DIN EN 60 034-7)

Maschinen für industriellen Einsatz, insbesondere Drehstrom-Asynchronmotoren werden mit genormten Anbaumaßen nach IEC 60 072 (DIN EN 50 347) hergestellt. Kennzeichnend für eine Baugröße ist die Achshöhe H; das ist das Maß von der Aufspannebene (bei Fußmotoren) bis zur Wellenmitte in mm. Die Achshöhen sind nach der Normreihe R 20 gestuft; sie sind verbindlich für Maschinen der Achshöhen $H = 56$ bis $H = 315$ (Normbereich) bzw. weiter bis $H = 400$ (Transnormbereich).

Die Bemessungsleistungen sind den Baugrößen zugeordnet, z. B. für Drehstrommotoren mit Kurzschlussläufer in DIN 42 673 und DIN 42 677. Die Bemessungsleistungen steigen etwas stärker als mit der 3. Potenz der Achshöhe.

24.1.3 Schutzarten

Der Schutz von elektrischen Maschinen

- gegen Berühren unter Spannung stehender oder sich bewegender Teile durch Menschen,
- gegen Eindringen von Fremdkörpern und
- gegen Eindringen von Wasser

erfolgt durch Gehäuse und Abdeckungen. Die Schutzarten mit ihren Kurzzeichen sind in DIN EN 60 034-5 (VDE 0530 Teil 5) festgelegt. Die Schutzgrade werden durch ein Kurzzeichen beschrieben, das aus den Kennbuchstaben IP und zwei Kennziffern sowie gegebenenfalls Zusatzbuchstaben besteht (Beispiel: IP 23 S).

Die *erste* Kennziffer ist dem Schutz gegen Berührung und dem Eindringen von Fremdkörpern zugeordnet, die *zweite* dem Schutz gegen Eindringen von Wasser. Die Kennziffer 0 bezeichnet jeweils eine ungeschützte Maschine. Die erste Kennziffer gibt in der Reihenfolge 1 bis 6 in Abstufungen an, dass die Maschine gegen das Eindringen fester Fremdkörper größer als 50 mm bis hinunter zu 1 mm geschützt ist bzw. auch gegen das Eindringen von Staub. Die zweite Kennziffer besagt in acht Stufen, dass die Maschine geschützt ist gegen Tropfwasser, gegen Tropfwasser bei Schrägstellung bis zu 15°, gegen Sprühwasser, gegen Spritzwasser, gegen Strahlwasser, gegen schwere See, oder dass die Maschine geschützt ist beim Eintauchen oder beim Untertauchen.

Zulässige Zusatzbuchstaben beim Kennzeichen sind W für *wettergeschützte Maschinen*, S für Maschinen, die im Stillstand auf Wasserschutz geprüft werden und M für Wasserschutzprüfung bei laufender Maschine. In der Norm sind Prüfungen nach den einzelnen Kennziffern festgelegt.

24.1.4 Elektromagnetische Ausnutzung

Für die Zuordnung der Leistung einer elektrischen Maschine zu ihrem Volumen ist die elektromagnetische Ausnutzung von Bedeutung. In der Entwurfsgleichung wird eine Beziehung zwischen der Leistung und dem Bohrungsvolumen hergestellt (Abb. 24.5). Maßgebend für die Energieumwandlung ist die in der Wicklung induzierte Spannung und der Laststrom, der bei Asynchronmaschinen in der Primärwicklung, bei Synchronmaschinen in der Ankerwicklung fließt.

Die induzierte Spannung ist nach dem Induktionsgesetz proportional dem magnetischen Fluss, welcher der Sättigung der Eisenwege im magnetischen Kreis unterliegt. Bei der Dimensionierung einer Maschine wird die Flussdichte im Luftspalt so gewählt, dass der Magnetisierungsaufwand sich in vernünftigen Grenzen hält. Andererseits muss der Strom wegen der mit den Stromwärmeverlusten einhergehenden Erwärmung begrenzt werden, denn im Hinblick auf die Lebensdauer der Wicklung dürfen im Betrieb genormte Grenztemperaturen nicht überschritten werden. Die spezifische Kenngröße hierfür ist der Strombelag, der durch das Produkt aus Leiterzahl und Leiterstrom, bezogen auf den Umfang längs des Luftspalts der Maschine gegeben ist.

Die Entwurfsgleichung gibt den Zusammenhang zwischen der Bemessungsleistung, dem Bohrungsvolumen und der Drehzahl an [7]. Für das Beispiel einer Drehstrom-Synchronmaschine gilt für die Bemessungsscheinleistung:

$$S_N = C \frac{\pi}{4} D_i^2 \, l_i \, n_{syn} \,. \tag{24.1}$$

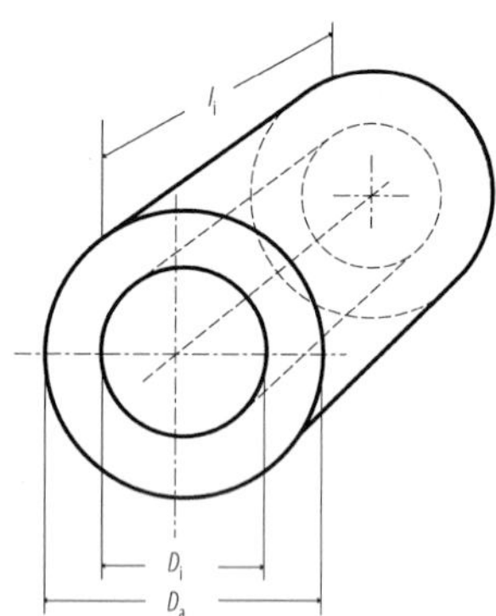

Abb. 24.5 Zur Definition des Bohrungsvolumens: Prinzipskizze des Ständereisens einer Wechselstrommaschine

Darin bezeichnen C den Ausnutzungsfaktor, D_i und l_i die wirksamen Abmessungen der Ständerbohrung und n_{syn} die synchrone Drehzahl in s^{-1}. Es zeigt sich die bekannte Tatsache, dass bei gegebenem Ausnutzungsfaktor das Drehmoment (und nicht die Leistung) dem Volumen proportional ist. Die elektromagnetische Ausnutzung zeigt sich im Produkt aus Flussdichte und Strombelag:

$$C = \sqrt{2}\pi \, \xi_1 \frac{U_N}{U_h} A \hat{B}_\delta \,,$$

ξ_1 – Wicklungsfaktor, U_N – Klemmenspannung, U_h – Hauptfeldspannung, A – Effektivwert des Strombelags, $\hat{B}_\delta$ – Grundwellenamplitude der Luftspaltinduktion.

In der Praxis variiert B_δ nur in verhältnismäßig engen Grenzen, während ausgeführte Ankerstrombeläge A sehr stark vom Kühlverfahren abhängen. Typische Werte für indirekt luftgekühlte Maschinen liegen bei 0,6–1,0 T für $\hat{B}_\delta$ und 20–100 kA/m für A. Bei großen Maschinen, insbesondere bei Kraftwerksgeneratoren werden erheblich höhere Werte ausgeführt.

24.1.5 Verluste und Wirkungsgrad

Nach DIN EN 60 034-2 (VDE 0530 Teil 2) werden die Gesamtverluste einer elektrischen Maschine als Summe folgender Einzelverluste behandelt:

- Verluste im Erregerkreis (nur bei Gleichstrommaschinen und Synchronmaschinen),

- konstante (lastunabhängige) Verluste (Eisen-, Reibungs- und Lüftungsverluste),
- lastabhängige Verluste (Stromwärmeverluste),
- lastabhängige Zusatzverluste.

Die Einzelverluste setzen sich zusammen zu der gesamten Verlustleistung P_v. Der Wirkungsgrad η der Maschine ist definiert als das Verhältnis der abgegebenen Leistung P_2 zur aufgenommenen Leistung P_1

$$\eta = \frac{P_2}{P_1} = \frac{P_2}{P_2 + P_\mathrm{v}} = \frac{P_1 - P_\mathrm{v}}{P_1} . \qquad (24.2)$$

Der Verlauf des Wirkungsgrads in Abhängigkeit der Last (ausgedrückt als abgegebene Leistung oder Drehmoment oder Strom) weist ein Maximum auf; es stellt sich für den Betriebspunkt ein, in dem die lastabhängigen und die lastunabhängigen Verluste gleich groß sind. Maschinen für allgemeinen Einsatz werden so bemessen, dass η_max etwas unterhalb der Bemessungslast liegt, beispielsweise bei $P_2 = 0{,}8\,P_\mathrm{N}$.

24.1.6 Erwärmung und Kühlung

Zur Gewährleistung einer angemessenen Lebensdauer ist die Erwärmung der Maschinen (insbesondere der Wicklungen) zu begrenzen. Maßgebend sind dafür vor allem die Grenztemperaturen der Isolierung entsprechend der eingesetzten Wärmeklasse. Mit Bezug auf eine Umgebungstemperatur (Kühlmitteleintrittstemperatur) von 40 °C ergeben sich daraus die zulässigen Grenzwerte der Übertemperaturen. Dabei wird eine Heißpunkt-Übertemperatur eingerechnet, die den Unterschied zwischen der Temperatur der heißesten Stelle und der durch Messung bestimmten (mittleren) Übertemperatur berücksichtigt.

Für die bei Maschinen hauptsächlich eingesetzten Wärmeklassen E, B, F und H legt DIN EN 60 034-1 (VDE 0530 Teil 1) Grenz-Übertemperaturen fest (Tab. 24.2).

Die Werte der Tabelle gelten für die Wicklungen im Bemessungsbetrieb, ermittelt mit dem Widerstandsverfahren. Bei dieser Methode wird die Erwärmung aus der Widerstandszunahme der Wicklung entsprechend dem Temperaturkoeffizienten des Leitermaterials bestimmt. Bei anderen Maschinenteilen wie Kommutatoren und Schleifringen darf die Temperatur keine Werte erreichen, welche die Isolierung dieser oder benachbarter Teile gefährden.

Die in der Maschine entstehende Wärme wird an ein primäres Kühlmittel abgegeben, das sich entweder dauernd ersetzt oder in einem Wärmetauscher durch ein sekundäres Kühlmittel rückgekühlt wird. Die Kühlmittel können dabei gasförmige (Luft, Wasserstoff) oder flüssige (Wasser, Öl) Stoffe sein.

Die Kennzeichnung der verschiedenen Kühlverfahren erfolgt in DIN EN 60 034-6 (VDE 0530 Teil 6) unter Verwendung von Kennziffern.

24.1.7 Betriebsarten

Höhe und zeitlicher Verlauf der Belastung und der Drehzahl sind maßgebend für die Erwärmung einer Maschine. Es lassen sich *Dauerbetrieb, Kurzzeitbetrieb, periodischer* und *nicht-periodischer Betrieb* unterscheiden. DIN EN 60 034 (VDE 0530) nennt zehn Betriebsarten, deren wichtigste (S1 bis S5) in Abb. 24.6a angegeben sind. Es zeigt sich, dass Maschinen einer Baugröße in den Betriebsarten S2 und S3 bei Einhaltung derselben maximalen Übertemperatur höher ausgenutzt werden können als im Dauerbetrieb S1.

Eine Abschätzung der Erwärmung ist mit Hilfe des thermischen Zweikörpermodells möglich. Der Temperaturverlauf der Wicklung einer Maschine als Sprungantwort auf einen Laststoß lässt sich durch die Superposition zweier Exponentialfunktionen annähern. Daher kam ein thermisches Zweikomponentenmodell aufgestellt werden, dessen elektrisches Analogon Abb. 24.6b zeigt. Darin stellen eingespeiste Verlustleistungen eingeprägte Ströme dar, und Spannungen entsprechen Übertemperaturen bezogen auf die Umgebungstemperatur. Das Modell weist drei Leitwerte (Wärmeleitwerte) und zwei Kapazitäten (Wärmekapazitäten) auf, denen zwei Erwärmungszeitkonstanten T_1, T_2 zugeordnet sind. Sind bei abschnittsweise konstanten Verlustleistungen $P_{\mathrm{v}1}$ (lastabhängig) und $P_{\mathrm{v}2}$ (lastunabhän-

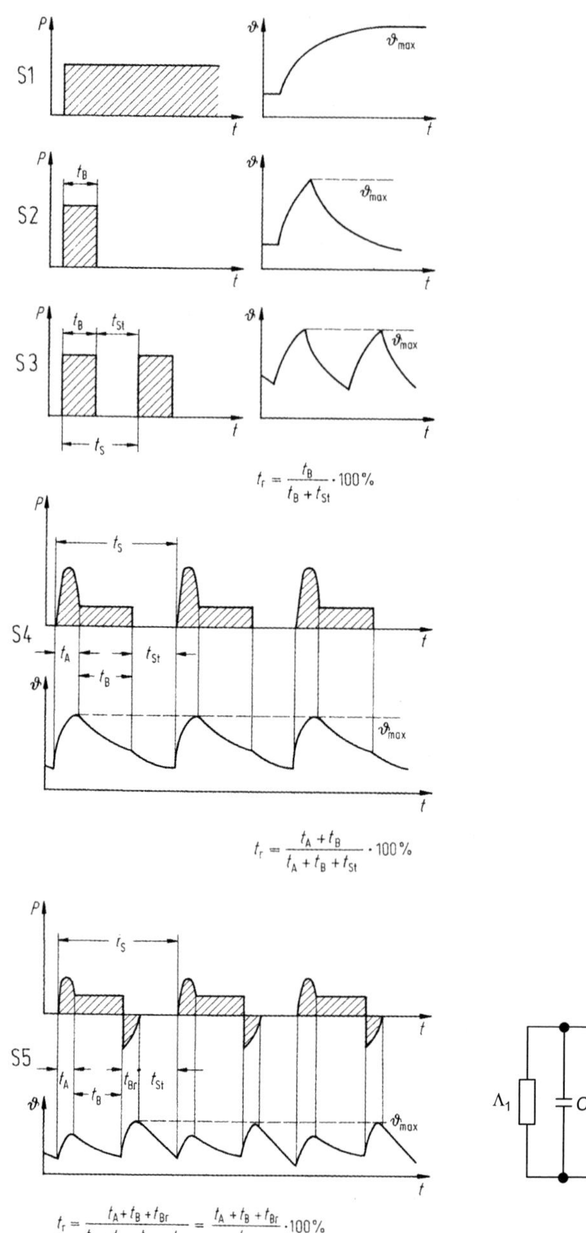

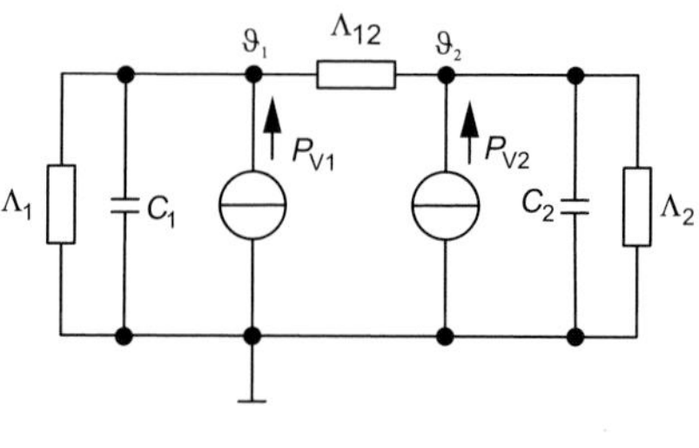

Abb. 24.6 Erwärmung von Maschinen. **a** Betriebsarten nach DIN EN 60 034-1 (VDE 0530 Teil 1). Empfohlene Werte: $t_s = 10, 30, 60, 90\,\text{min}$; $t_r = 15, 25, 40, 60\,\%$; S1 Dauerbetrieb, S2 Kurzzeitbetrieb, S3 Aussetzbetrieb mit Einfluss des Anlaufvorgangs, S5 Aussetzbetrieb mit elektrischer Bremsung; t_S Spielzeit, t_B Betriebszeit, t_{St} Stillstandszeit, t_r relative Einschaltdauer, t_A Anlaufzeit, t_{Br} Bremszeit, P abgeführte Leistung, ϑ Übertemperatur; **b** Zweikomponentenmodell

gig) für einen Belastungszustand die Anfangs-Übertemperaturen der Körper Θ_{1a} Θ_{2a} und die stationären verlustabhängigen Enderwärmungen Θ_{1e} Θ_{2e}, so berechnet sich der Übertemperaturverlauf des Körpers 1 (der Wicklung) aus

$$\vartheta_1 = (\Theta_{1e} + \Theta_{2e}) + (\Theta_{1e} + \Theta_{1a})\,\mathrm{e}^{-t/T_1} - (\Theta_{2e} + \Theta_{2a})\,\mathrm{e}^{-t/T_2}\,.$$

Bei nach Normreihen gefertigten Industriemotoren sind, abhängig von der Bemessungsleistung, Erfahrungswerte für die Relationen der Enderwärmungen und der thermischen Zeitkonstanten bekannt (s. Kap. 26; [1]).

Als S10 wurde eine Betriebsart mit einzelnen konstanten Belastungen eingeführt. Dabei können bis vier Lastwerte auftreten, wobei die Maschine jeweils den thermischen Beharrungszustand erreicht. Aus den einzelnen Belastungen und ihrer Einwirkungsdauer wird eine bezogene Größe TL für die thermische Lebenserwartung des Isoliersystems abgeleitet. Sie wird nach einem Exponentialgesetz berechnet, wobei aus Messungen bekannt sein muss, welchem Anstieg der Erwärmung in K eine Verkürzung der thermischen Lebensdauer um 50 % entspricht.

24.1.8 Schwingungen und Geräusche

Mechanische *Schwingungen* treten infolge von Unwucht und durch magnetische Anregungen auf. Man beurteilt die Maschinenschwingungen für elektrische Maschinen nach DIN EN 60 034-14 (VDE 0530 Teil 14) (s. Bd. 1, Kap. 47). Darin wird von den möglichen Messgrößen als maßgebend für die Schwingstärke die Schwinggeschwindigkeit (oder Schnelle) v in mm/s festgesetzt. Die gemessene effektive Schnelle v_{eff}, zu der unter der Annahme einer harmonischen Schwingung der äquivalente Schwinggeschwindigkeits-Scheitelwert $v_{\text{äqu}} = \sqrt{2}\ v_{\text{eff}}$ gehört, wird nach einem Stufenschema beurteilt. Es werden die Schwingstärkestufen N (normal), R (reduziert) und S (spezial) unterschieden. Für elektrische Maschinen findet in der Regel die Schwingstärkestufe N Anwendung. Danach ist beispielsweise der Grenzwert der zulässigen Schwingstärke für Motoren der Baugrößen 132 bis 225 festgelegt auf $v_{\text{eff}} = 2{,}8\,\text{mm/s}$. Bezogen auf die Schwingfrequenz f ergibt sich die äquivalente Wegamplitude $\hat{s} = \sqrt{2}/(2\pi f)\ v_{\text{eff}}$. Dazu gehören Stufengrenzen nach Abb. 24.7.

Die Ursachen des von elektrischen Maschinen abgestrahlten *Lärms* sind

- aerodynamische Geräusche,

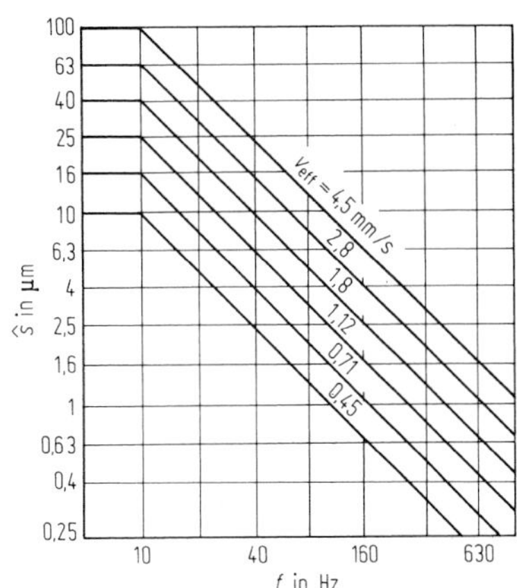

Abb. 24.7 Grenzen von Schwingstärkestufen. (VDI 2059, DIN ISO 10816)

- magnetische Geräusche,
- Lager- und Bürstengeräusche.

Die Entwicklung geräuscharmer Motoren ist ein Beitrag zum Umweltschutz. Bei Antrieben überwiegt allerdings häufig die Geräuschstärke der Arbeitsmaschine.

Als logarithmisches Maß für den Luftschall dient der messbare Schalldruckpegel L_{p}. Die vom menschlichen Ohr empfundene Lautstärke ist pegel- und frequenzabhängig; sie kann den Kurven gleicher Lautstärkepegel entnommen werden (s. Bd. 1, Kap. 48). Für die Beurteilung des Geräuschverhaltens elektrischer Maschinen sind die A-bewerteten Schalleistungspegel maßgebend.

In DIN EN 60 034-9 (VDE 0530 Teil 9) sind Geräuschgrenzwerte angegeben. Zur Prüfung wird der Schalldruckpegel L_{p} im Leerlauf auf einer Messfläche über dem Umfang der Maschine gemessen und mit Hilfe des Messflächenmaßes auf den Schalleistungspegel L_{W} umgerechnet

$$L_{\text{W}} = L_{\text{p}} + 10 \log \left(\frac{S}{S_0} \right) , \quad \text{mit } S_0 = 1\,\text{m}^2 .$$

Darin ist S die Hüllfläche in m^2. Als Messfläche kommt eine Halbkugel oder ein Quader in Betracht, wobei der bevorzugte Messabstand 1 m beträgt.

Für Drehstrom-Normmotoren sind Grenzwerte L_{WA} bei Leerlauf sowie der zu erwartende Anstieg von Leerlauf auf Bemessungsleistung festgelegt (s. Tab. 24.3).

24.1.9 Drehfelder in Drehstrommaschinen

Dreisträngige Asynchron- und Synchronmaschinen bilden zusammen die *Drehstrommaschinen.* Bei ihnen trägt der Stator eine dreisträngige Wicklung, deren Spulenseiten in Nuten liegen.

Fließen in den Wicklungssträngen U, V, W die Ströme i_a, i_b, i_c, die zusammen ein symmetrisches Drehstromsystem bilden, so gilt

$$\begin{aligned} i_a(t) &= \hat{I}\ \cos(\omega t - \varphi)\,, \\ i_b(t) &= \hat{I}\ \cos(\omega t - \varphi - 2\pi/3)\,, \\ i_c(t) &= \hat{I}\ \cos(\omega t - \varphi + 2\pi/3)\,. \end{aligned} \tag{24.3}$$

In Übereinstimmung mit Gl. (22.40) lassen sich diese Ströme mit Zeigerdiagramm durch die komplexen Größen $\underline{\hat{I}}_a$, $\underline{\hat{I}}_b$ und $\underline{\hat{I}}_c$ darstellen, die bei gleicher Amplitude um jeweils $2\pi\,/\,3$ gegeneinander verschoben sind (Abb. 24.8a). Die Ströme erzeugen längs des Bohrungsumfangs der Maschine eine Felderregung, deren orts- und zeitabhängiger Verlauf mittels der Durchflutung θ beschrieben wird.

Die Grundfelddurchflutung ergibt sich aus den Beiträgen der drei Stränge zu

$$\begin{aligned} \theta_{s,1}(\zeta, t) &= \hat{\theta}_{s,1}\ \cos(\omega t - \varphi - \zeta) \\ \text{mit } \hat{\theta}_{s,1} &= \frac{3}{2}\frac{4}{\pi}\frac{w\,\xi_1}{2p}\hat{I}\,. \end{aligned} \tag{24.4}$$

Darin bezeichnet w die Strangwindungszahl und ξ_1 den Wicklungsfaktor für die Grundwelle; $2p$ ist die Polzahl der Maschine.

Diese räumlich sinusförmig verteilte Durchflutung kann mit Hilfe der Raumzeigermethode dargestellt werden. Dazu legt man eine weitere komplexe Ebene fest (Abb. 24.8b), die als Schnittebene eines zweipoligen Stators vorgestellt werden kann. Hier ist ζ die Winkelkoordinate, die von der Strangachse U aus gezählt wird und als Periode die doppelte Polteilung aufweist.

Zunächst wird aus den Augenblickswerten ein Stromraumzeiger (Park'scher Vektor) definiert

$$\underline{i}_s = i_a + i_b\ e^{j2\pi/3} + i_c\ e^{-j2\pi/3}\,. \tag{24.5}$$

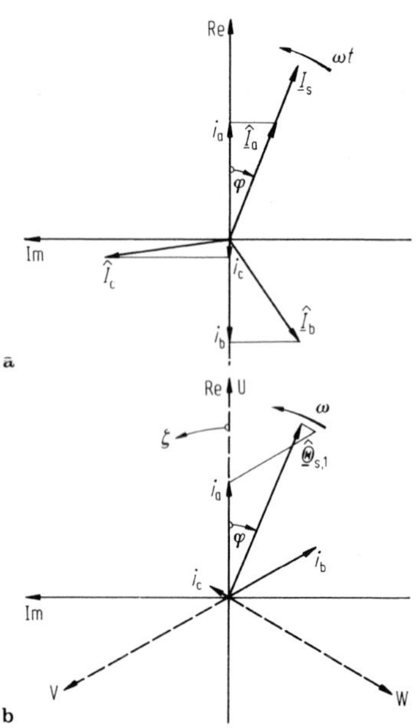

Abb. 24.8 Zur Entstehung des Drehfelds in Drehstrommaschinen. **a** Zeigerdiagramm der Ströme, **b** Raumzeigerdarstellung der Durchflutung

Angewendet auf das symmetrische Stromsystem (Gl. (24.3)) ergibt sich

$$\underline{i}_s = \underline{\hat{I}}_s\ e^{j\omega t} \quad \text{mit } \underline{\hat{I}}_s = \tfrac{3}{2}\hat{I}\ e^{-j\varphi}\,.$$

Diesem Stromraumzeiger wird nun der Raumzeiger der umlaufenden Grundwellendurchflutung zugeordnet

$$\underline{\theta}_s = \underline{\hat{\theta}}_{s,1}\ e^{j\omega t} \quad \text{mit } \underline{\hat{\theta}}_{s,1} = \hat{\theta}_{s,1}\ e^{-j\varphi}\,. \tag{24.6}$$

Dieser läuft, wie der Stromraumzeiger in Bezug auf die Zeitachse, mit synchroner Geschwindigkeit gegenüber der Raumachse um. Den orts- und zeitabhängigen Funktionswert erhält man in Übereinstimmung mit Gl. (24.4) zu

$$\theta_{s,1}(\zeta,\ t) = \text{Re}\left[\underline{\hat{\theta}}_{s,1}\ e^{j(\omega t - \zeta)}\right]. \tag{24.7}$$

In Abb. 24.8 sind die Zeitzeiger der Ströme den Raumzeigern der Durchflutung gegenübergestellt. Der Raumzeiger gibt durch Amplitude und Phasenlage die augenblickliche, räumlich sinusförmige Verteilung der Feldkurve an.

Die Raumzeigermethode ist ein wirkungsvolles Werkzeug zur Untersuchung stationärer und dynamischer Vorgänge in Drehstrommaschinen. Sie wird insbesondere in der Theorie der Steuerung und Regelung drehzahlstellbarer Drehstromantriebe verwendet.

24.2 Asynchronmaschinen

24.2.1 Ausführungen

Überwiegende wirtschaftliche Bedeutung haben die Asynchronmotoren (Induktionsmotoren) mit *Kurzschlussläufer*. Sie sind kostengünstig, robust und wartungsarm. Hergestellt werden Baureihen mit Normabmessungen. Die Polzahlen sind 2, 4 und 6; seltener werden 8- oder 10-polige Motoren eingesetzt. Bei niedrigen Abtriebsdrehzahlen werden Getriebemotoren verwendet, die ebenfalls in Baureihen angeboten werden.

Die Wicklung des Kurzschlussläufers ist symmetrisch und besteht aus Stäben, die in Nuten eingebettet sind und deren Enden beidseitig mit Kurzschlussringen verbunden sind. Der Käfig wird mit Stäben aus Profilmaterial (Kupfer, Messing) oder im Druckgussverfahren (mit Aluminium oder Legierungen) hergestellt.

Asynchronmaschinen mit *Schleifringläufern* werden dort eingesetzt, wo eine Schlupfsteuerung vorgesehen ist. Hier trägt der Läufer eine vorzugsweise wie im Stator dreisträngige Wicklung, deren Zuleitungen mit drei Schleifringen verbunden sind. Mittels Bürsten können dann Ströme zu- oder abgeführt werden. Abb. 24.9 zeigt Schaltbilder.

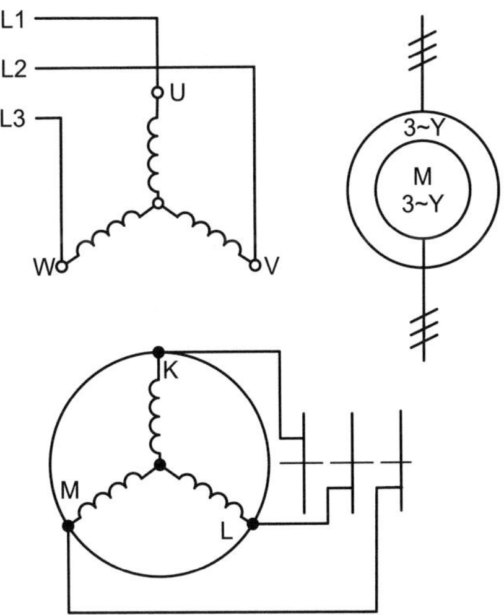

Abb. 24.9 Schaltbilder einer Asynchronmaschine (Schleifringläufermaschine)

24.2.2 Ersatzschaltbild und Kreisdiagramm

Von der Theorie her ist die Asynchronmaschine mit Schleifringläufer am einfachsten zu übersehen, da der Läuferwiderstand praktisch schlupfunabhängig ist. Diese Voraussetzung gilt auch für kleinere Motoren mit Einfachkäfigläufern.

Wird eine solche Maschine von einem Netz mit der symmetrischen Spannung $\underline{U}_1$ und der festen Frequenz f_1 gespeist, so ist ihre synchrone Drehzahl n_s bzw. die in der Antriebstechnik bevorzugt benutzte synchrone Winkelgeschwindigkeit

$$\Omega_s = 2\pi \frac{f_1}{p} = \frac{\omega_1}{p} \quad \text{bzw.} \quad n_s = \frac{f_1}{p} . \tag{24.8}$$

Läuft sie mit einer asynchronen Geschwindigkeit Ω, so hat der Rotor gegenüber dem Grunddrehfeld den Schlupf s; dieser kann als die auf f_1 normierte Frequenz f_2 der im Rotor induzierten Ströme aufgefasst werden

$$s = 1 - \left(\frac{\Omega}{\Omega_s}\right) ,$$
$$f_2 = s f_1 \quad \text{bzw.} \quad \omega_2 = s\omega_1 . \tag{24.9}$$

Zur Beschreibung des stationären Betriebsverhaltens werden Spannungsgleichungen und zugeordnete Ersatzschaltbilder eingesetzt. Abb. 24.10 ist aus einer Reihe von in Gebrauch befindlichen Varianten das physikalisch nächstliegende; es ähnelt dem Transformator-Ersatzschaltbild (s. Abb. 23.2c). Ständerstreuinduktivität, Haupt-

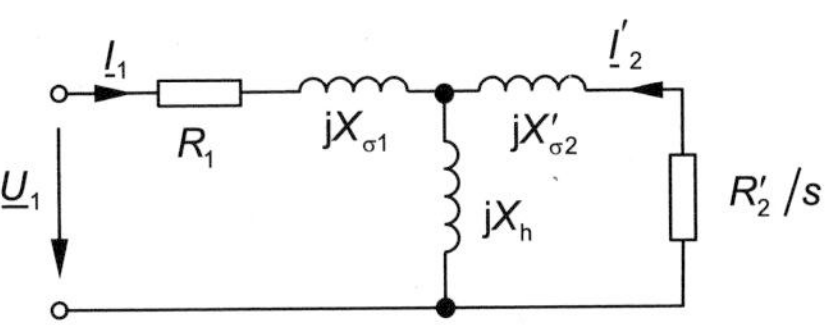

Abb. 24.10 Ersatzschaltbild einer Asynchronmaschine

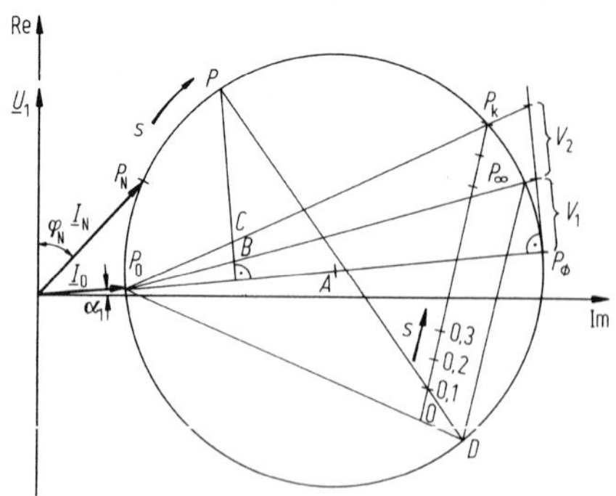

Abb. 24.11 Stromortskurve als Kreisdiagramm

induktivität und auf Ständerseite umgerechnete Läuferstreuinduktivität stellen bei Frequenz ω_1 die Reaktanzparameter X_{σ_1}, X_h und X'_{σ_2} dar. Bei der Umrechnung der Rotorgrößen auf die Statorseite ist auch die Frequenz mit dem Faktor ω_1/ω_2 anzupassen. Daher tritt rotorseitig der schlupfabhängige Widerstand R'_2/s auf.

Das Betriebsverhalten bei Speisung mit fester Spannung kann durch die Stromortskurve beschrieben werden. Diese bildet einen Kreis (Ossannakreis) als geometrischer Ort der Endpunkte des Ständerstromzeigers beim Durchlaufen des Parameters Schlupf $-\infty < s \leq +\infty$ (Abb. 24.11).

Zwei ausgezeichnete Punkte des Kreisdiagramms sind der Leerlaufpunkt P_0 ($s = 0$) und der Punkt P_∞ ($s = \infty$). Durch einen dritten Punkt, beispielsweise den Kurzschlusspunkt P_k bei Stillstand ($s = 1$) ist der Kreis festgelegt. Sein Mittelpunkt liegt in A, und sein Durchmesser ist durch die Strecke $\overline{P_0 P_\varnothing}$ gegeben. Die Strecken V_1 und V_2 bezeichnen die primär- und sekundärseitigen ohmschen Verluste bei einem Strom, der dem Durchmesser des Kreises entspricht. Der zu einem Punkt P der Ortskurve gehörende Schlupf lässt sich an einer linear geteilten Geraden ablesen. Zur Konstruktion der Schlupfgeraden kann der Punkt D auf dem Kreis beliebig gewählt werden. Aus dem Diagramm können neben den komplexen Strömen auch Drehmoment und abgegebene Leistung entnommen werden. Für einen Betrieb im Arbeitspunkt P greift man dazu senkrecht zu dem Durchmesser $\overline{P_0 P_\varnothing}$ die Strecke $\overline{BP}$ im Drehmomentmaßstab und die Strecke $\overline{CP}$ im Leistungsmaßstab ab.

Ähnlich wie beim Transformator (s. Abb. 23.2c) lassen sich im Ersatzschaltbild (Abb. 24.10) die Eisenverluste näherungsweise durch einen zusätzlichen Widerstand im Querzweig erfassen.

24.2.3 Betriebskennlinien

Der Verlauf $M(\Omega)$ des Drehmoments in Abhängigkeit der Drehgeschwindigkeit weist ein *Kippmoment* M_k auf; der zugeordnete Schlupf ist der *Kippschlupf* s_k. Das Drehmoment bei $s = 1$ heißt *Anzugsmoment* M_A.

Eine einfache Beziehung $M(s)$ ergibt sich bei Vernachlässigung des Ständerwiderstands R_1 mit ideellen Werten von M_k und s_k nach der Formel von Kloss

$$M = \frac{2M_k}{s/s_k + s_k/s}. \qquad (24.10)$$

mit dem Kippschlupf $s_k = R'_2/(\sigma X'_2)$ und dem Kippmoment $M_k = \frac{3}{2}\frac{U_1^2(1-\sigma)}{\Omega_s \sigma X_1}$.

Nach DIN EN 60 034 (VDE 0530) muss bei Bemessungsspannung das relative Kippmoment M_k/M_N größer als 1,6 sein.

Im übersynchronen Drehzahlbereich, d. h. bei negativen Schlupfwerten arbeitet die Maschine im generatorischen Betrieb. Der aufgenommene Strom ist im Stillstand der Kurzschlussstrom, dessen relativer Wert I_A/I_N je nach Baugröße und Auslegung der Maschine zwischen 3 und 7 liegen kann. Der Leerlaufstrom besteht im Wesentlichen aus einer Blindkomponente, die den Magnetisierungsbedarf deckt (Abb. 24.12a).

Die Belastungskennlinien geben beim Motor über der abgegebenen (mechanischen) Leistung P_2 die interessierenden Größen Strom I, Leistungsfaktor $\cos\varphi$, Wirkungsgrad η und Schlupf s an (Abb. 24.12b).

Das Leistungsflussdiagramm (*Sankey-Diagramm*), s. Abb. 24.13, gibt eine bildliche Darstellung der Größen, die für den Wirkungsgrad maßgebend sind. Von der elektrisch aufgenommenen Leistung P_1 sind die Statorverluste abzuziehen; sie bestehen aus den Ständer-Wicklungsverlusten $3R_1 I_1^2$, den Eisen-Ummagnetisierungsverlusten $P_{v,Fe}$ und den lastabhängigen Zusatzverlusten $P_{v,zus}$. Die verbleibende Luft-

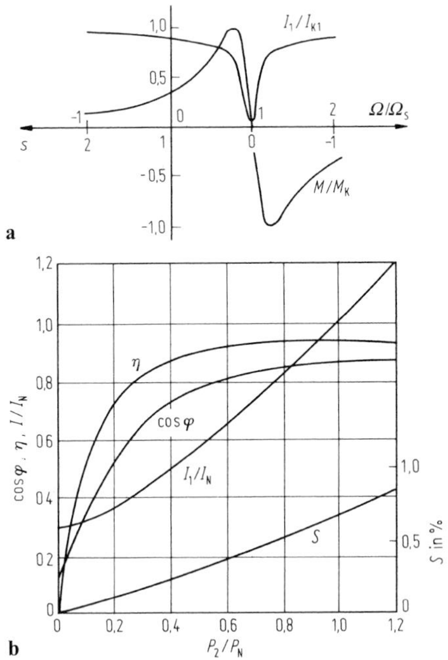

Abb. 24.12 Betriebsverhalten eines Asynchronmotors. **a** Kennlinien von Strom und Drehmoment (drehzahlabhängig), **b** Betriebskennlinien (lastabhängig)

spaltleistung P_δ wird induktiv zum Läufer übertragen. Dort fallen die Stromwärmeverluste sP_δ an. Schließlich sind noch die Reibungsverluste $P_{v,Rbg}$ zu decken, sodass mechanisch die Leistung P_2 abgegeben wird.

Der Anteil der Asynchronmotoren am Verbrauch elektrischer Energie ist so erheblich, dass seit vielen Jahren durch internationale Normungsaktivitäten für Motoren zwischen 750 W bis 375 kW Wirkungsgradklassen festgelegt und in den IEC-Normen DIN IEC 60034-31 hinterlegt wurden, um die Energieeinsparung zu fördern. Danach werden in Abhängigkeit der Bemessungsleistung für verschiedene Polzahlen (2p = 2, 4, 6, 8) Mindestwirkungsgrade in den

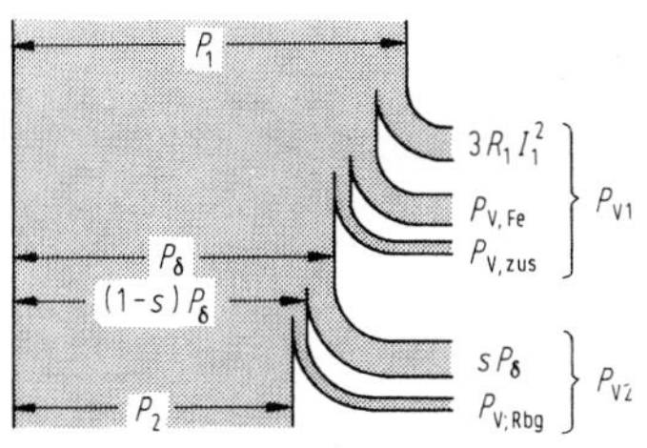

Abb. 24.13 Leistungsflussdiagramm

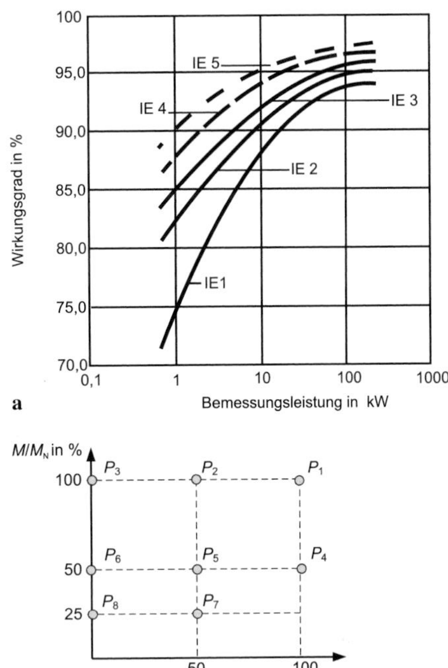

Abb. 24.14 Wirkungsgradoptimierte Drehstrommotoren. **a** Effizienzklassen für 4-polige Drehstrom-Asynchronmotoren nach DIN IEC 60034-31, **b** Referenzpunkte zu Wirkungsgradangaben nach DIN EN 61800-9-1 (VDE 0160-109-1):2018-1

drei Klassen IE1 (Standard), IE2 (Hoch), IE3 (Premium) beschrieben. Für zukünftige Technologien sind weitere Steigerungen in Fortschreibungen zu IE4 (Super-Premium) und IE5 projektiert (Abb. 24.14a). Die Wirkungsgrade sind nach einer anerkannten Methode zu ermitteln und vom Hersteller zu deklarieren (Abb. 24.14b). Wirkungsgradsteigerungen besser IE3 werden vorrangig durch andere Motortechnologien wie permanentmagneterregte Synchronmotoren oder synchrone Reluktanzmotoren realisierbar sein.

24.2.4 Einfluss der Stromverdrängung

Im Drehzahlbereich zwischen Kurzschluss und Leerlauf ändert sich die Frequenz der induzierten Läuferströme zwischen $f_2 = f_1$ und $f_2 = 0$. Kurzschlussläufer, deren Stabhöhe nicht deutlich kleiner ist als die von Frequenz, Stableitwert und Permeabilität abhängige Eindringtiefe

$$\delta = \frac{1}{\sqrt{\omega_2\,\kappa\,\frac{\mu_0}{2}}}$$

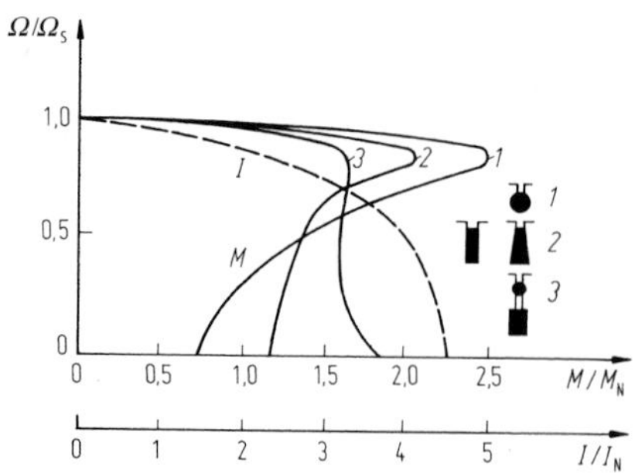

Abb. 24.15 Kennlinien von Asynchronmotoren mit Kurzschlussläufer. *1* Rundstab, *2* Hochstab, Keilstab, *3* Doppelkäfig

werden durch die Stromverdrängung (*Skineffekt*) beeinflusst: Die Stromdichte konzentriert sich im oberen (dem Luftspalt zugewandten) Stabbereich. Damit geht eine Erhöhung des effektiven Widerstands und eine Minderung der Streuinduktivität einher.

Bei Kurzschlussläufermotoren sind daher die Betriebskennlinien abhängig von der Geometrie der Läuferstäbe. Es werden sehr unterschiedliche Formen als *Hochstab, Keilstab* oder *Doppelstäbe* ausgeführt, um unterschiedliche Drehmomentverläufe zu erzielen. So können Motoren für Schweranlauf unter Inkaufnahme einer Absenkung des Kippmoments für hohes Anzugsmoment bemessen werden (Abb. 24.15).

24.2.5 Einphasenmotoren

Bei der bisherigen Betrachtung wurde eine symmetrische Speisung der Asynchronmaschine vorausgesetzt. Einphasig gespeiste Induktionsmotoren können zwar ein asynchrones Drehmoment im Lauf, jedoch kein Anzugsmoment entwickeln, es sei denn, dass durch phasendrehende Mittel die Entstehung eines Drehfelds herbeigeführt wird. Dies geschieht bei Einphasenasynchronmotoren, die als Kleinmotoren (s. Abschn. 24.5) eine große Rolle spielen, in unterschiedlichen Varianten. Meistens ist neben der direkt gespeisten Hauptwicklung eine Hilfswicklung vorgesehen, die über eine Kapazität (*Kondensatormotor*), einen erhöhten Widerstand (*Widerstandshilfsphasenmotor*) oder die Ausführung der Hilfswicklung als kurzgeschlossene Spaltpolwicklung (*Spaltpolmotor*) den Motor zur Erzeugung eines Anzugsmoments befähigt.

24.3 Synchronmaschinen

24.3.1 Ausführungen

Synchronmaschinen (Abb. 24.16) werden sowohl als Generatoren wie auch als Motoren eingesetzt. Die Synchrongeneratoren zur Versorgung öffentlicher oder industrieller Netze wie auch zur Bahnstromversorgung sind die größten elektrischen Maschinen. Sie werden ausgeführt als *Turbogeneratoren* mit Vollpolläufer 2- oder 4-polig für Antrieb mit Dampf- oder Gasturbinen (Abb. 24.2) und als *Schenkelpolmaschinen* mit mehr als 4 Polen für Antrieb mit Wasserturbinen oder Dieselmotoren (Abb. 24.17).

Die ausführbaren Leistungen sind begrenzt durch die größtmöglichen Rotorabmessungen (wegen der mechanischen Beanspruchungen) und den zulässigen Ankerstrombelag (wegen der Übertemperaturen). Anhaltswerte für Grenzleistungen zweipoliger Turbogeneratoren für 50 Hz gibt folgende Übersicht:

Luftkühlung indirekt	150 MVA
Direkte Leiterkühlung	300 MVA
Wasserstoffkühlung ohne Kompressor	450 MVA
Mit 5 bar Überdruck	800 MVA
Wasserkühlung, 2-polig	1200 MVA
4-polig	1700 MVA

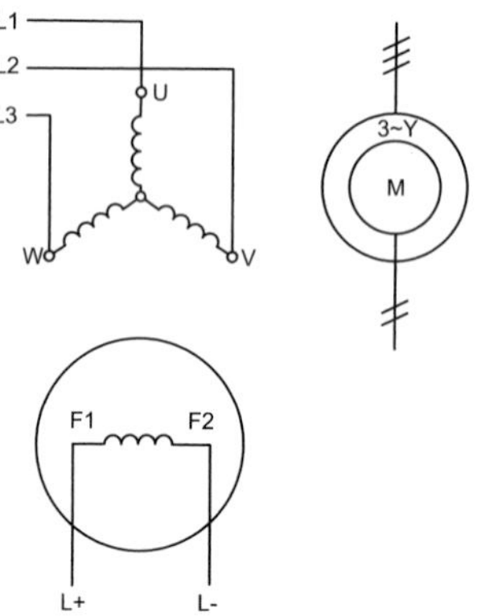

Abb. 24.16 Schaltbilder einer Synchronmaschine

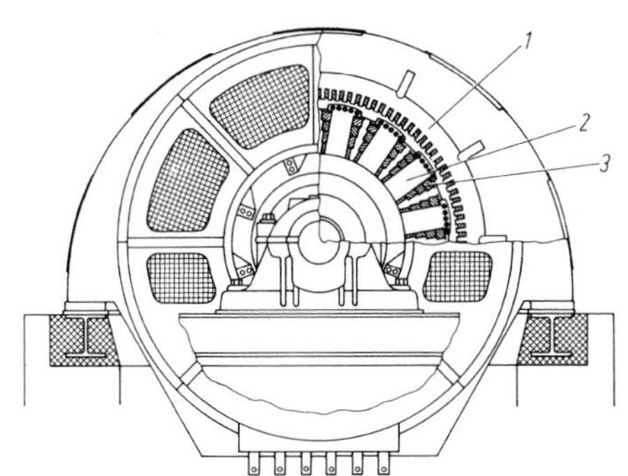

Abb. 24.17 Schenkelpolmaschine. *1* Statorblechpaket, *2* Läufer mit Einzelpolen, *3* Schenkelpolwicklung. (Quelle Lloyd Dynamowerke)

In Maschinen mit supraleitender Erregerwicklung kann im Prinzip ein weiterer Sprung in der Ausnutzung erreicht werden.

Synchronmotoren mit Schenkelpolläufern oder geblechten Vollpolläufern werden bis zu Leistungen von 20 MW gebaut; mit Massivläufer werden noch höhere Einheitsleistungen erreicht. Sie werden bei durchlaufenden Antrieben wie Kompressoren und Pumpen eingesetzt. Durch die Art ihrer Erregung weisen sie im Vergleich zu Asynchronmotoren am Netz eine bessere Stabilität auf und erlauben den Betrieb mit $\cos\varphi = 1$ oder im übererregten Bereich (Blindleistungslieferung ins Netz).

Die dreisträngigen Wicklungen der Generatoren werden auf eine möglichst oberschwingungsfreie induzierte Spannung ausgelegt. Die Erregerwicklungen werden entweder über Stromrichter oder von gekuppelten Erregermaschinen mit Hilfe von rotierenden Gleichrichtern gespeist.

Als Motoren kommen Synchronmaschinen sowohl mit Vollpol- als auch Schenkelpolrotoren vor. Für große Leistungen werden konventionelle Bauweisen mit Erregerwicklung angewendet. Bei permanentmagneterregten Synchronmaschinen können die Ankerwicklungen als verteilte Drehstromwicklungen oder konzentrierte Zahnspulenwicklungen ausgeführt werden, der Rotor trägt die Permanentmagnete, vgl. Abb. 24.18d. Die Spezifika des Betriebsverhaltens ergeben

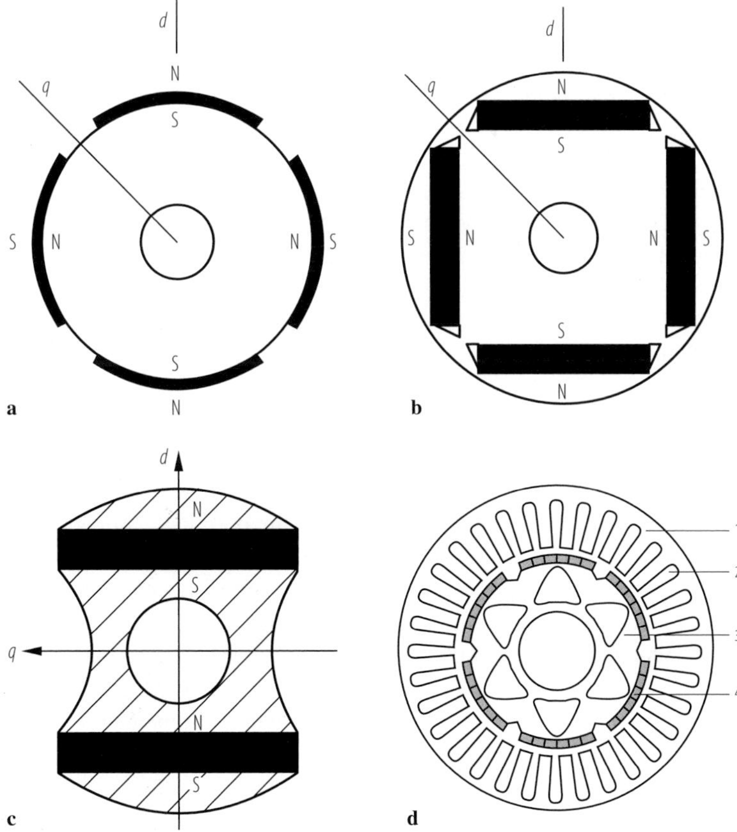

Abb. 24.18 Rotorgestaltung mit Permanentmagneten. **a** Oberflächenmagnete $L_\mathrm{d} = L_\mathrm{q}$, **b** vergrabene Magnete $L_\mathrm{d} < L_\mathrm{q}$, **c** vergrabene Magnete $L_\mathrm{d} > L_\mathrm{q}$ **d** Permanentmagneterregter Synchronmotor. *1* Statorblechpaket, *2* Nuten für Drehstromwicklung, *3* Rotorblechpaket mit Aussparungen, *4* Permanentmagnete

sich aus der Rotorgestaltung und Anordnung der Permanentmagnete (Abb. 24.18). Daneben stoßen Motoren mit Permanentmagneterregung bereits in den Megawattbereich vor. Im Zusammenhang mit den durch Umrichterspeisung gegebenen Möglichkeiten wurden in letzter Zeit spezielle Ausführungen entwickelt, die als Transversalflussmaschine, geschaltete Reluktanzmaschine und modulare Magnetfeldmaschine bekanntgeworden sind. In den jeweiligen Ausführungen sollen erhöhte Ausnutzung (Drehmoment/Volumen), ein einfacher Aufbau und/oder die Eignung für Direktantriebe mit niedrigen Drehzahlen erzielt werden.

Im Zuge der Wirkungsgradklassifizierung (vgl. Abb. 24.14) kommen auch Vorteile von Reluktanzmotoren zum Tragen. Im Gegensatz zu Asynchronmotoren treten keine Verluste im Rotor auf, es wird keine separate elektrische oder permanentmagnetische Erregung benötigt und im Teillastbereich zeigt sich ein hoher Wirkungsgrad. Beim Synchron-Reluktanzmotor (Abb. 24.19a) trägt der Stator ebenso eine klassische mehrpolige Drehstromwicklung. Der Rotor des synchronen Reluktanzmotors unterscheidet sich jedoch in seinem Aufbau grundsätzlich von dem der genannten Maschinen. Um eine große Drehmomentausbeute pro Strom zu erreichen, muss der Rotor eine hohe Schenkligkeit aufweisen, d. h. die Relation zwischen Längs- und Querinduktivität (L_d/L_q) sollte mindestens 10 erreichen. Dies wird erreicht durch Querlamellierung mit Flusssperren. Der Synchron-Reluktanzmotor kann sowohl am Netz als auch am Frequenzumrichter betrieben werden. Für den Netzbetrieb wird eine Anlaufhilfe über einen Anlaufkäfig benötigt. Beim geschalteten Reluktanzmotor (Abb. 24.19b) trägt der Stator eine mehrphasige Zahnspulenwicklung. Der Rotor hat eine ausgeprägte Zahn-Nutstruktur. Rotor- und Statorzahnzahl dürfen nicht übereinstimmen (4/6, 8/12, 12/18), da ansonsten keine stellungsunabhängige Weiterschaltung des Drehmoments möglich ist. Der geschaltete Reluktanzmotor kann nicht am Netz betrieben werden. Er benötigt einen speziellen Frequenzumrichter, bestehend aus mehrphasigen asymmetrischen Halbbrücken, arbeitet dann aber drehzahlvariabel.

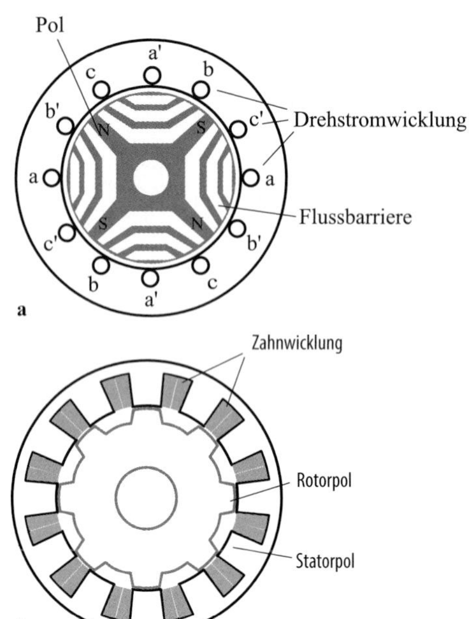

Abb. 24.19 Reluktanzmotoren: **a** Synchron-Reluktanzmotor mit Flusssperren, **b** Geschalteter Reluktanzmotor mit 8/12 Rotor/Statorpolen

24.3.2 Betriebsverhalten

Durch die Felderregung weist der Läufer eine elektrische Anisotropie auf; die Erregerachse wird als Längsachse (d-Achse), die dazu elektrisch orthogonale Achse als Querachse (q-Achse) bezeichnet. Kennzeichnend für das Betriebsverhalten an einem Netz konstanter Frequenz ist der Polradwinkel ϑ, er bezeichnet den Winkel (elektrisch) zwischen dem Zeiger der Klemmenspannung $\underline{U}_1$ und dem Zeiger der Polradspannung $\underline{U}_P$ nämlich der gedachten induzierten Spannung, die sich allein aufgrund der Erregung, ohne Berücksichtigung der Ankerrückwirkung infolge des Stroms $\underline{I}_1$, ergeben würde.

Der Polradwinkel (Lastwinkel) ϑ ist im Leerlauf Null; er nimmt im generatorischen Betrieb positive Werte (voreilendes Polrad) und im motorischen Betrieb negative Werte an (nacheilendes Polrad).

Am einfachsten ist das Betriebsverhalten der Vollpolmaschine zu überblicken, bei der die maßgebenden synchronen Reaktanzen X_d der Längsachse und X_q der Querachse etwa gleich groß sind.

Bei konstanter Spannung und konstanter Erregung ist dann die Stromortskurve ein Kreis, während das Drehmoment $M(\vartheta)$ sinusförmig verläuft.

$$M = -M_\mathrm{k} \sin\vartheta \qquad (24.11)$$

mit dem Kippmoment $M_\mathrm{k} = \frac{3\,p\,U_1 \cdot U_\mathrm{p}}{\Omega_1\,X_\mathrm{d}}$.

(In Abb. 24.20 ist der Widerstand R_1 vernachlässigt; und es wurde das Verbraucher-Zählpfeil-

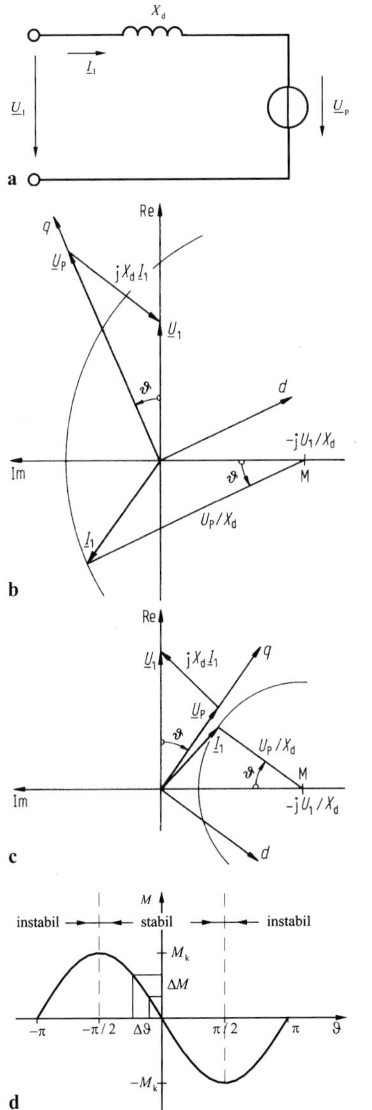

Abb. 24.20 Betriebsverhalten von Synchron-Vollpolmaschinen. **a** Ersatzschaltbild, **b** Zeigerbild Generatorbetrieb übererregt, **c** Zeigerbild Motorbetrieb untererregt, **d** Drehmomentverlauf

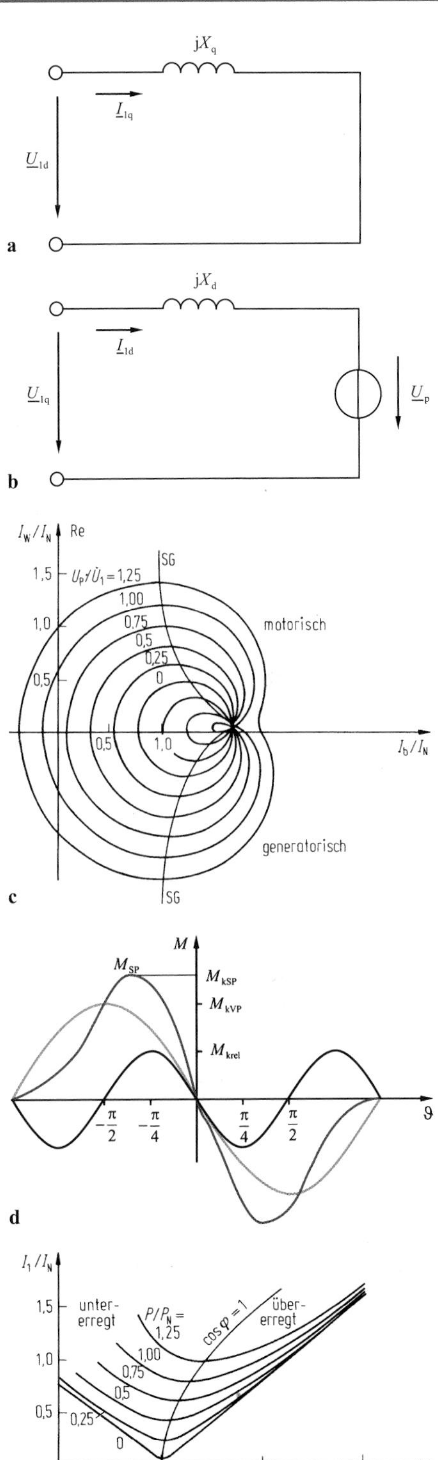

Abb. 24.21 Betriebsverhalten von Schenkelpolmaschinen. **a** Ersatzschaltbild der Längsrichtung, **b** Ersatzschaltbild der Querrichtung, **c** Stromortskurven, **d** Drehmoment als Funktion des Polradwinkels, **e** V-Kurven

system angewendet.) Hiernach weist der Drehmomentverlauf sowohl im Motorbetrieb wie im Generatorbetrieb einen von der Polradspannung abhängigen Kippunkt auf.

Bei Schenkelpolmaschinen liegt eine magnetische Anisotropie vor; bei Generatoren und großen Synchronmotoren ist das Verhältnis X_q/X_d in der Größenordnung 0,7. Die Stromortskurven stellen sich nunmehr als Pascalsche Schnecken dar. In Abb. 24.21c ist die statische Stabilitätsgrenze SG mit eingezeichnet, die den stabilen Betriebsbereich bei Untererregung einschränkt.

Zur Darstellung des Betriebsverhaltens müssen zwei Ersatzschaltbilder herangezogen werden, jeweils für die Längs- und für die Querrichtung, vgl. Abb. 24.21a,b. Das Drehmoment besteht jetzt aus einem vom Polradwinkel sinusförmig abhängigen Synchronmoment (siehe Vollpolmaschine) und einem vom doppelten Polradwinkel abhängigen Reluktanzmoment, dessen Größe von der Schenkligkeit (X_d/X_q) der Maschine bestimmt wird

$$M = -M_{\mathrm{ksyn}} \sin\vartheta - M_{\mathrm{krel}} \sin 2\vartheta \qquad (24.12)$$

mit $M_{\mathrm{ksyn}} = \frac{3p}{\Omega_1}\frac{U_\mathrm{p}U_1}{X_\mathrm{d}}$, $M_{\mathrm{krel}} = \frac{3p}{\Omega_1}\frac{U_1^2}{2}\left(\frac{1}{X_\mathrm{q}} - \frac{1}{X_\mathrm{d}}\right)$.

Die Zuordnung von Werten des Statorstroms I_1 zur Polradspannung U_P mit der Wirkleistung P als Parameter erfolgt in den sog. V-Kurven (Abb. 24.21e). Die relative Polradspannung U_P/U_1 auf der Abszisse kann ebenfalls als relativer Erregerstrom aufgefasst werden, dieser bezogen auf die Leerlauferregung.

24.3.3 Kurzschlussverhalten

Wird die Ankerwicklung einer Synchronmaschine plötzlich kurzgeschlossen, so laufen Übergangsvorgänge der Ströme und des Drehmoments ab. Nach dem Abklingen der flüchtigen Anteile des Stroms bleibt der Dauerkurzschlussstrom bestehen.

Betrachtet wird nun der dreipolige Klemmenkurzschluss einer Maschine mit Dämpferkäfig. Der Ausgangszustand sei Leerlauf mit Spannung U. Der Verlauf des Kurzschlussstroms in einem Strang ergibt sich beispielsweise nach Abb. 24.22a. Das Stromoszillogramm weist einen langsam abklingenden und einen schnellabklingenden Anteil sowie ein Gleichstromglied auf.

Die Auswertung des Oszillogramms ist in DIN EN 60 034-4 (VDE 0530 Teil 4) beschrieben. Dabei wird der Verlauf des Kurzschlusswechselstroms durch zwei Exponentialfunktionen approximiert. Für den Stromverlauf sind außer der

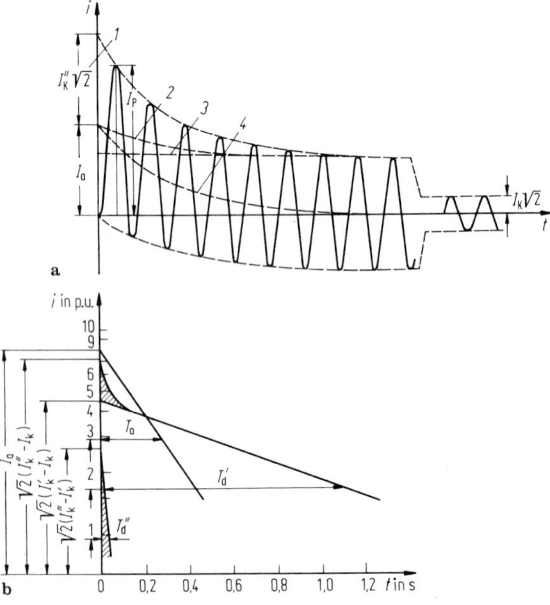

Abb. 24.22 Verhalten beim dreipoligen Stoßkurzschluss. **a** Stromverlauf, *1* Scheitelwert des Stoßkurzschlusswechselstroms, *2* schnell abklingender Wechselstromanteil, *3* langsam abklingender Wechselstromanteil, *4* abklingender Gleichstromanteil, **b** Auswertung des Kurzschlussoszillogramms [6]

Synchronreaktanz X_d, die den Dauerkurzschlussstrom bestimmt, die Transientreaktanz X'_d und die Subtransientreaktanz X''_d maßgebend, wobei das Abklingen der transienten und subtransienten Anteile mit den Kurzschlusszeitkonstanten T'_d und T''_d erfolgt. Schließlich kann noch aus dem abklingenden Gleichstromglied die Ankerzeitkonstante T_a bestimmt werden (Abb. 24.22b).

Spezielle Werte sind der *Dauerkurzschlussstrom* I_k, der *Stoßkurzschlusswechselstrom* I''_k und der *Stoßkurzschlussstrom* I_P. Weiter ist der transiente *Kurzschlusswechselstrom* I'_k zu nennen

$$I_\mathrm{k} = \frac{U}{X_\mathrm{d}}\,, \quad I'_\mathrm{k} = \frac{U}{X'_\mathrm{d}}\,, \quad I''_\mathrm{k} = \frac{U}{X''_\mathrm{d}}\,, \qquad (24.13)$$
$$I_\mathrm{P} = \sqrt{2}\,\kappa I''_\mathrm{k} \approx \sqrt{2}\cdot 1{,}8\,I''_\mathrm{k}\,.$$

Der Stoßkurzschlussstrom darf bei Schenkelpolmaschinen höchstens das 15-fache des Scheitelwerts des Bemessungsstroms betragen.

24.4 Gleichstrommaschinen

24.4.1 Ausführungen

Gleichstrommaschinen werden fast ausschließlich als Motoren ausgeführt. Gleichstromkleinmotoren mit permanentmagnetischer Erregung finden in großer Zahl Anwendung als Hilfsantriebe in Kraftfahrzeugen. Im Industriebereich werden Gleichstrommotoren mit genormten Achshöhen, Leistungen bis zu einigen 100 kW und Drehzahlen bis 3000 min^{-1} in geregelten Antrieben mit zum Teil großen Stellbereichen eingesetzt. Anwendungen sind u. a. Werkzeugmaschinen, Hebezeuge und Antriebe in der Grundstoff- und Papierindustrie. In den klassischen Einsatzgebieten großer, langsamlaufender Motoren für Walzantriebe und Förderantriebe werden die Gleichstrommaschinen in letzter Zeit durch umrichtergespeiste Synchronmaschinen abgelöst.

Die Wicklungen der Gleichstrommaschinen werden mit Kennbuchstaben nach DIN EN 60 034-8 (VDE 0530 Teil 8) bezeichnet. Jede Maschine hat eine rotierende Ankerwicklung A und, abgesehen von den erwähnten Motoren mit

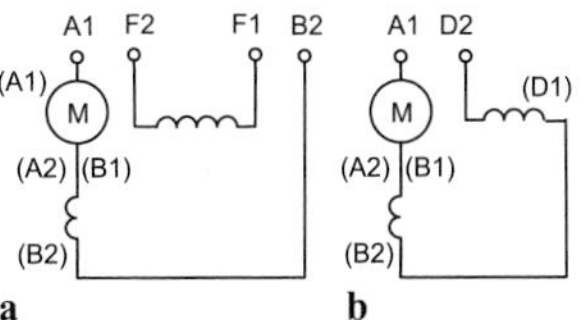

Abb. 24.23 Schaltbilder von Gleichstrommaschinen mit Wendepolen. **a** mit Fremderregung, **b** mit Reihenschlusserregung

Permanentmagneten, eine Erregerwicklung. Diese kann als Fremderregerwicklung F (Abb. 24.23) oder als Erregerwicklung für Nebenschluss (E) oder Reihenschluss (D) ausgeführt sein. Der Sicherstellung einer befriedigenden Kommutierung dient die Wendepolwicklung B, die vom Ankerstrom durchflossen wird. Maschinen für hohe Anforderungen an das dynamische Verhalten tragen darüber hinaus eine Kompensationswicklung C zur Kompensation des Ankerfelds. Damit lassen sich zulässige Stromanstiegsgeschwindigkeiten $(\mathrm{d}i_\mathrm{A}/\mathrm{d}t)/I_\mathrm{N}$ bis 300 s^{-1} erzielen.

Gleichstrommaschinen für Regelantriebe werden zur Unterdrückung von Flussverzögerungen nicht nur im Anker, sondern auch im Stator mit lamelliertem Eisen (geblecht) ausgeführt.

24.4.2 Stationäres Betriebsverhalten

Die Verläufe der Drehgeschwindigkeit und des Ankerstroms in Abhängigkeit vom Drehmoment kennzeichnen das Betriebsverhalten von Gleichstrommotoren. Unter Vernachlässigung der konstanten Verluste gilt

$$\varOmega = \frac{U}{c\varPhi} - \frac{R_\mathrm{A}}{(c\varPhi)^2}M\,, \quad \text{mit } I_\mathrm{A} = \frac{1}{c\varPhi}M\,. \qquad (24.14)$$

Bei Speisung mit konstanter Spannung U weisen Maschinen, die mittels Fremderregung oder Nebenschlusserregung konstanten Fluss $\varPhi$ führen, das typische Nebenschlussverhalten auf: Die Drehzahl weist eine zur Spannung proportionale Leerlaufdrehzahl auf und nimmt bei Belastung mit einer geringen, durch den Ankerkreiswiderstand gegebenen Neigung linear ab, während der Ankerstrom linear ansteigt (Abb. 24.24a). Bei der Reihenschlussmaschine dagegen ist der

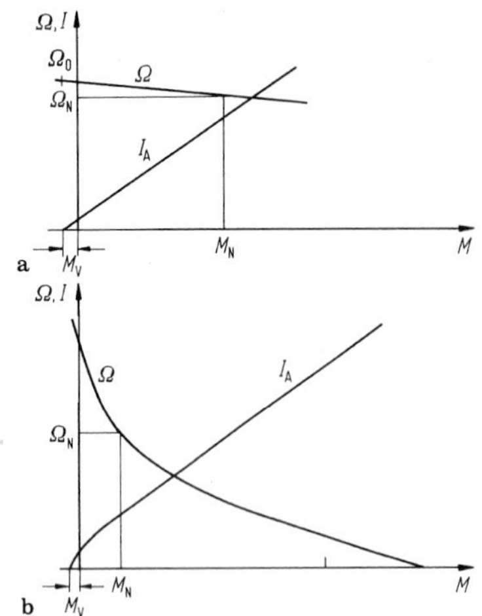

Abb. 24.24 Betriebskennlinien von Gleichstrommotoren. **a** bei konstantem Fluss, **b** mit Reihenschlusserregung

Fluss über eine sättigungsbehaftete Kennlinie mit dem Ankerstrom verknüpft. Die Drehzahlkennlinie zeigt dann das Reihenschlussverhalten mit einer nur durch die Reibungsverluste begrenzten Leerlaufdrehzahl und starker Drehzahlabnahme bei zunehmender Last (Abb. 24.24b). Eisen- und Reibungsverluste lassen sich durch ein Verlustmoment M_V darstellen, das den Unterschied zwischen dem inneren und dem abgegebenen Drehmoment angibt.

Reihenschluss-Kommutatormaschinen für Wechselstrom, die im Bereich kleiner Leistungen Universalmotoren genannt werden, weisen ein ähnliches Verhalten auf.

24.4.3 Instationäres Betriebsverhalten

Im Hinblick auf den Einsatz der Gleichstrommotoren in Regelantrieben mit hohen Anforderungen interessiert ihr dynamisches Verhalten. Besonders einfach ist die Maschine mit Fremderregung bei konstantem Fluss Φ zu überblicken. Nach Abb. 24.25 weist sie das Strukturbild eines linearen Regelkreises auf; darin sind Eingangsgrößen die eingeprägte Ankerspannung u (Führungsgröße) und das Lastmoment m_L (Störgröße). Die Maschine wird als Einmassensystem mit dem Gesamtträgheitsmoment J betrachtet. Damit besteht die Struktur des Systems aus einer geschlossenen Schleife, die einen Integrierer mit der mechanischen Zeitkonstante T_M in Reihe mit einem Verzögerungsglied 1. Ordnung mit der (elektrischen) Ankerzeitkonstante T_A enthält.

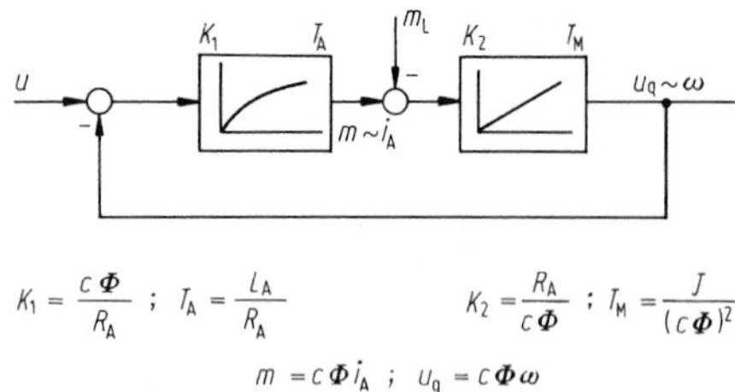

Abb. 24.25 Strukturbild der Gleichstrommaschine bei konstantem Fluss

Dieses System zweiter Ordnung weist eine elektromechanische Eigenfrequenz ω_e auf, wenn sich aus den Zeitkonstanten der periodische Fall (s. Gl. (22.47c)) mit $d < 1$ ergibt

$$\omega_e = \omega_0\sqrt{1-d^2} \quad \text{mit } \omega_0^2 = \frac{1}{T_A T_M}\,,$$

$$d^2 = \frac{T_M}{4T_A} < 1\,.$$

In diesem in der Praxis überwiegend vorkommenden Fall führt die Maschine bei Anregung, z. B. durch eine Sprungfunktion, gedämpfte Schwingungen aus. Exemplarisch zeigt sich dies in den Sprungantworten, die den normierten Verlauf einer Ausgangsgröße infolge des Einheitssprungs einer Eingangsgröße angeben. Abb. 24.26 zeigt als Beispiel das Führungsver-

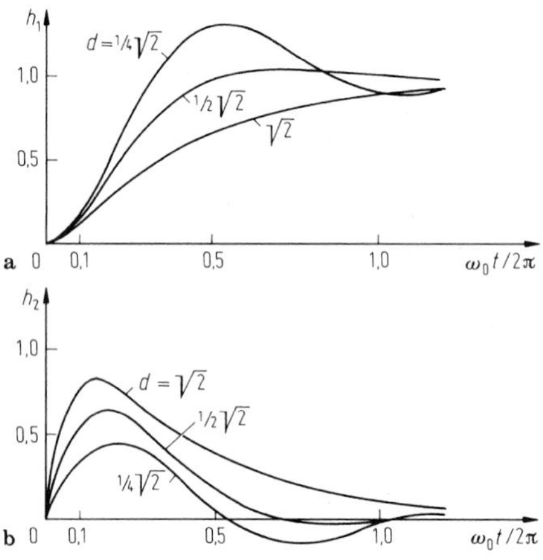

Abb. 24.26 Beschreibung des Führungsverhaltens durch Sprungantworten. **a** Drehzahl, **b** Ankerstrom

halten der normierten Drehzahl h_1 und des Ankerstroms h_2 einer Gleichstromaschine bei einem Sprung der eingeprägten Ankerspannung.

24.5 Kleinmotoren

24.5.1 Allgemeines

Unter Kleinmotoren versteht man in der Regel elektrische Maschinen bis zu einer Leistung von 1 kW; im angelsächsischen Bereich ist durch die Bezeichnung „fractional horsepower motors" die Leistungsgrenze mit 746 W ausgedrückt. Ihre Anwendung erfolgt als *Einbaumotoren* in großen Stückzahlen im Konsumgüterbereich, nämlich in der Hausgerätetechnik und der Audio- und Videotechnik. Ein weiterer Bereich sind die Elektrowerkzeuge. Große Bedeutung haben Kleinmotoren als Hilfsantriebe in Kraftfahrzeugen. Professionelle Anwendungen reichen von den Antrieben für die Büro- und Datentechnik bis zu speziellen Antrieben für industrielle und wissenschaftliche Geräte.

In der Kleinmotorentechnik werden in der Regel nicht Maschinen mit genormten Abmessungen (*Listenmotoren*), sondern speziell für die Antriebsaufgabe entwickelte Konstruktionen (*Kundenmotoren*) eingesetzt, die häufig in Großserien gefertigt werden. Nach der physikalischen Wirkungsweise finden sich der Größenordnung angepasste Ausführungen von Asynchron-, Synchron- und Kommutatormaschinen [8].

24.5.2 Asynchron-Kleinmotoren

Im Gegensatz zu den in Abschn. 24.2 behandelten Drehstrommotoren für dreiphasige Versorgungsspannung handelt es sich jetzt um Asynchronmaschinen, die am *Einphasennetz* 230 V, 50 Hz betrieben werden. Es ist bekannt, dass ein Drehstrommotor im Falle der Unterbrechung einer Phasenzuleitung im Lauf weiter ein (vermindertes) Drehmoment erzeugen, jedoch kein Anzugsmoment entwickeln kann. Durch Anwerfen von außen kann er in jeder der beiden Drehrichtungen hochlaufen.

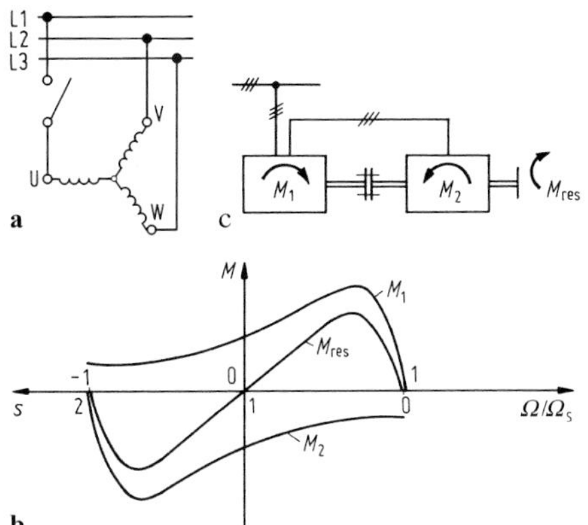

Abb. 24.27 Einphasiger Betrieb eines Drehstrommotors infolge Unterbrechung einer Phase. **a** Schaltbild, **b** Entstehung des resultierenden Drehmomentverlaufs, **c** Ersatzanordnung aus zwei gekuppelten symmetrischen Maschinen für Mitsystem (*1*) und Gegensystem (*2*)

Die Wirkungsweise des einphasig gespeisten Motors lässt sich mit Hilfe der symmetrischen Komponenten erklären. Das Statorfeld weist dabei neben dem Mitsystem ein ebenfalls synchron, aber in entgegengesetzter Richtung drehendes Gegensystem auf. Bezüglich des Rotors läuft das Mitsystem mit Schlupffrequenz sf_1, das Gegensystem jedoch mit der Frequenz $(2-s)\,f_1$ um. Daher gilt das Ersatzschaltbild (Abb. 24.10) nur mehr für das Mitsystem; für das Ersatzschaltbild des Gegensystems ist der bezogene Rotorwiderstand R_2'/s durch $R_2'/(2-s)$ zu ersetzen. Im Falle des Drehstrommotors mit einer unterbrochenen Phasenzuleitung speist die Außenleiterspannung die Reihenschaltung aus beiden Teilschaltbildern. Nach Abb. 24.27 überlagern sich daher in der Maschine ein mitlaufendes und ein gegenlaufendes Drehmoment. Man kann sich vorstellen, dass zwei gleiche Motoren als Mitsystemmotor und als Gegensystemmotor auf eine gemeinsame Welle arbeiten.

Für die Drehmomentanteile werden je nach Schaltungsausführung die Spannungen des Mit- bzw. Gegensystem U_1 bzw. U_2 eingesetzt

$$M = \frac{2M_\mathrm{k}}{s/s_\mathrm{k} + s_\mathrm{k}/s} \cdot \left(\frac{U_1}{U_\mathrm{N}}\right)^2 - \frac{2M_\mathrm{k}}{(2-s)\,/s_\mathrm{k} + s_\mathrm{k}/\,(2-s)} \cdot \left(\frac{U_2}{U_\mathrm{N}}\right)^2 \tag{24.15}$$

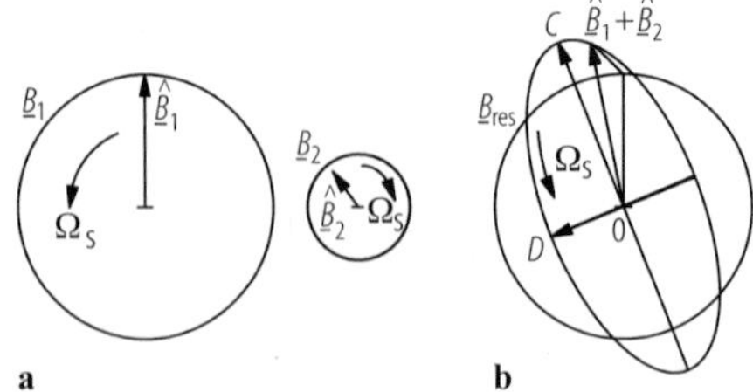

Abb. 24.28 Raumzeigerbild zur Entstehung eines elliptischen Drehfelds. **a** Mitsystem- und Gegensystemkomponenten der Induktion, **b** Überlagerung zum resultierenden Feld

Die Einphasen-Kleinmotoren sind gekennzeichnet durch eine *Haupt-* oder *Arbeitswicklung* und eine *Hilfswicklung,* wobei der Strom im Hilfsstrang eine räumlich und zeitlich gegenüber dem Hauptstrang versetzte Wechselfeldkomponente erzeugt, damit ein i. Allg. unvollständiges Drehfeld entstehen kann. Dies geschieht durch phasendrehende Mittel im Hilfsstromzweig; dafür sind im Prinzip Kapazitäten, Zusatzwiderstände oder Induktivitäten geeignet. Abb. 24.28 erläutert die Erzeugung eines Drehfelds, in dem das Mitsystem das Gegensystem überwiegt. Es sei $\underline{B}_1$ der mit der Kreisfrequenz $+\Omega_s$ umlaufende Raumzeiger des Mitsystems der Flussdichte, während das Gegensystem $\underline{B}_2$ mit $-\Omega_s$ rotiert. Durch Superposition entsteht ein unvollständiges Drehfeld, das durch die Ellipse mit großer Halbachse $\overline{OC} = |B_1| + |B_2|$ und der kleinen Halbachse $\overline{OD} = |B_1| - |B_2|$ beschrieben wird. Ein symmetrisches Drehfeld wäre in dieser Darstellung bei Verschwinden der Gegensystemkomponente $\underline{B}_2$ kreisförmig. Als Folge erzeugt der Motor ein mittleres asynchrones Drehmoment, das von einem mit doppelter Netzfrequenz schwingenden Pendelmoment überlagert wird. Durch geeignete Wahl der phasendrehenden Mittel kann für eine spezielle Drehzahl ein symmetrischer Betrieb herbeigeführt werden, wobei das Gegendrehfeld verschwindet. Die Symmetrierung erfolgt vorzugsweise für den Anlauf und/oder im Bemessungspunkt.

Abb. 24.29 zeigt gebräuchliche Schaltungen von *Einphasen-Asynchronmotoren*. Ein Motor, bei dem der Hauptstrang direkt und der Hilfsstrang über eine Kapazität ans Netz angeschlossen wird, heißt *Kondensatormotor*. Bei Abb. 24.29a bleibt die Kapazität während des Betriebes eingeschaltet (Betriebskondensator). Abb. 24.29b zeigt eine Schaltung zum Betrieb eines Drehstrommotors am Einphasennetz (*Steinmetzschaltung*). Schließlich ist in Abb. 24.29c ein *Widerstandshilfsphasenmotor* abgebildet; beim Einschalten wird mit Hilfe des erhöhten Widerstands im Hilfsstrang, der z. B. durch eine bifilare Wicklung herbeigeführt wird, ein Anzugsmoment erzeugt; nach erfolgtem Hochlauf wird der Hilfsstrang (hier durch ein Stromrelais) abgeschaltet, sodass im Betrieb nur die Hauptwicklung Strom führt.

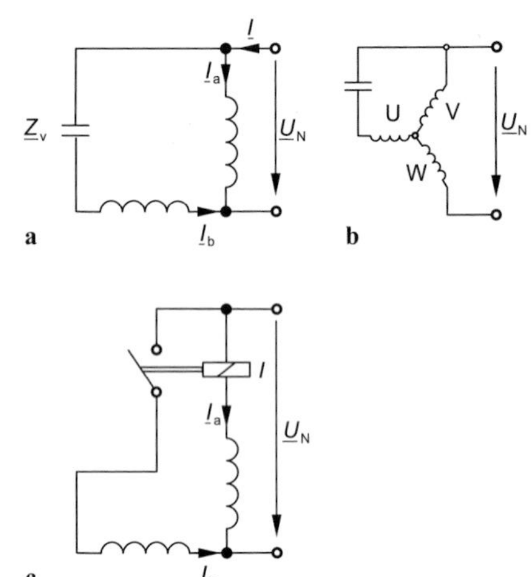

Abb. 24.29 Schaltbilder von Einphasen-Asynchronmotoren. **a** zweisträngiger Kondensatormotor, **b** dreisträngiger Motor in Steinmetzschaltung, **c** Widerstands-Hilfsphasenmotor mit Stromrelais

Bei *Spaltpolmotoren* ist die Hilfswicklung in Form einer aus ein bis zwei Windungen pro Pol bestehenden kurzgeschlossenen Spaltpolwicklung ausgeführt; der darin transformatorisch erzeugte Strom trägt zur Entstehung eines unvollständigen Drehfelds bei und verleiht dem Motor ein Anzugsmoment. Abb. 24.30 zeigt Beispiele

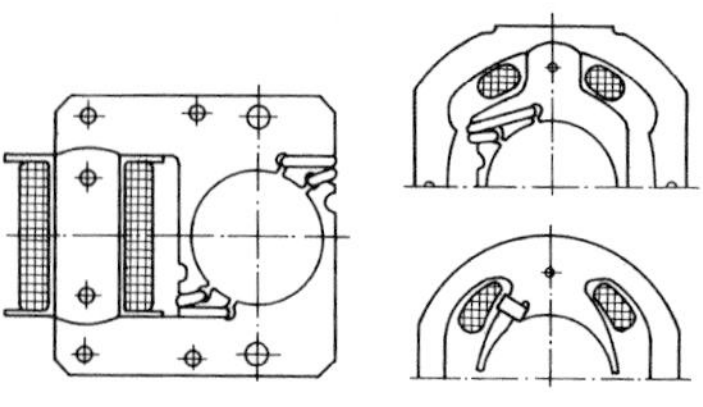

Abb. 24.30 Bauformen zweipoliger Spaltpolmotoren

für den Aufbau zweipoliger Spaltpolmotoren. Sie sind gekennzeichnet durch sehr einfachen Aufbau, dem aber andererseits nur geringe Werte des Leistungsfaktors und des Wirkungsgrads gegenüberstehen.

24.5.3 Synchron-Kleinmotoren für Netzbetrieb

Als Synchron-Kleinmotoren kommen *Permanentmagnetmotoren, Hysteresemotoren* und *Reluktanzmotoren* zum Einsatz. Als netzbetriebene Motoren treten sie mit Leistungen in der Größenordnung einiger Watt für Zeitdienstgeräte und Schalteinrichtungen auf. Um statorseitig ein (elliptisches) Drehfeld zu erzeugen, kann sowohl mit Kondensator-Hilfsphase wie mit Spaltpolwicklung gearbeitet werden. Für hochpolige Ausführungen bietet sich bei den vorkommenden kleinen Leistungen eine Klauenpolkonstruktion an.

24.5.4 Schrittmotoren

Schrittmotoren sind im Prinzip mehrphasige Synchronmotoren, die mittels elektronischer Schaltungen im Impulsbetrieb gespeist werden. Bei Fortschreiten der Ansteuerung um einen Schritt führen sie eine Drehung um den Schrittwinkel aus, sodass man sie auch als elektromechanische Digital-Analogwandler bezeichnen kann. Sie arbeiten permanenterregt oder nach dem Reluktanzprinzip; in den sog. *Hybridmotoren* tragen Komponenten nach beiden Prinzipien zum Drehmoment bei. Reine Reluktanz-Schrittmotoren können stromlos kein Haltemoment entwickeln. Für große Schrittwinkel (z. B. 7,5° bis 15°) werden auch Klauenpolmaschinen eingesetzt. Bei kleinen Schrittwinkeln (bis deutlich unter 1°) und hohen Anforderungen an die Genauigkeit sind mehrphasige Hybridmotoren üblich. Sie werden vorzugsweise mit hochwertigen Magneten (Samarium-Cobalt) ausgerüstet.

Die Wirkungsweise kann man sich anhand des einfachen Beispiels in Abb. 24.31 klar machen. Es handelt sich um einen zweiphasigen,

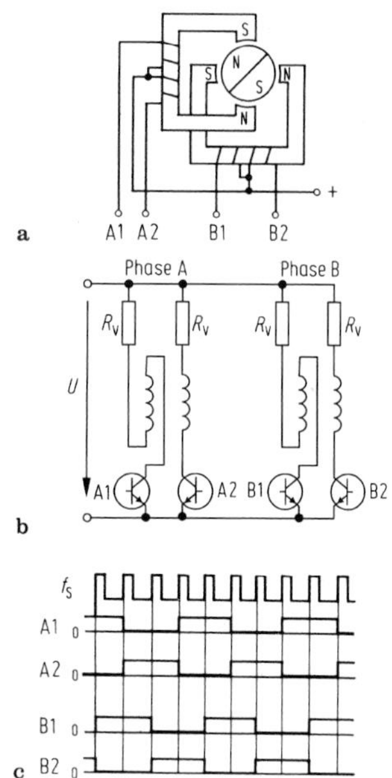

Abb. 24.31 Zweiphasiger Permanentmagnet-Schrittmotor. **a** prinzipieller Aufbau für $2p = 2$ Pole, Schrittwinkel $\alpha = 90°$, **b** Schaltung zur unipolaren Speisung, **c** Steuerung im Vollschrittbetrieb

viersträngigen Motor mit Permanentmagnetrotor. Die Ansteuerung erfolgt unipolar über vier Transistorschalter. Bei Vorgabe eines Takts mit der Schrittfrequenz f_s führt der Motor im Vollschrittbetrieb die Schritte nach dem dargestellten Schema aus.

Der Hybridmotor weist im Rotor einen axial magnetisierten, konzentrisch angeordneten Ringmagneten auf, der zwischen zwei weichmagnetischen, mit Zahnkränzen versehenen Rotorscheiben angeordnet ist. Diese haben je z_r Zähne und sind um eine halbe Zahnteilung (eine Polteilung) gegeneinander verdreht. Für die Prinzipdarstellung in Abb. 24.32a wurden Rotorscheiben mit

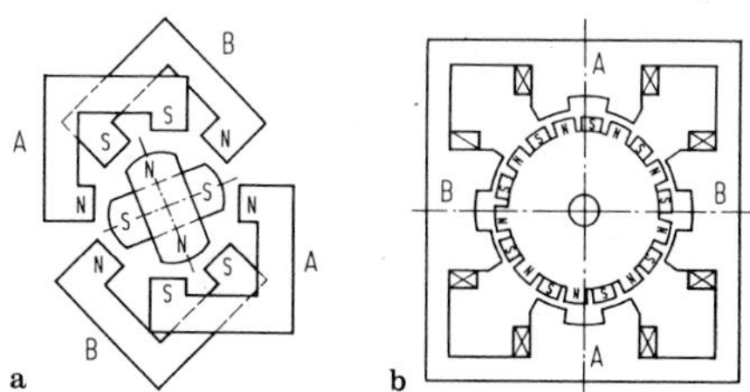

Abb. 24.32 Zweiphasiger Hybrid-Schrittmotor. **a** prinzipieller Aufbau mit zwei Rotorscheiben $z_r = 2$, $\alpha = 45°$, **b** Ausführung mit $z_r = 9$, Schrittwinkel $\alpha = 10°$

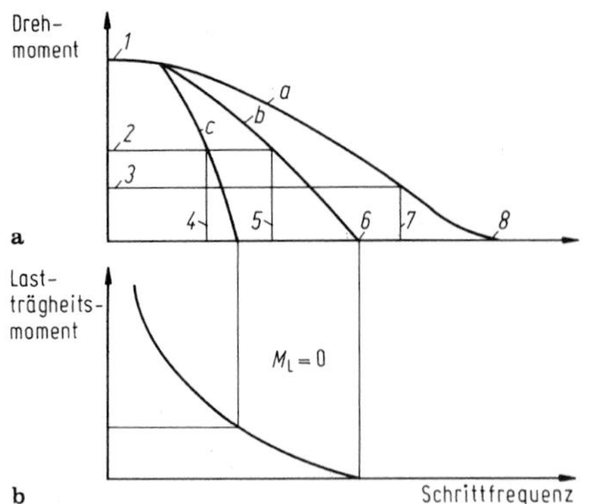

Abb. 24.33 Prinzipieller Verlauf der Betriebsgrenzen eines Schrittmotors nach DIN 42 021 Teil 2. **a** Grenz-Drehmomente, **b** Grenz-Lastträgheitsmoment. *1* maximales Drehmoment, *2* Startgrenzmoment, *3* Betriebsgrenzmoment, *4* Startgrenzfrequenz ($J_L > 0$), *5* Startgrenzfrequenz ($J_L = 0$), *6* maximale Startfrequenz, *7* Betriebsgrenzfrequenz, *8* maximale Betriebsfrequenz

lediglich zwei Vorsprüngen (Zähnen) gewählt. In Abb. 24.32b erkennt man die Ausführung eines zweiphasigen Hybridmotors mit $z_r = 9$.

Das Betriebsverhalten eines Schrittmotors wird durch die *Betriebsgrenzlinien* im *Drehmoment-Schrittfrequenz-Diagramm* beschrieben. Bei der Darstellung ist die Betriebsweise anzugeben (Vollschritt- oder Halbschrittbetrieb, Speisung mit Konstantspannung oder Konstantstrom). Abb. 24.33 gibt ein Beispiel, in dem Kurve *a* die Begrenzung des Betriebsbereichs im synchronen Lauf bezeichnet. Kurve *b* zeigt die Begrenzung des Startbereichs des Motors ohne Zusatzmasse. Gegenüber Kurve *a* ist hier berücksichtigt, dass die Rotormasse aus dem Stand beschleunigt werden muss, ohne dass der Motor Schritte verliert. Wird der Motor mit einem Last-Trägheitsmoment gekuppelt, so vermindert sich die zulässige Startfrequenz weiter; Abb. 24.33b zeigt das Grenz-Lastträgheitsmoment als Funktion der Schrittfrequenz bei Lastmoment Null.

24.5.5 Elektronisch kommutierte Motoren

Diese Motoren sind vom Prinzip her ebenfalls Synchronmaschinen, die im Rotor eine Permanentmagneterregung und im Stator eine ist

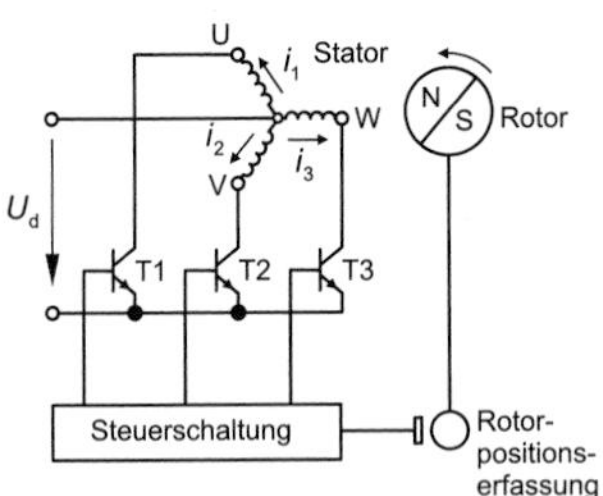

Abb. 24.34 Prinzipschaltung eines bürstenlosen Gleichstrommotors (dreisträngig in Mittelpunktschaltung)

mehrsträngige Wicklung aufweisen, die von einer elektronischen Schaltung angesteuert wird. Im Gegensatz zu Schrittmotoren, die in offener Steuerkette betrieben werden, erfolgt hier die Ansteuerung in Abhängigkeit der Rotorposition, die mit Hilfe einer geeigneten Einrichtung, z. B. durch Hall-Sensoren gemessen wird (Abb. 24.34). Meist wird durch eine Drehzahlregelung mit unterlagerter Stromregelung ein Verhalten wie beim Gleichstromantrieb herbeigeführt, sodass dieser Antrieb auch bürstenloser (kommutatorloser) Gleichstrommotor genannt wird.

24.5.6 Gleichstrom-Kleinmotoren

Diese Motoren werden in großer Anzahl im Kraftfahrzeug als Hilfsantriebe eingesetzt und von Batteriespannung 14 oder 28 V gespeist. Im Vordergrund steht die kostengünstige Lösung, daher kommen bisher ausschließlich Ferritmagnete zum Einsatz (Abb. 24.35a). Dabei ist der hohe Wert des Temperaturkoeffizienten der Koerzitivfeldstärke von $+0{,}004\,\mathrm{K}^{-1}$ und die Tatsache zu beachten, dass die Entmagnetisierungskennlinie bei großen negativen Feldstärken abknickt (s. Abb. 22.11). Die Auslegung hat daher sicherzustellen, dass bei der niedrigsten spezifizierten Umgebungstemperatur (z. B. $-20\,°\mathrm{C}$) durch den Kurzschlussstrom beim Anlauf keine bleibende Entmagnetisierung herbeigeführt werden kann.

Das Betriebsverhalten von Gleichstromkleinmotoren ist im Prinzip identisch mit dem von fremderregten Gleichstrommaschinen (Abschn. 24.4.2). Für die Beschreibung werden einfache Parameter herangezogen wie

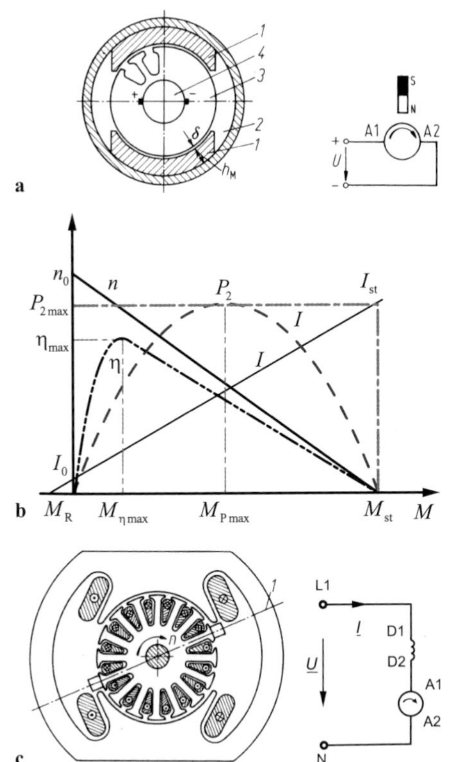

Abb. 24.35 Aufbau und Schaltbilder von Kommutator-Kleinmotoren. **a** Ferritmagnet-Gleichstrommotor für 14 V, *1* Magnetsegment, *2* Eisenrückschluss, *3* Anker, *4* Kommutator mit aufliegenden Bürsten, **b** Betriebskennlinien eines Gleichstrom-Kleinmotors, **c** Universalmotor mit Verschiebung der Bürstenachse, *1* Kommutierungsachse

die Spannungskonstante (Zunahme der Spannung mit steigender Drehzahl: $k_E = U_0 / n_0$), die Drehmomentkonstante (Zunahme des Drehmoments mit steigendem Strom: $k_M = M / I$), der Haltestrom (Strom bei Motorstillstand: $I_{st} = U_N / R$) sowie der Ruhestrom (Leerlaufstrom I_0). In einem Betriebskennlinien-Diagramm nach Abb. 24.35b sind der lastabhängig linear abnehmende Drehzahlverlauf, die linear zunehmende Stromaufnahme, die Abgabeleistung und der Wirkungsgrad angegeben. Es ist auffällig, dass der Wirkungsgrad bereits bei sehr kleiner Last ein Maximum durchläuft, während die Abgabeleistung erst bei wesentlich höheren Belastungen ihr Maximum erreicht.

Mithilfe der Leerlaufdrehzahl bestimmbar aus Nennspannung, Ruhestrom, Widerstand und der Spannungskonstante und dem Stillstandsmoment berechenbar aus Drehmomentkonstante sowie Stillstands- und Ruhestrom nach

$$n_0 = \frac{(I_{St} - I_0)\,R}{k_E} \qquad M_{St} = k_M\,(I_{St} - I_0)$$

können die beiden Betriebskennlinien angegeben werden:

$$n = n_0 - \frac{n_0}{M_{St}} M \qquad (24.16)$$

$$I = \frac{1}{k_M}\,(M + M_R) \qquad (24.17)$$

Zur Erzeugung eines Nutzdrehmoments muss bereits ein gewisser Ruhestrom zur Überwindung des Reibmoments aufgebracht werden.

24.5.7 Universalmotoren

Der Name bezeichnet Reihenschluss-Kommutatormotoren, die an Gleich- und Wechselspannung laufen können; sie werden heute ausschließlich für Einphasen-Wechselstrom und zwar in der Hausgerätetechnik und bei Elektrowerkzeugen eingesetzt. Von Vorteil ist, dass ihre Höchstdrehzahl nicht an die Netzfrequenz gebunden ist; bei Drehzahlen bis 25 000 min^{-1} wie bei Staubsaugergebläsen werden daher günstige Leistungsgewichte der Motoren erzielt.

Der Universalmotor ist nach Abb. 24.35c aufgebaut und weist im Prinzip eine Reihenschlusskennlinie nach Abb. 24.24b auf. Da Ankerstrom und Fluss netzfrequente Schwingungen ausführen, besteht das Drehmoment aus einem Gleichwert und einem überlagerten Pendelmoment doppelter Speisefrequenz mit annähernd gleich großer Amplitude. Der einfache Aufbau erlaubt den Einbau von Wendepolen nicht, jedoch kann eine befriedigende Kommutierung dadurch herbeigeführt werden, dass durch Verdrehung der Bürstenachse, beim Motor gegen die Drehrichtung, in der Wendezone ein Feld erzeugt wird derart, dass die Reaktanzspannung (in einem Lastpunkt vollständig) kompensiert wird. Allerdings tritt in den kommutierenden Spulen zusätzlich eine transformatorisch induzierte Spannung auf, die sich mit einfachen Mitteln nicht kompensieren lässt. Die Betriebsdauer mit einem Bürstensatz liegt daher bei maximal etwa 2500 h.

24.6 Linearmotoren

Linearmotoren erlauben die direkte Erzeugung linearer Bewegungen ohne Getriebe. Anwendungsgebiete sind Werkzeugmaschinen, innerbetriebliche Fördersysteme und spurgebundene Fahrzeuge.

24.6.1 Gleichstromlinearmotoren

Gleichstrom-Linearmotoren bestehen aus einem Stator mit Erregerwicklung oder Permanentmagneten, mit dem ein Gleichfeld erzeugt wird. Der Reaktionsteil trägt die Ankerwicklung, die mittels Schleifkontakten an die Energieversorgung angeschlossen ist. Gleichstrom-Linearmotoren eignen sich nur für kleinere Spannungen, sodass sich eine obere Leistungsgrenze ergibt. Für industrielle Anwendungen werden die Gleichstrom-Linearmotoren kommutatorlos ausgeführt und mit Wechselrichter angesteuert.

24.6.2 Asynchronlinearmotoren

Einen asynchronen Linearmotor kann man sich durch radiales Aufschneiden des Stators und Streckung des Umfangs in die Ebene vorstellen. Anstelle des Käfigläufers dient eine Schiene aus leitendem Material (Cu, Fe, Al) als Reaktionsteil. Es entsteht dann eine Anordnung nach Abb. 24.36, aus der auch zu entnehmen ist, dass die Statorwicklung eine ungerade Anzahl von Polteilungen belegt. Im Betrieb entsteht (anstelle des Drehfelds bei rotierenden Maschinen) ein Wanderfeld, dessen Geschwindigkeit von der speisenden Frequenz und der Polteilung abhängt

$$v_w = 2\tau_p f_1 \,. \qquad (24.18)$$

Im Betrieb entwickelt der Linearmotor eine Schubkraft F bei einer Geschwindigkeit v.

Diese Größen entsprechen dem Drehmoment und der Drehzahl drehender Maschinen und bestimmen unter Vernachlässigung der Randzonenkräfte beim Linearmotor die Leistung:

$$F = \frac{P_{mech}}{v} \,. \qquad (24.19)$$

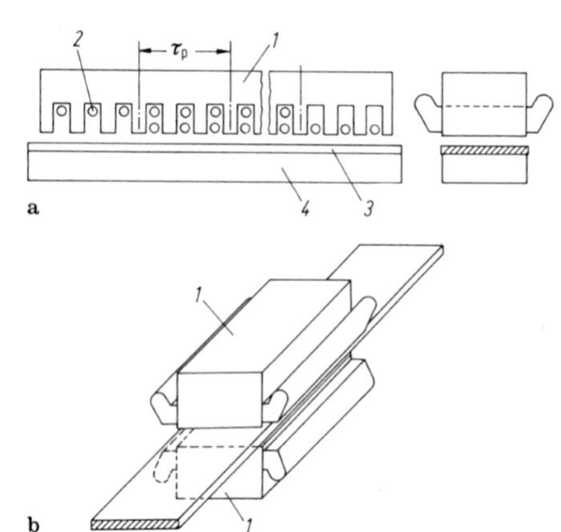

Abb. 24.36 Asynchron-Kurzstator-Linearmotoren. **a** einseitige Anordnung, **b** Doppelsystem. *1* Blechpaket des Primärteils, *2* Primärwicklung, *3* Reaktionsschiene, *4* magnetischer Rückschluss

Die erreichbare Schubkraft eines einseitigen Drehstromlinearmotors lässt sich auch aus elektrischen und magnetischen Ausnutzungskenngrößen, dem Ständerstrombelag A_1 und der Luftspaltinduktion $\hat{B}_\delta$ bestimmen über:

$$F = k_M \, 2p \, l_i \, \tau_p \, A_1 \, \hat{B}_\delta \sin\beta \,, \qquad (24.20)$$

k_M – motorspezifische Konstante, p – Polpaarzahl, l_i – ideelle Länge, β – Winkel zwischen Strombelags- und Luftspaltfeldwelle.

Im Unterschied zum drehenden Motor wächst die Schubkraft proportional mit der Blechpaket-Oberfläche ($A_B = 2p \, l_i \, \tau_p$).

Die einseitige Ausführung nach Abb. 24.36a bedarf eines magnetischen Rückschlusses unterhalb der Reaktionsschiene und hat außerdem den Nachteil, dass im Betrieb hohe vertikale Anziehungskräfte wirken, deren Höhe die Vortriebskraft deutlich übersteigt. Vorteilhaft ist daher eine doppelseitige Bauform wie in Abb. 24.36b dargestellt; infolge der Symmetrie ist das System theoretisch frei von Vertikalkräften.

Befindet sich der Stator (Primärteil) nach Abb. 24.36 im beweglichen Teil des Antriebs, so spricht man von einem Kurzstator-Linearmotor. Ist der Stator im stationären Teil über die gesamte Länge der Strecke angeordnet, so handelt es sich um einen Langstator-Linearmotor. Asynchrone Linearmotoren werden erfolgreich in Verkehrsmitteln für Kurzstrecken wie Flughafenshuttles eingesetzt. Der durch das leitfähige Material des Reaktionsteils vergrößerte Luftspalt und die Leitfähigkeitsbedingungen im massiven Reaktionsteil verschlechtern den Leistungsfaktor und den Wirkungsgrad gegenüber drehenden Asynchronmotoren.

24.6.3 Synchronlinearmotoren

Selbstverständlich können auch Synchronmaschinen als Linearmotoren ausgeführt werden, und zwar ebenfalls in Kurzstator- und Langstator-Bauform.

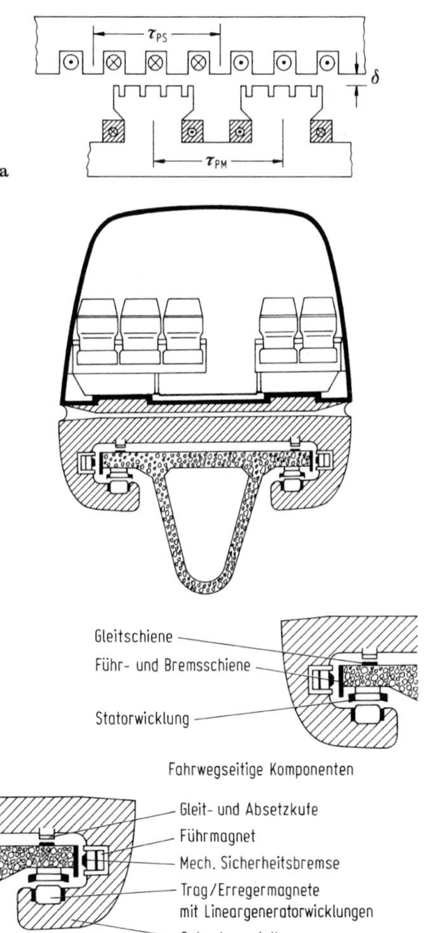

Abb. 24.37 Antriebssystem des TRANSRAPID. **a** Aufbau des Synchron-Langstator-Linearmotors, **b** Querschnitt mit den Komponenten für Antrieb, Tragen und Führen

Für berührungsfreien Antrieb von Schienenfahrzeugen bieten sich Langstator-Synchronmotoren an. Dabei wird die Antriebsleistung der im Fahrweg befindlichen Wicklung zugeführt, während das Fahrzeug nur den Erregerteil enthält. Die Speisung des Langstators erfolgt über Frequenzumrichter in festen Streckenabschnitten.

Neben der Antriebsfunktion muss auch Tragen und Führen des Fahrzeugs sichergestellt werden. Beim Schnellbahnsystem TRANSRAPID werden diese Funktionen elektromagnetisch erfüllt. Abb. 24.37a zeigt die Geometrie des Motors. Der Langstator im Fahrweg enthält die Drehstrom-Einlochwicklung; der Erregerteil mit ausgeprägten Polen ist so angeordnet, dass das Fahrzeug von den Magnetfeldkräften getragen wird. Der Luftspalt wird auf etwa 1 cm geregelt. Nuten in den Polschuhen nehmen die Wicklung des sog. Lineargenerators auf, der zur berührungsfreien Übertragung der Erregerleistung und der Bordversorgung dient. Im Stillstand und bei langsamer Fahrt übernehmen Bordbatterien diese Aufgabe. Führmagnete halten das Fahrzeug seitlich in der Spur. Abb. 24.37b gibt als Querschnittszeichnung einen Eindruck vom Aufbau des TRANSRAPID und seinen Funktionsgruppen bei aufgeständertem Fahrweg.

24.7 Torquemotoren

Torquemotoren kann man sich als an den beiden Enden ringförmig zusammengefügte Linearmotoren vorstellen, vgl. Abb. 24.36a. Wegen der kleinen Betriebsdrehzahlen sind hohe Drehmomente erforderlich, um die gewünschte Leistung abgeben zu können. Da das Drehmoment mit

$$M = c A_1 \hat{B}_\delta D_i^2 l_i \tag{24.21}$$

bestimmt wird durch den Ankerstrombelag (A_1), die Induktion im Luftspalt ($\hat{B}_\delta$) und das Bohrungsvolumen ($D_i^2 l_i$) und der Ankerstrombelag begrenzt ist, muss das Durchmesser/Längenverhältnis gegenüber Standardausführungen deutlich vergrößert werden. Die Polzahl wird durch die Zunahme der Ummagnetisierungsverluste eingeschränkt.

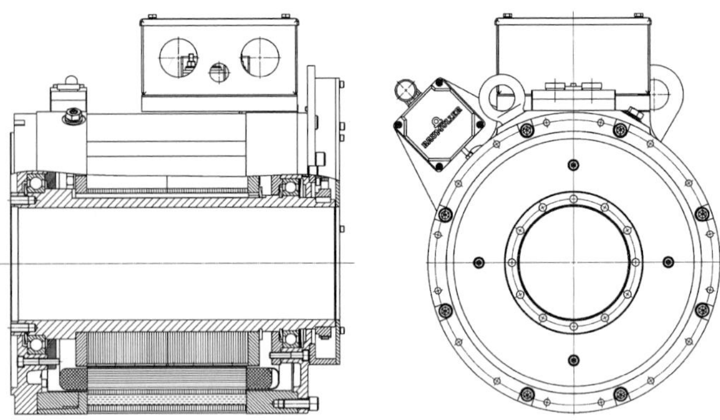

Abb. 24.38 Permanentmagnet-Torquemotor (Baumüller)

Der asynchrone Torquemotor ist bis zu einer Polzahl von ca. 8 herstellbar, für kleinere Polteilungen wird der Magnetisierungsstrombedarf zu groß. Der Rotor ist als Kupferkäfig aufgebaut. Die effektiven Kraftdichten liegen bei maximal 20 kN/m^2.

Der synchrone Torquemotor ist permanentmagneterregt aufgebaut und trägt im Anker entweder eine verteilte Drehstromwicklung oder konzentrierte Zahnspulenwicklungen. Motoren in Kompakt- bzw. Hohlwellenbauform werden mit Polzahlen von 30–40 bzw. größer 40 gebaut. Die effektive Kraftdichte lässt sich bei Wasserkühlung bis 40 kN/m^2 steigern.

Im Vergleich zum Normmotor mit Getriebe kommt der Torquemotor auf ein mit dem Übersetzungsverhältnis gesteigertes Bauvolumen und weist einen etwas geringeren Wirkungsgrad auf. Dennoch empfiehlt sich sein Einsatz insbesondere in Werkzeugmaschinen mit Rundtischen oder Schwenkachsen zum Positionieren und für Bahnsteuerungen. Eine übliche konstruktive Lösung mit Hohlwelle zeigt Abb. 24.38.

24.8 High-Speed-Motoren

Motoren für den High-Speed-Bereich arbeiten drehzahl- bzw. geschwindigkeitsangepasst und machen ebenso wie Torquemotoren Getriebe verzichtbar. Für ihre Auswahl und Auslegung spielen höhere mechanische Belastungen durch Fliehkräfte und erhöhte Leerlaufverluste wegen der teilweise extrem hohen Frequenzen eine wesentliche Rolle und begrenzen letztendlich die Maximaldrehzahl bzw. -geschwindigkeit. Zu den Anwendungen dieser Motoren zählen Werkzeug- oder Textilspindeln, Kompressoren, Gebläse, Schwungradspeicher, Gasturbinen und Starter-Generatoren.

Tab. 24.1 Grenzgeschwindigkeiten von Rotorausführungen

Motortyp	Rotorausführung	Grenzgeschwindigkeit [m/s]
Synchronmotor	geblecht	130
	massiv bewickelt	150
	massiv, permanentmagneterregt	250
Asynchronmotor	geblecht	200
	massiv, bewickelt	300
	massiv, unbewickelt	400–500
Synchronreluktanzmotor	geblecht	200

Für die Auswahl und Auslegung der Motoren sind Gesichtspunkte wie Robustheit des Rotors, Verlustarmut, Motorausnutzung, Kühlung sowie die Fertigungs- und Materialkosten maßgebend. Für extrem hohe Drehzahlen (< 200 000 1/min) aber kleinere Leistungen (80 kW) sind Asynchron-Käfigläufermotoren die beste Wahl, da sie über einen robusten Rotoraufbau verfügen. Für größere Leistungen (< 500 kW) aber kleinere Drehzahlen (< 50 000 1/min) sind PM Synchronmotoren vorzuziehen. Die Anwendungsgrenzen ergeben sich aus den zulässigen Grenzgeschwindigkeiten je nach Rotorausführung, vgl. Tab. 24.1.

Die zulässigen Grenzgeschwindigkeiten lassen sich bei Annahme eines zylindrischen Rotorkörpers aus den Fliehkraftbeanspruchungen und den Materialfestigkeiten bestimmen.

Bei High-Speed-Motoren ist besonders die Lagerung der bewegten Teile zu beachten. Aufgrund der quadratisch mit der Drehzahl ansteigendenden Lagerungsverluste und erhöhter Geräuschbelastung sowie mechanischen Verschleißes werden bei Hochgeschwindigkeitsanwendungen vorrangig Luft- bzw. Gaslager oder spezielle Keramiklager eingesetzt. Eine Alternative bieten dabei magnetische Lager (Abschn. 26.5), die berührungs- und verschleißfrei arbeiten.

Anhang

Tab. 24.2 Grenzwerte der Übertemperatur in K von indirekt mit Luft gekühlten Wicklungen drehender elektrische Maschinen nach DIN EN 60034-1 (VDE 0530 Teil 1); Auszug

Wärmeklasse	130 (B)		155 (F)		180 (H)	
	R	ETF	R	ETF	R	ETF
Wechselstromwicklungen	80	85	105	110	125	130
Kommutatorwicklungen	80	–	105	–	125	–
Feldwicklungen von Vollpol-Synchronmaschinen	90	–	110	–	135	–
Feldwicklungen von Gs-Maschinen	80	90	105	110	125	135

Tab. 24.3 Höchstwert des A-bewerteten Schallleistungspegels α_{WA} in dB bei Leerlauf (für eintourige, dreiphasige Käfigläufer-Induktionsmotoren bei 50 Hz) nach DIN EN 60034-9 (VDE 0530 Teil 9)

Bemessungsleistung P_N [kW]	8 Pole	6 Pole	4 Pole	2 Pole
$1{,}0 < P_N \leq 2{,}2$	71	71	71	81
$2{,}2 < P_N \leq 5{,}5$	76	76	76	86
$5{,}5 < P_N \leq 11$	80	80	81	91
$11 < P_N \leq 22$	84	84	88	94
…				
$110 < P_N \leq 220$	96	98	101	103
$220 < P_N \leq 450$	98	101	105	107

Die zu erwartenden Anstiege des Schallleistungspegels von Leerlauf auf Bemessungsleistung liegen zwischen 2 dB (Polzahl 2) und 8 dB (Polzahl 8, kleine Leistung).

Literatur

Spezielle Literatur

1. Müller, G., Ponick, B.: Grundlagen elektrischer Maschinen, 10. Aufl. Wiley-VCH, Weinheim (2014)
2. Hofmann, W.: Elektrische Maschinen. Pearson, München (2013)
3. Binder, A.: Elektrische Maschinen und Antriebe, 2. Aufl. Springer Vieweg, Berlin (2017)
4. Fischer, R.: Elektrische Maschinen, 17. Aufl. Hanser, München (2017)
5. Bolte, E.: Elektrische Maschinen, 2. Aufl. Springer Vieweg, Berlin (2017)
6. Müller, G., Ponick, B.: Theorie elektrischer Maschinen, 6. Aufl. Wiley- VCH, Weinheim (2009)
7. Müller, G., Vogt, K., Ponick, B.: Berechnung elektrischer Maschinen, 6. Aufl. Wiley-VCH, Weinheim (2008)
8. Stölting, H.-D., Kallenbach, E., Amrhein, W.: Handbuch Elektrische Kleinantriebe, 4. Aufl. Hanser, München (2011)

Leistungselektronik 25

Wilfried Hofmann und Manfred Stiebler

25.1 Grundlagen und Bauelemente

25.1.1 Allgemeines

Die Aufgaben der Leistungselektronik sind das *Schalten, Steuern* und *Umformen* elektrischer Energie mittels elektronischer Bauelemente. In der elektrischen Antriebstechnik, in der Energieverteilung, in Elektrochemie und Elektrowärme werden Betriebsmittel der Leistungselektronik in zunehmendem Umfange eingesetzt [3–6].

Aufgabe der *Stromrichter* ist das Umformen oder Steuern elektrischer Energie. Nach ihren Grundfunktionen sind es *Gleichrichter* und *Wechselrichter*, des Weiteren *Umrichter* für Gleichstrom und Umrichter für Wechselstrom. In allen Fällen werden Wechsel- und/oder Gleichstromsysteme miteinander gekoppelt. Beim *Gleichrichterbetrieb* fließt elektrische Energie vom Wechsel- zum Gleichstromsystem; im *Wechselrichterbetrieb* ist es umgekehrt.

Stromrichterventile sind Bauelemente der Leistungselektronik [1, 2], mit denen Stromzweige abwechselnd in elektrisch leitenden und sperrenden Zustand versetzt werden. Hauptsächlich auf Siliziumbasis stehen unterschiedliche Ventilbauelemente zur Verfügung. In schneller Entwicklung werden die Leistungsgrenzen verbessert, und es kommen neue Elemente hinzu.

25.1.2 Ausführungen von Halbleiterventilen

Stromrichterventile weisen ein nichtlineares Verhalten im Strom-/Spannungsdiagramm auf. Nicht steuerbar ist die *Diode* (s. Abb. 22.3, Abschn. 29.2). Steuerbare Ventile sind *Thyristoren* und *Transistoren* (s. Abschn. 29.3 und 29.4).

Ein einschaltbares Ventil für eine Stromrichtung ist der *Thyristor* (Abb. 25.1a). Er wird leitend, wenn ein Zündimpuls an die Steuerelektrode angelegt wird und eine positive Spannung

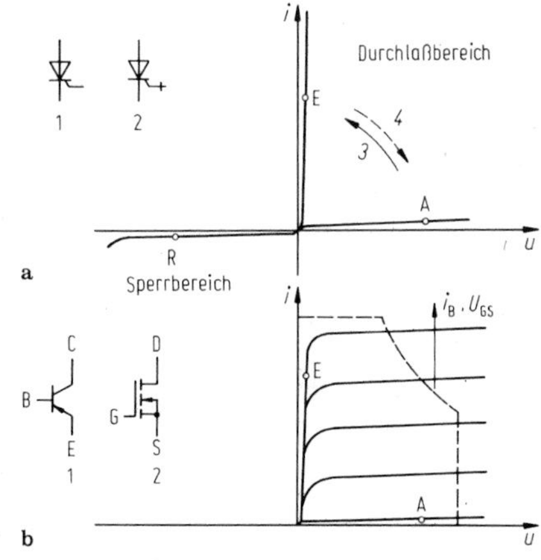

Abb. 25.1 Steuerbare Ventilbauelemente. **a** Thyristor (einschaltbar) und GTO-Thyristor (ein- und abschaltbar), *1* zündbar, *2* abschaltbar (GTO), *3* Zünden, *4* Abschalten; **b** Transistoren, *1* bipolar, *2* MOSFET

W. Hofmann (✉)
Technische Universität Dresden
Dresden, Deutschland

M. Stiebler
Technische Universität Berlin
Berlin, Deutschland

B. Bender und D. Göhlich (Hrsg.), *Dubbel Taschenbuch für den Maschinenbau 2: Anwendungen*,
https://doi.org/10.1007/978-3-662-59713-2_25

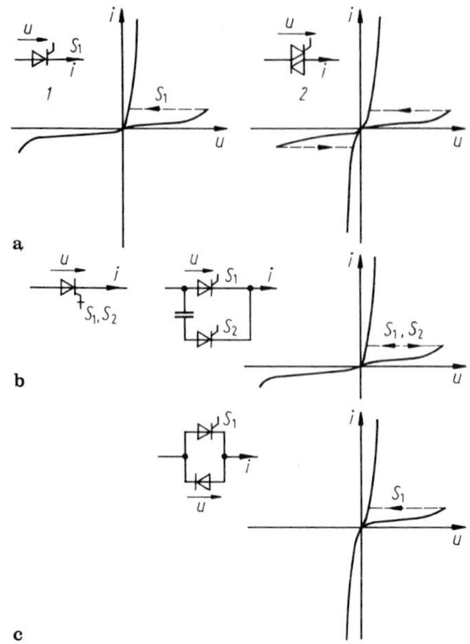

Abb. 25.2 Verhalten von Ventilen. **a** Stromventile, *1* Thyristor, *2* Triac; **b** Stromventile abschaltbar (GTO bzw. Zwangslöschung); **c** Spannungsventil (Thyristor mit Diode)

(gerichtet von Anode zu Kathode) anliegt. Es erfolgt der Übergang vom blockierten Zustand (A) in den Durchlassbereich (E). Der Thyristor schaltet ab, wenn sein Strom den Wert des Haltestroms unterschreitet. Dazu muss er durch eine äußere Spannung in den Sperrzustand (R) gebracht werden. Die Quelle dieser Spannung kann außerhalb oder innerhalb des Stromrichters angeordnet sein.

Im Unterschied hierzu gibt es abschaltbare Thyristoren, für die sich die Bezeichnung *GTO-Thyristor* (engl.: gate turn-off thyristor) eingeführt hat.

Ein *Triac* verhält sich wie zwei gegenparallel geschaltete Thyristoren, weist jedoch nur eine Steuerelektrode auf (Abb. 25.2a).

GTO-Thyristoren lassen sich über die Steuerelektrode sowohl einschalten als auch abschalten (Abb. 25.2b). Eine löschbare Ventilschaltung lässt sich auch mit Hilfe eines (einfachen) Thyristors S_1 und eines Hilfsthyristors S_2 herstellen.

Wird einem Thyristor (Stromventil) eine gegenparallele Diode zugeschaltet, so entsteht ein Ventil für zwei Stromrichtungen, das *Spannungsventil* genannt wird (Abb. 25.2c).

Die beiden Grundbauformen der *Transistoren* sind *Bipolar-* und *Feldeffekttransistoren*; bei letzteren werden Sperrschicht-Feldeffekttransistoren (*JFET*) und *MOS*-Transistoren (engl.: metal oxide semiconductor) unterschieden. In der Emitterschaltung eines Transistors fließt der Laststrom von Collector zu Emitter; er wird über die Basis-Emitterstrecke durch den Strom i_B gesteuert (Abb. 25.1b). Im Kennfeld lässt sich der Sperrbereich (A) und der Sättigungsbereich (E) erkennen. Feldeffekttransistoren dagegen führen den Laststrom zwischen Drain und Source; sie werden durch die Spannung u_{GS} zwischen Gate und Source gesteuert.

Der *IGBT* (engl.: insulated-gate bipolar transistor) verbindet Vorteile des bipolaren Transistors (niedrige Durchlassverluste) mit denen des FET (niedrige Steuerleistung). Er wird bereits für Stromrichter im Mittelspannungsbereich eingesetzt. Weitere Bauelemente sind in der Entwicklung oder Einführung. Insbesondere Halbleitermaterialien mit hohem Bandabstand wie SiC (Siliziumcarbid) oder GaN (Galliumnitrid) eröffnen neue Perspektiven für schnellschaltende und hochsperrende Ventile. Zum Aufbau von Stromrichterschaltungen werden Halbleiter-Moduln als Halb- oder Vollbrücken, u. a. auch mit integrierten Elementen für Überwachung und Schutz des Leistungsteils angeboten.

25.1.3 Leistungsmerkmale der Ventile

Zu den technischen Daten der Leistungshalbleiter gehören die Grenzwerte für Sperrspannung und Durchlassstrom. Außerdem sind bei den schaltbaren Elementen die zulässigen Schaltfrequenzen zu beachten. Zusammen bestimmen diese Größen die Grenzen des Schaltvermögens.

Die Halbleiter-Datenblätter geben verschiedene Grenzwerte an, die als absolute Obergrenzen zu verstehen sind. Es sind dies für Dioden die höchste Stoßspitzensperrspannung U_{RSM} und für Transistoren die höchste zulässige positive bzw. negative Spitzensperrspannung (U_{RDM}, U_{RRM}) als Augenblickswerte. Der Dauergrenzstrom I_{TAVM} für Thyristoren und I_{FAVM} für Di-

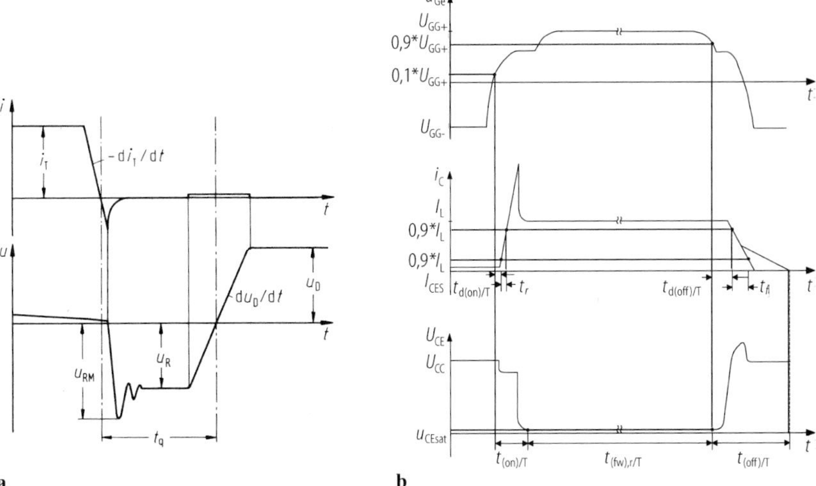

Abb. 25.3 Schaltverhalten von Halbleiterventilen. **a** Thyristor, i_T Durchlassstrom, u_R negative Sperrspannung; **b** IGBT: u_{GE} Gate-Emitter-Spannung, i_C Kollektorstrom, u_{CE} Kollektor-Emitter-Spannung

oden ist der höchstzulässige arithmetische Mittelwert des Durchflussstroms bei 180° Stromflusswinkel.

Zum Schutz vor unzulässigen Spannungsbeanspruchungen werden Halbleiterventile beschaltet. Solche Beschaltungen dienen der Dämpfung von Überspannung infolge des Trägerstaueffekts durch die beim Abschalten auftretende Rückstromspitze, ferner zur Begrenzung der Spannungssteilheit und der Stromsteilheit im Betrieb. Dazu werden RC-Glieder eingesetzt, die im Zusammenwirken mit der Streuinduktivität der Schaltung Schwingkreise bilden. Zur Begrenzung der Stromsteilheiten können zusätzliche Induktivitäten in der Stromrichterschaltung erforderlich werden.

Beim Abschalten des Stroms durch einen Thyristor muss vorübergehend eine negative Sperrspannung zwischen Anode und Kathode anliegen, ehe eine Sperrspannung in Vorwärtsrichtung gehalten werden kann. Die dafür erforderliche Zeitdauer wird Freiwerdezeit t_q genannt (Abb. 25.3a). Typische Freiwerdezeiten normaler Thyristoren (Netzthyristoren) liegen, mit der Baugröße zunehmend, zwischen 20 und 200 µs. Für den Betrieb in selbstgeführten Wechselrichtern und bei Frequenzen oberhalb 60 Hz werden sog. Frequenzthyristoren mit kürzeren Freiwerdezeiten zwischen 12 und 20 µs angeboten.

In den Halbleiterventilen entstehen Durchlass-, Sperr- und Schaltverluste. Letztere steigen mit zunehmender Stromsteilheit und Schaltfrequenz an. Die zulässige Verlustleistung eines Bauelements bestimmt sich abhängig von der Sperrschichttemperatur, dem gesamten Wärmewiderstand und der Kühlmitteltemperatur.

IGBT's werden in unterschiedlichen Technologien gefertigt [1]. Der höchstzulässige sichere Arbeitsbereich (SOA – Safe Operating Area) wird durch die zulässigen Werte des Kollektorstromes I_C, die zulässige Kollektor-Emitter-Spannung U_{CE} und die zulässige Verlustleistung bzw. Chiptemperatur begrenzt. Charakteristisch ist weiterhin die Einschaltzeit t_{on} und die Ausschaltzeit t_{off}. Letztere ist die Zeit, während der im Schaltbetrieb nach dem Umsteuern der Gate-Emitter-Spannung U_{GE} der Kollektorstrom auf 10 % seines Anfangswertes absinkt (Abb. 25.3b); sie setzt sich aus der Speicherverzugszeit $t_{d(off)}$ und der Fallzeit t_r zusammen. Bei MOS-Feldeffekttransistoren ist der Arbeitsbereich durch die Maximalwerte der Drain-Source-Spannung U_{DS}, des Drainstromes I_D und der Verlustleistung gegeben.

Nach dem Stand der Technik lassen sich von einem Bauelement Grenzwerte des Produktes aus periodischer Sperrspannung und Gleichstrommittelwert von über 10 MVA darstellen (Abb. 25.4a).

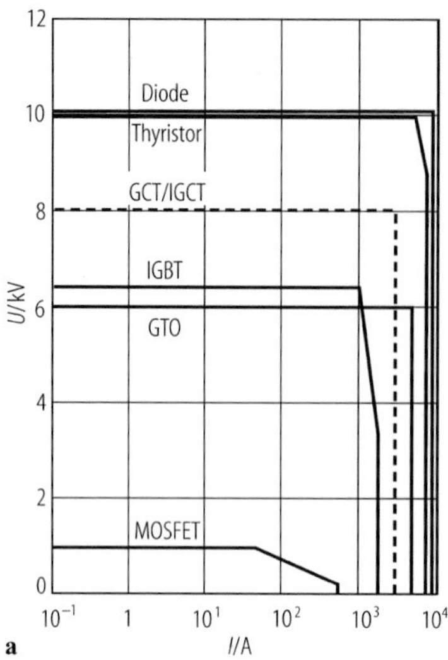

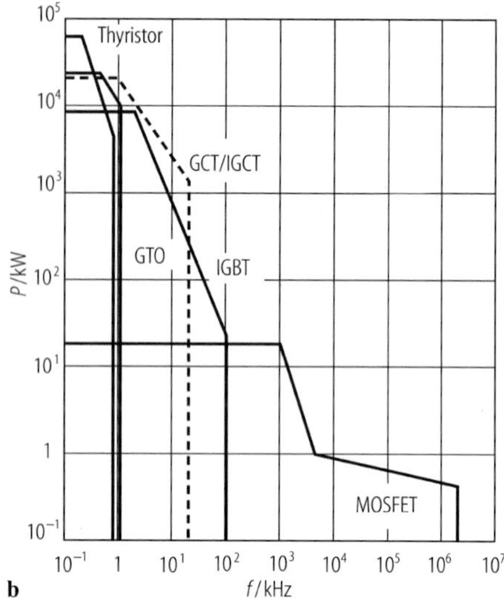

Abb. 25.4 Einsatzbereiche der Ventilbauelemente. **a** Schaltleistung, **b** Schaltfrequenz

Die höchsten Schaltleistungen bei den größten Spannungen lassen sich mit Thyristoren erreichen. Der Bereich mittlerer Leistungen wird vom IGCT (Integrated Gate Controlled Thyristor – einem schneller abschaltenden GTO) und zunehmend dem IGBT abgedeckt. Der Bereich niedriger Leistung ist dem MOSFET vorbehalten. Die zulässigen Schaltfrequenzen liegen für Thyristoren und GTO's bei wenigen hundert Hz, für IGBT's bei maximal 25 kHz in Sonderfällen bereits bei 100 kHz, während sie bei Leistungs-MOSFET's mehrere 100 kHz betragen dürfen (Abb. 25.4b). Die zulässige Schaltfrequenz nimmt mit steigender Schaltleistung ab.

25.1.4 Einteilung der Stromrichter

In den Stromrichterschaltungen wird der Übergang des Stroms von einem Zweig in einen anderen als Kommutierung bezeichnet, wobei während einer Überlappungszeit in beiden Zweigen Strom fließt. Dabei bewirkt die Kommutierungsspannung, dass der Strom im einen Zweig abnimmt, während er im anderen zunimmt.

Die Herkunft der Kommutierungsspannung ist ein wichtiges Merkmal für die Stromrichterschaltungen. Sie können hiernach eingeteilt werden; in der folgenden Aufzählung sind jedoch auch Stromrichter aufgenommen, bei denen keine Kommutierungsvorgänge auftreten [4]:

- Stromrichter ohne Kommutierung: Wechselstrom- und Drehstromsteller; Halbleiterschalter.
- Fremdgeführte Stromrichter mit natürlicher Kommutierung: Gleichrichter, Wechselrichter und Umrichter, deren Kommutierungsspannung vom Netz, von der Last oder von einer Maschine bereitgestellt wird. Netzgeführte Stromrichter werden in Abschn. 25.3 behandelt. Lastgeführte Wechselrichter treten als Schwingkreisumrichter auf, in denen eine ohmsch-induktive Last zusammen mit einer Kapazität einen Parallel- oder Reihenresonanzkreis bildet; zu ihrer Anwendung für induktive Erwärmung (s. Abschn. 28.3.4). Beim Stromrichtermotor wird der Wechselrichter von einer Synchronmaschine geführt (s. Abschn. 26.3.3).
- Selbstgeführte Stromrichter mit erzwungener Kommutierung, deren Kommutierungsspannung innerhalb des Stromrichters durch Erhöhung des Ventilwiderstands (abschaltbare Halbleiterelemente) oder mit Hilfe von Kondensatoren erzeugt wird: Gleichstromsteller, Wechselrichter und Umrichter.

25.2 Wechselstrom- und Drehstromsteller

Beim Wechselstromsteller (Abb. 25.5) lässt sich mittels Anschnittsteuerung eines Triac oder zweier antiparallel geschalteter Thyristoren die Spannungszeitfläche an der Last einstellen. Liegt eine ohmsch-induktive Last vor, so ist für die Verläufe von Spannung und Strom außer dem Steuerwinkel α der Grundschwingungsphasenwinkel φ der Last maßgebend. Spannungen und Ströme sind im gesteuerten Betrieb oberschwingungsbehaftet. Die Steuerkennlinien sind dadurch gekennzeichnet, dass die Verminderung der Lastspannung erst für Steuerwinkel $\alpha > \varphi$ erfolgt. Abb. 25.6a zeigt für die Spezialfälle $\cos\varphi = 1$ (ohmsche Last) und $\cos\varphi = 0$ (induktive Last) die Effektivwerte der Spannung des Stroms als Funktion von α.

Bei Erweiterung auf eine dreiphasige Schaltung entsteht der Drehstromsteller. Die Spannung an einer im Stern geschalteten Last setzt sich dann aus Abschnitten zusammen, die den Wert der drehstromseitigen Sternspannung, die Hälfte der Außenleiterspannung und Null aufweisen können. Abb. 25.6b zeigt Steuerkennlinien, die nunmehr bei $\alpha = 150°$ begrenzt sind.

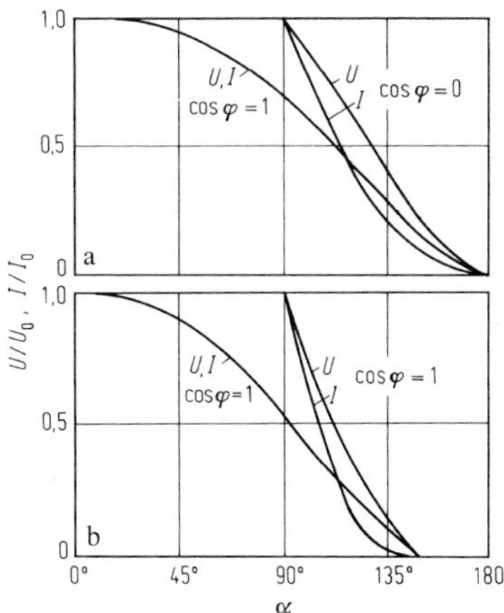

Abb. 25.6 Steuerkennlinien. **a** Wechselstromsteller, **b** Drehstromsteller

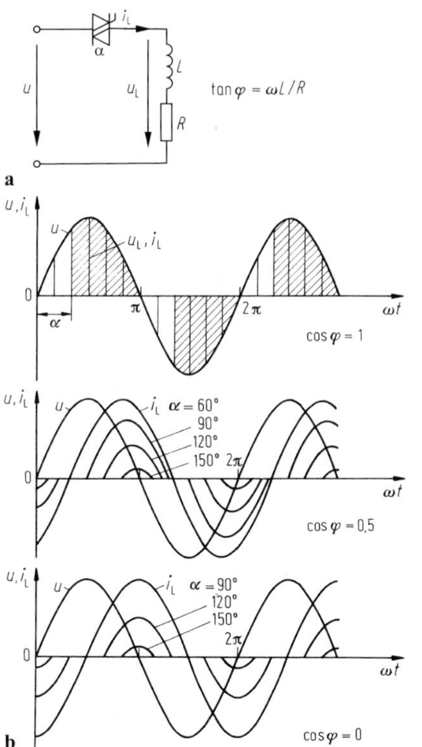

Abb. 25.5 Wechselstromsteller. **a** Schaltung, **b** Spannungs- und Stromverlauf

25.3 Netzgeführte Stromrichter

25.3.1 Netzgeführte Gleich- und Wechselrichter

Die meisten regelbaren Gleichstromantriebe werden aus dem Drehstromnetz über einen netzgeführten Stromrichter gespeist. Den Mittelwert der Gleichspannung verändert man durch Anschnittsteuerung. Bei entsprechender Schaltung kann der Stromrichter außer im Gleichrichterbetrieb auch im Wechselrichterbetrieb gefahren werden.

In der Regel wird die Drehstromleistung über einen Stromrichtertransformator umgeformt. Die leistungselektronischen Schaltungen weisen verschiedene Merkmale auf, darunter die Art der Schaltung (hauptsächlich Mittelpunkt- und Brückenschaltung) und die Art der Steuerung (ungesteuert, halbgesteuert oder vollgesteuert). Für das Betriebsverhalten sind kennzeichnend

- die Pulszahl p (Anzahl der nicht gleichzeitig auftretenden Kommutierungen in einer Netzperiode),

- die Kommutierungszahl q (Anzahl der während einer Netzperiode auftretenden Kommutierungen einer Kommutierungsgruppe) und
- die Anzahl s der in Reihe geschalteten Kommutierungsgruppen.

Die ideelle Gleichspannung ergibt sich in Abhängigkeit der ventilseitigen Transformatorsternspannung U_s als

$$U_\mathrm{di} = \sqrt{2}\ U_\mathrm{s}\left(s\ \frac{q}{\pi}\right)\ \sin\left(\frac{\pi}{q}\right)\ . \tag{25.1}$$

Zur Beschreibung des Betriebsverhaltens eines netzgeführten Stromrichters wird wechselstromseitig eingeprägte sinusförmige Spannung und gleichstromseitig eingeprägter (reiner) Gleichstrom vorausgesetzt; dazu dient die Vorstellung einer gleichstromseitigen Drossel unendlich großer Induktivität.

In Abb. 25.7 sind Beispiele häufig vorkommender Schaltungen angegeben. Charakteristische Parameter für eine gegebene Schaltung sind neben der relativen ideellen Gleichspannung $U_\mathrm{di}/U_\mathrm{s}$ weitere Größen wie die auf U_di bezogene Ventilspannung U_v und der auf den Gleichstromwert I_d bezogene relative Zweigstrom (als Mittelwert und als Effektivwert) sowie der relative netzseitige Strom.

25.3.2 Steuerkennlinien

Die Steuerkennlinien geben den Verlauf der gesteuerten ideellen Gleichspannung in Abhängigkeit vom Steuerwinkel α an. Dabei ist von Bedeutung, ob der Strom I_d lückt. Nicht lückender Strom ist dadurch gekennzeichnet, dass der Strom zu keiner Zeit während der Netzperiode Null wird. Außerdem ist die Überlappung der Ströme während des Kommutierungsvorgangs zu beachten.

Vollgesteuerte Schaltungen (Abb. 25.7a,b) lassen sich über den Gleichrichterbetrieb ($0 < \alpha < 90°$) hinaus in den Wechselrichterbetrieb steuern ($90° < \alpha < \alpha_\mathrm{max}$ mit $\alpha_\mathrm{max} \approx 150°$); beim Durchfahren von $\alpha = 90°$ wechselt das Vorzeichen der Spannung U_d. Daneben werden auch halbgesteuerte Schaltungen eingesetzt (z. B. nach Abb. 25.7c), bei denen nur die Hälfte der Stromrichterzweige steuerbar ausgeführt ist. Diese lassen keinen Wechselrichterbetrieb zu. Bei Voraussetzung nicht lückenden Stroms und Vernachlässigung der Überlappung folgt die gesteuerte ideelle Gleichspannung einem Sinusgesetz:

- für vollgesteuerte Schaltungen (ohne Freilaufdiode)

$$\frac{U_{\mathrm{di}\,\alpha}}{U_\mathrm{di}} = \cos\,\alpha\ , \tag{25.2}$$

- für halbgesteuerte Schaltungen (und solche mit Freilaufdiode)

$$\frac{U_{\mathrm{di}\,\alpha}}{U_\mathrm{di}} = \frac{1}{2}\ (1 + \cos\,\alpha)\ . \tag{25.3}$$

Bei Belastung tritt die Kommutierung auf. Jeweils zwei Phasen bilden einen Stromkreis, in dem die Außenleiterspannung der beteiligten Phasen als Kommutierungsspannung eingeprägt ist und der die wechselstromseitige Kurzschlussimpedanz der Schaltung enthält. Letztere ist im Wesentlichen durch den Stromrichtertransformator bestimmt; es überwiegt der induktive Anteil, dargestellt durch die Kurzschlussinduktivität L_k oder die relative Kurzschlussspannung u_k. Eine

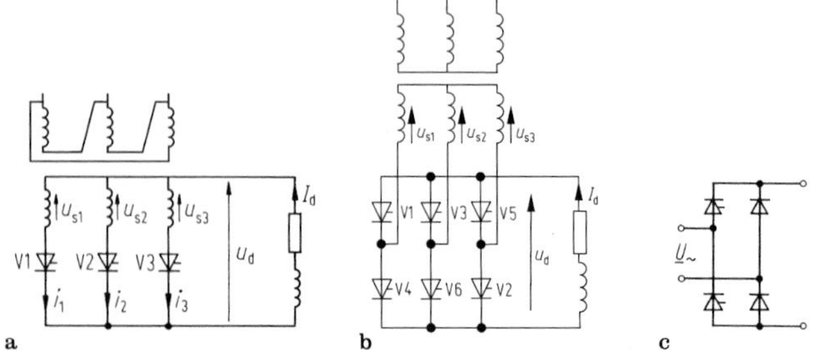

Abb. 25.7 Netzgeführte Stromrichterschaltungen. **a** Dreipuls-Mittelpunktschaltung; **b** Sechspuls-Brückenschaltung; **c** Zweipuls-Brückenschaltung, unsymmetrisch halbgesteuert

ebenfalls auftretende ohmsche Gleichspannungsänderung aufgrund des Widerstands im Kommutierungskreis ist in der Regel klein gegen die induktive Änderung.

Die Kommutierung, gekennzeichnet durch den Überlappungswinkel u, wirkt sich in einer Verminderung der gesteuerten Gleichspannung aus (Abb. 25.8). Es tritt ein Spannungsabfall U_{dx} auf, der induktive Gleichspannungsänderung genannt wird. Für vollgesteuerte Schaltungen ist nunmehr (anstelle von Gl. (25.2)) die gesteuerte Gleichspannung

$$\frac{U_{di\,\alpha}}{U_{di}} = \cos\alpha - d_x \quad \text{mit } d_x = \frac{U_{dx}}{U_{di}}\,, \qquad (25.4)$$
$$\cos u_0 = 1 - 2d_x\,.$$

Für eine gegebene Schaltung ist das Verhältnis d_x/u_k ein konstanter Parameter. Der Überlappungswinkel u ist abhängig vom Steuerwinkel α; bei Vollaussteuerung ($\alpha = 0$) tritt die oben angegebene Anfangsüberlappung u_0 auf.

Abb. 25.8 zeigt für das Beispiel der gesteuerten *Dreipuls-Mittelpunktschaltung* den zeitlichen Verlauf der Spannungen und Ströme in einem Gleichrichter- und einem Wechselrichterbetrieb. Es sind u_{s1}, u_{s2}, u_{s3} die sekundärseitigen Sternspannungen des Stromrichtertransformators. Der Strom I_d ist konstant vorausgesetzt; er setzt sich aus den Ventilströmen i_1, i_2, i_3 zusammen. Dabei ist die Kommutierung berücksichtigt. Die gleichstromseitige Spannung u_d setzt sich aus Abschnitten der sinusförmigen Phasenspannungen zusammen; für die Zeitdauer des Überlappungswinkels u ist jedoch der Spannungsmittelwert der beteiligten Zweige maßgebend. Weiter ist der Verlauf der Ventilspannung u_{v1} eines Zweigs dargestellt. Der Mittelwert U_d der gesteuerten Gleichspannung ist im Gleichrichterbetrieb positiv, im Wechselrichterbetrieb negativ. Mit $\beta = 180° - \alpha$ wird der Voreilwinkel bezeichnet; außerdem mit $\gamma = \beta - u$ der Löschwinkel.

Infolge der endlichen Induktivität fließt tatsächlich auf der Lastseite von Gleichrichterschaltungen ein Mischstrom. Die Welligkeit, definiert als Effektivwert aller Stromoberschwingungen, bezogen auf den Gleichwert I_d des Stroms, nimmt zu mit abnehmender Induktivität und ist

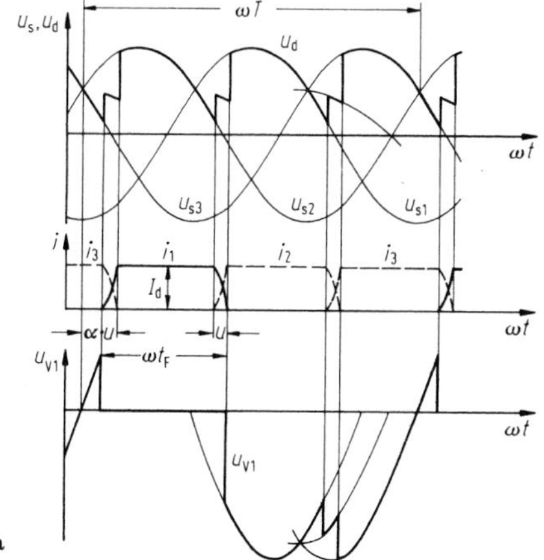

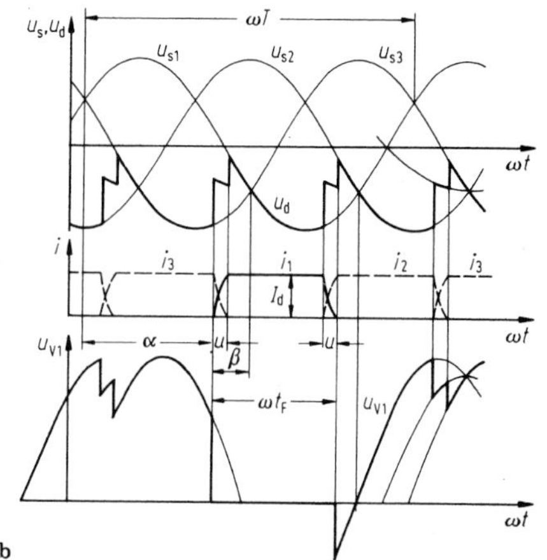

Abb. 25.8 Spannungs- und Stromverlauf bei einer Dreipuls-Schaltung. **a** Gleichrichterbetrieb, **b** Wechselrichterbetrieb

im Übrigen von der Pulszahl und der Aussteuerung abhängig. Damit in Zusammenhang steht die Lückgrenze; bei gegebenen Parametern einer Schaltung geht bei Unterschreiten eines bestimmten Stroms I_d der nichtlückende in den lückenden Betrieb über. Dabei gelten dann die Steuergesetze Gln. (25.2) bis (25.4) nicht mehr; der Zusammenhang zwischen Spannung und Strom wird nichtlinear.

In Abb. 25.9 sind Belastungskennlinien eines vollgesteuerten, netzgeführten Stromrichters dargestellt. Dem I. bzw. IV. Quadranten ist der Gleichrichter- bzw. Wechselrichterbetrieb zugeordnet. Parameter ist der Steuerwinkel α, im Wechselrichterbetrieb wird auch der Voreilwinkel β verwendet.

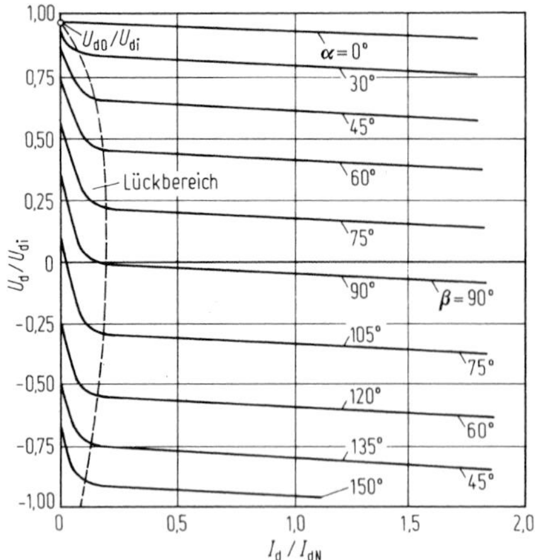

Abb. 25.9 Lastkennlinien des netzgeführten Stromrichters

25.3.3 Umkehrstromrichter

Umkehrstromrichter ermöglichen den Betrieb in allen vier Quadranten der gleichstromseitigen $U_d(I_d)$-Ebene. Dazu werden vorzugsweise zwei Drehstrombrückenschaltungen gegenparallel angeordnet. Gefordert wird die Möglichkeit einer schnellen Umsteuerung des Gleichrichterbetriebs von einer Stromrichtung in die andere. Dies ist sowohl mit der kreisstrombehafteten wie mit der kreisstromfreien Schaltung möglich. Im ersten Falle wird durch einen Kreisstrom, der größer als der Lückeinsatzstrom ist, eine hohe Dynamik erreicht. Verlustärmer ist der kreisstromfreie Betrieb, in dem beim Reversieren eine stromlose Pause von einigen Millisekunden eingehalten werden muss.

Umkehrstromrichter finden ihren Einsatz in Gleichstromreversierantrieben (s. Abschn. 26.2.1) und in Direktumrichtern (s. Abschn. 25.3.5).

25.3.4 Netzrückwirkungen

Die Leistungsumformung durch Stromrichter erzeugt im Netz

- *Stromoberschwingungen*, die infolge der Netzimpedanzen Spannungsoberschwingungen hervorrufen und
- *Blindleistungsbedarf* durch die Kommutierung (Kommutierungsblindleistung) und durch die Anschnittsteuerung (Steuerblindleistung) [3].

Oberschwingungsströme können durch Saugkreise (Reihenschaltungen aus L und C), die auf die Frequenzen der auftretenden Harmonischen abzustimmen sind, kurzgeschlossen und damit vom Netz ferngehalten werden. Saugkreise sind hauptsächlich für die Ordnungszahlen $(p \pm 1)$ vorzusehen.

Die Scheinleistung am Eingang der Stromrichterschaltung setzt sich nun aus der Wirkleistung P, der Grundschwingungsblindleistung Q_1 und der Verzerrungsblindleistung D zusammen. Letztere erfasst man, wenn die Spannung als oberschwingungsfrei vorausgesetzt wird, in Erweiterung von Gl. (22.38) für die einphasige Schaltung durch das Produkt

$$D = U\sqrt{\sum_{\nu>1} I_\nu^2}\,.$$

Oberschwingungsströme führen zu Verzerrungen der Spannung. Diese machen sich besonders bemerkbar bei beschränkter Kurzschlussleistung im betrachteten Verknüpfungspunkt, beispielsweise in Bordnetzen von Schiffen. Als Maß für die Güte der Spannung in Bezug auf Oberschwingungen hat sich der THD (total harmonic distortion) eingeführt

$$\mathrm{THD} = \frac{100}{U_1}\sqrt{\sum_2^N U_n^2}\,\%\,.$$

Dabei sind U_1 die Grundschwingung und U_n die n-te Oberschwingung (Amplituden) der Außenleiterspannung; es ist in der Regel bis $N = 100$ zu summieren.

Bei verlustlos angenommenem Stromrichter können Leistung und Grundschwingungs-Steuerblindleistung auch aus den gleichstromseitigen Größen berechnet werden. In der Ortskurvendarstellung der komplexen Leistung (Abb. 25.10) ergeben sich Kreise mit dem Steuerwinkel α als Parameter. Es zeigt sich, dass bei der vollgesteuerten Schaltung *1* mit zunehmender Aussteuerung die Steuerblindleistung zunimmt, bis sie bei $U_{\mathrm{di}\,\alpha} = 0$ gleich groß ist wie die Wirkleistung bei Vollaussteuerung. Günstiger ist das Blindleistungsverhalten bei den halbgesteuerten

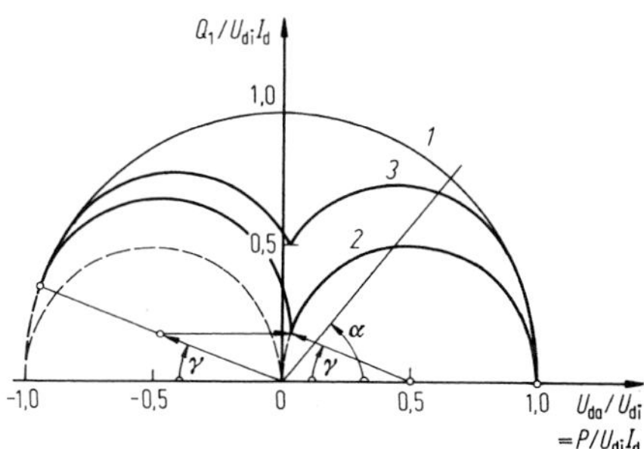

Abb. 25.10 Ortskurven der Wirkleistung und Grundschwingungsblindleistung. *1* vollgesteuert, *2* halbgesteuert, auch Folgesteuerung, *3* Folgesteuerung bei $u_0 = 40°$

Schaltungen *2*; hier erreicht die Blindleistung maximal den halben Wert des vorher beschriebenen Falls. Ähnliche Einsparungen an Blindleistung erzielt man mit einer Folgesteuerung, bei der zwei gleichartige Teilstromrichter in Reihe geschaltet sind. Ein kleinster Löschwinkel γ ist jeweils einzuhalten. Außer der Steuerblindleistung nimmt der Stromrichter auch die Kommutierungsblindleistung auf. Daher sind die Werte bei Vollaussteuerung von der Anfangsüberlappung u_0 abhängig *3*. Die Ortskurven sind annähernd weiterhin Kreisbögen.

25.3.5 Direktumrichter

Direktumrichter als Drehstrom-Drehstrom-Umrichter sind netzgeführte Schaltungen, die für jede Phase einen Doppelstromrichter benötigen. Am bekanntesten ist die aus sechs vollständigen Drehstrom-Brückenschaltungen bestehende Lösung.

Die Ausgangsspannung wird durch ein Steuerverfahren (Trapezumrichter oder Steuerumrichter mit sinusförmiger Ansteuerung) aus Abschnitten der sinusförmigen Eingangsspannung gebildet (Abb. 25.11). Die Ausgangsfrequenz ist beschränkt auf den Bereich zwischen 0 und etwa 40 % der Eingangsfrequenz. Daher ist der Direktumrichter mit Einspeisung vom Netz auf Anwendungen mit relativ niedrigen Frequenzen beschränkt.

25.4 Selbstgeführte Stromrichter

25.4.1 Gleichstromsteller

Gleichstromsteller erlauben die verlustarme Verstellung des Gleichwerts der Spannung an einer Last, die von einer Gleichstromquelle gespeist wird. Dies geschieht unter Verwendung eines Schalters S (Abb. 25.12a), der im Pulsbetrieb ein- und ausschaltet. Die Ausführung des Schalters erfordert löschbare Ventile.

Zur Verstellung der Spannung wird in einem Pulsverfahren das Verhältnis der Einschaltdauer T_e zur Periodendauer T verändert. Dazu kann die Pulsbreitensteuerung (T = const) oder die Pulsfolgesteuerung (T_e = const) verwendet werden. In Abb. 25.12a ist ein stationärer Betrieb

Abb. 25.11 Direktumrichter. **a** Prinzipschaltbild, **b** Betriebsverhalten als Steuerumrichter

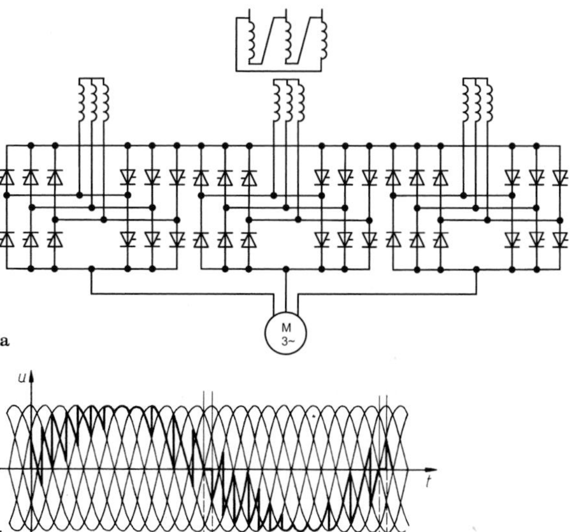

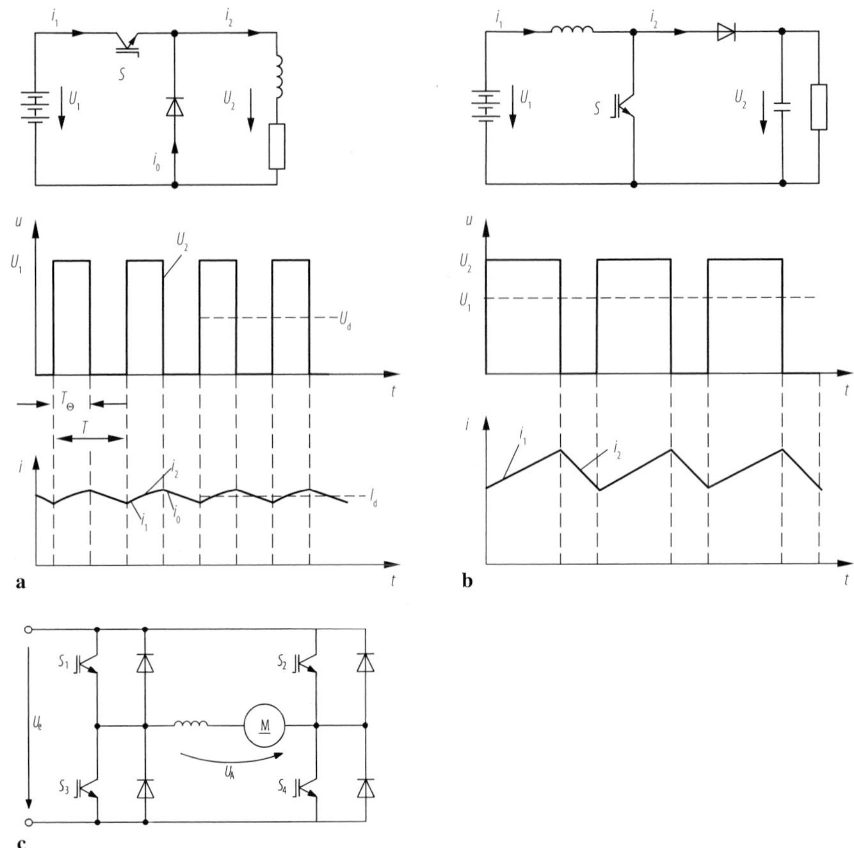

Abb. 25.12 Gleichstromsteller. **a** Tiefsetzsteller, Schaltbild und Betriebsverhalten bei Pulsbreitensteuerung; **b** Hochsetzsteller, Schaltbild und Betriebsverhalten bei Pulsbreitensteuerung; **c** Vierquadrantensteller-Pulssteller

mit Pulsbreitensteuerung dargestellt; für die Einschaltzeit T_e liegt die Batteriespannung an der Last, während für den Rest der Periodendauer T der Laststrom wegen der als Energiespeicher wirkenden Kreisinduktivität als i_0 durch die Freilaufdiode weiterfließt.

Die Schaltung in Abb. 25.12a zeigt einen Tiefsetzsteller; als Variante hierzu kann im Hochsetzsteller nach Schaltung in Abb. 25.12b Leistung von der Seite niedriger zu der Seite höherer Spannung transportiert werden. Das Ventil S schließt periodisch den Eingangskreis bestehend aus Spannungsquelle und Drossel kurz. Das Betriebsverhalten nach Abb. 25.12b ist dadurch gekennzeichnet, dass bei Unterbrechung des Stromes durch Schalter S ein Spannungsabfall in der Induktivität L entsteht, der einen Ladestrom in Richtung Last antreibt und den Kondensator auflädt, sodass am Ausgang eine im Mittel größere Spannung als am Eingang entsteht.

In der Antriebstechnik wird diese Möglichkeit zur Energierücklieferung beim Bremsen genutzt. Eine Kombination beider Varianten ist der Vierquadrantensteller zur Speisung eines Gleichstrommotors nach Schaltung in Abb. 25.12c.

25.4.2 Selbstgeführte Wechselrichter und Umrichter

Selbstgeführte Wechselrichter treten meistens in Zwischenkreisumrichtern auf. Dies sind Wechselstromumrichter, die durch Hintereinanderschaltung eines Gleichrichters und eines selbstgeführten Wechselrichters mit einem Energiespeicher im Zwischenkreis entstehen [5].

Grundformen solcher Wechselrichter sind Schaltungen mit eingeprägtem Zwischenkreisstrom und solche mit eingeprägter Zwischenkreisspannung. Die entsprechenden Zwischen-

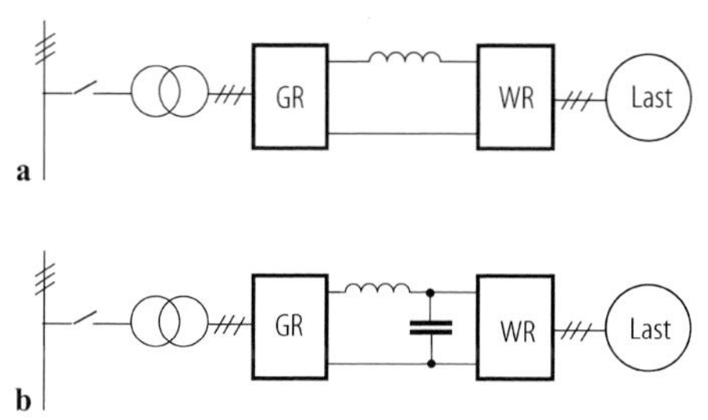

Abb. 25.13 Prinzipschaltungen von Zwischenkreisumrichtern. **a** *I*-Umrichter mit eingeprägtem Strom; **b** *U*-Umrichter mit eingeprägter Spannung

kreisumrichter werden dann auch als *I*-Umrichter bzw. *U*-Umrichter bezeichnet.

In Abb. 25.13 sind zwei Grundausführungen angegeben. Der netzseitige Stromrichter (Gleichrichter) ist über einen Stromrichtertransformator mit dem Netz verbunden, während der lastseitige Stromrichter (Wechselrichter) das Stellglied für die Last darstellt; diese ist bei Anwendungen in der Antriebstechnik ein Drehstrommotor. Die Stromrichter können je nach Anwendung netz- bzw. lastgeführt oder selbstgeführt sein. Beim *I*-Umrichter nach Abb. 25.13a ist der Energiespeicher im Zwischenkreis eine Drossel, während beim *U*-Umrichter nach Abb. 25.13b ein Kondensator eingesetzt wird.

Wird der Wechselrichter eines *U*-Umrichters mit einer einfachen 180°-Steuerung betrieben (Grundfrequenztaktung), so stellen sich bei Annahme konstanter Zwischenkreisspannung die blockförmigen Spannungsverläufe nach Abb. 25.14 ein. Eine Gleichstromquelle der Spannung $\pm U_d/2$ (bezogen auf mittleres Potential 0) speist über den Wechselrichter auf eine dreiphasige, symmetrische Last in Sternschaltung mit den Klemmen a, b, c und dem (nicht mit 0 verbundenen) Sternpunkt N. An der Last verlaufen die Außenleiterspannungen als 120°-Blöcke der Höhe U_d, während die Sternspannungen Stufenkurven darstellen.

Die Schaltungen nach Abb. 25.13 können in dieser einfachen Weise betrieben werden, sodass lediglich Strom oder Spannung zyklisch den Ausgangsklemmen zugeführt wird, während die Höhe dieser eingeprägten Größen am netzseitigen Stromrichter einzustellen ist. Mit Pulswechselrichtern lässt sich dagegen neben der Frequenz auch die Strom- oder Spannungs-Grundschwingung einstellen. Die Brückenzweige der Pulswechselrichter sind mit abschaltbaren Ventilen (IGBT's, GTO-Thyristoren) ausgerüstet. Die Einstellung der Grundschwingung erfolgt mit Hilfe eines Pulsverfahrens. Die verwendete Pulsweitenmodulation (PWM) soll so erfolgen, dass der Oberschwingungsgehalt in den Ausgangsgrößen niedrig ist und unerwünsche Ordnungszahlen möglichst nicht auftreten. Es sind viele Verfahren der Pulsmustergenerierung bekannt.

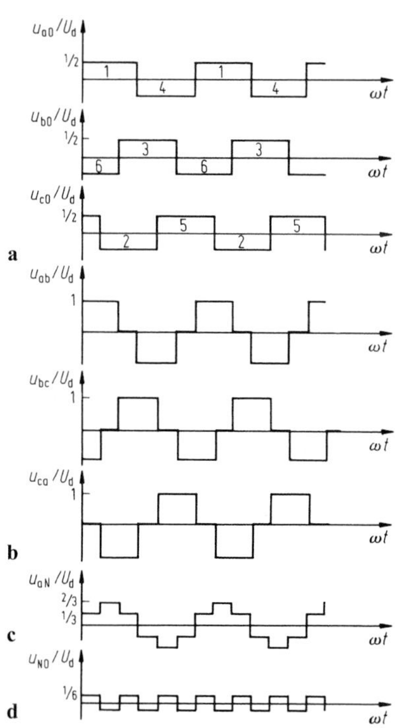

Abb. 25.14 Spannungsverläufe beim Sechspuls-*U*-Umrichter. **a** Klemmenpotentiale, **b** Außenleiterspannungen, **c** Phasenspannung, **d** Spannung zwischen Sternpunkt N der Last und Nullpotential der Gleichstromquelle

Anhand eines *U*-Umrichters werden zwei Pulsverfahren erläutert. Die Sechspulsschaltung in Abb. 25.15a weist 8 zulässige Schaltzustände auf; dabei liegen die drehstromseitigen Ausgänge des Wechselrichters entweder auf positivem oder negativem Potential des Zwischenkreises.

Ein synchron arbeitendes *Pulsverfahren* ist das Sinusverfahren, auch Unterschwingungsverfahren genannt. Eine sinusförmige Referenzspannung wird mit einer Sägezahnspannung abgetastet. Entsprechend dem Abtastverhältnis entsteht eine pulsweitenmodulierte Ausgangsspannung. In Abhängigkeit des Modulationsgrads

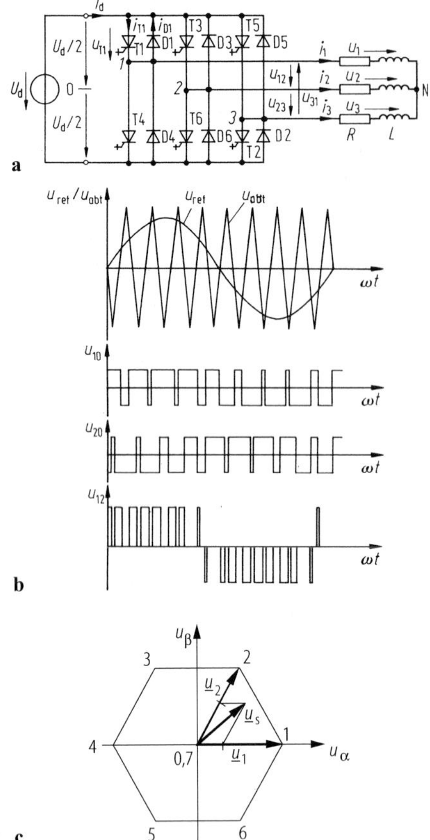

Abb. 25.15 Wechselrichter mit Pulsweitenmodulation. **a** Schaltung, **b** Sinusverfahren, **c** Raumzeigermodulation

(Verhältnis der Scheitelwerte von Referenzspannung und Abtastspannung) ergibt sich im Bereiche zwischen 0 und 1 eine lineare Zunahme der Ausgangsspannungs-Grundschwingung. In Abb. 25.15b dargestellt ist eine Neunfachtaktung. In der Praxis treten auch andere Taktverhältnisse und andere Referenzspannungen auf, z. B. Rechteckspannungen.

Die maximale Pulsfrequenz ist mit Rücksicht auf die zulässige Schaltfrequenz der Halbleiterbauelemente im Wechselrichter zu wählen. Können hohe Pulsfrequenzen eingesetzt werden (z. B. bei Power-MOSFETs), so lässt sich der Verlauf des Motorstroms immer besser der Sinuskurve annähern. Mit neueren Ventilbauelementen aus SiC oder GaN lassen sich Pulsfrequenzen über 20 kHz erreichen, wodurch Geräuschprobleme im Hörbereich eliminiert werden können.

Ein anderes Pulsverfahren ist die sog. Raumzeigermodulation [7]. Wendet man die in Gl. (24.4) angegebene Raumzeigertransformation auf die Ausgangsspannungen an, so ergeben sich 6 diskrete Zustände, die in der komplexen Ebene durch die Eckpunkte 1 bis 6 eines gleichseitigen Sechsecks gegeben sind; dazu kommen die sog. Nullzeiger 0 und 7. In Abb. 25.15c sind u_α, u_β die aus den Originalkomponenten u_a, u_b, u_c abgeleiteten Orthogonalkomponenten; sie entsprechen Real- und Imaginärteil des Spannungsraumzeigers. Wird nun beispielsweise von einer Regelung der Sollspannungsraumzeiger $\underline{u}_\mathrm{s}$ vorgegeben, so lässt sich dieser über die Pulsperiode T_p im Mittel wie folgt erzeugen:

$$\underline{u}_\mathrm{s} = \frac{T_1}{T_\mathrm{p}}\,\underline{u}_1 + \frac{T_2}{T_\mathrm{p}}\,\underline{u}_2 + \left(1 - \frac{T_1 + T_2}{T_\mathrm{p}}\right)\underline{u}_0 \,.$$

Die Zeitabschnitte T_1 und T_2 werden in der Steuereinrichtung mit einem geeigneten Algorithmus laufend berechnet.

Mit einem 3-Punktwechselrichter nach Abb. 25.16 wird durch Zuschalten eines Nullpotentials zwischen einem mittelangezapften Zwischenkreiskondensator über 6 Reihendioden und 6 weitere IGBT-Schalter ein drittes Spannungsniveau in der Leiter-Mittelpunktspannung eingeführt [7]. Die Zahl der Schaltzustände erhöht sich damit von 8 auf 27 Schaltkombinationen. Eine erweiterte Raumzeigermodulation verbessert das Oberschwingungsspektrums der Ausgangsspannung, indem die Oberschwingungspegel reduziert werden können. Ferner ergibt sich eine geringere Spannungsbelastung der Maschinenwicklungen, da sich die Spannungssprünge beim Umschalten reduzieren. Fast beliebig können die Spannungspegel erweitert werden, wenn eine H-Wechselrichterkaskade nach Abb. 25.17 eingesetzt wird. Die Ausgangsspannungskurve wird immer sinusähnlicher, wodurch sich die Oberwelligkeit in Spannung und Strom drastisch reduzieren lässt. Mehrstufenwechselrichter werden vorrangig für Mittelspannungsanwendungen ($U_\mathrm{N} > 1\,\mathrm{kV}$) eingesetzt.

Nach der Ökodesign-Norm für Antriebssysteme, Motorstarter, Leistungselektronik und deren angetriebene Einrichtungen (DIN EN 61800-9-2

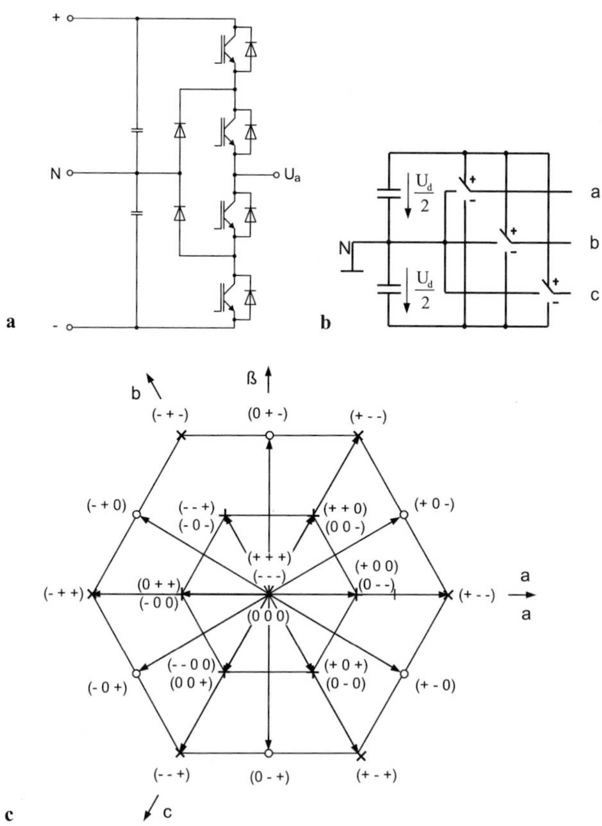

Abb. 25.16 Dreipunktwechselrichter. **a** Schaltung eines Wechselrichterzweigs, **b** Schaltermatrix, **c** Raumzeigerdiagramm

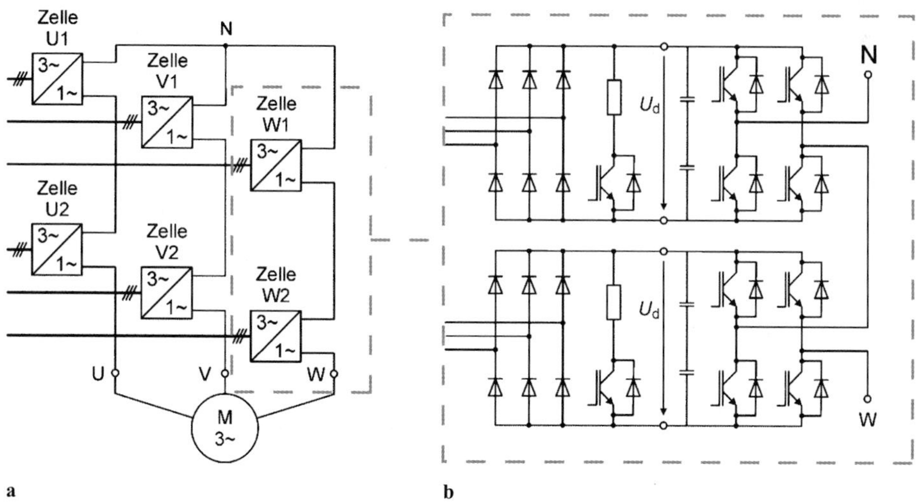

Abb. 25.17 Multilevel-H-Zellen-Wechselrichter. **a** 5-Stufenwechselrichter, **b** H-Zelle (2x)

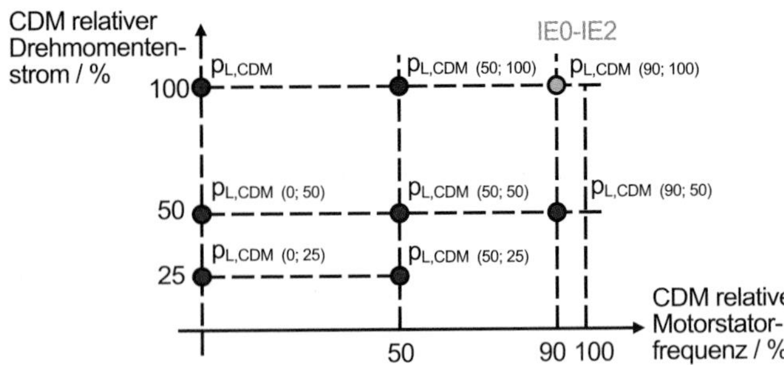

Abb. 25.18 Messpunkte zur Zuordnung von Effizienzklassen (DIN EN 61800-9-2 (VDE 0160-109-2):2018-01)

(VDE 0160-109-2):2018-01) wird ein Referenzumrichter in 2-Leveltechnik, nichtrückspeisefähig und mit 400 V Netzanschluss definiert. Wenn für einen zu klassifizierenden Umrichter, dessen relative Verlustleistungen (Verlustleistung/Nennscheinleistung) für vorgegebene Arbeitspunkte nach Abb. 25.18 anzugeben sind, die relative Verlustleistung im Nennpunkt (90/100) von den festgelegten Werten des Referenzumrichters weniger als ±25 % abweichen, erfolgt die Einordnung in die Effizienzklasse IE1. Sind die Werte kleiner bzw. größer als 25 % wird der Umrichter in die Klasse IE2 bzw. IE0 eingeordnet.

25.4.3 Blindleistungskompensation

Zur stellbaren statischen Blindleistungskompensation lassen sich verschiedene Verfahren anwenden, in denen Leistungshalbleiter eine Rolle spielen. Teilweise wird dabei eine veränderliche induktive Blindlast realisiert, die im Parallelbetrieb mit einer Festkapazität (Kondensatorbank) je nach Bemessung resultierend eine variable Blindleistung liefern kann. Dies geschieht entweder durch einen Drehstromsteller mit Induktivitäten als Last oder durch einen netzgeführten Blindstromrichter mit induktivem Speicher.

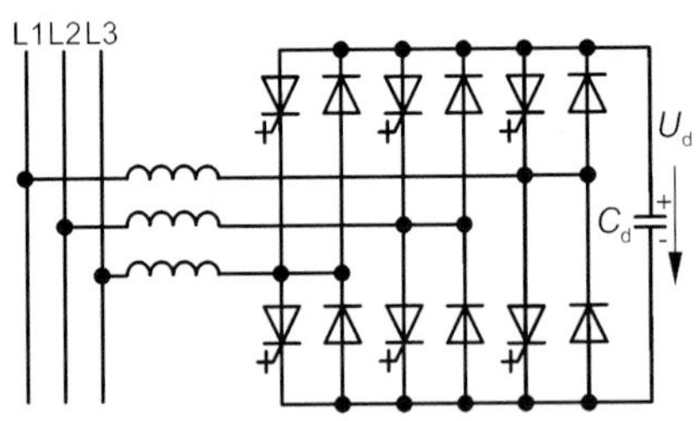

Abb. 25.19 Blindstromrichter

Eine moderne Lösung zur dynamischen Blindleistungskompensation ist der selbstgeführte Blindstromrichter, der wie ein selbstgeführter Wechselrichter aufgebaut ist und gleichstromseitig einen kapazitiven Speicher enthält (Abb. 25.19). Je nach Dimensionierung lässt sich stufenlos Blindstrombezug sowie Blindstromlieferung einstellen.

Literatur

Spezielle Literatur

1. Lutz, J.: Halbleiter-Leistungsbauelemente, 2. Aufl. Springer, Berlin (2012)
2. Schröder, D.: Leistungselektronische Bauelemente für elektrische Antriebe. Springer, Berlin (2006)
3. Heumann, K.: Grundlagen der Leistungselektronik, 6. Aufl. Teubner, Stuttgart (1996)
4. Michel, M.: Leistungselektronik, 5. Aufl. Springer, Berlin (2011)
5. Zach, F.: Leistungselektronik Bd. 1 + Bd. 2, 5. Aufl. Springer Vieweg, Wiesbaden (2015)
6. Schröder, D., Marquardt, R.: Leistungselektronische Schaltungen, 4. Aufl. Springer Vieweg, Berlin (2019)
7. Bernet, S.: Selbstgeführte Stromrichter am Spannungszwischenkreis. Springer Vieweg, Berlin (2012)

Elektrische Antriebstechnik

26

Wilfried Hofmann und Manfred Stiebler

26.1 Allgemeines

26.1.1 Aufgaben

Antriebe sollen in geeigneter Form die Energie für technische Bewegungs- und Stellvorgänge liefern. Die anzutreibenden Arbeitsmaschinen sind hauptsächlich

- Werkzeugmaschinen (s. Abschn. 45.2, Kap. 48 und 49),
- Aufzüge, Krananlagen, Fördereinrichtungen,
- Pumpen, Lüfter, Kompressoren,
- Walzanlagen, Kalander,
- Ventile, Schieber,
- Positioniereinrichtungen, Roboter (s. Abschn. 45.2 und 51.2).

Dazu kommen Fahrzeugantriebe für Schienenfahrzeuge [15] und für elektrisch angetriebene Straßenfahrzeuge [16, 17].

Für den Antrieb bestehen dabei folgende Aufgaben:

- Bereitstellung von Drehmomenten (Kräften) und Winkelgeschwindigkeiten (Geschwindigkeiten) in Anpassung an die Arbeitsmaschine bzw. den technologischen Prozess,
- Sicherstellung eines nach den Kriterien des Prozesses möglichst optimalen zeitlichen Bewegungsablaufs und
- Durchführung der elektromechanischen Energiewandlung mit möglichst geringen Verlusten.

Als Antriebsmotoren kommen alle in Kap. 24 genannten rotierenden Maschinen (Asynchron-, Synchron- und Gleichstrommaschinen sowie ihre Sonderbauformen) in Frage. Für manche Zwecke werden auch Linearmotoren eingesetzt.

Die antriebstechnischen Lösungen werden von den Anforderungen des Prozesses bestimmt:

- Teilweise werden die Motoren direkt an das Netz oder eine Bordversorgung geschaltet und mit fester Spannung (und Frequenz) betrieben.
- Ist eine Steuerung oder Regelung erforderlich, so muss eine stellbare Speisung der Motoren vorhanden sein. Diese Aufgabe wird überwiegend durch Betriebsmittel der Leistungselektronik gelöst.
- Zur Regelung und Stabilisierung in geschlossenen Regelkreisen werden die Elemente und Verfahren der Regelungstechnik eingesetzt.

Auf diese Weise wirken in der elektrischen Antriebstechnik die Fachgebiete Elektrische Maschinen, Leistungselektronik und Mess- und Regelungstechnik zusammen (Abb. 26.1; [1–8]).

Seit einiger Zeit hat sich als neu hinzugekommenes Gebiet der Begriff Mechatronik etabliert. Darunter versteht man integrierte Systeme

W. Hofmann (✉)
Technische Universität Dresden
Dresden, Deutschland

M. Stiebler
Technische Universität Berlin
Berlin, Deutschland

B. Bender und D. Göhlich (Hrsg.), *Dubbel Taschenbuch für den Maschinenbau 2: Anwendungen*,
https://doi.org/10.1007/978-3-662-59713-2_26

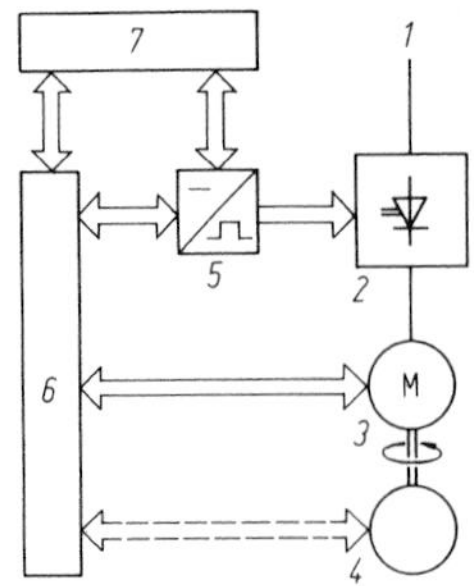

Abb. 26.1 Prinzipbild eines geregelten Industrieantriebs. *1* Netz, *2* Stellglied, *3* Motor, *4* Arbeitsmaschine, *5* Steuereinheit, *6* Schutz und Überwachung, *7* Prozessregelung

mit mechanischen und elektronischen Komponenten sowie der zugehörigen Informationsverarbeitung [9, 10]. Sie weisen in räumlicher Zusammenfassung Messwertaufnehmer (Sensoren), Stellglieder (Aktoren) und Mikrorechner auf. Ihre Anwendung liegt u. a. in der Fahrzeugtechnik und bei Handhabungsgeräten.

26.1.2 Stationärer Betrieb

Im stationären Betrieb führt der Antrieb konstantes Drehmoment bei konstanter Drehzahl. Es stellt sich ein Arbeitspunkt als Schnittpunkt der Antriebs- und Lastkennlinie ein, dessen Stabilität sichergestellt sein muss.

Die unterschiedlichen Kennlinien der Arbeitsmaschinen lassen sich häufig idealisiert durch einen konstanten oder quadratischen Verlauf, seltener durch eine lineare Abhängigkeit des Lastmoments M_L von der Drehzahl n (in min^{-1}) bzw. der Winkelgeschwindigkeit $\Omega = 2\pi\, n/60$ darstellen. Im Anfahrbereich gibt es Abweichungen vom idealisierten Verlauf, insbesondere wegen des erforderlichen Losbrechmoments einiger Arbeitsmaschinen. Manche Antriebsaufgaben (z. B. Haspel) verlangen auch eine Kennlinie konstanter Leistung (Abb. 26.2a).

Die Antriebsmotoren stellen im Betrieb mit fester Spannung drei typische Kennlinien $M(\Omega)$ zur Verfügung (Abb. 26.2b): Die *synchrone Kennlinie* (des Synchronmotors), die *Nebenschlusskennlinie* (des Gleichstrommotors mit konstantem Fluss und näherungsweise auch des Asynchronmotors) sowie die *Reihenschlusskennlinie* (des Reihenschluss-Kommutatormotors für Gleich- oder Wechselstrom).

Rastmomente (cogging torques) treten im Zusammenwirken einer eingeprägten Felderregerkurve (z. B. durch Permanentmagnete) mit einer variablen Reluktanz (insbesondere durch Nutung) des anderen Hauptelements auf. Sie vermindern das Anzugsmoment und können im drehzahlvariablen Betrieb Drillresonanzen anregen.

Bei manchen Antrieben werden die zeitlich konstanten Drehmomente von Pendelmomenten überlagert. So treten bei Einphasenmotoren periodische Momente doppelter Netzfrequenz auf; bei Umrichterantrieben stellen sich Pendelmomente entsprechend der Pulszahl des Wechselrichters ein. Unter den Antriebsmaschinen erzeugen die Kolbenverdichter Pendelmomente infolge der Harmonischen der Drehkraftkurve. Bei der Antriebsprojektierung ist sicherzustellen, dass die auftretenden Pendelmomente keine mechanischen Schäden durch Resonanzerscheinungen hervorrufen können.

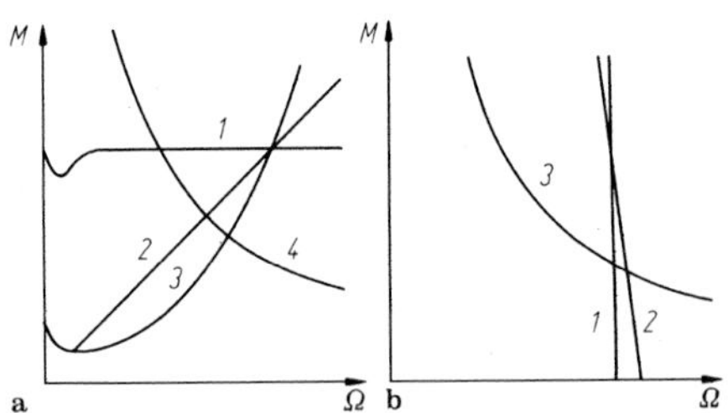

Abb. 26.2 Drehmoment-Drehzahlverhalten im stationären Betrieb. **a** Lastkennlinien von Arbeitsmaschinen. *1* M_L = const; $P_L \sim \Omega$ (konstantes Drehmoment), *Beispiele*: Hebezeuge, Werkzeugmaschinen mit konstanter Schnittkraft, Kolbenverdichter bei Förderung gegen konstanten Druck, Mühlen, Walzwerke, Förderbänder. *2* $M_L \sim \Omega$; $P_L \sim \Omega^2$, *Beispiele*: Maschinen für Oberflächenvergütung von Papier und Geweben. *3* $M_L \sim \Omega^2$; $P_L \sim \Omega^3$ (quadratisches Drehmoment), *Beispiele*: Zentrifugalgebläse, Lüfter, Kreiselpumpen (Drosselkennlinien gegen konstanten Leitungswiderstand). *4* $M_L \sim 1/\Omega$; P_L = const (konstante Leistung), *Beispiele*: auf konstante Leistung geregelte Drehmaschinen, Aufwickel- und Rundschälmaschinen. **b** Antriebskennlinien von Motoren; *1* synchrone Kennlinie (Synchronmotor); *2* Nebenschlusskennlinie (Gleichstrommotor bei konstantem Fluss), Asynchronmotor (im Arbeitsbereich näherungsweise); *3* Reihenschlusskennlinie (Reihenschluss-Kommutatormotor für Gleich- oder Wechselstrom) [3]

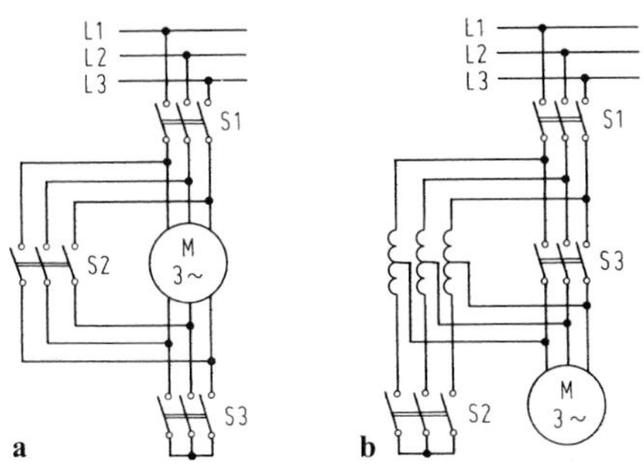

Abb. 26.3 Anlassen von Asynchronmotoren. **a** Stern-Dreieck-Anlauf, **b** Anfahren mit Anlasstransformator

26.1.3 Anfahren

Asynchronmotoren mit Kurzschlussläufer für Netzbetrieb werden in der Regel direkt eingeschaltet. Eine Entlastung des Netzes vom Kurzschlussstrom kann bei Drehstrommotoren durch den bekannten Stern-Dreieck-Anlauf erfolgen. Bei Sternschaltung tritt im Vergleich zur Dreieckschaltung nur die $1/\sqrt{3}$-fache Strangspannung auf. Daher reduzieren sich die Strangströme auf $1/\sqrt{3}$, die Leistung, die Leiterströme sowie das Drehmoment auf $1/3$ (Abb. 26.3). Bei großen Motoren kann der Teilspannungsanlauf mit Hilfe eines Anlasstrafos in Sparschaltung geschehen. Erst nach erfolgtem Hochlauf wird auf volle Spannung umgeschaltet.

Andererseits gibt es für Motoren kleinerer Leistung auch Sanftanlaufsschaltungen, um Drehmomentstöße von Wellen und Getrieben fernzuhalten. Bekannt ist die *Kusa-Schaltung*, bei der in einer Phasenleitung ein Vorwiderstand eingeschaltet wird. Anstelle des Widerstands lassen sich auch steuerbare Halbleiterventile einsetzen.

Synchronmotoren werden in der Regel für asynchronen Anlauf ausgelegt. Sie benötigen daher im Rotor einen als Anlaufkäfig ausgebildeten Dämpferkäfig. Die Erregerwicklung wird beim Anlauf, vorzugsweise über einen Widerstand, kurzgeschlossen. Nach erfolgtem Hochlauf in einen stationären asynchronen Betrieb muss die Synchronisierung erfolgen. Dies geschieht durch Aufschalten der Erregung. Abhängig vom Lastmoment und der Massenträgheit des Antriebs kann es erforderlich werden, den Vorgang durch besondere Synchronisierhilfen zu unterstützen.

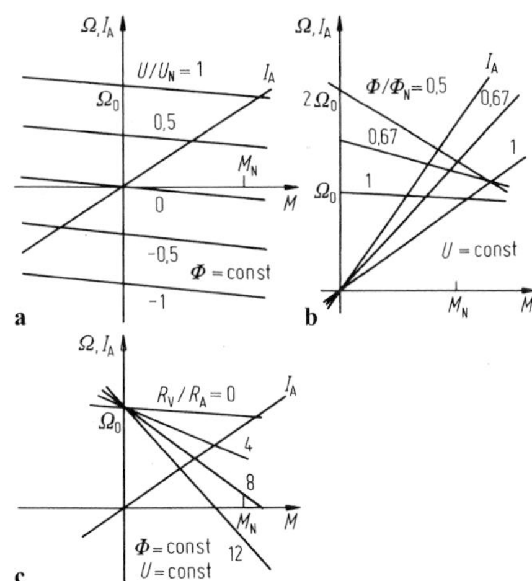

Abb. 26.4 Steuerkennlinien von Gleichstrommaschinen. **a** Spannungssteuerung, **b** Feldsteuerung, **c** Widerstandssteuerung im Ankerkreis

Für *Gleichstrommotoren* besteht die klassische Methode des Anfahrens an fester Spannung im Einsatz von Widerstandsgeräten (Anlassern), die in Stufen geschaltet werden. Stromrichtergespeiste Motoren können dagegen im Stromleitverfahren an der Stromgrenze hochgefahren werden.

26.1.4 Drehzahlverstellung

In gesteuerten und geregelten Antrieben ist mit Hilfe von Stellgliedern die Drehgeschwindigkeit veränderbar. Dabei stehen verschiedene Eingriffsmöglichkeiten zur Verfügung.

Gleichstrommotoren. Eine verlustarme Drehzahlverstellung geschieht durch Steuerung der Ankerspannung. Bei entsprechender Auslegung des Stellglieds ist dabei der Betrieb in allen vier Quadranten möglich. Weiter wird die Feldsteuerung in Form der Feldschwächung oberhalb der Nenndrehzahl eingesetzt. Als verlustbehaftetes Verfahren ist schließlich die Widerstandssteuerung im Ankerkreis zu nennen (Abb. 26.4).

Asynchronmotoren. Am einfachsten lässt sich die Spannungssteuerung durchführen (Abb. 26.5a). Da hierbei die Leerlaufdrehzahl

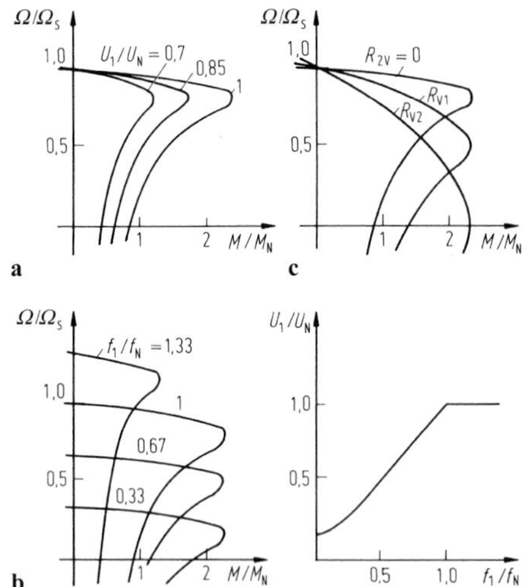

Abb. 26.5 Steuerkennlinien von Asynchronmaschinen. **a** Spannungssteuerung bei fester Frequenz, **b** Frequenzsteuerung mit Spannungsanpassung, **c** Widerstandssteuerung im Läuferkreis

nicht verändert wird und wegen der quadratischen Abhängigkeit des Drehmoments von der Spannung ($M \sim U^2$), bei Verwendung eines Stellers (s. Abschn. 25.2), schließlich auch wegen erhöhter Verluste durch Oberschwingungen, ist diese Methode nicht für größere Stellbereiche geeignet. Sie wird daher nur bei Lüfterantrieben kleinerer Leistung eingesetzt.

Als verlustarmes Verfahren empfiehlt sich dagegen die Frequenzsteuerung, da hierbei die Leerlaufdrehzahlen einstellbar sind (Abb. 26.5b). Bis zur Bemessungsspannung ist Betrieb mit konstantem Fluss zweckmäßig; in diesem Bereich bleibt das Kippmoment konstant. Hierzu ist in erster Näherung eine Verstellung der Spannung $U_1 \sim f_1$ erforderlich. Unter Berücksichtigung des ohmschen Statorwiderstands muss jedoch bei kleinen Frequenzen die Spannung angehoben werden. Ist die Speiseeinrichtung voll ausgesteuert, so lässt sich die Spannung nicht mehr steigern. Die zugehörige Frequenz wird als Eckfrequenz bezeichnet; dies kann die Bemessungsfrequenz f_N sein. Bei weiterer Steigerung der Frequenz arbeitet die Maschine im Feldschwächbereich; das Kippmoment nimmt ab. Der in Abb. 26.5b gezeigte Verlauf der Spannung über der Frequenz kann für eine Kennliniensteuerung herangezogen werden.

Zu erwähnen ist noch das konventionelle Verfahren der Drehzahlverstellung in Stufen mittels Polumschaltung. Im Verhältnis 1 : 2 umschaltbar sind die Motoren in Dahlanderschaltung. Die Drehstromwicklung besteht hier aus sechs Teilwicklungen, die in der einen wie der anderen Drehzahlstufe Strom führen.

Schleifringläufermaschinen bieten darüber hinaus die Möglichkeit der Steuerung mittels Vorwiderständen im Rotorstromkreis (Abb. 26.5c). Dieses verlustbehaftete Verfahren empfiehlt sich, außer bei kleinen Maschinen, nur bei Antrieben mit Schweranlauf. Es kann beispielsweise im Stillstand (Anzugsmoment) das Kippmoment erzeugt werden, während die Maschine im normalen Betrieb ohne Vorwiderstände betrieben wird und dabei höchstmöglichen Wirkungsgrad erreicht.

Allgemein kann bei Schleifringläufermaschinen auf der Rotorseite Schlupfleistung entnommen oder eingespeist und damit eine Drehzahlverstellung herbeigeführt werden. Da die rotorseitigen Spannungen und Ströme die Schlupffrequenz aufweisen, ist gegebenenfalls für eine schlupffrequente Einspeisung zu sorgen (Doppeltgespeiste Maschine für übersynchronen Betrieb).

Synchronmotoren. Bei Synchronmotoren kann Drehzahlverstellung nur durch Änderung der Speisefrequenz bei gleichzeitiger Anpassung der Spannung erfolgen.

Die Leistungsfähigkeit eines Antriebs wird elektrisch durch Strom- und Spannungsgrenzen beschränkt. Bei Maschinen für einen Stellbereich der Drehgeschwindigkeit $0 \leq \Omega \leq \Omega_{max}$ können allgemein drei Bereiche vorkommen. Abb. 26.6 zeigt hierzu eine für Fahrmotoren übliche Darstellung. *1* Konstante Werte von Strom und Fluss; bei linearem Anstieg der Spannung, $U \sim \Omega$, nimmt die Leistung ebenfalls etwa linear zu, $P \sim \Omega$. *2* Feldschwächbereich bei konstanter Spannung und konstantem Strom; bei abnehmendem Drehmoment bleibt die Leistung konstant. *3* Betrieb bei minimalem Fluss Φ_{min}. Im Beispiel der Reihenschlusskennlinie geht der Strom zurück; die Leistung nimmt ab.

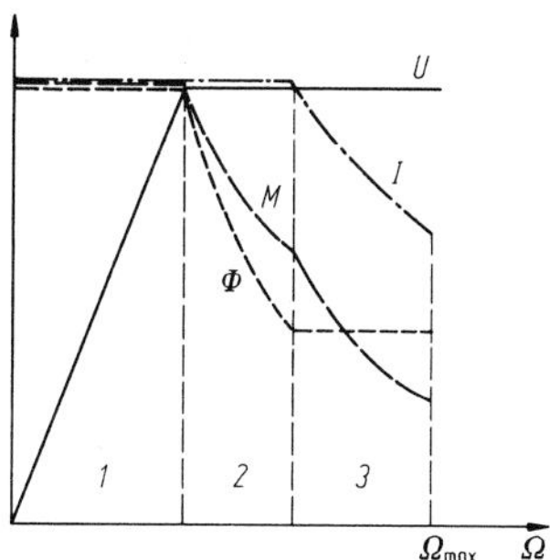

Abb. 26.6 Leistungsfähigkeit eines Antriebs (Erläuterungen im Text)

26.1.5 Drehschwingungen

Durch Anregungen wie Pendelmomente, Laststöße und Kurzschlussvorgänge entstehen in Antrieben Drehschwingungen. Durch Resonanzen im elektromechanischen System können bei falscher Bemessung Schäden entstehen. Zur Untersuchung der dynamischen Beanspruchungen von Wellen, Kupplungen und Getrieben werden daher im Projektierungsstadium *Simulationsrechnungen* durchgeführt. Dazu bildet man den mechanischen Teil des Antriebs als Mehrmassensystem nach (s. Bd. 1, Abschn. 46.5).

Bei solchen Problemen der Maschinendynamik ist gegebenenfalls auch die Rückwirkung von Drehzahlpendelungen auf das elektromagnetische Drehmoment zu berücksichtigen.

26.1.6 Elektrische Bremsung

In elektrischen Antrieben wird außer mechanischen Bremsen die Möglichkeiten der elektrischen Bremsung genutzt. Dazu ist eine Umkehr des Drehmoments erforderlich (Betrieb im 2. Quadranten des $\Omega(M)$-Kennfelds). Einen Sonderfall stellt das Gegenstrom-Senkbremsen dar, mit dem bei Hebezeugen das Senken der Last (Betrieb im 4. Quadranten) erfolgen kann.

Es stehen verschiedene Verfahren der elektrischen Bremsung zur Verfügung:

Nutzbremsen. Die Rückspeisung von Bremsenergie in das Versorgungsnetz ist ein vorteilhaftes Verfahren, das bei Vorhandensein geeigneter Stellglieder bei Gleichstrommaschinen mit Fremd- oder Nebenschlusserregung (nicht bei Reihenschlussmotoren) und bei Asynchronmotoren verwirklicht werden kann.

Widerstandsbremsen. Durch Trennen von der Einspeisung und stufenweises Einschalten von Widerständen können Gleichstrommaschinen elektrisch gebremst werden. Dies ist die klassische Bremsmethode bei Gleichstromfahrmotoren. Die Widerstandsbremse ist jedoch nicht in der Lage, bis hinab zur Drehzahl Null ein verzögerndes Moment auszuüben. Eine mechanische oder magnetische Bremse ist daher zusätzlich erforderlich.

Gegenstrombremsen. Hierbei wird die Versorgungsspannung umgeschaltet derart, dass der Motor versucht zu reversieren. Es würde zu einem stationären Betrieb in Gegendrehrichtung (im 3. Quadranten) kommen, wenn der Motor nicht mit Hilfe eines Drehzahlwächters vor oder bei Drehzahl Null abgeschaltet würde.

Dieses Bremsverfahren ist bei Gleichstrom- und Asynchronmotoren unter Verwendung von Vorwiderständen einsetzbar. Es ist stark verlustbehaftet, da nicht nur die Bremsenergie, sondern außerdem noch von der Versorgung bezogene elektrische Energie dabei in den Widerständen in Wärme umgewandelt wird.

Gleichstrombremsen. Ein spezielles elektrisches Bremsverfahren, bei Drehstrommaschinen einsetzbar, ist die Gleichstrombremse. Die Maschine fährt als Generator auf eine Widerstandslast. Bei Asynchronmaschinen wird für eine Gleichstromerregung gesorgt dadurch, dass in die Drehstromwicklung, z. B. durch Anschluss an die Klemmen V und W bei Sternschaltung, ein Gleichstrom eingespeist wird. Im Rotor werden dann Ströme von Drehzahlfrequenz induziert. Bei Schleifringläufermaschinen ist über Rotorvorwiderstände das Bremsmoment einstellbar.

Tab. 26.1 Grenzwerte der elektromagnetischen Emission. Q Quasi-Spitzenwert, M Mittelwert. (Nach CISPR11)

	Frequenzbereich	Grenzwerte
Elektrisches Feld der Störstrahlung	30 ... 230 MHz	30 dB (μV/m) Q, in 10 m
	220 ... 1000 MHz	37 dB (μV/m) Q, in 10 m
Leitungsgebundene Störspannung in Wechselstrom-Zuleitungen	0,15 ... 0,5 MHz	66 ... 56 dB (μV), Q, linear
		56 ... 46 dB (μV), Q, linear
	0,5 ... 5 MHz	56 dB (μV), Q
		46 dB (μV), M
	5 ... 30 MHz	60 dB (μV), Q
		50 dB (μV), M

26.1.7 Elektromagnetische Verträglichkeit

Elektromagnetische Verträglichkeit ist die Fähigkeit einer elektrischen Einrichtung, in ihrer elektromagnetischen Umgebung zufrieden stellend zu funktionieren, ohne diese Umgebung, zu der auch andere Einrichtungen gehören, unzulässig zu beeinflussen [11]. Auf das EMV-Gesetz beziehen sich Fachgrundnormen zur Störaussendung (DIN EN 50 081) und zur Störfestigkeit (DIN EN 50 082) von Geräten. Die Produktfamiliennorm DIN EN 55 014 bezieht sich auf elektrische Betriebsmittel und Anlagen; hier werden Grenzwerte und Messverfahren für die Funkentstörung festgelegt.

Für die leitungsgebundenen Störungen gelten Grenzwerte der Störspannungen im Frequenzbereich bis 30 MHz, gemessen in einem Prüfaufbau mit definierten Bezugsimpedanzen in den Zuleitungen. Für die Störstrahlung werden im Bereich 30 MHz bis 1 GHz maximale Störfeldstärken angegeben, die im Freifeld in einer definierten Entfernung vom Prüfling zu messen sind. Aus der Fachgrundnorm sind die Grenzwerte der hochfrequenten Störungen zu entnehmen (Tab. 26.1).

In elektrischen Antrieben können Funkstörungen bei Kommutatormaschinen durch die Vorgänge im Bürstenkontakt, in geringerem Maße durch Schleifring-Übertragung bei Synchronmaschinen und bei Schleifringläufer-Asynchronmaschinen entstehen. Außerdem werden von den Betriebsmitteln der Leistungselektronik infolge der in den Halbleiterelementen auftretenden Schaltvorgänge Störungen erzeugt.

Zur Einhaltung der zulässigen Grenzwerte, wie z. B. bei elektromotorisch betriebenen Geräten für den Hausgebrauch, müssen gegebenenfalls Funkentstörmittel eingesetzt werden.

Stromoberschwingungen und Spannungsschwankungen sind weitere Größen, für die genormte Grenzwerte bestehen. Oberschwingungen treten vor allem bei Stromrichtern mit Anschnittsteuerung auf. Bei den Spannungsschwankungen interessieren besonders die langsam verlaufenden Vorgänge. Die von einer Einrichtung erzeugten Störungen machen sich bei anderen Verbrauchern bemerkbar, wobei insbesondere Leuchtdichteschwankungen von Leuchtmitteln (Flicker) entstehen. Entsprechend der Empfindlichkeit des menschlichen Auges werden etwa 1000 Schwankungen pro Minute als besonders unangenehm empfunden. Die zulässigen relativen Spannungsschwankungen unterliegen einer Bewertungskurve nach DIN EN 60 555 Teil 3.

26.2 Gleichstromantriebe

26.2.1 Gleichstromantriebe mit netzgeführten Stromrichtern

Mit Schaltungen für eine Gleichstromrichtung ergeben sich Zweiquadrantenantriebe; neben Treiben (1. Quadrant) ist auch Senkbremsen (4. Quadrant) möglich (Abb. 26.7a). Vorteile bezüglich der Steuerblindleistung können bei Verwendung von zwei Teilstromrichtern erreicht werden (Abb. 26.7b). In der Ersatzschaltung (Abb. 26.7c), die bei nicht lückendem Strom gilt, speist eine Gleichspannungsquelle mit Oberschwingungsgehalt auf eine ohmsch-induktive Last mit Gegenspannung.

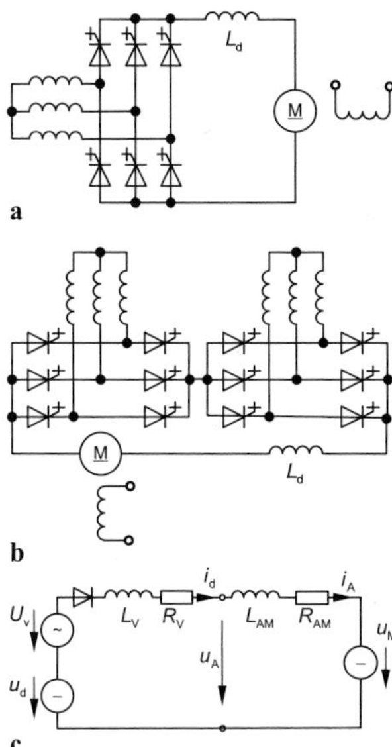

Abb. 26.7 Gleichstromantrieb für zwei Quadranten. **a** Schaltung mit einem Stromrichter, **b** Schaltung mit zwei Stromrichtern für Folgesteuerung, **c** Ersatzschaltbild für nicht lückenden Betrieb

Im Lückbereich verliert der Motor das Nebenschlussverhalten; es tritt zwischen $I_d = 0$ und $I_d = I_{dl}$ (Lückeinsatz) ein nichtlinearer Verlauf der Belastungskennlinie auf. Das Ersatzschaltbild Abb. 26.7c ist dann so nicht mehr gültig; im Ankerkreis sind vielmehr die tatsächlichen Werte von Induktivität und Widerstand durch einen fiktiven, erhöhten Widerstand zu ersetzen. Das System ändert somit beim Einsatz des Lückens seine Struktur; befriedigende Eigenschaften im drehzahlgeregelten Antrieb können dann nur mit Einsatz eines adaptiven Verfahrens erreicht werden.

Im stationären Betrieb bei konstantem Fluss ergeben sich Kennlinien der Drehzahl in Abhängigkeit vom Drehmoment, die den Lastkennlinien des netzgeführten Stromrichters im Gleich- und Wechselrichterbetrieb ähneln (s. Abb. 25.9).

Umkehrantriebe erlauben den Betrieb in allen vier Quadranten. Zum Reversieren ist Umkehrung des Ankerstroms oder Umkehrung des Flusses erforderlich. Wegen der relativ hohen Feldzeitkonstanten (Größenordnung 1 s) ist die Feldumkehr deutlich langsamer als die Ankerstromumkehr. Abgesehen von mechanischen Polwendern werden für die Ankerspeisung Umkehrstromrichter eingesetzt. Es kommen Schaltungen mit zwei gegenparallelen Einzelstromrichtern zur Anwendung. Als Varianten treten die Kreuzschaltung und die Schaltung für kreisstromfreien Betrieb auf (Abb. 26.8). Während ein Stromrichter als Gleichrichter arbeitet, muss der andere in den Wechselrichterbetrieb gesteuert sein derart, dass seine Gleichspannung mindestens so groß ist wie diejenige des ersten Teilstromrichters. Dazu muss die Bedingung $\alpha_\mathrm{I} + \alpha_\mathrm{II} = \pi + \delta$; $\delta \geq 0$ erfüllt sein.

Können in der Schaltung nach Abb. 26.8a Kreisströme entstehen, so sind bei der Schaltung nach Abb. 26.8b, die keine Drosseln zur Kreisstrombegrenzung aufweist, Kreisströme nicht zulässig. Daher ist beim Reversiervorgang eine stromlose Pause von 3 bis 10 ms einzuhalten.

26.2.2 Regelung in der Antriebstechnik

In der Antriebstechnik finden die Verfahren der digitalen Regelungstechnik breite Anwendung (s. Teil VII).

Bei der digitalen Regelung gewinnt man nicht nur den Vorteil, dass die Regelalgorithmen in Programmform (als Software) installiert und ab-

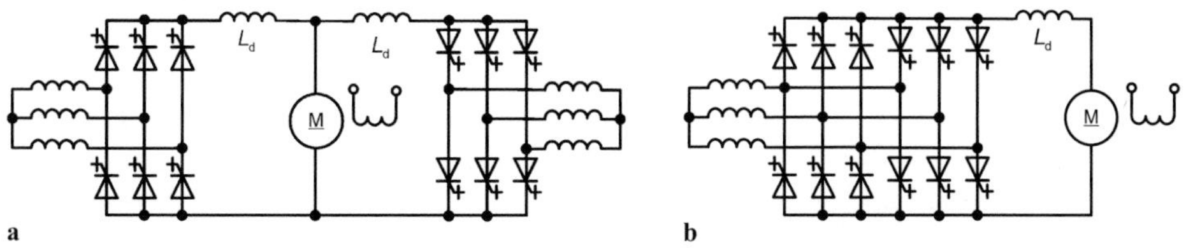

Abb. 26.8 Umkehrstromrichter. **a** Kreuzschaltung, **b** kreisstromfreie Schaltung

gearbeitet werden und dass ein Antrieb sich leicht in eine übergeordnete Betriebsführung mittels Computer einbinden lässt. Überdies stellt die digitale Regelungstechnik leistungsfähige Verfahren zur Verfügung, die sich mit analogen Mitteln gar nicht durchführen lassen.

Zur Lösung von Aufgaben der Antriebsregelung sind mehrere Schritte durchzuführen, für die verschiedene Verfahren zur Verfügung stehen:

Systemanalyse und Modellbildung. Der Antrieb als Regelstrecke wird mit Hilfe gewöhnlicher Differentialgleichungen oder äquivalenter blockorientierter Strukturbilder beschrieben.

Auf lineare, zeitinvariante Systeme kann die Laplace-Transformation angewendet werden. Im Bildbereich ergeben sich Übertragungsfunktionen in Form von algebraischen Gleichungen. Als Sonderform der Übertragungsfunktion entsteht ein Frequenzgang, dessen Darstellung bevorzugt mit Frequenzkennlinien (im Bode-Diagramm) erfolgt (s. Abschn. 35.2).

Zeitdiskrete Systeme werden mittels Differenzengleichungen beschrieben, auf die die z-Transformation angewendet werden kann. Bei kontinuierlichen Systemen mit Abtast- und Halteglied kann die z-Übertragungsfunktion aus der Laplace-transformierten berechnet werden.

Entwurf des Reglers und Ermittlung der einzustellenden Reglerparameter. Hierzu finden Anwendung hauptsächlich das Frequenzkennlinienverfahren und das Wurzelortsverfahren. Eine besondere Rolle spielt die Untersuchung der Stabilität des Regelkreises, die ohne Lösung der Gleichungen im Zeitbereich mit Hilfe bestimmter Kriterien erfolgen kann. Bei der Reglersynthese können u. a. Einstellregeln aufgrund von Optimierungskriterien angegeben werden.

Werden im Regelkreis die Zustandsgrößen der Strecke für einen Soll-Istwertvergleich zurückgeführt, so spricht man von einem Zustandsregler. Sind Zustandsgrößen nicht messbar, so lassen sie sich durch Beobachter schätzen.

Bei vielen Antrieben wird eine Kaskadenregelung eingesetzt, wobei mehrere Regelschleifen für einzelne Zustandsgrößen mit jeweils eigenem Regler einander überlagern. Beispielsweise bildet

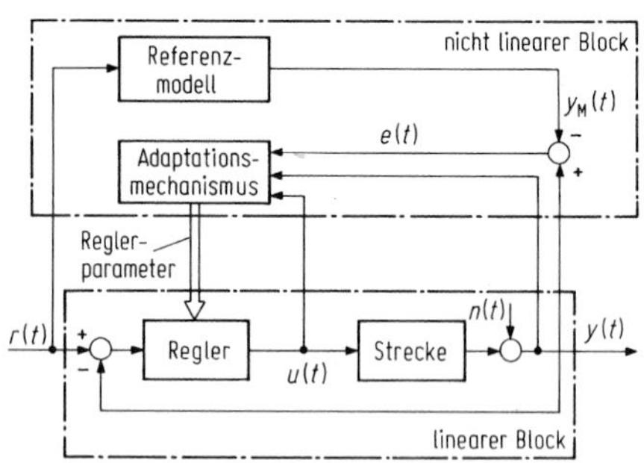

Abb. 26.9 Blockschaltbild zum Modell-Referenzverfahren

bei einem Positionierantrieb der Stromregelkreis die innere Schleife, welcher der Drehzahlregelkreis und diesem der Lageregelkreis überlagert ist (s. Abschn. 26.2.3).

Häufig ändern sich während des Betriebes Streckenparameter oder die Struktur des Systems. Als Beispiel sei das veränderliche resultierende Massenträgheitsmoment eines Handhabungsgeräts genannt. Hier greifen die Methoden der adaptiven Regelung ein. Eine davon ist das Modellreferenzverfahren (Model Adaptive Reference System, MRAS). In Abb. 26.9 sei der Antrieb die Strecke mit der Eingangsgröße $u(t)$, einer näherungsweise eingeführten Störgröße $n(t)$ und der Ausgangsgröße $y(t)$, die gleichzeitig die Regelgröße ist. Der Sollwert $r(t)$ wird dem Regler und außerdem einem Referenzmodell zugeführt. Die Differenz von Istwert $y(t)$ und Modellwert $y_M(t)$ wird als Fehlergröße betrachtet, die, zusammen mit $y(t)$ und $u(t)$, einem Adaptionsmechanismus zugeführt wird, der seinerseits die Reglereinstellungen adaptiv korrigiert [5–8].

26.2.3 Drehzahlregelung

Der Antrieb, bestehend aus *Stellglied* (Stromrichter), *elektromechanischem Energiewandler* (Motor) und *Last* (Arbeitsmaschine) stellt die Regelstrecke dar. Regelgröße ist die Drehzahl, deren Verlauf der Führungsgröße (dem Drehzahlsollwert) folgen soll. Als Störgröße tritt das Lastdrehmoment auf. Die Regelung ist gekennzeichnet durch eine geschlossene Kreisstruktur, wobei die Regelabweichung als Differenz zwischen Soll-

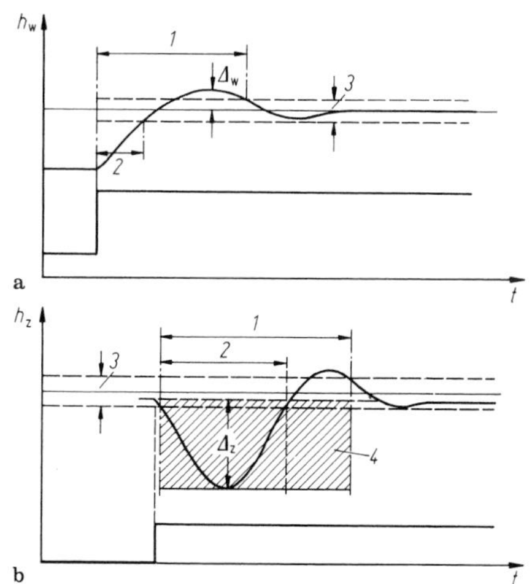

Abb. 26.10 Übergangsverhalten eines geregelten Antriebs. **a** Führungsverhalten, *1* Führungs-Ausregelzeit, *2* Führungs-Anregelzeit, *3* Toleranzband; **b** Störverhalten, *1* Last-Ausregelzeit, *2* Last-Anregelzeit, *3* Toleranzband, *4* umschriebene Regelfläche

und Istwert über eine Korrektureinrichtung (den Regler) auf die Strecke zurückwirkt. Im Zusammenhang mit der Drehzahlregelung wird bei Antrieben auch eine Regelung des Stroms oder des magnetischen Flusses vorgenommen.

Das dynamische Verhalten des geregelten Antriebs kann anhand des Übergangsverhaltens nach sprungartigen Änderungen der Führungsgröße (*Führungsverhalten*) und der Störgröße (*Störverhalten*) beurteilt werden. Nach Abb. 26.10 geht die Regelgröße (z. B. die Drehzahl) infolge eines Sprungs der Führungsgröße oder der Störgröße (z. B. das Lastmoment) nach einer gedämpften Schwingung in den Beharrungszustand innerhalb eines festgelegten Toleranzbands über. Nach der Anregelzeit tritt die Regelgröße erstmals in das Toleranzband ein; als Ausregelzeit gilt derjenige Zeitabschnitt, nach dem die Regelgröße das Toleranzband endgültig erreicht hat und nicht mehr verlässt. Ein weiteres Kennzeichen ist die maximale Überschwingweite während des Übergangsvorgangs.

Ein gebräuchliches Regelgütekriterium ist die quadrierte Regelfläche, das ist die über die Zeit integrierte quadrierte Regelabweichung. Gelegentlich wird auch, wie in Abb. 26.10b für das Störverhalten dargestellt, die umschriebene Regelfläche als Kriterium herangezogen.

Im Folgenden wird die kontinuierliche Drehzahlregelung eines Gleichstromantriebs näher betrachtet. Sie stellt das klassische Beispiel für eine *Kaskadenregelung* dar. Dabei ist der Drehzahlregelung eine Stromregelung unterlagert (Stromleitverfahren). Falls erforderlich, kann dem Drehzahlregelkreis noch ein Lagerregelkreis überlagert werden.

In Abb. 26.11 wird der Motor als Regelstrecke durch die Blöcke *1* bis *4* dargestellt (s. Abb. 24.25). Eingangsgrößen sind Ankerspannung u und Lastmoment m_L. Der Ankerstromkreis *1* wird durch ein Verzögerungsglied mit der Zeitkonstante T_A nachgebildet; bei konstantem Fluss ist das Drehmoment proportional dem Ankerstrom (P-Glied *2*). Die Drehgeschwindigkeit ω entsteht aus dem Beschleunigungsmoment m_b über den Integrierer *3*, der die mechanische Zeitkonstante T_M enthält. Die Rotationsspannung u_q wird über das P-Glied *4* gebildet und

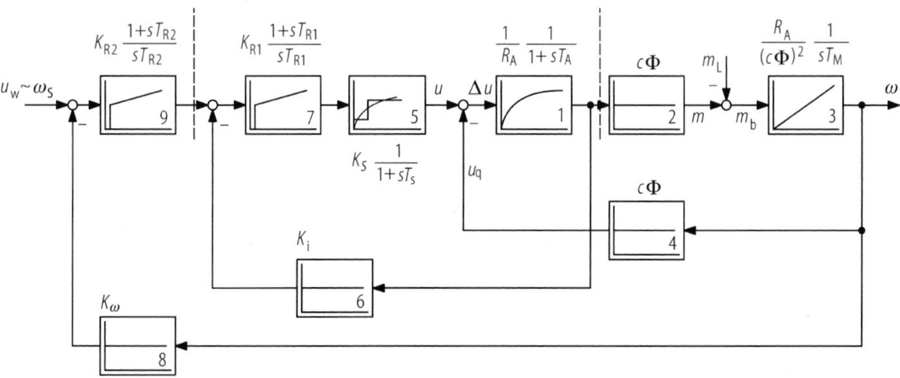

Abb. 26.11 Strukturbild eines Gleichstromantriebs mit Kaskadenregelung

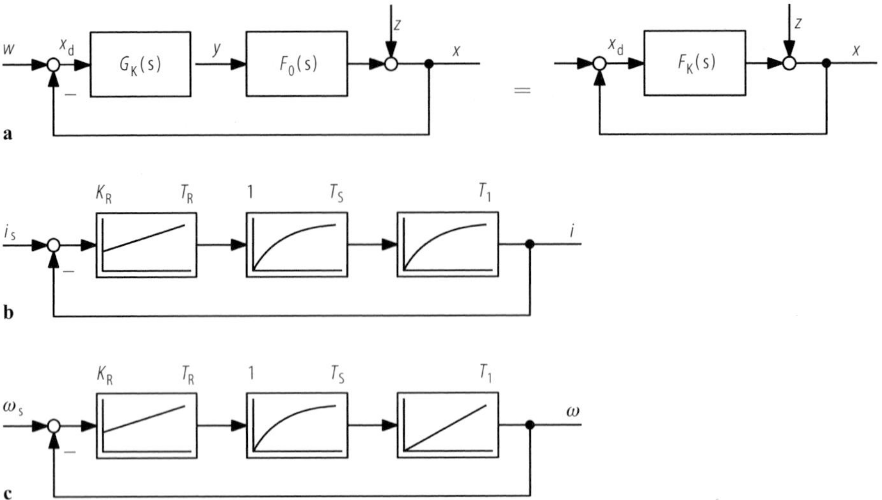

Abb. 26.12 Modellstrukturen von Regelkreisen. **a** Standardregelkreis, **b** Stromregelkreis, **c** Drehzahlregelkreis

auf den Eingang des Verzögerungsglieds *1* rückgekoppelt.

Der Stromrichter als Stellglied wird lediglich durch ein Totzeitglied *5* mit Verstärkung dargestellt. Vereinfachend kann der Block *5* durch ein Verzögerungsglied 1. Ordnung angenähert werden. In den Blöcken *6* und *8* sind die Messeinrichtungen für Ankerstrom und Drehzahl als Proportionalglieder dargestellt.

Der Antrieb weist eine Drehzahlregelung mit unterlagerter Stromregelung auf. Dazu werden üblicherweise PI-Regler oder PID-Regler eingesetzt. Im Beispiel sind mit *7* und *9* zwei PI-Regler vorgesehen. Eingangsgröße des Drehzahlreglers ist die Regelabweichung $(\omega_s - \omega)$. Seine Ausgangsgröße stellt den Stromsollwert dar, für den durch ein Begrenzungsglied (hier nicht dargestellt) Höchstwerte vorgegeben werden.

Die Parameter der verwendeten PI-Regler können nach bekannten Einstellregeln bestimmt werden [2, 5, 6]. Dieses Verfahren wird am vorliegenden Beispiel erläutert. Zunächst wird der Stromregelkreis und danach der überlagerte Drehzahlregelkreis optimiert. In beiden Stufen können die Blockschaltbilder zu Standardregelkreisen nach Abb. 26.12 zusammengefasst werden, in denen die Strecke mitsamt der Korrektureinrichtung durch $F_k(s)$ erfasst und in Form einer Übertragungsfunktion beschrieben werden kann.

Der Ansatz zur Parameterbestimmung des Reglers für optimales Führungsverhalten fordert, dass der Betrag des Frequenzgangs des geschlossenen Regelkreises bis zu möglichst hohen Frequenzen annähernd Eins sein soll. Nach diesem Betragsoptimum wird im vorliegenden Falle der *Stromregelkreis* eingestellt. Bei Vernachlässigung der Rückwirkung der Drehzahl auf den Ankerkreis wird im Beispiel Abb. 26.9 die Übertragungsfunktion des offenen Kreises

$$F_{k1}(s) = K_{R_1} \frac{1 + sT_{R_1}}{sT_{R_1}} \frac{K_S}{1 + sT_s} \frac{1/R_A}{1 + sT_A} K_i\,. \tag{26.1}$$

Die Berechnungsvorschrift nach dem Betragsoptimum führt hier zu folgenden Einstellregeln für den Stromregler

$$T_{R_1} = T_A\,, \quad K_{res} = K_{R_1} K_S\, K_i \frac{1}{R_A} = \frac{1}{2} \frac{T_A}{T_s}\,.$$

Man erkennt, dass durch T_{R_1} die Zeitkonstante T_A kompensiert wird. Damit ergibt sich die Übertragungsfunktion des geschlossenen Kreises

$$\begin{aligned} F_{w1}(s) &= \frac{1}{K_i} \frac{1}{1 + s2T_s + s^2 2T_s^2} \\ &\approx \frac{1}{K_i} \frac{1}{1 + s2T_s} \end{aligned} \tag{26.2}$$

Die letztgenannte Näherung wird nun weiter bei der Berechnung des Drehzahlregelkreises verwendet. Hierfür ergibt sich jetzt die Funktion des offenen Kreises zu

$$\begin{aligned} F_{\mathrm{k2}}(s) &= K_{\mathrm{R_2}} \frac{1+sT_{\mathrm{R_2}}}{sT_{\mathrm{R_2}}} \frac{1}{K_{\mathrm{i}}} \frac{1}{1+sT_{\Sigma}} \\ &\cdot \frac{R_{\mathrm{A}}}{c\Phi} \frac{1}{sT_{\mathrm{M}}} K_{\omega}\,, \\ \text{mit} \quad & T_{\Sigma} = 2T_{\mathrm{s}}\,. \end{aligned} \tag{26.3}$$

Der Drehzahlregelkreis wird gewöhnlich nach dem sog. symmetrischen Optimum eingestellt, dessen Anwendung ein gutes Störverhalten bei gleichzeitig kurzer Anregelzeit nach einem Führungsgrößensprung herbeiführt. Der Name bezieht sich auf eine Eigenschaft des offenen, korrigierten Kreises: in der Frequenzkennliniendarstellung liegt die Durchtrittsfrequenz, verknüpft mit dem größten Phasenrand, symmetrisch zu den Kehrwerten der Zeitkonstanten $T_{\mathrm{R_2}}$ und T_{Σ}. Die *Einstellregeln* lauten hier

$$T_{\mathrm{R_2}} = 4T_{\Sigma}; \quad K_{\mathrm{res}} = K_{\mathrm{R2}} \frac{K_{\omega}}{K_{\mathrm{i}}} \frac{R_{\mathrm{A}}}{c\Phi} = \frac{1}{2} \frac{T_{\mathrm{M}}}{T_{\Sigma}}\,.$$

Das Ergebnis ist schließlich eine Regelung mit der Führungs-Übertragungsfunktion

$$F_{\mathrm{w2}}(s) = \frac{1}{K_{\omega}} \frac{1+s4T_{\Sigma}}{1+s4T_{\Sigma}+s^2 8T_{\Sigma}^2+s^3 8T_{\Sigma}^3}\,. \tag{26.4}$$

Im vorliegenden Beispiel wurde der Gleichstromantrieb als zeitinvariantes System betrachtet und dazu eine kontinuierliche Regelung ausgelegt. In der Praxis wird zur Verminderung des Überschwingens noch eine Sollwertglättung vorgenommen. Im Anschluss an die Gln. (26.1)–(26.4) lassen sich aus den Sprungantworten *Anregelzeiten*, *Ausregelzeiten* und *Überschwingweiten* bei Spannungsstößen (Führungsgrößenänderungen) und Lastmomentstößen (Störgrößenänderungen) bestimmen. Das Führungsverhalten solcher Strecken zweiter Ordnung mit PI-Regler wird durch die Kennwerte nach Tab. 26.2 charakterisiert.

Tab. 26.2 Kennwerte der Sprungantworten

Einstellregel		Betragsoptimum	Symmetrisches Optimum	
			Ohne	Mit
			Sollwertglättung	
Anregelzeit	$t_{\mathrm{a}}/T_{\mathrm{s}}$	4,7	3,1	7,6
Ausregelzeit	$t_{\ddot{\mathrm{u}}}/T_{\mathrm{s}}$	11,0	11,0	14,0
Überschwingweite	Δ_{w}	0,043	0,434	0,08

Hierbei entspricht die Anregelzeit t_{a} dem erstmaligen Durchgang der Regelgröße durch den Sollwert, die Überschwingzeit $t_{\ddot{\mathrm{u}}}$ dem zweiten Durchgang (von oben) nach dem erstmaligen Überschwingen der Weite Δ_{w}.

26.3 Drehstromantriebe

26.3.1 Antriebe mit Drehstromsteller

Ein Asynchronmotorantrieb mit Drehstromsteller ist in gewissen Grenzen drehzahlregelbar (Abb. 26.13). Der Effektivwert der Klemmenspannung am Motor ist durch Anschnittsteuerung (*Spannungssteuerung*) einstellbar. Um stabile Arbeitspunkte in einem akzeptablen Drehzahlbereich einstellen zu können, ist die Verwendung eines Asynchronmotors mit Widerstandsläufer angebracht.

Der Betriebsbereich wird durch den größten zulässigen Strom begrenzt. Hohe Schlupfwerte bedingen hohe Läuferverluste, die bei niedriger Drehzahl durch die Eigenlüftung überdies schlechter abführbar sind. Gegenüber dem Betrieb an Sinusspannung treten zusätzlich Oberschwingungsverluste auf. Wegen dieser Nachteile werden Antriebe mit Drehstromsteller nur für Antriebe kleiner Leistung eingesetzt.

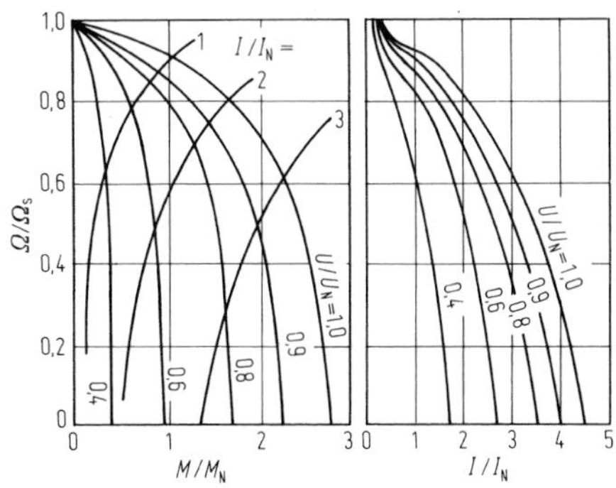

Abb. 26.13 Kennlinien eines Antriebs mit Asynchron-Widerstandsläufer und Drehstromsteller

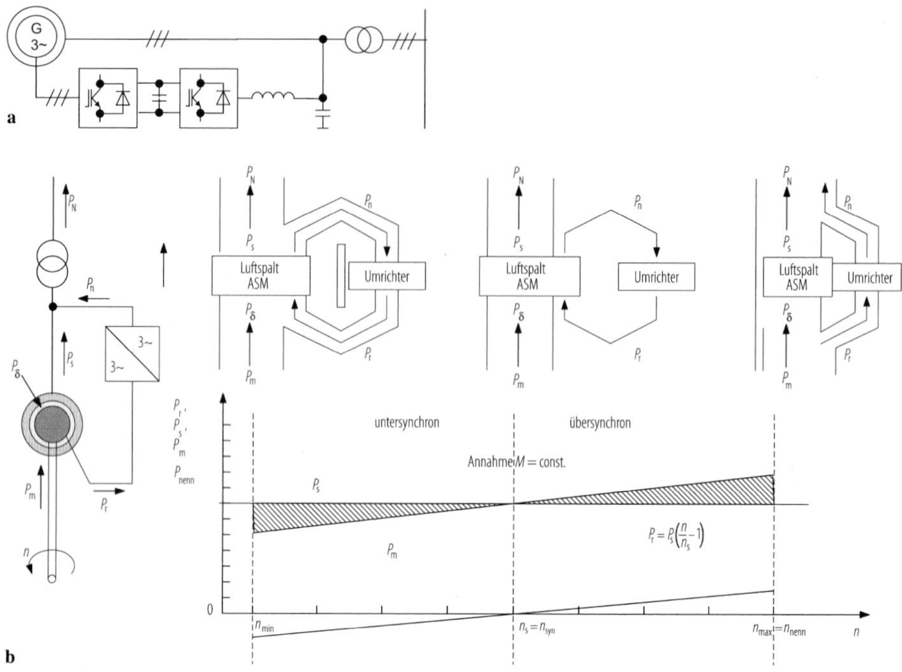

Abb. 26.14 Stromrichterkaskade. **a** Schaltbild für doppeltspeisenden Asynchrongenerator, **b** Leistungsdiagramm

26.3.2 Stromrichterkaskaden

Stromrichterkaskaden erlauben einen drehzahlvariablen Betrieb von Asynchron-Schleifringläufermaschinen durch Verarbeitung und Rückführung von Schlupfleistung. Sie haben heute nur noch Bedeutung für doppeltspeisende Asynchrongeneratoren für unter- und übersynchronen Betrieb, wobei die Schlupfleistung des Rotors, über einen Frequenzumrichter angepasst, dem Netz entzogen oder zugeführt wird. Die resultierende Leistung setzt sich danach aus der Statorleistung abzüglich oder zuzüglich der Rotor-Schlupfleistung zusammen. Abb. 26.14a zeigt eine solche Anordnung, wie sie bei Windenergieanlagen für drehzahlvariablen Betrieb zum Einsatz kommt (s. Abschn. 27.6.2). Sie weist einen Zwischenkreisumrichter mit Spannungseinprägung auf, wobei sowohl der läuferseitige wie der netzseitige Stromrichter selbstgeführt sind, sodass auch der netzseitige Leistungsfaktor einstellbar ist. Die Bemessung der Stromrichter erfolgt für die maximale Schlupfleistung und beträgt bei einem Drehzahlstellbereich von 1 : 2 etwa 35 % der Generatornennleistung. In Abb. 26.14b sind die Kennlinien für konstantes Drehmoment dargestellt. Bei Windenergieanlagen wächst im Stellbereich das Drehmoment quadratisch mit der Drehzahl.

26.3.3 Stromrichtermotor

Beim klassischen Stromrichtermotor nach Abb. 26.15 wird eine Synchronmaschine von einem Zwischenkreisumrichter mit eingeprägtem Strom gespeist. Der Wechselrichter ist lastgeführt; dabei wird die Kommutierungsspannung von der induzierten Spannung der Maschine bereitgestellt. Diese liefert die Kommutierungsblindleistung und ist daher überregt zu fahren.

Der Stromrichtermotor hat sich mit Leistungen von einigen 100 kW bis etwa 100 MW auch solche Anwendungen erschlossen, die früher der Untersynchronen Stromrichterkaskade vorbehalten waren. In bevorzugter Konstruktion wird der Stromrichtermotor bürstenlos ausgeführt, wobei die Erregerleistung von einer gekuppelten Drehstrommaschine bereitgestellt und durch mitrotierende Stromrichterventile gleichgerichtet wird.

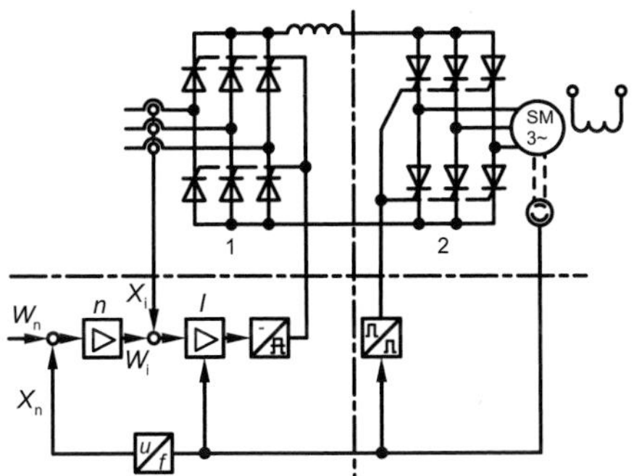

Abb. 26.15 Stromrichtermotor. *1* Netzstromrichter mit Gleichstrom-Zwischenkreis, *2* Motorstromrichter

Beim Anfahren (Drehzahlen zwischen Null und 5 bis 8 % der Bemessungsdrehzahl) kann der Motor die Kommutierung des Wechselrichters noch nicht sicherstellen. Es sind im Anfahrbereich zusätzliche Maßnahmen erforderlich. Am bekanntesten ist die Zwischenkreistaktung, wobei der Zwischenkreisstrom vom netzseitigen Stromrichter gepulst und vom Wechselrichter zyklisch auf die Motorstränge geschaltet wird.

26.3.4 Umrichterantriebe mit selbstgeführtem Wechselrichter

Für geregelte Antriebe werden zunehmend Drehstrommotoren mit Speisung über Zwischenkreisumrichter eingesetzt. Mit den robusten Kurzschlussläufer-Asynchronmotoren bestehen gegenüber Gleichstromantrieben Vorteile durch höhere masse- und volumenbezogene Leistung sowie geringeren Wartungsaufwand.

Grundformen der Antriebe mit Zwischenkreisumrichter sind in Abb. 26.16 dargestellt.

Schaltungen mit eingeprägtem Strom (Abb. 26.16a) sind geeignet für *Einmotorenantriebe*. Bei Ausführung mit Synchronmotor handelt es sich um den unter Abschn. 26.3.3 erwähnten Stromrichtermotor. Der typische Verlauf der Motorströme ist blockförmig, während die Spannung annähernd Sinusform mit überlagerten Kommutierungsspitzen aufweist. Obwohl auch Schaltungen mit Pulsbetrieb möglich sind, wird dieser Typ in der Regel nur in der Form des Sechspulsumrichters (Blockumrichters) eingesetzt [13].

Abb. 26.16b,c bezeichnen Schaltungen mit eingeprägter Spannung. Sie sind auch geeignet zum Parallelbetrieb mehrerer Motoren. In der Form mit reiner Grundfrequenzsteuerung im Wechselrichter werden an die Motorklemmen Spannungen mit blockförmigem Verlauf gelegt (Abb. 26.16b). Die Ströme stellen sich entsprechend der Motorimpedanz und der weitgehend sinusförmigen Gegenspannung dann als eine Folge von Abschnitten aus Exponentialfunktionen dar. Bei dieser Schaltung muss die Ausgangsspannung am netzseitigen Stromrichter eingestellt werden.

Die bevorzugte Lösung für drehzahlvariable Antriebe im Leistungsbereich der Normmotoren besteht aus einem Kurzschlussläufer-Induktionsmotor und einem *U*-Umrichter mit ungesteuertem Gleichrichter und Pulswechselrichter (Abb. 26.16c) mit oder ohne Filter am Drehstromausgang. Die Einstellung der Grundschwingungsspannung erfolgt mit Hilfe eines Pulsverfahrens; dieses soll außerdem Spannungsoberschwingungen unerwünschter Ordnungszahlen möglichst eliminieren (s. Abschn. 25.4.2).

26.3.5 Regelung von Drehstromantrieben

26.3.5.1 Skalare Regelung

Die Mehrzahl industriell eingesetzter, drehzahlvariabler Drehstromantriebe stellt niedrige Anforderungen an das dynamische Verhalten und wird deshalb nur frequenzgesteuert betrieben. Die Statorfrequenz und der Statorspannungsbetrag werden proportional zur gewünschten Drehzahl verstellt, um ein konstantes Kippmoment in einem weiten Drehzahlbereich zu erzielen (Spannungs-Frequenzregelung). Bei kleineren Drehzahlen ($n < 0{,}1\ n_N$) ist eine überproportionale Verstellung der Spannungsamplitude erforderlich, um bei dem relativ ansteigenden Spannungsabfall am Statorwiderstand den Hauptfluss konstant zu halten (Kennliniensteuerung). Bei größerem Lastmoment wird es erforderlich, den Drehzahlabfall durch eine schlupfproportionale Korrektur zu kompensieren. Der Schlupf lässt sich bei Kenntnis der Maschinenparameter aus

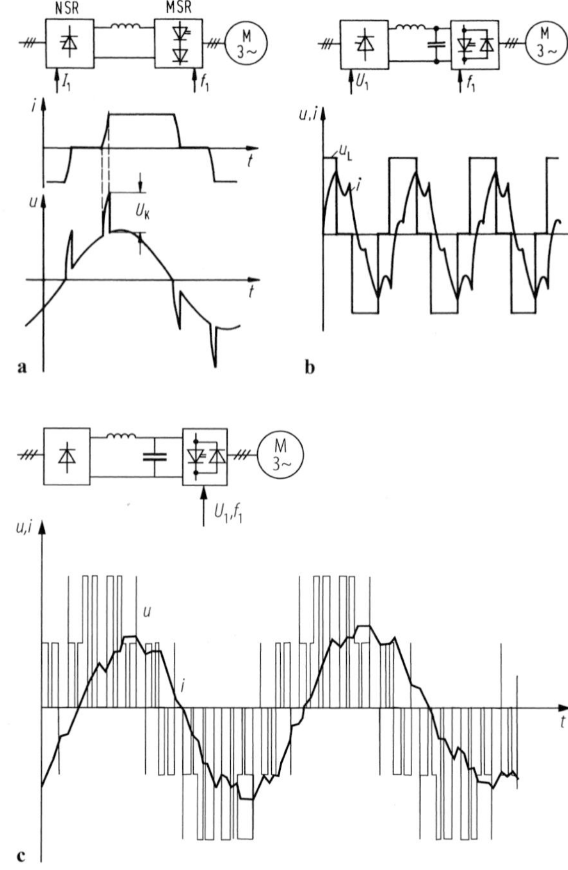

Abb. 26.16 Grundformen von Drehstromantrieben mit Zwischenkreisumrichtern. **a** mit eingeprägtem Strom (*I*-Umrichter); **b**, **c** mit eingeprägter Spannung (*U*-Umrichter), **b** Blockumrichter, **c** Pulsumrichter

der Messung des Statorstroms indirekt bestimmen.

26.3.5.2 Vektor-Regelung

Während bei der Gleichstrommaschine in kompensierter Ausführung sich Erregerfluss und Laststrom gegenseitig nicht beeinflussen, sind sie bei der Asynchronmaschine gekoppelt. Eine Änderung von Klemmenspannung bzw. Strom bewirkt ohne Regelung eine Änderung sowohl der flussbildenden wie der drehmomentbildenden Stromkomponente.

Nach Abb. 26.17a liegen bei der Gleichstrommaschine durch den mechanischen Kommutator die Erregerachse (Pol- oder Längsachse *d*) und die Ankerstrom-Durchflutungsachse (Querachse *q*) immer rechtwinklig zueinander. Dagegen wird bei der Asynchronmaschine (Abb. 26.17b) der Fluss durch die Magnetisierungskomponente des Statorstromes erzeugt. Der Flusszeiger weist gegenüber der ruhenden Bezugsachse des α, β-Koordinatensystems den Winkel φ_s auf. Eine Entkopplung wird nun durch Orientierung auf den synchron umlaufenden Flusszeiger (Feldorientierung) erreicht.

Mit der feldorientierten Regelung können einem Drehstromantrieb dynamisch hochwertige Eigenschaften erteilt werden, wie sie von einem Gleichstromantrieb bekannt sind. Dazu sind Koordinatentransformationen vorzunehmen und Teilmodelle des Motors einzusetzen, um aus den durch Messung zugänglichen Maschinengrößen und nach Entkopplung der Variablen die gewünschten Steuergrößen zu erzeugen.

Das stationäre Ersatzschaltbild (s. Abb. 24.10) setzt den Betrieb der Maschine an einer symmetrischen Versorgungsquelle bei konstanter Drehzahl voraus. Dagegen müssen zur Beschreibung von Übergangsvorgängen geeignete dynamische Modelle verwendet werden. Dabei kommt vorzugsweise die Raumzeigermethode (s. Abschn. 24.1.8) zum Einsatz. Die Raumzei-

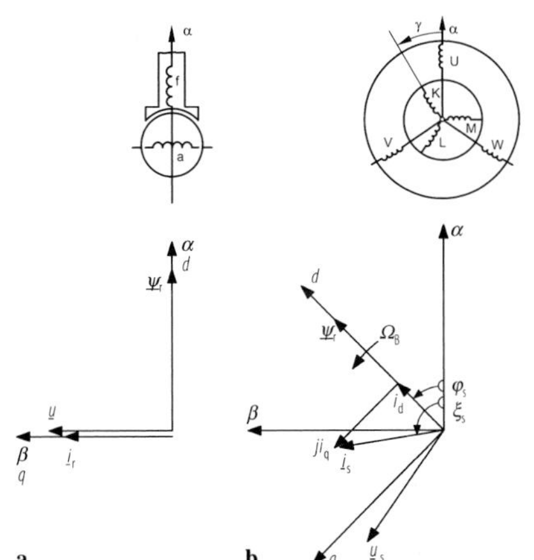

Abb. 26.17 Raumzeigerdarstellung von Flüssen und Strömen. **a** Gleichstrommaschine, **b** Asynchronmaschine

gervariablen $\underline{u}$, $\underline{\psi}$, $\underline{i}$ geben Augenblickswerte der Amplituden von Spannungen, Flussverkettungen und Strömen an, dargestellt mittels Betrag und Richtung in der Maschinenebene oder als Komponenten in einem orthogonalen Zweiachsensystem. Im Gegensatz zu den (Zeit-)Zeigern aus der Theorie der Wechselströme, die harmonische Schwingungen einer Frequenz beschreiben, sind Raumzeiger zeitabhängige Größen, die eine räumlich sinusförmige Verteilung der elektrischen und magnetischen Feldgrößen längs des Luftspalts der Maschine voraussetzen.

Das Modell der Asynchronmaschine nach dem T-Ersatzschaltbild zeigt Abb. 26.18.

Mit Einführung eines Übersetzungsverhältnisses zwischen Stator- und Rotorseite von $\text{ü} = L_\text{h}/L_\text{r}$ gibt das L-Ersatzschaltbild (statorseitige Streuung) nach Abb. 26.19 die dynamischen Verhältnisse für eine Rotorflussorientierung am besten wieder. Daraus lassen sich die Gleichungen in der Form:

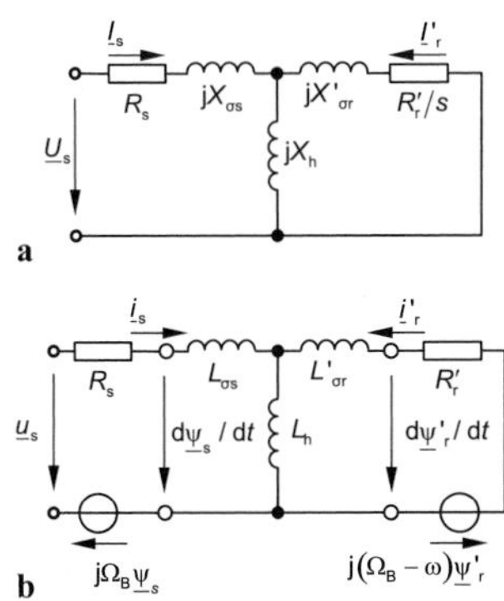

Abb. 26.18 T-Ersatzschaltbild. **a** stationär, **b** dynamisch mit Rotationsspannungen

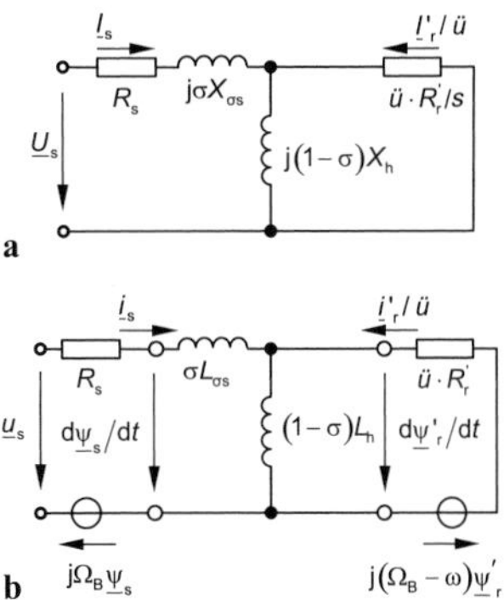

Abb. 26.19 L-Ersatzschaltbild. **a** stationär, **b** dynamisch mit Rotationsspannungen

$$\begin{bmatrix}\underline{u}_\text{s}\\0\end{bmatrix}=\begin{bmatrix}R_\text{s} & 0\\0 & (L_\text{h}/L_\text{r})^2R_\text{r}\end{bmatrix}\begin{bmatrix}\underline{i}_\text{s}\\\underline{i}'_\text{r}\end{bmatrix}+\frac{\text{d}}{\text{d}t}\begin{bmatrix}\underline{\psi}_\text{s}\\\underline{\psi}'_\text{r}\end{bmatrix}+j\begin{bmatrix}\Omega_\text{B} & 0\\0 & \Omega_\text{B}-\omega\end{bmatrix}\begin{bmatrix}\underline{\psi}_\text{s}\\\underline{\psi}'_\text{r}\end{bmatrix}, \tag{26.5}$$

$$\begin{bmatrix}\underline{\psi}_\text{s}\\\underline{\psi}'_\text{r}\end{bmatrix}=L_\text{s}\begin{bmatrix}1 & 1-\sigma\\1-\sigma & 1-\sigma\end{bmatrix}\begin{bmatrix}\underline{i}_\text{s}\\\underline{i}'_\text{r}\end{bmatrix}$$
$$\Leftrightarrow\begin{bmatrix}\underline{i}_\text{s}\\\underline{i}'_\text{r}\end{bmatrix}=\frac{1}{\sigma L_\text{s}}\begin{bmatrix}1 & -1\\-1 & 1/(1-\sigma)\end{bmatrix}\begin{bmatrix}\underline{\psi}_\text{s}\\\underline{\psi}'_\text{r}\end{bmatrix} \tag{26.6}$$

aufstellen. Hier besteht der Rotorfluss nur aus einer Komponente, nämlich $\underline{\psi}'_\text{r}=(1-\sigma)L_\text{s}\underline{i}_\mu$. Bei der feldorientierten Regelung wird häufig der Rotorfluss gesteuert, der online aus einem Modell zu ermitteln ist, während die Statorströme der Messung zugänglich sind. Es bietet sich daher an, als Zustandsvariable des Systems den Statorstrom und den Rotorfluss zu wählen. Unter Benutzung des L-Modells wird dann die Spannungsgleichung:

$$\begin{bmatrix}\underline{u}_\text{s}\\0\end{bmatrix}=\begin{bmatrix}\frac{1}{T_\text{ks}}+\frac{1-\sigma}{T_\text{kr}}+\text{j}\Omega_\text{B} & -\frac{\sigma}{T_\text{kr}}+\text{j}\omega\\-\frac{1-\sigma}{T_\text{kr}} & \frac{\sigma}{T_\text{kr}}+\text{j}(\Omega_\text{B}-\omega)\end{bmatrix}\times\begin{bmatrix}\sigma L_\text{s}\underline{i}_\text{s}\\\underline{\psi}'_r\end{bmatrix}+\frac{\text{d}}{\text{d}t}\begin{bmatrix}\sigma L_\text{s}\underline{i}_\text{s}\\\underline{\psi}'_\text{r}\end{bmatrix}. \tag{26.7}$$

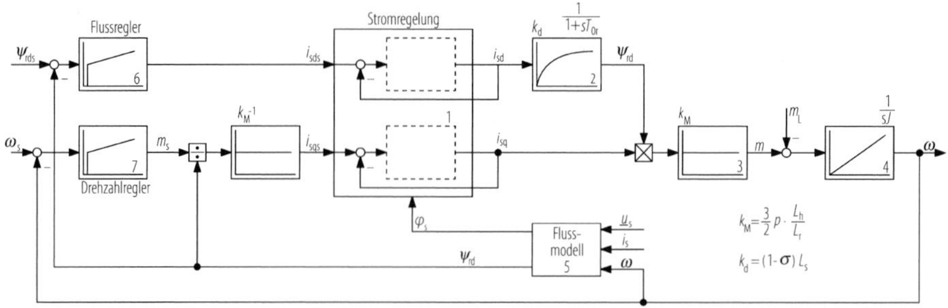

Abb. 26.20 Feldorientierte Regelung der Asynchronmaschine

Die Gleichungen beschreiben die Maschine in einem Bezugs-Koordinatensystem, das mit der im Prinzip frei wählbaren Kreisfrequenz $\Omega_\mathrm{B} = \mathrm{d}\varphi_\mathrm{s}/\mathrm{d}t$ rotiert. Die umgerechnete Winkelgeschwindigkeit des Rotors lautet $\omega = p\Omega$ für Maschinen mit p-Polpaaren, die sich mit der mechanischen Kreisfrequenz Ω drehen. Als Parameter treten die Kurzschlusszeitkonstanten T_k auf, die auch alternativ durch die Leerlaufzeitkonstanten T_0 ausgedrückt werden können:

$$T_\mathrm{ks} = \frac{\sigma L_\mathrm{s}}{R_\mathrm{s}} = \sigma T_{0\mathrm{s}}\,, \quad T_\mathrm{kr} = \frac{\sigma L_\mathrm{r}}{R_\mathrm{r}} = \sigma T_{0\mathrm{r}}\,.$$

Die Umrichter lassen sich als Stromquellen steuern, sodass die Motoren mit eingeprägtem Strom betrieben werden. Es verbleibt dann nur die Differentialgleichung des Rotorkreises. Vorzugsweise wird Ω_B so gewählt, dass der Rotorfluss-Raumzeiger stets in Richtung der Bezugsachse weist: $\psi_\mathrm{r} = \psi_\mathrm{rd}$. Dann ergibt sich ein einfaches Modell zur Berechnung des Rotorflusses, wobei Eingangsgrößen die Statorstromkomponenten sowie die elektrische Rotorfrequenz $(\Omega_\mathrm{B} - \omega)$ sind.

$$\begin{aligned} \psi'_\mathrm{rd} + T_{0\mathrm{r}}\frac{\mathrm{d}\psi'_\mathrm{rd}}{\mathrm{d}t} &= (1-\sigma)L_\mathrm{s}i_\mathrm{sd}\,, \\ (\Omega_\mathrm{B} - \omega)T_{0\mathrm{r}}\psi'_\mathrm{rd} &= (1-\sigma)L_\mathrm{s}i_\mathrm{sq}\,. \end{aligned} \qquad (26.8)$$

Der Rotorfluss ergibt sich als Lösung der ersten Gleichung mittels eines PT1-Gliedes, während die zweite Gleichung zur Ermittlung der Rotorfrequenz herangezogen werden kann. Bei Kenntnis der Rotationsfrequenz ω aus einer Drehzahlmessung oder sensorloser Erfassung mittels eines Beobachters kann danach die Position des Raumzeigers in ruhenden Koordinaten ermittelt werden. Abb. 26.18b erläutert die Orientierung der Raumzeiger. Üblicherweise wird i_sd als flussbildende und i_sq als drehmomentbildende Stromkomponente bezeichnet; dann ergibt sich das elektromagnetisch erzeugte Drehmoment zu:

$$M_\mathrm{el} = \frac{3}{2}\,p\psi'_\mathrm{rd}i_\mathrm{sq}\,. \qquad (26.9)$$

Die Regelstrecke nach Abb. 26.20 beschreibt den verzögerten Aufbau des Rotorflusses 2 durch die Statorstrom-Längskomponente und die Bildung des Drehmomentes 3 durch Rotorfluss und Statorstrom-Querkomponente. Die Winkelgeschwindigkeit des Rotors ergibt sich nach Integration 4 des Beschleunigungsmomentes. Die Regeleinrichtung nach Abb. 26.20 ist nach dem Prinzip der kaskadierten Mehrgrößenregelung aufgebaut. Die unterlagerte Regelung wird durch die Stromregelkreise 1 für die Längs- und Querkomponente des Statorstromes gebildet. Der Sollwert für die Statorstrom-Längskomponente wird vom Flussregler 6 bereitgestellt, dessen Sollwert im Konstantfeldbereich auf Bemessungsfluss festgelegt wird und im Feldschwächbereich indirekt proportional zur Drehzahl gesteuert oder mittels eines überlagerten Spannungsregelkreis geregelt wird. Den Sollwert der Statorstrom-Querkomponente erhält man aus dem vom Drehzahlregler 7 ausgegebenen Drehmoment-Sollwert, der mit dem Rotorfluss invers zur Regelstrecke verrechnet wird. Der Fluss-Istwert kann in einem Flussmodell 5 nachgebildet werden, das unter Verwendung messbarer Größen, wie Statorspannungen, Statorströmen und ggf. der Rotorwinkelgeschwindigkeit, die Amplitude ψ_r und Phasenlage φ_s des Ro-

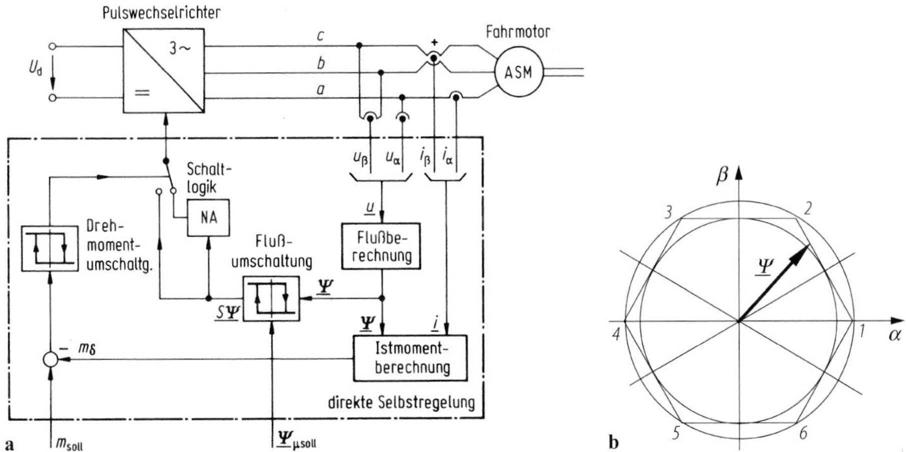

Abb. 26.21 Drehstromantrieb mit Asynchronmotor und Direkter Selbstregelung (DSR). **a** Strukturbild, **b** Führung des Flussraumzeigers

torflusszeigers nachbildet. Die Phasenlage wird dabei als Transformationswinkel für den Raumzeiger des Statorstromes und der Statorspannung verwendet. Die Hin- und Rücktransformation kann mit Hilfe des komplexen Drehoperators $e^{\pm j\varphi_s} = \cos\varphi_s \pm j\sin\varphi_s$ vorgenommen werden, sodass sich z. B. die Istwerte der flusssynchronen Stromkomponenten aus den statorfesten Koordinaten mit Hilfe des Drehoperators $e^{j\varphi_s}$ bestimmen lassen mit:

$$i_{sd} = \cos\varphi_s\, i_{s\,\alpha} + \sin\varphi_s\, i_{s\,\beta}$$
$$i_{sq} = -\sin\varphi_s\, i_{s\,\alpha} + \cos\varphi_s\, i_{s\,\beta}$$

Die aus den Stromregelkreisen gebildeten Stellgrößen für die Spannungen müssen zur Verwendung in einem Pulsweitenmodulator ins statorfeste Koordinatensystem mit der entsprechend inversen Transformation $e^{-j\varphi_s}$ umgerechnet werden.

26.3.5.3 Direkte Regelung von Fluss und Drehmoment

Für hochdynamische Antriebe ist neben der feldorientierten Regelung mit Pulsweitenmodulation (PWM) heute die Direkte Selbstregelung (DSR), die 1985 von M. Depenbrock vorgeschlagen wurde, das wichtigste Verfahren. Zur Erläuterung des Grundgedankens wird auf Abb. 25.15c verwiesen. Betrachtet man die Halbleiter in den 6 Zweigen des Wechselrichters als Schalter, so lassen sich damit 8 Schaltzustände darstellen, denen bei konstanter Zwischenkreisspannung die mit 1 … 6 bezeichneten Raumzeigerspannungen sowie die Nullspannung zugeordnet sind. Speziell bei Grundfrequenzsteuerung gemäß Abb. 25.14 nimmt der Raumzeiger für jeweils 1/6 der Periode aufeinander folgend die Zustände 1 … 6 ein.

Der Verkettungsfluss der Maschine ergibt sich durch Integration der um den Spannungsabfall am Ständerwiderstand verminderten Klemmenspannung. Bei Abweichung des Flussbetrags vom Sollfluss kann sehr schnell durch Signalumschaltung der passende Spannungszustand ausgewählt werden, um die schnellstmögliche Flussänderung ohne unnötige Ausgleichsvorgänge herbeizuführen.

Abb. 26.21a zeigt das Strukturbild eines Drehstromantriebs mit DSR. Aus Spannungen und Strömen an den Klemmen der Maschine werden der Gesamtfluss ψ und das Drehmoment m_δ berechnet. Es bedarf dazu keiner Information über die Drehzahl und die Läufergrößen. Der Flussraumzeiger wird auf einer Bahnkurve, hier einem Sechseck geführt, dessen Seiten parallel zu dem Sechseck in Abb. 26.21b verlaufen. Dazu werden die Schaltzustände entsprechend den Vorgaben eines Signalumschalters $S\psi$ vorgegeben. Die Abweichung des berechneten Drehmoments von seinem Sollwert wird einem Zweipunktregler zugeführt. Wenn der Istwert um mehr als die zugelassene Toleranz ε kleiner ist als der Sollwert, so wird der ausgewählte Spannungszustand am Wechselrichter eingestellt; ist das berechnete Drehmoment größer als der Sollwert, so wird auf den Nullspannungszeiger umgeschaltet.

Mit der DSR wird das Drehmoment so geregelt, dass bei kleinster Stromgrundschwingung die begrenzte Taktfrequenz optimal ausgenutzt wird (Direkte Drehmomentregelung). Daher empfiehlt sich das Verfahren besonders für Antriebe großer Leistung mit GTO-Umrichtern und hohen Anforderungen an die Dynamik wie in der Bahntechnik.

26.4 Elektroantriebe in speziellen Anwendungen

Elektrische Antriebe haben ein breites Anwendungsspektrum erschlossen. Qualitätsmerkmale von Elektroantrieben wie hohe Dynamik, geringe Lärmentwicklung, hohe Zuverlässigkeit, lange Lebensdauer und präzise Positionierbarkeit werden gegenwärtig durch hohe Anforderungen bzgl. der Energieeffizienz ergänzt bzw. überlagert. Der Wirkungsgrad bzw. der Effizienzgrad als mittlerer Wirkungsgrad haben insbesondere bei Pumpen- und Verdichterantrieben, Lüfter- und Ventilatorantrieben, Aufzugs- und Transportbandantrieben und Werkzeugmaschinen eine zunehmende Bedeutung, da in diesen Antriebsanwendungen der größte Teil elektrischer Energie in Bewegungsenergie umgeformt wird. Dagegen spielt die elektrische Traktionstechnik wegen der Dominanz verbrennungsmotorischer Antriebe bei Kraftfahrzeugen noch eine untergeordnete Rolle. Nachfolgend werden einige Beispiele behandelt.

26.4.1 Servoantriebe

26.4.1.1 Bewegungsvorgänge

Servoantriebe sind im Unterschied zu Hauptantrieben in Werkzeugmaschinen für Vorschub- und Zustellbewegungen verantwortlich [14]. Ihr Drehmomentbedarf ist auf den erforderlichen Beschleunigungsbedarf abgestimmt, während ein stationäres Gegenmoment für die Erwärmung meist nicht ins Gewicht fällt. Einen typischen Bewegungsablauf für einen zeitoptimalen und einen energieoptimalen Bewegungsvorgang zeigen Abb. 26.22a,b. Der zeitoptimale Bewegungsvorgang ist durch ein konstantes positives bzw. negatives Drehmoment für die Beschleunigungs- bzw. Bremsphase charakterisiert. Die Drehzahl verhält sich entsprechend linear ansteigend bzw. abfallend, während die Lage sich nach einer Parabelfunktion ändert. Die Einleitung des Beschleunigungs- und Bremsvorgangs ist durch einen unendlich großen Ruck gekennzeichnet, was eine große Beanspruchung der Mechanik mit sich bringt. Eine energieoptimale Grundbewegung zeichnet sich dagegen durch einen linearen Drehmomentverlauf aus, beginnend mit dem positiven und endend mit dem negativen Maximalmoment. Der energieoptimale Bewegungsvorgang dauert etwas länger, wenn gleiche Maximalmomente für energie- und zeitoptimalen Verlauf angesetzt werden. Bei gleicher Positionierzeit muss das Spitzenmoment des energieoptimalen Betriebs um 50 % angehoben werden. In der Praxis ist es üblich suboptimale Bewegungsvorgänge nach trapezoidalen Trajektorien auszuführen. Daneben existiert eine große Anzahl von standardisierten Bewegungen, die in Servoanwendungen mit Erfolg angewandt werden können, vgl. Abb. 26.22c–e.

In Tab. 26.3 sind die wichtigsten Kennwerte der ausgewählten Bewegungsvorgänge zusammengestellt. Sie zeigen, dass der energieoptimale und der sinoidale Bewegungsvorgang eine bessere Energieeffizienz als alle anderen erwarten lässt. Ferner fällt auf, dass ein verringerter Ruck (Bestehehorn, Biharmonische) zu einer schlechteren Energiebilanz führt.

26.4.1.2 Mechanische Anpassung

Der Antriebsstrang von Servoantrieben besteht entweder aus einem Direktantrieb (Torqueantrieb, Hochgeschwindigkeitsantrieb) oder einem Antriebsmotor mit Getriebe. Für letztere Antriebsart ist die Wahl der optimalen Getriebeübersetzung eine Möglichkeit den Servomotor sparsamer auszuführen. Diese Eigenschaft lässt

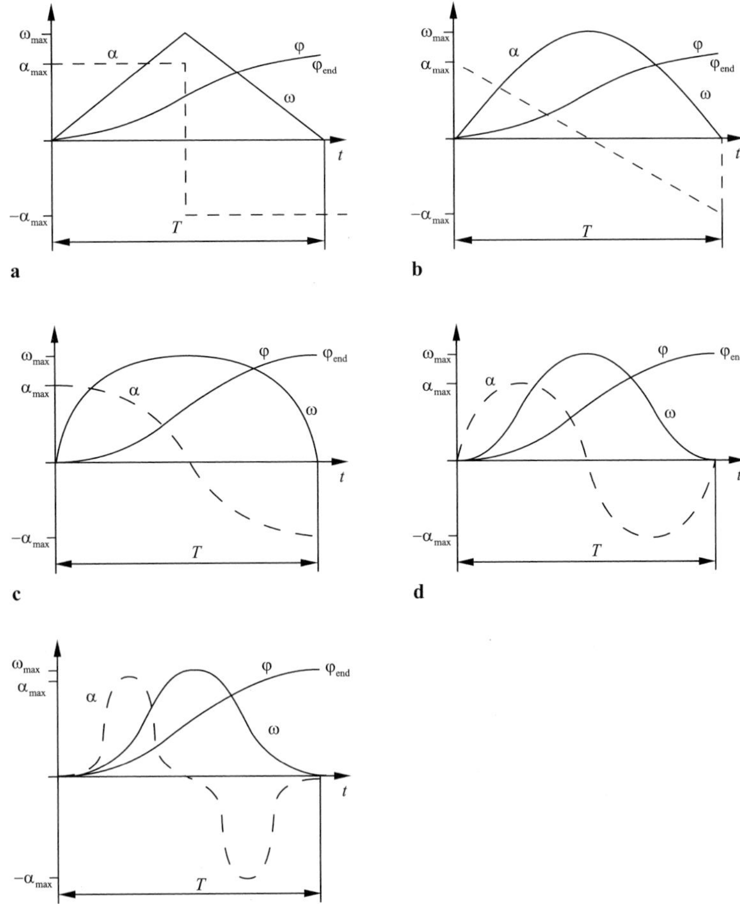

Abb. 26.22 Optimale Bewegungsvorgänge **a** zeitoptimal, **b** energieoptimal, **c** Sinoide, **d** Bestehorn, **e** Biharmonische

sich mit dem dynamischen Leistungsvermögen beschreiben

$$P_{\text{dyn}} = M_{\text{b}}\omega_{\text{M}} = \left(J_{\text{M}} + \frac{J_{\text{L}}}{i^2}\right)\frac{\mathrm{d}\omega_{\text{M}}}{\mathrm{d}t}\omega_{\text{M}} \tag{26.10}$$

Die Motordrehzahl und das Motormoment eines Servomotors sind dabei abhängig von den Trägheitsmomenten von Motor und Last, der Drehzahl und Beschleunigung der Last sowie der Getriebeübersetzung. Die minimale dynamische Leistung der Größe

$$P_{\text{dyn}\,\text{min}} = 2J_{\text{M}}\alpha_{\text{M}}\omega_{\text{M}} \tag{26.11}$$

fällt im Anpassungsfall ($\mathrm{d}P_{\text{dyn}}/\,\mathrm{d}i = 0$) an bei einer Getriebeübersetzung von

$$i_0 = \sqrt{\frac{J_{\text{L}}}{J_{\text{M}}}} \tag{26.12}$$

Tab. 26.3 Kennwerte optimierter Bewegungsvorgänge (normiert auf zeitoptimale Bewegung)

Kennwert	Zeitoptimal	Energieoptimal	Sinoide	Bestehorn	Biharmonische
Maximalmoment	1	1,5	1,23	1,57	2,31
Maximaldrehzahl	1	0,75	0,78	1	1,23
Ruck	∞	∞	∞	Endlich	0
Effektivmoment	1	0,866	0,92	1,11	1,25
Energiebedarf	1	0,75	0,85	1,23	1,57

Tritt während der Bewegungsvorgänge noch ein zusätzliches Lastmoment auf, so ändert sich die optimale Getriebeübersetzung in

$$i_\alpha = \sqrt{\frac{J_L}{J_M} + \left(\frac{M_L}{M_{M_{max}}}\right)^2} + \frac{M_L}{M_{M_{max}}} \qquad (26.13)$$

Die voranstehenden Ausführungen berücksichtigen lediglich die Stromwärmeverluste. Bei hochtourigen Antrieben wirken noch die lastunabhängigen Eisenverluste. Bei Abweichungen vom gezeigten Optimum nehmen das Beschleunigungsvermögen des Servoantriebs ab und die Motorverluste zu [2, 3].

26.4.1.3 Servomotoren

Moderne Servomotoren zeichnen sich durch eine Reihe von Eigenschaften aus, die sie von dem Gros der Industriemotoren unterscheiden.

Ihr mechanischer Aufbau ist durch eine schlanke Bauweise charakterisiert, bei dem das Verhältnis Blechpaketlänge zu Polteilung im Bereich $2 < l_i/\tau_p < 6$ gewählt wird, so dass ein kleines Trägheitsmoment und damit eine geringe mechanische Zeitkonstante entstehen. Damit können hohe Beschleunigungen mit den verfügbaren Drehmomenten erreicht werden. Der elektrische Aufbau zielt auf eine kleine elektrische Zeitkonstante (Ankerzeitkonstante), die im Wesentlichen über eine geringe Motorinduktivität erreicht werden kann. Damit kann der Ankerstrom zur Drehmomentbildung entsprechend schnell über die Ankerspannung aufgebaut werden. Hohe Beschleunigungen lassen sich weiter über kurzzeitig zulässige Maximalmomente erzielen, die teilweise das 5- bis 7-fache des Nennmoments ausmachen. Für Servoantriebe eignen sich Gleichstrommotoren, EC-Motoren,

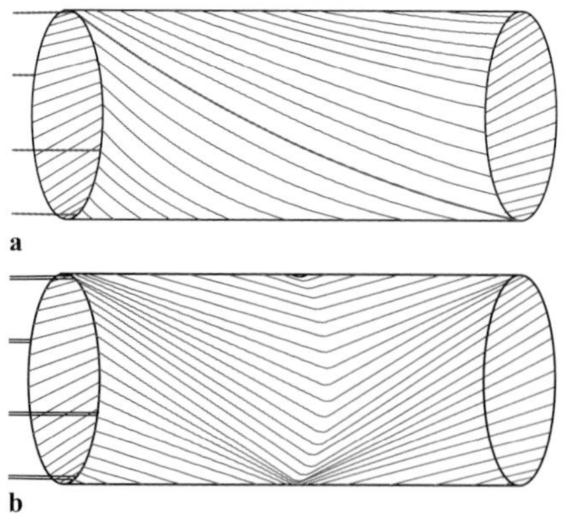

Abb. 26.23 Rotorausführungen von Gleichstrom-Servomotoren. **a** Schrägwicklung, **b** Rhombuswicklung

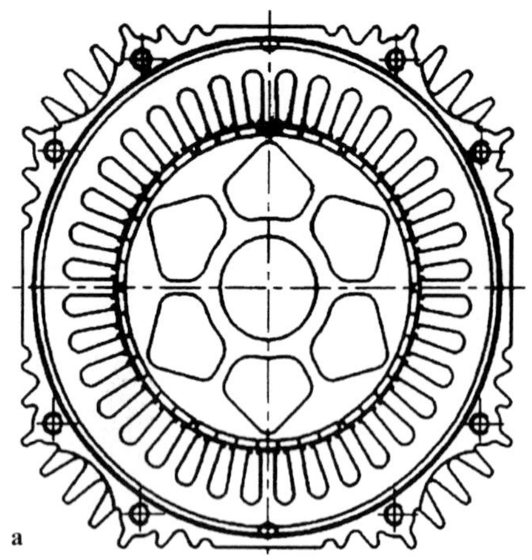

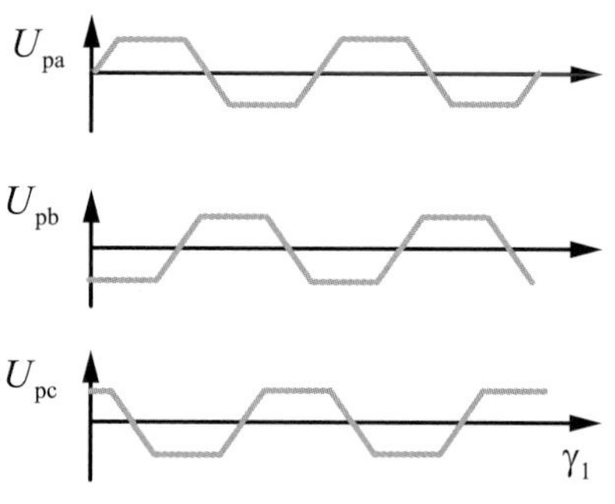

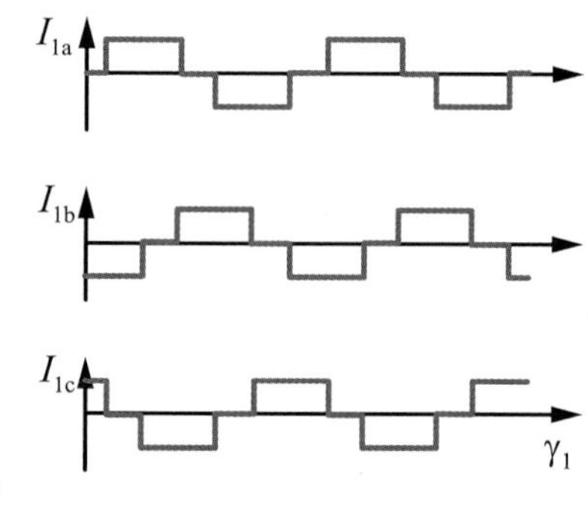

Abb. 26.24 EC-Servomotor: **a** Motoraufbau (nach Kennel), **b** Spannungs- und Stromverläufe

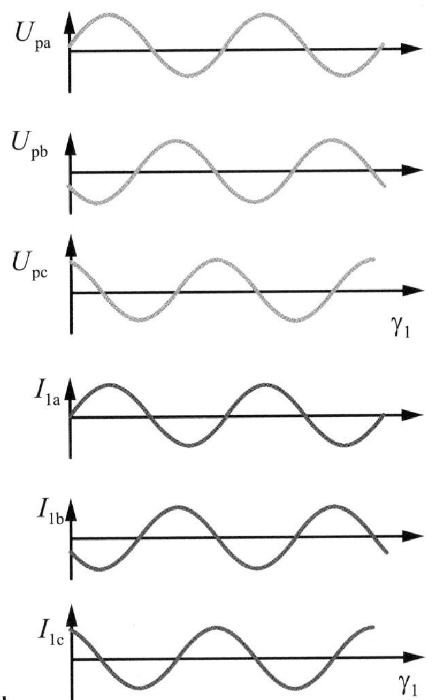

Abb. 26.25 PM-Synchron-Servomotor. **a** Motoraufbau (nach Kennel), **b** Spannungs- und Stromverläufe

PM-Synchronmotoren und spezielle Asynchronmotoren.

Gleichstrommotoren in trägheitsarmen Ausführungen (eisenlos, Hohlläufer) sind wegen ihrer einfachen Regelung und einer kostengünstigen Fertigung weiterhin in Verwendung. Der eisenlose Aufbau erfordert eine Luftspaltwicklung, wie sie in zwei Ausführungen als Rhombus- bzw. Schrägwicklung realisiert wird, vgl. Abb. 26.23. Die Erregung erfolgt meist permanentmagnetisch.

EC-Motoren (elektronisch kommutierte Gleichstrommotor) haben eine 3-Phasenwicklung auf der Statorseite, während der Rotor die Oberflächenmagnete trägt (Abb. 26.24a). Da das Magnetfeld über die Permanentmagnete rechteckförmig ausgebildet wird, entsteht im Motor eine trapezförmige induzierte Polradspannung. Der Ankerstrom wird jeder Phase über $2/3\pi$ einer Halbperiode zugeteilt, was über einen speziellen Winkelgeber adressiert wird. Die Zusammensetzung der Phasenströme aller Phasen ergibt einen Gleichstrom, was auch zu der alternativen Begriffsbildung bürstenloser Gleichstrommotor (BLDC-Brushless DC-Motor) geführt hat. Die Wirkungsweise und die Zeitdiagramme zeigen Abb. 26.24b.

PM-Synchronmotoren unterscheiden sich von EC-Motoren durch ein permanentmagnetisch sinusförmig ausgeprägtes Magnetfeld im Luftspalt, die als Oberflächenmagnete auf dem Rotor angebracht sind (Abb. 26.25a). Der Ankerstrom wird sinusförmig eingeprägt, was nur über einen Wechselrichter möglich ist und von einem Absolutwert-Winkelgeber unterstützt wird. Die Arbeitsweise ist in Abb. 26.25b dargestellt.

26.4.2 Hybridantriebe in der Fahrzeugtechnik

Die Hybridisierung in der Fahrzeugtechnik hat eine lange Tradition und wurde bereits zu Anfang des 20. Jahrhunderts in diversen Praxisbeispielen erfolgreich nachgewiesen. Ihr Vorteil liegt im Energieeinsparpotential bei Teillast- und Start-Stoppbetrieb. Zum einen kann durch Rekuperation beim Bremsen Energie rückgewonnen werden. Zum anderen kann der Verbrennungsmotor entlang der optimalen Verbrauchskennlinie gefahren und der energetisch ungünstige untere Teillastbereich vermieden werden, indem elektrisch angefahren wird. Letzteres kann zum Downsizing des Verbrennungsmotors genutzt werden. Elektromaschinen werden in Hybridantriebsanwendungen sowohl als Motoren als auch Generatoren eingesetzt. Die Einteilung von

Tab. 26.4 Elektrifizierungsgrade von Hybridantrieben

Merkmale und Kennwerte	Mikro-Hybrid	Mild-Hybrid	Voll-Hybrid
Antriebsstrang	Parallel	Parallel	parallel seriell leistungsverzweigt
Leistungsbereiche	3–10 kW	10–20 kW	> 20 kW (< 200 kW)
Spannungsbereiche	< 42 V	42–200 V	> 200 V (< 800 V)
Funktionen	Start-Stop Generatorregelung	Start-Stop Generatorregelung Nebenaggregate	Start-Stop Generatorregelung Nebenaggregate Elektrisches Fahren Boostbetrieb
Einsparungspotential	10 %	25 %	30 %

hybriden Antriebsstrukturen erfolgt aktuell nach zwei Gesichtspunkten – nach dem Elektrifizierungsgrad und nach der Energieübertragungsstruktur [16].

Die Einteilung nach dem Elektrifizierungsgrad kann Tab. 26.4 entnommen werden. Unterschieden werden drei Ausbaustufen.

26.4.2.1 Mikro-Hybrid

Beim Minimal-Hybrid beschränkt sich die elektromotorische Unterstützung auf den Startvorgang. Ein Startergenerator kleiner Leistung (< 3 kW) aber höherer Drehzahl (< 8000 min^{-1}) kann bei niedrigen Zusatzkosten ein Einsparpotential von ca. 10 % erbringen. Die elektrische Maschine ist kein direkter Bestandteil des Antriebsstrangs. Es kann aber eine erweiterte Generatorregelung ergänzt werden.

26.4.2.2 Mild-Hybrid

Im Mild-Hybrid sind die elektrischen Maschinen an der Krafterzeugung im Antriebsstrang beteiligt (typisch: 10 kW) und helfen ca. 25 % der verbrauchten Energie einzusparen. Neben den beim Mikro-Hybrid realisierbaren Funktionen ist Rekuperation und elektrische Versorgung von Nebenaggregaten möglich, elektrisches Fahren jedoch nur kurzzeitig.

26.4.2.3 Voll-Hybrid

Beim Voll-Hybrid arbeiten die Elektromaschinen als vollwertige Antriebe (< 50 kW) im Antriebsstrang und lassen Energieeinsparungen bis zu 25 % gegenüber dem rein verbrennungsmotorischen Betrieb zu. Zu den vorstehend genannten Funktionen sind elektrisches Fahren und Boostbetrieb (Leistungserhöhung des Verbrennungsmotors bei Volllastbeschleunigung) feste Bestandteile des Funktionsumfangs.

Eine alternative Einteilung nach den Antriebsstrangstruktur zeigt Abb. 26.26. Generell unterscheidet man in drei Antriebsstrangstrukturen, den Serienhybrid, den Parallelhybrid und den Leistungsverzweigten Hybrid.

Der Serienhybrid besteht aus einer mechanischen Reihenschaltung von Verbrennungsmotor und Elektromaschine. Letztere versorgt dann als Generator ebenso wie eine parallelgeschaltete Batterie unter Zwischenschaltung einer Leistungselektronik eine oder mehrere Elektromaschinen. Der Verbrennungsmotor kann immer im Bereich günstigsten Wirkungsgrades gefahren werden und ist wegen einer fehlenden mechanischen Verbindung zu den Rädern von diesen entkoppelt. Die Serienschaltung von Energiewandlern bedingt eine Auslegung auf die volle Leistung und beeinträchtigt den Gesamtwirkungsgrad. Varianten des Serienhybrids bestehen in der Verwendung eines elektrischen Fahrmotors mit Differential (Abb. 26.26a) oder der Ausführung mit zwei Fahrmotoren pro Achse oder Radnabenmotoren für jedes Rad (Abb. 26.26b).

Der Parallelhybrid ist in drei Varianten realisierbar. Beim Parallelhybrid mit Drehmomentaddition nach Abb. 26.26c erfolgt die Drehmomentaddition von Verbrennungsmotor und Elektromaschine bei festem Drehzahlverhältnis über ein Stirnrad- oder Kettengetriebe. Für eine Drehzahladdition (Abb. 26.26d) werden bei konstantem Drehmomentverhältnis Verbrennungsmotor und

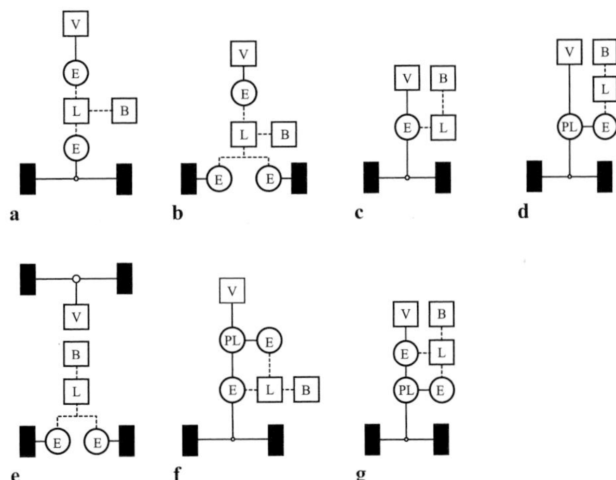

Abb. 26.26 Antriebsstrangstrukturen für Hybridfahrzeuge (V-Verbrennungsmotor, E-Elektromaschine, B-Batterie, L-Leistungselektronik, PL-Planetengetriebe)

Elektromaschine an ein Planentengetriebe angeschlossen. Schließlich erfüllt auch die Zugkraftaddition nach Abb. 26.26e für eine verbrennungs- und eine elektromotorisch angetriebene Achse, die Bedingungen für eine Parallelschaltung. In allen drei Fällen kommt es zur Leistungsaddition, sodass die beteiligten Motoren kleiner ausgeführt werden können.

Leistungsverzweigende Hybride lagern die steuerfähigen Antriebsstrangelemente in einen Bypass aus, mit dem die Übersetzung variabel einstellbar wird, so dass der Verbrennungsmotor auch hier auf der verbrauchsminimalen Betriebskennlinie gefahren werden kann. Bei einer Leistungsverzweigung mit antriebsseitigem Planetengetriebe und abtriebsseitiger Elektromaschine nach Abb. 26.26f ist die Leistungsanforderung an den radnahen Elektromotor größer. Die komplementäre Variante mit antriebsseitiger Elektromaschine und abtriebsseitigem Planetengetriebe zeigt Abb. 26.26g. In beiden Fällen besteht der Bypass aus einer zweiten Elektromaschine, einer Batterie und einer Leistungselektronik, die beide Elektromaschinen miteinander und zudem mit der Batterie im Mehrquadrantenbetrieb verbindet. Der höchste Wirkungsgrad des Antriebsstrangs (>90 %) ist erreichbar bei direkter mechanischer Leistungsübertragung. Der Wirkungsgrad nimmt leicht ab, je größer der über den Bypass verzweigte Leistungsanteil wird. Dieser wird in der Regel auf 15–20 % begrenzt.

26.4.2.4 Elektromaschinen

In Hybridfahrzeuge eignen sich wegen kritischer Bauraumforderungen besonders permanentmagneterregte Synchronmaschinen. Sie zeichnen sich durch eine hohe Leistungsdichte aus, die noch steigerbar ist, wenn anstelle von verteilten Drehstromwicklungen Zahnspulenwicklungen verwendet werden. Die Permanentmagnete werden als vergrabene Magnete in V-Form verbaut (Abb. 26.27a), sodass sich wegen der magnetischen Leitwertsunterschiede in Längs- und Querrichtung ein zusätzliches Reluktanzmoment ergibt. Dies liefert einen zusätzlichen Freiheitsgrad zur Verlustminimierung. Vorteile bringt der PM-Synchronmotor zudem im Bereich hoher Drehmomente und kleinerer bis mittlerer Drehzahlen. Oberhalb der Spannungsgrenze weist er wegen der problematischen Feldschwächung (verlustbehaftet) zunehmend Nachteile auf, da die Verluste wegen des erforderlichen Feldschwächstroms (I_d) ansteigen. Abb. 26.27b zeigt den Betriebsbereich mit den Stellbereichsgrenzen.

Hybridantriebe sind dabei sich als Brückentechnologie zwischen verbrennungsmotorischen und rein elektrischen Fahrzeugantrieben zu etablieren [16, 17].

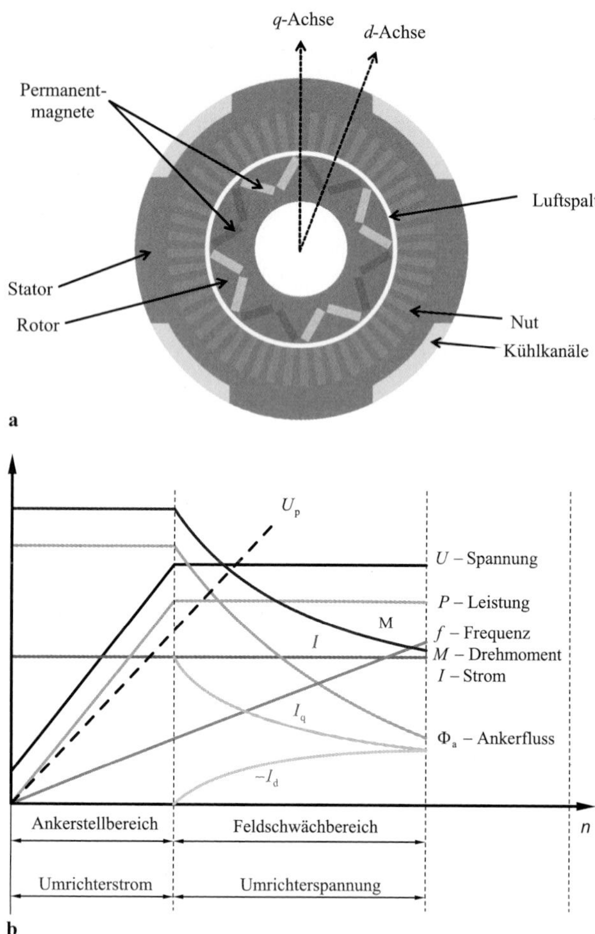

Abb. 26.27 PM-Synchronmaschine: **a** Aufbau, **b** Stellbereichskennlinien

26.4.3 Antriebe für Elektrofahrzeuge

An Elektroantriebe in rein elektrischen Fahrzeugen werden ähnlich hohe Anforderungen wie in Hybridfahrzeuge gestellt. Der zu erfüllende Temperaturbereich reicht von −40 bis 85 °C und ist damit etwas geringer als bei hybriden. Die Kühlmitteltemperaturen betragen mit Vorlauf mindestens 60 °C. Die Antriebe müssen Stoßbelastungen von 5–10 g aushalten. Dafür sind mittlere Dynamikanforderungen von Drehmoment-Anregelzeiten zwischen 10–50 ms gestellt. Unterschieden wird in vier Antriebsstrangkonfigurationen (Abb. 26.28).

26.4.3.1 Zentralantrieb

Ein zentraler Elektromotor, angebracht auf der Antriebsseite, als Front- oder Heckantrieb treibt das Fahrzeug an. Die Kraftübertragung auf die Räder erfolgt über Schalt- oder Automatikgetriebe (Abb. 26.28a).

26.4.3.2 Radnaher Antrieb

Zwei Elektromotoren, die auf der Front- oder Heckseite senkrecht zur Gelenkwelle angebracht sind, treiben das Fahrzeug an. Die Kraftübertragung erfolgt über ein Getriebe auf die Felge (Abb. 26.28b).

26.4.3.3 Radnabenantrieb

Zwei oder vier Elektromotoren als Vorder-/Hinter- oder Allradantrieb treiben das Fahrzeug direkt an. Der hochpolige Motor treibt das jeweilige Rad direkt ohne Getriebe (Abb. 26.28c). Die ungefederten Massen können zu Radschwingungen

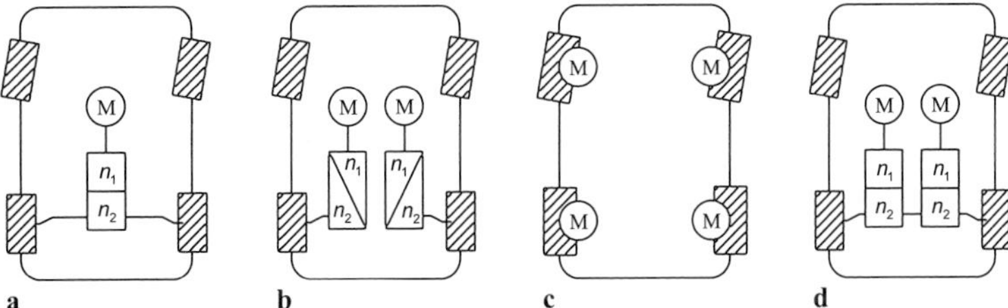

Abb. 26.28 Antriebsstrukturen für Elektrofahrzeuge: **a** Zentralantrieb, **b** Radnaher Antrieb, **c** Radnabenantrieb, **d** Tandemantrieb

führen. Es kann zudem zu mangelndem Kontakt zum Fahrprofil kommen.

26.4.3.4 Tandemantrieb

Diese Variante verknüpft den radnahen Antrieb mit dem Zentralantrieb (Abb. 26.28d). Sie können als Front- oder Heckantrieb wirken. Die Gelenkwelle und ein Getriebe verbinden beide Antriebe.

26.4.3.5 Elektromaschinen

In rein elektrischen Fahrzeugen eignen sich besonders Asynchron-Käfigläufermotoren als Fahrmotoren. Sie zeichnen sich durch eine hohe Robustheit aus. Es werden ausschließlich verteilte Drehstromwicklungen verwendet. Der Käfigläufer wird aus Kupferstäben und Kurzschlussringen aufgebaut, die sich in einem verlustarmen Blechpaket befinden (Abb. 26.29a). Vorteile bringt der Asynchron-Käfigläufermotor zudem im Bereich mittlerer Drehmomente und insbesondere höherer Drehzahlen. Oberhalb der Spannungsgrenze lässt sich durch Feldschwächung eine ideale Anpassung an die Fahrbedingungen erreichen. Dort haben sie auch ihr Wirkungsgradoptimum. Abb. 26.29b zeigt den Betriebsbereich mit den Stellbereichsgrenzen. In speziell für den Stadtverkehr ausgelegten Elektrofahrzeugen ist der PM-Synchronmotor wieder im Vorteil, da dort die Fahrgeschwindigkeiten und damit die Drehzahlen geringer aber die Drehmomente größer sind.

Alternativ zu den beiden genannten Fahrmotortypen ist auch der elektrisch erregte Synchronmotor geeignet und kombiniert Vorteile des PM-Synchronmotors mit dem Asynchronkäfigläufermotor.

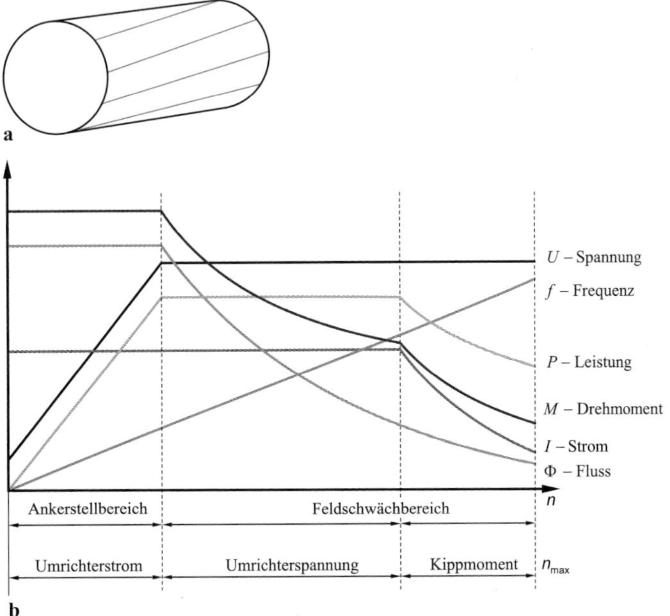

Abb. 26.29 Asynchron-Käfigläufermotor. **a** Käfigläufer, **b** Stellbereichskennlinien

26.5 Magnetlager

Lager allgemein dienen zum Tragen und Führen von bewegten Maschinenbauteilen und sind damit eines der wichtigsten Maschinenelemente. Dabei können sie sowohl translatorisch als auch rotatorisch bewegte Teile lagern und entsprechend gerichtete Kräfte aufnehmen. Magnetlager übernehmen mit Hilfe von Magnetkräften das Tragen und Führen bewegter Teile [18–20]. Sie bestehen nach Abb. 26.30 aus elektrischen, magnetischen, mechanischen und ggf. informationstechnischen Komponenten und bilden damit ein mechatronisches Produkt. Die Sollposition (1) eines mechanisch bewegten Körpers (6) wird durch einen Lagesensor (7) erfasst, ausgewertet und als Istwert (2) einem Regler (3) zugeleitet, in dem ein Vergleich mit der Sollposition durchgeführt wird. Das Reglerausgangssignal wird zur Steuerung eines Pulsstellers (4) verwendet, über den der Spulenstrom eingestellt wird. Dieser erzeugt im Elektromagneten (5) einen Magnetfluss, der an den Grenzflächen zum Luftspalt eine Magnetkraft auf den zu lagernden Körper ausübt.

Magnetlager zeichnen sich insbesondere durch berührungs-, verschleiß-, wartungs- und schmiermittelfreies Lagern aus. Die Lagerverluste sind sehr gering ebenso wie der Eigenleistungsverbrauch. Durch vielfältige Funktionserweiterungen wie Schwingungsisolation, Unwuchtkompensation oder Zustandsadaption

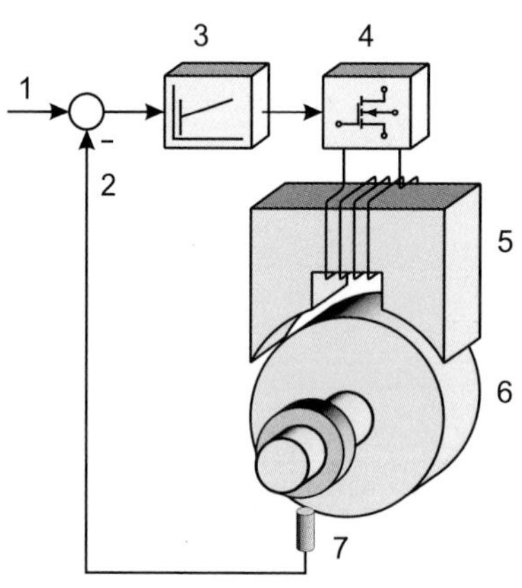

Abb. 26.30 Prinzip eines Magnetlagers

empfehlen sich Magnetlager für Anwendungen in der Vakuumtechnik, bei hochdrehenden Präzisions- und Textilmaschinen, in Pumpen, für Schwungradspeicher und in Turbomaschinen und Generatoranlagen. Rotoren lassen sich in fünf Freiheitsgraden (radial: links x_1, y_1, rechts x_2, y_2, axial z) lagern, vgl. Abb. 26.31a. Grundsätzlich unterscheidet man in aktive und passive Magnetlager. Um einen Rotor mit Welle (5) nach Abb. 26.31b magnetisch zu lagern, benötigt man zwei Radiallager (1), die ihre Istwerte von zwei Lagesensoren mit Messspuren (3) beziehen und ein Axiallager (2), das aus einem Axiallagesensor (4) versorgt wird.

26.5.1 Aktive Magnetlager

In der Praxis durchgesetzt haben sich aktive Magnetlager auf der Basis von Reluktanzkräften. Das grundsätzliche Verhalten von aktiven Reluktanzlagern lässt sich am Beispiel des Elektromagneten nach Abb. 26.32 erläutern. Die Bildung der Magnetkraft erfolgt auf Basis des Reluktanzeffektes, wirkend an Grenzflächen unterschiedlicher Permeabilität. Der Längszug und der Querdruck auf Flussröhren wirken feldlinienverkürzend und bestimmen die Kraftrichtung. Der Betrag der Reluktanzkraft F_p an einem Magnetpol ergibt sich aus der Luftspaltfelddichte B und Polfläche A_p zu

$$F_\mathrm{p} = \frac{B^2 A_\mathrm{p}}{2\mu_0} \tag{26.14}$$

sodass sich nach Abb. 26.32a die Gesamtkraft aus der doppelten Polkraft $F_\mathrm{ges} = 2\ F_\mathrm{p}$ ergibt. Unter Vernachlässigung des Eisenweges l_Fe der Feldlinien ergibt sich die Abhängigkeit der Polkraft vom Spulenstrom I, der Windungszahl w, der Polfläche A_p und der Luftspartbreite δ

$$F_\mathrm{p} = \frac{\mu_0}{8}(I\,w)^2 \frac{A_\mathrm{p}}{\delta^2} \tag{26.15}$$

Wesentlich sind die quadratische Abhängigkeit der Polkraft vom Spulenstrom und die invers quadratische Funktion vom Luftspalt, vgl. Abb. 26.32b. Der Magnetkraftanstieg verringert

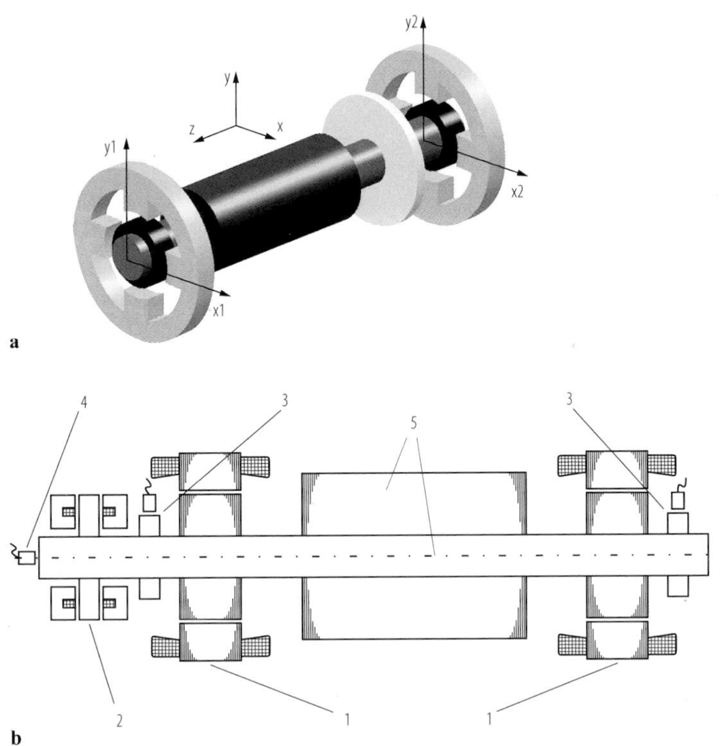

Abb. 26.31 Magnetische Lagerung eines Rotors. **a** Freiheitsgrade (nach Diss. Schramm, TU Dresden 2009), **b** Rotorlagerung

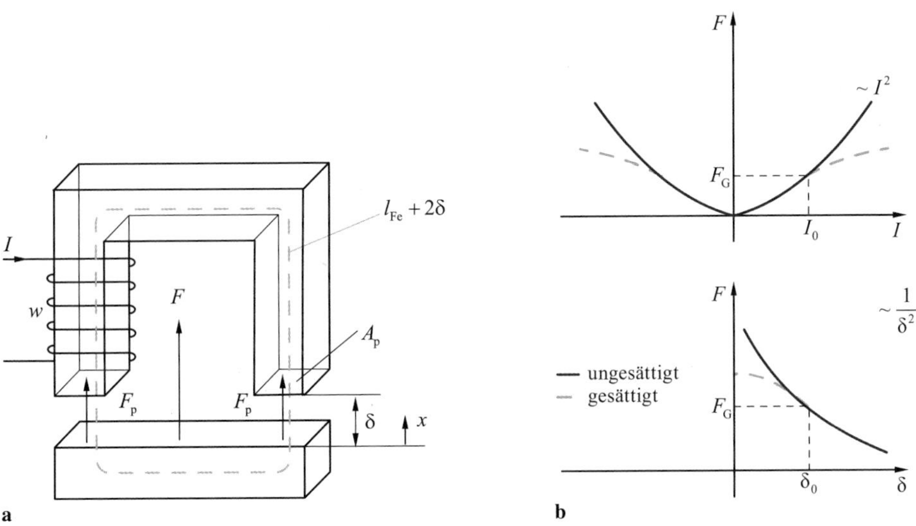

Abb. 26.32 Aktives Magnetlager. **a** Magnetanordnung, **b** Kraft-Strom- und Kraft-Lage-Kennlinien

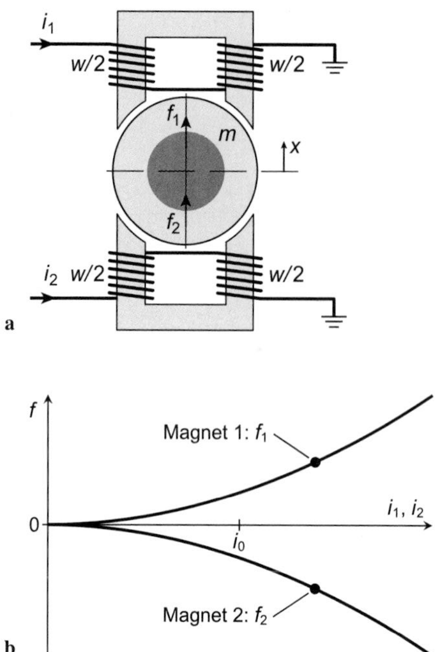

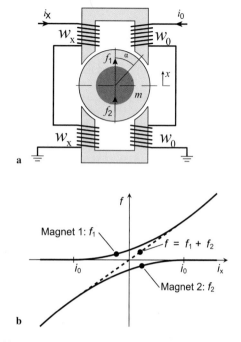

Abb. 26.33 Radiallager ohne Vormagnetisierung **a** separate Wicklung, **b** Kraft-Stromkennlinien

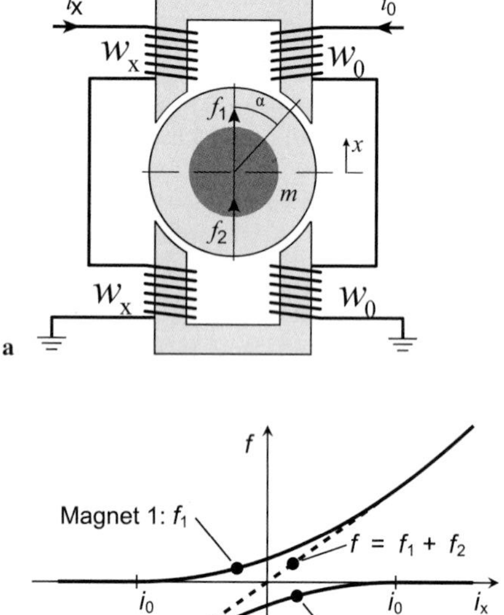

Abb. 26.34 Radiallager mit Vormagnetisierung. **a** Differenzschaltung, **b** Kraft-Stromkennlinien

sich in dem Maße wie die Eisenwege in die Sättigung geraten. Beide Nichtlinearitäten, die die Kraftbildung behindern (Kraftanstieg im Ruhezustand) und die Regelung erschweren, können durch diverse Maßnahmen der Vormagnetisierung wie Differenzwicklung, Differenzansteuerung oder externe Linearisierung z. B. durch Einsatz von Permanentmagneten linearisiert werden.

Ein Radiallager ohne Vormagnetisierung mit zwei unabhängig gespeisten Richtungsspulen in x-Richtung nach Abb. 26.33 weist Kraftwirkungen in beide Richtungen mit den genannten Nachteilen auf. Abb. 26.34 zeigt ein Radiallager mit Differenzwicklung, bei dem der im oberen Magneten 1 vom Steuerstrom i_x aufgebaute Steuerfluss zum Ruhefluss des Vormagnetisierungsstroms hinzuaddiert wird, während er im unteren Magneten 2 vom Ruhefluss subtrahiert wird. Für die Gesamtdurchflutungen von Magnet 1 bzw. Magnet 2 ergibt sich somit

$$\begin{aligned} \Theta_1 &= w_x i_x + w_0 i_0 \\ \Theta_2 &= -w_x i_x + w_0 i_0 \end{aligned} \tag{26.16}$$

Die Richtungskräfte lauten unter Berücksichtigung des Polwinkels 2α zwischen zwei Magnetpolen

$$\begin{aligned} F_1 &= \frac{\mu_0}{4}(i_x w_x + i_0 w_0)^2 \frac{A_\mathrm{p}}{\delta^2} \cos\alpha, \\ F_2 &= -\frac{\mu_0}{4}(-i_x w_x + i_0 w_0)^2 \frac{A_\mathrm{p}}{\delta^2} \cos\alpha \end{aligned}$$

Der Vormagnetisierungsstrom wird konstant gehalten, während der Steuerstrom über den Lageregler variiert wird. In der Überlagerung ergibt sich in einem relativ weiten Strombereich ein linearer Kraftverlauf.

$$F_\mathrm{x} = F_1 + F_2 = \mu_0 \,(w_0 i_0)\,(w_x i_x)\, \frac{A_\mathrm{P}}{\delta^2} \cos\alpha \tag{26.17}$$

Dasselbe Resultat ergibt sich, wenn man die zwei separaten Steller vorsieht und in der Ansteuerung die Differenzbildung mit dem Ruhestrom-Sollwert vornimmt. Aktive Radiallager lassen sich bzgl. radialer und axialer Flussführung unterscheiden in heteropolare, hompolare und unipolare Lager.

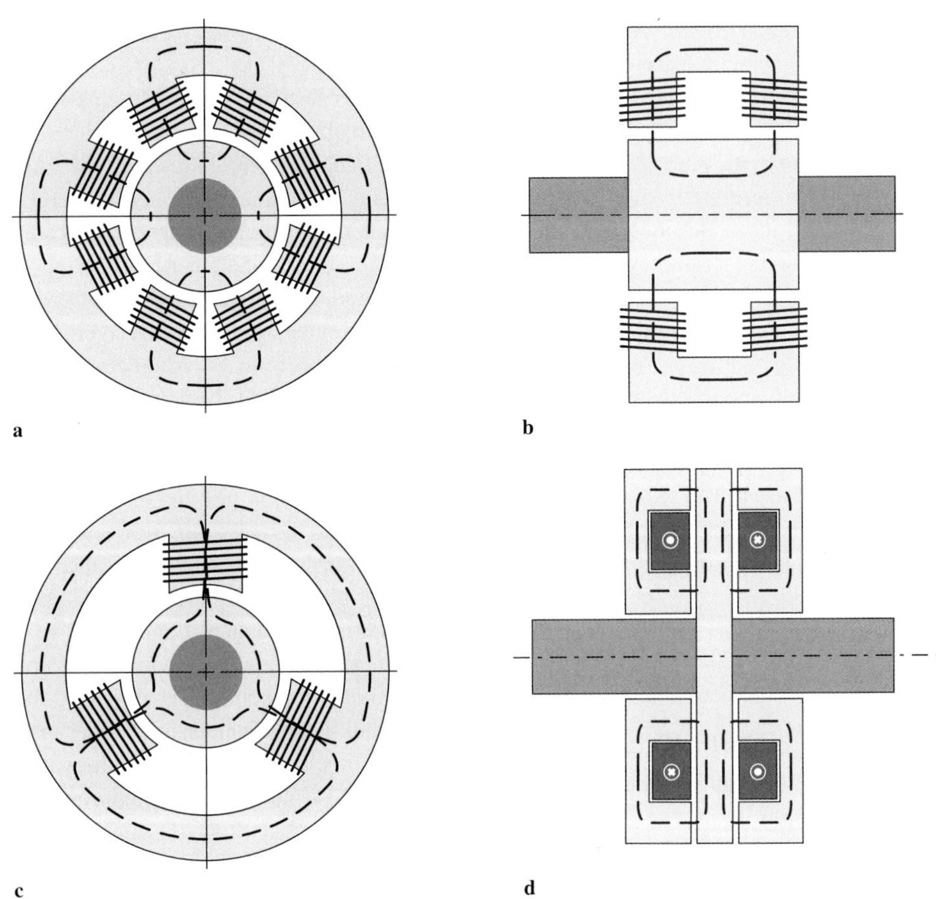

Abb. 26.35 Aktive Magnetlager. **a** Heteropolares Radiallager, **b** homopolares Radiallager, **c** unipolares Radiallager, **d** Axiallager

Im Heteropolar-Lager nach Abb. 26.35a quert der Magnetfluss den Luftspalt in radialer Richtung und verläuft im Stator- und Rotoreisen überwiegend tangential. Da der Rotor mehrfach unter den alternierenden Magnetpolen der Statormagnete vorbeiläuft (heteropolar) und damit das Rotoreisen mehrmals ummagnetisiert wird, muss auf der Rotorseite ein geblechtes Eisenpaket vorgesehen werden. Wegen der drehzahlabhängigen Ummagnetisierungsverluste und der für höchste Drehzahlen ungünstigen Rotorblechung wird das Heteropolar-Lager nicht für höchste Drehzahlen eingesetzt. Heteropolarlager bauen axial kürzer, können aber größere Lagerdurchmesser zur Folge haben, um die erforderlichen Flächen bei begrenzten Lagerkraftdichten aufbringen zu können. Diese Bauform ist die am häufigsten verwendete. Im Homopolarlager nach Abb. 26.35b geht der Magnetfluss ebenfalls in radialer Richtung durch den Luftspalt, verläuft aber dann im Stator- und Rotoreisen vorrangig in axialer Richtung. Die entgegengesetzten Magnetpole liegen jetzt in axialer Richtung hintereinander, während in tangentialer Richtung kein Polaritätswechsel auftritt. Es ist keine Blechung des Rotoreisens nötig und die Ummagnetisierungsverluste können gering gehalten werden. Damit empfiehlt sich das Lager für höchste Rotordrehzahlen. Beim Unipolarlager nach Abb. 26.35c ist die Anzahl der Magnetpole mit 3 Polen minimal, d. h. gegenüber der heteropolaren Bauform sinken die Ummagnetisierungsverluste im Rotoreisen und die ausnutzbaren Kraftdichten erreichen höhere Werte. Allerdings wird die Regelung des Lagers komplexer, da es zu stärkeren Kopplungen zwischen den Magnetpolen radialer Bewegungsrichtungen kommt.

Axiallager bestehen in der Regel aus einer auf der Welle aufgebrachten Rotorscheibe, umschlossen von vier Topfkernen, die die Magnetpole bilden und die jeweils durch eine Ringwicklung erregt werden, vgl. Abb. 26.35d. Übliche Luftspalte bei den gezeigten Anordnungen liegen bei 0,5 ... 1 mm. Besondere Bauformen wie konische Magnetlager oder SMC-Lager (**S**oft **M**agnetic **C**omposites – Pulververbundmagnete) gestatten eine Kombination von Radial- und Axiallager in einem Aggregat.

Rotoren werden aus Dynamoblechen mit Blechdicken von 0,1 mm, 0,35 mm bzw. 0,5 mm gefertigt, die eine Sättigungsfelddichte von 1,5 ... 1,7 T zulassen. Bei Kobaltlegierungen sind Steigerungen bis 2 T möglich. Tab. 26.5 zeigt die erreichbaren Tragfähigkeiten bzw. Kraftdichten gemäß

$$\tau = \frac{F_{\mathrm{p}}}{A_{\mathrm{p}}} = \frac{B^2}{2\mu_0}$$

Die Streckgrenzen des Rotormaterials begrenzen die maximal zulässigen Umfangsgeschwindigkeiten der Rotoren

$$v_{\max} = \sqrt{\frac{\sigma_{\mathrm{t}}}{\rho}} \tag{26.18}$$

die sich bei Rotorblechen zwischen 300 ... 500 MPa und bei amorphen Magnetwerkstoffen zwischen 1500 ... 2000 MPa bewegen, s. Tab. 26.6.

Tab. 26.5 Lagertragfähigkeit

Luftspaltfelddichte [T]	Kraftdichte [kN/m^2]
0,7	195
1,0	397
1,5	895
1,7	1150

Tab. 26.6 Zulässige maximale Rotorgeschwindigkeiten (ρ = 7,6 kg/dm^3)

Streckgrenze [N/mm^2]	Max. Geschwindigkeit [m/s]
300	198
500	257
1500	444
2000	513

26.5.2 Passive Magnetlager

Passivlager basieren auf der Interaktion von Permanentmagneten oder nicht gesteuerten Reluktanzkräften. Letztere können meist nur kleinere Kräfte aufnehmen, wie bei axialer Lagerung ausreichend. Permanentmagnetlager basieren auf dem Einsatz von Seltenerdemagneten (NdFeB, SmCo) und können nur stabilisiert werden in Anwesenheit eines weiteren Aktivlagers gemäß dem Earnshaw-Theorem: Ein Magnetpol hat in einem statischen Kraftfeld keinen stabilen Gleichgewichtszustand, wenn die wirkenden Kräfte umgekehrt proportional vom Quadrat der Abstände abhängen. Dies gilt für elektro-magnetische Schwebesysteme, also für Stoffe mit einer relativen Permeabilität von $\mu_r > 1$. Daher dienen sie meistens als zusätzliche Stützlager. Abb. 26.36 zeigt Permanentmagnet-Lager mit anziehenden Kräften, die jeweils aus einem festen und einem losen axial magnetisierten PM-Ring bestehen. Die radial nebeneinander bzw. axial untereinander angebrachten PM-Ringe können axiale bzw. radiale Kräfte aufnehmen, reagieren bzgl. einer anders gerichteten Störkraft aber mit instabilem Verhalten.

Die erreichbare Steifigkeit der PM-Lager ist jedoch vergleichsweise niedrig und beträgt für ein Ringlager ca. 15 N/µm. Unterschieden wird in die Kraftwirkung und Magnetisierungsrichtung, denen Radial- und Axiallagerbauformen zugeordnet werden, s. Tab. 26.7. Ein anziehendes (attraktives) Lager entsteht z. B. wenn der Oberring am Stator und der Unterring am Rotor angebracht sind. Das Lager ist radial stabil und axial instabil. Die Zugkraft kann zur Gewichtsentlastung eines anderen Lagers genutzt werden. Zur Kraftverstärkung kann ein Doppelringlager aufgebaut werden. Ein abstoßendes (repulsives) Lager entsteht, wenn der Oberring am Rotor und der Unterring am Stator angebracht sind. Das Lager ist axial stabil und radial labil, sodass in dieser Richtung eine Führung benötigt wird. Die abstoßenden Kräfte können zur Gewichtsabstützung benutzt werden. Zur Verstärkung der Kräfte können auch hier Mehrringmagnete mit axialem Luftspalt zum Einsatz kommen.

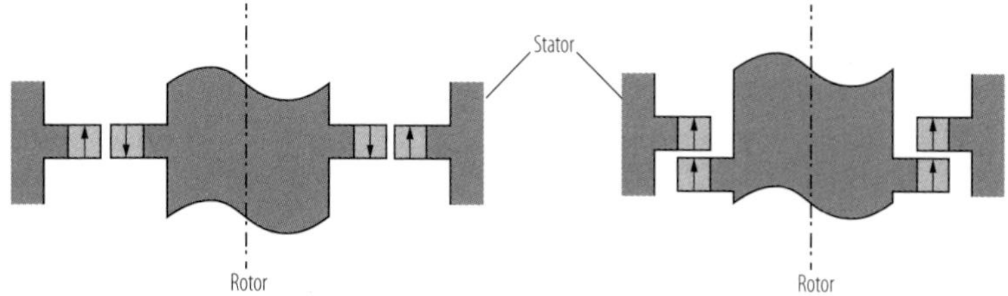

Abb. 26.36 PM-Lager. **a** Axiallager, **b** Radiallager. (Nach Diss. Lang, TU Berlin 2003)

Tab. 26.7 Übersicht zu Permanentmagnetlagern

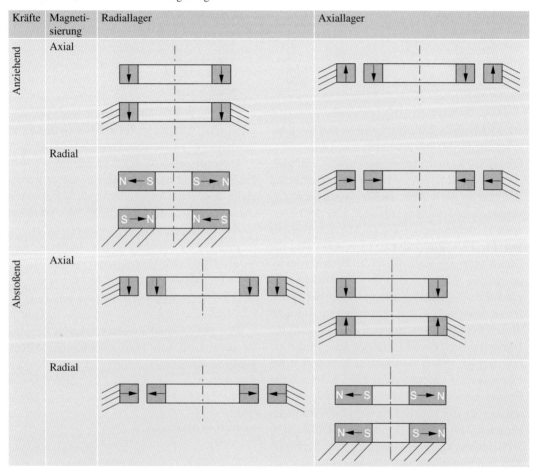

Kräfte	Magnetisierung	Radiallager	Axiallager
Anziehend	Axial		
	Radial	N ← S, S → N; S → N, N ← S	
Abstoßend	Axial		
	Radial		N ← S, S → N; N ← S, S → N

26.5.3 Leistungssteller

Zur Stromversorgung der Magnetspulen wurden in der Vergangenheit noch Leistungsverstärker eingesetzt, die heutzutage fast gänzlich durch Pulssteller verdrängt worden sind. Bei einem schaltenden Stellglied können die Eigenverluste enorm verringert werden, da nur die Halbleiterschalter alternierend vom sperrenden in den leitenden Zustand und wieder zurück geschalten werden können, sodass wegen des geringen Spannungsabfalls im Leitzustand und dem geringen Sperrstrom im Sperrzustand kaum noch Durchlass- bzw. Sperrverluste auftreten. Während der Übergänge (Einschalten, Ausschalten) treten Verlustenergien auf, die sich proportional zur Schaltfrequenz zu den Schaltverlusten aufsummieren. Diese sind besonders klein bei MOSFET's, die wegen der extrem kurzen Schaltzeiten (im ns-Bereich) mit Schaltfrequenzen um die 50–

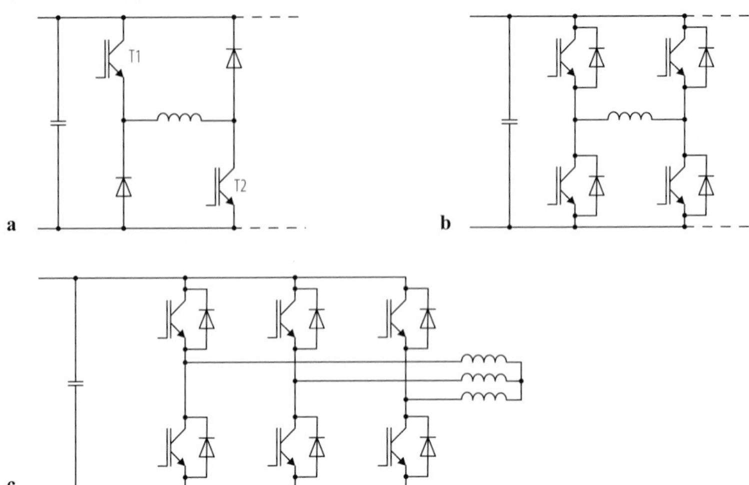

Abb. 26.37 Leistungssteller. **a** asymmetrische Halbbrücke, **b** H-Brücke, **c** 3-Phasenbrücke

100 kHz betrieben werden können. Die Betriebsspannung für Magnetlager sind selten über 100 V. Eingesetzt werden die asymmetrische Halbbrücke und die H-Brücke. Mit der asymmetrischen Halbbrücke nach Abb. 26.37a lassen sich drei verschiedene Spannungszustände über der Lagerspule einstellen ($+U_\mathrm{d}$, $-U_\mathrm{d}$, 0). Mit dem Wechsel von T1, T2 = Ein und T1, T2 = Aus, wird die Gleichspannung in alternierender Polarität durchgeschalten. Wird jeweils nur ein Transistor eingeschaltet, liegt die Spannung 0 über der Spule. Damit kann neben den dynamischen Anforderungen bei schnellem Sollwertwechsel auch die Forderung nach einem niedrigen Stromrippel erfüllt werden. Unter bestimmten Umständen bei elektronischer Linearisierung kann sich auch der Einsatz einer vollen H-Brücke, s. Abb. 26.37b erforderlich machen. Für ein unipolares Radiallager nach Abb. 26.35c eignet sich die klassische 3-Phasenbrücke gemäß Abb. 26.37c. Verbindet man den Sternpunkt der drei Magnetspulen mit dem Nullpotential, so kann auch die Vormagnetisierung elektrisch vorgenommen werden.

26.5.4 Regelung von Magnetlagern

Regelstrecke: Bei einer Differenzwicklung nach Abb. 26.34 sind sowohl der Steuerfluss als auch der Vormagnetisierungsfluss kraftbildend und führen zu einer weitgehenden Linearisierung. Die Richtungskraft setzt sich aus den beiden entgegengesetzt wirkenden Teilkräften f_1 und f_2 zusammen.

Die Luftspaltänderung $\Delta\delta$ kann nun durch die Position x und den Polwinkel α ersetzt werden, wenn diese beim Nominalluftspalt δ_0 beginnt mit $\Delta\delta = x\,\cos\alpha$, somit wird die Richtungskraft zu

$$f_\mathrm{x} = \frac{1}{4}\mu_0 A_\mathrm{p}\cos\alpha \cdot \left(\frac{(i_0 w_0 + i_\mathrm{x} w_\mathrm{x})^2}{(\delta - x\cos\alpha)^2} - \frac{(i_0 w_0 - i_\mathrm{x} w_\mathrm{x})^2}{(\delta + x\cos\alpha)^2}\right) \tag{26.19}$$

Für die Verwendung einer linearen Regelung ist es sinnvoll eine Linearisierung am Arbeitspunkt vorzunehmen gemäß

$$\Delta f_\mathrm{x} = k_\mathrm{i}\Delta i_\mathrm{x} + k_\mathrm{x}\Delta x \tag{26.20}$$

mit den Verstärkungsfaktoren

$$k_\mathrm{i} = \left(\frac{\partial f_\mathrm{x}}{\partial i_\mathrm{x}}\right)_{\mathrm{x}=0} = \mu_0 w_0 w_\mathrm{x} i_0 \cos\alpha \frac{A_\mathrm{p}}{\delta_0^2}$$

$$k_\mathrm{x} = \left(\frac{\partial f_\mathrm{x}}{\partial x}\right)_{\mathrm{x}=0} = \mu_0 (w_0 i_0 + w_\mathrm{x} i_\mathrm{x})(\cos\alpha)^2 \frac{A_\mathrm{p}}{\delta_0^3}$$

Die Bewegungsgleichung für ein starres Lagersystem lautet

$$f = f_\mathrm{x} - f_\mathrm{z} = m\frac{\mathrm{d}v}{\mathrm{d}t} \tag{26.21}$$

sowie

$$a = \frac{\mathrm{d}v}{\mathrm{d}t} = \frac{\mathrm{d}^2 x}{\mathrm{d}t^2}.$$

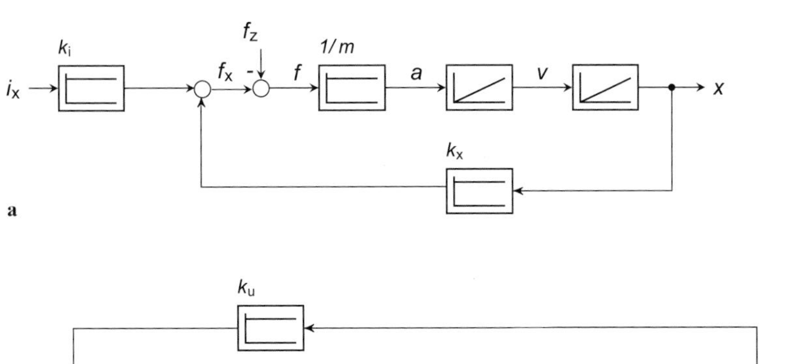

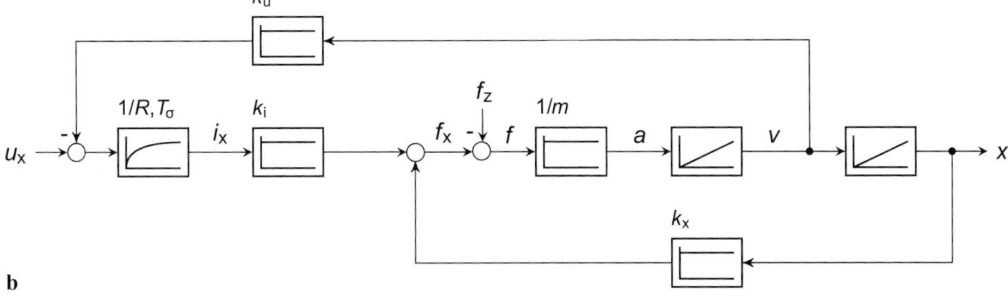

Abb. 26.38 Regelstrecke einer Radialmagnetlagerachse. **a** stromgesteuertes Lager, **b** spannungsgesteuertes Lager

Die Magnetspule wird über den Leistungssteller versorgt, den man durch ein PT1-Glied oder ein Laufzeitglied dynamisch nachbilden kann. Der Spulenstrom hängt von der Speisespannung, den ohmschen und induktiven Spannungsabfällen sowie der bewegungsinduzierten Spannung ab

$$\begin{aligned} u_x &= R i_x + \frac{d\psi_x}{dt} \\ &= R i_x + \frac{\delta\psi_x}{\delta i_x}\frac{di_x}{dt} + \frac{\delta\psi_x}{\delta x}\frac{dx}{dt} \end{aligned} \qquad (26.22)$$

mit den Parametern

$$\begin{aligned} L &= \left(\frac{\delta\psi_x}{\delta i_x}\right)_{x=0} = \mu_0 w_x^2 \frac{A_p}{\delta_0}, \\ k_u &= \left(\frac{\delta\psi_x}{\delta x}\right)_{x=0} = \mu_0 w_0 w_x i_0 \frac{A_p}{\delta_0^2}\cos\alpha = k_i, \\ T_\sigma &= \frac{L}{R}. \end{aligned}$$

Zu unterscheiden sind nach Abb. 26.38 die stromgesteuerte und spannungsgesteuerte Magnetlager-Regelstrecke. Beim stromgesteuerten Magnetlager (Abb. 26.38a) wird von einer schnellen Stromregelung ausgegangen, die eine verzögerungsfreie Einprägung des Spulenstroms voraussetzt. Beim spannungsgesteuerten Magnetlager (Abb. 26.38b) sind die Verzögerungen und Spannungsrückkopplungen im elektrischen Kreis zu berücksichtigen. Besonders zu beachten ist die systemische Instabilität durch Wirkung des magnetischen Zuges, die eine Mitkoppelschleife im Signalflussplan hervorruft. Die Übertragungsfunktion der Lage in Anhängigkeit des Steuerstroms ergibt im Nenner eine Polynomfunktion mit Polstellen in der rechten (instabil) und linken Halbebene

$$\frac{x(s)}{i_x(s)} = \frac{\frac{k_i}{ms^2}}{1 - \frac{k_x}{ms^2}} = \frac{k_i}{m}\frac{1}{s^2 - \frac{k_x}{m}} \qquad (26.23)$$

Regelung: Wichtigste Schlussfolgerung aus den instabilen Polstellen ist, dass zur Phasendrehung ein D-Anteil im Lageregler vorgesehen werden muss. Die einfachste Umsetzung führt auf eine Kaskadenregelung bestehend aus einer überlagerten Lageregelung mit PID-Regler (siehe Kap. 36) und unterlagerter Stromregelung (Abb. 26.39a). Steht ein zusätzliches Messsignal für die Geschwindigkeit zur Verfügung, dann kann der Lageregelung noch eine Geschwindigkeitsregelung unterlagert werden. Die komfortabelste Lösung bietet sich mit einer Zustandsregelung nach Abb. 26.39b an, bei der über die Wahl der Rückführkoeffizienten eine gezielte Verstellung der Polstellen gelingt.

26

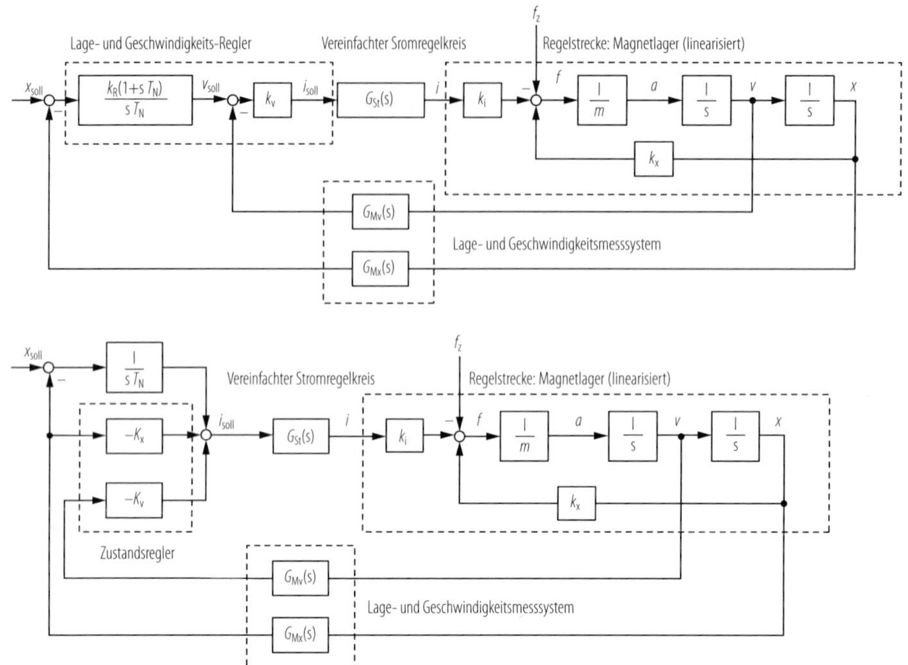

Abb. 26.39 Magnetlagerregelung. **a** Kaskadierte Lage- und Stromregelung, **b** Zustandsregelung. (Nach Diss. Schramm, TU Dresden 2009)

Mit Magnetlagern lassen sich statische Steifigkeiten von 1 kN/µm erreichen. Die dynamischen Steifigkeiten liegen bei maximal 250 N/µm.

Anwendungen: Magnetlager sind dort prädestiniert, wo sehr hohe Drehzahlen wie in Vakuumpumpen, Textil- und Werkzeugspindeln, Zentrifugen, Kompressoren, Turbinen sowie Schwungrädern unabdingbar sind. Sie kommen aber auch dann verstärkt zum Einsatz, wenn eine aktive Schwingungskompensation erforderlich wird oder wenn über Werkzeugmaschinen bestimmte Konturen in Bauteilen geschnitten und bearbeitet werden müssen.

Literatur

Spezielle Literatur

1. Schröder, D.: Grundlagen, 6. Aufl. Elektrische Antriebe, Bd. 1. Springer, Berlin Heidelberg (2017)
2. Schönfeld, R., Hofmann, W.: Elektrische Antriebe und Bewegungssteuerungen. VDE-Verlag, Berlin (2005)
3. Riefenstahl, U.: Elektrische Antriebstechnik, 3. Aufl. Teubner, Stuttgart (2010)
4. Binder, A.: Elektrische Maschinen und Antriebe, 2. Aufl. Springer Vieweg, Berlin (2017)
5. Schröder, D.: Elektrische Antriebe – Regelung von Antriebssystemen, 4. Aufl. Springer Vieweg, Berlin (2015)
6. Leonhard, W.: Regelung elektrischer Antriebe, 2. Aufl. Springer, Berlin (2000)
7. Reinschke, K.: Lineare Regelungs- und Steuerungstheorie, 2. Aufl. Springer Teubner, Berlin Heidelberg (2014)
8. Geering, H.P.: Regelungstechnik, 6. Aufl. Springer, Berlin (2004)
9. Heimann, B., Albert, A., Ortmaier, T., Rissing, L.: Mechatronik, 4. Aufl. Hanser, München (2016)
10. Isermann, R.: Mechatronische Systeme, 2. Aufl. Springer, Berlin (2007)
11. Schwab, A.J., Kürner, W.: Elektromagnetische Verträglichkeit, 6. Aufl. Springer, Berlin (2011)
12. Budig, P.K.: Stromrichtergespeiste Drehstromantriebe. VDE-Verlag, Berlin (2001)
13. Budig, P.K.: Stromrichtergespeiste Synchronmaschine. VDE-Verlag, Berlin (2003)
14. Schulze, M.: Elektrische Servoantriebe: Baugruppen mechatronischer Systeme. Hanser, München (2008)

15. Steimel, A.: Elektrische Triebfahrzeuge und ihre Energieversorgung, 4. Aufl. ITM InnoTech Medien (2017)
16. Schäfer, H. (Hrsg.): Elektrische Antriebstechnologie für Hybrid- und Elektrofahrzeuge. expert, Renningen (2013)
17. Hofer, K.: Elektrotraktion. VDE-Verlag, Offenbach (2006)
18. Schweitzer, G., Traxler, A., Bleuler, H.: Magnetlager. Springer, Berlin (1993)
19. Bartz, W., et al.: Luftlagerungen und Magnetlager, 3. Aufl. expert, Renningen (2014)
20. Jung, V.: Magnetisches Schweben. Springer, Berlin (1988)

27 Energieverteilung

Wilfried Hofmann und Manfred Stiebler

27.1 Allgemeines

Zur Übertragung und Verteilung elektrischer Energie in Netzen und Anlagen werden Freileitungen und Starkstromkabel sowie Transformatoren und Schaltgeräte eingesetzt (s. Bd. 3, Kap. 50). Weitere Betriebsmittel sind Messwandler, Sicherungen, elektrische Relais und Meldeeinrichtungen. Schließlich sind unter den Betriebsmitteln hier auch Stromrichter zu nennen [1–8]. Die Betriebsführung der Netze erfolgt mit Rechnern.

In den Hochspannungsnetzen wird Drehstrom mit Spannungen bis zu 765 kV übertragen. Gleichstromübertragungen gibt es mit Spannungen von einigen hundert kV (Hochspannungs-Gleichstromübertragung, HGÜ), u. a. auch als Kurzkupplungen zur asynchronen Verbindung zweier Netze bei gleichzeitiger Entkopplung der Kurzschlussleistungen.

In den europäischen Ländern beträgt die Betriebsfrequenz der Drehstromnetze 50 Hz. Speziell für die Bahnstromversorgung wird in den deutschsprachigen und skandinavischen Ländern auch Einphasenstrom von 16,7 Hz (bisher 16 2/3 Hz) eingesetzt.

Die Nennspannungen der Hochspannungs-Drehstromübertragung sind 110, 220 und 380 kV. In Energieverteilungssystemen wird eine Spannungsebene von 10 oder 20 kV eingesetzt. Die Niederspannungsversorgung in den Ortsnetzen hat die Nennspannung 230/400 V.

Gesichtspunkte bei der Wahl der Spannung sind technischer und wirtschaftlicher Art. Für die Fernübertragung sind Spannungshaltung und Stabilität, in den Netzen die Beherrschung der Kurzschlussströme von vordringlichem Interesse.

Abb. 27.1 zeigt die Prinzipschaltung des Netzes eines Energieversorgungsunternehmens. Die Spannungsebenen des Verbundsystems sind 380 und 110 kV. Im Verteilungssystem transformieren Umspannwerke von 110 kV auf die Mittelspannung 10 kV; von dieser Ebene aus wird schließlich das Niederspannungsnetz versorgt.

Mit der Steigerung der Leistung und der Vermaschung der Verteilungsnetze ging eine Steigerung der Kurzschlussleistungen einher. Zu ihrer Beherrschung und Begrenzung werden unterschiedliche Maßnahmen eingesetzt. Hinsichtlich der Sternpunktbehandlung werden Netze mit isoliertem Sternpunkt, solche mit Erdschlusskompensation und Netze mit niederohmiger Sternpunkterdung unterschieden. Bei der Erdschlusskompensation wird durch eine Induktivität (Petersenspule) im Falle eines einpoligen Erdschlusses die kapazitive Komponente des Fehlerstroms kompensiert. Der Reststrom ist dann so klein, dass Lichtbögen in Luft von selbst erlöschen. In Hochspannungsnetzen ab 110 kV

W. Hofmann (✉)
Technische Universität Dresden
Dresden, Deutschland

M. Stiebler
Technische Universität Berlin
Berlin, Deutschland

B. Bender und D. Göhlich (Hrsg.), *Dubbel Taschenbuch für den Maschinenbau 2: Anwendungen*,
https://doi.org/10.1007/978-3-662-59713-2_27

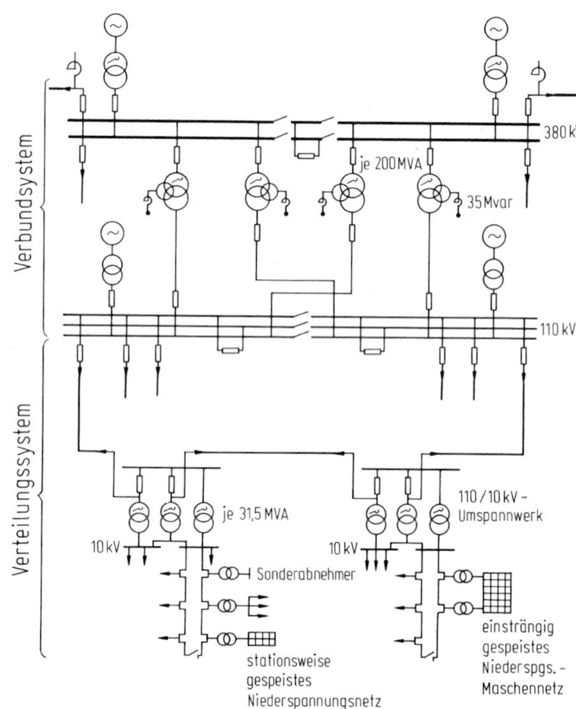

Abb. 27.1 Prinzipschaltung eines Energieversorgungssystems (Quelle BEWAG)

wird die niederohmige Sternpunkterdung durchgeführt, da das selbsttätige Erlöschen eines Erdschlusslichtbogens durch Erdschlusskompensation nicht mehr sichergestellt werden kann.

In Lastflussberechnungen für elektrische Netze wird vorzugsweise das Knotenpunktverfahren eingesetzt, in dem jeder Zweig allgemein durch eine Impedanz bzw. Admittanz und eine eingeprägte Spannung dargestellt wird. Die Analyse größerer Netze erfordert umfangreiche Matrizenoperationen. Für dynamische Untersuchungen und im Hinblick auf die Nichtlinearitäten des Netzmodells werden numerische Verfahren eingesetzt. Dafür stehen umfangreiche Softwarepakete zur Verfügung, welche über die Berechnung der Lastverteilung hinaus die Untersuchung dynamischer Vorgänge (z. B. symmetrische und unsymmetrische Kurzschlüsse, Kurzunterbrechungen, Anlaufvorgänge, Kurzzeit- und Langzeitstabilität) erlauben.

Unter dem Stichwort Leistungsqualität (Power quality) wird neuerdings in verstärktem Maße eine Bewertung der Strom- und Spannungsharmonischen, der Spannungsänderungen und des Schutzes vor Spannungsspitzen in öffentlichen Netzen vorgenommen.

Als zugeordnetes Fachgebiet hat die Elektrizitätswirtschaft die Aufgabe, durch planmäßige Erzeugung und Verteilung der elektrischen Energie mit rationellem Einsatz der Betriebsmittel den Energiebedarf der öffentlichen, gewerblichen und privaten Verbraucher kostengünstig und wirtschaftlich erfolgreich zu decken.

27.2 Kabel und Leitungen

Die relativen Verluste auf einer Drehstromleitung mit dem elektrischen Leitwert κ (s. Tab. 22.5) und dem Querschnitt A je Phase betragen, bezogen auf die Einheit der Länge l, bei Übertragung einer Scheinleistung S

$$\frac{P_\mathrm{V}/l}{S} = \frac{S}{U_\mathrm{L}^2 \kappa A} \,. \tag{27.1}$$

Aus dieser einfachen Beziehung gehen die Vorteile einer hohen Leiterspannung U_L zur Übertragung einer bestimmten Scheinleistung hervor.

Im Hochspannungsbereich von 110 bis 380 kV werden aus technischen und wirtschaftlichen Gründen ganz überwiegend Freileitungen eingesetzt [5]. Als Leitungen für niedrigere Spannungen, insbesondere in dichtbesiedelten Gebieten, kommen Kabel zum Einsatz. Heute werden unter ökologischen Gesichtspunkten Kabel auch bei Übertragungsspannungen von 110 kV und mehr projektiert (s. Bd. 3, Abschn. 50.1).

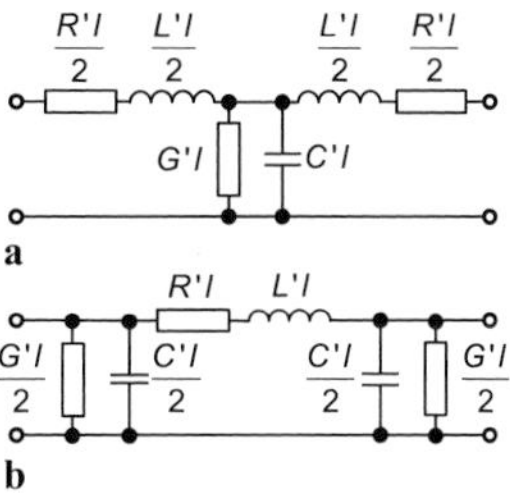

Abb. 27.2 Ersatzschaltbilder für kurze Leitungen. **a** T-Schaltung, **b** Π-Schaltung

27.2.1 Leitungsnachbildung

Elektrisch weist eine Leitung verteilte Parameter auf, die sich durch die Leitungskonstanten Widerstandsbelag R', Induktivitätsbelag L', Ableitungsbelag G' und Kapazitätsbelag C' beschreiben lassen. Dazu kann man Ersatzschaltbilder in T- oder Π-Form angeben (Abb. 27.2). Bei der Darstellung von Leitungen der Energieversorgung werden in der Regel die Ableitwerte wegen $G' \ll \omega C'$ vernachlässigt.

Das Betriebsverhalten der Leitungen lässt sich durch die Leitungstheorie beschreiben. Die *Impedanz*

$$\underline{Z}_\mathrm{w} = \sqrt{\frac{R' + \mathrm{j}\omega L'}{G' + \mathrm{j}\omega C'}}$$

wird allgemein als Wellenwiderstand bezeichnet. Bei verlustfreier Leitung vereinfacht sich dieser zu der reellen Größe

$$\underline{Z}_\mathrm{w} = Z_\mathrm{w} = \sqrt{\frac{L'}{C'}}\,. \tag{27.2}$$

Die Spannungs- und Stromverteilung auf einer langen Leitung kann als Überlagerung einer vorwärtslaufenden und einer reflektierten, rückwärtslaufenden Welle aufgefasst werden. Das Verhältnis der rückwärtslaufenden zur vorwärtslaufenden Komponente der Spannung am Leitungsende wird als Reflexionsfaktor bezeichnet. Er hängt von der Abschlussimpedanz $\underline{Z}_\mathrm{a}$ und dem Wellenwiderstand ab

$$\underline{r} = \frac{\underline{U}_{2\mathrm{r}}}{\underline{U}_{2\mathrm{v}}} = \frac{\underline{Z}_\mathrm{a} - \underline{Z}_\mathrm{w}}{\underline{Z}_\mathrm{a} + \underline{Z}_\mathrm{w}}\,. \tag{27.3}$$

Während sich bei Leerlauf $\underline{r} = 1$ und bei Kurzschluss $\underline{r} = -1$ ergibt, stellt sich bei Anpassung ($\underline{Z}_\mathrm{a} = \underline{Z}_\mathrm{w}$) der Reflexionsfaktor $\underline{r} = 0$ ein. Hierbei gibt es keine rückwärtslaufenden Wellen, und es erfolgt die größtmögliche Leistungsübertragung bei minimalen Verlusten. Diese Leistung

$$P_\mathrm{n} = \frac{U_\mathrm{L}^2}{Z_\mathrm{w}} \tag{27.4}$$

wird natürliche Leistung genannt. Bei 380-kV-Freileitungen liegt die natürliche Leistung in der Größenordnung 450 MW.

In vermaschten Netzen können zur Verbesserung des Leistungsübertragungsvermögens, der Spannungshaltung und der Stabilität steuerbare Systeme, sog. FACTs (Flexible AC Transmission Systems) eingesetzt werden. Grundformen sind Serien- und Parallelkompensatoren auf leistungselektronischer Basis [7].

27.2.2 Kenngrößen der Leitungen

Drehstromkabel sind durch ihren Aufbau symmetrisch, während Drehstromfreileitungen infolge Platzwechsel der Leiter (Verdrillung) in bestimmten Abständen ebenfalls als symmetrische Anordnung angesehen werden können. Das einphasige Ersatzbild (Abb. 27.2) ist für Kabel und Freileitungen gleichermaßen anwendbar.

Der Wirkwiderstand ist außer von Länge l, Querschnitt A und elektrischem Leitwert κ nur von der Temperatur abhängig (s. Tab. 22.5):

$$R = \frac{l}{\kappa A}(1 + \alpha\,\Delta\vartheta)\,.$$

Die Betriebsinduktivität einer Phasenleitung ist unter Berücksichtigung der Rückleitung in den beiden anderen Außenleitern

$$L_\mathrm{b} = \frac{\mu_0 l}{2\pi}\left(\ln\frac{d_\mathrm{m}}{r} + \frac{1}{4}\right)\,.$$

27

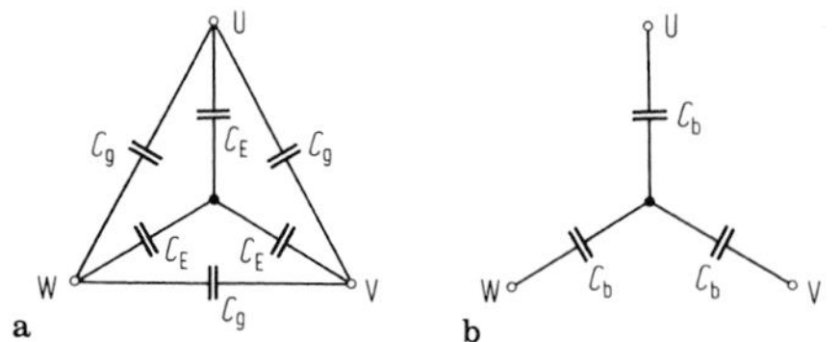

Abb. 27.3 Kapazitäten einer Drehstromleitung. **a** Teilkapazitäten, **b** Betriebskapazitäten

Darin ist d_m der mittlere Leiterabstand, r der Leiterradius.

Die Betriebskapazität enthält die Erdkapazität C_e und die auf Sternschaltung umgerechnete Kapazität C_g der Dreieckschaltung Leiter gegen Leiter (Abb. 27.3)

$$C_b = C_e + 3C_g = \frac{2\pi\ \varepsilon_0\ l}{\ln d_m/r}\,.$$

Kabel weisen einen erheblich höheren Kapazitätsbelag auf als Freileitungen; dies wirkt sich in Ladeströmen und Erdschlussströmen aus. Strombelastbarkeit von isolierten Leitungen: Tab. 27.2 und 27.3.

Beispiel

Es sei eine Einfachfreileitung 110 kV, 50 Hz aus Aluminium/Stahlseilen gegeben. Bei einem Nennquerschnitt von 150/25 mm² und einem mittleren Leiterabstand von 4,5 m ergeben sich die Kenngrößen $R' = 0{,}22\ \Omega/\text{km}$, $X'_L = \omega L'_b = 0{,}41\ \Omega/\text{km}$, $C'_b = 8{,}9\,\text{nF/km}$. Andererseits sind die Kenngrößen für ein Dreimantelkabel für 20 kV, 50 Hz mit 95 mm² Querschnitt $X'_L = \omega L'_b = 0{,}12\ \Omega/\text{km}$, $C'_b = 0{,}38\ \mu\text{F/km}$. ◄

Die Werte ändern sich bei Leitungen für andere Betriebsspannungen nicht sehr stark. Tatsächlich nehmen Kabel gegenüber Freileitungen bei sonst gleichen Bedingungen den 25- bis 40-fachen Ladestrom $I_C = U_L\omega C_b/\sqrt{3}$ auf.

27.3 Schaltgeräte

27.3.1 Schaltanlagen

Schaltanlagen dienen der Sammlung und Verteilung elektrischer Energie. Von einer Sammelschiene gehen die Abzweige zu den Verbrauchern über die Schaltgeräte und die zugeordneten Messeinrichtungen.

Hochspannungsschaltanlagen bis zu Spannungen von 100 kV werden in der Regel in Gebäuden untergebracht, während für höhere Spannungen Freiluftausführungen vorherrschen. Im steigenden Maße werden jedoch bei den hohen Reihenspannungen gekapselte Anlagen mit Schwefelhexafluorid (SF_6) eingesetzt. Dieses Gas hoher dielektrischer Festigkeit erlaubt kompakte Ausführungen dort, wo die Luftisolation übergroße Abstände erfordern würde.

27.3.2 Hochspannungsschaltgeräte

Die Schaltgeräte werden in Leistungsschalter, Lastschalter sowie Trenn- und Erdungsschalter eingeteilt. Sie weisen bewegliche Kontakte auf und dienen dem Ein- und Ausschalten von Stromkreisen.

Leistungsschalter sind in der Lage, Betriebs- und Kurzschlussströme zu schalten. Die *Ausschaltleistung* ist das Produkt aus Nennspannung und Ausschaltstrom, für Drehstrom multipliziert mit $\sqrt{3}$. Die Bemessung dient der Vermeidung von Schäden an den Betriebsmitteln (Generatoren, Transformatoren, Schaltanlagen, Leitungen) durch die dynamischen und thermischen Wirkungen der Kurzschlussströme. *Lastschalter* oder *Lasttrennschalter* sind geeignet für das Ein- und Ausschalten ungestörter Anlagen. *Trenner* werden annähernd stromlos geschaltet; sie stellen beim Ausschalten eine zuverlässig angezeigte Trennstrecke her. Sie dienen dem Schutz von Personen und Betriebsmitteln und werden in Hoch-

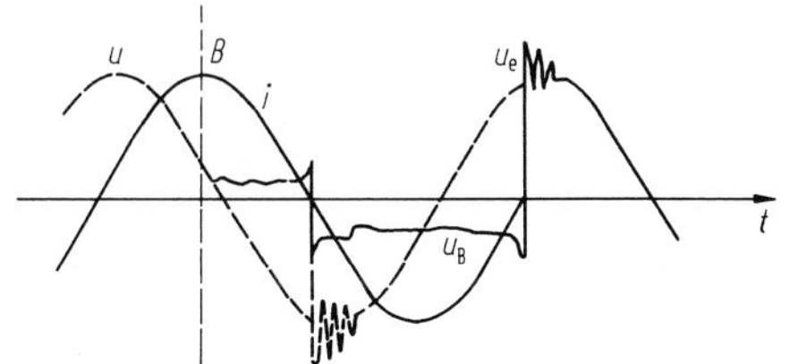

Abb. 27.4 Ausschaltvorgang bei überwiegend induktiver Last

spannungsanlagen in Reihe mit den Leistungsschaltern angeordnet.

Bei Unterbrechung eines Stroms entstehen Lichtbögen, deren Löschung Aufgabe der Schalter ist. Nach dem Löschmittel werden Luft-, Öl-, Druckgasschalter unterschieden. Mit Hilfe einer Löschmittelströmung wird im Schalter eine intensive Kühlung des Lichtbogens und dadurch ein schnelles Abschalten herbeigeführt. Eine andere Technik stellen die Vakuumschalter dar, die sich im Mittelspannungsbereich bis 40 kV eingeführt haben. Zur Prüfung des Schaltvermögens sind synthetische Prüfschaltungen im Gebrauch [9, 10].

Zur Erläuterung eines Einschaltvorgangs kann Abb. 22.21 dienen. Liegt der Schaltzeitpunkt im Maximum der stationären Spannung ($\varphi = \varphi_Z$ in Gl. (22.46)), so entsteht das größtmögliche Gleichstromglied. Das Verhältnis des Scheitelwerts, der bei überwiegend induktiver Last bei annähernd $\omega t = \pi$ erreicht wird, zum Scheitelwert des stationären Wechselstroms wird Stoßfaktor κ genannt. In Abhängigkeit von cos φ_Z der Last nimmt er Werte zwischen 1 und 2 an.

Beim Ausschaltvorgang eines Einphasenwechselstroms, der zu einem zufälligen Zeitpunkt $t = 0$ beginnt, entsteht zwischen den sich öffnenden Kontaktstücken der Schalter ein Lichtbogen der Bogenspannung u_B. Da deren Größe im Vergleich zur Netzspannung vernachlässigbar ist, brennt der Lichtbogen bis zum nächsten Nulldurchgang des Stroms. Je nach Steilheit der einschwingenden Spannung und der Verfestigung der Schaltstrecke zündet der Lichtbogen für eine weitere Halbwelle, bevor er endgültig erlischt (Abb. 27.4).

Die während des Schaltvorgangs aus dem Netz gelieferte Energie abzüglich der in der Last umgesetzten ohmschen Verluste wird im Lichtbogen in Wärme umgesetzt. Im Gegensatz dazu fällt beim Abschalten von Gleichstrom außerdem die magnetische Energie im Schalter als Wärme an. Dort muss daher die Lichtbogenspannung größer als die Netzspannung werden.

27.3.3 Niederspannungsschaltgeräte

Im Niederspannungsbereich bis 1000 V gibt es eine große Zahl von Varianten der Schaltgeräte. Sie können u. a. nach der Betätigungsart (Handschalter, Anstoßschalter, Schütz), nach dem Schaltvermögem (Leerschalter, Lastschalter, Motorschalter, Leistungsschalter) und nach dem Verwendungszweck (Steuerschalter, Grenzschalter, Trennschalter, Schutzschalter) eingeteilt werden.

27.4 Schutzeinrichtungen

27.4.1 Kurzschlussschutz

Zum schnellen Abschalten von Kurzschlüssen, bei denen der Strom ein Vielfaches des Nennstroms erreichen kann, werden Leistungsschalter mit magnetischer Auslösung vorgesehen, oder es werden Schmelzsicherungen eingesetzt.

27.4.2 Schutzschalter

Im Niederspannungsbereich werden in großem Umfange Schutzaufgaben von Schaltgeräten übernommen. Im Störungsfalle, z. B. durch Überströme oder bei Spannungsabsenkungen, sprechen die Geräte über entsprechende Schaltorgane an und schalten die gefährdeten Anlagenteile ab. Bei *Schlossschaltern* wird die im Schaltschloss gespeicherte Energie bei Auslösung freigegeben und führt die Abschaltung herbei. *Tastschalter* werden durch eine Rückstellkraft bei Fortfall der Antriebskraft in ihre Ausgangslage versetzt. *Schütze* sind Tastschalter, deren Kontakte mittels einer stromdurchflossenen Magnetspule in Einschaltstellung gehalten werden. Durch Kon-

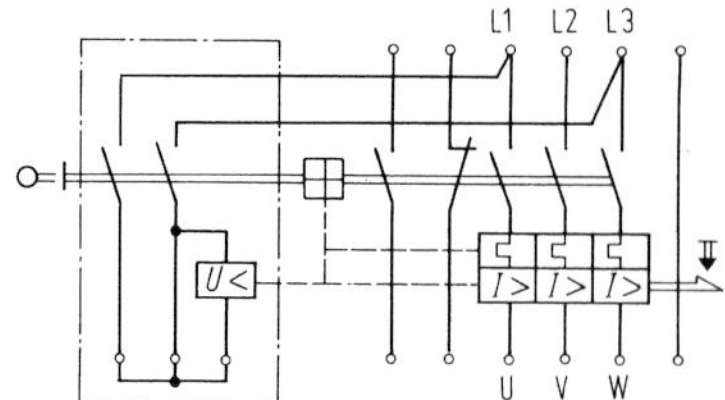

Abb. 27.5 Schaltbild eines Motorschutzschalters

takte, die im Steuerstromkreis des Schützes liegen, wird bei dessen Unterbrechung die Abschaltung herbeigeführt. Schütze werden hauptsächlich als Motorschutzschalter in Verbindung mit thermischen Überstromauslösern und magnetischer Schnellauslösung eingesetzt (Abb. 27.5).

Auslöser und *Relais* können im Störungsfalle in unterschiedlicher Weise, unverzögert, verzögert oder zeitselektiv für die Abschaltung von Leistungsschaltern sorgen. Die Steuerung geschieht in der Regel mittels Speicherprogrammierung in einer SPS.

27.4.3 Thermischer Überstromschutz

Konventionelle Schutzgeräte sind Bimetallauslöser und -relais. Ihre Wirkung beruht auf dem Verhalten von Bändern, in denen zwei Materialien unterschiedlicher Ausdehnungskoeffizienten verbunden sind. Ausgenutzt wird dabei die Krümmung durch innere Spannungen bei Erwärmung infolge Stromfluss (Abb. 27.6).

Andere thermische Überstromauslöser, wie sie z. B. im Motorschutz verwendet werden, arbeiten mit Kaltleitern (PTC-Widerständen) als Temperaturfühler.

27.4.4 Kurzschlussströme

Bei der Auswahl der Betriebsmittel und Anlagen müssen die dynamischen und thermischen Beanspruchungen beachtet werden, die bei Kurzschlüssen auftreten können. Deswegen und weil es bei Kurzschlussströmen über die Erde auch zu unzulässigen Berührungsspannungen kommen kann, sind die größtmöglichen Kurzschlussströme bei der Projektierung zu berechnen. Auch die kleinstmöglichen Kurzschlussströme sind im Hinblick auf die Bemessung der Schutzeinrichtungen von Bedeutung.

Es gibt in Drehstromanlagen verschiedene mögliche Kurzschlussarten:

Der *dreipolige Kurzschluss* ist ein symmetrischer Kurzschlussfall, bei dem die Kurzschlusswechselströme nur von der Mitsystemimpedanz abhängen und ein symmetrisches Drehstromsystem bilden.

Unsymmetrische Kurzschlussfälle sind der *zweipolige Kurzschluss* mit und ohne Erdberührung, der einpolige Kurzschluss (*Erdschluss*) und der *Doppelerdschluss*. Für die Kurzschlusswechselströme sind hier neben der Mitsystemimpedanz auch die Gegensystemimpedanz

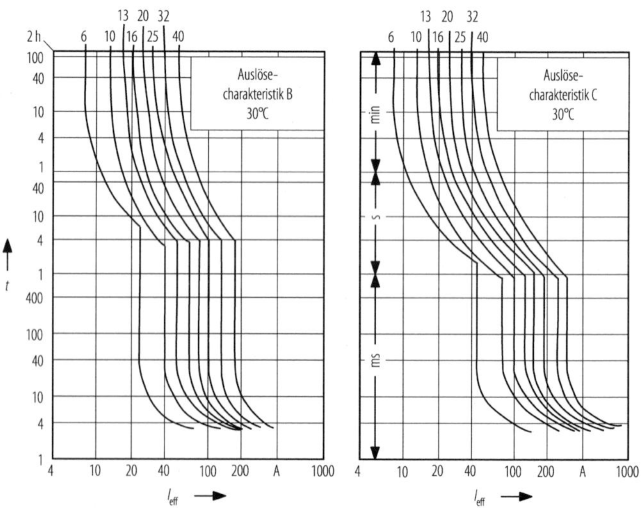

Abb. 27.6 Auslösekennlinien eines thermischen Überstromschalters (Quelle Siemens)

und gegebenenfalls die Nullimpedanz maßgebend.

Zur Berechnung von Kurzschlussströmen müssen die eingeprägten Spannungen und die Kurzschlussimpedanzen bekannt sein. Betrachtet man ein einfaches Netz mit einem Drehstromgenerator, so ist für den Stoßkurzschluss-(Anfangs-)Wechselstrom die subtransiente Spannung E'' maßgebend. Da der Generator nur eine symmetrische Mitsystemspannung erzeugen kann, sind also die symmetrischen Komponenten (s. Abschn. 22.3) der Spannung: $\underline{E}_1'' = \underline{E}''$; $\underline{E}_2'' = 0$; $\underline{E}_0'' = 0$.

Die Impedanz zwischen Generator und Kurzschlussstelle besteht aus den symmetrischen Komponenten $\underline{Z}_1$, $\underline{Z}_2$ und $\underline{Z}_0$. Im Folgenden werden die drei wichtigsten Fälle betrachtet:

- Der dreipolige Stoßkurzschluss-Wechselstrom lässt sich mittels des einphasigen Ersatzschaltbilds einfach errechnen: $\underline{I}_{k3}'' = \underline{E}''/\underline{Z}_1$.
- Der Anfangsstrom beim zweipoligen Kurzschlussstrom ohne Erdberührung zwischen den Phasen V und W ist mit den Bedingungen $\underline{I}_U = 0$, $\underline{I}_W = -\underline{I}_V$ und $U_V - U_W = 0$ und bei Beachtung der Definitionsgleichung (s. Gl. (22.41)) der symmetrischen Komponenten: $\underline{I}_{k2}'' = \sqrt{3}\underline{E}''/(\underline{Z}_1 + \underline{Z}_2)$.
- Der Anfangsstrom beim einpoligen Erdschluss der Phase U ist unter Berücksichtigung von $I_V = I_W = 0$ und $U_U = 0$: $\underline{I}_{k1}'' = 3\underline{E}''/(\underline{Z}_1 + \underline{Z}_2 + \underline{Z}_0)$.

Bei *Synchrongeneratoren* wirkt im Falle des dreisträngigen Kurzschlusses die Subtransientspannung E_q'' auf die Subtransientreaktanz X_d'' der Längsachse; ohmsche Widerstände können dabei vernachlässigt werden. X_d'' ist hier gleichzeitig die Mitsystemreaktanz; die Gegensystemreaktanz X_2 ist etwa gleich groß, während die Nullreaktanz X_0 des Generators deutlich kleiner ausfällt. Daher ist bei Kurzschlüssen in Generatornähe der zweipolige Stoßkurzschlussstrom kleiner, der einpolige meistens größer als der dreipolige. Abb. 27.7 erläutert für diese beiden unsymmetrischen Kurzschlussfälle die Schaltungen in dreiphasigen und in symmetrischen Komponenten.

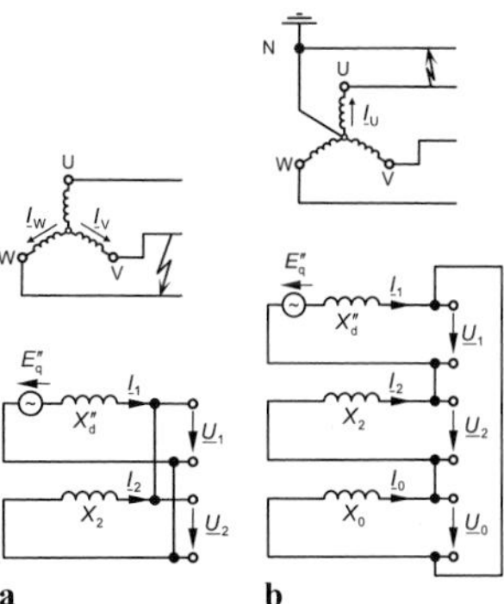

Abb. 27.7 Unsymmetrische Generatorkurzschlüsse. **a** zweisträngig, **b** einsträngig. Schaltungen für Phasen- und in symmetrischen Komponenten

Die Vorschriften DIN EN 60 909 geben ein Berechnungsverfahren an, bei dem für alle Kurzschlussarten an der Kurzschlussstelle einheitlich eine Ersatzspannungsquelle $cU_h/\sqrt{3}$ wirksam ist. Für U_h ist die Außenleiternennspannung einzusetzen; der größtmögliche Kurzschlussstrom in Hochspannungsnetzen berechnet sich mit $c = 1{,}1$. Andererseits ermittelt man in Niederspannungsnetzen den kleinstmöglichen Kurzschlussstrom mit $c = 0{,}95$.

Ist der Anfangswechselstrom bekannt, so lässt sich der Stoßkurzschlussstrom als Scheitelwert unter Berücksichtigung des abklingenden Gleichstromglieds (s. Gl. (24.13)) berechnen: $I_s = \kappa\sqrt{2}\ I_k''$; κ ist abhängig vom Verhältnis R_k/X_k des Kurzschlussstromkreises und nimmt Werte zwischen 1 und 2 an.

In komplizierteren Netzen erfordert die Kurzschlussstromberechnung den Einsatz von Rechnern oder speziellen Netzmodellen. Dabei können auch dynamische Vorgänge berücksichtigt werden.

27.4.5 Selektiver Netzschutz

Im Falle von Kurzschlüssen sollen möglichst nur die gestörten Netzteile spannungslos geschaltet werden. Daher wird eine selektive Abschaltung angestrebt. Dies lässt sich bei Strahlennetzen durch Zeitstaffelung erreichen. Dazu soll die Verzögerungszeit stromunabhängig und bei einem vorgeordneten Schalter größer sein als die Aus-

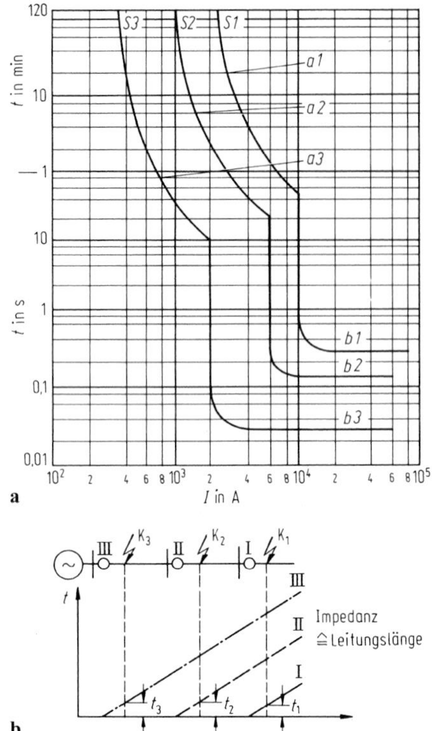

Abb. 27.8 Selektiver Netzschutz. **a** zeitselektiv gestaffelte Leistungsschalter, Auslösekennlinien; **b** Distanzschutz, Auslösezeiten in Abhängigkeit vom Kurzschlussort

schaltzeit des nachgeordneten Schalters. In einer Kette hintereinanderliegende Leistungsschalter werden Staffelzeiten von um 60 ms verwendet. Beispielsweise haben drei zeitselektiv gestaffelte Schalter *Auslösekennlinien* nach Abb. 27.8a.

In vermaschten Netzen wird Selektivität durch einen Distanzschutz erreicht. Am Ort des Leistungsschalters werden Spannung und Strom erfasst und daraus die Netzimpedanz ermittelt. Die Verzögerungszeit für die Auslösung wird mit zunehmender Netzimpedanz größer eingestellt, sodass die der Kurzschlussstelle zunächst liegenden Schalter als erste abschalten (Abb. 27.8b).

Alternativ können Schnellschalter, wie von der Kurzschlussfortschaltung bekannt, mit Kurzunterbrechungsselektivität eingesetzt werden. Dabei lösen alle in einem Strompfad liegenden Schalter bei Kurzschluss nach etwa 10 ms gleichzeitig aus. Nach einer Kurzunterbrechungszeit von beispielsweise 700 ms werden sie wieder eingeschaltet. Fließt dabei wiederum der Kurzschlussstrom, wird erneut abgeschaltet.

Bei Anlagenteilen, die keine Erzeuger und Verbraucher enthalten, kann der Differentialschutz eingesetzt werden. Die Ströme am Eingang und am Ausgang werden, gegebenenfalls unter Berücksichtigung des Übersetzungsverhältnisses bei Transformatoren, miteinander verglichen; auftretende Fehler werden erkannt und führen zur Abschaltung. Öltransformatoren werden außerdem mit dem Buchholzschutz ausgerüstet, der auf Gasentwicklung im Kessel infolge eines Fehlers anspricht.

27.4.6 Berührungsschutz

Wegen der Gefahren bei Berührung von unter Spannung stehenden Anlagenteilen sind Schutzmaßnahmen vorgeschrieben. Nach DIN VDE 0100 gelten 65 V als *Grenzwert* der zulässigen Berührungsspannung. Die Schutzmaßnahmen sollen verhindern, dass im Betrieb und vor allem im Fehlerfalle berührbare Teile eine höhere Spannung annehmen oder beibehalten können:

- Bei Betriebsmitteln für *Schutzkleinspannung* ist eine höchste Betriebsspannung von 42 V vorgeschrieben.
- *Schutzisolierung* soll das Überbrücken zu hoher Berührungsspannungen verhindern; dazu ist eine Isolierung zusätzlich zur Betriebsisolierung vorzusehen.
- Die *Schutztrennung* trennt den Verbraucherstromkreis durch einen Trenntransformator vom speisenden Netz und verhindert damit bei Körperschluss eine Berührungsspannung zwischen dem Körper des Betriebsmittels und Erde.

Die übrigen Schutzmaßnahmen haben dafür zu sorgen, dass im Falle von Isolationsfehlern das geschützte Betriebsmittel abgeschaltet wird, sodass eine unzulässige Berührungsspannung nicht bestehen bleiben kann. Sie brauchen dazu einen *Schutzleiter*:

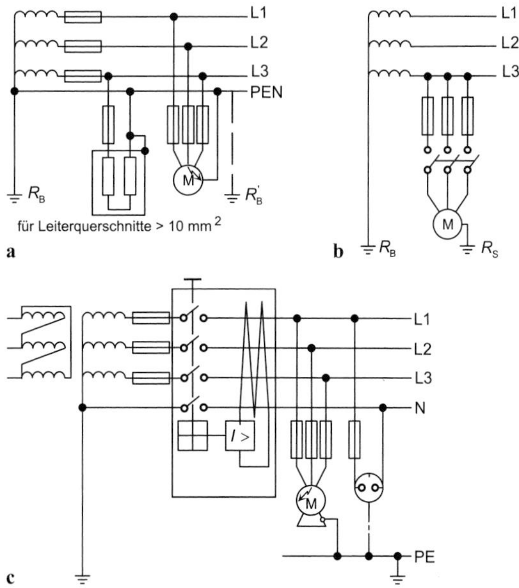

Abb. 27.9 Beispiele für Schutzmaßnahmen. **a** Nullung ohne besonderen Schutzleiter, **b** Schutzerdung, **c** Fehlerstrom-(FI-)Schutzschaltung. *N* Mittelleiter/Sternpunktleiter, *PE* Schutzleiter geerdet, *PEN* Schutz- und Betriebserde

- Bei *Schutzerdung* werden die Körper (z. B. Gehäuse) an Erder oder geerdete Teile angeschlossen.
- Die *Nullung* erfordert eine Verbindung der Körper mit einem unmittelbar geerdeten Leiter, z. B. den geerdeten Mittelleiter.
- Beim *Schutzleitersystem* werden mittels eines Schutzleiters alle Körper einer elektrischen Anlage untereinander und mit leitenden Gebäudeteilen, Rohrleitungen und mit Erdern verbunden.
- Die *Fehlerspannungs*-(FU-)*Schutzschaltung* sorgt beim Auftreten zu hoher Berührungsspannungen innerhalb von 0,2 s für Abschaltung aller Außenleiter.
- Die *Fehlerstrom*-(FI-)*Schutzschaltung* sorgt bei Auftreten eines Fehlerstroms (von z. B. 60 mA) durch Abschalten innerhalb von 0,2 s dafür, dass keine zu hohe Berührungsspannung an Körpern bestehen bleibt. Dazu werden die Betriebsströme, deren Summe in den Leitern im Normalbetrieb Null ist, über einen Summenstromwandler geführt, dessen Sekundärwicklung auf ein Überstromrelais arbeitet.

In Abb. 27.9 sind Beispiele für die Anwendung von Schutzmaßnahmen angegeben.

27.5 Energiespeicherung (s. Bd. 3, Abschn. 50.2)

27.5.1 Speicherkraftwerke

Elektrische Energie lässt sich als solche nicht speichern. In der Energieversorgung wird mit Hilfe von Speicherkraftwerken die Möglichkeit genutzt, in Schwachlastzeiten Wasser in einen Speichersee zu pumpen und die potentielle Energie des Wassers in Spitzenlastzeiten wieder zur Erzeugung elektrischer Energie zu nutzen. Es werden Synchronmaschinen als Motorgeneratoren eingesetzt. Die Synchronmaschine ist dazu mit einer Wasserturbine und mit einer Pumpe gekuppelt.

Eine technische Variante bildet die Ausführung mit nur einer hydraulischen Maschine, die sowohl für Turbinen- als auch Pumpbetrieb geeignet ist. Beim Übergang von der einen zur anderen Betriebsart ändert sich allerdings die Drehrichtung. Die Synchronmaschine muss dann auch in der Lage sein, zum Pumpbetrieb als Motor hochzufahren.

In Speicherkraftwerken lässt sich ein Gesamtwirkungsgrad für die Energieumsetzung von 0,6 bis 0,65 erzielen.

27.5.2 Batterien

In Akkumulatoren oder Sekundärbatterien wird beim Laden elektrische in chemische Energie umgesetzt und beim Entladen als elektrische Energie zurückgewonnen [11]. Primärbatterien sind dagegen für einmalige Entladung vorgesehen. Merkmale eines Akkumulators sind seine spezifische Kapazität, die Anzahl der Ladezyklen sowie Gesichtspunkte der Mindestladezeit, der Wartungsfreiheit und der Umweltverträglichkeit.

Bleiakkumulatoren. Sie werden in ortsfesten Anlagen, für Traktionszwecke und vor allem in großer Zahl als Starterbatterien in Kraftfahrzeugen eingesetzt.

Die Bleibatterie tritt als *Gitterplattenakkumulator* und als *Panzerplattenakkumulator* auf. Das aktive Material wird aus Blei und Bleioxid unter Verwendung von Zusätzen hergestellt und als Plastiermasse maschinell in die aus Blei bestehenden Gitterplatten eingestrichen. Der Elektrolyt ist Schwefelsäure mit einer Konzentration von etwa 5 mol/l (ca. 39 Gew.-%) entsprechend einer Dichte von 1,28 g/cm^3. Die Konzentration nimmt bei Entladung der Zelle ab; sie soll 1,05 g/cm^3 nicht unterschreiten.

Nach Gladstone und Tribe lässt sich die Gesamtreaktion in der Zelle beschreiben durch die chemische Gleichung

$$\underset{\text{(geladen)}}{Pb + 2H_2SO_4 + PbO_2} \rightleftharpoons \underset{\text{(entladen)}}{2PbSO_4 + 2H_2O} .$$

Als Nennspannung pro Zelle ist beim Bleiakkumulator 2,0 V festgelegt. Die Batteriekapazität definiert die Entladeenergie einer Zelle und beschreibt die entnehmbare Ladung bei konstanter Entladestromstärke

$$C_B = I \frac{t}{U_s} \text{ [Ah]}$$

und wird für eine festgelegte Entladeschlussspannung U_s angegeben.

Den Ladevorgang einer Zelle beschreibt Abb. 27.10a. Bei etwa 2,4 V Zellenspannung tritt Gasen des Elektrolyten auf. Die Ladeschlussspannung beträgt etwa 2,65 V. Bei der Entladung soll eine minimale Spannung von etwa 1,8 V nicht unterschritten werden.

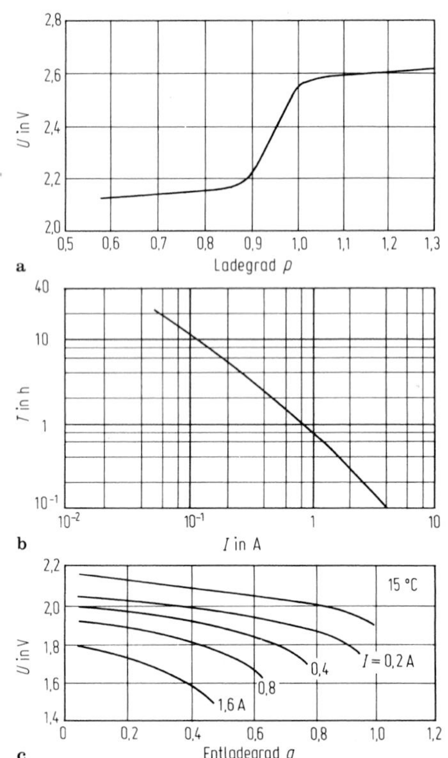

Abb. 27.10 Kennlinien von Bleiakkumulatoren. **a** Ladekennlinie, **b** Entladezeit über Entladestrom einer Zelle, **c** Entladekennlinien einer Zelle bei 15 °C

Die nutzbare Kapazität ist eine Funktion des Entladestroms; in Abb. 27.10b ist dazu für eine Zelle in logarithmischem Maßstab die Entladezeit über dem Strom dargestellt. Abb. 27.10c zeigt Entladekennlinien einer Zelle über dem Entladegrad mit dem Entladestrom als Parameter.

Der Entwicklungsstand der Bleibatterien ermöglicht auch ihren Einsatz für Speicheranlagen in der Elektrizitätsversorgung. Die Batterieanlage leistet dann Beiträge zur Spitzenlastdeckung und bei der Frequenzregelung. Eine ausgeführte Anlage (BEWAG, Berlin) stellt eine Sofortreserve von 17 MW dar, die mit ± 8,5 MW zur Frequenzregelung eingesetzt werden kann. Die Kapazität beträgt bei einer Betriebsspannung von 1180 V 12 kA, sodass die Anlage bei 5 h Entladungszeit eine Energie von 14,4 MWh liefern kann.

27.5.2.1 Andere Akkumulatoren

Eine breite Einführung des Elektroantriebs für Kraftfahrzeuge hängt im Wesentlichen von der Bereitstellung einer Speicherbatterie mit hoher Energiedichte ab. Bisher herrschen hier geschlossene Blei-Gel-Akkumulatoren vor. Mit einer spezifischen Kapazität von typisch 35 Wh/kg bzw. 70 Wh/l ist die Bleibatterie für die Anwendung keineswegs optimal. Verbesserte Werte sind erst von anderen Systemen zu erwarten. Auf der anderen Seite werden für die vielen Anwendungen in elektronischen Geräten ebenfalls hochwertige Batterien verlangt.

Nickel-Cadmiumbatterien gehören zu den Akkumulatoren mit alkalischen Elektrolyten; sie sind wiederaufladbar, in der Anwendung robust und haben eine lange Lebensdauer. Sie werden als Knopf- oder Rundzellen sowie als prismatische Zellen mit Kapazitäten zwischen 10 mAh und 25 Ah gefertigt.

Nickel-Metallhydridbatterien haben typisch eine spezifische Kapazität von 50 Wh/kg und 1000–1500 Ladezyklen. Die Redoxreaktion lautet:

$$MH + NiO(OH) \rightarrow M + Ni(OH)_2 .$$

Lithium-Ionenbatterien weisen eine fast dreimal so hohe spezifische Kapazität wie der Bleiakkumulator auf (80 Wh/kg, 160 Wh/l). Als entsprechend teure Speicher kommen sie für Geräte wie Notebooks und Mobiltelefone sowie in Elektrofahrzeugen zum Einsatz. Lithium-Ionen-Batterien werden in verschiedenen Materialkombinationen in der Regel die positive Elektrode betreffend hergestellt, die aufgrund ihrer Stärken und Schwächen anwendungsspezifisch einsetzbar sind:

Lithium-Mangan-Oxid(LMO)-Zellen weisen die größte Materialstabilität auf, haben dafür aber kleinere Kapazitäten, deren Redoxreaktion lautet:

$$Li_{1-x}Mn_2O_4 + Li_xC_n \rightarrow LiMn_2O_4 + C_n$$

Lithium-Cobalt-Oxid(LCO)-Zellen sind sehr kostengünstig herzustellen und eignen sich besonders für Haushaltanwendungen. *Lithium-Nickel-Mangan-Cobalt-Oxid(NMC)-Zellen* haben hohe Zellspannungen (3,7 V) und hohe Energiedichten. *Lithium-Nickel-Cobalt-Aluminium-Oxid(NCA)-Zellen* weisen die höchsten Energiedichten (670 Wh/l, 250 Wh/kg) auf. *Lithium-Eisen-Phosphat(LFP)-Zellen* sind thermisch äußerst stabil (bis 300 °C) und besitzen die höchste Zyklenfestigkeit (5000).

Die Kennzeichnung von Lithium-Primär- bzw. -Sekundärbatterien in tragbaren Geräten ist in den Normen DIN EN 60086 bzw. DIN EN 61960 festgelegt.

Fortgeschrittene Entwicklungen betreffen u. a. *Natrium-Nickel-Chloridbatterien* und *Zink-Luftbatterien*.

27.5.3 Andere Energiespeicher

Eine Zukunftsentwicklung beschäftigt sich mit der Speicherung magnetischer Energie in *supraleitenden* Spulen (SMES), in denen der Strom praktisch verlustlos über längere Zeit fließen kann. Die Einkopplung und Auskopplung elektrischer Energie erfolgt über Stromrichter; es werden auch unkonventionelle Ladeverfahren mit Schaltern in Betracht gezogen, die vom supraleitenden in den normalleitenden Zustand versetzt werden können.

Ein anderes Konzept wird bei *Schwungradspeichern* verfolgt, die aus einer elektrischen Quelle aufgeladen und bei Bedarf wieder entladen werden können.

Schließlich finden heute auch sogenannte Superkondensatoren (Ultracaps) zunehmend Beachtung. Die Speicherwirkung ist elektrostatisch und wird durch Verwendung von Karbon-Elektroden mit einem organischen Elektrolyten erreicht. Während die Energiedichte mit 2 Wh/kg wesentlich kleiner als bei Batterien ist, fällt die erzielbare Leistungsdichte mit 1000 W/kg vorteilhafter aus. Die Spannung während des Lade- und Entladevorgangs ist allerdings linear zeitabhängig. Mit Zellenspannungen von 2,3 V, erreichbaren Kapazitätsbelägen von 1,5 F/cm^2 sowie einer hohen Zykluszahl bis zu 500 000 empfehlen sie sich als Kurzzeitspeicher im Bereich zwischen Akkumulator und Elektrolytkondensator.

Tab. 27.1 Eigenschaften von Energiespeichern

Eigenschaft	Speicher							
	Bleibatterie	Lithium-Ionen-Batterie	Elektrolyt-kondensator	SuperCap	SMES	Schwungmasse schnell/langsam	Pumpspeicher	Druckluft-speicher
Kapazität	1100 Ah	30/240 Ah	100 F	4000 F	5 H	6/23 kg/m^2	$12 \cdot 10^6$ m^3	$3 \cdot 10^5$ m^3
Energieinhalt	40 MWh	3 MWh	16 kWh	40 kWh	133 kWh	9/1000 kWh	10^5 MWh	10^3 MWh
Energiedichte	100 kWh/m^3	290/360 kWh/m^3	0,4 kWh/m^3	10 kWh/m^3	10 kWh/m^3	120/0,8 kWh/m^3	0,1–3 kWh/m^3	3 kWh/m^3
Leistungsvermögen	70 MW	2,7 MW	10 MW	100 kW	1 MW	0,9/155 MW	1 GW	50–300 MW
Leistungsdichte	100 kW/m^3	900/400 MW/m^3	83 MW/m^3	1 MW/m^3	28 kW/m^3	2000/300 kW/m^3	80 W/m^3	970 W/m^3
Ladezyklenzahl	$5 \cdot 10^3$	> 6000	> 10^6	> $2 \cdot 10^5$	10^5	> 10^6	$5 \cdot 10^4$	> 10^4
Zugriffszeit	0,1 s	5 ms–30 s	10^{-6}–10^{-3} s	0,01 s	0,02 s	0,02 s	< 75 s	9–12 min
Ladewirkungsgrad %	75–85	95	> 95	90	90–98	90–95	75–80	< 50 (70–75)

In Tab. 27.1 sind die Eigenschaften der wichtigsten Energiespeicher zusammengefasst.

27.6 Elektrische Energie aus erneuerbaren Quellen

Unter Umweltgesichtspunkten wird angestrebt, den Beitrag regenerativer Quellen zur Deckung des Energiebedarfs zu erhöhen [12]. Im Vordergrund des Interesses stehen dabei von der Sonne herrührende Energieformen: solare Strahlung, Wasserkraft, Windenergie, Umweltwärme und biochemische Energie. Hinzu kommt die geothermische Energie (s. Bd. 3, Abschn. 48.6) und die Gezeitenenergie.

Wasserkraftwerke sind seit langem im Einsatz; ein weiterer Ausbau der Wasserkräfte ist jedoch durch wirtschaftliche und ökologische Gesichtspunkte begrenzt. In der Bundesrepublik Deutschland leisten die Wasserkräfte zur elektrischen Energieerzeugung einen Beitrag von 4,5 %.

Sonnenenergie kann solarthermisch und solarelektrisch genutzt werden. Die Solarstrahlung hat in Deutschland mit maximal 1000 W/m^2 eine relativ niedrige Energiedichte. Die Windenergie bringt eine noch geringere Energiedichte von etwa 300 W/m^2 auf. Bei der technischen Nutzung muss von der nicht konstanten Darbietung ausgegangen werden; dadurch ist in der Regel ein Speicher oder eine Pufferung durch ein anderes System erforderlich.

27.6.1 Solarenergie

In solarthermischen Kraftwerken wird Strahlungsenergie mit Hilfe von Spiegelsystemen, vorzugsweise mit Nachführung in ein oder zwei Achsen, konzentriert und zur Erhitzung eines Mediums verwendet. Die weitere Energiewandlung erfolgt dann mit konventioneller Technik. Von den bekannten Konstruktionen sind zwei zu nennen.

Im ersten Falle wird die Strahlung durch eine große Zahl von Parabolspiegeln dem auf einem Turm befindlichen Absorber zugeführt, wo ein flüssiges Salzgemisch bis auf 560 °C erhitzt wird

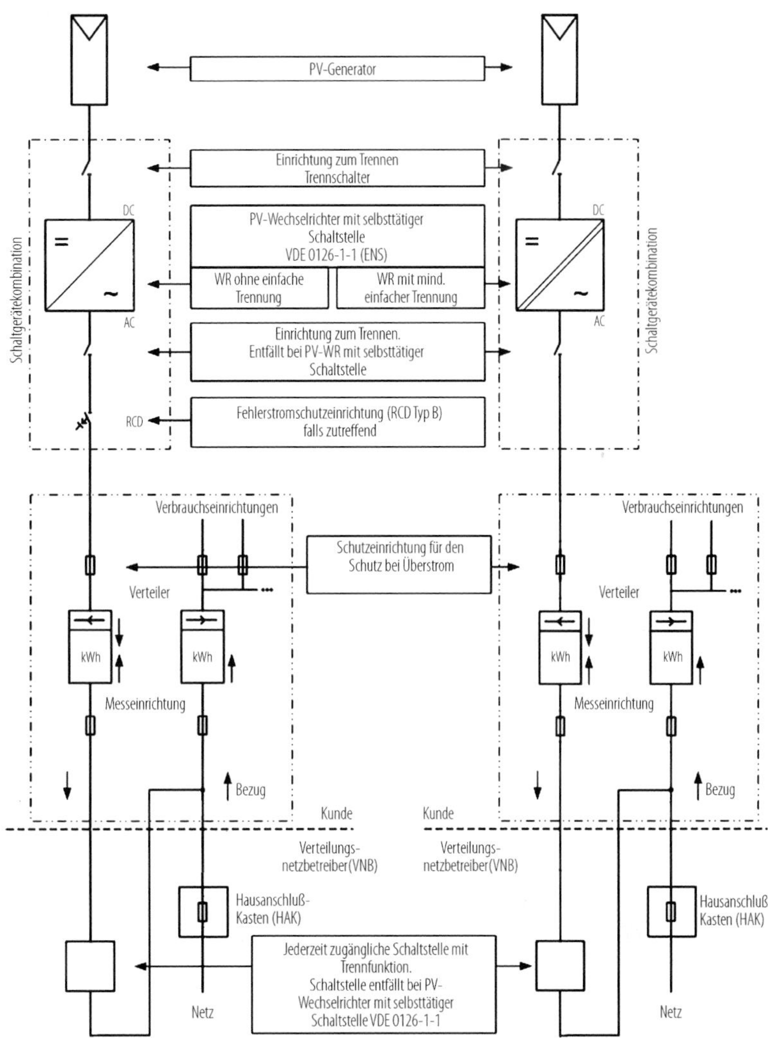

Abb. 27.11 Schaltung einer PV-Anlage (Quelle Siemens)

(Solar Two, Kalifornien, 1996). Bei einer anderen Konstruktion wird ein in langen Absorberrohren fließendes Öl mittels geeignet angeordneter Parabol-Rinnenkollektoren erhitzt (Fa. LUZ, USA, bis 1991). Bei größeren Leistungen ab 10 MW gelten solche Systeme als wirtschaftlich; die Wirkungsgrade von etwa 11 % stehen derzeitigen photovoltaischen Anlagen nicht nach.

In der Photovoltaik (PV) wird elektrische Energie direkt in Solargeneratoren erzeugt, welche aus Moduln aufgebaut sind (s. Abb. 22.25). Die Leistung eines Moduls ist abhängig von der Einstrahlung und der Temperatur. Daher werden PV-Anlagen auf Punkte maximaler Leistung in der $I(U)$-Kennlinie (Maximum power point, MPP) geregelt. Der Gleichstrom der Solargeneratoren wird mittels Wechselrichter in Wechsel- oder Drehstrom umgeformt. Der mittlere jährliche Anlagenertrag (final yield) liegt in Deutschland zwischen 600 und 800 kWh/$(\text{kW}_\text{p}\cdot a)$, wobei die installierte Leistung durch ihren Spitzenwert (peak) angegeben wird. Die PV-Anlagen sind geeignet zur Netzeinspeisung wie auch, im Zusammenwirken mit Energiespeichern und gegebenenfalls noch anderen Energiewandlern, zur dezentralen Energieversorgung [13, 20].

Abb. 27.11 zeigt die Grundschaltung einer Photovoltaik-Anlage. Die Solargeneratoren speisen über eine Gleichstromsammelschiene auf Wechselrichter, die eine anschlussfertige Schnittstelle zwischen PV-Feld und Netz herstellen.

27.6.2 Windenergie

Die Nutzung dieser Energieform mit Hilfe von Windmühlen ist seit langem bekannt. Zur Erzeugung elektrischer Energie werden schnellaufende Windturbinen mit ein bis vier Flügeln eingesetzt, mit denen, in der Regel über ein Übersetzungsgetriebe, ein Generator gekuppelt ist [14, 15]. Die Leistung des Windenergiekonverters ist der vom Rotor überstrichenen Fläche und der dritten Potenz der Windgeschwindigkeit proportional. Nach der Theorie von Betz kann das Windrad höchstens 59,3 % der im Wind enthaltenen kinetischen Energie ausnutzen. Dies ist der maximal erreichbare Leistungsbeiwert. Für eine gegebene Anlage ist der Leistungsbeiwert eine Funktion der Schnelllaufzahl (Umfangsgeschwindigkeit der Flügelspitzen bezogen auf die Windgeschwindigkeit). Der Energieertrag hängt vom zeitlichen Verlauf der Windgeschwindigkeit am Aufstellungsort ab, deren relative Häufigkeitsverteilung sich als Histogramm darstellen und durch eine Weibull-Funktion annähern lässt. Bei bekannter Verteilungsfunktion ergibt sich die Leistungskennlinie in Abhängigkeit der mittleren Windgeschwindigkeit als Basis für die Ermittlung des Energieertrags einer Windkraftanlage. Abb. 27.12a zeigt das Kennfeld einer Windkraftanlage. Dargestellt ist die Leistung P an der Welle in Abhängigkeit von der Drehzahl n mit der Windgeschwindigkeit v als Parameter. Man erkennt, dass das Leistungsmaximum (der Bestpunkt) sich mit zunehmendem v zu höheren Drehzahlen verlagert. Linie a verbindet die Bestpunkte und gibt die optimale Drehzahl bei gegebener Windgeschwindigkeit an. Bei hohen Windgeschwindigkeiten muss für eine Leistungsbegrenzung gesorgt werden. Dies kann geschehen durch eine aktive Flügelblattverstellung (Pitchregelung in Kombination mit einer Leistungsbegrenzung des Umrichters (Linie $b2$) oder passiv durch Ausnutzung der Wirkung des Strömungsabrisses (Stallregelung) kombiniert mit der Frequenzbegrenzung des Umrichters (Linie $b1$).

Als Generatoren kommen Asynchronmaschinen und Synchronmaschinen zum Einsatz. Bei direkter Kupplung mit dem frequenzstarren Netz weisen diese Maschinen gar keine oder nur geringe Lastabhängigkeit der Drehzahl auf, sodass nicht einerseits der Bestpunkt bei hohen Windgeschwindigkeiten und andererseits eine gute Ausnutzung bei Schwachwind erreicht werden kann. Um bei den häufig verwendeten Asynchrongeneratoren mit Kurzschlussläufer zur direkten Netzeinspeisung auch Schwachwindzeiten ausnutzen zu können, werden polumschaltbare Maschinen mit zwei Drehzahlstufen eingesetzt (dänisches Konzept). In den letzten Jahren haben sich Anlagen für drehzahlvariablen Betrieb eingeführt; damit können schnelle Leistungsänderungen der Windseite ausgeregelt und ein netzfreundlicher Betrieb erzielt werden (power quality). Hierfür ist eine Entkopplung der Generatordrehzahl von der Netzfrequenz erforderlich. Dazu werden als Anpasseinrichtungen zum Drehstromnetz Zwischenkreisumrichter verwendet (s. Abschn. 25.4). Die bekanntesten Lösungen sind ein elektrisch erregter Synchrongenerator (u. a. ohne Getriebe) mit Umrichter und eine doppeltspeisende Asynchron-Schleifringläufermaschine mit läuferseitigem Umrichter [16].

Bei den Windkraftanlagen zur Netzeinspeisung herrschen dreiflügelige Maschinen mit horizontaler Achse im Leistungsbereich von 600 kW bis 7,5 MW vor. Neben Anlagen im Binnenland und in Küstengebieten werden in Zukunft wegen der höheren Geschwindigkeiten und der gleichmäßigeren Darbietung des Windes Offshore-Anlagen an Bedeutung gewinnen.

Windkraftanlagen kleinerer Leistung sind für dezentrale Energieversorgungssysteme von Interesse. Bei einem in Abb. 27.12b dargestellten Konzept werden Windgenerator und Dieselgenerator kombiniert. Die Häufigkeit der beim Eintreten von Schwachwindzeiten erforderlichen Anläufe des Dieselmotors kann durch Hinzufügen einer Batterie vermindert werden. Ein Betriebsführungssystem hat last- und windabhängig den Einsatz der beteiligten Einheiten zu optimieren. Im Beispiel sind ein asynchroner Windgenerator und zwei synchrone Dieselgeneratoren vorgesehen. Die erforderliche Blindleistung kann bei Windbetrieb vom Dieselgenerator bereitgestellt

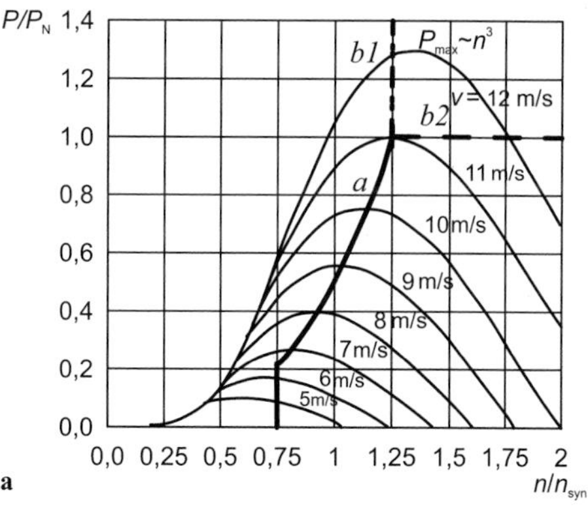

a

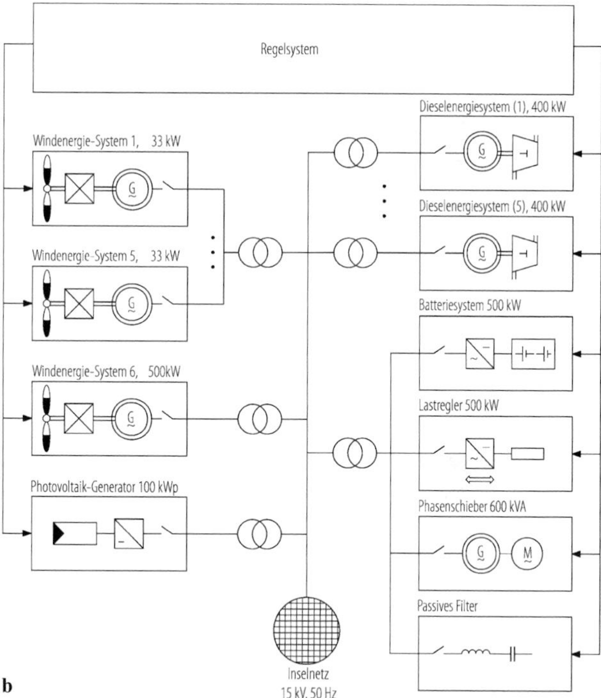

b

Abb. 27.12 Einsatz der Windenergie. **a** Leistungskennlinien eines Windenergiesystems; **b** hybride Inselnetzversorgung 500 kW mit Wind-, Diesel- und PV-Generatoren und Batteriespeicher (Quelle SMA)

werden, sofern durch eine Fliehkraftkupplung dafür gesorgt wird, dass er auch bei abgeschaltetem Diesel als Phasenschiebermaschine mitläuft. Ansonsten ist eine statische Kompensationseinrichtung einzusetzen.

Zur Vermeidung aufwändiger Synchronisationseinrichtungen können derartige Hybridanlagen auch mit einer Gleichstromsammelschiene arbeiten, bei der über Stromrichter die Anpassung von Spannung und Frequenz zwischen den Generatoren und dem Drehstrom-Inselnetz vorgenommen wird.

27.6.3 Antriebsstränge in Windenergieanlagen

Die Anforderungen an die Antriebsstränge ergeben sich aus den Vorgaben der Windturbinen [14–16] und den Netzanschlussbedingungen [17–19]. Bei Windgeschwindigkeiten zwischen 3–25 m/s ergeben sich für langsamlaufende Dreiflügler Turbinendrehzahlen von 7–25 min^{-1}. Für eine Einzelanlage sind Drehzahlbereiche zwischen 50–100 % üblich. Läuft der Generator hochtourig, muss die Drehzahl über ein Getriebe mit einer Übersetzung von $i = n_G/n_T = 70\text{–}100$ angepasst werden. Der Netzanschluss erfolgt über einen Transformator an das Mittelspannungsnetz 20 kV/50 Hz.

Eine Systematisierung der verschiedenen gebräuchlichen Antriebsstrangkonfigurationen lässt sich nach folgenden Gesichtspunkten vornehmen:

Aufgabe des Antriebsstrangs ist es zwischen einem strömungstechnischen Wandlungsprozess, umgesetzt in einer Windturbine mit variabler Frequenz, und einem elektrisches Netz mit im Wesentlichen fester Frequenz arbeitend, zu vermitteln. Nach Art der elektromechanischen Leistungsübertragung ist zu unterscheiden in serielle und in leistungsverzweigte Konfigurationen, vgl. Abb. 27.13. Bei serieller Leistungsübertragung nach Abb. 27.13a erfolgt die Frequenzanpassung auf der mechanischen Seite über eine variable Getriebeübersetzung (Variator-Getriebe), während der Generator als Synchrongenerator direkt mit dem Netz verbunden ist. Erfolgt die Frequenzanpassung auf der elektrischen Seite über einen Frequenzumrichter, so kann die Generatorwelle direkt mit der Rotornabe verbunden werden, siehe Abb. 27.13b. Der Umrichter ist für die volle Anlagenleistung ausgelegt.

Bei leistungsverzweigter Übertragung kann ein Bypass in drei Varianten gelegt werden. Zunächst kann die Frequenzanpassung wieder auf der mechanischen Seite erfolgen mit Hilfe eines Planetengetriebes und eines hydrodynamischen Drehmomentwandlers (WINDRIVE). Dieser hält die Drehzahl an der Generatorwelle konstant, sodass ein Synchrongenerator direkt mit dem elektrischen Netz gekoppelt werden kann (Abb. 27.13c). Erfolgt die Leistungsverzweigung über beide Systemteile von der mechanischen über die elektrische Seite, so ist im Bypass-Zweig eine kleine drehzahlvariable Maschine mit Frequenzumrichter seriell geschaltet, während der überwiegende Leistungsanteil (ca. 80 %) über einen Synchrongenerator läuft, vgl. Abb. 27.13d. Dieser wird mit konstanter Drehzahl betrieben, während im Nebenzweig variable Drehzahlen entstehen. Die Leistungsverzweigung kann aber auch in einer einzigen Maschine mit elektrisch zugänglicher Rotorwicklung realisiert werden nach Abb. 27.13e. Das ist bei der Asynchron-Schleifringläufermaschine der Fall. Sie ist ständerseitig direkt mit dem elektrischen Netz fester Frequenz verbunden, während auf der Läuferseite zwischen Rotorwicklungen und elektrischem Netz ein Frequenzumrichter eingefügt werden muss. Der Läufer arbeitet dadurch mit variabler Drehzahl im über- oder untersynchronen Bereich. Die Bauweisen der Antriebsstränge können kompakt und damit getriebelos oder in aufgelöster Bauform mit Getriebe ausgeführt werden. Während getriebelose Anlagen eine höhere Zuverlässigkeit dafür aber eine extrem große Masse erreichen, haben getriebebehaftete höhere Ausfallraten, aber eine kleinere Masse. Als Generatoren dienen grundsätzlich Drehfeldmaschinen asynchroner oder synchroner Bauart.

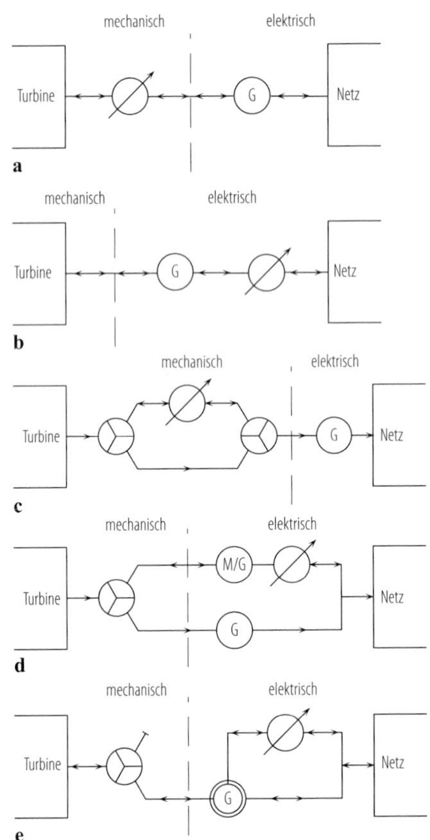

Abb. 27.13 Antriebsstrang-Systeme: **a** Variator-Getriebe, **b** Vollumrichter, **c** leistungsverzweigtes Getriebe (*WINDRIVE*), **d** Leistungsverzweigtes Mehrgeneratorsystem (*ISET*), **e** Doppeltgespeister Drehstromgenerator

27.6.3.1 Käfigläufergenerator

Der Käfigläufergenerator kann bei fester Frequenz in einem vorgegebenen geringen Schlupfbereich eine große Drehmomentänderung erfahren, damit eignet er sich sowohl für Netzbetrieb als auch für Betrieb am Frequenzumrichter. Nachteilig sind die schlupfabhängig steigenden Verluste in den Käfigwicklungen. Der Käfigläufergenerator wird in zwei Varianten eingesetzt nach Abb. 27.14:

Im unteren Megawattbereich wird der Käfigläufergenerator polumschaltbar ausgeführt (Abb. 27.14a). Er besitzt zwei Wicklungssysteme in 4- und 6-poliger Ausführung mit Synchrondrehzahlen von $1500\,\text{min}^{-1}$ und $1000\,\text{min}^{-1}$ zwischen denen umgeschaltet wird (Abb. 27.14b). Der übliche Schlupfbereich liegt bei $-0{,}005 > s > -0{,}01$. Innerhalb dieses Schlupfbereichs kommt es zu einer großen Drehmomentänderung. Ansonsten ist der Generator direkt mit dem Netz verbunden, wobei parallel eine dreiphasige Kompensationseinrichtung aus Kondensatoren geschaltet wird, um das Netz von der erforderlichen Blindleistung zu entlasten. Ausschließlich im MW-Bereich wird der Käfigläufergenerator über einen Frequenzumrichter (Vollumrichter) ans Netz geschaltet (Abb. 27.14c). Er ist meist 4-polig ausgeführt und benötigt deshalb auf der Turbinenseite ein Getriebe (mehrstufiges Planetengetriebe) zur Drehzahlanpassung. Der Frequenzumrichter gestattet eine voll variable Drehzahl des Generators (Abb. 27.14d). Jedoch ist im unteren Drehzahlbereich nicht mehr das volle Drehmoment erforderlich, das man durch eine reduzierte Spannung an die Drehmomentkennlinie der Windturbine anpassen kann.

27.6.3.2 Schleifringläufergenerator

Beim Schleifringläufergenerator wird ausgenutzt, dass der Schlupf der Maschine über Rotorkreiselemente steuerbar ist, siehe Abb. 27.15:

In einer einfachen Ausführung nach Abb. 27.15a wird in den Rotorkreis von 4- oder 6-poligen Schleifringläufermaschinen ein Gleichrichter mit pulsgesteuertem Zusatzwiderstand eingefügt. Mithilfe der Pulssteuerung wird der Kippschlupf des Generators zu größeren Drehzahlen verschoben, da sich der variable Zusatzwiderstand wie eine Ergänzung des Rotorwiderstands verhält.

$$s_{\text{kz}} = -\frac{R_2' + R_z'}{X_\sigma} = -s_{\text{kN}}\left(1 + \frac{R_z'}{R_2'}\right)$$

Der Betriebsschlupf bewegt sich damit zwischen $-0{,}1 < s < 0$ und es werden nur übersynchrone Drehzahlen mit $1500\,\text{min}^{-1} < n < 1650\,\text{min}^{-1}$ eingestellt. Allerdings wird die wirksame Generatorkennlinie gestreckt und somit ist sie über einen weiteren Drehzahlbereich nutzbar als für einen netzgespeisten Käfigläufergenerator (Abb. 27.15b). Das Prinzip wird unter dem Namen *Opti-Slip-Verfahren* geführt.

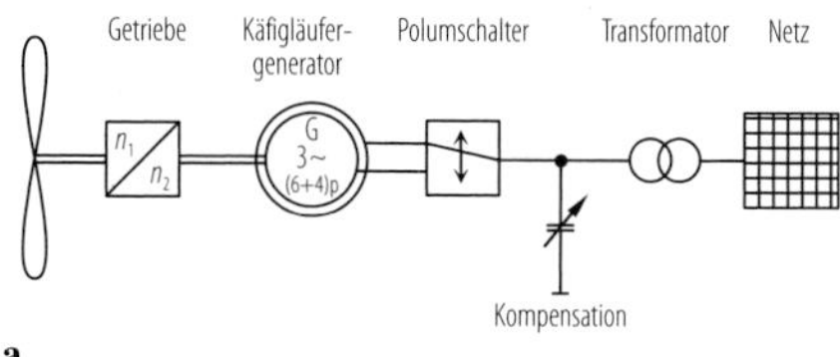

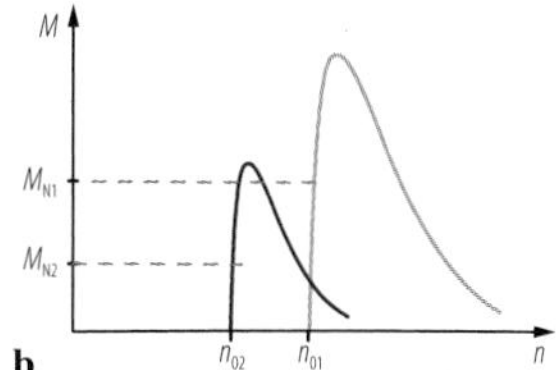

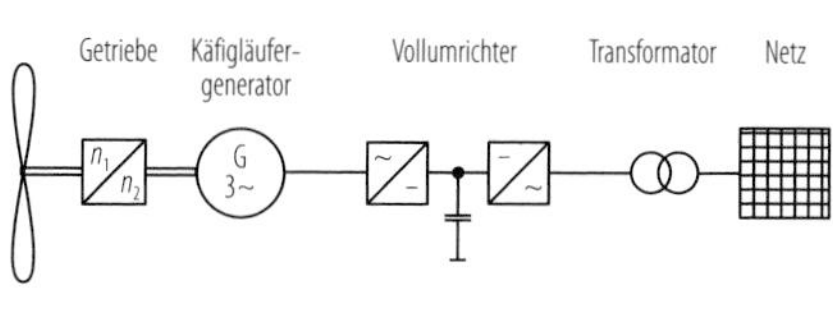

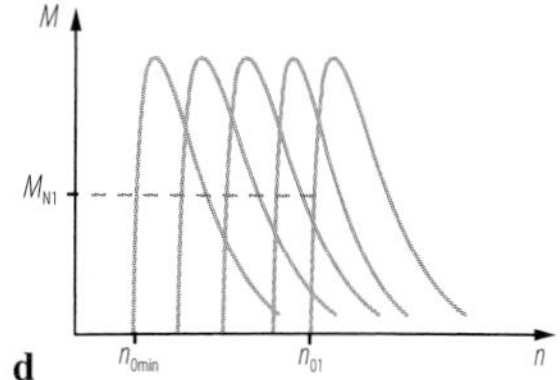

Abb. 27.14 **a** Polumschaltbarer Asynchrongenerator, **b** Kennlinien bei Polumschaltung, **c** Frequenzgesteuerter Asynchrongenerator, **d** Kennlinien bei Frequenzsteuerung

27

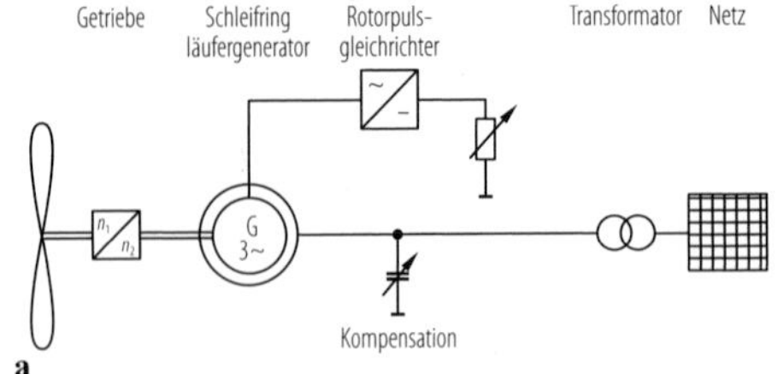

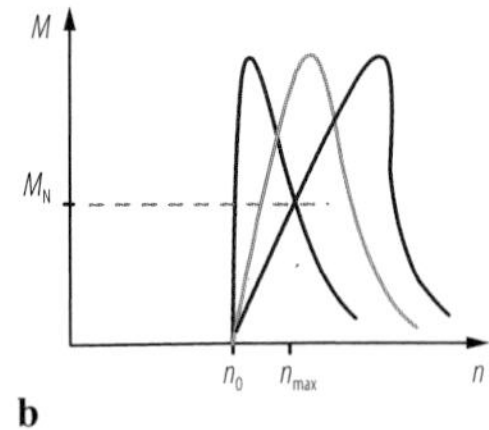

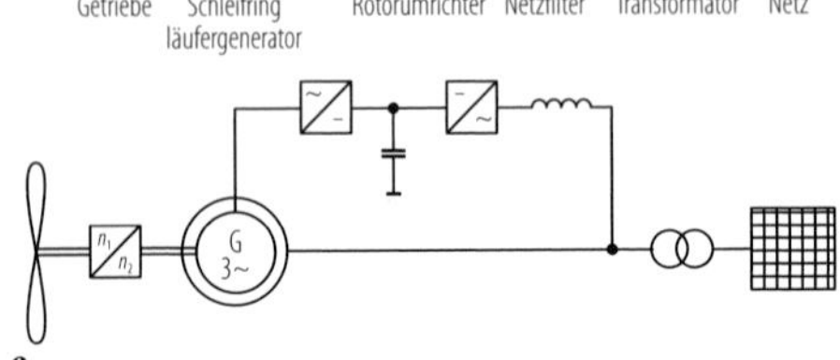

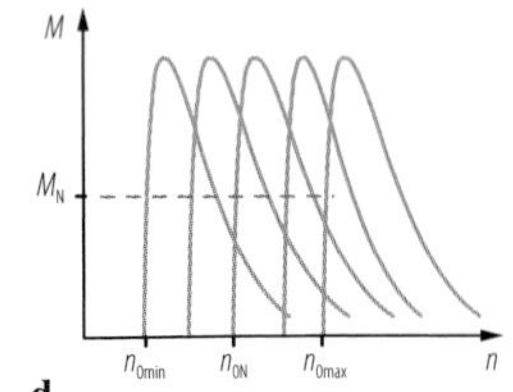

Abb. 27.15 Schleifringläufergeneratoren: **a** Widerstandsgesteuerter Generator, **b** n-M-Kennlinie nach Opti-Slip-Prinzip, **c** Doppeltspeisender Generator, **d** n-M-Kennlinien

Bei Anschluss des zugänglichen Rotorkreises über einen Rotorumrichter ans Versorgungsnetz kann die elektrische Rotorfrequenz und die Rotorspannung so angepasst werden, dass sowohl ein über- als auch ein untersynchroner Betrieb möglich wird (Abb. 27.15c). Der Betriebsschlupf bewegt sich dabei zwischen $-0{,}3 < s < 0{,}3$, was bei einer 4-poligen Maschine zu einem Drehzahlbereich von $1000\,\text{min}^{-1} < n < 2000\,\text{min}^{-1}$ führt. Damit bleibt die Schlupfleistung unter 30 % Volllast und der Rotorumrichter kann sparsamer ausgelegt werden als ein Vollumrichter nach Abb. 27.14c. Wie bereits in Kap. 26 ausgeführt, besteht der Frequenzumrichter netzseitig und rotorseitig aus je einem steuerbaren Pulsstromrichter verbunden durch einen Spannungszwischenkreis. Beide Teilstromrichter können wahlweise als Gleich- oder Wechselrichter betrieben werden, was sich aus der geforderten Leistungsflussrichtung ergibt.

27.6.3.3 Synchrongenerator

Ein sehr erfolgreiches Prinzip zur Windenergiewandlung stellt der getriebelose elektrisch erregte Schenkelpol-Synchrongenerator dar (Abb. 27.16a). Durch eine verhältnismäßig feste hohe Polzahl (2p = 90 ... 100) wird die Drehzahlanpassung über ein Getriebe überflüssig. Die Anpassung an die konkreten Windverhältnisse wird über einen Frequenzumrichter, ausgelegt für die volle Leistung (Vollumrichter), vorgenommen, der Frequenz ($20\,\text{Hz} < f_1 < 50\,\text{Hz}$) und Spannung anpassen kann. Die Erregung des Polrads realisiert ein Erregergleichrichter, der aus der eigenen Klemmenspannung versorgt wird.

Die Erregerleistung ist verzichtbar, wenn ein permanentmagneterregter Synchrongenerator hoher Polzahl (z. B.: 2p = 96) eingesetzt wird. Mit einer Ständerfrequenz von 11 Hz ... 22 Hz lassen sich so getriebelos übliche Drehzahlen zwischen $10\,\text{min}^{-1} \ldots 20\,\text{min}^{-1}$ realisieren, wobei ein Vollumrichter die Frequenzanpassung ans Netz vornimmt (Abb. 27.16b). Die niedrige Nenndrehzahl führt bei einer Ausgangsleistung im MW-Bereich zu einem vergleichsweise hohen Drehmoment mit enormer Baugröße (Außendurchmesser ca. 6 m), was mit einer sehr großen Generatormasse verbunden ist. Dieser Nachteil hat zur Entwicklung von PM-Synchrongeneratoren (2p = 24) mit mittlerer Drehzahl ($n < 430\,\text{min}^{-1}$) geführt – auch bekannt unter dem Namen *Multibrid* – die gemeinsam mit einem Getriebe in einer Baueinheit integriert sind. Die Wahl der Nenndrehzahl und der Getriebeübersetzung zielt auf eine minimale Masse der Gesamteinheit, vgl. Abb. 27.16c. Ähnliche Konzepte sind in Einzelanlagen realisiert, die anstelle einer permanentmagnet-erregten Synchronmaschine eine elektrisch erregte mittlerer Polzahl einsetzen.

Abschließend wird noch eine Anordnung in Abb. 27.16d angegeben, die aus einem

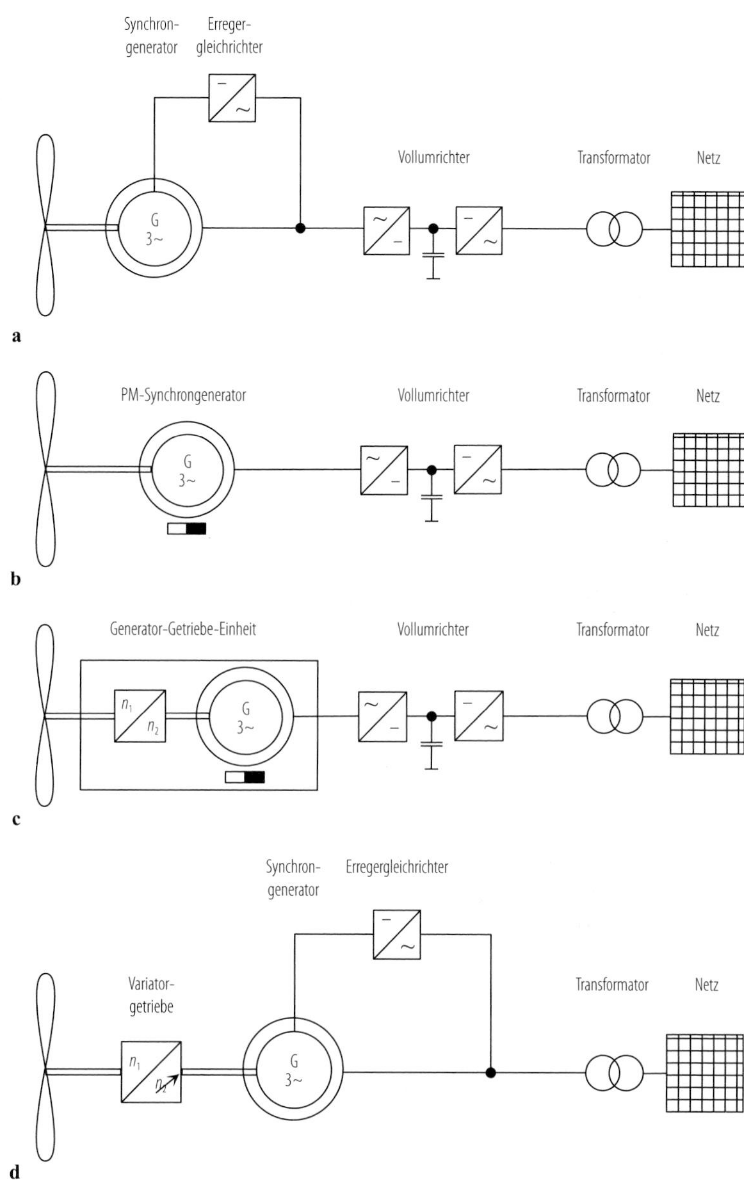

Abb. 27.16 **a** Elektrisch erregter getriebeloser Synchrongenerator, **b** Permanentmagneterregter getriebeloser Synchrongenerator, **c** Permanentmagneterregter Synchrongenerator mit Getriebe (*Multibrid*), **d** Elektrisch erregter Synchrongenerator mit Variator-Getriebe (*WINDRIVE*)

elektrisch erregten Vollpol-Synchrongenerator ($2p = 4$, $n = 1500\,\text{min}^{-1}$) besteht, der mit variabler Getriebeübersetzung an die Windturbine ankoppelt und mit fester Frequenz direkt ins Netz einspeist. Die Anlage kommt abgesehen von der Erregereinrichtung ohne Leistungselektronik aus. Dafür besteht das Getriebe (Variator) aus einem mehrstufigen Planetengetriebe, das über einen hydrodynamischen Drehmomentwandler das Prinzip der Leistungsverzweigung auf der mechanischen Seite umsetzt nach Abb. 27.13a.

Andere Generatortypen nach dem Reluktanz- oder Transversalflussprinzip konnten sich bisher nicht durchsetzen.

Neben den Großwindenergieanlagen, die eine Leistung von bisher unter 12 MW aufweisen, hat sich parallel dazu der Sektor der Kleinwindenergieanlagen im Leistungsbereich von 50 W … 10 kW rasch entwickelt. Die Kleinstwindenergieanlagen von wenigen Watt dienen als Batterielader, die über Pulssteller die Aufladung übernehmen. Im kW-Bereich erfolgt der Netzanschluss mit Hilfe eines Umrichters bestehend aus einer ungesteuerten Gleichrichterbrücke (B6 U), Gleichspannungszwischenkreis und Netzwechselrichter. Die Energiewandlung übernehmen einfache hochpolige PM-Synchrongeneratoren auf NdFeB-Basis in Außen- oder Innenläuferbauform, die direkt mit der Rotornabe (getriebelos) verbunden sind.

Anhang

Tab. 27.2 Strombelastbarkeit von isolierten Leitungen nach DIN VDE 0100 Teil 523 Zulässige Dauerbelastung bei Umgebungstemperaturen bis 30 °C

Nenn-Querschnitt [mm²]	Gruppe 1		Gruppe 2		Gruppe 3	
	Cu	Al	Cu	Al	Cu	Al
	A	A	A	A	A	A
0,75	–	–	12	–	15	–
1	11	–	15	–	19	–
1,5	15	–	18	–	24	–
2,5	20	15	26	20	32	26
4	25	20	34	27	42	33
6	33	26	44	35	54	42
10	45	36	61	48	73	57
16	61	48	82	64	98	77
25	83	65	108	85	129	103
35	103	81	135	105	158	124
50	132	103	168	132	198	155
70	165	–	207	163	245	193

Zulässige Belastbarkeit bei Umgebungstemperaturen über 30 °C bis 55 °C					
Umgebungstemperatur bis °C	35	40	45	50	55
zul. Belastbarkeit					
– Gummiisolierung in %	91	82	71	58	41
– PVC-Isolierung in %	94	87	79	71	61

Gruppe 1: Eine oder mehrere in Rohr verlegte einadrige Leitungen
Gruppe 2: Mehraderleitungen, z. B. Mantelleitungen, Rohrdrähte, Bleimantelleitungen, Stegleitungen, bewegliche Leitungen
Gruppe 3: Einadrige, frei in Luft verlegte Leitungen, wobei diese mit einem Zwischenraum verlegt sind, der mindestens ihrem Durchmesser entspricht

Tab. 27.3 Zuordnung von Überstromschutzorganen zu den Nennquerschnitten von Leitungen bis 30 °C Umgebungstemperatur nach DIN VDE 0100 Teil 430. Der Schutz bei Kurzschluss ist gewährleistet, wenn das Ausschaltvermögen des Überstromschutzorgans mindestens dem vollen Kurzschlussstrom an der Einbaustelle entspricht

Nenn-Querschnitt [mm²]	Gruppe 1		Gruppe 2		Gruppe 3	
	Cu	Al	Cu	Al	Cu	Al
	A	A	A	A	A	A
0,75	–	–	6	–	10	–
1	6	–	10	–	10	–
1,5	10	–	10 (16)	–	20	–
2,5	16	10	20	16	25	20
4	20	16	25	20	35	25
6	25	20	35	25	50	35
10	35	25	50	35	63	50
16	50	35	63	50	80	63
25	63	50	80	63	100	80
35	80	63	100	80	125	100
50	100	80	125	100	160	125
70	125	–	160	125	200	160

Literatur

Spezielle Literatur

1. Schlabbach, J.: Elektroenergieversorgung, 3. Aufl. VDE Verlag, Berlin (2009)
2. Marenbach, R., Nelles, D., Tuttas, C.: Elektrische Energietechnik, 3. Aufl. Springer Vieweg, Wiesbaden (2020)
3. Flosdorff, R., Hilgarth, G.: Elektrische Energieverteilung, 9. Aufl. Springer Vieweg, Wiesbaden (2005)
4. Heuck, K., Dettmann, K.-D.: Elektrische Energieversorgung, 9. Aufl. Springer Vieweg, Wiesbaden (2014)
5. Crastan, V.: Elektrische Energieversorgung 1: Netzelemente, Modellierung, stationäres Verhalten, Bemessung, Schalt- und Schutztechnik. 4. Aufl. Springer, Heidelberg (2015)
6. Crastan, V.: Elektrische Energieversorgung 2: Energiewirtschaft und Klimaschutz Elektrizitätswirtschaft, Liberalisierung Kraftwerktechnik und alternative Stromversorgung, chemische Energiespeicherung. 4. Aufl. Springer, Heidelberg (2017)
7. Crastan, V.; Westermann, D.: Elektrische Energieversorgung 3: Dynamik, Regelung und Stabilität, Ver-

sorgungsqualität, Netzplanung, Betriebsplanung und -führung, Leit- und Informationstechnik, FACTS, HGÜ, 2. Aufl. Springer Vieweg, Heidelberg (2018)
8. Kießling, F., Nefzger, P., Kaintzky, U.: Freileitungen, 5. Aufl. Springer, Berlin (2001)
9. Beyer, M.; Beck W.; Möller, K.; Zaengl, W.: Hochspannungstechnik. Springer, Berlin (1986); Nachdruck (1992)
10. Küchler, A.: Hochspannungstechnik, 4. Aufl. Springer, Berlin (2017)
11. Rummich, E.: Energiespeicher. 2. Aufl. expert, Renningen (2015)
12. Quaschning, V.: Regenerative Energiesysteme, 10. Aufl. Hanser, München (2019)
13. Wagner, A.: Photovoltaik Engineering, 4. Aufl. Springer Vieweg, Berlin (2015)
14. Hau, E.: Windkraftanlagen, 6. Aufl. Springer Vieweg, Berlin (2016)
15. Gasch, R., Twele J., Bade, P., Conrad, W.: Windkraftanlagen. 9. Aufl. Springer Vieweg, Berlin (2016)
16. Heier, S.: Windkraftanlagen, 6. Aufl. Springer Vieweg, Berlin (2018)
17. Systemdienstleistungsverordnung SDL WindV, Juli 2009
18. BDEW: Technische Richtlinie Erzeugungsanlagen am Mittelspannungsnetz, Juli 2008 (ergänzt 2017)
19. VDN: Transmission Code 2007, August 2007
20. VDE-AR-N 4105: Erzeugungsanlagen am Niederspannungsnetz, 2011

Elektrowärme

28

Wilfried Hofmann und Manfred Stiebler

Beim Stromdurchgang durch einen ohmschen Widerstand wird nach $P_w = UI \cos\varphi = I^2 R = U^2/R$ elektrische Leistung in Wärme umgewandelt. Die verschiedenen Elektrowärmeverfahren unterscheiden sich nach der Art des Widerstands und der Energiezufuhr in Widerstands-, Lichtbogen-, Induktions- und dielektrische Erwärmung. Für Schmelz-(Ofen-)anlagen werden nur die ersten drei Prinzipien angewandt, vgl. Abb. 28.1.

Bei den Verfahren nach Abb. 28.1a,e,f wirkt das zu erhitzende Gut selbst als ohmscher Widerstand, bei Abb. 28.1c,d das Plasma eines Lichtbogens. Praktisch einzige Anwendung des Verfahrens nach Abb. 28.1c ist der Lichtbogen-Stahlofen [1–3]. Die meisten Reduktionsöfen, z. B. zur Herstellung von Carbid, Ferrosilicium, Korund sind Mischformen von Abb. 28.1a,c.

28.1 Widerstandserwärmung

Neben dem Schmelzofen sind die Widerstanderwärmung von Werkstücken, von Walzgut, bestimmte Bauformen von Wassererhitzern und -verdampfern, sowie das Widerstandsschweißen, vgl. Abb. 28.2. Beispiele der direkten Widerstandserwärmung; sie sind i. Allg. durch hohen Strombedarf bei relativ niedrigen Spannungen gekennzeichnet.

Für die indirekte Widerstandserwärmung werden Heizleiter benötigt, die den auftretenden thermischen, chemischen und mechanischen Beanspruchungen gewachsen sind. Die Heizleiter unterscheiden sich stark bezüglich der Temperaturabhängigkeit ihrer Leitfähigkeit.

Je nach Temperaturbereich kommen Metalle wie Molybdän und Molybdänverbindungen, Tantal und in Sonderfällen Platin oder keramische Leiter (meist Siliziumcarbide) und Graphit zur Anwendung.

28.2 Lichtbogenerwärmung

Außer im Lichtbogen-Stahlschmelzofen wird der Lichtbogen als Widerstand beim Lichtbogenschweißen verwendet. Der Zusammenhang zwischen Lichtbogenspannung und -strom ist nicht linear, vgl. Abb. 28.3.

28.2.1 Lichtbogenofen

Große Lichtbogenöfen sind sehr niederohmige Verbraucher mit Widerständen von einigen mΩ, Strömen von mehreren 10 000 A und Spannungen von einigen 100 V. Der Drehstrom wird über Graphit-Elektroden den gegen die Stahlbadoberfläche brennenden Lichtbögen zugeführt. Zur Einstellung der gewünschten Stromstärke bzw. Lichtbogenimpedanz werden die Elektro-

W. Hofmann (✉)
Technische Universität Dresden
Dresden, Deutschland

M. Stiebler
Technische Universität Berlin
Berlin, Deutschland

B. Bender und D. Göhlich (Hrsg.), *Dubbel Taschenbuch für den Maschinenbau 2: Anwendungen*,
https://doi.org/10.1007/978-3-662-59713-2_28

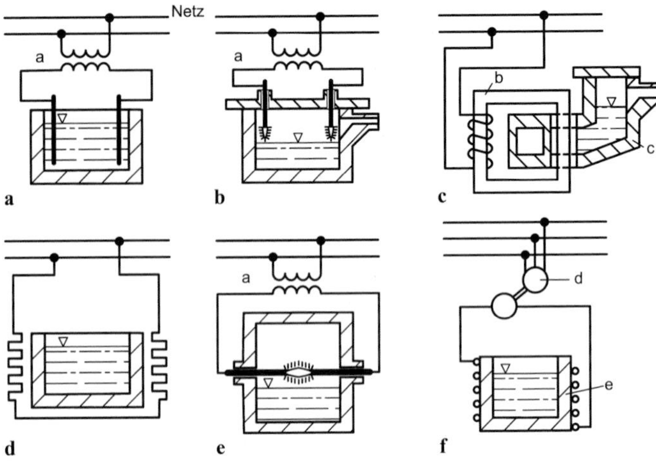

Abb. 28.1 Verschiedene Beheizungsarten für Elektroöfen. **a** direkte Widerstandserhitzung, **b** indirekte Widerstanderhitzung, **c** direkte Lichtbogenerhitzung, **d** indirekte Lichtbogenerhitzung, **e** Niederfrequenz-Induktionserhitzung, **f** Mittelfrequenz-Induktionserhitzung. *a* Transformator, *b* Eisenkern, *c* Schmelzrinne, *d* Mittelfrequenz-Umformer, *e* wassergekühlte Induktionsspule

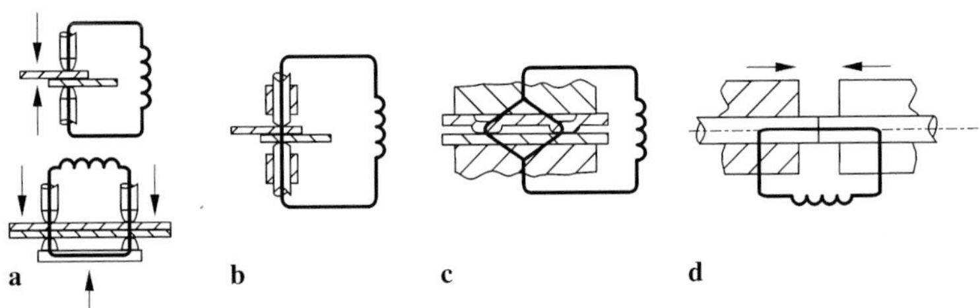

Abb. 28.2 Werkstück- und Elektrodenanordnung bei Widerstandsschweißen nach Lauster. **a** Punktschweißen, **b** Rollennahtschweißen, **c** Buckelschweißen, **d** Wulststumpfschweißen

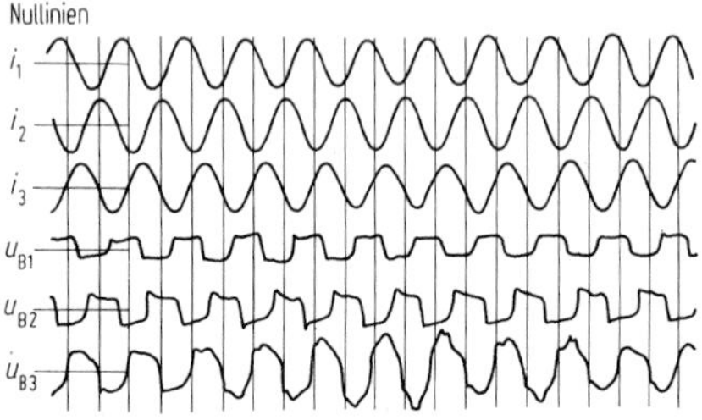

Abb. 28.3 Ströme und Lichtbogenspannungen eines Lichtbogenofens

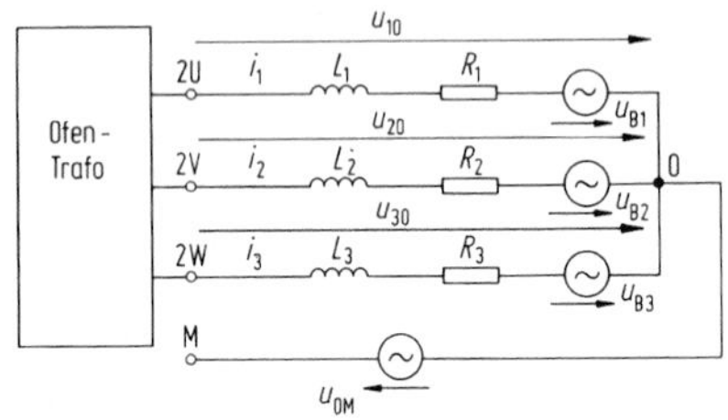

Abb. 28.4 Ersatzschaltbild für einen Lichtbogenofen

den von einer Elektrodenregelung vertikal auf die Lichtbogenlänge verstellt. Außerdem ist die dem Ofen zugeführte Spannung am Ofentransformator verstellbar. Die Wicklungsanzapfungen befinden sich an der Oberspannungswicklung oder an einer Tertiärwicklung des Transformators, weil die Hochstrom-(Sekundär-)wicklungen nur aus einer oder wenigen Windungen bestehen. Die Ofenspannung wird also über den magnetischen Fluss im Transformator verändert.

Die starken magnetischen Wechselfelder der Hochstrombahnen haben hohe induktive Spannungsabfälle zur Folge, durch die z. B. der Strom bei Elektrodenkurzschluss begrenzt und die höchste Sekundärspannung des Ofentransformators bestimmt werden. Außerdem sind sie u. U. Ursache unsymmetrischer Netzbelastungen.

Die Elektroden werden hydraulisch oder elektromotorisch verstellt. Regelgröße ist meist die Lichtbogenimpedanz, die jedoch nur mit speziellen Verfahren richtig messbar ist; anderenfalls werden Messfehler von den Magnetfeldern der Hochstrombahnen hervorgerufen. Im Ersatzschaltbild (Abb. 28.4) ist u_{0M} die Fehlerspannung bei normaler Messung.

Die Induktivitäten L_1, L_2 und L_3 sind tatsächlich Gegeninduktivitäten der Hochstrombahn-

Schleifen, nämlich:

$$L_1 = M_{12,\,13}\,, \quad L_2 = M_{23,\,12}\,, \quad L_3 = M_{31,\,23}\,.$$

Die auf der Messleitung zur Ofenwanne (Badsternpunkt) entstehende Fehlerspannung ergibt sich zu

$$u_{0\mathrm{M}} = M_{2\mathrm{M},\,\mathrm{M}3}\frac{\mathrm{d}i_1}{\mathrm{d}t} + M_{3\mathrm{M},\,\mathrm{M}1}\frac{\mathrm{d}i_2}{\mathrm{d}t} + M_{1\mathrm{M},\,\mathrm{M}2}\frac{\mathrm{d}i_3}{\mathrm{d}t}\,.$$

$u_{\mathrm{B}1}$, $u_{\mathrm{B}2}$, $u_{\mathrm{B}3}$ sind die Lichtbogenspannungen und R_1, R_2, R_3 die ohmschen Widerstände der Hochstrombahnen.

28.2.2 Lichtbogenschweißen

Das Lichtbogenschweißen erfordert Spannungen bis etwa 40 V, also für Handschweißungen ungefährliche Werte. Die Gleich- oder Wechselspannungsquelle wird mit dem einen Pol an das Werkstück, mit dem anderen (bei Gleichstrom meist dem negativen) an die Schweißelektrode (Schweißdraht) angeschlossen. Damit durch das Lichtbogenplasma das Werkstückmaterial richtig aufgeschmolzen wird, ist eine hinreichende Einhaltung des Schweißstroms und der Schweißspannung erforderlich. Die Kennlinien des Lichtbogens und der Spannungsquelle müssen daher aufeinander abgestimmt sein.

28.3 Induktive Erwärmung

Bei der induktiven Erwärmung wird die Leistung nach dem Transformatorprinzip auf das Gut übertragen, wobei das Gut die Funktion einer kurzgeschlossenen Sekundärwicklung mit einer Windung hat. Beim Tiegelofen, vgl. Abb. 28.1f, ist die Sekundärwicklung ein massiver zylindrischer Körper im Gegensatz zur Ringform beim Rinnenofen, vgl. Abb. 28.1e, weshalb auch ein Eisenkern innerhalb des Sekundärteils entfallen muss.

Wegen der Eisenverluste wird der Rinnenofen fast ausschließlich für Netzfrequenz (50 oder 60 Hz) eingesetzt, während Tiegelöfen vielfach mit Mittelfrequenz (bis etwa 10 kHz) betrieben werden.

28.3.1 Stromverdrängung, Eindringtiefe

Die Stromverdrängung der Wirbelströme (Sekundärströme) im Gut bewirkt, dass die Stromdichten um so größer sind, je näher die betrachtete Strombahn an der Primärwicklung (Induktionsspule) liegt. Die „Eindringtiefe" δ ist diejenige Tiefe x im Gut, von der der Induktionsspule zugewandten Oberfläche gerechnet, in der die Stromdichte J nur noch den e-ten Teil ($\mathrm{e} = 2{,}718\ldots$) des Werts an der Oberfläche J_0 hat. Dabei sind Abmessungen des Guts vorausgesetzt, die einem Tiegeldurchmesser von mindestens $4\,\delta$ entsprechen. Für die Stromdichte gilt dann

$$J(x,t) = \hat{J}_0\,\mathrm{e}^{-x/\delta}\,\cos\left(\omega t - \frac{x}{\delta}\right)$$

mit der Eindringtiefe:

$$\delta = \sqrt{\frac{2}{\omega\mu\kappa}}\,.$$

δ ist also umgekehrt proportional der Wurzel aus Frequenz, Permeabilitätszahl und Leitfähigkeit des Guts.

Durch höhere Frequenzen lassen sich demnach die Stromdichten und damit die Erwärmung stärker unter der Oberfläche des Guts konzentrieren. Dies wird bei der induktiven Oberflächenerwärmung genutzt, oder wenn die Abmessungen des Guts sonst kleiner sind, als es der angegebenen Voraussetzung entspricht.

28.3.2 Aufwölbung und Bewegungen im Schmelzgut

Die Ströme in der Induktionsspule und im Gut erzeugen einander abstoßende Kräfte, im Schmelzgut also in Richtung auf die Zylinderachse. Wegen des dadurch vom Zylinderumfang des Tiegelinhalts zur Zylinderachse zunehmenden statischen Drucks nimmt die Schmelzoberfläche die

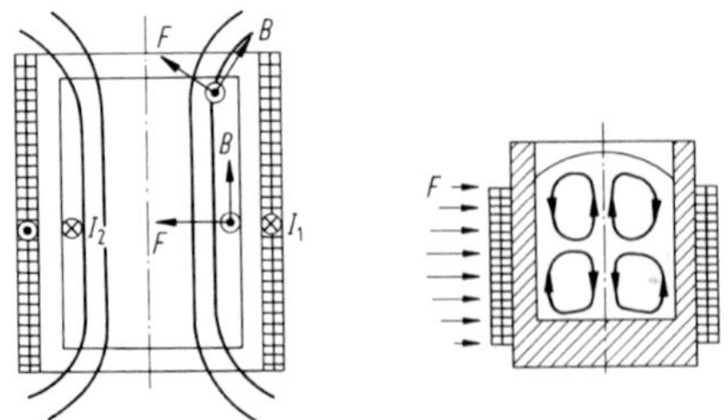

Abb. 28.5 Feldverteilung und Badbewegung im Tiegelofen

Form einer Kuppe an, vgl. Abb. 28.5. Da das Magnetfeld außerdem am oberen und unteren Zylinderende radiale Komponenten enthält, entstehen im Schmelzgut Drehmomente der Volumenkräfte, die Wirbelbewegungen des Schmelzguts zur Folge haben. Badkuppenhöhe und Drehmomente sind näherungsweise proportional $\sqrt{1/f}$, sodass die Durchwirbelung des Schmelzguts und die Badkuppenhöhe entsprechend den metallurgischen Bedürfnissen über die Frequenz beeinflußbar sind.

28.3.3 Oberflächenerwärmung

Durch Anwendung hoher Frequenzen mit Induktionsspulen geeigneter Form können ausgewählte Oberflächenbereiche von Werkstücken zwecks Oberflächenvergütung selektiv erwärmt werden, vgl. Abb. 28.6. Je höher die zugeführte Leistung ist, um so schneller wird der oberflächennahe Bereich erwärmt und um so weniger Wärme fließt während dieser Zeit in das Innere des Guts ab, wodurch sich, wie auch über die Frequenz, z. B. die Einhärttiefe verändern lässt.

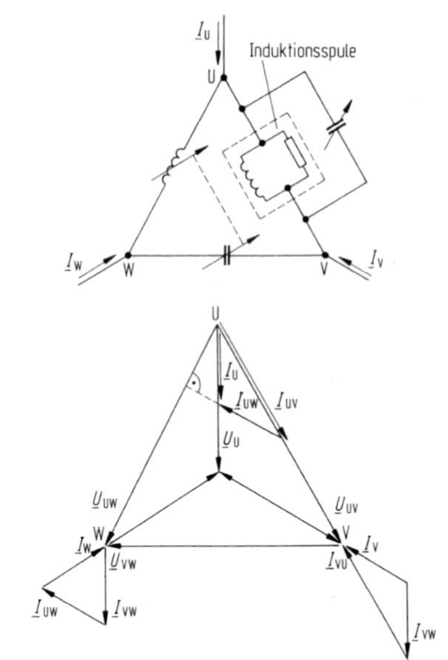

Abb. 28.7 Symmetrierung einer kompensierten Einphasenlast

28.3.4 Stromversorgung

Anlagen der induktiven Erwärmung sind durchweg einphasige Verbraucher, die überwiegend mit einer höheren Frequenz zu speisen sind. Von den Möglichkeiten, bei Netzfrequenz eine Einphasenbelastung in symmetrische und zugleich blindstromfreie Belastung für das Drehstromnetz umzuwandeln, zeigt Abb. 28.7 eine häufig angewandte Methode. Die Stromaufnahme der Induktionsspule wird durch den einstellbaren Parallelkondensator auf $\cos\varphi = 1$ kompensiert. Wenn die Blindwiderstände der Zusatzinduktivität und -kapazität, die mit einem Pol jeweils an die dritte Netzphase angeschlossen werden, auf

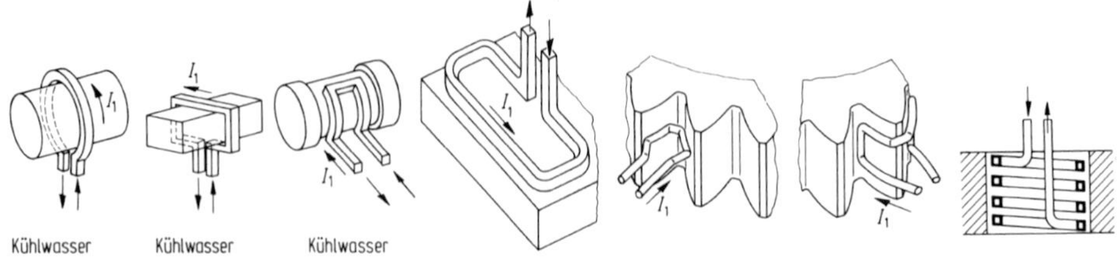

Abb. 28.6 Induktive Oberflächenerwärmung nach Lauster

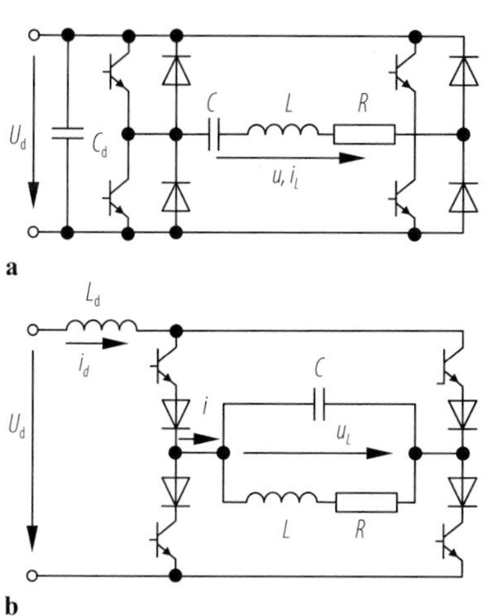

Abb. 28.8 Schwingkreiswechselrichter zur Induktionserwärmung. **a** Reihenschwingkreiswechselrichter, **b** Parallelschwingkreiswechselrichter

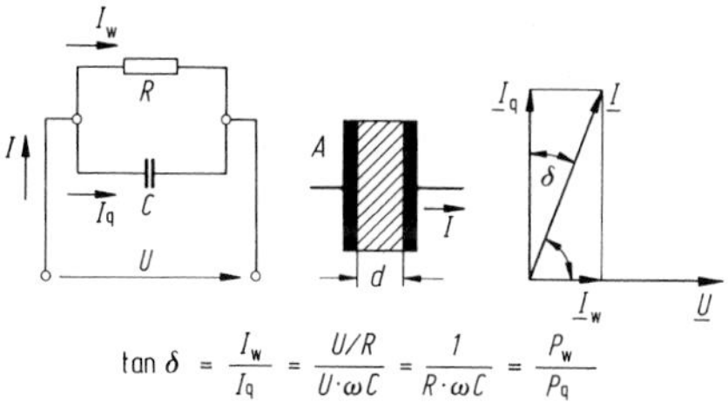

Abb. 28.9 Ersatzschaltbild und Zeigerdiagramm für verlustbehafteten Kondensator (nach Lauster)

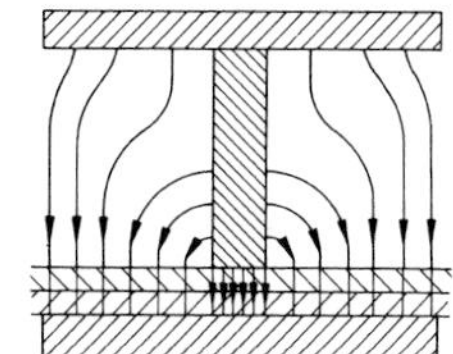

Abb. 28.10 Feldkonzentrationen im Kondensatorfeld (nach Lauster)

den $\sqrt{3}$-fachen Wert des an der Induktionsspule wirksamen ohmschen Widerstands (abhängig von Menge und Material des zu erwärmenden Guts) eingestellt werden, entsteht für das Drehstromnetz eine symmetrische, dreiphasige, ohmsche Belastung.

Mittelfrequenzleistung bis zu einigen MW bei Frequenzen bis etwa 30 kHz wird heute vor allem von Schwingkreisumrichtern in Thyristortechnik bereitgestellt. Bei kleineren Leistungen kommen bis etwa 500 kHz auch IGBT-Wechselrichter in Frage. Verwendet werden Wechselrichterschaltungen mit Reihen- oder Parallelschwingkreis nach Abb. 28.8.

28.4 Dielektrische Erwärmung

Ein hochfrequentes elektrisches Wechselfeld verursacht auch in Isolierstoffen durch die Lageänderung molekularer Dipole Verluste, die sich in einem Phasenwinkel $\varphi < 90°$ des zugeführten Wechselstroms auswirken, vgl. Abb. 28.9. Es entsteht der Verlustwinkel δ, der sich als weitgehend frequenzunabhängig erweist.

Für die spezifische Wärmeleistung (volumetrische Leistungsdichte) gilt

$$P'_{\mathrm{w}} = E^2\,\omega\,\varepsilon_0\,\varepsilon_{\mathrm{r}}\,\tan\delta\,.$$

Die anwendbare elektrische Feldstärke E ist durch die Durchbruch-Feldstärke begrenzt. Eine Steigerung der spezifischen Wärmeleistung P'_{w} ist somit nur über die Frequenz möglich. Der Verlustfaktor $\tan\delta$ ist u. U. stark von der Temperatur und der Feuchtigkeit des Guts abhängig, was vielfach für eine günstige Selbstregulierung von der spezifischen Wärmeleistung P'_{w} ausgenutzt werden kann. Bei Anwendung der dielektrischen Erwärmung auf mehrschichtiges Gut ist sowohl nach technologischen Gesichtspunkten als auch nach der Leistungsdichte und ihrer eventuellen Veränderung zu entscheiden, ob eine parallele oder senkrechte Lage der Schichten-Grenzfläche zum Feldverlauf zweckmäßiger ist (Längs- bzw. Querfelderwärmung). Luftschichten im Feldraum wirken sich i. Allg. nachteilig aus.

Ein wesentliches Anwendungsgebiet der dielektrischen Erwärmung ist die Verschweißung von Kunststofffolien, insbesondere in der Art von Nähten, z. B. bei Polsterbezügen oder Verkleidungen im Automobilbau. Dabei wird die Feldkonzentration unter schneidenförmigen Elektroden, vgl. Abb. 28.10, zur selektiven Verschweißung auf der gewünschten Naht genutzt.

Hinreichende Leistungsdichten sind nur mit Hochfrequenz erreichbar. Dafür sind bestimmte Frequenzbänder mit folgenden Mittenfrequenzen zugelassen: 13,6; 27,12; 40,68; 433,92 MHz;

für Erwärmungsprozesse im Mikrowellenstrahlungsfeld ist die Frequenz 2450 MHz zugelassen. Bei Anwendung anderer Frequenzen müssen Abschirmungen gegen Abstrahlungen, durch die Funkstörungen entstehen könnten, vorgesehen werden (Abstrahlungsfeldstärke in 100 m Entfernung $< 45\,\mu V/m$). Die genannten Frequenzen werden mit Röhrengeneratoren erzeugt.

Literatur

Spezielle Literatur

1. Rudolph, M., Schaefer, H.: Elektrothermische Verfahren. Springer, Berlin (1989)
2. Mühlbauer, A. (Hrsg.): Industrielle Elektrowärmetechnik. Vulkan-Verlag, Essen (1993)
3. Pfeifer, H., Nacke, B., Beneke, F. (Hrsg): Praxishandbuch Thermoprozesstechnik: Band I: Grundlagen – Prozesse – Verfahren. 3. Aufl. (2018), Band II: Prozesse – Komponenten – Sicherheit. 2. Aufl. (2011) Vulkan-Verlag, Essen

29 Elektronische Komponenten

Ulrich Grünhaupt und Hans-Jürgen Gevatter

29.1 Passive Komponenten

29.1.1 Aufbau elektronischer Schaltungen

Elektronische Schaltungen in mechatronischen Systemen werden überwiegend auf Leiterplatten realisiert. Auf Leiterplatten kann eine Vielzahl von Einzelschaltkreisen untergebracht werden, jedoch stellt die Leiterplattengröße selbst oft ein Problem dar. In derartigen Fällen lässt sich Abhilfe schaffen durch die sogenannte System-in-Package-Integration, bei der Chips sowie passive und aktive Einzelbauelemente auf einer isolierenden Zwischenschicht mit eingebetteten Leiterzügen gemeinsam in einem Gehäuse platziert und kontaktiert werden, so dass Chips verschiedener Herstellungstechnologien auf engstem Raum miteinander verbunden werden können auch z. B. durch alternative Verbindungstechniken wie optische Leiter, Abb. 29.1.

Eine weitere Miniaturisierung des Aufbaus elektronischer Schaltungen ermöglichen 3D-Integrationstechniken. Die Einbeziehung der dritten Dimension in die Systemintegration erfolgt, indem einzelne Schaltkreislagen übereinander angeordnet werden. Dadurch entstehen sehr kurze Leitungslängen und die Anzahl integrierbarer Chips sowie der Anschlüsse zwischen Chips ist wesentlich weniger limitiert wie bei einer zweidimensionalen Integration [1].

U. Grünhaupt (✉)
Hochschule Karlsruhe – Technik und Wirtschaft
Karlsruhe, Deutschland
E-Mail: ulrich.gruenhaupt@hs-karlsruhe.de

H.-J. Gevatter
Heidelberg, Deutschland

29.1.2 Widerstände

29.1.2.1 Grundlagen

Ein elektrischer Widerstand R stellt ein bestimmtes Verhältnis zwischen elektrischer Spannung U, die am Widerstand anliegt, und elektrischem Strom I, der durch diesen Widerstand hindurchfließt, her. Es gilt (im Idealfall) das Ohm'sche Gesetz (s. Kap. 22): $I = U/R$, und zwar unabhängig davon, ob der Widerstand mit einer Spannungsquelle (U als Ursache, I als Wirkung) oder mit einer Stromquelle (I als Ursache, U als Wirkung) betrieben wird. Im letzteren Fall wird auch der elektrische Leitwert G (reziproker Widerstand) verwendet: $U = I/G$.

Falls zur Abgrenzung gegenüber komplexen Widerständen erforderlich, spricht man vom *Wirkwiderstand* bzw. vom *Wirkleitwert*.

Widerstandswert. Er ist eine Funktion der Geometrie und des Materials. Im Falle eines Widerstandsdrahts mit der Länge l, dem Querschnitt A und dem spezifischen Widerstand ϱ des Drahtmaterials gilt: $R = (\varrho\, l)/A$.

Flächenwiderstand. Er ist der Widerstand einer quadratischen Scheibe mit der Kantenlänge a und der Dicke x. Dann gilt (Stromfluss parallel

B. Bender und D. Göhlich (Hrsg.), *Dubbel Taschenbuch für den Maschinenbau 2: Anwendungen*,
https://doi.org/10.1007/978-3-662-59713-2_29

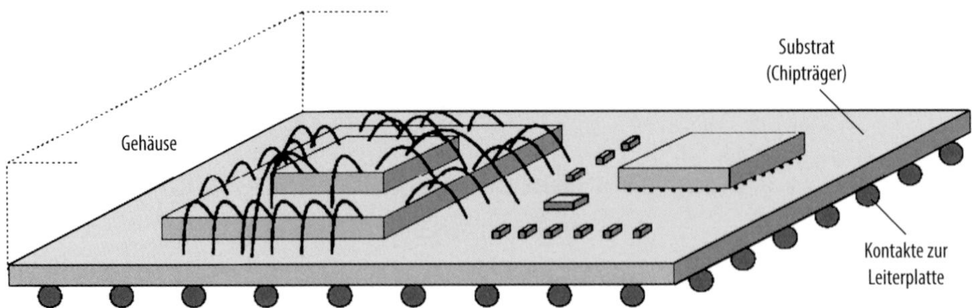

Abb. 29.1 Aufbau eines System-In-Package [1]

zur Fläche): $R_{\square} = \varrho/x$, wobei $x = 25\,\mu\text{m}$ ein typischer Wert ist.

Widerstandswerkstoffe [2] werden nach dem jeweiligen Anwendungszweck ausgewählt. Die Auswahlkriterien sind insbesondere spezifischer Widerstand: klein/groß, Temperaturabhängigkeit: klein/groß. Es werden vorzugsweise Schichtwiderstände aus Kupfer/Mangan-, Chrom/Nickel-, Gold/Chrom- sowie Silberlegierungen eingesetzt.

Temperaturabhängigkeit. Die Temperaturabhängigkeit eines Widerstands spiegelt sich in seinem Temperaturkoeffizienten α wider, der definiert ist als Widerstandsänderung $(R_1 - R_0)/R_0$ pro Temperaturdifferenz $T_1 - T_0$. R_1 entspricht dem Widerstand bei der Temperatur T_1 und R_0 dem Widerstand bei der Temperatur T_0. Es gilt:

$$R_1 = R_0[1 + \alpha(T_1 - T_0)]\,.$$

Spezielle Kupfer/Manganlegierungen (u. a. Manganin, Konstantan) haben einen sehr kleinen Temperaturkoeffizienten.

Heißleiter haben eine sehr ausgeprägte, jedoch nichtlineare, negative Temperatur-Widerstands-Kurve (NTC) [2]. Sie werden nach einem speziellen Sinterverfahren aus polykristalliner Mischoxidkeramik hergestellt. Der negative Temperaturkoeffizient liegt im Bereich von 3 bis 6 % / K. Näherungsweise gilt (B Materialkonstante in Kelvin, R Widerstand bei der Temperatur T, R_N Nennwiderstand bei Nenntemperatur T_N):

$$R = R_N \cdot \left[\exp B\left(\frac{1}{T} - \frac{1}{T_N}\right)\right].$$

Typische Werte für B sind 2000 bis 5000 K.

Kaltleiter haben in einem bestimmten Temperaturbereich eine ausgeprägte, sehr nichtlineare positive Temperatur-Widerstands-Kurve (PTC) [2]. Der Widerstandsanstieg beträgt mehrere Zehnerpotenzen. Maßgebend ist die Bezugstemperatur ϑ_b, bei der der steile Widerstandsanstieg beginnt. Typische Werte für ϑ_b liegen im Bereich von −30 bis +220 °C. PTC-Widerstände werden durch Pressen und Sintern aus speziellen Metalloxiden hergestellt.

29.1.2.2 Festwiderstände

Festwiderstände werden meistens in Rohrform mit Drahtwicklung (Drahtwiderstand) oder Beschichtung (Kohleschicht, Metallschicht) hergestellt. Sie werden mittels Kappen und Drahtenden kontaktiert. Zunehmend an Bedeutung gewonnen haben SMD-Bauformen (surface mounted device) und Widerstandsnetzwerke.

Abstufung, Toleranzen. Die Nennwerte einer Widerstandsbaureihe werden in E-Reihen [2] geometrisch gestuft. Die feinste Abstufung erfolgt nach E 24 (Stufenfaktor $\sqrt[24]{10} = 1{,}1$). Weitere Reihen sind E 12 und E 6. Die festgelegten Toleranzen (Abweichungen vom Nennwert) einzelner Exemplare betragen je nach E-Reihe $\pm 0{,}1$ bis $\pm 30\,\%$.

Konstanz des Widerstandswerts. Er kann sich in Folge von Alterung, Temperatur- und Klimaeinflüssen ändern.

Präzisionswiderstände erfüllen besonders hohe Anforderungen an Langzeit- und Temperaturkonstanz.

Frequenzabhängigkeit. Bei Betrieb mit hohen Frequenzen sind die parasitären induktiven und kapazitiven Blindwiderstandskomponenten zu beachten. Hier haben SMD-Bauformen Vorteile.

Grenzwerte. Die elektrischen Grenzwerte eines Widerstands sind durch seine höchstzulässige Betriebstemperatur bestimmt. Typische Nennleistungen für Anwendungen in der Informationselektronik liegen im Bereich von 0,25 bis 20 W.

29.1.2.3 Einstellbare Widerstände

Einstellbare Widerstände werden als *Trimmer* für Abgleich- und Einstellzwecke mit geringer Verstellhäufigkeit verwendet (Belastbarkeit max. 1 bis 2 W). *Drehwiderstände* (Potentiometer) sind für häufige Verstellungen vorgesehen und können für höhere Nennlast ausgelegt werden. Bei *Schiebewiderständen* erfolgt die Widerstandsveränderung durch eine Linearbewegung des Schleifers. Die Funktion Widerstandsänderung/Einstellbewegung ist i. Allg. linear, sie kann in Sonderfällen auch eine nichtlineare, z. B. eine logarithmische Funktion darstellen. Präzisions-Potentiometer werden auch als Messumformer für das elektrische Messen von Dreh- und Linearbewegungen verwendet.

29.1.3 Kapazitäten

29.1.3.1 Grundlagen

Ein Kondensator mit der Kapazität C speichert eine elektrische Ladung Q, deren Größe proportional zur anliegenden Spannung U ist: $Q = CU$.

Bestimmende Größen für die Kapazität eines Kondensators sind seine Geometrie und das Material seines Dielektrikums mit ε_r relative Dielektrizitätskonstante, ε_0 absolute Dielektrizitätskonstante des Vakuums (Tab. 22.3 und 22.4). Die häufigste Bauform ist der *Plattenkondensator*, dessen Kapazität mit der Plattenfläche A und dem Plattenabstand d, $C = \varepsilon_0\varepsilon_r\,(A/d)$ beträgt (Abschn. 22.2.3).

Verluste. Ein idealer Kondensator hat keine Wirkverluste. Ein mit Verlusten behafteter Kondensator kann ersatzweise durch einen idealen Kondensator mit einem in Reihe oder parallel geschalteten ohmschen Widerstand dargestellt werden. Die Verluste werden durch den Verlustwinkel δ beschrieben.

Temperatureinfluss. Luftkondensatoren ($\varepsilon_r = 1$) haben eine hohe Temperaturkonstanz. Feststoff-Dielektrika haben eine hohe relative Dielektrizitätskonstante, jedoch in Verbindung mit nicht mehr zu vernachlässigenden Temperaturkoeffizienten im Bereich von $\pm 20 \cdot 10^{-6}$ bis $\pm 750 \cdot 10^{-6} \cdot \mathrm{K}^{-1}$.

Parasitäre Kapazitäten. In Schaltungen der Hochfrequenz- und Computertechnik müssen parasitäre Kapazitäten, die z. B. zwischen zwei benachbarten Leitungen auftreten, in Betracht gezogen werden.

29.1.3.2 Festkondensatoren

Es existieren zahlreiche Bauformen: *Keramikkondensatoren* mit einer keramischen Masse als Dielektrikum, *Wickelkondensatoren* mit einem Wickel aus metallisierter Isolierfolie sowie *Elektrolytkondensatoren* mit großer Kapazität bei kleinem Volumen mit einem elektrochemisch erzeugten Dielektrikum. Elektrolytkondensatoren sind gepolt, sie dürfen nur mit einer Spannung vorgeschriebener Polarität betrieben werden. Typische Bauformen sind selbstheilende Metall/Papier-(MP-) und Metall/Kunststoff-(MKV-)Kondensatoren [2].

29.1.3.3 Einstellbare Kondensatoren

Wie bei den variablen Widerständen unterscheidet man auch bei den Kondensatoren zwischen *Trimmern* und *Kondensatoren* für *häufige Verstellung*. Der technische Aufbau von Trimmern leitet sich meist vom *Platten-* oder *Rohrkondensator* ab. *Drehkondensatoren* in Form des drehwinkelabhängigen Mehrfach-Plattenkondensators sind für häufige Verstellungen ausgelegt. Die Verstellfunktion kann in Abhängigkeit vom Plattenschnitt linear oder nichtlinear (z. B. logarithmisch) sein.

29.1.4 Induktivitäten

29.1.4.1 Grundlagen

Eine Spule mit der Induktivität L und der Windungszahl N speichert einen magnetischen Fluss $N \cdot \Phi$, der proportional zu dem die Spule durchfließenden Strom I ist: $N \cdot \Phi = L \cdot I$.

Bestimmende Größen für die Induktivität einer Spule sind die Geometrie, die Windungszahl und das Kernmaterial der Spule mit μ_r relative Permeabilität des Kernmaterials, μ_0 absolute Permeabilitätskonstante (Tab. 22.3). Die Induktivität einer mit ferromagnetischem Material ($\mu_r \gg 1$) gefüllten Ringspule mit der Windungsfläche A und der magnetischen Weglänge l ist (Abschn. 22.2.5)

$$L = \mu_0 \mu_r \frac{A}{l} N^2 .$$

Verluste. Wirkstromverluste entstehen durch den Widerstand der Wicklung. Bei Betrieb von Induktivitäten mit ferromagnetischem Kernmaterial mit Wechselstrom kommen Wirbelstromverluste und Ummagnetisierungsverluste hinzu, die mit zunehmender Frequenz stark ansteigen. Eine mit Verlusten behaftete Induktivität kann ersatzweise durch eine ideale Induktivität mit einem in Reihe und parallel geschalteten ohmschen Widerstand dargestellt werden.

29.1.4.2 Spulen mit fester Induktivität

Luftspulen, meistens als Zylinderspulen konfiguriert, werden vorzugsweise für hohe Frequenzen verwendet. Sie haben relativ kleine Induktivitätswerte, aber weisen nur geringe Wirkverluste auf. Zur Erhöhung der Induktivität werden die Spulen mit ferromagnetischem Kern ausgeführt. Die Kerne werden zur Reduzierung der Kernverluste aus dünnen Blechschnitten (UI-Schnitt, M-Schnitt, EI-Schnitt) oder aus Ferrit-Schalenkernen hergestellt. Zur Verbesserung der Langzeitkonstanz der Induktivität wird ein kleiner definierter Luftspalt eingestellt [2].

29.1.4.3 Spulen mit einstellbarer Induktivität

Einstellbare Induktivitäten werden vorzugsweise zum Abgleich als Trimmer eingesetzt. Sie bestehen aus einem Plastikrohr mit Innengewinde als Spulenkörper. In das Innengewinde wird ein Ferritkern hineingeschraubt. Mit zunehmender Schraubtiefe erhöht sich die Induktivität.

29.2 Dioden

Dioden leiten den Strom bevorzugt in einer Richtung (Durchlassrichtung). Die Anschlüsse der Diode werden mit Kathode K und Anode A bezeichnet. In entgegengesetzter Richtung (Sperrrichtung) kann nur ein sehr kleiner Sperrstrom fließen [3, 4].

29.2.1 Diodenkennlinien und Daten

Die Kennlinie einer Diode ist durch den Sperrbereich und den Durchlassbereich gekennzeichnet, Abb. 29.2. Die ideale Kennlinie folgt der aus der Halbleitertheorie abgeleiteten Funktion

$$I = I_s \cdot \left(\exp \frac{eU_{AK}}{kT} - 1 \right)$$

mit T absolute Temperatur, k Boltzmannkonstante, e Elementarladung, U_{AK} Spannung an der Diode und I_S Sperrsättigungsstrom.

Die **Kennlinie** in Durchlassrichtung, die näherungsweise dieser Funktion folgt, ist durch die Kenndaten U_D (0,2 bis 0,4 V bei Germaniumdioden, 0,5 bis 0,8 V bei Siliziumdioden) bei $I_D = 0{,}1 \cdot I_{max}$ und den maximal zulässigen Durchlassstrom I_{max} gekennzeichnet.

Der **Sperrbereich** ist durch den Sperrsättigungsstrom I_s (typische Werte bei Raumtemperatur sind 100 nA bei Germaniumdioden und 10 pA

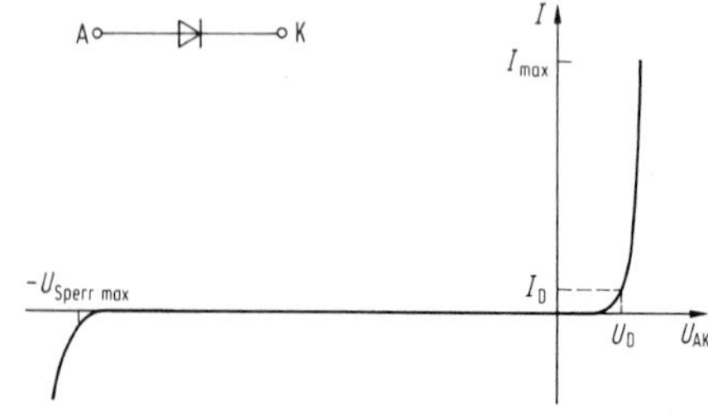

Abb. 29.2 Schaltsymbol und Kennlinie einer Diode [5]

bei Siliziumdioden) und die maximal zulässige Sperrspannung $U_{\mathrm{Sperr\ max}}$ gekennzeichnet.

Temperaturabhängigkeit. Die Kenndaten sind temperaturabhängig. U_D ändert sich bei Siliziumdioden näherungsweise um $-2\,\mathrm{mV/K}$. I_s verdoppelt sich bei 10 K Temperaturerhöhung.

Die **Sperrschichtkapazität** beeinflusst das dynamische Verhalten einer Diode. Die Sperrschichtkapazität entsteht durch Querschnitt und Weite der Raumladungszone des pn-Übergangs. Sie steigt mit abnehmender Sperrspannung an.

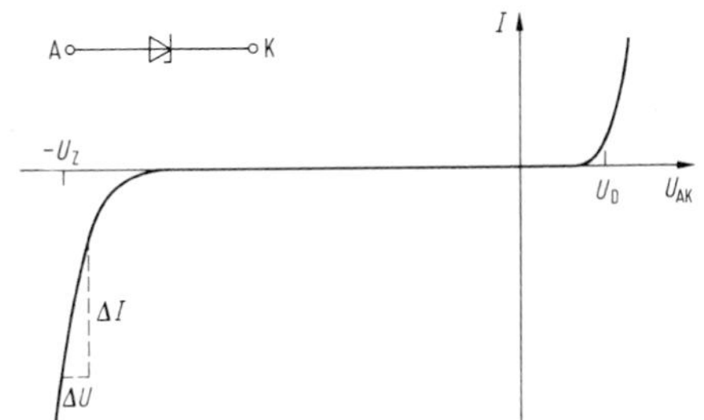

Abb. 29.4 Schaltsymbol und Kennlinie einer Z-Diode [5]

29.2.2 Schottky-Dioden

Schottky-Dioden bestehen aus einem Metall-Halbleiterkontakt. Der Durchlassbereich weist eine besonders niedrige Durchlassspannung U_D (kleiner als 0,4 V) sowie eine kleine parasitäre Kapazität auf. Die bevorzugten Anwendungsgebiete sind Schutz- und Stromversorgungsschaltungen, bei denen die niedrige Durchlassspannung ausgenutzt wird und die Hochfrequenztechnik wegen der kleinen Sperrschichtkapazität.

29.2.3 Kapazitätsdioden

Bei Kapazitätsdioden nutzt man die Änderung ihrer Sperrschichtkapazität in Abhängigkeit der anliegenden Sperrspannung $-U_{AK}$ und verwendet sie als spannungsgesteuerte, veränderbare Kapazitäten (Abb. 29.3). Kapazitätsdioden haben mechanische Drehkondensatoren weitestgehend abgelöst.

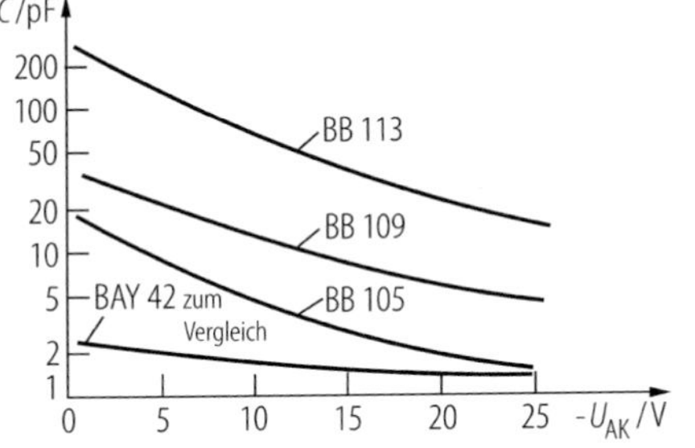

Abb. 29.3 Kennlinien verschiedener Kapazitätsdioden [5]

29.2.4 Z-Dioden

Beim Überschreiten der maximalen Sperrspannung steigt der Sperrstrom lawinenartig an (Avalanche-Effekt, Zener-Effekt). Der scharfe Einsatz des Durchbruchs (Abb. 29.4) wird zur Spannungsstabilisierung genutzt. Die stabilisierende Wirkung der Z-Diode wird dadurch erreicht, dass eine große Stromänderung ΔI nur eine relativ kleine Spannungsänderung ΔU verursacht. Maßgebend für die Stabilisierungswirkung ist der differentielle Innenwiderstand $r_Z = \Delta U / \Delta I$.

Typische Durchbruchsspannungswerte (Stabilisierungsspannung, Z-Spannung) liegen zwischen 3 und 200 V.

Der **Temperaturkoeffizient** ist bei Z-Spannungen unter 5,7 V (Zener-Effekt) negativ, bei Spannungen über 5,7 V (Avalanche-Effekt) positiv: Typische Werte $\pm 0{,}1\ \%/\mathrm{K}$. Noch stabilere Referenzspannungen liefern Bandgap-Referenzelemente (Temperaturkoeffizient z. B. 5 ppm/K) [2].

29.2.5 Leistungsdioden

Dioden für die Leistungselektronik haben prinzipiell die gleiche Kennlinie wie vorher beschrieben. Sie sind jedoch für höhere Durchlassströme (ab ca. 1 bis zu einigen 1000 A) und höhere Spannungen (bis ca. 5000 V) ausgelegt. Durch entsprechende konstruktive Gestaltung der Gehäuse (Flachbodengehäuse, Scheibengehäuse) ist für eine gute Ableitung der Verlustwärme, meistens in Verbindung mit Kühlkörpern, gesorgt.

29

29.3 Transistoren

Der Transistor ist eine dreipolige Halbleiterkomponente mit der Fähigkeit, ein elektrisches Signal zu verstärken. Man unterscheidet bipolare und unipolare Transistorkonfigurationen sowie Transistoren für Informations- und Leistungselektronik. Gemeinsames Merkmal aller Transistorkonfigurationen: Die Steuerelektrode muss (im Gegensatz zu den Thyristoren) ständig angesteuert werden, um den beabsichtigten Aussteuerungszustand aufrechtzuerhalten [2–6].

29.3.1 Bipolartransistoren

Einen Bipolartransistor kann man als zwei gegeneinander geschaltete Dioden (Abb. 29.5) mit den drei Elektroden Basis B, Emitter E und Kollektor C betrachten. Die Verstärkerwirkung eines Transistors kommt jedoch erst durch seinen unsymmetrischen Aufbau – unterschiedliche Dotierungskonzentrationen und Schichtdicken der E-, B- und C-Zone – zustande. Die in der Schaltung auftretenden Spannungen und Ströme am Beispiel eines npn-Transistors zeigt Abb. 29.6. Bei einem pnp-Transistor kehren alle Spannungen und Ströme ihr Vorzeichen um.

Stromverstärkung. Die Stromverstärkung des Bipolartransistors ist gegeben durch das Verhältnis von Kollektorstrom I_C zu Basisstrom I_B. Dabei durchfließt der Basisstrom, der Eingangssteuerstrom, die Basis/Emitter-Diode in Durchlassrichtung, während der Kollektorstrom als Ausgangsstrom die Kollektor/Basis-Diode in Sperrrichtung durchfließt.

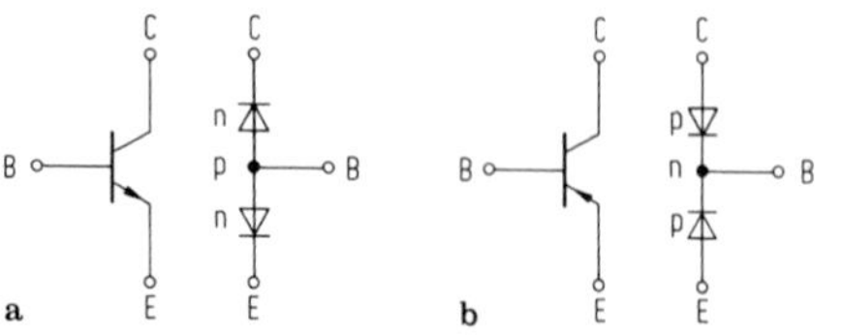

Abb. 29.5 **a** npn-Transistor; **b** pnp-Transistor mit Dioden-Ersatzschaltbild [5]

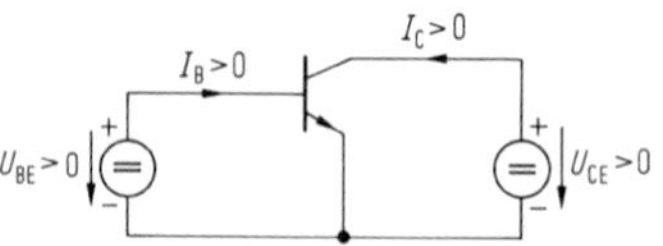

Abb. 29.6 Polung eines npn-Transistors [5]

Differentielle Stromverstärkung und Steilheit. Die Kleinsignalverstärkung im Arbeitspunkt ist gegeben durch die differentielle Stromverstärkung β bzw. die Steilheit S:

$$\beta = \left.\frac{\partial I_C}{\partial I_B}\right|_{U_{CE}=\text{const}} \quad \text{und} \quad S = \left.\frac{\partial I_C}{\partial U_{BE}}\right|_{U_{CE}=\text{const.}}$$

Transistorkennlinien. Die wesentlichen Transistoreigenschaften zeigen das I_B/U_{BE}- und das I_C/U_{CE}-Kennlinienfeld in Abb. 29.7. Der Eingangsstromkreis ist durch einen niedrigen differentiellen Eingangswiderstand $\Delta U_{BE}/\Delta I_B$ gekennzeichnet, während der Ausgangsstromkreis einen relativ hohen differentiellen Ausgangswiderstand $\Delta U_{CE}/\Delta I_C$ aufweist.

Grenzdaten, die in keinem Betriebszustand überschritten werden dürfen, sind insbesondere die Emitter/Basis-Sperrspannung U_{EBO}, die Kollektor/Basis-Sperrspannung U_{CBO}, die Kollektor/Emitter-Sperrspannung U_{CEO}, der maximale Kollektorstrom $I_{C\,max}$ und die maximale Verlustleistung $P_{v\,max}$, die von der im Transistor in Wärme umgesetzten Leistung

$$P_v = U_{CE} I_C + U_{BE} I_B$$

nicht überschritten werden darf. Die Verlustleistung, bei der die maximal zulässige Temperatur ϑ_j der Sperrschicht erreicht wird, ist P_{ϑ_j}. Die Sperrschichttemperatur hängt von der Umgebungstemperatur ϑ_A, dem gesamten Wärmewiderstand R_{thJA} zwischen Sperrschicht und Umgebung sowie der als Wärme abzuführenden Verlustleistung P_v ab. Es muss immer gewährleistet sein:

$$P_v \leq P_{\vartheta_j} = (\vartheta_j - \vartheta_A)/R_{thJA}\,.$$

Bei Kollektor/Emitter-Spannungen in der Nähe von U_{CEO} kann dieser Grenzwert nicht voll

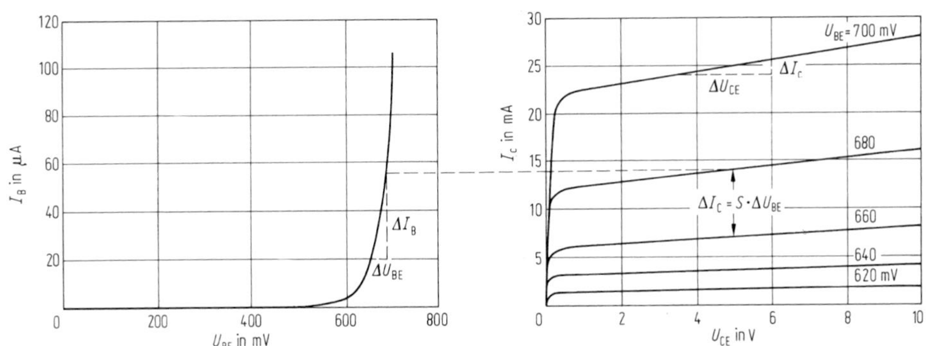

Abb. 29.7 I_B/U_{BE}- und I_C/U_{CE}-Kennlinienfeld [5]

genutzt werden. Tatsächlich zulässiger Arbeitsbereich (SOA, Safe Operating Area): Abb. 29.8.

Gehäuse. Mit zunehmender maximaler Verlustleistung muss das Gehäuse für eine ausreichende Wärmeabfuhr ausgelegt sein. Diese Gehäuse werden auf Kühlkörper geschraubt, um die Wärmeableitung an die Umgebung zu verbessern.

Leistungstransistoren. Leistungstransistoren sind für hohe Verlustleistungen (bis zu einigen 100 W) ausgelegt, jedoch geht das zu Lasten der Stromverstärkung, die bei hohen Kollektorströmen auf Werte bis ca. 10 absinkt.

Darlington-Schaltung. Um die Stromverstärkung, z. B. eines Leistungstransistors zu verbessern, wird diesem ein weiterer Transistor vorgeschaltet und in einer sog. Darlington-Schaltung in einem Gehäuse zusammengefasst. Die Darlington-Schaltung kann als ein Transistor mit den Anschlüssen E′, B′ und C′ aufgefasst werden, Abb. 29.9. Die Parallelschaltung eines Widerstands dient dazu, den Transistor T_2 schneller sperren zu können. Die Gesamtstromverstärkung entspricht dem Produkt der Stromverstärkungen von T_1 und T_2.

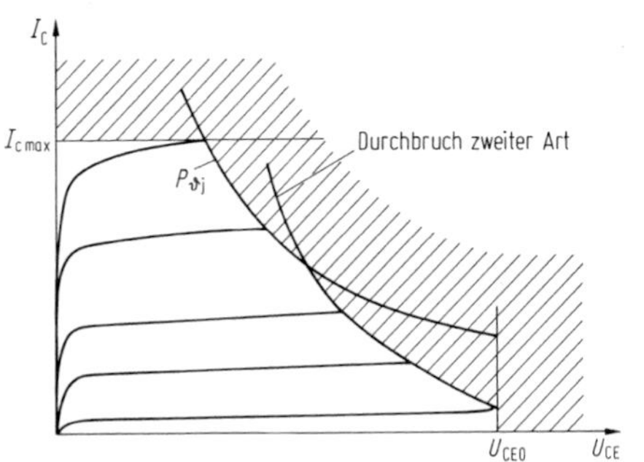

Abb. 29.8 Zulässiger Arbeitsbereich eines Transistors [5]

Linearbetrieb. Schaltungen für Kleinsignalverstärkungen werden linear betrieben. Das heißt, jeder differentiellen Änderung des Eingangssignals, die dem Arbeitspunkt überlagert wird, folgt das Ausgangssignal verstärkt und linear. Der Arbeitspunkt eines linear betriebenen Transistors liegt auf der durch R_L festgelegten Arbeitsgeraden etwa bei $U_{CE} = U_C/2$, Abb. 29.10; dort, wo der Kollektorstrom I_C nur wenig von U_{CE} abhängt. Wird eine hohe Ausgangsleistung im Linearbetrieb gefordert, ist zu beachten, dass die linear ausgesteuerte Ausgangsleistung näherungsweise gleich groß wie die dabei auftretende Verlustleistung im Transistor ist. Daher ist der Linearbetrieb nur für kleine Ausgangsleistungen geeignet.

Schaltbetrieb. Eine wesentlich höhere Ausgangsleistung mit ein und demselben Transistor

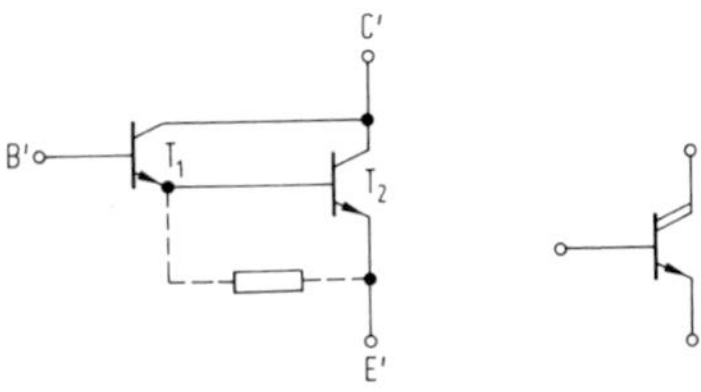

Abb. 29.9 Darlington-Schaltung und Schaltsymbol [5]

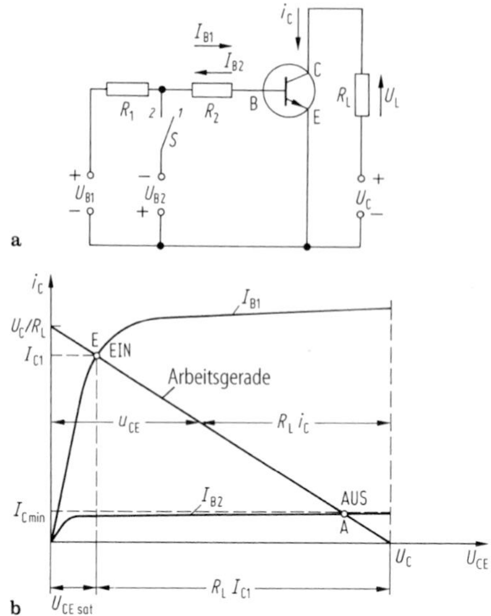

Abb. 29.10 Transistor im Schaltbetrieb. **a** Schaltung; *S* in Stellung *1* = EIN, *S* in Stellung *2* = AUS; **b** Arbeitspunkte EIN und AUS [6]

ist möglich, wenn man unter Verzicht auf Verzerrungsfreiheit und Linearität zum Schaltbetrieb übergeht, Abb. 29.10. Der Transistor kann mit einem Schalter im geschlossenen Zustand (Ein-Zeitdauer T_E) und geöffnetem Zustand (Aus-Zeitdauer T_A) verglichen werden. Der während T_A fließende Kollektor-Reststrom $I_{C\,min}$ kann vernachlässigt werden. Der Mittelwert der Leistung in R_L bei periodischem Schaltbetrieb beträgt

$$P_A = \frac{T_E}{T_E + T_A}(U_C - U_{CE\,sat})I_{C1}\,.$$

Die Verlustleistung im Transistor beträgt näherungsweise nur

$$P_v = \frac{T_E}{T_E + T_A} \cdot U_{CE\,sat} I_{C1}\,.$$

29.3.2 Feldeffekttransistoren

Feldeffekttransistoren (FET) sind Halbleiter, deren Verstärkungsfunktion auf der Wirkung eines elektrischen Felds beruht. Eine zwischen Steuerelektrode (Gate G) und Source S angelegte positive Spannung U_{GS} beeinflusst den Widerstand des Inversionskanals zwischen Drain D und

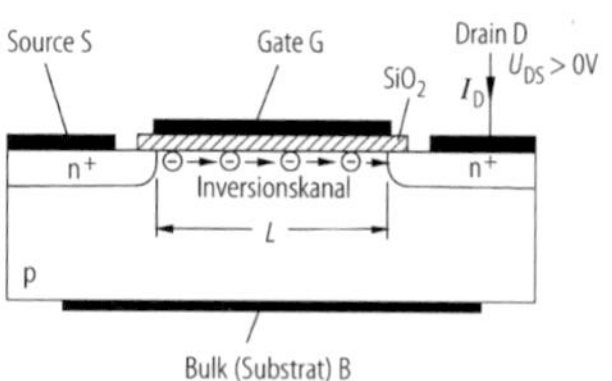

Abb. 29.11 Aufbau eines n-Kanal Enhancement-MOS-FET [3]

Source S. Jedoch fließt nur ein Gateleckstrom (1 pA bis 1 nA), da das Gate vom Inversionskanal der Länge *L* durch eine sehr dünne, nicht leitende Schicht aus SiO_2 getrennt ist, wovon die Bezeichnung MOSFET (**M**etal **O**xide **S**emiconductor) abgeleitet ist. In Abb. 29.11 handelt es sich um einen selbstsperrenden n-Kanal MOSFET, den am häufigsten eingesetzten Typ, der auch als Enhancement-MOSFET (Anreicherungstyp) bezeichnet wird. Ohne Gatespannung ist er stromlos aufgrund der 2 gegeneinander geschalteten pn-Übergänge zwischen Source und Drain. Erst mit einer Gatespannung $U_{GS} > U_{Th}$ (Abb. 29.12a) bildet sich ein n-leitender Kanal aus [3, 5].

Ist $U_{DS} < U_{Dsat}$, so verhält sich der MOSFET wie ein nichtlinearer Widerstand und im Sättigungsbereich des Drainstroms für $U_{DS} > U_{Dsat}$ annähernd wie eine von U_{GS} gesteuerte Stromquelle.

Neben den selbstsperrenden MOSFETs gibt es auch selbstleitende FETs, den Depletion-MOS-FET (Verarmungstyp) und den JFET (Sperrschicht-FET) [2], die bereits ohne anliegende Gatespannung U_{GS} einen leitenden Kanal besitzen.

CMOS-Schaltungstechnik. Die komplementären Eigenschaften von n- und p-Kanal-MOS-FETs werden in der CMOS-Schaltungstechnik (**C**omplementary **MOS**) zum Aufbau von Logikschaltungen genutzt. Abb. 29.13 zeigt das einfache Beispiel eines CMOS-Inverters. Nur während der Schaltphase fließt kurzzeitig Strom, im statischen Zustand dagegen nicht, Abb. 29.14. Daraus resultiert eine geringe Verlustleistung, die den Aufbau sehr hoch integrierter Schaltkreise (IC) ermöglicht.

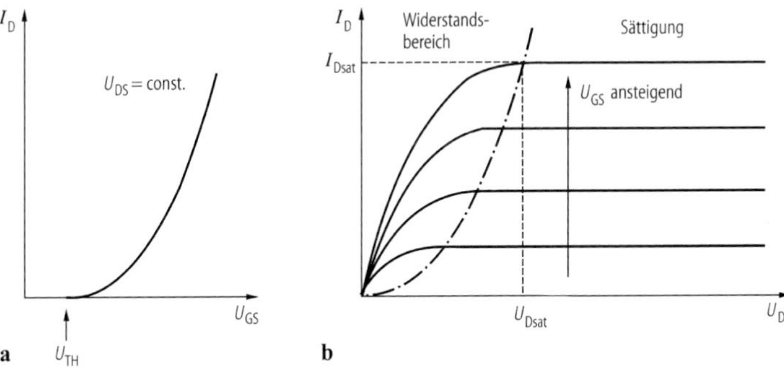

Abb. 29.12 Steuerkennlinie (**a**) und Ausgangskennlinienfeld (**b**) eines n-Kanal Enhancement-MOSFET [3]

Leistungs-MOS-Fets. Während bei den FETs in integrierten Schaltungen die DS-Kanäle in lateraler Richtung liegen (Abb. 29.11), werden Leistungs-MOS-Fets mit vielen tausend parallel geschalteten vertikal angeordneten DS-Kanälen ausgeführt, wodurch sich Drainströme über 200 A erzielen lassen. Leistungs-MOS-Fets zeichnen sich im Vergleich zu Bipolartransistoren durch kurze Schaltzeiten, reine Spannungssteuerung und den nicht auftretenden Durchbruch zweiter Art (Abb. 29.8) aus.

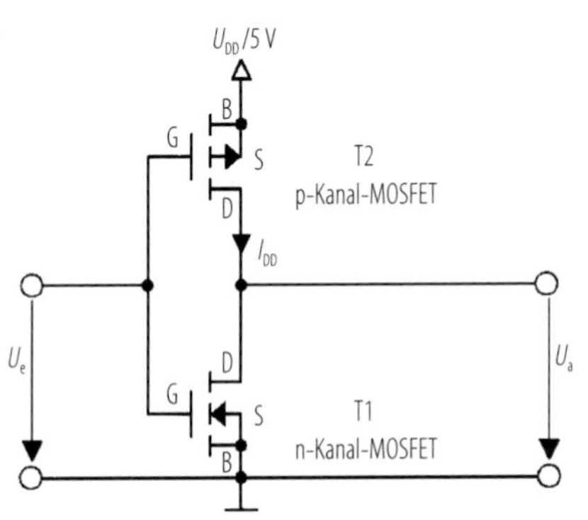

Abb. 29.13 CMOS-Inverterschaltung

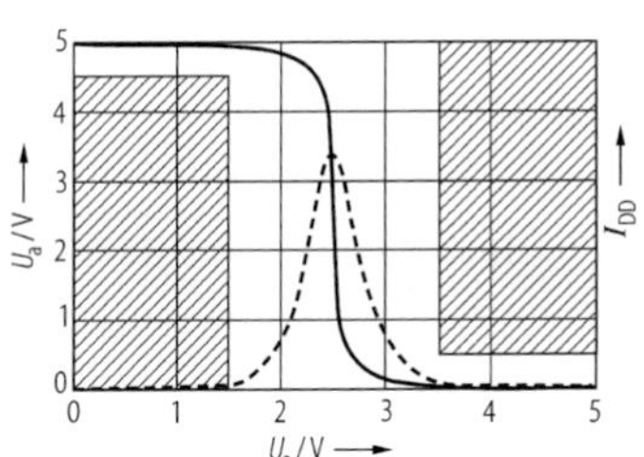

Abb. 29.14 Übertragungskennlinie eines CMOS-Gatters bei 5 V Betriebsspannung [5]. *schraffiert* Toleranzgrenzen, *gestrichelt* Stromaufnahme

29.3.3 IGB-Transistoren

Der IGBT (Insulated Gate Bipolar Transistor) gehört zu der Gruppe der abschaltbaren Leistungshalbleiter und vereinigt die niedrigen Durchlassverluste eines bipolaren Transistors mit der hohen Eingangsimpedanz eines MOS-Fet. Damit findet der IGBT sein bevorzugtes Anwendungsgebiet in der elektronischen Antriebstechnik [7].

Der IGBT besteht ebenso wie der MOS-Fet aus vielen einzelnen parallel geschalteten Zellen. Das Ersatzschaltbild (Abb. 29.15) zeigt die Darlington-Schaltung eines MOS-Fet und eines bipolaren Transistors. Beträgt die Steuerspannung zwischen G und E Null, fließt kein Strom. Bei einer ausreichend hohen positiven Spannung zwischen G und E beginnt im MOS-Fet ein Strom zu fließen (n-Kanal-Enhancement-MOS-Fet), der als Basisstrom für den pnp-Transistor dient und diesen in den Durchlasszustand steuert. Somit hat der IGBT die Steuerkennlinien eines MOS-Fet und das Ausgangskennlinienfeld eines bipolaren Transistors, Abb. 29.16.

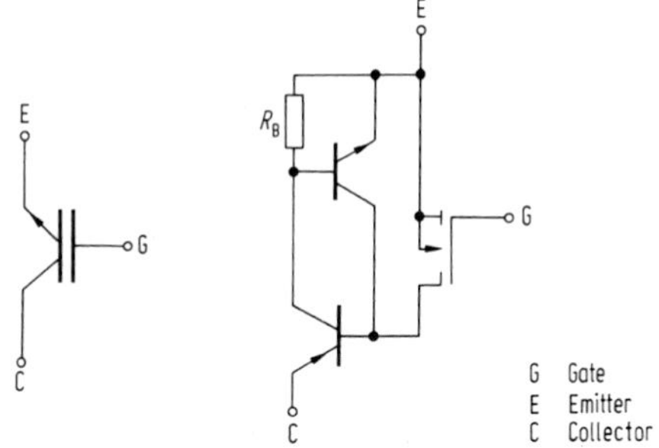

Abb. 29.15 Schaltsymbol und Ersatzschaltbild für einen n-Kanal-IGBT

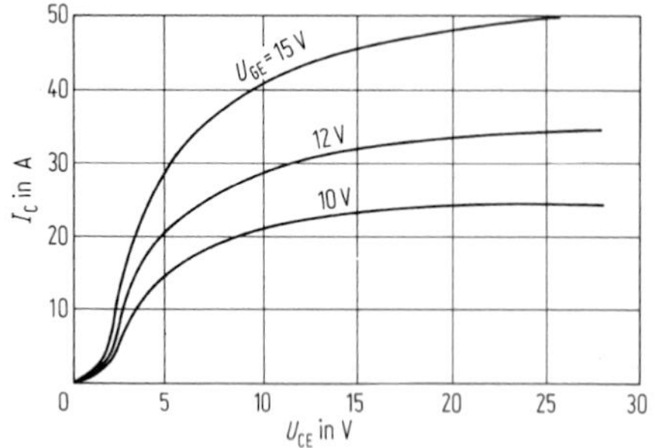

Abb. 29.16 Typisches Ausgangskennlinienfeld eines IGBT

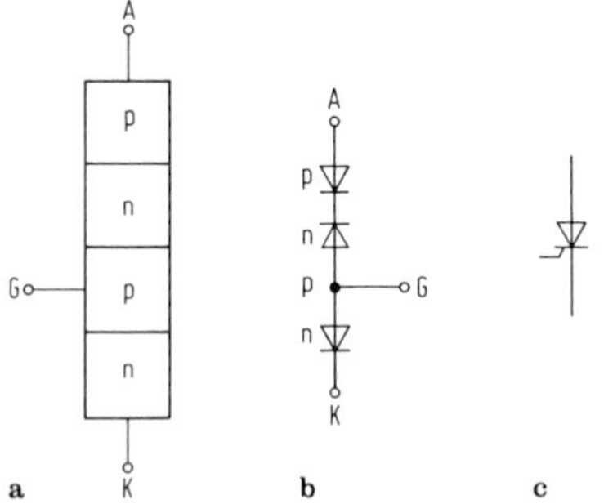

Abb. 29.17 **a** Vierschichtanordnung des Thyristors, *A* Anode, *K* Kathode, *G* Zündelektrode (Gate); **b** Dioden-Ersatzschaltbild; **c** Schaltsymbol

29.4 Thyristoren

Unter diesem Oberbegriff wird heute eine ganze Familie von schaltenden Halbleiter-Leistungsbauelementen zusammengefasst, die in vielen Bereichen der Leistungselektronik eingesetzt werden. Typisches Anwendungsgebiet ist die Steuerung elektrischer Antriebe in der Produktion und der Verkehrstechnik [8]. Die Nennströme liegen in Bereichen von 1 bis ca. 2000 A bei Nennspannungen bis zu ca. 5000 V.

Die einzelnen Thyristortypen unterscheiden sich nach Höhe der Betriebsfrequenz (Netzthyristoren, Frequenzthyristoren), Verhalten in Rückwärtsrichtung (rückwärts sperrende und rückwärts leitende Thyristoren) und der Abschaltbarkeit (abschaltbarer Thyristor, Gate-turn-off-Thyristor GTO). Am Anfang der Entwicklung stand der Netzthyristor, aus dem die anderen Thyristortypen hervorgegangen sind.

29.4.1 Thyristorkennlinien und Daten

Wirkungsweise. Der Thyristor ist ein steuerbarer Leistungshalbleiter mit einer Vierschichtanordnung, d. h. es sind drei pn-Übergänge vorhanden, Abb. 29.17. In Sperrrichtung verhält sich ein Thyristor wie eine Diode. In Vorwärtsrichtung gibt es zwei stabile Zustände. Der mittlere pn-Übergang sperrt, somit fließt praktisch kein Strom in Vorwärtsrichtung. Erst wenn ein Zündstrom von der Steuerelektrode G zur Kathode K fließt, wird der mittlere pn-Übergang mit Ladungsträgern überschwemmt und der Thyristor wird in Vorwärtsrichtung leitend. Somit verhält er sich wie eine Diode in Durchlassrichtung. Wesentlich ist, dass nach Abschalten des Zündstroms der in Vorwärtsrichtung leitende Zustand selbsttätig aufrechterhalten bleibt.

Thyristorkennlinie und die wesentlichen Kennwerte: Abb. 29.18. Bezüglich des Betriebs in Sperrrichtung und Durchlassrichtung im vorwärtsleitenden Zustand sowie bezüglich der thermischen Verhältnisse gelten die gleichen Kennwerte wie bei der Diode.

Weitere wesentliche Kennwerte [6] sind:

Vorwärtssperrspannung U_D ist die Spannung zwischen den Hauptanschlüssen des Thyristors in Vorwärtsrichtung im Sperrzustand.

Rückwärtssperrspannung U_R ist die Spannung zwischen den Hauptanschlüssen eines Thyristors in Rückwärtsrichtung.

Spitzensperrspannung ist der höchste zulässige Augenblickswert der Spannung in Vorwärtsrichtung (U_{DRM}) im gesperrten Zustand bzw. in Rückwärtsrichtung (U_{RRM}).

Rückwärtssperrstrom I_R ist der in Rückwärtsrichtung fließende Sperrstrom (im Datenblatt wird i. Allg. der obere Streuwert angegeben).

Vorwärtssperrstrom I_D ist der in Vorwärtsrichtung im gesperrten Zustand über die Hauptanschlüsse fließende Strom.

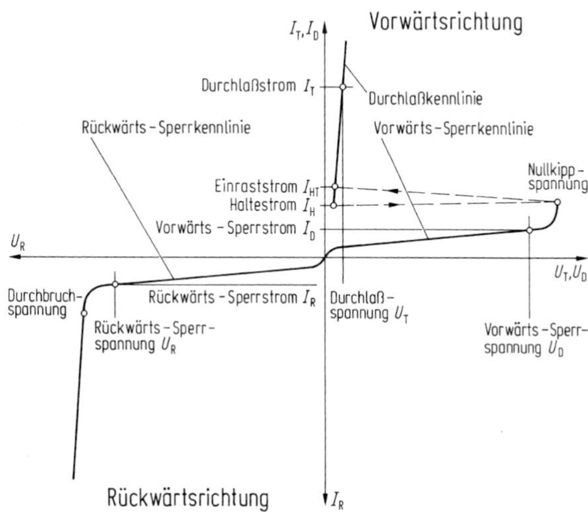

Abb. 29.18 Prinzipkennlinie und charakteristische Kennwerte eines Thyristors

Haltestrom I_H ist der unterste Wert des Durchlassstroms, bei dem der Thyristor noch im Durchlasszustand bleibt.

Oberer Zündstrom I_{GT} ist der größte Streuwert des Zündstroms, bei dem auch sicheres Zünden gewährleistet ist.

Obere Zündspannung U_{GT} ist der größte Streuwert der Zündspannung.

Kritische Spannungssteilheit S_{Ukrit} ist der höchstzulässige Wert der Sperrspannungsanstiegsgeschwindigkeit in Vorwärtsrichtung, bei der der Thyristor ohne Zündstrom noch nicht in den Durchlasszustand umschaltet („Über-Kopf-zünden"). Bei Überschreiten von S_{Ukrit} wird der so gezündete Thyristor zerstört.

Kritische Stromsteilheit S_{Ikrit} ist der höchstzulässige Wert der Stromanstiegsgeschwindigkeit beim Durchschalten, den der Thyristor noch ohne Schaden verträgt.

Freiwerdezeit t_q ist die Mindestzeitdauer, die der Thyristor benötigt, um nach dem Nulldurchgang des abkommutierenden Durchlassstroms die Sperrfähigkeit in Vorwärtsrichtung wiederzuerlangen. Frequenzthyristoren haben eine im Vergleich zu Netzthyristoren kürzere Freiwerdezeit und können deshalb mit höheren Frequenzen betrieben werden.

29.4.2 Steuerung des Thyristors

Der Thyristor wird bei Betrieb in Vorwärtsrichtung durch den Zündstrom I_{GT} vom Sperrzustand in den Durchlasszustand geschaltet. Der Durchlasszustand bleibt nach Abschalten des Zündstroms selbsttätig erhalten und kann über die Steuerelektrode nicht mehr beeinflusst werden. Erst wenn der Durchlassstrom unter den Wert I_H sinkt, erlischt der Thyristor und gewinnt seine Vorwärtssperrfähigkeit zurück. Prinzipschaltung des Thyristorsteuerkreises: Abb. 29.19.

Bei Speisung des Thyristors aus dem Netz geht die Speisespannung periodisch durch Null, sodass der Thyristor periodisch erlischt und damit wieder neu gezündet werden kann. Mit Hilfe der Verschiebung des Zündwinkels α kann der Wert des periodisch an der Last liegenden Stromzeitintegrals (schraffierte Fläche in Abb. 29.20) gesteuert werden.

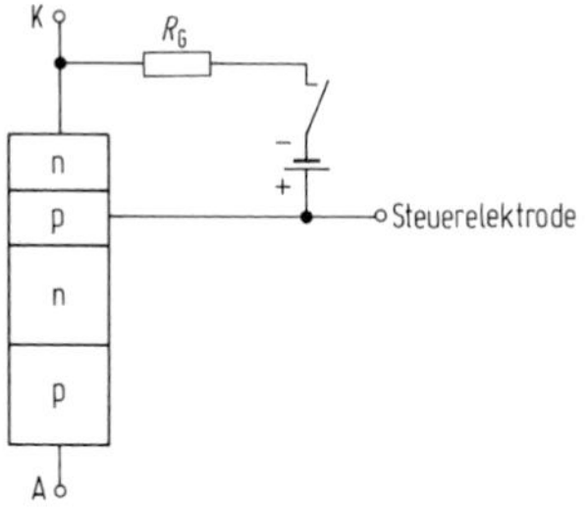

Abb. 29.19 Prinzipschaltbild des Steuerkreises eines Thyristors

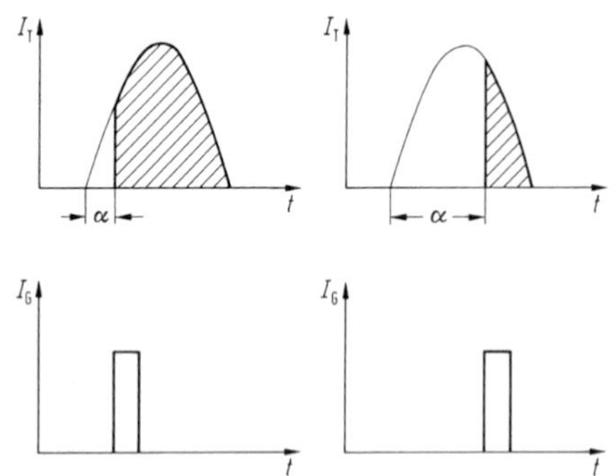

Abb. 29.20 Ansteuerung eines Thyristors durch Verschieben des Zündwinkels

Bei Speisung aus einer Gleichspannungsquelle muss durch zusätzliche Schaltungsmaßnahmen im Hauptstromkreis dafür gesorgt werden, dass der Durchlassstrom kurzfristig unter I_H gedrückt werden kann, z. B. mit Hilfe eines zusätzlichen Löschthyristors und eines Löschkondensators. Diese Notwendigkeit löste die Entwicklung der abschaltbaren Thyristoren aus.

29.4.3 Triacs, Diacs

Triacs Der Triac ist eine weiterentwickelte Form innerhalb der Thyristorfamilie. Er besteht aus zwei antiparallel arbeitenden Thyristoren, die in einem einzigen Chip integriert sind. Es wird nur eine Steuerelektrode benötigt, die in beiden Richtungen den Triac zündet. Auch der Zündstrom kann ein Wechselstrom sein. Damit ist der Triac eine bevorzugte Komponente für die Steuerung von Wechselspannungen.

29.4.4 Abschaltbare Thyristoren

Beim Einsatz von konventionellen Thyristoren in Schaltkreisen, die aus einem Gleichstromzwischenkreis oder einer Gleichspannungsquelle, z. B. einer Batterie, gespeist werden, sind relativ aufwändige zusätzliche Schaltelemente erforderlich, um den gezündeten Thyristor wieder löschen zu können. Dieser anwendungstechnische Nachteil führte zur Entwicklung von Thyristoren, die man mittels eines Steuerstroms durch die Steuerelektrode löschen kann (Gate-Turn-Off-Thyristor, GTO). Die Herstellung solcher GTO wurde möglich, nachdem man gelernt hatte, die dafür erforderliche aufwändige Diffusionstechnologie zu beherrschen. Schaltzeichen und Kennlinie eines GTO: Abb. 29.21.

Für den Vorwärtsbereich gelten alle Merkmale eines Thyristors. Der Rückwärtsbereich kann symmetrisch (rückwärtssperrend) oder asymmetrisch (rückwärtsleitend) ausgelegt werden. Im asymmetrischen Fall ergeben sich optimale Thyristorkennwerte. Die Abschaltung des GTO erfolgt mittels eines Rückwärts-Steuerstroms durch die Steuerelektrode, der in der Größenordnung des Durchlassnennstroms liegt. Wegen des komplizierten Innenlebens des GTO muss der Steuerstromschaltkreis sorgfältig dimensioniert wer-

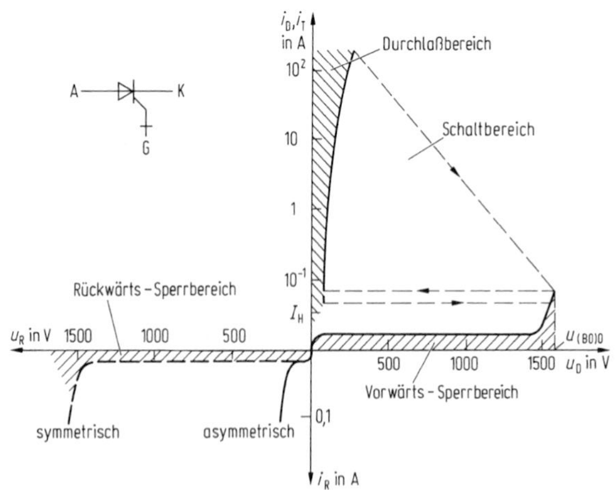

Abb. 29.21 Schaltzeichen und schematische Kennlinie eines Abschaltthyristors

den. Eine Übersicht der Einsatzbereiche der verschiedenen Leistungshalbleitertypen ist in Abb. 25.4a,b dargestellt.

29.5 Operationsverstärker

Operationsverstärker wurden ursprünglich zur Durchführung mathematischer Operationen in Analogrechnern eingesetzt, woher auch ihre Bezeichnung stammt. Heute sind sie die wichtigste Gruppe innerhalb der analogen integrierten Schaltkreise [2, 3]. Sie zeichnen sich dadurch aus, dass ihre Wirkungsweise einfach durch die äußere Beschaltung festgelegt werden kann (Abschn. 32.2.3, 32.2.4). Dazu muss ein Operationsverstärker eine hohe Verstärkung, einen großen Eingangswiderstand und einen niedrigen Ausgangswiderstand aufweisen. Vom Prinzip her besteht ein Operationsverstärker aus mindestens 3 gleichspannungsgekoppelten Verstärkerstufen: Differenzverstärker, Spannungsverstärker und Stromverstärker, Abb. 29.22.

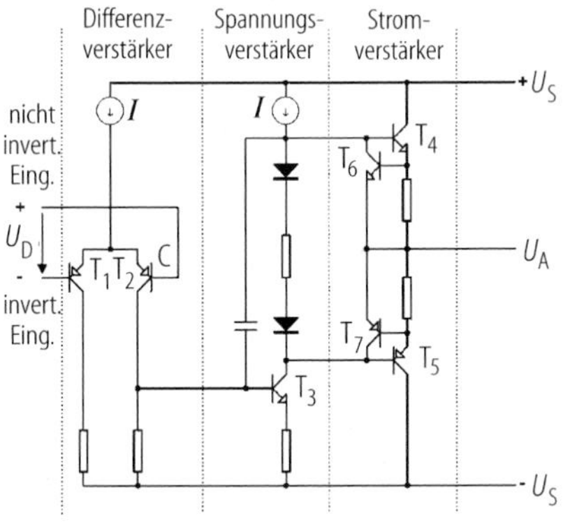

Abb. 29.22 Prinzipschaltung eines Operationsverstärkers [2]

Das Ein- und Ausgangsruhepotential eines Operationsverstärkers ist idealerweise Null, Abb. 29.23.

29.6 Optoelektronische Komponenten

Diese formen *optische* Energie in *elektrische* Energie (*Empfänger*) bzw. *elektrische* Energie in *optische* Energie (Sender) um [2]. Sie spielen eine besondere Rolle in der Nachrichtentechnik (Lichtwellenleiter-Übertragungen), der Automatisierungstechnik (Lichtschranken, Positions-Messungen u. ä.), der galvanischen Trennung (Optokoppler) in elektrischen Signalübertragungssystemen und der optischen Anzeige (LED-Displays) zur Darstellung von Zeichen und Symbolen [9].

29.6.1 Optoelektronische Empfänger

Alle optoelektronischen Empfänger haben eine bestimmte spektrale Empfindlichkeit (Abb. 29.24), deren Maximum je nach Halbleitermaterial im sichtbaren oder unsichtbaren (infraroten) Bereich liegt.

Optoelektronische Empfänger werden in optoelektronischen Systemen auch als Sensoren, z. B.

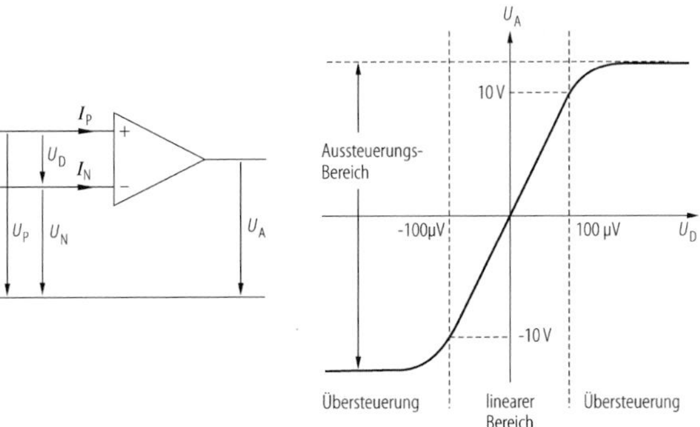

Abb. 29.23 Schaltbild und Übertragungskennlinie eines Operationsverstärkers [3]

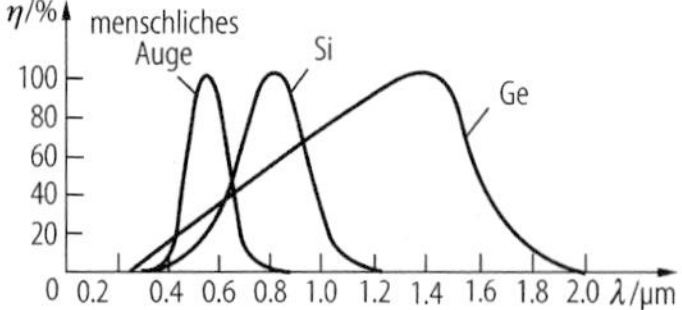

Abb. 29.24 Relative spektrale Empfindlichkeit η des menschlichen Auges (Tagessehen) sowie von Silizium Si und Germanium Ge [5]

in Lichtschranken oder für die Messung einer Lageabweichung, angewendet.

Fotodioden Pin-Fotodioden besitzen eine eigenleitende (i:intrinsic) hochohmige Halbleiterschicht, die zwischen hochdotierten p^+- und n^+-Zonen eingebettet ist, Abb. 29.25. Eine in Sperrrichtung anliegende Spannung – U_{AK} fällt dadurch im Wesentlichen über der i-Schicht ab und sorgt dort für eine rasche Trennung der Elektronen/Loch-Paare, die bei der Absorption von Strahlung entstehen. Vorteile durch Einführung der i-Schicht sind eine kleinere Sperrschichtkapazität (d. h. höhere Grenzfrequenz), ein niedrigerer Sperrstrom (Dunkelstrom) sowie eine höhere Empfindlichkeit im IR-Bereich.

Die Strom-/Spannungskennlinie der pin-Fotodiode resultiert aus der Diodenkennlinie (Abb. 29.2). Der Fotostrom I_{Foto} hat die Flussrichtung des Sperrsättigungsstroms I_S und verschiebt die Kennlinie nach unten, Abb. 29.26. Es gilt

$$I_A = I_S \cdot \left(\exp \frac{e \cdot U_{AK}}{kT} - 1\right) - I_{Foto} \,.$$

Im Kurzschlussbetrieb ($U_{AK} = 0$) nimmt der Diodenstrom $-I_A$ linear mit der Beleuchtungsstärke E zu, die Diodenspannung U_{AK} im

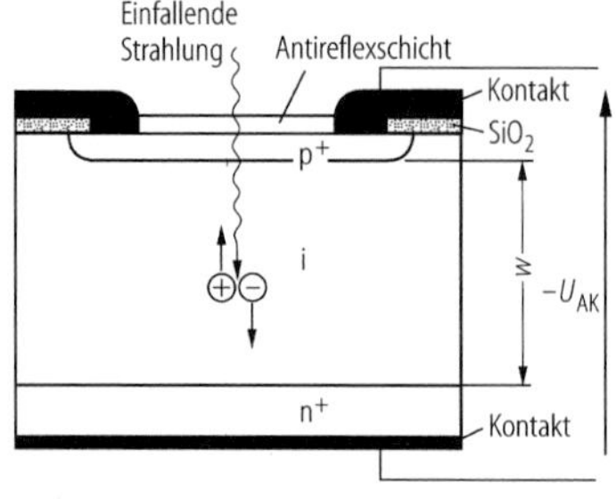

Abb. 29.25 Aufbau einer pin-Fotodiode [2]

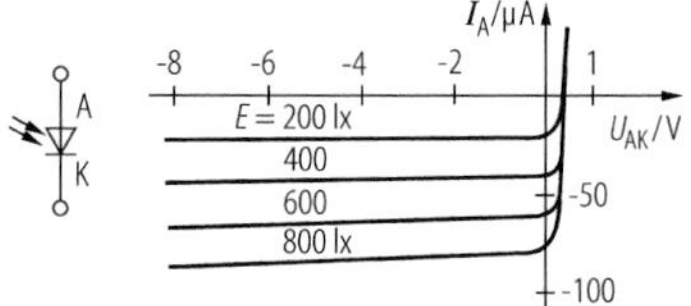

Abb. 29.26 Schaltzeichen und Kennlinienfeld einer Fotodiode [5]

Leerlauf ($I_A = 0$) dagegen logarithmisch. Im 4. Quadranten arbeitet eine Fotodiode im Generatorbetrieb und wandelt Strahlungsenergie in elektrische Energie um (Abschn. 22.5.3).

29.6.1.1 Fotowiderstände

Diese sind optoelektronische Komponenten, deren Widerstand bei Bestrahlung abnimmt. Fotowiderstände sind sperrschichtfrei. Sie arbeiten stromrichtungsunabhängig und lassen sich somit nicht nur in Gleichstromkreisen, sondern auch in Wechselstromkreisen einsetzen.

Bei Bestrahlung des Fotowiderstands werden Photonen absorbiert. Dadurch entstehen zusätzliche freie Ladungsträger, sodass sich die Leitfähigkeit erhöht, was einer Abnahme des Widerstands entspricht.

Als halbleitendes Material zur Herstellung von Fotowiderständen für den sichtbaren Spektralbereich verwendet man vorzugsweise Cadmiumsulfid (CdS). Für den IR-Bereich wird u. a. Bleisulfid (PbS) oder Indiumantimonid (InSb) verwendet.

29.6.2 Optoelektronische Sender

Diese formen elektrische Energie in optische Energie um. Halbleiterstrahlungsquellen sind im Wellenlängenbereich 250 nm bis 15 μm verfügbar.

29.6.2.1 Lumineszenzdioden

Das Spektrum der Strahlung von Lumineszenzdioden ist relativ schmalbandig. Die Wellenlänge wird durch das verwendete Halbleitermaterial bestimmt.

LEDs (**L**ight **E**mitting **D**iode) sind Lumineszenzdioden für den sichtbaren Spektralbereich (Halbleitermaterial typisch AlInGaP). Verfügbar

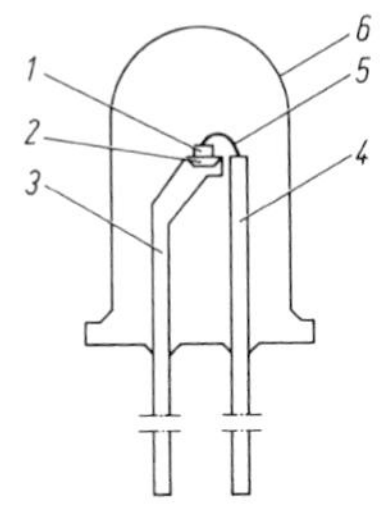

Abb. 29.27 LED in Plastikgehäuse. *1* LED-Chip, *2* Reflektorwanne, *3* Kathode, *4* Anode, *5* Au-Draht, *6* Kunststoff

sind LEDs mit Emissionswellenlängen von 380 bis 780 nm sowie Weißlicht-LEDs. Anwendung finden LEDs z. B. in der Anzeigetechnik, dort bei der Hinterleuchtung von LCD-Anzeigen und in Beamern. Des Weiteren werden LEDs auch zunehmend zur Beleuchtung eingesetzt und das insbesondere in Fahrzeugen für Signalleuchten, Innenleuchten und für Scheinwerfer sowie als Sendequellen in Plastik-Lichtwellenleiter-Übertragungssystemen.

Vorteile der LED sind ihre hohe mechanische Stabilität, eine lange Lebensdauer (typ. > 100 000 h), kleine Abmessungen (Plastikgehäuse) und leichte Modulierbarkeit der Emission bei kleinen Ansteuerströmen und Spannungen, Abb. 29.27.

29.6.2.2 Laserdioden

Bei diesen erfolgt die interne Lichtverstärkung durch induzierte Emission. Das emittierte kohärente Licht ist nahezu monochromatisch. Durch Variation der Zusammensetzung des Halbleitermaterials kann die Wellenlänge des Laserlichts festgelegt werden. Die z. Z. erhältlichen Laserdioden emittieren blaues, grünes oder rotes Licht bzw. IR-Strahlung im Bereich von 780 nm bis 10 µm (Quantenkaskadenlaser).

Laserdioden haben einen nicht zu vernachlässigenden Temperaturkoeffizienten der Wellenlänge (ca. 0,25 nm/K) und des Betriebsstroms. Das erfordert gegebenenfalls besondere Kühlmaßnahmen (z. B. Peltier-Kühler). Laserdioden haben geringe Abmessungen, leichte Modulierbarkeit bis zu sehr hohen Frequenzen und sind sehr robust, was für viele Anwendungsfälle sehr vorteilhaft ist. Typische Anwendungsgebiete sind z. B. Blu-ray- und DVD-Abspielgeräte, Beamer sowie optische Sender für Lichtwellenleiter-Übertragungssysteme [11]. Laserdioden mit höheren

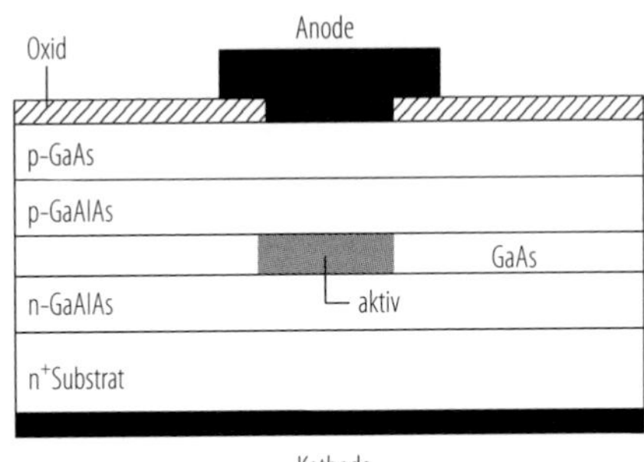

Abb. 29.28 Schematischer Aufbau einer Laserdiode [3]

Ausgangsleistungen (>10 W) werden z. B. zum optischen Pumpen von Festkörperlasern verwendet bzw. auch direkt zur Materialbearbeitung.

Abb. 29.28 zeigt den schematischen Aufbau einer (GaAl)As-Laserdiode. Die Licht emittierende aktive Zone ist sehr dünn (ca. 0,2 µm). Dadurch wird die Strahlaustrittsfläche so klein, dass Beugung auftritt. Das emittierte Licht ist deshalb stark divergent. Die flächige Kontaktierung sorgt für eine gute Wärmeableitung.

29.6.3 Optokoppler

Diese sind optoelektronische Isolatoren, die im Zuge einer elektrischen Signalübertragung galvanische Trennung zwischen Eingangs- und Ausgangssignal herstellen. Dabei erfolgt die Signalübertragung in der Isolatorstrecke auf optischem Wege, Abb. 29.29. Das elektrische Eingangssignal wird in einem Sender in ein optisches Signal umgeformt, auf optischem Wege weitergeleitet und von einem Empfänger in das elektrische Ausgangssignal zurückgewandelt. Als Sender dient eine infrarot strahlende Lumineszenzdiode, der Empfänger ist ein Fototransistor.

Isolationseigenschaften. Die galvanische Trennung ermöglicht unterschiedliches Spannungspotenzial zwischen Eingangs- und Ausgangssignal. Die maximal zulässige Potenzialdifferenz hängt von den Isolationseigenschaften ab.

Isolationsprüfspannung ist die maximal zulässige Spannung, die zwischen Eingang und

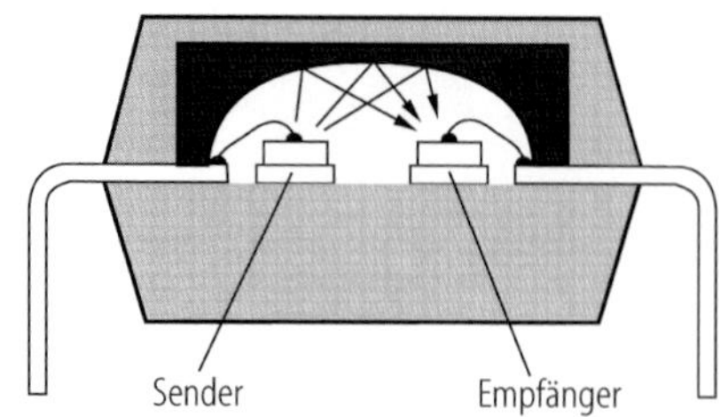

Abb. 29.29 Aufbau eines Reflexionsoptokopplers [2]

Ausgang kurzzeitig anliegen darf. Gängige Typen haben Werte bis ca. 5 kV. Sonderausführungen mit Lichtwellenleiter überbrücken bis zu einigen MV.

Isolationsnennspannung ist die maximal zulässige Spannung, die zwischen Eingang und Ausgang dauernd anliegen darf.

Isolationswiderstand ist der Gleichstromwiderstand zwischen Eingang und Ausgang (ca. 100 GΩ).

Isolationskapazität ist die Koppelkapazität zwischen Eingang und Ausgang (ca. 0,3 bis 2 pF). Schnelle Änderungen der Potenzialdifferenz zwischen Eingang und Ausgang können wegen dieser kapazitiven Kopplung zu Störungen führen.

Die Übertragungskennlinie zwischen Eingangs- und Ausgangssignal ist nicht linear. Daher liegt das bevorzugte Anwendungsgebiet der Optokoppler in der galvanischen Trennung bei der Übertragung binärer Signale. Für die Übertragung von NF-Signalen ist eingangsseitig ein Arbeitspunkt einzustellen, der im linearen Bereich der Sendediode liegen muss.

Literatur

Spezielle Literatur

1. Lienig, J., Dietrich, M. (Hrsg.): Entwurf integrierter 3D-Systeme der Elektronik. Springer, Berlin Heidelberg (2012)
2. Hering, E., Bressler, K., Gutekunst, J.: Elektronik für Ingenieure und Naturwissenschaftler. Springer, Berlin (2017)
3. Reisch, M.: Halbleiter-Bauelemente. Springer, Berlin (2007)
4. Thuselt, F.: Physik der Halbleiterbauelemente. Einführendes Lehrbuch für Ingenieure und Physiker. Springer Spektrum (2018)
5. Tietze, U., Schenk, C., Gamm, E.: Halbleiter-Schaltungstechnik. Springer Vieweg (2019)
6. Lutz, J.: Halbleiter-Leistungsbauelemente. Springer, Berlin (2012)
7. Michel, M.: Leistungselektronik. Springer, Berlin (2011)
8. Specovius, J.: Grundkurs Leistungselektronik: Bauelemente, Schaltungen und Systeme, 7. Aufl. Vieweg+Teubner, Braunschweig, Wiesbaden (2015)
9. Hering, E., Martin, R. (Hrsg.): Photonik. Grundlagen, Technologie und Anwendung. Springer, Berlin (2006)

Weiterführende Literatur

10. Böhmer, E., Ehrhardt, D., Oberschelp, W.: Elemente der angewandten Elektronik, 17. Aufl. Vieweg+Teubner, Braunschweig, Wiesbaden (2016)
11. Horowitz, P., Hill, W.: The art of electronics, 3. Aufl. Cambridge University Press, Cambridge (2015)
12. Beuth, K.: Elektronik 2: Bauelemente, 20. Aufl. Vogel Buchverlag, Würzburg (2015)
13. Goßner, S.: Grundlagen der Elektronik. Halbleiter, Bauelemente und Schaltungen, 9. Aufl. Shaker, Aachen (2016)
14. Zach, F.: Leistungselektronik. Handbuch Band 1/Band 2, 5. Aufl. Springer, Berlin (2015)
15. Siegl, J., Zocher, E.: Schaltungstechnik – Analog und gemischt analog/digital, 5. Aufl. Springer, Berlin (2014)
16. Bernstein, H.: Bauelemente der Elektronik. De Gruyter Oldenbourg, Berlin/München/Boston (2015)
17. Design & Elektronik. Haar: WEKA Fachmedien GmbH, www.elektroniknet.de/design-elektronik
18. Elektronik. Haar: WEKA Fachmedien GmbH, www.elektroniknet.de/elektronik, ISSN 0013-5658
19. elektronikjournal. Heidelberg: Hüthig

Literatur zu Teil V Elektrotechnik

Albach, M.: Elektrotechnik 1: Erfahrungssätze, Grundschaltungen, Gleichstromtechnik, 4. Aufl. (2020), Elektrotechnik 2: Periodische und nichtperiodische Signalformen, 3. Aufl. (2020) Pearson, München

Clausert, H., Wiesemann, G., Brabetz, L., Haas, O., Spieker, C: Grundgebiete der Elektrotechnik. Band 1: Gleichstromnetze, 12. Aufl. (2015), Band 2: Wechselströme, 12. Aufl., Oldenbourg, München (2015)

Fischer, R.: Elektrotechnik für Maschinenbauer, Grundlagen und Anwendungen, 16. Aufl. Springer Vieweg, Wiesbaden (2019)

Flegel, G., Birnstiel, K., Nerreter, W.: Elektrotechnik für Maschinenbau und Mechatronik. 10. Aufl. Hanser, München (2016)

Führer, G., Heidemann, K., Nerreter, W.: Grundgebiete der Elektrotechnik. Band 1: Stationäre Vorgänge, 10. Aufl. (2019), Band 2: Zeitabhängige Vorgänge, 10. Aufl. (2019), Band 3: Aufgaben, 2. Aufl., Hanser, München (2008)

Hagmann, G.: Grundlagen der Elektrotechnik. 18. Aufl. AULA-Verlag, Wiebelsheim (2020)

Harriehausen, T., Schwarzenau, D.: Moeller Grundlagen der Elektrotechnik, 24. Aufl. Springer Vieweg, Berlin (2019)

Noack, F.: Einführung in die elektrische Energietechnik. Hanser/Fachbuchverlag, Leipzig (2003)

Ose, R.: Elektrotechnik für Ingenieure. Band 1: Grundlagen, 6. Aufl., Band 2: Übungsbuch, 6. Aufl. Hanser (2020)

Philippow, E.: Grundlagen der Elektrotechnik, 10. Aufl. Verlag Technik, Berlin (2000)

Plassmann, W. (Hrsg.), Schultz, D. (Hrsg.): Handbuch Elektrotechnik, 7. Aufl. Springer Vieweg (2016)

Pregla, R.: Grundlagen der Elektrotechnik, 9. Aufl. VDE Verlag, Offenbach (2016)

Schufft, W. (Hrsg.).: Taschenbuch der elektrischen Energietechnik. Hanser, Leipzig (2007)

Weißgerber, W.: Elektrotechnik für Ingenieure. Band 1 Gleichstromtechnik und elektromagnetisches Feld, 11. Aufl., Band 2: Wechselstromtechnik, 10. Aufl., Band 3: Ausgleichsvorgänge, 10. Aufl., Formelsammlung, 6. Aufl. Springer Vieweg, Berlin (2018)

Zastrow, D.: Elektrotechnik, 20. Aufl. Springer Vieweg, Berlin (2017)

Normen und Richtlinien

DIN IEC 60027-1: Formelzeichen für die Elektrotechnik (Ersatz für DIN 1304)

DIN EN 60375: Vereinbarungen für Stromkreise und magnetische Kreise

DIN 13321: Elektrische Energietechnik; Komponenten in Drehstromnetzen; Begriffe, Größen, Formelzeichen

DIN 40108: Elektrische Energietechnik, Stromsysteme; Begriffe, Größen, Formelzeichen

DIN 40110: Wechselstromgrößen; Teil 1: Zweileiter-Stromkreise; Teil 2: Mehrleiter-Stromkreise

DIN VDE 0100: Errichten von Starkstromanlagen mit Nennspannungen bis 1000 V (Normenreihe); Teil 410: Schutzmaßnahmen, Schutz gegen elektrischen Schlag

DIN 19226: Leittechnik; Regelungstechnik und Steuerungstechnik; Teil 1: Allgemeine Grundbegriffe; Teil 2: Begriffe zum Verhalten dynamischer Systeme; Teil 4: Begriffe für Regelungs- und Steuerungssysteme

DIN EN 50014 (VDE 0170 Teil 1): Elektrische Betriebsmittel für explosionsgefährdete Bereiche. Allgemeine Bestimmungen

DIN EN 50081 (VDE 0839 Teil 81): Fachgrundnorm Störaussendung

DIN EN 50082 (VDE 0839 Teil 82): Fachgrundnorm Störfestigkeit

DIN EN 55014 (VDE 0875 Teil 14): Elektromagnetische Verträglichkeit, Anforderungen an Haushaltsgeräte, Elektrowerkzeuge und ähnliche Elektrogeräte; Teil 1: Störaussendung; Teil 2: Störfestigkeit

DIN EN 50272-2 (VDE 0510 Teil 2): Sicherheitsanforderungen an Batterien und Batterieanlagen. Stationäre Batterien

DIN EN 60034 (VDE 0530): Drehende elektrische Maschinen; Teil 1: Bemessung und Betriebsverhalten; Teil 2: Ermittlung der Verluste und des Wirkungsgrades (und weitere Teile)

DIN EN 60076-1 (VDE 0532 Teil 101): Leistungstransformatoren; Teil 1: Allgemeines

DIN EN 60146 (VDE 0558): Halbleiter-Stromrichter; Teil 1: Allgemeine Bestimmungen und besondere Bestimmungen für netzgeführte Stromrichter; Teil 2: Selbstgeführte Halbleiter-Stromrichter einschließlich Gleichstrom-Direktumrichter

DIN EN 60310 (VDE 0115 Teil 420): Bahnanwendungen, Transformatoren und Drosselspulen auf Bahnfahrzeugen

DIN EN 60335 (VDE 0700): Sicherheit elektrischer Geräte für den Hausgebrauch und ähnliche Zwecke (Normenreihe); Teil 1: Allgemeine Anforderungen

DIN EN 60349 (VDE 0115 Teil 400): Elektrische Zugförderung – Drehende elektrische Maschinen für Bahn- und Straßenfahrzeuge; Teil 1: Elektrische Maschinen, ausgenommen umrichtergespeiste Wechselstrommotoren; Teil 2: Umrichtergespeiste Wechselstrommotoren

DIN EN 60947 (VDE 0660): Niederspannungsschaltgeräte; Teil 1: Allgemeine Festlegungen; Teil 2: Leistungsschalter

DIN EN 61000-3 (VDE 0838 Teil 3): EMV. Grenzwerte für Spannungsschwankungen und Flicker in Niederspannungsnetzen

DIN EN 61800-9 Teil 1-3:2018-01: Drehzahlveränderbare elektrische Antriebe – Ökodesign für Antriebssysteme, Motorstarter, Leistungselektronik und deren angetriebene Einrichtungen

Teil VI
Messtechnik und Sensorik

Grundlagen

30

Horst Czichos und Werner Daum

30.1 Aufgabe der Messtechnik

Aufgabe der Messtechnik ist die experimentelle Bestimmung quantitativ erfassbarer Größen in Wissenschaft und Technik. Für die Ingenieurwissenschaften liefert die Mess- und Prüftechnik Unterlagen zur Optimierung der Entwicklung, Konstruktion und Fertigung von Bauteilen und technischen Systemen sowie zur Beurteilung der Eigenschaften, Funktion, Qualität und Zuverlässigkeit technischer Produkte.

Messen ist das Ausführen von geplanten Tätigkeiten zum quantitativen Vergleich einer physikalischen oder technischen Größe (Messgröße) mit einer Einheit; der Messwert wird als Produkt aus Zahlenwert und Einheit der Messgröße angegeben. Der übergeordnete Begriff *Prüfen* umfasst die Untersuchung eines Prüfobjektes und den Vergleich mit einer vorgegebenen Anforderung [1].

Messmethoden sind allgemeine, grundlegende Regeln für die Durchführung von Messungen. Sie können gegliedert werden in *direkte* Methoden (Messgröße gleich Aufgabengröße), *indirekte* Methoden (Messgröße ungleich Aufgabengröße) sowie *analoge* und *digitale* Methoden mit kontinuierlicher bzw. diskreter Messwertangabe. *Ausschlagmethoden* führen zu einer unmittelbaren Messwertdarstellung; bei *Kompensationsmethoden* wird ein Nullabgleich zwischen der Messgröße und einer Referenzgröße durchgeführt [2].

Messprinzipien sind physikalische Effekte oder Gesetzmäßigkeiten, die einer Messung zugrunde liegen.

Messverfahren sind technische Realisierungen und Anwendungen von Messprinzipien.

30.2 Strukturen der Messtechnik

Für die Durchführung einer Messung sind i. Allg. mehrere Messgeräte oder Messglieder erforderlich, die eine Messeinrichtung oder ein Messsystem bilden. Die Art und Weise, wie die Messgeräte zusammengeschaltet und die Messsignale verknüpft sind, wird als Struktur des Messsystems bezeichnet.

30.2.1 Messkette

Die grundlegende Struktur eines Messsystems ist die Messkette, bestehend aus Messgliedern und Hilfsgeräten, mit den folgenden hauptsächlichen Aufgaben (Abb. 30.1):

H. Czichos
Beuth Hochschule für Technik
Berlin, Deutschland
E-Mail: horst.czichos@t-online.de

W. Daum (✉)
Dir. u. Prof. a.D. der Bundesanstalt für Materialforschung und -prüfung (BAM)
Berlin, Deutschland
E-Mail: daum.bam@t-online.de

B. Bender und D. Göhlich (Hrsg.), *Dubbel Taschenbuch für den Maschinenbau 2: Anwendungen*,
https://doi.org/10.1007/978-3-662-59713-2_30

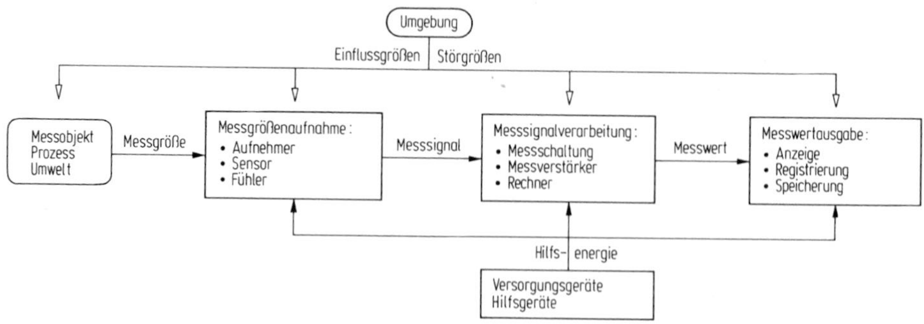

Abb. 30.1 Grundlegender Aufbau einer Messkette

Messgrößenaufnahme. Erfassung der Messgröße mit geeigneten Aufnehmern/Sensoren und Abgabe eines weiterverarbeitungsfähigen (meist elektrischen) Messsignals als zeitliche Abbildungsfunktion der Messgröße.

Messsignalverarbeitung. Anpassung, Verstärkung oder Umwandlung von elektrischen Messsignalen in darstellbare Messwerte mit Hilfe von Messschaltungen, Messverstärkern oder Rechnern.

Messwertausgabe. Anzeige und Registrierung bzw. Speicherung und Dokumentation von Messwerten in analoger oder digitaler Form.

Die Struktur des Messsystems bestimmt das statische und dynamische Verhalten der Messeinrichtung, wobei äußere Einfluss- oder Störgrößen aus der Umgebung die Messgeräteparameter, den Signalfluss und das Messergebnis beeinflussen können.

30.2.2 Kenngrößen von Messgliedern

Ein Messglied (Messkettenelement) wird durch die Kennlinie, den funktionellen Zusammenhang zwischen dem Ausgangssignal y und dem Eingangssignal x beschrieben: $y = f(x)$ (Abb. 30.2). Aus der Kennlinie ergeben sich die folgenden (statischen) Kenngrößen von Messgliedern:

Messglied-Empfindlichkeit ε**.** Differentialquotient (näherungsweise Differenzenquotient) von Ausgangssignal und Eingangssignal am Arbeitspunkt

$$\varepsilon = \frac{\mathrm{d}y}{\mathrm{d}x} \, \frac{\text{Einheit des Ausgangssignals}}{\text{Einheit des Eingangssignals}} \,.$$

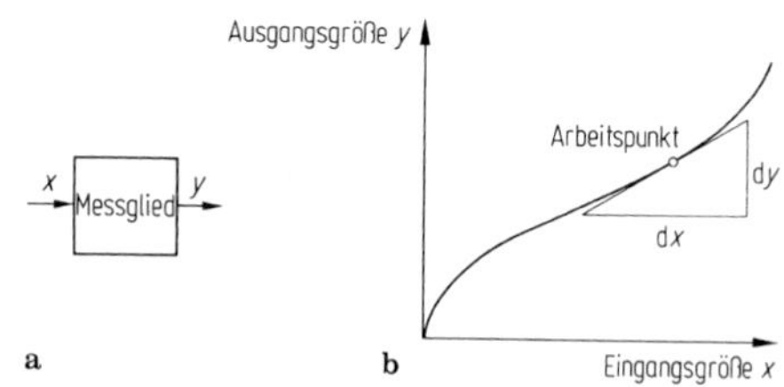

Abb. 30.2 Kenngrößen von Messgliedern. **a** Signalflussplan; **b** Kennlinie

Bei Messgliedern mit gleichartigen Eingangs- und Ausgangssignalen z. B. Verstärkern ist die Empfindlichkeit („Verstärkung“) eine dimensionslose, i. Allg. Fall eine dimensionsbehaftete Zahl.

Messglied-Koeffizient c**.** Differentialquotient (näherungsweise Differenzenquotient) von Eingangssignal und Ausgangssignal am Arbeitspunkt

$$c = \frac{\mathrm{d}x}{\mathrm{d}y} \, \frac{\text{Einheit des Eingangssignals}}{\text{Einheit des Ausgangssignals}} \,.$$

Mit Hilfe der Größen ε und c lässt sich die (statische) Übertragungscharakteristik von gesamten Messketten durch Multiplikation der Kenngrößen der einzelnen Messglieder darstellen:

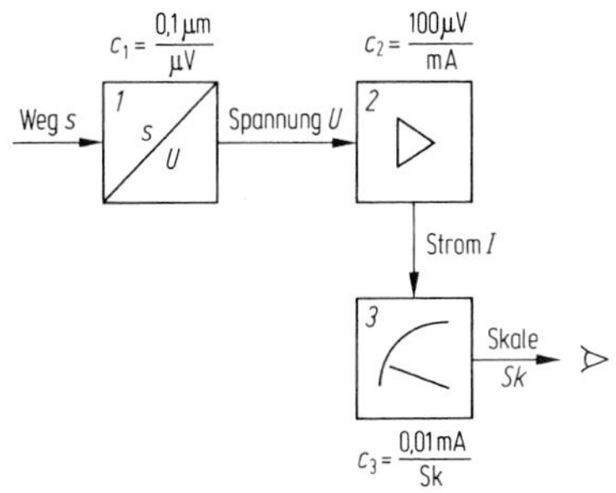

Abb. 30.3 Messkette mit *1* induktivem Wegaufnehmer, *2* Spannungs-Strom-Verstärker, *3* Anzeigegerät

Messketten-Empfindlichkeit ε_M

$$\varepsilon_M = \varepsilon_1 \cdot \varepsilon_2 \ldots \varepsilon_n = \prod_{i=1}^{n} \varepsilon_i$$

(n Anzahl der Messglieder) .

Messketten-Koeffizient c_M

$$c_M = c_1 \cdot c_2 \ldots c_n = \prod_{i=1}^{n} c_i \, .$$

Beispiel

Eine zur Wegmessung eingesetzte Messkette besteht nach Abb. 30.3 aus den hauptsächlichen Messgliedern *1* induktiver Wegaufnehmer, *2* Spannungs-Strom-Verstärker und *3* Anzeigegerät mit den zugehörigen Messgliedkoeffizienten c_1, c_2, c_3. Der gesamte Messkettenkoeffizient ist $c_M = c_1 \cdot c_2 \cdot c_3 = 0{,}1\ \mu m/Sk$, d. h. der Veränderung des Eingangswegsignals um $\Delta s = 0{,}1\ \mu m$ entspricht eine Anzeige von 1 Skalenteil am Ausgangs-Anzeigegerät. ◄

30.2.3 Messabweichung von Messgliedern

Als Messabweichung werden hier, bezogen auf Messglieder unerwünschte Abweichungen des Istwerts y_i der Ausgangsgröße vom Sollwert y_S bei gleicher Eingangsgröße bezeichnet (Abb. 30.4). Die Messabweichung hat einen zufälligen Anteil und einen systematischen Anteil.

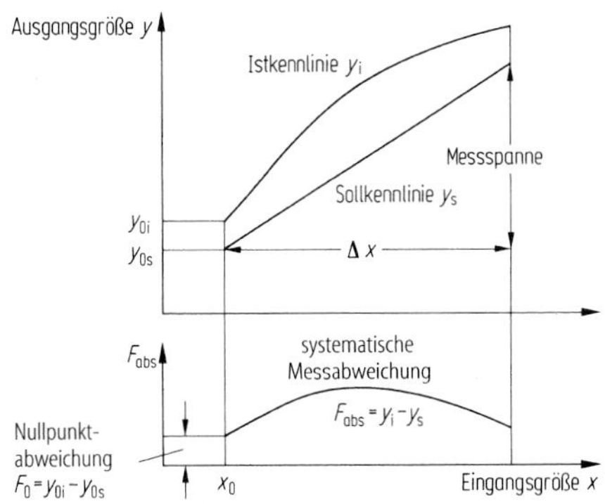

Abb. 30.4 Istkennlinie, Sollkennlinie und systematische Messabweichung eines Messglieds

Systematische Messabweichung.

$$F_{abs} = y_i - y_s = \Delta y \, .$$

Nullpunktabweichung. $F_0 = y_{0i} - y_{0s}$.

Relative Abweichungen von Messgeräten (sogenannte *bezogene Messabweichungen*) werden häufig nicht auf den Sollwert y_s sondern auf andere Bezugswerte, wie z. B. die Messspanne oder den Messbereichsendwert bezogen

$$\text{Bezogene Messabweichung} = \frac{\text{Istanzeige} - \text{Sollanzeige}}{\text{Bezugswert}} \, .$$

Linearitätsabweichung. Sie ist die Abweichung einer Istkennlinie von der Sollkennlinie (Gerade), bestimmbar auf verschiedene Weise (Abb. 30.5).

Festpunktmethode. Die Sollkennlinie wird mit Messbereichanfang A (Nullpunkt) und Messbereichende E (Skalenende) der Istkennlinie zur Deckung gebracht. Die größte Abweichung zwischen Ist- und Sollkennlinie ist die maximale Linearitätsabweichung.

Toleranzbandmethode. Die Lage der Sollkennlinie wird so gewählt, dass die Abweichungen zur Istkennlinie ein bestimmtes Minimalprinzip erfüllen, z. B. dass die Summe der Quadrate der Ist-Soll-Abweichungen ein Minimum wird oder die größte vorkommende Abweichung möglichst klein wird (Tschebyscheff-Approximation).

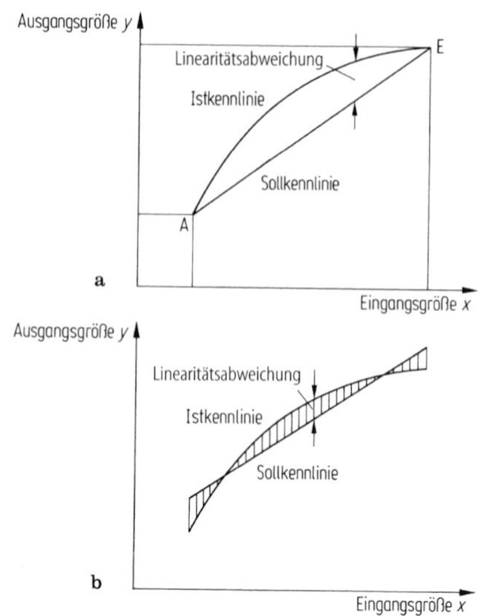

Abb. 30.5 Bestimmung der Linearitätsabweichung. **a** Festpunktmethode; **b** Toleranzbandmethode

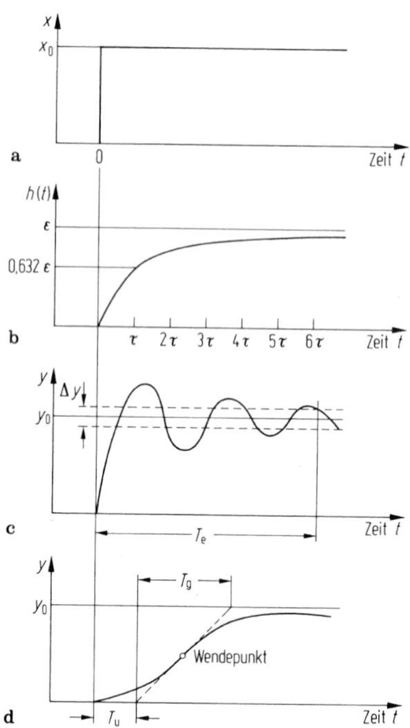

Abb. 30.6 Dynamische Eigenschaften von Messgliedern. **a** Sprungförmiges Eingangssignal; **b** Sprungantwort Messglied 1. Ordnung; **c** Sprungantwort Messglied höherer Ordnung, schwingende Einstellung; **d** Sprungantwort Messglied höherer Ordnung, kriechende Einstellung

30.2.4 Dynamische Übertragungseigenschaften von Messgliedern

Die Ausgangssignale von Messgliedern folgen zeitlichen Änderungen der Eingangssignale i. Allg. nur mit Verzögerungen. Zur Kennzeichnung des Zeitverhaltens von Messgliedern werden sprungförmige oder sinusförmige Änderungen der Eingangsgrößen verwendet, der zugehörige zeitliche Verlauf der Ausgangsgröße wird als Sprungantwort oder als Sinusantwort bezeichnet (s. Abschn. 35.2).

Sprungantwort. Bei Messgliedern, deren Signalübertragungseigenschaften durch eine Differentialgleichung 1. Ordnung beschrieben werden (Verzögerungsglieder 1. Ordnung) ist die Sprungantwort y auf ein sich sprunghaft änderndes Eingangssignal x (Abb. 30.6a) gegeben durch

$$y(t) = y_0(1 - \mathrm{e}^{-t/\tau}) \quad (\tau \text{ Zeitkonstante}) .$$

Durch Bezugnahme auf das Eingangs-Sprungsignal x_0 ergibt sich die Übergangsfunktion $h(t)$ zu

$$h(t) = \frac{y(t)}{x_0} = \varepsilon(1 - \mathrm{e}^{t/\tau}) .$$

Die Übergangsfunktion (Abb. 30.6b) hat bei einer Zeitkonstanten $t = \tau$ den Wert $(1 - 1/\mathrm{e})\varepsilon$, d. h. 63,2 % ihres Endwerts und bei 3 bzw. 5 Zeitkonstanten 95 % bzw. 99 % ihres Endwerts erreicht. Für große Zeiten $t \to \infty$ resultiert die statische Empfindlichkeit $\varepsilon = y_0/x_0$.

Das Ausgangssignal von Messgliedern mit Verzögerungen 2. oder höherer Ordnung kann den Endwert schwingend oder kriechend erreichen. Bei schwingender Einstellung (Abb. 30.6c) verwendet man als Kenngröße die Einstellzeit T_e, die notwendig ist, bis die Sprungantwort eines Messglieds innerhalb vorgegebener Toleranzgrenzen z. B. $\Delta y = \pm\, 0{,}05\ y_0$ bleibt. Kenngrößen bei kriechender Einstellung (Abb. 30.6d) sind die Verzugszeit T_u und die Ausgleichszeit T_g.

Sinusantwort. Ein sinusförmiges Eingangssignal

$$x = x_0 \cdot \sin \omega \cdot t$$

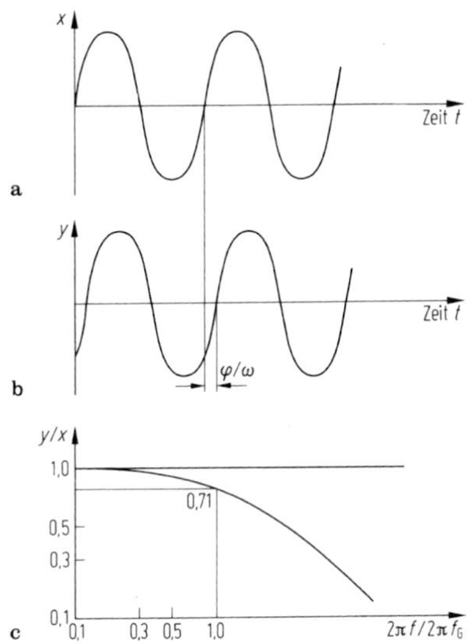

Abb. 30.7 Dynamisches Verhalten eines Messglieds mit Zeitverhalten 1. Ordnung. **a** Eingangssignal x; **b** Ausgangssignal y bei $\omega = \omega_G$; **c** Amplitudengang

führt zu einem Ausgangssignal

$$y = y_0 \sin(\omega t + \varphi)$$

mit derselben Kreisfrequenz ω, das um den Phasenwinkel φ verschoben ist (Abb. 30.7). Die doppeltlogarithmische Darstellung von y_0/x_0 über der Frequenz wird als Amplitudengang, die halblogarithmische des Phasenwinkels als Phasengang bezeichnet.

Bei einem Messglied, dessen Zeitverhalten durch eine Differentialgleichung 1. Ordnung beschrieben wird, ist die Angabe der Eck- oder Grenzfrequenz f_G zweckmäßig, bei der das Amplitudenverhältnis auf $1/\sqrt{2}$ (71 % oder 3 dB) abgefallen ist (Abb. 30.7c). Für die Signalfrequenzwerte von Messungen muss gelten $f \leqq 0{,}1\, f_G$. Messglieder mit Verzögerungen höherer Ordnung können ebenfalls nur bis zu einer oberen Grenzfrequenz betrieben werden. Der Arbeitsbereich von Messgliedern liegt innerhalb ihrer Bandbreite, die den Bereich zwischen der unteren und der oberen Grenzfrequenz angibt.

30.3 Planung von Messungen

Bei der Anwendung von Messtechniken sind neben der Auswahl von Messsystemen mit den erforderlichen Eigenschaften und Kenngrößen auch systematische Überlegungen zur Planung, Durchführung und Auswertung von Messungen anzustellen. Hierbei sind außer den technischen besonders auch ergonomische Gesichtspunkte zu beachten. Die Planung von Messungen umfasst im Wesentlichen die folgenden Teilschritte:

Messgröße. Aufgrund einer sorgfältigen Problemanalyse ist die für eine Problemlösung geeignetste Größe zu definieren, der die Messung gilt. *Beispiel*: Ein Ingenieur wünscht eine Kraftmessung an einem mechanisch beanspruchten Bauteil. Die Problemdiskussion zeigt, dass er hieraus über die elastischen Bauteileigenschaften die Bauteildehnungen berechnen will. Die aussagekräftigste Messgröße ist somit in diesem Fall die Messgröße „Dehnung".

Messverfahren. Nach Festlegung der problemspezifischen Messgröße ist durch Auswahl von Messprinzip und Messmethode das geeignetste Messverfahren auszuwählen und die gerätetechnische Messeinrichtung mit der Messkette zu konkretisieren.

Messkette. Die Ausführungsplanung einer Messkette hat die folgenden hauptsächlichen Aspekte zu beachten:

- Messgröße und Messbereiche,
- Messsignalart (analog, digital, moduliert) und Signalübertragungsverhalten,
- Frequenzgang und Grenzfrequenzen des Messsignals,
- Empfindlichkeit, Messabweichungen und Fehlergrenzen der Messkettenelemente,
- Einflussgrößen auf Messgröße und Messsignal, zulässige Temperaturbereiche,

- erforderliche Hilfsgrößen (z. B. Energiebedarf),
- Raumbedarf und Einbaubedingungen,
- Umwelt-Wechselwirkungen (z. B. elektromagnetische Störfelder),
- Schnittstelleneigenschaften (z. B. Entkopplung, DV-Kompatibilität),
- Kosten, Lieferzeit, Installation.

Durchführung. Die wesentlichen Gesichtspunkte für die Durchführung von Messungen sind neben einer möglichst mit Methoden der *Statistischen Versuchsplanung* durchgeführten Vorgabe des Messparameterumfangs die Festlegung des zeitlichen Ablaufs des Messvorgangs (Ablaufplan mit „Checkliste", z. B. von Einzelschritten und Handgriffen) und die ergonomische Gestaltung des Messplatzes (z. B. ergonomisches Messplatzmobiliar, ergonomischer Bildschirm bei rechnerunterstütztem Messaufbau).

Messtechnische Rückführung. Messergebnisse sollten durch eine ununterbrochene Kette von Vergleichsmessungen mit angegebenen Messunsicherheiten (s. Abschn. 30.4) auf geeignete Normale (z. B. Maßverkörperungen, Referenzmaterial) bezogen sein [3]. Messgeräte, die einen signifikanten Einfluss auf die Qualität des Messergebnisses haben können, sollten in vorgegebenen Intervallen oder vor dem Einsatz kalibriert (und damit rückgeführt) werden. Dies kann durch Nutzung geeigneter und auf SI-Einheiten rückgeführter Normale oder durch Inanspruchnahme eines Kalibrierlaboratoriums geschehen.

30.4 Auswertung von Messungen

Das Ziel, den wahren Wert einer Messgröße zu finden, kann infolge der vielfältigen Einflüsse bei Messungen grundsätzlich nicht erreicht werden: es treten stets „Fehler" (s. Abschn. 30.2.3), d. h. allgemein „Messabweichungen" auf. Man unterscheidet zwischen zufälliger und systematischer Messabweichung. Die zufällige Messabweichung ist deterministisch nicht erfassbar und beeinflussbar; sie kann bei einer Wiederholmessreihe durch mathematisch-statistische Methoden abgeschätzt werden. Die systematische Messabweichung setzt sich additiv aus bekannten und unbekannten Anteilen zusammen. Bekannte systematische Messabweichungen werden, soweit sinnvoll, korrigiert. Unbekannte systematische Messabweichungen gehen in die Messunsicherheit ein. Systematische Messabweichungen werden im Wesentlichen durch Unvollkommenheiten des Messobjekts (dem Träger der Messgröße), des Messverfahrens, der Messkette und ihren Elementen sowie (bestimmbaren) Umgebungseinflüssen hervorgerufen.

Das Ergebnis von Messungen ist stets in der folgenden Form anzugeben [4, 5]:

$$\text{Messergebnis} \\ = \text{Messwert} \pm \text{Messunsicherheit}\,.$$

Die Messunsicherheit kennzeichnet die Streuung der durch einzelne Messungen erhaltenen „Schätzwerte" für die Messgröße. Sie setzt sich additiv aus den systematischen und den zufälligen Messabweichungen zusammen und ist ein Parameter für die Genauigkeit der Messung. Das Ausmaß der Übereinstimmung eines Messwertes mit dem wahren Wert der Messgröße wird gekennzeichnet durch die folgenden Begriffe, siehe Abb. 30.8:

- Richtigkeit: Ausmaß der Übereinstimmung des Mittelwertes von Messwerten mit dem wahren Wert der Messgröße,
- Präzision: Ausmaß der Übereinstimmung zwischen den Ergebnissen unabhängiger Messungen.

Die Bestimmung von Messunsicherheiten erfolgt nach dem internationalen Leitfaden „Guide to the Expression of Uncertainty in Measurement" durch zwei Methoden [6]:

30.4.1 Typ A – Methode zur Ermittlung der Standardmessunsicherheit durch statistische Analyse von Messreihen

Die statistische Auswertung von Messungen bezieht sich i. Allg. auf eine *„Stichprobe"*, d. h.

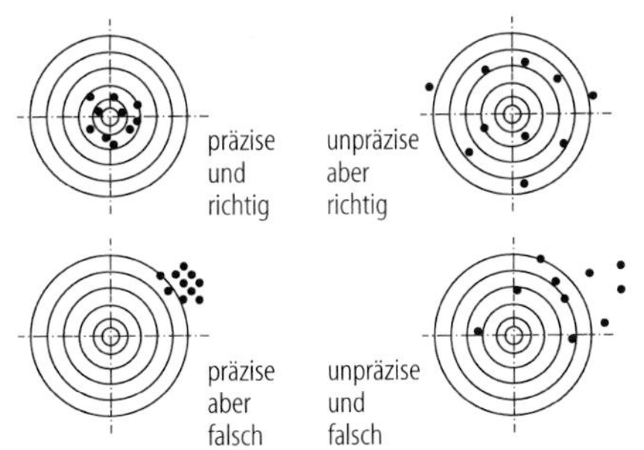

Abb. 30.8 Die Begriffe *Richtigkeit* und *Präzision* illustriert an einem Zielscheibenmodell. Das Zentrum der Scheibe symbolisiert den (unbekannten) wahren Wert

eine Messreihe mit n voneinander unabhängigen Einzelmesswerten $x_1 \ldots x_n$, gekennzeichnet (nach „Ausreißerkontrolle") durch den arithmetischen Mittelwert

$$\bar{x} = \frac{1}{n} \sum_{i=1}^{n} x_i$$

und die Standardabweichung s als Maß für die Streuung der Einzelmesswerte

$$s = \sqrt{\frac{1}{n-1} \sum_{i=1}^{n} (x_i - \bar{x})^2}\,.$$

In Abwesenheit systematischer Messabweichungen ist der Mittelwert $\bar{x}$ ein geeigneter Schätzwert für die Messgröße. Die Standardmessunsicherheit $u\ (\bar{x})$ dieser Ergebnisgröße ist gegeben durch

$$u\ (\bar{x}) = s/\sqrt{n}\,.$$

Die einer Stichprobe theoretisch zugrunde liegende *„Grundgesamtheit"* ($n \to \infty$) – beschrieben durch eine Verteilungsfunktion der Merkmalsgröße, z. B. Normalverteilung – ist gekennzeichnet durch

$$\text{Erwartungswert } \mu = \lim \bar{x} \text{ für } n \to \infty\,,$$
$$\text{Varianz } \sigma^2 \quad (\sigma = \lim\ s \text{ für } n \to \infty)\,.$$

Bei Kenntnis von Mittelwert $\bar{x}$ und Standardabweichung s einer Stichprobe von n Einzelmessungen können *„Vertrauensbereiche"*, d. h. Intervalle um $\bar{x}$ angegeben werden, innerhalb derer mit einer vorgegebenen Wahrscheinlichkeit (z. B. $P = 95\,\%$) der Erwartungswert μ liegt. Bei annähernd *normalverteilter* Grundgesamtheit gilt

$$\bar{x} - \frac{t\ s}{\sqrt{n}} \leq \mu \leq \bar{x} + \frac{t\ s}{\sqrt{n}}\,.$$

Die Werte für t (t-Verteilung mit $f = n - 1$ Freiheitsgraden) können Tab. 30.1 entnommen werden. Als Messergebnis kann damit angegeben werden

$$\text{Messergebnis} = \bar{x} \pm \frac{t\ s}{\sqrt{n}}\,.$$

Bei Vorliegen einer Normalverteilung liegen 68,3 % der Messwerte im Bereich $\bar{x} \pm s$, 95,5 % im Bereich $x \pm 2s$ und 99,7 % im Bereich $\bar{x} \pm 3s$.

30.4.2 Typ B – Methode zur Ermittlung der Standardmessunsicherheit

Typisches Beispiel für eine Typ-B-Auswertung ist die Umwandlung einer Höchstwert/Mindestwert-Angabe in eine Standardunsicherheit. Angenommen, für einen Merkmalswert (Referenzwert) sind nur ein Mindestwert $x_{\min}$ und ein Höchstwert $x_{\max}$ bekannt. Sind alle Werte in diesem Intervall als gleichwahrscheinlich anzunehmen, so können für den Referenzwert x und seine Standardunsicherheit $u\ (x)$ der Mittelwert und die Standardabweichung der Rechteckverteilung mit den Grenzen $x_{\min}$ und $x_{\max}$ verwendet werden

$$x = \frac{(x_{\max} + x_{\min})}{2}\,,$$
$$u\ (x) = \frac{(x_{\max} - x_{\min})}{\sqrt{12}}\,.$$

Ist hingegen anzunehmen, dass Werte in der Mitte des Intervalls wahrscheinlicher sind als Werte am Rande, so kann z. B. anstelle der Rechteckverteilung (Gleichverteilung) eine symmetrische Dreiecksverteilung mit den Grenzen $x_{\min}$ und $x_{\max}$ gewählt werden. Dann folgt

$$x = \frac{(x_{\max} + x_{\min})}{2}\,,$$
$$u\ (x) = \frac{(x_{\max} - x_{\min})}{\sqrt{24}}\,.$$

Andere Beispiele von Typ-B-Auswertungen sind in [5] und [6] enthalten.

Fortpflanzungsgesetz für Messunsicherheiten nach Gauß. In technischen Aufgabenstellungen ist vielfach das anzugebende Messergebnis $y = f(A,\ B,\ C)$ eine Funktion mehrerer unabhängiger Messgrößen $A,\ B,\ C$, z. B. Mechanische Spannung = Kraft/Fläche, Elektrischer Widerstand = Elektrische Spannung/Elektrischer Strom. Bei Kenntnis der Messunsicherheiten (u) der einzelnen Messgrößen $A,\ B,\ C$, gilt für die resultierende Messunsicherheit, bezogen auf die gesamte Funktion y

$$u(y) = \sqrt{\left(\frac{\partial f}{\partial A}\,u(A)\right)^2 + \left(\frac{\partial f}{\partial B}\,u(B)\right)^2 + \cdots}\,.$$

Hieraus ergeben sich die folgenden Spezialfälle:

- Summen- oder Differenzfunktion

$$y = A + B \quad \text{oder} \quad y = A - B\,,$$
$$u(y) = \sqrt{(u(A))^2 + (u(B))^2}\,.$$

- Produkt- oder Quotientenfunktion

$$y = A \cdot B \quad \text{oder} \quad y = \frac{A}{B}\,,$$
$$\frac{u(y)}{y} = \sqrt{\left(\frac{u(A)}{A}\right)^2 + \left(\frac{u(B)}{B}\right)^2}\,.$$

- Potenzfunktion

$$y = A^{\mathrm{P}}\,, \qquad \frac{u(y)}{y} = |P|\,\frac{u(A)}{A}\,.$$

Zusammengefasst gilt: Die bei der Auswertung von Messungen erhaltenen Messergebnisse (d. h. Messwerte, Messunsicherheiten und gegebenenfalls ein zusammenfassendes „Messunsicherheitsbudget“) sind zusammen mit der Angabe aller zu einer Reproduzierung der betreffenden Messung erforderlichen Angaben in einem Messprotokoll zusammenzufassen (s. Abschn. 30.5).

Ergänzende und erweiterte Betrachtungen zum Thema „Messunsicherheit“ sind in [7–10] zu finden.

30.5 Ergebnisdarstellung und Dokumentation

Die Ergebnisse einer Messung sind in einem Messprotokoll oder Messbericht zusammenfassend darzustellen. Hierin sollen alle kennzeichnenden Größen und Daten enthalten sein. Es muss möglich sein, anhand eines Messberichts einen Messversuch zu einem späteren Zeitpunkt originalgetreu zu wiederholen. Ein Messbericht hat i. Allg. die folgenden Angaben zu umfassen:

1. Aufgabenstellung,
2. Bearbeiter, Ort, Datum (eventuell Uhrzeit),
3. Messgrößen und Messverfahren,
   - Kennzeichnung der Messgrößen,
   - Erläuterung von Messprinzip und Messverfahren,
4. Messkette und Messglieder,
   - Darstellung der Messkette,
   - Erläuterung der Messkettenelemente: Kennlinie, Empfindlichkeit, Signalübertragungsverhalten,
   - Skizze der Messanordnung und Messstellenplan,
   - Gerätezusammenstellung (Hersteller, Gerätebezeichnung, Typennummer, Messbereich, Genauigkeitsklasse, Kalibrierstatus),
   - Auflistung relevanter Software zur Messdatenerfassung und -verarbeitung,
5. Versuchsdurchführung,
   - Statistische Versuchsplanung,
   - Arbeitsschritte,
   - Datenregistrierung (Messwerttabellen, Schreiberaufzeichnungen, Datenausdruck),
6. Auswertung (Berechnungen, Kurven, Diagramme, Abschätzung der Messunsicherheiten),
7. Messergebnisse: Messwerte und Messunsicherheiten,
8. Abschlussdiskussion,
9. Zusammenfassung,
10. Literatur

Anhang

Tab. 30.1 t-Faktoren in Abhängigkeit der statistischen Sicherheit P und der Anzahl der Messwerte n

n	P in %		
	90	95	99
3	2,920	4,303	9,925
5	2,132	2,776	4,604
7	1,943	2,447	3,707
10	1,833	2,262	3,25
15	1,761	2,145	2,977
20	1,729	2,093	2,861
25	1,711	2,064	2,797
30	1,699	2,045	2,756
40	1,695	2,021	2,704
60	1,672	2,000	2,660
120	1,658	1,980	2,617
∞	1,645	1,960	2,576

Literatur

Spezielle Literatur

1. DIN 1319-1 Grundlagen der Messtechnik, Teil 1: Grundbegriffe. Beuth, Berlin (Januar 1995)
2. DIN 1319-2 Grundlagen der Messtechnik, Teil 2: Begriffe für Messmittel. Beuth, Berlin (Oktober 2005)
3. Brinkmann, B.: Internationales Wörterbuch der Metrologie, 4. Aufl. Beuth, Berlin (2012)
4. DIN 1319-3 Grundlagen der Messtechnik, Teil 3: Auswertung von Messungen einer einzelnen Messgröße, Messunsicherheit. Beuth, Berlin (Mai 1996)
5. DIN 1319-4 Grundlagen der Messtechnik, Teil 4: Auswertung von Messungen, Messunsicherheit. Beuth, Berlin (Februar 1999)
6. ISO/IEC Guide 98-3 Messunsicherheit – Teil 3: Leitfaden zur Angabe der Unsicherheit beim Messen. Beuth, Berlin (September 2008, Beiblatt 1: November 2008, Beiblatt 2: November 2011)
7. UKAS M3003: The Expression of Uncertainty and Confidence in Measurement. Ed. 4, Feltham (UK), United Kingdom Accreditation Service (Oktober 2019)
8. Adunka, F.: Messunsicherheiten – Theorie und Praxis, 3. Aufl. Vulkan, Essen (2007)
9. Krystek, M.: Berechnung der Messunsicherheit – Grundlagen und Anleitung für die praktische Anwendung, 2. Aufl. Beuth, Berlin (2015)
10. Grabe, M.: Measurement Uncertainties in Science and Technology, 2. Aufl. Springer, Berlin (2014)

31 Messgrößen und Messverfahren

Horst Czichos und Werner Daum

Die Messgrößen und Messverfahren der Technik basieren auf dem Internationalen Einheitensystem sowie auf geeigneten Aufnehmer- und Sensorprinzipien.

31.1 Einheitensystem und Gliederung der Messgrößen der Technik

31.1.1 Internationales Einheitensystem

Die Basisgrößen und Basiseinheiten des Messwesens sind im „Système International d'Unités" (SI-System) definiert. Seit 2019 werden alle Basisgrößen (SI-Einheiten) über Naturkonstanten definiert. Die folgende Auflistung bezeichnet die SI-Basiseinheiten zusammen mit den Messunsicherheiten der zugehörigen Normale (Primary Standards): Zeit: Sekunde (s); Mehrfaches der Periodendauer elektromagnetischer Strahlung bei einem elektronischen Übergang im Nuklid 133Cs.; Messunsicherheit 10^{-15}. Länge: Meter (m); definiert über Lichtgeschwindigkeit c und Zeit gemäß Länge $= c \cdot$ Zeit; Messunsicherheit 10^{-12}. Masse: Kilogramm (kg); definiert aus Plank-Konstante, Sekunde und Meter; Messunsicherheit $2 \cdot 10^{-8}$. Elektrische Stromstärke: Ampere (A); definiert aus Elementarladung und Sekunde; Messunsicherheit $9 \cdot 10^{-8}$. Temperatur: Kelvin (K); definiert aus Boltzmann-Konstante, Sekunde, Meter und Kilogramm; Messunsicherheit $3 \cdot 10^{-7}$. Stoffmenge: Mol (mol); definiert durch die Avogadro-Konstante; Messunsicherheit $2 \cdot 10^{-8}$. Lichtstärke: Candela (cd); definiert über monochromatische Strahlung ($540 \cdot 1012\,\text{Hz}$), Sekunde, Meter, Kilogramm und dem Raumwinkel; Messunsicherheit 10^{-4}. Unter Benutzung der SI-Basiseinheiten können durch Multiplikation und Division die für andere Messgrößen benötigten Einheiten gewonnen werden (s. Bd. 1, Tab. 49.1, 49.2, 49.7, 49.10, 49.11, 49. 12, 49.13, 49.14 und 49.15).

31.1.2 Gliederung der Messgrößen

Eine allgemeine Gliederung der Messgrößen der Technik kann mit Hilfe einer systemtechnischen Betrachtung erhalten werden.

Nach den Methoden der Systemtechnik sind technische Objekte durch die Merkmalskategorien *Struktur*, *Funktion* und *Wechselwirkungen mit der Umwelt* umfassend beschrieben. Damit ergeben sich für Messobjekte als Träger von Messgrößen die folgenden, durch die Messtechnik zu erfassenden Parametergruppen:

- Form- und Stoffgrößen,
- Funktions- bzw. Prozessgrößen,
- Umwelt-Wechselwirkungsgrößen.

H. Czichos
Beuth Hochschule für Technik
Berlin, Deutschland
E-Mail: horst.czichos@t-online.de

W. Daum (✉)
Dir. u. Prof. a.D. der Bundesanstalt für Materialforschung und -prüfung (BAM)
Berlin, Deutschland
E-Mail: daum.bam@t-online.de

B. Bender und D. Göhlich (Hrsg.), *Dubbel Taschenbuch für den Maschinenbau 2: Anwendungen*,
https://doi.org/10.1007/978-3-662-59713-2_31

Tab. 31.1 Gliederung der Messgrößen der Technik

Systemtechnische Kategorien	Parametergruppen	Messgrößenarten
Struktur	Form- und Stoffgrößen	→ geometrische Messgrößen (Abschn. 31.3) → Stoffmessgrößen (Abschn. 31.10)
Funktion	Funktions- und Prozessgrößen	→ kinematische Messgrößen (Abschn. 31.4) → mechanische Beanspruchungen (Abschn. 31.5) → strömungstechnische Messgrößen (Abschn. 31.6) → thermische Messgrößen (Abschn. 31.7) → optische Messgrößen (Abschn. 31.8) → elektrische Messgrößen (Abschn. 32.2, 32.3)
Wechselwirkungen	Umwelt-Wechselwirkungsgrößen	→ Strahlungsmessgrößen (Abschn. 31.9.1) → akustische Messgrößen (Abschn. 31.9.2) → Klimamessgrößen (Abschn. 31.9.3)

Die wichtigsten Messgrößenarten dieser Parametergruppen sind in Tab. 31.1 zusammengestellt; sie bilden die Basis für die Gliederung der im Folgenden behandelten Messgrößen und Messverfahren. (Im Hinblick auf die hier nicht aufgenommenen Verfahren der Zeitmessung wird auf die entsprechende Literatur verwiesen.)

31.2 Sensoren und Aktoren

Sensoren sind Messwertaufnehmer, die zur Gewinnung von Informationen über Messobjekte hierfür bedeutsame Eingangssignale aufnehmen und in geeignete, meist elektrische Ausgangssignale überführen [1, 2].

Aktoren (oder Aktuatoren) sind Funktionseinheiten, die Signale mit einer Hilfsenergie in Aktionen umsetzen [3].

31.2.1 Messgrößenumformung

Die für eine Messgrößenumformung geeigneten physikalischen Prinzipien sind in Tab. 31.2 mit charakteristischen Beispielen in einer Matrixdarstellung zusammengestellt. Sie können vereinfacht in zwei große Gruppen eingeteilt werden.

Ausschlagmethoden. Die Messgrößen, z. B. mechanischer, thermischer oder elektrischer Art, werden unmittelbar zur Darstellung gebracht:

Mechanische Messgröße —Hebel / Schiefe Ebene→
Thermische Messgröße —Thermo- / elastizität→
Elektrische Messgröße —Induktion / Lorenz-Kraft→
} Zeigerausschlag, Skalenanzeige

Methoden mit elektrischer Messsignalumformung. Nichtelektrische Messgrößen werden möglichst in elektrische Messsignale umgeformt, um sie der analogen oder digitalen elektrischen Messtechnik sowie einer rechnerunterstützten Messsignalverarbeitung zugänglich zu machen.

Nichtelektrische Messgröße —Messgrößen- / umformung→ Elektrisches Messsignal —Messsignal- / verarbeitung→ Messwert

31.2.2 Zerstörungsfreie Bauteil- und Maschinendiagnostik

Im Maschinenbau sind häufig Untersuchungen der *Stoff- und Formeigenschaften* von Maschinenelementen und des Funktionsverhaltens kompletter Baugruppen, Maschinenanlagen und -systeme erforderlich. Für diese Aufgaben der Bauteil- und Maschinendiagnostik können verschiedene aus der zerstörungsfreien Materialprüfung bekannte Mess- und Prüfungsprinzipien eingesetzt werden [4–6].

Tab. 31.2 Physikalische Effekte und Prinzipien zur Messgrößenumformung

Eingangsgröße	Ausgangsgröße				
	Mechanisch	Thermisch	Elektrisch	Magnetisch	Optisch
Mechanisch	Hebel, Pendel, schiefe Ebene, elast. Deformation, Fluidik	Wärmepumpe, Kältepumpe, Reibung	Geometrieabhängigkeit von *R*, *L*, *C*, Induktion, Piezoeffekt	Magnetoelastische Effekte, Magnetohydrodynamik	Interferometrie, Spannungsoptik, Triboluminleszenz
Thermisch	Thermoelektrizität, Dampfdruck, Explosionsdruck	Thermische Kreisprozesse	Temperaturabhängigkeit von *R*, *L*, *C*, Thermoelektrizität, Pyroelektrizität	Thermomagnetische Effekte	Wärmestrahlung, Thermolumineszenz
Elektrisch	Induktion, Lorentz-Kraft, Piezoeffekte, Elektrostriktion	Joule'sche Wärme, Peltier-Effekt, Thomsoneffekt	Transformator, Transistor, Influenz	Elektromagnetismus, magnetoelektrische Effekte	Elektrooptischer Kerr-Effekt, Elektrolumineszenz
Magnetisch	Magnetomechanische Effekte, Magnetostriktion	Magnetokalorische Effekte	Magnetoelektrische Effekte, Hall Effekt	Magnetische Suszeptibilität, magnetische Hysterese	Magnetooptische Effekte
Optisch	Strahlungsdruck	Absorption	Photoeffekt, Optoelektronik	Magnetooptische Speicher	Interferenz, Bildwandler, Laser

Untersuchung von *Bauteil-Oberflächenfehlern*: Bestimmung von Bauteilinhomogenitäten in oberflächennahen Bereichen (z. B. Risse, Härtungsfehler) durch Analyse der Wechselwirkung des Bauteils mit Ultraschallwellen (US), elektromagnetischen Feldern oder optischer Strahlung; Verfahrensbeispiele: US-Mikroskop, Wirbelstromprüfung, Thermographie, Elektronische Speckle-Interferometrie (ESPI) (s. Abschn. 31.5.3); Rissnachweis durch Flüssigkeitseindringverfahren unter Ausnutzung der Kapillarwirkung feiner Risse im µm-Bereich.

Untersuchung von *Bauteil-Volumenfehlern*: Bestimmung von Inhomogenitäten im Bauteilinnern (z. B. Poren, Lunker, Wanddickenschwächungen) durch Durchstrahlung mit Ultraschallwellen sowie Röntgen- oder Gammastrahlen. Verfahrensbeispiele: US-Impulsechoverfahren, Radiographie, Computertomographie.

Zur *Funktions- bzw. Zustandsüberwachung* laufender Maschinenanlagen eignen sich Verfahren des „machinery condition monitoring". Dise basieren auf einer regelmäßigen oder permanenten Erfassung des Maschinenzustandes durch Messung und Analyse aussagefähiger physikalischer Größen (z. B. Schwingungen, Temperaturen, Kräfte, Drehmomente). Unter Verwendung geeigneter Sensoren (z. B. seismische Aufnehmer, s. Abschn. 31.4.3) können beispielsweise aus Körperschallanalysen Hinweise auf eventuelle Betriebsstörungen gewonnen werden. Zur Auswertung werden Schwingungsformen, Eigenfrequenzen, Impulsformen, Dämpfungen oder Spektren herangezogen. Ziele der Funktions- bzw. Zustandsüberwachung sind

a) die Erhöhung der Betriebssicherheit z. B. durch Notabschaltung bei akuten oder drohenden Anlagenschäden und
b) die Verbesserung der Maschineneffizienz durch zustandsorientierte Instandhaltung anstelle der präventiven oder reaktiven Instandhaltung (siehe z. B. [6, 7]).

31.3 Geometrische Messgrößen

Geometrische Messgrößen kennzeichnen Strecken, Entfernungen und Abmessungen sowie die Makro- und Mikrogeometrie von Bauteilen und beschreiben die geometrischen Eigenschaften von Bauteilpaarungen (z. B. Passungen, Gewinde, Lagerungen, Führungen, Getriebe).

31.3.1 Längenmesstechnik

31.3.1.1 Längenmesstechnik zur Strecken- und Entfernungsbestimmung

Mechanische und optische Verfahren. Einfache Distanzmessverfahren verwenden Messlatten und Messbänder sowie freihängende Drähte auf Stativen (Durchhangkorrektur beachten) als Längenmaßstab. Bei optisch-trigonometrischen Verfahren wird eine Strecke $\overline{AB}$ dadurch bestimmt, dass im Punkt A mit einem Theodolit der Winkel α zwischen den Endpunkten einer Basislatte (Länge b) gemessen wird, die sich rechtwinklig zu $\overline{AB}$ im Punkt B befindet: $\overline{AB} = b \cdot \cot\alpha$.

Elektromagnetische Verfahren. Die Bestimmung einer Entfernung $s = c \cdot t$ basiert auf der Messung der Laufzeit t elektromagnetischer Wellen der Geschwindigkeit $c = c_0/n$ (c_0 Geschwindigkeit im Vakuum, n Brechungsindex der Luft in Abhängigkeit von Temperatur, Druck und Feuchtigkeit). Bei Impulsverfahren (z. B. Radar, radio detecting and ranging) kann eine Entfernung $\overline{AB}$ aus der Laufzeitmessung eines elektromagnetischen Impulses zwischen Senderort A und Echoort B bestimmt werden. (Radar-Geschwindigkeitsmessungen nutzen den Doppler-Effekt: Messung der geschwindigkeitsabhängigen Frequenzverschiebung bei einer Relativbewegung zwischen Senderort und Echoort.) Bei Phasenvergleichsverfahren lassen sich aus Phasendifferenzen der gesendeten, im Endpunkt reflektierten und über die Messstrecke zurückkommenden Wellen die Laufzeit der Wellen und daraus die Länge der Strecke ableiten.

31.3.1.2 Längenmesstechnik technischer Objekte

Längen und Abmessungen von Bauteilen werden durch Vergleich mit einem Längenstandard, gegeben durch Maßverkörperungen oder anzeigende Längenmessgeräte bestimmt [8] (Wegmessverfahren, s. Abschn. 31.4.1). Als Maßverkörperungen dienen Strichmaßstäbe, Messspindeln und Parallelendmaße (Längenstufungen von 1 µm durch „Ansprengen“) sowie inkrementale und absolut kodierte Maßstäbe (z. B. Dualcode, BCD-Code) mit optoelektronisch abgetasteten Hell-Dunkel-Feldern (s. Abschn. 31.4.1). Bei interferometrischen Messverfahren dient die Wellenlänge des verwendeten Lichtes als Messbasis. Nach dem *Abbe'schen Komparatorprinzip* sollen Messstrecke und Maßverkörperung in der Messrichtung fluchtend angeordnet sein, um „Fehler 1. Ordnung“, die relativ groß sein können, zu vermeiden (Abb. 31.1).

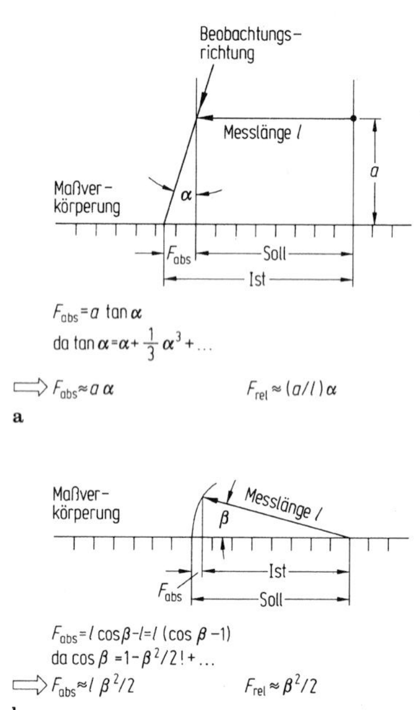

Abb. 31.1 Abbe'sches Prinzip. **a** Nicht erfüllt: Fehler 1. Ordnung, z. B. Parallaxefehler; **b** erfüllt: Fehler 2. Ordnung, z. B. Schieflagenfehler

Beispiel

a. Parallaxe mit $\alpha = 1°$ und einem Messlänge-Abstand-Verhältnis von 1 : 1 ergibt einen Fehler 1. Ordnung: $F_{\text{rel}} = 1{,}7\,\%$,
b. Schieflage mit $\beta = 1°$ bei der Koinzidenz-Verschiebung von Messstrecke und Maßverkörperung ergibt einen erheblich kleineren Fehler 2. Ordnung: $F_{\text{rel}} = 1{,}5 \cdot 10^{-2}\,\%$. ◀

Mechanische Verfahren. Hauptsächliche Messgeräte sind: Messschieber mit einem festen und einem beweglichen Messschenkel, Ablesemöglichkeit $\Delta l = 0{,}1$ mm mit Nonius; Messschraube mit Messgewinde, $\Delta l = 0{,}01$ mm; Messuhr mit Zahnstange, Ritzel und Zahnradübersetzung, $\Delta l = 0{,}001$ mm; Feinzeiger mit Torsionsband und Hebelübersetzung, $\Delta l = 0{,}0005$ mm.

Optische Verfahren. *Messmikroskope* und *Mehrkoordinatenmessgeräte* bestehen aus optischen oder mechanischen Prüfling-Antastsystemen (z. B. Okular-Strichvisier, berührender Messtaster mit hochempfindlichem Kontaktschalter, berührungsloser Messtaster mit optischem Triangulationssensor), Führungsbahnen zur 1-, 2- oder 3-dimensionalen Verschiebung des Messobjekts sowie Koordinatenmesssystemen mit verschiedenen Maßverkörperungen (z. B. Zahnstangen, $\Delta l = 10\,\mu$m; Messspindeln, $\Delta l = 0{,}1\,\mu$m; Strichmaßstäben $\Delta l = 0{,}1\,\mu$m; Laserinterferometer, $\Delta l = 0{,}01\,\mu$m), gängige Messbereiche $1{,}2 \times 1 \times 0{,}6\,\mathrm{m}^3$. Kenngrößen von Koordinatenmessgeräten und Verfahren zu deren Ermittlung sind in [9] beschrieben.

Interferometer ermöglichen präzise Längenmessungen durch Auszählen bzw. Auswertung von Interferenzstreifen in Vielfachen oder Bruchteilen von $\lambda/2$. Die erforderliche Voraussetzung der örtlichen und zeitlichen Kohärenz der interferierenden Lichtwellen wird durch Strahlenteilung und Monochromasie (z. B. Laser) realisiert (Abb. 31.2). Spezielle Messgeräteausführungen erlauben Messungen in einem Messbereich größer 10 m mit Auflösungen von Bruchteilen einer halben Wellenlänge.

Berührungslose Abstands- und Längenmessungen im Nahbereich können mit *Triangulationsverfahren* durchgeführt werden. Dabei wird im einfachsten Fall das Licht einer Laser- oder Leuchtdiode über eine Projektionsoptik auf die Oberfläche des Messobjektes fokussiert (Abb. 31.3). Unter einem Winkel von 15° bis 35° wird der projezierte Lichtpunkt über eine Abbildungsoptik auf einem Lagedetektor (z. B. CCD-Zeile, positionsempfindliche Photodiode) abgebildet. Ändert sich der Abstand zwischen Messobjekt und Sensor, so führt dies zu einer Lageänderung des auf dem Detektor abgebildeten Lichtpunktes. Typische Kennwerte für Lichtpunkt-Triangulationsverfahren: Messbereich ca. 5 mm bis 5 m, Auflösung 0,01 % des Messbereiches, Messunsicherheit bis 0,05 % des Messbereiches. Verfahren zur Abnahme und Überwachung von optischen 3D-Messsystemen sind in [10] beschrieben.

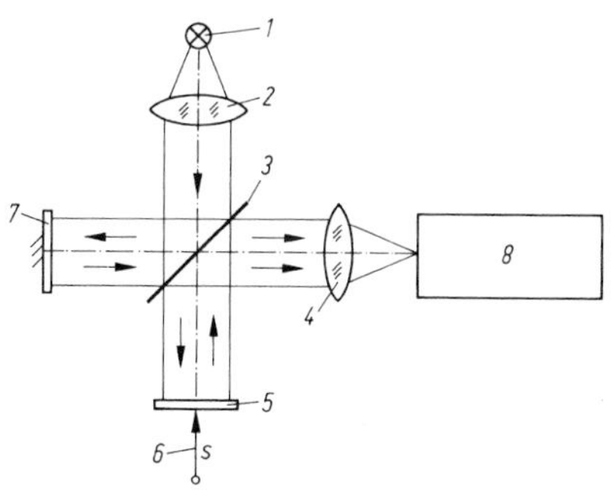

Abb. 31.2 Optische Verfahren: Interferometerprinzip (Michelson-Interferometer). *1* Strahlungsquelle, *2* Kondensor, *3* Strahlenteiler, *4* Objektiv, *5* Reflektor (beweglich), *6* Messobjekt, *7* Reflektor (fest), *8* optoelektronischer Empfänger

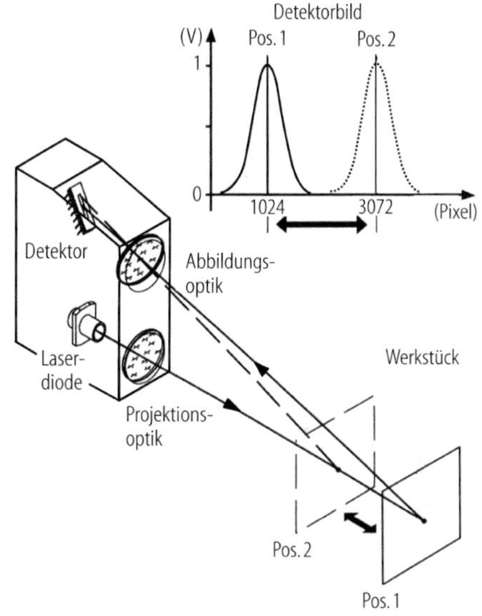

Abb. 31.3 Optische Verfahren: Triangulationsprinzip [22]

Elektrische Verfahren. Bei diesen Verfahren wird die Geometrieabhängigkeit ohmscher, induktiver und kapazitiver Widerstände oder elektro-magnetischer Effekte zur Längen- bzw. Wegmessung ausgenutzt (s. Abschn. 31.4.1).

31.3.2 Gewinde- und Zahnradmesstechnik

Gewinde sind messtechnisch durch die folgenden, auf einen Axialschnitt bezogenen Größen gekennzeichnet (s. Abschn. 8.6 und [11]):

Außendurchmesser, Kerndurchmesser, Flankendurchmesser, Flankenwinkel, Steigung. Die Funktionsprüfung von Gewinden erfolgt traditionell mit Lehren, d. h. möglichst formvollkommenen Gegenkörpern: Lehrringe für Außengewinde, Lehrdorne für Innengewinde. Nach dem Taylor'schen Grundsatz soll die Gutprüfung die Gesamtwirkung eines Gewindes erfassen; auf der Ausschußseite soll jede Bestimmungsgröße einzeln geprüft werden.

Zahnräder sind je nach Art der Verzahnung messtechnisch im Wesentlichen durch die folgenden Größen gekennzeichnet (s. Abschn. 15.2 und [12]):

Zahnflankenform, Zahndicke, Zahnweite, Teilkreisdurchmesser, Teilung, Rundlauf der Verzahnung.

31.3.2.1 Gewindemesstechnik

Mechanische Verfahren. Sie dienen vorzugsweise zur Messung von Außen-, Kern- und Flankendurchmesser mit Methoden der Längenmesstechnik (s. Abschn. 31.3.1; [8]). Bei der Bestimmung der Außendurchmesser von Außengewinden und der Kerndurchmesser von Innengewinden müssen die Messgerät-Tastflächen mindestens zwei Gewindespitzen überdecken; bei der Bestimmung der Außendurchmesser von Innengewinden und der Kerndurchmesser von Außengewinden müssen die Messgerät-Tastflächen auf dem Gewindegrund aufliegen. Flankendurchmesser von Außengewinden können mit der *Dreidrahtmethode* mit hoher Genauigkeit bestimmt werden (Abb. 31.4). Hierzu werden die Messdrähte gleichen Durchmessers d_D in benachbarte Gewindelücken eingelegt. Aus der Messung des Prüfmaßes M mit einem Längenmessgerät ergibt sich der Flankendurchmesser (für symmetrisches Grundprofil) aus

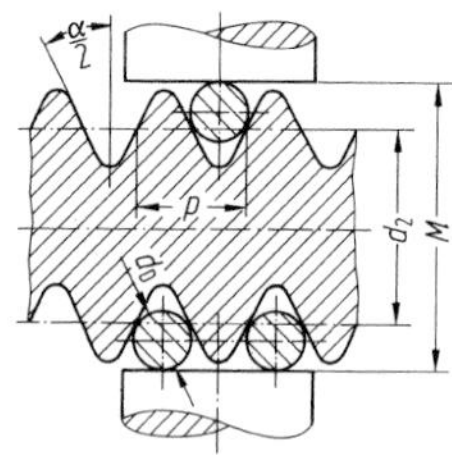

Abb. 31.4 Dreidrahtmethode zur Bestimmung des Flankendurchmessers von Gewinden

$$\begin{aligned}d_2 = M &- d_\mathrm{D}(1/\sin(\alpha/2) + 1)\\ &+ 1/2\, p \cdot \cot(\alpha/2) + A_1 + A_2\,.\end{aligned}$$

Die Größen A_1 und A_2 sind gegebenenfalls zu berücksichtigende Zusatzterme für die Schiefstellung der Drähte und ihre Abplattung unter Wirkung der Messkraft bei der Bestimmung von M. Der für die Dreidrahtmethode günstigste Drahtdurchmesser ist

$$d_\mathrm{D} = (p/2) \cdot \cos\alpha/2\,.$$

Optische Verfahren. Mit Werkstatt-Mikroskopen oder Universal-Messmikroskopen können alle Kenngrößen von Außengewinden nach dem Schattenbildverfahren berührungslos gemessen werden. Außen- und Kerndurchmesser lassen sich konventionell mittels Fadenkreuzabtastung erfassen. Zur Messung von Flankendurchmesser und -winkel mit optisch scharfem Schattenbildrand wird das Mikroskop um den Steigungswinkel ψ des Prüflings geneigt. Der Flankenwinkel α des Gewindeprofils wird aus dem gemessenen Wert α_M gemäß $\tan\alpha = \tan\alpha_\mathrm{M}/\cos\psi$ bestimmt. Bei der Bestimmung von Flankendurchmesser und Steigung nach dem optischen Schattenbildverfahren kann durch Mittelwertbildung von Messungen an Rechts- und Linksflanken ein Messfehler 1. Ordnung vermieden werden, da dabei nur Fehler 2. Ordnung auftreten können.

31.3.2.2 Zahnradmesstechnik

Einzelfehlerprüfung. Die verschiedenen Bestimmungsgrößen von Zahnrädern, wie z. B. Flankenform, Zahndicke, Zahnweite, Teilkreisdurchmesser können mit konventionell-mechanischen Messgeräten einzeln geprüft werden:

Messtaster mit Diagrammaufzeichnung zur Darstellung der Abweichung der Zahnflankenform von der Sollevolvente; *Messschieber* zur Bestimmung des Sehnenmaßes zwischen den Flanken eines Zahns; *Messschraube* zur Bestimmung des Zahnweiten-Sehnenmaßes zwischen den Flanken mehrerer Zähne; *Schraublehren* oder *Fühlhebel-Rachenlehren* mit Messkugeleinsätzen (Kugeldurchmesser D), die in gegenüberliegende Zahnlücken in Teilkreishöhe eingreifen und aus einer Messung des „diametralen Zweikugelmaßes M" eine Abschätzung des Teilkreisdurchmessers d_k ermöglichen:

$$d_k \approx M - D \quad \text{(gerade Zähnezahl)},$$

$$d_k \approx (M - D)/\cos(\pi/2\,z) \quad \text{(ungerade Zähnezahl z)}.$$

Darüber hinaus gibt es Messmaschinen, die alle wesentlichen Kenngrößen nach Programmen automatisch messen.

Sammelfehlerprüfung. Sie dient der Bestimmung der gleichzeitigen Auswirkung von Form- und Lagefehlern der Zahnflanken durch Abwälzen des zu prüfenden Zahnrads mit einem Lehrzahnrad. Bei der *Einflankenwälzprüfung* kommt nur eine Flanke mit der Gegenflanke in Berührung, während bei der in der industriellen Praxis häufig angewendeten *Zweiflankenwälzprüfung* jeweils beide Flanken in spielfreiem Eingriff sind (siehe auch [13]). Beim Abwälzen des Zahnradpaars ergeben alle vorhandenen Verzahnungsfehler Änderungen des Achsabstands, die mit spielfrei und reibungsarm geführten Prüfgeräten erfasst und in kreis- oder streifenförmigen Fehlerdiagrammen aufgezeichnet werden (s. Abb. 31.5; [8, 14]).

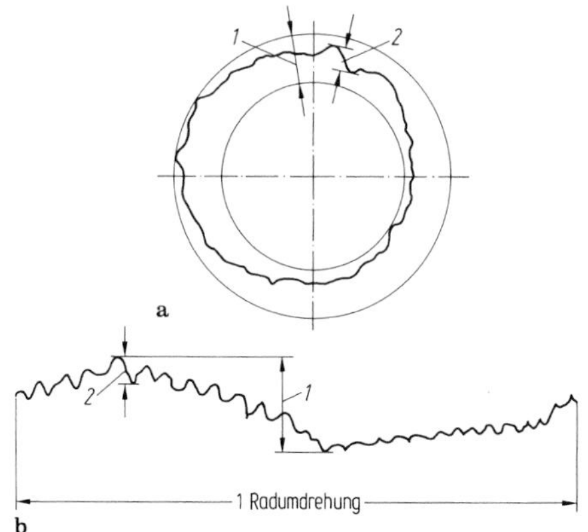

Abb. 31.5 Zweiflanken-Wälzdiagramme zur Sammelfehlerprüfung von Zahnrädern. **a** Kreisdiagramm; **b** Streifendiagramm. *1* Wälzabweichung F_i', *2* Wälzsprung f_i'

31.3.3 Oberflächenmesstechnik

Die Eigenschaften von Werkstücken werden wesentlich von der Beschaffenheit ihrer Oberflächen bestimmt. Daher werden geometrische, mechanische, optische oder auch chemische Oberflächeneigenschaften gezielt modifiziert, um eine den jeweiligen Anforderungen zu genügende Beschaffenheit zu erzielen.

31.3.3.1 Abbildung von Oberflächen

Lichtmikroskopische Verfahren zur Abbildung technischer Oberflächen arbeiten mit Hellfeld- oder Dunkelfeldbeleuchtung; sie gestatten mittels Okularmikrometern ein laterales Ausmessen von Oberflächenstrukturen und sind durch folgende Grenzdaten gekennzeichnet: Maximale Vergrößerung ca. 1000fach, laterales Auflösungsvermögen in der Objektebene ca. 0,3 µm, Steigerung der Tiefenauflösung auf ca. 1 nm durch Methoden des Interferenzkontrasts nach Nomarski. Gleichzeitig hohe Vergrößerung (bis zu 10^5fach) und große Tiefenschärfe (> 10 Îm bei 5000-facher Vergrößerung) liefert das Rasterelektronenmikroskop (REM). Beim REM wird in einer Probenkammer unter Hochvakuum ein Elektronenstrahl rasterförmig über die Probenoberfläche bewegt, und die in Abhängigkeit von der Oberflächen-Mikrogeometrie rückgestreuten Elektronen (oder ausgelöste Sekundärelektronen) werden zur Helligkeitssteuerung (Topographiekontrast) einer Fernsehröhre verwendet. Mit Methoden der Bildverarbeitung (z. B. Graustufenanalyse, s. Abschn. 31.3.4) oder stereoskopischen Auswerteverfahren kann außer der Oberflächenabbildung eine numerische Klassifizierung der Oberflächenmikrogeometrie vorgenommen werden.

31.3.3.2 Oberflächenrauheitsmesstechnik

Aufgabe der Oberflächenrauheitsmesstechnik ist die Erfassung der *Mikro- bzw. Nanogeometrie* technischer Oberflächen und die Bestimmung der *Gestaltabweichung* realer Istoberflächen von geometrisch-idealen Solloberflächen (s. Abschn. 1.6.2; [15]). Oberflächenmessgrößen können sich in integraler Art auf gesamte Oberflächenbereiche oder auf Profilschnitte, Tangentialschnitte oder Äquidistanzschnitte beziehen (Abb. 31.6). Da örtlich verschiedene Profilschnitte einer realen technischen Oberfläche naturgemäß auch unterschiedliche Rauheitsprofilkurven und darauf bezogene Rauheitsgrößen ergeben, werden zur allgemeinen Kennzeichnung technischer Oberflächen auch mathematisch-statistische Methoden, wie z. B. Autokorrelationsfunktionen, Fourieranalysen oder Spektraldarstellungen herangezogen.

Tastschnittverfahren. Es besteht aus der Abtastung des Oberflächenprofils durch eine Diamantnadel mit einem Tastsystem (z. B. Einkufentastsystem, Pendeltastsystem, Bezugsflächentastsystem), Aufzeichnung eines überhöhten Profilschnitts mit elektronischen Hilfsmitteln und Berechnung von Rauheitsmessgrößen. Verfahrenskennzeichen (siehe auch [16]): vertikale Auflösung $\approx 0{,}01\,\mu\text{m}$, horizontale Auflösung begrenzt durch Spitzenradius (z. B. $5\,\mu\text{m}$) und Kegelwinkel (z. B. 60°), Problematik der Nichterfassung von „Profil-Hinterschneidungen" und plastischer Kontaktdeformation bei der Abtastung weicher Oberflächen.

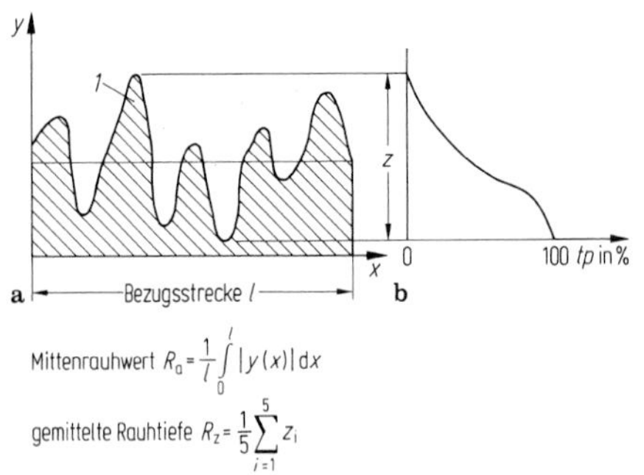

Abb. 31.6 Kennzeichnung der Rauheit technischer Oberflächen. **a** Profilschnitt, Kenngrößen R_a, R_z; **b** Traganteilkurve (Verteilungskurve der Ordinatenwerte). *1* Rauheitsprofil

Lichtschnittmikroskop. Eine unter 45° auf eine technische Oberfläche projizierte schmale Lichtlinie (optisches Spaltbild) erfährt durch die Oberflächenmikrogeometrie eine affine Verzerrung, die photographisch dargestellt oder mit einem Okularmikrometer mikroskopisch ausgemessen werden kann und eine Bestimmung von Rauhtiefen für $R_z > 1\,\mu\text{m}$ gestattet.

Interferenzmikroskop. Optische Schnitte parallel zur auszumessenden Oberfläche durch Lichtinterferenz ergeben ein Höhenschichtlinienbild von (spiegelnden, nicht zu rauen) Oberflächen mit Niveaulinien im Abstand von $\lambda/2$ (siehe auch [17]); die messbaren Rauhtiefenunterschiede betragen ca. $0{,}02\,\mu\text{m}$.

Rastersondenmikroskop. Es gibt zwei Realisierungsvarianten: Rastertunnel- und Rasterkraftmikroskop. Beim Rastertunnelmikroskop erfolgt die Abbildung und berührungslose Ausmessung von Oberflächen im atomaren Maßstab mit Hilfe einer Abtastnadel in einem elektronisch geregelten Piezokristall-Aktorsystem (Abb. 31.7). Der zwischen Abtastnadel und Oberfläche bestehende Tunnelstrom wird bei rasterförmiger äquidistanter Abtastung der Oberfläche durch das Aktorregelsystem konstant gehalten; das elektronische Regelgrößensignal ist ein Maß für die Oberflächenmikrogeometrie im Nanometerbereich.

Mit den folgenden Verfahren können durch flächige Abtastung mittels optischer oder elektrischer Methoden Oberflächenkenngrößen erhalten werden, die sich auf gesamte Oberflächenbereiche beziehen; ihre Korrelation zu Profilschnitt-

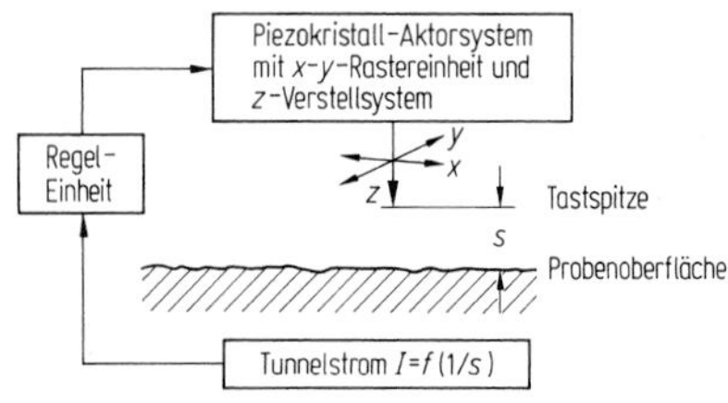

Abb. 31.7 Prinzip des Rastertunnel-Mikroskops

kenngrößen (Abb. 31.6) bereitet jedoch häufig Schwierigkeiten.

Streulichtverfahren. Eine vergleichende Intensitätsmessung bei der Reflexion der auf eine Oberfläche projizierten Lichtbündel ergibt durch eine statistische Auswertung (Bildung des zweiten Moments) eine mit dem arithmetischen Mittenrauwert R_a korrelierte Kennzahl. Da Streulichtverfahren überwiegend auf Oberflächenneigungen der mikroskopischen Rauheitshügel reagieren, sind diese Verfahren nicht nur zur Rauheitsmessung, sondern auch zur Erfassung von Welligkeiten geeignet.

Kondensatorverfahren. Eine Messelektrode wird mit einer dielektrischen, in die Oberflächenmikrogeometrie eindringende Zwischenschicht auf die Oberfläche gebracht. Für den sich so ergebenden Plattenkondensator kann aus der Beziehung zwischen Kapazität und Plattenabstand (im Vergleich mit ideal glatten Flächen) auf die „Glättungstiefe" der Oberfläche geschlossen werden.

Weißlichtinterferometer. Das Verfahren basiert auf dem Prinzip des Michelson-Interferometers, wobei der optische Aufbau eine Lichtquelle mit einer Kohärenzlänge im µm-Bereich enthält (Weißlichtquelle). An einem Strahlteiler wird der kollimierte Lichtstrahl in Mess- und Referenzstrahl aufgeteilt. Der Messstrahl trifft das Messobjekt, der Referenzstrahl einen Spiegel. Das vom Spiegel und Messobjekt jeweils zurückgeworfene Licht wird am Strahlteiler wieder überlagert und auf eine Kamera abgebildet. Immer dann, wenn der optische Weg für einen Objektpunkt im Messarm mit dem optischen Weg im Referenzarm übereinstimmt, kommt es für alle Wellenlängen im Spektrum der Lichtquelle zu einer konstruktiven Interferenz und das Kamerapixel des betreffenden Objektpunktes hat eine hohe Intensität. Für Objektpunkte, die diese Bedingung nicht erfüllen, hat das zugeordnete Kamerapixel eine niedrige Intensität. Die Kamera registriert folglich alle Bildpunkte, die dieselbe Höhe haben. Im Interferometer werden nun entweder der Referenzarm oder das Messobjekt relativ zum Strahlteiler bewegt. Beim Durchfahren der Messstrecke erhält man pixelweise Interferenzen und somit einen Höhenscan des Messobjektes. Nach dem Messdurchlauf ist die topographische Struktur der Probe digitalisiert. Die Messunsicherheit beträgt bei optisch rauen Oberflächen 1 µm (Objektrauigkeit), auf optisch glatten Oberflächen bis zu 5 nm.

Konfokalmikroskop. Das Licht einer punktförmigen Lichtquelle (Lichtquelle plus vorgeschalteter Lochblende) wird optisch in einen Punkt in der Fokusebene des Objektivs auf oder in dem Messobjekt abgebildet. Das von diesem beleuchteten Objektpunkt ausgehende Licht wird über die gleiche Optik und einen Strahlteiler auf eine Lochblende vor dem Detektor abgebildet. Der Detektionsfokus liegt also in der zur Fokalebene des Objektivs konjugierten Ebene, beide Foki liegen also übereinander (= konfokal). Licht, das nicht aus der Fokalebene kommt, wird unterdrückt, weil es nicht auf die Lochblende fokussiert wird, sondern dort als Scheibchen erscheint, sodass es fast komplett geblockt wird. Auch Streulicht wird durch diese Lochblende fast komplett geblockt. Das erhöht deutlich den Kontrast und verbessert somit die laterale Auflösung. Mit der konfokalen Abbildung kann die (immer noch beugungsbegrenzte) laterale Auflösung um den Faktor 1,4 größer sein gegenüber der konventionellen Mikroskopie, abhängig von der Größe der Lochblende. Merkmale von berührungslos messenden Geräten mit chromatisch konfokaler Sonde zur Bestimmung der Oberflächenbeschaffenheit sind in [18] spezifiziert.

31.3.4 Mustererkennung und Bildverarbeitung

Technische Objekte mit strukturierten Geometriemerkmalen (Länge, Breite, Durchmesser, Fläche) und Strahlungsmerkmalen (Intensität, Reflexion, Farbe) können mit *Bildaufnahmesensoren* erfasst und mittels *Bildverarbeitungssystemen* analysiert und messtechnisch beschrieben werden (Abb. 31.8). Eine *Kamera* mit *Bildsensor* (z. B. Charge Coupled Device (CCD)-

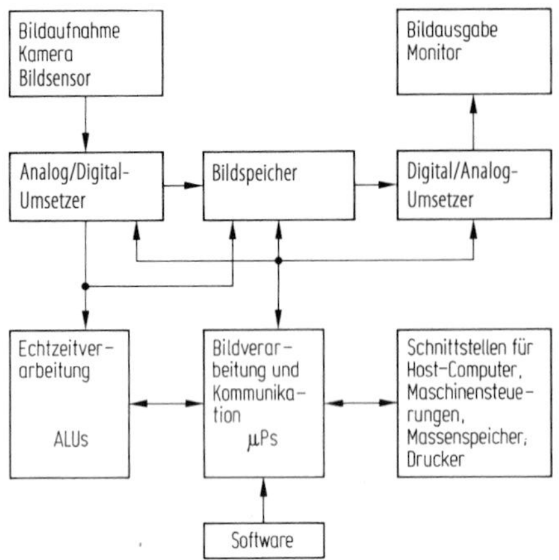

Abb. 31.8 Aufbau eines digitalen Bildverarbeitungssystems

oder Complementary Metal Oxid Semiconductor (CMOS)-Sensor) liefert Bilddaten in Form eines Bildrasters mit diskreten Bildpunkten (picture elements, Pixel). Die Leuchtdichteinformation („Helligkeitsverteilung") des Objektes wird in Form digitaler Grau- oder Farbwerte mit bis zu 24 Bit mittels *Analog-Digital-Umsetzern (A/D-U)* digitalisiert, in einem *Bildspeicher* abgelegt und durch spezielle *Mikroprozessoren* mit Arithmetik-Logik-Einheiten (ALUs) weiterverarbeitet. Mittels eines *Digital-Analog-Umsetzer (D/A-U)* können die Bilddaten wieder in ein analoges Bildsignal überführt und auf einem *Monitor* dargestellt werden. Eine Übersicht über Grundlagen und Begriffe sowie Hilfen zur praktischen Anwendung der industriellen Bildverarbeitung finden sich in [19]. CCD-Zeilenkameras erlauben empfängerseitig z. B. eine Auflösung von 1024 bis zu typ. 8192 Bildpunkten; CCD-Matrixkameras besitzen bis zu 5 Mio. Bildpunkte. Messzeit $\leq$ 40 ms bei Standardkameras. Die Messfeldauflösung wird objektseitig durch den Abbildungsmaßstab des Kamera-Aufnahmeobjektivs bestimmt; z. B. Messobjektlänge $=$ 4 mm, Auflösung $= 4/4096 \approx 1\,\mu\text{m}$.

Zur Identifikation von farblichen Objektmerkmalen werden Farb-CCD eingesetzt, die es in der technischen Realisierung als Ein- oder Drei-Chip-Kameras gibt. Beiden gemeinsam ist die Anwendung von Rot-, Grün- und Blau-Filtern vor den Bildpunkten, um die drei erforderlichen Farbauszüge zu erhalten – in dem ersten Fall jedoch als Farbfiltermatrix auf einem einzigen Chip, im anderen Fall mit je einem der Filter für jeden der drei CCD-Chips.

Neue Tendenzen in Richtung Digitalisierung, Auflösung und Geschwindigkeit werden bestimmt durch technische Entwicklungen in den Bereichen Digitalkameras, intelligente Kameras, CMOS-Sensoren, digitale Kamera-Schnittstellen bzw. Bussysteme (z. B. Übertragungsrate 400 Mbit/s mit „Fire Wire" IEEE 1394-Standard).

Durch Methoden der digitalen Bildverarbeitung kann eine statistische Bildbeschreibung des untersuchten technischen Objekts in Form von Grauwertverteilungen, Histogrammen und Momenten vorgenommen werden. Darüber hinaus können Ist-Soll-Konturenvergleiche, Verbesserungen der Bildqualität durch Kontrastverstärkung (z. B. von Kanten, Texturen), Filterungen zur Eliminierung von Bildstörstellen und Rauschen sowie Pseudo-Farbdarstellungen von Graustufen erzielt werden [20].

Die Aufgaben von Bildverarbeitungssystemen in der industriellen Qualitätssicherung können nach [19] unterteilt werden in: Objekterkennung, Lageerkennung, Vollständigkeitsprüfung, Form- und Maßprüfung, Oberflächeninspektion. Bei der Auswahl eines geeigneten Bildverarbeitungssystems für industrielle Aufgabenstellungen kann [19] eine gute Hilfestellung leisten.

Zur schnellen und unverwechselbaren Kennzeichnung und Identifizierung von Objekten und Produkten aller Art (z. B. Lebensmittel, technische Ersatzteile, Werkzeuge, Ausweise, Bahnfahrkarten, Flugscheine, Brief- und Paketsendungen, Webadressen, Maschinen-, Transport- und Lagersystemkomponenten) werden aufgedruckte, optisch-maschinell erkennbare Strichcodes (SC) oder Matrixcodes (QR – Quick Response Code) verwendet.

Am bekanntesten ist die „European Article Number" (EAN). Heute als globale Artikelidentnummer (Global Trade Item Number GTIN) bezeichnet, stellt sie eine international unverwechselbare Produktkennzeichnung für Handelsartikel dar. Sie basiert auf dem Binärprinzip mit einer Anzahl von dunklen Strichen (gelesen als „1") und hellen Lücken (gelesen als „0") und besteht aus einer 13-stelligen Ziffernserie mit 2 Stellen für das Länderkennzeichen, 5 Stellen für die bundeseinheitliche Betriebsnummer (bbn), 5 Stellen für die Artikelbezeichnung und 1 Stelle als Prüfziffer. Ein Stellenwert wird dargestellt durch eine 7-teilige Abfolge von Strichen (S) und Lücken (L), z. B. Ziffer 1: Strichcodefolge LLLSSLS, gelesen als 0001101.

Im Bereich der schnellen und eindeutigen Informationsweitergabe (z. B. komplexe Webadressen, Identifikation von Bahnfahrkarten) hat sich zunehmend der QR-Code etabliert. Dieser besteht aus einer quadratischen Matrix aus schwarzen und weißen Punkten, die die kodierten Daten binär darstellen. Eine spezielle Markierung in drei der vier Ecken des Quadrates gibt die Orientierung vor. Die Daten im QR-Code sind durch einen fehlerkorrigierenden Code geschützt. Dadurch wird der Verlust von bis zu 30 % des Codes toleriert, d. h. er kann auch dann noch dekodiert werden. Der QR-Code besteht aus einer Information über die verwendete Version und das benutzte Datenformat sowie den eigentlichen Datenteil mit der Nutzerinformation. Abhängig vom Fehlerkorrekturlevel können bis zu 23 648 Bit (2953 Byte) bzw. 7089 Dezimalziffern oder 4296 alphanumerische Zeichen dargestellt werden. Der QR-Code ist international durch [21] genormt.

QR- und Strichcodes können mit allen gängigen Verfahren problemlos gedruckt werden, wichtig ist ein möglichst hoher Kontrast, idealerweise schwarz auf weiß. Abhängig von den Möglichkeiten des verwendeten Lesegerätes ist auch eine inverse Darstellung möglich. Bei optischer Abtastung entsteht durch die unterschiedliche Reflexion der dunklen Striche und hellen Lücken in einem optoelektronischen Empfänger ein Impulszug, der durch eine anschließende elektronische Auswertung (Decodierung) als Datenfolge interpretiert wird. Zur optischen Abtastung werden als Strahlungsquelle Lumineszenzdioden (LED) oder Laserdioden und als Signalempfänger Fotodioden, Fototransistoren oder Zeilen- bzw. Matrixbildsensoren verwendet. Die Abtastung stillstehender Objekte kann manuell durch Bewegung des Abtast-Lesesystems (Lesestift, Lesepistole) bzw. bei stillstehenden oder bewegten Objekten durch automatische „Scanner" auf der Basis rotierender Spiegelsysteme erfolgen.

31.4 Kinematische und schwingungstechnische Messgrößen

Kinematische Messgrößen dienen zur Beschreibung von Bewegungsvorgängen aller Art, z. B. Translationen, Rotationen, Stoß- und Prallvorgängen. Die zugehörigen Messaufnehmer für Wege, Geschwindigkeiten und Beschleunigungen werden auch in der Schwingungsmesstechnik verwendet.

31.4.1 Wegmesstechnik

Vorteilhaft sind Wegmessverfahren mit elektrischem Messsignalausgang. Sie beruhen hauptsächlich auf der Geometrieabhängigkeit von ohmschen, kapazitiven und induktiven Widerständen oder optoelektronischen Strahlengängen (Abb. 31.9) sowie magnetischen Effekten.

Resistive Wegaufnehmer (Messpotentiometer) (Abb. 31.9a). Die Aufnehmer basieren auf dem wegabhängigen Schleiferabgriff an einem ohmschen Widerstand in Form eines ausgespannten Messdrahts (z. B. $R_0 = 10\,\Omega$, $\Delta s = 10\,\mu\text{m}$) oder einer Messspule ($R_0 = 10\,\Omega$ bis $100\,\text{k}\Omega$, $\Delta s = 100\,\mu\text{m}$). Nach den Kirchhoff'schen Regeln ergibt sich für die Messspannung (R_B Belastungswiderstand)

$$U_M = U_0 \left[\frac{s/s_{max}}{1 + \frac{R_0}{R_B} \cdot \frac{s}{s_{max}} \left(1 - \frac{s}{s_{max}}\right)} \right] .$$

Im unbelasteten Fall ($R_B \to \infty$) ist die Messspannung U_M dem Messweg s proportional

$$U_M = \frac{U_0}{s_{max}} \cdot s .$$

Für $R_0/R_B < 1/200$ ist der relative Linearitätsfehler eines Messpotentiometers kleiner als 0,1 %.

31

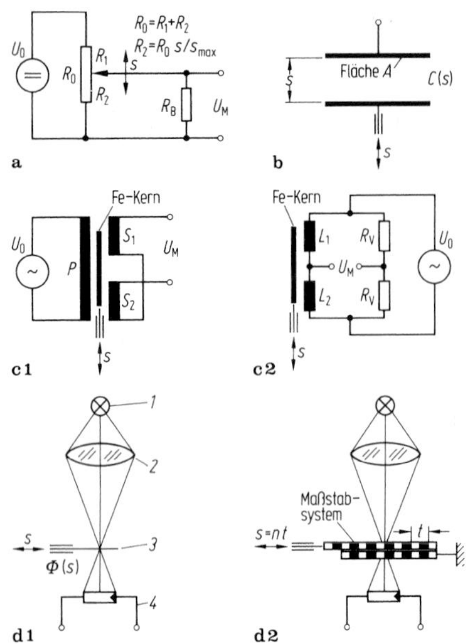

Abb. 31.9 Wegmessverfahren mit elektrischem Messsignalausgang. **a** Resistiver Wegaufnehmer (Messpotentiometer); **b** kapazitiver Wegaufnehmer; **c** induktive Wegaufnehmer (**c1** Differentialtransformator, **c2** Differentialdrossel); **d** optoelektronische Wegaufnehmer (**d1** Analogverfahren, **d2** Digitalverfahren). *1* Strahlungsquelle, *2* Optik, *3* Messblende, *4* optoelektronischer Empfänger

Kapazitive Wegaufnehmer (Abb. 31.9b). Die Geometrieabhängigkeit der Kapazität C eines Plattenkondensators

$$C = \varepsilon\, \varepsilon_0 \frac{A}{s}$$

(ε, ε_0 Dielektrizitätskonstanten des Mediums und des Vakuums) kann durch Variation der Kondensatorfläche A (Drehkondensator) oder des Abstands s zur Winkel- bzw. Wegmessung verwendet werden,

$$\Delta C = -C \frac{\Delta s}{s + \Delta s}\,.$$

Kapazitive Wegaufnehmer benötigen wegen ihrer nichtlinearen hyperbolischen Kennlinie und der Problematik von (Stör-)Kapazitäten der Kabelanschlussleitungen spezielle Messschaltungen (z. B. kapazitive Messbrücken).

Induktive Wegaufnehmer (Abb. 31.9c). Die Verfahren nutzen die wegabhängige Beeinflussung der Induktion von wechselspannungsgespeisten Spulensystemen durch Verschiebung von Eisenkernen (Tauchanker- und Queranker-Prinzipien); die erzielbare Wegauflösung ist besser als 0,1 µm, die Messlängen können 0,1 bis zu mehreren 100 mm betragen. Bei einem *Differentialtransformator-Wegaufnehmer* (Abb. 31.9c1) ist bei Symmetrielage des Fe-Kerns die transformatische Kopplung zwischen der Primärspule P und den beiden Sekundärspulen S_1 und S_2 gleich groß. Schaltet man S_1 und S_2 gegeneinander, so erhält man die Messspannung $U_M = \text{const} \cdot U_0 \cdot \Delta s$. Beim Differentialdrossel-Wegaufnehmer (Abb. 31.9c2) ergeben sich in Abhängigkeit von der Lage des Fe-Kerns Induktivitäten L_1 und L_2, die mit Vergleichswiderständen R_V in einer Brückenschaltung mit Verstärker und phasenempfindlichem Gleichrichter eine empfindliche Wegmessung $U_M(s)$ gestatten.

Optoelektronische Wegaufnehmer (Abb. 31.9d). In optischen Strahlengängen können durch Verwendung von Messblenden oder Maßstabsystemen mit codierten oder inkrementalen (gleichabständigen) lichtdurchlässigen Flächen bzw. Rastern analoge bzw. in Verbindung mit Zähl- und Auswerteeinheiten digitale Wegmesssignale erhalten werden. Bei inkrementalen Wegaufnehmern ergibt sich der Messweg s als Vielfaches n der Maßstabsteilung t, erzielbare Auflösung $\Delta s = 0{,}1\,\mu\text{m}$.

Magnetische Wegaufnehmer. Sie basieren auf der wegabhängigen Beeinflussung des elektrischen Widerstands von leitfähigen Festkörpern durch ein äußeres Magnetfeld. Am bekanntesten ist der Hall-Sensor. Dieser basiert auf dem Hall-Effekt und liefert eine Spannung U_H über mehrere Zehnerpotenzen proportional zur magnetischen Flussdichte B und zur Stromstärke: $U_H = (R_H \cdot I \cdot B)/d$ mit dem Hall-Faktor R_H und Dicke d des Halbleiterplättchens. Hall-Sensoren finden in der Automobiltechnik und Fabrikautomation vielfältige Anwendung zur Messung von Positionen und Bewegungen (z. B. Drehrichtung der Lenksäule, Drosselklappenstellung, Kurbelwellendrehzahl). Große Bedeutung haben auch der anisotrope Effekt (AMR-Effekt, -Sensor) und der Riesenmagnetowiderstand (GMR-Effekt, -Sensor). Der AMR-Effekt tritt in dünnen ferromagnetischen Metallschichten auf. Die Widerstandsänderung hängt mit der inneren Magnetisierung durch ein äußeres Magnetfeld zusammen. Beim GMR-Effekt hängt der Widerstand von der relativen Spinorientierung der Leitungselektronen zu den Magnetisierungsrichtungen benachbarter ferromagnetischer Schichten ab. AMR- und GMR-Sensoren verdrängen zunehmend den Hall-Sensor in vielen Bereichen der Weg-, Geschwindigkeits- und Drehzahlmesstechnik.

31.4.2 Geschwindigkeits- und Drehzahlmesstechnik

Entsprechend der Definition der Geschwindigkeit v als Ableitung des Wegs s nach der Zeit t, $v = \mathrm{d}s/\mathrm{d}t = \dot{s}$, können Geschwindigkeitsmessungen auf Wegmessungen zurückgeführt werden, indem Wegmesssignale (z. B. eines induktiven Wegaufnehmers) elektronisch differenziert werden (Abb. 31.10). Störsignale, die gegebenenfalls ebenfalls differenziert werden, müssen durch gute Abschirmung und Filterung eliminiert werden.

Zur berührungslosen Messung der *Geschwindigkeit* und von absoluten *Schwingungsamplituden* eignet sich die *Laser-Doppler-Vibrometrie*. Als Messprinzip wird der Doppler-Effekt benutzt. Wie in Abb. 31.11 dargestellt wird das Licht einer Laserquelle im Strahlteiler BS1 in einen Messstrahl und einen Referenzstrahl geteilt. Der Messstrahl durchläuft den Strahlteiler BS2 und wird mit Hilfe einer Projektionsoptik L auf das vibrierende Objekt fokussiert.

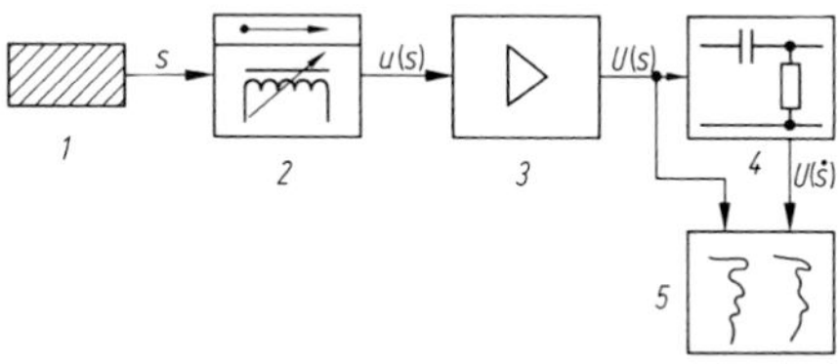

Abb. 31.10 Messkette zur Geschwindigkeitsmessung mittels Wegaufnehmer und Differentiationsglied. *1* bewegtes Bauteil, *2* induktiver Wegaufnehmer, *3* Verstärker, *4* Differentiator, *5* 2-Kanal-Schreiber

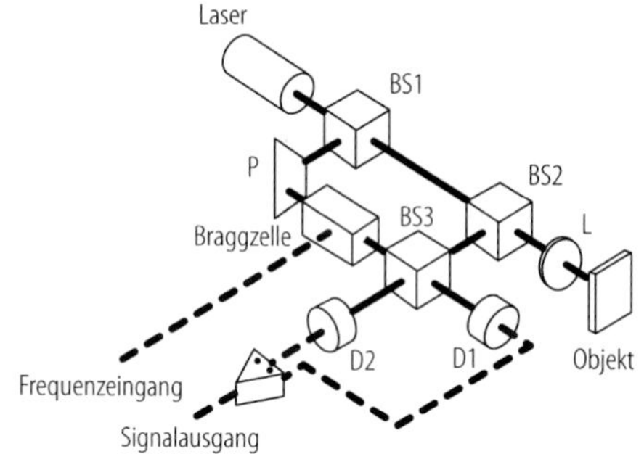

Abb. 31.11 Prinzip der Laser-Doppler-Vibrometrie

Ein Teil des rückgestreuten Lichts durchläuft erneut die Optik und wird vom Strahlteiler BS2 auf den Strahlteiler BS3 gelenkt. Dort werden Messstrahl und Referenzstrahl überlagert. Bei der Überlagerung entsteht eine Intensitätsmodulation auf den beiden Detektoren D1 und D2, deren Frequenz proportional der Geschwindigkeit des Messobjekts ist. Um die Richtung der Bewegung zu erkennen, wird ein akustooptischer Modulator (Braggzelle) verwendet. Die Braggzelle verschiebt die Frequenz eines Teilstrahls um eine bestimmte Referenzfrequenz. Je nachdem, ob das Objekt sich zum optischen Messkopf hin oder weg bewegt, werden auf den Detektoren Frequenzen größer oder kleiner der Referenzfrequenz detektiert. Mit speziellen Laser-Doppler-Vibrometern können Geschwindigkeiten von 0 m/min bis in eine Größenordnung von ±4500 m/min, *Schwinggeschwindigkeiten* bis 30 m/s, *Schwingungsamplituden* bis ca. 80 mm oder *Drehzahlen* bis 11 000 U/min gemessen werden. Mittels Signalverarbeitung können entsprechend der Definition auch *Längen* und *Beschleunigungen* (bis $20\,\mathrm{m/s^2}$) auf diesem Wege gemessen werden. Spezielle abrasternde Systeme erlauben die 3D-Schwingungsanalyse von vibrierenden Oberflächen.

31

Zur Messung von *Rotations- oder Winkelgeschwindigkeiten* bzw. *Drehzahlen* können Aufnehmer mit geeigneten Impulsabgriffen, z. B. induktiver, magnetischer oder optischer Art, verwendet und die Drehzahlfrequenzen unter Verwendung von Zählern digital dargestellt werden (Abb. 31.12). Beim elektrodynamischen Tauchankerprinzip bewirkt die Bewegung s eines Ma-

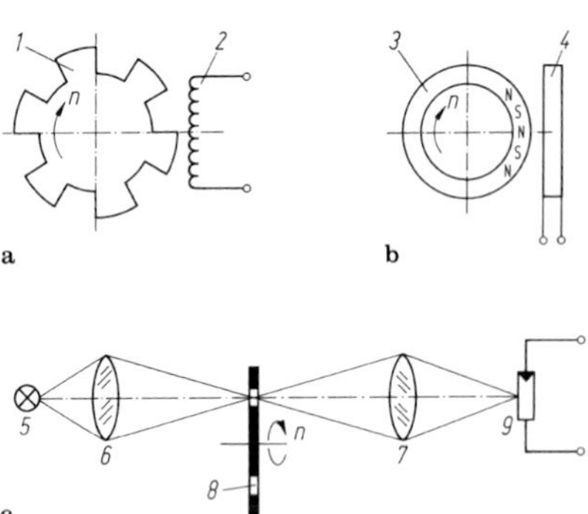

Abb. 31.12 Impulsabgriffe zur digitalen Drehzahlmessung. **a** Induktiv; **b** magnetisch; **c** optoelektronisch. *1* weichmagnetisches Zahnrad, *2* Induktionsspule, *3* codierter Ringmagnet, *4* Magnetsensor, *5* Lichtquelle, *6* Kondensor, *7* Objektiv, *8* Lochscheibe, *9* optoelektronischer Empfänger

gneten in einer Spule durch die damit verbundene Magnetflussänderung $\Phi = \mathrm{d}s/\mathrm{d}t$ bei geeigneter Sensordimensionierung eine geschwindigkeitsproportionale Spannung an den Spulenenden. Zur Drehzahlmessung mit Wechselspannungs-Tachogeneratoren werden über feststehende Spulen und rotierende Magnete Wechselspannungen erzeugt, deren Amplitude der Drehzahl proportional ist. Bei der *stroboskopischen* Messung einer Drehzahl n wird ein mit z Zeilen markiertes Messobjekt mit einer pulsgeregelten Lichtquelle der Frequenz f beleuchtet, bis sich ein stehendes Bild ergibt; es gilt $n = f/z$.

31.4.3 Beschleunigungsmesstechnik

Beschleunigungsmessungen können entsprechend der Definition der Beschleunigung a als Ableitung der Geschwindigkeit v bzw. des Wegs s nach der Zeit t, $a = \mathrm{d}v/\mathrm{d}t = \dot{v} = \mathrm{d}^2s/\mathrm{d}t^2 = \ddot{s}$, durch Verwendung von Differentiatoren analog zu Abb. 31.10 auf Geschwindigkeits- bzw. Wegmessungen zurückgeführt werden. Vorteilhaft ist dabei die Möglichkeit der gleichzeitigen Erfassung von Weg-, Geschwindigkeits- und Beschleunigungsverläufen, nachteilig die mögliche Differentiation

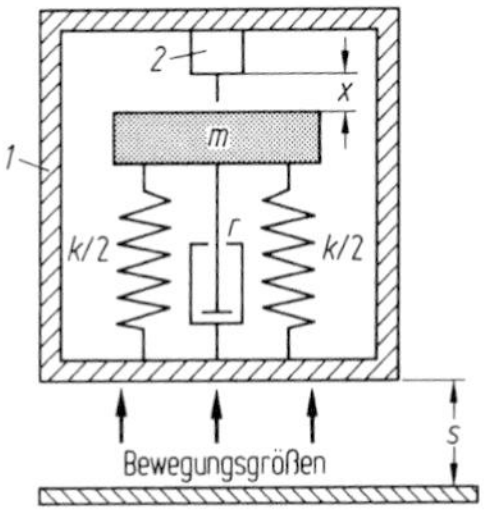

Abb. 31.13 Prinzipieller Aufbau eines seismischen Aufnehmers. *1* Gehäuse, *2* Wegaufnehmer, *m* seismische Masse, *k* Federrate, *r* Dämpfungskonstante

von Störgrößen (Abhilfe: gute Abschirmung, gegebenenfalls Filter).

Seismische Aufnehmer. Sie werden in der Schwingungsmesstechnik verwendet und stellen Masse-Feder-Dämpfungssysteme dar, bestehend aus einer (trägen) seismischen Masse m, einer Feder mit wegproportionaler Federkraft $F_\mathrm{F} = k \cdot s$ (k Federrate) und einer geschwindigkeitsproportionalen Dämpfungskomponente $F_\mathrm{D} = r\dot{s}$ (r Dämpfungs- oder Reibungskonstante) in einem (masselos gedachten) Gehäuse (Abb. 31.13). Die auf einen seismischen Aufnehmer einwirkenden, zu messenden Bewegungsgrößen (Weg s, Geschwindigkeit $\dot{s}$ oder Beschleunigung $\ddot{s}$) bewirken über das Masse-Feder-Dämpfungssystem eine Auslenkung der seismischen Masse relativ zum Gehäuse (Messgröße x), die mit einem geeigneten Wegaufnehmer bestimmt wird. Das dynamische Verhalten eines seismischen Aufnehmers wird bei eindimensional wirkenden Bewegungsgrößen durch die aus den Gleichgewichtsbedingungen resultierende Differentialgleichung beschrieben (s. Bd. 1, Abschn. 15.1.4):

$$m\,\ddot{x} + r\,\dot{x} + k\,x = -m\,\ddot{s}\,.$$

Eigenfrequenz der ungedämpften Schwingung $\omega_0 = \sqrt{k/m}$, Dämpfungsmaß $D = r/(2\,m\,\omega_0)$.

Je nach Dimensionierung des Masse-Feder-Dämpfungssystems, z. B. mit der Federcharakteristik weich (k klein) oder hart (k groß) und der Dämpfungscharakteristik schwach gedämpft (r klein) oder stark gedämpft (r groß) ergibt sich ein unterschiedliches messtechnisches Verhalten eines seismischen Aufnehmers, das stark vereinfacht folgendermaßen gekennzeichnet werden kann:

$$m \gg r,\ k \Rightarrow x \approx -s$$
wegempfindlich
$$r \gg m,\ k \Rightarrow x \approx (-1/2D\omega_0)\,\dot{s}$$
geschwindigkeitsempfindlich
$$k \gg m,\ r \Rightarrow x \approx (-1/\omega_0)\,\ddot{s}$$
beschleunigungsempfindlich

Danach müssen Masse-Feder-Dämpfungssysteme für Beschleunigungsmessungen möglichst „hoch" abgestimmt sein (Masse und Dämpfung klein, Feder steif), um auch schnellen Signalverläufen möglichst verzögerungsfrei folgen zu können. Die Analyse von Amplituden- und Phasengang seismischer Beschleunigungsaufnehmer zeigt, dass für Beschleunigungsmessungen die folgenden Kenndaten günstig sind: Dämpfung $D \approx 0{,}65$, Arbeitsfrequenz $\omega < 0{,}2\,\omega_0$.

In einem mikromechanischem Beschleunigungssensor wird eine seismische Masse durch externe Beschleunigung ausgelenkt. In der einfachen Ausführung besteht dieser aus einem einseitig eingespannten, elastisch schwingfähigem Biegebalken, der aus einkristallinem Silizium als Trägermaterial herausgeätzt wird. Die Messung der Auslenkung erfolgt dann piezoresitiv oder kapazitiv. Große technische Bedeutung haben diese Sensoren für Sicherheitssysteme im Kraftfahrzeug (z. B. für die Auslösung des Gurtstraffers oder Airbags beim Unfall).

Beim piezoelektrischen Beschleunigungssensor ist ein piezoelektrisches Sensormaterial (s. Abschn. 31.5.1) direkt mit einer seismischen Masse verbunden. Damit können zeitlich veränderliche Beschleunigungen (z. B. Schwingungs- und Stoßvorgänge) mit einer Frequenz $f \geq 1\,\text{Hz}$ erfasst werden. Der Messbereich liegt typischerweise zwischen 10^{-5} g und 100 000 g bzw. zwischen 1 Hz und ca. 40 kHz.

31.5 Mechanische Beanspruchungen

Mechanische Beanspruchungen, eingeteilt in Zug-, Druck-, Biegungs-, Schub- und Torsionsbeanspruchungen, sind durch das Einwirken von Kräften und Drehmomenten auf Bauteile gekennzeichnet. Sie führen zu mechanischen Spannungen sowie Bauteil-(Volumen-)Verformungen und werden mit Kraft- und Dehnungsmesstechniken sowie mit Verfahren der experimentellen Spannungsanalyse untersucht [23, 24]. Die Härte, der Eindring-Widerstand einer Bauteiloberfläche, wird durch Härteprüfungen bestimmt, die in drei Normenreihen [25–27] detailiert beschrieben sind.

31.5.1 Kraftmesstechnik

Kräfte können messtechnisch mittels Untersuchung der durch sie ausgelösten Wirkungen, z. B. Längenänderungen, Dehnungen (s. Abschn. 31.5.2), bestimmt werden.

Federkörper-Kraftmesstechnik. Mit Hilfe von Federkörpern, z. B. Schraubenfedern, Blattfedern, können zu messende Kräfte auf Längen- oder Wegänderungen zurückgeführt und mit Längen- oder Wegaufnehmern bestimmt werden (s. Abschn. 31.3.1 und 31.4.1). Beispiele messtechnisch ausnutzbarer Kraft-Weg-Relationen (Abb. 31.14) (s. Kap. 9):

Schraubenfeder: $$s = \frac{8\,n\,D^3}{d^4 G}\,F$$
(G Schubmodul),

Parallelfeder: $$s = \frac{1}{2\,b\,E}\left(\frac{1}{h}\right)^3 F$$
(E Elastizitätsmodul).

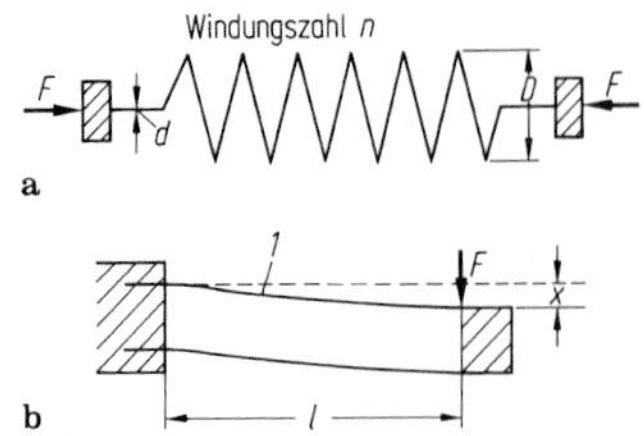

Abb. 31.14 Federkörper als Messelement für die Rückführung einer Kraftmessung auf eine Längen- oder Wegmessung. **a** Zylindrische Schraubenfeder; **b** parallele Blattfeder. *1* Breite *b*

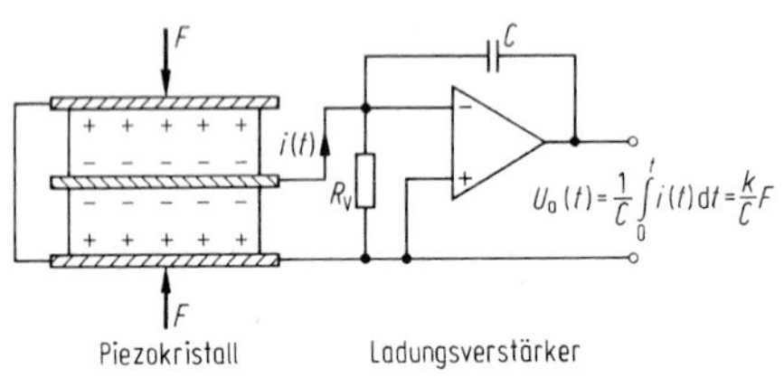

Abb. 31.15 Prinzipieller Aufbau eines piezoelektrischen Kraftaufnehmers mit Ladungsverstärker

Piezoelektrische Kraftmesstechnik. Bei Krafteinwirkung auf Piezokristalle (z. B. Quarz, Bariumtitanat $BaTiO_3$) werden im Kristallgitter negative gegen positive Gitterpunkte verschoben, sodass an den Kristalloberflächen Ladungsunterschiede Q als Funktion der Kraft F gemessen werden $Q = k \cdot F$; k Piezomodul, z. B. $2{,}3 \cdot 10^{-12}$ As/N für Quarz (Abb. 31.15). Piezoelektrische Kraftaufnehmer sind mechanisch sehr steif, sie erfordern Ladungsverstärker zur Messsignalverarbeitung und sind hauptsächlich zur Messung dynamischer Vorgänge ($f > 1$ Hz) geeignet, z. B. Aufnahme von $p-V$-Indikatordiagrammen an Verbrennungsmotoren. Kenndaten piezoelektrischer Kraftaufnehmer: hohe Druckfestigkeit von ca. $4 \cdot 10^5\,\text{N/cm}^2$, Messgliedkoeffizient $c = 6 \cdot 10^2$ bis $3 \cdot 10^3\,\text{N/}\mu\text{m}$, Temperaturkoeffizient $\Delta C(T) < 0{,}5\,\%/°\text{C}$, Betriebstemperaturen bis 500 °C.

Drehmomentmesstechnik. Bei Torsionsdynamometern wird die Torsion eines Voll- oder Hohlzylinders (Drehmomentmessnabe) als Maß für das wirkende Drehmoment gemessen (s. Bd. 1, Abschn. 20.5). Es gilt $M_t = I_p G\, \varphi / l$, mit I_p polares Trägheitsmoment, G Schubmodul, l Zylinderlänge, φ Torsionswinkel. Hilfsmittel sind Dehnungsmessstreifen (45° zur Achse, s. Abschn. 31.5.2), optische Winkelmessgeräte oder induktive sowie kapazitive Wegaufnehmer. Drehmomentmessungen können auch mit Bremsen (z. B. Wirbelstrombremsen, Wasserwirbelbremsen) durchgeführt werden, wie bei Motoren oder Turbinen oder durch Momentenmesser bei Verdichtern und Pumpen.

Wägetechnik. Sie dient der Bestimmung von Massen und wird häufig auf Kraftmessungen zurückgeführt, d. h. Bestimmung der Masse m eines Körpers, im Schwerefeld g der Erde durch Messung der Anziehungskraft (Gewichtskraft F_G), die der Masse proportional ist, $F_G = mg$. Zur Erfassung von Gewichtskräften werden verschiedene Prinzipien angewendet, z. B. Federwaagen (Abb. 31.14), Wägezellen mit sehr steifen Federkörpern und Dehnungsmessstreifen, elektrodynamische Gewichtskraftkompensation durch Kraftwirkung einer stromdurchflossenen Spule in einem Permanentmagnetfeld (Spulenstrom $\sim$ Gewichtskraft), pneumatische oder hydraulische Gewichtskraftkompensation, wobei der Luft- bzw. Flüssigkeitsdruck ein Maß für das Gewicht und damit die Masse ist [28]. Der Quotient aus Masse und Volumen eines Stoffes definiert seine Dichte.

31.5.2 Dehnungsmesstechnik

Die (einachsige) mechanische Beanspruchung eines Bauteils (Ausgangslänge l_0, Querschnitt A) durch eine Kraft F führt zu einer Dehnung $\varepsilon = \Delta l / l_0$, einer mechanischen Spannung $\sigma = F/A$ und, bei linear elastischer (reversibler) Deformation, zu einer Proportionalität zwischen Spannung und Dehnung $\sigma = E\,\varepsilon$ (E Elastizitätsmodul). Dehnungsmesstechniken liefern Aussagen über Verformungseigenschaften und Spannungszustände von Bauteilen und gestatten mittels geeigneter Elastizitätskörper die Realisierung empfindlicher Kraftaufnehmer und Wägetechniken [29].

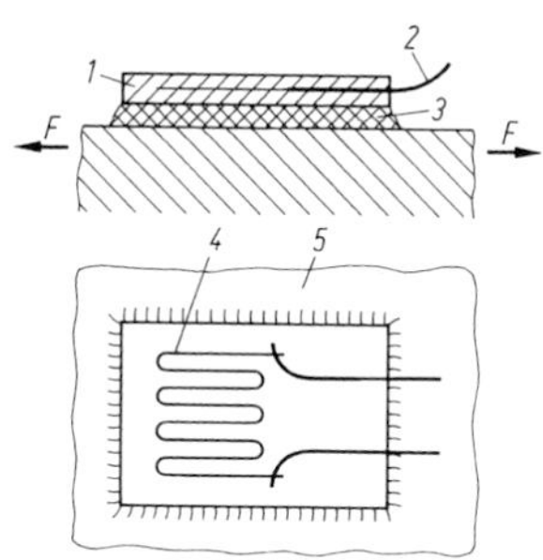

Abb. 31.16 Dehnungsmessstreifen (DMS). *1* Träger (z. B. Polyimid), *2* Anschlussdrähte, *3* Kleber (z. B. Phenolharz), *4* Messdraht (z. B. Konstantan 20 µm ∅), *5* Bauteil

Mechanische und optische Dehnungsmessgeräte. Sie besitzen im Abstand l_0 (bis zu mehreren 100 mm) eine feste und eine bewegliche Schneide. Längenänderungen Δl werden mit der beweglichen Schneide abgegriffen, durch Hebelübersetzungen, Torsionsbänder oder Spiegelsysteme vergrößert (bis zu 2000fach) und auf einer Skale mit einer optimal erreichbaren Auflösung von 0,5 µm angezeigt.

Dehnungsmessstreifen (DMS). Sie bestehen aus einem mäanderförmigen Messgitter in einer dünnen Trägerfolie (Abb. 31.16) und wandeln Dehnungen in elektrische Widerstandsänderungen um:

$$\text{Kraft } F \xrightarrow[\text{elastizität}]{\text{Bauteil-}} \begin{array}{c}\text{Bauteil-}\\ \text{dehnung } \varepsilon\end{array} \xrightarrow[\text{Kleber}]{\text{Träger}} \begin{array}{c}\text{Messdraht-}\\ \text{dehnung } \varepsilon\end{array} \rightarrow \Delta R$$

Der elektrische Widerstand R eines Drahts und seine Änderung bei einer infinitesimalen Variation von Durchmesser D, Länge l und spezifischem Widerstand ϱ sind gegeben durch

$$R = \frac{4\,\varrho\, l}{\pi\, D^2}\,,$$

$$\frac{\mathrm{d}R}{R} = \frac{\mathrm{d}\varrho}{\varrho} + \frac{\mathrm{d}l}{l} - 2\frac{\mathrm{d}D}{D}\,.$$

Mit $\varepsilon = \mathrm{d}l/l$ und der Poisson'schen Zahl (Querkontraktionszahl) $\mu = -(\mathrm{d}D/D)/(\mathrm{d}l/l)$ folgt

$$\frac{\Delta R}{R} = \left(1 + 2\,\mu + \frac{\Delta\varrho/\varrho}{\varepsilon}\right)\varepsilon = k\varepsilon\,.$$

Für *Metall-DMS* ($\varrho = \text{const}$; $0{,}2 < \mu < 0{,}5$) z. B. Konstantan, 60 % Cu, 40 % Ni oder Karma, 74 % Ni, 20 % Cr, 3 % Fe, 3 % Al ist der k-Faktor $k \approx 2$; für Halbleiter-DMS z. B. Silizium mit piezoresitivem Effekt ($\varrho(F) \neq \text{const}$, jedoch stark temperaturabhängig) ist $k \approx 100$.

Hauptsächliche Eigenschaften von Metall-DMS (Folien- DMS, Draht-DMS) (siehe auch [30]): Nennwiderstand $R_0 = 120, 350, 600\,\Omega$; max. zulässige Dehnung $\varepsilon \approx 10^{-3}$; zul. Messstrom 10 mA; Grenzfrequenz 50 kHz; temperaturbedingte Dehnung $\pm 15 \cdot 10^{-6}/°\text{C}$; Betriebstemperatur −270 bis 1000 °C; Umgebungsdruck bis 10^4 bar; Messgitterlängen 0,4 bis 150 mm.

Als Messschaltung für DMS werden Wheatstone-Brücken (s. Abschn. 32.2.2) in Form von Viertel-, Halb- oder Vollbrücken (*1*, *2* oder *4* aktive DMS) eingesetzt. Für das Messsignal U_M in der Brückendiagonale als Funktion von ΔR_1 bis ΔR_4 bei gleichem Nennwiderstand R_0 aller vier Brückenwiderstände gilt näherungsweise

$$U_\text{M} \approx \frac{U_0}{4R_0}(\Delta R_1 - \Delta R_2 + \Delta R_3 - \Delta R_4)\,.$$

Die Eigenschaft, dass sich gleichsinnige ΔR in nicht benachbarten Zweigen addieren und in benachbarten Zweigen subtrahieren, muss bei der DMS-Zuordnung (z. B. $+\Delta R$ bei Dehnung, $-\Delta R$ bei Stauchung) berücksichtigt werden und kann zur Kompensation von mechanischen und thermischen Störeinflüssen ausgenutzt werden. Die Applikation von DMS zur Bestimmung der grundlegenden mechanischen Beanspruchungen Zug, Druck, Biegung und Torsion ist übersichtsmäßig in Abb. 31.17 dargestellt. Mit Hilfe geeigneter Federkörper lassen sich damit auch vielfältige Kraft- und Beanspruchungsaufnehmer, z. B. Kraftmessdosen, Wägemesszellen, Drehmomentmessnaben, aufbauen. Charakteristische Kenngrößen von Kraft- und Drehmomentaufnehmern sind in [31, 32] beschrieben. Zur Bestimmung mehraxialer Beanspruchungen sind DMS-Sonderbauformen, z. B. DMS mit zwei

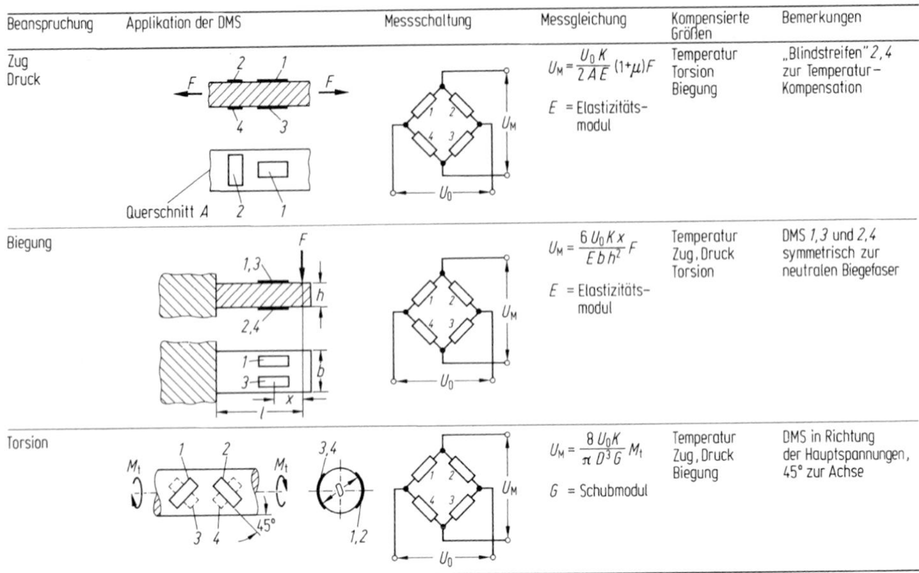

Beanspruchung
Applikation der DMS
Messschaltung
Messgleichung
Kompensierte Größen
Bemerkungen
Zug
Druck
$U_M = \frac{U_0 K}{2AE}(1+\mu)F$
E = Elastizitäts-modul
Temperatur
Torsion
Biegung
„Blindstreifen" 2, 4 zur Temperatur-Kompensation
Querschnitt A
Biegung
$U_M = \frac{6 U_0 K x}{E b h^2} F$
E = Elastizitäts-modul
Temperatur
Zug, Druck
Torsion
DMS 1,3 und 2,4 symmetrisch zur neutralen Biegefaser
Torsion
$U_M = \frac{8 U_0 K}{\pi D^3 G} M_t$
G = Schubmodul
Temperatur
Zug, Druck
Biegung
DMS in Richtung der Hauptspannungen, 45° zur Achse

Abb. 31.17 Dehnungsmessstreifen – Applikation zur Bestimmung der mechanischen Grundbeanspruchungen Zug, Druck, Biegung, Torsion

unter 90° zueinander angeordneten Messgittern oder DMS-Rosetten mit jeweils drei Messgittern in 0°/45°/90°- oder 0°/60°/120°-Anordnung entwickelt worden.

Faseroptische Sensoren (FOS) [33]. Sie nutzen als Grundelement eine optische Faser als Lichtwellenleiter, durch die die optische Strahlung nach dem Prinzip der Totalreflexion geführt wird. FOS können auf Bauteiloberflächen appliziert oder auch in Werkstoffe (z. B. Faserverbundwerkstoffe) eingebettet werden. Für Messungen an Maschinen und Anlagenteilen sowie im Innern von Werkstoffen werden zwei Sensorprinzipien eingesetzt: das *extrinsische Faser-Fabry-Pérot-Interferometer* (EFPI) und das *Faser-Bragg-Gitter* (FBG). Beide Sensortypen haben neben ihren inhärenten Eigenschaften signifikante Besonderheiten:

- Der *EFPI-Sensor* besitzt herausragende dynamische Eigenschaften bei Bandbreiten bis in den kHz-Bereich. Er kann als beweglicher Messfühler (Kolben/Zylinder-Prinzip) gestaltet werden, wodurch hochauflösende, nahezu rückwirkungsfreie Verformungsmessungen (Dehnungsauflösung besser als 10^{-7}) im Innern von Werkstoffen möglich werden.
- Der *FBG-Sensor* arbeitet als absoluter Dehnungsmessfühler, weil die Messgrößenänderung (Dehnung oder Temperatur oder beides gemeinsam) eindeutig in seiner Signalreaktion (spektrale Verschiebung des Antwortsignals) kodiert ist. Nach langer Messpause kann dadurch bei erneuter Messung der Bezug zur Nullmessung hergestellt werden.

Der *EFPI-Sensor* besteht in der Regel aus einem Röhrchen, z. B. einer Glaskapillare mit einem Innendurchmesser von ca. 130 μm, worin zwei Lichtwellenleiter-Fasern mit glatt gebrochenen Endflächen derart positioniert werden, dass sie sich mit einem Abstand von einigen Mikrometern gegenüberstehen.

Eine Abstandsänderung der interferenzfähigen Endflächen, verursacht durch die Verformungen des zu messenden Materials, erzeugt interferenzoptische Effekte, die ausgewertet werden. Dieser Sensor mit einer Messbasis von bis zu einigen 10 mm kann Wegänderungen bis zu 500 pm (entspricht einer Dehnungsänderung von 0,08 μm/m) auflösen. Wegen der kleinen Abmessungen und der nahezu rückwirkungsfreien

Gestaltbarkeit eignet er sich besonders als werkstoff-integrierter Sensor in Verbundzonen oder in erhärtenden oder weichen Werkstoffen, z. B. Elastomeren. Auf Oberflächen appliziert oder eingebettet kann er Dehnungswellen, ausgelöst durch Vibrationen oder akustische Emissionen, hochempfindlich aufzeichnen.

Der *FBG-Sensor* wird durch einen lokal begrenzten, wenige Millimeter langen, brechzahlveränderten Bereich (Gitterebene) in einer optischen Glasfaser gebildet. Der (üblicherweise gleichmäßige) Abstand der Gitterebenen definiert eine Bedingung, für die eine scharfe Spektrallinie λ_B aus dem in die Faser eingestrahlten, breitbandigen Licht entsteht: $\lambda_B = 2\, n_{eff} \cdot \Lambda$. Bei Verformung des Gitters durch mechanische oder thermische Einflüsse verschiebt sich diese Spektrallinie zu benachbarten Wellenlängen-Werten. Aus der gemessenen Verschiebung kann direkt die Dehnungsänderung in axialer Faserrichtung oder die Temperaturänderung (bzw. eine resultierende Temperatur-/Dehnungsänderung) berechnet werden:

$$\varepsilon_z = K \cdot \frac{\Delta\lambda_B(\varepsilon_z)}{\lambda_B} - \xi \cdot \Delta T \,.$$

Der Faktor K wird experimentell durch Kalibrierung ermittelt bzw. Herstellerangaben entnommen (siehe auch [34]). $\xi = \mathrm{d}n/\mathrm{d}T$ ist der thermo-optische Koeffizient und beschreibt die Temperaturabhängigkeit des Brechungsindexes. Da ξ um 11- bis 15-fach größer ist als der Ausdehnungskoeffizient der Glasfaser, ist mit diesem Anteil der Temperatureinfluss auf Dehnungsmessungen ausreichend gut berücksichtigt.

Eine spektrale Änderung von 1,22 pm entspricht einer Verformungsänderung in Faserrichtung von etwa 1 µm/m, wobei mit üblicher Gerätetechnik Dehnungsänderungen von ca. 3 µm/m aufgelöst werden können. Die Temperaturempfindlichkeit liegt zwischen 10 und 13,7 pm/°C (Arbeitswellenlänge um 1550 nm).

FBG-Sensoren werden bevorzugt für Langzeitmessungen an Bauteilen verwendet, wobei bei ihrer Einbettung die Steifigkeit des Sensors beachtet werden muss. Bei vollflächigem Kontakt des Sensors zum Bauteil (analog DMS-Applikation) müssen bestimmte Applikationsbedingungen eingehalten werden, um Quereffekte auszuschließen und Messsignalverfälschungen infolge Schubspannungsabriss zu vermeiden.

31.5.3 Experimentelle Spannungsanalyse

Die Kenntnis mechanischer Spannungen bildet die Basis für die Festigkeitsauslegung und -beurteilung von Bauteilen. Mechanische Spannungen können bei einfachen Beanspruchungen prinzipiell aus der Messung von Kräften F oder Dehnungen ε gemäß Spannung $\sigma = F/A$ bzw. $\sigma = E\,\varepsilon$ (E Elastizitätsmodul, A Bauteilquerschnitt) bestimmt werden. Eine experimentelle Spannungsanalyse kann mit den folgenden hauptsächlichen Verfahren vorgenommen werden ([23, 24]; s. Abschn. 31.3).

Elektrische Verfahren. Die Bestimmung mechanischer Spannungen erfolgt aus den mit elektrischen Messaufnehmern (z. B. induktive oder DMS-Aufnehmer) gemessenen Dehnungsgrößen und deren Berechnung von Kräften bezogen auf zugehörige Querschnitts- oder Bezugsflächen.

Spannungsoptik. Die Verfahren analysieren die Spannungsdoppelbrechung in nach der Ähnlichkeitsmechanik hergestellten Bauteilmodellen (z. B. aus Epoxidharz oder PMMA) mit einer optischen Polarisator-Analysator-Anordnung. Die bei Durchstrahlung des mechanisch beanspruchten Modells mit monochromatischem Licht entstehenden dunklen Linien (Isoklinen und Isochromatbilder) zeigen den Verlauf der Hauptspannungsrichtungen und Hauptspannungsdifferenzen an. Spannungsoptische Untersuchungen am Originalbauteil ermöglicht das Oberflächenschichtverfahren. Dazu wird die Bauteiloberfläche mit einer spannungsoptisch aktiven Schicht beklebt und mittels eines Reflexionspolariskops analysiert.

Raster- und Grauwertkorrelationsverfahren. In beiden Fällen handelt es sich um flächenhaft arbeitende Verfahren. Beim *Rasterverfahren* wird auf die Objektoberfläche eine Rasterstruktur (regelmäßig oder stochastisch) aufgebracht und während der Belastung des Objektes von ein oder mehreren Kameras beobachtet. In unterschiedlichen Lastzuständen wird die Strukturveränderung, die der Bauteildeformation folgt, digitalisiert und ihre Verformung mittels digitaler Bildverarbeitung ausgewertet. Als Ergebnis erhält man die dreidimensionalen Verschiebungen und die tangentialen Dehnungen des Objektes. Messflächen im Bereich von 10 bis 1000 mm Kantenlänge können mit marktgängigen Systemen vermessen werden. Die Dehnungen können sich dabei in einem Bereich von 0,05 % bis zu mehreren 100 % bewegen. Beim *Grauwertkorrelationsverfahren* nutzt man anstelle des Rasters die natürliche Oberflächentextur als Struktur.

Speckle-Interferometrie. *Speckle-Verfahren* beruhen auf dem Speckle-Effekt, der entsteht, wenn man ein Objekt mit diffus streuender Oberfläche mit Laserlicht beleuchtet. Das Phänomen ist gekennzeichnet durch die auftretende unregelmäßige, sog. granulare Intensitätsverteilung des reflektierten kohärenten Lichtes. Bei der elektronischen *Speckle-Interferometrie (ESPI)* wird das zurückgestreute Laserlicht mit einer Kamera aufgenommen. Das resultierende Speckle-Muster wird als Referenzbild in einem Bildverarbeitungssystem gespeichert. Wird das Objekt nun belastet und dadurch verformt, ändert sich das Speckle-Muster. Durch den Vergleich mit dem Referenzbild entstehen Streifen, die ein Maß für die Verschiebung auf der Objektoberfläche sind. Durch Anwendung der Phasenschiebetechnik und bei quasi gleichzeitiger Aufnahme aller Verschiebungsrichtungen erhält man das dreidimensionale Verschiebungsfeld. Die Ableitungen der Verschiebungsfelder führen dann zu den Dehnungsfeldern. Das Verfahren eignet sich besonders gut zur Vermessung von kleinsten dreidimensionalen Verschiebungen oder ebenen Dehnungen (Auflösung im Bereich 10 nm/m bis 1 µm/m).

Moire-Verfahren. Die Spannungsbestimmung erfolgt durch Ermittlung von flächigen Dehnungsverteilungen an Bauteiloberflächen, d. h. Auswerten von Streifenmustern, die sich aus der optischen Überlagerung eines fest mit dem Bauteil verbundenen Objektgitters (10 bis 100 Linien/mm) und eines stationären Vergleichsgitters ergeben.

Röntgenographische Spannungsmessung. Die durch äußere Kräfte oder Eigenspannungen hervorgerufenen Spannungen führen zur Änderung von Netzebenenabständen kristalliner Werkstoffe und können durch Analyse von Beugungs- oder Interferenzerscheinungen von Röntgenstrahlen bestimmt werden. Aus den mittels Goniometern (Winkelmessgeräte) für verschiedene Neigungswinkel registrierten Interferenzlinien können rechnerisch die zugehörigen Spannungskomponenten ermittelt werden.

31.5.4 Druckmesstechnik

Druck ist als Kraft pro Fläche definiert. Die SI-Einheit ist $1\,\mathrm{N/m^2} = 1\,\mathrm{Pa}$ (Pascal); 1 bar = 105 Pa. Grob unterscheidet man zwischen der Messung von Absolutdruck und Differenzdruck [35].

Flüssigkeitsmanometer. Die Druckbestimmung (Abb. 31.18) erfolgt durch Messung der Höhendifferenz h der Flüssigkeitssäule, Dichte ϱ (z. B. Alkohol, Wasser oder auch Quecksilber), in einem U-Rohr gemäß $p = \varrho h$ mittels optischer Ablesung, Schrägstellen des einen Schenkels des U-Rohrs (Schrägrohrmanometer) oder mechanischer, elektrischer oder optoelektronischer Abtastung des Meniskus.

Druckwaagen und Kolbenmanometer. Die Druckbestimmung basiert auf der Kompensation der auf einen Kolben bekannter Querschnittsfläche oder die Sperrflüssigkeit in einem Ringrohr wirkenden Druckkraft durch eine bekannte Gegenkraft, realisiert durch Federn, Massen oder elektrodynamische Kräfte.

Federmanometer. Die elastische Verformung der Wand eines Druckraums (z. B. Kapselmembrane) oder die druckabhängige Aufbiegung ei-

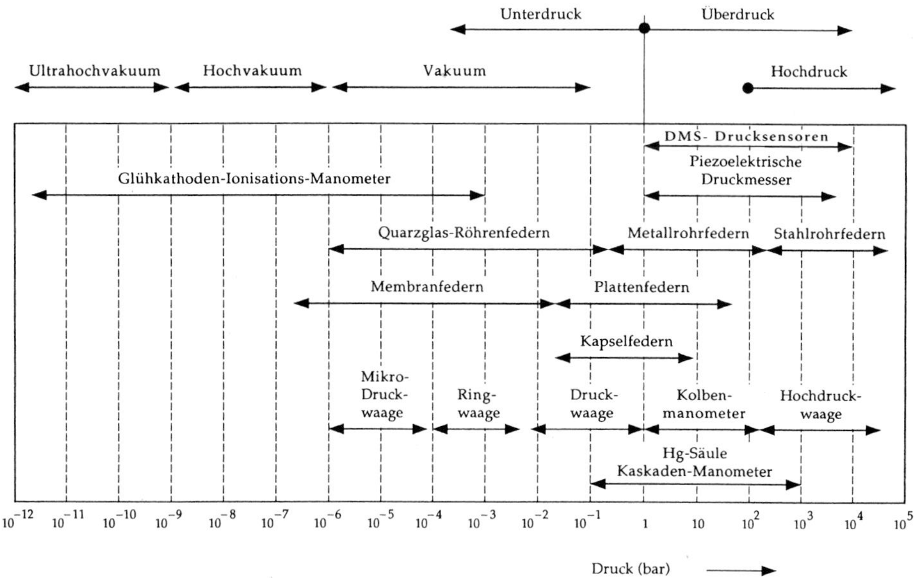

Abb. 31.18 Druckbereiche und Druckmessverfahren (Übersicht)

nes gekrümmten, einseitig verschlossenen Rohrs (sog. Bourdonfeder) wird mechanisch auf ein Zeigerwerk übertragen und zur Druckanzeige benutzt [36–38].

Weiterhin unterscheidet man verschiedene physikalische Prinzipien zur direkten Umwandlung der mechanischen Größe Druck in ein proportionales elektrisches Signal [1]:

DMS- und Dünnfilm-Drucksensoren. Bei *DMS-Drucksensoren* wird eine Kraft umgewandelt, welche einen Federkörper bzw. eine Membran dehnt. Diese Gestaltänderung überträgt sich auf aufgeklebte Dehnungsmesstreifen (meist Metallfolien-DMS) und wird über eine Brückenschaltung in ein elektrisches Signal umgewandelt (s. a. Abschn. 31.5.2). Bei einer kreisförmigen Plattenmembran (Radius r, Dicke t) ist die radiale Oberflächendehnung ε_r direkt proportional zum angreifenden Druck p:

$$\varepsilon_r = c \cdot \frac{r^2 \cdot p}{t^2 \cdot E} .$$

Bei *Dünnfilm-Drucksensoren* werden auf der entsprechend präparierten Oberfläche des Sensorelementes zunächst eine Isolationsschicht und dann die DMS und deren niederohmige Leiterbahnen zur Verschaltung aufgebracht. Dabei bedient man sich beispielsweise der Sputter-Technik, thermischer Aufdampfungsverfahren oder auch dem CVD-Verfahren (Chemical Vapour Deposition). Für die Messung kleiner Drücke und Druckdifferenzen haben sich Anordnungen bewährt, die nach dem Prinzip des Biegebalkens arbeiten. Dabei wird die Membranverformung auf einen ein- oder zweiseitig eingespannten Biegebalken übertragen, dessen Durchbiegung gemessen wird.

Piezoresistive, kapazitive und piezoelektrische-Drucksensoren. *Piezoresistive Drucksensoren* werden vollständig in Siliziumtechnologie hergestellt. Sie unterscheiden sich von Metall-DMS dadurch, dass die Dehnungsabhängigkeit der Leitfähigkeit auf einer Änderung der Beweglichkeit und einer energetischen Umverteilung der beweglichen Ladungsträger beruht (s. a. Abschn. 31.5.2). *Kapazitive Drucksensoren* nutzen in der Regel die durch Druck induzierte Verformung einer Membran (z. B. aus Metall oder Keramik) gegen eine feste Gegenelektrode. Diese Abstandsänderung wird kapazitiv gemessen. Schnell veränderliche Drücke lassen sich besonders gut mit *piezoelektrischen Drucksensoren* messen. Das Messprinzip beruht auf dem

Tab. 31.3 Anwendungsbereiche für Drucksensoren. (Nach [1])

Druckbereich [kPa]	Anwendungsbereich	Sensorprinzip	Messbedingungen und -anforderungen
0,1 bis 100	Vakuumtechnik	Piezoresistiv, kapazitiv	Absoluter Druck, Medientrennung unkritisch
	Leckageprüfung	Piezoresistiv, kapazitiv	Große Empfindlichkeit u. geringe Messunsicherheit, absoluter u. relativer Druck
	Filterüberwachung	Piezoresistiv, kapazitiv	Geringe Messunsicherheit, Differenzdruck
	Robotersteuerung	Piezoresistiv, kapazitiv	Mittlere Messunsicherheit, relativer Druck
100 bis 2000	Motorsteuerung im Kfz, Kompressoren, Pumpen	Piezoresistiv	Medientrennung erforderlich, kurze Ansprechzeit, geringe Kosten, EMV, mittlere Messunsicherheit, Medientrennung erforderlich
		Piezoresistiv, kapazitiv, DMS	Medientrennung erforderlich, kurze Ansprechzeit, geringe Kosten, EMV, mittlere Messunsicherheit, Medientrennung erforderlich
5000 bis 50 000	Spritzgussmaschine, Hydraulik, Pneumatik	Piezoresistiv, DMS	Mittlere Messunsicherheit, Medientrennung erforderlich, hohe Druckspitzen

piezoelektrischen Effekt beispielsweise in Quarz oder piezokeramischen Materialien. Druckkräfte lösen elektrostatische Ladungsverschiebungen aus, die gemessen werden können (Tab. 31.3).

31.6 Strömungstechnische Messgrößen

Strömungstechnische Messgrößen sind Kenngrößen fluidischer Systeme, z. B. in Steuer- und Regelungseinrichtungen, Strömungsmaschinen, Behältern oder Anlagen der Prozess- und Verfahrenstechnik [39, 40].

31.6.1 Flüssigkeitsstand

Füllstandsmessungen sind überall da notwendig, wo der Inhalt von Behältern oder Tanks bestimmt werden muss. Von der Aufgabenstellung her unterscheidet man zwischen der kontinuierlichen Messung des Füllstands im Rahmen der Prozesssteuerung oder zur Verbrauchsermittlung und der Grenzüberwachung zur Anzeige von maximal oder minimal zulässigen Füllhöhen.

Flüssigkeitsstandmessungen können mittels mechanischer, elektrischer, hydraulischer, pneumatischer oder optischer Verfahren auf Wegmessungen zurückgeführt werden (s. Abschn. 31.3.1 und 31.4.1). Berührungslos arbeitende Messverfahren (z. B. Ultraschall- oder Radarverfahren) basieren auf Laufzeit- oder Phasenverschiebungsmessungen oder nutzen das Absorptionsgesetz für Isotopenstrahlung.

Eine ausführliche Darstellung aller gebräuchlichen Messprinzipien, -verfahren und -anordnungen sowie wichtige Hinweise zur Messunsicherheit der einzelnen Verfahren sind in [41, 42] zu finden.

Laufzeitverfahren. Messgeräte nach diesem Verfahren arbeiten mit Ultraschall-, Radar- oder Laserwellen. Die Laufzeit eines Impulses oder die Phasenverschiebung eines Wellenzuges bilden ein Maß für die Distanz zur Füllgutoberfläche. Vorteilhaft sind der geringe Wartungsaufwand und die berührungslose Messung (keine unmittelbare Produktberührung).

Schwimmer und Tastplatten. Zur Bestimmung des Flüssigkeitsstands können in einfacher Weise kugel-, linsen- oder plattenförmige Schwimmkörper verwendet werden, mit denen über eine mechanische Übertragung (z. B. Seilzug, Zahnradgetriebe) oder eine elektrische Signalumwandlung (z. B. Potentiometer, Induktivtaster) die Flüssigkeitshöhe erfasst wird.

Elektrische Verfahren. Die flüssigkeitsstandabhängige Veränderung des elektrischen Widerstands oder der Kapazität zwischen zwei Sonden (z. B. Behälterwand und Tauchsonde) wird als Indikator für die Flüssigkeitshöhe genutzt.

Hydrostatische und pneumatische Verfahren. Die Flüssigkeitsstandbestimmung basiert auf der (manometrischen) Messung des von einer Flüssigkeit hervorgerufenen hydrostatischen Bodendrucks bzw. des pneumatischen Drucks von Luft oder Schutzgas in einem in die Flüssigkeit eingeführten Tauchrohr.

31.6.2 Volumen, Durchfluss, Strömungsgeschwindigkeit

Der Durchfluss ist das Verhältnis aus der Menge des strömenden Mediums (Volumen V oder Masse m) zu der Zeit in der diese Menge einen Leitungsquerschnitt durchfließt. Neben *volumetrischen Verfahren* (Volumenzähler) werden zur Durchflussmessung *Wirkdruckverfahren* (Blende, Düse, Venturi-Rohr) und zur Strömungsgeschwindigkeitsmessung *induktive und Ultraschall-Verfahren* sowie *Drucksonden* (Pitotrohr, Prandtlstaurohr) und *Thermosonden* (Hitzdrahtanemometer) verwendet. An Bedeutung gewonnen haben Coriolis-Massedurchflussmesser. Vertiefte Hinweise zur Auswahl und zum Einsatz von Durchflussmesseinrichtungen finden sich in [43, 44].

Volumenzähler. Bei einer Umdrehung der Ovalräder, die in einer Messkammer abrollen (Abb. 31.19), werden vier Teilvolumina transportiert, die dem Messinhalt V_M entsprechen. Mittelbar über eine Drehzahlmessung kann der Volumendurchsatz durch Volumenzähler mit Messflügeln (Turbinenzähler) gemessen werden.

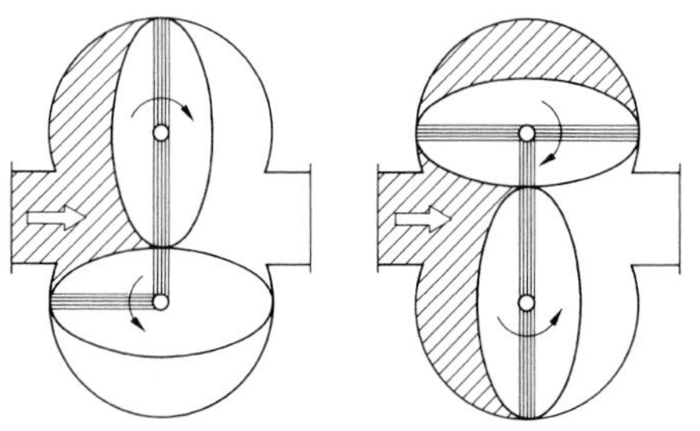

Abb. 31.19 Ovalradzähler zur Bestimmung des Volumendurchsatzes

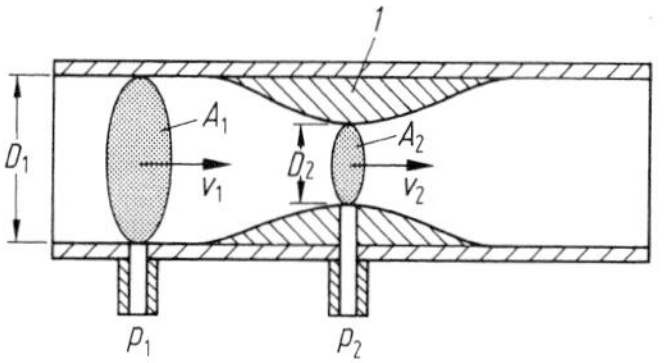

Abb. 31.20 Durchflussmessung nach dem Wirkdruckverfahren. *1* Drosseleinrichtung

Wirkdruckverfahren. Durch Einschnürung des Querschnitts einer Rohrleitung mittels einer Drosseleinrichtung (Abb. 31.20) ergibt sich aus der resultierenden Druckerniedrigung $\Delta p = p_1 - p_2$ (sog. Wirkdruck) der Durchfluss einer Flüssigkeit. Mit A_1, A_2 Strömungsquerschnitte ($A_2/A_1 = k$), v_1, v_2 Strömungsgeschwindigkeiten und p_1, p_2 Druckwerten folgt aus der Bernoulli- und der Kontinuitätsgleichung inkompressible Strömungsbedingungen unter den idealisierten Verhältnissen von Abb. 31.20 für den Volumendurchfluss

$$\dot{V} = \frac{kA_1}{\sqrt{1-k^2}} \sqrt{\frac{2\Delta p}{\varrho}} \, .$$

Zur Durchflussmessung werden *Normblenden, Normdüsen* und *Venturi-Rohre* eingesetzt. In Abb. 31.21 sind typische Bauformen zusammen mit den zugehörigen Druckverlustzahlen $\xi_2 = (k-1)^2$, bezogen auf den Durchmesser D_2 über dem Durchmesserverhältnis $D_2/D_1 = k$ aufgetragen. In der Praxis nach [45] wird die Druckdifferenz an der Stirn- und Rückseite der Geräte entnommen. Dabei ist ergänzend zu den Querschnitten A_1 und A_2 nach Abb. 31.20 der engste Strömungsquerschnitt A_0 des Drosselgeräts von Bedeutung. Die verschiedenen messtechnisch relevanten Faktoren, wie Kontraktion, Geschwindigkeitsprofil, Lage der Druckentnahme werden zur Durchflusszahl α zusammengefasst, wobei vereinfacht gilt

$$\dot{V} = \alpha A_0 \sqrt{\frac{2\Delta p}{\varrho}} \, .$$

31

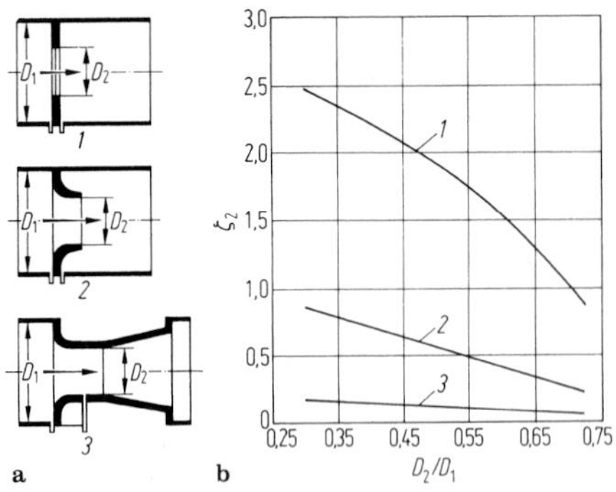

Abb. 31.21 Durchflussmessgeräte. **a** Bauformen; **b** Druckverlustzahlen; *1* Normblende, *2* Normdüse, *3* Venturi-Rohr

Die Durchflusszahl hängt u. a. ab von der Kontraktionszahl $m = A_0/A_1 = \beta^2$ und der Reynolds-Zahl Re. Zahlenwerte der Durchflusszahl für Normblende, Normdüse und Venturi-Rohr sind im Tab. 31.4 bis 31.6 zusammengestellt.

Induktive Durchflussmesser. Nach dem Induktionsgesetz kann die Geschwindigkeit v einer senkrecht zu einem Magnetfeld (gekennzeichnet durch magnetischen Fluss Φ und Induktion B) in einem isolierten Rohrstück strömenden Flüssigkeit (Mindestleitfähigkeit $\approx 1\,\mu\text{S/cm}$) über die in der Flüssigkeit induzierten Spannung U bestimmt werden, die mit zwei Elektroden an den Rohrwänden abgegriffen wird (Abb. 31.22). Aus $U\,\mathrm{d}\Phi/\mathrm{d}t = BD\,v$ folgt Strömungsgeschwindigkeit

$$v \sim \frac{U}{BD},$$

$$\text{Durchfluss } \dot{V} = \frac{\pi}{4}D^2 v \sim \frac{\pi}{4}\frac{D}{B}\cdot U\,.$$

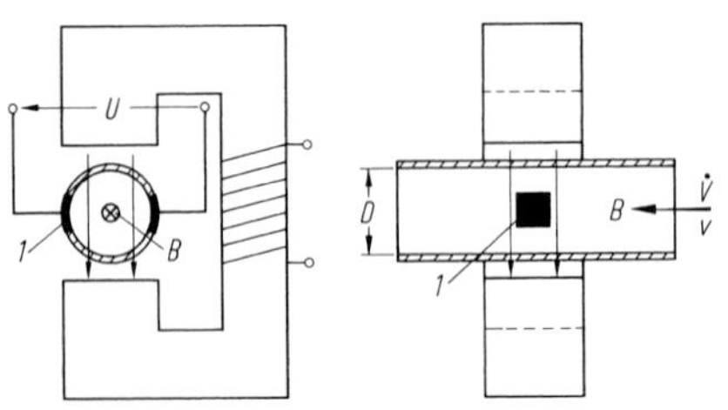

Abb. 31.22 Prinzip eines induktiven Durchflussmessers. *1* Elektrode

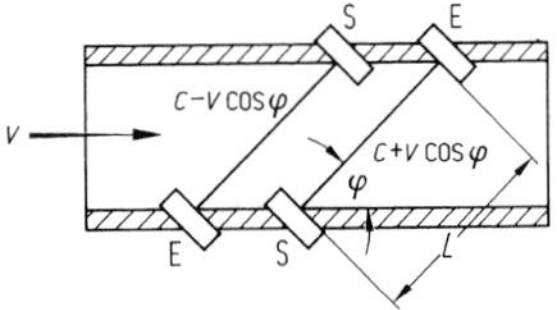

Abb. 31.23 Prinzip eines Ultraschall-Durchflussmessers. *E* Empfänger, *S* Sender

Ultraschall-Strömungsmesser [46]. Die Bestimmung der Strömungsgeschwindigkeit erfolgt durch Messung der Ultraschall-Impulslaufzeiten $t_1 = 1/f_1$ und $t_2 = 1/f_2$ in Strömungsrichtung und in Gegenrichtung mittels Piezo-Sende-(S-) und Empfangs-(E-)Kristallen (Abb. 31.23). Die Differenz $f_2 - f_1$ der beiden Impulsfrequenzen ist (unabhängig von der momentanen Schallgeschwindigkeit c) der Strömungsgeschwindigkeit v proportional

$$v = \frac{L}{2\cos\varphi}(f_2 - f_1)\,.$$

Coriolis-Massedurchflussmesser. Unter Nutzung des Coriolis-Effekts wird direkt der Massestrom und fast immer auch die Dichte von Flüssigkeiten und Druckgasen gemessen. Rohrstücke verschiedenster Geometrie (z. B. Rohrschleifen) werden elektromagnetisch zu Resonanzschwingungen senkrecht zur Strömungsrichtung angeregt. Das durch das Rohr strömende Fluid wird dabei periodisch beschleunigt, und die daraus resultierenden Corioliskräfte verformen das Rohrstück mit gleicher Periode. Die Verformungen sind proportional dem Massedurchfluss und werden z. B. mittels induktiver oder optischer Wegmessung erfasst.

31.6.3 Viskosimetrie

Die Viskosität kennzeichnet die Eigenschaft von Fluiden, der gegenseitigen Verschiebung benachbarter Schichten einen Widerstand (innere Reibung) entgegenzusetzen. Sie ist definiert als Proportionalitätsfaktor η zwischen der Schubspannung τ und dem Schergefälle $D = \mathrm{d}v/\mathrm{d}y$ senkrecht zur Strömungsrichtung einer wirbelfreien Laminarströmung $\tau = \eta D$.

Die Viskosität ist keine generelle Stoffkonstante, sondern abhängig von verschiedenen Parametern, wie z. B. Temperatur T, Druck p, Schergefälle D und Zeit t, d. h. $\eta = \eta(T, p, D, t)$. Bei *Newtonschen Flüssigkeiten*, bei denen keine elastischen Verformungen auftreten (z. B. Mineralöle, Wasser) ist die Viskosität unabhängig vom Schergefälle D. Bei *Nicht-Newtonschen Flüssigkeiten* wie Emulsionen, Dispersionen, Farben oder Blut verändert sich die Viskosität mit dem Schergefälle D.

Kapillarviskosimeter. Die Viskosität wird für eine laminare Rohrströmung (Volumendurchfluss $\dot{V}$) in einer Kapillare (Länge l, Durchmesser $2\,r$) aus der Messung der Druckdifferenz Δp an den Kapillarenden gemäß der Hagen-Poiseuille-Beziehung bestimmt

$$\eta = \frac{\pi r^4 \Delta p}{8 \dot{V} l} \,.$$

Ausführungsformen sind z. B. das Ubbelohde- oder das Cannon-Fenske-Viskosimeter [47, 48]. Kapillarviskosimeter werden bevorzugt für wasserähnliche Flüssigkeiten und für Mineralöle mit niedriger bis mittlerer Viskosität verwendet. Für hochviskose Flüssigkeiten kommen Überdruck-Kapillarviskosimeter zum Einsatz.

Kugelfallviskosimeter. Es wird die Zeit gemessen, die eine Kugel zum Abrollen einer definierten Strecke in einem unter 80° gegenüber der Horizontalen geneigten und mit der zu untersuchenden Flüssigkeit gefüllten Zylinder benötigt (z. B. Höpplersches Kugelfallviskosimeter nach [49]). Bei Newtonschen Flüssigkeiten kann daraus mit dem Stokesschen Gesetz die dynamische Viskosität bestimmt werden.

Rotationsviskosimeter. Die Bestimmung der Viskosität erfolgt durch Messung des Drehmoments M_t zur Scherung einer Flüssigkeit in einem koaxialen Zylindersystem (Länge l) [50].

Zylinder-Anordnung für Flüssigkeiten mittlerer Viskosität. *Doppelspalt-Anordnung* für Flüssigkeiten niedriger Viskosität. *Couette-Viskosimeter*: Ruhender Innenzylinder (Radius R_i) und rotierender Außenzylinder (Radius R_a); *Searle-Viskosimeter*: Rotierender Innenzylinder (Winkelgeschwindigkeit ω_0) und ruhender Außenzylinder

$$\eta = \frac{M_t \left(R_a^2 - R_i^2\right)}{4\,\pi\, l \omega_0\, R_i^2\, R_a^2} \,.$$

Schwingungsviskositätssensoren. Diese werden bevorzugt zur Online-Prozessüberwachung in Rohrleitungen oder Tanks eingesetzt. Gemessen wird die Dämpfung von Resonatoren (z. B. akustischer Oberflächenwellen-Resonator, Schwingquarz, Stahlstimmgabel), die in die Flüssigkeit eintauchen. Messgröße ist die Veränderung der Güte des Resonators bzw. die Verschiebung der Resonanzfrequenz infolge Viskositätsänderung.

31.7 Thermische Messgrößen

Thermische Messgrößen kennzeichnen durch die Temperatur den thermischen Zustand und durch kalorimetrische Größen die thermische Energiebilanz von Stoffen, Bauteilen und technischen Systemen.

31.7.1 Temperaturmesstechnik

Zur Temperaturmessung können prinzipiell alle sich mit der Temperatur reproduzierbar ändernden Eigenschaften fester, flüssiger und gasförmiger Stoffe herangezogen werden, z. B. temperaturbedingte Änderungen von Längen und Volumen, elektrischen Widerständen oder optischen Strahlungseigenschaften [51–54].

Ausdehnungsthermometer. Sie basieren auf der thermischen Ausdehnung, wonach für das Volumen $V(T)$ einer Flüssigkeit, (z. B. Alkohol, Messbereich −110 bis 210 °C) bei der Temperatur T gegenüber Volumen $V_0(T_0)$ bei einer Vergleichstemperatur T_0 gilt

$$V(T) = V_0[1 + \beta(T - T_0)] \,.$$

Flüssigkeits-Glasthermometer gibt es für Messbereiche von unter −100 bis über 600 °C.

Bei Bimetallthermometern wird die Differenzausdehnung zweier aufeinander gewalzter Materialien mit unterschiedlichen Ausdehnungskoeffizienten zur Temperaturanzeige genutzt; Messbereich −50 bis 600 °C.

Widerstandsthermometer. Sie besitzen Widerstandstemperaturkennlinien mit positiver Steigung (Metalle) oder negativer Steigung (Heißleiter, Negative Temperature Coefficient-[NTC-]Widerstände, Thermistoren) je nach dominierendem elektrischen Leitungsmechanismus des Temperatursensors. Die Temperaturabhängigkeit des Widerstands $R_0 = 100\ \Omega$ bei $T_0 = 0\ °C$ eines Platin-Widerstandsthermometers nach [53] im Bereich $0\,°C \leq T \leq 850\,°C$ ist gegeben durch

$$R = R_0[1 + A(T - T_0) + B(T - T_0)^2]\,,$$

mit $A = 3{,}90802 \cdot 10^{-3}K^{-1}$ und $B = -0{,}580195^{-6}K^{-2}$. Für Heißleiter-Temperatursensoren (Halbleitermaterialien mit $R_0 = 1\,k\Omega$ bis $1\,\mu\Omega$) gilt im Bereich von $T = -100$ bis 400 °C

$$R = R_0 \exp[B(1/T - 1/T_0)]\,,$$

wobei B eine Materialkonstante mit einem Zahlenwert zwischen 3000 und 4000 K ist. Widerstandsthermometer benötigen analoge oder digitale elektrische Messschaltungen (s. Abschn. 32.2 und 32.3); für höhere Anforderungen werden Messbrücken und Kompensatoren (s. Abschn. 32.2.2) verwendet.

Thermoelemente. Sie basieren auf dem thermoelektrischen Effekt (*Seebeck*) [55]. In einem Leiterkreis mit zwei unterschiedlichen Metallen, an deren Berührungspunkten unterschiedliche Temperaturen $T_v = \text{const}$ (z. B. 0 °C) und T_M (z. B. 50 °C) herrschen (Abb. 31.24), besteht eine Thermospannung

$$U = b\,\Delta T + c\,\Delta T^2\,.$$

b, c sind materialabhängige, durch Kalibrierung an Temperaturfixpunkten bestimmbare Größen. Für kleine Temperaturmessbereiche ist näherungsweise $U = k\,\Delta T$; k ist die arbeitspunktabhängige Thermoempfindlichkeit. *Typische Thermopaare (s. auch thermoelektrische Spannungsreihe gemäß* [56]): Pt-13 % Rh/Pt, Messbereich −50 bis 1700 °C, $k \approx 10\,\mu V/°C$; NiCr/Ni, Messbereich −270 bis 1300 °C, $k \approx 40\,\mu V/°C$. Die Messung von Thermospannungen erfordert hochohmige Spannungsmessgeräte mit geeigneten Verstärkerschaltungen oder Kompensationsverfahren; evtl. störende Sekundärthermoeffekte an Zuleitungskontaktstellen müssen gegebenenfalls durch spezielle Ausgleichsleitungen eliminiert werden.

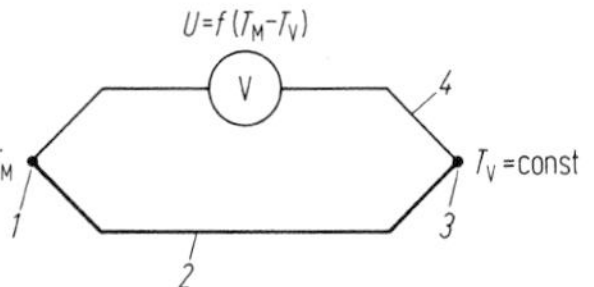

Abb. 31.24 Thermoelement. *1* Messstelle (*M*), *2* Metall *A*, *3* Vergleichsstelle (*V*), *4* Metall *B*

Pyrometer. Die Temperaturbestimmung erfolgt berührungslos durch Messung der von einem Messobjekt (Emissionsgrad ε) in einem Spektralbereich $\Delta\lambda$ abgestrahlten temperaturabhängigen optischen Strahlungsleistung P (theoretische Grundlage: Planck'sches Strahlungsgesetz). Gesamtstrahlungspyrometer (Messbereich –50 bis >2000 °C) basieren auf dem *Stephan-Boltzmann-Gesetz*

$$P = \sigma\varepsilon T^4 (\sigma = 5{,}67 \cdot 10^{-8} W/m^2 \cdot K^4)$$

und verwenden für den gesamten Strahlungsbereich geeignete thermische Strahlungsempfänger (Bolometer). Bei Teilstrahlungspyrometern (Abb. 31.25) wird in einem vorgegebenen Spektralbereich $\Delta\lambda$ die spektrale Strahldichte des Messobjekts P_M mit der eines Vergleichsstrahlers P_V im Wechsellicht-(Chopper-)Betrieb verglichen. Bei Nullabgleich ist das Vergleichsstrahlungssignal ein Maß für die spektrale Strahlungstemperatur $T_M(P,\ \varepsilon)$ des Messobjekts. Bei Kenntnis des Emissionsgrads ε des Messobjekts und vorheriger Kalibrierung des Pyrometers mit einem Strahler des Emissionsgrads $\varepsilon = 1$ (Schwarzer Körper) kann von $T_M(P,\ \varepsilon)$ auf die wahre Temperatur des Messobjekts geschlossen werden. Durch Verwendung von Infrarot-Emp-

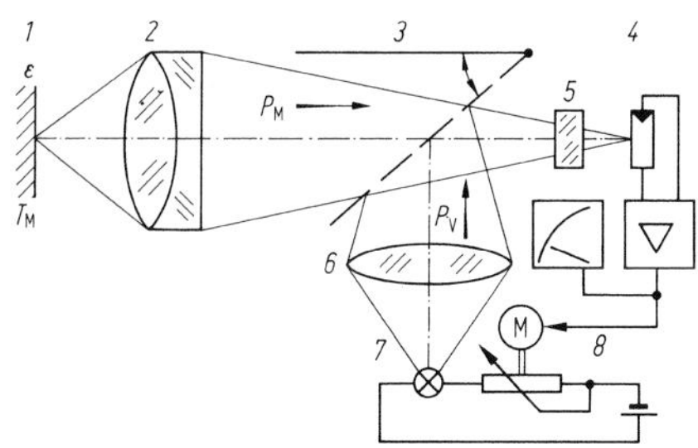

Abb. 31.25 Prinzip eines Teilstrahlungspyrometers (Wechsellichtverfahren). *1* Messobjekt, *2* Objektiv, *3* Chopper (z. B. Schwingungsspiegel), *4* optoelektronisches Empfängersystem, *5* Filter, *6* Kondensor, *7* Vergleichsstrahler, *8* Abgleichsystem

fängerelementen können flächenhafte Temperaturverteilungen gewonnen werden (Thermographie). Messbereich der Infrarotkameras −50 bis 2000 °C; Auflösung $\Delta T = 0{,}1$ bis 1 K je nach Messbereich.

31.7.2 Kalorimetrie

Kalorimeter dienen zur Bestimmung von Wärmemengen, indem das Messobjekt die zu messende Wärmemenge ΔQ mit möglichst geringen Wärmeverlusten an das Kalorimeter abgibt oder von ihm aufnimmt, wobei eine Temperaturänderung auftritt

$$\Delta Q = C_K \Delta T + \text{Wärmeverluste}$$
$$(C_K \ \text{Wärmekapazität})\,.$$

Flüssigkeits- und Metallkalorimeter. Die zu messende Wärmemenge wird an ein Reaktionsgefäß (Flüssigkeitsbad oder Metallblock für größere Temperaturbereiche) abgegeben; die Temperaturänderung ΔT des Reaktionsgefäßes ist ein Maß für die Wärmemenge ΔQ.

Adiabatische Kalorimeter. Durch adiabatische Versuchsführung, d. h. Unterdrückung des Wärmeaustausches zwischen einem thermostatisierten, temperaturgeregelten Kalorimetergefäß und seiner unmittelbaren Umgebung kann – besonders bei der Untersuchung langsamer Wärmetönungsprozesse – eine erhöhte Messgenauigkeit erzielt werden.

Wärmestrommessungen. Sie dienen der Messung von Erzeugung und Verbrauch thermischer Energie und wärmewirtschaftlichen Untersuchungen. Im Fall der Wärmeübertragung, z. B. durch strömende Medien in einem Rohrabschnitt (T_E Eingangstemperatur, T_A Ausgangstemperatur) kann die Wärmestrombestimmung auf die Messung des Massenstroms $\dot{m}$ und die Messung zweier Temperaturen zurückgeführt werden

$$\dot{Q} = \dot{m}(c_E T_E - c_A T_A)\,.$$

Hier sind c_E bzw. c_A die spezifischen Wärmen bei den Temperaturen T_E bzw. T_A.

31.8 Optische Messgrößen

Optische Messgrößen geben durch *photometrische* Größen Maßzahlen für das Licht als sichtbaren Teil des elektromagnetischen Spektrums und kennzeichnen durch stoffbezogene Kenngrößen die licht- und farbmetrischen Eigenschaften von Materialien und Bauteilen.

31.8.1 Licht- und Farbmesstechnik

31.8.1.1 Lichtmesstechnik

Lichttechnische oder photometrische Kenngrößen beziehen sich auf sichtbare Strahlung im Wellenlängenbereich $\lambda = 380\,\text{nm}$ (blau) bis 780 nm (rot). Sie ergeben sich aus physikalischen Größen der elektromagnetischen Strahlung unter Benutzung des photometrischen Strahlungsäquivalents $K_m = 683\,\text{lm/W}$ bei Bewertung durch den spektralen Hellempfindlichkeitsgrad $V(\lambda)$ des menschlichen Auges. Die Lichtmenge Q ist die $V(\lambda)$ getreu bewertete Strahlungsmenge $Q_e(\lambda)$

$$Q = K_m \int Q_e(\lambda) \cdot V(\lambda)\,d\lambda\,.$$

Lichtstrom $\Phi = dQ/dt$. Quotient aus Lichtmenge Q und Zeit t, Einheit Lumen (lm).

Lichtstärke $I = d\Phi/d\Omega$. Quotient aus Lichtstrom Φ und durchstrahltem Raumwinkel Ω, Einheit 1 Candela (cd) = 1 lm/sr.

31

Beleuchtungsstärke $E = \mathrm{d}\Phi/\mathrm{d}A$. Quotient aus Lichtstrom und davon beleuchteter Fläche A, Einheit 1 Lux (lx) $= 1\,\mathrm{lm/m^2}$. *Empfehlungen*: Verkehrswege 5 bis 50 lx; Wohnräume 120 bis 250 lx; Büros und büroähnliche Arbeitsbereiche 300 bis 750 lx; Arbeitsplätze für Feinmontage/Präzisionsarbeiten 1000 bis 2000 lx.

Leuchtdichte $L = \mathrm{d}^2\Phi/(\mathrm{d}\Omega \cdot \mathrm{d}A \cos\varepsilon)$. Quotient aus dem durch eine Fläche A in einer bestimmten Richtung ε durchtretenden (oder auftreffenden) Lichtstrom Φ und dem Produkt aus durchstrahltem Raumwinkel Ω und der Flächenprojektion $A \cdot \cos\varepsilon$ senkrecht zur Richtung ε, Einheit Candela/Quadratmeter ($\mathrm{cd/m^2}$).

Fällt ein Lichtstrom Φ_0 auf ein Material so wird ein Teil reflektiert (Φ_r), ein Teil absorbiert (Φ_a) und häufig ein Teil durchgelassen (Φ_d)

$$\Phi_\mathrm{r} + \Phi_\mathrm{a} + \Phi_\mathrm{d} = \Phi_0 ,$$

$$\frac{\Phi_\mathrm{r}}{\Phi_0} + \frac{\Phi_\mathrm{a}}{\Phi_0} + \frac{\Phi_\mathrm{d}}{\Phi_0} = 1 ,$$

$$\varrho + \alpha + \tau = 1 .$$

Die Größen *Reflexionsgrad* ϱ, *Absorptionsgrad* α und *Transmissionsgrad* τ bilden zusammen mit den photometrischen Grundgrößen Φ, I, E, L die Basis zur Kennzeichnung der lichttechnischen Eigenschaften von optischen Strahlungsquellen und Materialien.

Photometer. Sie bestehen aus einem Photometerkopf mit optoelektronischem Empfänger (z. B. Photoelement mit linearem Zusammenhang zwischen Kurzschluss-Photostrom und Beleutungsstärke) sowie Einrichtungen zur spektralen Bewertung (z. B. mittels Filtern) und zur richtungsabhängigen Bewertung (z. B. mittels Goniometern) des zu messenden Lichts. Die Messung von Lichtstärke und Leuchtdichte kann häufig auf die Messung von Beleuchtungsstärken zurückgeführt werden. Wird eine auszumessende Lichtquelle (z. B. eine Leuchte) in einem Kugelphotometer (*Ulbricht'sche Kugel*) angebracht, so kann ihr Lichtstrom Φ aus Messung der Beleuchtungsstärke E_K auf der Kugeloberfläche A (ϱ Reflexionsgrad der Kugelwand) bestimmt werden aus

$$\Phi = E_\mathrm{k} \frac{\varrho}{1-\varrho} A .$$

Photometer werden mittels Strahlungsnormalen mit verschiedenen Normlichtarten kalibriert.

31.8.1.2 Farbmesstechnik

Basis der Farbmessung ist das *Farbmetrische Grundgesetz* [57]: Das helladaptierte Auge bewertet eine einfallende Strahlung (Farbreiz) nach drei voneinander unabhängigen, spektral verschiedenen Wirkungsfunktionen linear und stetig, wobei sich die Einzelwirkungen additiv linear zu einer einheitlichen Gesamtwirkung zusammensetzen, die *Farbvalenz* genannt wird. Jeder Farbvalenz ist ein *Farbvektor* $\boldsymbol{F}$ zugeordnet, der vom sog. Schwarzpunkt ausgeht und durch Farbwerte X, Y, Z als Vektorkoordinaten eines (virtuellen) Normvalenzsystems $\boldsymbol{X}$, $\boldsymbol{Y}$, $\boldsymbol{Z}$ festgelegt ist (Vektorraum der Farben mit Normfarbwert Y als Hellbezugswert)

$$\boldsymbol{F} = X\boldsymbol{X} + Y\boldsymbol{Y} + Z\boldsymbol{Z} .$$

Die Kennzeichnung einer Farbe erfolgt durch Angabe der relativen Größen ihrer Farbwerte (Normfarbwertanteile $x = X/(X+Y+Z)$, $y = Y/(X+Y+Z)$, $z = Z/(X+Y+Z)$). Da $x+y+z = 1$, genügt die Angabe von x und y allein, sodass eine Farbe durch zwei rechtwinklige Koordinaten in einer ebenen Farbtafel dargestellt werden kann (Abb. 31.26). Die messtechnische Bestimmung von Normfarbwerten erfolgt mit *Dreibereichsverfahren* oder *Spektralverfahren*. Als Maß für die Farbvalenz von Lichtquellen wird näherungsweise die Temperatur („Farbtemperatur T_f") eines farbgleich strahlenden Planck'schen Strahlers verwendet.

Dreibereichsverfahren. Mit diesem Verfahren werden die drei Farbwerte der zu messenden Farbvalenz durch photometrische Messungen bestimmt. Für jeden Farbwert wird ein optoelektronischer Empfänger benutzt, dessen relative spektrale Empfindlichkeit an die jeweilige Normspektralwertfunktion angepasst ist. Bei entsprechendem Abgleich der drei Empfänger können die Normfarbwertanteile x, y direkt angezeigt werden.

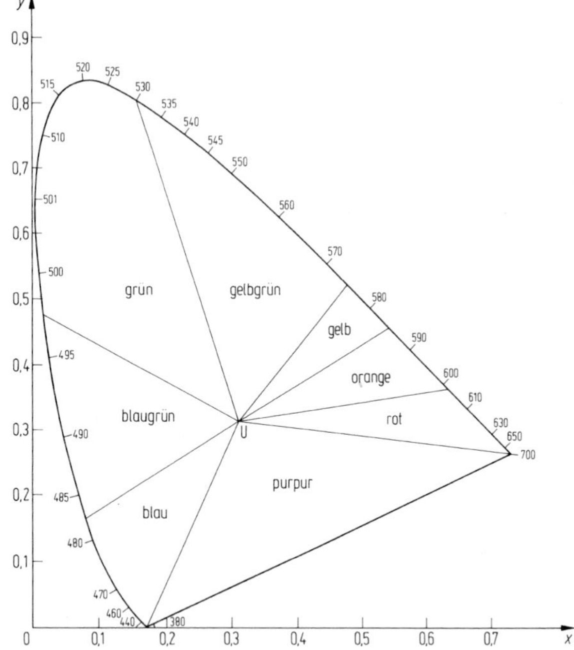

Abb. 31.26 Normfarbtafel; der Kurvenzug kennzeichnet den Ort der Spektralfarben, angegeben in Wellenlängen (Farbtongleiche Wellenlängen)

Spektralverfahren. Bei diesem Verfahren wird jede Farbvalenz als additive Mischung aus spektralen Farbvalenzen aufgefasst. Der Messvorgang mit einem *Spektralphotometer*, bestehend aus einem Spektralteil (Monochromator) und einem Photometerteil (Optoelektronischer Empfänger), erstreckt sich hier auf die Bestimmung der Farbreizfunktion, die anschließend in einer „valenzmetrischen Auswertung" mit den Farbseheigenschaften des Normalbeobachters rechnerisch vereinigt wird.

31.8.2 Refraktometrie

Eine wichtige optische Stoffkenngröße ist die *Brechungszahl* n = Lichtgeschwindigkeit im Vakuum/Lichtgeschwindigkeit im Medium. Beim Durchtritt eines Lichtstrahls durch die Grenzfläche zweier optisch transparenter (homogener und isotroper) Stoffe der Brechungszahlen n_1 und n_2 tritt eine Richtungsänderung des Lichtstrahls (Lichtbrechung oder Refraktion) ein, beschrieben durch das Brechungsgesetz $n_1 \sin\alpha_1 = n_2 \sin\alpha_2$ (α_1, α_2 Eintritts- bzw. Austrittswinkel bezogen auf die Grenzflächennormale). Die Brechungszahl n ist außer vom Stoff auch von der Dichte und der Wellenlänge λ des Lichts abhängig (Dispersion); n nimmt im Allgemeinen mit abnehmendem λ zu.

Refraktometer. Sie dienen zur Bestimmung der Brechungszahl von (flüssigen und festen) Substanzen. Die Messprobe wird auf ein Messprisma gegeben, das Gerät thermostatisiert und die Grenzfläche mit poly- oder monochromatischem Licht bestrahlt. Grundlage der Messung ist das Brechungsgesetz: n_1 (Messprisma) ist bekannt, Einfalls- und Ausfallswinkel werden gemessen und daraus n_2 (Messsubstanz) bestimmt. Das *Abbe-Refraktometer* arbeitet nach dem Prinzip der Totalreflektion mit einem zur Grenzfläche Messprisma/Messsubstanz streifend einfallendem Lichtbündel. Messbereich $n = 1{,}3$ bis 1,8; Auflösung $\Delta\, n = 10^{-4}$ bis $5 \cdot 10^{-6}$.

31.8.3 Polarimetrie

Optisch aktive Stoffe drehen die Lichtebene linear polarisierten Lichts, woraus mit Polarimetern ihre Konzentration in wässriger Lösung bestimmt

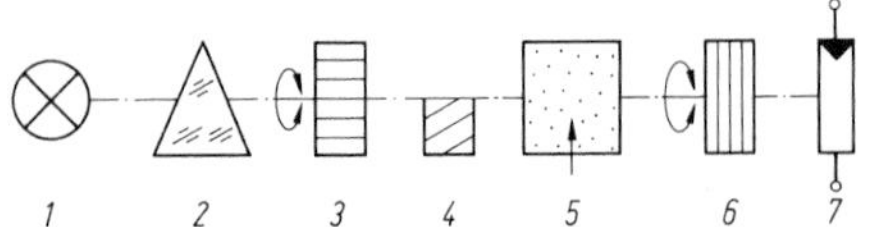

Abb. 31.27 Prinzipieller Aufbau eines Polarimeters. *1* Lichtquelle, *2* Wellenlängeneinstellung, *3* Polarisator, *4* Halbschattenelement, *5* Küvette mit Probe, *6* Analysator mit Teilkreis, *7* Empfänger

werden kann. *Polarimeter* bestehen (Abb. 31.27) aus einer Lichtquelle mit Wellenlängeneinstellung, einem Polarisator zur Erzeugung linear polarisierten Lichts, einem Halbschattenelement bzw. einem Drehschwingmodulator (Faraday-Spule), einem drehbaren Analysator mit Teilkreis und einem optoelektronischen Empfänger. Ausgehend von einer gekreuzten Stellung von Polarisator und Analysator (kein Lichtdurchgang) wird der beim Einbringen einer optisch aktiven Substanz eintretende Lichtdurchgang durch Drehen des Polarisators wieder auf Null abgeglichen. Aus dem gemessenen Drehwinkel kann nach dem Gesetz von Biot die Konzentration mit einer Genauigkeit von ca. 0,1 % bestimmt werden.

31.9 Umweltmessgrößen

Bei der messtechnischen Beschreibung technischer Objekte und Prozesse sind häufig nicht nur ihre Eigenschaften und Zustände, sondern auch ihre energetischen und stofflichen Wechselwirkungen mit der Umgebung zu kennzeichnen. Die hauptsächlichen Kenngrößen dieser Wechselwirkungen, z. B. im Hinblick auf die Aussendung (*Emission*) oder Einwirkung (*Immission*) von ionisierender Strahlung, Luft- und Körperschall oder von Klimaeinflüssen, lassen sich unter dem allgemeinen Begriff „Umweltmessgrößen" zusammenfassen. Eine umfassende und weiterführende Darstellung von Sensorsystemen und Messverfahren in der Umweltüberwachung ist in [58] zu finden.

31.9.1 Strahlungsmesstechnik

Für die Strahlungsmesstechnik ist neben der niederenergetischen elektromagnetischen Strahlung, z. B. der Temperaturstrahlung (s. Abschn. 31.7.1) oder der optischen Strahlung (s. Abschn. 31.8.1) besonders die bei Atomkernumwandlungen auftretende hochenergetische ionisierende Strahlung, z. B. in Form von radioaktiven α-, β- oder γ-Strahlen von Interesse. *α-Strahlen* bestehen aus Heliumkernen (zwei Protonen, zwei Neutronen) mit einer Reichweite von wenigen cm in Luft. *β-Strahlen* sind freie Elektronen hoher Geschwindigkeit; Reichweite in Luft etwa 5 m. *γ-Strahlen* sind kurzwellige ($\lambda = 10^{-9}$ bis 10^{-12} cm), aus Atomkernen stammende elektromagnetische Wellen, ähnlich wie Röntgenstrahlen, jedoch mit noch höherer Durchdringungsfähigkeit. Die wichtigen Kenngrößen ionisierender Strahlung sind [59]:

Aktivität. Eigenschaft bestimmter Atomkerne, sich spontan unter Anwendung von Strahlung umzuwandeln, Einheit 1 Becquerel (Bq) = 1 Umwandlung/s; typischer Grenzwert für Atemluft $300\,\mathrm{Bq/m^3}$.

Halbwertszeit $T_{1/2}$. Zeit in der die Aktivität einer radioaktiven Substanz und die Anzahl ihrer zerfallsfähigen Atomkerne auf die Hälfte des Ausgangswerts abgesunken ist; *Beispiele*: $T_{1/2}$(Jod 131) = 8 Tage, $T_{1/2}$(Strontium 90) = 28 Jahre, $T_{1/2}$(Cäsium 137) = 30 Jahre.

Energiedosis D. Energie, die die Strahlung an den durchstrahlten Stoff (z. B. Körpermasse) abgibt, Einheit 1 Gray (Gy) = 1 J/kg (= 100 Rad).

Effektive Äquivalentdosis (Strahlungsschutzgröße) D_q. Produkt aus Energiedosis D und Bewertungsfaktor q für die Strahlungsempfindlichkeit einzelner biologischer Organe und Gewebe, Einheit 1 Sievert (Sv) = 1 J/kg (=

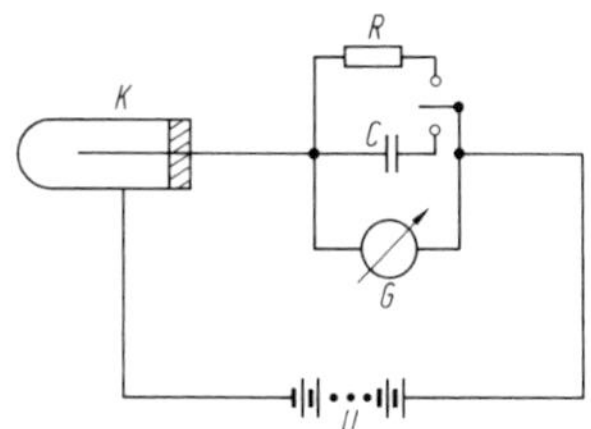

Abb. 31.28 Grundschaltung einer Ionisationskammer zur Messung der Dosisleistung bzw. der Dosis

100 Rem). *Anhaltswerte*: Jahresdurchschnittsbelastung für Bewohner der Bundesrepublik $D_q =$ 1 mSv, unbedenklicher Höchstwert (Berufsbelastung) $D_q = 20$ mSv, letale Dosis ab ca. 8 Sv.

Ionisationsdetektoren. Als Messprinzip wird die Erzeugung elektrischer Ladungsträger durch die zu messende Strahlung ausgenutzt, z. B. in Gasen (Ionisationskammerprinzip, Messbereich µGy bis kGy; *Geiger-Müller-Zählrohr*) oder in Halbleitern (strahlungsabhängige Erzeugung von Elektronenlochpaaren im p-n-Übergang einer Diode). Ein *Ionisationskammergerät* besteht nach Abb. 31.28 aus der Kammer K mit Innen- und Außenelektrode, Spannungsquelle U, Messwiderstand R bzw. Messkondensator C und Anzeigesystem G. Die Bestimmung der Dosisleistung erfolgt durch Messen des Spannungsabfalls am Hochohmwiderstand R; die Bestimmung der Fluenz bzw. Dosis durch Messung der Ladung an C als Zeitintegral über dem Strom.

Anregungsdetektoren. Die zu messende Strahlung führt zu einer Lichtemission in Kristallen, Kunststoffen, Flüssigkeiten und Gasen. Bei Szintillationszählern werden in strahlenempfindlichen Detektoren (z. B. NaJ-Kristalle) Lichtblitze erzeugt und mit einem Sekundärelektronenvervielfacher in elektrische Signale umgesetzt. Andere Ausführungsarten arbeiten mit Thermolumineszenzdetektoren oder Radiophotolumineszenzdetektoren.

Aktivierungsanalyse. Die Methode beruht auf der Aktivierung der zu untersuchenden Materialien durch den Beschuss mit Strahlungen (Neutronenquelle), die nukleare Umwandlungen auslösen. Die in der Probe enthaltenen Spurenelemente werden dabei aktiviert und können z. B. mit Halbleiterzählern und Vielkanalanalysatoren aus der bei ihrem Zerfall freigesetzten Strahlung qualitativ und quantitativ bestimmt werden; die Nachweisempfindlichkeit für einzelne Elemente liegt bei Stoffmengen bis zu 10^{-13} g.

31.9.2 Akustische Messtechnik

Die akustische Messtechnik untersucht den *Schall*, d. h. mechanische Schwingungen und Wellen in elastischen Medien in Form von *Luftschall*, *Flüssigkeitsschall* und *Körperschall* in den Frequenzbereichen $f < 16$ Hz (Infraschall), 16 Hz $< f <$ 16 kHz (Hörschall) und $f >$ 16 kHz (Ultraschall) (s. Bd. 1, Kap. 48). Ein von Schallwellen erfasstes Raumgebiet heißt Schallfeld, es wird durch *Schallfeldgrößen* (Schalldruck, Schallschnelle) und *Schallenergiegrößen* (Schallleistung, Schallintensität, Schallenergiedichte) beschrieben [60, 61]. Normen [62] beschreiben verschiedene Verfahren zur Bestimmung des Schalleistungs- und Schallenergiepegels von Maschinen und Anlagen. Sie basieren auf der Messung des Schalldruckpegels und sind für verschiedene Messumgebungen und Genauigkeitsklassen ausgelegt. Zusammen mit den maschinenspezifischen Geräuschmessnormen, die zusätzliche spezielle Festlegungen (z. B. Aufstellungs- und Betriebsbedingungen) für bestimmte Maschinen- und Gerätearten enthalten, dienen diese Normen u. a. zur Ausführung der EU-Maschinenrichtlinie (2006/42/EG und 95/16/EG – Neufassung).

Schalldruck p (N/m^2). Durch Schallschwingungen hervorgerufener Wechseldruck. Hörschwelle $p = 20\,\mu\text{N/m}^2$ bei 1000 Hz, Bezugsschalldruck $p_0 = 2 \cdot 10^{-5}\text{N/m}^2$.

Schallschnelle v (m/s). Wechselgeschwindigkeit schwingender Teilchen, Bezugsschallschnelle $v_0 = 5 \cdot 10^{-8}\text{m/s}$.

Schallleistung P (W). Quotient aus abgegebener, durchtretender oder aufgenommener Schallenergie und der zugehörigen Zeitdauer. Größenordnungen der Schallleistung, z. B. menschliche Stimme $P \approx 10^{-5}$ W, Großlautsprecher $P \approx 10^2$ W, Flugzeugstrahlantrieb bei Volllast $P \approx 10^4$ W.

Schallintensität I (W/m^2). Quotient aus Schallleistung und der zur Richtung des Energietransportes senkrechten Fläche.

Schallenergiedichte w (J/m^3). Quotient aus Schallenergie und zugehörigem Volumen.

Als *Schallpegel* der Feld- und Energiegrößen wird in einem definierten Frequenzbereich der logarithmische Quotient zweier Schallgrößen (Bezugsgrößen X_0, Y_0) bezeichnet; Schallpegel für Feldgrößen X: $L_x = 20\ \lg(X/X_0)$, Schallpegel für Energiegrößen Y: $L_y = 10\ \lg(Y/Y_0)$, Einheit Dezibel (dB). Bei einer Abstandsverdoppelung fällt der Schallpegel um ca. 6 dB ab.

Als Lärm wird jede Art von Schall bezeichnet, der stört, belästigt oder die Gesundheit beeinträchtigen kann:

Lärmbereich I ($30\,\text{dB} < L_p < 65\,\text{dB}$) bewirkt nur psychische Reaktionen. Schallemissionswerte für Wohngebiete 40 dB (nachts) und 55 dB (tags), für Industriegebiete <70 dB.

Lärmbereich II ($65\,\text{dB} < L_p < 90\,\text{dB}$) bewirkt vegetative Veränderungen, z. B. Veränderungen von Kreislaufvorgängen und Herztätigkeit.

Lärmbereich III ($90\,\text{dB} < L_p < 120\,\text{dB}$) bewirkt vegetative Fehlsteuerungen und organische Schädigungen.

Lärmbereich IV ($L_p > 120\,\text{dB}$) kennzeichnet das Erreichen bzw. Überschreiten der Schmerzschwelle.

Akustische Messgeräte. Sie bestehen im Wesentlichen aus einem Schallsensor, einem Verstärker, einem Filter und einer Anzeige- oder Registriereinheit (Abb. 31.29). Als *Schallsensoren* werden für Luftschall Mikrofone (elektrodynamische, elektrostatische oder piezoelektrische Wandler) mit linearem Frequenzgang, für Flüssigkeitsschall piezoelektrische Hydrofone bis ca. 150 kHz und für Körperschall seismische Aufnehmer (s. Abschn. 31.4.3) verwendet [60]. Das elektrische (meist hochimpedante) Sensorausgangssignal am Messbereichwahlschalter wird von Messverstärkern mit großer Dynamik (µV bis einige 100 V), linearem Frequenzgang und breitem Frequenzbereich (1 Hz bis >100 kHz) in ein verstärktes Messsignal mit niedriger Impedanz (zur Weiterleitung über eventuell lange Verbindungskabel) umgeformt. Als *Frequenzfilter* dienen feste und variable Filter zur Beeinflussung des Messverstärkersignals, z. B. mit Bewertungskurven *A*, *B*, *C* und mit Terz- oder Oktavdurchlasscharakteristik. Das gemessene Signal wird nach Gleichrichtung und Logarithmierung als Schallpegel entweder mit einem Zeigerinstrument oder einem Pegelschreiber analog dargestellt bzw. registriert oder einer digitalen Anzeige oder Registrierung zugeführt.

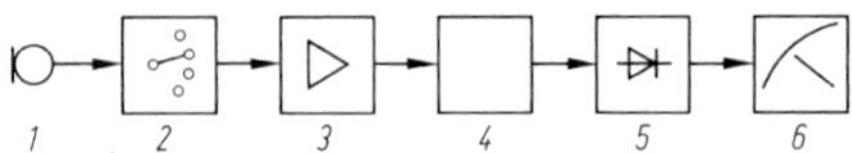

Abb. 31.29 Messkette eines Schallpegelmessers. *1* Mikrofon, *2* Messbereichwahlschalter, *3* Verstärker, *4* Frequenzbewertungsfilter, *5* Gleichrichtung und Quadrierschaltung, *6* Anzeigeinstrument

31.9.3 Feuchtemesstechnik

Technische Objekte aller Art werden durch die Umgebungsatmosphäre, ihre chemische Zusammensetzung und weitere kinematische und thermische Zustände (s. Abschn. 31.6 und 31.7) beeinflusst. Hierbei kommt dem Wasserdampfgehalt in der Atmosphäre (Luftfeuchte) oder allgemeiner im umgebenden Gas (Gasfeuchte) eine wichtige Rolle zu. Die Wasserdampfdichte (absolute Feuchte) d_v ergibt aus [63–65]:

$$d_v = \frac{m_v}{V} = \frac{\text{Masse des Wasserdampfs (g)}}{\text{Volumen der feuchten Atmosphäre (m}^3\text{)}}$$

Da feuchte Luft als reales Mischgassystem betrachtet werden muss, ist zur Berechnung des

Volumens eine Realgasgleichung zu verwenden, z. B. mit einem Kompressionsfaktor Z, welcher die Wechselwirkung der Gasmoleküle berücksichtigt:

$$\begin{aligned} p \cdot V = nZRT &= \text{Druck} \cdot \text{Volumen} \\ &= n \cdot \text{Kompressionsfaktor} \\ &\quad \cdot \text{allgemeine Gaskonstante} \\ &\quad \cdot \text{absolute Temperatur} \end{aligned}$$

Für die Wasserdampfdichte ergibt sich dann die Beziehung:

$$\begin{aligned} d_v &= \frac{1}{Z_{\text{mix}}} \cdot \frac{M_y}{R} \cdot \frac{e'}{T} \\ &= \frac{1}{\begin{array}{c}\text{Kompressionsfaktor des}\\ \text{Mischgassystem „feuchte Luft"}\end{array}} \\ &\quad \cdot \frac{\text{Molmasse des Wassers}}{\text{allgemeine Gaskonstante}} \\ &\quad \cdot \frac{\text{Wasserdampfpartialdruck}}{\text{absolute Temperatur}} \end{aligned}$$

Das Mischungsverhältnis r bestimmt sich nach:

$$r = \frac{m_v}{m_a} = \frac{\text{Masse des Wassers (kg)}}{\text{Masse trockener Atmosphäre (kg)}}$$

Als relative Feuchte wird der Quotient von Wasserdampfteilpartialdruck e' zum Wasserdampfsättigungsdruck e'_w bei den gerade herrschenden Bedingungen von Temperatur T und Druck p bezeichnet:

$$\begin{aligned} U_w &= \frac{e'}{e'_w(T, p)} \cdot 100\,\% = \text{relative Feuchte} \\ &= \frac{\text{Wasserdampfteilpartialdruck}}{\begin{array}{c}\text{Wasserdampfsättigungsdruck}\\ \text{(bei Temperatur } T \text{ und Druck } p)\end{array}} \end{aligned}$$

Auch bei Temperaturen $t < 0\,°\text{C}$ bezieht sich die Definition der relativen Feuchte gemäß der WMO (World Metrological Organization) auf den Sättigungsdampfdruck von Wasser e'_w, während die technische Definition der relativen Feuchte sich auf den Sättigungsdampfdruck e'_i über Eis bezieht.

Die Taupunkttemperatur t_d ist die Temperatur bei der Wasserdampf und Wasser sich im thermodynamischem Gleichgewicht befinden. Bei der Frostpunkttemperatur t_f (Reifpunkttemperatur) sind Wasserdampf und Eis im thermodynamischen Gleichgewicht.

Die gebräuchlichsten Feuchtemessgeräte sind:

Taupunkthygrometer. Ein kleiner Metallspiegel wird im Messgasstrom so gekühlt (z. B. durch elektrisch regelbare Peltier-Elemente), bis mittels optoelektronischer Sensoren ein Tau- oder Eisniederschlag festgestellt wird. Die mit einem Temperaturfühler (s. Abschn. 31.7.1) gemessene zugehörige Spiegeltemperatur entspricht der Taupunkt- bzw. Frostpunkttemperatur und ist ein Maß für die Gasfeuchte.

Polymer-Feuchtesensoren. In einer Kondensatoranordnung wird zwischen zwei metallischen Elektroden ein hygroskopisches Polymer platziert, welches in Anhängigkeit von der umgebenden Gasfeuchte Wasser aufnimmt oder abgibt. Dadurch ändert sich die Kapazität $C(U_w)$ der Anordnung weitgehend linear mit der relativen Feuchte der Umgebung:

$$\begin{aligned} U_w &= \varepsilon(U_w) \cdot \frac{A}{d} \\ &= \begin{array}{c}\text{Permittivität des Polymers}\\ \text{bei unterschiedlicher rel. Feuchte}\end{array} \\ &\quad \cdot \frac{\text{Elektrodenfläche}}{\begin{array}{c}\text{Elektrodenabstand}\\ \text{(Polymerschichtdicke)}\end{array}}. \end{aligned}$$

Hygrometer auf der Basis von Polymerfeuchtesensoren gestatten die Messung der Gasfeuchte im Bereich der relativen Feuchte von 0 bis 100 %. Sie können bei Temperaturen von −70 bis 200 °C und Drücken bis zu 10 MPa eingesetzt werden.

Zur Kennzeichnung des Wassergehalts fester und flüssiger Stoffe, der Materialfeuchte, werden häufig Relationen zwischen der Wassermasse

m_w und der Masse der wasserfreien Probe (nach Trocknung) m_{tr} verwendet [66]:

$$u_n = \frac{m_w}{m_{tr}} = \frac{\text{Feuchtegehalt}}{\text{(Wassergehalt)}} = \frac{\text{Wassermasse}}{\text{Masse der wasserfreien Probe}}$$

$$\psi_m = \frac{m_w}{(m_{tr} + m_w)} = \frac{\text{Feuchteanteil}}{\text{(Wasseranteil)}} = \frac{\text{Wassermasse}}{\text{Gesamtmasse}}.$$

$$T = \frac{m_{tr}}{m_{tr} + m_w} = \text{Trockenmasseanteil} = \frac{\text{Masse der wasserfreien Probe}}{\text{Gesamtmasse}} = 1 - \psi_m.$$

Die Materialfeuchte kann gravimetrisch durch Wägung oder mittels Karl-Fischer-Titration durch chemische Umsetzung des Wassers bestimmt werden.

31.10 Stoffmessgrößen

Zur Beschreibung technischer Objekte und Prozesse werden neben *physikalisch-technischen Messgrößen*, häufig auch *chemische Kenndaten* von Stoffen, Materialien und Bauteilen sowie Konzentrationsangaben von Substanzen in Gasen, Flüssigkeiten oder Feststoffen benötigt [67]. Beispielsweise können Abgasanalysen vereinfacht durch eine gasspezifische Verfärbung von mit geeigneten Reagenzien imprägniertem Silicagel in Prüfröhrchen oder genauer durch physikalisch-chemische Analysenmethoden, wie Gaschromatographie oder Spektralphotometrie durchgeführt werden. Die chemische Natur von Flüssigkeiten wird u. a. durch den pH-Wert (neg. dekad. Logarithmus der Wasserstoffionenaktivität) gekennzeichnet: „sauer" ($pH < 7$), „neutral" ($pH = 7$), „basisch" ($pH > 7$). Bei der chemischen Materialanalyse wird allgemein zwischen der Analytik anorganischer Stoffe (z. B. Metalle, keramische Werkstoffe) und der organischer Stoffe (z. B. Polymerwerkstoffe) unterschieden. Zur Untersuchung der chemischen Zusammensetzung technischer Oberflächen dienen Methoden der Oberflächenanalytik.

31.10.1 Anorganisch-chemische Analytik

Bei der klassischen *„nass-chemischen"* Analyse werden durch Aufschlüsse, z. B. mit starken Säuren, die im zu untersuchenden Material vorliegenden Elemente und Verbindungen in Ionen umgewandelt. Diese werden voneinander getrennt und quantitativ bestimmt, z. B. durch Fällung oder Titration. Diese klassische Art der Analytik wird ergänzt durch *spektrometrische* Methoden (z. B. optische Emissionsspektrometrie und Röntgenfluoreszenzspektrometrie), die mittels Kalibrierung durch Vergleichsproben (Referenzmaterialien) auch zu quantitativen Analysen herangezogen werden und bei denen die Intensität der vom Atom oder Ion abgegebenen charakteristischen Strahlung als Maß für die Menge dient. Bei den heutigen Verfahren der nass-chemischen quantitativen Analyse arbeitet man nicht mehr mit einzelnen Trennungsgängen, sondern erfasst mit summarischen Abtrennungen von störenden Ionen oder spezifischen Anreicherungen die gesuchten Stoffmengen. An die Stelle der Fällungen sind u. a. die folgenden physikalisch-chemischen Methoden getreten:

Elektrochemische Verfahren. In der *Potentiometrie* nutzt man die Nernst'sche Beziehung zwischen *Potential* und *Ionenkonzentration*. Durch die Verwendung von ionensensitiven Elektroden wird eine Stofftrennung weitgehend unnötig. Andere Methoden nutzen die Eigenschaftsänderungen während einer Titration, z. B. die Leitfähigkeitsänderung (*Konduktometrie*), die Abscheidung von Elementen nach den Faraday'schen Gesetzen (*Coulometrie*) oder Spannungsänderungen an einer polarisierten Elektrode (*Voltametrie, Polarographie*).

Photochemische Verfahren. Herstellung farbiger Ionenkomplexe und Messung der auftretenden Farbintensität. Diese Methode und die

Inverse-Polarographie sind besonders empfindlich. Daneben hat sich die Ionenchromatographie, insbesondere für Anionen, etabliert, bei der mehrere Ionen getrennt und nacheinander bestimmt werden.

Atomabsorptionsspektrometrie (AAS). Ausnutzung der Absorption charakteristischer Strahlung durch die zu analysierenden Metallatome oder -ionen, die sich in einem erhitzten Gaszustand (Flamme, Grapleitrohr) befinden.

Optische Emissionsspektrometrie mit induktiv gekoppeltem Plasma (ICP OES). Ausnutzung der Emission charakteristischer Strahlung durch Atome oder Ionen eines Elements, die sich in einem von hochfrequentem Strom hoch erhitzten Plasma befinden.

31.10.2 Organisch-chemische Analytik

Bei der Analyse organischer Stoffe werden zur Identifizierung vornehmlich die auf der Absorption von Licht im Wellenbereich von 2 bis 25 μm beruhende *Infrarot-* (IR-) und *Ramanspektrometrie* (RS) herangezogen. Ein weiteres Hilfsmittel ist die NMR-(nuclear magnetic resonance-) *Spektrometrie*, vornehmlich gemessen an ^{1}H- und ^{12}C-Atomen in Lösung oder im Festkörper (CP-MAS-NMR, cross polarization, magic angle spinning, nuclear magnetic resonance). Mit diesen Methoden kann z. B. die Matrix von Kunststoffen, das Polymer, meist ohne größere Probenvorbereitung untersucht werden. Die Größe der Polymermoleküle und die Verteilung der Molekulargewichte werden mit Hilfe der Ausschlusschromatographie ermittelt (GPC-Gelpermeationschromatographie). Die in geringerer Menge im Werkstoff vorliegenden Bestandteile wie Weichmacher, Stabilisatoren und Alterungsschutzmittel werden aus der Matrix entfernt und durch chromatographische Methoden wie *Dünnschichtchromatographie* (DC), *Flüssigkeitschromatographie* (HPLC-high pressure liquid chromatography) oder *Gaschromatographie* (GC) getrennt und in ihrer Menge anhand der spezifischen Fluoreszenz, der Brechungszahl oder

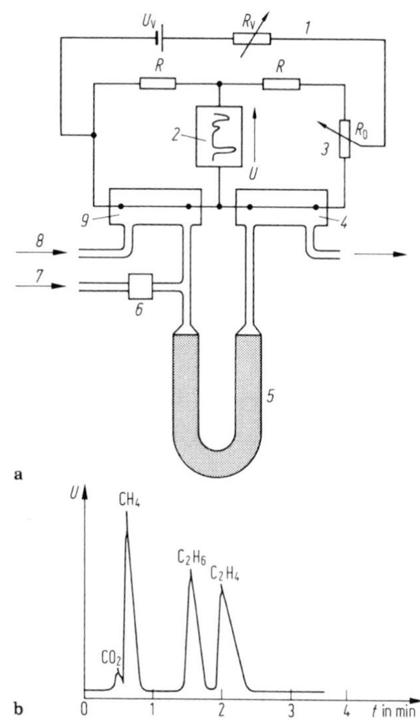

Abb. 31.30 Prinzip eines Gaschromatographen mit Wärmeleitfähigkeitsdetektor. **a** Aufbau; **b** Beispiel eines Chromatogramms. *1* Stromeinstellung, *2* Schreiber, *3* Nullpunktseinstellung, *4* Messkammer, *5* Trennsäule, *6* Dosierung, *7* Messgas, *8* Trägergas, *9* Vergleichskammer

Lichtabsorption bzw. mittels geeigneter GC-Detektoren bestimmt.

Die Gaschromatographie (Abb. 31.30) ist eine physikalische Trennmethode, bei der ein Gasgemisch durch Verteilung zwischen einer mobilen Gasphase und einer stationären Phase in seine Einzelkomponenten aufgetrennt wird. Zur Bestimmung der Einzelkomponenten kommen, je nach Messaufgabe, unterschiedliche Detektoren zum Einsatz, wie z. B. Wärmeleitfähigkeitsdetektoren „WLD" (Abb. 31.30a, zur dort verwendeten Wheatstone-Brücke s. Abschn. 32.2.2), Flammenionisationsdetektoren „FID", Gepulste Entladungsionisationsdetektoren „PDID", massenselektive Detektoren „MSD" und Infrarotdetektoren „IRD". Durch Kopplung von Detektoren ist es möglich, die Quantifizierung der getrennten Komponenten des Gasgemisches mit ihrer Identifizierung zu kombinieren.

Ein weiteres Instrument zur Detektion organischer Stoffe ist die *Massenspektrometrie* (MS), die die weitestgehenden Aussagen über die Molekülart liefert. In Hochleistungsgeräten werden chromatographische und Identifizierungsverfahren kombiniert (HPLC/MS, GC/MS, GC/IR). Die Gerätetechnologien sind gekennzeichnet durch die zum Teil integrierte Verwendung von Computern und Mikroprozessoren, wodurch die Anwendung leistungsfähiger Auswertemethoden, wie z. B. die Fourier-Transformationstechnik (FT), möglich wird.

31.10.3 Oberflächenanalytik

Bei den Verfahren der Oberflächenanalytik werden die zu untersuchenden Oberflächen fester Körper mit Photonen, Elektronen, Ionen oder Neutralteilchen beschossen bzw. durch Anlegen hoher elektrischer Feldstärken oder Erwärmen aktiviert und die dabei stoffspezifisch emittierten Photonen, Elektronen, Neutralteilchen oder Ionen analysiert [68]. Die *Elektronenstrahlmikroanalyse* (Mikrosonde) liefert eine Elementaranalyse für chemische Elemente der Ordnungszahl $Z > 3$ (Untersuchungsvolumen $> 1\ \mu m^3$) durch wellenlängendispersive (WDX) oder energiedispersive (EDX) Analyse der durch einen Elektronenstrahl in den Probenoberflächen ausgelösten stoffspezifischen Röntgenstrahlung. Oberflächenanalyseverfahren mit wesentlich höherer Oberflächenempfindlichkeit sind die folgenden, unter Ultrahochvakuum arbeitenden Methoden: *Auger-Elektronenspektroskopie* (AES), $Z > 2$, Lateralauflösung im tiefen Nanometerbereich, Tiefenauflösung ca. 10 nm, Nachweisgrenze 0,1 bis 0,01 Atom-% einer Monolage; *Elektronenspektroskopie* für die chemische Analyse (ESCA, XPS), $Z > 2$, Lateralauflösung bis zu 10 µm, Tiefenauflösung ca. 10 nm, Nachweisgrenze 0,1 Atom-% einer Monolage; *Sekundärionen-Massenspektrometrie* (SIMS), $Z \geq 1$, Lateralauflösung bis zu 50 nm, Tiefenauflösung ca. 10 nm, Nachweisgrenze elementabhängig bis in den ppm-Bereich.

Anhang

Tab. 31.4 Durchflusszahlen $\alpha = f(\beta, Re)$ für Normblenden mit Eckentnahme nach DIN EN ISO 5167; $\beta = \sqrt{m}$ Durchmesserverhältnis

β	Re_D									
	$5 \cdot 10^3$	10^4	$2 \cdot 10^4$	$3 \cdot 10^4$	$5 \cdot 10^4$	$7 \cdot 10^4$	10^5	$3 \cdot 10^5$	10^6	10^7
0,23	0,6021	0,6005	0,5995	0,5992	0,5989	0,5987	0,5986	0,5983	0,5982	0,5982
0,24	0,6028	0,6010	0,6000	0,5996	0,5992	0,5991	0,5989	0,5987	0,5985	0,5985
0,26	0,6044	0,6023	0,6010	0,6005	0,6001	0,5998	0,5997	0,5994	0,5992	0,5991
0,28	0,6063	0,6037	0,6022	0,6016	0,6010	0,6008	0,6006	0,6002	0,6000	0,5999
0,30	0,6084	0,6054	0,6035	0,6028	0,6022	0,6019	0,6016	0,6012	0,6010	0,6008
0,32	0,6109	0,6072	0,6051	0,6042	0,6035	0,6031	0,6028	0,6023	0,6021	0,6019
0,34	0,6136	0,6094	0,6068	0,6059	0,6050	0,6046	0,6043	0,6036	0,6033	0,6032
0,36	0,6167	0,6118	0,6089	0,6078	0,6067	0,6063	0,6059	0,6052	0,6048	0,6046
0,38	0,6201	0,6145	0,6112	0,6099	0,6087	0,6082	0,6077	0,6069	0,6065	0,6063
0,40	0,6240	0,6176	0,6138	0,6123	0,6110	0,6104	0,6098	0,6089	0,6085	0,6082
0,42	0,6283	0,6210	0,6167	0,6150	0,6135	0,6128	0,6122	0,6112	0,6107	0,6104
0,44	0,6330	0,6248	0,6199	0,6181	0,6164	0,6156	0,6149	0,6137	0,6132	0,6128
0,46	0,6382	0,6290	0,6236	0,6215	0,6196	0,6187	0,6180	0,6166	0,6160	0,6157
0,48	—	0,6338	0,6277	0,6253	0,6232	0,6222	0,6214	0,6199	0,6192	0,6188
0,50	—	0,6390	0,6322	0,6296	0,6272	0,6261	0,6252	0,6235	0,6227	0,6223
0,52	—	0,6447	0,6372	0,6343	0,6317	0,6305	0,6294	0,6276	0,6267	0,6262
0,54	—	0,6511	0,6427	0,6395	0,6367	0,6353	0,6342	0,6321	0,6312	0,6306
0,56	—	0,6581	0,6489	0,6453	0,6422	0,6407	0,6394	0,6372	0,6361	0,6355
0,58	—	0,6658	0,6557	0,6518	0,6483	0,6466	0,6453	0,6428	0,6416	0,6410
0,60	—	0,6743	0,6632	0,6589	0,6550	0,6532	0,6517	0,6490	0,6477	0,6470
0,62	—	0,6836	0,6714	0,6667	0,6625	0,6605	0,6589	0,6559	0,6545	0,6537
0,64	—	0,6939	0,6805	0,6754	0,6708	0,6686	0,6668	0,6635	0,6620	0,6611
0,65	—	0,6994	0,6854	0,6800	0,6752	0,6729	0,6711	0,6676	0,6660	0,6651
0,66	—	0,7052	0,6906	0,6849	0,6799	0,6775	0,6755	0,6719	0,6703	0,6693
0,67	—	0,7113	0,6960	0,6901	0,6848	0,6823	0,6803	0,6765	0,6748	0,6738
0,68	—	0,7177	0,7017	0,6955	0,6900	0,6874	0,6852	0,6813	0,6795	0,6785
0,69	—	0,7244	0,7077	0,7012	0,6955	0,6927	0,6905	0,6864	0,6845	0,6834
0,70	—	0,7315	0,7140	0,7073	0,7012	0,6984	0,6960	0,6917	0,6897	0,6886
0,71	—	0,7389	0,7206	0,7136	0,7073	0,7043	0,7018	0,6973	0,6952	0,6941
0,72	—	0,7468	0,7277	0,7203	0,7137	0,7106	0,7080	0,7033	0,7011	0,6999
0,73	—	0,7551	0,7351	0,7274	0,7205	0,7172	0,7145	0,7096	0,7073	0,7060
0,74	—	0,7638	0,7429	0,7349	0,7276	0,7242	0,7214	0,7162	0,7138	0,7125
0,75	—	0,7731	0,7512	0,7428	0,7352	0,7316	0,7287	0,7233	0,7208	0,7194
0,76	—	0,7829	0,7600	0,7512	0,7433	0,7395	0,7364	0,7308	0,7282	0,7267
0,77	—	0,7934	0,7694	0,7601	0,7519	0,7479	0,7447	0,7388	0,7360	0,7345
0,78	—	—	0,7793	0,7697	0,7610	0,7568	0,7535	0,7473	0,7444	0,7428
0,79	—	—	0,7900	0,7798	0,7707	0,7664	0,7629	0,7564	0,7533	0,7516
0,80	—	—	0,8014	0,7907	0,7812	0,7766	0,7729	0,7661	0,7629	0,7612

Tab. 31.5 Durchflusszahlen $\alpha = f(\beta, Re)$ für Normdüsen mit Eckentnahme nach DIN EN ISO 5167; $\beta = \sqrt{m}$ Durchmesserverhältnis

β	Re_D							
	$2 \cdot 10^4$	$3 \cdot 10^4$	$5 \cdot 10^4$	$7 \cdot 10^4$	10^5	$3 \cdot 10^5$	10^6	$2 \cdot 10^6$
0,30	—	—	—	0,9900	0,9908	0,9919	0,9923	0,9924
0,32	—	—	—	0,9903	0,9912	0,9926	0,9930	0,9930
0,34	—	—	—	0,9907	0,9918	0,9933	0,9938	0,9939
0,36	—	—	—	0,9913	0,9925	0,9943	0,9948	0,9949
0,38	—	—	—	0,9922	0,9935	0,9954	0,9960	0,9961
0,40	—	—	—	0,9932	0,9947	0,9968	0,9974	0,9975
0,42	—	—	—	0,9946	0,9961	0,9983	0,9990	0,9991
0,44	0,9803	0,9881	0,9939	0,9962	0,9979	1,0002	1,0009	1,0010
0,46	0,9815	0,9896	0,9957	0,9982	0,9999	1,0024	1,0031	1,0032
0,48	0,9832	0,9917	0,9980	1,0005	1,0023	1,0049	1,0057	1,0058
0,50	0,9855	0,9942	1,0007	1,0033	1,0052	1,0078	1,0086	1,0087
0,52	0,9884	0,9973	1,0039	1,0066	1,0085	1,0112	1,0120	1,0121
0,54	0,9921	1,0010	1,0077	1,0104	1,0123	1,0150	1,0158	1,0160
0,56	0,9966	1,0055	1,0122	1,0148	1,0167	1,0194	1,0202	1,0204
0,58	1,0021	1,0109	1,0174	1,0200	1,0219	1,0245	1,0253	1,0254
0,60	1,0087	1,0171	1,0234	1,0259	1,0277	1,0303	1,0310	1,0312
0,62	1,0165	1,0245	1,0304	1,0328	1,0345	1,0369	1,0376	1,0378
0,64	1,0258	1,0331	1,0386	1,0408	1,0423	1,0446	1,0452	1,0453
0,66	1,0367	1,0432	1,0480	1,0500	1,0514	1,0533	1,0539	1,0540
0,68	1,0495	1,0549	1,0590	1,0606	1,0618	1,0634	1,0639	1,0640
0,70	1,0646	1,0687	1,0717	1,0730	1,0738	1,0751	1,0754	1,0755
0,72	1,0823	1,0847	1,0866	1,0876	1,0879	1,0886	1,0888	1,0889
0,74	1,1031	1,1036	1,1040	1,1042	1,1043	1,1044	1,1045	1,1045
0,76	1,1278	1,1260	1,1246	1,1240	1,1236	1,1230	1,1229	1,1228
0,78	0,1572	1,1525	1,1489	1,1475	1,1465	1,1451	1,1447	1,1446
0,80	1,1924	1,1843	1,1782	1,1757	1,1740	1,1715	1,1708	1,1706

Tab. 31.6 Durchflusszahl α als Funktion des Durchmesserverhältnisses $\beta = \sqrt{m}$ für Venturidüsen

β	α
0,316	0,9896
0,320	0,9898
0,340	0,9909
0,360	0,9922
0,380	0,9937
0,400	0,9955
0,420	0,9975
0,440	1,9998
0,460	1,0025
0,480	1,0056
0,500	1,0092
0,520	1,0132
0,540	1,0178
0,560	1,0230
0,580	1,0289
0,600	1,0356
0,620	1,0431
0,640	1,0518
0,660	1,0616
0,680	1,0728
0,700	1,0857
0,720	1,1005
0,740	1,1177
0,760	1,1378
0,775	1,1551

Nach DIN EN ISO 5167 gelten die Werte innerhalb folgender Grenzen:

$$65\,\text{mm} \le D \le 500\,\text{mm}\,, \quad 0{,}316 \le \beta \le 0{,}775$$
$$d \ge 50\,\text{mm}\,, \quad 1{,}5 \cdot 10^5 \le Re_D \le 2 \cdot 10^6$$

Literatur

Spezielle Literatur

1. Tränkler, H.-R., Reindl, L.M. (Hrsg.): Sensortechnik, 2. Aufl. Springer, Berlin (2014)
2. Hesse, S., Schnell, G.: Sensoren für die Prozess- und Fabrikautomation, 6. Aufl. Springer Vieweg, Wiesbaden (2014)
3. Janocha, H.: Unkonventionelle Aktoren, 2. Aufl. De Gruyter Oldenbourg, München (2013)
4. Sturm, A., Förster, R.: Maschinen- und Anlagendiagnostik: Für die zustandsbezogene Instandhaltung. Vieweg & Teubner, Braunschweig (1990)
5. Yang, S.J., Ellison, A.J.: Machinery noise measurement. University Press, Oxford (1985)
6. Czichos, H. (Hrsg.): Handbook of technical diagnostics. Springer, Berlin (2013)
7. ISO 17359 Condition monitoring and diagnostics of machines – General guidelines, Beuth, Berlin (2018)
8. Curtis, M., Farago, F.T. : Handbook of dimensional measurement. 5. Auflage Industrial Press, South Norwalk (2013)
9. Richtlinienreihe VDI/VDE 2617 Genauigkeit von Koordinatenmessgeräten – Kenngrößen und deren Prüfung. Beuth, Berlin (2006–2019)
10. Richtlinienreihe VDI/VDE 2634 Optische 3D-Messsysteme – Bildgebende Systeme. Beuth, Berlin (2002–2012)
11. Normenreihe DIN 13 Metrisches ISO-Gewinde allgemeiner Anwendung. Beuth, Berlin (1999–2019)
12. DIN ISO 21771 Zahnräder – Zylinderräder und Zylinderradpaare mit Evolventenverzahnung – Begriffe und Geometrie. Beuth, Berlin (August 2014)
13. VDI/VDE 2608 Einflanken- und Zweiflanken-Wälzprüfung an Zylinderrädern, Kegelrädern, Schnecken und Schneckenrädern. Beuth, Berlin (März 2001)
14. Keferstein, C.P., Marxer, M.: Fertigungsmesstechnik – Praxisorientierte Grundlagen, moderne Messverfahren, 8. Aufl. Springer, Wiesbaden (2015)
15. Volk, R.: Rauheitsmessung – Theorie und Praxis. Beuth, Berlin (2005). DIN
16. Richtlinienreihe VDI/VDE 2602 Oberflächenprüfung. Beuth, Berlin (2014–2018)
17. Richtlinienreihe VDI/VDE 2655 Optische Messtechnik an Mikrotopografien. Beuth, Berlin (2008–2020)
18. DIN EN ISO 25178-602 Geometrische Produktspezifikation (GPS) – Oberflächenbeschaffenheit: Flächenhaft – Teil 602: Merkmale von berührungslos messenden Geräten (mit chromatisch konfokaler Sonde). Beuth, Berlin (Januar 2011)
19. Richtlinienreihe VDI/VDE 2632 Industrielle Bildverarbeitung. Beuth, Berlin (2010–2020)
20. Jähne, B.: Digitale Bildverarbeitung, 7. Aufl. Springer, Berlin (2012)
21. ISO/IEC 18004 Informationstechnik – Automatische Identifikation und Datenerfassungsverfahren – Spezifikation der Barcode – Symbologie „QR Code“. Beuth, Berlin (Februar 2015)
22. Verfahren für die Optische Formerfassung – Übersicht und Anwendungshilfen. DGZfP-Handbuch OF 1. DGZfP, Berlin (1995)
23. Rohrbach, Chr : Handbuch für experimentelle Spannungsanalyse. VDI, Düsseldorf (1989)
24. Sharpe Jr., W.N. (Hrsg.): Springer handbook of experimental solid mechanics. Springer, New York (2008)
25. Normenreihe DIN EN ISO 6506 Metallische Werkstoffe – Härteprüfung nach Brinell. Beuth, Berlin (2015 bis 2019)
26. Normenreihe DIN EN ISO 6507 Metallische Werkstoffe – Härteprüfung nach Vickers. Beuth, Berlin (Juli 2018)
27. Normenreihe DIN EN ISO 6508 Metallische Werkstoffe – Härteprüfung nach Rockwell. Beuth, Berlin (2015 bis 2016)
28. Kochsiek, M. (Hrsg.): Handbuch des Wägens, 2. Aufl. Vieweg+Teubner, Wiesbaden (1989)
29. Keil, S.: Beanspruchungsermittlung mit Dehnungsmessstreifen. Cuneus, Zwingenberg (1995)

30. Richtlinienreihe VDI/VDE 2635 Experimentelle Strukturanalyse – Dehnungsmessstreifen. Beuth, Berlin (2015 bis 2019)
31. VDI/VDE/DKD 2638 Kenngrößen für Kraftaufnehmer – Begriffe. Beuth, Berlin (Oktober 2008)
32. VDI/VDE/DKD 2639 Kenngrößen für Drehmomentaufnehmer. Beuth, Berlin (April 2015)
33. Lopez-Lopez-Higuera, J.M.: Handbook of optical fibre sensing technology. Wiley, New York (2002)
34. IEC 61757-1-1 Fibre optic sensors – Part 1-1: Strain measurement – Strain sensors based on fibre Bragg gratings. IEC (März 2020)
35. Rubner, F.: Druckmesstechnik. Oldenbourg Industrieverlag, München (2005)
36. DIN EN 837-1 Druckmessgeräte – Teil 1: Druckmessgeräte mit Rohrfedern; Maße, Messtechnik, Anforderungen und Prüfung. Beuth (Februar 1997)
37. DIN EN 837-2 Druckmessgeräte – Teil 2: Auswahl- und Einbauempfehlungen für Druckmessgeräte. Beuth (Februar 1997)
38. DIN EN 837-3 Druckmessgeräte – Teil 3: Druckmessgeräte mit Platten und Kapselfedern; Maße, Messtechnik, Anforderungen und Prüfung. Beuth (August 2019)
39. Bonfig, K.W.: Technische Durchflussmessung, 3. Aufl. Vulkan, Essen (2001)
40. Miller, R.W.: Flow measurement engineering handbook. McGraw-Hill, NewYork (1996)
41. Heim, M.J.: Füllstandmesstechnik. Oldenbourg Industrieverlag, München (2005)
42. Richtlinienreihe VDI/VDE 3519 Füllstandmesstechnik. Beuth, Berlin (Dezember 2012)
43. LaNasa, P.J., Upp, E.L.: Fluid Flow Measurement. 3. Aufl. Elsevier (2014)
44. Nitsche, W., Brunn, A.: Strömungsmesstechnik, 2. Aufl. Springer, Berlin Heidelberg (2006)
45. Normenreihe DIN EN ISO 5167 Durchflussmessung von Fluiden mit Drosselgeräten in voll durchströmten Leitungen mit Kreisquerschnitt. Beuth, Berlin (2004 bis 2019)
46. DIN EN 61685 Ultraschall – Durchflussmesssysteme – Durchfluss-Doppler-Prüfobjekt. Beuth, Berlin (Februar 2003)
47. Normenreihe DIN 51562 Viskosimetrie – Messung der kinematischen Viskosität mit dem Ubbelohde-Viskosimeter. Beuth, Berlin (1988 bis 2018)
48. DIN 51366 Prüfung von Mineralöl-Kohlenwasserstoffen – Messung der kinematischen Viskosität mit dem Cannon-Fenske-Viskosimeter für undurchsichtige Flüssigkeiten. Beuth, Berlin (Dezember 2013)
49. DIN 53015 Viskosimetrie – Messung der Viskosität mit dem Kugelfallviskosimeter nach Höppler. Beuth, Berlin (Juni 2019)
50. Normenreihe DIN 53019 Viskosimetrie – Messung von Viskositäten und Fließkurven mit Rotationsviskosimetern. Beuth, Berlin (2001 bis 2016)
51. Richtlinienreihe VDI/VDE 3511 Technische Temperaturmessung. Beuth, Berlin (2005 bis 2019)
52. Bernhard, F.: Handbuch der Technischen Temperaturmessung, 2. Aufl. Springer, Berlin (2014)
53. DIN EN 60751 Industrielle Platin-Widerstandsthermometer und Platin-Temperatursensoren. Beuth, Berlin (Mai 2009)
54. Yatsyshyn, S.: Handbook of thermometry and nanothermometry. Ifsa Publishing, Barcelona (2015)
55. von Körtvelyessy, L.: Thermoelement Praxis, 4. Aufl. Vulkan, Essen (2015)
56. Normenreihe DIN EN 60584 Thermoelemente. Beuth, Berlin (2008 bis 2019)
57. Richter, M.: Einführung in die Farbmetrik. De Gruyter, Berlin (1981)
58. Campbell, M.: Sensor Systems for Environmental Monitoring, Vol. 1 and Vol. 2. Springer, Dordrecht (1997)
59. Krieger, H.: Strahlungsmessung und Dosimetrie, 2. Aufl. Springer, Berlin (2013)
60. Möser, M.: Messtechnik der Akustik. Springer, Berlin (2010)
61. Lerch, R., Sessler, G., Wolf, D.: Technische Akustik: Grundlagen und Anwendungen. Springer, Berlin (2009)
62. Normenreihe DIN EN ISO 3741, 3743 bis 3747 Akustik – Bestimmung der Schallleistungs- und Schallenergiepegel von Geräuschquellen aus Schalldruckmessungen. Beuth, Berlin (2011 bis 2017)
63. VDI/VDE 3514 Blatt 1Gasfeuchtemessung – Kenngrößen und Formelzeichen. Beuth, Berlin (November 2016)
64. VDI/VDE 3514 Blatt 2 Gasfeuchtemessung – Messverfahren. Beuth, Berlin (März 2013)
65. Wernecke, R., Wernecke, J.: Industrial moisture and humidity measurement: a practical guide. Wiley-VCH, Weinheim (2014)
66. Kupfer, K.: Materialfeuchtemessung – Grundlagen, Messverfahren, Applikationen, Normen. Expert, Renningen-Malmsheim (1997)
67. Strohrmann, G.: Messtechnik im Chemiebetrieb, 10. Aufl. Oldenbourg Industrieverlag, München (2004)
68. Grasserbauer, M., Dudek, H.J., Ebel, M.F.: Angewandte Oberflächenanalyse mit SIMS, AES und XPS. Springer, Berlin (1986)

32 Messsignalverarbeitung

Horst Czichos und Werner Daum

32.1 Signalarten

Die mit den verschiedenen Messaufnehmern und Sensoren erfassten Messsignale sind i. Allg. Zeitfunktionen von statischen oder dynamischen, z. B. periodischen, sinusoidalen, impulsförmigen oder stochastischen Vorgängen. Dabei bestehen die folgenden grundlegenden Signalarten:

Amplitudenanaloges Signal. Messwert ist die Amplitude der Zeitfunktion.

Zeitanaloges Signal. Messwert ist die Zeitdauer des Impulses.

Frequenzanaloges Signal. Messwert ist die Frequenz einer (periodischen oder stochastischen) Impulsfolge.

Digitales Signal. Messwert ist ein Binärsignal.

Signalcharakteristika im Zeit- und Frequenzbereich sind durch die Fourier-Transformation verbunden und deswegen prinzipiell gleich aussagefähig.

Bei den *Signalfunktionen* $S(t)$ kann unterschieden werden zwischen *wert-* oder *zeitkontinuierlichen* sowie *wert-* oder *zeitdiskreten* Verläufen (Abb. 32.1).

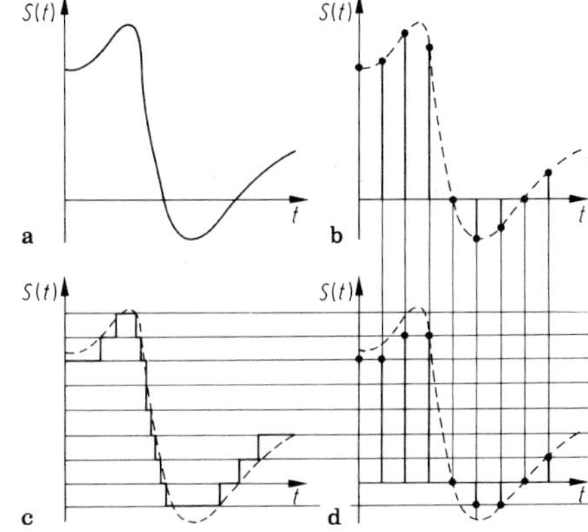

Abb. 32.1 Kontinuierliche und diskrete Signalarten. **a** Wert- und zeitkontinuierlich; **b** wertkontinuierlich und zeitdiskret; **c** wertdiskret und zeitkontinuierlich; **d** wert- und zeitdiskret

Bei der Messsignalverarbeitung in den einzelnen Gliedern einer Messkette kann vielfach durch eine Modulation, d. h. durch Hinzufügen eines periodischen oder impulsförmigen Hilfssignals, das Übertragungsverhalten verbessert werden, z. B. durch Verminderung von Störeinflüssen des Übertragungswegs. Man unterscheidet amplitudenmodulierte, frequenzmodulierte, pulscodemodulierte und impulsbreitenmodulierte Signalverläufe.

H. Czichos
Beuth Hochschule für Technik
Berlin, Deutschland

W. Daum (✉)
Dir. u. Prof. a.D. der Bundesanstalt für Materialforschung und -prüfung (BAM)
Berlin, Deutschland
E-Mail: daum.bam@t-online.de

B. Bender und D. Göhlich (Hrsg.), *Dubbel Taschenbuch für den Maschinenbau 2: Anwendungen*,
https://doi.org/10.1007/978-3-662-59713-2_32

32.2 Analoge elektrische Messtechnik

Die hier behandelte analoge elektrische Messtechnik bezieht sich auf die Bestimmung oder Verarbeitung der elektrischen Grundgrößen Strom, Spannung und Widerstand, die entweder direkte elektrische Messgrößen darstellen oder in einer Messkette als amplitudenanaloge elektrische Signale am Ausgang von Aufnehmern oder Sensoren für nichtelektrische Größen abgegriffen werden [1, 2]. Tab. 32.1 gibt eine Übersicht über Sinnbilder für Messgeräte und ihre Verwendung.

32.2.1 Strom-, Spannungs- und Widerstandsmesstechnik

Strommessung. Sie erfolgt prinzipiell dadurch, dass ein Stromkreis aufgetrennt und ein Strommessgerät (*Amperemeter*) mit möglichst niedrigem Innenwiderstand R_A an der Trennstelle eingefügt wird (Abb. 32.2). Für das Verhältnis von angezeigtem Strom I_M und dem Kurzschlussstrom I_K im ungestörten Stromkreis gilt

$$\frac{I_M}{I_K} = \frac{1}{1 + (R_A/R_0)} .$$

Für $R_A < 0{,}01\,R_0$ ist die Differenz zwischen I_M und I_K kleiner als 1 %.

Spannungsmessung. Sie erfolgt prinzipiell dadurch, dass ein Spannungsmessgerät (*Voltmeter*) mit möglichst hohem Innenwiderstand R_V parallel zu der zu messenden Spannung (Leerlaufspannung U_L) geschaltet wird (Abb. 32.3). Für das Verhältnis zwischen angezeigter Spannung U_M

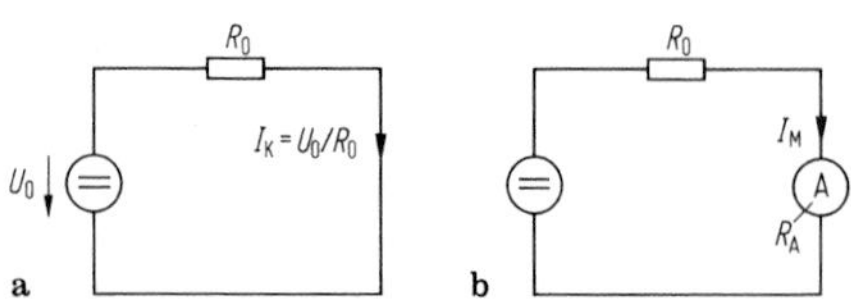

Abb. 32.2 Strommessung. **a** Ungestörter Stromkreis; **b** gestörter Stromkreis; *A* Amperemeter

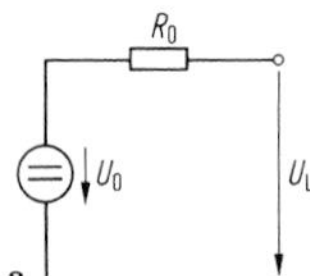

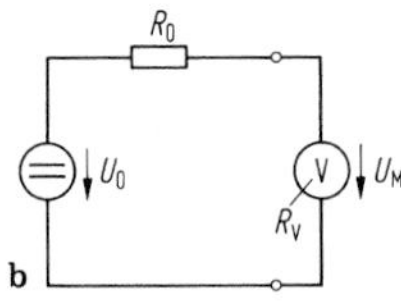

Abb. 32.3 Spannungsmessung. **a** Unbelastete Spannungsquelle; **b** belastete Spannungsquelle; *V* Voltmeter

und Leerlaufspannung U_L gilt

$$\frac{U_M}{U_L} = \frac{1}{1 + (R_0/R_V)} .$$

Für $R_V > 100\,R_0$ ist die Differenz zwischen U_M und U_L kleiner als 1 %.

Bei der Messung von Wechselströmen $I(t)$ oder Wechselspannungen $u(t) = u_0 \sin \omega\, t$ muss unterschieden werden zwischen

Spitzenwert u_0 ,

Gleichrichtwert

$$|\bar{u}| = \frac{1}{T}\int_0^T |u_0 \sin \omega\, t|\, \mathrm{d}t = \frac{2}{\pi} u_0 = 0{,}637\, u_0 ,$$

Effektivwert

$$U = \sqrt{\frac{1}{T}\int_0^t (u_0 \sin \omega\, t)^2\, \mathrm{d}t} = \frac{u_0}{\sqrt{2}} = 0{,}707\, u_0 .$$

Widerstandsmessung. Sie kann nach dem Ohm'schen Gesetz $R_x = U/I$ prinzipiell durch eine gleichzeitige Messung von Spannung U und Strom I vorgenommen werden. Infolge der Innenwiderstände R_V, R_A der Spannungs- und Strommessgeräte treten dabei systematische Messabweichungen auf, die bei genauen Messungen korrigiert werden müssen (Abb. 32.4). Bei der stromrichtigen Messschaltung (Abb. 32.4a) muss von dem Quotienten U/I der Instrumentenablesungen der innere Widerstand R_A des Strommessgeräts subtrahiert werden: $R_x(U/I) - R_A$. Bei der spannungsrichtigen Messschaltung (Abb. 32.4b) muss von dem Strom I der durch

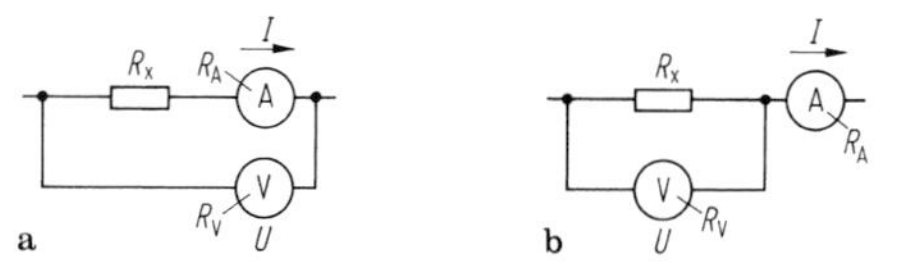

Abb. 32.4 Widerstandsmessung durch gleichzeitige Strom- und Spannungsmessung. *A* Amperemeter, *V* Voltmeter; **a** Schaltung für Messung großer Widerstände; **b** Schaltung für Messung kleiner Widerstände

das Spannungsmessgerät gehende Teil U/R_V abgezogen werden: $R_x = U/(1-(U/R_y))$.

32.2.2 Kompensatoren und Messbrücken

Kompensatoren. Sie gestatten es, Spannungen und Ströme mit hoher Genauigkeit leistungslos zu erfassen. Die Prinzipschaltungen zur Spannungs-, Strom- und Widerstandskompensation (Abb. 32.5) enthalten eine Spannungsquelle U_0, mindestens zwei Widerstände R_1, R_2 zur Spannungs- bzw. Stromteilung und ein Spannungs- bzw. Strommessinstrument, das bei Teilkompensation als Nullindikator betrieben wird.

Bei der *Spannungskompensation* (Abb. 32.5a) wird eine unbekannte Spannung U_x unter Variation des Widerstands R_1 durch die am Widerstand

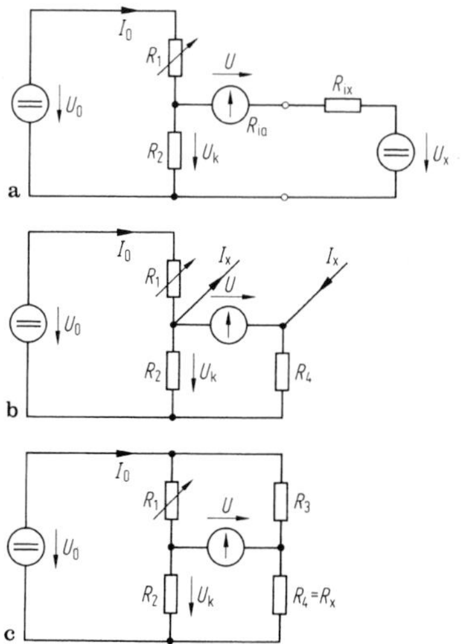

Abb. 32.5 Kompensationsschaltungen. **a** Spannungsmessung (U_x); **b** Strommessung (I_x); **c** Widerstandsmessung (R_x)

R_2 anliegende Spannung kompensiert. Für die vollständige Spannungskompensation, $U = 0$, gilt

$$U_x = \frac{R_2}{R_1 + R_2} U_0 \,.$$

Zur *Stromkompensation* (Abb. 32.5b) wird ein bekannter Strom I_x rückwirkungsfrei dadurch kompensiert, dass der Widerstand R_1 so lange verändert wird, bis die Spannung U am Nullindikator (und damit auch der Strom durch den Nullindikator) zu Null wird. Der zu bestimmende Strom ergibt sich aus

$$I_x = \frac{R_2}{R_2 + R_4} I_0 \,.$$

Messbrücken. Sie dienen zur Widerstandskompensation bzw. -messung und bestehen nach Wheatstone aus zwei Spannungsteilern, die von der gleichen Quelle U_0 gespeist werden und deren Teilspannungen miteinander verglichen, d. h. voneinander subtrahiert werden (Abb. 32.5c). Bei Teilkompensation kann aus der gemessenen Brückenspannung U einer der Brückenwiderstände bestimmt werden, wenn die Speisespannung U_0 und die drei anderen Widerstände bekannt sind

$$U = \left(\frac{R_3}{R_3 + R_4} - \frac{R_1}{R_1 + R_2}\right) U_0 \,.$$

Bei vollständiger Kompensation, $U = 0$, gilt

$$\frac{R_1}{R_2} = \frac{R_3}{R_4}, \qquad \text{d.h.} \quad R_x = \frac{R_2 R_3}{R_1} \,.$$

Mit Messbrücken können sehr empfindlich kleine Widerstandsänderungen ΔR der Brückenwiderstände gemessen werden, wie sie bei resistiven Messaufnehmern oder Sensoren, z. B. Dehnungsmessstreifen (DMS), zu bestimmen sind (s. Abschn. 31.5.2).

Zur Messung von *Kapazitäten, Induktivitäten* und deren *Verlustwiderständen*, aber auch ganz allgemein zur Messung komplexer Widerstände können *Wechselstrommessbrücken* (Abb. 32.6) eingesetzt werden. Ihr prinzipieller Aufbau (Abb. 32.6a) besteht aus einer meist niederfrequenten Wechselspannungsquelle $\underline{U}_0$, einem Wechselspannungs-Nullindikator mit selektivem

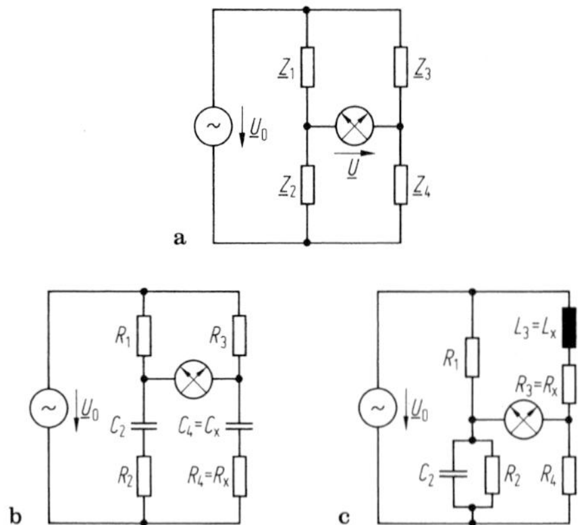

Abb. 32.6 Wechselstrom-Messbrücken. **a** Prinzipieller Aufbau einer Wechselstrombrücke; **b** Kapazitäts-Messbrücke; **c** Induktivitäts-Messbrücke

Verstärker und vier komplexen Widerständen $\underline{z}_i = z_i \cdot \exp(j\varphi_i)$ mit dem Betrag z_i und dem Phasenwinkel φ_i ($i = 1$ bis 4). Wie bei den Gleichstrommessbrücken ergibt sich die Abgleichbedingung $\underline{U} = 0$ aus dem Verhältnis der entsprechenden Widerstände, d. h. hier in Form einer komplexen Gleichung

$$\underline{z}_1/\underline{z}_2 = \underline{z}_3/\underline{z}_4 .$$

Daraus resultieren die beiden reellen Abgleichbedingungen

$$z_1/z_2 = z_3/z_4 \quad \text{und} \quad \varphi_1 + \varphi_4 = \varphi_2 + \varphi_3 .$$

Für eine einfache Kapazitätsmessbrücke nach Wien (Abb. 32.6b) gilt

$$R_x = \frac{R_2 R_3}{R_1}; \quad C_x = C_2 \frac{R_1}{R_3} .$$

Bei einer Induktivitätsmessbrücke nach Maxwell und Wien (Abb. 32.6c) ergeben sich

$$R_x = \frac{R_1 R_4}{R_2}; \quad L_x = R_1 R_4 C_2 .$$

32.2.3 Messverstärker

Messverstärker sind i. Allg. gegengekoppelte Operationsverstärker (Abb. 32.7) und dienen zur Verstärkung kleiner Spannungen und Ströme, wobei die folgenden allgemeinen Forderungen erfüllt sein müssen: geringe Rückwirkung auf die Messgröße, hohes Auflösungsvermögen, definiertes Übertragungsverhalten, gute dynamische Eigenschaften, eingeprägtes Ausgangssignal.

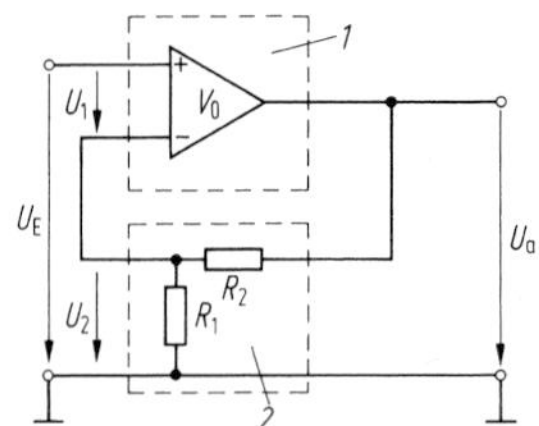

Abb. 32.7 Prinzipschaltbild eines gegengekoppelten Messverstärkers mit Operationsverstärker. *1* Operationsverstärker (idealisiert), *2* Gegenkopplungsnetzwerk (vereinfacht)

Operationsverstärker sind mehrstufige integrierte Gleichspannungsverstärker großer Empfindlichkeit und Bandbreite. Die Ausgangsspannung U_A eines Operationsverstärkers ist proportional der Differenz U_1 (Steuerspannung) aus der am p-Eingang liegenden Spannung U_E und der am n-Eingang anstehenden Spannung U_2. Zur Erläuterung des Gegenkopplungsprinzips dienen folgende Begriffe

Innere Verstärkung $\quad V_0 = \dfrac{U_A}{U_1}$ (i. Allg. 10^3 bis 10^7),

Rückführfaktor $\quad k = \dfrac{U_2}{U_A} = \dfrac{R_1}{R_1 + R_2}$,

Betriebsverstärkung $\quad V_B = \dfrac{U_A}{U_E}$.

Nach Abb. 32.7 gilt für die Ausgangsspannung

$$U_A = V_0 U_1 = V_0(U_E - U_2) = V_0(U_E - kU_A) .$$

Hieraus folgt für die Betriebsverstärkung

$$V_B = \frac{U_A}{U_E} = \frac{V_0}{1 + kV_0} .$$

Die Gegenkopplung hat den Vorteil, dass bei hinreichend großer innerer Verstärkung V_0 des

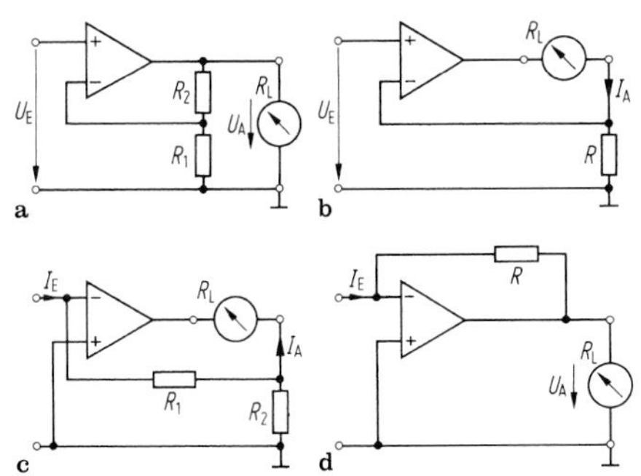

Abb. 32.8 Grundschaltungen gegengekoppelter Messverstärker. **a** Spannungsverstärker; **b** Spannungsverstärker mit Stromausgang; **c** Stromverstärker; **d** Stromverstärker mit Spannungsausgang

Operationsverstärkers, die Betriebsverstärkung V_B des gesamten Messverstärkers unabhängig von V_0 wird und nur noch dem Gegenkopplungsnetzwerk abhängt. Für sog. „ideale Operationsverstärker" gilt

$$\lim V_B(\text{für } V_0 \to \infty) = \lim \frac{1}{(1/V_0) + k} = \frac{1}{k} .$$

Verwendet man zur Realisierung von k stabile hochwertige Bauelemente, so kann eine präzise Festlegung der Verstärkereigenschaften erreicht werden.

Die Grundschaltungen gegengekoppelter idealer Messverstärker sind (Abb. 32.8).

Spannungsverstärker (Abb. 32.8a). Mit den Erläuterungen zu Abb. 32.7 gilt unter der Annahme eines idealen Operationsverstärkers mit sehr hoher innerer Verstärkung V_0 für die Betriebsverstärkung

$$V_B = \frac{R_1 + R_2}{R_1} .$$

Spannungsverstärker mit Stromausgang (Abb. 32.8b). In der Prinzipschaltung fließt unter Vernachlässigung des Steuerstroms am Eingang des Operationsverstärkers der Ausgangsstrom I_A durch R und bewirkt die Spannung $I_A R$. Unter Vernachlässigung der Steuerspannung des Operationsverstärkers wird die gegengekoppelte Spannung $I_A R$ gleich der Eingangsspannung U_E, sodass für die Betriebsverstärkung gilt

$$V_B = \frac{I_A}{U_E} = \frac{1}{R} .$$

Stromverstärker (Abb. 32.8c). Nach der Prinzipschaltung fließt unter Vernachlässigung des Steuerstroms am Eingang des Operationsverstärkers der Eingangsstrom I_E durch den Widerstand R_1 und bewirkt an diesem die Spannung $I_E R_1$. Durch den Widerstand R_2 fließt der Differenzstrom $I_A - I_E$ und bewirkt am Widerstand die Spannung $(I_A - I_E)R_2$. Unter Vernachlässigung der Steuerspannung des Operationsverstärkers sind die Spannungen an den beiden Widerständen gleich groß. Daraus errechnet sich die ideale Betriebsverstärkung zu

$$V_B = \frac{I_A}{I_E} = \frac{R_1 + R_2}{R_2} .$$

Stromverstärker mit Spannungsausgang (Abb. 32.8d). In der Prinzipschaltung fließt unter Vernachlässigung des Steuerstroms am Eingang des Operationsverstärkers der Eingangsstrom I_E durch den Widerstand R und bewirkt an diesem die Spannung $I_E R$. Unter Vernachlässigung der Steuerspannung des Operationsverstärkers ist diese Spannung $I_E R$ gleich der Ausgangsspannung U_A. Die ideale Betriebsverstärkung beträgt also

$$V_B = \frac{U_A}{I_E} = R .$$

Bei realen gegengekoppelten Operationsverstärkern ergeben sich im Vergleich zu idealen Operationsverstärkern durch die endliche Grundverstärkung V_0 sowie endliche Eingangs- und Ausgangswiderstände R_e, R_a näherungsweise folgende Änderungen:

Relative Abweichung der Betriebsverstärkung

$$F_{rel}(V_B) = \frac{V_B(\text{real}) - V_B(\text{ideal})}{V_B(\text{ideal})} \approx -\frac{V_B(\text{ideal})}{V_0}.$$

Resultierender *Eingangswiderstand*

$$R_E > \left(\frac{V_0}{V_B(\text{ideal})} + 1 \right) R_e .$$

Resultierender *Ausgangswiderstand*

$$R_A = R_a \frac{1}{1 + \frac{V_0}{V_{B(ideal)}}} .$$

Beispiel

Für $V_0 = 10^5$, $V_B\,(ideal) = 1000$ und $R_e = 1\ M\Omega$ bzw. $R_a = 1\ k\Omega$ folgt: $F_{rel}(V_B) = -1\ \%$, resultierender Eingangswiderstand $R_E > 100\ M\Omega$, resultierender Ausgangswiderstand $R_A = 10\ \Omega$. ◄

Die Gegenkopplung eines Operationsverstärkers hat ebenfalls Einfluss auf die Grenzfrequenz f_g (s. Abschn. 30.2.4) sowie die Transitfrequenz f_T, bei der die Grundverstärkung auf den Wert $V_0(f_T) = 1$ abgefallen ist. Näherungsweise gilt:

$$V_B\ f_g = \text{const} = f_T .$$

Ladungsverstärker. Hierbei handelt es sich um einen Stromverstärker mit Spannungsausgang, bei dem der Gegenkopplungswiderstand R durch eine verlustarme Kapazität C ersetzt ist (Abb. 32.8d). Die Spannung $u_C(t)$ an der Kapazität C ist

$$u_C(t) = \frac{1}{C} q(t) = \frac{1}{C} \int_0^t i(\tau) d\tau .$$

Um diesen Zusammenhang zur (zeitlichen) Integration von Strömen verwenden zu können, muss Rückwirkungsfreiheit zwischen Eingangsstrom $i_E(t)$ und dem Strom $i_C(t)$ durch den Kondensator sowie zwischen der Ausgangsspannung $u_A(t)$ und der Spannung $u_C(t)$ am Kondensator gewährleistet sein. Bei vernachlässigbarem Steuerstrom und vernachlässigbarer Steuerspannung ergibt sich wegen $i_E(t) = i_C(t)$ und $u_A(t) = u_C(t)$:

$$u_A(t) = \frac{1}{C} \int_0^t i_E(\tau) d\tau = \frac{1}{C} q(t) .$$

Die Ausgangsspannung $u_A(t)$ ist also proportional dem Integral des Eingangsstroms $i_E(t)$ und damit proportional der Ladung $q(t)$. Der Eingangswiderstand beträgt im Idealfall $R_E = 0$ und der Ausgangswiderstand ebenfalls $R_A = 0$. Dieser Verstärkertyp hat besondere Bedeutung im Bereich der piezoelektrischen Sensorik.

32.2.4 Funktionsbausteine

Mit Hilfe von Funktionsbausteinen in Form integrierter Operationsverstärker lassen sich durch geeigneten Schaltungsaufbau mathematische Operationen durchführen, z. B. Addition, Subtraktion, Multiplikation, Division, Differentiation, Integration, Potenzieren, Radizieren, Effektivwertbestimmung. Da für diese Operationen häufig Digitaltechniken und Rechner eingesetzt werden, sollen hier nur die Differentiation und Integration mit Operationsverstärkern betrachtet werden. (Anwendungsbeispiel: Bestimmung von Beschleunigung $a = dv/dt$ bzw. Weg $s = \int v\, dt$ aus einer Geschwindigkeitsmessung v.)

Die einfachsten Schaltungen zur Durchführung einer Differentiation oder Integration ergeben sich durch die Anwendung von RC-Gliedern bzw. entsprechend beschalteter Operationsverstärker (Abb. 32.9).

Für die *Differentiation* gilt

$$U_A = Ri(t) = R dQ/dt .$$

Unter der Voraussetzung, dass für die Periodendauer T eines dynamischen Messsignals $T \gg RC$ gilt, fällt die gesamte Spannung am

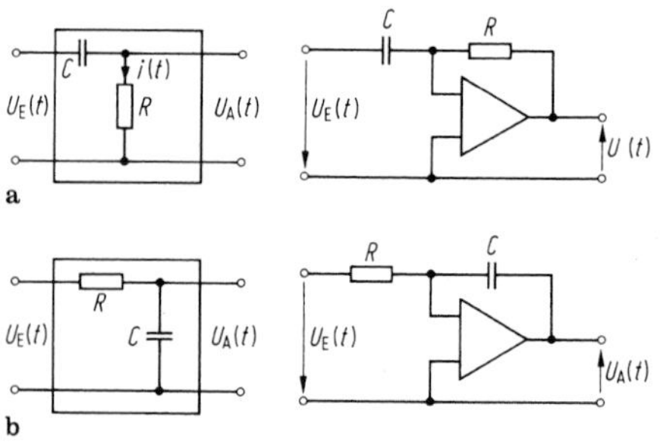

Abb. 32.9 Prinzipschaltungen von Funktionsbausteinen. **a** Differentiation; **b** Integration

Kondensator $C = Q/U_E$ ab, sodass folgt

$$U_A \approx RC \frac{dU_E}{dt} .$$

Für die *Integration* gilt

$$U_c = \frac{1}{C} \int i(t)dt = \frac{1}{RC} \int U_R(t)dt .$$

Wenn $T \ll RC$ ist, fällt die gesamte Eingangsspannung U_E am Widerstand R ab

$$U_A \approx \frac{1}{RC} \int U_E(t)dt .$$

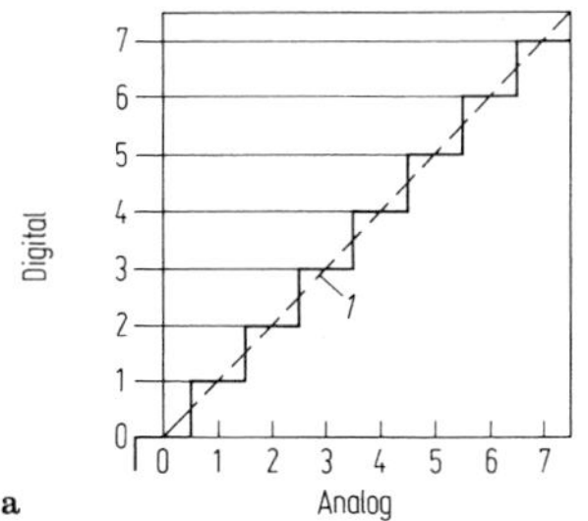

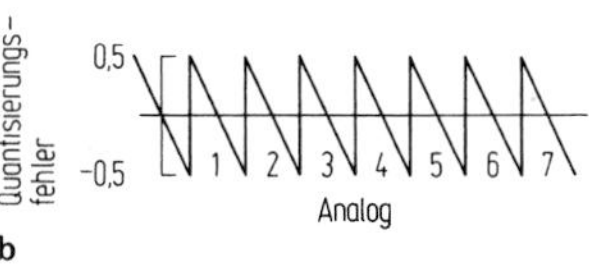

Abb. 32.10 Quantisierung eines analogen Signalverlaufs. **a** Kennlinie und diskrete Digitalstufen; **b** Quantisierungsfehler. *1* analoger Signalverlauf

32.3 Digitale elektrische Messtechnik

Die digitale Messsignalverarbeitung operiert mit quantisierten Messsignalverläufen und ist u. a. gekennzeichnet durch Störsicherheit der Signalübertragung, Einfachheit der galvanischen Trennung von Messgliedern und Möglichkeit der rechnerunterstützten Messsignalverarbeitung.

32.3.1 Digitale Messsignaldarstellung

Die digitale Messtechnik benötigt diskrete Messsignale [3]. Da nur wenige Messaufnehmer derartige Signale liefern, wie z. B. inkrementale Wegaufnehmer (s. Abschn. 31.4.1) müssen sie i. Allg. durch Quantisierung analoger Messsignalverläufe mittels Analog-Digital-Umsetzern (A/D-U) gewonnen werden. Die Quantisierung führt zu einem Informationsverlust. Der Quantisierungsfehler ergibt sich aus der Differenz zwischen dem digitalen Istwert und dem analogen Sollwert. Abb. 32.10 illustriert dies für den Fall eines linearen Analogsignalverlaufs.

Die digitale Zahlendarstellung erfolgt mittels Codes. Im einfachsten Fall sind den Quantisierungsstufen Dualzahlen zugeordnet, d. h. jede Zahl N wird als Summe von Potenzen der Basis 2 angegeben:

$$\begin{aligned} N &= a_n \cdot 2^n + a_{n-1} 2^{n-1} + \ldots \\ &\quad + a_1 \cdot 2^1 + a_0 \cdot 2^0 \\ &= \sum_{i=0}^{n} a_i 2^i . \end{aligned}$$

Die Koeffizienten a_i sind Binärsignale; sie können nur die Werte 0 (kein Signal) und 1 (Signal) annehmen. Ein binäres Zeichen wird als Bit und 8 Bit werden als Byte bezeichnet. Setzt man bei ganzzahligen Dualzahlen den absoluten Quantisierungsfehler gleich Eins, so berechnet sich der relative Quantisierungsfehler F_{rq} durch Bezugnahme auf den Zeilenumfang von 2^n zu

$$F_{rq} = 1 : 2^n = 2^n .$$

Damit ergeben sich z. B. folgende Quantisierungsfehler: 4 Stellen: $F_{rq} \approx 6\,\%$; 7 Stellen: $F_{rq} \approx 0{,}8\,\%$; 10 Stellen: $F_{rq} < 0{,}1\,\%$.

Die wichtigsten Codes der digitalen Zahlendarstellung sind:

- *Binärcodierung*. Darstellung im Zweiersystem; jedes Codewort hat die gleiche Länge b, sodass sich $Z = 2^b$ verschiedene Messwerte codieren lassen. *Beispiel*: Analog-Digital-Umsetzer.

32

- *BCD-Code* (Binary Coded Decimals). Darstellung jeder Dezimalziffer binär als Viererbitwert. *Beispiel*: Digitalvoltmeter, Zähler.
- *ASCII-Code* (American Standard Code for Information Interchange). 7-Bit-Code mit einem freien Bit je Byte. Für jedes Codezeichen wird im Sender die binäre Quersumme gebildet und mit Hilfe des achten Bits eine vereinbarte Parität (gerade oder ungerade) erzeugt. Die Empfängerstation kann nach Erkennen einer falschen Parität einen Fehler anzeigen, bzw. eine Wiederholung der Übertragung veranlassen.

Shannon'sche Abtatstheorem. Bei der Quantisierung dynamischer Signalverläufe muss eine geeignete Abtastfrequenz gewählt werden. Nach dem Shannon'schen Abtasttheorem soll die halbe Abtastfrequenz f_t größer sein als die höchste im Messsignal enthaltene Frequenz f_m, damit der Verlauf eines dynamischen Messsignals wieder hinreichend genau rekonstruiert werden kann. Für die Abtastfrequenz f_t muss also gelten $f_t > 2\ f_m$. Frequenzen, die höher als die Abtastfrequenz sind, können durch ein sog. „Antialiasing-Filter" abgeschnitten werden.

32.3.2 Analog-Digital-Umsetzer

Analog/Digital-Umsetzer (A/D-U) können nach dem Funktionsprinzip in *seriell* und *parallel* arbeitende Umsetzer eingeteilt werden. Daneben existieren verschiedene Verfahren, die mit einer Kombination beider Prinzipien oder mit Zwischengrößen arbeiten. Zeitintervalle und Frequenzen lassen sich mit einfachen Mitteln digital messen, sodass eine analoge Größe, z. B. eine elektrische Spannung zunächst in ein Zeitintervall oder in eine Frequenz umgeformt und der Wert dieser Zwischengröße über eine Impulszählung erfasst werden kann.

Serielle A/D-Umsetzer. Bei den seriellen A/D-Umsetzern werden die n Stellen eines digitalen Messsignals in n Schritten gebildet. Im einfachsten Fall ist der Wert einer zu messenden Spannung als binäres Signal anzugeben, d. h. es ist zu entscheiden, ob die Spannung größer oder kleiner als eine Vergleichsspannung ist. Bei *Inkremental-Umsetzern* wird nur ein Komparator eingesetzt und die Vergleichsspannung inkrementweise erhöht. Beim Verfahren der *sukzessiven Approximation* („Wäge-Umsetzer") wird die Referenzspannung nicht in gleichen sondern in unterschiedlich großen Stufen, $U_{ref}/2^k$ ($k = 1, 2, \ldots, n$), geändert. Diese Arbeitsweise kann mit der einer Balkenwaage verglichen werden, bei der nicht viele kleine, sondern wenige, gestaffelte Gewichtsstücke verwendet werden.

Sägezahn-, Zweirampen- (Dual Slope-) und *Spannungs-Frequenz-Umsetzer* arbeiten mit Zwischengrößen (Zeit oder Frequenz). Mit Hilfe von Integrationsverstärkern und Komparatoren wird eine Spannung integriert, bis sie einen bestimmten Wert erreicht hat. Die dazu benötigte Zeit wird mittels einer bekannten Referenzfrequenz in ein digitales Signal umgesetzt, das der zu messenden Spannung proportional ist. Da bei den integrierenden A/D-Umsetzern die Umsetzung durch zeitliche Integration der umzusetzenden Eingangsspannung erfolgt, können bei geeigneter Wahl der Integrationszeit überlagerte Störspannungen stark unterdrückt oder sogar vollständig ausgefiltert werden. Bei allen A/D-Umsetzern mit Zeit oder Frequenz als Zwischengröße sind die erreichbaren Umsetzzeiten t_u beschränkt und liegen zwischen 1 bis 20 ms. Die Messunsicherheit kann dabei aufgrund der großen Genauigkeit des Zeitnormals sehr gering gehalten werden (vier bis fünf gültige Dezimalstellen).

Parallele A/D-Umsetzer. Bei ihnen wird das Messsignal direkt mit Referenzspannungen verglichen, wobei für 2^n Quantisierungsstufen $2^n - 1$ Komparatoren erforderlich sind. Die Ausgangssignale der Komparatoren liefern eine logische Null, wenn die Eingangsspannung U_x kleiner als die entsprechende Referenzspannung U_{ri} ist. Sie liefern eine logische Eins für $U_x > U_{ri}$. Über eine Umschlüsselungslogik erfolgt die Umcodierung in den Binärcode. Wegen des hohen Schaltungsaufwands eignet sich dieses Verfahren nur für Umsetzer mit kleinen Stellenzahlen; für einen Parallelumsetzer mit 4 bis 8 Binärstellen am Ausgang werden 15 bzw. 255 Komparatoren benötigt. Die gleichzeitige Bestimmung aller Koeffizienten („flash-converter") ergibt aber sehr kurze Umsetzzeiten (t_n < 50 ns).

32.4 Rechnerunterstützte Messsignalverarbeitung

Die rechnerunterstützte Messsignalverarbeitung arbeitet mit direkt integrierten speziellen Mikrorechnern (Mikrocontrollern oder speziellen digitalen Signalprozessoren zur Signalvorverarbeitung) sowie mit externen Prozess- oder Leitrechnern, denen die Messsignale über „Bussysteme" (Datensammelschienen) zugeleitet werden [4–6]. Die integrierte digitale Messsignalvorverarbeitung kann am Beispiel der Dehnungsmessstreifentechnik (s. Abschn. 31.5.2) erläutert werden (Abb. 32.11). Die analoge Lösung (Abb. 32.11a) verwendet sechs Dehnungsmessstreifen, drei Korrekturglieder zur Kompensation der Einflussgröße Temperatur T und sieben Kalibrierelemente. Bei der digitalen rechnerunterstützten Messsignalverarbeitung (Abb. 32.11b) wird nur jeweils ein Sensor für die Messgröße und die Einflussgröße sowie ein Mikrorechner zur algorithmischen Korrektur des Effekts der Einflussgröße auf die Messgröße benötigt. Alle notwendigen Einstell- und Abgleichmaßnahmen werden hier softwaremäßig vollzogen. Die Koeffizienten zur Kalibrierung werden in einem Halbleiterspeicher abgelegt.

Die rechnerunterstützte Messsignalverarbeitung kann mit Parallelstrukturen oder Kreisstrukturen realisiert werden.

Parallelstruktur. Die Messsignale x_i mehrerer Aufnehmer oder Sensoren werden mit einem Messstellenumschalter (Multiplexer) zeitlich nacheinander in möglichst minimalem Zeitabstand abgetastet und verstärkt (Abb. 32.12). Zur Erhöhung der Arbeitsgeschwindigkeit sind dabei gegebenenfalls Abtast-Halteschaltungen (Sample and Hold, S/H) zwischenzuschalten, mit denen eine Zwischenspeicherung einzelner Signalwerte vorgenommen werden kann. Nach A/D-Umsetzung kann in einem Mikrorechner unmittelbar eine Signalvorverarbeitung vorgenommen werden oder eine Weiterleitung an einen Mikrocontroller, Prozessrechner oder Personal Computer über einen Datenbus erfolgen.

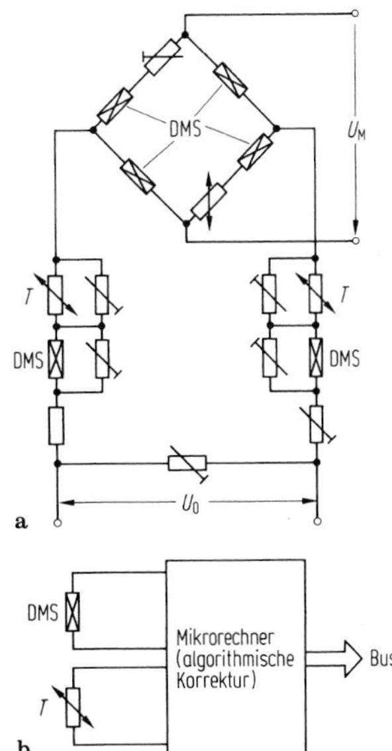

Abb. 32.11 Messsignalverarbeitung am Beispiel der Dehnungsmessstreifen-(DMS-)Technik. **a** analoge Lösung (Präzisionsschaltung) **b** digitale Lösung (Prinzip)

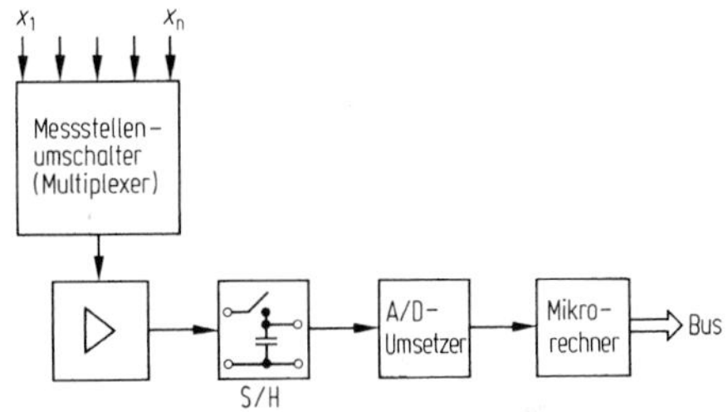

Abb. 32.12 Rechnerunterstützte Messsignalverarbeitung in Parallelstruktur

Kreisstruktur. Nach Messsignalaufnahme und Digitalisierung lässt sich durch Verwendung von Mikrorechnern und Aktoren eine Signalrückführung zur Kompensation oder Prozessregelung vornehmen (Abb. 32.13). Aktoren sind Stell- oder Regeleinheiten, die in Abhängigkeit eines elektrischen Eingangssignals ein elektrisches oder nicht-elektrisches Ausgangssignal abgeben. Beispiele sind elektromagnetische Servosysteme, elektrisch geheizte Bimetallstreifen oder elektrisch gesteuerte mikromechanische Piezokris-

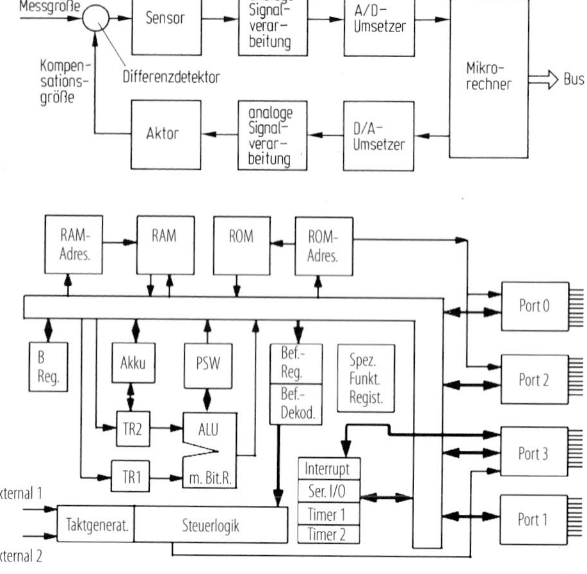

Abb. 32.13 Rechnerunterstützte Messsignalverarbeitung in Kreisstruktur

Abb. 32.14 Aufbau eines Mikrocontrollers

tall-Verstellsysteme. Die Eingangsgröße des Aktors wird dabei mit Hilfe eines Mikrorechners nachgeregelt, bis der Differenzdetektor Gleichheit von Mess- und Kompensationsgröße indiziert.

Mikrocontroller. Entgegen einem Mikrocomputer (s. Abschn. 37.3.3) enthält ein Mikrocontroller in einem Gehäuse alle notwendigen Komponenten für ein vollständiges Mikrorechnersystem (Abb. 32.14a), daher auch die Bezeichnung Einchip-Mikrocomputer. Sie sind frei programmierbar und weisen eine sehr hohe Datenverarbeitungsgeschwindigkeit auf. Digitale Signalprozessoren (DSP) sind ähnlich aufgebaut wie ein Mikrocontroller, jedoch verfügen sie in der Regel über mehrere Rechenwerke (ALU, Arithmetic-Logic Unit). Damit können komplexe mathematische Operationen, wie sie beispielsweise für die schnelle Fouriertransformation oder die Faltung benötigt werden, in einem einzigen Prozessorzyklus ausgeführt werden.

Bussystem. Moderne Messgeräte und „intelligente" Sensoren verfügen über integrierte Mikrorechner für die interne Signalverarbeitung und digitale Schnittstellen für die Außenkommunikation. Ihre Gerätefunktionen sind programmierbar. Ein autonomer Betrieb dieser in der Regel dezentral angeordneten Geräte ist möglich. Zum Datenaustausch mit einem übergeordneten Steuerrechner oder auch zwischen den einzelnen Feldgeräten wird ein Bussystem (Feldbus) benötigt, das einen schnellen und zuverlässigen Datenaustausch ermöglicht.

Prinzipiell unterscheidet man zwischen *parallelen* und *seriellen* Bussystemen:

- *Parallele Bussysteme* verfügen über eine der Busbreite entsprechende Anzahl paralleler Leitungen. Die Datenübertragung erfolgt bitparallel und wortseriell auf elektrischem Wege. Typische Vertreter für derartige Bussysteme sind Rechnerbusse (z. B. PCI, VME, VXI) mit einer Reichweite <1 m und lokale Busse (z. B. IEC-625/-IEEE-488-Bus [7]) im Nahbereich bis ca. 20 m. Die vergleichsweise hohe Datenübertragungsgeschwindigkeit (Datenrate) muss mit höheren Systemkosten (Preis/m) erkauft werden.

  Serielle Bussysteme kommen mit ein, zwei oder vier Leitungen aus. Die Daten werden bit- und wortseriell übertragen. Als Übertragungsmedium kommen sowohl Kupferleitungen als auch Lichtwellenleiter zum Einsatz. Zu den bekanntesten seriellen Bussystemen gehören der CAN- und LON-Bus sowie der Interbus und der Profibus DP. Alle gehören

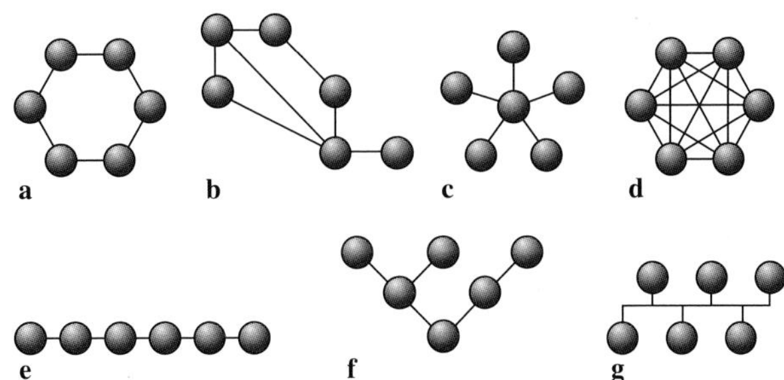

Abb. 32.15 Topologieformen. **a** Ring. **b** teilvermaschtes Netz. **c** Stern. **d** vollvermaschtes Netz. **e** Linie/Reihe. **f** Baum. **g** Bus

in die Kategorie der Feldbusse, die in der industriellen Prozesssteuerung große Bedeutung erlangt haben (s. Tab. 46.1 bzw. [8]).

Für den Aufbau eines Bussystems stehen verschiedene Topologien zur Verfügung (Abb. 32.15). Am gebräuchlichsten sind Bus-, Stern-, Ring- und Baum-Topologie. Jede Topologieform hat ihre besonderen Vor- und Nachteile, beispielsweise hinsichtlich Verfügbarkeit bei Ausfall von Busteilnehmern, zeitlichem und teilnehmerorientiertem Datenaustausch und Verbindungsaufwand. Eine ausführliche Darstellung von Bussystemen kann u. a. [9, 10]. entnommen werden.

Anhang

Tab. 32.1 Sinnbilder für Messgeräte mit Skalenanzeige und ihre Verwendung nach VDE 0410 (ältere Geräte vor 1998) und DIN EN 60051

	Drehspulmesswerk mit Dauermagnet allgemein		Drehspulmessgerät mit eingebautem Thermoumformer		Induktionsmesswerk	≈	Drehstromgerät mit zwei Messwerken
	Drehspul-Quotientenmesswerk		Gleichrichter		Induktions-Quotientenmesswerk	≈	Drehstromgerät mit drei Messwerken
	Drehmagnetmesswerk		Drehspulgerät mit eingebautem Gleichrichter		Hitzdrahtmesswerk	⊥	Senkrechte Gebrauchslage (Nennlage)
	Drehmagnet-Quotientenmesswerk		Magnetische Schirmung		Bimetallmesswerk		Waagerechte Gebrauchslage
	Dreheisenmesswerk		Elektrostatische Schirmung		Elektrostatisches Messwerk	60°	Schräge Gebrauchslage, z. B. 60°
	Elektrodynamisches Messwerk, eisenlos	—	Gleichstrom		Vibrationsmesswerk		Zeigernullstellung
	Elektrodynamisches Quotientenmesswerk, eisenlos	~	Wechselstrom		Thermoumformer, allgemein		Prüfspannungszeichen (500V)
	Elektrodynamisches Messwerk, eisengeschlossen		Gleich- und Wechselstrom		Isolierter Thermoumformer		Prüfspannung höher als 500V z. B. 2kV
	Elektrodynamisches Quotientenmesswerk, eisengeschlossen	≈	Drehstromgerät mit einem Messwerk	Beispiel: ~1,5 100/5A Dreheisenmesswerk für Wechselstrom Güteklasse 1,5 Gebrauchslage liegend, Prüfspannung 3kV, Stromwandler 100/5A			

Literatur

Spezielle Literatur

1. Bergmann, K.: Elektrische Meßtechnik: Elektrische und elektronische Verfahren, Anlagen und Systeme, 6. Aufl. Vieweg+Teubner, Braunschweig (2008)
2. Schrüfer, E., Leonhard, M.R., Bernhard, Z.: Elektrische Messtechnik: Messung elektrischer und nichtelektrischer Größen, 12. Aufl. Hanser, München (2018)
3. Wendemuth, A.: Grundlagen der digitalen Signalverarbeitung. Springer, Berlin (2005)
4. Schüßler, H.W.: Digitale Signalverarbeitung 1 – Analyse diskreter Signale und Systeme, 5. Aufl. Springer, Berlin (2008)
5. Schüßler, H.W.: Digitale Signalverarbeitung 2 – Entwurf diskreter Systeme. Springer, Berlin (2010)
6. D'Antona, G., Ferrero, A.: Digital signal processing for measurement systems. Springer, New York (2006)
7. Normenreihe IEC 60488 Higher performance protocol for the standard digital interface for programmable instrumentation. IEC, Genf (2004)
8. Normenreihe DIN EN 61158 Industrielle Kommunikationsnetze – Feldbusse. Beuth, Berlin (2015 bis 2020)
9. Reißenweber, B.: Feldbussysteme zur industriellen Kommunikation, 3. Aufl. Oldenbourg Industrieverlag, München (2009)
10. Schnell, G., Wiedemann, B.: Bussysteme in der Automatisierungs- und Prozesstechnik, 9. Aufl. Springer Vieweg, Wiesbaden (2019)

Messwertausgabe

33

Horst Czichos und Werner Daum

Jedes Messsystem hat prinzipiell die kombinierten Aufgaben der Messgrößenaufnahme, Messsignalverarbeitung und Messwertausgabe zu erfüllen (s. Abb. 30.1). Die Messgrößenaufnahme führt entweder unmittelbar zu einer Messwertdarstellung (Ausschlagmethoden, s. Abschn. 31.2.1) oder liefert elektrische Signale für eine analoge oder digitale Messwertanzeige bzw. Messwertregistrierung.

33.1 Messwertanzeige

Die Verfahren der Messwertanzeige dienen zur Darstellung von Messwerten in visuell wahrnehmbarer Form der Skalen- oder Zifferndarstellung. Beide Formen haben ihre Vorteile und Grenzen. Bei der Skalenanzeige kann der Messwert in seinen Feinheiten durch die begrenzte Auflösung nur abgeschätzt werden, während die Ziffernanzeige eindeutig ablesbar ist. Eine visuelle Betriebsüberwachung ist mit einer Skalendarstellung durch einen kurzen Blick möglich, die Zifferdarstellung erfordert ein bewusstes Lesen und Bewerten der Zahl. Bei schneller Änderung des Messwertes im Verhältnis zur Einstell- bzw. Erfassungszeit ist bei der analogen Darstellung eine mittlere Größe ablesbar, während die Ziffernanzeige keine brauchbare Information liefert.

33.1.1 Messwerke

Messwerke sind analoge elektromechanische Weg- oder Winkelanzeiger. Sie basieren auf der Kraftwirkung $\boldsymbol{F}$, die senkrecht zwischen einem Magnetfeld (Induktion $\boldsymbol{B}$) und einem stromdurchflossenen elektrischen Leiter (Ladung q) wirkt

$$\text{Lorentz-Kraft:}\quad \boldsymbol{F} = q\,\boldsymbol{v} \times \boldsymbol{B}$$

(v Geschwindigkeit der Ladung).

Drehspulmesswerke. Der zu messende Strom fließt durch eine beweglich aufgehängte Rechteckspule (Durchmesser d, Höhe h, Windungszahl n) im radialhomogenen Magnetfeld eines Dauermagneten (Abb. 33.1) und bewirkt ein Drehmoment

$$M_{\text{el}} = F_{\text{el}} d = n\,d\,h\,B I\,.$$

Das elektromagnetisch bedingte Drehmoment M_{el} wird kompensiert durch ein mechanisches Drehmoment M_{m}, das dem Drehwinkel der Spule α und der Rückstell-Drehfederkonstanten proportional ist, $M_{\text{m}} = D\alpha$. Im Gleichgewichtszustand, $M_{\text{el}} = M_{\text{m}}$, gilt

$$\alpha = \frac{n\,d\,h\,B}{D} \cdot I\,.$$

H. Czichos
Beuth Hochschule für Technik
Berlin, Deutschland

W. Daum (✉)
Dir. u. Prof. a.D. der Bundesanstalt für Materialforschung und -prüfung (BAM)
Berlin, Deutschland
E-Mail: daum.bam@t-online.de

B. Bender und D. Göhlich (Hrsg.), *Dubbel Taschenbuch für den Maschinenbau 2: Anwendungen*,
https://doi.org/10.1007/978-3-662-59713-2_33

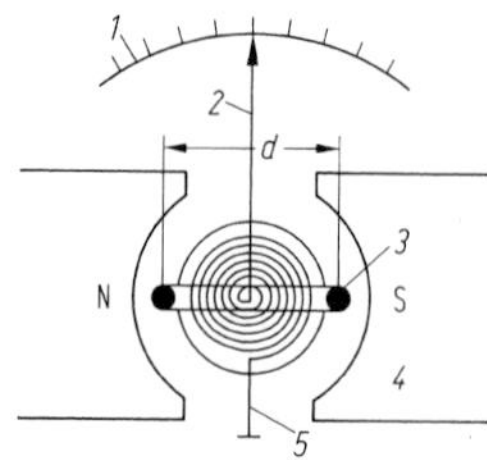

Abb. 33.1 Prinzip eines Drehspulmesswerks. *1* Skale, *2* Zeiger, *3* Spule, *4* Permanentmagnet, *5* Rückstelldrehfeder

Je nach konstruktiver Gestaltung der beweglichen und feststehenden Teile von Messwerken ergeben sich unterschiedliche Ausführungsarten und Einsatzbereiche, z. B.:

- *Drehmagnetmesswerk* mit beweglichen Dauermagneten im Magnetfeld einer oder mehrerer stromdurchflossener stationärer Spulen zur (nichtlinearen) Gleichstrommessung $\alpha = \arctan(k \cdot I)$,
- *Kreuzspulmesswerke* mit zwei zueinander gekreuzten Spulen in einem beweglichen Spulenrahmen im homogenen stationären Magnetfeld zur Bestimmung des Quotienten zweier Gleichströme $\alpha = \arctan(I_1/I_2)$ oder zur Widerstandsbestimmung,
- *Dreheisenmesswerk* mit beweglichem Eisenteil im Magnetfeld einer feststehenden stromdurchflossenen Spule zur Effektivwertmessung $\alpha = \text{const} \cdot I^2$,
- *Elektrodynamisches Messwerk* mit beweglicher Spule (Messspannung U) und feststehender Spule (Messstrom I) zur Leistungsmessung $\alpha = \text{const} \cdot UI$.

Induktionszähler. Sie dienen durch zeitliche Integration der Wirkleistung $P_\text{w}(t)$ zur Bestimmung des Energieverbrauchs von Wechselstromverbrauchern. Im Messwerk werden in einer Leichtmetallscheibe ein von Strom I und ein von der Spannung U erzeugter Fluss Φ überlagert. Durch Wirbelströme entsteht ein Drehmoment M_el, das der Netzfrequenz f, den Flüssen Φ_u und Φ_s und dem Sinus des Phasenwinkels proportional ist

$$M_\text{el} = \text{const}\ f \Phi_u \Phi_s \sin(\Phi_u,\ \Phi_s)\ .$$

Dieses bewirkt zusammen mit einem Dämpfungsmagneten eine leistungsproportionale Winkelgeschwindigkeit ω, deren zeitliches Integral über ein Zählwerk eine Umdrehungszahl N ergibt, die dem elektrischen Energieverbrauch proportional ist

$$N = \text{const} \int_{t_1}^{t_2} \omega(t)\text{d}t = \text{const} \int_{t_1}^{t_2} P_\omega(t)\text{d}t\ .$$

33.1.2 Digitalvoltmeter, Digitalmultimeter

Digitalvoltmeter sind im Prinzip mit einer Ziffernanzeigeeinrichtung kombinierte Analog-Digital-Umsetzer (z. B. Zweirampenverfahren). Am Eingang ist häufig ein Filter vorgesehen, durch das eine über den Integrationsprozess des Zweirampenverfahrens hinausgehende zusätzliche Störsignalunterdrückung erreicht werden kann. Neben der Anzeigeeinheit besitzen Digitalvoltmeter auch eine BCD-Ausgabe des Messergebnisses sowie eine Vornullenunterdrückung zur Dunkelsteuerung aller Nullanzeigen vor der höchsten signifikanten Ziffer. Die Anzeigegenauigkeit ist i. Allg. höher als bei der analogen Anzeige mit Zeigerinstrumenten; sie beträgt bestenfalls ± 1 Einheit der letzten Digitalstelle. Unter Berücksichtigung eventuell nichtidealer Eigenschaften des Verstärkers liegt die relative Messabweichung bei etwa 0,5 % des Messbereichs für einfache Instrumente und bei 10^{-4} bis 10^{-5} für Präzisionsgeräte.

Digitalmultimeter enthalten außer Gleichspannungsmessbereichen verschiedene andere, durch Umschalter wählbare Messmöglichkeiten, z. B. Gleichstrom- und Widerstandsmessbereich sowie Messbereiche für Wechselspannung und Wechselstrom. Die Wechselspannungen werden durch Präzisionsgleichrichter oder Effektivwertumformer in Gleichspannungen umgeformt. Die Messgenauigkeit der Wechselgrößenbereiche bleibt – insbesondere bei steigender Frequenz – hinter der Genauigkeit der Gleichgrößenbereiche zurück.

33.1.3 Oszilloskope

Elektronenstrahl-Oszilloskope gestatten die Darstellung des zeitlichen Verlaufs von Signalen mit Frequenzen bis in den GHz-Bereich auf einem Leuchtschirm (Abb. 33.2). In einer Elektronenstrahlröhre werden von einer Kathode Elektronen emittiert, zur Anode hin beschleunigt (Beschleunigungsspannung einige keV) und über eine Steuerelektrode (Wehneltzylinder zur Hell-Dunkel-Steuerung) auf einem fluoreszierenden Bildschirm in Form eines Leuchtpunkts bzw. einer Leuchtspur sichtbar gemacht. Durch elektrostatische Ablenkplatten in y-Richtung (Messsignal $y(t)$) und x-Richtung (Sägezahn-Zeitablenkung $x(t)$) wird der Elektronenstrahl ausgelenkt, sodass sich durch passende Auslegung des Zeitablenkungsgenerators $x(t)$ (Triggerung) ein stehendes Schirmbild ergibt.

Typische Kenndaten eines Oszilloskops: Messspannung 10 µV bis 10 mV/cm Auslenkung, obere Grenzfrequenz 1 bis 500 MHz, Eingangswiderstand 1 MΩ, Eingangskapazität 10 pF. Die gleichzeitige Darstellung mehrerer Messgrößen kann bei Verwendung einer Röhre durch einen Umschalter („Chopper-Betrieb") oder durch echte Zwei- oder Mehrstrahlgeräte erzielt werden.

Speicheroszilloskope arbeiten entweder mit speziellen Speicherröhren, die eine Bildspeicherung bis zu mehreren Stunden zulassen oder sind als digitale Speicheroszilloskope ausgelegt. Bei digitalen Speicheroszilloskopen wird das Messsignal $y(t)$ in regelmäßigen Abständen abgetastet, in einen Zahlenwert umgewandelt und in einen elektrischen Speicher eingeschrieben. Für die anschließende Darstellung werden die gespeicherten Werte fortlaufend abgefragt und über einen Digital-Analog-(D/A-)Umsetzer wieder in eine analoge periodische Spannung zurückverwandelt. Hauptgesichtspunkte bei der Auswahl eines digitalen Speicheroszilloskopen sind: Abtastfrequenz, typisch sind bis zu 1 GHz ($\Delta t = 1$ ns); Auflösung des A/D-Umsetzers, normalerweise 8 oder 10 bit (entsprechend $2^8 = 256$ oder $2^{10} = 1024$ diskreten Amplitudenwerten über den ganzen Messbereich); Kanalanzahl; Speichertiefe, die angibt, wie viele Werte n in Einheiten von 1 K ($n = 1024$) abgespeichert werden können.

33.2 Messwertregistrierung

Mit Methoden der Messwertregistrierung erfolgt eine Aufzeichnung von Messdaten in analoger oder digitaler Form.

33.2.1 Schreiber

Messschreiber sind schreibende Messgeräte, die den zeitlichen Verlauf des Messwertes direkt in ein Liniendiagramm auf Papierbahnen oder anderen Medien (typ. Aufzeichnungssysteme sind z. B. Papier/Tintenstift, Metallfolie/Brennelektrode, Thermopapier/Heizstift, Wachspapier/Ritzstift, Papier/Flüssigkeitsstrahl, Photopapier/Lichtstrahl) aufzeichnen. Man unterscheidet zwischen Linien- und Punktschreibern. Ein Linienschreiber schreibt einen Messwertverlauf kontinuierlich als Funktion der Zeit auf. Bei Punktschreibern befindet sich der Zeiger in kleinem Abstand frei über dem Papier. In bestimmten Zeitabständen wird dieser durch einen Elektromagneten oder durch ein mechanisch angetriebenes Uhrwerk auf ein Farbband gedrückt. Durch das Farbband stempelt eine punktförmige Erhöhung auf dem Zeiger einen Punkt auf das Papier. Durch Verwendung mehrfarbiger Farbbänder, die im gleichen Takt umgeschaltet werden wie die verschiedenen Messeingänge, kann man mehrere Kurven quasi gleichzeitig aufzeichnen. In Abhängigkeit vom Schreibsystem und den beim Aufzeichnungsvorgang zu bewegenden Massen ergeben sich unterschiedliche Grenzfrequenzen der möglichen Signalaufzeichnung [1].

Klassische Messschreiber werden zunehmend durch digitale Bildschirmschreiber ersetzt. Die-

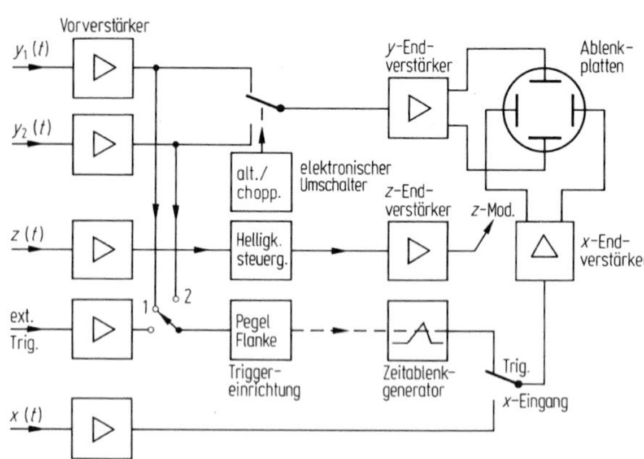

Abb. 33.2 Blockschaltbild eines Elektronenstrahl-Oszillographen in Standardausführung

se ermöglichen die papierlose Aufzeichnung und Darstellung von analogen sowie digitalen Messdaten. Die Messwertanzeige erfolgt über einen Bildschirm in Form von Linien oder Punktfolgen, als Bargraph, als Digitalwert, als Klartextinformation bis hin zu nutzerspezifischen Prozesssymbolen. Die Messwertregistrierung erfolgt meist im Bildschirmschreiber selbst in digitaler Form. Bedient werden die Schreiber entweder über Tasten die frontseitig angebracht sind, über einen berührungsempfindlichen Bildschirm oder über eine digitale Schnittstelle. Als Speichermedium zur Sicherung der Daten werden z. B. USB-Massenspeicher oder auch CompactFlash (CF)-Karten eingesetzt. Über digitale Schnittstellen können die Daten in regelmäßigen Intervallen durch einen Rechner ausgelesen, ausgewertet und in einem Archiv gespeichert werden. Gegenüber den klassischen Schreibern zeichnen sich digitale Bildschirmschreiber aus durch eine wesentlich höhere Flexibilität und Modularität, größere Zahl von Eingangskanälen und vereinfachte Langzeit-Messwertarchivierung.

33.2.2 Drucker

Drucker gehören zu den häufig genutzten Geräten für die Ausgabe von Messergebnissen. Sie werden als interner Spezialdrucker im Messgerät selbst oder als externer Drucker über eine entsprechende Schnittstelle (z. B. Centronics, IEEE-488, V.24/RS 232 C, USB) angeschlossen. Die Ausgabe der Messergebnisse kann sowohl in Form von Ziffernsymbolen (bei erweiterter Ausstattung auch als Ziffern, Buchstaben und Sonderzeichen) als auch in Form von skalierten Kurvenzügen erfolgen. Je nach konstruktiver Ausbildung des Druckersystems werden unterschieden:

Matrixdrucker, die ein alphanumerisches Zeichen (oder auch punktförmige Linienzüge) softwaregesteuert aus Teilpunkten zusammensetzen. Je nach verwendeter Drucktechnologie unterscheidet man zwischen Nadel-, Tintenstrahl- und Thermodruckern.

Laserdrucker, die mittels einer sogenannten Xerox-Trommel das Druckbild übertragen. Dazu wird zunächst die Trommel elektrisch aufgeladen und mittels eines Laserstrahls oder auch einer LED-Zeile partiell entsprechend dem zu erzeugenden Druckbild entladen. Das dann anschließend aufgetragene Farbpulver (Toner) bleibt nur an den entsprechenden Stellen haften. Nach der Übertragung auf das Papier wird der Toner thermisch fixiert.

33.2.3 Messwertspeicherung

Messwerte, die als analoge oder digitale elektrische Signale am Ausgang einer Messkette vorliegen, können auf verschiedenen Speichermedien auf magnetischer Basis (z. B. Magnetband, Festplatte, Diskette), optischer Basis (CD, DVD) oder auf Halbleiterbasis (z. B. Speicherkarte, USB- oder SSD-Massenspeicher) zwischen- oder langzeitgespeichert und anschließend mit Schreibern oder Druckern ausgegeben werden.

Transientenrecorder. Hierbei handelt es sich um Geräte zur Messwertspeicherung und -analyse, die mit sehr hohen Abtastraten und hohen Speichertiefen arbeiten können. Daher eignen sie sich sehr gut für Messwertaufzeichnungen bei sehr schnell ablaufenden Vorgängen (z. B. Crashversuche, Hochgeschwindigkeitsmaterialbearbeitung). Der aufzuzeichnende Zeitraum kann durch gezielte Triggerung auf ein bestimmtes Ereignis eingegrenzt werden. In Verbindung mit einem Oszilloskop oder einem Schreiber zur universellen Messwertangabe eingesetzt werden. In einem Transientenrecorder werden über schnelle Analog-Digital-Umsetzer die interessierenden Signalverläufe mit Abtastfrequenzen im MHz-Bereich abgetastet, digitalisiert und in einen 8- oder 10stelligen Schieberegisterspeicher bitparallel eingeschrieben. Beim Erreichen der Speicherkapazität (i. Allg. 2^{10} Speicherplätze, entsprechend 1024 Datenwerten) werden die zuerst eingespeicherten Datenwerte ersetzt. Ein Triggersignal stoppt beim Auftreten eines bestimmten Ereignisses und nach Ablauf einer weiteren, einstellbaren Verzögerungszeit das Einspeichern weiterer Werte in den Speicher. Mit einem variablen Auslesetakt kann der Transientenspeicher repetierend abgefragt werden. Mit einer erhöhten Taktfrequenz ist es auf diese Weise möglich, langsame Vorgänge flimmerfrei auf einem nichtspeichernden Oszillographen darzustellen oder sehr schnelle Vorgänge mit hoher Auflösung auf einem einfachen Schreiber, z. B. einem Kompensationsschreiber aufzuzeichnen.

Datenlogger. Aufgabe dieser Geräte ist es, Messwerte (z. B. Temperatur, Beschleunigung, elektrische Spannung) über längere Zeiträume autark zu erfassen und aufzuzeichnen. Ein Datenlogger besteht aus einem programmierbaren Mikrocontroller, einem Speichermedium, Schnittstellen und ein oder mehreren Kanälen zum Anschluss von Sensoren bzw. direkt integrierten Sensoren. Datenlogger besitzen meist eine eigene Energieversorgung (z. B. in Form einer Batterie oder eines Akkus). Über den Sensor werden die Messdaten erfasst. Durch einen Analog-Digital-Umwandler werden diese Daten dann digitalisiert und auf dem Speichermedium (meist ein Halbleiterspeicher) gespeichert. Die erfassten Daten werden über die Schnittstellen (serielle Schnittstelle, USB, LAN, Bluetooth o. ä.) ausgelesen und mit geeigneter Software ausgewertet. Über diese Schnittstellen kann ein Datenlogger auch für seinen Einsatz konfiguriert und parametrisiert (z. B. Start- und Endzeit der Messung, Messintervalle usw.) werden.

Literatur

Spezielle Literatur

1. Normenreihe DIN EN 60873 Elektrische und pneumatische analoge Streifenschreiber zum Einsatz in Systemen industrieller Prozessleittechnik. Beuth, Berlin (Mai 2004)

Literatur zu Teil VI Messtechnik und Sensorik

Bücher

Becker, W.J., Bonfig, K.-W., Höing, K.: Handbuch Elektrische Messtechnik, 2. Aufl. Hüthig, Heidelberg (2000)

Bernhard, F.: Technische Temperaturmessung. Springer, Berlin Heidelberg (2004)

Caspary, W., Wichmann, K.: Auswertung von Messdaten. Oldenbourg, München (2007)

Czichos, H., Saito, T., Smith, L. (Hrsg.): Springer Handbook of Materials Measurement Methods. Springer, Berlin (2006)

Czichos, H. (Hrsg.): Handbook of Technical Diagnostics. Springer, Berlin (2013)

Curtis, M., Farago, F.T. : Handbook of dimensional measurement. 5. Aufl. Industrial Press, South Norwalk (2013)

Brinkmann, B.: Internationales Wörterbuch der Metrologie, 4. Aufl. Beuth, Berlin (2012)

Doebelin, E.: Measurement Systems: Application and Design, 5. Aufl. McGraw-Hill Science, New York (2003)

Fraden, J.: Handbook of Modern Sensors: Physics, Designs, and Applications, 5. Aufl. Springer, New York (2016)

Gevatter, H.-J., Grünhaupt, U. (Hrsg.): Handbuch der Meß- und Automatisierungstechnik in der Produktion, 2. Aufl. Springer, Berlin (2006)

Grabe, M.: Measurement Uncertainties in Science and Technology, 2. Aufl. Springer, Berlin (2014)

Gründler, P.: Chemische Sensoren. Springer, Berlin (2004)

Hesse, S., Schnell, G.: Sensoren für die Prozess- und Fabrikautomation, 6. Aufl. Springer Vieweg, Wiesbaden (2014)

Hoffmann, J.: Taschenbuch der Meßtechnik, 7. Aufl. Carl Hanser, Leipzig (2015)

Lerch, R.: Elektrische Messtechnik, 7. Aufl. Springer, Berlin (2016)

Pfeifer, T., Schmitt, R.: Fertigungsmeßtechnik, 3. Aufl. Oldenbourg, München (2011)

Profos, P., Pfeifer, T.: Handbuch der industriellen Messtechnik. Oldenbourg, München (2002)

Puente León, F.: Messtechnik – Grundlagen, Methoden und Anwendungen. 11. Aufl. Springer Vieweg, Wiesbaden (2019)

Sharpe, W.N. Jr.: Springer Handbook of Experimental Solid Mechanics. Springer, NewYork (2008)

Tabor, D.: The hardness of metals. Clarendon Press, Oxford (2000)

Tränkler, H.-R.: Meßtechnik. In: HÜTTE – Das Ingenieurwissen, 34. Aufl. Springer, Berlin (2012)

Tränkler, H.-R., Reindl, L.M.: Sensortechnik. 2. Aufl. Springer Vieweg, Wiesbaden (2014)

Teil VII
Regelungstechnik und Mechatronik

Regelungstechnik ist eine Ingenieurswissenschaft, die die gezielte Einstellung ausgewählter Prozessgrößen durch Aktoren auf der Basis einer sensorischen Rückführung beinhaltet. Damit wird es möglich, dass Zustandsgrößen in einem System auch unter dem Einfluss veränderbarer Umweltbedingungen einem gewünschten Sollwert folgen. Durch das Zusammenwirken mechanischer, elektrischer und elektronischer Komponenten lässt sich die Leistungsfähigkeit technischer Systeme erheblich steigern. Die interdisziplinäre Kopplung der Systeme untereinander ist unabdingbar, um komplexe Funktionen erfüllen zu können. Dies erfordert jedoch in Entwurf und Ausführung eine Anpassung der Funktionen einzelner Komponenten und Baugruppen sowie eine ganzheitliche und disziplinübergreifende Denkweise. Da herkömmliche Entwurfsmethoden solchen Anforderungen nur teilweise gerecht werden, entstand mit der „Mechatronik" ein neues Gebiet der Ingenieurwissenschaften. Der Begriff Mechatronik beinhaltet die wesentlichen Teilgebiete dieser Disziplin: Mechanik, Elektronik und Informatik. Um die geforderten Aufgaben erfüllen zu können, müssen die Zustandsgrößen mechatronischer Systeme zunehmend geregelt werden. Hierfür ist zunächst eine sensorische Erfassung dieser Größen notwendig. Die erfassten Ausgangsgrößen werden mit den Führungsgrößen verglichen, wobei Prozessoren in Abhängigkeit von den auftretenden Abweichungen die nötigen Stellgrößen von Aktoren berechnen, welche das Systemverhalten gezielt beeinflussen. Aufgrund der zunehmenden Verbindung dieser Domänen werden sie in Teil VII „Regelungstechnik und Mechatronik" mit einer einheitlichen Nomenklatur zusammengefasst. Kap. 34 beschreibt die Grundlagen und Begriffe der Regelungstechnik. In Kap. 35 werden die Modellierungsansätze für Regelstrecken und mechatronischer Teilsysteme sowie das statische und dynamische Systemverhalten behandelt. In Kap. 36 werden zunächst die grundlegenden Elemente des Regelkreises beschrieben und anschließend wird gezielt auf den PID-Regler, den linearen Regelkreis sowie die Auslegung von Reglern eingegangen. Zudem werden spezielle Formen der Regelung vorgestellt.

Aufbauend auf den regelungstechnischen Grundlagen wird in Kap. 37 auf mögliche Modellbildungsansätze, den Entwurf und die wesentlichen Komponenten eines mechatronischen Systems eingegangen. Die mechatronische Vorgehensweise berücksichtigt schon im Entwicklungsprozess technischer

Produkte das interdisziplinäre Zusammenwirken der Baugruppen sowie ihre Wechselwirkung im Prozess, sodass mechanische und elektronische Systeme – verknüpft durch Kontrollalgorithmen – eine funktionelle Einheit bilden. Abschließend werden beispielhaft regelungstechnische Anwendungen in mechatronischen Systemen beschrieben.

34 Grundlagen

Michael Bongards, Dietmar Göhlich und Rainer Scheuring

Ein technischer Regelvorgang beeinflusst gezielt physikalische, chemische oder andere Größen in technischen Systemen, die als Regelgrößen einer vorgegebenen zeitlichen Änderung folgen oder die beim Einwirken von Störungen einen konstanten Wert behalten sollen. Um diese Ziele zu erreichen, wirkt im Regelkreis ein Regler oder ein Regelalgorithmus auf eine Regelstrecke.

Funktionelle Darstellungsweise: Die Regelungstechnik ist eine Grundlagenwissenschaft, die im Maschinenbau und in der Verfahrenstechnik in ganz unterschiedlicher Weise zur Anwendung kommt. Deshalb wird bei der einführenden Betrachtung von der konkreten technischen Realisierung Abstand genommen und statt dessen eine funktionsbezogene Darstellung gewählt, die am Beispiel des Systems mit Verzögerung verdeutlicht wird (Abb. 34.1).

Beispiel

In einem elektrisch beheizten Ofen (Abb. 34.1a) wird zu einem beliebigen Zeitpunkt die Heizleistung P_{el} sprunghaft auf einen höheren Wert gestellt; ab diesem Zeitpunkt beginnt die Temperatur T im Ofen zu steigen und nähert sich stetig einem neuen stationären Wert an. An die Reihenschaltung eines elektrischen Kondensators C und eines Widerstandes R (Abb. 34.1b) wird eine Eingangsspannung U_e angelegt; daraufhin fließt ein Strom, und der Kondensator beginnt sich aufzuladen. Ein kleinerer Elektromotor (Abb. 34.1c) wird eingeschaltet; seine Drehzahl n beginnt infolge der Massenträgheit nach einer bestimmten Funktion zu steigen. In einen Behälter mit einer pneumatischen Kapazität (Abb. 34.1d) wird über ein dünnes Zuleitungsrohr, das einen Strömungswiderstand darstellt, Gas gefüllt; die zeitbezogene Druckerhöhung besitzt einen bestimmten Verlauf. In den vier genannten sowie in vielen weiteren Fällen ergibt sich eine charakteristische Zeitfunktion (Abb. 34.2). Man kann deshalb vom konkreten Einzelfall absehen und statt dessen von einem Übertragungsglied oder System sprechen, das ein bestimmtes funktionelles Verhalten aufweist. ◄

M. Bongards (✉)
Technische Hochschule Köln
Köln, Deutschland
E-Mail: michael.bongards@th-koeln.de

D. Göhlich
Fachgebiet Methoden der Produktentwicklung und Mechatronik, Fakultät Verkehrs und Maschinensysteme, Technische Universität Berlin
Berlin, Deutschland
E-Mail: dietmar.goehlich@tu-berlin.de

R. Scheuring
Technische Hochschule Köln
Köln, Deutschland
E-Mail: rainer.scheuring@th-koeln.de

B. Bender und D. Göhlich (Hrsg.), *Dubbel Taschenbuch für den Maschinenbau 2: Anwendungen*,
https://doi.org/10.1007/978-3-662-59713-2_34

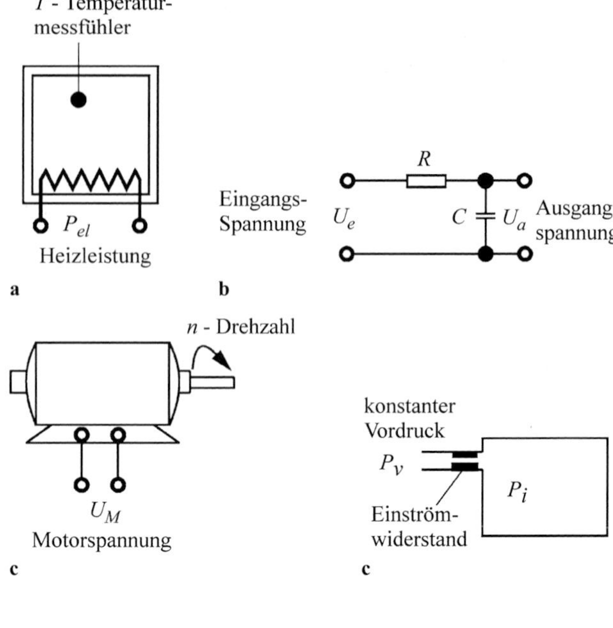

Abb. 34.1 Beispiele für Systeme mit Verzögerungsverhalten. **a** Elektrisch beheizter Laborofen; **b** Widerstands-Kondensator-Schaltung; **c** Elektromotor; **d** Druckbehälter

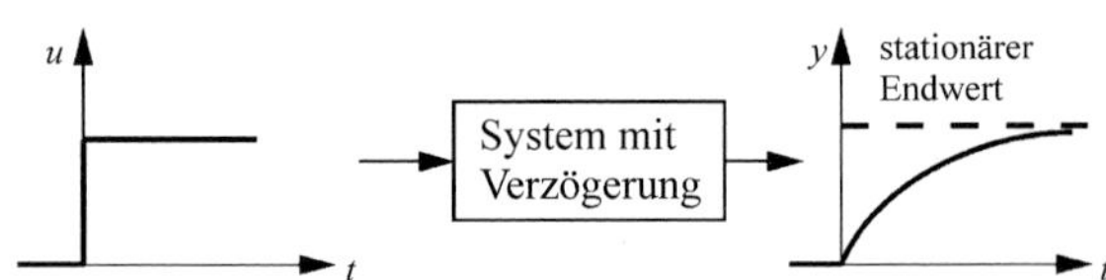

Abb. 34.2 Zeitverlauf der Ausgangsgröße $y(t)$ eines Systems mit Verzögerung nach sprunghafter Änderung der Eingangsgröße $u(t)$

34.1 Begriffe

System: Ein System ist eine Anordnung von (in der Regel gegenständlichen) Gebilden, die in einem betrachteten Zusammenhang als gegeben gilt. Diese Anordnung besitzt gegenüber ihrer Umwelt eine Hüllfläche als Abgrenzung. Das System steht über Verbindungen, die durch die Hüllfläche geschnitten werden, in Kontakt zu seiner Umgebung. Durch die Verbindungen werden Eigenschaften und deren Beziehungen untereinander (in Regelungs- und Steuerungssystemen spricht man von Wirkungen) übertragen, die das dem System eigene Verhalten beschreiben.

Unter Größen versteht man in der Regelungs- und Steuerungstechnik zeitveränderliche Eingangs- und Ausgangsgrößen von Systemen, wobei die folgenden Signaltypen unterschieden werden (Abb. 34.3) [1, 2]:

- Stellgrößen $u(t)$ sind Eingangssignale, die von einem Automatisierungssystem oder einem menschlichen Operator genutzt werden können, um das Systemverhalten gezielt zu beeinflussen.
- Störgrößen $d(t)$ sind Signale, über die die Umgebung auf das System einwirkt. Diese Signale können möglicherweise gemessen werden, sie lassen sich aber nicht beeinflussen.
- Zustandsgrößen $x(t)$ stellen innere Signale des Systems dar und repräsentieren in der Regel Masse- und Energiespeicher des Systems.
- Ausgangsgrößen $y(t)$ sind häufig messbare Signale, über die das System auf die Umgebung einwirkt und mit deren Hilfe sich das System beobachten lässt.

Der (momentane) Wert einer Größe wird als Produkt aus Zahlenwert und Einheit angegeben.

Der Zustand eines Systems ist durch die Werte aller Zustandsgrößen $x_1(t), x_2(t), \ldots, x_n(t)$ zum Zeitpunkt t bestimmt und wird im Zustandsvektor

$$\boldsymbol{x}(t) = \begin{pmatrix} x_1(t) \\ x_2(t) \\ \vdots \\ x_n(t) \end{pmatrix} \tag{34.1}$$

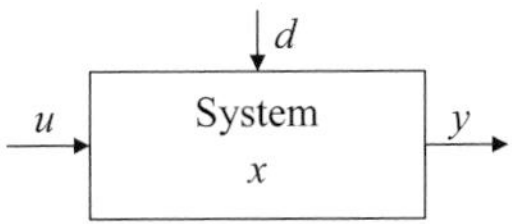

Abb. 34.3 System mit Eingangs- und Ausgangsgrößen

dargestellt. Bei Kenntnis des Systemzustands $\boldsymbol{x}(t)$ zu einem Zeitpunkt t_0 und der zeitlichen Verläufe aller Eingangsgrößen kann das Systemverhalten für den Zeitraum $t > t_0$ vorhergesagt werden.

Wenn mehrere Stell-, Stör- oder Ausgangsgrößen vorhanden sind, dann werden sie in den Vektoren $\boldsymbol{u}(t)$, $\boldsymbol{d}(t)$ und $\boldsymbol{y}(t)$ zusammengefasst:

$$\boldsymbol{u}(t) = \begin{pmatrix} u_1(t) \\ u_2(t) \\ \vdots \\ u_m(t) \end{pmatrix}, \boldsymbol{d}(t) = \begin{pmatrix} d_1(t) \\ d_2(t) \\ \vdots \\ d_o(t) \end{pmatrix},$$
$$\boldsymbol{y}(t) = \begin{pmatrix} y_1(t) \\ y_2(t) \\ \vdots \\ y_p(t) \end{pmatrix}. \tag{34.2}$$

Rückwirkungsfreiheit besagt, dass keine Wirkung von den Ausgangsgrößen auf das System und vom System auf die Eingangsgrößen ausgeht. Bei technischen Systemen ist diese Annahme im Allgemeinen in ausreichender Näherung erfüllt.

Ein *Prozess* ist ein (technischer) Vorgang oder die Gesamtheit von aufeinander einwirkenden Vorgängen in einem System. Dabei wird Materie, Energie oder auch Information umgeformt, transportiert oder gespeichert.

Wirkungsplan: Der Wirkungsplan stellt die Wirkungen in einem System sinnbildlich dar. Dazu werden Elemente verwendet, die in Abb. 34.4 dargestellt sind. Die Wirkungsrichtung wird durch einen Pfeil markiert (Abb. 34.4a); für vektorielle Größen sind Doppellinien üblich. Der Block (Abb. 34.4b) ist ein System oder Gebilde mit einer (oder mehreren) unabhängigen (verursachenden) und einer abhängigen (beeinflussten) Größe; der funktionale Zusammenhang der Größen wird innerhalb des Rechtecks eingetragen. Die Additionsstelle (Abb. 34.4c) bildet die algebraische Summe der zuführenden Größen und bildet diese auf die wegführende Größe ab; zugehörige Vorzeichen stehen in Pfeilrichtung rechts neben der Wirkungslinie. Bei der Verzweigung (Abb. 34.4d) wird eine zugeführte Größe unverändert zweifach weggeführt.

Regelung: Beim Vorgang der Regelung, der sich in einem Regelkreis vollzieht (Abb. 34.5), wird fortlaufend die Regelgröße y als abhängige Größe mit einer vorgegebenen Größe w verglichen und selbsttätig im Sinne der Angleichung an diese Führungsgröße w beeinflusst. Entstandene Abweichungen haben ihre Ursache entweder in der Wirkung einer Störgröße d oder in der Änderung der Führungsgröße w.

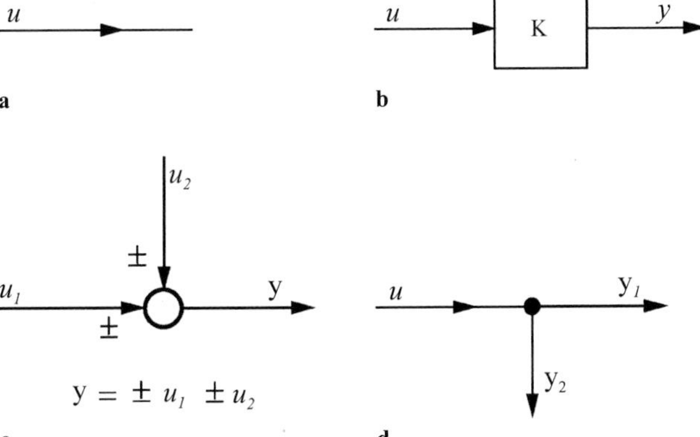

Abb. 34.4 Elemente des Wirkungsplanes. **a** Wirkungslinie; **b** Block; **c** Additionsstelle; **d** Verzweigung

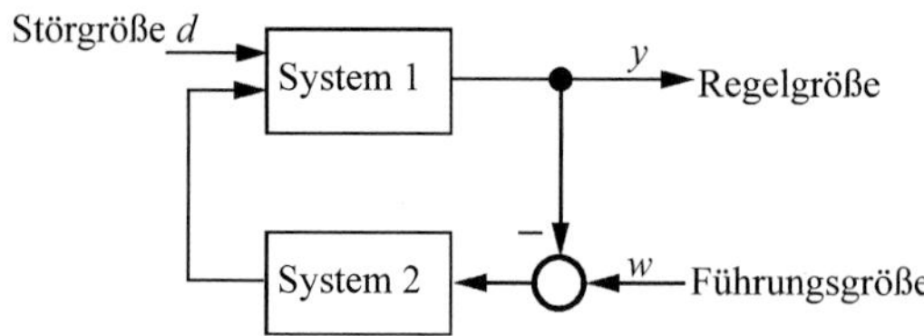

Abb. 34.5 Schema eines Regelkreises

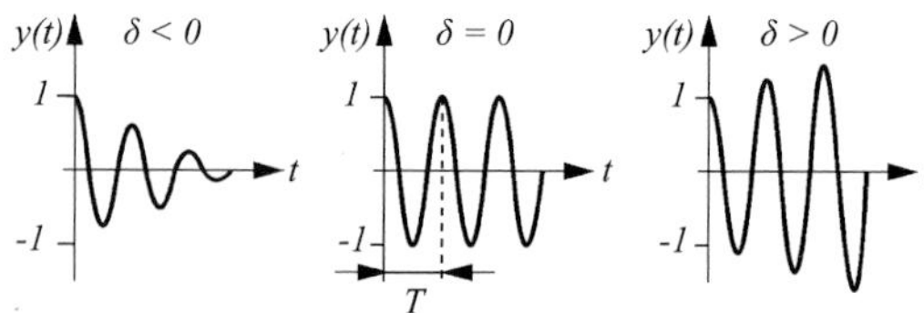

Abb. 34.6 Zeitverlauf der Funktion $y(t) = e^{\delta t} \cos \omega t$

Beispiel

Temperaturkonstanthaltung im Haushaltskühlschrank. In den Kühlschrank ist zur Messung der im Innenraum herrschenden Temperatur ein (Flüssigkeitsausdehnungs-) Thermometer eingebaut. Das gewonnene Signal der Temperatur wird mit dem einer (einstellbaren) Führungsgröße verglichen; eine zu hohe Temperatur bewirkt über einen (Zweipunkt-) Regler das selbsttätige Einschalten des Kühlaggregates, und zwar so lange bis der gewünschte Wert wieder erreicht ist. ◀

34.2 Differentialgleichung und Übertragungsfunktion

Die mathematische Beschreibung des dynamischen Verhaltens eines linearen Übertragungsgliedes mit einer Eingangs- und einer Ausgangsgröße führt im Zeitbereich zu einer gewöhnlichen Differentialgleichung. Der allgemeine Ansatz lautet, wenn statt $y(t)$ und $u(t)$ verkürzt y und u geschrieben wird,

$$\begin{aligned} & a_p y^{(p)} + \cdots + a_2 \ddot{y} + a_1 \dot{y} + a_0 y \\ &= b_m u^{(m)} + \cdots + b_2 \ddot{u} + b_1 \dot{u} + b_0 u \end{aligned} \quad (34.3)$$

mit den konstanten Koeffizienten a_i $(i = 0, 1, \ldots, p)$ und b_j $(j = 0, 1, \ldots, m)$.

Beispiel

Für ein Verzögerungsglied erster Ordnung ergibt sich

$$T\dot{y}(t) + y(t) = u(t) \, . \quad (34.4)$$

Darin ist T die Verzögerungszeit. Der Koeffizientenvergleich mit Gl. (34.3) ergibt $a_1 = T$ und $a_0 = b_0 = 1$, alle anderen Koeffizienten sind Null. ◀

Eine andere und der Differentialgleichung gleichwertige mathematische Darstellungsform des dynamischen Verhaltens linearer zeitinvarianter Systeme ist die Übertragungsfunktion $G(s)$ mit der komplexen Bild- oder Frequenzvariablen

$$s = \delta + j\omega \, . \quad (34.5)$$

Die Definition der Übertragungsfunktion basiert auf der Laplace-Transformation. Der Zusammenhang zwischen einer Zeitfunktion $y(t)$ und ihrer zugehörigen Bildfunktion $Y(s)$, die als Laplace-Transformierte bezeichnet wird, ist für nichtnegative Zeiten $(t > 0)$ definiert durch das Integral

$$Y(s) = \mathcal{L}\{y(t)\} = \int_0^\infty e^{-st} y(t) dt \, , \quad (34.6)$$

sofern es für den betrachteten Wert von s konvergiert. Der Frequenzcharakter der Bildvariablen s wird deutlich, wenn man die Exponentialfunktion betrachtet. δ bezeichnet den Realteil und $j\omega$ den Imaginärteil der Bildvariablen s, wobei das Imaginärzeichen mit j besetzt ist $(j = \sqrt{-1})$.

Die Exponentialfunktion kann folgendermaßen umgeformt werden

$$\begin{aligned} e^{st} &= e^{(\delta + j\omega)t} = e^{\delta t} e^{j\omega t} \\ &= e^{\delta t} (\cos \omega t + j \sin \omega t) \, . \end{aligned} \quad (34.7)$$

Betrachtet man in der Klammer nur den Realteil, so stellt sich eine harmonische Kosinusschwingung der Kreisfrequenz ω dar, die in Abhängigkeit des Vorzeichens von δ auf oder abklingt. Abb. 34.6 zeigt diese beiden Möglichkeiten sowie den dazwischen liegenden Fall der ungedämpften Schwingung für $\delta = 0$.

Beispiel

Das Verzögerungsglied aus Gl. (34.4) besitzt die Übertragungsfunktion

$$G(s) = \frac{1}{Ts + 1}. \quad \blacktriangleleft \tag{34.8}$$

Literatur

1. Lunze, J.: Automatisierungstechnik: Methoden für die Überwachung und Steuerung kontinuierlicher und ereignisdiskreter Systeme. De Gruyter, Berlin (2016)
2. Williams II, R.L., Lawrence, D.A.: Linear State-Space Control Systems. John Wiley & Sons, Hoboken, New Jersey (2007)

Modellierung

35

Rainer Scheuring, Dietmar Göhlich, Michael Bongards und Helmut Reinhardt

Ausgangspunkt der Entwicklung mechatronischer und geregelter Systeme ist die Erfassung der physikalischen (realen) Struktur eines Systems sowie die analytische Beschreibung seines statischen und dynamischen Verhaltens anhand eines geeigneten mathematischen Modells. Bei genauer Kenntnis der Funktion einzelner Komponenten eines Systems sowie des Prozesses kann die Modellbildung auf rein theoretischer Basis erfolgen. Häufig ist es jedoch notwendig, experimentelle Daten zur Modellbildung mit einzubeziehen. Dies kann z. B. bei Komponenten und Subsystemen erforderlich sein, deren Verhalten sich nicht analytisch beschreiben lässt. Bei der experimentellen Modellbildung (Identifikation) werden Kennwerte oder Übertragungsfunktionen ermittelt, mit dem Ziel einfache Parameterbeschreibungen von Eingangs-Ausgangs-Abhängigkeiten des Gesamtsystems oder von Teilsystemen zu erhalten [1, 2]. Die Beschreibung des Gesamtprozesses geschieht auf der Basis von Block- und Flussdiagrammen [3]. Kritisches Verhalten lässt sich durch Computersimulation betrachten.

R. Scheuring
Technische Hochschule Köln
Köln, Deutschland
E-Mail: rainer.scheuring@th-koeln.de

D. Göhlich (✉)
Fachgebiet Methoden der Produktentwicklung und Mechatronik, Fakultät Verkehrs und Maschinensysteme, Technische Universität Berlin
Berlin, Deutschland
E-Mail: dietmar.goehlich@tu-berlin.de

M. Bongards
Technische Hochschule Köln
Köln, Deutschland
E-Mail: michael.bongards@th-koeln.de

H. Reinhardt (✉)
Fachhochschule Köln
Köln, Deutschland

35.1 White-Box-Modellierung

Häufig lässt sich das Systemverhalten mit ausreichender Genauigkeit durch ein mathematisches Modell beschreiben, welches die Beziehung zwischen den Ein- und Ausgangsgrößen eines Systems herstellt. Der zeitliche Ablauf des Geschehens, d. h. die Dynamik eines Prozesses, wird anhand von Differenzialgleichungen dargestellt, die sich beispielsweise aus physikalischen Gesetzen herleiten lassen. Bei mechatronischen Systemen liegt meist ein Gemisch von Gleichungen aus unterschiedlichen Disziplinen vor, z. B. aus der Mechanik und der Elektrotechnik. Will man die Funktion des Gesamtsystems analysieren, ist es erforderlich, die mathematischen Teildarstellungen zu einem Gesamtmodell zu verknüpfen.

Beispiel

Man betrachte hierzu das Beispiel eines Lineardirektantriebs (Abb. 35.1a), bei dem ein zylindrischer Permanentmagnet (PM) in einem ferromagnetischen Hüllrohr, das als Rückflussjoch dient, reibungsfrei gleitet. Aus dem linken Polschuh tritt radialsymmetrisch der magnetische Fluss $\Phi = BA$ des PM (B: magnetische Induktion, A: Polschuhfläche) aus

B. Bender und D. Göhlich (Hrsg.), *Dubbel Taschenbuch für den Maschinenbau 2: Anwendungen*,
https://doi.org/10.1007/978-3-662-59713-2_35

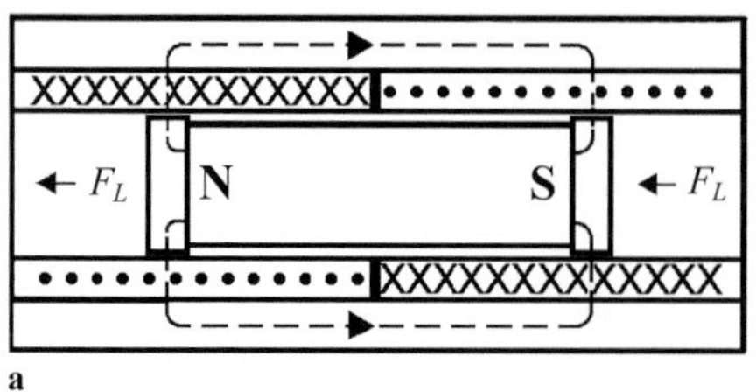

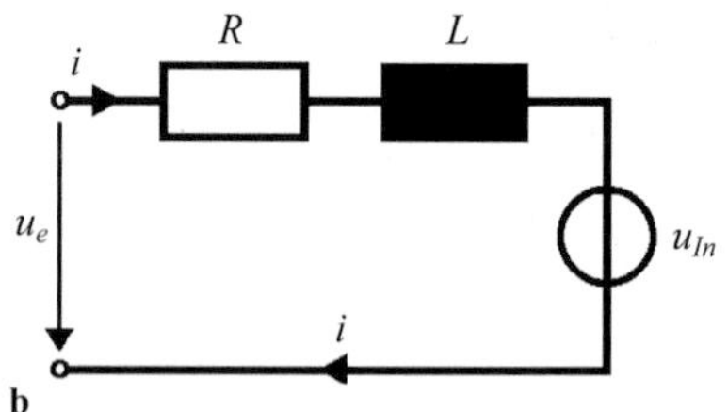

Abb. 35.1 **a** Schema des PM-Direktantriebs, der Fluss aus den Polschuhen kreuzt N vom Strom $i(t)$ durchflossene Spulenwindungen und erzeugt die Lorentzkraft F_L; **b** Die Eingangsspannung u_e treibt den Strom $i(t)$ durch die Spule. Bei der Bewegung des Magneten entsteht die Induktionsspannung u_{In}

und kreuzt senkrecht N Windungen der linken Spulenhälfte. Der Fluss schließt sich über das Rückflussjoch (Hüllrohr), kreuzt N Windungen der rechten Spulenhälfte und tritt in den rechten Polschuh ein. Die gegenläufig gewickelte Spule wird von dem Strom $i(t)$ durchflossen (•: Strom aus Bildebene, x: Strom in Bildebene), so dass der Fluss $\Phi = BA$ an beiden Polschuhen die Lorentzkraft F_L erzeugt, welche den PM beschleunigt. Jede der N Spulenwindungen hat eine Länge von $l = D_{\text{Spule}}\pi$. Für die Lorentzkraft folgt daraus: $F_L = 2BNli(t)$. Wirkt überall die gleiche magnetische Induktion B und durchsetzt der magnetische Fluss Φ an jeder Stelle die gleiche Anzahl von Windungen N, so lässt sich dieser Ausdruck vereinfachen: $F_L = ki$. ◄

Das elektrische Ersatzschaltbild des Linearmotors (Abb. 35.1b) zeigt die an der Spule liegende Spannung u_e, welche den Strom $i(t)$ durch den Ohm'schen Widerstand R und die Induktivität L der Spule treibt. Eine zeitliche Änderung des Stroms $i(t)$ erzeugt an der Induktivität L den Spannungsabfall $u_i = L\mathrm{d}i/\mathrm{d}t$. Durch die Bewegung des PM mit der Geschwindigkeit $v(t)$ entsteht die Induktionsspannung u_{In}, welche der Eingangsspannung u_e entgegen gerichtet ist: $u_{In} = 2BNlv(t)$, so dass mit den obigen Annahmen auch hier die Vereinfachung $u_{In} = kv(t)$ gilt. Bei konstanter Eingangsspannung u_e wird der PM in diesem Modell so lange durch die Lorentzkraft beschleunigt, bis die induzierte Spannung u_{In} die Eingangsspannung u_e erreicht. Der PM bewegt sich dann mit gleichförmiger Geschwindigkeit. Aus der Darstellung in Abb. 35.1 lässt sich mit der Bewegungsgleichung des Magneten (Masse m) und der Maschengleichung folgende Beziehung für die Geschwindigkeit des Magneten v_a ableiten:

Bewegungsgleichung:

$$m\frac{\mathrm{d}v_a}{\mathrm{d}t} = ki \tag{35.1}$$

Maschengleichung:

$$u_e = Ri + L\frac{\mathrm{d}i}{\mathrm{d}t} + kv_a \tag{35.2}$$

Systembeschreibung im Frequenzbereich: Um die Abhängigkeit der Ausgangsgröße Geschwindigkeit v_a von der Eingangsgröße Versorgungsspannung u_e in einem geschlossenen Ausdruck darzustellen, unterzieht man beide Gleichungen einer Laplace-Transformation [1] und erhält mit den Anfangsbedingungen $v_a(t = 0) = 0$ sowie $i(t = 0) = 0$ die obigen Gleichungen im Frequenz- oder Bildbereich (große Buchstaben):

Bewegungsgleichung:

$$smV_a(s) = kI(s) \tag{35.3}$$

Maschengleichung:

$$U_e(s) = (R + sL)I(s) + kV_a(s) \tag{35.4}$$

Durch Elimination der Variablen Strom $I(s)$ folgt:

$$V_a(s) = \frac{1}{k(\frac{mL}{k^2}s^2 + \frac{Rm}{k^2}s + 1)}U_e(s) \tag{35.5}$$

mit der Übertragungsfunktion

$$G(s) = \frac{V_a(s)}{U_e(s)} = \frac{1}{k(\frac{mL}{k^2}s^2 + \frac{Rm}{k^2}s + 1)}. \tag{35.6}$$

Mit der elektrischen Zeitkonstante $T_{el} = L/R$ und der mechanischen Zeitkonstante $T_m = Rm/k^2$ lässt sich der Nenner schreiben: $k(T_m T_{el} s^2 + T_m s + 1)$. Meist gilt: $T_{el} \ll T_m$, so dass der quadratische Term in s vernachlässigbar ist. Die Übertragungsfunktion vereinfacht sich zu:

$$G(s) = \frac{1}{k(T_m s + 1)}. \tag{35.7}$$

Legt man zur Zeit $t=0$ einen Spannungssprung $u_e = u_0\sigma(t)$ an der Spule an [1], folgt mit der Laplace-Transformation dieses Ausdrucks $\mathcal{L}\{u_e(t)\} = U_e(s) = \frac{u_0}{s}$ sowie die Geschwindigkeit im Bildbereich:

$$V_a(s) = G(s)U_e(s) = \frac{1}{k(T_m s + 1)} \frac{u_0}{s} \tag{35.8}$$

mit der Umformung:

$$V_a(s) = \frac{\frac{1}{T_m}}{s(s + \frac{1}{T_m})} \frac{u_0}{k}. \tag{35.9}$$

Durch Vergleich mit einer Korrespondenztabelle lässt sich die Umkehrtransformation angeben [1]:

$$\mathcal{L}^{-1}\{V_a(s)\} = (1 - e^{-t/T_m})v_0, \tag{35.10}$$

wobei $v_0 = u_0/k$ für die Endgeschwindigkeit des PM bei $t \to \infty$ steht.

Der Nutzen der Übertragungsfunktion $G(s)$ liegt darin, dass sich damit Untersuchungen zum dynamischen Verhalten eines Systems durchführen lassen [1]. Dies ist insbesondere bei einem System mit Regeleinrichtung wichtig, da sich je nach der Parametereinstellung eines Reglers bei Änderungen des Sollwerts oder auch bei Störungen ein instabiles Verhalten des gesamten Kreises ergeben kann. Außer der Stabilität des Regelkreises interessiert aber auch, wie schnell und wie genau das System einen vorgegebenen Sollwert erreicht. Ein Nachteil der Systemmodellierung mit der Übertragungsfunktion besteht darin, dass nur die Beziehung zwischen Eingangs- und Ausgangsvariablen betrachtet wird. Daher ist es nützlich, ein dynamisches System genauer anhand einzelner Funktionsblöcke zu analysieren, da sich damit die gegenseitige Verknüpfung der inneren

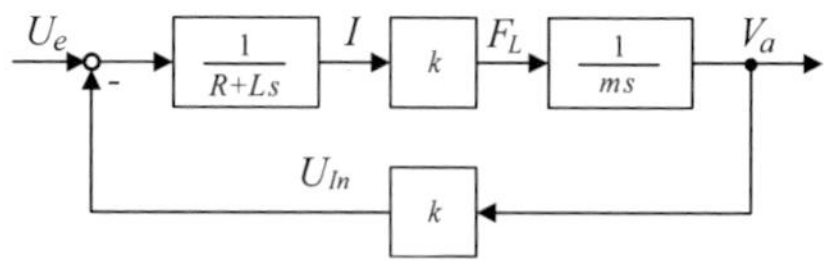

Abb. 35.2 Blockschaltbild zur Beschreibung der Funktion des PM-Linearmotors im Frequenzbereich

Variablen und ihre funktionale Beziehung besser beurteilen lässt. Beispielsweise wurde im obigen Beispiel der Strom $i(t)$ eliminiert, obwohl er für die Erzeugung der Lorentzkraft die entscheidende Größe darstellt.

Die Zusammenstellung der Funktionseinheiten zu einem Blockschaltbild (Signalflussplan) stellt die Verarbeitung und Übertragung von Signalen anhand von Übertragungsgliedern dar, wobei eine eindeutige Wirkungsrichtung durch Pfeile festgelegt ist. Als Beispiel zeigt Abb. 35.2 den Signalflussplan für den Linearmotor im Bildbereich. Die Teilfunktionen aus der Mechanik und der Elektrotechnik sind hier zusammengeführt, so dass die Wirkung des Gesamtsystems deutlich wird: Die an der Spule wirkende Eingangsspannung U_e vermindert sich bei einer Bewegung des Magneten mit der Geschwindigkeit V_a um die induzierte Spannung U_{In}. Dies zeigt die Kopplung der mechanischen Größe V_a mit der elektrischen Größe U_{In}. Die Differenzspannung $U_e - U_{In}$ führt zum Strom I in den Spulenwindungen. Durch dessen Wechselwirkung mit der magnetischen Induktion B entsteht die Lorentzkraft F_L. Sie beschleunigt die träge Masse m auf die Geschwindigkeit V_a. Anmerkung: Analysiert man die Funktion eines Gleichstrommotors mit permanentmagnetischem Läufer, so erhält man durch Vertauschen folgender Variablen die gleichen Beziehungen wie beim Linearmotor: Masse $m \to$ Trägheitsmoment J, Lineargeschwindigkeit $v_a \to$ Winkelgeschwindigkeit ω_a.

Zustandsraumdarstellung [1, 2, 3]: Im vorigen Abschnitt wurde gezeigt, wie man zwei gekoppelte Differenzialgleichungen im Zeitbereich durch Laplace-Transformation in den Frequenzbereich und damit in ein gewöhnliches Gleichungssystem überführen kann, welches sich im Bildbereich algebraisch lösen lässt. Die gerätetechnische Umsetzung erfordert jedoch, dass der algebraische Ausdruck aus dem Bildbereich wieder in den Zeitbereich zurück transformiert wird.

Dagegen bleibt man mit der Zustandsraumdarstellung eines Systems im Zeitbereich. Nimmt man das obige Beispiel, handelt es sich um die Umstellung einer Gleichung, wobei die Geschwindigkeit $v_a(t)$ und der Strom $i(t)$ als Zustandsgrößen betrachtet werden. Allgemein wählt man die Zustandsvariablen gemäß der im System vorhandenen Energiespeicher, da sich der Energiegehalt eines dynamischen Systems aus dem Zustand der vorhandenen Energiespeicher ergibt. Bei Bewegungsvorgängen dienen Lage- und Geschwindigkeitskoordinaten als Variable. Sind elektrische Energiespeicher, d. h. Induktivitäten und Kapazitäten vorhanden, werden Ströme und Spannungen benutzt. Stellt man die zwei Gleichungssysteme aus dem vorherigen Abschnitt nach der jeweils höchsten Ableitung um, so folgt:

Bewegungsgleichung:

$$\frac{\mathrm{d}v_a}{\mathrm{d}t} = \frac{k}{m} i(t) \tag{35.11}$$

Maschengleichung:

$$\frac{\mathrm{d}i}{\mathrm{d}t} = -\frac{k}{L} v_a(t) - \frac{R}{L} i(t) - \frac{1}{L} u_e(t) \tag{35.12}$$

Damit liegt ein System von zwei Differenzialgleichungen 1. Ordnung vor. Eingangsgröße ist die Spannung u_e. Zustandsgrößen sind die Geschwindigkeit des Läufers v_a und der Strom i. Wird dieses Gleichungssystem in Matrizenschreibweise dargestellt, erhält man:

$$\begin{pmatrix} \frac{\mathrm{d}v_a}{\mathrm{d}t} \\ \frac{\mathrm{d}i}{\mathrm{d}t} \end{pmatrix} = \begin{pmatrix} \frac{k}{m} & 0 \\ \frac{-k}{L} & \frac{-R}{L} \end{pmatrix} \cdot \begin{pmatrix} v_a(t) \\ i(t) \end{pmatrix} + \begin{pmatrix} 0 \\ \frac{-1}{L} \end{pmatrix} u_e(t)\,. \tag{35.13}$$

Oder in Vektoren und Matrizen-Schreibweise:

$$\dot{\boldsymbol{x}}(t) = \boldsymbol{A}\boldsymbol{x}(t) + \boldsymbol{b}u_e \tag{35.14}$$

mit

$$\dot{\boldsymbol{x}}(t) = \begin{pmatrix} \frac{\mathrm{d}v_a}{\mathrm{d}t} \\ \frac{\mathrm{d}i}{\mathrm{d}t} \end{pmatrix} \tag{35.15}$$

$$\boldsymbol{x}(t) = \begin{pmatrix} v_a(t) \\ i(t) \end{pmatrix} \tag{35.16}$$

$$\boldsymbol{A} = \begin{pmatrix} \frac{k}{m} & 0 \\ \frac{-k}{L} & \frac{-R}{L} \end{pmatrix} \tag{35.17}$$

$$\boldsymbol{b} = \begin{pmatrix} 0 \\ \frac{-1}{L} \end{pmatrix}. \tag{35.18}$$

Die Anfangsbedingungen werden entsprechend dem vorigen Abschnitt gewählt:

$$\boldsymbol{x}(t=0) = \begin{pmatrix} 0 \\ 0 \end{pmatrix}. \tag{35.19}$$

Die Ausgangsgröße $v_a(t)$, die gleich der Zustandsgröße $v_a(t)$ ist, erhält man aus dieser Darstellung mit:

$$v_a(t) = \boldsymbol{c}^T \boldsymbol{x}(t) \quad \text{mit } \boldsymbol{c}^T = (1\ 0)\,. \tag{35.20}$$

Im vorliegenden Fall haben wir ein System mit nur einer Eingangs- und einer Ausgangsvariablen (Eingrößensystem). Mit der Zustandsraumdarstellung lassen sich jedoch auch Mehrgrößensysteme behandeln. Weiterhin ist die Zustandsraumbeschreibung auf nichtlineare und zeitvariante Systeme (mindestens ein Matrixelement der Matrix $\boldsymbol{A}$ ist zeitabhängig) anwendbar, was im Frequenzbereich kaum möglich ist [1, 2, 4].

Bei einem Mehrgrößensystem gibt es mehrere Eingangsvariablen, die sich im Spaltenvektor $\boldsymbol{u}(t)$ zusammenfassen lassen. Gleichermaßen können mehrere Ausgangsvariablen auftreten, die im Spaltenvektor $\boldsymbol{y}(t)$ auftreten. Die obige Gleichung 35.14 ist dann folgendermaßen zu erweitern:

$$\dot{\boldsymbol{x}} = \boldsymbol{A}\boldsymbol{x}(t) + \boldsymbol{B}\boldsymbol{u}(t) \tag{35.21}$$

mit dem Anfangswertvektor

$$\boldsymbol{x}(t=0) = \boldsymbol{x}_0 \tag{35.22}$$

$$\boldsymbol{y}(t) = \boldsymbol{C}\boldsymbol{x}(t) + \boldsymbol{D}\boldsymbol{u}(t)\,. \tag{35.23}$$

Diese Gleichungen lassen sich in einem Vektor-Matrix Signalflussbild gemäß Abb. 35.3 darstellen. Zur Benennung und Bedeutung der Matrizen sei auf [1, 2, 4] verwiesen. Aufgrund der Verfügbarkeit leistungsfähiger Computer ergänzt

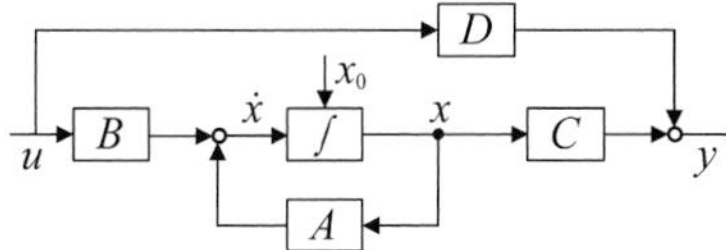

Abb. 35.3 Vektor-Matrix Signalflussplan zur Zustandsbeschreibung eines linearen Systems

die Zustandsraumdarstellung seit den 60iger Jahren die Systemdarstellung im Frequenzbereich. Da dabei auch „innere" Variablen des Systems betrachtet werden, lassen sich bessere Einblicke in das Systemverhalten erzielen. Dies ist u. a. für die Regelung eines Systems von Interesse. Mit den heute verfügbaren Programmen (z. B. [5, 6 , 7]) lassen sich numerische und häufig auch analytische Lösungen für die obigen Gleichungssysteme finden.

35.2 Black-Box-Modellierung

Im Gegensatz zur White-Box-Modellierung (Abschn. 35.1) wird bei der Black-Box-Modellierung davon ausgegangen, dass der innere Aufbau und die innere Funktionsweise des zu modellierenden Systems nicht bekannt oder nicht erforderlich sind. Bei der Black-Box-Modellierung wird nur das Eingangs-Ausgangs-Verhalten des Systems berücksichtigt. Das System wird mit Testsignalen angeregt, auf die das System mit Ausgangssignalen reagiert. Daraus werden eher einfache mathematische Modelle, oft in Form von Übergangsfunktionen, abgeleitet, die zwar keinen tieferen Einblick in das Innere des Systems ermöglichen, aber für regelungstechnische Zwecke meist hinreichend genau sind.

35.2.1 Sprungantwort und Übergangsfunktion

Bei Untersuchungen im Zeitbereich werden aperiodische Testsignale verwendet; typische Vertreter sind die Einheits-Sprungfunktion $\sigma(t)$, die Impulsfunktion $\delta(t)$ und die Anstiegs- oder Rampenfunktion $u_r(t)$ (Abb. 35.4). Der als Reaktion auf das Testsignal eintretende zeitliche Verlauf des Ausgangssignales wird als das Zeitverhalten

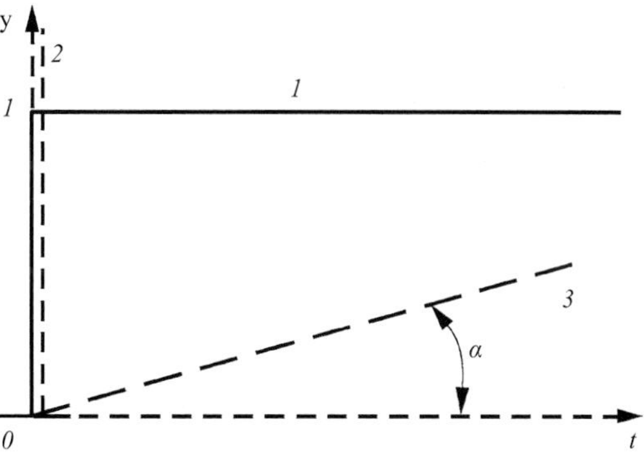

Abb. 35.4 Aperiodische Testsignale. *1* Einheits-Sprungfunktion $\sigma(t)$, *2* Impulsfunktion $\delta(t)$, *3* Anstiegs- oder Rampenfunktion $u_r(t)$

des Übertragungsgliedes bezeichnet. Aufgrund ihrer besonderen Anschaulichkeit wird im Folgenden die Sprungfunktion verwendet.

Die Sprungantwort ist der zeitliche Verlauf des Ausgangssignals $y(t)$ eines Systems oder Übertragungsgliedes als Reaktion auf die sprungförmige Veränderung seines Eingangssignals $u(t)$. Abb. 35.5 veranschaulicht den Zusammenhang zwischen diesen beiden Zeitfunktionen, wobei als Beispiel wiederum das Verzögerungsglied gewählt wird. Im Beharrungszustand nimmt das Ausgangssignal den Wert $y(t = \infty)$ an. Somit ergibt sich der Übertragungsfaktor K zu

$$K = \frac{y(\infty)}{u_0}. \tag{35.24}$$

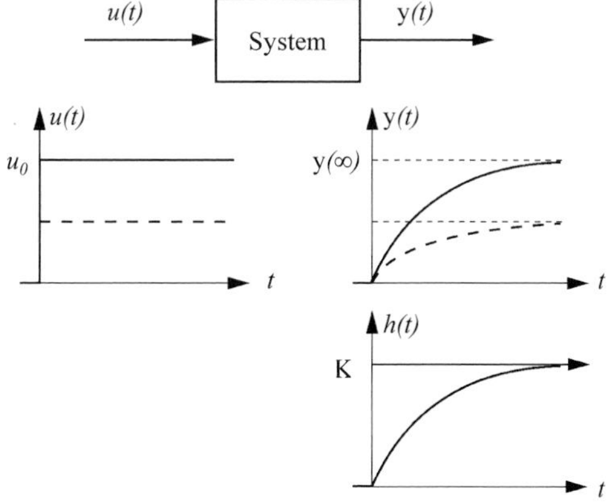

Abb. 35.5 Sprungantwort und Übergangsfunktion eines Übertragungsgliedes

Da der Übertragungsfaktor K voraussetzungsgemäß konstant ist, führen nach dem hier geltenden Überlagerungs- bzw. Superpositionsgesetz andere Werte der Eingangssprunghöhe u_0 zu proportional anderen Beharrungswerten $y(\infty)$ des Ausgangssignals. Als Beispiel entsprechen die in Abb. 35.5 gestrichelten Linien etwa den halben Werten gegenüber den durchgezogenen Linien. Beliebig viele Sprunghöhen führen zu ebenso vielen Sprungantworten. Für die sprunghöhenunabhängige Beschreibung des Übertragungsverhaltens ist dagegen die Übergangsfunktion $h(t)$ geeignet. Sie ist als die normierte (bezogene) Sprungantwort definiert und ergibt sich als Quotient aus der Sprungantwort und der Sprunghöhe des Eingangssignals

$$h(t) = \frac{y(t)}{u_0}\,. \tag{35.25}$$

Die Übergangsfunktion führt entsprechend ihrer Definition für jedes Übertragungsglied nur zu einem charakteristischen Zeitverhalten und ist deshalb als eindeutige Funktion zu dessen Beschreibung geeignet. Sie ist im unteren Teil von Abb. 35.5 dargestellt. Für $t = \infty$ besitzt sie den Wert $h(\infty) = K$. Wenn als Eingangszeitfunktion die Einheits-Sprungfunktion $\sigma(t)$ (Sprunghöhe =1) verwendet wird, erhält man als Sonderfall für $h(t) = y(t)$ sofort die Übergangsfunktion.

Hinweis: Der statische Übertragungsfaktor ist in der Regel nicht dimensionslos und besitzt ebensowenig den Wert „1“. Es gilt

$$[K] = [h(t)] = \frac{[y(t)]}{[u_0]}\,. \tag{35.26}$$

Beispiel

Der Übertragungsfaktor K eines elektrisch beheizten Ofens besitzt die Dimension

$$[K]_{\text{Ofen}} = \frac{[T]}{[P_{el}]} = \frac{K}{W}\,. \quad ◄ \tag{35.27}$$

35.2.2 Frequenzgang, Ortskurve und Bode-Diagramm

Zur Untersuchung im Frequenzbereich werden periodische Testsignale eingesetzt, und zwar vorzugsweise in Gestalt der Kosinusfunktion $cos(\omega t)$; als Ergebnis erhält man das Frequenzverhalten bzw. den Frequenzgang.

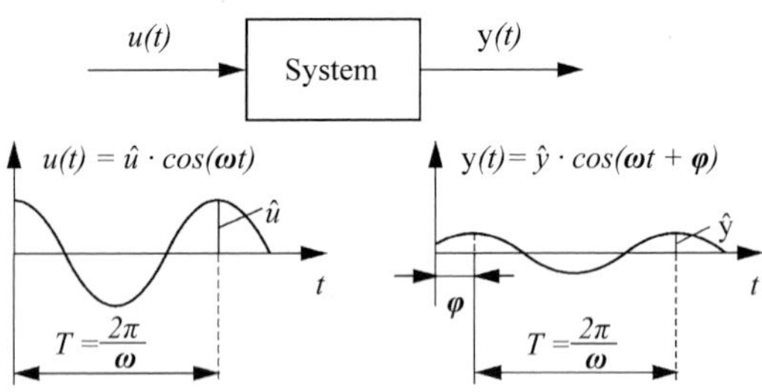

Abb. 35.6 Prinzip der Frequenzgangmessung

Betrachtet wird wieder ein Element mit einer Eingangs- und einer Ausgangsgröße (Abb. 35.6). Dem Eingang wird ein Kosinussignal $u(t)$ mit der Amplitude $\hat{u}$ und der Kreisfrequenz ω zugeführt. Am Ausgang erscheint daraufhin (im stationären Zustand) ein harmonisches Signal gleicher Frequenz, das sich von dem am Eingang durch eine geänderte Amplitude $\hat{y}$ und eine Phasenverschiebung φ unterscheidet.

Der Frequenzgang $G(j\omega)$ ist als eine komplexe Funktion definiert

$$G(j\omega) = Re(\omega) + j\,Im(\omega)\,. \tag{35.28}$$

Zweckmäßiger ist jedoch die Trennung in den Betrags- und in den Phasenteil

$$G(j\omega) = A(\omega)\,e^{j\varphi(\omega)}\,. \tag{35.29}$$

Darin ist $\varphi(\omega)$ unmittelbar die frequenzabhängige Phasendifferenz zwischen dem Ausgangs- und dem Eingangssignal. Der Zusammenhang zwischen $A(\omega)$ als Betrag von $G(j\omega)$ und den Zeitfunktionen $u(t) = \hat{u}\ cos(\omega t)$ am Eingang bzw. $y(t) = \hat{y}(\omega)\ cos[\omega t + \varphi(\omega)]$ am Ausgang ergibt sich zu:

$$\begin{aligned} A(\omega) &= \frac{\hat{y}(\omega)}{\hat{u}} = |G(j\omega)| \\ &= \sqrt{Re^2(\omega) + Im^2(\omega)}\,. \end{aligned} \tag{35.30}$$

Für $\varphi(\omega)$ gilt

$$\varphi(\omega) = \arg G(j\omega) = \arctan\frac{Im(\omega)}{Re(\omega)}\,. \tag{35.31}$$

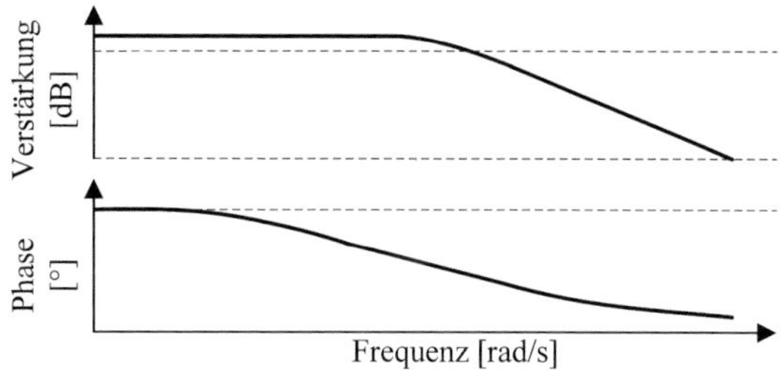

Abb. 35.7 Bode-Diagramm des Verzögerungsgliedes

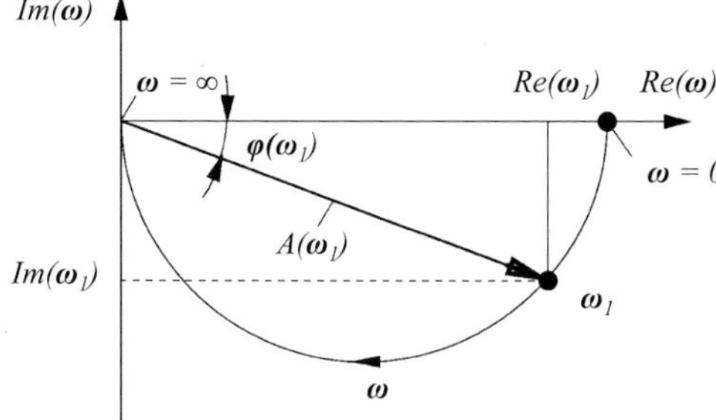

Abb. 35.8 Ortskurve des Verzögerungsgliedes

Man bezeichnet den Betrag $A(\omega)$, der das frequenzabhängige Verhältnis der beiden Amplituden ausdrückt, als den Amplitudenfrequenzgang oder kurz als Amplitudengang. Entsprechend wird die frequenzabhängige Phasendifferenz $\varphi(\omega)$ Phasenfrequenzgang oder Phasengang genannt.

Der Amplituden- und der Phasengang können graphisch dargestellt werden. Einerseits kann dies getrennt geschehen, wobei die beiden frequenzabhängigen Verläufe gemeinsam als Frequenzkennlinien oder bei Verwendung logarithmischer Maßstäbe als Bode-Diagramm bezeichnet werden (Abb. 35.7). Andererseits können beide Komponenten des Frequenzganges in seiner komplexen Ebene aufgetragen werden. Die entstehende graphische Abbildung wird Ortskurve des Frequenzganges genannt. Abb. 35.8 zeigt eine Ortskurvendarstellung.

35.3 Zusammenhang Frequenzbereich – Zustandsraum

Durch Anwendung der Laplace-Transformation auf die Gln. (35.21) und (35.23) erhält man unter der Randbedingung $\boldsymbol{x}(t = 0) = \boldsymbol{0}$ die Beziehung

$$Y(s) = \left[C\,(sI - A)^{-1}\,B + D\right] U(s)\,, \quad (35.32)$$

aus der direkt der Zusammenhang

$$G(s) = \left[C\,(sI - A)^{-1}\,B + D\right] \quad (35.33)$$

zwischen Zustandsraum und Frequenzbereich folgt. Im Mehrgrößenfall mit m-Eingangs- und p-Ausgangssignalen repräsentiert $G(s)$ eine $p \times m$-Matrix rationaler Funktionen in s.

Die Annahme $\boldsymbol{x}(t = 0) = \boldsymbol{0}$ wird bei der Laplace-Transformation häufig verwendet und ist dadurch gerechtfertigt, dass bei stabilen Systemen der Einfluss der Anfangswerte asymptotisch gegen Null geht.

35.4 Statisches Systemverhalten

Das statische Verhalten von Systemen oder Übertragungsgliedern lässt sich durch eine Kennlinie dargestellen und bezieht sich auf den Zusammenhang zwischen der Ausgangs- und der Eingangsgröße im Beharrungszustand. Der Zusatz „im Beharrungszustand" (= stationärer Zustand) bedeutet, dass das dynamische Verhalten bzw. der sich als Zeitfunktion vollziehende Übergangsprozess von einem zum anderen stationären Zustand nicht beachtet wird. In der jeweiligen Ruhelage gehört zu jedem festen Wert der Eingangsgröße ein fester Wert der Ausgangsgröße. Der mathematische Zusammenhang lautet

$$y = f(u)\,. \quad (35.34)$$

Für die nachfolgenden Erläuterungen wird von einem System oder Übertragungsglied mit einer Eingangsgröße $u(t)$ und einer Ausgangsgröße $y(t)$ ausgegangen.

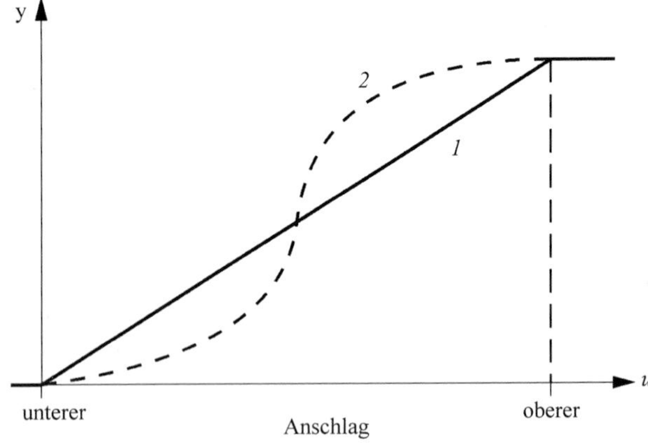

Abb. 35.9 Öffnungskennlinien eines Ventils. *u* Ventilhub, *y* Öffnungsquerschnitt, *1* linearer Verlauf, *2* nichtlinearer Verlauf

35.4.1 Lineare Kennlinie

Abb. 35.9 zeigt am Beispiel der Öffnung eines Rohrleitungsventiles je eine lineare (1) und eine nichtlineare Kennlinie (2). Der nichtlineare Verlauf ist qualitativ nachvollziehbar, wenn man sich die hubabhängige Öffnung des Ventils in einer runden Rohrleitung vorstellt. Bei dieser Überlegung erkennt man auch, dass dagegen die mit dem Hub linear verlaufende Änderung des offenen Ventilquerschnittes praktisch nur schwer erreichbar sein wird. In vielen Fällen ist es jedoch mit hinreichender Genauigkeit bzw. innerhalb eines definierten Gültigkeitsbereiches möglich, eine nichtlineare Kennlinie als näherungsweise linear zu betrachten. Diese als Linearisierung bezeichnete Vorgehensweise führt zu vereinfachten mathematischen Ansätzen und wird auch für die nachfolgende Beschreibung des dynamischen Verhaltens von Übertragungsgliedern als vereinfachende Annahme zugrundegelegt.

35.4.2 Nichtlinearitäten

Da nichtlineare Zusammenhänge im Weiteren zunächst nicht berücksichtigt werden, sollen hier einige Beispiele gezeigt werden. Abb. 35.10 zeigt mit a und b zwei typische Nichtlinearitäten, die bei zahlreichen Maschinen sowie Anlagen anzutreffen sind. Der Automatisierungstechniker hat sie demzufolge – falls sie nicht durch konstruktive Maßnahmen beseitigt werden können – beim Entwurf der Steuerung bzw. Regelung zu berücksichtigen. Aber auch seitens der Regelungstechnik kommen nichtlineare Übertragungsglieder zum Einsatz. Dazu zählt das Übertragungsglied mit Zweipunktverhalten (Abb. 35.10c), das als Schalter oder Zweipunktregler (s. Abschn. 36.4.3) bekannt ist; oftmals ist ein zusätzlicher Hystereseanteil vorhanden (Abb. 35.10d). Die zahlreichen Anwendungen des Übertragungsgliedes mit Dreipunktverhalten (Abb. 35.10e) als Regler oder Stellglied basieren

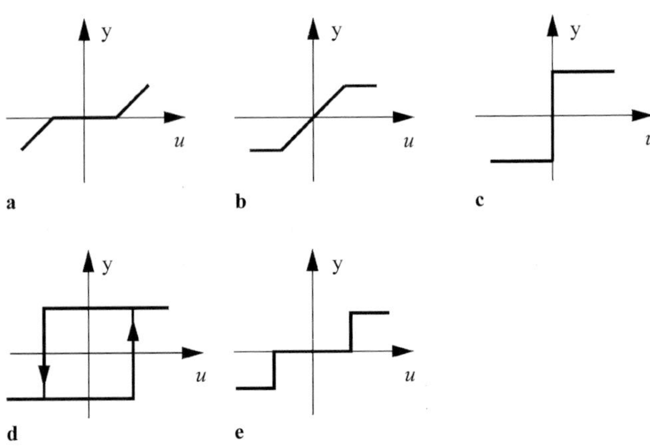

Abb. 35.10 Nichtlineare Übertragungsglieder. **a** Tote Zone, Getriebelose; **b** Begrenzung, Sättigung; **c** Schalter; **d** Zweipunktregler mit Schaltdifferenz; **e** Dreipunktregler oder -stellglied

auf den drei unterschiedenen Zuständen Links-Null-Rechts (oder Auf-Halt-Zu), die u. a. für Stellmotor-Ventile, Aufzüge oder Kräne typisch sind.

35.5 Dynamisches Verhalten linearer zeitinvarianter Übertragungsglieder

Die funktionelle Betrachtungsweise lässt den Schluss zu, dass die Systematisierung der real vorkommenden Systeme auf eine endliche Anzahl von Grundfunktionen führt. Diese werden tatsächlich von nur sechs Grundgliedern repräsentiert, deren Gegenüberstellung in Abb. 35.11 sowohl mathematische Gleichungen (Differentialgleichung, Übertragungsfunktion und Übergangsfunktion) als auch graphische Darstellungen (Ortskurve und Übergangsfunktion) verwendet.

35.5.1 *P*-Glied

Das Proportionalglied verknüpft die Ausgangs- und die Eingangsgröße durch einen Faktor K_P, der Proportionalbeiwert (*P*-Beiwert) genannt wird. Das Übertragungsverhalten ist zeit- und damit auch frequenzunabhängig. In der $G(j\omega)$-Ebene wird das *P*-Glied durch einen Punkt auf der positiven reellen Achse markiert. Die Übergangsfunktion bzw. Sprungantwort besitzt für $t > 0$ den konstanten Wert K_P.

35.5.2 *I*-Glied

Vom integrierenden Übertragungsglied wird das Zeitintegral der Eingangsgröße gebildet und mit einem Faktor K_I multipliziert, der Integrierbeiwert (*I*-Beiwert) heißt. Die Dimension von K_I ist (zumindest) die einer Frequenz (Hz = 1/s). Zumindest bezieht sich auf den Fall, dass $u(t)$ und $y(t)$ die gleiche Dimension besitzen. Im Bildbereich spiegelt sich die Integration in der Multiplikation mit $1/s$ wieder. Die Ortskurve des Frequenzganges $s = j\omega$ weist für alle Frequenzen eine Phasendrehung um $\varphi = -90°$ (sog. Phasennacheilung) aus ($1/j = -j$). Die Übergangsfunktion zeigt einen zeitproportionalen Anstieg; jedem Wert der Eingangsgröße ist eine durch den *I*-Beiwert bestimmte Änderungsgeschwindigkeit zugeordnet.

Grundglied	Differentialgleichung	Übertragungsfunktion $G(s)$	Ortskurve des Frequenzganges $G(j\omega)$	Sprungantwort $h(t)$	Darstellung der Sprungantwort
P-Glied Proportionalglied	$y(t) = K_P u(t)$	$G(s) = K_P$	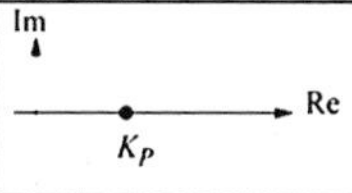 Im; Re; K_P	$h(t) = K_P\sigma(t)$	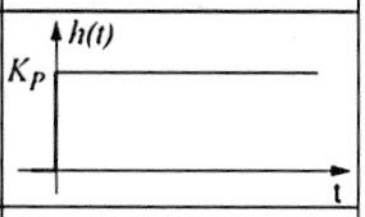 $h(t)$; K_P; t
I-Glied Integrierendes Glied	$y(t) = K_I \int_0^t u(\tau)d\tau$	$G(s) = \frac{K_I}{s}$	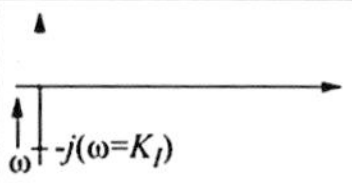 ω; $-j(\omega = K_I)$	$h(t) = K_I t\sigma(t)$	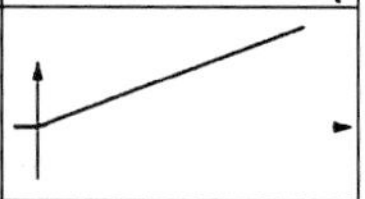
D-Glied Differenzierendes Glied	$y(t) = K_D \frac{du(t)}{dt}$	$G(s) = K_D s$	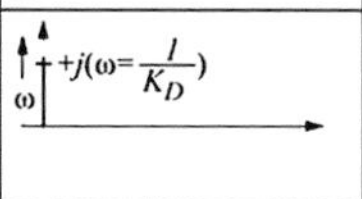 ω; $+j(\omega = \frac{1}{K_D})$	$h(t) = K_D\delta(t)$	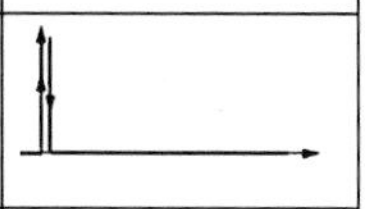
T_t-Glied Totzeit-Glied	$y(t) = u(t - T_t)$	$G(s) = e^{-sT_t}$	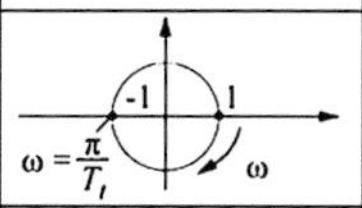 -1; 1; $\omega = \frac{\pi}{T_t}$; ω	$h(t) = \sigma(t - T_t)$	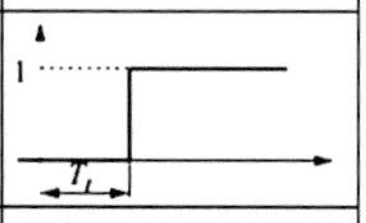 1; T_t
T_1-Glied Verzögerungsglied 1.Ordnung	$T\dot{y}(t) + y(t) = u(t)$	$G(s) = \frac{1}{1 + sT}$	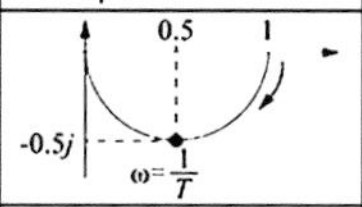 0.5; 1; -0.5j; $\omega = \frac{1}{T}$	$h(t) = (1 - e^{-\frac{t}{T}})\sigma(t)$	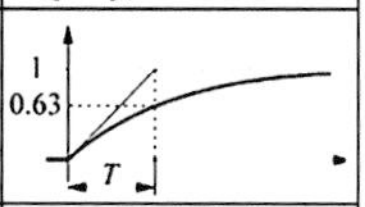 1; 0.63; T
T_2-Glied Verzögerungsglied 2.Ordnung	$\frac{1}{\omega_0^2}\ddot{y}(t) \frac{2\vartheta}{\omega_0}\dot{y}(t) + y(t) = u(t)$	$G(s) = \frac{1}{1 + \frac{2\vartheta}{\omega_0}s + \frac{1}{\omega_0{}^2}s^2}$	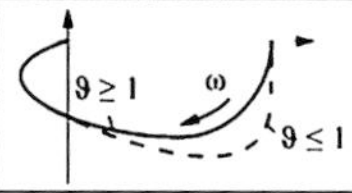 $\vartheta \geq 1$; ω; $\vartheta \leq 1$	$h(t) = f(\omega_0, \vartheta, t)\sigma(t)$	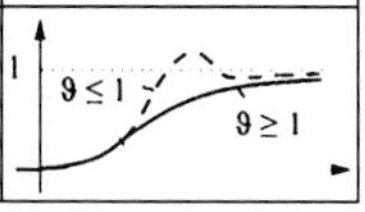 1; $\vartheta \leq 1$; $\vartheta \geq 1$

Abb. 35.11 Lineare Grundglieder

35.5.3 *D*-Glied

Das differenzierende Übertragungsglied ist eine Funktionseinheit, welche den Differentialquotienten der Eingangsgröße nach der Zeit bildet und mit einer Konstanten K_D multipliziert, die Differenzierbeiwert (D-Beiwert) genannt wird. K_D hat (zumindest) die Dimension der Zeit. Die Übertragungsfunktion besteht aus dem Produkt von K_D und der Bildvariablen s. Die Ortskurve belegt bei frequenzproportionaler Betragsänderung nur die positive imaginäre Achse; dies entspricht einer generellen Phasendrehung um $\varphi = 90°$ (sog. Phasenvoreilung). Die Übergangsfunktion hat die Form der Impulsfunktion. Bei Verwendung einer Anstiegsfunktion am Eingang des D-Gliedes ergäbe sich dagegen am Ausgang ein konstanter Wert, dem eine durch K_D bestimmte Änderungsgeschwindigkeit der Eingangsgröße zugeordnet ist.

35.5.4 T_t-Glied

Das Totzeitglied ist eine Funktionseinheit, dessen Kennlinie zwar der eines P-Gliedes mit $K_P = 1$ entspricht, die aber das Eingangssignal erst um die Totzeit T_t später am Ausgang erscheinen lässt. Die Übergangsfunktion zeigt anschaulich diese Zeitverschiebung. Die Ortskurve weist bei konstantem Betrag eine frequenzproportionale Phasendrehung aus.

35.5.5 T_1-Glied

Das Verzögerungsglied 1. Ordnung ist durch seine Verzögerungszeit T charakterisiert, die traditionell auch als Zeitkonstante bezeichnet wird. Die Merkmale des Verzögerungsgliedes wurden bereits erläutert. Es enthält jeweils einen Speicher. Für das T_1-Glied ist die nur einseitige Krümmung der Übergangsfunktion typisch. Wie das I-Glied bewirkt das T_1-Glied eine negative Phasendrehung; diese ist aber nicht für alle Frequenzen konstant, sondern erstreckt sich mit wachsender Frequenz von $\varphi = 0°$ für $\omega = 0$ bis $\varphi = -90°$ für $\omega = \infty$.

35.5.6 $T_{2/n}$-Glied

Das Verzögerungsglied 2. Ordnung beschreibt das dynamische Verhalten von technischen Systemen, in denen zwei Speicher vorhanden sind; diese können einem gemeinsamen, aber auch zwei verschiedenen Speichermedien zugehörig sein. Das T_2-Glied weist im Gegensatz zum T_1-Glied eine Übergangsfunktion auf, die einen Wendepunkt (WP) und deshalb einen zweiseitig gekrümmten Verlauf besitzt. Die Ortskurvendarstellung zeigt, dass die maximale negative Phasendrehung doppelt so groß wie beim T_1-Glied ist; sie reicht von $\varphi = 0°$ für $\omega = 0$ bis $\varphi = -180°$ für $\omega = \infty$. In Abhängigkeit vom Dämpfungsgrad ϑ, der eine Maßzahl für das Abklingen des Einschwingvorganges ist, sind zwei verschiedene Verhaltensweisen des T_2-Gliedes zu unterscheiden.

Bei $\vartheta \geq 1$ hat die Übergangsfunktion einen aperiodischen (schwingungsfreien) Verlauf. Aus der Ortskurve ist der mit steigender Frequenz stetig fallende Betrag ablesbar. Das T_2-Glied mit diesem Verhalten kommt durch die Reihenschaltung von zwei Verzögerungsgliedern 1. Ordnung mit den Verzögerungszeiten T_1 und T_2 zustande. Die Übertragungsfunktion lautet

$$G(s) = \frac{1}{(1 + sT_1)(1 + sT_2)} . \qquad (35.35)$$

Für $\vartheta < 1$ handelt es sich dagegen um ein Schwingungsglied. Technisch-physikalische Systeme des Maschinenbaus können selbstverständlich auch drei oder noch mehr Energiespeicher enthalten. Die Übergangsfunktion eines solchen Systems höherer Ordnung unterscheidet sich qualitativ aber nicht von der eines Systems 2. Ordnung. Quantitativ ist mit zunehmender Ordnung eine Verschiebung der Kurve in Richtung höherer Zeitwerte zu beobachten, d. h. die Übergangsfunktion verläuft in der Nähe des Nullpunktes immer flacher. Die qualitative Übereinstimmung erlaubt es jedoch, summarisch vom System zweiter und höherer Ordnung bzw. kurz vom T_n-Glied ($n \geq 2$) zu sprechen und auf die getrennte Behandlung der Systeme ab dritter Ordnung zu verzichten.

35.6 Grundstrukturen des Wirkungsplans

Mit den nur sechs Grundgliedern kann die Dynamik linearer zeitinvarianter Systeme beschrieben werden. Bei realen Maschinen und Anlagen treten die elementaren Verhaltensweisen in der Regel aber nicht einzeln auf; deren oft komplizierte Struktur kann nur durch die Kombination mehrerer Grundglieder nachgebildet werden. Die im Einzelfall auftretenden vielfältigen Kombinationen lassen sich auf drei Grundstrukturen zurückführen.

35.6.1 Reihenstruktur

Mehrere (d. h. mindestens zwei) Grundglieder sind hintereinander angeordnet. Die Ausgangsgröße des vorhergehenden bildet die Eingangsgröße des nachfolgenden Grundgliedes. Aus Abb. 35.12a ist ersichtlich, dass die Eingangsgröße der Reihenstruktur $U(s)$ mit der Eingangsgröße des ersten Grundgliedes $U_1(s)$ und die Ausgangsgröße der Reihenstruktur $Y(s)$ mit der Ausgangsgröße des letzten (hier des zweiten) Grundgliedes $Y_2(s)$ identisch sind. Für die Übertragungsfunktion der Reihenstruktur gilt infolge $U_2(s) = Y_1(s)$

$$G(s) = \frac{Y(s)}{U(s)} = \frac{Y_2(s)}{U_1(s)} = \frac{Y_1(s)}{U_1(s)} \cdot \frac{Y_2(s)}{U_2(s)} = G_1(s) \cdot G_2(s)\,. \tag{35.36}$$

Die Übertragungsfunktionen der Grundglieder werden bei der Reihenstruktur multipliziert.

35.6.2 Parallelstruktur

Mehrere Grundglieder sind parallel angeordnet. Ihre Eingangsgrößen $U_i(s)$ sind mit der Eingangsgröße $U(s)$ der Parallelstruktur identisch. Die Ausgangsgröße $Y(s)$ der Parallelstruktur wird aus der Summe der einzelnen Ausgangsgrößen $Y_i(s)$ gebildet. Nach elementarer Umrechnung ergibt sich als Ergebnis die Addition der Übertragungsfunktionen der Grundglieder bei Paral-

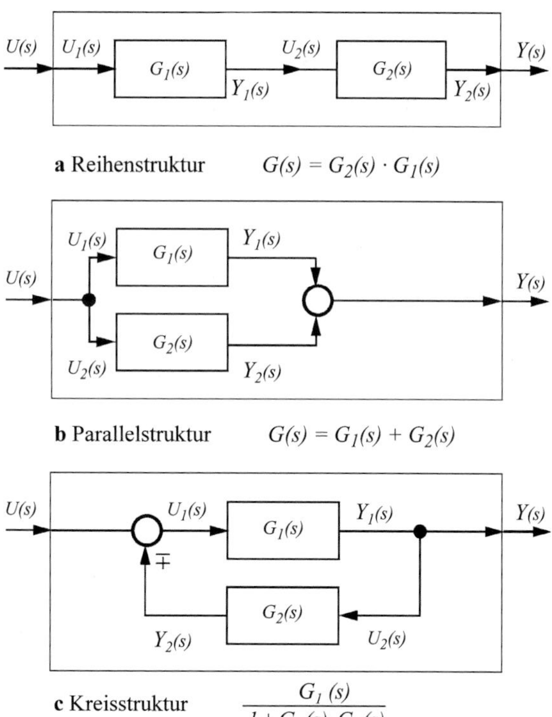

Abb. 35.12 Grundstrukturen des Wirkungsplans. **a** Reihenstruktur; **b** Parallelstruktur; **c** Kreisstruktur

lelschaltung (Abb. 35.12b):

$$G(s) = G_1(s) + G_2(s)\,. \tag{35.37}$$

35.6.3 Kreisstruktur

Während die Reihen- und die Parallelstruktur beliebig viele Grundglieder enthalten können, besteht die Kreisstruktur gemäß Abb. 35.12c prinzipiell nur aus zwei Grundgliedern. Die Ausgangsgröße $Y_1(s)$ des oberen Grundgliedes bildet nicht nur die Ausgangsgröße $Y(s)$ der Kreisstruktur, sondern zugleich als Rückführung die Eingangsgröße $U_2(s)$ des unteren Grundgliedes. Dessen Ausgangsgröße $Y_2(s)$ wird mit der Eingangsgröße der Kreisstruktur $U(s)$ additiv oder subtraktiv zur Eingangsgröße $U_1(s)$ zusammengeführt. Mit $U_2(s) = Y_1(s)$ und $U_1(s) = U(s) \pm Y_2(s)$ ist die resultierende Übertragungsfunktion leicht zu berechnen:

$$G(s) = \frac{Y_1(s)}{U_1(s) \pm Y_2(s)} = \frac{\frac{Y_1(s)}{U_1(s)}}{1 \pm \frac{Y_1(s)}{U_1(s)} \cdot \frac{Y_2(s)}{U_2(s)}} = \frac{G_1(s)}{1 \pm G_1(s) \cdot G_2(s)}\,. \tag{35.38}$$

In Abhängigkeit vom Vorzeichen der Rückführung sind zwei Fälle zu unterscheiden. Wenn $Y_2(s)$ negativ in die Additionsstelle einmündet, spricht man von Gegenkopplung. In Gl. (35.38) gilt dann das positive Vorzeichen (Regelkreisprinzip!). Bei positiver Rückführung entsteht dagegen eine Mitkopplung; mit dem Minuszeichen im Nennerausdruck ist die Möglichkeit gegeben, dass der Nenner zu Null und damit der Gesamtausdruck unendlich wird (Oszillatorprinzip!).

Hinweis: Die drei Grundstrukturen können in beliebiger Verschachtelung auftreten. Dies kann beispielsweise bedeuten, dass die Grundglieder der Kreisstruktur gar keine sind, sondern in Wirklichkeit auf eine interne Reihen- oder Parallelstruktur zurückgehen, deren Glieder sich wiederum auf Grundstrukturen zurückführen lassen. Ebenso kann die Zusammenschaltung mehrerer Grundglieder insgesamt („von außen betrachtet") eine Reihen- oder Parallelstruktur sein, deren Glieder intern eine Parallel-, Reihen- oder Kreisstruktur bilden.

35.7 Regelstrecken

Aus den sechs Grundgliedern aus Abschn. 35.5 lassen sich in Kombination mit den drei Grundstrukturen aus Abschn. 35.6 beliebige Regelstrecken bilden. Üblicherweise wird zwischen

- Regelstrecken mit Ausgleich (P-Strecken) und
- Regelstrecken ohne Ausgleich (I-Strecken)

unterschieden.

Regelstrecken mit Ausgleich (P-Strecken) Diese erste Hauptgruppe umfasst alle Regelstrecken, bei denen infolge einer sprunghaften Veränderung der Stellgröße die Regelgröße nach einem dynamischen Übergangsvorgang einem neuen Beharrungszustand bzw. Ausgleichswert zustrebt; sie weisen stationär P-Verhalten auf und werden als Proportionalstrecken bezeichnet.

Regelstrecken ohne Ausgleich (I-Strecken) Regelstrecken ohne Ausgleich besitzen ein grundlegend anderes Verhalten. Bei ihnen gehört zu jedem konstanten Wert der Stellgröße ein proportionaler Wert der Änderungsgeschwindigkeit der Regelgröße. Als Folge steigt die Regelgröße innerhalb ihres möglichen Wertebereiches mit der Zeit unaufhörlich an. Das Verhalten der Regelstrecken ohne Ausgleich entspricht dem des integrierenden Grundgliedes (siehe Abschn. 35.5.2), weshalb sie auch als Integralstrecken (I-Strecken) bezeichnet werden. Sie besitzen grundsätzlich eine negative Phasendrehung von $\varphi = -90°$, die durch hinzukommende Verzögerungs- oder Totzeitanteile vergrößert wird.

Zur Kennzeichnung des Übertragungsverhaltens der Regelstrecken wird im Folgenden an Stelle des allgemeinen Symbols $G(s)$ das spezielle Symbol $S(s)$ (Übertragungsfunktion der Strecke) eingeführt.

35.7.1 P-Strecke 0. Ordnung (P-T_0)

Wenn eine Regelstrecke lediglich aus einem P-Glied besteht, dann wird sie als P-Strecke

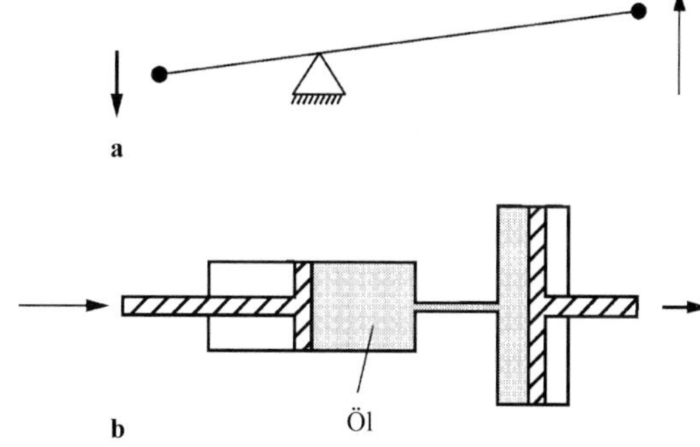

Abb. 35.13 Beispiele für P-T_0-Strecken. **a** Starrer Hebel; **b** Hydrauliksystem

0.-Ordnung $P - T_0$ klassifiziert. Ihre Übertragungsfunktion lautet

$$S(s) = K_S \tag{35.39}$$

Der Proportionalbeiwert K_S der Strecke ist gegeben durch

$$K_S = \frac{\Delta y}{\Delta u} \tag{35.40}$$

und kann für verschiedene Störgrößenwerte und ggf. verschiedene Arbeitspunkte aus der zugehörigen Kennlinie der Strecke ermittelt werden.

Beispiele

- Mechanisches Gestänge (Abb. 35.13a): die Enden eines starren Hebels, der in einem Punkt gelagert ist, bewegen sich in proportionaler Abhängigkeit, wobei das Verhältnis der Hebelarmlängen den P-Beiwert bestimmt (Anwendung in mechanischen Gestängen);
- Hydrauliksystem (Abb. 35.13b): ein in einem Zylinder bewegter Kolben erzeugt einen Ölstrom und bewirkt dadurch in einem zweiten, über eine Rohrleitung verbundenen Zylinder die Betätigung eines Stellkolbens, wobei sich der P-Beiwert aus dem Verhältnis der Zylinderquerschnitte ergibt (Anwendung in hydraulischen Bremsen und Kupplungen). ◄

35.7.2 *P*-Strecke 1. Ordnung (P-T_1)

Die P-T_1-Strecke besitzt verzögertes Proportionalverhalten. Ihre Übergangsfunktion entspricht qualitativ der des T_1-Gliedes, aber der stationäre Endwert liegt bei K_S. Die Übertragungsfunktion lautet

$$S(s) = \frac{K_S}{1 + T_1 s}. \tag{35.41}$$

T_1 ist die Verzögerungszeit der Strecke. Beispiele wurden in Abschn. 35.2.1 gezeigt.

35.7.3 *P*-Strecke 2. und höherer Ordnung (P-T_n)

Die P-T_n-Strecke besitzt mehrfach (zumindest zweifach) verzögertes Proportionalverhalten. Sie entspricht damit funktionell dem T_2-Glied bzw. dem T_n-Glied, wobei wie bei der P-T_1-Strecke der stationäre Endwert K_S erreicht wird. Die Übertragungsfunktion der P-T_2-Strecke lautet

$$S(s) = \frac{K_S}{1 + \frac{2\vartheta}{\omega_0} s + \frac{1}{\omega_0^2} s^2} \tag{35.42}$$

mit dem Dämpfungsgrad ϑ und der Kennkreisfrequenz ω_0 (= Eigenkreisfrequenz des ungedämpften Systems).

Beispiele

- Elektromotorischer Antrieb: neben die (bei kleineren Motoren näherungsweise allein wirkende) mechanische Verzögerungskomponente infolge der Massenträgheit des Rotors und seiner Last tritt eine elektrische Verzögerungskomponente, die von der Induktivität der Spulen herrührt;

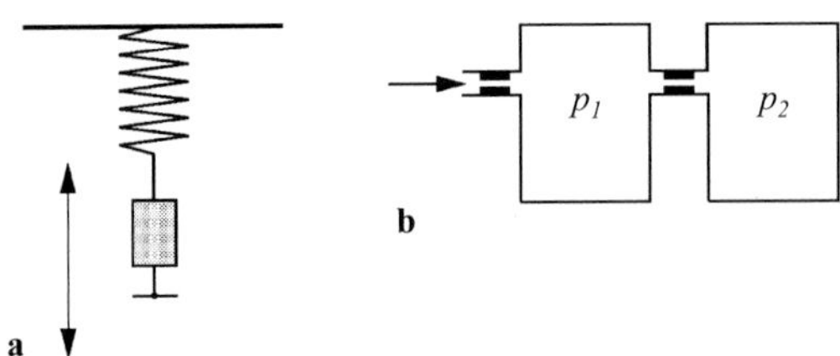

Abb. 35.14 Beispiele für P-T_2-Strecken. **a** Feder-Masse-System; **b** pneumatisches Zwei-Speicher-System

- Mechanisches System mit endlicher Biegesteifigkeit (Feder-Masse-System, Abb. 35.14a): seine zwei Energiespeicher sowie deren Kopplung können Schwingungen bewirken, die infolge von Reibung abklingen (Einschwingbewegung von Roboter- oder Kranarmen);
- Pneumatisches System (Abb. 35.14b zeigt ein nicht rückwirkungsfreies Schema): das Vorhandensein von je zwei Speichern und Strömungswiderständen kann zu oszillatorischen Druckänderungen führen (wichtig u. a. für Bewetterungsmaschinen in Bergwerken). ◀

35.7.4 *P*-Strecke mit Totzeit (P-T_t)

Die T_t-Strecke weist das charakteristische Verhalten eines Übertragungsgliedes mit Totzeit T_t auf (Abb. 35.15).

Beispiele

- Bandförderer (Abb. 35.15a): das Fördergut benötigt zum Zurücklegen der Distanz zwischen der Beladestelle und der Abwurfoder Übergabestelle eine bestimmte Zeit T_t, die sich als Quotient aus der Distanz und der Bandgeschwindigkeit errechnet;
- Blechwalzgerüst: die Messung der Blechstärke kann nicht unmittelbar im Walzspalt, sondern erst an einer in Walzrichtung versetzten Stelle erfolgen, zu deren Erreichen die Blechbahn die Zeitspanne T_t benötigt;
- Mischstrecke (Abb. 35.15b): bei der Zusammenführung von zwei Rohrleitungen, in denen jeweils eine Stoffart in vordosierter Menge ankommt, ist die entstandene Mischkonzentration Q in der abführenden Rohrleitung erst nach einer Beruhigungsstrecke und somit zeitversetzt messbar. ◀

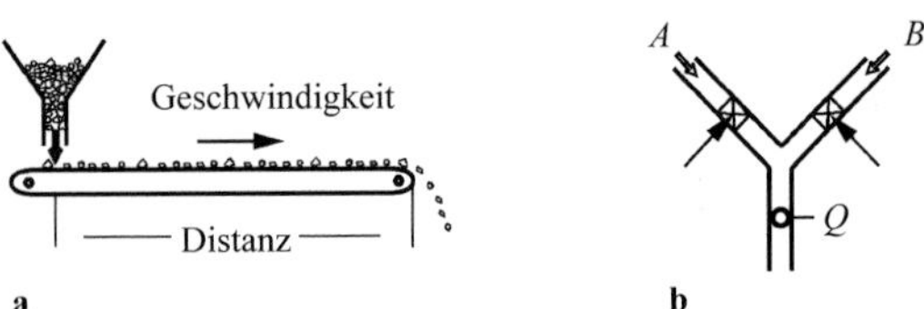

Abb. 35.15 Beispiele für Totzeit-Regelstrecken. **a** Bandförderer; **b** Mischstrecke

35.7.5 Strecke mit Ausgleich *n*-ter Ordnung und Totzeit (P-T_n-T_t)

Die bisher behandelten Regelstrecken mit Ausgleich entsprachen entweder direkt einem der Grundglieder oder sie ließen sich auf die Kombination von zwei Grundgliedern zurückführen. Es können aber auch weiterreichende Kombinationen auftreten. Als allgemeingültiger Fall, der die bisherigen einschließt, ist die Kombination von P-Strecken mit verzögerndem Verhalten und zusätzlicher Totzeit zu betrachten. Man spricht dann von einer P-T_n-T_t-Strecke ($n \geq 1$).

Beispiel

Die folgende Übertragungsfunktion beschreibt eine P-T_2-T_t-Strecke bei schwingungsfreiem Verhalten des Verzögerungsgliedes.

$$S(s) = \frac{K_S}{(1 + T_1 s)(1 + T_2 s)} e^{-T_t s} . \qquad (35.43)$$

◀

Abb. 35.16 zeigt zu dieser Regelstrecke die qualitativen Verläufe der Ortskurve und der Übergangsfunktion. Die spiralförmig verlaufende Ortskurve lässt erkennen, dass für höhere Frequenzen (und dementsprechend für kleine Zeiten) negative Phasenverschiebungen über 360 ° hinaus auftreten können; diese Eigenschaft ist als „regelungstechnisch schwierig" einzuordnen.

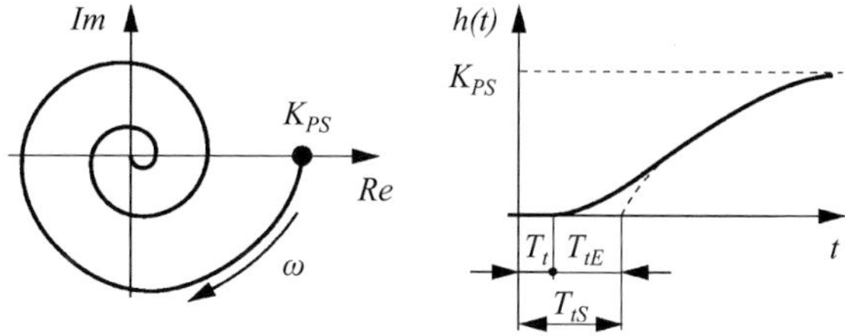

Abb. 35.16 Regelstrecke mit P-T_2-T_t-Verhalten. T_t Totzeit, T_{tE} Ersatztotzeit, T_{tS} Summentotzeit

35.7.6 *I*-Strecke 0. Ordnung (I-T_0)

Die I-T_0-Strecke weist unverzögertes Integralverhalten auf und entspricht funktionell unmittelbar dem I-Glied. Ihre Übertragungsfunktion lautet

$$S(s) = \frac{K_{IS}}{s}. \tag{35.44}$$

Der Integrierbeiwert K_{IS} der Strecke bezieht die Änderungsgeschwindigkeit der Streckenausgangsgröße auf den Wert der Stellgröße

$$K_{IS} = \frac{\frac{\Delta y}{\Delta t}}{\Delta u}. \tag{35.45}$$

Beispiele

- Zylindrischer Behälter für feste (staub- oder granulatartige) und flüssige Stoffe (Abb. 35.17a): der Füllstand steigt bei konstantem Volumenzufluss zeitproportional an (Öltank, Kohlebunker);
- Fahrzeug: der auf eine feste Richtung bezogene Kurswinkel nimmt bei konstanter Lenkungsverstellung ständig zu (Auto, Schiff, Flugzeug, Rakete);
- Idealer Motor (Abb. 35.17b): der Drehwinkel eines als trägheitslos angenommenen Motors wächst bei konstanter Drehzahl zeitproportional (elektrischer Energieverbrauchszähler);
- Schüttprozess: bei der Lagerung von staub- oder granulatartigen Feststoffen steigt das Schüttvolumen linear an („Schüttkegel" bei Kohle-, Sand oder Schotterlagerung). ◀

35.7.7 *I*-Strecke 1. Ordnung (I-T_1)

Die I-T_1-Strecke besitzt verzögertes I-Verhalten. Ihre Übergangsfunktion weist für kleine Zeiten einen langsameren Anstieg als beim reinen I-Glied aus, erreicht dann aber die gleiche Änderungsgeschwindigkeit. Die Ortskurve macht die über den Wert von $-90°$ hinausgehende negative Phasendrehung deutlich. Beide Kurven sind in Abb. 35.18 dargestellt.

Beispiel

Technische Seilwinde: Der Drehwinkel eines belasteten Motors wächst nach anfänglicher Verzögerung zeitproportional (Höhenänderung beim Personenlift, Aufzug oder Kran; Schwenkbewegung von Robotern oder Baggern). ◀

Die Übertragungsfunktion lautet

$$S(s) = \frac{K_{IS}}{s(1 + T_1 s)} \tag{35.46}$$

und veranschaulicht, dass die I-T_1-Strecke als Reihenschaltung einer I-T_0-Strecke und eines T_1-Gliedes zu verstehen ist.

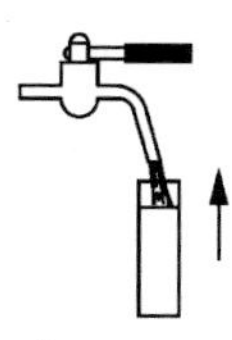

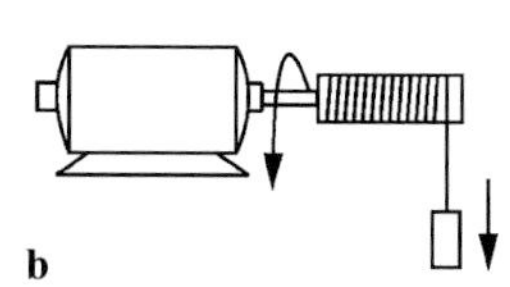

Abb. 35.17 Beispiele für I-T_0-Regelstrecken. **a** Zylindrischer Behälter; **b** idealer Motor

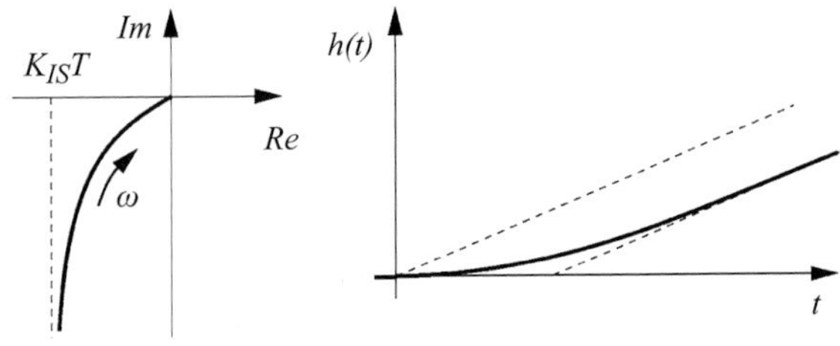

Abb. 35.18 Ortskurve und Übergangsfunktion einer Regelstrecke mit I-T_1-Verhalten

35.7.8 *I*-Strecke *n*-ter Ordnung und Totzeit (I-T_n-T_t)

Wie bei den Regelstrecken mit Ausgleich können auch bei I-Regelstrecken mehrere dynamische Anteile hinzutreten. Es wird der allgemeine Fall dargestellt, der durch folgende Übertragungsfunktion gekennzeichnet ist (ϑ – Dämpfungsgrad, ω_0 – Kennkreisfrequenz):

$$S(s) = \frac{K_{IS}}{s(1 + \frac{2\vartheta}{\omega_0}s + \frac{1}{\omega_0^2}s^2)} e^{-T_t s}. \qquad (35.47)$$

Beispiele

- I-T_2-Strecke: Kurs von Schiffen und Flugzeugen nach Ruderverstellung;
- I-T_t-Strecke: Volumenzunahme des Haldenschüttkegels eines Abraumabsetzers im Braunkohlenbergbau bei Schüttgutzuförderung über ein Förderband. ◄

Literatur

1. Unbehauen, H.: Regelungstechnik, Bände I bis III. Vieweg, Braunschweig/Wiesbaden (1997)
2. Lunze, J.: Regelungstechnik 1, Springer, Berlin (2010), Regelungstechnik 2, Springer, Berlin (2008)
3. Janschek, K.: Systementwurf mechatronischer Systeme, Springer, Berlin (2010)
4. Isermann, R.: Identifikation dynamischer Systeme, Bände I und II. Springer, Berlin (1992)
5. Thuselt, F., Paul, F.: Praktische Mathematik mit MATLAB, Scilab und Octave: für Ingenieure und Naturwissenschaftler. Springer, Berlin (2014)
6. Lorenzen, K.: Einführung in Mathematica. mitp, Wachtendonk (2014)
7. Haager, W.: Computeralgebra mit Maxima - Grundlagen der Anwendung und Programmierung. Carl Hanser, München (2014)
8. Reinhardt, H.: Automatisierungstechnik. Springer, Berlin (1996)

Regelung 36

Rainer Scheuring, Michael Bongards und Helmut Reinhardt

36.1 Struktur und Größen des Regelkreises

Das Ziel einer Regelung besteht darin, die Regelgröße y so zu beeinflussen, dass sie möglichst gut mit der Führungsgröße w (und ggf. deren Änderungen) übereinstimmt.

36.1.1 Funktionsblöcke des Regelkreises

Abb. 36.1 zeigt den vereinfachten Wirkungsplan einer Regelung.

Die Regeleinrichtung besteht nicht nur aus dem Regler, der die Regeldifferenz e nach einer von ihm verwirklichten Funktion in die Reglerausgangsgröße u umformt, sondern zusätzlich aus dem zuvor angeordneten Vergleichsglied. Dieses ist eine Additionsstelle, welcher das von der Messeinrichtung gebildete Signal der Regelgröße y mit negativem Vorzeichen zugeführt wird, wodurch die Differenzbildung zustandekommt. Das Vergleichsglied ist in der technischen Ausführung entweder gerätetechnischer Bestandteil des Reglers oder funktionelles Element des Regelalgorithmus.

Die Strecke bzw. Regelstrecke setzt sich aus der Stelleinrichtung, dem zu regelnden System und der Messeinrichtung zusammen (Abb. 36.2).

Beispiel

Die Stelleinrichtung ist ein elektrischer Verstärker, der von einem leistungsschwachen Reglerausgangssignal gesteuert wird und das Stellglied (etwa den Stellmotor eines Rohrleitungsventils) betätigt. Das Stellglied ist eine zur Strecke gehörende Funktionseinheit und greift in den Materiestrom oder Energiefluss ein. ◄

Beispiel

Beim Rohrleitungsventil ergibt sich zu jedem Wert der am Stellgliedeingang wirkenden Stellgröße u ein zugehöriger Wert des Flüssigkeitsstromes durch das Ventil, der von einem Durchflusssensor gemessen wird. ◄

36.1.2 Größen des Regelkreises

Die Regeldifferenz e am Eingang des Reglers ergibt sich aus zwei Größen; sie berechnet sich aus der Führungsgröße w und aus der Regelgröße y zu

$$e = w - y\,, \qquad (36.1)$$

R. Scheuring
Technische Hochschule Köln
Köln, Deutschland
E-Mail: rainer.scheuring@th-koeln.de

M. Bongards (✉)
Technische Hochschule Köln
Köln, Deutschland
E-Mail: michael.bongards@th-koeln.de

H. Reinhardt (✉)
Fachhochschule Köln
Köln, Deutschland

B. Bender und D. Göhlich (Hrsg.), *Dubbel Taschenbuch für den Maschinenbau 2: Anwendungen*,
https://doi.org/10.1007/978-3-662-59713-2_36

Abb. 36.1 Wirkungsplan einer Regelung

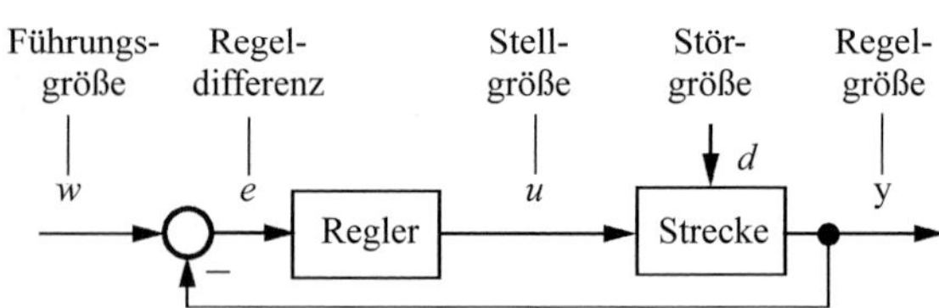

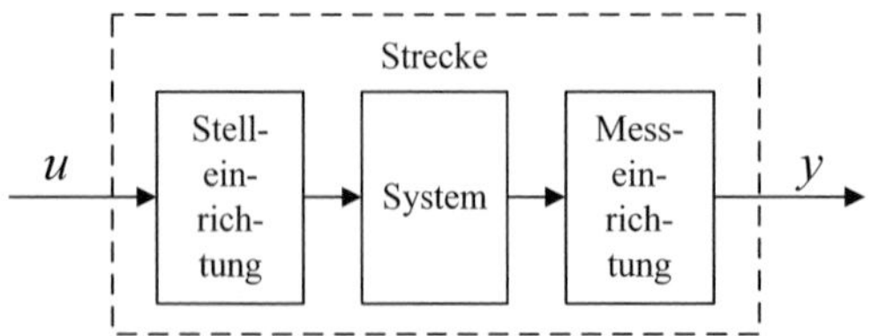

Abb. 36.2 Regelstrecke

wobei alle drei Größen als Zeitfunktionen zu verstehen sind. Der allgemeine funktionale Zusammenhang lautet somit

$$e = f_1(w, y, t)\,. \tag{36.2}$$

Die Stellgröße u ergibt sich als Funktion von e zu

$$u = f_2(e, t)\,. \tag{36.3}$$

Wie auf den Regler wirken auch auf die Strecke zwei Eingangsgrößen ein. Die Stellgröße u beeinflusst den Streckeneingang in regelungstechnisch beabsichtigter Weise. Dagegen beeinträchtigt die Störgröße d diese beabsichtigte Beeinflussung; sie begründet damit die Notwendigkeit des Regelkreises. Für die Abhängigkeit der Regelgröße y gilt

$$y = f_3(u, d, t)\,. \tag{36.4}$$

Beispiele für Störgrößen

- Eingangsmaterie des Prozesses: Änderungen in der Zusammensetzung von zu verarbeitenden Rohstoffen (z. B. Kohle, Erdöl, Erze, Salze) oder von Halbfertigprodukten (z. B. Roheisen, Rohgas, Rohbenzin);
- Ausrüstungsbedingungen: Änderung von Parametern durch Ablagerung (z. B. Kesselstein) oder durch Abnutzung (z. B. Dichtungen, Katalysatoraktivität);
- Umgebungsbedingungen: Änderung von Größen in der Prozessumgebung (z. B. Temperatur, Druck, Feuchtigkeit), in der Energieversorgung (z. B. Netzspannung, Gasvordruck) oder in der Belastung (z. B. Durchfluss, mechanische Last). ◀

36.1.3 Stell- und Störverhalten der Strecke

Auf die Regelstrecke wirken sowohl die Stellgröße u als auch die Störgröße d als unabhängige Größen ein, während die Regelgröße y die abhängige Größe verkörpert. Somit sind zwei verschiedene, sich überlagernde Wirkungen zu unterscheiden: die eine rührt von der Stellgröße u und die andere von der Störgröße d her (Abb. 36.3). Bei der Charakterisierung der Wirkungen, welche die beiden unabhängigen Größen auf die abhängige Größe y ausüben, spricht man im ersten Fall vom Stellverhalten der Regelstrecke und im zweiten Fall von ihrem Störverhalten.

Die sich überlagernden Wirkungen können durch jeweils ein Übertragungsglied mit Addition der Ausgangsgrößen abgebildet werden. Zur Kennzeichnung des Übertragungsverhaltens

Abb. 36.3 Stell- und Störverhalten der Regelstrecke

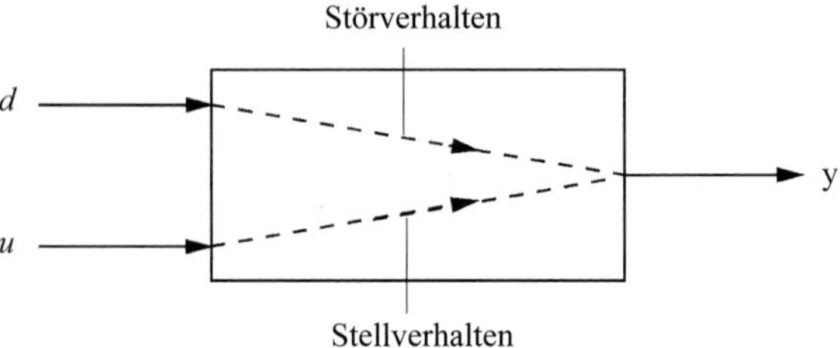

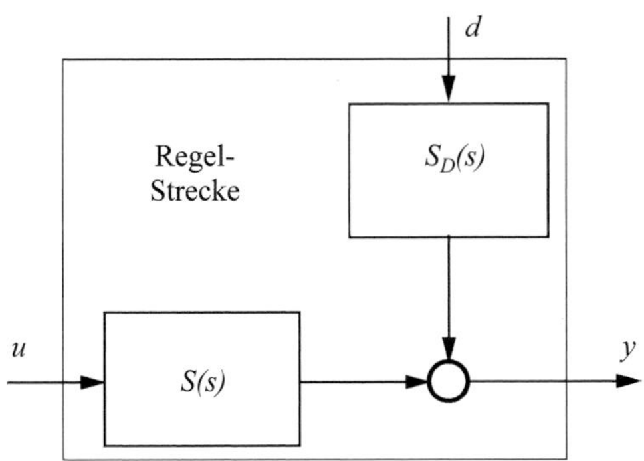

Abb. 36.4 Übertragungsfunktionen der Regelstrecke

werden in Abb. 36.4 Übertragungsfunktionen verwendet. Dabei wird an Stelle des allgemeinen Symbols $G(s)$ das spezielle Symbol $S(s)$ (Übertragungsfunktion der Strecke) verwendet. Das Stellverhalten der Strecke wird durch die Übertragungsfunktion $S(s)$ und das Störverhalten durch $S_D(s)$ verkörpert.

36.2 *PID*-Regler

Der vereinfachte Regelkreis nach Abb. 36.1 enthält außer der Regelstrecke nur den Regler. Ihm kommen die Aufgaben zu, durch den Vergleich der Regelgröße y mit der Führungsgröße w zunächst die Regeldifferenz e als Eingangsgröße und daraus die Stellgröße u als Ausgangsgröße des Reglers so zu bilden, dass im Regelkreis die Regelgröße – auch beim Auftreten von Störgrößen d – der Führungsgröße so schnell und genau wie möglich nachgeführt wird. Es gibt lineare (stetige) und nichtlineare Regler. Die linearen Regler können nach sehr verschiedenen Kriterien eingeteilt werden; von vorrangiger Bedeutung ist aber ihr dynamisches Verhalten. Nachfolgend werden zunächst die drei dynamischen Grundanteile und anschließend deren typische Kombinationen vorgestellt.

36.2.1 *P*-Anteil, *P*-Regler

Der Proportionalanteil, der als P-Regler eine selbstständige Funktionseinheit bilden kann, wandelt die Regeldifferenz e in eine proportionale Stellgröße u um

$$u(t) = K_P\, e(t)\,. \tag{36.5}$$

Die Übertragungsfunktionen der Regler werden mit $R(s)$ bezeichnet. Für den P-Regler gilt

$$R(s) = K_P\,. \tag{36.6}$$

Darin ist K_P der Proportionalbeiwert des Reglers. Er ist ebenso wie der Proportionalbeiwert der Strecke K_S in der Regel dimensionsbehaftet und drückt den Anstieg der linearen Reglerkennlinie aus. Die Linearität ist auf den Proportionalbereich E_P begrenzt (Abb. 36.5).

Das Stellsignal u ist auf einen Maximalwert, den Stellbereich U_S, begrenzt. Entsprechend besitzt das Eingangssignal einen maximalen Aus-

Abb. 36.5 Kennlinienfeld eines P-Reglers. E_P Proportionalbereich, E_R Regelbereich, U_S Stellbereich

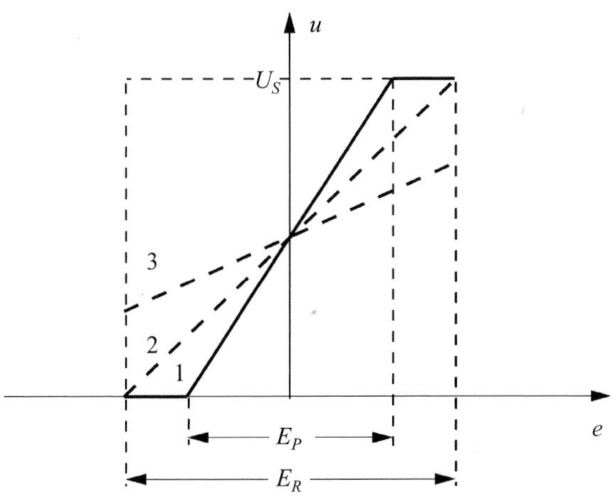

steuerbereich, den Regelbereich E_R. Im Fall der Kennlinie 1 ist der Proportionalbereich E_P kleiner als der Regelbereich E_R; dann begrenzt der Stellbereich U_S die Linearität der Reglerkennlinie. Bei der Kennlinie 3 ist dagegen der Proportionalbereich E_P gleich dem Regelbereich E_R; der Stellbereich U_S wird nicht voll genutzt. Die Kennlinie 2 stellt den Grenzfall dar.

36.2.2 *I*-Anteil, *I*-Regler

Für den integrierenden Anteil, der als *I*-Regler ebenfalls eine selbstständige Funktionseinheit bilden kann, gilt

$$u(t) = K_I \int e(t)dt\,; \quad R(s) = \frac{K_I}{s}\,. \tag{36.7}$$

Der Integrierbeiwert K_I ist der Kennwert des *I*-Reglers, der die Dimension einer Frequenz besitzt und deshalb häufig in reziproker Form als Integrierzeit T_I angegeben wird

$$u(t) = \frac{1}{T_I} \int e(t)dt\,; \quad R(s) = \frac{1}{T_I s}\,. \tag{36.8}$$

36.2.3 *PI*-Regler

Beim *PI*-Regler Überlagern sich die Wirkungen des *P*- und des *I*-Anteiles. Die Addition der Anteile führt zur resultierenden Integralgleichung

$$\begin{aligned} u(t) &= K_P\, e(t) + K_I \textstyle\int e(t)dt \\ &= K_P \left[e(t) + \frac{K_I}{K_P} \textstyle\int e(t)dt \right]. \end{aligned} \tag{36.9}$$

Mit Einführung der Nachstellzeit T_I ergibt sich

$$u(t) = K_P \left[e(t) + \frac{1}{T_I} \int e(t)dt \right]. \tag{36.10}$$

Die Nachstellzeit (neben dem Proportionalbeiwert K_P die zweite Kenngröße des *PI*-Reglers!) ist die Zeit, die der *I*-Anteil benötigt, um eine gleich große Stellgrößenänderung zu erzielen, wie sie der *P*-Anteil sofort bewirkt. Die vom *I*-Anteil herrührende Reglerkomponente entsteht um die Zeitspanne T_I später, was der Nachstellzeit ihren Namen gegeben hat.

36.2.4 *PD*-Regler

Bei der Kombination des *P*- und des *D*-Anteils wird in ähnlicher Weise ein neuer Zeitbeiwert definiert

$$\begin{aligned} u(t) &= K_P\, e(t) + K_D \frac{e(t)}{dt} \\ &= K_P \left[e(t) + \frac{K_D}{K_P} \frac{e(t)}{dt} \right], \end{aligned} \tag{36.11}$$

$$u(t) = K_P \left[e(t) + T_D \frac{e(t)}{dt} \right]. \tag{36.12}$$

Die Vorhaltzeit T_D bildet neben K_P die zweite Kenngröße des *PD*-Reglers. Sie ist als die Zeitspanne definiert, um welche die Anstiegsantwort eines *PD*-Reglers einen bestimmten Wert der Stellgröße früher erreicht als sie ihn infolge des *P*-Anteiles erreichen würde.

36.2.5 *PID*-Regler

$$u(t) = K_P \left[e(t) + \frac{1}{T_I} \int e(t)dt + T_D \frac{e(t)}{dt} \right]. \tag{36.13}$$

Es sind alle drei Grundanteile linearer Regler enthalten. Man kann sich demnach den *PID*-Regler als eine Parallelstruktur vorstellen, die aus je einem *P*-, *I*- und *D*-Glied besteht. Die drei Reglerbeiwerte

- Proportionalbeiwert K_P,
- Nachstellzeit T_I und
- Vorhaltzeit T_D

sind zugleich die Einstellwerte des PID-Reglers. Es sind diejenigen Werte eines praktisch ausgeführten Reglers, welche im Ergebnis des regelungstechnischen Entwurfsprozesses festzulegen („zu parametrieren") sind. Diese Reglerbeiwerte sind so definiert, dass sie die voneinander unabhängige Einstellung des *P*-, *I*- und *D*-Anteiles zulassen.

Abb. 36.6 gibt eine Übersicht zu den Arten linearer Regler.

Reglertyp	Differentialgleichung	Übertragungsfunktion	Sprungantwort
P - Regler	$u(t) = K_P * e(t)$	$R(s) = K_P$	
I - Regler	$u(t) = \frac{1}{T_I} \int e(t)dt$	$R(s) = \frac{1}{T_I s}$	
PI - Regler	$u(t) = K_P \left[e(t) + \frac{1}{T_I} \int e(t)dt\right]$	$R(s) = K_P\left(1 + \frac{1}{T_I s}\right)$	
PD - Regler	$u(t) = K_P\left[e(t) + T_D * \frac{de(t)}{dt}\right]$	$R(s) = K_P(1 + T_D s)$	
PID - Regler	$u(t) = K_P\left[e(t) + \frac{1}{T_I} \int e(t)dt + T_D * \frac{de(t)}{dt}\right]$	$R(s) = K_P\left(1 + \frac{1}{T_I s} + T_D s\right)$	

Abb. 36.6 Übersicht der Grundtypen und Kombinationen linearer Regler

36.3 Linearer Regelkreis

36.3.1 Führungs-, Störungs- und Rauschverhalten des Regelkreises

Für die Betrachtung des Regelkreises wurde bisher vereinfachend eine Eingangsstörung d angenommen, die direkt auf die Regelstrecke S einwirkt (Abb. 36.1). Im Folgenden wird d in zwei Komponenten aufgeteilt:

- Die Störgröße d, die in der Regel niederfrequente Signalanteile umfasst und beispielsweise die Auswirkungen unterschiedlicher stationärer Arbeitspunkte des Gesamtsystems auf den betrachteten Regelkreis repräsentiert.
- Das Messrauschen n, das eher hochfrequente Signalanteile enthält und meist von dem zu regelnden System generiert wird.

In Abb. 36.7 wirkt die Störgröße d auf einen Summationspunkt vor der Regelstrecke und das Messrauschen n auf einen Summationspunkt hinter der Regelstrecke. Dies stellt eine Vereinfachung dar, die sich zum Zweck der Analyse des Regelkreisverhaltens bewährt hat. Genau genommen wirken sowohl d als auch n direkt auf die Regelstrecke S. Falls eine detaillierte Betrachtung erforderlich sein sollte, sind entsprechende Modifikationen der folgenden Gleichungen vorzunehmen.

In Analogie zur Regelstrecke werden für den Regelkreis die drei Übertragungsfunktionen $G_{yw}(s)$, $G_{yd}(s)$ und $G_{yn}(s)$ definiert. Sie sind die mathematischen Ausdrücke für das Führungsverhalten (Wirkung von w auf y), für das Störungsverhalten (Wirkung von d auf y) und das Rauschverhalten (Wirkung von n auf y) des Regelkreises. Mathematisch ergibt sich

$$Y = \frac{SRF}{1 + SR} W + \frac{S}{1 + SR} D + \frac{1}{1 + SR} N \,. \tag{36.14}$$

Somit lautet die Führungsübertragungsfunktion

$$G_{yw}(s) = \frac{SRF}{1 + SR} \,, \tag{36.15}$$

die Störungsübertragungsfunktion (für Störung am Streckeneingang)

$$G_{yd}(s) = \frac{S}{1 + SR} \,, \tag{36.16}$$

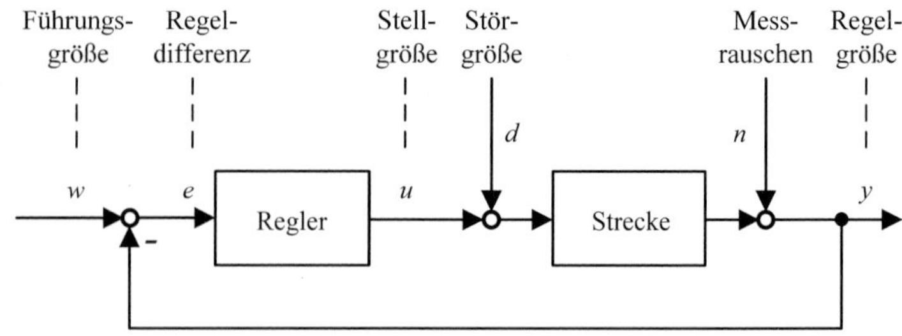

Abb. 36.7 Regelkreis mit Führungsgröße w, Störgröße d und Messrauschen n

und die Rauschübertragungsfunktion (für höherfrequentes Rauschen am Streckenausgang)

$$G_{yn}(s) = \frac{1}{1 + SR}\,. \tag{36.17}$$

Um ein vollständiges Bild des Verhaltens des geschlossenen Regelkreises zu erhalten, dürfen die Auswirkungen der Führungsgröße w, der Störgröße d und des Messrauschens n auf die Stellgröße u nicht vernachlässigt werden [1]:

$$U = \frac{RF}{1 + SR} W - \frac{RS}{1 + SR} D - \frac{R}{1 + SR} N\,. \tag{36.18}$$

Die Führungsgröße w beeinflusst die Stellgröße u über

$$G_{uw}(s) = \frac{RF}{1 + SR}\,. \tag{36.19}$$

Die Störgröße d wirkt auf die Stellgröße u gemäß

$$G_{ud}(s) = -\frac{RS}{1 + SR}\,. \tag{36.20}$$

Das Messrauschen n stört die Stellgröße u mittels

$$G_{un}(s) = -\frac{R}{1 + SR}\,. \tag{36.21}$$

Unter Verwendung dieser Gleichungen lassen sich die Anforderungen an einen idealen Regelkreis mit $G_{yw}(s) = 1$ und $G_{yd}(s) = 0$ ausdrücken, wobei sich dieses Verhalten meist nur im stationären Zustand, d.h. für $t \to \infty$, erreichen lässt. Im Weiteren besitzen alle Übertragungsfunktionen des Regelkreises im Nenner den Ausdruck $[1 + SR]$, der die Eigendynamik bzw. das Schwingungsverhalten und die Stabilität prägt.

Führungsverhalten des Regelkreises: Es wirkt keine Störgröße, aber die Führungsgröße $w(t)$ ändert ihren aktuellen Wert nach einer Zeitfunktion und verursacht auf diese Weise die Regeldifferenz

$$e(t) = w(t)\,; \quad d = 0\,. \tag{36.22}$$

Die Aufgabe des Regelkreises besteht darin, die Regeldifferenz dadurch zu beseitigen, dass der Wert der Regelgröße den sich ändernden Werten der Führungsgröße angeglichen wird. Diese Art der Regelung wird als Folgeregelung bezeichnet. Den qualitativen Verlauf der Regelgröße y nach einem Sprung der Führungsgröße w zeigt Abb. 36.8a.

Beispiele

- Verbrennungsregelung: bei der belastungsabhängigen Änderung einer Komponente (Brenngas) ist die andere Komponente (Luft) im konstanten Verhältnis nachzuführen;
- Metallurgischer Glühprozess: die Wärmebehandlung des Werkstücks soll sich nach einem vorgegebenen Temperatur-Zeit-Diagramm vollziehen, das regelungstechnisch einzuhalten ist. ◄

36.3.1.1 Störungs- und Rauschverhalten des Regelkreises:

Die Führungsgröße ändert sich nicht, sondern ist auf einen festen Wert eingestellt, der als Sollwert w_S bezeichnet wird. Es wirkt eine zeitveränderliche Störgröße $d(t)$, welche die Regelgröße $y(t)$ beeinflusst und dadurch eine Regeldifferenz hervorruft

$$e(t) = -y(t)\,; \quad \frac{dw}{dt} = 0\,. \tag{36.23}$$

Die Aufgabe des Regelkreises besteht jetzt darin, den Wert der Regelgröße trotz der Einwirkung einer (oder mehrerer) Störgröße(n) gleich dem Sollwert und damit konstant zu halten. Diese

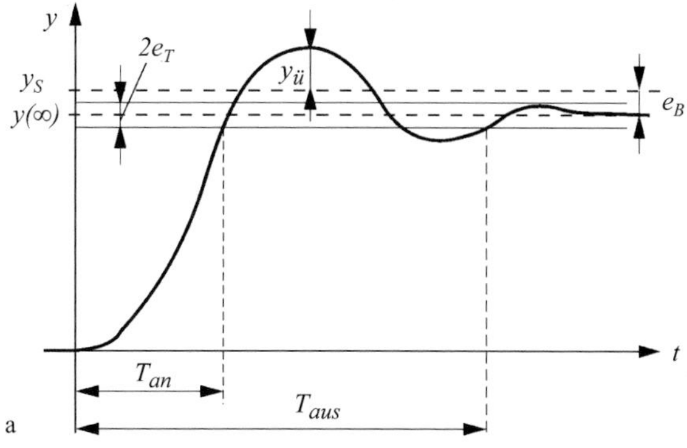

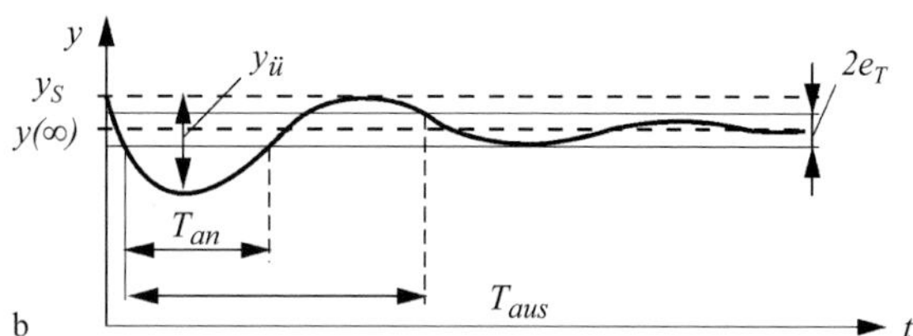

Abb. 36.8 Zeitliche Änderung der Regelgröße. **a** Nach einem Sprung der Führungsgröße; **b** nach einem Sprung der Störgröße. e_B bleibende Regeldifferenz, $y_ü$ Überschwingweite, T_{an} Anregelzeit, T_{aus} Ausregelzeit

Art der Regelung wird Festwertregelung genannt. Den qualitativen Verlauf der Regelgröße nach einem Sprung der Störgröße zeigt Abb. 36.8b. In Abb. 36.8 sind die Kennwerte der Einschwingvorgänge eingetragen. Beide Zeitverläufe zeigen im Anfangsbereich verschiedene Verläufe, da im Fall a ein früherer Sollwert („0") durch den neuen Sollwert w_S ersetzt wird, während im Fall b keine Sollwertänderung eintritt. Die Zeitverläufe streben mit wachsender Zeit einem neuen Beharrungszustand $y(\infty)$ zu, der aber nicht mit dem Sollwert w_S identisch sein muss. Die Differenz wird als bleibende Regeldifferenz $e_B = w_S - y(\infty)$ bezeichnet. Die Überschwingweite $y_ü$ ist die größte vorübergehende Sollwertabweichung des (Ist-)Wertes der Regelgröße y während des Einschwingvorganges. Bei Festlegung eines Toleranzbereiches der Breite $2\,e_T$ sind zwei Kennwerte zur Charakterisierung der Dauer des Einschwingvorganges angebbar. Die Anregelzeit T_{an} ist nach DIN IEC 60050-351 [2] die „Dauer des Zeitintervalls nach einer sprungartigen Änderung der Führungsgröße oder einer Störgröße, das beginnt, wenn die Regelgröße zum ersten Mal einen um den Sollwert der Regelgröße angeordneten vereinbarten Toleranzbereich verlässt, und das endet, wenn die Regelgröße zum ersten Mal wieder in den Toleranzbereich zurückkehrt". Dagegen ist die Ausregelzeit T_{aus} die „Dauer des Zeitintervalls nach einer sprungartigen Änderung der Führungsgröße oder einer Störgröße, das beginnt, wenn die Regelgröße zum ersten Mal einen um den Sollwert der Regelgröße angeordneten vereinbarten Toleranzbereich verlässt, und das endet, wenn die Regelgröße wieder in den Toleranzbereich zurückkehrt und darin verbleibt".

In Hinblick auf das Messrauschen n ist darauf zu achten, dass der Einfluss des Messrauschens n auf die Stellgröße u durch die Übertragungsfunktion $G_{un}(s)$ hinreichend stark begrenzt wird. In der Regel dominieren bei der Störgröße d eher niederfrequente und bei dem Messrauschen n eher höherfrequente Signalanteile. Dies lässt sich bei der Auslegung der Übertragungsfunktionen des Regelkreises nutzen, indem durch $G_{yd}(s)$ niedere Frequenzen und durch $G_{un}(s)$ höhere Frequenzen gedämpft werden.

36.3.2 Stabilität des Regelkreises

Die Kurven in Abb. 36.8 zeigen abklingende Schwingungen und damit „stabiles" Verhalten. Ein Regelsystem arbeitet genau dann stabil, wenn es nach einer z.B. sprungförmigen Änderung eines Eingangssignals (Führungs- oder Störgröße) für $t \rightarrow \infty$ eine Ruhelage einnimmt.

Die Forderung nach der regelungstechnischen Stabilität ist unabdingbar, d. h. das Regelsystem ist technisch unbrauchbar, wenn es diese Eigenschaft nicht aufweist. Darüber hinaus muss es aber bestimmte Bedingungen erfüllen; z.B. darf es bei bekanntem Maximalwert einer sprungförmig wirkenden Störgröße auch nur eine maximal zulässige Überschwingweite zulassen. Die Stabilität eines linearen Regelkreises ist somit eine notwendige, aber nicht hinreichende Eigenschaft.

Zur mathematischen Beschreibung des Stabilitätsverhaltens eines Regelkreises ist von seinen Übertragungsfunktionen auszugehen. Mit dem Nullsetzen des Nennerausdrucks von Gl. (36.14) erhält man die charakteristische Gleichung des Regelkreises

$$1 + S(s)R(s) = 0\,. \tag{36.24}$$

In algebraischer Form ergibt sich

$$a_n s^n + a_{n-1} s^{n-1} + \cdots + a_2 s^2 + a_1 s + a_0 = 0\,. \tag{36.25}$$

Aussagen über die dynamischen Eigenschaften des so beschriebenen Systems lassen sich aus den Wurzeln der charakteristischen Gleichung und somit aus den Polstellen (Eigenwerte) der Regelkreis-Übertragungsfunktion gewinnen. Da die Wurzeln s_i komplex sind ($s = \delta + j\omega$), ergibt sich in Abhängigkeit des Vorzeichens von δ für alle Lösungsanteile entweder ein aufklingender oder ein abklingender Kurvenverlauf bei jeweils unterschiedlicher Anfangshöhe und Frequenz. Somit ist die Frage nach der Stabilität aus der Lage der Wurzeln in ihrer komplexen Ebene zu beantworten (Abb. 36.9).

Ein Regelkreis ist genau dann asymptotisch stabil, wenn für die Wurzeln s_i seiner charakteristischen Gleichung gilt:

$$Re\,\{s_i\} < 0 \quad \text{für alle} \quad s_i \;(i = 1, 2, \ldots\ldots, n) \tag{36.26}$$

oder anders ausgedrückt, wenn alle Pole seiner Übertragungsfunktion in der linken s-Halbebene liegen. Dies trifft in Abb. 36.9 nur auf die Wurzel (1) und auf das konjugiert komplexe Wurzelpaar (4) zu. Die Existenz einer Wurzel (2) oder eines Wurzelpaares (5) genügt, um Instabilität zu bewirken. Den Grenzfall bildet das rein imaginäre Wurzelpaar (3); dieser Fall ist für die Praxis aufgrund entstehender konstanter Schwingungen bereits unbrauchbar, so dass für alle Wurzeln ein Mindestabstand von der imaginären Achse in Richtung des negativen Realteiles gefordert wird (gestrichelte Linie).

36.3.3 Regelgüte

Durch die Regelgüte wird beurteilt, in welchem Maße eine Regelung die gestellten Anforderungen tatsächlich erfüllt. In Abschn. 36.2 ist die Stabilität des Regelsystems als notwendige Forderung begründet worden. Die Regelgüte geht

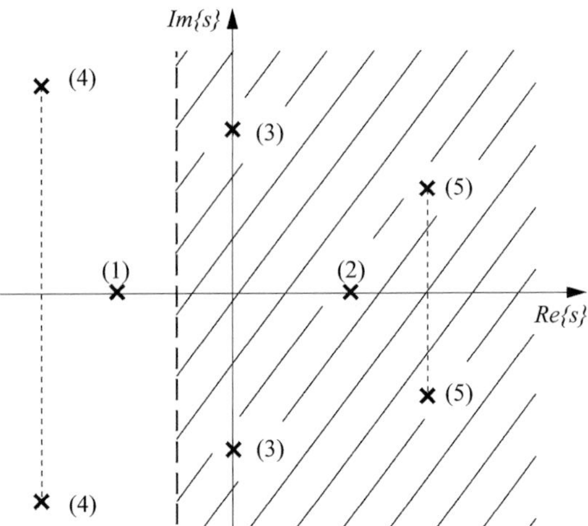

Abb. 36.9 Komplexe s-Ebene

darüber hinaus und ist hinsichtlich der gestellten Aufgabe eine hinreichende Forderung; sie schließt die Stabilität ein. Zur Beurteilung der Güte einer Regelung können die in Abb. 36.8 eingeführten Kenngrößen dienen.

Die Aufgabe besteht aber nicht nur in der Beurteilung des Regelergebnisses, sondern vor allem in der Schaffung der Voraussetzungen, die zum Erreichen dieses Ergebnisses erforderlich sind. Der Entwurf oder die Synthese der Regelung lässt sich für den Eingrößen-Regelkreis folgendermaßen beschreiben:

An einer Maschine oder technischen Anlage, welche die Regelstrecke bildet und deren Eigenschaften als vorgegeben zu betrachten sind, ist eine Größe selbsttätig zu regeln, wobei die Kenngrößen (z. B. die Überschwingweite $y_{ü}$) bestimmte Werte einhalten sollen. Mit der Vorgabe der Regelstrecke einerseits und dem vom Regelkreis zu erbringenden Ergebnis andererseits sind die Anforderungen zum Reglerentwurf definiert. Der Reglerentwurf selbst untergliedert sich in zwei Teile, die nur nacheinander bearbeitet werden können. Zuerst ist seine Struktur festzulegen; darunter versteht man das qualitative Reglerverhalten, wofür bisher der Begriff der Reglerarten (z. B. *P*-, *PI*- oder *PID*-Regler) verwendet worden ist. Erst nach der Festlegung der Reglerstruktur kann im zweiten Teil des Entwurfes die quantitative Fixierung der Einstellwerte bzw. Parameter K_P, T_I und T_D erfolgen.

Methoden und Verfahren zur Reglerparametrierung, die meist auch zur rechnergestützten Nutzung als Software vorliegen, sind u.a.:

- das Frequenzkennlinienverfahren,
- das Wurzelortskurvenverfahren,
- die Parameteroptimierung mittels Integralkriterien,
- die Betragsoptimierung,
- die Verwendung von Einstellregeln.

36.3.4 Einstellregeln für Regelkreise

In der Praxis haben sich Einstellregeln bewährt. Die günstige Reglereinstellung hängt vom Anwendungsfall ab. Bei manchen Vorgängen – z. B. bei Positionieraufgaben an Werkzeugmaschinen und Robotern im Rahmen flexibler Fertigungsprozesse – wird meist ein aperiodischer Einschwingvorgang verlangt. Bei anderen Aufgaben – z. B. bei Druck- und Durchflussregelungen – fallen dagegen Schwingungen der Regelgröße weniger oder nicht ins Gewicht, aber die Regelung muss schnell genug reagieren.

Tab. 36.1 Einstellregeln nach Ziegler und Nichols (Methode der Stabilitätsgrenze)

Reglertyp	Reglerparameter		
	K_P	T_I	T_D
P	$0.5\,K_{P\text{krit}}$	–	–
PI	$0.45\,K_{P\text{krit}}$	$0.85\,T_{\text{krit}}$	–
PID	$0.6\,K_{P\text{krit}}$	$0.5\,T_{\text{krit}}$	$0.12\,T_{\text{krit}}$

Beispiel 1

Einstellregeln von Ziegler und Nichols [3]: Die Einstellung des Reglers nach der Methode der Stabilitätsgrenze basiert auf einem Experiment am Regelkreis. Zunächst wird der vorhandene Regler als *P*-Regler betrieben (d. h.: $T_I \rightarrow \infty$ und $T_D = 0$). Dann wird die Reglerverstärkung K_P so lange vergrößert, bis nach einer sprungförmigen Störung am Streckeneingang die Regelgröße ungedämpfte Dauerschwingungen ausführt; der dabei eingestellte K_P-Wert wird als kritische Reglerverstärkung K_{Pkrit} abgelesen. Außerdem wird die Periodendauer der Dauerschwingung gemessen. Sie bildet als kritische Periodendauer T_{krit} die zweite Ergebnisgröße des Experimentes. Die Einstellwerte für einen *P*-, *PI*- oder *PID*-Regler ergeben sich dann nach Tab. 36.1. ◀

Beispiel 2

Einstellregeln nach Chien, Hrones und Reswick [4]: Das Verfahren basiert auf der Aufnahme der Übergangsfunktion der Regelstrecke, wobei eine P-T_1-T_t-Struktur gemäß Abb. 36.10 angenommen wird. Der wesentliche Anwendungsvorteil dieser Einstellregeln besteht darin, dass die Reglerparameter einerseits getrennt für günstiges Führungs- oder Störungsverhalten und andererseits nochmals

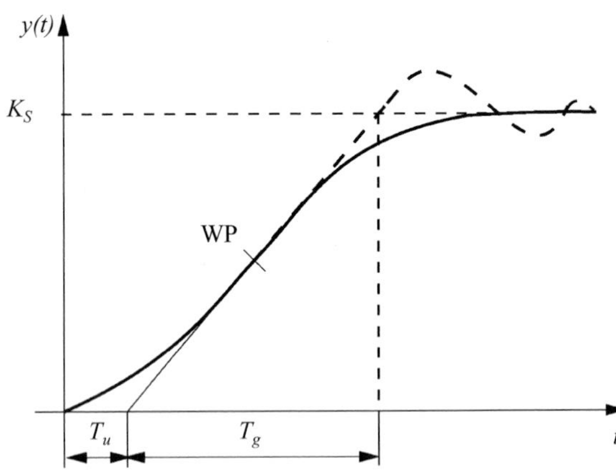

Abb. 36.10 Auswertung der Übergangsfunktion. T_u Verzugszeit, T_g Ausgleichszeit

unterteilt für einen aperiodischen oder periodischen Regelvorgang mit 20 % Überschwingweite ablesbar sind (Tab. 36.2). ◄

Beispiel 3

T-Summen-Regel von Kuhn [5]: Das Verfahren eignet sich für Regelstrecken mit s-förmiger Sprungantwort, die man u.a. in der Prozessindustrie häufig findet. Für diese Strecken wird die Summenzeitkonstante $T_{\sum}$ eingeführt. Bei Regelstrecken mit der Übertragungsfunktion

$$G(s) = K_S \cdot \frac{(1 + T_{D1}s)(1 + T_{D2}s)\ldots(1 + T_{Dm}s)}{(1 + T_1 s)(1 + T_2 s)\ldots(1 + T_n s)} \cdot e^{-T t s} \quad (36.27)$$

berechnet sich die Summenzeitkonstante zu

$$T_{\sum} = T_1 + T_2 + \cdots + T_n - T_{D1} - T_{D1} - \ldots - T_{Dm} + T_t \,. \quad (36.28)$$

In Abb. 36.10 entspricht die Summenzeitkonstante

$$T_{\sum} = T_u + T_g \,, \quad (36.29)$$

wobei diese Abschätzung oft etwas zu hohe Werte liefert. Aus der Streckenverstärkung K_S und der Summenzeitkonstante $T_{\sum}$ lassen sich die Reglerparameter nach Tab. 36.3 ableiten. ◄

36.3.5 Signalskalierung

Grundsätzlich ist bei der Implementierung der Reglerparameter aus Abschn. 36.4 zu berücksichtigen, dass industrielle PID-Regler von speicherprogrammierbaren Steuerungen und Prozessleitsystemen in der Regel Signalskalierungen vornehmen. Signalskalierungen wirken wie Verstärkungsfaktoren und müssen entsprechend berücksichtigt werden. Da die Hersteller von Automatisierungssystemen unterschiedliche Skalierungs-

Tab. 36.2 Einstellregeln nach Chien, Hrones und Reswick

Reglertyp	Aperiodischer Regelvorgang mit kürzester Dauer		Periodischer Regelvorgang mit 20 % Überschwingweite	
	bei Führung	bei Störung	bei Führung	bei Störung
P	$K_P = \frac{0{,}3}{K_S}\frac{T_g}{T_u}$	$K_P = \frac{0{,}3}{K_S}\frac{T_g}{T_u}$	$K_P = \frac{0{,}7}{K_S}\frac{T_g}{T_u}$	$K_P = \frac{0{,}7}{K_S}\frac{T_g}{T_u}$
PI	$K_P = \frac{0{,}35}{K_S}\frac{T_g}{T_u}$	$K_P = \frac{0{,}6}{K_S}\frac{T_g}{T_u}$	$K_P = \frac{0{,}6}{K_S}\frac{T_g}{T_u}$	$K_P = \frac{0{,}7}{K_S}\frac{T_g}{T_u}$
	$T_I = 1{,}2\,T_g$	$T_I = 4\,T_u$	$T_I = T_g$	$T_I = 2{,}3\,T_u$
PID	$K_P = \frac{0{,}6}{K_S}\frac{T_g}{T_u}$	$K_P = \frac{0{,}95}{K_S}\frac{T_g}{T_u}$	$K_P = \frac{0{,}95}{K_S}\frac{T_g}{T_u}$	$K_P = \frac{1{,}2}{K_S}\frac{T_g}{T_u}$
	$T_I = T_g$	$T_I = 2{,}4\,T_u$	$T_I = 1{,}35\,T_g$	$T_I = 2\,T_u$
	$T_D = 0{,}5\,T_u$	$T_D = 0{,}42\,T_u$	$T_D = 0{,}47\,T_u$	$T_D = 0{,}42\,T_u$

Tab. 36.3 T_{Σ}-Regel nach Kuhn

	Reglertyp	Reglerparameter		
		K_P	T_I	T_D
normale Einstellung	P	$1\,K_s$	–	–
	PD	$1\,K_s$	–	$0{,}33\,T_{\Sigma}$
	PI	$0{,}5\,K_s$	$0{,}5\,T_{\Sigma}$	–
	PID	$1\,K_s$	$0{,}66\,T_{\Sigma}$	$0{,}167\,T_{\Sigma}$
schnelle Einstellung	PI	$1\,K_s$	$0{,}7\,T_{\Sigma}$	–
	PID	$2\,K_s$	$0{,}8\,T_{\Sigma}$	$0{,}194\,T_{\Sigma}$

methoden verwenden, hilft hier nur ein Blick in die Reglerdokumentation.

Beispiel

Ein Drucksignal mit Messbereich $0\ldots8$ barg wird im Regler auf den reglerinternen Signalbereich $-100\ldots100\,\%$ skaliert (Abb. 36.11). Dies entspricht einem Verstärkungsfaktor von $25 = 200/8$. Ausgangsseitig wird das reglerinterne Signal auf den Signalbereich des Stellglieds $0\ldots100\,\%$ skaliert, was zu einem Verstärkungsfaktor von $0{,}5 = 100/200$ führt. ◄

Wenn für die Nachstellzeit T_I eines PID-Reglers ein Wert in der Größenordnung der Summenzeitkonstante T_{Σ} gewählt wird, liefert ein Wert von 1 für das Produkt aller Verstärkungsfaktoren des Regelkreises häufig einen sinnvollen Startpunkt für das Einstellen der Reglerparameter.

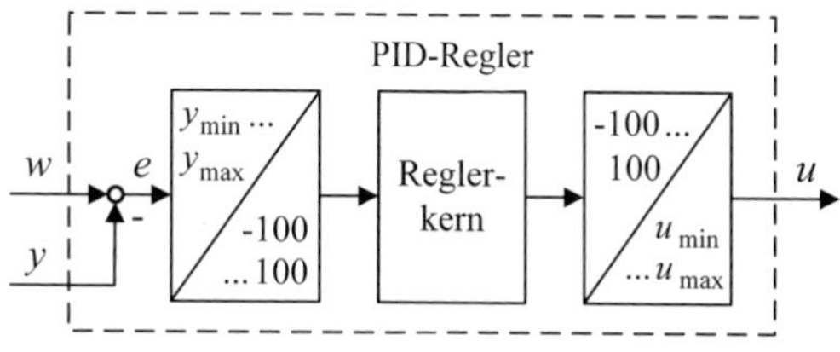

Abb. 36.11 Beispiel für Signalskalierung eines industriellen PID-Reglers

36.4 Spezielle Formen der Regelung

Bei einer Regelung kann trotz sorgfältigster Wahl der Einstellwerte der Fall eintreten, dass die gewünschten Gütekennwerte des Einschwingvorganges nicht erreicht werden. Die Ursache dafür liegt im Widerspruch zwischen der Kompliziertheit der gegebenen Regelstrecke und dem angestrebten Regelergebnis. So stellt sich z. B. die Regelbarkeit von Strecken mit mehrfachen Verzögerungsanteilen (Strecken höherer Ordnung) oder mit einem Totzeitanteil als ungünstig dar; das Verhältnis T_u/T_g ist dann relativ groß. Wenn auf dem Wege der Parametrierung keine Ergebnisverbesserung mehr zu erzielen ist, muss dies auf der Grundlage einer veränderten Struktur geschehen. Der Regelkreis, der bisher nur aus einer Schleife bestand, wird durch die Hinzunahme einer zweiten Schleife strukturell erweitert; es entsteht eine mehrschleifige Regelung.

36.4.1 Regelung mit Störgrößenaufschaltung

Die Störgrößenaufschaltung wird eingesetzt, um bei Festwertregelungen die Störbelastung der Hauptschleife zu reduzieren und auf diesem Weg die Regelgüte zu erhöhen (Abb. 36.12). Die gemessene Störgröße, die im verallgemeinerten Fall zwischen den Teilen $S_1(s)$ und $S_2(s)$ in die Regelstrecke einmündet, wird in einem Steuerglied mit der Übertragungsfunktion $R_d(s)$ multipliziert und als Ausgangsgröße der nun zusätzlich entstandenen Schleife dem Regler $R(s)$ zugeführt. Die gezeichnete Art der Einmündung konkretisiert sich bei praktischen Anwendungen in die Zuführung am Eingang oder am Ausgang des Reglers. Damit ist ein zusätzlicher Informationsweg entstanden, dessen Wirkung den Originaleinfluss der Störgröße auf die Regelgröße durch Kompensation aufheben kann.

Abb. 36.12 Regelkreis mit Störgrößenaufschaltung

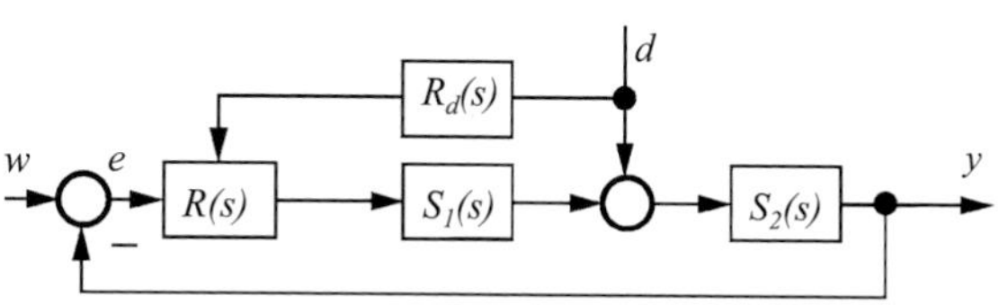

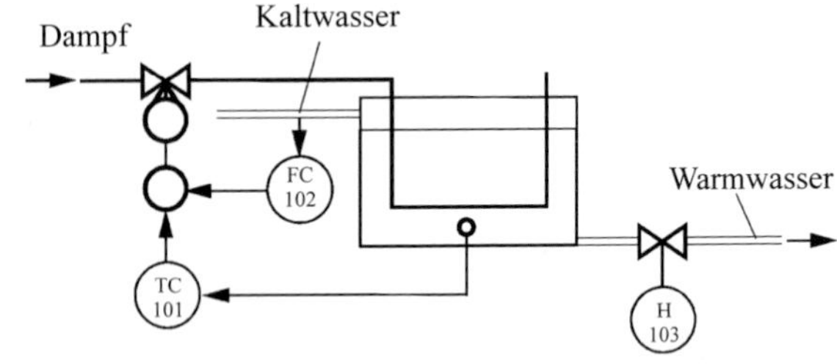

Abb. 36.13 Temperaturregelung mit Durchflussaufschaltung

Beispiel

Dampfbeheizter Wasserdurchlauferhitzer. Die Temperatur T des Entnahmewassers ist konstant zu halten (Abb. 36.13). Neben anderen Störeinflüssen (z. B. schwankende Vorlauftemperatur des Kaltwassers, Wärmeverluste des Systems) wirkt vor allem die unterschiedliche Wasserentnahmemenge (Durchfluss F) als dominierende Störgröße. Auf Grund der dynamischen Eigenschaften der Regelstrecke, die eine P-T_n-T_t-Struktur aufweist, ist diese Hauptstörgröße nicht schnell genug ausregelbar. Mit ihrer Messung und der daraus folgenden Zusatzbetätigung des Stellgliedes für den Dampfstrom wird der Temperaturänderung entgegengewirkt und eine höhere Regelgüte erzielt. ◂

36.4.2 Kaskadenregelung

Die Kaskadenregelung (Abb. 36.14) oder Regelung mit Hilfsregelgröße wird zur Erfüllung hoher Güteansprüche bei einer trägen oder totzeitbehafteten Regelstrecke verwendet. Sie beruht auf der zusätzlichen Messung einer Hilfsregelgröße y_h, die über den verzögerungsarmen Streckenteil $S_1(s)$ rascher auf die Stellgröße u reagiert als die Regelgröße y selbst. Damit kann mittels eines Folgereglers $R_1(s)$ ein relativ schneller Hilfsregelkreis betrieben und die äußere Schleife mit dem Führungsregler $R_2(s)$ wesentlich entlastet werden. Auf diese Weise sind für das Gesamtsystem eine Stabilitätsverbesserung und ein günstigeres dynamisches Verhalten erzielbar. Dies gilt insbesondere für eine Eingangsstörung wie d_1; durch die Tätigkeit des Hilfsregelkreises gelangt der Störeinfluss nicht mehr durch den Streckenteil $S_2(s)$ bis zur Regelgröße y, sondern wird „auf kurzem Wege" aufgehoben.

Beispiel

Antriebsregelung. Für die Verbesserung des dynamischen Verhaltens von Gleichstromantrieben ist die Einführung unterlagerter Regelkreise ein bewährtes Hilfsmittel; typisch ist die Positionierung (Lageregelung) mit unterlagerter Drehzahl- und nochmals unterlagerter Ankerstromregelung. ◂

36.4.3 Zweipunkt-Regelung

Im Gegensatz zu hohen Güteanforderungen (Abschn. 36.3) sind bei vielen regelungstechnischen Aufgaben die gestellten Anforderungen vergleichsweise gering. Für solche Anwendungen, die überwiegend Festwertregelungen sind, kann aus Gründen der Kosteneinsparung

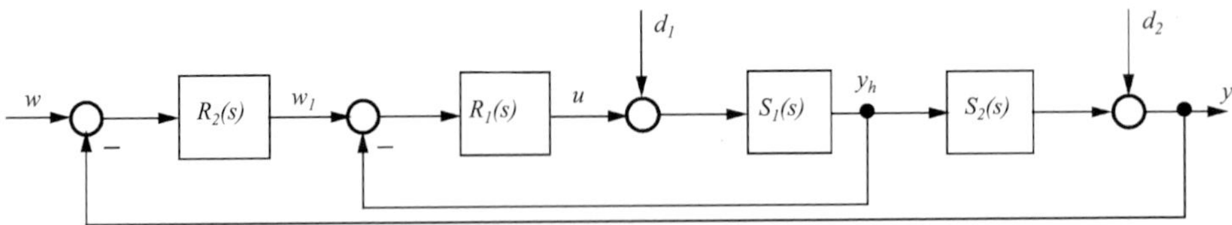

Abb. 36.14 Regelkreis mit Hilfsregelgröße (Kaskadenregelung)

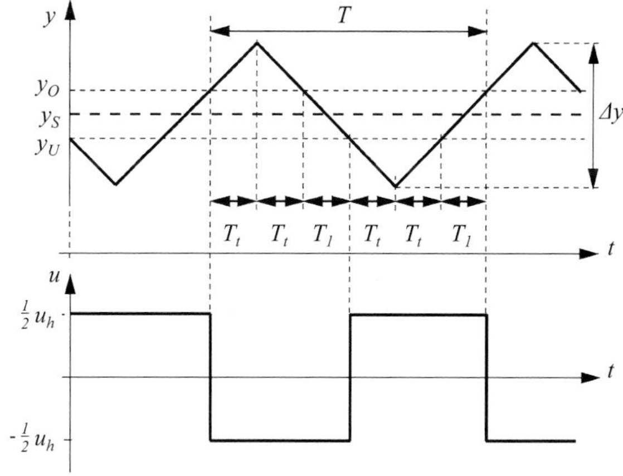

Abb. 36.15 Regelgrößenverlauf beim Einsatz eines Zweipunktreglers mit Schaltdifferenz an einer I-T_t-Strecke

ein unstetiger oder nichtlinearer Regler eingesetzt werden. Seine Stellgrößenänderung überstreicht nicht wie beim linearen (stetigen) Regler einen zu durchfahrenden Wertebereich, sondern beschränkt sich auf lediglich zwei Werte (Abb. 35.10c,d). Infolge der ein- und ausschaltenden Stellgröße erreicht auch die Regelgröße keinen Beharrungszustand, sondern führt um ihn herum ständige Schwankungen aus, die sog. Arbeitsbewegung. Diese Pendelungen gehören zum Wesen einer Zweipunktregelung und sind nicht als Instabilität im Sinne des linearen Regelkreises zu bewerten. Es ist charakteristisch für die Amplitude der Arbeitsbewegung, dass sie relativ klein gegenüber dem Sollwert ist und praktisch oft gar nicht bemerkt wird.

Beispiele für Zweipunktregelungen

- Drehzahlregelung mit Fliehkraft-Kontakt-Regler (z. B. bei Notstromaggregaten zur Erzeugung konstanter Spannung trotz schwankender Belastung);
- Standregelung in Behältern mit diskreter (Grenzwert-) Standmessung (z. B. durch den Einsatz von kapazitiven, induktiven oder berührungsempfindlichen Sensoren). ◄

Abb. 36.15 zeigt den Regelgrößenverlauf beim Einsatz eines Zweipunktreglers mit Schaltdifferenz an einer I-T_t-Strecke, die im mittleren Zeit- und Frequenzbereich näherungsweise zugleich eine P-Strecke mit Verzögerung abbildet. Die Amplitude und die Periodendauer der Arbeitsbewegung lassen sich leicht berechnen, wenn der nachstehende Betrag der Änderungsgeschwindigkeit von y zugrundegelegt wird

$$|\dot{y}| = K_{IS}\frac{1}{2}u_h\,. \tag{36.30}$$

Die Amplitude der Arbeitsbewegung ergibt sich aus der Schaltdifferenz zuzüglich der aus der Totzeit resultierenden Überschwingbewegung. In die Periodendauer T geht die Totzeit vierfach ein; hinzu kommt zweimal die Zeitspanne T_1, die sich durch die Schaltdifferenz und die Änderungsgeschwindigkeit ausdrücken lässt

$$\Delta y = y_d + 2K_{IS}\frac{1}{2}u_hT_t = y_d + K_{IS}u_hT_t\,, \tag{36.31}$$

$$\begin{aligned} T &= 4T_t + 2T_1 \\ &= 4T_t + 2\frac{y_d}{K_{IS}0{,}5u_h} \\ &= 4\left(T_t + \frac{y_d}{K_{IS}u_h}\right)\,. \end{aligned} \tag{36.32}$$

Die Ergebnisse verdeutlichen, dass die Amplitude und die Periodendauer der Arbeitsbewegung sowohl von Streckenparametern als auch von der Schaltdifferenz des Reglers und seinem Stellbereich abhängig sind. Bei gegebener Regelstrecke leiten sich daraus Möglichkeiten zum Entwurf von Zweipunktregelungen ab. So kann z. B. mit einer Grundlast der Stellgröße gearbeitet werden; die Zweipunktregelung hat nur noch die Restarbeit zu erbringen, womit sich die Arbeitsbewegung wesentlich verkleinert. Weiterhin lassen

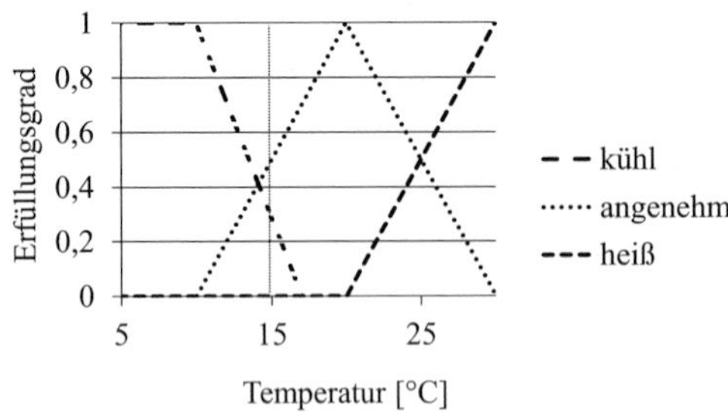

Abb. 36.16 Beispiel für die Zuordnung der Raumtemperatur von 15 °C zu drei unscharfen Mengen.

sich zur Erzielung einer höheren Schaltfrequenz zusätzliche Rückführungen (bei Temperaturregelungen z. B. die thermische Rückführung) mit Erfolg einsetzen.

36.4.4 Fuzzy-Regelung

Die Fuzzy-Regelung basiert auf der Theorie der unscharfen Logik [6], die Objekte nicht wie in der klassischen binären Logik eindeutig einer Grundmenge zuordnet, sondern einen Grad der Zugehörigkeit definiert. Damit lassen sich mit der Fuzzy-Logik sogenannte unscharfe Mengen (engl.: Fuzzy sets) bilden, in denen jedes Element einen Zugehörigkeitsgrad zwischen 0 und 1 besitzt. So hat in Abb. 36.16 eine Temperatur von 15 °C für den Zustand „kühl" einen Erfüllungsgrad von 0,3 sowie für den Zustand „angenehm" den Grad 0,5 und für den Zustand „heiß" den Grad 0.

Zu den Fuzzy-Mengen werden Regeln aufgestellt, die ein entsprechendes Stellverhalten definieren. Für die Temperatur aus Abb. 36.16 können Regeln wie folgt definiert werden:

- Wenn die Temperatur „kühl" ist, dann soll stark geheizt werden.
- Wenn die Temperatur „heiß" ist, dann soll nicht geheizt werden.

Die Anwendung dieser Regeln auf die Eingangsgröße ermöglicht über ein geeignetes mathematisches Inferenz-Verfahren die Bestimmung einer unscharfen Menge für die Ausgangsgröße, aus der z.B. über ein Flächen-Schwerpunktsverfahren die Stellgröße ermittelt wird (Abb. 36.17). Die Programmierung von Fuzzy-Reglern für speicherprogrammierbare Steuerungen ist herstellerunabhängig definiert in der Richtlinie DIN EN 61131-7 [7].

Fuzzy-Regler ermöglichen das Einbringen von Expertenwissen über sprachlich formulierte Regeln oft auf Basis empirischen Erfahrungs- und Prozesswissens. Sie können damit für die Regelung nicht-linearer Prozesse mit mehreren Eingangs- und Ausgangsgrößen entworfen werden, ohne dass ein mathematisches Modell des Prozesses erforderlich ist. Damit kann empirisches Expertenwissen eines bekannten Prozesses ohne mathematisches Modell relativ einfach in die Regelung eingebunden werden. Der Regler hat zunächst nur statische Eigenschaften, wobei je nach Aufbau der Regelbasis nichtlineare Funktionen, wie Totzone oder Hysterese, relativ frei festgelegt werden können. Durch Einbindung integraler und differentialer Anteile kann ein Fuzzy-Regler ähnliche Eigenschaften wie ein PID-Regler erhalten. Unterschiedlich sind allerdings die Entwurfsverfahren und die Darstellungen der Regleralgorithmen.

Beispiel

Die Regeldifferenz e wird aus Führungsgröße w und Regelgröße y gebildet (Abb. 36.18). Diese Größe sowie ihre zeitliche Ableitung werden als zwei getrennte Eingangsvariablen

Abb. 36.17 Struktur und funktionale Elemente von Fuzzy-Control [7]

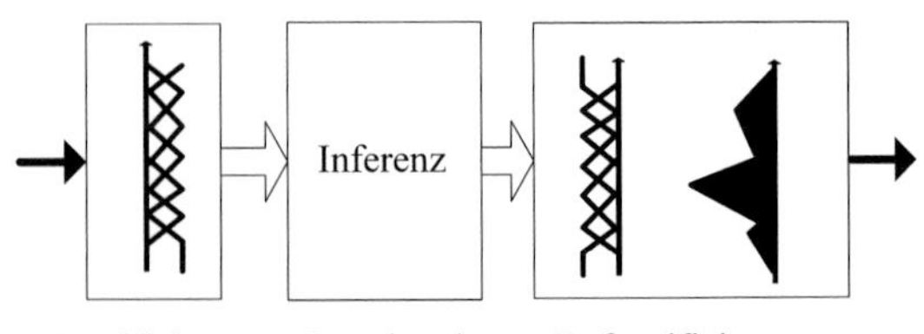

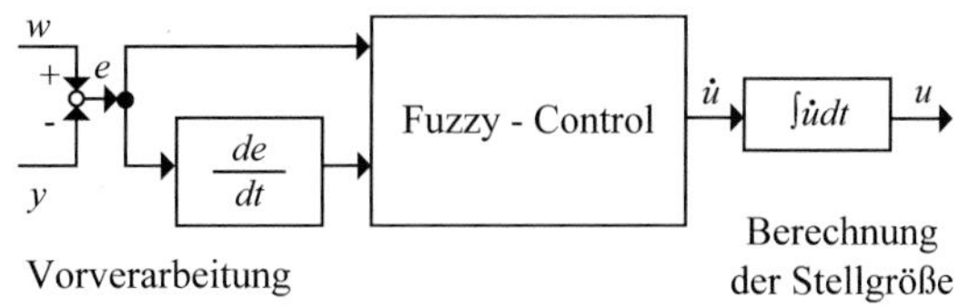

Abb. 36.18 Beispiel einer Fuzzy-basierten Regelung [7]

an den Fuzzy-Control-Block übergeben, dessen Ausgangsvariable nach Integration als Stellgröße u verwendet wird. Je nach Auslegung des Fuzzy-Control-Blocks kann dieses System sich ähnlich wie ein PI-Regler verhalten oder es können zur Verbesserung der Regelgüte gezielt nichtlineare Elemente eingebaut werden. ◀

Der Entwurf klassischer linearer Regelungssysteme basiert meist auf einer Modellbildung der Strecke und darauf aufbauend auf einem Reglerentwurf nach den Kriterien aus Abschn. 36.3. Dagegen werden Fuzzy-Regler meist heuristisch auf Basis von Erfahrungswissen entworfen. Als Folge werden Fuzzy-Regler von Nicht-Regelungstechnikern oft als übersichtlicher und anschaulicher als klassische Methoden empfunden.

Literatur

1. Åström, K.J.: Control System Design – Lecture Notes for ME 155A. Lund Institute of Technology, Lund (2002)
2. Norm DIN IEC 60050-351:2014-09: Internationales Elektrotechnisches Wörterbuch – Teil 351: Leittechnik (IEC 60050-351:2013)
3. Ziegler, J. G.; Nichols, N. B.: Optimum settings for automatic controllers. Trans. ASME, 64, S. 759–768 (1942)
4. Chien, K.L., Hrones, J. A., Reswick, J. B.: On the Automatic Control of Generalized Passive Systems. In: Transactions of the American Society of Mechanical Engineers., Bd. 74, Cambridge (Mass.), USA, Februar, S. 175–185, (1952)
5. Kuhn, U.: Eine praxisnahe Einstellregel für PID-Regler – Die T-Summen-Regel, Automatisierungstechnische Praxis, Nr. 5, S. 10–16, (1995)
6. Zadeh, L. A.: Fuzzy sets. Information and Control, 8, S. 338–353 (1965)
7. Norm DIN EN 61131-7:2001-11, Speicherprogrammierbare Steuerungen – Teil 7: Fuzzy-Control-Programmierung (IEC 61131-7:2000)

Mechatronische und regelungstechnische Systeme

37

Dietmar Göhlich, Heinz Lehr und Jan Hummel

37.1 Einführung

Mechanische Systeme in Form von Maschinen und Geräten nutzen i. A. die Wandlung elektrischer, thermischer, chemischer oder mechanischer Energie in die jeweils benötigte Energieform. Dabei muss die Steuerung und Regelung des Energieflusses sowie des Gesamtprozesses aufgrund der zunehmenden Komplexität technischer Systeme eine hohe Flexibilität aufweisen. Dies erfordert, dass die messtechnische Erfassung von Prozess- und Störgrößen möglichst vollständig durch Sensoren gesichert ist sowie eine intelligente Informationsverarbeitung erfolgt. Demgemäß ist eine Festverdrahtung analoger Baugruppen nur noch selten anzutreffen. Meist werden Digitalrechner eingesetzt, wodurch die gesamte Informationstechnik zur Anwendung gelangt. Die Wissensbasis des Fachgebiets Mechatronik umfasst daher gegenwärtig folgende Gebiete: Informationsverarbeitung, Maschinenbau und Feinwerktechnik sowie Elektrotechnik und Elektronik (vgl. Abb. 37.1). Ziel ist es dabei, durch Verknüpfung und integrativen Einsatz dieser Wissensgebiete eine ganzheitliche und übergreifende Denkweise zu erreichen. Es ist zu erwarten, dass – produktgetrieben – zukünftig weitere Disziplinen, z. B. Mikrosystemtechnik und Werkstoffwissenschaft, in die Wissensbasis und Methodik der Mechatronik mit einbezogen werden.

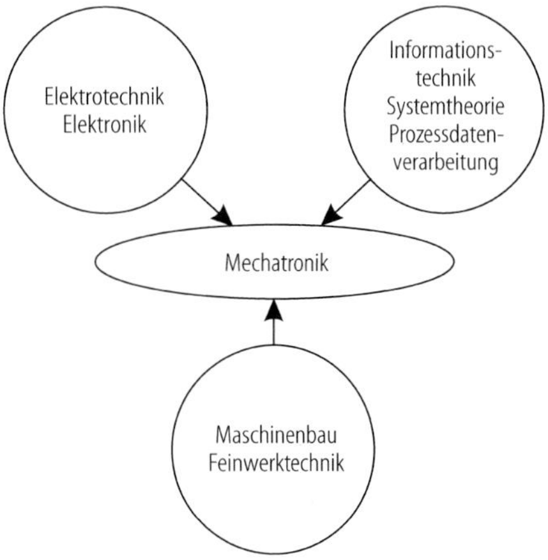

Abb. 37.1 Gegenwärtige ingenieurwissenschaftliche Basis der Mechatronik

D. Göhlich (✉)
Fachgebiet Methoden der Produktentwicklung und Mechatronik, Fakultät Verkehrs und Maschinensysteme, Technische Universität Berlin
Berlin, Deutschland
E-Mail: dietmar.goehlich@tu-berlin.de

H. Lehr
vormals Technische Universität Berlin
Berlin, Deutschland
E-Mail: heinz.lehr@tu-berlin.de

J. Hummel
vormals Technische Universität Berlin
Berlin, Deutschland
E-Mail: jan.hummel@gmx.de

37.2 Modellbildung und Entwurf

Der herkömmliche Prozess zur Entwicklung eines elektromechanischen Systems beginnt mit der mechanischen Auslegung von Maschinen und Geräten unter Berücksichtigung energetischer

B. Bender und D. Göhlich (Hrsg.), *Dubbel Taschenbuch für den Maschinenbau 2: Anwendungen*,
https://doi.org/10.1007/978-3-662-59713-2_37

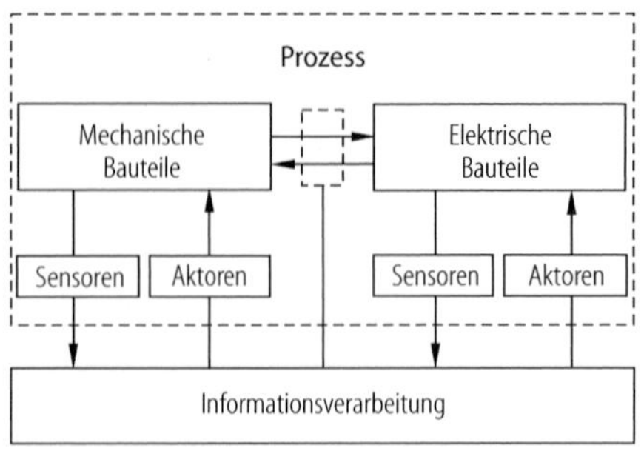

Abb. 37.2 Elemente eines mechatronischen Systems

Gesichtspunkte. Dem schließt sich die funktionelle Verknüpfung der Komponenten durch analoge Bauteile oder auch Mikrorechner sowie die Entwicklung von Kontrollalgorithmen an. Nachteilig bei dieser sequentiellen Vorgehensweise ist, dass jede Festlegung bei einer Teilstufe des Designprozesses die Freiheitsgrade der nachfolgenden Entwicklungsschritte begrenzt. Dies kann zu höheren Kosten und Einschränkungen der Funktionsweise des Produkts führen.

Das methodische Vorgehen der Mechatronik beim Systementwurf beruht im Gegensatz dazu auf der *gleichzeitigen Optimierung* und gegenseitigen Abstimmung der Systemmodule, um statt der bloßen Addition von Einzelfunktionen durch gezielte Verlagerung von Teilaufgaben in mechanische, elektrische oder elektronische Systemkomponenten verbesserte Eigenschaften des Gesamtsystems zu erzielen. So führt z. B. der Ersatz steifer mechanischer Bauteile durch Leichtbauelemente zu erheblichen Einsparungen von Gewicht, Material und Fertigungskosten. Die elastischen und zur Schwingung neigenden mechanischen Leichtbauteile lassen sich durch die Verknüpfung von Sensoren, elektronischen Komponenten und Aktoren steif halten und bedämpfen (Abb. 37.2). Teilaufgaben eines mechanischen Systems werden also von elektronischen Komponenten übernommen. Gleichermaßen ist es aber auch nicht mehr erforderlich, die Kennlinie von Aktoren durch aufwändige konstruktive und fertigungstechnische Maßnahmen zu linearisieren. Diese Aufgabe lässt sich durch das Zusammenwirken von Sensoren, z. B. zur Wegmessung, und lokalen Mikroprozessoren wahrnehmen.

37.3 Komponenten

37.3.1 Sensoren

Messsysteme, sogenannte Sensoren, ermöglichen die Erfassung von Zuständen eines Prozesses. Dabei wandelt ein Sensor die zu messende physikalische Größe in ein elektrisches Ausgangssignal um, das zur Weiterverarbeitung dient.

Im einfachsten Fall besteht ein Sensor aus einem *Wandler*, der direkt ein elektrisches Ausgangssignal erzeugt, beispielsweise einem Piezoelement, das bei einer elastischen Deformation elektrische Ladung abgibt. Häufig ist es jedoch zweckmäßig, vor der Signalwandlung *Messgrößenumformer* einzusetzen (Abb. 37.3). Mechanische Messgrößen wie Kraft oder Drehmoment lassen sich z. B. über Hebel, Getriebe oder Federelemente wieder in mechanische Messgrößen wie Länge, Winkel, Kraft oder Deformation umformen. Die mechanisch-elektrische Wandlung kann z. B. über den induktiven Abgriff eines Tauchspulensystems, über optische Winkelinkrementalaufnehmer, den elektrischen Widerstand von Dehnungsmessstreifen (DMS) oder über Kapazitätsänderungen erfolgen. Darstellungen von Wirkprinzipien für Messverfahren sind z. B. in [1–3] zu finden.

Das elektrische Ausgangssignal des Wandlers erfährt meist noch eine elektronische Aufbereitung. Typische Operationen sind: Signalverstärkung, Filterung, Linearisierung der Kennlinie, Einstellung des Nullpunkts sowie die Umsetzung analoger in digitale Signale. Dabei ist es die Integration von Sensorelement und Signalaufbereitung, die den Begriff Sensor prägt (vgl. Abb. 37.3), im Unterschied zur früher genutzten Bezeichnung Messwertaufnehmer.

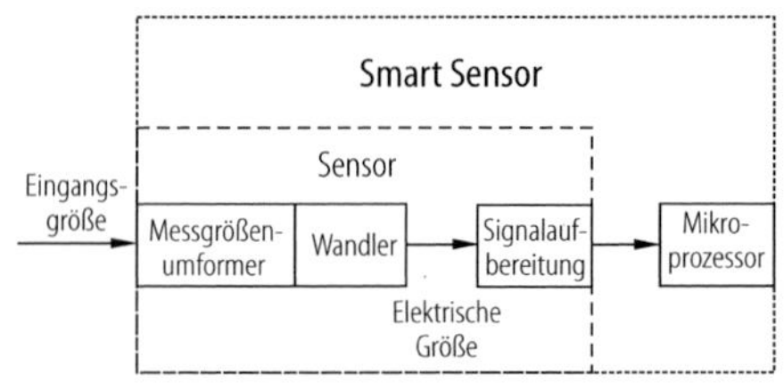

Abb. 37.3 Prinzipieller Aufbau von Sensoren

Viele Mikrosensoren lassen sich mit Verfahren der Halbleitertechnik *monolithisch integriert* fertigen, d. h. Sensorelement und Auswerteelektronik werden mittels einheitlicher Technologien auf *einem Siliziumchip* hergestellt. Mit zunehmender Komplexität der Messgrößenumformer ist es jedoch häufig erforderlich, zur *hybrid integrierten* Fertigung überzugehen [3]. Die Herstellung von Sensorelement und Wandler erfolgt durch unterschiedliche Fertigungstechnologien. Die Elemente bilden nach einem Fügeprozess wieder eine Einheit. In beiden Fällen spricht man von *integrierten Sensoren*, deren Signale anhand standardisierter Schnittstellen an Mikroprozessoren weitergeleitet werden.

Durch Integration von Sensor und Mikroprozessor (Abb. 37.3) entstehen „intelligente" Sensoren (smart sensors). Sie ermöglichen die Verlagerung von Operationen vom zentralen Rechner auf die Sensorebene, z. B. für Korrekturfunktionen, Selbsttests, Eigenkalibrierung, Protokollierung, Diagnose und Überwachung von Systemfunktionen. Intelligente Sensoren kommunizieren über Bussysteme und ggf. mit einer Zentraleinheit.

Intelligente Sensorsysteme werden z. B. im großen Maßstab in modernen Pkw eingesetzt. Sie dienen zur Messung des Ansaug- und Brennraumdrucks sowie der durchströmenden Luftmasse, erleichtern das Motormanagement, führen zu höherer Leistungsfähigkeit der Motoren und geringerem Brennstoffverbrauch. Beschleunigungssensoren messen die Linearbeschleunigung für die Fahrwerk- und Dynamikregelung, wohingegen Drehratensensoren und dreiachsige Sensorsysteme Messsignale zur aktiven Steuerung von Dämpfern und Federungen liefern sowie zur Fahrzeugnavigation beitragen.

37.3.2 Aktoren

Aktoren wandeln elektrische Stellsignale meist in mechanische Prozessstellgrößen. In einer offenen Wirkungskette (open loop system) steuert das Programm eines Mikrorechners durch den Eingriff eines Aktors z. B. Materieströme oder Energieflüsse. Zur Änderung des festen Steuerungsprogramms dient eine Mensch-Maschine-Schnittstelle (Tastatur, Bildschirm).

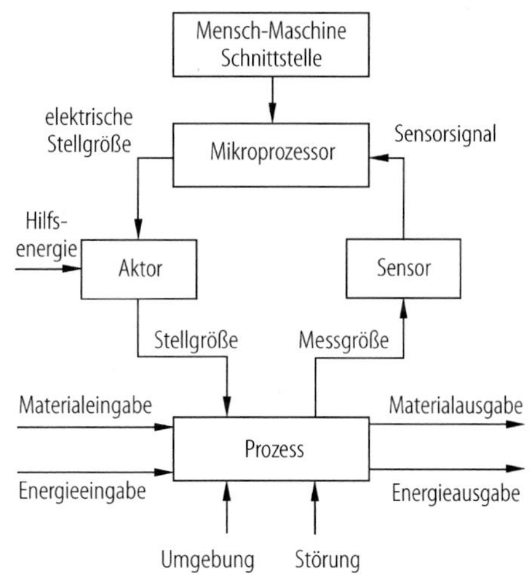

Abb. 37.4 Wirkungskette eines geschlossenen mechatronischen Systems

Automatisierte Prozesse nutzen geschlossene Wirkungsketten (closed loop system, Abb. 37.4), bei denen Sensoren den Prozesszustand messtechnisch erfassen und die Messsignale dem Steuerungsrechner zuführen. Anhand einer vorgegebenen Regelstrategie werden dann Stellsignale für den Aktor ermittelt.

Die Grundstruktur eines Aktors verdeutlicht der linke Teil von Abb. 37.5. Ein Energiesteller steuert über ein elektrisches Stellsignal Hilfsenergie, die ihm in Form von elektrischer, pneumatischer oder hydraulischer Energie zugeführt wird. Somit wirkt ein Energiesteller als Verstärker. Als typisches Beispiel diene ein Netzgerät, bei dem gemäß einem analogen Eingangssignal die Ausgangsleistung gesteuert wird.

Dem Energiesteller ist meist noch ein Energiewandler nachgeschaltet, der die primäre Energie des Energiestellers in mechanische Energieformen wandelt (Abb. 37.5).

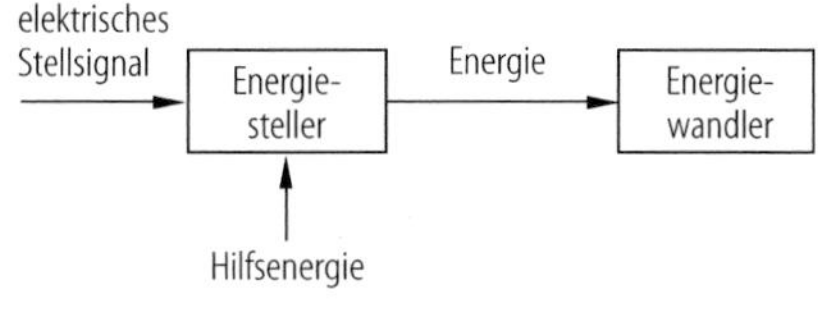

Abb. 37.5 Prinzipieller Aufbau eines Aktors

Der durch Abb. 37.5 gegebene Aufbau eines Aktors sei am Beispiel eines Hubmagneten verdeutlicht. Das elektrische Stellsignal dient zur Steuerung eines Netzgeräts (Energiesteller), dessen elektrische Energie zunächst in magnetische Feldenergie und anhand des Reluktanzprinzips in mechanische Energie gewandelt wird.

Zur systematischen Einteilung der Aktoren lässt sich das jeweils angewandte Prinzip der Energiewandlung nutzen. Tab. 37.1 vermittelt einen Überblick der gängigen Wandler mit mechanischem Ausgang sowie den zugrunde liegenden Energiewandlungsprinzipien. Ausführlichere Darstellungen verschiedener Aktoren finden sich in [4–6].

Eine Gegenüberstellung der für den technischen Einsatz verschiedener Aktortypen wesentlichen Eigenschaften vermittelt Abb. 37.6, das die Stellkraft als Funktion der minimalen und maximalen Stellwege zeigt [7]. Die kleinsten Stellwege und die besten Positioniergenauigkeiten lassen sich auch bei großer Stellkraft mit *Piezoaktoren* erzielen. Allerdings ist der Stellbereich von Piezoaktoren sehr klein. Gleichstrom- und Schrittmotoren mit Spindelantrieben erlauben gleichermaßen eine hohe Stellgenauigkeit, dies aber bei größerem Stellbereich und mit ähnlich großer Stellgeschwindigkeit wie Piezoaktoren [6]. Elektromagnete werden aufgrund ihres einfachen und kompakten Aufbaus außer in Schaltern und Relais auch als präzise Stellantriebe eingesetzt. Grundlage hierfür ist die Auslegung der Magnetkraft-Weg-Kennlinie durch Formgebung von Anker und Ankergegenstück mittels FE-Programmen [6]. Häufig gelingt es, den Magnetkreis zusätzlich als Sensor zu nutzen, um das System aktiv zu beeinflussen. Trotz der geringeren Positioniergenauigkeit stellen Hydraulikantriebe aufgrund ihrer kompakten Bauweise und großen Stellkräfte eine interessante Alternative dar, wenn nur ein begrenzter Bauraum vorhanden ist.

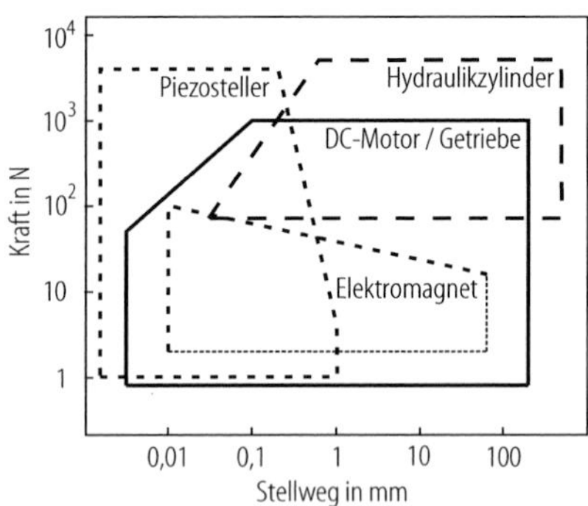

Abb. 37.6 Stellkräfte und Stellwege der gebräuchlichsten Aktoren

Elektromotoren, ggf. mit nachgeschaltetem Getriebe, sind aufgrund ihrer Robustheit, universellen Verwendbarkeit sowie der überall verfüg-

Tab. 37.1 Energiewandler und Wandlungsprinzipien für Aktoren

Wandlertyp	Physikalisches Prinzip	Ausführungsbeispiele
Elektrodynamisch	Kraft auf stromdurchflossene Leiter im Magnetfeld (Lorentzkraft)	Gleich-, Wechselstrommotor, Tauchspule, Linearmotor
Elektromagnetisch	Kraftwirkung an Grenzflächen mit unterschiedlicher magnetischer Leitfähigkeit	Reluktanzmotor, Hubmagnet, Dreh- und Schwingmagnete
Pneumatisch	Druckdifferenz, Verdrängungsströmung	Schubmotor, Membranantrieb
Hydraulisch	Druckdifferenz, Verdrängungsströmung	Translations-, Rotationsmotor
Piezoelektrisch	Dickenänderung eines Piezokristalls durch Anlegen einer Spannung	Biegewandler, Stapeltranslator, Inchworm-, Ultraschallmotor
Magnetostriktiv	Längen-, Querschnittsänderung ferromagnetischer Werkstoffe im Magnetfeld	Translatoren, Sonarsysteme, Wurmmotor, Ventilantrieb
Thermobimetall	Unterschiedliche Wärmeausdehnung der Materialien eines Schichtverbunds	Brandschutzsicherheitseinrichtungen, Thermoschalter
Formgedächtnis	Temperaturbedingte Gefügeumwandlung	Stell- und Sicherheitselemente
Dehnstoff	Temperaturbedingte Volumenänderung	Stellantrieb, Thermostat
Elektrochemisch	Druckänderung durch elektrochemische Reaktion	Positionierer, Gasdosierer, Dehnungs-, Stellelement
Magneto/elektrorheologisch	Viskositätsänderung im elektrischen/magnetischen Feld	Kupplungen, Stoßdämpfer, Pumpenantrieb

baren elektrischen Energie als Stellantriebe nach wie vor beliebt. Durch den steigenden Einsatz von Weg- oder Winkelsensoren im geschlossenen Regelkreis lässt sich trotz Reibung, Alterung und mechanischem Spiel eine hohe Positioniergenauigkeit bei guter Stelldynamik erzielen. Allgemein ist festzustellen, dass viele Aktoren längst mechatronische Systeme darstellen, bei denen sich Nichtlinearitäten und Hysteresefehler durch adaptive Lageregelung korrigieren und Havariefälle durch intelligente Fehlerüberwachung vermeiden lassen.

37.3.3 Prozessdatenverarbeitung und Bussysteme

Rechnerbausteine. Für die Prozessdatenverarbeitung stehen eine Reihe von Rechnersystemen zur Verfügung, deren Aufbau und Struktur an die jeweilige Aufgabe angepasst ist. Dabei eignen sich handelsübliche PCs (Mikrocomputer) mit Standard-Prozessoren schon sehr gut für die Überwachung und Kontrolle mechatronischer Systeme. Ein Mikrocomputer besteht aus drei wesentlichen Funktionseinheiten: dem Mikroprozessor (µP) als Zentraleinheit, dem Hauptspeicher (RAM, ROM) sowie der Ein/Ausgabeeinheit (Abb. 37.7), über die Daten von peripheren Einheiten (Monitor, Tastatur, Speicher) bidirektional transportiert werden. Der µP besteht aus einem ausführenden Teil, dem Rechenwerk und einem steuernden Teil, dem Leitwerk. Das Leitwerk liest während eines Befehlszyklus einen Befehl aus dem Hauptspeicher (RAM, ROM) aus, der durch ein Programm vorgegeben ist. Die Befehlsausführung geschieht im Rechenwerk [8]. Der einfache sequentielle Ablauf eines Programms lässt sich bei vielen µPs durch Unterbrechung (*interrupt*) anhalten, wobei das Unterbrechungssignal durch ein Ereignis (Ereignisinterrupt) oder auch in regelmäßigen Zeitabständen (Zeitinterrupt) ausgelöst wird und z. B. den µP veranlasst, zu einem anderen Programmmodul zu springen.

Prozessrechner. Im Unterschied zur normalen Datenverarbeitung, bei der Programme Daten sequentiell bearbeiten, regelt und verwaltet ein

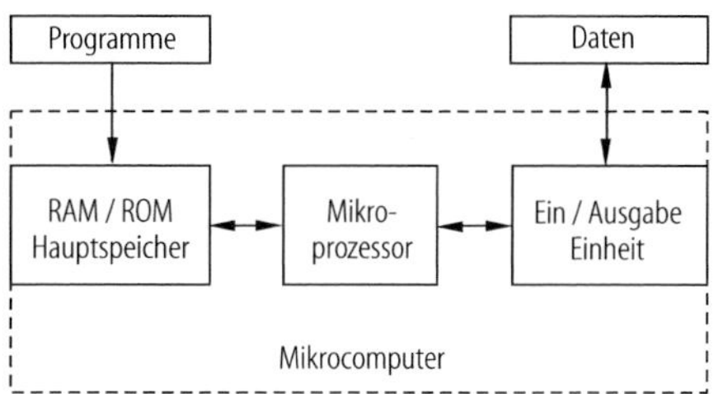

Abb. 37.7 Aufbau eines Mikrocomputers

Prozessrechner dynamische Abläufe. Oft sind in kurzer Zeit verschiedene externe Ereignisse zu berücksichtigen, d. h. der Rechner muss mit einer Geschwindigkeit reagieren, welche an die zu regelnden Prozesse angepasst ist. Dies gilt für eine ganze Reihe von Aufgaben (tasks), sowohl für die Erfassung von Daten als auch für deren folgerichtige Verarbeitung sowie den Regelvorgang, d. h. die Berechnung und Übermittlung von Stellsignalen an Aktoren [9, 10]. Es sind daher spezielle Programmierungstechniken erforderlich (Echtzeitprogramm), die insbesondere die Steuerung des Bearbeitungsablaufs durch miteinander zusammenwirkende Programme sowie die Wechselwirkung mit der Umgebung berücksichtigen. *Echtzeitfähigkeit* ist die Eigenschaft eines Rechensystems, Rechenprozesse ständig ablaufbereit zu halten, derart, dass innerhalb einer vorgegebenen Zeitspanne auf Ereignisse im Ablauf eines technischen Prozesses reagiert werden kann. Bei Rechnersystemen für die Echtzeitdatenverarbeitung (real-time dataprocessing) gilt deshalb die Angabe einer maximalen Reaktionszeit auf ein beliebig auftretendes Ereignis als Qualitätskriterium.

Schon bei einer einfachen Durchflussregelung muss der Rechner ständig einen Ist-Soll-Wertvergleich durchführen (Task 1) und bei Abweichungen das Stellsignal eines Aktors errechnen (Task 2). Meist sind aber noch Temperatur, Druck und andere Parameter zu überwachen, die gleichermaßen einer Regelung bedürfen. Bei *Echtzeitsystemen* sind daher verschiedene Rechenprozesse (Tasks) gleichzeitig aktiv. Die Lösung dieser Aufgabe wird im Rahmen der Echtzeitprogrammierung als *Multitasking* bezeichnet. Aus Kostengründen wurde früher nur *ein* Prozessor eingesetzt. Sinkende Hardwarepreise ermöglichen nunmehr Parallelrechnersysteme, sodass die einzelnen Prozesse auf verschiedenen Prozessoren ablaufen. Dabei werden Multiprozessorsysteme (gemeinsamer Zugriff verschiedener Prozessoren auf einen Speicher) und Multicomputer (jeweils eigene Speicher) eingesetzt. Eine Zwischenstellung nehmen *Transputer* ein. Dies sind Ein-Chip-Rechner, die über kleine Speicher verfügen und aufgrund ihrer Schnittstellenarchitektur besondere Eignung für die Parallelisierung zeigen.

Durch die gleichzeitige Bearbeitung verschiedener Prozesse können Konfliktsituationen auftreten, z. B. dadurch, dass mehrere Tasks auf die gleichen Daten zugreifen oder ein Prozess warten muss, bis ein anderer Prozess seine Aufgabe beendet hat. Bei der Echtzeitprogrammierung ist es daher im Allgemeinen notwendig, auf die Betriebssystemebene zuzugreifen, die z. B. Routinen für die Regelung der Zeitreihenfolge bei der Ausführung mehrerer Prozesse zur Verfügung stellt (Synchronisation) oder auch prioritätsgesteuerte Prozesswechsel über Interruptbefehle erlaubt. Dies ist durch Erweiterungen der Programmiersprachen FORTRAN und BASIC möglich. Für die Echtzeitprogrammierung wurden jedoch auch spezielle Programmiersprachen wie PEARL und ADA geschaffen. Weit verbreitet sind Lösungen in C und C++ mit Zugriff auf die Betriebssystemebene [10].

Spezielle an die Abläufe der Steuerungs- und Regelungstechnik angepasste µPs sind Mikrocontroller (µC), die auf *einem* Chip einen µP, Speicher für Programme und Daten, Schnittstellen für Steuerung und Kommunikation, A/D-Wandler sowie Taktgeber und Interruptfunktionen für die Echtzeitdatenverarbeitung enthalten. Darüber hinaus sind noch digitale Signalprozessoren (DSP) zur schnellen Signalverarbeitung im Einsatz, die für rechenintensive Operationen (z. B. Fast Fourier Transformation, FFT) gegenüber „normalen“ µPs aufgrund ihrer Architektur extrem kurze Zeiten benötigen.

Signale. Die an den Rechner gelangenden Messsignale liegen meist zeitdiskret vor und können z. B. im Systemtakt zum Rechner gelangen. Da technische Prozesse häufig zeitlich periodisch veränderliche Werte abgeben, muss der Abtastvorgang (Abtastfrequenz f_S) ausreichend viele Datenpunkte liefern, sodass noch die höchste im Signal vorkommende Frequenz f_{max} erfasst wird. Nach Shannon muss dann gelten: $f_S > 2\, f_{max}$ [11]. Dies ist insbesondere dann erforderlich, wenn außer zeitdiskreten Amplitudenwerten auch das Signalfrequenzspektrum zur Verfügung stehen soll. In diesem Fall bietet sich zur Entlastung des Mikrocomputers der Einsatz eines DSP zur Durchführung der FFT an. Allerdings erhält man selbst bei Nutzung schneller DSPs infolge der begrenzten Datenmenge und der endlichen Signallänge nur eine Approximation des Signalspektrums. Dies lässt sich durch Signalmodelle und den Einsatz von Formfiltern verbessern [12].

Bussysteme. Infolge der dezentralen Anordnung von Mikrocontrollern und Mikrorechnern sowie der Zunahme des digitalen Signalaustauschs im Echtzeitbetrieb, wurde es notwendig, die Form des Datenverkehrs echtzeittauglich zu strukturieren. Hierfür wurden Bussysteme geschaffen, die einerseits als standardisierte Schnittstelle für die einzelnen Bauteile eines mechatronischen Systems dienen, andererseits aber auch anstatt der sternförmigen Vielfachverdrahtung von Sensoren und Aktoren an einer Zentraleinheit, die Mehrfachnutzung von Leitungen ermöglichen. Im Bereich der prozessnahen Mess- und Regelungstechnik haben sich eine Reihe von Feldbussystemen etabliert, die teilweise genormt sind. Hierzu gehören: PROFIBUS und INTERBUS-S [1] sowie CAN-Bus [13], die serielle Übertragungstechniken nutzen, d. h. die Binärzeichen zur Informationsübertragung erscheinen zeitlich nacheinander. Hierbei lassen sich preisgünstige Zweidrahtleitungen einsetzen, die aus Gründen der Störsicherheit verdrillt sind (twisted-pair).

CAN (Controller Area Network) wurde von Bosch zunächst für die Vernetzung von Bauteilen in Kraftfahrzeugen entwickelt. CAN-Netze haben jedoch aufgrund hoher Übertragungsraten und guter Störsicherheit inzwischen eine weite Verbreitung gefunden. Abb. 37.8 zeigt den prinzipiellen Aufbau eines CAN-Netzes. Am Kno-

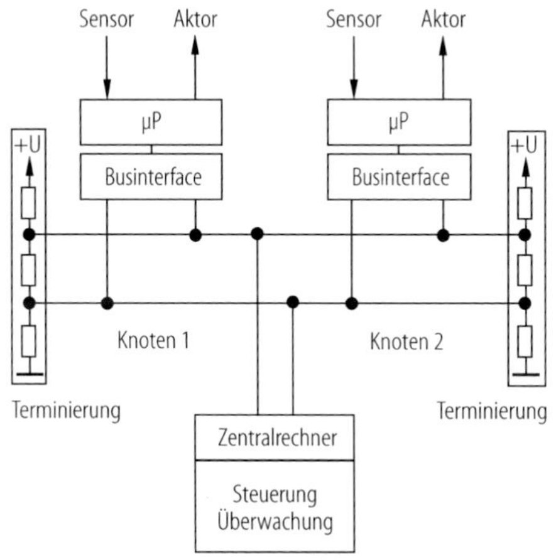

Abb. 37.8 Schematischer Aufbau eines CAN-Netzes

ten 1 werden Sensorsignale über Mikroprozessoren verarbeitet und zur Prozessregelung lokal für die Aktorbetätigung eingesetzt (z. B. Durchflussregelung). Am Knoten 2 wird z. B. eine Temperatur gemessen und über Relais nach Bedarf Heizleistung geschaltet. Die Teilprozesse kommunizieren miteinander und mit einem übergeordneten Zentralrechner, der zur zentralen Steuerung und Überwachung dient. Als Verbindung dienen twisted-pair Kabel, die jeweils an den Enden durch Widerstandsnetzwerke zur Reflexionsminderung terminiert sind.

Infolge der Mehrfachnutzung der Leitung darf während einer Übertragung nur ein einziger Sender wirksam sein, um Kollisionen zu vermeiden. Beim CAN-Bus prüft ein sendewilliger Teilnehmer zunächst nach, ob die gemeinsame Busleitung frei ist (carrier sense). Dabei ist jede Station gleichberechtigt. Wenn die Busleitung frei ist, darf jede Station spontan zugreifen (multiple access). Das beim CAN-Bus genutzte CSMA/CA (carrier sense multiple access collision avoid) Medienzugangsverfahren beruht darauf, dass für alle Teilnehmer eine Vereinbarung besteht, welcher logische Pegel (Bit) als „dominant" gilt. Sendet Station 1 eine Bitfolge, so überprüft eine andere sendewillige Station 2 den Identifier am Kopf der Nachricht bitweise, ob ihre Bitfolge durch dominante Bits überschrieben ist. Falls dies eintrifft, bricht Station 2 die Übertragung ab und schaltet auf „zuhören". Die Busvergabe wird also durch die Teilnehmer direkt geregelt. CAN Bausteine können bis zu 1 Mbit/s übertragen, identifizieren anhand Prüfsummen fehlerhafte Nachrichten und veranlassen die Wiederholung dieser Nachrichten.

37.4 Beispiele mechatronischer Systeme

Hochpräziser Positioniertisch. Ein Scanning-Tunneling-Mikroskop (STM) [14] erlaubt auf einfache Weise, dreidimensionale Bilder elektrisch leitfähiger Oberflächen mit höchster Auflösung aufzunehmen. Hierzu wird eine leitfähige spitze Probe (wenige Atomlagen) mit sehr geringem Abstand zur Oberfläche des Materials bewegt und mit einer Spannung beaufschlagt. Dabei fließt ein Tunnelstrom, der sich als Funktion des Abstands zur Oberfläche exponentiell verändert. Die z-Bewegung der Spitze erfolgt über einen Piezosteller, gesteuert durch den Tunnelstrom. Für die Lateralbewegung des Materials lassen sich u. a. Positioniertische einsetzen, die prinzipiell dem Aufbau in Abb. 37.9 entsprechen.

Ein Piezoaktor (PZT) steht mit einem an einer Blattfederführung (Invar) aufgehängten Tisch in kraftschlüssiger Verbindung. Durch Anlegen einer Spannung an das PZT-Element lässt sich der Tisch in x-Richtung auslenken, wobei in z-Richtung eine hohe Steifigkeit besteht. Die Tischbewegung wird durch einen Abstandssensor detektiert. Der hier genutzte preisgünstige kapazitive Abstandssensor besitzt eine nichtlineare Kennlinie ($C \propto 1/x$), die jedoch in einem µP leicht li-

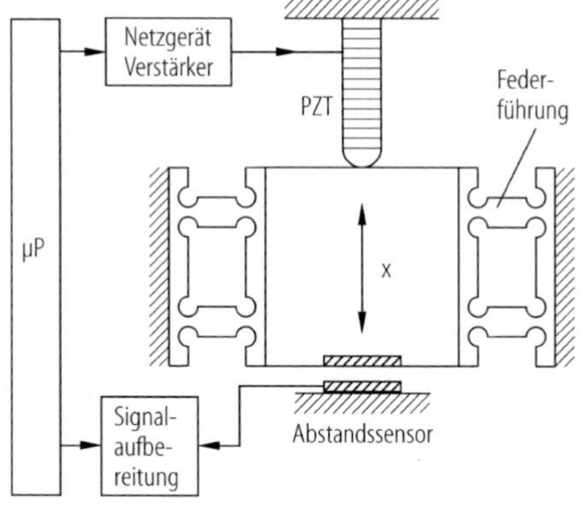

Abb. 37.9 Hochpräziser Positioniertisch (schematisch)

nearisierbar ist. Durch den Abstandssensor lassen sich gleichermaßen Hysterese und Nichtlinearität des Piezoaktors kontrollieren (closed loop system), sodass insgesamt eine Positioniergenauigkeit von 1 nm bei einem Hub von 100 µm erreichbar ist. Die hierbei erzielbare Präzision wird erst durch das Zusammenwirken der mechanischen und elektronischen Komponenten möglich und ließe sich durch einen rein mechanischen oder elektromechanischen Aufbau nicht erreichen. Eine noch höhere Genauigkeit und Auflösung erhält man durch die Beschränkung auf kleinere Lateralhübe. Einsatzgebiete von Nanopositioniertischen: Zellbiologie, Nanoelektronik, Nanospeichertechnik u. v. a. m.

Sogenannte Atomic-Force-Mikroskope (AFM) ermöglichen auch die Vermessung nichtleitender Oberflächen. Allgemein werden STM und AFM unter dem Begriff Scanning-Probe-Mikroskope (SPM) zusammengefasst. Die Anwendungen in Biologie, Physik, Chemie usw. sind äußerst vielfältig. Ein Vergleich der lateralen Auflösung von Lichtmikroskop (0,5 µm), Rasterelektronenmikroskop (5 nm) und SPM (0,1 nm) zeigt die große Bedeutung der lateralen Positioniergenauigkeit der Proben.

Hochpräzisionsdrehvorrichtung. Bei der hochpräzisen Feindrehbearbeitung von Leichtmetallen mit Diamant- oder Hartmetallwerkzeugen treten infolge kleiner Schnitttiefen geringe Schnittkräfte auf. Die Rundheit des Werkstücks wird daher wesentlich durch Abweichungen der Spindel von der idealen Rundlaufbewegung bestimmt. Definiert man Rundheit f_R durch die Differenz von maximalem (d_{max}) und minimalem (d_{min}) Durchmesser eines Werkstücks: $f_R = d_{max} - d_{min}$, so lässt sich mit Wälzlagern ein Wert von $f_R = 0{,}5\,\mu m$ erreichen. Bei speziellen Anwendungen in der Luftfahrt und der optischen Kommunikationstechnik reicht dies jedoch nicht aus. Hier sind Werte von $f_R < 0{,}3\,\mu m$ gefordert. Dies lässt sich z. B. durch den Einsatz einer luftgelagerten Spindel erreichen [15]. Eine andere Möglichkeit besteht darin, die Rundlauffehler der Spindel beim Drehprozess zu detektieren und durch eine aktive Bewegung des Drehmeißels auszugleichen.

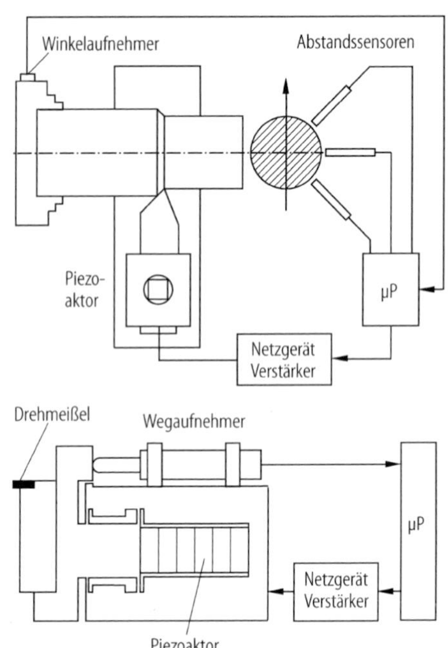

Abb. 37.10 Hochpräzisionsdrehvorrichtung (schematisch)

Abb. 37.10 zeigt die prinzipielle Anordnung einer solchen Einrichtung [16]. Drei ortsfeste Abstandssensoren dienen zur Bestimmung der winkelabhängigen Lageabweichung (Winkelaufnehmer) in x- und y-Richtung und erlauben somit eine direkte Kontrolle der Rundheit des Werkstücks (oberes Bild). Ein µP errechnet die erforderliche Korrekturbewegung des an Blattfedern aufgehängten Werkzeugs durch einen Piezoaktor (Abb. 37.10 unten). Hysterese und Nichtlinearität des Piezoaktors lassen sich durch einen Wegaufnehmer korrigieren. In [16] wird berichtet, dass eine solche Anordnung nach kurzem Lernprozess eine Rundheit des Werkstücks von $f_R = 30$ nm beim Drehen von Aluminiumzylindern mit einem Durchmesser von 42 mm ermöglicht. Rundlauffehler einer Spindel lassen sich daher durch eine preisgünstige Anordnung aus Sensoren, Aktor, µP und geeigneter Software ausgleichen. Die dabei erzielten Rundheitswerte sind besser als sie mit handelsüblichen Drehspindeln erreichbar sind [15].

Antiblockiersystem (ABS). Systeme zur automatischen Verhinderung des Blockierens von

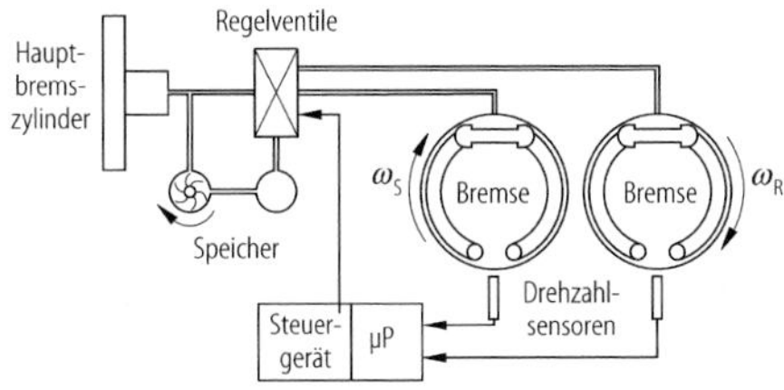

Abb. 37.11 Prinzipieller Aufbau einer ABS-Anlage

Bremsen sind schon geraume Zeit bei PKWs im Einsatz und tragen entscheidend zur Fahrstabilität und Lenkbarkeit der Fahrzeuge bei [17]. Bei einer Bremsung sorgt das ABS für eine optimale Ausnutzung der Bremsfähigkeit und verhindert auch bei nasser (Aquaplaning) sowie glatter Fahrbahn ein Blockieren der Räder. Die prinzipielle Funktionsweise eines solchen Systems lässt sich anhand Abb. 37.11 demonstrieren. Bei einem Bremsvorgang wirken Kräfte von der Fahrbahn auf die Räder, die sich elastisch verformen. Es tritt eine Differenz zwischen Radumfangs- und Fahrzeuggeschwindigkeit auf, definiert durch $\lambda = \Delta v/v$ 100 %, wobei ein frei rollendes Rad die Winkelgeschwindigkeit ω_R aufweist und ein gebremstes Rad die Winkelgeschwindigkeit ω_S. Der Schlupf wird damit $\lambda = (\omega_R - \omega_S)/\omega_R$ 100 %, sodass ein frei rollendes Rad einen Schlupf von $\lambda = 0\,\%$ und ein blockiertes Rad einen Schlupf von $\lambda = 100\,\%$ aufweist. Wird der Schlupf zu groß, ist keine stabile Bremsung möglich.

Durch Betätigung des Hauptbremszylinders wird Bremsdruck in den Radzylindern aufgebaut. Drehzahlsensoren ermitteln an den Reifen sowohl die aktuellen Drehzahlwerte als auch deren Änderung. Sinkt an einem Rad die Drehzahl beim Bremsen im Vergleich zu anderen Rädern sehr stark, mindert ein Regelventil dort den Bremsdruck. Die ABS-Anlage sorgt dabei nicht nur für einen optimalen Bremsvorgang und kurzen Bremsweg, sondern verhindert auch durch Einzelregelung der Druckwerte in den Radzylindern das Ausbrechen des Fahrzeugs (Abb. 37.11).

Magnetlager. Magnetlager (ML) bieten eine Reihe einzigartiger Vorteile: es lassen sich bei rotatorischen Anwendungen sehr hohe Drehzahlen erreichen, da vernachlässigbare Reibmomente wirken. Weiterhin ist keine Schmierung erforderlich, sodass ML im Vakuum und in Reinräumen einsetzbar sind. Schließlich sind sie über einen weiten Temperaturbereich (−250 °C bis 450 °C) nutzbar. ML werden vornehmlich in Motorspindeln für die *Hochgeschwindigkeitszerspanung*, in *Turbomolekularpumpen* sowie bei Zentrifugen eingesetzt [18]. Als Linear-Magnetführung werden sie für Werkzeugmaschinen und z. B. beim Transrapid angewandt.

Bei Motorspindeln erfolgt die Lagerung der Drehachse mit voneinander unabhängigen Axial- und Radiallagern, wobei z. T. große Lagerdurchmesser mit hoher Gesamtsteifigkeit zum Einsatz kommen. Abb. 37.12 zeigt schematisch den Aufbau eines aktiven Radiallagers mit außenliegendem Rotor aus ferromagnetischem Material. Die Polarität der innen liegenden geblechten Polpakete wechselt über dem Umfang. Zur Stabilisierung der x, y-Koordinaten erfolgt eine aktive Luftspaltregelung. Die z-Achse ist nicht eigenstabil, sodass noch ein Axiallager erforderlich ist. Die Lageabweichung des Rotors wird über *induktive Abstandssensoren* detektiert und im vorliegenden Beispiel zur Stromänderung in den Polspulen genutzt. Infolge der großen Geschwindigkeit moderner µPs sind inzwischen auch digitale Re-

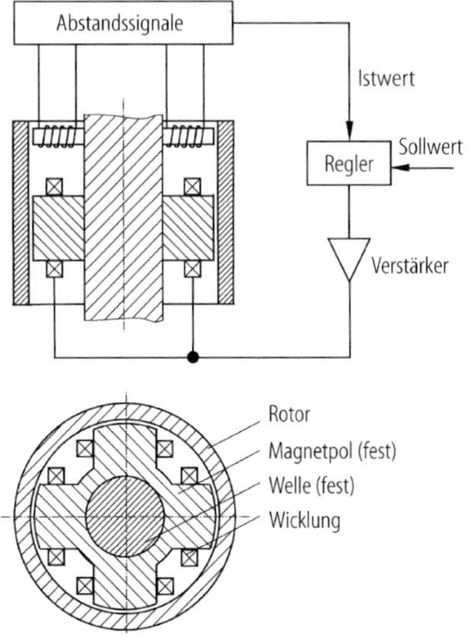

Abb. 37.12 Aktive Luftspaltregelung bei einem Radiallager mit Außenläufer (schematisch)

37

gelsysteme im Einsatz [18]. Über die Regelparameter lässt sich die Lagersteifigkeit einstellen und die Vibrationsneigung unterdrücken, die insbesondere bei passiven ML unangenehm in Erscheinung treten kann.

Da die herrschenden Kräfte stark nichtlinear vom Luftspalt abhängen und die Stellkräfte nichtorthogonal wirken, ist eine Modellierung und Analyse der Systemeigenschaften besonders wichtig, um mit sorgfältig eingestellten Regelparametern die geforderte Lagegenauigkeit des Rotors von etwa 1 μm zu erreichen [19].

Literatur

Spezielle Literatur

1. Gevatter, H.-J. (Hrsg.): Handbuch der Meß- und Automatisierungstechnik. Springer, Berlin (1999)
2. Tränkler, H.-R., Obermeier, E.: Sensortechnik. Springer, Berlin (1998)
3. Ristic, L.: Sensor Technology and Devices. Artech House, Boston, London (1994)
4. Janocha, H.: Aktoren, Grundlagen und Anwendungen. Springer, Berlin (1992)
5. Jendritza, D.J.: Technischer Einsatz neuer Aktoren. expert, Renningen-Malmsheim (1995)
6. Kallenbach, E., Bögelsack, G. (Hrsg.): Gerätetechnische Antriebe. Hanser, München, Wien (1991)
7. Frischgesell, T.: Modellierung und Regelung eines elastischen Fahrwegs. VDI Fortschr.-Ber. Reihe 11, Nr. 248. VDI, Düsseldorf (1997)
8. Scholze, R.: Einführung in die Mikrocomputertechnik. Teubner, Stuttgart (1990)
9. Früh, K.F. (Hrsg.): Handbuch der Prozeßautomatisierung. Oldenbourg, München, Wien (1997)
10. Olsson, G., Piani, G.: Steuern, Regeln, Automatisieren. Hanser, Prentice-Hall, München, Wien, London (1993)
11. Unbehauen, H.: Regelungstechnik, Bände I bis III. Vieweg, Braunschweig Wiesbaden (1997)
12. Isermann, R.: Identifikation dynamischer Systeme, Bände I und II. Springer, Berlin (1992)
13. Lawrenz, W.: CAN controller area network. Hüthig, Heidelberg (1994)
14. Binnig, G., Rohrer, H., Gerber, C., Weibel, E.: Phys Rev Lett **49**, 57 (1982)
15. Weck, M.: Werkzeugmaschinen – Fertigungssysteme 2. Springer, Berlin (1997)
16. Li, C.J., Li, S.Y.: To improve workpiece roundness in precision diamond turning by in situ measurement and repetitive control. Mechatronics **6**(5), 523–535 (1996)
17. Seiffert, U.: Kraftfahrzeugtechnik. In: Dubbel, Taschenbuch für den Maschinenbau, 19. Aufl. Springer, Berlin (1997)
18. Youcef-Toumi, K.: Modeling, design and control integration. IEEE/ASME Trans Mechatronics **1**(1), 29–38 (1996)
19. Schweitzer, G., Maslen, E.H. (Hrsg.): Magnetic bearings. Springer, Heidelberg (2009)

Weiterführende Literatur

Gerlach, G., Dötzel, W.: Grundlagen der Mikrosystemtechnik. Hanser, München, Wien (1997)

Heinemann, B., Gerth, W., Popp, K.: Mechatronik. Hanser, München, Wien (1998)

Hewit, J.R.: Mechatronics. Springer, New York (1993)

Isermann, R.: Identifikation dynamischer Systeme, Bände I und II. Springer, Berlin (1992)

Isermann, R.: Mechatronische Systeme, Grundlagen. Springer, Berlin (1999)

Johnson, J., Picton, P.: Designing intelligent machines Bd. 2. Butterworth-Heinemann, Oxford (1995)

Roddeck, W.: Einführung in die Mechatronik. Teubner, Stuttgart (1997)

Rzevski, G. (Hrsg.): Designing intelligent machines, vol. 1. Butterworth-Heinemann, Oxford (1995)

Shetty, D., Kolk, R.A.: Mechatronics system design. PWS Publishing Company, Boston (1997)

Mechatronics. The Science of Intelligent Machines, Elsevier, ISSN: 0957-4158

IEEE/ASME Transactions on Mechatronics. The Institute of Electrical and Electronics Engineers, ISSN: 1083-4435

Sensors and Actuators A: Physical, Elsevier, ISSN: 0924-4247

Journal of Micromechanics and Microengineering. Bristol: Institute of Physics Publishing, ISSN: 1361-6439

Literatur zu Teil VII Regelungstechnik

Bücher

Bothe, H.-H.: Neuro-Fuzzy-Methoden. Springer, Berlin (1998)

Böttiger, A.: Regelungstechnik, 3. Aufl. Oldenbourg, München (1998)

Cremer, M.: Regelungstechnik, 2. Aufl. Springer, Berlin (1995)

Dörrscheidt, F., Latzel, W.: Grundlagen der Regelungstechnik, 2. Aufl. Teubner, Stuttgart (1993)

Föllinger, O.: Regelungstechnik, 10. Aufl. Hüthig, Heidelberg (2008)

Gassmann, H.: Regelungstechnik, 2. Aufl. Deutsch, Frankfurt (2004)

Geering, H.P.: Regelungstechnik, 6. Aufl. Springer, Berlin (2013)

Koch, M., Kuhn, Th., Wernstedt, J.: Fuzzy Control. Oldenbourg, München (1996)

Latzel, W.: Einführung in die digitalen Regelungen. Springer, Berlin (2012)

Lunze, J.: Regelungstechnik Bd. I, 11. Aufl. 2016; Bd. II, 9. Aufl. Springer, Berlin (2016)

Lutz, H., Wendt, W.: Taschenbuch der Regelungstechnik, 10. Aufl. Deutsch, Frankfurt (2014)

Merz, L., Jaschek, H.: Grundkurs der Regelungstechnik, 15. Aufl. Oldenbourg, München (2010)

Orlowski, P.F.: Praktische Regeltechnik, 10. Aufl. Springer, Berlin (2013)

Reinhardt, H.: Automatisierungstechnik. Springer, Berlin (1996)

Zacher, S., Reuter, M.: Regelungstechnik für Ingenieure, 15. Aufl. Springer Vieweg, Berlin (2017)

Samal, E., Becker, W.: Grundriß der praktischen Regelungstechnik, 21. Aufl. Oldenbourg, München (2004)

Unbehauen, H.: Regelungstechnik Bd. I, 15. Aufl. 2008; Bd. II, 9. Aufl. Vieweg+Teubner, Wiesbaden (2007)

Walter, H.: Grundkurs Regelungstechnik: Grundlagen für Bachelorstudiengänge aller technischen Fachrichtungen und Wirtschaftsingenieure, 3. Aufl. Springer Vieweg, Berlin (2013)

Normen und Richtlinien (Berlin: Beuth-Verlag)

DIN EN 60027: Formelzeichen für die Elektrotechnik, Teil 6: Steuerungs- und Regelungstechnik. (2008)

DIN EN 61131: Speicherprogrammierbare Steuerungen, Teil 1: Allgemeine Informationen, Teil 3: Programmiersprachen. (2004)

DIN EN 62424: Darstellung von Aufgaben der Prozessleittechnik – Fließbilder und Datenaustausch zwischen EDV-Werkzeugen zur Fließbilderstellung und CAE-Systemen. (2010)

DIN IEC 60050-351: Internationales Elektrotechnisches Wörterbuch – Teil 351: Leittechnik. (2009)

Teil VIII
Fertigungsverfahren

Die Fertigungstechnik ist Teil der industriellen Produktionstechnik und trägt damit entscheidend zur Wertschöpfung unseres Landes bei. Die wissenschaftliche Durchdringung der Vielfalt der Fertigungsverfahren erfordert eine systematische Aufbereitung, die Gemeinsamkeiten der Verfahren und Spezifika erkennen lässt. Arbeitsteilige Wirtschaften bedürfen planerischer und organisatorischer Methoden, mit denen Fertigungs- und Fabrikbetriebe weiter entwickelt und optimiert werden können.

Übersicht über die Fertigungsverfahren 38

Berend Denkena

38.1 Definition und Kriterien

Fertigen ist Herstellen von Werkstücken geometrisch bestimmter Gestalt (*Kienzle*).

Anders als die übrigen Produktionstechniken, das sind die Verfahrenstechnik (chemische, thermische oder mechanische Verfahrenstechnik, s. Bd. 3, Teil IV) oder die Energietechnik (s. Bd. 3, Teil VIII), erzeugt die Fertigungstechnik Produkte, die durch *stoffliche* und *geometrische* Merkmale gekennzeichnet sind. Zum Fertigen bedarf es folglich neben technologischer auch geometrischer Informationen über die Form des herzustellenden Werkstücks. Diese können physisch in einem formgebenden Werkzeug wie z. B. beim Gesenkschmieden oder digital in Dateien oder Programmen wie in einer numerischen Steuerung gespeichert sein (Abb. 38.1). Die digitale Repräsentanz der Arbeitsinformationen (geometrische und technologischer Informationen) ermöglichen einen ununterbrochenen Informationsfluss über sämtliche Stufen des Herstellungsprozesses hinweg.

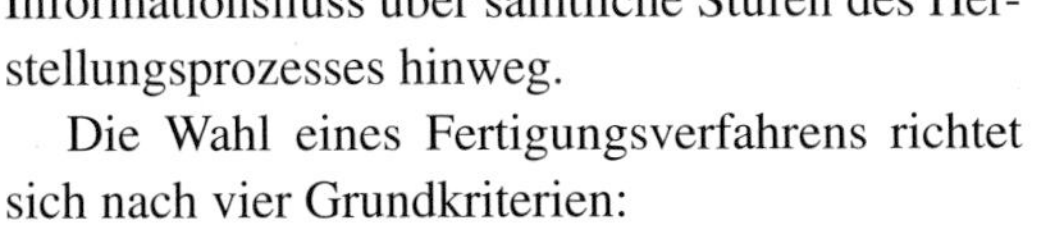

Die Wahl eines Fertigungsverfahrens richtet sich nach vier Grundkriterien:

Haupttechnologie. Das sind die mit einem Fertigungsverfahren herstellbaren Größen, Formen und die bearbeitbaren Werkstoffe.

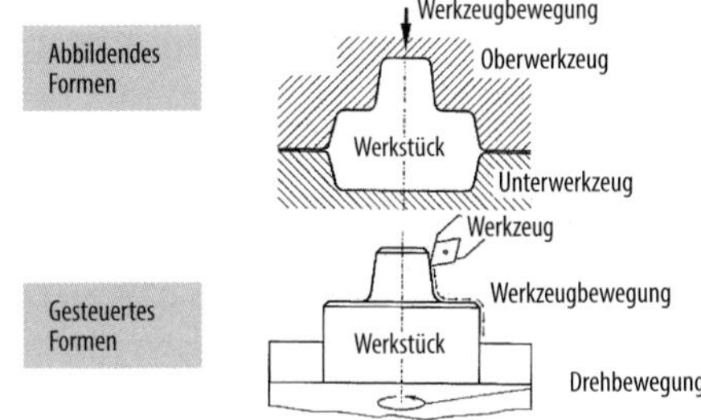

Abb. 38.1 Formgebungsprinzipien

Fehlertechnologie. Das sind die durch die Fertigung bedingten Fehler des Maßes, der Form, der Lage und der Oberfläche (Fehlergeometrie). Neben der mikrogeometrischen Ausbildung einer technischen Oberfläche mit ihren Abweichungen von der mathematisch geometrischen Sollform erzeugen Fertigungsverfahren physikalische und chemische Randzonenveränderungen [1]. Qualität der Fertigung bedeutet Fertigen innerhalb vorgegebener Fehlergrenzen.

Wirtschaftlichkeit. Die je Zeiteinheit zu fertigenden Stückzahlen (Mengenleistung), die Kosten zur Vorbereitung (Vorbereitungskosten), zur Auftragswiederholung (Auftragswiederholkosten), die Einzelkosten (dem Einzelstück direkt zuzuordnen) und die Folgekosten (u. a. Lagerkosten) bestimmen typische Einsatzgebiete konkurrierender Fertigungsverfahren. Darin ist die *Flexibilität* eines Fertigungsverfahrens (Mengenflexibilität und Umstellflexibilität) von zunehmender Bedeutung, um neben der Produktivität und Auslastung einer Fertigungsanlage

B. Denkena (✉)
Leibniz Universität Hannover
Hannover, Deutschland

B. Bender und D. Göhlich (Hrsg.), *Dubbel Taschenbuch für den Maschinenbau 2: Anwendungen*,
https://doi.org/10.1007/978-3-662-59713-2_38

auch den Forderungen an die Durchlaufzeit eines Produkts durch den Betrieb, an die Kapitalbindung über Bestände und die Termintreue der Lieferung zu genügen [2].

Nachhaltigkeit der Fertigung. Fertigungsverfahren und Fertigungsmittel sind so zu gestalten, dass der Mensch und die Umwelt möglichst wenig belastet oder beeinträchtigt werden. Immissionsgrenzwerte (Lärm, Erschütterungen, Schadstoffe) und Sicherheitsnormen sind einzuhalten. Der Energieverbrauch ist in Grenzen zu halten.

Jedes der vier Grundkriterien muss gleichermaßen beachtet werden.

Produktionstechnische Produkte, Baugruppen und Einzelteile werden in Folgen von Arbeitsvorgängen (*Fertigungsstufen*) hergestellt. Rationalisierung zur Verbesserung der Wirtschaftlichkeit und der Qualität darf daher nicht nur an einzelnen Arbeitsvorgängen/Fertigungsstufen ansetzen, sondern muss auf ein Gesamtoptimum zielen. Dazu kann nach *Adaption, Substitution* und/oder *Integration* (A-S-I-Methode) gesucht werden (Abb. 38.2; [3]). Adaption ist die günstige Abstimmung aufeinanderfolgender Prozesse, wie z. B. die Rohteilherstellung durch Schmieden und die anschließende spanende Bearbeitung. Entwicklung von Werkzeugen und Werkzeugmaschinen oder geänderte Kostenstrukturen können Anlass für die Substitution eines Fertigungsverfahrens durch ein anderes sein, wie z. B. Ersetzen des Schleifens durch Hartdrehen. Integration von Fertigungsstufen verkürzt die Arbeitsvorgangsfolge, ist häufig mit direkten Kosteneinsparungen, jedenfalls aber mit verkürzten Durchlaufzeiten und verringertem Steuerungsaufwand (indirekte Kosten) verbunden. Die Komplettbearbeitung von Bauteilen auf mehrachsigen Drehmaschinen oder Bearbeitungszentren sind aktuelle Beispiele.

38.2 Systematik

Die Vielfalt der bekannten und künftigen Fertigungsverfahren lässt sich nach Kienzle [4, Grundlage der DIN 8580] unter den Ordnungsgesichtspunkten *Stoff**zusammenhalt** ver-*

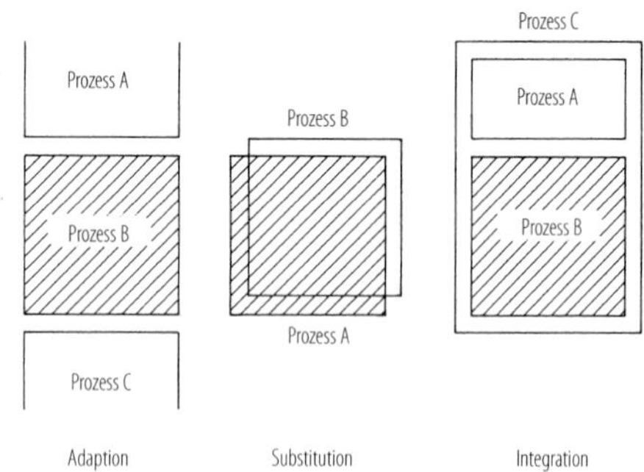

Abb. 38.2 A-S-I-Methode zur Rationalisierung

<table>
<tr><td>Zusammenhalt schaffen</td><td>Zusammenhalt beibehalten</td><td>Zusammenhalt vermindern</td><td colspan="2">Zusammenhalt vermehren</td></tr>
<tr><td rowspan="3">1. Urformen
Formschaffen</td><td colspan="3">Formändern</td><td rowspan="3">5. Beschichten</td></tr>
<tr><td>2. Umformen</td><td>3. Trennen</td><td>4. Fügen</td></tr>
<tr><td colspan="3">6. Stoffeigenschaftändern</td></tr>
<tr><td></td><td>Umlagern von Stoffteilchen</td><td>Aussondern von Stoffteilchen</td><td>Einbringen von Stoffteilchen</td><td></td></tr>
</table>

Abb. 38.3 Einteilung der Fertigungsverfahren (DIN 8580)

ändern (schaffen, beibehalten, vermindern und vermehren) und *Stoff**eigenschaften** ändern* in sechs Hauptgruppen der Fertigungsverfahren gliedern (Abb. 38.3): Urformen, Umformen, Trennen, Fügen, Beschichten, Stoffeigenschaft ändern. Die Hauptgruppen werden in Gruppen untergliedert. Innerhalb der Gruppen werden die Fertigungsverfahren selbst durch Untergruppen gekennzeichnet. Diese Systematik wird nach den Regeln der Dezimalklassifikation mit Ordnungsnummern belegt.

Literatur

Spezielle Literatur

1. Tönshoff, H.K.: Werkzeugmaschinen. Springer, Berlin (1995)
2. Wiendahl, H.-P.: Belastungsorientierte Fertigungssteuerung. Hanser, München (1987)
3. Tönshoff, H.K.: Processing alternatives for cost reduction. Ann CIRP **36**, 445–447 (1987)
4. Kienzle, O.: Begriffe und Benennungen der Fertigungsverfahren. Werkstattstechnik **56**, 169–173 (1966)
5. Denkena, B., Tönshoff, H.K.: Spanen – Grundlagen. Springer, Berlin (2011)

6. Nyhuis, P., Wiendahl, H.-P.: Logistische Kennlinien – Grundlagen, Werkzeuge, Anwendungen. Springer, Heidelberg (2012)

Weiterführende Literatur

7. König, W., Klocke, F.: Fertigungsverfahren. Bd. 1: Drehen, Fräsen, Bohren. Bd. 2: Schleifen, Honen, Läppen. Bd. 3: Abtragen. VDI, Düsseldorf (1997)
8. Spur, G., Stöferle, T.: Handbuch der Fertigungstechnik. Hanser, München (1987)
9. Heisel, U., Klocke, F., Uhlmann, E., Spur, G.: Handbuch Spanen, 2. Aufl. Hanser, München (2014)

Normen und Richtlinien

10. DIN8580-2003-09 Fertigungsverfahren – Begriffe, Einteilung

Urformen

39

Rüdiger Bähr

39.1 Einordnung des Urformens in die Fertigungsverfahren

Das Urformen ist eine Hauptgruppe der Fertigungsverfahren. Wie Tab. 39.1 zeigt, ist es den anderen Fertigungsverfahren vorgeordnet und schafft Voraussetzungen für deren Anwendung.

39.2 Begriffsbestimmung

Nach DIN 8580 wird die Hauptgruppe Urformen innerhalb der Fertigungsverfahren wie folgt definiert:

***Urformen** ist das Fertigen eines festen Körpers aus formlosem Stoff durch Schaffen des Zusammenhalts. Hierbei treten die Stoffeigenschaften des Werkstücks bestimmbar in Erscheinung.*

Als formloser Stoff werden Gase, Flüssigkeiten, Pulver, Fasern, Späne, Granulat und ähnliche Stoffe bezeichnet. Bestimmungsgemäß umfasst deshalb das Urformen die Schaffung von Körpern

- aus dem gas- oder dampfförmigen Zustand (Überführen verdampften Metalls in geometrisch bestimmte feste Form; Beispiel: Herstellen von Urformwerkzeugen aus Ni-Karbonyl $Ni(CO)_4$)
- aus dem flüssigen, breiigen oder pastenförmigen Zustand (Beispiel: Gießen von Maschinenteilen)
- durch elektrolytische Abscheidung (Erzeugen eines geometrisch bestimmten festen Körpers auf galvanischem Wege; Beispiel: Herstellung von Elektrolytkupfer, spezifischer Prägewerkzeuge, insbesondere in der Mikroproduktionstechnik oder z. B. im Kunsthandwerk)
- aus dem festen, körnigen oder pulvrigen Zustand (Beispiel: Herstellung von Teilen aus Metallpulvern unter hohem Druck, meist mit nachfolgendem Sintern).

Die meisten urgeformten Werkstücke werden aus dem flüssigen Zustand heraus erzeugt.

39.3 Das Urformen im Prozess der Herstellung von Einzelteilen

Das Urformen ist die Ausgangsstufe im Prozess der Herstellung aller metallischen Einzelteile.

Einzelteile sind geometrisch bestimmte technische Objekte, die durch Bearbeitung eines Werkstoffs entstanden sind, ohne dass dabei mehrere Bauelemente gefügt wurden (Beispiele: Kurbelwellen, Gehäuse, Kolben).

Bei der Fertigung metallischer Einzelteile unterscheidet man zwei Prozessabläufe, die in Abb. 39.1 schematisch dargestellt sind.

Es ist erkennbar, dass die verschiedenen Urformverfahren Blockgießen, Stranggießen und

R. Bähr (✉)
Otto-von-Guericke-Universität Magdeburg
Magdeburg, Deutschland
E-Mail: ruediger.baehr@ovgu.de

B. Bender und D. Göhlich (Hrsg.), *Dubbel Taschenbuch für den Maschinenbau 2: Anwendungen*,
https://doi.org/10.1007/978-3-662-59713-2_39

Tab. 39.1 Einteilung der Fertigungsverfahren nach DIN 8580

Zusammenhalt schaffen	Zusammenhalt beibehalten	Zusammenhalt vermindern	Zusammenhalt vermehren	
Form schaffen	Form ändern			
1. Urformen	2. Umformen	3. Trennen	4. Fügen	5. Beschichten
		6. Stoffeigenschaftsändern		
	Umlagern von Stoffteilchen	Aussondern von Stoffteilchen	Einbringen von Stoffteilchen	

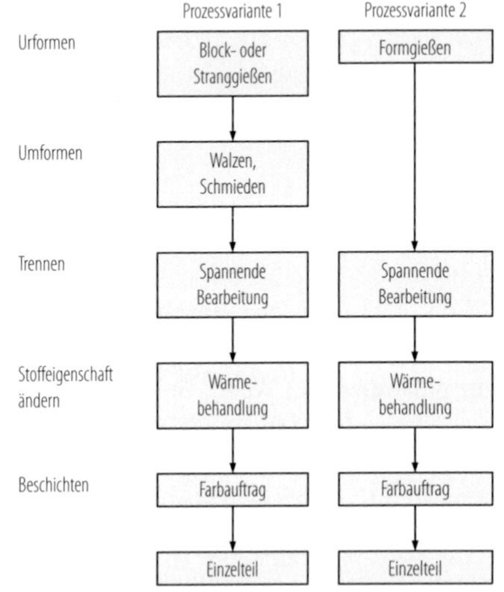

Abb. 39.1 Schematische Darstellung verschiedener Prozessabläufe zur Herstellung von Einzelteilen (stark vereinfacht)

Formgießen zu unterschiedlichen Folgeprozessen führen.

Unter ***Blockgießen*** versteht man das Vergießen von Metallen, insbesondere Stahl, in metallische Dauerformen (Kokillen). Das Blockgießen kann in einzelne Kokillen oder über ein gemeinsames Eingusssystem in mehrere Kokillen erfolgen. Nach ausreichender Abkühlung werden die Kokillen von den erstarrten Metallblöcken gezogen. Diese werden auch als Brammen bezeichnet. Mittels ***Stranggießens*** werden Metallstränge erzeugt, deren Länge ein Mehrfaches der Kokillenlänge beträgt. Die Schmelze wird aus der Gießpfanne in eine gekühlte Kokille gegossen. Das flüssige Metall erstarrt am Boden und an den Wänden und kann als Strang abgezogen werden. Das völlige Erstarren des Strangs erfolgt unterhalb der Kokille.[1]

[1] bzw. außerhalb der Kokille beim horizontalen Stranggießen.

Wasserbrausen beschleunigen den Vorgang. Beim Abziehen wird der Strang in Teile einstellbarer Länge, meist mit Brennschneideeinrichtungen, zerschnitten. Die Vorteile des Verfahrens liegen vor allem in der Verminderung der Gieß- und Walzverluste gegenüber dem Blockgießen, wodurch das Ausbringen[2] um 8 bis 15 % steigt, in einer hohen Produktivität und in einer besseren Anpassungsfähigkeit an nachgeschaltete, kontinuierliche Umformprozesse.[3] Nicht zuletzt aufgrund dieser Vorzüge gewinnt Stranggießen zunehmend an Bedeutung.

Als ***Formgießen*** wird das Vergießen flüssigen Metalls in nichtmetallische (vorwiegend aus Quarzsand) oder metallische Formen bezeichnet, in denen der zu gießende Körper als Hohlraum ausgebildet ist. Nach dem Füllen des Hohlraums mit flüssigem Metall erstarrt dieses in der Gießform. Die so gewonnenen Gussstücke werden durch Zerstören der nichtmetallischen oder Öffnen der metallischen Formen entnommen. Abb. 39.2 zeigt schematisch die Herstellung von Einzelteilen nach den verschiedenen Gießverfahren Block-, Strang- und Formgießen.

Die durch Block- oder Stranggießen hergestellten Blöcke und Stränge (auch als Halbzeug bezeichnet) müssen durch anschließendes Umformen (Walzen, Schmieden) in Gestalt und Eigenschaften so verändert werden, dass sie den Erfordernissen an künftige Einzelteile entsprechen. Dagegen brauchen die durch Formgießen gefertigten Rohteile nicht umgeformt zu werden, da sie bereits weitgehend Gestalt, Abmessungen und Eigenschaften der künftigen Einzelteile besitzen.

[2] Ausbringung: Verhältnis von Masse der Block-, Strang- oder Gussteile zur Masse der Schmelze.

[3] Im Sonderfall werden stranggegossene Erzeugnisse nicht umgeformt.

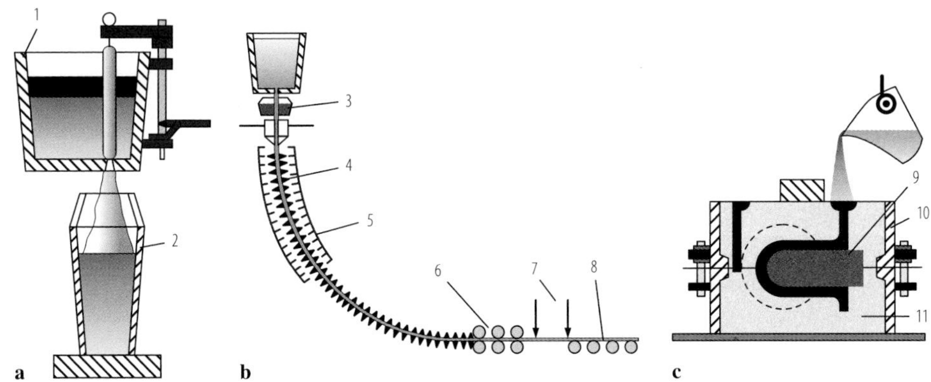

Abb. 39.2 Schematische Darstellung der Herstellung von Einzelteilen nach verschiedenen Urformverfahren. **a** Blockgießen **b** Stranggießen (Bogenanlage) **c** Formgießen *1* Stopfenpfanne; *2* Kokille; *3* Verteilergefäß; *4* Stützrollengerüst; *5* Kühlstrecke; *6* Treib-Richt-Gerüst; *7* Schneidanlage; *8* Rollengang; *9* Kern; *10* Formkasten; *11* Form

Durch die Wahl des Formgießens kann die Prozessstufe Umformen übersprungen werden. Damit ist es möglich, Einzelteile vor allem komplizierter Gestalt mit geringem Aufwand, d. h. mit geringeren Kosten, zu produzieren.

Das Bemühen der Fertigungstechniker ist weiter dadurch gekennzeichnet, die spanende Bearbeitung (Prozessstufe Trennen) zu minimieren. Es gilt deshalb, die Abmessungen der urgeformten Rohteile immer stärker an die Fertigteilabmessungen anzunähern (Near-Net-Shape-Casting).

Tab. 39.2 gibt Auskunft, welche Masse an Einzelteilen im Ergebnis der verschiedenen Urformverfahren Block-, Strang- und Formgießen aus einer Tonne Flüssigstahl gewonnen werden kann. Betrachtet man zunächst nur die Masse der im Ergebnis der Prozessvarianten erhaltenen Einzelteile, so gilt die Feststellung, dass die Masse nach dem Blockgießen am geringsten ist. Dagegen kann mit Berechtigung die Masse der Einzelteile nach dem Strang- und Formgießen etwa gleichgesetzt werden. Besonders auffällig ist der hohe Zerspanungsaufwand des Profilmaterials oder der Schmiedestücke nach dem Umformen. Hier zeigt sich der Vorteil des Formgießens bezüglich weitgehender Annäherung der Gussstücke an die Gestalt der Einzelteile.

Führt man als Ausdruck der Materialausnutzung einen Koeffizienten nach Gl. (39.1) ein, so erhält man sehr schnell einen Überblick über den Grad der Annäherung der Rohteile an die Fertigteile:

$$M_{AK} = \frac{m_F \cdot 100}{m_R} \; [\%] \qquad (39.1)$$

M_{AK} Materialausnutzungskoeffizient; m_F Masse des Fertigteils; m_R Masse des Rohteils.

Für einfache Gussstücke mit geringen Anforderungen an Maßgenauigkeit und Oberflächengüte ergeben sich aus dem Urformen unmittelbar ohne jede weitere Bearbeitung einsatzfähige Einzelteile. Beispiele dafür sind Schachtabdeckungen und Rohre für Kanalisationen sowie spezielle nach dem Feingießverfahren hergestellte Teile. Block- und Stranggießen sind als Endstufe der *metallerzeugenden Industrie* vor allem für die metallurgischen Betriebe wichtig, während das Formgießen eine wichtige Ausgangsstufe des Maschinenbaus ist.

39.4 Wirtschaftliche Bedeutung des Formgießens

Das Formgießen hat eine hohe wirtschaftliche Bedeutung. Dies wird auch dadurch unterstrichen, dass keine Maschine, keine Anlage und kein Verkehrsmittel wirtschaftlich ohne Gussstücke gefertigt werden kann. Als Beispiel sind

Tab. 39.2 Masse der Einzelteile, die bei Anwendung der Urformverfahren Blockgießen, Stranggießen und Formgießen aus einer Tonne Flüssigstahl erhalten werden

	Blockgießen	Stranggießen	Formgießen
nach dem Urformen	930. . . 950 kg Blockstahl	890. . . 900 kg Stahlstränge	450. . . 480 kg Gussstücke
nach dem Umformen	560. . . 660 kg Profilmaterial oder Schmiedestücke	760. . . 810 kg Profilmaterial oder Schmiedestücke	
nach dem Trennen	250. . . 300 kg Einzelteile	300. . . 370 kg Einzelteile	320. . . 340 kg Einzelteile

nachstehend die Anteile der Masse von Gussstücken an der Gesamtmasse wichtiger Finalerzeugnisse und Bauelemente aufgeführt:

Dieselmotoren	45. . . 52 %
Personenkraftwagen	10. . . 17 %
Motorräder	24. . . 30 %
Getriebe	40. . . 60 %
Kurbelpressen	20. . . 25 %
Webstühle	65. . . 89 %
Drehmaschinen	55. . . 68 %
Schleifmaschinen	49. . . 65 %
Plastspritzgießmaschinen	49. . . 58 %
Pumpen	65. . . 90 %

Diese Anteile werden als *Gusseinsatzkoeffizient* K_{Guss} bezeichnet. Er ist wie folgt definiert:

$$K_{\text{Guss}} = \left(m_{\text{Guss}}/m_{\text{ges}}\right) 100\,\% \tag{39.2}$$

m_{Guss} Masse der Gussstücke; m_{ges} Gesamtmasse des Fertigerzeugnisses oder des Bauteils.

39.5 Technologischer Prozess des Formgießens

Die Gesamtheit der Verfahren, die in einer technologisch bedingten Reihenfolge auf die Herstellung eines Produktes gerichtet sind, bezeichnet man als technologischen Prozess. Für die Herstellung formgegossener Teile (im Weiteren wird dafür der Begriff Gussstücke verwendet) wird eine sehr große Zahl von Verfahren angewendet. Es ist deshalb zweckmäßig, den technologischen Prozess in Prozessstufen zu gliedern. Die wichtigsten sind in Abb. 39.3 dargestellt.

Die drei technologischen Vorgänge Schmelzen, Formherstellen und Kernherstellen verlaufen parallel. Ihnen vorangestellt ist die jeweilige Aufbereitung des zu verarbeitenden Materials. Nach dem Zusammenführen von Formen und Kernen zur gießbereiten Form wird diese mit flüssigem Metall gefüllt (Prozessstufe Gießen), das in der Form erstarrt und abkühlt. Die Gussstücke werden anschließend nachbehandelt. Die in den Prozessstufen zu erfüllenden Aufgaben lassen sich grob wie folgt charakterisieren: Bei der *Schmelzeinsatzaufbereitung* werden die metallischen und nichtmetallischen Einsatzstoffe für den Schmelzvorgang in der Weise zusammengestellt, dass nach dem Schmelzen flüssiges Metall in der gewünschten Zusammensetzung verfügbar ist. Das Schmelzen erfüllt die Aufgabe, das metallische Einsatzmaterial (Hüttenmaterial, wie Roheisenmasseln oder Aluminiumbarren, aber auch Schrott und innerbetriebliches Kreislaufmaterial) durch Wärmezufuhr in den schmelzflüssigen Zustand zu überführen und die richtige stoffliche Zusammensetzung einzustellen.

Die *Formherstellung* dient dem Ziel, in einem Formstoff einen Hohlraum zu schaffen, der die äußeren Konturen des zu gießenden Werkstücks hat. Dies ist auf unterschiedliche Weise möglich:

- Die Formen können dabei
  - nur einmalig verwendet werden (dann spricht man von verlorenen Formen)
  - mehrere Male abgegossen werden (mehrmals verwendbare Formen bezeichnet man als Dauerformen)
- Als Material zur Herstellung der Formen verwendet man überwiegend
  - Quarzsandgemische (Quarzsand und Bindemittel) für verlorene Formen
  - metallische Werkstoffe für Dauerformen
- Die Bildung des Formhohlraums geschieht durch
  - eine Kopie des tatsächlichen Werkstücks, die als Modell bezeichnet wird (bei verlorenen Formen)

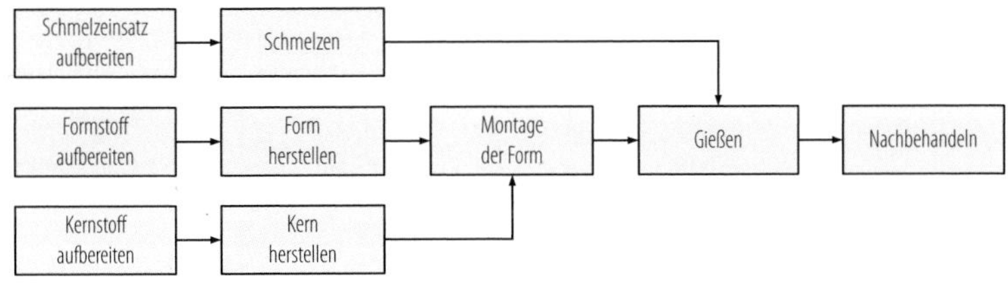

Abb. 39.3 Technologischer Prozess des Formgießens (stark vereinfacht)

- Einarbeitung des Formhohlraums als „räumliches Negativ" des Gusskörpers in metallische Werkstoffe (bei Dauerformen; diese werden auch als Gießformen oder Kokillen bezeichnet).[4]

Die *Formstoffaufbereitung* hat die Erzeugung eines geeigneten Gemisches für die Formherstellung zum Gegenstand (meist Quarzsand, Ton und Wasser).

Die *Kernherstellung* kommt der Fertigung solcher Teile einer Form zu, mit denen Hohlräume in und komplizierte Außenkonturen an den Gussstücken ermöglicht werden. Ohne Kerne ist es nur bedingt möglich, Gussstücke mit Hohlräumen zu fertigen.

Die *Kernformstoffaufbereitung* hat analog der Formstoffaufbereitung das Ziel, ein verarbeitungsfähiges Kernformstoffgemisch (meist Quarzsand und chemisches Bindersystem) zu erzeugen.

Beim Gießen erfolgt das Zusammenführen des geschmolzenen Materials mit der abgießfähigen Form. Der in der Form gebildete Hohlraum wird mit dem flüssigen Metall ausgefüllt, welches anschließend zum Gussstück erstarrt.

Das *Nachbehandeln* umfasst die nach der Erstarrung des flüssigen Metalls erforderlichen Arbeitsoperationen, wie Kühlen, Beseitigung anhaftenden Form- und Kernformstoffs, Entfernung des Anschnitt- und Speisersystems sowie des Grats von den Gussstücken, Ausbessern der Gussfehler, Stoffeigenschaftsändern durch Wärmebehandlung, Auftragen von Schutzschichten zur Verhinderung der Korrosion u. a.

Der in Abb. 39.3 aufgezeigte technologische Ablauf ist charakteristisch für den größten Teil der Gießereien. In einer Reihe von gussherstellenden Betrieben treten jedoch Abweichungen auf. Sie beziehen sich vor allem auf die Anzahl der Prozessstufen. Beispielsweise entfallen für die Gießereien, die mit Dauerformen arbeiten, die Prozessstufen Formstoffaufbereitung und Formherstellung; bei kernlosem Guss sind Kernstoffaufbereitung und Kernherstellung nicht erforderlich.

Der technologische Prozess des Formgießens ist in Abb. 39.3 in stark vereinfachter Weise ohne jegliche Rückkopplung zwischen den Prozessstufen dargestellt. Im tatsächlichen Prozessablauf gibt es jedoch vielfältige rückläufige Transporte (z. B. Rücklauf Altsand und Kreislaufmaterial zu den Aufbereitungsprozessen).

39.6 Formverfahren und -ausrüstungen

Als Formen bezeichnet man das Herstellen von Hohlräumen in Formstoffen mit solcher Gestalt und Abmessung, dass nach dem Erstarren und Abkühlen des flüssigen Metalls in der Form das geforderte Gussstück vorliegt. Der Formwerkstoff wird entsprechend der Häufigkeit der abzugießenden Form gewählt:

Bei nur einmaligem Abgießen (verlorene Form) werden vorwiegend Quarzsande verwendet, die mit Bindemitteln versetzt sind. Für das oftmalige Abgießen von Formen (Dauerformen) kommen überwiegend Metalle als Formwerkstoffe zum Einsatz.

Ebenso unterschiedlich sind auch die Herstellungsbedingungen:

Die Fertigung verlorener Formen ist integriert in den technologischen Prozess der Gießerei und findet demnach unmittelbar im Gießereibereich statt.

[4] In beiden Fällen ist die Volumenänderung des Metalls von der Gießtemperatur bis zur Raumtemperatur zu berücksichtigen.

39

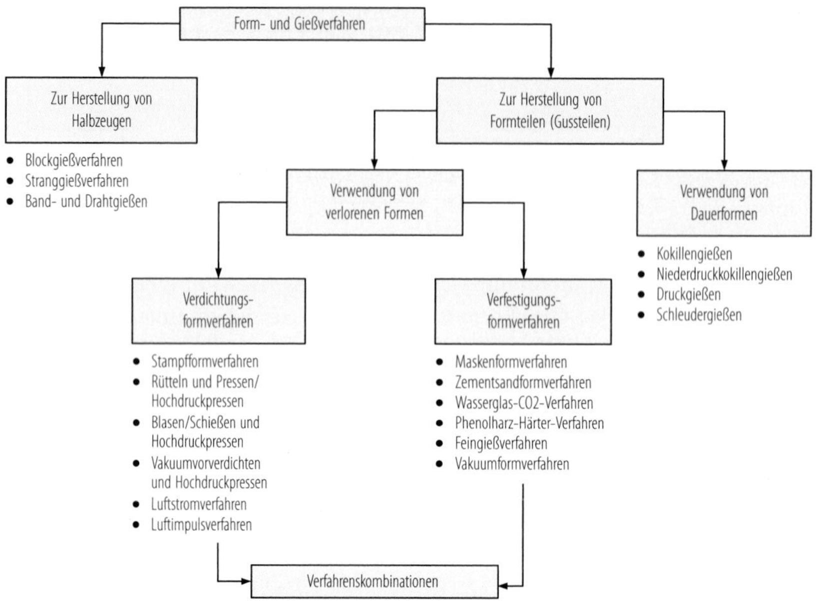

Abb. 39.4 Übersicht über die Form- und Gießverfahren

Die Fertigung von Dauerformen erfolgt in getrennt angeordneten Werkstätten für die mechanische Bearbeitung (Modell- und Formenbau). Dauerformen können sowohl in den Gießereibetrieben als auch in spezialisierten Modell- und Formenbaubetrieben hergestellt werden.

Der Formherstellung kommt im technologischen Prozess eine besondere Bedeutung zu, da durch die Form entscheidend Maßgenauigkeit, Gestalttreue und Oberflächenqualität der Gussstücke bestimmt werden.

Um im Ergebnis der Formherstellung abgießfähige verlorene Formen zu erhalten, werden Urformwerkzeuge, aufbereitete Formstoffe und Formausrüstungen benötigt.

39.6.1 Urformwerkzeuge

In Anlehnung an [1] kann folgende Definition gegeben werden, die sich auf das Wesentliche orientiert:

***Urformwerkzeuge** sind maschinell oder Hand bewegte bzw. geführte Fertigungsmittel, mit denen auf den Formwerkstoff (bei verlorenen Formen) oder auf das flüssige Metall (bei Dauerformen) form- und qualitätsgebend eingewirkt wird.*

Urformwerkzeuge haben demnach definitionsgemäß folgende Aufgaben zu erfüllen:

- Abbildung des Formhohlraumes in einem bildsamen Formwerkstoff (Modelle, Schablonen)
- Formgebung der Kerne aus einem bildsamen Kernformwerkstoff (Kernkästen)
- Verkörperung des „räumlichen Negatives" des künftigen Gussstücks (Kokillen, Druckgießformen)

Die Urformwerkzeuge werden in Abhängigkeit ihrer Zuordnung zu den Form- und Gießverfahren gegliedert:

39.6.2 Verfahren mit verlorenen Formen

Die Verfahren mit verlorenen Formen ordnen sich, wie die Abb. 39.4, 39.5 und 39.6 zeigen, in die Formverfahren ein. Man unterscheidet hierbei nach der

- Häufigkeit des Einsatzes einer Form in:
  - einmalige Verwendung
  - mehrmalige Verwendung

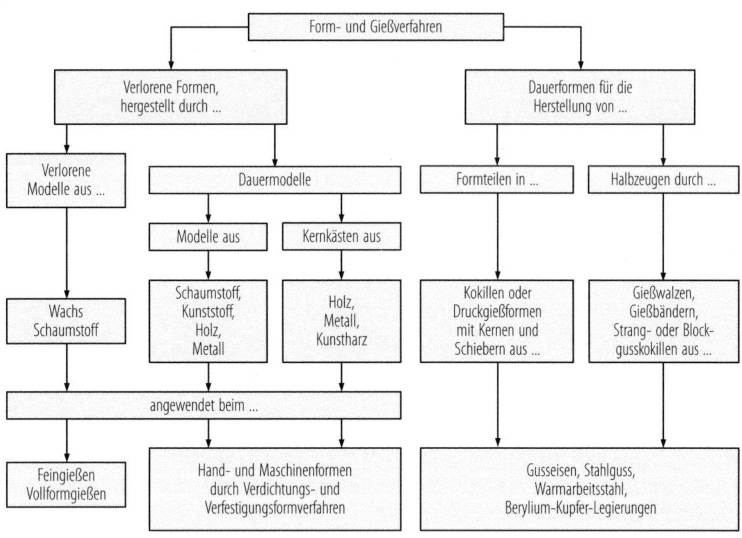

Abb. 39.5 Gliederung der Urformwerkzeuge

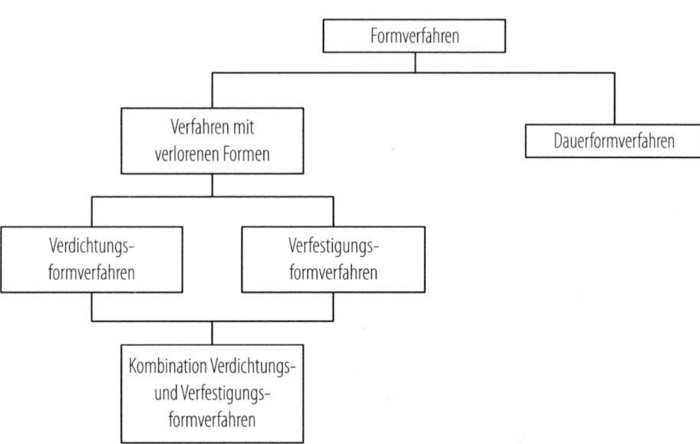

Abb. 39.6 Übersicht über die wichtigsten Formverfahren (siehe hierzu auch Abb. 39.4)

- Art und Weise, mit der loser Formstoff in einen Zustand gebracht wird, der den Beanspruchungen beim Gießen (Druck, Erosion, Temperatur, Auftrieb u. a.) gewachsen ist:
  - Verdichtungsformverfahren
  - Verfestigungsformverfahren

Aus der Literatur sind Bemühungen um Gliederung nach anderen Gesichtspunkten, u. a. nach der Temperatur, bei der der gießgerechte Zustand erreicht wird [2] bekannt.

39.6.2.1 Verdichtungsformverfahren

Verdichtungsformverfahren sind diejenige Verfahrensgruppe mit der größten Anwendungsbreite. Man kann nach Abb. 39.7 bei den Verdichtungsformverfahren in drei grundsätzliche Varianten unterscheiden.

Variante 1 ist gekennzeichnet durch einen vielstufigen, quasikontinuierlichen Vorgang der Verdichtung des Formstoffs im Formkasten. Formstoff wird lagenweise in den Formkasten gefüllt und verdichtet (Stampfen). Die Variante 1 der Verdichtungsformverfahren ist durch einen hohen Zeitaufwand für die Formherstellung gekennzeichnet und hat deshalb nur noch geringe Bedeutung.

Variante 2 der Verdichtungsformverfahren wird charakterisiert durch einen zweistufigen Verdichtungsvorgang. In der ersten Stufe findet zunächst eine Vorverdichtung des losen Formstoffgemisches statt. Dies wird auf unterschiedliche Weise erreicht: z. B. durch Evakuieren des Formkastens bzw. der Formkammer, durch Anwendung der seit langem bekannten Verdichtungsformverfahren Rütteln und Pressen, durch

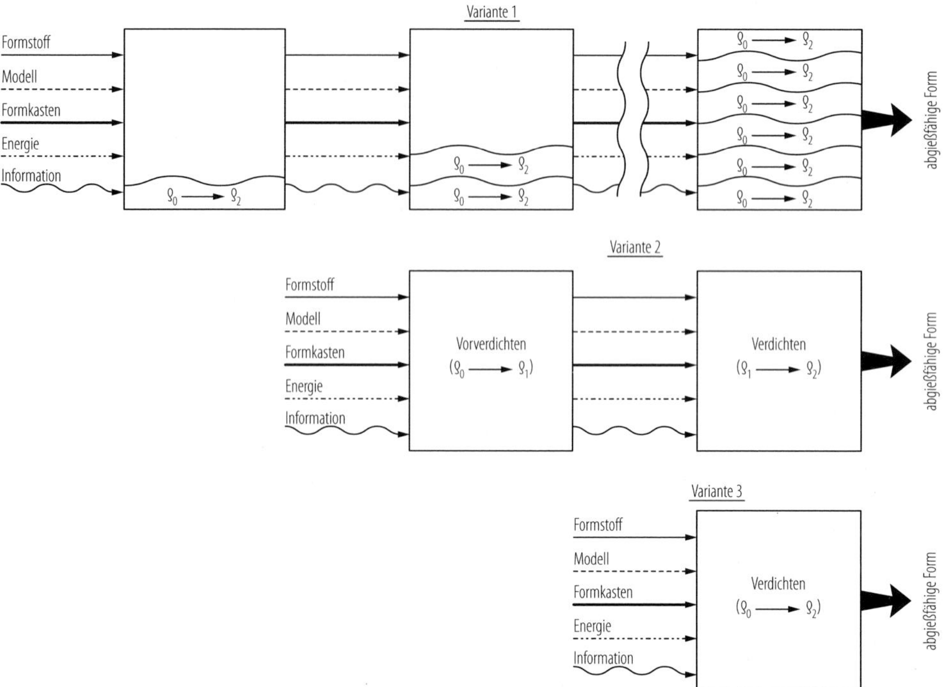

Abb. 39.7 Varianten der Verdichtungsformverfahren

Verfahren, die vorwiegend von der Kernherstellung bekannt sind, wie Blasen und Schießen, sowie durch Beaufschlagung mit einem Luftstrom oder durch Vibration. Es ist auch die gleichzeitige Anwendung mehrerer Vorverdichtungsverfahren bekannt.

Schließlich wird bei *Variante 3* eine einstufige Verdichtung des im Formkasten bzw. der Formkammer befindlichen Formstoffs erzielt. Hierbei kann man wiederum in die seit langem bekannten Verdichtungsformverfahren Pressen und Hochdruckpressen mit vorwiegend statischer Wirkung sowie in die in den letzten Jahren eingeführten dynamisch wirkenden Verdichtungsformverfahren (Gasexplosionsverfahren, Luftimpulsverfahren) unterschieden [2].

Nachstehend wird auf die einzelnen Verfahren eingegangen.

Stampfformverfahren

Die Verdichtungsformverfahren haben als Ausgangsmaterial einen Formstoff, der überwiegend aus Quarzsand, Wasser und Ton besteht. Im Formstoffaufbereitungsprozess werden die Quarzkörner mit einer möglichst gleichmäßigen Tonschicht überzogen. Wasser steigert die Adhäsion des Tones an den Sandkörnern und erhöht die Kohäsion des Tones.

Bei der Formherstellung durch Verdichtung wird das aufgelockerte und damit gut rieselfähige Formstoffgemisch durch Einbringen mechanischer Energie verdichtet. Die lose aneinander liegenden Formstoffteilchen werden einander so angenähert, dass ein fester Körper – die Form – entsteht, der den Beanspruchungen beim Gießen standhält. Das Zustandekommen der festen Bindung zwischen den einzelnen Formstoffpartikeln kann man in vereinfachter Weise etwa wie folgt erklären:

Durch Annäherung der mit Ton überzogenen Quarzkörner kommt es zum Wirken mehrerer Kräfte (Dipolwirkung, Kapillarwirkung, Anlagerung an freie Valenzen), die zum stärkeren Zusammenhalt des Kornverbandes führen. Der

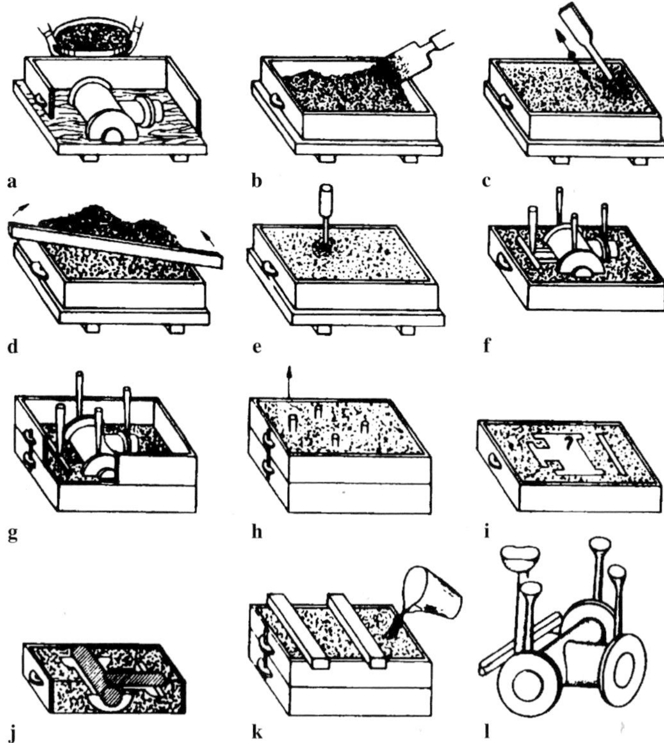

Abb. 39.8 Vereinfachter Ablauf der manuellen Herstellung einer Form (vgl. Text); **a** untere Modellhälfte auf das Formbrett waagerecht auflegen und Modell einsprühen, Formkastenhälfte (Unterkasten) aufsetzen; **b** Modellsand aufsieben und andrücken; **c** Füllsand lagenweise aufgeben und verdichten, bis Kastenhälfte gefüllt ist; **d** über den Formkastenrand stehenden Formstoff abstreichen (Ebnen der Oberfläche des Kastens); **e** Luftstechen (zur Abführung der Gießgase); **f** Unterkasten wenden und auf dem vorbereiteten Gießbett absetzen, Teilungsebene säubern, evtl. ausbessern und mit einem Trennmittel bestreuen, obere Modellhälfte und Modell für den Zulauf auflegen: Einlauf- und Speisermodell stellen; **g** zweite Formkastenhälfte (Oberkasten) auf den Unterkasten aufsetzen, Modelle mit Trennmittel einsprühen (Erleichterung des Trennens von Formstoff und Modell); **h** Modellsand aufsieben und andrücken, Füllsand lagenweise aufgeben und verdichten, bis Kastenhälfte gefüllt ist, abstreichen und luftstechen, Eingusstümpel bzw. -trichter ausschneiden und Einlauf- und Speisermodell herausnehmen, Oberkasten abheben, wenden und absetzen, Modell für den Zulauf entfernen; **i** Modellhälften losschlagen und ausheben; evtl. Form ausbessern; **j** Kern bzw. Kerne einlegen; **k** Formkastenhälften zulegen und Form verklammern oder beschweren, Gießen; **l** nach dem vollständigen Erstarren und Abkühlen des Gussstückes Formkasten leeren und Gussstück entnehmen

Eintrag der mechanischen Energie in das Körnerhaufwerk kann auf unterschiedliche Art erfolgen, worauf später eingegangen wird.

Formherstellung. Der allgemeine Ablauf der Herstellung einer verlorenen Form durch manuelle Verdichtung unter Verwendung von Dauermodellen beinhaltet unter anderem die folgenden wichtigsten Arbeitsoperationen (Abb. 39.8).

Anschnitt- und Speisersystem. Bemessung und Gestaltung des Anschnitt- und Speisersystems (Abb. 39.9) haben einen großen Einfluss auf die Qualität der zu erzeugenden Gussstücke. Das Anschnittsystem bestimmt die Geschwindigkeit des Metallstromes (Gewährleistung der Formfüllung in einer bestimmten Zeit) und die Richtung des einströmenden Metalls in den Formhohlraum (Vermeidung von Erosion an Teilen der Form, Verhindern von Lufteinschlüssen), und es verhindert unter bestimmten Bedingungen das Eindringen von nichtmetallischen Einschlüssen (z. B. Schlacke).

Die Hauptfunktion des Speisersystems besteht darin, dem Gussstück (nach der Erstarrung des Metalls im Anschnittsystem) während der Ab-

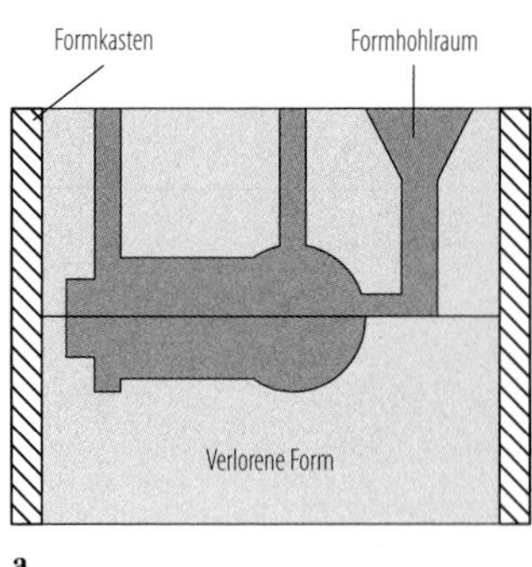

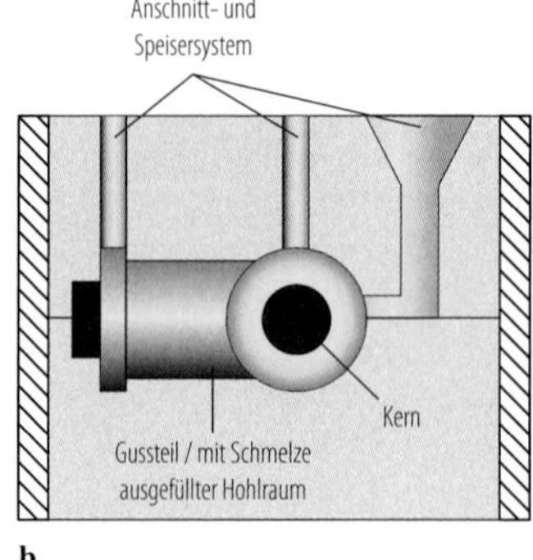

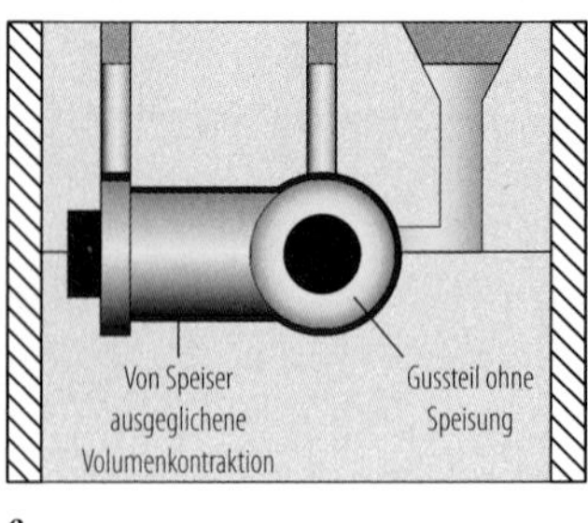

Abb. 39.9 Anschnitt- und Speisersystem

kühlung bzw. bei der Erstarrung flüssiges Metall zuzuführen, um die Flüssig- und Erstarrungskontraktion zu kompensieren und Hohlräume (Lunker, Porosität) in den Gussstücken zu verhüten.

Als Stampfen bezeichnet man das Verdichten des Formstoffgemisches durch Hand- oder Drucklufthandwerkzeuge.

- Das Stampfen ist das älteste Verdichtungsverfahren. Das Prinzip dieses Verfahrens zeigt Abb. 39.10. Der lagenweise in den Formkasten eingebrachte Formstoff wird mittels Hand- oder Druckluftstampfers verdichtet. Geübte Former erzielen bei diesem Arbeitsablauf eine gleichmäßige Verdichtung über die gesamte Formfläche und -höhe.

Das Verfahren wird eingesetzt für Gussstücke

- mit geringen Abmessungen in Einzel- oder Kleinserienfertigung (keine wirtschaftliche Fertigung auf Formmaschinen)
- mit sehr großen Abmessungen und beliebiger Stückzahl (keine Ausrüstungen zur mechanisierten Fertigung verfügbar)
- mit sehr komplizierter Gestalt (sehr schwierige Formen und Kerne, z. B. Kunstguss).

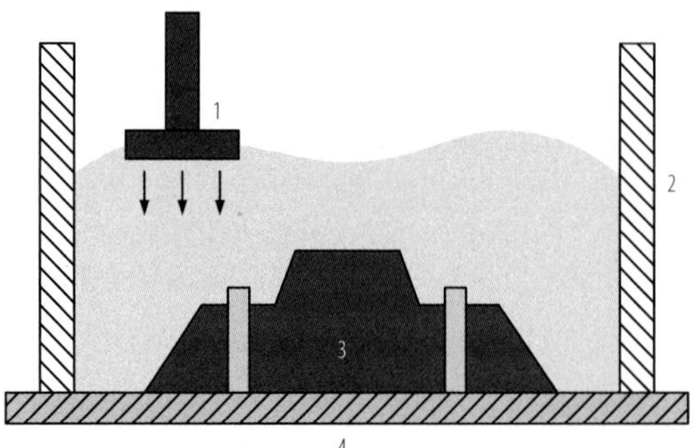

Abb. 39.10 Schematische Darstellung der Verdichtung des Formstoffs durch Stampfen

Rütteln und Pressen oder Hochdruckpressen

Das Rütteln und Pressen bzw. Rütteln und Hochdruckpressen ist zum gegenwärtigen Zeitpunkt ein noch häufig angewendetes Verdichtungsformverfahren. Es wurde eingeführt, da die Verfahren Rütteln, Pressen und Hochdruckpressen in der getrennten Nutzung Nachteile aufweisen, auf die nachfolgend eingegangen wird. Zunächst zum Rütteln:

Unter *Rütteln* versteht man die Verdichtung des Formstoffgemisches durch die Wirkung der beim Fallen und Abbremsen der angehobenen Masse des Rütteltisches einer Formmaschine freiwerdenden Energie.

Funktionsweise. Das Schema einer Rüttelformmaschine ist aus Abb. 39.11 ersichtlich. Bei Beginn des Rüttelvorganges strömt Druckluft (meist aus dem betrieblichen Druckluftnetz mit 0,6 MPa) in den Rüttelzylinder. Dadurch werden Rüttelkolben, Rütteltisch, Modellplatte sowie der Formkasten mit Modell und Formstoff angehoben. Bei Erreichen der Ausströmöffnung expandiert die Druckluft. Der Druck im Rüttelzylinder bricht schlagartig zusammen. Im Ergebnis dessen fällt die gesamte angehobene Masse nach unten und schlägt dabei auf den oberen Rand des Rüttelzylinders oder einen Amboss im Rüttelzylinder auf. Durch das Wirken der Trägheit des

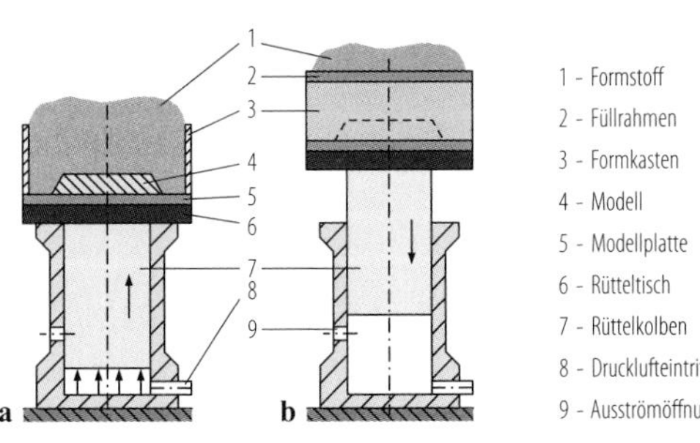

Abb. 39.11 Schematische Darstellung einer Rüttelformmaschine. **a** Rüttelkolben in unterer Endlage **b** Rüttelkolben in oberer Endlage

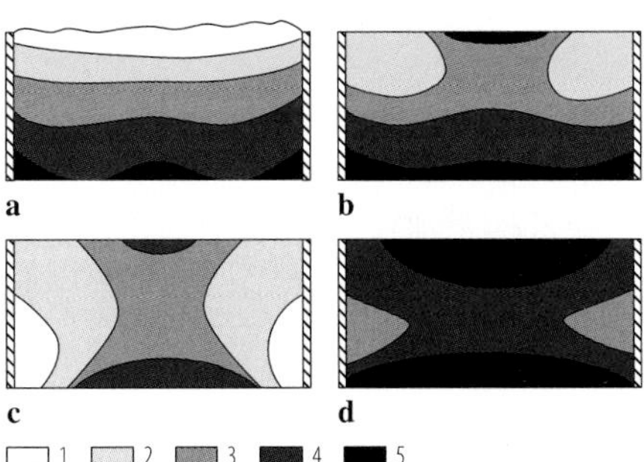

Abb. 39.12 Härteschaubilder als Funktion verschiedener Verdichtungsverfahren [7]. **a** Rütteln **b** Rütteln mit Nachpressen **c** Pressen (0,2 MPa) **d** Hochdruckpressen (1,0 MPa) Bereiche gleicher Härte sind durch gleiche Schraffur gekennzeichnet, Zunahme der Härte von 1 (schwach verdichtet) bis 5 (starkverdichtet)

Formstoffs wird dieser im Formkasten in Richtung Modell bzw. Modellplatte verdichtet.

Verdichtungswirkung. Nach [4] kann man in erster Näherung als Maß der Verdichtungswirkung auf das Formstoffgemisch die Rüttelarbeit betrachten. Demnach berechnet sich vereinfacht die in den Formstoff eingetragene Energie W zu

$$W = m \cdot g \cdot s \cdot n \cdot \eta \qquad (39.3)$$

m Masse des Formstoffs, g Erdbeschleunigung, s Fallhöhe des Rütteltisches, n Anzahl der Rüttelschläge, η Koeffizient der Nutzung der Energie der gerüttelten Masse zur Formstoffverdichtung.

Wie Abb. 39.12 ausweist, bewirkt das Rütteln im Unterteil der Formen nahe der Modellplatte hohe Härten von gleichmäßiger Verteilung. Insbesondere im Bereich der Formkastenwände sind ausreichende Härtewerte zu erzielen, womit ein guter Halt des Formballens im Formkasten (Abb. 39.13) erreicht wird. Die horizontale Härteverteilung ist gleichmäßig. Die Härte der oberen Schichten ist niedrig und oft unzureichend, sodass das Rütteln überwiegend mit nachfolgendem Pressen angewendet wird (Abb. 39.14). Das Rütteln eignet sich nicht zur Verdichtung flacher Formen.

Der Wirkmechanismus des Rüttelns hat eine sehr hohe Lärmbelästigung des Bedienungspersonals der Formmaschinen zur Folge. Der äquivalente Dauerschallpegel überschreitet in allen bekannten Fällen den zulässigen Wert von 90 dB (AI). Aus diesem Grunde gibt es in allen hoch entwickelten Industrieländern Bemühungen zur Ablösung des Rüttelns als Vorverdichtungsverfahren, z. B. durch Vibration [5, 6].

Unter *Pressen* versteht man die Verdichtung des Formstoffgemisches unter Wirkung eines Druckes von etwa 0,2 MPa.

Funktionsweise. Das Pressen von Formstoffgemischen erfolgt auf speziellen Formmaschinen. Bei Auslösen des Pressvorgangs strömt Druckluft aus dem betrieblichen Druckluftnetz (in der Regel 0,6 MPa) in den Arbeitszylinder der Pressformmaschine. Im Ergebnis dessen werden der Kolben mit dem darauf befindlichen Arbeitstisch, der Modellplatte, dem Formkasten, dem Modell, dem Formstoff und dem Füllrahmen angehoben. Der Formstoff wird gegen das Presshaupt gedrückt und verdichtet.

Der Füllrahmen dient zur Aufnahme des Volumens an unverdichtetem Formstoff, das benötigt wird, um nach der Pressverdichtung einen vollständig gefüllten Formkasten zu erhalten. Nach [4] berechnet sich die Füllrahmenhöhe wie folgt:

$$h = H\left(\frac{\varsigma}{\varsigma n} - 1\right) \qquad (39.4)$$

h Höhe des Füllrahmens, H Höhe des Formkastens, ς Dichte des Formstoffs nach dem Pressen, ςn Dichte des Formstoffs vor dem Pressen.

Verdichtungswirkung. Die in den Formstoff eingetragene Arbeit kann vereinfacht wie folgt berechnet werden:

$$W = A \times p \times s \times \eta \qquad (39.5)$$

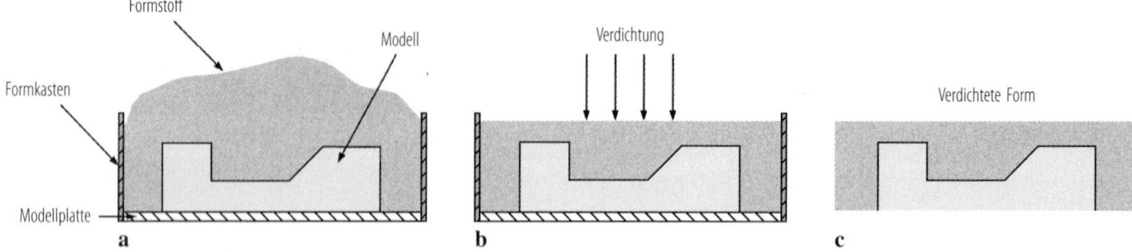

Abb. 39.13 Arbeitsablauf bei Verdichtungsformverfahren. **a** Einbringen des feuchten, schüttfähigen Formstoffes in den Formkasten bzw. in die Formkammer einer Maschine. **b** Verdichtung des losen bzw. vorverdichteten Formstoffes zur Ausbildung und Verfestigung der Kontur. **c** Ausformen, d. h. Trennen der verdichteten Form vom Modell (nicht bei verlorenen Modellen, z. B. beim Vollformgießen)

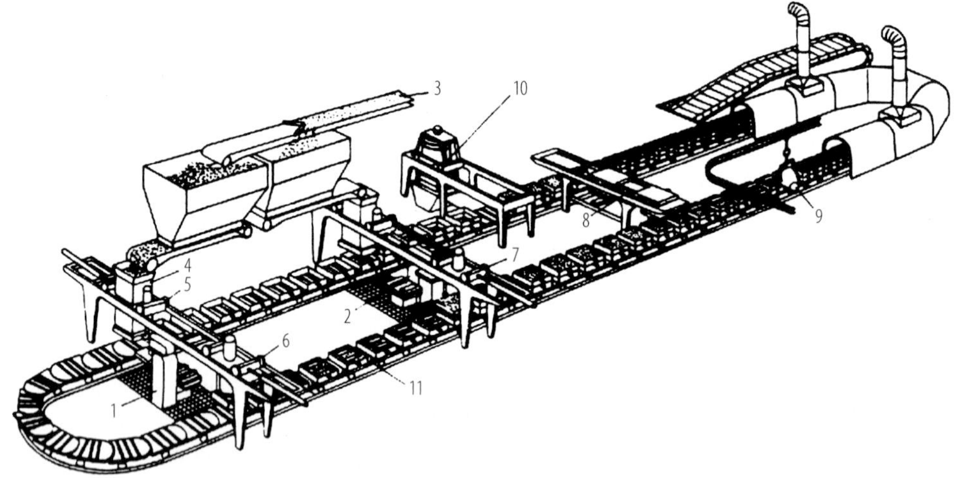

Abb. 39.14 Automatische Formanlage mit Rüttel-Press-Formmaschinen *1* und *2* Rüttel-Press-Formmaschinen für Unter- und Oberkasten; *3* Gurtförderer für Formstoff; *4* Dosator; *5* Übersetzgerät für Formkasten auf die Formmaschine; *6* Übersetzgerät für den fertigen Unterkasten auf den Wandertisch (einschließlich Wenden); *7* Übersetzgerät für Oberkasten und zugleich Zulegegerät (Zulegen des Ober- und Unterkastens); *8* Be- und Entlastungsgerät; *9* Gießpfanne; *10* Ausleergerät; *11* Kerneinlegestrecke

W in den Formstoff eingetragene Arbeit, A Fläche des Presshauptes, p Pressdruck an der Fläche des Presshauptes (etwa 0,2 MPa), s Verdichtungsweg (etwa gleich der Füllrahmenhöhe h), η Koeffizient der Nutzung der eingebrachten Energie zur Formstoffverdichtung.

Allein durch Pressen verdichtete Formen zeigen ein U-förmiges Härteprofil. Die mittleren Zonen der Form sind am geringsten verdichtet. Die erreichbare mittlere Härte ist niedrig. Die Formen weisen von beiden Pressflächen ausgehend „Härtekegel" auf (Abb. 39.12). Ein erheblicher Nachteil der Verdichtung durch Pressen ist ein Härtezentrum in der oberen und unteren Mitte des Formballens.

Dagegen sind die an der Formkastenwand liegenden Schichten wesentlich geringer verdichtet. Im Kegel ist die Härte nahezu doppelt so hoch wie an der Formkastenwand und gerade am wichtigsten untenliegenden Kastenrand am niedrigsten.

Aus den Härteprofilen kann geschlussfolgert werden, dass nur bei flachen Gussstücken und damit niedrigen Formkästen eine ausreichende Verdichtung allein durch Pressen erreicht wird.

Zum Hochdruckpressen: Das *Hochdruckpressen* zur Verdichtung von Formstoffen ist charakterisiert durch die Anwendung von Drücken im Bereich von etwa 0,7 bis 1,5 MPa.

Verdichtungswirkung. Das Pressen mit niedrigen Drücken (etwa 0,2 MPa) führt neben durchschnittlich geringen Härten im Formballen auch zu den bereits erwähnten nachteiligen Härtekegeln. Dadurch haben gerade diejenigen Sandschichten, die die gesamte Masse des schweren Formballens entlang den inneren Formkastenwänden zu tragen haben, geringere Härte und niedrigere Festigkeit (Abb. 39.12). Durch Anwendung höherer Pressdrücke (0,7 bis 1,5 MPa) hat man versucht, diesen Nachteil in gewissem Maße auszugleichen. Höhere Pressdrücke führen zu einer maßgeblichen Erhöhung der mittleren Härten. Die mittleren Lagen sind jedoch auch bei hohen Pressdrücken weniger stark verdichtet als die Sandlagen an Presshaupt- und Modellplatte. Die Härteschaubilder bei unterschiedlichen Pressdrücken im Abb. 39.12 zeigen auf, dass die für die Pressverdichtung üblichen Härtekegel auch durch Hochdruckpressen nicht zu beseitigen sind.

Blasen oder Schießen und Hochdruckpressen

Blasen und Schießen sind Verdichtungsprinzipien, die vorwiegend bei der Kernfertigung Anwendung finden. Beim Blasen wird Formstoff mittels Druckluft aufgewirbelt und füllt als Formstoff-Luft-Gemisch die Formkammer einer Formmaschine oder den Formkasten. Beim Schießen dagegen wird der angebotene Formraum durch eine kompakte, mittels Druckluft beschleunigte Formstoffmenge ausgefüllt. Daraus leiten sich zugleich die Vor- und Nachteile dieser Vorverdichtungsverfahren ab:

Das *Blasen* ermöglicht das Ausfüllen komplizierter Modellkonturen. Die Modelle werden geringer beansprucht. Der hohe Druckluftanteil erfordert jedoch besondere Entlüftungsmaßnahmen. Das *Schießen* dagegen hat den Vorteil der geringeren Belastung des Formraumes mit Druckluft, jedoch ergeben sich ungünstigere Bedingungen gegenüber dem Blasen beim Ausfüllen schmaler, komplizierter Modellkonturen. Ausführliche Wertungen des Blasens und des Schießens als Vorverdichtungsverfahren finden sich in [8, 9, 10].

Der Arbeitsablauf einer eingeführten Maschine für das kombinierte Blasen und Hochdruckpressen ist in Abb. 39.15 dargestellt. Er vollzieht sich wie folgt: Bei Auslösung des Formvorgangs strömt Druckluft aus einem Druckluftspeicher in die Blaskammer der Formmaschine. Der darin befindliche Formstoff wird aufgewirbelt und beschleunigt und strömt als gut fließendes Formstoff-Luft-Gemisch in die Formkammer. Die Partien der Formkammer werden gut ausgefüllt. Ein Ballen verkörpert zugleich Vorder- und Rückseite einer Form (beidseitiger Modellabdruck). Die Druckluft kann durch entsprechende Entlüftungsschlitze entweichen. Nach beendeter Füllung der Formkammer erfolgt das Nachverdichten durch Hochdruckpressen. Von beiden Seiten mit einem Druck bis zu 1,2 MPa (Abb. 39.15b). Im dritten Arbeitsschritt (Abb. 39.15c) wird die vordere Pressplatte vorsichtig vom Ballen abgehoben, wobei Vibrationen den Trennvorgang unterstützen können, und nach oben geschwenkt. Damit ist die Formkammer offen, und der Ballen kann abgehoben werden. Währenddessen erfolgt das Wiederauffüllen des Formstoffbehälters. Nach Rückziehen des Arbeitskolbens im fünften Schritt (Abb. 39.15e) und Wiedereinschwenken der beweglichen Pressplatte steht die Maschine für den nächsten Formvorgang bereit. Der Schallpegel dieser Blas-Hochdruckpress-Maschinen liegt bedeutend unter dem von Rüttel-Press-Formmaschinen. Das pneumatische Einfüllen erlaubt eine genaue Dosierung des Formstoffs und verhindert die Ausbreitung von Staub weitgehend.

Luftimpuls-Formverfahren

Das *Luftimpuls-Formverfahren* ist das am längsten angewendete dynamische Verdichtungsformverfahren. Es wurde bereits Anfang der 70er Jahre für die Produktion genutzt. Das Verfahren beruht auf einer sehr kurzzeitigen Einwirkung (etwa 0,015 bis 0,025 s) einer Druckluftwelle auf den Formstoff. Es wird mit einem Druck von 1,2 bis 2,0 MPa gearbeitet (ehemals noch höher). Mit steigender Impulsleistung $p \cdot V$ bekommt man eine zunehmende Verdichtung. Der Nachteil dieser Verfahrensweise ist das Erfordernis eines zusätzlichen Kompressors zur Erzeugung der hochgespannten Druckluft. Um dies zu umgehen und Druckluft aus dem betrieblichen Netz ver-

Abb. 39.15 Arbeitsablauf beim kombinierten Blasen und Hochdruckpressen auf einer Anlage für kastenloses Formen. **a** Druck auf Formstoff; **b** Pressen von beiden Seiten; **c** Abheben der vorderen Pressplatte; **d** Abschieben des Formballens; **e** Rückziehen des Arbeitskolbens; **f** Ausgangszustand

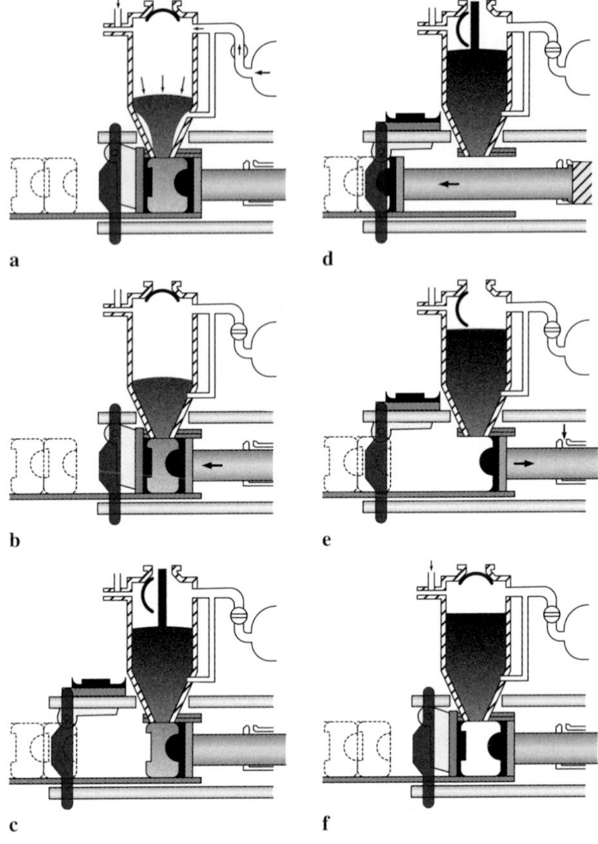

wenden zu können, wurden Varianten entwickelt. Den Arbeitsablauf einer als Air-Impact-Verfahren bezeichneten Variante zeigt Abb. 39.16. In der Ausgangsstellung vor Auslösung des Verdichtungsvorgangs ist der Druckluftbehälter aus dem Druckluftnetz gefüllt (Abb. 39.16a). Der Ventilteller eines Tellerventils verhindert das unbeabsichtigte Einwirken der Druckluft auf den Formstoff. Wird nun der Raum über dem Ventilteller schlagartig entlastet, so schnellt die Ventilplatte nach oben und gibt eine große Öffnungsfläche für die Druckluft frei. Es kommt durch die Druckluftmassewelle zur Verdichtung des Formstoffs (Abb. 39.16b).

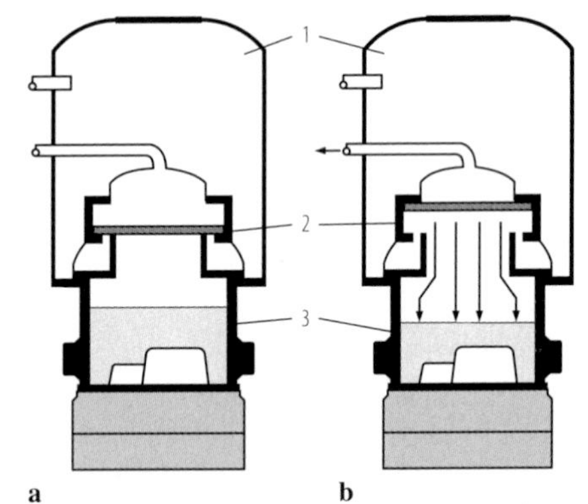

Abb. 39.16 Schematische Darstellung des Verdichtungsaggregates für das Air-Impact-Verfahren. **a** Ausgangssituation; **b** Wirkung der Druckluftwelle auf den Formstoff; *1* Druckluftvorratsbehälter; *2* Ventil; *3* Formkasten mit Formstoff

Gasexplosionsformverfahren

Das *Gasexplosionsformverfahren* beruht ebenso wie das Luftimpuls-Formverfahren auf der Wirkung einer Gasmassewelle. Im Gegensatz zum Luftimpulsverfahren wird die Energie für den Verdichtungsvorgang nicht aus der Entspannung von Druckluft, sondern aus der explosionsartigen Verbrennung von Gasen gewonnen.

In Abb. 39.17 ist der Ablauf des Gasexplosionsverfahrens dargestellt. Der erste Arbeitsschritt

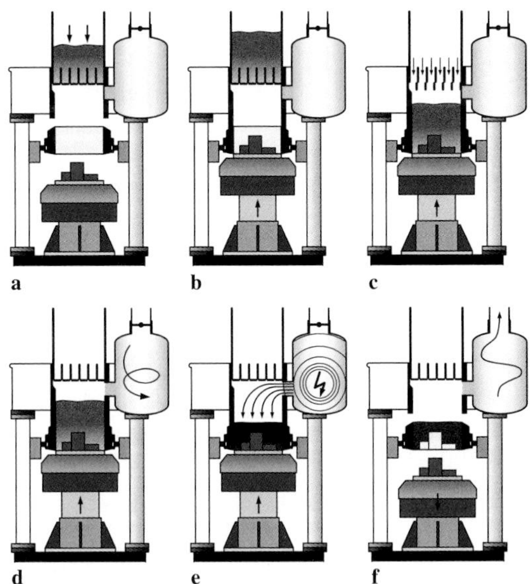

Abb. 39.17 Arbeitsablauf beim Gas-Explosionsverfahren. **a** Zyklus-Start; **b** Modellträger mit Formkasten hochgefahren; **c** Formstoff einfüllen; **d** Formstoff geschlossen, Gas einfüllen; **e** Gas zünden: die durch die Verbrennung resultierende Druckerhöhung verdichtet den Sand; **f** Modellträger absenken, Abgase ablassen; Zyklusende

beinhaltet das Füllen des Formstoffbehälters der Gasexplosionsformmaschine (Abb. 39.17a). Im zweiten Arbeitsschritt werden Modell und Formkasten nach oben gegen den Maschinenständer bewegt, sodass ein geschlossener Arbeitsraum entsteht (Abb. 39.17b). Durch Öffnen der Jalousie des Formstoffbehälters fällt der Formstoff in den Arbeitsraum. Dem folgen das Schließen der Jalousie und das Einfüllen des Gases in den Explosionsbehälter (Abb. 39.17d). Als Energieträger können nach [11] alle brennbaren technischen Gase wie Erdgas, Methan, Propan und Butan verwendet werden. Das eingeströmte Gas wird intensiv mit Luft gemischt. Ein Ventilator führt mit der Bewegungsenergie dem System zusätzliche Energie zu. Darauf wird das Gas-Luft-Gemisch gezündet.

Das Arbeitsspiel schließt ab mit dem Absenken des Formkastens, dem Aussenken des Modells, dem Ausschieben des fertigen Formkastens und dem Ausspülen der Verbrennungsgase aus dem Explosionsbehälter (Abb. 39.17f).

39.6.2.2 Verfestigungsformverfahren

Unter *Verfestigungsformverfahren* sind solche Formverfahren zu verstehen, bei denen die für die Herstellung maßgenauer und gestaltgetreuer Gussstücke erforderliche Festigkeit des Formstoffs durch chemische oder physikalische Bindung erreicht wird. Es ist üblich, vor Wirksamwerden der chemischen oder physikalischen Bindekräfte den Formstoff gering durch Andrücken von Hand, Vibrieren oder Stopfen zu verdichten, um einen innigen Kontakt zwischen den Formstoffpartikeln herbeizuführen und die Konturen des Modells gut abzubilden und auszufüllen.

Maskenformverfahren

Das *Maskenformverfahren* ist ein Verfahren zur Herstellung schalen-(masken-)artiger Formen mit dem Ziel der Einsparung von hochwertigem Formstoff.

Arbeitsablauf. Quarzsand wird in speziellen Mischaggregaten (meistens Seitenwandmischer in Sonderausführung) bei Temperaturen von 120 bis 150 °C mit einem Binder umhüllt. Dieses Verfahren bezeichnet man auch als Heißumhüllung. Als Binder findet Phenolharz Anwendung. Nach [12] handelt es sich dabei um ein sauer vorkondensiertes Phenol-Formaldehyd-Novolak-Harz, das nach Zusatz von Hexamethylentetramin unter Wärmeeinwirkung in den Resitzustand übergeht. Die Zugabe von Hexamethylentetramin beträgt 10 bis 12 %, bezogen auf die Menge des Harzes. Zur Verbesserung der Gleitfähigkeit der Formstoffmischung und zur Förderung des Trennvorgangs von Modell und Maskenform werden außerdem etwa 1 bis 3 % Ca-Stearat zugegeben. Nach dem Umhüllungsvorgang liegt ein trockenes, schütt- und rieselfähiges Formstoffgemisch vor.

Zur Herstellung der Maskenform wird der mit Binder umhüllte Quarzsand auf eine etwa 200 bis 250 °C erwärmte Modellplatte geschüttet (Abb. 39.18). Die Beheizung erfolgt mit Gas oder elektrischer Widerstandsheizung. Die Modellplatte wird, um ein Festkleben der gebildeten Maske zu vermeiden, mit einem Trennmittel, z. B. Silikonöl, besprüht.

Nach einer Einwirkzeit von 5 bis 20 Sekunden ist soviel Wärme in die Formstoffschicht eingedrungen, dass bis zu einer Tiefe von 8 bis 25 mm der Harzbinder aufgeschmolzen ist (Schmelzpunkt etwa 80 bis 95 °C) und der Aushärtungs-

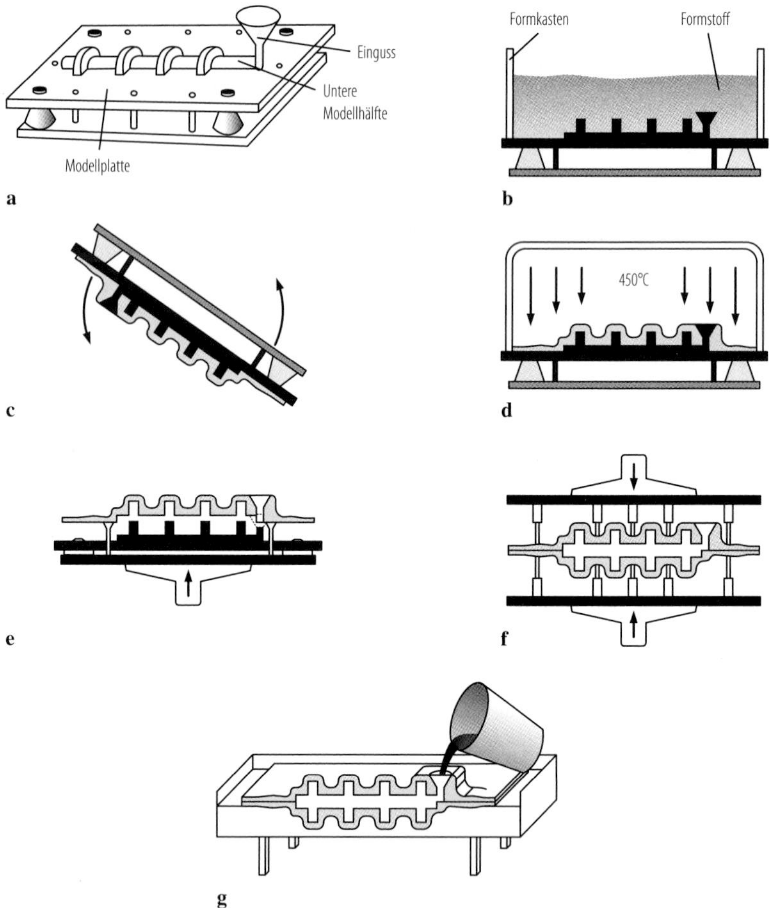

Abb. 39.18 Verfahrensablauf beim Maskenformverfahren: *1* Vorheizen der Modellplatte, *2* Anbacken der Maskenform, *3* Abkippen des überschüssigen Formstoffs, *4* Aushärten der Maskenform, *5* Automatisches Abheben der Form, *6* Verkleben der beiden Formhälften, *7* Gießen

vorgang einsetzt. Diese Phase wird auch als *Sinterperiode* bezeichnet. Es kommt zur Ausbildung zähflüssiger Binderbrücken zwischen den Quarzkörnern. Die Maskendicke nimmt mit steigender Temperatur und wachsender Einwirkzeit zu [13, 14]. Der überschüssige, noch nicht durch die Wärmeeinwirkung verbundene Formstoff wird in den Behälter zurückgekippt.

Dem Sintern schließt sich der eigentliche Härtungsvorgang an. Der Binder geht dabei vom Novolak über die Zwischenstufe des Resitol-Zustandes in den festen, nicht mehr schmelzbaren Resitzustand über. Das Modell mit aufliegender Maskenform kann hierzu in einen Ofen mit einer Temperatur von 450 bis 500 °C transportiert werden. Die Einwirkdauer auf die Maske beträgt etwa 2 Minuten. Gleichzeitig wird die Modellplatte aufgeheizt, damit sie mit der richtigen Temperatur für den erneuten Sintervorgang bereitsteht.

Die ausgehärtete Masse wird in der Regel von Hand abgenommen. Sie wird zum Kerneinlegen und Zusammenkleben der Maskenhälften auf einem Arbeitstisch abgelegt. Nach Auftrag der Klebepaste an den Kleberändern der Maskenhälften werden diese zusammengelegt und in die Presse eingelegt. Die Masken werden durch Federstifte, die sich den unterschiedlichen Außenkonturen der Masken anpassen, gegeneinander gepresst (Klebedauer unter Druck etwa 1,5 bis 2,0 Minuten).

Reaktionsablauf. Vereinfacht kann man den Reaktionsablauf beim Maskenformverfahren in folgender Weise darstellen:

Beim Erwärmen zerfällt das Hexamethylentetramin nach folgender Gleichung in Formaldehyd und Ammoniak:

$$C_6H_{12}N_4 + 6H_2O \rightleftarrows 6HCHO + 4NH_3 \tag{39.6}$$

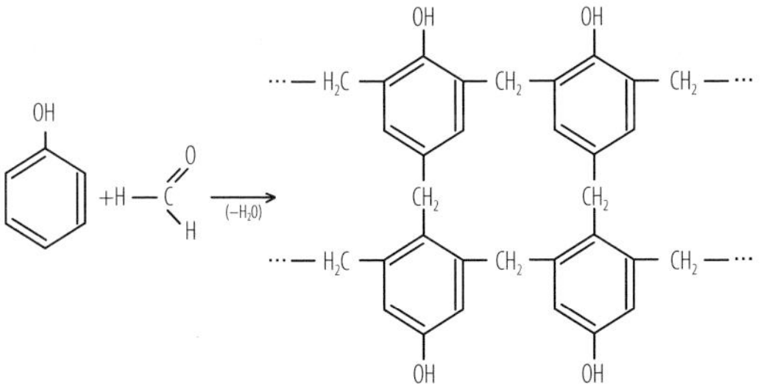

Abb. 39.19 Phenol Formaldehyd Makromolekül

Unter dem Temperatureinfluss bilden sich aus dem Phenol des Harzes und dem freiwerdenden Formaldehyd Makromoleküle etwa der Struktur in Abb. 39.19.

Das Maskenformverfahren gestattet sehr maßgenaue Gussstücke mit guter Oberfläche und geringen Bearbeitungszugaben. In [15] wird angegeben, dass bei Umstellung von verdichteten Formen auf das Maskenformverfahren 10 bis 50 % der mechanischen Bearbeitung eingespart werden konnten. Abb. 39.4 zeigt die Einordnung des Maskenformverfahrens in die wichtigsten Form- und Gießverfahren. Besondere Bedeutung hat das Maskenformverfahren für das Gießen von Teilen für Verbrennungsmotore (Zylinderköpfe und -blöcke, Rippenzylinder, Kurbelgehäuse). Hierbei wird neben der hohen Qualität der Gussstücke vor allem die Fähigkeit des Formstoffs genutzt, hohe schmale Hohlräume zwischen den Rippen des Modells auszufüllen.

Furanharz-Verfahren

Dieses Verfestigungsformverfahren arbeitet auf der Grundlage der Polykondensation von Furfurylalkohol mit Zusätzen von Harnstoff und Formaldehyd unter katalytischer Wirkung von Säuren

Aushärtemechanismus. Der Binder ist ein kalthärtendes Harz.

Die Aushärtung wird durch die katalytische Wirkung organischer Säuren (z. B. Toluolsulfonsäure, Benzosulfonsäure) eingeleitet, die dem Quarzsand beigemischt werden. Anschließend wird der Binder zugegeben. Die Härtung erfolgt durch die Verschiebung des pH-Wertes in den sauren Bereich. Deshalb stören alkalische Substanzen, wie Bentonit, Kalk oder Zement, als Verunreinigung im Formstoff (z. B. Altformstoff) und erfordern höhere Härterzugaben (materialökonomisch ungünstig!). Abb. 39.20 zeigt die für den Verfestigungsmechanismus relavante chem. Reaktion der Polykondensation.

Die mit harzgebundenen Formstoffsystemen erreichten Vorteile sind lassen sich wie folgt zusammenfassen:

- Wegfall des Trockenprozesses bei größeren Formen
- hohe Maßgenauigkeit:
- 9 bis 13 % Massereduzierung bei Grauguss möglich durch Verringerung der Bearbeitungszugaben um 35 bis 37 %
- Verringerung der Toleranzbereiche der Maße um 40 bis 50 % und Reduzierung der Formschrägen um etwa 50 %
- gute Oberflächenqualität
- Verringerung des Putzaufwandes für die Gussstücke
- einfache Verarbeitbarkeit.

Formstoffaufbereitung. Um die Vorteile der schnellen Härtung der harzgebundenen Formstoffe zu nutzen, lange Transportwege zu vermeiden und die Verarbeitungszeit (Zeit zwischen dem Aufbereiten des Formstoffgemisches und dem Füllen der Form) zu verlängern, werden diese Formstoffgemische in kontinuierlich arbeitenden Maschinen (Durchlaufmischer) aufbereitet. Dies erfolgt im Regelfall mit Schneckenmischern. Der trockene Quarzsand gelangt vom Vorratsbunker über Zuteilschieber in die Misch- und Förderschnecken. Dort wird er mit dem Katalysator (Härter) innig vermischt. Anschließend wird dem

Abb. 39.20 Polykondensation von Furfurylalkohol

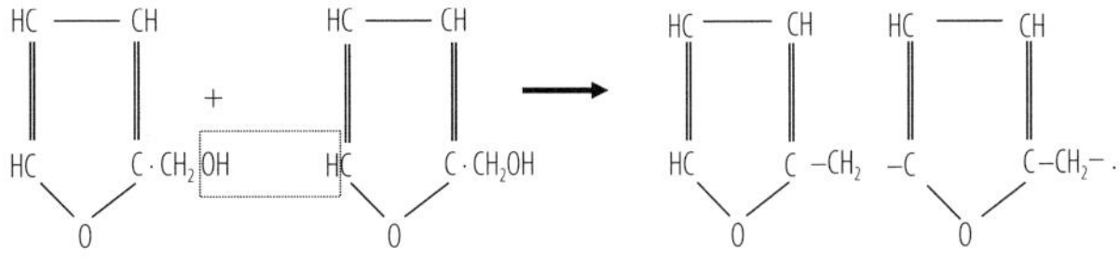

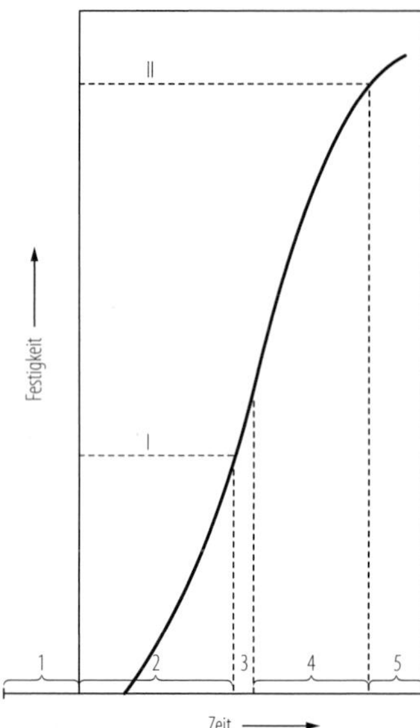

Abb. 39.21 Aushärtecharakteristik selbsthärtender Formstoffe. *1* Aufbereitung des Formstoffs; *2* Verarbeitungsdauer; *3* Zeitpunkt des Trennens vom Werkzeug; *4* Auftragen des Überzugstoffs; *5* Zeitpunkt zur Montage und zum Gießen; *I* Festigkeit zum Trennen vom Werkzeug; *II* Festigkeit zum Gießen

Gemisch die notwendige Bindermenge zugesetzt. Das fertige Gemisch fällt über ein gelenkartiges Rohrstück in den Formkasten.

Aushärtecharakteristik. Abb. 39.21 zeigt die Aushärtecharakteristik selbsthärtender Formstoffe. Es wird angestrebt, dass nach dem Kontakt der Komponenten des Bindersystems der Formstoff im Vergleich zur geforderten Aushärtezeit lange verarbeitbar ist. Diese, auch als Verarbeitbarkeitsdauer bezeichnete Zeit, muss also größer als die erforderliche Verarbeitungsdauer sein.

Feingießverfahren

Das *Feingießverfahren* ist ein Formverfahren zur Herstellung von Gussstücken mit höchster Maßgenauigkeit und bester Oberflächenqualität unter Verwendung verlorener Modelle. Seine Anwendung ist jedoch vorwiegend auf Gussstücke mit geringer Masse und Abmessung beschränkt.

Als Modellwerkstoffe kommen vorwiegend Wachse zur Anwendung. Es werden jedoch auch andere Werkstoffe, beispielsweise Polystyrol oder Quecksilber (Verarbeitungstemperatur dann etwa −60 °C), eingesetzt. Das Feingießverfahren ist durch folgenden Arbeitsablauf gekennzeichnet:

Herstellung des Wachsmodells. Mit Hilfe eines Urmodells (Dauermodell der zu fertigenden Gussstücke) wird eine Form aus Weichmetall gegossen, die zum Abgießen der verlorenen Modelle aus Wachs dient. Die Konturen der abzugießenden Wachsmodelle können jedoch auch unmittelbar in metallische Dauerformen eingearbeitet werden. Der erste Weg wird vorrangig bei geringer Stückzahl gegangen, der zweite bei Großserienfertigung.

Auf entsprechenden Pressen wird Wachs (z. B. bestehend aus 40 % Hartparaffin, 30 % Montanwachs und 30 % Montanharz) in die Dauerform bei einer Temperatur von etwa 70 °C mit einem Druck von 3,5 bis 7,0 MPa gepresst. Die Modelle werden nach dem Erstarren der Form entnommen, in Wasser gekühlt und mit einer neutralen 1- bis 2 %igen Glyzerin-Seifenlösung gereinigt. Anschließend werden die Wachsmodelle von Hand zu Modelltrauben gefügt (kurzzeitiges Aufschmelzen des Wachses an der Montagestelle).

Aufbringen des Überzugs. Auf die Modelltraube wird durch Tauchen ein breiiger feuerfester Überzug von 0,5 bis 1,0 mm Dicke aufgetragen. Als Überzugsmassen dienen feuerfeste Substanzen mit einer Korngröße von 0,06 bis 1,0 mm (z. B. Silikasand aus überwiegend SiO_2, Silimanit AI ($AlSiO_5$), Zirkoniumdioxid ZrO_2, Tonerde Al_2O_3 u. a.). Diesen werden Bindemittel vorwiegend auf Äthylsilikatbasis $Si(C_2H_5O)_4$ zugesetzt.

Die Auslösung der Bindewirkung erfolgt durch Wasser und ein gemeinsames Bindemittel, beispielsweise Äthylalkohol C_2H_5OH mit geringen Mengen Salzsäure HCl.

Nach [16] kann der Verfestigungsmechanismus vereinfacht in folgender Weise dargestellt werden:

Wasser im Überschuss und Äthylsilikat reagieren nach

$$Si(C_2H_5O)_4 + 4H_2O \rightleftarrows Si(OH)_4 + 4C_2H_5OH \qquad (39.7)$$

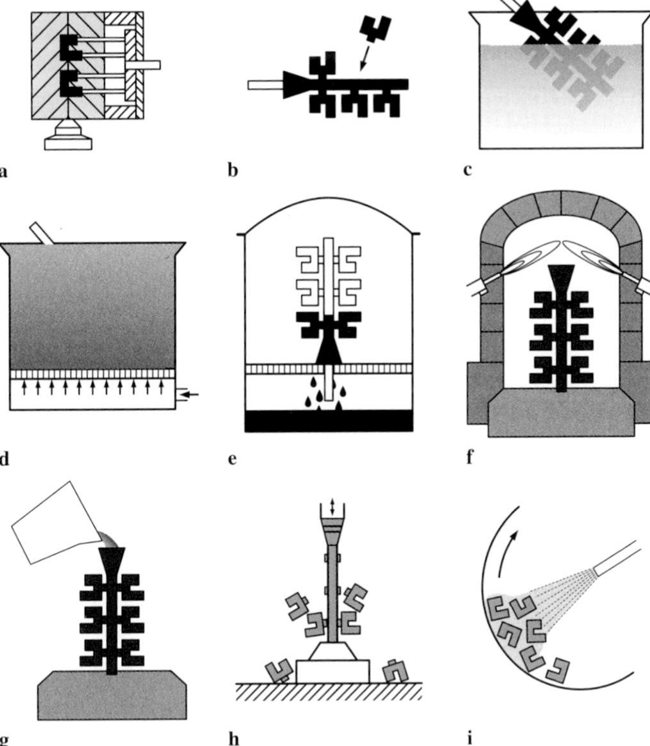

Abb. 39.22 Ablauf des Feingießverfahrens. **a** Herstellung der Wachsmodelle in Feingießformen; **b** Montage der Modelle zur Modelltraube; **c** Tauchen der Modelltraube in die Bindersuspension; **d** Aufbringen des körnigen feuerfesten Materials im Wirbebad; **e** Aufschmelzen des Modelwachses mit Wasserdampf bei 0,04 bis 0,9 MPa; **f** Brennen der Keramikformen; **g** Abgießen; **h** Trennen der Feingussstücke mittels eines pneumatischen Rüttlers vom Anschnittsystem; **i** Strahlen mit metallischen Strahlmitteln im Druckluftstrom

Das Siliziumhydroxid $Si(OH)_4$ umgibt als kolloidales Gel die Körner aus feuerfestem Material. Durch Trocknen, Erwärmen und Glühen verdampfen Alkohol und Wasser.

Das Siliziumhydroxid geht in Siliziumdioxid über:

$$Si(OH)_4 \rightleftarrows SiO_2 + 2H_2O \qquad (39.8)$$

und bildet eine feste Substanz. Als Bindemittel können auch Natriumsilikat, Amonium-, Natrium- und Kalziumphosphat oder Wasserglas verwendet werden. Augenblicklich nach dem Tauchen wird auf die noch nicht trockene Überzugsschicht durch Tauchen der Trauben in Wirbelbetten (aufgewirbelter Quarzsand) feiner Quarzsand aufgebracht. Anschließend erfolgt ein vorsichtiges Trocknen, um Rissbildung in der Überzugsschicht zu vermeiden. Der Vorgang wird insgesamt 4- bis 6-mal wiederholt, um die für das Abgießen erforderliche Schalendicke von 3 bis 5 mm zu erreichen.

Wachsausschmelzen. Die Modelltrauben werden dann mit dem Eingusstrichter nach unten in einem Ofen bei 100 bis 200 °C ausgeschmolzen, wobei sich etwa 80 % des Wachses zurückgewinnen lassen. Die Schalenformen werden nach dem Wachsausschmelzen in Formkästen mit Quarzsand hinterfüllt. Dabei kann Äthylsilikat als Bindemittel verwendet werden. Das Verdichten der Hinterfüllmasse erfolgt meist noch durch Rütteln. Das restliche Wachs wird durch einen Brennprozess bei etwa 1000 °C beseitigt, wobei gleichzeitig die Schalenformen weiter verfestigt werden. Die noch glühenden Formen werden sofort mit flüssigem Metall ausgegossen.

Den Ablauf des Feingießverfahrens zeigt Abb. 39.22. Als Vorzüge des Feingießverfahrens sind zu nennen [16]:

- geringe Maßtoleranzen, die insbesondere bei hochschmelzenden Werkstoffen von keinem anderen Verfahren erreicht werden (Maßabweichungen für Nennmaße um 50 mm 1,2 bis 2 %),

- sehr gute Oberfläche, die in Abhängigkeit von den verwendeten Formstoffen mindestens dem Schlichten bei spanender Bearbeitung entspricht (10 bis 35 µm),
- weitgehende Gestaltfreiheit der geometrischen Werkstückform,
- nahezu gusswerkstoffunabhängig.

Die wirtschaftlichen Effekte des Feingießverfahrens sind besonders hoch, wenn:

- Gussstücke eine komplizierte geometrische Gestalt besitzen,
- schwerzerspanbare und nichtumformbare Werkstoffe vergossen werden,
- Montageteile zu einem einzigen Feingussstück kombiniert werden,
- Zerspanung entfallen kann oder auf die Feinstbearbeitung reduziert wird.

In hochindustrialisierten Ländern werden alle Gusswerkstoffe, einschließlich Sonderwerkstoffe, im Feingießverfahren vergossen. Der Stückmassebereich reicht dabei von 5 g bis zu mehreren 100 kg.

Hervorhebenswerte Anwendungsgebiete für das Feingießverfahren sind:

- Teile für die Luft- und Raumfahrtindustrie,
- Hüft-, Knie- und Schultergelenkprothesen,
- Teile für den Kraftfahrzeugbau,
- Teile für den allgemeinen und wissenschaftlichen Gerätebau,
- Militärtechnik,
- Schaufeln für Verdichter, Turbolader sowie Schleuderstrahlanlagen.

Vakuumformverfahren

Beim *Vakuumformverfahren* wird die für das Abgießen der Form mit flüssigem Metall erforderliche Festigkeit durch den äußeren Luftdruck erreicht.

Verfahrensablauf. Der Verfahrensablauf ist aus Abb. 39.23 ersichtlich: Unter der Modellplatte befindet sich ein Vakuumkasten, der über Bohrungen im Modell mit dem Raum oberhalb des Modells verbunden ist (**a**). Im zweiten Arbeitsschritt wird eine Polyäthylenfolie von etwa 0,04 bis 0,1 mm Dicke vorgewärmt, um eine bessere Anpassungsfähigkeit an die Modellkonturen zu erreichen (**b**). Die Folie wird anschließend auf das Modell gelegt. Unter der Wirkung des Unterdruckes im Vakuumkasten schmiegt sie sich an die Modellkonturen an (**c**). Darauf wird der Formkasten (im Abb. 39.23 handelt es sich um den oberen Formkasten) auf die Modellplatte aufgesetzt (**d**) und mit trockenem, binderfreiem Quarzsand aufgefüllt (**e**). Nach dem Abstreifen des überflüssigen Sandes, der Formung des Eingusstümpels und dem Auflegen einer Folie wird die Luft aus dem Formkasten abgesaugt. Der Druck beträgt dabei etwa 0,04 bis 0,06 MPa. Der äußere Luftdruck bewirkt die Verfestigung des Formstoffs (**f**).

Nach Abheben der Formhälfte von der Modellplatte (**g**) und ggf. Einlegen von Kernen und Zulegen der oberen Formhälfte kann die Form in üblicher Weise abgegossen werden. Der Unterdruck in der Form muss auch während der Erstarrung und einer hinreichenden Abkühlung der Gussstücke aufrechterhalten werden (**h**). Das Ausleeren der Formkästen erfolgt durch Zuschalten des atmosphärischen Luftdrucks zu den Formen. Quarzsand und Gussstücke fallen aus den Formkasten (**i**).

Seine Anwendung ist jedoch vorwiegend auf Gussstücke mit geringer Masse und Abmessung beschränkt.

Vollformgießverfahren

Beim *Vollformgießverfahren* (auch als *Lost-Foam-Verfahren* bezeichnet) erfolgt die Herstellung von Gusstücken in verlorenen ungeteilten Formen mit verlorenen Modellen. Als Formstoff kann binderfreier rieselfähiger Sand verwendet werden. Da das Modell beim Gießen in der Form bleibt – es wird durch die Berührung mit der Schmelze vergast – wird keine Formteilung benötigt. Es lassen sich so Gussstücke mit geometrisch komplizierter Gestalt ohne Aushebeschrägen und mit Hinterscheidungen herstellen, da das Modell nicht aus der Form gezogen werden muss und die Form nicht geteilt ausgeführt sein muss.

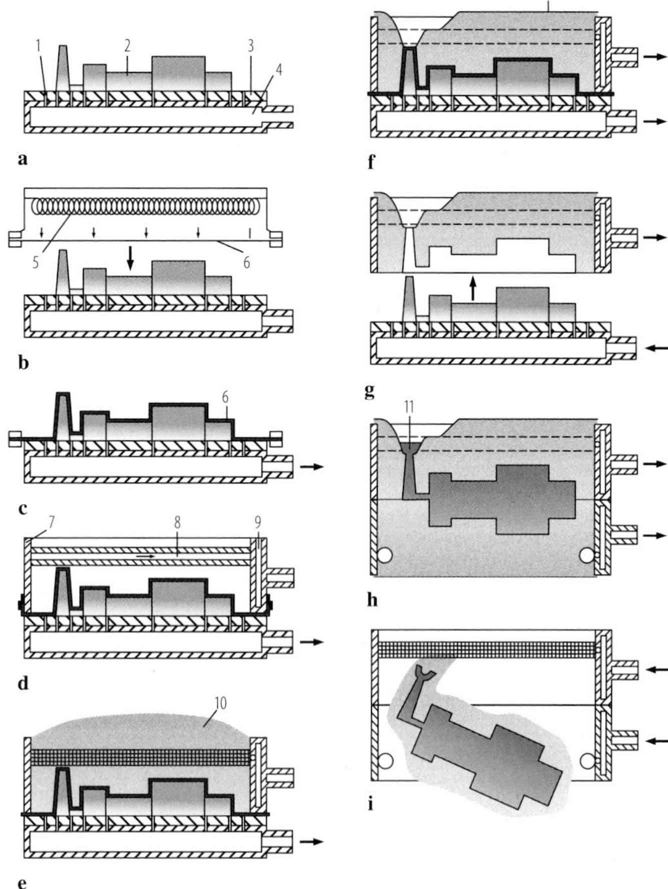

Abb. 39.23 Schematische Darstellung des Verfahrensablaufs beim Vakuumformverfahren. **a** Aufbau Modelleinrichtung; **b** Vorwärmen der Folie; **c** Anlegen der Folie an das Modell durch Unterdruck; **d** Aufsetzen des Formkastens; **e** Auffüllen mit Quarzsand; **f** Abdecken mit Folie und Formen des Eingusstümpels; **g** Abheben des Formkastens; **h** Zulegen der Form und Abgießen; **i** Ausleeren des Formkastens; *1* Bohrung; *2* Modell; *3* Modellplatte; *4* Vakuumkasten; *5* Heizspirale; *6* Folie; *7* Formkastenbehälter; *8* Saugrohr; *9* Luftkanal; *10* trockener, binderfreier Sand; *11* Metall

Herstellung des Schaumstoffmodells: Als Modellwerkstoff wird in der Regel Polystyrolschaum verwendet. Es gibt zwei grundsätzliche Wege zur Modellfertigung; das Schäumen der Modelle in einer metallischen Schäumform (was wiederum eigentlich ein eigener Urformprozess ist) oder das Herausarbeiten der Modellkontur aus einem Schaumstoffblock mittels spanender Verfahren (Fräsen, Drehen, Bohren) und/oder mittels Schneiden durch einen widerstandsbeheizten Draht (was eigentlich einem Schmelzen entspricht), der sogenannten Heizdrahtmethode.

Verfahrensablauf: Das verlorene Modell wird in einen Formkasten gelegt. Dieser wird mit einem rieselfähigen, trockenen und binderlosen Formstoff (in der Regel Sand) gefüllt. Dabei ragt das verwendete, ebenfalls aus Schaumstoff bestehende Eingussmodell leicht aus der Sandoberfläche heraus, bzw. schließt mit dieser bündig ab. Nun wird die Schmelze direkt auf die Oberfläche des verlorenen Eingussmodells gegossen, was darauf sofort vergast. Die dabei auftretende Zersetzung des Schaumpolystyrols ist eine Depolymerisation. Diese Zersetzung läuft in Form einer Front vor der einströmenden Schmelze her, bis der gesamte Raum, den das verlorene Modell im Formstoff eingenommen hat mit der Schmelze gefüllt ist, die dann erstarrt und abkühlt und das Gussstück bildet. Nach Abschluss der Abkühlung kann durch einfaches Wenden des Formkastens problemlos das Gussstück entnommen werden. Die Abb. 39.24 zeigt schematisch den Verfahrensablauf der Formfüllung.

Das Vollformgießen hat, neben den oben geschilderten Vorteilen, auch einen Nachteil: Die bei der Formfüllung ablaufende Depolymerisati-

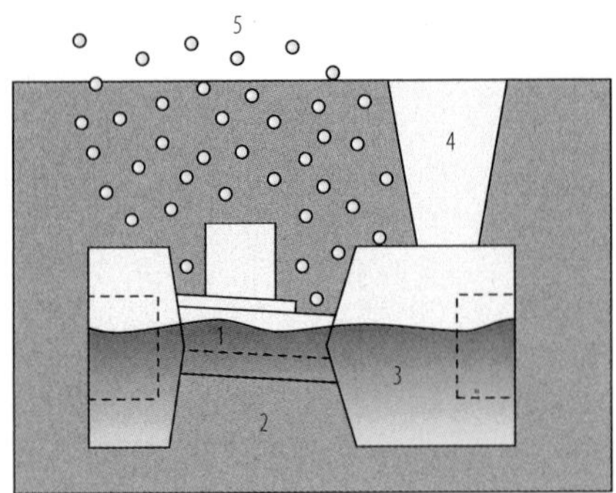

Abb. 39.24 Schematischer Verfahrensablauf der Formfüllung beim Vollformgießen. *1* Styropormodell; *2* Sandform; *3* Schmelze; *4* Einguss; *5* Entweichende Gase

on kann unter ungünstigen Umständen zu einer Ruß- oder Glanzkohlenstoffabscheidung führen, welche zu typischen Gussfehlern, wie genarbten Gussstückoberflächen oder auch zu Formbrüchen führen kann.

Angewendet werden kann das Verfahren für ein großes Gussstücksortiment, in der Regel mit mittleren und großen Abmessungen (z. B. Armaturengehäuse, Werkzeugmaschinenteile, Zylinderkurbelgehäuse).

39.6.3 Dauerformverfahren

Dauerformverfahren sind charakterisiert durch das mehrmalige Abgießen der einmal hergestellten Gießform. Das Füllen der Dauerform mit flüssigem Metall kann durch unterschiedliche Kräfte erfolgen (z. B. Schwerkraft, Druckkraft, Zentrifugalkraft), woraus sich gleichzeitig ein Ordnungsprinzip für die verschiedenen Verfahren ableitet.

39.6.3.1 Kokillengießverfahren

Das *Kokillengießverfahren* ist ein Dauerformverfahren, bei dem das Füllen der Gießform (meist als Kokille bezeichnet) und das Erstarren des Metalls unter Wirkung der Schwerkraft erfolgen.

Gegenüber der Gussfertigung mit verlorenen Formen erzielt man durch den stärkeren Abkühlungseffekt der metallischen Kokille ein feines und dichtes Gefüge und entsprechend höhere Festigkeiten bei gleicher Werkstoffmarke. Dies gestattet die Verringerung der Wanddicken und führt durchschnittlich zu Materialeinsparungen von 10 %. Außerdem gestattet das Gießen in Kokillen eine größere Maßgenauigkeit und eine bessere Oberflächenqualität der Gussstücke.

Ablauf des Kokillengießens. In die Kokille (überwiegend aus GG, aber auch Stahlguss und bearbeiteter Stahl) sind die Außenkonturen des Gussstücks eingearbeitet. Die Innenkonturen der Gussstücke werden bei einfacher Gestalt durch Dauerkerne, bei komplizierter Gestalt durch verlorene Kerne gebildet. Vor dem Abgießen werden die Kokillen zur Minderung der Abkühlungsgeschwindigkeit und der Temperaturwechselbeanspruchung vorgewärmt und zur Vermeidung des unmittelbaren Kontakts von Gießmetall und Kokillenwerkstoff geschlichtet. Die Schlichten bestehen aus kolloidalem Graphit oder aus Kalziumkarbonat, Talkum, Quarzmehl und Kaolin, mit Zusätzen von Bindemitteln. Das Eingießen des Flüssigmetalls erfolgt im Normalfall durch entsprechende Hohlräume in der Kokille für das Anschnittsystem. An den zuletzt erstarrenden Partien des Gussstücks werden Speiser angeordnet, um die aus Schwindungserscheinungen resultierenden Fehler vom Gussstück fernzuhalten. Abb. 39.25 zeigt schematisch den Ablauf des Kokillengießens.

Die Grenzen des Verfahrens ergeben sich in folgender Hinsicht: Bestehen Forderungen nach Wanddicken von G-Al-Erzeugnissen unter 3 mm, so ist das Kokillengießverfahren nicht in der Lage, diesen Ansprüchen zu genügen. In diesen Fällen ist auf andere Verfahren, beispielsweise Druckgießen oder Feingießen, auszuweichen. Als begrenzend stellen sich weiterhin die Kosten für die Anfertigung der Kokillen dar. Damit ist das Kokillengießverfahren vorbestimmt für die Serien-, Großserien- und Massenfertigung. Kleinserien- und Einzelgussstücke werden auch weiterhin ökonomisch mit verlorenen Formen gefertigt. Dies gilt ebenso, wenn die äußere Gestalt der Gussstücke, auch bei Serien oder Großserien, viele bewegliche Formelemente bedingt oder komplizierte innere Hohlräume und Hinterschneidungen zahlreiche verlorene Kerne erfordern.

Die breite Palette von Werkstoffen, die nach dem Kokillengießverfahren vergossen wird, führt

geöffnete Kokille | Formfüllung und Erstarrung | Gussteilentnahme

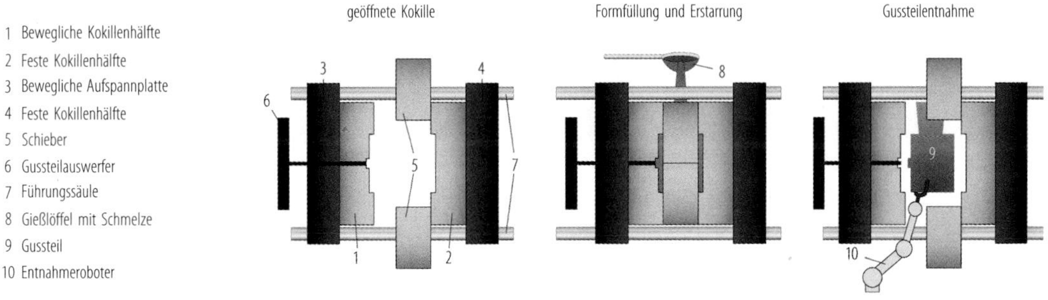

1 Bewegliche Kokillenhälfte
2 Feste Kokillenhälfte
3 Bewegliche Aufspannplatte
4 Feste Kokillenhälfte
5 Schieber
6 Gussteilauswerfer
7 Führungssäule
8 Gießlöffel mit Schmelze
9 Gussteil
10 Entnahmeroboter

Abb. 39.25 Verfahrensablauf beim Schwerkraftkokillengießverfahren. (Quelle: VDG Grundlagen der Gießereitechnik – Eine kompakte PowerPoint-Präsentation, Düsseldorf, Verein Deutscher Gießereifachleute e.V. (VDG) 2005)

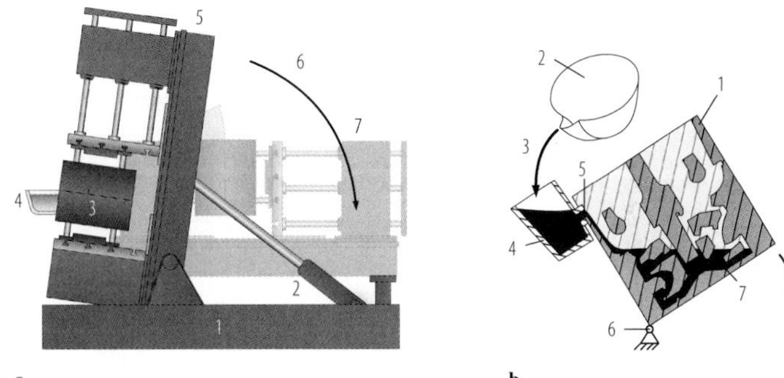

Abb. 39.26 Prinzip des Kippgießen: **a** Kippgießanlage, **b** Formfüllung während des Kippgießens. (Quelle: **a** Eigene Abbildung, **b** Patent DE102004015649B3)

dazu, dass in nahezu allen Zweigen der metallverarbeitenden Industrie Kokillengussstücke verwendet werden. Als repräsentative Beispiele dafür stehen:

- G-Al: Kraftfahrzeugbau (Zylinderköpfe, Zylinderkurbelgehäuse, Fahrwerksteile, Getriebegehäuse, Kolben) und Elektroindustrie (Gerätegrundplatten, Gehäuse)
- GJL: Kraftfahrzeugbau (Bremstrommeln, Gegengewichte für Gabelstapler)
- GS: Schwermaschinenbau (Scheibenräder, Kegelbrecher)
- GJM: Gefäß- und Behälterbau (Verschlusskappen für Behälter zum Transport technischer Gase).

Varianten des Kokillengießverfahrens sind einige Verfahren unter der Sammelbezeichnung **Kippgießen** bekannt, bei denen die gesamte Formeinrichtung eine dynamischen Dreh- bzw. Kippbewegung erfährt, um Formfüllung und/oder Erstarrung positiv zu beeinflussen.

Die Kippgießverfahren sind dadurch gekennzeichnet, dass die Kokille bzw. die gesamte Gießanlage während der Formfüllung eine Drehbewegung (Kippbewegung) um eine oder mehrere definierte Achsen ausführt. Dadurch erfolgt eine ruhige, turbolenz- und schaumfreie Formfüllung und eine gleichmäßige Nachspeisung aller Bereiche des Formholraums. Dadurch lassen sich äußerst hochwertige und anspruchsvolle Gussteile aus Aluminiumlegierungen für den Automobilbau, wie Zylinderköpfe und Zylinderkurbelgehäuse, effektiv großserienmäßig fertigen.

Die Abb. 39.26 zeigt einen Vergleich des „konventionellen“ Kokillengießen mit dem Dreh-Kipp-Gießen.

In Abb. 39.27 ist der Verfahrensablauf am Beispiel des NDCP(Nemak Dynamic Casting Process)-Verfahrens dargestellt.

39.6.3.2 Niederdruckkokillengießverfahren

Beim *Niederdruckkokillengießen* erfolgen das Füllen der Kokille sowie das Erstarren des Metalls unter geringem Druck. Beim Niederdruckkokillengießen ist der atmosphärische Luftdruck in der Kokille zu überwinden.

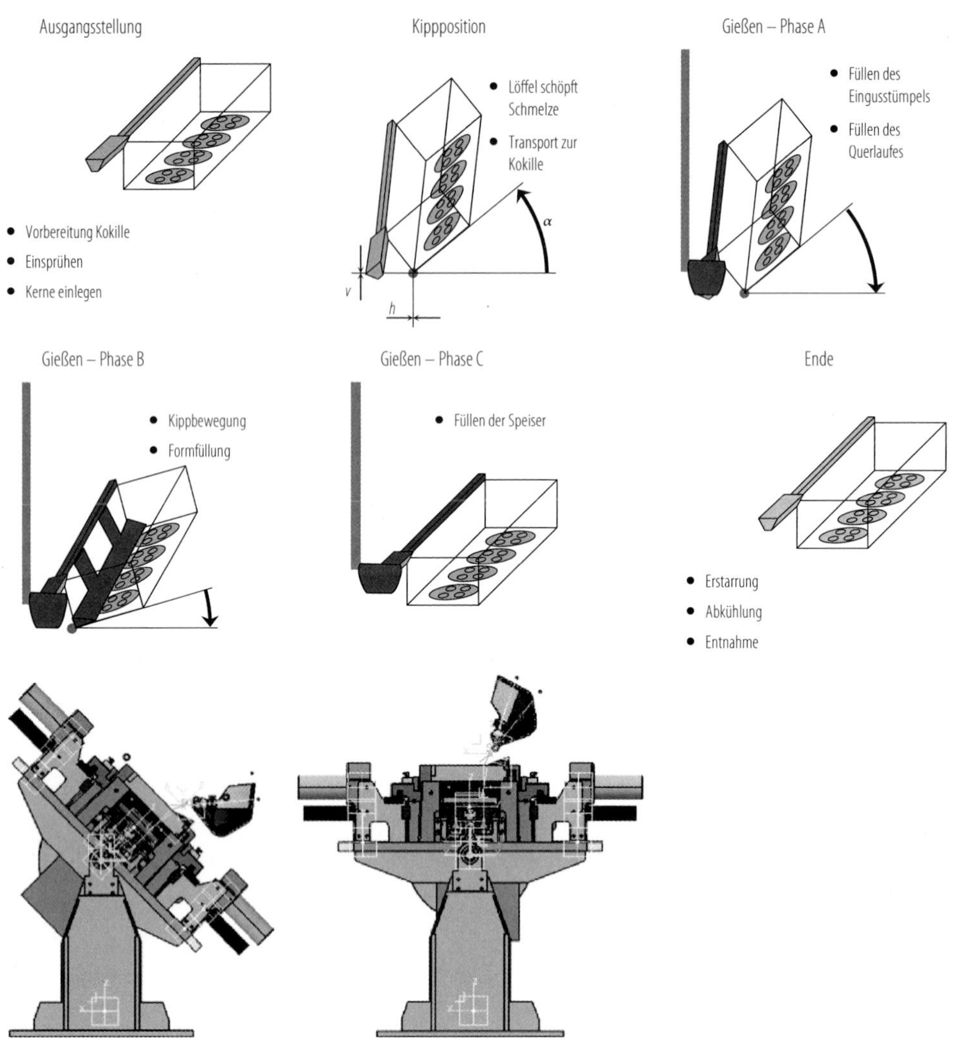

Abb. 39.27 Verfahrensablauf am Beispiel des NDCP-Verfahrens und Schema der NDCP-Gießanlage

Niederdruckkokillengießverfahren. Nach diesem Verfahren wird gegenwärtig nur G-Al vergossen. Die dabei erhaltenen Gussstücke entsprechen in ihrem Gebrauchswert den nach dem Kokillengießverfahren erzeugten Teilen. Gegenüber dem Kokillengießverfahren ist eine bessere Wirtschaftlichkeit durch die Erhöhung der Stückausbringung von durchschnittlich 65 % auf etwa 79 % gegeben. Dies resultiert aus der wesentlichen Verringerung des Anschnitt- und Speisersystems. Gegenüber der Herstellung in verlorenen Formen lässt sich die Gussstückmasse um 3 bis 29 % verringern (geringe Wanddicken; höhere Maßgenauigkeit) [17].

Das Niederdruckkokillengießverfahren ist wegen der Integration des Füllens der Kokillen mit Flüssigmetall in den Ablauf sehr gut für die Automatisierung geeignet.

Ablauf des Niederdruckgießens. Das in einem Ofen warmgehaltene Flüssigmetall wird mit einem Druck von 0,12 bis 0,15 MPa beaufschlagt. Dadurch steigt es im Steigrohr und füllt die auf dem Ofendeckel befestigte Kokille. Der Luftdruck muss dem Auslaufquerschnitt und dem Gussteil angepasst werden, um die vollständige und gleichmäßige Füllung des Formhohlraums zu erreichen. Nach der Füllung der Kokille bleibt

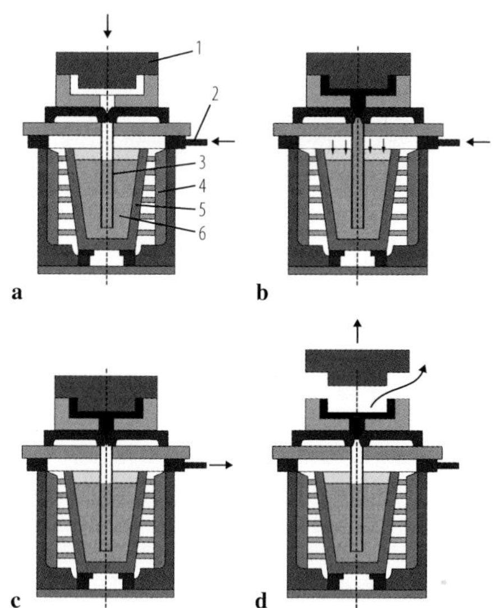

Abb. 39.28 Ablauf des Niederdruckkokillengießens. **a** Schließen der Kokille; **b** Beaufschlagen des Tiegels mit Druckluft; Steigen des Metalls im Steigrohr; Füllen der Kokille; Erstarren des Metalls in der Kokille; **c** Entweichen der Druckluft aus dem Ofenraum; Zurückfließen des im Steigrohr noch flüssigen Metalls in den Tiegel; **d** Öffnen der Kokille; Entnahme des Gussstücks; *1* Kokille; *2* Druckluftzufuhr; *3* Steigrohr; *4* Ofen mit Widerstandsheizung; *5* Tiegel; *6* Schmelze

das Metall solange unter Druck, bis das Gussstück vollständig erstarrt ist. Darauf wird der Druck auf den Atmosphärendruck abgesenkt, sodass die Metallsäule im Steigrohr bis auf den Badspiegel sinkt. Die Kokille wird anschließend zur Entnahme des Gussstücks geöffnet und für den erneuten Gießvorgang vorbereitet. Der Ablauf ist schematisch in Abb. 39.28 gezeigt.

39.6.3.3 Druckgießverfahren

Beim *Druckgießen* werden flüssige Metalle unter hohem Druck (etwa 10 bis 200 MPa) in Gießformen gedrückt. In Abhängigkeit von der Anordnung der Druckkammer, die zur Aufnahme des zu vergießenden Metalls bestimmt ist, unterscheidet man Warmkammer- und Kaltkammerverfahren.

Warmkammerverfahren. Bei diesem Verfahren befindet sich die Druckkammer in einem Warmhalteofen, der das zu vergießende Metall enthält. Durch Öffnen eines Ventils strömt das Metall in die Druckkammer. Vor Beginn des Gießvorgangs wird das Ventil geschlossen. Die Beaufschlagung des in der Druckkammer befindlichen Metalls mit hohem Gasdruck führt zum Einströmen des Metalls mit hoher Geschwindigkeit in die Form.

Die meist gekühlten Formen werden nach dem Abkühlen der Gussstücke geöffnet und die Gussteile bei der Öffnungsbewegung der beweglichen Formhälfte durch in der Form angeordnete Auswerfer ausgedrückt. Nach dem Säubern der Form (vorwiegend durch Ausblasen mit Druckluft) und dem Schlichten der Oberfläche mit Trennstoffen (wasserbasierte Trennstoffe, wie Polyethylenwachse und Polysiloxane, ölbasierte Trennstoffe, wie synthetische Öle und Polysiloxane, pulverförmige Trennstoffe, wie Polyethylenwachse und gasförmige Trennstoffe, wie Polyethylenwachse) zur Verminderung des „Anklebens“ (Legierungsbildung) zwischen Gießmetall und Formwerkstoff sowie zur Verringerung der Reibung wird die Form wieder geschlossen. Der erneute Gießvorgang kann eingeleitet werden. Abb. 39.29 zeigt den erläuterten Ablauf.

Um den Belastungen durch die hohen Drücke entsprechen zu können und unzulässigem Verschleiß der Druckkammer vorzubeugen, ist das Warmkammerverfahren auf niedrigschmelzende Gusswerkstoffe (z. B. G-Zn, G-Pb, G-Sn) und solche, die nicht oder nur äußerst gering zur Legierungsbildung mit Eisen neigen (G-Mg), beschränkt. Auf Grund des geschilderten Ablaufs eignet sich das Warmkammerverfahren besonders für den vollautomatischen Ablauf (bekannte Spitzenleistungen von Druckgießautomaten mit Warmkammer gegenwärtig etwa 600 bis 1000 Gießvorgänge je Stunde bei G-Zn).

Kaltkammerverfahren. Werkstoffe mit höheren Schmelztemperaturen (G-Cu) und ausgesprochener Legierungsneigung zum Eisen (G-Al) werden vorzugsweise nach dem Kaltkammerverfahren vergossen. Die Druckkammer befindet sich hierbei außerhalb eines Warmhalteofens. Das zu vergießende Metall muss manuell mittels Schöpflöffels oder mit mechanisierter bzw. automatisierter Einrichtung (z. B. Gießroboter) aus dem Warmhalteofen entnommen und in die Druckkammer gefüllt werden. Die Druckkammer kann horizontal oder vertikal angeordnet sein.

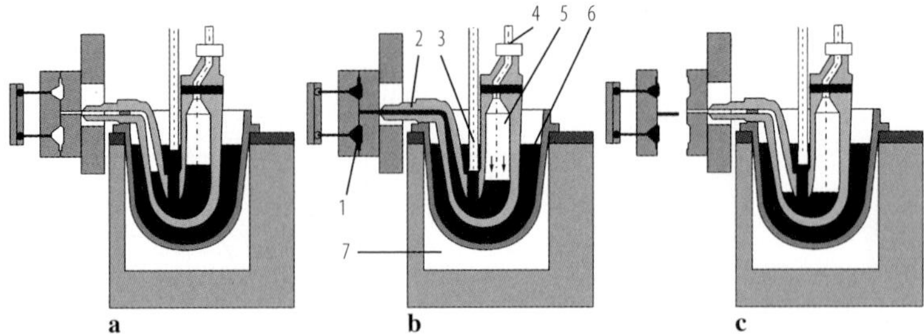

Abb. 39.29 Ablauf des Druckgießvorgangs beim Warmkammerverfahren. **a** Form gießbereit; Badventil geöffnet; Metall strömt in Druckkammer; **b** Badventil geschlossen; Druckluft drückt flüssiges Metall in die Form; **c** Gießvorgang beendet; Form geöffnet; Gussstück kann entnommen werden; Badventil beginnt sich zu öffnen. *1* Form mit Gussstück; *2* Düse; *3* Badventil; *4* Druckluftzufuhr; *5* Druckkammer; *6* Schmelze; *7* Warmhalteofen

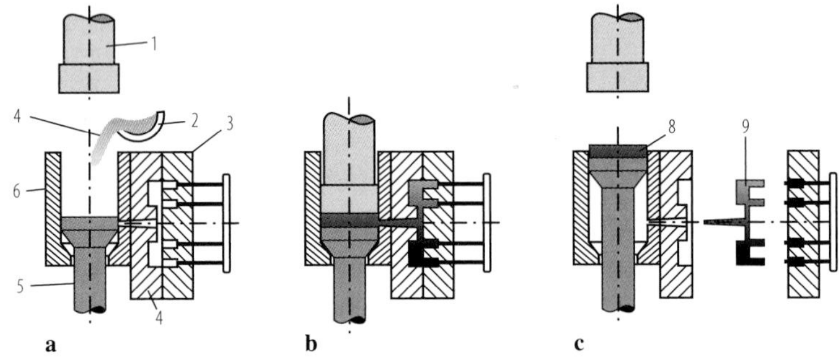

Abb. 39.30 Ablauf des Druckgießens mit vertikaler Druckkammer. **a** Form geschlossen; das Metall wird eingefüllt; **b** Gießen beendet; Form gefüllt; **c** Gießrest nach oben ausgeschoben; Form geöffnet; Abguss ausgeworfen; *1* Druckkolben; *2* Schöpflöffel; *3* bewegliche Formhälfte; *4* feste Formhälfte; *5* Gegenkolben; *6* Druckkammer; *7* Gießgut; *8* Metallrest; *9* Abguss

Die Abb. 39.30 und 39.31 zeigen den Arbeitsablauf. Die vertikal angeordnete Druckkammer wird vorzugsweise bei rotationssymmetrischen Gussstücken angewendet, da die mittige Zufuhr des Metalls eine günstige Formfüllung und kurze Fließwege des Metallstrahles im Formhohlraum ermöglicht. Die gleichen Vorteile nutzt man bei Gussteilen mit verwickelter Gestalt und extrem geringen Wanddicken, wie Kameragehäusen.

Formfüllvorgang. Kennzeichnend für den Druckgießvorgang ist der Formfüllvorgang, der in außerordentlich kurzer Zeit abläuft (0,002 bis 0,2 Sekunden). Die Formfüllzeit beeinflusst den Volumenstrom des flüssigen Metalls durch den Auslauf (auch als „Gießleistung“ bezeichnet). Die Gießleistung hat erheblichen Einfluss auf die Güte eines zu erzeugenden Druckgussteils.

Der kompakte Metallstrom im Anschnittsystem wird bei Erreichen des „Auslaufs“ (geringster Querschnitt des Anschnittsystems unmittelbar am Formhohlraum) zu einem dünnen Strahl (nur etwa 0,8 bis 2,5 mm hoch und wenige mm breit), der mit sehr hoher Geschwindigkeit (bis 90 ms^{-1}) den Formhohlraum durchströmt. Dies

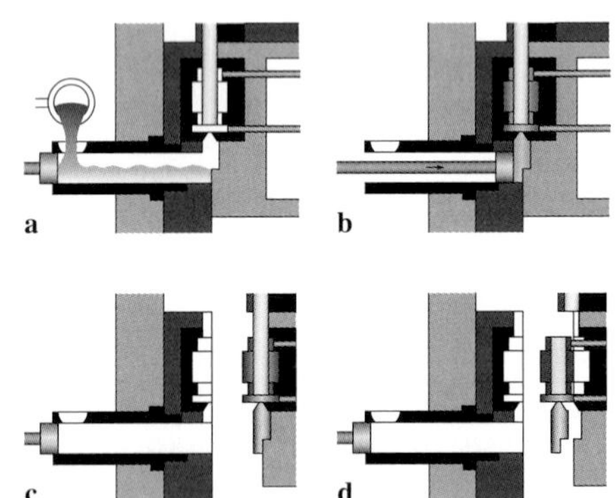

Abb. 39.31 Ablauf beim Druckgießen auf einer Maschine mit horizontaler Druckkammer. **a** Einfüllen des Metalls in die Druckkammer; **b** Füllen der Druckgießform durch die Bewegung des Druckkolbens; **c** Öffnen der Form und Rückziehen des Druckkolbens; **d** Auswerfen des Gussstücks

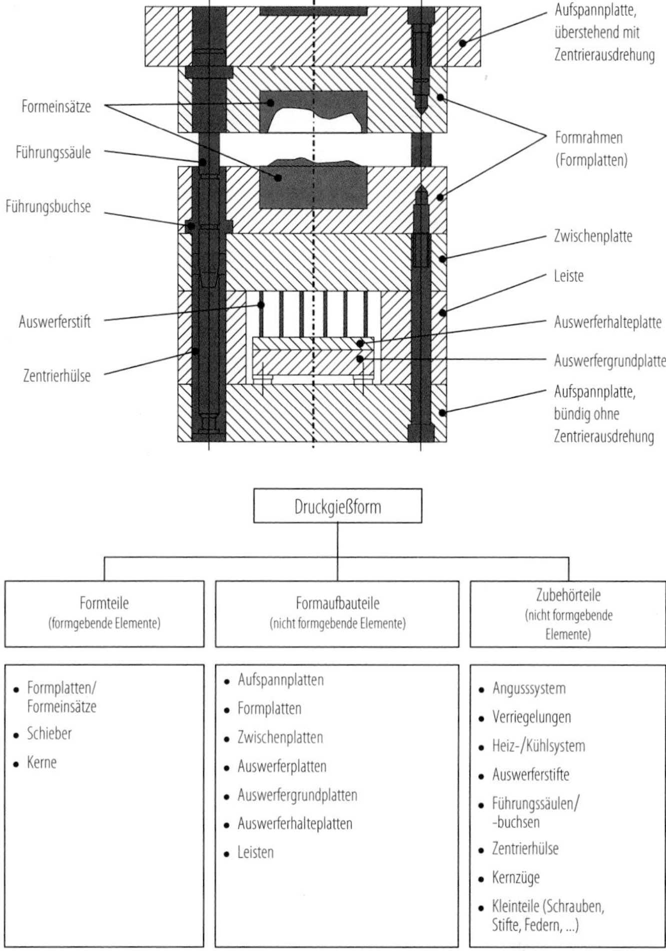

Abb. 39.32 Überblick über den grundsätzlichen Aufbau einer Druckgießform und die Einteilung der Druckgießformbauteile

führt zu hoher Erosionsbeanspruchung der Teile der Druckgießformen und wegen der hohen Gießfolge zu hoher Temperaturwechselbeanspruchung des Formenwerkstoffs. Wegen der starken mechanischen und thermischen Beanspruchung werden die unmittelbar mit dem Gießmetall in Berührung kommenden Formenteile aus Warmarbeitsstahl gefertigt. Das sind hochlegierte Werkzeugstähle (vor allem der Typen 1.2343 (X 38 CrMoV 5 1), 1.2344 (X 40 CrMoV 5 1) und 1.2367 (X 38 CrMoV 5 3)) für einen Arbeitsbereich zwischen 300 und 600 °C. Sie zeichnen sich durch eine hohe Anlassbeständigkeit und eine gute Temperaturwechselbeständigkeit aus.

Der die Teile aus Warmarbeitsstahl aufnehmende Formenrahmen dagegen besteht aus Baustahl. Für die Bemessung der Druckgießformen sind die hohen Drücke im Augenblick der Beendigung der Formfüllung zu berücksichtigen.

Druckgießformen werden heute in der Regel aus Normalien aufgebaut, die in Form von Katalogen, unterteilt in die Teilegruppen „Formteile", „Formaufbauteile" und „Zubehörteile" (meist auch rechnerlesbar und somit direkt in die Druckgießformenkonstuktion integrierbar) von verschiedenen Herstellern angeboten werden und baukastenartig aufgebaut sind. Der Druckgießformenbauer lässt sich die vorbearbeiteten bzw. einbaufertigen Normalien anliefern und erspart sich dadurch aufwändige Fertigungsprozesse für die spanende Fertigung der Druckgießformenbauteile in eigenen Haus. Er kann sich somit auf die Fertigung der formbildenden (auch als gravurbildent bezeichnet) Druckgießformenteile (Formplatten/Formeinsätze, Kerne und Schieber) konzentrieren.

Die Abb. 39.32 gibt einen Überblick über den grundsätzlichen Aufbau einer Druckgieß-

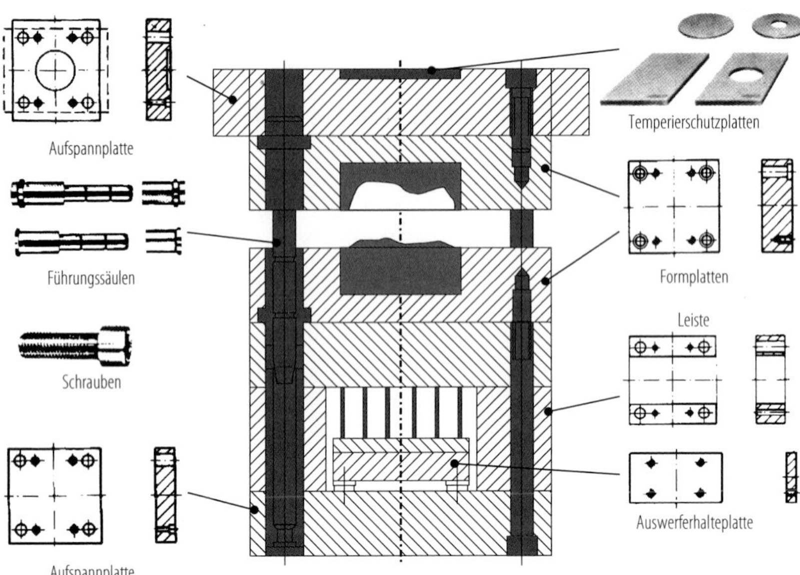

Abb. 39.33 Einsatz von Normalien aus dem Normalienkatalog der Firma HASCO in Lüdenscheid an einer Druckgießform (schematisches Beispiel)

form und die Einteilung der Druckgießformbauteile:

Die Abb. 39.33 zeigt beispielhaft den Einsatz von Normalien an einer Druckgießform. Es wurde das Normaliensystem der Firma HASCO in Lüdenscheid verwendet.

Die im Formhohlraum eingeschlossene Luft und die Dämpfe der Schlichten bzw. Schmiermittel können wegen der Gasundurchlässigkeit des Formwerkstoffs und der kurzzeitigen Formfüllung nicht restlos entweichen, obwohl durch Spalte zwischen Formteilen (z. B. zwischen Auswerfern, Kernen und Formteilen) sowie durch Nuten in der Formteilungsebene die Entfernung von Luft und Dämpfen gefördert wird. Druckgussteile enthalten deshalb immer komprimierte Luft bzw. eingeschlossene Gase, die in der Mehrzahl der Anwendungsfälle nicht stören. Bei Wärmebehandlung oberhalb einer vom Werkstoff abhängigen Grenztemperatur kommt es zur Blasenbildung an der Oberfläche der Gussteile durch zunehmenden Druck der eingeschlossenen Gase bei abnehmender Festigkeit des Werkstoffs [18, 19, 20]. Auch die Schweißbarkeit von Druckgussstücken wird durch die Gaseinschlüsse gegen Null angesetzt, Druckgussstücke sind in der Regel nicht schweißbar.

Vakuum-Druckgießen. Eine Möglichkeit den Anteil an komprimierter Luft und Dämpfen in der Druckgießform während des Gießprozesses zu reduzieren und somit auch wärmebehandelbare und schweißbare Gussstücke mit sehr wenig Gaseinschlüssen zu produzieren ist die Anwendung der Vakuumtechnik. Hierbei wird eine Vakuumpumpe über eine Leitung mit dem Formholraum verbunden. Im Zeitraum der Formfüllung werden die Gase aus dem Formhohlraum evakuiert. Problematisch ist der rechtzeitige Verschluss der Vakuumleitung zum Formhohlraum, damit nicht die Schmelze mit aus der Form abgesaugt wird. Hierzu wurden verschiedene Verfahren entwickelt und zum größten Teil auch patentrechtlich geschützt, wie beispielsweise das Vacural®-Verfahren.

Beim Vacural®-Verfahren wird das Vakuum gleichzeitig genutzt, um die Schmelze in die Gießkammer zu transportieren. Es wird ein Steigrohr verwendet, mit dem direkt aus einem in die Gießanlage integrierten Warmhalteofen die Schmelze in die Gießkammer gesaugt wird. Da die Öffnung des Steigrohres unter der Schmelzbadoberfläche angeordnet ist, werden nur sehr wenige Oxide in die Gießkammer transportiert. Die Abb. 39.34 zeigt den Aufbau und

Abb. 39.34 Aufbau und Funktionsweise einer Gießmaschine für das Vacural®-Verfahren; Verfahrensablauf: *1.Schritt:* Aufbau des Vakuums im Saugrohr, in der Gießkammer und im Formhohlraum; *2.Schritt:* Ansaugen der Schmelze; *3.Schritt:* Beginn des Gießens

1 Warmhalteofen
2 Saugrohr
3 Gießkammer
4 Gießkolben
5 Feste Aufspannplatte
6 Feste Formhälfte
7 Vakuum-Ventil
8 Beweg. Formhälfte
9 Gießlauf
10 Magnetventil
11 Vakuumpumpe
12 Vakuumtank

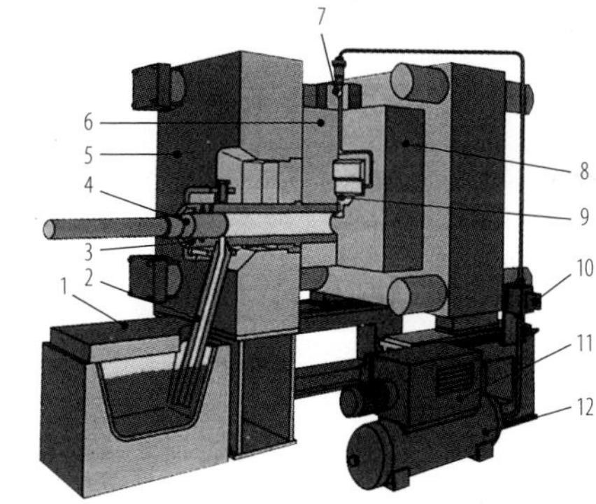

die Funktionsweise einer Gießmaschine für das Vacural®-Verfahren.

Führen die sehr kurze Formfüllzeit beim Druckgießen und die daraus resultierenden hohen Strömungsgeschwindigkeiten einerseits zu hohen Beanspruchungen der Druckgießform, so ermöglichen sie andererseits das Gießen von Teilen mit sehr geringen Wanddicken, komplizierter Gestalt, geringer Oberflächenrauheit und hoher Maßgenauigkeit. Die rasche Abkühlung führt zu feinkörnigem Gefüge mit den daraus resultierenden Festigkeitswerten, die im Durchschnitt höher als bei Kokillenguss liegen.

39.6.3.4 Schleudergießverfahren

Das Schleudergießen ist ein Verfahren zur Herstellung von Gussteilen, die in einer rotierenden Form unter Einwirkung der Zentrifugalkraft erstarren.

Das Verfahren kann in zwei grundsätzliche Varianten unterschieden werden:

- Zur Herstellung vornehmlich rohr- oder ringförmiger Gussteile wird flüssiges Metall in rotierende rohr- oder ringförmige Kokillen gegossen. Unter dem Einfluss des Zusammenwirkens von Zentrifugal- und Schwerkraft werden die Kokillen so ausgefüllt, dass die Gussteilinnenflächen nur durch die Kräfteresultierende gebildet werden. Die Außengestalt ist dabei von untergeordneter Bedeutung. Es können also unterschiedliche Wanddicken gegossen werden. Kerne werden nur benötigt, wenn die Gestalt der Innenfläche von der sich unter dem Einfluss von Zentrifugal- und Schwerkraft einstellenden Fläche abweicht (z. B. Rohrmuffe beim Schleudergießen von Rohren). Die Kräfte müssen mindestens bis zum Ende der Erstarrung auf das Metall wirken. Die Drehachse kann horizontal oder vertikal angeordnet sein. Diese Variante hat eine hohe industrielle Bedeutung, z. B. für die Fertigung von Rohren (Abflussrohre, Druckrohre) und Buchsen (z. B. Zylinderlaufbuchsen für Verbrennungsmotore).
- Die zweite Variante ist charakterisiert durch das Füllen vollständiger Formen, die um eine inner- oder außerhalb der Form gelegene Achse rotieren. Dies findet vornehmlich Anwendung bei der Fertigung von Bijouterien (Ausfüllen von Hohlräumen mit filigranen Konturen unter dem Einfluss der Zentrifugalkraft). Die zweite Variante wird deshalb hier nicht weiterverfolgt.

Für die Herstellung von Rohren, Buchsen und Ringen finden bevorzugt die Werkstoffe GG, GGG und G-Cu Anwendung.

Lage der Drehachse. Die Lage der Drehachse hat Einfluss auf die Gestaltgebung eines geschleuderten Gussstücks. Dies soll am Beispiel des Schleudergießens mit vertikaler Drehachse gezeigt werden. Bei Drehung der Kokille weicht das ursprünglich am Kokillenboden befindliche flüssige Metall unter dem Einfluss der Resultierenden aus Zentrifugal- und Schwerkraft nach oben aus. Das Metall steigt an den Wänden hoch. Die Innenfläche des flüssigen Metalls nimmt die Gestalt eines Paraboloids an. Die äußere Fläche wird durch die Kokille begrenzt. Abb. 39.35 zeigt den Einfluss der Kräfte auf die Flüssigmetallteilchen.

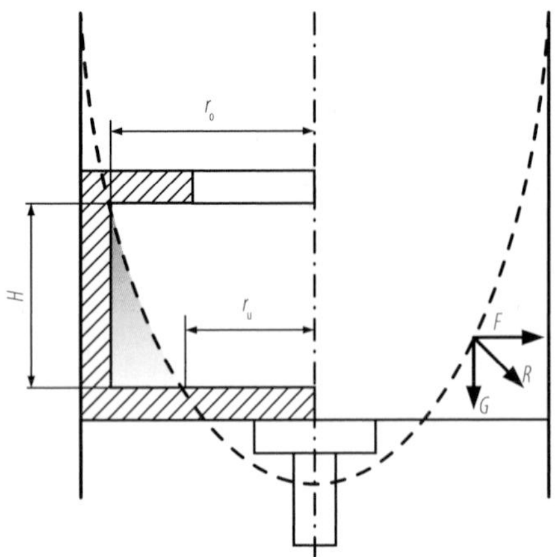

Abb. 39.35 Einfluss der Kräfte auf das Flüssigmetall beim Schleudergießen mit vertikaler Drehachse

Durch die Einwirkung der Schwerkraft ist die Wanddicke des sich erhebenden flüssigen Körpers am Boden größer als an der Gegenseite. Bei sehr hohen Drehzahlen wird die Differenz der Wanddicken immer geringer. Die Innenflächen verlaufen annähernd parallel.

Die hauptsächlichen Vorteile des Schleudergießens sind

- Dichtheit, Vermeidung von Gasblasen und nichtmetallischen Verunreinigungen, besonders an der Außenfläche der Gussteile (Zentrifugeneffekt!)
- Feinkörnigkeit des Gefüges, verbunden mit hoher Druck- und Verschleißfestigkeit infolge der Abkühlung in der metallischen Dauerform
- hohes Stückausbringen durch Einsparung von Anschnitt- und Speisersystem
- Entfall der Kosten für Kerne bei Hohlkörpern.

Drehzahl. Mit zunehmender Drehzahl wird nach der Beziehung

$$F = m \times r \times \omega \qquad (39.9)$$

F Zentrifugalkraft, m Masse des Flüssigkeitsteilchens, r Abstand des Flüssigkeitsteilchens von der Drehachse, ω Winkelgeschwindigkeit, auch die Zentrifugalkraft größer. Die Resultierende nähert sich mehr und mehr der Richtung der Zentrifugalkraft. Dies führt zu einem verstärkten Steigen des flüssigen Metalls. Der anfänglich mit flüssigem Metall bedeckte Kokillenboden wird, im Zentrum beginnend, teilweise freigelegt [21].

Der Ablauf des Verfahrens bei der Fertigung von Rohren kann Abb. 39.36 entnommen werden. Das Schleudergießverfahren erlangt besonders mit der Ablösung konventioneller Fertigung von Rohren zunehmende Bedeutung.

39.6.3.5 Flüssigpressen

Flüssigpressen ist eine Kombination von Gießen und plastischer Warmumformung. Das flüssige Metall wird in den unteren Teil des horizontal geteilten Gesenks gegossen. Durch das einfahrende Obergesenk wird es in die sich schließende Form verdrängt. Während der Kristallisation wird die Form mit einem Druck > 70 MPa beaufschlagt. Die Druckbelastung verbleibt noch, wenn das Material bei der Erstarrung die Soliduslinie bereits unterschritten hat. Abb. 39.37 zeigt schematisch den Ablauf.

Die Spezifik des Verfahrens besteht darin, dass eine kompakte und dosierte Masse flüssigen Metalls in die Form (auch als Gesenk bezeichnet)

Abb. 39.36 Ablauf des Schleudergießens bei der Rohrfertigung (Abwasserrohr)

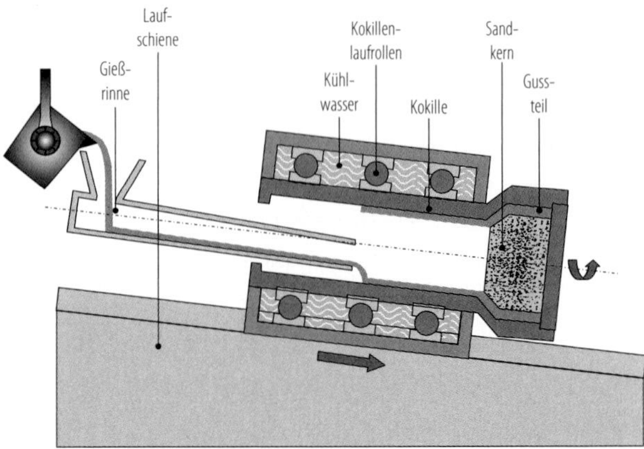

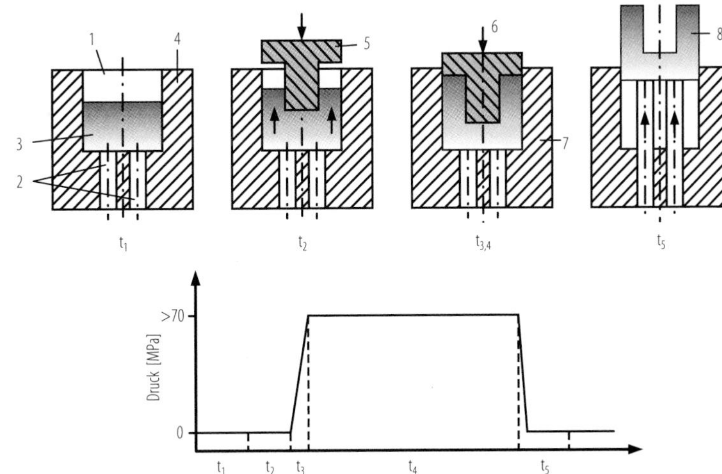

Abb. 39.37 Schematischer Ablauf des Flüssigpressens [8]. t_1 Eingießen des Metalls; t_2 Herabfahren des Obergesenkes und Verdrängung; t_3 Ansteigen des Druckes auf den Höchstwert; t_4 Halten des Druckes während der Kristallisation; t_5 Auswerfen des Teiles; *1* Form; *2* Auswerfer; *3* Schmelze; *4* Untergesenk; *5* Obergesenk; *6* Presskraft; *7* erstarrendes Metall; *8* Flüssigpressteil

gefüllt und in der Form mit geringer Geschwindigkeit verdrängt wird. Damit kommt es im Gegensatz zum Druckgießverfahren nicht zu einer Vermischung des flüssigen Metalls mit Luft (Vermeidung der Bildung von Oxidhäuten mit daraus resultierenden Werkstofftrennungen). Im Zusammenhang mit dem hohen Druck beim Ausfüllen der Form und während der Erstarrung werden so hoch- und verschleißfeste sowie druckdichte Teile erzeugt, die vorrangig für die Hydraulikindustrie und den Fahrzeugbau Anwendung finden. Die Wirkung des Druckes während der Erstarrung des Gussteils wird so gedeutet, dass es beim Vorhandensein von flüssigen und festen Phasen zu einer teilweise plastischen Verformung des Gefüges kommt, wodurch Poren und Lunker verhindert werden.

Das Flüssigpressen besitzt gegenüber dem Kokillengießen noch eine Reihe weiterer Vorteile:

- Es lassen sich sehr genaue Teile herstellen. Bei 200 mm Nennmaß beträgt die zulässige Maßabweichung $\pm 0{,}2$ mm für formgebundene Maße (Maße senkrecht zur Pressrichtung, also zwischen Punkten einer Formhälfte). Das entspricht einer relativen Maßgenauigkeit von 0,001. Damit ordnet sich das Verfahren in diejenigen ein, mit denen die genauesten Gussteile erzeugt werden können (Druckgieß- und Feingießverfahren). Für nicht formgebundene Maße (z. B. die Außenhöhe der Teile) ist beim Flüssigpressen lediglich eine größere Maßtolerenz einzuhalten. Sie beträgt etwa ± 1 mm. Sie resultiert aus Dosierungsgenauigkeiten beim Eingießen des flüssigen Metalls in die Form.
- Das Verfahren gestattet die Reduzierung der Bearbeitungszugaben in der Ebene senkrecht zur Pressrichtung auf 20 bis 30 % der geforderten Werte und die erhebliche Verringerung der Aushebeschrägen (z. B. $1^\circ\ 30'$ gegenüber 3° bei Kokillenguss).
- Es fällt kein Kreislaufmaterial (Anschnitt- und Speisersystem) an. Dieser Vorteil ist aus material-ökonomischer Sicht besonders bedeutsam. Das Stückausbringen beträgt damit 100 %. Das gesamte in die Form eingebrachte Flüssigmetall geht in das Gussstück ein [22].

Die Grenzen für die Anwendung des Flüssigpressens werden bestimmt durch:

- hohe Kosten zur Realisierung von Drücken in der Höhe von 70 bis 150 MPa,
- hohe Werkzeugkosten (Teile der Formen, die mit flüssigem Metall in Berührung kommen, werden aus Warmarbeitsstahl hergestellt),
- Begrenzung der Möglichkeiten zur Herstellung von Gussstücken unterschiedlicher Gestalt und Kompliziertheit (beim Flüssigpressen können Hohlräume in den Gussstücken nur in Pressrichtung hergestellt werden).

Eine weitere Kombination von Gießen und plastischer Warmumformung ist das *Squeeze-Casting*. Squeeze-Casting ist ein Sonderdruck-

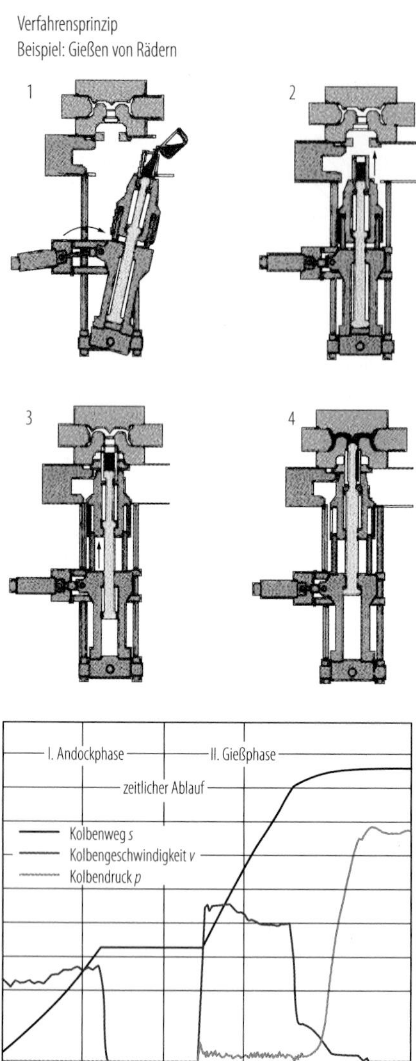

Abb. 39.38 Squeeze-Casting-Verfahrensprinzip am Beispiel der Fertigung von Rädern

gießverfahren, bei dem die Formschließachse senkrecht angeordnet ist und die gesamt Gießeinheit seitlich ausgeschwenkt werden kann, um die Schmelze aufzunehmen. Zum Gießen wird die Gießeinheit in die Gießposition zurückgeschwenkt und dabei gleichzeitig die Form geschlossen. Durch anschließendes Hochfahren des Gießkolbens erfolgt die eigentliche Formfüllung.

Das Verfahren ist gekennzeichnet durch eine langsame und in der Endgeschwindigkeit genau geregelte Formfüllung mit einer hohen Endverdichtung. Im Ergebnis sind die mechanischen Eigenschaften der erzeugten Gussstücke gekennzeichnet durch wesentlich höhere Dehnungs-, Schlagzähigkeits- und Dauerfestigkeitswerte, im Vergleich zu Druckguss- oder Kokillengussstücken [23]. Abb. 39.38 zeigt schematisch das Squeeze-Casting am Beispiel der Fertigung von Rädern.

39.7 Kerne

39.7.1 Verfahrensüberblick

Kerne dienen der Erzeugung von Hohl- und Freiräumen innerhalb des Gussteils, die aufgrund der Entformbarkeit nicht von der Gießform abgebildet werden können, wie bspw. Kühlkanäle in einem Zylinderkurbelgehäuse. Grundsätzlich wird dabei zwischen Dauer- und verlorenen Kernen unterschieden (Abb. 39.39). Bei **Dauerkernen** handelt es sich um metallische Kerne, die mit Schiebern und Kernzügen gezogen und mehrfach wiederverwendet werden können. Sie dürfen daher keine Hinterschneidungen erzeugen. **Verlorene Kerne** dienen hingegen auch der Realisierung von Hinterschneidungen. Wie ihre Bezeichnung verrät, werden diese Kerne für die Entfernung zerstört. Daher werden verlorene Kerne im Wesentlichen aus Formsand bzw. Kernformstoff, meist **Quarzsand**, hergestellt.

Neben **Quarzsand** bestehen verlorene Kerne noch aus einem **Bindemittel**, kurz Binder genannt, der den Zusammenhalt zwischen den Körnern herstellt, und **Zusätzen**, vorwiegend **Aktivatoren** oder **Katalysatoren** (die Bezeichnung variiert je nach Binderhersteller) zur Beschleu-

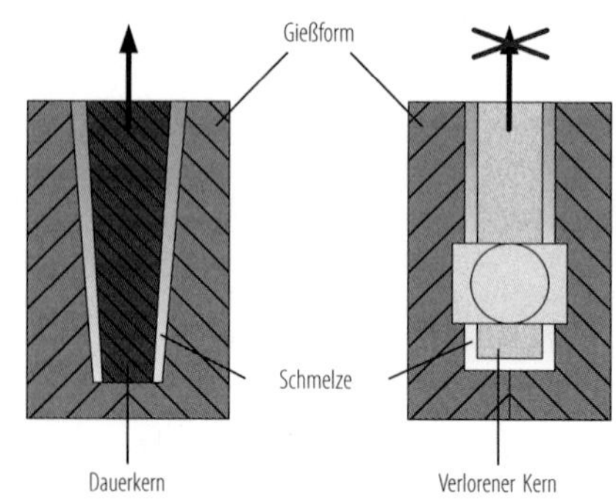

Abb. 39.39 Veranschaulichung Dauerkern und verlorener Kern. (Quelle: VDG)

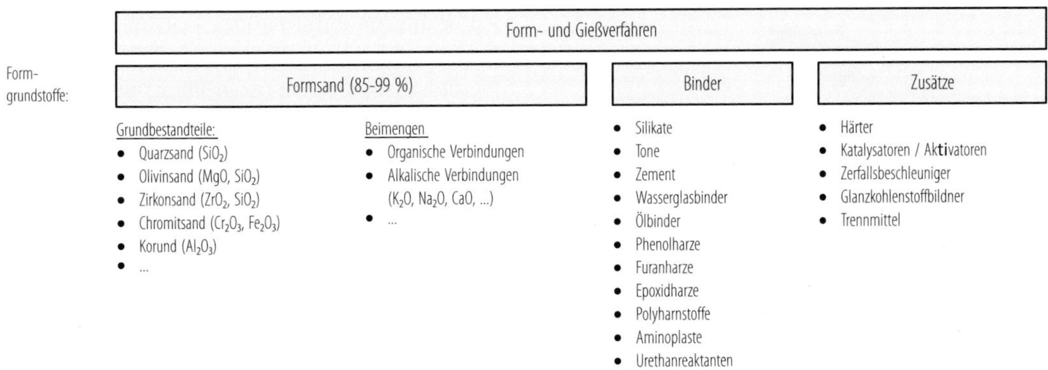

Abb. 39.40 Zusammensetzung und Inhalte von Formstoff-Binder-Gemischen

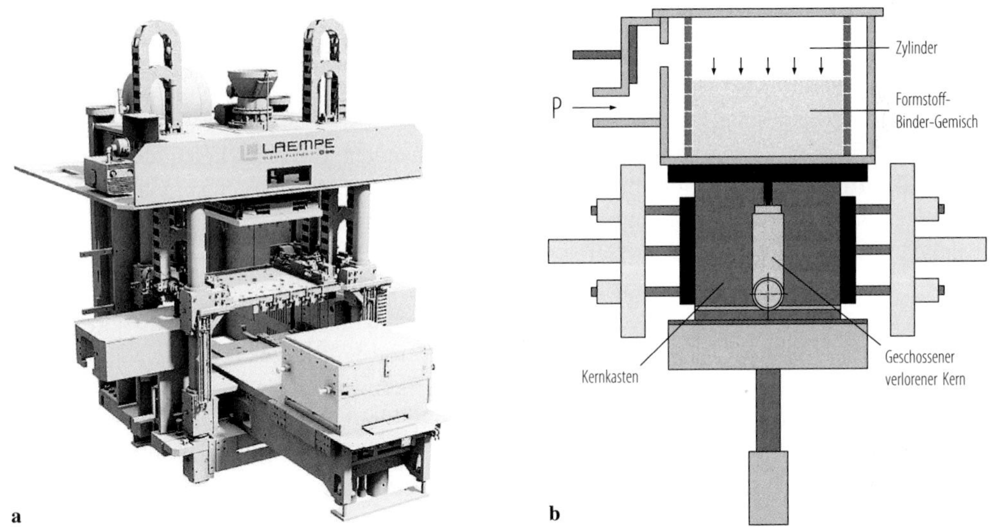

Abb. 39.41 **a** Kernschießmaschine (Quelle: Laempe) und **b** Darstellung des Prinzips des Kernschießens. (Quelle:VDG)

nigung des Aushärtevorgangs. Abb. 39.40 zeigt einen Überblick über die verschiedenen Inhaltsstoffe und Zusammensetzungen von Sand-Binder-Gemischen. Die möglichst homogene Vermischung der Inhaltsstoffe des Sand-Binder-Gemisches erfolgt dabei mittels sogenannter **Mischer**. Im Vordergrund der Zusammenstellung steht u.a. eine ausreichende Stabilität bzw. Festigkeit der Kerne, damit diese den thermischen und mechanischen Belastungen während der Formfüllung und der Erstarrung standhalten. Hinsichtlich der Zusammensetzung liegen Analogien zur Zusammensetzung zu Formstoffen für die Herstellung verlorener Gießformen vor. Da aufgrund des deutlich umfangreicheren Schmelzekontaktes meist höhere Belastungen auf die verlorenen Kerne wirken, müssen die verlorenen Kerne höhere Festigkeiten aufweisen, weshalb sich die Inhaltsstoffe gegenüber klassischen Formstoffen unterscheiden.

Die Großserienfertigung verlorener Kerne erfolgt üblicherweise durch das **Kernschießen** mit **Kernschießanlagen**, dargestellt in Abb. 39.41. Analog zur Kokille beim Gießen in Dauerformen erfolgt das Kernschießen i. d. R. in metallischen Werkzeugen, aber auch solchen aus Polyetheretherketon (PEEK)-Kunststoffen oder Holz, die als **Kernkästen** bezeichnet werden und die Negativgeometrie der zu fertigenden Kerne darstellen. Aus einem **Vorratsbunker**, der das Sand-Bin-

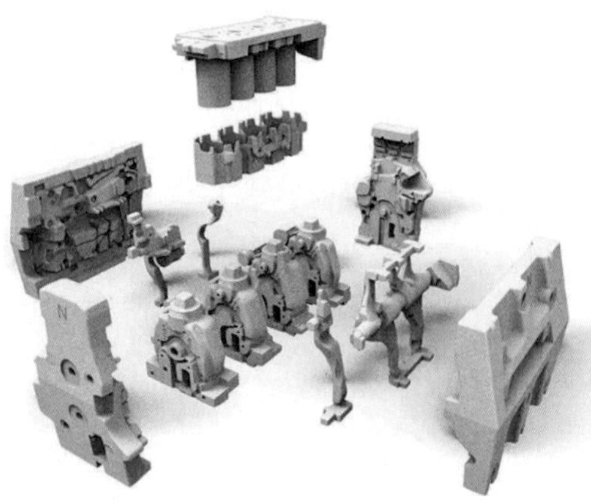

Abb. 39.42 Einzelkerne als Bestandteile eines Kernpaketes. (Quelle: Gießerei-Lexikon)

der-Gemisch enthält, wird die für den **Schuss** erforderliche Menge des Sand-Binder-Gemisches in den mit dem Kernkasten verknüpften **Kernformstoff-Zylinder** befördert, der im Anschluss abgedichtet wird. Durch kurzfristige Druckbeaufschlagung wird das Sand-Binder-Gemisch im Bruchteil einer Sekunde aus dem Sandzylinder in den Kernkasten geschossen, in dem die Kerne anschließend aushärten. Im Anschluss an den Aushärteprozess werden die Kerne entnommen, eingelagert und sind bereit für ihren im Rahmen der Gussteilfertigung vorgesehenen Einsatz.

Da das funktionelle Schießvolumen sowie die mögliche Komplexität der verlorenen Kerne beim Kernschießen aufgrund der Notwendigkeit ihrer Entnahme aus dem Kernkasten beschränkt sind, werden insbesondere für größere und komplexere Gussteile mehrere Einzelkerne zu komplexeren und größeren sogenannten **Kernpakten** zusammengesetzt (Abb. 39.42). Die für die Zusammensetzung eines Kernpaketes notwendigen Einzelkerne werden im Rahmen der Großserienproduktion sofern möglich häufig in **Familienkernkästen** mit einem einzelnen Schuss gefertigt. Familienkernkästen sind unterschiedliche Werkzeugkavitäten (Kernkästen), die gemeinsam auf einer Kernkasten-Aufnahmeplatte aufgebracht sind.

Die montierten, häufig geklebten Kernpakete oder auch Einzelkerne werden für die Gussteilfertigung im Formhohlraum positioniert (Abb. 39.43a). Für eine präzise und wiederholgenaue Ausrichtung der Kerne werden diese mit sogenannten **Kernmarken** gefertigt, die innerhalb der Gießform in entsprechende Platzhalter, Kernlager genannt, eingelegt werden und somit die Ausrichtung des Kerns/Kernpaketes ermöglichen (Abb. 39.43b).

Nach dem Abguss und der Erstarrung können die Kerne dann aus dem Gussteil entfernt werden. Üblicherweise erfolgt das **Entkernen** maschinell mit **Schlaghammeranlagen** zur Vorentkernung und bspw. **Schwingentkernanlagen** für das eigentliche Entkernen. Der Kern zerfällt durch die Krafteinwirkung und fällt durch die Möglich-

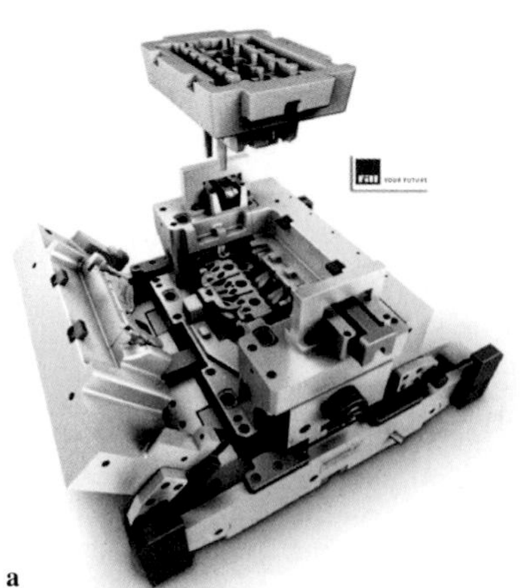

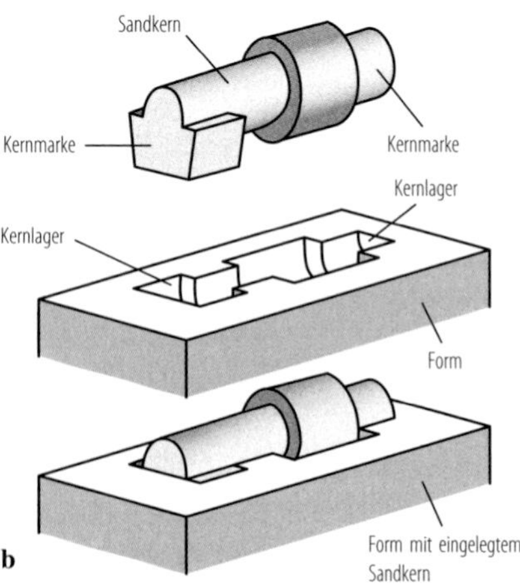

Abb. 39.43 **a** Einlegen der Kerne in die Gießform [Fill, foundry-planet.com] und **b** Bedeutung von Kernmarken für die genaue Positionierung der Kerne in der Gießform. (Quelle: Gießerei-Lexikon)

keit gezielter Drehbewegungen der Anlagen aus dem Gussteil heraus. Der entfernte Kernformstoff kann häufig in großen Mengen für eine Wiederverwendung aufbereitet werden.

Verlorene Kerne finden **Verwendung** vor allem beim Schwerkraft- und Niederdruckgießen. Für die während des **Druckgießens** auftretenden Belastungen reicht die Festigkeit klassischer verlorener Kerne nicht aus. Aufgrund der hohen mechanischen und thermischen Stabilität sowie einer sehr guten Oberflächenqualität werden in diesem Fall **Salzkerne** eingesetzt, die gepresst und gesintert, kerngeschossen oder gießtechnologisch (Lost Foam-, Druck- und Niederdruck-, Fein- und Kokillengießverfahren) hergestellt werden können. Nach der Gussteilerstarrung werden diese dann mit Wasser ausgespült. Aufgrund der nachgelagerten erforderlichen und aufwendigen Wasseraufbereitung werden Salzkerne nur in vergleichsweise geringem Umfang eingesetzt.

39.7.2 Aushärtung verlorener Kerne

Für die Aushärtung der Sand-Binder-Gemische im Kernkasten kommen unterschiedliche Verfahren in Frage, deren Auswahl sich unmittelbar auf die Prozess- und Kernqualität auswirkt. Über die Jahre haben sich neben anderen Verfahren zwei wesentliche Varianten durchgesetzt.

39.7.2.1 Organik

Das sogenannte **Cold-Box-Verfahren** setzt maßgeblich auf den Einsatz **organischer Bindermittel**, mit deren Hilfe die Sand-Binder-Gemische durch eine chemische Reaktion mit Amingas aushärten. Zu den Vorteilen zählen die **guten Taktzeiten**, die **hohe Qualität** der gefertigten Kerne sowie die **hohe Wirtschaftlichkeit** des Verfahrens. Aufgrund während der Reaktion entstehender **CO_2-Emissionen** gilt das Verfahren als **umweltschädlich** und stellt daher neben der **Geruchsbelästigung** zudem eine **gesundheitliche Gefährdung** von Mitarbeiten dar. Die mittels Cold-Box-Verfahren und Organik gefertigten Kerne werden sowohl im Eisen- wie auch im Nichteisen-Metallguss eingesetzt.

39.7.2.2 Anorganik

Als **umweltfreundliche Alternative** zu den organischen Bindemitteln haben sich mit der ersten Veröffentlichung eines Patentes der Firma Dipl.-Ing. Laempe GmbH auf diesem Gebiet im Jahr 2003 („Kuhs-Binder“) die sogenannten **anorganischen Bindemittel** auf **Wasserbasis** zunehmend etabliert. Die Aushärtung anorganisch gebundener Kerne kann ebenfalls chemisch hervorgerufen werden, erfolgt jedoch meistens thermisch durch Dehydrierung, weshalb die Kernkästen in diesem Fall mit Hilfe von elektrischen Heizelementen oder Ölkanälen gezielt erwärmt werden. Das Verfahren wird daher als **Hot-Box-Verfahren** bezeichnet. Den größten Nachteil des Verfahrens stellt die **geringe Wärmleitfähigkeit** des eingesetzten Quarzsandes dar, weshalb insbesondere bei großvolumigen Kernen die Taktzeiten gegenüber dem Cold-Box-Verfahren deutlich höher liegen. Um die Taktzeiten in solchen Fällen zu reduzieren und die im Kernzentrum **eingeschlossene Restfeuchtigkeit** und die sogenannte **Schalenbildung** auf ein Minimum zu reduzieren, werden je nach Größe der zu fertigenden Kerne Kernkasten-Temperaturen zwischen 180 und 250 °C eingestellt. Zudem wird beim Hot-Box-Verfahren mit temperierter Druckluft **gespült**: Zum einen, um möglichst viel Wärme auch in die zentral gelegenen Kernbereiche zu transportieren; zum anderen, um das aus dem Binder heraus vaporisierte Wasser aus dem Kern zu treiben.

Eine direkte Weiterentwicklung des klassischen Hot-Box-Verfahrens stellt das **ACS-Verfahren** (ACS – Advanced Core Solutions) dar. Das Verfahren nutzt die aufgrund ihres Wassergehaltes elektrische Leitfähigkeit nahezu aller anorganischen Binder zur konduktiven Erwärmung der Kerne, wodurch diese geometrieunabhängig homogen erwärmen und trocknen. Das Verfahren eignet sich daher auch für die Fertigung dickwandigerer Kerne. Möglich wird dies durch Einsatz spezieller elektrisch leitfähiger Kernkästen aus Keramik, PEEK oder Epoxidharz, durch die in Kernkasten und verlorenem Kern ein homogener Stromfluss erzeugt werden kann. Neben der vollständigen Trocknung und Aushärtung der Kerne sowie dem Entfall von Schalenbildung und Restfeuchtigkeit in den Kernzentren können beim ACS-Verfahren für die Aushärtung im Vergleich zum konventionellen Hot-Box-Verfahren deutlich niedrigere Temperaturen eingesetzt werden. Das temperierte Spülen der Kerne mittels Druckluft ist dennoch erforderlich, um die verdampften Wasseranteile aus dem Kern zu transportieren. Ein weiterer Vorteil ist der Entfall der Notwendigkeit komplizierter Heizvorrichtungen im Werkzeug-/Kernkastenbau. Die Aufzeichnung der elektrischen Parameter erlaubt überdies erstmals die digitale Erfassung des Aushärteprozesses.

Neben dem klassischen Kernschießen gewinnt die **additive Fertigung von verlorenen Kernen** zunehmend an Bedeutung. Dazu wird im Vorfeld eine CAD-Datei der zu fertigenden Kerne im System hinterlegt und in eine Vielzahl gleichdicker horizontaler Schichten unterteilt (Slicen). Im Rahmen eines **Schichtaufbauverfahrens** wird mittels eines Beschichters eine Kernformstoff-Schicht in der Dicke der zuvor erstellten Schichten auf der Bauplattform aufgetragen. Danach trägt ein Druckkopf einen speziell für diese Verfahren entwickelten anorganischen Binder nur an den Stellen auf, an denen dieser gemäß der zuvor hinterlegten CAD-Datei erforderlich ist. Danach wird die Bauplattform um eine Schichtdicke heruntergefahren und eine neue Kernformstoff-Schicht aufgetragen. Der Prozess wird solange wiederholt, bis der Kern oder die Kerne fertiggestellt sind. Zu den Vorteilen des Verfahrens zählen die hohe **Gestaltungsfreiheit** der Kerne, da hierbei nicht auf eine gute Entnahme aus dem Kernkasten geachtet werden muss. Weiterhin können **mehrere** in Geometrie und Komplexität unterschiedliche **Kerne** in einem Auftrag gedruckt werden. Nachteilig sind bislang hingegen die **aufwendige Entnahme** der Kerne aus dem Kernformstoff-Bett sowie deren Befreiung von ungebundenem Kernformstoff; beide Arbeitsschritte erfolgen häufig unter Schutzkleidung. Zudem müssen insbesondere dickwandigere Kerne in einem nachgelagerten Prozessschritt nachgehärtet werden, meist mittels Mikrowellen.

Anorganisch gebundene Kerne werden zumeist im **Leichtmetallguss** eingesetzt.

Literatur

Spezielle Literatur

1. Autorenkollektiv: Lexikon der Wirtschaft – Industrie Berlin, VEB Verlag die Wirtschaft (1970)
2. Autorenkollektiv: Fachkunde für Former und Gießer Leipzig, VEB Verlag für Grundstoffindustrie (1976)
3. Rabinovic, B., Mai, R., Drossel, G.: Grundlagen der Gieß- und Speisetechnik für Sandformguß Leipzig, VEB Deutscher Verlag für Grundstoffindustrie
4. Aksjonov, P.N.: Gießereiausrüstungen (russ.) Moskau, Masinostroenie (1968)
5. Bekasov, A.A., Gontscharewitsch, I.F., Podkolsin, W.D.: Vibrationsverdichtung von Formstoffen mit oberflächenaktiven Stoffen. Litjenoe Proisvodstvo **8** (1981) S. 18–19
6. FDC sieht die zukunftsorientierte Gießereiformtechnik im Vibrationsverfahren. Gießerei-Erfahrungsaustausch **11** (1986) S. 399–400
7. Boenisch, D., Köhler, B.: Einfluß verschiedener Verdichtungsverfahren auf die Härteverteilung in Naßgußformen. Giesserei **61**, 5 (1974), S. 99–103
8. Vogt, A.: Planung einer Naßgußformanlage zur Herstellung von Kleingußteilen in geringen Losgrößen. Giesserei **70**, 20 (1983), S. 528–534
9. Uzaki, N.: Das Luftstrom-Preßformverfahren. Giesserei **67**, 21 (1980), S. 675–677
10. Das Seiatsu-Formverfahren. Gießerei-Praxis **4** (1984) S. 47–48
11. Prospekte der Firma Georg Fischer Schaffhausen (Schweiz), N. GA 220/1 (1981) und GA 250/1 (1984)
12. TGL 103-1164 (Ausg. 10.66) Phenolharz für Maskenformstoffe, Technische Lieferbedingungen
13. Prosyanik, G.V., Zykov, A.P.: Einflußfaktoren auf die Geschwindigkeit der Maskenformbildung (russ.). Litenoe proizvodstvo **8** (1974) S. 22–23
14. Sysoev, J.F., Belikov, O.A.: Über die Parameter des technologischen Prozesses bei der automatisierten Fertigung von Formmasken. Litenoe proizvodstvo **6** (1980) S. 12–13
15. Grandt, H.: Herstellung von Gußstücken nach dem Maskenformverfahren in einer schweizerischen Eisen-Gießerei. Giesserei **61**, 10 (1974), S. 294–299
16. Weihnacht, W.: Anwendung progressiver Gießverfahren in der metallverarbeitenden Industrie am Beispiel Feinguß. Gießereitechnik **24**, 3 (1978), S. 90–93
17. Kadner, M., Rönnecke, A.: Materialökonomie durch rationelle Fertigung von Gußstücken aus Al-Legierungen nach dem Kokillen- und Niederdruckkokillengießverfahren. Gießereitechnik **32**, 4 (1986), S. 120–123
18. Ambos, E.: Druckgußanschnittechnik Freiberger Forschungsheft B 105 Leipzig, VEB Deutscher Verlag für Grundstoffindustrie (1965), S. 141–158
19. Schnick, F.: Technische Voraussetzungen zur Herstellung von dünnwandigem Präzisionsguß. Gießereitechnik **31**, 8 (1985), S. 235–238

20. Bachmann, W.: Vakuumanlagen zum Absaugen von Gasen aus Druckgießformen. Giesserei **72**, 8 (1985), S. 127
21. Gottschalk, H.: Zum Erstarrungsverhalten von Schleudergußstücken aus Gußeisen mit Lamellengraphit. Gießereitechnik **33**, 9 (1987) und 10, S. 277–281 bzw. 312–318
22. Ansbach, A.: Zum Flüssigpressen in der Gießerei. Gießereitechnik **25**, 10 (1979), S. 308–313
23. Hasse, St.: GIESSEREI-LEXIKON, 18. Aufl., Verlag Schiele & Schön, Berlin (2001)

Weiterführende Literatur

Aluminium Taschenbuch 2: Umformung, Gießen, Oberflächenbehandlung, Recycling (Beuth Praxis) (2018)

Brunhuber, E.: Praxis der Druckgussfertigung, Schiele & Schön, Berlin (1991)

Brunhuber, E.: Gießerei-Lexikon. Schiele & Schön, Berlin (2019)

Deutsches Kupfer-Institut (Hrsg.): Metallkunde Herstellungsverfahren, DKI-Lehrhilfe, Berlin (1990)

Doliwa, H. U.: GegosseneWerkstücke. Hanser, München (1960)

Domininghaus, H.: Kunststoffe II, Kunststoffverarbeitung. VDI, Düsseldorf (2005)

Eisenkolb, F.: Einführung in die Werkstoffkunde, Bd. V: Pulvermetallurgie. VEB Verlag Technik, Berlin (1967)

Esper, F. J.: Pulvermetallurgie. Expert Verlag (2007) Fachkunde Metall, Verlag Europa-Lehrmittel Haan-Gruiten

Flemming, E., Tilch, W.: Formstoffe und Formverfahren. Dtsch. Verlag f. Grundstoffindustrie, Leipzig (1993) Flimm, J.: Spanlose Formgebung, 3. Aufl. Hanser, München (1990)

Fritz, A. H. (Hrsg.): Fertigungstechnik, Springerverlag (2018)

Frommer, L., Lieby, G.: Druckgusstechnik, Bd. 1, 2. Aufl. Springer, Berlin (1965)

Gaida, B.: Einführung in die Galvanotechnik, 2. Aufl. Leuze, Saulgau (1969)

Hähnchen, R.: Gegossene Maschinenteile. Hanser, München (1964)

Hasse, S. (Hrsg.): Gießerei-Lexikon Ausgabe 1997, 20. Aufl. Schiele & Schön, Berlin (2019)

Hasse, S.: Duktiles Gusseisen, Handbuch für Gusserzeuger und Gussanwender. Schiele & Schön, Berlin (1996)

Hasse, S.: Guss- und Gefügefehler. Schiele & Schön, Berlin (2002)

Hentze, H.: Gestaltung von Gussstücken. Springer, Berlin (1969)

Hornbogen, E., Warlimont, H.: Metallkunde. Aufbau und Eigenschaften von Metallen und Legierungen. Springer (2001)

Liesenberg, O., Wittekopf, D.: Stahlguss- und Gusseisenlegierungen. Dtsch. Verlag f. Grundstoffindustrie, Leipzig (1992)

Müller, G.: Lexikon Technologie, 2. Aufl. Verlag Europa-Lehrmittel Haan-Gruiten (1992)

Neumann, F.: Gusseisen, 2. Aufl. Expert Verlag (1999)

Plöckinger, E., Straube, H.: Die Edelstahlerzeugung. Schmelzen, Gießen, Prüfen. Springer, Wien (1965)

Richter, R.: Form- und gießgerechtes Konstruieren, 2. Aufl. VEB Deutscher Verlag für Grundstoffindustrie, Leipzig (1970)

Röhrig, K., Wolters, D.: Legiertes Gusseisen, Bd. 1: Gusseisen mit Lamellengraphit und carbidisches Gusseisen. Gießerei-Verlag, Düsseldorf (1970)

Röhrig, K., Gerlach, H.G., Nickel, O.: Legiertes Gusseisen, Bd. 2. Gusseisen mit Kugelgraphit. Gießerei-Verlag, Düsseldorf (1974)

Roesch, K., Zeuner, H., Zimmermann, K.: Stahlguss. Verlag Stahleisen, Düsseldorf (1966)

Roll, F. (Hrsg.): Handbuch der Gießereitechnik, Bd. 1 u. 2. Springer, Berlin (1959–1970)

Sahm, Peter R., Egry, Ivan, Volkmann, Thomas (Hrsg.): Schmelze, Erstarrung, Grenzflächen. Springer (1999)

Eine Einführung in die Physik und Technologie flüssiger und fester Metalle: Schatt, W., Wieters, K.-P., Kieback, B. (Hrsg.): Pulvermetallurgie. Technologien und Werkstoffe. Springer VDI-Buch (2007)

Schmall, Th., Bähr, R., Fehlbier, M., Gonter, M. (Hrsg.): Wissenschaftssymposium Komponente. Ur- und Umformen. Autouni Schriftenreihe (2017)

Scheipers, P.: Handbuch der Metallbearbeitung, 1. Aufl. Verlag Europa-Lehrmittel Haan-Gruiten (1997)

Schwerdtfeger, K.: Metallurgie des Stranggießens, Verlag Stahleisen (1991)

Spur, G., Stöferle, Th.: Handbuch der Fertigungstechnik, Bd. 1: Urformen. Hanser, München (2014)

Stölzel, K.: Gießereiprozesstechnik. VEB Deutscher Verlag f. Grundstoffindustrie, Leipzig (1971)

VDG-Lehrgang: Formen und Gießen, Teil 1 u. 2. Gießerei-Verlag, Düsseldorf (1975–1976)

VDG u. VDI: Konstruieren mit Gusswerkstoffen. Gießerei-Verlag, Düsseldorf (1966)

VDG: The gray iron castings handbook (autorisierte Übersetzung der Originalausgabe). Gießerei-Verlag, Düsseldorf (1963)

VDG: Malleable iron castings (autorisierte Übersetzung der Originalausgabe). Gießerei-Verlag, Düsseldorf (1966)

Verein Deutscher Eisenhüttenleute (Hrsg.): Stahlfibel. Verlag Stahleisen (1999)

Wojahn, U., Breitkopf, A.: Übungsbuch Fertigungstechnik. Urformen, Umformen, Spanen. Springer Vieweg (1997)

Wojahn, U.: Aufgabensammlung Fertigungstechnik mit ausführlichen Lösungswegen und Formelsammlung. Springer Vieweg (2014)

ZGV (Zentrale für Gussverwendung): Leitfaden für Gusskonstruktionen. Gießerei-Verlag, Düsseldorf (1966)

Umformen

40

Mathias Liewald und Stefan Wagner

40.1 Systematik der Umformverfahren

Definition. In Anlehnung an DIN 8580 bedeutet Umformen die gezielte Änderung der Form, der Oberfläche und der Werkstoffeigenschaften eines metallischen Werkstücks unter Beibehaltung von dessen Masse und Stoffzusammenhang. Das Werkstück besteht dabei in der Regel aus Metall bzw. einer schmelzmetallurgisch oder pulvermetallurgisch hergestellten Metalllegierung oder aus einem vornehmlich metallischen Verbundwerkstoff.

Einteilung der Umformverfahren. Nach DIN 8582 werden die Umformverfahren nach den überwiegend wirksamen Spannungen (Beanspruchungen) eingeteilt. So unterteilt man in

- Druckumformen (DIN 8583),
- Zugdruckumformen (DIN 8584),
- Zugumformen (DIN 8585),
- Biegeumformen (DIN 8586),
- Schubumformen (DIN 8587).

Eine weitere Möglichkeit der Unterteilung von Umformverfahren stellt die Unterscheidung in Bezug auf die Halbzeuge, die umgeformt werden sollen, dar. Man unterscheidet somit zwischen Verfahren der Blechumformung und Verfahren der Massivumformung. Sehr wesentlich ist die Frage, ob die Umformung zu einer Festigkeitssteigerung des Werkstückstoffes führt oder nicht. Daher unterscheidet man

- Verfahren, bei denen die Umformung zu keiner Festigkeitssteigerung führt,
- Verfahren, bei denen es während der Umformung zu einer vorübergehenden Festigkeitssteigerung kommt, und
- Verfahren, bei denen die Umformung zu einer bleibenden Festigkeitssteigerung führt.

Je nachdem, ob das Werkstück vor der Umformung erwärmt wird oder nicht, spricht man von Kalt- oder Warmumformung. Bei den Verfahren der Kaltumformung wird das Werkstück mit Raumtemperatur in den Umformprozess eingesetzt. Bei metallischen Werkstoffen, deren Rekristallisationstemperatur deutlich oberhalb der Raumtemperatur liegt, ergibt sich in der Regel mit zunehmender Formänderung ein Anstieg der Streckgrenze und der Zugfestigkeit. Gleichzeitig nimmt die Bruchdehnung ab. Diesen Effekt bezeichnet man als Kaltverfestigung.

Ferner können die Umformverfahren nach der Art der Krafteinleitung unterschieden werden in Verfahren mit unmittelbarer oder mittelbarer Krafteinleitung. So gehört z. B. das Drahtziehen (Abschn. 40.4.1), bei dem die Ziehkraft über den bereits gezogenen, d. h. umgeformten Draht in

M. Liewald (✉)
Universität Stuttgart
Stuttgart, Deutschland
E-Mail: mathias.liewald@ifu.uni-stuttgart.de

S. Wagner
Hochschule Esslingen
Esslingen, Deutschland
E-Mail: stefan.wagner@hs-esslingen.de

B. Bender und D. Göhlich (Hrsg.), *Dubbel Taschenbuch für den Maschinenbau 2: Anwendungen*,
https://doi.org/10.1007/978-3-662-59713-2_40

die Umformzone eingeleitet wird, zu den Verfahren der mittelbaren Krafteinleitung. Das Schmieden (Abschn. 40.3.2), bei dem die Kraft über das Werkzeug direkt in die Umformzone eingeleitet wird, gehört beispielsweise zu den Verfahren der unmittelbaren Krafteinleitung.

Umformprozess. Dieser wird stets durch mehrere Faktoren bestimmt: Werkstück, Werkzeug, Schmierstoff, Temperatur, Umgebungsmedium, Umformmaschine uvm. Ferner ist der mechanisierte bzw. automatisierte Werkstücktransport zwischen den Werkzeugen zu beachten.

Für die spezifische Charakterisierung des Werkstücks (Gefüge, Temperatur, Geometrie, Oberfläche sowie technologische Kennwerte des Werkstückstoffs wie Streckgrenze, Zugfestigkeit, Bruchdehnung und Fließkurve) sind folgende Zustände bzw. Zustandsänderungen zu beachten:

- bei Anlieferung,
- unmittelbar vor der Umformung,
- während der Umformung,
- unmittelbar nach der Umformung und
- nach Auslagerung bei Raumtemperatur oder nach einer Wärmebehandlung.

Für die Eingangsgrößen des Umformprozesses ist der Zustand unmittelbar vor der Umformung von Interesse. Wichtig dabei ist, dass der Umformprozess als Teil der gesamten Prozesskette der Herstellung eines Bauteils betrachtet wird. So ist der vorangegangene Herstellungsprozess des Halbzeugs von wesentlichem Einfluss auf dessen nachfolgendes Umformverhalten. Beispielsweise wird das Umformverhalten eines Werkstücks beim Schmiedeprozess durch die Legierungsbestandteile, das beim Gießen erzeugte Gefüge und die Wärmebehandlung vor dem Schmieden beeinflusst. Auch die Weiterbearbeitung bzw. -behandlung des Werkstücks nach dem Umformen wie Wärmebehandlungen, nachfolgende Umformvorgänge, spanende Bearbeitung, Oberflächenbehandlung usw. sollten für eine Optimierung des Umformprozesses bekannt sein, da die gesamte Prozessfolge die finalen Eigenschaften eines Bauteils bestimmt. Die Auslegung und Optimierung des Umformprozesses muss daher stets in Kenntnis und in Abstimmung mit den vorhergehenden und nachfolgenden Prozessschritten erfolgen.

40.2 Grundlagen der Umformtechnik

40.2.1 Fließspannung

Fließen eines Werkstoffs ist gegeben, wenn durch einen bestimmten Spannungszustand eine bleibende Formänderung erzielt wird. Die Fließspannung k_f (auch Formänderungsfestigkeit genannt) ist die im einachsigen Spannungszustand zu verzeichnende Kraft F bezogen auf die jeweilige *momentane* Querschnittsfläche A, bei der der Werkstoff fließt, d. h. eine bleibende Formänderung erfährt:

$$k_\mathrm{f} = \frac{F}{A}. \tag{40.1}$$

(Achtung: Bei der Spannung $\sigma = F/A_0$ wird die Kraft F auf die *Ausgangs*querschnittsfläche A_0 bezogen.)

40.2.2 Formänderung

Logarithmische Formänderung. Die logarithmische Formänderung φ, auch Umformgrad genannt, ist im kartesischen Hauptachsensystem wie folgt definiert:

$$\varphi_l = \ln \frac{l_1}{l_0}; \quad \varphi_b = \ln \frac{b_1}{b_0}; \quad \varphi_h = \ln \frac{h_1}{h_0}. \tag{40.2}$$

Für einen Zylinder der Höhe h und dem Radius r erhält man

$$\varphi_h = \ln \frac{h_1}{h_0}; \quad \varphi_\mathrm{r} = \ln \frac{r_1}{r_0} = \varphi_\mathrm{t}. \tag{40.3}$$

Überführt man durch Umformung einen Körper der Abmessungen l_0, b_0 und h_0 in einen Körper der Abmessungen l_1, b_1 und h_1, so ergibt sich bei Volumenkonstanz (Abb. 40.1)

$$l_1 b_1 h_1 = l_0 b_0 h_0 \tag{40.4}$$

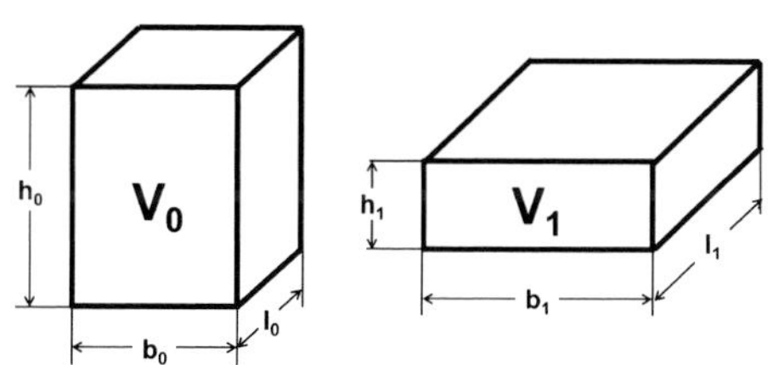

Abb. 40.1 Volumenkonstanz beim Umformen: $V_0 = V_1$

oder

$$\frac{l_1}{l_0} \cdot \frac{b_1}{b_0} \cdot \frac{h_1}{h_0} = 1. \tag{40.5}$$

Durch Logarithmieren erhält man hieraus

$$\ln \frac{l_1}{l_0} + \ln \frac{b_1}{b_0} + \ln \frac{h_1}{h_0} = 0. \tag{40.6}$$

Mit Gl. (40.2) kann man für Gl. (40.6) schreiben:

$$\varphi_l + \varphi_b + \varphi_h = 0. \tag{40.7}$$

Somit gilt: Unter der Voraussetzung, dass beim Umformen Volumenkonstanz vorliegt, ist die Summe der logarithmischen Formänderungen bzw. Umformgrade gleich Null.

Formänderungsgeschwindigkeit. Dies ist die zeitliche Ableitung der logarithmischen Formänderung:

$$\dot{\varphi} = \mathrm{d}\varphi/\mathrm{d}t. \tag{40.8}$$

Formänderungsbeschleunigung. Dies ist die zeitliche Ableitung der Formänderungsgeschwindigkeit:

$$\ddot{\varphi} = \mathrm{d}\dot{\varphi}/\mathrm{d}t. \tag{40.9}$$

40.2.3 Fließkriterien

Der Übergang von der elastischen zu einer bleibenden plastischen Formänderung wird durch Fließkriterien (auch Fließbedingungen oder Fließhypothesen genannt) beschrieben. In der elementaren Theorie der Umformtechnik wendet man meistens die Schubspannungshypothese nach Tresca an (vgl. Bd. 1, Teil III). Danach tritt Fließen ein, wenn die größte Schubspannung τ_{max} die Schubfließspannung k eines Werkstoffs erreicht:

$$\tau_{max} = k. \tag{40.10}$$

Aus dem Mohrschen Spannungskreis (vgl. Bd. 1, Teil III) erkennt man, dass

$$\tau_{max} = \frac{1}{2}(\sigma_{max} - \sigma_{min}) \tag{40.11}$$

ist, wobei σ_{max} die größte positive und σ_{min} die größte negative Hauptspannung ist. Für den einachsigen Spannungszustand ($\sigma_1 \neq 0, \sigma_2 = \sigma_3 = 0$) gilt

$$\sigma_{max} = \sigma_1 = \frac{F}{A} = k_f \tag{40.12}$$

$$k_f = 2\tau_{max} = (\sigma_{max} - \sigma_{min}) \tag{40.13}$$

Diese Beziehung wird „Schubspannungshypothese nach Tresca“ genannt. Die logarithmische Vergleichsformänderung φ_v ist nach dieser Hypothese der dem Betrag nach größte Umformgrad φ_g,

$$\varphi_V = \varphi_g = \{|\varphi_1|; |\varphi_2|; |\varphi_3|\}_{max}. \tag{40.14}$$

Eine weitere, häufig in der Umformtechnik verwendete Hypothese ist die Gestaltänderungsenergiehypothese (GE-Hypothese) nach v. Mises (vgl. Bd. 1, Teil III). Danach tritt Fließen ein, wenn die elastische Gestaltänderungsenergie einen bestimmten werkstoffspezifischen Grenzwert erreicht. Mit den Hauptspannungen σ_1, σ_2 und σ_3 gilt

$$k_f = \sqrt{\frac{1}{2}\left[(\sigma_1 - \sigma_2)^2 + (\sigma_2 - \sigma_3)^2 + (\sigma_3 - \sigma_1)^2\right]}. \tag{40.15}$$

Die mittlere Spannung berechnet sich aus den 3 Hauptspannungen zu

$$\sigma_m = \frac{1}{3}(\sigma_1 + \sigma_2 + \sigma_3). \tag{40.16}$$

Mit der mittleren Spannung aus Gl. (40.16) ergibt sich

$$k_f = \sqrt{\frac{3}{2}\left[(\sigma_1 - \sigma_m)^2 + (\sigma_2 - \sigma_m)^2 + (\sigma_3 - \sigma_m)^2\right]}. \tag{40.17}$$

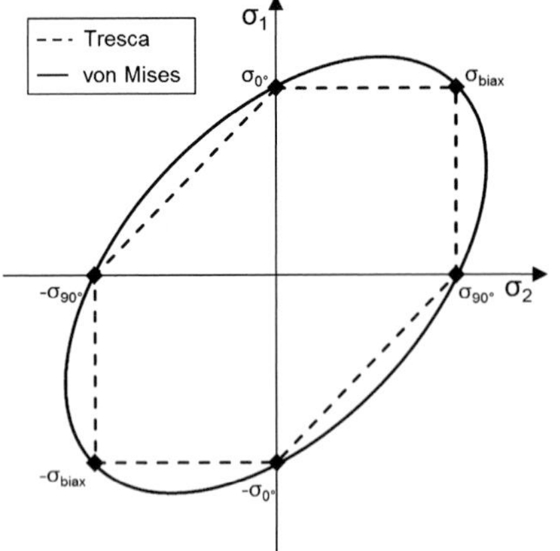

Abb. 40.2 Fließortkurven nach Tresca und v. Mises

Bei reiner Schubspannung gilt dann

$$k_\mathrm{f} = \sqrt{3} \cdot \tau_\mathrm{max}. \tag{40.18}$$

wobei sich der Vergleichsumformgrad φ_V bei homogener Umformung (proportionale Formänderungen, keine Schiebungen) nach der GE-Hypothese berechnet nach

$$\varphi_V = \sqrt{\frac{2}{3}(\varphi_1^2 + \varphi_2^2 + \varphi_3^2)}. \tag{40.19}$$

Abb. 40.2 zeigt die Fließortkurven für die Fließhypothese nach Tresca und für die Fließhypothese nach v. Mises für einen ebenen, zweiachsigen Spannungszustand, wie er u. a. in der Blechumformung vorliegt. Hierbei beträgt die maximale Differenz zwischen den beiden Hypothesen 15 %. Liegt der Spannungszustand innerhalb der Grenzkurve, so befindet sich der Werkstoff noch im elastischen Zustand. Sobald der Spannungszustand die Grenzkurve (Fließortkurve) erreicht, beginnt plastisches Fließen. Eine Fließortkurve bestimmt somit stets nur den Beginn des plastischen Fließens in Abhängigkeit von der aktuellen Verfestigung des Werkstoffes.

40.2.4 Fließgesetz

Das Fließgesetz beschreibt den Zusammenhang zwischen Spannungen und Formänderungen beim Fließen, d. h. bei plastischer Formänderung. Für isotrope Werkstoffe und homogener Umformung gilt nach Hencky als Zusammenhang zwischen den Hauptspannungen σ_1, σ_2 und σ_3 sowie den zugehörigen Umformgraden unter Beachtung von Gl. (40.16):

$$\varphi_1 : \varphi_2 : \varphi_3 = (\sigma_1 - \sigma_\mathrm{m}) : (\sigma_2 - \sigma_\mathrm{m}) : (\sigma_3 - \sigma_\mathrm{m}). \tag{40.20}$$

Wenn also eine Hauptspannung gleich der mittleren Spannung σ_m ist, dann ist der zugehörige Umformgrad ebenfalls gleich Null.

40.2.5 Fließkurve

Die zur Erreichung und Aufrechterhaltung des Fließens erforderliche Fließspannung k_f eines Werkstoffs ist u. a. abhängig von der logarithmischen Hauptformänderung φ_g, der Hauptformänderungsgeschwindigkeit $\dot{\varphi}_\mathrm{g}$ und der Temperatur ϑ_u des Umformguts:

$$k_\mathrm{f} = f(\varphi_\mathrm{g}, \dot{\varphi}_\mathrm{g}, \vartheta_u). \tag{40.21}$$

Als logarithmische Hauptformänderung wird die dem Betrag nach größte der drei Formänderungen bezeichnet.

Bei einer Hochgeschwindigkeitsumformung ist k_f noch zusätzlich abhängig von der Hauptformänderungsbeschleunigung $\ddot{\varphi}_\mathrm{g}$. In der Kaltformgebung metallischer Werkstoffe, bei der die Umformtemperaturen deutlich unterhalb der Rekristallisationstemperatur ϑ_Rekr liegen, d. h.

$$\vartheta_u \ll \vartheta_\mathrm{Rekr} \tag{40.22}$$

ist die Fließspannung k_f für die meisten Werkstoffe in erster Näherung nur von der logarithmischen Hauptformänderung φ_g abhängig:

$$k_\mathrm{f} = f(\varphi_\mathrm{g}). \tag{40.23}$$

Es ist jedoch zu beachten, dass bei großen Formänderungen und Formänderungsgeschwindigkeiten sich auch bei der Kaltumformung (Ausgangstemperatur des Umformguts: Raumtemperatur) im Bereich der Umformzone so hohe

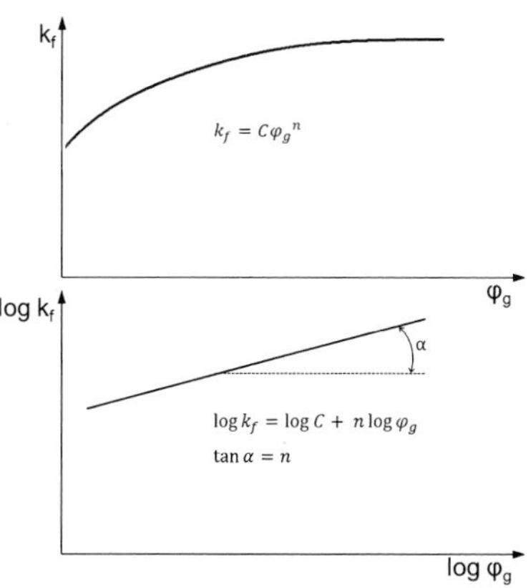

Abb. 40.3 Typischer Verlauf einer Fließkurve für $\vartheta_u \ll \vartheta_{Rekr}$ nach Ludwik

Temperaturen ergeben können (z. B. beim Kalt-Strangpressen von Aluminium), dass die Bedingung nach Gl. (40.22) nicht mehr gilt. Gilt jedoch die Bedingung in Gl. (40.22), so kann für die meisten metallischen Werkstoffe die Fließkurve beschrieben werden durch die Näherung

$$k_f = C\varphi_g^n, \tag{40.24}$$

wobei gilt

$$k_f \geq R_{p0,2} \quad \text{bzw.} \quad k_f \geq R_{eH}. \tag{40.25}$$

Der Exponent n in Gl. (40.24) wird als Verfestigungsexponent bezeichnet und charakterisiert den dehnungsabhängigen Anstieg der Fließkurve. Ein hoher n-Wert zeigt an, dass der Werkstoff sehr stark mit zunehmender Formänderung verfestigt.

Da Gl. (40.24) nur eine Approximation der Fließspannung in Abhängigkeit von der Formänderung darstellt, empfiehlt es sich, den Bereich der Formänderung anzugeben, für den der n-Wert gilt. In doppelt logarithmischer Darstellung der Fließkurve ergibt sich für Gl. (40.24) bei vielen metallischen Werkstoffen annähernd eine Gerade mit der Steigung n (Abb. 40.3).

Bei der Warmformgebung gilt, dass die Fließspannung mit zunehmender Temperatur sinkt und mit zunehmender Hauptformänderungsgeschwindigkeit $\dot{\varphi}_g$ die Fließspannung ansteigt.

Die Fließkurvenaufnahme erfolgt in der Regel bei Raumtemperatur im einachsigen Zugversuch oder im einachsigen Stauchversuch. Für die Fließkurvenermittlung bei erhöhten Temperaturen und Umformgraden bis etwa $\varphi = 0{,}7 \ldots 1{,}0$ werden in der Regel Stauchversuche mit zylindrischen Stauchproben durchgeführt, die ein Höhen/Durchmesser-Verhältnis von meist 1,5 (max. 1,8) aufweisen. Eine Fließkurvenaufnahme für noch höhere Umformgrade kann mittels des Torsionsversuchs erreicht werden.

40.2.6 Verfestigungsverhalten

Das Verfestigungsgesetz beschreibt das Verfestigungsverhalten eines metallischen Werkstoffs unter mehrachsiger Beanspruchung. Bei Vorliegen eines isotropen Verfestigungsverhaltens wird die Fließortkurve durch einfache Expansion angepasst, d. h. die Verfestigung des Werkstoffs ist in allen Koordinatenrichtungen gleich groß (vgl. Abb. 40.2). Bei einem anisotropen Verfestigungsverhalten dagegen ist der Betrag der Festigkeitszunahme richtungsabhängig. Werkstoffe mit einem kinematischen Verfestigungsverhalten werden durch Verschieben und/oder Rotation der Fließortfläche, d. h. durch eine Änderung des Mittelpunkts der Fließortkurve, beschrieben.

40.2.7 Umformvermögen

Hierunter versteht man die plastische Formänderung, die ein bestimmter Werkstoff in der Umformzone bis zum Bruch unter einem bestimmten Spannungszustand, einer bestimmten Temperatur und einer bestimmten Umformgeschwindigkeit ertragen kann. Das Umformvermögen eines metallischen Werkstoffs, z. B. gemessen als Bruchformänderung, ist sehr wesentlich abhängig vom Spannungszustand, der zu diesem Versagen geführt hat. Je höher die negative, mittlere Spannung nach Gl. (40.16) ist, oder anders ausgedrückt, je höher die mittlere Druckspannung ist, desto größer ist bei vielen metallischen Werkstoffen das Umformvermögen. Hierbei ist aber

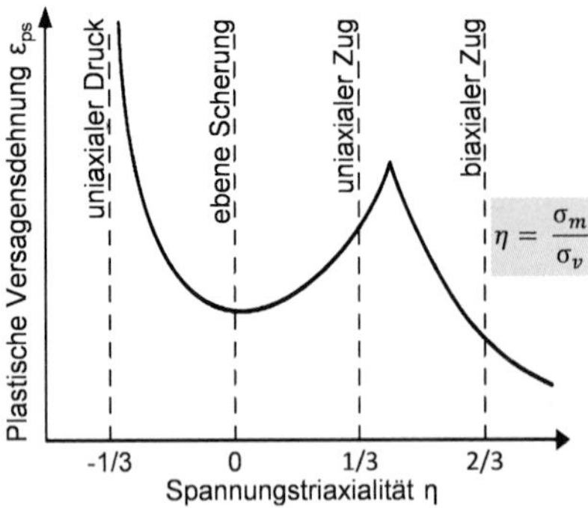

Abb. 40.4 Formänderungsvermögen eines metallischen Werkstoffes in Abhängigkeit von der Spannungstriaxialität

auch die Hauptspannung σ_2 von Einfluss, wenn $\sigma_1 < \sigma_2 < \sigma_3$ gilt. Das Umformvermögen ist bei gleicher mittlerer Spannung σ_m dann am größten, wenn $\sigma_2 = \sigma_3$ wird. Es nimmt mit größer werdendem σ_2-Wert ab und ist am geringsten, wenn $\sigma_2 = \sigma_1$ wird.

Abb. 40.4 zeigt den Verlauf der plastischen Vergleichsdehnung in Abhängigkeit von der Spannungstriaxialität für einen metallischen Werkstoff.

Hierbei ist zu beachten, dass bei Verfahren der mittelbaren Krafteinleitung der Versagensfall „Bruch" in der Regel außerhalb der Umformzone auftritt. Dann spricht man nicht von Umformvermögen, sondern von Grenzen der Formänderung, die sich in der Regel verfahrensspezifisch und damit belastungsspezifisch einstellen.

40.3 Verfahren der Druckumformung

40.3.1 Kaltfließpressen

Beim Fließpressen mit starrem Werkzeug wird das Werkstück, welches als gescherter Stangen- oder Drahtabschnitt vorliegt, mit einem Stempel durch eine Pressbüchse, bestehend aus Aufnehmer und Matrize, gedrückt. Eingeteilt werden Fließpressverfahren hinsichtlich der Richtung des Stoffflusses bezogen auf die Werkzeughauptbewegung, d. h. es wird zwischen Vorwärts-, Rückwärts- und Quer-Fließpressen unterschieden. Ein weiteres Unterscheidungskriterium stellt die Geometrie der hergestellten Werkstücke dar: Es wird zwischen Voll-, Hohl- und Napf-Fließpressverfahren unterschieden. Somit ergeben sich insgesamt neun verschiedene Grundverfahren, deren Prinzipskizzen in Abb. 40.5 dargestellt sind.

Zur Fertigung von Fließpressteilen werden die verschiedenen Grundverfahren häufig in einem Umformschritt kombiniert und/oder einer Folge aus mehreren Umformschritten genutzt. Bei einer Verfahrenskombination werden mindestens zwei gleiche oder verschiedene Grundverfahren in einer Umformstufe durchgeführt (Abb. 40.6). Bei einer Verfahrensfolge kommen mehrere Werkzeuge in aufeinanderfolgenden Umformstufen zum Einsatz (Abb. 40.7).

Das Werkstückspektrum beim Fließpressen reicht heute von Bauteilen mit einem Gewicht von wenigen Gramm bis hin zu Werkstücken von einigen Kilogramm, z. B. in den Bereichen Fahrzeugtechnik, Maschinen- und Gerätebau, Elektrotechnik und Elektronik, Befestigungsmittel oder im militärischen Bereich. Häufig verwendete Werkstückwerkstoffe für das Kaltfließpressen sind niedriglegierte Stähle sowie NE-Metalle und -Legierungen.

Merkmale des Fließpressens gegenüber anderen Fertigungsverfahren sind:

- erhebliche Werkstoffeinsparung (oft über 50 %) durch optimale Werkstoffausnutzung im Vergleich zur Zerspanung,
- sehr hohe Mengenleistung bei kurzen Stückzeiten, auch bei relativ komplexen Werkstückgeometrien,
- einbaufertige Teile mit gegebenenfalls nur geringfügiger Nacharbeit, gute Oberflächenqualität und
- Werkstücke weisen einen günstigen, belastungsgerechten Faserverlauf mit hoher Kaltverfestigung auf.

40.3.2 Warmschmieden

Rohteil. Beim Schmieden werden die Rohteile auf eine Temperatur oberhalb der Rekristallisationstemperatur erwärmt (bei Stahl 950 °C bis

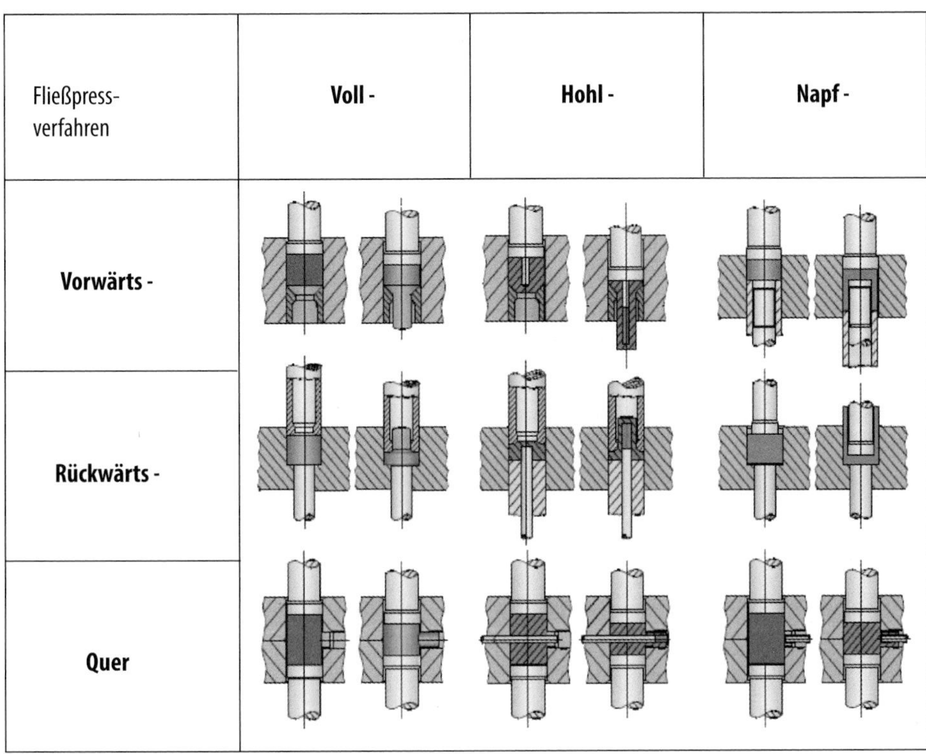

Abb. 40.5 Grundverfahren des Fließpressens (Ablesebeispiel: Voll-Vorwärts-Fließpressen)

1250 °C), so dass keine bleibende Verfestigung des Werkstückwerkstoffs vor dem Schmiedevorgang vorliegt. Die Herstellung der Rohteile für das Schmieden umfasst das Trennen des Halbzeugs zu Abschnitten durch Abscheren, Sägen oder Abstechdrehen, ggf. anschließend Setzen (Formpressen ohne Grat zur Herstellung ebener, paralleler Stirnflächen) und das Erwärmen des Rohteils auf Schmiedetemperatur.

Freiformschmieden. Es wird in der Regel für die Einzel- und Kleinserienfertigung von Teilen mit einer Masse zwischen 1 kg und 350 t eingesetzt. Typische Arbeitsabläufe zeigt Abb. 40.8. Durch Freiformschmieden hergestellte Werkstücke müssen meist spanend fertigbearbeitet werden.

40.3.2.1 Gesenkschmieden

Hierbei wird das Rohteil über mehrere Zwischenformen zum fertigen Werkstück umgeformt. Der Arbeitsablauf besteht aus einer Massevorverteilung, einer Querschnittsvorbildung (oft durch Freiformschmieden) und dem eigentlichen Gesenkschmieden, das aus den Grundvorgängen Stauchen, Breiten und Steigen besteht (Abb. 40.9). Folgende Verfahrensvarianten lassen sich beim Gesenkschmieden unterscheiden:

- Schmieden mit Grat: Der durch Werkstoffüberschuss entstehende Grat wird im letzten Arbeitsgang durch Abgraten entfernt.
- Genauschmieden: Dieses Verfahren erlaubt durch Verwendung von mindestens einem Arbeitsgang im geschlossenen Gesenk und/oder durch Umformen im Halbwarm-Temperaturbereich (bei Stahl zwischen 600 °C und 900 °C) die Herstellung von Schmiedestücken mit höherer Maßgenauigkeit (IT9 bis IT11 gegenüber IT12 bis IT16) und besserer Oberflächenqualität.
- Präzisionsschmieden: Erfolgt z. B. unter Schutzgas mit genauer Temperaturführung und erzeugt bei ausgewählten Maschinenteilen (z. B. Turbinenschaufeln, Kegelräder) einbaufertige Werkstücke mit noch höherer

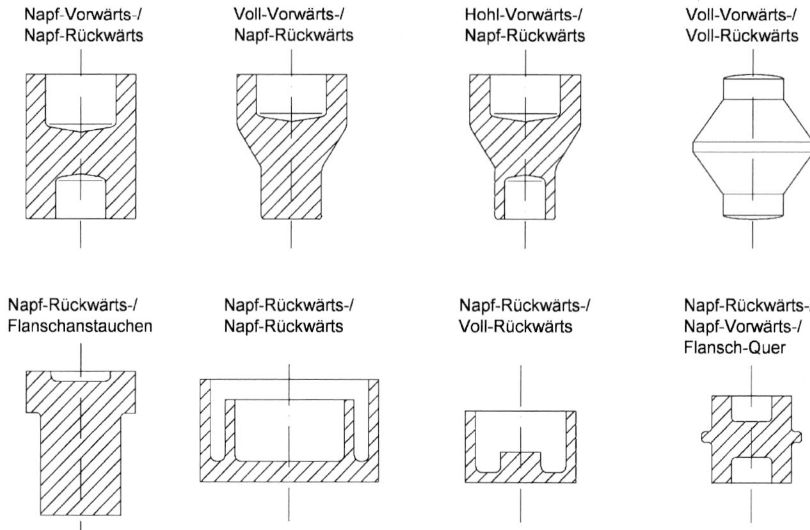

Abb. 40.6 Verfahrenskombination für die Herstellung von Fließpressteilen

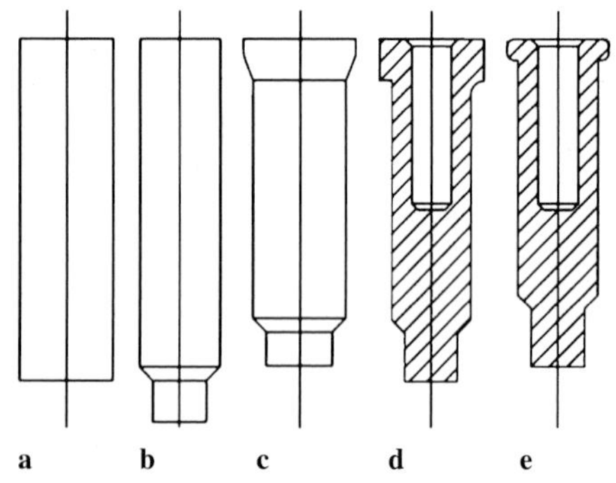

Abb. 40.7 Fertigungsfolge eines Fließpressteiles. **a** Rohteil; **b** Voll-Vorwärtsfließpressen; **c** Vorstauchen; **d** Napf-Rückwärtsfließpressen; **e** Fertigstauchen

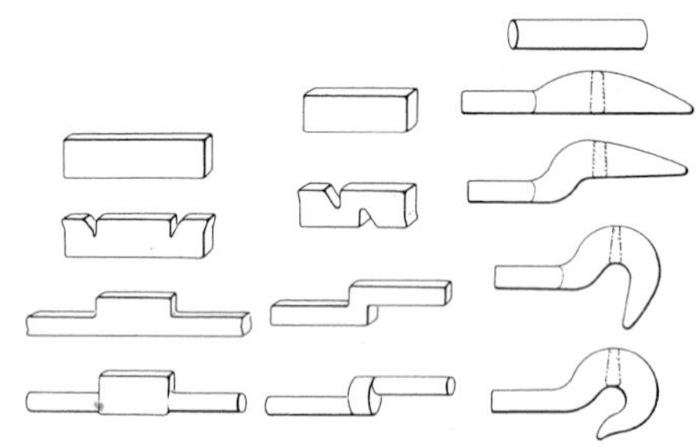

Abb. 40.8 Anwendung von Grundverfahren des Freiformschmiedens von Stahl im Arbeitsablauf

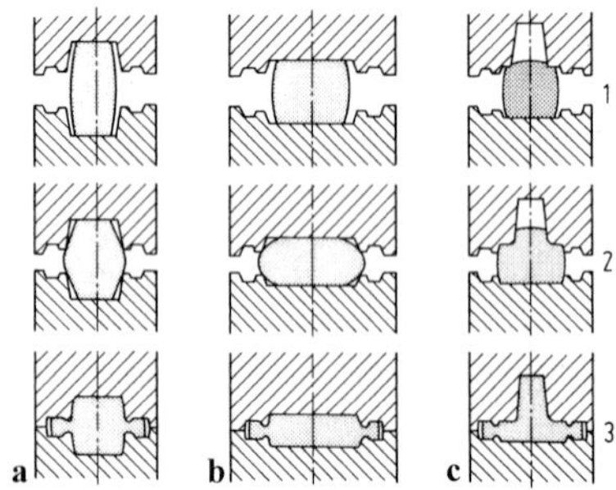

Abb. 40.9 Grundtypen von Vorgängen beim Füllen von Schmiedegravuren. **a** Stauchen; **b** Breiten; **c** Steigen. *1* Stauchen, *2* Anlegen, *3* Füllen

Genauigkeit nach vorheriger Reinigung bzw. Beseitigung der Zunderschicht.

Bei Schmiedegesenken mit Gratspalt unterscheidet man zwischen folgenden Gesenkarten:

- Vollgesenk als Einfach- und Mehrfachgesenk
- Einsatzgesenk als Einfachgesenk und mit mehreren gleichen Gravuren
- Mehrstufengesenk (Beispiel Abb. 40.10).

Geschlossene Gesenke sind Gesenke ohne Gratspalt mit einer oder – bei Mehrstufengesenken – mehreren Teilfugen. Infolge der hohen thermischen und mechanischen Beanspruchungen (Erwärmung bis auf 700 °C bei Kontaktspannungen bis zu 1000 MPa) ist die Lebensdauer der Werkzeuge begrenzt. Gebräuch-

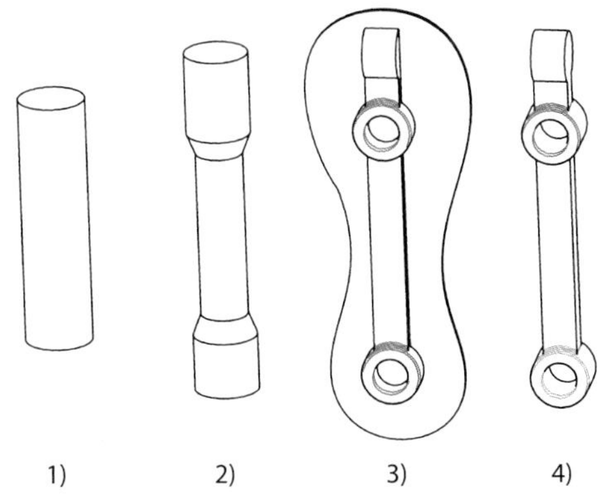

Abb. 40.10 Arbeitsablauf beim Schmieden im Mehrstufengesenk. *1* Ausgangsform, *2* Reckstück, *3* Vorschmiedestück, *4* Gesenkschmiedestück

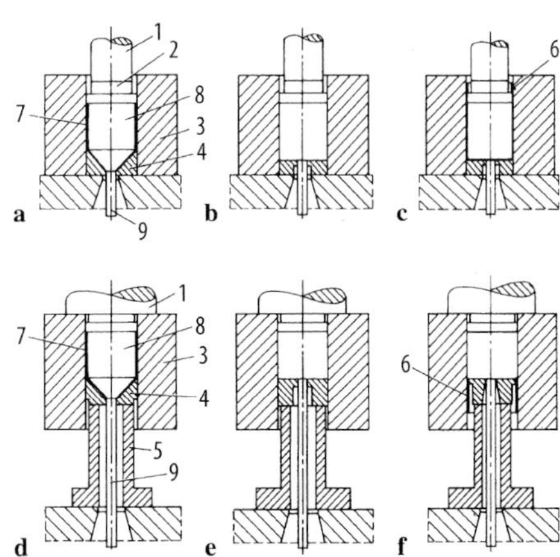

Abb. 40.11 Prinzipielle Darstellung von Strangpressverfahren. **a–c** Direktes Strangpressen; **a** mit Schmierstoff; **b** ohne Schmierstoff, ohne Schale; **c** ohne Schmierstoff, mit Schale; **d–f** Indirektes Strangpressen; **d** mit Schmierstoff; **e** ohne Schmierstoff, ohne Schale; **f** ohne Schmierstoff, mit Schale. *1* Stempel, *2* Pressscheibe, *3* Aufnehmer, *4* Matrize, *5* Hohlstempel, *6* Schale, *7* Schmierstoff, *8* Block, *9* Strang

liche Stähle für Schmiedegesenke sind niedrig legierte Warmarbeitsstähle, wie z. B. 55NiCrMoV6, 56NiCrMoV7 oder 57NiCrMoV77 für Vollgesenke, und hochlegierte Warmarbeitsstähle, wie z. B. X38CrMoV51, X37CrMoW51 oder X32CrMoV33 für Gesenkeinsätze.

40.3.3 Strangpressen

Eine Übersicht über die gebräuchlichen Strangpressverfahren zeigt Abb. 40.11. Man unterscheidet zwischen Kalt- und Warm-Strangpressverfahren. Unter Kalt-Strangpressen wird das Pressen von Blöcken, die ohne Vorwärmung in die Strangpresse eingesetzt werden, verstanden. Unter Warm-Strangpressen, allgemein (da der Regelfall) lediglich Strangpressen genannt, versteht man das Pressen von Blöcken, die vor dem Einsatz angewärmt werden.

40.3.3.1 Direktes Strangpressen

Der Block wird zunächst im Aufnehmer gestaucht, bis er den Innendurchmesser des Aufnehmers annimmt. Anschließend wird er vom Stempel durch die formgebende Matrize gepresst. Zwischen Block und Aufnehmer entsteht eine Relativbewegung, so dass zusätzlich Reibungsarbeit zu leisten ist.

Mit Schmierstoff. Die Reibung zwischen Block und Aufnehmer wird durch Schmierstoff verringert, was durch konische Matrizen erleichtert wird (Abb. 40.11a). Haupteinsatzgebiete bilden das Warm-Strangpressen von Stahl und das Kalt-Strangpressen von Aluminiumlegierungen.

Ohne Schmierstoff und mit Schale. Will man sicherstellen, dass nicht verunreinigte oder oxidierte Blockaußenzonen in das Pressprodukt einfließen, presst man mit Schale (Abb. 40.11c). Bei diesem Verfahren wird der Spalt zwischen Aufnehmerbohrung und Pressscheibe so gewählt, dass die Blockaußenzonen in Form einer zylindrischen Schale am Aufnehmer haften bleiben, so dass lediglich das Blockinnere zum Strang verpresst wird. Als Nachteil ist die Notwendigkeit des Räumens bzw. des Reinigens des Aufnehmers anzusehen.

Ohne Schmierstoff und ohne Schale. Dieses Verfahren erfordert aufgrund der höheren Reibung zwischen Block und Aufnehmer sowie zwischen Matrize und Block höhere Presskräfte (Abb. 40.11b), weshalb es in der Regel für das Warm-Strangpressen eingesetzt wird. Der Spalt zwischen Pressscheibe und Aufnehmer wird so gewählt, dass sich keine Schale bilden kann. Aufgrund der Wandreibung zwischen Block und

40

Aufnehmer werden in Abhängigkeit der thermischen Verhältnisse im Block die Blockaußenzonen beim Verschieben des Blockes im Aufnehmer derart behindert, dass der Blockkern mehr oder weniger stark vorfließt. Somit ist es möglich, die Blockaußenzonen am Einfließen in die sich vor der Matrize ausbildende Umformzone stark zu verzögern. Beim Strangpressen von Leichtmetall wird dieser Effekt ausgenutzt. Hier werden z. B. Blöcke mit stranggegossener Oberfläche je nach Profilform und Verhältnis von Aufnehmerquerschnitt zu Produktquerschnitt bis zu bestimmten Blocklängen derart verpresst, dass die verschmutzten und oxidierten Blockaußenzonen (Zylindermantelfläche) nicht in das Pressprodukt einfließen, sondern im Pressrest verbleiben. Dadurch können hohe Reinheitsgrade des Werkstückgefüges erreicht werden.

40.3.3.2 Indirektes Strangpressen

Auch beim indirekten Strangpressen wird der Block zunächst im Aufnehmer gestaucht. Hierbei verschließt ein kurzer Verschlussstempel einseitig den Aufnehmer und von der gegenüberliegenden Seite dringt die Matrize, die sich gegen einen feststehenden Hohlstempel abstützt, in den Aufnehmer bzw. Block ein. Beim Pressen bewegen sich Block und Aufnehmer gemeinsam, so dass keine Relativbewegung und damit auch keine Reibung zwischen Block und Aufnehmer entsteht. Nachteilig ist der Hohlstempel, der mit seiner Innenbohrung den umschreibenden Kreis des Pressprodukts begrenzt und stets einer Knickbelastung ausgesetzt ist.

Mit Schmierstoff. Bei diesem Verfahren wird die Reibung zwischen Matrize und Umformgut sowie zwischen Matrize und Aufnehmer verringert, sofern der Block geschmiert eingesetzt wird und konische Matrizen verwendet werden (Abb. 40.11d).

Ohne Schmierstoff und ohne Schale. Da beim indirekten Strangpressen keine Reibung zwischen Block und Aufnehmer auftritt, ist auch keine Kraft zur Überwindung der Reibung zwischen Block und Aufnehmer erforderlich. Dadurch ist die Gesamtpresskraft niedriger als beim direkten Strangpressen. Somit besteht bei dieser Verfahrensvariante keine Eingrenzung des Pressverfahrens durch eine hohe Gesamtpresskraft und/oder durch die aus der Reibungsarbeit entstehende Wärmemenge, welche ansonsten die Pressgeschwindigkeit und/oder die Produktgüte stark mindert (Abb. 40.11e).

Bei der Verfahrensvariante ohne Schale wird der Spalt zwischen Matrize und Aufnehmer so eingestellt, dass die zur Überwindung der Reibung zwischen Matrize und Aufnehmer erforderlichen Kräfte vernachlässigbar gering gegenüber der Umformkraft gehalten werden können. Durch den geringen Spalt kann sich zwischen Matrize und Aufnehmer keine Schale bilden, wobei ein dünner Pressgutfilm die Aufnehmerwandung bedeckt. Bei diesem Verfahren fließen die Blockaußenzonen in das Pressprodukt mit ein, weil sie nicht wie beim direkten Strangpressen durch an der Blockoberfläche wirkende Reibung zurückgehalten werden. Daher müssen entweder abgedrehte Blöcke eingesetzt werden oder die Blöcke müssen hinreichend gute Stranggussoberflächen aufweisen.

Ohne Schmierstoff und mit Schale. Dieses Verfahren weist den Vorteil auf, dass auch Blöcke mit verunreinigten und oxidierten Blockaußenzonen verpresst werden können, weil die Außenzonen als Schale im Aufnehmer verbleiben (Abb. 40.11f). Der Spalt zwischen Matrize und Aufnehmer wird so groß gewählt, dass die Blockaußenzonen als Schale an der Aufnehmerwandung haften bleiben. Nachteilig ist wiederum das Räumen der Schale nach jedem Pressvorgang.

40.3.4 Walzen

Nach DIN 8583-2 ist Walzen definiert als „Stetiges oder schrittweises Druckumformen mit einem oder mehreren, sich drehenden Werkzeugen (Walzen), ohne oder mit Zusatzwerkzeugen, z. B. Stopfen oder Dorne, Stangen, Führungswerkzeuge“. Nach der Kinematik dieses Umformverfahrens lassen sich die Walzverfahren in Längs-, Quer- und Schrägwalzen einteilen (Abb. 40.12):

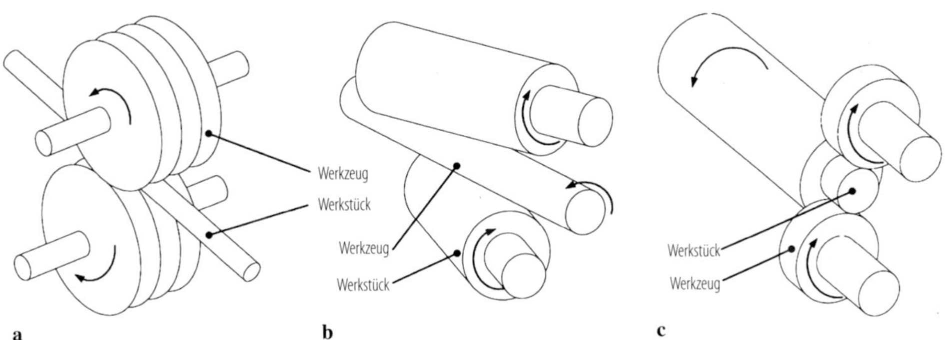

Abb. 40.12 Schematische Darstellung der Walzkinematiken. **a** Längswalzen; **b** Schrägwalzen; **c** Querwalzen

a) **Längswalzen.** Das Walzgut wird senkrecht zu den Walzenachsen ohne Rotation des Werkstücks bewegt.
b) **Schrägwalzen.** Die Walzenachsen sind gekreuzt angeordnet, wodurch ein Längsvorschub in dem um seine Längsachse rotierenden Werkstück entsteht.
c) **Querwalzen.** Das Walzgut rotiert zwischen zwei oder mehr gleichsinnig umlaufenden Werkzeugwalzen um die eigene Achse. Durch Zustellung von mindestens einer Werkzeugwalze wird das Werkstück umgeformt.

Eine weitere Unterteilung der Walzverfahren erfolgt nach der Walzgutgeometrie:

Flachwalzen. Weisen die Kontaktflächen der Walzen eine zylindrische oder konische Form auf, so wird das Verfahren als Flachwalzen bezeichnet.

Profilwalzen. Wenn die Walzengeometrie an den Kontaktflächen von der Zylinder- oder Kegelform abweicht, so spricht man von Profilwalzen. Weiterhin werden die Walzverfahren im Hinblick auf die Walzproduktgeometrie in Voll- und Hohl-Walzen unterteilt.

In der industriellen Praxis wird zwischen Flach- und Langprodukten unterschieden. Flachprodukte, wie beispielsweise Bänder und Bleche, werden über das Flach-Längswalzen aus Brammen hergestellt. Drähte, Rohre und Träger dagegen bilden typische Langprodukte und werden durch Draht- und Profilwalzverfahren aus den Ausgangshalbzeugen wie Blöcke, Knüppel oder Vorprofile erzeugt.

Längswalzen von Flachprodukten. In Abb. 40.13 sind das Walzen von Blechen und die geometrischen Bedingungen dieses Verfahrens dargestellt. Die Umformzone befindet sich dabei zwischen den beiden Walzen und wird als Walzspalt h_1 unter Last bezeichnet.

Das Walzgut läuft mit der Dicke h_0 und der Breite b_0 in den Walzspalt ein. Nach dem Walzen verlässt es den Walzspalt mit den Abmessungen h_1 und b_1. Unter Berücksichtigung der Volumenkonstanz und der Querschnittsfläche A berechnet sich die lokale Geschwindigkeit des Walzgutes am Eintritt, am Austritt und dazwischen an einer Position x zu

$$v_0 \cdot A_0 = v_1 \cdot A_1 = v_x(x) \cdot A_x(x). \quad (40.26)$$

Im Walzspalt gibt es eine bestimmte Position (Abb. 40.14), bei der die Walzenumfangs- und die Walzgutgeschwindigkeit gleich sind. Diese Stelle wird als Fließscheide bezeichnet. Jenen Bereich, in dem die Walzgutgeschwindigkeit hö-

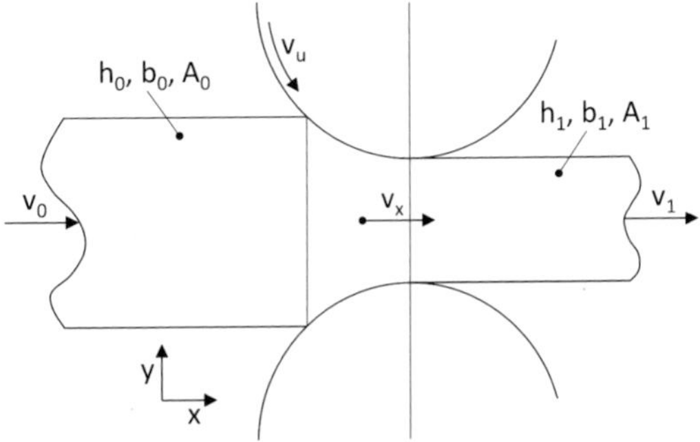

Abb. 40.13 Geometrische Verhältnisse beim Längswalzen von Flachprodukten

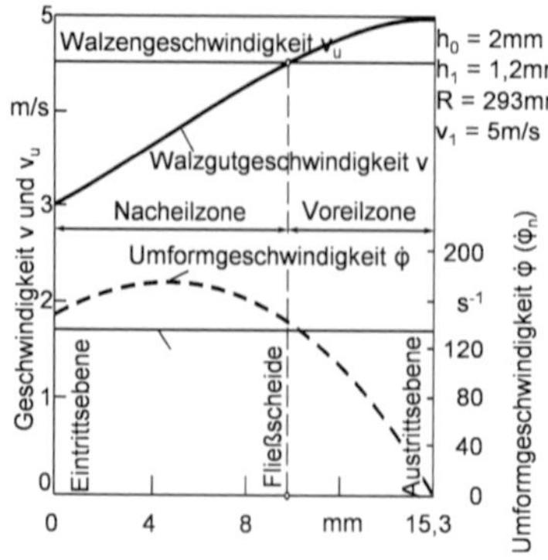

Abb. 40.14 Verlauf der Walzengeschwindigkeit, der Walzgutgeschwindigkeit und der Umformungeschwindigkeit im Walzspalt (beispielhafte Prozessparameter sind in der Bildlegende genannt)

her ist als die Walzenumfangsgeschwindigkeit v_u, nennt man Voreilzone. Der Bereich mit geringerer Walzgutgeschwindigkeit wird als Nacheilzone bezeichnet.

Neben den geometrischen Verhältnissen wird beim Walzen zwischen Kalt- und Warmwalzen unterschieden. Das Warmwalzen wird oberhalb der Rekristallisationstemperatur des Werkstoffs durchgeführt, das Kaltwalzen dagegen findet bei Raumtemperatur statt. Die Walzguttemperatur kann dabei allerdings während des Walzvorgangs zunehmen.

Beim Flach-Längswalzen von Halbzeugen wird der Werkstoff in den ersten Schritten in der Regel warmgewalzt. Dadurch sind die erforderlichen Walzkräfte geringer, und aufgrund des erhöhten Umformvermögens des Werkstoffs sind höhere Stichabnahmen möglich. Jedoch ist zu berücksichtigen, dass beim Warmwalzen der Energieverbrauch ansteigt und eine Verzunderung des Walzgutes auftritt. Wird das Halbzeug nach dem Warmwalzen nicht mehr weiterverarbeitet, spricht man von „Warmband".

Bei kleineren Banddicken ist das Warmwalzen wegen der erhöhten Abgabe von Wärme wirtschaftlich nicht mehr darstellbar. Das an das Warmwalzen anschließende Kaltwalzen wird zur Einstellung der gewünschten Materialeigenschaften eingesetzt. Bei diesem Produkt spricht man von „Kaltband".

40.4 Verfahren der Zug-Druckumformung

40.4.1 Gleitziehen

Verfahrensprinzip. Bei den Verfahren des Gleitziehens wird ein volles oder hohles längliches Halbzeug durch ein Werkzeug, welches sich in Ziehrichtung verengt, hindurchgezogen. Dabei erfährt das Werkstück eine definierte Querschnittsänderung. Die Umformung erfolgt in den meisten Fällen kalt, d. h. ohne Vorwärmung bei Raumtemperatur, selten als Warmgleitziehen. Industriell eingesetzt werden die Verfahren des Gleitziehens hauptsächlich bei der Draht- und Profilherstellung.

An der auslaufenden Seite der Ziehmatrize wird das Werkstück mit einer speziellen Vorrichtung gegriffen und die Ziehkraft in das Werkstück eingeleitet. In der Umformzone tritt dabei eine Kombination aus Zug- und Druckspannungen auf.

Kennzeichnend für diesen Ziehprozess ist das in Ziehrichtung feststehende Werkzeug mit einer definierten Querschnittskontur. Dieses Werkzeug wird Ziehmatrize genannt, der Innenraum des Werkzeugs wird oft auch als Ziehhol bezeichnet.

Verfahrensvarianten. Je nach Geometrie und Art des eingehenden Halbzeugs, welches als Draht, Stab, Blech, Rohr oder Napf vorliegen kann, werden die Verfahrensvarianten des Gleitziehens von Voll- oder Hohlkörpern unterschieden (s. Abb. 40.15). Bei den Verfahren des Hohlgleitziehens ist lediglich der Außendurchmesser des Rohres durch den Prozess beeinflussbar. Bei der Verwendung von Innenwerkzeugen wie Stopfen, Stangen oder Dorne lassen sich dagegen definierte Wanddicken und beste Qualitäten der Innenoberfläche erzielen. Nachteilig hierbei ist jedoch die Begrenzung der realisierbaren Ziehlänge aufgrund der maximal möglichen Länge der Innenwerkzeuge. Auch ist zu beachten, dass das gezogene Werkstück vom Innenwerkzeug wieder getrennt werden muss.

Abb. 40.15 Verfahrensvarianten des Gleitziehens von dünnwandigen Rohren

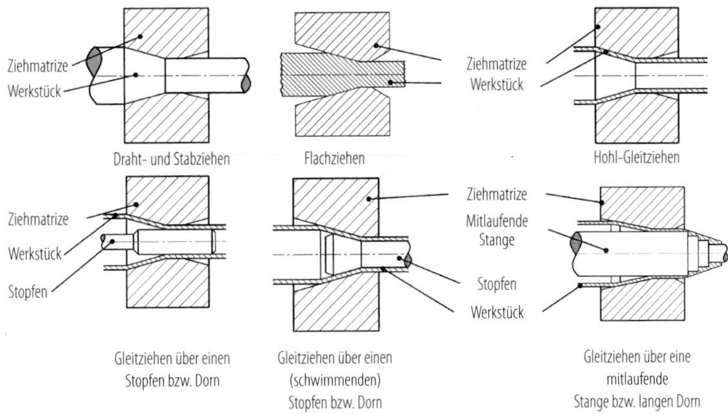

40.4.2 Tiefziehen

Verfahrensprinzip. Beim Tiefziehen wird ein ebener Blechzuschnitt (Platine) zu einem Hohlteil umgeformt. Man spricht auch vom Tiefziehen im Erstzug. Abb. 40.16 zeigt das Verfahrensprinzip für das Ziehen rotationssymmetrischer Teile aus einer kreisrunden Platine (Ronde) und die Bezeichnungen der Werkzeugteile und Bauteilbereiche.

Unter dem Tiefziehen im Weiterzug versteht man das weitergehende Umformen von Ziehteilen, die im Erstzug bereits eine Vorform erhalten haben.

Die Einordnung des Tiefziehens in die Verfahrensgruppe der Zug-Druck-Umformverfahren erfolgt auf Grund der in der Umformzone (Flansch des Ziehteils) hauptsächlich wirkenden radialen Zug- und tangentialen Druckspannungen.

Spannungen. Die Umformzone befindet sich bei diesem Verfahren im Flanschbereich unter dem Blechhalter vom äußeren Rand der Platine bis zum Matrizeneinlaufradius. Für diesen Bereich zeigt Abb. 40.17 den prinzipiellen Verlauf der Spannungen im Bauteilflansch. Man erkennt, dass die Normalspannung σ_n die mittlere Spannung σ_m (Gl. 40.16) schneidet. Somit gilt für diesen Schnittpunkt gemäß Fließgesetz nach Hencky:

$$\varphi_r : \varphi_t : \varphi_n = (\sigma_r - \sigma_m) : (\sigma_t - \sigma_m) : (\sigma_n - \sigma_m), \tag{40.27}$$

dass in Dickenrichtung näherungsweise keine Formänderung zu verzeichnen ist. Weiterhin folgt aus dem Fließgesetz, dass die mittlere Spannung σ_m in Richtung des Flanschrandes negativ und vom Betrag her größer ist als die Normalspannung, wodurch $(\sigma_n - \sigma_m)$ einen positiven Wert ergibt. Die zugehörige Formänderung φ_n ist somit auch positiv, d. h. zum Flanschrand hin ergibt sich eine Blechdickenzunahme. In Richtung des Einlaufradius ist σ_m positiv und vom Betrag her größer als σ_n. Daher ergibt sich in dieser Rich-

Abb. 40.16 Prinzipielle Darstellung des Tiefziehens (Erstzug)

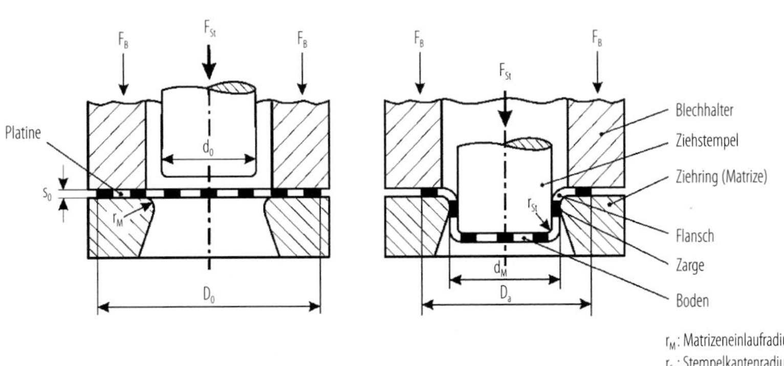

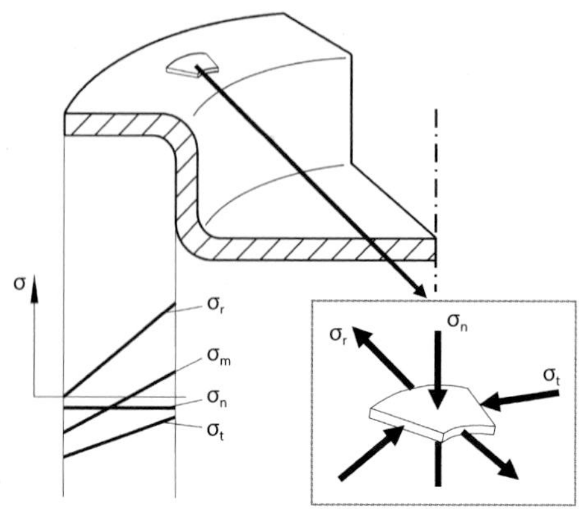

Abb. 40.17 Prinzipielle Darstellung des Spannungsverlaufs beim Tiefziehen (Erstzug)

tung eine Blechdickenabnahme. Im Mittel gesehen kann jedoch die Annahme getroffen werden, dass der Werkstofffluss in Blechdickenrichtung gering ist, sodass man davon ausgehen kann, dass sich die Wanddicke des tiefgezogenen Werkstücks in diesem Bereich nicht ändert. Somit gilt in erster Näherung, dass die Oberfläche der Ausgangsplatine und die Oberfläche des gezogenen Teils ungefähr gleich groß sind:

$$\begin{aligned} \pi \cdot D_0^2/4 &= \pi \cdot d_0^2/4 + d_0 \cdot \pi \cdot h \\ &\quad + (\pi/4)(D_a^2 - d_0^2) \\ &= d_0 \cdot \pi \cdot h_{\max} + (\pi/4) \cdot d_0^2. \end{aligned} \quad (40.28)$$

Kräfte. Für die Gesamtziehkraft des Ziehstempels ergibt sich:

$$F_{\text{ges}} = F_{\text{St}} = F_{\text{id}} + 2F_{\text{R}} + F_{\text{RZ}} + 2F_{\text{rb}}. \quad (40.29)$$

- F_{id} ist die zur verlustlosen Formgebung notwendige ideelle Umformkraft,
- F_{R} ist die zwischen Platine und Matrize und zwischen Platine und Blechhalter auftretende Reibungskraft,
- F_{RZ} ist die zwischen Werkstück und Matrizenrundung auftretende Reibungskraft und
- F_{B} ist die an der Matrizenrundung wirkende Biege- und Rückbiegekraft.

Nach Abb. 40.18 weist die Ziehkraft F_{St} ein Maximum auf, das für die meisten metallischen Werkstoffe bei

$$h/h_{\max} = 0,4 \quad (40.30)$$

liegt.

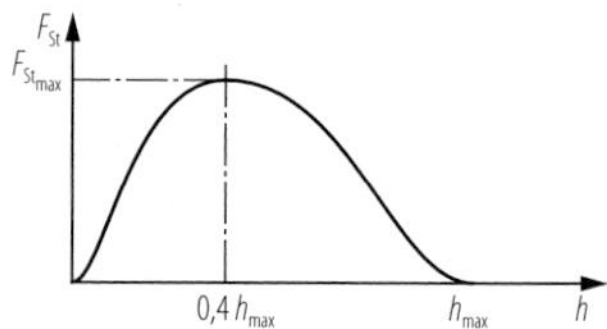

Abb. 40.18 Qualitativer Verlauf der Stempelkraft F_{St} über der Ziehteilhöhe für ein napfförmiges Ziehteil

Anisotropie. Unter Anisotropie von Blechwerkstoffen versteht man die Richtungsabhängigkeit von deren mechanischen Eigenschaften wie z. B. Streckgrenze, Zugfestigkeit usw. Grund hierfür ist eine Textur des Gefüges, welche durch den vorhergehenden Warm- und Kaltwalzprozess entsteht.

In der Blechumformung definiert man als senkrechte Anisotropie r das Verhältnis von logarithmischer Breitenformänderung zu logarithmischer Dickenformänderung im einachsigen Zugversuch (Abb. 40.19), was in erster Näherung die Eignung des Blechwerkstoffes für das Verfahren Tiefziehen charakterisiert.

$$r = \varphi_b/\varphi_s \quad (40.31)$$

Bei Werten $r > 1$ fließt der Werkstoff während der Längsdehnung z. B. im Zugversuch nach Norm relativ stärker aus der Probenbreite als aus der Blechdicke, bei $r < 1$ dagegen fließt der Werkstoff relativ stärker aus der Blechdicke. Man strebt daher in der Blechumformung möglichst hohe r-Werte an. Es ist aber zu beachten, dass der r-Wert in der Regel abhängig ist von der Pro-

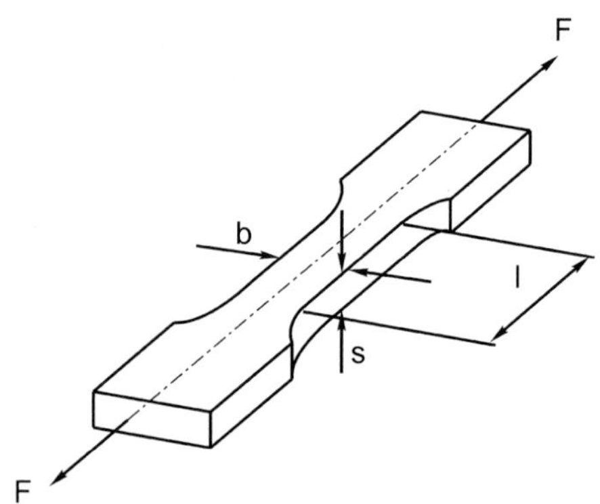

Abb. 40.19 Bestimmung der senkrechten Anisotropie im einachsigen Zugversuch (Messgrößen Probenbreite b und Probendicke s)

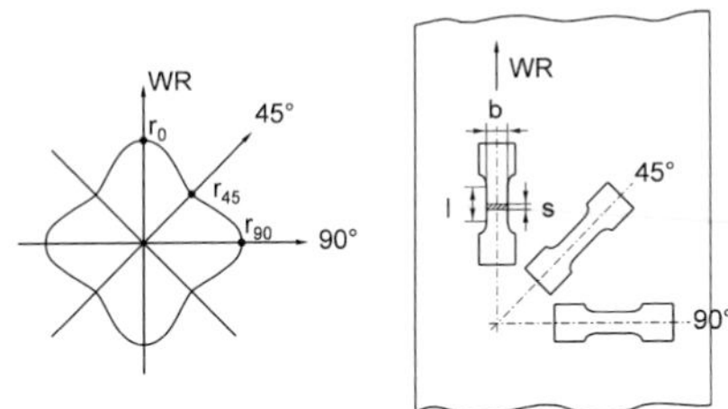

Abb. 40.20 Bestimmung der r-Werte (senkrechte Anisotropie) in verschiedenen Orientierungen zur Walzrichtung

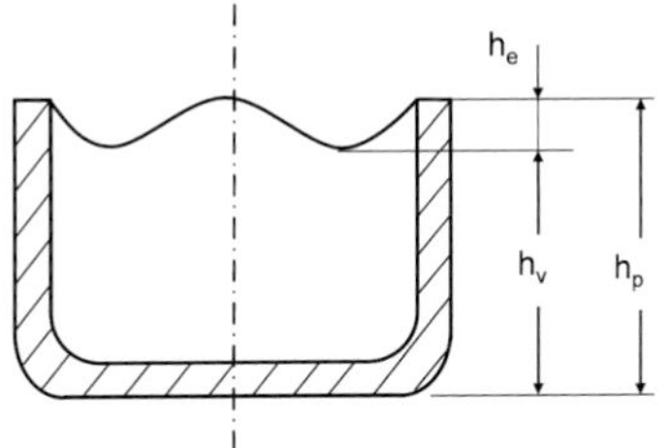

Abb. 40.21 Zipfelbildung als Folge ebener Anisotropie. h_p Zipfelberghöhe, h_v Zipfeltalhöhe, h_e Zipfelhöhe

benlage zur Walzrichtung. Für den Fall, dass der r-Wert eines Blechwerkstoffes gleich 1 ist, so spricht man von einem isotropen Werkstoffverhalten.

Zu beachten ist weiterhin, dass der r-Wert bei den meisten Blechwerkstoffen richtungsabhängig ist. In der Werkstoffprüfung werden die r-Werte daher mittels Zugproben, die unter bestimmten Winkeln zur Walzrichtung W_R der Platine (in der Regel 0°, 45° und 90°) entnommen wurden, ermittelt (Abb. 40.20).

Dies ergibt dann die drei Anisotropiewerte r_0 für 0° Probenlage zur Walzrichtung, r_{45} für 45° Probenlage zur Walzrichtung und r_{90} für 90° Probenlage zur Walzrichtung. Ist $r_0 \neq r_{45} \neq r_{90}$, so ergibt sich beim Tiefziehen rotationssymmetrischer Näpfe eine Zipfelbildung, d. h. die Höhe des Napfes ist nicht konstant über dem Umfang (Abb. 40.21). Die mittlere prozentuale Zipfelhöhe Z beträgt:

$$Z = \frac{h_e}{\bar{h}_V} \cdot 100 \quad \text{in } \%. \tag{40.32}$$

Hierin ist h_e die mittlere Zipfelhöhe und $\bar{h}_V$ die mittlere Höhe der Zipfeltäler (gemessen vom Ziehteilboden).

Die Richtungsabhängigkeit der planaren Anisotropie wird häufig charakterisiert durch die mittlere planare Anisotropie r_m:

$$r_m = (r_0 + 2r_{45} + r_{90})/4. \tag{40.33}$$

Für die Kennzeichnung der Eignung eines Blechwerkstoffs für das Tiefziehen erscheint diese Angabe jedoch nur als bedingt tauglich. Besser erscheint die Charakterisierung der Richtungsabhängigkeit durch die Bestimmung des r_{min}-Wertes.

Die Kennzeichnung der Eignung eines Blechwerkstoffes für das Ziehen rotationssymmetrischer Näpfe erfolgt durch die ebene (planare) Anisotropie Δr:

$$\Delta r = r_{max} - r_{min}. \tag{40.34}$$

Als Differenz zwischen dem maximalen und minimalen der drei Werte für die senkrechte Anisotropie r_0, r_{45} und r_{90}. Je größer die planare Anisotropie, umso größer ist die Zipfelhöhe und damit der Blechabfall beim Beschneiden eines zylindrischen Bauteils, um einen ebenen Rand, von z. B. einer Getränkedose zu erzielen.

Grenzformänderungsdiagramm. Das Versagen von Blechwerkstoffen während der Umformung durch Einschnürung bzw. Reißer wird durch bestimmte Dehnungszustände bzw. auch -beträge, die vom Werkstoff nicht ertragen werden können, hervorgerufen. Diese Grenzen der Blechumformung in Bezug auf sich einstellende zweiachsige Dehnungszustände, ab denen Instabilitätszustände, d. h. zunächst Einschnürungen und bei weiterer Belastung auch Reißer einsetzen, bezeichnet man als Grenzformänderung des Blechwerkstoffes.

Basierend auf der Annahme, dass ein Versagen eines Blechwerkstoffes durch Einschnürung bzw. Bruch allein durch den ebenen Spannungszustand bestimmt wird, werden diese Grenzen im so genannten Grenzformänderungsdiagramm grafisch dargestellt. Derartige Diagramme werden in der Regel ermittelt durch das Aufbringen eines quadratischen oder kreisförmigen Rasters oder durch das Aufsprühen von stochastischen Schwarz-Weiß-Mustern auf der Oberfläche

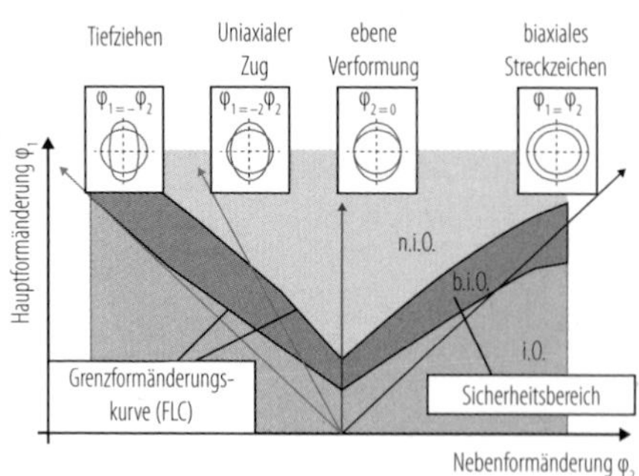

Abb. 40.22 Formänderungen eines Kreisrasters zur Visualisierung des Dehnungszustandes im Bauteil

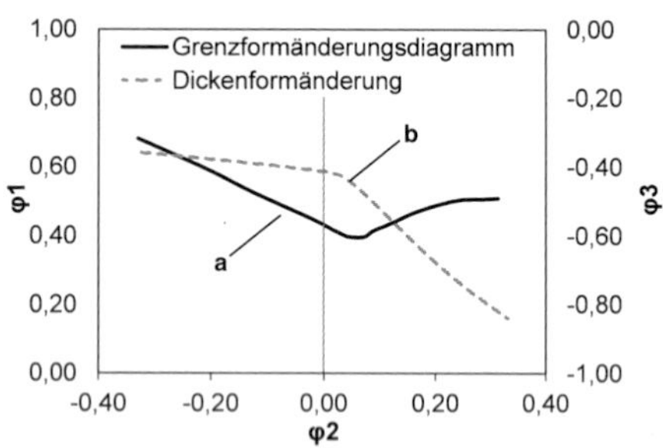

Abb. 40.23 **a** Grenzformänderungsdiagramm; **b** Dickenformänderung nach Gl. (40.36)

(Speckle-Muster) der noch unverformten Platine. In Abhängigkeit vom Spannungszustand verformt sich das stochastische Muster bzw. es verformen sich die aufgebrachten Kreise bzw. Quadrate während des Tiefziehvorgangs zu verschieden großen Ellipsen bzw. Rauten.

Die lokalen Umformgrade φ_1 und φ_2 können dann beispielsweise mit Hilfe des Ausgangsdurchmessers des Kreises d_0, der längeren Ellipsenachse l_1 und der kürzeren l_2 bestimmt werden:

$$\varphi_1 = \ln\left(\frac{l_1}{d_0}\right) \varphi_2 = \ln\left(\frac{l_2}{d_0}\right). \qquad (40.35)$$

φ_1 ist dabei die betragsmäßig größere Formänderung, auch Hauptformänderung genannt, φ_2 die kleinere sog. Nebenformänderung.

In Abb. 40.22 ist die Veränderung eines einzelnen Kreises des Kreisrasters auf dem Bauteil unter verschiedenen Beanspruchungsbedingungen dargestellt. Der Kreis verformt sich in Abhängigkeit vom induzierten Spannungszustand zu einer Ellipse, ausgehend von der linken Seite des Diagramms vom Tiefziehen bis zum idealen Streckziehen auf der rechten Seite.

Die in Abb. 40.23 dargestellten Grenzformänderungskurven (Forming Limit Curves FLC) gelten nur, wenn der Formänderungsweg bis zum Eintreten des Versagens durch Einschnürung bzw. Bruch bei einem konstanten Verhältnis von φ_1 zu φ_2 und kontinuierlich erfolgt. Zu beachten ist, dass sich die Dickenformänderung φ_s aus Gl. (40.31) errechnet zu

$$\varphi_3 = \varphi_s = -(\varphi_1 + \varphi_2). \qquad (40.36)$$

40.4.3 Ziehen von unsymmetrischen Blechformteilen

Das Ziehen von unsymmetrischen Blechformteilen kann als eine Kombination von Streckziehen (Abschn. 40.5.1) bzw. mechanischem Tiefen und Tiefziehen (Abschn. 40.4.2) aufgefasst werden. Man verwendet hierfür doppeltwirkende oder einfachwirkende Pressen (vgl. Abschn. 48.1.4). Beim Ziehen nicht-rotationssymmetrischer Teile ist es erforderlich, den Materialfluss/Einlauf des Flansches unter dem Blechhalter zeitlich und örtlich (auf den Ziehumriss bezogen) zu steuern, wobei sich folgende Möglichkeiten anbieten:

Ziehsicken. Ziehsicken werden eingesetzt, um dem Einlaufen der Platine im Bereich der Blechhaltung (Materialfluss) eine örtlich und bisweilen zeitlich vorgebbare Rückhaltekraft entgegen zu setzen (Abb. 40.24). Dies entspricht dann der Reibungswirkung eines örtlich erhöhten Blechhalterdrucks und wird durch eine Laufsicke bewirkt. Bei rechteckiger Ausführung der Ziehsicke (im Querschnitt) entsteht eine Klemmsicke, die ein Einfließen des Umformguts in die Matrize vollständig unterbindet.

Platinenform. Durch örtliche Vergrößerung der in der Umformzone befindlichen Platinenbereiche werden sowohl die Umformkräfte als auch die Reibungskräfte erhöht, so dass sich hierüber eine Behinderung des Materialflusses ergibt. Umgekehrt ergibt sich durch örtliche Reduzierung der Platinengröße eine Förderung eines erleichterten Materialflusses. Auch ist zu beachten, dass die Platinenform in den Eckenbereichen des Bau-

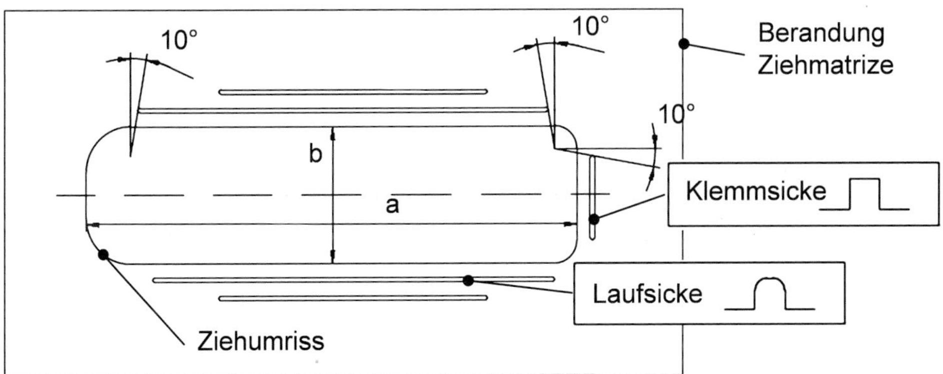

Abb. 40.24 Anordnung von Ziehsicken für ein wannenförmiges Ziehteil, im Besonderen Klemm- und Laufsicken

teils Einfluss auf die Blechdickenformänderung besitzt. Die Platinengeometrie für ein unsymmetrisches Blechformteil wird daher in der Praxis spezifisch an dessen Ziehumriss angepasst (Formplatine).

Reibungskräfte. Durch Beeinflussung der Reibung zwischen der Platine und der Blechhalterfläche bzw. dem Ziehrahmen der Matrize ergibt sich die Möglichkeit der Steuerung des Materialflusses. Während beim Tiefziehen rotationssymmetrischer Blechformteile die Blechhalterkraft lediglich so groß gewählt werden sollte, dass Falten erster Art (Faltenbildung in der zwischen der Blechhalterfläche und dem Ziehrahmen der Matrize geführten Platine) verhindert werden, wird beim Ziehen von nicht-rotationssymmetrischen Blechformteilen eine örtlich spezifische Blechhalterkraft bewusst zur Beeinflussung der Reibung eingesetzt, so dass hierüber der Materialfluss gesteuert werden kann.

Tuschieren. Hierbei können die Reibungskräfte örtlich durch sog. „Hart-oder-Weich-Tuschieren" beeinflusst bzw. bei der Werkzeugeinarbeit voreingestellt werden. Hierunter versteht man das Einbringen lokal unterschiedlicher Spaltmaße zwischen der Blechhalterfläche und dem Ziehrahmen der Matrize unter Last. In engen Bereichen (Erhöhungen) ergibt sich dadurch eine höhere Flächenpressung (hart), in aufgeweiteten Bereichen (Täler) ergibt sich eine relativ niedrigere Flächenpressung (weich), mithin eine geringere Rückhaltekraft und somit eine Begünstigung des Materialflusses.

Schmierstoff. Weiterhin ist es auch möglich, die Reibungskräfte unter dem Blechhalter durch die Schmierstoffart und die auf beide Seiten der Platine aufgetragene Schmierstoffmenge zu beeinflussen. Dieses ist möglich sowohl durch gezielt auf die Platinen aufgetragene Schmierstoffmuster (unterschiedliche Menge pro Fläche) als auch durch Aufbringung einer Minimalschmierung auf die Platine und Aufbringen einer lokalen Zusatzschmierung.

40.4.4 Tiefziehen im Weiterzug

Unter Tiefziehen im Weiterzug versteht man das weitere Umformen des im Erstzug, d. h. in der ersten Tiefziehstufe, hergestellten Blechformteils durch einen weiteren Tiefziehvorgang (Abb. 40.25). Eingesetzt wird dieses Verfahren zumeist an zylinderförmigen, hohlen Bauteilen (z. B. Bauteile mit hohen Ziehtiefen, dickwandige Druckbehälter), wobei der Durchmesser zylindrischer Bauteilabschnitte in den nachfolgenden Ziehprozessen schrittweise reduziert wird.

40.4.5 Stülpziehen

Das Stülpziehen ist ebenfalls ein Verfahren des Weiterziehens, wobei die Wirkung des Stülpstempels in entgegengesetzter Wirkrichtung des Stempels des Erstzugs liegt (Abb. 40.26). Die Innenseite wird damit zumindest teilweise zur Außenseite des Blechteils. In der Regel wird das Stülpziehen nicht als Durchzug eingesetzt, da

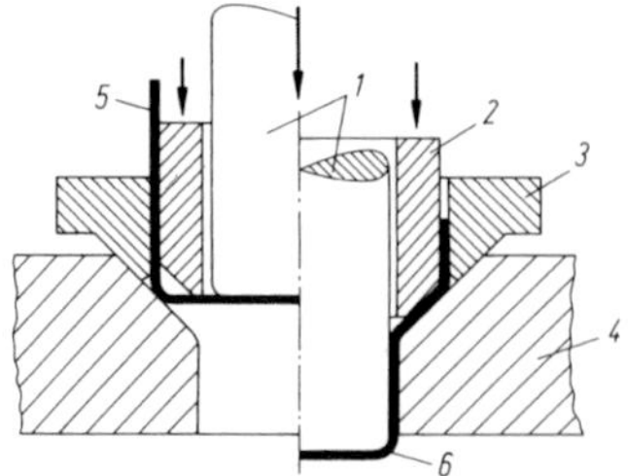

Abb. 40.25 Tiefziehen im Weiterzug (Gleichlaufweiterziehen). *1* Stempel, *2* Blechhalter, *3* Stützring, *4* Ziehring, *5* vorgezogener Napf, *6* Napf im Weiterzug

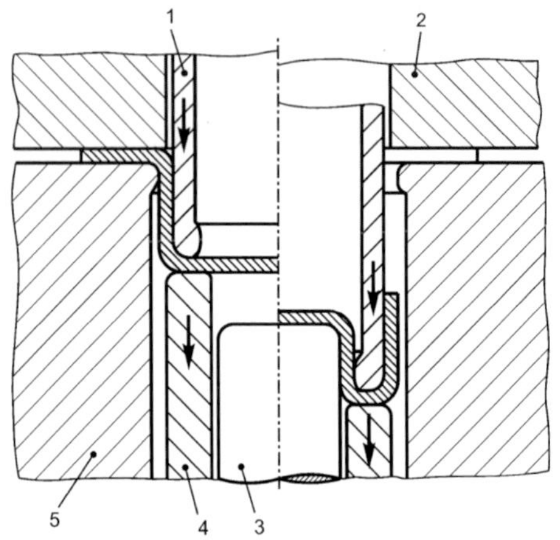

Abb. 40.26 Stülpziehen. *1* Stempel für den Erstzug, *2* Blechhalter für den Erstzug, *3* Stempel für den Stülpzug, *4* Blechhalter für den Stülpzug, *5* Ziehring für den Erstzug

das erreichbare Ziehverhältnis geringer als das des normalen Weiterziehens ist. Eingesetzt wird das Stülpziehen für rotationssymmetrische, relativ dickwandige Bauteilgeometrien sowie zur Materialanhäufung für Folgeoperationen.

40.4.6 Abstreckgleitziehen

Beim Abstreckgleitziehen wird der Ziehspalt kleiner gewählt wird als die Blechdicke, d. h. im Gegensatz zum Tiefziehen findet eine Wanddickenverminderung statt.

Eingesetzt wird das Abstreckgleitziehen als ein teilweise mehrstufiges Verfahren direkt im Anschluss an ein vorgelagertes Tiefziehen. Hergestellt werden hiermit Bauteile wie beispielsweise Getränkedosen, Gaspatronen, Tankflaschen o. ä.

40.5 Verfahren der Zugumformung

40.5.1 Streckziehen

Das Streckziehen wird zur Herstellung großer flacher Bauteile aus Blech eingesetzt. Man unterscheidet diese Verfahren nach dem Prinzip der Wirkrichtung der Umformkräfte:

Einfaches Streckziehen. Die Platinen werden an zwei gegenüberliegenden Seiten mittels breiter Zangen fest eingespannt. Die Umformung erfolgt durch vertikales Verfahren des Stempels (Abb. 40.27a). Aufgrund der Reibung zwischen Stempel und Platine wird eine gleichmäßige Verteilung der Dehnungen innerhalb der Bauteilfläche verhindert. Versagen tritt schließlich in der Nähe der Spannzangen und der Kontaktlinie Platine/Stempel auf.

Tangentialstreckziehen. Dieses Verfahren ermöglicht eine gleichmäßige Verteilung der Dehnungen über dem Werkstück und eine betragsmäßig höhere Umformung im Mittenbereich des Bauteils. Die Platine wird an zwei gegenüberliegenden Seiten in vertikal und horizontal verfahrbaren Spannzangen eingespannt und mit diesen

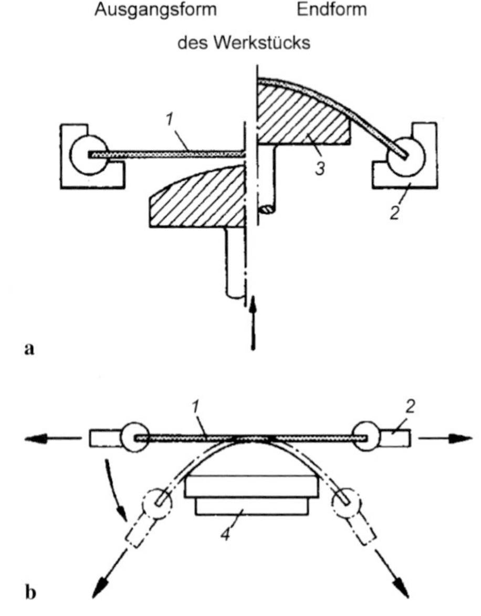

Abb. 40.27 Streckziehen. **a** Einfaches Streckziehen; **b** Tangentialstreckziehen. *1* Werkstück, *2* Spannzange, *3* Stempel, *4* Werkzeug

vorgespannt, bis eine plastische Dehnung von ca. 2 bis 4 % in der Platine erreicht ist. Im nächsten Arbeitsschritt wird die Platine unter Beibehaltung der Vorspannung mit den Spannzangen an den Stempel angelegt und gereckt (Abb. 40.27b). Zur Einbringung von Einprägungen in das Ziehteil kann die Streckzieheinrichtung in einer einfachwirkenden Presse mit Gegenform positioniert werden.

Blechwerkstoffe, die für streckgezogene Bauteile eingesetzt werden sollen, sollten einen möglichst hohen Verfestigungsexponenten n aufweisen, damit sich die Formänderungen möglichst gleichmäßig über das Bauteil erstrecken und Tendenzen der Dehnungslokalisierung kompensiert werden können. Zwischen Platine und Formstempel sollte aus dem gleichen Grund die Reibungszahl so gering wie möglich gehalten werden.

40.6 Verfahren der Biegeumformung

40.6.1 Biegeverfahren

Das Biegen gehört neben dem Tiefziehen zu den am häufigsten angewandten Verfahren zur Umformung von Blech. Das Biegen erstreckt sich von der Massenfertigung von Kleinteilen bis hin zur Einzelteilfertigung großflächiger Komponenten im Schiffs- und Anlagenbau. Neben Blech werden auch Rohre, Drähte, Stäbe und Profile mit den unterschiedlichsten Querschnittsgeometrien gebogen. In den meisten Fällen wird kalt umgeformt. Nur in Sonderfällen, bei großen Querschnitten oder im Falle sehr kleiner Biegeradien wird der Werkstoff erwärmt, um die zur Umformung erforderlichen Kräfte zu reduzieren bzw. um lokal höhere Formänderungen mit einem gegebenen Werkstoff erzielen zu können.

Ausführliche Erläuterungen und Herleitungen zur elementaren Biegetheorie finden sich in Bd. 1, Teil III.

Nach DIN 8586 werden die Biegeverfahren nach der Werkzeugbewegung (Abb. 40.28) unterteilt in Verfahren mit

- geradliniger Werkzeugbewegung und
- drehender Werkzeugbewegung.

40.6.2 Rückfederung

Eine für das Biegen metallischer Halbzeuge typische Erscheinung ist die elastische Rückfede-

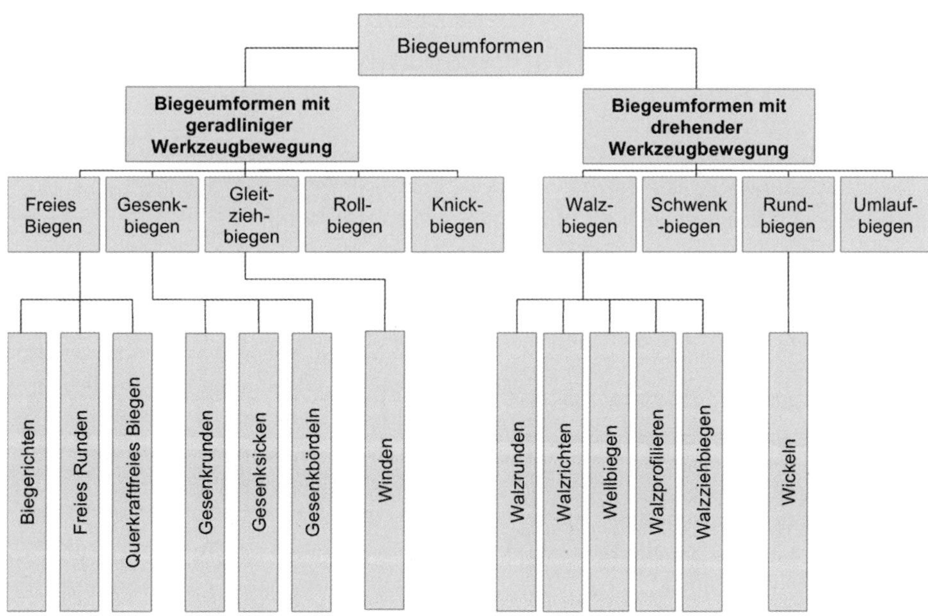

Abb. 40.28 Einteilung der Biegeumformverfahren nach DIN 8586

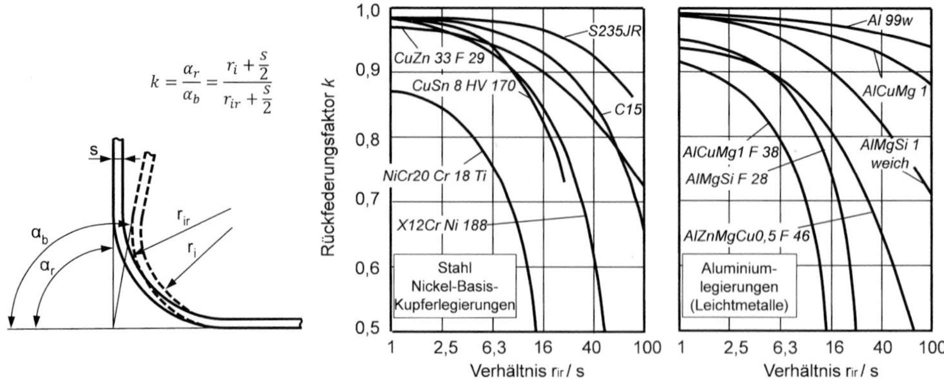

Abb. 40.29 Rückfederungswinkel und Rückfederungsverhältnis (IUL Dortmund)

Abb. 40.30 Rückfederungsverhältnisse K für verschiedene Blechwerkstoffe

Werkstoff	Rückfederungs-verhältnis k $r_{i2} / s_0 = 1$	Rückfederungs-verhältnis k $r_{i2} / s_0 = 10$
1.0327	0,99	0,97
1.0330 (DC 01)	0,99	0,97
1.0347 (DC 03)	0,985	0,97
1.0338 (DC 04)	0,985	0,96
Nichtrostende, austenitische Stähle; z.B. 1.4301	0,96	0,92
1.4742	0,99	0,97
1.4833	0,982	0,955
Nickel w (Knetlegierung)	0,99	0,96
3.0255.08 (Al 99 5 F7)	0,99	0,98
3.3315 (Al Mg 1 F13)	0,98	0,9
3.2315 (Al Mg Mn F18)	0,985	0.935
3.1355.41 (Al Cu Mg 2 F42)	0,91	0,65
3.4365 (Al Zn Cu 1,5 F49)	0,935	0,85

rung. Nach Entlastung sind der Innenwinkel des gebogenen Werkstückes und auch der Biegeteilradius größer als unter Last. Die Rückfederung beim Entlasten ergibt sich beim Biegen in erster Näherung aus dem Rückfederungsverhältnis K (s. a. Abb. 40.29), wobei

$$K = \frac{\alpha_2}{\alpha_1} = \frac{r_{m1}}{r_{m2}} = \frac{r_{i\,1} + \frac{s_0}{2}}{r_{i\,2} + \frac{s_0}{2}}. \qquad (40.39)$$

Abb. 40.30 zeigt für ausgewählte Blechwerkstoffe und Biegeradien die zugehörigen Werte für das Rückfederungsverhältnis K.

Die Rückfederung von Blechen und Profilen ist abhängig vom Werkstoff (E-Modul, Streckgrenze, n-Wert), vom Spannungszustand, bei dem umgeformt wird, und von der Vorverformung des zu biegenden Bauteils. Sie nimmt mit abnehmendem E-Modul, höherer Streckgrenze und höherem n-Wert sowie wachsendem Verhältnis von r_i / s_0, d. h. bei gleichbleibender Blechdicke mit größer werdendem Biegeradius, zu. Um die Rückfederung in der Serienfertigung zu verringern oder zu kompensieren, können folgende Maßnahmen ergriffen werden:

- Einschränken der Toleranzen für Blechwerkstoffkennwerte ($R_{p0,2}$, n-Wert) und Blechdicke als Voraussetzung für reproduzierbare Verhältnisse,

- Überbiegen,
- Nachdrücken im Biegegesenk und
- Überlagerung von Zugspannungen während des Biegens.

Wird ein vom Werkstoff abhängiger, minimaler Biegeradius r_{min} unterschritten, so treten an der Außenfaser des Werkstücks Risse auf. Grenzwerte von kleinstmöglichen Biegeradien für Stahlbleche werden in DIN 6935 in Abhängigkeit von Werkstoff, Blechdicke und Lage der Biegeachse zur Walzrichtung des Bleches gegeben.

40.6.3 Biegen mit geradliniger Werkzeugbewegung

Freies Biegen. Technisch wichtig sind das freie Biegen mit Dreipunktauflage oder das freie Biegen eines einseitig eingespannten Bleches mit einer am freien Ende angreifenden Biegekraft. Führt das Werkzeug dabei eine Schwenkbewegung aus, so handelt es sich um das Schwenkbiegen.

Biegen im V-Gesenk. Bei diesem Biegeverfahren laufen zwei Teilvorgänge nacheinander ab. Zunächst wird frei gebogen, bis sich die Schenkel des Biegeteils an die Gesenkwände/ Gesenkschrägen anlegen ($\alpha = \alpha_G$, Abb. 40.31a) oder bis $r_i < r_{St}$ (r_i Biegeteilinnenradius, r_{St} Stempelradius). Das Nachdrücken im Gesenk schließt sich danach an das Freibiegen an. Dabei wird die Form des Biegeteils weitgehend an die Werkzeugform angepasst. Bei kleinem Stempelradius wird zunächst so lange überbogen, bis sich die Biegeschenkel an den Stempel anlegen (Abb. 40.31c). Wird in dieser Stellung entlastet, so kann der Biegewinkel α dann immer noch größer als der Gesenkwinkel α_G sein. Während des Nachdrückens nimmt der Innenradius stetig ab. Bei großem r_{St} (bzw. r_{St} / s_0) treten hinsichtlich des sich beim Nachdrücken einstellenden Biegewinkels dieselben Erscheinungen auf wie bei kleinen Stempelradien r_{St}. Die Genauigkeit der Biegeteile kann durch das Nachdrücken verbessert werden, dies erfordert jedoch hohe Kräfte.

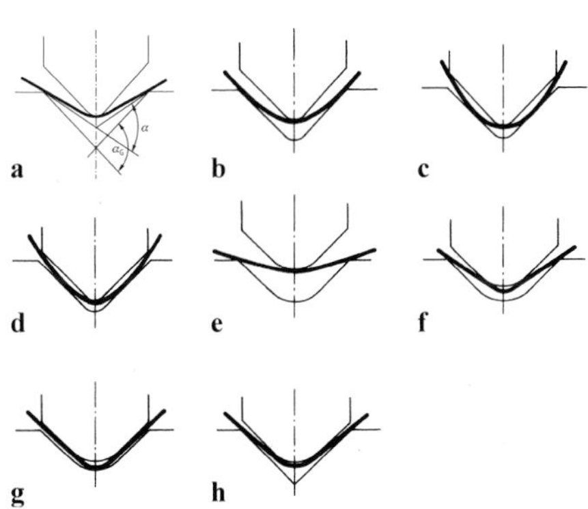

Abb. 40.31 Biegen im 90° V-Gesenk. **a–d** kleiner Stempelradius: **a** freies Biegen; **b** Ende des Freibiegevorganges; **c** Ende des Überbiegens; **d** Rückbiegen; **e–h** großer Stempelradius: **e** freies Biegen; **f** Weiterbiegen bei Zweipunktauflage am Stempelradius; **g** Beginn des Nachdrückens (geschlossenes Gesenk); **h** Nachdrücken im halboffenen Gesenk

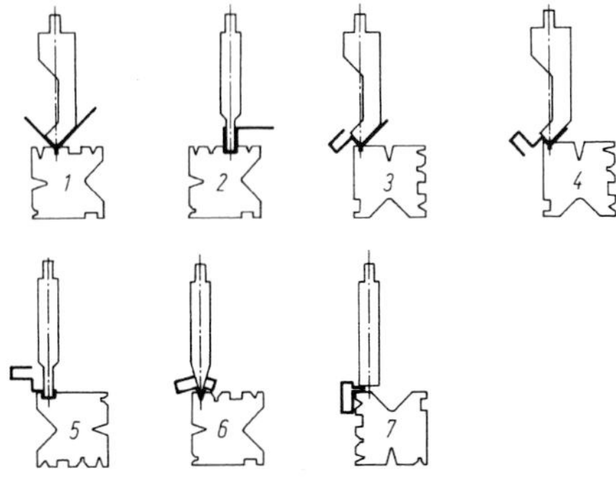

Abb. 40.32 Arbeitsschritte zur Herstellung eines Blechprofils durch Gesenkbiegen mittels Rotation des Gesenkprismas

Abb. 40.32 zeigt beispielhaft das mehrstufige Gesenkbiegen zur Herstellung eines Profils.

Biegen im U-Gesenk. Hierunter versteht man das gleichzeitige Biegen von zwei durch einen Steg verbundene Schenkel um meist 90° zu einem U-förmigen Biegeteil in einem Gesenk (Abb. 40.33). Dabei wird zwischen dem U-Biegen ohne und mit Gegenhalter unterschieden. Beim U-Biegen ohne Gegenhalter kann die Verwölbung des Steges durch Nachdrücken im Gesenk weitgehend beseitigt werden. Dies führt zu einem Kraftanstieg am Vorgangsende. Beim Biegen mit Gegenhalter (Gegenhalterkraft ca. 1/3 der Biegekraft) bleibt der Steg während der Umformung annähernd eben.

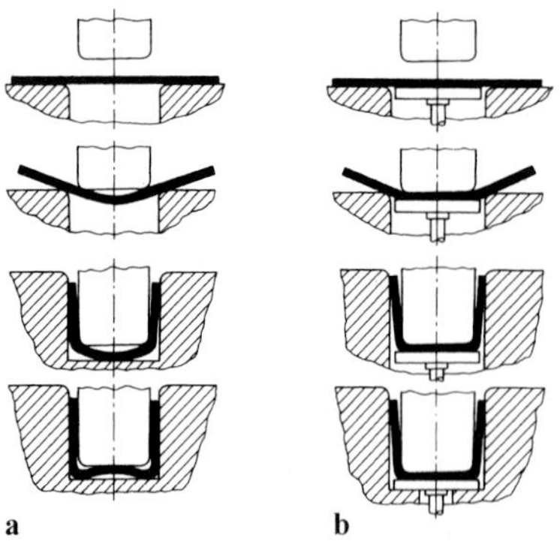

Abb. 40.33 Biegen im U-Gesenk. **a** Ohne Gegenhalter; **b** mit Gegenhalter

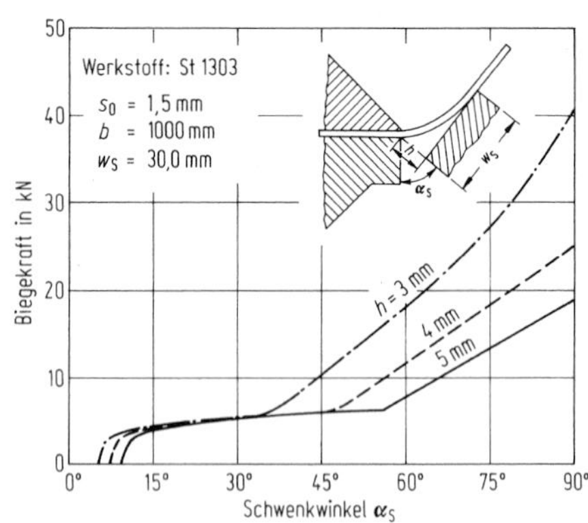

Abb. 40.34 Schwenkbiegen. Biegekraft als Funktion vom Schwenkwinkel α_S bei unterschiedlichen Stellungen der Schwenkwange

40.6.4 Biegen mit drehender Werkzeugbewegung

Schwenkbiegen. Bei diesem Biegeverfahren ist ein Schenkel des Biegeteils fest eingespannt und der zweite Schenkel wird durch eine schwenkbare Wange der Biegemaschine umgebogen (Abb. 40.34). Solange der kleinste auftretende Biegehalbmesser größer ist als der Rundungshalbmesser der Spannbacke (Biegeschiene), handelt es sich um einen Freibiegevorgang. Der Verlauf der Biegekraft weist in Abhängigkeit vom Schwenkwinkel s zwei deutlich voneinander abgegrenzte Bereiche auf. Im Bereich von kleinen Schwenkwinkeln ist der Kraftbedarf infolge eines großen wirksamen Hebelarms niedrig bei gleichzeitig geringem Anstieg der Biegekraft. Dieser Anstieg ist eine Folge der Werkstoffverfestigung. Der steile Anstieg der Biegekraft bei großen Schwenkwinkeln ist durch die rapide Verkürzung des wirksamen Hebelarms begründet.

Walzrunden. Beim Walzrunden handelt es sich um ein Biegeverfahren, bei dem die Werkstückform allein durch den Bewegungsablauf der Werkzeuge entsteht, die universell einsetzbar sind (ungebundene Form). Abb. 40.35 verdeutlicht das Verfahrensprinzip des Walzrundens am Beispiel einer asymmetrischen Dreiwalzenanordnung. Bei dieser Kinematik ist die Oberwalze ortsfest angebracht und drehbar, während die beiden Unterwalzen neben der rotatorischen zusätzlich eine translatorische Bewegung durchführen können. Das Walzrunden von Rohrabschnitten

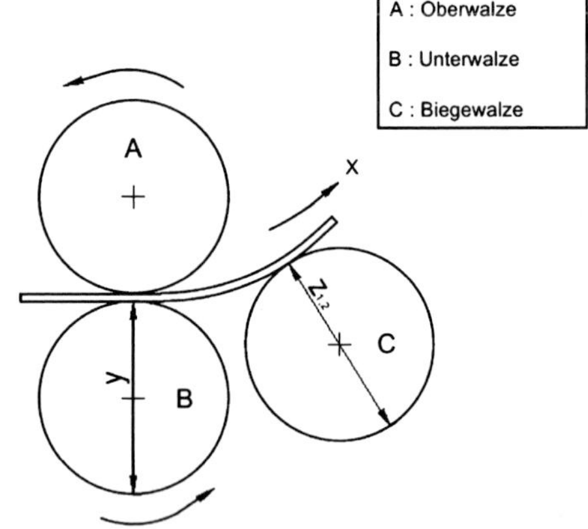

Abb. 40.35 Verfahrensprinzip und steuerbare Achsen beim Walzrunden; x Blecheinzug, y Unterwalzenzustellung, $z_{1,2}$ Biegewalzenposition (linke/rechte Seite für die Erzeugung von kegeligen Werkstücken)

und Behältern aus Blech kann auch mit symmetrisch angeordneten Vier-Walzenmaschinen erfolgen.

Walzprofilieren. Abb. 40.36 verdeutlicht den Prozess des Walzprofilierens. Bei diesem Umformverfahren werden Blechbänder „endlos" durch hintereinander angeordnete, angetriebene und geometrisch aufeinander abgestimmte Rollenpaare umgeformt. Durch Reibschluss zwischen den Walzen und dem Blechband wird der Bandvorschub erzeugt. Das Blechband wird mit den Walzenpaaren stufenweise bis zur Endprofilform umgeformt. Hierbei wird das Blech zwischen der Ober- und Unterwalze eines jeden

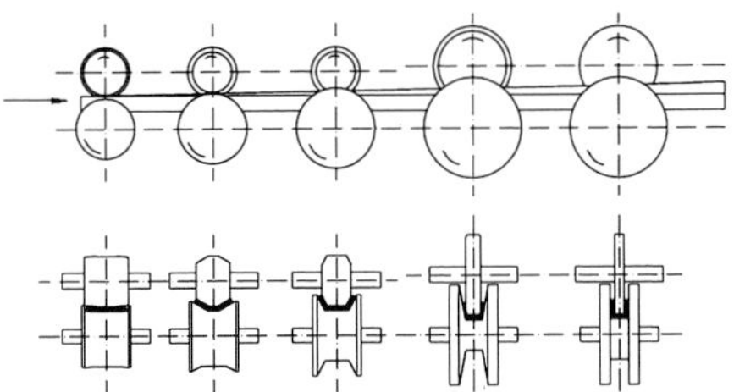

Abb. 40.36 Herstellung eines U-Profils durch Walzprofilieren (Schuler)

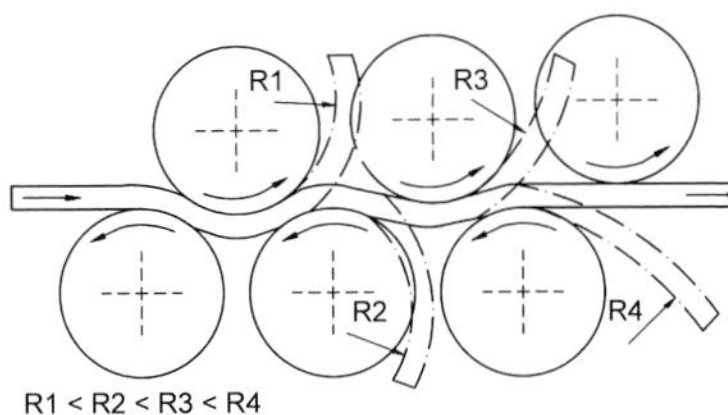

Abb. 40.37 Prinzip des Walzrichtens durch wechselseitiges Biegen (Schuler)

Paares von der anfänglich flachen Form schrittweise in die gewünschte Endkontur des Profils überführt. Neben dem Biegeumformen können auch weitere Umformvorgänge wie Falzen, das Einbringen von Sicken oder Spaltoperationen in den Walzprofilierprozess integriert werden.

Walzrichten. Bei diesem Biegeprozess handelt es sich um ein mehrfaches wechselseitiges plastisches Biegen eines Blechbandes oder Drahtes zur Eliminierung von zuvor vorhandenen Eigenspannungen (Abb. 40.37). Für ein gutes Richtergebnis sollte anfänglich derart elastisch-plastisch gegengebogen werden, dass die resultierende Krümmung größer ist als die größte im ungerichteten Blech vorhandene Krümmung. Mit abklingendem elastisch-plastischem Hin- und Herbiegen kann im weiteren Verlauf des Richtprozesses die Krümmung des Werkstücks schrittweise abgebaut werden. Dabei ist darauf zu achten, dass das Richtgut durch den Walzprozess nicht beschädigt wird. Insbesondere zu starkes Biegen kann bei spröden Werkstoffen leicht zu Oberflächenrissen des Biegeguts führen, da dann das gesamte Formänderungsvermögen des Werkstoffs bereits durch den Walzrichtvorgang erreicht wurde.

Rollfalzen. Das Rollfalzen lässt sich nach DIN 8593 in die Gruppe „Fügen durch Umformen“

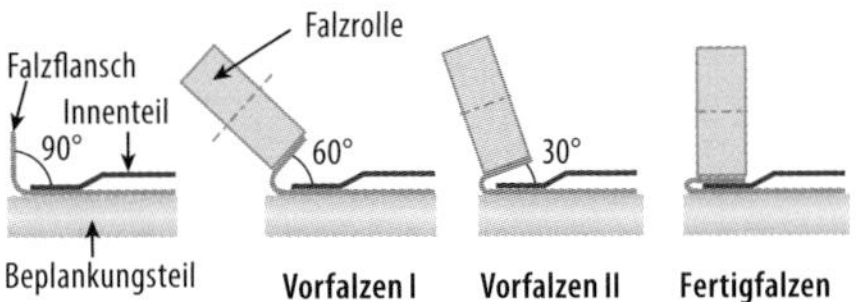

Abb. 40.38 Ablauf des Rollfalzens

einordnen. Hierbei handelt sich um ein mechanisches Fügeverfahren zum Fügen von Blechbauteilen durch Umformen bzw. Umlegen des dafür vorgesehenen Falzflansches. Beim Rollfalzen wird in einem meist mehrstufigen Prozess der Flansch eines Beplankungsteils um ein Innenteil geklappt, um die Bauteile formschlüssig miteinander zu verbinden. Abb. 40.38 zeigt den prinzipiellen Ablauf des Rollfalzens bestehend aus Abstell-, Vorfalz- und Fertigfalzoperationen. Das Verfahren wird hauptsächlich zum Fügen von Karosserie-Anbauteilen wie Türen, Klappen, Radlauf innen usw. im Automobilbau angewandt und zählt aufgrund der schrittweisen Fügefolge zu dem Sonderverfahren „Inkrementelle Blechumformung“.

40.7 Wirkmedienbasierte Umformverfahren

40.7.1 Hydromechanisches Tiefziehen

Beim hydromechanischen Tiefziehen wird durch die Abwärtsbewegung des Stempels das im Gegendruckbehälter befindliche Wirkmedium (HFA-Fluid) komprimiert, so dass ein hydraulischer Gegendruck erzeugt wird, der die Platine gegen den Stempel presst (Abb. 40.39). Der Gegendruck auf der Unterseite der Platine kann außer durch diese „passive“ Kompression des Mediums infolge der Abwärtsbewegung des Stempels auch „aktiv“ mittels Pumpenantrieb erzeugt werden.

Der von der Bauteilgeometrie abhängige Gegendruckverlauf über dem Stempelweg kann über ein Hydraulikabströmventil gesteuert werden. Infolge des hydraulischen Gegendrucks beim hydromechanischen Tiefziehen wird das Blech zunächst zwischen dem Blechhalter und der Blech/Stempel-Kontaktlinie entgegen der Ziehrichtung geformt. Die Geometrie der dabei

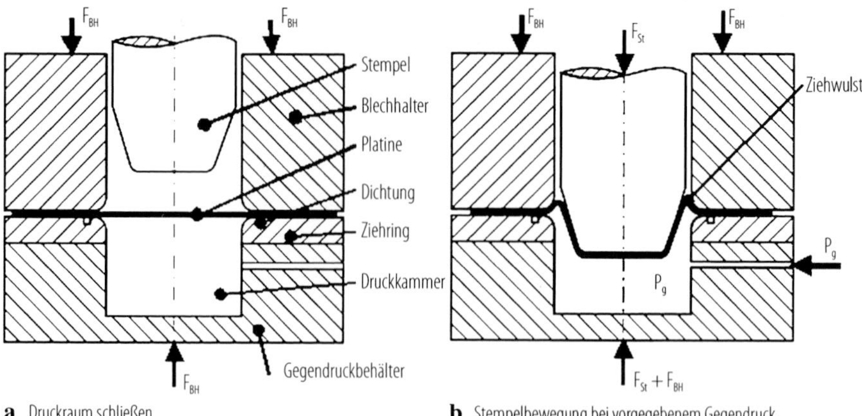

Abb. 40.39 Verfahrensprinzip des hydromechanischen Tiefziehens

entstehenden Wulst ist abhängig von der Festigkeit und der Dicke des Bleches, dem Gegendruck und der Ziehspaltweite. Der geometrisch- und blecheigenschaftsbedingte Berstdruck der Wulst stellt die obere Grenze des Gegendrucks dar.

Aufgrund größerer Reibungskräfte zwischen Bauteilzarge und Stempel infolge des Gegendrucks können ohne Versagen durch Reißer höhere Stempelkräfte in die zwischen Blechhalter und Ziehring liegende Umformzone eingeleitet werden, so dass größere Grenzziehverhältnisse möglich werden.

Blechformteile mit schräger Zarge können bei optimierter Steuerung des Gegendrucks über dem Stempelweg in einem Zug ohne Auftreten von Falten in der Zarge (Falten 2. Art) hergestellt werden. Konventionell können solche Teile nur in mehreren Ziehstufen mit nachfolgendem mechanischen Tiefen hergestellt werden. Dabei entstehende „Anhiebkanten" müssen ggf. durch Nacharbeit entfernt werden.

Es ist jedoch anzumerken, dass das hydromechanische Tiefziehen eine Reihe zusätzlicher Investitionen für Pressen mit hohen Stößelkräften und für Hydraulikanlagen erfordert. Die Stößelkraft ergibt sich aus der Summe der für das Ziehen des Bauteils notwendigen Kraft und der aus dem Gegendruck resultierenden Kraft entgegen der Ziehrichtung. Ferner sind beim hydromechanischen Tiefziehen deutlich längere Taktzeiten als beim konventionellen Tiefziehen gegeben.

40.7.2 Superplastisches Umformen

Eine superplastische Umformung ist dann gegeben, wenn bei Vorliegen eines feinkörnigen Gefüges (Korngröße $< 10\,\mu$m) in einem bestimmten Temperaturbereich $T_U > 0{,}5\ T_S$ (T_S Schmelztemperatur, T_U Umformtemperatur in K) bei relativ niedrigen logarithmischen Hauptformänderungsgeschwindigkeiten (meist $< 10^{-2}$ 1/s) bis zum Versagen durch Bruch extrem hohe logarithmische Hauptformänderungen möglich sind.

In der Literatur wird die Superplastizität von Werkstoffen allgemein durch die erreichbaren hohen Formänderungen von zum Teil mehreren 100 % definiert. Diese können im einachsigen Zugversuch bei verschiedenen polykristallinen Werkstoffen unter bestimmten Formänderungsgeschwindigkeiten und Temperaturen erreicht werden.

Superplastizität tritt abhängig vom Umformgut innerhalb eingegrenzter Bereiche der Umformtemperatur und der log. Hauptformänderungsgeschwindigkeit auf und wird durch vorwiegendes Korngrenzengleiten, Diffusionskriechen an den Korngrenzen und auch bedingte Kornrotation erklärt. Da die Umformtemperaturen oberhalb der Rekristallisationstemperatur liegen, kommt es bei diesem Verfahren stets zu dynamischer und thermischer Rekristallisation.

Allen superplastischen Herstellungsverfahren ist gemein, dass die Platine fest zwischen den

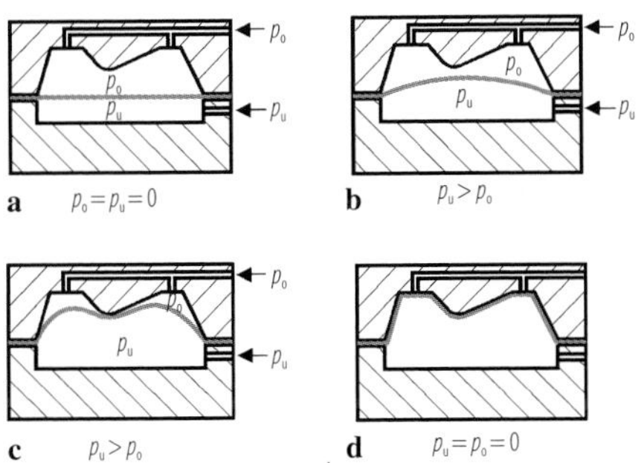

Abb. 40.40 Matrizenverfahren. **a** Blechzuschnitt eingelegt; **b, c** Zwischenstufen; **d** Werkstück vollständig ausgeformt

beiden Werkzeughälften eingeklemmt wird und dadurch die bei der Umformung zu verzeichnende Oberflächenvergrößerung des Bauteils ausschließlich zu Lasten der Blechdicke erfolgt. Als Druckmedium wird in der Regel heißes Gas eingesetzt.

Das Matrizenverfahren stellt die einfachste Verfahrensvariante der Superplastischen Umformverfahren dar. Hier wird gemäß Abb. 40.40 die Platine durch Druckbeaufschlagung in die obere Druckkammer hineingedrückt, wobei im Werkstück Zug-Zug-Spannungen (vergleichbar mit dem pneumatischen Tiefen) herrschen. Die obere Kammer trägt die Negativform des Bauteils. Möglich ist auch das Aufbringen eines Gegendruckes in der oberen Kammer. Das Matrizenverfahren erlaubt die Herstellung von Werkstücken mit genauer Außenkontur. Es eignet sich insbesondere zur Fertigung von Werkstücken mit flachen und konvexen Konturen. Beim Matrizenverfahren ist zu beachten, dass sich die Platine nur zu Beginn der Umformung frei ausformen kann (Prozessstadium b). Bei Kontakt zwischen Umformgut und Werkzeug (Prozessstadien c–d) wird die Umformung durch eine im Kontaktbereich Werkstück/Matrize einsetzende Haftreibung behindert. Es ergeben sich somit Einzelsysteme in verschiedenen Bauteilzonen, in denen unterschiedliche Umformbedingungen herrschen.

Bei der superplastischen Blechumformung handelt es sich prinzipiell um die Herstellung komplexer Bauteilgeometrien, die sonst gar nicht oder nur durch Fügen mehrerer Teile herstellbar

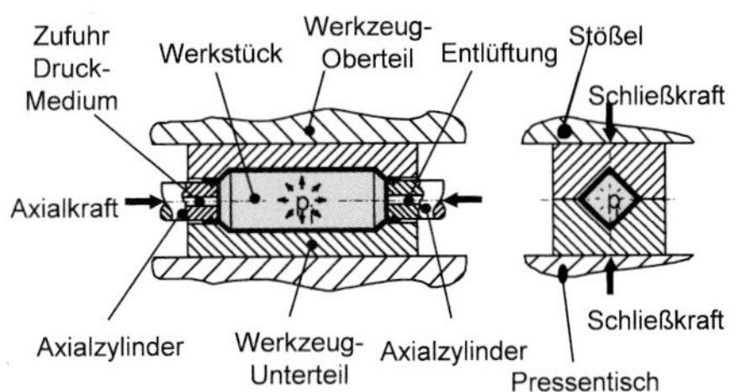

Abb. 40.41 Aufweiten im geschlossenen Gesenk unter Einleitung von axialen Kräften

sind. Die Werkzeuge werden entweder außerhalb der Schließvorrichtung (meistens eine hydraulische Presse) in einem Ofen vorgewärmt. Üblich sind auch Heizplatten in der Presse, mit denen das Werkzeug auf Solltemperatur erwärmt wird, und sich das Gas zur Prozessführung somit ebenfalls erwärmt.

40.7.3 Innenhochdruck-Umformung (IHU)

Unter Innenhochdruck-Umformung versteht man das Aufweiten metallischer Rohre und Strangpressprofile durch hydraulischen Druck von innen in einem geschlossenen Werkzeug. Das Werkzeug wird im Allgemeinen durch eine hydraulische Presse bzw. Zuhaltevorrichtung geöffnet, geschlossen und zugehalten (Abb. 40.41). Beim eigentlichen Umformvorgang wird das Rohr aufgeweitet. Die an den Rohrenden über Dichtstempel aufgebrachte Axialkraft muss mindestens so groß sein, dass eine ausreichend hohe Dichtwirkung gewährleistet ist. Beim Aufweitstauchen wird durch die Dichtstempel zusätzlich eine axiale Kraft eingeleitet. Die gezielte Steuerung des Innendrucks bewirkt, dass sich das Material an die Werkzeugkontur anlegt. So erhält das Fertigteil seine endgültige Form.

Mit der Innenhochdruck-Umformung lassen sich komplex geformte rohrförmige Hohlkörper aus einem Stück fertigen, die mit anderen Fertigungsverfahren nicht oder nur mehrteilig herstellbar wären. IHU-Bauteile zeichnen sich durch hohe, gleichmäßige Festigkeit und Steifigkeit, optimiertes Gewicht und geometrische Genauigkeit aus.

40.8 Warmumformung (Presshärten)

Neben dem Einsatz hochfester Blechgüten, die konventionell kalt umgeformt werden, führt insbesondere die Warmumformung presshärtbarer Stähle zu extrem hochfesten Blechformteilen für crashrelevante Anwendungen in der Karosseriestruktur.

Die Warmumformung borlegierter Blechwerkstoffe (auch Presshärten genannt) lässt sich in das direkte und in das indirekte Verfahren unterteilen. (Abb. 40.42). Beim direkten Verfahren des Presshärtens werden die zugeschnittenen Formplatinen in einem Ofen auf Temperaturen von 900–950 °C (Haltetemperatur AC3) erwärmt. Bei diesen hohen Temperaturen verfügt der Werkstoff über eine sehr gute Umformbarkeit. Nach vollständiger Austenitisierung wird die wärmebehandelte Platine mittels einer Transfereinheit in das gekühlte Umformwerkzeug in möglichst kurzer Zykluszeit eingelegt und umgeformt. Nach Erreichen der geforderten Ziehtiefe erfolgt eine gezielte Abkühlung des umgeformten Blechteils unter Beibehaltung der Presskraft während einer vom Blechwerkstoff und der Blechdicke abhängigen Haltezeit direkt im Werkzeug. Dabei wird das Bauteil mittels der Wasserkühlung im Umformwerkzeug auf ca. 15 °C abgekühlt bzw. gehärtet.

Bei der indirekten Warmumformung werden die Bauteile zunächst kalt in einem konventionellen Ziehwerkzeug umgeformt und beschnitten. Die vor- bzw. fertig geformten Blechteile werden in einem Ofen austenitisiert, in ein Warmumform- bzw. Kühlwerkzeug eingelegt und anschließend fertig geformt bzw. kalibriert und gehärtet.

Das Schneiden gehärteter Bauteile stellt eine besondere Problematik dar, da heute nur wenige Schneidwerkstoffe vor einem wirtschaftlich sinnvollen Hintergrund in solchen Werkzeugsätzen zum Einsatz gelangen. In der Automobilindustrie setzt man heute daher zumeist Laser ein, wobei jedes Werkstück einzeln transportiert, gespannt und beschnitten werden muss.

Literatur

Weiterführende Literatur

Altan, T.; Tekkaya, A.E.: Sheet Metal Forming – Fundamentals. ASM International 2012, ISBN 978-1-61503-842-8.

Altan, T.; Tekkaya, A.E.: Sheet Metal Forming – Processes and Applications. ASM International 2012, ISBN 978-1-61503-844-2.

Altan, T.; Ngaile, G; Shen, G.: Cold and hot forging – Fundamentals and Applications. ASM International 2010, ISBN 978-0871708052.

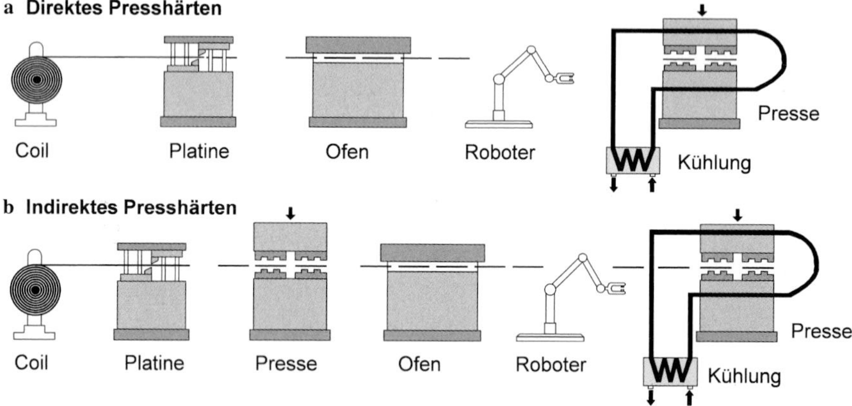

Abb. 40.42 Verfahrensvarianten des Presshärtens. Oben: Prozessfolge des Direkten Presshärtens; Unten: Prozessfolge des Indirekten Presshärtens

Banabic, D.: Sheet Metal Forming Processes: Constitutive Modelling and Numerical Simulation. ISBN 978-3-540-88112-4, Springer-Verlag, Berlin, Heidelberg (2010)

Bauser, M.; Sauer, G.; Siegert, K.: Strangpressen. Aluminium-Verlag Düsseldorf 2001. ISBN 3-87017-249-5.

Birkert, A.; Haage, S.; Straub, M.: Umformtechnische Herstellung komplexer Karosserieteile. ISBN 978-3-642-34669-9, Springer-Verlag, Berlin, Heidelberg (2013)

Dahl, W.; Kopp, R.; Pawelski, O. (Hrsg.): Umformtechnik. Plastomechanik und Werkstoffkunde. Verlag Stahleisen, Düsseldorf, Springer-Verlag, Berlin 1993.

Dietrich, J.: Praxis der Umformtechnik - Umform- und Zerteilverfahren, Werkzeuge und Maschinen. 12. Aufl. Springer Vieweg (2018) ISBN 978-3-658-19529-8

Doege, E.; Behrens, B.-A.: Handbuch Umformtechnik, Grundlagen, Technologien, Maschinen, 3. bearb. Aufl. 2016. ISBN 978-3-662-43890-9.

Hoffmann, H.; Neugebauer, R.; Spur, G. (Hrsg.): Handbuch Umformen. Hanser-Verlag 2012, ISBN 978-3-446-42778-5.

Klocke, F.: Fertigungsverfahren 4, Umformen. 6. Aufl. Springer-Verlag, Berlin, Heidelberg, New York 2017. ISBN 978-3-662-54713-7.

Kopp, R.; Wiegels, H.: Einführung in die Umformtechnik. Verlag Mainz, Aachen 1999.

Koc, M.: Hydroforming for advanced Manufacturing. ISBN 978-1-84569-328-2, Woodhead Publishing Cambridge (2008)

Kugler, H.: Umformen metallischer Konstruktionswerkstoffe. Verlag: Carl Hanser Verlag 2009. ISBN: 978-3-446-40672-8.

Lange, K.: Begriffe und Benennungen in der Umformtechnik. Draht 30 (1979) 10, S. 612–614, Draht 30 (1979) 11, S. 664–668, Draht 30 (1979) 12, S. 763–766.

Lange, K.; Meyer-Nolkemper, H.: Gesenkschmieden. Springer-Verlag, Berlin, Heidelberg, New York 1977.

Lange, K. (Hrsg.): Umformtechnik: Handbuch für Industrie und Wissenschaft, Bd. 1. Grundlagen, 2. Aufl. Berlin: Springer 1990. ISBN 3-540-13249-X.

Lange, K. (Hrsg.): Umformtechnik: Handbuch für Industrie und Wissenschaft, Bd. 2. Massivumformung, 2. Aufl. Berlin: Springer 1990. ISBN 3-540-17709-4.

Lange, K. (Hrsg.): Umformtechnik: Handbuch für Industrie und Wissenschaft, Bd. 3. Blechbearbeitung, 2. Aufl. Berlin: Springer 1990. ISBN 3-540-50039-1.

N.N.: Der Werkzeugbau. Verlag Europa Lehrmittel 2007, ISBN 978-3-8085-1204-3.

Neugebauer, R.: Hydroumformung, Springer-Verlag 2007, ISBN 978-3-540-21171-6

N.N.: Dictionary of Production Engineering. ISBN 978-3-642-12006-0, Springer-Verlag (2011)

Siegert, K. (Hrsg.): Blechumformung – Verfahren Werkzeuge und Maschinen. Springer-Verlag (2015) ISBN 978-3-540-02488-0

Normen und Richtlinien

VDI-Richtlinie 3137 (01/1976): Begriffe, Benennungen, Kenngrößen des Umformens.

DIN 8580 (9.03) Fertigungsverfahren. Begriffe, Einteilung.

DIN 8582 (9.03) Fertigungsverfahren Umformen. Einordnung, Unterteilung, Begriffe, Alphabetische Übersicht.

DIN 8583 (9.03) Fertigungsverfahren Druckumformen. Teil 1: Allgemeines. Einordnung, Unterteilung, Begriffe.

DIN 8583 (9.03) Fertigungsverfahren Druckumformen. Teil 2: Walzen. Einleitung, Unterteilung, Begriffe.

DIN 8583 (9.03) Fertigungsverfahren Druckumformen. Teil 3: Freiformen. Einleitung, Unterteilung, Begriffe.

DIN 8583 (9.03) Fertigungsverfahren Druckumformen. Teil 4: Gesenkformen. Einordnung, Unterteilung, Begriffe.

DIN 8583 (9.03) Fertigungsverfahren Druckumformen. Teil 5: Eindrücken. Einordnung, Unterteilung, Begriffe.

DIN 8583 (9.03) Fertigungsverfahren Druckumformen. Teil 6: Durchdrücken. Einordnung, Unterteilung, Begriffe.

DIN 8584 (9.03) Fertigungsverfahren Zugdruckumformen. Teil 1: Allgemeines. Einordnung, Unterteilung, Begriff.

DIN 8584 (9.03) Fertigungsverfahren Zugdruckumformen. Teil 2: Durchziehen. Einordnung, Unterteilung, Begriffe.

DIN 8584 (9.03) Fertigungsverfahren Zugdruckumformen. Teil 3: Tiefziehen. Einordnung, Unterteilung, Begriffe.

DIN 8584 (9.03) Fertigungsverfahren Zugdruckumformen. Teil 4: Drücken. Einordnung, Unterteilung, Begriffe.

DIN 8584 (9.03) Fertigungsverfahren Zugdruckumformen. Teil 5: Kragenziehen. Einordnung, Unterteilung, Begriffe.

DIN 8584 (9.03) Fertigungsverfahren Zugdruckumformen. Teil 6: Knickbauchen. Einordnung, Unterteilung, Begriffe.

DIN 8585 (9.03) Fertigungsverfahren Zugumformen. Teil 1: Allgemeines. Einordnung, Unterteilung, Begriffe

DIN 8585 (9.03) Fertigungsverfahren Zugumformen. Teil 2: Längen. Einordnung, Unterteilung, Begriffe.

DIN 8585 (9.03) Fertigungsverfahren Zugumformen. Teil 3: Weiten. Einordnung, Unterteilung, Begriffe.

DIN 8585 (9.03) Fertigungsverfahren Zugumformen. Teil 4: Tiefen. Einordnung, Unterteilung, Begriffe.

DIN 8586 (9.03) Fertigungsverfahren Biegeumformen. Einordnung, Unterteilung, Begriffe.

DIN 8587 (9.03) Fertigungsverfahren Schubumformen. Einordnung, Unterteilung, Begriffe.

Merkblatt: Richtlinie zur Aufnahme von Fließkurven, Stand 09/2008, Industrieverband Massivumformung, Hagen

Trennen

41

Stefan Wagner, Berend Denkena und Mathias Liewald

41.1 Allgemeines

Trennen ist Fertigen durch Ändern der Form eines festen Körpers. Der Stoffzusammenhalt wird örtlich aufgehoben. Die Endform ist in der Ausgangsform enthalten. Das Zerlegen zusammengesetzter (gefügter) Körper wird dem Trennen zugerechnet (nach DIN 8580).

Die *Hauptgruppe Trennen* lässt sich in sechs Gruppen gliedern: Zerteilen (DIN 8588), Spanen mit geometrisch bestimmten Schneiden (DIN 8589, Teil 0), Spanen mit geometrisch unbestimmten Schneiden (DIN 8589, Teil 11), Abtragen (DIN 8590), Zerlegen (DIN 8591) und Reinigen (DIN 8592). Trennen durch *Zerteilen* und *Spanen* erfolgt unter *mechanischer* Einwirkung eines Werkzeugs auf ein Werkstück. Zerlegen ist das Trennen ursprünglich gefügter Körper oder das Entleeren oder Evakuieren von gasförmigen, flüssigen oder körnigen Stoffen aus Hohlkörpern. Beim Trennen durch *Abtragen* werden Stoffteilchen von einem festen Körper auf *nicht-mechanischem* Wege entfernt. Beim Trennen durch *Reinigen* werden unerwünschte Stoffe oder Stoffteilchen von der Oberfläche eines Werkstücks entfernt.

S. Wagner
Hochschule Esslingen
Esslingen, Deutschland
E-Mail: stefan.wagner@hs-esslingen.de

B. Denkena (✉)
Leibniz Universität Hannover
Hannover, Deutschland

M. Liewald
Universität Stuttgart
Stuttgart, Deutschland
E-Mail: mathias.liewald@ifu.uni-stuttgart.de

41.2 Spanen mit geometrisch bestimmten Schneiden

41.2.1 Grundlagen [1]

Spanen ist Fertigen durch *Trennen*. Von einem Rohteil/Werkstück werden durch Schneiden eines Werkzeugs Stoffteile in Form von Spänen mechanisch getrennt. Beim Spanen mit geometrisch bestimmter Schneide sind Schneidenanzahl, Form der Schneidkeile und Lage der Schneide zum Werkstück bekannt und beschreibbar (im Gegensatz zum Spanen mit geometrisch unbestimmten Schneiden, z. B. Schleifen). Abb. 41.1 zeigt wichtige Verfahren dieser Gruppe. Die Verfahren unterscheiden sich nach *Schnittbewegung* (Schnittgeschwindigkeit v_c), *Vorschubbewegung* (Vorschubgeschwindigkeit v_f) und daraus resultierender *Wirkbewegung* (Wirkgeschwindigkeit v_e).

Vorschub- und Schnittrichtungsvektor spannen die Arbeitsebene auf. Der Winkel zwischen beiden Vektoren wird als *Vorschubrichtungswinkel* φ bezeichnet, der Winkel zwischen Wirk- und Schnittrichtung wird als *Wirkrichtungswinkel* η bezeichnet. Es gilt für alle Verfahren die Beziehung (z. B. Abb. 41.7 und 41.22)

$$\tan\eta = \frac{\sin\varphi}{(v_c/v_f) + \cos\varphi}\,.$$

B. Bender und D. Göhlich (Hrsg.), *Dubbel Taschenbuch für den Maschinenbau 2: Anwendungen*,
https://doi.org/10.1007/978-3-662-59713-2_41

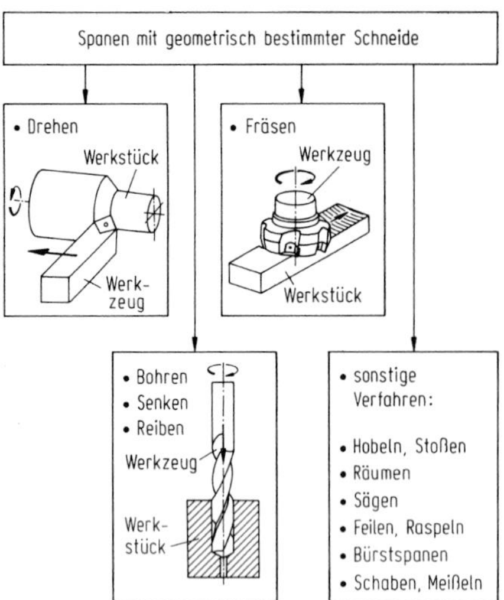

Abb. 41.1 Verfahren des Spanens mit geometrisch bestimmter Schneide nach DIN 8589

Der mechanische Vorgang des Trennens von Stoffteilen vom Werkstück, d. h. die Spanbildung, kann am besten am Orthogonalprozess (ebene Formänderung) dargestellt werden. Der *Schneidkeil* wird beschrieben durch den *Spanwinkel* γ, den *Freiwinkel* α und den *Kantenradius* r_β. Durch Eindringen des Schneidkeils wird der Werkstoff plastisch verformt. Abb. 41.2 zeigt die Zonen plastischer Verformung beispielhaft bei der Fließspanbildung. Es können fünf Zonen unterschieden werden:

- Die primäre Scherzone *1* umfasst das eigentliche Gebiet der Spanentstehung durch Scherung.
- In den sekundären Scherzonen vor der Spanfläche *2* und an der Freifläche *4* wirken Reibkräfte zwischen Werkzeug und Werkstück, die diese Werkstoffschichten plastisch verformen.
- In der Verformungsvorlaufzone *5* werden durch die Spanentstehung Spannungen wirksam, die zu plastischen und elastischen Verformungen dieser Zone führen.
- In der Stau- und Trennzone *3* wird der Werkstoff unter hohen Druckspannungen verformt und getrennt.

Durch diese Vorgänge geht die *Spanungsdicke* h im unverformten Zustand über in die

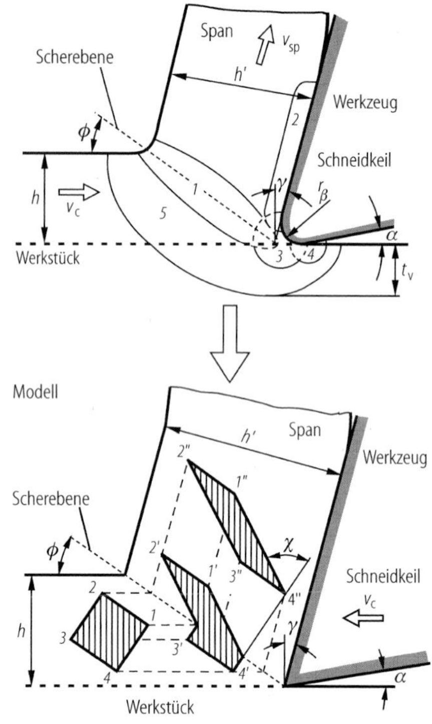

Abb. 41.2 Wirkzonen bei der Spanentstehung und Modell der Formänderungen in der Scherebene

Spandicke h', daraus resultiert die *Spanstauchung* $\lambda_h = h'/h$. Die Scherebene schließt mit dem Schnittgeschwindigkeitsvektor den *Scherwinkel* Φ ein. Der Verformungswinkel χ kennzeichnet die Scherung eines Teilchens, das die Scherebene durchlaufen hat. Im einzelnen lassen sich folgende Spanarten unterscheiden [1].

Fließspanbildung ist die kontinuierliche Spanentstehung, wobei der Span mit gleichmäßiger Geschwindigkeit im stationären Fluss über die Spanfläche abgleitet. Es kann – meist bei höheren Schnittgeschwindigkeiten – zu periodischem Wechsel in der Intensität der Formänderung kommen. Es bilden sich Lamellen in Span, die bis zur Stofftrennung und zur Entstehung von Spanstücken ausgeprägt sein können.

Scherspanbildung ist die diskontinuierliche Entstehung eines noch zusammenhängenden Spanes, der jedoch deutliche Unterschiede im Verformungsgrad entlang der Fließrichtung erkennen lässt. Zur Scherspanbildung kommt es vorzugsweise bei negativen Spanwinkeln, größeren Spannungsdicken sowie sehr geringen und sehr hohen Schnittgeschwindigkeiten.

Reißspanbildung entsteht in Werkstoffen, die nur ein geringes Verformungsvermögen besitzen, wie z. B. Gusseisen mit Lamellengraphit. Die Trennfläche zwischen Span und Werkstück verläuft unregelmäßig.

Aufbauschneiden können bei duktilen, verfestigenden Werkstoffen, niedrigen Schnittgeschwindigkeiten und ausreichend stetiger Spanbildung (Fließspanbildung) entstehen. Es sind Werkstoffteile, die im Bereich der Stauzone stark verformt und kaltverfestigt wurden, unter hohem Druck an der Schneidkantenrundung und auf der Spanfläche verschweißen und so ein Teil des Schneidteils werden.

In der Spanbildungszone wird die zugeführte *Schnittenergie* E_c vollständig umgesetzt. Sie errechnet sich zu

$$E_c = F_c \, l_c$$

(F_c Schnittkraft, l_c Weg in Schnittrichtung).

Die Schnittenergie setzt sich zusammen aus: Umform- und Scherenergie E_φ, Reibenergie an der Spanfläche E_γ, Reibenergie an der Freifläche E_α, Oberflächenenergie zur Bildung neuer Oberflächen E_T, kinetischer Energie durch Umlenkung des Spans E_M.

Die bei der Zerspanung einer Volumeneinheit umgesetzte Energie ist

$$e_c = E_c / V_w$$

(e_c spezifische Energie, V_w zerspantes Volumen). Wie E_c lassen sich auch die einzelnen Anteile von E_c auf V_w beziehen.

Aus der zugeführten spezifischen Energie e_c lässt sich als Kennwert für die Errechnung der Schnittkraft die spezifische Schnittkraft k_c herleiten

$$k_c = F_c / A = F_c / (h \cdot b)$$

(Spanungsquerschnitt A, Spanungsbreite b, Spanungsdicke h).

$$\begin{aligned} e_c &= E_c / V_w = P_c / Q_w \\ &= (F_c \cdot v_c) / (A \cdot v_c) = k_c \end{aligned}$$

(Schnittleistung P_c, Zeitspanvolumen Q_w, Schnittkraft F_c).

Eine Abschätzung ergibt, dass der größte Teil der Schnittenergie in Umform- und Reibenergie umgesetzt wird [1].

Damit lässt sich die spezifische Schnittkraft k_c als energetische Größe verstehen. (Die Anwendung und Ermittlung von k_c wird in Abschn. 41.2.2 näher behandelt.) Die in die Spanbildungszone eingeleitete Energie wird fast vollständig in Wärme umgesetzt, ein geringer Rest in Eigenspannungen im Span und im Werkstück (Federenergie). Dadurch entstehen hohe Temperaturen im Schneidkeil; er wird damit mechanisch und thermisch beansprucht. *Oberflächenkräfte* und die daraus berechneten Hauptspannungen unter der Span- und Freifläche sind in Abb. 41.3 dargestellt. Abb. 41.4 stellt die Temperaturverteilung bei Beanspruchung einer keramischen Wendeschneidplatte und die daraus resultierenden thermisch induzierten Zugspannungen dar, die insbesondere für hochtemperaturfeste keramische Schneidstoffe kritisch sind. Mechanische und thermische Beanspruchung, unterstützt durch chemische Reaktionen, verursachen Verschleiß.

Verschleißarten (Abb. 41.5) (s. Bd. 1, Abschn. 33.2):

- Brüche und Risse, diese treten im Bereich der Schneidkante durch mechanische oder thermische Überlastung auf.
- Abrasion (Abrieb), wird vornehmlich von harten Einschlüssen im Werkstoff wie Karbiden und Oxiden verursacht.
- Plastische Verformung tritt auf, wenn der Schneidstoff einen zu geringen Verformungswiderstand, aber ausreichende Zähigkeit besitzt.
- Adhäsion ist das Abscheren von Pressschweißstellen zwischen Werkstoff und Span, wobei die Scherstelle im Schneidstoff liegt.

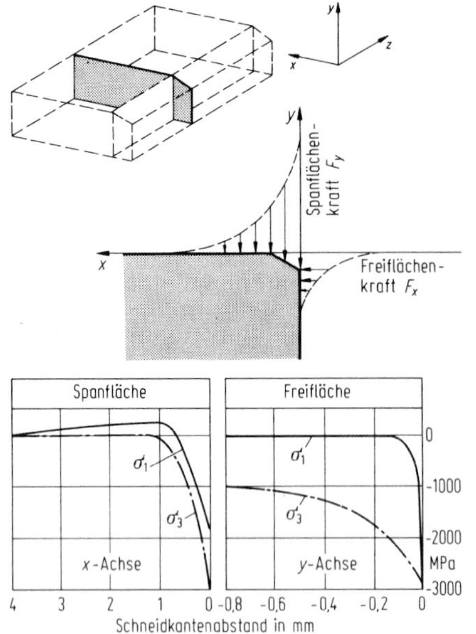

Abb. 41.3 Spannungsverteilung infolge mechanischer Belastung senkrecht zur Hauptschneide

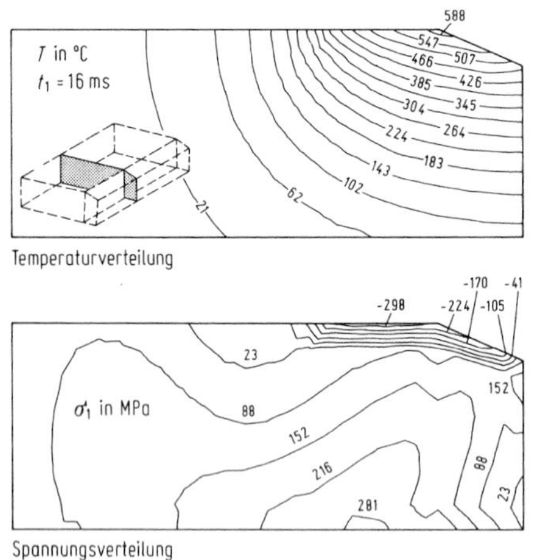

Abb. 41.4 Temperatur und Spannungsverteilung senkrecht zur Hauptschneide (konstanter Wärmestrom in das Werkzeug)

- Diffusion tritt bei hohen Schnittgeschwindigkeiten und gegenseitiger Löslichkeit von Schneidstoff und Werkstoff auf. Der Schneidstoff wird durch chemische Reaktionen geschwächt, löst sich und wird abgetragen.
- Oxidation tritt ebenfalls nur bei hohen Schnittgeschwindigkeiten auf. Durch Kontakt mit dem Luftsauerstoff oxidiert der Schneidstoff, das Gefüge wird geschwächt.

	Beanspruchung mit		Verschleiß-arten
	Langzeit-wirkung	Kurzzeit-wirkung	
mechanisch	stationäre mechanische Last	wechselnde mechanische Last	Abrasion Adhäsion Bruch
thermisch	stationäre thermische Last	wechselnde thermische Last	Abschieferung Rißbildung
chemisch	chemischer Einfluß im Innern	chemischer Einfluß an der Oberfläche	Diffusion Oxidation

Abb. 41.5 Beanspruchung und Verschleißarten von Schneidstoffen

Zerspanbarkeit eines Werkstoffs ergibt sich aus der stofflichen Zusammensetzung des Werkstoffs, seinem Gefügeaufbau im zerspanten Bereich, aus der vorhergehenden Umformung/Urformung und aus der Wärmebehandlung.

Die Zerspanbarkeit wird an folgenden Kriterien gemessen:

- Werkzeugverschleiß,
- Oberflächengüte des Werkstücks,
- Zerspankräfte,
- Spanform.

Bei der Gewichtung der Kriterien ist die Bearbeitungsaufgabe zu berücksichtigen.

41.2.2 Drehen

Nach DIN 8589T1 ist das Drehen als Spanen mit geschlossener (meist kreisförmiger) Schnittbewegung und beliebiger Vorschubbewegung in einer zur Schnittrichtung senkrechten Ebene definiert. Die Drehachse der Schnittbewegung behält ihre Lage zum Werkstück unabhängig von der Vorschubbewegung bei. Abb. 41.6 zeigt einige wichtige Drehverfahren.

Als Beispiel für das Drehen wird im Folgenden das *Längs-Runddrehen* betrachtet. Begriffe, Benennungen und Bezeichnungen zur Beschreibung der Geometrie am Schneidteil sind in DIN 6580 und in ISO 3002/1 festgelegt. Abb. 41.7 zeigt die am Schneidteil definierten Flächen und Schneiden.

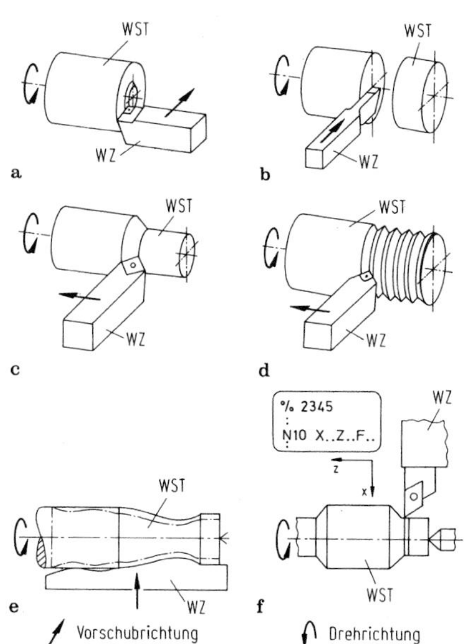

Abb. 41.6 Drehverfahren (DIN 8589 T 1). WST Werkstück, WZ Werkzeug. **a** Plandrehen; **b** Abstechdrehen; **c** Runddrehen; **d** Gewindedrehen; **e** Profildrehen (WST-Kontur ist im WZ abgebildet); **f** Formdrehen

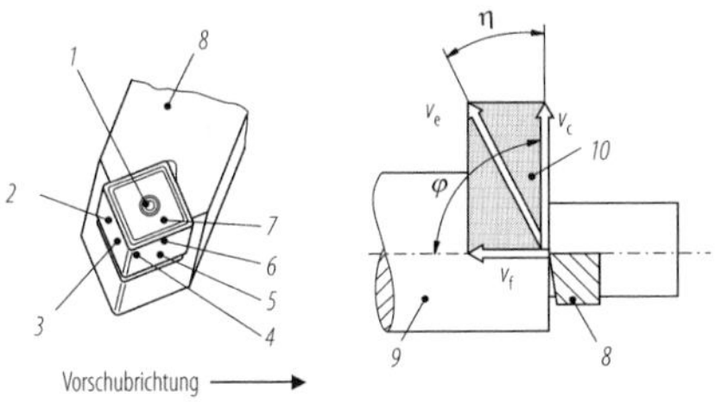

Abb. 41.7 Bezeichnungen am Schneidteil und Bewegungsrichtungen des Werkzeugs (DIN 6580, ISO 3002/1). *1* Wendeschneidplatte, *2* Nebenfreifläche, *3* Nebenschneide, *4* Schneidenecke, *5* Hauptfreifläche, *6* Hauptschneide, *7* Spanfläche, *8* Klemmhalter, *9* Werkstück, *10* Arbeitsebene, v_c Schnittgeschwindigkeit, v_e Wirkgeschwindigkeit, v_f Vorschubgeschwindigkeit, φ Vorschubrichtungswinkel, η Wirkrichtungswinkel

Die in Abb. 41.8 dargestellten Winkel dienen zur Bestimmung von Lage und Form des Werkzeugs im Raum: Der *Einstellwinkel* κ ist der Winkel zwischen der Hauptschneide und der Arbeitsebene. Der *Eckenwinkel* ε ist der Winkel zwischen Haupt- und Nebenschneiden und ist durch die Schneidengeometrie vorgegeben. Der *Neigungswinkel* λ ist der Winkel zwischen der Schneide und der Bezugsebene und ergibt sich bei Draufsicht auf die Hauptschneide. *Freiwinkel* α, *Keilwinkel* β und *Spanwinkel* γ können in

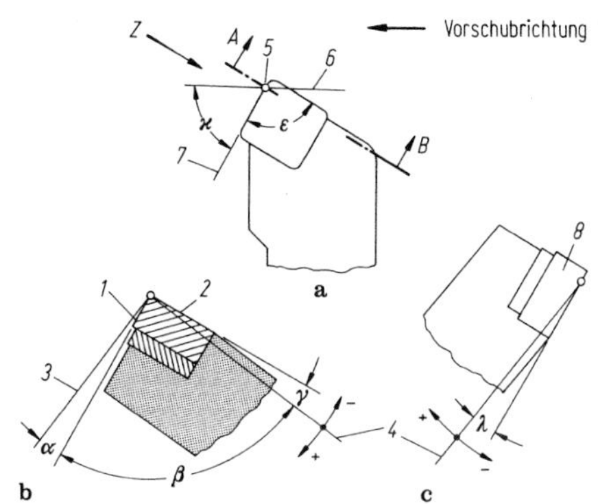

Abb. 41.8 Winkel am Drehwerkzeug (DIN 6581). **a** Hauptansicht; **b** Schnitt *A–B* (Werkzeug-Orthogonalebene); **c** Ansicht *Z* (auf Werkzeug-Schneidenebene). *1* Freifläche, *2* Spanfläche, *3* Werkzeug-Schneidenebene, *4* Werkzeug-Bezugsebene, *5* betrachteter Schneidenpunkt, *6* angenommene Arbeitsebene, *7* Werkzeugschneidenebene der Hauptschneide, *8* Schneidplatte

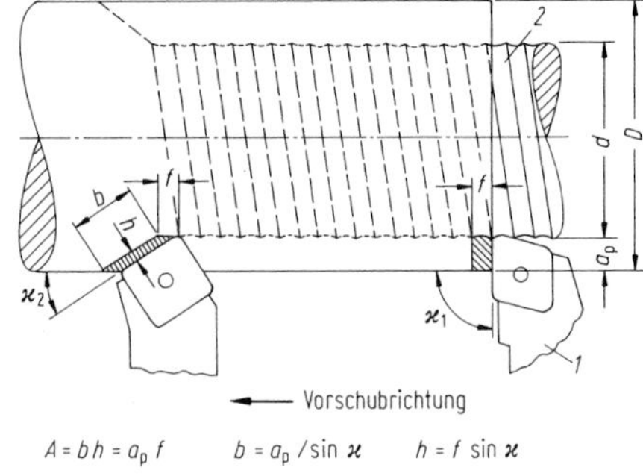

Abb. 41.9 Schnitt- und Spanungsgrößen beim Drehen. *1* Werkzeug, *2* Werkstück, *A* Spanungsquerschnitt, *b* Spanungsbreite, *h* Spanungsdicke, a_p Schnittbreite, *f* Vorschub, $\varkappa$ Einstellwinkel

der Werkzeug-Orthogonalebene gemessen werden und ergeben in ihrer Summe 90°. Die Größe der zu wählenden Winkel am Werkzeug ist in Abhängigkeit von Werkstoff, Schneidstoff und Bearbeitungsverfahren Richtwerttabellen zu entnehmen. Der Einstellwinkel κ beeinflusst die Form des abzutrennenden Spanungsquerschnitts und damit auch die für den Zerspanprozess aufzuwendende Leistung (Abb. 41.9).

Der über die Spanfläche des Werkzeugs ablaufende Span besitzt, abhängig von der Spanform, ein unterschiedliches Spanvolumen Q' (Schüttvolumen der Späne). Kennzeichnende Größe ist die Spanraumzahl *RZ*, die das Verhältnis des zeitbezogenen Spanvolumens Q' (Schüttvolumen) zum Zeitspanvolumen Q_w angibt. Hierbei ist

$$RZ = Q'/Q_w\,,$$
$$Q_w = a_p\, f v_c = a_p f D\pi n\,.$$

Die Spanraumzahl kennzeichnet die *„Sperrigkeit“* der Späne. Sie dient der Bemessung von Arbeitsräumen der Werkzeugmaschinen, von Spantransporteinrichtungen und Spanräumen der Werkzeuge. Die Spanraumzahl RZ kann je nach Spanform sehr unterschiedliche Werte annehmen (Abb. 41.10). Sie ist um so kleiner, je kurzbrüchiger der Werkstoff ist. Kurzbrüchigkeit lässt sich über die Zusammensetzung des Werkstoffs beeinflussen. Bei Stahl wirken sich höhere Gehalte von Schwefel (oberhalb 0,04 %, Automatenstahl mit 0,2 % S) günstig aus. Allerdings kann dadurch je nach Form der eingelagerten Sulfide die Querzähigkeit des Materials verschlechtert werden [3]. Auf der Spanfläche eingeschliffene, eingesinterte oder in das Klemmsystem von Wendeschneidplatten integrierte Spanleitstufen bewirken eine zusätzliche Spanverformung, d. h. eine zusätzliche Materialbeanspruchung im Span. Der Span wird durch Anlaufen an der Schnittfläche des Werkstücks oder der Freifläche des Werkzeugs aufgebogen und bricht. Dabei handelt es sich um sekundäre Spanbrechung im Gegensatz zur Reiß- oder Lamellenspanbildung mit Stofftrennung (s. Abschn. 41.2.1). Günstige Spanformen lassen sich auch durch die Wahl geeigneter Maschineneinstelldaten wie Vorschub und Schnitttiefe erreichen (Abb. 41.11).

Jeder Werkstoff setzt dem Eindringen des Werkzeugs einen Widerstand entgegen, der durch Aufbringen einer Kraft, der Zerspankraft F_z, überwunden werden muss. Zur analytischen Betrachtung zerlegt man diese in ihre drei Komponenten (Abb. 41.12). Die Schnittkraft F_c in Richtung der Schnittbewegung bildet zusammen mit der Vorschubkraft F_f die Aktivkraft F_a. Die Passivkraft F_p trägt nicht zur Leistungsumsetzung bei, da in ihrer Richtung keine Bewegung zwischen Werkzeug und Werkstück stattfindet. Es gilt

$$\vec{F}_z = \vec{F}_a + \vec{F}_p = \vec{F}_c + \vec{F}_f + \vec{F}_p\,.$$

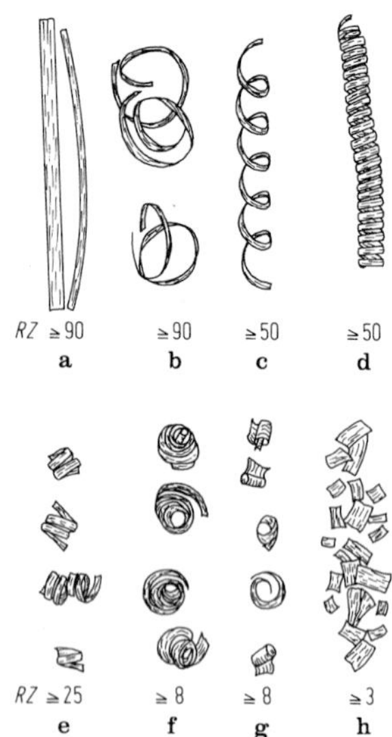

Abb. 41.10 Spanformen (Stahl-Eisen-Prüfblatt 1178-69). **a** Bandspäne; **b** Wirrspäne; **c** Flachwendelspäne; **d** lange, zylindrische Wendelspäne; **e** Wendelspanstücke; **f** Spiralspäne; **g** Spiralspanstricke; **h** Bröckelspäne

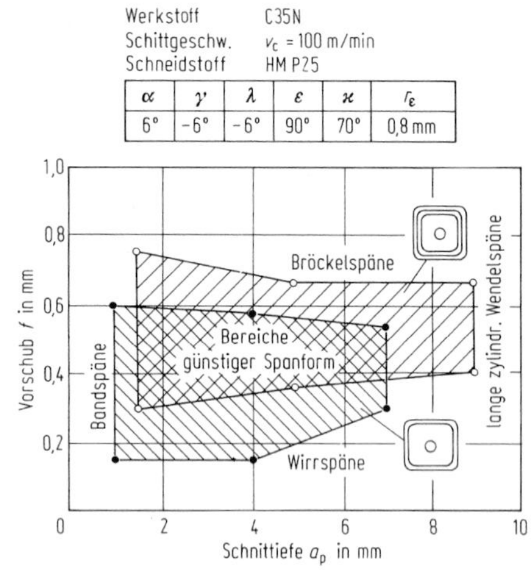

Werkstoff C35N
Schittgeschw. v_c = 100 m/min
Schneidstoff HM P25

α	γ	λ	ε	$\varkappa$	r_ε
6°	−6°	−6°	90°	70°	0,8 mm

Abb. 41.11 Bereiche günstiger Spanform bei Werkzeugen mit Spanformrillen (nach König)

Die auf den Spanungsquerschnitt bezogene Schnittkraft wird als spezifische Schnittkraft k_c bezeichnet (s. Abschn. 41.2.1) und ist von einer Reihe von Einflussgrößen abhängig

$$k_c = \frac{F_c}{b \cdot h} = \frac{F_c}{a_p \cdot f}\,.$$

Aus Versuchen ist bekannt, dass die spezifische Schnittkraft k_c eine Funktion der Spanungs-

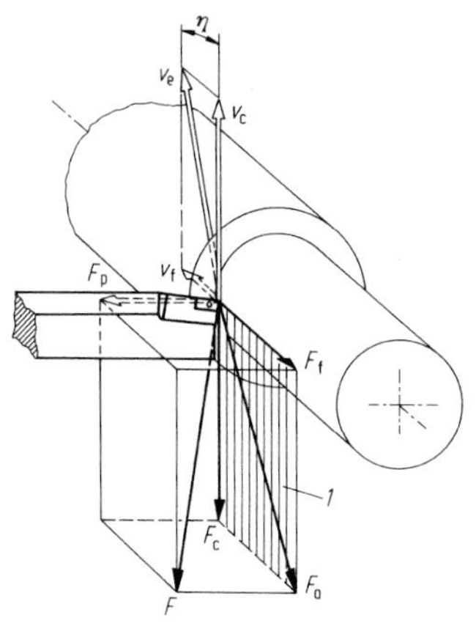

Abb. 41.12 Komponenten der Zerspankraft (DIN 6584). *1* Arbeitsebene

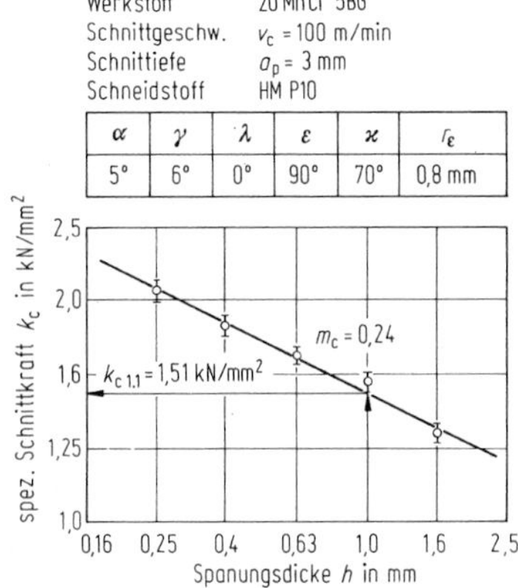

Abb. 41.13 Spezifische Schnittkraft als Funktion der Spanungsdicke

dicke h ist. Aus der doppelt-logarithmischen Darstellung (Abb. 41.13) kann entnommen werden (Kienzle'sche Schnittkraftformel [4])

$$k_c = k_{c\,1.1} \cdot \left[\frac{h}{h_0}\right]^{-m_c} \quad (\text{bei } h_0 = 1\,\text{mm})..$$

Darin ist $k_{c\,1.1}$ der „Hauptwert der spezifischen Schnittkraft", also k_c bei $h_0 = 1$ mm (Indices 1.1 wegen $k_{c\,1.1} = F_c/1 \cdot 1$ bei $b = 1$ mm und $h = 1$ mm). Der Exponent m_c kennzeichnet die Steigung und ist der „Anstiegswert der spezifischen Schnittkraft". Die Kienzle'sche Schnittkraftformel kann auch geschrieben werden zu

$$F_c = k_{c\,1.1} b h^{1-m_c} .$$

$k_{c\,1.1}$ und $1 - m_c$ sind für verschiedene Eisenwerkstoffe in Tab. 41.3 aufgelistet. Ein unmittelbarer Vergleich der $k_{c\,1.1}$-Werte zur Kennzeichnung der Zerspanbarkeit oder der zum Spanen erforderlichen Energie ist nicht zulässig, denn die Anstiegswerte m_c können sehr unterschiedlich sein. Aus $m_c < 1$ folgt, dass bei gegebenem Spanungsquerschnitt der Schnittkraft- und Leistungsbedarf mit geringerer Spanungsdicke wächst. Der physikalische Grund liegt in höheren Reibanteilen bei geringeren Spanungsdicken (s. Abschn. 41.2.1).

Außer vom Werkstoff und der Spanungsdicke hängt k_c von weiteren Größen ab. Es werden daher zusätzliche Einflussfaktoren angesetzt. Die Einflussfaktoren für Schnittgeschwindigkeit K_v, Spanwinkel K_γ, Schneidstoff K_{ws}, Schärfezustand der Schneide K_{wv}, Kühlschmierstoff K_{ks} und Werkstückform K_f sind ebenfalls in Tab. 41.3 angegeben.

Die *Passivkraft* F_p (Abb. 41.12) führt zwar keine Leistung mit sich, ist jedoch für die Maß- und Formgenauigkeit des Systems – Maschine/Werkstück/Werkzeug – von Bedeutung.

Passivkraft F_p und Vorschubkraft F_f lassen sich zur *Drangkraft* F_D zusammenfassen. Für schlanke Spanungsquerschnitte ($b \gg h$) steht die Drangkraft senkrecht auf der Hauptschneide. Daraus folgt

$$F_f / F_p = \tan\kappa .$$

Überschlägig kann für übliche Werte von b und h gesetzt werden

$$F_D \approx (0{,}65 - 0{,}75)\, F_c ,$$

womit F_f und F_p zu ermitteln sind. Zur genaueren Bestimmung dienen Exponentialfunktionen entsprechend der Schnittkraftformel. Exponenten und Hauptwerte sind in Tab. 41.3 angegeben.

Die Oberflächenfeingestalt wird durch das Profil der Schneide, die die Werkstückoberfläche erzeugt, und durch den Vorschub bestimmt. Aus dem Abformen des Schneideckenradius r_ε lässt sich die theoretische Rautiefe $R_{t,th}$ geometrisch ermitteln zu $R_{t,th} = f^2/(8r_\varepsilon)$.

Dieser Wert ist als untere Grenze für die Rautiefe R_z anzusehen, der sich durch Schwingungen insbesondere bei höheren Drehzahlen und

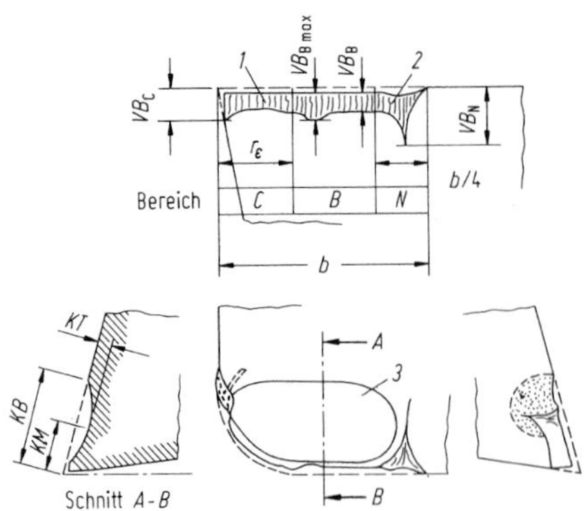

Abb. 41.14 Verschleißformen beim Drehen (ISO 3685). *C*, *B*, *N* Bereich, *KB* Kolkbreite, *KM* Kolkmittenabstand, *KT* Kolktiefe, *VB* Verschleißmarkenbreite im Bereich i, *1* Freiflächenverschleiß, *2* Kerbverschleiß, *3* Kolkverschleiß

Schnittgeschwindigkeiten, bei Bildung von Aufbauschneiden (s. Abschn. 41.2.1) und bei Verschleißfortschritt der Schneide erhöht.

Das Werkzeug wird mechanisch als Folge der Zerspankraft, thermisch durch Erwärmung und chemisch durch Wechselwirkung von Schneidstoff, Werkstoff und umgebendem Medium beansprucht. Dadurch verschleißt das Schneidenteil (s. Abschn. 41.2.1). Typische Verschleißformen zeigt Abb. 41.14. Zudem können Schneidkantenversatz, Schneidkantenrundung und Riefenverschleiß an der Nebenschneide auftreten. Welche Verschleißform das Standzeitende bestimmt (Standzeitkriterium), richtet sich nach dem Einsatzfall. Schwächung des Schneidkeils durch Kolkverschleiß oder Erhöhung der Reibanteile an der Zerspankraft durch Freiflächenverschleiß sind kritisch beim Schruppen. Schneidkantenversatz führt zu Maßänderungen des Werkstücks und Freiflächenverschleiß oder Riefenverschleiß beeinträchtigen die Oberflächengüte und bestimmen das Standzeitende beim Schlichten. Häufig wird das Standzeitende mit $VB = 0{,}4\,\text{mm}$ oder $KT = 0{,}1\,\text{mm}$ angesetzt. Die Freifläche wird zur genaueren Kennzeichnung des Verschleißes in drei Bereiche unterteilt.

Für eine Schneidstoff-Werkstoff-Kombination und bei gegebenem Standkriterium hängt die *Standzeit* hauptsächlich von der Schnittgeschwindigkeit ab, und zwar nach einer Exponentialfunktion (Taylor-Gerade im doppellogarithmischen Diagramm) [7]

$$\frac{T}{T_0} = \left(\frac{v_c}{C}\right)^k .$$

Darin sind T_0 und C Bezugsgrößen, T_0 wird üblicherweise zu $T_0 = 1\,\text{min}$ gesetzt, C ist die Schnittgeschwindigkeit für eine Standzeit von $T_0 = 1\,\text{min}$.

Zur Aufnahme der Taylor-Gerade dient ein Verschleiß-Standzeit-Drehversuch nach ISO 3685. Dort sind geeignete Einstellgrößen für Schnellarbeitsstahl, Hartmetalle aller Zerspanungs-Anwendungsgruppen (s. Abschn. 41.2.6) und Schneidkeramik festgelegt. Meist reicht es aus, die Verschleißmarkenbreite *VB* und/oder die Kolktiefe *KT* sowie den Kolkmittenabstand *KM* zu bestimmen. Tab. 41.1 zeigt für verschiedene Werkstoffe gebräuchliche Werte des Steigungsexponenten *k* sowie die Schnittgeschwindigkeit *C* für eine Standzeit $T = 1\,\text{min}$ bei einer Verschleißmarkenbreite $VB = 0{,}4\,\text{mm}$.

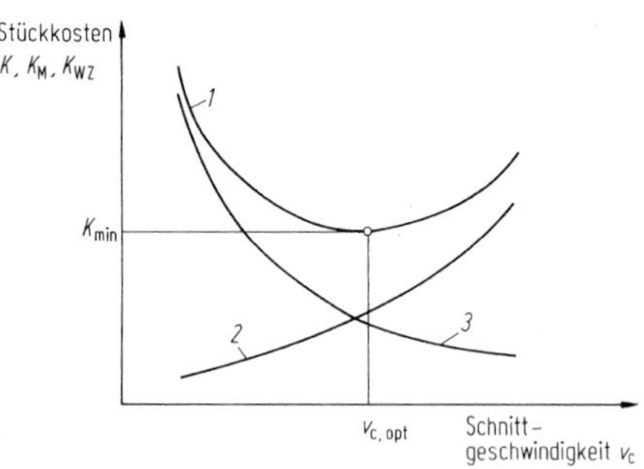

Abb. 41.15 Fertigungskosten als Funktion der Schnittgeschwindigkeit v_c. *1* Stückkosten *K*, *2* werkzeuggebundene Stückkosten K_{WZ}, *3* maschinengebundene Stückkosten K_M

Die optimale Schnittgeschwindigkeit muss nach wirtschaftlichen Gesichtspunkten festgelegt werden (Abb. 41.15). Die zeitoptimale Schnittgeschwindigkeit ist:

$$v_{c\,t\,opt} = C\,(-k-1)\,t_{wz}^{1/k} .$$

Eine Optimierung der Schnittgeschwindigkeit nach minimalen Stückkosten berücksichtigt neben der Werkzeugwechselzeit t_{wz} auch Werkzeugkosten je Schneide K_{WZ} und den Maschinenstundensatz K_M

$$v_{c\,k\,opt} = C\,(-k-1)\,(t_{wz} + (K_{WZ}/K_M))^{1/k} .$$

Tab. 41.1 Koeffizienten zur Ermittlung der Taylor-Geraden (Richtwerttabelle)

Taylor-Funktion $v_c = C \cdot T^{1/k}$	Unbeschichtetes Hartmetall		Beschichtetes Hartmetall		Oxidkeramik (Stahl) Nitridkeramik (Guss)	
	C [m/min]	k	C [m/min]	k	C [m/min]	k
St 50-2	299	−3,85	385	−4,55	1210	−2,27
St 70-2	226	−4,55	306	−5,26	1040	−2,27
Ck 45 N	299	−3,85	385	−4,55	1210	−2,27
16 MnCrS 5 BG	478	−3,13	588	−3,57	1780	−2,13
20 MnCr 5 BG	478	−3,13	588	−3,57	1780	−2,13
42 CrMoS 4 V	177	−5,26	234	−6,25	830	−2,44
X 155 CrVMo 12 1 G	110	−7,69	163	−8,33	570	−2,63
X 40 CrMo V 5 1 G	177	−5,26	234	−6,25	830	−2,44
GG-30	97	−6,25	184	−6,25	2120	−2,50
GG-40	53	−10,0	102	−10,0	1275	−2,78

41.2.3 Bohren

Bohren ist ein spanendes Verfahren mit drehender Schnittbewegung (Hauptbewegung). Das Werkzeug, der *Bohrer*, führt eine Vorschubbewegung in Richtung der Drehachse aus. Abb. 41.16 zeigt gebräuchliche Bohrverfahren. Beim Einbohren oder Bohren ins Volle können Durchgangs- oder Sackbohrungen erzeugt werden. Als Werkzeug wird meist ein *Spiralbohrer* verwendet (diese übliche Bezeichnung ist unzutreffend, da die Schneide auf einer Schraubenlinie und nicht auf einer Spirale angeordnet ist). Beim Aufbohren werden Spiralbohrer bzw. zwei- oder mehrschneidige *Senker* eingesetzt. *Profilsenker* erzeugen abgesetzte Bohrungen. Sie sind meist mehrschneidig, wobei aus Herstellgründen nicht jede Schneide alle Teile der Kontur tragen muss (z. B. kann eine Schneide die Kante eines Absatzes brechen, die danebenliegende eine Planfläche erzeugen). *Zentrierbohrer* sind spezielle Profilbohrer mit dünnerem Zentrierzapfen und kurzer, steifer Auskragung, um gute Zentrierwirkung zu entwickeln. *Kernbohrer* zerspanen den Werkstoff ringförmig; mit dem Ringraum entsteht ein zylindrischer Kern. *Gewindebohrer* erzeugen Gewinde. *Reiben* ist ein Aufbohren mit geringer Spanungsdicke, um maß- und formgenaue Bohrungen mit hoher Oberflächengüte zu erzeugen.

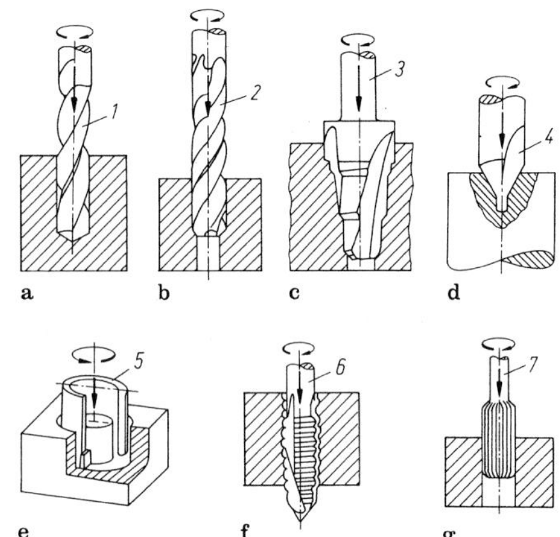

Abb. 41.16 Bohrverfahren in Anlehnung an DIN 8589. **a** Einbohren, Bohren ins Volle, *1* Spiralbohrer; **b** Aufbohren, *2* Spiralsenker, Dreischneider; **c** Senken, *3* Profilsenker; **d** Zentrierbohren, *4* Zentrierbohrer; **e** Kernbohren, *5* Kernbohrer; **f** Gewindebohren, *6* Gewindebohrer; **g** Reiben, *7* Maschinenreibahle

Für das Bohren im Durchmesserbereich von 1 bis 20 mm bei Bohrungstiefen bis zum Fünffachen des Durchmessers ist der Spiralbohrer das am häufigsten verwendete Werkzeug (Abb. 41.17). Der Spiralbohrer besteht aus Schaft und Schneidteil. Über den Schaft wird der Bohrer in die Werkzeugmaschine eingespannt und geführt. Er ist zylindrisch oder kegelförmig ausgeführt. Sollen hohe Antriebsmomente übertragen werden, dienen tangentiale Anflächungen zur Kraftübertragung. Der Schneidteil weist eine komplexe Geometrie auf, durch deren Veränderung der Bohrer an die jeweilige Bearbeitungsaufgabe angepasst werden kann. Wesentliche Größen sind *Profil* und *Kerndicke, Spannutengeometrie* und *Drallwinkel*, d. h. Steigung

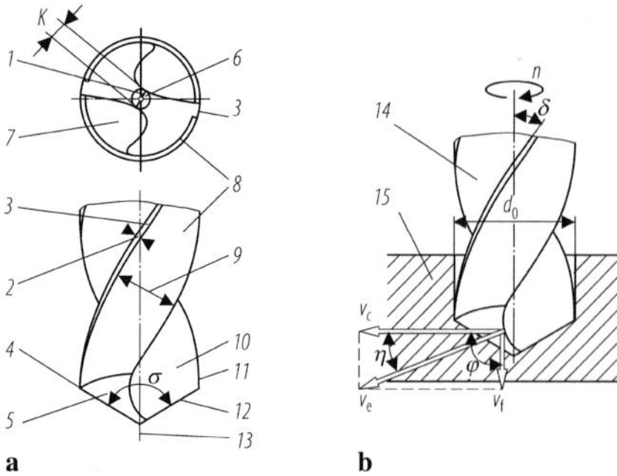

Abb. 41.17 Bezeichnung und Wirkungsweise des Spiralbohrers nach DIN 8589. Drehzahl n, Nenndurchmesser d_0, Spitzenwinkel σ, Drallwinkel δ, *1* Querschneide (abgeknickter Teil der Hauptschneide), *2* Fasenbreite b, *3* Fase der Nebenfreifläche, *4* Schneidenecke, *5* Hauptfreifläche, *6* Kerndicke K, *7* Spannut, *8* Nebenfreifläche, *9* Stegbreite, *10* Spanfläche, *11* Nebenschneide, *12* Hauptschneide, *13* Werkzeugachse, *14* Werkzeug, *15* Werkstück

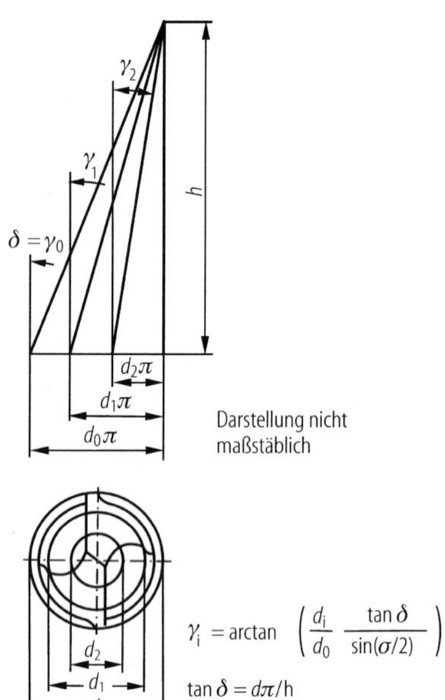

Abb. 41.18 Spanwinkel an der Hauptschneide eines Spiralbohrers. h Steigung der Spannut, σ Spitzenwinkel, δ Drallwinkel, d_0 Bohrerdurchmesser, d_i Durchmesser am betrachteten Schneidenpunkt i, γ_i Spanwinkel am betrachteten Schneidenpunkt i

der Spannuten, *Spitzenanschliff* und *Spitzenwinkel*. Davon sind der Spitzenanschliff und der Spitzenwinkel vom Anwender beeinflussbar. Das Profil des Spiralbohrers ist so gestaltet, dass die Spannuten möglichst großen Raum für den Spantranspsort bieten, andererseits jedoch der Bohrer ausreichend torsionssteif ist. Zu diesen beiden Hauptforderungen können weitere kommen, wie Erzeugen günstiger Spanformen, die zu einer Vielfalt von Sonderprofilen geführt haben und den Bohrprozess an besondere Randbedingungen anzupassen gestatten. Vor dem Kern des Spiralbohrers muss ebenfalls Werkstoff entfernt werden. Dazu dient die Querschneide, die die beiden Hauptschneiden miteinander verbindet.

Entlang von Haupt- und Nebenschneide ist der Spanwinkel γ als wichtige Einflussgröße auf den Bohrprozess nicht konstant, sondern verringert sich bereits vor der Hauptschneide von außen nach innen. In Abb. 41.18 sind die Spanwinkel an drei Schneidenpunkten durch Auftragen der Steigung h der Spannut über der Abwicklung der zu den Durchmessern gehörenden Kreise dargestellt. Am Außendurchmesser ist er identisch mit dem Drallwinkel δ und nimmt durchmesserproportional ab. Dabei können bereits vor der Hauptschneide negative Spanwinkel auftreten. Vor der Querschneide sind die Spanwinkel stark negativ. Das Werkstückmaterial muss hier in radialer Richtung verdrängt werden. Negativer Spanwinkel und Materialverdrängungseffekt erzeugen hohe Drücke im Bereich der Querschneiden. Um diese Wirkung zu mindern, werden Spiralbohrer ausgespitzt. Der Kern des Bohrers wird durch einen Profilschliff in Richtung der Spannut und zur Bohrerspitze auf einer Kegel- oder ähnlichen Fläche verlaufend geschwächt. So lässt sich der Spanwinkel an der Querschneide vergrößern bzw. die Querschneide verkürzen.

Die wichtigste Verschleißform am Spiralbohrer ist der Freiflächenverschleiß an der Schneidenecke. Dieser hauptsächlich durch Abrasion hervorgerufene Verschleiß ruft eine Steigerung der Torsionsbelastung des Bohrers hervor, da im Eckenbereich höhere Zerspankräfte auftreten. Diese Torsionsbelastung kann zum Bohrerbruch führen. Verschlissene Spiralbohrer werden deshalb nachgeschliffen, bis der beschädigte Bereich der Nebenschneidenfase abgetragen ist.

Zerspankräfte. Zur Berechnung der *Kräfte* und *Momente* beim Bohren wird der Ansatz von Kienzle [6] verwendet. Abb. 41.19 zeigt die Spanungsgeometrie und die Kräfte beim Bohren. Die

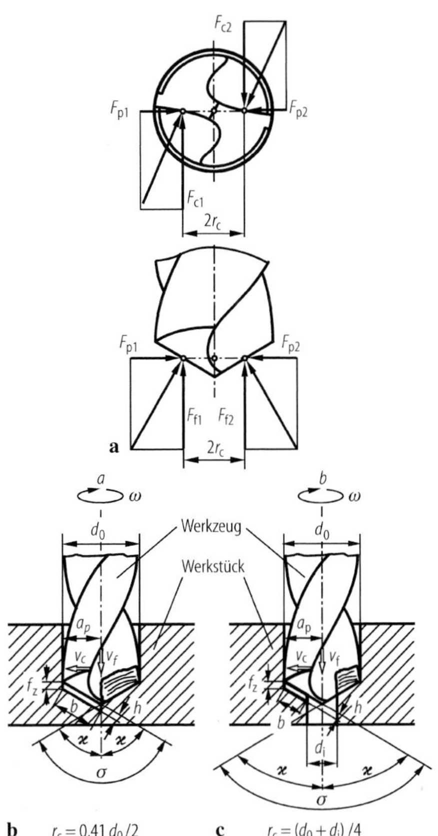

Abb. 41.19 Spanungsgeometrie und Zerspankräfte beim Bohren. **a** Kräfte; **b** Vollbohren; **c** Aufbohren; *1* Werkzeug, *2* Werkstück, d_0 Bohrerdurchmesser, d_i Durchmesser der Vorbohrung, b Spanungsbreite, h Spanungsdicke, a_p Schnittbreite, f_z Vorschub je Schneide, κ Einstellwinkel

auftretenden Kräfte je Schneide, von denen angenommen wird, dass sie in der Schneidenmitte angreifen, werden in ihre Komponenten F_c, F_p und F_f zerlegt. Die Schnittkräfte $F_{c\,1}$ und $F_{c\,2}$ ergeben über den Hebelarm r_c das Schnittmoment

$$M_c = (F_{c\,1} + F_{c\,2})\, r_c\,, \quad F_{c\,1} = F_{c\,2} = F_{cZ}\,,$$
$$M_c = F_{cZ} 2 r_c\,.$$

Die Vorschubkräfte $F_{f\,1}$ und $F_{f\,2}$ werden addiert zu F_f

$$F_f = F_{f\,1} + F_{f\,2}\,, \quad F_{f\,1} = F_{f\,2} = F_{fZ}\,,$$
$$F_f = 2 F_{fZ}\,.$$

Die Passivkräfte $F_{p\,1}$ und $F_{p\,2}$ heben einander im idealen Fall, d. h. bei symmetrischem Bohrer, auf. Liegen Symmetriefehler vor, erzeugen $F_{P\,1}$ und $F_{P\,2}$ Störkräfte, die die Qualität der Bohrung beeinträchtigen. Die Schnittkraft je Schneide ergibt sich zu

$$F_{cZ} = b h^{(1-m_c)} k_{c\,1.1}\,, \qquad h = f_z \sin\kappa\,,$$
$$b = (d_0 - d_i) / (2 \sin\kappa)\,.$$

Analog dazu ergibt sich die Vorschubkraft zu

$$F_f = b h^{(1-m_f)} k_{f\,1.1}\,.$$

Werte sind Tab. 41.4 zu entnehmen. Die Vorschubkräfte sind stark abhängig von der Ausbildung der Querschneide. Durch Ausspitzen lassen sie sich stark herabsetzen [9]. Durch Verschleiß steigen sie auf zweifache Werte oder mehr.

Die Oberflächengüte entspricht mit $R_Z = 10 \ldots 20\,\mu\text{m}$ beim Bohren mit Spiralbohrern einer Schruppbearbeitung. Durch Reiben kann die Rauhigkeit verringert werden. Eine andere Möglichkeit bietet der Einsatz von Vollhartmetallbohrern. Beim Bohren ins Volle werden Oberflächengüten, Maß- und Formgenauigkeiten wie beim Reiben erreicht.

41.2.3.1 Kurzlochbohren

Das Kurzlochbohren umfasst mit Bohrungstiefen von $L < 2D$ einen großen Teil von Schraubenloch-, Durchgangs- und Gewindebohrungen. Hier können im Durchmesserbereich von 16 bis über 120 mm wendeplattenbestückte Kurzlochbohrer eingesetzt werden. Ihr Vorteil gegenüber Spiralbohrern ist die fehlende Querschneide und die Erhöhung von Schnittgeschwindigkeit und Vorschub durch Einsatz von Hartmetall- oder Keramik-Wendeschneidplatten. Der Einsatz von Kurzlochbohrern erfordert aufgrund der unsymmetrischen Zerspankräfte der versetzten Schneiden steife Werkzeugspindeln, wie sie an Bearbeitungszentren und Fräsmaschinen üblich sind. Die höhere Steifigkeit des Werkzeugs erlaubt das Anbohren schräger oder gekrümmter Flächen. Es werden ohne nachfolgende Arbeitsgänge Genauigkeiten von IT 7 erreicht.

41.2.4 Fräsen

41.2.4.1 Einteilung der Fräsverfahren

Beim Fräsen wird die notwendige Relativbewegung zwischen Werkzeug und Werkstück durch eine kreisförmige Schnittbewegung des Werkzeugs und eine senkrecht oder schräg zur Drehachse des Werkzeugs verlaufende Vorschubbewegung erzielt. Die Schneide ist nicht ständig im Eingriff. Sie unterliegt daher thermischen und mechanischen Wechselbelastungen. Durch den unterbrochenen Schnitt wird das Gesamtsystem Maschine-Werkzeug-Werkstück *dynamisch* belastet.

Die Einteilung der Fräsverfahren erfolgt nach DIN 8589 anhand der Merkmale

- Art der erzeugten Werkstückoberfläche,
- Kinematik des Zerspanvorgangs,
- Profil des Fräswerkzeugs.

Durch Fräsen können nahezu beliebige Werkstückoberflächen erzeugt werden. Ein Verfahrenskennzeichen besteht darin, welcher Schneidenteil die Werkstückoberfläche erzeugt (Abb. 41.20): Beim *Stirnfräsen* ist es die an der Stirnseite des Fräswerkzeugs liegende *Nebenschneide*, beim *Umfangsfräsen* ist es die am Umfang des Fräswerkzeugs liegende *Hauptschneide*.

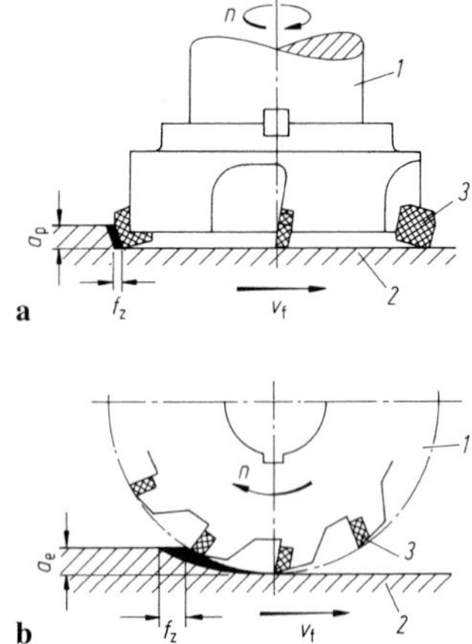

Abb. 41.20 Gegenüberstellung: Stirnfräsen und Umfangsfräsen. **a** Stirnfräsen: Werkstückoberfläche erzeugt durch Nebenschneide; **b** Umfangsfräsen: Werkstückoberfläche erzeugt durch Hauptschneide; *1* Werkzeug, *2* Werkstück, *3* Schneide

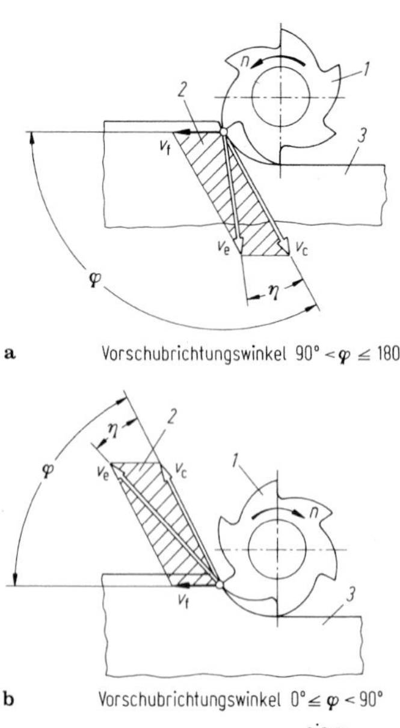

Abb. 41.21 Gegenüberstellung: **a** Gleichlauffräsen und **b** Gegenlauffräsen (DIN 6580 E). *1* Fräser, *2* Arbeitsebene, *3* Werkstück

Mit dem Vorschubrichtungswinkel φ lässt sich unterscheiden (Abb. 41.21): Beim *Gleichlauffräsen* ist der Vorschubrichtungswinkel $\varphi > 90°$, so dass die Schneide des Fräsers bei der maximalen Spanungsdicke ins Werkstück eintritt. Beim *Gegenlauffräsen* ist der Vorschubrichtungswinkel $\varphi < 90°$, so dass die Schneide des Fräsers bei der theoretischen Spanungsdicke $h = 0$ eintritt. Dadurch kommt es am Anfang zu Quetsch- und Reibvorgängen.

Ein Fräsvorgang kann Anteile von Gleichlauf und Gegenlauf aufweisen. Die wesentlichen Fräsverfahren sind in Abb. 41.22 zusammengefasst.

41.2.4.2 Messerkopf-Stirnplanfräsen

Am Beispiel des Messerkopf-Stirnplanfräsens wird die Zerspanungskinematik und die Zerspankraftbeziehung beim Fräsen behandelt. Weitere Fräsverfahren sind in [10] beschrieben.

Zerspanungskinematik. Zur Beschreibung des Prozesses muss zwischen den Eingriffsgrößen und den Spanungsgrößen unterschieden werden. Die *Eingriffsgrößen*, die auf die Arbeitsebene be-

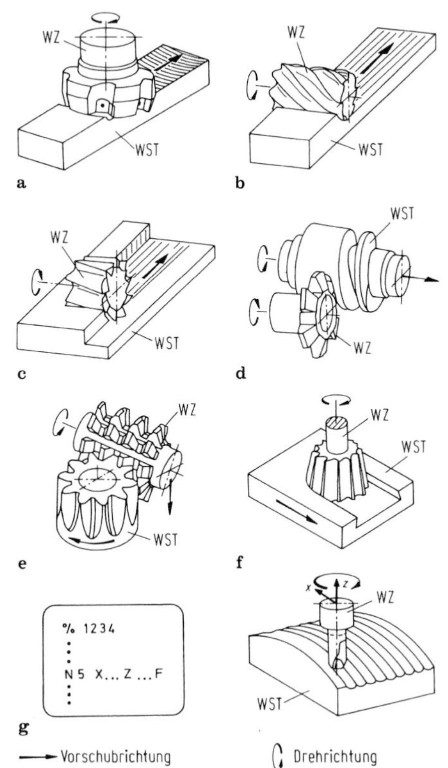

Abb. 41.22 Fräsverfahren (DIN 8589). Planfräsen: **a** Stirnfräsen; **b** Umfangsfräsen; **c** Umfangs-Stirnfräsen; **d** Schraubfräsen; **e** Wälzfräsen; **f** Profilfräsen; **g** Formfräsen. *WST* Werkstück, *WZ* Werkzeug

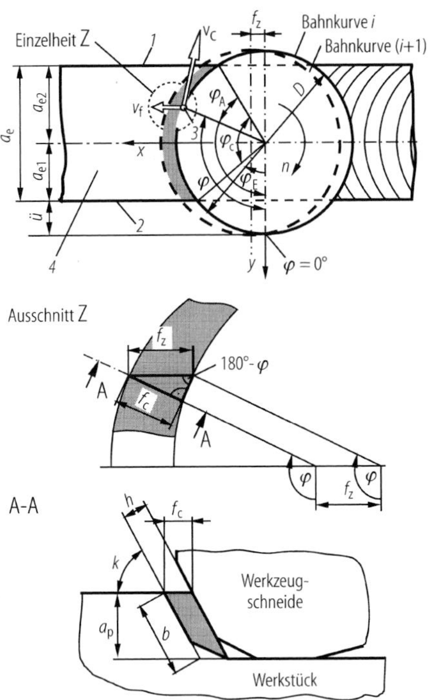

Abb. 41.23 Eingriffsgrößen beim Messerkopf-Stirnfräsen. *1* Austrittsebene, *2* Eintrittsebene, *3* Werkzeugschneide, *4* Werkstück

zogen werden, beschreiben das Ineinandergreifen von Werkzeugschneide und Werkstück. Die Arbeitsebene wird durch Schnittgeschwindigkeitsvektor v_c und Vorschubsgeschwindigkeitsvektor v_f definiert. Die Eingriffsgrößen sind beim Fräsen (Abb. 41.23): Schnitttiefe a_p, gemessen senkrecht zur Arbeitsebene; Schnitteingriff a_e, gemessen in der Arbeitsebene senkrecht zur Vorschubrichtung; Vorschub der Schneide f_z, gemessen in Vorschubrichtung.

Zur vollständigen Beschreibung der Zerspanungskinematik sind folgende Angaben notwendig: Fräserdurchmesser D, Zähnezahl des Fräsers z, Werkzeugüberstand $ü$ und Schneidengeometrie (Seitenspanwinkel γ_f, Rückspanwinkel γ_p, Seitenfreiwinkel α_f, Rückfreiwinkel α_p, Einstellwinkel κ_r, Neigungswinkel λ_s, Schneidenradius r, Fase).

Infolge des unterbrochenen Schnitts sind die Ein- und Austrittsbedingungen der Schneide, d. h. die Kontaktarten, von besonderer Bedeutung für den Fräsprozess. Die Kontaktarten beschreiben die Art der ersten bzw. letzten Berührung der Werkzeugschneide mit dem Werkstück. Sie lassen sich aus Eintritts- und Austrittswinkel sowie der Werkzeuggeometrie ermitteln. Besonders ungünstig ist es, wenn die Schneidenspitze als erster Kontaktpunkt auftritt.

Aus den Eingriffsgrößen lassen sich die *Spanungsgrößen*, die die Abmessungen der vom Werkstück abzunehmenden Schicht angeben, ableiten. Spanungsgrößen sind nicht mit den Spangrößen, die die Abmessung der entstandenen Späne beschreiben, identisch. Die Schneiden beschreiben Zykloiden gegenüber dem Werkstück. Da die Schnittgeschwindigkeit wesentlich größer ist als die Vorschubgeschwindigkeit können sie durch Kreisbahnen angenähert werden. Die Spanungsdicke ist bei dieser Betrachtungsweise (Abb. 41.23),

$$h(\varphi) = f_z \sin\kappa \, \sin\varphi \, .$$

Mit der Spanungsbreite $b = a_p / \sin \kappa$ ist der Spanungsquerschnitt

$$A(\varphi) = bh(\varphi) = a_p\, f_z \sin \varphi\ .$$

Das Zeitspanvolumen ist $Q_w = a_e\, a_p\, v_f$.

Die Spanungsdicke ist eine Funktion des Eingriffswinkels φ und damit nicht, wie z. B. beim Drehen, konstant. Für die Beurteilung des Fräsprozesses wird von der mittleren Spanungsdicke

$$\begin{aligned} h_m &= (1/\varphi_c) \int_{\varphi_E}^{\varphi_A} h(\varphi)\, d\varphi \\ &= (1/\varphi_c)\, f_z \sin \kappa\, (\cos \varphi_E - \cos \varphi_A) \end{aligned}$$

ausgegangen.

Zerspankraftkomponenten. Die für die Spanbildung notwendige Zerspankraft muss von der Schneide und vom Werkstück aufgenommen werden. Nach DIN 6584 kann die Zerspankraft F in eine Aktivkraft F_a, die in der Arbeitsebene liegt, und in eine Passivkraft F_p, die senkrecht zur Arbeitsebene steht, zerlegt werden. Die Richtung der Aktivkraft F_a ändert sich mit dem Eingriffswinkel φ. Die Komponenten der Aktivkraft können auf folgende Richtungen bezogen werden (Abb. 41.24):

Richtung der Schnittgeschwindigkeit v_c: Die Komponenten Schnittkraft F_c und Schnitt-Normalkraft F_{cN} beziehen sich auf ein mitrotierendes Koordinatensystem (werkzeugbezogene Komponenten der Aktivkraft).

Richtung der Vorschubgeschwindigkeit v_f: Die Komponenten Vorschubkraft F_f und Vorschub-Normalkraft F_{fN} beziehen sich auf ein feststehendes Koordinatensystem (werkstückbezogene Komponenten der Aktivkraft). Für die Umrechnung der Aktivkraft vom feststehenden Koordinatensystem in ein mitrotierendes Koordinatensystem gilt

$$\begin{aligned} F_c(\varphi) &= F_f(\varphi) \cos(\varphi) + F_{fN}(\varphi) \sin \varphi\ , \\ F_{cN}(\varphi) &= F_f(\varphi) \sin(\varphi) - F_{fN}(\varphi) \cos \varphi\ , \\ F_x(\varphi) &= F_f(\varphi)\ , \\ F_y(\varphi) &= F_{fN}(\varphi)\ . \end{aligned}$$

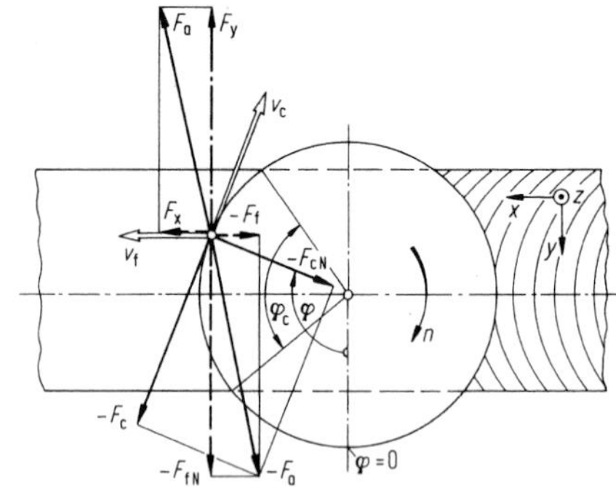

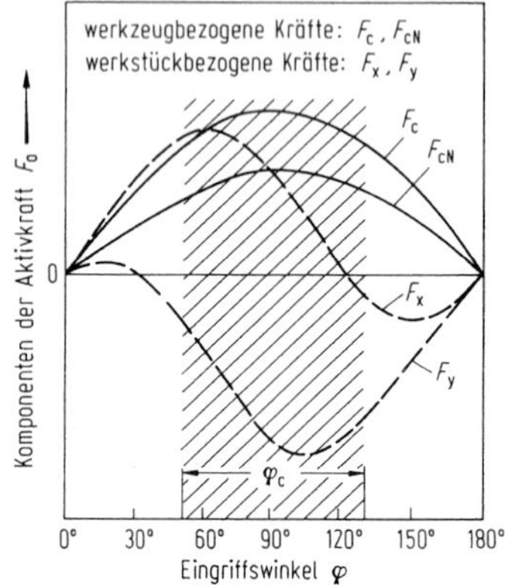

Abb. 41.24 Zerspankraftkomponenten beim Messerkopf-Stirnfräsen

Diese Transformation ist dann von Bedeutung, wenn z. B. die Schnittkraft F_c mit einer 3-Komponenten-Kraftmessplattform, auf der das Werkstück befestigt ist, gemessen werden soll. Abb. 41.24 zeigt den Verlauf der Komponenten der Aktivkraft im werkzeugbezogenen und im werkstückbezogenen Koordinatensystem beim mittigen Messerkopffräsen.

Zerspankraftbeziehung. Die Zerspankraftgleichung von Kienzle [6] ist auch für das Fräsen anwendbar. Für die Komponenten der Zerspankraft Schnittkraft F_c, Schnitt-Normalkraft F_{cN} und Passivkraft F_p gilt

$$F_i = Ak_i \qquad \text{mit } i = \text{c, cN, p}\ .$$

In dieser Gleichung ist A der Spanungsquerschnitt und k_i eine Komponente der spezifischen Zerspankraft. Wegen des weiten Bereichs der Spanungsdicken, der beim Fräsen überdeckt wird (die Spanungsdicke ist von φ abhängig), gilt die Kienzle-Beziehung nur bereichsweise. Der Spanungsdickenbereich von $0{,}001\,\text{mm} < h < 1{,}0\,\text{mm}$ wird in drei Abschnitte eingeteilt (Abb. 41.25). Für jeden Bereich kann eine Gerade ermittelt werden, die durch die Parameter Hauptwert der spezifischen Zerspankraft und Anstiegswert festgelegt wird. Für die spezifische Zerspankraft gilt

$$k_i = k_{i\,1.0,01} \cdot h^{-m_{i\,0,01}}$$
$$\text{für } 0{,}001\,\text{mm} < h < 0{,}01\,\text{mm}$$
$$k_i = k_{i\,1.0,1} \cdot h^{-m_{i\,0,1}}$$
$$\text{für } 0{,}01\,\text{mm} < h < 0{,}1\,\text{mm}$$
$$k_i = k_{i\,1.1} \cdot h^{-m_i}$$
$$\text{für } 0{,}1\,\text{mm} < h < 1{,}0\,\text{mm}$$

mit $i = \text{c, cN, p}$.

Damit ergibt sich für die Zerspankraft beim Messerkopffräsen

$$F_\text{i} = bk_{i\,1.1} \cdot h^{1-m_i} \quad \text{mit } i = \text{c, cN, p}\,.$$

Die jeweilige Zerspankraftkomponente kann für das Fräsen berechnet werden, wenn der Hauptwert der spezifischen Zerspankraftkomponente und der Anstiegswert für die Werkstoff-Schneidstoffpaarung und die Schnittbedingung vorliegt. Für einige Werkstoffe und Schnittbedingungen sind in Tab. 41.5 die Zerspankennwerte für das mittige Messerkopf-Stirnplanfräsen angegeben [6]. Häufig wird man jedoch für eine Abschätzung der Zerspankraft beim Fräsen auf Zerspankennwerte zurückgreifen müssen, die beim Drehen erzielt wurden.

Für die Auslegung der Fräsmaschinenleistung wird von der mittleren Zerspankraft

$$F_{i\,\text{m}} = bk_{i\,1.1} \cdot h_\text{m}^{1-m_i} K_\text{ver} K_\gamma K_\text{v} K_\text{ws} K_\text{wv}$$

mit $i = \text{c, cN, p}$ ausgegangen.

In dieser Gleichung sind h_m mittlere Spanungsdicke, $K_\text{ver} = 1{,}2 \ldots 1{,}4$ Korrekturfaktor Fertigungsverfahren (der Faktor berücksichtigt, dass die Zerspankennwerte aus Drehversuchen gewonnen wurden), K_γ Korrekturfaktor Spanwinkel (s. Abschn. 41.2.2), K_v Korrekturfaktor Schnittgeschwindigkeit (s. Abschn. 41.2.2), K_wv Korrekturfaktor Werkzeugverschleiß (s. Abschn. 41.2.2), K_ws Korrekturfaktor Werkzeugschneidstoff (s. Abschn. 41.2.2).

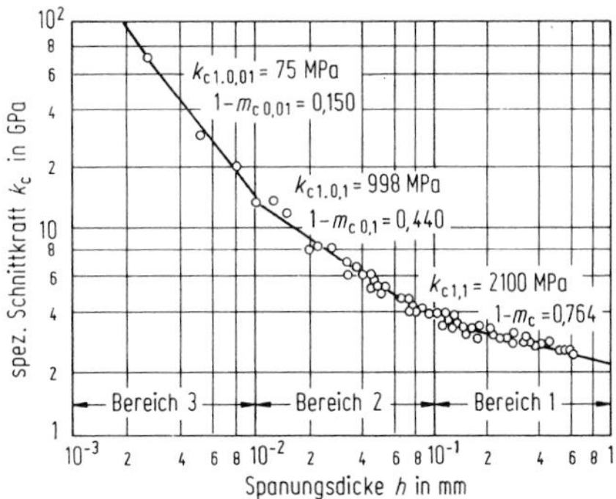

Abb. 41.25 Spezifische Schnittkraft beim Stirnplanfräsen

Untersuchungen beim Stirnplanfräsen zeigen, dass der Einfluss des Verschleißes auf die Zerspankraftkomponenten nicht vernachlässigt werden kann.

Schwingungen. Entsprechend dem Nachgiebigkeitsfrequenzgang des Gesamtsystems Fräsmaschine-Fräswerkzeug-Werkstück treten infolge der Zerspankräfte Schwingungen auf, die die Oberflächengüte und die Werkzeugstandzeit beeinflussen können. Nach ihrer Entstehung unterscheidet man zwischen fremderregten und selbsterregten Schwingungen (s. Bd. 1, Kap. 47).

Fremderregte Schwingungen. Bei Fremderregung schwingt das Gesamtsystem mit der Frequenz der Anregungskräfte. Durch den unterbrochenen Schnitt sind die Schneiden beim Fräsen nicht ständig im Eingriff. Bei einem mehrschneidigen Fräswerkzeug ist zu berücksichtigen, wieviel Schneiden jeweils im Eingriff sind. Je nach dem Verhältnis von a_e/D sind $z_{\text{i}\,\text{E}}$ Schneiden im Eingriff, dabei gilt der Zusammenhang

$$z_{\text{i}\,\text{E}} = (\varphi_\text{c}/2\pi)\,z \quad \text{mit } \varphi_\text{c}/2 = a_\text{e}/D\,.$$

Die auf das Fräswerkzeug und damit auf die Spindel der Fräsmaschine wirkende mittlere Schnittkraft ist

$$F_{\mathrm{cm}} = z_{\mathrm{i\,E}} F_{\mathrm{cmz}} \,,$$

wobei F_{cmz} die mittlere Schnittkraft einer Schneide ist.

Die mittlere Schnittkraft wird von einem dynamischen Kraftanteil überlagert. Je größer $z_{\mathrm{i\,E}}$ ist, um so geringer ist die Kraftamplitude, wobei bei einem ganzzahligen Wert von $z_{\mathrm{i\,E}}$ die Schnittkraftamplitude am geringsten ist. Durch den dynamischen Kraftanteil kommt es zwischen Werkstück und Fräswerkzeug zu fremderregten Schwingungen.

Selbsterregte Schwingungen. Bei Selbsterregung schwingt das Gesamtsystem mit einer oder mehreren Eigenfrequenzen, ohne dass von außen eine Störkraft auf das System einwirkt.

Von besonderer Bedeutung sind selbsterregte Schwingungen, die aufgrund des Regenerativeffekts entstehen und auch „regeneratives Rattern" genannt werden. Die Ursache des Ratterns sind Schnittkraftschwankungen infolge Spanungsdickenänderungen.

Das Rattern kann durch eine Variation von Schnittgeschwindigkeit, Schnitttiefe, Vorschub und Schneidengeometrie beeinflusst werden.

Verschleißverhalten. Durch den unterbrochenen Schnitt beim Fräsen unterliegt der Schneidstoff thermischen und mechanischen Wechselbelastungen, so dass neben dem Frei- und Spanflächenverschleiß Rissbildung im Schneidteil standzeitbestimmend sein kann. In Abb. 41.26 ist der Freiflächenverschleiß der Hauptschneide und die Kolktiefe beim Messerkopf-Stirnplanfräsen dargestellt. Richtwerte für die Wahl der Einstellgrößen sind in Tabellen der Schneidstoffhersteller angegeben. Mit der Entwicklung des kubischen Bornitrids ist die Feinbearbeitung gehärteter Werkstoffe durch Fräsen weiterentwickelt worden. Je nach den Schnittbedingungen werden Oberflächenrauheiten erzielt, die denen beim Schleifen vergleichbar sind. Beim Schleifen wird die Formgenauigkeit durch Ausfunken

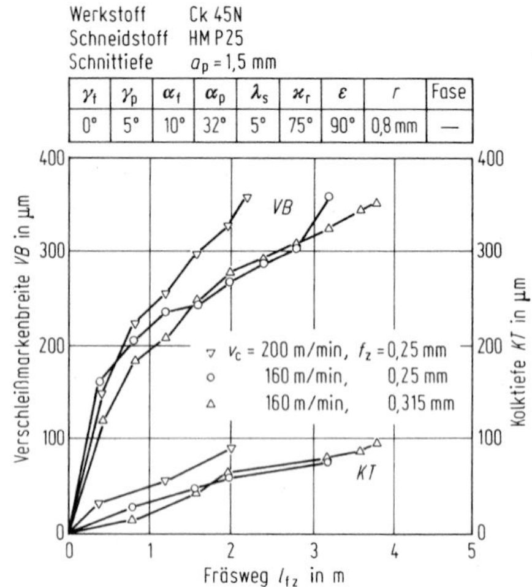

Abb. 41.26 Verschleißentwicklung beim Werkstoff Ck 45 N

erzielt. Da beim Fräsen eine Mindestspanungsdicke vorliegen muss, treten Formfehler auf, die auf folgende Einflussgrößen zurückgeführt werden können: Umgebung, Betriebsverhalten der Fräsmaschine, Härteinhomogenitäten des Werkstücks, Werkstückerwärmung infolge der Zerspanung und Eigenspannungsänderung in der Werkstückrandzone.

41.2.4.3 Formfräsen

Zur Herstellung von Hohlformwerkzeugen wie z. B. Tiefziehwerkzeugen werden spanende und abtragende Verfahren eingesetzt, wobei das Fräsen als gesteuertes Formgebungsverfahren eine zentrale Rolle einnimmt. Wesentliches Merkmal beim Formfräsen sind die Anzahl der aktiv gesteuerten Achsen, entsprechend unterscheidet man *3-Achsenfräsen* und *5-Achsenfräsen* (Abb. 41.27). Beim 5-Achsenfräsen wird nicht nur die Fräserspitze, sondern auch die Fräserachsenrichtung relativ zum Werkstückkoordinatensystem kontinuierlich und simultan gesteuert. In der Regel wird beim 3-Achsenfräsen ein Kugelkopffräser und beim 5-Achsenfräsen ein Messerkopf eingesetzt. Das Fräsrillenprofil bestimmt Produktivität und Qualität des Prozesses (geringe Nacharbeit bei geringer Profilhöhe). Es entsteht durch die zeilenweise Bearbeitung einer gekrümmten Fläche und hängt von der Fräsergeometrie, der Werkstückgeometrie und dem Be-

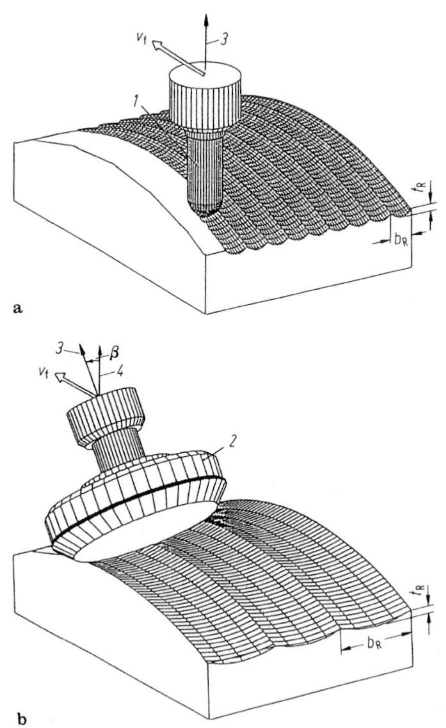

Abb. 41.27 Formfräsen durch **a** 3-Achsenfräsen und **b** 5-Achsenfräsen. *1* Kugelkopffräser, *2* Messerkopf, *3* WZ-Achsenrichtung, *4* Oberflächennormale

arbeitungsmodus ab. Bei Vorgabe der Rillentiefe t_R ergeben sich durch 5-Achsenfräsen mit einem Messerkopf wesentlich größere Rillenbreiten b_R als durch 3-Achsenfräsen mit einem Kugelkopffräser.

41.2.5 Sonstige Verfahren: Hobeln und Stoßen, Räumen, Sägen

41.2.5.1 Hobeln und Stoßen

In DIN 8589, T 4 wird unterschieden zwischen Hobeln und Stoßen. Die Spanabnahme erfolgt während des Arbeitshubs durch einen einschneidigen Meißel. Der anschließende Rück- oder Leerhub bringt das Werkzeug wieder in Ausgangsstellung. Der Vorschub erfolgt schrittweise, meist am Ende eines Rückhubs.

Beim *Hobeln* führt das Werkstück die Schnitt- und Rücklaufbewegung aus. Vorschub und Zustellung erfolgen durch das Werkzeug (Abb. 41.28). Beim *Stoßen* führt das Werkzeug die Schnitt- und Rücklaufbewegung aus, Vorschub und Zustellung erfolgen durch das Werkstück oder das Werkzeug.

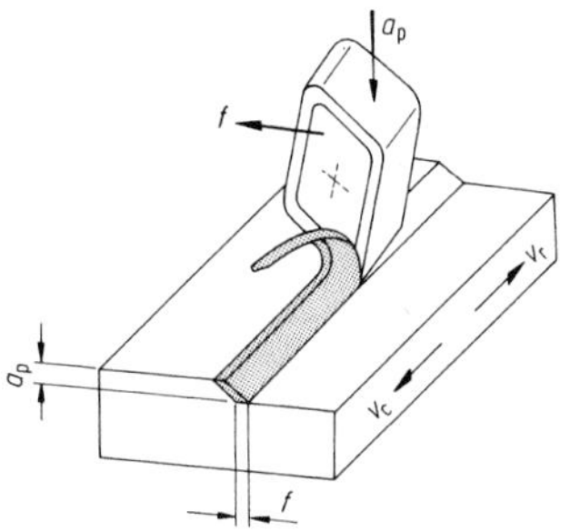

Abb. 41.28 Planhobeln. a_p Schnitttiefe, f Vorschub, v_c Schnittgeschwindigkeit, v_r Rücklaufgeschwindigkeit

Die oszillierende Bewegung des Werkstücks (beim Hobeln) oder des Werkzeugs (beim Stoßen) bedingt hohe Massenkräfte und begrenzt die Schnittgeschwindigkeit. Als Richtwert für die Schnittgeschwindigkeit hat sich bei Stahlwerkstoffen der Bereich $v_c = 60 \ldots 80\,\mathrm{m/min}$ (Schruppen) bzw. $v_c = 70 \ldots 100\,\mathrm{m/min}$ (Schlichten) für Hartmetallwerkzeuge bewährt.

Häufig angewandte Sonderformen sind das Wälzhobeln und das Wälzstoßen zur Herstellung von Evolventenverzahnungen s. Abschn. 43.3.3 und 15.1.7.

41.2.5.2 Räumen

Beim Räumen (DIN 8589, T5) wird Werkstoff mit einem mehrzahnigen Werkzeug abgetragen, dessen Schneidzähne hintereinander liegen und jeweils um eine Spanungsdicke gestaffelt sind. Eine Vorschubbewegung entfällt damit, sie ist gewissermaßen im Werkzeug „eingebaut“. Die Schnittbewegung ist translatorisch, in besonderen Fällen auch schrauben- oder kreisförmig.

Die Vorteile des Verfahrens liegen in hoher Zerspanleistung und der Möglichkeit, Werkstücke mit einem Werkzeug fertigbearbeiten zu können. Darüber hinaus können hohe Oberflächengüten und Maßgenauigkeiten mit Toleranzen bis IT 7 eingehalten werden. Haupteinsatzgebiete sind aufgrund der hohen Werkzeugkosten die Fertigung von standardisierten Innenprofilen oder Serien- und Massenproduktion, für jede geänderte Werkstückform ist ein neues Werkzeug erforderlich.

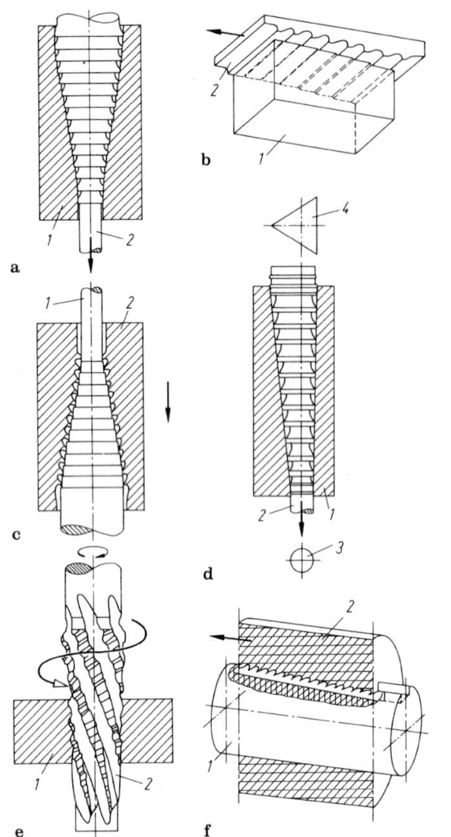

Abb. 41.29 Räumen. **a** Innen-Rundräumen; **b** Außen-Planräumen; **c** Außen-Rundräumen; **d** Innen-Profilräumen; **e** Innen-Schraubräumen; **f** Außen-Nutenräumen. *1* Werkstück, *2* Werkzeug, *3* Ausgangsquerschnitt, *4* Endquerschnitt

Prinzipiell unterscheidet man das *Innenräumen* und das *Außenräumen* (Abb. 41.29). Beim Innenräumen wird das Räumwerkzeug (Räumnadel) durch eine Bohrung gezogen bzw. gestoßen, beim Außenräumen wird es an der Außenfläche vorbeibewegt.

Räumwerkzeuge sind unterteilt in Schrupp-, Schlicht- und Kalibrierzahnung. Übliche Spanungsdicken beim Planräumen von Stahlwerkstoffen liegen zwischen $h_z = 0{,}01 \ldots 0{,}15\,\text{mm}$ zum Schruppen und $h_z = 0{,}003 \ldots 0{,}023\,\text{mm}$ zum Schlichten. Beim Räumen von Gusswerkstoffen werden im Schruppteil $h_z = 0{,}02 \ldots 0{,}2\,\text{mm}$ und im Schlichtteil $h_z = 0{,}01 \ldots 0{,}04\,\text{mm}$ angeschliffen.

Schnittgeschwindigkeiten sind begrenzt durch die Warmhärte des gewählten Schneidstoffs und durch die Leistungsfähigkeit der Maschine. Der am häufigsten eingesetzte Schneidstoff Schnellarbeitsstahl (HSS) erlaubt durch die bei etwa 600 °C abfallende Warmhärte nur kleine Schnittgeschwindigkeiten, durch Verwendung von TiN-beschichtetem HSS oder Hartmetall kann die Leistung des Verfahrens gesteigert werden. Man verwendet Schnittgeschwindigkeiten zwischen $v_c = 1 \ldots 30\,\text{m/min}$, in Einzelfällen werden durch Schnittgeschwindigkeiten bis 60 m/min gefahren. Hohe Schnittgeschwindigkeiten erfordern hohe Antriebsleistungen zum Beschleunigen und Abbremsen von Werkzeug und Räumschlitten, so dass die Anlagenkosten überproportional steigen. Auch Schwingungsprobleme treten verstärkt auf, besonders bei schlanken Innenräumwerkzeugen.

Zur Schmierung und Kühlung im Kontaktzonenbereich, vor allem aber zur Verminderung der Aufbauschneidenbildung sowie zur Späneabfuhr, werden beim Räumen überwiegend Mineralöle als Kühlschmierstoffe verwendet. Sie sind meist additiviert mit EP-Zusätzen (extreme pressure), in jüngster Zeit vorzugweise chlorfrei.

41.2.5.3 Sägen

Sägen ist Spanen mit einem vielzahnigen Werkzeug von geringer Schnittbreite zum Trennen oder Schlitzen von Werkstücken, die rotatorische oder translatorische Hauptbewegung wird vom Werkzeug ausgeführt (DIN 8589, T 6). Die Zähne des Werkzeugs sind geschränkt. Hierdurch wird die Schnittfuge gegenüber dem Sägeblatt verbreitert und somit die Reibung zwischen Werkzeug und Werkstück vermindert.

Bandsägen ist Sägen mit kontinuierlicher, meist gerader Schnittbewegung eines umlaufenden, endlosen Bands. Bewegungen und Schnittparameter siehe Abb. 41.30.

Übliche Schnittgeschwindigkeiten mit Schnellarbeitsstahl-Bandsägen liegen im Bereich $v_c = 6 \ldots 45\,\text{m/min}$ bei Vorschüben je Zahn im Bereich $f_z = 0{,}1 \ldots 0{,}4\,\text{mm}$. Bei Verwendung von hartmetallbestückten Bändern kann die Schnittgeschwindigkeit bei Stahl auf 200 m/min und bei Leichtmetallen bis auf 2000 m/min gesteigert werden.

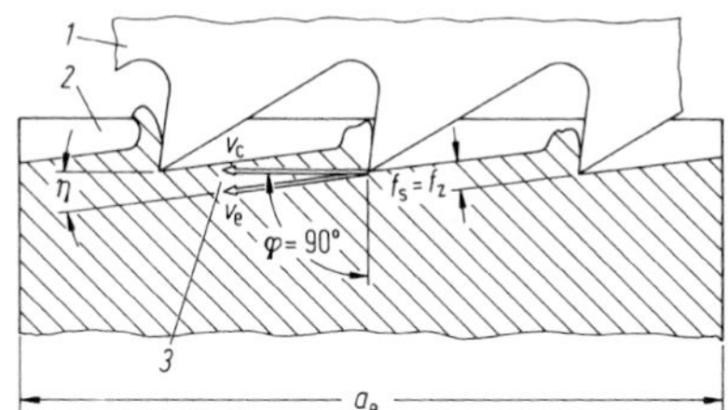

Abb. 41.30 Schnittgrößen beim Bandsägen. *1* Bandsäge, *2* Werkstück, *3* Arbeitsebene, v_c Schnittgeschwindigkeit, f_z Zahnvorschub, v_e Wirkgeschwindigkeit, a_e Eingriffsgröße, f_s Schnittvorschub, η Wirkrichtungswinkel

Beim *Hubsägen* (Bügelsägen) wird ein Werkzeug endlicher Länge verwendet, das in einen Bügel eingespannt ist. Die Vorschubbewegung erfolgt intermittierend nur im Vorlauf des Werkzeugs oder mit konstanter Normalkraft.

Kreissägen ist Sägen mit kontinuierlicher Schnittbewegung unter Verwendung eines kreisförmigen Sägeblatts. Kinematisch und zerspantechnisch ist das Kreissägen dem Umfangsfräsen ähnlich.

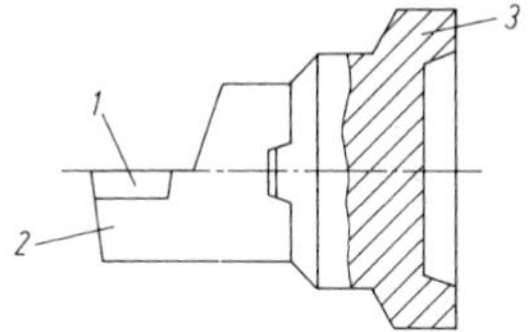

Abb. 41.31 Teile eines spanenden Werkzeugs. *1* Schneidteil, *2* Halteteil, *3* Spannteil

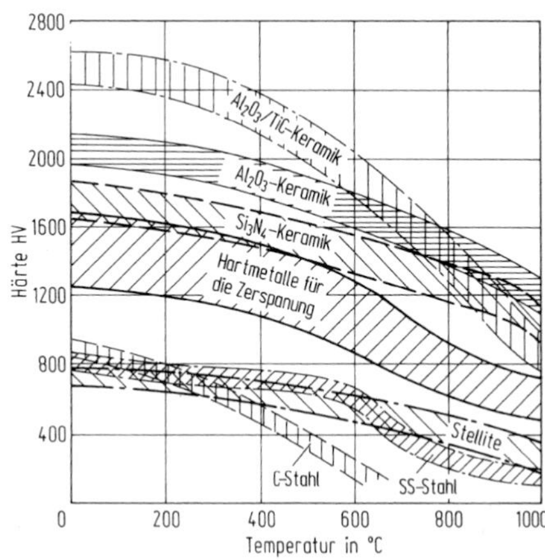

Abb. 41.32 Warmhärte der Schneidstoffe

41.2.6 Schneidstoffe

Werkzeuge zum Spanen mit geometrisch bestimmten Schneiden bestehen aus Schneid-, Halte- und Spannteil (Abb. 41.31). Spann- und Halteteil werden nach konstruktiven und organisatorischen Erfordernissen ausgelegt, wie Anschlussmaßen der Maschine, Art und Umfang der Werkzeugspeicherung und des Werkzeugwechsels, Geometrie des Werkstücks. Der Schneidteil übernimmt die Spanabnahme. Er wird mechanisch, thermisch und chemisch beansprucht. Als Folge dessen verschleißt er (Verschleißarten s. Abschn. 41.2.2).

Für alle Schneidstoffe gilt ein grundlegender Dualismus: Harte und damit verschleißfeste Schneidstoffe können stoßartige oder zeitlich rasch veränderliche Lasten weniger gut ertragen. Sie sind weniger zäh. Zähe Schneidstoffe hingegen sind unempfindlicher gegen mechanische und thermische Wechselbelastungen, dafür aber weniger verschleißfest. Um diesen beschränkenden Dualismus zu überwinden, werden verschiedene Schneidstoffe als *Verbundwerkstoffe* ausgeführt.

Durch Beschichtungen mit verschleißfesten Karbiden oder Oxiden wird eine *Funktionstrennung* erreicht: Die physikalisch (PVD, physical vapor deposition) oder chemisch (CVD, chemical vapor deposition) aufgedampften Schichten übernehmen den Verschleißschutz, das darunterliegende zähere Substrat die Tragfunktion auch bei instationären Lasten.

Als *Schneidstoffe* werden verwendet: unlegierte und legierte Stähle (noch für handgeführte Werkzeuge von Bedeutung), Schnellarbeitsstähle, Hartmetalle (inkl. Cermets), Keramiken und hochharte Schneidstoffe (Diamant und Bornitrid) (s. Bd. 1, Abschn. 31.1.4):

Schnellarbeitsstähle. Sie werden für Werkzeuge zum Bohren, Fräsen, Räumen, Sägen und Drehen eingesetzt. Gegenüber den Werkzeugstählen haben sie eine erheblich verbesserte (bis ca. 600 °C) Warmhärte (Abb. 41.32). Ihre Härte ergibt sich aus dem martensitischen Grundgefüge und aus eingelagerten Karbiden: W-Karbide, W-Mo-Karbide, Cr-Karbide, V-Karbide. Entsprechend lassen sich die Schnellarbeitsstähle in vier Gruppen gliedern (Bezeichnung der Schnellarbeitsstähle S mit W% – Mo% – V% – Co%):

18%ige W-Stähle,
z. B. S 18 – 1 – 2 – 10
12%ige W-Stähle,
z. B. S 12 – 1 – 4 – 5
6%ige W-, 5%ige Mo-Stähle,
z. B. S 6 – 5 – 2
2%ige W-, 9%ige Mo-Stähle,
z. B. S 2 – 9 – 2 – 8

Schnellarbeitsstähle sind im Stahl-Eisen-Werkstoffblatt 320 genormt. Die Durchhärtbarkeit bei Werkzeugen mit großen Querschnitten wird durch Mo und/oder durch Zulegieren von Cr erhöht. W steigert die Warmhärte, die Verschleißfestigkeit und die Anlassbeständigkeit, V die Verschleißfestigkeit (ist aber in hartem Zustand schwer schleifbar), Co die Warmhärte und Anlassbeständigkeit. Schnellarbeitsstähle werden schmelzmetallurgisch hergestellt. Gefügebau und Seigerungen sind dadurch bestimmt. Durch pulvermetallurgische Herstellung (gesinterte Schnellarbeitsstähle) lassen sich diese Nachteile überwinden. PM-Stähle weisen Vorteile in der Kantenfestigkeit und Schneidenhaltigkeit auf. Sie werden für Gewinde- und Reibwerkzeuge eingesetzt. Bei hohen V-Karbidanteilen sind sie besser schleifbar als erschmolzene Schnellarbeitsstähle. Nachteilig sind die höheren Herstellkosten.

Schnellarbeitsstähle werden meist durch PVD (reaktives Ionenplattieren), d. h. bei niedrigen Temperaturen, beschichtet, um unterhalb der Anlasstemperatur zu bleiben. Einfache Formen wie Wendeschneidplatten lassen sich durch CVD mit anschließendem Nachhärten behandeln. Als Schichtstoff wird Titannitrid (TiN, goldfarben) eingesetzt. Beschichtete Werkzeuge (Bohrer, Gewindebohrer, Wälzfräser, Formdrehmeißel) haben 2- bis 8fache Standzeit.

Hartmetalle. Sie sind zwei oder mehrphasige, pulvermetallurgisch erstellte Legierungen mit metallischem Binder. Als Hartstoffe werden Wolframkarbid (WC: α-Phase), Titannitrid (TiN), Titan- und Tantalcarbid (TiC, TaC: γ-Phase) verwendet. Binder ist Kobalt (Co: β-Phase) mit Anteilen zwischen 5 bis 15 %. Höhere Anteile der α-Phase erhöhen die Verschleißfestigkeit, der β-Phase die Zähigkeit und der γ-Phase die Warmverschleißfestigkeit. Es werden auch Nickel- und Molybdänbinder (Ni, Mo) in den sog. Cermets (auf Titancarbid bzw. -carbonitrid basierende Hartmetalle) eingesetzt. Cermets weisen hohe Kantenfestigkeit, Schneidhaltigkeit und eine höhere Warmhärte als konv. Hartmetalle auf. Sie sind zum Schlichten bei stabilen Schneidverhältnissen geeignet. Durch die pulvermetallurgische Herstellung von Hartmetallen besteht weitgehende Freiheit in der Wahl der Komponenten (im Gegensatz zur Schmelzmetallurgie).

Hartmetalle behalten ihre Härte bis über 1000 °C (Abb. 41.32). Sie sind daher bei höheren Schnittgeschwindigkeiten (3fach und mehr) einsetzbar als Schnellarbeitsstähle. Hartmetalle werden nach ISO 513 in die Zerspanungsanwendungsgruppen P (für langspanende duktile Eisenwerkstoffe), K (für kurzspanende Eisenwerkstoffe und für NE-Metalle) und M als Universalgruppe (für duktile Gusseisenwerkstoffe und für ferritische und austenitische Stähle) eingeteilt. Jede Gruppe wird durch Zahlenzusatz in Zähigkeits- bzw. Verschleißfestigkeitsstufen untergliedert; z. B. steht P02 für sehr verschleißfestes, P40 für zähes Hartmetall. Die Zerspanungsanwendungsgruppen enthalten keine Hinweise auf die Stoffzusammensetzung. Die Klassifizierung wird vom Hersteller vorgenommen.

Beschichtete Hartmetalle sind mit Titancarbid (TiC), Titannitrid (TiN), Aluminiumoxid (Al_2O_3) bzw. chemischen oder physikalischen Kombinationen aus diesen bedampft. Meist werden die Schichten durch CVD aufgebracht. Durch Beschichtungen werden höhere Standzeiten bzw. Schnittgeschwindigkeiten erreicht. Beschichtungen verbreitern den Einsatzbereich einer Sorte (Sortenbereinigung durch Breitbandwirkung). Beschichtete Hartmetalle sind nicht einzusetzen für NE-Metalle, hochnickelhaltige Eisenwerkstoffe und – wegen der herstellungsbedingten

Kantenverrundung – in der Fein-/Feinstzerspanung (daher hier vorteilhafter Einsatz von Cermets). Für den unterbrochenen Schnitt und zum Fräsen bedarf es besonderer Haftfestigkeit der Schichten, die durch Prozessführung bei der Beschichtung beeinflussbar ist.

Schneidkeramiken. Sie sind ein- oder mehrphasige, gesinterte Hartstoffe auf der Basis von Metalloxiden, -karbiden oder -nitriden. Sie unterscheiden sich von Hartmetallen durch Fehlen metallischer Binder und weisen hohe Härte auch bei Temperaturen oberhalb 1200 °C auf. Schneidkeramiken eignen sich daher grundsätzlich für das Spanen bei hoher Schnittgeschwindigkeit, meist oberhalb 500 m/min.

Der Einsatz von *Aluminiumoxidkeramik* wird durch die geringere Biegefestigkeit und Bruchzähigkeit gegenüber Hartmetall begrenzt. Bei Schnittunterbrechung sowie wechselnder mechanischer und thermischer Beanspruchung kommt es zu Mikrorissbildung, Risswachstum mit Ausbrüchen oder Totalbruch. Dieser Effekt ist stark von der Keramikart und -zusammensetzung abhängig. Durch den Übergang von einphasigen (Al_2O_3) zu mehrphasigen Stoffsystemen (feinverteilte Beimengungen von z. B. ZrO_2 oder TiC → *Dispersionskeramik*) konnten die mech. Eigenschaften wesentlich verbessert werden: Ein Anteil von 10–15 % ZrO_2 erhöht die Zähigkeit der Keramik (Umwandlungsverstärkung). Haupteinsatz: Gusseisen mit Lamellengraphit, Drehen unter stabilen Verhältnissen, Schnittgeschwindigkeit > 500 m/min; Drehen von Stahl möglich. Beimengungen von TiC bis 40 % zur Al_2O_3-Keramik (schwarze Mischkeramik) erhöht die Härte und Verschleißfestigkeit. Einsatz zur Hartbearbeitung, Breitschlichtfräsen von Gusseisen.

Die stark kovalente Bindung in Siliciumnitrid (Si_3N_4) führt zu einer hohen Festigkeit, Härte, Oxidationsbeständigkeit, Wärmefestigkeit und Thermoschockbeständigkeit. Hier besteht keine Begrenzung durch mangelnde Bruchzähigkeit. Si_3N_4 wird in drei Varianten als Schneidstoff eingesetzt: gesintertes Si_3N_4 ($\varrho = 3{,}1\,\mathrm{g/cm^3}$, $R_\mathrm{m} = 650\,\mathrm{MPa}$), heißgepresstes Si_3N_4 ($\varrho = 3{,}2\,\mathrm{g/cm^3}$, $R_\mathrm{m} = 700\,\mathrm{MPa}$) und als Stoffsystem Y-Si-Al-O-N. Eingeschränkt sind Herstellung und Einsatz von Si_3N_4 durch bisher notwendige Sinterhilfsmittel (z. B. Magnesiumoxid, Yttriumoxid). Sie bestimmen die Glasphasen in den Schneidstoffen. Bei der Zerspanung von Stahl oder duktilem Gusseisen kommt es zum Versagen durch starken Verschleiß. Si_3N_4 eignet sich dagegen zum Drehen und Fräsen von Grauguss, auch bei stark unterbrochenem Schnitt, und zum Drehen von hochnickelhaltigen Werkstoffen.

Hochharte Schneidstoffe. Hierzu gehören polykristalliner Diamant (PKD) und Bornitrid (PKB). Die Stoffe werden bei hohem Druck und hoher Temperatur synthetisiert. PKD wird als ca. 0,5 mm dicke Schicht auf Hartmetall aufgebracht. Einsatz: Aluminium und Al-Legierungen, insbesondere stark verschleißende AlSi-Legierungen, faserverstärkte Kunststoffe, Graphit, NE-Metalle; wegen des hohen chemischen Verschleißes für Stahl nicht einsetzbar. PKB ist demgegenüber gegen Eisen chemisch stabil. Einsatz: gehärtete Eisenwerkstoffe. Lieferformen als Massivkörper oder als ca. 0,5 mm dicke Auflage auf Hartmetall. Monokristalliner (Natur-)Diamant wird zur Fein- und Feinstbearbeitung (Drehen, Fräsen) von Al- und Cu-Legierungen mit extrem scharfkantigen Schneiden ($r_\beta < 1$ İm) eingesetzt.

41.3 Spanen mit geometrisch unbestimmter Schneide

41.3.1 Grundlagen

Spanen mit geometrisch unbestimmter Schneide ist Trennen mit mechanischer Einwirkung von Schneiden auf den Werkstoff (DIN 8580, 3. Gruppe der Hauptgruppe Trennen). Die Schneiden werden von unregelmäßig geformten *Hartstoffkörnern* gebildet. Die einzelne Schneide ist geometrisch unbestimmt. Die Unterscheidung zwischen gebundenem und ungebundenem Korn erfolgt in Untergruppen:

- Schleifen,
- Werkzeug (DIN 8589, T11),
- Bandschleifen (DIN 8589, T12),

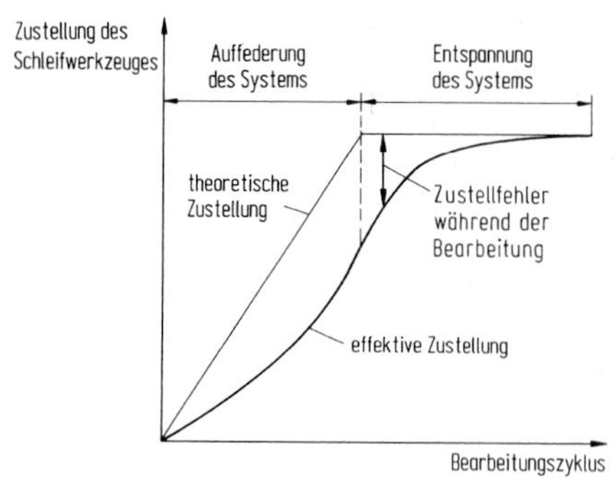

Abb. 41.33 Zustellfehler bei der Feinbearbeitung durch elastische Verformungen im System Maschine-Werkzeug-Werkstück

- Hubschleifen (DIN 8589, T13),
- Honen (DIN 8589, T14),
- Läppen (DIN 8589, T15),
- Gleitspanen (DIN 8589, T17).

Den Verfahren ist gemeinsam, dass die Hartstoffkörner meist mehrere Schneiden bilden. Die für die Spanbildung wichtigen Schneidenwinkel, der *Freiwinkel* α, der *Spanwinkel* γ bzw. der *Keilwinkel* β werden nur mit statistischen Größen wie Mittelwerten oder Verteilungen angegeben. Im Mittel treten stark negative Spanwinkel und große Kontakt- und Reibzonen zwischen Korn und Werkstück auf. Die Schneiden dringen nur wenige Mikrometer in den Werkstoff ein, wobei die Spanungsdickenverteilung von der Lage der Schneiden im Kornverbund (Mikrotopographie des Schneidenraums) und von der Mikrogeometrie der zerspanten Werkstückoberfläche abhängen. Es kommt nicht nur zu einer Spanabnahme, sondern auch zu elastischen und plastischen Verformungen ohne Spanabnahme.

An den überwiegend negativen Spanwinkeln der Schneiden ergeben sich hohe Normalkräfte zwischen Werkzeug und Werkstück. Sie führen zu elastischen Verformungen in der Maschine (Auffederung des Gestells und Spindeldurchbiegung), im Werkzeug und im Werkstück. Die Verformungen können die üblichen geringen Zustellungen deutlich überschreiten. Daher muss zwischen theoretischer und effektiver Zustellung unterschieden werden (Abb. 41.33).

Bearbeitungsverfahren mit geometrisch unbestimmter Schneide werden häufig als Endbearbeitungsverfahren für Werkstücke eingesetzt, an die erhöhte Qualitätsanforderungen gestellt werden. Abb. 41.34 zeigt einen Vergleich der Arbeitsergebnisse und der Wirtschaftlichkeit für verschiedene Feinbearbeitungsverfahren. Durch Schleifen lassen sich hohe Abtragsraten erzielen, die Verfahren Honen und Läppen vermögen die besten Oberflächenqualitäten zu erzeugen.

Als Schneidstoffe für das Spanen mit geometrisch unbestimmten Schneiden kommen sprödharte Hartstoffe wie Zirkonkorund (ZrO_2 mit Al_2O_3), Korund (Al_2O_3), Siliciumcarbid (SiC), Borcarbid (B_4C), Bornitrid (BN) und Diamant (C) zum Einsatz, deren Härte in Abb. 41.35 dargestellt ist. Diamantkörner weisen die höchste Härte auf. Für die Stahlbearbeitung ist Diamant jedoch nicht geeignet, da zwischen Diamant und Eisen eine hohe chemische Affinität besteht, die oberhalb von 700 °C zu starkem Verschleiß des Werkzeugs führt.

Abb. 41.34 Wirtschaftlicher und technologischer Vergleich verschiedener Feinbearbeitungsverfahren

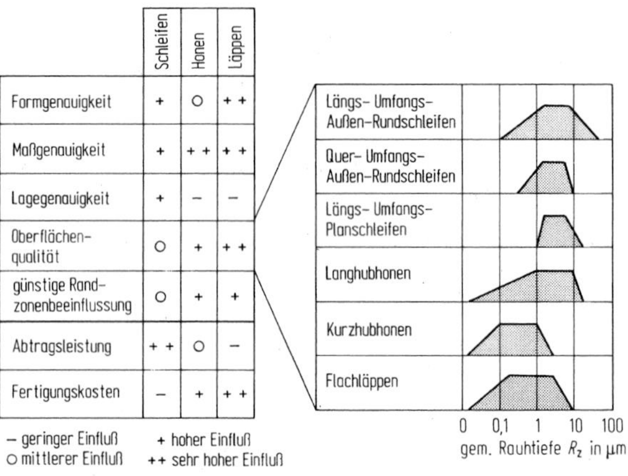

	Schleifen	Honen	Läppen
Formgenauigkeit	+	o	+ +
Maßgenauigkeit	+	+ +	+ +
Lagegenauigkeit	+	–	–
Oberflächenqualität	o	+	+ +
günstige Randzonenbeeinflussung	o	+	+
Abtragsleistung	+ +	o	–
Fertigungskosten	–	+	+ +

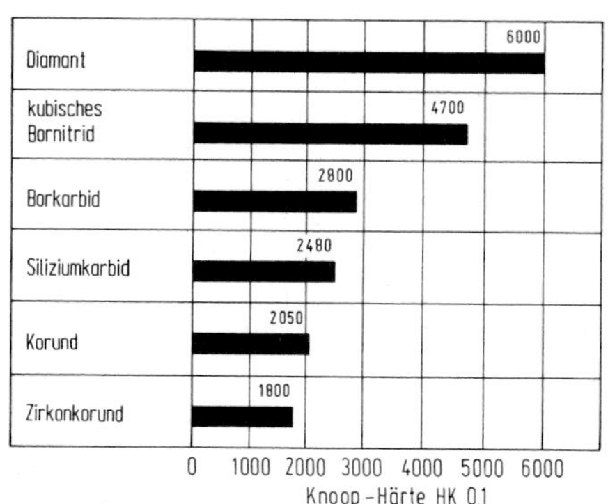

Abb. 41.35 Knoop'sche Härte verschiedener Hartstoffe

Die Klassierung der Körner nach Größe erfolgt durch Absieben (DIN ISO 603). Grundlage aller Standards ist die Maschenweite der Siebe (DIN 69165), durch die die Schleifkörner durchtreten. Dabei wird die mittlere Korngröße von der Form des Einzelkorns bestimmt. Unterhalb einer bestimmten Korngröße kann durch Absetzen aus einer aufgeschlämmten Wasser-Korn-Suspension klassiert werden. Die Körner werden zu einem Werkzeug gebunden verwandt (Schleifen, Honen) oder auch in loser Form eingesetzt (Läppen, Strahlen).

Die Bindung wird je nach den Erfordernissen des Bearbeitungsprozesses und denen des Kornmaterials gewählt. Sie hat die Aufgabe, die Schleifkörper im Bindungsverband zu halten und das Herausbrechen von verschlissenen Körnern zu ermöglichen. Es werden anorganische Bindungen (Keramik, Silicat, Magnesit), organische Bindungen (Gummi, Kunstharz, Leim) und metallische Bindungen (Bronze, Stahl, Hartmetall) eingesetzt. Bindungen aus Keramik oder Kunstharz werden überwiegend verwandt. Bei der Herstellung eines Werkzeugs kann dessen Struktur durch Variation der Korn-, Bindungs- und Porenanteile in Grenzen beeinflusst werden.

Der *Spanbildungsmechanismus* beim Einsatz geometrisch unbestimmter Schneiden unterscheidet sich von dem der geometrisch bestimmten Zerspanung. Kennzeichnend für diesen Prozess ist der oftmals stark negative Spanwinkel am Einzelkorn. Hierdurch kommt es in Phase *1* zu elastischen Verformungen des Werkstoffs. In Phase *2* treten plastische Werkstoffverformungen auf,

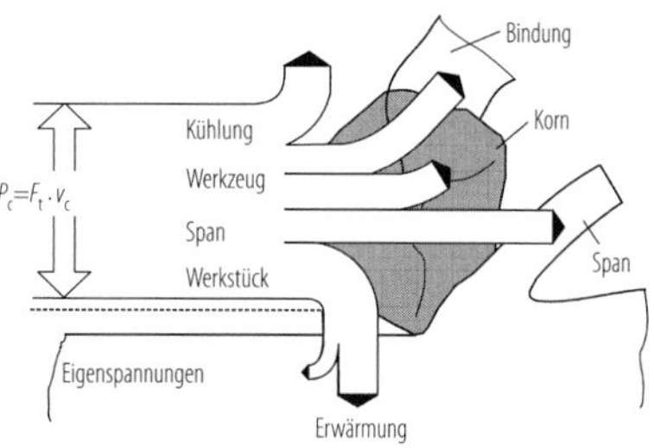

Abb. 41.36 Energieflüsse

während in Phase *3* die eigentliche Spanabnahme stattfindet. Es treten hohe Reibanteile zwischen Einzelkorn und Werkstoff auf.

Die zugeführte mechanische Energie wird nahezu ausschließlich in Wärme umgesetzt. Abb. 41.36 zeigt qualitativ die Verteilung der Wärmeströme am Einzelkorn. Der größte Teil der entstandenen Wärmemenge fließt in das Werkstück, ein kleinerer Teil in das Korn, die Bindung und die Umgebung (Kühlschmiermittel, Luft). Durch Temperaturerhöhung im Werkstück kann dessen Randzone beeinträchtigt werden. Dies äußert sich in thermisch bedingten Eigenspannungen, Gefügeänderungen oder Rissen, die das spätere Einsatzverhalten beeinflussen. Bei Verwendung gut wärmeleitender Korn- (CBN, Diamant) und Bindungswerkstoffe wird der in das Werkstück fließende Wärmeanteil vermindert.

Beim Spanen mit geometrisch unbestimmter Schneide ist der Einsatz von *Kühlschmiermittel* für das Arbeitsergebnis von Bedeutung. Durch die Kühl- und die Schmierwirkung kann der Werkzeugverschleiß gesenkt werden. Außerdem wird die Temperatur des Werkstücks gemindert und somit die Gefahr thermischer Randzonenschädigungen verringert. Eingesetzt werden nicht wassermischbare (Öle) und wassermischbare (Emulsionen, Lösungen) Kühlschmierstoffe (DIN 51 385), deren Wirkung durch Additive (polare und EP-Additive zur Verbesserung der Schmierwirkung, Entschäumer, Biozide und Rostinhibitoren) noch verbessert werden kann. Die Schmierwirkung wird durch die tribologischen Kenngrößen des Kühlschmierstoffs beschrieben. Die Kühlwirkung hängt von physikalischen Kenngrößen ab: spezifische Wärmekapazität c in kJ/(kg K), Wärmeübergangskoeffizient α in W/(m^2 K), Wärmeleitfähigkeit λ in W/(m K),

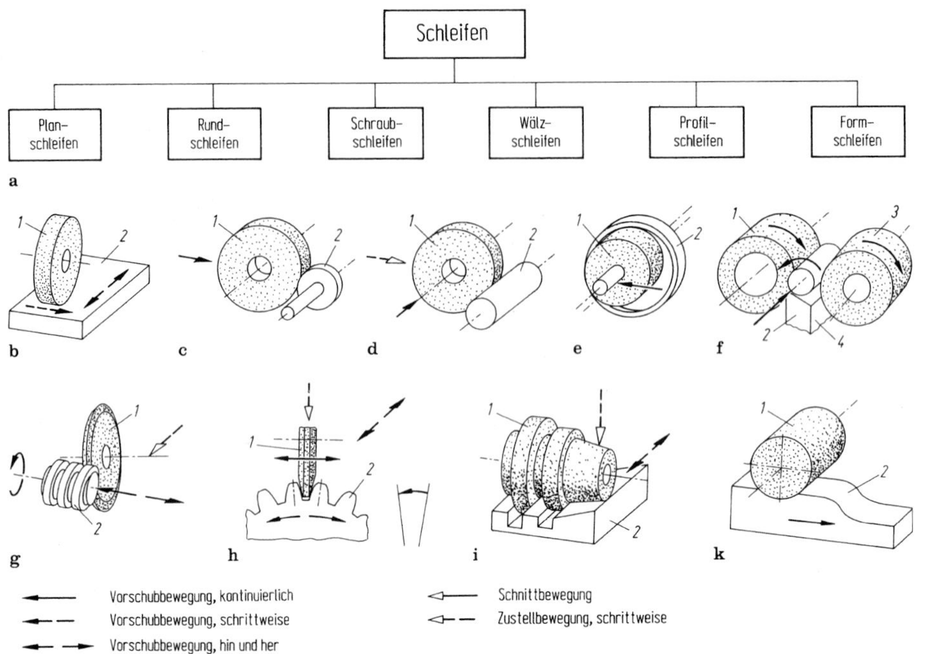

Abb. 41.37 Schleifverfahren, schematisch (DIN 8589, T11). **a** Gliederung; **b** Längs-Umfangs-Planschleifen; **c** Quer-Umfangs-Außen-Rundschleifen; **d** Längs-Umfangs-Außen-Rundschleifen; **e** Quer-Umfangs-Innen-Rundschleifen; **f** Spitzenlos-Durchlaufschleifen; **g** Längs-Außen-Schraubschleifen; **h** diskontinuierliches Außen-Wälzschleifen; **i** Längs-Außen-Profilschleifen; **k** Nachformschleifen. *1* Schleifscheibe, *2* Werkstück, *3* Regelscheibe, *4* Auflage

Verdampfungswärme l_d in kJ/kg und Oberflächenspannung σ in N/m.

41.3.2 Schleifen mit rotierendem Werkzeug

Verfahren. Schleifen wird in DIN 8589 T 11 in sechs Verfahren nach der Form der erzeugten Flächen unterteilt. Abb. 41.37a zeigt die Gliederung und Abb. 41.37b–k Beispiele für verschiedene Bewegungsaufteilungen und Werkzeugformen.

Spanbildung. Der Materialabtrag erfolgt, indem Schleifkörner auf einer flachen Bahn in den Werkstoff eindringen. Wegen der i. Allg. ungünstigen Schneidenform und der geringen Spanungsdicken sind die elastischen Anteile an der Formänderung des Werkstoffs nicht vernachlässigbar. Neben der eigentlichen Spanbildung finden Reibungs- und Verdrängungsvorgänge statt. Die Beurteilung des Verfahrens wird durch statistische Größen, z. B. Mittelwerte, Varianzen, Verteilungen vorgenommen. Abb. 41.38 zeigt vereinfachend, wie durch *die Überlagerung von Schnitt- und Vorschubgeschwindigkeit* ein kommaförmiger Span entsteht. Während das Korn *1* den Weg *AB* zurückgelegt hat, hat sich der Schleifscheibenmittelpunkt von *0* nach *01* weiterbewegt. Das nachfolgende Korn *2* wird die Bahn *CD* zurücklegen. Die Dicke eines durchschnittlichen Spans steigt dabei von 0 bis auf h_{max} an. Eine einfache Beziehung für die mittlere unverformte Spanungsdicke $\bar{h}$ erhält man durch Anwendung der Kontinuitätsbeziehung $v_{ft}\, a_e\, a_p = v_c\, N_A V_{Sp}\, a_p$:

$$\bar{h} = \frac{v_{ft}}{v_c} \cdot \frac{1}{\bar{b} \cdot N_A} \sqrt{\frac{a_e}{d_{eq}}}$$

mit $\bar{l} = \sqrt{a_e\, d_{eq}}$, $V_{Sp} = \bar{l}\ \bar{b}\ \bar{h}$ und $d_{eq} = \frac{d_w d_s}{d_w \pm d_s}$ (+ Außenrundschleifen, – Innenrundschleifen) oder

$$\bar{h} = \sqrt{\frac{v_{ft}}{v_c} \cdot \frac{1}{r N_A} \sqrt{\frac{a_e}{d_{eq}}}} \quad \text{mit } r = \frac{\bar{b}}{\bar{h}}\,.$$

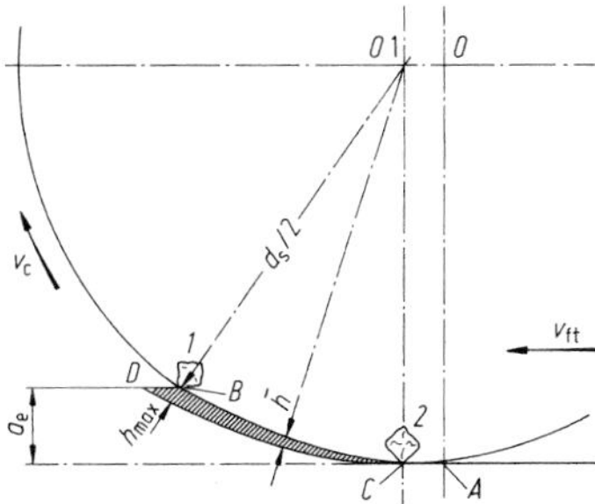

Abb. 41.38 Eingriffsverhältnisse beim Planschleifen (Erläuterungen im Text)

Hierin sind: $\bar{h}$ mittlere (unverformte) Spanungsdicke, $\bar{l}$ mittlere (unverformte) Spanungslänge, $\bar{b}$ mittlere (unverformte) Spanungsbreite, v_{ft} Werkstück-Vorschubgeschwindigkeit, v_c Schnittgeschwindigkeit, a_e Schnitttiefe, Zustellung, a_p Eingriffsbreite (Schleifbreite), d_{eq} äquivalenter Schleifscheibendurchmesser, d_s Schleifscheibendurchmesser, d_w Werkstückdurchmesser ($\rightarrow\infty$ beim Planschleifen), N_A Anzahl der aktiven Schneiden pro Flächeneinheit der Schleifscheibe, r Verhältnis mittlere Spanungsbreite zu mittlerer Spanungsdicke. Die maximale Spanungsdicke h_{max} beträgt das Doppelte der so ermittelten mittleren Spanungsdicke $\bar{h}$.

Wegen messtechnischer Schwierigkeiten bei der Bestimmung der Kornzahl und -verteilung wird häufig die äquivalente Spanungsdicke h_{eq} als Kenngröße zur Beurteilung des Schleifprozesses verwendet:

$$h_{eq} = a_e v_{ft} / v_c \,.$$

Schleifscheibenaufbau. Eine Schleifscheibe besteht aus *Korn, Bindung* und *Poren*. Die Spezifikation einer Schleifscheibe ist nach DIN ISO 603 genormt. Schleifscheiben aus Diamant oder kubischem Bornitrid (CBN) sind in dieser Norm nicht berücksichtigt. Sie bestehen aus einem Grundkörper, auf den der Schleifbelag aufgebracht ist. Übliche Belagdicken liegen zwischen 2 und 5 mm.

Verschleiß an der Schleifscheibe kann am Korn und an der Bindung auftreten. Durch Druckerweichen und Abrasion werden Schneidkörner verrundet. Absplittern führt zur Bildung neuer Schneidkanten. Für das Ausbrechen ganzer Körner aus dem Bindungsverband sind die Haltekräfte der Bindung (Bindungsart) maßgebend. Verschiedene Verschleißarten und Möglichkeiten der Schärfung zeigt Abb. 41.39.

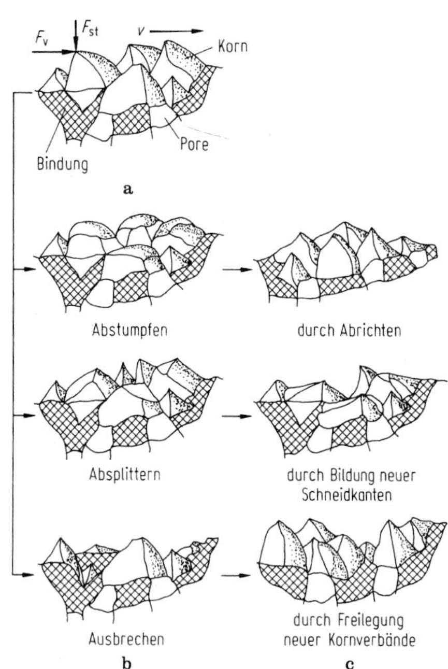

Abb. 41.39 Verschleißarten und Möglichkeiten des Schärfens. **a** scharfe Schleifscheibe; **b** Verschleißarten; **c** Möglichkeiten der Schärfung

Verfahrensgrenzen. Beschränkungen des Verfahrens ergeben sich, wenn die Ausgangsgrößen wie *Maß- und Formgenauigkeit, Oberflächengüte* sowie *Werkstückrandzonenbeschaffenheit* nicht innerhalb der geforderten Grenzen liegen. Das Zusammenwirken der unterschiedlichen Einflussgrößen, wie Werkstück, Maschineneinstellgrößen, Werkzeug, Kühlschmierung etc. kann dabei außerordentlich vielfältig sein.

Eine mechanische oder thermische Überlastung des Werkstoffs im Schleifprozess kann die Eigenschaften eines geschliffenen Bauteils negativ beeinflussen. Typische Schleiffehler, die auf eine fehlerhafte Prozessführung hinweisen, sind Rattermarken, Zugeigenspannungen, Schleifbrand und Risse am Werkstück.

Konditionieren. Ziel des Konditionierens ist es, der Schleifscheibe das geforderte *Profil* und den nötigen *Rundlauf* zu geben (Profilieren),

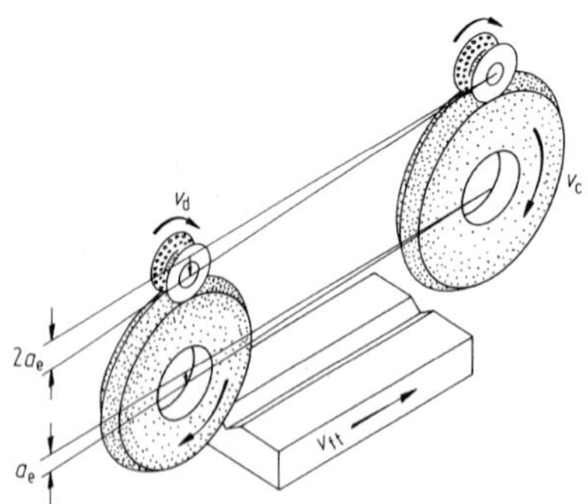

Abb. 41.40 Prinzip des Schleifens mit kontinuierlichem Abrichten. v_c Schnittgeschwindigkeit, v_{ft} tangentiale Vorschubgeschwindigkeit, v_d Abrichtgeschwindigkeit, a_e Arbeitseingriff

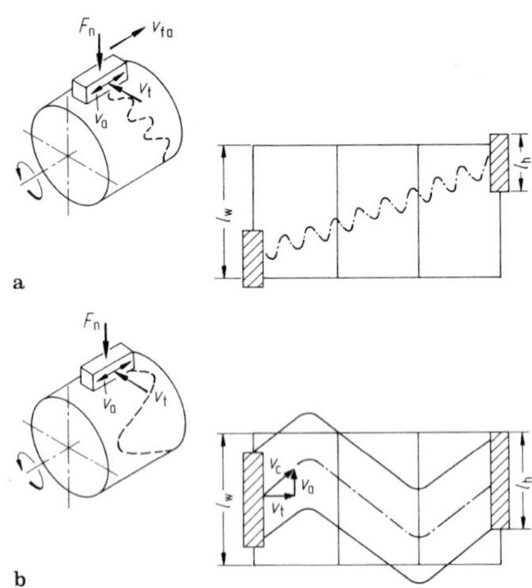

Abb. 41.41 Geometrie und Kinematik **a** beim Kurz- und **b** Langhub-Außenrundhonen [12]. v_{fa} axiale Vorschubgeschwindigkeit, v_a axiale Schnittgeschwindigkeit, v_t tangentiale Schnittgeschwindigkeit, v_c Schnittgeschwindigkeit, F_n Normalkraft, l_w Werkstücklänge, l_n Länge der Honleiste

die notwendige *Schleifscheibentopographie* mit schneidfähigen Körnern (Schärfen) zu erzeugen sowie Ablagerungen in den Spanräumen der Scheibe zu entfernen (Reinigen). In der Regel werden die Vorgänge Profilieren und Schärfen (Abrichten) in einem Arbeitsgang durchgeführt, indem ein Abrichtwerkzeug an der Schleifscheibenoberfläche vorbeibewegt wird. Wesentlicher Bestandteil der Abrichtwerkzeuge sind mit Diamantkörnern belegte Körper, es gibt aber auch diamantfreie Stahl- und Keramikkörper bzw. -flächen. Galvanisch gebundene, mit nur einer Kornschicht belegte Schleifwerkzeuge sind nicht abrichtbar. Ihr Standzeitende ist erreicht, wenn diese Kornschicht verbraucht ist.

Eine Sonderstellung nimmt das Schleifen mit kontinuierlichem Abrichten ein (CD-Schleifen = continuous dressing) (Abb. 41.40). Hierbei ist das Abrichtwerkzeug, in der Regel eine Diamant-Abrichtrolle, während des Schleifens im Eingriff und wird kontinuierlich radial zur Schleifscheibe zugestellt. Dadurch lässt sich durch ein konstantes Schleifscheibenprofil und eine gleichmäßige Schleifscheibentopographie mit scharfen Schneiden das Zeitspanvolumen erheblich steigern [11]. Die Durchmesserabnahme der Schleifscheibe infolge des erhöhten Verschleißes beim CD-Schleifen muss durch die Maschinensteuerung kompensiert werden.

Entwicklungstendenzen. Das Schleifen hat sich vom traditionellen Feinbearbeitungsverfahren zur Verbesserung von Maß, Form und Oberflächengüte zu einem sehr vielseitigen und leistungsfähigen Fertigungsverfahren entwickelt.

Neue Schleifverfahren wie Tiefschleifen, Hochgeschwindigkeitsschleifen, Schnellhub-Schleifen (Keramikbearbeitung) und Schleifen mit kontinuierlichem Abrichten (CD-Schleifen), der zunehmende Einsatz der superharten Schleifmittel Diamant und kubisches Bornitrid (CBN) sowie die CNC-Technik und Sensorik haben gleichermaßen zur Leistungssteigerung dieses Fertigungsverfahrens beigetragen.

41.3.3 Honen

Honen wird mit einem vielschneidigen Werkzeug aus gebundenem Korn mit einer aus zwei Komponenten bestehenden Schnittbewegung ausgeführt, von denen mindestens eine oszillierend ist. Die wesentlichen Honverfahren sind das Außenrund-, das Innenrund- und das Planhonen. Nach der Größe der Oszillationsamplitude können weiterhin zwei Hauptgruppen, das Langhubhonen und das Kurzhubhonen, unterschieden werden (Abb. 41.41) [12].

Beim *Langhubhonen* wird mit großer Oszillationsamplitude und geringer Frequenz gearbeitet;

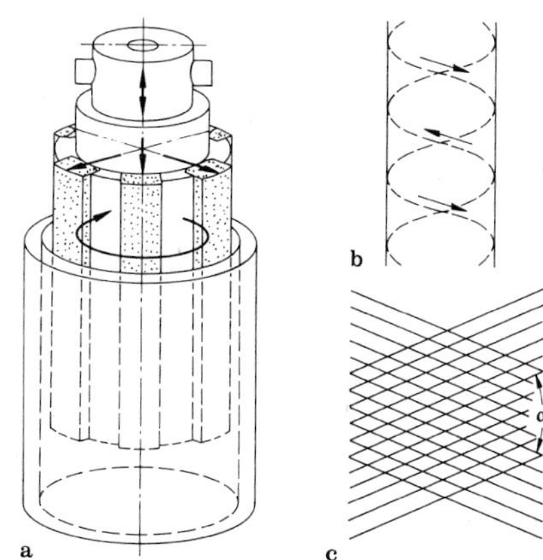

Abb. 41.42 Arbeitsvorgang beim Langhubhonen. **a** Arbeitsprinzip; **b** Honbewegung des Werkzeugs; **c** Oberflächenstruktur (α Überschneidungswinkel)

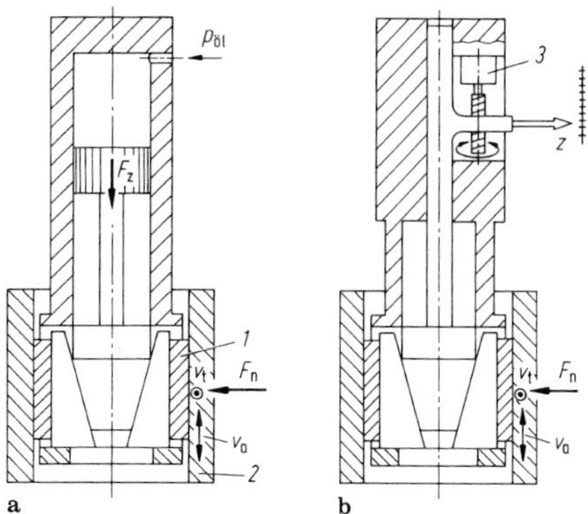

Abb. 41.43 Kraft- und wegabhängige Vorschubeinrichtung zum Honen. **a** kraftabhängig; **b** wegabhängig. *1* Honleiste, *2* Werkstück, *3* Schrittmotor

beim *Kurzhubhonen* wird die Oszillationsbewegung mit geringer Amplitude und entsprechend hoher Frequenz ausgeführt. Die Bahnkurven in Abb. 41.41 geben die Bewegung einer Honleiste auf einer abgewickelten Werkstückoberfläche wieder.

Aufgrund der überlagerten Bewegung beim Honen zeigt die Werkstückoberfläche gekreuzte Spuren der schneidenden Körner, wobei beide Spuren einen Winkel α einschließen (Abb. 41.42). Die Größe des Überschneidungswinkels α wird durch die Wahl des Verhältnisses der axialen (υ_a) und der tangentialen (υ_t) Schnittgeschwindigkeitskomponente bestimmt. Für Werkstücke ohne Längs- und Quernuten wird der Winkel α i. Allg. mit 45° angesetzt. Die Schnittgeschwindigkeit υ_c lässt sich durch die genannten Geschwindigkeitskomponenten beim Honen nach $\upsilon_c = \left(\upsilon_a^2 + \upsilon_t^2\right)^{1/2}$ berechnen. Üblicherweise ist die Schnittgeschwindigkeit nicht höher als $\upsilon_c = 1{,}5\,\text{m/s}$ [13, 14].

Während der Schnittbewegung werden die Honleisten mit der Honnormalkraft F_n, die durch unterschiedliche Vorschubsysteme erzeugt werden kann, an die zu bearbeitende Werkstückfläche gepresst (Abb. 41.43). Bei kraftabhängigem Vorschub wird ein definierter Hydraulikdruck $p_{öl}$ an der Maschine eingestellt. Die daraus resultierende Zustellkraft F_z wird über einen Zustellstift und Konen auf die Honleisten übertragen. Bei wegabhängigem Vorschub werden definierte Vorschubwege, z. B. durch einen Schrittmotor, erzeugt, aus denen die Normalkraft F_n an den Honleisten resultiert.

Wichtige Einflussgrößen auf das Arbeitsergebnis des Honprozesses sind Kornart, Korngröße, Bindungsart, Härte und Tränkung der Honleisten. Die Kornarten lassen sich in die konventionellen Kornwerkstoffe Korund und Siliciumcarbid sowie in die superharten Kornwerkstoffe Diamant und kubisch kristallines Bornitrid (CBN) unterteilen. Die Korngröße hat einen Einfluss auf das Zeitspanvolumen und die Oberflächenqualität. Die erreichbaren Rautiefen liegen bei $R_z = 1$ Îm für das Langhubhonen beziehungsweise $R_z = 0{,}1$ Îm für das Kurzhubhonen. Dabei werden Maß und Formgenauigkeiten von 1 bis 3 Îm an den bearbeiteten Werkstücken erzielt. Im Gegensatz zum Schleifen werden die in der Honleiste gebundenen Körner durch die Oszillationsbewegung mehrachsig beansprucht. Daher sind Honwerkzeuge selbstschärfend.

Wie beim Schleifen wird auch beim Honen Kühlschmiermittel eingesetzt. Aufgrund der geringen Schnittgeschwindigkeit tritt allerdings eine geringe Erwärmung auf, so dass die Kühlwirkung eine untergeordnete Rolle spielt. Die Flächenberührung zwischen Honstein und Werkstück erfordert vielmehr eine reibungsmindernde Schmierwirkung. Deshalb wird i. Allg. reines Öl, gegebenenfalls mit Zusätzen verwendet.

Die Anwendungsbereiche des Honens sind ebenfalls nach Lang- und Kurzhubhonen zu un-

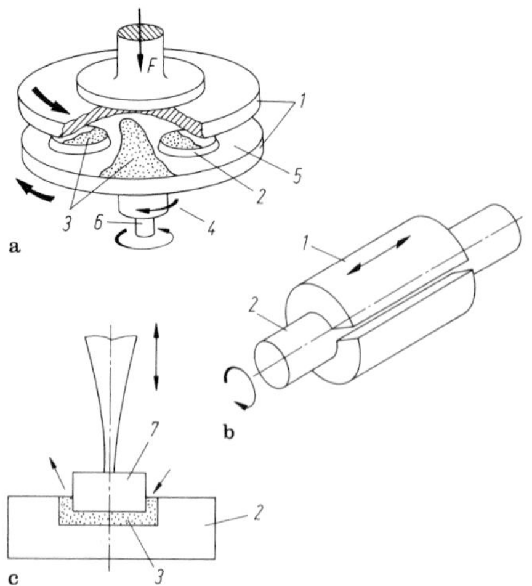

Abb. 41.44 Läppverfahren (DIN 8589, T 15). **a** Planparallelläppen; **b** Läppen von Außenzylindern; **c** Schwingläppen. *1* Läppmittelträger, *2* Werkstück, *3* Läppmittel, *4* Läppscheibenantrieb, *5* Läppkäfig, exzentrisch, gelagert, *6* Käfigantrieb, *7* Schwingrüssel

terteilen. Das Langhubhonen wird i. Allg. für innenzylindrische Werkstücke, z. B. Kolbenlaufbahnen in Verbrennungsmotoren, eingesetzt. Das Kurzhubhonen wird vornehmlich zur Bearbeitung kleiner, zylindrischer Bauteile, wie z. B. Laufbahnen an Wälzlagerinnen- und Außenringen oder Wälzlagerrollen, eingesetzt [12].

41.3.4 Sonstige Verfahren: Läppen, Innendurchmesser-Trennschleifen

Läppen Nach DIN 8589 ist Läppen definiert als Spanen mit losem, in einer Paste oder Flüssigkeit verteiltem Korn, dem Läppgemisch, das auf einem meist formübertragenden Gegenstück (Läppwerkzeug) bei möglichst ungeordneten Schneidbahnen der einzelnen Körner geführt wird. Bei den Läppverfahren wird nach Plan-, Rund- und Bohrungsläppen sowie Schwingläppen unterschieden (Abb. 41.44).

Beim *Plan-* bzw. *Planparallelläppen* wird mit Ein- oder Zweischeibenläppmaschinen gearbeitet. Die Läppscheiben dienen als Träger des Läppmittels. Sie werden überwiegend aus perlitischen Gusswerkstoffen oder gehärteten Stahllegierungen gefertigt.

Das Läppmittel setzt sich aus dem Läpppulver und dem Trägermedium im Verhältnis 1 : 2 bis 1 : 6 zusammen. Als Läpppulver werden Körner aus Siliciumcarbid, Korund, Borkarbid oder Diamant verwendet. Welche Kornart im einzelnen Anwendungsfall einzusetzen ist, richtet sich nach dem zu bearbeitenden Werkstoff. Im Allgemeinen wird mit Korngrößen von 5 bis 40 İm gearbeitet. Als Trägermedium wird neben dickflüssigen Ölen oder ähnlichen Flüssigkeiten in den letzten Jahren immer häufiger Wasser mit entsprechenden Zusätzen verwendet. Die Läppflüssigkeiten haben u. a. die Aufgabe, das Werkstück zu kühlen und den Spänetransport aus der Wirkzone zu gewährleisten.

Läppen ist ein Fein- bzw. Feinstbearbeitungsverfahren zur Erzeugung von Funktionsflächen höchster Oberflächenqualität. Dabei werden Rautiefen bis $R_t = 0{,}03$ İm, Ebenheiten $< 0{,}3$ İm/m und Planparallelitäten bis zu 0,2 İm erzielt. Typische Anwendungsgebiete der Läppverfahren sind die Bearbeitung von Präzisions-Hartmetallwerkzeugen, Kalibrierlehren oder Hydraulikkolben. Eine Sonderform der Läppverfahren stellt das Ultraschall-Schwingläppen dar, das sich besonders für die Bearbeitung sprödharter Werkstoffe, z. B. fertiggesinterte Keramikbauteile, eignet [15, 16].

41.3.4.1 Innendurchmesser-Trennschleifen

Das Innendurchmesser-(ID-)Trennschleifen, in der industriellen Praxis auch „Innenlochsägen“ genannt, ist ein hochpräzises Feinbearbeitungsverfahren für sprödharte Werkstoffe. Es dient zum Aufteilen von stabförmigen Werkstücken in dünne Scheiben (Abb. 41.45).

Neben optischen Werkstoffen (Gläser, Glaskeramiken), magnetischen Materialien (Samarium-Kobalt, Neodym-Eisen-Bor), Keramiken und Kristallen für Festkörperlaser werden vor allem Halbleitermaterialien bearbeitet. Von Silicium-Einkristallstäben werden dünne Scheiben, sog. Wafer, abgetrennt (s. Abschn. 42.3).

Im Vergleich zu herkömmlichen Trennschleifverfahren kann mit dem ID-Trennschleifen der Materialverlust im Schneidspalt durch eine geringe Schnittbreite um ca. 80 % verringert werden.

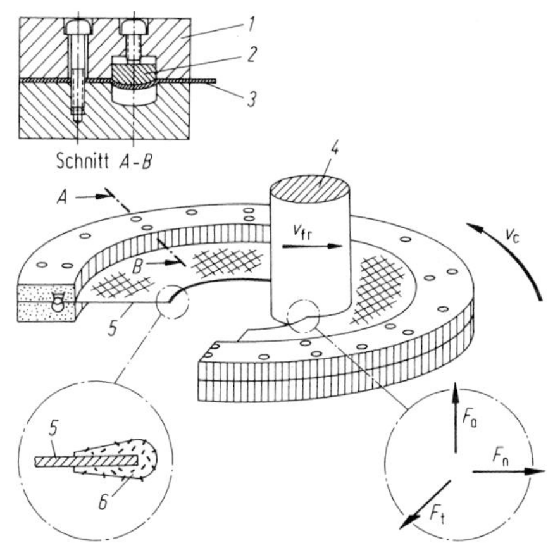

Abb. 41.45 Prinzip des ID-Trennschleifens. *1* Klemmring, *2* Spannring, *3* ID-Trennblatt, *4* Si-Kristall, *5* Blattkern, *6* Schneidkante mit Diamantbelag, v_c Schnittgeschwindigkeit, v_{fr} radiale Vorschubgeschwindigkeit, F_n, F_t, F_a Prozesskräfte

Besonders für teure und hochwertige Werkstoffe bedeutet dies einen entscheidenden Vorteil.

Der Werkzeuggrundkörper besteht aus einer hochfesten kaltgewalzten Edelstahlronde mit einer Dicke zwischen 100 und 170 İm.

Am Innenrand des Trennblatts ist galvanisch ein Diamantbelag in einer Nickelbasisbindung aufgebracht, der die tropfenförmige Schneidkante bildet. Die gebräuchlichen Korngrößen bewegen sich zwischen 45 und 130 İm. Mit dem Verfahren lassen sich Schnittbreiten von 0,29 bis zu 0,7 mm realisieren. Als Schneidstoff wird in der Regel Naturdiamant verwendet. Für spezielle Anwendungsfälle kann auch CBN eingesetzt werden. Werkstückdurchmesser bis 200 mm können bearbeitet werden.

Um die für den Trennprozess notwendige Steifigkeit an der Schneidkante zu erhalten, wird das Trennblatt, einem Trommelfell vergleichbar, mit einer speziellen Spannvorrichtung am Außenrand aufgespannt. Das ID-Trennblatt wird dabei radial aufgeweitet, bis am Innenrand die tangentialen Spannungen Werte im Bereich von etwa 1800 N/mm^2 erreichen. Beim Trennschleifprozess wird das Werkstück in einer radialen Vorschubbewegung relativ zum rotierenden Werkzeug bewegt [17]. Beim Stabstirn-Trennschleifen, einer Erweiterung des ID-Trennschleifens, ist dem Trennvorgang ein Planschleifprozess überlagert. Damit lassen sich plane Trennflächen (Referenzflächen) erzeugen.

41.4 Abtragen

41.4.1 Gliederung

Spanende Verfahren arbeiten mit mechanischer Einwirkung von Schneiden auf das Werkstück. Sie sind daher von den Werkstoffeigenschaften wie Festigkeit, Härte, Verschleißwiderstand oder Zähigkeit abhängig. Abtragende Verfahren nutzen *thermische, chemische* oder *elektrochemische Prozesse* zur Formgebung. Sie sind von den mechanischen Eigenschaften der Werkstoffe unabhängig. Sie sind für das Spanen schwer oder gar nicht bearbeitbarer Stoffe eingeführt (hochvergütete Werkzeugstähle, Nickelbasislegierungen oder hochharte Werkstoffe wie Diamant oder kubisches Bornitrid). Sie werden auch für die Bearbeitung komplexer, schwer zugänglicher oder sehr kleiner (Mikrotechnologie) Flächen und Konturen eingesetzt.

Nach DIN 8590 ist Abtragen Fertigen durch Abtrennen von Stoffteilchen von einem festen Körper ohne mechanische Einwirkung (s. Abb. 42.39).

Der *thermische Abtragprozess* ist durch das Abtrennen von Werkstoffteilchen in festem, flüssigem oder gasförmigem Zustand unter Wärmeeinwirkung bestimmt. Das Entfernen der abgetrennten Teilchen wird durch mechanische und/oder elektromagnetische Kräfte bewirkt. Nach dem Energieträger, durch den die für den Trennvorgang notwendige Wärme von außen zugeführt wird, erfolgt die weitere Unterteilung dieser Untergruppe.

Das Wirkprinzip des *chemischen Abtragens* beruht auf der chemischen Reaktion des Werkstoffs mit einem Wirkmedium zu einer Verbindung, die flüchtig ist oder sich leicht entfernen lässt. Die Stoffumsetzung kommt durch eine direkte chemische Reaktion zustande.

Das *elektrochemische Abtragen* ergibt sich aus der Reaktion von metallischen Werkstoffen mit einem dissoziierten elektrisch leitenden Wirkmedium unter der Einwirkung elektrischen Stroms zu einer Verbindung, die im Wirkmedium löslich ist oder ausfällt. Der Stromfluss wird durch eine äußere Spannungsquelle initiiert.

41.4.2 Thermisches Abtragen mit Funken (Funkenerosives Abtragen)

Durch funkenerosives Abtragen werden elektrisch leitende Werkstoffe in einem Dielektrikum bearbeitet. Dazu werden Entladungen zwischen einer Elektrode und dem Werkstück in schneller Folge auf- und abgebaut [18] (Abb. 41.46): In der 1. Phase tritt an der Stelle geringsten Abstands (größte Feldstärke) Ionisation des Dielektrikums auf (t_1). Es bildet sich lawinenartig (Stoßionisation) ein Entladekanal. Der Entladestrom baut sich auf, und die Spannung fällt auf die physikalisch bedingte Spaltspannung von ca. 25 V ab (t_2). In der 3. Phase wird das Plasma im sich erweiternden Entladekanal aufgeheizt. Durch Einschnürung der Entladung treten Temperaturen von ca. $10 \cdot 10^3$ K auf. An den Lichtbogenenden (Elektrode und Werkstück) werden kleine Volumina aufgeschmolzen (t_3). Bei Impulsende verdampft die überhitzte Schmelze explosionsartig (t_4). Die Energie je Puls bestimmt die Kratergröße und die Beeinflussung der Randzone am Werkstück [19].

Das *Dielektrikum* hat folgende Aufgaben: Isolation von Werkstück und Elektrode, Einstellung günstiger Ionisierungseigenschaften, Einschnürung des Entladekanals, Abtransport der Abtragpartikel und Kühlung von Elektrode und Werkstück. Als Dielektrikum werden Kohlenwasserstoffe verwendet.

Die Funkenenergie wird von einem Generator erzeugt (heute ausschließlich statische Impulsgeneratoren). Der Impuls wird durch einen elektrischen Schalter gesteuert. Die Strombegrenzung erfolgt durch die Impedanz Z, die Impulsdauer t_i ist von 1 bis 2000 μs einstellbar. Das Tastverhältnis $T = t_i/t_p$ ist zwischen 0,1 bis 0,5 variierbar, die Leerlaufspannung von $U_i = 60\,\text{V} \ldots 300\,\text{V}$ und der Impulsstrom $I_e = 1 \ldots 300\,\text{A}$ umschaltbar (t_p Pausendauer).

Funkenerosives Abtragen kann in verschiedenen Varianten betrieben werden (Abb. 41.47).

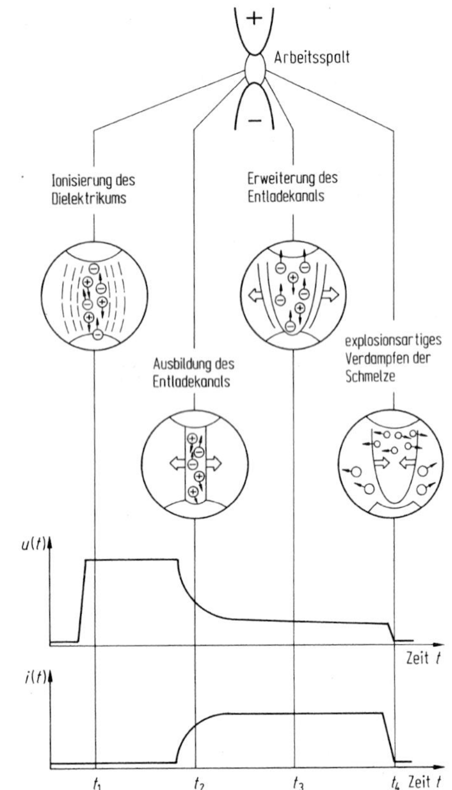

Abb. 41.46 Phasen der Funkenentladung

Beim *Senkerodieren* ist das Werkzeug eine Elektrode mit der Negativform der zu erzeugenden Gravur. Eine Senkerodiermaschine besteht aus Werkzeugmaschine, Generator, Steuerungseinheit für die Achsantriebe und das Dielektrikumsaggregat (Abb. 41.48). Antriebe in drei Raumrichtungen übernehmen die Positionierung und die Vorschubbewegung der Elektrode. Durch Überwachung der elektrischen Größen am Funkenspalt wird dessen Weite hochdynamisch dem Sollwert (ca. 10 bis 80 İm) nachgeregelt. Die Vorschubgeschwindigkeit richtet sich nach dem Fortschritt des Abtragsprozesses und kann nicht vorgegeben werden [20].

Produktivität und Arbeitsergebnis werden durch Elektrodenmaterial, das Dielektrikum und die elektrischen Einstellgrößen (Strom, Pulsdauer, Tastverhältnis und Polung) bestimmt. Die Bearbeitung wird in mehrere Schrupp- und Schlichtvorgänge unterteilt. Beim Schruppen werden Abtragsraten von $Q_w = 600\,\text{mm}^3/\text{min}$ bei $I_e =$

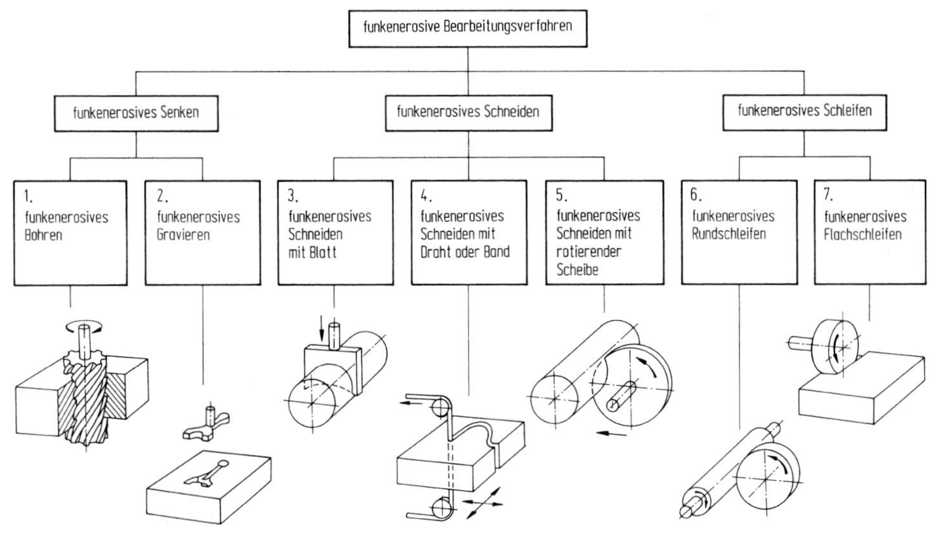

Abb. 41.47 Einteilung der funkenerosiven Verfahren (nach VDI-Richtlinie 3400)

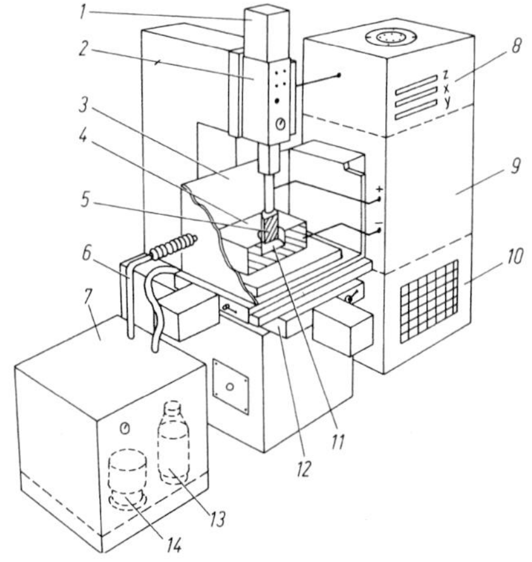

Abb. 41.48 Aufbau einer Senkerodiermaschine [20]. *1* Vorschubantrieb, *2* Arbeitskopf, *3* Arbeitsbehälter, *4* Werkstück, *5* Elektrode, *6* Rückfluss, *7* Versorgungseinheit für Dielektrikum, *8* Steuerung der Achsantriebe, *9* Generator, *10* Energieversorgung, *11* Funkenspalt, *12* Kreuztisch mit Servomotorantrieb, *13* Filter, *14* Pumpe

60 A und geringem relativem Verschleiß (2 bis 5 %) erreicht. Beim Schlichten wird mit geringen Strömen und geringen Entladedauern gearbeitet. Oberflächengüten von $R_a = 0{,}3$ İm und Maß- und Formabweichungen von weniger als 10 İm lassen sich erreichen. Der thermische Abtragsprozess beeinflusst die Werkstückrandzone in einer Dicke von 5 bis 50 İm. Dort kann amorphes Gefüge auftreten. In der oberflächennahen Schicht treten Zugeigenspannungen auf, dadurch ergibt sich eine Minderung der Schwingfestigkeit. Elektroden werden aus Werkstoffen mit hohem Schmelzpunkt bzw. hoher Wärmeleitfähigkeit gefertigt. Gebräuchlich sind Kupfer und Graphit, in Sonderfällen Wolfram-Kupfer-Sinterwerkstoffe.

Senkerodieren wird zur Herstellung von Hohlformen für Ur- und Umformwerkzeuge eingesetzt. Ursprüngliches Senkerodieren mit nur einer senkrechten Vorschubbewegung wurde erweitert auf Planetärerodieren und bahngesteuertes Erodieren (Abb. 41.49). Beim Planetärerodieren wird der Senkbewegung eine Umlaufbewegung der Elektrode überlagert. Damit wird eine verbesserte Spülung, eine gleichmäßige Verteilung des Elektrodenverschleißes und ein einheitliches Untermaß von Schrupp- und Schlichtelektroden erreicht. Erweiterte Möglichkeiten bieten sich durch bahngesteuertes Erodieren: einfach geformte Elektroden können durch Steuerung komplexe Formen erzeugen.

Beim *Schneiderodieren* wird eine ablaufende Drahtelektrode auf einer Bahnkurve gegenüber dem Werkstück bewegt. Der Schneidspalt wird durch Funkenerosion erzeugt. In plattenförmigen Bauteilen werden Ausschnitte beliebiger Kontur erzeugt (Abb. 41.50). Für schräg prismatische Ausschnitte können die Drahtführungen gegeneinander verschoben werden. Eine Schneiderodiermaschine besteht aus der eigentlichen Werk-

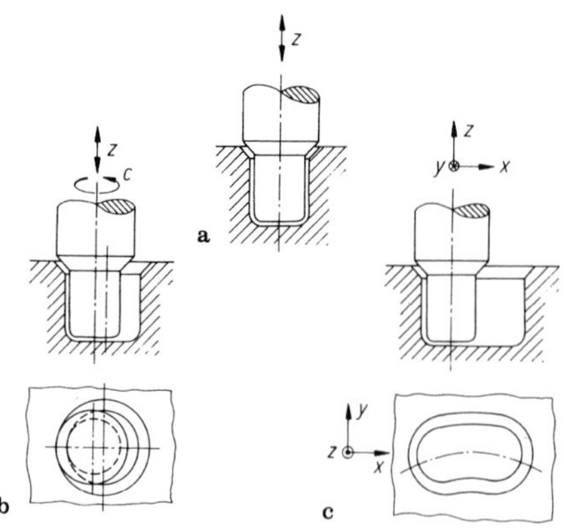

Abb. 41.49 **a** Senkerodieren; **b** Planetärerodieren; **c** bahngesteuertes Erodieren. *x*, *y*, *z*, *c*: Relative Elektrodenbewegung

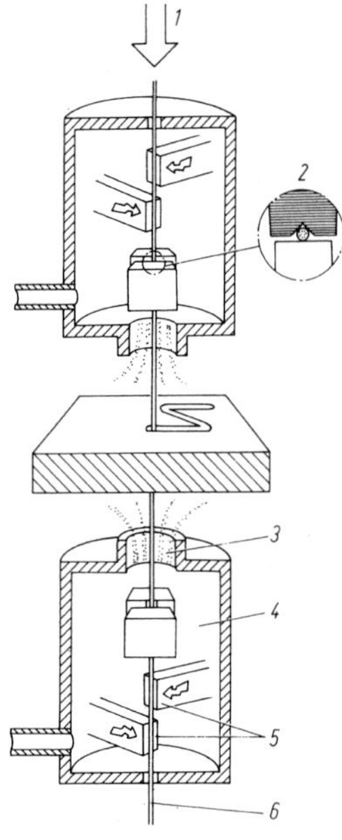

Abb. 41.50 Verfahrensprinzip des funkenerosiven Schneidens. *1* Drahtvorschub, *2* Prismenführungsprinzip, *3* Spüldüse, *4* Spülkammer, *5* Stromanschluss, *6* Schneiddraht

zeugmaschine mit der Drahtversorgung, dem Generator, der Steuerung für die Achsantriebe und der Dielektrikumsaufbereitung. Das Arbeitsergebnis hängt wesentlich vom Schneiddraht ab. Üblich sind Drähte von 0,25 mm Durchmesser. Drahtablaufgeschwindigkeit bis 300 mm/s. Generatorströme zwischen 15 und 100 A, Flächenraten bis 350 mm^3/min, Maß- und Formgenauigkeit besser als 0,01 mm, Rautiefen von $R_a = 0{,}3\,\mu m$. Schneiderodieren wird im Werkzeugbau z. B. zur Herstellung von Stanz-, Spritzgieß- und Strangpresswerkzeugen eingesetzt.

41.4.3 Lasertrennen

Beim Lasertrennen wird Lichtenergie in einem optischen Resonator erzeugt (*L*ight *A*mplification by *S*timulated *E*mission of *R*adiation = Lichtverstärkung durch induzierte Emission von Strahlung) und durch Absorption in Form von Wärme an den Werkstoff abgegeben.

Für den Einsatz des Lasers als Trennwerkzeug werden wegen der erforderlichen hohen Strahlleistungen ausschließlich CO_2-, Nd:YAG- und neuerdings auch Excimer-Hochleistungslaser eingesetzt [21–23]. Die für die Materialbearbeitung bedeutenden Strahleigenschaften dieser Laser sind in Tab. 41.2 zusammengefasst.

Zum Lasertrennen von metallischen Werkstoffen werden Intensitäten von $> 10^6\,W/cm^2$ benötigt, die durch Fokussierung der Laserstrahlung mit Hilfe von Linsen oder Spiegeln erzielt werden [24]. Der in die Tiefe des Materials gerichtete thermische Abtragsvorgang bewirkt bei einer Vorschubbewegung eine Schnittfuge im Material. Das Prinzip des Lasertrennens ist in Abb. 41.51 dargestellt.

Tab. 41.2 Bearbeitungsparameter für das Lasertrennen unterschiedlicher Werkstoffe. Laser CO_2/500 W, Linsenbrennwerte $f = 5''$

Werkstoff	Dicke [mm]	Schneidgas/ Druck [MPa]	Schneidgeschwindigkeit [m/min]
PMMA (Plexi)	4	Luft / 0,06	3,5
Gummi	3	N_2 / 0,3	1,8
Asbest	4	Luft / 0,3	1,6
Sperrholz	3	N_2 / 0,15	5,5
Eternit	4	Luft / 0,3	0,8
Al Ti-Keramik	8	N_2 / 0,5	0,07
Aluminium	1,5	O_2 / 0,2	0,4
Titan	3	Luft / 0,5	2
Cr Ni-Stahl	2	O_2 / 0,45	1,9
Elektroblech	0,35	O_2 / 0,6	7
GG	3	N_2 / 1	0,9

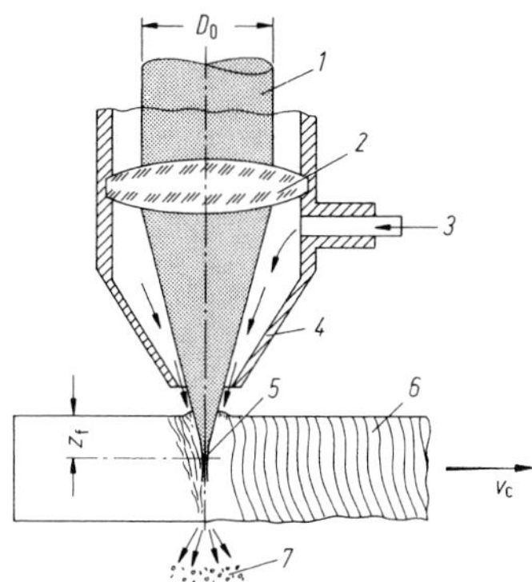

Abb. 41.51 Prinzip des Lasertrennens. v_c Schneidgeschwindigkeit, z_f Fokuslage, *1* Laserstrahl (Wellenlänge λ, Laserleistung P_L, Mode, Pulsfrequenz f_p, Pulsdauer t_i), *2* Fokussierlinse (Brennweite f), *3* Schneidgas (Gasdruck p_g, Gasart), *4* Schneiddüse (Form, Durchmesser), *5* Brennfleckdurchmesser d_f, *6* Werkstück, *7* ausgetriebenes Material

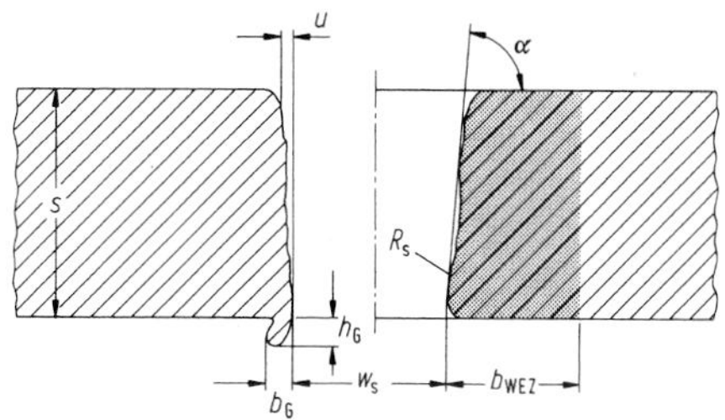

Abb. 41.52 Kenngrößen an Schnittflächen beim Laserstrahlschneiden nach VDI-Richtlinie 2906. s Blechdicke, α Flankenwinkel, u Neigungsfehler, w_s Schnittspaltweite, b_G Gratbreite, h_G Grathöhe, R_s Rauheit der Schnittfläche, Angabe meist durch R_z nach DIN, b_{WEZ} Wärmeeinflusszone

Das im Brennpunkt der Laserstrahlung je nach Intensität und Wechselwirkungszeit aufgeschmolzene (*Laser-Schmelzschneiden*), verbrannte (*Laser-Brennschneiden*) oder verdampfte (*Laser-Sublimierschneiden*) Material wird durch einen koaxial zur optischen Achse von einer Düse geformten austretenden Gasstrahl aus der Schnittfuge getrieben. Darüber hinaus hat das Schneidgas auch die Aufgabe, die empfindliche Fokussieroptik vor aufspritzendem Material zu schützen.

Beim Laser-Brennschneiden wird als Schneidgas Sauerstoff bzw. sauerstoffhaltiges Gas verwendet, das durch exotherme Reaktion zusätzliche Energie bereitstellt und so zu höheren Schneidgeschwindigkeiten, aber auch zu einer Oxidation der Schnittflächen führt. Hingegen finden als Schneidgas für die anderen o. g. Laser-Schneidverfahren inerte Gase (z. B. Argon, Stickstoff) Verwendung mit der Folge einer geringeren Schneidgeschwindigkeit, die jedoch einen oxidfreien Schnitt ermöglichen.

Die zur Erzeugung einer kontinuierlichen Schnittfuge erforderliche Relativbewegung zwischen Laserstrahl und Werkstück wird in der Praxis auf unterschiedliche Arten realisiert. Zum Lasertrennen kleiner, einfach handzuhabender Bauteile wird dieses vorzugsweise unter dem ortsfesten Laserstrahl beispielsweise mit Hilfe eines X/Y-Koordinatentisches bewegt. Zur Laserbearbeitung größerer Werkstücke wird wahlweise die Laserquelle einschließlich Schneidkopf über dem ruhenden Werkstück bewegt, oder ein bewegliches Spiegelsystem zusammen mit dem Schneidkopf („fliegende Optik") zwischen ortsfestem Lasergerät und Werkstück geführt. Für den Nd:YAG-Laser können zur Strahlführung auch flexible Lichtleitfasern eingesetzt werden [25, 26].

Der Bearbeitungsprozess wird von einer Vielzahl unterschiedlicher Prozessparameter beeinflusst, von denen die wesentlichen einschließlich deren Definition in Abb. 41.52 angegeben sind. Die in Abhängigkeit von der Laserleistung und der Materialstärke erreichbare maximale Schneidgeschwindigkeit ist in Abb. 41.53 repräsentativ für Baustahl St 37 unter Verwendung eines CO_2-Lasers dargestellt. Hierbei handelt es sich um Werte, die aus den Angaben unterschiedlicher Anwender gemittelt wurden. Darüber hinaus sind in Tab. 41.2 die erreichbaren Schneidgeschwindigkeiten weiterer metallischer sowie nichtmetallischer Werkstoffe für eine (CO_2-)Laserleistung von $P_L = 500\,W$ zusammengefasst.

Die Beurteilung der Qualität von Laserschnittflächen ist in DIN 2310 Teil 5 und der VDI-Richtlinie 2906 genormt. Die wesentlichen Kenngrößen sind in Abb. 41.52 [24] dargestellt. Ergänzend zu den genannten Größen ist noch die Schnittspaltweite als Qualitätskriterium maßgeblich.

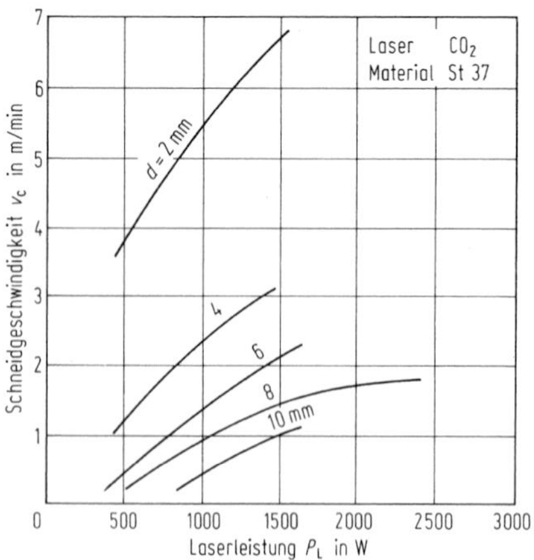

Abb. 41.53 Schneidgeschwindigkeit in Abhängigkeit von der Laserleistung für unterschiedliche Materialdicken

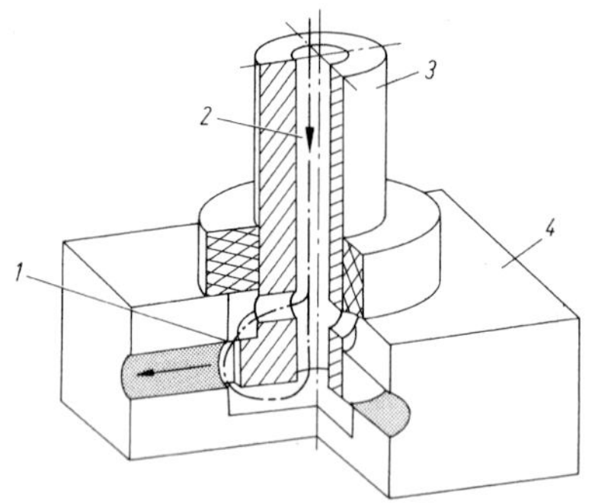

Abb. 41.54 Elektrochemisches Formentgraten (nach DIN 8590). *1* Grat, *2* Strömung der Elektrolytlösung, *3* Werkzeugelektrode (Kathode), *4* Werkstück (Anode)

Hochleistungslaser der o. g. Art gehören i. Allg. zur Laser-(Schutz-)Klasse 4 mit der höchsten Gefahrenstufe (eine Ausnahme bilden Laserbearbeitungssysteme mit geschlossener Bearbeitungskammer, die mit zusätzlichen Schutzeinrichtungen wie beispielsweise Interlocksysteme und strahlungsabsorbierendem Schutzfenster ausgestattet sind). Die Einstufung in diese Sicherheitsstufe bedeutet Gefährdung für die Haut und das menschliche Auge bereits durch diffus reflektierte Laserstrahlung. Umfassende Vorschriften zur Strahlungssicherheit von Lasern sind in DIN VDE 0837 und der Unfallverhütungsvorschrift 46.0 (VBG 93) festgelegt.

41.4.4 Elektrochemisches Abtragen

Das Grundprinzip des elektrochemischen Abtragens entspricht einer elektrolytischen Zelle. Zwischen Werkstück (Anode) und Werkzeug (Kathode) strömt Elektrolytlösung mit hoher Geschwindigkeit, der Abstand zwischen den Elektroden beträgt 0,05 bis 1 mm. An der Kathode werden Wasserstoffionen entladen. Metallionen reagieren an der Anode mit OH-Ionen des Wassers unter Bildung von Metallhydroxidverbindungen, die sich als Schlamm absetzen. Verbreitet ist das Formentgraten (Abb. 41.54). Die Werkzeugelektrode muss an das Werkstück angepasst werden. Der Grat wird wegen der dort vorhandenen maximalen Stromdichte bevorzugt abgetragen.

41.4.5 Chemisches Abtragen

Chemisches Abtragen ergibt sich aus einer chemischen Reaktion des Werkstoffs mit einem flüssigen oder gasförmigen Medium. Das Reaktionsprodukt ist gasförmig oder leicht entfernbar. Ein Beispiel für chemisches Abtragen ist das thermische Entgraten (TEM). Es setzt sich aus einer thermischen (Aufheizen des Werkstoffs) und einer chemischen Komponente (Verbrennen des Werkstoffs) zusammen. Beim TEM-Prozess wer-

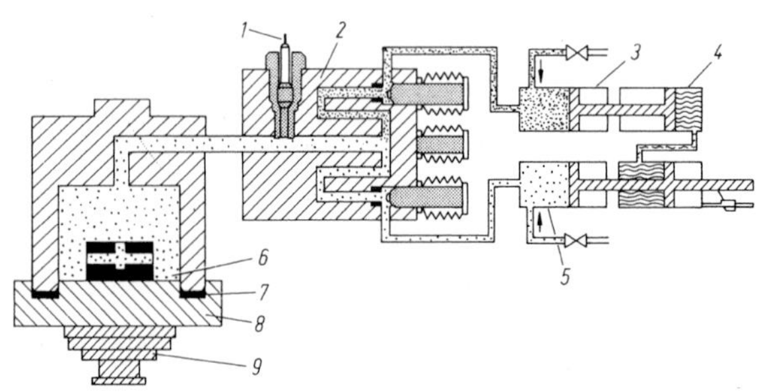

Abb. 41.55 Aufbau einer TEM-Anlage (nach Thilow). *1* Zündkerze, *2* Mischblock, *3* Dosierzylinder Brenngas, *4* Gaseinstoßzylinder, *5* Dosierzylinder Sauerstoff, *6* Entgratkammer, *7* Dichtung, *8* Werkstückaufnahme, *9* Schließteller

den metallische oder nichtmetallische Werkstücke mit einem Schließteller unter eine glockenförmige Entgratkammer gepresst (Abb. 41.55). In die Kammer werden Sauerstoff und Brenngas (Erdgas, Methan oder Wasserstoff) dosiert zugeführt. Gasdruck und Mischungsverhältnis bestimmen die Abtragsleistung.

Während des Abbrennens des Gemisches entstehen kurzzeitig Temperaturen von 2500 bis 3500 °C. Teile des Werkstücks mit großer Oberfläche und kleinem Volumen (geringe Wärmekapazität) werden verbrannt (oxidiert). Die Grate müssen dünner als dünnste Werkstückbereiche sein. Nach dem Entgraten sind die Werkstücke 100 °C bis 160 °C warm.

41.5 Scheren und Schneiden

M. Liewald und S. Wagner

41.5.1 Systematik der Schneidverfahren

Definition. Schneiden ist definiert als Zerteilen von Werkstücken zwischen zwei Schneidkanten, die mit geringem seitlichem Versatz gegeneinander bewegt werden, wobei kein formloser Stoff als Abfall entsteht.

Streng genommen gehört das Schneiden somit nicht zu den Umformverfahren. Die fachliche Nähe des Schneidens von Blechwerkstoffen zu den Umformverfahren ist jedoch dadurch gegeben, dass beim Schneiden in den Scherzonen des Blechwerkstoffes große plastische Formänderungen auftreten, die zu einer lokalen Kaltverfestigung führen. Ein weiterer Grund für die fachliche Nähe ist der, dass Schneidverfahren zur Vorbereitung für das Umformen sowie zur Zwischen- und Nachbearbeitung der beschnittenen Bauteile in Verbindung mit Umformverfahren eingesetzt werden.

Bezeichnungen. Folgende Nomenklatur zur Unterscheidung zwischen Bezeichnungen am Schneidwerkzeug und Bezeichnungen am Werkstück ist zu beachten:

Abb. 41.56 **a** Schneiden mit offener Schnittlinie; **b** Schneiden mit geschlossener Schnittlinie

- Bezeichnungen am Werkzeug (bzw. das Werkzeug betreffend) werden von der Stammsilbe „Schneid-" abgeleitet (Beispiele: Schneidkante, Schneidspalt)
- Bezeichnungen am Werkstück werden von der Stammsilbe „Schnitt-" abgeleitet (Beispiele: Schnittteil, Schnittfläche)

Einteilung der Schneidverfahren. Nach DIN 8588 können die Schneidverfahren nach verschiedenen Kriterien unterteilt werden. So werden die Scherschneidverfahren anhand des Schnittlinienverlaufs in Verfahren mit geschlossener und offener Schnittlinie unterteilt (Abb. 41.56).

Zu den Verfahren mit geschlossener Schnittlinie gehören das Ausschneiden und Lochen (Abb. 41.57a,b). Durch Ausschneiden wird eine Außenform eines Schnittteils erzeugt, während durch Lochen eine Innenform im Blechband oder in der Platine erzeugt wird.

Zu den Verfahren mit offener Schnittlinie gehören:

- Abschneiden (Abb. 41.57c) bezeichnet das Abtrennen eines Teils vom Halbfertig- oder

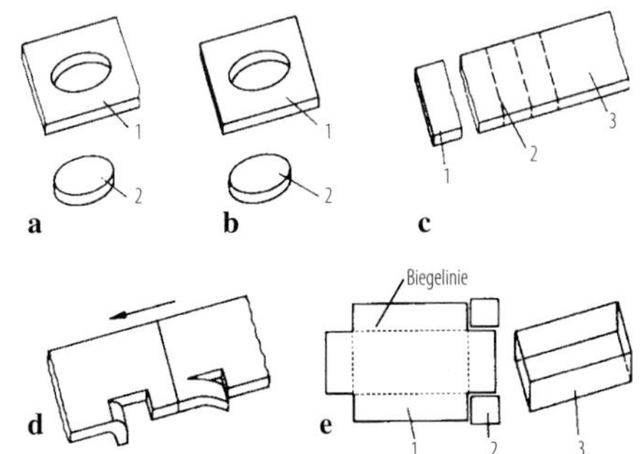

Abb. 41.57 **a** Ausschneiden: *1* Abfall, *2* Ausschnitt; **b** Lochen: *1* Schnittteil, *2* Abfall; **c** Abschneiden: *1* Schnittteil, *2* Schnittlinie, *3* Blechstreifen; **d** Einschneiden; **e** Ausklinken: *1* Schnittteil, *2* Abfall, *3* Fertigteil

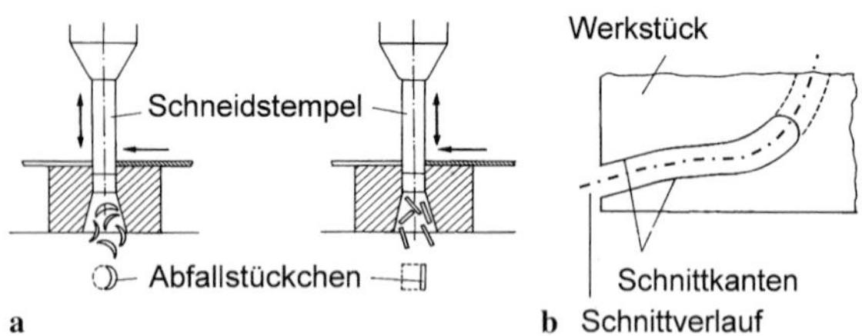

Abb. 41.58 Knabberschneiden oder Nibbeln (TRUMPF Werkzeugmaschinen): **a** Schneidstempel; **b** Verlauf Schnittkontur

Rohteil (Blech, Band, Streifen). Hierbei unterscheidet man entsprechend der Wirkbewegung der Werkzeuge zwischen einer geradlinigen Bewegung durch Langmesser (Tafelscheren mit i. d. R. ortsfestem Untermesser bei mechanisch oder hydraulisch bewegtem Obermesser) und einer wälzenden Bewegung durch Kreismesser zum Längsteilen von Bändern.

- Einschneiden (Abb. 41.57d) bezeichnet ein teilweises Trennen des Werkstücks ohne Entfernen von Platinenbereichen. Es dient im Allgemeinen als Vorbereitung für einen nachfolgenden Umformvorgang (z. B. Biegen, Tiefziehen, Abstrecken etc.)
- Ausklinken (Abb. 41.57e) ist ein Herausschneiden von Flächenteilen an einer inneren und äußeren Platinenberandung.

In Abhängigkeit von der erforderlichen Hubanzahl zur Herstellung einer Schnittkontur handelt es sich um einhubiges oder mehrhubiges Scherschneiden. Am häufigsten kommt in der Praxis das einhubige Scherschneiden, das Normalschneiden, zum Einsatz. Mehrhubiges Scherschneiden mit schrittweisem Vorschub eines Schneidstempels wird als Knabberschneiden (Nibbeln) bezeichnet, sofern Abfallstücke entlang des Schnittverlaufes entstehen (Abb. 41.58).

41.5.2 Technologie des Scherschneidens

Vorgangsablauf. Im Folgenden wird am Beispiel einer geschlossenen, rotationssymmetrischen Schnittlinie das Scherschneiden mit Niederhalter beschrieben. Der Scherschneidvorgang kann dabei in fünf Phasen eingeteilt werden (Abb. 41.59).

Nach dem Aufsetzen des Stempels (Phase 1) auf der Platine bewirkt die Vertikalkraft zunächst eine elastische und anschließend eine plastische Durchbiegung der Platine (Phase 2). Infolge der plastischen Durchbiegung ergibt sich eine bleibende Durchwölbung des Abschnittes und es bildet sich der Kanteneinzug auf der Platinenoberseite und auch am Ausschnitt aus. In der nächsten Schneidphase wird der Werkstoff abgeschert, wodurch die Glattschnittflächen entstehen (Phase 3). Im Restquerschnitt steigen die Schubspannungen weiter an. Sobald die Schubspannungen die Schubbruchgrenze erreichen, bilden sich zunächst an der Schneidkante der Matrize, später auch an der Schneidkante des Stempels, Anrisse in Dickenrichtung (Phase 4). Bei geeigneter Wahl des Schneidspalts laufen diese beiden Risse idealerweise aufeinander zu und bewirken die vollständige Werkstofftrennung (Phase 5).

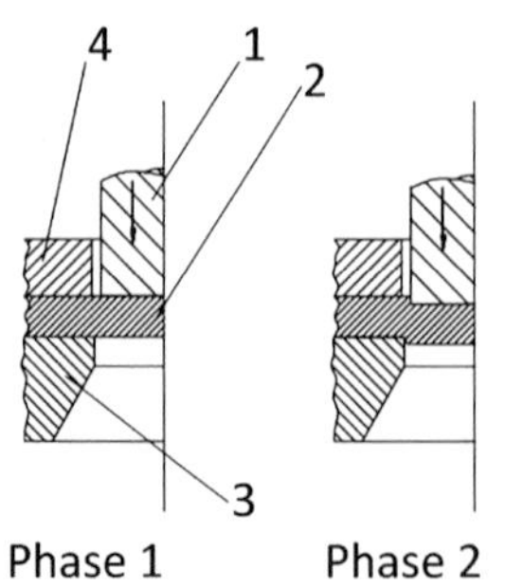

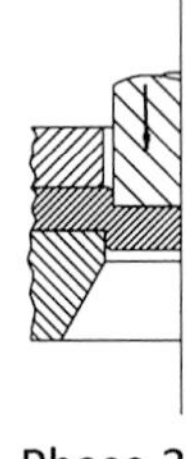

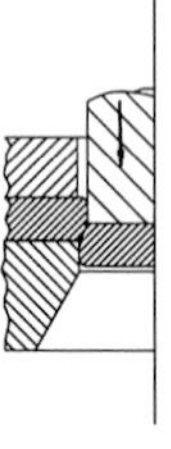

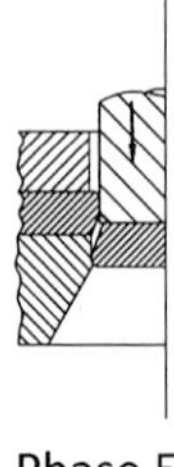

Abb. 41.59 Vorgangsablauf beim Scherschneiden: *1* Schneidstempel, *2* Platine, *3* Schneidmatrize, *4* Niederhalter

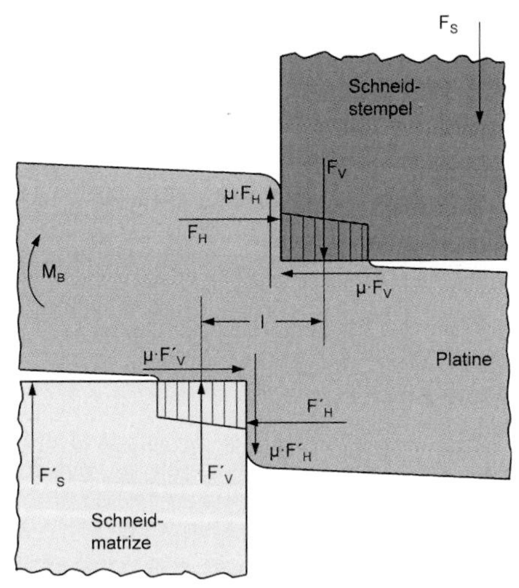

Abb. 41.60 Kraftwirkung beim Scherschneiden, Erläuterungen im Text

Scherzone. Die durch das Schneidwerkzeug eingeleiteten Scherkräfte wirken nicht linienförmig entlang der Schneidkanten, sondern flächig in einem schmalen Bereich, in dem ungleichmäßig verteilte Druckspannungen herrschen (Abb. 41.60). Die Druckspannungen werden zusammengefasst in den resultierenden Vertikalkräften F_V und F_V'. Aufgrund des Abstands l der Angriffspunkte dieser Kräfte entsteht ein Moment, das ein Durchbiegen des Werkstücks und die Horizontalkräfte F_H und F_H' hervorruft. Die Kräfte F_V und F_V' führen zu radial gerichteten Reibungskräften ($\mu \cdot F_V$ bzw. $\mu \cdot F_V'$) in den Stirnseiten von Stempel und Matrize, die Kräfte F_H und F_H' zu axial gerichteten Reibungskräften ($\mu \cdot F_H$ bzw. $\mu \cdot F_H'$), die (vektoriell addiert) mit den Vertikalkräften F_V bzw. F_V' die Schneidkraft F_S (Stempelkraft) bilden.

Spannungszustand und Rissbildung. In der Scherzone herrscht entsprechend Abb. 41.61 ein 3-achsiger Spannungszustand (wenn $\sigma_2 \ll \sigma_1$, σ_3; dann gilt: $\sigma_1 > \sigma_2 > \sigma_3$). Unter Vernachlässigung von σ_2 ergibt sich aus der Schubspannungshypothese nach Tresca in Verbindung mit dem Mohrschen Spannungskreis

$$\tau_{\max} = \tau_S = \frac{\sigma_1 - \sigma_3}{2} = \frac{k_f}{2} \qquad (41.1)$$

($\tau_{\max}$ = größte Schubspannung; τ_S = Schubfließgrenze; $\sigma_1 = \sigma_{\max}$ = größte Hauptspannung; $\sigma_3 = \sigma_{\min}$ = kleinste Hauptspannung; k_f = Fließspannung).

Während des Schervorgangs nimmt infolge der Kaltverfestigung des Werkstoffs τ_S bzw. k_f zu. Der Mohrsche Spannungskreis weitet sich auf, bis er die Schubbruchgrenze berührt (Abb. 41.61). Zu diesem Zeitpunkt ist das Schubformänderungsvermögen des Blechwerkstoffs erschöpft und es kommt zur Bildung eines Risses.

Schneidspalt. Der Schneidspalt u ist definiert als Abstand zwischen den beiden Schneiden senkrecht zur Scherzone. Ein großer Schneidspalt weist somit einen geringeren Kraft- und Arbeitsbedarf für den Trennvorgang bei gleichzeitig geringerem Werkzeugverschleiß auf. Ein kleiner Schneidspalt dagegen führt zu einer höheren Teilegenauigkeit. Bei der Wahl des Schneidspalts ist somit die Anforderung an das Blechteil zu berücksichtigen. Steht beispielsweise die Qualität der Schnittfläche im Vordergrund, ist ein möglichst kleiner relativer Schneidspalt anzustreben. Eine weitere wichtige Einflussgröße auf die Wahl

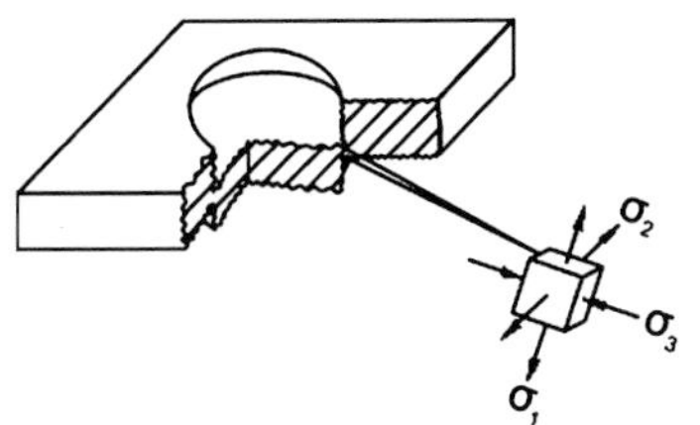

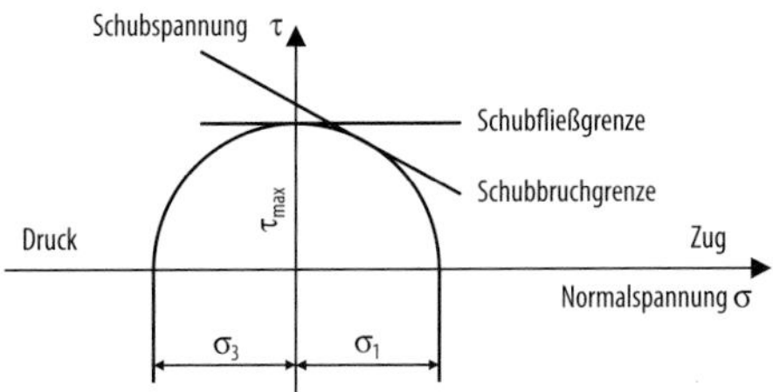

Abb. 41.61 Spannungszustand beim Schneiden (*links*), Mohrscher Spannungskreis (*rechts*) für den reinen Schub

des Schneidspalts stellt die Zugfestigkeit des zu schneidenden Blechwerkstoffes dar.

Als Anhaltswerte für den auf die Blechdicke bezogenen Schneidspalt gilt:

$$\frac{u}{s_0} = 0{,}02 \ldots 0{,}15 \tag{41.2}$$

wobei der untere Wert für dünnere, weichere und der obere Wert für dickere, sprödere und hochfeste Blechwerkstoffe einzusetzen ist.

41.5.3 Kräfte beim Schneiden

Schneidkraftverlauf. Beim Verlauf der Schneidkraft über dem Stempelweg (Abb. 41.62) lassen sich folgende Abschnitte unterscheiden:

- Steiler, linearer Anstieg der Schneidkraft zu Vorgangsbeginn bei elastischer Durchbiegung der Bauteilbereiche unterhalb des Stempels
- Abflachung des Kraftanstiegs bei plastischer Durchbiegung der Platine, die Schneidkanten von Stempel und Matrize dringen auf der Ober- und Unterseite der Platine ein
- Ausbildung von Kanteneinzug und Scherzone, Schervorgang mit zwei in ihren Auswirkungen gegenläufigen Tendenzen:
  - Zunahme von τ_S bzw. k_f infolge Kaltverfestigung
  - Abnahme der verbleibenden zylindrischen Scherfläche
- Weitere Zunahme der Schneidkraft bei fortgesetztem Schervorgang bis zum Erreichen eines Maximums (die Auswirkung der Zunahme von τ_S bzw. k_f, überwiegt die Abnahme der gescherten Fläche), danach Abnahme der Schneidkraft (die Auswirkung der Verringerung der noch schubbelasteten Zylinderfläche überwiegt die Zunahme von τ_S bzw. k_f).
- Mehr oder weniger steiler Abfall der Schneidkraft (abhängig vom Schneidspalt) nach Bildung von Anrissen bis auf den für das Ausschieben (bei großen Schneidspalten) oder das ein- bzw. mehrmalige Abscheren des Restquerschnitts (bei kleinen und mittelgroßen Schneidspalten) erforderlichen Kraftbedarf.

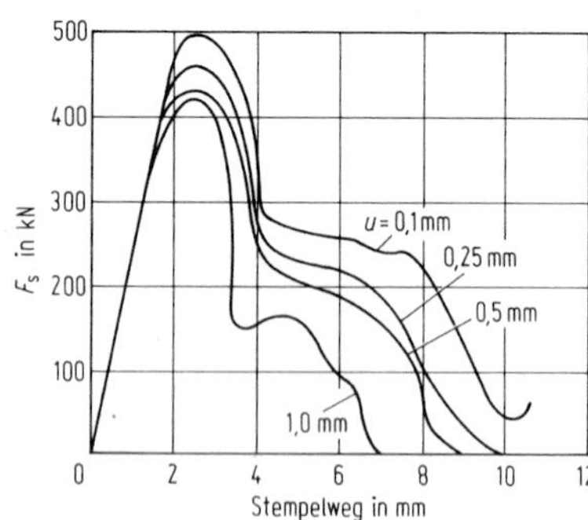

Abb. 41.62 Schneidkraft F_S in Abhängigkeit vom Stempelweg bei Variation des Schneidspalts u (Werkstoff C10, Blechdicke $s = 10\,\text{mm}$)

Die maximal auftretende Schneidkraft gehört zu den wichtigsten Kenngrößen für die Prozessauslegung von Scherschneidvorgängen bzw. die Auswahl einer geeigneten Presse. Zur Abschätzung der maximal auftretenden Schneidkraft (Stempelkraft) kann die folgende empirische Gleichung verwendet werden:

$$F_{S\,\max} = k_S \cdot A_S = k_S \cdot s \cdot l_S \tag{41.3}$$

(k_S = bezogene Schneidkraft (Schneid- oder Scherwiderstand); A_S = Schnittfläche; s = Blechdicke; l_S = Länge der Schnittlinie).

Der Schneidwiderstand k_s verhält sich proportional zur Zugfestigkeit R_m des Blechwerkstoffs. Mit zunehmender Zugfestigkeit nimmt jedoch das Verhältnis Schneidwiderstand k_S/ Zugfestigkeit R_m ab. Die vielfach angegebene Beziehung

$$k_S = 0{,}8 \cdot R_m \tag{41.4}$$

kann deshalb nur ein grober Anhaltswert für die wichtigsten Stahlwerkstoffe sein.

Als Folge der horizontalen Kräfte zwischen Werkstück und Schneidstempel entstehen beim Zurückziehen des Stempels Rückzugskräfte, die von den Einflussgrößen Schneidspalt, Stempelabmessung, Blechdicke und den Festigkeitseigenschaften des Blechwerkstoffs beeinflusst werden.

Einflussgrößen auf den Scherschneidprozess. Neben der Schnittlinienlänge (bzw. Schneidumriss) beeinflussen vor allem die Blechdicke, die Stempelgeometrie, die Zugfestigkeit des

Blechwerkstoffes, der Werkzeugverschleiß und der Schneidspalt u den Betrag der maximalen Schneidkraft.

So nimmt mit zunehmender Blechdicke der Schneidwiderstand k_S nahezu linear ab. Mit kleiner werdendem Schneidspalt nimmt der Schneidwiderstand k_S vor allem für relative Schneidspalte $u/s < 0{,}06$ zu. Der Einfluss des Stempeldurchmessers auf den Schneidwiderstand k_S macht sich erst bei Stempeldurchmessern $d_{St} < 10\,\text{mm}$ bemerkbar. In diesem Bereich nimmt der Schneidwiderstand mit kleiner werdendem Stempeldurchmesser zu.

Verschlissene Schneidkanten an Stempel oder Matrize erhöhen die Schneidkraft. Bei stark verschlissenen Schneidkanten kann die maximal auftretende Schneidkraft bis zu

$$F_{S\,\max} \approx 1{,}5 \cdot k_S \cdot A_S \qquad (41.5)$$

betragen.

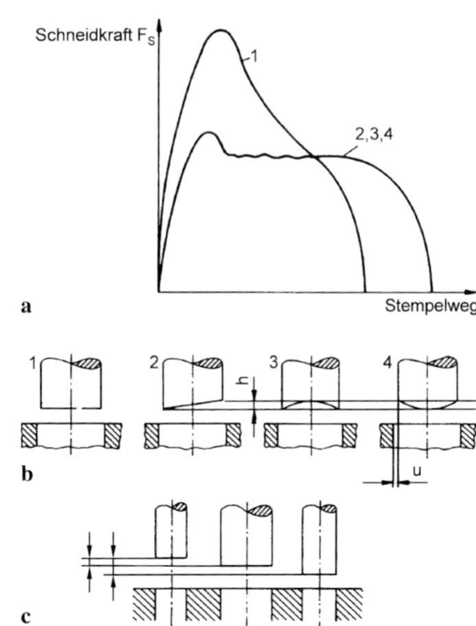

Abb. 41.63 **a** Schneidkraft-Weg-Verlauf in Abhängigkeit von der Schneidkantenausbildung **b, c** zeitlich versetzter Eingriff der Schneidstempel

Reduzierung der maximalen Schneidkraft. Die maximal auftretende Schneidkraft kann reduziert werden, indem die wirkende Schnittlinienlänge l_S verringert wird. Die dachförmige Gestaltung der Schneidwerkzeugstirnseite beim Abschneiden oder der Stempelstirnseite beim Lochen (Abb. 41.63b) führt zu einer Verringerung der wirksamen Schnittfläche bzw. Schnittlinienlänge („kreuzend" schneiden anstelle von „vollkantig" schneiden) und damit auch zu einer Verringerung der Schneidkraft (Abb. 41.63a). Mit dieser Maßnahme kann ein Absenken der maximal auftretenden Schneidkraft bis auf

$$F_{S\,\max} \approx 0{,}7 \cdot k_S \cdot A_S \qquad (41.6)$$

erreicht werden. Beim Einsatz von mehreren Schneidstempeln in einem Werkzeug kann eine Reduzierung der wirkenden Schnittlinienlänge durch einen zeitlich versetzten Eingriff der Schneidstempel erfolgen (Abb. 41.63c).

Schneidarbeit. Die für die Durchführung des Schneidvorgangs erforderliche Arbeit, die Schneidarbeit

$$W_S = \int F_S s \cdot \mathrm{d}s \qquad (41.7)$$

stellt daher eine wichtige Kenngroße für die Auswahl der für den Schneidvorgang einzusetzenden Presse dar.

Die Größe der Schneidarbeit wird von den gleichen Parametern beeinflusst wie die Schneidkraft selbst, d. h. sie ist abhängig von der Zugfestigkeit R_m des Blechwerkstoffs, der Blechdicke s und dem Schneidspalt u. Allerdings wirken sich diese Parameter auf die Schneidarbeit W_S teilweise wesentlich stärker aus als auf die Schneidkraft F_S, insbesondere auf deren Maximalwert $F_{s,\max}$. Die Schneidarbeit lässt sich näherungsweise aus dem Maximalwert der Schneidkraft $F_{s,\max}$ und der Blechdicke s nach der Beziehung

$$W_S = m \cdot F_{s,\max} \cdot s \qquad (41.8)$$

berechnen. Durch den Beiwert m

$$0{,}4 < m < 0{,}7 \qquad (41.9)$$

wird dabei der Einfluss verschiedener Parameter, wie z. B. der Zugfestigkeit R_m des Blechwerkstoffs, des Schneidspalts u und der Blechdicke s_0 berücksichtigt. Niedrigere Werte von m (0,4…0,5) gelten für Blechwerkstoffe mit hoher

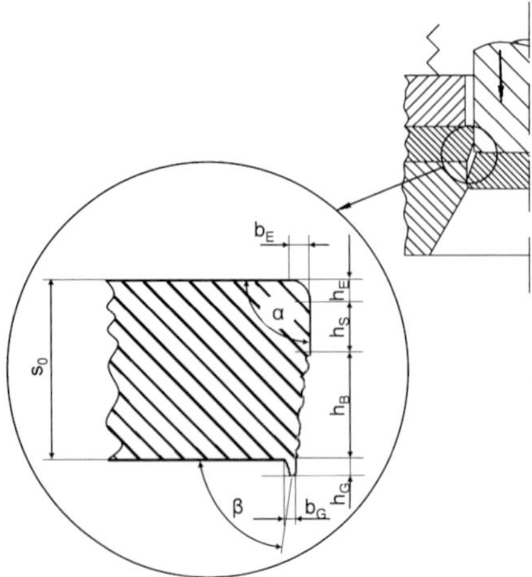

Abb. 41.64 Schnittflächenkenngrößen beim Scherschneiden. b_E, h_E Kanteneinzugsbreite, -höhe; h_S Glattschnitthöhe; α Glattschnittwinkel; h_B Bruchzonenhöhe; β Bruchzonenwinkel; b_G, h_G Schnittgratbreite, -höhe; s_0 Blechdicke

Zugfestigkeit bei großen Schneidspalten, hohe Werte für m (0,6...0,7) entsprechen Blechwerkstoffen mit niedriger Zugfestigkeit bei kleinen Schneidspalten.

Die Bereitstellung der benötigten Schneidarbeit bereitet pressenseitig heute meist keine Schwierigkeiten. Bei der Wahl des Schneidspalts sollte deshalb die Optimierung der Schnittflächenqualität im Vordergrund stehen und nicht die Minimierung der Schneidarbeit.

41.5.4 Werkstückeigenschaften

Die Schnittfläche beim Normalschneiden weist unterschiedliche Schnittzonen bzw. in Abhängigkeit von der Blechdicke unterschiedliche Schnittanteile auf. Der Ablauf des Schneidvorgangs und die Ausbildung der Schnittflächen sind abhängig von der Werkzeuggeometrie (Schneidspalt u, Stempelkantenradius, Matrizenkantenradius) sowie den Werkstoffeigenschaften (Blechdicke s, Festigkeitseigenschaften, chemische Zusammensetzung und Gefüge). Die heute relevanten Kenngrößen einer schergeschnittenen Schnittfläche sind in Abb. 41.64 dargestellt.

Dabei können der Kanteneinzug, der Bruchzonenwinkel, der Schnittgrat sowie Abweichungen von der Ebenheit (bei Teilen, die im Verhältnis zur Blechdicke nur kleine Außenabmessungen aufweisen) als Formfehler im Vergleich zu einer perfekt zylindrischen Schnittfläche interpretiert werden.

Die Schnittflächenausbildung wird maßgeblich durch den Schneidspalt, den Blechwerkstoff, die Blechdicke, die Schneidkantengeometrie, den Verschleißzustand der Schneidkanten und durch die Stempelgeschwindigkeit bestimmt. Die Haupteinflussgröße stellt dabei der Schneidspalt dar.

Generell gilt:

- Bei $u/s \approx 0{,}08$ bis 0,1 laufen beide Anrisse etwa aufeinander zu. Es entstehen – unabhängig von Werkstoff und Blechdicke – schräg zur Blechoberfläche verlaufende Bruchzonen.
- Bei $u/s \approx 0{,}02$ bis 0,03, sehr weichem Werkstoff und geringer Blechdicke erfolgt reines Scheren, es ergeben sich glatte Schnittflächen ohne Bruchzone.
- Bei $u/s \approx 0{,}02$ bis 0,03 und relativ weichem Werkstoff (bis $R_m \approx 400\,\text{N/mm}^2$) laufen die Anrisse aneinander vorbei und es kommt zu einfacher oder mehrfacher Bildung von Zipfeln bzw. Spänen.
- Bei $u/s \approx 0{,}02$ bis 0,03 und harten (spröden) Werkstoffen ($R_m > 500\,\text{N/mm}^2$) ergeben sich
  für $s < 3$–4 mm Schnittflächen ohne Zipfelbildung
  für $s > 3$–4 mm Schnittflächen mit Zipfelbildung.

Daraus leiten sich folgende Empfehlungen für die Wahl des Schneidspalts für gewöhnliche Stahlwerkstoffe ab:

- $u/s < 0{,}04$: Für einen möglichst großen Glattschnittanteil der Schnittfläche. Nachteile: Hoher Aufwand bei der Werkzeugherstellung; Gefahr eines erhöhten Werkzeugverschleißes.
- $0{,}04 < u/s < 0{,}08$: Falls keine besonderen Anforderungen an die Schnittflächen gestellt werden.
- $0{,}08 < u/s < 0{,}1$: Falls zipfelfreie Schnittflächen gefordert werden. Nachteil: Maß- und

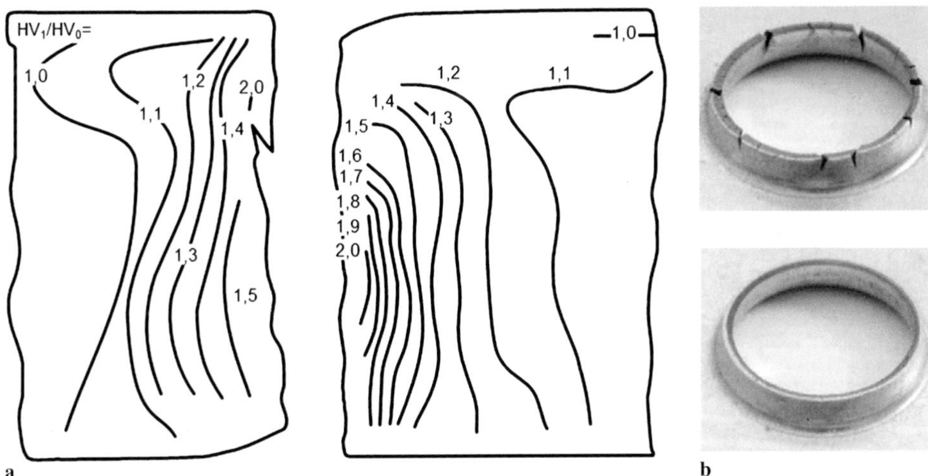

Abb. 41.65 **a** Härteverteilung geschnittener Teile im Querschliff. Werkstoff C10, $HV_0 = 117$, $s_0 = 5$ mm, $u/s_0 = 1$ % (VDI-Richtline 2906); **b** Auftreten von Kantenrissen (Salzgitter)

Formfehler in Form einer Abweichung von der Ebenheit sind groß.

Die beim konventionellen Scherschneiden entstehenden Schnittflächen sind nur in Ausnahmefällen als Funktionsflächen zu verwenden. Für die Herstellung von hochwertigen Funktionsflächen durch Scherschneiden wurden Sonderschneidverfahren wie das Feinschneiden oder das Konterschneiden (Abschn. 41.5.7) entwickelt.

Aufgrund der plastischen Verformung zu Vorgangsbeginn tritt eine Verfestigung unmittelbar an den Schnittflächen auf. Die erzeugte Verfestigung sowie die Größe des verfestigten Bereiches hängen vom Werkstoff ab. Verschiedene Untersuchungen zeigen, dass sich bei Stahlblechen eine Härtesteigerung auf das 2,0- bis 2,2-fache der Ausgangshärte in einem Abstand von 30 bis 50 % der Blechdicke von der Schnittfläche ergeben kann (Abb. 41.65a).

Insbesondere die schergeschnittenen Bauteilkanten müssen besonders betrachtet werden, da hier durch die konzentrierte Umformung hohe Verfestigungen in die Scherzone eingebracht werden. Bei nachfolgenden Fertigungsprozessen, wie zum Beispiel dem Ausflanschen von zuvor geschnittenen Löchern oder dem Hochstellen geschnittener, gekrümmter Bauteilkanten, tritt insbesondere bei höherfesten Stahlwerkstoffen und Aluminiumlegierungen häufig Versagen durch Rissbildung auf (sog. Kantenrisse, Abb. 41.65b). Um solche Loch- und Abstellprozesse prozesssicher auszulegen, muss die beim Schneiden in den Werkstoff eingebrachte Verfestigung bei der Machbarkeitsuntersuchung durch z.B. eine FEM-Prozesssimulation berücksichtigt werden.

41.5.5 Materialausnutzungsgrad

Beim Ausschneiden von Blechteilen wird eine möglichst optimale Ausnutzung des Blechbandes angestrebt (Abb. 41.66). Nachdem Anfangs- und Endstücke von Blechstreifen in der Regel zusätzlichen Abfall verursachen, stellt sich das Ausschneiden direkt vom Coil (Blechrolle) als vorteilhaft dar. Eine Reihe von verfügbaren CAD-Systemen erlaubt dabei eine rechnerunterstützte Optimierung des Platinenschnitts (Schachtelpläne).

41.5.6 Schneidwerkzeuge

Bauarten. Schneidwerkzeuge werden nach der Art der Führung der schneidenden Elemente zueinander als Frei-, Plattenführungs- oder Säulenführungs-Schneidwerkzeuge bezeichnet (Abb. 41.67). Diese eignen sich in der genannten Reihenfolge für kleinere, mittlere und große

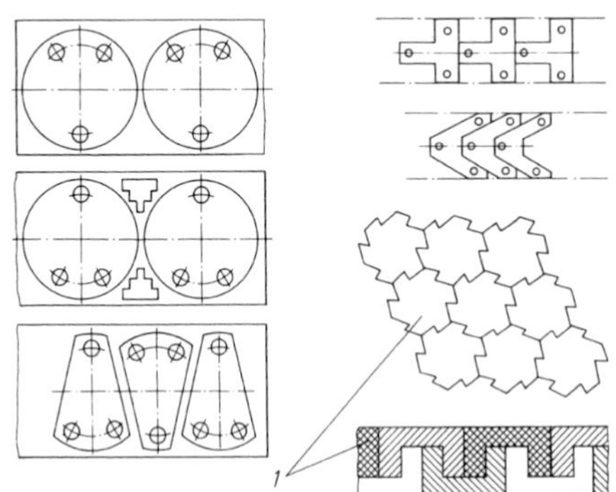

Abb. 41.66 Werkstoffausnutzung beim Schneiden. *1* Flächenschlüssige Formen

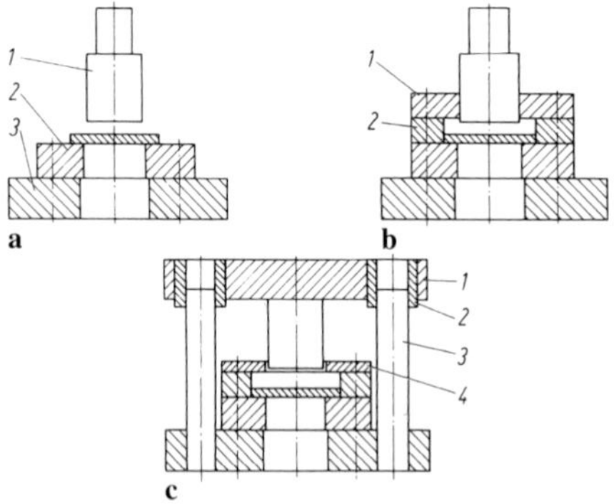

Abb. 41.67 Bauarten von Schneidwerkzeugen. **a** Freischnitt: *1* Stempel, *2* Schneidplatte, *3* Grundplatte; **b** Plattenführungsschnitt: *1* Stempelführungsplatte, *2* Führungsleiste; **c** Säulenführungsschnitt: *1* Oberteil, *2* Führungsbüchse, *3* Führungssäule, *4* Abstreifer

Stückzahlen. Die erzielte Schnittflächenqualität wird insbesondere bei Freischneidwerkzeugen maßgeblich von der Führungsgenauigkeit des Pressenstößels beeinflusst.

Je nach den Erfordernissen des Schnittteils bzw. dessen dimensionalen Spezifikationen wird dieses in einer oder mehreren Stufen aus einem Blechstreifen ausgeschnitten. Demzufolge wird hierbei zwischen Einstufen- oder Gesamtschneidwerkzeugen bzw. Mehrstufen- oder Folgeschneidwerkzeugen unterschieden.

In einem Gesamtschneidwerkzeug werden alle Schnittflächen im selben Arbeitsgang erzeugt. Dies ist bei einfachen Schnittteilen oftmals leicht möglich. Es entsteht somit bei jedem Pressenhub ein fertiges Schnittteil. Die Präzision des Schnittteils wird durch die Genauigkeit des Werkzeugs bestimmt. Bei schwierigen Werkstücken mit schmalen Stegen wird das Werkstück in der Regel im Folgeschneidwerkzeug in mehreren Stationen gefertigt. Das Teil bleibt beim Durchlauf durch die Stationen hindurch mit dem Blechstreifen verbunden und wird erst in der letzten Station ab- oder ausgeschnitten. Die Präzision des Schnittteils wird beim Folgeschneidwerkzeug außer von der Genauigkeit des Werkzeugs weiterhin durch die Positioniergenauigkeit des Bandvorschubs bestimmt. Um diese möglichst hoch einhalten zu können, werden Seitenschneider oder Suchstifte eingesetzt.

Bei Kombinationen von mehreren Schneid- und Umformoperationen in einem ganzheitlichen Werkzeugkonzept spricht man von Folgeverbund- oder Transferwerkzeugen.

Solchen Werkzeugkonzepten ist gemeinsam, dass nicht einzelne Platinen eingelegt und von Stufe zu Stufe weitertransportiert werden, sondern dass das Bauteil in Folgestufen aus einem Band oder Streifen schrittweise hergestellt wird. Bei Folgeverbundwerkzeugen ist das Blechteil mit dem Stanzgitter verbunden, der Teiletransport erfolgt über das Stanzgitter und der Vorschub des Streifens entspricht dem ein- oder mehrfachen Teileabstand. Erst in der letzten Stufe wird das Fertigteil vom Streifen getrennt. Bei Transferwerkzeugen dagegen wird das Blechteil bereits in der ersten Stufe vom Coil getrennt, der Vorschub erfolgt mit einem Transfersystem.

Für großflächige Blechteile werden Schneidwerkzeuge hauptsächlich in Gussbauweise ausgeführt. Derartige Schneidwerkzeuge werden an die Einbaumaße der Presse angepasst, die erforderliche Bauhöhe kann realisiert werden, und die Abfallableitung in die vorhandenen Abfallschächte der Presse ist unter Beachtung maximal zulässiger Abfallgrößen problemlos möglich. Schneidwerkzeuge in Gussbauweise zur Fertigung hoher Gesamtstückzahlen oder zum Schneiden hochfester Blechwerkstoffe werden an hochbeanspruchten Stellen vielfach segmentiert aufgebaut, d. h. es werden Schneidmesser in Form von austauschbaren Messersegmenten und Matrizensegmente aus Werkzeugstahl eingesetzt.

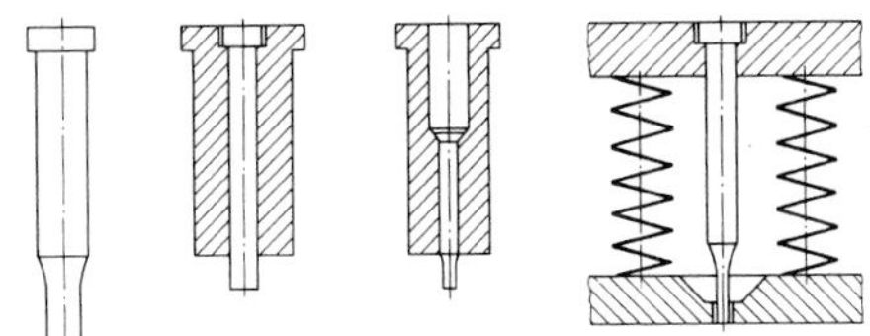

Abb. 41.68 Ausführungen von Lochstempeln und Stempelführungen

Positionierung der Werkzeuge im Arbeitsraum der Presse. Schneidwerkzeuge sollten nach Möglichkeit in der Presse derart positioniert werden, dass der resultierende Kraftvektor der Einzelkräfte pressenmittig verläuft. Damit werden durch exzentrische Belastung bedingte Momente und daraus folgende Ungenauigkeiten der Werkstücke sowie erhöhter Werkzeugverschleiß und auch Werkzeugschäden vermieden.

Schneidspalt. Der Schneidspalt, der die Ausbildung der Schnittflächen und den Schneidkraft-Wegverlauf beeinflusst (Abschn. 41.5.4), wird nach den an die Schnittflächen gestellten Anforderungen wie optimale Anmutung, Genauigkeit, Weiterbearbeitung, Funktion usw. festgelegt.

Schneidende Werkzeugelemente. Die Schneidstempel werden sowohl auf Druck als auch gegen Knicken ausgelegt. Abb. 41.68 zeigt hierzu verschiedene Stempelausführungen. Durchbrüche an Schneidplatten (Abb. 41.69) sind unter 90° zur Auflagefläche auszuführen, wenn das Schnittteil entgegen der Schneidrichtung ausgeworfen werden muss. Sonst sind Freiwinkel je nach Blechdicke von $15' \leq \alpha \leq 5°$ (Durchbruchform nach Abb. 41.69b) bzw. $5' \leq \alpha \leq 1°$ (Durchbruchform nach Abb. 41.69c) in der Praxis heute gebräuchlich. Die Höhe des 90°-Durchbruchs beträgt zwischen 2 und 15 mm. Bei der Konstruktion von Schneidwerkzeugen ist die Möglichkeit des Nachschleifens der schneidenden Werkzeugelemente vorzusehen.

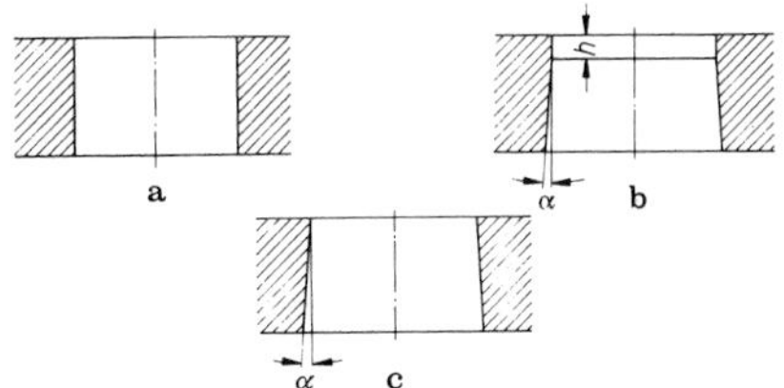

Abb. 41.69 **a, b, c** Durchbruchformen an Schneidplatten. Erläuterungen im Text

41.5.7 Sonderschneidverfahren

Reicht die Schnittflächenqualität mittels des Normalschneidens hergestellter Schnittteile aufgrund zu hoher Anforderungen nicht aus, müssen diese entweder nachbearbeitet oder mit Hilfe von Sonderverfahren geschnitten werden. Das Ziel der Sonderschneidverfahren stellt somit eine Qualitätssteigerung des Schnittteils (Ebenheit, Maßgenauigkeit) und der Qualität der Schnittfläche (Kanteneinzug, Glattschnittanteil, Bruchzone, Schnittgrat) dar.

Feinschneiden. Feinschneiden bedeutet das Ausschneiden oder Lochen von metallischen Werkstücken bei gezielt geändertem Spannungszustand in der Scherzone ohne Rissbildung in der als Funktionsfläche verwendbaren Schnittfläche. Feingeschnittene Teile verfügen über Schnittflächen mit hoher Oberflächengüte und hoher Genauigkeit. Da beim Feinschneiden sehr hohe Glattschnittanteile auftreten, sind bei der Schnittflächenbeurteilung Ausbrüche im Glattschnittbereich, sogenannte Einrisse von besonderer Bedeutung. Sie minimieren den Traganteil einer feingeschnittenen Fläche. Beim Feinschneiden tritt keine ausgeprägte Bruchzone wie beim Normalschneiden auf, da der Werkstoff bis zur vollständigen Durchtrennung plastisch fließen kann. Daher wird der fehlende Glattschnitt an der Gratseite des Bauteiles als Abriss bezeichnet.

41

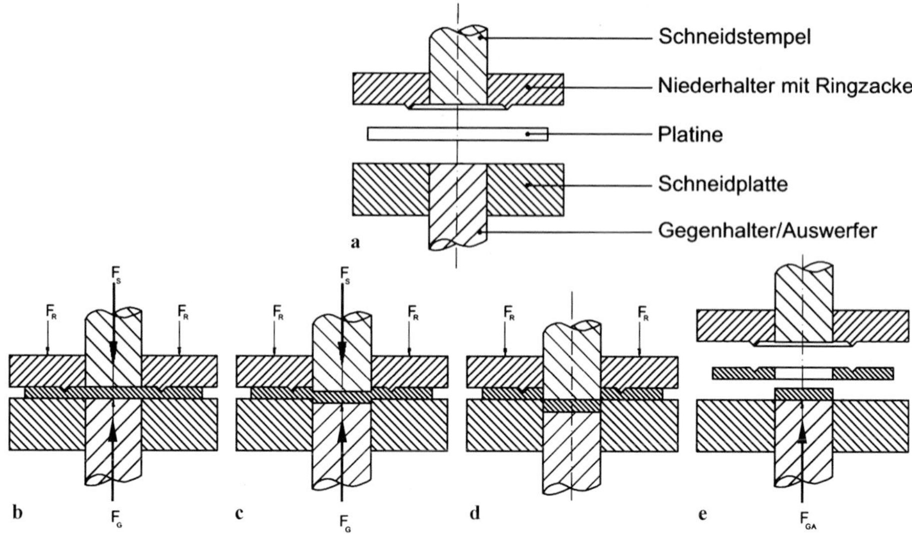

Abb. 41.70 Vorgangsablauf beim Feinschneiden. **a** Ausgangsstellung; **b** Einpressen der Ringzacke; **c** Schneiden mit Gegenhalten durch den Gegenhalter; **d** Ende des Schneidvorgangs; **e** Blech abgestreift und Ausschnitt ausgeworfen. F_{RZ} Ringzackenkraft, F_G Gegenhalterkraft, F_S Schneidkraft, F_{ra} Abstreiferkraft, F_{GA} Auswerferkraft

Beim Feinschneiden wird unmittelbar vor dem Schneiden des Werkstücks von einer oder von beiden Seiten, d. h. von oben und unten eine Ringzacke in geringem Abstand vom Schneidumriss in die Platine bzw. das Band eingepresst (Abb. 41.70). Diese Ringzacken erzeugen im Scherbereich lateral wirkende Druckspannungen, durch die die mittlere Spannung in der Scherzone soweit in den Druckspannungsbereich verschoben wird, dass der Mohrsche Spannungskreis die Schubfließgrenze vor der Schubbruchgrenze erreicht. Dadurch wird das Blech nahezu über seiner gesamten Dicke geschert.

Hierzu fordert das Feinschneidverfahren einen sehr kleinen Schneidspalt (<0,5 % der Blechdicke) und eine dreifach wirkende Presse zur Bereitstellung der erforderlichen Schneid-, Niederhalter-/Ringzacken- und Gegenhalterkraft.

Der als Gegenhalter dienende Auswerfer wirkt einer Verwölbung von Ausschnittteilen entgegen. Feinschnittteile werden vor allem dort eingesetzt, wo Funktionsflächen mit hoher Oberflächengüte und großer Genauigkeit bei kleinsten Maß- und Formtoleranzen gefordert werden. Die infolge der Scherung auftretende Kaltverfestigung kann z. B. als Funktionsfläche mit einer gegenüber dem Grundwerkstoff erhöhten Verschleißfestigkeit nutzbar gemacht werden. Nach dem Entgraten sind Feinschnittteile einbaufertig. Das Feinschneiden stellt ein etabliertes Sonderschneidverfahren dar und kommt vorwiegend bei gelochten Ausschnittteilen im Blechdickenbereich von 2 bis 8 mm zum Einsatz.

Wesentliche Kenngrößen für Schneidwerkzeuge sind die Ringzackengeometrie und die Anordnung der Ringzacken. Bei einer zu schneidenden Blechdicke bis ca. 4 bis 5 mm wird eine Ringzacke auf der Seite des Schneidstempels angeordnet, beim Schneiden von dickeren Blechen muss eine zweite Ringzacke auch auf Seite der Schneidplatte bzw. Schneidmatrize angeordnet werden. Je nach Qualitätsanforderung kann die Ringzacke auch nur teilweise, z. B. nur bei den Funktionsflächen angeordnet werden. Der Abstand der Ringzacke zur Schneidkante wird zwischen dem 0,6- und 0,75-fachen der Blechdicke gewählt.

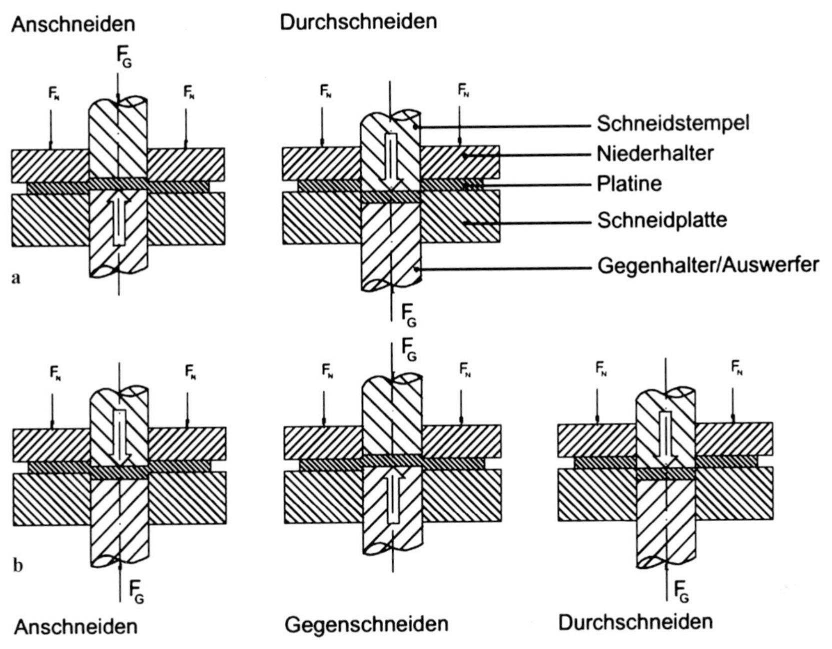

Abb. 41.71 Konterschneiden. **a** zweistufig; **b** dreistufig

Konterschneiden. Hierbei handelt es sich um ein Verfahren des Scherschneidens in mehreren Stufen und mit mindestens einer Umkehr der Schneidrichtung. Konterschneiden kann sowohl auf einer mehrfach wirkenden Presse und mehreren Werkzeugen, als auch in einer einfach wirkenden Presse im Folgeschneidwerkzeug eingesetzt werden. Mit dem Konterschneiden kann eine gratfreie Außen- oder Innenform am Schnittteil hergestellt werden. Abb. 41.71a,b zeigen die Verfahrensvarianten des Konterschneidens, die entsprechend der Anzahl der Schneidrichtungswechsel als „zweistufiges" bzw. „dreistufiges" Konterschneiden bezeichnet werden.

Die Schnittfläche eines kontergeschnittenen Lochs ist insbesondere durch die Gratfreiheit, die Glattschnittflächen im Anschluss an die Kanteneinzüge und die Bruchzone zwischen den Glattschnittflächen charakterisiert (Abb. 41.72).

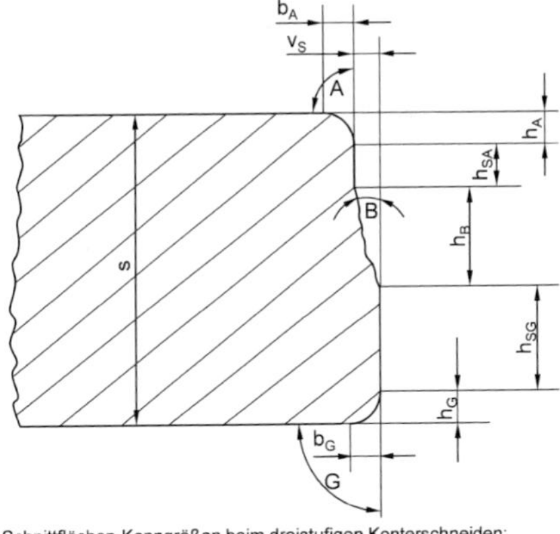

Schnittflächen-Kenngrößen beim dreistufigen Konterschneiden:

b_A, h_A	Kanteneinzug (Anschnitt)
h_{SA}, h_{SA}/s	Glattschnittfläche, Glattschnittflächenanteil (Anschnitt)
A	Glattschnittflächenwinkel (Anschnitt)
h_B, h_B/s	Bruchfläche, Bruchflächenanteil
B	Bruchflächenwinkel
G	Glattschnittflächenwinkel (Gegenschnitt)
h_{SG}, h_{SG}/s	Glattschnittfläche, Glattschnittflächenanteil (Gegenschnitt)
b_G, h_G	Kanteneinzug (Gegenschnitt)
v_S	Glattschnittflächenversatz
s	Blechdicke

Abb. 41.72 Schnittflächenkenngrößen beim dreistufigen Konterschneiden

41

Anhang

Korrekturwerte:

Schnittgeschwindigkeits-korrekturfaktor für $v_c = 20\ldots600$	$K_v = \frac{2{,}023}{v_c^{0{,}153}}$ für $v_c < 100$ m/min
	$K_v = \frac{1{,}380}{v_c^{0{,}07}}$ für $v_c > 100$ m/min
Spanwinkel-korrekturfaktor	$K_\gamma = 1{,}09 - 0{,}015 \cdot \sphericalangle^\circ$ (Stahl)
	$K_\gamma = 1{,}03 - 0{,}015 \cdot \sphericalangle^\circ$ (Guss)
Schneidstoff-korrekturfaktor	$K_{ws} = 1{,}05$ (HSS)
	$K_{ws} = 1{,}0$ (HM)
	$K_{ws} = 0{,}9\ldots0{,}95$ (SK)
Werkzeugverschleiß-korrekturfaktor	$K_{wv} = 1{,}3\ldots1{,}5$
	$K_{wv} = 1{,}0$ (arbeitsscharfe Schneide)
Kühlschmiermittel-korrekturfaktor	$K_{ks} = 1$ (trocken)
	$K_{ks} = 0{,}85$ (nicht wassermischbare KSS)
	$K_{ks} = 0{,}9$ (Kühlschmier-Emulsion)
Werkstückform-korrekturfaktor	$K_f = 1$ (Außendrehen)
	$K_f = 1{,}2$ (Innendrehen)

Tab. 41.3 $k_{c\,1.1}$ und $1 - m_c$ Werte für Eisenwerkstoffe

Schnittbedingungen	Schnittgeschwindigkeit				$v_c = 100\,\text{n min}^{-1}$		
	Schnittiefe				$a_p = 3$ mm		
	Schneidstoffe				Hartmetall P10		
		α	γ	λ	ε	κ	r_ε
	Stahl:	5°	6°	0°	90°	70°	0,8 mm
	Guss:	5°	2°	0°	90°	70°	0,8 mm
Werkstoff	R_m	Spezifische Zerspankräfte $k_{i\,1.1}$ [N/mm²]					
	[N/mm²]	$k_{c\,1.1}$	$1 - m_c$	$k_{f\,1.1}$	$1 - m_f$	$k_{p\,1.1}$	$1 - m_p$
St 50-2	559	1499	0,71	351	0,30	274	0,51
St 70-2	824	1595	0,68	228	–0,07	152	0,10
Ck 45 N	657	1659	0,79	521	0,51	309	0,60
Ck 45 V	765	1584	0,74	364	0,27	282	0,57
40 Mn 4V	755	1691	0,78	350	0,31	244	0,55
37 MnSi 5V	892	1656	0,79	239	0,31	249	0,67
18 CrNi8 BG	618	1511	0,80	318	0,27	242	0,46
30 CrNiMo8V	971	1704	0,82	337	0,46	371	0,88
41 Cr 4 V	961	1596	0,77	291	0,27	215	0,52
16 MnCr 5N	500	1411	0,70	406	0,37	312	0,50
20 MnCr 5N	588	1464	0,74	356	0,24	300	0,58
42 CrMo 4V	1138	1773	0,83	354	0,43	252	0,49
55 NiCrMoV6V	1141	1595	0,71	269	0,21	198	0,34
100 Cr 6	624	1726	0,72	318	0,14	362	0,47
GG 30	HB = 206	899	0,59	170	0,09	164	0,30

Tab. 41.4 Zerspankraftwerte für das Bohren [8, 9]

Werkstoff	R_m [$N \cdot mm^{-2}$]	$1 - m_c$	$k_{c\,1.1}$ [$N \cdot mm^{-2}$]	$1 - m_f$	$k_{f\,1.1}$ [$N \cdot mm^{-2}$]
18 CrNi 8	600	$0{,}82 \pm 0{,}04$	2690 ± 230	$0{,}55 \pm 0{,}06$	1240 ± 160
42 CrMo 4	1080	$0{,}86 \pm 0{,}06$	2720 ± 420	$0{,}71 \pm 0{,}04$	2370 ± 230
100 Cr 6	710	$0{,}76 \pm 0{,}03$	2780 ± 220	$0{,}56 \pm 0{,}07$	1630 ± 300
46 MnSi 4	650	$0{,}85 \pm 0{,}04$	2390 ± 250	$0{,}62 \pm 0{,}02$	1360 ± 100
Ck 60	850	$0{,}87 \pm 0{,}03$	2200 ± 200	$0{,}57 \pm 0{,}03$	1170 ± 100
St 50	560	$0{,}82 \pm 0{,}03$	1960 ± 160	$0{,}71 \pm 0{,}02$	1250 ± 70
16 MnCr 5	560	$0{,}83 \pm 0{,}03$	2020 ± 200	$0{,}64 \pm 0{,}03$	1220 ± 120
34 CrMo 4	610	$0{,}80 \pm 0{,}03$	1840 ± 150	$0{,}64 \pm 0{,}03$	1460 ± 140
Grauguss bis GG-22		0,51	504	0,56	356
Grauguss über GG-22		0,48	535	0,53	381

Tab. 41.5 Haupt- und Anstiegswerte für das mittige Stirnplanfräsen

Werkstoff	Schneidstoff	Schnittgeschwindigkeit	Schneidengeometrie	Hauptwerte und Anstiegswerte der spez. Zerspankraft beim mittigen Stirnfräsen					
		v_c [$m \cdot min^{-1}$]		$k_{c\,1.1}$ [$N \cdot mm^{-2}$]	m_c	$k_{cN\,1.1}$ [$N \cdot mm^{-2}$]	m_{cN}	$k_{p\,1.1}$ [$N \cdot mm^{-2}$]	m_p
St 52-3N	HM P 25	120	negativ	1831	0,29	809	0,54	705	0,41
			positiv	1469	0,25	447	0,57	174	0,56
Ck 45N	HM P 25	190	negativ	1506	0,45	708	0,62	653	0,52
X22CrMoV121	HM P 40	120	positiv	1533	0,29	497	0,70	164	0,77

Schneidengeometrie	γ_f	γ_p	α_f	α_p	λ_s	K_r	ε	K_F	Fase [mm]
negativ	−4°	−7°	6°	23°	−6°	75°	90°	60°/30°/0°	1,4/0,8/1,4
positiv	0°	8°	9°	29°	8°	75°	90°	45°/0°	0,8/1,4

Tab. 41.6 Richtwerte für das Verhältnis Schneidspalt/Blechdicke

Blechdicke [mm]	Zugfestigkeit des Werkstoffs [N/mm^2]			
	< 250	250 … 400	400 … 600	> 600
ohne Abhängigkeit von der Blechdicke	0,03	0,04	0,05	0,06
< 1	0,025	0,025	0,03	0,035
1 … 2	0,03	0,03	0,035	0,04
2 … 3	0,035	0,035	0,04	0,045
3 … 5	0,04	0,04	0,045	0,05
5 … 7	0,045	0,045	0,05	0,055
7 … 10	0,05	0,05	0,055	0,06

Tab. 41.7 Gebräuchliche Werkzeugstoffe für Schneidwerkzeuge und Anwendungsbereich

Werkzeugwerkstoff	ca. Gebrauchshärte [HRC, HV]	Blechdicke [mm]	Kennzeichnung
1. Kaltarbeitsstähle			
X 155CrVMo12 1 X 165CrMoV12 X 210CrW12 X 210Cr12 X 210CrCoW12 S 6-5-2	62 bis 65 HRC	bis 4 mm	Werkstoffe geringerer Zähigkeit und höherer Verschleißfestigkeit zum Scherschneiden von harten Blechwerkstoffen und geringer Blechdicke
90MnV8 105WCr6	60 bis 64 HRC	4 bis 6 mm	verzugsarme Werkstoffe mittlerer Zähigkeit und mittlerer Verschleißfestigkeit
45WCrV7 60WCrV7 X 45NiCrMo4 X 50CrMoW9 11 X 63CrMoV5 1	56 bis 63 HRC	mehr als 6 mm	zähe Werkstoffe zur Aufnahme hoher Spannungsspitzen beim Scherschneiden von Blechwerkstoffen großer Dicke; geringere Verschleißfestigkeit gegenüber abrasiven Verschleißmechanismen
2. Hartmetalle			
GT 15 GT 20 GT 30 GT 40 THR-F	1450 HV 1300 HV 1200 HV 1050 HV 1500 HV	bis 1 mm	spröde Werkstoffe zum Scherschneiden dünner Bleche; höchste Verschleißfestigkeit gegenüber vorherrschend abrasiven Verschleißmechanismen
3. Hartstoff-Legierungen			
Ferro-Titanit-C-Special Ferro-Titanit-WFN S 6.5.3 (ASP 23) CPM 10V CPM Rex M 4	68–71 HRC 68–71 HRC 61–65 HRC 61–64 HRC 61–65 HRC	bis 8 mm	Werkstoffe hoher Verschleißfestigkeit und hoher Duktilität aufgrund homogener Gefügebeschaffenheit

Literatur

Spezielle Literatur

1. Patzke, M.: Einfluss der Randzone auf die Zerspanbarkeit von Schmiedeteilen. Diss. Univ. Hannover (1987)
2. Warnecke, G.: Spanbildung bei metallischen Werkstoffen. Diss. TU Hannover (1974)
3. Denkena, B.: Verschleißverhalten von Schneidkeramik bei instationärer Belastung. Diss. Univ. Hannover (1992)
4. Tönshoff, H. K.: Schneidstoffe für die spanende Fertigung. wt-Z. Ind. Fert. **72**, 201–208 (1982)
5. Knorr, W.: Bedeutung des Schwefels für die Zerspanbarkeit der Stähle unter Berücksichtigung ihrer Gebrauchseigenschaften. Stahl und Eisen **97**, 414–423 (1977)
6. Kienzle, O., Victor, H.: Die Bestimmung von Kräften und Leistungen an spanenden Werkzeugmaschinen. VDI-Z. **94**, 299–305 (1952)
7. Taylor, F. W.: On the art of cutting metals. Trans. Am. Soc. Mech. Eng. **28**, 30–351 (1907)
8. Spur, G.: Beitrag zur Schnittkraftmessung beim Bohren mit Spiralbohrern unter Berücksichtigung der Radialkräfte. Diss. TU Braunschweig (1961)
9. Denkena, B., Tönshoff, H.K.: Spanen – Grundlagen. Springer, Berlin (2011)
10. Victor, H., Müller, M., Opferkuch, R.: Zerspantechnik. Bd. I–III. Springer, Berlin (1985)
11. Saljé, E.: Abrichten während des Schleifens – Grundlagen. Leistungssteigerungen, Wirtschaftlichkeit. Jahrbuch Schleifen, Honen, Läppen und Polieren, 53. Ausgabe. Vulkan, Essen (1985), S. 1–30
12. Mushardt, H.: Modellbetrachtungen und Grundlagen zum Innenrundhonen. Diss. TU Braunschweig (1986)
13. Tönshoff, T.: Formgenauigkeit, Oberflächenrauheit und Werkstoffabtrag beim Langhubhonen. Diss. Univ. Karlsruhe (1970)
14. Saljé, E., Möhlen, H., See, v. M.: Vergleichende Betrachtungen zum Schleifen und Honen. VDI-Z. **129**, 1, 66–69 (1987)
15. Spur, G., Simpfendörfer, D.: Neue Erkenntnisse und Entwicklungstendenzen beim Planläppen. Jahrbuch Schleifen, Honen, Läppen und Polieren, 55. Ausgabe. Vulkan, Essen (1988), S. 469–480
16. Nölke, H.-H.: Spanende Bearbeitung von Siliciumnitrid-Werkstoffen durch Ultraschall-Schwingläppen. Diss. Univ. Hannover (1980)
17. Tönshoff, H. K., Brinksmeier, E., Schmieden, v. W.: Grundlagen und Theorie des Innenlochtrennens.

Jahrbuch Schleifen, Honen, Läppen und Polieren, 55. Ausgabe. Vulkan, Essen (1988), S. 481–493
18. Weckerle, D.: Prozessstörungen bei der funkenerosiven Metallbearbeitung. Tech. Mitt. F. Deckel AG, München (1985)
19. Schmohl, H.-P.: Ermittlung funkenerosiver Bearbeitungseigenspannungen in Werkzeugstählen. Diss. TU Hannover (1973)
20. Wijers, J. L. C.: Numerically controlled diesinking. EDM-Digest **9/10** (1984)
21. Tönshoff, H. K., Semrau, H.: Laser beam machining in new fields of application. Proc. ASME-Symp. Chicago/USA, Dec. 88
22. Tönshoff, H. K., Bütje, R.: Excimer laser in material processing. Ann. CIRP **37** (1988)
23. Dickmann, K., Emmelmann, C., Hohensee, V., Schmatjko, K. J.: Excimer-Hochleistungslaser in der Materialbearbeitung. Laser Magazin Teil I: (1987) **H. 3**, 26–29 und Teil II: (1987) **H. 4**, 34–44
24. Bimberg, D.: Laser in Industrie und Technik. Bd. 13. Expert, Grafenau (1985)
25. Beske, E. U., Meyer, C.: Schweißen mit kW-Festkörperlasern. Laser Magazin **3**, 42–46 (1989)
26. Beske, E. U.: Handhabung einer Lichtleitfaser zum Führen eines Nd-YAG-Laserstrahls. Laser und Optoelektronik **21**(3) 60–61 (1989)
27. VDI-Richtlinie 2906 Teil 8: Schnittqualität beim Schneiden, Beschneiden und Lochen von Werkstücken aus Metall. VDI, Düsseldorf (1994)
28. Lange, K. (Hrsg.): Umformtechnik: Handbuch für Industrie und Wissenschaft, Bd. 3. Blechbearbeitung, 2. Aufl. Springer, Berlin (1990)
29. Spur, G., Stöferle, Th. (Hrsg.): Handbuch der Fertigungstechnik, Band 2/3: Umformen und Zerteilen. Hanser, München (1985)
30. VDI-Richtlinie 2906: (Entwurf 09/92): Schnittflächenqualität beim Schneiden, Beschneiden und Lochen von Werkstücken aus Metall
31. VDI-Richtlinie 3368 (05/82): Schneidspalt-, Schneidstempel- und Schnittplattenmaß für Schneidwerkzeuge der Stanztechnik
32. Tschätsch, H.: Taschenbuch Umformtechnik: Verfahren, Maschinen, Werkzeuge. Hanser, München (1977)
33. VDI-Richtlinie 3345 (05/80): Feinschneiden
34. Guidi, A.: Nachschneiden und Feinschneiden. Hanser, München (1965)

Weiterführende Literatur

Birzer, F.; Schmidt, R.-A.: Umformen und Feinschneiden: Handbuch für Verfahren, Stahlwerkstoffe, Teilegestaltung. Carl Hanser Verlag 2006. ISBN 978-344-640964-4

Denkena, B., Tönshoff, H.K.: Spanen – Grundlagen. Springer, Berlin (2011)

Doege, E.; Behrens, B.-A.: Handbuch Umformtechnik, Grundlagen, Technologien, Maschinen, 3. bearb. Auflage 2016. ISBN 978-3-662-43890-9.

Eversheim, W., Schuh, G. (Hrsg.): Produktion und Management „Betriebshütte", 7. Aufl. Teil 2. Springer, Berlin (1996)

Hellwig, W.: Spanlose Fertigung: Stanzen; 2009, Verlag Vieweg+Teubner; ISBN 978-3-8348-0.

Hoffmann, H.: Vergleich von Normal- und Feinschneiden. Technische Rundschau, Heft 40, 1991.

Hörmann, F.: Verfahren zum endkonturnahen Schneiden. Blech Rohre Profile – Heft 10/2009, Seite 10–14. Meisenbach GmbH.

König, W., Klocke, F.: Fertigungsverfahren, Bde. 1, 2. VDI, Düsseldorf (1997)

Krahn, H.; Eh, D.; Kaufmann, N.; Vogel, H.: 1000 Konstruktionsbeispiele Werkzeugbau – Umformtechnik – Schneidtechnik – Fügetechnik. Carl Hanser Verlag, München, Wien, 2009.

Lange, K. (Hrsg.): Umformtechnik: Handbuch für Industrie und Wissenschaft, Bd. 3. Blechbearbeitung, 2. Aufl. Berlin: Springer 1990. ISBN 3-540-50039-1.

Liewald, M.; Kappes, J.; Hank, R.: Schnittgratfreies Scherschneiden mittels Konterschneiden. www.utfscience.de I/2010. Verlag Meisenbach GmbH.

N.N.: Der Werkzeugbau. Verlag Europa Lehrmittel 2007, ISBN 978-3-8085-1204-3.

Oehler, G.; Kaiser, F.: Schnitt-, Stanz- und Ziehwerkzeug. 8. Aufl., Springer-Verlag, Berlin, Heidelberg, 2001.

Schmidt, R.-A.; Birzer, F.: Umformen und Feinschneiden, Handbuch für Verfahren, Stahlwerkstoffe, Teilegestaltung. ISBN: 978-3-446-40964-4, Hanser-Verlag (2010)

Schuler GmbH (Hrsg.): Handbuch der Umformtechnik. Springer, Berlin (1996)

Shaw, M. C.: Metal cutting principles. Oxford Ser. on advanced manufacturing 3. Clarendon Press, Oxford (1984)

Spur, G.; Neugebauer, R.; Hoffmann, H. (Hrsg.): Handbuch Umformen. Hanser-Verlag 2012, ISBN 978-3-446-42778-5.

Trumpf GmbH & Co. KG (Hrsg.): Faszination Blech. ISBN 978-8-8343-3051-2, Vogel Buchverlag, Würzburg (2006)

Tschätsch, H.: Taschenbuch Umformtechnik: Verfahren, Maschinen, Werkzeuge. München: Hanser 1977. ISBN 3-834-80324-3.

Vieregge, G.: Zerspanung der Eisenwerkstoffe, 2. Aufl. Stahleisen Bücher Bd. 16. Verlag Stahleisen, Düsseldorf (1970)

Normen und Richtlinien

DIN 2310: Thermisches Schneiden

DIN 6580: Bewegung und Geometrie des Zerspanvorganges

DIN 6581: Bezugssysteme und Winkel am Schneidteil des Werkzeugs

DIN 8580: Fertigungsverfahren

DIN 8588 (09/2003): Fertigungsverfahren Zerteilen. Einordnung, Unterteilung, Begriffe

DIN 8589: Fertigungsverfahren Spanen

DIN 8590: Fertigungsverfahren Abtragen

DIN ISO 603: Schleifkörper aus gebundenem Schleifmittel

ISO 513: Application of carbides for machining by chip removal

ISO 3002: Basic quantities in cutting and grinding: Part 1: Geometry of the active part of cutting tools; Part 3: Geometric and kinematic quantities cutting

ISO 3685: Tool life testing with single point turnig tools

VDI-Richtlinie 2906 (05/1994): Schnittflächenqualität beim Schneiden, Beschneiden und Lochen von Werkstücken aus Metall. Blatt 1: Allgemeines, Kenngrößen, Werkstoffe.

VDI-Richtlinie 2906 (05/1994): Schnittflächenqualität beim Schneiden, Beschneiden und Lochen von Werkstücken aus Metall. Blatt 2: Scherschneiden.

VDI-Richtlinie 2906 (05/1994): Schnittflächenqualität beim Schneiden, Beschneiden und Lochen von Werkstücken aus Metall. Blatt 4: Knabberschneiden (Nibbeln).

VDI-Richtlinie 2906 (05/1994): Schnittflächenqualität beim Schneiden, Beschneiden und Lochen von Werkstücken aus Metall. Blatt 5: Feinschneiden.

VDI-Richtlinie 2906 (05/1994): Schnittflächenqualität beim Schneiden, Beschneiden und Lochen von Werkstücken aus Metall. Blatt 6: Konterschneiden.

VDI-Richtlinie 3368 (05/82): Schneidspalt-, Schneidstempel- und Schneidplattenmaße für Schneidwerkzeuge der Stanztechnik.

VDI-Richtlinie 3400: Elektroerosive Bearbeitung – Begriffe, Verfahren, Anwendung

VDI-Richtlinie 3402: Elektrochemische Bearbeitung – Bad-Elysieren

Stahl-Eisen-Prüfblatt 1160: Zerspanversuche, Allgemeine Grundbegriffe

42 Sonderverfahren

Andreas Dietzel, Nico Troß, Jens Brimmers, Eckart Uhlmann, Christian Brecher, Stephanus Büttgenbach, Berend Denkena und Manfred Weck

42.1 Gewindefertigung

42.1.1 Einleitung

Die Gewindefertigung umfasst sämtliche Verfahren die zur Herstellung von Gewinden verwendet werden. Die Unterteilung kann in Anlehnung an die DIN 8580 ff. [76] erfolgen (Abb. 42.1).

A. Dietzel (✉)
Technische Universität Braunschweig
Braunschweig, Deutschland
E-Mail: a.dietzel@tu-braunschweig.de

N. Troß
Aachen, Deutschland

J. Brimmers
Aachen, Deutschland
E-Mail: J.Brimmers@wzl.rwth-aachen.de

E. Uhlmann
Technische Universität Berlin
Berlin, Deutschland
E-Mail: eckart.uhlmann@iwf.tu-berlin.de

C. Brecher
RWTH Aachen
Aachen, Deutschland
E-Mail: C.Brecher@wzl.rwth-aachen.de

S. Büttgenbach
Technische Universität Braunschweig
Braunschweig, Deutschland
E-Mail: s.buettgenbach@tu-bs.de

B. Denkena
Leibniz Universität Hannover
Hannover, Deutschland

M. Weck
RWTH Aachen
Aachen, Deutschland

Die Verfahrensauswahl erfolgt unter Berücksichtigung der Gewindefunktion, der Anforderungen an das Gewinde und unter Beachtung wirtschaftlicher Gesichtspunkte. Durch die verfahrenscharakteristische Kinematik wird die Eignung zur Herstellung von Innen- und/oder Außengewinden limitiert.

Die Herstellung von Gewinden durch Druckgießen ist dem Urformen zuzuordnen. Das Verfahren hat nur eine geringe Bedeutung. Der Gewindefertigung mittels trennender Verfahren ist die größte Verfahrensvielfalt zuzuordnen. Die Vielfalt ist dabei nicht gleichbedeutend mit dem Marktanteil der Verfahren. Innerhalb des Trennens werden die Verfahren gemäß DIN 8580 ff. [76] weiter unterteilt. So werden das Gewindeschneiden und Gewindebohren der Gruppe Spanen mit geometrisch bestimmter Schneide zugeordnet, während beispielsweise das Gewindeerodieren in die Gruppe Abtragen einzugliedern ist. Weitere Verfahren wie das Gewindewalzen oder Gewindedrücken werden dem Umformen zugewiesen.

Umformende Verfahren wie das Gewindewalzen zeichnen sich durch hohe Mengenleistungen und Materialeinsparungen aus. Weiterhin bleibt bei der umformenden Bearbeitung die Werkstofffaser erhalten. Bei der Bearbeitung von hochwarmfesten Werkstoffen oder der Anforderung einer hohen Arbeitsgenauigkeit sind den Verfahren Grenzen gesetzt. Spanende Verfahren wie das Gewindeschleifen erfüllen in der Regel höhere Arbeitsgenauigkeiten, verfügen jedoch über eine geringere Mengenleistung.

B. Bender und D. Göhlich (Hrsg.), *Dubbel Taschenbuch für den Maschinenbau 2: Anwendungen*,
https://doi.org/10.1007/978-3-662-59713-2_42

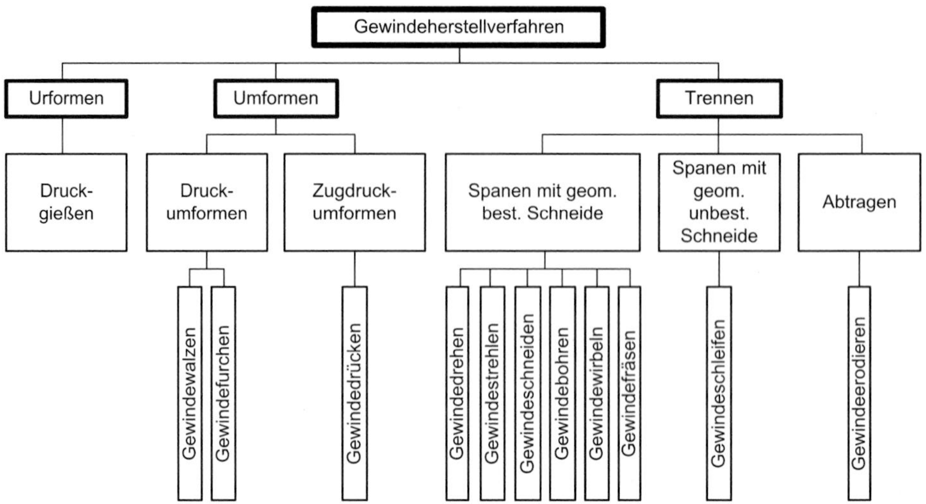

Abb. 42.1 Einordnung der Verfahren zur Gewindeherstellung nach DIN 8580 ff. [76]

42.1.2 Gewindefertigung mit geometrisch bestimmter Schneide

Gewindedrehen. Gewindedrehen ist nach DIN 8589 – Teil 1 [80] Schraubdrehen mit einem zur Drehachse des Werkstückes parallelen Vorschub, bei dem unter Verwendung eines Gewinde-Drehmeißels ein Gewinde erzeugt wird (Abb. 42.2). Das Verfahren eignet sich zur Herstellung von Innen- und Außengewinden. Die Fertigung erfolgt in mehreren Schritten, wobei das Werkzeug an den gleichen Stellen des Werkstückes mehrfach variiert zugestellt wird. Es werden zwei Schnittaufteilungen unterschieden (Abb. 42.3). Die Anzahl der Schnitte ist abhängig von der geforderten Gewindetiefe t_l und der Schnitttiefe a_p. Die Fertigung von hochgenauen Gewinden erfolgt unter Verwendung von zwei Werkzeugen, die jeweils eine Flanke bearbeiten.

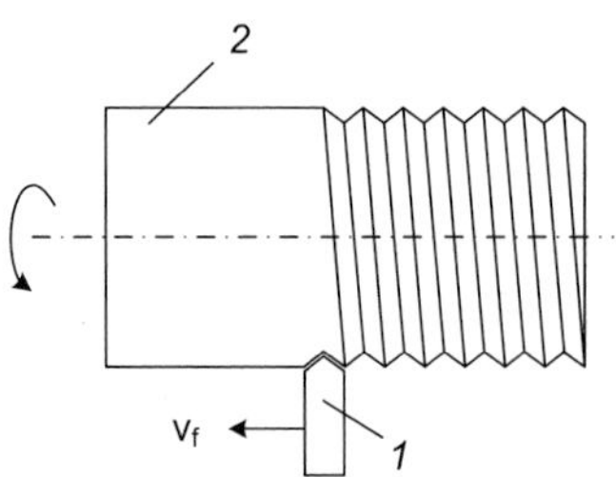

Abb. 42.2 Gewindedrehen Wirkprinzip nach DIN 8589 – Teil 1 [80]. *1* Werkzeug, *2* Werkstück

Beim Gewindedrehen werden prinzipiell drei Werkzeugarten differenziert. Es werden Schaftprofilmeißel, Rundprofilmeißel und hinterdrehte Rundprofilmeißel unterschieden (Abb. 42.4a,b). Die Form des verwendeten Gewindedrehmeißels entspricht dem zu erzeugenden Gewindeprofil. Der Seitenspanwinkel des Werkzeuges beträgt im allgemeinem $\gamma = 0°$, weshalb die Spanfläche auf die Mitte des Werkstückes eingestellt wird. Bei der Verwendung von Rundprofilmeißeln muss die Werkzeugmitte um ein Maß h bezüglich der Werkstückmitte verschoben werden (Abb. 42.4b). Dadurch kann der erforderliche Seitenfreiwinkel von $\alpha_f = 6 \ldots 8°$ am Werkzeug gewährleistet werden. Es ist zu beachten, dass der Rundprofilmeißel in zugestellter Position das erforderliche Gewindeprofil aufweist. Bei hinterdrehten Rundprofilmeißeln wird der erforderliche Seitenfreiwinkel durch die Hinterdrehung realisiert, wodurch Werkzeug- und Werkstückmitte übereinstimmen. Der Nachschliff erfolgt an der Spanfläche, wobei diese radial zur Werkzeugach-

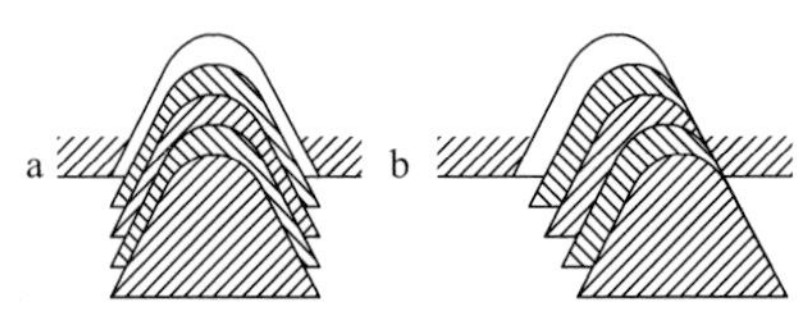

Abb. 42.3 Schnittaufteilung [1]. **a** Zustellung senkrecht zum Werkstück, **b** Zustellung längs einer Gewindeflanke

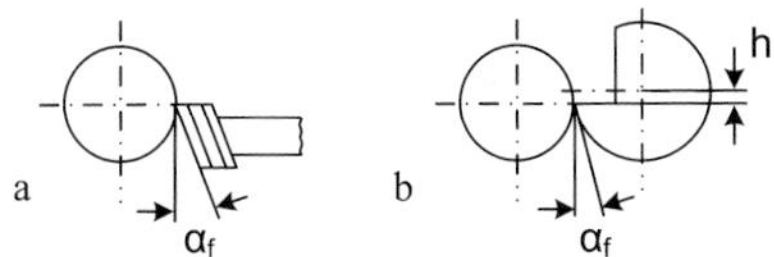

Abb. 42.4 Formmeißel [2]. **a** gerade Ausführung, **b** runde Ausführung

se liegen muss. Der Wirk-Seitenfreiwinkel α_{fe} sollte 3 … 5° betragen. Je nach Steigung des zu erzeugenden Gewindes ergeben sich unterschiedliche Anschliffe. Für die Fertigung kleiner Steigungen ist ein symmetrischer Anschliff genügend. Trapez- und Flachgewinde sowie mehrgängige Gewinde verfügen in der Regel über größere Steigungen, die einen unsymmetrischen Anschliff bedingen. Diese Asymmetrie bewirkt unterschiedliche Wirk-Seitenkeilwinkel β_{fex}, die zu ungünstigen Schnittbedingungen führen können. Um dies zu vermeiden, wird bei Steigungswinkeln über 10° das Werkzeug schräg angestellt. Im Umkehrschluss ergeben sich daraus Profilverzerrungen, die durch eine Profilierung des Schaftprofilmeißels ausgeglichen werden können.

Aus Gründen der Wirtschaftlichkeit werden im industriellen Umfeld weitestgehend Schneidplatten/Wendeschneidplatten verwendet. Diese werden von Klemmhaltern aufgenommen und geführt.

Gewindestrehlen. Gewindestrehlen wird äquivalent zum Gewindedrehen nach DIN 8589 – Teil 1 [80] dem Schraubdrehen zugeordnet. Die Kinematik der beiden Verfahren ist identisch (Abb. 42.5). Beim Gewindestrehlen kommt ein Werkzeug mit mehreren Profilschneiden zur Anwendung. Das Verfahren kann zur Herstellung ein- und mehrgängiger Innen- und Außengewinde verwendet werden. Das Strehlwerkzeug verfügt über einen Anschnitt an der Einlaufseite (Abb. 42.6). Dadurch kann die Fertigung des Gewindes in einem Schnitt erfolgen.

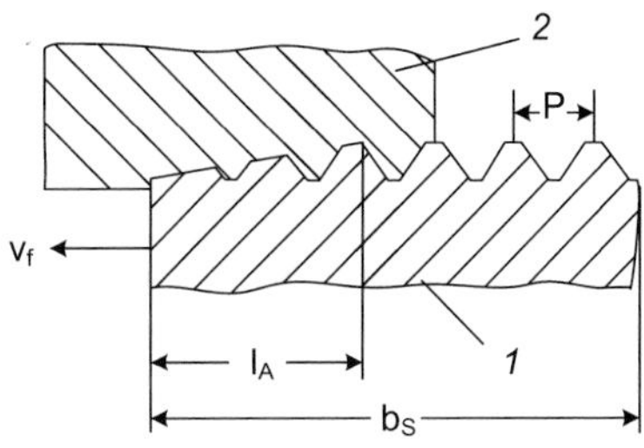

Abb. 42.6 Strehlwerkzeug [3]. l_A Anschnittlänge, v_f Vorschubgeschwindigkeit, b_s Strehlerbreite, P Steigung. *1* Werkzeug, *2* Werkstück

Ähnlich dem Gewindedrehen kommen Schaft- oder Rundprofilmeißel zur Anwendung. Diese können in radialer oder tangentialer Richtung angestellt werden.

Gewindeschneiden. Das Gewindeschneiden wird äquivalent zum Gewindedrehen und Gewindestrehlen nach DIN 8589 – Teil 1 [80] als Schraubdrehen verstanden. Der verwendete Vorschub liegt parallel zur Drehachse des Werkstückes. Die Bearbeitung erfolgt mit einem in Vorschub- und Schnittrichtung mehrschneidigen Werkzeug (Abb. 42.7). Diese Mehrschneidigkeit kann beispielsweise durch die Verwendung mehrerer Strehlerbacken realisiert werden. Die Fertigung kann manuell unter Verwendung von Schneideisen (Abb. 42.8) sowie Schneidkluppen oder in Serie durch selbstöffnende Gewindeschneidköpfe erfolgen.

Die Fertigung von Hand kommt in der Regel nur bei geringen Genauigkeitsanforderungen zur Anwendung. Schneideisen gibt es in geschlitzter

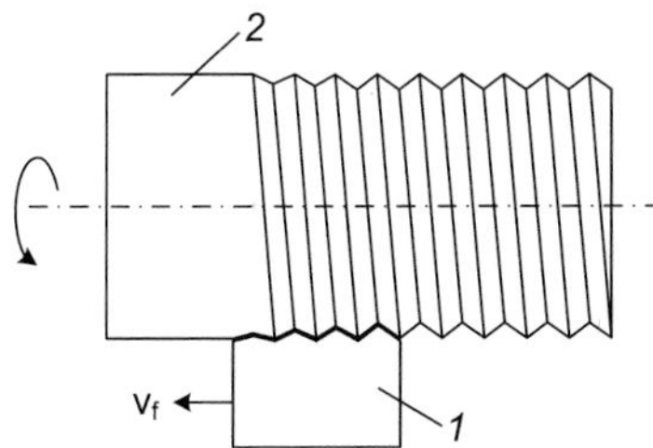

Abb. 42.5 Gewindestrehlen Wirkprinzip nach DIN 8589 – Teil 1 [80]. *1* Werkzeug, *2* Werkstück

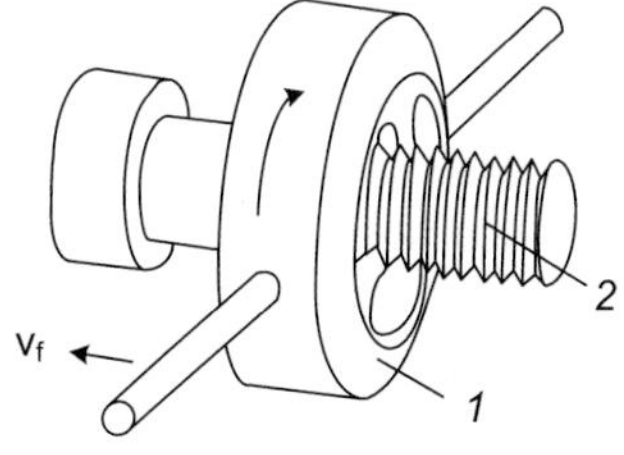

Abb. 42.7 Gewindeschneiden Wirkprinzip nach DIN 8589 – Teil 1 [80]. *1* Werkzeug, *2* Werkstück

42

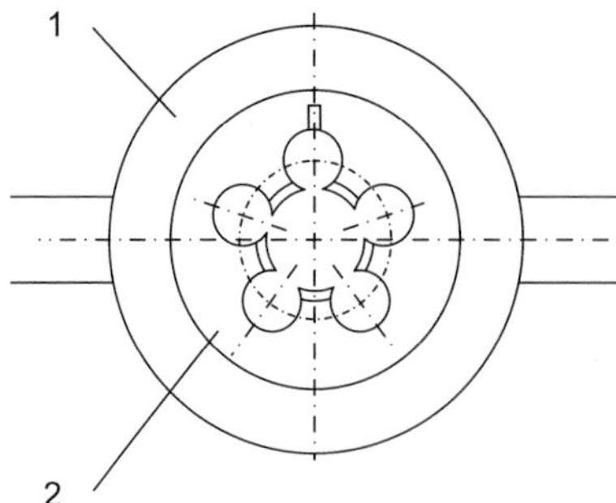

Abb. 42.8 Gewindeschneideisen [3]. *1* Halter, *2* Schneideisen

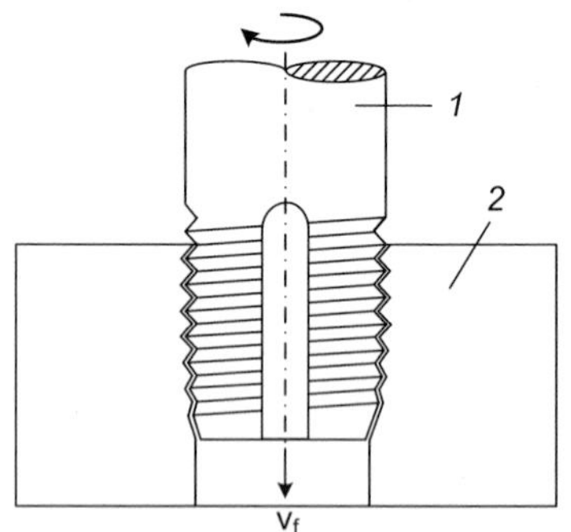

Abb. 42.9 Gewindebohren Wirkprinzip nach DIN 8589 – Teil 1 [80]. *1* Werkzeug, *2* Werkstück

und geschlossener Ausführung. Da Schneideisen nicht geöffnet werden können, ist das Rückdrehen des Werkzeuges über das gefertigte Gewinde am Ende des Schneidvorganges in jedem Fall notwendig. Schneidkluppen verfügen über radial oder tangential angeordnete Backen. Diese können individuell an verschiedene Gewindedurchmesser und Steigungen angepasst werden. Schneidkluppen können geöffnet werden und die Backen der Schneidkluppe sind auswechselbar, wodurch das Zurückdrehen des Werkzeuges am Ende der Bearbeitung entfällt. Auch in der Serienfertigung werden Werkzeuge mit radial oder tangential angeordneten, verstellbaren Backen verwendet. Diese Werkzeuge öffnen sich selbstständig bei Kontakt des Schneidkopfes mit einem Anschlag.

Gewindebohren. Das Verfahren beschreibt nach Definition der DIN 8589 – Teil 1 [80] das Schraubbohren zur Erzeugung von Innengewinden unter Verwendung eines Gewindebohrers (Abb. 42.9). Voraussetzung für die Anwendbarkeit des Verfahrens ist ein Kernloch. Dies ist in der Regel um die Steigung kleiner als der Nenndurchmesser des zu fertigenden Gewindes. Gewindebohrer verfügen im Anschnitt über in der Höhe gestaffelte Zähne, die für die Profilierung zuständig sind und den Hauptteil der Zerspanung übernehmen. Die Anzahl der für die Zerspanung benötigten Zähne hängt von der Härte des zu bearbeitenden Werkstoffes ab. Der zylindrische Teil des Werkzeuges dient vornehmlich der Kalibrierung und Führung. Aufgrund der Staffelung der Eingriffsschneiden entlang der Wirkrichtung ähnelt das Gewindebohren dem Schraubräumen.

Durch die Verwendung hinterschliffener Werkzeuge kann die Reibarbeit herabgesetzt werden (Abb. 42.10). Die Wahl der Winkel richtet sich u. a. nach dem zu zerspanenden Werkstoff. So ergeben sich:

für den Rückfreiwinkel (Hinterschliffwinkel)

- $\alpha = 1 \ldots 5°$

und für den Rückspanwinkel

- für Grauguss $\gamma = 0 \ldots 3°$,
- für Stahl $\gamma = 3 \ldots 15°$,
- für Aluminiumlegierungen $\gamma = 12 \ldots 25°$.

Gewindebohrer werden gemäß ihrer Anwendung in Hand- und Maschinengewindebohrer unterteilt. Handgewindebohrer bestehen aus einem

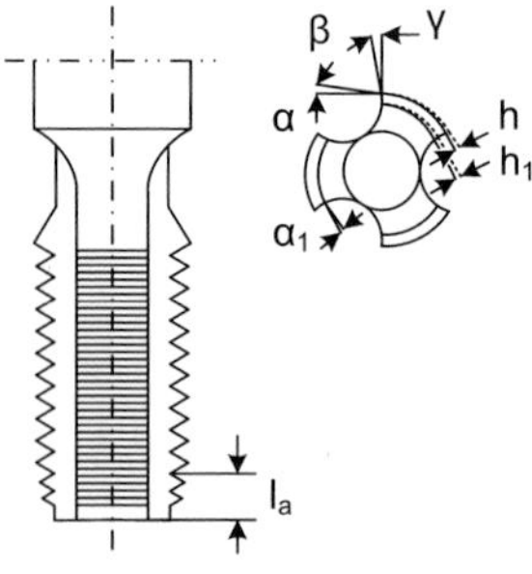

Abb. 42.10 Geometrie eines Gewindebohrers [3]. α Rückfreiwinkel (Flankenhinterschliffwinkel), α_1 Rückfreiwinkel am Anschnitt, β Rückkeilwinkel, γ Rückspanwinkel, h Hinterschliff, h_1 Hinterschliff am Anschnitt, d_3 Anschnittdurchmesser, l Anschnittlänge

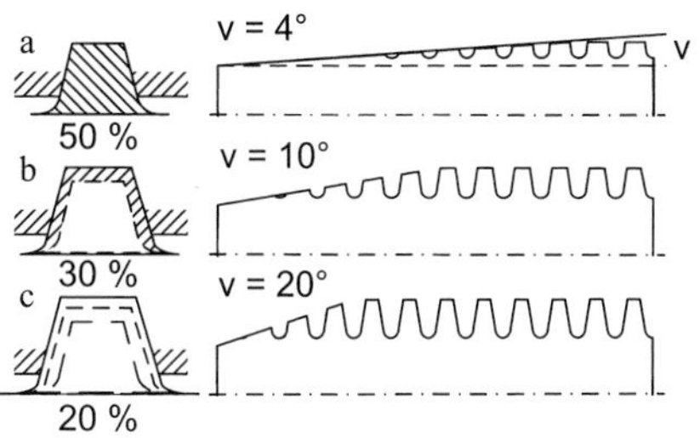

Abb. 42.11 Schnittaufteilung beim Handgewindebohren. **a** Vorschneider, **b** Mittelschneider, **c** Fertigschneider

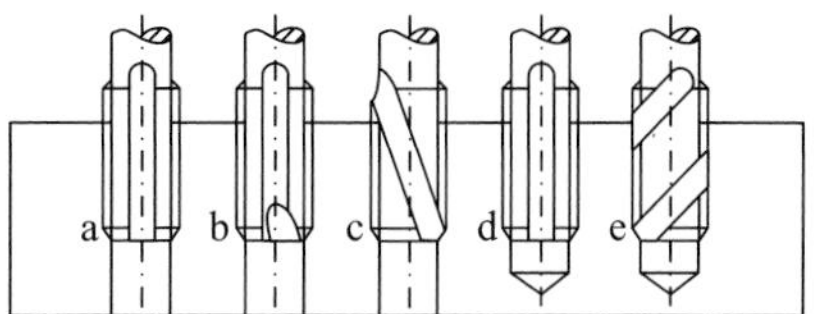

Abb. 42.12 Ausführungsformen für Gewindebohrer [2]. **a** Gerade Nuten, **b** Schälanschnitt, **c** Negativer Drall, **d** Gerade Nut für Grundlöcher, **e** Positiver Drall für Grundlöcher

Satz von mehreren Bohrern mit unterschiedlicher Geometrie (Abb. 42.11). Sie unterscheiden sich unter anderem in der Länge sowie dem Winkel des Anschnittes. Die Auswahl des Satzes erfolgt in Abhängigkeit des Werkstoffes. In der Regel kommen dreisätzige Gewindebohrer zur Anwendung, auf die sich die Zerspanarbeit wie folgt verteilt:

- Vorschneider 50 %,
- Mittelschneider 30 %,
- Fertigschneider 20 %.

Das maschinelle Gewindebohren erfolgt meist im Einschnittverfahren unter Verwendung einzelner Werkzeuge. Die Auswahl richtet sich auch hier nach dem zu bearbeitenden Werkstoff. Für die Bearbeitung kurzspanender Werkstoffe werden beispielsweise Gewindebohrer mit geraden Nuten verwendet, während für das Gewindebohren von Blechen Werkzeuge mit kurzen, nicht durchgehenden Nuten verwendet werden [4]. Abb. 42.12 zeigt verschiedene Ausführungsformen für Gewindebohrer.

Gewindebohrer stellen in der Regel keine besonderen Anforderungen an die Werkzeugmaschinen und können auf nahezu jeder Werkzeugmaschine unter Verwendung eines geeigneten Gewindeschneidfutters verwendet werden. Weiterhin können Gewindebohrer im Vergleich zu Gewindeformern nachgeschliffen werden. Dies ist besonders bei großen und aufwendigen Werkzeugausführungen wirtschaftlich. Sowohl beim manuellen als auch beim maschinellen Gewindebohren besteht eine Werkzeugbruchgefahr, die durch ungünstige Reibungsverhältnisse und die schlechte Spanabfuhr bedingt wird. Besonders die Fertigung von Gewinden mit großen Aspektverhältnissen ($l > 3 \cdot d$) sowie die Herstellung von Grundlochgewinden in langspanenden Werkstoffen stellt das Verfahren vor Probleme. Dieser Umstand bedingt die relativ niedrigen Schnittgeschwindigkeiten beim Gewindebohren. Da Werkzeugmaschinen in der Regel ihr maximales Drehmoment nicht im unteren Drehzahlbereich besitzen, ist besonders die Fertigung großer Gewinde in Stahl, d. h. Gewinde größer M20, eine Herausforderung. Darüber hinaus wird für jedes Gewinde ein separates Werkzeug benötigt. Die Bemühungen, ein universell einsetzbares Werkzeug anzubieten, werden derzeit besonders durch die Vielzahl der zu bearbeitenden Werkstoffe und der damit verbundenen Standzeitanforderungen erschwert.

Gewindefräsen. Das Gewindefräsen wird nach DIN 8589-3 [82] als eine Variante des Schraubfräsens klassifiziert. Demnach handelt es sich um ein spanendes Fertigungsverfahren im unterbrochenen Schnitt, das unter Verwendung einer wendelförmigen Vorschubbewegung zur Erzeugung einer schraubenförmigen Fläche genutzt wird. Je nach verwendetem Werkzeug wird in Kurz- und Langgewindefräsen unterschieden.

Auf Grund des unterbrochenen Schnittes entstehen beim Gewindefräsen vornehmlich Kommaspäne [4]. Diese können in der Regel mittels Kühlschmierstoff aus der Gewindebohrung beseitigt werden und stellen keine zusätzliche Beanspruchung der Werkzeuge dar. Die Bearbeitung schwer zerspanbarer Werkstoffe sowie die Fertigung von Gewindetiefen bis zum Bohrungsgrund sind weitere Vorteile des Gewindefräsens. Die verwendeten Werkzeuge sind in der Regel universell einsetzbar und eignen sich zur Herstellung

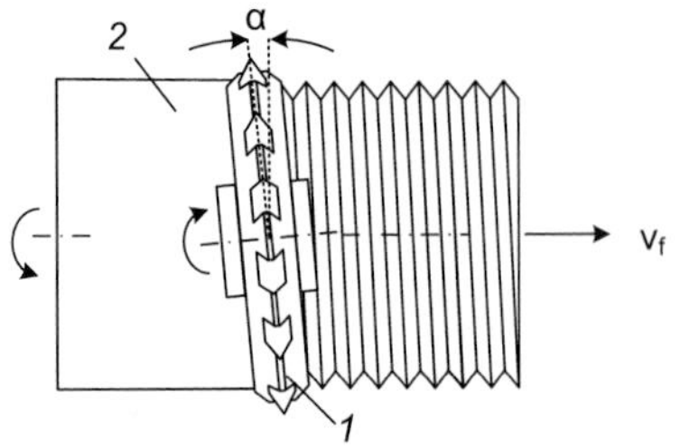

Abb. 42.13 Langgewindefräsen nach DIN 8589-3 [82]. *1* Werkzeug, *2* Werkstück

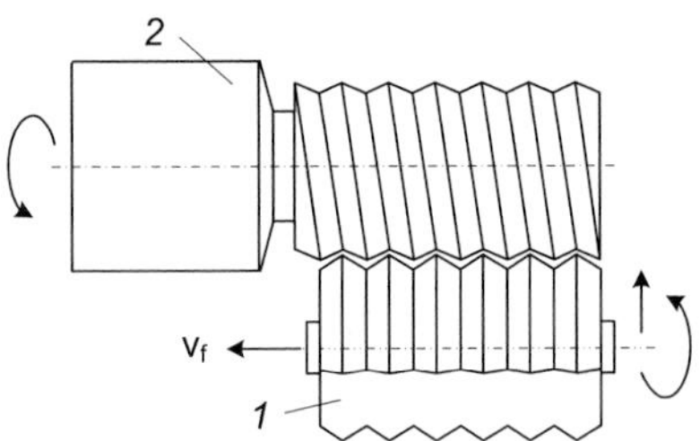

Abb. 42.14 Kurzgewindefräsen nach DIN 8589-3 [82]. *1* Werkzeug, *2* Werkstück

verschiedener Gewinde. Dies führt zwangsläufig zu höheren Kosten bei der Erstanschaffung [4]. Besondere Anforderungen an das Fräswerkzeug entstehen bei der Fertigung von Gewindelängen $l > 2{,}5 \cdot d$ sowie bei kleinen Gewinde-Nenndurchmessern.

Langgewindefräsen. Hierbei werden einprofilige Gewindefräser verwendet. Die Steigung wird durch Neigen der Fräserlängsachse in Richtung der Werkstückachse realisiert. Der Vorschub entspricht der Gewindesteigung und wird vom Werkstück ausgeführt. Die Fertigung kann sowohl im Gleichlauf als auch im Gegenlauf erfolgen. Das Langgewindefräsen wird hauptsächlich zur Herstellung langer Gewindespindeln verwendet [5]. Abb. 42.13 zeigt die kinematischen Zusammenhänge zwischen Werkzeug und Werkstück. Problematisch ist die Fertigung bei Teilflankenwinkeln unter 5° in Kombination mit großen Steigungen. Dabei kann es unter Verwendung großer Fräserdurchmesser durch das seitliche Freischneiden des Fräsers zu Profilverzerrungen kommen. Die Schnittgeschwindigkeit wird in Abhängigkeit von der Zugfestigkeit gewählt. Für hinterdrehte Profilfräser aus Schnellarbeitsstahl ergeben sich Schnittgeschwindigkeiten von $v_c = 4 \ldots 20$ m/min.

Kurzgewindefräsen. Hierbei werden mehrprofilige Gewindefräser verwendet. Die Fräserlängsachse liegt parallel zur Werkstückachse und der Vorschub, der vom Werkzeug ausgeführt wird, entspricht der Gewindesteigung. Für die Herstellung des Gewindes muss mindestens eine Werkstückumdrehung vollzogen werden. Abb. 42.14 zeigt die kinematischen Zusammenhänge beim Kurzgewindeschneiden. Die mehrprofiligen Gewindefräser können zur Herstellung von Gewinden auf unterschiedlichen Durchmessern verwendetet werden, eignen sich jedoch nur zur Herstellung einer bestimmten Steigung. Während der ersten 1/6 Umdrehung wird die erforderliche Gewindetiefe durch eine radiale Werkzeugzustellung realisiert. Im Zuge einer weiteren Umdrehung wird durch axiales Verschieben das Gewindeprofil ausgeformt. Die wirtschaftliche Fertigung mehrgängiger Gewinde mit großen Profilen, wie man sie beispielsweise bei Schnecken findet, kann auch durch Wälzfräsen erfolgen. Dabei wälzt sich das Werkzeug auf einer zur Drehachse parallelen Linie am Umfang des Werkstückes ab.

42.1.3 Gewindefertigung mit geometrisch unbestimmter Schneide

Gewindeschleifen. Das Gewindeschleifen wird gemäß DIN 8589-11 [83] als Schleifen zur Erzeugung von Schraubschleifen klassifiziert. Das Verfahren kann zur Fertigung von Innen- und Außengewinden verwendet werden. Je nach verwendetem Werkzeug und verwendeter Kinematik wird in Längs- und Quer-Schraubschleifen unterschieden. Beim Längs-Schraubschleifen findet eine Zustellbewegung des Werkzeuges senkrecht zur Werkstückachse und eine Vorschubbewegung entlang der Werkstückachse statt (Abb. 42.15). Beim Quer-Schraubschleifen findet hingegen eine Vorschubbewegung des Werkzeuges senkrecht zur Werkstückachse statt, die dem werkstückgebundenen Längsvorschub überlagert ist (Abb. 42.16).

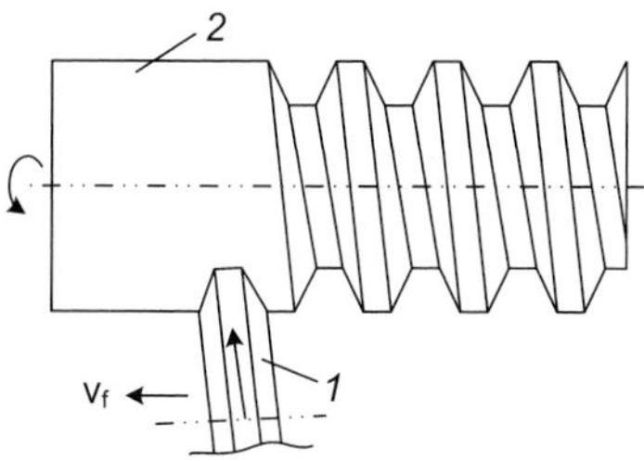

Abb. 42.15 Längs-Schraubschleifen Wirkprinzip nach DIN 8589-11 [83]. *1* Werkstück, *2* Werkzeug

Längs-Schraubschleifen. Hierbei wird die Fertigung mit einprofiliger und mehrprofiliger Schleifscheibe unterschieden. Bei der einprofiligen Fertigung wird die Gewindesteigung durch Neigung des Werkzeuges zur Werkstückachse realisiert. Somit können verschiedene Steigungen unter Verwendung eines einzigen Werkzeuges erzeugt werden. Das Verfahren zeichnet sich gegenüber den anderen Gewindefertigungsverfahren durch geringere Zerspankräfte aus, wodurch auch höhere Genauigkeiten erreicht werden können. Im Zuge der Bearbeitung kann es jedoch zu vergleichsweise hohen Schleifzeiten kommen.

Beim mehrprofiligen Längs-Schraubschleifen werden mehrere Profile nebeneinander angeordnet. Die Anordnung entspricht dabei der zu fertigenden Gewindesteigung, wodurch sich ein beschränkter Steigungsbereich von P = 0,8 ... 4 mm ergibt. Die Profile sind im Anschnitt abgestuft. Der Vorschubweg ergibt sich aus der Gewindelänge und der profilierten Schleifscheibenbreite. Die Fertigung von Gewinden mit Bund ist mit diesem Verfahren nicht möglich.

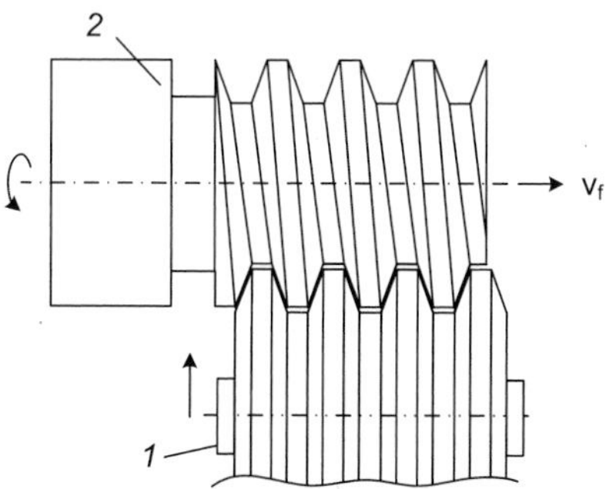

Abb. 42.16 Quer-Schraubschleifen nach DIN 8589-11 [83]. *1* Werkzeug, *2* Werkstück

Quer-Schraubschleifen. Beim Quer-Schraubschleifen kommen ebenfalls mehrprofilige Werkzeuge zur Anwendung. Diese werden während der ersten 1/4 Umdrehung auf die geforderte Gewindetiefe zugestellt. In der folgenden Umdrehung wird das Gewinde fertiggeschliffen. Durch axiale Verschiebung des Werkstückes während der Gewindeausformung wird die Gewindesteigung erzeugt. Das Verfahren weist die kürzesten Schleifzeiten aller Gewindeschleifverfahren auf. Durch die Höhe der Zerspankraftkomponenten wird die maximale Einstechbreite und somit die maximale Gewindelänge auf 40 mm beschränkt. Der Steigungsbereich liegt wie beim mehrprofiligen Längs-Schraubschleifen bei P = 0,8 ... 4 mm.

Gewinde können auch durch Wälz- und Profilschleifen hergestellt werden. Das Wälzschleifen wird hauptsächlich für die Herstellung von Getriebestirnrädern, Kegelrädern und Schneckenrädern verwendet. Das Profilschleifen wird hauptsächlich für die Herstellung von Turbinenschaufelfüßen, Wellenabsätzen, Nockenwellen und Zahnflanken eingesetzt.

42.1.4 Gewindefertigung mit abtragenden und umformenden Verfahren

Gewindeerodieren. Beim Erodieren wird das Werkstückmaterial aufgeschmolzen, weshalb die Werkstückhärte nicht prozessrelevant ist. Aus diesem Grund eignet sich das Gewindeerodieren besonders für schwer zerspanbare Werkstoffe. Die zu erodierenden Werkstoffe müssen in jedem Fall elektrisch leitfähig sein. Im Zuge der Bearbeitung kann es in Abhängigkeit des Werkstückwerkstoffes zu hohen Prozesszeiten kommen. Hauptanwendungsgebiet ist die Herstellung von Innengewinden. Das Werkzeugprofil entspricht dem zu erzeugenden Gewinde. Als Werkzeugelektrodenwerkstoff werden Messing, Kupfer und Stahl verwendet. Die Kinematik ähnelt dem Gewindeschneiden, wobei sich das Werkzeug entlang einer Kernbohrung im Werkstück schraubt.

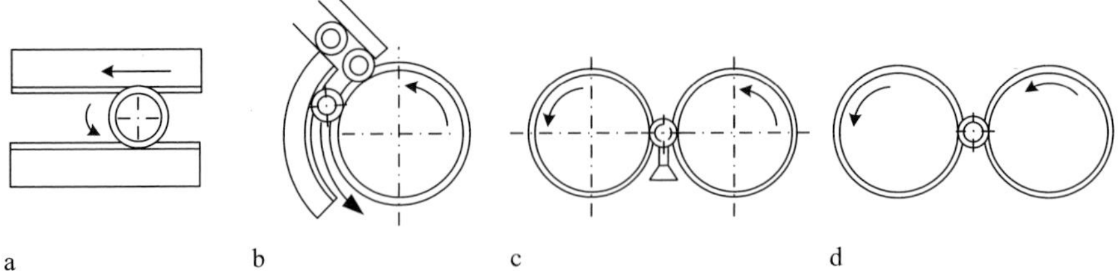

Abb. 42.17 Gewindewalzverfahren Wirkprinzip [6]. **a** Flachbackenverfahren, **b** Segmentverfahren, **c** Einstechverfahren, **d** Durchlauf-Axialschubverfahren

Gewindewalzen, auch Gewinderollen. Das Gewindewalzen ist als Druckumformverfahren zur Gewindeherstellung nach DIN 8583-2 [81] definiert. Die Unterteilung der Verfahren richtet sich nach den verwendeten Werkzeugen und umfasst die Fertigung mit endlichen und unendlichen Arbeitsflächen. Zu den Verfahren mit endlichen Arbeitsflächen zählen die Flachbackenverfahren und die Segmentverfahren. Zu den Verfahren mit unendlichen Arbeitsflächen gehören die Einstech- und Durchlaufverfahren. Die Untergruppierungen sind im Folgenden erläutert und in Abb. 42.17 schematisch dargestellt. Die Verfahren werden auf Grund ihrer Kinematik für die Außengewindeherstellung verwendet.

Flachbackenverfahren. Beim Flachbackenverfahren wird der Rohling durch Reibung zwischen einem feststehenden und einem beweglichen flachen Backenelement abgerollt. Im Zuge dieser Abrollbewegung entsteht das Gewinde am gesamten Werkstückumfang. Auf der Rollfläche des Backenpaares sind die Profilrillen ausgebildet, die in Neigung und Steigungswinkel der zu erzeugenden Gewindegeometrie entsprechen. Der Ein- und Auslauf der Werkzeuge ist angeschrägt. Der Mittelteil, auch Kalibrierteil genannt, verläuft gerade.

Segmentverfahren. Das Segmentverfahren ist ein Verfahren mit runden Werkzeugen. Hierbei werden an Stelle des Backenpaares eine Gewinderolle und eine oder mehrere gekrümmte Segmente verwendet, auf denen die Profilrillen ausgebildet sind. Die Länge des Segmentes entspricht dem Umfang des zu bearbeitenden Werkstückes. Beim Segmentverfahren können mehrere Segmente zur parallelen Fertigung um die Gewinderolle angeordnet werden. Die Anzahl der Segmente ist identisch mit der Anzahl der simultan zu fertigenden Gewinde.

Einstechverfahren. Bei dieser Fertigung mit Rundwerkzeugen rollen zwei sich gleichschnell und gleichdrehende Walzen auf einem Werkstück ab, ohne dieses signifikant axial zu verschieben. Dabei ist eine Walze fest positioniert und eine Walze beweglich ausgeführt. Die Profilrillen der Walzen besitzen den Steigungswinkel der zu erzeugenden Gewindegeometrie, verfügen jedoch über entgegengesetzte Drallrichtungen. Das erzeugte Gewinde ist ein genaues Negativ des Walzenprofils und besitzt eine hohe Steigungsgenauigkeit.

Durchlauf-Axialschubverfahren. Das Verfahren beruht auf Walzwerkzeugen mit steigungslosen Gewindeprofilen, die für den erforderlichen Steigungswinkel gegeneinander geneigt werden. Das Werkstück wird durch die Neigung der Walzen bei jeder vollen Umdrehung um eine Steigung in axialer Richtung bewegt. Die Steigungsgenauigkeit ist geringer als beim Einstechverfahren.

Verfahren mit endlichen Arbeitsflächen werden in der Massenfertigung eingesetzt, wenn keine hohen Anforderungen an die Gewindegenauigkeit gestellt werden. Einstechverfahren werden bevorzugt bei Gewinden mit hohen Genauigkeitsanforderungen eingesetzt, während Durchlauf-Axialschubverfahren hauptsächlich bei langen Gewinden mit geringer Gewindetiefe zur Anwendung kommen. Hauptanwendungsgebiet der Gewindewalzverfahren ist die Schraubenherstellung.

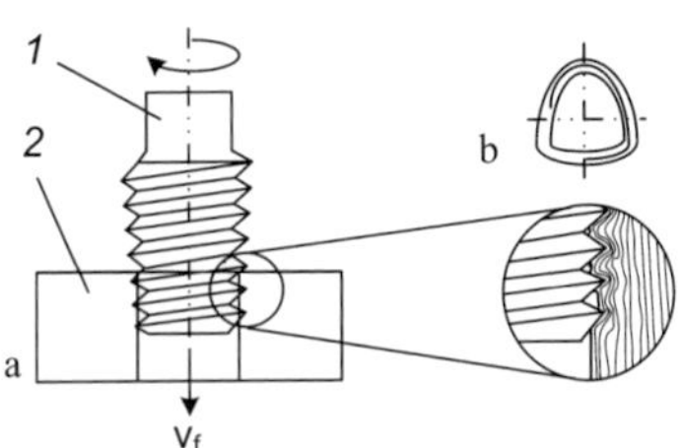

Abb. 42.18 Gewindefurchen Wirkprinzip nach DIN 8583-5 [77]. **a** Prozessschema, **b** Gewindefurcher Querschnitt und Randzonenbeeinflussung. *1* Werkzeug (Gewindefurcher), *2* Werkstück

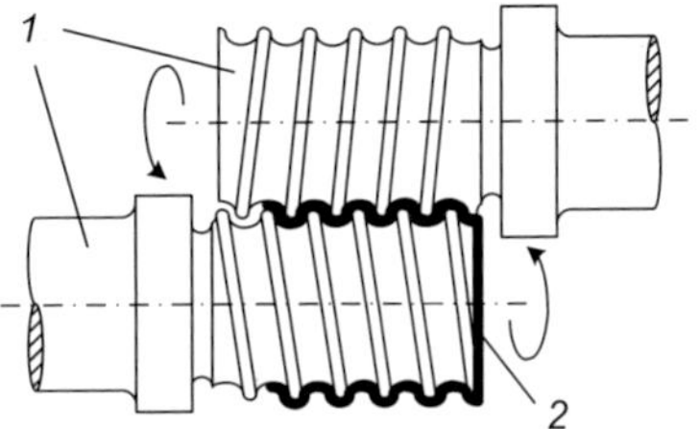

Abb. 42.19 Gewindedrücken Wirkprinzip nach DIN 8584-4 [78]. *1* Werkzeug (Drückwalze), *2* Werkstück

Gewindefurchen, auch Gewindeformen. Gewindefurchen, auch Gewindeformen, ist die Fertigung von Innengewinden unter Verwendung eines Werkzeuges mit schraubenförmiger Wirkfläche. Das Gewinde entsteht durch Eindrücken des Furchwerkzeuges in das Werkstück, weshalb es sich um ein spanloses Fertigungsverfahren handelt. Die Kinematik des Verfahrens ist vergleichbar mit der des Gewindebohrens. Das charakteristische Werkzeug verfügt über mindestens drei Formstege, wodurch die Werkzeugform im Querschnitt einem abgerundeten Polygon ähnelt (Abb. 42.18; [4]). Im Vergleich zu den Werkzeugen der spanenden Gewindefertigung weisen Gewindefurcher keine Spannuten auf [5].

Durch die spanlose Bearbeitung entfällt die Spanentsorgung. Das Verfahren zeichnet sich durch hohe Produktivität und gesteigerte statische und dynamische Festigkeiten an den Gewindeflanken und dem Gewindegrund aus. Die Festigkeitssteigerung resultiert aus dem Fließen des Werkstoffes und führt zu einer Erhöhung der Härte gegenüber dem Grundwerkstoff. Die Erzeugung guter Gewindequalitäten ist nur in ausgewählten Werkstoffen möglich. Die Zugfestigkeit und die minimale Bruchdehnung des Werkstoffes sowie die Eignung zur Kaltumformung beschränken den Anwendungsbereich des Verfahrens. Weiterhin wird bei der Bearbeitung ein höheres Drehmoment benötigt als bei den spanenden Fertigungsverfahren wie dem Gewindebohren [4]. Das benötigte Drehmoment wird maßgeblich durch die Faktoren Umfangsgeschwindigkeit, Schmiermittel, Werkstoff und Furchlochdurchmesser beeinflusst.

Gewindedrücken. Das Gewindedrücken wird gemäß DIN 8584-4 [78] dem Fertigungsverfahren Zugdruckumformen, dem Weiten durch Drücken, zugeordnet. Hierbei wird das Werkstück zwischen zwei Walzen profiliert (Abb. 42.19). Hauptanwendungsgebiet ist die Herstellung von Rundgewinden in dünnen Blechen.

42.1.5 Entwicklungstrends

Die bisher bekannten Fertigungsverfahren zur Gewindeherstellung decken bereits ein großes Spektrum an Anwendungsfällen ab. Daher besteht nur ein geringes Bestreben neue Verfahren zu entwickeln. Der Großteil der Forschungen auf dem Gebiet der Gewindeherstellung bezieht sich auf die Verbesserung der Prozessparameter und die Optimierung der Schmierung.

Gegenwärtig in der Entwicklung befindet sich das Helikal-Gewindeformen, welches auch als Punch Tap-Verfahren vermarktet wird und bei der Gewindeherstellung Zeit und Energie einsparen soll. Das eingesetzte Werkzeug besitzt zwei um 180° versetzt angeordnete Zahnreihen und fährt auf einer steilen helikalen Bahn in eine Vorbohrung. Durch die an der Werkzeugspitze angeordneten Räumzähne entstehen dadurch zwei gedrallte Nuten. Anschließend wird das Werkzeug um 180° gedreht und dabei synchron um eine halbe Gewindesteigung entlang der Vorschubachse bewegt. Durch diesen Ablauf entsteht am Bohrungsumfang kein durchgängiges Gewinde, sondern es wird durch zwei Nuten unterbrochen.

Ein weiteres aktuelles Thema ist die Substitution des Gewindeerodierens durch Hartbohren und Hartgewindebohren. Es können bereits Gewinde in gehärtetem Stahl unter wirtschaftlichen Bedingungen gefertigt werden. Durch die Substitution wird die Gewindeherstellung in gehärteten Stählen flexibler, schneller und somit auch kostengünstiger gestaltet [7]. Für die Fertigung von Gewinden in dünnwandigen Blechen kann das Fließbohrverfahren verwendet werden. Dabei wird das Material durch einen Dorn verformt und anschließend ein Gewinde gefurcht. Das Verfahren bietet somit lediglich eine Ergänzung zum Gewindefurchen.

42.2 Verzahnen

Zum Verzahnen existieren unterschiedliche Fertigungsverfahren, die sich je nach Art der zu fertigenden Verzahnung hinsichtlich der erzielbaren Fertigungsqualität und Produktivität unterscheiden. In der industriellen Fertigung sind sowohl spanlose als auch spanende Verfahren etabliert, wobei bei hohen Anforderungen an das Einsatzverhalten der Verzahnungen die spanabhebenden Verfahren dominieren. Bei der Großserienfertigung gewinnt die pulvermetallurgische Prozesskette (Pressen und Sintern) aufgrund hoher Produktivität sowie Ressourceneffizienz infolge der endkonturnahen Fertigung zunehmend an Bedeutung.

42.2.1 Verzahnen von Stirnrädern

Eine Zusammenstellung der unterschiedlichen Verfahren zur Zahnradherstellung ist in Abb. 42.20 gegeben. Zum Vorverzahnen kommen hauptsächlich spanende Verfahren mit geometrisch bestimmter Schneide wie beispielsweise dem Wälzfräsen zum Einsatz. Vor der Wärmebehandlung werden Verfahren wie das Schaben und das Fertigwälzfräsen zur Feinbearbeitung eingesetzt. Nach der Wärmebehandlung kommen Feinbearbeitungsverfahren wie z. B. das Wälzschleifen zum Einsatz. Die einzelnen Verfahren werden unterteilt in Form- und Wälzverfahren, siehe Abb. 42.21. Bei Formverfahren weisen die Werkzeuge das Profil der Zahnlücke auf, bei Wälzverfahren entsteht die Flankenform als Einhüllende der Werkzeugschneide durch eine kinematische Kopplung von Werkstück und Werkzeug (Wälzkopplung). Weiterhin wird zwischen kontinuierlich und diskontinuierlich arbeitenden Verfahren differenziert. Bei diskontinuierlichen Verfahren (z. B. Profilfräsen) wird nach der Fertigung einer Zahnlücke das Werkstück um die Zahnteilung weitergedreht und die nächste Lücke gefertigt. Bei kontinuierlich arbeitenden Verfahren (z. B. Wälzfräsen) findet eine Bearbeitung mehrerer Lücken bei stetiger Werkstückrotation statt [40].

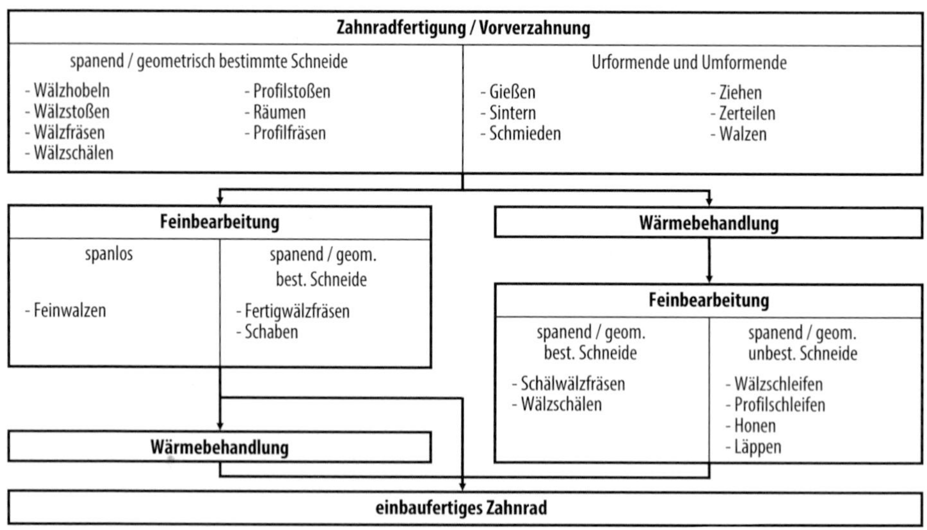

Abb. 42.20 Verfahren zur Zahnradherstellung

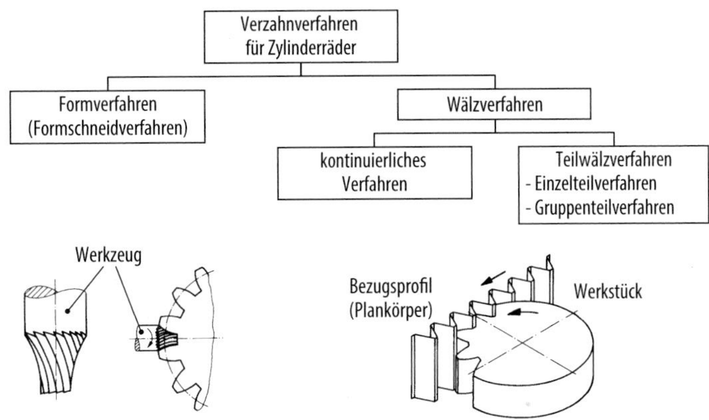

Abb. 42.21 Verfahren zur Herstellung von Zylinderrädern

42.2.1.1 Vorverzahnen

Als Vorverzahnen wird die Erzeugung der Zahnlückengeometrie im Rohling bezeichnet. Die Auswahl geeigneter Verfahren erfolgt primär auf Basis der Wirtschaftlichkeit der Verfahren unter Berücksichtigung der geforderten Bauteilqualität und -eigenschaften.

Schneidstoffe und Werkzeugbeschichtung

Bei der Bearbeitung treten thermische, mechanische sowie chemische Belastungen an der Schneidkante auf. Das sich entlang der Schneidkante ergebende Belastungskollektiv führt zu Werkzeugverschleiß [41]. Eine zu starke Verschleißausprägung kann zu einer Destabilisierung der Werkzeugschneide führen und Ausbrüche hervorrufen. Verzahnwerkzeuge werden daher nach dem Erreichen eines festgelegten Verschleißkriteriums ausgetauscht oder wieder aufbereitet.

Die Verschleißresistenz der Schneide wird bei gegebenen Prozessparametern maßgeblich durch das verwendete Werkzeugsubstrat und die Werkzeugbeschichtung bestimmt. Zum Verzahnen kommen vorwiegend Schnellarbeitsstähle (HSS) und Hartmetalle (HM) zum Einsatz. HSS-Werkzeuge können sowohl schmelzmetallurgisch als auch pulvermetallurgisch (PM) hergestellt werden. Aufgrund der hohen realisierbaren Legierungsanteile sowie einem homogeneren Gefüge gegenüber schmelzmetallurgisch hergestellten Schnellarbeitsstählen haben sich insbesondere PM Werkzeuge etabliert. Hartmetalle haben im Vergleich zu HSS eine größere Härte und Temperaturfestigkeit und sind daher besonders für den Einsatz bei hohen Schnittgeschwindigkeiten im Trockenschnitt geeignet, [40]. Werkzeuge aus HSS sind jedoch kostengünstiger und in der Handhabung robuster als Hartmetallwerkzeuge.

Durch den Einsatz von Hartstoffschichten wird die Leistungsfähigkeit der eingesetzten Schneidstoffe weiter gesteigert. Die Beschichtungen werden in der Zerspanung primär zum Schutz des Schneidstoffs vor Verschleißmechanismen eingesetzt. Gängige Schichten sind TiN, Ti(C, N), (Ti, Al)N und (Al, Cr)N [40].

Wälzverfahren

Zwischen Werkstück und Werkzeug wird während der Bearbeitung durch kinematische Kopplung eine Wälzbewegung realisiert. Die Flankenform (Evolvente) entsteht als Einhüllende der geradflankigen Werkzeugschneide mit Bezugsprofil, siehe Abb. 42.22 (s. a. Abschn. 15.1.7). Die Abrollbewegung entsteht durch Kopplung einer Linearbewegung (translatorische Wälzkomponente) mit der Werkstückdrehung (rotatorische Wälzkomponente). Bei den wälzenden Vorverzahnverfahren kommen vorwiegend Wälzfräsen, -stoßen und -schälen zum Einsatz. Werkzeuge mit Bezugsprofil sind universeller einsetzbar als beim Formverfahren (keine Abhängigkeit von Zähnezahl, Schrägungswinkel, Profilverschiebung). Durch schneckenförmige (Wälzfräser) oder zahnradförmige Werkzeuge (Schneidrad, Schälrad, Schabrad) ist ein kontinuierliches Wälzen möglich.

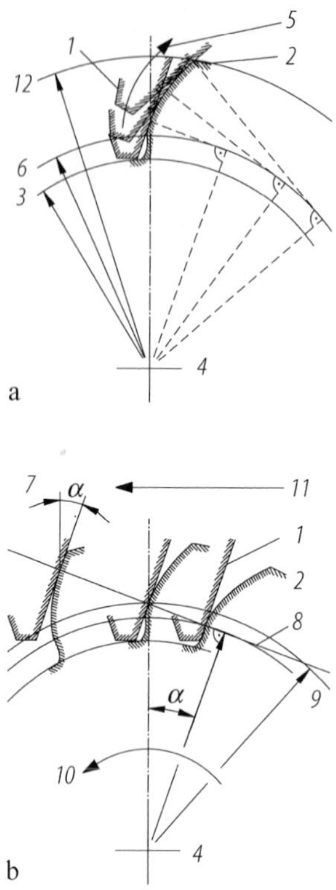

Abb. 42.22 Erzeugung der evolventischen Zahnflanke. **a** Theoretisches Erzeugungsprofil; **b** Erzeugungsprinzip in der Maschine. *1* Werkzeugkontur, *2* Zahnprofil, *3* Fußkreis, *4* Zahnraddrehpunkt, *5* Wälzbewegung, *6* Grundkreis, *7* Profilwinkel, *8* Eingriffslinie, *9* Wälzkreis, *10* Rotationsanteil, *11* Translationsanteil, *12* Kopfkreis

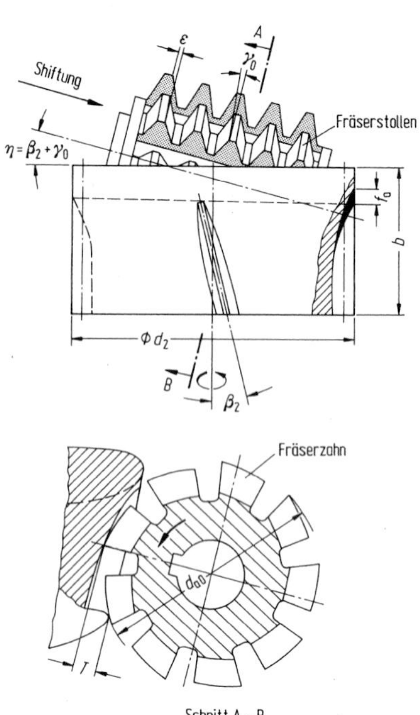

Abb. 42.23 Bezeichnungen an der Paarung Fräser-Werkstück. Rad: d_2 Raddurchmesser, β_2 Schrägungswinkel, b Radbreite. Fräser: d_{a0} Fräserdurchmesser, γ_0 Steigungswinkel, ε Axialteilung. Bearbeitung: η Schwenkwinkel $\eta = \beta_2 + \gamma_0, f_a$ Axialvorschub, T Tauchtiefe

Wälzfräsen

Grundlagen. Die Drehung des Werkstücks wird durch die kinematische Kopplung der Drehung des schneckenförmigen Werkzeugs (Wälzfräser) so angepasst, dass beide Elemente wie eine Getriebeschnecke mit einem Schneckenrad wälzen. Durch die zusätzliche Überlagerung einer Schnittbewegung zerspant der Wälzfräser die Zahnlücken. Abb. 42.23 zeigt den Eingriff des Wälzfräsers im Werkstück. Die Wälzbewegung entsteht durch eine Überlagerung der Werkstückdrehbewegung mit einer ideellen Tangentialbewegung der Fräserzähne (bei einer Fräserumdrehung kommen nacheinander tangential versetzte Fräserzähne des Schneckengangs zum Eingriff). Das Werkstückprofil setzt sich polygonartig aus Hüllschnitten zusammen [42].

Anwendung. Wälzfräsen wird zur Vor- und Fertigverzahnung (Fertigwälzfräsen) von hauptsächlich außenverzahnten Stirnrädern in der Klein- bis Großserie eingesetzt. Es sind Zahnradaußendurchmesser von bis zu $d_a = 16\,000$ mm, Modulbereiche 0,1 mm $\leq m_n \leq$ 60 mm und Verzahnungsbreiten bis zu $b = 1000$ mm wirtschaftlich realisierbar. Zudem findet das Verfahren in der Vor- und Fertigverzahnung von Schneckenrädern und Sonderverzahnungen (Axialverdichter-Rotoren, Kerb- und Keilwellenverzahnungen, Kettenräder) Anwendung. Das Wälzfräsen ist aufgrund seiner hohen Produktivität das dominierende Verfahren für die Vorverzahnung von Stirnrädern. Der praktische Einsatz ist jedoch aufgrund des Platzbedarfs des Werkzeugs beim Ein- und Auslaufen durch eventuelle Störkonturen am Werkstück (z. B. Wellenabsätze, Innenverzahnungen, Doppelschrägverzahnungen) limitiert.

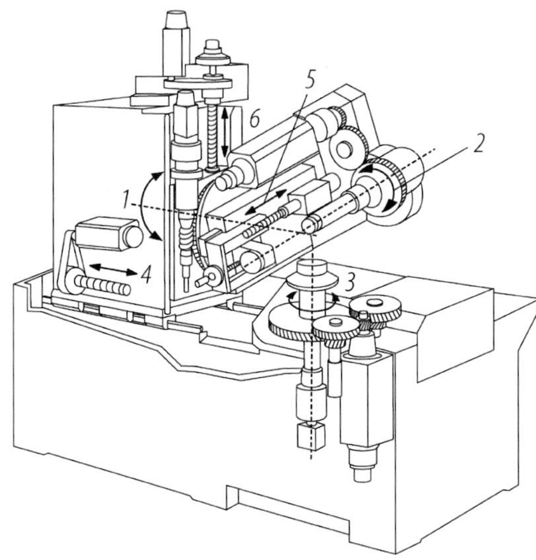

Abb. 42.24 Maschinenkonzept einer Wälzfräsmaschine (Liebherr). *1* Werkzeugschwenkwinkel, *2* Fräskopfachse, 3 Werkstückspindelachse, *4* Radialzustellung, *5* Tangentialvorschub (Shiftachse), *6* Axialschlitten

Maschine (Abb. 42.24). Alle Achsen werden direkt über eigene Motoren angetrieben. Die Wälzkopplung der Achsen geschieht über die Steuerung. Der Werkstücktisch wird über ein spielfrei verspanntes Getriebe angesteuert. Alternativ kann dieser auch über einen Direktantrieb gesteuert werden. Jede Achse ist mit einem Messsystem ausgestattet, über das die Position gemessen und korrigiert wird. Die Werkstückdrehung des zu erzeugenden Zahnrads verhält sich zur Fräserdrehung wie die Fräsergangzahl zur Werkstückzähnezahl. Zum Herstellen von Schrägverzahnungen muss die Rotationsbewegung des Werkstücks der Verzahnungsgeometrie und dem Axialvorschub angepasst werden. Je nach Steigungsrichtung des Werkstückschrägungswinkels resultiert daraus eine vergrößerte oder verkleinerte Tischdrehzahl gegenüber der idealen Übersetzung [43].

Werkzeug. Für Evolventenverzahnungen ist die Hüllfläche des Wälzfräsers eine Evolventenschnecke (ZI-Schnecke), die durch Spannuten in einzelne Zähne geteilt wird. Die Zähne sind so hinterarbeitet, dass an Zahnkopf und Zahnflanken Freiflächen entstehen, die ein Nachschleifen der Spanfläche unter konstantem Spanwinkel bei gleichbleibendem Zahnprofil gestatten (radiales Nachschleifen). Die Fräserzahnprofile sind als Bezugsprofile (= Normalschnitt der Zahnstange) in DIN 3972 genormt [44]. Wachsende Ansprüche an die Genauigkeit der gefrästen Verzahnung, an die Schnittleistung und den Standweg haben zu unterschiedlichen Bauarten der Wälzfräser geführt. Neben Blockwälzfräsern, welche vollständig aus dem eingesetzten Werkstoff ausgeführt sind, werden insbesondere für großmodulige Zahnräder Räumzahnwälzfräser und Wendeschneidplattenwälzfräser eingesetzt. Räumzahnwälzfräser verfügen über zusätzlich Kopfschneiden, wodurch sich der besonders im Zahnkopfbereich auftretende Verschleiß an den Hauptschneiden vermindern lässt. Wendeschneidplattenwälzfräser bestehen aus einem Stahlgrundkörper und aufgeschraubten Hartmetall-Wendeschneidplatten, wodurch ein wirtschaftlicher Einsatz von sonst sehr teuren Hartmetallwerkstoffen bei großen Durchmessern ermöglicht wird [40, 42].

Wälzstoßen

Grundlagen. Die Drehung des zahnradförmigen Werkzeugs wird durch eine kinematische Kopplung der Drehung des Werkstücks so angepasst, dass beide Elemente wie Zahnräder

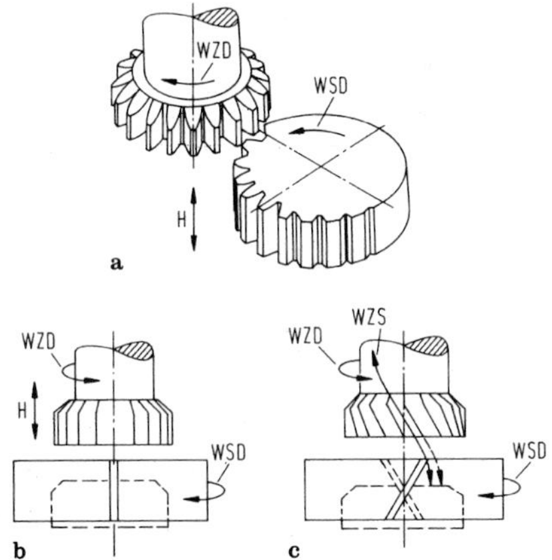

Abb. 42.25 Prinzip des Wälzstoßens. Schneidrad mit geradverzahntem Werkrad im Eingriff, *H* Werkzeughub, *WZD* Werkzeugdrehung, *WSD* Werkstückdrehung, *WZS* Werkzeugschraubbewegung beim Herstellen von Schrägverzahnungen. **a** Prinzip; **b** Geradstirnräder; **c** Schrägstirnräder

42

im Zylinderradgetriebe wälzen (Abb. 42.25). Die Schnittbewegung erfolgt durch die Hubbewegung des Werkzeugs. Die Vorschubbewegung wird durch eine radiale Zustellung bis auf Tauchtiefe und Wälzbewegung (Wälzgeschwindigkeit in Relation zur Hubzahl) realisiert. Um eine Kollision zwischen kontinuierlich drehenden Werkstück und Werkzeug beim Rückhub zu vermeiden, muss eine Abhebebewegung stattfinden. Die Abheberichtung kann in Bezug auf die Werkstückflanke durch tangentiales Versetzen der Werkzeug-Werkstückachsen bestimmt werden. Bei Schrägverzahnungen muss der Hubbewegung eine Schraubbewegung entsprechend des Schrägungswinkels überlagert werden.

Anwendung. Vor- und Fertigverzahnen von Innenverzahnungen, Verzahnungen mit zu kleinem axialen Werkzeugüberlaufweg für Wälzfräsen (Bund nach der Verzahnung, Stufenräder), kurze Verzahnungen.

Maschine (Abb. 42.26). Jede Achse hat einen eigenen Antrieb. Die Wälzkopplung erfolgt NC-gesteuert. Der Abhebenockenantrieb ist elektronisch mit oszillierender Hubbewegung gekoppelt, welche durch einen einstellbaren Exzenter erzeugt wird. Bei Großmaschinen wird die Hubbewegung als hydraulischer Antrieb realisiert. Die Schraubbewegung wird mechanisch über eine Schrägführungsbuchse oder elektronisch über einen eigenen Antrieb realisiert. Sowohl bei NC-gesteuertem als auch bei mechanischem Antrieb muss die Schrägführungsbuchse an den Werkstückschrägungswinkel angepasst werden. In modernen Maschinen kann die Schrägführung auch NC-gesteuert werden [45, 46].

Werkzeug. Das Werkzeug entspricht einem Stirnrad mit Werkzeugbezugsprofil, wobei eine der Stirnseiten der Verzahnung die Spanfläche bildet. Der Werkzeugschrägungswinkel ist abhängig vom Werkstückschrägungswinkel. Bei Schrägverzahnungen wird die Spanfläche häufig so geschliffen, dass sie senkrecht auf der Schrägungsrichtung steht (Treppenschliff). Eine Freiflächenhinterarbeitung der Werkzeugzähne wird so durchgeführt, dass das Werkzeug in jedem

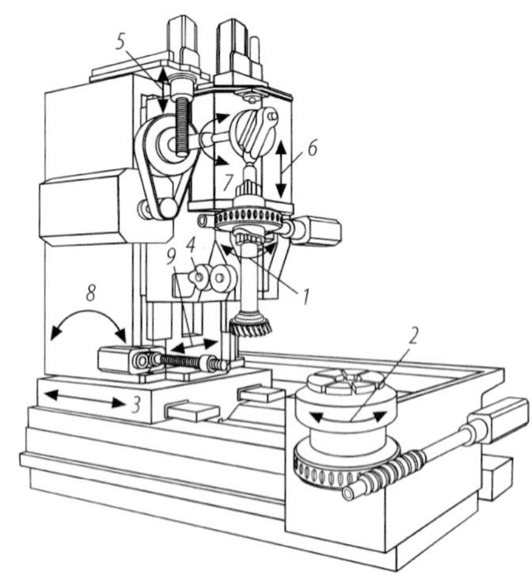

Abb. 42.26 Maschinenkonzept einer Wälzstoßmaschine (Lorenz). *1* Werkzeugdrehung, *2* Werkstückdrehung, *3* Radialzustellung, *4* Abhebenocken, *5* Hublageverstellung, *6* Hubbewegung, *7* Hubantrieb, *8* Konuswinkeleinstellung, *9* Ständerseitenverschiebung

Stirnschnitt (d. h. nach jedem Nachschliff der Spanfläche) das gewünschte Werkstückprofil erzeugen kann.

Wälzschälen

Grundlagen. Die Kinematik des Prozesses entspricht der eines Schraubradgetriebes. Das Schälrad ähnelt einem Stoßrad, führt im Gegensatz zum Stoßen jedoch eine kontinuierliche Schnittbewegung ohne Abheben durch, (vgl. Abb. 42.27). Die Werkzeugachse ist gegenüber der Werkstückachse um einen Achskreuzwinkel gekippt, wodurch es beim Abwälzen des Werkzeugs am Werkstück zu einer Relativbewegung entlang der Werkstückflanke kommt. Die Relativgeschwindigkeitskomponente ist die für die Zerspanung benötigte Schnittgeschwindigkeit. Zur Fertigung von Stirnradverzahnungen wird die Wälzbewegung mit einer axialen Vorschubbewegung des Werkzeugs entlang der Werkstückachse überlagert [40].

Anwendung. Das Wälzschälen wird zum Verzahnen von gerad- und schrägverzahnten Innen- und Außenstirnrädern sowie von Schnecken verwendet werden. Es wird vor allem dort angewendet, wo aus bestimmten Gründen das Wälzfrä-

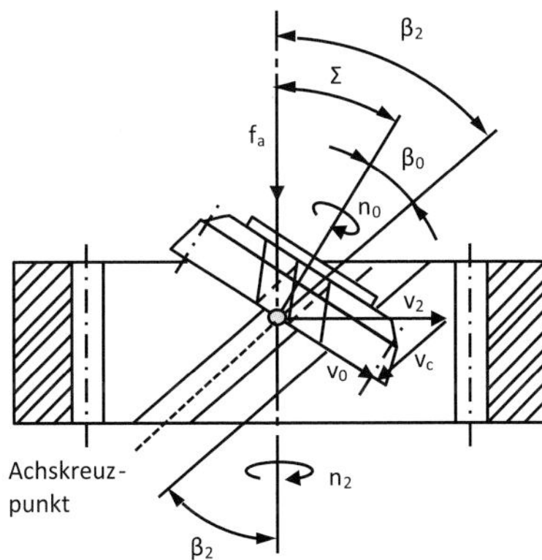

Abb. 42.27 Prinzip des Wälzschälens. Konisches Schälrad mit innenschrägverzahntem Werkstück im Eingriff. Σ Achskreuzwinkel, β_0 Schrägungswinkel des Werkzeugs, β_2 Schrägungswinkel des Werkstücks, n_0 Werkzeugdrehzahl, n_2 Werkstückdrehzahl, f_a Vorschub, v_0 Umfangsgeschwindigkeit Werkzeug, v_2 Umfangsgeschwindigkeit Werkstück, v_c Schnittgeschwindigkeit

sen nicht möglich oder nicht sinnvoll ist, z. B. zur Herstellung von Innenverzahnungen oder bei einem geringen zur Verfügung stehenden Werkzeugauslauf.

Maschine (Abb. 42.28). Werkzeug und Werkstück verfügen jeweils über eigene direktgetriebene Drehachsen (1 und 2), die über die Maschinensteuerung miteinander gekoppelt werden. Die Höhenlageverstellung (5) dient der festen Einstellung der initialen Werkzeughöhe. Der Axialvorschub wird über eine weitere, separate Achse (4) realisiert. Über die Rotationsachse (7) wird der Achskreuzwinkel eingestellt. Wird anstatt eines kegeligen ein zylindrisches Werkzeug verwendet, so kann z. B. über ein Schwenken des Werkzeuges um die Schwenkachse (6) der Kopffreiwinkel eingestellt werden.

Werkzeug. Wälzschälwerkzeuge werden konisch oder zylindrisch ausgeführt. Aufgrund ihrer Geometrie verfügen konische Werkzeuge bereits über einen konstruktiven Freiwinkel, wodurch der Achskreuzpunkt in die Ebene der Spanfläche gelegt werden kann. Das Nachschleifen führt allerdings zu einer Änderung des Werkzeugprofils und somit zu Abweichungen in der gefertigten Verzahnung. Um diese Fehler zu vermeiden, können zylindrische Werkzeuge eingesetzt werden. Hier muss der Freiwinkel durch die Kinematik erzeugt werden, indem die Spanfläche entlang der Werkstückmittelachse um einen Spanflächenversatz verschoben wird. Da die Position des Werkzeugs in der Maschine in die Auslegung der Werkzeuge mit einfließt, ist die Prozessauslegung für diese Werkzeuge erschwert.

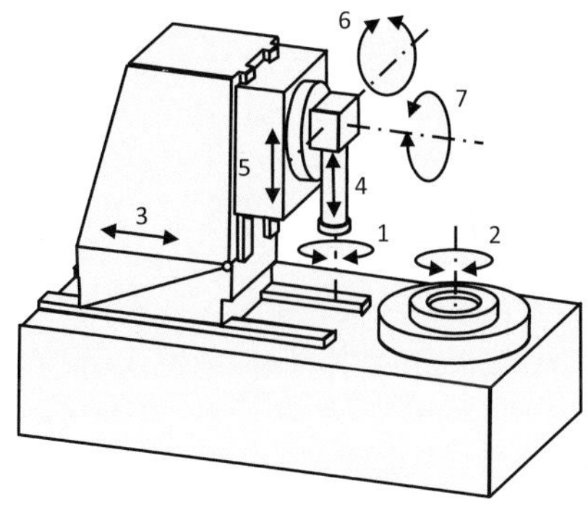

Abb. 42.28 Maschinenkonzept einer Wälzschälmaschine (Gleason-Pfauter). *1* Werkzeugdrehung, *2* Werkstückdrehung, *3* Radialzustellung, *4* Axialvorschub, *5* Höhenlageverstellung, *6* Einstellen des Kopffreiwinkels, *7* Achskreuzwinkel

Formverfahren

Bei Formverfahren besitzen die Werkzeuge das Profil der Zahnlücke. Die Zahnlücken werden einzeln (Scheiben- oder Fingerfräser) oder komplett (Räumnadel) gefertigt. Zur Bearbeitung der nächsten Zahnlücke wird das Werkstück beim Einzelteilverfahren um die Zahnteilung weitergedreht. Für jede Werkstückauslegung (Zähnezahl, Modul, Eingriffswinkel, Schrägungswinkel, Profilverschiebung, Zahnkorrektur) ist ein entsprechendes Werkzeugprofil erforderlich (*s.* Abschn. 15.1; [40]).

Profilfräsen

Grundlagen. Zum Profilfräsen von Verzahnungen werden sowohl Scheiben- als auch Fingerfräser eingesetzt (Abb. 42.29). Beim Scheibenfräser liegt die Drehachse des Werkzeugs tangential zur Werkstückmantelfläche an, beim Fingerfräser ist sie radial zum Werkstück positioniert. In beiden Fällen führt das Werkzeug eine Vorschubbewegung in Flankenrichtung der Verzahnung aus.

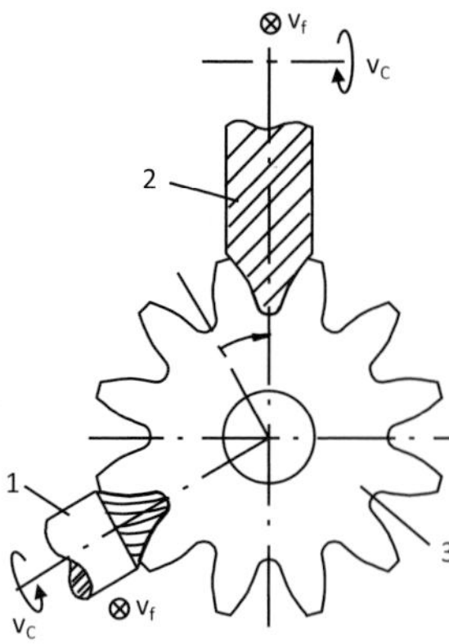

Abb. 42.29 Profilfräsen. *1* Fingerfräser, *2* Scheibenfräser, *3* Werkstück, v_f Vorschubgeschwindigkeit, v_c Schnittgeschwindigkeit

Aufgrund des örtlich unterschiedlichen Abstandes der Schneiden zur Drehachse der Fingerfräser ergeben sich entlang des Werkzeugprofils unterschiedlich hohe Schnittgeschwindigkeiten. Zusätzlich sind auf den kleinen Durchmessern der Werkzeuge nur wenige Schneiden realisierbar, woraus lange Bearbeitungszeiten und eine geringere Standzeit gegenüber einem Scheibenfräser resultieren.

Anwendung. Werkräder mit großer Teilung, großem Durchmesser, kleiner Zähnezahl oder nicht wälzbaren Profilen werden mit diesem Verfahren bearbeitet. Das Profilfräsen wird weiterhin zur Vorbearbeitung mit großen Verzahnungstoleranzen eingesetzt.

Maschine. Der Werkzeugmotor treibt den Profilfräser direkt an. Genaue Teileinrichtungen sind hierzu erforderlich. Für Schrägverzahnungen wird von der Werkzeug-Vorschubbewegung die Werkstück-Drehbewegung abgeleitet (Erzeugung einer Schraubbewegung im werkstückfesten Koordinatensystem). Die Schraubbewegung ist abhängig vom Werkstück-Schrägungswinkel.

Werkzeug. Eingesetzt werden Finger- oder Scheibenfräser (auch mit Hartmetall-Messern bestückt). Bei der Werkzeugprofilierung wird die Schleifscheibe durch eine Schablone, ein mechanisches Kurvengetriebe oder eine numerische Steuerung geführt.

Räumen

Grundlagen. Im Räumprozess (vgl. Abschn. 41.2.5) wird die Zahnlücke durch eine translatorische (Geradverzahnung) bzw. schraubenförmige (Schrägverzahnung) Schnittbewegung der Räumnadel erzeugt. Die radiale Vorschubbewegung wird dabei über die Staffelung der Räumnadelschneiden realisiert.

Anwendung. Das Profilräumen ist ein hochproduktives Verfahren zur Fertigung von Verzahnungen, wird aber aufgrund der hohen Werkzeugkosten erst für die Fertigung von Verzahnungen in der Großserie wirtschaftlich. Weiterhin kann das Verzahnungsräumen nicht für Werkstücke mit Störkonturen genutzt werden, da das Räumwerkzeug durch das gesamte Werkstück gezogen wird. Räumen kann zur Bearbeitung weicher und gehärteter Bauteile eingesetzt werden [40].

Maschine. Abhängig von der Vorschubrichtung der Räumnadel wird zwischen Vertikal- und Horizontalräummaschinen unterschieden. Die während des Räumens entstehenden hohen Prozesskräfte können durch Doppelständerbauweise aufgenommen werden.

Werkzeug. Bei der Räumnadel handelt es sich um ein stangenförmiges Werkzeug, dessen Schneidzähne hintereinander liegen und um jeweils eine Spanungsdicke gestaffelt sind. In der Regel weist das Werkzeugt einen Schrupp-, Schlicht- und Kalibrierteil auf. Im Kalibrierbereich sind die Zähne nicht mehr zueinander versetzt und dienen als Reserve für die Wiederaufbereitung der Räumnadel.

42.2.1.2 Weichfeinbearbeitung von Stirnrädern

Die Feinbearbeitung erfolgt im weichen Zustand (vor der Wärmebehandlung) durch Schaben oder Fertigwälzfräsen. Die Hauptaufgabe der Feinbearbeitung ist die Minderung bzw. Beseitigung der geometrischen Abweichungen, wie z. B. den Hüllschnittabweichungen und Vorschubmarkierungen (Abb. 42.30) an den Werkstücken. Wei-

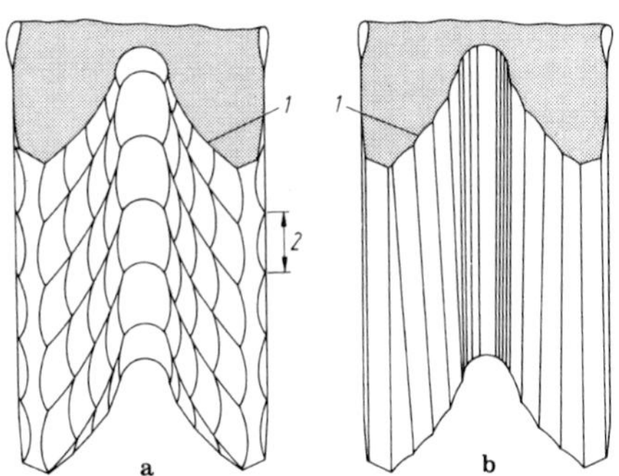

Abb. 42.30 Hüllschnittabweichungen der Vorverzahnung. **a** Wälzgefräste Zahnflanken; **b** wälzgestoßene Zahnflanken. *1* Hüllschnittabweichungen, *2* Axialvorschub

terhin werden gezielt Zahnflankenkorrekturen für ein optimiertes Betriebsverhalten realisiert.

Schaben mit Schabrad

Grundlagen. Ein vorverzahntes Werkstück wälzt unter gekreuzten Achsen ohne oder mit kinematischer Kopplung mit einem zahnradförmigem Werkzeug (Schabrad) ab. Ohne kinematische Kopplung treibt das Schabrad das Werkstück an. Durch die Achskreuzung (Bedingungen wie beim Schraubradgetriebe) entsteht ein Gleiten zwischen dem Schabrad und dem Werkstück in Zahnhöhen- und Längsrichtung. Die Vorschubbewegung erfolgt axial (Parallel-Schaben), tangential (Quer-Schaben), diagonal (Diagonal-Schaben) oder radial (Tauch-Schaben) zum Werkstückzylinder. Bei kinematischer Kopplung zwischen dem Schabrad und dem Werkstück (Leistungs-Schaben) ist eine größere Zustellung möglich und keine Drehrichtungsumkehr für eine gleichmäßige Bearbeitung beider Flanken erforderlich. Abb. 42.31 zeigt den Eingriff zwischen Schabrad und Werkstück.

Anwendung. Schaben wird zur Feinbearbeitung von vorverzahnten, weichen Gerad- und Schrägverzahnungen insbesondere in der Serienfertigung von Automobilgetrieberädern mittlerer Verzahnungsqualität zur Verbesserung der Oberflächenrauheit und der Verzahnungsfehler und Härteverzugkompensation durch Vorkorrigieren der Werkstückflanken eingesetzt.

Maschine. Der Achskreuzwinkel wird über eine Kippung der Werkzeugachse realisiert. Über translatorische Achsen wird je nach verwendeter Verfahrensvariante (axial, tangential, diagonal, radial) die Vorschubrichtung eingestellt. Alle Bewegungen bis auf die Werkstückrotation sind auf das Werkzeug bezogen.

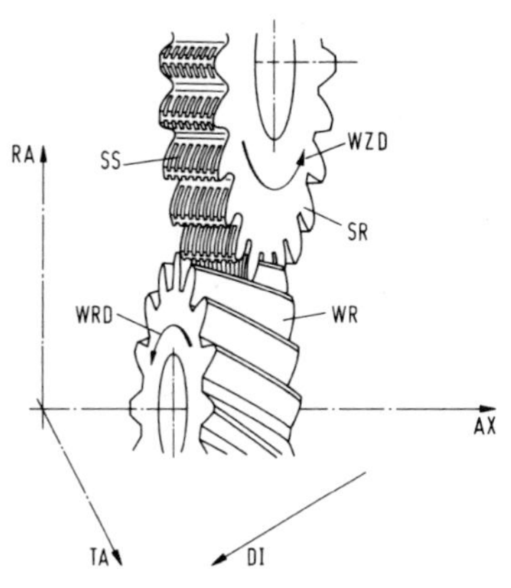

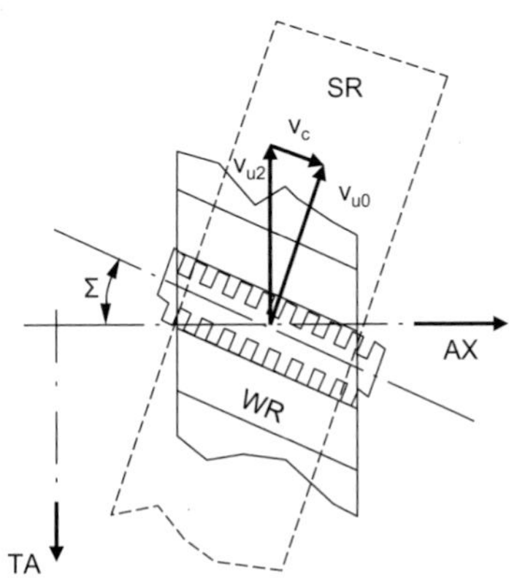

Abb. 42.31 Schabrad SR mit schrägverzahntem Werkrad (*WR*) im Eingriff. *WRD* Werkstückdrehbewegung, *WZD* Werkzeugdrehbewegung, *SS* Schneidstollen, *AX* Richtung axial zum Werkstück, *TA* Richtung tangential zum Werkstück, *RA* Richtung radial zum Werkstück, *DI* Richtung diagonal zum Werkstück, Σ Achskreuzwinkel, v_c Schnittgeschwindigkeit, v_{u2} Umfangsgeschwindigkeit Werkstück, v_{u0} Umfangsgeschwindigkeit Werkzeug

Werkzeug. Das Schabrad entspricht in seiner Gestalt einem Zahnrad, dessen Zahnflanken in Profilrichtung durch Spannuten unterbrochen sind, wodurch Schneidstollen entstehen. Läuft die Schabradflanke unter Kraftwirkung über die Werkstückflanke, erfolgt eine Spanabnahme.

Fertigwälzfräsen

Grundlagen. Das Fertigwälzfräsen ist kinematisch identisch zum Wälzfräsen und bietet den Vorteil einer verkürzten Prozesskette, da Vor- und Fertigbearbeitung auf einer Maschine in einer Aufspannung erfolgt. Das Verfahren wird dabei in einen Schrupp- und Schlichtschnitt aufgeteilt (2-Schnittstrategie). Durch einen reduzierten Axialvorschub und eine Steigerung des Werkzeugdurchmessers werden Vorschubmarkierungen reduziert. Hüllschnittabweichungen werden durch eine größere Anzahl an Schnitten infolge großer Stollenzahlen sowie geringer Gangzahlen verringert.

Anwendung. Fertigwälzfräsen kann zum Vorverzahnen sowie zur Weichfeinbearbeitung von Verzahnungen in einer Aufspannung verwendet werden. Es besteht die Möglichkeit einer reinen Trockenbearbeitung und damit schmierstofffreien Prozesskette.

Maschine. Der Maschinenaufbau entspricht dem einer Wälzfräsmaschine, siehe (Abb. 42.24).

Werkzeug. Als Werkzeuge werden Wälzfräser mit konstantem oder unterschiedlichem Profil über der verzahnten Länge eingesetzt. Werkzeuge mit konstantem Profil werden in zwei Bereiche (Schrupp- und Schlichtbereich) aufgeteilt, deren jeweilige Werkzeugstandzeit aufeinander abgestimmt sind. Zur Vermeidung einer überhöhten Belastung der Kopfschneide aufgrund hoher Spanungsdicken kann ein Kombinationswälzfräser mit unterschiedlichen Profilen über der Länge verwendet werden. Durch Einsatz eines Protuberanzprofils im Schruppbereich und eines kopfgekürzten Schlichtprofils wird beispielsweise eine reine Flankenbearbeitung im Schlichtschnitt ermöglicht [40].

42.2.1.3 Hartfeinbearbeitung von Stirnrädern

Durch eine Feinbearbeitung werden fertigungsbedingte Maß- und Formabweichungen aus dem Vorverzahnen und der Wärmebehandlung ausgeglichen. Zusätzlich können Zahnflankenmodifikationen zur Verbesserung des Geräuschverhaltens und der Tragfähigkeit aufgebracht werden. Bei der Hartfeinbearbeitung wird zwischen Verfahren mit geometrisch bestimmter und unbestimmter Schneide unterschieden. Da diese Verfahren nach der Wärmebehandlung zum Einsatz kommen, werden höchste Verzahnungsqualitäten erreicht. Demgegenüber entstehen höhere Fertigungskosten als bei einer Weichfeinbearbeitung.

Hartfeinbearbeitung mit geometrisch bestimmter Schneide

Nach DIN 8589-0 wird beim Spanen mit geometrisch bestimmten Schneiden ein Werkzeug verwendet, dessen Schneidkeilgeometrie und Schneidenlage mit der Verzahnungsgeometrie abgestimmt ist [79]. Generell sind alle zum Vorverzahnen vorgestellten Verfahren auch zur Hartbearbeitung einsetzbar. Besondere Relevanz haben die Verfahren Schälwälzfräsen, Schälwälzstoßen und Hartschälen [40].

Hartfeinbearbeitung mit geometrisch unbestimmter Schneide

Dient zur Fertigbearbeitung von meistens gehärteten oder vergüteten Verzahnungen (Verbesserung der Oberflächen- und Verzahnungsqualität, Beseitigung des Härteverzugs, Zahnflankenkorrekturen) [47]. Analog zu den Vorverzahnverfahren erfolgt die Einteilung der Schleifverfahren in jeweils diskontinuierliches und kontinuierliches Profil- und Wälzschleifen (Abb. 42.32). Die Bewegungsabläufe entsprechen prinzipiell denen der Vorverzahnverfahren. Wegen den geringeren Schnittkräften und höheren Schnittgeschwindigkeiten muss die Maschinenkonzeption diesen Verhältnissen angepasst sein. Als Werkzeuge werden vorrangig Korund- und cBN-Schleifscheiben mit keramischer oder galvanischer Bindung eingesetzt. Im industriellen Einsatz sind heute vorrangig das diskontinuierliche Profil-

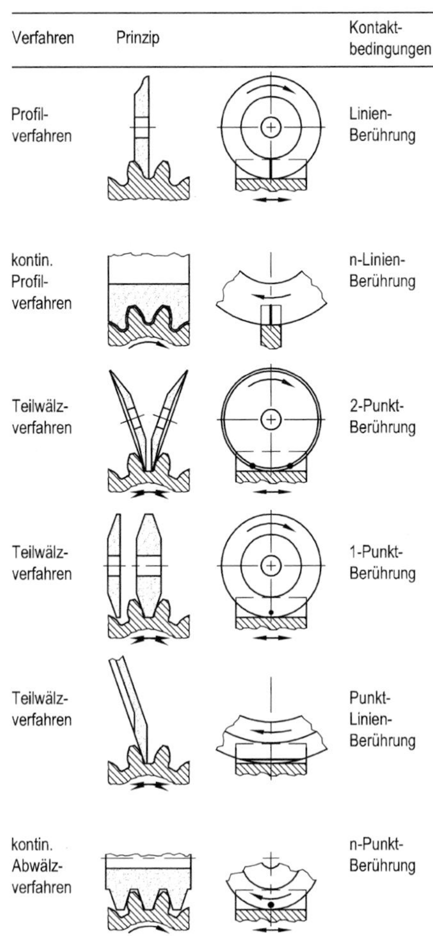

Verfahren
Prinzip
Kontakt-bedingungen
Profil-verfahren
Linien-Berührung
kontin. Profil-verfahren
n-Linien-Berührung
Teilwälz-verfahren
2-Punkt-Berührung
Teilwälz-verfahren
1-Punkt-Berührung
Teilwälz-verfahren
Punkt-Linien-Berührung
kontin. Abwälz-verfahren
n-Punkt-Berührung

Abb. 42.32 Arten des Verzahnungsschleifens

schleifen, das kontinuierliche Wälzschleifen und das Verzahnungshonen.

Diskontinuierliches Profilschleifen

Grundlagen. Beim diskontinuierlichen Profilschleifen tritt eine Teilbewegung auf. Die Kinematik entspricht dem Profilfräsen mit scheibenförmigen Werkzeug. Die Schleifscheibe wird gemäß der Soll-Kontaktlinie zum Werkstückprofil abgerichtet. Durch kinematische Zusatzbewegungen können topologische Korrekturen realisiert werden.

Anwendung. Profilschleifen wird zur Hartfeinbearbeitung außen- und innenverzahnter Stirnräder eingesetzt. Durch dieses Verfahren ist eine wirtschaftliche Bearbeitung von Kleinserien und Prototypen sowie von Verzahnungen mit einem Modul $m_n > 15$ mm bzw. einen Durchmesser $d_a > 1000$ mm (Windkraft-, Industrie und Schiffsgetriebe) gegeben.

Werkzeug. Je nach Einsatzgebiet finden Korund oder cBN als Schneidstoff für die Schleifscheiben Anwendung. In der Serien- und Massenfertigung wird galvanisch gebundenes cBN eingesetzt. In der Einzel- und Kleinserienfertigung sind abrichtbare Werkzeuge mit den Schneidstoffen Edel- und Sinterkorund etabliert.

Maschine (Abb. 42.33). Über die Werkstückspindelachse (3) wird die notwendige Teilungsbewegung sowie die für Schrägverzahnungen benötigte Zusatzbewegung realisiert, über die Schleifspindelachse (2) die Schnittgeschwindigkeit. Durch die radiale Zustellachse (5) in Verbindung mit der axialen Vorschubachse (4) können Verzahnungskorrekturen in Flankenlinienrichtung auf dem Werkstück aufgebracht werden. Der geforderte Schrägungswinkel beim Profilschleifen von Schrägverzahnungen kann über die Schwenkachse (1) eingestellt werden. Zur Schleifscheibenpositionierung sowie um Korrekturen auf die Zahnflanke aufzubringen oder Ver-

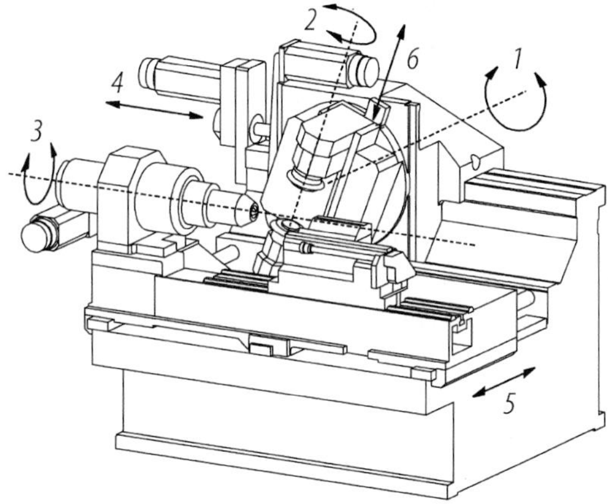

Abb. 42.33 Maschinenkonzept einer diskontinuierlich arbeitenden Profilschleifmaschine (Kapp). *1* Werkzeugschwenkwinkel, *2* Schleifspindelachse, *3* Werkstückspindelachse, *4* Axialvorschub, *5* Radialzustellung, *6* Schleifscheibenpositionierung

zahnungen im Einflankenschliff zu bearbeiten dient Achse (6) [40, 43].

Kontinuierliches Wälzschleifen

Grundlagen. Es treten ähnliche Bedingungen wie beim Wälzfräsen auf. Durch Anwenden des Diagonalverfahrens (gleichzeitig Axial- und Tangentialvorschub) können mit Hilfe von über der Schneckenganglänge veränderlichem Profilverlauf oder kinematischen Zusatzbewegungen topologische Zahnflankenkorrekturen in Zahnhöhen und -breitenrichtung erzielt werden.

Anwendung. Das kontinuierliche Wälzschleifen bietet eine wirtschaftliche Lösung für außenverzahnte Stirnräder im Modulbereich $1\,\text{mm} \leq m_n \leq 10\,\text{mm}$. Das Einsatzgebiet liegt in der Automobil-, LKW-, Baumaschinen- und Industriegetriebeherstellung sowohl in der Mittel- als auch Großserienfertigung.

Maschine. Der Maschinenaufbau entspricht weitgehend dem einer Wälzfräsmaschine (Abb. 42.24).

Werkzeug. Als Werkzeug liegt ein schneckenförmiges Werkzeug vor, dessen Profil im Stirnschnitt eine Evolvente aufweist (ZI-Schnecke). Anders als beim Wälzfräser wird ein im Durchmesser größeres Schleifwerkzeug, dessen Außenmantel als zylindrische Evolventenschnecke abgerichtet ist, verwendet, wodurch höhere Schnittgeschwindigkeiten realisiert werden können. Als Werkzeuge werden Korund-Schleifschnecken oder cBN-Schleifschnecken eingesetzt.

Verzahnungshonen (Schabschleifen)

Grundlagen. Das Verzahnungshonen ist ein abwälzendes Hartfeinbearbeitungsverfahren mit geometrisch unbestimmter Schneide. Ein innenverzahntes Honwerkzeug wälzt unter gekreuzten Achsen mit einem außenverzahnten Stirnrad. Die Kinematik entspricht dem eines Schraubwälzgetriebes und somit der des Wälzschälens und Schabens. Durch den Achskreuzwinkel zwischen Honwerkzeug und Werkstück entstehen Relativbewegungen, die von Zahnradkopf und -fuß schräg in Richtung Schraubwälzkreis verlaufende, zahnhöhenorientierte Bearbeitungsspuren erzeugen.

Anwendung. Das Verzahnungshonen eignet sich für Zahnräder mit einem Außendurchmesser von bis zu $d_a = 270\,\text{mm}$ und einem Modul von bis zu $m_n = 5\,\text{mm}$. Dabei ist die Anbringung topologischer Modifikationen über das Werkzeugprofil möglich.

Maschine Abb. 42.34. Die radiale Zustellung bzw. das Abrichten des Werkzeugs erfolgt über die Querachse (1). Die Längsachse des Kreuzschlittens (2) führt eine oszillierende Bewegung aus, sodass u. a. das Honwerkzeug über seine Breite gleichmäßig genutzt wird. Der Achskreuzwinkel wird über die Kippachse (3) realisiert. Werkzeug- und Werkstückantrieb erfolgen direkt über die Achsen (4) und (5).

Werkzeug. Als Werkzeug kommt ein innenverzahntes Honwerkzeug aus keramisch gebundenem Korund bzw. in Sonderfällen ein kunstharzgebundenes Honwerkzeug zur Erzielung hoher Oberflächenqualitäten zum Einsatz.

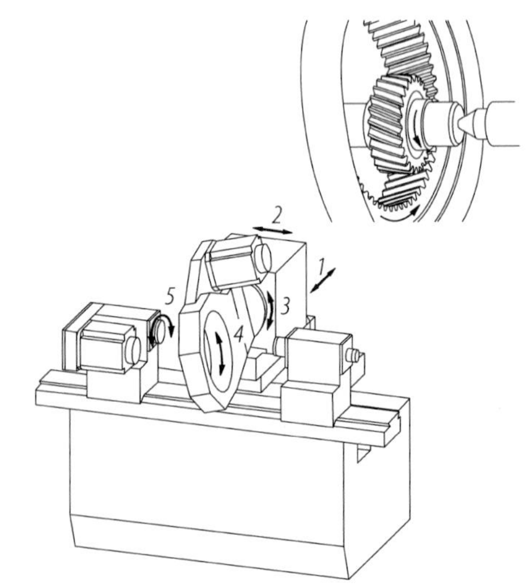

Abb. 42.34 Bewegungsachsen einer Zahnradhonmaschine (Fässler). *1* Querachse Kreuzschlitten, *2* Längsachse Kreuzschlitten, *3* Achskreuzungswinkel, *4* Werkzeugspindelachse, *5* Werkstückspindelachse

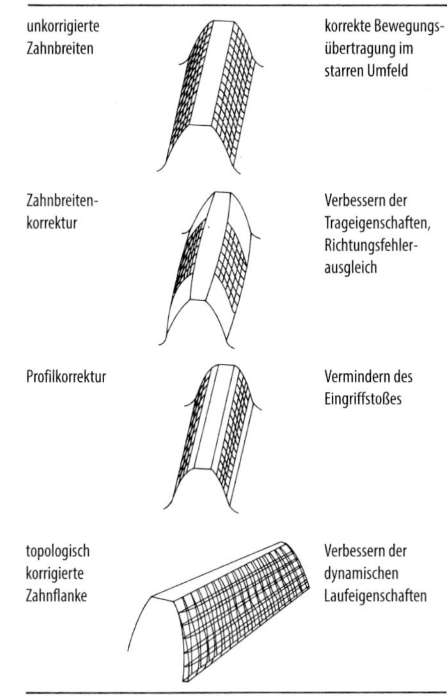

Abb. 42.35 Modifikation der Zahnflankengeometrie

Zahnflankenmodifikationen

Durch gezielte Nutzung von Zahnflankenmodifikationen lassen sich Geräusch- und Tragfähigkeitsverhalten einer Zahnradpaarung maßgeblich verbessern. Ungünstige Kontaktbedingungen aufgrund der lastbedingten Verformung des Zahnrad-Welle-Lagersystems sowie Fertigungs- und Montagetoleranzen können so berücksichtigt werden. Zahnflankenmodifikationen werden in Profil- und Flankenmodifikationen sowie in topologische Modifikationen unterschieden. Grundsätzlich werden Profilkorrekturen durch das Werkzeugprofil sowie Flankenmodifikationen durch die Prozesskinematik erzeugt. Topologische Modifikationen können sowohl durch das Werkzeugprofil als auch durch die Kinematik erzeugt werden. Eine Übersicht über verschiedene Korrekturen ist in Abb. 42.35 gegeben.

42.2.2 Verzahnen von Schnecken

Nach DIN 3975-1 sind fünf Arten der Flankenformen von Zylinderschnecken genormt (Abb. 42.36; [75]).

Flankenform A. Trapezförmige Werkzeugschneiden liegen in der Achsschnittebene, das Schnecken-Achsschnittprofil ist geradflankig und trapezförmig.

Flankenform N. Trapezförmige Werkzeugschneiden liegen in der Normalschnittebene, das Schnecken-Normalschnittprofil ist geradflankig und trapezförmig.

Flankenform I. Entspricht einem schrägverzahntem Zylinderrad. In einer Stirnschnittebene besteht das Evolventenprofil. Flankenerzeugung der Schnecken im Form- oder Wälzverfahren.

Flankenform K. Achsschnittprofil von scheibenförmigem, kegeligem Rotationswerkzeug liegt in der Normalschnittebene. Wegen der räumlichen Kontaktlinie zwischen Werkzeug- und Schneckenflanke wird nicht das Werkzeug-Achsschnittprofil in Schnecken-Normalschnittebene abgebildet, daher tritt bei geradflankigem Werkzeugprofil ein gewölbtes Schnecken-Normalschnittprofil auf.

Flankenform C. Die Schneckenflanken sind im Axialschnitt konkav gekrümmt. Die Herstellung kann mit einer Schleifscheibe erfolgen, deren Achse um einen Steigungswinkel am Mittenkreis gegenüber der Schneckenachse gedreht ist. Die Schleifscheibe weist ein Kreisbogenprofil auf. Die Flankenform ist vom Schleifscheibendurchmesser und der Schleifscheibenbreite abhängig.

42.2.2.1 Formfräsen und Formschleifen mit scheibenförmigem Werkzeug

Es treten gleiche Bedingungen wie bei schrägverzahnten Zylinderrädern auf. Bei kegeliger, geradflankiger Werkzeugprofilierung ist nur Flankenform K möglich (Abb. 42.37). Andere Flankenformen sind möglich, wenn das Werkzeugprofil Kontaktverhältnisse mit der Schneckenflanke berücksichtigt. Bei einem planem Werkzeug ist die Flankenform I möglich, wenn die Werkzeugachse in Schnecken-Normalschnittebene geschwenkt und um den Erzeugungswinkel gekippt ist.

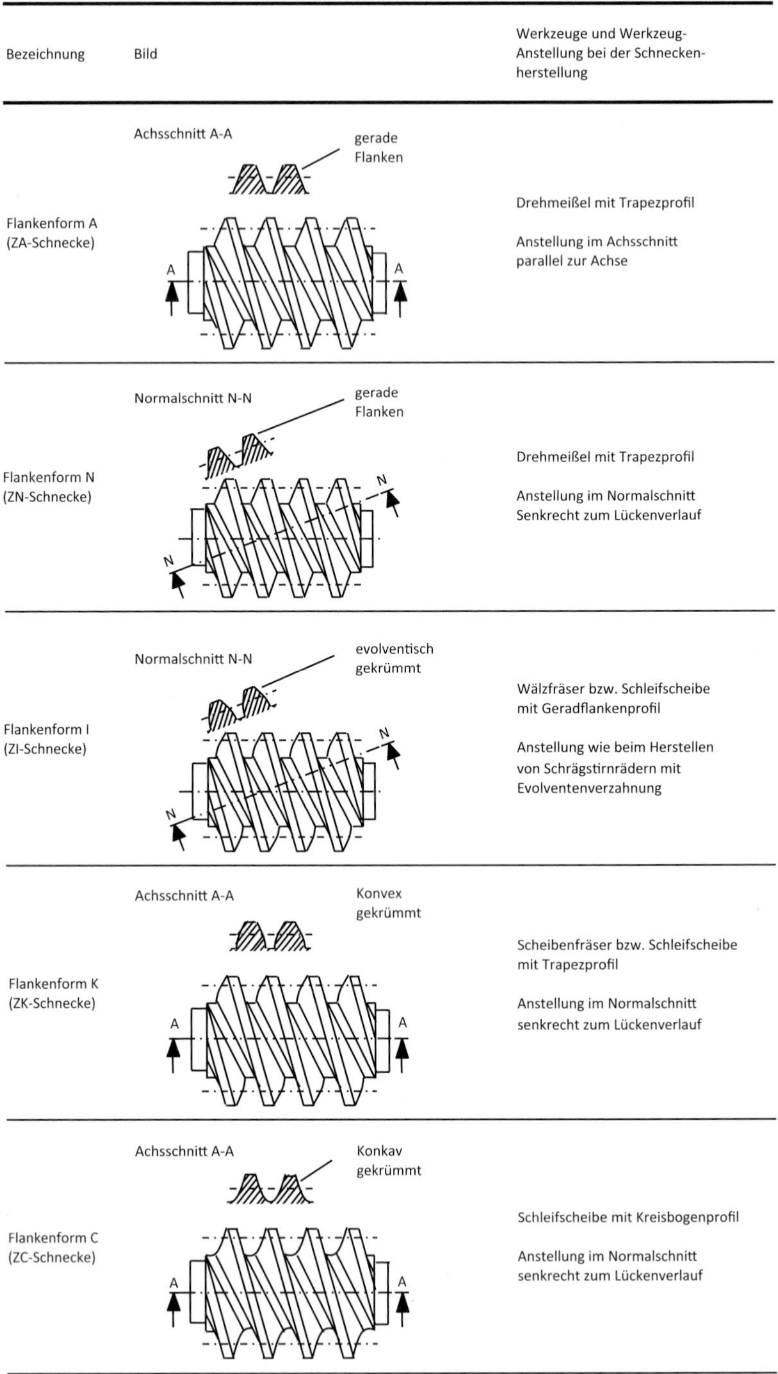

Bezeichnung
Bild
Werkzeuge und Werkzeug-Anstellung bei der Schnecken-herstellung
Achsschnitt A-A
gerade Flanken
Flankenform A (ZA-Schnecke)
A
A
Drehmeißel mit Trapezprofil
Anstellung im Achsschnitt parallel zur Achse
Normalschnitt N-N
gerade Flanken
Flankenform N (ZN-Schnecke)
N
N
Drehmeißel mit Trapezprofil
Anstellung im Normalschnitt Senkrecht zum Lückenverlauf
Normalschnitt N-N
evolventisch gekrümmt
Flankenform I (ZI-Schnecke)
N
N
Wälzfräser bzw. Schleifscheibe mit Geradflankenprofil
Anstellung wie beim Herstellen von Schrägstirnrädern mit Evolventenverzahnung
Achsschnitt A-A
Konvex gekrümmt
Flankenform K (ZK-Schnecke)
A
A
Scheibenfräser bzw. Schleifscheibe mit Trapezprofil
Anstellung im Normalschnitt senkrecht zum Lückenverlauf
Achsschnitt A-A
Konkav gekrümmt
Flankenform C (ZC-Schnecke)
A
A
Schleifscheibe mit Kreisbogenprofil
Anstellung im Normalschnitt senkrecht zum Lückenverlauf

Abb. 42.36 Nach DIN 3975-1 genormte Flankenformen von Zylinderschnecken

42.2.2.2 Formdrehen

Für Flankenform A oder N werden trapezförmige Drehmeißelschneiden DR in Schnecken-Achsschnitt- oder Normalschnittebene mit zur Schneckendrehung gekoppelter Axialbewegung (Erzeugen einer Schraubbewegung im werkstückfesten Koordinatensystem) geführt (Abb. 42.38). Flankenform I ist möglich, wenn trapezförmige Drehmeißelschneiden in der Ebene liegen, die den Grundzylinder der Evolventenschnecke

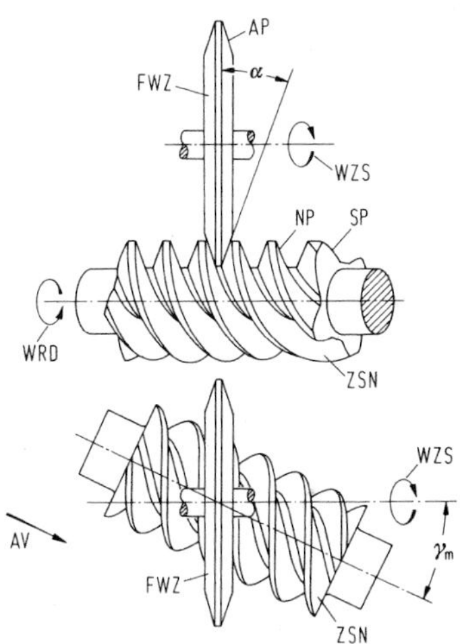

Abb. 42.37 Scheibenförmiges, kegeliges Formwerkzeug (*FWZ*) mit Zylinderschnecke (*ZSN*) im Eingriff (DIN 3975). α Erzeugungswinkel, γ_m Mittensteigungswinkel der Schnecke; *AP* geradflankiges, trapezförmiges Werkzeugschnittprofil, *NP* leicht gewölbtes Schnecken-Normalschnittprofil, *WRD* Werkraddrehbewegung, *AV* Axial-Vorschubbewegung der Schnecke

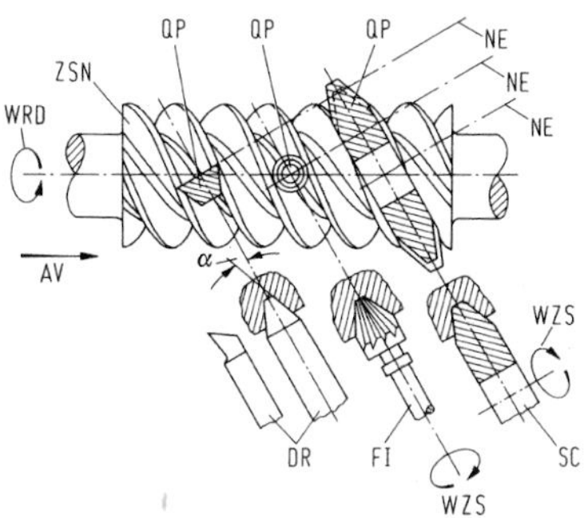

Abb. 42.38 Trapezförmige, geradflankige Formwerkzeuge (*DR* Drehmeißel, *FI* Fingerfräser, *SC* Scheibenfräser) mit Zylinderschnecke (*ZSN*) im Eingriff (DIN 3975). α Erzeugungswinkel, *NE* Schnecken-Normalschnittebene, *QP* Werkzeug-Querschnittprofil, *WZS* Werkzeugschnittbewegung, *WRD* Werkraddrehbewegung, *AV* Axial-Vorschubbewegung der Schnecke

tangiert. Flankenform N lässt sich auch mit geradflankigem Fingerfräser FI oder Scheibenfräser SC, mit kleinem Durchmesser annähern.

42.2.2.3 Wälzfräsen und Wälzschälen

Es treten gleiche Bedingungen wie beim Wälzfräsen schrägverzahnter Zylinderräder auf. Flankenform I: In Wälzmaschinen wird der Schneckenrohling statt dem Wälzfräser und das Werkzeug (Schälrad) statt dem Werkstück eingespannt. Die Zylinderschnecke erzeugt die Tangentialbewegung. Schneckendrehung, Tangentialbewegung und Schälraddrehung sind kinematisch gekoppelt.

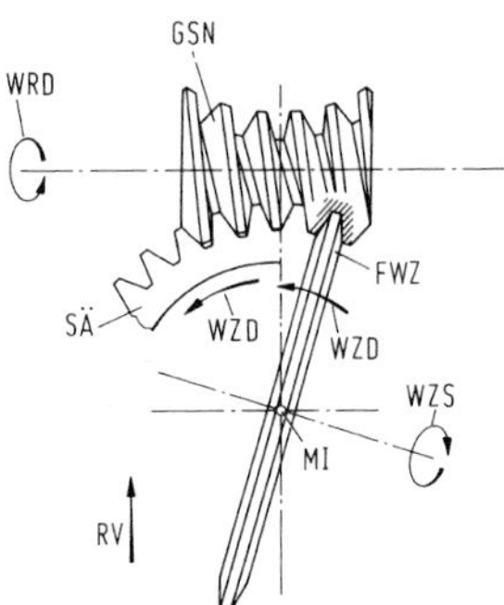

Abb. 42.39 Scheibenförmiges, kegeliges Formwerkzeug (*FWZ*) und Schälrad (*SÄ*) mit Globoidschnecke *GSN* im Eingriff. *WRD* Werkraddrehbewegung, *WZD* Werkzeugdrehbewegung, *MI* Drehmittelpunkt = Schneckenradmitte, *WZS* Werkzeug-Schnittbewegung, *RV* Radial-Vorschubbewegung. (Nach Thomas, A.K.: Zahnradherstellung. München: Hanser 1965)

Bei einer Globoidschnecke (Schneckengänge sind so ausgebildet, dass sie über die ganze Länge der Schnecke bis in den Zahngrund des mit ihr gepaarten Schneckenrades reichen) wird das Schälrad in Radialrichtung der Wälzfräsmaschine zugestellt. Es sind Flankenform A oder I möglich. Die Globoidschnecke ist der Krümmung des Schneckenradumfangs angepasst. Bei der Fertigung muss sich die Werkzeugschneide mit der Schneckendrehbewegung kinematisch gekoppelt um den Schneckenrad-Mittelpunkt drehen. Abb. 42.39 zeigt die Bewegungszusammenhänge.

42.2.3 Verzahnen von Schneckenrädern

Die Schneckenradflanke ist eine Schraubenfläche mit globoidförmigem Grundkörper. Die Flanken werden im Wälzverfahren erzeugt, wobei der Werkzeughüllkörper der Schnecke entspricht, mit der das Schneckenrad gepaart werden soll. Daraus ergibt sich die Forderung, dass der verwendete Wälzfräser mit der Schnecke, die mit dem Schneckenrad gepaart werden soll, form-

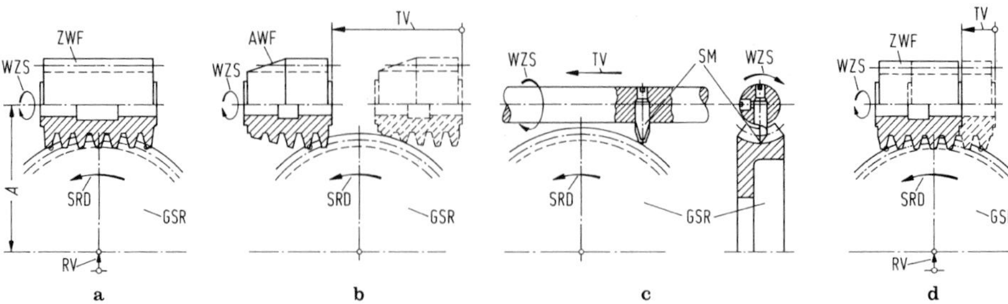

Abb. 42.40 Schneckenrad-Verzahnverfahren. **a** Radialverfahren; **b**, **c** Tangentialverfahren; **d** Radial-Tangential-Verfahren. *SRD* Schneckenraddrehbewegung, *WZS* Werkzeugschnittbewegung, *A* Achsabstand Schnecke-Schneckenrad, *ZWF* zylindrischer Wälzfräser, *AWF* Wälzfräser mit Anschnitt, *SM* Schlagmesser, *TV* Tangentialvorschubbewegung, *RV* Radialvorschubbewegung, *GSR* Globoid-Schneckenrad

gleich sein muss. Diese Forderung bezieht sich insbesondere auf den Erzeugungswinkel und den Modul sowie auf den Durchmesser und die Gangzahl.

42.2.3.1 Radialverfahren

Ein zylindrischer Wälzfräser taucht mit Radialvorschub in ein Schneckenrad, bis der Achsabstand Schnecke-Schneckenrad erreicht ist. Die nutzbare Fräserlänge muss die Schneckenrad-Profilausbildungszone überdecken. Dieses Verfahren ist nur für Schneckenräder mit geringem Steigungswinkel geeignet. Bei größeren Steigungswinkeln schneidet der Wälzfräser vor Erreichen des endgültigen Achsabstands Flankenteile weg, die bei voller Tauchtiefe zur Schraubenfläche gehören (Abb. 42.40a). Statt eines vollen Werkzeugs kann auch ein einzelner Zahn verwendet werden (Schlagzahn). Die Tauchtiefe kann hierbei in mehreren Zustellungen oder direkt angefahren werden.

42.2.3.2 Tangentialverfahren

Ein Wälzfräser mit Anschnitt (= kegeliger Teil des Wälzfräsers; Zweck: Aufteilen der Schneidenbelastung durch Steigerung der Fräserkopfhöhe sowie Verkürzen des tangentialen Einlaufwegs) wird mit gleichem Achsabstand wie Schnecke-Schneckenrad tangential am Schneckenrad-Fußkreiszylinder vorbeigewälzt. Dabei muss nur ein Fräserzahn ein ganzes Profil haben. Es besteht die Möglichkeit, mit dieser Kinematik ein Schneckenrad mit einem Schlagzahnmesser im Tangentialverfahren zu fertigen (Abb. 42.40b,c).

42.2.3.3 Radial-Tangentialverfahren

Vereinigt die Vorteile vom Radialverfahren (kurzer Vorschubweg) und Tangentialverfahren (exakte Flankenausbildung). Zuerst wird ein Radial-Tauchen bis der Achsabstand Schnecke-Schneckenrad erreicht ist durchgeführt, dann der Tangentialvorschub. Ein Fräser ohne Anschnitt und kürzer als die Schneckenradprofilausbildungszone ist möglich (Abb. 42.40d).

42.2.4 Verzahnen von Kegelrädern

Kegelräder werden zur Bewegungsübertragung zwischen einander schneidenden oder kreuzenden Achsen verwendet. Theoretische Grundkörper bei Radpaaren ohne Achsversatz sind Kegel; bei achsversetzten Rädern Hyperboloide. Beliebige Achskreuzwinkel sind möglich; in der Praxis tritt jedoch meistens ein Achskreuzwinkel $\Sigma = 90°$ auf. Bei der Herstellung wälzen jeweils beide Räder einer Kegelradpaarung mit dem gedachten Erzeugerrad (Planrad) ab. Das Werkzeug verkörpert die Zahnflanke des Erzeugerrades, siehe Abb. 42.41a. Die Verzahnung wird in Zahnhöhenrichtung durch Profillinien und in Zahnlängsrichtung durch Flankenlinien beschrieben. Das Werkstückprofil hängt von Werkzeugprofil und Relativbewegung zwischen dem Werkzeug und dem zu fertigendem Werkstück ab. Die Flankenlinien ergeben sich aus der Kinematik des Erzeugungsprozesses (gerade, kreisbogenförmige, epizykloidenförmige, evolventenförmige Zähne). Die Schnittbewegung erfolgt in Zahnlängsrichtung.

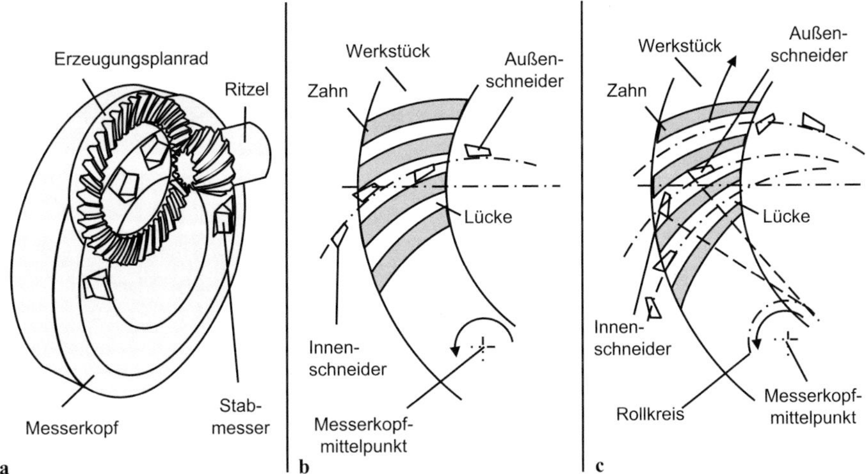

Abb. 42.41 Erzeugungsprinzip von spiralverzahnten Kegelrädern. **a** Erzeugungsprinzip, **b** Diskontinuierlich, **c** Kontinuierlich

42.2.4.1 Herstellung von Kegelrädern

Teilt man Kegelräder anhand ihrer Flankenlinie ein, werden gerad-, schräg- und spiralverzahnte Zahnlängskurven unterschieden. Aufgrund der Werkzeugkonstruktion und der Erzeugungskinematik werden mit den verbreiteten Verfahren Face Milling kreisbogenförmig und Face Hobbing epizykloidisch gekrümmte Flankenlinien realisiert, die unter dem Begriff spiralförmig zusammengefasst werden. Weist die Flankenlängslinie keine Krümmung auf und ist radial zum Verzahnungsmittelpunkt angeordnet, handelt es sich um ein geradverzahntes Kegelrad [40].

Herstellung von Geradzahnkegelrädern

Zur spanenden Herstellung geradverzahnter Kegelräder werden Wälzfräsen und Räumen eingesetzt. Das produktivste spanende Herstellverfahren für Kegelräder bildet das Räumen. Da jede Übersetzung ein spezielles Werkzeug erfordert, ist das Räumverfahren lediglich für die Massenfertigung wirtschaftlich einsetzbar. Geradverzahnte Kegelräder kommen oft in Fahrzeugantrieben in Achsdifferentialen zum Einsatz und werden in hohen Stückzahlen in der Regel durch Präzisionsschmieden hergestellt [48].

Herstellung von Spiralkegelrädern

Spiralkegelräder können bei spanender Herstellung grundsätzlich im Einzelteilverfahren oder im kontinuierlichen Teilverfahren, siehe Abb. 42.41, sowie im wälzenden als auch profilgebenden (tauchenden) Verfahren erzeugt werden. Im Allgemeinen zerspant eines der Stabmesser die konvexe Flanke und wird als Innenschneider bezeichnet, wohingegen der Außenschneider das Material der konkaven Flanke zerspant. Um ein gleichmäßiges Abwälzen des Radpaares sicherzustellen, muss mindestens eine Verzahnung der Kegelradpaarung wälzend gefertigt werden. In der Regel wird darum auf dem Ritzel der Paarung wegen der geringeren Zähnezahl eine zusätzliche Krümmung aufgebracht [40, 48].

Erzeugungsarten

Wälzen. Das Werkstückprofil entsteht als Einhüllende der Werkzeugschneiden. Die Drehbewegung des Werkstücks und des Werkzeugs werden durch eine kinematische Kopplung so angepasst, als würden Werkstück und Erzeugerrad wie ein Kegelradgetriebe wälzen.

Tauchen. Neben der Herstellung von spiralverzahnten Kegelrädern in einem wälzenden Verfahren besteht die Möglichkeit, das Tellerrad nicht zu wälzen, sondern die Zahnlücken einzustechen. Man spricht hierbei von einem Formverfahren oder auch vom Tauchen. Diese Vorgehensweise spart Zeit bei der Fertigung des Tellerrades und kann etwa ab einem Übersetzungsverhältnis $i > 2{,}5$ angewendet werden. Da keine Wälzbewegung erfolgt, bildet sich das Werkzeugprofil in der Tellerradlücke ab. Die Zahnlücke des Tellerrads besitzt dann das Profil des Werkzeuges. Als Werkzeuge kommen hierzu standardisierte Profilmesser und Messerköpfe zum Einsatz.

Verfahrensarten

Face Milling. Beim Einzelteilverfahren bzw. diskontinuierlichen Kegelradfräsen (Face Milling) wird die Zahnlücke einzeln gefertigt. Als Werkzeuge werden Stabmesser verwendet, welche in einteilige Messerköpfe eingebaut und mit Hilfe eines speziellen Einstellgerätes auf die Spitzenhöhe gebracht werden. Die Schneiden sind kreisbogenförmig verteilt, woraus eine kreisbogenförmige Flankenlängslinie der Verzahnung resultiert, siehe Abb. 42.41b. Nach Fertigung einer Zahnlücke erfolgt eine Rückhubbewegung sowie eine Werkstückdrehung um eine Zahnteilung.

Face Hobbing. Das kontinuierliche Kegelradfräsen (Face Hobbing) unterscheidet sich vom Einzelteilverfahren dahingehend, dass durch eine Wälzkopplung das Werkstück während der Bearbeitung rotiert, woraus in Kombination mit der Anordnung der Stabmesser eine epizykloidische Werkzeugspur resultiert. Weiterhin sind bei diesem Verfahren die Messer nicht auf einer gemeinsamen Kreisbahn angebracht, sondern werden zu Messergruppen in verschiedenen Gängen zusammengefasst, welche tangential zu dem Rollradius liegen, der auf dem Werkzeugradius abrollt. Neben dem Werkzeugsystem aus Stabmesser und Messerkopf wird für die kontinuierliche Herstellung im Palloid-Verfahren ein konischer, eingängiger Wälzfräser eingesetzt.

42.2.4.2 Maschine

Für die Positionierung des Werkzeugs entsprechend des Prinzips des Erzeugungsplanrads kamen ursprünglich mechanische Verzahnmaschinen zum Einsatz, die bis zu zwölf Achsen aufwiesen. Durch den Fortschritt in der CNC-Technik werden heutzutage praktisch nur noch 6-Achs-Maschinen verwendet, welche beinahe alle bekannten Herstellverfahren (z. B. Zyklo-Palloid, Palloid, Spiroflex. Vgl. [48, 49] für weitere Verfahren und Erläuterung) durchführen können, siehe Abb. 42.42. Drei unabhängig lineare Achsen und drei unabhängige Rotationsachsen bilden alle möglichen Freiheitsgrade im Raum ab [40].

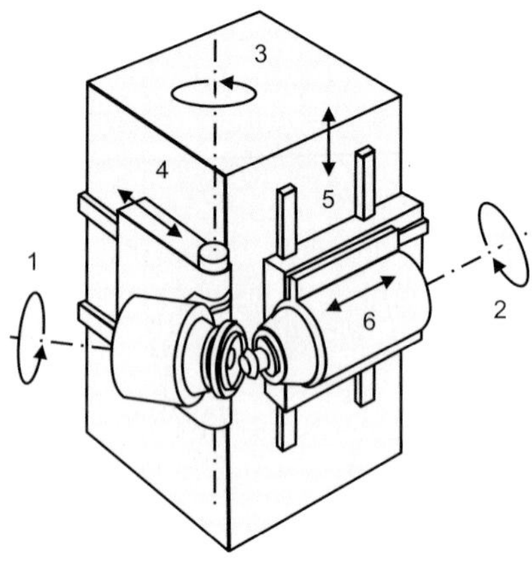

Abb. 42.42 Maschinenkonzept einer NC-gesteuerten 6-Achs-Universalkegelradmaschine in Horizontalbauweise (Gleason). *1* Werkzeugdrehung, *2* Werkstückdrehung, *3* Schwenkachse, *4–6* Linearachsen

42.2.4.3 Hartfeinbearbeitung von Kegelrädern

Zur Verbesserung der Oberflächenqualität sowie zur Beseitigung des Härteverzugs und der Verzahnungsfehler werden Kegelräder hartfeinbearbeitet. Dazu werden in der Regel Schleifverfahren für diskontinuierlich gefräste Kegelräder bzw. Läppverfahren für kontinuierlich gefräste Kegelräder eingesetzt. Beim Schleifen von gerad- und schrägverzahnten Kegelrädern werden Tellerschleifscheiben verwendet, die das Profil des ideellen Erzeugungszahns aufweisen. Für das Schleifen von Kegelrädern mit kreisbogenförmiger Flankenlinie kommen insbesondere Topfschleifscheiben zum Einsatz. Während des Schleifens kann es aufgrund der ähnlichen Krümmungsradien von Topfscheibe und Zahnlängsform zu einem anhaltenden Kontakt kommen. Hierdurch wird die Kühlschmierstoffzufuhr unterbunden und somit verstärkt thermische Energie in die Randzone eingebracht (Schleifbrand). Zur Vermeidung dieses Phänomens wird der Prozesskinematik eine oszillierende Bewegung überlagert (Waguri-Bewegung), wodurch der Kontakt zwischen Werkzeug und Werkstück kurzzeitig unterbrochen wird. Bei Kegelradverzahnungen mit epizykloidischer Flankenlinie kann die Zahnlücke in der Regel nicht mit einer Schleifscheibe abgebildet werden. In diesen Fällen wird das Läppen zur Hartfeinbearbeitung eingesetzt. Dabei wird ein Kegelradsatz unter Zugabe eines Läppmittels abgewälzt. Durch die radsatzspezifischen Einlaufeffekte wird ein geläppter Radsatz in der Applikation eingesetzt, wie er geläppt wurde (https://www.wzl.rwth-aachen.de/cms/WZL/Forschung/Werkzeugmaschinen/~ctktk/Getriebetechnik/).

42.3 Fertigungsverfahren der Mikrotechnik

42.3.1 Einführung

Steigende Anforderungen an innovative technische Produkte – hohe Funktionalität und Zuverlässigkeit, lange Lebensdauer, geringer Energieverbrauch und, wenn möglich, geringe Abmessungen und niedriges Gewicht – sowie eine zunehmende Verfügbarkeit von Sensoren, Aktoren und programmierbaren Mikroprozessoren führten zur Entstehung der Mechatronik. Mechatronische Produkte kombinieren das Lösungspotential aus Mechanik, Elektronik und Informationstechnik (s. Bd. 3, Kap. 40). Durch funktionale und räumliche Integration von Baugruppen aus unterschiedlichen physikalischen Domänen ergeben sich einerseits verbesserte technische Produkteigenschaften, z. B. kleinerer Bauraum und höhere Zuverlässigkeit, und andererseits wirtschaftliche Potentiale, z. B. eine Reduzierung des Aufwands bei der Produktion.

Zusätzliches Innovationspotential entsteht in vielen Fällen durch den Einsatz von Mikrotechniken. Die Mikromechatronik integriert mikromechanische, mikrooptische, mikrofluidische und mikroelektronische Funktionen zu kompakten und leichten Mikrosystemen, die erfolgreich in vielen Anwendungsfeldern, wie Fahrzeugtechnik, Biomedizintechnik, Kommunikationstechnik und Umweltschutz, eingesetzt werden. Mikrosysteme haben je nach Anwendung Abmessungen von bis zu einigen 10 mm, wobei typische funktionsbestimmende Elemente Strukturgrößen im Bereich von einigen 10 nm bis zu einigen 100 μm besitzen. Von ausschlaggebender wirtschaftlicher Bedeutung ist dabei, dass Mikrosysteme ein Vielfaches ihres eigenen Wertes an Wertschöpfung möglich machen.

Ein kritischer Faktor für den Markterfolg der Mikrosystemtechnik liegt in einer wirtschaftlichen und flexiblen Fertigungstechnik, die geprägt wird durch die funktionsbestimmenden Abmessungen im Mikrometerbereich und die unterschiedlichen zu fertigenden Stückzahlen. Bei den Verfahren zur Herstellung mikrotechnischer Komponenten und Systeme lassen sich zwei Entwicklungslinien unterscheiden, einerseits aus der Mikroelektronik abgeleitete maskengebundene Strukturierungsverfahren, andererseits direkte Strukturierungsmethoden, die durch Skalierung und Weiterentwicklung feinwerktechnischer Fertigungsverfahren entstehen.

Die maskengebundenen Verfahren basieren auf den vorwiegend physikalisch-chemischen Fertigungstechnologien der Mikroelektronik. Hierzu gehören unter anderem Lithografie, Schichtabscheidung und Schichtmodifikation sowie Materialabtragung mittels nasschemischer und trockener Ätztechniken. Hinzu kommen Weiterentwicklungen dieser Verfahren, die im Gegensatz zu den Planartechnologien der Mikroelektronik auch die Strukturierung anderer Materialien als Silizium und die Herstellung dreidimensionaler und frei beweglicher Mikrostrukturen gestatten. Beispiele sind die Tiefenlithografie, anisotrope Tiefenätztechniken und Waferbondverfahren. Kennzeichnend für die maskengebundenen Verfahren ist die Übertragung der auf dem Rechner entworfenen Strukturen auf das Werkstück mittels Lithografie und die gleichzeitige Fertigung vieler Bauelemente innerhalb eines Prozessablaufs (Batch-Verfahren). Beispiele für direkte Strukturierungsmethoden sind Ultrapräzisionszerspanung (s. Abschn. 41.2, 41.3), Funkenerosion, Laserstrahlverfahren, Spritzgießen (s. Bd. 1, Abschn. 32.10), Druckverfahren und Ionenstrahlverfahren.

Da die herstellbaren Bauteilgeometrien häufig vom verwendeten Fertigungsprozess abhängen und einzelne Fertigungsprozesse innerhalb einer Prozessfolge sich gegenseitig stark beeinflussen können, ist für mikrotechnische Produkte eine fertigungsgerechte Konstruktion besonders wichtig. Die Fertigungsprozesskette ist daher immer Teil des Entwurfsprozesses.

Dem Bereich der Aufbau- und Verbindungstechnik zur Konfektionierung und Systemintegration von mikrotechnischen Komponenten kommt schon deswegen besondere Bedeutung zu, weil hier ein Großteil der Herstellkosten eines mikrotechnischen Produktes entsteht. Verfahren der Mikroelektronik können dabei nur begrenzt übernommen werden, da bei Mikrosystemen der Kontakt zur Umgebung neben elektrischen häufig auch mechanische, optische und fluidische Schnittstellen erfordert. Produkte, die in hohen Stückzahlen benötigt werden, z. B. Mikrosensoren für Automobilanwendungen, sind im Allgemeinen weitgehend monolithisch gefertigt. Technische und wirtschaftliche Gründe sprechen jedoch auch häufig für einen hybriden Aufbau mikrotechnischer Systeme durch eine präzise und zuverlässige Mikromontage. Dies ist z. B. der Fall, wenn Funktionselemente integriert werden, die aus unterschiedlichen Materialien bestehen oder die mit unterschiedlichen, nicht kompatiblen Fertigungsverfahren hergestellt werden. Bei der Produktgestaltung ist daher besonderer Wert auf eine montagegerechte Konstruktion zu legen. Kostenvergleiche für Alternativlösungen dürfen nicht bei der Fertigung der mikrotechnischen Strukturen und Komponenten enden, sie müssen vielmehr bis zu dem Zustand reichen, bei dem das Bauteil in endgültiger Position funktionsfähig ist. Eine ausführliche Behandlung der Aufbau- und Verbindungstechnik würde den vorliegenden Rahmen sprengen.

42.3.2 Maskengebundene Fertigungsverfahren

Bei den maskengebundenen Verfahren der Mikrofertigung erfolgt die Erzeugung der Mikrostrukturen im Allgemeinen mit Hilfe der Fotolithografie. Dabei werden zunächst die in einer Maske enthaltenen Strukturinformationen mittels Licht in ein strahlungsempfindliches Material (Fotoresist), mit dem das zu strukturierende Substrat beschichtet ist, übertragen. Anschließend werden die Mikrostrukturen durch additive und subtraktive Prozesse erzeugt. Die Fertigung eines mikrotechnischen Bauelementes erfolgt schrittweise in einer Kette verschiedener Lithografie- und Strukturierungsprozesse. Abb. 42.43 stellt typische Ablaufvarianten einer strukturierenden Schrittfolge der Prozesskette dar. Im letzten Abschnitt der Fertigungskette werden die Bauelemente (Chips) auf dem Substrat vereinzelt, montiert, mit entsprechenden elektrischen, mechanischen und fluidischen Anschlüssen versehen und in ein Gehäuse eingebaut.

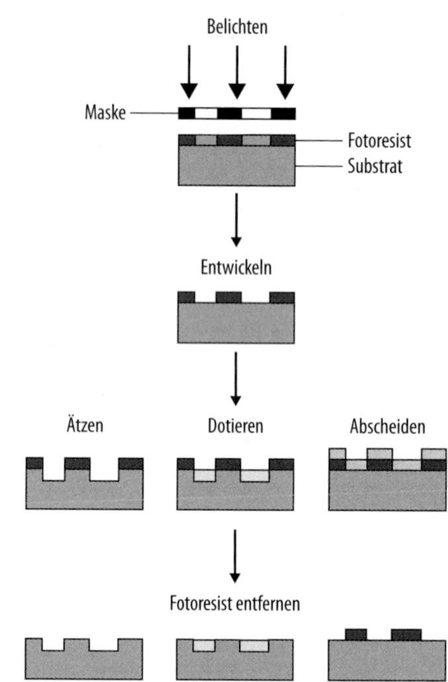

Abb. 42.43 Typische Ablaufvarianten einer strukturierenden Schrittfolge der Prozesskette bei der maskengebundenen Mikrofertigung

Die Basisprozesse, die im maskengebundenen Fertigungsablauf eines mikrotechnischen Bauelementes mehrfach wiederholt werden, lassen sich in vier Prozessgruppen einteilen.

Lithografie. Mit Hilfe lithografischer Verfahren werden Strukturen in einem strahlungsempfindlichen Material (Resist) erzeugt [8]. Durch die Bestrahlung mit Licht, Röntgenstrahlung oder Teilchenstrahlen (Elektronen, Ionen) wird die Löslichkeit des Resists in einer Entwicklerlösung erhöht (Negativresist) oder erniedrigt (Positivresist). Die Belichtung erfolgt entweder parallel mit Hilfe einer Maskenprojektion oder seriell mit einem fokussierten Strahl (direktschreibende Verfahren), wobei die maskengebundenen Verfahren zur Herstellung der Maske zunächst ein direktschreibendes Verfahren benötigen, das die Daten eines Layout-CAD-Systems in ein geometrisches Muster umsetzt.

Das industriell erfolgreichste lithografische Verfahren in der Mikrofertigung ist die Fotolithografie, die hochgenaue Masken mit den maßstabsgetreuen Daten der Struktur benutzt. Die Abbildung der Maskenstruktur in das Resist erfolgt mittels Schattenwurf mit parallelem UV-Licht im Kontaktverfahren (die Maske wird direkt auf die Resistschicht gelegt bzw. gepresst) oder im Proximityverfahren (zwischen Maske und Substrat befindet sich ein Abstand von etwa 10 µm). Zur Herstellung integrierter Schaltungen wird heute ausschließlich die Projektionsbelichtung mit Hilfe eines optischen abbildenden Systems benutzt. Das Auflösungsvermögen (minimale Strukturbreiten) der fotolithografischen Verfahren wird begrenzt durch die Wellenlänge der benutzten Strahlung, durch Prozessparameter und – bei der Projektionsbelichtung – die numerische Apertur des optischen Systems. Mit ArF-Laserlicht ($\lambda = 193$ nm), Objektiven mit großer numerischer Apertur und speziellen Masken (Phasenmasken) können Auflösungen bis zu etwa 65 nm erreicht werden. Bei der Immersionslithografie wird durch eine Flüssigkeit (z. B. Wasser) zwischen Substrat und Objektiv eine numerische Apertur deutlich über 1 und damit Auflösungen bis zu etwa 45 nm erzielt. Strukturbreiten in der Größenordnung von 22 nm werden in den kommenden Jahren vom Einsatz der EUV (**e**xtreme **u**ltra **v**iolet)-Lithografie ($\lambda = 13{,}5$ nm) erwartet.

Wichtige direktschreibende Verfahren zur Herstellung der Masken sind die Elektronenstrahl- und die Laserstrahllithografie. In der Elektronenstrahllithografie werden Strukturen direkt durch Scannen eines sehr fein fokussierten Elektronenstrahls in das Resistmaterial geschrieben. Durch Nutzung geeigneter Kombinationen von Elektronenstrahlschreiber, Resistmaterial und Entwicklungsprozess können Strukturen bis herunter zu etwa 10 nm aufgelöst werden.

Die Röntgenstrahllithografie nutzt einen Wellenlängenbereich von 0,4 bis 2 nm für die Belichtung spezieller Fotolacke auf PMMA-Basis zur Erzeugung von Strukturbreiten im Sub-Mikrometer-Bereich. Die Röntgenlithografie wird in der Mikrotechnik im Rahmen des LIGA-Verfahrens – Kombination von **Li**thografie, **G**alvanik und **A**bformung – zur Herstellung von Mikrostrukturen mit großem Aspektverhältnis (Verhältnis von Höhe zu lateraler Abmessung) eingesetzt.

Materialabscheidung. Bei additiven Schrittfolgen zur Herstellung von Mikrostrukturen werden Prozesse benötigt, die sowohl Strukturmaterialien wie auch Funktionsmaterialien auf dem Substrat ablegen, im Allgemeinen in Form dünner Schichten. Die wichtigsten Verfahren der Schichtabscheidung, die in der Mikrotechnik angewendet werden, sind PVD-Prozesse (**p**hysical **v**apor **d**eposition), CVD-Prozesse (**c**hemical **v**apor **d**eposition), stromlose Abscheidung und Mikrogalvanik (s. Abschn. 42.4).

Materialmodifikation. Auch Prozesse zur Modifikation oberflächennaher Materialbereiche sind zentral für die Mikroelektronik [9]. Hierzu zählen

- die thermische Oxidation von Silizium, d. h. die Bildung von SiO_2 bei erhöhten Temperaturen (1000–1200 °C) in oxidierender Atmosphäre (O_2, H_2O). Mittels thermischer Oxidation lassen sich dielektrische Schichten hoher Qualität herstellen.
- die Dotierung mit Fremdatomen, vorwiegend zur gezielten Veränderung der elektrischen Leitfähigkeit von Halbleitermaterialien. Die Dotierung erfolgt durch Diffusion oder Ionenimplantation.

Materialabtragung. In subtraktiven Prozessfolgen der Mikrostrukturierung übertragen Ätzprozesse das in einer Maskierschicht zuvor lithographisch erzeugte Muster in das darunterliegende Material [9]. Ätzprozesse werden durch den Grad der Anisotropie und die Selektivität charakterisiert. Die Anisotropie kann durch den Anisotropiefaktor $A = 1 - v_l / v_v$ beschrieben werden, wobei v_l die laterale Ätzrate und v_v die vertikale Ätzrate ist. Bei isotropen Ätzprozessen ($A = 0$) ist die Ätzrate richtungsunabhängig. Das bedeutet, dass die Maskierschicht unterätzt wird. Bei anisotropen Ätzprozessen ($0 < A \leq 1$) ist die Ätzrate richtungsabhängig, wobei für $A = 1$ keine Unterätzung der Maskierschicht auftritt. Die Selektivität beschreibt das Verhältnis der Ätzraten für unterschiedliche Materialien. Die Selektivität bezüglich der Maskierschicht bestimmt die maximal mögliche Ätzdauer. Die Selektivität bezüglich eines unter dem zu ätzenden Material befindlichen zweiten Materials begrenzt das Überätzen, d. h. das Ätzen über den Zeitpunkt hinaus, der zum Erreichen der durch den Materialübergang definierten Ätztiefe erforderlich ist. Ist diese Selektivität sehr groß, spricht man von einem Ätzstopp.

Zur Mikrostrukturierung werden einerseits nasschemische Ätzverfahren verwendet, bei denen der Materialabtrag auf chemischen Wirkmechanismen beruht. Die zu ätzenden Substrate werden entweder in die Ätzlösung eingetaucht (Tauchätzen) oder mit der Ätzlösung besprüht (Sprühätzen). Andererseits werden plasmaunterstützte Ätzverfahren (Trockenätzverfahren) eingesetzt, bei denen das Material durch ein gasförmiges Ätzmedium abgetragen wird. Der Angriff der in einem Plasma erzeugten ätzaktiven Teilchen – inerte Ionen, reaktive Ionen oder reaktive Radikale – kann chemischer, physikalischer oder gemischt physikalisch-chemischer Natur sein. Ätzgeschwindigkeit, Selektivität und Anisotropie lassen sich in einem weiten Bereich durch Wahl geeigneter Verfahrensvarianten variieren. Die in der Mikrotechnik gebräuchlichsten Trockenätzverfahren sind das Barrel-Ätzen (rein chemisch), das Sputter- und Ionenstrahl-Ätzen (rein physikalisch), das Plasmaätzen (physikalisch-chemisch mit starker chemischer Komponente) und das reaktive Ionenätzen bzw. reaktive Ionenstrahlätzen (physikalisch-chemisch mit starker physikalischer Komponente).

Die Herstellung mikrotechnischer Bauelemente erfolgt durch Kombination und Verkettung von Basisprozessen aus den oben beschriebenen vier Gruppen zu kompletten Fertigungsabläufen. Einige davon haben sich als typische Abläufe etabliert, deren wichtigste im Folgenden dargestellt werden.

Bulk-Mikromechanik (bulk micromachining). Die Bulk-Mikromechanik wendet neben den allgemeinen Basisprozessen Lithografie, Materialabscheidung, Materialmodifikation und Materialabtragung spezielle Tiefenätzverfahren zur dreidimensionalen Strukturierung an. Bei diesen Ätzverfahren handelt es sich zum einen um das nasschemische, selektive und anisotrope Ätzen, zum anderen um plasmaunterstützte reaktive Ionenätzprozesse, mit denen große Ätztiefen erreicht werden können (DRIE, **d**eep **r**eactive **i**on **e**tching). Wichtigstes Substratmaterial ist Silizium wegen seiner hervorragenden mechanischen und elektrischen Eigenschaften, aber auch andere Materialien wie einkristalliner Quarz kommen zum Einsatz.

Anisotrope nasschemische Siliziumätztechnik. Silizium kristallisiert in der Diamantstruktur, d. h. das Kristallgitter besteht aus kubisch-flächenzentrierten Elementarzellen. Mit anisotrop ätzenden Lösungen, wie z. B. wässrige Lösungen von KOH (Kaliumhydroxid) oder TMAH (Tetramethylammoniumhydroxid), werden unterschiedliche Kristallebenen unterschiedlich schnell abgetragen. Dieses anisotrope Verhalten wird durch den Gitteraufbau des Kristalls und den damit verbundenen unterschiedlichen Bindungskräften hervorgerufen. In Abb. 42.44 sind wichtige Ebenen im kubischen Kristall dargestellt. Da der Energieaufwand für die Auslösung eines Siliziumatoms in Richtung der (111)-Ebenen am größten ist, bleibt diese Richtung bevorzugt erhalten. Die Ätzraten sind hier etwa um einen Faktor 100 kleiner als in den Kristallrichtungen <100> und <110> (Flächennormalen der (100) bzw. der (110)-Ebenen). Die maximalen Ätzraten liegen in der Größenordnung von 4 µm/min. Zur Maskierung werden Schichten aus SiO_2 oder Si_3N_4 genutzt.

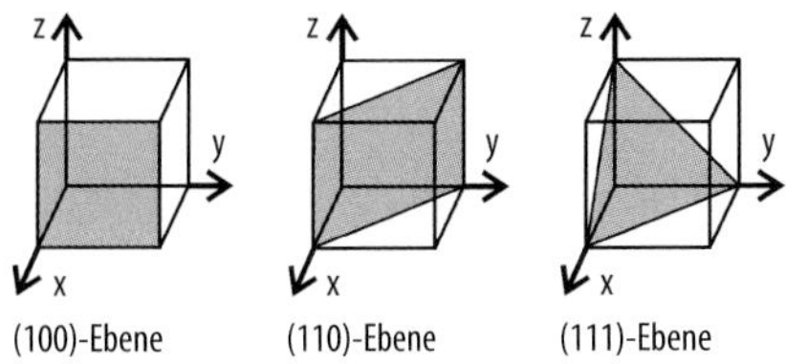

Abb. 42.44 Ebenen im kubischen Kristall und zugehörige Millersche Indizes

Ausgangspunkt für die Herstellung mikrotechnischer Bauelemente aus Silizium sind im Allgemeinen Wafer mit einer (100)-Oberfläche. Die Geometrie der geätzten Strukturen wird durch die charakteristischen Winkel zwischen den Kristallebenen bestimmt, z. B. beträgt der Winkel zwischen (111)- und (100)-Ebenen etwa 55°. An konkaven Ecken der Maskierschicht begrenzen die langsam ätzenden (111)-Kristallebenen die entstehende Ätzgrube, konvexe Ecken werden infolge der Ausbildung schnellätzender Ebenen unterätzt. Der Unterätzung konvexer Ecken kann mit Hilfe von Kompensationsstrukturen in der Maskierschicht begegnet werden. Die Ausrichtung der Maskenstrukturen auf der Waferoberfläche ist von entscheidender Bedeutung, z. B. entstehen bei exakt bezüglich der <110>-Richtungen justierten rechteckigen Öffnungen in der Maskierschicht Gruben, die genau mit der Öffnung in der Maskierschicht übereinstimmen. Nicht exakt justierte oder nicht rechteckige Öffnungen führen zu einer Unterätzung der Maskierschicht. Durch geschickte Ausnutzung von Kristallstruktur und Anisotropie des Ätzvorgangs sowie von Ätzstoppverfahren können vielfältige mikromechanische Silizium-Strukturen hergestellt werden [10]. Grundstrukturen sind Gruben, Gräben, mesaförmige Strukturen, Spitzen, Membranen, Biege- und Torsionsbalken sowie Brückenstrukturen (Abb. 42.45).

Zusätzlich zur „natürlichen" Anisotropie eines Ätzvorganges können Verfahren der gezielten Ätzratenmodulation genutzt werden. Dies sind einerseits selektive Ätzstoppverfahren. Hochbordotierte Silizium-Schichten (ca. 10^{20} Boratome/cm^3) werden von den anisotropen Ätzlösungen nicht angegriffen und können daher als Ätzstopp dienen. Es besteht auch die Möglichkeit, einen elektrochemischen Ätzstopp an Grenzflächen unterschiedlich dotierten Siliziums zu nutzen. Andererseits können durch Ätzen nach selektiver morphologischer Modifikation des Siliziums, z. B. mittels Laserstrahlung, weitere Ätzformen wie Löcher, teilverschlossene Kanäle und Strukturen zur Halterung anderer Bauteile, z. B. von mikrooptischen Elementen hergestellt werden [11]. Die starke Abhängigkeit der realisierbaren Geometrien von der Kristallstruktur und Verfahren zur Ätzratenmodulation hat zur Entwicklung spezieller CAD-Werkzeuge für das Design komplexer mikromechanischer Siliziumbauelemente geführt [12].

Deep Reactive Ion Etching. Das DRIE-Verfahren wurde speziell zur Tiefenstrukturierung von Silizium entwickelt. Es erlaubt die Herstellung von senkrechten Ätzprofilen über die gesamte Waferdicke. Dies wird dadurch erreicht, dass alternierend ein Passivierungs- und ein Ätzschritt angewendet werden. Für diese Ätztechnik werden reaktive Ionenätzanlagen mit zusätzlicher Plasmaquelle, die die Erzeugung sehr dichter Plasmen gestatten, eingesetzt [13].

Waferbonden. Zum Fügen von Mehrschichtsystemen, z. B. aus mehreren Siliziumwafern oder/und Glaswafern, werden Bond-Verfahren eingesetzt. Beim Anodischen Bonden werden Halbleiterwafer mit einem Glassubstrat durch elektrostatische Kräfte, hervorgerufen durch Migration von Natrium-Ionen im Glas bei erhöhten Temperaturen und angelegter elektrischer Gleichspannung, in innigen Kontakt gebracht und dadurch chemisch verbunden. Silizium-Waferbonden (SDB, **s**ilicon **d**irect **b**onding,) ist ein Verfahren zur Verbindung von Siliziumwafern, das auf einer Hydrophilisierung der Scheibenoberfläche beruht. Die hydrophilisierten Wafer werden in Kontakt gebracht und bei erhöhter Temperatur (bis zu 1000 °C) getempert. Dabei entsteht eine hermetisch dichte Verbindung.

Oberflächen-Mikromechanik (surface micromachining). Die Oberflächen-Mikromechanik geht aus von Sandwichstrukturen dünner Schichten, z. B. aus Siliziumdioxid und polykristallinem

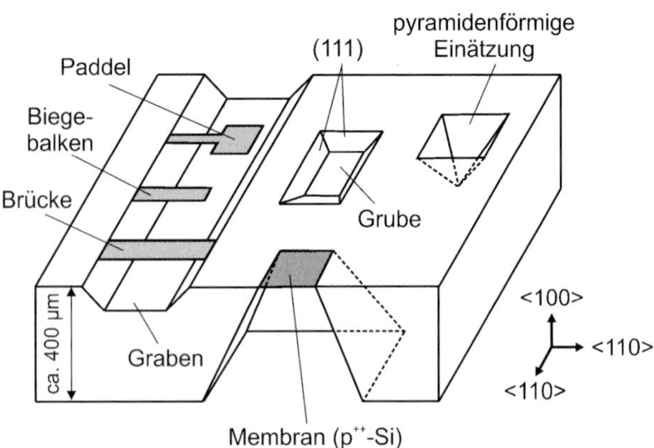

Abb. 42.45 Grundstrukturen der Silizium-Bulk-Mikromechanik

Silizium, die auf die Oberfläche des Siliziumsubstrats aufgebracht werden. Nach der Strukturierung der Schichten mit lithografischen Methoden wird das Oxid (Opferschicht) vollständig weggeätzt, so dass frei bewegliche Strukturen aus polykristallinem Silizium entstehen [14]. Auch andere Kombinationen von Substrat-, Opferschicht- und Strukturmaterial sind möglich. Die Oberflächen-Mikromechanik wird unter anderem zur Herstellung von Beschleunigungs- und Drehratensensoren eingesetzt, die im Automobilbau millionenfach Anwendung finden.

HARMST (**h**igh **a**spect **r**atio **m**icro **s**tructure **t**echnology). Neben bulk- und oberflächen-mikromechanischen Komponenten aus Silizium und anderen einkristallinen Materialien besteht auch großes Interesse an Metall- und Polymermikrostrukturen mit hohen Aspektverhältnissen. Zur Herstellung solcher Strukturen wurde die LIGA-Technik entwickelt [15]. Dabei wird zunächst ein geeignetes Resist (z. B. PMMA) über eine Maske in ca. 40 µm Proximity-Abstand mit hochintensiver, paralleler Röntgenstrahlung (Synchrotronstrahlung) bestrahlt. Nach dem Entwickeln verbleiben Strukturen, die durch die Kurzwelligkeit der Röntgenstrahlung extrem fein aufgelöst werden. Bei wenigen µm Lateralabmessungen sind Schichtdicken von mehreren 100 µm realisierbar (Tiefenlithografie). In galvanischen Bädern lassen sich die Freiräume mit Metallen füllen. Gleiche Höhe wird durch mechanisches Überarbeiten erreicht. Nach Entfernen des Resists existiert nun eine Metallform, die als Spritzgießform für Kunststoffteile verwendet werden kann. Die Kunststoffelemente können dann wiederum als Werkzeug für weitere Galvanoformung genutzt werden. Seit einigen Jahren tritt anstelle der Röntgenlithografie die UV-Tiefenlithografie in den Vordergrund. Dies liegt zum einen an der Entwicklung von neuartigen UV-sensitiven Fotoresists (z. B. Negativresist SU-8 basierend auf Epoxidharz, Positivresist AZ9260 basierend auf Diazonaphtoquinone/Novolak), die in Schichtdicken bis zu einigen 100 µm aufgetragen und strukturiert werden können, wobei Aspektverhältnisse bis zu 50 : 1 erreicht werden. Die Fotoresists dienen zur Strukturierung von Schichtsystemen, als Material zur Herstellung von Formen zur galvanischen Metallabscheidung oder zur Kunststoffabformung und als Funktionsmaterialien (z. B. Planarisierung, Isolierung). Durch sequentielle Nutzung von Lithografie und Galvanik können komplexe dreidimensionale Mikrostrukturen mit hohen Schichtaufbauten und Aspektverhältnissen realisiert werden [16]. Ein sehr wichtiges Anwendungsfeld ist die Realisierung magnetischer Mikrosysteme. In Abb. 42.46 ist beispielhaft die Prozessfolge zur Herstellung eines magnetischen Mikroaktors nach dem Tauchspulprinzip dargestellt.

Soft-Lithografie. Der Begriff Soft-Lithografie wird für eine Gruppe von Verfahren verwendet, mit denen hochaufgelöste Strukturen in einem Größenbereich von ca. 30 nm bis 500 µm hergestellt werden können [17]. Für die Übertragung der Struktur auf das Substrat nutzt die Softlithografie Elastomere mit einer Reliefstruktur als Maske, Stempel oder Gussform. Das am meisten

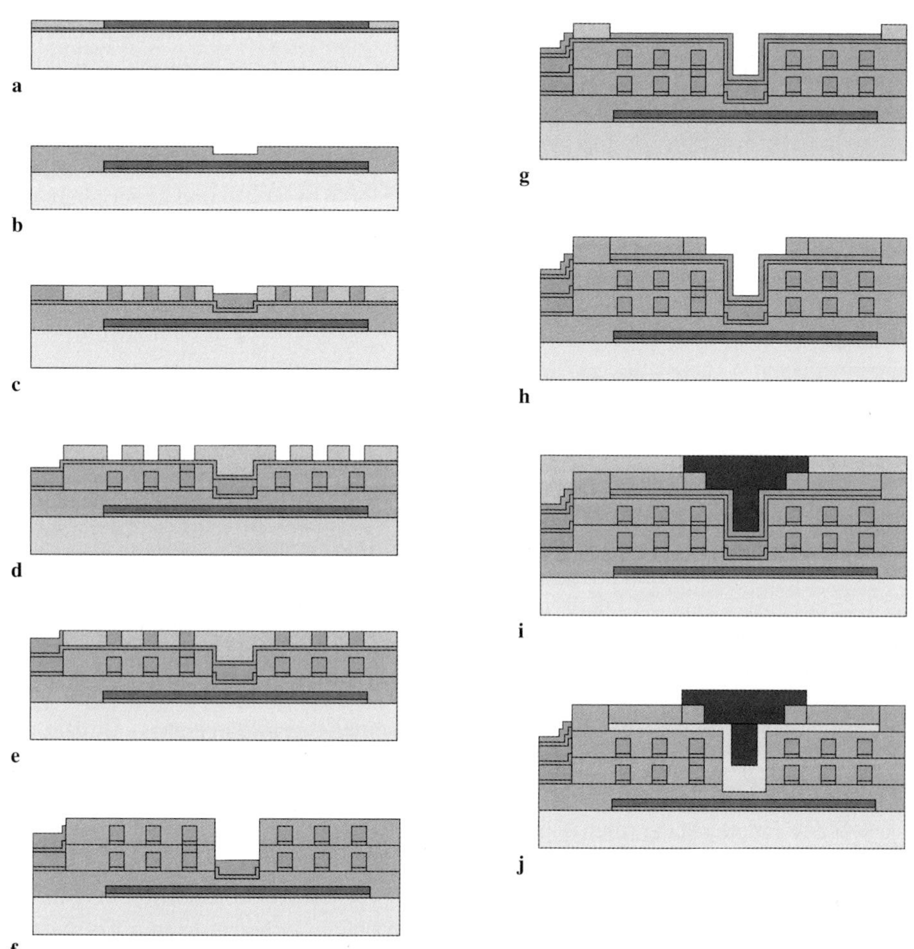

Abb. 42.46 Prozessschritte zur Herstellung eines magnetischen Tauchspulaktors: **a** Abscheiden einer Cu-Startschicht, Galvanoformung der NiFe-Bodenplatte; **b** Planarisierung mit SU-8, Strukturierung des SU-8; **c** Abscheiden einer Cu-Startschicht, Galvanoformung der unteren Spulenlage; **d** Planarisierung mit SU-8, Galvanoformung der Durchführung, Abscheiden einer Cu-Startschicht, Erzeugen einer AZ-Galvanoform; **e** Galvanoformung der oberen Spulenlage; **f** Planarisierung mit SU-8; **g** Galvanoformung einer Cu-Opferschicht; **h** Strukturierung der Federaufhängung in einer SU-8-Schicht; **i** Einbringen des Polymermagneten (Tauchspule) in eine AZ-Form; **j** Entfernen der AZ-Form, Freisetzen der Tauchspule durch nasschemisches Ätzen der Cu-Opferschicht

verwendete Elastomer ist Poly(dimethylsiloxan) (PDMS). Der softlithografische Prozess gliedert sich in zwei Schritte. Im ersten Schritt werden Maske, Stempel oder Gussform hergestellt. Dies erfolgt im Allgemeinen durch Replikatformen, indem ein Prepolymer über eine Vorlage (Master), z. B. aus Silizium oder SU-8, gegossen wird. Die Herstellung des Masters erfolgt mittels Fotolithografie oder direkt-strukturierenden Verfahren. Nach einmaliger Anfertigung des Masters kann die entsprechende Mikrostruktur beliebig oft abgeformt werden. In einem zweiten Schritt wird die Mikrostruktur mit Hilfe des Elastomer-Werkzeugs auf das Substrat übertragen. Wichtige Techniken sind das Mikrokontakt-Drucken (μCP, **m**icro**c**ontact **p**rinting), das Replikatformen (REM, **re**plica **m**olding) und Varianten, die Nanoprägelithografie (NIL, **n**ano**i**mprint **l**ithography), optische Nahfeldlithografie mit PDMS-Phasenmasken (PnP, **p**roximity field **n**ano**p**atterning) und die Nutzung von Mikroplasma-Stempeln [18] zur selektiven Funktionalisierung von Oberflächen. Abb. 42.47 stellt schematisch die Prozessschritte beim Mikrokon-

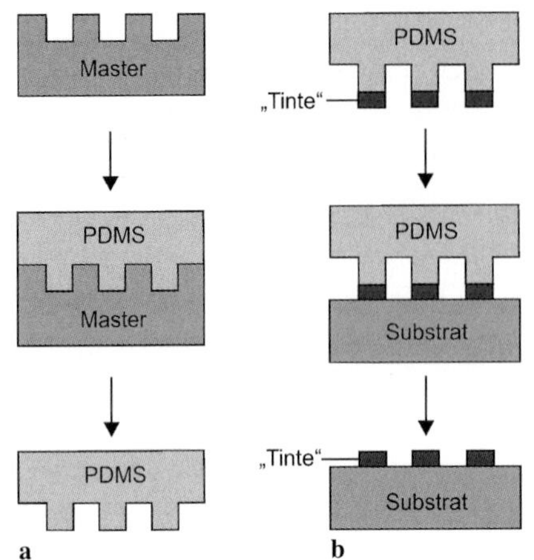

Abb. 42.47 Prozessschritte beim Mikrokontakt-Drucken. **a** Herstellung eines PDMS-Stempels, **b** Bedrucken des Substrats mit der „Tinte“ (z. B. Alkanthiol)

takt-Drucken dar. Mit softlithografischen Methoden können Mikro- und Nanostrukturen in selbstorganisierten Monoschichten (SAMs, **s**elf-**a**ssembled **m**onolayers) erzeugt werden, die dann sowohl als Maskierschichten beim selektiven nasschemischen Ätzen wie auch als Raster bei der Abscheidung anderer Materialien dienen. Die Vorteile der Soft-Lithografie liegen unter anderem darin, dass es sich um einfache und kostengünstige Verfahren handelt, mit denen auch Nanostrukturen auf nichtebenen Oberflächen erzeugt werden können. Außerdem kann eine große Bandbreite an Materialien verwendet werden. Anwendungen findet die Softlithografie vorwiegend in den Bereichen Biotechnologie, Photonik und Mikrofluidik.

42.3.3 Direkte Strukturierungsmethoden

Neben den maskengebundenen Strukturierungsverfahren, bei denen die Struktur zunächst in einem Hilfsmaterial, z. B. dem Fotoresist, erzeugt wird, bevor sie von dort in das eigentliche Material übertragen wird, kommen zunehmend auch direkte Mikrostrukturierungsmethoden zum Einsatz. Diese sind den klassischen Verfahren der Werkstoffbearbeitung insofern ähnlicher, als ein „Werkzeug“ direkt auf das Werkstück strukturierend einwirkt. Mikrotechnisch relevante Werkzeuge sind zumeist nicht rein mechanisch wirksam, sondern können z. B. auch aus Photonen- oder Teilchenstrahlen bestehen. Grundsätzlich kann man zwischen Material abtragenden, Material modifizierenden und Material abscheidenden Verfahren unterscheiden, sowie auch zwischen solchen, die komplexere Strukturen als Ganzes in einem Schritt übertragen und solchen, die dies punktweise erledigen und auch als „digital“ bezeichnet werden.

42.3.3.1 Laserstrahlverfahren

Physikalische Grundlagen. Das Wort Laser ist ein Akronym und steht für **L**ight **A**mplification by **S**timulated **E**mission of **R**adiation (Lichtverstärkung durch stimulierte Emission von Strahlung). Grundlage für die Funktion des Lasers ist der 1917 von Einstein vorhergesagte Prozess der induzierten Emission. Ein Laser besteht in seinem grundsätzlichen Aufbau aus einem aktiven Medium, das sich im Allgemeinen in einem optischen Resonator befindet, und einer Vorrichtung zur Anregung (Pumpen) des aktiven Mediums. Die Wellenlängen der Laserstrahlung entsprechen elektronischen Übergängen von einem oberen in einen unteren Energiezustand der Atome oder Moleküle des aktiven Mediums und reichen von der Röntgenstrahlung bis in den Infrarotbereich hinein. Damit der Laserprozess einsetzen kann, muss der obere Energiezustand ständig oder zumindest kurzzeitig stärker besetzt sein als der untere Energiezustand. Eine solche Besetzungsinversion wird durch das Pumpen erreicht, z. B. mit kontinuierlich oder impulsförmig zugeführtem Licht (optisches Pumpen). Verschiedene Lasersysteme weisen im Einzelnen sehr unterschiedliche Energieniveau-Schemata auf und nutzen vielfältige Pumpmechanismen. Es wird zwischen gepulstem Betrieb und kontinuierlichem Betrieb (cw- oder **c**ontinuous **w**ave-Betrieb) unterschieden. Beim cw-Betrieb muss eine permanente Anregung zu ständiger Besetzungsinversion führen. Beim gepulsten Betrieb werden je nach gewünschter Pulsdauer unterschiedliche Methoden zur Pulserzeugung angewendet. Die kleinsten erreichbaren Pulsdauern liegen in der Größenordnung von Femtosekunden (fs, 10^{-15} s). Die Eigenschaften der Laserstrahlung werden wesentlich durch die Gestaltung des Resonators bestimmt. Im Gegensatz zu konventionellen Lichtquellen emittiert ein Laser intensives, monochromatisches Licht von hoher räumlicher und zeitlicher Kohärenz. Der nahezu parallele Laserstrahl kann gut fokussiert werden bis fast herab zu einer Wellenlänge. Dadurch können sehr hohe Intensitäten erzeugt werden. Leistungsdichten bis zu 10^{20} W/cm^2 sind im gepulsten Betrieb erreichbar, wenn der Laserstrahl auf kleine Brennflecke fokussiert wird. 10^6 bis 10^7 W/cm^2 sind die Leistungsdichten, bei denen die meisten Materialien verdampfen. Damit zeichnet sich die Fertigungstechnik als ein bevorzugtes Anwendungsgebiet des Lasers ab. Bearbeitung mit Lasern wird bereits routinemäßig in vielen Branchen, z. B. zum Schneiden und Schweißen von Blechen, eingesetzt. Laser bieten aber auch neue Ansätze für die Mikrofertigung. Beispiele sind Laserablation, Laser-induzierter Materialübertrag (LIFT: **l**aser **i**nduced **f**orward **t**ransfer), Fotopolymerisation, lokale thermische Behandlung, chemisch unterstützter Abtrag, lasergestützte Materialabscheidung und lasergestützte Dotierung (Abb. 42.48).

Lasermikrobearbeitung kann im Dauerstrichbetrieb oder auch mit langen, kurzen und ultrakurzen Pulsen durchgeführt werden. Es ist ein berührungsloses Verfahren ohne die Nachteile eines Werkzeugverschleißes. Bei der Laserablation wird dort, wo das Target-Material Laserenergie absorbiert, ein Übergang in die Flüssig- oder Gasphase erzeugt, in der das Material schließlich die Oberfläche verlässt. Darüber hinaus können während der Ablation auch feste Fragmente erzeugt werden, die ohne eine geeignete Absaugung auf das Werkstück zurück fallen können [19]. Die Absorptionsmechanismen hängen von der Laserwellenlänge, der Pulsintensität und der Pulsbreite ab. Ultrakurze Laserpulse können sogar kürzer sein als die Elektron-Phonon-Kopplungszeit, die im Pikosekundenbereich liegt, und somit kürzer als die thermische Diffusionszeit. In diesem Fall kann Laserenergie sehr genau innerhalb des Materials ohne Wärmetransformation deponiert werden. Femtosekunden-Laserpulse können aber

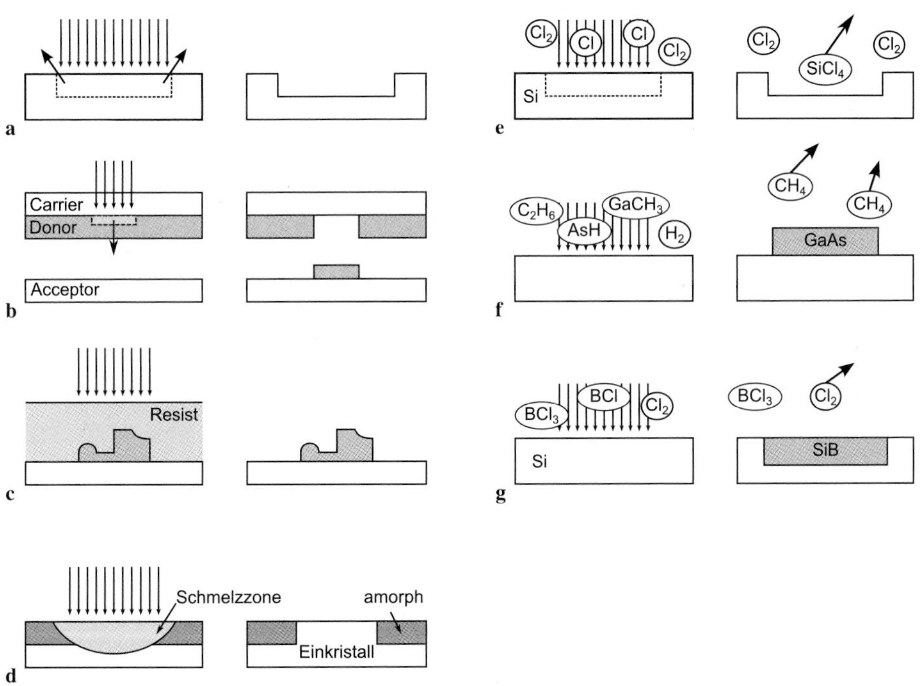

Abb. 42.48 Wichtige laserinduzierte Prozesse in der Mikrofertigung. **a** Fotoablation; **b** LIFT; **c** Fotopolymerisation; **d** lokale thermische Behandlung (Rekristallisieren); **e** Ätzen; **f** Abscheiden; **g** Dotieren

auch nichtlineare Absorptionsprozesse erzeugen, sobald die räumliche und zeitliche Dichte der Photonen einen Schwellwert übersteigen. Dann kommt es zu starker Absorption auch bei ansonsten transparenten Materialien. Die nichtlinearen Prozesse, die einen derartigen optischen Durchschlag verursachen, sind lawinenartige Ionisation und Multiphotonenionisation. Da die Schwelle für nichtlineare Absorption typischerweise nur in einem sehr kleinen Volumenelement rund um den geometrischen Brennpunkt überschritten wird, können durch ein geeignetes Intensitätsprofil im Fokus auch Strukturen unterhalb der optischen Beugungsbegrenzung erzeugt werden.

Apparative Umsetzung. In der Mikromaterialbearbeitung kommen unterschiedliche Lasertypen zum Einsatz, vorzugsweise Festkörper- und Gaslaser. Zunehmende Bedeutung gewinnen Dioden- und Faserlaser. Bei den Festkörperlasern ist der Nd:YAG-Laser, der als aktives Medium einen mit Neodym-Ionen dotierten YAG-Kristall (**Y**ttrium-**A**luminium-**G**arnet, $Y_3Al_5O_{12}$) verwendet und Infrarotstrahlung ($\lambda = 1{,}06\,\mu m$) emittiert, das am weitesten verbreitete System. In der Praxis werden häufig frequenzverdoppelte Nd:YAG-Laser bei 532 nm verwendet. Auch Frequenzverdreifachung ($\lambda = 355$ nm) und -vervierfachung ($\lambda = 266$ nm) kommen zur Erzeugung von UV-Laserstrahlung zum Einsatz. Nd:YAG-Laser können gepulst oder kontinuierlich betrieben werden. Ein weiterer Festkörperlaser mit großem Anwendungspotential in der Fertigungstechnik ist der Ti:Saphir-Laser, der als aktives Medium einen mit Titan-Ionen dotierten Korund (Al_2O_3)-Kristall verwendet und Strahlung im Wellenlängenbereich von 0,7 bis 1 µm emittiert. Seine große Bedeutung liegt in der Möglichkeit, Lichtpulse mit einer typischen Pulsdauer zwischen 100 und 200 fs zu generieren. Damit wird die exakte und rückstandsfreie Abtragung kleinster Materialmengen mit minimalen Wärmeeinflusszonen möglich. Eine herausragende Stellung unter den Gaslasern nimmt der CO_2-Laser ein. Aktives Medium ist eine luft- oder wassergekühlte Gasentladung. CO_2-Laser basieren auf Schwingungs-Rotations-Übergängen des CO_2-Moleküls und emittieren Infrarotlicht im Wellenlängenbereich von 10 µm; sie können kontinuierlich und gepulst betrieben werden und kommen vor allem zur Anwendung, wenn hohe Dauerleistungen erforderlich sind. Excimer (**exci**ted di**mer**)-Laser sind molekulare Gaslaser, die im ultravioletten Spektralbereich emittieren. Sie werden grundsätzlich gepulst betrieben und basieren auf elektronischen Zuständen angeregter Edelgas-Halogenide. Durch unterschiedliche Kombinationen eines Edelgasatoms mit einem Halogenatom können unterschiedliche Excimer-Moleküle erzeugt werden, z. B. ArF ($\lambda = 193$ nm) oder KrF ($\lambda = 248$ nm). Hauptanwendungen in der Mikrofertigung sind die Fotolithografie und die Fotoablation. Insbesondere Polymere können sehr effizient mit Excimer-Lasern bearbeitet werden. Diodenlaser basieren auf dotierten Halbleitermaterialien und nutzen einen stromdurchflossenen pn-Übergang zur Erzeugung einer Besetzungsinversion zwischen dem Valenz- und dem Leitungsband. Dabei wird die Wellenlänge der emittierten Strahlung über die Bandlücke des Halbleitermaterials eingestellt. Für Hochleistungsdiodenlaser werden häufig Materialsysteme wie GaAlAs/GaAs oder InGaAlAs/GaAs verwendet. Standardwellenlängen sind 808 nm, 940 nm und 980 nm. Hochleistungsdiodenlaser sind Vielfach-Anordnungen (Laserbarren) von Einzel-Dioden. Um einige kW Leistung zu erreichen, können mehrere Barren zu einem Laserstack kombiniert werden. Bislang wurden Hochleistungsdiodenlaser vorwiegend zum Pumpen von Festkörperlasern genutzt. Entwicklungen zur Steigerung der Strahlqualität ermöglichen in zunehmendem Maße auch die Anwendung in der Laserstrahlmaterialbearbeitung. Faserlaser sind eine spezielle Form von Festkörperlasern. Aktives Medium ist der z. B. mit Ytterbium ($\lambda = 1560$ nm) dotierte Kern einer Glasfaser. Aufgrund der großen Länge der Faser wird das Laserlicht, das sich im Faserkern ausbreitet, erheblich verstärkt. Faserlaser können kontinuierlich und gepulst betrieben und zum Schweißen, Schneiden und Abtragen mit Geometrien im Mikrometerbereich eingesetzt werden. In der Fertigungstechnik wird der Laserstrahl im Allgemeinen mit an die Wellenlängen angepassten Linsensystemen fokussiert und über Strahlablenksysteme oder Faseroptiken der Wirkstelle zugeführt.

Es existieren unterschiedliche Methoden zur Materialbearbeitung mit Laserstrahlen, die im Wesentlichen vom Lasertyp und von der Anwendung abhängen. Zur lokalisierten Bearbeitung wird der Laserstrahl fokussiert und das Werkstück kontrolliert bewegt, um eine bestimmte Struktur zu erzeugen. Alternativ kann dieses punktweise Direktschreiben auch durch digital gesteuerte Ablenkung des Laserstrahls mit Hilfe eines Galvanometer-Spiegels oder durch Kombination von Werkstückbewegung und Laserstrahlablenkung realisiert werden. Großflächige Bearbeitung kann z. B. mit strichförmig fokussiertem und bewegtem Strahl erfolgen. Für die Mikromaterialbearbeitung mit Excimer-Lasern werden im Allgemeinen Maskenabbildungsmethoden angewendet. Dabei unterscheidet man statische Projektion, Step-and-Repeat-Verfahren und Verfahren mit bewegter Maske und/oder bewegtem Werkstück; zur Überlagerung verschiedener Strukturen werden Mehrfach-Masken verwendet.

Anwendungen. Bei den Anwendungen in der Mikrofertigung, deren Spektrum von fügetechnischen über abtragende Verfahren bis hin zur Oberflächenmodifikation und additivem Materialtransfer reicht (Abb. 42.48), wird die starke Fokussierbarkeit der Laserstrahlung zur punktgenauen Materialbearbeitung genutzt. Die Monochromasie erlaubt die selektive Anregung von Molekülen in der Oberfläche der zu bearbeitenden Werkstücke, während mit Hilfe kurzer, exakt definierter Laserpulse eine zeitlich kontrollierte Materialbearbeitung ermöglicht wird. Bei der Lasermaterialbearbeitung kann unterschieden werden zwischen nicht-reaktiven Veränderungen von Materialeigenschaften durch thermische Einwirkung der Laserstrahlung und chemischen Reaktionen, die durch thermische (Pyrolyse) oder optische Anregung (Fotolyse) aktiviert werden. Zur ersten Gruppe gehören Prozesse, die mit dem Aufschmelzen und Verdampfen von Material verbunden sind (z. B. Schneiden, Bohren, Schweißen, thermisches Abtragen und Verdampfen), und strukturelle Umwandlungen an Materialoberflächen und in dünnen Schichten (z. B. Defektausheilen, Rekristallisieren, Verdampfen durch Aufbrechen chemischer Bindungen, Polymerisation, Veredeln). Zur zweiten Gruppe gehören Prozesse wie laserunterstützte Lithografie, Fotoablation, Abscheiden, Ätzen und Dotieren. Die ablative Strukturierung von dünnen Schichten und Multilagen sowie das Laserbohren von Durchkontaktierungen für mehrlagige Leiterplatten und flexible Schaltungen können zur Herstellung von dünnen und flexiblen Mikrosystemen verwendet werden [20, 21]. Inwieweit dabei die Prozesse eher thermischer, photochemischer oder photomechanischer Natur sind, hängt stark von den Laser-Parametern und dem strukturierten Material ab. Mithilfe der Fotopolymerisation können dreidimensionale Strukturen direkt mit Laserstrahlen geschrieben werden. Werden dabei Femtosekunden-Laser verwendet, kann der Effekt der Zwei-Photen-Absorption genutzt werden, um winzige Volumenelemente in beliebiger Tiefe innerhalb einer Photolackschicht zu polymerisieren. Damit können 3D-Strukturen unterhalb der optischen Beugungsbegrenzung erzeugt werden [22].

42.3.3.2 Ionenstrahlverfahren

Physikalische Grundlagen. Während die Auflösung der optischen Techniken fast immer durch die Beugungsbegrenzung eingeschränkt wird, haben Ionenstrahlen eine extrem kleine Partikel-Wellenlänge und sind damit in der Lage, Materialien bis hinunter in den Nanometerbereich zu modifizieren. Zur Bearbeitung von Werkstücken mit Ionenstrahlen werden im Vakuum hoch beschleunigte Ionen in gebündeltem Strahl auf die Wirkstelle gelenkt (Ionenstrahlkanone). Dort werden die Ionen abgebremst und übertragen ihre kinetische Energie an den Festkörper. Die Eindringtiefe hängt ab von der Beschleunigungsspannung, der Masse der Ionen und der Dichte des zu bearbeitenden Materials. Im Festkörper kommt es zu elektrischen und atomaren Wechselwirkungen, die Ionen werden durch Kollisionen mit den Atomen und Elektronen elastisch und inelastisch gestreut.

In Abhängigkeit von der Energie der einfallenden Ionen treten Rückstreuung, Sputtern und Implantation auf. Für die hier nicht relevanten

Kernreaktionen sind deutlich höhere Energien erforderlich. Bei relativ niedrigen Energien können die Ionen durch das Targetmaterial rückgestreut werden. Bei einer ausreichend hohen Energieübertragung auf das Targetmaterial, kann dies zu einer atomaren Dislokation oder sogar zum Verlassen des Feststoffes, dem sogenannten Sputtern oder Ionenfräsen führen. Oberhalb eines Schwellenwertes steigt die Sputterausbeute kontinuierlich bis auf ein Maximum an und sinkt schließlich bei noch höheren Energien wieder ab, weil die Ionen tief in den Festkörper eindringen und dislozierte Atome die Oberfläche nicht mehr erreichen können. Das Ion verliert durch Stöße zunehmend an Energie und verbleibt schließlich im Festkörper. Als Folge wird das Ion implantiert und Atome entlang der ganzen Ionenbahn werden von ihren ursprünglichen Gitterplätzen disloziert. Zusammenfassend führt diese Art der elastischen Wechselwirkung zu Implantation, atomarer Dislokation, zum Sputtern und zur Bildung von Defekten, wodurch die Eigenschaften des Festkörpers verändert werden. Diese Effekte können mit Monte-Carlo-Methoden simuliert werden.

Die eintreffenden Ionen können auch mit den Elektronen des Werkstückmaterials wechselwirken. Die Impulsübertragung ist dabei jedoch sehr klein und bewirkt keine nennenswerte Streuung der Ionen. Diese Wechselwirkung führt zur Elektronen-Anregung und Ionisation und wird als inelastisch bezeichnet. Neben elastischen und inelastischen Wechselwirkungen mit dem Targetmaterial kann die Energie der einfallenden Ionen auch für chemische Reaktionen, für ionengestütztes Ätzen oder ioneninduzierte Abscheidung und auch zu einer Änderung des Oberflächenpotentials verwendet werden.

Apparative Umsetzung. Ionenstrahlgeräte verwenden neben gasförmigen Quellen auch oft einen Strahlerzeuger, der aus einer Flüssigmetall-Feldemissionsquelle besteht. Die Steuerelektrode (Wehneltzylinder) beeinflusst die Strahlintensität über das Potential, das gegenüber der Kathode (Emissionsquelle) anliegt. Die aus der Ionenquelle austretenden Ionen werden anschließend durch eine Hochspannung in der Größenordnung von typischerweise 5 bis 100 kV beschleunigt. Man kann zwei Arten von Ionenstrahlgeräten für die Mikrofertigung unterscheiden. Ein Typ besteht aus einem Projektionssystem aus elektrostatischen Linsen, in dem zunächst eine Lochmaske von einem aufgeweiteten Ionenstrahl beleuchtet wird. Eine Projektionsoptik erzeugt danach ein verkleinertes Abbild der Lochmaske auf dem meist planaren Werkstück wie zum Beispiel einer magnetischen Platte zur Speicherung von Daten [23]. Bei dem anderen, dem sogenannten **f**ocused **i**on **b**eam (FIB) Typ wird mit Hilfe von elektrostatischen Linsen der Ionenenstrahl auf das Werkstück fokussiert. Die Leistungsdichte des Ionenstrahls beträgt bis zu 10^9 W/cm^2 im Brennfleck. Der Strahl kann auf dem Weg zur Wirkstelle durch elektrostatische Ablenkeinrichtungen geführt und digital gesteuert abgelenkt werden. Der Brennfleck hat typischerweise einen Durchmesser von 10 nm bis 10 µm. In beiden Fällen werden Strukturen direkt auf Materialien ohne größere Störung durch Vorwärts- und Rückstreuung übertragen. Die Strukturgröße ist deswegen allein durch die Strahlform gegeben und wird nicht durch den Naheffekt von Rückstreuelektronen oder die seitliche Streuung der Ionen verbreitert. Daher können sehr kleine Strukturen mit Abmessungen unterhalb von 10 nm geschrieben werden. Weiterhin können auch Mikrostrukturen mit großem Aspektverhältnis direkt erzeugt werden. Für die ionengestützte Abscheidung muss ein Precursor-Gas (häufig eine metallorganische Verbindung) über die Werkstückoberfläche strömen, die sich unter Einwirkung der Ionen zersetzt und somit Strukturen, die aus adsorbiertem Material gebildet werden, direkt erzeugt. Meist wird dazu eine Kanüle, aus der das Gas ausströmt, in die Nähe des Werkstückes gebracht. Um eine ausreichende freie Weglänge für die Ionen zu erreichen, muss die gesamte Apparatur, insbesondere die Ionenquelle und die Ionenoptik, unter Hochvakuum gehalten werden.

Anwendungen. Die FIB-Technologie wurde ursprünglich entwickelt, um einzelne Produktionsfehler in Lithografiemasken zu korrigieren [24]. Dies ist weiterhin eine Nischenanwendung, inzwischen haben sich aber viel breitere Anwendungen ergeben. Diese beinhalten die Herstellung

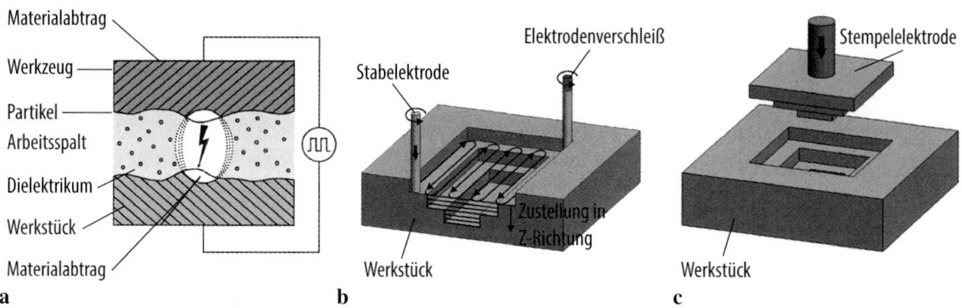

Abb. 42.49 Prinzip der Funkenerosion. **a** Werkzeug/Werkstück Wechselwirkung; **b** Staberosion; **c** Senkerosion

von elektronischen Elementen, die zerstörende Untersuchung von lokalen Fehlern in Integrierten Schaltkreisen (ICs), Reverse Engineering in der IC-Industrie, Schritt-für-Schritt-Diagnose in der IC-Fertigung, IC-Testmodifikationen und TEM-Probenpräparation [24, 25]. Die Anwendung von FIB für die Erzeugung des Luftspaltes in Festplatten-Schreib/Leseköpfen [26] ist bis heute die einzige Anwendung in der mikrotechnischen Großserienfertigung. Dabei erlauben hochentwickelte Bilderkennungsprozeduren hohe Flexibilität und Genauigkeit bei der digitalen Definition der finalen Polschuhgeometrie.

42.3.3.3 Funkenerosion

Physikalische Grundlagen. Neben den bereits erwähnten Verfahren des Abtragens mittels Laserstrahl und Ionenstrahl kommt für die Formgebung kleiner Teile das Verfahren der Funkenerosion zur Anwendung. Unter Funkenerosion (EDM, **e**lectrical **d**ischarge **m**achining) versteht man das elektrothermische Abtragen bei leitfähigen Materialien, wobei der Abtrag durch Funkenentladung erfolgt (Abb. 42.49a). Im Arbeitsspalt zwischen Werkstück und Werkzeug befindet sich ein Dielektrikum (Wasser, Öl). Zwischen beiden wird ein Hochspannungspuls angelegt, der zu Entladungsvorgängen (Funken) führt. Die Wirkung der Funken auf der Werkstückoberfläche ist durch Abtragstrichter (Pincheffekt) und Abtragskrater (Skineffekt) gekennzeichnet.

Apparative Umsetzung. Die gebräuchlichsten Verfahren sind Drahterosion (zum Schneiden), Staberosion (Abb. 42.49b) sowie die Senkerosion mit einer Stempelelektrode (Abb. 42.49c). Bei der Staberosion können mittels digital angesteuerter Positionierung auch komplexere Strukturen erzeugt werden.

Anwendungen. Ein großes Anwendungsgebiet ist die Herstellung von Mikrobohrungen bis 20 µm Durchmesser, z. B. für Einspritzdüsen oder für Bohrungen in medizinischen Nadeln. Weitere Anwendungen bestehen in der Herstellung von Formeinsätzen für den Mikrospritzguss [27], der Fertigung von mikrofluidischen Kanälen und der Herstellung von Taststiften für die Mikrokoordinatenmesstechnik [28].

42.3.3.4 Druckverfahren

Physikalische Grundlagen. Moderne Druckverfahren sind nicht nur geeignet, Informationen zu visualisieren, sondern auch dazu, funktionale Strukturen zu erzeugen. Diese Entwicklung hat insbesondere auf dem Gebiet der gedruckten Elektronik und Sensorik zu einer Vielfalt von neuen Herstellungsansätzen geführt. Die erzielbare Auflösung, die deutlich geringer ist als die der Fotolithografie, bleibt aber ein limitierender Faktor bei der Anwendung in der Mikrofertigung.

Beim Siebdruck wird das zu druckende Material mit einer Gummirakel durch ein feinmaschiges Gewebe hindurch auf das Substrat gedruckt. An denjenigen Stellen des Gewebes, wo dem Druckbild entsprechend kein Material gedruckt werden soll, sind die Maschenöffnungen des Gewebes durch eine Schablone undurchlässig gemacht. Im Siebdruckverfahren ist es möglich, viele verschiedene Materialien zu bedrucken, sowohl flache (Folien, Platten) wie auch geformte. Ein Vorteil des Siebdrucks besteht darin, dass durch verschiedene Gewebefeinheiten der Materialauftrag variiert werden kann, so dass auch hohe Schichtdicken erreicht werden können. Im Vergleich zu anderen Druckverfahren ist die Druckgeschwindigkeit jedoch relativ gering.

Der grundlegende Ansatz des Tintenstrahl-Digitaldruckes, nämlich die Positionierung von Tröpfchen mit mikroskopischem Volumen, welche direkt mit der Pixelinformation verbunden ist, ermöglicht die wirtschaftliche Verwendung selbst teurer Materialien. Die additive Natur des Druckverfahrens, die Flexibilität in den verwendeten Materialien und die Eignung sowohl für kleinste Stückzahlen als auch für größere Serien sind Schlüsselfaktoren, die den wachsenden Einsatz in der Elektronik und Mikrotechnik ermöglichen. Der Tintenstrahldrucker produziert Tröpfchen von 10 bis 150 μm Durchmesser, was ungefähr der Weite der Druckkopf-Öffnung entspricht, d. h. mit einem Tintenvolumen in der Picoliter-Größenordnung. Aus vielen dieser einzelnen Tröpfchen können auf verschiedenen Substraten strukturierte, dünne Filme – Schlüsselelemente der mikrotechnischen Fertigung – aufgebaut werden.

Um den hohen Anforderungen für eine örtliche Auflösung zu genügen, werden für die Mikrotechnik Spezialtechniken angewandt, die vom Standardtintenstrahldrucker abweichen. Diese Technologien kann man in zwei Kategorien einteilen, einerseits die der kontinuierlichen Tröpfchenbildung (CIJ, **c**ontinuous **i**nk-**j**etting) und andererseits die der Tröpfchenbildung auf Abruf (DOD, **d**rop **o**n **d**emand). CIJ ist infolge der dauernden Generation von Tröpfchen ohne Rücksicht darauf, ob in der aktuellen Position des Kopfes gedruckt werden soll oder nicht, ein verschwenderischer Prozess. Trotz sehr hoher Tröpfchen-Generationsfrequenzen (20–60 KHz) wird der CIJ-Druck in der Mikrotechnik und Elektronik wegen des notwendigen Tintenrecyclings kaum verwendet, da dieses auf eine Verunreinigung der Tinte hinauslaufen könnte. Jedoch ist CIJ von Vorteil, wenn es darauf ankommt, an Substraten mit einer nichtplanaren Geometrie zu arbeiten.

Auch wenn DOD mit thermischen, piezoelektrischen und elektrostatischen Druckköpfen realisiert werden kann, haben sich die Piezodruckköpfe weitgehend durchgesetzt. Bei Thermaltintenstrahldruckern kann es zur Degradation der funktionellen Materialen in der Tinte kommen. Auch ist die Auswahl an Tintenlösungsmitteln, die im Piezotintenstrahldrucker verwendet werden können, viel größer als bei thermischen und elektrostatischen Tintenstrahldruckern. Ein Piezo-Inkjet-System besteht aus einem piezoelektrischen Wandler (PZT, basierend auf dem inversen piezoelektrischen Effekt), der durch einen Spannungsimpuls betätigt wird. In kommerziellen Drucksystemen liegen die Generationsfrequenzen üblicherweise im Bereich von 1 kHz bis 20 kHz. Als Ergebnis der Betätigung des piezoelektrischen Wandlers werden akustische Druckwellen erzeugt, welche sich innerhalb des Tintenkanals ausbreiten und Tröpfchen an der Tintenstrahldüse erzeugen. Das Profil und die Amplitude der angelegten Wellenform, die Düsen-Abmessungen und die Rheologie der Tinte bestimmen Größe und Geschwindigkeit der Tröpfchen.

Die verschiedenen Inkjet-Druckverfahren haben ähnliche Anforderungen hinsichtlich verwendeter Materialien, Vorverarbeitung der Substrate und Nachverarbeitung der gedruckten Strukturen. Es ist prinzipiell möglich, fast jede Art von Substrat, z. B. starre, flexible, verstärkte und unverstärkte zu verwenden. Jedoch spielt die Wechselwirkung der gedruckten Tinte mit dem Substrat eine entscheidende Rolle bei der Bestimmung der Genauigkeit und Robustheit der gedruckten Struktur. Tinteneigenschaften und Substrat-Eigenschaften müssen deshalb gut aufeinander abgestimmt werden. Als Konsequenz daraus wird die Substratoberfläche gewöhnlich vor dem Drucken, um die Benetzung und die Haftung zu verbessern, modifiziert, z. B. mit einer Plasma- oder Coronabehandlung. Für Strukturen höchster Auflösung können Muster mit hydrophilen und hydrophoben Bereichen auf der Substratoberfläche erzeugt werden. Die Tinten für die Mikrotechnik oder Elektronik beinhalten entweder dispergierte (pigmentartige) oder farbstoffartige Stoffe, welche in einem oder mehreren Lösungsmitteln gelöst sind. Das Lösungsmittel dient als Vehikel, mit dem die funktionellen Materialien durch den Druckkopf geführt und über die Düse ausgestoßen werden können. Oft erfüllt ein funktionelles Material eine elektronische oder elektrische Funktion, z. B. Leitfähigkeit, Halbleitung, Widerstand und Dielektrizität. Viele Arten von Tinten, die diese Funktionen erfüllen, sind kommerziell erhältlich. Die wesentlichen Merkmale einer Piezo-Inkjet-Tinte sind eine dynamische Viskosität von weniger als $20\,\mathrm{mPa \cdot s}$, ein Oberflächenspannungswert unter $80\,\mathrm{mN \cdot m^{-1}}$, Stabilität der Tinte in Lösung oder Suspension im Druckkopf und eine Teilchengröße fester Bestandteile weit unterhalb der Düsenöffnung. Die Partikelbeladung ist auch ein wichtiger Faktor bei der Bestimmung der Stabilität des Druckprozesses.

Im Gegensatz zum grafischen Drucken erfordern funktionelle Tinten zusätzlich eine geeignete Transformation der abgeschiedenen Tintenschicht, um die Lösungsmittel und andere Additive, wie Tenside, Dispergiermittel, Feuchthaltemittel, Adhäsionsverstärker etc. aus der Tinte zu entfernen. Andererseits muss im Fall von mit Metallnanopartikeln beladenen Tinten die gedruckte Struktur gesintert werden, so dass die Nanopartikel miteinander verbunden werden und so eine kontinuierliche perkolierende und damit leitfähige Struktur entsteht. Bei metall-organischen Tinten müssen die molekularen Komplexe während des Sinterns aufgebrochen werden, um die Bildung von Metall-Clustern zu ermöglichen. Das Sintern wird üblicherweise unter Anwendung von Wärme bewerkstelligt. Das thermische Sintern ist nicht für alle Arten von Substraten geeignet, denn die Sintertemperatur liegt gewöhnlich über 150 °C, einer Temperatur, der viele Polymersubstrate nicht standhalten. Um dennoch auf flexiblen Kunststoff-Substraten drucken zu können, wurden Sinterverfahren wie Flash-UV-Strahlung, Plasmabehandlung, Laser-Sintern oder Mikrowellen-Sintern entwickelt. Aufgrund der Anwesenheit von Resten, sind die gedruckten Strukturen auch nach dem Sintern fast nie völlig kompakt. Im Fall von organischen Polymer-Tinten wird die gedruckte Struktur anstatt gesintert ausgehärtet, was zur Verfestigung von Polymeren aufgrund der Vernetzung führt.

Apparative Umsetzung. Siebdruckrahmen werden üblicherweise aus Stahl angefertigt wegen der hohen Anforderungen an die Verzugsfreiheit des Druckbilds. Sie werden straff mit dem Gewebe bespannt. In einer technischen Siebdruckmaschine wird der Rakel automatisch über das Sieb geführt. Kraft und Geschwindigkeit sind einstellbar. Die Justage des Substrats erfolgt bei allen technischen Druckverfahren anhand von Justagemarken ähnlich wie in der Lithografie.

Beim thermischen Tintenstrahldruckkopf ist der Aktuator ein Heizelement, welches eine Dampfblase in der mit Tinte gefüllten Kammer erzeugt. Dadurch wird ein Tropfen Tinte durch die Düsenöffnung gedrückt und landet auf dem Substrat. Im Falle des Piezodruckkopfes drückt ein Piezoelement auf die Tintenkammer und bewirkt den Ausstoß der Tröpfchen. Üblicherweise arbeiten mehrere Aktuatoren mit Tintenkammern parallel, um einen höheren Durchsatz zu erzielen. Das Substrat befindet sich meist auf einem präzisen x-y-Positioniertisch, so dass die Tröpfchen auf genau vorherbestimmten digital ansteuerbaren Positionen landen und so die vorgegebene Struktur erzeugen.

Anwendungen. Die Herstellung gedruckter Schaltungen (Leiterplatten) im Siebdruckverfahren hat eine lange Tradition. Die immer kleiner gebauten Geräte verlangen vom Siebdruckverfahren, die Grenze des drucktechnisch Möglichen zu erreichen. Oberflächenmontierte Bauteile (SMD, **s**urface **m**ounted **d**evices) ermöglichen eine weitere Reduzierung der Gerätebauweise. Die elektronischen Bauelemente werden dabei nicht mehr in vorgebohrte Löcher in die Leiterplatine gesteckt und verlötet, sondern auf im Siebdruck aufgedruckte Lötpunkte gesetzt und verschmolzen. Ein weiteres Einsatzgebiet des Siebdrucks in der Elektronikindustrie ist die Herstellung von Platinen in Dickschichttechnik. Hier werden elektrische Widerstände oder Leiter direkt mit stromleitenden Druckpasten in hoher Schichtdicke aufgedruckt, teilweise unter Verwendung von Edelmetallen. Trotz der zunehmenden Verbreitung berührungssensitiver Monitore werden oft Tastaturfolien als Bedienungsoberfläche für elektrische Geräte eingesetzt. Sie bestehen aus einer Folie, die im Siebdruckverfahren einerseits

Tab. 42.1 Übersicht über wichtige Kenngrößen von Mikrostrukturierungsverfahren

	Verfahren	Additiv/ Subtraktiv	Design-freiheit	Auflösung	Aspekt-verhältnis	Prozess-schritte	Einschränkungen	Produkti-vität	Kosten
Masken-gebundene Verfahren	Si-Bulk-Mikromechanik:								
	Anisotrope nasschemische Ätz-technik	S	2,5 D	<1 µm	ca. 1	>6	Kristallgeometrie	Hoch	Hoch
	DRIE	S	2,5 D	<1 µm	ca. 50	>6	Gewellte Seitenwände	Mittel	Hoch
	Nasschemisches Ätzen mit Ätzraten-modulation	S	2,5 D	<1 µm	<100	>6	Kristallgeometrie, Dotierung	Mittel	Hoch
	Si-Oberflächen-Mikromechanik	A	2 D	<1 µm	ca. 30	>6	Dicke der Poly-Si-Schicht	Hoch	Hoch
	HARMST:								
	LIGA	A/S	2,5 D	<1 µm	ca. 100	>6	Röntgenstrahlungsquelle, Gal-vanikbäder	Hoch	Hoch
	UV-Tiefenlithografie	A/S	2,5 D	<1 µm	ca. 50	>6	Galvanikbäder	Hoch	Hoch
	Soft-Lithografie	A/S	2 D	ca. 30 nm	<3	2 (+)	Monoschichten	Mittel	Niedrig
Direkte Strukturie-rungsmethoden	Laserstrahlverfahren	A/S	3 D	<1 µm	ca. 30	1 (+)	Einfluß der optischen Material-eigenschaften	Mittel	Mittel
	Ionenstrahlverfahren	A/S	2,5 D	ca. 10 nm	ca. 50	1	Geringe Ätzrate	Niedrig	Hoch
	Funkenerosion	S	3 D	ca. 10 µm	ca. 100	1	Elektrisch leitende Materialien	Niedrig	Mittel
	Druckverfahren	A	2D–3 D	20 µm	ca. 1 (2D Druck)	1(+)	Einfluss von Rheologie und Oberflächenspannung der Tinten/Pasten	Hoch	Niedrig

mit dem grafischen Abbild der Tastatur, andererseits mit Leiterbahnen und elektrischen Kontaktpunkten bedruckt wurde, so dass bei einem Fingerdruck die jeweiligen elektrischen Kontakte geschlossen und die gewünschte Funktion ausgelöst wird. Bei der Produktion von Solarzellen aus kristallinem Silizium ist die Erzeugung von einem Netz aus sehr feinen Leiterbahnen auf Vorder- und Rückseite einer der wichtigsten Schritte. Damit können die durch Licht erzeugten Ladungsträger aus der Zelle transportiert werden. Dieser Metallisierungsschritt wird üblicherweise mit Siebdruck vollzogen [29]. Auch für die Herstellung von Biosensoren wird der Siebdruck verwendet [30].

Aus den zahlreichen Anwendungsbeispielen, die die Eignung des Tintenstrahl-Drucks für gedruckte Elektronikschaltungen [31] demonstrieren, sollen nur ein paar ausgewählte hier erwähnt werden. Eine solche Anwendung sind mit dem Tintenstrahlverfahren gedruckte planare Dipol-Antennen für den Ultra-Hochfrequenz (UHF)-Bereich auf flexiblen oder starren Substraten für Radio Frequency Identification (RFID)-Anwendungen. Auch wird der Tintenstrahldruck erfolgreich eingesetzt, um passive elektrische Komponenten herzustellen. Weiterhin hat er sich als effektive Methode zur Herstellung von organischen oder polymeren lichtemittierenden Dioden (OLED/PLED) [32] und polymeren Dünnfilm-Transistoren (TFTs) erwiesen. Ein weiteres aktives Gebiet der Forschung sind mittels Tintenstrahltechnologie gedruckte organische Solarzellen.

Tab. 42.1 gibt eine Übersicht über wichtige Kenngrößen der vorgestellten Mikrostrukturierungsverfahren. Angegebene Zahlenwerte charakterisieren die Technologien in üblichen Situationen. In Einzelfällen oder Spezialanwendungen können aber auch abweichende Leistungswerte erzielt werden.

42.4 Beschichten

Beschichten ist das Aufbringen einer *fest haftenden Schicht* aus *formlosem Stoff* auf ein Werkstück (DIN 8580).

Schicht und Substrat (Unterlage) bilden einen *Verbundkörper* aus unterschiedlichen Stoffen. Damit wird eine Funktionstrennung möglich: die *Schicht* übernimmt Kontaktfunktionen wie Schutz gegen chemischen oder korrosiven Angriff und gegen Tribobeanspruchung, beeinflusst das Reibverhalten oder dient optischen oder dekorativen Zwecken. Das *Substrat* übernimmt häufig Tragfunktionen, wobei seine Eigenschaften der spezifischen Beanspruchung ohne Rücksicht auf das Kontaktverhalten angepasst werden können. In diesem Freiheitsgrad, der durch Eigenschaftskombination von Schicht und Substrat gewonnen wird, liegt der Grund für das steigende Interesse an der Beschichtungstechnik.

Durch *Mehrfachschichten* werden weitere Eigenschaftsvorteile erreicht, z. B. Herabsetzen des Reibwerts mit der obersten Kontaktschicht, gefolgt von Diffusion sperrenden Schichten und Schichten zur Erhöhung der Haftfestigkeit mit dem Substrat.

Grundsätzlich sind drei Bereiche zu unterscheiden: der Schichtbereich, der Haftbereich zur Verbindung von Schicht und Unterlage und das Substrat als formgebender, tragender Körper. Beschichtet werden Metalle, Keramiken, Einkristalle, Gläser und Kunststoffe. Schicht- und Haftbereich sind je nach stofflicher Zusammensetzung und nach dem angewandten Beschichtungsprozess in fast beliebiger Vielfalt ausführbar (Tab. 42.2).

Nach dem Aggregatzustand des aufzubringenden formlosen Stoffs wird unterschieden: Beschichten aus dem *gas-* oder *dampfförmigen* Zustand, dem *flüssigen, pulverförmigen* (oder festen) sowie aus dem *ionisierten* Zustand mit Schichtdicken zwischen weniger als 1 µm und mehr als 100 µm. Beschichten aus dem gas- oder dampfförmigen Zustand kann durch *physikalische* Vorgänge (PVD, physical vapour deposition) oder *chemische* Vorgänge (CVD, chemical vapour deposition) erfolgen.

Bei *PVD-Verfahren* sind drei Phasen zu unterscheiden [33]: 1. Verdampfen des Schichtstoffs, 2. Transportieren von der Quelle zum Substrat, 3. Kondensieren auf dem Substrat. Der gasförmige Zustand wird durch Erhitzen – *Verdampfen* – (Austrittsenergie der Teilchen gering, $< 0{,}5\,\mathrm{eV}$;

42

Tab. 42.2 Beispiele für Beschichtungen

Verfahren	Schicht			Anwendung
	Stoff	Dicke [µm]	Härte [HV]	
PVD, Ionenplattieren	TiN	3...8	2300	Bohrer, Fräser, Schneidwerkzeuge, Umformwerkzeuge
CVD	TiC	7	3500	Wendeplatte
CVD	TiC	4	3500	Wälzlager/Nukleartechnik
Plasmaspritzen	Hartmetall	50...300	1600	Nuklearkomponenten
stromlose Abscheidung	Ni-Dispersion	10...100	550	Zylinderbuchsen
galvanisieren	Cr	10...50	900	Kolbenstangen

Vakuum für den Transport hoch, 10^{-4} Pa) oder durch Teilchenbeschuss – *Zerstäuben* (Sputtern) – (Austrittsenergie groß, < 40 eV, Vakuum für den Transport geringer, 1 bis 10^{-3} Pa) erreicht (Abb. 42.50). Beim Aufdampfen erfolgt die Kondensation ohne große Temperaturänderung des Substrats, beim Aufstäuben kommt es wegen der hohen kinetischen Energie der Teilchen zu einer starken Temperaturänderung. Das *Ionenplattieren* verknüpft Vorteile des Aufdampfens und Sputterns (Abb. 42.50c). Das Substrat führt ein negatives Potential, das Plasma entsteht durch Glimmentladung bei einem Vakuum von 1 bis 10^{-1} Pa und einer Teilchenenergie zwischen 10 bis 100 eV. Die hohe Auftreffenergie entfernt gleichzeitig Fremdschichten. Für alle PVD-Verfahren gilt: Prozesstemperaturen < 500 °C, Entwicklung zu niedrigeren Prozesstemperaturen, um Beeinflussung des Trägerstoffs zu vermeiden.

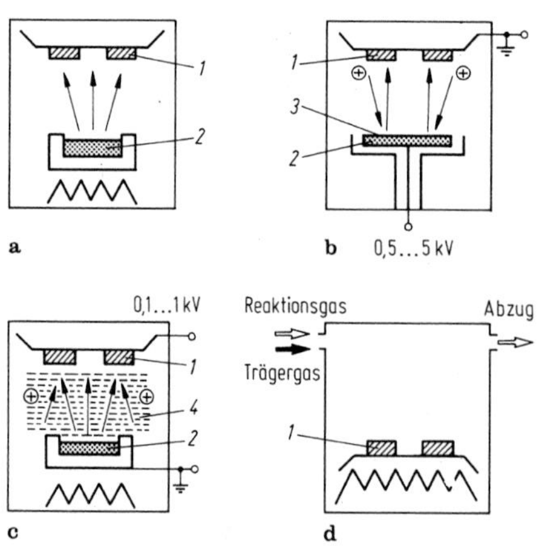

Abb. 42.50 Beschichten aus der Dampfphase. **a** Aufdampfen (PVD); **b** Zerstäuben (PVD); **c** Ionenplattieren (PVD); **d** chemisches Abscheiden (CVD). *1* Substrat, *2* Schichtstoff, *3* Kathode, *4* Plasma

CVD-Verfahren (Abb. 42.50d) beruhen auf chemischen Reaktionen von Gasen. Die Prozesstemperaturen liegen oberhalb 700 bis 1500 °C. Die Entwicklung bewegt sich auch hier zu niedrigeren Temperaturen. Die Reaktion verläuft zwischen Metallverbindungsgas (wie z. B. $TiCl_4$) und reaktivem Gas (wie CH_4), wobei das Substrat (z. B. Hartmetall) als Katalysator wirken kann. Ein drittes inertes oder reduzierendes Gas sorgt für den Transport der Reaktionsgase. (Im Beispiel wird TiC abgeschieden [34].) Die Energiezufuhr erfolgt beim CVD-Beschichten durch Erhitzen des Substrats (Erwärmung durch Strahlung) und neuerdings auch durch Plasmaentladung oder über Laser. Durch einen gesteuerten Laserstrahl sind Schichtmuster erzeugbar und dadurch örtliche Eigenschaftsveränderungen möglich.

Zum Beschichten aus dem flüssigen Zustand gehören das Aufbringen von organischen Überzügen durch Anstreichen oder Spritzlackieren, das Tauchemaillieren, das Auftragschweißen und das Laserbeschichten. Das Explosionsplattieren, Walzplattieren und Pulveraufspritzen gehören zum Beschichten aus dem festen oder pulverförmigen Zustand. Die *Pulverbeschichtung* dient als Korrosionsschutz oder zur optischen Oberflächenbehandlung. Im elektrostatischen Feld werden Duroplaste (auf der Basis von Epoxid-Polyester- und Acrylharz) auf Werkstücke aufgetragen, Pulver bei Temperaturen von 150 bis 220 °C eingebrannt. Beim *Wirbelstromsintern* werden erwärmte Werkstücke in aufgewirbeltes Pulver (auf Basis von Polyamid, Polyvinylchlorid, Polyethylen) eingetaucht. Das Pulver verschmilzt zu einer Schutzschicht, die Dicke ist durch die Tauchzeit bestimmt.

Beim *Galvanisieren* wird aus dem ionisierten Zustand beschichtet, Schichtstoffe sind Cr, Ni, Sn, Zn, Cd u. a. Reine Metalle oder auch Legierungen werden aus wässriger Lösung (Ausnahme z. B. Aluminium aus nichtwässriger Lösung) elektrolytisch abgeschieden. An der Kathode werden Metallionen entladen und abgeschieden, an der Anode gehen sie (bei löslicher Anode) in Lösung. Die Abscheidung erfolgt nach dem Faraday'schen Gesetz: $m = k\ I\ t$ mit der abgeschiedenen Masse m, dem Strom I und der Zeit t, k ist eine Stoffkonstante. Die Abscheidungsgeschwindigkeit liegt bei 0,2 bis 1 µm/min.

42.5 Additive Fertigungsverfahren

42.5.1 Einleitung

Additive Fertigungstechnologien werden über die verschiedenen Phasen des Produktentstehungsprozesses (PEP), von der Produktidee bis hin zur Markteinführung genutzt, um die Entwicklung und Fertigung von Produktionsmitteln und Produkten zu unterstützen. Produzierende Unternehmen unterliegen einem starken Wettbewerbsdruck, der kurze Innovationszyklen für Produkte erfordert. Die entwickelten Produkte müssen frühzeitig im PEP abgesichert werden. Produzenten zielen auf eine schnelle Einführung des Produktes im Markt, um die Entwicklungskosten zeitnah zu decken. Somit bietet der Einsatz additiver Fertigungstechnologien ein hohes Potential zur Unterstützung des PEPs. Additive Fertigungsverfahren sind meist schichtweise fertigende Verfahren, die es ermöglichen, neue Produkte mit innovativen Eigenschaften zu generieren. Der Einsatz in der Produktentwicklung unterstützt die Entstehung zukünftiger Produkte und gewährleistet eine frühe Produktabsicherung ohne zeit- und kostenintensive Zusatzprozesse.

Die Ausgangswerkstoffe sind Polymere, Metalle oder Keramiken, welche als Pulver, Flüssigkeit, Flächenhalbzeuge, Pasten oder Drähte vorliegen. Basis der additiven Fertigung sind Körpermodelle, die aus 3D-CAD-Daten erzeugt werden. Die Ausgangswerkstoffe werden schichtweise oder voxelbasiert aufgetragen. Durch gesteuertes Einbringen von thermischer Energie oder Bindern wird lokaler Stoffzusammenhang geschaffen. Das Bauteil besteht aus einer Summe von einzelnen Fügeprozessen. Die erstellten additiven Bauteile finden hauptsächlich für den Prototypenbau, den Werkzeugbau sowie in der Fertigung von Kleinserien mit bis zu 2000 Stück Verwendung.

Am Markt haben sich verschiedene additive Verfahren etabliert, welche ein weites Feld an Möglichkeiten aufzeigen und für diverse Anwendungen zweckmäßig sind.

42.5.1.1 Anwendungen

Entsprechend der Zielsetzungen in den verschiedenen Branchen werden additiv hergestellte Bauteile für die Validierung und Absicherung von verschiedenen Funktionen und Prozessen in den aufeinanderfolgenden Entwicklungsphasen der Produktentstehung genutzt und somit die Anzahl der Iterationen in den Entwicklungsphasen reduziert. Dabei werden verschiedenartige Materialien und Verfahren entsprechend der Branche und der Bauteilverwendung eingesetzt. Eine Unterscheidung der Prototypen kann nach verschiedenen Typen anhand der Bauteilverwendung vorgenommen werden (Abb. 42.51).

Konzeptprototyp (Designmodell). Dieser Prototyp wird zur Überprüfung von gestalterischen Aspekten im Anwendungsumfeld genutzt. Anforderungen an Funktion, Material und Geometrie sind nicht gegeben. Es handelt sich um einen physischen Prototypen für Designstudien.

Geometrieprototyp. Bedeutend für diesen Typ sind Maß, Lage und Form. Die Materialeigenschaften spielen nur eine sekundäre Rolle. Durch den hohen Detailierungsgrad wird der geometrische Prototyp genutzt, um Entscheidungsprozesse in Konstruktions- und Fertigungsprozessen zu unterstützen.

Funktionsprototyp. Der Funktionsprototyp dient zur Absicherung der Annahmen von Simulationsrechnungen im Validierungsprozess. Modelle diesen Typs erfüllen die Funktionen des Serienbauteils, wobei Form und Gestalt vom späteren Bauteil abweichen können.

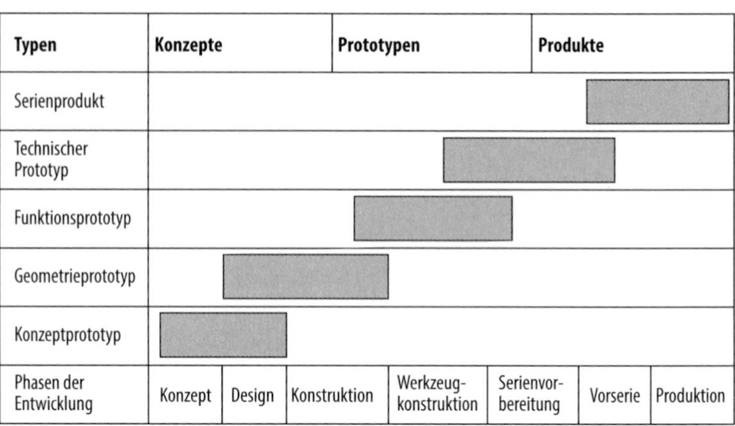

Typen
Konzepte
Prototypen
Produkte
Serienprodukt
Technischer Prototyp
Funktionsprototyp
Geometrieprototyp
Konzeptprototyp
Phasen der Entwicklung
Konzept
Design
Konstruktion
Werkzeug-konstruktion
Serienvor-bereitung
Vorserie
Produktion

Abb. 42.51 Einsatz in der Produktentwicklung. (Nach [50])

Technischer Prototyp. Diese werden vor dem Start der Serienfertigung hergestellt. Die Eigenschaften dieses Typs erfüllen die Anforderungen der späteren Bauteile vollkommen. Sie werden für Versuchsreihen gefertigt und können u. U. die Vorserie bilden. Sie müssen nicht im Serienprozess gefertigt sein.

Serienprodukt. Bezeichnet ein voll einsatzfähiges und marktreifes Produkt im Originalwerkstoff, welches alle funktionalen und werkstofflichen Anforderungen erfüllt. Die Bauteile werden in Kleinserie oder als individuelles Einzelprodukt gefertigt.

42.5.1.2 Überblick zu den additiven Fertigungsverfahren

Die additiven Fertigungsverfahren werden technologisch unterteilt in die Herstellung von Prototypen und Modellen sowie die Fertigung von Produkten. Die Abb. 42.52 zeigt die verschiedenen Anwendungen additiver Verfahren, das Rapid Prototyping (RP), das Rapid Tooling (RT) und das Additive Manufacturing (AM).

Mittels *Rapid Prototyping (RP)* hergestellte Bauteile weisen eine eingeschränkte Funktionalität auf. Ziel ist dabei schnellstmöglich Konzeptprototypen der Modelle herzustellen, um beispielsweise designtechnisch wichtige Merkmale des Bauteils als Modell darzustellen. Somit lässt sich frühzeitig eine Beurteilung der Produkteigenschaften festlegen, die in der weiteren Produktentwicklung dann berücksichtigt werden kann [50].

Beim *Rapid Tooling (RT)* wird die Herstellung von Werkzeugen und Formen (z. B. Werkzeugeinsätze, Lehren, usw.) betrachtet. Anwendungsgebiete sind unter anderem der Spritzguss- und Tiefziehformenbau.

Durch die Fertigung von Fertigteilen und Endprodukten grenzt sich das sogenannte *Additive Manufacturing (AM)* von dem Rapid Prototyping ab. Das hergestellte Bauteil wird additiv im Serienwerkstoff gefertigt und kann als Produkt mit vollem Funktionsumfang eingesetzt werden.

42.5.1.3 Additive Prozesskette

Der Einsatz additiver Fertigungsverfahren ermöglicht die schnelle, flexible und direkte Herstellung von Prototypen und Produkten aus 3D-CAD-Daten. Kostenintensive Prozessschritte zur Herstellung von zusätzlichen Werkzeugen sind nicht notwendig und die konventionelle Prozesskette zur Produktherstellung verkürzt sich somit

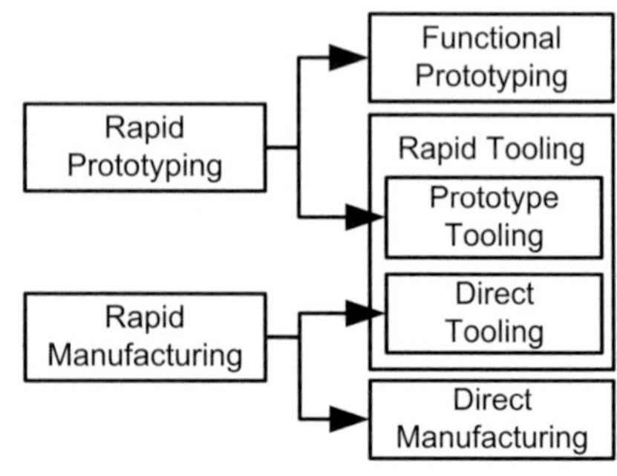

Abb. 42.52 Technologie der additiven Fertigung und ihre Gliederung. (In Anlehnung an [50])

deutlich. Die additive Prozesskette gliedert sich in drei wesentliche Prozessphasen, die vorgelagerten Prozesse, dem Fertigungsprozess und den nachgelagerten Prozessen [85]:

Vorgelagerte Prozesse. Am Anfang steht eine Datenaufbereitung des dem Bauteil zugrundeliegenden CAD-Modells und zumeist der Export in ein vereinfachtes Oberflächenmodell (z. B. *.stl-Format). Es folgt die CAM-Daten-Generierung, in dem zuerst das Modell virtuell auf einer Bauplattform positioniert und in Abhängigkeit vom additiven Fertigungsverfahren und der Geometrie gegebenenfalls mit zusätzlichen Stütz- und Supportkonstruktionen versehen wird. (Beim Selektiven Laserstrahlschmelzen erfolgt die Platzierung der Stützstrukturen im Besonderen an überhängenden Flächen, die einen Lagewinkel unter 45° zur x-y Ebene aufweisen. Dadurch wird das Einfallen oder Absenken sowie der Verzug des Bauteils verhindert) [52–52]. Danach wird das Modell in übereinanderliegende Schichten zerlegt. Dieser Vorgang wird auch als Slicen bezeichnet. Bezüglich des charakteristischen Treppenstufeneffektes bei der additiven Fertigung müssen die Schichthöhen unter Beachtung physikalischer Einschränkungen wie minimal zulässige Schichtdicken des zu verarbeitenden Materials und ökonomische Einschränkungen wie Bauzeit und Baukosten sinnvoll gewählt werden. Im Anschluss erfolgt für jede definierte Schicht eine Zuweisung von werkstoffspezifischen und verfahrensabhängigen Fertigungsparametern (z. B. die Verfahrwege des Lasers oder der Düse). Der fertige CAM-Datensatz wird dann auf die Fertigungsanlage übertragen.

Fertigungsprozess. Nach den vorgelagerten Prozessen schließt sich der *Fertigungsprozess* an, der innerhalb des Bauraums der additiven Fertigungsanlage stattfindet. Die schichtweise Formgebung, also die Konturierung, eines Bauteils erfolgt meist flächig in der Bauebene. Die dritte Dimension entsteht durch das Aneinanderfügen der einzelnen Schichten in Richtung der z-Achse [50, 52, 53].

Nachgelagerte Prozesse. Die Nachbereitung ist der letzte Schritt innerhalb der additiven Prozesskette und kann in die anlagenspezifische und bauteilspezifische Nachbereitung unterteilt werden. Die *anlagenspezifische Nachbereitung* umfasst sämtliche Schritte, die seitens der additiven Fertigungsanlage im Anschluss an den *Bauprozess* durchgeführt werden müssen. Zur *bauteilspezifischen Nachbereitung* zählen in Abhängigkeit vom additiven Fertigungsverfahren und den Anforderungen an das Bauteil verschiedene Verfahren zur Reinigung (z. B. von Werkstoffrückständen) oder Einstellung der Materialeigenschaften durch Infiltration oder Wärmebehandlung. Da die meisten additiven Fertigungsverfahren in der Auflösung der Geometrie stark eingeschränkt sind, müssen zudem funktionale Oberflächen meist durch klassische Fertigungsverfahren wie Schleifen, Strahlen, chemisches Polieren oder Zerspanen bearbeitet werden.

42.5.1.4 Einteilung der Verfahren nach Materialzustand

Die schichtaufbauenden Verfahren lassen sich in Untergruppen aufteilen, welche sich durch den zu verarbeitenden Werkstoff und dem technologischen Fertigungsprozess unterscheiden lassen. Eine Einteilung der Verfahren nach Ihrem Aggregatzustand und der Form des Ausgangszustandes ist sinnvoll. Abb. 42.53 zeigt zusätzlich das technologische Prinzip und ordnet die relevanten Verfahren den Urformen zu.

42.5.2 Folienbasierte Verfahren

42.5.2.1 Layer Laminated Manufacturing (LLM)/Laminated Object Manufacturing (LOM)

Anwendungen. Mit diesem Verfahren werden meist Anschauungsmodelle, Funktionsmodelle für Werkzeuge und Prototypen bzw. Kleinserienwerkzeuge u. a. für die Automobilindustrie hergestellt.

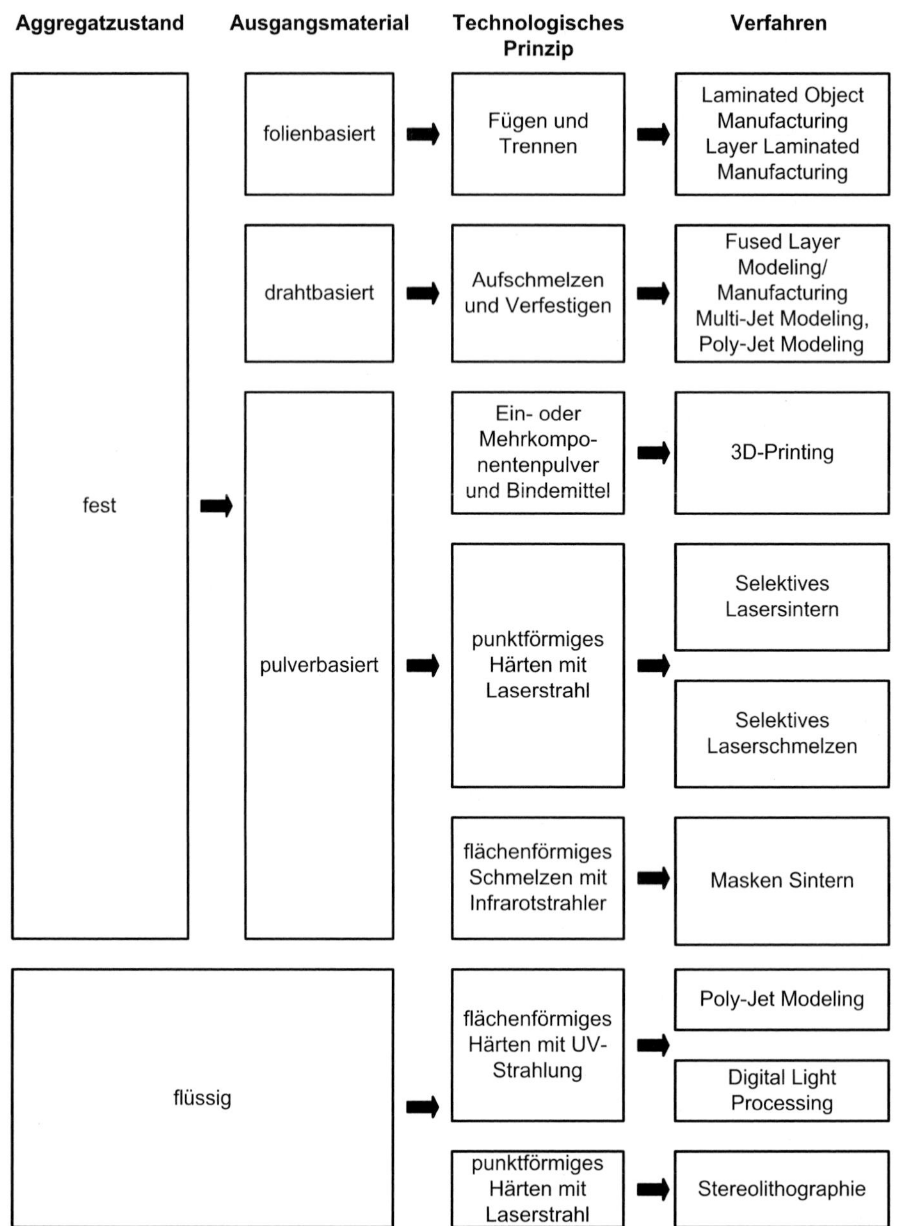

Abb. 42.53 Einteilung der additiven Verfahren nach ihren Ausgangswerkstoffen und den technologischen Prinzipien. (In Anlehnung an [35])

Werkstoffe. Genutzt werden Papier-, Kunststoff- oder Metallfolien. Ausgangswerkstoffe liegen im festen, folienartigen Zustand vor und werden durch Kleben verbunden.

Funktionsprinzip. Der Werkstoff wird als Folie verarbeitet und in Rollenform bereitgestellt (Abb. 42.54). Aus der abgerollten Folie werden einzelne Schichten mittels Laser bzw. Messer ausgeschnitten. Im Anschluss werden die Schichten mit einer beheizten Laminierrolle miteinander verklebt. Nach dem Laminieren werden Folienbereiche, die nicht zum Bauteil gehören, mit dem Laser bzw. Messer gitterförmig aufgetrennt und durch einen ebenfalls ausgeschnittenen Rahmen zusammengehalten. Nach der Fertigstellung ei-

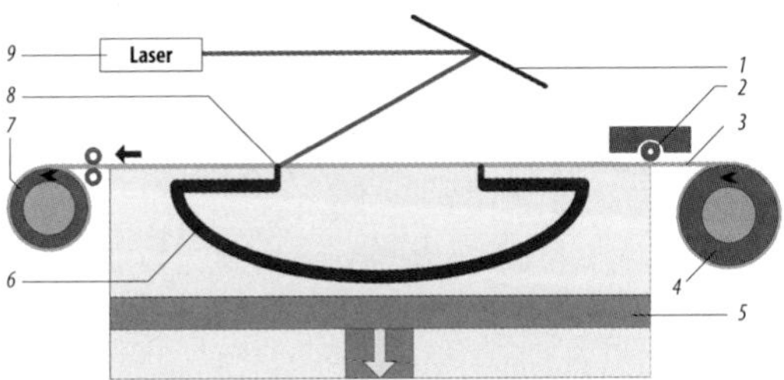

Abb. 42.54 Laminated Object Manufacturing (LOM) nach VDI 3405 [85]. *1* X-Y-Scanner, *2* Laminierwalze, *3* Folienband, *4* Rohmaterial, *5* Bauplattform mit Hubtisch, *6* Generiertes Bauteil, *7* Restaufnahmerolle, *8* Schneidepunkt, *9* Laser

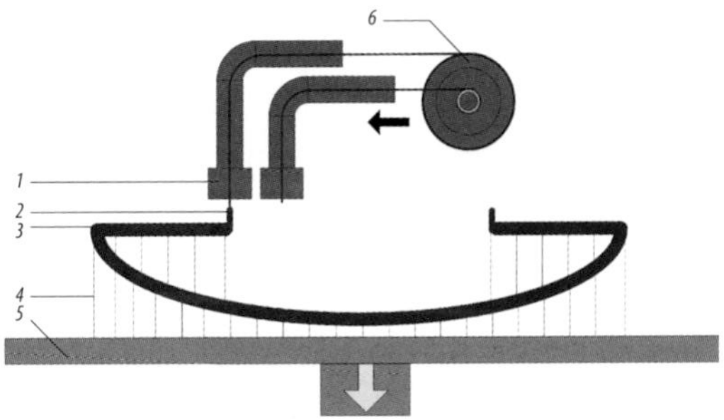

Abb. 42.55 Fused Deposition Modeling (FDM) nach VDI 3405 [85]. *1* Beheizte Düsen, *2* Linienweiser Auftrag, *3* Generiertes Bauteil, *4* Stützkonstruktion, *5* Bauplattform mit Hubtisch, *6* Materialvorrat in Drahtform

ner Schicht wird die Folie weitergeführt bis der Baubereich wieder vollständig mit Folienwerkstoff abgedeckt ist. Für die folgenden Schichten wiederholt sich dieser Prozess. Nach Fertigstellung des Bauprozesses befindet sich das Bauteil innerhalb eines segmentierten Materialblockes. Rahmen und Stützelemente werden manuell entfernt. Werkstücke aus Papier besitzen holzähnliche Eigenschaften. Hohe Luftfeuchtigkeit kann einen starken Bauteilverzug verursachen, folglich werden die Werkstücke generell oberflächenversiegelt.

42.5.3 Drahtbasierte Verfahren

42.5.3.1 Fused Deposition Modeling (FDM)/Fused Layer Manufacturing (FLM)

Anwendungen. Die Modelle aus dem FDM-Verfahren können als Funktionsprototypen zur Montageprüfung genutzt und als Testmodell eingesetzt werden. Größere Modelle werden segmentiert und in mehreren Bauprozessen gefertigt. Im Anschluss werden die einzelnen Segmente zusammengefügt.

Werkstoffe. Für das FDM-Verfahren werden Kunststoffe wie Acrylinit-Butadien-Styrol (ABS), Polycarbonat (PC) und Polylactid (PLA) in Form von Strangmaterial verwendet.

Funktionsprinzip. Der Werkstoff wird durch das Einbringen von Wärme aktiviert und strangförmig im Zustand der Schmelze nach dem Prinzip der Schmelzextrusion aufgetragen. Die FDM-Verfahren arbeiten mit zwei Extrusionsdüsen (Abb. 42.55), eine für das Baumaterial und eine für die Stützkonstruktion. Der Strang wird durch zwei Vorschubrollen in den temperierten Düsenkopf gefördert. Dabei dient das Strangmaterial vor dem Erweichen als „Kolben", um den notwendigen Druck für den Materialaustrag durch die Düse aufzubauen. Der frei abgelegte Materialstrang besitzt einen kreisförmigen Querschnitt. Die Düse streift beim Ablegen der Schmelze über den Werkstoff und erzeugt somit eine definierte Schichtdicke. Die Wärmemenge des abgelegten Stranges ist ausreichend, um die vorherige Schicht anzuschmelzen und einen ausreichenden Verbund der einzelnen Stränge herzustellen.

42.5.4 Pulverbasierte Verfahren

Die additive Fertigung umfasst drei wesentliche Phasen: Die Fertigungsvorbereitung, die Bauteilherstellung und die Nachbereitung der Bauteile und der Anlage. In der ersten Phase wird das Bauteil digital erstellt. Das dreidimensionale CAD-Modell wird in ein stl-Format überführt und im Anschluss beim sogenannten Slicen in einzelne Schichten zerlegt. Hierbei können überhängende Bauteile mit Stützkonstruktionen (Supports) in das Schichtmodell integriert werden. Supports schränken die Ausrichtungs- und Platzierungsmöglichkeiten des Bauteils bzw. mehrerer Bauteile im Bauraum ein und hinterlassen nach ihrer

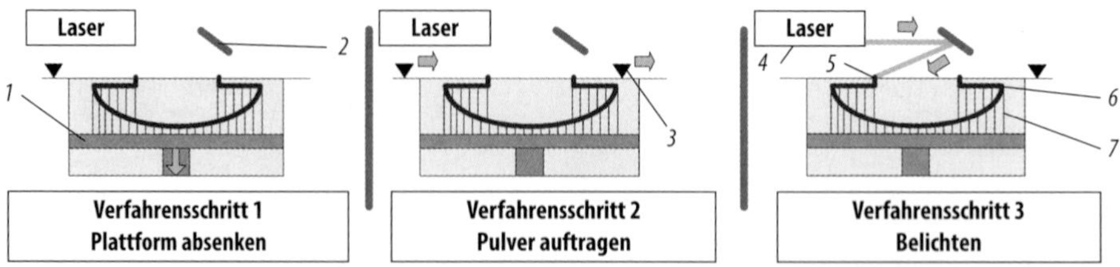

Abb. 42.56 Additive Verfahren. *1* Bauplattform, *2* X-Y Scanner, *3* Beschichter mit Pulvervorrat, *4* Lasereinheit, *5* Verfestigter Werkstoff, *6* Generiertes Bauteil, *7* Stützstrukturen

Entfernung Anhaftungen auf dem Bauteil. Die Ausrichtung und Platzierung sollte sorgfältig gewählt werden.

Pulverbettbasierte Verfahren entsprechen vom Aufbau und Ablauf dem in Abb. 42.56 zusammengefasstem Schema. Die Fertigungsmaschine besitzt eine in z-Richtung bewegbare Bauplattform, einen Beschichter, welcher das zu verarbeitende Material aufbringt und eine Energiequelle (Laser, IR-Licht), um das Material zu erhitzen bzw. seine Verbindung und Verfestigung anzuregen. Der Fertigungsprozess verläuft in drei Verfahrensschritten: (1) Absenken der Bauplattform um eine definierte Schichtdicke, (2) Auftragen einer Materialschicht mittels der Beschichtungseinheit auf der Bauplattform und (3) Erzeugen einer Kontur und Verfestigen der aktuellen Schicht sowie Herstellen einer Verbindung zur vorhergehenden Schicht in den meisten Fällen durch einen Laser. Diese Schrittfolge wiederholt sich kontinuierlich bis zur Fertigstellung des gesamten Modells. Die Prozessdauer ist abhängig von der Bauteilgröße und -positionierung.

Für die Nachbearbeitung der Bauteile kommen manuelle, abtragende und auftragende Verfahren zum Einsatz. Zu den abtragenden Verfahren gehören Ätzen, Reinigen (mechanisch, chemisch und mit Druckluft), Strahlen und zerspanende Verfahren wie das Drehen, Fräsen und Schleifen. Beschichten, Lackieren, Infiltrieren und auch das elektrolytische Abscheiden zählen zu den auftragenden Verfahren [36, 37].

42.5.4.1 3D-Drucken/3D-Printing (3DD oder 3DP)

Anwendungen. Dieses Verfahren dient zur Herstellung von Anschauungsmodellen. Als Rapid Tooling wird das 3D-Printing für die Erstellung von Formen für den Feinguss eingesetzt. Durch den Einsatz eines Farbdruckkopfes ist es möglich, auch Werkstücke durchgefärbt herzustellen. Alle Modelle müssen nach dem Bauprozess mit Epoxidharz infiltriert werden, um eine ausreichende Festigkeit zu erreichen. Die hergestellten Werkstücke sind reine Anschauungsmuster und besitzen aufgrund ihrer geringen mechanischen Belastbarkeit keine funktionalen Eigenschaften.

Werkstoffe. Ausgangswerkstoffe liegen im pulverförmigen Zustand vor und werden durch Kleber (Harze) verbunden. Dazu zählen Zellulose-, Keramik-, Kunststoff-, Gips- und Stärkepulver sowie verschiedene Sande.

Funktionsprinzip. Der Prozess entspricht dem in Abb. 42.56 gezeigten Ablauf. Mit einem Beschichter wird der pulverförmige Werkstoff auf die Bauplattform aufgetragen. Der Binder wird lokal und als einzelner Tropfen mittels Druckköpfen in das Pulver abgelegt. Durch das Einbringen eines Bindemittels in den Pulverwerkstoff wird die Reaktion der Verklebung ausgelöst (Abb. 42.57). Der Aufbau von Binderbrücken zwischen den Pulverpartikeln führt zu einem festen Materialverbund mit erheblicher Porosität und geringer Festigkeit. Das Stützmaterial wird im Nachgang entfernt.

42.5.4.2 Laser-Sintern (LS)

Laser-Sintern (LS) wird auch als Selektives Laser Sintern (SLS) bezeichnet.

Anwendungen. Generierte Bauteile aus dem Selektiven Laser Sintern werden meist für Konzept-, Funktionsprototypen-, Ur- und Feingussmodelle genutzt.

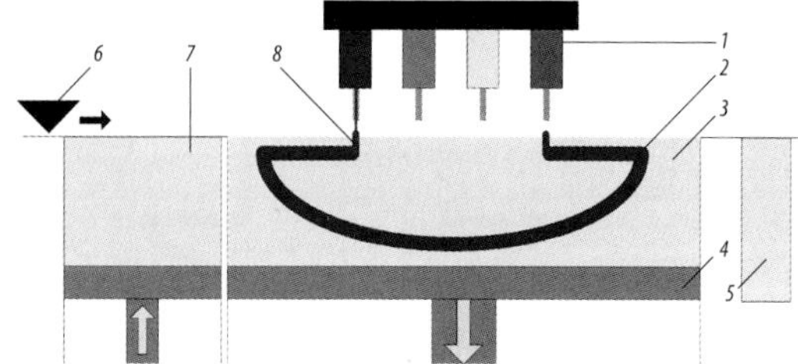

Abb. 42.57 3D-Drucken nach VDI 3405 [85]. *1* Druckköpfe, *2* Generiertes Bauteil, *3* Stützmaterial, *4* Bauplattform mit Hubtisch, *5* Überlaufbehälter, *6* Beschichter, *7* Pulvervorratsbehälter, *8* Punktweiser Binderauftrag

Werkstoffe. Der Ausgangswerkstoff liegt im pulverförmigen Zustand vor. Zu den genutzten Kunststoffen zählen: Nylon, Wachse, Polyamid (PA), Polystyrol (PS), Polyetherketon (PEEK). Es können auch glas- und kohlenfaserverstärkte Kunststoffe verarbeitet werden. Für Anwendungen im Werkzeug- und Formenbau können kunststoffummantelte Stähle, Croningsand und Bronze-Nickel-Legierungen verwendet werden.

Funktionsprinzip. Das Lasersintern schafft Stoffzusammenhalt nach dem Prinzip des Sinterns bzw. des Schmelzens (Abb. 42.58). Der Sinterprozess wird durch das Einbringen von Wärme mittels Laser aktiviert. Während der Belichtung laufen an der Partikeloberfläche Diffusionsvorgänge ab, die zu einer Verbindung der Teilchen führen. Zwischen den Pulverpartikeln werden Sinterhälse ausgebildet. Es entsteht ein fester Werkstoffverbund, welcher eine offene Porosität aufweist.

Der Prozess läuft in drei Schritten ab. Der Pulvervorratsbehälter wird angehoben, um genügend Material bereitzustellen, sodass eine definierte Schichtdicke (z. B. 0,1 mm) realisiert werden kann. Eine gegenläufige Walze transportiert das Pulver und beschichtet den Baubereich. Durch den nachfolgenden Wärmeeintrag mit einem Laser in das Pulverbett wird der Sinterprozess ausgelöst und das Pulver verbindet sich im gescannten Baubereich. Nach dem Scannen erfolgt das Absenken des Baubereichs um eine Schichtdicke, sodass eine erneute Beschichtung erfolgen kann. Nach der Bauteilentnahme erfolgt die Nachbereitung durch Kugel- oder Sandstrahlen [36, 37].

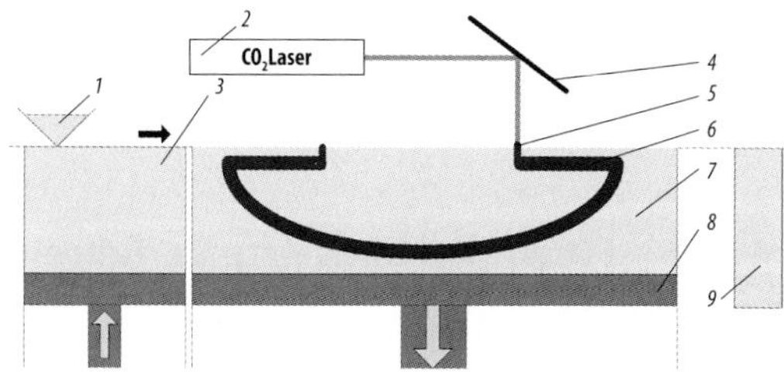

Abb. 42.58 Laser Sintern (LS) nach VDI 3405 [85]. *1* X-Y Scanner, *2* Aufschmelz- und Verfestigungszone, *3* Generiertes Bauteil, *4* Stützmaterial, *5* Bauplattform mit Hubtisch, *6* Beschichter mit Pulvervorrat, *7* Pulvervorratsbehälter, *8* CO_2 Laser, *9* Überlaufbehälter

42.5.4.3 Laser-Strahlschmelzen (LBM)

Anwendungen. Das Laser-Strahlschmelzen, engl. Laser Beam Melting (LBM), bietet die Möglichkeit, metallische Werkstoffe zu verarbeiten. Für das Verfahren werden synonym folgende Begriffe verwendet: Laser Forming, LaserCUSING®, Direktes Metall-Laser-Sintern (DMLS®), welche das LBM-Verfahren als Funktionsprinzip aufweisen [85]. Die ersten drei Verfahren unterscheiden sich lediglich in einzelnen Prozessdetails der Anlagenausstattung und Bedienungssoftware und werden hauptsächlich von den Anlagenherstellern geprägt. Die Anwendungspalette reicht vom RP, RT und AM (Abb. 42.52) für Bauteile aus Turbinenbau, Werkzeugbau sowie Medizintechnik- und Automotivebereichen.

Werkstoffe. Derzeit sind verschiedene Werkstoffe für das Laser-Strahlschmelzen qualifiziert. Dabei handelt es sich um Edelstähle (1.4404, 1.4410), Werkzeugstähle (1.2709, 1.2344), Titan-(TiAl6V4, TiAl6Nb7), Aluminium-(AlSi10Mg, AlSi12Mg), Kobalt-Chrom- und Nickelbasis-Legierungen (Inconel 625, Inconel 718). Die Pulver besitzen Pulverkorngrößen zwischen 10 und 65 µm und eine sphärische Kornform [38, 86].

Funktionsprinzip. Beim LBM-Verfahren erfolgt die Erzeugung eines Bauteils durch Aufschmelzen eines Pulverwerkstoffs mittels Laserstrahlung (Abb. 42.59; [85]). Dabei wird das Pulver schichtweise aufgeschmolzen und erstarrt zu einem festen Bauteil [36]. Für einen vollstän-

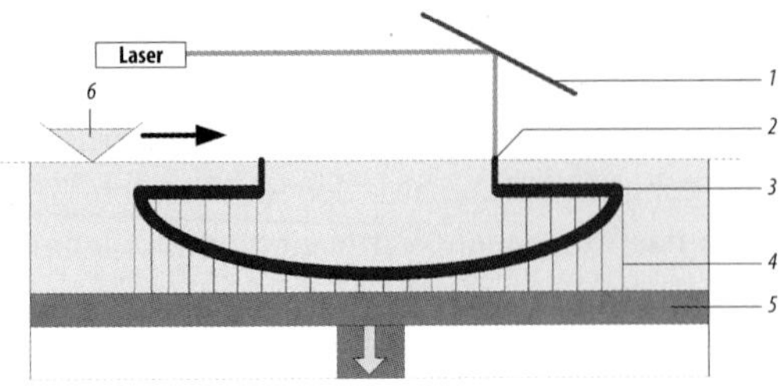

Abb. 42.59 Laser-Strahlschmelzen (LBM) nach VDI 3405 [85]. *1* X-Y-Scanner, *2* Verfestigungszone, *3* Generiertes Bauteil, *4* Stützmaterial, *5* Bauplattform mit Hubtisch, *6* Beschichter mit Pulvervorrat

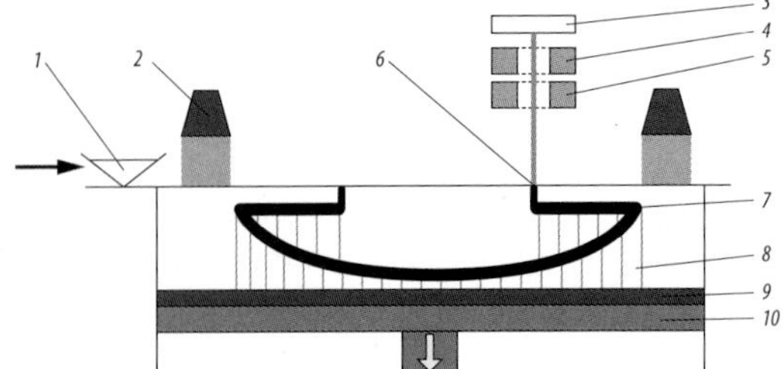

Abb. 42.60 Elektronen Strahlschmelzen (Electron Beam Melting) nach VDI 3405 [85]. *1* X-Y- Scanner, *2* Verfestigungszone, *3* Generiertes Bauteil, *4* Stützmaterial, *5* Bauplattform mit Hubtisch, *6* Beschichter mit Pulvervorrat

digen Werkstoffauftrag wird mehr Pulver als erforderlich aufgesetzt. Das überschüssige Metallpulver wird in einem Überlaufbehälter abgeführt und kann wiederverwendet werden [52]. Im dritten Schritt wird das Pulver lokal durch den Laser aufgeschmolzen. Das laseradditiv gefertigte Bauteil erreicht nahezu eine 100 %-ige Dichte und besitzt vergleichbare mechanische Eigenschaften wie konventionell gefertigte Bauteile. Nach dem Prozess wird das Bauteil durch Erodieren von der Bauplattform getrennt, die Stützstrukturen werden entfernt sowie gestrahlt [36, 37, 85].

42.5.4.4 Elektronen-Strahlschmelzen (EBM®)

Anwendungen. Das Electron Beam Melting ist eng verwandt mit dem Laser-Strahlschmelzen und bietet gleichermaßen die Möglichkeit, metallische Werkstoffe zu verarbeiten [85]. Im Vergleich dazu weist es höhere Aufbauraten bei einer geringeren Detailgenauigkeit auf. Das Anwendungsgebiet erstreckt sich von Prototypen, Werkzeugen im Spritz- und Druckguss, hochbelasteten Bauteilen in der Luft- und Raumfahrt bis hin zu Produkten mit einer hohen chemischen Reinheit in der Medizintechnik.

Werkstoffe. Derzeit sind drei Werkstofffamilien für das EBM qualifiziert: Stähle, Titan- und CoCr-Legierungen. Eine Reihe von Superlegierungen, Edelstählen und Beryllium-Legierungen werden sukzessive evaluiert. Die verwendeten Pulverfraktionen sind zwischen 50 und 100 µm groß und besitzen eine sphärische Kornform mit niedrigem Verunreinigungsgehalt [50].

Funktionsprinzip. Beim EBM-Verfahren erfolgt die Erzeugung eines Bauteils in drei sich wiederholenden Schritten: Auftragen einer Pulverschicht, lokales Umschmelzen des Pulvers mittels Elektronenstrahl und Absenken der Bauplattform um 50 bis 200 Mikrometer (Abb. 42.60). Der Unterschied zum SLM-Verfahren besteht in der Verwendung des Elektronenstrahls mit einer höheren Leistung und einem größeren Strahldurchmesser, welches mit Spulen fokussiert und abgelenkt wird. Die gesamte Belichtungseinheit hat keine beweglichen Teile wie Scanner oder Plotter, was deutlich höhere Scangeschwindigkeiten von bis zu 8000 m/s erlaubt. In der Praxis werden jedoch nur Geschwindigkeiten von ca. 20 m/s genutzt. Der Schmelzprozess erfolgt unter Hochvakuum, da der Elektronenprozess nur in dieser Atmosphäre betrieben werden kann. Nachdem das Bauteil aufgebaut ist, wird es aus der Maschine entnommen und in einer Abkühlkammer definiert abgekühlt. Es folgen das Trennen des Bauteils vom Substrat und das Entfernen der Stützstrukturen. Nach einer möglichen Wärmebehandlung werden Funktionsflächen spanend oder funkenerosiv nachbearbeitet [50].

42.5.5 Flüssigkeitsbasierte Verfahren

42.5.5.1 Maskensintern (MS)

Anwendungen. Das Maskensintern findet Anwendung für die Herstellung dreidimensionaler und wärmeleitfähiger Bauteile.

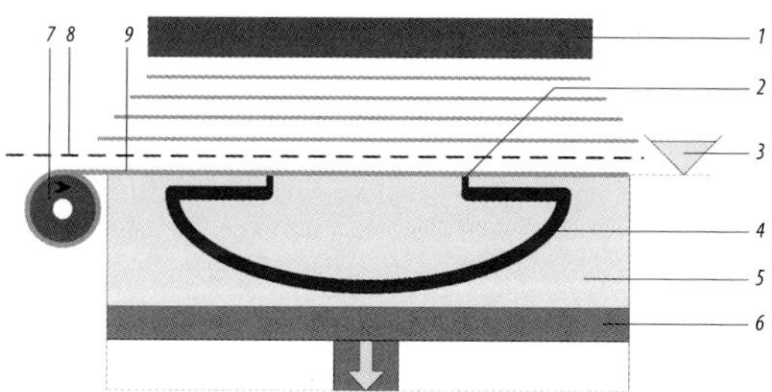

Abb. 42.61 Maskensintern nach VDI 3405 [85]. *1* Infrarotlampe, *2* Brennpunkt, *3* Beschichter (mit Pulvervorrat), *4* Generiertes Bauteil, *5* Stützmaterial, *6* Bauplattform mit Hubtisch, *7* Tonerwalze, *8* Transparenter Träger, *9* Maske

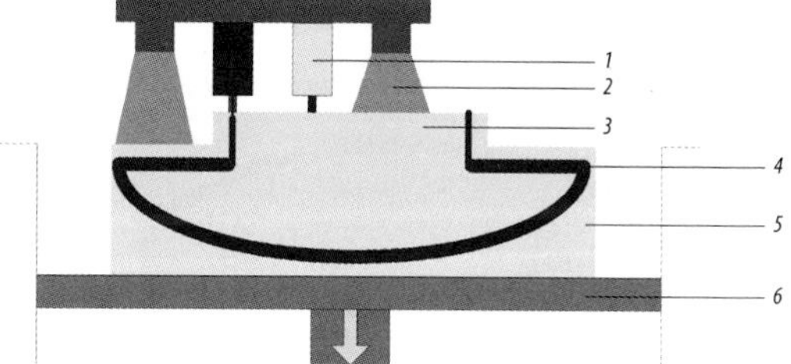

Abb. 42.62 Multi-Jet-Modeling (MJM) nach VDI 3405 [85]. *1* Druckköpfe, 2 UV-Strahler, *3* Verfestigungszone (Polymerisation), *4* Generiertes Bauteil, *5* Stützkonstruktion, *6* Bauplattform

Werkstoffe. Beim Maskensintern wird wie beim selektiven Lasersintern ein von Kunststoffen hergestellter pulverförmiger Ausgangswerkstoff genutzt (Polyamid, Polystyrol). Es können auch pulverförmige, behandelte Werkstoffe wie Hochpolymere, Metalllegierungen, Keramiken mit oder ohne Füllstoff bzw. Binder verwendet werden.

Funktionsprinzip. Abb. 42.61 stellt das Verfahrensprinzip schematisch dar. Für jede Schicht wird eine Glasplatte mit Toner beschichtet. Auf der Glasplatte ergeben sich nun lichtdurchlässige Bereiche (ohne Toner) und lichtundurchlässige Bereiche (mit Toner). Die Glasplatte wird über der Bauplattform positioniert. Im Anschluss belichtet der UV-Strahler die gesamte Bauplattform und in den lichtdurchlässigen Bereichen verschmilzt das Kunststoffpulver.

42.5.5.2 Multi-Jet Modeling (MJM)/ Poly-Jet Modeling (PJM)

Anwendungen. Das Verfahren Multi-Jet Modeling (MJM) oder auch Poly-Jet Modeling (PJM) wird u. a. im medizintechnischen Bereich zur Herstellung von Hörgeräten eingesetzt, um die angepassten Geometrien der Otoplastik herzustellen.

Werkstoffe. Für das MJM- bzw. PJM-Verfahren können flüssige Photopolymere sowie niedrigschmelzende, pastöse Thermoplaste und Wachse verwendet werden.

Funktionsprinzip. Im PJM- oder MJM-Verfahren werden die Bauteile schichtweise mittels mehreren Druckkopfdüsen (Bubble-Jet-Technik) auf eine Bauplattform gedruckt (Abb. 42.62). Die Verwendung mehrerer Druckköpfe ermöglicht eine Multi-Material-Anwendung. Die Druckköpfe tragen dabei linienweise flüssige Monomere auf, welche direkt mit UV-Strahlung bestrahlt werden. Dabei erhöht sich der Vernetzungsgrad im Material, wodurch das Material aushärtet (Photopolymerisation). Diese Prozessfolge erfolgt zyklisch bis das Bauteil vollständig generiert ist. Thermoplaste und Wachse hingegen werden aufgeschmolzen und verfestigen sich unmittelbar nach dem Auftragen durch die Druckkopfdüsen. Bei Multi-Material-Maschinen werden Wachse für die Erzeugung der Stützmaterialen verwendet. Diese können dann einfach durch Erwärmung vom Bauteil abgeschmolzen werden.

42.5.5.3 Digital Light Processing (DLP)

Anwendungen. Das DLP-Verfahren besitzt eine hohe Detailauflösung und wird u. a. zum Erzeugen von Rohlingen im Schmuckbereich, für die Herstellung von Hörgerätgehäusen oder auch von Modellen für Zahnprothesen eingesetzt.

Werkstoffe. Die Werkstoffe für das Digital Light Processing liegen in flüssiger bzw. pastöser Phase vor. Es werden UV-aktivierbare Oligomere/Monomere und Harze verwendet.

Funktionsprinzip Beim DLP handelt es sich um einen schichtweisen Bauprozess, welcher auf dem lokalen Verfestigen von Photopolymer-Flüs-

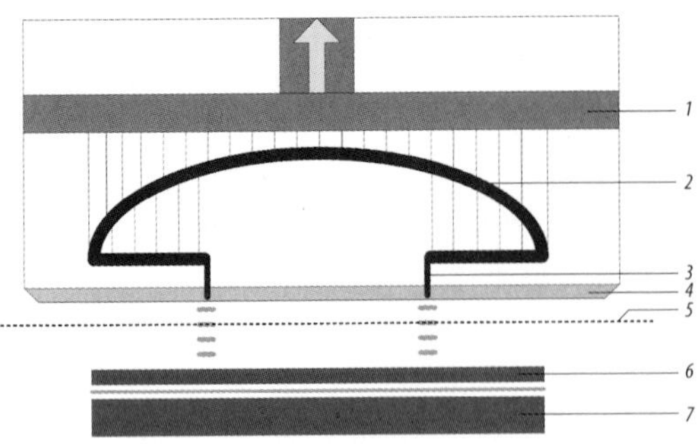

Abb. 42.63 Digital Light Processing nach VDI 3405 [85]. *1* Bauplattform mit Hubtisch, *2* Generiertes Bauteil, *3* Brennpunkt, *4* mit Photopolymer gefüllte Wanne, *5* Glasscheibe, *6* Umlenkspiegel, *7* UV-Lampe

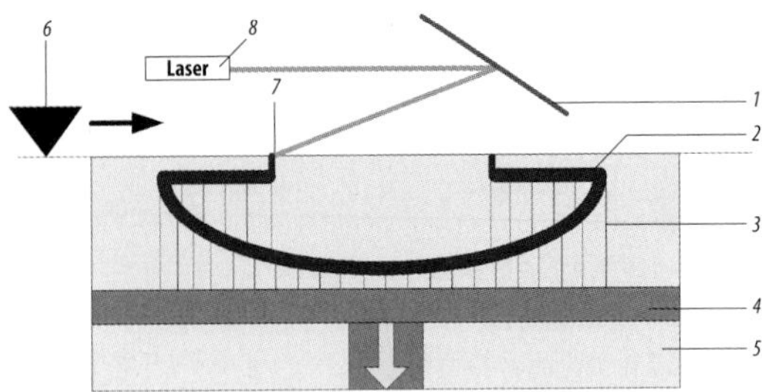

Abb. 42.64 Stereolithographie nach VDI 3405 [85]. *1* X-Y-Scanner, *2* Generiertes Bauteil, *3* Stützkonstruktion, *4* Bauplattform mit Hubtisch, *5* Flüssiges Harz (Polymerbad), *6* Beschichter, *7* Verfestigungszone (Polymerisation), *8* Laser

sigharzen (Polymere mit Photoaktivatoren) unter Einwirkung einer Lichtmaske (mittels Mikrospiegel gesteuerte oder umgelenkte Lichtstrahlen) basiert. Der Projektor (UV-Lampe) ist im unteren Teil der Maschine angebracht (Abb. 42.63). Das Harz befindet sich in einem Glasbehälter oberhalb der Projektionseinheit. Der aktuelle Querschnitt wird von unten an die untere Oberfläche des Harzes projiziert. Eine umgedrehte Bauplattform taucht von oben in das Harz. Dabei wird eine Schichtdicke zwischen dieser und dem transparenten Boden freigelassen. Nach dem Erstarren der Schicht wird die Plattform um eine Schichtdicke angehoben, um Platz für die Flüssigkeit der nachfolgenden Schicht zu schaffen. Aufgrund der oft geringen Behältervolumina ist der Prozess meist nur für kleine Bauteile geeignet. Das Bauteil benötigt Stützstrukturen.

42.5.5.4 Stereolithografie (SL)

Anwendungen. Es werden vor allem Funktionsprototypen gefertigt. Durch die sehr hohe Genauigkeit des Verfahrens sind auch Mikrobauteile herstellbar.

Werkstoffe. Für die Stereolithografie werden lichtaushärtende, flüssige als auch pastöse Kunstharze ohne und mit Füllstoff verwendet. Im Allgemeinen handelt es sich um Epoxid- und Acrylharze (Polymere mit Photoaktivatoren).

Funktionsprinzip. Durch einen UV-Laserstrahl werden flüssige Monomere lokal polymerisiert (Abb. 42.64). Die flüssigen Bestandteile des Werkstoffes härten aufgrund der Polymerisation zu einer festen Schicht aus. Nach der chemischen Verfestigung der Schicht und dem Absenken der Bauplattform wird durch einen Beschichter eine neue Harzschicht aufgebracht. Aufgrund der hohen Viskosität der verwendeten Harze sind Stützstrukturen erforderlich, um eine robuste Fertigung zu ermöglichen. Nach dem Bauprozess muss das Bauteil in einer UV-Kammer ausgehärtet werden.

Literatur

Spezielle Literatur

1. Schönherr, H.: Spanende Fertigung. Oldenbourg, München, Wien (2002)
2. Pauksch, E.: Zerspantechnik. Vieweg+Teubner, Wiesbaden (2008)
3. Perovic, B.: Spanende und abtragende Fertigungsverfahren: Grundlagen und Berechnung. expert, Renningen-Malmsheim (2000)
4. Lux, S., Zeppelin, V.B.: Die Bibliothek der Technik (196), Herstellung von Innengewinden. Moderne Industrie, Heidelberg (2000)
5. Schäfer M.: Analyse und Beschreibung des Innengewindefertigungsverfahrens. Gewindefurchen auf Basis eines Modellversuchs. Diss. TU Berlin (1977)
6. Lickteig, E.: Schraubenherstellung. Verlag Stahleisen, Düsseldorf (1966)
7. Dillmann, S.: WB 10/2003 – Hartbearbeitung stellt erodieren in den Schatten. Hanser, München (2003)
8. Suzuki, K., Smith, B.W.: Microlithography, 2. Aufl. CRC, Boca Raton (2007)
9. Brodie, I., Muray, J.J.: The physics of micro/nano-fabrication. Plenum Press, New York (1992)

10. Petersen, K.: Silicon as a mechanical material. Proc IEEE **70**, 420–457 (1982)
11. Alavi, M., Büttgenbach, S., Schumacher, A., Wagner, H.-J.: Fabrication of microchannels by laser machining and anisotropic etching of silicon. Sensors Actuators **A32**, 299–302 (1992)
12. Triltsch, U., Hansen, U., Büttgenbach, S.: CAD-Entwurfsumgebung für Mikrokomponenten. Tech Mess **70**, 244–250 (2003)
13. Perry, A.J., Boswell, R.W.: Fast anisotropic etching of silicon in an inductively coupled plasma reactor. Appl Phys Lett **55**, 148–150 (1989)
14. Linder, C., Paratte, L., Grétillat, M.-A., Jaecklin, V.P., de Rooij, N.F.: Surface micromachining. J Micromech Microeng **2**, 122–132 (1992)
15. Becker, E.W., Ehrfeld, W., Hagmann, P., Maner, A., Münchmeyer, D.: Fabrication of microstructures with high aspect ratios and great structural heights by synchrotron radiation, lithography, galvanoforming, and plastic moulding (LIGA process). Microelectr Eng **4**, 35–56 (1986)
16. Feldmann, M.: Technologien und Applikationen der UV-Tiefenlithographie: Mikroaktorik, Mikrosensorik und Mikrofluidik. Shaker, Aachen (2007)
17. Xia, Y., Whitesides, G.M.: Softlithographie. Angew Chem **110**, 568–594 (1998)
18. Lucas, N., Franke, R., Hinze, A., Klages, C.-P., Frank, R., Büttgenbach, S.: Microplasma stamps for the area-selective modification of polymer surfaces. Plasma Process Polym **6**, S370–S374 (2009)
19. Lankard, J.R., Wolbold, G.: Excimer laser ablation of polyimide in a manufacturing facility. Appl Phys A – Mater Sci Process **54**, 355–359 (1992)
20. Mandamparambil, R., Fledderus, H., van Steenberge, G., Dietzel, A.: Patterning of flexible organic light emitting diode (FOLED) stack using an ultrafast laser. Opt Express **18**, 7575–7583 (2010)
21. van den Brand, J., Kusters, R., Barink, M., Dietzel, A.: Flexible embedded circuitry: a novel process for high density, cost effective electronics. Microelec. Eng **87**, 1861–1867 (2010)
22. Serbin, J., Egbert, A., Ostendorf, A., Chichkov, B.N., Houbertz, R., Domann, G., Schulz, J., Cronauer, C., Fröhlich, L., Popall, M.: Femtosecond laser-induced two-photon polymerization of inorganic organic hybrid materials for applications in photonics. Opt Lett **28**, 301–303 (2003)
23. Dietzel, A., Berger, R., Loeschner, H., Platzgummer, E., Stengl, G., Bruenger, W.H., Letzkus, F.: Nanopatterning of magnetic disks by single-step Ar+ ion projection. Adv Mater **15**, 1152–1155 (2003)
24. Matsui, S., Ochiai, Y.: Focused ion beam applications to solid state devices. Nanotechnology **7**, 247–258 (1996)
25. Dietzel, A., Jakubowicz, A., Broom, R.F.: Combined focused ion beam electron microscopy investigation of laser diodes. Microscopy of semiconductor materials 1995. Inst Phys Conf Ser **146**, 583–586 (1995)
26. Koshikawa, T., Nagai, A., Yokoyama, Y., Hoshino, T.: A new write head trimmed at wafer level by focused ion beam. IEEE Trans Magn **34**, 1471–1473 (1998)
27. Cao, D.M., Jiang, J., Yang, R., Meng, W.J.: Fabrication of high-aspect-ratio microscale mold inserts by parallel μEDM. Microsyst Technol **12**, 839–845 (2006)
28. Richter, C., Krah, T., Büttgenbach, S.: Novel 3D manufacturing method combining microelectrical discharge machining and electrochemical polishing. Microsyst Technol **18**, 1109–1118 (2012)
29. Neu, W., Kress, A., Jooss, W., Fath, P., Bucher, E.: Low-cost multicrystalline back-contact silicon solar cells with screen printed metallization. Sol Energy Mater Sol Cells **74**, 139–146 (2002)
30. Tudorache, M., Bala, C.: Biosensors based on screen-printing technology, and their applications in environmental and food analysis. Anal Bioanal Chem **388**, 565–578 (2007)
31. Bidoki, S.M., Lewis, D.M., Clark, M., Vakorov, A., Millner, P.A., McGorman, D.: Ink-jet fabrication of electronic components. J Micromech Microeng **17**, 967–974 (2007)
32. Bale, M., Carter, J.C., Creighton, C.J., Gregory, H.J., Lyon, P.H., Ng, P., Webb, L., Wehrum, A.: Ink-jet printing: the route to production of full-color P-OLED displays. J Soc Inf Disp **14**, 453–459 (2006)
33. Pulker, H.K.: Verschleißschutzschichten unter Anwendung der CVD/PVD-Verfahren. Expert, Sindelfingen (1985). NDAH
34. Günther, K.C.: Advanced coating by vapour phase processes. Ann Cirp **38**, 645–655 (1989)
35. Breuninger, J., Becker, R., Wolf, A., Rommel, S., Verl, A.: Generative Fertigung mit Kunststoffen – Konzeption und Konstruktion für das Selektive Lasersintern. Springer, Berlin Heidelberg (2013)
36. Schmid, M., Simon, C., Levy, G.N.: Finishing of SLS-Parts for rapid manufacturing – a comprehensive approach. In: Bourell, D. (Hrsg.) Proceedings of 20Th Annual International Solid Freeform Fabrication Symposium (SSF 2009) The University of Texas at Austin. (2009)
37. Kaddar, W.: Die generative Fertigung mittels Laser-Sintern: Scanstrategien, Einflüsse verschiedener Prozessparameter auf die mechanischen und optischen Eigenschaften beim LS von Thermoplasten und deren Nachbearbeitungsmöglichkeiten. Duisburg, Essen, Universität Duisburg-Essen, Diss, 2010
38. Sehrt, J.T.: Möglichkeiten und Grenzen bei der generativen Herstellung metallischer Bauteile durch das Strahlschmelzen. Berichte aus der Fertigungstechnik. Duisburg, Essen, Universität Duisburg-Essen, Diss. Shaker, Aachen (2010)
39. Uhlmann, E., Bochnig, H., König, C., Kumm, T.: Neue Konzepte für Werkzeugmaschinen; 6. Berliner Runde, S. 174 (2011)
40. Klocke, F., Brecher, C.: Zahnrad- und Getriebetechnik. Hanser, München (2017)

41. Klocke, F., König, W.: Fertigungsverfahren 1: Drehen, Fräsen, Bohren. Springer, Berlin Heidelberg New York (2008)
42. Pfauter Werkzeugmaschinenfabrik, H.: Pfauter Wälzfräsen. Springer, Berlin Heidelberg (1976)
43. Weck, M., Brecher, C.: Werkzeugmaschinen. Maschinenarten und Anwendungsbereiche. Springer, Berlin Heidelberg (2005)
44. Deutsches Institut für Normung: DIN 3972, Bezugsprofile von Verzahnwerkzeugen für Evolventenverzahnungen nach DIN 867. Beuth, Berlin (1952)
45. Bausch, T.: Innovative Zahnradfertigung. Verfahren, Maschinen und Werkzeuge zur kostengünstigen Herstellung von Stirnrädern mit hoher Qualität. Expert, Renningen (2015)
46. Liebherr Verzahntechnik GmbH: Verzahntechnik. Liebherr Verzahntechnik GmbH, Kempten (2003)
47. Klocke, F., König, W.: Schleifen, Honen, Läppen. Fertigungsverfahren, Bd. 2. Springer, Berlin Heidelberg (2005)
48. Klingelnberg, J.: Kegelräder. Springer, Berlin Heidelberg (2008)
49. Stadtfeld, H.J.: Gleason Kegelradtechnologie. Expert, Renningen (2013)
50. Gebhardt, A.: Additive Fertigungsverfahren Additive Manufacturing und 3D-Drucken für Prototyping – Tooling – Produktion. Hanser, München (2016)
51. Hehenberger, P.: Computerunterstützte Fertigung – Eine kompakte Einführung. Springer, Berlin, Heidelberg (2011)
52. Eisen, M.A.: Optimierte Parameterfindung und prozessorientiertes Qualitätsmanagement für das Selective Laser Melting Verfahren. Berichte aus der Fertigungstechnik. Duisburg, Essen, Universität Duisburg-Essen, Diss. Shaker, Aachen (2010)
53. Niebling, F.: Qualifizierung einer Prozesskette zum Laserstrahlsintern metallischer Bauteile. Bericht aus dem Lehrstuhl für Fertigungstechnologie. Bamberg, Friedrich-Alexander-Universität Erlangen-Nürnberg, Diss. Meisenbach, Bamberg (2005)

Allgemeine Literatur

54. Büttgenbach, S., Constantinou, I., Dietzel, A., Leester-Schädel, M.: Case Studies in Micromechatronics – From Systems to Processes. Springer, Berlin (2020)
55. Büttgenbach, S.: Mikrosystemtechnik – Vom Transistor zum Biochip. Springer, Berlin, Heidelberg (2016)
56. Büttgenbach, S., Burisch, A., Hesselbach, J. (Hrsg.): Design and manufacturing of active microsystems. Springer, Berlin, Heidelberg (2011)
57. Ehrfeld, W. (Hrsg.): Handbuch Mikrotechnik. Hanser, München (2002)
58. Eichler, H.-J., Eichler, J.: Laser: Bauformen, Strahlführung, Anwendungen. Springer, Heidelberg (2010)
59. Frühauf, J.: Werkstoffe der Mikrotechnik. Fachbuchverlag Leipzig, Leipzig (2005)
60. Gebhardt, A.: Understanding additive manufacturing. Hanser, München (2011)
61. Gerlach, G., Dötzel, W.: Einführung in die Mikrosystemtechnik. Fachbuchverlag Leipzig, Leipzig (2006)
62. Globisch, S., et al.: (Hrsg.): Lehrbuch Mikrotechniologie. Fachbuchverlag Leipzig, Leipzig (2011)
63. Gupta, T.K.: Handbook of thick- and thin-film hybrid microelectronics. John Wiley & Sons, Hoboken (2003)
64. Hutchings, I.M., Martin, G.D.: Inkjet technology for digital fabrication. John Wiley & Sons, Hoboken (2012)
65. Klocke, F., König, W.: Fertigungsverfahren 3: Abtragen, Generieren und Lasermaterialbearbeitung. Springer, Heidelberg (2006)
66. Kraft, O., Haug, A., Vollertsen, F., Büttgenbach, S. (Hrsg.): Kolloquium Mikroproduktion und Abschlusskolloquium SFB 499. Reports 7591. KIT Scientific, Karlsruhe (2011)
67. Madou, M.: Fundamentals of microfabrication – the science of miniaturization, 2. Aufl. CRC, Boca Ratou (2002)
68. Misawa, H., Juodkazis, S. (Hrsg.): 3D laser Microfabrication: principles and applications. Wiley-VCH, Weinheim (2006)
69. Molokovski, S.I., Suschkov, A.D.: Intensive Elektronen- und Ionenstrahlen: Quellen – Strahlenphysik – Anwendungen. Vieweg+Teubner, Wiesbaden (2012)
70. Rietzel, D., Florian Kühnlein, F., Drummer, D.: Funktionalisierte Bauteile durch Selektives Maskensintern; rt journal, Ausgabe 6 (2009). http://www.rtejournal.de/ausgabe6/2215;, Zugegriffen: 1. März 2013
71. Schaeffer, R.: Fundamentals of laser micromachining. Taylor & Francis, London (2012)
72. Schwesinger, N., Dehne, C., Adler, F.: Lehrbuch Mikrosystemtechnik. Oldenbourg, München (2009)
73. Sugioka, K., Meunier, M., Piqué, A.: Laser precision microfabrication. Springer, Heidelberg (2010)
74. Utke, I., Moshkalev, S., Russell, P.: Nanofabrication using focused Ion and electron beams: principles and applications. Oxford University Press, Oxford (2012)

Normen und Richtlinien

75. DIN 3975-1: Begriffe und Bestimmgrößen für Zylinder-Schneckengetriebe mit sich rechtwinklig kreuzenden Achsen. Beuth, Berlin (2002)
76. DIN 8580: Fertigungsverfahren – Begriffe, Einteilung. Beuth, Düsseldorf (2009)
77. DIN 8583-5: Fertigungsverfahren Druckumformen – Teil 5: Eindrücken Einordnung, Unterteilung, Begriffe, S. 9 (2003)
78. DIN 8584-4: Fertigungsverfahren Zugdruckumformen – Teil 4: Drücken Einordnung, Unterteilung, Begriffe (2003)
79. DIN 8589-0: Fertigungsverfahren Spanen – Teil 0: Allgemeines; Einordnung, Unterteilung, Begriffe. Beuth, Berlin (2003)

80. DIN 8589-1: Fertigungsverfahren Spanen – Teil 1: Drehen Einordnung, Unterteilung, Begriffe (2003)
81. DIN 8589-2: Fertigungsverfahren Spanen – Teil 2: Bohren, Senken, Reiben Einordnung, Unterteilung, Begriffe (2003)
82. DIN 8589-3: Fertigungsverfahren Spanen – Teil 3: Fräsen Einordnung, Unterteilung, Begriffe (2003)
83. DIN 8589-11: Fertigungsverfahren Spanen – Teil 11: Schleifen mit rotierendem Werkzeug – Einordnung, Unterteilung, Begriffe (2003)
84. VDI 3334: Blatt 1 Entwurf: Maschinelle Innengewindefertigung – Allgemeines, Grundlagen., Verfahren. VDI, Düsseldorf (2008)
85. VDI 3405: Additive Fertigungsverfahren. Grundlagen, Begriffe, Verfahrensbeschreibungen. Beuth, Berlin (2014)
86. DIN ISO 4497: Metallpulver – Bestimmung der Teilchengröße durch Trockensiebung. Beuth, Berlin (1991)

42

43 Montage und Demontage

Günther Seliger

43.1 Begriffe

Montieren. Gesamtheit aller Vorgänge, die dem Zusammenbau von geometrisch bestimmten Körpern dienen. Dabei kann zusätzlich formloser Stoff zur Anwendung kommen [1, 2]. Als Hauptfunktion der Montage ist das Fertigungsverfahren *Fügen* zu sehen, das den eigentlichen Prozess des Schaffens einer Verbindung zwischen mehreren Teilen bewirkt.

Fügen. Nach DIN 8593 ist Fügen das auf Dauer angelegte Verbinden oder sonstige Zusammenbringen von zwei oder mehr Werkstücken geometrisch bestimmter Form oder von ebensolchen Werkstücken mit formlosem Stoff. Der Zusammenhalt wird dabei örtlich geschaffen und im Ganzen vermehrt. Als Hauptgruppe 4 im Gesamtsystem der Fertigungsverfahren nach DIN 8580 ist das Fügen in neun Gruppen unterteilt (Abb. 43.1). Fügen ist nicht mit Montieren gleichzusetzen, da Montieren zwar stets unter Anwendung von Fügeverfahren durchgeführt, es jedoch die Nebenfunktionen Handhaben, Justieren, Kontrollieren sowie Sonderoperationen einschließt.

Handhaben. Dieses ist nach VDI-Richtlinie 2860 das *Schaffen*, definierte *Verändern* oder vorübergehende *Aufrechterhalten* einer vorgegebenen räumlichen Anordnung von geometrisch bestimmten Körpern in einem Bezugskoordinatensystem. Die räumliche Anordnung eines geometrisch bestimmten Körpers im Bezugskoordinatensystem ist definiert durch seine *Orientierung* und *Position*. Die Orientierung eines Körpers ist die Winkelbeziehung zwischen den Achsen des körpereigenen Koordinatensystems und dem Bezugskoordinatensystem. Die Position eines Körpers ist der Ort, den ein bestimmter körpereigener Punkt im Bezugskoordinatensystem einnimmt [4]. Handhaben wird in folgende Funktionen eingeteilt (Abb. 43.2):

- Speichern (Halten von Mengen),
- Mengen verändern,
- Bewegen (Schaffen und Verändern einer definierten räumlichen Anordnung),
- Sichern (Aufrechterhalten einer definierten räumlichen Anordnung) und
- Kontrollieren (Messen und Prüfen vollzogener Handhabungsoperationen) [4].

Justieren. Gesamtheit aller während oder nach dem Zusammenbau von Erzeugnissen planmäßig notwendigen Tätigkeiten zum *Ausgleich* fertigungstechnisch unvermeidbarer *Abweichungen* mit dem Ziel, geforderte Funktionen, Funktionsgenauigkeiten oder Eigenschaften von Erzeugnissen innerhalb vorgegebener Grenzen zu erreichen [1].

Kontrollieren. Wird in *Messen* und *Prüfen* unterteilt. Prüfen ist das Feststellen, ob bestimmte

G. Seliger (✉)
Technische Universität Berlin
Berlin, Deutschland
E-Mail: seliger@mf.tu-berlin.de

B. Bender und D. Göhlich (Hrsg.), *Dubbel Taschenbuch für den Maschinenbau 2: Anwendungen*,
https://doi.org/10.1007/978-3-662-59713-2_43

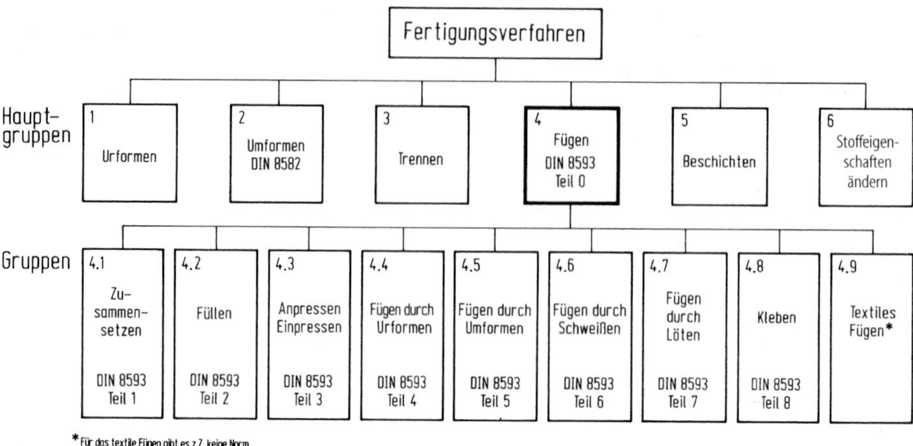

Abb. 43.1 Einordnung und Unterteilung des Fertigungsverfahrens Fügen nach DIN 8593

Eigenschaften oder Zustände erfüllt sind. Das Ergebnis hat binären Charakter, beispielsweise in der Form von gut/schlecht oder ja/nein. Man spricht von Messen, wenn Eigenschaften oder Zustände durch einen Wert als Vielfaches der vorgegebenen Bezugsgröße beschrieben werden. Kontrollieren tritt als Teilfunktion in allen Fertigungsfolgen und -schritten auf [4].

Sonderoperationen. Diese umfassen Tätigkeiten, die nicht direkt einer der oben genannten Funktionen zuzuordnen sind, trotzdem aber noch als notwendiger Bestandteil der Montage gelten. Beispiele dafür sind das Auftragen von Flussmitteln oder das Lacksichern von Muttern [1].

Demontieren. Gesamtheit aller geplanten Vorgänge, die der Vereinzelung von Mehrkörpersystemen zu Baugruppen, Bauteilen und/oder formlosem Stoff dienen. Als Hauptfunktion der Demontage ist das Fertigungsverfahren Trennen zu sehen, das den eigentlichen Prozess des Lösens einer Verbindung zwischen mehreren Teilen bewirkt [6].

Trennen. Das Trennen ist nicht mit dem Demontieren gleichzusetzen. Demontieren wird zwar stets unter der Anwendung von Trennverfahren durchgeführt, es schließt jedoch die Nebenfunktionen Handhaben und Kontrollieren sowie Sonderoperationen ein. Das Trennen nach DIN 8580 umfasst Prozesse, die geeignet sind, den Zusammenhalt eines oder mehrerer fester Körper örtlich aufzuheben und im Ganzen zu vermindern [5].

Verwendung. Nach VDI-Richtlinie 2243 ist die Verwendung durch die (weitgehende) Beibehaltung der Produktgestalt gekennzeichnet. Unter Wiederverwendung versteht man die Verwendung eines Gerätes oder seiner Bestandteile zum gleichen Zweck, für den es entwickelt wurde. Bei der Weiterverwendung wird ein gebrauchtes Produkt für einen anderen Verwendungszweck, für den es ursprünglich nicht hergestellt wurde, benutzt [6].

Verwertung. Eine Verwertung ist gegeben, sofern nach einer wirtschaftlichen Betrachtungsweise der Zweck der Maßnahme in der Nutzung der Materialien und nicht in der Beseitigung des Schadstoffpotenzials liegt. Nach VDI-Richtlinie 2243 wird dabei zwischen stofflicher und energetischer Verwertung unterschieden. Stoffliche Verwertung ist die Substitution von Primärrohstoffen durch Stoffe aus Produkten am Ende ihrer Lebensphase bzw. die Nutzung deren stofflicher Eigenschaften für den ursprünglichen Zweck oder für andere Zwecke mit Ausnahme der Energiegewinnung. Sofern der Zweck der Behandlung die Energiegewinnung ist, wird von energetischer Verwertung gesprochen [6].

Beseitigung. Unter Beseitigung wird das Deponieren und Verbrennen ohne Energiegewinnung verstanden. Beseitigungsverfahren sind in Anlage I KrWG beispielhaft genannt [7].

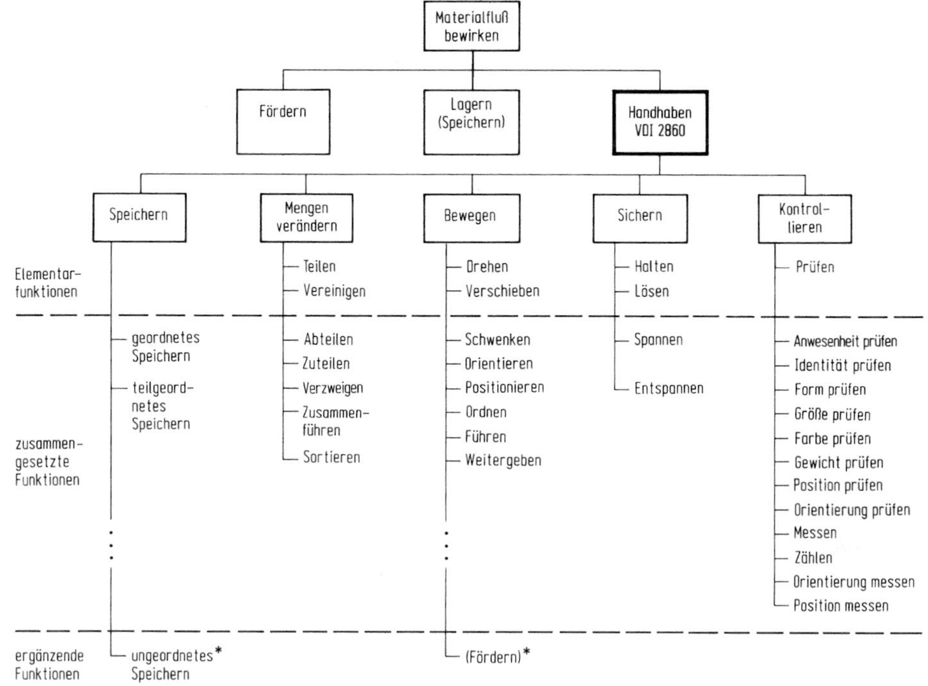

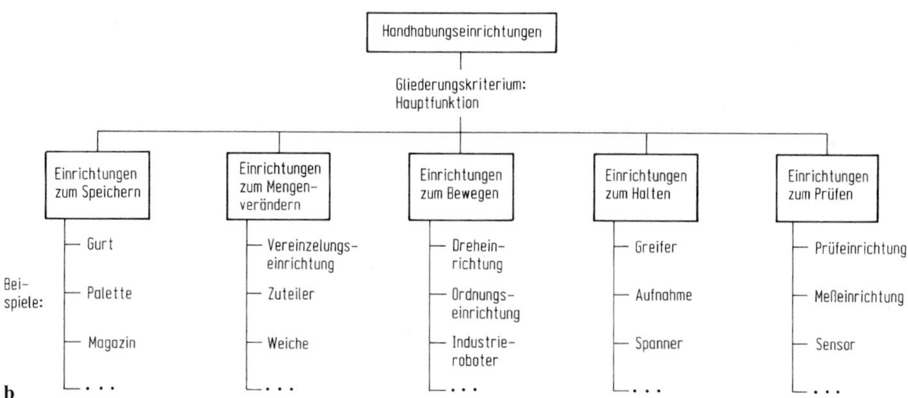

Abb. 43.2 Einordnung des Handhabens nach VDI-2860. **a** Teilfunktionen; **b** Gliederung von Handhabungseinrichtungen in Gruppen nach Hauptfunktionen

43.2 Aufgaben der Montage und Demontage

43.2.1 Montage

An der Schnittstelle zu Entwicklung und Vertrieb wird die Montage als letzte Stufe des Herstellungsprozesses zu einem *logistischen* Orientierungspunkt des Fabrikbetriebs. In der Montage erfolgt eine technologie- und ablaufbezogene Koordination der produktiven Faktoren. *Technologisch* erweist sich in der Montage die Funktionsfähigkeit der Produkte. *Organisatorisch* erweist sich in der Montage die Elastizität der Produktion gegenüber Nachfrageschwankungen am Markt. In der montagegerechten Produktgestaltung und Betriebsmittelplanung liegen große Rationalisie-

Abb. 43.3 Stellung der Montage zwischen Markt, Entwicklung, Konstruktion und Fertigung

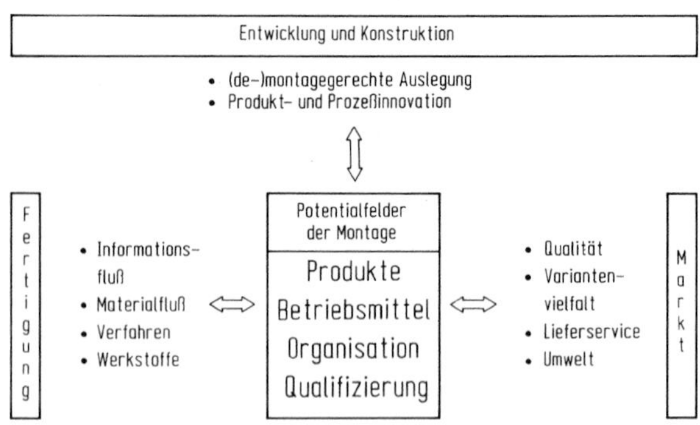

rungspotentiale. Abb. 43.3 zeigt die Einbettung der Montage zwischen Markt, Entwicklung und Konstruktion sowie Fertigung.

Montage in der Produktion ergibt sich aus folgenden Gründen.

- Herstellung funktionsbedingter Beweglichkeit,
- Kombination unterschiedlicher Materialeigenschaften,
- Vereinfachung der Fertigung,
- Ersetzbarkeit von Verschleißteilen,
- Realisierung bestimmter Produktfunktionen,
- Kostensenkung der Fertigung,
- Prüfbarkeit,
- Erhöhung der Variantenvielfalt sowie
- Gewichtsersparnis [8].

43.2.2 Demontage

Neben den bekannten Einsatzgebieten für die Demontage wie Wartung, Inspektion und Instandsetzung wird die Demontage zunehmend in Recyclingprozesse integriert. Dabei steht sie in Konkurrenz zu anderen Prozessen wie Shreddern, Pressen oder verfahrenstechnischen Lösungen. Gegenüber diesen Verfahren ermöglicht die Demontage den Ausbau und Austausch abgenutzter oder veralteter Komponenten zur Reparatur oder Erneuerung des Produktes, die Rückgewinnung funktionsfähiger Bauteile und Baugruppen zur physischen Verwendung sowie die sortenreine Separierung von Schadstoffen und wertvollen Werkstoffen zur stofflichen Verwertung [8]. Die Demontage leistet somit einen wichtigen Beitrag zur Kreislaufwirtschaft.

43.3 Durchführung der Montage und Demontage

43.3.1 Montageprozess

Der Montageprozess ist gerichtet auf das Produkt unter Nutzung der Betriebsmittel bzw. (De-)Montagemittel in der Herstellung nach Maßgabe organisatorischer Kriterien im Ablauf. Die Qualität hängt dabei entscheidend von den Mitarbeitern und ihrer Qualifikation ab (Abb. 43.4).

Das Produkt wird durch Stücklisten sowie die geometrischen und technologischen Eigenschaften der zu montierenden Bauteile und Baugruppen beschrieben. Der Ablauf ist technologisch durch die einzelnen Montageverrichtungen und ihre Abhängigkeiten bestimmt. Diese können mit Hilfe des Vorranggraphen grafisch dargestellt werden. Der Vorranggraph ist eine

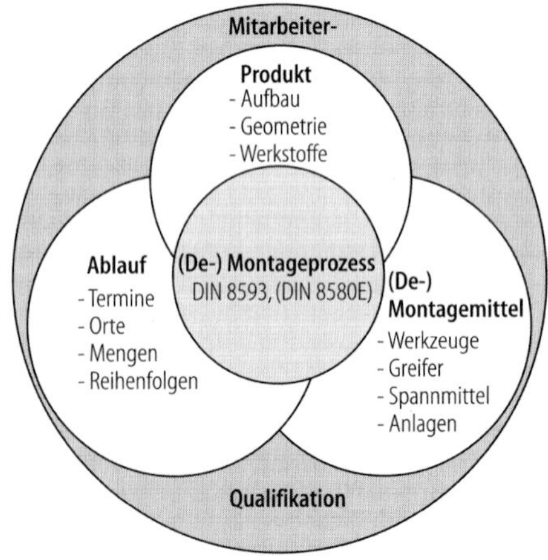

Abb. 43.4 Objekte der Planung von (De-)Montage

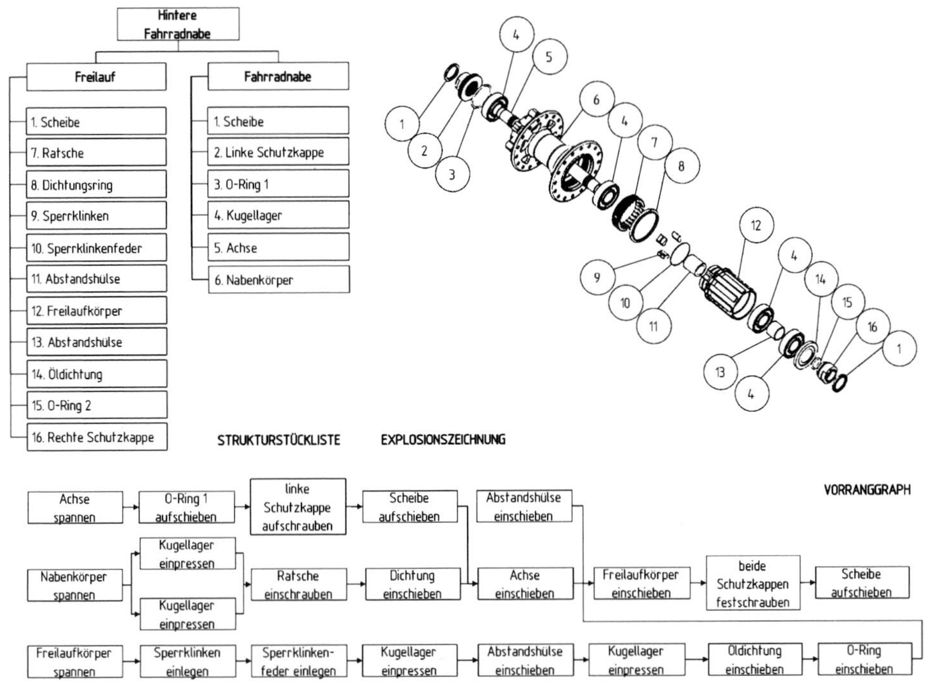

Abb. 43.5 Montagedokumentation am Beispiel einer Fahrradnabe mit Strukturstückliste, Explosionszeichnung und Vorranggraph

netzplanähnliche Darstellung von Teilverrichtungen der Montage und ihrer Reihenfolgebeziehung (Abb. 43.5). Organisatorisch wird die Ablaufstruktur durch das *Produktionsprogramm* und die *Montagesteuerung* bestimmt. Dabei bezieht sich die Montagesteuerung auf die Koordination und Regelung des Ablaufs, um die Endprodukte in der geforderten Menge und Qualität termingerecht fertigzustellen. Die Betriebsmittel umfassen alle Funktionsträger in ihrem Zusammenwirken bei der Erfüllung der Montageaufgaben.

Die Montage lässt sich in Primär- und Sekundärmontage unterteilen. Unter Primärmontage sind Vorgänge zu verstehen, die der unmittelbaren Realisierung der Fügeverbindung dienen, wie Greifen, Einlegen oder Einschrauben von Teilen. Unter Sekundärmontage sind die aufgrund des gewählten Montageprinzips erforderlichen Vorgänge zu verstehen, die nicht unmittelbar zur Wertschöpfung beitragen. Beispiele sind Weitertransportieren, Wenden oder Neugreifen, ohne dass sich das Produkt dem Endzustand nähert. Die Anteile an Primär- und Sekundärmontagevorgängen sind ein Maß für die Produktivität und Wirtschaftlichkeit des jeweiligen Montageprozesses [2].

43.3.2 Demontageprozess

Demontageprozesse bestehen in der Regel aus einer Kombination zerstörungsfreier und zerstörender Trennverfahren, bei denen nur ausgewählte, wirtschaftlich nutzbare oder toxische Werkstoffe, Bauteile und Baugruppen eines Produktes separiert werden. Die verbleibenden Materialien werden verfahrenstechnischen Prozessen zugeführt.

Die Produkt- und Variantenvielfalt, der nutzungsbedingte Verschleiß sowie die Gebrauchsverfremdungen der zu demontierenden Objekte führen zu erschwerten Prozessbedingungen. Für eine rationelle Demontage müssen gegenüber der Geometrievielfalt der Verbindungselemente unempfindliche oder sensorgestützte Demontagewerkzeuge verwendet werden.

Erheblichen Einfluss auf die Wirtschaftlichkeit des Demontageprozesses hat die recyclinggerechte Produktentwicklung [6]. Eine demonta-

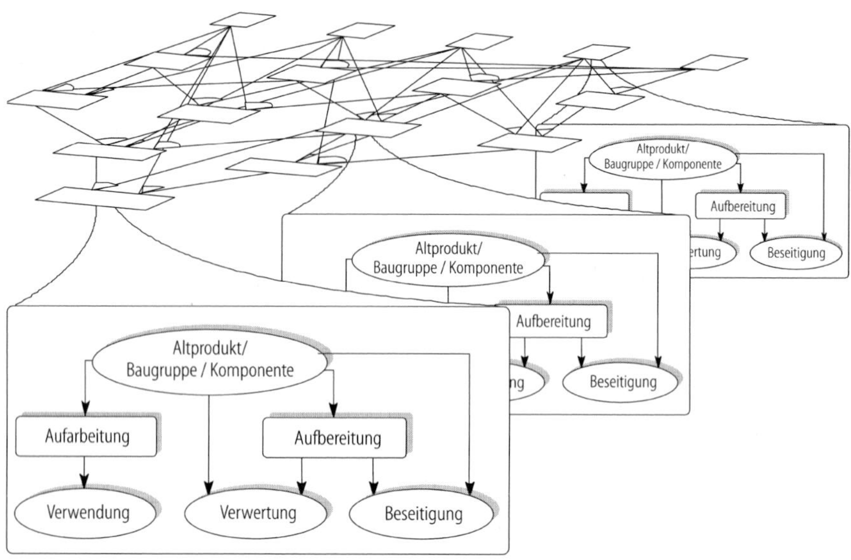

Abb. 43.6 Rückgewinnungsgraph [9]

gegerechte Gestaltung von Produkten erleichtert den Demontageprozess und ermöglicht eine mechanisierte und automatisierte Demontage.

Der Produktaufbau kann demontageorientiert in einem Rückgewinnungsgraphen dargestellt werden. Die Knoten repräsentieren demontierbare Produkte oder Baugruppen, die Linien nach unten verweisen auf Baugruppen und Bauteile die durch Demontageverrichtungen entstehen (Abb. 43.6). An jedem Knoten ist zu klären, ob der Aufwand weiterer Demontage durch die Erlöse der demontierten Komponenten wirtschaftlich zu rechtfertigen ist. Zur Erlöserzielung ist zwischen Aufarbeitung zur Verwendung der Komponenten, Verwertung der Werkstoffe mit oder ohne Aufbereitung und eingesparten Kosten zur Beseitigung zu entscheiden. So kann aus dem Rückgewinnungsgraph der Demontageumfang und -ablauf nach technischen und wirtschaftlichen Kriterien ermittelt werden.

43.3.3 Montageplanung

Ziel einer systematischen Montageplanung ist die Prozessunterstützung in den einzelnen Phasen von der Analyse, über den Entwurf, die Gestaltung bis zur Einführung von Montagesystemen. Informationstechnische Werkzeuge können zur Modellierung von Montageprozessen verwendet werden, um die Planungssicherheit und Produktivität zu erhöhen.

43.3.4 Organisationsformen der Montage

Montagesysteme lassen sich nach der *Bewegung* des Montageobjekts in örtlich konzentrierte sowie auf mehrere Stationen verteilte Systeme aufgliedern (Abb. 43.7) [1]. Man unterscheidet zwischen *Mengen-* und *Artenteilung*. Mengenteilung vollzieht sich in der parallelen Durchführung gleicher Montageverrichtungen, Artenteilung in der sequentiellen Durchführung unterschiedlicher Montageverrichtungen an den jeweiligen Kapazitätsstellen, interpretierbar nach Aggregationsgrad der Betrachtung in Arbeitsplätze, Montageanlagen, Fabriken oder auch Standorte.

43.3.5 Montagesysteme

Die Vielfalt der Bauteile mit ihren montagerelevanten Merkmalen und die erforderlichen Montageprozesse führen zu einem differenzierten Spek-

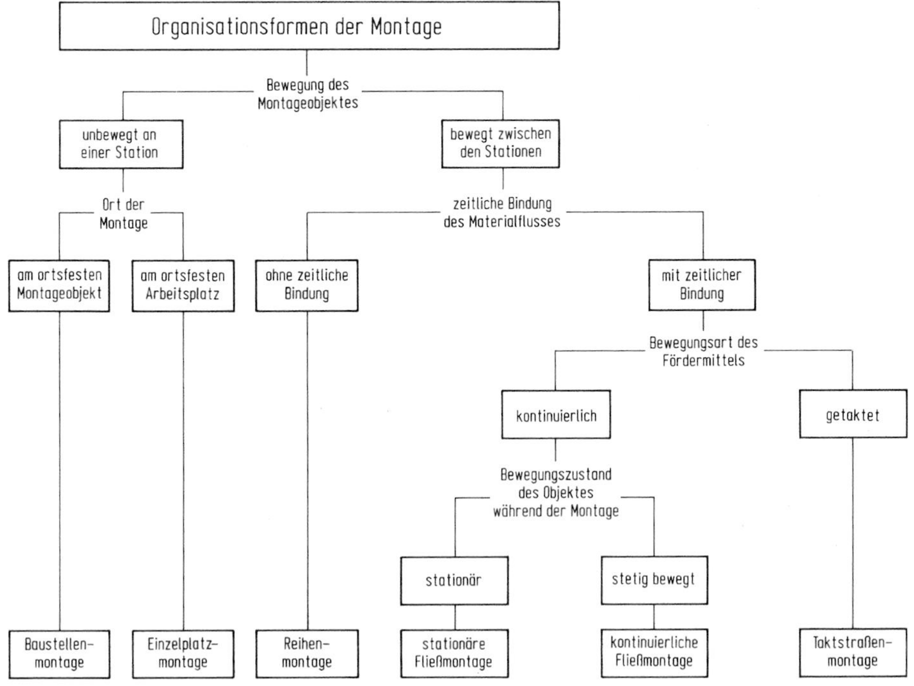

Abb. 43.7 Organisationsformen der Montage

trum von Montagesystemen. In Abhängigkeit von der zu produzierenden *Stückzahl* und dem *Aufbau* des Produkts wird die gesamte Montageaufgabe mengen- oder artenteilig gegliedert. Dabei sind nach wirtschaftlichen Kriterien *Flexibilität* und *Automatisierungsgrad* anzupassen (Abb. 43.8). Für die Montage unterschiedlicher Produkte auf einem Montagesystem ist ein niedriger Flexibilitätsbedarf wünschenswert. Durch montagegerechte Produktgestaltung können Fügeverhalten, Füge- und Handhabungskinematiken, Bereitstellungsarten, Bauteile und Baugruppen sowie Fügereihenfolgen bei dem zu montierenden Produktspektrum beeinflusst und ggf. vereinfacht werden.

43.3.6 Automatisierte Montage

Mit der Automatisierung der Montage sollen *Wirtschaftlichkeit* und *Produktivität* erhöht werden. Daneben sind die Reduzierung der Belastungen der Mitarbeiter sowie eine Steigerung der Produktqualität wesentlich. Automatische Montagemittel sind technische Einrichtungen, mit denen Montagevorgänge vollständig oder mit manueller Unterstützung automatisiert ausgeführt werden können [2]. Automatisierte Montagesysteme bestehen aus Montagestationen, ihrer Verkettung und der Peripherie. Kennzeichen automatisierter Montagesysteme sind:

- die Art des Aufbaus,
- die Flexibilität, die mit dem Montagesystem realisiert wird und
- der Umfang der automatisierten Bereiche [1].

Für eine wirtschaftliche Integration manueller und automatisierter Montagestationen ist die *Standardisierung des Materialflusses* Voraussetzung. Bei räumlich getrennter manueller und automatisierter Montage sind einheitliche Transportbehälter für die direkte Weitergabe ohne zwischengeschaltete Handhabung der Teile erforderlich (Abb. 43.9). Abfrageelemente für die Positionserkennung, Kodiermöglichkeiten mit Barcodes und RFID-Chips sowie fahrerlose Transportsysteme ermöglichen einen automati-

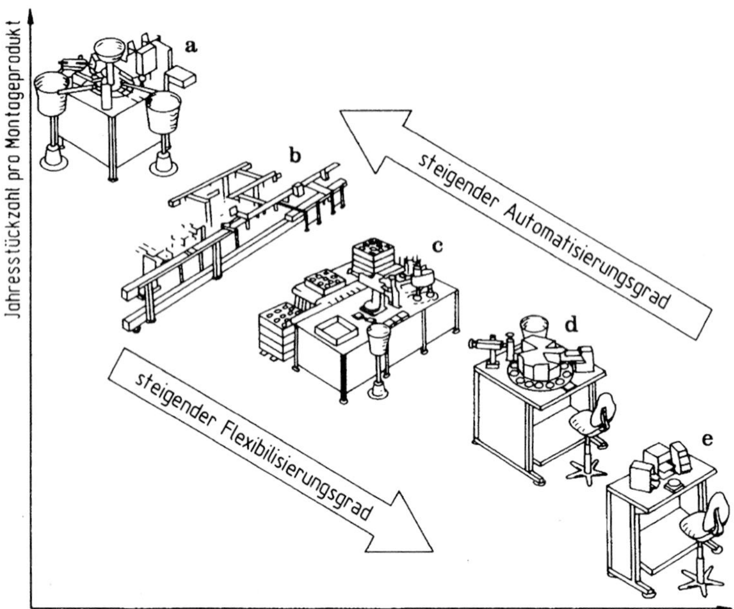

Abb. 43.8 Einsatzbereiche unterschiedlicher Montagemittel. **a** Montageautomat; **b** flexibel automatisierte Montagelinie; **c** flexibel automatisierte Montageinsel; **d** mechanisierter Einzelarbeitsplatz; **e** manueller Einzelarbeitsplatz

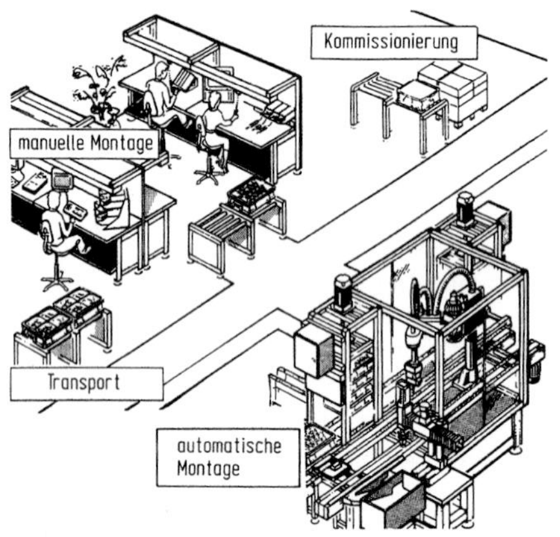

Abb. 43.9 Integrierte manuelle und automatisierte Montage. (Bosch GmbH)

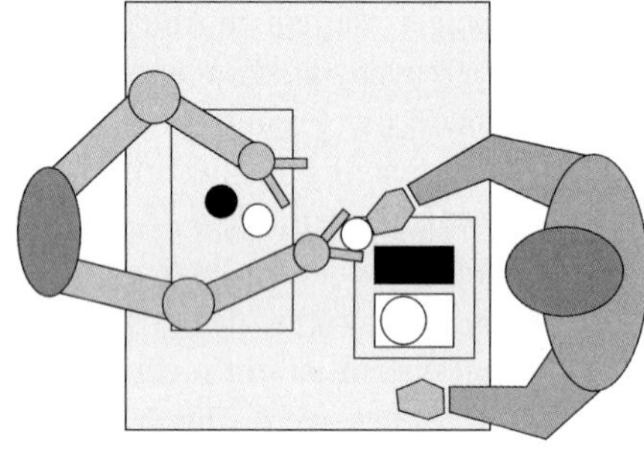

Abb. 43.10 Montageprozess mit Mensch-Maschine-Interaktion

sierten Transport. Durch die Nutzung einheitlicher Transfersysteme lässt sich ein integrierter Materialfluss realisieren. Innerhalb des Montagesystems erleichtern produktspezifische Vorrichtungen eine automatisierte Positionierung und Orientierung der Werkstücke.

Mit steuerungs- und sensortechnischer Fortentwicklung ergeben sich neue Chancen in der Mensch-Maschine Interaktion. Manuelle und automatisierte Einzelverrichtungen können nach Maßgabe von Flexibilitäts- und Produktivitätsanforderungen integriert werden und sind nicht wie bisher aus Sicherheitsgründen vollständig getrennt. Abb. 43.10 skizziert einen Montageprozess mit Mensch-Maschine-Interaktion.

Literatur

Spezielle Literatur

1. Spur, G., Stöferle, Th. (Hrsg.): Fügen, Handhaben, Montieren. Handbuch der Fertigungstechnik, Bd. 5. Hanser, München (1986)
2. Lotter, W.: Montage in der industriellen Produktion. Springer, Berlin (2006)
3. DIN 8593: Fertigungsverfahren Fügen. Einordnung, Unterteilung, Begriffe. Beuth, Berlin (2006)
4. VDI 2860: Montage- und Handhabungstechnik. Handhabungsfunktionen, Handhabungseinrichtungen, Begriffe, Definitionen, Symbole. Beuth, Berlin (1990). Zurückgezogen zur Neugestaltung
5. DIN 8580: Fertigungsverfahren – Begriffe, Einteilung. Beuth, Berlin (2003)
6. VDI 2243: Recyclingorientierte Produktentwicklung. Beuth, Berlin (2002)
7. Gesetz zur Förderung der Kreislaufwirtschaft und Sicherung der umweltverträglichen Bewirtschaftung von Abfällen (Kreislaufwirtschaftsgesetz – KrWG); Bundesministerium für Umwelt, Naturschutz und Reaktorsicherheit (Hrsg.); Anlage 1 G v. 24. Febr. 2012 BGBl. I S. 212 (Nr. 10)
8. Kriwet, A.: Bewertungsmethodik für die recyclinggerechte Produktgestaltung. Hanser, München (1995)

Weiterführende Literatur

9. Hesse, S.: Grundlagen der Handhabungstechnik. Hanser, München (2013)
10. Hesse, S.: Greifertechnik. Effektoren für Roboter und Automaten. Hanser, München (2011)
11. Feldmann, K.: Handbuch Fügen, Handhaben, Montieren. Hanser, München (2014)

43

44 Fertigungs- und Fabrikbetrieb

Engelbert Westkämper und Alexander Schloske

44.1 Einleitung

Dieses Kapitel behandelt die Organisation der Produktion mit seinen Schwerpunkten in den Grundlagen des Managements und der Gestaltung des gesamten Systems der Produktion. Es enthält Aufgaben und grundlegende Methoden einzelner Bereiche der Organisation industrieller Produktionen, die auf der traditionellen Methodenlehre beruhen. Vertieft werden darin die wesentlichen Managementfunktionen der Planung und des Betriebes einschließlich des Auftrags- und Qualitätsmanagements. Die abschließenden Kapitel gehen auf moderne Konzepte der Digitalen Produktion ein und erläutern grundlegende Ansätze integrierter Systeme von Fertigung und Montage. Ferner werden Grundlagen der Kosten- und Wirtschaftlichkeitsrechnung behandelt.

44.2 Das industrielle System der Produktion

► **Definition** Die industrielle und handwerkliche Produktion (Abb. 44.1) ist ein soziotechnisches System, in dem Menschen mit ihrem Wissen und ihren Kompetenzen unter Nutzung von Maschinen aus eingesetzten Ressourcen (Material, Energie und Information (Input)) höherwertige materielle Produkte oder immaterielle Dienstleistungen (Output) herstellen.

Dieser Transformationsprozess dient der Generierung von Wertschöpfung, wobei die Wertschöpfung allgemein monetär durch die Erlöse am Markt abzüglich des Einsatzes der Ressourcen (+/– Veränderung der Bestände) (Input) definiert ist [1, 12, 13].

Das System Produktion ist ein Element der Volkswirtschaften und unterliegt den politischen gesetzlichen und sozialen Regularien und Rahmenbedingungen der Staaten. In dem heutigen Wirtschaftssystem wird zur Produktion Kapital für die Vorfinanzierung der Ressourcen, der Finanzierung der Sachanlagen und des laufenden Betriebs benötigt. Die Kapitalgeber erwarten aus ihrem Engagement einen Gewinn. Die Beschäftigten erwarten eine gerechte Entlohnung ihrer Arbeit. Die Erwartungen der Öffentlichkeit, des Staates und seiner Behörden sowie anderer Organisationen liegen in der Erfüllung gesetzlicher Vorschriften sowie in dem „Funktionieren" eines auf einer hochwertigen Kultur beruhenden Elementes der Gesellschaft.

Das System Produktion [16] beginnt mit der Entwicklung von materiellen oder immateriellen Produkten und endet mit deren Leben (Life Cycle) [2, 3, 6, 7]. Es schließt im erweiterten Sinne alle diejenigen Elemente ein, die auf die Wertschöpfung Einfluss nehmen. Dazu gehören auch

E. Westkämper (✉)
Universität Stuttgart
Stuttgart, Deutschland

A. Schloske
Fraunhofer-Institut für Produktionstechnik und Automatisierung (IPA)
Stuttgart, Deutschland
E-Mail: alexander.schloske@ipa.fraunhofer.de

B. Bender und D. Göhlich (Hrsg.), *Dubbel Taschenbuch für den Maschinenbau 2: Anwendungen*,
https://doi.org/10.1007/978-3-662-59713-2_44

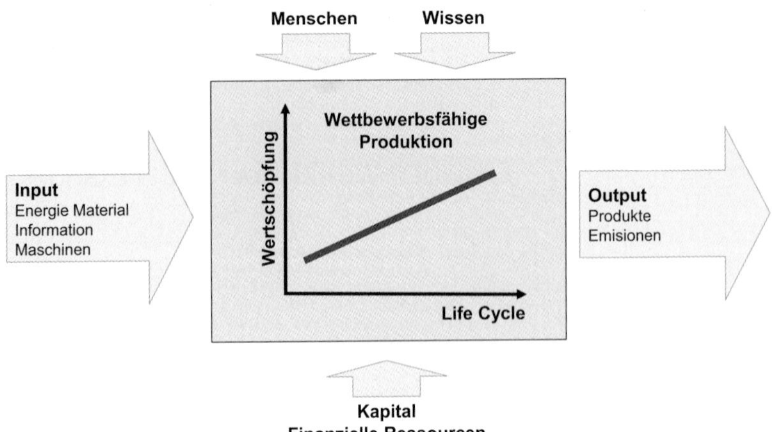

Abb. 44.1 Wertschöpfung durch industrielle Produktion © Westkämper, Löffler

öffentlich-rechtliche Einrichtungen wie Institute und Dienstleistungsorgane (Energie, Material etc.) sowie Forschungs- und Entwicklungsinstitute [1]. Zum System der Produktion müssen ferner die externen Hersteller der Zulieferindustrie sowie alle Fabrikausrüster und Dienstleister entlang des Lebenslaufes der Produkte (Vernetzung) gerechnet werden. Das wichtigste Ziel dieses Systems ist die Generierung eines maximalen Nutzens aus jedem Produkte für alle Akteure. Der Nutzen wird üblicherweise monetär bewertet. Als Messgrößen dienen die ökonomische, ökologische und soziale Effizienz des Systems, wobei eine hohe Effizienz sich nicht allein auf der Effizienz der einzelnen Prozesse sondern auch auf die Effizienz des Systems und seiner Relationen im Materialfluss, Energiefluss sowie Informationsfluss gründet. Das System Produktion (Abb. 44.2) dient allein dem Zweck der Generierung von Nutzen für Kunden und Märkte, für den diese auch bereit sind, zu bezahlen.

Zahlreiche externe und interne Faktoren beeinflussen das System Produktion [1, 4, 6, 7, 8, 10]. Dazu zählen die verschiedenen Märkte, die Technologien und die Rahmenbedingungen (z. B. Gesetze, Tarife, Kulturen etc.), die sich permanent ändern und das System instabil machen. Das System Produktion ist hochdynamisch und bedarf der permanenten Anpassung an die sich verändernden externen wie internen Einflussfaktoren. In der heutigen Zeit mit seinen globalen Wettbewerbsbedingungen sind Wandlungsfähigkeit und Flexibilität herausragende Eigenschaften des Systems Produktion, um in turbulenten Umgebungen überlebensfähig zu bleiben (Robustheit, Adaption, Resilienz) [8, 9, 10].

Das System Produktion kann in 7 Ebenen skaliert werden [8, 12]. Oberste Ebene ist das Produktionsnetzwerk bzw. der Verbund mehrerer Standorte und Zulieferer darunter liegen die Systemebenen der Fabriken, der Produkt- oder Technologiesegmente, der Fertigungs- und Montagesysteme, der Maschinen und Arbeitsplätze und in der untersten Ebene die technischen Prozesse, in denen die reale Wertschöpfung stattfindet. Alle Elemente können wiederum als eigene Subsysteme mit Elementen aus Prozessen und ihren Relationen gesehen werden [16]. Die Systemsicht ermöglicht es dem Management, die Wirkungen einzelner Maßnahmen und Ereignisse zu erkennen und die Adaption der Systeme zu betreiben.

Die Fabriken sind das Herzstück des Systems Produktion, da in ihnen die Produkte und Leistungen durch Fertigung und Montage erzeugt werden. Fabriken sind in der arbeitsteiligen Welt miteinander in den Supply Chains vernetzt und können als komplexe Produkte verstanden werden. Fabriken selbst haben einen Lebenslauf, der mit ihrem Bau beginnt und mit einem Rückbau endet [1]. Fabriken haben in der Regel regionale Wurzeln, die in der Gesellschaft verankert sind und zu ihrem Erfolg in hohem Maße beitragen. Der Fabriklebenslauf ist an den Lebenslauf der in ihnen erzeugten Produkte gekoppelt, unterscheidet sich jedoch in der Lebenszeit gravierend.

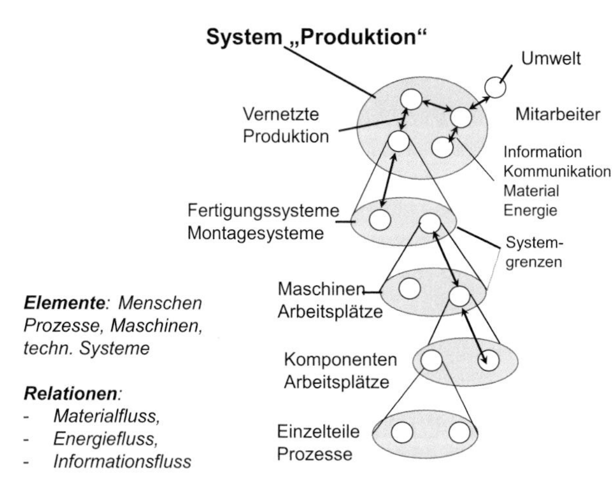

„Produktion macht Wissen zu realer Wertschöpfung“

Die Produktion ist ein soziotechnisches System aus Elementen und Relationen

Das System ist aufgrund vieler dynamischer Einflussfaktoren (Märkte, Technologien, Organisation, Gesetze, Regularien etc.) instabil;
*Seine **Effizienz und Effektivität** hängt von der Leistungsfähigkeit seiner Elemente und deren Relationen **(Vernetzung)** ab.*

*In der turbulenten Umgebung sind nur Systeme überlebensfähig, deren Struktur sich **permanent anpassen** kann.*

***Wissen** ist die treibende Kraft zur schnellen Adaption der Systeme und zur Erzielung von Höchstleistung.*

Abb. 44.2 Das System „Produktion“ – ganzheitliche Sicht auf das System aus Elementen und Relationen

Die Lebenszeit der Produkte ist in der Regel kürzer als die der Fabriken; folglich müssen diese häufig umgebaut, dem Stand der Technik entsprechend modernisiert und gewandelt werden, um wettbewerbsfähig zu bleiben [8]. Diese Adaption beginnt normalerweise mit der Planung, schließt aber Maßnahmen zum Erhalt der Betriebsfähigkeit und zur Rationalisierung bzw. Optimierung mit ein.

Die Produktion von Gütern und Dienstleistungen (Produkte) ist Bestandteil der Kreislaufwirtschaft zur Befriedigung der Bedürfnisse der Menschen und versucht diese mit möglichst hoher Effizienz unter Einsatz technischer Mittel zu erfüllen [2, 3]. Damit erfährt der klassische Begriff der Produktion eine Erweiterung in Richtung eines ganzheitlichen Produkt-Lebenszyklus (Product-Life-Cycle), der von der Herstellung über den Betrieb/Service bis zum Recycling führt [1].

Das Bild (Abb. 44.3) zeigt die wesentlichen Phasen von den Rohstoffen bis zu der Wiedergewinnung von Material und Energie sowie die Prozessketten, die durchlaufen werden. An diesen sind zahlreiche Unternehmen mit spezialisierten Kompetenzen und Ressourcen beteiligt.

Die Prozesskette der Produktion beginnt mit der Gewinnung und Verarbeitung materieller Rohstoffe. Ein rohstoffarmes Land wie Deutschland muss die Veredelung sowie die Be- und Verarbeitung in den Mittelpunkt der Wirtschaft stellen, um eine hohe Wertschöpfung zu erreichen. Die Werte der erzeugten Produkte sind von den Bedarfen der Märkte und Kunden abhängig. Diese markt- und kundenbezogene Orientierung beherrscht das Management des gesamten Systems Produktion. Forschung trägt dazu bei, die Eigenschaften der Produkte zu entwickeln, die sowohl bedarfsgerecht sein müssen als auch Vorteile im Wettbewerb der Unternehmen erzeugen können. Die Kunden erwarten heute von den Unternehmen fehlerfreie, zuverlässige und preiswerte Produkte, die kurzfristig zum gewünschten Termin geliefert werden können. Marketing, Vertrieb, Auftragsmanagement sind die kundennahen Funktionen, welche die Bedarfe für die beteiligten Akteure in den Prozessketten ermitteln und deren Ausführung organisieren. Aufgrund der zunehmenden Individualisierung der Kundenwünsche steigen die Aufwendungen für die Konstruktion und die Vorbereitung der Produktion.

Die Verantwortung für die Produkte geht über deren Herstellung hinaus und bezieht die Operationen beim Nutzer sowie ggf. das Recycling mit ein. Unternehmen haben erkannt, dass der „After-Sales“ Bereich des Produktlebens (Life Cycle) Gegenstand weiterer ertragreicher Wertschöpfung ist [10]. Produktbegleitende Dienst-

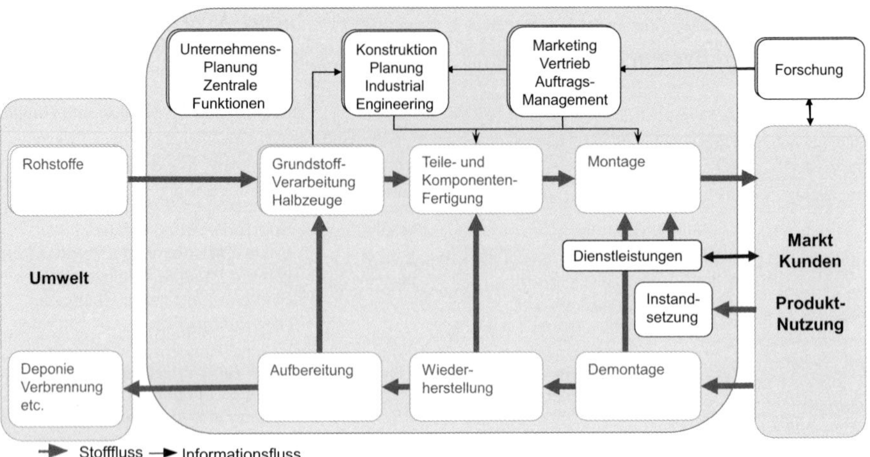

Abb. 44.3 Die Produktion in der Kreislaufwirtschaft

leistungen bis zum Lebensende umfassen neben der Instandhaltung auch viele weitere Services, die zum Nutzen der Produkte beitragen. Diese können auf der Anwendung industrieller Methoden und auf den Kompetenzen der Hersteller (Unternehmen) beruhen. Sie erhalten durch die Verfügbarkeit von Informationen jederzeit und an jedem Ort sowie der Verknüpfung der Produkte mit dem Internet neue Impulse.

Am Ende der Nutzung der Produkte habe diese in der Regel noch immer einen Wert, der ihre Rückführung in den Wirtschaftskreislauf rechtfertigt. Produkte können nach ihrer Demontage wiederhergestellt oder mehr oder weniger wiederaufbereitet werden. Lediglich die nicht wiederverwendbaren Elemente wie z. B. Gefahrstoffe landen in Deponien oder in Verbrennungsprozessen, die der energetischen Verwertung dienen können. Der gesamte Kreislauf enthält auch Abfallstoffe und benötigt Energie, deren Minimierung eines der wichtigsten Ziele produktionstechnischer Forschung ist.

Im Fazit kann festgestellt werden, das die Optimierung des gesamten Systems [15, 20] der Produktion unter ökonomischen, ökologischen und sozialen Gesichtspunkten die zentrale Herausforderung für das Management der industriellen Produktion ist. Das Management des Systems Produktion, welches auch mit den klassischen Begriffen der Fertigung (incl. Montage) und des Fabrikbetriebs bezeichnet wird, hat folglich eine ganzheitliche systemtechnische Sicht bei der Gestaltung, Organisation und Optimierung mit einer zeitlichen Perspektive von jetzt (Echtzeit, µsec, Minuten) über kurz- (Stunden, Tage, Wochen), mittel- (Monate, Jahre) bis langfristige Zeiträume (Jahre). Das Management des Systems hat die Aufgabe der Organisation und permanenten Adaption und der Sicherstellung der Effizienz des gesamten Systems durch Optimierung der Prozesse und ihrer Relationen in den Prozessketten vom Beginn bis zum Ende des Produktlebens.

44.3 Management des Systems Produktion

Das Management der Produktion umfasst das gesamte System [15, 16, 19, 20] in allen Skalen und allen Funktionen. Die vom Management zu erledigenden Aufgaben im System Produktion umfassen die gestaltenden und vorbereitenden Funktionen von der strategischen Planung über die Produktentwicklung und Produktionsvorbereitung bis zum Vertriebs- und Auftragsmanagement und den Betrieb, d. h. die operative Ausführung der geplanten Prozesse. Die operative Ausführung liegt in den Bereichen der Vorfertigung, der Teilefertigung und Montagen sowie im Vertrieb und Recycling. Zur Optimierung des gesamten Systems bedarf es eines Monitoring der Produkte im Markt und der Prozesse sowie der

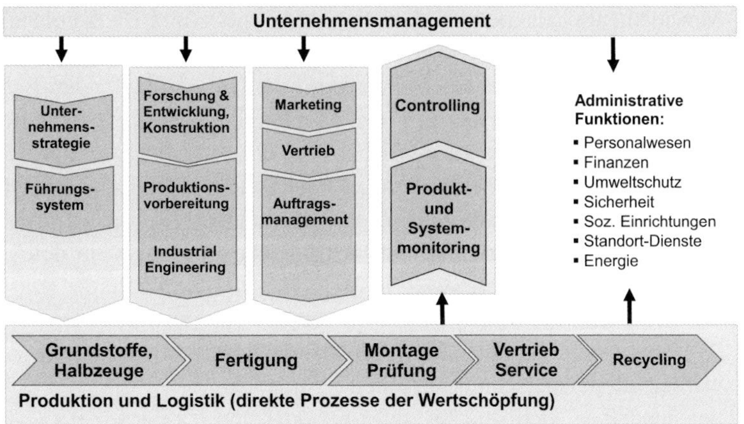

Abb. 44.4 Funktionsbereiche produzierender Unternehmen

Maßnahmen zur Sicherstellung bzw. Verbesserung der wirtschaftlichen Ergebnisse. Industrielle Unternehmen verfügen über zusätzliche meist zentrale Dienstleistungsfunktionen, die zum Teil gesetzlich vorgeschrieben sind oder der Sicherung des Betriebes dienen. Die folgende Abbildung (Abb. 44.4) zeigt in einer stark vereinfachten Form eine Übersicht über die wesentlichen Funktionsbereiche der Organisation eines produzierenden Unternehmens.

Die strategische Planung ist in der Regel eine langfristig angelegte Unternehmensplanung mit quantifizierten Produkt- und Marktzielen sowie Vorgaben für die einzusetzenden Ressourcen (Kapital, Personal, Energie etc.). Das Führungssystem umfasst die Ablauf- und Aufbauorganisation bzw. Verantwortlichkeiten einzelner Organisationseinheiten. In einigen Unternehmen enthält es auch die methodischen Grundsätze des Managements nach ganzheitlichen Gesichtspunkten (z. B. Toyota Produktionssystem) [21, 22, 24–26].

Die Aufgaben der Entwicklung und Konstruktion sind für jedes Produkt auszuführen. Sie werden durch die Forschung getrieben und definieren die Produkttechnologien sowie die technischen Funktionen und Eigenschaften (Details) eines Produktes nach Maßgabe der Kundenanforderungen und der zu berücksichtigenden Fertigungsverfahren. Die Produktionsvorbereitung bzw. das Industrial Engineering umfasst die Festlegung wer, wie und womit eine Fertigungsaufgabe auszuführen soll und liefert die mengenunabhängigen Informationen als Vorgaben an die ausführenden Bereiche in Fertigung und Montage. Dazu gehört auch die Vorbereitung bzw. Herstellung produktspezifischer Betriebsmittel wie Vorrichtungen und Werkzeuge.

Die Aufgabengruppe vom Marketing über den Vertrieb bis zum Auftragsmanagement liefert die mengen- und terminbezogenen Informationen und stellt die termingerechte Bereitstellung von Eigen- und Zukaufteilen sicher. Ferner sind sie maßgeblich für die Bestände an unfertigen oder fertigen Produkten sowie die Auslastung der Kapazitäten Maschinen und Anlagen durch eine Optimierung der Logistik zuständig [38, 51, 53, 54].

Planung und Fabrikbetrieb gehen Hand in Hand, werden jedoch vielfach sequentiell ausgeführt, da in den Planungen die einmalige Vorbereitung und im Fabrikbetrieb die Reproduktion bzw. Wiederholung von Prozessen im Mittelpunkt stehen.

► **Definition** Die **Planung bzw. Vorbereitung** richtet sich auf die Struktur und Arbeitsweisen der Produktion und seiner Prozesse. Sie geht von den Anforderungen der herzustellenden Produkte, den voraussichtlich zu produzierenden Mengen bzw. Stückzahlen, den benötigten Technologien und Verfahren sowie den organisationalen Rahmenbedingungen wie z. B. Arbeitszeiten aus und liefert Vorgaben und Anweisungen an die Arbeitsplätze.

► **Definition** Der **Fabrikbetrieb** umfasst die Ausführung der geplanten Operationen und das

Management der laufenden Aufträge. Die sogenannte Auftragsabwicklung beginnt bei den Kundenanfragen und schließt die Disposition von Unteraufträgen sowie die Logistik ein. Der Fabrikbetrieb wird durch das betriebliche Controlling mit steuernden und überwachenden Funktionen ergänzt, um im laufenden Betrieb eine maximale Nutzung der Ressourcen und wirtschaftliche Produktion sicherzustellen.

Die beiden funktionalen Aufgabengebiete werden durch Querschnittsaufgaben ergänzt. Dabei handelt es sich um das Informations- und Datenmanagement, mit dem die Verfügbarkeit relevanter aktueller Informationen jederzeit an jedem Arbeitsplatz sichergestellt werden kann und um das Qualitätsmanagement. Letzteres stellt sicher, dass ein produzierendes Unternehmen alle Anforderungen an Produkte oder an Dienstleistungen seitens der Kunden hinreichend erfüllt. Beide Querschnittsaufgaben sind elementar für die gesamte Prozesskette im Lebenslauf der Produkte.

44.3.1 Operative Ziele der Planung und des Fabrikbetriebes

▶ **Definition** Ziel der Produktion (im engeren Sinne) ist die Entwicklung und Herstellung von qualitativ hinreichenden Produkten mit minimalem Aufwand an Zeit und Kosten.

Das gesamte System Produktion folgt bei der Gestaltung des Systems bzw. der Planung und dem Fabrikbetrieb den folgenden Kernzielsetzungen:

- **Hohe Qualität**: Erfüllung der zugesagten Produktmerkmale und -eigenschaften;
- **Kurze Zeiten**: Stückzeiten, Rüstzeiten, Durchlaufzeiten
- **Niedrige Kosten:** Stückosten, Gemeinkosten, Kosten der Bestände

Diese Ziele werden in den Unternehmen durch umfassende Leistungsvorgaben ergänzt und erhalten eine Konkretisierung durch die Geschäfts- und Budgetplanung. Sie haben zum Teil gegenläufige Wirkung und bedürfen der Optimierung im laufenden Betrieb. Vielfach werden die operativen Ziele durch spezifische Zielvorgaben ergänzt wie z. B. Effizienzziele: Energieverbrauch, Materialverbrauch oder Auslastungsziele. Viele Unternehmen haben dazu ein Kennzahl- und Zielsystem definiert, das Grundlage für Zielvereinbarungen zwischen dem Management und den ausführenden Organisationseinheiten ist.

44.3.2 Gestaltungsprinzipien der Produktion

Unter dem Einfluss der globalen Bedingungen und der technologischen Veränderungen haben Industrieunternehmen in den vergangenen Jahren verstärkt nach Gestaltungsprinzipien für die Systeme der Produktion gesucht, die Wettbewerbsvorteile versprechen. Der Wandel vom Anbietermarkt zum Käufermarkt führte zu flexibleren Organisationsformen und zugleich zu Produktionssystemen mit hohem Automatisierungsgrad. Die wichtigsten aktuellen Gestaltungsprinzipien zeigt das folgende Bild (Abb. 44.5).

Die ganzheitliche Sicht auf die Produktion kennzeichnet moderne Produktionssysteme und ist zugleich der Leitfaden für die Gestaltung der Organisation [24–26, 29, 32, 51, 53, 54]. Die Leitfäden der Gestaltung basieren auf Methoden und Prinzipien, deren Wirkung aus der Systematisierung entsteht [34–36].

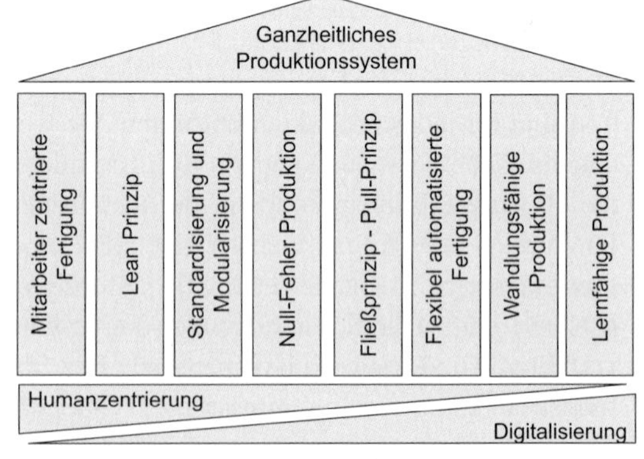

Abb. 44.5 Gestaltungsprinzipien moderner Systeme der Produktion

Im Bereich kleiner Stückzahlen und hoher Produktkomplexität haben sich Organisationsformen mit einer Mitarbeiterzentrierung bewährt. In mitarbeiterzentrierten Organisationen liegt der Schwerpunkt auf einer hohen Eigenverantwortung, Selbstorganisation und auf der Nutzung von (gelerntem) Wissen. Dieses Gestaltungsmerkmal findet sich auch in den verschiedenen Prinzipien der Lean Produktion. Hier gehören Methoden der kontinuierlichen Verbesserung und zugleich der Eliminierung nicht-wertschöpfender Prozesse zu den charakteristischen Merkmalen der Systeme. Die verwendeten Methoden sind einfach. Beispiele sind: Fließprinzipien wie „one piece flow" oder getaktete Fließfertigungen. Diese Prinzipien eignen sich besonders für Serienfertigungen mit geringer Varianz der Produkte.

Ein anderer Ansatz ist auf die Beherrschung der Komplexität bei variantenreichen und kundengetriebenen Serien gerichtet. Standardisierung und Modularisierung beginnen bereits in der Konstruktion und lassen sich bis in die Fertigung übertragen. Sie reduzieren den Umrüstaufwand und tragen zur Flexibilität bei. Die Prinzipien der Nullfehler-Produktion sind auf präventive Maßnahmen zur Bekämpfung von Fehlerquellen und Fehlerursachen ausgerichtet.

Fließprinzipien sind nach wie vor für Produkte mit hoher Wiederholhäufigkeit geeignet. Sie können durch Pull-Prinzipien modifiziert werden, um kürzere Durchlaufzeiten und höhere Termintreue zu erreichen. Flexibel automatisierte Fertigungen und Montagen erreichen einen hohen Automatisierungsgrad in den Prozessen der Fertigung und in der Ver- und Entsorgung mit Material (Logistik). Sie sind in der Regel in die betrieblichen Informationssysteme integriert. Wandlungsfähige Fertigungen sind dadurch gekennzeichnet, dass sie in der Struktur variiert werden können und technische wie zeitliche Korridore durch eine permanente (Re-) Konfiguration ausdehnen. Sie besitzen Eigenschaften der Selbstoptimierung und Selbstorganisation. Lernfähige Systeme nutzen moderne Informations- und Kommunikationstechniken mit eingebetteten Methoden des Wissensmanagements und setzen auf Lerneffekte im System.

Der informationstechnische Vernetzungsgrad der Prozesse, der auch als Systemintegration bezeichnet wird, ist heute sehr weit fortgeschritten, so dass nahezu kein Arbeitsplatz und keine Maschine sowie kein technisches System ohne eine Anbindung an die Informations- und Kommunikationssysteme der Unternehmen betrieben werden. Die Digitalisierung hat die Ablauf-Organisation der Produktion grundlegend verändert. Dennoch bleibt die funktionale Aufgabenteilung zwischen Planung und Betrieb im Grundsatz bestehen.

44.4 Planung und Steuerung der Produktion

Generell kann festgestellt werden, dass die Planungsbereiche der Unternehmen vor dem Beginn einer Herstellung festlegen, wer, wie, wann, was und womit die Fertigungsaufgaben auszuführen hat und führen die notwendigen Maßnahmen zur Vorbereitung der Produktion nach Maßgabe der Gestaltungsprinzipien und Zielsetzungen durch.

44.4.1 Planung der Produktion – Industrial Engineering

Die Planung ist eine Voraussetzung zur Erzielung hoher Leistungen im System der Produktion. Nach wie vor liegt den Planungen das Paradigma von Taylor zu Grunde, nach dem die Planung vor Beginn der Ausführung detailliert festlegt, wie Aufgaben ausgeführt werden sollen. Ein wesentliches Merkmal der Planung ist die Verwendung wissenschaftlich gesicherter Methoden und in den sogenannten „ganzheitlichen Produktionssystemen" festgelegten Methoden zur Optimierung. Vielfach werden die Aufgaben der Planungsabteilungen auch „Industrial Engineering" (Abb. 44.6) genannt, bei denen die Verwendung grundlegender Methoden der Rationalisierung und Optimierung im Mittelpunkt stehen. Das Industrial Engineering [17, 28, 29] moderner Prägung (Advanced) unterscheidet sich von der traditionellen Arbeitsweise durch eine höhe-

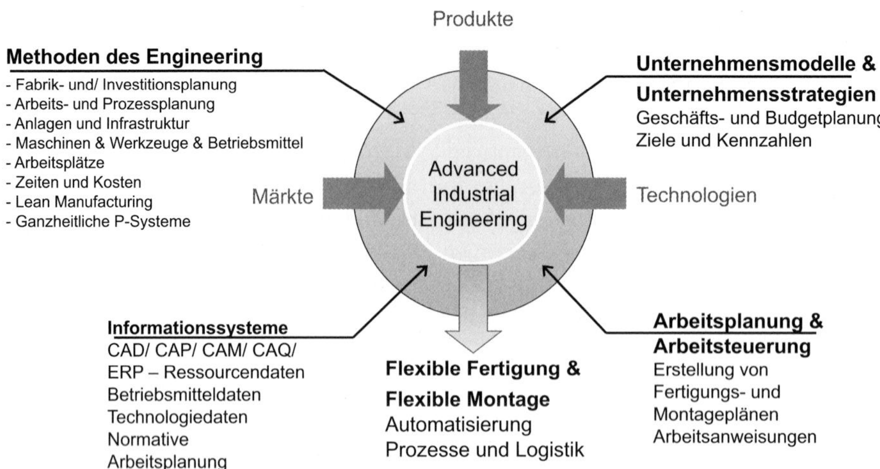

Abb. 44.6 Advanced Industrial Engineering

re Kooperation und simultanes statt sequentielles Arbeiten sowie durch die Digitalisierung bzw. Nutzung digitaler Systeme.

Das Industrial Engineering bzw. die Arbeitsplanung ist das zentrale Bindeglied zwischen der Konstruktion und der Teilefertigung und Montage. In der Vergangenheit stand die Arbeitssystemgestaltung mit Methoden im Mittelpunkt der IE-Abteilungen. In der heutigen Zeit werden die Aufgaben umfassender gesehen und beziehen sich auf das gesamte System, in dem nahezu alle Planungsaufgaben mit Rechnerunterstützung und hohem Integrationsgrad ausgeführt werden [18, 20, 26, 36]. Eine Planung mit weitreichender IT-Unterstützung, die unter dem Begriff „Advanced Industrial Engineering" zusammengefasst werden kann [17, 36], versteht man ein Integriertes Konzept mit allen Aufgaben der Vorbereitung und Optimierung des gesamten Systems Produktion. In diesem Konzept sind die klassischen Aufgaben der Planung, die im Folgenden „traditionelle Arbeitsvorbereitung" genannt wird, ein Kernbereich.

Dazu stehen den Planern Informationssysteme mit Funktionen der CAx Familien ebenso wie der Zugang zu den innerbetrieblichen Ressourcen- und Wissensdatenbanken zur Verfügung. Moderne Systeme der „digitalen Fabrik" besitzen einen hohen Integrationsgrad und haben Zugang zu Wissensspeichern mit Technologie und Prozessdaten.

In den Anwendungssystemen der digitalen Fabrik sind Methoden der traditionellen Arbeits- und Zeitwirtschaft verankert, die insbesondere durch die REFA Methodenlehre [36, 39, 40] begründet wurde. Methoden tragen dazu bei, die gesamte Produktionsvorbereitung sowie die Ausführung der Operationen zu systematisieren und zu optimieren. Die wichtigsten Methoden sind in der Abbildung angeführt [42–46]. Da die traditionellen Methoden auch in die digitalen Systeme der Planung eingeflossen sind, sollen in diesem Kapitel die Grundlagen nach der REFA Methodenlehre dargestellt werden, bevor auf die Konzepte der Digitalen Fabrik eingegangen wird.

Ausgangspunkt für die Planung sind die externen oder internen Produktanforderungen [18, 19] und die in der Entwicklung definierten Merkmale und Eigenschaften der Produkte. Aus diesen Anforderungen wird in der Konstruktion ein fertigungs- und verkaufsfähiges Produkt definiert, das in sogenannten Bauunterlagen wie Zeichnungen und Stücklisten dokumentiert wird. Die Bauunterlagen enthalten auch heranzuziehende Normen und Richtlinien sowie die Toleranzvorgaben. Die juristische Haftung für die Produkte liegt in der Regel bei der Entwicklung und Konstruktion. Die Fertigung hat den Beweis zu bringen und ggf. durch Dokumente zu belegen, dass die Toleranzen, Normen und Vorschriften eingehaltenwurden.

Die Ablauforganisation der traditionellen Arbeitsvorbereitung kann in Funktionen und Berei-

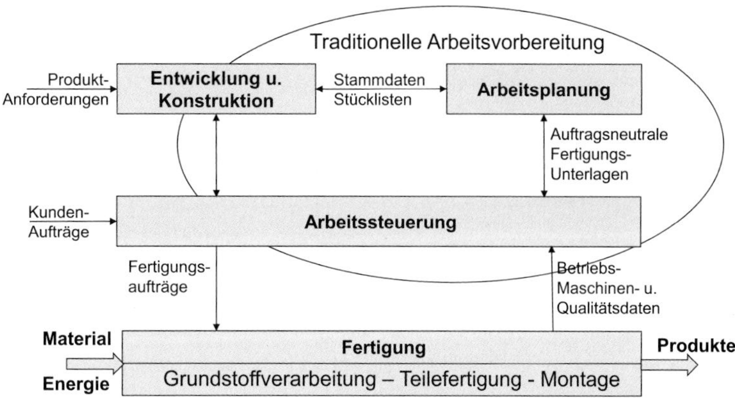

Abb. 44.7 Bereiche der Produktion mit traditioneller Arbeitsvorbereitung

che untergliedert werden wie sie in Abb. 44.7 dargestellt sind. Die traditionelle Arbeitsvorbereitung gliedert sich in Arbeitsplanung und Arbeitssteuerung [39, 40]. Die Arbeitsteuerung ist in modernen Organisationen ein Aufgabengebiet des Auftragsmanagements. Sie generiert die Fertigungsaufträge aus den Kundenaufträgen und den auftragsneutralen Fertigungsunterlagen durch Hinzufügen der Mengen und Termine (siehe Abschn. 44.4.3). Die Fertigung schließlich stellt aus den gelieferten Materialien und mit den Informationen der Konstruktion, Arbeitsplanung und Arbeitssteuerung die Produkte her.

44.4.2 Traditionelle Arbeitsplanung

► **Definition** Die Arbeitsplanung in der traditionellen Organisation der Unternehmen – definiert durch REFA und AWF [36, 39, 40] – umfasst die Gesamtheit aller Maßnahmen einschließlich der Erstellung aller erforderlichen Unterlagen und Betriebsmittel, die durch Planung, Steuerung und Überwachung die Fertigung von Erzeugnissen entsprechend der Produktionsstrategie gewährleisten.

Die Arbeitsplanung hat die Aufgabe die für die Produktion benötigten Unterlagen und Anweisungen zu ermitteln und festzulegen. Diese fließen nicht allein in die ausführenden Bereiche der Fertigung und Montage sondern werden auch für Zwecke der Investitions- und Personal- bzw. Beschäftigungsplanung sowie für das innerbetriebliche Controlling benötigt.

Die Arbeitsplanung arbeitet ausgehend von den Bauunterlagen die auftragsneutralen Fertigungsunterlagen aus. Dabei werden die Verknüpfung zwischen dem Produkt und den zur Verfügung stehenden Fertigungsverfahren geschaffen. Weil nach der Konstruktion schon zu einem großen Teil die Fertigungsverfahren festgelegt sind, ist es notwendig, dass Arbeitsplanung und Konstruktion eng zusammenarbeiten. Die Schnittstelle zwischen der Entwicklung und Konstruktion und der Arbeitsplanung hat eine wesentliche Funktion zur Sicherung der Herstellbarkeit und Reproduzierbarkeit unter den realen Bedingungen der Fertigung. Ferner liegt darin eine wesentliche Aufgabe zur Optimierung von Kosten und Zeiten sowie zur Sicherung der Qualität. Unternehmen richten in den organisatorischen Schnittstellen zwischen Entwicklung und Planung deshalb Abteilungen für das „Simultaneous Engineering“ [47, 48] ein und verwenden methodische Arbeitsweisen wie das „Design to Cost“, [12] um die besten Lösungen für die Gestaltung der Produkte und ihre Herstellung zu finden.

Die Arbeitsplanung umfasst alle einmalig zu definierenden Vorgänge der Produktion. Diese beziehen sich auf die Gestaltung des Erzeugnisses, die Planung und Bereitstellung der Betriebsmittel und schließen mit der Freigabe der Pläne für die Fertigung ab.

44.4.2.1 Arbeitsablaufplanung

Die Arbeitsplanung kann nach einer REFA-Definition [40] weiter in die Arbeitsablaufplanung und die Arbeitssystemplanung unterteilt werden.

Tätigkeitsbereiche der Arbeitsplanung						
Stücklisten-verwaltung	**Arbeitsplan-erstellung**	**Zeitplanung**	**NC/RC Programmierg.**	**Prüfplanung**	**Kosten-planung**	**Material-planung**
Erstellen von Fertigungs- und Montage-stücklisten	Auswahl des Ausgangsteils Festlegung der Fertigungs-verfahren Konstruktion, Planung der Fertigungsmittel Festlegung der Arbeits-vorgangsfolgen	Ermittlung der Vorgabezeit - Messen - Verfahren vorbestimmter Zeiten - Berechnen	Erzeugen und Verwalten von Programmen für CNC-Maschinen Roboter Prüfanlagen Betriebsmittel Logistikmittel-Transport	Verwaltung von Prüfmitteln Erstellen von Prüfplänen und Prüfanweisungen	Stückkosten Kalkulation Plan-Kosten Verfahrens-vergleiche Produktivität Rentabilität Amortisation Kennzahlen	Bestände Beschaffung Bereitstellung

Abb. 44.8 Tätigkeitsbereiche der Arbeitsplanung

Die Hauptaufgabe der Arbeitsablaufplanung ist das Erstellen der Arbeitspläne. Diese sind neben den Zeichnungen und den Stücklisten ein weiteres Grunddokument der Produktion. Die von den Planungen erstellten Anweisungen erfüllen eine normative Funktion als Sollvorgaben für die rationelle Ausführung der Prozesse und zum Nachweis der Fertigungsweise in dokumentationspflichtigen Produktbereichen.

Die Informationen, die ein Arbeitsplan (Abb. 44.8) enthalten soll, sind durch die Aufgaben festgelegt, die in den verschiedenen Bereichen des Unternehmens zu bewältigen sind. Nach REFA enthalten Arbeitspläne identifizierende Daten (Kopfdaten), Arbeitsvorgangsbezogene Daten und Freigabedaten.

Kopfdaten des Arbeitsplanes: Teilebenennung, Teilenummer, Werkstoff bzw. Rohmaterial, Abmessungen, Losgrößenbereich, Bearbeiter, Datum, Freigabevermerk bzw. Gültigkeit.

Arbeitsvorgangsbeschreibende Daten: Arbeitsvorgangsnummer, Bezeichnung des Arbeitsvorgangs, Kostenstelle, Maschinennummer, Maschinenbenennung, CNC-Programme, Werkzeuge und Vorrichtungen bzw. Prüfmittel, Lohngruppe, Rüstzeit, Zeit je Einheit sowie gegebenenfalls Erläuterungen.

Freigabedaten: Freigabeunterschriften, Planer, Datum etc.

Die Arbeitsvorgangsbeschreibenden Daten sind Anweisungen an Maschinenbediener zur Durchführung einzelner Arbeitsgänge. Vielfach werden dabei auch die Einstelldaten und die einzusetzenden Betriebsmittel vorgegeben. Den Zeitangaben (Rüstzeiten, Zeit je Einheit) liegt in den meisten Betrieben eine Gliederung REFA zugrunde (Abb. 44.9). Das REFA System beruht auf Zeitstudien mit Zeitmessung nach festgelegten Regeln oder Betriebsvereinbarungen [40–42]. Vorgabezeiten sind Planzeiten für von Menschen und Betriebsmitteln ausgeführten Arbeitsvorgängen. Sie dienen als Basis für leistungsfördernde Entlohnung.

Die Ermittlung der Arbeitsvorgänge, der Vorgangsfolgen und der Ausführungszeiten bzw. der Fertigungszeiten ist die wichtigste Aufgabe der Arbeitsplanerstellung. Die Vorgänge beschreiben die Operationen und Fertigungsverfahren mit den Angaben zu den Prozess- und Einstellparametern für die Durchführung. Die Vorgangsfolgen legen den technisch optimalen Ablauf der Herstellung unter Berücksichtigung der vorhandenen Maschinen und Betriebsmitteln fest. Die Fertigungszeiten sind planerisch ermittelte Vorgabezeiten und dienen der Kalkulation sowie der Termin- und Kapazitätsplanung. Die für die Zeitermittlung eingesetzten Methoden sind in der Regel in Betriebsvereinbarungen festgelegt, da sie zur Entlohnung benötigt werden. Die Zeitermittlung kann mit verschiedenen Verfahren – wie Abb. 44.9 dargestellt – erfolgen.

Mit zunehmender Detailierung steigt auch der Aufwand der Zeitermittlung. Bei maschinellen Operationen können die Fertigungszeiten aus den kinematischen Abläufen und Bewegungen berechnet werden. Die Ermittlung von Zeiten für manuelle Verrichtungen ist dagegen weitaus schwieriger, da ein sorgfältiges Arbeitsstudium

Abb. 44.9 Verfahren zur Ermittlung von Zeitdaten

Datenermittlungsmethode	Datenermittlungsverfahren
Messen	• REFA-Zeitaufnahme • Verteilzeitaufnahme • Ist-Zeitaufnahme
Zählen	• Multimoment-Häufigkeitsaufnahme • Multimoment-Zeitaufnahme
Rechnen	• Prozeßzeiten • Planzeiten
Vergleichen und Schätzen	• Pauschales Schätzen • Schätzen nach PERT • Detailliertes Schätzen • Schätzen mit Zeitklassen
Systeme vorbestimmter Zeiten	• MTM - Analysier- und Aufbauverfahren • WORK-FACTOR-Analysierverfahren
Selbstaufschreiben	• Mitarbeiter • Selbsttätig registrierende Meßgeräte
Befragen	• Interviewtechnik

mit Bezug zu arbeitswissenschaftlichen Normativen zur Feststellung der Normalzeiten erfolgen muss [44, 46]. Angefangen bei Schätzungen und Selbstaufschreibung reicht die Bandbreite der Verfahren zur Ermittlung der Zeitdaten bis hin zu analytischen und synthetischen Methoden, bei denen Arbeitsabläufe aus grundlegenden Zeitelementen [10, 12, 15, 26, 28] so zusammengesetzt werden, dass ein optimaler Ablauf bei normaler Leistung erreicht werden kann.

In Serien- und Massenfertigungen mit vorwiegend manuellen Arbeitsinhalten werden vielfach Systeme vorbestimmter Zeiten verwendet [28]. Dieses sind Verfahren, mit denen Zeiten auf der Grundlage elementarer Operationen mit Hilfe von Zeittabellen für das Ausführen solcher Vorgangselemente bestimmt werden können, die vom Menschen voll beeinflussbar sind (z. B. manuelle Montage). Die bekanntesten Verfahren sind MTM (Methods Time Measurement) und Work Factor [26, 28]. Die Anwendung von Verfahren vorbestimmter Zeiten erfordert eine detaillierte arbeitsplatzbezogene Analyse unter Berücksichtigung einer ergonomisch optimierten Gestaltung der Arbeitsplätze.

Die Gliederung der Fertigungszeiten (Abb. 44.10) erfolgt in der Regel nach dem normativen Zeitschema, das von REFA definiert wurde [40, 41]. Dieses Zeitschema kennt die Auftragszeiten mit Zeitanteilen für das Rüsten der Arbeitsplätze und den Ausführungszeiten für einen Auftrag. Die Ausführungszeiten gliedern sich in die Stückzeiten (Zeit je Einheit) bestehend aus Haupt-, Neben- und ablaufbedingten Wartezeiten sowie Erholungs- und Verteilzeiten. Für einige der Erholungs- und Verteilzeiten gibt es Festlegungen in Tarifverträgen zwischen Arbeitnehmern und Arbeitgebern.

Dieses Zeitschema bezieht sich auf die in den Arbeitsplänen festgelegten Vorgänge zur Fertigstellung eines Auftrages. Daneben haben sich in der Logistik Zeitschemata durchgesetzt, mit denen der Durchlauf der Aufträge geplant und gesteuert werden kann. Die Durchlaufzeit eines Auftrages setzt sich aus der Transportzeit, der Ausführungszeit, der Wartezeit vor und nach der Bearbeitung sowie einer Übergangszeit zwischen den Vorgängen zusammen. Übergangszeiten sowie Wartezeiten sind dynamische Zeiten, deren Dauer durch die Auftragssituation (Auftragsbestände, Engpässe sowie Prioritäten) beeinflusst wird.

Die effektive Maschinennutzungszeit ist die Summe der Hauptzeiten der in einem Zeitintervall (Schicht, Tag, Woche, Monat, Jahr) ausgeführten Aufträge. Die Summe aller Neben- und Rüstzeiten, Zeiten für Instandhaltung und Wartung sowie ungenutzter Kapazitäten (Auftragsmangel) reduzieren die Nutzungsgrade der Maschinen.

Der Arbeitsplan dient in erster Linie als Arbeitsunterweisung für die Fertigung. Die Arbeitsplandaten sind aber ferner Grundlage für:

- Terminierung der Arbeitsvorgänge, Ermitteln des Kapazitätsbedarfs von Maschinen und

Abb. 44.10 Analytische Vorgabezeitermittlung nach REFA. *m* Anzahl der Einheiten. (REFA-Verband für Arbeitsstudien und Betriebsorganisation e. V., Darmstadt)

Zeitarten	Definitionen
Auftragszeit $T = t_r + t_a$	Vorgabezeit für das Ausführen eines Auftrags
Rüstzeit $t_r = t_{rg} + t_{rer} + t_{rv}$	Vorbereiten eines Betriebsmittels für das Erfüllen einer Aufgabe
Rüstgrundzeit t_{rg}	Zeit für das Rüsten des Betriebsmittels
Rüsterholungszeit t_{rer}	Zeit für Erholung des Menschen beim Rüsten
Rüstverteilzeit t_{rv}	Zusätzliche Zeit für das Vorbereiten des Betriebsmittels
Ausführungszeit $t_a = m * t_e$	Zeit für das Ausführen der Menge m eines Auftrags
Zeit je Einheit $t_e = t_{er} + t_v + t_g$	Zeit für die Ausführung eines Ablaufes bezieht sich auf Mengeneinheit 1/10/100
Erholungszeit t_{er}	Zeit für das Erholen des Menschen bezogen auf m * 1
Verteilzeit t_v	Zusätzlich erforderliche Zeit zur Ausführung eines Vorganges bei m * 1
Grundzeit $t_g = t_h + t_n + t_w$	Zeit für planmäßige Ausführung eines Auftrags bei m = 1
Hauptzeit t_h	Zeit für unmittelbare Nutzung des Betriebsmittels
Nebenzeit t_n	Zeit für Vorbereiten, Beschicken + Leeren des Betriebsmittels + Teileprüfung
Wartezeit t_w	Zeit für ablaufbedingte Unterbrechung

Personal, Materialdisposition, Betriebsmittelplanung und Beschaffung,

- Erstellen von Auftragspapieren, Laufkarten, Lohnbelegen, Betriebsmittelbereitstellungslisten, Materialbereitstellungslisten,
- Leistungsbezogene Entlohnung, Arbeitsbewertung
- Vor-, Zwischen- und Nachkalkulation, Nacharbeit- und Ausschussbewertung,
- Langfristige Planungsaufgaben, Organisation der Datenverwaltung beim Einsatz von EDV.

Die Erstellung von Arbeitsplänen erfolgt nach unterschiedlichen Prinzipien:

Neuplanung: Ausgehend von einer Beschreibung der Roh- und Fertigteile werden die Arbeitsplandaten neu ermittelt. Dabei werden Alternativlösungen nach vorgegebenen Zielkriterien (Kostenminimum, Zeitminimum, optimale Ausweichplanung bei Kapazitätsengpässen) optimiert. Sie wird auch als generative Planung bezeichnet.

Wiederholplanung: Bereits bestehende Pläne werden für einen neuen Auftrag verwendet, indem nur formale, auftragsbezogene Veränderungen vorgenommen werden.

Variantenplanung: Innerhalb von Teilefamilien werden Standardarbeitspläne entwickelt, die durch Variation des Grundtyps an die jeweilige Einzellösung angepasst werden. Arbeitsplanvarianten können sich aus geometrischen, technischen (z. B. Oberflächen) oder organisatorischen (z. B. Stückzahl) Änderungen ergeben.

Ähnlichkeitsplanung: Geometrisch und fertigungstechnisch ähnliche Werkstücke werden über einen Klassifizierungsschlüssel ermittelt und durch Änderung und Anpassung einzelner Arbeitsgänge auf das neue Werkstück zugeschnitten.

Die Arbeitsplanung bezieht sich in der Regel auf das Management und die Ausführung der Arbeitsvorgänge zur Erzielung einer hohen Wirtschaftlichkeit eines Produktionssystems [43, 44, 46]. Sie ist auch die Basis für eine mittelfristige Planung und Gestaltung in der Arbeitssystemplanung.

44.4.2.2 Arbeitssystemplanung

Die Arbeitssystemplanung beinhaltet die mittel- bis langfristigen Aufgaben zur Planung und Entwicklung der Struktur des Systems Produktion im Hinblick auf eine Unternehmensstrategie. Die Aufgaben der Arbeitssystemplanung zeigt die Darstellung in Abb. 44.11.

Grundlage der Arbeitssystemplanung sind die Produkte und Produktionsaufgaben, die dem Standort in einem „Werkstättenkonzept" zugeordnet werden. Werkstättenkonzepte sind eine

Arbeitssystem und Strukturplanung - Investitionsplanung					
Flächen- und Standortplanung	**Betriebs- und Fertigungsmittel planung**	**Arbeitsplatz-gestaltung Ergonomie**	**Personal- und Organisations-planung**	**Materialfluss- und Logistikplanung**	**Investitions-planung**
Standortplanung General-bebauungs-planung Layoutplanung Verkehrswege Energie-versorgung Information Kommunikation Abfall	Fabrikleistungs-planung Bearbeitungs- und Anlagenprofil ermitteln Planung der eingesetzten Fertigungs-verfahren	Gestaltung von Arbeitsplätzen nach ergonomischen Richtlinien Einhaltung von Arbeitsschutz-richtlinien Umweltschutz	Festlegen der Qualifikations-profile Methoden der Entlohnung Arbeitsplatz-Beschreibungen Prozess-Standards Planung der organisatorischen Strukturen	Anordnung der Lager Optimierung des betrieblichen Materialflusses Auslegen der Transportsysteme Behälter-Management	Werksstruktur Fertigungs- und Montage-Systeme Verfahrens-vergleiche Wirtschaftlichkeits betrachtungen

Abb. 44.11 Arbeitssystem- und Strukturplanung

notwendige Voraussetzung für den Verbund mehrerer Standorte bzw. für die Vernetzung von Standorten mit einer Zulieferindustrie. Die Planung wird auch als eine Werksentwicklungsplanung bezeichnet, deren Aufgabe die mittel- bis langfristige Entwicklung der Kapazitäten und der wirtschaftlichen Leistung (Produktivität) ist. Zu berücksichtigen sind dabei die Standortfaktoren und die Nutzungsperspektiven von Investitionen und Beschäftigung. Ein Standort sollte bezüglich der Flächen und Gebäude sowie der Ver- und Entsorgung mit Medien (Wasser, Energie, Information, Material etc.) eine langfristige Ausbaumöglichkeit (Generalbebauung) besitzen und sich in die öffentliche Infrastruktur mit Verkehrswegen und anderen Vernetzungen optimal einfügen lassen.

Aus den Fertigungsaufgaben leiten sich die Planungen der Ressourcen (Flächen, Maschinen und Anlagen, Personal) sowie das Layout und die Aufbauorganisation des Betriebes ab [12, 14, 29, 30]. Ausgehend davon wird in der Fertigungsmittelplanung der Bedarf an Fertigungsanlagen ermittelt und der Personalbedarf sowie das Materialflusssystem definiert.

In der räumlich-orientierten Layoutplanung werden die so gefundenen Strukturen in die örtlichen Gegebenheiten des Standorts und in das logistische System im Umfeld eingepasst.

Die Arbeitsplatzgestaltung [42] stellt ebenfalls eine mittelfristige Aufgabe der Arbeitssystemplanung dar. Wichtig sind hierbei die ergonomische Auslegung von Arbeitsplätzen und die Einhaltung von Arbeitsschutzrichtlinien sowie anderer gesetzlicher Vorschriften und Richtlinien einschließlich der ökologischen Aspekte zu Energie und Umwelt.

Die dargestellten Aufgaben werden durchweg mit modernen Methoden der Arbeitssystemplanung ausgeführt. Die Methoden wie z. B. die Kapazitätsplanung für mittel- bis langfristige Zeiträume (3–5 Jahre) gehen von Prämissen der Unternehmensplanung und den Unternehmenszielen (Märkte, Produkte, Umsätze) und bestimmen die Normalkapazitäten, auf die Fabriken ausgelegt werden. Die Normalkapazitäten beruhen auf den jährlichen, durchschnittlichen Maschinen- und Personalstunden einer Fabrik oder einzelner Kostenstellen sowie Betriebsvereinbarungen zu Arbeitszeiten und Betriebskalender. Die Dimensionierung der gesamten kapazitiven Leistung einer Fabrik beruht auf einem Leistungsgrad, der vom Stand der Technik und dem Grad der Organisation bestimmt ist. In diversen Untersuchungen wurde festgestellt, das Unternehmen, die einen hohen Organisationsgrad durch systematische Anwendung effizienzsteigernder Methoden vorweisen, Produktivitätsvorteile von bis

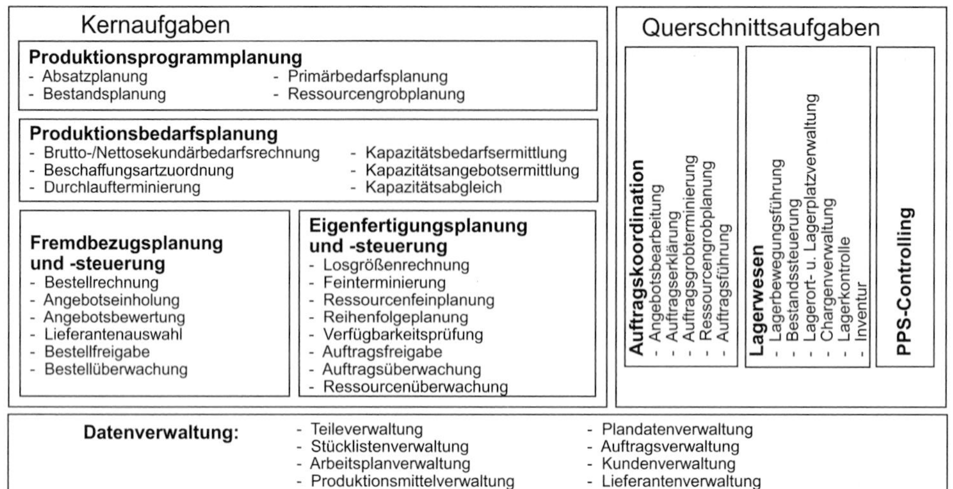

Abb. 44.12 Hauptaufgaben der PPS nach dem Aachener Modell [6], Quelle: Aachener PPS-Modell (FIR)

zu 30 % gegenüber weniger gut organisierten Unternehmen erreichen. Die Arbeitssystemplanung hat deshalb in vielen Unternehmen auch die Aufgabe, die Organisationsentwicklung zu betreiben.

Die Investitionsplanung dient der Bestimmung und Beschaffung, der für die Fertigung benötigten Betriebsmittel (Maschinen, Werkzeuge, Mess- und Prüfmittel). Ihr Ziel ist die Erreichung einer hohen Produktivität und Flexibilität sowie die Sicherstellung der notwendigen Verfügbarkeit im mittel bis langfristigen Zeiträumen. Die Investitionsplanungsabteilungen bereiten die Entscheidungen der Aufsichtsgremien bzgl. Investitionen und Sachanlagen sowie der Beschäftigung vor und übernehmen die Realisierung nach den Vorgaben und Prämissen des Unternehmensmanagements.

44.4.3 Arbeitsteuerung bzw. Auftragsmanagement

Für die Arbeitssteuerung hat sich in der betrieblichen Praxis der Begriff des Auftragsmanagements durchgesetzt [50]. Das Auftragsmanagement beginnt bei Kundenanfragen und endet bei der Abnahme der Produkte durch Kunden. Die Phasen der Angebotserstellung, der Auftragsterminplanung sowie der Einplanung von Kundenwünschen werden vielfach zu einer Auftragsvorbereitung zusammengefasst. Die Auftragskoordination und das Termin und Kapazitätsmanagement werden heute über die gesamte Zulieferkette organisiert und zählen zu den dispositiven Aufgaben. Nach der Lieferung erfolgt die Fakturierung. Einbezogen werden in der Regel auch die Beschaffung extern gefertigter Artikel sowie die gesamte Logistik in den „Supply Chains". Ebenso integrieren viele Unternehmen die Produktdistribution über den Vertrieb in die Prozessketten des Auftragsmanagements.

Das **innerbetriebliche Auftragsmanagement** wird durch die Produktionsplanung und -steuerung (PPS) (Abb. 44.12) durchgesetzt [51]. In den meisten Betrieben werden dazu PPS-Systeme eingesetzt [52–54]. Die PPS umfasst die Maßnahmen, die zur Durchführung eines Auftrages im Sinne der Arbeitsplanung erforderlich sind. Sie disponiert und überwacht den Ablauf der Aufträge insbesondere im Bereich der Fertigung und Montage. Ihre besondere Verantwortung liegt in der wirtschaftlichen Auslastung der Kapazität bei geringen Lagerbeständen (Betriebsziele) und schnellem Auftragsdurchlauf bei termingerechter Lieferung (Marktziele).

Die Aufgaben der PPS können nach dem Aachener PPS-Modell in Kernaufgaben und Querschnittsaufgaben unterteilt werden [12, 13, 50]. Den Kernaufgaben können dabei die Produktionsprogrammplanung, die Produktionsbedarfsplanung, die Eigenfertigungsplanung und -steuerung und die Fremdbezugsplanung und -steuerung zugeordnet werden.

Ausgehend von den Vertriebs- und Absatzplänen wird in der **Produktionsprogrammplanung** in einer Grobplanung der Abgleich von geplanten Produktionsmengen und verfügbarer Produktionskapazität durchgeführt. Dies führt zu einem Produktionsprogramm in dem die Bedarfe an verkaufsfähigen Produkten aufgeschlüsselt sind (Primärbedarf).

Im Rahmen der Produktionsbedarfsplanung werden die notwendigen Ressourcen an Baugruppen, Teilen, Rohstoffen (Sekundärbedarf) sowie Hilfs- und Betriebsstoffe (Tertiärbedarf) aus dem Produktionsprogramm ermittelt und die Bedarfszeitpunkte festgelegt.

Die Ermittlung des Sekundärbedarfs kann über eine Stücklistenauflösung (deterministisches Verfahren) oder durch Hochrechnen bzw. Schätzen der Bedarfsentwicklung aufgrund der Vergangenheitsnachfrage (stochastisches Verfahren) erfolgen.

Das so entstehende Beschaffungsprogramm kann in ein Eigenfertigungs- und ein Fremdbezugsprogramm unterteilt werden.

Die Fremdbezugsplanung befasst sich mit der Beschaffung der extern gefertigten und festgelegten Mengen zu den entsprechenden Terminen. Dazu müssen Angebote eingeholt, Lieferanten bewertet und Bestellungen freigegeben und überwacht werden.

In der Eigenfertigungsplanung und -steuerung wird für das Eigenfertigungsprogramm eine Feinplanung hinsichtlich der Termine, Kapazitäten und Mengen durchgeführt. Anschließend werden Fertigungsaufträge freigegeben und überwacht.

Die Querschnittsaufgaben bestehen aus der Auftragskoordination, dem Lagerwesen und dem PPS-Controlling.

Die Auftragskoordination befasst sich mit der Planung, Steuerung und Überwachung des kundenbezogenen Auftragsdurchlaufs.

Im Rahmen des Lagerwesens erfolgt die Bestandserfassung und -fortschreibung, die Erstellung und Auswertung von Lagerstatistiken sowie die Lagerinventur. Zur Kontrolle der Wirtschaftlichkeit und Zielerreichung ist schließlich ein PPS-Controlling erforderlich, das durch Kennzahlen den aktuellen Betriebszustand beschreibt, damit Maßnahmen zur Verbesserung getroffen werden können.

Für die Ausführung der Aufgaben ist eine durchgängige Datenverwaltung erforderlich, auf die alle Kern- und Querschnittsaufgaben zugreifen können. Kern der Datenverwaltung sind die Auftragsdaten sowie die Bestands- und Bewegungsdaten. Um die Aufträge den ausführenden Bereichen zuzuordnen, bedarf es der Maschinen- und Arbeitsplatzdaten sowie der Personaldaten. Diese werden als sogenannte Ressourcendaten bezeichnet. Ebenso verfügen die Datensysteme über Verzeichnisse der Lieferanten (SCM Supply Chain Management) und Kunden (CRM Customer Relation Management) [50, 54].

Das Auftragsmanagement folgt systematisierten Workflows wie in Abb. 44.13 dargestellt. Es beginnt bei der Absatz- und Vertriebsplanung und der Angebotsbearbeitung, deren Ergebnisse zur Geschäftsplanung sowie zur Disposition und Mengenplanung benötigt werden. Daran schließt sich die Termin und Kapazitätsplanung an. Termine werden ausgehend von den Lieferterminen unter Berücksichtigung der Übergangszeiten für jedes Einzelteil und für alle Arbeitsvorgänge ermittelt.

Die Resultate der Termin- und Kapazitätsplanung werden an die Fertigungs- und Montagebereiche durch eine formelle Freigabe weitergegeben. In der Regel werden diese Fertigungsaufträge mit einer Reichweite von Wochen bis wenige Monate freigegeben. Dieser kurzfristige Auftragsbestand wird mit zusätzlichen Informationen (Zeichnungen, Arbeitspläne, Materialdaten, Arbeitsanweisungen etc.) zu einem Fertigungsdokument zusammengestellt und an die Kostenstellen weitergeleitet. Die Fertigungsdokumente begleiten den physischen Materialtransport bis zu Fertigstellung bzw. Auslieferung. Für das Management in den Fertigungsbereichen sogenannte Werkstattsteuerungen oder Leitsysteme, die heute auch unter dem Begriff MES (Manufacturing Execution Systems) bekannt sind.

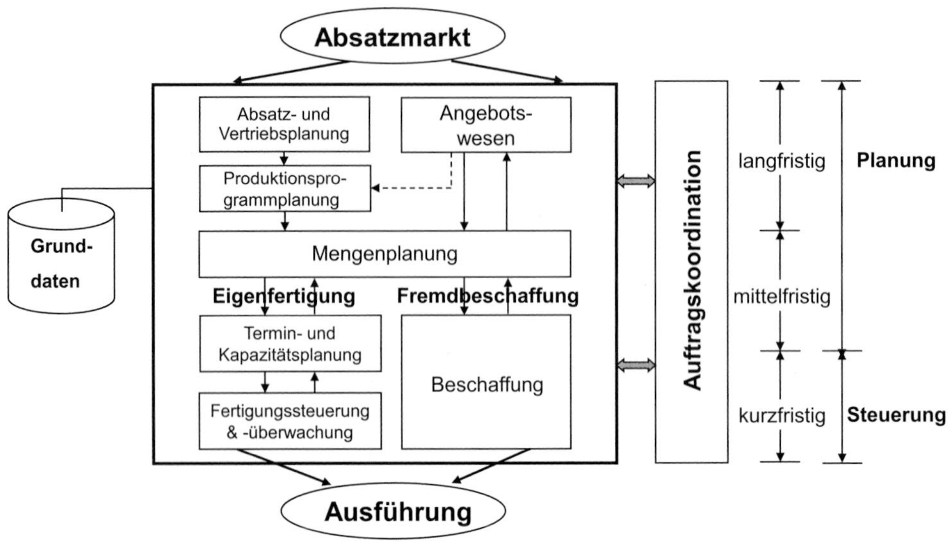

Abb. 44.13 Workflow des Auftragsmanagements

44.5 Fertigung und Montage

44.5.1 Teilefertigung

Fertigung und Montage sind die üblichen Organisationsbereiche der Produktherstellung sie haben spezifische Merkmale, die eine Segmentierung unter Gesichtspunkten der Organisation zweckmäßig macht [8, 10–12, 59].

Im Mittelpunkt der Fertigung stehen die Vorgänge der Fertigung von einbaufähigen Einzelteilen, deren Gestalt, Dimensionen und Formelemente sowie deren Toleranzen durch die Konstruktion festgelegt sind. Die Folge der Prozesse ist in der Regel durch die Arbeitsvorgangsfolgen und durch die Zuordnung von Arbeitsvorgängen zu Maschinen und Arbeitsplätzen definiert. Zur Durchführung der Prozesse werden detaillierte Anweisungen mit den einzusetzenden Betriebsmitteln (Werkzeuge, Vorrichtungen, Spannmittel) sowie die technologischen Parameter und CNC-Programme benötigt. Ferner sind in der Regel die Prüfprozesse in den geplanten Vorgangsfolgen mit Anweisungen zur Prüfung enthalten. Die Fertigung kann systemtechnisch strukturiert werden, um einen reibungsfreien und optimierten Betrieb zu erreichen (Abb. 44.14).

Das Arbeitssystem führt den eigentlichen Wertschöpfungsprozess durch, um die konstruktiv definierten Eigenschaften der Einzelteile zu erreichen. Es kann ein oder mehrere Operationen je nach Fähigkeiten und Ausrüstung der Arbeitsplätze oder Maschinen übernehmen, indem aus dem Ausgangsmaterial schrittweise unter Einsatz verschiedener Technologien der Endzustand einzelner Bauteile erzeugt wird. Die Funktionen des Arbeitssystems können mehr oder weniger automatisiert werden. Überwiegend werden dazu CNC-Maschinen mit automatisierten Bearbeitungsprozessen eingesetzt. Die Varianz der Bearbeitungsaufgaben erfordert eine Varianz der Arbeitsabläufe und der Funktionen des Arbeitssystems sowie eine Umrüstung bei jedem Auftragswechsel. Dazu werden die Arbeitssysteme heute mit Schnellwechselsystemen für Werkzeuge und Bauteile ausgestattet. Ziel der Gestaltung des Arbeitssystems sind minimale Fertigungszeiten und Kosten und die Sicherstellung der geforderten Toleranzen bzw. der Qualität. Deshalb verfügen moderne Maschinen über eine hohe technische Flexibilität, welche die Umstellung

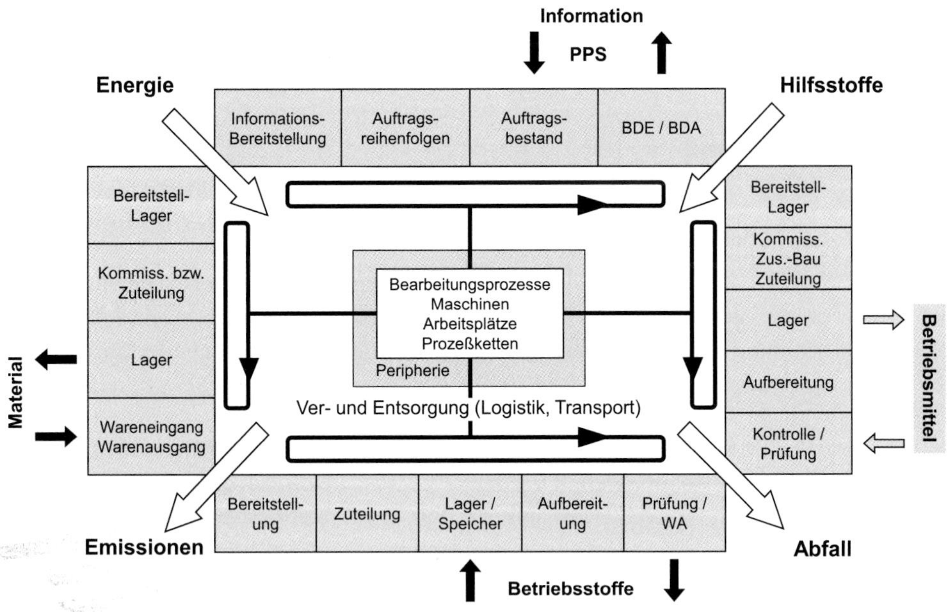

Abb. 44.14 Systemstruktur einer Teilefertigung (Arbeitssystem) [12]

auf wechselnde Fertigungsaufgaben mit minimalen Zeitverlusten (Nebenzeiten, Rüstzeiten) möglich macht.

Die Arbeitssysteme werden in ein logistisches System zur Ver- und Entsorgung der Arbeitsplätze mit Informationen (Arbeitspläne, CNC-Programmen), Material, Werkzeugen, bauteilspezifischen Vorrichtungen integriert, um einerseits eine hohe zeitliche Auslastung und andererseits kurze Durchlaufzeiten zu erreichen. Der Integrationsgrad der Arbeitssysteme in die peripheren logistischen Systeme ist abhängig vom technischen Layout der Fertigungsbereiche (Prinzipien, Anordnung, Automatisierungsgrad). Der Grad der Automatisierung und Integration kennzeichnet die Konzepte und hat einen wesentlichen Einfluss auf die Kosten und Wirtschaftlichkeit der Fertigung.

Die in der Struktur erkennbaren peripheren Systeme einer Fertigung sind:

44.5.1.1 Das Informationssystem

Das Informationssystem stellt die zur Bearbeitung benötigten Informationen (Auftragsdaten – Menge, Termine – Arbeitspläne, Arbeitsanweisungen, Einstelldaten, Materialdaten, Qualitätsdaten, Lohndaten etc.) am den Arbeitsplätzen zur Verfügung und leitet Daten über Zustände, Nutzung, Abnutzung, Fertigstellung etc. an die Leitstellen bzw. an das Management der Fertigungsbetriebe zurück. Es hat ferner die Funktion einer Kommunikation zwischen den verschiedenen Akteuren im Umfeld der Arbeitssysteme. Die durch Informations- und Kommunikationstechniken unterstützten Funktionen sind: Erfassen, Verarbeiten, Transportieren und Speichern von technischen und/oder organisatorischen Informationen.

44.5.1.2 Material bzw. das Werkstücksystem

Die wichtigsten Aufgaben dieses in früheren Konzepten als Transportwesen bezeichneten Teilsystems der Fertigung sind die Bereitstellung des Materials an den Maschinen und Arbeitsplätzen entsprechend den Auftrags- und Terminplänen sowie der Arbeitsvorgangsfolgen mit dem Ziel minimierter Bestände und Durchlaufzeiten. Systemtechnisch könne die Funktionen mit Begriffen wie Bereitstellen, Speichern, Zwischenlagern (Puffern), Zubringen und Weitergeben der Werkstücke beschrieben werden. Heute folgen Materialver- und Entsorgungssysteme grundlegenden Prinzipien des „Kanban", „Just-In-Time" des „One-Piece-Flow", um einen hohen Durchsatz bei minimalen Wartezeiten (Bestände) und gleichzeitig hoher Termintreue zu erreichen.

44.5.1.3 Werkzeug- und Betriebsmittelsystem

Das Werkzeug- und Betriebsmittelsystem hat die Aufgabe der Bereitstellung aller Betriebsmittel, die zur Durchführung einzelner Arbeitsvorgänge benötigt werden. Sie sorgen für deren Beschaffung, Vorbereitung und Wiederaufbereitung zur Sicherung der Bearbeitungsprozesse. Systemtechnische Funktionen sind: Bereitstellen, Montieren, Voreinstellen, Messen, Einsetzen, Zubringen, Speichern, Spannen, Auswechseln, Demontieren, Aufbereiten und Prüfen der Betriebsmittel.

44.5.1.4 Energieversorgungssystem

Zur Durchführung der Arbeitsprozesse wird Energie über verschiedenartige Energieträger benötigt: Elektrik (Starkstrom, Schwachstrom, Druckluft, Wärme, Kälte etc.). Die Bereitstellung erfolgt in der Regel aus der betrieblichen Infrastruktur bis an das Arbeitssystem. Zu den Funktionen gehören: Wandeln, Transportieren und Speichern.

44.5.1.5 Hilfsstoffsystem

Viele Betriebe der Teilefertigung schließen ihre Maschinen an ein Kühlmittelsystem an, das hohe technologische Funktionen unterstützt. Dazu gehören: Abfuhr überschüssiger Wärme aus den Prozessen und deren Wiederverwendung, Sicherung der Leistungsparameter der Prozesse (i. d. R. Kühlen und Schmieren), biologischer Schutz, Korrosionsschutz, Energieausgleich etc.

44.5.1.6 Abfall- und Hilfsstoffentsorgungssystem

In den Arbeitssystemen entsteht Abfall durch die Prozesse oder durch verwendete Hilfsstoffe, die in einer modernen Fertigung nach ökologischen Kriterien – nach Arten getrennt – systematisch entsorgt werden müssen. Ferner entstehen in den Prozessen Emissionen, meist luftgetragene Partikel, die unter Einhaltung der einschlägigen Gesetzlichen Vorschriften und Richtlinien möglichst ohne Schädigung der Umwelt entsorgt oder wiederaufbereitet werden müssen. Für den Lärmschutz gelten die entsprechenden Verordnungen für Arbeitsstätten gleichermaßen.

44.5.2 Einteilung von Fertigungssystemen

Fertigungssysteme unterscheiden sich durch den Grad der Automatisierung und der Systemintegration bzw. der Autonomie [56, 61] voneinander:

44.5.2.1 CNC Maschinen und Bearbeitungszentren

Für das Arbeitssystem werden zunehmend Maschinen mit höherem Automatisierungsgrad (CNC Maschinen) und einer höheren Verfahrensintegration eingesetzt, die von klassischen spanenden Verfahren (Drehen für Rotationsteile oder Fräsen, Bohren, Schleifen für Nichtrotationsteile) in einer Numerisch gesteuerten Maschine (CNC-Maschinen) bis zur Integration verschiedener Verfahren (Bearbeitungszentren) und nichtspanender Verfahren (Laserbearbeitung, Beschichten) reichen. Die technische Entwicklung richtet sich auf eine Komplettbearbeitung einzelner Teile in einer Aufspannung, um damit zur Verkürzung der Prozessketten beizutragen.

44.5.2.2 Fertigungszellen

Bestehen aus mehreren CNC Maschinen oder Bearbeitungszentren sowie aus manuellen Arbeitsplätzen, die räumlich zusammengefasst werden, um kurze Transportwege und Gruppenprinzipien der Bedienung zu erreichen. In der Regel sind die Maschinen nicht verkettet haben jedoch einen höheren Automatisierungsgrad (Werkstück- und Werkzeugwechsel), um die Tätigkeit der Maschinenbediener von den Prozessen abzukoppeln. Die manuellen Arbeiten werden auf ergänzende und leichte Bearbeitungsprozesse ausgerichtet, um eine vollständige Fertigstellung einzelner Teile zu erreichen. Zu manuellen Funktion gehören z. B. das Entgraten oder das Vormontieren von Halterungen sowie ggf. auch partielle Ergänzungen, um die Teile einbaufähig an die Montagen liefern zu können.

44.5.2.3 Transferlinien und Transferstraßen

Transferlinien und Transferstraßen bestehen aus mehreren automatisch arbeitenden Maschinen, die über ein Material-Transportsystem miteinander verkettet sind. Die Funktionen der Maschinen ergänzen sich. Vielfach werden die Linien getaktet und folgen damit dem Prinzip getakteter Fließfertigung. Sie erreichen einen hohen Durchsatz brauchen aber größere Eingriffe für die Umrüstung auf Veränderungen der Bearbeitungsprozesse und finden deshalb Anwendung bei variantenarmen Produktenspektren und hohen Stückzahlen.

44.5.2.4 Flexible Fertigungssysteme

Bestehen aus verketteten CNC-Maschinen oder Bearbeitungszentren. Die Funktionen und Arbeitsbereiche der einzelnen Stationen der flexiblen Fertigungssysteme können sich ergänzen oder ersetzen, so dass eine Bearbeitung größerer Teilespektren (technische Flexibilität) möglich wird. Flexible Fertigungssysteme haben automatisierte Werkstück- und Werkzeugwechselsysteme sowie meist auch integrierte Prüftechniken. Die Systeme sind mit automatisierten Transport und Lagersystemen verknüpft, die Puffer für die Zwischenlagerung vorbereiteter Aufträge übernehmen. Um Rüsttätigkeiten von den Nutzungszeiten zu entkoppeln findet das Aufspannen auf Paletten außerhalb der Maschinen statt. Die Systeme verfügen über vernetzte Leit- und Steuerungstechniken sowie über Monitoring-Funktionen für einen bedienarmen Betrieb.

Kenngrößen für die Wirtschaftliche Bewertung der Fertigungssysteme sind:

Produktivität: Verhältnis bzw. Quotient von mengenmäßigem Ertrag (Output; in Stück, kg, o. ä.) und mengenmäßigem Einsatz von Produktionsfaktoren (Input; Arbeitsstunden, Betriebsmitteleinheiten, Kapital).

Flexibilität: Aufwand zur Umstellung der Produktion auf wechselnde Aufgaben. Als Kenngröße wird häufig das Verhältnis von Rüstzeiten zur gesamten Stückzeit gewählt.

Durchlaufzeit: Summe der Ausführungs-, Rüst-, Übergangs-, Puffer-, Prüf- und Einlagerungszeiten (nach REFA). Als Kenn werte kann der Anteil der Hauptzeit an der Durchlaufzeit genutzt werden. Manche Unternehmen verwenden den Teilewert der in den Zwischenpuffern gelagerten Bauteile als Kennwert zur Beurteilung.

44.5.3 Montage

Die Montage unterscheidet sich von der Teilefertigung vor allem durch die Tatsache, dass dort in der Regel keine Veränderung der Eigenschaften der Einzelteile stattfindet sondern die Fügeprozesse im Mittelpunkt der Wertschöpfung stehen und eine Fertigstellung der Produkte durch Integration on Einzelteile und Komponenten in die Produkte erfolgt [10–12, 60]. Die Montage folgt dem Bauplan der Produkte, der in den Stücklisten definiert ist. In der Montageplanung steht folglich die Reihenfolgeplanung des Fügens von Einzelteilen zu Baugruppen und zu funktionsfähigen Produkten im Vordergrund. Dabei sind Kundenwünsche und Varianten ebenso zu berücksichtigen wie die Montierbarkeit in dem zur Verfügung stehenden Raum. Montagepläne enthalten die Folgen der Fügeprozesse und definieren die Fügeprozesse zur Erreichung von zugesagten Funktionen und Eigenschaften der Endprodukte [40]. Sie enthalten die zu fügenden Artikel bzw. Bauteile aus eigener oder fremder Fertigung nebst den konkreten Anweisungen, was dabei zu berücksichtigen ist. Ferner enthalten sie die zeit- und Leistungsvorgaben für Mitarbeiter. Unter dem Gesichtspunkt, dass viele Produkteigenschaften erst durch das Fügen gesichert werden können (Beispiel Leichtbau: instabile Bleche – Festigkeit erst durch Verbinden), kommt der Anwendung toleranzbestimmender aber produktspezifischer Werkzeuge und Vorrichtungen eine besondere Bedeutung bei. Die Montagen beinhalten auch die Prozesse zur Produktprüfung am Ende der Prozessketten. Die Struktur von Montagesystemen zeigt Abb. 44.15.

44.5.3.1 Informations- und Managementsystem der Montage

Das Informations- und Managementsystem der Montagen umfasst die Operationen, die für die

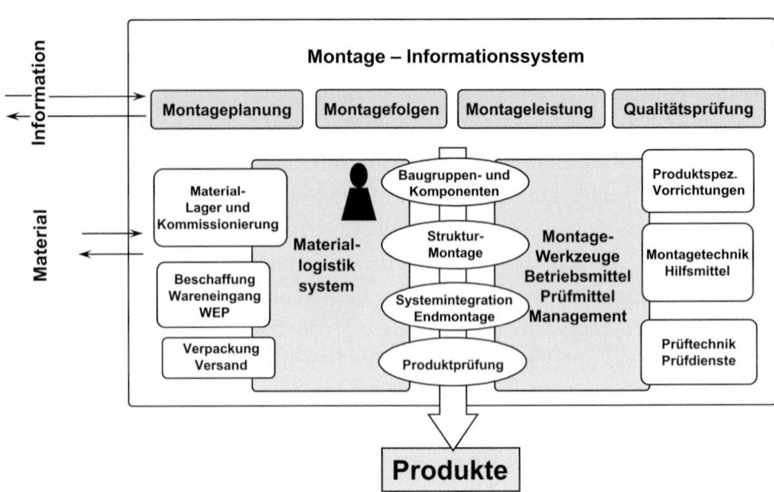

Abb. 44.15 Das System der Montage

termingerechte Erfüllung von Kundenaufträgen erforderlich sind und die zugleich eine hohe zeitliche Effizienz des Systems sicherstellen. Dazu gehören die Montageplanung, die Optimierung der Reihenfolgen und Sequenzen, die Leistungsabstimmung und das Qualitätsmanagement der Montagen. Die in Abb. 44.15 dargestellte Systematik einer Montage unterstellt, dass der Entkoppelungspunkt zwischen kundenanonymer Fertigung und kundenorientierter Fertigung bereits nach der Teilefertigung folgt. D. h. In der Teilefertigung kann mit optimalen Auftragslosgrößen gearbeitet werden. Die Koppelung der Montage-Aufträge zu bestimmten Kunden erfolgt vor Beginn der Montage, um kundenspezifische Wünsche berücksichtigen zu können. Dies trifft für Produktionen höherwertiger technischer Produkte mit hoher Variantenvielfalt zu. Diese Ausrichtung entspricht dem heutigen Verständnis, dass Produkte durch die Kunden spezifiziert oder konfiguriert werden und die Liefertermine verbindlich zugesagt werden. Die Aufgaben der Montageplanung umfassen deshalb Tätigkeiten (Arbeitsablauf, Arbeitssystem) soweit Kundenwünsche erst mit dem verbindlichen Kauf festgeschrieben werden (Manufacturing on Demand). Da auch die zu montierenden Produkte kundenspezifische Merkmale enthalten, muss eine permanente Abstimmung der Montageleistungen (Taktzeiten, Taktinhalte, Personaleinsatz, sowie Beschaffung von Fremdfertigung) erfolgen. Ebenso müssen die Prüfvorgänge und Prüfpläne auf die Kundenspezifika abgestimmt werden.

44.5.3.2 Wertschöpfungskette der Montage

Die Wertschöpfungskette nach der Teilefertigung lässt sich in mehre Stufen untergliedern. In der ersten Stufe liegen die Vormontagen von Baugruppen und Komponenten in einen einbaufähigen Zustand. Danach folgt die Strukturmontage (z. B. Karosseriebau in der Montage von Automobilen) in denen die tragende Konstruktion realisiert wird. Auf die Strukturmontage folgen der Oberflächenschutz und die Farbgebung (Lackieren). In dem nächsten Abschnitt erfolgt der Einbau der technischen Systeme (genannt Systemintegration) wie Antriebe, Bremssysteme oder Elektrik und Elektronik. In der Folgestufe wird das Produkt durch die Montage der Ausstattungsteile (Interior) komplettiert und schließlich einer Endprüfung unterzogen.

44.5.3.3 Materiallogistik für die Montage

Die einzelnen Abschnitte werden in ein umfassendes Materialversorgungssystem integriert. Dieses enthält die Materialbeschaffung, die Logistik (Lager, Transport und Kommissionierung und Breitstellung) bis an die Montageplätze. In vielen Unternehmen werden diese Systeme nach logistischen Prinzipien wie Just-In-Time Methodik oder dem Kanban-Prinzip organisiert, um eine kurze Durchlaufzeit bei minimalen Beständen und eine hohe Versorgungssicherheit zu erreichen [31–33, 58].

44.5.3.4 Integration der Nebenbetriebe

Die Montage-Systeme erhalten einen hohen Verfügbarkeitsgrad durch die Integration der Nebenbetriebe. Zu den wichtigsten Nebenbetrieben gehört der Werkzeugbau, dessen Aufgabe in der Bereitstellung der produktspezifischen Werkzeuge und Vorrichtungen gehört. Produktspezifische Vorrichtungen sind beispielsweise Vorrichtungen zur Positionierung und Handhabung von Bauteilen für die Fügeprozesse aber auch Spannvorrichtungen und Spezialwerkzeuge.

Ein weiterer wichtiger Nebenbetrieb ist die Vorbereitung der Montagetechnik zu der die Arbeitsplatzausstattung und die Automatisierung gehören. Ergonomische Kriterien beeinflussen die Arbeitsleistung der Mitarbeiter und stellen hohe Anforderungen im Hinblick auf die Bedingungen unter den die Montagen in den Produkträumen erfolgen müssen. Viele Unternehmen nutzen dazu auch Lern- und Trainingswerkstätten zum Anlernen und zur Schulung ihrer Montagemitarbeiter.

Ein dritter Bereich der Nebenbetriebe betrifft die Prüf- und Messtechnik, die häufig besondere Bedingungen wie z. Klimatisierung benötigt und messtechnische Kalibrier-Dienste für die Montagewerkzeuge und Messgeräte leistet. Dieser Bereich ist für die montagenahe Prüftechnik (Funktionsprüfung, Abnahmeprüfung etc.) zuständig.

44.5.4 Automatisierung von Handhabung und Montage

Die Montage besteht im Kern aus einer Kette von Grundfunktionen wie Zubringen, Handhaben, Justieren, Fügen, Prüfen und ggf. Nacharbeiten, die partiell automatisiert werden können [60]. Die Automatisierung durch Industrie-Roboter (Handhabungstechnik) hat in Verbindung mit flexiblen Greif- und Spanntechniken zu hybriden Systemen geführt, die automatisierte Vorgänge und manuelle Tätigkeiten in flexiblen Montagesystemen miteinander verbinden.

Das Automatisieren von Handhabungsvorgängen erfordert die Berücksichtigung der Handhabungseigenschaften der Werkstücke (Handhabungsobjekte), der Gegebenheiten der jeweiligen Fertigungseinrichtung und der technischen Möglichkeiten von Handhabungseinrichtungen sowie deren gegenseitigen Abhängigkeiten [60]. Wegen der Fülle dieser Einflüsse sind Handhabungseinrichtungen meist problemangepasste Einzellösungen. Der damit verbundene hohe Entwicklungsaufwand lässt das wirtschaftliche Automatisieren vielfach nur bei häufig wiederkehrenden Handhabungsaufgaben zu.

Für das Ein- und Ausgeben, Weitergeben und ähnliche Handhabungsfunktionen werden Einlegegeräte, programmierbare Handhabungsgeräte („Industrieroboter") und Telemanipulatoren eingesetzt.

44.5.4.1 Industrieroboter

Diese sind in mehreren Bewegungsachsen programmierbare, mit Greifern oder Werkzeugen ausgerüstete automatische Handhabungseinrichtungen, die für den industriellen Einsatz konzipiert sind. Ihr Unterschied zu Einlegegeräten liegt in der Programmierbarkeit und in ihrer meist aufwändigeren Kinematik.

Handhabungsaufgaben lassen sich meist nur dann mit Hilfe von Industrierobotern automatisieren, wenn einige dieser Aufgaben (in der Montage das Ordnen und Positionieren) von anderen Einrichtungen übernommen werden. Beim Ordnen bieten sich zwei Möglichkeiten. Der erforderliche Ordnungszustand wird hergestellt, indem jedes Werkstück in eine vorher festgelegte Lage und Position gebracht wird oder der Ordnungszustand wird erkannt und für jedes Werkstück wird ermittelt, in welcher Lage und Position es sich befindet [60]. Sensoren erfassen dabei bestimmte Merkmale der Werkstücke. Eine Steuerung verarbeitet diese Werte mit Hilfe eines vorgegebenen „internen Modells", d. h. eines Programms, und leitet daraus Signale für die Steuerung des Handhabungsgeräts ab. Dabei reduziert man das anfallende Datenvolumen soweit, wie es zur Lösung der gestellten Aufgabe zulässig ist, und erreicht dadurch eine einfache und schnelle Verarbeitung.

Die Aufgaben, die heute von Industrierobotern übernommen werden, lassen sich in Werkstück- und Werkzeughandhabung unterteilen Beispiele industrieller Anwendungen sind: Schweißen von Automobilkarosserien, Lackieren, Emaillieren sowie das Auftragen von Kleber.

44.5.4.2 Montagezellen

Montagezellen sind hochautomatisierte, getaktete Sondermaschinen, die begrenzte Montagevorgänge mit hoher Wiederholrate ausführen. Anwendung in Serien- und Massenfertigungen. Montagezellen in der Serienfertigung haben mehrere manuelle Arbeitsplätze und sind für Gruppenarbeit ausgelegt. Sie kennzeichnet eine am Materialfluss orientierte Anordnung der Arbeitsplätze (z. B. U-Form) und die Integration in eine verschwendungsarme Umgebung (Lean Prinzipien).

44.5.4.3 Flexible Montagesysteme

Flexible Montagesysteme sind verkettete automatisierte Systeme, in denen häufig mehrere Industrieroboter eingesetzt werden und deren Flexibilität sich auf variantenreiche Produkte mit Serienfertigung bezieht. Sie verfügen über eine zentrale Systemsteuerung mit der die kinematischen Prozesse und die Geschwindigkeiten sowie die Übergabe von Produkten kalibriert und optimiert werden. Einige moderne Flexible Montagesysteme sind modular mit standardisierten Schnittstellen aufgebaut und Können flexibel konfiguriert werden.

44.5.4.4 Hybride Montagesysteme

Hybride Montagesysteme enthalten sowohl Handarbeitsplätze als auch automatisierte Plätze, an denen Roboter die Fügeprozesse ausführen.

44.6 Digitale Produktion

Die Digitale Produktion ist ein Begriff, der die informationstechnische Vernetzung der Computeranwendungen in allen Operationen des Systems Produktion beschreibt. In der modernen Organisation werden in allen technischen und organisationalen Prozessen Informationstechniken und Anwendungssysteme verwendet, um eine höhere Effizienz zu erreichen. Ziel ist dabei ein durchgängiger Fluss der Daten und Informationen (Workflow) von der Entwicklung bis zur Fertigung und von der Kundenanfrage bis zur Lieferung ohne Medienbrüche. Deshalb haben sich in den Unternehmen integrierte Systeme durchgesetzt, welche Informationen jederzeit an jedem Arbeitsplatz mit hoher Aktualität zur Verfügung stellen und die Prozesse mit Anwendungssystemen unterstützen. In der Summe werden diese Systeme auch als digitale Fabrik bezeichnet. Zielkriterien bei der Gestaltung der Informationstechnik für die digitale Fabrik sind:

- Hohe permanente Verfügbarkeit relevanter, aktueller Daten und Informationen,
- Verwendung von rechnergestützten Methoden den planenden und ausführenden Bereichen, Produktivitäts- und Wirtschaftlichkeitssteigerung, Kundenorientierung,
- Sicherheit der Daten und Informationen.

Diese sogenannte digitale Fabrik [62] besteht aus einer Vielzahl von Anwendungssystemen, in denen rechnerunterstütze Methoden verankert sind und die über ein umfassendes Datenbanksystem mit Produktdaten, Auftragsdaten und Ressourcendaten sowie Softwarediensten verfügen. Die Gestaltung der digitalen Fabrik obliegt den für die Organisationsentwicklung und die Informations- und Kommunikationstechnik zuständigen Abteilungen.

Nicht die reine technische Umsetzung der möglichen elektronischen Datenverarbeitung, sondern erst die sinnvolle Kopplung der neuen Werkzeuge mit optimierten organisatorischen Konzepten führt zur Erreichung der Unternehmensziele. Bei der Verfolgung dieses Ansatzes treten das Management der Prozessketten von der Idee bis zur Gestaltung des Arbeitssystems und der Prozesse vom Kunden bis zum Kunden und deren Abwicklung in verteilten und vernetzten Systemen der Produktion in den Mittelpunkt der Organisationsentwicklung bzw. der

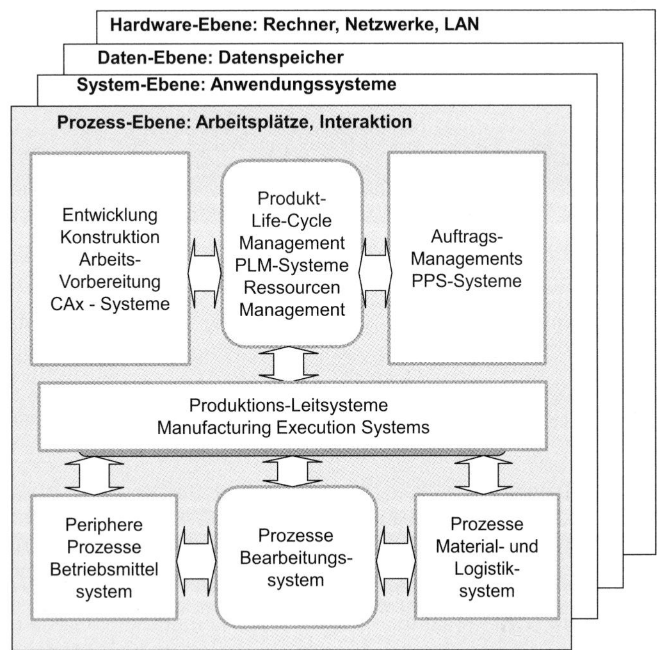

Abb. 44.16 Architektur der Informationsverarbeitung in der Produktion (4 Ebenen)

Gestaltung des Systems Produktion. Sämtliche Nutzer sind darin informationstechnisch durch Kommunikationssysteme vernetzt. Für die Systemschnittstellen werden Standards verwendet. Weitergefasste Systeme schließen auch externe Partner wie Kunden und Lieferanten ein und nutzen dazu Internet-Technologien.

44.6.1 Architektur der Informationssysteme

Das Computer Integrated Manufacturing heutiger Prägung lässt sich in einem Modell mit 4 Ebenen darstellen, welches die Architektur der Informations- und Kommunikationssysteme (I&K – Architektur) eines Unternehmens charakterisiert und strukturiert (Abb. 44.16; [12]).

44.6.1.1 Hardwareebene

Die Hardwareebene bezieht sich auf die eingesetzten Technologien, die physikalischen Gegebenheiten des Informations- und Kommunikationssystems, wie z. B. Netzwerke, WLAN, Rechner, usw. Die Hardwareebene beinhaltet auch die Kommunikationsnetzte innerhalb der Unternehmen und über die Unternehmensgrenze hinaus.

44.6.1.2 Informations-/Datenenebene

In dieser Ebene werden die Daten und Informationsinhalte sowie die, die verwendeten Datenformate, -strukturen sowie Schnittstellen dargestellt.

44.6.1.3 Anwendungs-Systemebene

Die Systemebene bezieht sich auf die eingesetzten Systeme wie z. B, CAD-Systeme, CAP-, CAM-, MRP, PPS, MES, BDE, Verwaltung usw.

44.6.1.4 Prozess- und Funktionsebene

Die Funktionsebene stellt die Funktionseinheiten und Prozesse im Unternehmen und die von ihnen verwendeten I&K-Systeme in Zusammenhang. In dieser Ebene erfolgt die Interaktion von Mensch und Computer an den Arbeitsplätzen.

Die vier Ebenen werden zu Plattformen der Informationsverarbeitung zusammengefasst. Unternehmen versuchen diese soweit als möglich zu standardisieren und zu harmonisieren. Veränderungen der Systemanwendungen und ihre Schnittstellen lassen sich mit Bezug zu den industriellen Standards schneller realisieren und zugleich auch trotz hoher Vernetzung und Integration beherrschen. Plattformen moderner Art verwenden vermehrt Internet-Technologien in der Kommunikation sowie Software-Services, die es erlauben, alternative oder spezialisierte Softwarekomponenten in das System einzubeziehen. Ferner ermöglichen sie die Verwendung von Cloudtechnologien für das Management von Daten, Information und Wissen.

In der Funktions- oder Prozessebene finden sich die Anwendungsbereiche. Diese lassen sich grob in organisatorische Bereiche wie die Produktentwicklung und Arbeitsvorbereitung mit den dominierenden CAx-Systemen (CAD, CAP, CAM, CAQ etc.), in den Bereich des Auftragsmanagements mit dem Schwerpunkt PPS und in den Bereich der Produktionsleitsysteme gliedern. Hier liegt die Schnittstelle zwischen den zeitunkritischen (planenden) und zeitkritischen (steuernden) Funktionen. Für die Automatisierung wird eine Real-Zeit-fähige Architektur eingesetzt.

Heute sind die einzelnen Prozesse – auch Leistungseinheiten genannt – eines Unternehmens und die seiner Zulieferanten in einem Netzwerk des Produkt- und Auftragsmanagements untereinander und in globalen Netzwerken verbunden. Mittels dieser Netzwerk werden den Kunden Angebote unterbreitet (B2C Business to Consumer) und Subaufträge an die Leistungseinheiten verteilt (B2B Business to Business). Alle Transaktionen sowie die Abwicklung der materiellen Flüsse (Logistik) sind somit vernetzt und ermöglichen einen schnellen Zugriff und Austausch aktueller Informationen sowie eine schnelle und einfache Kommunikation. In diesem Zusammenhang taucht das Stichwort Supply Chain Management auf. Supply Chain Management umfasst das Management der Gesamtheit aller Geschäftsprozesse zwischen den Herstellern und ihren Zulieferern und beinhaltet sowohl die Aufträge und Angebote als auch die Überwachung der Auftragsabwicklung. „Product-Life-Cycle Management Systeme" folgen den Produkten in ihrem Lebenslauf und stellen Informationen jederzeit und an jedem Ort über ein digitales Netzwerk zur Verfügung.

44.6.2 CAX-Systeme

Die CAx Systeme sind interaktive Werkzeuge, die zur Entwicklung und Vorbereitung der Produktion eingesetzt werden. Sie unterstützen die Prozesse von der Produktentwicklung und Konstruktion über die Planung bis hin zur Fertigstellung der auftragsneutralen Fertigungsunterlagen. Diese Systeme haben nicht nur einen hohen Funktionsumfang sondern lassen sich auch mit vielen Anwendungssystemen über Datenschnittstellen verknüpfen. Die Datenschnittstellen unterliegen internationalen Normen, so dass sich Vernetzungen auch über Unternehmensbereiche und -grenzen hinweg realisieren lassen.

CAX-Systeme sind Anwendungs-Systeme mit hochwertiger grafischer Datenverarbeitung. Sie beruhen auf einer rechnerinterne Abbildung der physischen Objekte der Fabrik wie Bauteile, Baugruppen, Produkte, Werkzeuge, Betriebsmittel, Prüfgeräte, Maschinen, Anlagen, Fabrikhallen, Gebäude, Verkehrswege etc. sowie der Ressourcen soweit als physische Objekte und Prozesse modellierbar.

Die Familien der industriell eingesetzten CAX-Systeme wie bestehen aus:

- CAD Computer Aided Design: Für computergestützte Tätigkeiten im technischen Design, der Produktentwicklung und Konstruktion (Entwerfen, Zeichnen, Detaillieren, Analysieren, Berechnen, informieren etc.)
- CAP Computer Aided Planning: Für die rechnerunterstützte Planung der Arbeitsvorgänge und der Arbeitsfolgen sowie die Gestaltung der Fertigungs- und Montageprozesse.
- CAM Computer Aided Manufacturing: Für die EDV-Unterstützung bei der Programmierung und zur technischen Steuerung und Überwachung der Betriebsmittel (CNC-Maschinen, Roboter, Technische Anlagen, Transport-, Lagereinrichtungen, Fertigungs- und Montagesysteme)
- CAQ Computer Aided Quality Assurance: Für das EDV-unterstützte Qualitätsmanagement, Planung und Durchführung der Qualitätssicherung (Mess- und Prüftechnik).

Die Kernsysteme der Konstruktion (CAD) werden darüber hinaus mit zusätzlichen Systemen zur Analyse und Berechnung des statischen und dynamischen Verhaltens der Produkte (Festigkeit, Nachgiebigkeit, Kinematik, Thermisches Verhalten, Verschleiß) oder für die Optimierung der Prozesse durch Simulation ergänzt.

Die Ergebnisse der Konstruktions- und Vorbereitungsprozesse werden in zentralen Datenbanken gespeichert bzw. dokumentierte und für längere Zeiträume (Produktleben) gesichert.

CAP-Systeme unterstützen die Arbeitsvorbereitung bei Neu-, Änderungs- oder Variantenplanungen. Sie haben Funktionen zur Findung optimaler Arbeitsvorgangsfolgen sowie zur Arbeitsanalyse und zur Gestaltung des Arbeitssystems nach ergonomischen Gesichtspunkten. Ferner unterstützen sie die Auswahl und das Management der Betriebsmittel und beinhalten Funktionen zur Zeit- und Kostenkalkulation. Ein weiteres Anwendungsgebiet liegt in der Erstellung von Programmen für die Steuerung der Prozesse. Die Verwaltung der Arbeitspläne und der betrieblichen Informationsträger ist Bestandteil der CAP-Systeme.

In den erweiterten Funktionen der CAX-Systeme werden Produktdaten allen nachfolgenden Prozessen im Life-Cycle der Produkte zur Verfügung gestellt. Sie werden um Strukturdaten ergänzt, die üblicherweise in den Stücklisten enthalten sind und Angaben zur Gültigkeit (Produkte und Varianten) sowie zu Quellen (Hersteller, Lieferanten) und Dokumentationen (Prüfergebnisse, Zertifikate) allen Produktnutzern zur Verfügung stellen. Diese sogenannten Produktdatenmanagementsysteme (PLM-Systeme) unterstützen den Service und Instandhaltungsfunktionen (After Sales) mit allen produktbezogenen Daten und Informationen.

CAQ-Systeme (Computer-Aided-Quality-Assurance-Systeme) dienen zur EDV-mäßigen Unterstützung des Qualitätsmanagements. Ihre Aufgaben bestehen zum einen darin, Vorgabedaten und Ergebnisdaten von Produkten und Prüfungen über deren Lebenslauf zu erfassen, zu verwalten und den entsprechenden Stellen zur Durchführung ihrer Tätigkeiten bereitzustellen. Zum anderen dienen sie dem Qualitätsmanagement dazu, auf Basis der vorhandenen Daten spezielle Maßnahmen und Analysen durchzuführen, um Fehler rechtzeitig zu erkennen und Verbesserungen anzustoßen.

CAQ-Systeme (Computer-Aided-Quality-Assurance-Systeme) werden vorrangig zur EDV-Unterstützung in der diskreten Fertigung eingesetzt. In der Prozessindustrie finden dagegen eher sogenannte LIM-Systeme (Labor-Informations- und Management-Systeme) ihre Anwendung. CAQ-Systeme besitzen im Allgemeinen einen umfangreichen Funktionsumfang von der Produktplanung bis hin zur Felddatenerfassung. Zu den klassischen Funktionalitäten, wie sie von nahezu allen CAQ-Systemen angeboten werden, zählen die Prüfplanung, Prüfauftragsverwaltung, Prüfdatenerfassung sowie Prüfdatenauswertung und -dokumentation. Darüber hinaus beinhalten die CAQ-Systeme noch weitere Funktionalitäten, wie die Fehlermöglichkeits- und Einflussanalyse (FMEA), die Produktplanung mit Advanced Product and Quality Planning (APQP) und dem Product Part Approval Process (APQP), die Dokumentation des Qualitätsmanagementsystems, das Auditmanagement oder die Reklamationsbearbeitung.

44.6.3 Auftragsmanagementsysteme

Auftragsmanagementsysteme unterstützen nahezu alle Anwendungsbereiche und Prozesse der Auftragsabwicklung von den Kundenanfragen bis zur Inbetriebnahme [52, 54]. Sie sind in der Regel administrative Systeme, die große „nichtgeometrische Daten" verarbeiten. Die Systemfunktionen folgen dem o. g. Ablauf der Auftragsteuerung (PPS) bzw. den Workflows des Auftragsmanagements und nutzen dazu die Ressourcendatenbanken: (Produkte (Kostenträger), Aufträge, Arbeitspläne, Arbeitsplätze, Kostenstellen, Maschinen, Arbeitsplätze, Personal). Ihre wichtigsten Funktionen sind die Beschaffung von Fremdmaterial und die terminliche Steuerung der Eigenfertigung sowie die Maximierung der Auslastung. Die Auftragsmanagementsysteme sind datenbankorientierte Systeme und benötigen eine Rückmeldung aus dem realen Betrieb über den

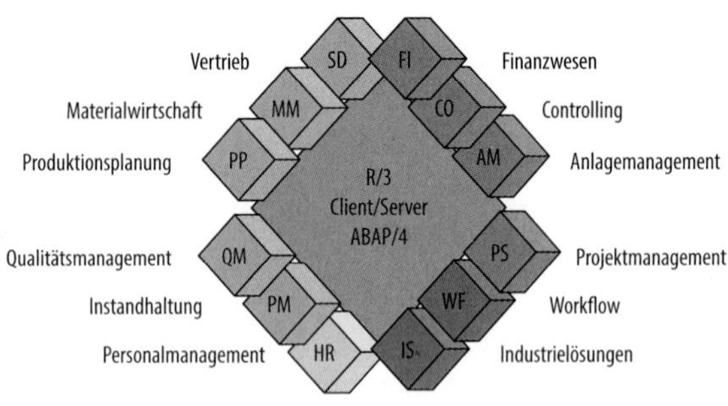

Abb. 44.17 Module eines industriell eingesetzten Managementsystems (SAP) [55]

aktuellen Stand der Auftragsabarbeitung sowie Bestände an fertigen und unfertigen Erzeugnissen (siehe Abschn. 44.4.3).

Die einzelnen Anwendungen von Informationssystemen im Auftragsmanagement werden heute als Systemfamilien angeboten, welche nach den Anforderungen der Anwender konfiguriert und die bedarfsbezogen um periphere Funktionen ergänzt werden können [55]. Sie verfügen ferner über betriebswirtschaftliche Module für die Kostenrechnung und für das Controlling. Zur Systemfamilie gehören Module für das Personalwesen und andere Verwaltungsaufgaben.

Die Darstellung (Abb. 44.17) zeigt eines der am häufigsten eingesetzten Systeme für das gesamte Auftrags- und Ressourcenmanagement. Die Materialbedarfsplanung und die Kapazitätsplanung und Terminierung der Aufträge sowie die Verwaltung der Bestände sind Kernfunktionen. Ein Schwerpunkt liegt hier sicherlich im gesamten Bereich der Bedarfsplanung und der Auftragsdisposition mit Modulen für die die Abwicklung der Bestellungen bei Lieferanten und zum Kunden. Derartigen Systeme unterstützen die gesamten Liefer- und Produktionsketten und erlauben damit auch die B2B und B2C – Verknüpfungen. Das Datenmanagement, auf das die verschiedenen Anwendungen des Auftragsmanagements zugreifen, umfasst neben den administrativen Aufgaben von Vertrieb und Planung die informationstechnische Integration peripherer Funktionen der Unternehmen (z. B: Instandhaltung, Gebäude, Medien). Man erkennt in der Darstellung, dass die Systeme eine große Varianz für eine unternehmendspezifische Systemkonfiguration besitzen und damit zu einem zentralen Informationsmanagement mit Anwendungsmodulen für Betriebs- und Personalwirtschaft beitragen.

44.6.4 Leitstände und Manufacturing Execution Systeme (MES)

Mit fortschreitender Automatisierung und Integration der Prozesse in Fertigung und Montage entwickelten sich durch die Diffusion elektronischer Techniken typische Architekturen für das Informationsmanagement in der Produktion, welches von der Prozesssteuerung in Echtzeit bis in das Management von Unternehmen hierarchisch skalierbar ist. Das Bild (Abb. 44.18) stellt eine Hierarchie der Leitsysteme vom Management bis an die Arbeitsplätze dar. Es versorgt alle Arbeitsplätze in den Prozessketten mit aktuellen Informationen, so dass ein optimierter Betrieb möglich wird.

Auf der Prozessebene werden Feldbustechniken eingesetzt, deren Aufgabe in der Erfassung und Weiterleitung von Prozess-Informationen in Echtzeit (μ-sec) bis in die Steuerungen der Maschinen (CNC) und Roboter (RC) sowie anderer Steuerungen (SPS) führt. Die werkstattnahen Funktionen werden als Leitstände oder als Werkstattsteuerung bezeichnet. Die zeitlichen Skalen reichen von Minuten und Stunden bis in wenige Tage. Sie sind verbunden mit PPS-Systemen, welche Fertigungsbereiche (Teilefertigung, Montage, Segmente) übergreifen und eine zeitliche Reichweite von tagen bis Wochen oder Monaten haben. Diese können mit Standortleitsystemen die Werke und die Supply Chains überdecken und dienen der Auftragssteuerung aller Prozesse in den Prozessketten vom Kundenauftrag bis zur Auslieferung. In der obersten Ebene sind die Management und Controlling Funktionen zu finden, die auch als ERP-Systeme (Enterprise Ressource Management) oder als Management-Informationssysteme bezeichnet werden.

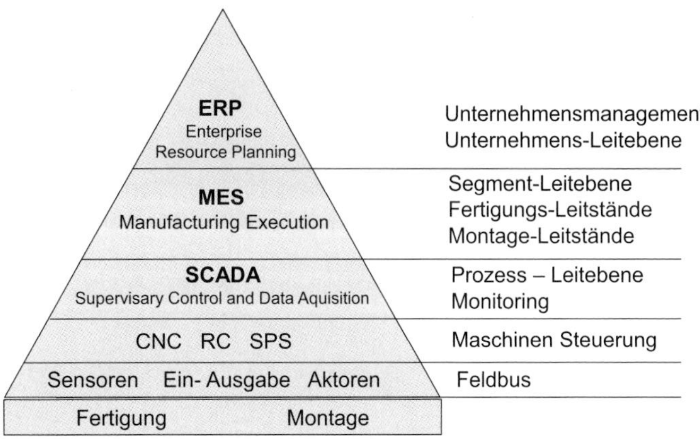

Abb. 44.18 Hierarchisch strukturierte Architektur von Systemen zur Planung und Steuerung

Leitsysteme oder Werkstattsteuerungen für Fertigungs- und Montagebereiche werden als MES-Systeme bezeichnet [10, 12, 13]. MES-Systeme sind ein Bindeglied zu den Managementsystemen der Unternehmen. Sie werden an ERP angebunden, um einen integrierten Daten und Informationsfluss zwischen den Planungs- und Ausführungsbereichen zu erzielen und Managemententscheidungen durch Informationen aus dem realen Betrieb zu untermauern. Sie erlauben die Weiterleitung von Informationen aus den Bereichen der Arbeitsplanung und des Auftragsmanagements bis an die Arbeitsplätze bzw. Maschinen und Automatisierungsgeräte und führen die Zustandsdaten der Maschinen (MDE, Maschinendatenerfassung) wie z. B. Verfügbarkeit, Störungen etc. bzw. Betriebsdaten (BDE, Betriebsdatenerfassung) wie z. B. Lagerbestände, Transport, Fertigstellung etc. an diese zurück. MES-Systeme unterstützen die Fertigungs- und Montageleitung bei der Zuordnung von Aufträgen zu den Arbeitsplätzen und enthalten Methoden zur zeitlichen Koordination der verschiedenen Teilsysteme wie z. B. der Materialbereitstellung, Durchführung von Transporten etc. Ferner enthalten sie Algorithmen zur statistischen Analyse der Operationen und zur Ermittlung von Leistungsdaten. Auf eine Leistungsüberwachung von Mitarbeitern wird in Deutschland aufgrund einschlägiger Gesetze über die personenbezogenen Daten verzichtet. Allerdings sind Rückmeldungen für leistungsfördernde Entlohnungssysteme mit Zustimmung der Arbeitnehmervertreter sowie zur Dokumentation möglich. Ferner können Leisysteme für das Sicherheitsmanagement eingesetzt werden.

Heute geht es bei der Entwicklung zukünftiger Konzepte um die konsequente Überwindung des Grabens (Gap) zwischen dem realen Geschehen im Betrieb und der digitalen Abbildung der Prozesse in den Rechnern, um eine durchgängige und ereignisbezogene (event driven) Architektur der Information und Kommunikation in den Unternehmen zu erreichen. Sofern es gelingt, auch die Anforderungen an Sicherheit und Verfügbarkeit der IT zu erfüllen steht einer Nutzung von Internet-Technologien in der Produktion nichts im Wege.

44.7 Qualitätsmanagement

Das Qualitätsmanagement [63–65] umfasst alle Tätigkeiten und Zielsetzungen zur Sicherung der Prozess- und Produktqualität, d. h. man versteht heute unter Qualität nicht nur die Qualität von Produkten, sondern auch die von Prozessen, Abläufen und Strukturen mit dem Ziel Qualität zu produzieren. Methodische Ansätze richten sich vor allem auf präventive Maßnahmen zur Vermeidung von Fehlern und Abweichungen sowie auf Lerneffekte im Lebenslauf der Produkte. Das Qualitätsmanagement ist ein zentrales Element des Managements der gesamten Produktion.

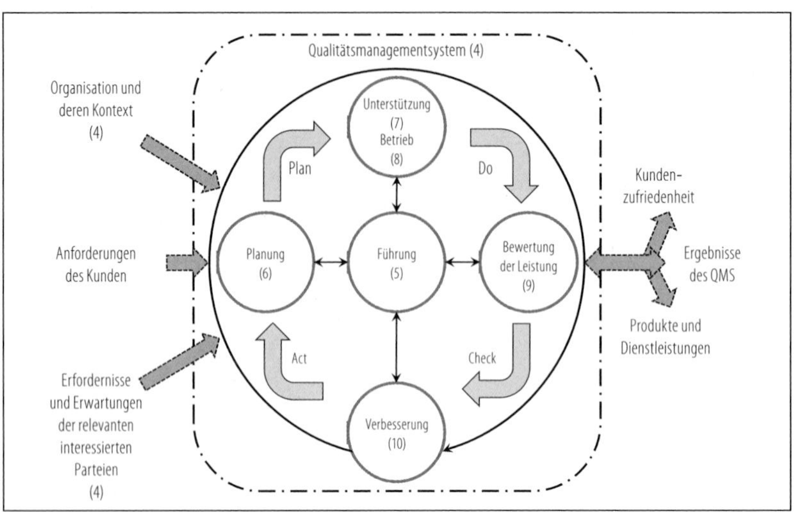

Abb. 44.19 Modell eines prozessorientierten QM-Systems. (Eigene Darstellung in Anlehnung an DIN EN ISO 9001:2015)

44.7.1 Aufgaben des Qualitätsmanagements

Das Qualitätsmanagement umfasst alle Tätigkeiten und Zielsetzung zur Sicherstellung der an die Produkte, Dienstleistungen und Prozesse gestellten Anforderungen. Zu berücksichtigen sind hierbei Aspekte der Wirtschaftlichkeit, Gesetzgebung, Umwelt und nicht zuletzt Forderungen der Kunden.

Grundlage eines effektiven Qualitätsmanagements sind stets Daten und Informationen, die in den operativen und administrativen Prozessen entstehen und erfasst, verwaltet, verdichtet und ausgewertet werden müssen. Nur die systematische Handhabung dieser Informationen ermöglicht es, Probleme und ihre Ursachen und Folgen zu erkennen, richtig zu bewerten und wirksame Maßnahmen abzuleiten, die das aufgetretene Problem beheben (Korrektiv) und/oder das Auftreten dieses oder ähnlicher Probleme bei gleichen oder ähnlichen Prozessen zukünftig sicher vermeiden (Präventiv) [66–68].

44.7.2 Qualitätsmanagementsysteme (QM-Systeme)

Das erfolgreiche Führen und Betreiben einer Organisation erfordert, dass sie in systematischer und klarer Weise geleitet und gelenkt wird. Qualitätsmanagementsysteme (kurz: QM-Systeme) beschreiben die aus Sicht des Qualitätsmanagements dafür notwendige Aufbau- und Ablauforganisation im Unternehmen [64]. Der Aufbau von QM-Systemen folgt dabei einem prozessorientierten Ansatz (Abb. 44.19; [68, 69]). Damit lassen sich die Prozesse im Unternehmen aus der Sicht der Wertschöpfung betrachten und ihre Effektivität und Effizienz anhand objektiver Messungen kontinuierlich verbessern.

Die wohl am häufigsten eingesetzte QM-Norm ist die branchenneutrale ISO 9000 Familie. Darüber hinaus existieren weitere branchenspezifische Normen und Regelwerke für die Anforderungen an ein QM-System, die vielfach auf der ISO 9000 basieren. Dies sind beispielsweise die VDA 6 und die IATF 16949:2016 im Automobilbau und die ISO 13485 im Bereich der Medizin.

44.7.2.1 DIN EN ISO 9000

Die DIN EN ISO 9000:2015 (kurz: ISO 9000) ist eine weltweit gültige Norm zur Darlegung der Anforderungen an ein Qualitätsmanagementsystem. Die Normenreihe ISO 9000 ff umfasst die Einzelnormen ISO 9000, ISO 9001, ISO 9004 und ISO 19011.

Die ISO 9000 beschreibt die Grundlagen und Begriffe in einem Qualitätsmanagementsystem. Des Weiteren werden in ihr die Abläufe eines prozessorientierten Qualitätsmanagementsystems im Unternehmen anhand eines Modells beschrieben. Das Modell zeigt, wie die Unternehmensorganisation aus Sicht der ISO 9001 aufgebaut werden kann. Elementarer Bestandteil darin sind die Kunden. Im Falle eines Kunden-Auftrags, werden die Schritte der Produktrealisierung (oder Dienstleistungserbringung) durchlaufen und das entstandene Produkt an den Kunden ausgeliefert.

Innerhalb der Organisation müssen die Prozesse überwacht und gemessen werden. Dazu gehört besonders die Messung der Kundenzufriedenheit. Die Ergebnisse werden der Unternehmensleitung zur Verfügung gestellt. Diese hat die Aufgabe, die zukünftigen Erwartungen der Kunden zu ermitteln und mit Hilfe dieser Daten die benötigten Ressourcen für die Organisation bereit zu stellen. Ziel ist es, alle Organisationsprozesse hinsichtlich Verbesserung des Unternehmenserfolges kontinuierlich zu optimieren. Die Norm fordert von einem Qualitätsmanagementsystem dokumentierte Abläufe und Verfahren. Diese werden im Qualitätsmanagementhandbuch sowie in den Verfahrensanweisungen unternehmensspezifisch dargestellt.

Damit der nachhaltige Erfolg gesichert werden kann, sind folgende acht Grundsätze des Qualitätsmanagements in der ISO 9000 Familie definiert:

- Kundenorientierung
- Verantwortung der Führung
- Einbeziehung der Personen
- Prozessorientierter Ansatz
- Systemorientierter Managementansatz
- Ständige Verbesserung
- Sachbezogener Ansatz zur Entscheidungsfindung
- Lieferantenbeziehungen zum gegenseitigen Nutzen.

Die Beachtung der Forderungen und Empfehlungen der ISO 9001 und 9004 bieten sowohl organisatorische Vorteile als auch Vorteile im Bereich Marktstrategie, Rechtssicherheit, Kostenersparnis, Risikoabschätzung und Zusammenarbeit der interessierten Parteien.

44.7.2.2 DIN EN ISO 9001

Die ISO 9001 beschreibt die Anforderungen an ein Qualitätsmanagementsystem vor dem Hintergrund, dass sich das Unternehmen zertifizieren lassen möchte. In diesem Fall werden die Mindestanforderungen an das Qualitätsmanagementsystem, die die Norm vorgibt, von einer unabhängigen Zertifizierungsgesellschaft überprüft.

44.7.2.3 DIN EN ISO 9004

Die ISO 9004 gibt Empfehlungen, wie das Qualitätsmanagementsystem aufgebaut und hinsichtlich Leistungsfähigkeit, Effizienz und Wirksamkeit der Organisation kontinuierliche verbessert werden kann. Die ISO 9004 gibt Hilfestellungen und Empfehlungen, wie bestimmte Bereiche organisiert sein können, oder welche Methoden Anwendung finden können.

44.7.2.4 DIN EN ISO 19011

Die ISO 19011 ist ein Leitfaden für die Durchführung von Audits. Er beschreibt, wie Audits durchgeführt werden können und welche Qualifikationen die Auditoren haben sollen. Die ISO 19011 wurde zur Auditierung von Qualitätsmanagementsystemen und Umweltmanagementsystemen entwickelt, kann aber auch zur Auditierung von anderen Managementsystemen verwendet werden.

44.7.2.5 Auditierung und Zertifizierung

Audits werden eingesetzt, um die Arbeitswirklichkeit mit der Darstellung im Qualitätsmanagementsystem abzugleichen. Audits können sowohl intern als auch extern durchgeführt werden. Im Rahmen von Zertifizierungsaudits wird das Qualitätsmanagementsystem durch externe Auditoren einer Zertifizierungsorganisation gegen die Anforderungen der Norm geprüft. Ein Zertifikat nach ISO 9001 gilt für drei Jahre. Jährlich werden so genannte Überwachungsaudits mit einem gegenüber dem Zertifizierungsaudit reduziertem Umfang durchgeführt.

Excellence-Modelle bilden den Orientierungsrahmen für eine gesamtheitliche Betrachtung der Organisation. Qualität steht hierbei im Mittelpunkt aller Aktivitäten. Unternehmen, die

Produkt-lebenslauf	Definition	Konstruktion	Planung & Steuerung	Produktion Prüfung	Nutzung
Methoden	Quality Function Deployment (QFD)				
	Fehler-Möglichkeits und Einflussanalyse FMEA				
		Konstruktions FMEA			
			Prozesss FMEA		
	Funktionale Sicherheit				
	Triz				
	Fehlerbaum/ Ereignisablaufanalyse				
		Design of Experiments DoE			
			Lieferanten Bewertung		
			Fähigkeitsanalysen		
				SPC	
				Stichproben - 100%	Reklamationen
					Felddatenanalyse
Werkzeuge	Werkzeuge der QM zur Analyse und Visualisierung				
Prinzipien	Lean Methoden / Poka-Yoke				
IT-Systeme	CAQ – Systeme – QM - Module				

Abb. 44.20 Methoden und Werkzeuge über den Produktlebenszyklus [80, 81]

sich bei der Ausrichtung ihres Qualitätsmanagementsystems an Excellence-Modellen orientieren, streben nach mehr, als nur der Erfüllung von Anforderungen an eine Norm. Exzellent geführte Unternehmen kennzeichnen sich durch nachhaltig gute Ergebnisse, eine hohe Organisationskultur und der wahrgenommenen Vorbildfunktion aus. Sie sind anerkannte Treiber von organisatorischer, technologischer und gesellschaftlicher Entwicklungen und gelten als attraktiver Arbeitgeber.

44.7.3 Werkzeuge des Qualitätsmanagements

Werkzeuge und Methoden sind Bestandteil moderner Qualitätsmanagementsysteme und unterstützen die Vorgehensweisen zur Lösung eines definierten Problems. Ihre Unterteilung erfolgt in die Qualitätsmanagement-Werkzeuge und Management-Werkzeuge [71, 78–80]. Sie finden in allen Phasen des Produktlebenszyklus ihre Anwendung. Eine Übersicht über die gebräuchlichen Werkzeuge und Methoden zeigt Abb. 44.20.

QM-Werkzeuge sind Hilfsmittel zur Analyse von Fehlern und Abweichungen von Soll-Anforderungen. Die wichtigsten in der Praxis verwendeten Werkzeuge sind [70, 72, 74, 76, 78, 79]:

44.7.3.1 Fehlersammelliste

Die Fehlersammelliste (auch Fehlersammelkarte oder Strichliste genannt) ist eine einfache Methode zur schnellen Erfassung und übersichtlichen Darstellung attributiver Daten (im Allgemeinen Fehler) nach Art und Anzahl. Anhand der Sammelliste können Gesetzmäßigkeiten bzw. Häufigkeiten erkannt werden.

44.7.3.2 Histogramm

Das Histogramm ermöglicht die grafische Darstellung der Häufigkeit von Messwerten über den Messbereich. Dazu werden die zu erwartenden Messwerte in Klassen unterteilt. Die Messwerte werden erfasst, den Klassen zugeordnet und in Form einer Säule, deren Höhe sich proportional zur Anzahl der Messwerte in der jeweiligen Klasse verhält (Klassenhäufigkeit), dargestellt. Mit Hilfe des Histogramms lassen sich Anomalien in der Verteilung (z. B. zu große Streuung, verschobener Mittelwert) erkennen und Rückschlüsse auf Produkt- und/oder Prozesseigenschaften ziehen.

44.7.3.3 Pareto-Analyse

Die Pareto-Analyse ist eine grafische Darstellung, die es ermöglicht, aus einer Vielzahl von Informationen gezielt die wichtigsten zu erkennen. Die Analyse beruht auf dem Pareto-Prinzip, welches besagt, dass die meisten Auswirkungen (ökonomische, technische) auf eine relativ kleine Zahl von Ursachen zurückzuführen sind.

Zur Durchführung der Pareto-Analyse werden zunächst die Klassen (z. B. Fehlerarten) und das Auswertekriterium (Fehleranzahl, Fehlerkosten), nach dem die Rangfolge gebildet werden soll, festgelegt. Anschließend werden die Anzahl der Ereignisse je Klasse ermittelt und daraus die Rangfolge der Klassen entsprechend dem Auswertekriterium gebildet. Die Klasse mit der höchsten Ereignisanzahl steht dabei ganz links. Die weitere Rangfolge ergibt sich durch die Ereignisanzahl bis hin zu der Klasse mit der geringsten Ereignisanzahl.

Zusätzlich wird oftmals auch noch die Summenkurve ermittelt, indem man den prozentualen Anteil der Ereignisse der jeweiligen Klasse an der Gesamtanzahl der Ereignisse berechnet und die sich ergebenden Prozentanteile von Klasse zu Klasse addiert. Häufig wird die Darstellung anschließend noch in die Bereiche A = 0 ... 70 %, B = 70 ... 90 % und C = 90 ... 100 % unterteilt, woraus auch der Name A-B-C Analyse herrührt. Die Klassen im Bereich A haben, bezogen auf das Auswertekriterium, die höchste Priorität.

44.7.3.4 Ursache-Wirkungs-Diagramm

Das Ursache-Wirkungs-Diagramm (auch Fishbone- oder Ishikawa-Diagramm genannt) ist eine einfache und übersichtliche Technik zur strukturierten Problemanalyse im Expertenteam, bei der Ursache und Wirkung voneinander getrennt werden.

Dazu werden das zu untersuchende Problem beschrieben und anschließend die 5 Hauptursachengruppen Mensch, Maschine, Material, Methode und Mitwelt (5 M) fischgrätenartig eingetragen. Anschließend werden die im Team ermittelten Ursachen für das Problem den jeweiligen Hauptursachengruppen zugeordnet. Den gefundenen Ursachen können wiederum Unterursachen zugeordnet werden, wodurch Fehlerketten aufgebaut werden können.

44.7.3.5 Qualitätsregelkarte

Mit Hilfe der Qualitätsregelkarte kann eine Serienproduktion im Rahmen der Statistischen Prozessregelung (SPC) auf Sollwert- und Toleranzeinhaltung geregelt werden. Dazu können mit statistischen Rechenverfahren obere und untere Eingriffsgrenzen berechnet werden. Die ermittelten Grenzen werden in die Qualitätsregelkarte eingetragen. Anschließend werden in bestimmten Zeitabständen Stichproben aus dem Prozess entnommen, Mittelwert und Streuung berechnet und die Werte chronologisch in die Qualitätsregelkarte eingetragen. Treten dabei im Laufe des Prozesses bestimmte Verläufe auf oder Erreichen die eingetragenen Werte die Eingriffsgrenzen, so muss in den Prozess regelnd eingegriffen und Maßnahmen zur Korrektur des Prozesses eingeleitet werden.

44.7.3.6 Korrelationsdiagramm

Im Korrelationsdiagramm kann die mögliche Beziehung zwischen zwei veränderlichen Faktoren grafisch untersucht werden. Es wird genutzt, um die Intensität und Richtung eines linearen Zusammenhanges zwischen zwei Faktoren darzustellen. Zur Analyse wird die potentielle Einflussgröße variiert und die jeweiligen Zielgrößen gemessen. Die Wertepaare werden in ein Koordinatensystem eingetragen. Nachdem mehrere Wertepaare bestimmt worden sind, kann die entstandene Punktwolke analysiert werden. Es ist zu erkennen, ob zwischen den beiden Faktoren eine starke oder schwache bzw. eine positive oder negative Korrelation besteht. Ist die Punktwolke kreisrund und zeigt keine Vorzugsrichtung, so ist davon auszugehen, dass auch keine lineare Korrelation besteht.

44.7.3.7 Flussdiagramm

Das Flussdiagramm dient der verständlichen Visualisierung von komplizierten Abläufen. Es wird auf einfache Weise dargestellt, welcher Mitarbeiter mit welchem Hilfsmittel welche Tätigkeiten durchführt. Dabei ermöglichen Entscheidungsrauten das Verzweigen in bestimmte Bereiche des Flussdiagramms in Abhängigkeit der zuvor aufgetretenen Ereignisse. Insbesondere in den Verfahrensanweisungen des QM-Handbuchs wird das Flussdiagramm häufig genutzt, um ein gemeinsames Verständnis über bestehende Unternehmensabläufe zu schaffen.

44.7.3.8 Affinitätsdiagramm

Das Affinitätsdiagramm lässt sich zur Strukturierung ungeordnet vorliegender Informationen zu einem Thema anwenden. Damit lassen sich für ein definiertes Thema bzw. ein bestehendes Problem die verschiedenen Meinungen strukturieren und Themenschwerpunkten zuordnen. Im Anschluss daran können dann Verantwortliche oder Teams die Themen weiter bearbeiten.

44.7.3.9 Matrixdiagramm

Das Matrixdiagramm eignet sich, Wechselbeziehungen zwischen Merkmalen (auch Dimensionen genannt) zu identifizieren und zu bewerten. Damit lässt sich übersichtlich darstellen, ob und welchen Einfluss eine Dimension auf andere hat. Je nachdem, wie viele Dimensionen miteinander verglichen werden sollen, können verschiedene Matrizen zum Einsatz kommen.

Zur Vorgehensweise werden die einzelnen Dimensionen in die Matrix eingetragen. Danach wird jeder Schnittpunkt nach dem zuvor festgelegten Bewertungskriterium bewertet. Mögliche Bewertungskriterien sind hierbei beispielsweise: Korrelationen (stark, mittel, schwach, keine), Beeinflussungen (positiv, negativ, keine), Aufgaben und Verantwortlichkeiten (Verantwortung, Durchführung, Mitwirkung, Information). Anschließend können die Bewertungen zu jeder Dimension summarisch zusammengefasst und somit in eine Rangfolge gebracht werden.

44.7.3.10 Relationen-Diagramm

Das Relationen-Diagramm ist eng verwandt mit dem Ursache-Wirkungs-Diagramm. Mit dem Relationen-Diagramm können Abhängigkeiten (Ursache-Wirkungs-Beziehungen) zwischen Ursachen und Wirkungen zu einem Thema oder Problem dargestellt und strukturiert werden. Damit lassen sich zu dem Thema oder Problem die Hauptursachen und Hauptwirkungen grafisch identifizieren. Auf Basis dieser Informationen lassen sich dann die entsprechenden Lösungen erarbeiten.

44.7.3.11 Problementscheidungsplan

Mit Hilfe des Problementscheidungsplanes lassen sich übersichtlich Probleme während eines Vorhabens identifizieren und wirkungsvolle Gegenmaßnahmen ableiten. Zur Durchführung werden die Vorgänge bzw. Tätigkeiten in dem Vorhaben logisch oder chronologisch aufgelistet. Zu den einzelnen Vorgängen bzw. Tätigkeiten werden anschließend die potentiellen Probleme ermittelt. Im nächsten Schritt werden dann zu jedem potentiellen Problem mögliche Gegenmaßnahmen erarbeitet und mit Verantwortlichen und Terminen versehen.

44.7.3.12 Portfolioanalyse

Die Portfolioanalyse dient dazu, einen oder mehrere Sachverhalte nach zwei Kriterien geordnet grafisch darzustellen. Sie wird häufig angewandt, um die Ausgangssituation (Ist-Zustand) und Ziele (Soll-Zustände) grafisch zu visualisieren. Eine weitere Anwendung besteht im einfachen grafischen Vergleich von Produkten und/oder Dienstleistungen.

Die wichtigsten industriell eingesetzten Methoden, welche zur präventiven Verbesserung bis hin zur Null-Fehler-Produktion bzw. einer fähigen Produktion beitragen sind im Folgenden kurz dargestellt.

44.7.4 Methoden des Qualitätsmanagements

Die folgende Abhandlung stellt die gängigen Methoden des Qualitätsmanagements dar, die vor allem für ein präventives Vermeiden von Fehlern im gesamten Lelenszyklus der Produkte verwendet werden.

44.7.4.1 Quality Function Deployment (QFD)

Ziel der QFD ist die kunden- und wettbewerbsorientierte Produktentwicklung. Dabei werden schrittweise eindeutig formulierte und gewichtete Kundenanforderungen und Kundenwünschen (Lastenheft) in technische Spezifikationen, die innerhalb der Entwicklung und Konstruktion zu realisieren sind (Pflichtenheft), überführt. Ferner werden die Produkte des Wettbewerbs hinsichtlich der Erfüllung der Kundenanforderungen bewertet und dem Bewertungsprofil des eigenen Produktes gegenüber gestellt. Daraus lassen sich gezielt Maßnahmen für die Produktentwicklung und das Marketing ableiten. Maßnahmen muss das Unternehmen insbesondere bei den Kundenanforderungen anstoßen, die vom Kunden hoch gewichtet und durch Produkte des Wettbewerbs besser erfüllt werden.

Durch den Einsatz von QFD werden Produktentwicklungen gezielt anhand der Kundenwünsche ausgerichtet, Fehlentwicklungen und Fehlleistungsaufwände frühzeitig vermieden sowie Entwicklungs- und Planungszeiten drastisch reduziert. Die Ergebnisse einer QFD werden im „House of Quality" visualisiert und tragen zur Verbesserung der horizontalen und vertikalen Kommunikation im Unternehmen bei.

44.7.4.2 Wertanalyse (WA)

Die Wertanalyse dient der Entwicklung und Verbesserung von Produkten, technischen Abläufen und anderen Vorgängen unter Beibehaltung der bisherigen Qualität. Durch die Anwendung des Wirksystems Wertanalyse wird in der Regel eine erhebliche Verbesserung und Wertsteigerung der bearbeiteten Objekte erreicht, die gleichzeitig mit einer Reduzierung des Aufwandes und der Kosten gegenüber der ursprünglichen Situation verbunden sind.

44.7.4.3 Fehlermöglichkeits- und Einflussanalyse (FMEA)

Ziel der FMEA ist es, Risiken während des Produktentstehungsprozesses zu erkennen, zu bewerten und Maßnahmen zur Fehlervermeidung und/oder Fehlerentdeckung vor Auslieferung an den Kunden einzuleiten. In vielen Branchen (z. B. Automobilindustrie) gehört die FMEA zum Stand der Technik.

Man unterscheidet die System-, die Konstruktions- und die Prozess-FMEA. Bisweilen wird auch nur nach Produkt- und Prozess-FMEA bzw. Design- und Prozess-FMEA unterschieden. Mit der System-FMEA wird das funktionsgerechte Zusammenwirken der einzelnen Komponenten eines Systems (z. B. mechatronisches System) untersucht. Die Konstruktions-FMEA analysiert die möglichen Risiken im Rahmen einer Produktentwicklung. Dabei wird untersucht, ob Materialien und Geometrien geeignet sind, die gestellten Anforderungen zu erfüllen. Die Prozess-FMEA wird im Rahmen der Produktionsplanungsphase durchgeführt. Mit ihr wird der Produktions- und/oder Montageprozess auf seine Risiken hin untersucht.

Die systematischste Vorgehensweise zur FMEA bietet derzeit der Ansatz des VDA (VDA 4 Kapitel 3 von 2006/2012 bzw. der harmonsierte Stand zwischen AIAG und VDA von 2018). Er verfügt über die Schritte Betrachtungsumfang (Scoping), Strukturanalyse, Funktionsanalyse, Fehleranalyse, Maßnahmen- bzw. Risikoanalyse und Optimierung. Die Bewertung der Risiken erfolgt unter Zuhilfenahme von Bewertungstabellen anhand der Bedeutung (B) des potentiellen Fehlers für den Kunden, der erwarteten Auftretenswahrscheinlichkeit (A) sowie der Möglichkeit zur Entdeckung (E) noch im Rahmen des Verantwortungsbereiches der entsprechenden Organisation. Klassischerweise wird daraus durch Multiplikation der Einzelfaktoren eine Risikoprioritätszahl (RPZ) ermittelt. Im Allgemeinen wird von einem Risiko ab einer RPZ von 80 gesprochen. Aber auch RPZ-Werte größer 40 können bei sicherheitsrelevanten Systemen bereits als Risiko gelten. Moderne Ansätze verzichten auf die in manchen Fällen wenig aussagekräftige RPZ und verwenden stattdessen Risikomatrizen oder Tabellen zur Definition von Aufgabenprioritäten. Dokumentiert werden die Ergebnisse in sogenannten Strukturbäumen, Funktions- und Fehlernetzen sowie in einem speziellen Formblatt. Die Optimierung der Produkte und Prozesse erfolgt anhand von Maßnahmenlisten.

Die FMEA hat in erster Linie präventiven Charakter und soll dazu beitragen, Fehler zu vermeiden. Die FMEA wird in einem interdisziplinären Team erarbeitet und eignet sich sehr gut, um das Erfahrungswissen der Mitarbeiter zu erfassen, zu strukturieren und zu dokumentieren.

Zur Analyse von Anlagen hinsichtlich der Anlagenverfügbarkeit wird die abgewandelte Konstruktions- und Verfügbarkeits-FMEA eingesetzt. Im Bereich der Lebensmittelindustrie findet die artverwandte HACCP-Methodik (Hazard Analysis of Critical Control Points) ihre Anwendung. Zur Analyse der Ausfallwahrscheinlichkeit elektronischer Komponenten im Rahmen der Funktionalen Sicherheit findet die FMEDA (Failure Modes, Effect and Diagnostic Analysis) ihre Anwendung.

44.7.4.4 Funktionale Sicherheit (FuSi)

Unter funktionaler Sicherheit versteht man die Eigenschaft eines elektrischen, elektronischen oder programmierbar elektronischen Systems (E/E/PE-System) beim Auftreten eines zufälligen oder systematischen Fehlers mit gefahrbringender Wirkung nur mit einem gesellschaftlich tolerierbaren Restrisiko in einen sicheren Zustand überzugehen oder zu verbleiben. Bei der Auslegung gilt es je nach gefahrbringendem Potential die Vorgaben sogenannter Safety Integrity Level (SIL) einzuhalten. Diese Vorgaben finden sich in branchenspezifischen Unternormen zur Mutternorm IEC 61508. Für den Automobilbau gilt die ISO 26262. Zur Absicherung von Systemen nach den Gesichtspunkten der funktionalen Sicherheit werden verschiedene Methoden, wie z. B. Risikographen, FMEA, Zuverlässigkeitsblockdiagramme und FMEDA sowie verschiedene Berechnungsverfahren angewandt.

44.7.4.5 Theorie des erfinderischen Problemlösens (TRIZ)

Die Theorie des erfinderischen Problemlösens bietet einen umfangreichen Methodenbaukasten zur systematischen Lösungsfindung im Rahmen der Produktentwicklung und Produktoptimierung. Neben Checklisten zur systematischen Produktentwicklung sind verschiedene Methoden enthalten, die den Produktentwickler durch Aufbrechen von Denkbarrieren bei der Lösung von Problemen sowie bei der Entwicklung innovativer Produkte unterstützen sollen. Einen zentralen Bestandteil im TRIZ bildet die Widerspruchsmatrix, die den Entwickler beim Auftreten von Widersprüchen mit Hilfe von Erfahrungswissen vorhandener Patente bei der Lösungsfindung gezielt anleitet. Des Weiteren stellt die Methodik Entwicklungsmuster technischer Systeme dar und zeigt somit Entwicklungsrichtungen für Produkte auf.

44.7.4.6 Fehlerbaumanalyse (FBA/FTA)

Ziel der Fehlerbaumanalyse ist die systematische Identifizierung aller möglichen Ursachen, die zu einem vorgegebenen unerwünschten Ereignis führen. Dabei werden sowohl die Auftrittswahrscheinlichkeiten der ermittelten Ursachen als auch die UND- bzw. ODER-Ausprägungen von verknüpften Ursachen untersucht.

Als Ausgangspunkt ist ein unerwünschtes Ereignis festgelegt. Dieses kann die Negation einer Funktion oder die Nichterfüllung eines geforderten Qualitätsmerkmales sein. Danach werden diesem TOP-Ereignis mögliche Ursachen zugeordnet. Für jede zugeordnete Ursache ist zu überprüfen, ob sie sich mit anderen zugeordneten Ursachen in einer UND- oder einer ODER-Verknüpfung befindet. Dieser Schritt wird in den nächsten Ebenen analog fortgesetzt. So lässt sich eine Fehler-Ursachen-Kette vom TOP-Ereignis bis hin zur originären Ursache aufbauen. Durch die Bewertung der Auftrittswahrscheinlichkeiten der einzelnen Ergebnisse lässt sich der kritische Pfad ermitteln, der am häufigsten zum TOP-Ereignis führt. Hier gilt es, entsprechende Abstellmaßnahmen einzuleiten.

Der wesentliche Vorteil der Fehlerbaumanalyse liegt in der Möglichkeit, Ursachenkombinationen sowie Ausfallwahrscheinlichkeiten zu erkennen und übersichtlich darzustellen. Sie ermöglicht eine Systembeurteilung im Hinblick auf Betrieb und Ausfallsicherheit. Wechselwirkungen der einzelnen Ursachen in Bezug auf das Ereignis können nicht dargestellt werden.

44.7.4.7 Ereignisablaufanalyse (EAA/ETA)

Ziel der Ereignisablaufanalyse ist die systematische Identifizierung und Bewertung aller möglichen Ereignisabläufe, die von einem gegebenen Anfangsereignis ausgehen.

Dazu werden ausgehend von dem Anfangsereignis alle Folgeereignisse bis zu den möglichen Endereignissen ermittelt. Dabei werden, sofern es sich nicht um das Endereignis handelt, jedem Folgeereignis ein JA- und ein NEIN-Ausgang zugeordnet und für beide Ausgänge alle potentiell möglichen Folgeereignisse aufgeführt. Den jeweiligen Folgeereignissen können Auftrittswahrscheinlichkeiten zugeordnet werden. Der Ereignisablauf wird mit Hilfe grafischer Symbole in einem Ablaufdiagramm dargestellt.

Die Ereignisablaufanalyse ermöglicht es, alle Folgeereignisse zu einem Ausgangsereignis zu erkennen. Es wird ferner möglich zu überprüfen, inwieweit ein technisches System, vorgegebene Fehlerraten einhalten kann.

44.7.4.8 Fähigkeitsanalysen

Mit Hilfe von Fähigkeitsuntersuchungen wird beurteilt, inwieweit die eingesetzten Fertigungsprozesse in der Lage sind, die herzustellenden Produkte konstant unter Einhaltung der geforderten Toleranzen über einen längeren Zeitraum zu fertigen. Sie bilden die Grundlage für eine eventuell später in der Fertigung stattfindende Statistische Prozessregelung (SPC).

Ein Prozess gilt als beherrscht, wenn sich die Verteilung der Merkmale des Prozesses praktisch nicht bzw. nur in bekannten Grenzen ändert. Ein Prozess gilt als fähig, wenn er Einheiten liefern kann, die die Qualitätsforderungen erfüllen, d. h. der Prozess praktisch nahezu keinen Ausschuss liefert. Die verschiedenen Einflüsse auf den Prozess werden bei der Untersuchung der Prozessfähigkeit berücksichtigt.

Um eine quantitative Aussage über die Qualitätsfähigkeit eines Prozesses zu erhalten, lassen sich Fähigkeitskennwerte berechnen. Diese Prozessfähigkeitskennwerte werden unter realen Produktionsbedingungen ermittelt. Die Prozessfähigkeit dient der Beurteilung, ob ein Prozess langfristig beherrscht und qualitätssicher ist. Sie wird durch einen Prozessfähigkeitsindex C_p beschrieben und ist eine Funktion der Breite der Verteilung der Merkmalswerte und der herzustellenden Toleranz. Die Prozesssicherheit wird beschrieben durch den Prozessfähigkeitsindex C_{pk}. Er ist eine Funktion von Lage und Breite der Verteilung gegenüber den Toleranzgrenzen.

44.7.4.9 Statistische Prozessregelung (SPC)

Mit Hilfe der Statistischen Prozessregelung (SPC: Statistical Process Control) lassen sich bei fähigen und beherrschten Prozessen durch Stichprobenprüfungen und Anwendung statistischer Regeln, Fehler während des Fertigungsprozesses vermeiden. Dazu werden in regelmäßigen Abständen Produkte aus dem Fertigungsprozess entnommen, die zu überwachenden Qualitätsmerkmale gemessen und deren Ergebnisse in einer Qualitätsregelkarte dokumentiert und visualisiert. Durch Interpretation der Regelkarten auf Basis statistischer Regeln können systematische Störungen frühzeitig erkannt werden. Damit kann rechtzeitig regelnd in den Prozess eingegriffen werden, noch bevor fehlerhafte Teile erzeugt werden.

Bei einem fähigen und beherrschten Prozess helfen statistische Verfahren, die systematischen Prozessabweichungen so früh zu erkennen, dass die Qualitätsmerkmale sich noch innerhalb der vorgegebenen Toleranz befinden. Durch diese Eigenschaft zählt die SPC auch zu den präventiven Methoden des Qualitätsmanagement.

Auch positive Einflüsse des Prozesses auf die Qualität sind mit SPC erkennbar. Dadurch sind Einsparungen durch weniger häufigen Werkzeugwechsel, seltenere Eingriffe in den Prozess oder Verringerung der Verluste durch Einstellarbeiten möglich.

44.7.4.10 Statistische Versuchsplanung (SVP/DoE)

Ziel der statistischen Versuchsplanung (DoE: Design of Experiments) ist es, Versuche so zu planen und durchzuführen, dass mit geringstmöglichem Aufwand Versuchsergebnisse zur Gestaltung robuster Produkte und Prozesse ermittelt werden. Mit Hilfe der statistischen Versuchsplanung lassen sich Zusammenhänge zwischen Ein- und Ausgangsgrößen sowie Wechselwirkungen zwischen den Einstellfaktoren identifizieren.

Bei der statistischen Versuchsplanung unterscheidet man den einfaktoriellen, den vollfaktoriellen und den teilfaktoriellen Versuch. Je nach Ausgangslage ist zu entscheiden, welche der genannten Versuchsvarianten genutzt werden soll.

44.7.4.11 Fehler-Prozess-Matrix (FPM)

Die Fehler-Prozess-Matrix (FPM) ist eine Methode zur gesamtheitlichen Optimierung von komplexen Montageprozessen nach Qualität, Kosten und Produktivität. Ihren Namen erhält sie aus der

Gegenüberstellung der Fehlerarten mit den Prozess- und Prüfschritten der Montage. Sie basiert auf den Grundgedanken der FMEA und beseitigt einen der größten Schwachpunkte der FMEA, die mangelnde Kostenorientierung. Im weitesten Sinne kann man die FPM als wertschöpfende Methode bezeichnen, da sie als Ergebnis eine Pareto-Analyse der Ausschuss- und Nacharbeitskosten sowie der zu erwartenden Garantie- und Kulanzkosten je Fehler ausgibt. Des Weiteren erlaubt die FPM eine Beurteilung, inwiefern sich präventive und/oder korrektive Maßnahmen auf die prognostizierten Fehlerkosten auswirken. Auf Basis dieser Informationen kann ein Null-Fehler-Konzept unter wirtschaftlichen Gesichtspunkten aufgebaut werden.

44.7.4.12 Prozesseffizienz- und effektivitätsmessung (PE^2)

Die Prozesseffizienz und Prozesseffektivitätsmessung (PE^2) basiert auf den Gedanken des Wertstromdesigns, der Prozesskostenrechnung und der Fehler-Prozess-Matrix. Sie eignet sich zur Analyse und Verbesserung vorwiegend administrativer Prozesse im Produktionsumfeld. Im Gegensatz zur FPM erlaubt sie eine einfachere Abschätzung der prognostizierten Verschwendungskosten für einen Fehler.

44.7.4.13 Prüfmittelfähigkeitsuntersuchungen (PMFU)

Analog zur Prozessfähigkeitsuntersuchung werden im Rahmen von Prüfmittelfähigkeitsuntersuchungen die Fähigkeiten von Prüfprozessen ermittelt. Dabei finden die Untersuchungen unter Berücksichtigung der Einflüsse von Bediener, Einsatzort und Messaufgabe statt. Es existieren verschiedene Arten von Prüfmittelfähigkeitsuntersuchungen, die beispielsweise entweder die Wiederholgenauigkeit, die Anzeigegenauigkeit, die Einflüsse mehrerer Bediener und der Zeit berücksichtigen.

44.7.4.14 Reklamationsbearbeitung

Unter Reklamationsbearbeitung versteht man den systematischen Ablauf zur Analyse einer Reklamation sowie der wirkungsvollen Vermeidung des Fehlers für die Zukunft. Als Stand der Technik hat sich dabei die 8D-Vorgehensweise aus der Automobilindustrie durchgesetzt. Die Ergebnisse werden in dem sogenannten 8D-Report dokumentiert.

44.7.4.15 Poka-Yoke

Poka Yoke kommt aus dem japanischen und heißt so viel wie „Vermeidung zufälliger Fehler“. Die Poka Yoke Philosophie versucht überall dort, wo Menschen im Fertigungsprozess Fehler verursachen können, diese durch geeignete Maßnahmen gar nicht erst auftreten zu lassen bzw. diese, falls sie auftreten sollten, sicher zu entdecken, bevor sie zu weiteren Fehlern im Fertigungsablauf führen können.

44.7.4.16 Six Sigma

Six Sigma ist eine systematische Vorgehensweise zur Erreichung des Null-Fehler-Ziels. Dabei finden unter Anleitung eines geschulten Moderators (Green-Belt, Black-Belt oder Master-Black-Belt) systematisch verschiedene Werkzeuge und Methoden des Qualitätsmanagements zusammen mit statistischen Analysen ihre Anwendung. Die Systematik hierzu ist der sogenannte DMAIC-Zyklus (Define, Measure, Analyze, Improve, Control).

44.7.5 Prüfverfahren

Prüfverfahren finden vorwiegend ihre Anwendung in der Prüfung von Fertigungsergebnissen und/oder in der Wareneingangs- und Warenausgangsprüfung.

Mit ihnen wird versucht, fehlerhafte Produkte anhand von Merkmalsprüfungen zu erkennen. Dabei werden attributive und quantitative Merkmale unterschieden. Des Weiteren gilt es bei der Planung von Prüfverfahren zu berücksichtigen, ob es sich bei dem Fehlergeschehen um einen systematischen Fehler (z. B. Verschleiß) oder um einen zufälligen Fehler (z. B. O-Ring manuell nicht gefügt) handelt. Je nachdem sind die entsprechenden Prüfverfahren zu planen.

44.7.5.1 Erst- und Letztstückprüfung

Im Rahmen der Erst- oder Letztstückprüfung wird entweder das erste oder das letzte Teil auf Einhaltung der Spezifikationen geprüft. Systematische Fehler lassen sich beispielsweise durch eine Erst- und Letztstückprüfung aufdecken. Durch eine anschließende 100 % Rücksortierung im Fehlerfalle lassen sich alle fehlerhaften Teile entdecken.

44.7.5.2 Stichprobenprüfung

Im Rahmen einer Stichprobenprüfung werden am Ende einer Fertigung oder im Wareneingang oder Warenausgang Stichproben gezogen, um das Ergebnis der Fertigung oder Lieferung zu bewerten. Bei quantitativen Merkmalen lassen sich Abweichungen von der geforderten Verteilung bis zu einem gewissen Maße erkennen. Zur Entdeckung von zufälligen Fehlern an attributiven Merkmalen ist diese Art der Prüfung jedoch nur sehr schlecht geeignet.

44.7.5.3 100 %-Prüfung

Bei der 100 %-Prüfung werden alle Produkte bzw. Teile eines Loses beurteilt. Damit lassen sich nur abhängig von der Prüfgüte alle fehlerhaften Einheiten finden. Dies gilt sowohl für systematische als auch zufällige Fehler.

44.7.5.4 SPC-Prüfung

Bei der SPC-Prüfung werden anhand von Stichproben in der Fertigung Abweichungen vom Ursprungsprozess sicher erkannt. Voraussetzung für eine erfolgreiche SPC-Prüfung ist das Vorhandensein eines beherrschten und fähigen Prozesses.

44.8 Kostenmanagement und Wirtschaftlichkeitsrechnung

Die Sicherung Wirtschaftlichkeit durch Transparenz der Kosten mit dem betrieblichen Rechnungswesen ist eine wesentliche Aufgaben des Managements der Produktion. Dem Rechnungswesen liegt ein traditionelles Schema der betrieblichen Kostenrechnung mit Kostenarten, Kostenstellen und Kostenträgern zu Grunde [12, 82, 83]. Das Schema bildet die Grundlage für ein modernes Controlling und für die Wirtschaftlichkeitsrechnung bei Maßnahmen zur Verbesserung oder Umstrukturierung der Bertriebe durch Investitionen oder Erweiterung.

44.8.1 Betriebliches Rechnungswesen und Kostenrechnung

Das betriebliche Rechnungswesen hat die Aufgabe, sämtliche Vorgänge bei Beschaffung, Produktion, Absatz und Finanzierung mengen- und wertmäßig zu erfassen und zu überwachen. Es wird institutionell gegliedert in: Finanz- und Geschäftsbuchhaltung, Kostenrechnung, Statistik sowie Budgetrechnung.

Kosten sind der wertmäßige Verbrauch von Gütern und Dienstleistungen zur Erstellung und zum Absatz betrieblicher Leistungen sowie zur Aufrechterhaltung der hierfür notwendigen Betriebsbereitschaft [82]. Aufgabe der Kostenrechnung ist die Kontrolle der Wirtschaftlichkeit des Leistungserstellungsprozesses durch Erfassen, Verteilen und Zurechnen der Kosten, die im Rahmen der Aufgaben des Betriebs anfallen.

Die Kostenrechnung bildet im Einzelnen die Grundlage für [82]: die *Kalkulation* (Angebotspreis, Preisgrenze), Betriebskontrolle (Vergleich von Kosten mit Erträgen, Vergleich von Soll- und Ist-Kosten) sowie Betriebsdisposition und Betriebspolitik.

Die Kostenrechnung baut auf der Finanzbuchhaltung auf. Bei der Kostenrechnung stellen sich grundsätzlich die Fragen:

- Welche Kosten sind entstanden?
- Wo sind die Kosten entstanden?
- Wofür sind die Kosten entstanden?

Die Frage nach welchen Kosten, beantwortet die Kostenartenrechnung. Die Frage nach dem wo, an welchen Stellen oder von welcher Organisationseinheit im Betrieb klärt die Kostenstellenrechnung und die Frage wofür bzw. welches Produkt die Kosten zu tragen hat, wird in der Kostenträgerrechnung beantwortet. Demnach erfolgt eine Unterteilung der Kostenrechnung in die folgenden Bereiche: Kostenarten-, Kostenstellen- und Kostenträgerrechnung.

Die Kosten werden zunächst nach Arten erfasst, die dann einzelnen Kostenstellen bzw. Verantwortungsbereichen verursachungsgerecht zugeordnet werden. Über einen Leistungsverrechnungsschlüssel werden innerbetriebliche Leistungen verursachungsgerecht verrechnet, um sie in

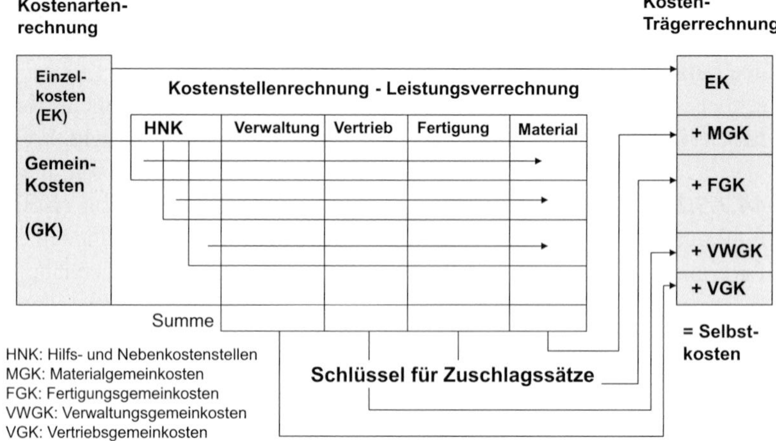

Abb. 44.21 Schema der Kostenrechnung in Produktionsunternehmen

einem dritten Schritt den Kostenträgern zuzuweisen. Dieses Schema ist in Abb. 44.21 dargestellt.

Alle drei Teilgebiete werden für die Kalkulation und die Steuerung der Betriebe benötigt. Die Kostenarten helfen, überflüssige und nicht wertschöpfende oder notwendige Kosten zu ermitteln oder die Gewichtung zu erkennen. Die Kostenstellenrechnung wird zur Führung und für Wettbewerbsvergleiche benötigt und die Kostenträgerrechnung benötigen Unternehmen zur Kalkulation der Kosten einzelner Produkte und ihrer Erfolge.

44.8.2 Kostenartenrechnung

Die Kostenartenrechnung erfasst und gliedert alle im Laufe einer Periode angefallenen Kostenarten. Die Kostenartenrechnung ist also keine besondere Art von Rechnung, sondern lediglich eine geordnete Darstellung der Kosten. Die Kostenerfassung geschieht durch die Kontierung der Belege im Rechnungswesen (Kreditoren-, Lohn-, Materialbuchhaltung usw.). Bereits in der Kostenartenrechnung wird die Zurechenbarkeit in Einzel- und Gemeinkosten festgelegt (Abb. 44.22).

Abb. 44.22 stellt die wichtigsten Kostenarten einer Produktion mit der Zurechenbarkeit zu Einzel- oder Gemeinkosten dar. Die Kosten lassen sich nach verschiedenen Gesichtspunkten einteilen:

44.8.2.1 Fixe Kosten

Fixe Kosten sind die Kosten, die auch dann anfallen, wenn nicht produziert wird. Dies sind insbesondere: Kapitalkosten für Abschreibung und Zins, Raumkosten, Kosten des nicht kündbaren Personals etc. Die fixen Kosten steigen mit höherem Kapitaleinsatz pro Arbeitsplatz d. h. also auch mit dem Automatisierungsgrad der Fabriken oder einzelner Leistungseinheiten.

44.8.2.2 Variable Kosten

Die variablen Kosten sind von der Stückzahl und der Auslastung der Fabriken abhängig. Sie entstehen nur für den Bezug an Ressourcen, wenn diese zur Produktion beschafft werden.

Variable Kosten sind die Kosten, die nur anfallen, wenn auch produziert wird. Dazu gehören die Energie- und Materialkosten, die Löhne, die Verbrauchskosten u. a. Fixe und variable Kosten ergeben zusammen die Gesamtkosten.

Die Aufteilung in Einzel- und Gemeinkosten folgt dem Gesichtspunkt der Zuordnung von Kosten zu einem oder mehreren Erzeugnissen und den Kosten, die sozusagen allgemeine Kosten des Betriebes sind und in der Verrechnung anteilsweise den Herstellkosten nach bestimmten Verteilungsschlüsseln zugeordnet werden müssen.

44.8.2.3 Einzelkosten

Einzelkosten sind die Kosten, die sich einem Kostenträger (verkaufsfähiges Produkt) direkt zu-

Abb. 44.22 Kostenarten und Zurechnung zu Einzel- und Gemeinkosten

Kostenarten	Bezugsbasis	Fixe Kosten	Variable Kosten	Einzel-Kosten	Gemein-Kosten
Personalkosten					
-Gehälter + Sozialabgaben	Jahresgehalt	●			●
-Löhne + Sozialabgaben	Stundenlohn		●	●	
-Aus- und Weiterbildung		●			●
Kapitalkosten					
- Zinsen	Zinssatz	●			●
Betriebsmittelkosten					
- Abschreibungen	Nutzungszeit	●			●
- Verbrauchsmaterial	Einkaufswert		●	●	
- Instandhaltung			●		●
Werkstoff- und Materialkosten					
- Einkaufsmaterial	Einkaufswert		●	●	
- Materialbeschaffung	Transaktionen		●		●
- Lager Transport	Durchsatz		●		●
Energie- und Medienkosten					
-Strom, Wärme, Wasser	Verbrauch		●		●
- Druckluft	Leistung		●		●
Sonstige					
Gebühren für Abfall	Verbrauch		●		
Steuern	Umsatz, Ertrag		●		

ordnen lassen, wie z. B. Fertigungsmaterial. Sie würden nicht entstehen, wenn es dieses Kalkulationsobjekt nicht gäbe.

44.8.2.4 Gemeinkosten

Gemeinkosten lassen sich nicht eindeutig einem Kostenträger zurechnen, weil sie für mehrere Kostenträger entstanden sind, z. B. Verwaltungskosten oder Kosten der Fabrikinstandhaltung oder des Werkschutzes. Für Gemeinkosten ist charakteristisch, dass sie für mehrere Kalkulationsobjekte derselben Art (so etwa für mehrere Produktarten) gemeinsam entstehen und auch bei Anwendung genauester und aufwendigster Erfassungsmethoden nicht für die einzelnen Kalkulationsobjekte separat erfasst werden können. Beispiele hierfür sind das Gehalt des Pförtners oder die Kosten der Werksfeuerwehr.

Eine differenzierte und analytische Methode zur Erfassung und Kalkulation der Gemeinkosten ist die von Horvath entwickelte Methode der Prozesskostenrechnung [84].

44.8.3 Kostenstellenrechnung

Die Kostenstellenrechnung dient als Bindeglied zwischen der Kostenartenrechnung, in der die Kosten mit Belegen erfasst werden und der Kostenträgerrechnung, in der die Kosten den Kostenträgern zugeordnet werden. Sie dient der Steuerung und Kontrolle der Kostenstellen (Kostenstellenbudgets) sowie als Basis zur Berechnung von Kostensätzen, Zuschlags- und Verrechnungssätzen für die innerbetriebliche Verrechnung von Kosten und Leistungen. Sie beantwortet die Frage, wo Kosten entstanden sind oder entstehen sollen und welcher Stelle sie zugeordnet werden müssen. Kostenstellen sind Orte, wo die Kosten entstehen und werden nach den zu verrichtenden Arbeiten gebildet.

Die Kostenstellenrechnung zeichnet auf, welche Kosten für die einzelnen Teilbereiche eines Unternehmens innerhalb einer Abrechnungsperiode anfallen. Sie erfasst die nicht direkt zurechenbaren Gemeinkosten von Produkten bzw. Leistungen eines Unternehmens und bereitet diese für ihre Weiterverrechnung auf. Die Kostenstellenrechnung dient damit

- der verursachungsgerechten Verrechnung der Gesamtkosten auf die Kostenträger und
- dem Controlling zur Verbesserung der Wirtschaftlichkeit einzelner Kostenstellen (Jahresvergleich, innerbetrieblicher Vergleich, Benchmarking, ...).

Die erfassten Kostenarten werden auf die einzelnen Kostenstellen übertragen und verursachungsgerecht diesen zugeordnet. Dabei kommt abermals eine Trennung in Einzel- und Gemeinkosten zum Tragen. Erstes Gliederungskriterium ist der Organisationsplan eines Unternehmens. Für jeden Verantwortlichkeitsbereich wird mindestens eine Kostenstelle gebildet. Dann ist zu fragen, ob die Leistung der Stelle mit einer Bezugsgröße, wie beispielsweise Stunden eindeutig gemessen werden kann und ob diese Bezugsgröße zudem die Kostenverursachung in der Stelle richtig darstellen kann. Wenn nicht, ist eine Aufteilung in mehrere Kostenstellen nötig oder es besteht kein verursachungsgerechter Zusammenhang zwischen Kosten der Stelle und Leistung der Stelle.

Kostenstellen können sowohl ganze Bereiche mit mehreren Mitarbeitern sein, als auch einzelne Fertigungsmaschinen (oder -systeme). Der Detaillierungsgrad ergibt sich als Optimum aus den Anforderungen des Informationsbedarfs und den betriebswirtschaftlich und organisatorisch sinnvollen Systemgrenzen. Kostenstellen können als funktional, organisatorisch oder nach anderen Kriterien voneinander abgegrenzte Teilbereiche eines Unternehmens definiert werden, für die die jeweils von ihnen verursachten Kosten erfasst, ausgewiesen und gegebenenfalls auch geplant und kontrolliert werden. Eine Gliederung von Kostenstellen kann produktionsorientiert und sachzielorientiert erfolgen.

Die Kostenstellen können weiter untergliedert werden wie beispielsweise in der Teilefertigung auf die einzelnen Maschinen. Dies macht insbesondere dann Sinn, wenn es sich um kapitalintensive Arbeitsplätze handelt, an deren wirtschaftlicher Nutzung das Management besonders interessiert ist. Den Hauptkostenstellen können Neben- und Hilfskostenstellen unmittelbar zugeordnet werden, wie beispielsweise der Teilefertigung eine Werkstattleitung oder der Werkzeugbau.

Unternehmen sind zunächst frei in der Festlegung der Kostenstellen. Eine nachträgliche Erweiterung ist möglich, allerdings können Veränderungen nur an den Übergängen von Zeitperioden durchgeführt werden. Normalerweise planen Unternehmen ihre Geschäftsverläufe für mindestens ein Jahr voraus. In den Geschäftsplanungen sind die voraussichtlichen Umsätze einzelner Erzeugnisse oder Erzeugnisgruppen enthalten für deren Produktion entsprechende Ressourcen beschafft werden müssen. Dazu werden die gesamten Aufwendungen (Kosten) nach dem Kostenstellenschema vorkalkuliert und als Budget festgelegt. Die für die Kostenstellen verantwortlichen Mitarbeiter erhalten auf diese Weise ein jahres- bzw. ein periodenbezogenes Budget.

In Abhängigkeit von der Anzahl der Bezugsgrößen werden bei der Gemeinkostenverrechnung die summarische und die differenzierte Zuschlagskalkulation unterschieden. Bei der summarischen Zuschlagskalkulation wird als Basis für den Zuschlag der Gemeinkosten nur eine Bezugsgröße herangezogen. Als Bezugsgröße werden hier meist der Fertigungslohn, das Fertigungsmaterial oder die Summe aus Fertigungslohn und -material verwendet.

44.8.4 Kostenträgerrechnung

Unter einem Kostenträger oder auch Erzeugnis versteht man, abhängig vom Auswertungszweck, ein einzelnes Stück, einen Auftrag (Kunden- oder Fertigungsauftrag), eine Charge, ein Produkt oder eine Produktgruppe. In Dienstleistungsunternehmen sind Kostenträger z. B. ein Projekt, ein bearbeiteter Antrag in der Verwaltung. Mit der Kostenträgerrechnung soll gezeigt werden, wofür die Kosten entstehen. Man will erkennen können, wie hoch die Kosten sind, die ein Produkt verursacht, um daraus den Preis zu kalkulieren oder mit erzielten Preisen zu vergleichen (Produkterfolgsrechnung).

Kostenträger sind alle Größen, auf welche Kosten zugerechnet werden können. Als Kostenträger werden meist Absatz- und Wiedereinsatzgüter angesehen. Dabei wird mit dem Terminus Träger die Vorstellung verbunden, dass ein betroffenes Gut die jeweiligen Kosten als Last „aufnehmen“ muss und diese bei Absatzgütern über den Marktpreis gedeckt werden müssen.

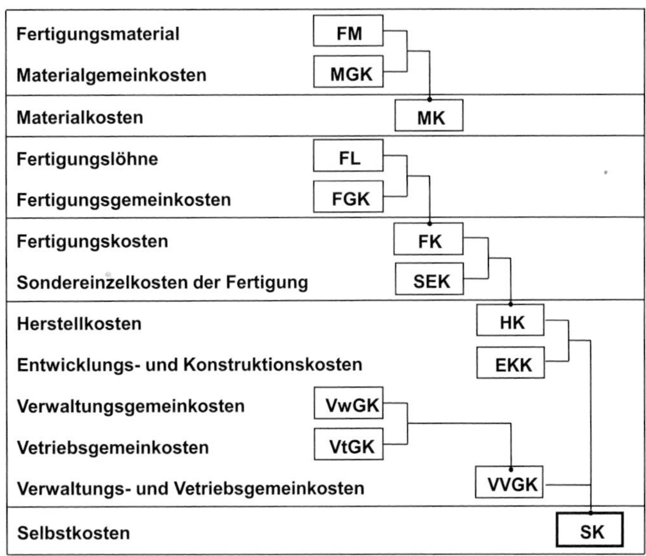

Abb. 44.23 Schema zur Ermittlung der Herstellkosten

44.8.5 Herstellkosten

Bei der Kalkulation der Herstellkosten unterscheidet man die Lohn-Zuschlags-Kalkulation und die Maschinenstundensatzrechnung (Abb. 44.23). Die Lohn-Zuschlags-Kalkulation wird üblicherweise bei lohnintensiver Produktion eingesetzt. Denn die Kapitalkosten gehen mit anderen Kosten in den Zuschlagsfaktor für die Gemeinkosten ein. Bei der Maschinenstundensatz-Kalkulation wird zwischen Lohnkosten und Maschinenkosten unterschieden. Voraussetzung ist, dass die Maschinenkosten auch getrennt erfassbar sind. Dies bedingt u. a. eine Kostenstellengliederung bis auf die Maschinen. Alle Gemeinkosten der Fertigung werden den Maschinen zu gerechnet.

44.8.5.1 Lohn-Zuschlagskalkulation

Bezugsgröße der Kostenrechnung ist die zur Fertigung benötigte Arbeitszeit. Diese wird mit Lohn bezahlt, woraus sich die Lohnkosten insgesamt als Einzelkosten ergeben. Auf diese Bezugsgröße können nun alle Gemeinkosten der Fertigung – also die Kosten für Betriebsmittel, Abschreibung, Verbrauchsmittel, Energie etc. prozentual zugeschlagen werden. Das Verfahren nennt man, weil es sich ausschließlich auf den Lohn bezieht: Lohn-Zuschlags-Kalkulation. Grundlage dafür ist, dass alle der Fertigung zuordbare Kosten – außer dem Lohn – als Gemeinkosten eingestuft werden.

Die bei der differenzierten Zuschlagskalkulation verwendeten Bezugsgrößen eignen sich in Kostenstellen mit weitgehend automatisierter Fertigung nicht mehr als Basis für die Ermittlung der Fertigungsgemeinkosten, da zu hohe Gemeinkostenzuschläge verrechnet werden müssten und die Gemeinkosten nicht mehr verursachungsgerecht verteilt würden. In diesen Fällen werden die Fertigungsgemeinkosten mit Hilfe der Maschinenstundensatz-Rechnung aufgegliedert und als Einzelkosten dem Kostenträger zugerechnet.

44.8.5.2 Maschinenstundensatz-Rechnung

Bei der Maschinenstundensatz-Rechnung werden sämtliche durch den Einsatz einer Maschine oder Anlage in einem bestimmten Abrechnungszeitraum verursachten Kosten auf die entsprechende Nutzungszeit bezogen. Die Nutzungszeit (TN) ergibt sich als ein Teil der gesamten Maschinenzeit. Diese setzt sich aus Nutzungszeit, Instandhaltungszeit und Ruhezeit zusammen. Während der Nutzungszeit wird die Maschine für einen Kostenträger (Erzeugnis) genutzt. Die Nutzungszeit setzt sich aus der Lastlaufzeit (Maschine läuft

Abb. 44.24 Kalkulation der Stückkosten mit dem Lohnzuschlagsverfahren oder der Maschinenstundensatzrechnung

Lohn-Zuschlags-Kalkulation

$K_E = T_A * L_H (1 + FGK)$

K_E = Kosten pro Stück (€/Stück)
T_A = Ausführungszeit pro Stück (Stunden)
L_H = Lohn pro Stunde (€/Stunde)

FGK= Fertigungsgemeinkostensatz (%)

Maschinenstundensatz-Rechnung

$KE = T_A * L_H + T_A * K_{MH}$

Mit $K_{MH} = (K1+K2+K3+K4+K5) / TN$

K_{MH} = Maschinenstundensatz

K1 kalk. Abschreibungen
K2 Kalk. Zinsen
K3 Raumkosten
K4 Energiekosten
K5 Instandhaltung

und produziert), der Leerlaufzeit (Maschine läuft, produziert aber nicht) und der Hilfszeit (Maschine steht produktionsbedingt vorübergehend still) zusammen. Die Instandhaltungszeit dient zur Wartung oder Instandhaltung der Maschine und kann nicht zur Produktion genutzt werden. Während der Ruhezeit ist die Maschine abgeschaltet.

Die Kosten, die einer Maschine oder Anlage direkt zugeordnet werden können, setzen sich aus folgenden Anteilen zusammen:

44.8.5.3 Kalkulatorische Abschreibungen

Die kalkulatorischen Abschreibungen (K1) werden unter Berücksichtigung des geltenden Wiederbeschaffungswertes (einschließlich Aufstellungs- und Anlaufkosten) und der voraussichtlichen Nutzungsdauer bestimmt.

44.8.5.4 Kalkulatorische Zinsen

Die kalkulatorischen Zinsen (K2) werden meist in Höhe der üblichen Zinssätze für langfristiges Fremdkapital angesetzt. Zur Vereinfachung der Rechnung und der Vergleichbarkeit verschiedener Perioden werden die Zinsen vom halben Wiederbeschaffungswert der Anlage berechnet.

44.8.5.5 Raumkosten

Die Raumkosten (K3) werden auf die von der Maschine beanspruchte Grundfläche einschließlich aller Nebenflächen bezogen. Sie enthalten Abschreibungen und Zinsen auf Gebäude und Werkanlagen, Instandhaltungskosten für Gebäude, Kosten für Licht, Heizung, Versicherung und Reinigung.

44.8.5.6 Energiekosten

Die Energiekosten (K4) für den Betrieb der Maschine oder Anlage enthalten Kosten für Strom, Gas, Wasser usw. und werden durch Erfassen des jeweiligen Bedarfs über einen längeren Zeitraum hinweg ermittelt.

44.8.5.7 Instandhaltungskosten

Die Instandhaltungskosten (K5) können als Jahresdurchschnittswerte über längere Zeiträume hinweg ermittelt und mit Hilfe geeigneter Kennzahlen (z. B. Verhältnis der Instandhaltungskosten zu Abschreibungen) berücksichtigt werden.

Der Maschinenstundensatz (KMH) berechnet sich aus der Summe der Kosten (Kn) und der Nutzungszeit (TN) nach folgender Formel (siehe Abb. 44.24):

Hierbei werden die verschiedenen Kosten in Euro und die Nutzungszeit in Stunden für denselben Zeitraum (z. B. ein Jahr) eingesetzt werden. Bei zusammenhängenden Fertigungsanlagen bzw. Fertigungslinien werden die Kosten für die gesamte Anlage erfasst und verrechnet.

44.8.5.8 Sondereinzelkosten

Sondereinzelkosten sind Kosten, die ausschließlich für das Produkt anfallen, wie beispielsweise Vorrichtungen oder Sonderwerkzeuge und die nicht in den Gemeinkosten enthalten sind.

44.8.5.9 Entwicklungskosten

In diese Kosten gehen die Einzelkosten der Entwicklung z. B. Konstruktionszeit * Konstruktionsstundensatz (nur spezifisch für das Produkt) sowie die Entwicklungsgemeinkosten anteilig auf Basis der Gesamtleistungen ein.

44.8.6 Vollkostenrechnung und Teilkostenrechnung

Damit Unternehmen oder Teile davon (Leistungseinheiten) im Rechnungssystem flexibler auf Veränderungen reagieren können, kann die Kostenträgerrechnung auch nur auf Teile der gesamten Kosten zugreifen und einige Gemeinkosten unberücksichtigt lassen. Unterdeckungen können aber nicht von Dauer sein, da sonst die Vermögenswerte verzehrt werden. Kostenrechnungen können nach dem Umfang der verrechneten Kosten in folgende Arten eingeteilt werden:

- Vollkostenrechnung berücksichtigt alle Kosten, die dem Kostenträger zugeordnet werden können (fixe und variable Kosten)
- Teilkostenrechnung verrechnet auf die Kostenträger nur bestimmte Teile der Kosten ggf. auch in mehreren Stufen, d. h. zuerst die Deckung der variablen Kosten, dann die Fixkosten und Gemeinkosten.

44.8.6.1 Vollkostenrechnung

Bei der Vollkostenrechnung werden alle angefallenen Kosten auf die Kostenträger verrechnet. Das beinhaltet sowohl alle variablen als auch alle anfallenden fixen Kosten. Alle bisher behandelten Verfahren waren Systeme der Vollkostenrechnung. Dadurch können die Fixkosten den Leistungseinheiten proportional verrechnet werden, ohne, dass diese zu einer Verzerrung führen würden.

44.8.6.2 Teilkostenrechnung

Die Teilkostenrechnung fasst alle diejenigen Verfahren der Kostenrechnung zusammen, bei denen nicht alle, d. h. nur ein Teil der Kosten, auf die Leistungseinheiten zugerechnet werden. Dahinter verbirgt sich die Auffassung, dass fixe Kosten den Kostenträgern nicht zugewiesen werden dürfen, da sie nicht verursachungsgerecht zugerechnet werden können. Somit werden grundsätzlich nur die variablen Kosten, wie z. B. Lohn und Material, verrechnet. Die Fixkosten, die zumeist Gemeinkosten darstellen, finden zuletzt in der Erfolgsrechnung Berücksichtigung.

Die Methoden der Teilkostenrechnung können grundsätzlich aufgeteilt werden in die Verfahren der Direktkostenrechnung (Direct Costing), die auf der Spaltung in variable und fixe Einzelkosten basieren und die Deckungsbeitragsrechnung, die mit relativen Einzelkosten arbeitet. Daneben gibt es mit der Grenzplankostenrechnung auch Teilkostenrechnungen auf Plankostenbasis.

Die Systeme der Teilkostenrechnung unterscheiden sich von denen der Vollkostenrechnung erst im Rahmen der Kostenträgerrechnung, denn alle Teilkostensysteme haben gemein, dass die nur die variablen Kosten auf die Kostenträger umlegen. Für ein Unternehmen ist jedoch langfristig nicht nur die Deckung der variablen Einzelkosten wichtig, sondern auch die Deckung des Fixkostenblocks. Aus diesem Grund tritt bei den Teilkostenrechnungssystemen die Erlösseite in den Vordergrund. Aufgrund des Wissens über die Erlöse eines Produkts und die dafür benötigten variablen Kosten kann berechnet werden, welchen Beitrag das Produkt für die Deckung der fixen Kosten beisteuert.

Damit kann das Mindestabsatzvolumen errechnet werden, bei dem die Summe aller dieser Deckungsbeiträge gerade dem Fixkostenblock entspricht (Kostendeckung) und damit die Gewinnschwelle (Break-Even-Point) angibt, ab dem das Unternehmen Gewinn macht.

44.8.7 Investitions- und Wirtschaftlichkeitsrechnung

Eine der wichtigsten Anforderungen an ein Unternehmen ist dessen Wirtschaftlichkeit. Man spricht in diesem Zusammenhang von absoluter Wirtschaftlichkeit, wenn der Ertrag des Unternehmens den dazu notwendigen Aufwand übersteigt. Wenn es um den Vergleich von Investitionsvorhaben geht, wird der Begriff der „relativen Wirtschaftlichkeit" eingeführt, der z. B. die Kosten zweier Verfahren vergleicht.

So dient die Wirtschaftlichkeitsrechnung [12, 83] als Instrument zur Entscheidungsfindung, indem sie quantifizierbare Aussagen über den betrieblichen Leistungserstellungsprozess ermöglicht.

Unter einer in diesem Zusammenhang getätigten Finanzierung wird die Beschaffung bzw. Bereitstellung finanzieller Mittel (Eigen- oder

Fremdkapital) verstanden. Dagegen stellt die Investition die Überführung finanzieller Mittel in Sach- oder Finanzvermögen dar.

Grundsätzlich wird zwischen der Innenfinanzierung, d. h. dem Einsatz von finanziellen Mitteln, die im betrieblichen Leistungsprozess erwirtschaftet wurden und der Außenfinanzierung, d. h. dem Einsatz finanzieller Mittel, die zum Zwecke einer oder mehrerer Investition(en) neu von außen in das Unternehmen eingebracht werden, verstanden. Die Außenfinanzierung lässt sich wiederum in Eigenfinanzierung, d. h. wenn das Kapital von den Anteilseignern in das Unternehmen eingebracht wird und Fremdfinanzierung, wenn das Kapital von unternehmensfremden Personen oder Institutionen, in den meisten Fällen von Banken beschafft bzw. geliehen werden muss, differenzieren.

Investitionen können nach unterschiedlichen Kriterien eingeteilt werden. Nach dem Investitionsobjekt werden sie eingeteilt in

- Finanzinvestitionen,
- Real- oder Sachinvestitionen und
- Immaterielle Investitionen (z. B. Mitarbeiterschulung, Forschung und Entwicklung, etc.).

Daneben können Investitionen aber auch unterteilt werden nach ihrer Wirkung in:

- Erweiterungsinvestitionen (zur Erhöhung der Produktionskapazität),
- Rationalisierungsinvestitionen (Senken der Produktionskosten, z. T. auch Erhöhung der Kapazität) und
- Ersatzinvestitionen (Ersatz einer abgenutzten oder unwirtschaftlichen Maschine).

In Unternehmen besteht der Regelfall darin, dass Investitionsentscheidungen bei knappem Kapital getroffen werden müssen, d. h. nicht alle Investitionen realisiert werden können. Deshalb muss ein Investitionsprogrammplan aufgestellt werden, der die Investitionsvorhaben nach ihrer Priorität ordnet. Dies kann anhand der Rentabilität der Vorhaben erfolgen oder nach anderen Kriterien, wie technischen (Ersatz für eine zerstörte Anlage) oder rechtlichen Erfordernissen (Umweltschutz, Arbeitssicherheit). In der Rentabilitäts- bzw. Wirtschaftlichkeitsrechnung lassen sich drei Grundprobleme unterscheiden:

- Bei der Einzelinvestition geht es darum, die Vorteilhaftigkeit eines einzelnen Investitionsobjekts zu beurteilen, für das es keine Alternativen gibt. Das bedeutet, dass überprüft wird, ob das Objekt als vorteilhaft anzusehen ist. Ist dies nicht der Fall, so wird die Investition nicht getätigt.
- Ein weiteres typisches Problem von Investitionsentscheidungen ist das Wahlproblem. Es tritt auf, wenn mehrere alternative Investitionsobjekte zur Auswahl stehen, aus denen eines nach dem Gesichtspunkt der Vorteilhaftigkeit ausgewählt werden soll. Mit einer solchen relativen Vorteilhaftigkeit ist natürlich noch nicht ausgesagt, dass das Objekt auch absolut vorteilhaft ist.
- Das Ersatzproblem stellt sich immer dann, wenn eine vorhandene Anlage entweder weiterverwendet oder durch eine neue Anlage ersetzt werden kann. Es beinhaltet Aspekte aus beiden angesprochenen Problemstellungen. So besteht die Frage, was mit dem ggf. bereitgestellten Kapital geschieht, wenn die alte Anlage nicht beschafft wird (Einzelinvestition) und zum anderen, der Vergleich zweier Investitionsalternativen, nämlich der vorhandenen und der neu zu beschaffenden Anlage (Wahlproblem).

Die Bewertung von Investitionsentscheidungen erfolgt mit Hilfe von Methoden, die in statische Verfahren und dynamische Verfahren unterschieden werden können.

44.8.7.1 Kostenvergleichsrechnung

Die Gesamtkosten können in der Kostenvergleichsrechnung sowohl periodenbezogen als auch stückbezogen berechnet werden. Bei einer stückbezogenen Berechnung müssen nur die Erlöse pro Leistungseinheit gleich hoch sein, so dass auch Alternativen mit unterschiedlichen Produktionsleistungen verglichen werden können. Dagegen muss bei einer periodenbezogenen

Betrachtung der Gesamterlös aller Alternativen gleich hoch sein.

44.8.7.2 Gewinnvergleichsrechnung

Bei der Gewinnvergleichsrechnung wird der jährliche Gewinn mehrerer Investitionen verglichen (Wahlproblem) oder bei einer Erweiterungs- oder Ersatzinvestition der Gewinn vor Durchführung einer Investition dem erwarteten Gewinn nach der Durchführung der Investition gegenübergestellt (Ersatzproblem). Die Berechnung der Kosten erfolgt analog zur Kostenvergleichsrechnung (Kapital-, Betriebs- und Instandhaltungskosten). Die Erlöse werden berechnet aus den (geschätzten) Verkaufspreisen und den (geschätzten) Produktionsmengen.

Genau wie in der Kostenvergleichsrechnung kann in der Gewinnvergleichsrechnung sowohl periodenbezogen als auch stückbezogen berechnet werden, es ergibt sich daraus dann der Gewinn pro Periode oder pro Produkt.

Bei einer Trennung der Kosten in fixe und variable Bestandteile kann auch bei der Gewinnvergleichsrechnung eine Grenzmengenrechnung durchgeführt werden, die Aussagen über den Gewinn in Abhängigkeit von der produzierten Menge bzw. vom Beschäftigungsgrad liefert. Die Grenzmengenrechnung verläuft analog zur Vorgehensweise bei der Kostenvergleichsrechnung. Die Gewinnvergleichsrechnung ermöglicht keine Beurteilung des Kapitaleinsatzes. Sie kann nur den Überschuss einer Investition ermitteln.

44.8.7.3 Rentabilitätsrechnung

Die Rentabilitätsrechnung baut auf den Zahlen der Kostenvergleichs- oder Gewinnvergleichsrechnung auf und wird deshalb in der Praxis immer im Zusammenhang mit diesen beiden Rechnungen durchgeführt. Ziel der Rechnung ist die Bestimmung der Rentabilität einer Investition als Verhältnis aus durchschnittlichem Gewinn einer Investition und dem dafür durchschnittlich eingesetzten Kapital (mit Berücksichtigung der kalkulatorischen Zinsen). Eines der größten Probleme der Gewinnvergleichsrechnung ist, dass der zur Erzielung des Gewinns notwendige Kapitaleinsatz nicht berücksichtigt wird. Deshalb wird in der Rentabilitätsrechnung der Gewinn einer Investition auf den durchschnittlichen Kapitaleinsatz bezogen. Die Rentabilität entspricht dann der Verzinsung des eingesetzten Kapitals.

Wegen ihrer einfachen Anwendbarkeit und hohen Aussagekraft besitzt die Rentabilität in der Praxis einen hohen Stellenwert, sie wird auch als „Return on Investment" (ROI) bezeichnet. Für die Berechnung der Rentabilität sind folgende Details wichtig:

- In der Gewinnvergleichsrechnung werden die kalkulatorischen Zinsen zu den Kosten gerechnet. Damit liegt bereits eine Verzinsung des Eigenkapitals in Höhe dieses kalkulatorischen Zinssatzes vor. Da man aber nicht die Differenz zwischen kalkulatorischem Zinssatz und Rentabilität berechnen möchte, sondern den absoluten Wert der Verzinsung, müssen die kalkulatorischen Zinsen zum Gewinn hinzu addiert werden.
- Wie bei allen statischen Verfahren geht auch die Rentabilitätsrechnung von Durchschnittswerten aus. Deshalb wird mit dem durchschnittlichen Kapitaleinsatz gerechnet
- Bei der Berechnung des ROI wird die Formel in die zwei Terme Umsatzrentabilität und Kapitalumschlag aufgespaltet. Diese Größen lassen eine differenziertere Analyse der Rentabilität zu.

44.8.7.4 Amortisationsrechnung

Die Amortisationsrechnung, auch Pay-back-Methode oder Pay-off-Methode genannt, hat das Ziel, die Zeitdauer zu ermitteln, innerhalb derer, das in der Investition eingesetzte Kapital wieder in das Unternehmen zurückgeflossen ist (Wiedergewinnungszeit). Damit dient die Amortisationszeit zur Beurteilung des Risikos eines Kapitalverlusts und der Liquiditätswirkungen einer Investition.

Je kürzer die Amortisationszeit ist, desto sicherer ist die Investition. Diese Aussage gilt jedoch nur begrenzt. Der jährliche Rückfluss setzt sich aus dem Gewinn, aus den durch die kalkulatorischen Abschreibungen freigesetzten Mitteln und aus den kalkulatorischen Zinsen für Eigenkapital.

44.9 Zusammenfassung und Ausblick

Dieses Kapitel behandelt die Grundlagen des Managements industrieller Fertigungen. Es geht von einem Verständnis der Fabrik als einem soziotechnischen System der Wertschöpfung materieller und immaterieller Güter und Leistungen aus, Das geplant und wirtschaftlich betrieben wird. Es ist eine konservative Darstellung der zur Gestaltung und zum Management üblicherweise angewandten Methoden und Grundlagen, wobei moderne Ansätze in die Gestaltungsprinzipien einfließen. Die Methoden beruhen weitgehend auf dem Gedankengut der Planung, wie sie in vielen Unternehmen praktiziert werden. Neuere Ansätze aus einer ganzheitlichen Sicht (Lean Prinzipien) und aus Konzepten der Automatisierung von Fertigung und Montage wurden zwar angesprochen jedoch nicht so tiefgreifend behandelt, dass sie die Möglichkeiten und Potentiale vollständig erkennen lassen. Diesbezüglich sei auf die einschlägige Literatur Verwiesen.

Die Themengebiete der Arbeitsplanung und des Auftragsmanagements wurden mit den historischen Methoden vertieft. Dies ist notwendig, um die Organisation auch gewachsener Unternehmen zu verstehen und zu erkennen, welche in die modernen Verfahren der Planung und Steuerung eingeflossen sind. Ein weiterer Schwerpunkt ist die Querschnittfunktion des Qualitätsmanagements, das sich von einer kontrollierenden Rolle zu einem proaktiven System entwickelt hat, das eine Vielzahl von Methoden und Werkzeugen anwenden kann, um die perfekte Erfüllung von Kundenanforderungen zu erreichen. Viele auf einer Systematisierung des Qualitätsmanagements beruhender Konzepte wurden kurz angerissen.

Die Integration der Prozesse in eine digitale Produktion mit den wichtigsten Anwendungsgebieten und Architekturen wurde beschrieben. Diesbezüglich befinden sich Fertigungsbetriebe in einem fundamentalen Wandel von der durch „Papier" geprägten Organisation zu einer digitalen und vernetzten Produktion, die mit dem Begriff der digitalen Fabrik beschrieben wird. In der Zukunft wird es möglich sein, die digitalen Werkzeuge flexibel mit einer großen Nähe zum realen Geschehen einzusetzen und damit noch weitere Leistungsverbesserungen und eine höhere Dynamik zu erzielen.

Am Ende des Kapitels wurde noch das Thema der betrieblichen Kostenrechnung mit den gängigen Verfahren beschrieben. Auch diesbezüglich sei auf einschlägige Werke zum Kostenmanagement und zum Controlling verwiesen. Da aber viele Ingenieure in diesen Methoden nicht ausgebildet sind, sie aber zum betrieblichen Alltag gehören, wurde auch dieses Kapitel auf traditionelle Weise abgehandelt.

Viele moderne Aspekte der Gestaltung des Systems Produktion und seines Managements im Fabrikbetrieb bedürfen der interdisziplinären Arbeit zwischen den Technikern, Kaufleuten und Informatikern. Ebenso sind die Schnittstellen zur Arbeitswissenschaft und zu juristischen Aspekten bedeutende Gebiete, die maßgeblich auf die Unternehmensleistung und seine Effektivität einwirken. Um die Fabriken in der Zukunft wandlungsfähig zu machen bedarf es der Kooperation der Fachgebiete.

Literatur

1. Westkämper, E., Löffler, C.: Strateghien der Produktion – Technologien, Konzepte und Wege in die Praxis. Springer, Berlin Heidelberg New York (2016)
2. Jovane, F., Westkämper, E., Williams, D.: The manufuture road. Springer, Berlin Heidelberg New York (2006)
3. Jovane, F., Yoshikawa, H., Alting, L., Boër, C.R., Westkämper, E., Williams, D., Tseng, M., Seliger, G., Paci, A.M.: The incoming global technological and industrial revolution towards competitive sustainable manufacturing. CIRP Ann Manuf Technol **57**, 641–659 (2008)
4. Kidd, P.T.: Agile manufacturing – forging new frontiers. Wokingham (1994)
5. Koren, Y.: The global manufacturing revolution, product-process-business integration & reconfigurable manufacturing. Wiley, Hoboken (2010)
6. Li, H., Wang, S., Zhao, D.: Research on the ability of regional industrial sustainable development – from the perspective of "two-oriented" society. Am J Oper Res **2**, 442–447 (2012)
7. Yoshikawa, H.: Sustainable manufacturing. 41st CIRP Conference on Manufacturing Systems, Tokyo, 27.5.2008. (2008). www.nml.t.u-tokyo.ac.jp/cirpms08/

8. Westkämper, E., Zahn, E. (Hrsg.): Wandlungsfähige Produktionsunternehmen – Das Stuttgarter Unternehmensmodell. Springer, Berlin Heidelberg New York (2009)
9. Gagsch, B.: Wandlungsfähigkeit von Unternehmen – Konzept für ein kontextgerechtes Management des Wandels. Stuttgart (2002)
10. Bullinger, H.-J., Warnecke, H.J., Westkämper, E. (Hrsg.): Neue Organisationsformen in Unternehmen, 2. Aufl. Springer, Berlin Heidelberg New York (2003)
11. Westkämper, E., Warnecke, H.J.: Einführung in die Fertigungstechnik, 6. Aufl. Teubner (2010)
12. Westkämper, E.: Einführung in die Organisation der Produktion. Springer, Berlin Heidelberg New York (2006)
13. Wiendahl, H.-P.: Betriebsorganisation für Ingenieure. Hanser, München, Wien (1997)
14. Schenk, M., Wirth, S.: Fabrikplanung und Fabrikbetrieb. Methoden für die wandlungsfähige und vernetzte Fabrik. Springer, Berlin Heidelberg New York (2004)
15. Bullinger, H.-J., Spath, D., Warnecke, H.-J., Westkämper, E.: Handbuch Unternehmensorganisation. Strategien, Planung, Umsetzung, 3. Aufl. VDI-Buch. Springer, Berlin, Heidelberg (2009). Online verfügbar unter http://site.ebrary.com/lib/alltitles/docDetail.action?docID=10288838.
16. Fuchs, H.: Systemtheorie und Organisation: die Theorie offener Systeme als Grundlage zur Erforschung und Gestaltung betrieblicher Systeme. Gabler, Wiesbaden (1973)
17. Aldinger, L., Rönnecke, T., Hummel, V., Westkämper, E.: Advanced Industrial Engineering. Planung und Optimierung für Fabriken im Jahr 2020. Ind Manag **22**(1), 59–62 (2006)
18. Spath, D. (Hrsg.): Forschungs- und Technologiemanagement. Potenziale nutzen – Zukunft gestalten. Hanser, München, Wien (2004)
19. Spath, D. (Hrsg.): Ganzheitlich produzieren. Innovative Organisation und Führung. LOG X, Stuttgart (2003)
20. Deuse, J., Droste, M., Keßler, S., Kuhn, A.: Ganzheitliche Produktionssysteme für Logistikdienstleister. Entwicklung eines Managementinstrumentariums für Logistikdienstleister zur Leistungsoptimierung auf Basis der Prinzipien ganzheitlicher Produktionssysteme. Universitätsbibliothek, Dortmund (2009)
21. Dombrowski, U. (Hrsg.): Ganzheitliche Produktionssysteme. Aktueller Stand und zukünftige Entwicklungen. (VDI-Buch. Springer, Berlin (2015). Online verfügbar unter http://search.ebscohost.com/login.aspx?direct=true&scope=site&db=nlebk&AN=1023063
22. Dombrowski, U., Crespo Otano, I., Schulze, S.: Ganzheitliche Produktionssysteme und ihre Anforderungen and die MTM-Methodik. In: MTM in einer globalisierten Wirtschaft: Arbeitsprozesse systematisch gestalten und optimieren, S. 81–90. mi-Wirtschaftsbuch. FinanzBuch-Verlag, München (2013)
23. Dombrowski, U., Richter, T., Ebentreich, D.: Auf dem Weg in die vierte industrielle Revolution. Ganzheitliche Produktionssysteme zur Gestaltung der Industrie-4.0-Architektur. Z Führung Org Zfo **84**(3), 157–163 (2015)
24. Meier, H., Schröder, S., Velkova, J., Kreggenfeld, N.: Steigerung der Wandlungsfähigkeit durch modulare Produktionssysteme – eine ganzheitliche Betrachtung von Technik, Organisation und Personal. In: Produzieren in Deutschland – Wettbewerbsfähigkeit im 21. Jahrhundert, S. 37–60. Gito, Berlin (2013)
25. Seibold, B., Schwarz-Kocher, M., Salm, R.: Ganzheitliche Produktionssysteme. Hans-Böckler-Stiftung (MF Mitbestimmungsförderung), Düsseldorf (2016). Online verfügbar unter http://hdl.handle.net/10419/148582
26. Baszenski, N.: Methodensammlung zur Unternehmensprozess-Optimierung. hg Institut für angewandte Arbeitswissenschaft eV Wirtschaftsverlag Bachem, Köln (2003)
27. Brocker, U.: Vorwort. In: Institut für angewandte Arbeitswissenschaft eV (Hrsg.) Ganzheitliche Produktionssysteme – Gestaltungsprinzipien und deren Verknüpfung, S. 9–13. Wirtschaftsverlag Bachem, Köln (2002)
28. Deutsche MTM-Vereinigung eV: Das ganzheitliche Produktionssystem – Management Summary (2002). http://www.dmtm.com/forschung/projekte/pdf/Summary.pdf
29. Arentsen, U., Winter, E.: Gabler Wirtschaftslexikon CD-ROM, 15. Aufl. Gabler, Wiesbaden (2001)
30. Hartmann: In: Spath, D. (Hrsg.) Ganzheitlich produzieren – Innovative Organisation und Führung, S. 129. Log_X, Stuttgart (2003)
31. Hinrichsen, S.: Ganzheitliche Produktionssysteme – Begriff, Funktionen, Stand der Umsetzung. Z Unternehmensentwicklung Ind Eng **6**, 251–255 (2002)
32. Kobayashi, I.: Die Japan-Diät: 20 Schlüssel zum schlanken Unternehmen. Moderne Industrie, Landsberg/Lech (1994)
33. Krämer, J.: Ganzheitliche Produktionssysteme – Die Basis für effiziente Prozesse in der Wertschöpfungskette. In: Institute for International Research –IIR (Hrsg.) Ganzheitliche Produktionssysteme, Kapitel 1 Fachkonferenz, Sulzbach, 24.–25. September. Bd. 1. (2001)
34. Ohno, T.: Das Toyota-Produktionssystem. Campus, Frankfurt am Main (1993)
35. Ohno, T.: Toyota production system: beyond large-scale production. Productivity Press, Portland (2002)
36. Sautter, K., Westkämper, E., Meyer, R.: REFA/IPA-Studie: Mehr Erfolg durch professionellen Methodeneinsatz? Ergebnisse und Handlungsfelder einer empirischen Untersuchung des Fraunhofer IPA und des REFA-Verbandes in 226 produzierenden Unternehmen. Fraunhofer IPA / REFA-Verband für Arbeitsgestaltung (1998)

37. Wildemann, H.: Produktionssysteme - Leitfaden zur methodengestützten Reorganisation der Produktion, 2. Aufl. München (2004)
38. Westkämper, E.: Ansätze zur Wandlungsfähigkeit von Produktionsunternehmen: Ein Bezugsrahmen für die Unternehmensentwicklung im turbulenten Umfeld. Wt Werkstattstech **90**(1/2), 22–26 (2000)
39. Ausschuss für wirtschaftliche Fertigung (AWF) e. V.: Handbuch der Arbeitsvorbereitung, Teil 1: Arbeitsplanung. Beuth, Berlin (1968)
40. REFA-Verband für Arbeitsstudien und Betriebsorganisation e. V. (Hrsg.): Methodenlehre der Planung und Steuerung, Teil 1: Grundbegriffe. Hanser, München, Wien (1985)
41. AWF, REFA (Hrsg.): Handbuch der Arbeitsvorbereitung. Beuth, Berlin (1968)
42. REFA: Arbeitsgestaltung in der Produktion. Hanser, München (1991)
43. REFA: Aufbauorganisation. Hanser, München (1991)
44. REFA: Grundlagen der Arbeitsgestaltung. Hanser, München (1991)
45. REFA: Lexikon der Betriebsorganisation. Hanser, München (1993)
46. REFA: Planung und Steuerung. Teil 1 bis Teil 6. Hanser, München (1991)
47. Bullinger, H.-J., Warschat, J., Berndes, S., Stanke, A.: Simultaneous Engineering. In: Zahn, E. (Hrsg.) Handbuch Technologiemanagement, S. 377–394. Schäffer-Poeschel, Stuttgart (1995)
48. Bullinger, H.-J., Warschat, J.: Concurrent simultaneous engineering systems. Springer, Berlin Heidelberg New York (1995)
49. Schuh, G., Friedli, T., Kurr, M.A.: Kooperationsmanagement: systematische Vorbereitung, gezielter Auf- und Ausbau, entscheidende Erfolgsfaktoren. Hanser, München, Wien (2005)
50. Wiendahl, H.H.: Auftragsmanagement der industriellen Produktion. Springer, Berlin Heidelberg New York (2011)
51. Geiger, W., Glaser, H., Rohde, V.: PPS-Produktionsplanung und Steuerung. Gabler, Wiesbaden (1992)
52. Rück, R., Stockert, A., Vogel, F.O.: CIM und Logistik im Unternehmen. Hanser, München, Wien (1992)
53. Kaluzza, B., Blecker, Th.: Produktions- und Logistikmanagement in virtuellen Unternehmensnetzwerken. Springer, Berlin Heidelberg New York (2000)
54. Schönsleben, P.: Integrales Logistikmanagement – Planung und Steuerung von umfassenden Geschäftsprozessen. Springer, Berlin Heidelberg New York (1998)
55. Keller, G., Lietschulte, A., Curran, T.A.: Business Engineering mit den R/3-Referenzmodellen. In: Scheer, A.-W., Nüttgens, M. (Hrsg.) Electronic Business Engineering, S. 397–423. Physica, Heidelberg (1999)
56. Dashenko, A. (Hrsg.): Manufacturing technologies for machines of the future. Springer, Berlin Heidelberg New York (2003)
57. Nyhuis, P., Wiendahl, H.-P.: Logistische Kennlinien – Grundlagen, Werkzeuge und Anwendungen. Springer, Berlin Heidelberg New York (2012)
58. Pawellek, G.: Ganzheitliche Fabrikplanung – Grundlagen, Vorgehensweise, EDV-Unterstützung. Springer, Berlin Heidelberg New York (2008)
59. Tolio, T. (Hrsg.): Design of flexible production systems. Springer, Berlin Heidelberg New York (2009)
60. Schraft, R.D., Kaum, R.: Automatisierung der Produktion – Erfolgsfaktoren und Vorgehen in der Praxis. Springer, Berlin Heidelberg New York (1998)
61. Pfeifer, T., Schmitt, R.: Autonome Produktionszellen. Springer, Berlin Heidelberg New York (2005)
62. Westkämper, E., Spath, D., Constantinescu, C., Lentes, J. (Hrsg.): Digitale Produktion. Springer, Berlin Heidelberg New York (2013)
63. Deutsche Gesellschaft für Qualitätsmanagement: Begriffe zum Qualitätsmanagement, 5. Aufl. DGQ-Schrift; 11.04. Beuth, Berlin (1993)
64. Deutsche Gesellschaft für Qualität e. V.: Begriffe zum Qualitätsmanagement, 6. Aufl. DGQ-Schrift 11-04. Beuth, Berlin (1995)
65. Kamiske, G.F., Brauer, J.-P.: Qualitätsmanagement von A bis Z: Erläuterungen moderner Begriffe des Qualitätsmanagements, 5. Aufl. Hanser, München, Wien (2006). ISBN 978-3446402843
66. Linß, G.: Qualitätsmanagement für Ingenieure, 3. Aufl. Hanser, München (2009). ISBN 978-3446417847
67. Pfeifer, T., Schmitt, R. (Hrsg.): Masing Handbuch Qualitätsmanagement, 5. Aufl. Hanser, München (2007). ISBN 978-3446407527
68. Pfeifer, T.: Qualitätsmanagement: Strategien, Methoden, Techniken, 3. Aufl. Hanser, München, Wien (2001). ISBN 978-3446215153
69. Saatweber, J.: Kundenorientierung durch Quality Function Deployment: Systematisches Entwickeln von Produkten und Dienstleistungen, 2. Aufl. Symposion Publishing, Düsseldorf (2007). ISBN 978-3936608779
70. Schandl, G., Schloske, A.: Idealtypen entwickeln: Kunden- und wettbewerbsorientierte Produktentwicklung mit QFD. Qual Zuverlässigkeit Qz **49**(9), 36–40 (2004)
71. Schloske, A.: CAQ-Systeme. In: Bullinger, H.-J., Spath, D., Warnecke, H.-J., Westkämper, E. (Hrsg.) Handbuch Unternehmensorganisation: Strategien, Planung, Umsetzung VDI-Buch. S. 804–813. Springer, Berlin (2009). Kap. 11.8
72. Schloske, A., Thieme, P.: Qualität als entscheidender Wettbewerbsfaktor. In: Bullinger, H.-J., Spath, D., Warnecke, H.-J., Westkämper, E. (Hrsg.) Handbuch Unternehmensorganisation: Strategien, Planung, Umsetzung VDI-Buch. S. 150–153. Springer, Berlin (2009). Kap. 3.4
73. Schloske, A., Thieme, P.: Qualitätsmanagementsysteme. In: Bullinger, H.-J., Spath, D., Warnecke, H.-J., Westkämper, E. (Hrsg.) Fraunhofer Gesellschaft: Handbuch Unternehmensorganisation: Strate-

gien, Planung, Umsetzung VDI-Buch. S. 665–675. Springer, Berlin (2009). Kap. 10.6
74. Schloske, A.: Risikomanagement mit der FMEA. In: Kamiske, G.F. (Hrsg.) Qualitätstechniken für Ingenieure, S. 285–232. Symposion Publishing, Düsseldorf (2009)
75. Schloske, A., Thieme, P., Westkämper, E.: Was Nacharbeit kostet: Verschwendungskosten in administrativen Prozessen. Qual Zuverlässigkeit Qz **54**(10), 64–65 (2009)
76. Deutsche Gesellschaft für Qualität/Arbeitsgruppe 131 "FMEA", Schloske, A.: FMEA – Fehlermöglichkeits- und Einflussanalyse, 4. Aufl. DGQ-Band; 13–11. Beuth, Berlin, Köln (2008). ISBN 978-3410322764
77. Schloske, A., Henke, J., Schulz, T.: Was kosten Fehler am Band?: Fehler-Prozess-Matrix (FPM) als Ergänzung zur FMEA. Qual Zuverlässigkeit Qz **51**(4), 41–44 (2006)
78. Verband der Automobilindustrie (Hrsg.): Produkt- und Prozess-FMEA. Qualitätsmanagement in der Automobilindustrie, Sicherung der Qualität vor Serieneinsatz, VDA Band 4 Kapitel 3. VDA, Frankfurt/Main (2006)
79. Verband der Automobilindustrie: Grundlagen für Qualitätsaudits Zertifizierungsvorgaben für VDA 6.1, VDA 6.2, VDA 6.4 auf Basis der ISO 9001, 5. Aufl. Qualitätsmanagement in der Automobilindustrie; 6. VDA, Frankfurt a. M. (2008)
80. Westkämper, E.: Null-Fehler-Produktion in Prozessketten: Maßnahmen zur Fehlervermeidung und Kompensation. Springer, Berlin Heidelberg New York (1966)
81. Westkämper, E. (Hrsg.): Integrationspfad Qualität. CIM-Fachmann. Springer, Verlag TÜV Rheinland, Berlin, Köln (1991). 1991
82. Warnecke, H.J., Bullinger, H.-J., Hichert, R.: Kostenrechnung für Ingenieure, 5. Aufl. Hanser, München (1996)
83. Warnecke, H.J., Bullinger, H.-J., Hichert, R.: Wirtschaftlichkeitsrechnung für Ingenieure, 3. Aufl. Hanser, München (1996)
84. Horvath, P., Mayer, R.: Prozesskostenrechnung. Der neue Weg zu mehr Kostentransparenz und wirkungsvolleren Unternehmungsstrategien. Controlling **1**(4), 214–219 (1989)

Normen und Richtlinien

85. AWF: Flexible Automatisierung. AWF, Eschborn (1984)
86. AWF: Flexible Fertigungsorganisation am Beispiel von Fertigungsinseln. AWF, Eschborn (1984)
87. DIN 69 512–69 643: Werkzeugmaschinen (verschiedene Untertitel)
88. DIN 33 402: Körpermaße von Erwachsenen
89. DIN EN ISO 9000:2015: Qualitätsmanagementsysteme – Grundlagen und Begriffe (ISO 9000:2015); Dreisprachige Fassung
90. DIN EN ISO 9001:2015: Qualitätsmanagementsysteme – Anforderungen (ISO 9001:2015); Dreisprachige Fassung
91. DIN EN ISO 9004 2009-12: Leiten und Lenken für den nachhaltigen Erfolg einer Organisation – Ein Qualitätsmanagementansatz (ISO 9004-2009). Dreisprachige Fassung
92. DIN EN ISO 19011 2002-12: Leitfaden für Audits von Qualitätsmanagement- und/oder Umweltmanagementsystemen (ISO 19011:2002); Deutsche und Englische Fassung
93. DIN 25419-1985-11: Ergebnisablaufanalyse – Verfahren, graphische Symbole und Auswertung
94. DIN 25424-1 1981-09: Fehlerbaumanalyse – Methoden und Bildzeichen
95. DIN 25424-2 1990-04: Fehlerbaumanalyse – Handrechenverfahren zur Auswertung eines Fehlerbaums
96. DIN EN 60812 2006-11: Analysetechniken für die Funktionsfähigkeit von Systemen – Verfahren für die Fehlzustandsart- und -auswirkungsanalyse (FMEA)
97. IATF 16949:2016: Qualitätsmanagement Systeme – Besondere Anforderungen bei Anwendung von ISO 9001:2015 für die Serien- und Ersatzteil-Produktion in der Automobilindustrie

Teil IX
Fertigungsmittel

Elemente der Werkzeugmaschinen 45

Christian Brecher, Manfred Weck, Marcel Fey und Stephan Neus

45.1 Grundlagen

45.1.1 Funktionsgliederung

45.1.1.1 Systemaufbau

Die Einteilung der Fertigungsanlagen ist an die Gliederung der Fertigungsverfahren für die Metallbearbeitung, DIN 8590, angelehnt. Der Begriff *Werkzeugmaschine* beschränkt sich auf die Fertigungsverfahren des *Umformens*, *Trennens* und *Fügens*. Werkzeugmaschinen werden definiert als „mechanisierte und mehr oder weniger automatisierte Fertigungseinrichtungen, die durch relative Bewegungen zwischen *Werkzeug* und *Werkstück* eine vorgegebene Form oder Veränderung am Werkstück erzeugen“. Einzel- und Mehrmaschinensysteme bestehen aus einem bzw. mehreren Maschinengrundsystemen sowie weiteren Funktions- und Hilfssystemen.

Die für die Realisierung der *Grundfunktion* notwendigen Baugruppen (Antriebe, Gestellbauteile, *Werkzeugträger* und Werkstückträger) bilden das *Maschinengrundsystem*. Die Ausführungen der Werkzeug- und Werkstückträger reichen je nach *Maschinenbauform* von starren Tischen bis hin zu mehrfach miteinander kombinierten translatorischen und rotatorischen Tragelementen. Werkzeuge und Werkstücke werden auf den entsprechenden Trägern gehalten bzw. gespannt. Austauschbarkeit und flexible Anpassung der Werkzeugmaschine an unterschiedliche Bearbeitungsaufgaben bestimmen die Gestaltung der mechanischen Schnittstellen zwischen Betriebsmittelkomponenten und Maschine. Zum Gesamtsystem Werkzeugmaschine gehören je nach Automatisierungsgrad verschiedene Komponenten von Werkzeug- und *Werkstückflusssystemen*, deren Elemente zur Realisierung der Funktionen *Handhaben*, *Transportieren* und *Speichern* erforderlich sind. An den jeweiligen Spannstellen werden die Handhabungssysteme mit dem Maschinengrundsystem verknüpft. Abb. 45.1 zeigt die wichtigsten Komponenten, Baugruppen und Eigenschaften eines *Fräsbearbeitungszentrums*.

45.1.1.2 Wirkpaar, Wirkbewegung

Durch Relativbewegungen zwischen Werkzeug und Werkstück und verfahrensbedingte Energieübertragung (Trennen, Umformen) wird die Grundform eines Werkstücks in eine vorgegebene Form umgewandelt. Maßgenauigkeit und Oberflächenqualität bestimmen die technische Güte eines Werkstücks. Die Weiterentwicklung der Werkzeugmaschinenelemente führt zu wachsenden erreichbaren Fertigungsgenauigkeiten (Abb. 45.2).

C. Brecher (✉)
RWTH Aachen
Aachen, Deutschland
E-Mail: c.brecher@wzl.rwth-aachen.de

M. Weck
RWTH Aachen
Aachen, Deutschland
E-Mail: m.weck@wzl.rwth-aachen.de

M. Fey
Aachen, Deutschland

S. Neus
Aachen, Deutschland

B. Bender und D. Göhlich (Hrsg.), *Dubbel Taschenbuch für den Maschinenbau 2: Anwendungen*,
https://doi.org/10.1007/978-3-662-59713-2_45

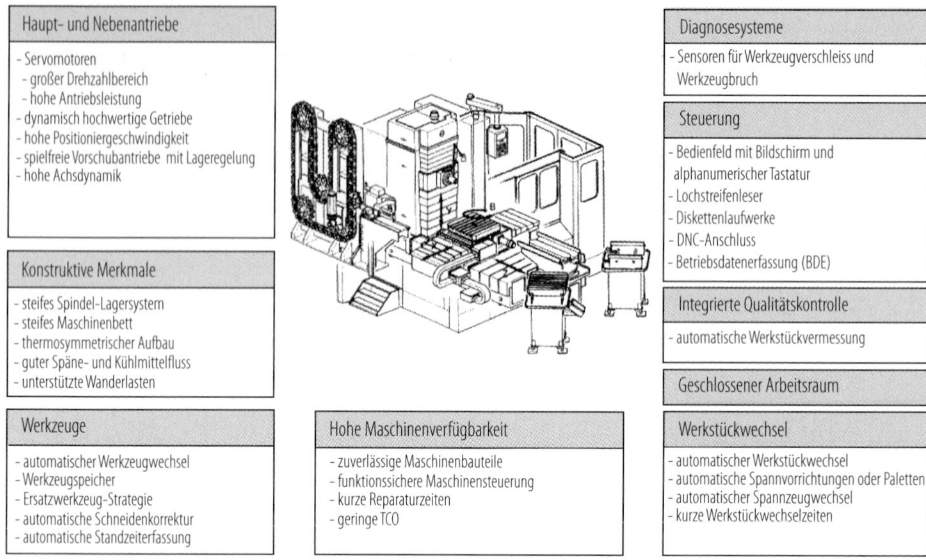

Abb. 45.1 Komponenten und Eigenschaften eines Bearbeitungszentrums

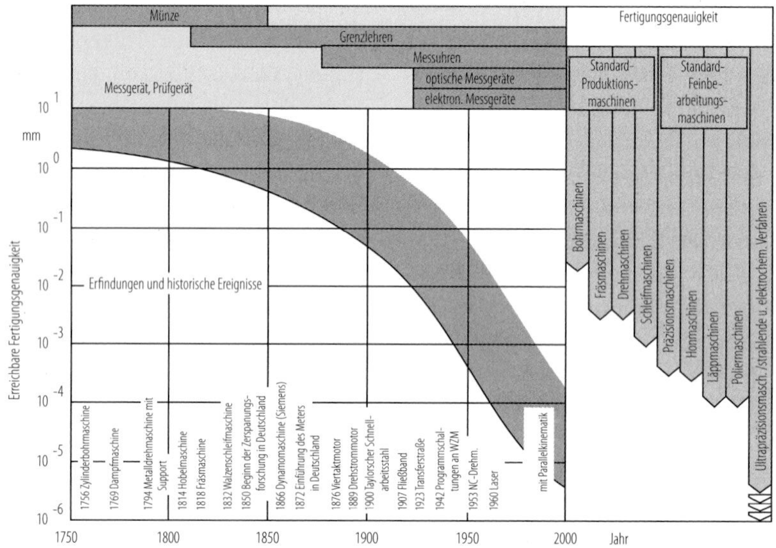

Abb. 45.2 Entwicklungsgeschichtlicher Überblick über die erreichbaren Fertigungsgenauigkeiten von Werkzeugmaschinen

Die Wirkbewegungen setzen sich aus den Komponenten *Schnittbewegung, Zustellbewegung* und *Vorschubbewegung* zusammen. Je nach Fertigungsverfahren sind sie translatorisch oder rotatorisch, stetig oder unstetig. In Abhängigkeit von der Größe der Vorschub- bzw. Zustellachsen und gegebenenfalls des Arbeitswegs (bei Hobel-, Stoß- und Umformmaschinen) ergibt sich ein dreidimensionaler *Arbeitsraum.* Bei Dreh- und Rundschleifmaschinen ist er zylindrisch, bei Fräs-, Bohr- und Stoßmaschinen meist quaderförmig.

Drehende Bewegungen kommen vorwiegend als Schnittbewegungen bei spanenden Werkzeugmaschinen vor (z. B. *Drehen Bohren, Fräsen*). Der erforderliche Drehzahlbereich wird von der

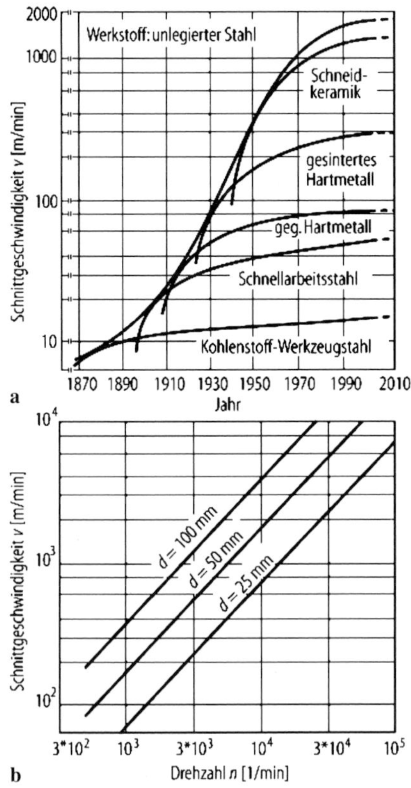

Abb. 45.3 Entwicklung **a** der Schnittgeschwindigkeiten und **b** der Drehzahlen im Werkzeugmaschinenbau bei der Zerspanung von Stahl

größten und kleinsten erforderlichen Schnittgeschwindigkeit sowie vom größten und kleinsten Werkstück- bzw. Werkzeugdurchmesser begrenzt. Zu jeder Bearbeitungsaufgabe lässt sich eine optimale Drehzahl angeben, mit der die wirtschaftlichste Schnittgeschwindigkeit erreicht wird. Mit der Steigerung der Leistungsfähigkeit der Schneidstoffe werden immer höhere Schnittgeschwindigkeiten ermöglicht. Derartige *Schnittgeschwindigkeiten* stellen hohe Anforderungen an die Konstruktion von *Spindel-Lager-Systemen* (Abb. 45.3). So ist z. B. für eine Schnittgeschwindigkeit von 2000 m/min bei einem Fräser von $d = 42$ mm eine Drehzahl von $n =$ 15 000 1/min erforderlich, bei der konventionelle Wälzlager ab 100 mm Durchmesser je nach verwendeter Schmierung an ihre Belastungsgrenzen stoßen.

Die Zuordnung von Wirkbewegungen zur Werkstückform ist nicht eindeutig. Die Realisierung der erforderlichen Bewegungen mit Werkstück- und Werkzeugträger kann durch kinematische Umkehr sehr vielfältig gestaltet werden, wobei sich die Komponenten der Wirkbewegung vertauschen lassen. So entstehen verschiedene Maschinenbauformen, aus denen sich unterschiedlichste Anforderungen an die translatorischen und rotatorischen Bewegungselemente, z. B. Führungen, ableiten lassen. Sinnvolle Anordnungen ergeben sich aus der Fertigungsaufgabe einschließlich den spezifischen Erfordernissen des automatischen Werkzeug- und Werkstückwechsels. Die Bauformen reichen von Maschinen mit sämtlichen Bewegungen im Werkzeugträger über die entsprechenden kombinatorischen Zwischenstufen bis hin zu jenen, deren Bewegungen alleine durch die Werkstückträger realisiert werden.

Bewegungen werden meist durch getrennte *Haupt-* und *Vorschubmotoren* erzeugt. *Getriebe* ändern Drehzahlen und Drehmomente. *Übertragungselemente* (z. B. Gewindespindeln, Zahnriemen) bringen die Bewegung auf den Werkzeug- bzw. Werkstückträger, meist Schlitten mit geradliniger Bewegung.

Die durch den Fertigungsvorgang an der Wirkstelle hervorgerufenen Kräfte sowie Reib- und Gewichtskräfte werden von *Führungen* und *Lagerungen* aufgenommen und in Baugruppen wie Schlitten, Spindelkasten und Reitstock geleitet. Der Kraftfluss wird über die *Gestellteile* wie Ständer und Betten, die zugleich die Verbindung zum Boden herstellen, geschlossen. Statische, dynamische und auch thermische Belastungen führen zu elastischen Verformungen einzelner Elemente, die sich in Form- und Maßabweichungen sowie Oberflächenfehlern am Werkstück und erhöhtem Verschleiß am Werkzeug auswirken können bzw. allgemein die Wirtschaftlichkeit beeinflussen.

45.1.2 Mechanisches Verhalten

Das statische, dynamische und thermoelastische Verhalten einer Werkzeugmaschine, einer Baugruppe oder eines einzelnen Bauteils kann in hohem Maße die mit der Maschine erreichbaren

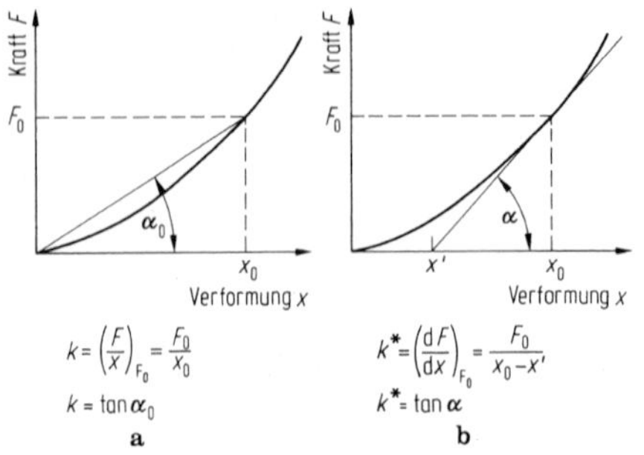

Abb. 45.4 Definition der Steifigkeit. **a** Mit Hilfe der Sekante, **b** mit Hilfe der Tangente

Bearbeitungsleistungen und Fertigungsqualitäten beeinflussen.

45.1.2.1 Kriterien bei statischer Belastung

Das *statische Verhalten* einer Werkzeugmaschine ist durch die elastischen Verformungen, die unter zeitlich konstanter Belastung (Prozesskräfte und Gewichtskräfte) auftreten, gekennzeichnet. Daraus folgt als wichtigste Kenngröße die *statische Steifigkeit k*. Sie ist ein Maß für den Widerstand gegen Formänderungen und wird als das Verhältnis von der Kraft F zur Verlagerung x des Bauteils in Kraftangriffsrichtung angegeben, $k = \mathrm{d}F/\mathrm{d}x$. Die Abhängigkeit der Verformung x von der belastenden Kraft F wird in Form von Kennlinien dargestellt (Abb. 45.4, s. Bd. 1, Abschn. 19.1 und Abschn. 9.1). Theoretisch ist der Zusammenhang linear, $k = F/x$ (Federsteifigkeit). Praktisch tritt durch eine Vielzahl von Kontaktflächen zwischen den Bauteilen ein progressiver Zusammenhang auf. Für die Steifigkeit an einem Arbeitspunkt gibt es zwei Definitionen. Bei der ersten (Abb. 45.4a) wird die Sekante vom Ursprung zum betrachteten Punkt F_0, x_0 herangezogen, bei der zweiten (Abb. 45.4b) wird die Steigung der Tangente an die Kennlinie in dem betrachteten Punkt F_0, x_0 gelegt.

Je nach Art der Belastung spricht man von Zug-, Druck-, Biege- und Torsionssteifigkeit. Letztere (k_t) ist als Verhältnis von Drehmoment M zu Drehwinkel φ angegeben, $k_t = \mathrm{d}M/\mathrm{d}\varphi$. Die resultierende Steifigkeit k_{ges} an der Kraftangriffsstelle ergibt sich immer aus einer Überlagerung der Einzelsteifigkeiten k_i der beteiligten Elemente, berechnet aus der Summe der entsprechenden Nachgiebigkeiten $1/k_i$ als Reziprokwerte der Steifigkeiten; $1/k_{ges} = \sum 1/k_i$. Die Gesamtmaschine ist also stets „weicher“ als ihr nachgiebigstes im Kraftfluss liegendes Bauelement. Übliche resultierende Steifigkeitswerte an der Schnittstelle zwischen Werkzeug und Werkstück bei spanenden Werkzeugmaschinen liegen in der Regel zwischen 5–200 N/µm, bei Umformmaschinen zwischen 10^4–10^5 N/µm, gemessen zwischen Stößel und Maschinentisch.

45.1.2.2 Kriterien bei dynamischer Belastung

Das *dynamische Verhalten* einer Werkzeugmaschine wird in erster Linie von der statischen Steifigkeit, der räumlichen Verteilung und Größe der Bauteilmassen sowie von der Systemdämpfung bestimmt. In Abhängigkeit dieser Größen ergeben sich für jede Maschinenstruktur bzw. Teilstruktur bei bestimmten Eigenfrequenzen spezifische räumliche Eigenschwingungsformen. Zur Beschreibung des dynamischen Verhaltens komplexer Werkzeugmaschinenstrukturen ist vor allem die Kenntnis der Eigenschwingungsformen wichtig. Man erkennt hieraus, welche Einzelbauteile maßgeblich die Eigenschwingungen verursachen (*Schwachstellenanalyse*). Abb. 45.5 zeigt die Eigenschwingungsform einer Bettfräsmaschine bei einer Eigenfrequenz von 105 Hz. Man erkennt eine Biegeschwingung des Spindelkastens und eine leichte Torsion des waagerechten Ständerteils.

Zur Veranschaulichung des dynamischen Verhaltens kann man sich eine Werkzeugmaschine als schwingungsfähiges System vorstellen, das sich aus einer Vielzahl elastisch gekoppelter Einmassenschwinger zusammensetzt. Gleichgewichtsbedingungen zwischen *Erregerkräften F(t)*, verlagerungsabhängigen *Federkräften*, geschwindigkeitsproportionalen *Dämpfungs-* und beschleunigungsproportionalen *Trägheitskräften* lassen sich durch ein System von Differentialgleichungen beschreiben. Das dynamische Verhalten bestehender Maschinen und Gestelle lässt sich durch experimentelle Untersuchungen ermitteln. Dabei wird eine definierte Anregung mit unterschiedlicher Frequenz f in die Struktur eingeleitet

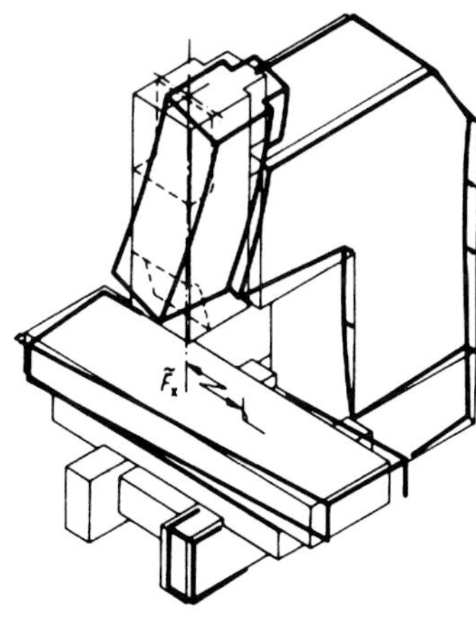

Abb. 45.5 Eigenschwingungsform einer Bettfräsmaschine ($f = 105$ Hz), Anregung durch F_x

und das dadurch hervorgerufene Antwortsignal gemessen [1]. Der Quotient aus dynamischer Verlagerung x_{dyn} und Erregerkraft F_{dyn} an der Kraftangriffsstelle sowie die Phasenverschiebung φ zwischen Kraft- und Wegsignal ergibt den *Nachgiebigkeitsfrequenzgang* $1/k_{dyn} = x_{dyn}/F_{dyn}$. Er lässt sich getrennt nach Amplitudengang und Phasengang oder als Zeigerdiagramm (*Ortskurve*) darstellen. Abb. 45.6 zeigt einen gemessenen Frequenzgang sowie die korrespondierenden Ortskurven einer Baugruppe mit zwei Resonanzfrequenzen. Bei $f = 0$ Hz lässt sich die *statische Nachgiebigkeit* ablesen. Die *dynamische Nachgiebigkeit* liegt bei Resonanzfrequenzen je nach Systemdämpfung etwa 2- bis 10mal höher als die statische. Zur Vermeidung von Resonanzschwingungen durch Fremderregung sollten Eigenfrequenzen mindestens um den Faktor 1,2 bis 1,4 außerhalb des z. B. durch Schnittkräfte oder Vorschubantriebe hervorgerufenen Erregerfrequenzbereichs liegen. Bei dynamisch schwachen Maschinen besteht die Gefahr des regenerativen *Ratterns* [1], welches zu instabiler Bearbeitung und zur Beschädigung von Werkzeug und Werkstück führt. Hohe Eigenfrequenzen erreicht man durch die Vorgabe einer hohen statischen Steifigkeit bei gleichzeitiger Minimierung der bewegten Massen. Deren Verteilung ist so zu wählen, dass große Massen wie Getriebe und Motoren am besten an starren Stellen (Bett oder Ständerunterteil) angebracht werden. Die Dämpfung im Maschinensystem sollte grundsätzlich möglichst hoch sein.

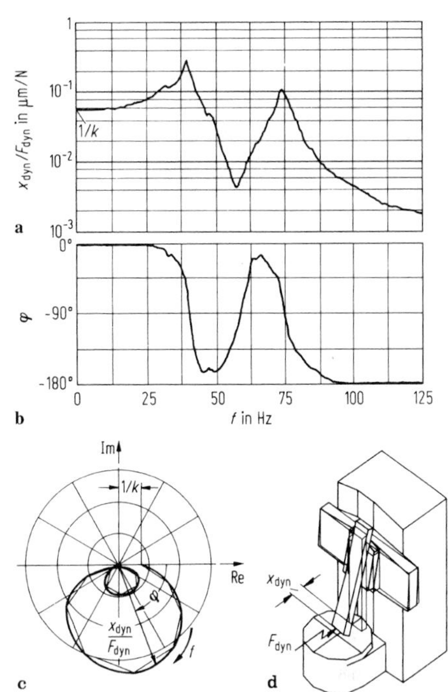

Abb. 45.6 Nachgiebigkeits-Frequenzgang einer Karussell-Drehmaschine mit zwei Resonanzfrequenzen, gemessen bei Erregung des Stößels durch F_{dyn}. **a** Amplitudengang, **b** Phasengang, **c** Ortskurve, **d** Schwingungsform

Größten Einfluss haben hierauf die Fügestellen zwischen den einzelnen Bauteilen wie Führungen (z. B. Ölfilm), Lagerungen, Verschraubungen und Schweißverbindungen. Die Systemdämpfung ist weiterhin durch die Werkstoffauswahl beeinflussbar, z. B. hat Reaktionsharzbeton eine höhere *Materialdämpfung* als Grauguss und dieser wiederum eine höhere als Stahl. Sandfüllungen oder Beton tragen ebenfalls zu erhöhter Dämpfung bei. Im Vergleich zur Dämpfung der Fügestellen ist die Werkstoffdämpfung in Maschinenstrukturen deutlich geringer und in vielen Fällen vernachlässigbar [1].

45.1.2.3 Kriterien bei thermischer Belastung

Das *thermische Verhalten* von Werkzeugmaschinen kann durch die thermoelastische Relativverlagerung an der Wirkstelle zwischen Werkstück und Werkzeug infolge von Wärmeeinwirkungen beschrieben werden. Diese Verlagerungen werden durch alle in der thermischen Wirkungskette liegenden Bauteile und deren thermische

Verformungseigenschaften bestimmt. Durch die in einer Werkzeugmaschine vorhandenen *inneren Wärmequellen* (Lager, Motoren, Getriebe, Prozesswärme etc.) und die auf eine Werkzeugmaschine wirkenden *äußeren Wärmequellen* (Temperatur umgebender Körper, Sonneneinstrahlung, Tag/Nacht-Temperaturschwankungen etc.) kommt es in den Bauteilen zu zeitlich veränderlichen Temperaturverteilungen (*Isothermenlinien*) und somit zu zeitlich abhängigen Verformungen. In Abb. 45.7 sind die unterschiedlichen Ursachen für thermoelastische Verformungen von Maschinenstrukturen zusammengestellt.

Die sich aufgrund der Wärmequellen in den Bauteilen bildenden Temperaturverteilungen werden von den spezifischen thermischen Materialeigenschaften (Wärmekapazität und Wärmeleitfähigkeit) und von den Wärmeübertragungsbedingungen an die Umgebung oder die angrenzenden Bauteile bestimmt. Einfluss auf die aus der Temperaturverteilung folgenden Verformungen an der Zerspanstelle haben neben dem Wärmeausdehnungskoeffizienten, die Anbindung der einzelnen Bauteile in Abhängigkeit von der Bearbeitungsposition, die relative Lage der Bauteile zueinander und die Wechselwirkungen zwischen den Bauteilverformungen. Die Einflussgrößen können sich sowohl gegenseitig verstärken als auch aufheben. Die gegenseitige Kompensation der thermisch bedingten Verlagerungen in Bezug auf die Zerspanstelle kann bewusst durch eine gezielte Gestaltung in Relation zu den Wärmequellen ausgenutzt werden (*thermosymmetrische* Konstruktion).

45.2 Antriebe

Antriebe werden an Werkzeugmaschinen im Wesentlichen für Hauptspindel- und Vorschubbewegungen benötigt [1–6]. Zur Anpassung an den Bearbeitungsprozess werden weitestgehend Antriebe mit stufenlos einstellbarer Drehzahl eingesetzt. Insbesondere bei numerisch gesteuerten Maschinen werden für die Bewegungen der einzelnen Achsen einer Werkzeugmaschine getrennte Antriebe verwendet. Sammelantriebe mit Verteilergetrieben werden zunehmend bedeutungslos. Sie werden in speziellen Anwendungsfällen durch elektronisch synchronisierte Antriebe, sog. *elektronische Königswellen*, ersetzt [7]. Je nach Ansteuerungs- und Energieversorgungsart unterscheidet man elektrische, hydraulische und pneumatische Antriebe (DIN 24 300) sowie Mischformen, z. B. elektrohydraulische Antriebe.

Der Begriff *Antrieb* beinhaltet Baugruppen wie Motoren, Energiewandler, Getriebe und Übertragungselemente.

45.2.1 Motoren

45.2.1.1 Elektrische Drehstrommotoren

Traditionell wurden elektrische *Drehstrommotoren* in Werkzeugmaschinen als Asynchronmotoren in Verbindung mit Stufenrädergetrieben (s. Abschn. 45.2.2) eingesetzt (s. Kap. 24). Heute ist es üblich, den geregelten Asynchronmotor als Maschinenhauptspindelantrieb und den Synchronmotor, auch in geregelter Form, für Vorschubaufgaben einzusetzen. Beide Motorarten weisen einen großen Drehzahlbereich (10^3 bis 10^4) auf, sodass das Schaltgetriebe in der Regel entfällt [2].

45.2.1.2 Asynchronmotor mit Käfigläufer

Die häufigste Motoren-Bauform (*Kurzschlussläufer*) sind wartungsarm, weisen ein stabiles Verhalten im Nennlastbereich auf, benötigen jedoch einen hohen Einschaltstrom bei geringem Anlaufmoment. Durch verschiedene Käfigbauarten kann man den Motor an die Anforderungen einer Werkzeugmaschine anpassen. Der *Stromverdrängungsläufer* (Wirbelstromläufer) hat z. B. ein hohes Anzugmoment bei relativ niedrigem Einschaltstrom und eignet sich für das direkte Einschalten.

Bei Drehstrommotoren kann die Drehzahl n durch Variation der Polpaarzahl p oder der Frequenz f des Speisestromes entsprechend $n = f/p$ geändert werden. Polumschaltbare Motoren können für alle Drehzahlen mit gleich bleibendem Moment oder mit gleich bleibender Leistung ausgelegt werden.

Der moderne Einsatz des Asynchronmotors erfolgt im drehzahlgeregelten Betrieb. Solche

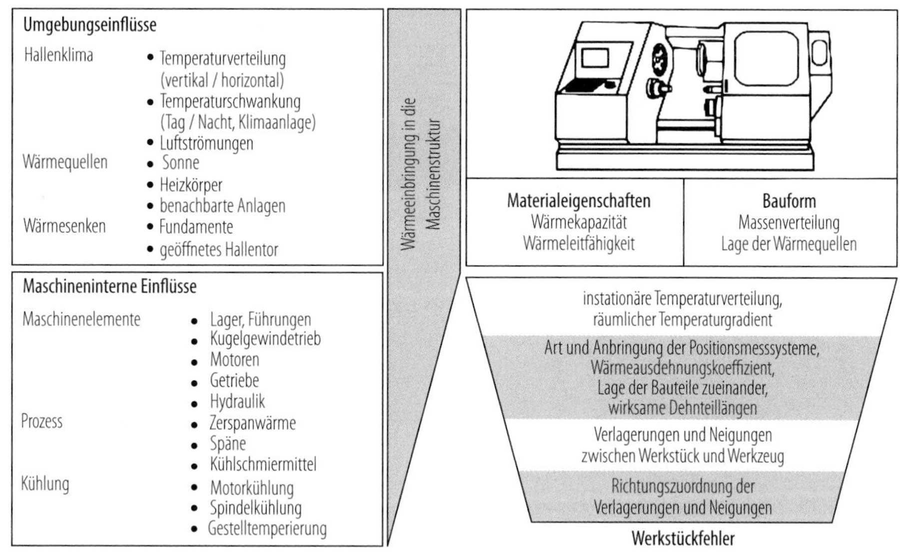

Abb. 45.7 Ursachen für thermoelastische Verformungen

Antriebe bezeichnet man als Servoantriebe. Zur *Drehzahlregelung* werden die momentane Lage und Größe des magnetischen Felds ermittelt und die Ständerströme so gesteuert, dass das Drehmoment weitestgehend unabhängig von der Drehzahl gewählt werden kann. Grundlage für den geregelten Asynchronmotor ist die sog. *feldorientierte Regelung* [8] (Abb. 45.8).

Beispiel

Abb. 45.8 zeigt den Zusammenhang zwischen den Feld- und Statorwicklungskoordinaten. Die feldorientierte Regelung legt die angegebenen Beziehungen zugrunde, wonach das Drehmoment über die momentbildende und die Magnetisierung über die flussbildende Stromkomponente geregelt werden. Der Temperatureinfluss auf die Rotorzeitkonstante sowie der Einfluss der magnetischen Sättigung auf die Motorparameter stellen die Grenzen des Konzepts dar. Die Beherrschung dieser Einflussgrößen kann die Qualität des geregelten Asynchronmotors weiter verbessern. ◀

Abb. 45.9 zeigt einen als Servomotor ausgeführten Asynchronmotor der Kurzschlussläufer-Bauart. Der relativ aufwändigen Steuerung beim Servoverstärker stehen Vorteile wie die Wartungsfreiheit und der große *Feldschwächbereich* gegenüber. Letztere Eigenschaft erlaubt die Verstellung der Drehzahl in einem großen Bereich bei konstanter Leistungsabgabe (Abb. 45.10). Daher erfreut sich der geregelte Asynchronmotor bei Hauptspindelmotoren zunehmender Beliebtheit. Die Leistung von Asynchronmotoren für Hauptspindeln reicht bis über 150 kW, Drehzahlen bis über 9000 min^{-1} sind erreichbar.

45.2.1.3 Schleifringläufer

Bei Werkzeugmaschinen mit hoher Antriebsleistung und solchen mit Schwungradantrieben werden häufig *Schleifringläufer* verwendet. Durch zuschaltbare Widerstände in der Rotorwicklung kann das Anlaufverhalten beeinflusst werden.

45.2.1.4 Synchronmotoren

In einer Vielzahl von Anwendungen werden permanenterregte *Synchronmotoren* eingesetzt, bei denen im Vergleich zum permanenterregten Gleichstrommotor die Rollen von *Stator* und *Rotor* vertauscht sind. Bei Synchronmotoren läuft das elektrisch erzeugte Erregerfeld im Ständer mit der Drehung des Rotors um, so dass eine Frequenzänderung des Erregerstromes eine Änderung der Drehzahl bewirkt. Die Permanentmagnete sind im Läufer untergebracht. Zur Erzeugung des Rotationsfeldes sind auf dem Stator Drehstromwicklungen angebracht. In der Be-

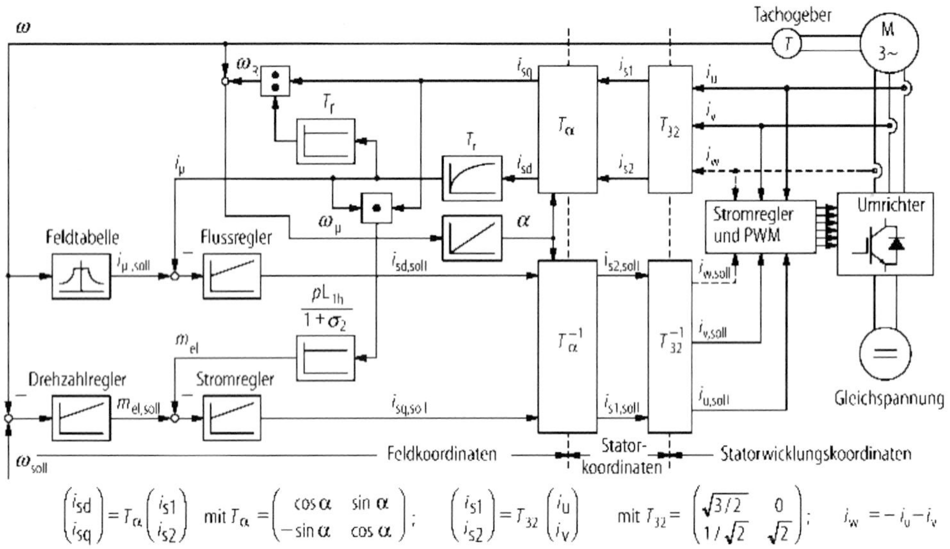

Abb. 45.8 Asynchronmotorregelung nach dem Prinzip der Feldorientierung (nach Henneberger). ω Drehzahl, $i_{u,v,w}$ Strangströme, i_{sd} flussbildende Stromkomponente, i_{sq} momentbildende Stromkomponente, α Feldkoordinatenwinkel, T_r elektrische Rotorzeitkonstante, T_α Abbildungsmatrix Statorkoordinaten – Feldkoordinaten, T_{32} Abbildungsmatrix Statorwicklungskoordinaten – Statorkoordinaten, i_{my} Magnetisierungsstrom

Abb. 45.9 Aufbau eines Asynchronmotors der Kurzschlussläufer-Bauart (ABB)

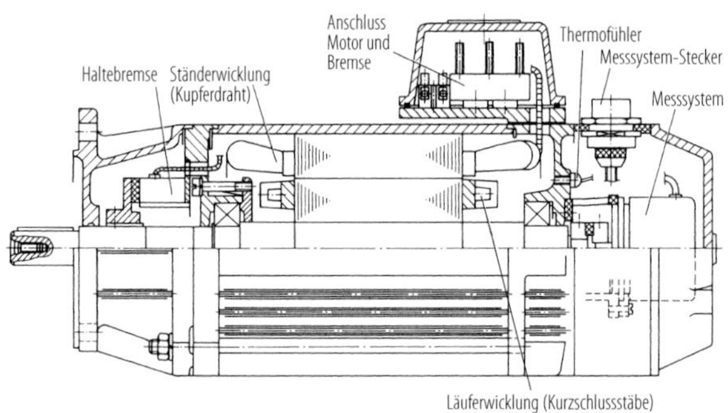

triebsart als *Servomotor* wird die Aufteilung des den Ständerwicklungen zulaufenden Stromes in Abhängigkeit des Rotorstellungswinkels gesteuert. Dazu muss dieser Winkel gemessen werden. Üblicherweise sind die Geber zur Rotorpositions- und Drehzahlmessung berührungslos, damit keine elektrische Drehübertragung mittels Kollektoren oder Bürsten zwischen Stator und Rotor erforderlich ist. Synchronmotoren, weisen in erster Linie Wartungsfreiheit, hohe Überlastbarkeit, gute Dynamik und günstige Wärmeentwicklung als Vorteile auf. Im Gegenzug ist eine etwas aufwändigere Ansteuerelektronik als bei konventionellen Gleichstrommotoren erforderlich.

Beispiel

Abb. 45.11 zeigt das Prinzip eines sechspoligen permanenterregten Synchronmotors (die Speisefrequenz ist dreimal so hoch wie die Drehfrequenz des Motors). In der Rotorstellung 1 (links im Bild) ist der Strang U-X positiv und der Strang W-Z negativ bestromt, während in der Stellung 2 (rechts im Bild) Strang V-Y in positiver und Strang W-Z in negativer Richtung durchflossen werden. Die in dieser Weise zeitlich geschalteten oder aber auch kontinuierlich geänderten Stromrichtungen in den Ständerwicklungen erzeugen auf dem magnetisierten Rotor ein gleichsinniges Drehmoment, das den Rotor im Uhrzeigersinn in Bewegung setzt. ◄

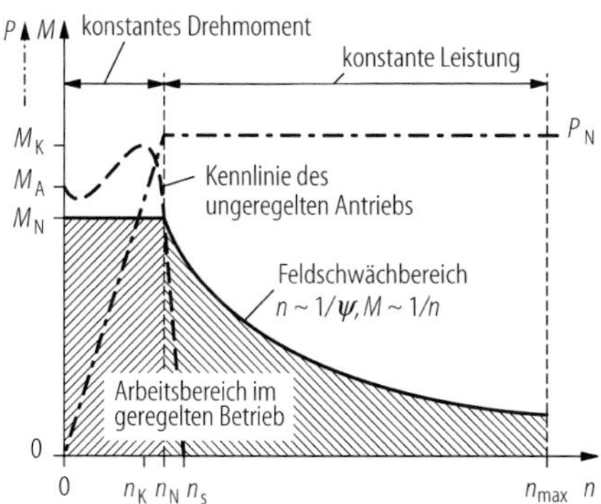

Abb. 45.10 Drehzahl-Drehmoment-, Drehzahl-Leistungs-Kennlinie Asynchronmotor Kennlinie und Betriebsbereiche eines Asynchronmotors. P Leistung, M Drehmoment, n Drehzahl, M_N Nennmoment, M_A Anfahrmoment, M_K Kippmoment, n_N Nenndrehzahl, n_K Kippdrehzahl, n_s synchrone Drehzahl, n_{max} maximale Drehzahl, P_N Nennleistung, ψ magnetische Feldstärke

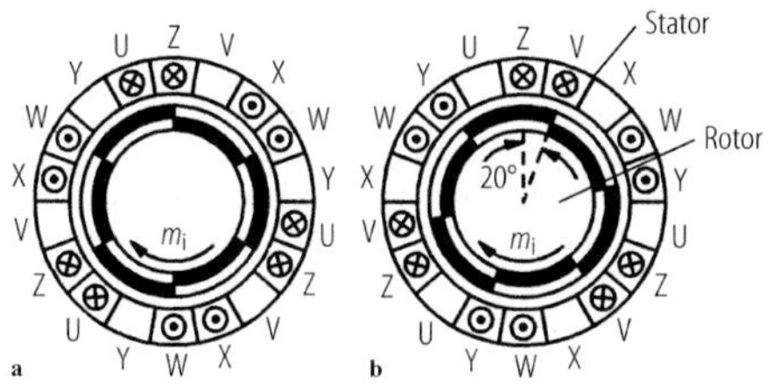

Abb. 45.11 Funktionsprinzip des permanenterregten Synchronmotors. *U, V, W, X, Y, Z* Motorklemmen, m_i inneres Drehmoment

Grundsätzlich wird bei Synchronmotoren zwischen *Speisung* mit sinusförmigen (Synchronmotor) und blockförmigen (bürstenloser Gleichstrommotor) Strömen unterschieden. Der Vorteil der Speisung mit blockförmigen Strömen liegt in der einfacheren Signalverarbeitung und in der Verwendung eines einfachen Gebers zur Lageerfassung des Rotors. Für die Speisung mit sinusförmigen Strömen können je nach Genauigkeitsanforderung zwei verschiedene Arten von Rotorstellungsgeber eingesetzt werden. Generell bewirkt die sinusförmige Speisung eine Dämpfung der Oberwellen und erhöht daher die Gleichlaufgüte des Antriebs [10].

Eine *Synchronmotorsteuerung* arbeitet ähnlich wie die Vektorregelung des Asynchronmotors. Unterschied hierbei ist, dass die drehmoment- und feldbildenden Komponenten direkt aus dem Gebersignal und den gemessenen Strömen bestimmt werden können. Antriebssysteme bieten üblicherweise eine Ansteuerung über verschiedene Bussysteme und Analogsignale (Abb. 45.12).

Bei Synchronmotoren gibt es keine Kommutierungsgrenze wie bei Gleichstrommotoren. Die Leistungsgrenze ist vielmehr durch den Servoverstärker beschränkt. In Abb. 45.13 ist ein typisches Kennlinienfeld bzw. der Betriebsbereich eines Synchronmotors dargestellt. Die Drehzahl von Synchronmotoren reicht bei Vorschubantrieben bis ca. 6000 min^{-1} bei Leistungen bis 50 kW. Bei geeigneter Lagerung (s. Abschn. 45.4.2) sind Synchronmotoren für Hochfrequenzspindeln in der Lage, Drehzahlen bis über 100 000 min^{-1} bzw. Leistungen über 100 kW zu erreichen [9].

Verschiedene Bauarten von Synchronservomotoren, in Abb. 45.14 gegenübergestellt, zeigen ein unterschiedliches Verhalten u. a. hinsichtlich der Dynamik, der Drehzahl und des Wirkungsgrades.

45.2.1.5 Scheibenläufer

Scheibenläufer haben einen Rotor aus einer leichten, glasfaserverstärkten, eisenlosen Kunstharzscheibe mit aufgeklebten Stromleitern, die zwischen Permanentmagneten läuft. Die Drehzahlen reichen bis über 6000 min^{-1}. Aufgrund des fehlenden Eisens und der daraus resultierenden geringen Ankerinduktivität ist eine hohe Stromanstiegsgeschwindigkeit und damit eine hohe Dynamik mit Hochlaufzeiten von 5 bis 50 ms erreichbar. Eine kurzzeitige hohe Stromüberlastbarkeit sowie höchste Anfahrmomente im Bereich des 3- bis 10-fachen Nennmomentes sind möglich.

45.2.1.6 Stabläufer (Schnellläufer)

Aufgrund ihrer schlanken nutenlosen Rotoren mit homogener Wicklung und hoher Wicklungsdichte erreichen *Stabläufer* Drehzahlen bis über 14 000 min^{-1}. Im praktischen Einsatz ist ein nachgeschaltetes, spielfreies Getriebe üblich.

45.2.1.7 Hohlläufer

Hohlläufer haben einen glockenförmigen Wicklungskorb, der innen und außen vom magnetischen Feld umschlossen ist. Aufgrund des gerin-

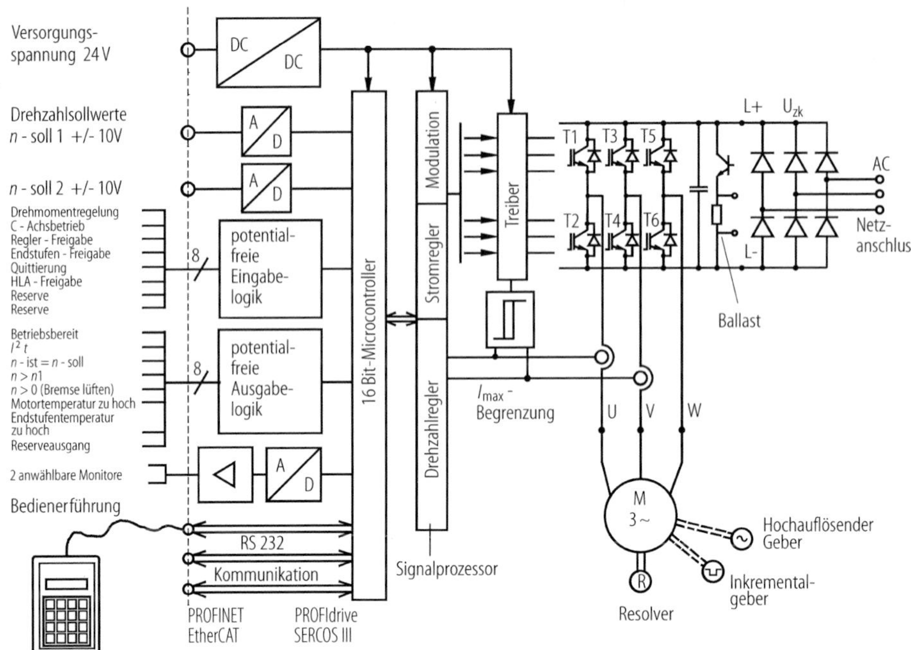

Abb. 45.12 Aufbau einer Synchronmotoransteuerung mit ± 10 V-Drehzahl-Sollwert-Schnittstelle, digitaler serieller Antriebsschnittstelle und Anschlussmöglichkeit von Resolver, hochauflösendem Absolut- und inkrementellem Drehgeber (Stromag)

gen Trägheitsmomentes ist eine hohe Dynamik möglich.

45.2.1.8 Langsamläufer (Torque-Motoren)

Langsamläufer weisen eine hohe Polzahl und zumeist einen ringförmigen, genuteten Rotor mit großem Durchmesser auf. Der Drehzahlbereich liegt zwischen 1 min^{-1} und ca. 1200 min^{-1} und lässt damit bei hohen Drehmomenten bis 4000 Nm einen direkten Tischantrieb ohne Zwischengetriebe zu.

45.2.1.9 Elektrische Schrittmotoren (s. Kap. 24)

Mittels drei, fünf oder mehr Statorwicklungen führen *Schrittmotoren* bei entsprechender stufiger Ansteuerung der Feldwicklungen Winkel- bzw. Wegschritte aus. Sie werden üblicherweise nicht im geregelten, sondern im gesteuerten Betrieb angewandt und vereinen daher Motor und Messmittel. Winkelauflösungen von 12 Winkelminuten sind durchaus üblich. Es sind Drehzahlen von über 3600 min^{-1} möglich. Aufgrund ihres vergleichsweise geringen Drehmomentes werden Schrittmotoren kaum noch als Vorschubantriebe an Werkzeugmaschinen verwendet. Als gesteuerte Hilfsantriebe werden sie jedoch vermehrt eingesetzt.

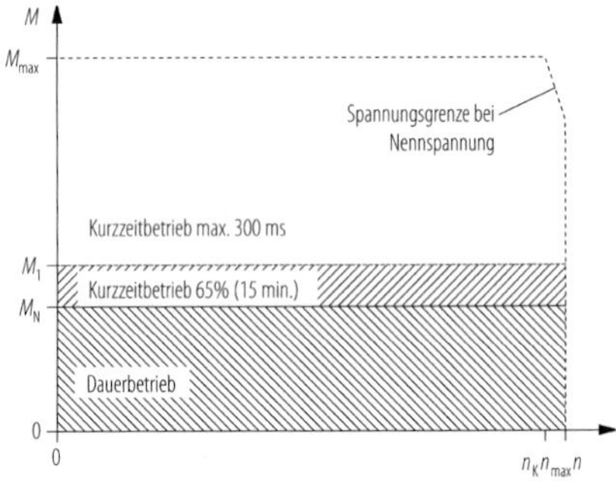

Abb. 45.13 Betriebsbereiche Synchronmotoren Betriebsbereiche eines Synchronmotors. M Drehmoment, n Drehzahl, M_N Nennmoment, M_1 Belastungsmoment für den Kurzzeitbetrieb, M_{max} maximales Moment, N_k Knickdrehzahl, n_{max} maximale Drehzahl

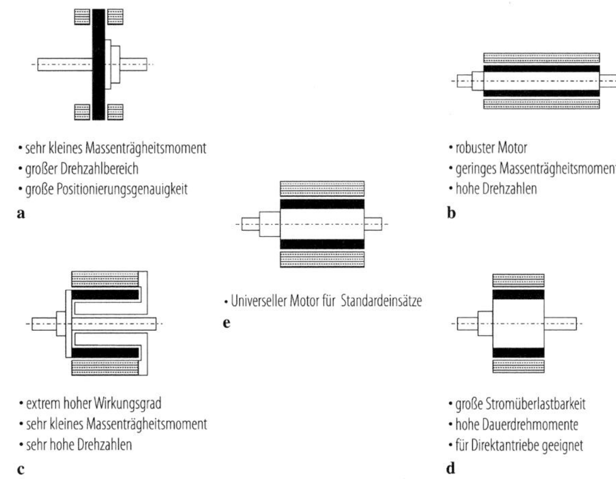

Abb. 45.14 Bauarten von Servomotoren. **a** Scheibenläufer, **b** Stabläufer, **c** Hohlläufer, **d** Langsamläufer und **e** konventionelle Bauart

45.2.1.10 Elektrische Gleichstrommotoren

Gleichstrom-Nebenschlussmotoren (s. Kap. 25 und 26) Im Gegensatz zum Synchronantrieb wird beim *Gleichstrommotor* die sog. Kommutierung der Rotorströme durch eine elektrische Drehübertragung mittels *Kollektoren* und *Bürsten* zwischen Stator und Rotor ermöglicht. Die Felderregung wird mittels Nebenschlusswicklungen erzeugt. *Nebenschlussmotoren* zeichnen sich durch eine hohe Drehzahlkonstanz bei Belastung aus und wurden bis vor einigen Jahren wegen ihrer stufenlosen Drehzahl-Regelbarkeit bevorzugt für Haupt- und Vorschubantriebe eingesetzt. Sie werden jedoch zunehmend durch die verschleißfrei arbeitenden und mittlerweile ebenso einfach handhabbaren Synchron- bzw. Asynchronmotoren ersetzt. Eine Drehzahlerhöhung wird durch Vergrößerung der Ankerspannung bei konstantem Drehmoment oder durch Feldschwächung bei konstanter Leistung und vermindertem Drehmoment erreicht. Eine Drehsinnänderung ist durch Vertauschen der Anker- oder Feldanschlüsse möglich. Bei niedrigen Drehzahlen sollte ein Gleichstrommotor aufgrund des schlechten Wärmeabtransports mittels Fremdlüftung gekühlt werden.

45.2.1.11 Permanenterregte Gleichstrommotoren

Mit Drehzahlregelung werden permanenterregte Gleichstrommotoren ausschließlich für Vorschubantriebe eingesetzt, jedoch werden diese immer mehr durch den wartungsärmeren Synchronmotor abgelöst [11]. Bei permanenter Felderregung weisen Gleichstrommotoren ein Nebenschlussverhalten auf. Die Drehzahl wird über die Ankerspannung geändert. Die Energieversorgung geschieht üblicherweise über elektronisch schaltende Bauelemente, so dass aus dem Drehstromnetz unter Zwischenschaltung von Glättungsdrosseln eine direkte Speisung erfolgen kann. Mittels einer Tachorückführung, die üblicherweise direkt mit der Motorwelle gekoppelt ist, wird bei hoher Gleichförmigkeit der Drehbewegung ein großer Regelbereich mit Drehzahlen bis nahe Null erreicht.

Ein spezielles Problem bei Gleichstrommotoren ist die Begrenzung des übertragbaren Stromes. Ursache dafür ist die Art der Stromübertragung. Hohe Ströme schädigen die Kontaktelemente und verschleißen sie sehr schnell. Dieses Verhalten ist u. a. in Abb. 45.15 verdeutlicht. Der *Maximalstrom* ist drehzahlabhängig und nimmt mit zunehmender Drehzahl rasch ab. Um dieser Eigenschaft Rechnung zu tragen, wird i. A. eine drehzahlabhängige Strombegrenzung im Servoverstärker eingesetzt. Dies führt zu einer Verkleinerung des Verhältnisses von maximal verfügbarem Moment zu Nennmoment.

45.2.1.12 Linearmotor

Zur Erzeugung translatorischer Vorschubbewegungen werden heute zunehmend auch *Linearmotoren* eingesetzt [12]. Dieser Motortyp ist die

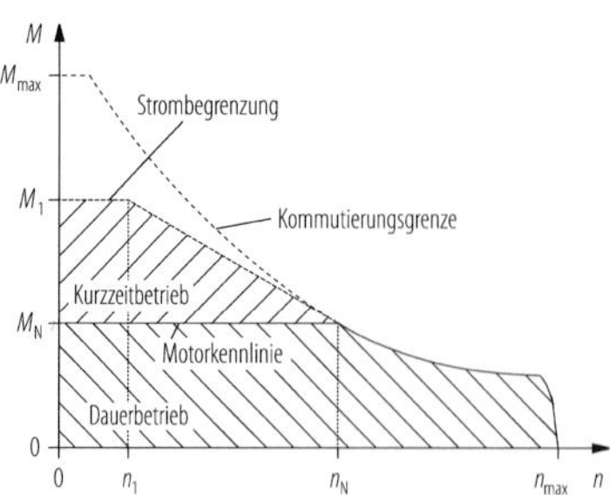

Abb. 45.15 Motorkennlinie Gleichstrommotoren Motorkennlinie und Verlauf einer drehzahlabhängigen Strombegrenzung für einen Gleichstrommotor. M Drehmoment, n Drehzahl, M_{max} maximales Moment, M_N Nennmoment, M_1 und n_1 Kennmoment und -drehzahl aufgrund der Auslegung der Strombegrenzung, n_N Nenndrehzahl, n_{max} maximale Drehzahl

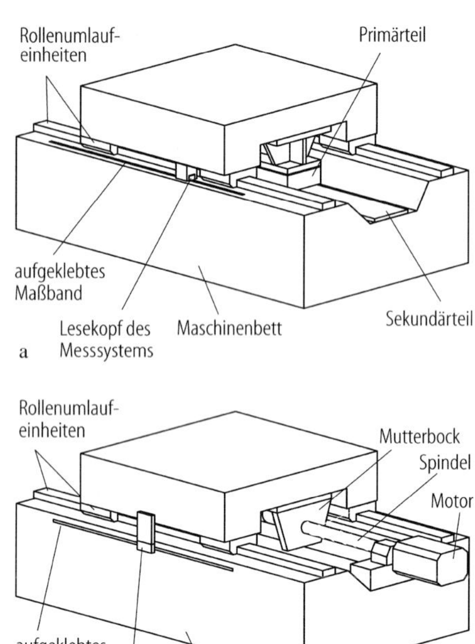

Abb. 45.16 Vorschubachse mit Linearmotor (**a**) im Vergleich mit einer konventionellen Vorschubachse mit Kugelgewindetrieb (**b**)

lineare Ausführungsform einer rotierenden Maschine, vorstellbar als Abwicklung eines bis zur Mitte aufgeschnittenen Rotationsmotors [2]. Er besteht aus einem stromdurchflossenen *Primärteil* (vergleichbar mit dem Stator eines Rotationsmotors) und einem Reaktions- bzw. *Sekundärteil* (vergleichbar mit dem Rotor eines Rotationsmotors). Im Abb. 45.16 ist der Aufbau einer *Vorschubachse* mit Linearmotor im Vergleich mit einer Vorschubachse mit konventionellem Kugelgewindetrieb dargestellt. Am häufigsten verwendet werden Synchron-Linearmotoren, seltener sind Asynchron-, Schritt- oder Gleichstrom-Linearmotoren. Während das Sekundärteil bei der asynchronen Bauweise mit Kurzschlussstäben bestückt ist, besteht dieses beim Synchronmotor aus Permanentmagneten. Neben einem höheren Wirkungsgrad zeichnet sich der Synchronmotor gegenüber dem Asynchronmotor vor allem durch größere Dauervorschubkräfte bzw. durch einen günstigeren Wärmehaushalt aus [13]. Die Vorschubkräfte liegen heute bereits bei über 20 kN.

Durch das direkte Erzeugen einer linearen Bewegung sind beim Linearmotor die in elektromechanischen Antriebsachsen benötigten Übertragungselemente, die ein Transformieren der Motordrehung in eine translatorische Bewegung realisieren, nicht mehr notwendig. Hierdurch ergeben sich einige Vorteile, wie Wegfall mechanischer Resonanzstellen, fehlendes Umkehrspiel, Verschleißfreiheit und hohes Beschleunigungsvermögen. Es lassen sich daher im Vergleich zu Kugelrollspindelantrieben höhere K_V-*Faktoren*$_V$ einstellen [15]. Andererseits kann jedoch keine Anpassung von Geschwindigkeit und Vorschubkraft über ein Getriebe realisiert werden, was zu Schwingungsanregungen der Maschinenstruktur führen kann und eine steifere *Maschinenkonstruktion* verlangt [16]. Die Grenzkreisfrequenz von Linearmotoren liegt deutlich über der elektromechanischer Antriebssysteme [17, 18]. Es können maximale Geschwindigkeiten von über 10 m/s erreicht werden. Abhängig von den zu bewegenden Massen und der maximalen Motorkraft sind bei konsequenter Leichtbauweise extreme Beschleunigungen möglich. Abb. 45.17 zeigt verschiedene konstruktive Möglichkeiten beim Einsatz von Linearmotoren. Sowohl das Primär- als auch das Sekundärteil kann als bewegtes Teil ausgeführt sein. Die hohen Normalkräfte von Synchron-Linearmotoren lassen sich durch eine Anordnung als Doppelkamm weitgehend ausgleichen [19]. Durch die Anordnung mehrerer Primärteile auf einem gemeinsamen Sekundärteil kann die erreichbare Vorschubkraft erhöht

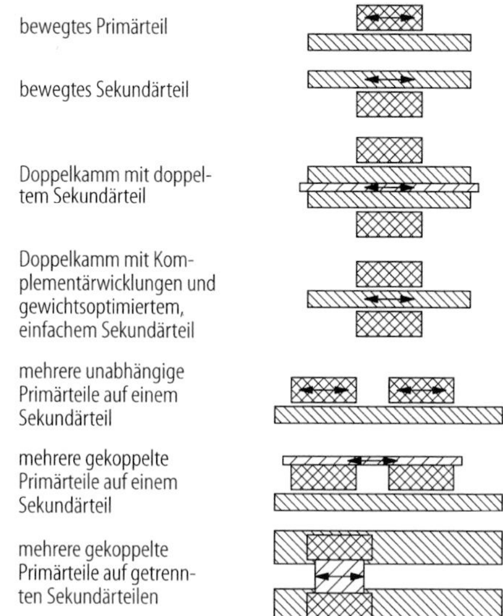

Abb. 45.17 Konstruktive Möglichkeiten beim Einsatz von Linearmotoren

oder eine neuartige Achsbewegung realisiert werden.

Digitale Antriebstechnik Seit ca. 1990 wird bei Antriebssystemen mehr und mehr die *Digitaltechnik* eingesetzt [20]. Neben vorteilhaften Eigenschaften wie höchster Genauigkeit, hoher Reproduzierbarkeit und Zuverlässigkeit bieten diese Antriebe flexible Möglichkeiten zur Parametrierung, Betriebsdatenwahl und Störungsdiagnose über einen digitalen Antriebsbus. In heutigen Antriebsverstärkern für Vorschubantriebe wird neben der Drehzahl- und Lageregelung auch die Stromregelung digital durchgeführt.

Mit der Kopplung von *Antriebsverstärker* und übergeordneter Steuerungseinheit über einen digitalen Antriebsbus entfällt die zuvor eingesetzte ± 10 V-Schnittstelle. Aus diesem Grund wurden digitale Schnittstellen zur seriellen Kommunikation zwischen Steuerung und Antrieb definiert, z. B. das *SERCOS-Interface* [21, 22]. Hierbei kann zwischen offenen, echtzeitfähigen Kommunikationsprotokollen wie z. B EtherCAT, SERCOS, Ethernet Powerlink und herstellerabhängigen Lösungen wie z. B. Heidenhain HSCI oder Siemens DRIVE-CLiQ unterschieden werden. Offene Protokolle ermöglichen das Verwenden von Umrichtersystemen verschiedener Hersteller, während herstellerabhängige Lösungen zumeist eine einheitliche Softwareumgebung zur Konfiguration aller Komponenten anbieten. Neben Glasfaser-basierten Verbindungen kommen zunehmend Ethernet-basierte Systeme zum Einsatz. Die Aufteilung und Konfiguration der Regelung ist dabei herstellerspezifisch: Je nach gewünschtem Funktionsumfang und Frequenz der Lageregelung wird die Feininterpolation und die Lageregelung in der zentralen Steuereinheit oder im Antrieb selbst berechnet (s. z. B. Abb. 45.18 für SERCOS), wodurch im letztgenannten Fall die Anforderung an die Übertragungsrate an den Bus gesenkt werden können. Bei der dynamischen Steifigkeitsregelung von Siemens kommt beispielsweise ein Hybridmodell zum Einsatz, bei dem ein Quasilageregler in der Antriebseinheit im Geschwindigkeitsregeltakt berechnet wird und ein zweiter langsamerer Lageregler auf der zentralen Steuereinheit zu dessen Sollwerterzeugung fungiert. Hierdurch können trotz begrenzter Durchsatzrate höhere Verstärkungsfaktoren in der Lageregelung erreicht werden. Feldbussysteme wie z. B. Profibus und dessen Weiterentwicklung Profinet bieten ebenfalls kostengünstige Erweiterungen zur Antriebssteuerung an.

45.2.1.13 Hydromotoren

Rotatorische Hydromotoren Diese (s. Kap. 18) finden bei Werkzeugmaschinen hauptsächlich an Vorschubantrieben Verwendung, als direkte Hauptantriebe jedoch nur an Sondermaschinen. Häufigste Bauarten (auch als Pumpe arbeitend) sind Zahnrad-, Flügelzellen-, Radial-, Axial- und Drehkolbenmaschinen. Anwendungen sind meist als Pumpen-Motor-Systeme mit stufenloser Drehzahlverstellung oder als *elektrohydraulische Motoren* ausgeführt.

Abb. 45.19 zeigt den Aufbau eines elektrohydraulischen *Vorschubantriebs* nach dem Verdrängerprinzip am konstanten Drucknetz. Mit dem Index 1 erkennt man die Versorgungseinheit eines konstanten Drucknetzes. Auf der Verbraucherseite erzeugt der direkt aus dem Netz gespeiste, verstellbare *Hydromotor* mit Hilfe einer Gewindespindel die translatorische Bewegung des Ma-

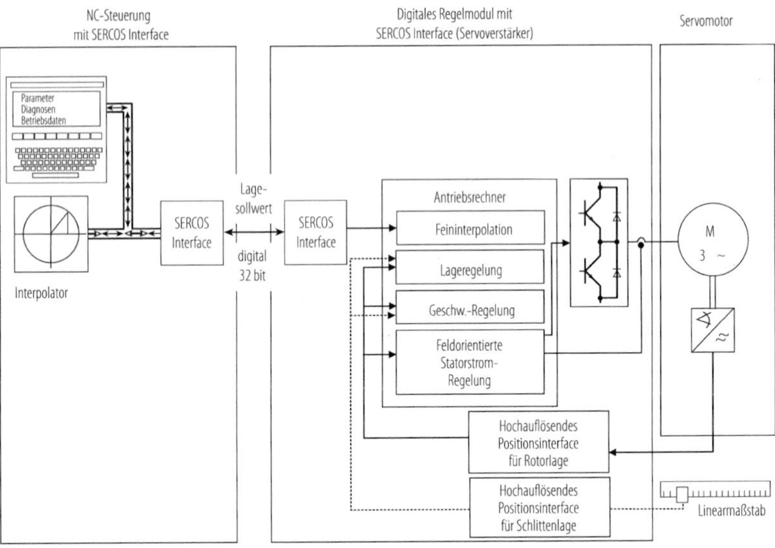

Abb. 45.18 Struktur einer Antriebsregelung mit digitaler Positionsschnittstelle

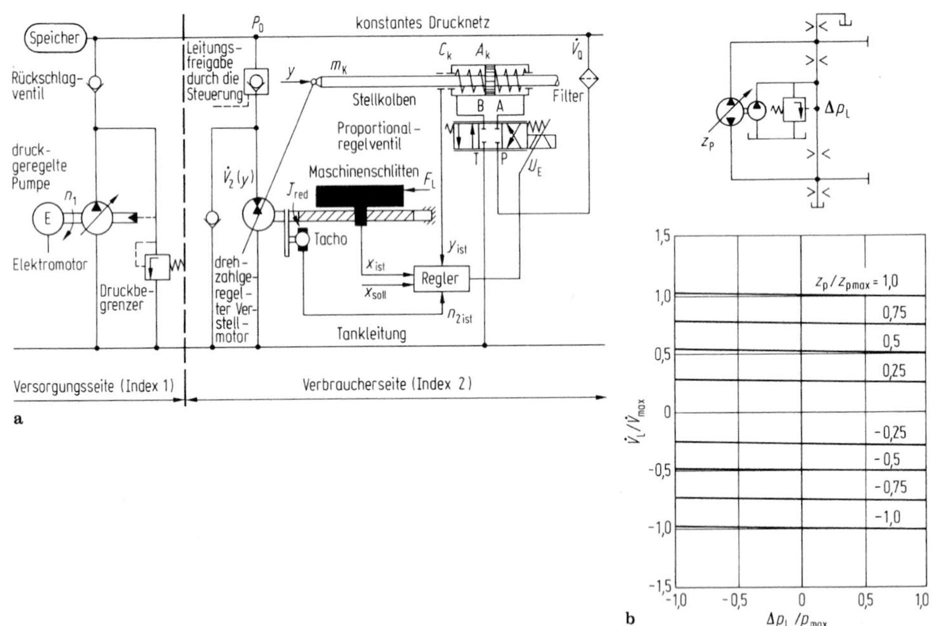

Abb. 45.19 Elektrohydraulischer Vorschubantrieb nach dem Prinzip der Verdrängersteuerung [23, 24]. **a** Schaltung, p Druck, $\dot{V}$ Volumenstrom, n Drehzahl, x Weg, U_E Steuerspannung, J_{red} red. Massenträgheitsmoment, F_L Lastkraft, T, P, A, B Ventilanschlüsse, y Stellweg, **b** Kennlinienfeld der Servopumpe, Δp_L Lastdruckänderung, Z_P Pumpenstellung, $\dot{V}_L$ Lastvolumenstrom

schinenschlittens. Die Verstellung des Hydromotors erfolgt über den Stellkolben, der seinerseits über den Ausgang des Lagereglers, die Rückführungen des Stellwegs y und der Spindeldrehzahl n_2 gesteuert wird. Der durch das Ventil fließende Ölstrom $\dot{V}_Q$ verstellt einen doppelseitig wirkenden Zylinderkolben, der das Schluckvolumen des Hydraulikmotors entsprechend der zu steuernden Drehzahl bzw. Sollposition des Schlittens verändert. In der Praxis weist die Verdrängersteuerung eine sehr gute Energieausnutzung auf, da die von einem elektrischen Steuersignal angesteuerte

Verstellpumpe nur soviel hydraulische Leistung erzeugt, wie der Antrieb (Verbraucher) anfordert. Nachteilig wirkt sich das etwas langsame Zeitverhalten aus, da hierbei größere Massen über längere Wege (z. B. 10 bis 100 kg Masse über einen Weg von ca. 10 bis 100 mm) zu bewegen sind. Deswegen ist dieses Steuerungsprinzip hauptsächlich für größere Leistung interessant [23–26].

Abb. 45.20 zeigt den Aufbau eines elektrohydraulischen Vorschubantriebs nach dem Prinzip der Widerstandssteuerung am konstanten Drucknetz. Das Proportionalregelventil und der Servomotor bilden den Antrieb, der den Schlitten über eine Gewindespindel bewegt. Die Schlittenposition x und die Motordrehzahl n werden ermittelt und dem Lageregler bzw. dem Geschwindigkeitsregler zurückgeführt. Die Regelabweichung steuert über das Ventil den Volumenstrom $\bar{V}_L$ zum Motor und verstellt damit die Drehzahl.

Die Widerstandssteuerung ist durch das sehr gute Zeitverhalten, aber auch durch den schlechten Wirkungsgrad aufgrund des hohen Energieverlustes durch Drosselung gekennzeichnet. Dabei ist die hohe Dynamik auf das Bewegen geringer Massen über sehr kurze Wege (z. B. 0,1 kg Masse über einen Weg von ca. 0,1 bis 1 mm) in den Ventilen zurückzuführen. In der Regel findet die Widerstandssteuerung im Leistungsbereich bis 10 kW Anwendung [23–26].

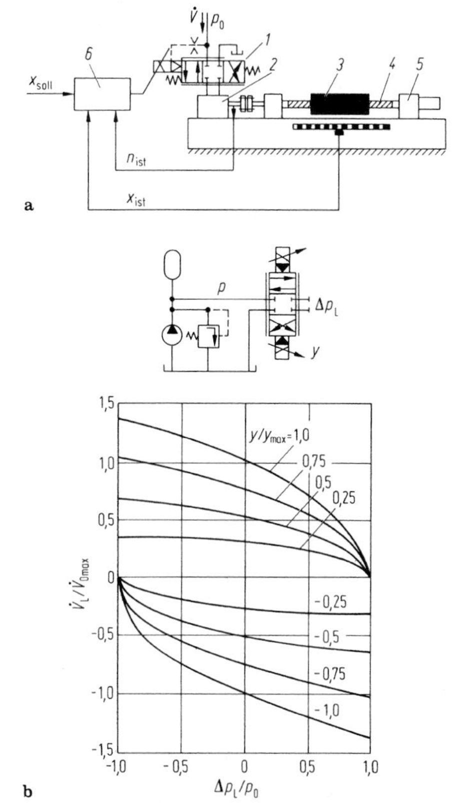

Abb. 45.20 Elektrohydraulischer Vorschubantrieb nach dem Prinzip der Widerstandssteuerung [23]. **a** Aufbau, *1* Proportionalregelventil, *2* Servomotor, *3* Schlitten, *4* Spindel, *5* Lager, *6* Regler, p_0 konstanter Netzdruck, $\bar{V}$ Volumenstrom, n_{ist} Spindeldrehzahl, x Schlittenlage, **b** Kennlinienfeld, y Stellweg, p_0 Netzdruck, Δp_L Lastdruckänderung, $\bar{V}_L$ Lastvolumenstrom

Hydraulische Linearmotoren (Hydrozylinder)

Bei Werkzeugmaschinen kommen *hydraulische Linearmotoren* für Hauptantriebe von Hobel-, Stoß- und Räummaschinen sowie Pressen, für den Vorschubantrieb von Schleifmaschinen, Kurzdrehmaschinen und Bearbeitungseinheiten, sowie für Hilfsantriebe, z. B. an automatischen Werkzeugwechslern bei Bearbeitungszentren oder an Werkstücktransporteinrichtungen in Transferstraßen, zum Einsatz.

Beispiel

Abb. 45.21 zeigt ein zweistufiges Servoventil zur Ansteuerung eines Hydraulikmotors. Eingangsgröße des Ventils ist ein geringer Steuerstrom i, Ausgangsgröße ein proportionaler Ölstrom $\bar{V}_A$ bzw. $\bar{V}_B$, der im Motor in eine proportionale Drehzahl umgesetzt wird. Die Leistungsverstärkung beträgt 10^3 bis 10^5. A und B stellen die Arbeitsanschlüsse dar. T ist der Tankanschluss und P der Versorgungsanschluss. Der Steuerstrom i verursacht über die Steuerspulen und den Anker eine Auslenkung der Prallplatte (Düse-Prallplatte-System, Stufe I). Dadurch entstehen unterschiedliche Drücke auf der linken und rechten Seite des Steuerschiebers, wodurch dieser verschoben wird (Stufe II). Je nach Stellung des Schiebers fließt das Druckmedium zu den Arbeitsanschlüssen A oder B. Der Hydraulikmotor setzt das zugeführte Drucköl in eine rotatorische Bewegung um.

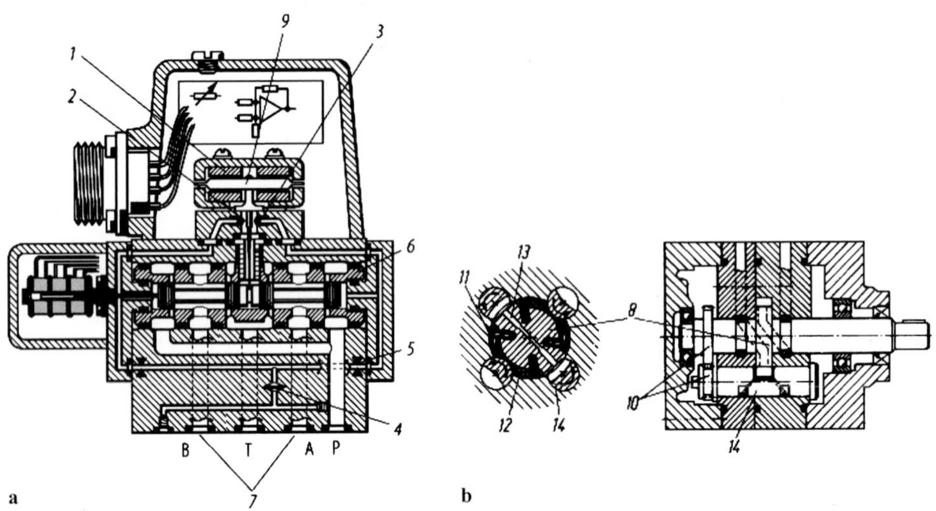

Abb. 45.21 Elektrohydraulisches Servoventil (Moog, USA) mit Ersatzschaltbild. *1* Steuerspulen, *2* Prallplatte, *3* Verstellblende, *4* Filter, *5* konstante Drossel, *6* Steuerhülse mit Schieber, *7* Verbraucheranschlüsse, *9* Torqueanker. p_0 $\approx$ 140 bar Druck des Versorgungsaggregates, q_0 verfügbare Ölmenge, $p_R \approx 0$ Rücköl

Konstantdrosseln und Düsen (variable Drosseln) bilden im Prinzip eine Brückenschaltung. Für das empfindliche Drosselsystem ist Feinstfilterung des Öls notwendig. Auf Grund der Drosselwirkung treten Druckverluste und starke Erwärmung im Ventil auf, daher ist meist ein Kühlaggregat erforderlich. ◄

45.2.2 Getriebe

45.2.2.1 Mechanische Getriebe

Im Werkzeugmaschinenbau dienen *Getriebe* hauptsächlich zur Reduzierung der allgemein hohen Drehzahlen der Motoren auf die *Arbeitsdrehzahlen* der Hauptantriebe und zur Erzeugung definierter Vorschubbewegungen der Werkzeugsupporte [6]. Es wird zwischen gleichförmig und ungleichförmig übersetzende Getriebe unterschieden (s. Kap. 15 und 16).

Zahnradgetriebe [27] Die kleinste Funktionsgruppe des *Zahnradgetriebes* besteht aus einem einzelnen Zahnradpaar, wobei Rad und Gegenrad auf verschiedenen Wellen sitzen. Die Übersetzung i eines Radpaares ist das Verhältnis der Eingangsdrehzahl n_{an} zur Ausgangsdrehzahl n_{ab}. Es gilt: $i = n_{an}/n_{ab}$. Das Zähnezahlverhältnis u ergibt sich aus dem Verhältnis der Zähnezahl z_2 des Großrades zur Zähnezahl z_1 des Ritzels. Es gilt: $u = z_2/z_1$ (s. Abschn. 15.1).

Bauformen. Zur Schaltung von Getrieben kommen verschiedene konstruktive Mittel zum Einsatz, z. B. Schieberäder oder mechanisch und elektrisch wirkende Kupplungen. Die kleinste schaltbare Einheit ist das zweistufige Grundgetriebe mit zwei realisierbaren Abtriebsdrehzahlen. Die nächstgrößere Einheit ist das dreistufige Grundgetriebe mit drei Abtriebsdrehzahlen (Abb. 45.22).

Bei einem *Schieberadgetriebe* ist die Anordnung der Schieberäder sowohl auf der Antriebsals auch auf der Abtriebswelle möglich. Zweckmäßig werden die kleineren Räder verschoben, da zum einen weniger Masse zu bewegen ist und zum anderen wegen der kleineren Durchmesser kürzere Schaltgabeln ausreichen. Die enge Anordnung der Schieberäder ist zu bevorzugen, da sich gegenüber der weiten Anordnung eine kleinere Baugröße ergibt.

Bei einem *Lastschaltgetriebe* erfolgt das Umschalten mittels Kupplung. Es ist deshalb ein Umschalten unter Last und im drehenden Zustand möglich. Durch Hintereinanderschalten der Grundgetriebe ergeben sich Getriebe mit mehreren Abtriebsdrehzahlen.

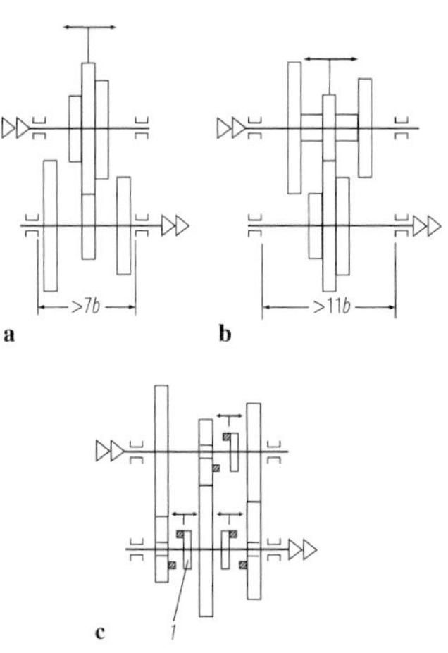

Abb. 45.22 Dreistufige Grundgetriebe. Schieberadgetriebe: **a** enge Anordnung, **b** weite Anordnung, *b* Zahnbreite, **c** Lastschaltgetriebe

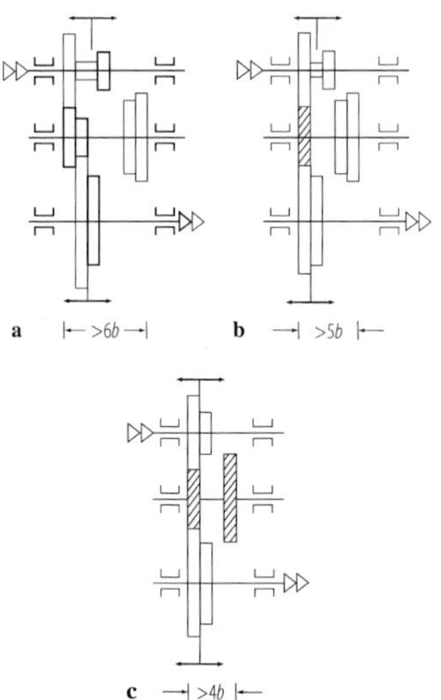

Abb. 45.23 Vierstufige Dreiwellengetriebe. **a** Grundgetriebe, **b** einfach gebundenes Getriebe, **c** doppelt gebundenes Getriebe

Zur Realisierung kleinerer Baulängen und zur Ersparnis von Rädern werden *gebundene Getriebe* verwendet. Dabei gehören ein oder mehrere Räder verschiedenen Teilgetrieben an [6]. Die gebundenen Räder sind in Abb. 45.23 schraffiert dargestellt. Da die gebundenen Räder mit zwei Zahnrädern in Eingriff stehen, müssen alle drei Räder den gleichen Modul haben. Die Größe des Moduls ist durch das Teilgetriebe mit dem größten Drehmoment festgelegt, wodurch u. U. größere Achsabstände entstehen. Die geringere Baulänge in axialer Richtung geht deshalb mit einer Vergrößerung des Getriebes in radialer Richtung einher.

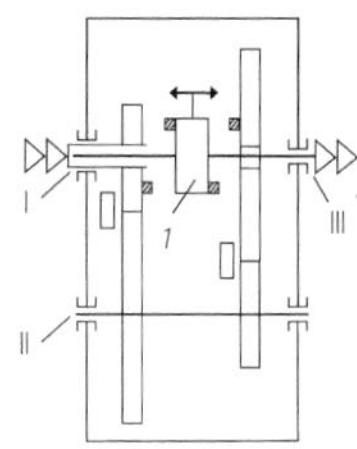

Abb. 45.24 Vorgelege. *1* Kupplung

Eine häufig angewendete Bauform ist das *Vorgelege* (Abb. 45.24). Dieses Getriebe besteht aus drei Wellen und wird stets durch eine Kupplung geschaltet. Der Kraftfluss geht entweder von der Welle I direkt zur Welle III oder zunächst zur Welle II und von dort auf die Welle III. Im ersten Fall ist das Rädergetriebe zwar in Eingriff, jedoch ohne Wirkung, so dass Ein- und Ausgangsdrehzahl gleich groß sind. Andernfalls wird durch das Hintereinanderschalten zweier Radpaare eine große Gesamtübersetzung erreicht. Infolge des konstruktiven Aufbaus (Rückführung des Kraftflusses auf die koaxiale Welle III) ergibt sich ein kleineres Bauvolumen. Vorgelege werden meist an die Abtriebswelle gesetzt, um innerhalb des Getriebes solange wie möglich mit hohen Drehzahlen, d. h. mit kleinen Momenten, arbeiten zu können.

Auslegung. Zur Auslegung gestufter und ungestufter Getriebe hinsichtlich ihrer Drehzahlen gibt es zeichnerische Hilfsmittel, die die Aufgabe wesentlich erleichtern (Abb. 45.25) [29–31].

Das *Drehzahlbild* (Abb. 45.25b) gibt die Drehzahlen jeder Welle und die Größe der Übersetzungen an. Im Drehzahlbild stellen sich bei geometrischer Stufung (φ = konst.) die Abtriebsdrehzahlen bei Verwendung eines logarithmischen Maßstabs im gleichen Abstand dar.

Dieser Abstand ist sowohl als Verhältnis zweier aufeinander folgender Drehzahlen als auch als Potenz von φ anzusehen. Die Übersetzungen sind durch die Steigungen der Verbindungslinien der Drehzahlen zweier aufeinander folgender Wellen gekennzeichnet. In Abb. 45.25b z. B. $i_1 = \varphi^0 = 1, i_2 = \varphi^1 = n_4/n_3, i_3 = \varphi^0 = 1$, $i_4 = \varphi^2 = n_4/n_2 = n_3/n_1$.

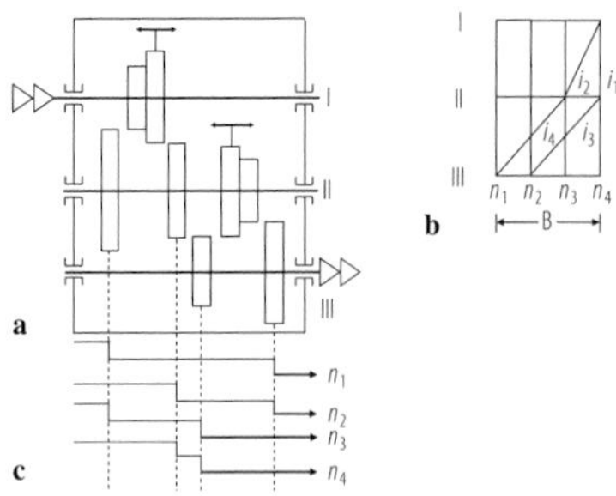

Abb. 45.25 Hilfsmittel für den Getriebeentwurf. **a** Getriebeplan, **b** Drehzahlbild, **c** Kraftflussplan

Weitere Hilfsmittel beim Getriebeentwurf sind der *Getriebeplan* (Abb. 45.25a) und der *Kraftflussplan* (Abb. 45.25c). Der Getriebeplan gibt die Anordnung und die Anzahl von Wellen, Zahnrädern und eventuell verwendeten Kupplungen an. Der Aufbau wird durch Sinnbilder verdeutlicht. Der Kraftflussplan zeigt, welche Räder in den einzelnen Schaltstellungen den Kraftfluss übertragen. Dem Kraftflussplan kann weiterhin entnommen werden, wie die einzelnen Schaltblöcke zur Erzeugung einer bestimmten Abtriebsdrehzahl zu schalten sind.

Weiterentwicklungen der Steuerung elektrischer Antriebe ermöglichen immer mehr Kombinationen von stufenlos regelbaren elektrischen Antrieben mit Stufengetrieben als Hauptantriebe von Werkzeugmaschinen (Abb. 45.26). Der Drehzahlbereich B_0 des stufenlosen Antriebs wird durch ein nachgeschaltetes Stufengetriebe erweitert. Dabei wird eine *Drehzahlüberdeckung* $k > 1$ angestrebt, sodass sämtliche Drehzahlen innerhalb des Drehzahlbereichs B_0 erreicht werden können. Es gilt

$$B_{\text{ges}} = B_0 B_{\text{St}}; \quad k = \frac{B_0}{\varphi_{\text{St}}}$$

(B_0 Drehzahlbereich des Motors, B_{St} Drehzahlbereich des Stufengetriebes, φ_{St} Stufensprung des Stufengetriebes, k Drehzahlüberdeckung).

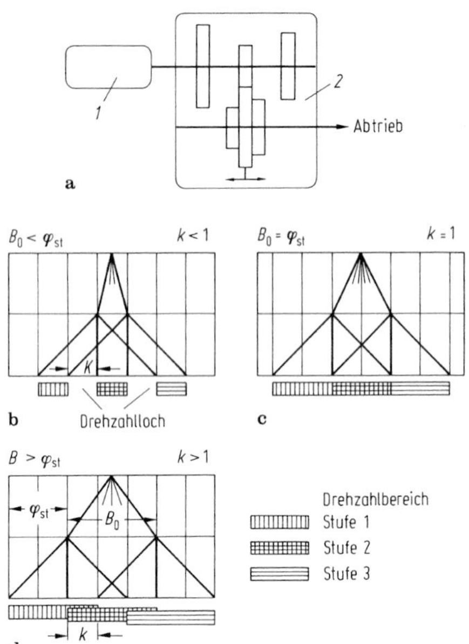

Abb. 45.26 Kombination eines regelbaren elektrischen Motors mit einem Stufengetriebe. **a** Prinzip; *1* regelbarer Elektromotor, *2* Stufengetriebe; **b** negative Überdeckung; **c** keine Überdeckung; **d** positive Überdeckung

Beispiel

Abb. 45.27 zeigt das vierstufige Dreiwellengetriebe einer Drehmaschine und das dazugehörige Leistungs-Drehzahl-Diagramm. Das Getriebe dient zur Erweiterung des Drehzahlbereichs konstanter Leistung. In dem Leistungs-Drehzahl-Diagramm ist eine geringe positive Überdeckung im Bereich konstanter Leistung zu erkennen. Wie dem Bild zu entnehmen ist, ermöglicht der Gleichstrommotor im Bereich konstanten Drehmomentes (d. h. drehzahlproportionalen Leistungsanstiegs) bis zur Nenndrehzahl einen Drehzahlstellbereich von 12,7. Im Konstantleistungsbereich ermöglicht er nur noch einen Drehzahlstellbereich von 2,18. Durch das vierstufige Stufengetriebe wird der Konstantleistungsbereich auf $B_{P=\text{konst}} = B_{0,P=\text{konst}} = \varphi^{Z-1} = 2{,}18 \cdot 2^3 = 17{,}4$ erweitert. Der Drehzahlbereich, in dem die maximale Schnittleistung von 60 kW zur Verfügung steht, reicht von 229 U/min bis 4000 U/min. Im Bereich von 18 U/min bis 229 U/min ist die Leistung durch das maximale Moment an der Arbeitsspindel von 2500 N m begrenzt. ◄

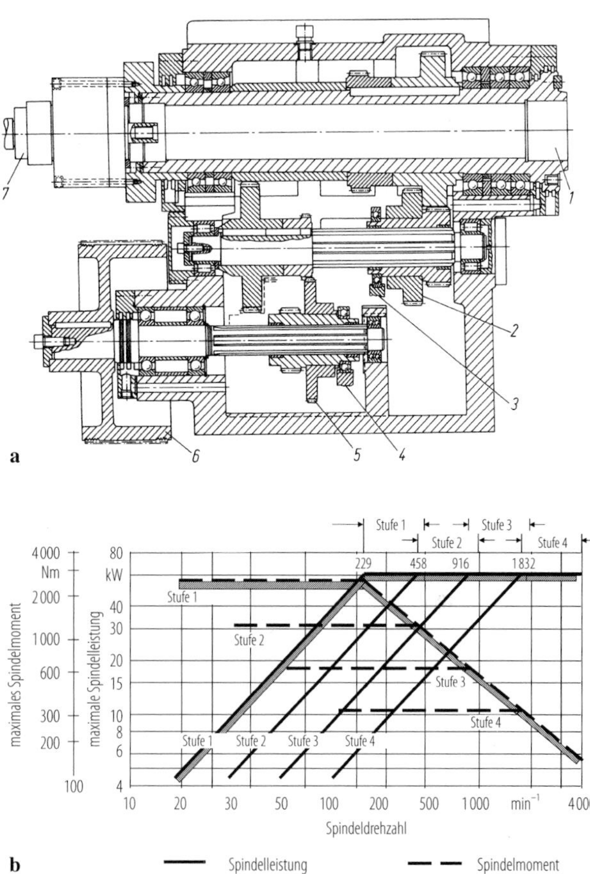

Abb. 45.27 **a** Getriebekasten einer Drehmaschine, *1* Hauptspindel, *2* Schieberäder für den 2. Räderblock, *3* Schaltklaue, *4* Schaltklaue, *5* Schieberäder für den 1. Räderblock, *6* Riemenscheibe, *7* Hydraulische Drehübertragung für den Spannzylinder **b** Drehzahl-Leistungsdiagramm (nach Monforts)

45.2.2.2 Zugmittel- und Reibgetriebe

Riementriebe (s. Kap. 13). Im Werkzeugmaschinenbau finden *Riementriebe* zur Übertragung von Drehbewegungen zwischen Motor und Getriebe oder unmittelbar zur Arbeitsspindel Verwendung. Sie können vorteilhaft zur Dämpfung von Stößen und als Überlastungsschutz eingesetzt werden. Bei Spindeln wird die schnelle Stufe oft mit Riemenantrieb realisiert, da ein ruhiger Lauf und die Aufnahme der Spannkraft über getrennte Lager erforderlich sind, während langsame Stufen über Zahnräder angetrieben werden. Nur für höchste Geschwindigkeiten und geringe Drehmomente (z. B. bei Schleifspindeln) werden *Flachriemen* eingesetzt, ansonsten meist *Keilriemen* und seltener *Zahnriemen*. Kunststoffzahnriemen werden mit Ölschmierung verwendet. Durch Parallelschaltung mehrerer Riemen können hohe Drehmomente übertragen werden. Stufenscheiben werden nur bei schnell laufenden Spindeln und kleineren Leistungen eingebaut, z. B. bei Kleinbohr- und kleinen Schnelldrehmaschinen. Ein Nachteil von Stufenscheiben liegt in den hohen Nebenzeiten, die durch das Umlegen der Riemen bedingt sind. Eine gleiche Spannung des Riemens kann in allen Stufen erreicht werden, wenn der Achsabstand $a \geq 10 \cdot (d_{max} - d_{min})$ beträgt, wobei d_{max} der größte und d_{min} der kleinste Scheibendurchmesser ist. Die Summe gegenüberliegender Scheibendurchmesser muss konstant sein. Bei kleineren Achsabständen ist eine Spannrolle vorzusehen.

Kettengetriebe (s. Kap. 13). Rollenketten werden im Werkzeugmaschinenbau meist nur für Hilfs- und Transportbewegungen eingebaut, geräuscharme Zahnketten auch in Vorschub- und Spindelantrieben kleiner Automaten. Stufenlose Kettengetriebe werden vorwiegend in Hauptantrieben bis 40 kW eingesetzt. Bei *Kettengetrieben* wird die Leistung formschlüssig übertragen. Mit Lamellenketten kann ein Drehzahlbereich bis $B = 6$ und in der Ausführung mit Rollenketten bis $B = 10$ erreicht werden. Zur Erweiterung des Drehzahlbereichs werden häufig Rädergetriebe nachgeschaltet. Durch Leistungsverzweigung ist eine besonders kompakte Bauweise möglich.

Reibgetriebe (s. Kap. 14). Die stufenlos einstellbaren *Reibgetriebe* finden ihren Einsatz in Haupt- und Vorschubantrieben kleinerer Bohr- und Drehmaschinen, wo bei hohen Drehzahlen ein begrenzter Drehzahlbereich $B < 5$ ausreicht.

Kurbelgetriebe (s. Kap. 16). In Werkzeugmaschinen werden für geradlinige hin- und hergehende Bewegungen häufig *Kurbelgetriebe* eingebaut, wenn eine ungleichförmige Geschwindigkeit erlaubt oder gewünscht wird.

Geradschubkurbeln. Aufgrund gleicher Hin- und Rücklaufzeit, d. h. 50 % Totzeit, werden *Geradschubkurbeln* in spanenden Maschinen selten, in Umformmaschinen dagegen häufig eingebaut. Der Kurbelzapfen ist dort zu einem Exzenter erweitert. Die Koppel (Pleuelstange) wird auf Knickung beansprucht und daher kurz und gedrungen ausgeführt. Das Drehgelenk (Pleuelzapfen) wird durch eine Kugel in einer Kugelpfanne gebildet. Für einen Gleichgang der Maschine ist ein Schwungrad vorzusehen.

Kurbelschwingen. In Kurzhobel- und Stoßmaschinen werden *Kurbelschwingen* eingesetzt. In Abb. 45.28 wird die Stoßspindel durch eine Schwinge mit Zahnradsegment angetrieben. Der Stößelhub ist auf dem Kurbelrad (Hubscheibe) einstellbar.

Kurbelschleifen. Bei Waagerecht-Stoßmaschinen werden *Kurbelschleifen* als schwingende oder umlaufende Schleife angewendet, um schnellere Rücklaufzeiten zu erreichen.

Kinematik (s. Kap. 16) Die Ermittlung der dynamischen Kräfte ist meist nur für Umkehrpunkte

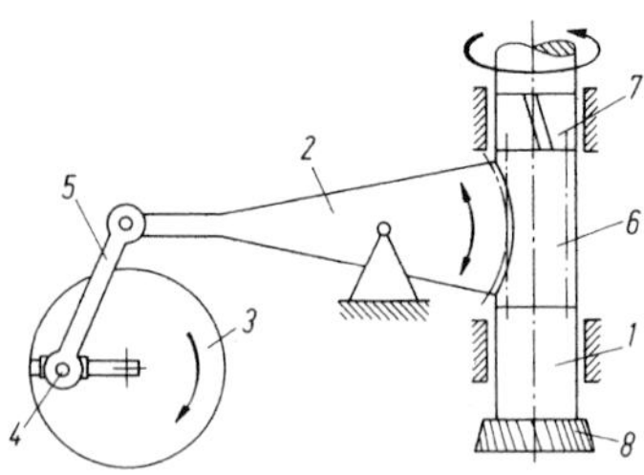

Abb. 45.28 Antrieb der Stoßspindel (*1*) einer Zahnradstoßmaschine (Lorenz, Ettlingen) durch Kurbelschwinge (*2*). *3* Hubscheibe (Antrieb), *4* verstellbarer Kurbelzapfen, *5* Koppel, *6* zylindrische Zahnstange, *7* Schrägführungsbuchse, *8* Schneidrad

notwendig, statische Kräfte lassen sich zeichnerisch bestimmen. In Zustellgebieten von Hobel- und Stoßmaschinen werden Kurbelschleifengetriebe zur schrittweisen Zustellbewegung über Klinke oder Sperrrad eingesetzt. Kurbel oder Schwingzapfen sind dort verstellbar.

45.2.2.3 Hydraulische Getriebe

Diese verwenden zur Leistungsübertragung eine unter Druck stehende Flüssigkeit, meist Öl (s. Kap. 19). Die hydraulischen Getriebe an Werkzeugmaschinen sind fast ausschließlich *hydrostatische Getriebe*. Bei diesen spielt, im Gegensatz zu den hydrodynamischen Getrieben, die kinetische Energie des Flüssigkeitsstroms kaum eine Rolle. Die Flüssigkeit dient lediglich zur Übertragung der Druckkraft. Mit Flüssigkeitsgetrieben kann die Abtriebsgeschwindigkeit stufenlos in weiten Bereichen verändert werden. Es werden gleichbleibende Arbeitsgeschwindigkeiten und stoßfreies Umsteuern erreicht. Des Weiteren kann der Öldruck auch für Spann- und Steuerbewegungen und zum Abbremsen ausgenutzt werden.

Die verwendeten Hydropumpen und -motoren sind entweder umlaufende Räder- oder Zellenpumpen mit gleichbleibender bzw. verstellbarer Liefermenge oder Kolbenpumpen mit geradem Hub. Pumpe und Motor können gleich- oder andersartig ausgebildet sein. Je nach Zusammensetzung ergeben sich dann drehende An- und Abtriebsbewegungen oder ein drehender Antrieb mit geradlinig hin- und hergehendem Abtrieb [32].

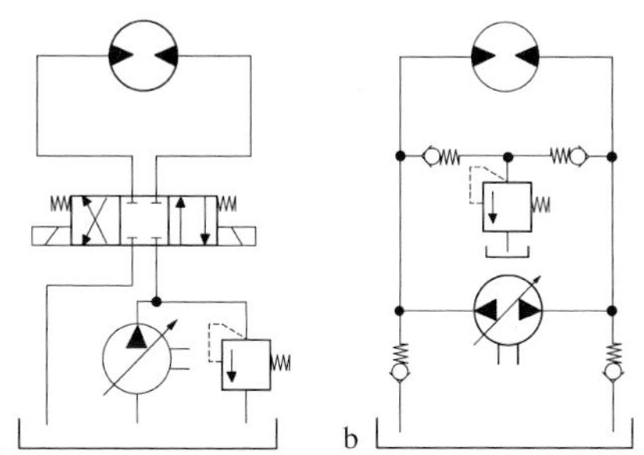

Abb. 45.29 Ölkreisläufe. **a** Offener Kreislauf mit Verstellpumpe und 4/3 Wegeventil, **b** geschlossener Kreislauf ohne Wegeventil, aber mit umsteuerbarer Verstellpumpe

Hydraulische Getriebe mit drehendem An- und Abtrieb Diese werden u. a. in Räum-, Hobel- und Flachschleifmaschinen verwendet. Pumpe und Motor sind in einem gemeinsamen Gehäuse untergebracht und meist getrennt verstellbar. Das Leistungsverhalten eines hydraulischen Getriebes ähnelt prinzipiell dem eines elektrischen Getriebes. Wichtig sind Wahl und Gestaltung des Ölkreislaufs (s. Abb. 19.1).

Im *offenen Kreislauf* (Abb. 45.29a) entnimmt die Pumpe den gesamten Förderstrom dem Tank, während im geschlossenen Kreislauf das Rücköl vom Motor, vermindert um das Lecköl, wieder an die Pumpe zurückgeführt wird.

Beim *geschlossenen Kreislauf* (Abb. 45.29b) ist der Motor „hydraulisch eingespannt", seine Verdrehsteifigkeit ist höher als beim offenen Kreislauf. Der geschlossene Kreislauf eignet sich deshalb zum Bremsen, zur schnellen Drehrichtungsumkehr und für Vorschubantriebe, bei denen der Werkzeugtisch zu Stick-Slip-Erscheinungen neigt. Wegen der notwendigen Wärmeabfuhr muss dafür gesorgt werden, dass das erwärmte Öl im Kreislauf kontinuierlich mit dem Öl aus dem Tank ausgetauscht oder durch zusätzliche Aggregate gekühlt wird.

Hydraulische Getriebe mit kreisendem An- und geradlinigem Abtrieb Diese kommen für die Hauptbewegung in Hobel-, Stoß-, Räum- und Flachschleifmaschinen sowie Pressen, für den Vorschubantrieb von Aufbaueinheiten und Automaten sowie für Hilfs- und Spannbewegungen in Vorrichtungen zum Einsatz. Die Ölversorgung der Zylinder erfolgt durch Konstantpumpen im

Abb. 45.30 Drosselkreislauf (Widerstandssteuerung mit aufgeprägtem Druck)

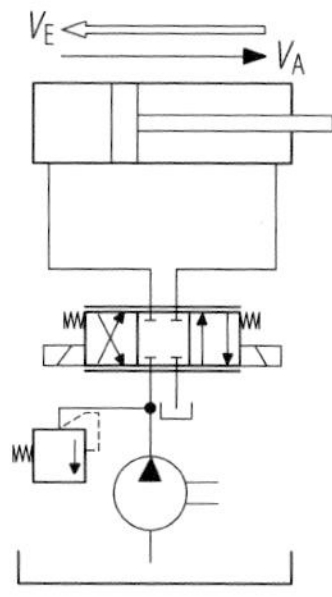

Drosselkreislauf oder Verstellpumpen mit Eilgangschaltung.

***Drosselkreislauf* (*Abb. 45.30*).** Drosselkreisläufe sind mit konstant fördernder Pumpe ausgerüstet (s. Kap. 19). Die Steuerung des Verbrauchers erfolgt durch ein Stetigventil. Für einen schnelleren Rückhub ist ein freier Durchfluss erforderlich. Dieser ist durch ein vollständiges Öffnen des Stetigventils möglich. Die Schaltung ist relativ preisgünstig, hat ein gutes dynamisches Verhalten und eine hohe Steifigkeit (Verbraucher in zwei Ölfelder eingespannt). In Abb. 45.31 ist der Verbraucher an eine Pumpe mit konstantem Versorgungsdruck angeschlossen. Durch Einsatz einer druckgeregelten Verstellpumpe wird der zugeführte Volumenstrom an den Bedarf des Verbrauchers angepasst. Zur Kompensation hochdynamischer Volumenstromänderungen ist ein Speicher parallel zur Pumpe installiert. Hierdurch wird ein besserer Wirkungsgrad ($\eta \approx 67\,\%$) als bei der in Abb. 45.30 dargestellten Schaltung ($\eta \approx 38\,\%$) erreicht.

Eilganggetriebe. Üblicherweise kann bei Zylindern mit einseitiger Kolbenstange (Abb. 45.30) mit der größten Kolbenfläche mehr Kraft und eine langsamere Arbeitsgeschwindigkeit v_A erzielt werden. Des Weiteren wird mit der kleineren Ringfläche bei geringerer Kraft eine höhere Eilrücklaufgeschwindigkeit v_E erreicht. Soll der Eilgang auch in Arbeitsrichtung wirken, muss zusätzlich ein Schaltventil eingesetzt werden (Abb. 45.31): In Stellung 1 sind die Zylinderräume miteinander verbunden, so dass ein Ölaustausch stattfindet und die gesamte von der Pumpe geförderte Ölmenge auf die kleinere Differenzfläche (entsprechend dem Kolbenstangen-

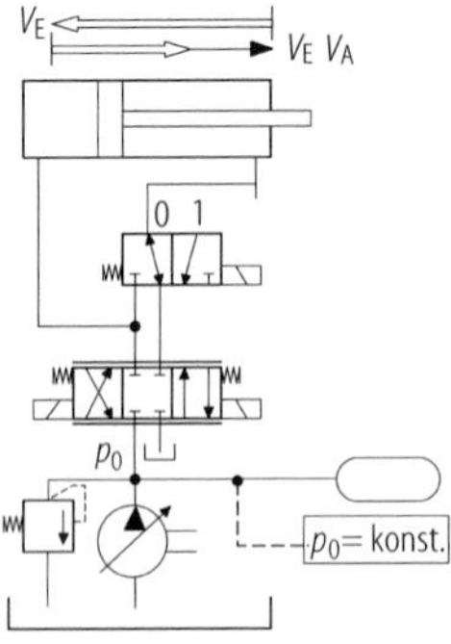

Abb. 45.31 Eilgangschaltung mit 4/3 Wegeventil und zusätzlichem 3/2 Schaltventil

querschnitt) wirkt. Dies reduziert die benötigte Ölmenge, weswegen häufig statt einer Verstellpumpe eine Konstantpumpe als preiswerte Lösung ausreichend ist.

45.2.2.4 Pneumatische Getriebe

In Werkzeugmaschinen werden *pneumatische Getriebe* meist als Zylinder für automatische Spann-, Hilfs- und Transportbewegungen eingesetzt (s. Kap. 21 und [33]). Von Vorteil sind die einfache Installation, hohe Betriebssicherheit und hohe Arbeitsgeschwindigkeit bis 3 m/s. Nachteile sind eine geringe Steifigkeit der Luftzylinder, nicht gleichförmige Bewegungen bei Schwankungen von Last- und Reibkräften (Abhilfe durch hydraulische Drosselung), schwer beherrschbare Zwischenpositionen, hohe Verbrauchskosten bei größeren Luftzylindern und die Geräuschentwicklung beim Austreten der Luft (Abhilfe durch Schalldämpfer). Der übliche Netzdruck p liegt zwischen 4 und 8 bar und kann maximal 16 bar betragen. Die *Kolbenkräfte* lassen sich durch $F = \eta p A_W$ mit A_W als wirksamem Querschnitt bestimmen. Der Wirkungsgrad η liegt zwischen 0,8 und 0,95, je nach Druck und Größe des Zylinders.

Einfachwirkende Zylinder. Diese werden üblicherweise zum Spannen, Heben und Auswerfen bis zu einem Hub von 100 mm eingesetzt. Die Rückholung erfolgt durch eine Feder oder das Eigengewicht.

Doppeltwirkende Zylinder. Diese können auch mit durchgehender Kolbenstange ausgeführt werden. Wird ein gleichmäßiger Arbeitsvorschub verlangt, muss die Pneumatik mit der Hydraulik gekoppelt werden. Für Werkzeugmaschinen werden sie allerdings nur noch sehr selten angewandt.

45.2.3 Mechanische Vorschubübertragungselemente

Zu den mechanischen *Vorschubübertragungselementen* im System Werkzeugmaschine sind alle Bauteile und Maschinenelemente zu rechnen, die im Kraftfluss zwischen Motor und Werkzeug bzw. Werkstück liegen. Die folgenden Übertragungselemente sind von Bedeutung: Getriebe zur Umwandlung einer rotatorischen in eine geradlinige Bewegung, Getriebe zur Drehzahl-Drehmoment-Anpassung, Kupplungen, Lagerungen und Verbindungselemente. Die Auslegung dieser mechanischen Übertragungselemente trägt in hohem Maße zur Leistungsfähigkeit und Genauigkeit einer numerisch gesteuerten Werkzeugmaschine bei. Wesentliche Auslegungskriterien sind:

- hohe geometrische und kinematische Genauigkeit,
- hohe Steifigkeit und Spielfreiheit,
- hohe erste Resonanzfrequenz,
- geringe Massenträgheitsmomente und Massen der zu bewegenden Maschinenbauteile.

Hinzu kommen Forderungen hinsichtlich ausreichender Dämpfung und niedriger Reibung sowie eines linearen Übertragungsverhaltens der Bauelemente.

45.2.3.1 Gewindespindel-Mutter-Trieb

Häufigstes Maschinenelement zur Umwandlung einer rotatorischen in eine translatorische Bewegung in Vorschubantrieben von Werkzeugmaschinen sind Gewindetriebe. Für einfache Ansprüche sind in Werkzeugmaschinen *Trapezgewindespindeln* (s. Abschn. 8.6.3) mit Bronzemuttern, in modernen und hochgenauen numerisch gesteuerten Maschinen *Kugelgewindetriebe* (Abb. 45.32) gebräuchlich.

Der Kugelgewindetrieb erfüllt in idealer Weise die gestellten Forderungen an das *Übertra-*

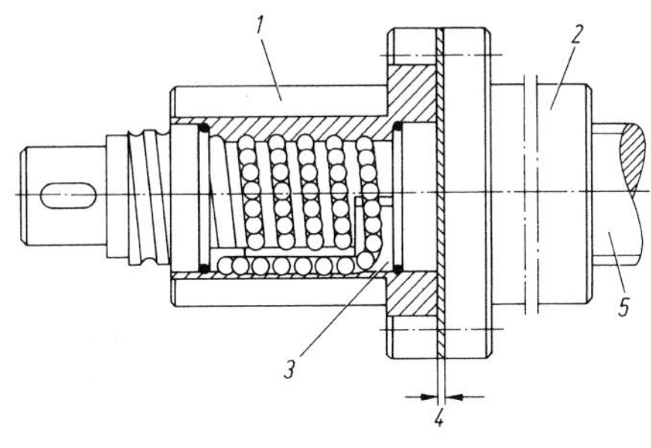

Abb. 45.32 Kugelgewindespindel mit Spielausgleich. *1* Erste Kugelmutter, *2* zweite Kugelmutter, *3* Kugelumlenkung, *4* Vorbelastungs-Einstellscheibe, *5* Kugelgewindespindel

gungsverhalten von Vorschubantriebskomponenten. Hierzu tragen die folgenden positiven Eigenschaften entscheidend bei:

- sehr guter mechanischer Wirkungsgrad ($\eta =$ 0,95 bis 0,99) aufgrund der geringen Rollreibung ($\mu = 0{,}01$ bis 0,02)
- keine Stick-Slip-Effekte (Ruckgleiten)
- geringer Verschleiß und somit hohe Lebensdauer
- geringe Erwärmung
- hohe Positionier- und Wiederholgenauigkeit infolge Spielfreiheit und ausreichender Federsteifigkeit
- hohe Verfahrgeschwindigkeit

Nachteilig wirkt sich nur die geringe Systemdämpfung aus.

Da die Kugeln zwischen den Führungsnuten von Spindel und Mutter abwälzen, führen sie eine Tangential- und Axialbewegung aus. Hierdurch wird eine Rückführung der Kugeln notwendig (s. Kap. 11).

Das System Kugelgewindetrieb kann nicht vollständig spielfrei gefertigt werden. Zur Realisierung der *Spielfreiheit* (d. h. minimale Umkehrspanne) und einer hohen Gesamtsteifigkeit muss der Kugelgewindetrieb vorgespannt werden. Hierzu verwendet man Doppel- bzw. Einzelmuttern. Bei Verwendung von Doppelmuttern wird die *Vorspannung* durch das Auseinander- bzw. Zusammendrücken der beiden Mutternhälften mit Hilfe von kalibrierten Distanzscheiben (Abb. 45.32) erzielt. In Einzelmuttern wird die Vorspannung durch eine axial versetzte Anordnung der jeweiligen Kugelumläufe um einen Abstand l realisiert oder durch die maßliche Zusortierung von Spindelmutter, Kugeln und Spindeln erreicht. Die Steifigkeit des Systems ist direkt von der erzeugten Vorspannkraft und der Anzahl der tragenden Gänge abhängig. Auch unter Einwirkung von äußeren Belastungen muss eine geforderte Mindestvorspannung erhalten bleiben, um die Systemsteifigkeit und geringen Verschleiß im Kugelgewindetrieb zu gewährleisten.

Als weitere wichtige Komponente des Kugelgewindetriebes ist die *Spindellagerung* zu nennen. Sie hat die Aufgabe, die Spindel radial zu führen und gleichzeitig die Vorschubkräfte in Axialrichtung aufzunehmen, wobei Spindelverformungen und -verlagerungen in erlaubten Grenzen bleiben müssen. Deshalb stehen bei der Auswahl einer Kugelgewindespindellagerung die Anforderungen hinsichtlich großer axialer Tragfähigkeit, hoher Steifigkeit, geringem Axialspiel, geringer Lagerreibung, hoher Drehzahl und hoher Laufgenauigkeit im Vordergrund. Je nach Einsatzfall kommt den einzelnen Kriterien noch eine besondere Bedeutung zu. Während bei großen Fräsmaschinen mit hohen Zerspankräften die Steifigkeit des Lagers eine große Rolle spielt, dominiert bei Schleifmaschinen mit geringen Belastungen die Bedeutung der Reibung im vorgespannten Lager. Hier ist eine reibungsarme Lagerung auch bei hohen Drehzahlen entscheidend.

Für die Gewindespindellagerung werden i. Allg. *Axial-Schrägkugellager* oder *Rollen-* und *Nadellager* eingesetzt (s. Kap. 11). Axial-Schrägkugellager weisen einen großen *Druckwinkel* von 60° auf und können so hohe Axialkräfte aufnehmen. Aufgrund ihrer einseitigen Wirkungsweise sind sie gegen ein zweites Lager anzustellen, das die Gegenführung übernimmt. In Kugelgewindetrieben werden Axial-Schrägkugellager vorzugsweise in Paaren oder in Gruppen in X-, O- oder Tandemanordnung eingebaut (Abb. 45.33 und 45.37b). Um Fluchtungsfehler zu vermeiden oder leichter ausgleichen zu können, wird aufgrund der kleineren Stützbasis der Einbau von in X-Anordnung zusammengepassten Lagern bevorzugt. Rollen- und Nadellager werden

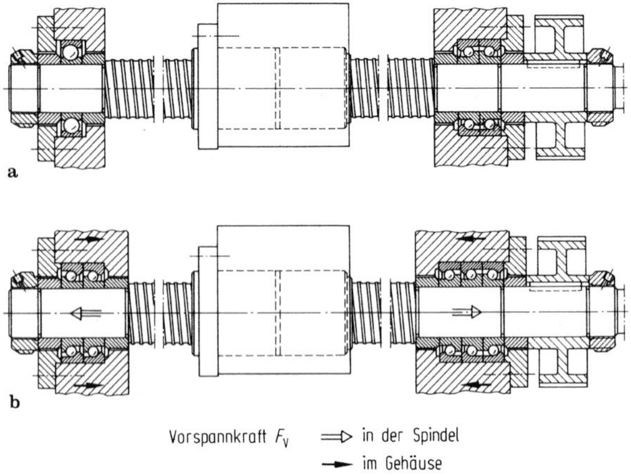

Abb. 45.33 Lagerungsbeispiele für Kugelgewindespindeln (SKF, Schweinfurt). **a** Vorschubspindellagerung für geringe Belastung, einseitig eingespannt, **b** mit hoher Steifigkeit, beidseitig eingespannt

als komplette Nadel-Axial-Zylinderrollenlager-Einheiten eingesetzt. Die Zwischenscheibe des Axiallagers übernimmt dabei gleichzeitig die Funktion des Nadellageraußenrings. Die Breite des Innenrings ist jeweils so auf die des Außenrings mit den zugehörigen Axial-Zylinderrollenkränzen abgestimmt, daß eine gezielte axiale Vorspannung nach dem Anziehen der Nutmutter erreicht wird (Abb. 45.39b). Beide Lagerungsarten werden mit Fett- oder Ölschmierung betrieben.

Gemäß den Belastungsanforderungen sind Lagerungen konstruktiv unterschiedlich ausgeführt. Für geringe Belastungen ist eine axial einseitig fest gelagerte Gewindespindel mit einem freien Ende üblich (Abb. 45.33a). Für Vorschubantriebe mit hohen Steifigkeitsanforderungen ist eine starre Führung der Spindel unerlässlich und es empfiehlt sich ein Einbau mit beidseitiger Einspannung (Abb. 45.33b). Hier sind Axial-Schrägkugellager zur Erzielung einer hohen Steifigkeit an beiden Enden als gegeneinander angestellte Lagersätze in Tandemanordnung eingebaut. Die Spindel wird dabei gestreckt. Die Spindelvorspannung ist bei starr eingespannter Spindel so groß zu wählen, dass sie durch die Betriebskräfte und die durch Reibungswärme bedingte Spindelausdehnung nicht aufgehoben wird.

Das axiale Steifigkeitsverhalten des Kugelgewindetriebs ist abhängig vom Verfahrweg des Vorschubschlittens. Bei Lagerung mit einem Festlager und einem Loslager nimmt die Steifigkeit der Anordnung mit der Entfernung des Schlittens vom Festlager hyperbolisch ab. Führt man die zweite Lagerstelle ebenfalls als Festlager aus, so lässt sich eine spiegelbildlich verlaufende Steifigkeitskurve superponieren, sodass eine symmetrische Kurve entsteht (Abb. 45.34). Die Gesamtsteifigkeit wird damit bei zwei Axiallagern wesentlich größer und ist in der Spindelmitte über einen größeren Bereich annähernd konstant.

Allgemein sind bei der Auslegung von steifen Spindellagerungen folgende Konstruktionsregeln zu beachten:

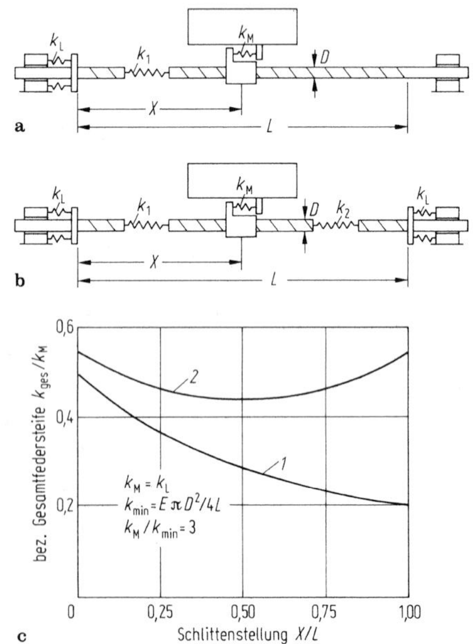

Abb. 45.34 Steifigkeitsverhalten **c** eines Spindelantriebs mit **a** einseitigem und **b** doppelseitigem Axial-Festlager, *1* ein Axiallager, *2* mit zwei Axiallagern

- Nadel- und Rollenlager sind wegen ihrer Linienberührung und somit höheren Steifigkeit Kugellagern vorzuziehen
- Axiallager sind immer vorzuspannen
- zwischen trennbaren Flächen sind steife Verbindungen anzustreben (steife Schraubenverbindungen)
- Lager- und Zwischenringe sind nach Möglichkeit zu vermeiden, um eine geringe Anzahl von Kontaktflächen zu erzielen, die die Steifigkeit verringern
- Passungs- und Distanzflächen sind zu schleifen, um einen hohen Traganteil und damit eine hohe Steifigkeit zu gewährleisten

Die konstruktive Auslegung des Kugelgewindetriebs erfolgt in Abhängigkeit der vorgegebenen Parameter Belastung, Verfahrweg, Verfahrgeschwindigkeit und Positioniergenauigkeit nach den Kriterien Steifigkeit, Biegefestigkeit, Knickung, kritische Drehzahl, Massenträgheitsmoment und Lebensdauer. Dabei geht es in der Regel um die Festlegung des Spindeldurchmessers, der letztlich aus einem Kompromiss zwischen den Steifigkeitsforderungen und dem Massenträgheitsmoment resultiert.

Beispiel

Bei einer vorgegebenen Axialkraft F_{ax} beträgt das erforderliche Drehmoment der Spindel $M_{sp} = F_{ax} \cdot h/(2\pi\eta)$ mit Gewindesteigung h und Wirkungsgrad η. Für Kugelgewindespindeln beträgt $\eta = 0{,}8\ldots0{,}95$ für Trapezgewindespindeln $\eta = 0{,}2\ldots0{,}55$ entsprechend den Steigungswinkeln von 2° bis 16°. Die Beziehung zwischen translatorischer Geschwindigkeit v und der Drehzahl n_{sp} der Spindel lautet $n_{sp} = v/h$. ◄

45.2.3.2 Ritzel-Zahnstange-Trieb

Bei großen Verfahrwegen, z. B. in Langdrehmaschinen, Langtischfräsmaschinen und Plattenbohrwerken, würden sich die langen Vorschubspindeln durch die Axialbelastung und das Eigengewicht stark verformen. Sie neigen zum Ausknicken. Zusätzlich besteht die Gefahr, dass die Spindel-Drehfrequenz in den Bereich der Biegeeigenfrequenz der Spindel fällt. Deshalb empfiehlt sich bei Verfahrweglängen von über 4 m der Einsatz von *Ritzel-Zahnstange-Trieben*. Durch Zusammensetzen von Zahnstangensegmenten können beliebig lange Vorschubwege realisiert werden. Die Gesamtsteifigkeit des Ritzel-Zahnstange-Triebs ist dabei immer unabhängig von der Verfahrweglänge. Sie wird im wesentlichen aus den Anteilen der Torsionssteifigkeiten von Ritzelwelle und Ritzel-/Zahnstangenpaarung bestimmt.

Die Leistungsübertragung am Ritzel ist durch extrem niedrige Drehzahlen und hohe Drehmomente gekennzeichnet. Dies erfordert zusätzliche Getriebestufen. Der gesamte Antriebsstrang sollte torsionssteif und spielfrei ausgeführt sein.

Spielfreiheit wird z. B. durch die in Abb. 45.35 dargestellte Konstruktion erreicht, bei der zwei schrägverzahnte Ritzel (*2*, *3*) mit einer schrägverzahnten Zahnstange (*6*) kämmen. Das untere Ritzel (*3*) wird durch Federkraft (*5*) auf einem Vielkeilwellenabsatz (*4*) axial verschoben. Hierdurch kommen beide Ritzel an je einer gegenüberliegenden Flanke der Zahnstange zur Anlage. Dabei werden auch Verzahnungsfehler ausgeglichen.

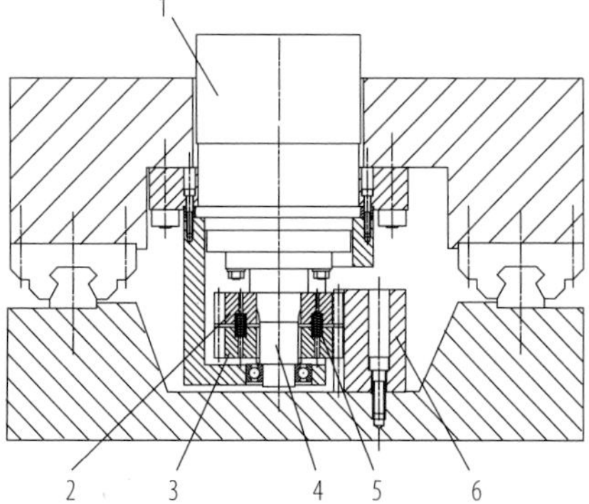

Abb. 45.35 Spielfreies Ritzel-Zahnstange-System mit geteiltem, schrägverzahntem Ritzel, *1* Motor und Getriebe, *2* Ritzel (auf Welle festsitzend), *3* Ritzel (axial verschiebbar), *4* Vielkeilwelle, *5* Druckfedern, *6* schrägverzahnte Zahnstange

45

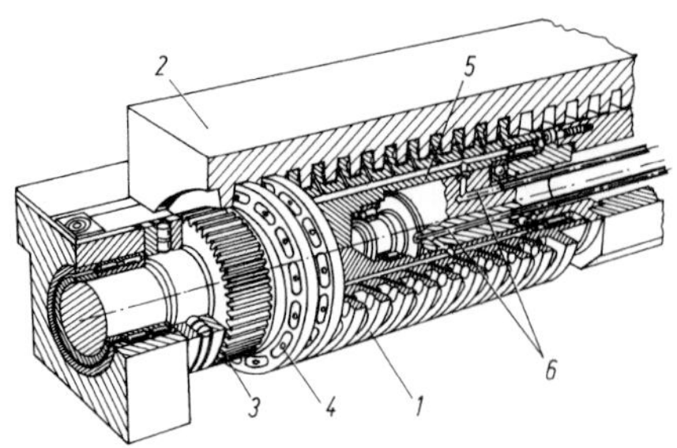

Abb. 45.36 Hydrostatischer Schnecke-Zahnstange-Trieb (Waldrich, Coburg). *1* Schnecke, *2* Schneckenzahnstange, *3* Antriebsrad, *4* Drucköltaschen, *5* Ölverteiler, *6* Druckölzufuhr für vordere bzw. hintere Flanke

45.2.3.3 Schnecke-Zahnstange-Trieb

Bei großen Verfahrwegen wird statt des Ritzel-Zahnstange-Systems häufig ein *Schnecke-Zahnstange-Trieb* eingesetzt. Zur Verringerung der Reibung sind Schnecke-Zahnstange-Systeme mit einer hydrostatischen Schmierung ausgeführt (Abb. 45.36). Die Schnecke ist mit Drucköltaschen versehen, die nur im Eingriffsbereich der Flanken in der Zahnstange von innen her über einen stationären Verteiler (Steuerspiegel) mit Drucköl beaufschlagt werden. Die Zahnstangenflanken sind mit Kunststoff ausgekleidet. Hydrostatische Schnecken-Zahnstangen-Triebe zeichnen sich durch ausgezeichnete Dämpfungseigenschaften aus. Die sehr genaue Formgebung erfolgt im Abformverfahren durch Abdruck einer Meisterschnecke vor dem Aushärten des aufgespachtelten Kunststoffs. Die Drucköltaschen auf den Schneckenflanken werden durch Fräsen erzeugt. In neueren Konstruktionen befinden sich die Taschen in den Zahnstangenflanken, so dass diese direkt während des Abformens durch auf die Zahnstangenflanken aufgeklebte Wachsfolien wirtschaftlich hergestellt werden können. Die Druckölversorgung erfolgt weiterhin über die Schnecke.

45.2.3.4 Vorschubgetriebe

In Vorschubantrieben werden zwischen Motor und Kugelgewindespindel bzw. Ritzelwelle zusätzliche *Vorschubgetriebe* eingesetzt, um die hohen Motordrehzahlen an die geeigneten Spindel- oder Ritzeldrehzahlen mit höherem Drehmoment anzupassen und die schlittenseitigen Massenträgheitsmomente bezogen auf die Motorwelle weiter zu reduzieren. Die Getriebe sollten torsionssteif, trägheitsarm und verdrehspielfrei ausgeführt sein.

Zahnradgetriebe (s. Kap. 15) sollen aus diesem Grund Getrieberäder mit kleinem Durchmesser besitzen, da dieser in der vierten Potenz in das Massenträgheitsmoment eingeht. Die Spielfreiheit von Zahnradgetrieben läßt sich konstruktiv einerseits durch das tangentiale Verspannen der miteinander kämmenden Zahnräder erreichen. Hierzu wird ein Zahnrad geteilt. Die beiden Hälften werden gegeneinander verdreht, bis sich die gewünschte Spielfreiheit mit dem Gegenrad von der Breite der beiden Zahnräder einstellt. Andererseits besteht die Möglichkeit, die Zahnräder oder Zahnradwellen in justierbaren Exzenterbüchsen zu lagern. Durch Verdrehen der Exzenterbüchsen lässt sich der Achsabstand verändern, bis das *Zahnflankenspiel* eliminiert ist.

Abb. 45.37a zeigt am Beispiel eines *Planetengetriebes* die Spieleinstellung über konisch, d. h. mit in Zahnlückenrichtung kontinuierlicher Profilverschiebung, geschliffene Zahnräder. Durch axiales Verschieben der Planetenräder (6) in das Sonnenrad (5) mittels Passscheibe (1) wird das Spiel eliminiert. Durch Verschieben des Hohlrades (2) mittels Passscheibe (3) wird auch diese Zahnradpaarung spielfrei.

In Verbindung mit Spindel-Mutter-Systemen werden heute anstelle von Zahnradgetrieben vielfach *Zahnriementriebe* (s. Kap. 13) eingesetzt, wenn aus konstruktiven Gründen nicht auf eine zusätzliche Getriebestufe verzichtet werden kann (Abb. 45.37b). Der Zahnriemenantrieb erfüllt die an in NC-Werkzeugmaschinen eingesetzten Vorschubgetriebe zu stellenden Forderungen hinsichtlich Steifigkeit, Kraftübertragung und Genauigkeit in besonders kostengünstiger Weise. Durch Zugstränge aus Glasfasern oder Stahllitzen wird eine große Zugfestigkeit, eine gute Biegewilligkeit und eine geringe Dehnung erreicht. Zur Erhöhung der Steifigkeit und zur Vermeidung von Spiel wird der Zahnriemen vorgespannt. Zur Verbesserung des dynamischen Verhaltens werden die Zahnriemenscheiben aus Aluminium gefertigt. Die hohe Materialdämpfung des Zahnriemenwerkstoffs bewirkt eine schwingungsar-

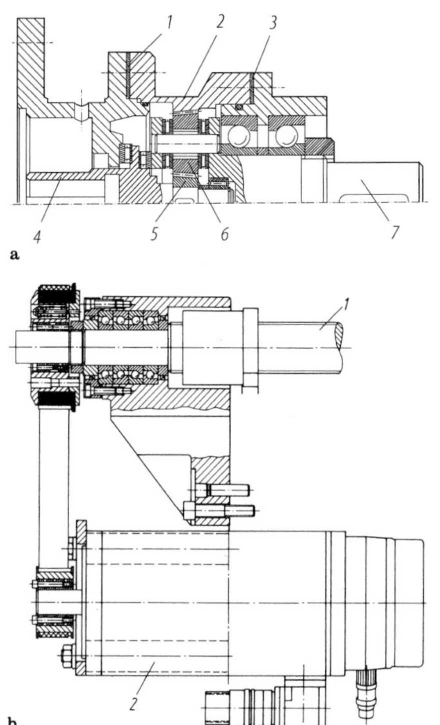

Abb. 45.37 **a** Planetengetriebe mit Spieleinstellung über konisch geschliffene Zahnräder (Alpha Getriebebau). *1*, *3* Passscheiben, *2* Gehäuse mit Hohlrad, *4* Antriebswelle, *5* Sonnenrad, *6* Planetenrad, *7* Abtriebswelle, **b** Vorschubantrieb einer Bettfräsmaschine mit integriertem Zahnriemengetriebe (Deckel-Maho AG). *1* Vorschubspindelschaft, *2* Gleichstromstellmotor

me Übertragung der Motorstellbewegung. Des weiteren bietet der Zahnriementrieb aufgrund des größeren Achsabstands wesentlich günstigere konstruktive Gestaltungsmöglichkeiten. Dies führt zu Vorschubantriebskonzepten mit kleinem Einbauraum und damit kleinen Maschinenabmessungen. Aufgrund der geringen Teilezahl ist der Zahnriementrieb letztlich auch kostengünstig herzustellen. Die Spindellagerung ist bei diesem Antriebskonzept über eine hohe axiale Steifigkeit hinaus auch hinsichtlich einer hohen Radial- und Kippsteifigkeit auszulegen.

Für hohe Übersetzungen werden neben mehrstufigen Zahnradgetrieben mit Stirnrädern und Planetengetrieben häufig *Sondervorschubgetriebe* der Bauweisen *Harmonic Drive* und *Cyclo* eingesetzt. Sie erfüllen die Forderung, eine hohe Übersetzung in einer Getriebestufe bei kompaktem Bauraum, geringer Masse und geringem Trägheitsmoment bei zugleich großer Steifigkeit und koaxialem An- und Abtrieb zu erreichen. Nachteilig ist der gegenüber konventionellen Zahnradgetrieben niedrigere Wirkungsgrad.

Das *Harmonic Drive*-Getriebe (Abb. 45.38a) existiert als Topf-Bauform (a_1) und als Flach-Bauform (a_2). Beide bestehen im Prinzip aus einem starren zylindrischen Ring mit Innenverzahnung (Circular Spline *1*), der fest mit dem Gehäuse verbunden ist. In diesem Ring befindet sich eine elastische Stahlbüchse mit Außenverzahnung (Flexspline *2*), die durch eine elliptische, mit dem Antrieb verbundene Scheibe mit aufgezogenem Kugellager (Wave Generator 3) verformt und rotatorisch umlaufend an zwei gegenüberliegenden Stellen im Bereich der großen Ellipsenachse in die Innenverzahnung des Circular Splines gedrückt wird und dabei abrollt. Bedingt durch eine geringe Zähnezahldifferenz (ca. 2 bis 4) zwischen Circular Spline und Flexspline entsteht zwischen beiden eine Relativdrehung, die bei der Topf-Bauform direkt über den Flexspline und bei der Flach-Bauform über Flexspline und Dynamic Spline (*4*) an den Abtrieb weitergegeben wird. An- und Abtrieb bewegen sich gegensinnig. Die Übersetzung i ergibt sich aus den Zähnezahlen z von Circular Spline und Flexspline zu $i = z_{Fl}/(z_{Fl} - z_{Ci})$. Es lassen sich Übersetzungen von $i = 30$ bis 320 und Abtriebsdrehmomente von $M = 0{,}5$ bis $10\,000\,\mathrm{Nm}$ erzielen. Aufgrund des großen Zahneingriffsbereichs von 15 % der Gesamtzähnezahl ist das Getriebe sehr torsionssteif und spielfrei. Sehr kompakt bauen Harmonic Drive-Getriebe mit integriertem Kreuzrollenlager (5) zur Übertragung hoher Kippmomente (a_3).

Beim Cyclo-Getriebe (Abb. 45.38b) wird eine Kurvenscheibe *1* über einen Exzenter *2* angetrieben (Antriebswelle *6*) und wälzt sich in einem feststehenden Ring ab. Jeder Punkt der Scheibe beschreibt dabei eine zykloidische Kurve. An der Scheibe entsteht eine Drehbewegung mit einer wesentlich geringeren Drehzahl in entgegengesetzter Richtung, die vom Verhältnis Ring- zu Scheibendurchmesser abhängt.

Um ein Rutschen während des Abrollens zu vermeiden, wird die Scheibe beim Cyclo-Getrie-

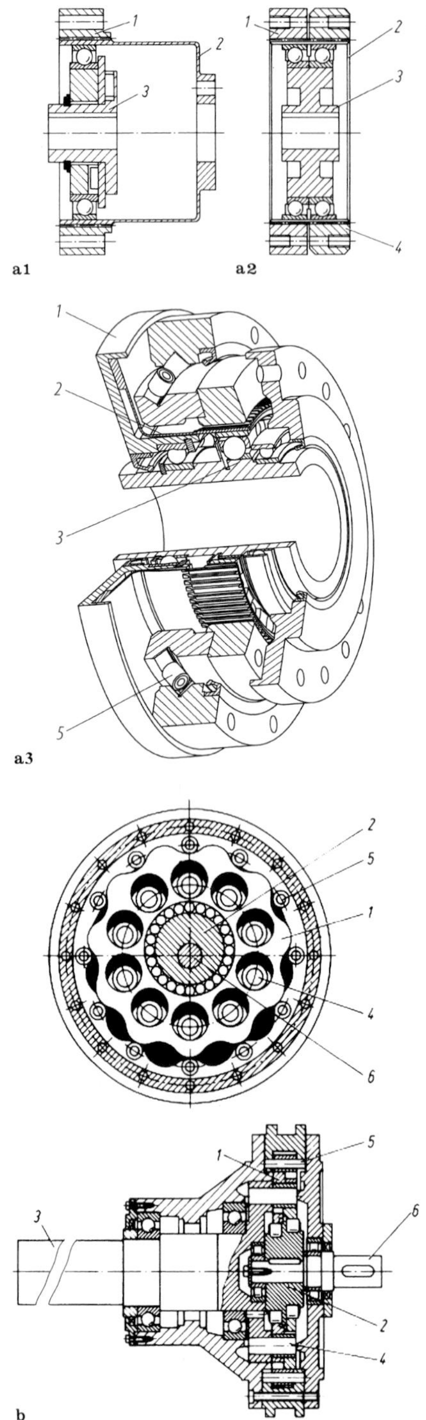

Abb. 45.38 Bauformen hochübersetzender Kompaktgetriebe. **a** Harmonic Drive (Harmonic Drive System GmbH), **a₁** Topf-Bauform, **a₂** flache Bauform, **a₃** Harmonic Drive mit integriertem Kreuzrollenlager, **b** Cyclo-Getriebe (Cyclo Getriebebau Lorenz Braren GmbH, Markt Indersdorf). Erläuterungen im Text

be mit einem geschlossenen Zykloidenzug als Außenform versehen und der Ring durch kreisförmig angeordnete Bolzen ersetzt. Jede Kurvenscheibe hat dabei einen Kurvenabschnitt weniger, als Bolzen im Bolzenring sind. Die Kurvenzüge der Scheibe greifen nun formschlüssig in die Rollen *5* des feststehenden Außenrings ein und wälzen sich daran ab. Die reduzierte Drehbewegung der Kurvenscheibe wird über Bolzen *4*, die in Bohrungen derselben eingreifen, auf die Abtriebswelle *3* übertragen. Das Übersetzungsverhältnis wird durch die Anzahl der Kurvenabschnitte der Kurvenscheibe bestimmt.

Auf die Bolzen von Bolzenring *5* und Abtriebswelle *3* sind Rollen aufgesetzt, die eine rein wälzende Kraftübertragung zwischen Kurvenscheibe und Bolzenring *5* sowie Kurvenscheibe und Mitnehmerbolzen *4* der Abtriebswelle bewirken. Dadurch werden Reibungsverluste, Geräuschentwicklung und Verschleiß auf ein Minimum reduziert. Zum Massenausgleich ist das Getriebe mit zwei um 180° versetzten Kurvenscheiben versehen, die über einen Doppelexzenter angetrieben werden.

Anwendung finden diese hochübersetzenden Kompaktgetriebe als Zwischengetriebe in Vorschubantrieben oder zum Antrieb von Drehtischen, Werkzeugmagazinen und Werkzeugwechslern. Darüber hinaus stellen die Kompaktgetriebe eine wesentliche Komponente in Gelenkantrieben von Robotern dar. Hier spielen die Kriterien große Übersetzung bei kleinstem Bauraum, Koaxialität, hohe Dynamik, geringes Spiel, hohe Verdrehsteifigkeit und hohe Überlastbarkeit zur Realisierung hochdynamischer, extrem spielarmer Antriebe mit hoher Positionier- und Wiederholgenauigkeit eine besondere Rolle.

45.2.3.5 Kupplungen

Zur Verbindung von zwei Wellenenden, insbesondere von Motorwelle und Kugelgewindespindel in Vorschubantrieben, werden spezielle, biegeweiche *Kupplungen* eingesetzt, die jedoch in Umfangsrichtung eine hohe Steifigkeit aufweisen. Dadurch wird die Drehbewegung in Umfangsrichtung sehr genau übertragen. Radialer und axialer Versatz der Wellenenden sowie Winkelversatz werden in begrenztem Maße von dieser Kupplung toleriert (s. Kap. 10).

Für hochgenaue Vorschubantriebe werden in der Regel kraftschlüssige Kupplungen (z. B. *Balgkupplungen* oder *Membrankupplungen*) verwendet. Sie erfüllen die hohen Anforderungen hinsichtlich Torsionssteifigkeit, Spielfreiheit und kleinem Massenträgheitsmoment am besten. Ihre konstruktive Auslegung erfolgt nach dem zu übertragenden Drehmoment, dem Wellendurchmesser und der Torsionssteifigkeit.

Zur wirksamen *Absicherung* von NC-Werkzeugmaschinen gegen Überlast- und Kollisionsschäden infolge von Werkzeugbruch, Programmier- oder Bedienfehlern werden Sicherheitskupplungen eingesetzt, die das wirksame Drehmoment in einem Antriebsstrang auf einen Höchstwert begrenzen. Bei Überschreitung dieses Werts wird der Kraftfluss unterbrochen, um die gefährdeten Bauteile zuverlässig gegen Schäden zu schützen.

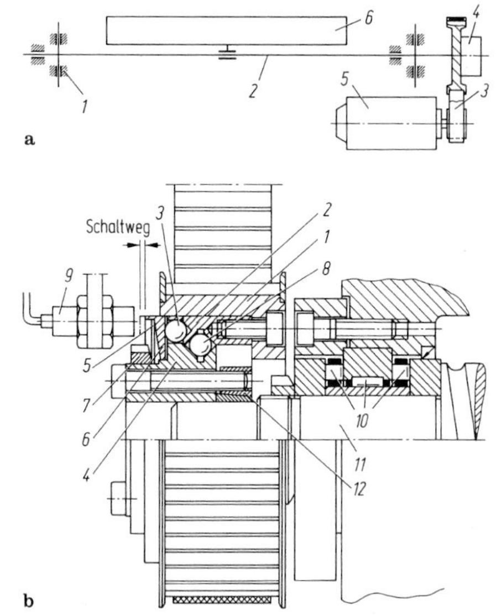

Abb. 45.39 Integrierte Sicherheitskupplung für Vorschubantriebe mit Zahnriementrieb (Jakob, Kleinwallstadt). **a** Gesamtanordnung, *1* Spindellagerung, *2* Kugelgewindespindel, *3* Zahnriementrieb, *4* Sicherheitskupplung, *5* Servomotor, *6* Maschinentisch, **b** Sicherheitskupplung, *9* Näherungsschalter, *10* Spindellager, *11* Spindel, weitere Erläuterungen im Text

Sicherheitskupplungen. Diese werden als federbelastete Reib- und Formschlußkupplungen ausgeführt. Bei Spindel-Mutter-Antrieben mit vorgelagertem Zahnriementrieb werden sie häufig in die spindelseitige Zahnriemenscheibe integriert. Die Kupplung ist auf den Wellenzapfen der Kugelgewindespindel aufgesteckt und über ein Konusspannelement *12* reibschlüssig und spielfrei mit dieser verbunden (Abb. 45.39).

Im Normalbetrieb erfolgt die Drehmomentübertragung bei der Formschlußkupplung von der Zahnriemenscheibe *1* und dem mit ihr verschraubten Flanschring *2* über die Kugeln *3* auf die Nabe *4*. Die Kugeln werden dabei in den eng tolerierten Durchgangsbohrungen der Nabe geführt und durch die Tellerfeder *5* und Schaltscheibe *6* axial in die kegelförmigen Kalotten des Flanschrings gedrückt. Mit Hilfe der Einstellmutter *7* wird die Tellerfeder *5* vorgespannt. Man kann auf diese Weise das übertragbare Moment den jeweiligen Betriebsbedingungen anpassen.

Bei Überlast verdreht sich die Nabe gegenüber dem Flanschring, wobei die Kugeln entgegen der Tellerfederkraft aus den kegelförmigen Kalotten des Flanschrings herausgedrückt werden. Das Vierpunktlager *8* übernimmt die Lagerfunktion zwischen laufender Riemenscheibe und stillstehender Nabe. Der Kraftfluss ist auf diese Weise unterbrochen. Die Kupplung rutscht so lange durch, bis das Drehmoment wieder unter den eingestellten Grenzwert abgefallen ist. Sie rastet dann selbsttätig wieder ein. über den Näherungsschalter *9* wird die Überlastung erkannt und der Antrieb schaltet sich selbstätig ab.

Kollisionskraftberechnung und -abschätzung. Die Anordnung der Sicherheitskupplung im Kraftfluss hängt einerseits von der Lage der zu schützenden Bauteile und andererseits von der Lage der Maschinenkomponenten ab, die die hohen Kollisionskräfte verursachen. Diese Kräfte werden im wesentlichen durch zwei Mechanismen hervorgerufen. Zum einen werden im Kollisionsfall bei der plötzlichen Verzögerung einer Maschinenachse Massenkräfte frei, die von der kinetischen Energie der bewegten Maschinenbauteile (z. B. Schlitten, Werkstück, Spindel, Motor, ...) bestimmt werden. Zum anderen erhöht sich das Motormoment im Kollisionsfall je nach Motortyp kurzzeitig bis etwa auf das

3- bis 10-fache Nennmoment. Massenkräfte und Spitzenmoment des Motors addieren sich zur resultierenden Gesamtkollisionskraft, die zu elastischen Verformungen, im ungünstigsten Fall auch zu bleibenden Deformationen bzw. zu Brüchen der im Kraftfluss liegenden Maschinenbauteile führt. Eine Abschätzung der Gesamtkollisionskraft kann durch ein Simulationsmodell vorgenommen werden.

45.3 Gestelle

45.3.1 Anforderungen und Bauformen

Gestelle und Gestellbauteile sind die tragenden und stützenden Grundkörper von Werkzeugmaschinen [34]. Sie tragen und führen die zur Relativbewegung zwischen Werkstück und Werkzeug erforderlichen Bauteile, z. B. Supporte, Getriebe oder Motoren. Formgebung und Grobabmessungen dieser Bauteile werden durch den *Arbeitsraum*, die Höhe der *Prozesskräfte* und die geforderte Genauigkeit (Steifigkeit) bestimmt. Ferner muss die Zugänglichkeit der Maschine für Bedienung, Wartung und Montage gewährleistet sein.

Aus fertigungs- und montagetechnischen Gründen werden vielfach die Gestelle selbst aus mehreren Einzelteilen gefertigt und an den Fügestellen miteinander verschraubt, in Einzelfällen auch verklebt. Gestelle bestehen aus *Betten*, *Ständern*, *Tischen*, *Konsolen* und *Querbalken* (Beispiele für Werkzeugmaschinen-Gestelle s. Abschn. 48.2.2 und Kap. 49).

Der Aufbau des Maschinenbetts sowie die Lage der Arbeitsspindel sind wichtige konstruktive Merkmale von Drehmaschinen (Abb. 45.40). *Drehmaschinen* in Flachbettausführung werden hauptsächlich bei Großdrehmaschinen (Walzendrehmaschinen) eingesetzt. Die *Schrägbettbauweise* lässt die heißen Späne und das *Kühlschmiermittel* aus dem Arbeitsraum herausfallen bzw. -fließen, sodass hier die Gefahr eines Spänestaus und einer thermischen Belastung des Maschinenbetts gegenüber der *Flachbettbauform* weniger groß ist. Eine hängende Anordnung der Maschinenspindel, wie dies in der *Senkrechtdrehmaschine* realisiert ist, schafft eine sehr

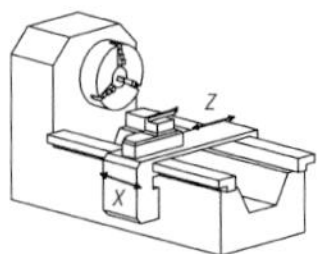

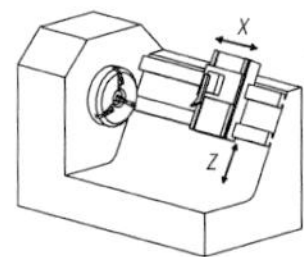

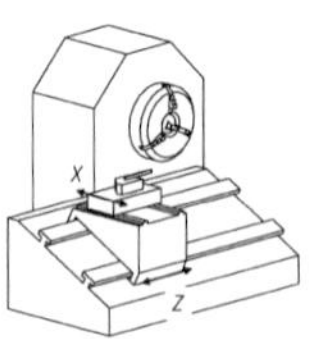

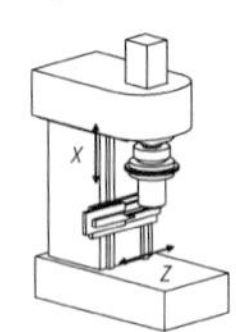

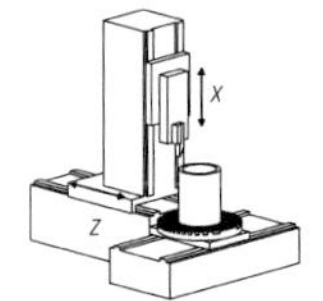

Abb. 45.40 Klassifizierung von Drehmaschinen nach ihren Gestellbauformen

günstige Späneabfuhr auch ohne Kühlschmiermittel. Diese Bauform wird daher vornehmlich für die *Trockenbearbeitung* eingesetzt. *Frontbettdrehmaschinen* eignen sich besonders gut für die Bearbeitung von Futterteilen mit einem automatisierten Werkstückwechsel. Den Vorteil einer günstigen Werkstückaufnahme von Großbauteilen – ohne Biegebeanspruchung der Spindel – bieten Senkrechtdrehmaschinen in Ständerbauweise.

Abb. 45.41 zeigt die wichtigsten Bauformen horizontaler und vertikaler Bohr- und Fräsmaschinen mit seriellen Kinematiken, gegliedert nach ihren Gestellbauformen (*Konsole, Bett, Portal*) und der Anzahl der Achsen im Werkzeugträger bzw. Werkstückträger. Wegen der in lotrechter Richtung zu bewegenden Massen findet die *Konsolständerbauweise* nur bei kleineren Werkzeugmaschinen Anwendung. Für die Bearbeitung schwerer Werkstücke kommen *Bettfräsmaschinen* zum Einsatz. Im Gegensatz zur Konsolfräsmaschine ruht bei dieser Bauart der Tisch auf einem starren Maschinenbett. Bei den Bettbauformen unterscheidet man zwischen *Kreuztischbauweise* und *Kreuzbettbauweise*. Von Kreuztischbauweise spricht man immer dann, wenn der Werkstückträger, also der Tisch, zwei zuein-

a

Anzahl der Achsen im Werkzeugträger	Fräsmaschinen-Bauformen mit horizontaler Spindel		
	Konsolbauweise	Bettbauweise	
eins	Konsolständerbauweise	Kreuztischbauweise	
zwei	Konsolbettbauweise	Kreuzbettbauweise	
drei		Fahrständerbauweise	Bohrwerkbauweise

b

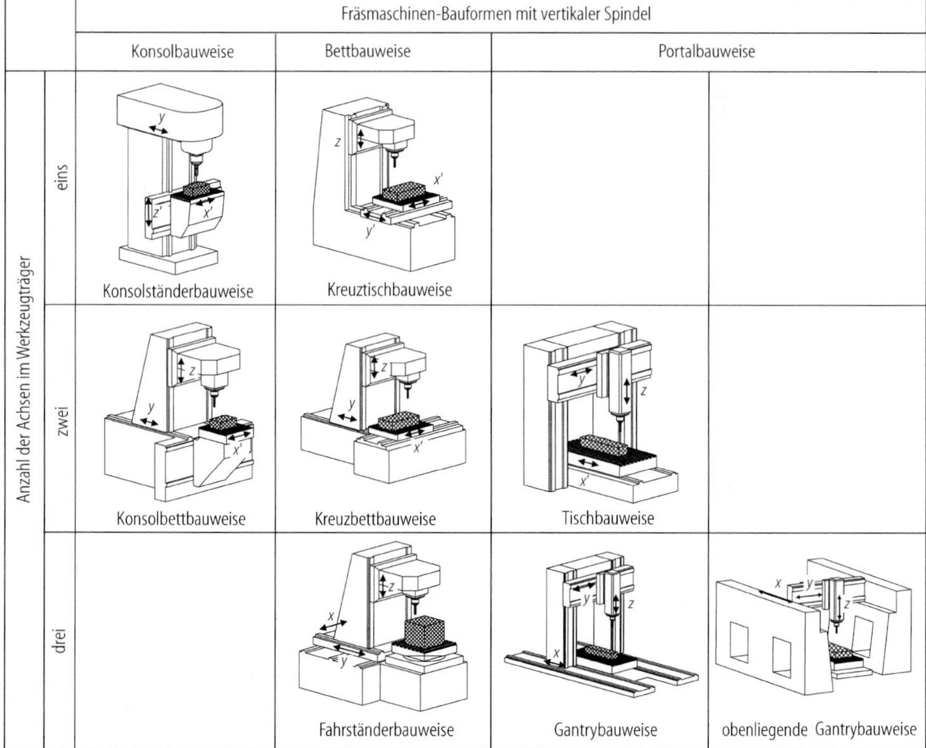

Abb. 45.41 Bauformen von seriellen Bohr- und Fräsmaschinen. **a** Horizontale, **b** vertikale Bauform

ander senkrechte Bewegungsrichtungen ausführt. Da der Kreuztisch auf den breiten Führungsbahnen des Betts liegt, zeichnet sich diese Bauform durch eine hohe statische und dynamische Steifigkeit aus. Als Kreuzbettbauweise bezeichnet man die Ausführungen, bei denen zwei senkrechte Vorschubbewegungen auf dem Bett realisiert werden, wobei die eine der werkzeugtragenden Baugruppe (meist Ständer) und die andere der werkstücktragenden Baugruppe (meist Tisch) zuzuordnen ist.

Eine besonders stabile und für höhere Zerspanleistung bei großflächigen Werkstücken geeignete Bauform stellt die *Portalbauweise* dar (auch Zweiständerbauweise mit Querhaupt genannt). Sie gibt es in mehreren Ausführungen. Die *Langtischausführung* (Abb. 45.41b) ist mit einem in einer Richtung verfahrbaren Tisch ausgestattet. Das Bett ist doppelt so lang wie der Tisch. Alle Koordinatenbewegungen senkrecht zur Vorschubbewegung des Tisches werden vom Werkzeug ausgeführt. Demgegenüber steht die *Gantry-Bauweise* mit ortsfester Aufspannplatte und verfahrbarem Portal. Der Vorteil dieser Ausführung besteht darin, dass die gesamte Maschine nur noch so lang sein muss, wie das längste zu bearbeitende Werkstück bzw. die Aufspannplatte. Maschinen mit verfahrbarem Tisch benötigen die doppelte Werkstücklänge. Eine Alternative zur konventionellen Gantry-Bauform stellt die modifizierte Bauweise mit obenliegenden X-Führungen dar, bei der die Maschinenständer ortsfest sind und der Querbalken in X-Richtung bewegt wird. Diese Variante ist besonders für hochdynamische Portalfräsmaschinen geeignet, da bei gleichem Arbeitsraum die bewegte Masse in X-Richtung gegenüber der konventionellen Variante deutlich reduziert ist. Sowohl hohe Genauigkeit für die Fertigbearbeitung als auch hohe Spanleistung für die Vorbearbeitung sind Anforderungen, die an die aufgeführten Maschinengestellbauformen gestellt werden.

Neben den konventionellen seriellen Maschinenkinematiken wächst die Bedeutung *paralleler* bzw. *hybrider* Bauformen. Dem Nachteil der komplexen Antriebssteuerung steht bei diesen Maschinenbauformen insbesondere ein Steifigkeitsgewinn durch die parallele Anordnung der Antriebe im Gegensatz zur seriellen Anordnung konventioneller Maschinen gegenüber. Die resultierenden Bewegungen des Werkzeugträgers können dabei je nach Maschinengestaltung drei- bis sechsachsig sein. Bei hybriden Kinematiken ist ein Teil der Achsen weiterhin seriell angeordnet, wobei die Bewegung des parallelen Anteils sowohl eben als auch räumlich sein kann. Vollparallele Kinematiken unterscheiden sich bezüglich der Antriebsform in Bauformen mit längenveränderlichen Streben und ortsfesten Fußpunkten sowie solche mit starren Streben und beweglichen Fußpunkten (Abb. 45.42).

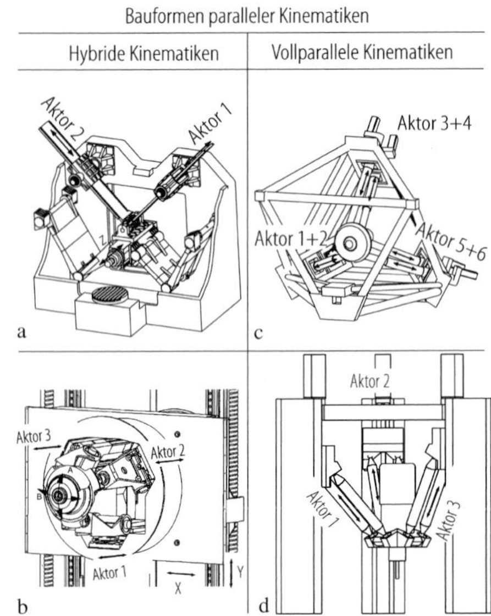

Abb. 45.42 Parallele Kinematik-Bauformen von Fräsmaschinen. **a** DYNA-M: Hybride 3-Achs-Kinematik mit 3 Werkzeugachsen, die sich aus der parallelen Bewegung der ebenen 2-Achs-Koppelkinematik und der seriellen Pinole (Z-Achse) zusammensetzen, **b** TRICEPT: Hybride 5-Achs-Kinematik mit 5 kartesischen Werkzeugachsen, die sich aus der Kombination der parallelen räumlichen 3-Achs-Kinematik (Aktor 1–3) und den 2 seriellen Rotationsachsen (B- und C-Achse) ableiten lassen, **c** HEXAPOD: Vollparallele 6-Achs-Kinematik mit lägenveränderlichen Streben, die eine 5- bzw. 6-Achs-Bewegung des Werkzeugs ermöglicht, **d** LINAPOD: Vollparallele 6-Achs-Kinematik mit starren Streben und bewegten Fußpunkten, die eine 5- bzw. 6-Achs-Bewegung des Werkzeugs ermöglicht

Eine Unterteilung von *Kurbel-* und *Exzenterpressen* kann ebenfalls nach den Gestellbauformen erfolgen (s. Kap. 47 und 48). Hier unterscheidet man offene, ausladende *C-Gestelle* und

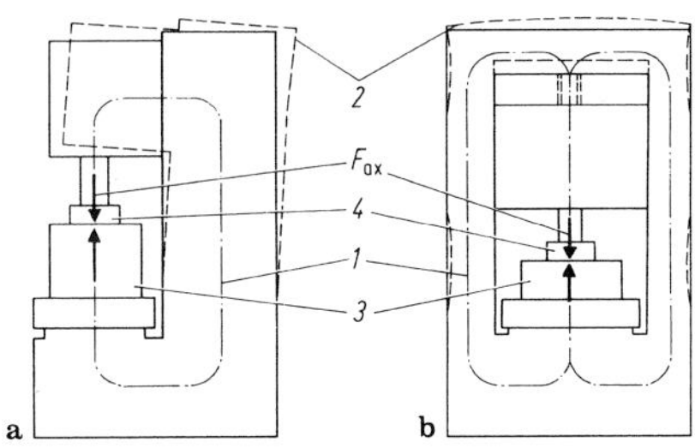

Abb. 45.43 **a** Einständer- und **b** Zweiständermaschine. *1* Kraftfluss- und *2* Verlagerungskennlinien, *3* Werkstück, *4* Werkzeug, F_{ax} axiale Komponente der Bearbeitungskraft

geschlossene *O-Gestelle* in Zweiständerausführung.

C-Gestelle haben den Nachteil, dass sie sich durch die Umformkraft aufbiegen (Abb. 45.43a), wobei Fluchtungsfehler in den Werkzeughälften auftreten können. Dafür ist jedoch die Zugänglichkeit zum Arbeitsraum von drei Seiten gewährleistet. Geschlossene Gestellbauformen (Abb. 45.43b) werden ab mittleren Baugrößen und vor allem immer dann eingesetzt, wenn das Werkzeug bei den während des Umformvorgangs auftretenden Kräften eine besonders steife und genaue Führung verlangt.

45.3.2 Werkstoffe für Gestellbauteile

Als Werkstoff für Gestelle und Gestellbauteile werden sowohl *Stahlbleche* als auch verschiedene *Gusswerkstoffe* verwendet. Für kleinere und mittelgroße (< 5 m) Maschinengestelle, insbesondere Maschinenbetten, wird zunehmend auch *Reaktionsharzbeton* eingesetzt. Aufgrund immer höherer dynamischer Anforderungen an die Gestellbauteile werden auch *Leichtmetallwerkstoffe* wie Aluminium, Magnesium und Faserverbundkunststoffe immer interessanter. Tab. 45.1 zeigt die wichtigsten physikalischen Eigenschaften typischer Gestellwerkstoffe.

45.3.2.1 Vorteile des Stahlbaus

Aufgrund des deutlich besseren Verhältnisses des Elastizitätsmoduls zur Dichte von Stahl gegenüber Grauguss ist eine Werkstoffersparnis mit geringem Gewicht möglich. Da für den Stahlbau keine Modellkosten anfallen, ist diese Bauweise insbesondere für Einzelausführungen geeignet. Man unterscheidet beim Stahlbau zwischen der *Platten-* und der *Zellenbauweise*. Die erste lehnt sich an Gussausführungsformen an, wobei Platten oder Formstücke aus dicken Walzblechen unter Einfügung von Rippen zu Gestellen zusammengeschweißt werden. Diese Bauformen sind häufig bei Pressen, Scheren und ähnlichen Maschinen zu finden, wenn die Festigkeit von Grauguss nicht mehr ausreicht. Bei der Zellenbauweise besteht der Rahmen aus einer Vielzahl einzelner, aus dünnen Blechen gebildeter Zellen, die miteinander verschweißt werden. Durch diese Bauweise kann eine große Steifigkeit bei möglichst niedrigem Gewicht erzielt werden. Durch den geringen Materialeinsatz ist die Wärmekapazität jedoch entsprechend kleiner. Daher ist für diese Bauteile eine größere Gefahr thermoelastischer Verformungen gegeben (s. Abschn. 45.1.2).

45.3.2.2 Vorteile der Gusswerkstoffe

Gusswerkstoffe bieten bezüglich der Formgebung vielseitige Möglichkeiten der belastungsgerechten Gestaltung. Hinzu kommen speziell bei Grauguss die hohe Dämpfungsfähigkeit des Werkstoffes, die guten Gleiteigenschaften als Führungsbahnen, die guten Bearbeitungsmöglichkeiten sowie eine hohe Formbeständigkeit. Die Vorteile werden gesteigert bei Verwendung von Sondergusseisen mit guten Gießeigenschaften bei unterschiedlichen Wanddicken und hoher Festigkeit ($R_m = 400\,\text{N/mm}^2$ und mehr). Weitere Steifigkeitsverbesserungen können durch die Verwendung von Sphäroguss oder Stahlguss mit höherem Elastizitätsmodul und hoher Zugfestigkeit erreicht werden.

45.3.2.3 Vorteile des Reaktionsharzbetons

Die *Materialdämpfung* ist noch höher als z. B. bei Grauguss, wodurch sich eine höhere dynamische Stabilität ergibt. Die niedrigere Wärmeleitfähigkeit und die größere Wärmekapazität von Reaktionsharzbeton gegenüber anderen Werkstoffen machen Gestellbauteile unempfindlicher gegen kurzzeitige Temperaturschwankungen. Neben den vielseitigen Gestaltungsmöglichkeiten

Tab. 45.1 Physikalische Werkstoffeigenschaften für Gestellwerkstoffe von Werkzeugmaschinen

Werkstoff	Elastizitätsmodul	Spezifisches Gewicht	Wärmeausdehnungskoeffizient	Spezifische Wärmekapazität	Wärmeleitfähigkeit	Festigkeitsbereich
	E [N/mm^2]	γ [kN/m^3]	α [1/K]	C [J/(g K)]	λ [W/(m K)]	σ [N/mm^2]
Stahl	$2{,}1 \cdot 10^5$	78,5	$11{,}1 \cdot 10^{-6}$	0,45	14... 52	400... 1300
Guss GGG	$1{,}6 \ldots 1{,}85 \cdot 10^5$	74,0	$9{,}5 \cdot 10^{-6}$	0,63	34	400... 700
Grauguss	$0{,}8 \ldots 1{,}4 \cdot 10^5$	72,0	$9{,}0 \cdot 10^{-6}$	0,54	54	100... 300
RH-Beton	$0{,}4 \cdot 10^5$	23,0	$10 \ldots 20 \cdot 10^{-6}$	0,9... 1,1	1,5	10... 15

von Gusswerkstoffen können mit Reaktionsharzbeton aufgrund des kalten Vergießens des Werkstoffes vielseitige Gestaltungsmöglichkeiten genutzt werden. Eingussteile, z. B. Spannflächen zum späteren Anschrauben von Abdeckungen, Motoren oder Spindelkästen können so positioniert werden, dass später keine Nacharbeiten erforderlich sind. Ebenso können Rohre, Kabel- und Schlauchführung für die Energieversorgung bereits in die Gussform direkt eingelegt werden. Die genau zu positionierenden Teile (z. B. Führungsbahnen) werden später in die vorbereiteten Nuten bzw. Aussparungen mittels eines Mörtels eingeklebt [35].

Beispiel

Abb. 45.44. ◄

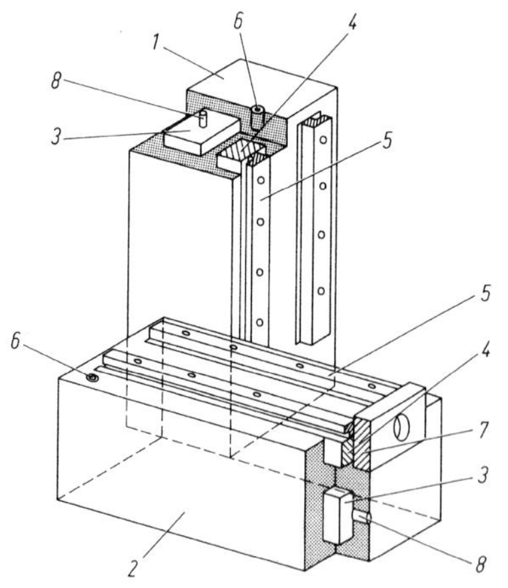

Abb. 45.44 Maschinengestell aus Reaktionsharzbeton. *1* Maschinenständer aus Reaktionsharzbeton, *2* Maschinenbett aus Reaktionsharzbeton, *3* Kern aus Polyurethanschaum, *4* Schraubleiste (nachträglich eingeklebt), *5* Führungsbahnen (aufgeschraubt), *6* Gewindebuchse, *7* Lagerflansch (nachträglich eingeklebt), *8* Rohr zum Halten des Kerns

45.3.3 Gestaltung der Gestellbauteile

Die Gestaltung der Gestellbauteile wird von der Forderung nach *statischer* und *dynamischer Steifigkeit* und möglichst geringem Werkstoffeinsatz bestimmt. Man baut daher starr und leicht, indem man das Trägheitsmoment durch geeignetes Ausbilden des Querschnitts vergrößert. Offene Querschnitte und Durchbrüche sind zu vermeiden, da diese die Steifigkeit wesentlich herabsetzen. Außerdem sollte möglichst gedrungen konstruiert werden, da bei allen Biegebeanspruchungen Stütz- und Auskragweite großen Einfluss haben.

Durch geeignete *Verrippung* können Biege- und Torsionssteifigkeit von Gestellteilen erhöht werden. Der Querschnitt des Ständers sollte möglichst groß gewählt werden, da hierdurch die Steifigkeit der Gestellbauteile am wirkungsvollsten erhöht werden kann. Darüber hinaus sind Verrippungen zur Reduzierung lokaler Deformationen meist unerlässlich. Runde Querschnitte sind besonders torsionssteif und weisen bei Torsionsbeanspruchung keine Verzerrungen auf. Die Herstellung ist allerdings schwierig.

Abb. 45.45 zeigt die bei Ständerbauteilen häufig verwendeten prinzipiellen Verrippungsarten. In den Fällen *A* bis *D* liegen Längsrippen vor. Die mit *E* bis *H* bezeichneten Ständer sind quergeschottet. Die in Abb. 45.46 angegebenen relativen Biege- und Torsionssteifigkeiten der unterschiedlichen Ständerverrippungen basieren auf Berechnungen nach der Finite-Elemente-Methode (s. Kap. 26).

Längsrippen. Eine Verrippung in Längsrichtung wirkt sich hinsichtlich der Biegesteifigkeit des Bauteils entsprechend der Erhöhung

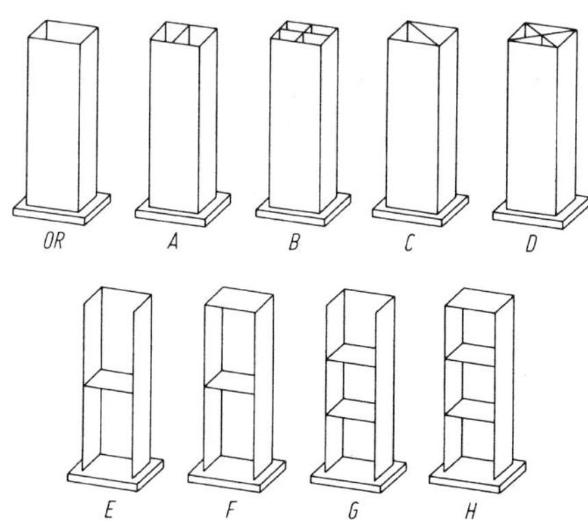

Abb. 45.45 Verrippungsarten von Ständern

des äquatorialen Flächenträgheitsmoments günstig aus. Parallel zu den Außenwänden verlaufende senkrechte Rippen bringen keine wesentliche Torsionssteifigkeitsverbesserung. Bei Gestellbauteilen entsteht die Torsionsbelastung meist durch ein an den Führungsbahnen angreifendes Kräftepaar, das eine starke Querschnittsverzerrung verursachen kann. Zur Verhinderung dieser Querschnittsverzerrung bieten sich bei den Längsrippen insbesondere Diagonalrippen an.

Horizontale Rippen. Querschotten und Kopfplatten bewirken ebenfalls eine wirksame Behinderung der Querschnittsverzerrung bei Torsionsbelastung durch ein Kräftepaar. Auf die Biegesteifigkeit haben horizontale Rippen praktisch keinen Einfluss, können aber eine wesentliche Versteifung der Wände gegen lokales Ausbeulen und Verbiegen bewirken und damit auch einen Beitrag zur Reduktion der lokalen Verformungen an den Krafteinleitungsstellen leisten.

Beispiel

Abb. 45.47 zeigt einen Ständer mit Oktagonquerschnitt und rechteckiger Grundplatte, dessen Wände zellenartig verrippt sind. Zur Erhöhung der Torsionssteifigkeit sind Querschotten vorgesehen. Die Längsrippen erhöhen die Bie-

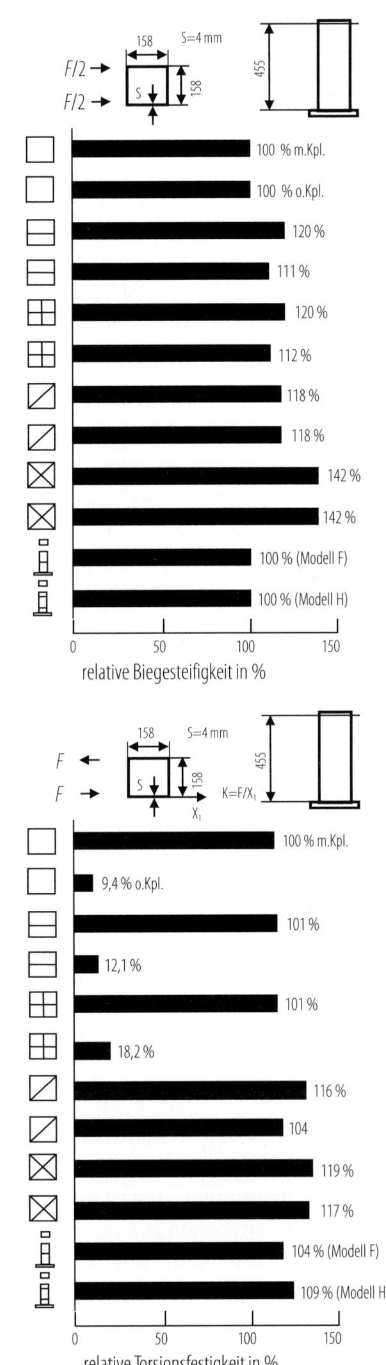

Abb. 45.46 Relative Biege- und Torsionssteifigkeiten bei verschiedenen Verrippungen (FEM-Rechnungen)

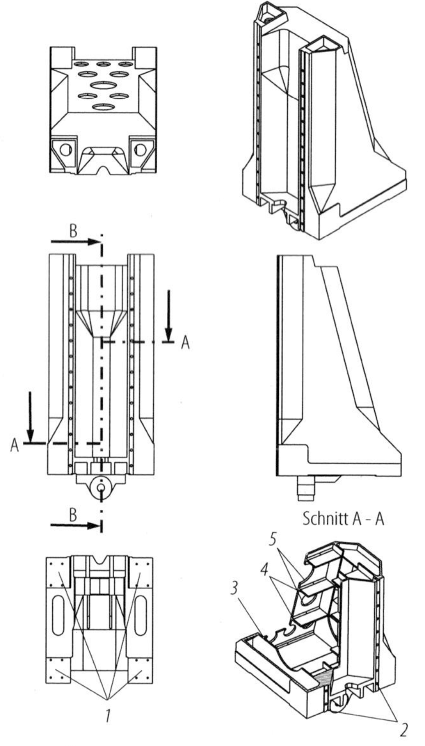

Abb. 45.47 Ständer einer vertikalen Fahrständerfräsmaschine mit Verrippung. *1* Anschraubflächen der Führungsschuhe, *2* Anschraubflächen der Führungsleisten, *3* Längswände, *4* Querschotten, *5* Durchbrüche

gesteifigkeit und stützen die Führungsbahnen an den Außenwänden ab. Die Längsrippen im Bereich der Führungsbahnen gewährleisten zum einen eine gleichmäßige Verteilung der Belastungen von den Führungsbahnen in den gesamten Ständer und verhindern zum anderen zu große lokale Verformungen an den Krafteinleitungsstellen. Die Durchbrüche in den Rückwänden dienen zur Gewichtsreduzierung und als Montageöffnungen. Eine weitere Gewichtsreduzierung bei marginalen Steifigkeitsverlusten ist durch die Abschrägung der Rückwand bei möglichst großen Abständen der Führungsschuhe zu erreichen. ◄

45.3.4 Berechnung und Optimierung

Ein entscheidendes Hilfsmittel zur wirksamen Voraussage des Verhaltens einer Maschine im Konstruktions- und Entwicklungsstadium ist die *Simulation*. Für den Rechnereinsatz ist eine leistungsfähige Anwendersoftware Voraussetzung. Allgemein anwendbare Berechnungssoftware zur Ermittlung des mechanischen Verhaltens von Gestellbauteilen hinsichtlich *Statik, Dynamik, Thermik* sind Programme, die auf der *Finite-Elemente-Methode* basieren (s. Kap. 26). Mit dieser Methode lassen sich statische und dynamische Verlagerungen bzw. Nachgiebigkeiten und Steifigkeiten, Eigenfrequenzen oder auch Temperaturverteilungen bei vorgegebenen Wärmequellen sowie thermoelastische Verformungen berechnen. Die Durchführung einer *Strukturanalyse* mittels FEM besteht aus der *Datenaufbereitung* (Preprocessing), der *Berechnung* (Solution) und der *Ergebnisauswertung* (Postprocessing). Die Verwertbarkeit der Ergebnisse hängt jedoch entscheidend von der realistischen Modellaufbereitung mit den entsprechenden Lastfällen und Randbedingungen ab. Insbesondere die *Modellierung* der thermischen Randbedingungen sowie der Dämpfungseigenschaften ist heute noch nicht oder nur mit hohem Aufwand möglich. Die Berechnung der statischen Eigenschaften sowie der ungedämpften Eigenfrequenzen und -schwingungsformen ist hingegen mit guter Genauigkeit möglich.

Für die Strukturanalyse gewinnen Optimierungsstrategien, basierend auf der Finite-Elemente-Methode, zunehmend an Bedeutung. Derartige Programmsysteme dienen beispielsweise zur *Optimierung* von Gewicht und Steifigkeit mechanischer Strukturen oder zur Minimierung von Spannungsspitzen auf den Rändern von Ausrundungen. Sie sind in der Lage, die geometrischen Bauteilparameter, z. B. Wandstärken, innerhalb bestimmter Grenzen automatisch zu variieren, so dass das Optimierungsziel (Optimum) erreicht wird. Bei spanenden Werkzeugmaschinen ist es ein wesentliches Ziel, die während der Bearbeitung auftretenden Verformungen an der Bearbeitungsstelle so klein wie möglich zu halten. Dies führt zu der Forderung, Gestellbauteile spanender Werkzeugmaschinen hinsichtlich maximaler Steifigkeit bei vorgegebenem Gesamtgewicht zu optimieren.

Beispiel

Abb. 45.48 zeigt den verfahrbaren Ständer einer Bohr- und Fräsmaschine. Ziel dieser Optimierung war die Minimierung der Verformungen an dem Strukturpunkt *P* im Bereich der rechten Führungsbahn. Entsprechend der Bearbeitungskraft wirken auf den Ständer die eingezeichneten Belastungen, die eine leichte Biegung und eine starke Torsion des Ständers zur Folge haben. Als Optimierungsparameter wurden die Außen- und Rippenwandstärken des Ständers definiert. Da der Ständer als Schweißkonstruktion ausgeführt wurde, durften die Optimierungsparameter nur die unter Restriktionen aufgeführten acht diskreten Wandstärken zwischen 8 und 40 mm annehmen. In Abb. 45.48c ist die Wandstärkenverteilung vor und nach der Optimierungsrechnung bei vorgegebenem Materialeinsatz (Gewicht) als Balkendiagramm dargestellt. Es ergaben sich Verformungsverminderungen bis zu 17 % gegenüber der Ausgangsstruktur. ◀

Bei Umformmaschinen, z. B. Pressen, bei denen neben einer ausreichenden Steifigkeit die Spannungen in der Maschinenstruktur im Vordergrund stehen, sind insbesondere lokale Spannungsüberhöhungen zu beachten, die sich infolge Kerbwirkung bei unstetigen Querschnittsübergängen ausbilden. Sie führen nicht selten zum Versagen der Gesamtmaschine.

Beispiel

Abb. 45.49 zeigt die Optimierung der Ausrundungsform einer C-Gestell-Presse zur Minimierung von Spannungsspitzen auf dem Rand der Ausrundung. Es wird deutlich, dass die Spannungsspitze bei 235° um etwa 30 % abgebaut werden konnte. ◀

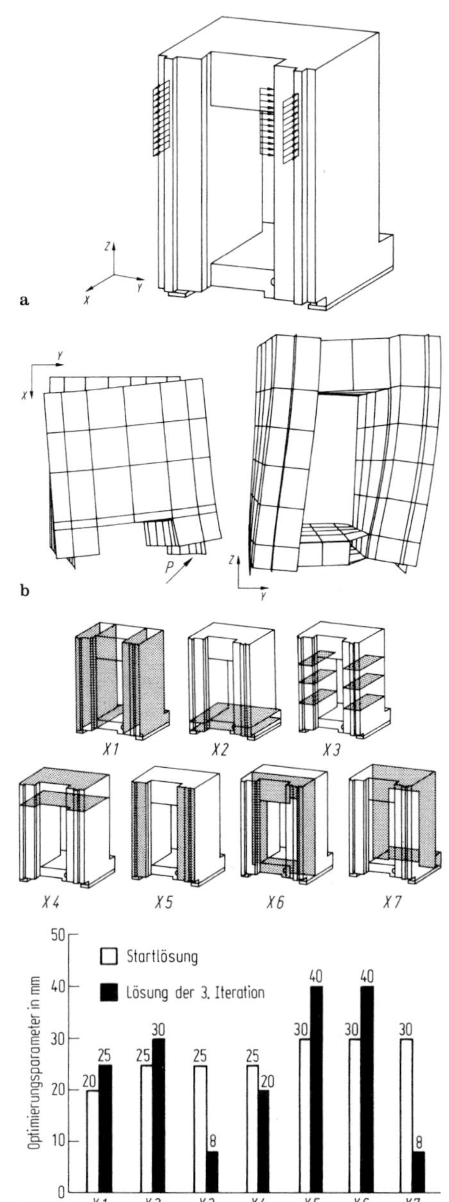

Abb. 45.48 Verformungsminimierung an einem Werkzeugmaschinenständer durch Wandstärkenvariation bei gleich bleibendem Gesamtgewicht. Optimierungsziel: Minimale Verformung an Strukturpunkt *P*, Restriktionen: gleiches Gewicht, Verwendung der Blechdicken 8, 10, 12, 15, 20, 25, 30, 40 mm. **a** Prinzipskizze, **b** verformte Strukturen, **c** Optimierungsparameter *X1* bis *X7*

45

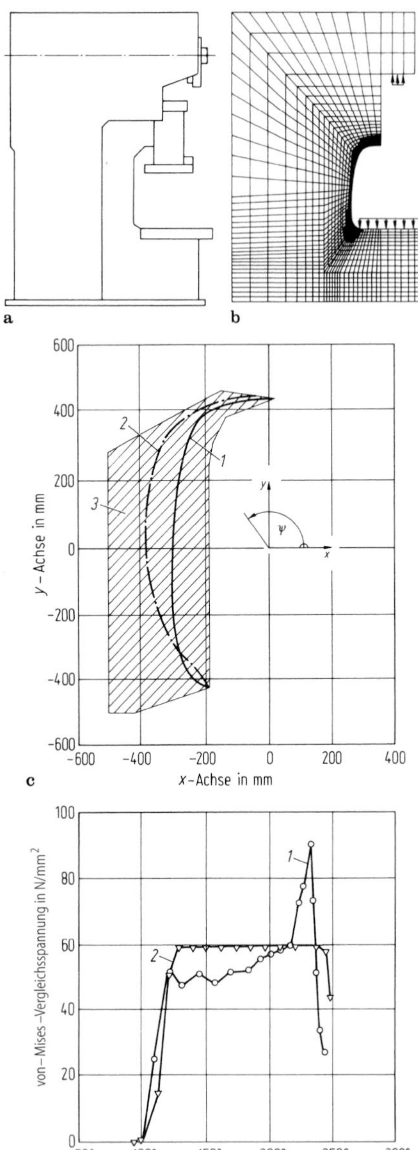

Abb. 45.49 Optimierung der Ausrundungsform einer C-Gestell-Presse. **a** Prinzipbild, **b** Finite-Elemente-Netz (Streckenlasten jeweils 800 kN), **c** Ausrundungskurven vor (*1*) und nach der Optimierung (*2*) innerhalb des zulässigen Variationsgebiets (*3*), **d** Spannungsverläufe auf dem Rand der Ausrundung vor (*1*) und nach der Optimierung (*2*), wobei die Berandung über den Winkel ψ in abgewickelter Form (gegen den Uhrzeiger) aufgetragen ist

45.4 Führungen

Führungen an Werkzeugmaschinen haben die Aufgabe, den zur Ausführung der Schnitt- und Vorschubbewegungen bestimmten Bauteilen wie Schlitten, Spindelkasten, Pressenstößel, Pinolen usw. eine exakte, lineare Bewegungsbahn zu geben. Ferner sind die Gewichte der geführten Bauteile und Werkstücke zu tragen und Prozesskräfte möglichst verformungsfrei aufzunehmen. Wichtige Anforderungen an die Führungen von Werkzeugmaschinen sind hohe Arbeitsgenauigkeit und großes Leistungsvermögen über lange Zeit bei niedrigen Herstell- und Betriebskosten [6].

Zur Erfüllung dieser *Anforderungen* müssen die Führungen folgende Eigenschaften besitzen:

- Geringe Reibung und Stick-Slip-Freiheit als Voraussetzung für exaktes Positionieren mit geringen Vorschubkräften
- geringer Verschleiß und Sicherheit gegen Fressen, damit die Genauigkeit über lange Zeit erhalten bleibt
- hohe Steifigkeit und geringes Führungsspiel bzw. Spielfreiheit, um die Lageveränderungen der geführten Bauteile gering zu halten
- gute Dämpfung in Trag- und Bewegungsrichtungen, um Überschwingungen der Vorschubantriebe und Ratterneigung der Werkzeugmaschine zu vermeiden

Weitere Kriterien wie Verlustleistung und thermisches Verhalten bedingt durch Wärmeableitung, Eindringschutz gegen Späne, Schmutz und Kühlmittel sowie Klemmen der Führung beeinflussen ebenfalls die Arbeitsgenauigkeit und das Leistungsvermögen der Werkzeugmaschine und müssen daher beachtet werden.

Herstell- und Betriebskosten werden hauptsächlich durch die Wahl des Führungsprinzips festgelegt. Die Einteilung der Führungen nach ihrem physikalischen Prinzip bzw. nach Art des Schmiermittels und des Schmierfilmaufbaus ist zusammen mit den Reibungskennlinien in Abb. 45.50 dargestellt.

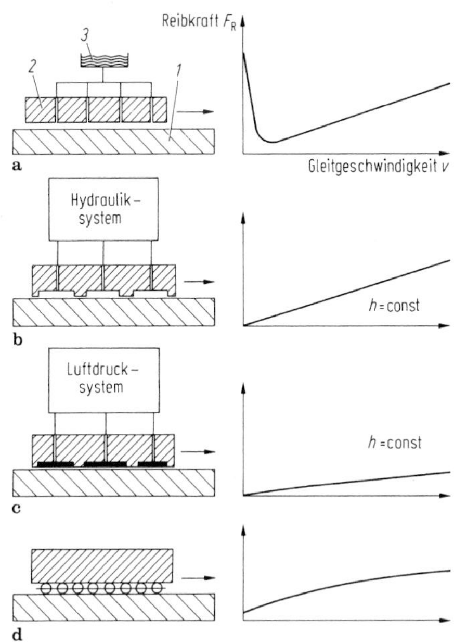

Abb. 45.50 Führungsprinzipien Führungsprinzipien und Reibungskennlinien. **a** Hydrodynamische Führung, *1* Bett, *2* Schlitten, *3* Ölvorratsbehälter, **b** hydrostatische Führung, **c** aerostatische Führung, **d** Wälzführung

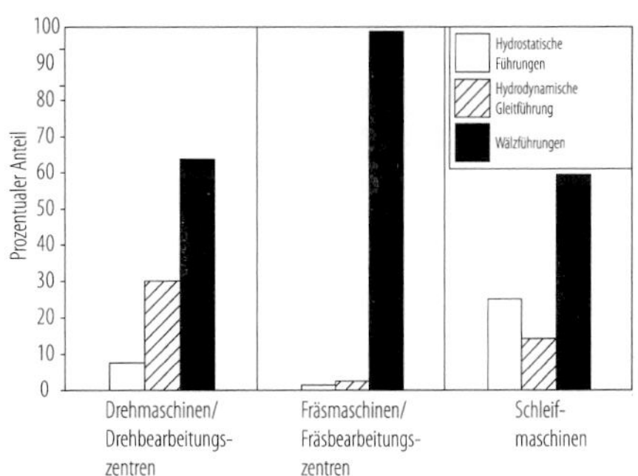

Abb. 45.51 Häufigkeit unterschiedlicher Führungsprinzipien

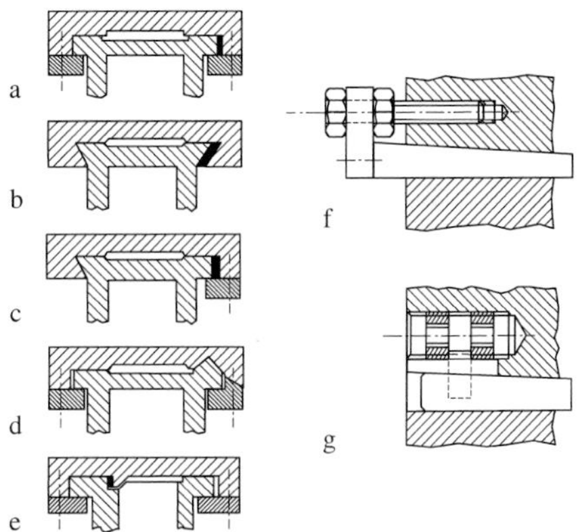

Abb. 45.52 Führungsarten. **a** Flachführung mit Umgriffleiste und nachstellbarer Keilleiste, **b** Schwalbenschwanzführung mit Keilleiste, **c** Flachführung mit Schwalbenschwanz-Gegenführung, **d** Prismenführung (Dachform) mit nachstellbarer Umgriffleiste und flacher Gegenführung, **e** Schmalführung mit nachstellbarer Keilleiste. Nachstellmöglichkeiten für Keilleisten: **f** außen, **g** innen über Innensechskant-Gewindemuffen

Die Betriebssicherheit und die Störanfälligkeit zusammen mit der Fähigkeit, eventuell auftretende Überlastungen aufzunehmen, beeinflussen die Betriebskosten der Führung. Der Wartungsbedarf sowie die Schmutzempfindlichkeit der verschiedenen Führungsprinzipien sind weitere Kriterien, welche die Betriebskosten beeinflussen und somit bei der Auswahl zu berücksichtigen sind.

45.4.1 Linearführungen

Abb. 45.51 zeigt die im Rahmen einer Industriebefragung ermittelte Häufigkeitsverteilung der verschiedenen *Führungsprinzipien* bei unterschiedlichen Maschinenarten aus dem Jahr 1995. Heute werden bei allen spanenden Werkzeugmaschinen standardmäßig Profilschienenwälzführungen eingesetzt. Je nach Anwendungsfall werden auch andere Führungsarten verwendet, der Marktanteil der hydrodynamischen Gleitführungen – der Ende der achtziger Jahre noch am häufigsten verwendeten Führungsart – ist entsprechend deutlich zurückgegangen.

Flachführungen Abgesehen von Profilschienenwälzführungen sind *Flachführungen* die am häufigsten eingesetzte Bauform im Werkzeugmaschinenbau. Sie ermöglichen die Aufnahme der Gewichts-, Massen- und Schnittkräfte weitgehend senkrecht zur Führungsbahn (Abb. 45.52). Gegen Abheben des Schlittens sind Umgriffleisten vorzusehen. Die seitliche Führung wird durch nachstellbare Keilleisten spielarm eingestellt (Neigung 1 : 40 bis 1 : 100). Nachstellmöglichkeiten sind in Abb. 45.52f und g dargestellt.

Schwalbenschwanzführungen (Abb. 45.52b) Ein Abheben des Schlittens kann durch Abschrägen der Seitenflächen um 45°–60°. Durch schräg angeordnete Keilleisten wird eine Nachstellbarkeit erreicht. Vorteile solcher *Schwalbenschwanzführungen* gegenüber Flachführungen sind die geringe Bauhöhe und ein gutes Dämpfungsverhalten. Gebaut werden auch Ausführungen (Abb. 45.52c) mit Abschrägung auf der einen und Flachführung auf der anderen Seite. Die Anwendung von Schwalbenschwanzführungen beschränkt sich im Wesentlichen auf Kurzhobel-, Stoß- und kleine Fräsmaschinen sowie Schlitten für Neben- und Zustellbewegungen. Hauptsächlich werden sie als Gleitführungen eingesetzt.

Prismenführungen (Abb. 45.52d) Ausgeführt in Dach- und V-Form nehmen *Prismenführungen* Kräfte in zwei Richtungen auf. Die Dachform wird bei kleinen und mittleren Drehmaschinen zur Führung des Hauptsupports verwandt auch in Kombination mit Flachführungen. Die Sicherung gegen Abheben erfolgt durch Umgriffleisten, die über eine Schräge spieleinstellbar ist.

Schmalführungen (Abb. 45.52e) Zur einwandfreien seitlichen Führung des Tisches sollten *Schmalführungen* verwendet werden. Der Abstand *b* der Führungsflächen sollte möglichst klein sein („Schmal"-Führung), um ein Verkanten (Schubladeneffekt) und thermische Einflüsse auf deren Spiel zu verhindern.

Zylindrische Führungen Als Richtführungen (z. B. Bohrspindelhülse) oder Gleitführungen mit spieleinstellbaren Wellenhülsen (Spiethhülsen) oder Wälzführungen werden *zylindrische Führungen* eingebaut (s. Kap. 11). Vorteile sind die leichte Herstellung und hohe Führungsgenauigkeit. Aufgrund der schwierigen Montage (Achsabstand) sind sie jedoch nur für begrenzte seitliche Belastung geeignet.

Hydrodynamische Gleitführungen Im Bereich des Werkzeugmaschinenbaus sind *hydrodynamisch geschmierte Gleitführungen* häufig vertreten. Gründe hierfür sind die große Dämpfung sowie eine hohe erreichbare Genauigkeit und Steifigkeit bei relativ niedrigem Konstruktions- und Fertigungsaufwand. Nachteilig können sich die relativ hohen Reibkräfte bei den Vorschubantrieben auswirken.

Werkstoffpaarung. Bei Gleitführungen sowie kombinierten Wälz-/Gleitführungen werden überwiegend Grauguss-Grauguss-Werkstoffpaarungen und Grauguss-Kunststoff-Werkstoffpaarungen eingesetzt, während andere Paarungen nur in geringem Maße verwendet werden. Beim bewegten Teil der Führung (Schlitten) kommen überwiegend Grauguss und Kunststoffe auf Epoxidharz- und Teflonbasis (PTFE) zum Einsatz. Der feststehende Führungsteil (Bett) wird meistens aus Grauguss und in geringem Maße aus Stahl (Ck 45, 16MnCr5 oder 90MnV8) hergestellt.

Herstellung und Bearbeitung. Die Herstellung von *kunststoffbeschichteten Führungen* erfolgt durch Aufkleben von Kunststofffolien oder mit Hilfe der Abformtechnik. Beim Abformen wird die grob vorbearbeitete Gleitfläche mit Kunststoffmasse bespachtelt und vor dem Aushärten auf die fertig bearbeitete und mit einem Trennmittel eingesprühte Gegenführung eingesenkt (Spachteltechnik). Um eine korrekte Ausrichtung der Führungsbahn und eine gleichmäßige Kunststoffschicht zu erzielen, justiert man vor dem Einlegen Positionier- bzw. Abstandsleisten zwischen den beiden Seiten. Der überflüssige Kunststoff wird durch Gewichtskräfte und evtl. zusätzliche Lasten aus der Fuge gedrückt. Bei der Einspritztechnik erfolgt die Beschichtung durch Einpressen der Kunststoffmasse in den Zwischenraum voreingestellter und justierter Bauteile (Abb. 45.53). Durch Hobeln mit einem Spitzstahl oder Fräsen mit einem Einschneider lässt sich eine gute Haftung zwischen Kunststoff und Schlitten erreichen.

Der überwiegende Teil der mit Kunststoff gespachtelten oder gespritzten Gleitführungen wird nach dem Aushärten zur Ausbildung von Öltaschen geschabt. Ein geringerer Teil kommt ohne weitere Bearbeitung zum Einsatz. Bei dem am häufigsten für Führungsbahnen verwendeten Werkstoff Grauguss finden die vier Endbearbeitungsverfahren Schaben, Umfangschleifen, Stirnschleifen und Feinfräsen Anwendung, während

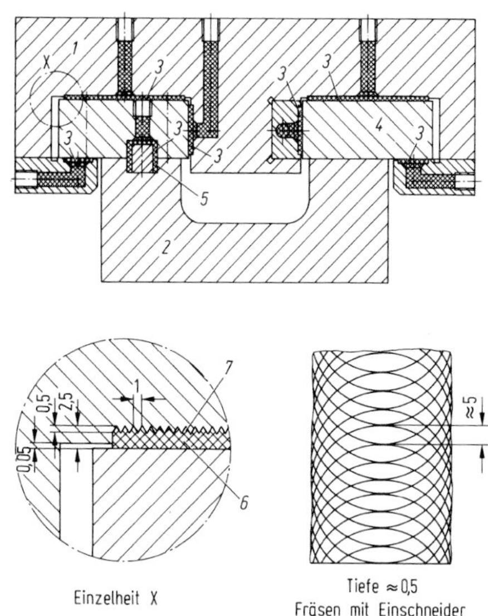

Abb. 45.53 Einspritztechnik bei kunststoffbeschichteten Gleitführungen (SKC-Gleitbelagtechnik). *1* Schlitten, *2* Bett, *3* Kunststoffgleitbelag, *4* Einpressbohrungen, *5* geschraubte Führungsleiste und Passfeder

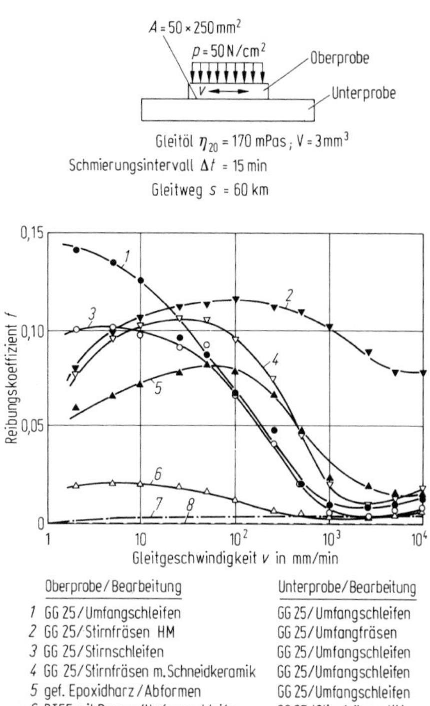

Abb. 45.54 Reibungsverhalten unterschiedlicher Führungen. *1–6* Gleitführungen, *7* Wälzführungen, *8* hydrostatische Führungen

Stahl meist nur durch Umfangs- und Stirnschleifen bearbeitet wird.

Tragende Führungsbahnen sollten wegen Fressgefahr und Verschleiß gehärtet werden. Grauguss ist durch *Brenn-* oder *Induktionshärtung* oder durch Gießen gegen *Kokillen* härtbar. Oberflächengehärtete Stahlführungen (HRC 58 bis 63) sind als Rundsäulen, Blockleisten, Platten oder Federbandstahl erhältlich.

Tribologische Eigenschaften. Bei der *tribologischen Betrachtung* (s. Kap. 33) von Reibung und Verschleiß muss stets das Beanspruchungskollektiv berücksichtigt werden [38]. Das Beanspruchungskollektiv umfasst die Bewegungsart (Gleiten, Rollen usw.), den zeitlichen Bewegungsablauf (kontinuierlich, oszillierend usw.) sowie die Belastungsparameter (Normalkraft F_N, Geschwindigkeit v, Temperatur und Beanspruchungsdauer t_B). Von besonderer Bedeutung sind ferner die Eigenschaften von Grund- und Gegenkörper mit ihren Werkstoffen und Oberflächenstrukturen, sowie der Zwischenstoff nach seiner Art, Viskosität und Menge.

Das *Reibungsverhalten* von unterschiedlichen Führungsprinzipien und von Gleitführungen mit verschiedenen Werkstoffen und Oberflächenstrukturen zeigt Abb. 45.54 [6]. Hydrostatische Führungen weisen die niedrigsten Reibungskoeffizienten auf. Deutlich größer als bei hydrostatischen und Wälzführungen sind die Reibungskoeffizienten bei hydrodynamischen Gleitführungen. Bei dieser Führungsart haben die Oberflächenstrukturen einen starken Einfluss auf den Verlauf der Reibungskennlinie (Stribeck-Kurve), (s. Abb. 45.50). Die Anwendung des Bearbeitungsverfahrens, Umfangsschleifen auf der feststehenden Unterprobe (Bett) und bewegten Oberprobe (Schlitten), führt zu einem steilen Abfall der Reibungskoeffizienten mit steigender Geschwindigkeit (Kennlinie *1*). Dies begünstigt die unerwünschte Stick-Slip-Neigung (*Ruckgleiten*) bei niedrigen Vorschubgeschwindigkeiten. Zur Vermeidung dieses steilen Abfalls sollte ein Teil der Gleitführung, vorzugsweise der Schlitten, Bearbeitungsriefen quer zur Gleitrichtung aufweisen [6]. Dies ist durch Stirnschleifen oder noch besser durch Stirnfräsen erreichbar (Kennlinie *2*,

3, 4). In diesem Fall liegt das gesamte Niveau der Reibungskoeffizienten im unteren Gleitgeschwindigkeitsbereich bedeutend niedriger. Dadurch wird der Stick-Slip-Neigung entgegengewirkt. Eine günstige Reibungskennlinie, auch bezüglich niedriger Stick-Slip-Neigung, zeigen gefüllte Epoxidharze und PTFE (Teflon) mit Bronze (Kennlinie *5* und *6*). Teflon erlaubt sogar Trockenlauf, weist jedoch geringe Drucksteifigkeit (Kantenfestigkeit) auf.

Der Verschleiß geschmierter, ungehärteter Grauguss-Gleitführungen liegt bei einer Belastung von 50 N/cm^2 in der Größenordnung 1 bis 3 µm je Gleitpartner nach 60 km Gleitweg, die bei einem Einschichtbetrieb einer Betriebsdauer von rund fünf Jahren entsprechen. Ein Härten der metallischen Führungen bewirkt bei einer geschmierten Gleitbeanspruchung keine gravierende Reduzierung des Verschleißes. Heutige, abformbare Kunststoffmaterialien führen durch Quellerscheinungen häufig zu einer negativen Spalthöhenveränderung (d. h. der Spalt wird kleiner) in der Größenordnung von 3 µm. Da während eines Fertigungsprozesses neben notwendigem Gleitbahnöl auch Kühlemulsion auf die Führungsbahn gelangen kann, können auch höhere Quellwerte der Kunststoffe auftreten.

Sehr weiche Führungsmaterialien wie reines PTFE führen unter einer im Werkzeugmaschinenbau üblichen Belastung von 50 N/cm^2 zu unvertretbar hohem Verschleiß. Durch Beigabe von geeigneten Zusatzstoffen (z. B. Bronzepulver) werden bei weiterhin günstigen Reibungseigenschaften geringere Verschleißwerte erzielt.

Die *Schmierung* hydrodynamischer Gleitführungen ist im Hinblick auf deren Verschleiß ein wichtiger Aspekt. Die meisten Werkzeugmaschinen sind mit Impulsschmieranlagen ausgestattet. Kontinuierliche Fallölschmierung und Handschmierungen finden nur in geringem Maße Anwendung. Bei der Schmierung werden üblicherweise Gleitbahnöle mit Viskositäten η von $30 \cdot 10^{-3}$ bis $80 \cdot 10^{-3}$ Ns/m^2 eingesetzt.

Hydrostatische Gleitführungen Bei diesem Führungsprinzip sind die Gleitflächen der geführten Maschinenelemente berührungsfrei durch einen Ölfilm voneinander getrennt, der permanent

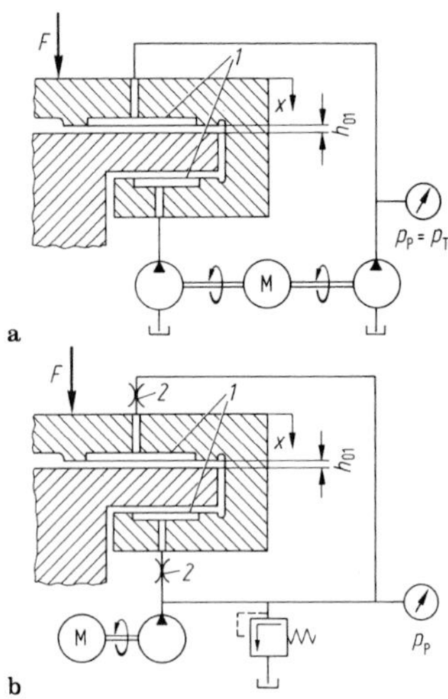

Abb. 45.55 Ölversorgung hydrostatischer Drucköltaschen (*1*) über Mehrfachpumpen (**a**), gemeinsame Pumpen (**b**) und Kapillardrosseln (*2*)

unter Druck steht, welcher von einem externen Ölversorgungssystem aufrechterhalten wird [6]. Das Drucköl gelangt über Zuführbohrungen in hydrostatische Taschen und strömt im Parallelspalt zwischen den Gleitflächen unter Druckverlust ab. Die Ölversorgung geschieht entweder über eine separate Pumpe je Tasche (Abb. 45.55a) oder eine gemeinsame Pumpe bei konstantem Druck und hydraulischer Entkopplung der Taschen durch Vordrosseln, meist Kapillarrohre (Abb. 45.55b). Der erste Fall bietet höhere Steifigkeit und Überlastfähigkeit bei geringerer Verlustleistung, im zweiten Fall ist der Herstellungsaufwand geringer bei halber Ausgangssteifigkeit.

Abb. 45.56 zeigt die Last-Verformungsgleichung für ein hydrostatisches Umgrifftaschenpaar in graphischer Form. Mit diesen Kennlinien lässt sich die Spalthöhenänderung bei gegebener Geometrie und Belastung bestimmen.

Vorteile hydrostatischer Führungen. Sie arbeiten verschleißfrei, weisen keine Anlaufreibung und nur geringe Reibung ohne Ruckgleiten (Stick-Slip-Effekt) im Bereich niedriger Vorschubgeschwindigkeiten auf. Bedingt durch den Ölfilm sind auch die Dämpfungseigenschaften quer zur Führungsbahn gut. Durch die Wahl der Spalthöhen, der Vorspannung und der Flächenverhältnisse sind hohe Steifigkeiten bei kleinem

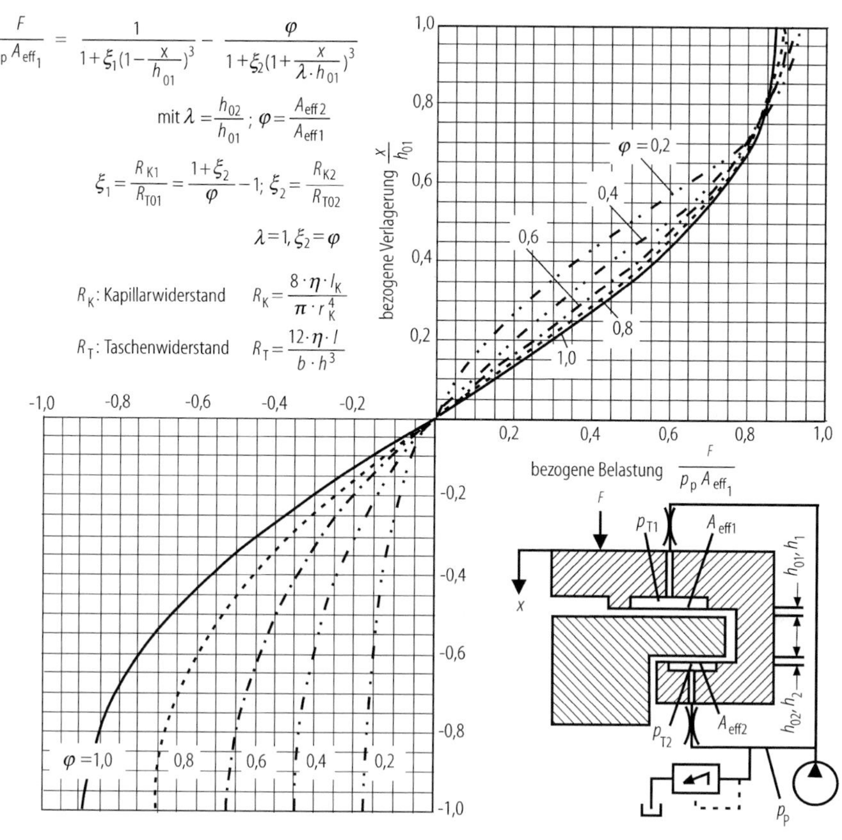

Abb. 45.56 Verlagerungs-Belastungskennlinien für hydrostatische Gleitführungen gemäß Abb. 45.55b, System: eine Pumpe und Kapillaren mit Umgriff, äußere Last F, effektive Lagerflächen A_{eff}, Pumpendruck p_P, Taschendruck p_T, Flächenverhältnis φ, Viskosität η, Abströmlänge l, Abströmbreite b. Technische Daten: Anfangsspalthöhenverhältnis $\lambda = 1$, Drosselverhältnis $\xi\ 2 = \varphi$

Bauraum erzielbar und in weiten Grenzen beeinflussbar.

Gleitführungen mit aerostatischer Schmierung. Auch *gasgeschmierte* Lager arbeiten nach demselben Funktionsprinzip. Die Unterschiede bestehen hauptsächlich in den Eigenschaften ihrer Schmiermittel. Vorteile von aerostatischen Gleitführungen sind sehr geringe Reibung, geringe Wärmeentwicklung, sehr hohe Wiederholgenauigkeit sowie, durch den Wegfall der Dichtungen und der Schmiermittelrückführung, geringer konstruktiver Aufwand. Als nachteilig sind größere Bauteilabmessungen, geringere Dämpfung, schlechte Notlaufeigenschaften sowie erhöhter Aufwand für die Fertigung und Luftaufbereitung zu nennen. Durch die Kompressibilität des Schmiermittels können selbsterregte pneumatische Instabilitäten entstehen, die unter dem Begriff *„air-hammer"* bekannt sind. Sie lassen sich jedoch durch konstruktive Maßnahmen beseitigen. Zu ihrer Vermeidung muss der Speisedruck ausreichend gedrosselt werden. Die sehr engen Lagerspalte von etwa 10 µm setzen sehr hohe Fertigungsgenauigkeiten sowie geringe statische, dynamische und insbesondere thermisch bedingte Verlagerungen voraus. Die Berechnung aerostatischer Lager erfolgt unter Annahme viskoser Spaltströmung mit Hilfe der Navier-Stokesschen Gleichungen.

Abb. 45.57 zeigt einen aerostatisch gelagerten Schlitten mit Rundtisch. Zur Reduzierung des Fertigungsaufwandes wird der Schlitten mit federbelasteten Stützrollen vorgespannt, die im Vergleich zu den aerostatischen Lagern sehr geringe Steifigkeiten besitzen. Dadurch ist ihr

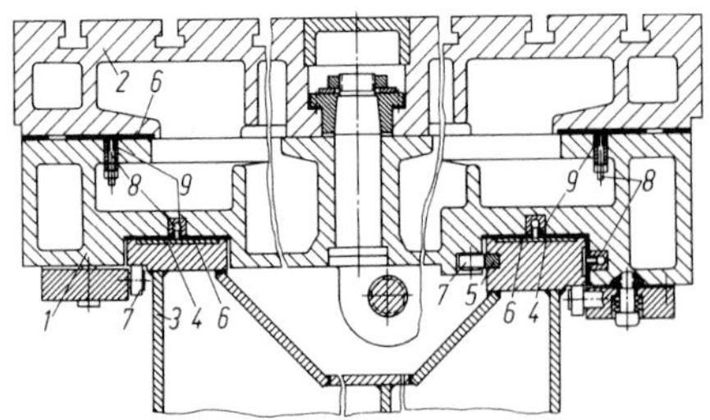

Abb. 45.57 Aerostatische Führung eines Querschlittens *1* mit aerostatisch gelagertem Drehtisch *2* (Wotan, Düsseldorf), *3* Bett, *4* eingeklebte gehärtete Stahlplatten, *5* eingeklebte Stahlleiste, *6* aufgeklebte Kunststoffplatten, *7* federbelastete Stützrollen, *8* Luftzufuhr, *9* Einströmöffnung mit Düsen als Drosseln

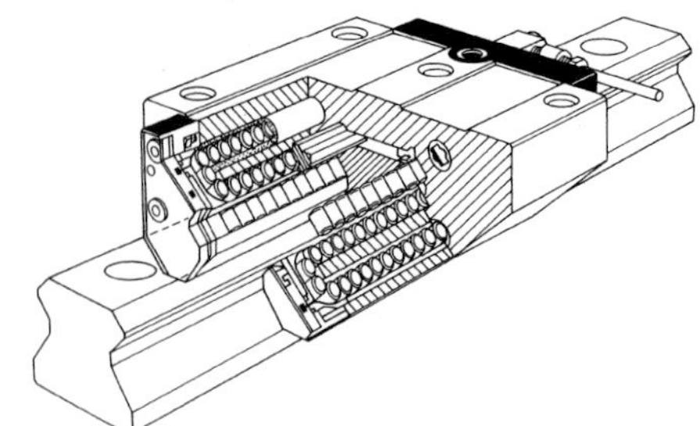

Abb. 45.58 Profilschienen-Wälzführung

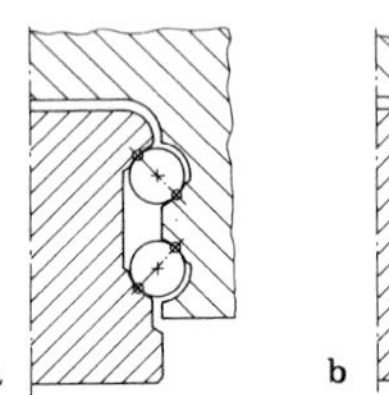

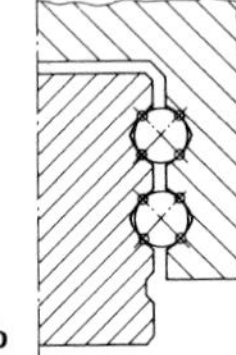

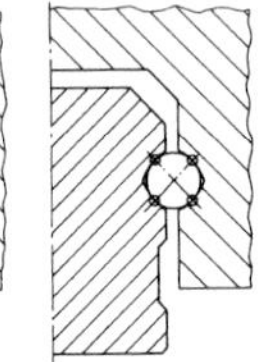

Abb. 45.59 Kugelführungen **a** mit 2-Punkt und **b** 4-Punkt-Berührung der Kugeln (Deutsche Star, Schweinfurt)

Einfluss auf die Führungsgenauigkeit sehr gering.

Wälzführungen Außer Gleitführungen finden wälzgelagerte Linearführungen in der Praxis eine breite Anwendung. Sie bieten gegenüber Gleitführungen folgende Vorteile: leichter Lauf wegen Rollreibung, geringer Anfahrwiderstand, kein Stick-Slip, Wartungsfreiheit. Als nachteilig ist bei dieser Führungsart gegenüber hydrostatischen und hydrodynamischen Führungen die geringe Dämpfung normal zur Bewegungsrichtung zu nennen [6].

Wälzführungselemente werden in unterschiedlichen Baugrößen und Genauigkeitsklassen angeboten. Als *Wälzkörper* kommen Kugeln, Zylinderrollen und Nadeln zum Einsatz (s. Kap. 11). Wälzführungen mit umlaufenden Wälzkörpern werden außerdem für die Realisierung großer Verfahrwege verwendet. Da die Wälzkörper in einer endlosen Schleife laufen, wird der Verfahrweg nur durch die Länge der Schiene begrenzt. Je nach Ausführungsform werden Rollen oder Kugeln eingesetzt.

Die am häufigsten im Werkzeugmaschinenbau eingesetzten Führungen sind Profilschienenwälzführungen (Abb. 45.58). Bei Profilschienenwälzführungen, die mit Kugeln ausgeführt sind, unterscheidet man nach Gestaltung der Laufbahnen zwischen 4-Punkt- und 2-Punkt-Kontakt-Ausführungen. Die spielfreie Einspannung der einzelnen Kugeln im 4-Punkt-Kontakt erlaubt auch Bauformen mit lediglich zwei Kugelreihen. Im Gegensatz dazu müssen Systeme mit Zweipunkt- bzw. Zweilinienkontakt der Wälzkörper vier Wälzkörperreihen besitzen (Abb. 45.59). Bei letzteren unterscheidet man hinsichtlich der Kontaktlinienrichtung zwischen Elementen mit X- oder mit O-Anordnung der Wälzlager.

Aufgrund der höheren Kontaktsteifigkeiten des Linienkontakts weisen rollengeführte Systeme im Vergleich zu kugelgeführten Systemen höhere Steifigkeiten auf. Unter Zugbelastung ist das Steifigkeitsverhalten von Profilschienenwälzführungen aufgrund des ungünstigeren Kraftflusses schlechter als unter Druck.

Profilschienenwälzführungen können auf dem Markt mit unterschiedlichen *Vorspannungsklassen* erworben werden. Eine höhere Vorspannung bewirkt eine höhere Steifigkeit, geht aber auf Kosten der Lebensdauer. Die Vorspannung wird herstellerseitig über den Durchmesser der Wälzkörper festgelegt.

Im Vergleich zu hydrodynamischen Gleitführungen weisen Profilschienenwälzführungen in allen Richtungen ein wesentlich geringeres Dämpfungsmaß auf. Abhilfe bei dynamischen Problemen können Dämpfungswagen bringen, die zumeist ähnlich wie bei Gleitführungen nach dem Squeeze-Film-Prinzip arbeiten. In den meisten Fällen ist ein Einsatz von Dämpfungswa-

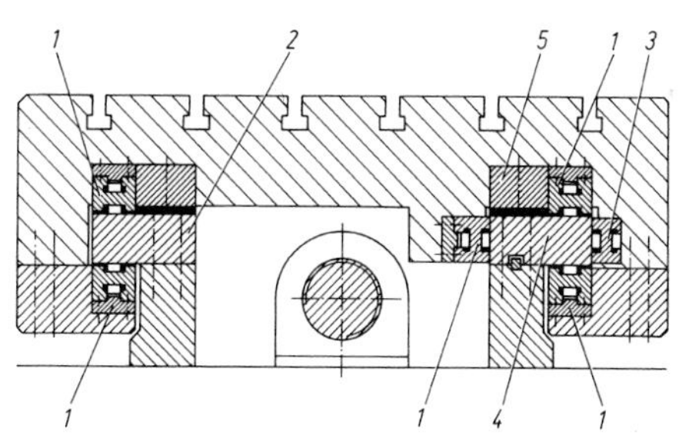

Abb. 45.60 Schlittenführung einer Fräsmaschine. *1*, *3* Rollenumlaufschuh, *2*, *4* Führungsschiene, *5* Dämpfungsleiste (INA-Lineartechnik)

gen bei der praktischen Anwendung von Profilschienenwälzführungen jedoch nicht notwendig.

Beispiel

Abb. 45.60. In der Schlittenführung übernehmen die vier aufliegenden Wälzführungselemente (Rollenumlaufschuh) die Hauptlast des horizontalen Schlittens. Neben diesen Elementen liegen die Dämpfungsleisten. Das im Kapillarspalt zwischen Leiste und Führungsbahn verbleibende Öl wirkt als Schwingungsdämpfer. ◄

Die Eignung verschiedener Lagerarten für im Werkzeugmaschinenbau gebräuchliche Anwendungskriterien zeigt Tab. 45.2 [6].

45.4.2 Drehführungen

Drehführungen dienen zur Führung und Kraftaufnahme der an der Erzeugung der Schnitt- oder Umformbewegung beteiligten rotierenden Bauteile. An Spindellagerungen für Bohr-, Fräs-, Dreh- und Schleifspindeln werden höchste Anforderungen hinsichtlich der Laufgenauigkeit gestellt. Daher sind die Abmaße der verschiedenen Elemente des *Spindel-Lager-Systems* wie u. a. Lager, Spindel und Gehäuse sehr eng zu tolerieren [48]. Neben der Drehzahlgrenze hat auch der geforderte Drehzahlbereich und -verlauf Einfluss auf die Lagerauswahl. Bei Verwendung des Wälzlagers ist das Schmierprinzip (Fett-, Ölminimalmengen- oder Ölkühlschmierung) entsprechend Einsatzdrehzahl, Systembelastung und zulässiger Verlustleistung zu wählen [43–45]. Walzen- und Kurbellagerungen müssen zumeist größte Kräfte bei geringem Bauraum übertragen. Daher sind sie häufig als Gleitlagerungen ausgeführt [41].

Tab. 45.2 Vergleich der Lagerarten

	Wälz-lager	hydrodyn. Lager	hydrostat. Lager	aerostat. Lager	magnet. Lager
hoher Drehzahlkennwert n^* Dm	◕[a]	◐	◐	●	●
hohe Lebensdauer	◕	◕	●[b]	●[b]	●[b]
hohe Laufgenauigkeit	◕	◕	●	●	●
hohe Dämpfung	○	◕	◕	◐	◕
hohe Steifigkeit	◕	◕	●	◐	◕
geringer Aufwand für Schmierung und Schmiersystem	●[c]	◐	○	◐	○[d]
geringe Reibung	◐	○	○	●	●
günstiger Preis (Beschaffung,Wartung)	●[c]	◐	◐	◐	○

[a] abhängig von Schmiersystem und Wälzlagerart
[b] Lebensdauer unbegrenzt bei störungsfreiem Betrieb
[c] mittel bei Ölschmierung
[d] hoher Regelaufwand für Magnetkräfte
● sehr günstig ○ günstig ◕ mittel ◐ ungünstig

Vorschubspindellagerungen Bei Vorschubspindeln werden hohe Genauigkeits- und Belastungsanforderungen an die Axiallager gestellt, bei sehr hohem Drehzahlbereich. Daher werden hier grundsätzlich Wälzlagerungen mit Vorspannung verwendet.

Getriebelager In Getriebelagern laufen Wellen, Radnaben usw. als Bauteile von Rädergetrieben. Sie übertragen meist höhere Kräfte bei kleinem bis mittlerem Drehzahlbereich. Zum Einsatz kommen Normwälzlager, bei kleinen Relativdrehzahlen und geringem Bauraum auch Gleitlager aus Bronze oder Grauguss.

Aerostatische Lagerungen Ihr Einsatzgebiet sind hochgenaue Führungen und Lagerungen für die Messtechnik, für Präzisions- und Ultrapräzisionsmaschinen. Sie zeichnen sich besonders durch ihre Reibungs- und Stick-Slip-Freiheit aus. Unebenheiten auf den Führungs- und Lagerflächen werden über dem Spalt gemittelt, wodurch eine gleichmäßige Bewegung und eine geringe Geradheitsabweichung erreicht wird. Durch den offenen Kreislauf – die Luft entweicht in die Umgebung – ist ein einfacher Aufbau möglich. Typische Luftdrücke liegen zwischen 5 und 10 bar, typische Spaltweiten zwischen 2 und 20 µm.

Beispiel

Abb. 45.61. ◄

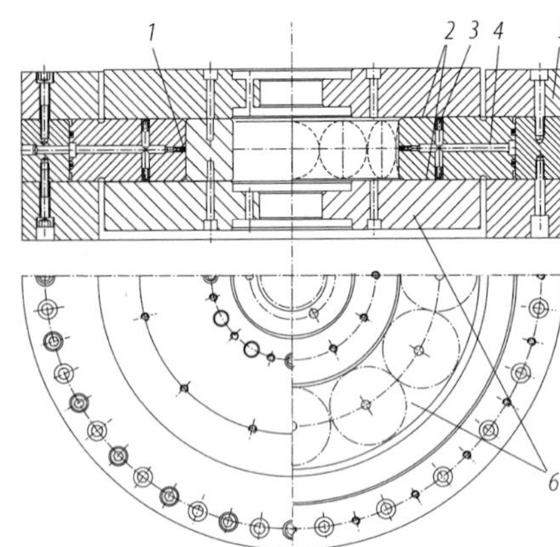

Abb. 45.61 Aerostatisch gelagerter Rundtisch, *1* radiales Lager, *2* axiale Lager, *3* Düsen, *4* Speiseluftversorgung, *5* starres Tischgehäuse, *6* Rundtisch

Hydrostatische Gleitlagerungen [6] (s. Abschn. 12.4) Als Hauptlagerungen von Schleif-, Feindreh-, Bohr- und Fräsmaschinen werden dann *hydrostatische Gleitlagerungen* eingesetzt, wenn hohe Belastungen aufzunehmen und große Drehzahlbereiche zu verwirklichen sind. Jedoch lassen sich durch geeignete Wahl der konstruktiven Parameter beinahe beliebige Betriebseigenschaften erzielen. Diesen Vorteilen steht der hohe Aufwand für ein Ölversorgungssystem und Sicherheitseinrichtungen bei dessen Ausfall gegenüber. Bei hohen Gleitgeschwindigkeiten (15 m/s und mehr) und kleinen Ölspalten (um 30 µm) ist eine geringe Ölviskosität zu wählen, um Reibungsverluste und Erwärmung möglichst gering zu halten.

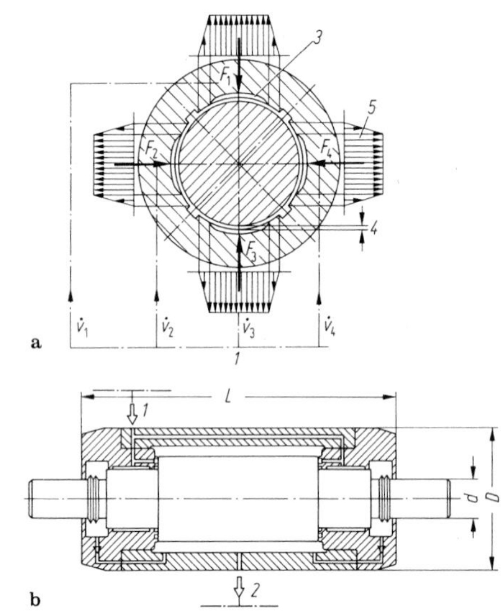

Abb. 45.62 Hydrostatisch gelagerte Spindel (FAG, Schweinfurt). **a** Querschnitt mit Druckbergen (resultierende Druckkräfte F), **b** Längsschnitt. *1* Ölzufuhr, *2* Ölabfuhr, *3* hydrostatische Tasche, *4* Spalt, *5* Druckberg, $\dot{V}$ Ölmengen

Beispiel

Abb. 45.62. ◄

Wälzlagerungen (s. Kap. 11) Im Werkzeugmaschinenbau haben *Wälzlagerungen* wegen ihrer Anpassungsfähigkeit an zum Teil extreme Anforderungen (wie hohe Genauigkeit, Tragfähigkeit und Steifigkeit, großer Drehzahlbereich mit hohen Geschwindigkeiten bei geringer Erwärmung) einen großen Stellenwert. Die vorgenannten Anforderungen werden durch Kombination geeigneter Wälzkörper, Käfig- und Laufflächenausführung und -anordnung, Lagerspiel bzw. Vorspannung, Schmierung und Güteklassenauswahl erfüllt. Wälzlager sind genormt und zeichnen sich daher durch Kostenvorteile und leichte Beschaffbarkeit aus. Für Spindellagerungen setzt man Wälzlager bis zur höchsten Genauigkeitsklasse nach DIN 620 ein.

Um Steifigkeit und Rundlaufgenauigkeit möglichst hoch sowie den Verschleiß der Lager möglichst gering zu halten, ist i. A. eine geryinge bis mittlere Lagervorspannung angebracht [46, 47]. Eine Schmierung der Wälzlager ist unumgänglich, da sonst die Lager nach kurzer Einsatzzeit ausfallen würden und zudem die Lagertemperaturen im Betrieb zu hoch wären. Für kleine bis mittlere Lagerdrehzahlen wird zur Schmierung Fett verwendet. Ein Lagereinsatz bei höheren Drehzahlen, denen Drehzahlkennwerte $n \cdot d_{\mathrm{m}}$ über $1{,}0 \cdot 10^6$ mm/min (d_{m} mittlerer Lagerdurchmesser) entsprechen, erfordert eine Ölminimalmengen- oder Öleinspritzschmierung. Für höchste Drehzahlkennwerte mit $n \cdot d_{\mathrm{m}} > 2{,}0 \cdot 10^6$ mm/min wird in den meisten Fällen die *Öleinspritz-* der *Minimalmengenschmierung* wegen ihrer größeren Betriebssicherheit vorgezogen [41, 42]. Bei der Einspritzschmierung wird das Schmieröl in größeren Mengen in einem gekühlten Ölkreislauf geführt und dient somit auch der Lagerkühlung. Bei Verwendung von Präzisionsschrägkugellagern, die insbesondere zur Lagerung von Hochgeschwindigkeitsspindeln üblich sind, ist das Fettschmierprinzip auch bis zu Drehzahlkennwerten von $n \cdot d_{\mathrm{m}} = 1{,}0 \cdot 10^6$ mm/min möglich. Hierbei sind jedoch spezielle Synthetikfette mit genau auf die Wälzlager abgestimmten Dosiermengen erforderlich. Daneben ist in diesem Fall auf einen präzisen Einlaufvorgang bei langsamer Drehzahlsteigerung und intermittierenden Betrieb zu achten [41, 42].

Zylinderrollenlager werden häufig zur Radiallagerung eingesetzt. Eine hohe Steifigkeit und Dämpfung wird durch die Rollen erreicht. Dies gilt besonders bei den zweireihigen Ausführungen. Die Spieleinstellbarkeit wird durch einen Kegelsitz auf der Spindel ermöglicht.

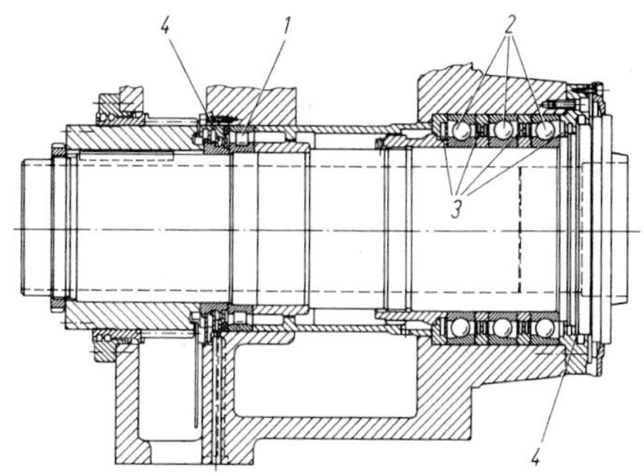

Abb. 45.63 Drehmaschinenarbeitsspindel (FAG, Schweinfurt). *1* Zylinderrollenlager, *2* Schrägkugellager, *3* Fettkammern, 4 Labyrinthabdichtung [48]

Kegelrollenlager ermöglichen Nachstellbarkeit durch axiales Zustellen eines Lagerrings. Sie besitzen gute Dämpfungseigenschaften, jedoch ist ihre Drehzahl durch die Bordreibung der Rollen nach oben begrenzt. Die O-förmige Anordnung der Kegelrollenlager erlaubt eine Kompensation der Temperaturausdehnung.

Axial-Schrägkugellager erlauben bei geringerer Vorspannung Drehzahlkennwerte bis $n \cdot d_{\mathrm{m}} = 5{,}0 \cdot 10^5$ mm/min.

Axial-Zylinderrollenlager sind bei großen Axialkräften und nicht zu hohen Drehzahlen ($n \cdot d_{\mathrm{m}} \leq 0{,}4 \cdot 10^5$ mm/min) im Einsatz, z. B. für die Planscheibenlagerung großer Drehmaschinen oder Vorschubspindellagerungen. Bei letzteren ist zur Erhöhung der Gesamtsteifigkeit die Spindel an beiden Enden axial zu lagern.

Axialrillenkugellager dienen zur Übertragung von Axialkräften. Sie verlieren für Spindellagerungen an Bedeutung. Um hohe axiale Spindelbelastungen aufnehmen zu können, werden Axialschrägkugellager bevorzugt.

Schrägkugellager erlauben hohe Drehzahlen. Die geringere Steifigkeit dieser Lager vor allem in axialer Richtung wird durch Aneinanderreihen mehrerer (bis zu 4) Lager in Tandemanordnung, die mit bis zu zwei Stützlagern vorgespannt werden, erhöht, Abb. 45.63. Häufig werden Schrägkugellager in Kombination mit einem ein- oder mehrreihigen Zylinderrollenlager eingesetzt. Wenn die zu lagernde Spindel mit höchsten Drehzahlen (Drehzahlkennwert $n \cdot d_{\mathrm{m}} = 1{,}0$ bis $2{,}0 \cdot 10^6$ mm/min) betrieben werden soll, sind fast ausschließlich Schrägkugellager im Einsatz.

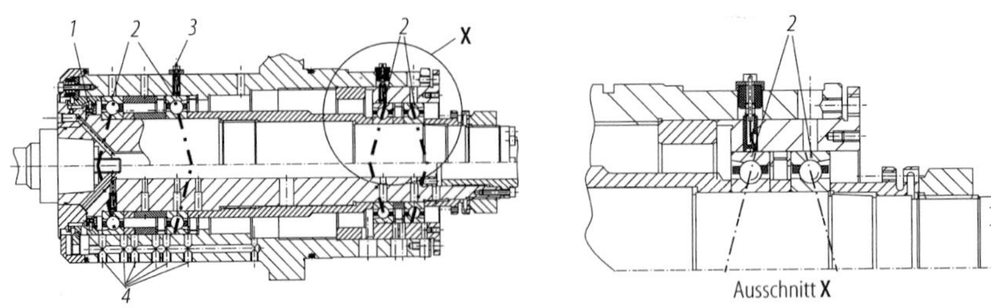

Abb. 45.64 Fräsmaschinenspindel mit Fest- Loslagerung (WZL, Aachen). *1* Berührungslose Dichtung, *2* Spindellager, *3* Temperatursensor, *4* Öl Zu- und Abfuhr

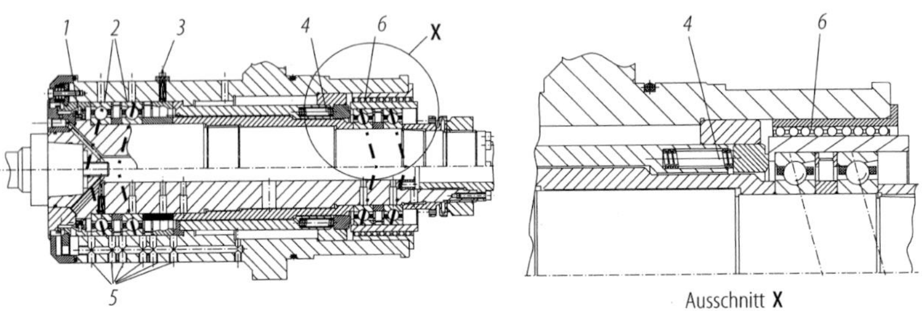

Abb. 45.65 Frässpindel, elastisch angestellte Lagerung (WZL, Aachen). *1* Berührungslose Dichtung, *2* Spindellager, *3* Temperatursensor, *4* Federvorspannung, *5* Öl Zu- und Abfuhr, *6* Kugelhülse

Je nach *Anordnung* ist eine Festlagerung, Fest-/Loslagerung (Abb. 45.64) oder eine elastisch angestellte Lagerung (Abb. 45.65) möglich. Fest- und Fest-/Loslagerungen sind axial steif in Zug- und Druckrichtung; elastisch angestellte Lagerungen nehmen nur Druckkräfte auf, sind jedoch für höchste Drehzahlen geeignet, da die Lagervorspannung konstant ist. Hochgeschwindigkeitslager werden immer häufiger als Hybridlager (Lagerringe aus Stahl mit Keramikkörpern) ausgeführt. Die Werkstoffpaarung Keramik/Stahl weist gute tribologische Eigenschaften auf.

Literatur

Spezielle Literatur

1. Brecher, C., Weck, M.: Werkzeugmaschinen Fertigungssysteme Bd. 2, Konstruktion, Berechnung und messtechnische Beurteilung, 9. Aufl. Springer Vieweg, Heidelberg (2017)
2. Weck, M., Brecher, C.: Werkzeugmaschinen Konstruktion und Berechnung, Bd. 2, 8. Aufl. Springer u. a., Berlin (2006)
3. Stute, G.: Regelung an Werkzeugmaschinen. Hanser, München (1981)
4. Weck, M., Brecher, C.: Werkzeugmaschinen Fertigungssysteme – Mechatronische Systeme, Vorschubantriebe; Prozessdiagnose, Bd. 3: Automatisierung und Steuerungstechnik, 6. Aufl. Springer Verlag, Berlin (2006)
5. Weck, M., Ye, G.: Elektrische Stell- und Positionsantriebe – Systemaspekte und Anwendungen bei Werkzeugmaschinen. ETG-Fachber. **27**. VDE-Verlag, Berlin (1989)
6. Henneberger, G.: Servoantriebe für Werkzeugmaschinen und Roboter, Stand der Technik und Entwicklungstendenzen. etz Bd. **110**(H. 5/7), S. 200 ff., 274 ff. (1989)
7. Gross, H.: Elektrische Vorschubantriebe für Werkzeugmaschinen. Siemens Aktiengesellschaft (1981)
8. Bachmann, G.: Virtuelle Königswelle bietet mehr Flexibilität. Konstruktion **50**(1/2), S. 28–30 (1998)
9. Vogt, G.: Digitale Regelung von Asynchronmotoren für numerisch gesteuerte Fertigungseinrichtungen. Springer, Berlin (1985)
10. Henneberger, G.: Servoantriebe für Werkzeugmaschinen und Roboter. Stand der Technik, Entwicklungstendenzen. Conf. Proc. ICEM, München, Sept. (1986)
11. High Frequency Motor Spindles with Active Magnetic Bearings for Milling, Drilling and Grinding: Firmenschrift der IBAG AG Zürich Schweitz (1995)
12. Brosch, F.: Elektrische Antriebe im Vergleich. VDI-Z Spezial Antriebstechnik. VDI-Verlag, Düsseldorf (1994)
13. Glöckner, H., Weyh, J.: Direktangetriebene Kreuztisch-Systeme sind konventionellen überlegen. Maschinenmarkt **102**(39), S. 48–51 (1996)

14. Rudloff, H., Götz, F., Siegler, R., Gringel, M., Knorr, M.: Direktantriebe – Auslegung und Vergleich. Fertigungstechnisches Kolloquium – FTK '97, 11./12. November 1997, Stuttgart. Springer, Berlin (1997)
15. Weck, M., Krüger, P., Brecher, C., Wahner, U.: Components of the HSC-Machine. 2nd International German and French Conference on High Speed Machining, Darmstadt, 10–11 March (1999)
16. Heinemann, G., Papiernik, W.: Hochdynamische Vorschubantriebe mit Linearmotoren. VDI-Z Special Antriebstechnik, April (1998)
17. Pritschow, G., Fahrbach, C., Scholich-Tessmann, W.: Elektrische Direktantriebe im Werkzeugmaschinenbau. VDI-Z **137**(3/4), S. 76–79 (1995)
18. Philipp, W.: Regelung mechanisch steifer Direktantriebe für Werkzeugmaschinen. ISW Bericht **92**. Springer, Berlin (1992)
19. Motion Control – Technologien, Produkte & Systeme: Firmenschrift der Maccon GmbH München (1998)
20. Stern, M., Manßhardt, H.-P.: Servoantriebe im Umbruch: Moderne Systemkonzepte in der elektrischen Antriebstechnik, Teil 1 u. 2. Elektronik **21/22**, S. 58 ff., 96 ff. (1994)
21. Fördergemeinschaft SERCOS interface e. V.: SERCOS interface. – Digitale Schnittstelle zwischen numerischen Steuerungen und Antrieben an numerisch gesteuerten Maschinen
22. Philipp, W.: Digitale Antriebe und SERCOS interface. Antriebstechnik **31**(12), S. 30–36 (1992)
23. Murrenhoff, H.: Umdruck zur Vorlesung „Grundlagen der Ölhydraulik". Inst. für fluidtechnische Antriebe und Steuerungen IFAS, RWTH Aachen (1997)
24. Murrenhoff, H.: Umdruck zur Vorlesung „Servohydraulik". Inst. für fluidtechnische Antriebe und Steuerungen IFAS, RWTH Aachen (1998)
25. Backé, W.: Fluidtechnische Realisierung ungleichmäßiger periodischer Bewegungen. Ölhydraulik und Pneumatik, Mai S. 22–28 (1987)
26. Backé, W.: Neue Möglichkeiten der Verdrängerregelung. Tagungsunterlagen zum 8. Aachener Fluidtechnischen Kolloquium, Bd. 2, S. 5–59 (1988)
27. Niemann, G.: Maschinenelemente, Bd. 2: Getriebe allgemein, Zahnradgetriebe – Grundlagen, Stirnradgetriebe, 2. Aufl. Springer, Berlin (1985)
28. DIN 781: Zähnezahlen für Wechselräder. Beuth, Berlin (1973)
29. Streller, R.: Rechnerunterstütztes Konstruieren von Werkzeugmaschinen. Diss. Uni. Stuttgart (1982)
30. Gierse, F. J.: Getriebetechnik im Konstruktionsprozess. Fortschr.-Ber. VDI **159**. VDI-Verlag, Düsseldorf (1988)
31. Luck, K.: Getriebetechnik: Analyse, Synthese, Optimierung, 2. Aufl. Springer, Berlin (1995)
32. Murrenhoff, H.: Grundlagen der Fluidtechnik, Teil 1: Hydraulik. Mainz-Verlag, Aachen (1997)
33. Murrenhoff, H.: Grundlagen der Fluidtechnik, Teil 2: Pneumatik. Mainz-Verlag, Aachen (1999)
34. Weck, M.: Werkzeugmaschinen, Fertigungssysteme, Bd. 1: Maschinenarten, Bauformen und Anwendungsbereiche, 5. Aufl. Springer, Berlin (1998)
35. Sahm, D.: Reaktionsharzbeton für Gestellbauteile spanender Werkzeugmaschinen. Diss. RWTH Aachen (1987)
36. Rinker, U.: Werkzeugmaschinen-Führungen, Ziele künftiger Entwicklungen. VDI-Z **130**, S. 67–74 (1988)
37. Weck, M., Mießen, W.: Optimierung und/oder Berechnung hydrostatischer Radial- und Axiallagerungen. KfK-CAD **77**. Kernforschungszentrum Karlsruhe (1979)
38. Weck, M., Rinker, U.: Einsatz von Geradführungen an Werkzeugmaschinen. Ind. Anz. **79**, S. 3 (1981)
39. DIN 50 320: Verschleiß, Begriffe, Systemanalyse von Verschleißvorgängen, Gliederung des Verschleißgebietes. Beuth, Berlin (1979)
40. Haas, F.: Abdichtung kleiner Spindel in Werkzeugmaschinen bei kleinem Dichtungsbauraum und extremen Betriebsbedingungen. VDW-Forschungsberichte A8118/VDW 2403, August (1995)
41. Voll, H.: Leistungsvermögen wälzgelagerter HSC-Spindeleinheiten. Werkstatt und Betrieb **129**(4) (1996)
42. Weck, M., Koch, A.: Spindellagersysteme für die Hochgeschwindigkeitsbearbeitung. VDI-Z Spezial Antriebstechnik, März (1995)
43. Voll, H.: Spindeleinheiten im Werkzeugmaschinenbau, Werkstatt und Betrieb **129**, S. 1–2 (1996)
44. Rondè, U.: Schnellaufende Spindeln: wälzgelagert oder hydrostatisch? Werkstatt und Betrieb **129** (1996)
45. Weck, M., Steinert, T.: Konstruktive Auslegung der Wälzlagerung schnellaufender Werkzeugmaschinen-Spindeln. Vortrag am Lehrgang: Konstruktion von Spindel-Lager-Systemen für die Hochgeschwindigkeits-Materialbearbeitung an der ADITEC GmbH Aachen (1995)
46. Giebner, E.: Die Auslegung von Arbeitsspindellagerungen. SKF Publikation Nr. WTS 830620
47. Brändlein, J.: Eigenschaften wälzgelagerter Hauptspindeln für Werkzeugmaschinen. FAG-Publikation Nr. WL20113 DA
48. CNC-Steuerungen und AC-Antriebe: Firmenschrift der Indramat GmbH Lohr a. M., (1997)
49. Weck, M., Rinker, U.: Reibungsverhalten von Gleitführungen. Einfluss der Oberflächenbeschaffenheit. Ind. Anz. **28** (1986)

Weiterführende Literatur

Milberg, J.: Werkzeugmaschinen; Grundlagen: Zerspantechnik, Dynamik, Baugruppen, Steuerungen. Springer, Berlin (1995)

Tönshoff, H. K.: Werkzeugmaschinen: Grundlagen. Springer, Berlin (1995)

Tschätsch, H., Charchut, W.: Werkzeugmaschinen; Einführung in die Fertigungsmaschinen der spanlosen

und spanenden Formgebung, 6. Aufl. Hanser, München (1991)
Weck, M., Brecher, C.: Werkzeugmaschinen, Fertigungssysteme, Bd. 1–5. Springer, Berlin (2005/2006)
Witte, H.: Werkzeugmaschinen: Grundlagen und Prinzipien in Aufbau, Funktion, Antrieb und Steuerung spangebender Werkzeugmaschinen, 8. Aufl. Vogel, Würzburg (1994)

Steuerungen

46

Alexander Verl und Günter Pritschow

46.1 Steuerungstechnische Grundlagen

Dieses Kapitel behandelt die unterschiedlichen Ausprägungen von Steuerungen für die Fertigungstechnik. Nach einer Einführung und Begriffsdefinition wird insbesondere auf elektronische Steuerungen und deren Komponenten, wie sie heute in der Automatisierung Anwendung finden, eingegangen.

46.1.1 Zum Begriff Steuerung

DIN IEC 60050-351 [22] definiert Steuerung als Vorgang in einem System, bei dem eine oder mehrere Größen als Eingangsgrößen die Ausgangsgrößen auf Grund der dem System eigentümlichen Gesetzmäßigkeiten beeinflussen. Die Benennung Steuerung wird auch als Gerätebezeichnung verwendet. Die Steuerung bildet den unabdingbaren Bestandteil einer Maschine, um einen Arbeitsprozess nach vorgegebenem Programm selbstständig ablaufen lassen zu können.

A. Verl (✉)
Universität Stuttgart
Stuttgart, Deutschland
E-Mail: Alexander.Verl@isw.uni-stuttgart.de

G. Pritschow
Universität Stuttgart
Stuttgart, Deutschland
E-Mail: prof.pritschow@isw.uni-stuttgart.de

46.1.2 Informationsdarstellung

Nach der Informationsdarstellung unterscheidet man zwischen *analog* (z. B. Kurven-, Nocken-, Nachformsteuerungen) und *digital* (z. B. NC-Steuerungen) arbeitenden Steuerungen. Letztere arbeiten mit digitalen (quantisierten) Signalen, die üblicherweise *binär* (zweiwertig) dargestellt werden.

46.1.3 Programmsteuerung und Funktionssteuerung

Werden Maschinenfunktionen (z. B. Bewegungen, Schaltfunktionen) von Hand aufgerufen, spricht man von einer *Handsteuerung,* werden sie dagegen über die einzelnen Schritte eines gespeicherten Programms aufgerufen, handelt es sich um eine *Programmsteuerung* [1]. Digital arbeitende Programmsteuerungen verfügen über ein Schaltwerk, das schrittweise das Anwenderprogramm interpretiert.

Programmsteuerungen verarbeiten *Programmanweisungen* zu einzelnen Funktionsaufrufen und koordinieren den Ablauf der Funktionen selbsttätig. Ist der Steuerungszustand zeitlich determiniert, wie z. B. bei der Führung eines Drehmeißels durch eine Kurvenscheibe – hier ist die Drehwinkellage eine Funktion der Zeit –, dann wird von einer *zeitgeführten* Steuerung gesprochen (z. B. Kurvensteuerung). Alle anderen Programmsteuerungen sind *prozessgeführt,* d. h. die Weiterschaltbedingungen

B. Bender und D. Göhlich (Hrsg.), *Dubbel Taschenbuch für den Maschinenbau 2: Anwendungen,*
https://doi.org/10.1007/978-3-662-59713-2_46

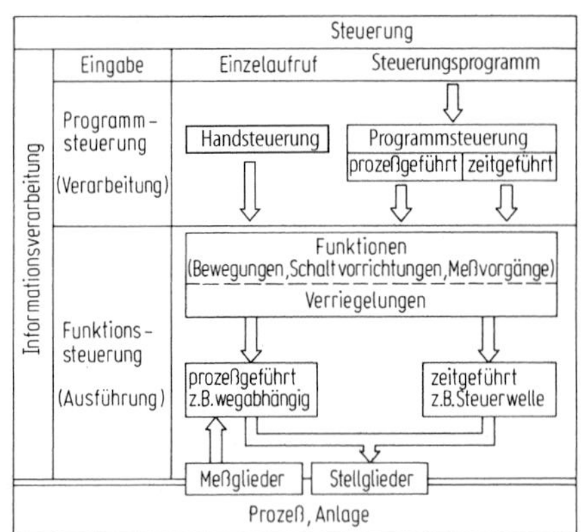

Abb. 46.1 Steuerungsstruktur

zum nächsten Programmschritt sind vom Erreichen bestimmter Werte der Prozessgrößen wie Weg, Temperatur, Kraft abhängig. Für die Steuerung von Werkzeugmaschinen kommen häufig Wegplansteuerungen zur Anwendung, deren bekannteste Variante die *numerische Steuerung* ist [1, 2, 3].

Die Umsetzung der von Hand oder per Programm aufgerufenen Funktionen einer Maschine erfolgt über eine *Funktionssteuerung* (Abb. 46.1). Diese zerlegt die aufgerufenen Funktionen in eine festgelegte Folge von Arbeitsschritten und leitet deren Ausführung ein. Abhängig von der Komplexität ihrer Aufgaben können Funktionssteuerungen in sich wiederum Programmsteuerungen enthalten. Damit erhält dieser Begriff eine übergeordnete allgemeinere Bedeutung, da letztlich jede Programmsteuerung der Umsetzung einer Funktionalität dient (Abb. 46.2). Der Funktionssteuerung untergeordnet sind hier Stell- und Messglieder. Als Stellglieder werden diejenigen Elemente bezeichnet, die als Ausgang der Regel- oder Steuereinrichtungen direkten Einfluss auf die Anlage oder den Prozess nehmen. Zu stellende Elemente sind z. B. Hydro- und Elektromotoren, hydraulische und pneumatische Stellzylinder, Kupplungen und Getriebe. Läuft das Arbeitsprogramm prozessgeführt ab, so sind an der Maschine Messglieder, z. B. Wegmesssysteme angebracht. Sie melden den Zustand des Prozesses, z. B. die Lage des Werkzeugs, an die Steuerung. Damit ist es möglich, in Abhängigkeit von zurückgelegten Wegen oder bestimmten Positionen Bearbeitungsschritte einzuleiten oder zu beenden.

46.1.4 Signaleingabe und -ausgabe

Ein Signal am Eingang eines Funktionsglieds bezeichnet man als Eingangs- oder Eingabesignal, analog dazu nennt man Signale am Ausgang Ausgangs- oder Ausgabesignale. Vor oder nach der Verarbeitung werden Signale häufig einer Behandlung durch Ein- bzw. Ausgabeglieder unterzogen. Funktionen sind dabei für das

- *Eingabeglied:* Entstören, Umformen, Umsetzen, Potential trennen, Anpassen, Wandeln (Analog/Digital, Digital/Analog),
- *Ausgabeglied:* Verstärken, Wandeln, Sichern, Entkoppeln.

Eingabe- und Ausgabeglieder können entfallen, wenn die Schaltungstechnik der Signalumgebung der Steuerung angepasst ist (systemgerechte Signale).

46.1.5 Signalbildung

Eingangs- und Ausgangssignale einer Steuerung sind Signale einer Signalbildungsquelle. Je nach Art der Signale unterscheidet man zwischen

- *Meldung:* Signal über den Zustand des Prozesses zur Information des Menschen (optische und akustische Signalisierung nach DIN 19 235) und
- *Rückmeldung:* Signal, das als unmittelbare Auswirkung auf einen Befehl erfolgt.

46.1.6 Signalverarbeitung

Jede Steuerungsfunktion, unabhängig vom Umfang und der Steuerungsebene, lässt sich strukturell in *Signaleingabe, Signalverarbeitung* und *Signalausgabe* gliedern. Die Signalverarbeitung erfolgt entweder in Form der Verknüpfungssteuerung oder der Ablaufsteuerung.

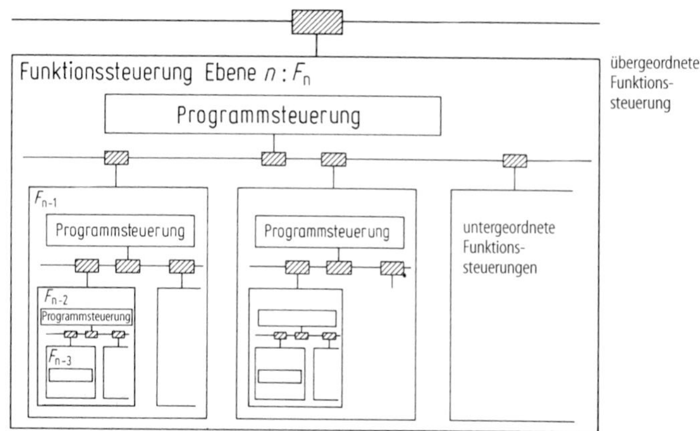

Abb. 46.2 Funktions- und Programmsteuerung

Verknüpfungssteuerung. Werden Ausgangssignale im Sinne von Verknüpfungen bestimmten Eingangssignalen zugeordnet, spricht man von Verknüpfungssteuerungen. Die Signalverarbeitung erfolgt über *Grundfunktionsglieder*.

Beispiele für Grundfunktionsglieder sind:

- Verknüpfungsglieder: UND, ODER, NICHT,
- Zeitglieder zur Signalverkürzung, -verzögerung, -verlängerung,
- Speicherglieder wie RS-, D-, JK-Speicherglieder (R = Reset, S = Set).

Ablaufsteuerung. Steuerungen mit zwangsläufig schrittweisen Abläufen nennt man Ablaufsteuerungen. Hierbei unterscheidet man Steuerungen mit zeit- oder prozessgeführten Weiterschaltbedingungen. Das Steuerungsproblem lässt sich dabei in Form einer Ablaufkette beschreiben (Abb. 46.3).

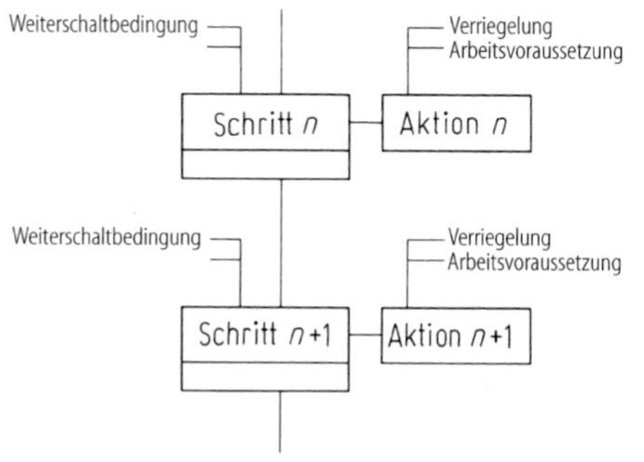

Abb. 46.3 Beschreibung des Steuerungsproblems als Ablaufkette

Wichtige Merkmale einer prozessgeführten Ablaufsteuerung sind:

- Nur ein Ablaufglied ist gesetzt,
- Weiterschaltbedingung ist nur von den dem aktuellen Schritt folgenden Bedingungen abhängig,
- Sicherheitsverriegelungen erfolgen unabhängig von der Ablaufkette,
- Umfangreiche Steuerungsaufgaben verlangen häufig mehrere Ablaufketten, die sich aus der in Abb. 46.4 dargestellten Struktur ableiten lassen.

Die Hardwarestruktur einer solchen prozessgeführten Ablaufsteuerung zeigt beispielhaft Abb. 46.4. Die Ausgänge A1 ... An der Schritte steuern die Aktionen a1 ... an, wobei sich eine Aktion z. B. ableiten lässt über eine Kombination von vorherigen Schritten mit Haltefunktion. Über eine Einzelsteuerungsebene werden die Aktionen ggf. verriegelt oder freigegeben. Sie lassen sich über die Betriebsart „Handsteuerung" auch einzeln ansteuern.

Eine besondere Form der Ablaufsteuerung entsteht über die Beschreibung des Steuerungsproblems durch sogenannte „Zustandsgraphen" Abb. 46.5. Ein bestimmter Zustand des Systems (z. B. Greifer eingefahren – in Bewegung – ausgefahren entspricht drei unterschiedlichen Zuständen) wird in einen anderen Zustand durch erfüllte Übergangsbedingungen übergeführt, die den Weiterschaltbedingungen der Ablaufkette entsprechen. Die Vernetzungsstruktur zwischen

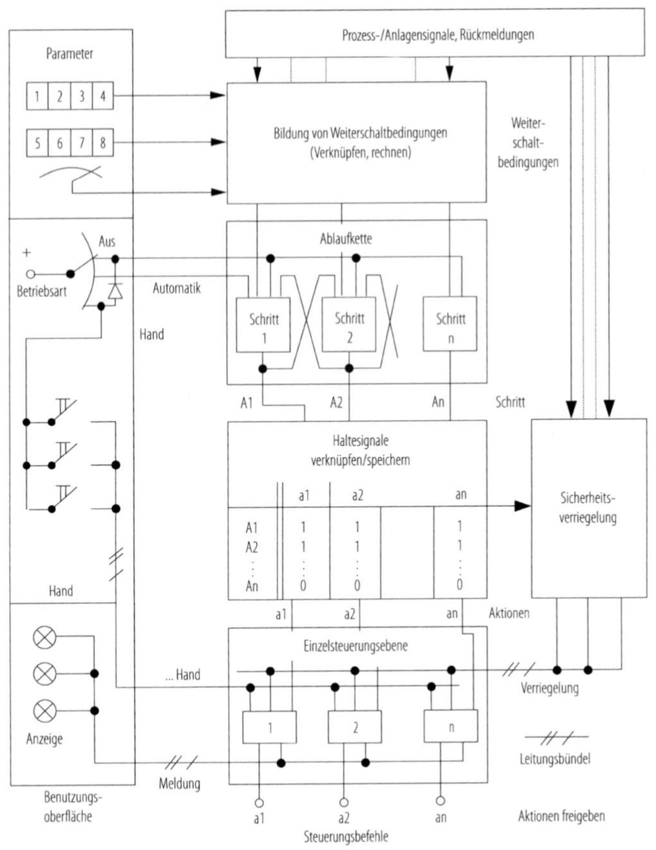

Abb. 46.4 Struktur einer prozessgeführten Steuerung

den Zuständen ist allerdings – anders als bei der Ablaufkette – beliebig vielfältig und bietet für die Beschreibung des Steuerungsproblems somit besonders einfache und vielseitige Möglichkeiten.

Das Ablaufverhalten erhält man über eine sequentielle Anordnung von Anweisungen wie es von der Programmierung programmgesteuerter Rechenautomaten bekannt ist.

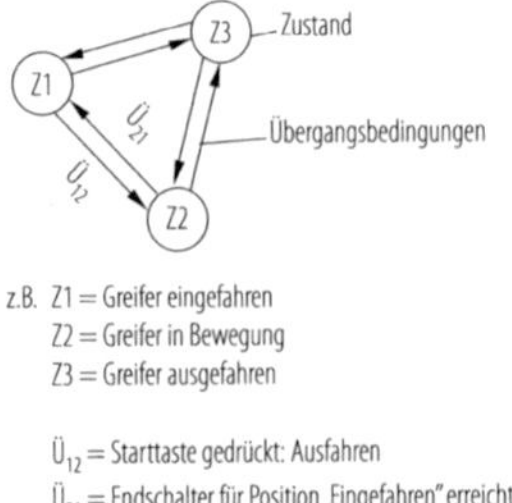

Abb. 46.5 Beispiel für eine Zustandsgraphendarstellung

Durch die Gerätetechnik und hier insbesondere durch den Einsatz speicherprogrammierbarer Steuerungen (SPS) sind die Übergänge von Verknüpfungs- zu Ablaufsteuerungen heute fließend geworden. Die Verknüpfungsform ist bei SPS lediglich die Form der Beschreibung des Steuerungsproblems und funktional zu sehen, die Abarbeitung des Programms erfolgt steuerungsintern zyklisch sequentiell und hat damit Ablaufcharakter. Zur Wirkung und somit zur Beachtung kommt dieses Verhalten bei zeitlich sehr kurzen Eingangssignalen, wo sich die Zeit der zyklischen Bearbeitung des Gesamtprogramms kritisch bemerkbar machen kann.

Ein weiteres Unterscheidungsmerkmal ergibt sich aufgrund der zeitlichen Steuerung der Signalverarbeitung in **taktsynchrone** und **asynchrone** Steuerung.

Taktsynchrone Steuerung. Bei ihr erfolgt die Signalverarbeitung in den einzelnen Elementen der Steuerung nur zu bestimmten Zeitpunkten, die durch einen Takt synchronisiert werden. Diese Vorgehensweise ist vor allem dann sinnvoll, wenn unterschiedliche Signallaufzeiten in verschiedenen Steuerungsteilen und ihre Streuung das auftretende Steuerungsergebnis nicht eindeutig machen würden. Sie wird insbesondere bei elektronischen Steuerungen angewendet.

Asynchrone Steuerung. Eine asynchrone Signalverarbeitung ist bedarfs- und laufzeitorientiert und nicht an einen festen Takt geknüpft. Durch die Art der Steuerung ist sichergestellt, dass keine laufzeitbedingten Fehler zwischen sich beeinflussenden Signalen auftreten. Dies erfolgt i. Allg. durch eine vorgeschriebene Signalfolge, bei der die Verarbeitung von Daten erst nach speziellen Freigabesignalen erlaubt und die Einleitung einer Folgeoperation nur über eine Erfolgsmeldung der vorhergehenden freigegeben wird.

46.1.7 Steuerungsprogramme

46.1.7.1 Merkmale

Das Programm einer Steuerung umfasst die Gesamtheit aller Anweisungen und Vereinbarungen für die Signalverarbeitung, durch die eine zu steuernde Anlage (Prozess) aufgabengemäß beeinflusst wird. Es kann in unterschiedlicher Form vorliegen. Starre Systeme arbeiten mit festen Programmen, wobei eine Auswahl zwischen mehreren Programmen möglich sein kann. Ändern sich die Programme häufig, werden zweckmäßigerweise austauschbare, freiprogrammierbare Programmspeicher eingesetzt. Bei mechanischen Steuerungen sind dies z. B. Kurvenscheiben, Nocken, Anschläge oder Kerbleisten und bei elektrischen Steuerungen waren es früher Programmwalzen, Kreuzschienenverteiler und Lochstreifen, heute sind es elektronische Datenträger.

Wenn die austauschbaren Programme vom Anwender des zu steuernden Prozesses erstellt werden, heißen sie *Anwenderprogramme*. Elektronische Steuerungen benötigen zur Interpretation und Verarbeitung dieser Anwenderprogramme zusätzliche interne *Systemprogramme*.

46.1.8 Aufbauorganisation von Steuerungen

Große Bedeutung kommt für industrielle Anwendungen dem hierarchisch organisierten prozessgeführten Steuerungssystem zu. Die den unterschiedlichen Hierarchieebenen zugehörigen Steuerungen sind:

Einzelsteuerung. Die Einwirkung einer Steuerungseinrichtung auf den Prozess erfolgt i. Allg. durch Stelleingriffe von der Einzelsteuerung aus. Sie dient als kleinste Steuerungseinheit der Ansteuerung von Antriebselementen und kann entweder von Hand oder durch eine übergeordnete Einheit betätigt werden.

Gruppensteuerung. Die zum Steuern eines Teilprozesses erforderliche Funktionseinheit wird Gruppensteuerung genannt. Sie ist den zum Teilprozess zugehörenden Einzelsteuerungen (Antriebssteuerungen) übergeordnet. Sollte es die geplante Beeinflussung des Prozesses erfordern, so können mehrere Gruppensteuerungen hierarchisch übereinander angeordnet sein.

Leitsteuerung. Die Leitsteuerung ist die den Gruppensteuerungen übergeordnete Funktionseinheit zur Steuerung des Gesamtprozesses. Die Unterteilung in Einzel-, Gruppen- und Leitsteuerung ist eine Strukturierung in Funktionseinheiten, wobei i. Allg. die darüberliegende Ebene jeweils die Führungsebene der darunterliegenden ist.

46.1.8.1 Steuerungsebenen in Fertigungsanlagen

Die Unterteilung der Steuerungsaufgaben in Ebenen führt zu einer Dezentralisierung der Datenverarbeitungsaufgaben und damit zu überschaubaren Teilsystemen mit eigener Datenhaltung und standardisierten Schnittstellen sowie zu modularer Software. Die Vorteile der autonomen Teilsysteme liegen in einer höheren Verfügbarkeit des Gesamtsystems sowie in vereinfachten Bedingungen für Inbetriebnahmen oder Anpassungen.

Hierarchisch unterteilt man die Steuerungsaufgaben in der Fertigungstechnik in Leit-, Zel-

Abb. 46.6 Funktionale Steuerungsebenen

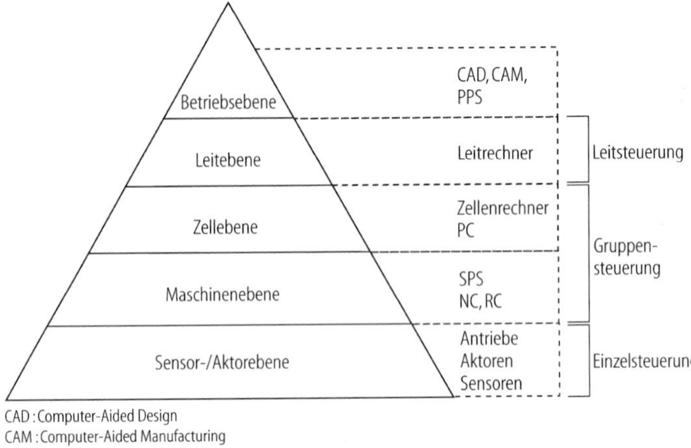

len- und Maschinensteuerungsebene. Auch hier stellt die Unterteilung eine Strukturierung in Funktionseinheiten dar (Abb. 46.6).

Obige Einteilung lässt sich nicht für alle Anwendungsfälle übernehmen. Die Ebene der Zellensteuerung kann abhängig von der Größe des Fertigungssystems mit der Leitsteuerungsebene zusammenfallen oder bei geeigneten gerätetechnischen Voraussetzungen auch Maschinensteuerungsaufgaben übernehmen.

Die Steuerungsaufgaben in einem verketteten Fertigungssystem können also nicht fest den genannten Ebenen zugeordnet werden, jedoch gilt i. Allg. eine dem folgenden Beispiel ähnliche Aufteilung:

Leitsteuerungsebene:

- Steuerdatengenerierung für Werkstück- und Werkzeugfluss (interne Disposition),
- NC-Programmverwaltung,
- Führen des Systemabbilds,
- Aufbereitung von BDE/MDE-Daten (*BDE* = Betriebs-Daten-Erfassung, *M* = Maschinen) für Anzeige, Dokumentation und Beeinflussung.

Zellensteuerungsebene:

- Verwaltung von Werkzeugdaten,
- NC-Programmverteilung,
- Erfassung und Auswertung von BDE/MDE-Daten,
- Auswerten von Messdaten und gegebenenfalls Beeinflussung,
- Synchronisation zwischen Geräten der Maschinensteuerungsebene,

Maschinensteuerungsebene:

- Handbedienung/Einrichtebetrieb,
- Programmkorrektur, Programmerstellung,
- Verarbeitung von Koordinaten und Werkzeugkorrekturen,
- Verarbeitung digitaler und binärer Steuerungsfunktionen,
- Erzeugen von Achsbewegungen,
- Überwachungs- und Diagnosefunktionen,
- Prozessregelung und Messabläufe,
- Erfassen von BDE/MDE-Daten.

46.1.9 Aufbau von Steuerungssystemen

Herkömmliche Steuerungssysteme sind gekennzeichnet durch herstellerspezifische Hardwaresysteme mit einem oder mehreren Prozessoren, auf denen spezielle Software für einen abgegrenzten Anwendungsbereich abläuft. Solche Systeme sind gekennzeichnet durch starre Festlegungen, die eine Anpassung an neue Anforde-

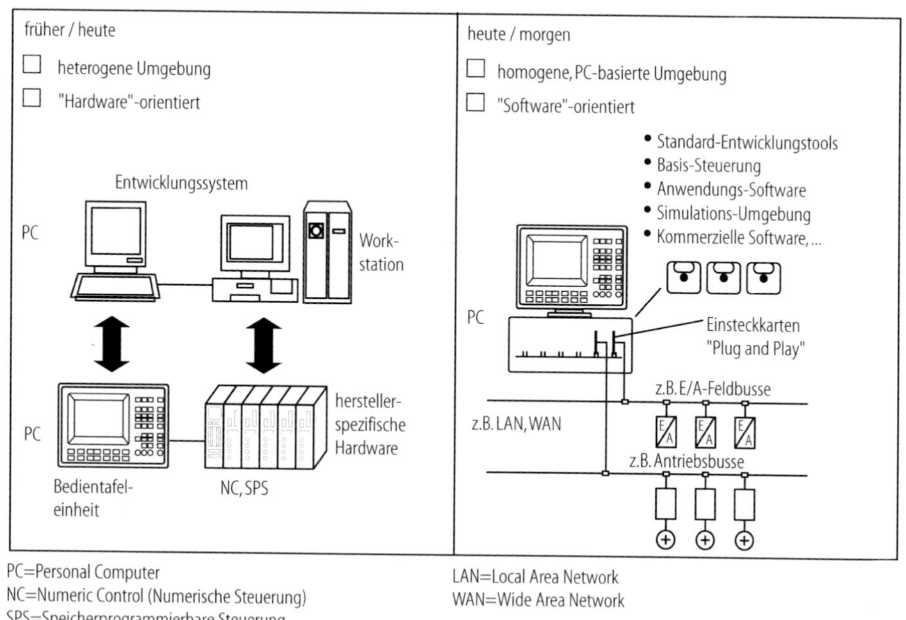

Abb. 46.7 Zunehmender Einsatz von Standard-Hardware in der Steuerungstechnik

rungen erschweren und entsprechend lange Entwicklungszeiten beanspruchen. Zunehmend setzen sich daher Systeme im Markt durch, die auf Standard-Komponenten basieren (z. B. Personal Computer-(PC-)Technik) (Abb. 46.7). Grundlage für den Erfolg des PC in der Steuerungstechnik ist der hohe Verbreitungsgrad für Büroanwendungen, deren enorme Stückzahlen eine günstige Beschaffung und einen stetigen technischen Fortschritt sicherstellen. Das Aufkommen von Echtzeiterweiterungen für die Microsoft-(MS-)Windows- und Linux-Betriebssysteme erlaubt es, auch zeitkritische, steuerungstechnische Anwendungen auf dem PC auszuführen. Ein Steuerungsrechner wird an übergeordnete Rechnersysteme über lokale Netzwerke, wie z. B. TCP/IP (Transmission Control Protocol/Internet Protocol) auf der Basis von Ethernet, angekoppelt. Mit Hilfe von Feldbussystemen wird die Anbindung an die dezentrale Steuerungsperipherie (z. B. Sensoren und Aktoren) ermöglicht.

Aufgrund ständig steigender Mikroprozessorleistungen und Kapazitäten von Halbleiterbausteinen wird die Leistungsfähigkeit von Steuerungen heute weniger von der Hardware als vielmehr durch die eingesetzte Software bestimmt. Um in der Zukunft kostengünstige und qualitativ hochwertige Steuerungen einsetzen zu können, müssen Softwaretechniken eingesetzt werden, die den Anforderungen z. B. nach Wiederverwendung und nach einfacher Erweiterbarkeit von Software Rechnung tragen. Zusätzlich muss die Software durch ein Parallelisieren der Steuerungsaufgaben an die Mehrkernprozessoren angepasst werden.

46.1.10 Dezentralisierung durch den Einsatz industrieller Kommunikationssysteme

Zunächst waren einfache Steuerungseinheiten, wie z. B. Sensoren, Relais und Motorschalter, über analoge Stromschnittstellen in Form einer Punkt-zu-Punkt-Verbindung mit einer Steuereinheit verbunden. Heute werden zunehmend digitale Verbindungen über Kommunikationsbusse (sogenannte Feldbusse) verwendet.

Ein Bus ist eine Verbindungsstruktur, über die Datentransportaufgaben abgewickelt werden. Das besondere Kennzeichen eines Busses be-

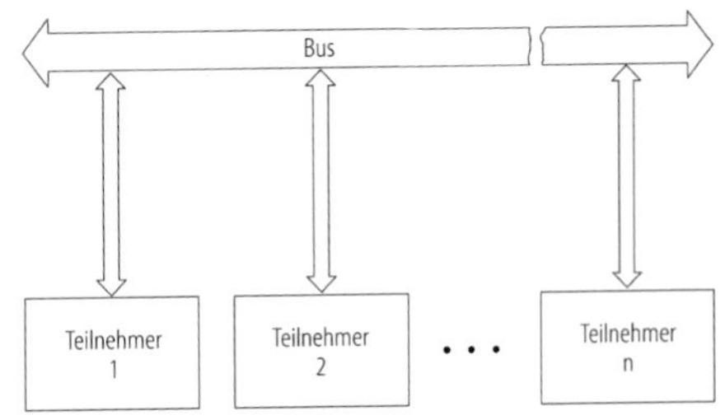

Abb. 46.8 Bus als gemeinsamer Verbindungsweg

steht darin, dass mehrere kommunizierende Teilnehmer über den gleichen Datenverbindungsstrang gekoppelt sind, der entweder im Zeit- oder Frequenzmultiplexverfahren betrieben wird (Abb. 46.8).

Gleichzeitige Kommunikation zweier oder mehrerer Teilnehmer (Vollduplex) ist entweder über die Frequenzmultiplexung durch Amplituden-, Frequenz- oder Phasenmodulation möglich oder durch getrennte Hin- und Rückkanäle.

Wegen des geringen Aufwandes wird das Zeitmultiplexverfahren bei Bussystemen bevorzugt. Hierbei erhält ein Teilnehmer bei Bedarf den Bus nur für eine bestimmte Zeitscheibe oder Datenmenge zur Verfügung, so dass der Datenaustausch hintereinander zwischen den Teilnehmern erfolgen muss. Der Datenaustausch kann dabei mit Hilfe eines zentralen Taktes synchron erfolgen oder aber ohne diese Bindung asynchron z. B. mit Hilfe von „Handshake"-Verfahren, bzw. bei seriellen Verfahren mit selbstgetakteten Codes. Ein wichtiges Merkmal bildet das Buszuteilungsverfahren. Wird der Bus unter kontrollierten Bedingungen vergeben, unterscheidet man zentrale (z. B. Polling und Zeitschlitz) und dezentrale Strukturen (z. B. Tokenverfahren). Darf ein Teilnehmer nach Abhorchen den freien Kanal belegen, spricht man von zufälligem Buszugriff (z. B. beim Ethernet).

Die bitparallele Übermittlung von Datenworten (8, 16, 32, … Bit), Adressen und Steuerworte kennzeichnet „Parallele Bussysteme", im anderen Fall spricht man von „Seriellen Bussystemen". Hierbei werden Daten, Adressen und Steuerworte bitseriell übertragen, wodurch der Verkabelungsaufwand minimiert wird. Serielle Bussysteme innerhalb der Automatisierungstechnik werden auch Feldbussysteme genannt.

46.1.11 Feldbusse

Die Entwicklung dieser Feldbussysteme begann Mitte der 80er Jahre. Unterschiedliche Branchen hatten hierbei verschiedene Anforderungen an die Bussysteme insbesondere in Bezug auf Determinismus und Bandbreite. Somit wurde für nahezu jede Branche ein auf die Anforderungen angepasstes Feldbussystem entwickelt [4, 5]. Diese Systeme sind jedoch sowohl bezüglich der Übertragungsphysik, des Buszugriffes und des Protokollaufbaus, als auch der Parameterstrukturen inkompatibel. Der Trend in der Automatisierungstechnik zur Dezentralisierung und zu intelligenten mechatronischen Systemen führt zu einem erhöhten Datenaufkommen innerhalb und zwischen mechatronischen Systemen. Um diesen Anforderungen gerecht zu werden, wurden ab dem Jahr 2000 die verschiedenen am Markt existierenden Feldbussysteme auf das im Bürobereich verbreitete Ethernet (IEEE 802.3) portiert. Die Nutzung von verfügbaren Ethernet-Komponenten sollte zusätzlich zu einer Kostenersparnis und geringerem Implementierungsaufwand führen. Es wurden Mechanismen wie Zeitschlitzverfahren und verteilte Uhrzeiten (IEEE 1588) verwendet, um mit Ethernet strengen Determinismus garantieren zu können. Obwohl nun die meisten Feldbusse auf Ethernet basieren (IEC 61784, IEC 61158), hat jedoch zu keiner Vereinheitlichung der Systeme geführt. Die höhere Bandbreite durch die Verwendung von Ethernet hat lediglich dazu beigetragen, dass es kaum noch Alleinstellungsmerkmale einzelner Systeme gibt. Es findet somit eine Verschmelzung von Motion- und Feldbussen statt. Motionbusse kommen hauptsächlich bei der Vernetzung von digitalen Antrieben zum Einsatz und zeichnen sich durch eine kleine Zykluszeit aus (im Bereich von wenigen Millisekunden oder weniger). Feldbusse werden im Bereich der Vernetzung von Ein-/Ausgängen (I/Os) eingesetzt. Aktuelle Forschungsvorhaben beschäftigen sich mit der Vereinheitlichung des Zugriffs auf diese Bussysteme [6]. Des Weiteren versprechen Technologien wie Time-Sensitive Networking (TSN) eine einheitlich Kommunikationsschicht für die echtzeitfähige Vernetzung in der Produktion. OPC

Tab. 46.1 Auswahl ethernetbasierter Bussysteme

	EtherCAT	SERCOS III	PROFINET	EtherNet/IP
Organisation	ETG EtherCAT Technology Group	IGS Interest Group SERCOS Interface	PNO PROFIBUS Nutzerorganisation e.V.	ODVA Open DeviceNet Vendor Association
Homepage	www.EtherCat.org	www.sercos.de	www.profibus.de	www.odva.org
Interaktion	Master/Slave	Master/Slave	Master/Slave	Client/Slave
TCP/IP Stack	ja	ja	ja	ja
Bandbreite	100 MBit/s	100 MBit/s	100 MBit/s	10/100 MBit/s
Minimal mögliche Zykluszeit	11 µs	31,25 µs	< 1 ms	< 1 ms
Physikalische Topologie	Linie, Baum, Stern	Linie/Doppelring (Redundanz, Hotplug)	Stern, Linie, Ring (Redundanz)	Stern
Logische Topologie	Offener Ring Bus	Ring	Bus	Bus
Sicherheitsprotokoll	TwinSave	SERCOS-/CIPsafety	PROFIsafe	CIPsafety
Querkommunikation	In eine Richtung oder über Master	ja	ja	ja

UA ermöglicht einen einheitlichen syntaktischen und teilweise auch semantischen Datenaustausch bis in die Applikation hinein [24].

Die Anforderungen an das Kommunikationssystem der meisten Automatisierungssysteme kann daher prinzipiell durch jedes der existierenden ethernetbasierten Bussysteme erfüllt werden (Tab. 46.1). Zusätzlich bietet jedes der Bussysteme die Möglichkeit Daten sicher (IEC 61508) zu übertragen und somit eine zusätzliche Verkabelung von Sicherheitskreisen in Anlagen einzusparen. Dazu sind Mechanismen notwendig, die den Ausfall oder das Fehlleiten von Datenpaketen sicher erkennen und das Automatisierungssystem bei Kommunikationsfehlern in einen sicheren Zustand bringen [23].

46.1.12 Offene Steuerungssysteme

Offene Steuerungssysteme resultieren aus dem Wunsch von Maschinenherstellern und Maschinennutzern, Anpassungen und Erweiterungen an kommerziellen Steuerungen vornehmen zu können.

Bereits heute finden sich zahlreiche Anbieter von offenen Steuerungssystemen auf dem Markt, wobei die Interpretation dessen, was Offenheit bedeutet, sehr variieren kann. Wird in einigen Fällen bereits die alleinige Verwendung eines Personal Computers für die Gestaltung von Benutzungsoberflächen als offenes System betrachtet, bieten weiterentwickelte Konzepte die Möglichkeit, die bestehende Software eines Steuerungssystem zu erweitern oder sogar zu modifizieren. Einige kommerzielle Lösungen erlauben sogar die Integration von anwenderspezifischen Funktionen im echtzeitkritischen Teil einer Steuerung (Abb. 46.9).

Da diese Offenheit heutzutage noch auf herstellerspezifischen Spezifikationen basiert, gab und gibt es verschiedene Initiativen weltweit, u. a. OSACA (Open System Architecture for Controls within Automation Systems) in Europa und OMAC (Open Modular Architecture Controllers) in den USA, für herstellerübergreifend offenen Steuerungsarchitekturen. Ziel dieser Bestrebungen ist es, dem Anwender ein System zur Verfügung zu stellen, das die Austauschbarkeit, Erweiterbarkeit, Kombinierbarkeit und Portierbarkeit von Softwaremodulen auf der Basis allgemein akzeptierter Standards ermöglicht.

Trotz unterschiedlicher Offenheit von Steuerungssystemen können gemeinsame Strukturmerkmale festgestellt werden: Alle offenen Steuerungssysteme besitzen Anwendungssoftware, die die steuerungstechnischen Funktionen enthält, und ein rechnerbasiertes Grundsystem, das die Umgebung zur Ausführung der Anwendungssoftware bietet. Dieses Grundsystem wird üblicherweise als Systemplattform bezeichnet [7].

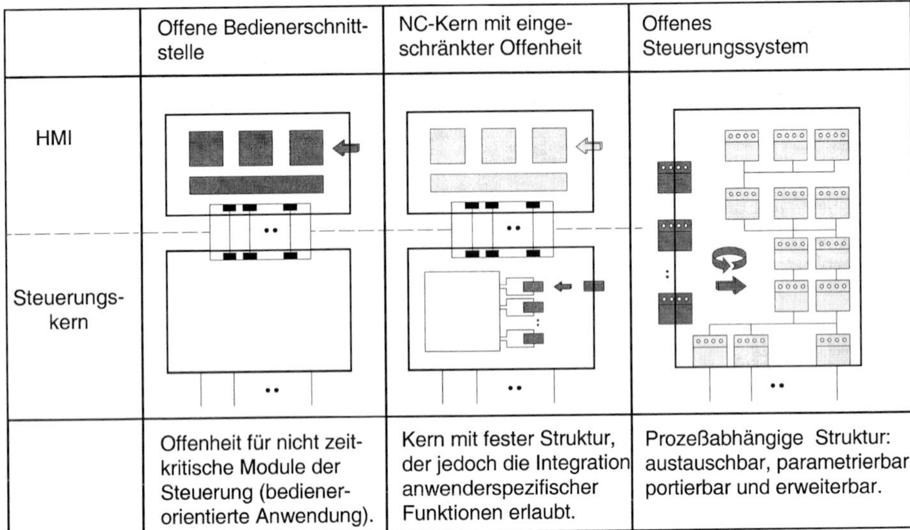

Offene Bedienerschnitt-stelle
NC-Kern mit einge-schränkter Offenheit
Offenes Steuerungssystem
HMI
Steuerungs-kern
Offenheit für nicht zeit-kritische Module der Steuerung (bediener-orientierte Anwendung).
Kern mit fester Struktur, der jedoch die Integration anwenderspezifischer Funktionen erlaubt.
Prozeßabhängige Struktur: austauschbar, parametrierbar portierbar und erweiterbar.

Abb. 46.9 Kategorien offener Steuerungssysteme

Die Systemplattform kann unterschiedliche Hardware in Form von Rechner- und Peripheriebaugruppen enthalten sowie darauf abgestimmte Betriebssysteme. Da Hardware-Komponenten – aber auch Betriebssysteme – immer kürzeren Innovationszyklen unterliegen, sollte die Software der Systemplattform wiederverwendbar gestaltet und sehr einfach an neue Systemgegebenheiten anpassbar sein.

Um die Wiederverwendung und Portabilität von Anwendungssoftware gewährleisten zu können, muss die Systemplattform eine einheitliche Anwenderschnittstelle bereitstellen. Über diese Schnittstelle werden alle zum Ausführen der Anwendungssoftware erforderlichen Dienste ausgeführt (Abb. 46.10).

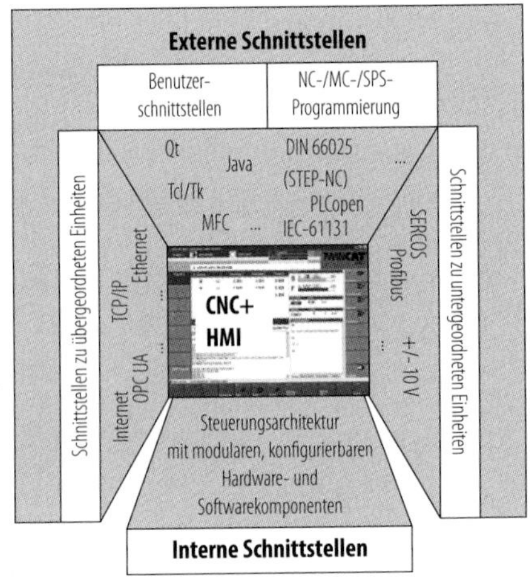

Abb. 46.10 Interne und externe Schnittstellen eines Steuerungssystems

46.1.12.1 Ausführungen offener Steuerungssysteme

Offene Steuerungen sind gekennzeichnet durch die Verwendung von Standards. Typische Anwendungsbereiche finden sich wie folgt:

Hardware: Einsatz von Standard-Hardware (z. B. PC-basierte Systeme, VME-Bus-Systeme)

Software: Einsatz von gängigen Betriebssystemen (z. B. Windows, VxWorks, Linux) und Kommunikationsplattformen (z. B. DCOM, CORBA, OSACA)

Programmierung: Einsatz von standardisierten Hochsprachen für die Programmierung der Steuerungssoftware (C, C++, JAVA), sowie zur Erstellung von NC- und SPS-Programmen (DIN 66025, STEP-NC, IEC-61131-3) [17, 19–21].

Durch den breiten Einsatz von Standard-Hardware, kommt der Software und somit offenen Softwareschnittstellen eine zunehmend wichtige Bedeutung zu.

Die große Verbreitung des Betriebssystems Windows in der Automatisierungstechnik hat Maßstäbe gesetzt. Über standardisierte Schnittstellen und entsprechende Datenserver (z. B. DDE-Server) können proprietäre Steuerungssysteme mit kommerzieller Bürosoftware kombiniert werden.

Mit sog. OPC-Servern können dezentrale Automatisierungskomponenten unterschiedlicher Hersteller über eine einheitliche Treiberschnittstelle unter Windows angebunden werden. Allerdings muss hier stark auf Kombinierbarkeit und Versionshandling geachtet werden, um die Interoperabilität von Modulen unterschiedlicher Hersteller zu gewährleisten.

Einige kommerziellen Steuerungen bieten auch eine Offenheit im Steuerungskern, welche die Anpassung an technologiespezifische Anforderungen ermöglicht. Dazu kann das Standardsystem um bestimmte Funktionen ergänzt werden, die üblicherweise in der Programmiersprache C oder C++ entwickelt werden und im echtzeitkritischen Bereich eines Steuerungssystems abgearbeitet werden. An definierten Stellen im Steuerungskern sind spezielle Aussprungstellen, sogenannte Events, definiert, an denen ein Anwender eigene Software in Form von OEM-Funktionen „einhängen" kann.

46.2 Steuerungsmittel

46.2.1 Mechanische Speicher und Steuerungen

Kurvensteuerung. Zur Erzielung von Weg- und Geschwindigkeitsverläufen können Kurvengetriebe eingesetzt werden, d. h. Kurven stellen Speicher für Weg- und Geschwindigkeitsverläufe dar. Während einer Umdrehung wird der geforderte Bewegungsverlauf nach Weg und Geschwindigkeit über den Taster des Übertragungsglieds auf das zu bewegende Bauteil, z. B. den Werkzeugmaschinenschlitten übertragen. Die Bewegung der Übertragungsglieder folgt der Mittelpunktbahn (Äquidistante) der Tasterradius. Die Kurven können entweder dreidimensional (Trommelkurven) oder zweidimensional (Scheibenkurven) ausgebildet sein (Abb. 46.11).

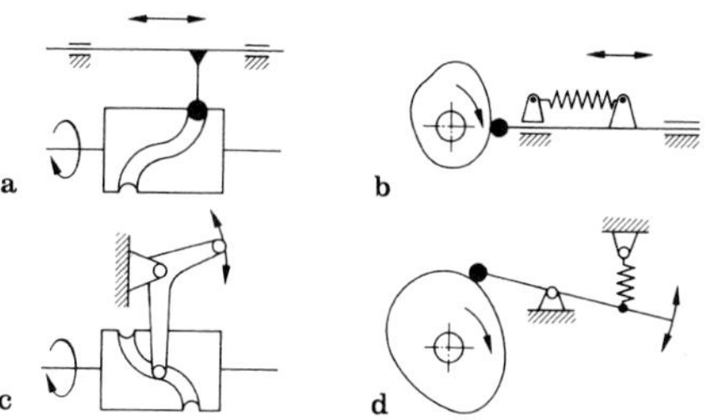

Abb. 46.11 Prinzipien der Kurvensteuerung. **a** Schieben – Trommelkurve (Formschluss); **b** schieben – Scheibenkurve (Kraftschluss); **c** schwenken – Trommelkurve (Formschluss); **d** schwenken – Scheibenkurve (Kraftschluss)

Ein wichtiges Anwendungsgebiet für Kurvensteuerungen liegt z. B. auf dem Gebiet der Drehautomaten oder Druckmaschinen. Die Steuerung des Prozesses erfolgt automatisch über Kurven und Nocken, die auf Steuerwellen untergebracht sind und sich i. Allg. mit konstanter Drehzahl drehen (Zeitplansteuerung). Die Kurven bilden Programmspeicher für die Wege und Geschwindigkeiten mit den Beziehungen

Wegspeicherung:

$$\text{Hub} \quad \Delta s = f(\alpha); \quad \Delta s_{\max} = r_{\max} - r_{\min}\,;$$

Geschwindigkeitsspeicherung:

$$v = \omega(\mathrm{d}s/\mathrm{d}\alpha), \quad \omega = 2\pi/T, \quad \alpha = \omega\, t\,.$$

Hierin sind α Winkellage der Kurve, r Kurvenscheibenradius, ω Winkelgeschwindigkeit und T Umdrehungszeit.

Sie übertragen z. B. die am Stellglied benötigte Vorschubleistung sowie die zur Beschleunigung erforderlichen Momente bzw. Kräfte. Der Übertragungsmechanismus besteht aus mechanischen Elementen, wie Rollen, Hebel, Kugellager, Führungen und Federn.

Nockensteuerung. Nocken bewegen beim Überfahren einen Stößel, der eine Schaltfunktion mechanischer, elektrischer, hydraulischer oder pneumatischer Art auslöst.

Die Nocken werden auf Nockenleisten oder Nockenwalzen, die i. Allg. mehrere Nockenbahnen aufweisen, befestigt und sind an beliebigen Stellen klemmbar. Die am Schlitten oder Werkzeugbett befestigte Nockenleiste dient als Wegplanspeicher für die Nockenprogrammsteuerung, wohingegen die sich mit der Steuerwelle drehende Nockenwalze einen Zeitplanspeicher darstellt.

Nachformsteuerung. Unter Nachformen (Kopieren) wird ein Arbeitsverfahren verstanden, bei dem die Werkzeugbewegung von einer Leitkurve oder -fläche (Modell, Schablone) derart gesteuert wird, dass das Profil des Musters auf das Werkstück übertragen wird. Das Nachformen wird für die Fertigung schwierig geformter Werkstücke (z. B. Formwerkzeuge) anstelle der NC-Technik gelegentlich noch in der Kleinserienfertigung eingesetzt.

Beim Nachformen unterscheidet man ein-, zwei- und dreiachsiges Nachformen. Beim *einachsigen Nachformen* wird die Bewegung des Nachformschlittens nur in einer Achse gesteuert, während er in der anderen Achsrichtung mit konstantem Leitvorschub durchläuft. Analog werden dazu beim *zwei- und dreiachsigen Nachformen* zwei bzw. drei Bewegungsachsen gesteuert, wobei beide Verfahren ein räumliches Nachformen gestatten. Bei der zweiachsigen Steuerung läuft dann die Schlittenbewegung längs der dritten Achse mit dem Leitvorschub mit ($= 2\frac{1}{2}$ Achsverfahren), z. B. beim Zeilenfräsen und mehrschichtigen Umlauffräsen (Abb. 46.12).

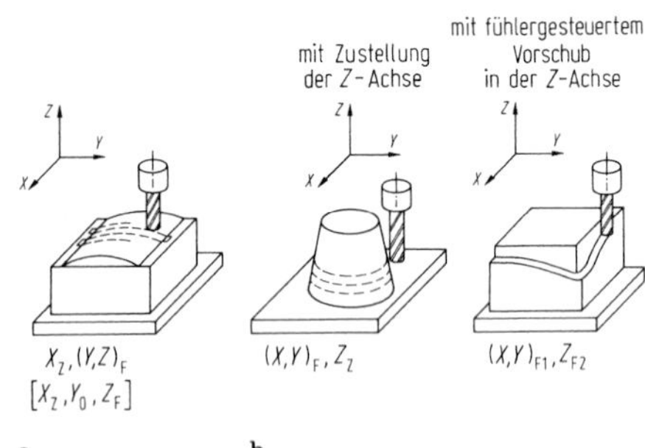

Abb. 46.12 Möglichkeiten des Nachformfräsens. **a** Zeilenfräsen; **b** Umrißfräsen, *F* Fühler, *z* Zeilenvorschub

46.2.2 Fluidische Steuerungen

Fluidische Steuerungen (s. Kap. 17) arbeiten mit *Druckluft* (Pneumatische Steuerungen) oder *Hydrauliköl* (Hydraulische Steuerungen) [8–10]. Sie werden angewendet, wenn fluidische Antriebe aufgrund ihrer Besonderheiten eingesetzt werden und die Steuerungsaufgaben einfach sind. Man erspart dann die Umsetzung einer Energieform in eine andere. Die Einleitung und Beendigung von Bewegungen erfolgt meist über Wegeventile, wobei die Geschwindigkeit der Bewegung über Mengenventile eingestellt wird. Eine Betätigung der Wegeventile geschieht entweder mechanisch direkt aus der Anlage oder elektromagnetisch aufgrund elektrischer Signale. Gelegentlich wird auch druckabhängiges Schalten vorgenommen. Die Kombination elektrischer Signalverarbeitung mit ölhydraulischer Kraftverstärkung wird als *Elektrohydraulik* bezeichnet. Man kombiniert hier die einfache Verknüpfbarkeit und leichte Handhabbarkeit elektrischer Signale mit der hohen Kraftverstärkung und dem guten Zeitverhalten ölhydraulischer Antriebe [11].

Fluidische Antriebe sind in Form von Rotations- und Linearmotoren verfügbar. Aufgrund des hohen Drucks fluidischer Medien und den damit verbundenen hohen Drehmomenten kann im Gegensatz zu Elektromotoren häufig auf ein Getriebe verzichtet werden.

46.2.3 Elektrische Steuerungen

Elektrische Steuerungen werden als Kontaktsteuerungen oder elektronische Steuerungen ausgeführt.

Kontaktsteuerungen. Über Kontakte lassen sich mit geringem Aufwand große Leistungen schalten. Sie eignen sich ferner für binäre Schaltungen (DIN 19 237), bei denen durch Veränderung eines zweiwertigen Signals durch ein Stellglied eine Veränderung des Anlagenzustands durchgeführt wird. Die Zusammenfassung von

Kontakten mit einem elektromagnetischen Antrieb wird *Schütz* oder *Relais* genannt.

Da sowohl die Schaltung von Drehstrommotoren als auch die Betätigung von Stellgliedern häufig über Schütze erfolgt, können mit weiteren Kontakten dieser Elemente auch Verknüpfungen durchgeführt werden. Leistungs- und Verknüpfungsebene sind hier gerätemäßig miteinander vereint. Bei nicht zu umfangreichen Steuerungen im Bereich der Funktionssteuerungen sind daher Kontaktsteuerungen eine günstige Lösung. Dabei ist zu beachten, dass die Zahl der Schaltungen für Schütze sowohl mechanisch auf etwa 10^6 bis 10^7 Schaltungen begrenzt ist, als auch das elektrische Schaltvermögen des Kontakts selbst. Des Weiteren erfordern Schütze Schaltzeiten von 10 bis 200 ms, die bei schnellen Vorgängen zu berücksichtigen sind. Die Schaltzeiten sind von Typ und Leistungsvermögen der Geräte abhängig und mit Streuung behaftet.

Kontaktsteuerungen werden durch Stromlaufpläne und Stücklisten beschrieben und verbindungsprogrammiert aufgebaut. Die Möglichkeiten zur Rationalisierung der Steuerungsfertigung sind daher begrenzt. Die zur Darstellung verwendeten Symbole und die Regeln zu ihrer Anwendung sind in DIN 40 719 festgehalten. Bei der praktischen Ausführung sind außerdem die VDE-Vorschriften zu beachten, die den Stand der Technik definieren wie DIN 60204, die Ausrüstungen für Be- und Verarbeitungsmaschinen betreffen.

Die Steuerspannung in Kontaktsteuerungen betragen üblicherweise 220 V Wechselspannung oder 24 V Gleichspannung. Ein Schalten von Gleichspannungen sollte nur mit dazu ausgelegten Kontakten und unter Verwendung von Schutzeinrichtungen, die Lichtbogenbildung vermeiden, durchgeführt werden.

Elektronische Steuerungen. Geht die Informationsverarbeitung über einfache Verknüpfungsaufgaben hinaus, so verwendet man elektronisch arbeitende Steuerungen. Sie werden sowohl für binäre (Bit) wie digitale (Wort) Signalverarbeitung eingesetzt. Über Halbleiterschaltkreise wird die Verarbeitung sowohl einfacher Funktionen wie eine UND- bzw. ODER-Verknüpfung oder komplexer Funktionen, wie die Realisierung eines Zählers oder eines Digital/Analog-Umsetzers verwirklicht. Elektronische Steuerungen sind in der Zahl der Schaltungen und der Lebensdauer praktisch unbegrenzt, schalten sehr schnell (ns bis Ìs) und auf geringem Leistungsniveau. Für die Bit- und Wortverarbeitung von ablauf- und verknüpfungsorientierten Steuerungsproblemen verwendet man als gerätetechnische Lösung die SPS *(Speicherprogrammierbare Steuerung)*, die heute auch als Softwarelösung für eine PC-Gerätetechnik zur Verfügung steht. Vereinzelt sind noch *verbindungsprogrammierte elektronische Steuerungen* (VPS) anzutreffen. Sie sind wegen der Entwicklungs-, Fertigungsvorbereitungs- und Prüfkosten für Leiterbahnenträger nur bei großen Stückzahlen gleicher Steuerungen wirtschaftlich. Elektronische Steuerungen können aufgrund ihres schnellen Schaltens und der enthaltenen gespeicherten oder speicherbaren Zustände durch Spannungsspitzen, die galvanisch oder elektromagnetisch eingestreut werden, gestört werden. Maßnahmen dagegen sind eine sorgfältige Dimensionierung der Netzgeräte, ausreichende Leiterbahnen sowie eine Abschirmung des Geräts selbst. Ein- und Ausgänge sind durch einen Tiefpass von Störungen freizuhalten, gegebenenfalls auch galvanisch zu entkoppeln. Auch ist auf Eindeutigkeit des Bezugspotentials durch ausreichende Masseleitungen zu achten.

Aufgrund ihrer Bedeutung bei der Steuerung von Fertigungseinrichtungen wird auf Speicherprogrammierbare Steuerungen (SPS) und numerische Steuerungen (NC) im Folgenden vertiefend eingegangen.

46.3 Speicherprogrammierbare Steuerungen

Der Begriff „Speicherprogrammierte Steuerung (SPS)“ wird nach der VDI-Richtlinie 2880 wie folgt definiert: Speicherprogrammierbares Automatisierungsgerät mit anwenderorientierter Programmiersprache, das im Schwerpunkt zum Steuern eingesetzt wird [3, 13].

Speicherprogrammierbare Steuerungen (SPS) eignen sich für den effizienten und flexiblen

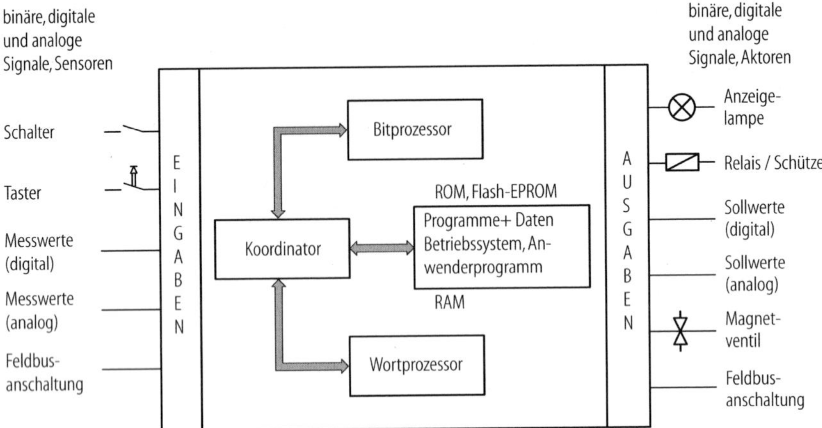

Abb. 46.13 Struktur einer speicherprogrammierbaren Steuerung

Aufbau von Maschinen- und Anlagensteuerungen. Das Leistungsspektrum reicht hierbei von der Realisierung einfacher Verknüpfungen binärer Signale über komplexe Steuerungs- und Diagnosefunktionen bis hin zu datenverarbeitenden Funktionen wie z. B. Werkzeugverwaltung.

46.3.1 Aufbau

Hardware orientiert kann eine SPS durch eine Kombination von Bit- und Wortprozessoren und Speichern (RAM, Flash-EPROM) aufgebaut werden. Diese werden durch spezielle Hardwaremodule zur Ankopplung der Eingangs- bzw. Ausgangssignale ergänzt. Die Ankopplung der Eingangs- bzw. Ausgangssignale kann sowohl direkt als auch über ein Bussystem erfolgen (Abb. 46.13).

Wird für die SPS Realisierung ein PC als Hardwarelösung gewählt, so erfolgt die Verbindung mit externen Geräten (E/A, Antriebe) über PC-orientierte Bussysteme oder über Bussysteme mit speziellen Adaptern.

Das Gesamtprogramm einer SPS wird aus dem Systemprogramm und dem Anwenderprogramm (auch als SPS-Programm bezeichnet) gebildet. Das Systemprogramm ist die Gesamtheit aller Anweisungen und Vereinbarungen geräteinterner Betriebssystemfunktionen und ist fester Bestandteil der SPS. Das Systemprogramm wird vom Hersteller der Steuerung erstellt und kann vom Anwender nicht verändert werden. Im Gegensatz dazu werden im Anwenderprogramm die Verknüpfungen und Algorithmen zum Steuern des vom Anwender zu automatisierenden Prozesses (z. B. Werkzeugmaschine oder verfahrenstechnische Anlage) beschrieben.

46.3.2 Arbeitsweise

Die Abarbeitung der Programme einer SPS erfolgt i. d. R. interpretativ, d. h. das Systemprogramm der SPS interpretiert die SPS-Programme und setzt sie während des Betriebes Anweisung für Anweisung in Maschinenbefehle um.

Anforderungsdefinitionen für SPS-Hardware und SPS-Programmierung wurden in der fünfteiligen, internationalen Norm IEC 61131 zusammengefasst. Der Teil 3 befasst sich mit der SPS-Programmierung [13]. Darin sind die **P**rogramm**O**rganisations**E**inheiten (**POE**): Programm (PROGRAM), Funktionsbaustein, (FB, FUNCTION BLOCK) und Funktion (FC, FUNCTION) festgelegt. Nach IEC 61131-3 sind Programme und Funktionsbausteine jeweils einer **TASK** zugeordnet, durch welche die Laufzeiteigenschaften festgelegt werden. Die Definition mehrerer Tasks setzt eine multitaskingfähige Steuerung voraus. Prinzipiell lassen sich durch Taskeigenschaften zwei Arten der Abarbeitung realisieren:

- zyklische Abarbeitung (Abb. 46.14),
- Interrupt-Bearbeitung.

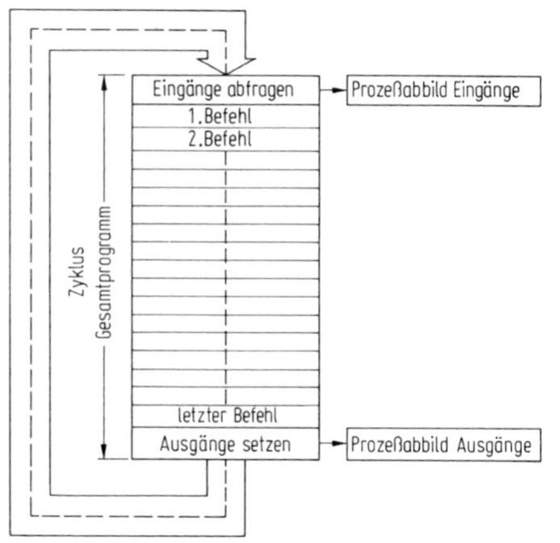

Abb. 46.14 Zyklische Programmabarbeitung einer SPS

Bei der zyklischen Abarbeitung werden Programme und Funktionsbausteine in einem für die Task typischen Zeittakt (z. B. 20 ms) durchlaufen und periodisch von vorn ausgeführt.

Bei der Interrupt-Bearbeitung wird jeder Task eine Triggervariable und eine Priorität zugeordnet, anhand derer die Koordination gleichzeitig laufender Programme durchgeführt wird. Durch die Triggervariable wird die Task aktiviert, die durch einen Prozessalarm, ein Zeitintervall oder die Uhrzeit aufgerufen wird.

46.3.3 Programmierung

Die Erstellung strukturierter SPS-Programme erfolgt mit Hilfe der POEs PROGRAM, FUNCTION BLOCK und FUNCTION. Durch ein PROGRAM wird ein zusammengehöriger, steuerungstechnischer Funktionsumfang beschrieben, z. B. das Steuerungsprogramm einer Drehmaschine. FUNCTIONs (Funktionen) haben Ein- und Ausgangsvariablen, jedoch keine internen Variablen. Sie besitzen kein Speicherverhalten, d. h. keinen internen Zustand und liefern bei gleichen Werten der Eingangsvariablen stets die gleichen Werten der Ausgangsvariablen. FUNCTION BLOCKs (Funktionsbausteine) haben im Gegensatz hierzu interne Variablen und damit Speicherverhalten, d. h. die Werte der Ausgangsvariablen ist von den Werten der Eingangsvariablen und dem internen Zustand abhängig.

Erstellung von Programm Organisations Einheiten (POEs). Zur Programmierung stehen eine Reihe unterschiedlicher Programmiersprachen zur Verfügung. Diese lassen sich in verknüpfungsorientierte, ablauforientierte und hochsprachenähnliche Programmiersprachen einteilen [13, 14]:

verknüpfungsorientiert:
1. Kontaktplan (KOP),
2. Anweisungsliste (AWL),
3. Funktionsbausteinsprache (FBS),

ablauforientiert:
4. Ablaufsprache (AS),
5. Zustandsgraphen, Petrinetze,

hochsprachenähnlich:
6. Strukturierter Text (ST), C.

Die Programmiersprachen KOP, AWL, FBS, AS und ST sind in der IEC 61131-3 genormt (Abb. 46.15). Neben den genormten Programmiersprachen existieren jedoch noch zahlreiche hersteller- bzw. technologiespezifische Dialekte.

Der Einsatz verknüpfungsorientierter Programmierarten erfolgt sinnvollerweise dann, wenn zahlreiche Bedingungen logisch miteinander verknüpft werden, z. B.:

wenn Wasserstand erreicht
und Temperatur $<$ *Solltemperatur,*
dann schaltet Heizung ein.

Der Vorteil höherer Programmiersprachen liegt in der sehr kompakten Formulierung von Steuerungsaufgaben und der damit erzielbaren Übersichtlichkeit des Steuerungscodes. Durch die Mächtigkeit der Konstrukte eignen sich Hochsprachen vor allem dann, wenn Berechnungen durchgeführt werden müssen, z. B.:

wenn Wasserstand < 20, *dann*
Energiezufuhr = *Energiezufuhr* – 2;
sonst wenn Wasserstand < 30, *dann*
Energiezufuhr = *Energiezufuhr* + 2;
sonst Energiezufuhr gleichbleibend.

Ablaufsprache wird dann eingesetzt, wenn das Steuerungsproblem als eine Folge von Schritten und Transitionen beschreibbar ist, z. B.:

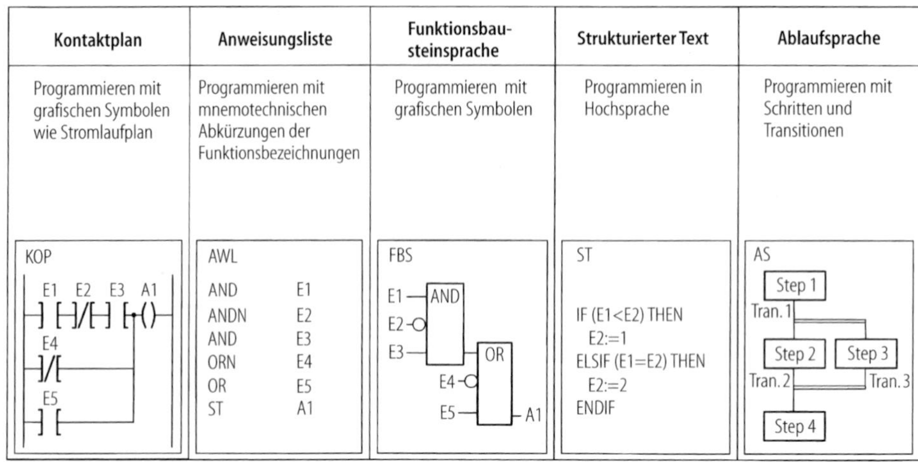

Abb. 46.15 Programmiersprachen der IEC 61131-3

wenn Grundstellung erreicht,
dann Spindel an;
wenn Spindel an,
dann Z-Achse absenken.

Die Ablaufsprache kann in textueller oder grafischer Form angewendet werden. Die Programmierung innerhalb der Schritte (Aktionsblöcke) und Transitionen (Transitionsbedingungen) erfolgt hierbei in einer der Programmierarten ST, AWL, KOP oder FBS. Aktionsblöcke können zusätzlich wiederum in Ablaufsprache programmiert sein.
Zur Programmierung komplexer Steuerungsaufgaben werden häufig grafisch unterstützte Programmiersprachen wie Zustandsgraphen oder Petrinetze eingesetzt. Strukturen und Abläufe in der Software lassen sich damit transparenter abbilden als in rein textuellen Programmiersprachen, wodurch gleichzeitig eine sehr gute Dokumentation gegeben ist. Durch die einfache Verständlichkeit erschließt sich die programmierte Funktionalität auch einem Nutzerkreis, der nicht mit den Details der SPS-Programmierung vertraut ist.

Softwarewiederverwendung. Über die Strukturierung hinaus ist die Wiederverwendbarkeit eine wichtige Eigenschaft von SPS-Software.

Die IEC 61131-3 ermöglicht die Wiederverwendung durch das Funktionsbausteinkonzept. In Form von Funktionsbausteinen können häufig eingesetzte Funktionalitäten, wie z. B. Reglerbausteine oder ganze maschinenbauliche bzw. verfahrenstechnische Funktionseinheiten mit eigenem Speicherbereich definiert werden. Diese sind mehrfach instanziierbar und somit wiederverwendbar. Für die Verknüpfung von Funktionsbaustein-Instanzen eignen sich Funktionsbausteindiagramme. SPS-Software wird, eine entsprechende Funktionsbausteinbibliothek vorausgesetzt, somit nicht mehr programmiert, sondern konfiguriert.

46.4 Numerische Steuerungen

46.4.1 Zum Begriff

Zur Herstellung von Rotorblättern baute in den USA der Unternehmer Parson 1949 mit Unterstützung des MIT (Massachusetts Institute of Technology) die erste numerisch gesteuerte Bohrmaschine. Numerisch heißt zahlenmäßig und bedeutet, dass die Eingabe der Steuerinformationen in Form von Zahlen erfolgt. Diese werden in einem Binärcode dargestellt und können direkt von der Steuerung verarbeitet werden. Einzugeben sind Zahlen für die Beschreibung der Werkstückgeometrie (Weginformationen) sowie technologische Angaben über Werkzeuge und Arbeitsgeschwindigkeiten (Schaltinformationen), ebenfalls in Zahlenform. Die Bedeutung der Zahlen wird durch einen vorangestellten Adressbuchstaben erkannt (DIN 66 025). Jede Steuerung, bei der die Weginformationen durch Zahlen eingegeben werden, ist eine numerische Steuerung, unabhängig vom Eingabegerät und Datenspeicher [17].

46.4.2 Bewegungssteuerungen

Zur Erzeugung einer definierten Relativbewegung zwischen Werkzeug und Werkstück werden Bewegungssteuerungen eingesetzt. Diese sind heutzutage als elektronische Steuerungen ausgeführt und sind frei programmierbar. Über die Jahre haben sich drei unterschiedliche Bewegungssteuerungen etabliert: RC- (robot control), MC- (motion control) und NC-Steuerungen (numerical control). RC-Steuerungen (s. Kap. 51) werden für die Steuerung von Robotern und seriellen Kinematiken eingesetzt. MC-Steuerungen werden für die Steuerung synchronisierter Einzelachsen eingesetzt. Typische Einsatzgebiete sind die Verpackungs- und Drucktechnik bei der abhängig von einer zentralen Produktgeschwindigkeit (z. B. Geschwindigkeit des zu bedruckenden Papiers) Aggregate (z. B. Drucktürme mit Druckplatten für unterschiedliche Farben) auf die zentrale (Master-) Geschwindigkeit synchronisiert werden müssen. NC-Steuerungen werden für die Steuerung von koordinierten (synchronisierten) mehrachsigen (geometrisch beliebig angeordneten) Kinematiken in Werkzeugmaschinen eingesetzt.

46.4.3 NC-Programmierung

Unter *NC-Programmierung* wird die Erstellung von werkstückabhängigen Steuerdaten für numerische Steuerungen verstanden. Als Ausgangsdaten für die Programmerstellung dienen Konstruktionszeichnungen oder CAD-Daten [16]. Das Ergebnis ist das NC-Programm, vorwiegend nach DIN 66 025 [17]. NC-Programme können sowohl *on line*, d. h. durch den Werker direkt an der Maschine, man spricht dann von manuellem Programmieren, als auch *off line* in der Arbeitsvorbereitung erstellt werden [18]. Nach einem Arbeitsplan wird nun das NC-Programm als Reihenfolge von Sätzen aufgestellt, wobei jeder Satz eine Arbeitsanweisung enthalten muss. Diese Informationen werden durch Worte beschrieben, wobei jedes Wort aus einem Adressbuchstaben und einer Ziffernfolge besteht.

Den prinzipiellen Satzaufbau mit Adressbuchstaben gemäß DIN 66 025 zeigt Abb. 46.16 am Beispiel einer Drehmaschine. Die Sätze können mit variabler Satzlänge programmiert werden, d. h. die Anzahl der Operationen pro Satz kann unterschiedlich sein.

Trotz weitgehender Normung sind Programme nach DIN 66 025 i. a. auf gleichartigen NC-Maschinen unterschiedlicher Hersteller nicht lauffähig, da zwar die Bedeutung der Adressbuchstaben eindeutig ist, nicht immer jedoch die Ziffern. So bedeutet G01 eindeutig „Geradeninterpolation", die Werte zur Adresse F (Feedrate) oder S (Spindle speed) können dagegen frei zugeordnet werden. Man nennt die Zuordnung der physikalischen Größen zu DIN 66 025 „Maschinencode". Verwendet man eine höherwertige fertigungstechnische Programmiersprache wie EXAPT, so wird die Bearbeitungsaufgabe zunächst durch ein sogenanntes Teileprogramm strukturiert. Bei dieser rechnerunterstützten Programmierung wird anschließend mit Hilfe eines Processors (Übersetzerprogramm) das Teileprogramm in CLDATA-Code (cutter location data, [19]) übersetzt. Dabei verarbeitet der Processor die geometrischen Informationen und ergänzt unter Zuhilfenahme von Werkstoff- und Werkstückdateien die technologischen Bearbeitungsvorschriften (Abb. 46.17). Ein Postprocessor passt den maschinenunabhängigen CLDATA-Code an eine spezielle NC-Maschine an, indem Verfahr- und Schaltbefehle in der festgelegten Reihenfolge und Codierung erzeugt werden.

46.4.4 Datenschnittstellen

Wie bereits in Abschn. 46.4.2 dargestellt, wird heute hauptsächlich die NC-Programmierschnittstelle nach DIN 66 025 angewandt. Zur Beschrei-

Abb. 46.16 Satzaufbau für NC-Programme am Beispiel einer Drehbearbeitung (Koordinatenwerte sind vereinfacht angegeben)

Satz	Geometrie			Technologie		Hilfsfunktionen		Bemerkung
Nr.	Weg-bed.	Koordinaten		Vorschub	Dreh-zahl	Werkzeug	Maschi-nen-funktion	
N	G	X	Z	F	S	T	M	
%								Anfang
N010	G00	X1	Z1	F99	S73	T42	M04	PI, LL
N020	G01		Z2	F20				LL
N030		X3						PA
N050	G00		Z5	F99	S75			LR
N060		X6						PI
N070	G01		Z7	F20				LL
N080		X8						
N090	G00	X9	Z9				M05	PA, LR
N100							M30	Ende

P = Plan R = Rechts I = Innen
L = Längs L = Links A = Außen

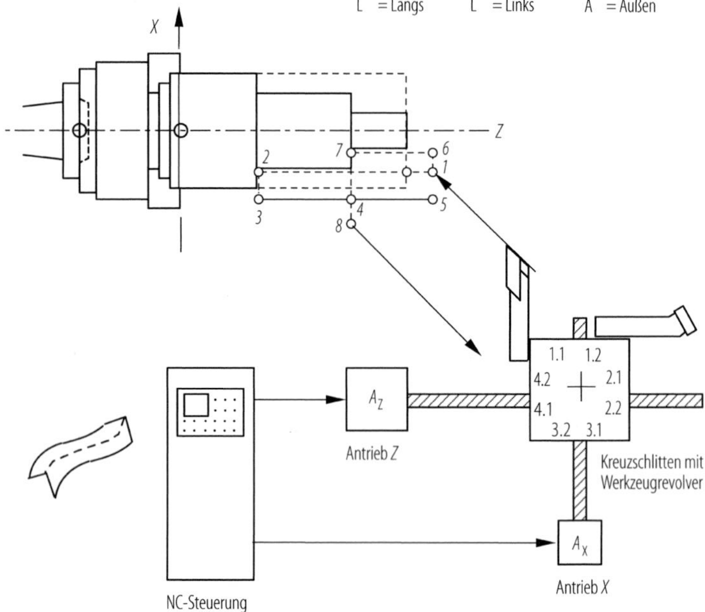

bung besonderer Entwicklungen, z. B. Hochgeschwindigkeitsbearbeitung oder Splineverarbeitung, ist ihre Struktur bzw. ihr Informationsinhalt jedoch nicht mehr ausreichend [20]. Dies hat zu herstellerspezifischen Erweiterungen und zur Entwicklung neuartiger Schnittstellen, wie z. B. den Spline-Schnittstellen, geführt. Unter der Bezeichnung ISO 14 649 [21] befindet sich derzeit eine STEP-basierte NC-Programmierschnittstelle in der Vorbereitung, welche zukünftig die DIN 66 025 ablösen könnte. ISO 14 649 ist, im Gegensatz zu DIN 66 025, nicht nur eine Datenschnittstelle zur NC-Steuerung, sondern ein Informationsmodell zur hierarchisch strukturierten, Feature-orientierten Beschreibung der Bearbeitungsaufgabe (Abb. 46.18). Den Features werden ausführbare Workingsteps (Bearbeitungsschritte) zugeordnet. Mit ISO 14 649 sollen vorhandene Anforderungen erfüllt werden, wie z. B. eine bessere Strukturierbarkeit der NC-Programme durch eine direkte Verknüpfung von Geometrie und Technologie, eine durchgängige Feature-Verarbeitung von der Konstruktion bis zur Fertigung sowie die Möglichkeit zur Rückübertragung von modifizierten Steuer- oder ermittelten Prozessdaten in die der Werkstatt vorgelagerten Bereiche.

Abb. 46.17 Rechnerunterstützte NC-Programmierung

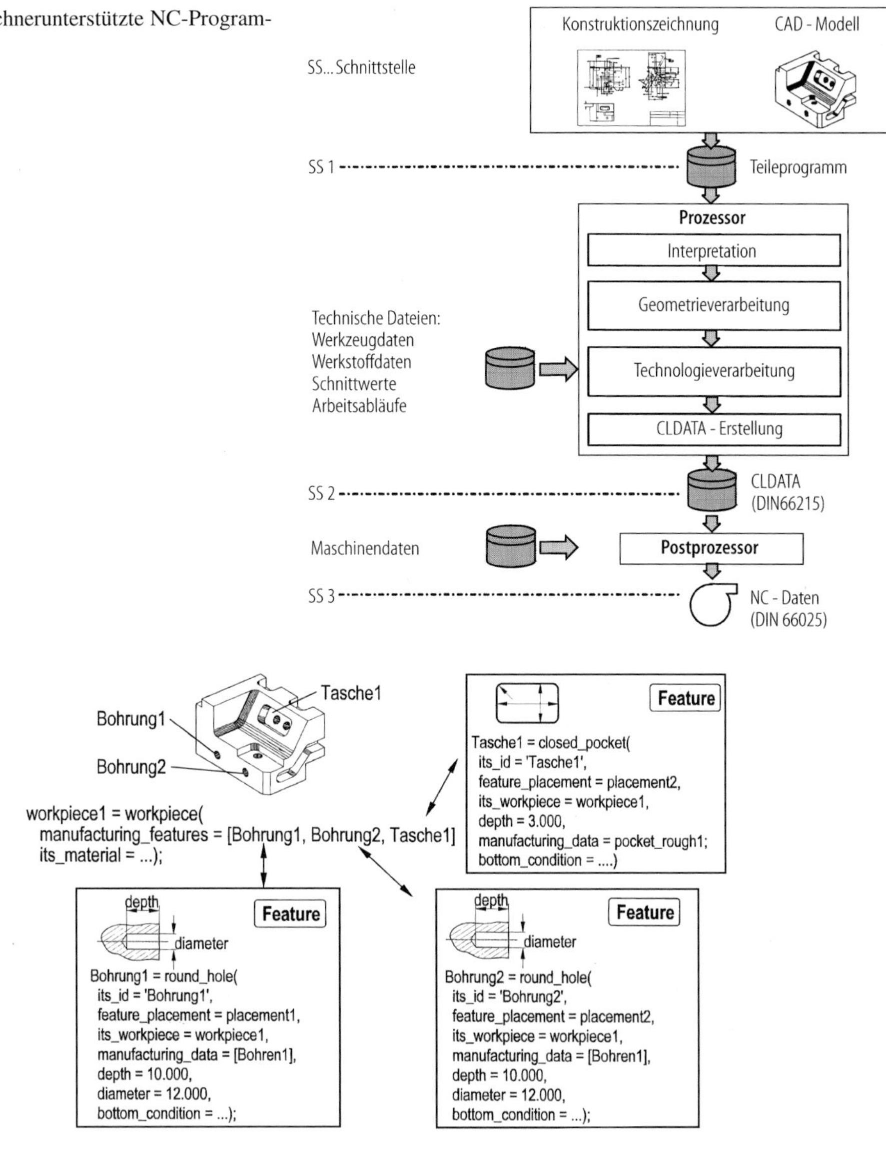

Abb. 46.18 Beispiel für die Feature-orientierte Beschreibung eines Werkstücks

46.4.5 Steuerdatenverarbeitung

Die programmierten und in einen Datenspeicher eingegebenen Steuerdaten werden in der numerischen Steuerung zu *Lagesollwerten* für die einzelnen Achsen verarbeitet oder als *Schaltbefehle* ausgegeben. Die kontinuierliche Bewegung in mehreren Achsen wird durch fortwährende mit dem Prozess schritthaltende taktsynchrone Ausgabe getrennter Lagesollwerte erreicht. Die Lagesollwerte jeder Achse werden mit dem jeweiligen *Lageistwert* verglichen. Aus der *Lageregelabweichung* wird durch Multiplikation mit einem in allen Achsen gleichen Faktor (Geschwindigkeitsverstärkung $K_v[1/\mathrm{s}]$) eine Sollgeschwindigkeit gebildet. Unterschiedliche Lagesollwerte der einzelnen Achsen führen zu unterschiedlichen Lageregelabweichungen, die man als *Schleppabstand* bezeichnet, und damit zu unterschiedlichen Geschwindigkeiten, wie sie zum Fahren verschiedener Kurswinkel erforderlich sind (Abb. 46.19). Bei Verwendung von Schrittmotorantrieben wer-

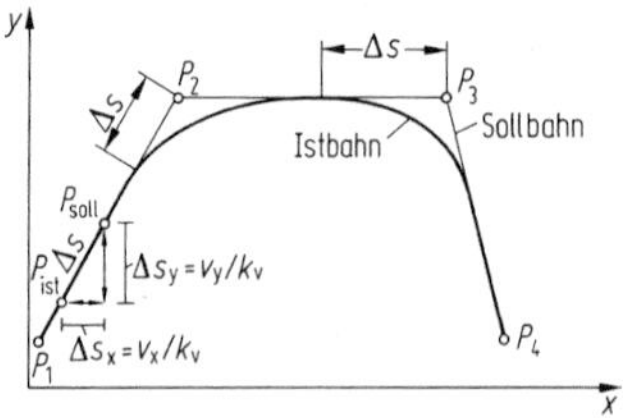

Abb. 46.19 Numerische Bahnsteuerung bei Geradeninterpolation und Bahnrichtungsänderung ohne Halt. Δs Schleppabstand, K_v Geschwindigkeitsverstärkung, v_x; v_y Geschwindigkeit

den aus Lagesollwerten Impulse für Schrittmotoren generiert.

Die Errechnung der Lagesollwerte aus den programmierten Steuerdaten erfolgt nach festen Rechenregeln und wird als *Interpolation* bezeichnet. Sinn der Interpolation ist die Reduzierung der Steuerdatenmenge auf ein Maß, das ausreicht, um beliebige Werkstückkonturen aus einfachen Geraden-, Kreis- oder Parabelabschnitten zusammenzusetzen. Für die meisten Beschreibungen von Bahnkurven genügen Geraden- und Kreisinterpolation, d. h. die eingegebenen Steuerdaten sind Stützpunkte, zwischen denen vom Interpolator Zwischenwerte auf diesen Kurven so errechnet werden, dass etwa alle 1 bis 5 ms ein Lagesollwert in jeder Achse ausgegeben wird. Bei der selteneren, für Bahnkurven angewendeten Parabel- oder Splineinterpolation wird durch angegebene Punkte eine Ausgleichskurve gelegt. Vor der Interpolation sind i. Allg. noch Korrekturrechnungen (Koordinatentransformation, Werkzeuglängen- und -radiuskorrektur u. ä.) vorzunehmen.

Schaltinformationen werden vorzugsweise in der numerischen Steuerung nur gespeichert und zeitgerecht an die Speicherprogrammierbare Steuerung als Funktionssteuerung ausgegeben.

46.4.6 Numerische Grundfunktionen

Zerlegt man die Funktionen einer NC in funktionsorientierte Einheiten, so ergeben sich vier grundlegende Aufgabenstellungen gemäß Abb. 46.20, die den Mindestfunktionsumfang einer NC darstellen. Dazu gehören: die Mensch-Maschine Kommunikation (HMI = Human Machine Interface), die NC-Datenverwaltung, -aufbereitung und -verteilung (NCVA), die Technologiedatenverarbeitung (SPS) und die Geometriedatenverarbeitung (GEO). Die vier Funktionsblöcke sind so strukturiert, dass sich zwischen ihnen ein minimaler Datenverkehr bildet. Der Datenaustausch erfolgt über definierte Schnittstellen [3].

Im Folgenden werden diese Grundfunktionen kurz erläutert:

Mensch-Maschine Kommunikation (HMI). Die Mensch-Maschine-Kommunikation steht bei numerischen Steuerungen immer mehr im Vordergrund. Bei der Schnittstelle zum Benutzer zeigen sich neue Entwicklungen wie Menütechnik, grafische Bildschirme, Fensterfunktionen etc. Die Möglichkeiten der Benutzung und Programmierung werden immer komplexer, bei modernen NCs umfasst dieser Teil der Systemsoftware schon mehr als die Hälfte des Gesamtsystems. Zur Benutzeroberfläche einer NC-Steuerung zählen heute im Wesentlichen folgende Funktionen:

- Benutzung und Benutzerführung,
- NC-Programmier- und Editierfunktionen (mit zugehörigen Verwaltungsarbeiten),
- Simulation des Programmablaufs,
- Diagnosefunktionen.

NC-Datenverwaltung und -aufbereitung (NCVA). Wesentliche Aufgaben dieser Funktionseinheit sind u. a.:

- Bereitstellen von NC-Sätzen für die Decodierung und für die Anzeige,
- Decodierung von NC-Sätzen (Umwandlung von ASCII-Zeichen in steuerungsinterne Darstellung),
- Auflösung von Arbeitszyklen und Unterprogrammen, Parameterrechnung,
- Durchführung von Korrekturrechnungen (Werkzeuglängenkorrektur, Werkzeugradiuskorrektur),
- Überwachung der dynamischen Grenzwerte der Antriebe,

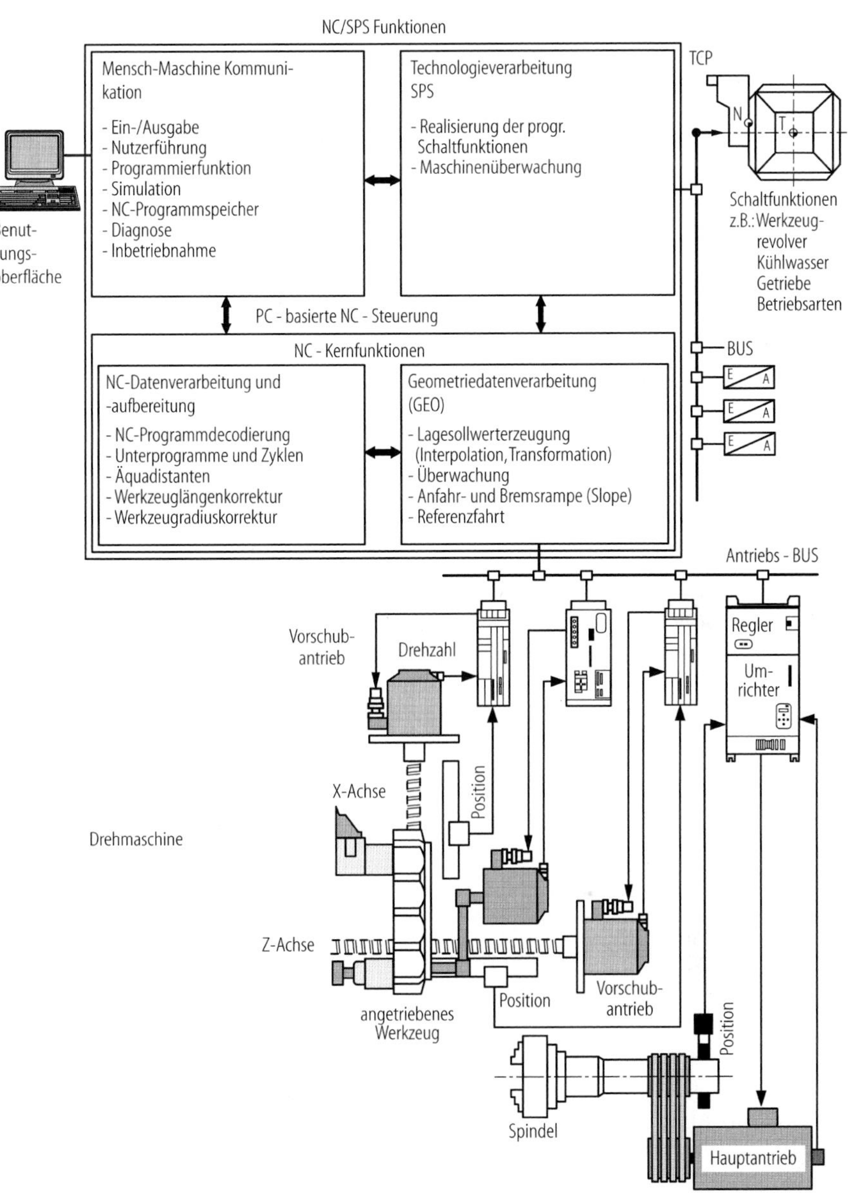

Abb. 46.20 Informationsfluss in einem NC-Steuerungssystem einer Drehmaschine

- Look-Ahead-Funktionalität,
- Arbeitsraumüberwachung.

Technologiedatenverarbeitung (SPS). Die technologische Informationsverarbeitung übernimmt die Ausführung von Schaltinformationen (= technologische Anweisungen), die über die Einzelsteuerungsebene z. B. das Schalten von Hauptspindeldrehzahlen, Vorschubgeschwindigkeiten, Werkzeugwechseleinrichtungen, Kühlmittelzuflüssen etc. bewirken.

Geometriedatenverarbeitung (GEO). Die Geometriedatenverarbeitung umfasst alle Grundfunktionen zur Bahnerzeugung. Eine Bahn wird erzeugt durch die überlagerte Bewegung einzelner Achsen. Zur Lageeinstellung einer Achse benötigt man die Funktionseinheiten Sollwerterzeugung (Interpolation), Sollwertbeeinflussung zur Beschleunigungs- und Ruckbegrenzung sowie zur Bremseinleitung mit Restwegüberwachung (Slope), Transformation bei nichtkartesischen Achssystemen und Lageregelung. Abschn. 46.4.6 geht auf diese Funktionen näher ein.

46.4.7 Lageeinstellung

46.4.7.1 Lagesollwertbildung

Aus geometrischen Eingabeinformationen werden in der numerischen Steuerung Lagesollwerte für die einzelnen Achsen der gesteuerten Anlage gebildet. Abhängig von den kinematischen Abläufen unterscheidet man drei Steuerungsarten: die Punktsteuerung, die Streckensteuerung und die Bahnsteuerung.

Bei der *Punktsteuerung* kann der durch den Sollwert definierte Punkt auf beliebigen Wegen angelaufen werden, da während des Einfahrens das Werkzeug nicht im Eingriff ist (Abb. 46.21a). In der Regel wird aus Zeitgründen der kürzeste Weg ausgewählt, lediglich in Ausnahmefällen beeinflusst die geometrische Form des Werkstücks den Verfahrweg. Diese Steuerungsart ist die einfachste numerische Steuerung und findet i. Allg. bei Bohrmaschinen, Punktschweißmaschinen und Bestückungsmaschinen für elektronische Bauelemente Verwendung.

Die den Punktsteuerungen verwandten *Streckensteuerungen* unterscheiden sich von diesen im Wesentlichen dadurch, dass das Werkzeug beim Verfahren im Eingriff sein kann. Der Bewegungsablauf erfolgt dabei parallel zu den Bewegungsachsen der Maschine, wobei die Arbeitsgeschwindigkeit vorgegeben werden kann (Abb. 46.21b). Einen Sonderfall stellt die gleichzeitige Betätigung von zwei oder drei Achsen bei gleicher Geschwindigkeit (Bewegungen unter 45°) dar.

Bahnsteuerungen werden bei der Bearbeitung beliebiger zwei- oder mehrdimensionaler Kurven erforderlich, wie dies z. B. bei Fräsmaschinen, Drehmaschinen und Brennschneidmaschinen vornehmlich der Fall ist. Sie sind heute die typischen Steuerungen bei Werkzeugmaschinen. Beim Verfahren des Werkzeugs z. B. von Punkt A zu Punkt B, wie in Abb. 46.21c gezeigt, folgt das Werkzeug der eingezeichneten Funktion $y = f(x)$. Hierbei ist die Relativbewegung zwischen Werkstück und Werkzeug stetig nach Größe und Richtung veränderlich. Die Schlittenbewegung ist daher während der Bearbeitung in mindestens zwei Koordinaten zu steuern.

Im Folgenden wird die *Lagesollwerterzeugung* (Interpolation) für Bahnsteuerungen näher erläutert.

Die für den gewünschten Verfahrweg benötigten Eingabeinformationen liegen bei numerisch bahngesteuerten Werkzeugmaschinen, wie bereits erwähnt, in digitaler Form vor. Durch den Interpolator werden aus den Daten über Geometrie und Bewegung die Lagesollwerte als Lageführungsgrößen in Form einer feingestuften Weg-Zeit-Funktion erzeugt. Eine Umsetzung dieser Funktion erfolgt über die Lageregelungen, die die einzelnen Maschinenschlitten den Lageführungsgrößen nachführen (Abb. 46.22).

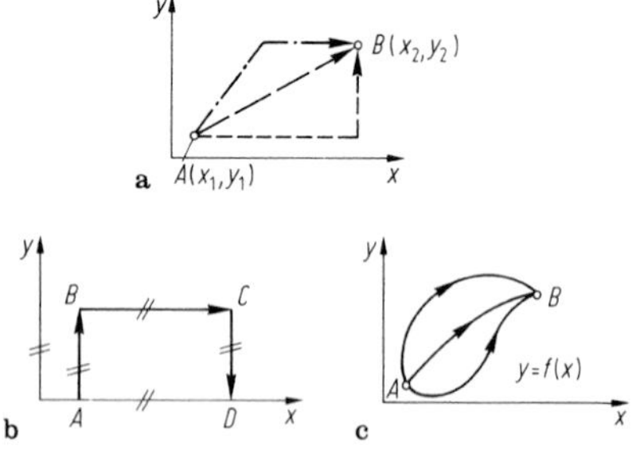

Abb. 46.21 NC-Steuerungsarten. **a** Punktsteuerung; **b** Streckensteuerung; **c** Bahnsteuerung

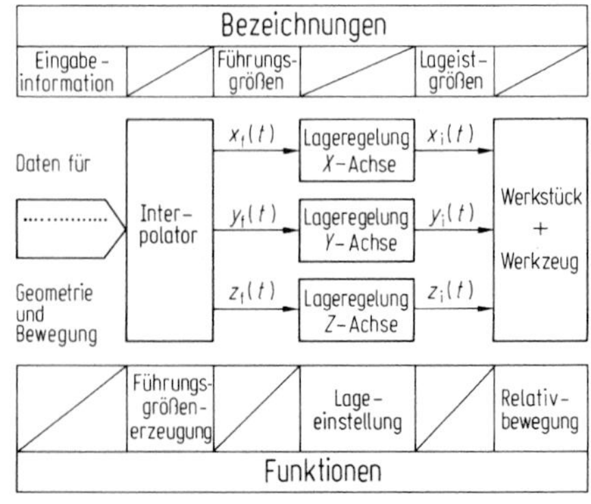

Abb. 46.22 Signalflussplan zur Erzeugung von Relativbewegungen zwischen Werkstück und Werkzeug

Die durch die Lageführungsgrößen erzeugte Bahn ist im Wesentlichen abhängig von dem Interpolationsverfahren (einstufig, zweistufig), dem Interpolationsraster und dem Interpolationsberechnungsverfahren.

Diese drei Einflussfaktoren werden anschließend kurz vorgestellt.

Interpolationsverfahren. Bei der *einstufigen Interpolation* werden die Stützpunkte direkt als Führungsgrößen für die Lageregelung berechnet. Die Interpolation erfolgt in einem Zeittakt, dessen Frequenz so hoch liegt, dass die Antriebe die digitalisierten Führungsgrößen als Tiefpassfilter glätten.

Sofern aus Leistungsgründen vom Interpolator der Steuerung die Taktfrequenz nicht hoch genug vorgegeben werden kann – und das ist bei hochdynamischen Antrieben i. Allg. der Fall – wird auf Antriebsebene der Achse ein sogenannter Feininterpolator vorgeschaltet, um mit entsprechend hoher Frequenz eine weitere Unterteilung der Lagesollwerte durchzuführen. Im einfachsten Fall erfolgt die Feininterpolation als Geradeninterpolation. Wegen der dabei erzeugten Unstetigkeiten bei einer Geschwindigkeitsänderung und den damit hervorgerufenen Beschleunigungsspitzen sollte jedoch hier einer Splineinterpolation der Vorzug gegeben werden.

Interpolationsraster. Die Interpolation erfolgt in Form eines

- *konstanten Zeitrasters:* Hierbei wird der zu verfahrende Weg pro Interpolationstakt vorgegeben (üblich bei Lageregelkreisen);
- *konstanten Wegrasters:* Der Interpolator gibt einzelne Wegelemente in Form von kleinsten verfahrbaren Einheiten aus. Diese Form wird bei Schrittantrieben benötigt.

Interpolationsberechnungsverfahren. Folgende Verfahren können unterschieden werden: Suchschrittverfahren, DDA-Verfahren (DDA = Digital Differential Analyzer), direkte Funktionsberechnung und rekursive Funktionsberechnung.

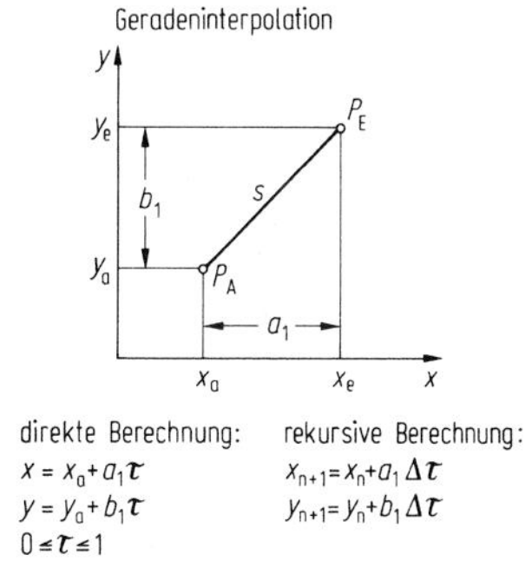

Abb. 46.23 Funktionsberechnung bei der Geradeninterpolation

Das Suchschritt- und das DDA-Verfahren, beides Interpolationsverfahren mit konstanten Wegrastern, erfordern bei Rasterweiten im Bereich der Auflösung üblicher Messsysteme i. Allg. spezielle Hardwareinterpolatoren und sind heute nicht mehr üblich.

Die direkte oder rekursive Funktionsberechnung, beides Interpolationsverfahren mit konstanten Zeitrastern, lassen sich auf Rechnern relativ einfach implementieren und besitzen daher große Verbreitung. Letzteres Verfahren führt zu besonders einfachen Berechnungen, jedoch muss infolge der Fehlerfortpflanzung die Berechnung mit erhöhter Genauigkeit durchgeführt werden.

$$s = \sqrt{a_1^2 + b_1^2}, \quad \Delta\tau/1 = \Delta T/T, \quad v_B = s/T.$$

Die Berechnung von Interpolationszwischenpunkten nach den beiden Funktionsberechnungsverfahren wird in Abb. 46.23 anhand der zweidimensionalen Linearinterpolation, auch als Geradeninterpolation bezeichnet, veranschaulicht. Wird der Parameter τ im Interpolationstakt ΔT um jeweils ein Inkrement $\Delta\tau$ erhöht, so ergibt sich in einem kartesischen Arbeitsraum eine konstante Bahngeschwindigkeit v_B. Die Größe des Inkrements $\Delta\tau$ ist proportional zur programmierten Bahngeschwindigkeit v_B und umgekehrt proportional zum räumlichen Verfahrweg s.

Somit ist der Parameter $\Delta\tau = (v_B/s)\Delta T$, wobei ΔT die Interpolationstaktzeit und T die Gesamtverfahrzeit ist.

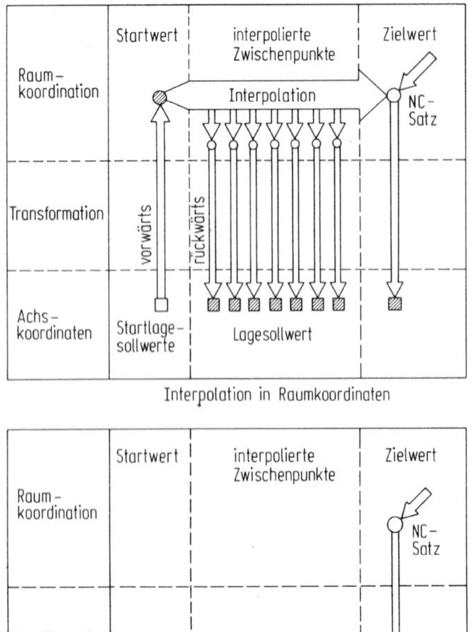

Abb. 46.24 Datenfluss von Raum- und Achskoordinaten bei der Transformation

46.4.7.2 Transformation von Raumkoordinaten in Achskoordinaten

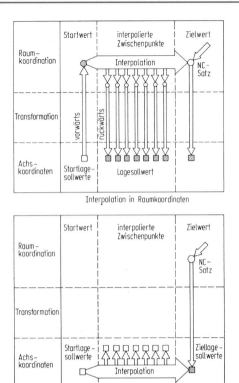

Die Programmierung der Geometrie erfolgt i. Allg. in den Koordinaten x, y, z des kartesischen Koordinatensystems. Sind die Achskoordinaten nicht identisch mit den Hauptkoordinaten des kartesischen Koordinatensystems, so ist vom Steuerungsrechner eine entsprechende Transformation vom Raum- zum Achskoordinatensystem durchzuführen, die i. Allg. einer Matrizenoperation entspricht. Die Transformation sollte im Interpolationstakt erfolgen und kann für mehrachsige Maschinen wie z. B. fünfachsiges Fräsen oder sechsachsige Roboterführung sehr rechenintensiv werden. Der Datenfluss von der Interpolation in Raumkoordinaten (kartesische Koordinaten) bis zur Führungsgröße der einzelnen Achsen ist aus der Abb. 46.24 ersichtlich.

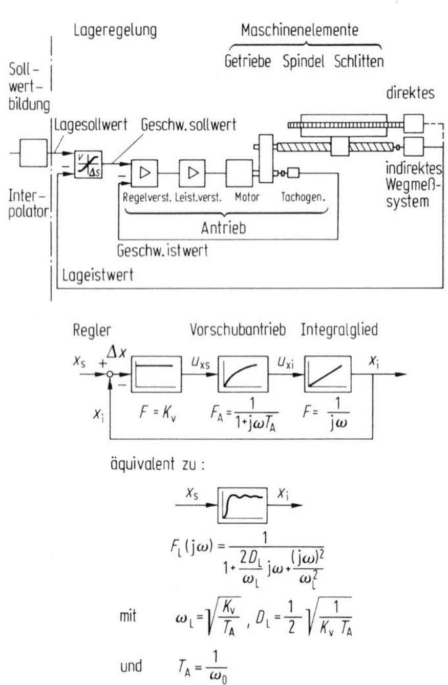

Abb. 46.25 Einfaches Modell einer lagegeregelten Achse

46.4.7.3 Lageregelung

Die Relativbewegung zwischen Werkzeug oder Messzeug und Werkstück erfolgt bei bahngesteuerten NC-Maschinen durch die überlagerte Bewegung von mindestens zwei Achsen.

Abb. 46.25 zeigt den Aufbau einer lagegeregelten Achse mit einem einfachen regelungstechnischen Strukturbild, wobei der Antrieb als System 1. Ordnung nachgebildet wird und der Lageregler typischerweise als P-Regler mit der Geschwindigkeitsverstärkung K_v ausgeführt ist [12].

Um ein Überschwingen zu vermeiden, wird bei rampenförmiger Ansteuerung eine Dämpfung von $D_L = 0{,}7$ bevorzugt, d. h. die Antriebszeitkonstante T_A gibt die mögliche Geschwindigkeitsverstärkung K_v vor. Der K_v-Faktor bestimmt wiederum den Schleppabstand z. B. für die x-Achse mit Δs_x in Abhängigkeit von der Geschwindigkeit $\dot{x}_i = \text{const}$ über die Beziehung $\Delta s_x = \dot{x}_i K_v^{-1}$. Zusätzlich lässt sich der Schleppabstand für konstante Beschleunigung $\ddot{x}_i = \text{const}$ zu $\Delta s_x = \ddot{x}_i K_v^{-1} T_A$ berechnen. Wie man erkennt, wirkt sich die Antriebszeitkonstante erst bei Beschleunigungsvorgängen direkt auf den Schleppabstand aus. Konturverzerrungen bei der Geradenfahrt werden dann vermieden, wenn sowohl die Geschwindigkeitsverstärkungsfaktoren K_v als auch die Antriebszeitkonstanten T_A in beiden Achsen gleich sind oder wenn gänzlich schleppabstandsfrei gefahren wird. Hierzu wird in neueren Steuerungen der Schleppabstand kompensiert durch Vorsteuerungsverfahren.

Literatur

Spezielle Literatur

1. Berthold, H.: Programmgesteuerte Werkzeugmaschinen. VEB Verlag Technik, Berlin (1975)
2. Weck, M.: Werkzeugmaschinen, Bd. 3.2: Automatisierung und Steuerungstechnik, 4. Aufl., VDI-Verlag, Düsseldorf (1995)
3. Pritschow, G.: Einführung in die Steuerungstechnik. Hanser, München (2006)
4. Busse, R.: Feldbussysteme im Vergleich. Pflaum, München (1996)
5. Gruhler, G.: Feldbusse und Gerätekommunikationssysteme. Selbstverlag STA Reutlingen, Reutlingen (2000)
6. Lechler, A., Verl, A.: Einheitliche Kommunikationsschnittstelle für den funktionalen Zugriff auf ethernetbasierte Bussysteme, Verl, A., Bender, K., Schumacher, W., SPS/IPC/Drives, 24.–27. November 2009, Nürnberg, VDE Verlag, 2009, S. 41–49
7. Sperling, W.: Modulare Systemplattformen für offene Steuerungssysteme. Springer, Berlin (1999)
8. Ammann, J.: Grundlagen der Pneumatik und Hydraulik, 3. Aufl. Halscheidt, Heidenheim (1973)
9. Dürr, A., Wachter, O.: Hydraulik in Werkzeugmaschinen. Hanser, München (1968)
10. Hemming, W.: Steuern mit Pneumatik. Archimedes, Kreuzlingen (1970)
11. Egner, M.: Hochdynamische Lageregelung mit elektrohydraulischen Antrieben. ISW Forschung und Praxis, Bd. 74. Springer, Berlin (1988)
12. Stute, G.: Regelung an Werkzeugmaschinen. Hanser, München (1981)
13. DIN IEC 61131: Speicherprogrammierbare Steuerungen, T. 3: Programmiersprachen
14. DIN 19239: Speicherprogrammierbare Steuerungen, Programmierung
15. Müller, J.: Objektorientierte Softwareentwicklung für offene numerische Steuerungen. Springer, Berlin (1999)
16. Spur, G., Krause, F.-L.: CAD-Technik. Hanser, München (1984)
17. DIN 66025: Programmaufbau für numerisch gesteuerte Arbeitsmaschinen. Teil 1 und 2. Beuth Verlag, Berlin (1983)
18. Storr, A.: Planung und Steuerung flexibler Fertigungssysteme. Selbstverlag ISW, Stuttgart (1984)
19. DIN 66215: Programmierung numerisch gesteuerter Arbeitsmaschinen: CLDATA. Teil 1 und 2. Beuth Verlag, Berlin (1982)
20. Pritschow, G., Spur, G., Weck, M.: Schnittstellen im CAD/CAM-Bereich. Hrsg. von G. Pritschow. Hanser, München, Wien (1997)
21. ISO 14649: Overview and fundamental principles. TC184/SC1/WG7/N123 Draft Version, Juni (1998)
22. DIN IEC 60050-351 International Electrotechnical Vocabulary, Control technology
23. Lechler, A.: SERCOS safety Conformizer – Ein Werkzeug zum Konformitätstest von SERCOS safety Komponenten, Fortschritt-Berichte VDI Reihe 2 Nr. 663 – Fertigungstechnik, Zuverlässigkeit und Diagnose in der Produktion, Düsseldorf, VDI Verlag 2007, S. 28–38
24. Prinz, F., Schoeffler, M., Lechler, A., Verl, A.: Dynamic real-time orchestration of I4. 0 components based on Time-Sensitive Networking. Procedia CIRP, **72**, 910–915 (2018)

Maschinen zum Scheren und Schneiden 47

Mathias Liewald und Stefan Wagner

47.1 Kraft- und Arbeitsbedarf

Der für das Schneiden typische Kraft-Weg-Verlauf (Abb. 47.1) erfordert Maschinen mit hoher Nennkraft bei nur relativ geringem Arbeitsvermögen. Beim Schneiden von Blechwerkstoffen mit großer Bruchdehnung muss das Arbeitsvermögen aufgrund der sich dann ergebenden längeren Scherwege größer sein als beim Schneiden von Blechwerkstoffen mit gleicher Festigkeit und geringerer Bruchdehnung.

47.2 Maschinen zum Scheren

Tafelscheren. Sie dienen zum Schneiden von geradlinig berandeten Platinen aus Blechtafeln. Mit Hilfe eines Niederhalters sowie entsprechend ausgebildeter Ober- und Untermesser werden durch den Antrieb und die Bewegung eines oder beider Messer möglichst gratfreie und zur Platinenebene rechtwinklig verlaufende Schnittflächen erzeugt (Abb. 47.2). Parallel zum Untermesser geführte Obermesser führen prinzipiell zu leicht schrägen Schnittkanten, da reibungsbedingt starker Verschleiß an den Schneidkanten auftritt. Schräggestellte und auf Kreisbahnen geführte Obermesser verbessern dagegen die Rechtwinkligkeit der Schnittfläche. Als Antriebe kommen Kurbel- und Kniehebelgetriebe sowie deren Varianten in Frage. Daneben findet man heute in der Praxis auch hydraulische Antriebe. Unabhängig vom Antriebskonzept werden auch CNC-gesteuerte Maschinen angeboten, bei denen Schnittwinkel, Schneidspalt und maximale Schneidkraft programmiert werden können.

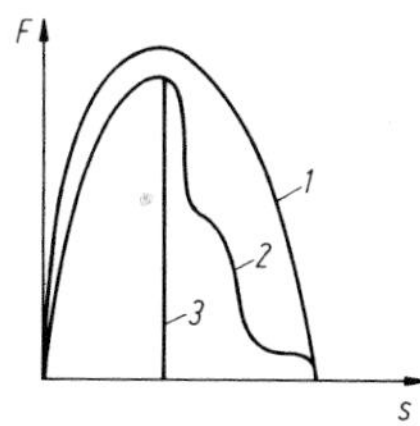

Abb. 47.1 Kraft-Weg-Verlauf beim Schneiden. *1* Feinschneiden, *2* Schneiden von Blech mit großer Bruchdehnung, *3* Schneiden von Blech mit geringer Bruchdehnung

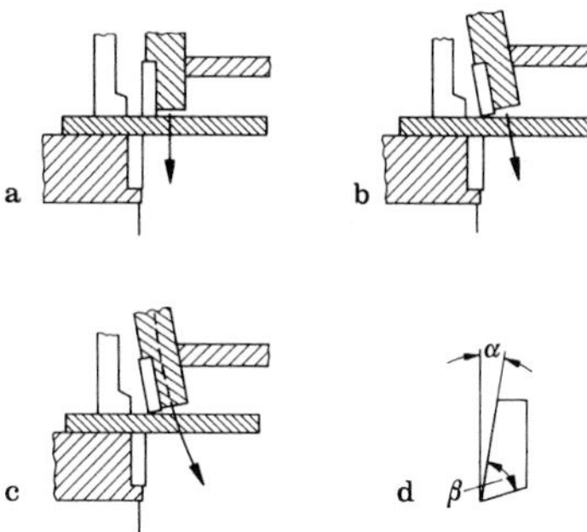

Abb. 47.2 Tafelschere. **a** Parallel geführtes Obermesser; **b** schräggeführtes Obermesser; **c** schwingendes Obermesser; **d** Winkel am Schermesser

Kreis- und Kurvenscheren. Diese erlauben das Schneiden entlang gekrümmter und

M. Liewald (✉)
Universität Stuttgart
Stuttgart, Deutschland
E-Mail: mathias.liewald@ifu.uni-stuttgart.de

S. Wagner
Hochschule Esslingen
Esslingen, Deutschland
E-Mail: stefan.wagner@hs-esslingen.de

B. Bender und D. Göhlich (Hrsg.), *Dubbel Taschenbuch für den Maschinenbau 2: Anwendungen*,
https://doi.org/10.1007/978-3-662-59713-2_47

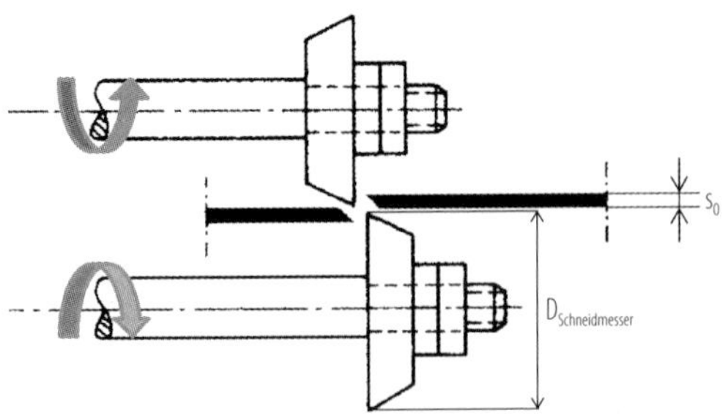

Abb. 47.3 Funktionsprinzip einer Kurvenschere

kreisförmiger Linien. Der Durchmesser D der Schneidwerkzeuge (Abb. 47.3) darf insbesondere bei großen Krümmungen der Schnittlinie einen bestimmten Grenzwert nicht überschreiten ($D \leq 120\,s_0$, wobei s_0 die Blechdicke bezeichnet).

Knüppelscheren und -brecher. Das Scheren von Knüppeln wird zur Herstellung von Rohteilen, z. B. für das Gesenkschmieden, eingesetzt. Hierbei spielt die Volumenkonstanz der gescherten Rohteile eine wichtige Rolle. Um das Rohteilvolumen erfassen zu können, werden verschiedene Mess- und Regeleinrichtungen (Wägung, Lichtsensoren oder induktive Sensoren) zur präzisen Einstellung des Längenanschlags eingesetzt. Das Scheren verursacht im Gegensatz zum Sägen keinen Werkstoffverlust und ermöglicht eine hohe Produktionsleistung.

Rohteilscheren. Sie dienen speziell zur Rohteilherstellung in der Kaltmassivumformung und arbeiten mit relativ hohen Hubzahlen (bis zu 180 Schnitte pro Minute). Sie scheren die Abschnitte entweder mit offenem oder mit geschlossenem Messer (Abb. 47.4) von gewalztem Draht oder vom Stabmaterial ab. Das Scheren mit offenem Messer ist zum Fertigen von Rohteilen mit hohen geometrischen Anforderungen nur bedingt einsetzbar, da die Rohteile starke plastische Verformungen durch die Verkippung im Scherprozess aufzeigen. Durch ein geschlossenes Schermesser kann dieses Verkippen verhindert werden und somit die geometrische Genauigkeit des Schnittteiles gesteigert werden. Des Weiteren erreichen die Rohteilscheren eine Standzeit von bis zu 20 000 Abschnitten und können aufgrund ihrer Geometrie durch Nachschleifen

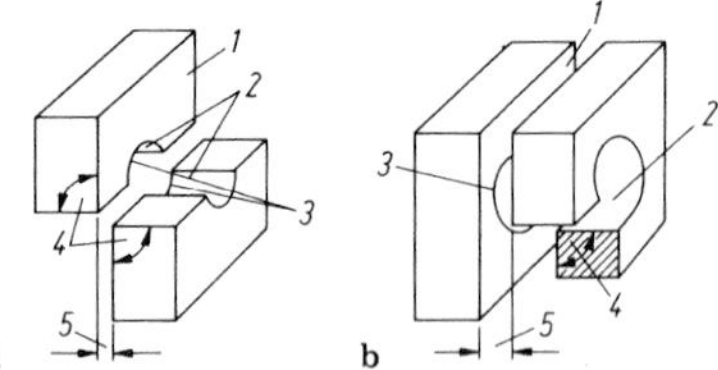

Abb. 47.4 Rohteilscheren. **a** Offenes Messer; **b** Geschlossenes Messer. *1* Freifläche, *2* Druckfläche, *3* Schneide, *4* Keilwinkel, *5* Schneidspalt

problemlos aufgearbeitet werden. Als Antrieb kommen in der Serienproduktion überwiegend Kurbelgetriebe oder auch Kurvengetriebe zum Einsatz.

47.3 Längs- und Querteilanlagen

Längsteilanlagen. Um ein Coil in mehrere schmale Bänder (auch Spaltband genannt) zu trennen, werden Längsteil- bzw. Spaltanlagen eingesetzt. In diesen Anlagen wird das Blechband durch kreisrunde, rotierende Messer verlustfrei in Längsrichtung geschnitten. Abb. 47.5 verdeutlicht die wesentlichen Baugruppen einer Längsteilanlage. Neben der Ab- und der Aufwickelhaspel sind dies insbesondere die Kreismesserschere und das Bremsgerüst. Das Coil wird von der Abwickelhaspel abgezogen, mit den beschriebenen Rollenscherenmessern in schmale Bänder getrennt und mittels Bremsgerüst und Aufwickelhaspel wieder zu Coils aufgewickelt.

Querteilanlagen. Großflächige Blechformteile können aus Gründen der Handhabung nicht direkt vom Coil gefertigt werden. Stattdessen werden

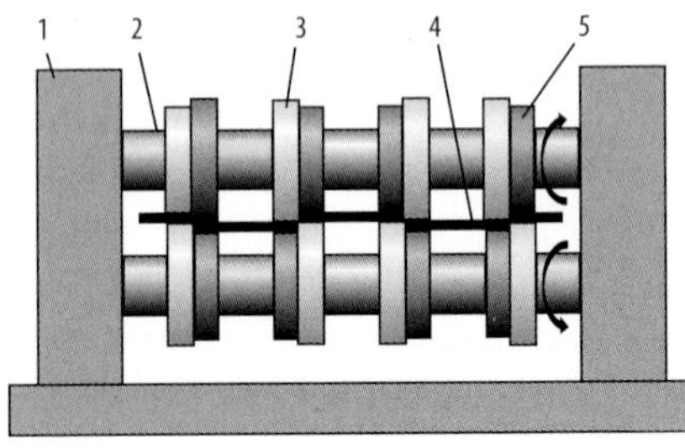

Abb. 47.5 Funktionsprinzip einer Längsteilanlage. *1* Gerüst, *2* Distanzhülse, *3* Kreismesser, *4* Blechstreifen, *5* Rollring. (Schuler)

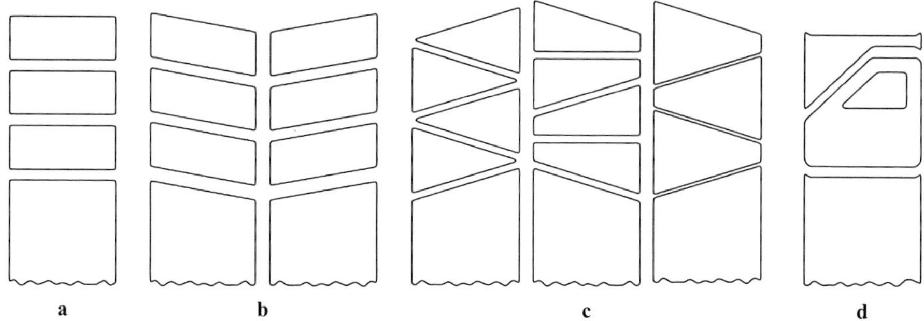

Abb. 47.6 Mögliche Platinenformen. **a** gerade Schere (Geradschnitt); **b** feststehende, schwenkbare Schere (Schwenkschnitt); **c** während des Vorschubs schwenkende Schere (Pendel-Schwenkschnitt); **d** Formwerkzeug (Formschnitt)

vorgeschnittene Platinen eingesetzt, welche auf Platinenschneidanlagen (s. Abschn. 47.4) oder Querteilanlagen hergestellt werden. Querteilanlagen bestehen im Wesentlichen aus der Bandanlage, der eigentlichen Schere oder Schneidpresse und einer Stapelanlage. Abb. 47.6 zeigt verschiedene Platinengeometrien, welche mit einfachen Querteilanlagen (Abb. 47.6a), feststehenden (Abb. 47.6b) oder einer zwischen jedem Stößelniedergang schwenkenden Schere (Abb. 47.6c) oder mittels Formschneidwerkzeugen (Abb. 47.6d) erzeugt werden können.

47.4 Platinenschneidanlagen

Platinenschneidpressen. Zur Herstellung von Formplatinen, die teilweise aus komplizierten geschlossenen Schnittkonturen bestehen (Beispiel Abb. 47.6d), werden in modernen Presswerken sogenannte Platinenschneidpressen bzw. Formschneidanlagen eingesetzt.

Zum Schneiden von Platinen werden schnelllaufende Kurbel-, Exzenter- (Abb. 47.7) und in Sonderfällen auch Kniehebelpressen mit kleinem Hub und hoher Hubzahl sowie hydraulische Pressen mit Hubbegrenzung eingesetzt. Dies setzt entsprechend leistungsfähige und genaue Vorschubapparate beim Arbeiten vom Band bzw. exakte Teilapparate beim Schneiden voraus, um die geforderte Genauigkeit der Lage der Schnitte und damit die Maßgenauigkeit der Platinen zu gewährleisten.

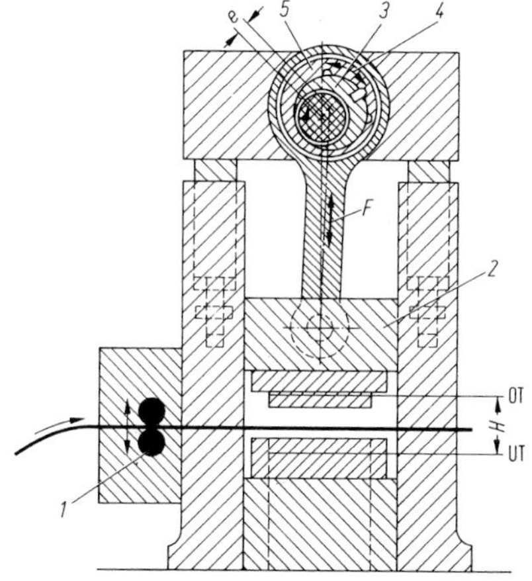

Abb. 47.7 Schema einer Exzenterpresse mit Walzenvorschubapparat, Einstellungen durch numerisch gesteuerte Stellglieder (Hellwig). *F* Presskraft, *H* Hub, *e* Exzentrizität, *1* Walzenvorschub, *2* Stößel, *3* Exzenterbüchse, *4* Stößelhubverstellung, *5* Exzenter

Schnellläuferpressen. Zur Herstellung von kleineren Schnitt- und Stanzteilen in großen Stückzahlen, wie z. B. Elektroblechen, werden sogenannte Schnellläuferpressen eingesetzt (Abb. 47.8). Hierbei handelt es sich um mechanische Pressen mit Hubzahlen bis zu 2000 min^{-1} und mehr. Aufgrund dieser hohen Hubzahlen treten Massenkräfte auf, welche zu hohen mechanischen Belastungen des Pressenrahmens und dynamischen Lasten des Pressenfundaments führen. Zur Vermeidung dieser Belastungen sind Schnellläuferpressen mit einem dynamischen Massenausgleich ausgestattet, mit dem rotatorische und oszillierende Massenkräfte weitgehend ausgeglichen werden können. Konstruktiv wird dies durch Systeme realisiert, welche die auftretenden Mas-

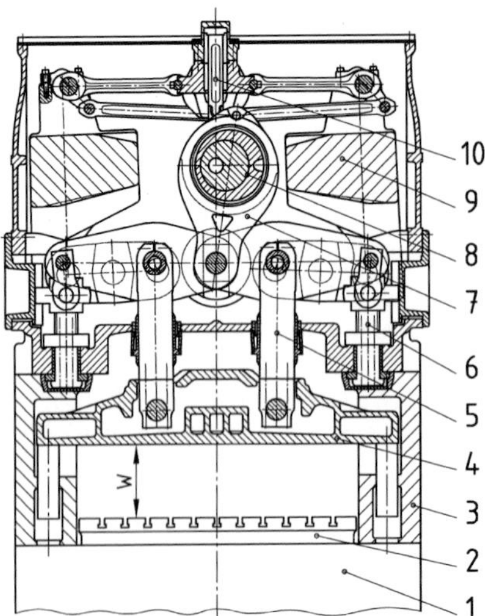

Abb. 47.8 Aufbau von Antrieb und Massenausgleich einer schnelllaufenden Presse zum Schneiden. *1* Grundplatte, *2* Aufspannplatte, *3* Führungsstütze, *4* Stößel, *5* Drucksäule, *6* Spindel zur Stößelverstellung, *7* Pleuel, *8* Exzenter und Exzenterbüchse, *9* Gegengewicht zum Massenausgleich, *10* Riegel zur Hubverstellung (Bruderer AG)

senkräfte durch direkt entgegengesetzt bewegte Massen oder Momente weitgehend kompensieren.

Schnittschlagdämpfung. Durch das schlagartige Durchbrechen der Platine/des Werkstücks beim Schneiden (siehe auch Abschn. 41.5) kommt es zu kurzzeitig sehr hohen dynamischen Kraftschwankungen im Schneidwerkzeug und in der Schneidpresse, was sich im akustisch wahrnehmbaren sogenannten Schnittschlag äußert. Durch diese Schwingungsüberlagerung der Stempelbewegung verlängert sich der tatsächliche Kontaktweg zwischen Stempel und Schnittteil, was insbesondere beim Schneiden von hoch- und höchstfesten Stahlblechwerkstoffen zu erhöhtem Verschleiß des Stempels und zu hohen, dynamischen Belastungen der Schneidpressenstruktur führt. Um diesen Effekt zu vermeiden, werden Platinenschneidanlagen vermehrt mit aktiv-hydraulischen Dämpfungssystemen ausgestattet, welche die beim Schnittschlag freiwerdende Energie teilweise aufnehmen können.

47.5 Feinschneidpressen

Im Vergleich zum konventionellen Schneiden werden an Pressen zum Feinschneiden aufgrund des Schneidvorgangs (s. Abschn. 41.5.7) und der Werkzeugkinematik spezielle Anforderungen gestellt:

1. Es sind dreifachwirkende Pressen erforderlich, welche neben der eigentlichen Schneidkraft zusätzlich die Ringzacken- und Gegenhalterkraft unabhängig voneinander wegabhängig geregelt aufbringen können.
2. Ringzacken- und Gegenhalterkraft werden meistens hydraulisch erzeugt. Dies ist mit einem durch die Presse angetriebenen Niederhalter oder alternativ mit in das Schneidwerkzeug integrierten Hydraulikzylindern möglich. Die Schneidkraft dagegen wird meist mechanisch, bei höheren Nennkräften auch hydraulisch aufgebracht.
3. Durch den im Vergleich zum konventionellen Schneiden relativ kleinen Schneidspalt muss bei der Feinschneidpresse eine hohe Führungsgenauigkeit des Stößels gewährleistet sein, was z. B. durch 8-fach-Führungen in Rechteckanordnung realisiert werden kann. An die Ebenheit und Parallelität der Werkzeugspannflächen werden ebenfalls hohe Anforderungen gestellt.

Insgesamt muss das Gestell der Feinschneidpresse daher sehr steif ausgeführt werden, was konstruktiv durch große Ständerquerschnitte und eine elastische Vorspannung des Pressenrahmens realisiert wird (s. Abb. 47.9).

47.6 Stanz- und Nibbelmaschinen

Stanz- und Nibbelmaschinen eignen sich besonders zur flexiblen Bearbeitung von flächigen Blechteilen vornehmlich durch Normal- und Knabberscheiden (Nibbeln), vgl. Abschn. 41.5.1, aber auch für einfache und kleinere Umformoperationen. Das Rohteil (Platine) bzw. das

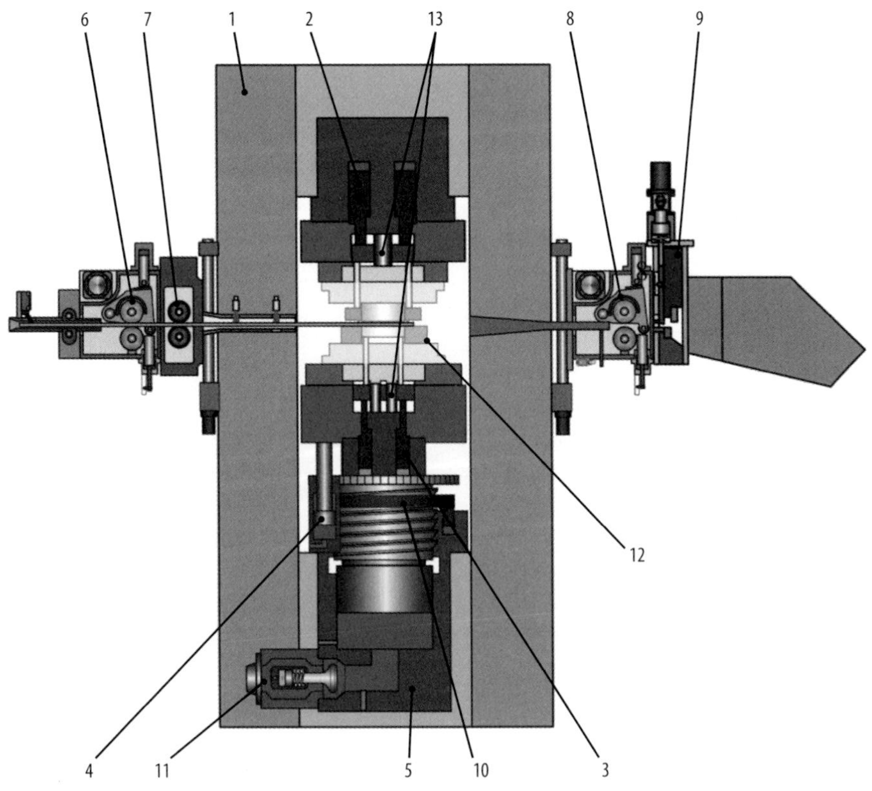

Abb. 47.9 Feinschneidpresse. *1* Pressenkörper, *2* Ringzackenzylinder, *3* Gegenhalterzylinder, *4* Schnellschließzylinder, *5* Hauptarbeitszylinder, *6* Einlaufvorschub, *7* Schmiersystem, *8* Auslaufvorschub, *9* Abfalltrenner, *10* Hubverstellung, *11* Hauptventil, *12* Feinschneidwerkzeug, *13* Mittenabstützung (Feintool AG)

Werkstück wird relativ zum Werkzeug bewegt. Abb. 47.10 zeigt einen Stanz- und Umformautomaten mit einem in C-Form ausgeführten Maschinenrahmen. In den Stanzkopf können verschiedene Werkzeuge aus dem Linearmagazin zur Erzeugung unterschiedlicher Schneid- und Umformoperationen eingewechselt werden. Die Positionierung der zu bearbeitenden und in Spannpratzen fest eingespannten Blechtafel erfolgt durch ein Verfahren des Maschinentisches.

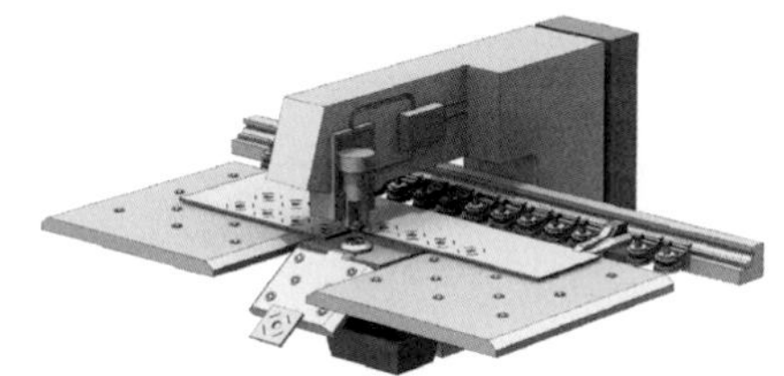

Abb. 47.10 Stanz- und Umformautomat moderner Bauart mit CNC-Steuerung und automatischem Werkzeugwechsel (Trumpf Werkzeugmaschinen)

Literatur

Weiterführende Literatur

Hoffmann, H.; Panknin, W.: Anforderungen an moderne Feinschneidpressen. In: Tagungsband zum Internationalen Feintool-Feinschneid-Symposium, Biel (Schweiz), 1984.

Hoffmann, H.: Vergleich von Normal- und Feinschneiden. Technische Rundschau, Heft 40, 1991.

Japs, D.: Fertigung volumengenauer Kurzstücke für die Kaltmassivumformung. VDI Berichte, Nr. 810, 1990.

Klocke, F.: Fertigungsverfahren 4, Umformen. 6. Aufl. Springer-Verlag, Berlin, Heidelberg, New York 2017. ISBN 978-3-662-54713-7.

Lange, K. (Hrsg.): Umformtechnik: Handbuch für Industrie und Wissenschaft, Bd. 3. Blechbearbeitung, 2. Aufl. Berlin: Springer 1990. ISBN 3-540-50039-1.

N.N.: Handbuch der Umformtechnik. Springer 1996, ISBN 978-3-540-61099-5.

Trumpf GmbH & Co. KG (Hrsg.): Faszination Blech. ISBN 978-8-8343-3051-2, Vogel Buchverlag, Würzburg (2006)

Spur, G.; Neugebauer, R.; Hoffmann, H. (Hrsg.): Handbuch Umformen. Hanser-Verlag 2012, ISBN 978-3-446-42778-5.

48 Werkzeugmaschinen zum Umformen

Mathias Liewald und Stefan Wagner

48.1 Aufbau von Pressen

48.1.1 Pressengestell

Das Gestell einer Umformpresse, auch Pressenkörper oder Pressenrahmen genannt, muss folgende Funktionen erfüllen:

- Aufbringen der Umformkräfte
- Führung eines oder mehrerer Stößel (Zieh-, Blechhalter-, Auswerferstößel etc.)
- Schließen des Kraftflusses.

Abb. 48.1 zeigt verschiedene Ausführungen von Pressengestellen.

C-Gestelle. Die Bauart C-Gestell wird überwiegend für Pressen mit kleiner bis mittlerer Nennkraft als Ein- (Abb. 48.1a) und Doppelständerausführung (Abb. 48.1b) bis ca. 5000 kN, stehend, neigbar, liegend, und teilweise mit Zugankern eingesetzt.

O-Gestelle. O-Gestell Pressen werden in Zwei- (Abb. 48.1c) und Vierständerbauart mit Durchbrüchen in den Seitenständern für Werkzeugwechsel sowie Werkstückzu- und -abführung,

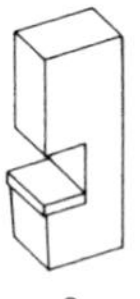
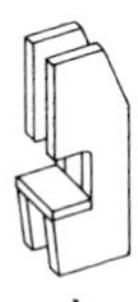
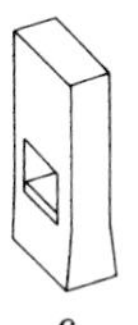
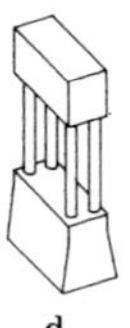

Abb. 48.1 Bauformen und Bauarten von Gestellen für weggebundene Pressen. **a** C-Gestellform, Einständer-Bauart; **b** C-Gestellform, Doppelständer-Bauart; **c** O-Gestellform, Zweiständer-Bauart; **d** Vierständer-Bauart

seltener in Vierständer-Bauart (Abb. 48.1d), ausgeführt. Pressen mittlerer Baugröße werden in der Regel als einteilige, Großpressen werden als mehrteilige Zweiständergestelle ausgeführt.

Monoblock-Pressenkörper. Diese konstruktive Ausführung stellt eine kostengünstige Bauweise für den Pressenkörper dar (Abb. 48.2). Zwei oder mehrere Platten bilden den Rahmen zur Aufnahme aller Kräfte, Zylinderbrücken bilden die Verbindung der Platten. Nachteilig bei dieser Bauweise ist, dass die Baugröße nach oben durch Gewicht, Bearbeitbarkeit und Transport begrenzt ist.

Mehrteiliger Pressenkörper. Aus den bereits erwähnten Gründen der Bearbeitbarkeit und Transportfähigkeit werden große Pressen mehrteilig ausgeführt. Hierbei wird durch Zuganker eine Vorspannung zwischen Kopfstück und dem Pressentisch/Fußstücke der Presse mit dem ca. 1,3-fachen der Pressennennkraft aufgebracht. Der Materialeinsatz ist im Vergleich zur Monoblock-Bauweise höher.

M. Liewald (✉)
Universität Stuttgart
Stuttgart, Deutschland
E-Mail: mathias.liewald@ifu.uni-stuttgart.de

S. Wagner
Hochschule Esslingen
Esslingen, Deutschland
E-Mail: stefan.wagner@hs-esslingen.de

B. Bender und D. Göhlich (Hrsg.), *Dubbel Taschenbuch für den Maschinenbau 2: Anwendungen*,
https://doi.org/10.1007/978-3-662-59713-2_48

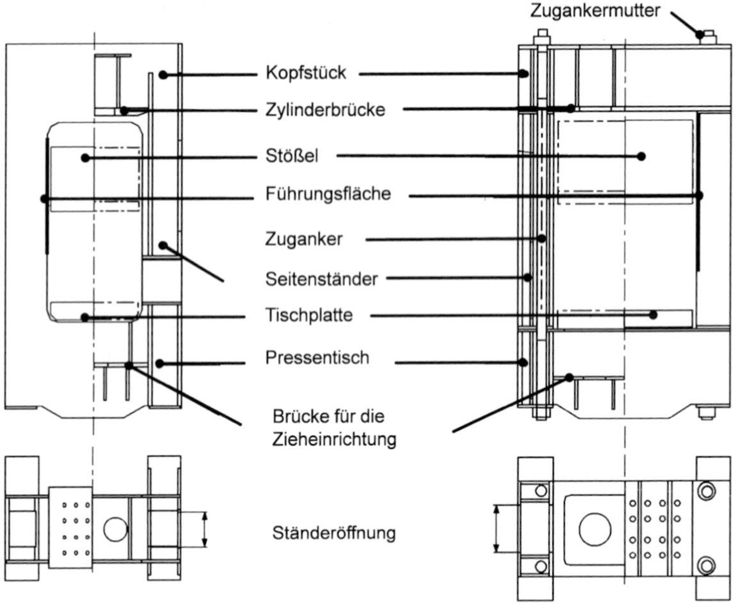

Abb. 48.2 Aufbau eines Zweiständer-Pressengestells einer hydraulischen Presse (Schuler). Monoblock-Pressenkörper (*links*); Mehrteiliger Pressenkörper (*rechts*)

48.1.2 Pressenstößel

Der Pressenstößel erfüllt die Hauptfunktion, die Kräfte des Pressenantriebs auf das Werkzeugoberteil und damit auf das Werkstück zu übertragen. Die Stößelführung verhindert dabei die Stößelkippung und den seitlichen Versatz. Der Stößel ist in der Regel in Form eines stabilen Kastens als Schweißkonstruktion ausgeführt und besitzt auf seiner Oberseite bis zu 4 Druckpunkte zur Einleitung der Stößelkraft und auf seiner Unterseite eine ebene Fläche zur Befestigung der Werkzeuge (Abb. 48.3).

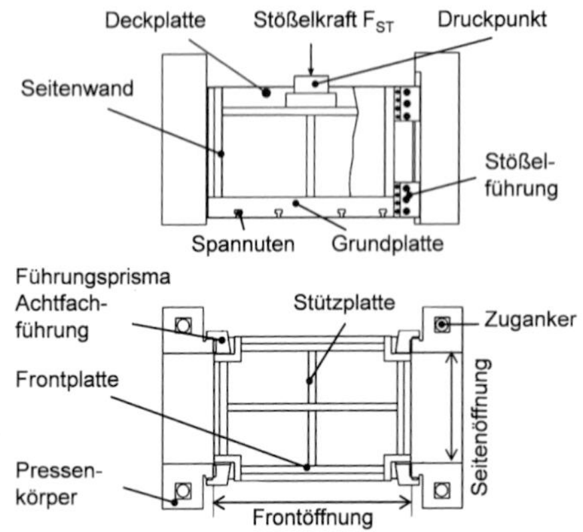

Abb. 48.3 Aufbau des Stößels einer hydraulischen Presse (Schuler)

48.1.3 Stößelantrieb

Je nach Antriebssystem des Pressenstößels bzw. Hammers unterscheidet man zwischen weg-, kraft- und arbeitsgebundenen Pressen.

Weggebundene Pressen. Bei weggebundenen Pressen spricht man auch von mechanischen Pressen. Der Pressenstößel durchläuft dabei einen durch die Kinematik des Hauptgetriebes und Geometrie der Kurbelantriebskomponenten vorgegebenen Weg (Abb. 48.4a). Der Antrieb des Hauptgetriebes erfolgt durch einen Elektromotor über ein Schwungrad mit Schaltkupplung oder als Direktantrieb (Servoantrieb, siehe Abschn. 48.3.3). Der Betrag der Stößelkraft ist daher vom Kurbelwinkel abhängig (Abb. 48.4a). Maßgebende Kenngrößen solcher Pressen sind daher der Verlauf der Stößelkraft in Abhängigkeit vom Stößelweg und deren zulässiger Maximalwert, die sogenannte Nennpresskraft. Nach der Nennkraft und einem entsprechenden Sicherheitsfaktor sind alle im Kraftfluss liegenden Bauteile der Presse ausgelegt.

Der Energiebedarf eines Arbeitsspiels wird fast ausschließlich durch die Energieabgabe des Schwungrads gedeckt. Das Arbeitsvermögen als die weitere wichtige Kenngröße von Kurbel- und

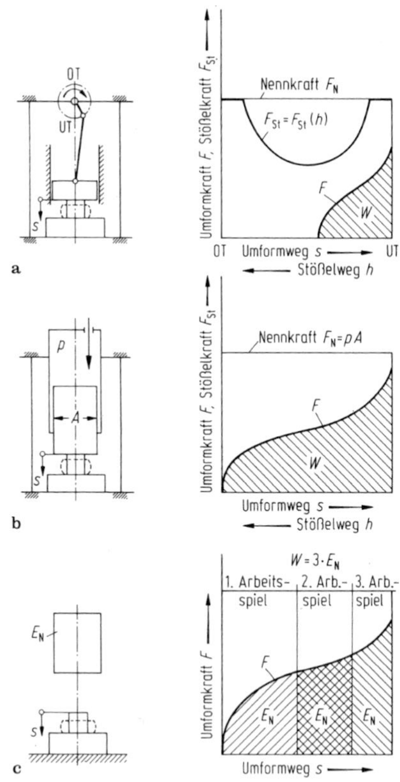

Abb. 48.4 Wirkprinzipien von Pressmaschinen. **a** weggebunden; **b** kraftgebunden; **c** arbeitsgebunden

Excenterpressen ist durch die Auslegung des Schwungrads und die Betriebsart gegeben: E_N stellt das im Dauerhubbetrieb maximal verfügbare Nennarbeitsvermögen eines solchen Aggregates dar.

Kraftgebundene Pressen. Hierunter werden alle hydraulisch angetriebenen Pressen zusammengefasst (Abb. 48.4b). Diese arbeiten nach dem hydrostatischen Prinzip, die hohe Druckenergie des Druckmediums (Öl) wird in Zylindern in mechanische Arbeit umgesetzt. Druck und Förderstrom bleiben dabei die maßgeblichen Leistungskenngrößen des hydraulischen Antriebs.

Hydraulische Pressen sind an Anforderungen des Umformvorgangs hinsichtlich Kraft- und Arbeitsbedarf, Geschwindigkeit und Umformweg leicht anzupassen. Eingesetzt werden diese Pressen vorwiegend für Umformvorgänge mit großem Kraft- und/oder Arbeitsbedarf, wie z. B. Tiefziehen tiefer Werkstücke oder Kaltfließpressen von Wellen, sowie für lange Wirkwege bei –, im Vergleich zu weggebundenen Pressen, niedrigeren, maximal möglichen Hubzahlen.

Arbeitsgebundene Pressen. Hierbei handelt es sich um Hämmer und Schwungradspindelpressen. Maßgebende Kenngröße ist das Arbeitsvermögen E, das mit Ausnahme der Kupplungs-Spindelpressen bei jedem Arbeitsspiel vollständig umgesetzt bzw. nahezu vollständig in den Umformvorgang weitergeleitet wird (Abb. 48.4c), da nur geringe Reibungsverluste auftreten. Bei Spindelpressen sind außerdem die Nennkraft F_N, die größte (permanent) zulässige Kraft $F_{max,zul}$ und die Prellschlagkraft F_{Prell} von Bedeutung.

48.1.4 Funktionsweise von Tiefziehpressen

Doppeltwirkende Pressen. Bei doppeltwirkenden Pressen verfügt die Maschine über zwei eigenständige, separat angetriebene Presskraftachsen, die zeitlich versetzt zum Einsatz kommen. Bei Tiefziehprozessen wird üblicherweise der Werkzeugstempel mit dem innenliegenden Stößel verbunden und der Blechhalter am außenliegenden Stößelsystem befestigt (Abb. 48.5). Bei dieser Ausführung des Pressenantriebs, welche eher selten eingesetzt wird, erfolgt der Ziehvorgang von oben nach unten und das fertig gezogene Ziehteil (noch im Werkzeug liegend) erinnert an eine Wanne mit oben liegendem Ziehflansch. Man spricht in diesem Fall vom Ziehen in „Wannenlage".

Einfachwirkende Pressen. Im Falle großer einfachwirkender Pressen, welche bei der Herstellung großflächiger Karosserieteile sehr häufig eingesetzt werden, wird der Ziehstempel im Gegensatz zum doppeltwirkenden System auf dem Pressentisch angeordnet und der Blechhalter liegt auf den Pinolen der Zieheinrichtung auf, welche im Fußstück der Ziehpresse integriert ist. Hierbei wird die Ziehmatrize stets am Ziehstößel befestigt, so dass das fertig gezogene Ziehteil (noch

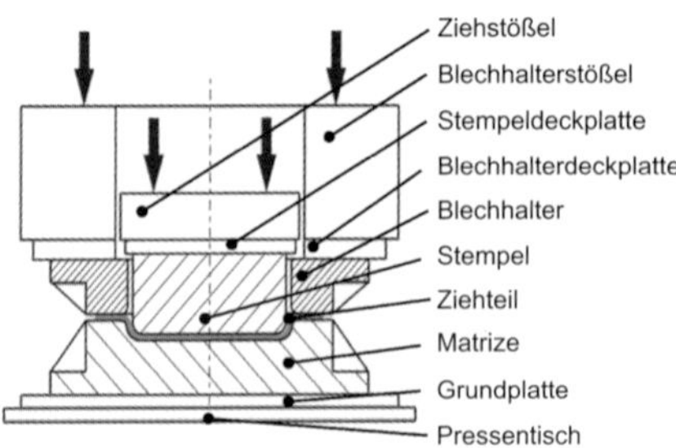

Abb. 48.5 Ziehwerkzeug für eine doppeltwirkende Presse

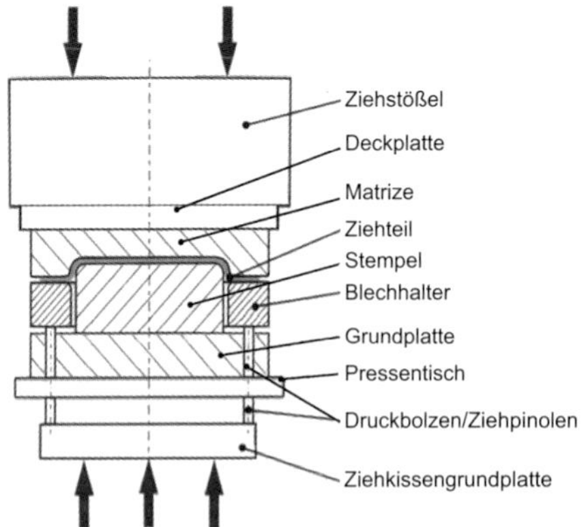

Abb. 48.6 Ziehwerkzeug für eine einfachwirkende Presse

im Werkzeug liegend) an einen Hut mit unten liegendem Ziehflansch erinnert. Man spricht in diesem Fall daher auch vom Ziehen in „Hutlage" (Abb. 48.6).

48.1.5 Zieheinrichtungen

Bei einfachwirkenden Pressen (Abb. 48.6) liegt der Blechhalter auf Ziehpinolen (Druckbolzen) auf, welche in einer Zieheinrichtung auf der Ziehkissengrundplatte stehen. Auf der Unterseite der Ziehkissengrundplatte können 1, 2, 4, 8 oder auch mehr Krafteinleitungspunkte angeordnet sein. Zu beachten ist, dass sich Deformationen der Ziehkissengrundplatte von nur 1/100 mm bereits auf das Rückhaltesystem beim Ziehen auswirken können. Eine lokale Veränderung der Flächenpressung zwischen Blechhalter und Ziehteilflansch ist mit derartigen hydraulischen Vielpunkt-Zieheinrichtungen demnach möglich. Der Pressenbediener ist damit in der Lage, den Umformvorgang durch das weg- oder kraftabhängige Verstellen einzelner Druckpunkte auf der Unterseite der Ziehkissenplatte gezielt zu beeinflussen.

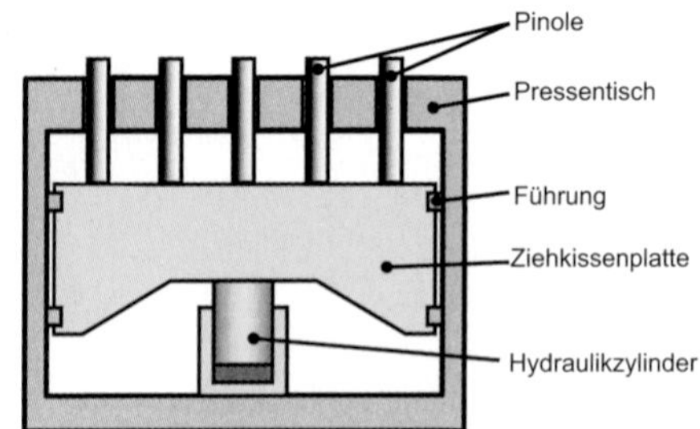

Abb. 48.7 Einpunkt-Zieheinrichtung im Pressentisch einfachwirkender Pressen

Abb. 48.7 zeigt eine Zieheinrichtung mit einem steuerbaren hydraulischen Hydraulikzylinder, der auf die Unterseite der Ziehkissenplatte wirkt. Die Übertragung der Blechhalterkraft von der Ziehkissenplatte auf den Blechhalter des Ziehwerkzeugs erfolgt dann über eine Vielzahl steckbarer Pinolen. Derartige hydraulische Vierpunktzieheinrichtungen bieten hervorragende Möglichkeiten zur Beeinflussung des Materialflusses am Ziehteilflansch. So kann in Bereichen, in denen Falten auftreten, der Blechhalterdruck an einer Ecke lokal erhöht und in Bereichen, in denen Reißer auftreten, partiell verringert werden (siehe auch Abschn. 40.4.3).

48.2 Pressenkenngrößen

Die Eigenschaften einer Umformmaschine bzw. Presse werden durch verschiedene Kenngrößen beschrieben. Hinsichtlich der Anforderungen des Umformvorgangs spezifizieren solche Kenndaten die Eignung eines Maschinenkonzepts für eine umformtechnische Aufgabenstellung.

48.2.1 Leistungskenngrößen

Kraft- und Energiekenngrößen. Zu diesen Kenngrößen gehören im Wesentlichen die Stößelkraft und sein Arbeitsvermögen. Beide Werte

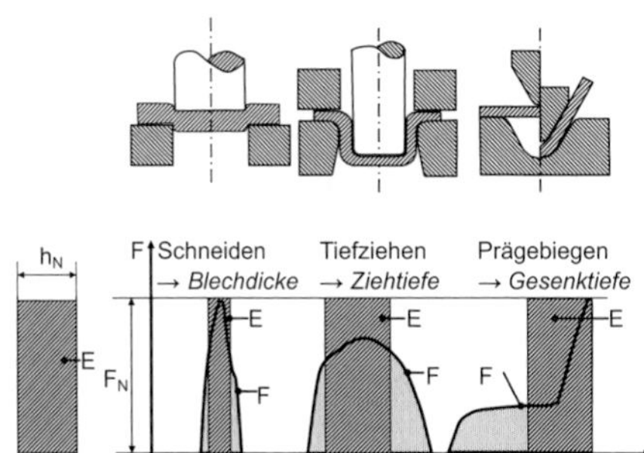

Abb. 48.8 Stempelkraft-Stempelweg-Verläufe verschiedener Umformprozesse; *E* benötigtes Arbeitsvermögen

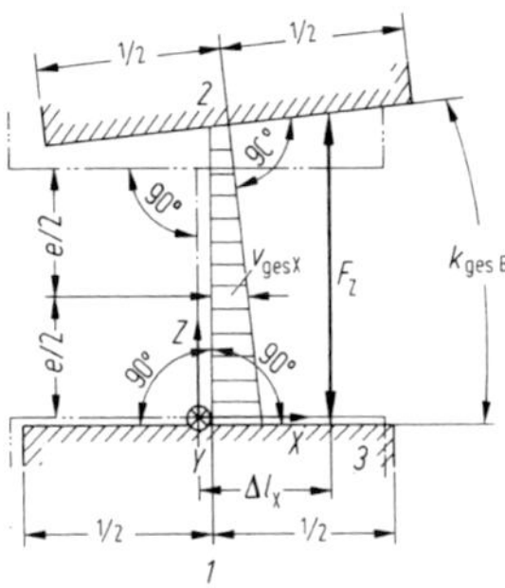

Abb. 48.9 Kippung und Verlagerung des Pressenstößels senkrecht zur Arbeitsrichtung bei außermittiger Belastung (DIN 55189). *1* Fundament/Lagerung des Pressenrahmens, *2* Stößel, 3 Tisch

müssen betragsmäßig mindestens der vom Vorgang geforderten Umformkraft und -arbeit entsprechen, damit der Umformvorgang mit der Maschine durchgeführt werden kann (Abb. 48.8). Neben Umformkräften und -arbeiten sind gegebenenfalls für den Betrieb von Zusatzaggregaten wie Ziehapparat, Blechhalter (Ziehpressen) bzw. Niederhalter (Folgepressen, z. B. Schneidpressen), Ausstoßer usw. zusätzliche Kraft- und Arbeitsbeträge erforderlich.

Zeitkenngrößen. Diese Kenngrößen beschreiben die von einer Umformmaschine abhängige Vorgangszeiten und -geschwindigkeiten:

- Hubzahl im Einzel- und Dauerhub
- Schlag- bzw. Hubfolgezeit (bei Hämmern)
- Druckberührzeit (insbesondere in der Massivumformung)
- Verlauf der Stößelgeschwindigkeit über dem Hub
- Leistungsfähigkeit von Ausstoßern im Stößel und Tisch
- Zeit zum Wiederaufladen des Energiespeichers (Schwungrad, Kondensatorbatterie).

48.2.2 Genauigkeitskenngrößen

Genauigkeitskenngrößen geben Hinweise auf mit einer Umformmaschine erreichbare Werkstückgenauigkeiten. Zu unterscheiden sind Kenngrößen der unbelasteten (Herstellgenauigkeit) und der belasteten Maschine.

Herstellgenauigkeit. Die Richtwerte für Herstellgenauigkeit betreffen die Geometrie des Werkzeugeinbauraums und die Bewegungsgenauigkeit des Stößels. Sie sind bei weggebundenen Pressen abhängig von Maschinenbauart und -größe in DIN 8650 und DIN 8651 festgelegt. Genauigkeitskenngrößen der belasteten Maschine, definiert in DIN 55189, beschreiben die zulässigen Verlagerungen der werkzeugtragenden Flächen unter Last gegenüber dem unbelasteten Zustand.

Mittige/Außermittige Belastung. Eine außermittige Belastung (Abb. 48.9) führt unabhängig von der Gestellbauart zu einer Kippung zwischen Tisch und Stößel sowie zu einer Verlagerung der geometrischen Mitten von Tisch und Stößel senkrecht zur Arbeitsrichtung (Versatz). Die Gesamtkippung setzt sich aus Anfangskippung (Ausgleich Führungsspiel) und elastischer Kippung (Gestell- und Stößelverformung) aufgrund des Umformvorgangs zusammen. Kenngröße für die Verlagerung senkrecht zur Arbeitsrichtung (Versatz) ist der Abstand der Mittelsenkrechten des Stößels gegenüber der Mittelsenkrechten des Tisches, gemessen bei halber Distanz zwischen Tischaufspannfläche und Stößelfläche.

48.2.3 Geometrische Pressenkenngrößen

Neben diesen Kenngrößen und ihren Zahlenwerten (Kennwerten) sind für den Einsatz von Pressmaschinen noch Maschinendaten wie Hubweg des Stößels bzw. des Bären (Bezeichnung des Stößels bei Hämmern), Abmessungen und Beschaffenheit des Werkzeugeinbauraums, Anschlussleistung, Raumbedarf und Gewicht der Presse von Bedeutung. Für eine Reihe von Pressmaschinen sind Baugrößen genormt (DIN 55170, DIN 55181, DIN 55184, DIN 55185).

48.2.4 Umweltkenngrößen

Neben den genannten Charakteristika gewinnen zunehmend auch Umweltkenngrößen an Bedeutung:

- Schallemission
- Bodenerschütterungen
- Energieverbrauch/Wirkungsgrad/Spitzenspannung
- Optimaler Werkstückeinsatz
- EU-Normen, CE-Kennzeichnung

48.2.5 Richtlinien, Normen

Weiterhin sind Richtlinien nach VDI/VDE sowie nationale und internationale Normen und Standards bei der Auslegung und dem Betrieb von Pressen zu berücksichtigen:

- EU-Normen
- CE-Kennzeichnung

48.3 Weggebundene Pressen

48.3.1 Arbeitsprinzip

Abb. 48.10 zeigt das Antriebsprinzip mechanischer (weggebundener) Pressmaschinen. Die Stößelkraft F_{St} ist hierbei abhängig von der jeweiligen Stößelposition:

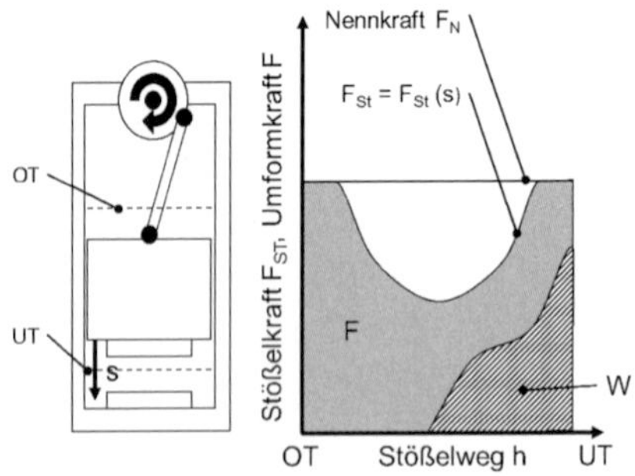

Abb. 48.10 Obere/untere Totpunktlage des Pressenstößels (*links*) und Kraft-/Arbeitsdiagramm einer einfachen Kurbelpresse (*rechts*). *F* Kraftverlauf, *W* geleistete Umformarbeit

Die Höhe der Nennkraft F_{N} wird dabei durch die Belastbarkeit des Pressenrahmens vorgegeben. Bei den meisten Pressen ist eine Überlastsicherung zum Schutz der kraftführenden Pressenkomponenten und des Pressenrahmens vorhanden. Der im Beispiel (Abb. 48.10) gezeigte parabelförmige Teil des Verlaufs der Stößelkraft ergibt sich aus der Auslegung von Motor und Getriebe.

48.3.2 Bauarten

Einteilung. Nach Art und Aufbau des Hauptgetriebes werden Pressen mit Kurbel- und Kurvengetrieben (Abb. 48.11) unterschieden. Kurvengetriebe sind auf kleine Nennkräfte beschränkt, ermöglichen aber nahezu beliebige Bewegungsabläufe. Pressen mit Kurbelgetriebe können in Pressen mit einfachen und Pressen mit erweiterten Kurbeltrieben unterteilt werden. Am weitesten verbreitet sind Pressen mit Schubkurbelgetriebe. Hier unterscheidet man zwischen Kurbelpressen (Gesamthub unveränderlich) und Exzenterpressen (Gesamthub veränderlich). Modifizierte Kurbelgetriebe werden eingesetzt, wenn bei kleinem Hub große Stößelkräfte gefordert sind (Kniehebelgetriebe) oder wenn im Arbeitsbereich eine verminderte oder modifizierte Arbeitsgeschwindigkeit gefordert wird.

Schubkurbelpressen. Beim Schubkurbelgetriebe sind der Stößelweg und die Stößelgeschwindigkeit vom Kurbelwinkel abhängig. Die

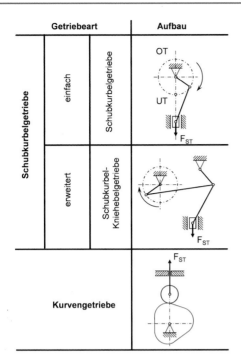

Getriebeart			Aufbau
Schubkurbelgetriebe	einfach	Schubkurbelgetriebe	OT, UT, F_{ST}
	erweitert	Schubkurbel-Kniehebelgetriebe	F_{ST}
Kurvengetriebe			F_{ST}

Abb. 48.11 Auswahl an Hauptgetriebekonzepten für Stößelantriebe

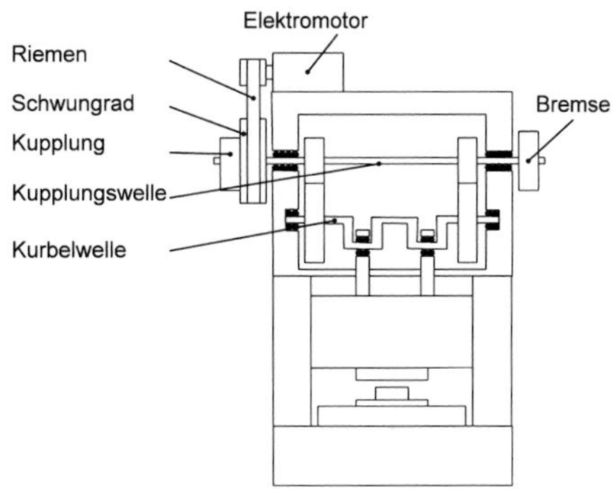

Abb. 48.12 Prinzipieller Aufbau einer Exzenterpresse

Stößelkraft weist den kleinsten Wert ($F_{St,min}$) für $\alpha = 90°$ (Stößelposition $h \approx H/2$; mit Gesamthub $H = 2r$; r = Kurbelradius) auf und strebt in den beiden Endlagen ($\alpha = 0°$ bzw. OT und $\alpha = 180°$ bzw. UT) gegen unendlich. Die Größe des Nennkraftwinkels α_N bzw. des Nennkraftwegs h_N ist abhängig von der Bauart und dem Einsatzbereich. Um eine Überlastung der im Kraftfluss liegenden Maschinenteile zu verhindern, muss die Stößelkraft über einem bestimmten Kurbelwinkel (Nennkraftwinkel α_N) oder über einen bestimmten Stößelweg (Nennkraftweg h_N) vor dem unteren Totpunkt auf einen endlichen Wert, nämlich die Nennkraft F_N begrenzt werden. Diese Kraftbegrenzung wird durch Überlastsicherungen (Hydraulikkissen oder ein Kraftmessglied, das auf die Maschinensteuerung einwirkt), erreicht. Die Überlastsicherung ist im sogenannten Druckpunkt angeordnet. Die Hauptfunktion des Druckpunktes ist die Übertragung der Druckkräfte vom Pleuel in den Stößel. Eine weitere Funktion, die in den Druckpunkt integriert werden kann, ist die Hublagenverstellung für unterschiedlich hohe Umformwerkzeuge.

Exzenterpressen. Bei Exzenterpressen (Abb. 48.12) wird der Antrieb meist so ausgelegt, dass für den Maximalhub H_{max} die Nennkraft F_N bei $\alpha_N = 30°$ (entspricht $h_N = 0{,}073\ H_{max}$) zur Verfügung steht. Eine Anpassung an den Umformprozess ist dabei auch möglich.

Die Auslegung des Nennkraftwinkels erfolgt vor Allem in Abhängigkeit vom eingesetzten Umform- bzw. Schneidverfahren. Schneid- und Prägevorgänge erfordern nur sehr kleine Nennkraftwinkel, wohingegen Tiefziehvorgänge mit großer Ziehtiefe oder das Fließpressen von Wellen eher hohe Nennkraftwinkel erforderlich machen.

Der Gesamthub bei Exzenterpressen ist meist im Bereich $H_{max}/H_{min} = 10$ verstellbar. In Abhängigkeit von der Hubverstellung ändern sich Verlauf und Betrag der Stößelkraft (Abb. 48.13) sowie die Stößelgeschwindigkeit, jedoch nicht das Arbeitsvermögen der Presse.

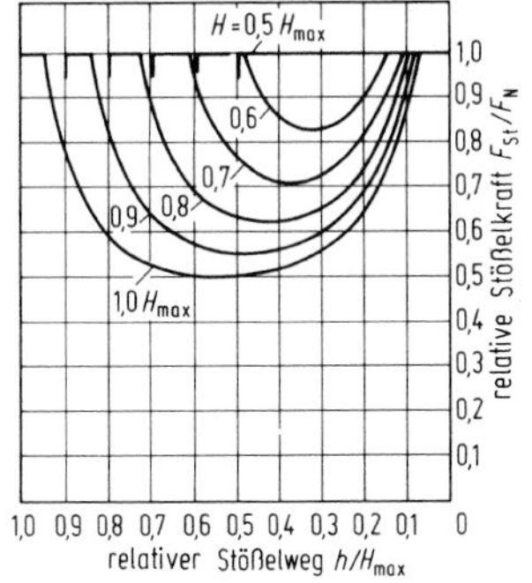

Abb. 48.13 Stößelkraftgrenzen in Abhängigkeit vom Stößelweg bei Hubverstellung (Auslegung: $\alpha_N = 30°$ für $H = H_{max}$)

Kniehebelpressen. Bei Schubkurbel-Kniehebelgetrieben (Abb. 48.11) mit zug- oder druckbeanspruchtem Pleuel wird die Stößelbewegung bei Annäherung an den unteren Totpunkt verzögert. Dadurch ergeben sich logischerweise im Vergleich zu Schubkurbelgetrieben mit gleicher Auslegung bezüglich Nennkraftweg h_N und Gesamthub niedrigere Stößelkräfte im Bereich $h > h_N$.

Lenkhebelgetriebe. Lenkhebelgetriebe ermöglichen niedrige und nahezu konstante Stößelgeschwindigkeiten im Arbeitsbereich, Leerwege dagegen werden mit hoher Geschwindigkeit durchlaufen. Im Vergleich zum Schubkurbelgetriebe mit gleich großem Nennkraftweg h_N sind für $h > h_N$ mit dieser Bauart auch höhere Stößelkräfte verfügbar.

48.3.3 Servopressen

Antriebskonzept. Servopressen gehören zur Gruppe der kraftgebundenen Umformmaschinen, unterscheiden sich jedoch von den klassischen mechanischen Pressen durch ein besonderes Antriebskonzept, nämlich den Direktantrieb durch elektrische Servomotoren, auch Torquemotoren genannt (Abb. 48.14).

Ein Servomotor zeichnet sich dadurch aus, dass dieser eine vorgegebene Position direkt anfahren und für eine bestimmte Zeit halten kann. Hierzu vergleicht eine implementierte Regelung den gemessenen Istwert der Position mit dem vorgegebenen Sollwert und regelt ggf. nach. Der auf diesem Prinzip basierende Torquemotor liefert das maximale Drehmoment bereits bei niedrigen Drehzahlen und kann daher den Pressenstößel mit Nennlast direkt antreiben. Dadurch kann die bei konventionellen mechanischen Pressen vorhandene Baugruppe Schwungrad-Kupplung-Getriebe entfallen, jedoch wird beim anfallenden Kraftbedarf aufgrund des Umformprozesses ein hoher Spitzenstrom benötigt.

Wegen des Direktantriebs ist der Hubverlauf des Stößels nicht an eine bestimmte Bewegungskurve, wie sie z. B. bei einer Exzenterpresse (Abb. 48.15a) oder einer Kniehebelpresse vorgegeben ist, fest gebunden. Stattdessen sind die Bewegungsabläufe frei programmierbar und können an die spezifischen Anforderungen des Umformprozesses (siehe Kap. 40) angepasst werden (Abb. 48.15b). Dies führt zu einer Verringerung der Zykluszeit und damit zu einer Erhöhung der Ausbringung durch eine höhere Stößelgeschwindigkeit zwischen den Berührzeitpunkten mit dem Werkstück (Abb. 48.15c).

Die Servotechnik erlaubt weiterhin eine variable Kinematik des Stößelhubs kurz vor/nach dem unteren Totpunkt. Diese Betriebsart wird auch als Pendelhub bezeichnet (Abb. 48.15d). Hierbei durchläuft der Antrieb keine vollständige Umdrehung, stattdessen kehrt der Servomotor bei Erreichen der erforderlichen Hubhöhe seine Bewegungsrichtung um. Dies führt insbesondere bei flachen Bauteilen zu einer weiteren Erhöhung der Ausbringung.

Auch kann der Stößel von Servopressen im Gegensatz zu mechanischen Pressen mit Schwungrad auch unter Last während der Umformphase angehalten und dann rückwärts oder vorwärts mit veränderter Geschwindigkeit wei-

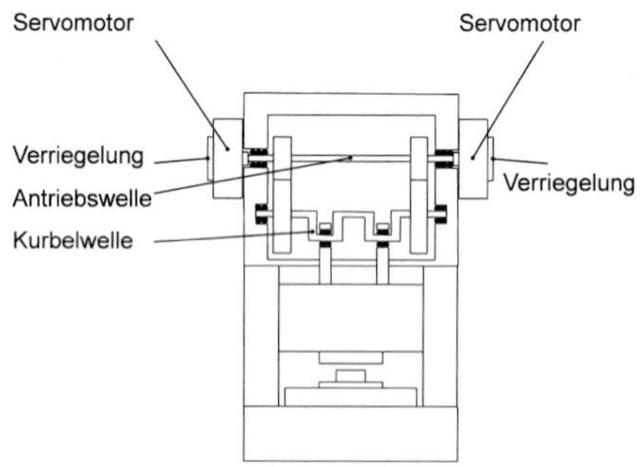

Abb. 48.14 Mögliches Antriebskonzept einer Servopresse (prinzipiell)

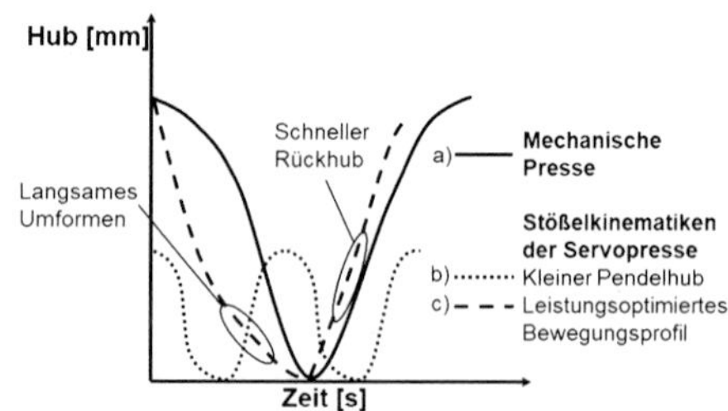

Abb. 48.15 Bewegungsprofile Pressenstößel (Schuler)

tergefahren werden. Dadurch ist es z. B. möglich, Werkzeugsätze direkt in der Produktionspresse annähernd unter Serienbedingungen sicher einzuarbeiten.

48.3.4 Anwendungen

Massivumformung. Im Vergleich zur Blechumformung ist die Stößelgeschwindigkeit beim Fließpressen und Gesenkschmieden relativ hoch, die Druckberührzeiten sind vergleichsweise gering. Die geforderte Arbeitsgenauigkeit ist in der Massivumformung daher relativ hoch. Aufgrund dieser verfahrensspezifischen Charakteristika muss die Steifigkeit einer Massivumformpresse sehr hoch sein, weshalb der Pressenrahmen in der Massivumformung meistens als O-Gestell mit geringer Ständerweite ausgeführt wird.

Pressen mit senkrechter Wirkbewegung werden als Exzenter- oder Keilpressen ausgeführt. Exzenterpressen verfügen aufgrund der genannten Anforderungen über eine biegesteife Exzenterwelle mit kurzem, breitem Pleuel (Abb. 48.16) oder über Doppelpleuel, ebenfalls mit besonders breiter und kurzer Doppeldruckstange.

Bei Keilpressen (Abb. 48.17) erfolgt der Stößelantrieb über einen zwischenliegenden Keil (Keilwinkel 30°), der über einen Exzenter angetrieben wird (Schubkurbelprinzip). Das Pleuel wird dadurch nur mit etwa halber Stößelkraft

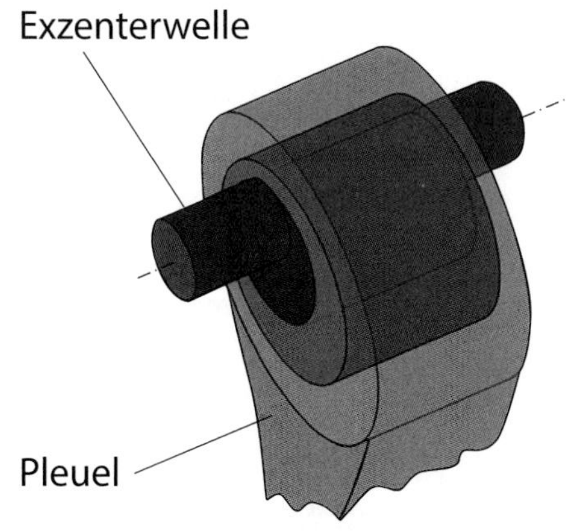

Abb. 48.16 Exzenterantrieb mit Hubverstellung (schematisch)

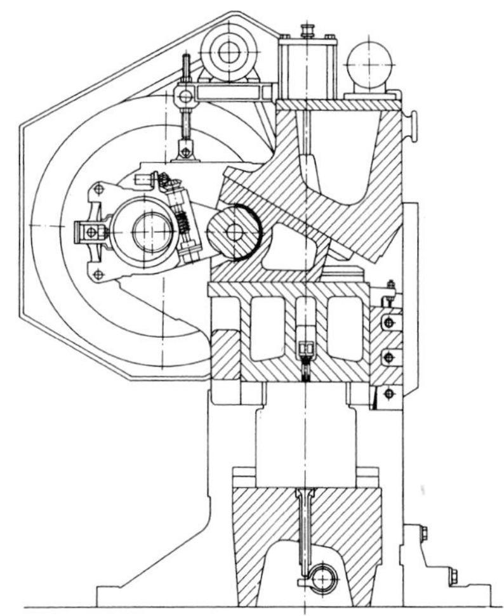

Abb. 48.17 Aufbau einer Keilpresse (Eumuco)

beaufschlagt. Der Keil verhindert das Kippen des Stößels um das Führungsspiel. Keilpressen werden beispielsweise zur Herstellung langer Genauschmiedestücke eingesetzt.

Neben der beschriebenen Bauart mit vertikaler Arbeitsbewegung gibt es auch Ausführungen mit horizontaler Arbeitsbewegung (Schmiedeanlage, Abb. 48.18). Diese meist mit Kurbelwellen arbeitenden Anlagen sind für hohe Ausbringungen ausgelegt, arbeiten direkt ab Draht oder Stange und formen über mehrere Werkzeugstufen um. Bezogen auf die Temperatur unterscheidet man Anlagen für die Warmmassivumformung (Schmiedeanlagen), z. B. für Rohteile für Getrieberäder und Wälzlager, bis hin zu Anlagen für die Kaltmassivumformung, z. B. für Schrauben, Zündkerzen u. a.

Blechumformung. Für die Blechumformung werden zur Minimierung von elastischen Maschinenverformungen Pressen mit C- und O-Gestellen eingesetzt. Bei C-Gestell-Pressen ist der Arbeitsraum zwar von drei Seiten frei zugänglich, der Pressenrahmen biegt sich jedoch unter Belastung auf. Die Ausführung erfolgt meist mit Hubverstellung, wodurch der Antrieb an unterschiedliche Fertigungsaufgaben leicht anzupassen ist (Universalpressen). Kleinere Pressen für die Blechumformung sind oft mechanische Exzenterpressen. Abb. 48.19 zeigt eine Schnittdar-

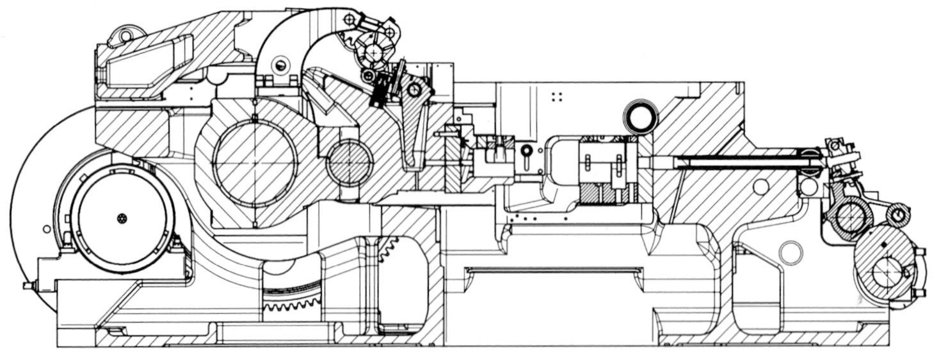

Abb. 48.18 Mechanische Mehrstufenpresse mit horizontaler Arbeitsbewegung (Hatebur)

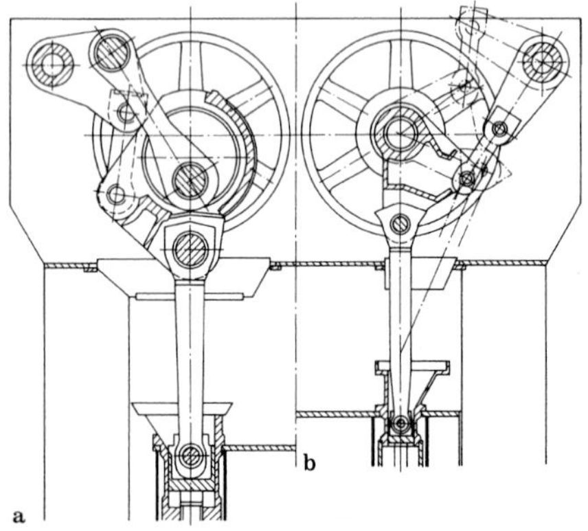

Abb. 48.19 Prinzipieller Aufbau der Getriebe einer zweifachwirkenden Presse. **a** Lenkhebelgetriebe für Ziehstößel; **b** Rastgetriebe für Blechhalterstößel

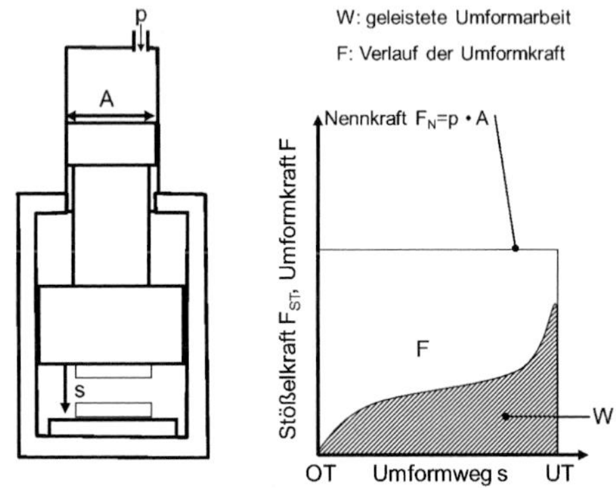

Abb. 48.20 Schematische Darstellung des Antriebsprinzips einer einfachwirkenden, hydraulischen Presse mit relevanten Parametern (*links*) und zugehöriges Kraft-Weg-Diagramm (*rechts*). *A* Kolbenquerschnitt, *p* Innendruck, *s* Umformweg, *F* Umformkraft, F_{ST} Stößelkraft, F_N Nennkraft, *W* geleistete Umformarbeit

stellung des Antriebs einer zweifachwirkenden mechanischen Presse für die Blechumformung.

48.4 Kraftgebundene Pressen

48.4.1 Wirkprinzip

Die Stößelkraft F_{St} stellt sich bei kraftgebundenen Pressmaschinen unabhängig von der jeweiligen Stößelposition ein (Abb. 48.20) und ist im Wesentlichen durch den Hydraulikdruck im Zylinder vorgegeben. Kraftgebundene Pressmaschinen sind daher nicht überlastbar.

Die Stößelkraft F_{St} ist somit unabhängig von der Stößelstellung und wird durch den Druck p sowie Kolbenfläche A festgelegt:

$$F_{St} = p \cdot A \tag{48.1}$$

48.4.2 Antrieb

Unmittelbarer Pumpenantrieb. Pumpe und Antriebsmotor werden auf den größten momentanen Leistungsbedarf der Presse ausgelegt. Die Stößelgeschwindigkeit kann stets über das Verstellen der Fördermenge der Hochdruckpumpe stufenlos eingestellt werden (Abb. 48.21).

Speicherantrieb. Bei hydraulischen Pressen mit Speicherantrieb (Abb. 48.22) werden Pumpen und Antriebsmotoren auf den mittleren Leistungsbedarf ausgelegt. Meist wird Öl als Druckmedium verwendet. Als Druckspeicher werden Stickstoffblasenspeicher, Kolbenspeicher oder im Falle der Verwendung von Wasser als Druckmedium direkt mit Stickstoff beaufschlagte Hydro-

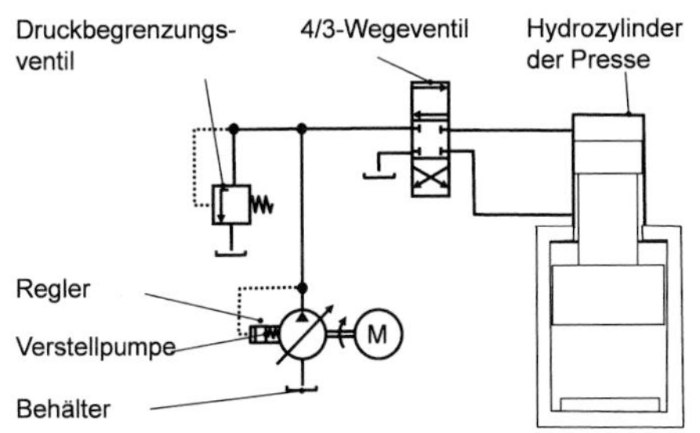

Abb. 48.21 Direkter Pumpenantrieb eines Pressenstößels

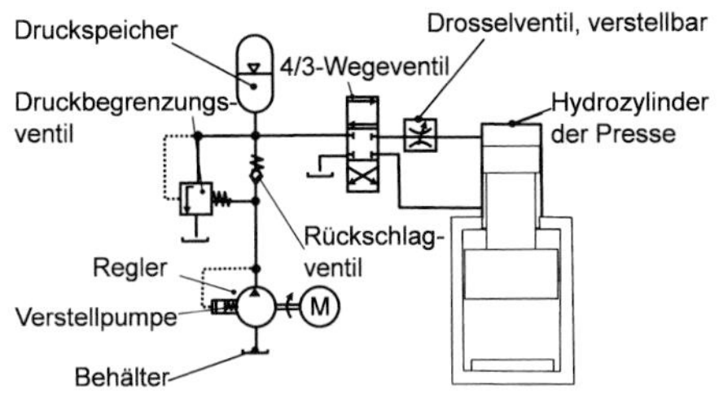

Abb. 48.22 Druckspeicherantrieb eines Pressenstößels

speicher verwendet und in einen entsprechenden Schaltkreis integriert.

Kenngrößen. Die maximale Stempelkraft $F_{\mathrm{St,max}}$ kann bei hydraulischen Pressen nicht überschritten werden. Diese Nennkraft F_{N} bildet bei hydraulischen Pressen die wichtigste Kraftkenngröße. Bei unmittelbarem Pumpenantrieb spielt das Arbeitsvermögen dagegen eine eher untergeordnete Rolle, da die für den Umformvorgang benötigte Energie vom Antriebsmotor in erforderlicher Höhe bereitgestellt wird. Bei Speicherantrieben dagegen ist das Arbeitsvermögen E_{N} durch die Größe des Speichers gegeben und gehört daher ebenfalls zu den wichtigen Kenngrößen solcher Pressmaschinen.

Pumpen. Als Hochdruckölpumpen werden Vielkolbenpumpen (Axial-, Radial-, Reihenkolbenpumpen) mit kleinem Hub und Kolbendurchmesser eingesetzt. Dabei werden Bauarten mit konstantem und mit stufenlos einstellbarem Förderstrom unterschieden. Über Regeleinrichtungen (Leistungs-, Druck-, Nullhubregler) sind der Förderstrom und der Druck an den Arbeitsvorgang anpassbar. Daneben sind bei einem konstanten Förderstrom auch Zahnradpumpen im Einsatz. Übliche Drücke liegen im Bereich von 200 bis 315 bar, in Ausnahmefällen auch darüber.

Wegen der zunehmenden Erhöhung der Hubzahl von Pressen im Produktionsbetrieb infolge Mechanisierung und Automatisierung der Werkstückhandhabung ist in der Praxis heute eine verstärkte Tendenz zum unmittelbaren Pumpenantrieb festzustellen.

48.4.3 Pressengestell

Bei hydraulischen Pressen sind neben Ein- und Zweiständergestellen auch Säulengestelle mit 2 und 4 Säulen üblich, letztere insbesondere bei Pressen mit hoher Nennkraft z. B. zum Freiformschmieden oder Strangpressen.

48.4.4 Anwendungen

Blechumformung. Hydraulische Pressen werden bei der Blechumformung meist als Universalpressen für die Fertigung kleinerer und mittlerer Stückzahlen eingesetzt, während mechanische Pressen eher bei der Großserienfertigung und einem daher abgegrenzten Teilespektrum zum Einsatz kommen. Der Vorteil hydraulischer Pressen liegt darin, dass der Stößelhub prozessangepasst flexibel programmierbar ist (Beispiel Abb. 48.23: Hubverlauf für das Tiefziehen).

Massivumformung. Für die Serienfertigung beim Kaltmassivumformen (Fließpressen mit hohem Kraftbedarf bei langem Stößelweg, Einsenken) werden fast ausschließlich hydraulische Pressen mit unmittelbarem Pumpenantrieb eingesetzt. Speicherantriebe sind aufgrund der im Vergleich zu Pumpenantrieben höheren energetischen Verluste in der Großserienfertigung kaum anzutreffen.

Schmiedepressen für kleinere Werkstücke und daher geringerem Kraftbedarf werden ebenfalls mit direktem Pumpenantrieb ausgeführt, bei größerem Kraftbedarf und/oder großen Stößelgeschwindigkeiten dagegen wird der Speicherantrieb bevorzugt. Freiformschmiedepressen werden vielfach mit Säulengestellen ausgeführt, die

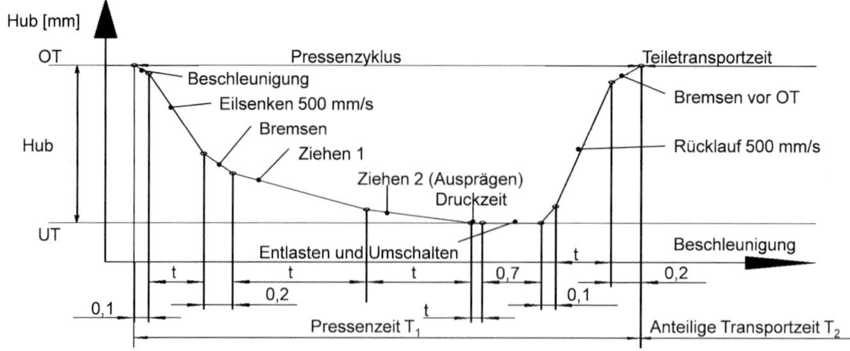

Abb. 48.23 Weg-Zeit-Verlauf des Stößels einer hydraulischen Presse (Schuler)

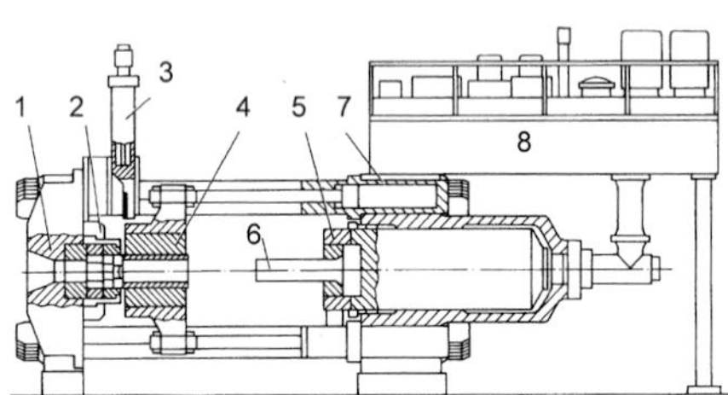

Abb. 48.24 Strangpresse für direktes Pressen (SMS). *1* Gegenholm, *2* Werkzeugschieber oder Werkzeugdrehkopf, *3* Schere, *4* Blockaufnehmer, *5* Laufholm, *6* Stempel, *9* Zylinderholm, *10* Ölbehälter mit Antrieb und Steuerungen

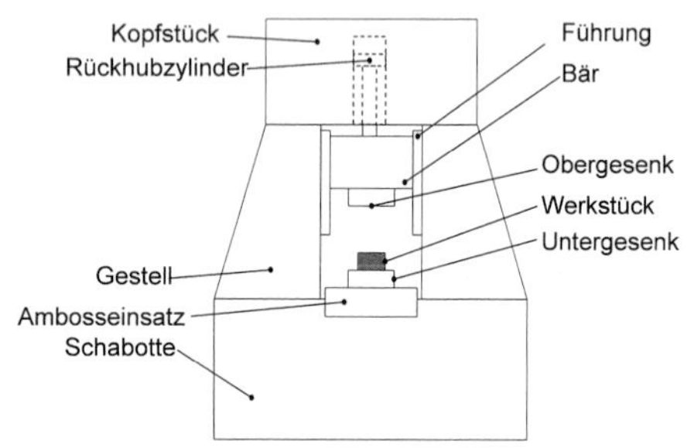

Abb. 48.25 Prinzipieller Aufbau eines Fallhammers

dem Pressenbediener den Zugang zum Arbeitsraum erleichtern.

Strangpressen. Hydraulische Einrichtungen zum Strangpressen (Abb. 48.24) werden fast ausschließlich in horizontaler Bauart mit Säulen-Gestellen ausgeführt.

48.5 Arbeitsgebundene Pressen

48.5.1 Hämmer

Aufbau. Hämmer sind einfach aufgebaute Umformmaschinen zum Erzeugen großer Kräfte und zum Übertragen hoher Arbeitsvermögen mit nur kurzen Druckberührzeiten mit dem Werkstück. Abb. 48.25 zeigt den prinzipiellen Aufbau eines Fallhammers.

Der konstruktive Aufbau eines Fallhammers ist vergleichsweise einfach. Hämmer sind nicht überlastbar, da das Hammergestell und der Antrieb beim Arbeitsvorgang nicht im Kraftfluss liegen. Das Arbeitsvermögen E wird in Nutzarbeit W_{N} und Verlustarbeiten W_{V} (Bärrücksprung- und Schabotteverlustarbeiten) umgesetzt.

Bauarten. Abb. 48.26 zeigt in einer Übersicht die Einteilung der Hämmer entsprechend ihrer konstruktiven Ausführung. Man unterscheidet Schabottehämmer, unterteilt in Fall- und Oberdruckhämmer sowie Gegenschlaghämmer.

Schabottehämmer haben feststehende Schabotte, Gegenschlaghämmer zwei gegeneinander bewegte Bären, die hydraulisch oder pneumatisch angetrieben werden.

Fallhämmer. Das Arbeitsvermögen berechnet sich ohne Reibverluste zu:

$$E_{\mathrm{N}} = m_{\mathrm{B}} \cdot g \cdot H \tag{48.2}$$

m_{B}: Masse des Bärs; g Erdbeschleunigung, H Fallhöhe des Bärs.

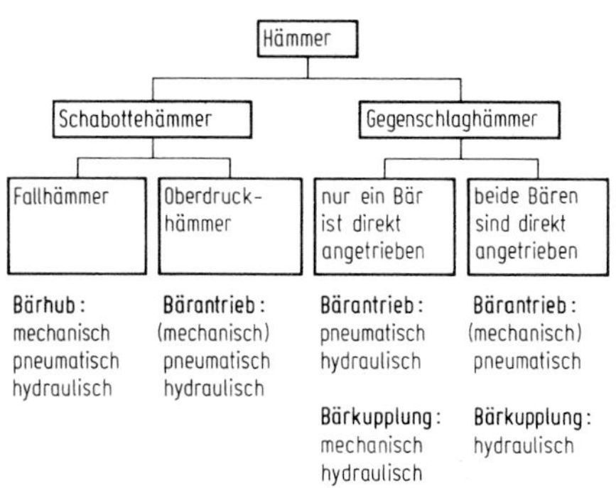

Abb. 48.26 Einteilung von Hämmern für das Schmieden

Der Hub ist auf $H = 1–1{,}6\,\text{m}$ begrenzt, um Schlagzahlen von 50 bis $60\,\text{min}^{-1}$ zu erreichen. Die Bärauftreffgeschwindigkeit liegt zwischen 4 und 6,5 m/s.

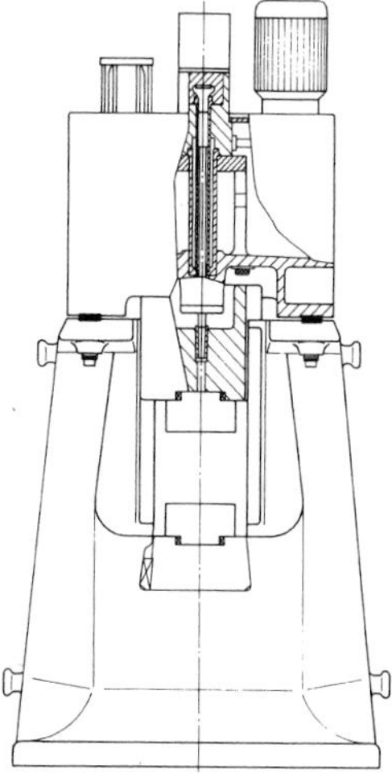

Abb. 48.27 Hydraulisch angetriebener Oberdruckhammer (Lasco)

Oberdruckhämmer. Bei dieser Ausführung stehen neben der Lageenergie des Bärs zusätzliche Energiespeicher in Form von Druckluft oder Hydrauliköl zur Verfügung. Bei Oberdruckhämmern (Abb. 48.27) berechnet sich das Arbeitsvermögen zu:

$$E_N = m_B \cdot g \cdot H + p_{mi} \cdot A \cdot H \tag{48.3}$$

p_{mi} ist der mittlere indizierte Arbeitsdruck, A die Kolbenfläche.

Oberdruckhämmer lassen bei gleichen Bärauftreffgeschwindigkeiten wie Fallhämmer einen kürzeren Hub von $H = 0{,}4–0{,}7\,\text{m}$ zu, damit sind wesentlich höhere Schlagzahlen, abhängig von Baugröße und Antriebsart, im Vergleich zu Fallhämmern möglich.

Gegenschlaghämmer. Diese weisen bei gleichem Arbeitsvermögen nur etwa 1/3 der Baumasse von Oberdruckhämmern auf, da die erforderliche Masse der Schabotte wesentlich geringer ist. Dadurch sind entsprechend kleinere Fundamente möglich. Es sind Ausführungen mit vertikaler (hauptsächlich) und horizontaler Arbeitsbewegung üblich. Der Antrieb entspricht dem von Oberdruckhämmern. Beide Bären sind in ihrer Bewegung mechanisch (Band) oder hydraulisch miteinander verbunden. Neben Bauarten mit etwa gleich großen Massen von Ober- und Unterbär gibt es auch Ausführungen, bei denen die Masse des Unterbären wesentlich größer als die des Oberbären ist. Dadurch stellt sich der Hub des Unterbären sehr viel kleiner als der des Oberbären ein, woraus sich Vorteile bei der Beschickung ergeben. Typische Schlagzahlen liegen in Abhängigkeit von der Antriebsart im Bereich von bis zu $30\,\text{min}^{-1}$.

Anwendung. Hauptanwendungsbereiche von Hämmern sind das Freiform- und Gesenkschmieden, in Sonderfällen auch das Prägen, Warmfließpressen und Dickblechumformung.

48.5.2 Spindelpressen

Aufbau. Bei der traditionellen Bauart der (Schwungrad-)Spindelpresse ist die Spindel form- oder kraftschlüssig dauernd mit dem Schwungrad verbunden. Die Drehbewegung von Schwungrad und Spindel werden dabei über Gewinde in die geradlinige Stößelbewegung umgesetzt. Beim Auftreffen des Werkzeugs auf das Werkstück wird die kinetische Energie von Schwungrad, Spindel und Stößel vollständig in Nutz- und Verlustarbeit (Längs- und Torsionsfederverluste in Spindel und Gestell sowie Reibungsverluste an Führung und Spindel) umgewandelt.

Wichtige Kenngrößen sind die Nennkraft F_N, die größte (im Dauerbetrieb) zulässige Presskraft $F_{max,zul}$ und die Prellschlagkraft F_{Prell}. Die Prellschlagkraft tritt auf, wenn das gesamte Arbeitsvermögen ohne Abgabe von Nutzarbeit in Federarbeit umgesetzt wird.

Spindelpressen mit großem Arbeitsvermögen (z. B. für die Warmumformung) sind aus wirtschaftlichen Gründen kaum prellschlagsicher auszulegen. Die Begrenzung der in der Maschine auftretenden Kräfte erfolgt dann durch Hydraulikkissen zwischen Zugankermutter und Gestell, durch eine Rutschkupplung zwischen Schwungrad und Spindel oder durch Energiedosierung. Bei Spindelpressen sind, abhängig von Bauart und -größe, Hubzahlen von 12 bis etwa 65 min^{-1} erreichbar.

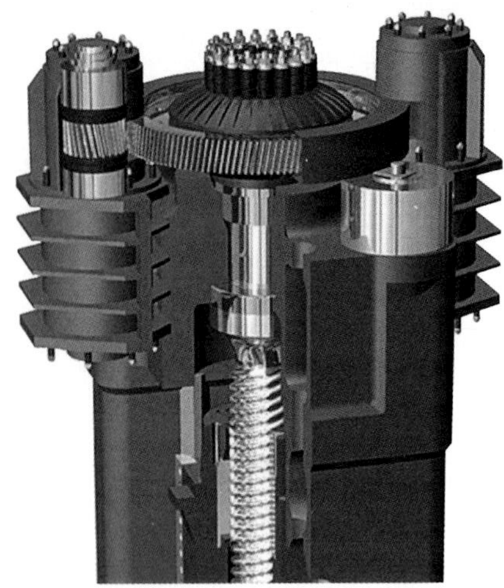

Abb. 48.28 Symmetrisch angeordnete Drehstrom-Asynchronmotoren am Schwungrad einer Spindelpresse (Lasco)

Reibscheibenantrieb. Klassische Antriebsform ist der Reibscheibenantrieb mit 2 oder 3 dauernd umlaufenden ebenen Seitenscheiben.

Bei hohen Prellschlagkräften ist der ölhydraulische Ritzel-Schwungradantrieb zu bevorzugen. Bei dieser Ausführung gleitet das Schwungrad mit seiner Schrägverzahnung während des Pressenhubs an den Antriebsritzeln, die durch einen Hydraulikmotor angetrieben werden, entlang.

Direktangetriebene Spindelpressen. Mit einem direkt über der Spindel angeordneten Asynchronmotor wird bei dieser Bauart die Spindel direkt angetrieben. Durch den Einsatz neuer Entwicklungen in der Umrichter- und Motorentechnik ist es erst ab einer Presskraft von etwa 50 000 kN erforderlich, mehrere Motoren (Abb. 48.28) einzusetzen. Die Kupplung dient bei direkt angetriebenen Spindelpressen lediglich als Überlastsicherung, d. h. ab einer fest eingestellten Kraft (z. B. bei einem Prellschlag) rutscht diese durch und verhindert eine Beschädigung der Presse. Der Rückhub des Stößels erfolgt bis zu einer Presskraft von etwa von 20 000 kN ausschließlich durch den Antriebsmotor, darüber hinaus werden zusätzlich zum Antriebsmotor noch Hydraulikzylinder zum Rückhub eingesetzt.

Anwendung. Spindelpressen finden sowohl im Schmiedebetrieb (Gesenkschmieden, Herstellung von Genau- und Präzisionsschmiedeteilen) als auch beim Kaltmassivumformen (Besteckfertigung, Münz- und Maßprägen, Kalibrieren) und Blechumformen (Herstellen flacher Ziehteile aus dicken Blechen) Anwendung. Durch den nicht festgelegten unteren Umkehrpunkt besteht beim Schmieden die Möglichkeit der sogenannten Mehrfachschläge. Hämmer sind in Bezug auf ihren Anschaffungspreis 2- bis 3-mal günstiger als Spindelpressen und 7-mal günstiger als eine Kurbelpresse. Als Nachteile sind Lärmemissionen und Erschütterungen zu nennen, auch sind Hämmer schlechter mechanisierbar als Kurbel- oder Exzenterpressen.

Literatur

Weiterführende Literatur

1. Beyer, J.: Energieeinsparung durch ServoDirekt-Technologie. Tagungsband zum 5. Chemnitzer Karosseriekolloquium „Karosseriefertigung im Spannungsfeld von Globalisierung, Kosteneffizienz und Emissionsschutz", Chemnitz., S. 215 (2008)
2. Bogon, P.: Realistische Nutzungsgrade von Mehr-Stößel-Transferpressen. Blech Rohre Profile **43**(12), 699 (1996)
3. Bauser, M., Sauer, G., Siegert, K.: Strangpressen. Aluminium-Verlag, Düsseldorf (2001). ISBN 978-3870172497

4. Doege, E., Behrens, B.-A.: Handbuch Umformtechnik, Grundlagen, Technologien, Maschinen, 3. Aufl. (2016). ISBN 978-3662438909
5. Groche, P., Scheitza, M.: Konstruktion und Steuerung von Servopressen. Vortrag, 29. EFB-Kolloquium Blechverarbeitung, Bad Boll (2009)
6. Großmann, K., Wunderlich, B., Prause, M., Siegert, K., Luginger, F.: Kompensation der Stößelkippung mechanischer Pressen mit einem passivhydraulischen System. In: Siegert, K. (Hrsg.) Neuere Entwicklungen in der Blechumformung Vortragstexte der gleichnamigen Internationalen Konferenz, Fellbach, 11.–12. Mai 2004. Bd. 2004, MAT-INFO Werkstoff-Informationsgesellschaft, Frankfurt am Main (2004). ISBN 978-3883553313
7. Hirsch, A.: Werkzeugmaschinen. Springer, Berlin Heidelberg (2012). ISBN 978-3834808233
8. Hoffmann, H., Kohnhäuser, M.: Strategies to optimize the part transport in crossbar transfer presses. CIRP Ann – Manuf Technol **51**(1), 27–32 (2002)
9. Hoffmann, H.: Genauigkeitsanforderungen an Großpressen der Blechverarbeitung. In: Tagungsband zum Symposium „Neuere Entwicklungen in der Blechumformung“ Fellbach. S. 49–68. (1990)
10. Hohnhaus, J.: Optimierung des Systems Vielpunkt-Zieheinrichtung/Werkzeug. Beiträge zur Umformtechnik Nr. 21, Hrsg. Prof. Dr.-Ing. Dr. h.c. K. Siegert, Institut für Umformtechnik der Universität Stuttgart. MAT-INFO Werkstoff-Informationsgesellschaft, Frankfurt/M. (1999). ISBN 978-3883552866
11. Humbert, G.: Möglichkeiten der Lärmminderung von Schabottenhämmern und ihrer Grenzen hinsichtlich der Auswirkung auf den Schmiedevorgang. Dissertation, Universität Hannover 1979.
12. Illert, K., Lackinger, V.: Moderne Grobblechwalzwerke. Bleche Rohre Profile **25**(10), 467–476 (1978)
13. Klocke, F.: Fertigungsverfahren 4, Umformen, 6. Aufl. Springer, Berlin, Heidelberg, New York (2017). ISBN 978-3-662-54713-7
14. Koch, H.W., Oetkers, H.O.: Vergleichende Untersuchungen an Schmiedehämmern und -pressen hinsichtlich ihrer Geräusche und Erschütterungen. Ind.-Anz **94**(65), 1603–1606 (1972)
15. Lange, K. (Hrsg.): Grundlagen, 2. Aufl. Umformtechnik: Handbuch für Industrie und Wissenschaft, Bd. 1. Springer, Berlin (1990). ISBN 978-3540132493
16. Lange, K. (Hrsg.): Blechbearbeitung, 2. Aufl. Umformtechnik: Handbuch für Industrie und Wissenschaft, Bd. 3. Springer, Berlin (1990). ISBN 978-3540500391
17. N.N.: Handbuch der Umformtechnik. Springer 1996, ISBN 978-3-540-61099-5.
18. Potthast, E., Frank, A.: Die Freiformschmieden in Deutschland. Stahl Eisen **117**(11), 119–124 (1997)
19. Spur, G., Neugebauer, R., Hoffmann, H. (Hrsg.): Handbuch Umformen. Hanser, München (2012). ISBN 978-3446427785

Normen und Richtlinien

20. DIN 8650 (03/85): Mechanische Einständerpressen. Abnahmebedingungen
21. DIN 8651 (05/90): Mechanische Zweiständerpressen. Abnahmebedingungen
22. DIN 55170 (10/61): Einständer-Tisch-Exzenterpressen. Baugrößen
23. DIN 55181 (05/83): Mechanische Zweiständerpressen, einfachwirkend, mit Nennkräften von 400 kN bis 4000 kN. Baugrößen
24. DIN 55184 (08/85): Mechanische Einständerpressen. Einbauraum für Werkzeuge, Baugrößen, Aufspannplatten, Einlegeplatten, Einlegeringe
25. DIN 55185 (05/83):Mechanische Zweiständer-Schnellläuferpressen mit Nennkräften von 250 kN bis 4000 kN Baugrößen
26. DIN 55189 (12/88): Ermittlung von Kennwerten für Pressen der Blechverarbeitung bei statischer Belastung. Blatt 1: Mechanische Pressen, Blatt 2: Hydraulische Pressen
27. VDI-Richtlinie 3193: Hydraulische Pressen zum Kaltmassiv- und Blechumformen. Blatt 1 (04/85): Formblatt für Anfrage, Angebot und Bestellung. Blatt 2 (07/86): Messanleitung für die Abnahme
28. VDI-Richtlinie 3194: Kurbel-, Exzenter-, Kniehebel- und Gelenkpressen zum Kaltmassivumformen. Blatt 1 (11/89): Formblatt für Anfrage, Angebot und Bestellung. Blatt 2 (11/89): Messanleitung für die Abnahme

Spanende Werkzeugmaschinen

49

Eckart Uhlmann

49.1 Drehmaschinen

49.1.1 Einleitung

Drehmaschinen ermöglichen die spanabhebende Herstellung rotationssymmetrischer Bauteile mit geschlossener, meist kreisförmiger Schnittbewegung sowie quer zur Schnittrichtung ausgerichteter Vorschubbewegung [1]. Hierbei führt in der Regel das Werkstück die umlaufende Schnittbewegung und das Werkzeug die in einer zur Schnittrichtung senkrechten Ebene liegende Vorschub- und Zustellbewegung aus. Weiterhin existieren Sonderbauformen von Drehmaschinen, die eine umlaufende Werkzeugbewegung sowie die Integration einer Fräs- beziehungsweise Bohrbearbeitung ermöglichen.

Nach der Anzahl der Hauptspindeln lassen sich Drehmaschinen in Ein-, Zwei- oder Mehrspindler mit parallel- oder gegenüberliegenden Hauptspindeln unterteilen. Weiterhin können Drehmaschinen nach der Gestell-Bauform und Hauptspindellage in solche mit waagerechter Hauptspindel (Flachbett-, Schrägbett-, Steilbett- und Frontbett-Bauweise) und senkrechter Hauptspindel (Senkrecht-Drehmaschine mit Flachbett, Ein- beziehungsweise Zweiständer-Karusselldrehmaschine und Über-Kopf-Drehmaschine) eingeteilt werden (Gestellbauformen s. Abschn. 45.3). Bezüglich der Aufnahme, Anordnung und Anzahl der Werkzeuge erfolgt eine weitere Einteilung in Drehmaschinen mit handbedienten Werkzeugträgern, automatisierten Revolverköpfen (Stern-, Trommel- und Kronenrevolver), festen beziehungsweise angetriebenen Werkzeugen sowie in Drehmaschinen mit mehreren Revolverköpfen auf unterschiedlichen Schlitten. Nach der Art der Steuerung werden Drehmaschinen mit Hand-, Nachform- und numerischer (NC-) Steuerung (s. Abschn. 46.4) unterschieden. Ein weiteres Gliederungsmerkmal richtet sich nach dem Werkstücksortiment, wodurch Drehmaschinen in Walzen-, Futterteil- und Plandrehmaschinen unterteilt werden [2].

Das Drehbearbeitungssystem besteht allgemein aus den Untersystemen Energie-, Kinematik-, Informations-, Hilfs-, Werkzeug- und Werkstücksystem. Das Energiesystem dient in Kombination mit dem Kinematiksystem zur Erzeugung der Schnitt- und der Vorschubbewegung. Im Werkzeugmaschinenbau kommen elektrische und hydraulische Motoren zur Erzeugung der Hauptarbeitsbewegungen zum Einsatz. Die Entscheidung für eine Antriebsart wird durch die jeweilige Antriebsaufgabe bestimmt, wobei sich der hydraulische Antrieb durch ein geringeres Leistungsgewicht sowie ein besseres Beschleunigungsvermögen aufgrund geringerer Massenträgheit auszeichnet. Beim elektrischen Antrieb sind die höhere Lebensdauer, ein größerer Wirkungsgrad und geringere Wärmeentwicklung als Vorteile zu nennen. Bei Vorschubantrieben werden hauptsächlich Elektromotoren eingesetzt, die die Werkzeugma-

E. Uhlmann (✉)
Technische Universität Berlin
Berlin, Deutschland
E-Mail: eckart.uhlmann@iwf.tu-berlin.de

B. Bender und D. Göhlich (Hrsg.), *Dubbel Taschenbuch für den Maschinenbau 2: Anwendungen*,
https://doi.org/10.1007/978-3-662-59713-2_49

schinenschlitten auf Gleit- oder Wälzführungen bewegen.

Das Informationssystem einer Werkzeugmaschine steuert die Funktionen der einzelnen Untersysteme, übernimmt von außen eingegebene Informationen wie beispielsweise Bearbeitungsprogramme und generiert Zustandsmeldungen, die übergeordneten Leitsystemen übergeben werden. Das Hilfssystem dient der Bereitstellung von Kühlschmiermittel, der Zentralschmierung sowie der Späneförderung.

Das Werkzeugsystem setzt sich aus dem Werkzeug, dem Werkzeugspannmittel, dem Werkzeugträger und dem Werkzeugwechselsystem zusammen. Weitere Zusatzelemente sind Aufnahmeelemente für Werkzeugwechselgreifer (Greifrille), Elemente zur Voreinstellung und Verstellung sowie Komponenten zur Informationsspeicherung und -übertragung.

Zur Werkzeugüberwachung können Systeme zur Brucherkennung und Verschleißüberwachung sowie zum Überlastschutz integriert werden. Weitere Zusatzelemente sind Bewegungselemente (z. B. zum Ausklappen von Schneiden), Dämpfungselemente (z. B. Bleischrotfüllung), Antriebselemente (z. B. für angetriebene Werkzeuge) sowie Energie- und Signalübertragungselemente (z. B. Messköpfe). Bei NC-Drehmaschinen sind im Werkzeugsystem zwei unterschiedliche Arten von Werkzeugträgern zu finden: Indexierende Werkzeugrevolver und Werkzeugmagazine in Verbindung mit einer Wechselvorrichtung. Während Werkzeugrevolver bedingt durch ihre kurzen Schaltzeiten einen schnellen Werkzeugwechsel erlauben, lässt sich in Werkzeugmagazinen eine größere Anzahl von Werkzeugen speichern und getrennt vom Bearbeitungsprozess austauschen. Unabhängig vom Werkzeugsystem werden die Werkzeugschäfte in solche mit Zylinderschaft und mit Prismenanlage eingeteilt und hauptsächlich in Kassetten gespannt, welchen indexierte Werkzeugträgerpositionen zugeordnet sind.

Das Werkstücksystem besteht aus dem Werkstück sowie den Bauteilen, die die Spannung, Abstützung und den Wechsel des Werkstücks ermöglichen. Bei Drehmaschinen sind das Werkstück und die Hauptspindel über die Werkstückaufnahme verbunden, wobei hierfür vorwiegend Spannfutter unterschiedlicher Größe eingesetzt werden (Abb. 49.1). Großwerkstücke werden auf Planscheiben gespannt. Hingegen werden Bauteile mit kleinen Durchmessern oder Stangenmaterial in Spannzangen eingespannt. Lange Werkstücke werden durch Reitstockspitzen und Setzstöcke (Lünette) abgestützt. Die an einer Drehmaschine vorhandenen Antriebe lassen sich in maschinenspezifische Haupt- und Nebenantriebe sowie Hilfsantriebe einteilen. Der Hauptantrieb dient der Rotation des Werkstücks und ermöglicht in Verbindung mit dem Vorschubantrieb die spanabhebende Werkstückbearbeitung. Zusätzlich zur Vorschubbewegung realisiert der Neben- oder Vorschubantrieb Bewegungen, die entlang dieser Achse ausgeführt werden (z. B. Positionieren, Zustellen, Messbewegungen, Teilbewegungen für den Werkzeug- oder Werkstücktransport). Bei den Hilfsantrieben handelt es sich um bewegungserzeugende Komponenten für den Kühlmittelfluss, die Schmierung, die Hydraulik, die Werkzeug- oder Werkstückspannung sowie den Werkzeug- und Werkstücktransport.

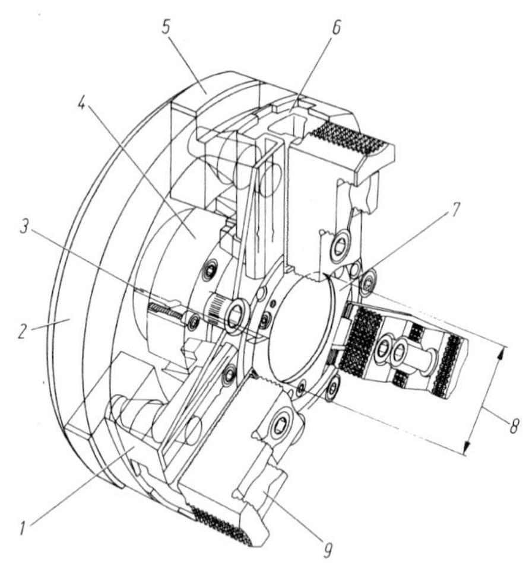

Abb. 49.1 Kraftbetätigtes Keilflächenfutter mit Fliehkraftausgleich (Forkardt GmbH, Düsseldorf). *1* Futterkörper, *2* Futterdeckel zur universellen Spindelmontage, *3* Gewindering zum Anschluss an das Zugrohr, *4* Spannkolben, *5* Fliehgewicht, *6* Grundbacke, *7* Schutzbüchse, *8* Stangendurchlass, *9* Standardaufsatzbacke

49.1.2 Universaldrehmaschinen

Zur Einzel- und Kleinserienfertigung einfacher rotationssymmetrischer Werkstücke werden Universaldrehmaschinen eingesetzt. Diese werden oftmals auch Werkstattdrehmaschinen genannt. Einfaches Längs- und Plandrehen, Gewindedrehen sowie Kopierdrehen mithilfe geeigneter Kopiereinrichtungen ist möglich. Grundsätzlich lassen sie sich in drei Gruppen unterteilen: Handbediente konventionelle, zyklengesteuerte sowie CNC-Universaldrehmaschinen.

Die Grundform einer Universaldrehmaschine stellt die handbediente Leit- und Zugspindeldrehmaschine dar (Abb. 49.2). Die Drehzahl der Hauptspindel wird manuell über ein mehrstufiges Schieberadgetriebe eingestellt. Der Vorschubantrieb wird vom Hauptantrieb über Vorschubgetriebe, Zugspindel und Bettschlittenantrieb abgeleitet. Die Leitspindel dient der kinematischen Kopplung von Hauptspindel und Längsvorschub bei der Gewindefertigung. Zunehmend werden auch einfache Universaldrehmaschinen mit CNC-Steuerungen ausgestattet.

Zu den Hauptkenngrößen von Universaldrehmaschinen zählen die maximalen Werkstückabmessungen, der Drehdurchmesser und der Stangendurchlass. Die Daten der Hauptspindel wie beispielsweise erreichbare Drehzahlen, Antriebsleistung und maximales Drehmoment sowie die Vorschubgeschwindigkeit, die Zahl und Größe der Werkzeugrevolver und die Größe der Aufstellfläche sind weitere Kenngrößen von Universaldrehmaschinen.

Bei Universaldrehmaschinen werden die Drehwerkzeuge in einem einfachen Werkzeughalter gespannt. Zum schnelleren Werkzeugwechsel eignen sich Revolverdrehmaschinen, deren Revolverköpfe die Aufnahme von üblicherweise 8 bis 14 Drehwerkzeugen ermöglichen. Während des Fertigungsprozesses wird das für die jeweilige Bearbeitungsaufgabe erforderliche Drehwerkzeug durch Rotation des Revolvers in Position gebracht. Gemäß der Orientierung von Werkzeug- und Revolverachse lassen sich die Bauformen Stern- oder Scheibenrevolver, Flachtischrevolver und Trommelrevolver unterscheiden (Abb. 49.3). Eine Sonderform ist der Kronenrevolver.

Sowohl für die Werkzeugaufnahme in Revolvern und Revolverköpfen als auch für die Werkstückaufnahme in Haupt- und Gegenspindeln sind genormte Verbindungsschnittstellen erforderlich (Abb. 49.4). Eine Einteilung der Verbindungsschnittstellen erfolgt hinsichtlich ihrer Fähigkeit zur Automatisierbarkeit, ihrer Spannsicherheit, der Anwendbarkeit im Bereich der Hochgeschwindigkeitsbearbeitung sowie der Wechselgenauigkeit. Nachformdrehmaschinen sind Universaldrehmaschinen mit einem

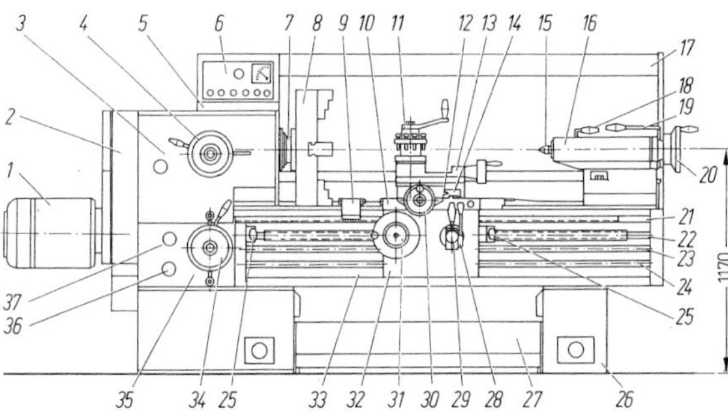

Abb. 49.2 Leit- und Zugspindel-Drehmaschine (ehem. Boehringer GmbH, Göppingen). *1* Antriebs-Flanschmotor, *2* Vorschubantrieb, *3* Spindelstock mit Hauptgetriebe, *4* Drehzahlschaltung, *5* Schaltschrank, *6* Bedientafel, *7* Hauptspindel, *8* Planscheibe, *9* Längsanschlag, *10* Bettschlitten (Längsschlitten), *11* Werkzeughalter, *12* Planschlitten, *13* Obersupport, *14* Plananschlag, *15* Körnerspitze, *16* Reitstock, *17* Späneschutz, *18* Hebel für Reitstock-Pinolenklemmung, *19* Reitstock-Klemmhebel, *20* Handrad, *21* Zahnstange, *22* Leitspindel, *23* Zugspindel, *24* Schaltwelle, *25* Fernschalthebel, *26* Bettfuß, *27* Spänewanne, *28* Kreuzschalthebel für Vorschubrichtung, *29* Schlossmutter, *30* Handrad für Planschlitten, *31* Handrad für Längsschlitten, *32* Schlosskasten, *33* Bett, *34* Vorschub- und Gewindewähltrommel, *35* Vorschubkasten, *36* Umschaltung mm/Zoll, *37* Leit-Zugspindelwendehebel

Abb. 49.3 Bauformen von Revolverköpfen. **a** Trommelrevolver (Pittler T&S GmbH, Dietzenbach), **b** Sternrevolverkopf (Pittler T&S GmbH, Dietzenbach), **c** Flachtischrevolverkopf (Pittler T&S GmbH, Dietzenbach), **d** Scheibenrevolverkopf (ehem. Boehringer GmbH, Göppingen)

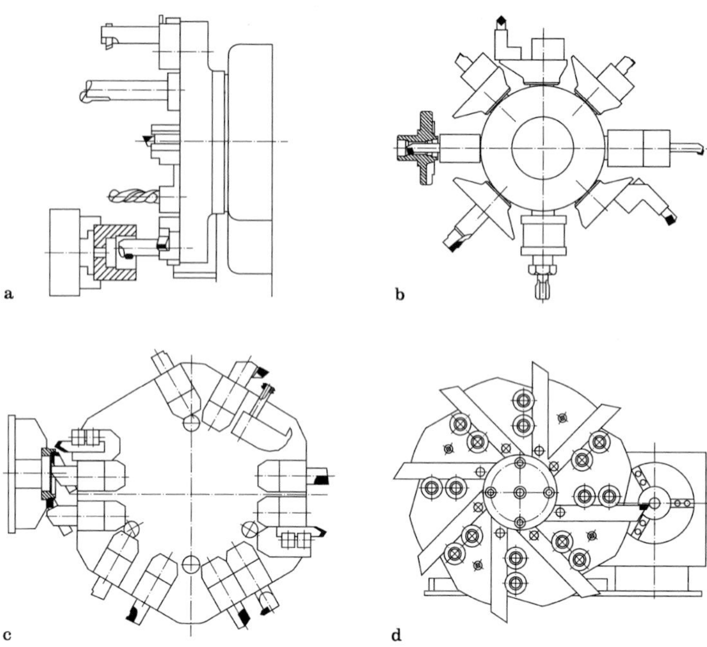

zwei- oder dreidimensionalen Formspeicher, der die Ableitung der Vorschubbewegung mittels mechanischer, hydraulischer, elektrischer oder elektro-hydraulischer Abtastsysteme ermöglicht. Durch den Einsatz von Vorrichtungen, die eine Kombination aus gesteuerter Schnitt- und Vorschubbewegung erlauben, lässt sich das Unrund-Nachformdrehen an einer Universaldrehmaschine realisieren. Mit der zunehmenden Verbreitung von numerisch gesteuerten Werkzeugmaschinen haben Nachformdrehmaschinen jedoch aufgrund ihrer geringeren Genauigkeit für die industrielle Praxis an Bedeutung verloren.

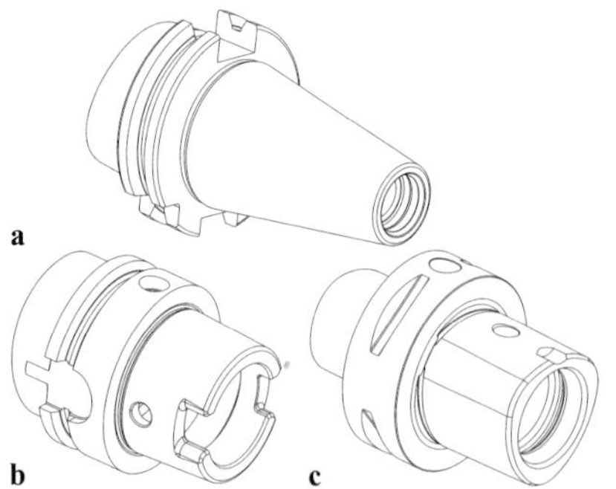

Abb. 49.4 Werkzeugschnittstellen (Haimer GmbH, Igenhausen). **a** Steilkegel (DIN 69871 [43]), **b** Hohlschaftkegel (DIN ISO 69893 [54]), **c** Polygonaler Hohlschaftkegel mit Plananlage (DIN ISO 26623 [53])

Bei CNC-Universaldrehmaschinen wird die Drehachse der Arbeitsspindel von einem drehzahlgeregelten Motor entweder direkt oder über ein Zwischengetriebe angetrieben. Unter Verwendung von hochgenauen Kugelgewindetrieben lassen sich die Vorschubschlitten über lagegeregelte Antriebe positionieren. Ferner kann der Werkzeugschlitten einen drehbaren Werkzeugrevolver aufnehmen und unabhängig von Lünette und Reitstock geführt werden.

Bei speziellen Anwendungen, beispielsweise der Gewindefertigung, lässt sich mit Hilfe eines integrierten rotatorischen Messsystems die Winkellage der Spindel ermitteln und an die Vorschubsteuerung übertragen, sodass eine Synchronisation der Spindeldrehzahl und der Vorschubbewegung erreicht wird [3].

CNC-Universaldrehmaschinen erlauben drei grundlegende Arten von Bahnsteuerungen. Durch eine 2D-Bahnsteuerung lassen sich beliebige Konturen wie Rundungen, Übergänge, Einstiche sowie Kegel fertigen. Bei den zwei weiteren Steuerungsarten wird zusätzlich die Winkellage der Arbeitsspindel (C-Achse) gesteuert. Dadurch ermöglicht die 2,5D-Bahnsteuerung bei CNC-Universaldrehmaschinen neben der gesteuerten Bewegung der Arbeitsspindel auch den Einsatz angetriebener Werkzeuge, wodurch

Nuten, Querbohrungen, Lochkreise und Anfräsungen gefertigt werden können. Geometrisch komplexere Konturen wie Wendelnuten, Spiralen und Unrundungen lassen sich durch Anwendung von 3D-Bahnsteuerungen herstellen.

Numerische Steuerungen haben sich aus Flexibilitäts- und Kostengründen in der Klein-, Mittel- und Großserienfertigung durchgesetzt. Sie ermöglichen die Komplettbearbeitung in einer Aufspannung, wodurch eine Verringerung von Nebenzeiten sowie die Verbesserung der Fertigungsgenauigkeit erreicht werden. In der Großserienfertigung wurden auch kurvengesteuerte Drehautomaten eingesetzt, die jedoch zunehmend durch CNC-Drehautomaten ersetzt werden.

49.1.3 Frontdrehmaschinen

Frontdrehmaschinen wurden zur Bearbeitung kurzer scheibenförmiger Werkstücke (z. B. Bremsscheiben) und Futterteile entwickelt (Abb. 49.5). Die Vorteile dieses Maschinentyps liegen in einer kompakten Bauform und einem gut zugänglichen Arbeitsraum. Frontdrehmaschinen werden ein- und zweispindlig ausgeführt, wobei die Spindeln horizontal auf einem querorientierten Maschinenbett angeordnet sind. Bei Ausführung der Hauptspindel mit einer C-Achse zur Winkelpositionierung sowie Ausstattung mit angetriebenen Werkzeugen sind Fräs- und Bohrbearbeitungen möglich. Mit Werkstückhandhabungs- und Speichersystemen sowie Messtastern zur Werkstückvermessung und selbständiger Korrektur der Werkzeugzustellung kann eine automatisierte Fertigung erreicht werden.

Aufgrund von Vorteilen bei der Flexibilität und Werkstückhandhabung wurden Frontdrehmaschinen in vielen Bereichen durch Vertikaldrehmaschinen mit hängender Pick-up-Spindel ersetzt. In einigen Bereichen der Feinwerktechnik, speziell der Fertigung von Uhrengehäusen mit höchsten Oberflächengüten, werden Frontdrehmaschinen nach wie vor eingesetzt und weiterentwickelt. Hier erweist sich die frontale Anordnung und Bearbeitung der Bauteile vor allem unter dem Aspekt der Qualitätssicherung als

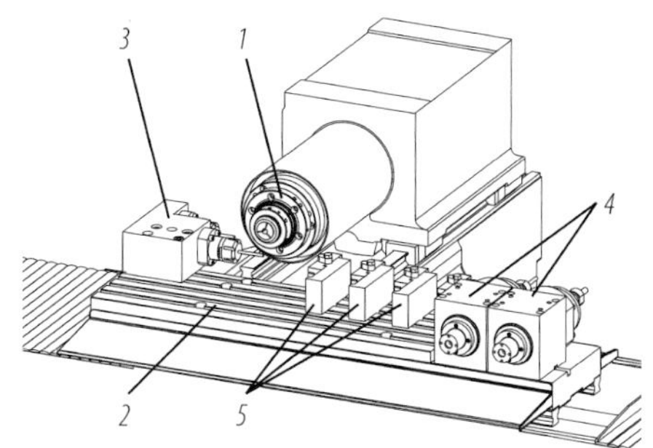

Abb. 49.5 Frontdrehmaschine (Willemin-Macodel SA, Delémont, Schweiz). *1* Hauptspindel mit C-Achse und Z-Schlittenachse, *2* Nutentisch mit X-Schlittenachse, *3* Doppelquerspindel für radiale Fräs- und Bohroperationen, *4* Frontspindeln für axiale Fräs- und Bohroperationen, *5* Werkzeugaufnahmen für feststehende Werkzeuge

großer Vorteil. Frontdrehmaschinen bieten die Möglichkeit, die Bauteilqualität während der Bearbeitung zu begutachten, was beim Einsatz von teuren Werkstoffen in der Uhrenproduktion ein entscheidendes Kriterium darstellt.

49.1.4 Drehautomaten

Drehautomaten werden zur automatisierten Großserienproduktion relativ einfacher, kleiner bis mittelgroßer Drehteile aus Stangenmaterial oder vorgeformten Futterteilen eingesetzt (Abb. 49.6). Sie werden als Einspindel- und Mehrspindeldrehautomaten ausgeführt und ermöglichen durch eine Mehrschnitt- sowie Mehrstückbearbeitung sehr geringe Stückzeiten.

Drehautomaten lassen sich, wie auch die übrigen Drehmaschinentypen, entsprechend der Fertigungsaufgabe modular konfigurieren (Abb. 49.7). Dabei können sie mit einem Reitstock zur Spitzenbearbeitung, Lünetten zur Abstützung langer Werkstücke sowie mit Gegenspindeln und zusätzlichen Revolvern zur Rückseitenbearbeitung ausgerüstet werden. Weiterhin können neben konventionellen Revolvern auch angetriebene Werkzeuge sowie schwenkbare Werkzeugträger- und Fräseinheiten für unterschiedliche Bohr- und Fräsoperationen montiert werden.

Bei Futterdrehautomaten kann das Werkstück automatisch oder von Hand aus einem Magazin

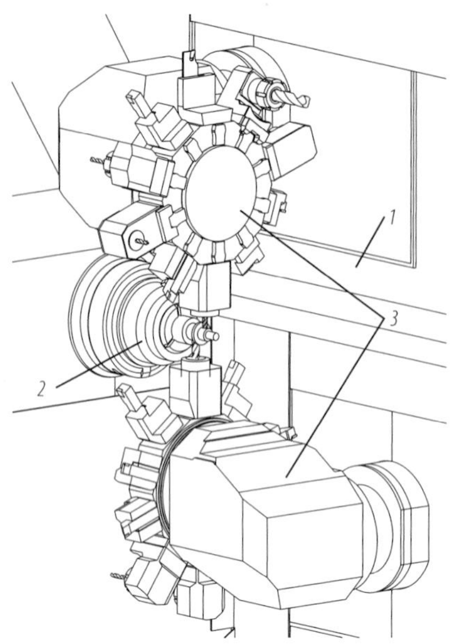

Abb. 49.6 Arbeitsraum eines CNC-gesteuerten Drehautomaten (INDEX-Werke GmbH & Co. KG Hahn & Tessky, Esslingen). *1* Senkrechtes Maschinenbett, *2* Hauptspindel, *3* Scheibenrevolver mit 10 Werkzeugstationen und X-, Z- und Y-Schlittenachsen

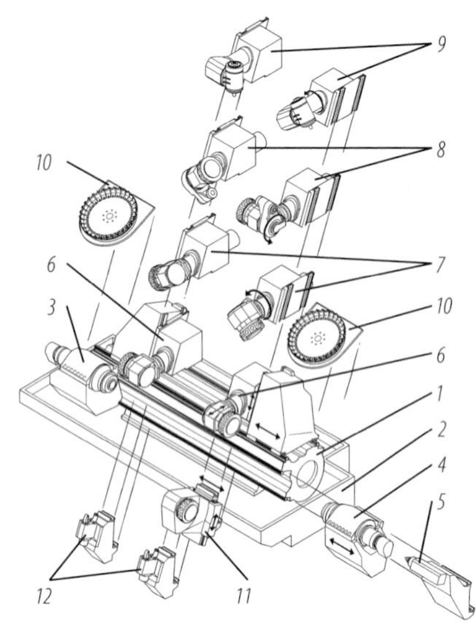

Abb. 49.7 Modulares Maschinenkonzept (INDEX-Werke GmbH & Co. KG Hahn & Tessky, Esslingen). *1* Maschinenbett, *2* Unterkasten, *3* Hauptspindelstock, *4* Gegenspindelstock, *5* Reitstock, *6* Scheibenrevolver mit X-, Z- und Y-Schlittenachsen, *7* Scheibenrevolver mit X-, Z-, Y- und B-Schlittenachsen, *8* Scheibenrevolver mit X-, Z-, Y- und B-Schlittenachsen und zusätzlicher Multifunktionsfräseinheit, *9* Motorfrässpindeln, *10* Magazin mit 32 Magazinplätzen für Multifunktionsfräseinheit, *11* Scheibenrevolver mit X- und Z-Schlittenachsen, *12* Lünetten

in das Futter eingelegt werden. Bei Stangendrehautomaten wird durch die Maschinensteuerung sukzessiv Stangenmaterial mittels einer hydraulisch betätigten Vorschubeinrichtung des Stangenmagazins durch den Hauptspindeldurchlass in den Arbeitsraum vorgeschoben. Die Steuerung der Vorschubwege, Schnittgeschwindigkeiten, Vorschubgeschwindigkeiten und Werkzeugwechsel wurde teilweise mechanisch über eine Steuerwelle mit Kurven und Nocken umgesetzt. Heute wird diese jedoch hauptsächlich numerisch mittels eines CNC-Programms realisiert. Zur Vermeidung der thermischen Belastung des Maschinenbetts durch heiße Späne und Verstopfung des Arbeitsraums werden Drehautomaten meist in Schrägbettbauweise ausgeführt.

Langdrehautomaten. Lange schlanke Drehteile mit kleinen und mittleren Durchmessern werden mit Langdrehautomaten gefertigt (Abb. 49.8). Typische Werkstücke sind kleine Präzisionsteile aus der Feinwerktechnik und dem Gerätebau. Zur Vermeidung der Werkstückdurchbiegung infolge der Bearbeitungskräfte wird nach dem *Schweizer Prinzip* eine feststehende Führungsbuchse in die Hauptspindel integriert. Diese lagert das Werkstück in radialer Richtung. Während der Bearbeitung ermöglicht der Stangenvorschub durch den beweglichen Spindelstock die spanende Bearbeitung in unmittelbarer Nähe der Hauptspindel. Die Zustellung der Werkzeuge erfolgt nur radial in X-Richtung. Heutzutage kaum mehr verwendet, wird beim *Offenbacher Prinzip* die Führungsbuchse zusammen mit dem Werkzeug relativ zum feststehenden Spindelstock bewegt.

Mehrschlittendrehautomaten. Bei Mehrschlittendrehautomaten befinden sich gleichzeitig mehrere, auf separaten Werkzeugschlitten montierte, radial einstechende Werkzeuge im Eingriff. Analog zu Langdrehautomaten wird eine hohe Steifigkeit während der Bearbeitung durch die Positionierung der Werkzeugschlitten in unmittelbarer Nähe der Spindellagerung erreicht.

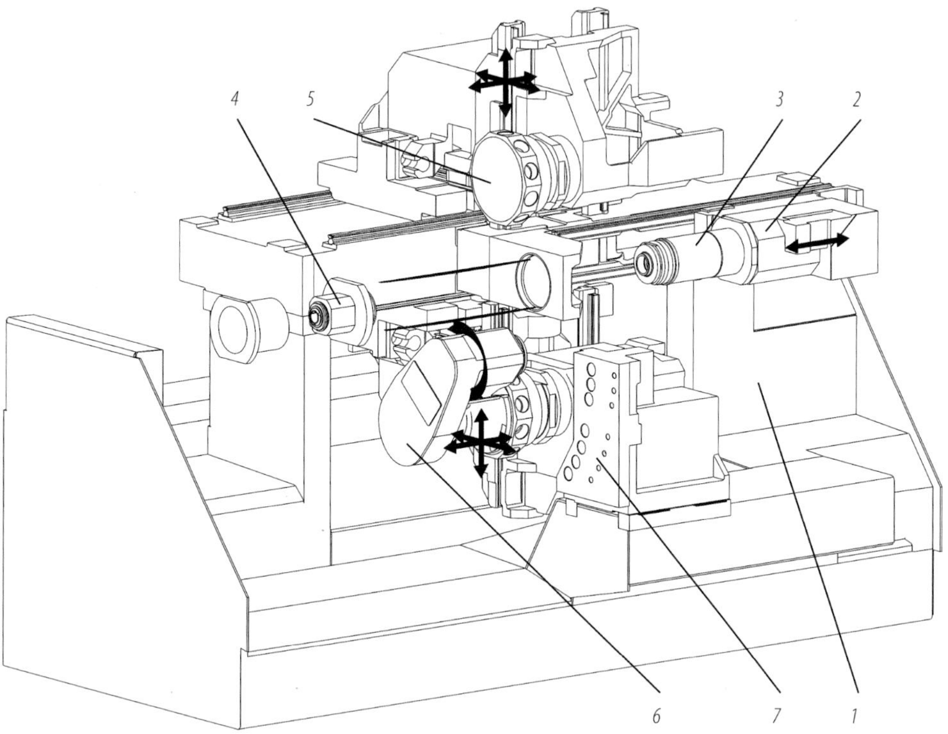

Abb. 49.8 CNC-gesteuerter Lang- und Kurzdrehautomat (TRAUB Drehmaschinen GmbH & Co. KG, Reichenbach). *1* Senkrechtes Maschinenbett, *2* Hauptspindelstock mit Z-Achse, *3* Hauptspindel als Motorspindel in Synchrontechnik mit C-Achse, *4* Angetriebene, programmierbare Führungsbuchse, *5* Werkzeugrevolver 1 mit NC-Rundachse zur freien Winkelpositionierung und X-, Z- und Y-Achsen, *6* Gegenspindel mit integriertem Werkzeugträger mit NC-Rundachse und X-, Z- und Y-Achsen, *7* Rückapparat mit 7 Werkzeugstationen zur Rückseitenbearbeitung

Auch bei Mehrschlittendrehautomaten kann ein bedienerarmer Betrieb durch automatische Stangenzuführung oder eine automatisierte Rohteilzuführung und Fertigteilabführung erfolgen. Stangendurchlässe bis zu einem Durchmesser von 90 mm und mehr sind möglich. Werkzeugschlitten können mit einer Synchronspindel ausgestattet werden, wodurch die Übernahme des Werkstücks von der Hauptspindel sowie die anschließende Rückseitenbearbeitung realisiert werden können. Weiterhin lassen sich angetriebene Werkzeuge für axiale und radiale Bohr- und Fräsoperationen integrieren. Eine Abwandlung der Mehrschlittendrehautomaten sind Mehr-Revolver-Drehautomaten. Diese besitzen statt der Werkzeugschlitten mehrere unabhängige, teilweise in drei Achsen verfahrbare Werkzeugrevolver.

Mehrspindeldrehautomaten. Zur Großserienproduktion werden Mehrspindeldrehautomaten mit zwei bis acht, in einer Spindeltrommel zusammengefassten, Arbeitsspindeln eingesetzt (Abb. 49.9). Die Spindeln können horizontal oder vertikal orientiert sein. Die Bearbeitung eines Werkstücks ist entsprechend der Anzahl der Arbeitsspindeln in mehrere Arbeitsschritte unterteilt, wobei nach jedem Schaltschritt ein Drehteil den letzten Arbeitsschritt durchlaufen hat und ein neues Rohteil zugeführt wird. Die Rohteilzuführung kann auch hier mit Stangenmaterial aus einem Stangenmagazin oder als Futterteil über integrierte Handhabungsroboter erfolgen. Die zeitintensivste Arbeitsstufe bestimmt die Takt- und gleichzeitig auch die Stückzeit. Die Winkelsynchronisation der Arbeitsspindeln ermöglicht in Verbindung mit angetriebenen Werkzeugen

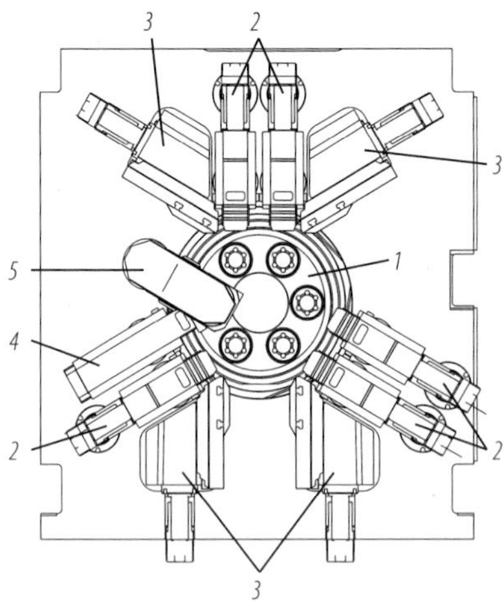

Abb. 49.9 Arbeitsraum eines CNC-gesteuerten Mehrspindel-Drehautomaten (INDEX-Werke GmbH & Co. KG Hahn & Tessky, Esslingen). *1* Spindeltrommel mit 6 Arbeitsspindeln und Einzelantrieben, *2* Querschlitten mit X- und Z-Schlittenachsen, *3* Stechschlitten mit X-Schlittenachse, *4* Abstech- und Hinterbohrschlitten mit X- und Z-Schlittenachsen und erweitertem Hub für Rückseitenbearbeitung, *5* Synchronspindel für Rückseitenbearbeitung

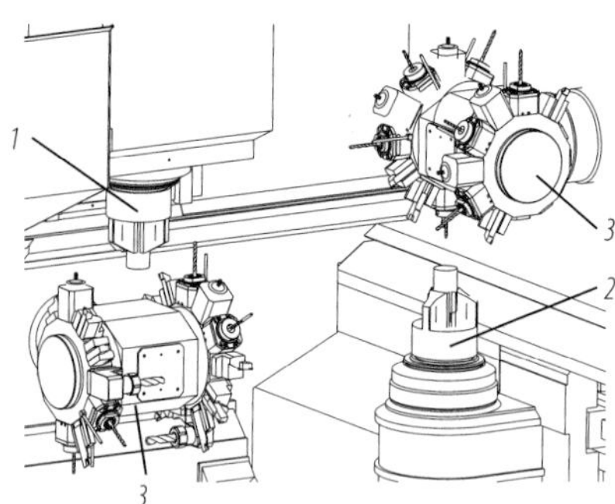

Abb. 49.10 CNC-gesteuertes vertikales Drehzentrum mit Pick-up-Spindel und Gegenspindel (INDEX-Werke GmbH & Co. KG Hahn & Tessky, Esslingen). *1* Hauptspindel mit Z- und X-Schlittenachsen, *2* Gegenspindel mit X-Schlittenachse, *3* Doppelscheibenrevolver mit Y- und B-Achse für 24 angetriebene und feststehende Werkzeuge

Bohr- und Fräsoperationen. Rückseitenbearbeitung ist über synchron mitlaufende Gegenspindeln möglich.

Aufgrund geringerer Rüstzeiten und einer höheren Flexibilität eignen sich NC-gesteuerte Mehrspindeldrehautomaten im Gegensatz zu früher häufig eingesetzten kurvengesteuerten Mehrspindeldrehautomaten auch für mittlere Losgrößen. Sonderformen sind Maschinen mit zwei Dreifach- oder Vierfachspindeltrommeln bei denen sich die Ausbringungsmenge pro Trommelschaltung verdoppelt.

49.1.5 Vertikaldrehmaschinen

Bei Vertikaldrehmaschinen ist die Werkstückachse vertikal orientiert. Zur Bearbeitung großer und schwerer Werkstücke wird in Senkrecht-Großdrehmaschinen die Hauptspindel beziehungsweise die Planscheibe liegend ausgeführt (s. Abschn. 49.1.7). Senkrecht-Großdrehmaschinen werden auch als Karusselldrehmaschinen bezeichnet. Bei kleineren Werkstücken ist die Spindel vertikal hängend angeordnet, wodurch die Späne ungehindert nach unten in den Späneförderer fallen können. Eine thermische Beeinflussung des Werkstücks sowie des Maschinengestells kann so weitestgehend vermieden werden.

Je nach Auslegung der Maschinenachsen können die Zustell- und Vorschubbewegung durch die Spindel oder die Werkzeuge erfolgen. Wurden zur Werkstückhandhabung früher stets zusätzliche Handhabungsgeräte wie Roboter oder Portallader benötigt, so wird hierfür heute zumeist die Achsbewegung der Hauptspindel genutzt. *Pick-up-Spindeln* ermöglichen somit den Werkstückwechsel von einem integrierten Transportband, wodurch weitere Handhabungsgeräte nahezu entfallen können. Mit einer zweiten, ebenfalls hängend oder feststehend ausgeführten Spindel ist die Zweiseitenbearbeitung der Werkstücke möglich, wodurch sich die Produktivität erhöht. Die Kombination von Pick-up-Spindel und feststehender Gegenspindel ermöglicht die Rückseitenbearbeitung ohne zusätzliches Wenden des Werkstücks (Abb. 49.10). Die Bearbeitung auf Haupt- und Gegenspindel erfolgt parallel. Revolver mit angetriebenen Werkzeugen ermöglichen, ebenso wie bei den übrigen Drehmaschinentypen, die Durchführung von Bohr- und Fräsoperationen.

Vertikaldrehmaschine mit Parallelkinematik. In Vertikaldrehmaschinen mit Parallelkinematik werden der Werkstückvorschub und das Teilehandling durch eine Parallelkinematik ausgeführt

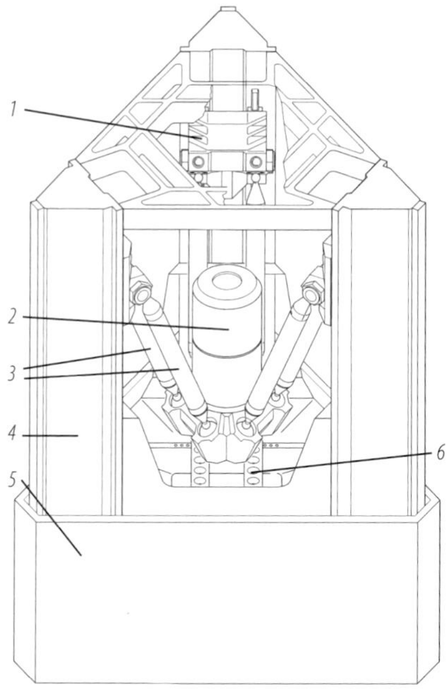

Abb. 49.11 CNC-gesteuerte Vertikaldrehmaschine mit Stabkinematik (INDEX-Werke GmbH & Co. KG Hahn & Tessky, Esslingen). *1* Vorschubschlitten, *2* Pick-up-Spindel, *3* Stabkinematik, *4* Maschinenständer, *5* Maschinenbett, *6* Werkstück- und Werkzeugzuführeinrichtung

(Abb. 49.11). Das Spindelgehäuse ist über drei Doppelstreben mit den drei vertikalen Vorschubschlitten verbunden. Diese werden durch Kugelgewinde- oder Lineardirektantriebe an den Maschinensäulen bewegt. Die gleichzeitige Bewegung aller Vorschubschlitten ermöglicht eine gerichtete Bewegung der Spindel in den drei translatorischen Vorschubrichtungen. Das Potential dieser Bauweise liegt in den bedeutend höheren Beschleunigungen und Geschwindigkeiten sowie einer vielfach höheren Steifigkeit gegenüber herkömmlichen Kreuzschlitten. Aufgrund der großen Bewegungsfreiheit der Stabkinematik werden keine zusätzlichen Werkstückhandhabungssysteme benötigt.

49.1.6 Drehbearbeitungszentren

Da moderne horizontale und vertikale Drehmaschinen in Mehrschlitten- und Mehrspindelausführung meist über angetriebene Werkzeuge und zusätzliche Achsen für Bohr- und Fräsoperationen verfügen, ist eine Abgrenzung zu Drehbearbeitungszentren zunehmend schwierig. Allgemein werden unter Drehbearbeitungszentren flexible NC-gesteuerte Kombinationsmaschinen für die Bearbeitung eines breiten Werkstückspektrums mit kleinen bis mittleren Losgrößen verstanden, wobei mehrere Bearbeitungsverfahren gleichrangig integriert sind. Durch Revolver mit zusätzlicher Y-Achse und angetriebenen Werkzeugen sowie Spindeln mit C-Achse zur Winkelpositionierung für Fräs- und Bohrbearbeitungen auf der Stirn- und Umfangsseite ist die Komplettbearbeitung auch komplexer, nicht rotationssymmetrischer Bauteile in einer Aufspannung möglich. Drehbearbeitungszentren werden meist anwendungsspezifisch modular aufgebaut. Zur automatisierten Prozessgestaltung werden zusätzliche Systeme zur Werkzeugüberwachung, Werkstückvermessung sowie Werkzeug- und Werkstückwechseleinrichtungen integriert.

Dreh-Fräszentren mit eigenständiger, um eine B-Achse schwenkbarer, Frässpindel ermöglichen die Fertigung schräg liegender Formelemente. Durch kombinierte Fertigungsverfahren wie Drehfräsen ist neben einer signifikanten Erhöhung des Zeitspanvolumens auch eine definierte Oberflächenstrukturierung der Werkstücke möglich [4].

Statt einer separaten Frässpindel werden in *Dreh-Schleifzentren* neben konventionellen feststehenden und angetriebenen Werkzeugen für einfache Dreh-, Bohr- und Fräsaufgaben Schleifspindeln zur optimierten Bearbeitung von z. B. Synchronflächen an Getrieberädern und Lagersitzen integriert (Abb. 49.12). Die Kombination der Fertigungsverfahren Drehen und Schleifen in einer Maschine ermöglicht so die Herstellung hochpräziser Bauteile in einer Aufspannung bei gleichzeitiger Reduzierung der Fertigungszeit.

49.1.7 Sonderdrehmaschinen

Der Einsatz von Sonderdrehmaschinen ist dann erforderlich, wenn die Drehbearbeitung eines Bauteils auf Standarddrehmaschinen entweder

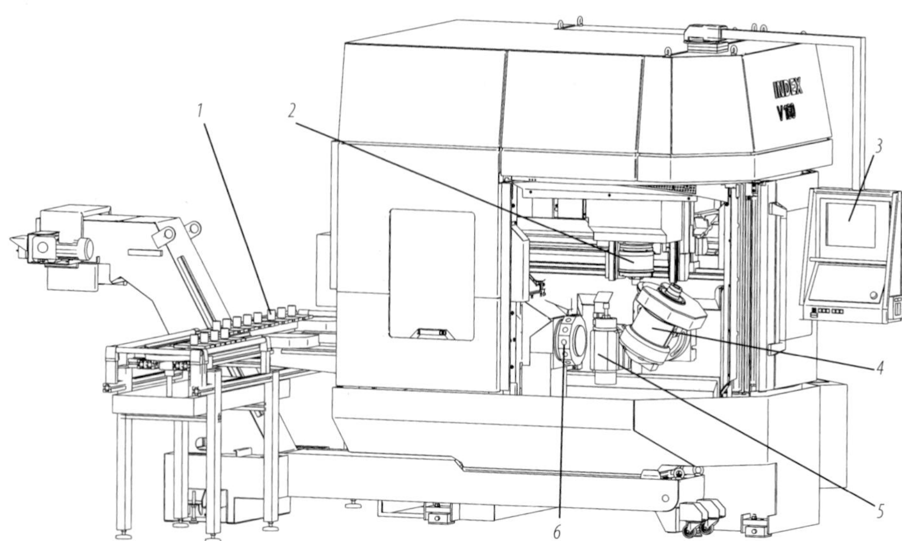

Abb. 49.12 CNC-gesteuertes Dreh-Schleifzentrum (INDEX-Werke GmbH & Co. KG Hahn & Tessky, Esslingen). *1* Werkstücktransportsystem, *2* Hauptspindel, *3* Steuerung, *4* Schwenkbare Schleifspindel, *5* Schleifspindel für Innenbearbeitung, *6* Werkzeugrevolver

technologisch unmöglich oder aufgrund langer Fertigungszeiten und hoher Fertigungskosten unrentabel ist. Hierzu gehören auch horizontale und vertikale Großdrehmaschinen. Horizontale Großdrehmaschinen entsprechen in ihrem Aufbau prinzipiell den Einspindel-Universaldrehmaschinen, werden zur Schwerzerspanung jedoch mit mehrteiligen Bahnenbetten und mehreren Setzstöcken ausgeführt (Abb. 49.13). Aufgrund der Bauteilabmessungen mit Drehdurchmessern von 500 bis 6000 mm, Drehlängen von 1000 bis 35 000 mm und einem Werkstückgewicht bis zu 140 t werden ausschließlich Flachbetten eingesetzt. Zusätzliche Fräs- und Schleifköpfe ermöglichen auch hier eine Komplettbearbeitung in einer Aufspannung [5].

Senkrechte Großdrehmaschinen (*Karusselldrehmaschinen*) mit Planscheibendurchmessern von mindestens 1000 mm werden in Einständer-Kompaktbauweise, offener Einständerbauweise sowie Zweiständerbauweise mit Querhaupt (*Portalbauweise*) ausgeführt und modular mit verschiedenen Traversen-, Tisch- und Werkzeugträgerbaugruppen ausgestattet. Die Planscheibe ist axial und radial gelagert und wird über einen am Unterbau montierten Zahnkranz durch ein mehrstufiges Getriebe angetrieben. Üblich sind Drehmomente bis 125 000 Nm und Leistungen über 200 kW. Für hohe Genauigkeitsanforderungen kann die Axialführung hydrostatisch erfolgen. Zur Erhöhung der Zerspanleistung bei Werkstücken mit Drehdurchmessern bis 20 000 mm und Drehhöhen bis 12 000 mm aus dem Behälter-, Turbinen-, Schiffs- und Anlagenbau werden am Querbalken zwei unabhängige Z-Schlitten zur Simultanbearbeitung mit zwei Werkzeughaltern montiert. Zur Komplettbearbeitung können Werkzeughalter gegen Fräs-, Bohr- und Schleifköpfe mit genormten Werkzeugschnittstellen ausgetauscht werden. Durch automatische Werkzeug- und Werkstückwechselvorrichtungen werden Großdrehmaschinen zunehmend zu flexiblen Fertigungszellen ausgebaut [5].

Nach der Art der zu fertigenden Werkstücke lassen sich weiterhin Walzen-, Kurbelwellen-, Rohr-, Muffen-, Achsschenkel-, Radsatz- und Blockdrehmaschinen sowie Wellenschälmaschinen unterscheiden. Nach technologischen Gesichtspunkten können Sonderdrehmaschinen in Abstech- und Hinterdrehmaschinen, Außengewindeschneidmaschinen, Abläng- und Zentriermaschinen unterteilt werden. Einen eigenständigen Bereich stellen mittlerweile die Hochpräzisions- und Ultrapräzisionsdrehmaschinen im Bereich der Mikroproduktionstechnik dar (s. Kap. 52).

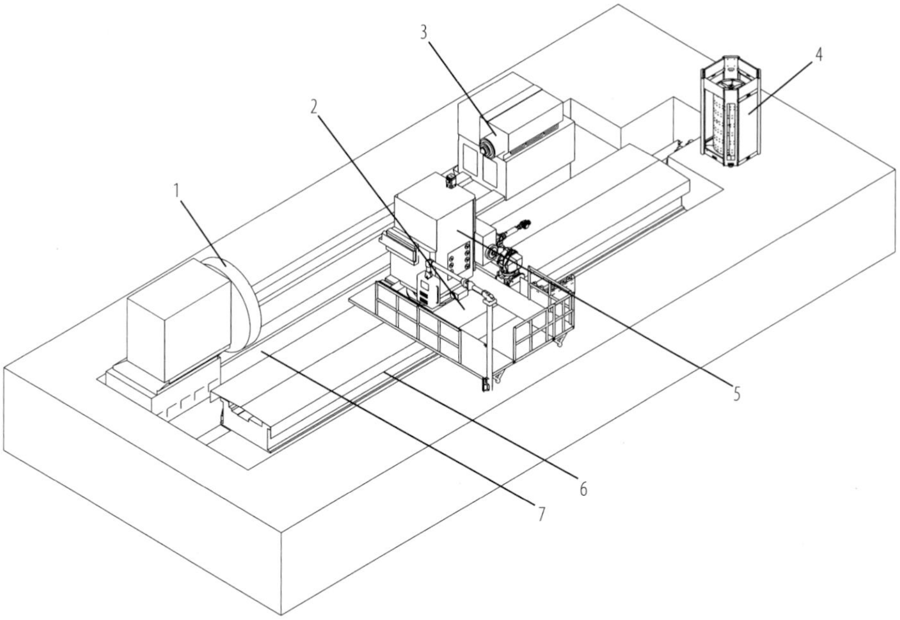

Abb. 49.13 CNC-gesteuertes Hochleistungs-Dreh-Fräszentrum mit Spitzenweite 11 000 mm (Wohlenberg Werkzeugmaschinen GmbH, Hannover). *1* Hauptspindeleinheit, *2* Kreuzschlitten, *3* Reitstock, *4* Werkzeugmagazin, *5* Dreh-Frästurm, *6* Werkzeugbett, *7* Werkstückbett

49.1.8 Entwicklungstrends

Bei modernen Drehmaschinen ist ein klarer Trend zur effizienteren Maschinennutzung bei gesteigerter Flexibilität, geringerem Platzbedarf sowie komplexer Automatisierung ersichtlich. Palettenwechsler und Handhabungssysteme werden stetig weiterentwickelt, um hauptzeitparallel neue Werkstücke rüsten, eine bedienerarme Fertigung realisieren sowie auf sich rasch ändernde Marktanforderungen effizient reagieren zu können.

Ein weiterer Entwicklungsschwerpunkt liegt auf der Verfahrensintegration neuer Technologien in bestehende Maschinenstrukturen [6]. Die Komplettbearbeitung von Werkstücken in einer Aufspannung kann sowohl die Bearbeitungsdauer senken als auch die Fertigungsgenauigkeit signifikant steigern. Als Beispiel sei die Hartfeinbearbeitung genannt, die verglichen mit dem Schleifen eine höhere Produktivität, Flexibilität bei geometrisch komplexen Bauteilen sowie gesteigerte Ressourceneffizienz aufweist. Dabei stellen die hierfür benötigten Maschinenkonzepte hohe Anforderungen an die Konstruktion und den Aufbau einer Drehmaschine hinsichtlich statischer und dynamischer Steifigkeit sowie Steuerungs- und Positioniergenauigkeit. Der anwendungsspezifische modulare Aufbau von Maschinensystemen stellt einen weiteren Entwicklungsschwerpunkt dar. Zur Verhinderung thermischer Einflüsse auf die Bearbeitungsgenauigkeit werden verschiedene Kühlkonzepte beispielsweise zur Kühlung von Spindelstock und Teilen der Grundmaschine für eine höhere Langzeitgenauigkeit eingesetzt.

49.2 Bohrmaschinen

49.2.1 Einleitung

Bohrmaschinen treiben Bohrwerkzeuge (s. Abschn. 41.2.3) rotatorisch und axial an. Eine Ausnahme von diesem Ordnungsmerkmal bilden Sonderbauformen der Tiefbohrmaschinen, bei denen keine Bohrwerkzeugbewegung stattfindet. Die Relativbewegung zwischen Werkzeug und Werkstück erfolgt hier durch das Verfahren des Bauteils. Die meistverwendeten Bohrmaschinen

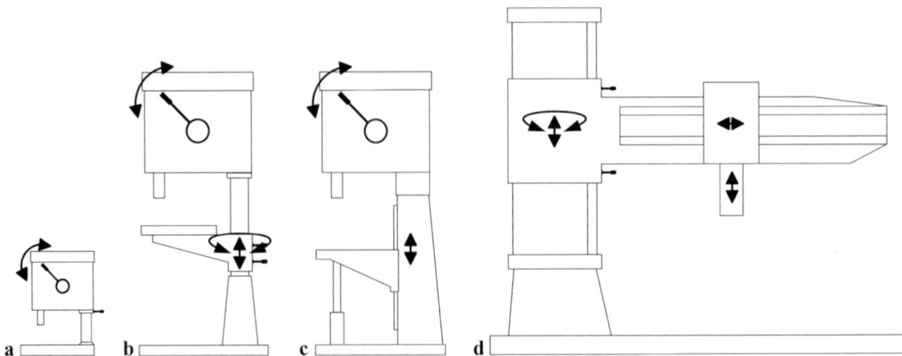

Abb. 49.14 Bauformen der meistgenutzten Bohrmaschinen im Werkstattbetrieb nach DIN 66217 [42]. **a** Tischbohrmaschine, **b** Säulenbohrmaschine, **c** Ständerbohrmaschine, **d** Schwenkbohrmaschine

im Werkstattbereich sind in Abb. 49.14 dargestellt. Bei Bohrmaschinen werden als Antrieb für die Bohrspindel vornehmlich Drehstrommotoren eingesetzt, die an nachgeschaltete Getriebe angeschlossen sind. Die Abtriebswelle des Getriebes ist typischerweise die Bohrspindel. Vom Bediener kann die Drehzahl der Bohrspindel an den Werkzeugdurchmesser, den Werkzeugtyp sowie den Werkstückwerkstoff angepasst werden. Dies erfolgt entweder durch fest vorgegebene Getriebestufen oder durch stufenlose Getriebe. Die Werkzeugaufnahme in der Bohrspindel ist nach DIN 228 [41] oder DIN 69871 Teil 1 [44] genormt. Beim Bohren werden der Zerspanzone Kühlschmierstoffe zugeführt, um die Werkzeugstandzeit und die Bohrlochqualität zu steigern. Darüber hinaus werden die bei der Zerspanung entstehenden Späne durch den Einsatz von Kühlschmierstoff aus dem Bohrloch gespült, sodass einem Verstopfen des Bohrlochs vorgebeugt wird. Die Zuführung von Kühlschmierstoffen erfolgt im Werkstattbetrieb überwiegend händisch durch Spritzflaschen. Bohrmaschinen können aber auch mit automatischen Kühlschmierstoffzuführsystemen ausgerüstet werden. Diese Systeme sind insbesondere bei Bohrwerken (s. Abschn. 49.2.6) und Tiefbohrmaschinen (s. Abschn. 49.2.7) standardmäßig verbaut.

49.2.2 Tischbohrmaschinen

Tischbohrmaschinen sind kompakte Bohrmaschinen für Bohrerdurchmesser von 0,5 bis 30 mm und Bohrtiefen bis 150 mm. Die Bohrtiefe ist im einfachsten Fall über einen Nonius an der Bohrtiefenskala ablesbar und über einen mechanischen Anschlag einstellbar. Für eine bessere Anpassung an den Bohrtiefenbereich wird die Antriebseinheit in der Höhe verstellt. Die Drehzahl ist entweder durch feste Getriebestufen oder stufenlos verstellbar. Der Drehzahlbereich variiert herstellerspezifisch zwischen 100 und 12 000 min^{-1}. Der Vorschub wird manuell über einen Handhebel geregelt. Um die Qualität der gefertigten Bohrungen zu steigern, können Tischbohrmaschinen mit stufenlos regelbaren Vorschüben ausgestattet werden. Über eine Bedieneinheit wird der Vorschub eingestellt, wobei die darauf folgende Vorschubbewegung des Bohrwerkzeugs automatisiert erfolgt. Zur Fertigung von Gewinden werden die Maschinen mit einem Wendeschalter ausgerüstet, dieser ermöglicht eine Drehrichtungsumkehr der Bohrspindel. Des Weiteren kann der Fertigungsprozess teilautomatisiert werden, indem von der Bohrmaschine neben dem Vorschub, auch die Drehzahl und die Bohrtiefe automatisch gesteuert werden. Eine Sonderbauform der Tischbohrmaschine ist die Reihenbohrmaschine (s. Abschn. 49.2.8).

49.2.3 Säulenbohrmaschinen

Säulenbohrmaschinen sind freistehende Bohrmaschinen für Bohrerdurchmesser bis 50 mm und Bohrtiefen bis 200 mm, die im Aufbau der Antriebseinheit eine große Ähnlichkeit zur Tischa

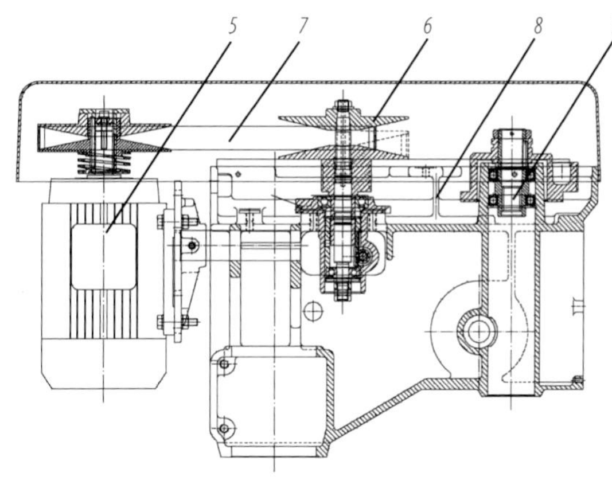

b

Abb. 49.15 Säulenbohrmaschine (MAXION Jänsch & Ortlepp GmbH, Pößneck). **a** Säulenbohrmaschine, **b** Verstellbares Riemengetriebe zur stufenlosen Drehzahlübersetzung. *1* Bohrtisch, *2* Ständer, *3* Spindel, *4* Zustellhebel, *5* Motor, *6* Verstellbares Doppelkegelrad für stufenlos variable Übersetzung, *7* Antriebsriemen, *8* Zahnradübersetzung

bohrmaschine aufweisen (Abb. 49.15a). Der Drehzahlbereich variiert herstellerspezifisch zwischen 30 und $2800\,\mathrm{min}^{-1}$ und kann über Getriebestufen oder stufenlos eingestellt werden (Abb. 49.15b). Der Bohrtisch ist höhenverstellbar, um das Werkstück in den geforderten Bohrtiefenbereich verfahren zu können. Zudem ist er schwenkbar und wird über eine Klemmvorrichtung arretiert. Wie bei den Tischbohrmaschinen kann der Vorschub vom Bediener manuell über einen Handhebel oder automatisch und stufenlos geregelt erfolgen. Weitere Ausstattungsmerkmale sind Wendeschalter zur Drehrichtungsumkehr und Monitoring-Funktionen, mit denen die Bohrtiefe, die Bohrspindeldrehzahl und die Vorschubgeschwindigkeit angezeigt werden können.

49.2.4 Ständerbohrmaschinen

Ständerbohrmaschinen sind freistehende Bohrmaschinen zur Bearbeitung von kleinen bis mittleren Werkstückgrößen. Der Aufbau umfasst Fuß, Ständer und Spindelstock sowie den Arbeitstisch, der zur Aufnahme schwerer Werkstücke am Boden abgestützt ist. Der verfahrbare Bohrschlitten wird je nach Ausführung über den Vorschubhebel per Hand oder durch eine automatische Steuerung zugestellt. Üblicherweise ist die Spindeldrehzahl per Druckschalter oder Wählrad einstellbar, in Einzelfällen über eine mehrstufige Keilriemenübersetzung.

49.2.5 Schwenkbohrmaschinen

Schwenkbohrmaschinen sind freistehende Bohrmaschinen zur Bearbeitung von größeren Werkstücken. Die Konfiguration umfasst eine Grundplatte, die sowohl die Aufspannplatte mit Nuten als auch eine Rundsäule aufnimmt. An der Rundsäule ist ein höhenverstellbarer Auslegearm angebracht, der über einen in radialer Richtung verfahrbaren Schlitten die Bohrspindel aufnimmt. Die Spindel ist hierbei separat in Bohrrichtung zustellbar. Üblicherweise sind Spindeldrehzahl und Bohrvorschub stufenweise einstellbar. Der Ausleger ist schwenkbar und hydraulisch lös- und feststellbar.

49.2.6 Bohrwerke

Tisch- und Plattenbohrwerke. Im Allgemeinen umfasst dieser Begriff Bohr- und Fräswerke zur Horizontalbearbeitung für große bis sehr große Werkstücke. Dies begründet auch eine oftmals massive Auslegung des Ständers. Der

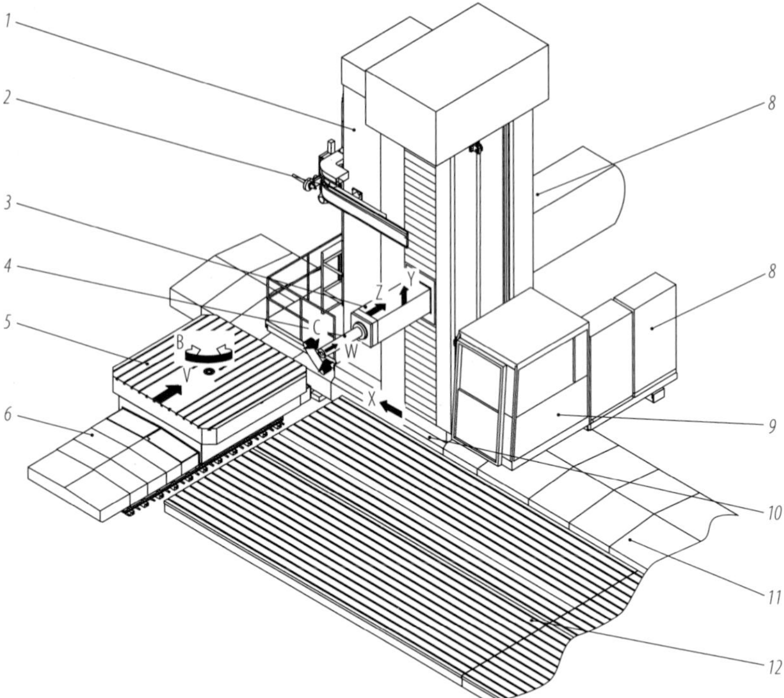

Abb. 49.16 Tisch- und Plattenbohrwerk (Union Werkzeugmaschinen GmbH, Chemnitz). *1* Ständer, *2* Werkzeugwechsler, *3* Bohrkopf, *4* Werkzeug, *5* Verfahrbarer Drehtisch, *6* Abgedeckte Führungsbahn des Tisches, *7* Spindelstock, *8* Steuerungsschrank, *9* Leitstand, *10* Abgedeckte Führungsbahn des Ständers, *11* Aufspannplatte

Aufbau umfasst den Ständer, den vertikal verfahrbaren sowie horizontal zustellbaren Spindelstock sowie eine Aufspannplatte für Werkstücke (Abb. 49.16). Bei Tischbohrwerken wird das Werkstück auf einen in einer oder mehreren Achsen verfahrbaren Tisch aufgespannt. Bei Plattenbauweisen verbleibt das Werkstück ortsfest, während der Ständer verfahren werden kann. Moderne Maschinen verfügen über eine CNC-Steuerung. Üblicherweise können unterschiedliche Bohrköpfe, darunter auch in mehreren zusätzlichen Schwenkachsen drehbare Bohrköpfe, sowie Planschieber aufgenommen werden. Je nach Ausführung ist ein automatischer Werkzeugwechsel möglich.

Koordinatenbohrmaschinen. Bei Koordinatenbohrmaschinen kann die Bohrspindel in mindestens drei Raumrichtungen verfahren werden. Sie werden meist in Form einer Portalbauweise über einer flachen Aufspannplatte ausgelegt und vor allem zur Bearbeitung von Platten und Profilen mittlerer Größe eingesetzt. Moderne Maschinen sind mit einer CNC-Steuerung ausgestattet.

49.2.7 Tiefbohrmaschinen

Tiefbohrmaschinen werden zur Erstellung von Löchern mit Aspektverhältnissen (Durchmesser/Länge) von 1/3 bis 1/200 eingesetzt. Für Bohrungen mit einem Durchmesser von weniger als 60 mm können Bohr-Fräszentren mit schwenkbarer Bohrspindel und mittels Lünetten gelagerter Bohrwerkzeuge eingesetzt werden (Abb. 49.17). Zur Bearbeitung von Stangen, Wellen und sehr langen Werkstücken werden Tiefbohrzentren verwendet (Abb. 49.18). Hierbei kommen spezielle Sonderbohrverfahren (Einlippenbohrverfahren, BTA-Verfahren, Ejektorverfahren) zum Einsatz [7–9].

49.2.8 Weitere Typen

Feinbohrmaschinen. Durch ihre hohe statische und dynamische Steifigkeit sowie gute Dämpfungseigenschaften erlauben Feinbohrmaschinen die Fertigung von Bohrungen mit Durchmesser- und Positionstoleranzen von IT6 bis IT4. Fein-

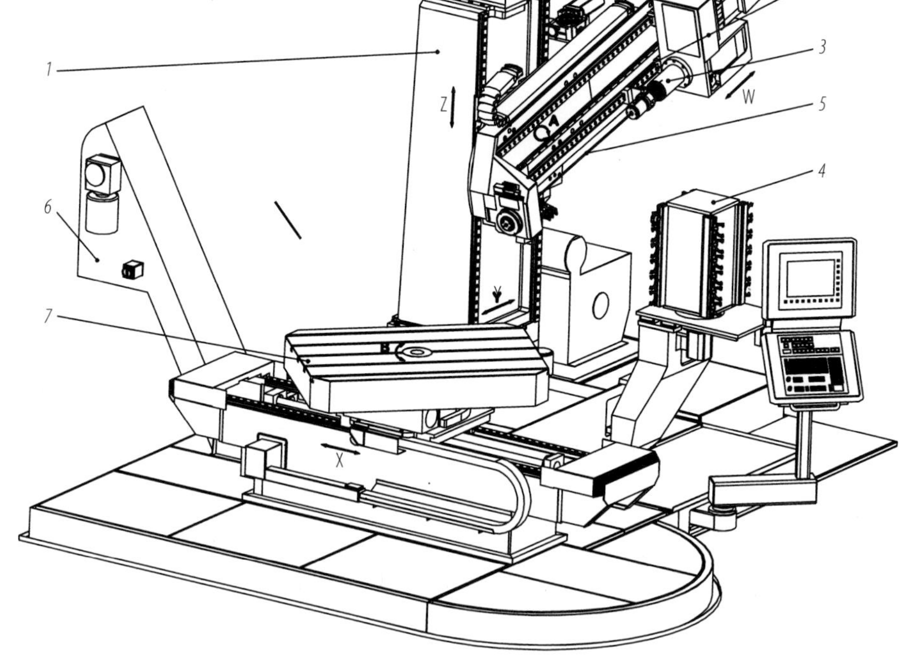

Abb. 49.17 Bohr-Fräszentrum (AUERBACH Maschinenfabrik GmbH, Ellefeld). *1* Fahrständer, *2* Bohrschlitten, *3* Werkzeugspindel, *4* Fräswerkzeugmagazin, *5* Tiefbohrwerkzeug, *6* Späneförderer, *7* Werkstückdrehtisch

bohrmaschinen können über mehrere Spindeln zur hauptzeitparallelen Bearbeitung verfügen. Darüber hinaus können mehrere Spindeln mit auf die Fertigungsaufgabe abgestimmten Drehzahlbereichen integriert werden.

Revolverbohrmaschinen und Revolveraufsatz. Durch einen Werkzeugrevolver ist es möglich, mehrere Bohrwerkzeuge eingespannt an der Bohrmaschine vorzuhalten. Der Werkzeugwechsel erfolgt durch Drehen des Revolvermagazins. Mittels eines Revolveraufsatzes können Säulenbohrmaschinen zu einer Revolverbohrmaschine aufgerüstet werden.

Reihenbohrmaschinen. Diese Form der Bohrmaschine besteht aus mehreren Bohrständern und einem gemeinsamen Bohrtisch. Oft werden so verschiedene Arbeitsschritte, z. B. Lochbohrung, Senkung und Gewindeschnitt an einem Arbeitsplatz zusammengefasst. Dadurch werden zeitaufwändige Werkzeugwechsel und Einstellungen von Zustellung und Drehzahl vermieden, um so eine Produktivitätssteigerung zu erzielen.

Mehrspindelbohrmaschinen. Die Mehrspindelbohrmaschine ermöglicht die hauptzeitparallele Fertigung mehrerer Bohrungen. Dadurch können Umspannvorgänge des Werkstücks reduziert und die Lagegenauigkeit der Bohrungen verbessert werden. Die Verzweigung der Antriebsleistung auf die Spindeln wird durch Verteilergetriebe realisiert.

49.2.9 Entwicklungstrends

Für eine ergonomischere Bedienung werden bei Bohrmaschinen die Benutzerschnittstellen weiterentwickelt und damit neue Funktionen implementiert. Über Tasten oder Touchscreens können Maschinenbediener die Prozessparameter, wie zum Beispiel Bohrtiefe und Werkzeugdrehzahl, einstellen und kontrollieren. Die Bohrmaschine

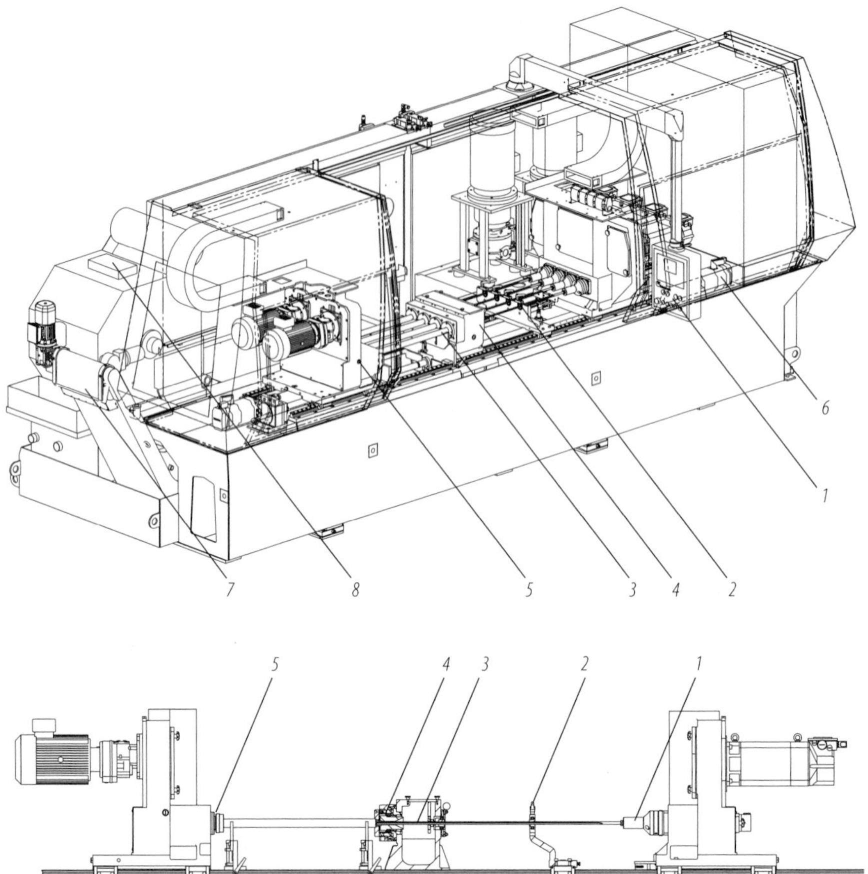

Abb. 49.18 Tiefbohrmaschine (TBT Tiefbohrtechnik GmbH + Co, Dettingen). *1* Bohrspindeln mit stufenlos regelbarem Spindelantrieb und Vorschubantrieb, *2* Werkzeuglünette, *3* Bohrbuchsenträger mit KSS-/Späneabfluss, *4* Bohrerführung, *5* Werkstückspanneinrichtung (Reitstock), *6* AC-Servomotor für stufenlos regelbaren Vorschub, *7* Späneförderer, *8* Filter, *9* KSS-Schmutz-/Reintank, *10* Hochdruckpumpe

führt die Bohrbewegung automatisch aus, sodass Bohrzyklen reproduzierbar durchgeführt werden können.

Die stufenlose Regelung der Bohrerdrehzahl wird durch Frequenzumrichter ermöglicht. Es ist zu erwarten, dass durch den verstärkten Einsatz der elektronischen Motoransteuerung weitere Komfort- und Schutzfunktionen in Bohrmaschinen integriert werden. Ein positiver Effekt elektronisch angesteuerter und geregelter Motoren ist der reduzierte Energieverbrauch bei längeren Wartungszyklen.

Vereinzelt werden zum Feinbohren auch alternative Verfahren wie das Funkenerodieren (EDM) eingesetzt [10]. Auch werden für die Fertigung von Bohrungen in modernen Werkstoffen, wie faserverstärkte Kunststoffe, Kombinationen aus spanenden Verfahren, wie das Bohrungsfräsen angewendet [11].

Ein weiterer Trend ist der Gebrauch von Bohrwerkzeugen auf Bearbeitungszentren (s. Abschn. 49.4). Diese Maschinen erreichen hohe Steifigkeiten und Winkelgenauigkeiten wodurch Tiefbohrwerkzeuge mit Aspektverhältnissen bis zu 1/50 eingesetzt werden können. Ein weiterer Vorteil der Bearbeitungszentren besteht in der Möglichkeit innengekühlte Bohrwerkzeuge einzusetzen. Dabei wird Kühlschmierstoff durch spiralförmige Kanäle unter Drücken bis zu 250 bar in die Zerspanzone eingebracht.

Des Weiteren sind die Aspekte Digitalisierung bzw. Virtualisierung der Bohrmaschine, sowie die Kombination mehrerer Fertigungsprozesse innerhalb der Werkzeugmaschine für die nähere

Zukunft interessant. Mit dem Ziel einer zunehmenden Flexibilisierung der Wertschöpfungskette stellt das robotergeführte Einbringen von Bohrlöchern einen möglichen Lösungsansatz dar.

49.3 Fräsmaschinen

49.3.1 Einleitung

Fräsmaschinen sind definiert durch mindestens drei translatorische Bewegungsachsen, welche dem Werkzeug- oder dem Werkstückträger zugeordnet sind. Im Gegensatz zum Bohren wird die Hauptvorschubbewegung senkrecht zur Werkzeugachse ausgeführt. Grundsätzlich verfügen Fräsmaschinen über eine Werkzeughauptspindel, eine definierte Maschinentischfläche, geführte Bewegungsachsen unterschiedlicher Ausführung, ein Maschinenbett, numerische oder handbetriebene Steuerungssysteme und manuelle oder automatisierte Schnittstellen für den Werkzeug- und auch Werkstückwechsel. Grundlage für die Konstruktion von Fräsmaschinen sind die Anforderungen an die Fertigungsaufgabe sowie die geforderte Fertigungsgenauigkeit.

Eine Einteilung der verschiedenen Bauformen von Fräsmaschinen kann über die Lage der Werkzeugspindel geschehen, wobei zwischen vertikaler und horizontaler Ausrichtung der Arbeitsspindeln in Senkrecht- oder Waagerecht-Fräsmaschinen unterschieden wird. In Sonderfällen können Fräsmaschinen auch beide Ausführungsformen gleichzeitig beinhalten. Ein weiteres Unterscheidungsmerkmal stellen die Bewegungsachsen des Systems dar. Verschiedene Vorschub- und Positionierbewegungen können je nach Bauform vom Werkzeug- oder Werkstückträger ausgeführt werden. Die Anzahl der Bewegungsachsen liegt bei Fräsmaschinen in der Regel zwischen drei und fünf unabhängigen Freiheitsgraden. In Sonderfällen, wie bei Fräsmaschinen mit paralleler Kinematik, können auch sechs Freiheitsgrade realisiert sein. Neben den kartesischen Linearführungen werden Fräsmaschinen beispielsweise zur Erweiterung der Bearbeitungsmöglichkeiten mit zusätzlichen Achsen wie Drehtischen oder Schwenkspindeln versehen.

Aufgrund technologischer Vorteile haben sich im Laufe der Zeit bewährte Bauformen ausgebildet, welche die aufgabenspezifischen Anforderungen an Steifigkeit, Genauigkeit, Arbeitsraum und Werkstückgewicht bestmöglich erfüllen. Eine Übersicht über die am meisten verbreiteten Ausführungsformen gibt Abb. 49.19.

Mit dem Einzug der computernumerischen Steuerung von Werkzeugmaschinen (CNC) in die Produktionstechnik haben sich die konventionellen Maschinenkonzepte weiterentwickelt. Neue Maschinenformen, welche sowohl über hohe Flexibilität im Bereich der Einzelteilfertigung als auch über eine hohe Produktivität in der Serienfertigung verfügen, lösen nach und nach die zum Teil noch handbetriebenen Werkstattfräsmaschinen ab. Der Trend geht heute eindeutig in Richtung flexibler Bearbeitungszentren. Diese verfügen zumeist über automatisierte Werkzeugwechseleinrichtungen, optische und taktile Werkzeugmesseinrichtungen und automatisierte Werkstückwechselsysteme.

49.3.2 Konsolfräsmaschinen

Der Aufbau einer Konsolfräsmaschine ist gekennzeichnet durch die vertikal verfahrbare, am Maschinengestell befestigte Konsole. Das Maschinengestell selbst trägt die Antriebe der Achsen und Spindeln sowie die Führung für die Konsole. Auf der Konsole ist meist ein Kreuztisch montiert, auf dem das Werkstück zur Bearbeitung gespannt und in die horizontalen Richtungen verfahren werden kann. Die Frässpindel ist hierbei entweder horizontal oder vertikal ausgeführt und ortsfest mit dem Maschinengestell verbunden. Eine weitere Bauform besteht aus einer auf der Konsole befestigten Linearführung und einem verschiebbaren Frässpindelkasten (Abb. 49.20).

Bauformbedingt eignen sich Konsolenfräsmaschinen für die Fertigung von Werkstücken kleinerer bis mittlerer Größen. Beim horizontalen Ausfahren der Achsen treten aufgrund des Eigengewichts der Führungen und der Werkstücke je nach Position hohe Biegebelastungen auf, welche zum Verkippen der Aufspannung führen und die Genauigkeit des Fräsprozesses verringern. Auf-

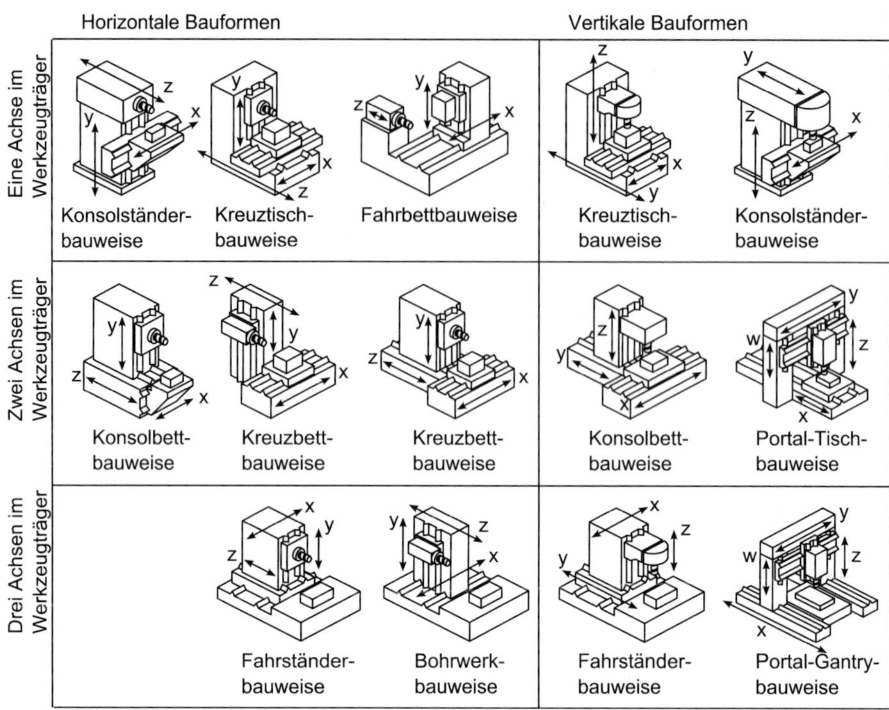

Abb. 49.19 Einteilung der Bauformen von Fräsmaschinen nach der Anzahl der Achsen im Werkzeugträger und der Lage der Hauptspindel nach Weck

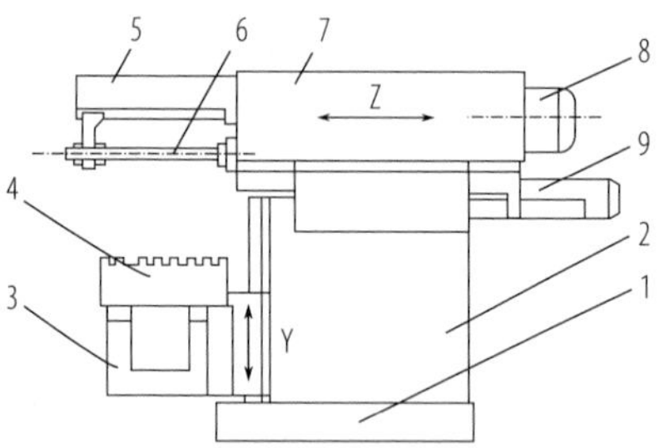

Abb. 49.20 Waagerecht-Konsolfräsmaschine (ehem. Fritz Werner Werkzeugmaschinen AG, Berlin). Tischaufspannfläche $1500 \times 400\,\text{mm}^2$, Hauptantriebsleistung 12 kW, Drehzahlen bis zu 2800 1/min, Drei getrennte Vorschubantriebe bis 3150 mm/min, Nachrüstung von Drei-Achsen-NC-Steuerung möglich. *1* Grundplatte, *2* Ständer, *3* Konsole, *4* Arbeitstisch, *5* Gegenhalter, *6* Fräsdorn, *7* Spindelkasten, *8* Hauptantrieb, *9* Vorschubantrieb (Z-Achse)

grund ihrer guten Zugänglichkeit und einfachen Bauform wird die Konsolfräsmaschine hauptsächlich für linear ausgeführte Fräsaufgaben wie Plan- und Profilfräsen sowie in der Fertigung von Einzelteilen und Kleinserien eingesetzt.

49.3.3 Bettfräsmaschinen

Bettfräsmaschinen sind gekennzeichnet durch eine waagerecht oder senkrecht angeordnete Hauptspindel sowie einen starren Ständeraufbau. Die so genannten Tisch-Fräsmaschinen finden Einsatz bei der Bearbeitung schwerer Bauteile sowie bei der hochgenauen Bearbeitung komplexer Teile, welche zum Beispiel im Formen-, Gesenk und Vorrichtungsbau verwendet werden. Zudem finden sich Bauformen der Bettfräsmaschinen in der Einzelteil- sowie auch der Serienfertigung wieder. Häufig vorkommende Bauformen der Bettfräsmaschinen sind die Einständer-Bettfräsmaschinen (Abb. 49.21), die Einständer-Langbettfräsmaschine und die Planfräsmaschine. Die starre Ständerkonstruktion ermöglicht eine hohe Schwingungssteifigkeit bei dynamischer Belastung und eine hochgenaue Bearbeitung. Ein wichtiges Merkmal für die Bearbeitung besonders schwerer Bauteile ist die Auswahl geeigneter Führungen, welche die spiel-

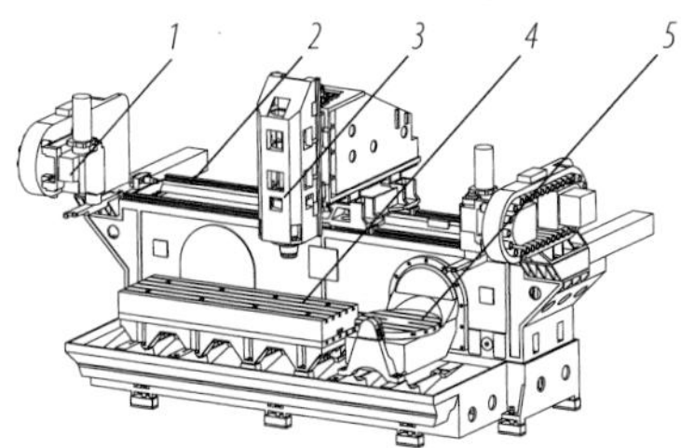

Abb. 49.21 Einständer-Langbettfräsmaschine U2520 (Spinner Werkzeugmaschinenfabrik GmbH, Sauerlach). Tischaufspannfläche 2800 × 540 mm^2, Durchmesser Rundtisch 650 mm, Hauptantriebsleistung 29 kW, Drehzahl bis zu 24 000 1/min, Vorschubantriebe in Linearmotorbauweise. *1* Werkzeugwechselsystem, *2* Langbett, *3* Spindelkasten, *4* Aufspanntisch, *5* Schwenktisch

freie Bewegung eines am starren Ständer befestigten Kreuztisches ermöglichen. Hierbei kommen zumeist Führungssysteme in Dachprismen- oder auch Dreibahnen-Flachführungsbauform zum Einsatz.

Zur Erhöhung von Wirtschaftlichkeit und Effizienz können Sonderbauformen von Bettfräsmaschinen über mehrere, verfahrbare Arbeitstische verfügen. Die Bauform der Langbettfräsmaschine findet speziell für die Bearbeitung langer Bauteile wie Brammen oder Halbzeuge Anwendung. Gängige Ausführungen sind hierbei die Einständer- und auch die Zweiständerbauweise. Langfräsmaschinen können anhand ihrer Baugruppenanordnung beschrieben werden. Hierzu gehört das lange Maschinenbett, auf dem der in Längsrichtung verfahrbare Arbeitstisch aufliegt. Der modular erweiterbare Aufbau dieses Maschinentyps lässt durch Erweiterung der Ausbaustufen bis zu vier Hauptspindeln zur parallelen Bearbeitung mehrerer Flächen am Bauteil oder zur Bearbeitung mehrerer Werkstücke in einer Aufspannung zu.

Für die Serienbearbeitung einfacher, ebener jedoch hochgenauer Bauteiloberflächen werden zumeist Bettfräsmaschinen in Form von Planfräsmaschinen verwendet. Hierbei kommen hauptsächlich Werkzeuge in Messerkopfbauweise zum Einsatz. Gekennzeichnet ist dieser Maschinentyp durch sehr hohe Schnittleistungen und einen modular erweiterbaren, einfachen Aufbau. Die durch den Arbeitstisch ausgeführte, meist nur in eine

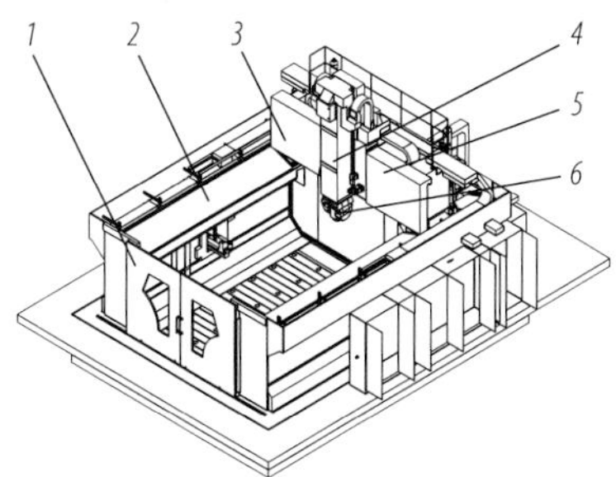

Abb. 49.22 5-Achs Portal-Bettfräsmaschine in Gantry-Bausweise (F. Zimmermann GmbH, Denkendorf). Tischaufspannfläche 8800 × 4000 mm^2, Spindelleistung 60 kW, Spindelmoment 95 Nm, Vorschubantriebe bis 60 000 mm/min (X, Y, Z-Achse), Beschleunigung Linearachsen bis 4 m/s^2, Drehmoment A-Achse 825 Nm, C- und B-Achse 12 000 Nm, Vorschubgeschwindigkeiten 180, 120, 120 °/s (A-, B-, C-Achse), *1* Schiebetor, *2* Linearführung, *3* Gantry-Antrieb, *4* Senkrechtschlitten, *5* Portal, *6* Schwenkspindel

Vorschubrichtung ausführbare Werkstückbewegung wird, ebenso wie die Werkzeugzustellung und Freifahroperationen, über einfache mechanische Steuerungen erzeugt.

49.3.4 Portalfräsmaschinen

Portalfräsmaschinen besitzen einen an einem Querbalken befestigten Fräskopf und werden in Tisch- und Gantry-Bauweise ausgeführt. Die Tischbauweise ist durch einen verfahrbaren Aufspanntisch unter dem Maschinenportal gekennzeichnet. Das Portal selbst ist mit dem Maschinenbett fest verbunden. In dieser Ausführung muss das Maschinenbett doppelt so lang wie der Aufspanntisch sein, damit das Fräswerkzeug die volle Arbeitsfläche erreichen kann. Diesen Nachteil beseitigt die Gantry-Bauweise. Hierbei ist das Portal durch zwei seitlich angebrachte Antriebe, sogenannte Gantryantriebe, verfahrbar gestaltet (Abb. 49.22). Der Querbalken selbst ist in vertikaler Richtung beweglich und trägt die quer zum Maschinenbett verfahrbare Frässpindel.

Portalfräsmaschinen können hochsteif ausgeführt werden und kommen vielfach zum Einsatz bei der Planbearbeitung großer Bauteile und auch bei der Brammenbearbeitung. Um das Zeitspanungsvolumen zu erhöhen, besitzen einige Maschinen zusätzliche vertikale und horizontale Fräseinheiten. Somit können weitere Bearbeitungsaufgaben in einer Aufspannung durchgeführt werden.

49.3.5 Universal-Werkzeugfräsmaschinen

Die Universal-Werkzeugfräsmaschine wird in Konsolbauform ausgeführt und besitzt einen quer verfahrbaren Frässpindelkasten mit vertikaler Frässpindel. Ferner erlaubt eine drehbar gelagerte Spindelachse die Querstellung des Fräskopfes zum Werkstück. Zur Erhöhung der Flexibilität der Universalmaschine kann der Fräskopf austauschbar installiert sein. Einige Universalmaschinen besitzen neben einer vertikalen Frässpindel zusätzlich eine horizontale Spindel für weitere Bearbeitungsaufgaben in einer Aufspannung. Die Möglichkeit austauschbarer Spindeln sowie die Verwendung dynamischer Vorschubantriebe in modernen Universalfräsmaschinen ermöglichen ein weites Einsatzspektrum hinsichtlich geforderter Spindelleistungen sowie Vorschubgeschwindigkeiten. Vornehmlich kommen spindelseitig Asynchronmotoren zum Einsatz. Universalfräsmaschinen werden hauptsächlich für die Einzelteilfertigung im Werkzeug- und Vorrichtungsbau verwendet. Neue Anwendungen wie die Kunststoffzerspanung im Luftfahrtsektor ergänzen das Einsatzspektrum dieses Maschinentyps. Die Möglichkeit der Erweiterung der Maschine durch Ausbaustufen und Zusatzeinrichtungen macht die Maschine für eine Vielzahl von verschiedenen Bearbeitungsaufgaben einsetzbar. Durch Einsatz von Zusatzeinrichtungen wie Stoß- oder Feinbohrköpfen können neben dem Plan-, Profil-, oder Rundfräsen scharfe Nuten und präzise Bohrungen gefertigt werden. Weitere Freiheitsgrade in der Fertigung ermöglichen Vertikal-Aufspanntische, Winkeltische oder Universalfrästische (Abb. 49.23). Bedingt durch die Maschinengestellbauform (Konsolenbauform) kann das Gestell nur relativ geringe dynamische Lasten aufnehmen.

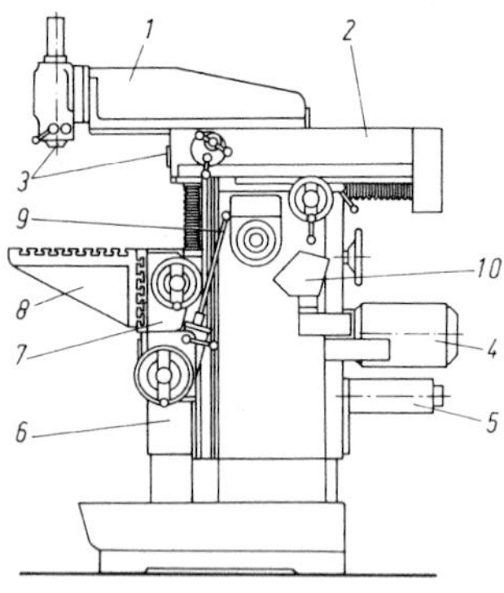

Abb. 49.23 Universal Werkzeugfräs- und Bohrmaschine (ehem. Friedrich Deckel AG, München). Eine erweiterte Ausführung dieses Grundmodells mit automatischer Getriebeschaltung und Schrittmotoren für die Vorschubbewegung wird auch mit einer NC-Steuerung (tastenprogrammierbare Speichersteuerung oder Bahnsteuerung) für 3 bzw. 4 Achsen ausgerüstet. *1* Verschiebbarer Vertikalfräskopf, *2* Spindelbock, *3* Hauptspindel mit ausfahrbarer Pinole, *4* Hauptantriebsmotor (Bremsmotor), *5* Stufenlos regelbarer Vorschubmotor (Gleichstrom), *6* Konsolschlitten mit Arbeitstischführungen, *7* Tischschlitten, *8* Winkeltisch, *9* Vorschubschaltung, gegenseitig verriegelt mit Klemmungen, *10* Bedienpult und Digitalanzeige mit Feinauflösung

49.3.6 Waagerecht-Bohr-Fräsmaschine

Die Bauform der Waagerecht-Bohr-Fräsmaschinen ist gekennzeichnet durch eine waagerecht angeordnete Werkzeugspindel. Der Spindelkasten fasst hierbei die Hauptspindel, die Hauptantriebe sowie die Führungseinrichtungen zur axialen Verschiebungsmöglichkeit zusammen. Grundsätzlich kann bei Waagerecht-Bohr-Fräsmaschinen zwischen feststehender und verfahrbarer Hauptspindel unterschieden werden. Letztere findet Einsatz bei der Bearbeitung sehr großer und sperriger Werkstücke. Durch die Verfahrbarkeit der Hauptspindel können sehr große Zustelltiefen erreicht werden. Die Verwendung axial fixierter Hauptspindeln findet Gebrauch im Werkstattbereich und wird vorrangig für kleinere Maschinen in Form von Tischbohr und -fräswerken eingesetzt. Hierbei werden ein feststehender Ständer, welcher vom Maschinenbett getragen wird, sowie ein für die Positionierung des Werkstücks notwendiger Kreuztisch verwendet. Eine hohe

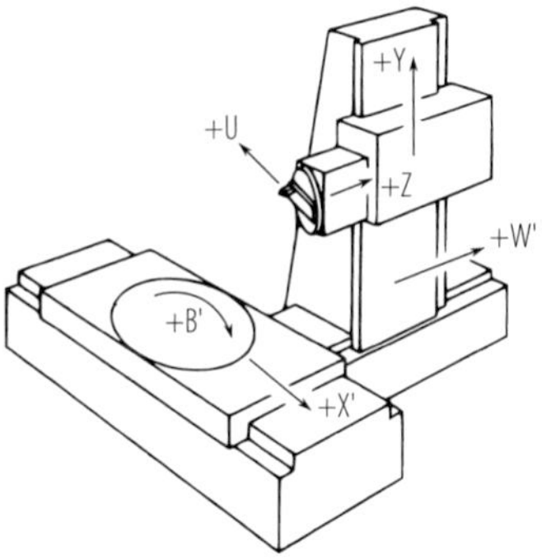

Abb. 49.24 Waagerecht-Bohr-Fräsmaschine mit Drehtisch und Planschieber nach DIN 66217 [42]

Flexibilität wird zudem durch die multiaxialen Vorschubachsen sowie eine rotatorische B-Achse für die Drehung des Aufspanntisches erreicht (Abb. 49.24).

49.3.7 Hochgeschwindigkeitsfräsmaschinen

Hochgeschwindigkeitsbearbeitung (High Speed Cutting: HSC) hat sich im Bereich der industriellen Fertigung weitestgehend durchgesetzt. Der Einsatz hochdrehender Spindeln ermöglicht gegenüber konventionellen Frässpindeln eine fünf- bis zehnfach höhere Schnittgeschwindigkeit. So werden bei der Stahlbearbeitung Schnittgeschwindigkeiten von 2000 m/min und bei der Aluminiumbearbeitung bis zu 10 000 m/min erreicht. Den erhöhten Anforderungen an die Genauigkeit und die Steuerung kann durch den Einsatz moderner Maschinensteuerungen und Messsysteme begegnet werden. Die hohen Anforderungen an die Rund- und Planlaufgenauigkeit des Werkzeugsystems bei der HSC-Bearbeitung führte zu der Entwicklung der Hohlschaftkegel (HSK) Werkzeugschnittstelle [12] sowie dessen Hochpräzisionsformen HSK F nach DIN 69893 [54]. Durch die hohen Dreh- und Verfahrgeschwindigkeiten entstehen dynamische Kräfte, welche durch geeignete Maschinenkonstruktionen in Bezug auf Gewicht und Steifigkeit kompensiert werden müssen [13]. Im Betrieb können durch Späne oder Bersten des Werkzeugs einzelne Partikel auf hohe Geschwindigkeiten beschleunigt und Mitarbeiter sowie Maschinen in näherer Umgebung gefährdet werden. Deshalb ist die Umgebung des Arbeitsraums in der Regel durch eine spezielle Umhausung geschützt [14].

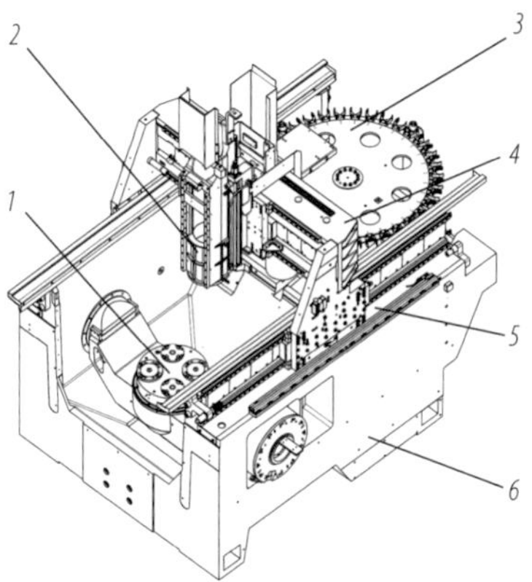

Abb. 49.25 Hochleistungsfräsmaschine LPZ 630 (MAP Werkzeugmaschinen GmbH, Magdeburg). Arbeitsraum 700 × 960 × 500 mm³ (X-, Y-, Z-Achse), Spindelleistung 16 kW, Drehzahl bis zu 40 000 1/min, Maximaler Achsvorschub 120 m/min, Achsbeschleunigung 20 m/s² (X-, Y-, Z-Achse), Gewicht 13 000 kg. *1* Schwenktisch, *2* Spindelhausung, *3* Werkzeugwechselsystem, *4* Portal, *5* Linearführung, *6* Maschinenbett

49.3.8 Hochleistungsfräsmaschinen

Die Grenze zwischen Hochleistungszerspanung (High Performance Cutting: HPC) und Hochgeschwindigkeitszerspanung ist nicht eindeutig festgelegt. Im Gegensatz zum HSC werden Schruppbearbeitungsprozesse mit deutlich gesteigertem Zeitspanungsvolumen bei reduzierten Kosten als HPC bezeichnet. Dies wird nicht nur durch höhere Schnitt- und Vorschubgeschwindigkeiten erreicht, sondern auch durch vom Fertigungsprozess unabhängige Maßnahmen wie schnelle Werkzeugwechselsysteme, neue Kühlschmierkonzepte und das Betreiben der Fräsmaschinen mit Spindeln hoher Leistungsdichte (Abb. 49.25). Trotz der hohen Spandicken werden neue Konzepte bezüglich der Prozesskühlung verfolgt. Minimalmengenschmierung (MMS) oder sogar Trockenbearbeitung sind möglich, da die entstehende Prozesswärme effizient über den Span abgeführt werden kann. Werkzeugseitig werden größtenteils Messerköpfe und mehrschneidige Planfräser sowie Bohrer mit großem Durchmesser genutzt, welche sich für das Zerspanen großer Volumina eignen. Die maschinenseitigen Anforderungen sind eine hohe Maschinendynamik sowie Steifigkeit und eine robuste Konstruktion, welche die hohen Prozesskräfte aufnehmen kann.

49.3.9 Fräsmaschinen mit Parallelkinematik

Bei konventionellen Fräsmaschinen werden meist serielle Kinematiken eingesetzt. Hierbei sind die Bewegungsachsen meist kartesisch angeordnet und ermöglichen über Linearführungen die Bewegung im Raum. Eine solche Kinematik zeichnet sich durch einen großen Arbeitsraum und eine verhältnismäßig einfache Ansteuerung aus. Für weiterführende Bearbeitungsaufgaben wie zum Beispiel die Fertigung von Freiformflächen können über zusätzliche translatorische Achsen neue Freiheitsgrade hinzugefügt werden.

Eine Charakterisierung von Maschinen mit Parallelkinematik kann über die jeweilige Ausführungsform geschehen. Hierbei wird zwischen der Positionierung des Werkzeughalters oder des Werkstückträgers durch längenveränderliche Streben im Raum unterschieden. Die Befestigung der Streben am Gestell erfolgt über Gelenke. Bewegungen werden durch Veränderung der Strebenlängen oder Verlagerung der gestellseitigen Gelenkpunkte realisiert. Die zu bewegende Masse ist bei Parallelkinematiken deutlich kleiner als bei konventionellen Maschinen mit vergleichbarer Arbeitsraumgröße. Damit verbunden sind ein geringerer Energieverbrauch und verbesserte dynamische Eigenschaften. Durch einen modularen Aufbau mit gleichartigen Streben ergibt sich ein ähnliches dynamisches Übertragungsverhalten in allen Richtungen und damit eine höhere dynamische Genauigkeit. Bei Hexapoden erfolgt die Positionierung durch die Verwendung von sechs Streben, wodurch die sechs Freiheitsgrade im Raum für die spanende Komplettbearbeitung von Bauteilen simultan genutzt werden können. Die separate Ansteuerung einer rotatorischen Spindelachse, wie sie in konventionellen Fräsmaschinen häufig benötigt wird, ist in

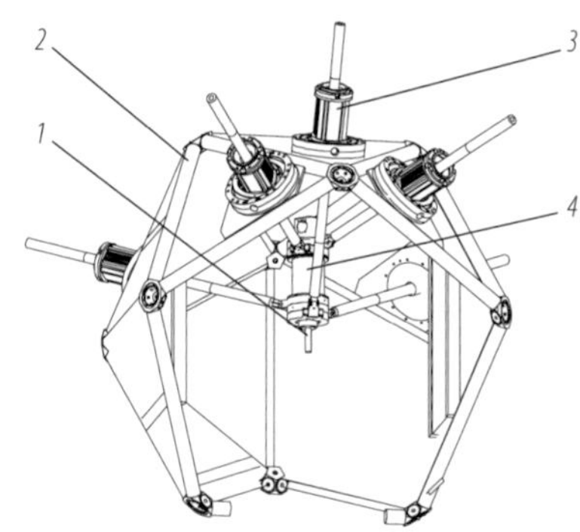

Abb. 49.26 Pentapode als Bearbeitungszentrum mit beweglicher Frässpindel für die 5-achsige Bearbeitung von Werkstücken, METROM P1000 (METROM Mechatronische Maschinen GmbH, Hartmannsdorf). Werkstückgröße für 5-Seiten-Bearbeitung bis Schwenkwinkel 90°, Arbeitsraum $1000 \times 1000 \times 600\,\text{mm}^3$, Raumgenauigkeit +/−0,010 mm, Wiederholgenauigkeit 0,003 mm, Arbeitsvorschub der Streben bis 60 000 mm/min, Beschleunigung in alle Richtungen bis $10\,\text{m/s}^2$. *1* Frässpindel, *2* Maschinengestell aus Streben, *3* Direktantrieb, 4 Spindelaufnahme

der Regel nicht erforderlich. Mit der Beschränkung auf fünf Streben kann der Schwenkbereich erheblich vergrößert werden. Diese Pentapoden (Abb. 49.26) besitzen eine hohe Steifigkeit und können mit geringem mechanischen Aufwand hohe Genauigkeiten realisieren. Das Verhältnis zwischen Arbeitsraum und Bauraum gegenüber Hexapoden ist bei pentapodischen Maschinenkonzepten höher. Typische Nachteile parallelkinematischer Strukturen sind neben dem ungünstigen Verhältnis von Bau- zu Arbeitsraum die ortsabhängige Steifigkeit und thermische Dehnung der Streben [15]. Gegenüber den kartesischen Kinematiken sind bei parallelkinematischen Fräsmaschinen das Erstellen von Bahntrajektorien und das Durchführen der Vorwärtstransformation mit erhöhtem Aufwand verbunden. Dies resultiert in der Notwendigkeit leistungsfähigerer Steuerungen im Gegensatz zu den seriellen Kinematiken.

49.3.10 Sonderfräsmaschinen

Rundfräsmaschinen. Für die Fertigung runder Flächen ist eine Rundvorschubbewegung notwendig. Diese kann zwar durch eine geeignete Programmsteuerung auf konventionellen Fräsmaschinen geschehen, wird in der industriellen Fertigung allerdings meist auf Rundfräsmaschinen ausgeführt. Diese besondere Bauform der Fräsmaschine besitzt ein zentrisch laufendes Spannfutter, welches das Werkstück aufnehmen und rotieren kann. Über Schneckengetriebe bewegt sich die Fräseinheit synchronisiert in Querrichtung und ermöglicht die Fertigung zylindrischer Flächen und Gewinde. Durch Überlagerung von Längs- oder Einstechvorschub wird zum Beispiel die Fertigung von Kurbelwellen möglich.

Gewindefräsmaschinen. Das Fräsen von Gewinden auf Waagerecht-Fräsmaschinen ist nur mit besonderem Aufwand möglich. Für diese Fertigungsaufgabe wurde die Gewindefräsmaschine entwickelt, welche in ihrem Grundaufbau der Rundfräsmaschine ähnelt. Die Rundvorschubbewegung wird durch einen quer verfahrbaren Spindelkasten und eine rotierende Werkstückaufspannung ermöglicht. Zusätzlich unterscheidet man Kurz- und Langgewindefräsmaschinen. Erstere arbeiten meist mit mehrgängigen Gewinde-Profilfräsern im Einstechverfahren.

Wälzfräsmaschinen. Durch eine simultan ausgeführte Zwangsbewegung von Werkstück und Werkzeug wird in Verbindung mit einem Wälzfräser die Fertigung von Zahnrädern wie Schneckenrädern, Stirnrädern oder Kegelrädern ermöglicht. Über verstellbare Parameter wie zum Beispiel die Werkzeugausrichtung oder Drehzahlverhältnisse ist die Fertigung beliebiger Zähnezahlen und -formen, Keilprofile sowie Schrägungswinkel mit demselben Werkzeug möglich.

Modulare Maschinen mit mehreren Fräseinheiten. Die Bauform modularer Maschinen mit mehreren Fräseinheiten kann dem Anwendungsfall entsprechend mittels geeigneter Wahl der Module und Anzahl sowie Ausrichtung der Fräseinheiten angepasst werden. Hierbei können alle Gestellbauweisen zur Anwendung kommen. Vorteil ist die parallele Nutzung spezialisierter Bearbeitungswerkzeuge bei zentraler Steuerung der modularen Maschine. Haupteinsatzgebiet ist daher vor allem die Serienfertigung von Bauteilen.

Profilfräsmaschinen. Die Bauform der Profilfräsmaschine ähnelt der Konsolfräsmaschine in Senkrechtbauweise, wobei sie speziell zur Fertigung von Profilen wie Schlitzen und Nuten weiterentwickelt wurde. Der Fräskopf ist quer verfahrbar und bewegt sich stetig um eine einstellbare Länge hin und her. Bei jeder Richtungsumkehr erfolgt eine Zustellung, bis die gewünschte Tiefe erreicht ist.

49.3.11 Entwicklungstrends

Neben den in Abschn. 49.3.7 und 49.3.8 beschriebenen Trends der Hochleistungs- und Hochgeschwindigkeitszerspanung und den damit verbundenen Entwicklungstendenzen verfolgen diverse Maschinenhersteller die Einführung und Verbreitung von universell einsetzbaren Bearbeitungszentren zur Erhöhung der Flexibiltät. Das gesteigerte Zeitspanungsvolumen dieser Maschinensysteme führt mehr und mehr zu einer hohen Verbreitung auch im konventionellen Werkstatteinsatz.

Für die wirtschaftliche Nutzbarkeit von Maschinensystemen für die Hochleistungsbearbeitung gehört neben der geforderten hohen Steifigkeit der Antriebe auch ein geringer Verschleiß. Konventionelle Antriebssysteme unter Verwendung von Kugelrollspindeln können hierbei den hohen Belastungen aufgrund des hohen Verschleißes schwer standhalten. Direkte Linearantriebe werden aus diesem Grund immer häufiger eingesetzt. Sie arbeiten aufgrund ihrer Bauform verschleißfrei. Wegen ihrer verbesserten Dämpfungseigenschaften und der Vermeidung des Stick-Slip Effektes werden ebenfalls vermehrt hydrostatische Führungssysteme eingesetzt.

Ein weiteres Forschungs- und Entwicklungsfeld widmet sich der Hybridisierung von Fräsmaschinen mit anderen, den Prozess unterstützenden Verfahren. Genannt seien hier die Verfahren mittels Laser, Ultraschall, die kryogene Kühlmittelunterstützung, die Verwendung von Hochdruckkühlmittelaggregaten und auch die Minimalmengenschmierung (MMS) (s. Kap. 43).

49.4 Bearbeitungszentren

49.4.1 Einleitung

Bearbeitungszentren sind numerisch gesteuerte Werkzeugmaschinen, die unterschiedliche Fertigungsverfahren in einer Werkzeugmaschine kombinieren, wie zum Beispiel Bohren und Fräsen (Abb. 49.27). Dadurch wird die Komplettbearbeitung komplexer Bauteile in einer Werkstückaufspannung ermöglicht. Bearbeitungszentren zeichnen sich zusätzlich durch einen automatischen Werkzeugwechsel in Verbindung mit einem Werkzeugspeicher aus. Sofern das Maschinenkonzept des Bearbeitungszentrums auf einer Drehmaschine aufbaut, ist der Begriff des Drehzentrums etabliert [16]. Der hohe Automatisierungsgrad bei hoher Flexibilität stellt ein charakteristisches Merkmal von Bearbeitungszentren dar. Zu den wichtigsten Zielstellungen bei der Entwicklung moderner Bearbeitungszentren zählen Produktivitätssteigerung, Erhöhung der Fertigungsgenauigkeit, Erhöhung des Automatisierungsgrads sowie Vereinfachung von Konfigurier- und Bedienbarkeit.

Flexibilitätssteigerung lässt sich dadurch erreichen, dass Bearbeitungszentren mit Komponenten ausgestattet werden, die die jeweilige

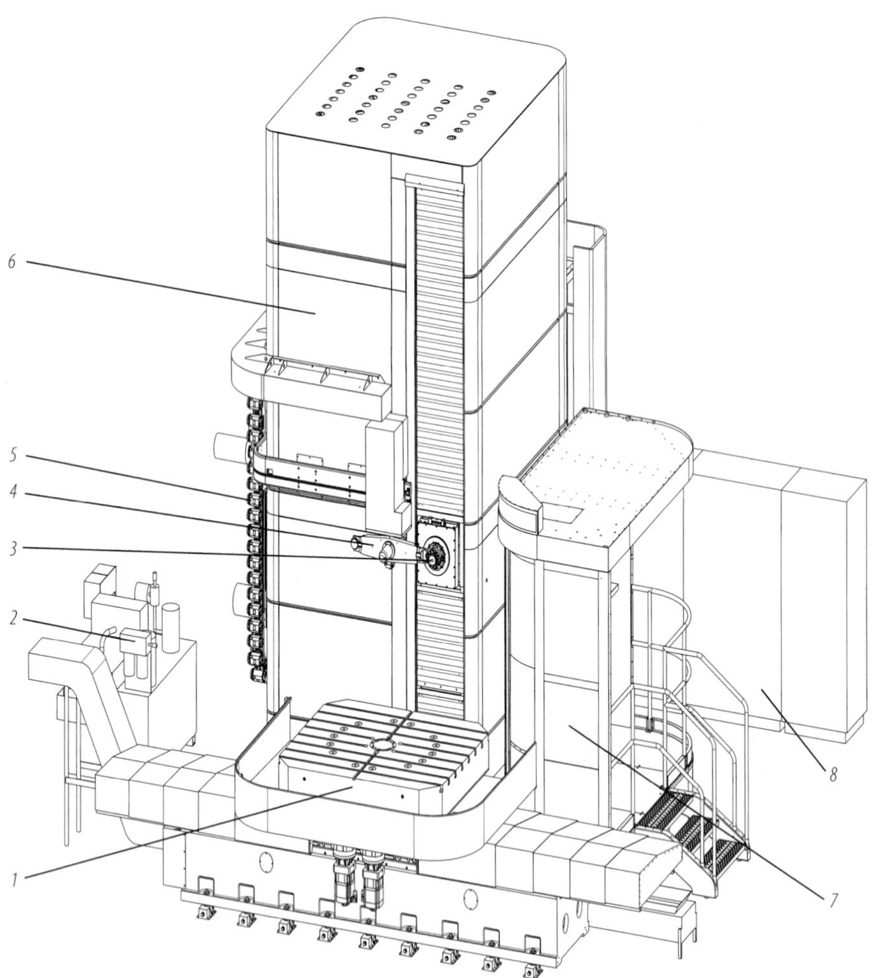

Abb. 49.27 Bohrwerk zur Bohr- und Fräsbearbeitung (Fa. SCHIESS GmbH, Aschersleben). *1* Dreh- und Verschiebetisch, *2* Spindel, *3* Kühlmitteleinrichtung, *4* Werkzeugwechsler, *5* Werkzeugmagazin, *6* Ständer, *7* Bedienpodest, *8* Schaltschrankzeile

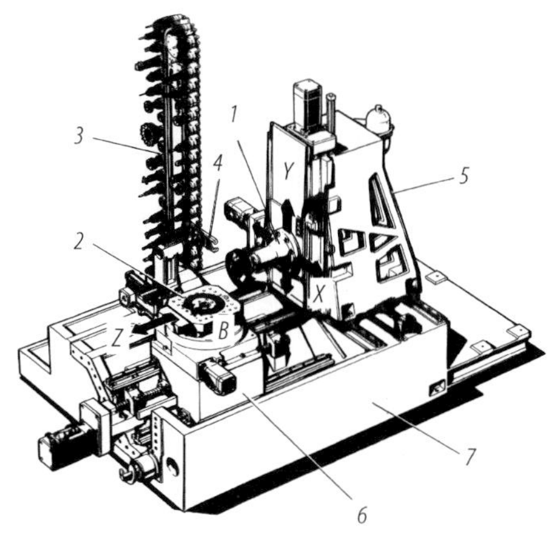

Abb. 49.28 Definition der Bewegungsrichtungen an einem Bearbeitungszentrum (Heckert GmbH, Chemnitz). *1* Hauptspindel, *2* Drehtisch, *3* Werkzeugmagazin, *4* Werkzeugwechsler, *5* Maschinenständer, *6* Maschinentisch, *7* Maschinenbett

Bauart charakterisieren wie z. B. mit NC-Rundtischen und Dreh-Bohr-Fräsköpfen. Weitere zur Flexibilitätserhöhung beitragende Maßnahmen sind die Zusammenstellung von modularen Maschinenkonfigurationen sowie die Erweiterung der konventionellen Bearbeitungstechnologien. Ferner lässt sich eine Produktivitätssteigerung durch die Erhöhung des Automatisierungsgrades, zum Beispiel durch die Anwendung von mehreren Spindeln, CNC-Steuerungssystemen sowie automatischen Werkzeugwechsel- und Werkstückwechseleinrichtungen erzielen.

49.4.2 Bauformen

Die Bauformen von Bearbeitungszentren unterscheiden sich nach der Hauptspindellage, der Ausführung des Grundaufbaus der Maschine und den jeweiligen Achsenzuordnungen (s. Abschn. 49.3 Fräsmaschinen). Die Vorschub- und Einstellbewegungen, die stets in drei translatorischen und gegebenenfalls in zwei rotatorischen Achsen aufgeteilt sind, können sowohl werkzeug- als auch werkstückgebunden ausgeführt werden (Abb. 49.28). Aufgrund der Variation der Gestellform ergeben sich weitere Aufbauvarianten von Bearbeitungszentren.

49.4.3 Werkzeugsysteme

Die Werkzeugeinspannung erfolgt mittels modularer Werkzeugspannsysteme mit auswechselbaren Werkzeugen und ggf. Zwischenstücken sowie Grundaufnahmen. Hierbei lässt sich der maschinenseitige Anschluss durch Anwendung von Steilkegeln (DIN 69871 [43], ISO 7388 [46]) sowie bei erhöhten Genauigkeitsanforderungen oder hohen Drehzahlen mittels Kegel-Hohlschäften (DIN 69893 [54]) realisieren. Des Weiteren existieren neben den o. g. Ausführungen herstellerspezifische maschinenseitige Anschlüsse. Zur Flexibilisierung der Werkzeugaufnahme in Bearbeitungszentren werden Werkzeugwechselaggregate mit Schnellwechselschnittstellen ausgestattet.

Eine Steigerung der Flexibilität bei Bearbeitungszentren setzt voraus, dass das für den jeweiligen Fertigungsprozess erforderliche Bearbeitungswerkzeug automatisch gewechselt werden kann. Automatisierte Werkzeugwechseleinrichtungen können mit Werkzeugmagazinen, Revolvern oder Kombinationen dieser beiden Einheiten realisiert werden.

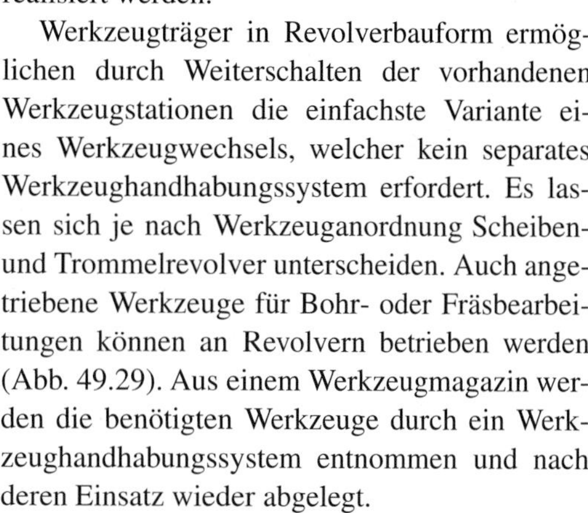

Werkzeugträger in Revolverbauform ermöglichen durch Weiterschalten der vorhandenen Werkzeugstationen die einfachste Variante eines Werkzeugwechsels, welcher kein separates Werkzeughandhabungssystem erfordert. Es lassen sich je nach Werkzeuganordnung Scheiben- und Trommelrevolver unterscheiden. Auch angetriebene Werkzeuge für Bohr- oder Fräsbearbeitungen können an Revolvern betrieben werden (Abb. 49.29). Aus einem Werkzeugmagazin werden die benötigten Werkzeuge durch ein Werkzeughandhabungssystem entnommen und nach deren Einsatz wieder abgelegt.

Zu den Bauarten von Werkzeugmagazinen zählen Leisten- oder Kassettenmagazine, Scheibenmagazine, Kettenmagazine, Turmmagazine, Tellermagazine, Ringmagazine oder Längsspeicher. Zur Charakterisierung von Werkzeughandhabungssystemen werden das Wechselprinzip und die Bauform des Greifers herangezogen. Das Wechselprinzip lässt sich in zwei Kategorien unterteilen: den Wechsel mit Hilfe von Zu-

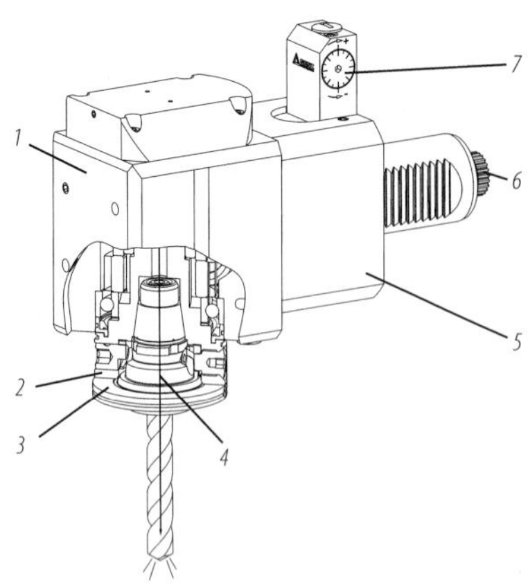

Abb. 49.29 Mit Innenkühlung ausgestattetes angetriebenes Werkzeug zum Bohren und Fräsen auf Werkzeug-Revolvern von CNC-Drehmaschinen (BENZ GmbH Werkzeugsysteme, Haslach). *1* Vorsatzkopf, *2* Modulare Werkzeugschnittstelle-BENZ Solidfix®, *3* Werkzeugadapter, *4* Innenkühlung, *5* Grundhalter, *6* Antrieb, *7* Ausrichtsystem mit Skala

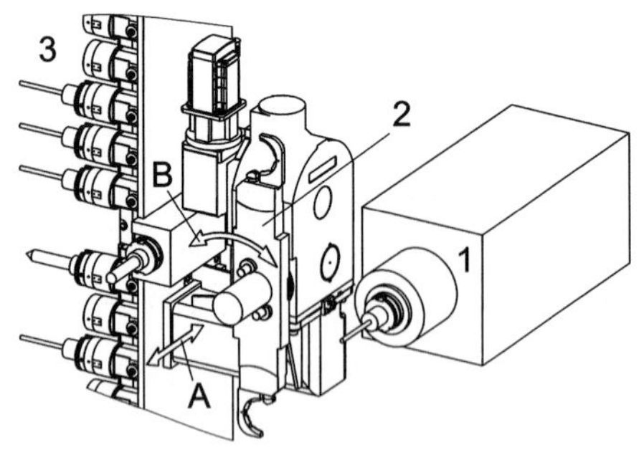

Abb. 49.30 Doppelgreifer für den automatischen Werkzeugwechsel (Miksch GmbH, Göppingen). *1* Hauptspindel, *2* Werkzeugwechsler, *3* Magazin, *A* Entnahme und Fügebewegung in Richtung der Z-Achse, *B* Schwenkbewegung

satzeinrichtungen wie beispielsweise Ein- bzw. Doppelarmgreifern, sowie den Wechsel durch die Abstimmung der Bewegung von Maschinenbaugruppen und Magazin (Pick-Up durch die Hauptspindel). Des Weiteren wird zwischen Einfach- und Doppelwechslern unterschieden. Während Einfachwechsler jeweils ein Werkzeug handhaben und ohne eine Zwischenspeichermöglichkeit den Wechselvorgang in der Nebenzeit ausführen, tauschen Doppelwechsler die Positionen von je zwei Werkzeugen, die zuvor aus der Hauptspindel und dem Magazin entnommen worden sind (Abb. 49.30). Der Funktionsablauf des Werkzeugwechslers 2 beginnt mit der Schwenkbewegung B und dem Greifen je eines Werkzeugs aus dem Magazin 3 und der Hauptspindel 1. Durch die Bewegung in Richtung A werden die Werkzeuge gleichzeitig aus Hauptspindel und Magazin in Z-Richtung bewegt. Es folgt eine Schwenkbewegung in B-Richtung um 180°, der sich die Fügebewegung in der entgegengesetzten Z-Richtung und das Ausklinken der Greiffinger anschließt.

Wechselsysteme sind mit mechanischen Zentrier- und Spannelementen ausgestattet. Des Weiteren können Werkzeugwechseleinrichtungen Schnittstellen zur Übertragung von Steuerungssignalen, von elektrischer, pneumatischer oder hydraulischer Energie sowie von Kühlschmierstoffen aufweisen (Abb. 49.30).

Da das Bearbeitungszentrum das erforderliche Werkzeug erkennen muss, ist eine geeignete Werkzeugkodierung erforderlich. Hierbei werden Werkzeugkodierung (Kennzeichnung der einzelnen Werkzeuge), Platzkodierung (Kennzeichnung der einzelnen Magazinplätze), elektronische Werkzeugkodierung, bei der jedes Werkzeug einen Speicherchip erhält sowie variable Werkzeugkodierung, bei der die CNC-Maschine die Verwaltung von Werkzeug und Platz übernimmt, unterschieden.

49.4.4 Werkstückwechselsysteme

Die vielfältigen Ausrüstungskomponenten für das automatische Be- und Entladen von Werkstücken bei Bearbeitungszentren reichen von einfachen Ladehilfen bis zu programmierbaren Robotern. Von besonderem Interesse sind dabei automatische Werkstückwechseleinrichtungen, die mit unterschiedlichen Werkstückformen kompatibel sind und die mannlose Werkstückbearbeitung ermöglichen.

Abhängig von den verfügbaren Roboterbauformen werden unterschiedliche Werkstückwechselkonzepte realisiert. So können Handhabungsgeräte bei ausreichenden Platzverhältnissen in den Arbeitsraum eines Bearbeitungszentrums integriert werden. Hierbei muss das Handhabungssystem für einen automatischen Werkstückwechsel mit einem Werkstückspeicher versehen werden, der bewegliche Magazinplätze aufweist und die Werkstücke dem System stets an einer festgelegten Stelle zur Verfügung stellt. Im Falle eines Werkstückspeichers mit starren Plätzen muss das Handhabungsgerät verschiedene definierte Ablagepunkte anfahren können. Bei Mehrfachaufspannung handelt es sich um die Anwendung spezieller Spannvorrichtungen, die die Aufspannung und Bearbeitung mehrerer Werkstücke ermöglichen. Je nach Anzahl der vorhandenen Arbeitsspindeln können die Werkstücke simultan oder sequentiell bearbeitet werden.

Des Weiteren können automatische Werkstückwechselsysteme mit Identifikationssystemen ausgestattet werden, die den Transfer von Informationen über die zu bearbeitenden Werkstücke an einen Steuerungsrechner ermöglichen. Um spezifische Maschinenzustände, Werkzeugverschleiß und -bruch zu erkennen und Gegenmaßnahmen einzuleiten, lassen sich Überwachungs- und Diagnosesysteme einsetzen, die ein automatisiertes Abarbeiten der geplanten Fertigungsaufgaben erlauben.

49.4.5 Integration von Fertigungsverfahren zur Komplettbearbeitung

Moderne Bearbeitungszentren ermöglichen es, unterschiedliche Fertigungsprozesse wie Drehen, Fräsen, Bohren und Gewindeschneiden in einer Maschineneinheit sowie in einer Aufspannung durchzuführen. Dadurch lassen sich die Rüstkosten erheblich verringern. So werden beispielsweise Drehfunktionalitäten in Bearbeitungszentren durch die Anwendung von NC-Drehtischen als Hauptspindel bei stillstehendem, in der Frässpindel eingespanntem Drehwerkzeug, integriert. Drehzentren zeichnen sich in der Regel durch die Integration angetriebener Werkzeuge und einer zusätzlichen Y-Achse aus, wodurch Fräsoperationen ermöglicht werden. Drehzentren nutzen oft Revolver als Werkzeugwechsler und -speicher, teilweise in Kombination mit einem Werkzeugmagazin. Zur Verkürzung der Prozesskette werden Produktionsprozesse, die auf unterschiedlichen physikalischen Prinzipien beruhen, in einer Werkzeugmaschine kombiniert, wie z. B. Laserschweißen und Drehen.

49.4.6 Entwicklungstrends

Zu den Entwicklungstrends bei Bearbeitungszentren zählen die zunehmende Komplettfertigung in möglichst einer Aufspannung, eine weitestgehende Automatisierung sowie die Verringerung von Einfahrzeiten neuer Fertigungsprozesse mittels Kollisionsvermeidungssystemen. Die schnelle Anpassungsfähigkeit und Umrüstbarkeit, realisierbar durch einen modularen Maschinenaufbau, gesteigerte Ergonomie sowie verbesserte Bedienerfreundlichkeit stellen weitere Entwicklungstrends im Werkzeugmaschinenbau dar. Darüber hinaus wird die Integration von Prozessüberwachungs- und -diagnosesystemen zur prozessbegleitenden Steuerung des Fertigungsablaufs zukünftig zur Optimierung von Herstellungsprozessen eingesetzt. Zusätzlich werden die Maschinensteuerungen verstärkt in übergeordnete Strukturen eingebunden, um beispielsweise Bauteilzeichnungen oder Arbeitsplanungsplanungsprozesse an der Werkzeugmaschine anzeigen zu können oder die Werkzeugmaschine per Remote-Funktion zu steuern. Durch die Integration weiterer Bearbeitungstechnologien werden die Fertigungsprozesse hinsichtlich ihrer Flexibilität, Produktivität oder Bearbeitungskosten optimiert, es zeichnet sich ein Trend zur Multitasking-Werkzeugmaschine ab [17]. Unter anderem wird damit das Einsatzspektrum der Bearbeitungszentren auf schwer zerspanbare Werkstoffe erweitert. Beispiele sind die Einbringung zusätzlicher Wärme mittels Laser zur Verbesserung des Trennvorgangs oder die Einbringung von Ultraschallschwingungen während des Fräsprozesses.

49.5 Hobel- und Stoßmaschinen

49.5.1 Einleitung

Hobel- und Stoßmaschinen führen eine geradlinige, wiederholte Schnittbewegung bei schrittweiser Vorschubbewegung aus und unterscheiden sich in der Art der Kinematik grundsätzlich nicht (s. Abschn. 41.2.5). Unterschieden werden Hobel- und Stoßmaschinen darin, dass beim Hobeln die Schnittbewegung durch das Werkstück ausgeführt wird, während beim Stoßen das Werkzeug die Schnittbewegung umsetzt. Als Sonderfall des Stoßens finden darüber hinaus spezialisierte Nutenstoß- und Nutenziehmaschinen Anwendung. Die Schnittbewegung wird bei beiden Verfahren oszillierend ausgeführt, wobei vor jedem erneuten Arbeitshub die Zustellung erhöht wird. Da beim Rückhub nicht zerspant wird, ist die Produktivität der Verfahren vergleichsweise gering. Vorteile sind die einfache Kinematik, die hohe Reproduzierbarkeit und die hohe Genauigkeit der beiden Verfahren.

49.5.2 Hobelmaschinen

Hobelmaschinen werden nach ihrer Bauweise in Einständer- sowie Zweiständermaschinen unterteilt. Die Schnittbewegung ist werkstückgebunden und wird durch den Tisch ausgeführt. Aufgrund der möglichen großen Dimensionen der Werkstücke und eines infolgedessen großen Tisches muss ein leistungsstarker Antrieb verwendet werden. Es kommen elektromechanische und hydraulische Antriebe zum Einsatz. Das Maschinenbett muss mindestens doppelt so lang sein, wie die zu bearbeitende Länge am Werkstück, sodass ein hoher Flächenbedarf entsteht. Aufgrund der geringen Produktivität und Flexibilität werden Hobelmaschinen heute weitgehend durch Fräsmaschinen ersetzt [1]. Bei der mehrseitigen Bearbeitung des Werkstücks mit einer entsprechenden Werkzeugvorrichtung können im Einzelfall dennoch wirtschaftliche Vorteile bestehen. Auch ist die Ausstattung einer Hobelmaschine mit einer Frässpindel am Werkzeugsupport möglich. Aufgrund der gesunkenen Nachfrage werden Hobelmaschinen kaum noch produziert, sind aber auf dem Gebrauchtmaschinenmarkt weiterhin verfügbar [16]. Die Einständerbauweise ermöglicht durch die seitliche Zugänglichkeit die Bearbeitung sperriger Werkstücke. Überhängende Werkstücke werden über ein seitlich angeordnetes Stützrollenbett geführt. Die Werkzeugschlitten können am Ausleger oder am Ständer befestigt sein. Um die Steifigkeit zu erhöhen, wird ein Hilfsständer zur Abstützung des Auslegers angesetzt. Die Zweiständer- oder Portalbauweise bietet dagegen eine höhere Steifigkeit und ist deshalb die meistverwendete Bauform (Abb. 49.31). Die Werkzeugschlitten sind hier meist am Querbalken angebracht, bei größeren Maschinen zum Teil auch an den Ständern.

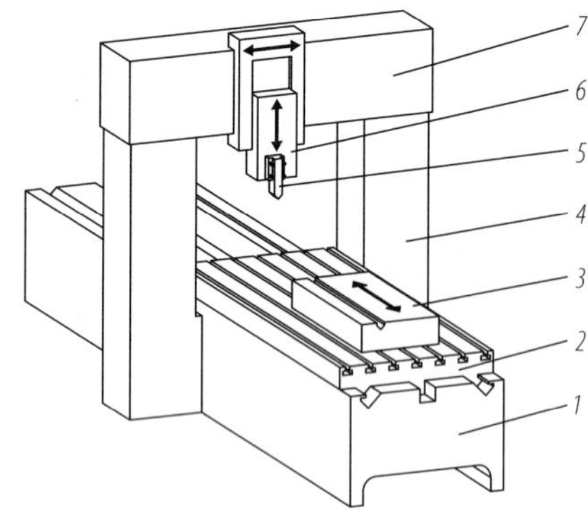

Abb. 49.31 Hobelmaschine in Zweiständerbauweise. *1* Maschinenbett, *2* Tisch, *3* Werkstück, *4* Seitenständer, *5* Hobelwerkzeug, *6* Werkzeugschlitten, *7* Querbalken

49.5.3 Stoßmaschinen

Stoßmaschinen werden nach senkrechter oder waagerechter Schnittbewegung unterteilt, wobei Waagerecht-Stoßmaschinen durch die flexibleren Fräsmaschinen weitgehend vom Markt verdrängt wurden. Der Antrieb wird meist durch eine Kurbelschwinge oder, vor allem bei größeren Hublängen, hydraulisch ausgeführt. Abb. 49.32 gibt einen Überblick über verschiedene Konstruktionsprinzipien von Kurbelschwingen für Stoßmaschinen. Für die Umsetzung der Rotation in eine lineare Bewegung, sind zwei Schubgelenke oder ein Schub- und ein Drehgelenk erforderlich. Die resultierende Bewegung unterliegt einem Geschwindigkeitsverlauf, der durch die Konstruktion des Kurbeltriebs bestimmt wird. So ist es möglich, einen annähernd gleichförmigen Arbeitshub zu erzeugen, während der Rückhub mit einem schnelleren, aber ungleichförmigen Ge-

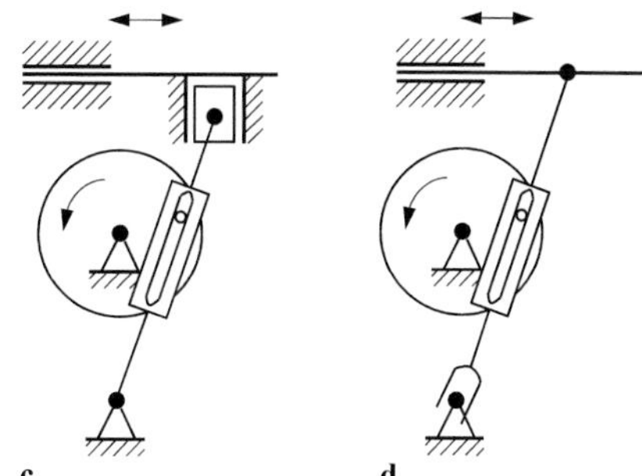

Abb. 49.32 Konstruktionsprinzipen von Kurbelschwingen für Stoßmaschinen [2]. **a** Schubgelenk am Kulissenrad und Drehgelenk am Stößel, **b** Schubgelenk am Kulissenrad und Drehgelenk am Grundgestell, **c** Schubgelenk am Kulissenrad und am Stößel, **d** Schubgelenk am Kulissenrad und am Grundgestell

schwindigkeitsprofil erfolgt (siehe auch Bd. 1, Abschn. 13.2.3).

49.5.4 Nutenstoß- und Nutenziehmaschinen

Das Nutenstoßen und Nutenziehen sind spezialisierte Fertigungsverfahren zur Herstellung von Nuten an Innen-, aber auch Außenkonturen. Nutenstoß- und Nutenziehmaschinen unterscheiden sich neben der Anordnung der Antriebe in der Gestaltung der Werkzeugführungen (Abb. 49.33). Für das Nutenziehen ist meist eine durchgehende Bohrung im Werkstück erforderlich, dafür wird das Werkzeug auf ganzer Länge sicher geführt und kann höhere Genauigkeiten erreichen. Beide Verfahren sind jedoch auch für Sacklöcher geeignet, wobei die Führung des Werkzeugs dann nur von einer Seite in das Werkstück ragen kann. Die Maschinen bilden einen Sonderfall der Stoßmaschinen. Die Hauptachse ist in der Regel senkrecht angeordnet. In Verbindung mit einem CNC-gesteuerten Drehtisch können auch Drallnuten gefertigt werden [2].

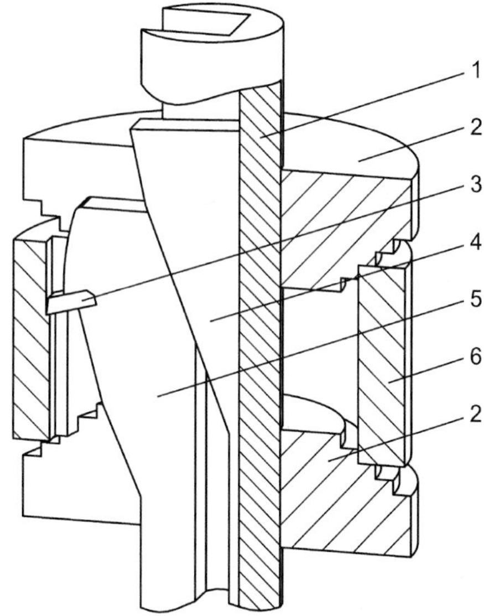

Abb. 49.33 Aufbau der Werkzeugführung und Werkstückspannung beim Nutenziehen (Leistritz Produktionstechnik GmbH, Nürnberg). *1* Messerführungsstange, *2* Zentrierungen, *3* Ziehmesser, *4* Vorschubstange, *5* Messerstange, *6* Werkstück

49.5.5 Entwicklungstrends

Aufgrund des hohen Flächenbedarfs und der geringen Flexibilität für verschiedene Bearbeitungsaufgaben werden Hobelmaschinen zunehmend durch Fräsmaschinen substituiert und sind in den Produktionsprogrammen der Großmaschinenhersteller nicht mehr vorhanden [16]. Entwicklungsarbeit findet an diesem Maschinentyp deshalb kaum statt. Beispielsweise werden für die Bearbeitung besonders langer Bauteile Hobelmaschinen jedoch weiterhin eingesetzt [16]. Während klassische Stoßmaschinen ebenfalls von diesem Wandel betroffen sind, werden Nutenstoß- und -ziehmaschinen als spezialisierte Bauformen weiterentwickelt, da sich diese Verfahren insbesondere für Nuten in nicht durchgehenden Bohrungen eignen.

49.6 Räummaschinen

49.6.1 Einleitung

Räummaschinen werden nach der Art des Räumverfahrens in Außen- und Innenräummaschinen unterteilt (DIN 8589-5 [51]). Außerdem wird nach der Lage der Hauptachsen zwischen Waagerecht- und Senkrecht-Räummaschinen unterschieden. Während hierbei als Werkzeuge Räumnadeln eingesetzt werden, auf denen die Schneiden hintereinander um die Spanungsdicke ansteigend angeordnet sind, existieren auch Sonderbauformen als Kettenräummaschinen oder Tubusräummaschinen. Bei diesen Verfahren führt das Räumwerkzeug eine geradlinige Bewegung aus. Sonderverfahren sind weiterhin das Linear- und Rotationsdrehräumen.

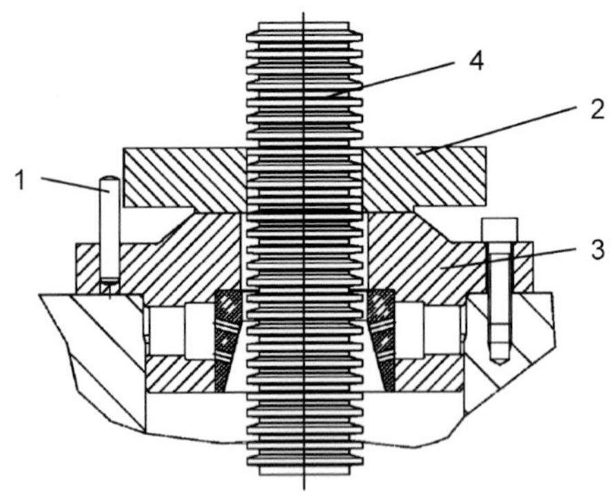

Abb. 49.34 Werkstückvorlage für das Innenräumen (Arthur Klink GmbH, Pforzheim). *1* Zentrierstift, *2* Werkstück, *3* Werkstückvorlage, *4* Räumwerkzeug

49.6.2 Innen- und Außenräummaschinen

Beim Innenräumen werden Spannvorrichtungen nur in besonderen Fällen benötigt, meist reicht eine Vorzentrierung durch Vorlagen oder Aufnahmedorne, sodass das Werkstück durch das Einführen der Räumnadel zentriert werden kann (Abb. 49.34). Die Antriebe von Räummaschinen sind hydraulisch und in jüngster Zeit häufig elektromechanisch ausgeführt. Beim Außenräumen werden aufwändige Werkstückspannvorrichtungen benötigt, die das Werkstück in seiner Lage bestimmen und die Abdrängkräfte des Werkzeugs aufnehmen (Abb. 49.35) [1]. Bei Außenräummaschinen kommt es durch den Eingriff des Werkzeugs zu schwingenden Biegebeanspruchungen senkrecht zur Räumrichtung, dies kann durch eine besonders steife Verbindung zwischen Ständer und Räumvorrichtung vermieden werden. Beim Außenräumen werden ebenfalls elektromechanische und hydraulische Antriebe eingesetzt. Die Konstruktion der Maschinen muss im Allgemeinen eine sehr hohe statische und dynamische Steifigkeit aufweisen. Dies wird durch eine geeignete Verrippung, Zellenbauweise und Schweißkonstruktionen mit Dämpfungsflächen erreicht. Die Genauigkeit hängt vor allem von der Schlittenführung des Werkzeugs oder des Werkstücks ab.

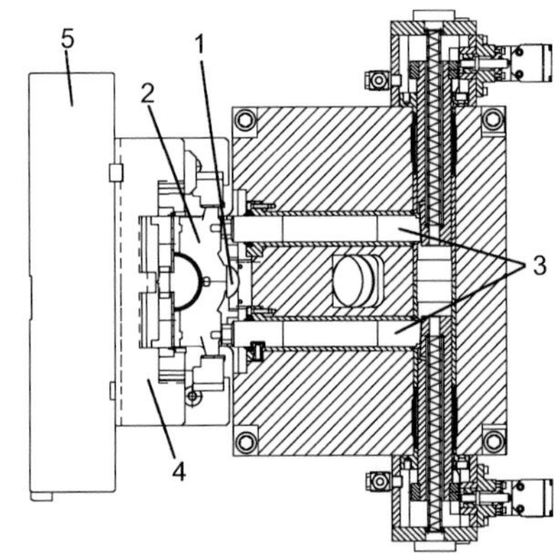

Abb. 49.35 Abstützung des Werkstücks beim Außenräumen (Arthur Klink GmbH, Pforzheim). *1* Festpunkt, *2* Werkstück, *3* Anlagepunkte gefedert mit hydraulischer Keilklemmung, *4* Werkzeughalter mit Werkzeugen, *5* Werkzeugschlitten

49.6.3 Senkrecht-, Waagerecht- und Hubtisch-Räummaschinen

Die klassischen Senkrecht- und Waagerecht-Räummaschinen benötigen auf beiden Seiten des Werkstücks Bauraum für die gesamte Werkzeuglänge und seine Schlittenführung. Beim Innenräumen werden deshalb heute vorwiegend Hubtischmaschinen eingesetzt, die mit einem geringeren Bauraum auskommen. Hier wird der Hubtisch mit dem Werkstück über das feststehende

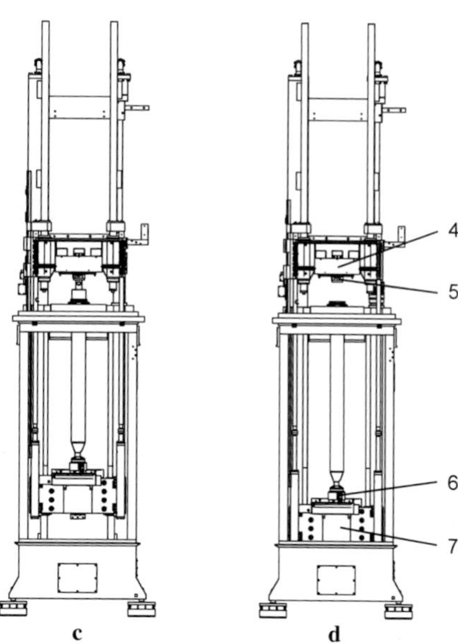

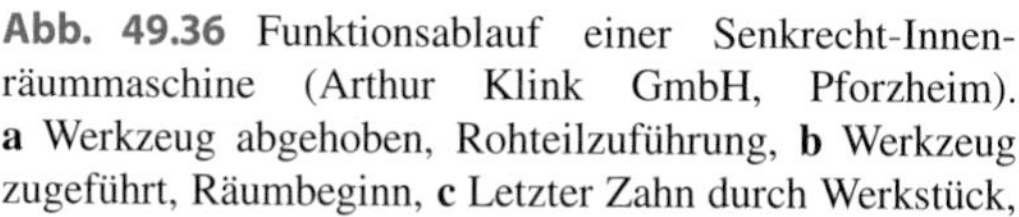

Abb. 49.36 Funktionsablauf einer Senkrecht-Innenräummaschine (Arthur Klink GmbH, Pforzheim). **a** Werkzeug abgehoben, Rohteilzuführung, **b** Werkzeug zugeführt, Räumbeginn, **c** Letzter Zahn durch Werkstück, **d** Räumhubende, Fertigteilentnahme. *1* Räumwerkzeug, *2* Werkstück, *3* Räumvorlage, *4* Zubringer, *5* Endstückhalter, *6* Schafthalter, *7* Werkzeugschlitten

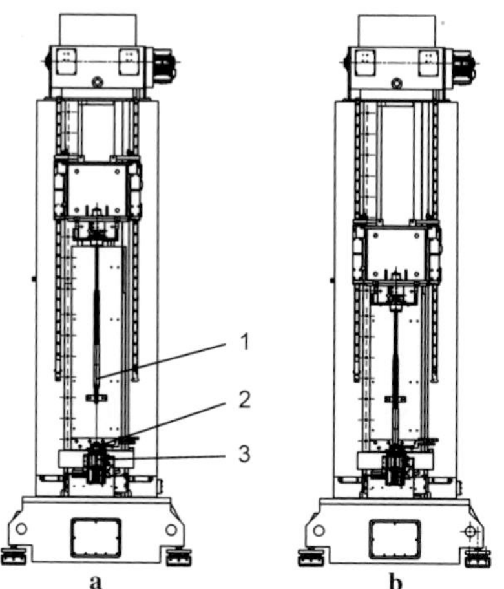

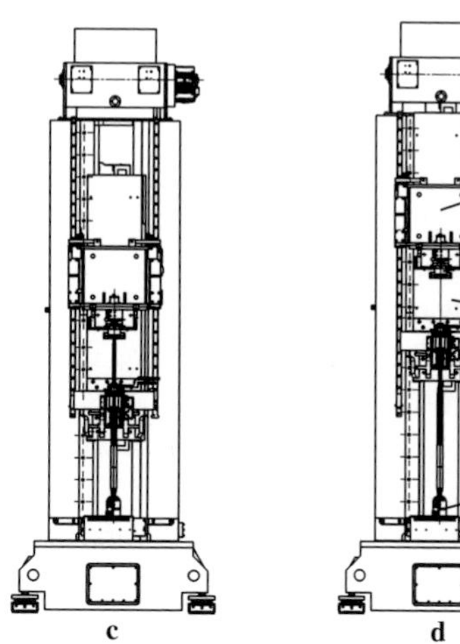

Abb. 49.37 Funktionsablauf einer Senkrecht-Innenräummaschine mit Hubtisch (Arthur Klink GmbH, Pforzheim). **a** Werkzeug abgehoben, Rohteilzuführung/Fertigteilentnahme, **b** Werkzeug zugeführt, Räumbeginn, **c** Letzter Zahn durch Werkstück, **d** Räumhubende, Fertigteil aus Räumstelle. *1* Räumwerkzeug, *2* Werkstück, *3* Räumvorlage, *4* Zubringer, *5* Endstückhalter, *6* Schafthalter, *7* Werkzeugschlitten mit Hubtisch

Werkzeug bewegt. Abb. 49.36 und 49.37 stellen den Funktionsablauf von Senkrecht-Innen- und Hubtisch-Räummaschinen gegenüber. Senkrecht-Räummaschinen bieten gegenüber Waagerecht-Räummaschinen einige Vorteile: Geringerer Flächenbedarf, keine Durchbiegung des Räumwerkzeugs durch sein Eigengewicht, gute Integrierbarkeit in Transferstraßen und bessere Wirksamkeit der Kühlschmierung. Vorteile von Waagerecht-Räummaschinen sind ihre niedrige Aufstellhöhe ohne spezielle Grubenfundamente, einfache Realisierbarkeit großer Hublängen sowie einfachere Zuführung schwerer Werkstücke [1].

49.6.4 Entwicklungstrends

Beim Senkrecht-Innenräumen werden heute vorwiegend Hubtischmaschinen eingesetzt, da sie bei vergleichsweise geringem Bauraum (keine Grube bzw. Podest für die Bedienung) eine große Flexibilität z. B. für Sonderverfahren wie das Hart- und Trockenräumen bieten. Während die einfache Prozesskinematik nur einen geringen Steuerungsaufwand durch eine SPS erfordert, werden im Hinblick auf das Drallräumen zunehmend auch CNC-Steuerungen benötigt [1, 16]. Außerdem ist für das Verfahren eine sehr steife Kopplung der Schnitt- und Drehbewegung notwendig, die nur durch elektromechanische Antriebe möglich wird. Beim Hart- und Trockenräumen kommen neben speziellen Werkzeug- und Führungssystemen höhere Schnittgeschwindigkeiten zur Anwendung, die durch moderne Antriebe realisiert werden müssen [18].

49.7 Säge- und Feilmaschinen

49.7.1 Einleitung

Die Schnittbewegung beim Sägen kann oszillierend, translatorisch oder kreisförmig sein. Sägemaschinen werden daher nach dem jeweiligen Fertigungsverfahren in Hub- bzw. Bügelsägen, Band- oder auch Kettensägen sowie Kreissägen unterschieden (DIN 8589-6 [52]). Eine weitere Unterteilung wird nach der Lage des Werkzeugs und der Kinematik des Vorschubantriebs vorgenommen. Nach der Arbeitstemperatur werden außerdem Kalt- oder Warmsägemaschinen unterschieden. Werkzeugmaschinen wie Schmelzschnitt-Trennmaschinen oder Drahterodiermaschinen können für ähnliche Aufgaben verwendet werden und ähneln auch in der Kinematik dem Sägen, sind jedoch den abtragenden Fertigungsverfahren zuzuordnen. Der Anwendungsbereich der Sägemaschinen erstreckt sich über die gesamte Breite von Einzel- bis Massenfertigung. Feilmaschinen sind als Hub- oder Bandfeilmaschinen ausgeführt. Sie finden im Werkzeug-, Vorrichtungs- und Apparatebau Verwendung.

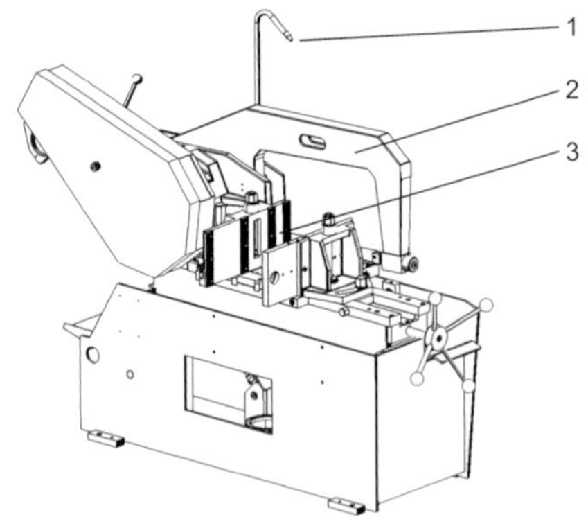

Abb. 49.38 Bügelsägemaschine (KASTO Maschinenbau GmbH & Co. KG, Achern). *1* Kühlschmierstoffzufuhr, *2* Sägebügel, *3* Werkstückspannung

Konstruktiv verfügen Sägemaschinen je nach Bearbeitungsaufgabe neben dem jeweils auf die Sägeart spezialisierten Werkzeugantrieb über unterschiedliche Spannvorrichtungen. Da Sägen oft zum Ablängen von stangenförmigen Werkstücken eingesetzt werden, ist meist ein Spannstock quer zur Längsachse des Werkstücks angebracht. Für die Erzeugung von Gehrungsschnitten können bei entsprechender Ausstattung der Sägemaschine entweder die Werkstückaufnahme oder die Werkzeugführung im Winkel zueinander verstellt werden. Die mehrschneidigen Werkzeuge werden aus Werkzeugstahl oder Schnellarbeitsstahl hergestellt und können mit eingelöteten Zähnen aus Hartmetall oder auch hochharten Schneidstoffen, wie polykristallinem Diamant (PKD) oder polykristallinem kubischem Bornitrid (PcBN) bestückt sein.

49.7.2 Bügel-/Hubsäge- und Hubfeilmaschinen

Bügel- und Hubsägen sowie Hubfeilmaschinen führen eine oszillierende Schnittbewegung aus. Abb. 49.38 zeigt eine typische Bügelsägemaschine. Das Werkzeug ist an beiden Enden in einem Bügel eingespannt. Im Unterschied zum Band- oder Kreissägen ist das Hubsägen und -feilen diskontinuierlich, da beim Rückhub kein Werkstoff abgetrennt wird. Während des beschleunigten Rücklaufs wird das Sägeblatt vom Werkstück ab-

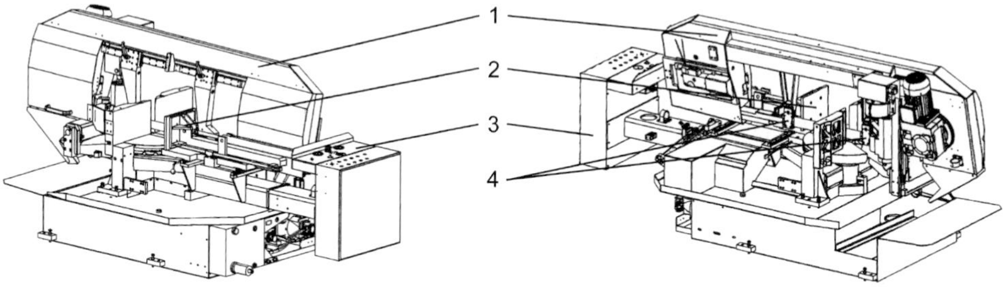

Abb. 49.39 Horizontal-Bandsägemaschine (KASTO Maschinenbau GmbH & Co. KG, Achern). *1* Schwenkrahmen mit Gehrungseinstellung, *2* Werkstückspannung, *3* Bedienpult, *4* Sägebandführungen

gehoben. Die oszillierende Bewegung wird durch einen Exzenter oder einen Kurbeltrieb erzeugt. Durch den unterbrochenen Schnittverlauf ist die Zerspanleistung prinzipbedingt deutlich geringer als bei Sägemaschinen mit kontinuierlicher Schnittbewegung. Die Zustellung des Sägeblatts wird bei kleineren Maschinen durch das Eigengewicht des Bügels oder zusätzliche verstellbare Gewichte erzeugt. Größere und automatisierte Maschinen besitzen meist eine hydraulische Zustellung [1].

49.7.3 Bandsäge- und Bandfeilmaschinen

Je nach Lage des Bandumlaufs werden Maschinen mit waagerechtem oder senkrechtem Bandumlauf unterschieden, wobei ein senkrechter Bandumlauf vorwiegend bei Bandsägen mit manueller Werkstückführung oder bei Langschnittsägemaschinen angewendet wird. Die Vorschubbewegung bei waagerechter Bandführung erfolgt entweder durch Schwenken des Sägerahmens, wodurch eine gute Zugänglichkeit von der Seite ermöglicht wird, oder lineares Absenken des Sägerahmens mit Führung an zwei Säulen, wodurch eine größere Steifigkeit insbesondere bei großen Werkstücken erreichbar ist. Eine Horizontal-Bandsägemaschine mit Schwenkrahmen und hydraulischem Vorschub ist in Abb. 49.39 dargestellt.

Bandsäge- und -feilmaschinen verfügen über ein endlos geschweißtes Säge- bzw. Feilband, das eine kontinuierliche Schnittbewegung ermöglicht. Die Führung im Sägerahmen erfolgt über Bandlaufräder, zwischen denen das Band gespannt wird. Weitere Führungsrollen richten das Band entlang der Vorschubrichtung aus. Die Räder und Rollen sind in der Regel mit Gummi belegt, um Verschleiß an den Führungselementen und der Schränkung des Sägebands zu verringern. Unmittelbar vor und nach dem Schnitt sind meist gehärtete oder hartmetallbestückte Sägebandgleitführungen angeordnet, um die Führungsgenauigkeit zu erhöhen und Schwingungen zu vermeiden.

49.7.4 Kreissägemaschinen

Die Vorschubbewegung bei Kreissägemaschinen kann waagerecht oder senkrecht sowie linear oder bogenförmig erfolgen (Abb. 49.40). Das Werkzeug besitzt am kreisförmigen Umfang angeordnete Schneiden. Die gegenüber Sägebändern meist geringere Anzahl an Schneiden bietet vor allem bei hartmetall- oder diamantbestückten Sägeblättern hinsichtlich der Werkzeugkosten Vorteile. Zudem kann eine höhere Steifigkeit und damit geringere Toleranzen erreicht werden. Mit modernen Kreissägemaschinen ist es mittlerweile möglich Oberflächengüten zu erzielen, die mit gefrästen Oberflächen vergleichbar sind [1]. Dafür werden unter anderem Blattführungen oder wolframbeschichtete Sägeblätter eingesetzt. Aufgrund der Lagerung des Kreissägeblatts begrenzt jedoch der Sägeblattdurchmesser die maximale Schnitttiefe [1]. Der Antrieb erfolgt in der Regel elektromechanisch, wobei der Vorschub ebenfalls

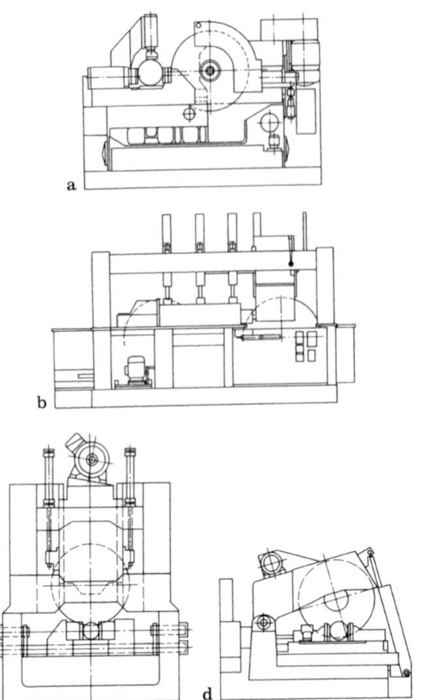

Abb. 49.40 Bauarten von Kreissägemaschinen. **a** Kreissägemaschine mit waagerechter Vorschubbewegung (Gebr. Heller Maschinenfabrik GmbH, Nürtingen), **b** Langschnitt-Kreissägemaschine mit waagerechter Vorschubbewegung (Trennjaeger GmbH, Euskirchen), **c** Kreissägemaschine mit senkrechter Vorschubbewegung (Ohler Maschinenbau GmbH, Remscheid), **d** Kreissägemaschine mit bogenförmiger Vorschubbewegung (Kaltenbach GmbH + Co. KG, Lörrach)

elektromechanisch oder hydraulisch ausgeführt sein kann.

49.7.5 Entwicklungstrends

Um Schwingungen durch die Verschränkung des Sägebandes bei Bandsägen weiter zu verringern, werden Gestelle von Bandsägen zunehmend aus Mineralguss hergestellt oder Sägebänder mit variabler Zahnteilung verwendet [1]. Die Automatisierung von Sägemaschinen nimmt immer weiter zu. Dafür werden Sägemaschinen mit speicherprogrammierbaren Steuerungen (SPS) oder numerischen Steuerungen (CNC) ausgerüstet, um beispielsweise den Sägerahmen zu heben, den Sägevorschub oder die Materialspannung hydraulisch zu betätigen [16].

49.8 Schleifmaschinen

49.8.1 Einleitung

Schleifmaschinen lassen sich nach der Form der erzeugten Werkstückoberfläche einteilen. Hierbei wird beispielsweise zwischen Rundschleifmaschinen, zur Erzeugung rotationssymmetrischer Flächen, Planschleifmaschinen, zur Bearbeitung ebener Flächen, Profilschleifmaschinen, zur Schaffung komplexer Formflächen unter Verwendung von Schleifscheiben mit werkstückgebundener Kontur, sowie Wälzschleifmaschinen, zur Fertigung von Wälzflächen nach DIN 8589-11 [48], unterschieden. Weitere Bauformen stellen Schraubflächenschleifmaschinen, Verzahnungsschleifmaschinen sowie Koordinatenschleifmaschinen zur Schaffung beliebiger Oberflächenkonturen mit Hilfe der mechanischen oder numerischen Steuerung der Vorschub- und Zustellbewegung dar. In Bezug auf die Lage der zu erzeugenden Werkstückoberfläche kann ggf. eine weitere Einteilung in Außen- und Innenrundschleifmaschinen erfolgen. Sollte die wirksame Fläche oder die Vorschubbewegung des Schleifwerkzeugs als Einteilungskriterium herangezogen werden, so wird nach Umfangs- und Seitenschleifmaschinen differenziert. Waagerecht- und Senkrecht-Schleifmaschinen lassen sich unter Berücksichtigung der Lage der Achsen eingliedern. Ferner werden Schleifmaschinen nach der Art der Einspannung des Werkstücks in solche mit Werkstückspannung sowie spitzenlose Schleifmaschinen eingeordnet. Je nach Einsatzgebiet erfolgt eine weitere Eingliederung in Trenn-, Schrupp- und Schlichtschleifmaschinen, die auf der erreichbaren Arbeitsgenauigkeit und dem maximalen Zeitspanungsvolumen beruht.

49.8.2 Planschleifmaschinen

Das Planschleifen kann in Anlehnung an die DIN 8589 [47] in das Umfangs-Planschleifen und Seiten-Planschleifen eingeteilt werden. Entsprechend gibt es unterschiedliche Maschinenkonzepte, die sich beispielsweise durch die Lage der

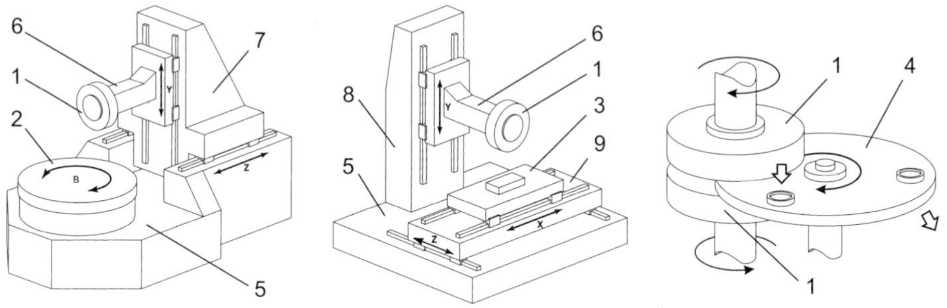

Abb. 49.41 Planschleifmaschinen. **a** Umfangs-Planschleifen unter Verwendung eines Rundtisches (Blohm Jung GmbH), **b** Umfangs-Planschleifen unter Verwendung eines Kreuztisches (Blohm Jung GmbH), **c** Seiten-Planschleifen (Diskus Werke Schleiftechnik GmbH). *1* Werkzeug, *2* Rundtisch, *3* Kreuztisch, *4* Transportscheibe, *5* Maschinenbett, *6* Hauptspindelstock, *7* Säulenschlitten, *8* Säule, *9* Querschlitten

Hauptspindel oder die Kinematik des Maschinentisches unterscheiden. Abb. 49.41 zeigt anhand von Prinzipskizzen Maschinenkonzepte sowohl zum Umfangs-Planschleifen unter Verwendung eines Rund- (**a**) und Kreuztisches (**b**) als auch zum Seiten-Planschleifen (**c**).

Beim Umfangs-Planschleifen mit horizontaler Spindel und translatorischen Werkstückbewegungen können die Maschinen nach unterschiedlichen Bauweisen ausgelegt werden (Abb. 49.41b). Bei der Supportbauweise führt die Schleifspindel an einer feststehenden Säule eine translatorische Bewegung zur Werkzeugzustellung aus, während die Bewegungen zum Abdecken der zu überschleifenden Fläche werkstückseitig durch einen Support und dem darauf aufgebauten Maschinentisch realisiert werden. Im Gegensatz zur beschriebenen Supportbauweise wird bei unterschiedlichen Konzepten zur Fahrständerbauweise neben der Werkzeugzustellung auch eine weitere translatorische Bewegung werkzeugseitig ausgeführt, sodass die Tischführung direkt auf dem Maschinenbett installiert werden kann.

Die Ausstattung von Planschleifmaschinen mit Führungssystemen, Antrieben und Messsystemen hängt wesentlich vom erwarteten Einsatzszenario ab. So kommen beispielsweise in modernen Planschleifmaschinen weiterhin unterschiedliche Wälzführungen, aber auch hydrodynamische und hydrostatische Gleitführungen zum Einsatz.

Beim Seiten-Planschleifen wird die Seitenfläche der Schleifscheibe für die Bearbeitung eingesetzt. Aufgrund höherer Abtrennleistungen, die auf der größeren Wirkfläche beruhen, kommt das Seiten-Planschleifen vor allem in der Massenfertigung zur Anwendung. Zur Reduzierung der Durchlaufzeiten werden die Werkstücke durch spezielle Werkstückaufnahmesysteme an der Schleifscheibe entlang geführt. Zur Fertigung planparalleler Werkstücke können solche Schleifmaschinen mit zwei parallel angeordneten, achsgleichen Schleifscheiben ausgestattet und die Werkstücke mit Hilfe einer Transportscheibe durch den Schleifspalt geführt werden (Abb. 49.41c). Eine weitere Möglichkeit für die Planparallelbearbeitung mit der Seitenfläche von Schleifscheiben stellt das Planschleifen mit Planetenkinematik dar [19, 20]. Zwischen zwei vertikal, achsparallel angeordneten Schleifspindelsystemen werden Werkstücke in sogenannte Läuferscheiben eingelegt. Die außenverzahnten Läuferscheiben erfahren, durch einen in der Regel fixierten Außenstiftkranz und einen rotierenden Innenstiftkranz, eine Rotationsbewegung, die zu den typischen zykloiden Bahnkurven der Bauteile führt (s. Abschn. 49.10).

49.8.3 Profilschleifmaschinen

Das Profilschleifen eignet sich zur Schaffung vielfältiger Werkstückoberflächenprofile unter Verwendung von profilierten Schleifscheiben mit werkstückabhängiger Kontur. Die Übertragung der Schleifscheibenkontur auf das Werkstück setzt neben der Schnittbewegung des Schleifwerkzeugs die Realisierung mindestens einer zusätzlichen Vorschubbewegung voraus. Mit Hilfe geeigneter Abrichtsysteme und -werkzeuge wird das gewünschte Schleifscheibenprofil in der Regel innerhalb der Profilschleifmaschine zyklisch oder kontinuierlich erzeugt. Durch das kontinuierliche Abrichten des Schleifwerkzeugs mit einer Abrichtprofilrolle während der Schleifbearbeitung bleiben Schleifscheibentopographie und Schleifscheibenprofil über die gesamte Einsatzdauer weitestgehend konstant. Profilschleifmaschinen können sowohl für Profil-Tiefschleif- als auch für Profil-Pendelschleifprozesse ausgelegt werden. Für die Konstruktion des Maschinensystems sind die verfahrensbedingten Anforderungen zu berücksichtigen. So müssen Profil-Tiefschleifmaschinen beispielsweise mit wesentlich steiferen Maschinengestellen und Führungen, leistungsstärkeren Spindelantrieben sowie durchsatzstarken Kühlschmierstoffsystemen ausgestattet werden.

49.8.4 Rundschleifmaschinen

Rundschleifmaschinen werden zur Schleifbearbeitung rotationssymmetrischer Werkstückaußen- und -innenflächen eingesetzt. Kurze und mittellange Werkstücke werden nach dem Norton-Verfahren bearbeitet, bei dem der Schleifspindelstock steht und das Werkstück längs des Schleifwerkzeugs bewegt wird. Um die erforderliche Bettlänge bei langen Werkstücken zu reduzieren lässt sich das Landis-Verfahren anwenden, bei dem sich der Schleifspindelstock und die Schleifscheibe längs des ortsfesten Werkstücks bewegen.

Grundsätzlich lassen sich Rundschleifmaschinen in Außenrund-, Innenrund-, Universal- sowie spitzenlose Außenrundschleifmaschinen einteilen. Reine Außenrundschleifmaschinen sind entweder im hauptsächlich manuell betätigten Werkstattbetrieb oder in hochproduktiven Sonderausrüstungen für spezifische Werkstücktypen anzutreffen. Um die Komplettbearbeitung in einer Aufspannung zu realisieren, kommen Außenrundschleifmaschinen in zahlreichen Ausführungsvarianten zur Anwendung. Hierbei werden normal und schräg angeordnete Kreuzschlitten sowie Schleifspindelrevolver mit zwei Schleifspindeln und mit Doppelschleifspindeln zusammengestellt.

Universalrundschleifmaschinen stellen als Kombination von Außenrund-, Innenrund- sowie Unrundschleiftechnik das am weitesten verbreitete Konzept einer Rundschleifmaschine dar. Aufgrund des überwiegend als modularer Baukasten vorliegenden Aufbaus lassen sich das Maschinenbett, der Schleifspindelstock, die Achsenzuordnungen, die Messsysteme, die Abricht- und die Auswuchteinheit sowie die Anordnung der Werkstücke entsprechend des Teilespektrums konfigurieren. Die spezifische Zusammenstellung der einzelnen Komponenten bedingt eine hohe Anpassungsfähigkeit von Universalrundschleifmaschinen an die jeweils gestellten Anforderungen. Ferner können geometrisch komplexe Werkstücke in einer Aufspannung bearbeitet werden, was eine Steigerung der Bearbeitungsgenauigkeit bei gleichzeitiger Reduzierung der Nebenzeit zur Folge hat. Mittels einer entsprechenden Konfiguration der Komponenten lassen sich reine Außen- bzw. Innenrundschleifmaschinen realisieren.

Spitzenlose Außenrundschleifmaschinen werden vorwiegend für die Massenfertigung kleiner rotationssymmetrischer Bauteile wie Wälzlagerringe und Wälzkörper eingesetzt. Hierbei wird, nach VDI 3398 [55], das Werkstück nicht eingespannt, sondern liegt lediglich auf einer angeschrägten Werkstückauflage. Die Werkstückdrehbewegung wird dabei aufgrund von Reibschluss mit der Regelscheibe hervorgerufen. Das spitzenlose Außenrundschleifen wird in Durchgangsschleifen und Einstechschleifen unterteilt. Beim Durchgangsschleifen wird die Vorschubbewegung des Werkstücks in Längsrichtung durch die Neigung der Regelscheibe hervorgerufen. Beim Einstechschleifen wird eine radiale oder schräge Zustellbewegung der Schleifscheibe zum Werkstück hin realisiert, wobei die Regelscheibe um einen, verglichen mit dem Durchgangsschleifen, geringeren Winkel geneigt ist und eine axiale Positionierung des Werkstücks gegen einen geeignet ausgelegten Axialanschlag sicherstellt.

Das Einstechschleifen eignet sich zur Schleifbearbeitung von Werkstücken unterschiedlicher Durchmesser wie beispielsweise Hydraulikkolben, Motorwellen, Ventilnadeln und Getriebeteilen [21].

49.8.5 Unrund- und Exzenterschleifmaschinen

Schleifmaschinen für die Unrund- bzw. Exzenterbearbeitung gleichen im Aufbau den Rundschleifmaschinen, d. h. die Bearbeitung des rotierenden Werkstücks erfolgt auf der Mantelfläche. Die Besonderheit hierbei liegt in den NC-gesteuerten Achsen, die die Bearbeitung unrunder oder exzentrischer Formen wie z. B. Kurbel- oder Nockenwellen durch Achskopplungen ermöglichen. Die Nockenkontur wird durch Überlagerung der Hubbewegung der Schleifscheibe und der Nockendrehbewegung erzeugt. Oftmals verfügen Unrund- und Exzenterschleifmaschinen über zwei unabhängig voneinander zustellbare Spindelstöcke, um Nocken mit unterschiedlicher radialer Ausrichtung gleichzeitig zu bearbeiten. Um Form- und Maßungenauigkeiten zu vermeiden, erfolgt das Schleifen einzelner Funktionselemente beispielsweise an Nocken- oder Kurbelwellen in einer Aufspannung.

49.8.6 Koordinatenschleifmaschinen

Mit Koordinatenschleifmaschinen können mit Hilfe von Schleifstiften dreidimensionale Konturen sowie Bohrungen höchster Maß-, Lage- und Formgenauigkeit gefertigt werden. Die Maschinenachsen, in der Regel mindestens drei, werden über eine CNC- Steuerung koordiniert verfahren. Um sehr präzise Achsbewegungen zu ermöglichen, erfolgt daher die Ausführung von Koordinatenschleifmaschinen mit einem Senkrechtständer oder mit einem Doppelständer in Portalbauweise. Diese Bauweise ist notwendig um höchste Steifigkeiten in allen unter Last stehenden Bauteilen der Präzisionsschleifmaschine zu erreichen. Des Weiteren sind hochgenaue Wälzführungen für alle Achsen sowie eine stoßfreie Hubumsteuerung für die Koordinatenschleifmaschinen erforderlich. Aufgrund des geringeren Durchmessers der Schleifstifte im Vergleich zu Schleifscheiben, werden höhere Anforderungen an die realisierbaren Drehzahlen der bei diesem Werkzeugmaschinentyp eingesetzten Schleifspindeln gestellt. Um die Kräfte in der Schleifmaschine zu verringern, werden mit Hilfe von CNC-Bohrmaschinen die zu bearbeitenden Bohrungen vorgefertigt. Bei speziellen Koordinatenschleifmaschinen besteht die Möglichkeit, die Schleifwerkzeuge bei der Bearbeitung mit Ultraschall (US) anzuregen. Mit Hilfe eines US-Generators und eines Aktors an der Werkzeugaufnahme werden die hochfrequenten Schwingungen erzeugt und auf das Werkzeug übertragen. Vorteile dieser Technik sind u. a. geringere Prozesskräfte und größere erreichbare Zeitspanungsvolumina bei der Schleifbearbeitung schwer zerspanbarer Werkstoffe [16].

49.8.7 Verzahnungsschleifmaschinen

Verzahnungsschleifmaschinen werden vorwiegend dazu verwendet Zahnflanken zu schleifen. Meist ist das Zahnradschleifen als Hartfeinbearbeitungsverfahren der letzte Prozessschritt in der Zahnradfertigung. Abhängig von der Zahnradmodifikation und der Losgröße erfolgt der Einsatz unterschiedlicher Schleifverfahren. Die Zahnradschleifverfahren gliedern sich in wälzende und profilierende Verfahren, die sich zusätzlich in kontinuierliche und diskontinuierliche Verfahren einteilen lassen (s. Abschn. 49.2.1). Hauptsächlich werden das kontinuierliche Wälzschleifen (hohe Stückzahlen) sowie das Profilschleifen von Verzahnungen eingesetzt. Meist sind auf einer Verzahnungsschleifmaschine mehrere Zahnrad-Schleifverfahren möglich. Beim kontinuierlichen Wälzschleifen führt das Schleifwerkzeug, eine Schleifschnecke mit genauem Zahnstangenprofil, und das Zahnrad eine wälzende Bewegung aus, wodurch auf den Zahnflanken eine Evolventenform entsteht. Die Erzeugung der einzelnen Zahnlücken wird an Profilschleifmaschinen durch Profilschleifscheiben realisiert. Diese enthalten das Gegenprofil der zu erzeugen-

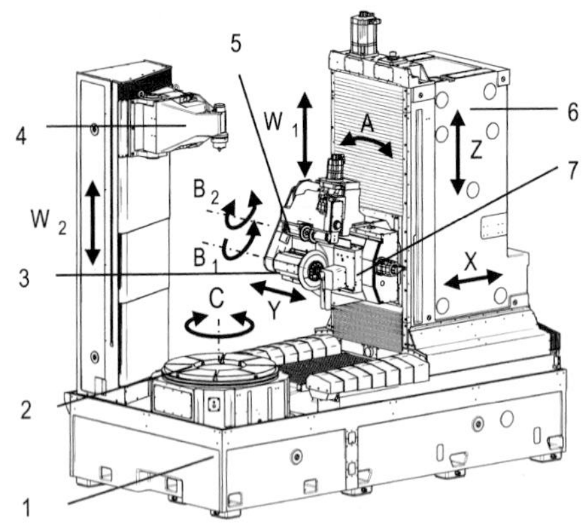

Abb. 49.42 Verzahnungsschleifmaschine ZP 12 (NILES Werkzeugmaschinen GmbH, Berlin). *1* Maschinenbett, *2* Rundtisch, *3* Schleifspindel, *4* Gegenhalter mit hydraulisch verstellbarem Reitstock, *5* CNC-Abrichteinrichtung, *6* Maschinenständer, *7* Messtaster

den Zahngeometrie, wobei die Profilierung dementsprechend erfolgt. Verzahnungsschleifmaschinen gleichen bezüglich der Kinematik den Verzahnungsfräsmaschinen. Aufgrund der geringeren und weniger dynamischen Schnittkräfte sowie der höheren Schnitt- und Vorschubbewegungen besitzen Verzahnungsschleifmaschinen im Vergleich zu Verzahnungsfräsmaschinen kleinere und schneller drehende Werkstücktische sowie einen Torquemotor für die Schwenkachse der Schleifspindel, der durch ständige Lageregelung die Realisierung von Flankenlinienmodifikationen ermöglicht. Die Schleifschnecken und Profilschleifscheiben werden mit Hilfe von in der Maschine integrierten Abrichteinrichtungen konditioniert. Hierfür ist grundsätzlich die Verwendung von Form-, Profilrollen sowie diamantbelegten Meisterrädern (hochgenaue Prüfzahnräder) möglich. Abb. 49.42 veranschaulicht eine Zahnrad-Profilschleifmaschine [5, 16].

49.8.8 Schraubenschleif-/Gewindeschleifmaschinen

Schrauben- bzw. Gewindeschleifmaschinen sind grundsätzlich analog zu Rundschleifmaschinen aufgebaut. Allerdings benötigen Gewindeschleifmaschinen für das Gewinde-Längsschleifen eine, in Abhängigkeit der zu erzeugenden Gewindesteigung, geschwenkte Werkzeugachse. Hierbei sind Rundschleifmaschinen mit stufenlos schwenkbarer Werkzeugachse besonders geeignet, da sie flexibel für verschiedene Gewindegrößen eingesetzt werden können. Bei den mehrprofiligen Gewindeschleifverfahren ist es neben einer geschwenkten Werkzeugachse auch möglich, die Gewindesteigung im Schleifscheibenprofil durch Profilierung abzubilden. Um die Formhaltigkeit der profilierten Schleifscheiben zu gewährleisten, sind Abrichtvorrichtungen notwendig. Die verwendeten Schleifscheiben können je nach verwendetem Verfahren einprofilig oder mehrprofilig sein.

49.8.9 Kugelschleifmaschinen

Kugelschleifmaschinen gleichen im Aufbau wesentlich den Kugelläppmaschinen, wobei anstatt der Läppscheibe und des Läppgemischs eine Schleifscheibe zur Anwendung kommt (s. Abschn. 49.10.3).

49.8.10 Werkzeugschleifmaschinen

Die Herstellung und das Nachschärfen von Bohr-, Säge-, Fräs-, Räum-, Verzahnungswerkzeugen, Wendeschneidplatten sowie von Profil- und rotierenden Werkzeugen erfolgt auf Werkzeugschleifmaschinen. Diese werden nach Automatisierungsgrad, Ausführungsform und Ausstattung eingeteilt. Die Einteilung nach dem Automatisierungsgrad erfolgt in manuelle Werkzeugschleifmaschinen, bei denen die Bewegungen aller Achsen per Hand erfolgt und in CNC-Werkzeugmaschinen. Nach Anwendungsfall werden die Werkzeuge in Spezial-Werkzeugschleifmaschinen, die zur Herstellung eines bestimmten Werkzeugs konzipiert worden sind, und in Universal-Werkzeugschleifmaschinen, auf denen verschiedene Werkzeugarten geschliffen werden können, eingeteilt. Grundsätzlich werden als Anforderungen an Werkzeugschleifmaschinen ein hohes Maß an Flexibilität, Fertigungsgenauigkeit sowie Steifigkeit gestellt. Das begründet sich zum einen darin, dass sich die her-

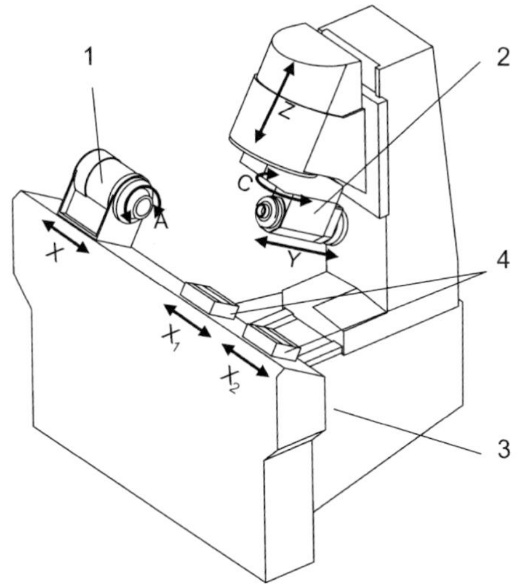

Abb. 49.43 5-Achs-CNC-Werkzeugschleifmaschine (Alfred H. Schütte Vertriebsgesellschaft GmbH, Köln). *1* Universal-Rotationsachse, *2* Schleifspindel, *3* Maschinenbett, *4* Schlitten für Werkstückabstützung, *5* Schlitten für Reitstock

gestellten Werkzeuggeometrien durch den Einsatz neuer Materialien oftmals ändern und zum anderen darin, dass diese Werkzeuge oftmals hohen Einsatzbelastungen ausgesetzt sind und eine präzise Fertigung die Standzeit der gefertigten Werkzeuge erhöht. Je nach Anwendungsfall verfügen Werkzeugschleifmaschinen über eine unterschiedliche Anzahl von Achsen. Abb. 49.43 zeigt eine 5-Achs-Werkzeugschleifmaschine in Schrägbettausführung mit zusätzlich verfahrbaren Schlitten für die Werkstückabstützung (X_1) und den Reitstock (X_2).

49.8.11 Schleifzentren

Schleifzentren sind grundsätzlich mit einer CNC-Steuerung ausgestattet und besitzen neben einem Werkzeugwechsler mit Werkzeugmagazin meist auch einen Werkstückwechsler. Schleifzentren sind durch eine hohe Flexibilität sowie einen hohen Automatisierungsgrad gekennzeichnet und lassen sich daher, sowohl für geringe als auch für hohe Stückzahlen einsetzen. Die Hauptkomponente des Schleifzentrums, die eigentliche Schleifmaschineneinheit, kann z. B. eine Rund-, Flach-, Koordinaten- oder Werkzeugschleifmaschine sein.

49.8.12 Sonderschleifmaschinen

Sonderschleifmaschinen werden speziell für vordefinierte Werkstücke oder Werkstückgruppen konzipiert und konstruiert. Dadurch sinkt zwar die Flexibilität dieser Einzweckmaschinen, jedoch steigt die Wirtschaftlichkeit bzw. Produktivität für die Herstellung spezieller Bauteile wie z. B. Nockenwellen, Kurbelwellen, Gewindeteile, Zahnräder und Walzen. Weitere Sonderschleifmaschinen sind Trennschleifmaschinen, die zum Trennen von Stangenmaterial genutzt werden. Die Verwendung von Trennschleifmaschinen bei der Bearbeitung von hochfesten sowie hochwarmfesten Werkstoffen wie z. B. CrNi-Stählen ist wirtschaftlicher als die Verwendung von Sägemaschinen. Die Unterteilung der Verfahren in Kappschnitt, Drehschnitt und Fahrschnitt bestimmt die Anzahl der Maschinenachsen (Abb. 49.44). Trennschleifmaschinen können ggf. auch mit einer Kühlschmierstoffeinrichtung ausgestattet werden.

49.8.13 Bandschleifmaschinen

Die Einteilung der Bandschleifmaschinen erfolgt nach der Art der erzeugten Fläche oder nach ihrer Bauart in mechanisierte Entgrat- und Kanten-Verrundemaschinen, Flach- und Rundbandschleifmaschinen und Bandschleifroboter. Bandschleifmaschinen werden zum Schleifen von ebenen und runden Flächen verwendet. Anwendungsbeispiele sind neben dem Außenschleifen von ebenen Flächen und dem Außenschleifen von Wellen auch das Innenschleifen von Bohrungen. Bestandteile der Bandschleifmaschine sind das Schleifaggregat, welches aus Antriebsrolle, Umlenkrollen, der Zustelleinrichtung bzw. dem Stützelement und dem Schleifband besteht sowie der Bandspanneinrichtung. Eine Umlenkrolle in der Schleifeinheit ist als Antriebsrolle für das umlaufende endlose Schleifband konzi-

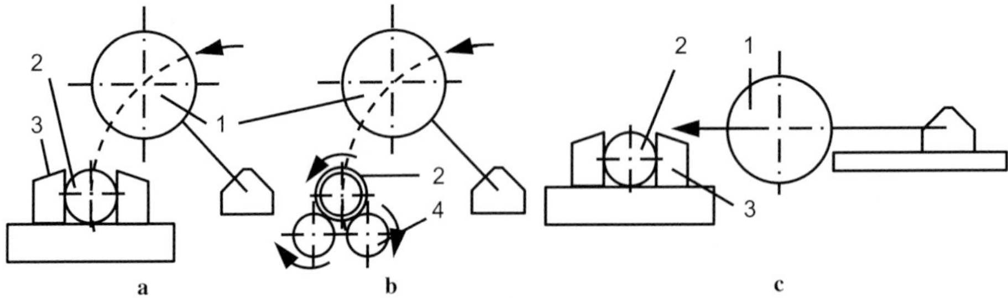

Abb. 49.44 Trennschleifverfahren mit Bewegungsrichtungen [16]. **a** Kappschnitt, **b** Drehschnitt, **c** Fahrschnitt. *1* Schleifscheibe, *2* Werkstück, *3* Feste Werkstückeinspannung, *4* Rollenlagerung für rotierendes Werkstück

piert. Die Längsvorschubbewegung kann entweder vom Schleifaggregat oder vom Werkzeugtisch ausgeführt werden. Die Stromaufnahme des Schleifmotors wird häufig als Stellgröße für den meist kraftgesteuerten Schleifprozess verwendet. Bandschleifmaschinen sind als manuell bedienbare Ausführungen zum Entgraten und Verrunden in der Kleinserienfertigung, aber auch als Module in vollautomatischen Transferstraßen erhältlich. Des Weiteren werden Bandschleifroboter, z. B. für das Form-Bandschleifen, eingesetzt, die über eine Steuerung die relative Lage des Werkstücks zum rotierenden Schleifband verändern, um Freiformflächen im Werkzeug- und Formenbau herzustellen.

49.8.14 Entwicklungstrends

Schnittgeschwindigkeiten bis 200 m/s stellen den Stand der Technik im Bereich des Hochgeschwindigkeitsschleifens dar. Hierbei ist durch eine Kombination des Hochgeschwindigkeitsschleifens sowie des Tiefschleifens eine weitere Steigerung der Zerspanleistung zu erwarten. Diese Art der Bearbeitung wird als Hochleistungstiefschleifen (High-Efficieny-Deep-Grinding) bezeichnet. Aufgrund der steigenden Anforderungen an die Maschine sind höhere statische und dynamische Steifigkeiten, höhere Antriebsleistungen, hochgenaue Führungen, verbesserte Kühlschmierstoffsysteme, optimierte Sicherheitseinrichtungen sowie Einrichtungen zum schnellen Auswuchten bei der Arbeitsdrehzahl essentiell.

Als weitere Entwicklungstrends können höhere und stufenlos einstellbare Werkstück- und Schleifscheibenumfangsgeschwindigkeiten, verbesserte Feinzustellungssysteme, Wälz- oder hydrostatische Führungen, zunehmender Einsatz von Diamant-Abrichtrollen, dem Werkstück angepasste Zufuhr-, Be- und Entladeeinrichtungen sowie verbesserte Steuerungen, wie z. B. Messsteuerungen, numerische Steuerungen sowie Sensorsysteme, beobachtet werden. Insbesondere steht bei der Sensorik die berührungslose Erfassung von Schleifscheibengeomtrien (z. B. Durchmesser, Profilverschleiß) in der Werkzeugmaschine und während des Schleifprozesses im Fokus der Entwicklung.

Die Anregung der Schleifwerkzeuge mit Ultraschall kann, obwohl bereits erfolgreich eingesetzt, als weiterer Entwicklungstrend beobachtet werden. Die ständige Weiterentwicklung der Ultraschallgeneratoren und -aktoren lässt die Erzeugung immer höherer Werkzeugamplituden zu, wodurch neue Anwendungsfelder hinsichtlich des zu bearbeitenden Werkstoffs entstehen. Die Erhöhung der erreichbaren Zeitspanungsvolumina ist bei dieser Technik als vorrangiges Ziel zu nennen.

Im Zuge des Klimawandels und der anhaltenden Ressourcenverknappung nehmen Energiekosten einen steigenden Anteil an den Fertigungskosten ein. Das Thema Energieeffizienz ist daher als Entwicklungstrend bei den Maschinenherstellern zu beobachten. Ein Standby-Management von Komponenten, Maßnahmen zur Energierückführung der Antriebe, bedarfsgerechte Kühlschmierung und Absauganlagen durch frequenzgesteuerte Pumpen- bzw. Gebläsetechnik sind u. a. hier als zielführende Maßnahmen zu nennen.

49.9 Honmaschinen

49.9.1 Einleitung

Honmaschinen gehören zur Gruppe der Feinstbearbeitungmaschinen, die durch den Honprozess eine Verbesserung der Maß- und Formgenauigkeit sowie der Oberflächengüte des Werkstücks bewirken. Das Honen ist ein spanendes Fertigungsverfahren mit geometrisch unbestimmter Schneide, in dem ein vielschneidiges Werkzeug mit gebundenem Korn, unter flächenhaftem Kontakt mit dem Werkstück, eine präzise gesteuerte Schnittbewegung ausführt. Von praktischer Bedeutung ist eine Einteilung der Honmaschinen nach der Kinematik der ausgeführten Schnittbewegungen in drei Hauptgruppen: Langhubhonmaschinen, Kurzhubhonmaschinen und Sonderhonmaschinen. Bei den Lang- und Kurzhubhonmaschinen besteht mindestens eine Komponente der Schnittbewegung aus translatorischen oder kreisförmigen Oszillationsbewegungen. Nach der Höhe der Amplituden wird unterschieden zwischen Langhub- und Kurzhubhonmaschinen. Honmaschinen mit anderen Schnittbewegungen werden als Sonderhonmaschinen eingeteilt. Das Honen wird laut DIN 8589-14 [48] nach der Art der zu erzeugenden Fläche aufgeteilt. Der Prozessverlauf kann durch geeignete Auswahl der Stellgrößen wie Schnittgeschwindigkeit, Hublänge, Hubfrequenz, Anpressdruck und Kontaktlänge beeinflusst werden (s. Abschn. 41.3.3). Weiterhin kann das Arbeitsergebnis wie z. B. Oberflächengüte und Formgenauigkeit durch die Eigenschaften der Honleisten oder der Honsteine über Bindungsart, Gefüge, Kornart und -größe beeinflusst werden [22]. Zusätzlich sind Honmaschinen mit einer Kühlschmiermittelanlage ausgestattet. Aufgrund der geringen lokalen Erwärmung der Bearbeitungszone beim Honen ist, im Gegensatz zum Schleifen (s. Abschn. 41.3.2), weniger der Kühleffekt, sondern vielmehr der Spül- und Schmiereffekt beim Einsatz von Kühlschmierstoff von Bedeutung.

49.9.2 Langhubhonmaschinen

Langhubhonmaschinen können nach der Richtung der Hubbewegung in vertikale und horizontale Langhubhonmaschinen eingeteilt werden. Insbesondere bei der Innen-Rundbearbeitung erfolgt eine Selbstzentrierung des Werkzeuges innerhalb der Bohrung. Honwerkzeug, Antriebsstange und Werkstück werden daher meist mit mehreren Bewegungsfreiheitsgraden zueinander ausgestattet. Aufgrund dieser verfahrenstypischen Gegebenheiten werden zumeist Honmaschinen eingesetzt, bei denen die Hubbewegung in vertikaler Richtung erfolgt. Die Schwerkraft kann hierbei genutzt werden, um die Selbstzentrierung nicht zu beeinträchtigen. Zudem wird bei einer vertikalen Anordnung eine, um den Umfang und die Länge der Bohrung, gleichmäßige Kühlschmierstoffverteilung auf natürliche Weise sichergestellt. Horizontale Langhubhonmaschinen werden bauraumbedingt typischerweise für die Bearbeitung von längeren und größeren Werkstücken, wie Rohre und Extruder, eingesetzt. Dabei setzt sich die Schnittbewegung aus einer horizontalen, langhubigen Oszillationsbewegung und einer gleichbleibenden Rotationsbewegung um die Spindelachse zusammen. Im Allgemeinen ergeben sich für die Schnittbewegung drei Möglichkeiten: (1) das Werkzeug führt sowohl Rotations- als auch Hubbewegungen aus; (2) das Werkstück führt die Hubbewegung aus, während das Werkzeug die Rotationsbewegung ausführt; (3) das Werkzeug führt die Hubbewegungen aus und das Werkstück rotiert. Die Rotationsbewegung wird im Allgemeinen durch einen Drehstrommotor erzeugt. Die Erzeugung der langen Hubbewegungen erfolgt meist hydraulisch. Bei den kürzeren Hubbewegungen werden elektromechanische Antriebe eingesetzt. Hublänge und Schnittgeschwindigkeit können stufenlos eingestellt werden. Abb. 49.45 zeigt eine horizontale Honmaschine, die für Rohre bis zu einem Durchmesser von 1000 mm oder auch für Wellen zum Außenhonen mit einem Durchmesser von bis zu 300 mm eingesetzt werden kann. Die Hublän-

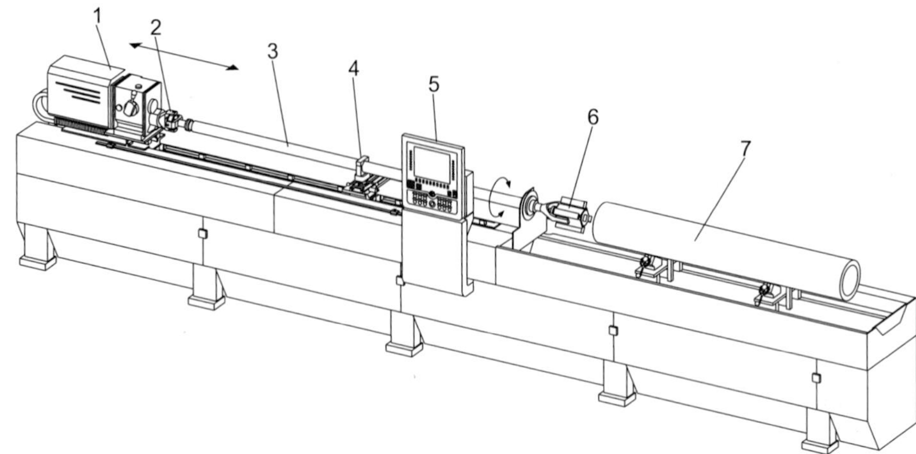

Abb. 49.45 Horizontale Langhubhonmaschine (Gehring Technologies GmbH, Ostfildern). *1* Spindelkasten mit Antrieb und Zustelleinrichtung, *2* Gelenkige Werkzeugaufnahme, *3* Antriebsstange, *4* Lünette, *5* Bedienfeld, *6* Werkzeug, *7* Werkstück

ge kann je nach Maschinenauslegung bis zu 15 m betragen. Die Maschine wird bei der Bearbeitung von Zylinderrohren und Zylinderlaufbuchsen von großen Dieselmotoren oder zum Außenhonen von Kolbenstangen eingesetzt. Abb. 49.46 zeigt eine vertikale Langhubhonmaschine mit zwei Spindeln zur gleichzeitigen Bearbeitung voneinander unabhängiger Bohrungen. Die Spindeln sind sowohl vertikal als auch horizontal verfahrbar, sodass die Bearbeitung variierender Bauteilgrößen und Bohrungsabstände sichergestellt ist.

Aufgrund der Materialabtrennung während der Bearbeitung müssen bei der Innen-Rundbearbeitung die Honleisten in radialer Richtung zugestellt werden. Die Zustellung kann durch hydraulische, elektromechanische oder kombinierte Zustelleinrichtungen vorgenommen werden. Die meisten modernen Honmaschinen verfügen zudem über automatische Messeinrichtungen, durch die der Honprozess beendet werden kann, sobald das erforderliche Endmaß erreicht wurde.

Die Forderungen an Maß- und Formgenauigkeit sowie geometrische Eigenschaften des zu bearbeitenden Werkstücks bestimmen die Werkzeuggestalt, die Werkzeugführung und die Werkzeugaufnahme. Prinzipiell muss die Gestaltung des Werkzeugs, der Werkzeugführung und der Werkzeugaufnahme eine relative Bewegung zwischen Werkzeug und Werkstück ermöglichen, sodass die Koaxialität des Honwerkzeugs und der Bohrung gewährleistet werden kann. Beispielsweise können durch eine pendelnde Lagerung des Honwerkzeugs und eine kardanische Werkstückaufnahme hohe Formgenaugkeiten erzielt werden. Das Honwerkzeug wird nach der Geometrie (Form und Abmaß) und Beschaffenheit des Werkstücks (Formfehler, Werkstoffeigenschaften) sowie nach Genauigkeitsanforderungen an das Werkstück und nach den Stellgrößen des Honprozesses gestaltet. Des Weiteren muss die Honleistenform und -anordnung sowie die Zustellcharakteristik des Honwerkzeugs auf das Werkstück abgestimmt werden.

49.9.3 Kurzhubhonmaschinen

Kurzhubhonmaschinen, häufig auch als Superfinishmaschinen bezeichnet, werden zur Erzeugung von hohen Formgenauigkeiten und Oberflächengüten bei Innen- oder Außenflächen eingesetzt. Typische Einsatzgebiete sind die Bearbeitung von Wälzlagerrollen und Kugellagerringen sowie von Getriebewellen und komplexen Rotationsteilen wie Kurbelwellen und Nockenwellen. Kurzhubhonmaschinen können in die Kategorien zum Rotations- und Oszillationsfinishing eingeteilt werden [23]. Beim Rotationsfinishing wird die hontypische Oberfläche mit sich kreu-

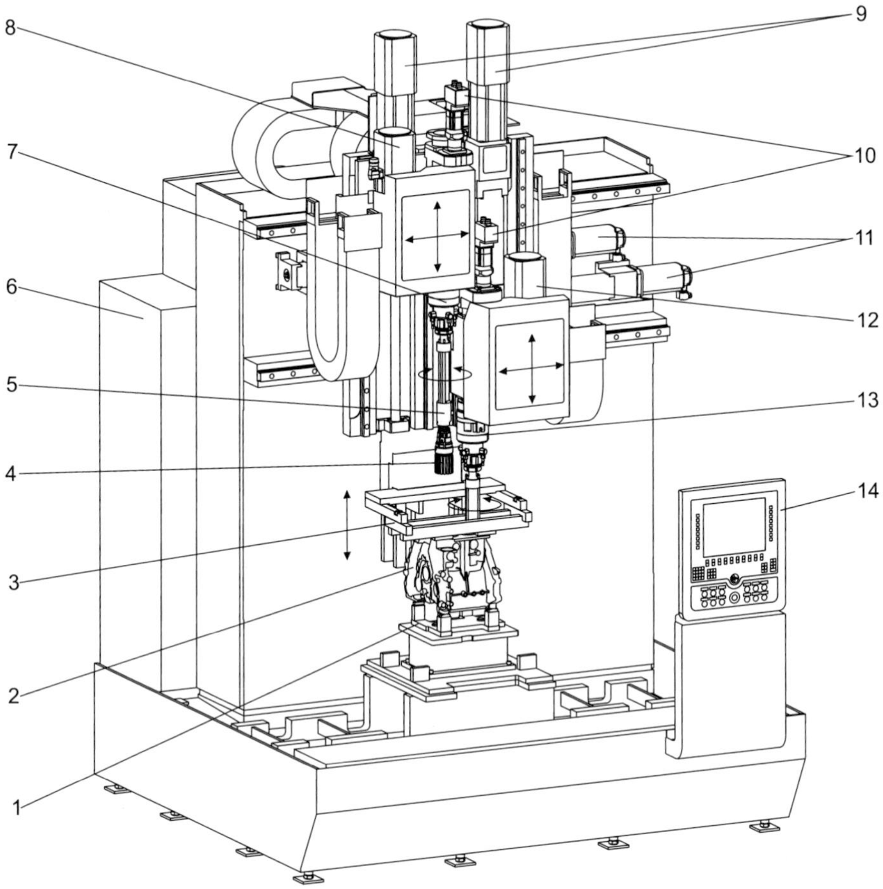

Abb. 49.46 Vertikale Langhubhonmaschine (Gehring Technologies GmbH, Ostfildern). *1* Werkstückaufnahme, *2* Werkstück, *3* Werkstückspannung, *4* Werkzeug, *5* Antriebsstange, *6* Schaltschrank, *7* Spindel-A, *8* Spindeldrehantrieb-A, *9* Hubantriebe, *10* Antrieb zur Honleistenzustellung, *11* Verfahrantriebe, *12* Spindeldrehantrieb-B, *13* Spindel-B, *14* Bedienfeld

zenden Bearbeitungsspuren durch gegenläufige Rotationen von Werkzeug und Werkstück erzeugt, Abb. 49.47. Hierbei werden Werkzeug- und Werkstückachse versetzt zueinander angeordnet.

Beim Oszillationsfinishing setzt sich die Schnittgeschwindigkeit aus einem translatorischen oder bogenförmigen Oszillationsanteil mit einer Amplitude von wenigen Millimetern und einem Rotationsanteil zusammen. Die Oszillationsbewegungen, mit Frequenzen im Bereich von 2 bis 85 Hz, werden entweder vom Werkstück oder vom Honwerkzeug mittels mechanischer oder pneumatischer Antriebe ausgeführt. Der Rotationsanteil der Schnittbewegung wird zumeist durch das Rotieren des Werkstücks erzeugt. Das Oszillationsfinishing lässt sich weiterhin in die Durchlauf- und Einstechbearbeitung unterteilen (Abb. 49.48). Bei der Durchlaufbearbeitung wird das Werkstück zwischen zwei Transportwalzen geführt. Das Werkstück wird während der Bearbeitung zusätzlich in axialer Richtung bewegt. In der Regel werden bei der Durchlaufbearbeitung mehrere Honsteine mit unterschiedlicher Körnung und Härte nacheinander eingesetzt, sodass eine stufenweise Bearbeitung der Fläche erfolgt. Der zur Zerspanung erforderliche Druck wird durch das Anpressen des Honsteins auf die Werkstückoberfläche erreicht. Abb. 49.49 zeigt zusätzlich ein weiteres Einsatzgebiet der Kurzhubhonmaschinen bei der Bearbeitung von Wälzlagern.

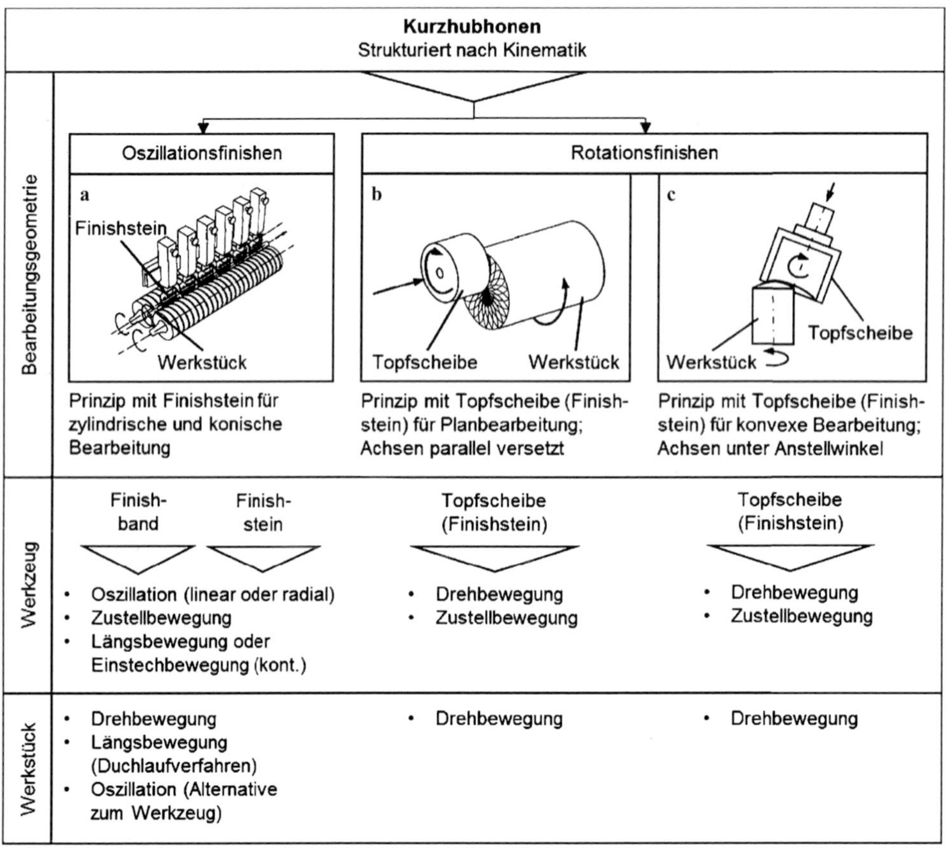

Abb. 49.47 Kinematik verschiedener Kurzhubhonvarianten nach [23]. **a** Außen-Rundbearbeitung; **b** Planbearbeitung; **c** Sphärische (konvexe) Bearbeitung

49.9.4 Sonderhonmaschinen

Als Sonderhonmaschinen werden Bandhonmaschinen und Superfinish-Anbaugeräte bezeichnet. Das Arbeitsprinzip von Bandhonmaschinen ähnelt dem von Kurzhubhonmaschinen. Der Unterschied besteht darin, dass als Honwerkzeug ein Honband, auch Finish- oder Polierband genannt, eingesetzt wird. Das Honband wird mittels Anpressrollen oder Anpressschalen aus Metall oder Kunststoff auf eine oder mehrere Seiten der Bearbeitungsstelle gepresst. Für feine Bearbeitungsstufen werden Anpresselemente aus weichen Materialen gewählt. Der rotatorische Anteil der Schnittgeschwindigkeit geht von dem sich drehenden Werkstück aus. Der kurzhubige, oszillierende axiale Anteil wird entweder durch Bewegungen des Werkstücks oder des Bandführungsgeräts realisiert. Die Transportgeschwindigkeit des Honbands ist um mehrere Größenordnungen kleiner als die Schnittgeschwindigkeit und trägt nicht zum Spanen bei. Durch die axiale Verschiebung des Bandführungsgeräts können lange Werkstücke bearbeitet werden. Bandhongeräte werden vertikal, horizontal oder quer eingesetzt. Typische Einsatzgebiete sind die Bearbeitung von Funktionsflächen an Kurbel- und Nockenwellen. Superfinish-Anbaugeräte können in konventionelle Schleif- und Drehmaschinen integriert werden, sodass eine Feinstbearbeitung von Werkstücken möglich ist. Hierbei wird die Rotationsbewegung vom Werkstück ausgeführt. Die Oszillationsbewegung wird mittels elektromechanischer oder pneumatischer Antriebe erzeugt.

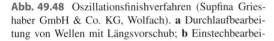

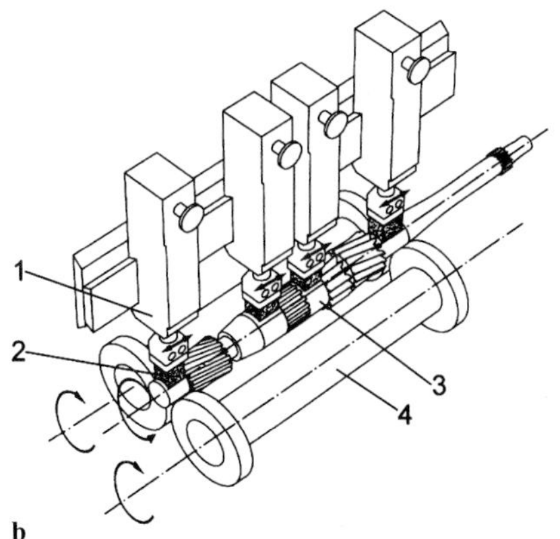

Abb. 49.48 Oszillationsfinishverfahren (Supfina Grieshaber GmbH & Co. KG, Wolfach). **a** Durchlaufbearbeitung von Wellen mit Längsvorschub; **b** Einstechbearbeitung von Getriebewellen; *1* Superfinisheinheit, *2* Honstein, *3* Werkstück, *4* Transport- bzw. Tragwalzen

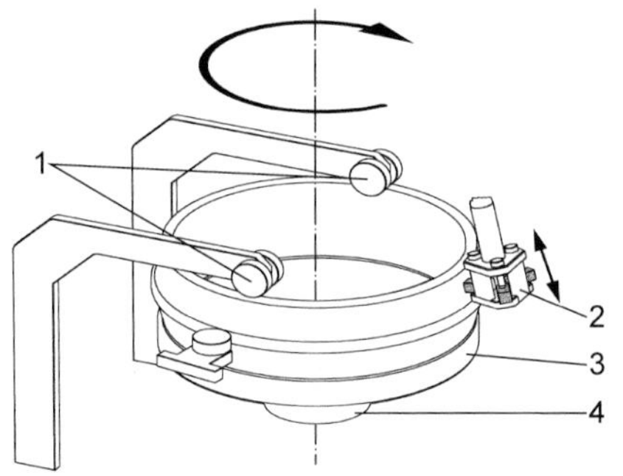

Abb. 49.49 Bearbeitung von Wälzlagern (Supfina Grieshaber GmbH & Co. KG, Wolfach). *1* Druckrollen, *2* Linearschwinger mit dreifachem Steinwender, *3* Werkstück, *4* Planscheiben-Treiber

49.9.5 Entwicklungstrends

Im Allgemeinen folgen die Entwicklungstrends von Honmaschinen denen konventioneller Werkzeugmaschinensysteme. Hierzu zählen bspw. die Erhöhung des Automatisierungsgrades und der Maschinengenauigkeit. Derzeit sind ebenfalls erweiterte Entwicklungen in Richtung Formhonen zu erkennen [24]. Als Grundlage hierfür dient die Tatsache, dass die ideale Geometrie eines Funktionsbauteils während des Einsatzes nicht der Geometrie entspricht, die das Bauteil während der Bearbeitung selbst einnimmt. Gründe für die Änderungen der Geometrien sind bspw. Temperaturunterschiede bzw. -gradienten bei dem Betrieb von Verbrennungskraftmaschinen oder Verzüge, die beim Einbau gehonter Bauteile innerhalb einer Baugruppe auftreten. Durch Formhonen, d. h. das Honen einer nichtidealen zylindrischen und runden Geometrie, wird versucht diesen Gegebenheiten Rechnung zu tragen. Im Hinblick auf die maschinelle Bearbeitung wird Formhonen bspw. durch die separate Ansteuerung der einzelnen Honleisten erzielt. Die Honleisten werden dabei, je nach Winkelstellung und Hublage durch Piezoaktoren in radialer Richtung definiert zugestellt.

49.10 Läppmaschinen

49.10.1 Einleitung

Läppmaschinen dienen der Herstellung von Funktionsflächen an Werkstücken, an die hohe Anforderungen hinsichtlich Form- und Maßgenauigkeit sowie Oberflächengüte gestellt werden. Das Läppen, bei dem loses in einer Flüssigkeit oder Paste verteiltes Korn den Werkstückwerkstoff in ungeordneten Bahnen abtrennt, wird nach DIN 8589-15 [49] dem Spanen mit geometrisch unbestimmter Schneide zugeordnet und kann zur Bearbeitung fast aller Werkstoffe verwendet werden. Die Läppmaschinen werden nach der zu erzeugenden Bauteilform in Planläpp-, Kugelläpp- und Rundläppmaschinen unterteilt. Weiterhin können die Planläppmaschinen nach ihrer Werkzeuganordnung in Einscheiben- und Zweischeiben-Läppmaschinen unterteilt werden.

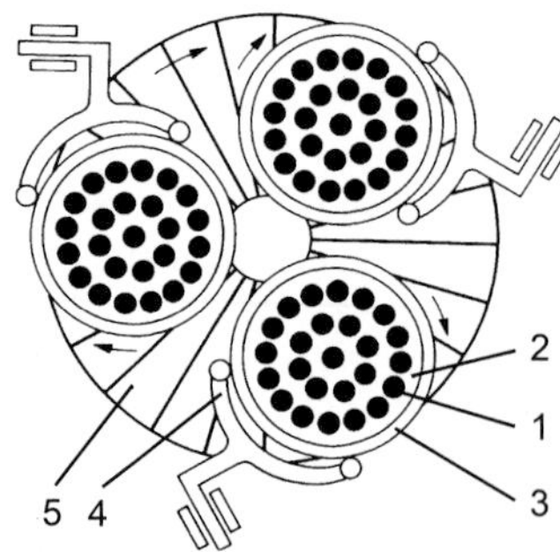

Abb. 49.50 Prinzip einer Einscheiben-Läppmaschine (STÄHLI Läpp Technik AG, Pieterlen/Biel). *1* Werkstücke, *2* Werkstückhalter, *3* Abrichtringe, *4* Rollengabeln, *5* Läppscheibe

Bei allen Läppmaschinen erfolgt die Zufuhr des Läppgemisches über Dosiereinheiten.

49.10.2 Einscheiben-Läppmaschinen

Einscheiben-Läppmaschinen, auch zum Feinschleifen und Polieren eingesetzt, werden genutzt, um ebene Flächen an Einzel- und Massenteilen herzustellen. Wie in Abb. 49.50 dargestellt, werden die Werkstücke (*1*) zur Bearbeitung in kreisförmige Werkstückhalter (*2*) eingelegt. Diese werden in Abrichtringe (*3*) eingesetzt, die während des Prozesses von Rollengabeln (*4*) geführt werden. Die Drehbewegung der Läppscheibe (*5*) und der Abrichtringe in den Rollengabeln erzeugt eine Relativbewegung der Werkstücke und führt zur Materialabtrennung am Werkstück [25].

Die verwendeten Abrichtringe sorgen bei der Bearbeitung gleichzeitig für eine stete Profilierung der Läppscheibe. Das Werkstück und das Läppwerkzeug, welches aus der Läppscheibe und dem Läppmedium gebildet wird, bewegen sich in möglichst ungeordneten Bahnen mit häufigen Richtungswechseln aufeinander. Das in der Läppemulsion verteilte Abrasivmittel gelangt während der Bearbeitung temporär zwischen Scheibe und Werkstück. Bei der Materialtrennung werden meist isotrope, also ungerichtete, Oberflächentexturen erzeugt. Durch eine Kraft, mit denen die Werkstücke im Prozess beaufschlagt werden können, ist es möglich die Abtrennleistung zu steigern. Während diese Kraft früher über Gewichte aufgebracht wurde, wird dies bei modernen Einscheiben-Läppmaschinen über Pneumatikzylinder, den sogenannten Belastungseinheiten, die über den Werkstückhaltern angebracht sind, realisiert.

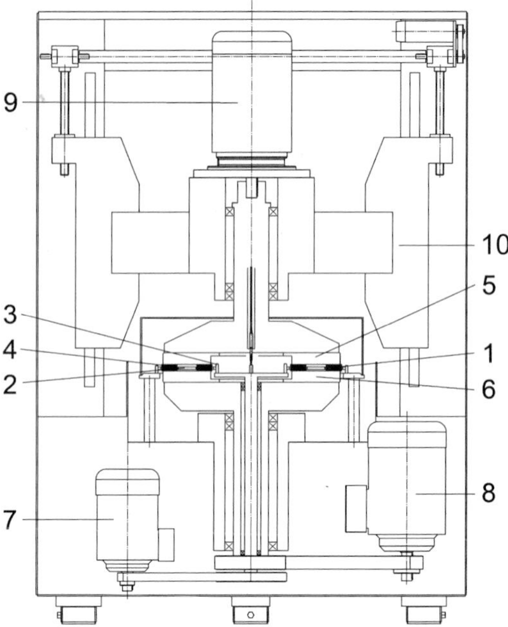

Abb. 49.51 Aufbau einer Zweischeiben-Läppmaschine (STÄHLI Läpp Technik AG, Pieterlen/Biel). *1* Werkstücke, *2* Läuferscheiben, *3* Innenstiftkranz, *4* Außenstiftkranz, *5* Obere Läppscheibe, *6* Untere Läppscheibe, *7*, *8*, *9* Antriebe, *10* Traverse

49.10.3 Zweischeiben-Läppmaschinen

Planparalleläppmaschinen. Beim Planparalleläppen, auch zweiseitiges Planläppen mit Planetenkinematik oder Planläppen mit Zwangsführung genannt, werden zwei parallele und ebene Flächen bei geringer Maßstreuung und engen Maßtoleranzen gleichzeitig bearbeitet (Abb. 49.51). Zu den typischen Anwendungsgebieten bei metallischen Bauteilen zählt hier die Bearbeitung von Lagerringen. Die Werkstücke (*1*) werden spannungsfrei in außenverzahnte Werkstückhalter (*2*), den sogenannten Läuferscheiben, eingelegt, die von zwei Stiftkränzen (*3*, *4*) zwischen den beiden waagerecht angeordneten Läppscheiben (*5*, *6*) geführt werden. Die Relativbewegung zwischen den Wirkpartnern wird durch die Überlagerung der Rotationsbewegungen der Läppscheiben, des Innenstiftkranzes und der Werkstückhalter erzeugt und führt so zu den für das Verfahren typischen zykloiden Bahnformen der Bauteile. In seltenen Fällen ist auch der Außenstiftkranz drehbar. Das Läppmittel wird dem Prozess stetig zugeführt und aufgrund des während der Bearbeitung auftretenden Kornverschleißes nach dem Austritt aus dem Arbeitsbereich nicht wiederverwendet. Zur Steigerung der Abtrennleistung am Werkstück, kann eine zusätzliche Arbeitsauflast aufgebracht werden. Dies wird bei Zweischeiben-Läppmaschinen mit druck- oder weggesteuerten Antriebskonzepten über die gesamte obere Arbeitsscheibe realisiert [26].

Kugelläppmaschinen. Kugelläppmaschinen weisen grundsätzlich den gleichen Aufbau wie Zweischeiben-Läppmaschinen zur Planparallelbearbeitung auf, unterscheiden sich jedoch teilweise in der Werkzeuggestalt. Während die obere Läppscheibe meist eben ist, weist die untere Läppscheibe mehrere halbkreisförmige oder v-förmige Nuten, sogenannte Rillenbahnen, auf, in denen die zu bearbeitenden Kugeln geführt werden. Infolge der Rotation der Läppscheiben, die bei einem Großteil der Kugelläppmaschinen beide angetrieben werden, drehen sich die Kugeln in den Rillenbahnen und es kommt zur Werkstoffabtrennung. Die Werkzeuge können horizontal oder vertikal angeordnet sein. Zudem sind Maschinen zum Kugelläppen größtenteils mit Vorrichtungen bzw. Magazinen zur automatisierten Zu- und Abführung der Kugeln ausgestattet.

Außenrundläppmaschinen. Maschinen zum Außenrundläppen verfügen wie Läppmaschinen zur Planparallelbearbeitung ebenfalls über zwei waagerecht angeordnete Läppscheiben. Zwischen den Läppscheiben befinden sich Werkstückhalter aus Stahlblech oder Kunststoff, in denen die zu bearbeitenden kreiszylindrischen Werkstücke radial, azentrisch zum Scheibenmittelpunkt geführt werden. Die Schräglage wirkt dem reinen Abrollen der Werkstücke entgegen und zwingt diese in eine Wälzbewegung wodurch schließlich die Materialabtrennung erzielt wird.

49.10.4 Rundläppmaschinen

Das Prinzip von Maschinen zum Innenrundläppen entspricht dem von Honmaschinen (s. Abschn. 49.9). Ein rotierendes Werkzeug wird in eine zu bearbeitende Bohrung eingeführt und zusätzlich oszillierend bewegt. Das Werkzeug, die sogenannte Läpphülse, ist durch eine Längsnut elastisch aufweitbar. Durch einen kegeligen Dorn (Konus 1 : 50), der während der Bearbeitung stufenlos in die Läpphülse gepresst werden kann, lässt sich diese aufweiten und damit die Materialabtrennung am Werkstück regulieren.

49.10.5 Entwicklungstrends

Waren die einzelnen Läppverfahren zur Fein- und Feinstbearbeitung von Bauteilen bis vor einigen Jahren noch industriell weit verbreitet, werden diese heute immer mehr durch Schleifverfahren mit äquivalenter Kinematik substituiert. So wird beispielsweise das Zweischeiben-Planläppen durch das Doppelseiten-Planschleifen mit Planetenkinematik (s. Abschn. 49.8.2) ersetzt, bei dem durch den Einsatz höherer Schnittgeschwindigkeiten die gleichen Oberflächengüten bei signifikant höheren Abtrennraten erzielt werden können. Zudem kann durch den Einsatz von gebundenem Korn beim Schleifen der Reinigungsaufwand im Vergleich zum Läppen mit ungebundenem Korn wesentlich reduziert werden, was zusätzlich zur Reduzierung des Fertigungsaufwandes und der Fertigungskosten führt.

49.11 Mehrmaschinensysteme

49.11.1 Einleitung

Bei der industriellen Mittel- und Großserienfertigung komplexer Werkstücke haben sich Mehrmaschinensysteme etabliert, die aus mehreren, miteinander verbundenen, Fertigungsmaschinen

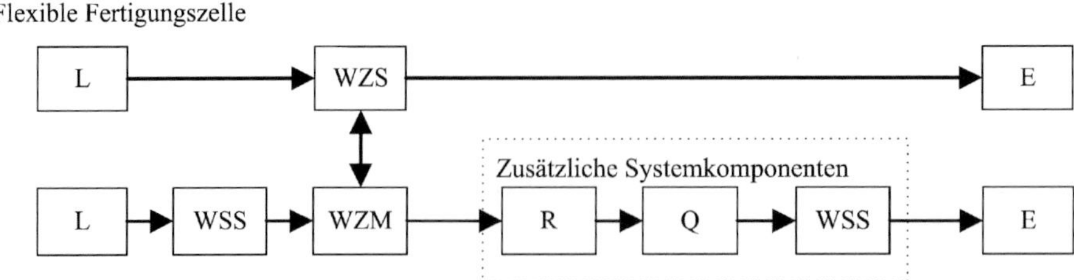

Abb. 49.52 Organisationsschema einer flexiblen Fertigungszelle nach [1]. *L* Beladeeinrichtung, *WZS* Werkzeugspeicher, *WSS* Werkstückspeicher, *WZM* Werkzeugmaschine, *R* Werkstückreinigung, *Q* Qualitätsprüfung, *E* Entladeeinrichtung

bestehen. Die zeitgerechte Bestückung mit Werkstücken und die Verbindung der Fertigungsmaschinen untereinander werden durch Werkstücktransportsysteme, Werkstückhandlingsysteme und Werkstückpuffer sichergestellt. Diese Verknüpfung geht mit einem hohen Anlagenautomatisierungsgrad einher, welcher durch übergeordnete Steuerungs- und Regelungssysteme organisiert wird. Fertigungsanlagen können anhand ihrer Anlagenflexibilität und Maschinenproduktivität kategorisiert werden. Mehrmaschinensysteme, die speziell in der Großserienfertigung eingesetzt werden, sind Sondermaschinen wie zum Beispiel Rundtaktmaschinen oder Transferstraßen. Charakteristisch für beide ist eine hohe Maschinenproduktivität bei geringer Anlagenflexibilität. Im Gegensatz dazu können auf flexiblen Fertigungszellen kleine Losgrößen wirtschaftlich gefertigt werden. Werden mehrere dieser Fertigungsanlagen zu einem Verbund zusammengeführt, wird von flexiblen Fertigungssystemen gesprochen. Diese stellen für mittlere Losgrößen einen wirtschaftlichen Kompromiss aus Maschinenproduktivität und Anlagenflexibilität dar. Als technisches Unterscheidungsmerkmal kann die Art der Maschinenverkettung herangezogen werden. Diese wird in eine starre und flexible Verkettung unterteilt. Bei einer starren Verkettung sind die Anlagenteile fest miteinander verbunden, die Werkstücke durchlaufen einen fest vorgegebenen Prozess. Flexibel verkettete Mehrmaschinensysteme zeichnen sich durch eine anpassungsfähige Vernetzung der Maschinen aus. Der Weg von Station zu Station, den ein Werkstück durchläuft, steht zu Beginn des Fertigungsprozesses noch nicht fest. Die Werkstücke werden auslastungsspezifisch an die Maschinen verteilt [1].

49.11.2 Flexible Fertigungszellen

Für mittlere Losgrößen eignen sich flexible Fertigungszellen (FFZ) (Abb. 49.52). Sie bestehen aus einer NC-Maschine mit automatischem Werkzeugwechsler und Werkzeugmagazin, einem automatischen Werkstückwechsler und einem Werkstückspeicher. Auch Überwachungssysteme zur Erfassung des Werkzeugverschleißes und -bruchs sind Teil der Zelle. Auf diese Weise kann die Werkzeugmaschine über einen längeren Zeitraum, zum Beispiel eine Schicht, bedienerlos betrieben werden [5].

49.11.3 Flexible Fertigungssysteme

Um eine höhere Produktivität gegenüber flexiblen Fertigungszellen (FFZ) zu erreichen, werden flexible Fertigungssysteme (FFS) eingesetzt, in denen mehrere FFZ durch ein rechnergestütztes Werkstücktransportsystem und ein Informationssystem miteinander verbunden sind (Abb. 49.53). Auch Werkzeugtransportsysteme und Werkstückspeicher werden ins FFS integriert, sodass das FFS eine weitgehend autarke Einheit darstellt. FFS werden als einstufig bezeichnet, wenn sich die miteinander verbundenen Maschinen gegenseitig ersetzen können und alle Bearbeitungsschritte am Werkstück auf einer Maschine erfolgen können. Mehrstufige FFS sind Systeme, in denen sich ergänzende Maschinen verbunden werden und die Bearbeitung des Werkstücks an mehreren Maschinen erfolgt. Dabei kann die Reihenfolge der Bearbeitungsschritte von Werkstück zu Werkstück variieren. Ein Zentralrechner kontrolliert den Werkzeug-

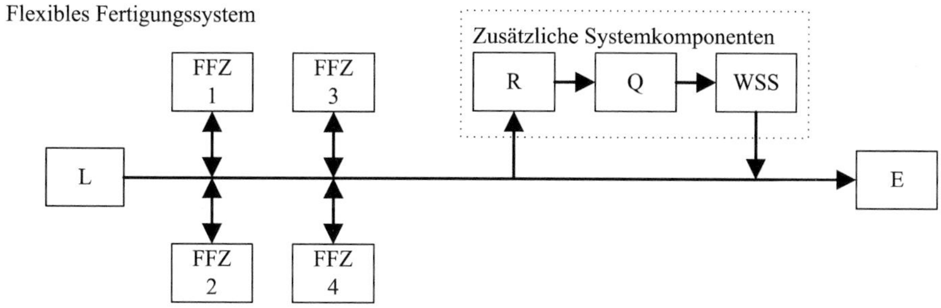

Flexibles Fertigungssystem
Zusätzliche Systemkomponenten
FFZ 1
FFZ 3
R
Q
WSS
L
E
FFZ 2
FFZ 4

Abb. 49.53 Organisationsschema eines flexiblen Fertigungssystems nach [1]. *L* Beladeeinrichtung, *FFZ* Flexible Fertigungszelle, *R* Werkstückreinigung, *Q* Qualitätsprüfung, *WSS* Werkstückspeicher, *E* Entladeeinrichtung

und Werkstücktransport, die Lagerverwaltung für Rohteile, Fertigteile und Werkzeuge sowie die NC- und Betriebsdatenverwaltung [5].

Die Komplexität von FFS steigt mit der Anzahl der Maschinen stark an. Sie bestehen daher häufig aus maximal fünf Einzelmaschinen. Auf eine Vollautomatisierung wird zugunsten der Flexibilität in der Regel verzichtet. Für die Fertigung kleinerer Losgrößen bei höherer Flexibilität wird der Verkettungsgrad innerhalb der FFS reduziert. In diesem Fall handelt es sich um flexible Fertigungsinseln. FFS besitzen eine hohe Flexibilität hinsichtlich der Losgröße, d. h. eine große Bandbreite von Losgrößen kann wirtschaftlich bearbeitet werden. Die Bemühungen gehen dahin, auch größere Lose wirtschaftlich bearbeiten zu können und damit die Produktivität von FFS bei gleichbleibender Flexibilität zu steigern [5].

49.11.4 Transferstraßen

Für eine hohe Produktivität bei bauartabhängig teilweise weit geringerer Flexibilität gegenüber FFS steht die Transferstraße (Abb. 49.54). Hier ist die Reihenfolge der Bearbeitungsschritte durch die Anordnung der Maschinen an den Bearbeitungsstationen vorgegeben. Die Taktzeit wird durch die Bearbeitungsstation mit der längsten Bearbeitungsdauer bestimmt. Die Maschinen sind durch eine vollautomatische Werkstücktransporteinrichtung verkettet. Oft handelt es sich bei den Maschinen um Sondermaschinen, die ausschließlich für einen Bearbeitungsschritt ausgelegt sind. Sie sind zur Erhöhung der Umrüstflexibilität in der Regel aus Komponenten mit genormten Haupt- und Anschlussmaßen aufgebaut. Im Unterschied zu Rundtaktmaschinen, bei denen durch die kreisförmige Anordnung der Bearbeitungsstationen auch deren Anzahl limitiert ist, sind Transferstraßen linienförmig aufgebaut. Je nach Literaturquelle werden Rundtaktmaschinen sowie Transferstraßen, die ausschließlich durch Umrüstung andere Werkstücke bearbeiten können, ebenfalls als Sondermaschinen bezeichnet [16].

An Transferstraßen kann der Werkstücktransport ungetaktet erfolgen, wenn Werkstückspeicher integriert sind. Können bestimmte Stationen umgangen werden oder die Maschinen an den Stationen durch Werkzeugwechselsysteme oder Umprogrammieren verschiedene Bearbeitungsprozesse durchführen, so wird das System auch als flexible Transferstraße (FTS) bezeichnet. Sie unterscheidet sich von einem FFS dadurch, dass die Reihenfolge der Stationen nicht veränderbar ist [5].

49.11.5 Entwicklungstrends

Die Entwicklungszyklen neuer Produkte werden bei steigender Produktvielfalt stetig verkürzt. Mehrmaschinensysteme sollen bei hoher Anlagenflexibilität eine möglichst hohe Maschinenproduktivität erreichen. Dieser Gegensatz kann durch eine Verbesserung der Anlagenverfügbarkeit, zum Beispiel durch eine intelligente Betriebszustandsüberwachung, höhere Robustheit gegenüber Störungen und eine effizientere Logistik geschehen. Ein weiterer vielversprechender Ansatz ist die Implementierung von cyber-

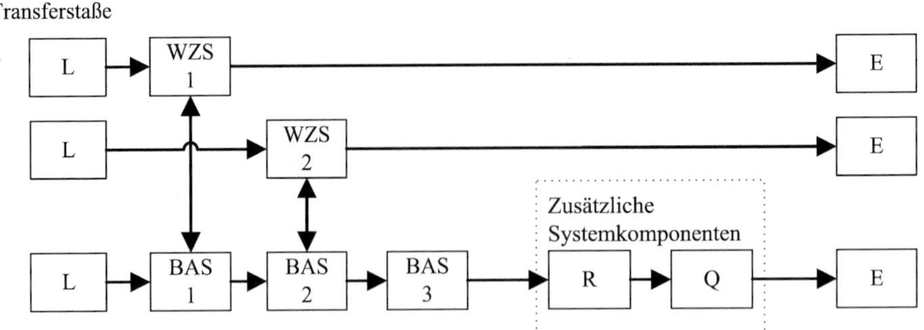

Abb. 49.54 Organisationsschema einer Transferstraße nach [1]. L Beladeeinrichtung, *BAS* Bearbeitungsstation, *WZS* Werkzeugspeicher, *R* Werkstückreinigung, *Q* Qualitätsprüfung, *E* Entladeeinrichtung

physikalischen Systemen (CPS) in den Produktionsprozess. CPS sind Geräte, die sich aus Hardware mit einer Kommunikationsschnittstelle, wie HART-fähigen Sensoren oder PROFINET-fähigen Aktoren, einer Dateninfrastruktur, wie zum Beispiel dem Internet und Software zusammensetzen [27, 28]. Durch die adaptierbare Software können zusätzliche Funktionen in das Maschinensystem integriert werden, ohne dass physische Veränderungen an der Anlage vorgenommen werden müssen. Der Vorteil dieses Ansatzes liegt darin, dass Werkzeuge und Anlagenkomponenten hochflexibel auf neue Bearbeitungsaufgaben angepasst werden können, um der kundenindividuellen Massenproduktion näher zu kommen. In der Logistik und Lagerhaltung werden diese Vorteile heute schon genutzt. Für die Nutzung von Mehrmaschinensystemen existieren Anwendungsszenarien selbstorganisierter Produktion auf der Basis von in der Fertigung miteinander kommunizierender und kooperierender autonomer Objekte, beispielsweise Anlagen, Anlagenteile, Sensoren, Steuerungen, Werkzeuge sowie das gerade bearbeitete Produkt.

In Laborumgebungen wurde nachgewiesen, dass für jedes Werkstück eine individuelle Fertigungsstrategie bzw. Bearbeitungsabfolge realisiert werden kann, was aus Sicht des Kunden und des Produzenten Vorteile mit sich bringt. Ein weiterer Trend ist die Reduktion des Gesamtenergiebedarfs des Maschinensystems. Hierbei werden zwei Ansätze verfolgt. Zum einen wird versucht, auf Komponentenebene einzelne Bauteile konstruktiv zu verbessern und zum anderen soll durch eine intelligente Steuerung der Gesamtanlage der Energieverbrauch verringert werden. Beispielsweise können einzelne Verbraucher vom Druckluftnetz getrennt und wieder zugeschaltet werden. Dadurch lässt sich der Druckluftbedarf der Anlage im Stand-by-Betrieb reduzieren. Durch die Verwendung von stufenlos regelbaren Motoren lassen sich die Leistung und damit der Energieverbrauch von Nebenaggregaten, zum Beispiel des hydraulischen Spannsystems oder der Kühlschmierstoffversorgung, bedarfsgerecht einstellen [28, 29].

Literatur

Spezielle Literatur

1. Neugebauer, R. (Hrsg.): Werkzeugmaschinen. Aufbau, Funktion und Anwendung von spanenden und abtragenden Werkzeugmaschinen. Springer, Berlin (2012)
2. Hirsch, A.: Werkzeugmaschinen. Grundlagen, Auslegung, Ausführungsbeispiele. Springer, Wiesbaden (2012)
3. Förster, R., Förster, A.: Komplette Fertigungsprozesse. In: Einführung in die Fertigungstechnik. Springer Vieweg, Berlin Heidelberg (2018)
4. Zhu, J., Jiang, Z., Shi, J, Jin, C.: An overview of turn-milling technology. Int J Adv Manuf Technol **81**, 493–505 (2015)
5. Weck, M., Brecher, C.: Werkzeugmaschinen – Maschinenarten und Anwendungsbereiche. Springer, Berlin Heidelberg (2005)
6. Uhlmann, E., Sammler, C.: Influence of coolant conditions in ultrasonic assisted grinding of high performance ceramics. Prod Eng Res Dev **4**, 581–587 (2010)
7. Gao, C.H., Cheng, K., Kirkwood, D.: The investigation on the machining process of BTA deep hole

drilling. J Mater Process Technol **107**(1–3), 222–227 (2000)
8. Weinert, K., Webber, O., Peters, C.: On the influence of drilling depth dependent modal damping on chatter vibration in BTA deep hole drilling. Cirp Ann – Manuf Technol **54**(1), 363–366 (2005)
9. Katsuki, A., Onikura, H., Sajima, T., Mohri, A., Moriyama, T., Hamano, Y., Murakami, H.: Development of a practical high-performance laser-guided deephole boring tool. Improv Guid Strateg Precis Eng **35**(2), 221–227 (2011)
10. Uhlmann, E., Piltz, S., Schauer, K.: Micro milling of sintered tungsten–copper composite materials. J Mater Process Technol **167**(2–3), 402–407 (2005)
11. Uhlmann, E., Sammler, F., Richarz, S., Reucher, G., Hufschmied, R., Frank, A., Stawiszynski, B., Protz, F.: Machining of carbon and glass fibre reinforced composites. Procedia CIRP **46**, 63–66 (2016)
12. Weck, M., Schubert, I.: New interface machine/tool: hollow shank. CIRP Ann – Manuf Technol **43** (1994)
13. Lee, G.L., Suh, J.D., Kim, H.S., Kim, J.M.: Design and manufacture of composite high speed machine tool structures. Compos Sci Technol **64** (2004)
14. Schulz, H.: Hochgeschwindigkeitsbearbeitung. Hanser, München Wien (1996)
15. Portman, V.T., Chapsky, V.S., Sheneor, Y.: Workspace of parallel kinematics machines with minimum stiffness limits: collinear stiffness value based approach. Mech Mach Theory **49** (2012)
16. Perović, B.: Spanende Werkzeugmaschinen. Ausführungsformen und Vergleichstabellen, 1. Aufl. Springer, Berlin (2009)
17. Uhlmann, E., Flögel, K., Kretzschmar, M., Faltin, F.: Abrasive waterjet turning of high performance materials. Proceedings of 5th CIRP International Conference on High Performance Cutting, 409–413 (2012)
18. Felten, K.: Verzahntechnik: das aktuelle Grundwissen über Herstellung und Prüfung von Zahnrädern. Expert, Renningen, S. 111 (2008)
19. Rußner, C.: Präzisionsplanschleifen von Al2O3-Keramik unter Produktionsbedingungen. Cuvillier, Göttingen (2006)
20. Ardelt, T.: Einfluss der Relativbewegung auf den Prozess und das Arbeitsergebnis beim Planschleifen mit Planetenkinematik. In: Uhlmann, E. (Hrsg.) Berichte aus dem Produktionstechnischen Zentrum Berlin. Fraunhofer-Verlag, Stuttgart (2001)
21. Meyer, B.: Prozesskräfte und Werkstückgeschwindigkeiten beim Spitzenlosschleifen. Apprimus, Aachen (2011)
22. Klocke, F., König, W.: Fertigungsverfahren 2. Schleifen, Honen, Läppen. Springer, Berlin Heidelberg (2005)
23. Klink, U.: Honen – Umweltbewusst und kostengünstig Fertigen. Hanser, München Wien (2015)
24. Schneider, R.: Unrundbearbeitung von Zylinderbohrungen durch Formhonen. wt Werkstattstech Online **101**(1–2), 88–90 (2011)
25. Simpfendörfer, D.: Entwicklung und Verifizierung eines Prozessmodells beim Planläppen mit Zwangsführung. Hanser, München/Wien (1988)
26. Engel, H.: Läppen von einkristallinem Silicium. Fraunhofer-Institut für Produktionsanlagen und Konstruktionstechnik, Berlin (1997)
27. Broy, M. (Hrsg.): Cyber-physical Systems. Innovation durch softwareintensive eingebettete Systeme. Springer, Berlin (2010)
28. Schmitt, R. (Hrsg.): Autonome Produktionszellen. Autonome Produktionsprozesse flexibel automatisieren. Springer, Berlin (2006)
29. Jamshidi, M., Parsaei, H.R.: Design and implementation of intelligent manufacturing systems: from expert systems, neural networks, to fuzzy logic. Pearson Education, Upper Saddle River (1995)

Allgemeine Literatur

30. Fritz, A.H., Schulze, G. (Hrsg.): Fertigungstechnik, 10. Aufl. Springer, Berlin (2012)
31. Gienke, H., Kämpf, R.: Handbuch Produktion. Innovatives Produktmanagement: Organisation, Konzepte, Controlling. Hanser, München (2007)
32. Hehenberger, P.: Computerunterstützte Fertigung – Eine kompakte Einführung. Springer, Heidelberg (2011)
33. Hehenberger, P.: Computerunterstützte Fertigung. Eine kompakte Einführung. Springer, Heidelberg (2011)
34. Kief, H.B., Roschiwal, H.A.: NC/CNC Handbuch. Hanser, München (2007)
35. Marinescu, I.D., Uhlmann, E., Doi, T.K.: Handbook of lapping and polishing. CRC Press, Boca Raton, London, New York (2007)
36. Paucksch, E., Holsten, S., Linß, M., Tikal, F.: Zerspantechnik. Prozesse, Werkzeuge, Technologien. GWV, Wiesbaden (2008)
37. Perović, B.: Handbuch Werkzeugmaschinen. Berechnung, Auslegung, Konstruktion. Hanser, München (2006)
38. Schönherr, H.: Spanende Fertigung. Oldenbourg, München (2002)
39. Weck, M., Brecher, C.: Werkzeugmaschinen – Konstruktion und Berechnung, 8. Aufl. Springer, Berlin Heidelberg (2006)
40. Witt, G., Dürr, H.: Taschenbuch der Fertigungstechnik. Hanser, Fachbuchverlag Leipzig, Leipzig, München (2006)

Normen und Richtlinien

41. DIN 228-1: Teil 1, Morsekegel und Metrische Kegel; Kegelschäfte (1987)
42. DIN 66217: Koordinatenachsen und Bewegungsrichtungen für numerisch gesteuerte Arbeitsmaschinen (1975)
43. DIN 69871: Steilkegelschäfte für automatischen Werkzeugwechsel (1995)

44. DIN 69871-1: Teil 1, Steilkegelschäfte für automatischen Werkzeugwechsel – Teil 1: Form A, Form AD, Form B und Ausführung (1995)
45. DIN 69893: Kegel-Hohlschäfte mit Plananlage (2011)
46. DIN ISO 7388-1: Werkzeugschäfte mit Kegel 7/24 für den automatischen Werkzeugwechsel – Teil 1: Maße und Bezeichnung von Schäften der Formen A, AD, AF, U, DU und UF (2014)
47. DIN 8589: Fertigungsverfahren Spanen. Allgemeines (2003)
48. DIN 8589-11: Fertigungsverfahren Spanen. Teil 11 Schleifen mit rotierendem Werkzeug (2003)
49. DIN 8589-14: Fertigungsverfahren Spanen. Teil 14: Honen. Einordnung, Unterteilung, Begriffe (2003)
50. DIN 8589-15: Fertigungsverfahren Spanen. Teil 15: Läppen. Einordnung, Unterteilung, Begriffe (2003)
51. DIN 8589-5: Fertigungsverfahren Spanen. Teil 5: Räumen; Einordnung, Unterteilung, Begriffe (2003)
52. DIN 8589-6: Fertigungsverfahren Spanen. Teil 6: Sägen; Einordnung, Unterteilung, Begriffe (2003)
53. DIN ISO 26623: Polygonaler Hohlschaftkegel mit Plananlage (2010)
54. DIN ISO 69893: Kegel-Hohlschäfte mit Plananlage (2011)
55. VDI 3398: Spitzenlosschleifen (2004)

Schweiß- und Lötmaschinen

50

Lutz Dorn und Uwe Füssel

Schweißen und Löten s. Abschn. 8.1–8.2.

50.1 Lichtbogenschweißmaschinen

Anforderungen. Zum Zünden und Aufrechterhalten des Lichtbogens sind bestimmte elektrische Bedingungen von der Schweißenergiequelle zu erfüllen:

- hohe Leerlaufspannung im Vergleich zur Brennspannung (sicheres Zünden),
- schnelle Spannungswiederkehr nach Tropfenkurzschlüssen (schnelles Wiederzünden),
- wenig oberhalb des Schweißstroms liegender Kurzschlussstrom (spritzerarmes Schweißen).

Statische Kennlinie. Sie beschreibt die Veränderung der Quellspannung U mit der Höhe des Schweißstroms I (Abb. 50.1). Die sich beim Schweißen einstellenden Strom- und Spannungswerte (Arbeitspunkt A) entsprechen dem Schnittpunkt der eingestellten statischen Kennlinie *(1, 4)* mit der Lichtbogenkennlinie *(2, 3)*, die sich mit zunehmender Lichtbogenlänge nach oben verschiebt.

L. Dorn
Technische Universität Berlin
Berlin, Deutschland
E-Mail: lutz.dorn@lg-dorn.de

U. Füssel (✉)
Technische Universität Dresden
Dresden, Deutschland
E-Mail: fuegetechnik@tu-dresden.de

Bei steil fallender Kennlinie *(4)* bewirkt eine Änderung der Lichtbogenlänge (-spannung) nur geringe Stromänderungen. Dies ist beim WIG- und E-Handschweißen erwünscht und ermöglicht einen gleichmäßigen Energieeintrag in das Werkstück. Beim UP-Schweißen mit dickeren Drähten wird die Spannungsänderung ausgenutzt, um über einen regelbaren Vorschubmotor die Lichtbogenlänge konstant zu halten (sog. äußere Regelung).

Bei flach fallender Kennlinie *(1)* bewirken geringe Änderungen der Lichtbogenlänge (-spannung) starke Stromänderungen. Bei Abschmelzelektroden hoher Stromdichte ändert sich entsprechend der Wärmeleistung die Abschmelzgeschwindigkeit und damit – bei konstantem Drahtvorschub – die Lichtbogenlänge. Dies wird bei dem MSG-Schweißen und UP-Schweißen mit dünneren Drähten dazu ausgenutzt, die Lichtbogenlänge bei Brennerabstandsänderungen konstant zu halten (sog. innere Regelung).

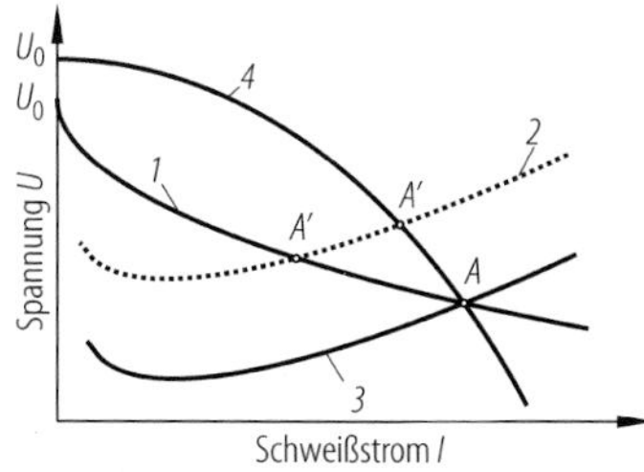

Abb. 50.1 Veränderung des Arbeitspunktes durch Vergrößerung der Lichtbogenlänge bei steiler und flacher statischer Energiequellenkennlinie. *1* Flache Kennlinie, *2* langer Lichtbogen, *3* kurzer Lichtbogen, *4* steile Kennlinie

B. Bender und D. Göhlich (Hrsg.), *Dubbel Taschenbuch für den Maschinenbau 2: Anwendungen*,
https://doi.org/10.1007/978-3-662-59713-2_50

Dynamische Kennlinie. Sie beschreibt das Energiequellenverhalten bei kurzzeitigen Belastungsänderungen, wie sie beim Zünden oder bei Tropfenkurzschlüssen entstehen (Abb. 50.2).

Bei Energiequellen mit zu großem Zündstromstoß neigt die Elektrode beim Zünden zum Festhaften am Werkstück und bei Tropfenkurzschlüssen entsteht starke Spritzerbildung; bei zu kleinem Zündstromstoß reicht die Wärmeentwicklung zum sicheren Zünden nicht aus. Damit die Energiequelle ein gutes Wiederzünden gewährleistet, soll die Spannung nach Aufheben des Kurzschlusses möglichst rasch die volle Leerlaufspannung U_0 wieder erreichen. Bei Stromquellen mit hohen Induktivitäten im Schweißstromkreis, z. B. Schweißgleichrichtern mit Zusatzdrosseln, erfolgt ein rascher Spannungsanstieg bis oberhalb U_0.

Einstellbereich des Schweißstroms. Er ergibt sich als Schnittpunkt der Lichtbogenkennlinie mit den statischen Energiequellen-Kennlinien auf größter und kleinster Einstellstufe. Die Lichtbogenkennlinien sind in der DIN EN 50 078 in Form von Zahlenwertgleichungen festgelegt.

Zulässige Leerlaufspannungen und Einschaltdauer. Aus Sicherheitsgründen sind die Leerlaufspannungen für das WIG- bzw. E-Hand-Schweißen (DIN EN 50 060/A1) und das MIG/ MAG-Schweißen (DIN EN 60 974-1) begrenzt.

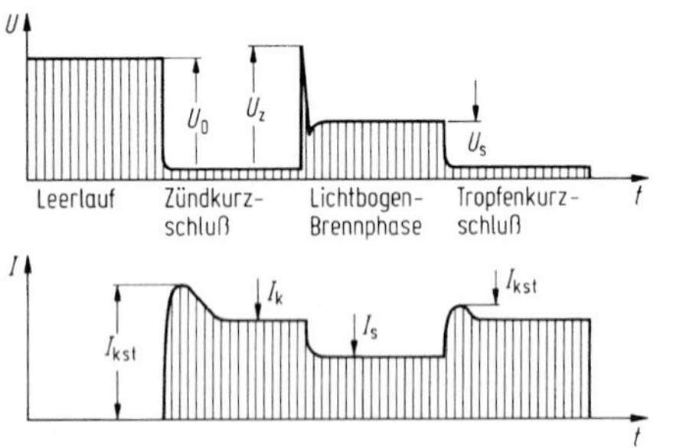

Abb. 50.2 Zeitlicher Verlauf von Strom und Spannung bei kurzzeitigen Belastungsänderungen infolge Berührungszündung und Tropfenkurzschluss

50.1.1 Bauausführungen

Schweißenergiequellen ohne elektronische Stellglieder wie z. B. Schweißtransformatoren, Schweißumformer und Schweißgleichrichter spielen in der modernen industriellen Fertigung nur noch eine untergeordnete Rolle.

Sekundär getaktete Gleichstromquelle. Die herabtransformierte, gleichgerichtete und geglättete Netzspannung wird zu Rechteckimpulsen bis 100 kHz umgeformt und mittels einer Drossel geglättet. Ein Regler vergleicht Soll- mit Istwerten und moduliert die Pulsbreite (Abb. 50.3).

Primär getaktete Gleichstromquelle (Inverter). Die primärseitig gleichgerichtete, geglättete Netzspannung wird zu Rechteckimpulsen bis 100 kHz umgeformt. Diese werden herabtransformiert, gleichgerichtet und mittels einer Drossel geglättet. Ein Regler vergleicht Soll- mit Istwerten und moduliert die Pulsbreite entsprechend (Abb. 50.4). Bei gleicher Leistung nimmt das Volumen des Transformators mit zunehmen-

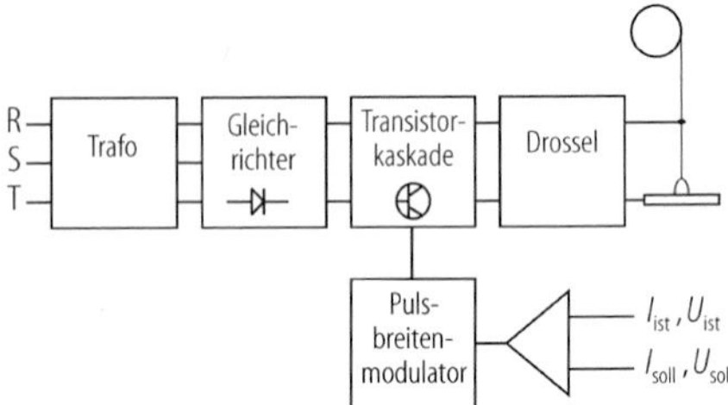

Abb. 50.3 Sekundär getaktete Gleichstromquelle

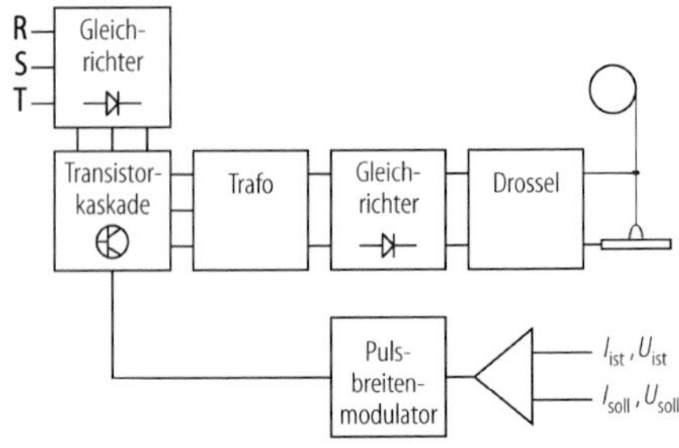

Abb. 50.4 Primär getaktete Gleichstromquelle

der Frequenz ab. Dadurch lässt sich sein Gewicht um über 90 % reduzieren.

Impulsstromquellen. Energiequellen moderner Bauart sind dank ihres schnellen Regelverhaltens in der Lage, nahezu beliebige Strom- bzw. Spannungsverläufe zu erzeugen. Der Stromverlauf lässt sich durch zwei Phasen charakterisieren. Die Grundstromphase I_g der Länge t_g verhindert ein Erlöschen des Lichtbogens und schmilzt die Drahtspitze an. Die Impulsstromphase I_p der Länge t_p löst den Tropfen von der Drahtspitze ab und lässt ihn kurzschlussfrei übergehen (Abb. 50.5).

Programmierung von Schweißenergiequellen. Mittels moderner Mikroprozessortechnik ist die Handhabung wesentlich erleichtert worden. Der Schweißer wählt das Schutzgas, den Drahtwerkstoff und den Drahtdurchmesser. Das entsprechende Parameterfeld wird aus der Datenbank (z. B. EPROM) der Energiequelle ausgelesen, ordnet dem vom Schweißer gewählten Drahtvorschub alle weiteren Parameter zu (Synergic Control) und ermöglicht eine kontinuierlich hohe Schweißqualität. Durch Echtzeitprozessdatenerfassung wird der Schweißprozess stetig überwacht, bei Bedarf protokolliert und z. T. mittels Fuzzylogic optimiert. Über Schnittstellen lassen sich die Energiequellen mit Robotersteuerungen verbinden. Sensorik identifiziert die Fügeteile und die Steuerung wählt das entsprechende Positionier- und Schweißprogramm aus. Neben den eigentlichen Schweißparametern legen weitere Parameter das Energiequellenverhalten beim

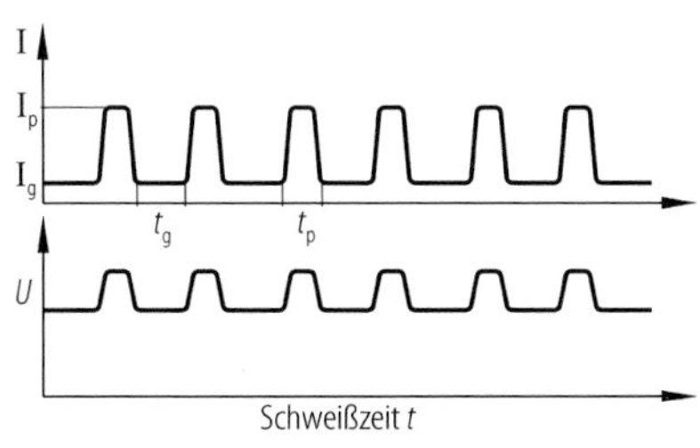

Abb. 50.5 Verlauf von Strom und Spannung beim Impulslichtbogenschweißen

Prozessstart und beim Prozessende (Endkraterfüllung) fest.

Energiequellen für Rechteckwechselstrom (WIG). Auf die bei sinusförmigem Wechselstrom notwendige HF-Überlagerung im Nulldurchgang zum Wiederzünden des Lichtbogens kann verzichtet werden. Durch Verschiebung der Nullinie (*AC-Balance*) kann z. B. beim Aluminiumschweißen die Leistung im positiven Wellenanteil verkleinert und so die thermische Belastung der Wolframelektrode reduziert werden ohne auf die kathodische Reinigungswirkung zu verzichten.

Es können Startstrom, Schweißstrom, Pulsfrequenz, Pulsbreite, Startverhalten (*slope up*), Kraterfüllstrom, Abschaltverhalten (*slope down*) sowie Gasvor- und -nachströmzeit eingestellt werden.

Energiequellen für das MAGM-Hochleistungsschweißen. Verfahrensbedingt liefern diese Stromquellen z. T. Ströme $\geq$ 700 A bei Spannungen von bis zu 50 V und 100 % ED. Als Schutzgase werden je nach Verfahrensvariante Ar-Gemische mit unterschiedlichen Anteilen an He, CO_2 und O_2 verwendet.

50.2 Widerstandsschweißmaschinen

Widerstandsschweißeinrichtungen umfassen ortsfeste Schweißmaschinen (Abb. 50.6) sowie bewegliche Schweißzangen. Letztere können entweder von Hand oder von Industrierobotern geführt werden. Nach dem Verfahrensprinzip werden Punkt-, Buckel-, Rollennaht- und Stumpfschweißeinrichtungen unterschieden.

Mechanische Funktionen. Maschinengestell und Elektrodenarme sind mit hoher Steifigkeit auszuführen. Dies ist für Buckelschweißmaschinen von besonderer Bedeutung, um eine gleichmäßige Stromverteilung beim Mehrbuckel-Schweißen sicherzustellen. Trotz schneller Schließbewegung soll die Elektrode schlagfrei

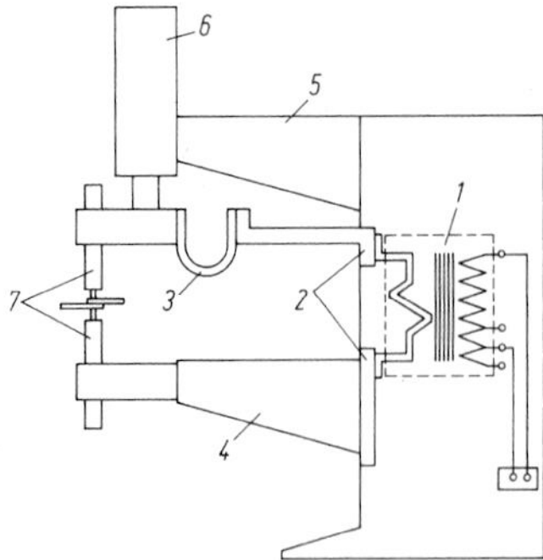

Abb. 50.6 Schematischer Aufbau einer Punktschweißmaschine. *1* Transformator, *2* Stromschienen, *3* Stromfeder, *4* Unterarmhalter mit Unterarm, *5* Oberarm, *6* Druckluftzylinder und Stößelführung, *7* Elektrodenhalter mit Elektroden

aufsetzen, um Arbeitsgeräusch und Elektrodenverschleiß gering zu halten. Für gutes Schweißverhalten ist das bewegliche Elektrodensystem möglichst massearm auszuführen.

Elektrische Funktionen. Die Schweißstromsteuerung hat die Aufgabe, vorwählbare Vorpress-, Strom- und Nachpresszeiten sowie evtl. Stromanstiegs- und -abfallgeschwindigkeiten genau einzuhalten. Bei Druckprogramm-Steuerungen kann die Elektrodenkraft während des Schweißens verändert und hierdurch die Schweißqualität verbessert werden.

Dreiphasen-Gleichstrom- und Mittelfrequenzinverter-Schweißeinrichtungen. Gleichstrommaschinen mit dreiphasigem Netzanschluss und sekundärseitiger Stromgleichrichtung gewinnen wegen besserer Energieausnutzung, symmetrischer Netzbelastung und vorteilhafter Schweißeigenschaften gegenüber Wechselstrom-Schweißmaschinen zunehmend an Bedeutung, insbesondere beim Aluminiumpunkt- oder Mehrbuckel-Schweißen. Bei Mittelfrequenz-Schweißinvertern wird die 3phasige Netzspannung primärseitig gleichgerichtet, mittels IGBT-Leistungstransistoren getaktet (ca. 1 kHz), über einen massearmen Mittelfrequenztransformator zur Sekundärseite übertragen und mit Hochstromdioden gleichgerichtet.

50.3 Laserstrahl-Schweiß- und Löteinrichtungen

Als Wärmequelle wird ein auf die Schweißstelle fokussierter Laserstrahl verwendet, dessen Monochromasie und Kohärenz Leistungsdichten von 10^6 bis $10^8\,\mathrm{W/cm^2}$ ermöglicht. Aufgrund hoher Strahlleistungen werden CO_2-Gaslaser und Nd:YAG-Festkörperlaser am häufigsten zum Schweißen und Löten eingesetzt. CO_2-Gaslaser werden wegen guten Wirkungsgrades (15–20 %) und hoher Strahlleistungen ($\leq$ 40 kW) für das Nahtschweißen mit hohen Schweißgeschwindigkeiten bzw. bei größeren Blechdicken bevorzugt. Dagegen erreicht der kompaktere Nd:YAG-Laser nur $\leq$ 4 % Wirkungsgrad, jedoch entstehen infolge kürzerer Wellenlänge (1,06 μm gegenüber 10,6 μm beim CO_2-Laser) geringere Reflexionsverluste an metallischen Werkstücken. Sein Einsatz richtet sich vorwiegend auf punkt- und linienförmige Feinschweißungen und -lötungen. Durch Leistungserhöhung ($\leq$ 5 kW) über Kopplung mehrerer Laserresonatoren und durch flexible Strahlführung über Lichtleitfasern gewinnt er zunehmend auch für das Schweißen größerer und komplex geformter Bauteile, wie z. B. Pkw-Karosserien, an Bedeutung.

50.4 Löteinrichtungen

50.4.1 Mechanisiertes Hartlöten

Der Lötvorgang lässt sich durch geeignete Lotzuführung, z. B. als *Lotformteil, Lotpulver, Lotpaste* oder als *Lotplattierung*, gut mechanisieren. Als Fördereinrichtung werden meist Drehtische oder Förderschlitten verwendet, die die Werkstücke durch die Erwärmungszone führen. Die Energiezufuhr geschieht vorzugsweise über Gasbrenner, Induktionsspulen, Widerstandswärme, Lichtbogen oder Laserstrahl.

Zum Induktionslöten kommen abhängig von der Werkstückform Spulen- und Flächeninduktoren zum Einsatz.

Der Aufbau von Widerstands-Lötmaschinen entspricht weitgehend demjenigen von Schweißmaschinen. Bei der sog. Innenwiderstandserwärmung entsteht die Lötwärme vorzugsweise im Werkstück mittels Kupferelektroden. Bei der sog. Außenwiderstandserwärmung wird die Wärme vorzugsweise in den Graphitelektroden erzeugt.

50.4.2 Ofenlöten mit Weich- und Hartloten

Die Lötöfen sind entweder gas-, öl- oder elektrisch beheizt. Letztere bieten die Möglichkeit regelbarer Temperaturführung und definierter Schutzgasatmosphäre bzw. Vakuumbedingungen. Weiterhin ist zwischen diskontinuierlich arbeitenden sowie Durchlauföfen zu unterscheiden. Zum flussmittelfreien Vakuumlöten bei Drücken zwischen 10^{-1} bis 10^{-6} mbar werden Heiß- oder Kaltwandöfen mit Heizwiderstands- oder Induktionsbeheizung eingesetzt.

50.4.3 Weichlöteinrichtungen in der Elektronik

Das Tauch- bzw. Wellenlöten von Anschlussfahnen elektrischer Bauteile an die Leiterbahnen von Schaltplatten erfolgt durch Eintauchen in ein Lotbad oder in eine Lotwelle, wobei sowohl die Lötstellen erwärmt als auch das Lot zugeführt werden. Beim Reflowlöten wird zunächst das Lot als Paste oder Plattierung aufgebracht und anschließend die Wärme über Heizbügel oder -stempel, Heißluft- oder -dampf, Infrarotstrahlung sowie Licht- oder Laserstrahl zugeführt.

Literatur

Weiterführende Literatur

Beckert, M., Neumann, A.: Grundlagen der Schweißtechnik – Löten, 2. Aufl., VEB Verlag Technik, Berlin (1973)

Königshofer, T.: Die Lichtbogenschweißmaschinen. Cram, Berlin (1960)

Owzarek, S.: Starkstromprobleme bei Schweißmaschinen. Leemann, Zürich (1953)

VBG 15: Unfallverhütungsvorschrift Schweißen, Schneiden u. verwandte Arbeitsverfahren

VDE 0100: Bestimmungen für das Errichten von Starkstromanlagen mit Nennspannung bis 1000 V. VDE-Verlag, Berlin

VDE 0540, VDE 0540 a: Bestimmungen für Gleichstrom – Lichtbogen – Schweißgeneratoren und -umformer. VDE-Verlag, Berlin

VDE 0541, VDE 0541 a: Bestimmungen für Stromquellen zum Lichtbogenschweißen mit Wechselstrom. VDE-Verlag, Berlin

VDE 0542, VDE 0542 a: Bestimmungen für Lichtbogen-Schweißgleichrichter. VDE-Verlag, Berlin

VDE 0543: Bestimmungen für Lichtbogen-Kleinschweißtransformatoren für Kurzschweißbetrieb. VDE-Verlag, Berlin

VDE 0544: Schweißeinrichtungen und Betriebsmittel für das Lichtbogenschweißen und verwandte Verfahren. VDE-Verlag, Berlin

VDE 0545 T 1: Sicherheitstechnische Festlegungen für den Bau und die Errichtung von Einrichtungen zum Widerstandsschweißen und für verwandte Verfahren. VDE-Verlag, Berlin

Industrieroboter

51

Eckart Uhlmann und Jörg Krüger

51.1 Definition, Abgrenzung und Grundlagen

Bei Industrierobotern handelt es sich um flexibel einsetzbare Handhabungsgeräte, die auch Fertigungsaufgaben übernehmen können. Nach VDI-Richtlinie 2860 definiert sich ein Industrieroboter folgendermaßen:

Industrieroboter sind universell einsetzbare Bewegungsautomaten mit mehreren Achsen, deren Bewegungen hinsichtlich Bewegungsfolge und Wegen bzw. Winkeln frei programmierbar (d. h. ohne mechanischen Eingriff vorzugeben bzw. änderbar) und gegebenenfalls sensorgeführt sind. Sie sind mit Greifern, Werkzeugen oder anderen Fertigungsmitteln ausrüstbar und können Handhabungs- oder andere Fertigungsaufgaben ausführen.

In Abgrenzung zu anderen Handhabungseinrichtungen, wie Manipulatoren, Telemanipulatoren und Einlegegeräten, ist der Roboter automatisch ansteuerbar und hinsichtlich Sollwertvorgaben frei programmierbar. Werkzeugmaschinen unterscheiden sich vom Industrieroboter durch die Spezialisierung auf eine bestimmte Arbeitsaufgabe und den diesbezüglich optimierten kinematischen Aufbau. Zudem verfügen Industrieroboter über einen vergleichsweise größeren Arbeitsraum.

Der mechanische Aufbau von Industrierobotern lässt sich durch kinematische Ketten darstellen. Die aneinandergereihten Kettenglieder werden auch als Bewegungsachsen bezeichnet und bestehen aus Gelenk, Hebel und Antrieb. Die Verbindung kann sowohl rotatorisch (Drehachsen) als auch translatorisch (Linearachsen) erfolgen. Der Getriebefreiheitsgrad F bezeichnet die Anzahl der unabhängig voneinander angetriebenen Achsen.

Bei der letzten Komponente der kinematischen Kette handelt es sich in der Regel um einen Greifer, eine Messspitze oder ein Werkzeug. Diese Komponente wird *Endeffektor* genannt und wird am Anschlussflansch der letzten Achse befestigt. Der Arbeitspunkt des Endeffektors wird als *Tool Center Point (TCP)* bezeichnet. Als *Hauptachsen* werden die Achsen bezeichnet, welche im Wesentlichen die Position des Endeffektors beeinflussen. Die *Nebenachsen* bestimmen die Orientierung.

Durch Bewegung der Achsen wird die *Pose*, d. h. Position und Orientierung, des TCP verändert. Für die flexible Beeinflussung der Pose sind *sechs unabhängige Bewegungen* (Freiheitsgrade) erforderlich (vgl. VDI-Richtlinie 2861). Zur minimalen Darstellung einer Pose können drei translatorische und drei rotatorische Freiheitsgrade gewählt werden. Durch eine geeignete Anordnung von sechs Gelenkachsen ($F = 6$) kann der Endeffektor den maximalen Freiheitsgrad von $E = 6$ erlangen. Ist die Anzahl der Gelenkachsen

E. Uhlmann (✉)
Technische Universität Berlin
Berlin, Deutschland
E-Mail: eckart.uhlmann@iwf.tu-berlin.de

J. Krüger
Technische Universität Berlin
Berlin, Deutschland

B. Bender und D. Göhlich (Hrsg.), *Dubbel Taschenbuch für den Maschinenbau 2: Anwendungen*,
https://doi.org/10.1007/978-3-662-59713-2_51

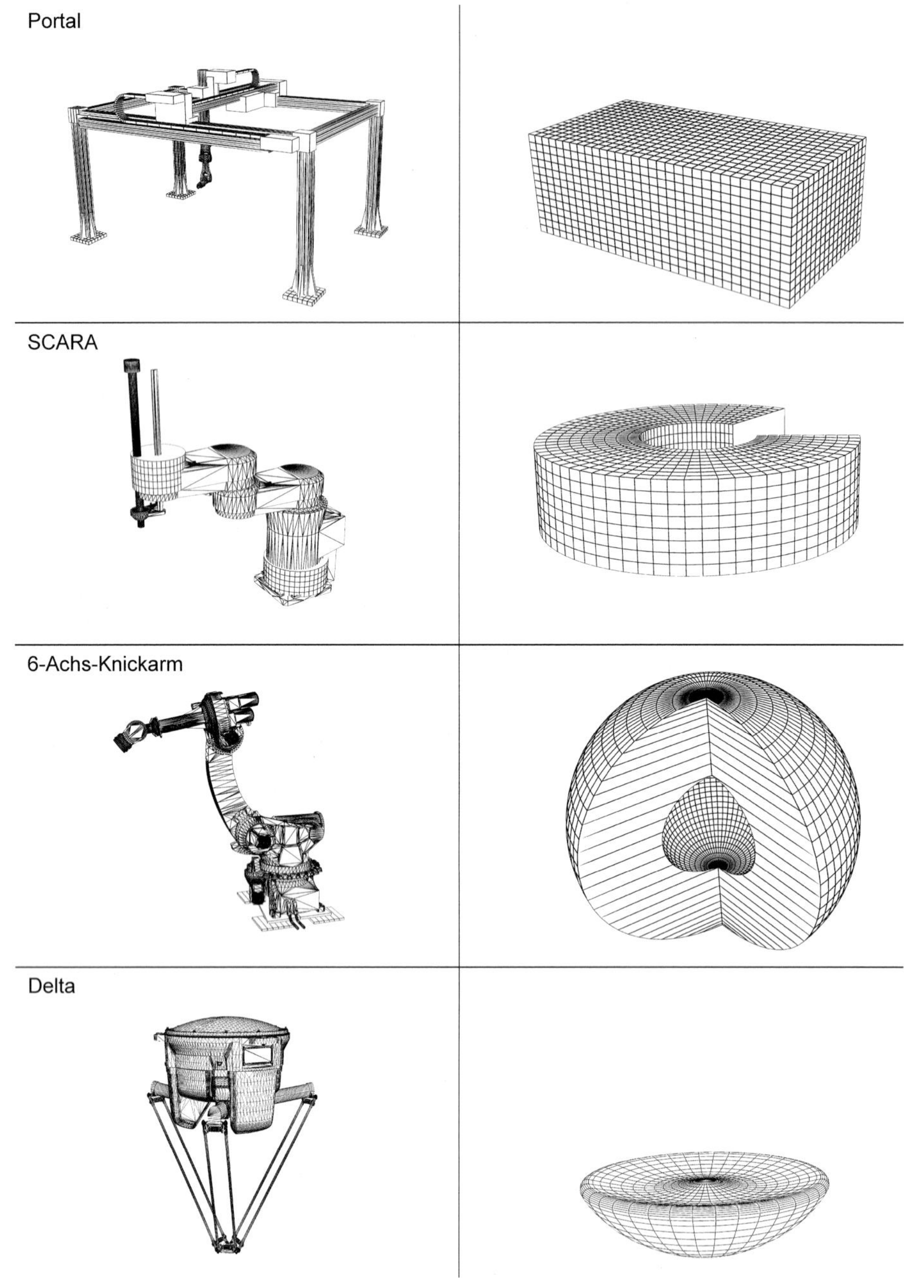

Abb. 51.1 Bauformen (*links*) und Arbeitsräume (*rechts*) von Industrieroboterkinematiken: Portal, SCARA, 6-Achs-Knickarm und Delta

höher als die Anzahl der resultierenden Freiheitsgrade des Endeffektors ($F > E$), handelt es sich um *eine redundante Kinematik*. Derartige Konfigurationen werden in Sonderfällen eingesetzt, um die Bewegungsflexibilität der kinematischen Kette zu erhöhen. Anwendungsbeispiele sind das Schweißen oder die Arbeitsraumvergrößerung bei der Bearbeitung großer Bauteile.

Die Kombination von Linear- und Drehachsen sowie deren Anordnung und Abmessungen definieren den Arbeitsraum des Industrieroboters. Die vorrangig eingesetzte Roboterklasse bil-

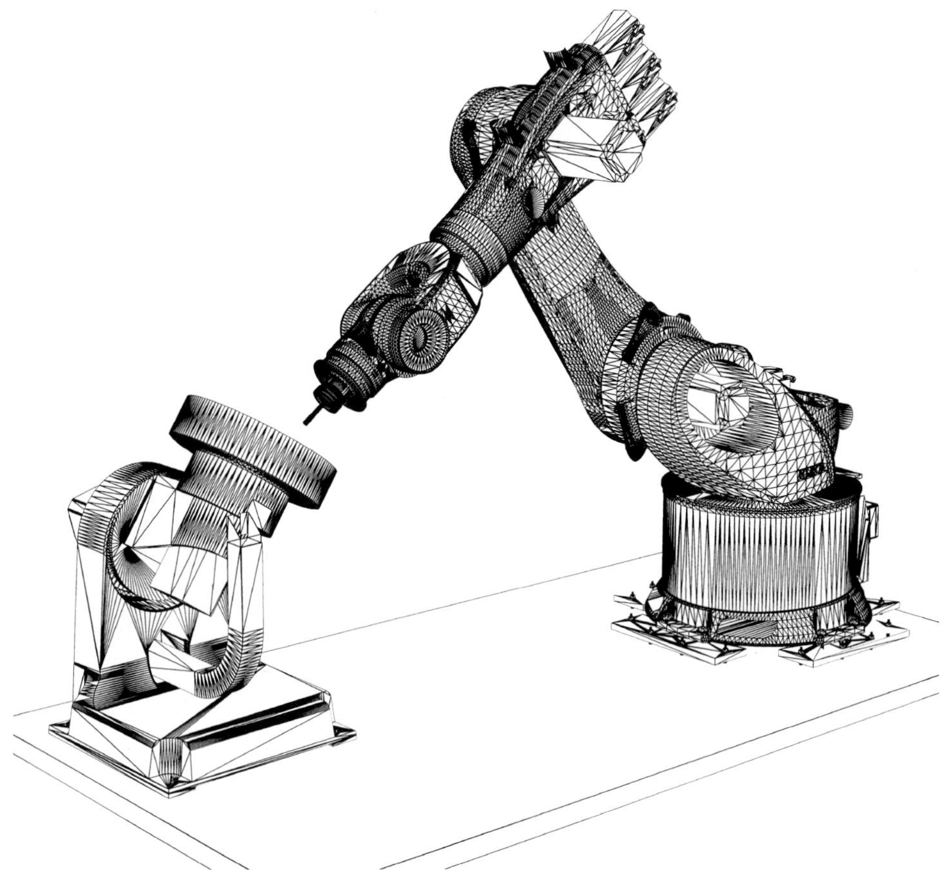

Abb. 51.2 6-Achs-Knickarmroboter mit Dreh-/Kipptisch

den sogenannte 6-Achs-Knickarm-Roboter. Diese Kinematik besteht aus sechs seriell verketteten Rotationsachsen. Daraus ergibt sich ein kugelförmiger Arbeitsraum. In Abb. 51.1 sind verschiedene Standardkinematiken von Industrierobotern und deren Arbeitsraum dargestellt. Die Kinematik des SCARA-Roboters kombiniert eine Linearachse mit drei rotatorischen Achsen. Durch diesen Aufbau ergibt sich ein zylindrischer Arbeitsraum. Aufgrund der Anordnung der Linearachse resultiert eine hohe Steifigkeit in vertikaler Richtung. Diese Roboterklasse wird dementsprechend vor allem für die senkrechte Montage kleiner Baugruppen genutzt. Parallele Anordnungen der Achsen besitzen verglichen mit seriellen Kinematiken ein besseres Verhältnis von Nutzlast zu Eigengewicht und eine hohe Steifigkeit. Daraus ergibt sich ein besseres dynamisches Verhalten. Der Hauptnachteil der Parallelkinematiken liegt in den Abmessungen des resultierenden Arbeitsraums. Bezüglich der Wahl einer passenden Kinematik besteht oftmals ein Konflikt zwischen Nutzlast sowie Steifigkeit der Kinematik und Abmessungen des Arbeitsraums. Parallelkinematiken mit sechs Achsen werden als Hexapod bezeichnet, Parallelkinematiken mit drei Achsen als Tripod. Eine spezielle Bauform des Tripod ist der Delta-Roboter mit viergelenkiger Unterarmstruktur. Mit seinen geringen bewegten Massen eignet er sich für Hochgeschwindigkeitsanwendungen [1].

Der Aufbau des Robotersystems kann ergänzend zur Grundstruktur des Roboterarms weitere, räumlich verteilte Achsen (Abb. 51.2) beinhalten. Neben der Nutzung von Standardkinematiken in Kombination mit Positionier- und Zuführeinrichtungen, beispielsweise Dreh- oder Kipptischen, fallen auch mehrarmige Systeme, wie beispielsweise Dual-Arm-Roboter oder kooperative Roboter in diese Kategorie. Moderne Industrierobotersteuerungen verfügen in der Regel über Funktionen zur synchronisierten Ansteuerung von mehreren verteilten Achsen.

51.2 Mechatronischer Aufbau

Ein Robotersystem besteht grundlegend aus Kinematik, Steuerungs- und Programmiersystem, Effektor sowie Peripherieeinheiten, wie Sensoren, Werkzeugwechselsystemen und Schutzeinrichtungen.

Zur Bewegungsführung des Roboters werden vorrangig elektrische Antriebe (s. Abschn. 45.2.1) verwendet. Zur Ansteuerung von Drehstrommotoren, das heißt Asynchron- und Synchronmaschinen, dienen pulsweitenmodulierende Frequenzumrichter. Bürstenlose Gleichstrommaschinen werden aufgrund des schlechteren Gewichts-Leistungsverhältnisses lediglich bei kleinen Industrieroboterklassen und modularen Systemen verwendet. Aufgrund ihres, bezogen auf das Eigengewicht, hohen Antriebsmomentes werden auch Gleichstrommotoren in Scheibenläuferbauart verwendet. Bei hohen Traglasten kommen an einzelnen Gelenken auch hydraulische Antriebe zum Einsatz.

Der kinematische Aufbau und die Wahl des Antriebssystems werden maßgeblich bestimmt durch Anforderungen an die Positioniergenauigkeiten in Verbindung mit den geforderten dynamischen Eigenschaften. Hierauf ist auch die Wahl des Getriebes abgestimmt, mit der die wirkenden Kräfte und Momente in den Robotergelenken untersetzt werden. Es werden beispielsweise Zykloidgetriebe, Wellgetriebe (Markenbezeichnung: Harmonic-Drive) oder mehrstufige Planetengetriebe (s. Abschn. 45.2.2) verwendet. Anforderungen an diese Getriebe sind neben einer hohen Untersetzung auch Gleichlauf, minimales Umkehrspiel, Geräuscharmut und Verschleißfestigkeit.

Der Effektor des Roboters wird in Abhängigkeit von der Aufgabenstellung, wie beispielsweise Schweißen oder Teiletransport, gewählt. Bei Greifaufgaben sind Kriterien, wie Form, Oberflächenbeschaffenheit, Steifigkeit und Gewicht des Werkstückes, zu berücksichtigen.

Das exakte Erreichen einer programmierten Position des Effektors auf Basis der von der Robotersteuerung berechneten Pose, also der Gelenkstellungen des Roboters, bedingt eine hochgenaue Weg- bzw. Winkelmessung an den Gelenken. Hierzu werden in der Regel digitale Weg- bzw. Winkelgeber verwendet. Die digitalen Geber erfassen den Messwert als ganzzahliges Vielfaches eines Weg- oder Winkelinkrements. Je nachdem, ob sich der Messwert als Inkrementanzahl oder durch Ablesen einer kodierten Skala ergibt, wird zwischen inkrementalen (relativen) und codierten (absoluten) Messsystemen unterschieden. Absolute digitale Geber erfordern einen relativ hohen konstruktiven Aufwand, um einen großen Verfahrweg bei hoher Auflösung zu erreichen. Inkrementale digitale Geber sind preisgünstiger als absolute und weisen prinzipiell einen unbegrenzten Messbereich auf. Auch auf dem Induktionsprinzip basierende Resolver werden noch vereinzelt verwendet, wo eine hohe Robustheit des Sensors benötigt wird (s. Kap. 31).

51.3 Kinematik und Dynamik

51.3.1 Kinematisches Modell

Das kinematische Modell eines Industrieroboters beschreibt den geometrischen Zusammenhang zwischen den verschiedenen Koordinatensystemen am Roboter. Das Basiskoordinatensystem ist ein kartesisches System und beschreibt die ortsfesten Bezugskoordinaten. Das Endeffektorkoordinatensystem beschreibt die Koordinaten des Werkzeugarbeitspunktes relativ zum Flansch des Roboterarms. Diese kartesischen Koordinaten bestehen aus drei Positions- und drei Orientierungskoordinaten und können durch Koordinatentransformation ineinander umgerechnet werden. Die Endeffektorkoordinaten werden allgemein als externe Koordinaten X angegeben. Dem gegenüber stehen die internen Gelenkkoordinaten q, die als Vektor der Gelenkpositionen angegeben werden. Da die Roboterbewegungen meist in Endeffektorkoordinaten geplant werden und die Steuerung und Regelung der Achsen dagegen in Gelenkkoordinaten erfolgt, muss der Zusammenhang zwischen den beiden Koordinatensystemen ermittelt werden. Dazu existieren zwei gegensätzliche Problemstellungen.

Direktes kinematisches Problem: Zu gegebenen internen Gelenkkoordinaten q sollen die entsprechenden externen Endeffektorkoordinaten X bestimmt werden.

Inverses kinematisches Problem: Zu gegebenen externen Endeffektorkoordinaten X sollen die entsprechenden Gelenkkoordinaten q bestimmt werden.

Die Denavit-Hartenberg-Konvention beschreibt und modelliert die kinematische Struktur des Roboters. Jedes Glied der kinematischen Kette wird nach Regeln der Konvention mit einem körperfesten Koordinatensystem versehen. Die Übergänge zwischen den Koordinatensystemen lassen sich mit homogenen Transformationsmatrizen beschreiben. Mithilfe der Konvention können die jeweiligen Transformationsmatrizen zwischen zwei Gelenken über lediglich vier Parameter beschrieben werden, wobei ein Parameter die generalisierte Koordinate q abbildet.

Die resultierende Transformation $f(q)$ zwischen Basis- und Endeffektorkoordinatensystem hängt von allen Gelenkkoordinaten ab und beschreibt die funktionale Abhängigkeit der externen von den internen Koordinaten:

$$X = f(q)\,.$$

Eine eindeutige Lösung des inversen Problems $q = f^{-1}(X)$ ist nur für spezielle Strukturen in dieser geschlossenen Form möglich, da zum Einstellen einer Pose des Endeffektors in der Regel verschiedene Achskonfigurationen gewählt werden können.

Eine weitere Möglichkeit zur Lösung des direkten und inversen kinematischen Problems ist die Bestimmung der Jacobi-Matrix J für den funktionalen Zusammenhang zwischen der Pose des Endeffektors und den einzelnen Gelenkpositionen. Durch die totale Differenzierung entsteht so ein linearer Zusammenhang zwischen der Endeffektorgeschwindigkeit und den Gelenkgeschwindigkeiten

$$\dot{X} = J(q)\,\dot{q}$$

mit $J = \frac{\mathrm{d}X(q)}{\mathrm{d}q}$. Bei Industrierobotern mit sechs Freiheitsgraden und nicht-singulärer Konfiguration kann nun durch Invertierung der Jacobi-Matrix das inverse kinematische Problem an der Stelle q gelöst werden. Je nach Komplexität der kinematischen Kette können analytische Lösungsverfahren angewendet werden. Im allgemeinen Fall sind jedoch numerische Lösungsverfahren zu wählen (s. Bd. 1, Teil I).

51.3.2 Dynamisches Modell

Industrieroboter sind holonome Systeme und ihr Bewegungsdifferentialgleichungssystem lässt sich nach dem Newton-Euler-Ansatz angeben:

$$M(q)\,\ddot{q} + V(q,\dot{q}) + G(q) = \tau + J^T F.$$

Dabei stellt M die Massenträgheitsmatrix dar. Der Vektor V bezeichnet die generalisierten Zwangsmomente, verursacht durch Zentripetal-, Coriolis- und Reibungskräfte in den Gelenken. G ist der Vektor der generalisierten Gravitationsmomente und τ stellt den Vektor der Antriebsmomente dar. $q(t)$ bezeichnet weiterhin den Vektor der Bewegungskoordinaten der Achsen. Die Matrix J beinhaltet die Jacobi-Matrix aus dem kinematischen Zusammenhang von Endeffektor und Gelenken. Der Vektor F besteht aus drei Kraftkomponenten und drei Drehmomenten und bildet die externen Einflüsse auf das Momentengleichgewicht ab. Ausgehend von diesem Modell stellen sich zwei dynamische Grundaufgaben:

Direktes dynamisches Problem: Zu gegebenen Antriebsmomenten $\tau(t)$ soll die entsprechende Roboterbewegung $\ddot{q}(t)$ bestimmt werden.

Inverses dynamisches Problem: Zu einer gegebenen Roboterbewegungen $\ddot{q}(t)$ sollen die entsprechenden Antriebskräfte $\tau(t)$ bestimmt werden.

Die Lösung des inversen Problems ist mit dem Newton-Euler-Ansatz oder dem Energie-Ansatz nach Lagrange möglich. Das direkte dynamische Problem erfordert ein numerisches Verfahren, das den aktuellen Zustand des Systems einbezieht:

$$\ddot{q}(t) = \hat{M}^{-1}\left[\tau + J^T F - \hat{V}(q,\dot{q}) - \hat{G}(q)\right].$$

In der Praxis müssen die Zustandsgrößen $q, \dot{q}$ und F gemessen, sowie die Modelle für $\hat{M}, \hat{V}$ und $\hat{G}$ geschätzt werden.

51.4 Leistungskenngrößen und Kalibrierung

51.4.1 Leistungskenngrößen

Die internationale Norm ISO 9283 definiert Leistungskenngrößen von Industrierobotern und deren Prüfmethoden. Grundlegend kann eine Unterteilung in statische Kenngrößen und dynamische Kenngrößen erfolgen. Statische Kenngrößen beziehen sich auf Genauigkeiten, die sich beim Anfahren einer Pose ergeben. Die dynamischen Kenngrößen behandeln beispielsweise das Bahnverhalten oder die Geschwindigkeit des Industrieroboters. In Tab. 51.1 sind die wichtigsten Kenngrößen und deren Beschreibung aufgeführt.

51.4.2 Kalibrierung

Die internationale Norm ISO TR 13309 beschreibt Messverfahren zur Kalibrierung von Industrierobotern und deren Zellumgebung. Bei der Ermittlung der Modellparameter des Industrieroboters hängen die Anforderungen an das Messverfahren von den geforderten Genauigkeiten des Fertigungsprozesses ab.

Bei der Anfahrt von numerisch programmierten Posen und Bewegungsbahnen kommt es zu Abweichungen. Diese Fehler entstehen durch das idealisierte Modell der Roboterkinematik und -umgebung. Die Kalibrierung hat das Ziel, die absoluten Pose-Genauigkeiten und Bahnkenngrößen zu verbessern. Dies erfolgt über die Ermittlung der Abweichung von Soll- und Istkenngrößen. Nach Ermittlung der Abweichung erfolgt die Kompensation der Fehler. Die Positioniergenauigkeit ist oftmals beim Einsatz eines Offline-Programmiersystems unzureichend, da anders als bei den Online-Verfahren (s. Abschn. 51.6), Arbeitspunkte nicht direkt angefahren, sondern numerisch vorgegeben werden. Forderungen nach hohen Positionsgenauigkeiten ergeben sich auch bei der Übertragung von Programmen auf identische Zellen oder bei Austausch des Industrieroboters.

Um durch eine Kalibrierung die Pose-Genauigkeit zu steigern, ist es theoretisch erforderlich, sämtliche am Fertigungsprozess beteiligte Einzelkomponenten zu betrachten. Dazu gehören nach [2]

- Roboter,
- externe Achsen,
- Werkzeug,

Tab. 51.1 Ausgewählte Leistungskenngrößen von Industrierobotern nach ISO 9283

Kenngröße	Beschreibung
1. Pose-Genauigkeit	Die Pose-Genauigkeit ist die Abweichung von Soll- und Istpose beim Anfahren aus derselben Richtung. Sie besteht aus Positionier- und Orientierungsgenauigkeit.
a) Positioniergenauigkeit	Die Positioniergenauigkeit ist die Differenz zwischen der Position einer Sollpose und dem Mittelwert der gemessenen Istpositionen.
b) Orientierungsgenauigkeit	Die Orientierungsgenauigkeit ist die Differenz zwischen der Orientierung der Sollpose und dem Mittelwert der Istorientierungen.
2. Pose-Wiederholgenauigkeit	Die Pose-Wiederholgenauigkeit gibt die Exaktheit der Übereinstimmung der Istposen nach wiederholtem Anfahren aus derselben Sollpose in derselben Richtung an.
3. Abstandsgenauigkeit	Die Abstandsgenauigkeit gibt die Abweichung in Position und Orientierung zwischen dem Sollabstand und dem Mittelwert der Istabstände beim wiederholten Abfahren eines programmierten Abstands an.
4. Statische Nachgiebigkeit	Die statische Nachgiebigkeit ist der Höchstbetrag der Verlagerung der mechanischen Schnittstelle bei Belastung in mehrere Richtungen.
5. Bahn-Genauigkeit	Die Bahn-Genauigkeit gibt an, wie exakt ein Roboter in der Lage ist, seine mechanische Schnittstelle entlang einer Sollbahn in derselben Richtung zu bewegen.
6. Bahn-Wiederholgenauigkeit	Die Bahn-Wiederholgenauigkeit gibt die Exaktheit der Übereinstimmung zwischen den Istbahnen für dieselbe wiederholte Sollbahn an.

- Werkstück,
- Fertigungsumgebung und
- Fertigungsprozess.

Die Kompensation der im Rahmen der Kalibrierung ermittelten Abweichungen erfolgt zumeist über die Robotersteuerung. Oftmals dient der Roboterkalibrierung jedoch eine umfassende geometrisch-kinematische Modellstruktur zur Beschreibung des realen Modells. Die Vielzahl der Eingangsparameter des Modells erzwingt in diesem Zusammenhang häufig eine steuerungsexterne Verarbeitung der Kompensation. Zahlreiche Industrieroboterhersteller bieten eine Roboterkalibrierung ihrer Produkte als zusätzliche Dienstleistung an. Eine detaillierte Darstellung der Kalibrierverfahren für verschiedene Komponenten des Robotersystems kann [3] entnommen werden.

51.5 Steuerung und Regelung

51.5.1 Aufbau der Robotersteuerung

Bei der Steuerung handelt es sich um einen Verbund von Hard- und Softwarekomponenten. Industrierobotersteuerungen werden weitgehend auf Basis von Industrie-PCs, zum Teil in Mehrkernsystemen, unter Einsatz von Echtzeitbetriebssystemen realisiert. Vereinfacht betrachtet gibt die Steuerung die Bewegungen und Aktionen an den Roboter vor, die über die Programmierung (s. Abschn. 51.6) festgelegt wurden und kontrolliert deren Ausführung. Dazu verfügt sie über entsprechende Schnittstellen zum Bediener (Benutzerschnittstelle), zum Roboter (Servoregelung) sowie zum Prozess (externe Kommunikationsschnittstellen).

Die Hauptsoftwarekomponenten der Steuerung sind die *Bewegungssteuerung*, die *Ablauflaufsteuerung* und die *Aktionssteuerung*. Weitere Komponenten und deren Abhängigkeiten sind in Abb. 51.3 veranschaulicht. Das Programmiersystem stellt eine Teilfunktion der Steuerung dar. Es versetzt den Anwender in die Lage, Befehle und Bewegungsprogramme zu definieren, zu adaptieren und zu testen.

Die Ablaufsteuerung realisiert die sequentielle Abarbeitung des Programms durch Interpretation der textuellen Befehlssätze. Der Interpreter analysiert die Programmbefehle und übergibt diese an die Ablaufsteuerung. Von dort werden sie aufgeteilt an die Bewegungssteuerung und Aktionssteuerung übermittelt. Die Bewegungssteuerung berechnet im Interpolator aus den Positionsvorgaben des Programms geeignete Bahnstützpunkte. Hieraus werden über die „inverse Kinematik" mittels Koordinatentransformation und anschließender Feininterpolation die Stützpunkte für die einzelnen Roboterachsen berechnet. In der Servoregelung prüfen in der Regel kaskadierte Regelkreise aus Lage-, Drehzahl- und Stromregler (s. Abschn. 51.5.2) die Übereinstimmung zwischen den Sollvorgaben für Bahnposition und -geschwindigkeit und den über die Wegmesssysteme gemessenen Istpositionen. Über den Regelalgorithmus werden hieraus die Stellgrößen für die Antriebsverstärker der einzelnen Roboterachsen berechnet.

Die Aktionssteuerung kontrolliert die Interaktion des Roboters mit dem Prozess. Über Feldbusschnittstellen sowie digitale und analoge Ein- und Ausgänge erfasst sie den Prozesszustand über Signale von Sensoren, Tastern oder Peripheriegeräten und beeinflusst den Prozess über den Effektor oder angekoppelte Systeme, wie beispielsweise Schweiß- oder Strahlsysteme. Für die Kommunikation mit externen Aktuatoren und Sensoren wie auch zu übergeordneten Steuerungs- und Programmiersystemen werden standardisierte Feldbussysteme, wie Profibus, CAN-Bus sowie weitere Systeme aus dem Bereich des Industrial-Ethernet, verwendet. Zum vereinheitlichten Transfer von Informationen über die Bussysteme für nicht Echtzeit gebundene Informationen (beispielsweise Visualisierungen und Manufacturing Execution Systeme) wird in der Regel der OPC-Standard zum Austausch von Daten in der Automatisierungstechnik unterstützt [4].

51.5.2 Regelungsverfahren

Kaskadenregelung. Die Kaskadenregelung besteht aus mehreren Reglern, dessen Ausgänge

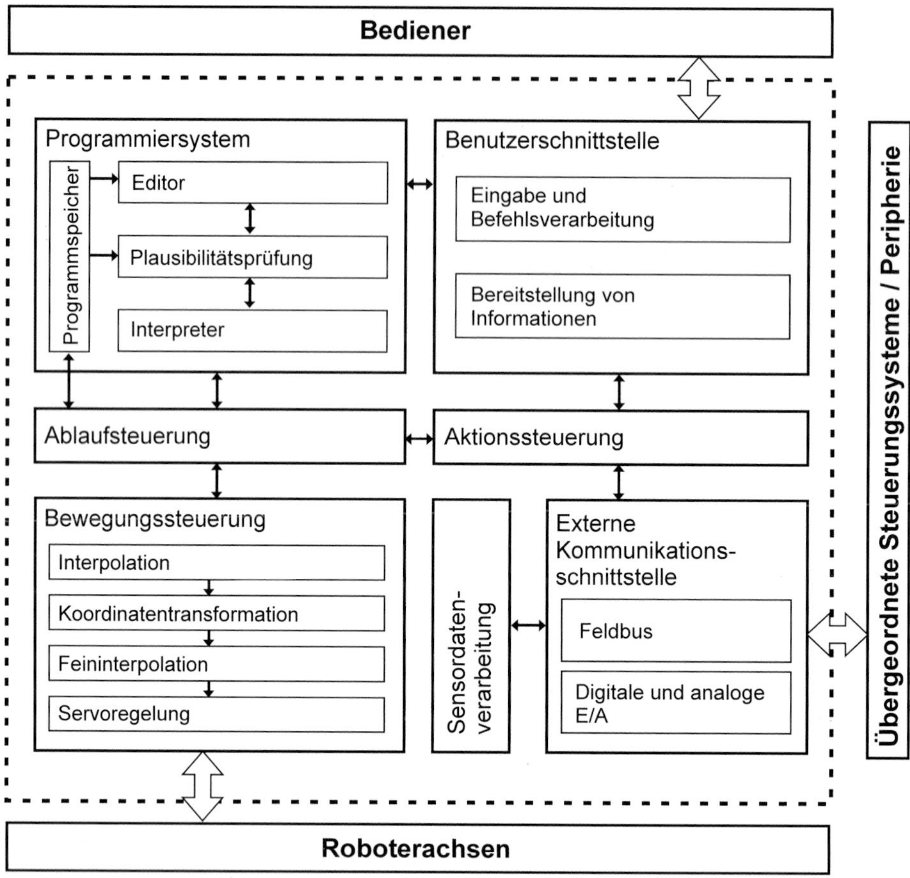

Abb. 51.3 Aufbau einer Industrierobotersteuerung

gleichzeitig wieder Eingänge für den nächsten Regler bilden. Die Regler sind ineinander geschachtelt und bilden so eine Kaskade. Im Abb. 51.4 ist eine Kaskadenregelung der Gelenkposition eines Industrieroboters mit Motor, Getriebe und Gelenk unter dem Einfluss einer Störung z dargestellt. Der Lageregler berechnet aus der Führungsgröße q_0 und der Regelgröße q die Stellgröße $\mathrm{d}q_0$ als Ausgang. Diese Stellgröße $\mathrm{d}q_0$ ist als Sollgeschwindigkeit wiederum die Führungsgröße des Geschwindigkeitsreglers, der daraus einen Sollstrom I_0 für den Stromregler berechnet. Dieser realisiert den Strom durch entsprechende Spannungsvorgaben U_0 an den Motorwicklungen. Durch die Kaskadenregelung kann eine Erhöhung der Robustheit und Genauigkeit durch Unterteilung der Gesamtregelstrecke in kleinere Teilregelstrecken erreicht werden. Sie erleichtert außerdem die Anwendung von Vorsteuerungen.

Vorsteuerung. Die Vorsteuerung unterstützt die entsprechenden Regler durch im Voraus ermittelte Stellgrößen, die dem Ausgang hinzugefügt werden. Im Abb. 51.4 sind eine dezentrale und eine zentrale Vorsteuerung dargestellt. Die dezentrale Vorsteuerung $\mathrm{d}q_0$ stellt eine vorher bekannte Sollgeschwindigkeit aus der Interpolation dar, die unabhängig von der vom Lageregler ermittelten Korrekturgeschwindigkeit zum Eingang des Geschwindigkeitsreglers addiert wird. Diese Vorsteuerung erfolgt dabei für jedes Gelenk einzeln und ist somit dezentral. Die zentrale Vorsteuerung I_{FF} wird dagegen beispielsweise aus einem inversen dynamischen Modell mit Kenntnis des Zustandes aller Gelenke ermittelt. Die bekannte Lage des Roboterarms im Gravitationsfeld oder die Kräfte und Momente einer gewünschten Endeffektorbeschleunigung können so zu einem zusätzlichen Sollstrom berechnet werden. Ohne Vorsteuerung müssten diese Ströme erst aus den

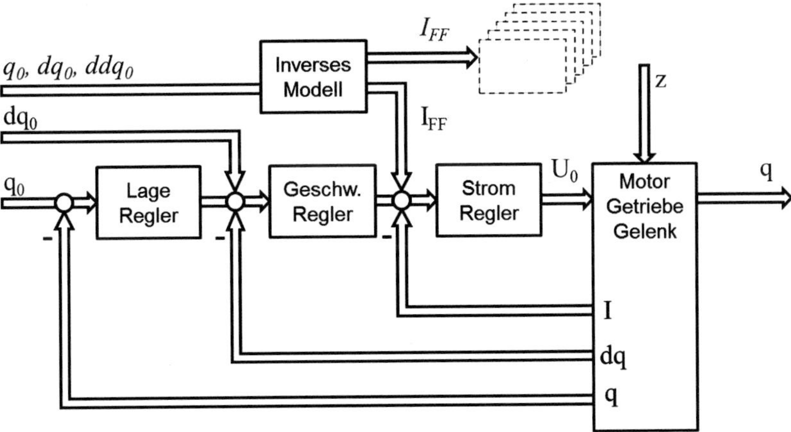

Abb. 51.4 Dezentrale Gelenkregelung in Kaskadenstruktur und Vorsteuerung

fehlerhaften Abweichungen von der Sollbewegung ermittelt werden.

Kraftregelung und Nachgiebigkeitsregelung. Die Kraftregelung ermöglicht die Angabe von Kontaktkräften und -momenten als Führungsgrößen. Je nach Implementierung wird für die Realisierung der Kraft eine weitere Kaskade um den Positionsregler gelegt, um die Abweichung zwischen Soll- und Ist-Kraft in eine entsprechende Bewegung umzuwandeln. Die Kräfte werden dabei meistens von externen Kraftsensoren gemessen. Andere Möglichkeiten sind die Berechnung von entsprechenden Reaktionsmomenten in den Robotergelenken oder eine Kombination aus Kraft- und Positionsregelung. Hier werden bestimmte, voneinander unabhängige Freiheitsgrade festgelegt, die entweder als Position oder als Kraft geregelt werden. Das Polieren einer Oberfläche kann so mit einer festgelegten Anpresskraft senkrecht zur Fläche und freier Positionierbarkeit parallel zur Fläche ausgelegt werden.

Die Nachgiebigkeitsregelung in Abb. 51.5 hat weder Kraft noch Position als Führungsgröße, sondern das mechanische Verhalten. Es kann ein Ersatzsystem aus Masse, Feder und Dämpfer erstellt und die Bewegungen des Roboters auf genau dieses Zielsystem geregelt werden. Der Impedanzregler berechnet dabei aus den gemessenen Kräften und Momenten eine entsprechende Bewegung, wogegen ein Admittanzregler aus einer gemessenen Bewegung entsprechende Kräfte und Momente ermittelt. Neben der komplexen Kompensation der tatsächlichen Robotermechanik ist die Wahl des Zielsystems nicht trivial und bedarf Kenntnisse der zu erwartenden Interaktion [5].

51.5.3 Betriebsarten

Eine Robotersteuerung kann in den beiden Grundbetriebsarten „Einrichten" und „Automatik" betrieben werden. Im Einrichtebetrieb wird zwischen Betriebsart „Manuell mit reduzierter Geschwindigkeit" und „Manuell mit hoher Geschwindigkeit" unterschieden. Die reduzierte Geschwindigkeit muss dabei Anforderungen aus den Sicherheitsrichtlinien und Normen (MRL 2006/42/EG, DIN EN ISO 10218-1:2011) erfüllen und soll unter anderem den Betrieb des Roboters durch Eingreifen von Personen ermöglichen. Das Teachen, Programmieren und die Programmverifizierung sind damit auch innerhalb des geschützten Bereiches möglich. Die Betriebsart „Manuell mit hoher Geschwindigkeit" dient ausschließlich der Programmverifizierung. Beide Einrichtebetriebsarten erlauben die Abarbeitung von Anwenderprogrammen in Einzelschritten. In der Betriebsart „Automatik" führt der Roboter ein vorher erstelltes Anwenderprogramm selbständig mit voller Geschwindigkeit aus, wobei alle Schutzmaßnahmen (z. B. Schutzzaun, Lichtgitter) aktiviert sein müssen. Ein Spezialfall der Betriebsart „Manuell mit reduzierter Geschwin-

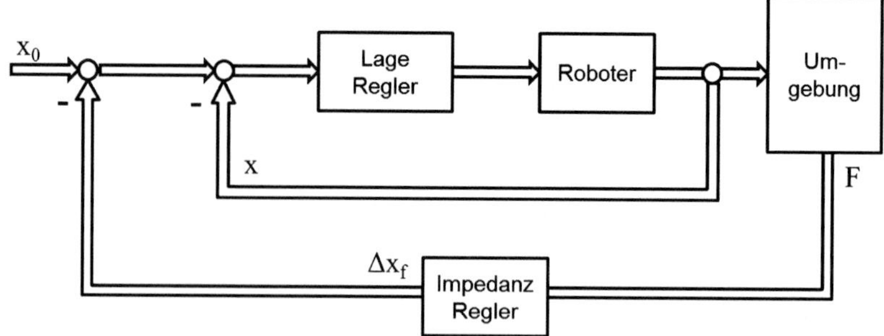

Abb. 51.5 Impedanzregelung

digkeit“ ist der „kollaborierende Betrieb“. Hierbei ist eine explizite Handführung des Roboters erlaubt, die weiteren Sicherheitsanforderungen, wie Kraft- und Leistungsbegrenzung, unterliegt.

51.6 Programmierung

Unter Programmierung von Industrierobotern versteht man die Tätigkeit der Definition von Bewegungsfolgen und Aktionen des Roboters in Form eines Anwenderprogramms. Ein Anwenderprogramm ist eine Sequenz von Anweisungen mit dem Zweck, eine vorgegebene Handhabungs- oder Fertigungsaufgabe zu erfüllen. Das Anwenderprogramm liegt dabei bei gängigen Industrierobotern in textueller Form und in einer spezifischen Programmiersprache vor. Es beinhaltet neben Bewegungsanweisungen, Effektoranweisungen, Sensorabfragen und Programmablaufkontrollanweisungen auch arithmetische Ausdrücke und technologische Anweisungen. Das Programmiersystem als Komponente der Industrierobotersteuerung umfasst Funktionen zur Erstellung, Wartung und Verwaltung von Anwenderprogrammen.

Programmierverfahren beschreiben das planmäßige Vorgehen zur Erzeugung von Anwenderprogrammen. Die gängigen Programmierverfahren lassen sich durch das Kriterium der Prozessnähe gliedern. Demnach wird unterschieden in online, offline und hybride Programmierverfahren. Online-Programmierverfahren erfolgen prozessnah unter Verwendung eines Robotersystems. Mithilfe von Offline-Programmierverfahren kann zunächst auf die Verwendung eines realen Robotersystems verzichtet werden. Daraus resultiert der entscheidende Vorteil der Offline-Programmiersysteme: die Minderung von Produktionsstillstandszeiten während der Programmierung des Roboters. Hybride Verfahren kombinieren beide Ansätze. Dabei wird der Programmablauf meist durch Offline-Verfahren festgelegt und der Bewegungsteil in Form genauer Posebeschreibungen online definiert.

51.6.1 Online-Verfahren

Die Online-Programmierverfahren lassen sich neben der textuellen Programmierung mithilfe numerischer Eingabe in Teach-In und Play-Back unterscheiden.

Teach-In. Bei der Teach-In Programmierung verfährt der Programmierer den Roboter über ein Handbediengerät an gewünschte Posen und speichert diese ab. Anschließend werden die Positionen mit Bewegungsanweisungen verknüpft und in einen sequentiellen Ablauf gebracht sowie Programmverzweigungen und weitere Anweisungen gesetzt. Hierzu können eine textuelle Eingabe, Eingabemasken und grafische Benutzerschnittstellen genutzt werden.

Play-Back. Bei den Play-Back Verfahren wird der Roboter durch den Bediener haptisch geführt. Dabei werden durch die Steuerung einzelne Punkte oder ganze Trajektorien aufgezeichnet. Zur flexiblen Führung des Roboters werden Kraft-Momenten-Sensoren und eine entsprechende Nachgiebigkeitsregelung (s. Abschn. 51.5.2) benötigt. Sind diese am adressierten Robotersystem nicht vorhanden, lassen sich Bewegungen auch über ein zusätzliches Programmier- oder Phantomgerät aufzeichnen und auf den adressierten Roboter übertragen. Eine typische Anwendung ist die Programmierung von Lackierrobotern. Bei der Master-Slave-Programmierung werden Bewegungen durch das Führen eines alternativen Robotersystems aufgezeichnet und auf das Zielsystem übertragen. Aufgrund der Ähnlichkeit des Verfahrens kann diese Programmiermethode den Play-Back-Verfahren zugeordnet werden.

51.6.2 Offline-Verfahren

Offline-Programmierverfahren dienen prozessfern zur Erstellung von Industrieroboterprogrammen. Der Prozess der Roboterprogrammierung lässt sich somit in die Arbeitsvorbereitung auslagern. Als Bestandteil der Fertigungsplanung kann der Programmierprozess durch die Integration betrieblicher Informationssysteme, z. B. die Digitale Fabrik (s. Abschn. 51.7), unterstützt werden. Nach erfolgreicher Erstellung und Test des Programms wird dieses über Datenträger oder Bussysteme auf die adressierte Robotersteuerung übertragen.

Bei textuellen Offline-Programmiersystemen erfolgt die Eingabe von einzelnen Roboteranweisungen über die Tastatur. Benötigte Geometrieeingaben können über textuelle Eingabe mit grafischer Unterstützung übernommen werden. Offline-Programmiersysteme mit ausschließlich textueller Eingabe sind in der Praxis allerdings nur noch selten anzutreffen. Die Funktionalität der textuellen Eingabe ist mittlerweile in die meisten kommerziellen CAD-unterstützten Programmiersysteme integriert.

Simulationsgestützte Offline-Programmiersysteme. Die Simulationssysteme nutzen entweder bestehende CAD-Systeme oder bringen eigene 3D-Funktionalitäten und Schnittstellen mit sich. Das Robotersystem liegt als virtuelles Modell vor. Die Simulation der Roboterzelle und Roboterkinematik ermöglicht ein virtuelles Testen von Roboterprogrammen mit Ermittlung von Taktzeiten, Erreichbarkeits- und Kollisionskontrollen. Der Standardumfang der Offline-Programmiersysteme umfasst ein Verfahren des Robotermodells über ein virtuelles Handbediengerät. Analog zur Teach-In-Programmierung können Posen angefahren, abgespeichert und mit Bewegungsparametern, wie Interpolationsart, Geschwindigkeit und Beschleunigungen, versehen werden. Unterstützt werden diese Funktionen in der Regel durch Methoden der textuellen und grafischen Programmierung. Da die Angabe der Bewegungsparameter durch den Benutzer erfolgt, wird diese Art der Programmierung auch als *explizit* bzw. *bewegungsorientiert* bezeichnet. Erweiterte Funktionen der automatisierten Programmierung stellen sogenannte Technologiemodule dar [6]. Diese Technologiemodule beinhalten in der Regel *implizites* Expertenwissen, welches auf Basis vorhandener Geometrieinformationen des Werkstücks zur teil- oder vollautomatisierten Programmerstellung genutzt werden kann. Da die Programmierung der Fertigungsaufgabe derart ohne breites Wissen über Prozess und Industrieroboterprogrammierung durchgeführt werden kann, wird diese Art der Programmierung auch als *aufgabenorientiert* bezeichnet.

Führende Industrieroboterhersteller bieten eigene Simulationssysteme an, die Roboterprogramme in der herstellerspezifischen Programmiersprache importieren und exportieren. Herstellerunabhängige Simulationssysteme unterstützen mehrere Programmiersprachen. Intern liegt oft eine herstellerneutrale Repräsentation des Roboterprogramms vor. Über entsprechende Schnittstellen, sogenannte Prä- und Postprozessoren, werden die Roboterprogramme übersetzt.

51.6.3 Weitere Programmierverfahren

Je nach Komplexität der Automatisierungsaufgabe werden in der Industrie vorrangig Teach-In-Programmierung oder simulationsgestützte Offline-Programmierung eingesetzt. In Kombination mit diesen klassischen Verfahren werden in industriellen Anwendungen oftmals sensorgestützte Messungen durchgeführt, beispielsweise zur Nahtverfolgung beim Schweißen. Diese Messungen dienen der Ermittlung oder Adaption der für das Programm benötigten Posen und lassen sich prozessvorgelagert oder prozessparallel durchführen.

Darüber hinaus existieren zahlreiche weitere Programmierverfahren unter Verwendung alternativer Sensorik, Eingabegeräte (z. B. Zeigestifte) oder multimodaler Interaktion (z. B. Sprache, Gesten und Augmented Reality) [7]. Diese Verfahren befinden sich aber zumeist noch im Entwicklungsstadium oder beschränken sich auf einen begrenzten Anwendungsbereich.

Ein umfassender Ansatz, die Programmierung von Industrierobotern intuitiver zu gestalten verfolgt das Programmierparadigma „Programming by Demonstration" (PbD). Dieses Paradigma verfolgt das Lernen durch Imitation mit dem Ziel, Fähigkeiten des Menschen auf den Roboter zu übertragen. Dabei handelt es sich mittlerweile um ein breites Forschungsfeld, welches neben Mensch-Roboter-Interaktion oftmals die Disziplinen künstlicher Intelligenz, Bildverarbeitung, Bahnplanung und Motorsteuerung miteinbezieht. Kernpunkt des PbD ist eine sensorielle Beobachtung (perception) von Aktionen, die meist durch einen menschlichen Anwender durchgeführt werden. Auf Grundlage dieser Informationen wird versucht eine Aufgabe oder ein Programm für den Roboter automatisiert abzuleiten, welches bestimmte Verhaltensweisen der vorgemachten Aktion (action) imitiert [8].

51.7 Integration und Anwendungen industrieller Roboter

Die Integration von Industrierobotern in Anwendungen stellt einen komplexen Planungsprozess dar und erfordert eine methodische Vorgehensweise. Ausgehend von der produktionstechnischen Aufgabenstellung ist ein geeignetes Robotersystem auszuwählen. Hierbei sind technische Kriterien, wie benötigte Traglast, erforderlicher Arbeitsraum, Genauigkeiten, benötigte Steuerungsfunktionen und Schnittstellen, zu berücksichtigen. Weiterhin sind, in Abhängigkeit vom Automatisierungsgrad, notwendige Betriebsmittel wie Spannvorrichtungen, Effektoren (Greifer oder Werkzeuge), Sensoren, Werkzeugwechselvorrichtungen, Teile Zu- und Abführsysteme festzulegen und zu projektieren.

Die räumliche Anordnung (Layout) wird häufig in Form einer Zell- oder Linienstruktur vorgenommen. Hierbei lassen sich durch eine Anordnungsoptimierung in der Planungsphase beträchtliche Effizienzgewinne für die spätere Roboteranwendung erzielen. Bei der Absicherung des Arbeitsraumes durch Schutzgitter, Umbauungen oder mittels Sensorik sind die jeweils zutreffenden Sicherheitsrichtlinien einzuhalten. Neben der Layoutplanung ist weiterhin die informationstechnische Integration in weitere und übergeordnete Steuerungssysteme (z. B. Zellsteuerung und Fertigungssteuerung) sowie die Energie- und Medienversorgung (Elektrizität, Druckluft, Kühlung, etc.) festzulegen.

Die Planung der räumlichen und funktionalen Integration von Robotersystemen in die Fertigung wird unterstützt durch Werkzeuge der Digitalen Fabrik. Die Digitale Fabrik ist der Oberbegriff für ein umfassendes Netzwerk von digitalen Modellen, Methoden und Werkzeugen – u. a. der Simulation und der dreidimensionalen Visualisierung, die durch ein durchgängiges Datenmanagement integriert werden [9]. Simulationswerkzeuge bieten eine virtuelle Umgebung zur Planung und Optimierung von Roboteranwendungen. Hierzu gehören Aufgaben wie Zugänglichkeitsanalysen, Kollisionsbetrachtungen und Taktzeitermittlung bis hin zur virtuellen Inbetriebnahme von Produktionsanlagen. Dies schließt ebenfalls die virtuelle Erprobung von offline erstellten Anwenderprogrammen ein. Die Simulationsgüte hängt dabei von der Genauigkeit und Realitätsnähe der eingesetzten Modelle für die betrachteten Aspekte ab (z. B. Geometrie, Steuerung, Prozess, Kommunikation). Die Berücksichtigung der in den Robotersteuerungen implementierten, herstellerspezifischen Steuerungsverfahren stellt eine besondere Herausforderung dar. Ein Durchbruch zu marktverfügbaren, genauen Steuerungsmodellen konnte Anfang der 90er Jahre durch eine standardisierte Schnittstelle zur Integration von Steuerungssoftware in Simulationssysteme erreicht werden [10]. Bei ihrer Entwicklung waren führende Steuerungs- und Simulationssystemhersteller beteiligt und sie stellt einen defakto Industriestandard für die realistische Simulation von Roboterbewegungen dar. In den Folgejahren wurde durch ein erweitertes Industriekonsortium die Schnittstellenspezifikation einer virtuellen Robotersteuerung vorgenommen, die neben dem Bewegungsverhalten auch die Simulation der Programmiersprache und der Ein-/Ausgabesignale unterstützt [11,12].

Wesentliche Anwendungsgebiete für den Robotereinsatz in der Industrie sind Handhabung, Schweißen und Montage. Darüber hinaus existieren jedoch zahlreiche weitere Anwendungsgebiete, deren Anzahl durch die Entwicklungen neuer Technologien, beispielsweise in der Regelungstechnik, kontinuierlich zunimmt [13]. Ein Beispiel hierfür sind robotergestützte Bearbeitungsverfahren, wie Entgraten, Schleifen [14,15] oder Fräsen [16,17], bei denen durch den Einsatz von hochauflösender Kraft-Momenten-Sensorik in Verbindung mit Kraftregelungsverfahren Genauigkeitssteigerungen erreicht werden, durch die der Roboter aufgrund seiner hohen Flexibilität und Rekonfigurierbarkeit Vorteile gegenüber dem Einsatz spezialisierter Bearbeitungsautomaten erschließen kann.

Aufgrund der gestiegenen Anforderungen an die Flexibilität des Robotereinsatzes, insbesondere in der Montage, haben sich in den letzten Jahren Lösungen entwickelt, die eine engere Kooperation von Mensch und Roboter erlauben [18]. Merkmale solcher Robotersysteme sind zum einen ihre leichte Struktur [19], durch die kinetische Energie im Fall einer Kollision reduziert wird. Ein weiteres Merkmal ist die Integration von Sensorik in die Robotergelenke oder den Endeffektor, auf deren Basis Verfahren zur Nachgiebigkeitsregelung eine haptische Führung des Roboters durch den Menschen ermöglichen. Hierauf basieren neue Verfahren zur vereinfachten Programmierung des Roboters. Kollaborative Roboter ermöglichen zudem eine Kraftentlastung des Menschen beim Heben und Führen schwerer Bauteile [20].

Die zunehmende Verbreitung kollaborativer Mensch-Roboter Applikationen und der damit einhergehende Verzicht trennender Schutzeinrichtungen hebt die Anzahl potentieller Gefährdungen des Menschen. Auf Grund der weiterhin hohen Sicherheitsanforderungen wurde im Februar 2016 die dafür gültige DIN EN ISO 10218 um die technische Spezifikation ISO/TS 15066 ergänzt. Diese beschreibt, neben einer grundlegenden Betrachtung verschiedener kollaborativer Betriebsarten, erstmals auch Maßnahmen zur Gefährdungsminimierung selbst für den bisher nicht in Betracht gezogenen Fall einer Kollision zwischen Mensch und Roboter. Als Grundlage hierfür dienen biomechanische Grenzwerte – je nach Körperzone maximal zulässige Kräfte und Drücke, sowie erlaubte Relativgeschwindigkeiten zwischen Mensch und Roboter.

Literatur

Allgemeine Literatur

Craig, J. J.:Introduction to Robotics: Mechanics and Control, New Jersey, (2004)

Hägele, M.; Nilsson, K.; Pires, N.: Industrial Robots, Springer Handbook of Robotics, Springer, Berlin (2008)

Hesse, S.: Industrieroboterpraxis, Vieweg, Wiesbaden, (1998)

Stark, G.: Robotik mit Matlab, Hanser, München (2009)

Weber, W.: Industrieroboter – Methoden der Steuerung und Regelung, Hanser, München (2009)

Normen und Richtlinien

VDI 2860:1990–05, Montage- und Handhabungstechnik; Handhabungsfunktionen, Handhabungseinrichtungen; Begriffe, Definitionen, Symbole

VDI 2861 Blatt 1:1988–06, Montage- und Handhabungstechnik; Kenngrößen für Industrieroboter; Achsbezeichnungen

Maschinenrichtlinie, Richtlinie 2006/42/EG des europäischen Parlaments und des Rates vom 17. Mai 2006 über Maschinen und zur Änderung der Richtlinie 95/16/EG (Neufassung)

DIN EN ISO 10218-1:2011, Industrieroboter – Sicherheitsanforderungen – Teil 1: Roboter

ISO 9283:1998-04, Industrieroboter – Leistungskenngrößen und zugehörige Prüfmethoden

ISO/TR 13309:1995–05, Informative Anleitung über Testeinrichtungen und messtechnische Verfahren für die Beurteilung von Roboterkenngrößen in Übereinstimmung mit ISO 9283

ISO/TS 15066:2016, Robots and robotic devices – Collaborative robots

Spezielle Literatur

1. Neugebauer, R.: Parallelkinematische Maschinen – Entwurf, Konstruktion, Anwendung,. Springer, Berlin (2006)

2. Roos, E.: Anwendungsorientierte Meß- und Berechnungsverfahren zur Kalibrierung offline-programmierter Roboterapplikationen, Fortschritt-Berichte VDI, VDI-Verlag, Düsseldorf (1998)
3. Schröer, K.: Handbook on Robot Performance Testing and Calibration. Fraunhofer IRB Verlag, Stuttgart (1998)
4. Mahnke, W.; Leitner, S.-H.; Damm, M.: OPC Unified Architecture. Springer, Berlin (2009)
5. Vukobratovic, M.; Surdilovic, D.; Ekalo, Y.; Katic, D.: Dynamics and robust control of robot-environment interaction, World Scientific, Singapur (2009)
6. Bickendorf, J.: Roboter-Schweißen von Stahlbauprofilen mit Losgröße 1 – „Schweißbaugruppenschnittstelle Stahlbau" und Offline-Programmiersystem ermöglichen wirtschaftliche Automatisierung, VDI-Berichte Nr. 2012, VDI-Verlag, Düsseldorf (2008)
7. Lambrecht, J.; Kleinsorge, M.; Rosenstrauch, M.; Krüger, J.: Spatial Programming for Industrial Robots Through Task Demonstration, InTech – International Journal of Advanced Robotic Systems, 1–10 (2013)
8. Billard, A.; Calinon; S.; Dillmann, R.: Robot Programming by Demonstration, Springer Handbook of Robotics, Springer, Berlin (2008)
9. VDI: Digitale Fabrik – Grundlagen. VDI-Richtlinie 4499, Blatt 1, VDI-Gesellschaft Fördertechnik Materialfluss Logistik, Düsseldorf (2008)
10. Bernhardt, R., Schreck, G., Willnow, C.: RRS-Interface Specification Version 1.3. Fraunhofer-Institut für Produktionsanlagen und Konstruktionstechnik. Eigenverlag, Berlin (1997)
11. Willnow, C.; Bernhardt, R.; Schreck, G.: Von Realistischer Roboter Simulation zu Virtuellen Steuerungen. ZWF Jahrg. 95 (2000) 3, S. 94–96.
12. Bernhardt, R., Willnow, C., Schreck, G.: Virtual Robot Controller (VRC) Interface Specification, Version 1.1., Realistic Robot Simulation II Konsortium, Fraunhofer-Institut für Produktionsanlagen und Konstruktionstechnik. Eigenverlag, Berlin (2004)
13. IFR Statistical Department – World Robotics 2011 Industrial Robots, VDMA Robotik Studie, Frankfurt (2011)
14. Uhlmann, E., Heitmüller, F.: Adaptives Roboterschleifen für MRO-Prozesse. Werkstatt + Betrieb (2011) H. 5, S. 67–70
15. Uhlmann, E., Heitmüller, F., Dethlefs, A.: Feinbearbeitung mit Robotern. wt Werkstattstechnik online Jahrgang 102 (2012) H. 11/12, S. 761–766
16. Berger, U., Halbauer, M., Lehmann, C., Euhus, D., Städter, J.: Präzisionsfräsen mit Industrierobotern. ZWF Jahrg. 107 (2012) 7–8, S. 533–536
17. Surdilovic, D., Zhao, H., Schreck, G., Krüger, J.: Advanced methods for small batch robot machining of hard materials. In: Proceedings for the 7th German Conference on Robotics, 21–22 May 2012, Munich (2012), S. 284–289
18. Krüger, J., Lien, T. K. and Verl, A. (2009). Cooperation of Human and Machines in Assembly Lines. CIRP Annals – Manufacturing Technology, S. 628–646, (2009)
19. Bischoff, R; Kurth, J.; Schreiber, G.; Koeppe, R.: The KUKA-DLR Lightweight Robot arm – a new reference platform for robotics research and manufacturing, Robotics (ISR), 2010 41st International Symposium on and 2010 6th German Conference on Robotics (2010)
20. Krueger, J., Schreck, G. and Surdilovic, D. (2011). Dual arm robot for flexible and cooperative assembly. CIRP Annals – Manufacturing Technology, 5–8, (2011)

Werkzeugmaschinen für die Mikroproduktion

52

Eckart Uhlmann

52.1 Einleitung

Maschinenkomponenten, Werkzeuge und Fertigungstechnologien für Werkzeugmaschinen zur Mikroproduktion sind an die Anforderungen zur reproduzierbaren Herstellung kleiner Bauteile und Geometriemerkmale angepasst. Die Abmessungen von Mikrobauteilen liegen üblicherweise im Bereich von 100 µm bis 10 mm. Mikrostrukturen mit Abmessungen von wenigen hundert Mikrometern und mit Fertigungstoleranzen kleiner 2 µm werden darüber hinaus in größere Bauteile eingebracht. Die hohen Genauigkeitsanforderungen sowie die Vielfalt der Anwendungen mit den vielfältigen geforderten Geometriemerkmalen und Oberflächenqualitäten haben zur Entwicklung spezifischer Werkzeugmaschinen für die Hochpräzisions-, Ultrapräzisions-, Mikrofunkenerosions- und Laserbearbeitung geführt. Die Grenzen zwischen der Mikro- und Makrozerspanung sowie der Hoch- und Ultrapräzisionsbearbeitung sind nicht einheitlich definiert.

52.2 Hochpräzisionsmaschinen

52.2.1 Allgemeines

Hochpräzisionsmaschinen finden in verschiedenen Ausführungen für das Hochpräzisionsmikrofräsen (s. Abschn. 41.2.4), Hochpräzisionsmikrodrehen (s. Abschn. 41.2.2) und Hochpräzisionsmikroschleifen (s. Abschn. 41.3.2) Anwendung. Die Mikrozerspanung unterscheidet sich von der Makrozerspanung durch die Durchmesser der verwendeten Werkzeuge, durch die kleinen Spanungsdicken sowie durch die Abmessungen der zu erzeugenden Strukturen und die engen Fertigungstoleranzen. Beim Hochpräzisionsmikrofräsen kommen Mikroschaftfräser mit Werkzeugdurchmessern $D < 1$ mm und Spanungsdicken $h < 100$ µm zum Einsatz [1, 2]. Das Hochpräzisionsmikrodrehen wird für die Massenfertigung von Langdrehteilen sowie für die Einzelteil- und Kleinserienfertigung beispielsweise für Elektroden zur Funkenerosion eingesetzt. Typische Durchmesser der Teile liegen im zwei- und dreistelligen Mikrometerbereich mit typischen Oberflächenrauheiten von Ra < 200 nm. Das Hochpräzisionsmikroschleifen ist durch die Verwendung von Mikroschleifstiften und Mikroschleifscheiben geprägt. Typische Schleifkorngrößen liegen im zweistelligen Mikrometerbereich. Weiterhin grenzt sich das Mikroschleifen durch die Fertigung kleinster Strukturgrößen im Mikrometerbereich oder eine erzeugbare Oberflächenrauheit im Submikrometerbereich vom herkömmlichen Schleifen ab.

52.2.2 Anwendung

Hochpräzisionsmaschinen werden in der Medizintechnik bei der Fertigung von Prothesen und

E. Uhlmann (✉)
Technische Universität Berlin
Berlin, Deutschland
E-Mail: eckart.uhlmann@iwf.tu-berlin.de

B. Bender und D. Göhlich (Hrsg.), *Dubbel Taschenbuch für den Maschinenbau 2: Anwendungen*,
https://doi.org/10.1007/978-3-662-59713-2_52

Zahnersatz eingesetzt. In der Mikrooptik kommen Hochpräzisionsmaschinen bei der Herstellung von sphärischen und asphärischen Linsen sowie von Freiformflächen zum Einsatz. Weiterhin werden Kühlsysteme für die Luft- und Raumfahrt, feinmechanische Komponenten für die Uhren- und Schmuckindustrie sowie Mikroantriebe und Sensoren für die Automobilindustrie gefertigt. Neben dem Prototypenbau und der Serienfertigung hat sich das Mikrofräsen besonders beim Formen- und Werkzeugbau etabliert. Mittels replikativer Fertigungsverfahren, wie dem Mikrospritzgießen oder Heißprägen, werden Mikrobauteile in großen Stückzahlen aus Kunststoff, Gläsern, Metallen und Keramiken gefertigt. Dazu werden Formen und Werkzeuge entweder direkt aus gehärtetem Stahl hergestellt oder die Mikrostrukturen werden in leichter zerspanbaren Werkstoffen, wie Graphit, Kupfer oder Messing, als Elektroden für die Funkenerosion eingebracht. Die Fertigung mikrostrukturierter Oberflächen durch das Mikroschleifen wird vorwiegend in sprödharten Werkstoffen, wie Gläsern, Hartmetallen und Keramiken, durchgeführt.

Die Anwendungen stellen hohe Anforderungen an die Arbeitsgenauigkeit der Hochpräzisionsbearbeitungsmaschinen (s. Abb. 52.1), die sich im Wesentlichen aus der Bahngenauigkeit und damit aus der Genauigkeit der Bewegung der Maschinenachsen sowie der Hauptspindel ergibt. Temperaturschwankungen und Schwingungen haben wie in der Makrozerspanung negative Auswirkungen auf das Bearbeitungsergebnis. Durch die Werkzeugminiaturisierung und die zu erreichende hohe Präzision der Fertigung nimmt der Einfluss von Störfaktoren deutlich zu, was bereits bei der Auslegung der Maschinenkomponenten und der Gestaltung der Maschinenumgebung berücksichtigt werden muss. Dabei wird auf ein möglichst sauberes, temperaturkonstantes und schwingungsentkoppeltes Maschinenumfeld geachtet. Höchste Bauteilgenauigkeit und die permanente Qualitätskontrolle bei der Fertigung der Maschinenkomponenten sowie eine Temperierung der Schlüsselbaugruppen und der Einsatz von Mess- und Kompensationsverfahren zum Minimieren externer Einflüsse sind für eine hohe Präzision maßgebend.

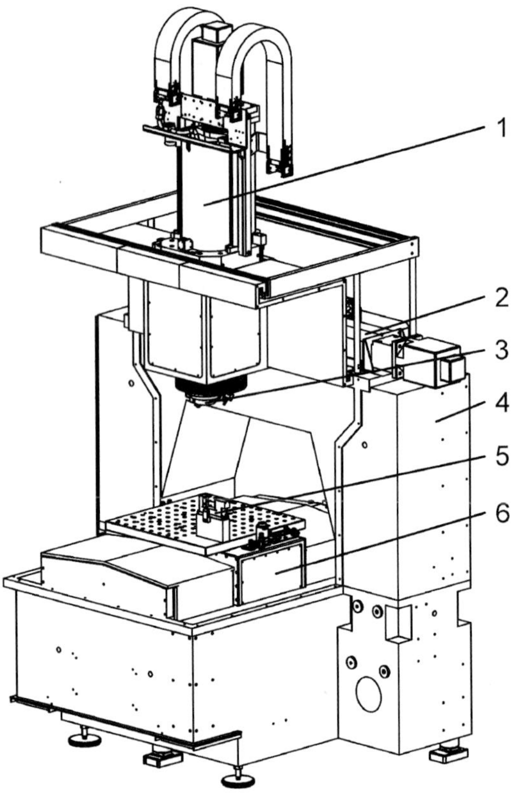

Abb. 52.1 Hochpräzisionsfräsmaschine, Achsen hydrostatisch geführt und mit hydrostatischem Gewindetrieb ausgestattet (KERN Microtechnik GmbH, Eschenlohe). *1* Z-Achse, *2* X-Achse, *3* Vektorgeregelte Frässpindel, *4* Gestell, *5* Laser Werkzeugvermessung, *6* Y-Achse

52.2.3 Ausrüstung

Maschinengestell. Infolge der beschleunigten Maschinenkomponenten kommt es bei der Mikrozerspanung beim Fräsen und Schleifen zu dynamischen Lasten, die hoch sind im Vergleich zu den Prozesskräften. Die Höhe der dynamischen Lasten resultiert aus den hohen Achsbeschleunigungen und Rucken (zeitliche Ableitung der Beschleunigung), die bei der Fertigung von Mikrostrukturen zum Erzielen einer konstanten Vorschubgeschwindigkeit erforderlich sind. Daher werden Gestellwerkstoffe mit einer hohen Werkstoffdämpfung eingesetzt. Die Dämpfung des Gestells wird aber wesentlich durch die Fügestellen bestimmt. Das Maschinengestell muss zudem ein günstiges thermisches Verhalten aufweisen. Dies ist nicht nur bei der Konstruktion zu berücksichtigen. Dazu werden Gestellwerkstoffe mit geringer Wärmeleitfähigkeit, hoher Wärmekapazität und geringen Ausdehnungskoeffizienten, wie beispielsweise Granit oder Reaktionsharzbeton (s. Abschn. 45.3.2), für diese Maschinen verwendet. Thermische Verlagerungen senken die Arbeitsgenauigkeit der Werkzeugmaschine. Daher wird neben einer Temperierung und Isolierung der Hauptwärmequellen, wie Spindelantriebe und Motoren, oft auch das Maschinengestell temperiert. Neben Hochpräzisionsmaschinen mit einem Gewicht von mehreren Tonnen werden in der Praxis auch leichtere und kompaktere Maschinen eingesetzt. Beispielsweise werden zum Fräsen von Kronen und Brücken in der Dentaltechnik Tisch-Maschinen mit Massen von weniger als 500 kg eingesetzt.

Führungen. In Hochpräzisionsmaschinen werden Wälzkörper-Führungen sowie hydrostatische und aerostatische Lager verwendet (s. Abschn. 45.4.1). Die Lagerauswahl richtet sich neben den Kosten nach dem erforderlichen Bauraum, der notwendigen Steifigkeit und Präzision der Bewegungsführung sowie nach den erforderlichen Dämpfungseigenschaften und der Reibung. Während hydrostatische Führungen mit geregelter Ölzufuhr über eine sehr hohe Steifigkeit bei niedriger Reibung bei Geschwindigkeit Null verfügen, bieten Wälzkörper-Führungen einen kostengünstigen, kompakten Aufbau mit genormten Abmessungen und Anschlussmaßen bei guter Austauschbarkeit. Aerostatische Lager zeichnen sich ebenfalls durch eine geringe Reibung und hohe Präzision der Bewegungsführung aus. Aufgrund der Kompressibilität des tragenden Mediums Luft sind jedoch im Vergleich zur hydrostatischen Führung geringere Spaltmaße erforderlich. Daher muss eine hohe Reinheit der Luft sichergestellt werden. Vorteilhafterweise ist keine Rückführung des Mediums erforderlich. Die niedrige Reibung hydrostatischer und aerostatischer Führungen gewährleistet aufgrund der sich daraus ergebenden Verschleißfreiheit ein über die Lebensdauer der Hochpräzisionsmaschine konstantes Maschinenverhalten. Anders als bei wälzgelagerten Führungen sind zusätzliche Systemkomponenten erforderlich, welche zu Mehrkosten führen.

Spindeln. Aufgrund der sehr kleinen Werkzeugdurchmesser sind zur Realisierung technologisch günstiger Schnittgeschwindigkeiten sehr hohe Drehzahlen $n \leq 250\,000$ 1/min erforderlich. Um die hohen Drehzahlen der Werkzeugspindeln für die Hochpräzisionsbearbeitung mit Mikrofräswerkzeugen und Mikroschleifstiften zu realisieren, werden Hybridlager (s. Abschn. 45.4.2) eingesetzt. Hybridkugellager bestehen aus keramischen Wälzkörpern und Laufringen aus gehärtetem Stahl mit hohem Chromgehalt, woraus eine niedrige thermische Lagerbelastung sowie reduzierte Reibung und Verlustleistung bei gleichzeitig höheren realisierbaren Drehzahlen resultiert. Die im Vergleich zu Stahlkugeln leichteren Keramikkugeln sind robuster in Bezug auf Mangelschmierung, bereits geringste Schmierstoffmengen von Fett oder Öl stellen die Funktion sicher. Das Kühlen und Schmieren der Lager wird durch eine Dauerfettschmierung oder das Benetzen mit Ölnebel realisiert. Weiterhin kann die Kühlung und Schmierung durch einen direkt auf den Wälzkörper gerichteten feinen Ölstrahl erzielt werden. Die Maximaldrehzahlen wälzgelagerter Spindeln liegen im Bereich $40\,000$ 1/min $\leq n \leq 200\,000$ 1/min. Vereinzelt kommen zur Fräsbearbeitung aerostatisch oder hydrostatisch gelagerte Spindeln zum Einsatz, die vorteilhaft in Bezug auf Lagerlebensdauer und Laufgenauigkeit sind. Für Hauptspindeln von Hochpräzisionsdrehmaschinen bieten sich aerostatische und hydrostatische Lager aufgrund der größeren Wellendurchmesser und den damit vergleichsweise großen Flächen für die Lagertaschen an. Am weitesten verbreitet sind Motorspindeln, bei denen ein Synchron- oder Asynchronmotor zwischen den Spindellagern angeordnet ist. Das sogenannte Spindelwachstum, welches aus thermischer Dehnung des Systems im Betrieb resultiert, beeinflusst die Arbeitsgenauigkeit wesentlich und ist bei der Konstruktion zu berücksichtigen. Zunehmend kommen Systeme zur Kompensation des Spindelwachstums in der Steuerung zum Einsatz, welche meist über zusätzliche Sensoren verfügen.

Spannsysteme. Neben Hydrodehnspannfuttern und Spannzangen zur Werkzeugaufnahme werden in der Hochpräzisionsbearbeitung auf Festkörpern basierende Spannfutter und Schrumpffutter verwendet. Diese zeichnen sich durch eine hohe Reproduzierbarkeit bei hoher Rundlaufgenauigkeit von weniger als 1 µm aus. Zum Spannen der Werkstücke werden neben Maschinenschraubstöcken und Backenfuttern Palettiersysteme, wie z. B. Nullpunktspannsysteme, zur Steigerung der Produktivität und Reduzierung der Maschinenhauptzeiten, verwendet. Durch den Einsatz dieser Nullpunktspannsysteme wird die Automatisierbarkeit des Prozesses vereinfacht und die Wirtschaftlichkeit gesteigert.

Antriebe. Um die geforderten hohen Beschleunigungen und Rucke sowie eine hohe Regelkreisverstärkung zu erzielen, werden elektromechanische Antriebe und in zunehmendem Maße Lineardirektantriebe eingesetzt. Der Wegfall mechanischer Übertragungselemente wie Kugelgewindetrieb, Zahnstange oder Kupplung am Lineardirektantrieb ermöglicht eine weitere Steigerung der Rucke und Regelkreisverstärkung bei hoher Lebensdauer [3]. Nachteilig ist die höhere Wärmeentwicklung in der Umgebung des Maschinenschlittens, die bei der Maschinenentwicklung berücksichtigt werden muss. Hochpräzisionsmaschinen werden mit direkten Messsystemen zur Positionsermittlung für die Regelung der Achsen ausgerüstet. Die Genauigkeit der Positionierung ergibt sich als Eigenschaft des Systems bestehend aus Führung, Antrieb und Messsystem.

Steuerung. Die präzise Fertigung von Mikrostrukturen und die erforderliche Achsdynamik erfordern einen kurzen Interpolationstakt und eine vorausschauende Geschwindigkeitsführung (Look ahead). Die Arbeitsgenauigkeit kann neben der zu gewährleistenden hohen mechanischen Präzision auch durch die Kompensation systematischer Fehleranteile in der Steuerung gesteigert werden. Daher verfügen moderne Steuerungen über vielfältige Möglichkeiten, Kompensationstabellen zu hinterlegen. Die Maschinensteuerung kann oftmals durch den Einsatz von Temperatursensoren und direktem, nullpunktbezogenem Messen zusätzlich thermische Verlagerungen kompensieren.

52.2.4 Entwicklungstrends

Die Weiterentwicklung moderner Hochpräzisionsmaschinen zielt auf eine höhere Produktivität durch eine Steigerung der Dynamik ab. Dabei spielt die Steigerung der maximalen Spindeldrehzahl eine zentrale Rolle. Weiterhin wird die Produktivität durch Systeme zur Steigerung der Zuverlässigkeit und einen höheren Automatisierungsgrad gesteigert. Hier bietet der Einsatz von In-Situ-Messsystemen vielfältige Ansatzpunkte. Zudem wird der Einsatz nachgiebiger Maschinengestelle zur Gewichtsreduzierung und Steigerung der Dynamik von Werkzeugmaschinen erforscht. Dazu werden echtzeitfähige Regelalgorithmen zur Verlagerungskompensation entwickelt.

52.3 Ultrapräzisionsmaschinen

52.3.1 Allgemeines

Bei der Ultrapräzisionsbearbeitung werden die Fertigungsverfahren Hobeln, Stoßen (s. Abschn. 41.2), Schleifen (s. Abschn. 41.3) und vor allem das Drehen und Fräsen eingesetzt. Bei der ultrapräzisen Endbearbeitung entstehen Oberflächen, deren Oberflächengüten denen polierter Oberflächen entsprechen. Vorteilhaft gegenüber dem Polieren ist die große Freiheit bezüglich der erzeugbaren Geometriemerkmale bei hoher Formgenauigkeit. Es können rotationssymmetrische und nicht-rotationssymmetrische Geometrien gefertigt werden. Mittels Fräsen kann beispielsweise eine hohe Oberflächenqualität in einem Nutgrund erzeugt werden. Durch die ultrapräzise Bearbeitung können Bauteile gefertigt werden, welche Oberflächen mit einem arithmetischen Mittenrauwert $Ra \leq 10\,nm$ und eine Formabweichung $P-V \leq 1\ \mu m$ aufweisen.

52.3.2 Anwendung

Bauteile, die durch die Ultrapräzisionsbearbeitung hergestellt werden, sind überwiegend Optiken und Linsen mit optisch-funktionalen Flächen, welche als Sphären, Asphären, Paraboloide oder als Freiformen ausgeführt sein können. Darüber hinaus werden auch Führungselemente oder Passflächen durch diese Bearbeitung erzeugt. Anwendungsgebiete für diese Bauteile sind die Medizintechnik, die Messtechnik, die Optik und die Militärtechnik. Insbesondere Linsen zur Strahlführung und Strahlformung von Laserstrahlung sind als Beispiel für den Einsatz ultrapräziser Bauteile zu nennen. Weiterhin finden ultrapräzise gefertigte Intraokularlinsen in der Ophthalmologie Anwendung. Aufgrund der mit dem Verfahren verbundenen hohen Kosten werden überwiegend Einzelteile, Kleinserien und Prototypen mittels Direktfertigung erzeugt. Darüber hinaus findet die Ultrapräzisionsbearbeitung im Werkzeug- und Formenbau für replikative Fertigungsverfahren, wie dem Spritzguss oder dem Heißprägen, Anwendung.

52.3.3 Ausrüstung

Maschinengestelle und -betten der Ultrapräzisionsmaschinen bestehen aus Werkstoffen, die den hohen Anforderungen an die thermische, statische und dynamische Steifigkeit gerecht werden. In der Regel ist das Maschinenbett aus natürlichem Granit oder Reaktionsharzbeton (s. Abschn. 45.3.2) hergestellt, welche in Bezug auf die Dämpfung und die thermischen Eigenschaften alternativen Werkstoffen, wie Stahl, Stahlguss und Grauguss, überlegen sind. Diese Werkstoffe weisen einen geringen Wärmedehnungskoeffizienten und eine hohe Wärmekapazität auf. Durch die Verwendung dieser Werkstoffe wird eine geringe thermisch bedingte Verlagerung und eine hohe thermische Trägheit der Maschinen erzielt. Eine Schwingungsisolation gegenüber aus der Umgebung in die Maschine eingeleiteten mechanischen Schwingungen ist erforderlich, sodass neben weichen, passiv dämpfenden Maschinenfüßen entkoppelte Gebäudefundamente genutzt werden. Vereinzelt kommen auch aktive Maschinenfüße zur Schwingungsisolation zum Einsatz.

Für Dreh- und Fräsanwendungen genutzte Ultrapräzisionsmaschinen weisen meist auf dem

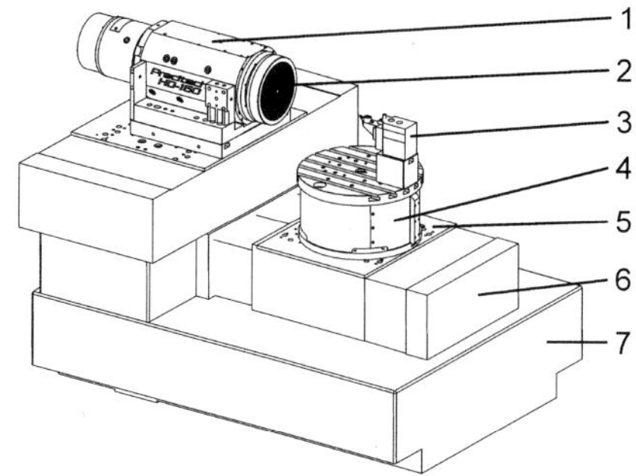

Abb. 52.2 Ultrapräzisionsdrehmaschine (AMETEK Precitech Inc., USA). *1* Hauptspindel, C-Achse, *2* Vakuumspannfutter, *3* Werkzeughalter mit Werkzeug, *4* Rotationsmodul, *5* Z-Schlitten, *6* Linearmodul, *7* Maschinenbett

Maschinenbett voneinander getrennte, in einer T-Konfiguration angeordnete Linearachsen auf (Abb. 52.2) und können durch weitere translatorische Achsen oder Rotationsachsen erweitert werden, sodass eine simultane Fünf-Achsen-Bearbeitung erfolgen kann. Es kommen in der Regel eisenlose Lineardirektantriebe als Synchronmotor in Kurzstatorbauweise zum Einsatz, da hiermit eine reibungsfrei einkoppelnde Antriebskraft realisiert werden kann. Durch die Verwendung eisenloser Motoren wird eine im Vergleich zum Einsatz eisenbehafteter Motoren geringere Kraftungleichförmigkeit und eine geringere Anziehungskraft erreicht. In Kombination mit reibungsfreien Führungssystemen und photoelektrischen Achsmesssystemen höchster Auflösung unterhalb eines Nanometers, können so Antriebssysteme mit sehr geringem Umkehrspiel im unteren zweistelligen Nanometerbereich und damit kleinste Verfahrbewegungen im selben Nanometerbereich realisiert werden. Als Führungssysteme kommen ausschließlich hydro- und aerostatische Systeme zum Einsatz, da bei diesen Systemen keine reibungsbedingte Losbrechkraft zu Beginn der Bewegung erforderlich ist. Bezüglich der Dämpfung senkrecht zur Vorschubrichtung und der Steifigkeit sind die hydrostatischen Führungen den aerostatischen Führungen überlegen. Die Rotationsachsen sind ebenfalls mit Direktantrieben ausgestattet. Die nur noch vereinzelt eingesetzten Wälzlager werden durch aero- und hydrostatische Lager ersetzt.

Die Hauptspindel ist meist aerostatisch gelagert und ermöglicht maximale Drehzahlen von bis zu $n_{max} = 10\,000\,min^{-1}$. Darüber hinaus kann die Hauptspindel im Verbund der interpolierten Maschinenachsen als C-Achse genutzt werden. Dies ist insbesondere für die Slow-Slide-Servo-Bearbeitung erforderlich. Bei dieser Bearbeitung wird die Zustellbewegung der Z-Achse in Abhängigkeit vom Drehwinkel der C-Achse realisiert. Das Diamantwerkzeug wird während der Drehung der C-Achse in Richtung der Z-Achse, auf deren Schlitten auch der Werkzeugträger befestigt ist, bewegt. Mit der SSS-/STS-Bearbeitung können z. B. Freiformen oder Linsen bei einer Stirndrehbearbeitung erzeugt werden. Ultrapräzisionsdrehmaschinen werden alternativ zum SSS/STS mit einem Fast-Tool-Servo (FTS) erweitert. Dieser besteht aus einer zusätzlichen, redundanten Maschinenachse, die lediglich das Werkzeug trägt und damit hochdynamische Werkzeugbewegungen ermöglicht. Das FTS-System wird auf dem Schlitten der Z-Achse angebracht und bewegt sich hochfrequent in Z-Richtung. FTS werden zur Diamantbearbeitung von Stahl und zur Erzeugung von mikrostrukturierten Oberflächen und Freiformen eingesetzt. Eingesetzte Maschinensteuerungen unterscheiden sich von Maschinensteuerungen für CNC-Werkzeugmaschinen durch die hohe Programmierauflösung von $a \geq 10$ nm.

Insbesondere zur Bearbeitung mittels SSS/STS oder FTS sind Maschinensteuerungen erforderlich, die über eine hohe Satzverarbeitungsgeschwindigkeit und einen niedrigen Lageregeltakt verfügen.

Als Werkstück-Spannsystem werden Vakuum-Spannfutter eingesetzt, auf denen das Werkstück mit Hilfe eines Messtasters hochgenau positioniert wird. Durch den Einsatz einer Vakuumspannvorrichtung wird die Deformation des Werkstücks minimiert, da die Spannkraft auf die Fläche des planen Bauteils wirkt. Vakuum-Spannfutter sind in der Regel mit veränderlichen Ausgleichsmassen oder unveränderlichen Ausgleichsmassen, deren Position in radialer Richtung geändert werden kann, ausgestattet. Damit wird ein Unwuchtausgleich bei gespanntem Werkstück realisiert, um unwuchtbedingte radiale Schwingungen während der Bearbeitung zu minimieren. Ultrapräzisionsmaschinen werden in klimatisierten Räumen betrieben, um konstante Umgebungsbedingungen zu gewährleisten. Die Räume weisen eine Temperaturkonstanz von $\pm\,0{,}5$ K auf, die Temperaturkonstanz im Arbeitsraum wird auf bis zu $\pm\,0{,}1$ K geregelt. Darüber hinaus sind Wärmequellen, z. B. Hydraulikaggregate und Antriebsmotoren, thermisch zu isolieren und die exakte Temperierung der Maschinenkomponenten ist erforderlich, um die hohe Arbeitsgenauigkeit sicherzustellen.

52.3.4 Entwicklungstrends

Aktuelle Entwicklungen zielen auf eine Steigerung des Automatisierungsgrads, die Integration von Messsystemen zur Werkzeug- und Werkstückmessung bei eingespanntem Werkzeug bzw. Werkstück, auf eine Optimierung der Steuerung bezüglich der Integration von Slow-Slide- und Fast-Tool-Servo sowie auf die Bearbeitung von Stahl und Werkstoffen mit hoher Härte ab.

52.4 Mikrofunkenerosionsmaschinen

52.4.1 Allgemeines

Die Funkenerosion (s. Abschn. 41.4.2, 42.3.3) ist ein Fertigungsverfahren, welches sich heute auf etlichen Gebieten der Mikrobearbeitung, insbesondere bei der Einzel- und Kleinserienherstellung von Stanz-, Präge- und Spritzgussformeinsätzen, etabliert hat (s. Abb. 52.3). Die Mikrofunkenerosion grenzt sich von der Makrofunkenerosion durch die Herstellung von Bauteilen bzw. Geometriemerkmalen unterhalb von 500 µm ab. Die Einsetzbarkeit der Mikrofunkenerosion leitet sich aus ihrem thermischen Wirkprinzip ab. Dieses ermöglicht eine Bearbeitung, welche unabhängig von den mechanischen Werkstoffeigenschaften des Werkstückes bei äußerst geringen Prozesskräften erfolgt. In Verbindung mit der dem Verfahren eigenen großen geometrischen Gestaltungsfreiheit können somit hochhar-

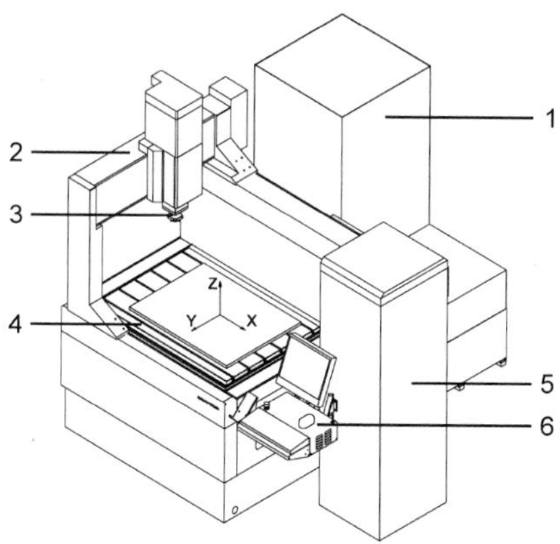

Abb. 52.3 Erodiermaschine (Zimmer & Kreim GmbH & Co. KG, Brensbach, Hessen). *1* Tank mit Dielektrikum, *2* Portal, *3* Pinolenfutter, *4* Arbeitstisch, *5* Generator, *6* Bedientablo

te Werkstoffe, wie beispielsweise hochwarmfeste Stähle, Hartmetalle oder auch Keramikwerkstoffe mit einer minimalen elektrischen Leitfähigkeit von $\kappa = 0{,}01$ S/cm, mit einer Genauigkeit im Mikrometerbereich bearbeitet werden.

52.4.2 Anwendung

Die Mikrosenkerosion mit strukturierten Formelektroden wird hauptsächlich zur Herstellung von Spritzguss- und Abformwerkzeugen für die Serienfertigung mikrotechnischer Produkte eingesetzt. Limitierend für die minimal abbildbaren Strukturgrößen sind dabei in der Regel nicht mehr der Funkenerosionsprozess sondern das Design und die Fertigung geeigneter Werkzeugelektroden. Hierfür kommen im Wesentlichen die Mikrozerspanung, die Mikrodrahterosion, die LIGA-Technik oder die Laserablation zum Einsatz.

Eine Verfahrensvariante der Mikrosenkerosion ist die Mikrobohrerosion. Hierbei wird eine in einer Keramikhülse über dem Werkstück geführte Stiftelektrode zur Erzeugung rotationssymetrischer Mikrobohrungen genutzt. Die Mikrobohrerosion findet Anwendung in den Bereichen der Kraftstoff-Einspritzdüsenherstellung sowie der Fertigung von Bohrungen in Turbinenschaufeln, Farbmittel-Düsen, Textil- und Kunstfaser-Ziehdüsen und optischen Blenden. Auch dient sie zur Erzeugung von Startlochbohrungen für die Mikrodrahterosion.

Das funkenerosive Schneiden mit dünnen Drähten findet seit Beginn der 1980er Jahre Einsatz bei der Herstellung von Mikrokomponenten mit dem Schwerpunkt auf dem Formen- und Werkzeugbau für Stanz- und Spritzgusswerkzeuge. Weitere traditionelle Anwendungsbereiche liegen in der Produktion von Mikrozahnrädern für Uhren sowie Spinndüsen für die Textilindustrie. Neuere Einsatzgebiete sehen vermehrt auch die direkte Herstellung von Prototypen und Produkten im Bereich der Medizintechnik und im Schnitt-, Press- und Extrusionswerkzeugbau vor.

52.4.3 Ausrüstung

Für die mikrofunkenerosive Bearbeitung kommen Maschinen zum Einsatz, deren Antriebssysteme auf CNC-gesteuerten Lineardirekt- oder elektromechanischen Antrieben basieren. Mittels optimierter Lageregelalgorithmen, hochauflösender Wegmesssysteme und den meistens verwendeten Wälzkörper-Führungssystemen können Positioniergenauigkeiten vergleichbar mit denen von Hochpräzisionsmaschinen erzielt werden. Die Positionsunsicherheiten im einstelligen Mikrometerbereich und die Umkehrspannen deutlich unterhalb eines Mikrometers ermöglichen eine Formgenauigkeit der Bauteile im Bereich weniger Mikrometer. Es können Oberflächen mit einer Rauheit von $Ra < 0{,}1\ \mu m$ erzeugt werden.

Ein wesentlicher technologischer Schlüsselfaktor zur Realisierung geringster Formabweichungen im einstelligen Mikrometerbereich und Oberflächengüten von $Ra < 0{,}1\ \mu m$ stellt die zum Einsatz kommende Generatortechnik dar. Neben stromgeregelten Generatoren für eine verschleißarme Bearbeitung mit hoher Abtragrate verfügen moderne Erodiermaschinen zusätzlich über Relaxationsgeneratoren für die Mikro- und Oberflächenfeinbearbeitung. Diese auf Kondensatoren basierenden Generatoren für die Mikrobearbeitung können in Abhängigkeit von den eingesetzten Entladungs- sowie Streukapazitäten der elektrischen Übertragungsstrecke minimale Entladeenergien bis $W_e = 0{,}1\ \mu J$ pro Einzelentladung bei

Arbeitsströmen von $i_e < 1$ A und Entladedauern bis $t_e < 100$ ns erzeugen. Zur Erhöhung der Wirtschaftlichkeit bei der sich daraus ergebenden geringen Abtragrate kann mit Impulsfrequenzen von bis zu $f_p = 10$ Mhz gearbeitet werden. Um hohe Induktivitäten der verwendeten elektrischen Leitungen zu vermeiden, wird die Übertragungsstrecke durch Anordnung der Relaxationsgeneratoren nahe der Bearbeitungsstelle minimiert. Der Einsatz von Faserverbundwerkstoffen und Keramiken für elektrisch isolierte Maschinenteile vermeidet ferner zusätzlich auftretende Störkapazitäten.

52.4.4 Entwicklungstrends

Aktuelle Entwicklungstrends zielen auf eine Erhöhung der Oberflächengüte und Bauteilgenauigkeit bei gleichzeitiger Steigerung der Abtragrate. Hierzu stellt insbesondere die Bereitstellung minimaler Entladeenergien bei zunehmender Entladefrequenz eines der Kernthemen innerhalb der Generatorentwicklung dar. Forschungsaktivitäten befassen sich mit der gezielten Veränderung des Arbeitsmediums durch Pulveradditivierungen unterschiedlicher Materialien, wie beispielsweise Graphit, Silber oder Silizium. Die Modifizierung des Arbeitsmediums ermöglicht die Erweiterung des zu bearbeitenden Materialspektrums. Insbesondere geht eine Tendenz hin zur Bearbeitung von keramischen Werkstoffen mit geringer elektrischer Leitfähigkeit, die beispielsweise als Formeinsätze für die Spritzgusstechnik zum Einsatz kommen.

52.5 Laserbearbeitungsmaschinen

52.5.1 Allgemeines

Die Mikro-Laserbearbeitung ist ein Fertigungsverfahren, welches in den Varianten Laserschneiden, Laserschweißen, Laserbohren und Laserabtragen (s. Abschn. 41.4.3, 42.3.2) in der Mikroproduktionstechnik etabliert ist. Basierend auf dem thermischen Abtrag des Werkstoffs durch den Laserstrahl findet in der Mikro-Laserbearbeitung neben dem Aufschmelzen überwiegend die Sublimation des Werkstoffs durch laserinduzierten Energieeintrag mittels Ultrakurzpulslaser Anwendung. Die Verwendung von Ultrakurzpulslasern mit Pulslängen im Piko- und Femtosekundenbereich ermöglicht eine prozesskräfte- und werkzeugverschleißfreie Bearbeitung, nahezu unabhängig von den mechanischen Werkstoffeigenschaften. In Verbindung mit einer minimalen thermischen Beeinflussung des Werkstoffs können hochharte Materialien, wie Werkzeugstahl, Keramik oder auch Diamantschichten, bearbeitet werden.

52.5.2 Anwendung

Das Mikrolaserschneiden ist die Verfahrensvariante mit der größten industriellen Bedeutung. Hauptanwendungsbereich ist das Trennen von integrierten Schaltungen oder Solarzellen auf Siliziumwafern. Das Verfahren beruht auf dem Energieeintrag durch Laserstrahl in die Bearbeitungszone und einem resultierenden Sublimationsabtrag. Das umgebende Material wird weder thermisch noch mechanisch beeinflusst. Spannungsinduzierter Bruch bzw. thermisch induzierte Verformungen können somit deutlich reduziert werden.

Die Technologie Mikrobohren basiert ebenfalls auf der hochgenauen Fokussierung des Laserstrahls auf der zu bearbeitenden Werkstückoberfläche. Mit Hilfe einer Fokusnachführung können Mikrobohrungen mit einem großen Aspektverhältnis hergestellt werden. Durch optomechanische Komponenten zur Strahlformung können zudem Bohrungen variabler bzw. funktionsangepasster Geometrie erstellt werden. Anwendung findet das Lasermikrobohren vor allem im Bereich der Automobil- und Luftfahrtindustrie zur Erzeugung von Ventil- oder Kühlbohrungen.

Das Laserabtragen findet insbesondere im Werkzeug- und Formenbau Anwendung. Das Verfahren basiert auf einem schichtweisen Werkstoffabtrag durch Variation des Fokuspunktes in einem zweidimensionalen Bearbeitungsbereich, wodurch 2,5- und 3-dimensionale Strukturen erzeugt werden können.

52.5.3 Ausrüstung

Anlagen für die Mikrolaserbearbeitung besitzen die wesentlichen Komponenten Laserquelle, Strahlführung, Fokussiersystem und Achssystem, die in ihrer Gesamtheit die erzielbare Qualität des Bearbeitungsergebnisses definieren. Laserquellen für die Mikrobearbeitung sind nahezu ausschließlich Ultrakurzpulslasersysteme mit einer Pulsdauer im Piko- und Femtosekundenbereich und mit einer mittleren Leistung bis $P = 50\,\mathrm{W}$. Die Pulsdauer definiert die Art des Materialabtrags, wobei kürzere Pulszeiten den Anteil des Sublimationsabtrags erhöhen und somit die thermisch beeinflusste Zone minimieren. Weitere wesentliche Kennwerte der Laserquelle sind Pulsspitzenleistung P_{Puls}, Repetitionsfrequenz f und Strahlqualität K. Für die Verfahren der Mikrolaserbearbeitung sind an den jeweiligen Prozess angepasste Strahlablenk- bzw. Fokussiersysteme notwendig. Für das Laserschneiden sowie das Laserabtragen werden Laserscanner zur Positionierung des Laserspots innerhalb eines Schreibfelds und telezentrische f-Theta Objektive eingesetzt. Diese Konfiguration ermöglicht die hochgenaue Positionierung des Laserspots, Verfahrgeschwindigkeiten bis $30\,\mathrm{m/s}$ und die Fokussierung des Lasers in einem Planfeld. Für das Laserbohren werden hingegen Trepanieroptiken eingesetzt, die eine variable Drehung des Strahlprofils in Bezug zur Werkstückoberfläche ermöglichen und aufgrund einer resultierenden Strahlhomogenisierung die Bohrungsqualität deutlich verbessern [4]. Die Maschinen zur Laserbearbeitung basieren zumeist auf hochgenauen Wälzführungen oder aerostatischen Führungen sowie elektromechanischen oder Lineardirektantrieben.

52.5.4 Entwicklungstrends

Ein Entwicklungstrend in der Mikrolaserbearbeitung besteht in der gezielten Formung des Strahlprofils zur Verbesserung der Oberflächenqualität. Dazu werden beispielweise diffraktive Linsen eingesetzt, mit denen ein Strahlprofil mit über dem Querschnitt konstanter Intensität und steil abfallender Intensität am Rande des Strahlquerschnitts erzeugt werden kann. Ein weiterer Entwicklungstrend besteht darin, die Kompatibilität von in der CNC-Technik etablierten Steuerungssystemen und -standards mit den Steuerungssystemen der laserspezifischen Maschinenkomponenten zu steigern.

Literatur

Spezielle Literatur

1. Schauer, K.: Entwicklung von Hartmetallwerkzeugen für die Mikrozerspanung mit definierter Schneide. Diss. TU Berlin (2006)
2. Kotschenreuther, J.: Empirische Erweiterung von Modellen der Makrozerspanung auf den Bereich der Mikrobearbeitung. Diss. Uni. Karlsruhe (2008)
3. Uriarte, L., Eguia, J., Egaña, F.: In: López, L. N., Lamikiz, A. (Hrsg.) Machine Tools for High Performance Machining, S. 369–396. Springer, London (2009)
4. Poprawe, R.: Lasertechnik für die Fertigung. Springer, Berlin Heidelberg (2005)

Fachausdrücke

Deutsch-Englisch

Abdichten des Arbeitsraumes Sealing of the working chamber

Abfallbrennstoffe Fuel from waste material

Abgasemission Exhaust emissions

Abgasturbolader Exhaust-gas turbocharger

Abgasverhalten Exhaust fume behavior

Ablauf technischer Fermentationen Course of technical fermentation

Abschaltbare Thyristoren Gate turn off thyristors

Abschätzverfahren zur Bestimmung des Schallleistungspegels Valuation method of determine the noise power level

Abscheiden von Feststoffpartikeln aus Flüssigkeiten Separation of solid particles out of fluids

Abscheiden von Partikeln aus Gasen Separation of particles out of gases

Abscherbeanspruchung Transverse shear stresses

Absolute und relative Strömung Absolute and relative flow

Absorbieren, Rektifizieren, Flüssig-flüssig-Extrahieren Absorption, rectification, liquid-liquid-extraction

Absorptionskälteanlage Absorption refrigeration plant

Absorptions-Kaltwassersatz Absorbtion of cold water

Absorptionswärmepumpen Absorption heat pumps

Absperr- und Regelorgane Shut-off and control valves

Abstrahieren zum Erkennen der Funktionen Abstracting to identify the functions

Abtragen Erosion

Achsenkreuze Axis systems

Achsgetriebe Axis gearing

Achsschubausgleich Axial thrust balancing

Ackeret-Keller-Prozess Ackeret-keller-process

Adaptive Regelung Adaptive control

Adiabate, geschlossene Systeme Adiabatic, closed systems

Adsorbieren, Trocknen, Fest-flüssig-Extrahieren Adsorption, drying, solid-liquid-extraction

Aerodynamik Aero dynamics

Agglomerationstechnik Agglomeration technology

Agglomerieren Agglomeration

Ähnlichkeitsbeziehungen Similarity laws

Ähnlichkeitsbeziehungen und Beanspruchung Similarity conditions and loading

Ähnlichkeitsgesetze (Modellgesetze) Similarity laws

Ähnlichkeitskennfelder Turbomachinery characteristics

Ähnlichkeitsmechanik Similarity mechanics

Aktive Maßnahmen zur Lärm- und Schwingungsminderung Actice steps toward noise and vibration reduction

Aktive Sicherheitstechnik/Bremse, Bremsbauarten Active safety/brakes, types of brakes

Aktoren Actuators

Aktuatoren Actuators

Akustische Messtechnik Acoustic measurement

Algen Algae

Algorithmen Algorithms

Allgemeine Anforderungen General requirements

Allgemeine Arbeitsmethodik General working method

B. Bender und D. Göhlich (Hrsg.), *Dubbel Taschenbuch für den Maschinenbau 2: Anwendungen*, https://doi.org/10.1007/978-3-662-59713-2

Allgemeine Auswahlkriterien General Selection criteria
Allgemeine Bewegung des starren Körpers General motion of a rigid body
Allgemeine ebene Bewegung starrer Körper General plane motion of a rigid body
Allgemeine Formulierung General formulation
Allgemeine Grundgleichungen Fundamentals
Allgemeine Grundlagen General fundamentals
Allgemeine Grundlagen der Kolbenmaschinen Basic principles of reciprocating engines
Allgemeine Korrosion General Corrosion
Allgemeine räumliche Bewegung General motion in space
Allgemeine Tabellen General Tables
Allgemeine Verzahnungsgrößen General relationships for all tooth profiles
Allgemeiner Lösungsprozess General problem-solving
Allgemeiner Zusammenhang zwischen thermischen und kalorischen Zustandsgrößen General relations between thermal and caloric properties of state
Allgemeines General
Allgemeines Feuerungszubehör General furnace accessories
Allgemeines über Massenträgheitsmomente Moment of inertia
Allgemeines und Bauweise General and configurations
Allgemeingültigkeit der Berechnungsgleichungen Generalization of calculations
Alternative Antriebsformen Alternative Power train systems
Aluminium und seine Legierungen Aluminium and aluminium alloys
Analog-Digital-Umsetzer Analog-digital converter
Analoge elektrische Messtechnik Analog electrical measurement
Analoge Messwerterfassung Analog data logging
Analyse der Einheiten (Dimensionsanalyse) und Π-Theorem Dimensional analysis and Π-theorem
Analytische Verfahren Methods of coordinate geometry
Anbackungen Start of baking process
Anergie Anergy
Anfahren Start-up period
Anfahren und Betrieb Start up and operation
Anforderungen an Bauformen Requirements, types of design
Angaben zum System System parameters
Anisotropie Anisotropy
Anlagencharakteristik Plant performance characteristics
Anorganisch-chemische Analytik Inorganic chemical analysis
Anregungskräfte Initial forces, start-up forces
Anschluss an Motor und Arbeitsmaschine Connection to engine and working machine
Anstrengungsverhältnis nach Bach Bach's correction factor
Antrieb Driver
Antrieb und Bremsen Driver and brakes
Antriebe Drives
Antriebe der Fördermaschinen Drive systems for materials handling equipment
Antriebe mit Drehstromsteller Drives with three-phase current controllers
Antriebs- und Steuerungssystem Motion and control System
Antriebsmotoren und Steuerungen Drive systems and controllers
Antriebsschlupfregelung ASR Drive slip control
Antriebsstrang Drive train
Anwenden von Exponentengleichungen Use of exponent-equations
Anwendung Application
Anwendung und Vorgang Application and procedures
Anwendung, Ausführungsbeispiele Applications, Examples
Anwendungen und Bauarten Applications and types
Anwendungsgebiete und Auswahl von Industrierobotern Applications and selection of industrial robots
Arbeit Work
Arbeitgebundene Pressmaschine Press, working process related
Arbeits- und Energiesatz Energy equation
Arbeitsaufnahmefähigkeit, Nutzungsgrad, Dämpfungsvermögen, Dämpfungsfaktor

Energy storage, energy storage efficiency factor, damping capacity, damping factor
Arbeitsfluid Working fluid
Arbeitsplanung Production planning
Arbeitssicherheit Safety
Arbeitssteuerung Production planning and control
Arbeitsverfahren bei Verbrennungsmotoren Type of engine, type of combustion process
Arbeitsverfahren und Arbeitsprozesse Engine types and working cycles
Arbeitsvorbereitung Job planning
Arbeitsweise Functioning
Arbeitswissenschaftliche Grundlagen Basic ergonomics
Arbeitszyklus Working cycle
Arbeitszyklus, Liefergrade und Druckverluste Work cycle, volumetric efficiencies and pressure losses
Armaturen Valves and fittings
Asynchron-Kleinmotoren Asynchronos small motor
Asynchronlinearmotoren Asynchronos linear motor
Asynchronmaschinen Asynchronous machines
Aufbau Body
Aufbau, Eigenschaften, Anwendung Design, characteristic and use
Aufbauorganisation von Steuerungen Organisation of control systems
Aufgabe Task, Definition
Aufgabe und Einordnung Task and Classification
Aufgabe, Einteilung und Anwendungen Function, classification and application
Aufgaben Applications
Aufgaben der Montage und Demontage Tasks of assembly and disassembly
Aufgaben des Qualitätsmanagements Scope of quality management
Aufgaben, Eigenschaften, Kenngrößen Applications, characteristics, properties
Aufladung von Motoren Supercharging
Auflagerreaktionen an Körpern Support reactions
Aufwölbung und Bewegungen im Schmelzgut Bulging of the surface and melt circulation in induction furnaces
Aufzüge Elevators
Aufzüge und Schachtförderanlagen Elevators and hoisting plants
Ausarbeiten Detail design
Ausführung und Auslegung von Hydrogetrieben Configuration and Layout of hydrostatic transmissions
Ausführungen Types
Ausführungen von Halbleiterventilen Types of semi-conductor valves
Ausgeführte Dampferzeuger Types of steam generator
Ausgeführte Motorkonstruktionen Design of typical internal combustion (IC) engines
Ausgeführte Pumpen Pump constructions
Ausgleich der Kräfte und Momente Compensation of forces and moments
Ausgleichsvorgänge Transient phenomena
Auslegung Basic design principles
Auslegung einer reibschlüssigen Schaltkupplung Layout design of friction clutches
Auslegung einfacher Planetengetriebe Design of simple planetary trains
Auslegung und Dauerfestigkeitsberechnung von Schraubenverbindungen Static and fatigue strength of bolted connections
Auslegung und Hauptabmessungen Basic design and dimensions
Auslegung von Hydrokreisen Design of hydraulic circuits
Auslegung von Industrieturbinen Design of industrial turbines
Auslegung von Klimadaten Interpretation of climate data
Auslegung von Wärmeübertragern Layout design of heat exchangers
Auslegungsgesichtspunkte, Schwingungsverhalten Layout design principles, vibration characteristics
Ausschnitte Cutouts
Äußere Kühllast External cooling load
Ausstattungen Equipment
Auswahl einer Kupplungsgröße Size selection of friction clutches
Auswahlgesichtspunkte Type selection
Auswertung von Messungen Analysis of measurements
Automatisierte Montage Automated assembly

Automatisierung in der Materialflusstechnik Automation in materials handling

Automatisierung von Handhabungsfunktionen Automation of material handling functions

Automobil und Umwelt Automobile and environment

Axiale Repetierstufe einer Turbine Axial repeating stage of multistage turbine

Axiale Repetierstufe eines vielstufigen Verdichters Axial repeating stage of multistage compressor

Axiale Sicherungselemente Axial locking devices

Axiale Temperatur- und Massenstromprofile Axial temperature and mass flow profile

Axiale Temperaturverläufe Axial temperature profile

Axialtransport Axial transport

Axialverdichter Axial compressors

Bagger Excavators

Bakterien Bacteria

Bandsäge- und Bandfeilmaschinen Bandsawing and filing machines

Bandsäge- und Bandfeilmaschinen Hubsäge- und Hubfeilmaschinen Schleifmaschinen Band sawing and band filing machines, hack sawing and hack filing machines, grinding machines

Bandschleifmaschinen Belt grinding machines

Basisdisziplinen Basic disciplines

Basismethoden Fundamental methods

Batterien Batteries

Bauarten Types

Bauarten der Wälzlager Rolling bearing types

Bauarten und Anwendungsgebiete Types and applications

Bauarten und Prozesse Construction types and processes

Bauarten und Zubehör Types and accessories

Bauarten von Kernreaktoren Types of nuclear reactors

Bauarten von Wärmeübertragern Types of heat exchangers

Bauarten, Anwendungen Types, applications

Bauarten, Beispiele Types, examples

Bauarten, Eigenschaften, Anwendung Characteristics and use

Bauausführungen Types of construction

Bauelemente Pneumatic components

Bauelemente hydrostatischer Getriebe Components of hydrostatic transmissions

Bauformen und Achshöhen Types of construction and shaft heights

Bauformen und Baugruppen Types and components

Baugruppen Assemblies

Baugruppen und konstruktive Gestaltung Components and design

Baugruppen zur Ein- und Auslasssteuerung Inlet and outlet gear components

Baukasten Modular system

Baumaschinen Construction machinery

Baureihen- und Baukastenentwicklung Fundamentals of development of series and modular design

Bauteile Components

Bauteile des Reaktors und Reaktorgebäude Components of reactors und reactor building

Bauteilverbindungen Connections

Bauzusammenhang Construction interrelationship

Beanspruchung bei Berührung zweier Körper (Hertzsche Formeln) Hertzian contact stresses (Formulas of Hertz)

Beanspruchung der Schaufeln durch Fliehkräfte Centrifugal stresses in blades

Beanspruchung der Schaufeln durch stationäre Strömungskräfte Steady flow forces acting on blades

Beanspruchung stabförmiger Bauteile Stresses in bars and beams

Beanspruchung und Festigkeit der wichtigsten Bauteile Stresses and strength of main components

Beanspruchungen Stresses

Beanspruchungen und Werkstoffe Loading and materials

Beanspruchungs- und Versagensarten Loading and failure types

Beanspruchungskollektiv Operating variables

Bearbeitungszentren Machining Centers

Becherwerke (Becherförderer) Bucket elevators (bucket conveyors)

Bedeutung von Kraftfahrzeugen Importance of motor vehicles

Begriff Definition
Begriffsbestimmung Definition of the term
Begriffsbestimmungen und Übersicht Terminology definitions and overview
Behagliches Raumklima in Aufenthalts- und Arbeitsräumen Comfortable climate in living and working rooms
Beheizung Heating system
Beispiel einer Radialverdichterauslegung nach vereinfachtem Verfahren Example: approximate centrifugal compressor sizing
Beispiele für mechanische Ersatzsysteme: Feder-Masse-Dämpfer-Modelle Examples for mechanical models: Spring-mass-damper-models
Beispiele für mechanische Ersatzsysteme: Finite-Elemente-Modelle Examples for mechanical models: Finite-Elemente models
Beispiele mechatronischer Systeme Examples of mechatronic systems
Belastbarkeit und Lebensdauer der Wälzlager Load rating and fatigue life of rolling bearings
Belastungs- und Beanspruchungsfälle Loading and stress conditions
Belegungs- und Bedienstrategien Load and operating strategies
Beliebig gewölbte Fläche Arbitrarily curved surfaces
Bemessung, Förderstrom, Steuerung Rating, flow rate, control
Benennungen Terminology, classification
Berechnung Design calculations
Berechnung des stationären Betriebsverhaltens Calculation of static performance
Berechnung hydrodynamischer Gleitlager Calculation of hydrodynamic bearings
Berechnung hydrostatischer Gleitlager Calculation of hydrostatic bearings
Berechnung und Auswahl Calculation and selection
Berechnung und Optimierung Calculation and optimization
Berechnung von Rohrströmungen Calculation of pipe flows
Berechnungs- und Bemessungsgrundlagen der Heiz- und Raumlufttechnik Calculation and sizing principles of heating and air handling engineering
Berechnungs- und Bewertungskonzepte Design calculation and integrity assessment
Berechnungsgrundlagen Basic design calculations
Berechnungsverfahren Design calculations
Bereiche der Produktion Fields of production
Bernoullischen Gleichung für den instationären Fall Bernoulli's equation for unsteady flow problems
Bernoullischen Gleichung für den stationären Fall Bernoulli's equation for steady flow problems
Berührungsdichtungen an gleitenden Flächen Dynamic contact seals
Berührungsdichtungen an ruhenden Flächen Static contact seals
Berührungsschutz Protection against electric shock
Beschaufelung Blading
Beschaufelung, Ein- und Austrittsgehäuse Blading, inlet and exhaust casing
Beschichten Surface coating
Beschleunigungsmesstechnik Acceleration measurement
Beschreibung des Zustands eines Systems. Thermodynamische Prozesse Description of the state of a system. Thermodynamic processes
Beschreibung von Chargenöfen Description of batch furnaces
Besondere Eigenschaften Special characteristics
Besondere Eigenschaften bei Leitern Special properties of conductors
Beton Concrete
Betonmischanlagen Mixing installations for concrete
Betonpumpen Concrete pumps
Betrieb von Lagersystemen Operation of storage systems
Betriebliche Kostenrechnung Operational costing
Betriebsarten Duty cycles
Betriebsbedingungen (vorgegeben) Operating conditions
Betriebsfestigkeit Operational stability
Betriebskennlinien Operating characteristics
Betriebssysteme Operating systems

Betriebsverhalten Operating characteristics
Betriebsverhalten der verlustfreien Verdrängerpumpe Action of ideal positive displacement pumps
Betriebsverhalten und Kenngrößen Operating conditions and performance characteristics
Betriebsverhalten und Regelmöglichkeiten Operational behaviour and control
Betriebsweise Operational mode
Bettfräsmaschinen Bed-type milling machines
Betttiefenprofil Depth profile
Beulen von Platten Buckling of plates
Beulen von Schalen Buckling of shells
Beulspannungen im unelastischen (plastischen) Bereich Inelastic (plastic) buckling
Beulung Buckling of plates and shells
Beurteilen von Lösungen Evaluations of solutions
Bewegung eines Punkts The motion of a particle
Bewegung starrer Körper Motion of rigid bodies
Bewegungsgleichungen von Navier-Stokes Navier Stokes' equations
Bewegungsgleichungen, Systemmatrizen Equations of motion, system matrices
Bewegungssteuerungen Motion controls
Bewegungswiderstand und Referenzdrehzahlen der Wälzlager Friction and reference speeds of rolling bearings
Bewertungskriterien Evaluation Criteria
Bezeichnungen für Wälzlager Designation of standard rolling bearings
Bezugswerte, Pegelarithmetik Reference values, level arithmetic
Biegebeanspruchung Bending
Biegedrillknicken Torsional buckling
Biegen Bending
Biegeschlaffe Rotationsschalen und Membrantheorie für Innendruck Shells under internal pressure, membrane stress theory
Biegeschwingungen einer mehrstufigen Kreiselpumpe Vibrations of a multistage centrifugal pump
Biegespannungen in geraden Balken Bending stresses in straight beams
Biegespannungen in stark gekrümmten Trägern Bending stresses in highly curved beams
Biegesteife Schalen Bending rigid shells
Biegeversuch Bending test
Biegung des Rechteckbalkens Bending of rectangular beams
Biegung mit Längskraft sowie Schub und Torsion Combined bending, axial load, shear and torsion
Biegung und Längskraft Bending and axial load
Biegung und Schub Bending and shear
Biegung und Torsion Bending and torsion
Bindemechanismen, Agglomeratfestigkeit Binding mechanisms, agglomerate strength
Biogas Biogas
Bio-Industrie-Design: Herausforderungen und Visionen Organic industrial design: challenges and visions
Biomasse Biomass
Bioreaktoren Bioreactors
Bioverfahrenstechnik Biochemical Engineering
Bipolartransistoren Bipolar transistors
Blechbearbeitungszentren Centers for sheet metal working
Blei Lead
Blindleistungskompensation Reactive power compensation
Bohrbewegung Rolling with spin
Bohren Drilling and boring
Bohrmaschinen Drilling and boring machines
Bolzenverbindungen Clevis joints and pivots
Bremsanlagen für Nkw Brakes for trucks
Bremsen Brakes
Bremsenbauarten Types of brakes
Bremsregelung Control of brakes
Brenner Burners
Brennerbauarten Burner types
Brennkammer Combustion chamber (burner)
Brennstoffe Fuels
Brennstoffkreislauf Fuel cycle
Brennstoffzelle Fuel cell
Brennstoffzellen Fuel Cells
Bruchmechanikkonzepte Fracture mechanics concepts
Bruchmechanische Prüfungen Fracture mechanics tests
Bruchmechanische Werkstoffkennwerte bei statischer Beanspruchung Characteristic fracture mechanics properties for static loading

Bruchmechanische Werkstoffkennwerte bei zyklischer Beanspruchung Characteristic fracture mechanics properties for cyclic loading
Bruchmechanischer Festigkeitsnachweis unter statischer Beanspruchung Fracture mechanics proof of strength for static loading
Bruchmechanischer Festigkeitsnachweis unter zyklischer Beanspruchung Fracture mechanics proof of strength for cyclic loading
Bruchphysik; Zerkleinerungstechnische Stoffeigenschaften Fracture physics; comminution properties of solid materials
Brücken- und Portalkrane Bridge and gantry cranes
Brutprozess Breeding process
Bunkern Storage in silos
Bypass-Regelung Bypass regulation
CAA-Systeme CAA systems
CAD/CAM-Einsatz Use of CAD/CAM
CAD-Systeme CAD systems
CAE-Systeme CAE systems
CAI-Systeme CAI systems
CAM-Systeme CAM systems
CAPP-Systeme CAPP systems
CAP-Systeme CAP systems
CAQ-Systeme CAQ-systems
Carnot-Prozess Carnot cycle
CAR-Systeme CAR systems
CAS-Systeme CAS systems
CAT-Systeme CAT systems
Charakterisierung Characterization
Checkliste zur Erfassung der wichtigsten tribologisch relevanten Größen Checklist for tribological characteristics
Chemische Korrosion und Hochtemperaturkorrosion Chemical corrosion and high temperature corrosion
Chemische Thermodynamik Chemical thermodynamics
Chemische und physikalische Analysemethoden Chemical and physical analysis methods
Chemische Verfahrenstechnik Chemical Process Engineering
Chemisches Abtragen Chemical machining
Client-/Serverarchitekturen Client-/Server architecture
Dachaufsatzlüftung Ventilation by roof ventilators
Dämpfe Vapours
Dampferzeuger Steam generators
Dampferzeuger für Kernreaktoren Nuclear reactor boilers
Dampferzeugersysteme Steam generator systems
Dampfkraftanlage Steam power plant
Dampfspeicherung Steam storage
Dampfturbinen Steam turbines
Dämpfung Shockabsorption
Darstellung der Schweißnähte Graphical symbols for welds
Darstellung von Schwingungen im Frequenzbereich Presentation of vibrations in the frequency domain
Darstellung von Schwingungen im Zeit- und Frequenzbereich Presentation of vibrations in the time and frequency domain
Darstellung von Schwingungen im Zeitbereich Presentation of vibrations in the time domain
Das Prinzip der Irreversibilität The principle of irreversibility
Datenschnittstellen Data interfaces
Datenstrukturen und Datentypen Data structures and data types
Dauer-Bremsanlagen Permanent brakes
Dauerformverfahren Permanent molding process
Dauerversuche Longtime tests
Definition Definitions
Definition und allgemeine Anforderungen Definitions and general requirements
Definition und Einteilung der Kolbenmaschinen Definition and classification
Definition und Kriterien Definition and criteria
Definition von Kraftfahrzeugen Definition of motor cycles
Definition von Wirkungsgraden Definition of efficiencies
Definitionen Definitions
Dehnungsausgleicher Expansion compensators
Dehnungsmesstechnik Strain measurement
Demontage Disassembly
Demontageprozess Disassembling process
Dériazturbinen Dériaz turbines

Dezentrale Klimaanlage Decentralized air conditioning system
Dezentralisierung durch den Einsatz industrieller Kommunikationssysteme Decentralisation using industrial communication tools
Dezimalgeometrische Normzahlreihen Geometric series of preferred numbers (Renard series)
D-Glied Derivative element
Diagnosetechnik Diagnosis devices
Dichtungen Bearing seals
Dielektrische Erwärmung Dielectric heating
Dieselmotor Diesel engine
Differentialgleichung und Übertragungsfunktion Differential equation and transfer function
Digitale elektrische Messtechnik Digital electrical measurements
Digitale Messsignaldarstellung Digital signal representation
Digitale Messwerterfassung Digital data logging
Digitalrechnertechnologie Digital computing
Digitalvoltmeter, Digitalmultimeter Digital voltmeters, multimeters
Dimensionierung von Bunkern Design of silos
Dimensionierung von Silos Dimensioning of silos
Dimensionierung, Anhaltswerte Dimensioning, First assumtion data
Dioden Diodes
Diodenkennlinien und Daten Diode characteristics and data
Direkte Beheizung Direct heating
Direkte Benzin-Einspritzung Gasoline direct injection
Direkte und indirekte Geräuschentstehung Direct and indirect noise development
Direkter Wärmeübergang Direct heat transfer
Direktes Problem Direct problem
Direktumrichter Direct converters
Direktverdampfer-Anlagen Direct expansion plants
Direktverdampfer-Anlagen für EDV-Klimageräte Computer-air-conditioners with direct expansion units
DMU-Systeme DMU systems
Drahtziehen Wire drawing
Drehautomaten Automatic lathes
Drehen Turning
Drehfelder in Drehstrommaschinen Rotating fields in three-phase machines
Drehführungen Swivel guides
Drehführungen, Lagerungen Rotary guides, bearings
Drehkraftdiagramm von Mehrzylindermaschinen Graph of torque fluctuations in multicylinder reciprocating machines
Drehkrane Slewing cranes
Drehmaschinen Lathes
Drehmomente, Leistungen, Wirkungsgrade Torques, powers, efficiencies
Drehmomentgeschaltete Kupplungen Torque-sensitive clutches (slip clutches)
Drehnachgiebige, nicht schaltbare Kupplungen Permanent rotary-flexible couplings
Drehrohrmantel Rotary cube casing
Drehrohröfen Rotary kiln
Drehschwinger mit zwei Drehmassen Torsional vibrator with two masses
Drehschwingungen Torsional vibrations
Drehstabfedern (gerade, drehbeanspruchte Federn) Torsion bar springs
Drehstarre Ausgleichskupplungen Torsionally stiff self-aligning couplings
Drehstarre, nicht schaltbare Kupplungen Permanent torsionally stiff couplings
Drehstoß Rotary impact
Drehstrom Three-phase-current
Drehstromantriebe Three-phase drives
Drehstromtransformatoren Three phase transformers
Drehwerke Slewing mechanis
Drehzahlgeschaltete Kupplungen Speed-sensitive clutches (centrifugal clutches)
Drehzahlregelung Speed control
Drehzahlverstellung Speed control
Druckbeanspruchte Querschnittsflächen A_p Pressurized cross sectional area A_p
Drücke Pressures
Drucker Printers
Druckmesstechnik Pressure measurement
Druckventile Pressure control valves
Druckverlust Pressure drop
Druckverlustberechnung Pressure drop design
Druckverluste Pressure losses

Druckversuch Compression test
Druckzustände Pressure conditions
Dünnwandige Hohlquerschnitte (Bredtsche Formeln) Thin-walled tubes (Bredt-Batho theory)
Durchbiegung von Trägern Deflection of beams
Durchbiegung, kritische Drehzahlen von Rotoren Deflection, critical speeds of rotors
Durchdrücken Extrusion
Durchführung der Montage und Demontage Realization of assembly and disassembly
Durchgängige Erstellung von Dokumenten Consistent preparation of documents
Durchlauföfen Continuous kilns
Durchsatz Throughput
Duroplaste Thermosets
Düsen- und Diffusorströmung Jet and diffusion flow
Dynamische Ähnlichkeit Dynamic similarity
Dynamische Beanspruchung umlaufender Bauteile durch Fliehkräfte Centrifugal stresses in rotating components
Dynamische Kräfte Dynamic forces
Dynamische Übertragungseigenschaften von Messgliedern Dynamic transient behaviour of measuring components
Dynamisches Betriebsverhalten Dynamic performance
Dynamisches Grundgesetz von Newton (2. Newtonsches Axiom) Newton's law of motion
Dynamisches Modell Dynamic model
Dynamisches Verhalten linearer zeitinvarianter Übertragungsglieder Dynamic response of linear time-invariant transfer elements
Ebene Bewegung Plane motion
Ebene Böden Flat end closures
Ebene Fachwerke Plane frames
Ebene Flächen Plane surfaces
Ebene Getriebe, Arten Types of planar mechanisms
Ebene Kräftegruppe Systems of coplanar forces
Ebener Spannungszustand Plane stresses
Effektive Organisationsformen Effective types of organisation
Eigenfrequenzen ungedämpfter Systeme Natural frequency of undamped systems
Eigenschaften Characteristics
Eigenschaften Properties
Eigenschaften des Gesamtfahrzeugs Characteristics of the complete vehicle
Eigenschaften und Verwendung der Werkstoffe Properties and Application of Materials
Ein- und Auslasssteuerung Inlet and outlet gear
Eindimensionale Strömung Nicht-Newtonscher Flüssigkeiten One-dimensional flow of non-Newtonian fluids
Eindimensionale Strömungen idealer Flüssigkeiten One-dimensional flow of ideal fluids
Eindimensionale Strömungen zäher Newtonscher Flüssigkeiten (Rohrhydraulik) One-dimensional flow of viscous Newtonian fluids
Einfache und geschichtete Blattfedern (gerade oder schwachgekrümmte, biegebeanspruchte Federn) Leaf springs and laminated leaf springs
Einfluss der Stromverdrängung Current displacement
Einfluss von Temperatur, pH-Wert, Inhibitoren und Aktivatoren Influence of temperature, pH, inhibiting and activating compounds
Einflussgröße Influencing variables
Einflüsse auf die Werkstoffeigenschaften Influences on material properties
Einführung Introduction
Eingangsproblem Input problem
Einheitensystem und Gliederung der Messgrößen der Technik System and classification of measuring quantities
Einige Grundbegriffe Fundamentals
Einleitung Introduction
Einleitung und Definitionen Introduction and definitions
Einordnung der Fördertechnik Classification of materials handling
Einordnung des Urformens in die Fertigungsverfahren Placement of primary shaping in the manufacturing processes
Einordnung und Konstruktionsgruppen von Luftfahrzeugen Classification and structural components of aircrafts
Einordnung von Luftfahrzeugen nach Vorschriften Classification of aircraft according to regulations
Einphasenmotoren Single-phase motors
Einphasenströmung Single phase fluid flow

Einphasentransformatoren Single phase transformers

Einrichtungen zur freien Lüftung Installations for natural ventilation

Einrichtungen zur Gemischbildung und Zündung bei Dieselmotoren Compression-ignition engine auxiliary equipment

Einrichtungen zur Geschwindigkeitserfassung bei NC-Maschinen Equipment for speed logging at NC-machines

Einrichtungen zur Positionsmessung bei NC-Maschinen Equipment for position measurement at NC-machines

Einsatzgebiete Operational area

Einsatzgebiete Fields of application

Einscheiben-Läppmaschinen Single wheel lapping machines

Einspritz-(Misch-)Kondensatoren Injection (direct contact) condensers

Einspritzdüse Injection nozzle

Einspritzsysteme Fuel injection system

Einstellregeln für Regelkreise Rules for control loop optimization

Einteilung der Stromrichter Definition of converters

Einteilung nach Geschwindigkeits- und Druckänderung Classification according to their effect on velocity and pressure

Einteilung und Begriffe Classification and definitions

Einteilung und Einsatzbereiche Classification and rating ranges

Einteilung und Verwendung Classification and configurations

Einteilung von Fertigungsystemen Classification of manufacturing systems

Einteilung von Handhabungseinrichtungen Systematic of handling systems

Eintrittsleitschaufelregelung Adjustable inlet guide vane regulation

Einwellenverdichter Single shaft compressor

Einzelhebezeuge Custom hoists

Einzelheizgeräte für größere Räume und Hallen Individual heaters for larger rooms and halls

Einzelheizgeräte für Wohnräume Individual heaters for living rooms

Einzelheizung Individual heating

Einzieh- und Wippwerke Compensating mechanism

Eisenwerkstoffe Iron Base Materials

Eisspeichersysteme Ice storage systems

Elastische, nicht schaltbare Kupplungen Permanent elastic couplings

Elastizitätstheorie Theory of elasticity

Elastomere Elastomers

Elektrische Antriebstechnik Electric drives

Elektrische Bremsung Electric braking

Elektrische Energie aus erneuerbaren Quellen Electric energy from renewable sources

Elektrische Infrastruktur Electric infrastructure

Elektrische Maschinen Rotating electrical machines

Elektrische Speicher Electric storages

Elektrische Steuerungen Electrical control

Elektrische Stromkreise Electric circuits

Elektrische Verbundnetze Combined electricity nets

Elektrische/Elektronische Ausrüstung/Diagnose Electrical/Electronical Equipment/Diagnosis

Elektrizitätswirtschaft Economic of electric energy

Elektrobeheizung Electric heating

Elektrochemische Korrosion Electrochemically corrosion

Elektrochemisches Abtragen Electro chemical machining (ECM)

Elektrohängebahn Electric suspension track

Elektrolyte Electrolytic charge transfer

Elektromagnetische Ausnutzung Electromagnetic utilization

Elektromagnetische Verträglichkeit Electromagnetic compatibility

Elektronenstrahlverfahren Electron beam processing

Elektronisch kommutierte Motoren Electronically commutated motors

Elektronische Bauelemente Electronic components

Elektronische Datenerfassung und -übertragung durch RFID Electronic data collection and transmission by RFID

Elektronische Datenverarbeitung Electronic data processing

Elektronische Schaltungen, Aufbau Assembly of electronic circuits
Elektrostatisches Feld Electrostatic field
Elektrotechnik Electrical Engineering
Elektrowärme Electric heating
Elemente der Kolbenmaschine Components of crank mechanism
Elemente der Werkzeugmaschinen Machine tool components
Elliptische Platten Elliptical plates
Emissionen Emissions
Endlagerung radioaktiver Abfälle Permanent disposal of nuclear waste
Endtemperatur, spezifische polytrope Arbeit Discharge temperature, polytropic head
Energetische Grundbegriffe: Arbeit, Leistung, Wirkungsgrad Basic terms of energy: work, power, efficiency
Energie-, Stoff- und Signalumsatz Energy, material and signal transformation
Energiebilanz und Wirkungsgrad Energy balance, efficiency
Energiespeicher Energy storage methods
Energiespeicherung Energy storage
Energietechnik und Wirtschaft Energy systems and economy
Energietransport Energy transport
Energieübertragung durch Flüssigkeiten Hydraulic power transmission
Energieübertragung durch Gase Pneumatic power transmission
Energieverteilung Electric power distribution
Energiewandlung Energy conversion
Energiewandlung mittels Kreisprozessen Energy conversion by cyclic processes
Entsorgung der Kraftwerksnebenprodukte Deposition of by-products in the power process
Entstehung von Maschinengeräuschen Generation of machinery noise
Entstehung von Maschinenschwingungen, Erregerkräfte F(t) Origin of machine vibrations, excitation forces
Entwerfen Embodiment design
Entwicklungsmethodik Development methodology
Entwicklungsprozesse und -methoden Development processes and methods
Entwicklungstendenzen Development trends
Entwurfsberechnung Calculation
Entwurfsproblem Design problem
Erdbaumaschinen Earth moving machinery
Erdgastransporte Natural gas transport
Ergänzungen zur Höheren Mathematik Complements to advanced mathematics
Ergänzungen zur Mathematik für Ingenieure Complements for engineering mathematics
Ergebnisdarstellung und Dokumentation Representation and documentation of results
Ermittlung der Heizfläche Calculation of heating surface area
Erosionskorrosion Corrosion erosion
ERP-Systeme ERP systems
Ersatzschaltbild und Kreisdiagramm Equivalent circuit diagram and circle diagram
Erstellung von Dokumenten Technical product documentation
Erster Hauptsatz First law
Erträgliches Raumklima in Arbeitsräumen und Industriebetrieben Optimum indoor climate in working spaces and factories
Erwärmung und Kühlung Heating and cooling
Erweiterte Schubspannungshypothese Mohr's criterion
Erzeugung elektrischer Energie Generation of electric energy
Erzeugung von Diffusionsschichten Production of diffusion layers
Erzwungene Schwingungen Forced vibrations
Erzwungene Schwingungen mit zwei und mehr Freiheitsgraden Forced vibrations with two and multi-DOFs
Evolventenverzahnung Involute teeth
Excellence-Modelle Excellence models
Exergie einer Wärme Exergy and heat
Exergie eines geschlossenen Systems Exergy of a closed system
Exergie eines offenen Systems Exergy of an open system
Exergie und Anergie Exergy and anergy
Exergieverluste Exergy losses
Experimentelle Spannungsanalyse Experimental stress analysis
Extreme Betriebsverhältnisse Extreme operational ranges
Exzentrischer Stoß Eccentric impact

Fachwerke Pin-jointed frames
Fahrantrieb Propulsion system
Fahrdynamik Driving dynamics
Fahrdynamikregelsysteme Control system for driving dynamics
Fahrerassistenzsysteme Advanced driver assistant systems
Fahrerlose Transportsysteme (FTS) Automatically guided vehicles (AGV)
Fahrgastwechselzeiten Duration of passenger exchange
Fahrgastzelle Occupant cell
Fahrkomfort Driving comfort
Fahrwerk Under-carriage
Fahrwerke Carriages
Fahrwerkskonstruktionen Running gear
Fahrwiderstand Train driving resistance
Fahrwiderstand und Antrieb Driving resistance and powertrain
Fahrzeugabgase Vehicle emissions
Fahrzeuganlagen Vehicle airconditioning
Fahrzeugarten Vehicle principles
Fahrzeugarten, Aufbau Body types, vehicle types, design
Fahrzeugbegrenzungsprofil Vehicle gauge
Fahrzeugelektrik, -elektronik Vehicle electric and electronic
Fahrzeugkrane Mobile cranes
Fahrzeugsicherheit Vehicle safety
Fahrzeugtechnik Transportation technology
Faser-Kunststoff-Verbunde Fibre reinforced plastics, composite materials
Faserseile Fibre ropes
Featuretechnologie Feature modeling
Fed-Batch-Kultivierung Fed-batch cultivation
Feder- und Dämpfungsverhalten Elastic and damping characteristics
Federkennlinie, Federsteifigkeit, Federnachgiebigkeit Load-deformation diagrams, spring rate (stiffness), deformation rate (flexibility)
Federn Springs
Federn aus Faser-Kunststoff-Verbunden Fibre composite springs
Federnde Verbindungen (Federn) Elastic connections (springs)
Federung und Dämpfung Suspension and dampening
Feinbohrmaschinen Precision drilling machines
Feldbusse Field busses
Feldeffekttransistoren Field effect transistors
Feldgrößen und -gleichungen Field quantities and equations
Fenster Windows
Fensterlüftung Ventilation by windows
Fernwärmetransporte Remote heat transport
Fernwärmewirtschaft Economics of remote heating
Fertigungs- und Fabrikbetrieb Production and works management
Fertigungsmittel Manufacturing systems
Fertigungssysteme Manufacturing systems
Fertigungsverfahren Manufacturing processes
Fertigungsverfahren der Feinwerk- und Mikrotechnik Manufacturing in precision engineering and microtechnology
Feste Brennstoffe Solid fuels
Feste Stoffe Solid materials
Festigkeit von Schweißverbindungen Strength calculations for welded joints
Festigkeitsberechnung Strength calculations
Festigkeitshypothesen Strength theories
Festigkeitshypothesen und Vergleichsspannungen Failure criteria, equivalent stresses
Festigkeitslehre Strength of materials
Festigkeitsnachweis Structural integrity assessment
Festigkeitsnachweis bei Schwingbeanspruchung mit konstanter Amplitude Proof of strength for constant cyclic loading
Festigkeitsnachweis bei Schwingbeanspruchung mit variabler Amplitude (Betriebsfestigkeitsnachweis) Proof of structural durability
Festigkeitsnachweis bei statischer Beanspruchung Proof of strength for static loading
Festigkeitsnachweis unter Zeitstand- und Kriechermüdungsbeanspruchung Loading capacity under creep conditions and creep-fatigue conditions
Festigkeitsnachweis von Bauteilen Proof of strength for components
Festigkeitsverhalten der Werkstoffe Strength of materials
Fest-Loslager-Anordnung Arrangements with a locating and a non-locating bearing

Festschmierstoffe Solid lubricants
Feststoff/Fluidströmung Solids/fluid flow
Feststoffschmierung Solid lubricants
Fettschmierung Grease lubrication
Feuerfestmaterialien Refractories
Feuerungen Furnaces
Feuerungen für feste Brennstoffe Solid fuel furnaces
Feuerungen für flüssige Brennstoffe Liquid fuel furnaces
Feuerungen für gasförmige Brennstoffe Gas-fueled furnaces
Filamentöses Wachstum Filamentous growth
Filmströmung Film flow
Filter Filters
Finite Berechnungsverfahren Finite analysis methods
Finite Differenzen Methode Finite difference method
Finite Elemente Methode Finite element method
Flächenpressung und Lochleibung Contact stresses and bearing pressure
Flächentragwerke Plates and shells
Flächenverbrauch Use of space
Flachriemengetriebe Flat belt drives
Flankenlinien und Formen der Verzahnung Tooth traces and tooth profiles
Flansche Flanges
Flanschverbindungen Flange joints
Flexible Drehbearbeitungszentren Flexible turning centers
Flexible Fertigungssysteme Flexible manufacturing systems
Fließkriterien Flow criteria
Fließkurve Flow curve
Fließprozess Flow process
Fließspannung Flow stress
Fließverhalten von Schüttgütern Flow properties of bulk solids
Flügelzellenpumpen Vanetype pumps
Fluggeschwindigkeiten Airspeeds
Flugleistungen Aircraft performance
Flugstabilitäten Flight stability
Flugsteuerung Flight controls
Flugzeugpolare Aircraft polar
Fluid Fluid
Fluidische Antriebe Hydraulic and pneumatic power transmission
Fluidische Steuerungen Fluidics
Fluorhaltige Kunststoffe Plastics with fluorine
Flurförderzeuge Industrial trucks
Flüssigkeitsringverdichter Liquid ring compressors
Flüssigkeitsstand Liquid level
Foliengießen Casting of foils
Förderer mit Schnecken Screw conveyors
Fördergüter und Fördermaschinen Material to be conveyed; materials handling equipment
Fördergüter und Fördermaschinen, Kenngrößen des Fördervorgangs Conveyed materials and materials handling, parameters of the conveying process
Förderhöhen, Geschwindigkeiten und Drücke Heads, speeds and pressures
Förderleistung, Antriebsleistung, Gesamtwirkungsgrad Power output, power input, overall efficiency
Fördertechnik Materials handling and conveying
Formänderungsarbeit Strain energy
Formänderungsarbeit bei Biegung und Energiemethoden zur Berechnung von Einzeldurchbiegungen Bending strain energy, energy methods for deflection analysis
Formänderungsgrößen Characteristics of material flow
Formänderungsvermögen Formability
Formen der Organisation Organisational types
Formen, Anwendungen Types, applications
Formgebung bei Kunststoffen Forming of plastics
Formgebung bei metallischen und keramischen Werkstoffen durch Sintern (Pulvermetallurgie) Forming of metals and ceramics by powder metallurgy
Formgebung bei metallischen Werkstoffen durch Gießen Shaping of metals by casting
Formpressen Press moulding
Formschlüssige Antriebe Positive locked drives
Formschlüssige Schaltkupplungen Positive (interlocking) clutches (dog clutches)
Formschlussverbindungen Positive connections

Formverfahren und -ausrüstungen Forming process and equipment
Föttinger-Getriebe Hydrodynamic drives and torque convertors
Föttinger-Kupplungen Fluid couplings
Föttinger-Wandler Torque convertors
Fourierspektrum, Spektrogramm, Geräuschanalyse Fourier spectrum, spectrogram, noise analysis
Francisturbinen Francis turbines
Fräsen Milling
Fräsmaschinen Milling machines
Fräsmaschinen mit Parallelkinematiken Milling machines with parallel kinematics
Fräsmaschinen mit Parallelkinematiken Sonderfräsmaschinen Milling machines with parallel kinematics, special milling machines
Freie gedämpfte Schwingungen Free damped vibrations
Freie Kühlung Free cooling
Freie Kühlung durch Außenluft Free cooling with external air
Freie Kühlung durch Kältemittel-Pumpen-System Free cooling with refrigerant pump system
Freie Kühlung durch Rückkühlwerk Free cooling with recooling plant
Freie Kühlung durch Solekreislauf Free cooling with brine cycle
Freie Lüftung, verstärkt durch Ventilatoren Fan assisted natural ventilation
Freie Schwingungen (Eigenschwingungen) Free vibrations
Freie Schwingungen mit zwei und mehr Freiheitsgraden Free vibrations with two and multi-DOFs
Freie ungedämpfte Schwingungen Free undamped vibrations
Freier Strahl Free jet
Fremdgeschaltete Kupplungen Clutches
Frequenzbewertung, A-, C- und Z-Bewertung Frequency weighting, A-, C- and Z-weighting
Frequenzgang und Ortskurve Frequency response and frequency response locus
Frequenzgangfunktionen mechanischer Systeme, Amplituden- und Phasengang Frequency response functions of mechanical systems, amplitude- and phase characteristic
Frontdrehmaschinen Front turning machines
Fügen von Kunststoffen Joining
Führerräume Driver's cab
Führungen Linear and rotary guides and bearings
Führungs- und Störungsverhalten des Regelkreises Reference and disturbance reaction of the control loop
Führungsverhalten des Regelkreises Reference reaction of the control loop
Funkenerosion und elektrochemisches Abtragen Spark erosion and electrochemical erosion
Funkenerosion, Elysieren, Metallätzen Electric discharge machining, electrochemical machining, metaletching
Funktion der Hydrogetriebe Operation of hydrostatic transmissions
Funktion und Subsysteme Function and subsystems
Funktion von Tribosystemen Function of tribosystems
Funktionsbausteine Functional components
Funktionsbedingungen für Kernreaktoren Function conditions for nuclear reactors
Funktionsblöcke des Regelkreises Functional blocks of the monovariable control loop
Funktionsgliederung Function structure
Funktionsweise des Industrie-Stoßdämpfers Principle of operation
Funktionszusammenhang Functional interrelationship
Fused Deposition Modelling (FDM) Fused Deposition Modeling (FDM)
Gabelhochhubwagen Pallet-stacking truck
Galvanische Korrosion Galvanic corrosion
Gas- und Dampf-Anlagen Combined-cycle power plants
Gas-/Flüssigkeitsströmung Gas/liquid flow
Gas-Dampf-Gemische. Feuchte Luft Mixtures of gas and vapour. Humid air
Gasdaten Gas data
Gasfedern Gas springs
Gasförmige Brennstoffe oder Brenngase Gaseous fuels
Gasgekühlte thermische Reaktoren Gas cooled thermal reactors

Gaskonstante und das Gesetz von Avogadro Gas constant and the law of Avogadro
Gasstrahlung Gas radiation
Gasturbine für Verkehrsfahrzeuge Gas-turbine propulsion systems
Gasturbine im Kraftwerk Gas turbines in power plants
Gasturbinen Gas turbines
Gaswirtschaft Economics of gas energy
Gebläse Fans
Gebräuchliche Werkstoffpaarungen Typical combinations of materials
Gedämpfte erzwungene Schwingungen Forced damped vibrations
Gegengewichtstapler Counterbalanced lift truck
Gehäuse Casings
Gelenkwellen Drive shafts
Gemeinsame Grundlagen Common fundamentals
Gemischbildung und Verbrennung im Dieselmotor Mixture formation and combustion in compression-ignition engines
Gemischbildung und Verbrennung im Ottomotor Mixture formation and combustion in spark ignition engines
Gemischbildung, Anforderungen an Requirements of gas mixture
Gemische Mixtures
Gemische idealer Gase Ideal gas mixtures
Genauigkeit, Kenngrößen, Kalibrierung Characteristics, accuracy, calibration
Generelle Anforderungen General requirements
Generelle Zielsetzung und Bedingungen General objectives and constraints
Geometrisch ähnliche Baureihe Geometrically similar series
Geometrische Beschreibung des Luftfahrzeuges Geometry of an aircraft
Geometrische Beziehungen Geometrical relations
Geometrische Messgrößen Geometric quantities
Geometrische Modellierung Geometric modeling
Geothermische Energie Geothermal energy
Gerader zentraler Stoß Normal impact
Geradzahn-Kegelräder Straight bevel gears
Geräusch Noise
Geräuschentstehung Noise development
Geregelte Feder-/Dämpfersysteme im Fahrwerk Controlled spring/damper systems for chassis
Gesamtanlage Complete plant
Gesamtmechanismus Whole mechanism
Gesamtwiderstand Total driving resistance
Geschlossene Gasturbinenanlage Closed gas turbine
Geschlossene Systeme, Anwendung Application to closed systems
Geschlossener Kreislauf Closed circuit
Geschlossenes 2D-Laufrad Shrouded 2 D-impeller
Geschlossenes 3D-Laufrad Shrouded 3 D-impeller
Geschwindigkeiten, Beanspruchungskennwerte Velocities, loading parameters
Geschwindigkeits- und Drehzahlmesstechnik Velocity and speed measurement
Gestaltänderungsenergiehypothese Maximum shear strain energy criterion
Gestalteinfluss auf Schwingfestigkeitseigenschaften Design and fatigue strength properties
Gestalteinfluss auf statische Festigkeitseigenschaften Design and static strength properties
Gestalten und Bemaßen der Zahnräder Detail design and measures of gears
Gestalten und Fertigungsgenauigkeit von Kunststoff-Formteilen Design and tolerances of formed parts
Gestaltung Fundamentals of embodiment design
Gestaltung der Gestellbauteile Embodiment design of structural components (frames)
Gestaltung, Werkstoffe, Lagerung, Genauigkeit, Schmierung, Montage Embodiment design, materials, bearings, accuracy, lubrication, assembly
Gestaltungshinweise Design hints
Gestaltungsprinzipien Principles of embodiment design
Gestaltungsrichtlinien Guidelines for embodiment design
Gestelle Frames
Getriebe Transmission units

Getriebe mit Verstelleinheiten Transmission with variable displacement units
Getriebeanalyse Analysis of mechanisms
Getriebetechnik Mechanism-engineering, kinematics
Gewichte Weight
Gewinde- und Zahnradmesstechnik Thread and gear measurement
Gewindearten Types of thread
Gewindebohren Tapping
Gewindedrehen Single point thread turning
Gewindedrücken Thread pressing
Gewindeerodieren Electrical Discharge Machining of threads
Gewindefertigung Thread production
Gewindefräsen Thread milling
Gewindefurchen Thread forming
Gewindeschleifen Thread grinding
Gewindeschneiden Thread cutting with dies
Gewindestrehlen Thread chasing
Gewindewalzen Thread rolling
Gewölbte Böden Domed end closures
Gewölbte Flächen Curved surfaces
Gitterauslegung Cascade design
Glas Glass
Gleichdruckturbinen Impulse turbines
Gleiche Kapazitätsströme (Gegenstrom) Equal capacitive currents (countercurrent)
Gleichgewicht und Gleichgewichtsbedingungen Conditions of equilibrium
Gleichgewicht, Arten Types of equilibrium
Gleichseitige Dreieckplatte Triangular plate
Gleichstromantriebe Direct-current machine drives
Gleichstromantriebe mit netzgeführten Stromrichtern Drives with line-commutated converters
Gleichstrom-Kleinmotoren Direct current small-power motor
Gleichstromkreise Direct-current (d. c.) circuits
Gleichstromlinearmotoren Direct current linear motor
Gleichstrommaschinen Direct-current machines
Gleichstromsteller Chopper controllers
Gleit- und Rollbewegung Sliding and rolling motion
Gleitlagerungen Plain bearings
Gliederbandförderer Apron conveyor
Gliederung Survey
Gliederung der Messgrößen Classification of measuring quantities
Granulieren Granulation
Grenzformänderungsdiagramm Forming limit diagram (FLD)
Grenzschichttheorie Boundary layer theory
Großdrehmaschinen Heavy duty lathes
Größen des Regelkreises Variables of the control loop
Großwasserraumkessel Shell type steam generators
Grubenkühlanlagen Airconditioning and climate control for mining
Grundaufgaben der Maschinendynamik Basic problems in machine dynamics
Grundbegriffe Basic concepts
Grundbegriffe der Kondensation Principles of condensation
Grundbegriffe der Reaktortheorie Basic concepts of reactor theory
Grundbegriffe der Spurführungstechnik Basics of guiding technology
Grundgesetze Basic laws
Grundlagen Basic considerations
Grundlagen der Berechnung Basic principles of calculation
Grundlagen der betrieblichen Kostenrechnung Fundamentals of operational costing
Grundlagen der Flugphysik Fundamentals of flight physics
Grundlagen der fluidischen Energieübertragung Fundamentals of fluid power transmission
Grundlagen der Konstruktionstechnik Fundamentals of engineering design
Grundlagen der Tragwerksberechnung Basic principles of calculating structures
Grundlagen der Umformtechnik Fundamentals of metal forming
Grundlagen der Verfahrenstechnik Fundamentals of process engineering
Grundlagen technischer Systeme und des methodischen Vorgehens Fundamentals of technical systems and systematic approach
Grundlagen und Bauelemente Fundamentals and components

Grundlagen und Begriffe Fundamentals and terms
Grundlagen und Vergleichsprozesse Fundamentals and ideal cycles
Grundlegende Konzepte für den Festigkeitsnachweis Fundamental concepts for structural integrity assessment
Grundnormen Basic standards
Grundregeln Basic rules of embodiment design
Grundsätze der Energieversorgung Principles of energy supply
Grundstrukturen des Wirkungsplans Basic structures of the action diagram
Gummifederelemente Basic types of rubber spring
Gummifedern Rubber springs and anti-vibration mountings
Gurtförderer Conveyors
Gusseisenwerkstoffe Cast Iron materials
Güte der Regelung Control loop performance
Haftung und Gleitreibung Static and sliding friction
Haftung und Reibung Friction
Hähne (Drehschieber) Cocks
Halbähnliche Baureihen Semi-similar series
Halboffener Kreislauf Semi-closed circuits
Halbunendlicher Körper Semi-infinite body
Hämmer Hammers
Handbetriebene Flurförderzeuge Hand trucks
Handgabelhubwagen Hand lift trucks
Hardwarearchitekturen Hardware architecture
Hardwarekomponenten Hardware
Härteprüfverfahren Hardness test methods
Hartlöten und Schweißlöten (Fugenlöten) Hard soldering and brazing
Hebezeuge und Krane Lifting equipment and cranes
Hefen Yeasts
Heizlast Heating load
Heiztechnische Verfahren Heating processes
Heizung und Klimatisierung Heating and air conditioning
Heizwert und Brennwert Net calorific value and gros calorific value
Heizzentrale Heating centres
Herstellen planarer Strukturen Production of plane surface structures
Herstellen von Schichten Coating processes
Herstellung von Formteilen (Gussteilen) Manufacturing of cast parts
Herstellung von Halbzeugen Manufacturing of half-finished parts
Hilfsmaschinen Auxiliary equipment
Hinweise für Anwendung und Betrieb Application and operation
Hinweise zur Konstruktion von Kegelrädern Design hints for bevel gears
Historische Entwicklung Historical development
Hitzesterilisation Sterilization with heat
Hobel- und Stoßmaschinen Planing, shaping and slotting machines
Hobelmaschinen Planing machines
Hochbaumaschinen Building construction machinery
Hochgeschwindigkeitsfräsmaschinen High-speed milling machines
Hochspannungsschaltgeräte High voltage switchgear
Hochtemperaturkorrosion mit mechanischer Beanspruchung High temperature corrosion with mechanical load
Hochtemperaturkorrosion ohne mechanische Beanspruchung High temperature corrosion without mechanical load
Hochtemperaturlöten High-temperature brazing
Holz Wood
Honen Honing
Honmaschinen Honing machines
Hubantrieb, Antrieb der Nebenfunktionen Lift drive, auxiliary function driv
Hubantrieb, Antrieb der Nebenfunktionen Handbetriebene Flurförderzeuge Lift drive, auxiliary function drive, manually operated industrial trucks
Hubbalkenofen Walking beam furnace
Hubgerüst Lift mast
Hubkolbenmaschinen Piston engines
Hubkolbenverdichter Piston compressors
Hubsäge- und Hubfeilmaschinen Machines for power hack sawing and filing
Hubwerke Hoisting mechamism
Hubwerksausführungen Hoist design

Hybride Verfahren für Gemischbildung und Verbrennung Hybride process for mixture formation and combustion
Hydraulikaufzüge Hydraulic elevators
Hydraulikflüssigkeiten Hydraulic fluids
Hydraulikzubehör Hydraulic equipment
Hydraulische Förderer Hydraulic conveyors
Hydro- und Aerodynamik (Strömungslehre, Dynamik der Fluide) Hydrodynamics and aerodynamics (dynamics of fluids)
Hydrogetriebe, Aufbau und Funktion der Arrangement and function of hydrostatic transmissions
Hydrokreise Hydraulic Circuits
Hydromotoren in Hubverdränger-(Kolben-) bauart Pistontype motors
Hydromotoren in Umlaufverdrängerbauart Gear- and vanetype motors
Hydrostatik (Statik der Flüssigkeiten) Hydrostatics
Hydrostatische Anfahrhilfen Hydrodynamic bearings with hydrostatic jacking systems
Hydrostatische Axialgleitlager Hydrostatic thrust bearings
Hydrostatische Radialgleitlager Hydrostatic journal bearings
Hydroventile Valves
Hygienische Grundlagen Hygienic fundamentals, physiological principles
I-Anteil, I-Regler Integral controller
Ideale Flüssigkeit Perfect liquid
Ideale Gase Ideal gases
Ideale isotherme Reaktoren Ideal isothermal reactors
Idealisierte Kreisprozesse Theoretical gas-turbine cycles
Identifikation durch Personen und Geräte Identification through persons and devices
Identifikationsproblem Identification Problem
Identifikationssysteme Identification systems
IGB-Transistoren Insulated gate bipolar transistors
I-Glied Integral element
Impulsmomenten- (Flächen-) und Drehimpulssatz Angular momentum equation
Impulssatz Equation of momentum
Indirekte Beheizung Indirect heating
Indirekte Luftkühlung und Rückkühlanlagen Indirect air cooling and cooling towers
Induktionsgesetz Faraday's law
Induktive Erwärmung Induction heating
Induktivitäten Inductances
Industrieöfen Industrial furnaces
Industrieroboter Industrial robot
Industrie-Stoßdämpfer Shock absorber
Industrieturbinen Industrial turbines
Informationsdarstellung Information layout
Informationstechnologie Information technology
Inkompressible Fluide Incompressible fluids
Innengeräusch Interior noise
Innenraumgestaltung Interior lay out
Innere Energie und Systemenergie Internal energy and systemenergy
Innere Kühllast Internal cooling load
Instabiler Betriebsbereich bei Verdichtern Unstable operation of compressors
Instationäre Prozesse Unsteady state processes
Instationäre Strömung Nonsteady flow
Instationäre Strömung zäher Newtonscher Flüssigkeiten Non-steady flow of viscous Newtonian fluids
Instationäres Betriebsverhalten Transient operating characteristics
Integrationstechnologien Integration technologies
Interkristalline Korrosion Intergranular corrosion
Internationale Praktische Temperaturskala International practical temperature scale
Internationale Standardatmosphäre (ISA) International standard atmosphere
Internationales Einheitensystem International system of units
Internet Internet
Interpolation, Integration Interpolation, Integration
Kabel und Leitungen Cables and lines
Kalandrieren Calendering
Kalkulation Cost accounting
Kalorimetrie Calorimetry
Kalorische Zustandsgrößen Caloric properties
Kaltdampf-Kompressionskälteanlage Compression refrigeration plant

Kaltdampfkompressions-Wärmepumpen größerer Leistung Compression heat pumps with high performance
Kälte-, Klima- und Heizungstechnik Refrigeration and air-conditioning technology and heating engineering
Kälteanlagen und Wärmepumpen Refrigeration plants and heat pumps
Kältemaschinen-Öle Refrigeration oil
Kältemittel Refrigerant
Kältemittel, Kältemaschinen-Öle und Kühlsolen Refrigerants, refrigeration oils and brines
Kältemittelkreisläufe Refrigerant circuits
Kältemittelverdichter Refrigerant-compressor
Kältespeicherung in Binäreis Cooling storage
Kältespeicherung in eutektischer Lösung Cooling storage in eutectic solution
Kältetechnik Refrigeration technology
Kältetechnische Verfahren Refrigeration processes
Kaltwassersatz mit Kolbenverdichter Reciprocating water chillers
Kaltwassersatz mit Schraubenverdichter Screw compressor water chillers
Kaltwassersatz mit Turboverdichter Centrifugal water chillers
Kaltwassersätze Packaged water chiller
Kaltwasserverteilsysteme für RLT-Anlagen Chilled water systems for air-conditioning plants
Kanalnetz Duct systems
Kapazitäten Capacitances
Kapazitätsdioden Varactors
Kaplanturbinen Kaplan turbines
Karosserie Bodywork
Karren, Handwagen und Rollwagen Barrows, Hand trolleys, Dollies
Kaskadenregelung Cascade control
Katalytische Wirkung der Enzyme Catalytic effects of enzymes
Kathodischer Schutz Cathodic protection
Kavitation Cavitation
Kavitationskorrosion Cavitation corrosion
Kegelräder Bevel gears
Kegelräder mit Schräg- oder Bogenverzahnung Helical and spiral bevel gears
Kegelrad-Geometrie Bevel gear geometry
Keilförmige Scheibe unter Einzelkräften Wedge-shaped plate under point load
Keilriemen V-belts
Keilverbindungen Cottered joints
Kenngrößen Characteristics
Kenngrößen der Leitungen Characteristics of lines
Kenngrößen der Schraubenbewegung Characteristics of screw motion
Kenngrößen des Fördervorgangs Parameters of the conveying process
Kenngrößen des Ladungswechsels Charging parameters
Kenngrößen von Messgliedern Characteristics of measuring components
Kenngrößen von Pressmaschinen Characteristics of presses and hammers
Kenngrößen-Bereiche für Turbinenstufen Performance parameter range of turbine stages
Kenngrößen-Bereiche für Verdichterstufen Performance parameter range of compressor stages
Kennlinien Characteristic curves
Kennliniendarstellungen Performance characteristics
Kennungswandler Torque converter
Kennzahlen Characteristics
Kennzeichen Characteristics
Kennzeichen und Eigenschaften der Wälzlager Characteristics of rolling bearings
Keramische Werkstoffe Ceramics
Kerbgrundkonzepte Local stress or strain approach
Kerbschlagbiegeversuch Notched bar impact bending test
Kernbrennstoffe Nuclear fuels
Kernfusion Nuclear fusion
Kernkraftwerke Nuclear power stations
Kernreaktoren Nuclear reactors
Ketten und Kettentriebe Chains and chain drives
Kettengetriebe Chain drives
Kinematik Kinematics
Kinematik des Kurbeltriebs Kinematics of crank mechanism
Kinematik, Leistung, Wirkungsgrad Kinematics, power, efficiency

Kinematische Analyse ebener Getriebe Kinematic analysis of planar mechanisms
Kinematische Analyse räumlicher Getriebe Kinematic analysis of spatial mechanisms
Kinematische Grundlagen, Bezeichnungen Kinematic fundamentals, terminology
Kinematische und schwingungstechnische Messgrößen Kinematic and vibration quantities
Kinematisches Modell Kinematic model
Kinematisches und dynamisches Modell Kinematic and dynamic model
Kinetik Dynamics
Kinetik chemischer Reaktionen Kinetics of chemical reactions
Kinetik der Relativbewegung Dynamics of relative motion
Kinetik des Massenpunkts und des translatorisch bewegten Körpers Particle dynamics, straight line motion of rigid bodies
Kinetik des Massenpunktsystems Dynamics of systems of particles
Kinetik des mikrobiellen Wachstums Kinetic of microbial growth
Kinetik enzymatischer Reaktionen Kinetic of enzyme reactions
Kinetik starrer Körper Dynamics of rigid bodies
Kinetik und Kinematik Dynamics and kinematics
Kinetostatische Analyse ebener Getriebe Kinetostatic analysis of planar mechanisms
Kippen Lateral buckling of beams
Kippschalensorter Tilt tray sorter
Kirchhoffsches Gesetz Kirchhoff's Law
Klappen Flap valves
Klären der Aufgabenstellung Defining the requirements
Klassieren in Gasen Classifying in gases
Klassifizierung raumlufttechnischer Systeme Airconditioning systems
Kleben Adhesive bonding
Klebstoffe Adhesives
Klemmverbindungen Clamp joints
Klimaanlage Air conditioning
Klimamesstechnik Climatic measurement
Klimaprüfschränke und -kammern Climate controlled boxes and rooms for testing
Knicken im elastischen (Euler-)Bereich Elastic (Euler) buckling
Knicken im unelastischen (Tetmajer-)Bereich Inelastic buckling (Tetmajer's method)
Knicken von Ringen, Rahmen und Stabsystemen Buckling of rings, frames and systems of bars
Knickung Buckling of bars
Kohlendioxidabscheidung Carbon capture
Kohlenstaubfeuerung Pulverized fuel furnaces
Kolbenmaschinen Reciprocating engines
Kolbenpumpen Piston pumps
Kombi-Kraftwerke Combi power stations
Komfortbewertung Comfort evaluation
Kommissionierung Picking
Kompensatoren und Messbrücken Compensators and bridges
Komponenten des Roboters Components of robot
Komponenten des Roboters Kinematisches und dynamisches Modell Components of the robot kinematics and dynamic model
Komponenten des thermischen Apparatebaus Components of thermal apparatus
Komponenten mechatronischer Systeme Components of mechatronic systems
Komponenten von Lüftungs- und Klimaanlagen Components of ventilation and air-conditioning systems
Kompressionskälteanlage Compression refrigeration plant
Kompressions-Kaltwassersätze Compression-type water chillers
Kompressionswärmepumpe Compression heat pump
Kompressoren Compressors
Kondensation bei Dämpfen Condensation of vapors
Kondensation und Rückkühlung Condensers and cooling systems
Kondensatoren Condensers
Kondensatoren in Dampfkraftanlagen Condensers in steam power plants
Kondensatoren in der chemischen Industrie Condensers in the chemical industry
Konsolfräsmaschinen Knee-type milling machines

Konstante Wandtemperatur Constant wall temperature
Konstante Wärmestromdichte Constant heat flux density
Konstruktion und Schmierspaltausbildung Influence of the design on the form of the lubricated gap between bearing and shaft
Konstruktion von Eingriffslinie und Gegenflanke Geometric construction for path of contact and conjugate tooth profile
Konstruktion von Motoren Internal combustion (IC) engine design
Konstruktionen Designs
Konstruktionsarten Types of engineering design
Konstruktionselemente Components
Konstruktionselemente von Apparaten und Rohrleitungen Components of apparatus and pipe lines
Konstruktionsphilosophien und -prinzipien Design Philosophies and Principles
Konstruktionsprozess The design process
Konstruktive Ausführung von Lagerungen. Bearing arrangements
Konstruktive Gesichtspunkte Basic design layout
Konstruktive Gestaltung Design of plain bearings
Konstruktive Hinweise Hints for design
Konstruktive Merkmale Constructive characteristics
Konvektion Convection
Konzipieren Conceptual design
Kooperative Produktentwicklung Cooperative product development
Koordinatenbohrmaschinen Jig boring machines
Körper im Raum Body in space
Körper in der Ebene Plane problems
Körperschallfunktion Structure-borne noise function
Korrosion und Korrosionsschutz von Metallen Corrosion and Corrosion Protection of Metals
Korrosion nichtmetallischer Werkstoffe Corrosion of nonmetallic material
Korrosion und Korrosionsschutz Corrosion and corrosion protection
Korrosion unter Verschleißbeanspruchung Corrosion under wear stress
Korrosion von anorganischen nichtmetallischen Werkstoffen Corrosion of inorganic nonmetallic materials
Korrosionsartige Schädigung von organischen Werkstoffen Corrosion-like damage of organic materials
Korrosionserscheinungen („Korrosionsarten") Manifestation of corrosion
Korrosionsprüfung Corrosion tests
Korrosionsschutz Corrosion protection
Korrosionsschutz durch Inhibitoren Corrosion protection by inhibitors
Korrosionsschutzgerechte Fertigung Corrosion prevention by manufacturing
Korrosionsschutzgerechte Konstruktion Corrosion prevention by design
Korrosionsverschleiß Wear initiated corrosion
Kostenartenrechnung Types of cost
Kostenstellenrechnung und Betriebsabrechnungsbögen Cost location accounting
Kraft-(Reib-)schlüssige Schaltkupplungen Friction clutches
Kräfte am Flachriemengetriebe Forces in flat belt transmissions
Kräfte am Kurbeltrieb Forces in crank mechanism
Kräfte im Raum Forces in space
Kräfte in der Ebene Coplanar forces
Kräfte und Arbeiten Forces and energies
Kräfte und Verformungen beim Anziehen von Schraubenverbindungen Forces and deformations in joints due to preload
Kräfte und Winkel im Flug Forces and angles in flight
Kräftesystem im Raum System of forces in space
Kräftesystem in der Ebene Systems of coplanar forces
Kraftfahrzeuge Vehicle vehicles
Kraftfahrzeugtechnik Automotive engineering
Kraftmesstechnik Force measurement
Krafträder Motorcycles
Kraftschlüssige Antriebe Actuated drives
Kraftstoffverbrauch Fuel consumption
Kraft-Wärme-Kopplung Combined power and heat generation (co-generation)

Kraftwerkstechnik Power plant technology
Kraftwerksturbinen Power Plant Turbines
Kraftwirkungen im elektromagnetischen Feld Forces in electromagnetic field
Kranarten Crane types
Kratzerförderer Scraper conveyors
Kreiselpumpe an den Leistungsbedarf, Anpassung Matching of centrifugal pump and system characteristics
Kreiselpumpen Centrifugal Pumps
Kreisförderer Circular conveyors
Kreisplatten Circular plates
Kreisscheibe Circular discs
Kreisstruktur Closed loop structure
Kritische Drehzahl und Biegeschwingung der einfach besetzten Welle Critical speed of shafts, whirling
Kugel Spheres
Kugelläppmaschinen Spherical lapping machines
Kühllast Cooling load
Kühlsolen Cooling brines
Kühlung Cooling
Kühlwasser- und Kondensatpumpen Condensate and circulating water pumps
Kultivierungsbedingungen Conditions of cell cultivation
Künstliche Brenngase Synthetic fuels
Künstliche feste Brennstoffe Synthetic solid fuels
Künstliche flüssige Brennstoffe Synthetic liquid fuels
Kunststoffe Plastics
Kunststoffe, Aufbau und Verhalten von Structure and characteristics of plastics
Kunststoffschäume Plastic foams (Cellular plastics)
Kupfer und seine Legierungen Copper and copper alloys
Kupplung und Kennungswandler Clutching and torque converter
Kupplungen und Bremsen Couplings, clutches and brakes
Kurbeltrieb Crank mechanism
Kurbeltrieb, Massenkräfte und -momente, Schwungradberechnung Crank mechanism, forces and moments of inertia, flywheel calculation
Kurvengetriebe Cam mechanisms
Kurzhubhonmaschinen Short stroke honing machines
Kurzschlussschutz Short-circuit protection
Kurzschlussströme Short-circuit currents
Kurzschlussverhalten Short-circuit characteristics
Ladungswechsel Cylinder charging
Ladungswechsel des Viertaktmotors Charging of four-stroke engines
Ladungswechsel des Zweitaktmotors Scavenging of two-stroke engines
Lageeinstellung Position adjustment
Lager Bearings
Lager- und Systemtechnik Warehouse technology and material handling system technology
Lagereinrichtung und Lagerbedienung Storage equipment and operation
Lagerkräfte Bearing loads
Lagerkühlung Bearing cooling
Lagerluft Rolling bearing clearance
Lagern Store
Lagerschmierung Lubricant supply
Lagersitze, axiale und radiale Festlegung der Lagerringe Bearing seats, axial and radial positioning
Lagerung und Antrieb Bearing and drive
Lagerung und Schmierung Bearing and lubrication
Lagerungsarten, Freimachungsprinzip Types of support, the „free body"
Lagerwerkstoffe Bearing materials
Lagrangesche Gleichungen Lagrange's equations
Laminated Object Manufacturing (LOM) Laminated Object Manufacturing (LOM)
Längenmesstechnik Length measurement
Langhubhonmaschinen Long stroke honing machines
Längskraft und Torsion Axial load and torsion
Läppmaschinen Lapping machines
Laserstrahl-Schweiß- und Löteinrichtungen Laser welding and soldering equipment
Laserstrahlverfahren Laser beam processing
Lasertrennen Laser cutting
Lastaufnahmemittel für Schüttgüter Load carrying equipment for bulk materials

Lastaufnahmemittel für Stückgüter Load carrying equipment for individual items
Lastaufnahmevorrichtung Load-carrying device
Lasten und Lastkombinationen Loads and load combinations
Lasten, Lastannahmen Loads, Load Assumptions
Lasthaken Lifting hook
Läufer-Dreheinrichtung Turning gear
Laufgüte der Getriebe Running quality of mechanisms
Laufrad Impeller
Laufrad und Schiene (Schienenfahrwerke) Impeller and rail (rail-mounted carriage)
Laufradfestigkeit Impeller stress analysis
Laufradfestigkeit und Strukturdynamik Impeller strength and structural dynamics
Laufwasser- und Speicherkraftwerke Run-of-river and storage power stations
Laufwasser- und Speicherkraftwerke Water wheels and pumped-storage plants
Lebenslaufkostenrechung Life Cycle Costing
Lebenszykluskosten LCC Lifecyclecosts
Leerlauf und Kurzschluss No-load and short circuit
Legierungstechnische Maßnahmen Alloying effects
Leichtbau Lightweight structures
Leichtwasserreaktoren (LWR) Light water reactors
Leistung, Drehmoment und Verbrauch Power, torque and fuel consumption
Leistungsdioden Power diodes
Leistungselektrik Power electronics
Leistungsmerkmale der Ventile Power characteristics of valves
Leit- und Laufgitter Stationary and rotating cascades
Leiter, Halbleiter, Isolatoren Conductors, semiconductors, insulators
Leitungen Ducts and piping
Leitungsnachbildung Line model
Lenkung Steering
Licht und Beleuchtung Light and lighting
Licht- und Farbmesstechnik Photometry, colorimetry
Lichtbogenerwärmung Electric arc-heating
Lichtbogenofen Arc furnaces
Lichtbogenschweißen Arc-welding
Liefergrade Volumetric efficiencies
Lineare Grundglieder Linear basic elements
Lineare Kennlinie Linear characteristic curve
Lineare Regler, Arten Types of linear controllers
Lineare Übertragungsglieder Linear transfer elements
Linearer Regelkreis Linear control loop
Linearführungen Linear guides
Linearmotoren Linear motors
Linearwälzlager Linear motion rolling bearings
Lokalkorrosion und Passivität Localized corrosion and passivity
Löten Soldering and brazing
Lückengrad Voidage
Luftbedarf Air supply
Luftbefeuchter Humidifiers
Luftdurchlässe Air passages
Luftentfeuchter Dehumidifiers
Lufterhitzer, -kühler Heating and cooling coils
Luftfahrzeuge Aircrafts
Luftfeuchte Outdoor air humidity
Luftführung Air duct
Luftheizung Air heating
Luftkühlung Air cooling
Luftschallabstrahlung Airborne noise emission
Luftspeicher-Kraftwerk Air-storage gas-turbine power plant
Luftspeicherwerke Compressed air storage plant
Lufttemperatur Outdoor air temperature
Lüftung Ventilation
Luftverkehr Air traffic
Luftverteilung Air flow control and mixing
Luftvorwärmer (Luvo) Air preheater
Luft-Wasser-Anlagen Air-water conditioning systems
Magnesiumlegierungen Magnesium alloys
Magnetische Datenübertragung Magnetic data transmission
Magnetische Materialien Magnetic materials
Management der Produktion Production management
Maschine Machine
Maschinen zum Scheren Shearing machines

Maschinen zum Scheren und Schneiden Shearing and blanking machines
Maschinen zum Schneiden Blanking machines
Maschinenakustik Acoustics in mechanical engineering
Maschinenakustische Berechnungen mit der Finite-Elemente-Methode/Boundary-Elemente-Methode Machine acoustic calculations by Finite-Element-Method/Boundary-Element-Method
Maschinenakustische Berechnungen mit der Statistischen Energieanalyse (SEA) Machine acoustic calculations by Statistical Energy Analysis (SEA)
Maschinenakustische Grundgleichung Machine acoustic base equation
Maschinenarten Machine types
Maschinendynamik Dynamics of machines
Maschinenkenngrößen Overall machine performance parameters
Maschinenschwingungen Machine vibrations
Maschinenstundensatzrechnung Calculation of machine hourly rate
Massenkräfte und Momente Forces and moments of inertia
Materialeinsatz Use of material
Materialflusssteuerungen Material flow controls
Materialographische Untersuchungen Materiallographic analyses
Materialtransport Materials handling
Mathematik Mathematics
Mechanik Mechanics
Mechanische Beanspruchungen Mechanical action
Mechanische Datenübertragung Mechanical data transmission
Mechanische Elemente der Antriebe Mechanical brakes
Mechanische Ersatzsysteme, Bewegungsgleichungen Mechanical models, equations of motion
Mechanische Konstruktionselemente Mechanical machine components
Mechanische Lüftungsanlagen Mechanical ventilation facilities
Mechanische Speicher und Steuerungen Mechanical memories and control systems
Mechanische Verfahrenstechnik Mechanical process engineering
Mechanische Verluste Mechanical losses
Mechanische Vorschub-Übertragungselemente Mechanical feed drive components
Mechanisches Ersatzsystem Mechanical model
Mechanisches Verhalten Mechanical behaviour
Mechanisch-hydraulische Verluste Hydraulic-mechanical losses
Mechanisiertes Hartlöten Mechanized hard soldering
Mechanismen der Korrosion Mechanisms of corrosion
Mechatronik Mechatronics
Mehrdimensionale Strömung idealer Flüssigkeiten Multidimensional flow of ideal fluids
Mehrdimensionale Strömung zäher Flüssigkeiten Multidimensional flow of viscous fluids
Mehrgitterverfahren Multigrid method
Mehrgleitflächenlager Multi-lobed and tilting pad journal bearings
Mehrmaschinensysteme Multi-machine Systems
Mehrphasenströmungen Multiphase fluid flow
Mehrschleifige Regelung Multi-loop control
Mehrspindelbohrmaschinen Multi-spindle drilling machines
Mehrstufige Verdichtung Multistage compression
Mehrwegestapler Four-way reach truck
Mehrwellen-Getriebeverdichter Integrally geared compressor
Membrantrennverfahren Membrane separation processes
Membranverdichter Diaphragm compressors
Mess- und Regelungstechnik Measurement and control
Messgrößen und Messverfahren Measuring quantities and methods
Messkette Measuring chain
Messort und Messwertabnahme Measuring spot and data sensoring
Messsignalverarbeitung Measurement signal processing
Messtechnik Metrology
Messtechnik und Sensorik Measurement technique and sensors

Messverstärker Amplifiers
Messwandler Instrument transformers
Messwerke Moving coil instruments
Messwertanzeige Indicating instruments
Messwertausgabe Output of measured quantities
Messwertregistrierung Registrating instruments
Messwertspeicherung Storage
Metallfedern Metal springs
Metallographische Untersuchungen Metallographic investigation methods
Metallurgische Einflüsse Metallurgical effects
Meteorologische Grundlagen Meteorological fundamentals
Methoden Methods
Methodisches Vorgehen Systematic approach
Michaelis-Menten-Kinetik Michaelis-Menten-Kinetic
Mikrobiologisch beeinflusste Korrosion Microbiological influenced corrosion
Mikroorganismen mit technischer Bedeutung Microorganisms of technical importance
Mineralische Bestandteile Mineral components
Mineralöltransporte Oil transport
Mischen von Feststoffen Mixing of solid materials
Mittlere Verweilzeit Mean retention time
Modale Analyse Modal analysis
Modale Parameter: Eigenfrequenzen, modale Dämpfungen, Eigenvektoren Modal parameters: Natural frequencies, modal damping, eigenvectors
Modellbildung und Entwurf Modeling and design method
Modelle Models
Möglichkeiten zur Geräuschminderung Possibilities for noise reduction
Möglichkeiten zur Verminderung von Maschinengeräuschen Methods of reducing machinery noise
Mollier-Diagramm der feuchten Luft Mollier-diagram of humid air
Montage und Demontage Assembly and disassembly
Montageplanung Assembly planning
Montageprozess Assembly process
Montagesysteme Assembly systems
Motorbauteile Engine components
Motoren Motors
Motoren-Kraftstoffe Internal combustion (IC) engine fuels
Motorisch betriebene Flurförderzeuge Power-driven lift trucks
Motorkraftwerke Internal combustion (IC) engines
Mustererkennung und Bildverarbeitung Pattern recognition and image processing
Nachbehandlungen Secondary treatments
Nachformfräsmaschinen Copy milling machines
Näherungsverfahren zur Knicklastberechnung Approximate methods for estimating critical loads
Naturumlaufkessel für fossile Brennstoffe Natural circulation fossil fuelled boilers
Neigetechnik Body-tilting technique
Nenn-, Struktur- und Kerbspannungskonzept Nominal, structural and notch tension concept
Nennspannungskonzept Nominal stress approach
Netzgeführte Gleich- und Wechselrichter Line-commutated rectifiers and inverters
Netzgeführte Stromrichter Line-commutated converters
Netzrückwirkungen Line interaction
Netzwerkberechnung Network analysis
Netzwerke Networks
Nichteisenmetalle Nonferrous metals
Nichtlineare Schwingungen Non-linear vibrations
Nichtlinearitäten Nonlinear transfer elements
Nichtmetallische anorganische Werkstoffe Nonmetallic inorganic materials
Nichtstationäre Wärmeleitung Transient heat conduction
Nickel und seine Legierungen Nickel and nickel alloys
Niederhubwagen Pallet truck
Niederspannungsschaltgeräte Low voltage switchgear
Nietverbindungen Riveted joints
Normalspannungshypothese Maximum principal stress criterion
Normen- und Zeichnungswesen Fundamentals of standardisation and engineering drawing
Normenwerk Standardisation

Nullter Hauptsatz und empirische Temperatur Zeroth law and empirical temperature
Numerisch-analytische Lösung Numerical-analytical solutions
Numerische Berechnungsverfahren Numerical methods
Numerische Grundfunktionen Numerical basic functions
Numerische Methoden Numerical methods
Numerische Steuerungen Numerical control (NC)
Numerische Verfahren zur Simulation von Luft- und Körperschall Numerical processes to simulate airborne and structure-borne noise
Nur-Luft-Anlagen Air-only systems
Nutzliefergrad und Gesamtwirkungsgrad Delivery rate and overall efficiency
Oberflächenanalytik Surface analysis
Oberflächeneinflüsse Surface effects
Oberflächenerwärmung High-frequency induction surface heating
Oberflächenkondensatoren Surface condensers
Oberflächenkultivierung Surface fermentations
Oberflächenmesstechnik Surface measurement
Objektorientierte Programmierung Object oriented programming
Ofenköpfe Furnace heads
Offene Gasturbinenanlage Open gas turbine cycle
Offene und geschlossene Regelkreise Open and Closed loop
Offenes Laufrad Semi-open impeller
Offener Kreislauf Open circuit
Offline-Programmiersysteme Off-line programming systems
Ölschmierung Oil lubrication
Operationsverstärker Operational amplifiers
Optimierung von Regelkreisen Control loop optimization
Optimierungsprobleme Optimization problems
Optische Datenerfassung und -übertragung Optical data collection and transmission
Optische Messgrößen Optical quantities
Optoelektronische Empfänger Opto-electronic receivers
Optoelektronische Komponenten Optoelectronic components
Optoelektronische Sender Opto-electronic emitters
Optokoppler Optocouplers
Organisation der Produktion Structure of production
Organisationsformen der Montage Organizational forms of assembly
Organisch-chemische Analytik Organic chemical analysis
Ossbergerturbinen Ossberger (Banki) turbines
Oszillierende Verdrängerpumpen Oscillating positive displacement pumps
Oszilloskope Oscilloscopes
Ottomotor Otto engine
P-Anteil, P-Regler Proportional controller
Parameterermittlung Parameter definition
Parametererregte Schwingungen Parameter-excited vibrations
Parametrik Parametric modeling
Parametrik und Zwangsbedingungen Parametrics and holonomic constraint
Pass- und Scheibenfeder-Verbindungen Parallel keys and woodruff keys
Passive Komponenten Passive components
Passive Sicherheit Passive safety
PD-Regler Proportional plus derivative controller
Peltonturbinen Pelton turbines
Pflanzliche und tierische Zellen (Gewebe) Plant and animal tissues
Pflichtenheft Checklist
P-Glied Proportional element
Physikalische Grundlagen Law of physics
PID-Regler Proportional plus integral plus derivative controller
Pilze Funghi
PI-Regler Proportional plus integral controller
Planiermaschinen Dozers and graders
Planschleifmaschinen Surface grinding machines
Planung und Investitionen Planning and investments
Planung von Messungen Planning of measurements
Plastisches Grenzlastkonzept Plastic limit load concept
Plastizitätstheorie Theory of plasticity
Platten Plates

Plattenbandförderer Slat conveyors
Pneumatische Antriebe Pneumatic drives
Pneumatische Förderer Pneumatic conveyors
Polarimetrie Polarimetry
Polygonwellenverbindungen Joints with polygonprofile
Polytroper und isentroper Wirkungsgrad Polytropic and isentropic efficiency
Portalstapler, Portalhubwagen Straddle carrier, Van carrier
Positionswerterfassung, Arten Types of position data registration
Potentialströmungen Potential flows
PPS-Systeme PPC systems
Pressmaschinen Press
Pressverbände Interference fits
Primärenergien Primary energies
Prinzip der virtuellen Arbeiten Principle of virtual work
Prinzip und Bauformen Principle and types
Prinzip von d'Alembert und geführte Bewegungen D'Alembert's principle
Prinzip von Hamilton Hamilton's principle
Probenentnahme Sampling
Produktdatenmanagement Product data management
Produktentstehungsprozess Product creation process
Profilschleifmaschinen Profil grinding machines
Profilverluste Profile losses
Programmiermethoden Programming methods
Programmiersprachen Programming languages
Programmierverfahren Programming procedures
Programmsteuerung und Funktionssteuerung Program control and function control
Propeller Propellers
Proportionalventile Proportional valves
Prozessdatenverarbeitung und Bussysteme Process data processing and bussystems
Prozesse und Funktionsweisen Processes and functional principles
Prozesskostenrechnung/-kalkulation Activity-based accounting/-calculation
Prüfverfahren Test methods
P-Strecke 0. Ordnung ($P–T_0$) Proportional controlled system
P-Strecke 1. Ordnung ($P–T_1$) Proportional controlled system with first order delay
P-Strecke 2. und höherer Ordnung ($P–T_n$) Proportional controlled system with second or higher order delay
P-Strecke mit Totzeit ($P–T_t$) Proportional controlled system with dead time
Pulsationsdämpfung Pulsation dumping
Pumpspeicherwerke Pump storage stations
Qualitätsmanagement (QM) Quality management
Quasistationäres elektromagnetisches Feld Quasistationary electromagnetic field
Querbewegung Translational motion
Querdynamik und Fahrverhalten Lateral dynamics and driving behavior
Quereinblasung Vertical injection
Quergurtsorter Cross belt sorter
Querstapler Side-loading truck
Quertransport Cross transfer
Radaufhängung und Radführung Wheel suspension
Radbauarten Wheel types
Räder Wheels
Radiale Laufradbauarten Centrifugal impeller types
Radiale Turbinenstufe Radial turbine stage
Radialgleitlager im instationären Betrieb Dynamically loaded plain journal bearings
Radialverdichter Centrifugal compressors
Radsatz Wheel set
Rad-Schiene-Kontakt Wheel-rail-contact
Randelemente Boundary elements
Rauchgasentschwefelung Flue-gas desulphurisation
Rauchgasentstaubung Flue-gas dust separating
Rauchgasentstickung Flue-gas NO_x reduction
Raum-Heizkörper, -Heizflächen Radiators, convectors and panel heating
Raumklima Indoor climate
Räumlicher und ebener Spannungszustand Three-dimensional and plane stresses
Raumluftfeuchte (interior) air humidity
Raumluftgeschwindigkeit (interior) air velocity
Räummaschinen Broaching machines
Raumtemperatur Room temperature
Reaktionsgleichungen Equations of reactions

Reaktorkern mit Reflektor Reactor core with reflector
Reale Gase und Dämpfe Real gases and vapours
Reale Gasturbinenprozesse Real gas-turbine cycles
Reale Maschine Real engine
Reale Reaktoren Real reactors
Reale Strömung durch Gitter True flow through cascades
Reales Fluid Real fluid
Rechnergestützter Regler Computer based controller
Rechnernetze Computer networks
Rechteckplatten Rectangular plates
Refraktometrie Refractometry
Regelstrecken Controlled systems
Regelstrecken mit Ausgleich (P-Strecken) Controlled systems with self-regulation
Regelstrecken ohne Ausgleich (I-Strecken) Controlled systems without self-regulation
Regelung Regulating device
Regelung in der Antriebstechnik Drive control
Regelung mit Störgrößenaufschaltung Feedforward control loop
Regelung und Betriebsverhalten Regulating device and operating characteristics
Regelung und Steuerung Control
Regelung von Drehstromantrieben Control of three-phase drives
Regelung von Turbinen Control of turbines
Regelung von Verdichtern Control of compressors
Regelungsarten Regulation methods
Regelungstechnik Automatic control
Regenerative Energien Regenerative energies
Regenerativer Wärmeübergang Regenerative heat transfer
Regler Controllers
Reibkorrosion (Schwingverschleiß) Fretting corrosion
Reibradgetriebe Traction drives
Reibschlussverbindungen Connections with force transmission by friction
Reibung Friction
Reibungszahl, Wirkungsgrad Coefficient of friction, efficiency
Reibungszustände Friction regimes
Reifen und Felgen Tires and Rims
Reihenstruktur Chain structure
Revolverbohrmaschinen Turret drilling machines
Richtungsgeschaltete Kupplungen (Freiläufe) Directional (one-way) clutches, overrun clutches
Riemenlauf und Vorspannung Coming action of flat belts, tensioning
Rissphänomene Cracking phenomena
Rohbau Body work
Rohrleitungen Pipework
Rohrnetz Piping system
Rohrverbindungen Pipe fittings
Rollen- und Kugelbahnen Roller conveyors
Rollwiderstand Rolling friction
Roots-Gebläse Roots blowers
Rostfeuerungen Stokers and grates
Rotation (Drehbewegung, Drehung) Rotation
Rotation eines starren Körpers um eine feste Achse Rigid body rotation about a fixed axis
Rotationssymmetrischer Spannungszustand Axisymmetric stresses
Rotationsverdichter Vane compressors
Rückkühlsysteme Recooling systems
Rückkühlwerke Cooling towers
Rumpf Fuselage
Rundfräsmaschinen Machines for circular milling
Rundschleifmaschinen Cylindrical grinding machines
Rutschen und Fallrohre Chutes and down pipes
Sachnummernsysteme Numbering systems
Säge- und Feilmaschinen Sawing and filing machines
Saugdrosselregelung Suction throttling
Saugrohr-Benzin-Einspritzung Port fuel injection
Säulenbohrmaschinen Free-standing pillar machines
Schacht-, Kupol- und Hochöfen Shaft, cupola and blast furnace
Schachtförderanlagen Hoisting plants
Schachtlüftung Ventilation by wells
Schadstoffgehalt Pollutant content
Schalen Shells
Schall, Frequenz, Hörbereich, Schalldruck, Schalldruckpegel, Lautstärke Sound, fre-

quency, acoustic range, sound pressure, sound pressure level, sound pressure level
Schalldämpfer Sound absorber
Schallintensität, Schallintensitätspegel Sound intensity, sound intensity level
Schallleistung, Schallleistungspegel Sound power, sound power level
Schaltanlagen Switching stations
Schaltgeräte Switchgear
Schaltung Circuit
Schaltung und Regelung Switching and control
Schaufelanordnung für Pumpen und Verdichter Blade arrangement in pumps and compressors
Schaufelanordnung für Pumpen und Verdichter Schaufelanordnung für Turbinen Blade arrangement for pumps and compressors blade arrangement for turbines
Schaufelanordnung für Turbinen Blade arrangement in turbines
Schaufelgitter Blade rows (cascades)
Schaufelgitter, Stufe, Maschine, Anlage Blade row, stage, machine and plant
Schaufellader Shovel loaders
Schaufeln im Gitter, Anordnung Arrangement of blades in a cascade
Schaufelschwingungen Vibration of blades
Schäumen Expanding
Schaumzerstörung Foam destruction
Scheiben Discs
Scheren und Schneiden Shearing and blanking
Schichtpressen Film pressing
Schieber Gate valves
Schiebeschuhsorter Sliding shoe sorter
Schiefer zentraler Stoß Oblique impact
Schienenfahrzeuge Rail vehicles
Schifffahrt Marine application
Schiffspropeller Ship propellers
Schleifmaschinen Grinding machines
Schlepper Industrial tractor
Schlupf Ratio of slip
Schmalgangstapler Stacking truck
Schmelz- und Sublimationsdruckkurve Melting and sublimation curve
Schmieden Forging
Schmierfette Lubricating greases
Schmieröle Lubricating oils
Schmierstoff und Schmierungsart Lubricant and kind of lubrication
Schmierstoffe Lubricants
Schmierung Lubrication
Schmierung und Kühlung Lubrication and cooling
Schneckengetriebe Worm gears
Schneidstoffe Cutting materials
Schnelle Brutreaktoren (SNR) Fast breeder reactors
Schnittlasten am geraden Träger in der Ebene Forces and moments in straight beams
Schnittlasten an gekrümmten ebenen Trägern Forces and moments in plane curved beams
Schnittlasten an räumlichen Trägern Forces and moments at beams of space
Schnittlasten: Normalkraft, Querkraft, Biegemoment Axial force, shear force, bending moment
Schnittstellen Interfaces
Schornstein Stack
Schottky-Dioden Schottky-Diodes
Schraube (Bewegungsschraube) Screw (driving screw)
Schrauben Bolts
Schrauben- und Mutterarten Types of bolt and nut
Schraubenverbindungen Bolted connections
Schraubenverdichter Screw compressors
Schraubflächenschleifmaschinen Screw thread grinding machines
Schreiber Recorders
Schrittmotoren Stepping motors
Schub und Torsion Shear and torsion
Schubplattformförderer Push sorter
Schubspannungen und Schubmittelpunkt am geraden Träger Shear stresses and shear centre in straight beams
Schubspannungshypothese Maximum shear stress (Tresca) criterion
Schubstapler Reach truck
Schuppenförderer Shingling conveyor
Schüttgutlager Bulk material storage
Schüttgut-Systemtechnik Bulk material handling technology
Schutzarten Degrees of protection
Schutzschalter Protection switches

Schweiß- und Lötmaschinen Welding and soldering (brazing) machines
Schweißverfahren Welding processes
Schwenkbohrmaschinen Radial drilling machines
Schwerpunkt (Massenmittelpunkt) Center of gravity
Schwerpunktsatz Motion of the centroid
Schwerwasserreaktoren Heavy water reactors
Schwimmende oder Stütz-Traglagerung und angestellte Lagerung Axially floating bearing arrangements and clearance adjusted bearing pairs
Schwinger mit nichtlinearer Federkennlinie oder Rückstellkraft Systems with non-linear spring characteristics
Schwingfestigkeit Fatigue strength
Schwingförderer Vibrating conveyors
Schwingkreise und Filter Oscillating circuits and filters
Schwingungen Vibrations
Schwingungen der Kontinua Vibration of continuous systems
Schwingungen mit periodischen Koeffizienten (rheolineare Schwingungen) Vibration of systems with periodically varying parameters (Parametrically excited vibrations)
Schwingungsrisskorrosion Corrosion fatigue
Segregation Segregation
Seil mit Einzellast Cable with point load
Seil unter Eigengewicht (Kettenlinie) The catenary
Seil unter konstanter Streckenlast Cable with uniform load over the span
Seilaufzüge Cable elevator
Seile und Ketten Cables and chains
Seile und Seiltriebe Ropes and rope drives
Selbsterregte Schwingungen Self-excited vibrations
Selbstgeführte Stromrichter Self-commutated converters
Selbstgeführte Wechselrichter und Umrichter Self-commutated inverters and converters
Selbsthemmung und Teilhemmung Selflocking and partial locking
Selbsttätig schaltende Kupplungen Automatic clutches
Selbsttätige Ventile, Konstruktion Design of self acting valves
Selektiver Netzschutz Selective network protection
Selektives Lasersintern (SLS) Selective laser sintering (SLS)
Sensoren Sensors
Sensoren und Aktoren Sensors and actuators
Sensorik Sensor technology
Serienhebezeuge Standard hoists
Servoventile Servo valve
Sicherheit Safety
Sicherheitsbestimmungen Safety requirements
Sicherheitstechnik Safety devices
Sicherheitstechnik von Kernreaktoren Reactor safety
Sicherung von Schraubenverbindungen Thread locking devices
Signalarten Types of signals
Signalbildung Signal forming
Signaleingabe und -ausgabe Input and output of signals
Signalverarbeitung Signal processing
Simulationsmethoden Simulation methods
Softwareentwicklung Software engineering
Solarenergie Solar energy
Sonderbauarten Special-purpose design
Sonderbohrmaschinen Special purpose drilling machines
Sonderdrehmaschinen Special purpose lathes
Sonderfälle Special cases
Sonderfräsmaschinen Special purpose milling machines
Sondergetriebe Special gears
Sonderklima- und Kühlanlagen Special air conditioning and cooling plants
Sonderschneidverfahren Special blanking processes
Sonderverfahren Special technologies
Sonnenenergie, Anlagen zur Nutzung Sun power stations
Sonnenstrahlung Solar radiation
Sortiersystem – Sortieranlage – Sorter Sorting system – sorting plant – sorter
Spanen mit geometrisch bestimmten Schneiden Cutting with geometrically well-defined tool edges

Spanen mit geometrisch unbestimmter Schneide Cutting with geometrically non-defined tool angles
Spanende Werkzeugmaschinen Metal cutting machine tools
Spannungen Stresses
Spannungen und Verformungen Stresses and strains
Spannungsbeanspruchte Querschnitte Strained cross sectional area
Spannungsinduktion Voltage induction
Spannungsrisskorrosion Stress corrosion cracking
Spannungswandler Voltage transformers
Speicherkraftwerke Storage power stations
Speicherprogrammierbare Steuerungen Programmable logic controller (PLC)
Speichersysteme Storage systems
Speisewasseraufbereitung Feed water treatment
Speisewasservorwärmer (Eco) Feed water heaters (economizers)
Sperrventile Shuttle Valves
Spezifische Sicherheitseinrichtungen Specific safety devices
Spezifischer Energieverbrauch Specific power consumption
Spindelpressen Screw presses
Spiralfedern (ebene gewundene, biegebeanspruchte Federn) und Schenkelfedern (biegebeanspruchte Schraubenfedern) Spiral springs and helical torsion springs
Spreizenstapler Straddle truck
Spritzgießverfahren Injection moulding
Spritzpressen Injection pressing
Sprungantwort und Übergangsfunktion Step response and unit step response
Stäbe mit beliebigem Querschnitt Bars of arbitrary cross section
Stäbe mit Kerben Bars with notches
Stäbe mit konstantem Querschnitt und konstanter Längskraft Uniform bars under constant axial load
Stäbe mit Kreisquerschnitt und konstantem Durchmesser Bars of circular cross section and constant diameter
Stäbe mit Kreisquerschnitt und veränderlichem Durchmesser Bars of circular cross section and variable diameter
Stäbe mit veränderlichem Querschnitt Bars of variable cross section
Stäbe mit veränderlicher Längskraft Bars with variable axial loads
Stäbe unter Temperatureinfluss Bars with variation of temperature
Stabilität des Regelkreises Control loop stability
Stabilitätsprobleme Stability problems
Stähle Steels
Stahlerzeugung Steelmaking
Standardaufgabe der linearen Algebra Standard problem of linear algebra
Standardaufgaben der linearen Algebra Standard problems of linear algebra
Ständerbohrmaschinen Column-type drilling machines
Standsicherheit Stability
Starre Kupplungen Rigid couplings
Start- und Zündhilfen Starting aids
Statik starrer Körper Statics of rigid bodies
Stationär belastete Axialgleitlager Plain thrust bearings under steady state conditions
Stationär belastete Radialgleitlager Plain journal bearings under steady-state conditions
Stationäre laminare Strömung in Rohren mit Kreisquerschnitt Steady laminar flow in pipes of circular cross-section
Stationäre Prozesse Steady state processes
Stationäre Strömung durch offene Gerinne Steady flow in open channels
Stationäre turbulente Strömung in Rohren mit Kreisquerschnitt Steady turbulent flow in pipes of circular cross-section
Stationäre Wärmeleitung Steady state heat conduction
Stationärer Betrieb Steady-state operation
Statisch unbestimmte Systeme Statically indeterminate systems
Statische Ähnlichkeit Static similarity
Statische bzw. dynamische Tragfähigkeit und Lebensdauerberechnung Static and dynamic capacity and computation of fatigue life
Statische Festigkeit Static strength
Statischer Wirkungsgrad Static efficiency
Statisches Verhalten Steady-state response
Stauchen Upsetting

Stauchen rechteckiger Körper Upsetting of square parts
Stauchen zylindrischer Körper Upsetting of cylindrical parts
Stell- und Störverhalten der Strecke Manipulation and disturbance reaction of the controlled system
Stereolithografie (SL) Stereolithography (SL)
Steriler Betrieb Sterile operation
Sterilfiltration Sterile filtration
Sterilisation Sterilization
Stetigförderer Continuous conveyors
Steuerdatenverarbeitung Control data processing
Steuerkennlinien Control characteristics
Steuerorgane für den Ladungswechsel Valve gear
Steuerung automatischer Lagersysteme Control of automatic storage systems
Steuerungen Control systems
Steuerungssystem eines Industrieroboters Industrial robot control systems
Steuerungssystem eines Industrieroboters Programmierung Control system of a industrial robot programming
Steuerungssysteme, Aufbau Design of control systems
Stiftverbindungen Pinned and taper-pinned joints
Stirnräder – Verzahnungsgeometrie Spur and helical gears – gear tooth geometry
Stirnschraubräder Crossed helical gears
Stöchiometrie Stoichiometry
Stoffe im elektrischen Feld Materials in electric field
Stoffe im Magnetfeld Materials in magnetic field
Stoffmessgrößen Quantities of substances and matter
Stoffthermodynamik Thermodynamics of substances
Stofftrennung Material separation
Störungsverhalten des Regelkreises Disturbance reaction of the control loop
Stoß Impact
Stoß- und Nahtarten Types of weld and joint
Stoßmaschinen Shaping and slotting machines
Stoßofen Pusher furnace
Strahlung in Industrieöfen Radiation in industrial furnaces
Strahlungsmesstechnik Radiation measurement
Strangpressen (Extrudieren) Extrusion
Straßenfahrzeuge Road vehicles
Streckziehen Stretch-forming
Strom-, Spannungs- und Widerstandsmesstechnik Measurement of current, voltage and resistance
Stromrichterkaskaden Static Kraemer system
Stromrichtermotor Load-commutated inverter motor
Stromteilgetriebe Throttle controlled drives
Strömung Flow
Strömung idealer Gase Flow of ideal gases
Strömungsförderer Fluid conveyor
Strömungsform Flow pattern
Strömungsgesetze Laws of fluid dynamics
Strömungsmaschinen Fluid flow machines (Turbomachinery)
Strömungstechnik Fluid dynamics
Strömungstechnische Messgrößen Fluid flow quantities
Strömungsverluste Flow losses
Strömungsverluste durch spezielle Rohrleitungselemente und Einbauten Loss factors for pipe fittings and bends
Strömungswiderstand von Körpern Drag of solid bodies
Strömungswiderstände Flow resistance
Stromventile Flow control valves
Stromverdrängung, Eindringtiefe Skin effect, depth of penetration
Stromversorgung Electric power supply
Stromwandler Current transformers
Struktur tribologischer Systeme Structure of tribological systems
Struktur und Größen des Regelkreises Structure and variables of the control loop
Struktur von Verarbeitungsmaschinen Structure of Processing Machines
Strukturen der Messtechnik Structures of metrology
Strukturfestlegung Structure definition
Strukturintensität und Körperschallfluss Structure intensity and structure-borne noise flow
Strukturmodellierung Structure representation

Stückgut-Systemtechnik Piece good handling technology
Stufen Stage design
Stufenkenngrößen Dimensionless stage parameters
Submerskultivierung Submerse fermentations
Substratlimitiertes Wachstum Substrate limitation of growth
Suche nach Lösungsprinzipien Search for solution principles
Superplastisches Umformen von Blechen Superplastic forming of sheet
Synchronlinearmotoren Synchronous linear motor
Synchronmaschinen Synchronous machines
Systematik Systematic
Systematik der Verteilförderer Systematics of distribution conveyors
Systeme der rechnerunterstützten Produktentstehung Application systems for product creation
Systeme für den Insassenschutz Systems for occupant protection
Systeme für ganzjährigen Kühlbetrieb Chilled water systems for year-round operation
Systeme für gleichzeitigen Kühl- und Heizbetrieb Systems for simultaneous cooling- and heating-operation
Systeme mit einem Freiheitsgrad Systems with one degree of freedom (DOF)
Systeme mit mehreren Freiheitsgraden (Koppelschwingungen) Multi-degree-of-freedom systems (coupled vibrations)
Systeme mit veränderlicher Masse Systems with variable mass
Systeme mit Wärmezufuhr Systems with heat addition
Systeme starrer Körper Systems of rigid bodies
Systeme und Bauteile der Heizungstechnik Heating systems and components
Systeme, Systemgrenzen, Umgebung Systems, boundaries of systems, surroundings
Systemzusammenhang System interrelationship
T_1-Glied First order delay element
T_2/n-Glied Second or higher order delay element
T_t-Glied Dead time element
TDM-/PDM-Systeme TDM/PDM systems
Technische Ausführung der Regler Controlling system equipment
Technische Systeme Fundamentals of technical systems
Technologie Technology
Technologische Einflüsse Technological effects
Teillastbetrieb Part-load operation
Tellerfedern (scheibenförmige, biegebeanspruchte Federn) Conical disk (Belleville) springs
Temperaturausgleich in einfachen Körpern Temperature equalization in simple bodies
Temperaturen Temperatures
Temperaturen. Gleichgewichte Temperatures. Equilibria
Temperaturskalen Temperature scales
Temperaturverläufe Temperature profile
Thermische Ähnlichkeit Thermal similarity
Thermische Beanspruchung Thermal stresses
Thermische Behandlungsprozesse Thermal treatments
Thermische Messgrößen Thermal quantities
Thermische Verfahrenstechnik Thermal process engineering
Thermische Zustandsgrößen von Gasen und Dämpfen Thermal properties of gases and vapours
Thermischer Apparatebau und Industrieöfen Thermal apparatus engineering and industrial furnaces
Thermischer Überstromschutz Thermic overload protection
Thermisches Abtragen Removal by thermal operations
Thermisches Abtragen mit Funken (Funkenerosives Abtragen) Electro discharge machining (EDM)
Thermisches Gleichgewicht Thermal equilibrium
Thermodynamik Thermodynamics
Thermodynamische Gesetze Thermodynamic laws
Thyristoren Thyristors
Thyristorkennlinien und Daten Thyristor characteristics and data
Tiefbohrmaschinen Deep hole drilling machines
Tiefziehen Deep drawing

Tischbohrmaschinen Bench drilling machines
Titanlegierungen Titanium alloys
Torquemotoren Torque motors
Torsionsbeanspruchung Torsion
Totaler Wirkungsgrad Total efficiency
Tragfähigkeit Load capacity
Tragflügel Wing
Tragflügel und Schaufeln Aerofoils and blades
Tragmittel und Lastaufnahmemittel Load carrying equipment
Tragwerke Steel structures
Tragwerksgestaltung Design of steel structures
Transferstraßen und automatische Fertigungslinien Transfer lines and automated production lines
Transformationen der Michaelis-Menten-Gleichung Transformation of Michaelis-Menten-equation
Transformatoren und Wandler Transformers
Transistoren Transistors
Translation (Parallelverschiebung, Schiebung) Translation
Transportbetonmischer Truck mixers
Transporteinheiten (TE) und Transporthilfsmittel (THM) Transport units (TU) and transport aids (TA)
Transportfahrzeuge Dumpers
Trennen Cutting
Tribologie Tribology
Tribologische Kenngrößen Tribological characteristics
Tribotechnische Werkstoffe Tribotechnic materials
Trockenluftpumpen Air ejectors
Trogkettenförderer Troughed chain conveyors
Tunnelwagenofen Tunnel furnace
Turbine Turbine
Turboverdichter Turbocompressors
Türen Doors
Turmdrehkrane Tower cranes
Typen und Bauarten Types and Sizes
Typgenehmigung Type approval
Überblick, Aufgaben Introduction, function
Überdruckturbinen Reaction turbines
Überhitzer und Zwischenüberhitzer Superheater und Reheater
Überlagerung von Korrosion und mechanischer Beanspruchung Corrosion under additional mechanical stress
Überlagerung von Vorspannkraft und Betriebslast Superposition of preload and working loads
Übersetzung, Zähnezahlverhältnis, Momentenverhältnis Transmission ratio, gear ratio, torque ratio
Übersicht Overview
Überzüge auf Metallen Coatings on metals
Ultraschallverfahren Ultrasonic processing
Umformen Forming
Umgebungseinflüsse Environmental effects
Umkehrstromrichter Reversing converters
Umlaufgetriebe Epicyclic gear systems
Umlauf-S-Förderer Rotating S-conveyor
Umrichterantriebe mit selbstgeführtem Wechselrichter A. c. drives with self-commutated inverters
Umwälzpumpen Circulating pumps
Umweltmessgrößen Environmental quantities
Umweltschutztechnologien Environmental control technology
Umweltverhalten Environmental pollution
Unendlich ausgedehnte Scheibe mit Bohrung Infinite plate with a hole
Ungedämpfte erzwungene Schwingungen Forced undamped vibrations
Ungleiche Kapazitätsstromverhältnisse Unequal capacitive currents
Universaldrehmaschinen Universal lathes
Universalmotoren Universal motor
Universal-Werkzeugfräsmaschinen Universal milling machines
Unstetigförderer Non-continuous conveyors
Urformen Primary shaping
Urformwerkzeuge Tools for primary forming
Ventilator Fan
Ventilauslegung Valve lay out
Ventile und Klappen Valves
Ventileinbau Valve location
Verarbeitungsanlagen Processing Plants
Verarbeitungssystem Processing System
Verbrauch und CO_2-Emission Consumption and CO_2 emission
Verbrennung Combustion

Verbrennung im Motor Internal combustion
Verbrennung und Brennereinteilung Combustion and burner classification
Verbrennungskraftanlagen Internal combustion engines
Verbrennungsmotoren Internal combustion engines
Verbrennungstemperatur Combustion temperature
Verbrennungsvorgang Combustion
Verdampfen und Kristallisieren Evaporation and crystallization
Verdampfer Evaporator
Verdichter Compressor
Verdichtung feuchter Gase Compression of humid gases
Verdichtung idealer und realer Gase Compression of ideal and real gases
Verdrängerpumpen Positive displacement pumps
Verdunstungskühlverfahren Evaporativ cooling process
Verfahren der Mikrotechnik Manufacturing of microstructures
Verfahrenstechnik Chemical engineering
Verflüssiger Condenser
Verflüssigersätze, Splitgeräte für Klimaanlagen Condensing units, air conditioners with split systems
Verformungen Strains
Vergaser Carburetor
Verglasung, Scheibenwischer Glazing, windshield wiper
Vergleichsprozesse für einstufige Verdichtung Ideal cycles for single stage compression
Verluste an den Schaufelenden Losses at the blade tips
Verluste und Wirkungsgrad Losses and efficiency
Verlustteilung Division of energy losses
Verminderung der Körperschallfunktion Reduction of the structure-borne noise function
Verminderung der Kraftanregung Reduction of the force excitation
Verminderung der Luftschallabstrahlung Reduction of the airborne noise emission
Verminderung des Kraftpegels (Maßnahmen an der Krafterregung) Reduce of force level
Verminderung von Körperschallmaß und Abstrahlmaß (Maßnahmen am Maschinengehäuse) Reduce of structure-borne-noise-factor and radiation coefficient
Versagen durch komplexe Beanspruchungen Modes of failure under complex conditions
Versagen durch mechanische Beanspruchung Failure under mechanical stress conditions
Verschiedene Energieformen Different forms of energy
Verschleiß Wear
Verstärker mit Rückführung Amplifier with feedback element
Verstellung und Regelung Regulating device
Versuchsauswertung Evaluation of tests
Verteilen und Speicherung von Nutzenergie Distribution und storage of energy
Verteilermasten Distributor booms
Vertikaldynamik Vertical dynamic
Verzahnen Gear cutting
Verzahnen von Kegelrädern Bevel gear cutting
Verzahnen von Schneckenrädern Cutting of worm gears
Verzahnen von Stirnrädern Cutting of cylindrical gears
Verzahnungsabweichungen und -toleranzen, Flankenspiel Tooth errors and tolerances, backlash
Verzahnungsgesetz Rule of the common normal
Verzahnungsschleifmaschinen Gear grinding machines
Viergelenkgetriebe Four-bar linkages
Virtuelle Produktentstehung Virtual product creation
Viskosimetrie Viscosimetry
Volumen, Durchfluss, Strömungsgeschwindigkeit Volume, flow rate, fluid velocity
Volumenstrom, Eintrittspunkt, Austrittspunkt Capacity, inlet point, outlet point
Volumenstrom, Laufraddurchmesser, Drehzahl Volume flow, impeller diameter, speed
Volumetrische Verluste Volumetric losses
Vorbereitende und nachbehandelnde Arbeitsvorgänge Preparing and finishing steps
Vorgang Procedure
Vorgespannte Welle-Nabe-Verbindungen Prestressed shaft-hub connections
Vorzeichenregeln Sign conventions

VR-/AR-Systeme VR /AR systems
Waagerecht-Bohr- und -Fräsmaschinen Horizontal boring and milling machines
Wachstumshemmung Inhibition of growth
Wagen Platform truck
Wahl der Bauweise Selection of machine type
Wälzgetriebe mit stufenlos einstellbarer Übersetzung Continuously variable traction drives
Wälzlager Rolling bearings
Wälzlagerdichtungen Rolling bearing seals
Wälzlagerkäfige Bearing cages
Wälzlagerschmierung Lubrication of rolling bearings
Wälzlagerwerkstoffe Rolling bearing structural materials
Wanddicke ebener Böden mit Ausschnitten Wall thickness
Wanddicke verschraubter runder ebener Böden ohne Ausschnitt Wall thickness of round even plain heads with inserted nuts
Wandlung regenerativer Energien Transformation of regenerative energies
Wandlung von Primärenergie in Nutzenergie Transformation of primary energy into useful energy
Wandlungsfähige Fertigungssysteme Versatile manufacturing systems
Wärme Heat
Wärme- und Stoffübertragung Heat and material transmission
Wärme- und strömungstechnische Auslegung Thermodynamic and fluid dynamic design
Wärmeaustausch durch Strahlung Heat exchange by radiation
Wärmebedarf, Heizlast Heating load
Wärmebehandlung Heat Treatment
Wärmedehnung Thermal expansion
Wärmeerzeugung Heat generation
Wärmekraftanlagen Thermal power plants
Wärmekraftwerke Heating power stations
Wärmepumpen Heat pumps
Wärmequellen Source of heat
Wärmerückgewinnung Heat recovery
Wärmerückgewinnung durch Luftvorwärmung Heat recovery through air preheating
Wärmetauscher Heat exchangers
Wärmetechnische Auslegung von Regeneratoren Thermodynamic design of regenerators
Wärmetechnische Auslegung von Rekuperatoren Thermodynamic design of recuperators
Wärmetechnische Berechnung Thermodynamic calculations
Wärmeübergang Heat transfer
Wärmeübergang beim Kondensieren und beim Sieden Heat transfer in condensation and in boiling
Wärmeübergang durch Konvektion Heat transfer by convection
Wärmeübergang ins Solid Heat transfer into solid
Wärmeübergang ohne Phasenumwandlung Heat transfer without change of phase
Wärmeübergang und Wärmedurchgang Heat transfer and heat transmission
Wärmeübertrager Heat exchanger
Wärmeübertragung Heat transfer
Wärmeübertragung durch Strahlung Radiative heat transfer
Wärmeübertragung Fluid–Fluid Fluid-fluid heat exchange
Wärmeverbrauchsermittlung Determination of heat consumption
Wartung und Instandhaltung Maintenance
Wasserbehandlung Water treatment
Wasserenergie Water power
Wasserkraftanlagen Water power plant
Wasserkraftwerke Hydroelectric power plants
Wasserkreisläufe Water circuits
Wasserstoffinduzierte Rissbildung Hydrogen induced cracking
Wasserturbinen Water turbines
Wasserwirtschaft Water management
Wechselstrom- und Drehstromsteller Alternating- and three-phase-current controllers
Wechselstromgrößen Alternating current quantities
Wechselstromtechnik Alternating current (a. c.) engineering
Wegeventile Directional control valves
Weggebundene Pressmaschinen Mechanical presses
Wegmesstechnik Motion measurement
Weichlöten Soldering
Wellendichtungen Shaft seals
Werkstoff Material

Werkstoff- und Bauteileigenschaften Properties of materials and structures
Werkstoffauswahl Materials selection
Werkstoffkennwerte für die Bauteildimensionierung Materials design values for dimensioning of components
Werkstoffphysikalische Grundlagen der Festigkeit und Zähigkeit metallischer Werkstoffe Basics of physics for strength and toughness of metallic materials
Werkstoffprüfung Materials testing
Werkstoffreinheit Purity of material
Werkstofftechnik Materials technology
Werkstückeigenschaften Workpiece properties
Werkzeuge Tools
Werkzeuge und Methoden Tools and methods
Werkzeugmaschinen zum Umformen Presses and hammers for metal forming
Widerstände Resistors
Widerstandserwärmung Resistance heating
Widerstandsschweißmaschinen Resistance welding machines
Wind Wind
Windenergie Wind energy
Windkraftanlagen Wind power stations
Winkel Angles
Wirbelschicht Fluidized bed
Wirbelschichtfeuerung Fluidized bed combustion (FBC)
Wirklicher Arbeitsprozess Real cycle
Wirkungsgrade Efficiencies
Wirkungsgrade, Exergieverluste Efficiencies, exergy losses
Wirkungsweise Mode of operation
Wirkungsweise und Ersatzschaltbilder Working principle and equivalent circuit diagram
Wirkungsweise, Definitionen Mode of operation, definitions
Wirkzusammenhang Working interrelationship
Wissensbasierte Modellierung Knowledge based modeling
Wölbkrafttorsion Torsion with warping constraints
Zahlendarstellungen und arithmetische Operationen Number representation and arithmetic operations
Zahn- und Keilwellenverbindungen Splined joints
Zahnform Tooth profile
Zahnkräfte, Lagerkräfte Tooth loads, bearing loads
Zahnradgetriebe Gearing
Zahnradpumpen und Zahnring-(Gerotor-) pumpen Geartype pumps
Zahnringmaschine Zahnradpumpen und Zahnring-(Gerotor-)pumpen Gear ring machine, gear pump and gear ring (gerotor) pumps
Zahnschäden und Abhilfen Types of tooth damage and remedies
Z-Dioden Z-Diodes
Zeichnungen und Stücklisten Engineering drawings and parts lists
Zeigerdiagramm Phasor diagram
Zelle, Struktur Airframe, Structural Design
Zellerhaltung Maintenance of cells
Zentrale Raumlufttechnische Anlagen Central air conditioning plant
Zentralheizung Central heating
Zerkleinern Size Reduction
Zerkleinerungsmaschinen Size Reduction Equipment
Zerstörungsfreie Bauteil- und Maschinendiagnostik Non-destructive diagnosis and machinery condition monitoring
Zerstörungsfreie Werkstoffprüfung Non-destructive testing
Zink und seine Legierungen Zinc and zinc alloys
Zinn Tin
Zug- und Druckbeanspruchung Tension and compression stress
Zugkraftdiagramm Traction forces diagram
Zugmittelgetriebe Belt and chain drives
Zug-Stoßeinrichtungen Buffing and draw coupler
Zugversuch Tension test
Zündausrüstung Ignition equipment
Zusammenarbeit von Maschine und Anlage Matching of machine and plant
Zusammengesetzte Beanspruchung Combined stresses
Zusammengesetzte Planetengetriebe Compound planetary trains

Zusammensetzen und Zerlegen von Kräften mit gemeinsamem Angriffspunkt Combination and resolution of concurrent forces

Zusammensetzen und Zerlegen von Kräften mit verschiedenen Angriffspunkten Combination and resolution of non-concurrent forces

Zusammensetzen von Gittern zu Stufen Combination of cascades to stages

Zusammensetzung Composition, combination

Zustandsänderung Change of state

Zustandsänderungen feuchter Luft Changes of state of humid air

Zustandsänderungen von Gasen und Dämpfen Changes of state of gases and vapours

Zustandsschaubild Eisen-Kohlenstoff Iron Carbon Constitutional Diagram

Zuverlässigkeitsprüfung Reliability test

Zwanglaufkessel für fossile Brennstoffe Forced circulation fossil fueled boilers

Zweipunkt-Regelung Two-position control

Zweiter Hauptsatz Second law

Zylinder Cylinders

Zylinderanordnung und -zahl Formation and number of cylinders

Zylinderschnecken-Geometrie Cylindrical worm gear geometry

Zylindrische Mäntel und Rohre unter innerem Überdruck Cylinders and tubes under internal pressure

Zylindrische Mäntel unter äußerem Überdruck Cylinders under external pressure

Zylindrische Schraubendruckfedern und Schraubenzugfedern Helical compression springs, helical tension springs

Englisch-Deutsch

A. c. drives with self-commutated inverters Umrichterantriebe mit selbstgeführtem Wechselrichter

Absolute and relative flow Absolute und relative Strömung

Absorbtion of cold water Absorptions-Kaltwassersatz

Absorption heat pumps Absorptionswärmepumpen

Absorption refrigeration plant Absorptionskälteanlage

Absorption, rectification, liquid-liquid-extraction Absorbieren, Rektifizieren, Flüssig-flüssig-Extrahieren

Abstracting to identify the functions Abstrahieren zum Erkennen der Funktionen

Acceleration measurement Beschleunigungsmesstechnik

Ackeret-keller-process Ackeret-Keller-Prozess

Acoustic measurement Akustische Messtechnik

Acoustics in mechanical engineering Maschinenakustik

Actice steps toward noise and vibration reduction Aktive Maßnahmen zur Lärm- und Schwingungsminderung

Action of ideal positive displacement pumps Betriebsverhalten der verlustfreien Verdrängerpumpe

Active safety/brakes, types of brakes Aktive Sicherheitstechnik/Bremse, Bremsbauarten

Activity-based accounting/-calculation Prozesskostenrechnung/-kalkulation

Actuated drives Kraftschlüssige Antriebe

Actuators Aktoren

Actuators Aktuatoren

Adaptive control Adaptive Regelung

Adhesive bonding Kleben

Adhesives Klebstoffe

Adiabatic, closed systems Adiabate, geschlossene Systeme

Adjustable inlet guide vane regulation Eintrittsleitschaufelregelung

Adsorption, drying, solid-liquid-extraction Adsorbieren, Trocknen, Fest-flüssig-Extrahieren

Advanced driver assistant systems Fahrerassistenzsysteme

Aero dynamics Aerodynamik

Aerofoils and blades Tragflügel und Schaufeln

Agglomeration Agglomerieren

Agglomeration technology Agglomerationstechnik

Air conditioning Klimaanlage

Air cooling Luftkühlung

Air duct Luftführung

Air ejectors Trockenluftpumpen

Air flow control and mixing Luftverteilung

Air heating Luftheizung
(interior) air humidity Raumluftfeuchte
Air passages Luftdurchlässe
Air preheater Luftvorwärmer (Luvo)
Air supply Luftbedarf
Air traffic Luftverkehr
(interior) air velocity Raumluftgeschwindigkeit
Airborne noise emission Luftschallabstrahlung
Airconditioning and climate control for mining Grubenkühlanlagen
Airconditioning systems Klassifizierung raumlufttechnischer Systeme
Aircraft performance Flugleistungen
Aircraft polar Flugzeugpolare
Aircrafts Luftfahrzeuge
Airframe, Structural Design Zelle, Struktur
Air-only systems Nur-Luft-Anlagen
Airspeeds Fluggeschwindigkeiten
Air-storage gas-turbine power plant Luftspeicher-Kraftwerk
Air-water conditioning systems Luft-Wasser-Anlagen
Algae Algen
Algorithms Algorithmen
Alloying effects Legierungstechnische Maßnahmen
Alternating- and three-phase-current controllers Wechselstrom- und Drehstromsteller
Alternating current (a. c.) engineering Wechselstromtechnik
Alternating current quantities Wechselstromgrößen
Alternative Power train systems Alternative Antriebsformen
Aluminium and aluminium alloys Aluminium und seine Legierungen
Amplifier with feedback element Verstärker mit Rückführung
Amplifiers Messverstärker
Analog data logging Analoge Messwerterfassung
Analog electrical measurement Analoge elektrische Messtechnik
Analog-digital converter Analog-Digital-Umsetzer
Analysis of measurements Auswertung von Messungen
Analysis of mechanisms Getriebeanalyse
Anergy Anergie
Angles Winkel
Anisotropy Anisotropie
Application Anwendung
Application and operation Hinweise für Anwendung und Betrieb
Application and procedures Anwendung und Vorgang
Application systems for product creation Systeme der rechnerunterstützten Produktentstehung
Application to closed systems Geschlossene Systeme, Anwendung
Applications Aufgaben
Applications and selection of industrial robots Anwendungsgebiete und Auswahl von Industrierobotern
Applications and types Anwendungen und Bauarten
Applications, characteristics, properties Aufgaben, Eigenschaften, Kenngrößen
Applications, Examples Anwendung, Ausführungsbeispiele
Approximate methods for estimating critical loads Näherungsverfahren zur Knicklastberechnung
Apron conveyor Gliederbandförderer
Arbitrarily curved surfaces Beliebig gewölbte Fläche
Arc furnaces Lichtbogenofen
Arc-welding Lichtbogenschweißen
Arrangement and function of hydrostatic transmissions Hydrogetriebe, Aufbau und Funktion der
Arrangement of blades in a cascade Schaufeln im Gitter, Anordnung
Arrangements with a locating and a non-locating bearing Fest-Loslager-Anordnung
Assemblies Baugruppen
Assembly and disassembly Montage und Demontage
Assembly of electronic circuits Elektronische Schaltungen, Aufbau
Assembly planning Montageplanung
Assembly process Montageprozess
Assembly systems Montagesysteme
Asynchronos linear motor Asynchronlinearmotoren

Asynchronos small motor Asynchron-Kleinmotoren
Asynchronous machines Asynchronmaschinen
Automated assembly Automatisierte Montage
Automatic clutches Selbsttätig schaltende Kupplungen
Automatic control Regelungstechnik
Automatic lathes Drehautomaten
Automatically guided vehicles (AGV) Fahrerlose Transportsysteme (FTS)
Automation in materials handling Automatisierung in der Materialflusstechnik
Automation of material handling functions Automatisierung von Handhabungsfunktionen
Automobile and environment Automobil und Umwelt
Automotive engineering Kraftfahrzeugtechnik
Auxiliary equipment Hilfsmaschinen
Axial compressors Axialverdichter
Axial force, shear force, bending moment Schnittlasten: Normalkraft, Querkraft, Biegemoment
Axial load and torsion Längskraft und Torsion
Axial locking devices Axiale Sicherungselemente
Axial repeating stage of multistage compressor Axiale Repetierstufe eines vielstufigen Verdichters
Axial repeating stage of multistage turbine Axiale Repetierstufe einer Turbine
Axial temperature and mass flow profile Axiale Temperatur- und Massenstromprofile
Axial temperature profile Axiale Temperaturverläufe
Axial thrust balancing Achsschubausgleich
Axial transport Axialtransport
Axially floating bearing arrangements and clearance adjusted bearing pairs Schwimmende oder Stütz-Traglagerung und angestellte Lagerung
Axis gearing Achsgetriebe
Axis systems Achsenkreuze
Axisymmetric stresses Rotationssymmetrischer Spannungszustand
Bach's correction factor Anstrengungsverhältnis nach Bach
Bacteria Bakterien
Band sawing and band filing machines, hack sawing and hack filing machines, grinding machines Bandsäge- und Bandfeilmaschinen Hubsäge- und Hubfeilmaschinen Schleifmaschinen
Bandsawing and filing machines Bandsäge- und Bandfeilmaschinen
Barrows, Hand trolleys, Dollies Karren, Handwagen und Rollwagen
Bars of arbitrary cross section Stäbe mit beliebigem Querschnitt
Bars of circular cross section and constant diameter Stäbe mit Kreisquerschnitt und konstantem Durchmesser
Bars of circular cross section and variable diameter Stäbe mit Kreisquerschnitt und veränderlichem Durchmesser
Bars of variable cross section Stäbe mit veränderlichem Querschnitt
Bars with notches Stäbe mit Kerben
Bars with variable axial loads Stäbe mit veränderlicher Längskraft
Bars with variation of temperature Stäbe unter Temperatureinfluss
Basic concepts Grundbegriffe
Basic concepts of reactor theory Grundbegriffe der Reaktortheorie
Basic considerations Grundlagen
Basic design and dimensions Auslegung und Hauptabmessungen
Basic design calculations Berechnungsgrundlagen
Basic design layout Konstruktive Gesichtspunkte
Basic design principles Auslegung
Basic disciplines Basisdisziplinen
Basic ergonomics Arbeitswissenschaftliche Grundlagen
Basic laws Grundgesetze
Basic principles of calculating structures Grundlagen der Tragwerksberechnung
Basic principles of calculation Grundlagen der Berechnung
Basic principles of reciprocating engines Allgemeine Grundlagen der Kolbenmaschinen
Basic problems in machine dynamics Grundaufgaben der Maschinendynamik
Basic rules of embodiment design Grundregeln

Basic standards Grundnormen
Basic structures of the action diagram Grundstrukturen des Wirkungsplans
Basic terms of energy, work, power, efficiency Energetische Grundbegriffe – Arbeit, Leistung, Wirkungsgrad
Basic types of rubber spring Gummifederelemente
Basics of guiding technology Grundbegriffe der Spurführungstechnik
Basics of physics for strength and toughness of metallic materials Werkstoffphysikalische Grundlagen der Festigkeit und Zähigkeit metallischer Werkstoffe
Batteries Batterien
Bearing and drive Lagerung und Antrieb
Bearing and lubrication Lagerung und Schmierung
Bearing arrangements Konstruktive Ausführung von Lagerungen.
Bearing cages Wälzlagerkäfige
Bearing cooling Lagerkühlung
Bearing loads Lagerkräfte
Bearing materials Lagerwerkstoffe
Bearing seals Dichtungen
Bearing seats, axial and radial positioning Lagersitze, axiale und radiale Festlegung der Lagerringe
Bearings Lager
Bed-type milling machines Bettfräsmaschinen
Belt and chain drives Zugmittelgetriebe
Belt grinding machines Bandschleifmaschinen
Bench drilling machines Tischbohrmaschinen
Bending Biegebeanspruchung
Bending Biegen
Bending and axial load Biegung und Längskraft
Bending and shear Biegung und Schub
Bending and torsion Biegung und Torsion
Bending of rectangular beams Biegung des Rechteckbalkens
Bending rigid shells Biegesteife Schalen
Bending strain energy, energy methods for deflection analysis Formänderungsarbeit bei Biegung und Energiemethoden zur Berechnung von Einzeldurchbiegungen
Bending stresses in highly curved beams Biegespannungen in stark gekrümmten Trägern
Bending stresses in straight beams Biegespannungen in geraden Balken
Bending test Biegeversuch
Bernoulli's equation for steady flow problems Bernoullischen Gleichung für den stationären Fall
Bernoulli's equation for unsteady flow problems Bernoullischen Gleichung für den instationären Fall
Bevel gear cutting Verzahnen von Kegelrädern
Bevel gear geometry Kegelrad-Geometrie
Bevel gears Kegelräder
Binding mechanisms, agglomerate strength Bindemechanismen, Agglomeratfestigkeit
Biochemical Engineering Bioverfahrenstechnik
Biogas Biogas
Biomass Biomasse
Bioreactors Bioreaktoren
Bipolar transistors Bipolartransistoren
Blade arrangement for pumps and compressors blade arrangement for turbines Schaufelanordnung für Pumpen und Verdichter Schaufelanordnung für Turbinen
Blade arrangement in pumps and compressors Schaufelanordnung für Pumpen und Verdichter
Blade arrangement in turbines Schaufelanordnung für Turbinen
Blade row, stage, machine and plant Schaufelgitter, Stufe, Maschine, Anlage
Blade rows (cascades) Schaufelgitter
Blading Beschaufelung
Blading, inlet and exhaust casing Beschaufelung, Ein- und Austrittsgehäuse
Blanking machines Maschinen zum Schneiden
Body Aufbau
Body in space Körper im Raum
Body types, vehicle types, design Fahrzeugarten, Aufbau
Body work Rohbau
Body-tilting technique Neigetechnik
Bodywork Karosserie
Bolted connections Schraubenverbindungen
Bolts Schrauben
Boundary elements Randelemente
Boundary layer theory Grenzschichttheorie
Brakes Bremsen
Brakes for trucks Bremsanlagen für Nkw

Breeding process Brutprozess
Bridge and gantry cranes Brücken- und Portalkrane
Broaching machines Räummaschinen
Bucket elevators (bucket conveyors) Becherwerke (Becherförderer)
Buckling of bars Knickung
Buckling of plates Beulen von Platten
Buckling of plates and shells Beulung
Buckling of rings, frames and systems of bars Knicken von Ringen, Rahmen und Stabsystemen
Buckling of shells Beulen von Schalen
Buffing and draw coupler Zug-Stoßeinrichtungen
Building construction machinery Hochbaumaschinen
Bulging of the surface and melt circulation in induction furnaces Aufwölbung und Bewegungen im Schmelzgut
Bulk material handling technology Schüttgut-Systemtechnik
Bulk material storage Schüttgutlager
Burner types Brennerbauarten
Burners Brenner
Bypass regulation Bypass-Regelung
CAA systems CAA-Systeme
Cable elevator Seilaufzüge
Cable with point load Seil mit Einzellast
Cable with uniform load over the span Seil unter konstanter Streckenlast
Cables and chains Seile und Ketten
Cables and lines Kabel und Leitungen
CAD systems CAD-Systeme
CAE systems CAE-Systeme
CAI systems CAI-Systeme
Calculation Entwurfsberechnung
Calculation and optimization Berechnung und Optimierung
Calculation and selection Berechnung und Auswahl
Calculation and sizing principles of heating and air handling engineering Berechnungs- und Bemessungsgrundlagen der Heiz- und Raumlufttechnik
Calculation of heating surface area Ermittlung der Heizfläche
Calculation of hydrodynamic bearings Berechnung hydrodynamischer Gleitlager
Calculation of hydrostatic bearings Berechnung hydrostatischer Gleitlager
Calculation of machine hourly rate Maschinenstundensatzrechnung
Calculation of pipe flows Berechnung von Rohrströmungen
Calculation of static performance Berechnung des stationären Betriebsverhaltens
Calendering Kalandrieren
Caloric properties Kalorische Zustandsgrößen
Calorimetry Kalorimetrie
Cam mechanisms Kurvengetriebe
CAM systems CAM-Systeme
CAP systems CAP-Systeme
Capacitances Kapazitäten
Capacity, inlet point, outlet point Volumenstrom, Eintrittspunkt, Austrittspunkt
CAPP systems CAPP-Systeme
CAQ-systems CAQ-Systeme
CAR systems CAR-Systeme
Carbon capture Kohlendioxidabscheidung
Carburetor Vergaser
Carnot cycle Carnot-Prozess
Carriages Fahrwerke
CAS systems CAS-Systeme
Cascade control Kaskadenregelung
Cascade design Gitterauslegung
Casings Gehäuse
Cast Iron materials Gusseisenwerkstoffe
Casting of foils Foliengießen
CAT systems CAT-Systeme
Catalytic effects of enzymes Katalytische Wirkung der Enzyme
Cathodic protection Kathodischer Schutz
Cavitation Kavitation
Cavitation corrosion Kavitationskorrosion
Center of gravity Schwerpunkt (Massenmittelpunkt)
Centers for sheet metal working Blechbearbeitungszentren
Central air conditioning plant Zentrale Raumlufttechnische Anlagen
Central heating Zentralheizung
Centrifugal compressors Radialverdichter
Centrifugal impeller types Radiale Laufradbauarten

Centrifugal Pumps Kreiselpumpen
Centrifugal stresses in blades Beanspruchung der Schaufeln durch Fliehkräfte
Centrifugal stresses in rotating components Dynamische Beanspruchung umlaufender Bauteile durch Fliehkräfte
Centrifugal water chillers Kaltwassersatz mit Turboverdichter
Ceramics Keramische Werkstoffe
Chain drives Kettengetriebe
Chain structure Reihenstruktur
Chains and chain drives Ketten und Kettentriebe
Change of state Zustandsänderung
Changes of state of gases and vapours Zustandsänderungen von Gasen und Dämpfen
Changes of state of humid air Zustandsänderungen feuchter Luft
Characteristic curves Kennlinien
Characteristic fracture mechanics properties for cyclic loading Bruchmechanische Werkstoffkennwerte bei zyklischer Beanspruchung
Characteristic fracture mechanics properties for static loading Bruchmechanische Werkstoffkennwerte bei statischer Beanspruchung
Characteristics Eigenschaften
Characteristics Kenngrößen
Characteristics Kennzahlen
Characteristics Kennzeichen
Characteristics and use Bauarten, Eigenschaften, Anwendung
Characteristics of lines Kenngrößen der Leitungen
Characteristics of material flow Formänderungsgrößen
Characteristics of measuring components Kenngrößen von Messgliedern
Characteristics of presses and hammers Kenngrößen von Pressmaschinen
Characteristics of rolling bearings Kennzeichen und Eigenschaften der Wälzlager
Characteristics of screw motion Kenngrößen der Schraubenbewegung
Characteristics of the complete vehicle Eigenschaften des Gesamtfahrzeugs
Characteristics, accuracy, calibration Genauigkeit, Kenngrößen, Kalibrierung
Characterization Charakterisierung
Charging of four-stroke engines Ladungswechsel des Viertaktmotors
Charging parameters Kenngrößen des Ladungswechsels
Checklist Pflichtenheft
Checklist for tribological characteristics Checkliste zur Erfassung der wichtigsten tribologisch relevanten Größen
Chemical and physical analysis methods Chemische und physikalische Analysemethoden
Chemical corrosion and high temperature corrosion Chemische Korrosion und Hochtemperaturkorrosion
Chemical engineering Verfahrenstechnik
Chemical machining Chemisches Abtragen
Chemical Process Engineering Chemische Verfahrenstechnik
Chemical thermodynamics Chemische Thermodynamik
Chilled water systems for air-conditioning plants Kaltwasserverteilsysteme für RLT-Anlagen
Chilled water systems for year-round operation Systeme für ganzjährigen Kühlbetrieb
Chopper controllers Gleichstromsteller
Chutes and down pipes Rutschen und Fallrohre
Circuit Schaltung
Circular conveyors Kreisförderer
Circular discs Kreisscheibe
Circular plates Kreisplatten
Circulating pumps Umwälzpumpen
Clamp joints Klemmverbindungen
Classification according to their effect on velocity and pressure Einteilung nach Geschwindigkeits- und Druckänderung
Classification and configurations Einteilung und Verwendung
Classification and definitions Einteilung und Begriffe
Classification and rating ranges Einteilung und Einsatzbereiche
Classification and structural components of aircrafts Einordnung und Konstruktionsgruppen von Luftfahrzeugen
Classification of aircraft according to regulations Einordnung von Luftfahrzeugen nach Vorschriften

Classification of manufacturing systems Einteilung von Fertigungsystemen
Classification of materials handling Einordnung der Fördertechnik
Classification of measuring quantities Gliederung der Messgrößen
Classifying in gases Klassieren in Gasen
Clevis joints and pivots Bolzenverbindungen
Client-/Server architecture Client-/Serverarchitekturen
Climate controlled boxes and rooms for testing Klimaprüfschränke und -kammern
Climatic measurement Klimamesstechnik
Closed circuit Geschlossener Kreislauf
Closed gas turbine Geschlossene Gasturbinenanlage
Closed loop structure Kreisstruktur
Clutches Fremdgeschaltete Kupplungen
Clutching and torque converter Kupplung und Kennungswandler
Coating processes Herstellen von Schichten
Coatings on metals Überzüge auf Metallen
Cocks Hähne (Drehschieber)
Coefficient of friction, efficiency Reibungszahl, Wirkungsgrad
Column-type drilling machines Ständerbohrmaschinen
Combi power stations Kombi-Kraftwerke
Combination Zusammensetzung
Combination and resolution of concurrent forces Zusammensetzen und Zerlegen von Kräften mit gemeinsamem Angriffspunkt
Combination and resolution of non-concurrent forces Zusammensetzen und Zerlegen von Kräften mit verschiedenen Angriffspunkten
Combination of cascades to stages Zusammensetzen von Gittern zu Stufen
Combined bending, axial load, shear and torsion Biegung mit Längskraft sowie Schub und Torsion
Combined electricity nets Elektrische Verbundnetze
Combined power and heat generation (cogeneration) Kraft-Wärme-Kopplung
Combined stresses Zusammengesetzte Beanspruchung
Combined-cycle power plants Gas- und Dampf-Anlagen
Combustion Verbrennung
Combustion Verbrennungsvorgang
Combustion and burner classification Verbrennung und Brennereinteilung
Combustion chamber (burner) Brennkammer
Combustion temperature Verbrennungstemperatur
Comfort evaluation Komfortbewertung
Comfortable climate in living and working rooms Behagliches Raumklima in Aufenthalts- und Arbeitsräumen
Coming action of flat belts, tensioning Riemenlauf und Vorspannung
Common fundamentals Gemeinsame Grundlagen
Compensating mechanism Einzieh- und Wippwerke
Compensation of forces and moments Ausgleich der Kräfte und Momente
Compensators and bridges Kompensatoren und Messbrücken
Complements for engineering mathematics Ergänzungen zur Mathematik für Ingenieure
Complements to advanced mathematics Ergänzungen zur Höheren Mathematik
Complete plant Gesamtanlage
Components Bauteile
Components Konstruktionselemente
Components and design Baugruppen und konstruktive Gestaltung
Components of apparatus and pipe lines Konstruktionselemente von Apparaten und Rohrleitungen
Components of crank mechanism Elemente der Kolbenmaschine
Components of hydrostatic transmissions Bauelemente hydrostatischer Getriebe
Components of mechatronic systems Komponenten mechatronischer Systeme
Components of reactors und reactor building Bauteile des Reaktors und Reaktorgebäude
Components of robot Komponenten des Roboters
Components of the robot kinematics and dynamic model Komponenten des Roboters Kinematisches und dynamisches Modell

Components of thermal apparatus Komponenten des thermischen Apparatebaus
Components of ventilation and air-conditioning systems Komponenten von Lüftungs- und Klimaanlagen
Composition Zusammensetzung
Compound planetary trains Zusammengesetzte Planetengetriebe
Compressed air storage plant Luftspeicherwerke
Compression heat pump Kompressionswärmepumpe
Compression heat pumps with high performance Kaltdampfkompressions-Wärmepumpen größerer Leistung
Compression of humid gases Verdichtung feuchter Gase
Compression of ideal and real gases Verdichtung idealer und realer Gase
Compression refrigeration plant Kaltdampf-Kompressionskälteanlage
Compression refrigeration plant Kompressionskälteanlage
Compression test Druckversuch
Compression-ignition engine auxiliary equipment Einrichtungen zur Gemischbildung und Zündung bei Dieselmotoren
Compression-type water chillers Kompressions-Kaltwassersätze
Compressor Verdichter
Compressors Kompressoren
Computer based controller Rechnergestützter Regler
Computer networks Rechnernetze
Computer-air-conditioners with direct expansion units Direktverdampfer-Anlagen für EDV-Klimageräte
Conceptual design Konzipieren
Concrete Beton
Concrete pumps Betonpumpen
Condensate and circulating water pumps Kühlwasser- und Kondensatpumpen
Condensation of vapors Kondensation bei Dämpfen
Condenser Verflüssiger
Condensers Kondensatoren
Condensers and cooling systems Kondensation und Rückkühlung
Condensers in steam power plants Kondensatoren in Dampfkraftanlagen
Condensers in the chemical industry Kondensatoren in der chemischen Industrie
Condensing units, air conditioners with split systems Verflüssigersätze, Splitgeräte für Klimaanlagen
Conditions of cell cultivation Kultivierungsbedingungen
Conditions of equilibrium Gleichgewicht und Gleichgewichtsbedingungen
Conductors, semiconductors, insulators Leiter, Halbleiter, Isolatoren
Configuration and Layout of hydrostatic transmissions Ausführung und Auslegung von Hydrogetrieben
Conical disk (Belleville) springs Tellerfedern (scheibenförmige, biegebeanspruchte Federn)
Connection to engine and working machine Anschluss an Motor und Arbeitsmaschine
Connections Bauteilverbindungen
Connections with force transmission by friction Reibschlussverbindungen
Consistent preparation of documents Durchgängige Erstellung von Dokumenten
Constant heat flux density Konstante Wärmestromdichte
Constant wall temperature Konstante Wandtemperatur
Construction interrelationship Bauzusammenhang
Construction machinery Baumaschinen
Construction types and processes Bauarten und Prozesse
Constructive characteristics Konstruktive Merkmale
Consumption and CO_2 emission Verbrauch und CO_2-Emission
Contact stresses and bearing pressure Flächenpressung und Lochleibung
Continuous conveyors Stetigförderer
Continuous kilns Durchlauföfen
Continuously variable traction drives Wälzgetriebe mit stufenlos einstellbarer Übersetzung
Control Regelung und Steuerung
Control characteristics Steuerkennlinien
Control data processing Steuerdatenverarbeitung

Control loop optimization Optimierung von Regelkreisen
Control loop performance Güte der Regelung
Control loop stability Stabilität des Regelkreises
Control of automatic storage systems Steuerung automatischer Lagersysteme
Control of brakes Bremsregelung
Control of compressors Regelung von Verdichtern
Control of three-phase drives Regelung von Drehstromantrieben
Control of turbines Regelung von Turbinen
Control system for driving dynamics Fahrdynamikregelsysteme
Control system of a industrial robot programming Steuerungssystem eines Industrieroboters Programmierung
Control systems Steuerungen
Controlled spring/damper systems for chassis Geregelte Feder-/Dämpfersysteme im Fahrwerk
Controlled systems Regelstrecken
Controlled systems with self-regulation Regelstrecken mit Ausgleich (P-Strecken)
Controlled systems without self-regulation Regelstrecken ohne Ausgleich (I-Strecken)
Controllers Regler
Controlling system equipment Technische Ausführung der Regler
Convection Konvektion
Conveyed materials and materials handling, parameters of the conveying process Fördergüter und Fördermaschinen, Kenngrößen des Fördervorgangs
Conveyors Gurtförderer
Cooling Kühlung
Cooling brines Kühlsolen
Cooling load Kühllast
Cooling storage Kältespeicherung in Binäreis
Cooling storage in eutectic solution Kältespeicherung in eutektischer Lösung
Cooling towers Rückkühlwerke
Cooperative product development Kooperative Produktentwicklung
Coplanar forces Kräfte in der Ebene
Copper and copper alloys Kupfer und seine Legierungen
Copy milling machines Nachformfräsmaschinen
Corrosion and corrosion protection Korrosion und Korrosionsschutz
Corrosion and Corrosion Protection of Metals Korrosion und Korrosionsschutz von Metallen
Corrosion erosion Erosionskorrosion
Corrosion fatigue Schwingungsrisskorrosion
Corrosion of inorganic nonmetallic materials Korrosion von anorganischen nichtmetallischen Werkstoffen
Corrosion of nonmetallic material Korrosion nichtmetallischer Werkstoffe
Corrosion prevention by design Korrosionsschutzgerechte Konstruktion
Corrosion prevention by manufacturing Korrosionsschutzgerechte Fertigung
Corrosion protection Korrosionsschutz
Corrosion protection by inhibitors Korrosionsschutz durch Inhibitoren
Corrosion tests Korrosionsprüfung
Corrosion under additional mechanical stress Überlagerung von Korrosion und mechanischer Beanspruchung
Corrosion under wear stress Korrosion unter Verschleißbeanspruchung
Corrosion-like damage of organic materials Korrosionsartige Schädigung von organischen Werkstoffen
Cost accounting Kalkulation
Cost location accounting Kostenstellenrechnung und Betriebsabrechnungsbögen
Cottered joints Keilverbindungen
Counterbalanced lift truck Gegengewichtstapler
Couplings, clutches and brakes Kupplungen und Bremsen
Course of technical fermentation Ablauf technischer Fermentationen
Cracking phenomena Rissphänomene
Crane types Kranarten
Crank mechanism Kurbeltrieb
Crank mechanism, forces and moments of inertia, flywheel calculation Kurbeltrieb, Massenkräfte und -momente, Schwungradberechnung

Critical speed of shafts, whirling Kritische Drehzahl und Biegeschwingung der einfach besetzten Welle
Cross belt sorter Quergurtsorter
Cross transfer Quertransport
Crossed helical gears Stirnschraubräder
Current displacement Einfluss der Stromverdrängung
Current transformers Stromwandler
Curved surfaces Gewölbte Flächen
Custom hoists Einzelhebezeuge
Cutouts Ausschnitte
Cutting Trennen
Cutting materials Schneidstoffe
Cutting of cylindrical gears Verzahnen von Stirnrädern
Cutting of worm gears Verzahnen von Schneckenrädern
Cutting with geometrically non-defined tool angles Spanen mit geometrisch unbestimmter Schneide
Cutting with geometrically well-defined tool edges Spanen mit geometrisch bestimmten Schneiden
Cylinder charging Ladungswechsel
Cylinders Zylinder
Cylinders and tubes under internal pressure Zylindrische Mäntel und Rohre unter innerem Überdruck
Cylinders under external pressure Zylindrische Mäntel unter äußerem Überdruck
Cylindrical grinding machines Rundschleifmaschinen
Cylindrical worm gear geometry Zylinderschnecken-Geometrie
D'Alembert's principle Prinzip von d'Alembert und geführte Bewegungen
Data interfaces Datenschnittstellen
Data structures and data types Datenstrukturen und Datentypen
Dead time element T_t-Glied
Decentralisation using industrial communication tools Dezentralisierung durch den Einsatz industrieller Kommunikationssysteme
Decentralized air conditioning system Dezentrale Klimaanlage
Deep drawing Tiefziehen
Deep hole drilling machines Tiefbohrmaschinen
Defining the requirements Klären der Aufgabenstellung
Definition Begriff
Definition and classification Definition und Einteilung der Kolbenmaschinen
Definition and criteria Definition und Kriterien
Definition of converters Einteilung der Stromrichter
Definition of efficiencies Definition von Wirkungsgraden
Definition of motor cycles Definition von Kraftfahrzeugen
Definition of the term Begriffsbestimmung
Definitions Begriffe
Definitions Definition
Definitions Definitionen
Definitions and general requirements Definition und allgemeine Anforderungen
Deflection of beams Durchbiegung von Trägern
Deflection, critical speeds of rotors Durchbiegung, kritische Drehzahlen von Rotoren
Degrees of protection Schutzarten
Dehumidifiers Luftentfeuchter
Delivery rate and overall efficiency Nutzliefergrad und Gesamtwirkungsgrad
Deposition of by-products in the power process Entsorgung der Kraftwerksnebenprodukte
Depth profile Betttiefenprofil
Dériaz turbines Dériazturbinen
Derivative element D-Glied
Description of batch furnaces Beschreibung von Chargenöfen
Description of the state of a system. Thermodynamic processes Beschreibung des Zustands eines Systems. Thermodynamische Prozesse
Design and fatigue strength properties Gestalteinfluss auf Schwingfestigkeitseigenschaften
Design and static strength properties Gestalteinfluss auf statische Festigkeitseigenschaften
Design and tolerances of formed parts Gestalten und Fertigungsgenauigkeit von Kunststoff-Formteilen
Design calculation and integrity assessment Berechnungs- und Bewertungskonzepte
Design calculations Berechnung
Design calculations Berechnungsverfahren

Design hints Gestaltungshinweise
Design hints for bevel gears Hinweise zur Konstruktion von Kegelrädern
Design of control systems Steuerungssysteme, Aufbau
Design of hydraulic circuits Auslegung von Hydrokreisen
Design of industrial turbines Auslegung von Industrieturbinen
Design of plain bearings Konstruktive Gestaltung
Design of self acting valves Selbsttätige Ventile, Konstruktion
Design of silos Dimensionierung von Bunkern
Design of simple planetary trains Auslegung einfacher Planetengetriebe
Design of steel structures Tragwerksgestaltung
Design of typical internal combustion (IC) engines Ausgeführte Motorkonstruktionen
Design Philosophies and Principles Konstruktionsphilosophien und -prinzipien
Design problem Entwurfsproblem
Design, characteristic and use Aufbau, Eigenschaften, Anwendung
Designation of standard rolling bearings Bezeichnungen für Wälzlager
Designs Konstruktionen
Detail design Ausarbeiten
Detail design and measures of gears Gestalten und Bemaßen der Zahnräder
Determination of heat consumption Wärmeverbrauchsermittlung
Development methodology Entwicklungsmethodik
Development processes and methods Entwicklungsprozesse und -methoden
Development trends Entwicklungstendenzen
Diagnosis devices Diagnosetechnik
Diaphragm compressors Membranverdichter
Dielectric heating Dielektrische Erwärmung
Diesel engine Dieselmotor
Different forms of energy Verschiedene Energieformen
Differential equation and transfer function Differentialgleichung und Übertragungsfunktion
Digital computing Digitalrechnertechnologie
Digital data logging Digitale Messwerterfassung
Digital electrical measurements Digitale elektrische Messtechnik
Digital signal representation Digitale Messsignaldarstellung
Digital voltmeters, multimeters Digitalvoltmeter, Digitalmultimeter
Dimensional analysis and Π-theorem Analyse der Einheiten (Dimensionsanalyse) und Π-Theorem
Dimensioning of silos Dimensionierung von Silos
Dimensioning, First assumtion data Dimensionierung, Anhaltswerte
Dimensionless stage parameters Stufenkenngrößen
Diode characteristics and data Diodenkennlinien und Daten
Diodes Dioden
Direct and indirect noise development Direkte und indirekte Geräuschentstehung
Direct converters Direktumrichter
Direct current linear motor Gleichstromlinearmotoren
Direct current small-power motor Gleichstrom-Kleinmotoren
Direct expansion plants Direktverdampfer-Anlagen
Direct heat transfer Direkter Wärmeübergang
Direct heating Direkte Beheizung
Direct problem Direktes Problem
Direct-current (d. c.) circuits Gleichstromkreise
Direct-current machine drives Gleichstromantriebe
Direct-current machines Gleichstrommaschinen
Directional (one-way) clutches, overrun clutches Richtungsgeschaltete Kupplungen (Freiläufe)
Directional control valves Wegeventile
Disassembling process Demontageprozess
Disassembly Demontage
Discharge temperature, polytropic head Endtemperatur, spezifische polytrope Arbeit
Discs Scheiben
Distribution und storage of energy Verteilen und Speicherung von Nutzenergie
Distributor booms Verteilermasten

Disturbance reaction of the control loop Störungsverhalten des Regelkreises
Division of energy losses Verlustteilung
DMU systems DMU-Systeme
Domed end closures Gewölbte Böden
Doors Türen
Dozers and graders Planiermaschinen
Drag of solid bodies Strömungswiderstand von Körpern
Drilling and boring Bohren
Drilling and boring machines Bohrmaschinen
Drive control Regelung in der Antriebstechnik
Drive shafts Gelenkwellen
Drive slip control Antriebsschlupfregelung ASR
Drive systems and controllers Antriebsmotoren und Steuerungen
Drive systems for materials handling equipment Antriebe der Fördermaschinen
Drive train Antriebsstrang
Driver Antrieb
Driver and brakes Antrieb und Bremsen
Driver's cab Führerräume
Drives Antriebe
Drives with line-commutated converters Gleichstromantriebe mit netzgeführten Stromrichtern
Drives with three-phase current controllers Antriebe mit Drehstromsteller
Driving comfort Fahrkomfort
Driving dynamics Fahrdynamik
Driving resistance and powertrain Fahrwiderstand und Antrieb
Duct systems Kanalnetz
Ducts and piping Leitungen
Dumpers Transportfahrzeuge
Duration of passenger exchange Fahrgastwechselzeiten
Duty cycles Betriebsarten
Dynamic contact seals Berührungsdichtungen an gleitenden Flächen
Dynamic forces Dynamische Kräfte
Dynamic model Dynamisches Modell
Dynamic performance Dynamisches Betriebsverhalten
Dynamic response of linear time-invariant transfer elements Dynamisches Verhalten linearer zeitinvarianter Übertragungsglieder
Dynamic similarity Dynamische Ähnlichkeit
Dynamic transient behaviour of measuring components Dynamische Übertragungseigenschaften von Messgliedern
Dynamically loaded plain journal bearings Radialgleitlager im instationären Betrieb
Dynamics Kinetik
Dynamics and kinematics Kinetik und Kinematik
Dynamics of machines Maschinendynamik
Dynamics of relative motion Kinetik der Relativbewegung
Dynamics of rigid bodies Kinetik starrer Körper
Dynamics of systems of particles Kinetik des Massenpunktsystems
Earth moving machinery Erdbaumaschinen
Eccentric impact Exzentrischer Stoß
Economic of electric energy Elektrizitätswirtschaft
Economics of gas energy Gaswirtschaft
Economics of remote heating Fernwärmewirtschaft
Effective types of organisation Effektive Organisationsformen
Efficiencies Wirkungsgrade
Efficiencies, exergy losses Wirkungsgrade, Exergieverluste
Elastic (Euler) buckling Knicken im elastischen (Euler-)Bereich
Elastic and damping characteristics Feder- und Dämpfungsverhalten
Elastic connections (springs) Federnde Verbindungen (Federn)
Elastomers Elastomere
Electric arc-heating Lichtbogenerwärmung
Electric braking Elektrische Bremsung
Electric circuits Elektrische Stromkreise
Electric discharge machining, electrochemical machining, metaletching Funkenerosion, Elysieren, Metallätzen
Electric drives Elektrische Antriebstechnik
Electric energy from renewable sources Elektrische Energie aus erneuerbaren Quellen
Electric heating Elektrobeheizung
Electric heating Elektrowärme
Electric infrastructure Elektrische Infrastruktur
Electric power distribution Energieverteilung
Electric power supply Stromversorgung
Electric storages Elektrische Speicher

Electric suspension track Elektrohängebahn
Electrical control Elektrische Steuerungen
Electrical Discharge Machining of threads Gewindeerodieren
Electrical Engineering Elektrotechnik
Electrical/Electronical Equipment/Diagnosis Elektrische/Elektronische Ausrüstung/Diagnose
Electro chemical machining (ECM) Elektrochemisches Abtragen
Electro discharge machining (EDM) Thermisches Abtragen mit Funken (Funkenerosives Abtragen)
Electrochemically corrosion Elektrochemische Korrosion
Electrolytic charge transfer Elektrolyte
Electromagnetic compatibility Elektromagnetische Verträglichkeit
Electromagnetic utilization Elektromagnetische Ausnutzung
Electron beam processing Elektronenstrahlverfahren
Electronic components Elektronische Bauelemente
Electronic data collection and transmission by RFID Elektronische Datenerfassung und -übertragung durch RFID
Electronic data processing Elektronische Datenverarbeitung
Electronically commutated motors Elektronisch kommutierte Motoren
Electrostatic field Elektrostatisches Feld
Elevators Aufzüge
Elevators and hoisting plants Aufzüge und Schachtförderanlagen
Elliptical plates Elliptische Platten
Embodiment design Entwerfen
Embodiment design of structural components (frames) Gestaltung der Gestellbauteile
Embodiment design, materials, bearings, accuracy, lubrication, assembly Gestaltung, Werkstoffe, Lagerung, Genauigkeit, Schmierung, Montage
Emissions Emissionen
Energy balance, efficiency Energiebilanz und Wirkungsgrad
Energy conversion Energiewandlung
Energy conversion by cyclic processes Energiewandlung mittels Kreisprozessen
Energy equation Arbeits- und Energiesatz
Energy storage Energiespeicherung
Energy storage methods Energiespeicher
Energy storage, energy storage efficiency factor, damping capacity, damping factor Arbeitsaufnahmefähigkeit, Nutzungsgrad, Dämpfungsvermögen, Dämpfungsfaktor
Energy systems and economy Energietechnik und Wirtschaft
Energy transport Energietransport
Energy, material and signal transformation Energie-, Stoff- und Signalumsatz
Engine components Motorbauteile
Engine types and working cycles Arbeitsverfahren und Arbeitsprozesse
Engineering drawings and parts lists Zeichnungen und Stücklisten
Environmental control technology Umweltschutztechnologien
Environmental effects Umgebungseinflüsse
Environmental pollution Umweltverhalten
Environmental quantities Umweltmessgrößen
Epicyclic gear systems Umlaufgetriebe
Equal capacitive currents (countercurrent) Gleiche Kapazitätsströme (Gegenstrom)
Equation of momentum Impulssatz
Equations of motion, system matrices Bewegungsgleichungen, Systemmatrizen
Equations of reactions Reaktionsgleichungen
Equipment Ausstattungen
Equipment for position measurement at NC-machines Einrichtungen zur Positionsmessung bei NC-Maschinen
Equipment for speed logging at NC-machines Einrichtungen zur Geschwindigkeitserfassung bei NC-Maschinen
Equivalent circuit diagram and circle diagram Ersatzschaltbild und Kreisdiagramm
Erosion Abtragen
ERP systems ERP-Systeme
Evaluation Criteria Bewertungskriterien
Evaluation of tests Versuchsauswertung
Evaluations of solutions Beurteilen von Lösungen
Evaporation and crystallization Verdampfen und Kristallisieren

Evaporativ cooling process Verdunstungskühlverfahren
Evaporator Verdampfer
Example: approximate centrifugal compressor sizing Beispiel einer Radialverdichterauslegung nach vereinfachtem Verfahren
Examples for mechanical models: Finite-Elemente models Beispiele für mechanische Ersatzsysteme: Finite-Elemente-Modelle
Examples for mechanical models: Spring-mass-damper-models Beispiele für mechanische Ersatzsysteme: Feder-Masse-Dämpfer-Modelle
Examples of mechatronic systems Beispiele mechatronischer Systeme
Excavators Bagger
Excellence models Excellence-Modelle
Exergy and anergy Exergie und Anergie
Exergy and heat Exergie einer Wärme
Exergy losses Exergieverluste
Exergy of a closed system Exergie eines geschlossenen Systems
Exergy of an open system Exergie eines offenen Systems
Exhaust emissions Abgasemission
Exhaust fume behavior Abgasverhalten
Exhaust-gas turbocharger Abgasturbolader
Expanding Schäumen
Expansion compensators Dehnungsausgleicher
Experimental stress analysis Experimentelle Spannungsanalyse
External cooling load Äußere Kühllast
Extreme operational ranges Extreme Betriebsverhältnisse
Extrusion Durchdrücken
Extrusion Strangpressen (Extrudieren)
Failure criteria, equivalent stresses Festigkeitshypothesen und Vergleichsspannungen
Failure under mechanical stress conditions Versagen durch mechanische Beanspruchung
Fan Ventilator
Fan assisted natural ventilation Freie Lüftung, verstärkt durch Ventilatoren
Fans Gebläse
Fans Ventilatoren
Faraday's law Induktionsgesetz
Fast breeder reactors Schnelle Brutreaktoren (SNR)
Fatigue strength Schwingfestigkeit
Feature modeling Featuretechnologie
Fed-batch cultivation Fed-Batch-Kultivierung
Feed water heaters (economizers) Speisewasservorwärmer (Eco)
Feed water treatment Speisewasseraufbereitung
Feedforward control loop Regelung mit Störgrößenaufschaltung
Fibre composite springs Federn aus Faser-Kunststoff-Verbunden
Fibre reinforced plastics, composite materials Faser-Kunststoff-Verbunde
Fibre ropes Faserseile
Field busses Feldbusse
Field effect transistors Feldeffekttransistoren
Field quantities and equations Feldgrößen und -gleichungen
Fields of application Einsatzgebiete
Fields of production Bereiche der Produktion
Filamentous growth Filamentöses Wachstum
Film flow Filmströmung
Film pressing Schichtpressen
Filters Filter
Finite analysis methods Finite Berechnungsverfahren
Finite difference method Finite Differenzen Methode
Finite element method Finite Elemente Methode
First law Erster Hauptsatz
First order delay element T_1-Glied
Flange joints Flanschverbindungen
Flanges Flansche
Flap valves Klappen
Flat belt drives Flachriemengetriebe
Flat end closures Ebene Böden
Flexible manufacturing systems Flexible Fertigungssysteme
Flexible turning centers Flexible Drehbearbeitungszentren
Flight controls Flugsteuerung
Flight stability Flugstabilitäten
Flow Strömung
Flow control valves Stromventile
Flow criteria Fliesskriterien
Flow curve Fliesskurve
Flow losses Strömungsverluste
Flow of ideal gases Strömung idealer Gase

Flow pattern Strömungsform
Flow process Fließprozess
Flow properties of bulk solids Fliessverhalten von Schüttgütern
Flow resistance Strömungswiderstände
Flow stress Fliessspannung
Flue-gas desulphurisation Rauchgasentschwefelung
Flue-gas dust separating Rauchgasentstaubung
Flue-gas NO_x reduction Rauchgasentstickung
Fluid Fluid
Fluid conveyor Strömungsförderer
Fluid couplings Föttinger-Kupplungen
Fluid dynamics Strömungstechnik
Fluid flow machines (Turbomachinery) Strömungsmaschinen
Fluid flow quantities Strömungstechnische Messgrößen
Fluid-fluid heat exchange Wärmeübertragung Fluid–Fluid
Fluidics Fluidische Steuerungen
Fluidized bed Wirbelschicht
Fluidized bed combustion (FBC) Wirbelschichtfeuerung
Foam destruction Schaumzerstörung
Force measurement Kraftmesstechnik
Forced circulation fossil fueled boilers Zwanglaufkessel für fossile Brennstoffe
Forced damped vibrations Gedämpfte erzwungene Schwingungen
Forced undamped vibrations Ungedämpfte erzwungene Schwingungen
Forced vibrations Erzwungene Schwingungen
Forced vibrations with two and multi-DOFs Erzwungene Schwingungen mit zwei und mehr Freiheitsgraden
Forces and angles in flight Kräfte und Winkel im Flug
Forces and deformations in joints due to preload Kräfte und Verformungen beim Anziehen von Schraubenverbindungen
Forces and energies Kräfte und Arbeiten
Forces and moments at beams of space Schnittlasten an räumlichen Trägern
Forces and moments in plane curved beams Schnittlasten an gekrümmten ebenen Trägern
Forces and moments in straight beams Schnittlasten am geraden Träger in der Ebene
Forces and moments of inertia Massenkräfte und Momente
Forces in crank mechanism Kräfte am Kurbeltrieb
Forces in electromagnetic field Kraftwirkungen im elektromagnetischen Feld
Forces in flat belt transmissions Kräfte am Flachriemengetriebe
Forces in space Kräfte im Raum
Forging Schmieden
Formability Formänderungsvermögen
Formation and number of cylinders Zylinderanordnung und -zahl
Forming Umformen
Forming limit diagram (FLD) Grenzformänderungsdiagramm
Forming of metals and ceramics by powder metallurgy Formgebung bei metallischen und keramischen Werkstoffen durch Sintern (Pulvermetallurgie)
Forming of plastics Formgebung bei Kunststoffen
Forming process and equipment Formverfahren und -ausrüstungen
Four-bar linkages Viergelenkgetriebe
Fourier spectrum, spectrogram, noise analysis Fourierspektrum, Spektrogramm, Geräuschanalyse
Four-way reach truck Mehrwegestapler
Fracture mechanics concepts Bruchmechanikkonzepte
Fracture mechanics proof of strength for cyclic loading Bruchmechanischer Festigkeitsnachweis unter zyklischer Beanspruchung
Fracture mechanics proof of strength for static loading Bruchmechanischer Festigkeitsnachweis unter statischer Beanspruchung
Fracture mechanics tests Bruchmechanische Prüfungen
Fracture physics; comminution properties of solid materials Bruchphysik; Zerkleinerungstechnische Stoffeigenschaften
Frames Gestelle
Francis turbines Francisturbinen
Free cooling Freie Kühlung
Free cooling with brine cycle Freie Kühlung durch Solekreislauf

Free cooling with external air Freie Kühlung durch Außenluft
Free cooling with recooling plant Freie Kühlung durch Rückkühlwerk
Free cooling with refrigerant pump system Freie Kühlung durch Kältemittel-Pumpen-System
Free damped vibrations Freie gedämpfte Schwingungen
Free jet Freier Strahl
Free undamped vibrations Freie ungedämpfte Schwingungen
Free vibrations Freie Schwingungen (Eigenschwingungen)
Free vibrations with two and multi-DOFs Freie Schwingungen mit zwei und mehr Freiheitsgraden
Free-standing pillar machines Säulenbohrmaschinen
Frequency response and frequency response locus Frequenzgang und Ortskurve
Frequency response functions of mechanical systems, amplitude- and phase characteristic Frequenzgangfunktionen mechanischer Systeme, Amplituden- und Phasengang
Frequency weighting, A-, C- and Z-weighting Frequenzbewertung, A-, C- und Z-Bewertung
Fretting corrosion Reibkorrosion (Schwingverschleiß)
Friction Haftung und Reibung
Friction Reibung
Friction and reference speeds of rolling bearings Bewegungswiderstand und Referenzdrehzahlen der Wälzlager
Friction clutches Kraft-(Reib-)schlüssige Schaltkupplungen
Friction regimes Reibungszustände
Front turning machines Frontdrehmaschinen
Fuel cell Brennstoffzelle
Fuel Cells Brennstoffzellen
Fuel consumption Kraftstoffverbrauch
Fuel cycle Brennstoffkreislauf
Fuel from waste material Abfallbrennstoffe
Fuel injection system Einspritzsysteme
Fuels Brennstoffe
Function and subsystems Funktion und Subsysteme
Function conditions for nuclear reactors Funktionsbedingungen für Kernreaktoren
Function of tribosystems Funktion von Tribosystemen
Function structure Funktionsgliederung
Function, classification and application Aufgabe, Einteilung und Anwendungen
Functional blocks of the monovariable control loop Funktionsblöcke des Regelkreises
Functional components Funktionsbausteine
Functional interrelationship Funktionszusammenhang
Functioning Arbeitsweise
Fundamental concepts for structural integrity assessment Grundlegende Konzepte für den Festigkeitsnachweis
Fundamental methods Basismethoden
Fundamentals Allgemeine Grundgleichungen
Fundamentals Einige Grundbegriffe
Fundamentals and components Grundlagen und Bauelemente
Fundamentals and ideal cycles Grundlagen und Vergleichsprozesse
Fundamentals and terms Grundlagen und Begriffe
Fundamentals of development of series and modular design Baureihen- und Baukastenentwicklung
Fundamentals of embodiment design Gestaltung
Fundamentals of engineering design Grundlagen der Konstruktionstechnik
Fundamentals of flight physics Grundlagen der Flugphysik
Fundamentals of fluid power transmission Grundlagen der fluidischen Energieübertragung
Fundamentals of metal forming Grundlagen der Umformtechnik
Fundamentals of operational costing Grundlagen der betrieblichen Kostenrechnung
Fundamentals of process engineering Grundlagen der Verfahrenstechnik
Fundamentals of standardisation and engineering drawing Normen- und Zeichnungswesen
Fundamentals of technical systems Technische Systeme

Fundamentals of technical systems and systematic approach Grundlagen technischer Systeme und des methodischen Vorgehens
Funghi Pilze
Furnace heads Ofenköpfe
Furnaces Feuerungen
Fused Deposition Modeling (FDM) Fused Deposition Modelling (FDM)
Fuselage Rumpf
Galvanic corrosion Galvanische Korrosion
Gas constant and the law of Avogadro Gaskonstante und das Gesetz von Avogadro
Gas cooled thermal reactors Gasgekühlte thermische Reaktoren
Gas data Gasdaten
Gas radiation Gasstrahlung
Gas springs Gasfedern
Gas turbines Gasturbinen
Gas turbines in power plants Gasturbine im Kraftwerk
Gas/liquid flow Gas-/Flüssigkeitsströmung
Gaseous fuels Gasförmige Brennstoffe oder Brenngase
Gas-fueled furnaces Feuerungen für gasförmige Brennstoffe
Gasoline direct injection Direkte Benzin-Einspritzung
Gas-turbine propulsion systems Gasturbine für Verkehrsfahrzeuge
Gate turn off thyristors Abschaltbare Thyristoren
Gate valves Schieber
Gear- and vanetype motors Hydromotoren in Umlaufverdrängerbauart
Gear cutting Verzahnen
Gear grinding machines Verzahnungsschleifmaschinen
Gear ring machine, gear pump and gear ring (gerotor) pumps Zahnringmaschine Zahnradpumpen und Zahnring-(Gerotor-)pumpen
Gearing Zahnradgetriebe
Geartype pumps Zahnradpumpen und Zahnring-(Gerotor-)pumpen
General Allgemeines
General and configurations Allgemeines und Bauweise
General Corrosion Allgemeine Korrosion
General formulation Allgemeine Formulierung
General fundamentals Allgemeine Grundlagen
General furnace accessories Allgemeines Feuerungszubehör
General motion in space Allgemeine räumliche Bewegung
General motion of a rigid body Allgemeine Bewegung des starren Körpers
General objectives and constraints Generelle Zielsetzung und Bedingungen
General plane motion of a rigid body Allgemeine ebene Bewegung starrer Körper
General problem-solving Allgemeiner Lösungsprozess
General relations between thermal and caloric properties of state Allgemeiner Zusammenhang zwischen thermischen und kalorischen Zustandsgrößen
General relationships for all tooth profiles Allgemeine Verzahnungsgrößen
General requirements Allgemeine Anforderungen
General requirements Generelle Anforderungen
General Selection criteria Allgemeine Auswahlkriterien
General Tables Allgemeine Tabellen
General working method Allgemeine Arbeitsmethodik
Generalization of calculations Allgemeingültigkeit der Berechnungsgleichungen
Generation of electric energy Erzeugung elektrischer Energie
Generation of machinery noise Entstehung von Maschinengeräuschen
Geometric construction for path of contact and conjugate tooth profile Konstruktion von Eingriffslinie und Gegenflanke
Geometric modeling Geometrische Modellierung
Geometric quantities Geometrische Messgrößen
Geometric series of preferred numbers (Renard series) Dezimalgeometrische Normzahlreihen
Geometrical relations Geometrische Beziehungen
Geometrically similar series Geometrisch ähnliche Baureihe

Geometry of an aircraft Geometrische Beschreibung des Luftfahrzeuges
Geothermal energy Geothermische Energie
Glass Glas
Glazing, windshield wiper Verglasung, Scheibenwischer
Granulation Granulieren
Graph of torque fluctuations in multicylinder reciprocating machines Drehkraftdiagramm von Mehrzylindermaschinen
Graphical symbols for welds Darstellung der Schweißnähte
Grease lubrication Fettschmierung
Grinding machines Schleifmaschinen
Guidelines for embodiment design Gestaltungsrichtlinien
Hamilton's principle Prinzip von Hamilton
Hammers Hämmer
Hand lift trucks Handgabelhubwagen
Hand trucks Handbetriebene Flurförderzeuge
Hard soldering and brazing Hartlöten und Schweißlöten (Fugenlöten)
Hardness test methods Härteprüfverfahren
Hardware Hardwarekomponenten
Hardware architecture Hardwarearchitekturen
Heads, speeds and pressures Förderhöhen, Geschwindigkeiten und Drücke
Heat Wärme
Heat and material transmission Wärme- und Stoffübertragung
Heat exchange by radiation Wärmeaustausch durch Strahlung
Heat exchanger Wärmeübertrager
Heat exchangers Wärmetauscher
Heat generation Wärmeerzeugung
Heat pumps Wärmepumpen
Heat recovery Wärmerückgewinnung
Heat recovery through air preheating Wärmerückgewinnung durch Luftvorwärmung
Heat transfer Wärmeübergang
Heat transfer Wärmeübertragung
Heat transfer and heat transmission Wärmeübergang und Wärmedurchgang
Heat transfer by convection Wärmeübergang durch Konvektion
Heat transfer in condensation and in boiling Wärmeübergang beim Kondensieren und beim Sieden
Heat transfer into solid Wärmeübergang ins Solid
Heat transfer without change of phase Wärmeübergang ohne Phasenumwandlung
Heat Treatment Wärmebehandlung
Heating and air conditioning Heizung und Klimatisierung
Heating and cooling Erwärmung und Kühlung
Heating and cooling coils Lufterhitzer, -kühler
Heating centres Heizzentrale
Heating load Wärmebedarf, Heizlast
Heating power stations Wärmekraftwerke
Heating processes Heiztechnische Verfahren
Heating system Beheizung
Heating systems and components Systeme und Bauteile der Heizungstechnik
Heavy duty lathes Großdrehmaschinen
Heavy water reactors Schwerwasserreaktoren
Helical and spiral bevel gears Kegelräder mit Schräg- oder Bogenverzahnung
Helical compression springs, helical tension springs Zylindrische Schraubendruckfedern und Schraubenzugfedern
Hertzian contact stresses (Formulas of Hertz) Beanspruchung bei Berührung zweier Körper (Hertzsche Formeln)
High temperature corrosion with mechanical load Hochtemperaturkorrosion mit mechanischer Beanspruchung
High temperature corrosion without mechanical load Hochtemperaturkorrosion ohne mechanische Beanspruchung
High voltage switchgear Hochspannungsschaltgeräte
High-frequency induction surface heating Oberflächenerwärmung
High-speed milling machines Hochgeschwindigkeitsfräsmaschinen
High-temperature brazing Hochtemperaturlöten
Hints for design Konstruktive Hinweise
Historical development Historische Entwicklung
Hoist design Hubwerksausführungen
Hoisting mechamism Hubwerke
Hoisting plants Schachtförderanlagen
Honing Honen
Honing machines Honmaschinen

Horizontal boring and milling machines Waagerecht-Bohr- und -Fräsmaschinen
Humidifiers Luftbefeuchter
Hybride process for mixture formation and combustion Hybride Verfahren für Gemischbildung und Verbrennung
Hydraulic and pneumatic power transmission Fluidische Antriebe
Hydraulic Circuits Hydrokreise
Hydraulic conveyors Hydraulische Förderer
Hydraulic elevators Hydraulikaufzüge
Hydraulic equipment Hydraulikzubehör
Hydraulic fluids Hydraulikflüssigkeiten
Hydraulic power transmission Energieübertragung durch Flüssigkeiten
Hydraulic-mechanical losses Mechanisch-hydraulische Verluste
Hydrodynamic bearings with hydrostatic jacking systems Hydrostatische Anfahrhilfen
Hydrodynamic drives and torque convertors Föttinger-Getriebe
Hydrodynamics and aerodynamics (dynamics of fluids) Hydro- und Aerodynamik (Strömungslehre, Dynamik der Fluide)
Hydroelectric power plants Wasserkraftwerke
Hydrogen induced cracking Wasserstoffinduzierte Rissbildung
Hydrostatic journal bearings Hydrostatische Radialgleitlager
Hydrostatic thrust bearings Hydrostatische Axialgleitlager
Hydrostatics Hydrostatik (Statik der Flüssigkeiten)
Hygienic fundamentals, physiological principles Hygienische Grundlagen
Ice storage systems Eisspeichersysteme
Ideal cycles for single stage compression Vergleichsprozesse für einstufige Verdichtung
Ideal gas mixtures Gemische idealer Gase
Ideal gases Ideale Gase
Ideal isothermal reactors Ideale isotherme Reaktoren
Identification Problem Identifikationsproblem
Identification systems Identifikationssysteme
Identification through persons and devices Identifikation durch Personen und Geräte
Ignition equipment Zündausrüstung
Impact Stoß
Impeller Laufrad
Impeller and rail (rail-mounted carriage) Laufrad und Schiene (Schienenfahrwerke)
Impeller strength and structural dynamics Laufradfestigkeit und Strukturdynamik
Impeller stress analysis Laufradfestigkeit
Importance of motor vehicles Bedeutung von Kraftfahrzeugen
Impulse turbines Gleichdruckturbinen
Incompressible fluids Inkompressible Fluide
Indicating instruments Messwertanzeige
Indirect air cooling and cooling towers Indirekte Luftkühlung und Rückkühlanlagen
Indirect heating Indirekte Beheizung
Individual heaters for larger rooms and halls Einzelheizgeräte für größere Räume und Hallen
Individual heaters for living rooms Einzelheizgeräte für Wohnräume
Individual heating Einzelheizung
Indoor climate Raumklima
Inductances Induktivitäten
Induction heating Induktive Erwärmung
Industrial furnaces Industrieöfen
Industrial robot Industrieroboter
Industrial robot control systems Steuerungssystem eines Industrieroboters
Industrial tractor Schlepper
Industrial trucks Flurförderzeuge
Industrial turbines Industrieturbinen
Inelastic (plastic) buckling Beulspannungen im unelastischen (plastischen) Bereich
Inelastic buckling (Tetmajer's method) Knicken im unelastischen (Tetmajer-)Bereich
Infinite plate with a hole Unendlich ausgedehnte Scheibe mit Bohrung
Influence of temperature, pH, inhibiting and activating compounds Einfluss von Temperatur, pH-Wert, Inhibitoren und Aktivatoren
Influence of the design on the form of the lubricated gap between bearing and shaft Konstruktion und Schmierspaltausbildung
Influences on material properties Einflüsse auf die Werkstoffeigenschaften
Influencing variables Einflussgröße
Information layout Informationsdarstellung

Information technology Informationstechnologie
Inhibition of growth Wachstumshemmung
Initial forces, start-up forces Anregungskräfte
Injection (direct contact) condensers Einspritz-(Misch-)Kondensatoren
Injection moulding Spritzgießverfahren
Injection nozzle Einspritzdüse
Injection pressing Spritzpressen
Inlet and outlet gear Ein- und Auslasssteuerung
Inlet and outlet gear components Baugruppen zur Ein- und Auslasssteuerung
Inorganic chemical analysis Anorganisch-chemische Analytik
Input and output of signals Signaleingabe und -ausgabe
Input problem Eingangsproblem
Installations for natural ventilation Einrichtungen zur freien Lüftung
Instrument transformers Messwandler
Insulated gate bipolar transistors IGB-Transistoren
Integral controller I-Anteil, I-Regler
Integral element I-Glied
Integrally geared compressor Mehrwellen-Getriebeverdichter
Integration technologies Integrationstechnologien
Interfaces Schnittstellen
Interference fits Pressverbände
Intergranular corrosion Interkristalline Korrosion
Interior lay out Innenraumgestaltung
Interior noise Innengeräusch
Internal combustion Verbrennung im Motor
Internal combustion (IC) engine design Konstruktion von Motoren
Internal combustion (IC) engine fuels Motoren-Kraftstoffe
Internal combustion (IC) engines Motorkraftwerke
Internal combustion engines Verbrennungskraftanlagen
Internal combustion engines Verbrennungsmotoren
Internal cooling load Innere Kühllast
Internal energy and systemenergy Innere Energie und Systemenergie
International practical temperature scale Internationale Praktische Temperaturskala
International standard atmosphere Internationale Standardatmosphäre (ISA)
International system of units Internationales Einheitensystem
Internet Internet
Interpolation, Integration Interpolation, Integration
Interpretation of climate data Auslegung von Klimadaten
Introduction Einführung
Introduction Einleitung
Introduction and definitions Einleitung und Definitionen
Introduction, function Überblick, Aufgaben
Involute teeth Evolventenverzahnung
Iron Base Materials Eisenwerkstoffe
Iron Carbon Constitutional Diagram Zustandsschaubild Eisen-Kohlenstoff
Jet and diffusion flow Düsen- und Diffusorströmung
Jig boring machines Koordinatenbohrmaschinen
Job planning Arbeitsvorbereitung
Joining Fügen von Kunststoffen
Joints with polygonprofile Polygonwellenverbindungen
Kaplan turbines Kaplanturbinen
Kinematic analysis of planar mechanisms Kinematische Analyse ebener Getriebe
Kinematic analysis of spatial mechanisms Kinematische Analyse räumlicher Getriebe
Kinematic and dynamic model Kinematisches und dynamisches Modell
Kinematic and vibration quantities Kinematische und schwingungstechnische Messgrößen
Kinematic fundamentals, terminology Kinematische Grundlagen, Bezeichnungen
Kinematic model Kinematisches Modell
Kinematics Kinematik
Kinematics of crank mechanism Kinematik des Kurbeltriebs
Kinematics, power, efficiency Kinematik, Leistung, Wirkungsgrad
Kinetic of enzyme reactions Kinetik enzymatischer Reaktionen

Kinetic of microbial growth Kinetik des mikrobiellen Wachstums
Kinetics of chemical reactions Kinetik chemischer Reaktionen
Kinetostatic analysis of planar mechanisms Kinetostatische Analyse ebener Getriebe
Kirchhoff's Law Kirchhoffsches Gesetz
Knee-type milling machines Konsolfräsmaschinen
Knowledge based modeling Wissensbasierte Modellierung
Lagrange's equations Lagrangesche Gleichungen
Laminated Object Manufacturing (LOM) Laminated Object Manufacturing (LOM)
Lapping machines Läppmaschinen
Laser beam processing Laserstrahlverfahren
Laser cutting Lasertrennen
Laser welding and soldering equipment Laserstrahl-Schweiß- und Löteinrichtungen
Lateral buckling of beams Kippen
Lateral dynamics and driving behavior Querdynamik und Fahrverhalten
Lathes Drehmaschinen
Law of physics Physikalische Grundlagen
Laws of fluid dynamics Strömungsgesetze
Layout design of friction clutches Auslegung einer reibschlüssigen Schaltkupplung
Layout design of heat exchangers Auslegung von Wärmeübertragern
Layout design principles, vibration characteristics Auslegungsgesichtspunkte, Schwingungsverhalten
Lead Blei
Leaf springs and laminated leaf springs Einfache und geschichtete Blattfedern (gerade oder schwachgekrümmte, biegebeanspruchte Federn)
Length measurement Längenmesstechnik
Life Cycle Costing Lebenslaufkostenrechung
Lifecyclecosts Lebenszykluskosten LCC
Lift drive, auxiliary function driv Hubantrieb, Antrieb der Nebenfunktionen
Lift drive, auxiliary function drive, manually operated industrial trucks Hubantrieb, Antrieb der Nebenfunktionen Handbetriebene Flurförderzeuge
Lift mast Hubgerüst
Lifting equipment and cranes Hebezeuge und Krane
Lifting hook Lasthaken
Light and lighting Licht und Beleuchtung
Light water reactors Leichtwasserreaktoren (LWR)
Lightweight structures Leichtbau
Line interaction Netzrückwirkungen
Line model Leitungsnachbildung
Linear and rotary guides and bearings Führungen
Linear basic elements Lineare Grundglieder
Linear characteristic curve Lineare Kennlinie
Linear control loop Linearer Regelkreis
Linear guides Linearführungen
Linear motion rolling bearings Linearwälzlager
Linear motors Linearmotoren
Linear transfer elements Lineare Übertragungsglieder
Line-commutated converters Netzgeführte Stromrichter
Line-commutated rectifiers and inverters Netzgeführte Gleich- und Wechselrichter
Liquid fuel furnaces Feuerungen für flüssige Brennstoffe
Liquid level Flüssigkeitsstand
Liquid ring compressors Flüssigkeitsringverdichter
Load and operating strategies Belegungs- und Bedienstrategien
Load capacity Tragfähigkeit
Load carrying equipment Tragmittel und Lastaufnahmemittel
Load carrying equipment for bulk materials Lastaufnahmemittel für Schüttgüter
Load carrying equipment for individual items Lastaufnahmemittel für Stückgüter
Load rating and fatigue life of rolling bearings Belastbarkeit und Lebensdauer der Wälzlager
Load-carrying device Lastaufnahmevorrichtung
Load-commutated inverter motor Stromrichtermotor
Load-deformation diagrams, spring rate (stiffness), deformation rate (flexibility) Federkennlinie, Federsteifigkeit, Federnachgiebigkeit

Loading and failure types Beanspruchungs- und Versagensarten
Loading and materials Beanspruchungen und Werkstoffe
Loading and stress conditions Belastungs- und Beanspruchungsfälle
Loading capacity under creep conditions and creep-fatigue conditions Festigkeitsnachweis unter Zeitstand- und Kriechermüdungsbeanspruchung
Loads and load combinations Lasten und Lastkombinationen
Loads, Load Assumptions Lasten, Lastannahmen
Local stress or strain approach Kerbgrundkonzepte
Localized corrosion and passivity Lokalkorrosion und Passivität
Long stroke honing machines Langhubhonmaschinen
Longtime tests Dauerversuche
Loss factors for pipe fittings and bends Strömungsverluste durch spezielle Rohrleitungselemente und Einbauten
Losses and efficiency Verluste und Wirkungsgrad
Losses at the blade tips Verluste an den Schaufelenden
Low voltage switchgear Niederspannungsschaltgeräte
Lubricant and kind of lubrication Schmierstoff und Schmierungsart
Lubricant supply Lagerschmierung
Lubricants Schmierstoffe
Lubricating greases Schmierfette
Lubricating oils Schmieröle
Lubrication Schmierung
Lubrication and cooling Schmierung und Kühlung
Lubrication of rolling bearings Wälzlagerschmierung
Machine acoustic base equation Maschinenakustische Grundgleichung
Machine acoustic calculations by Finite-Element-Method/Boundary-Element-Method Maschinenakustische Berechnungen mit der Finite-Elemente-Methode/Boundary-Elemente-Methode
Machine acoustic calculations by Statistical Energy Analysis (SEA) Maschinenakustische Berechnungen mit der Statistischen Energieanalyse (SEA)
Machine dynamics Maschinendynamik
Machine tool components Elemente der Werkzeugmaschinen
Machine types Maschinenarten
Machine vibrations Maschinenschwingungen
Machines for circular milling Rundfräsmaschinen
Machines for power hack sawing and filing Hubsäge- und Hubfeilmaschinen
Machining Centers Bearbeitungszentren
Magnesium alloys Magnesiumlegierungen
Magnetic data transmission Magnetische Datenübertragung
Magnetic materials Magnetische Materialien
Maintenance Wartung und Instandhaltung
Maintenance of cells Zellerhaltung
Manifestation of corrosion Korrosionserscheinungen („Korrosionsarten")
Manipulation and disturbance reaction of the controlled system Stell- und Störverhalten der Strecke
Manufacturing in precision engineering and microtechnology Fertigungsverfahren der Feinwerk- und Mikrotechnik
Manufacturing of cast parts Herstellung von Formteilen (Gussteilen)
Manufacturing of half-finished parts Herstellung von Halbzeugen
Manufacturing of microstructures Verfahren der Mikrotechnik
Manufacturing processes Fertigungsverfahren
Manufacturing systems Fertigungsmittel
Manufacturing systems Fertigungssysteme
Marine application Schifffahrt
Matching of centrifugal pump and system characteristics Kreiselpumpe an den Leistungsbedarf, Anpassung
Matching of machine and plant Zusammenarbeit von Maschine und Anlage
Material Werkstoff
Material flow controls Materialflusssteuerungen
Material separation Stofftrennung
Material to be conveyed; materials handling equipment Fördergüter und Fördermaschinen

Materiallographic analyses Materialographische Untersuchungen
Materials design values for dimensioning of components Werkstoffkennwerte für die Bauteildimensionierung
Materials handling Materialtransport
Materials handling and conveying Fördertechnik
Materials in electric field Stoffe im elektrischen Feld
Materials in magnetic field Stoffe im Magnetfeld
Materials selection Werkstoffauswahl
Materials technology Werkstofftechnik
Materials testing Werkstoffprüfung
Mathematics Mathematik
Maximum principal stress criterion Normalspannungshypothese
Maximum shear strain energy criterion Gestaltänderungsenergiehypothese
Maximum shear stress (Tresca) criterion Schubspannungshypothese
Mean retention time Mittlere Verweilzeit
Measurement and control Mess- und Regelungstechnik
Measurement of current, voltage and resistance Strom-, Spannungs- und Widerstandsmesstechnik
Measurement signal processing Messsignalverarbeitung
Measurement technique and sensors Messtechnik und Sensorik
Measuring chain Messkette
Measuring quantities and methods Messgrößen und Messverfahren
Measuring spot and data sensoring Messort und Messwertabnahme
Mechanical action Mechanische Beanspruchungen
Mechanical behaviour Mechanisches Verhalten
Mechanical brakes Mechanische Elemente der Antriebe
Mechanical data transmission Mechanische Datenübertragung
Mechanical feed drive components Mechanische Vorschub-Übertragungselemente
Mechanical losses Mechanische Verluste
Mechanical machine components Mechanische Konstruktionselemente
Mechanical memories and control systems Mechanische Speicher und Steuerungen
Mechanical model Mechanisches Ersatzsystem
Mechanical models, equations of motion Mechanische Ersatzsysteme, Bewegungsgleichungen
Mechanical presses Weggebundene Pressmaschinen
Mechanical process engineering Mechanische Verfahrenstechnik
Mechanical ventilation facilities Mechanische Lüftungsanlagen
Mechanics Mechanik
Mechanism-engineering, kinematics Getriebetechnik
Mechanisms of corrosion Mechanismen der Korrosion
Mechanized hard soldering Mechanisiertes Hartlöten
Mechatronics Mechatronik
Melting and sublimation curve Schmelz- und Sublimationsdruckkurve
Membrane separation processes Membrantrennverfahren
Metal cutting machine tools Spanende Werkzeugmaschinen
Metal springs Metallfedern
Metallographic investigation methods Metallographische Untersuchungen
Metallurgical effects Metallurgische Einflüsse
Meteorological fundamentals Meteorologische Grundlagen
Methods Methoden
Methods of coordinate geometry Analytische Verfahren
Methods of reducing machinery noise Möglichkeiten zur Verminderung von Maschinengeräuschen
Metrology Messtechnik
Michaelis-Menten-Kinetic Michaelis-Menten-Kinetik
Microbiological influenced corrosion Mikrobiologisch beeinflusste Korrosion
Microorganisms of technical importance Mikroorganismen mit technischer Bedeutung
Milling Fräsen

Milling machines Fräsmaschinen
Milling machines with parallel kinematics Fräsmaschinen mit Parallelkinematiken
Milling machines with parallel kinematics, special milling machines Fräsmaschinen mit Parallelkinematiken Sonderfräsmaschinen
Mineral components Mineralische Bestandteile
Mixing installations for concrete Betonmischanlagen
Mixing of solid materials Mischen von Feststoffen
Mixture formation and combustion in compression-ignition engines Gemischbildung und Verbrennung im Dieselmotor
Mixture formation and combustion in spark ignition engines Gemischbildung und Verbrennung im Ottomotor
Mixtures Gemische
Mixtures of gas and vapour. Humid air Gas-Dampf-Gemische. Feuchte Luft
Mobile cranes Fahrzeugkrane
Modal analysis Modale Analyse
Modal parameters: Natural frequencies, modal damping, eigenvectors Modale Parameter: Eigenfrequenzen, modale Dämpfungen, Eigenvektoren
Mode of operation Wirkungsweise
Mode of operation, definitions Wirkungsweise, Definitionen
Modeling and design method Modellbildung und Entwurf
Models Modelle
Modes of failure under complex conditions Versagen durch komplexe Beanspruchungen
Modular system Baukasten
Mohr's criterion Erweiterte Schubspannungshypothese
Mollier-diagram of humid air Mollier-Diagramm der feuchten Luft
Moment of inertia Allgemeines über Massenträgheitsmomente
Motion and control System Antriebs- und Steuerungssystem
Motion controls Bewegungssteuerungen
Motion measurement Wegmesstechnik
Motion of rigid bodies Bewegung starrer Körper
Motion of the centroid Schwerpunktsatz
Motorcycles Krafträder
Motors Motoren
Moving coil instruments Messwerke
Multi-degree-of-freedom systems (coupled vibrations) Systeme mit mehreren Freiheitsgraden (Koppelschwingungen)
Multidimensional flow of ideal fluids Mehrdimensionale Strömung idealer Flüssigkeiten
Multidimensional flow of viscous fluids Mehrdimensionale Strömung zäher Flüssigkeiten
Multigrid method Mehrgitterverfahren
Multi-lobed and tilting pad journal bearings Mehrgleitflächenlager
Multi-loop control Mehrschleifige Regelung
Multi-machine Systems Mehrmaschinensysteme
Multiphase fluid flow Mehrphasenströmungen
Multi-spindle drilling machines Mehrspindelbohrmaschinen
Multistage compression Mehrstufige Verdichtung
Natural circulation fossil fuelled boilers Naturumlaufkessel für fossile Brennstoffe
Natural frequency of undamped systems Eigenfrequenzen ungedämpfter Systeme
Natural gas transport Erdgastransporte
Navier Stokes' equations Bewegungsgleichungen von Navier-Stokes
Net calorific value and gros calorific value Heizwert und Brennwert
Network analysis Netzwerkberechnung
Networks Netzwerke
Newton's law of motion Dynamisches Grundgesetz von Newton (2. Newtonsches Axiom)
Nickel and nickel alloys Nickel und seine Legierungen
Noise Geräusch
Noise development Geräuschentstehung
No-load and short circuit Leerlauf und Kurzschluss
Nominal stress approach Nennspannungskonzept
Nominal, structural and notch tension concept Nenn-, Struktur- und Kerbspannungskonzept
Non-destructive diagnosis and machinery condition monitoring Zerstörungsfreie Bauteil- und Maschinendiagnostik
Non-destructive testing Zerstörungsfreie Werkstoffprüfung

Nonferrous metals Nichteisenmetalle
Nonlinear transfer elements Nichtlinearitäten
Non-linear vibrations Nichtlineare Schwingungen
Nonmetallic inorganic materials Nichtmetallische anorganische Werkstoffe
Nonsteady flow Instationäre Strömung
Non-continuous conveyors Unstetigförderer
Non-steady flow of viscous Newtonian fluids Instationäre Strömung zäher Newtonscher Flüssigkeiten
Normal impact Gerader zentraler Stoß
Notched bar impact bending test Kerbschlagbiegeversuch
Nuclear fuels Kernbrennstoffe
Nuclear fusion Kernfusion
Nuclear power stations Kernkraftwerke
Nuclear reactor boilers Dampferzeuger für Kernreaktoren
Nuclear reactors Kernreaktoren
Number representation and arithmetic operations Zahlendarstellungen und arithmetische Operationen
Numbering systems Sachnummernsysteme
Numerical basic functions Numerische Grundfunktionen
Numerical control (NC) Numerische Steuerungen
Numerical methods Numerische Berechnungsverfahren
Numerical methods Numerische Methoden
Numerical processes to simulate airborne and structure-borne noise Numerische Verfahren zur Simulation von Luft- und Körperschall
Numerical-analytical solutions Numerisch-analytische Lösung
Object oriented programming Objektorientierte Programmierung
Oblique impact Schiefer zentraler Stoß
Occupant cell Fahrgastzelle
Off-line programming systems Offline-Programmiersysteme
Oil lubrication Ölschmierung
Oil transport Mineralöltransporte
One-dimensional flow of ideal fluids Eindimensionale Strömungen idealer Flüssigkeiten
One-dimensional flow of non-Newtonian fluids Eindimensionale Strömung Nicht-Newtonscher Flüssigkeiten
One-dimensional flow of viscous Newtonian fluids Eindimensionale Strömungen zäher Newtonscher Flüssigkeiten (Rohrhydraulik)
Open and Closed loop Offene und geschlossene Regelkreise
Open circuit Offener Kreislauf
Open gas turbine cycle Offene Gasturbinenanlage
Operating characteristics Betriebskennlinien
Operating characteristics Betriebsverhalten
Operating conditions Betriebsbedingungen (vorgegeben)
Operating conditions and performance characteristics Betriebsverhalten und Kenngrößen
Operating systems Betriebssysteme
Operating variables Beanspruchungskollektiv
Operation of hydrostatic transmissions Funktion der Hydrogetriebe
Operation of storage systems Betrieb von Lagersystemen
Operational amplifiers Operationsverstärker
Operational area Einsatzgebiete
Operational behaviour and control Betriebsverhalten und Regelmöglichkeiten
Operational costing Betriebliche Kostenrechnung
Operational mode Betriebsweise
Operational stability Betriebsfestigkeit
Optical data collection and transmission Optische Datenerfassung und -übertragung
Optical quantities Optische Messgrößen
Optimization problems Optimierungsprobleme
Optimum indoor climate in working spaces and factories Erträgliches Raumklima in Arbeitsräumen und Industriebetrieben
Optocouplers Optokoppler
Optoelectronic components Optoelektronische Komponenten
Opto-electronic emitters Optoelektronische Sender
Opto-electronic receivers Optoelektronische Empfänger
Organic chemical analysis Organisch-chemische Analytik

Organic industrial design: challenges and visions Bio-Industrie-Design: Herausforderungen und Visionen
Organisation of control systems Aufbauorganisation von Steuerungen
Organisational types Formen der Organisation
Organizational forms of assembly Organisationsformen der Montage
Origin of machine vibrations, excitation forces Entstehung von Maschinenschwingungen, Erregerkräfte F(t)
Oscillating circuits and filters Schwingkreise und Filter
Oscillating positive displacement pumps Oszillierende Verdrängerpumpen
Oscilloscopes Oszilloskope
Ossberger (Banki) turbines Ossbergerturbinen
Otto engine Ottomotor
Outdoor air humidity Luftfeuchte
Outdoor air temperature Lufttemperatur
Output of measured quantities Messwertausgabe
Machine Maschine
Overall machine performance parameters Maschinenkenngrößen
Overview Übersicht
Packaged water chiller Kaltwassersätze
Pallet truck Niederhubwagen
Pallet-stacking truck Gabelhochhubwagen
Parallel keys and woodruff keys Pass- und Scheibenfeder-Verbindungen
Parameter definition Parameterermittlung
Parameter-excited vibrations Parametererregte Schwingungen
Parameters of the conveying process Kenngrößen des Fördervorgangs
Parametric modeling Parametrik
Parametrics and holonomic constraint Parametrik und Zwangsbedingungen
Particle dynamics, straight line motion of rigid bodies Kinetik des Massenpunkts und des translatorisch bewegten Körpers
Part-load operation Teillastbetrieb
Passive components Passive Komponenten
Passive safety Passive Sicherheit
Pattern recognition and image processing Mustererkennung und Bildverarbeitung
Pelton turbines Peltonturbinen
Perfect liquid Ideale Flüssigkeit
Performance characteristics Kennliniendarstellungen
Performance parameter range of compressor stages Kenngrößen-Bereiche für Verdichterstufen
Performance parameter range of turbine stages Kenngrößen-Bereiche für Turbinenstufen
Permanent brakes Dauer-Bremsanlagen
Permanent disposal of nuclear waste Endlagerung radioaktiver Abfälle
Permanent elastic couplings Elastische, nicht schaltbare Kupplungen
Permanent molding process Dauerformverfahren
Permanent rotary-flexible couplings Drehnachgiebige, nicht schaltbare Kupplungen
Permanent torsionally stiff couplings Drehstarre, nicht schaltbare Kupplungen
Phasor diagram Zeigerdiagramm
Photometry, colorimetry Licht- und Farbmesstechnik
Picking Kommissionierung
Piece good handling technology Stückgut-Systemtechnik
Pin-jointed frames Fachwerke
Pinned and taper-pinned joints Stiftverbindungen
Pipe fittings Rohrverbindungen
Pipework Rohrleitungen
Piping system Rohrnetz
Piston compressors Hubkolbenverdichter
Piston engines Hubkolbenmaschinen
Piston pumps Kolbenpumpen
Pistontype motors Hydromotoren in Hubverdränger-(Kolben-)bauart
Placement of primary shaping in the manufacturing processes Einordnung des Urformens in die Fertigungsverfahren
Plain bearings Gleitlagerungen
Plain journal bearings under steady-state conditions Stationär belastete Radialgleitlager
Plain thrust bearings under steady state conditions Stationär belastete Axialgleitlager
Plane frames Ebene Fachwerke
Plane motion Ebene Bewegung
Plane problems Körper in der Ebene
Plane stresses Ebener Spannungszustand

Plane surfaces Ebene Flächen
Planing machines Hobelmaschinen
Planing, shaping and slotting machines Hobel- und Stoßmaschinen
Planning and investments Planung und Investitionen
Planning of measurements Planung von Messungen
Plant and animal tissues Pflanzliche und tierische Zellen (Gewebe)
Plant performance characteristics Anlagencharakteristik
Plastic foams (Cellular plastics) Kunststoffschäume
Plastic limit load concept Plastisches Grenzlastkonzept
Plastics Kunststoffe
Plastics with fluorine Fluorhaltige Kunststoffe
Plates Platten
Plates and shells Flächentragwerke
Platform truck Wagen
Pneumatic components Bauelemente
Pneumatic conveyors Pneumatische Förderer
Pneumatic drives Pneumatische Antriebe
Pneumatic power transmission Energieübertragung durch Gase
Polarimetry Polarimetrie
Pollutant content Schadstoffgehalt
Polytropic and isentropic efficiency Polytroper und isentroper Wirkungsgrad
Port fuel injection Saugrohr-Benzin-Einspritzung
Position adjustment Lageeinstellung
Positive (interlocking) clutches (dog clutches) Formschlüssige Schaltkupplungen
Positive connections Formschlussverbindungen
Positive displacement pumps Verdrängerpumpen
Positive locked drives Formschlüssige Antriebe
Possibilities for noise reduction Möglichkeiten zur Geräuschminderung
Potential flows Potentialströmungen
Power characteristics of valves Leistungsmerkmale der Ventile
Power diodes Leistungsdioden
Power electronics Leistungselektrik
Power output, power input, overall efficiency Förderleistung, Antriebsleistung, Gesamtwirkungsgrad
Power plant technology Kraftwerkstechnik
Power Plant Turbines Kraftwerksturbinen
Power, torque and fuel consumption Leistung, Drehmoment und Verbrauch
Power-driven lift trucks Motorisch betriebene Flurförderzeuge
PPC systems PPS-Systeme
Precision drilling machines Feinbohrmaschinen
Preparing and finishing steps Vorbereitende und nachbehandelnde Arbeitsvorgänge
Presentation of vibrations in the frequency domain Darstellung von Schwingungen im Frequenzbereich
Presentation of vibrations in the time and frequency domain Darstellung von Schwingungen im Zeit- und Frequenzbereich
Presentation of vibrations in the time domain Darstellung von Schwingungen im Zeitbereich
Press moulding Formpressen
Press Pressmaschinen
Press, working process related Arbeitgebundene Pressmaschine
Presses and hammers for metal forming Werkzeugmaschinen zum Umformen
Pressure conditions Druckzustände
Pressure control valves Druckventile
Pressure drop Druckverlust
Pressure drop design Druckverlustberechnung
Pressure losses Druckverluste
Pressure measurement Druckmesstechnik
Pressures Drücke
Pressurized cross sectional area A_p Druckbeanspruchte Querschnittsflächen A_p
Prestressed shaft-hub connections Vorgespannte Welle-Nabe-Verbindungen
Primary energies Primärenergien
Principle and types Prinzip und Bauformen
Principle of operation Funktionsweise des Industrie-Stoßdämpfers
Principle of virtual work Prinzip der virtuellen Arbeiten
Principles of condensation Grundbegriffe der Kondensation

Principles of embodiment design Gestaltungsprinzipien
Principles of energy supply Grundsätze der Energieversorgung
Printers Drucker
Procedure Vorgang
Process data processing and bussystems Prozessdatenverarbeitung und Bussysteme
Processes and functional principles Prozesse und Funktionsweisen
Processing Plants Verarbeitungsanlagen
Processing System Verarbeitungssystem
Product creation process Produktentstehungsprozess
Product data management Produktdatenmanagement
Production and works management Fertigungs- und Fabrikbetrieb
Production management Management der Produktion
Production of diffusion layers Erzeugung von Diffusionsschichten
Production of plane surface structures Herstellen planarer Strukturen
Production planning Arbeitsplanung
Production planning and control Arbeitssteuerung
Profil grinding machines Profilschleifmaschinen
Profile losses Profilverluste
Program control and function control Programmsteuerung und Funktionssteuerung
Programmable logic controller (PLC) Speicherprogrammierbare Steuerungen
Programming languages Programmiersprachen
Programming methods Programmiermethoden
Programming procedures Programmierverfahren
Proof of strength for components Festigkeitsnachweis von Bauteilen
Proof of strength for constant cyclic loading Festigkeitsnachweis bei Schwingbeanspruchung mit konstanter Amplitude
Proof of strength for static loading Festigkeitsnachweis bei statischer Beanspruchung
Proof of structural durability Festigkeitsnachweis bei Schwingbeanspruchung mit variabler Amplitude (Betriebsfestigkeitsnachweis)
Propellers Propeller
Properties Eigenschaften
Properties and Application of Materials Eigenschaften und Verwendung der Werkstoffe
Properties of materials and structures Werkstoff- und Bauteileigenschaften
Proportional controlled system P-Strecke 0. Ordnung ($P\text{–}T_0$)
Proportional controlled system with dead time P-Strecke mit Totzeit ($P\text{–}T_t$)
Proportional controlled system with first order delay P-Strecke 1. Ordnung ($P\text{–}T_1$)
Proportional controlled system with second or higher order delay P-Strecke 2. und höherer Ordnung ($P\text{–}T_n$)
Proportional controller P-Anteil, P-Regler
Proportional element P-Glied
Proportional plus derivative controller PD-Regler
Proportional plus integral controller PI-Regler
Proportional plus integral plus derivative controller PID-Regler
Proportional valves Proportionalventile
Propulsion system Fahrantrieb
Protection against electric shock Berührungsschutz
Protection switches Schutzschalter
Pulsation dumping Pulsationsdämpfung
Pulverized fuel furnaces Kohlenstaubfeuerung
Pump constructions Ausgeführte Pumpen
Pump storage stations Pumpspeicherwerke
Purity of material Werkstoffreinheit
Push sorter Schubplattformförderer
Pusher furnace Stoßofen
Quality management (QM) Qualitätsmanagement
Quantities of substances and matter Stoffmessgrößen
Quasistationary electromagnetic field Quasistationäres elektromagnetisches Feld
Radial drilling machines Schwenkbohrmaschinen
Radial turbine stage Radiale Turbinenstufe
Radiation in industrial furnaces Strahlung in Industrieöfen
Radiation measurement Strahlungsmesstechnik
Radiative heat transfer Wärmeübertragung durch Strahlung

Radiators, convectors and panel heating Raum-Heizkörper, -Heizflächen
Rail vehicles Schienenfahrzeuge
Rating, flow rate, control Bemessung, Förderstrom, Steuerung
Ratio of slip Schlupf
Reach truck Schubstapler
Reaction turbines Überdruckturbinen
Reactive power compensation Blindleistungskompensation
Reactor core with reflector Reaktorkern mit Reflektor
Reactor safety Sicherheitstechnik von Kernreaktoren
Real cycle Wirklicher Arbeitsprozess
Real engine Reale Maschine
Real fluid Reales Fluid
Real gases and vapours Reale Gase und Dämpfe
Real gas-turbine cycles Reale Gasturbinenprozesse
Real reactors Reale Reaktoren
Realization of assembly and disassembly Durchführung der Montage und Demontage
Reciprocating engines Kolbenmaschinen
Reciprocating water chillers Kaltwassersatz mit Kolbenverdichter
Recooling systems Rückkühlsysteme
Recorders Schreiber
Rectangular plates Rechteckplatten
Reduce of force level Verminderung des Kraftpegels (Maßnahmen an der Krafterregung)
Reduce of structure-borne-noise-factor and radiation coefficient Verminderung von Körperschallmaß und Abstrahlmaß (Maßnahmen am Maschinengehäuse)
Reduction of the airborne noise emission Verminderung der Luftschallabstrahlung
Reduction of the force excitation Verminderung der Kraftanregung
Reduction of the structure-borne noise function Verminderung der Körperschallfunktion
Reference and disturbance reaction of the control loop Führungs- und Störungsverhalten des Regelkreises
Reference reaction of the control loop Führungsverhalten des Regelkreises
Reference values, level arithmetic Bezugswerte, Pegelarithmetik
Refractometry Refraktometrie
Refractories Feuerfestmaterialien
Refrigerant Kältemittel
Refrigerant circuits Kältemittelkreisläufe
Refrigerant-compressor Kältemittelverdichter
Refrigerants, refrigeration oils and brines Kältemittel, Kältemaschinen-Öle und Kühlsolen
Refrigeration and air-conditioning technology and heating engineering Kälte-, Klima- und Heizungstechnik
Refrigeration oil Kältemaschinen-Öle
Refrigeration plants and heat pumps Kälteanlagen und Wärmepumpen
Refrigeration processes Kältetechnische Verfahren
Refrigeration technology Kältetechnik
Regenerative energies Regenerative Energien
Regenerative heat transfer Regenerativer Wärmeübergang
Registrating instruments Messwertregistrierung
Regulating device Regelung
Regulating device Verstellung und Regelung
Regulating device and operating characteristics Regelung und Betriebsverhalten
Regulation methods Regelungsarten
Reliability test Zuverlässigkeitsprüfung
Remote heat transport Fernwärmetransporte
Removal by thermal operations Thermisches Abtragen
Representation and documentation of results Ergebnisdarstellung und Dokumentation
Requirements of gas mixture Gemischbildung, Anforderungen an
Requirements, types of design Anforderungen an Bauformen
Resistance heating Widerstandserwärmung
Resistance welding machine Widerstandsschweißmaschine
Resistors Widerstände
Reversing converters Umkehrstromrichter
Rigid body rotation about a fixed axis Rotation eines starren Körpers um eine feste Achse
Rigid couplings Starre Kupplungen
Riveted joints Nietverbindungen
Road vehicles Straßenfahrzeuge
Roller conveyors Rollen- und Kugelbahnen
Rolling bearing clearance Lagerluft

Rolling bearing seals Wälzlagerdichtungen
Rolling bearing structural materials Wälzlagerwerkstoffe
Rolling bearing types Bauarten der Wälzlager
Rolling bearings Wälzlager
Rolling friction Rollwiderstand
Rolling with spin Bohrbewegung
Room temperature Raumtemperatur
Roots blowers Roots-Gebläse
Ropes and rope drives Seile und Seiltriebe
Rotary cube casing Drehrohrmantel
Rotary guides, bearings Drehführungen, Lagerungen
Rotary impact Drehstoß
Rotary kiln Drehrohröfen
Rotating electrical machines Elektrische Maschinen
Rotating fields in three-phase machines Drehfelder in Drehstrommaschinen
Rotating S-conveyor Umlauf-S-Förderer
Rotation Rotation (Drehbewegung, Drehung)
Rubber springs and anti-vibration mountings Gummifedern
Rule of the common normal Verzahnungsgesetz
Rules for control loop optimization Einstellregeln für Regelkreise
Running gear Fahrwerkskonstruktionen
Running quality of mechanisms Laufgüte der Getriebe
Run-of-river and storage power stations Laufwasser- und Speicherkraftwerke
Safety Arbeitssicherheit
Safety Sicherheit
Safety devices Sicherheitstechnik
Safety requirements Sicherheitsbestimmungen
Sampling Probenentnahme
Sawing and filing machines Säge- und Feilmaschinen
Scavenging of two-stroke engines Ladungswechsel des Zweitaktmotors
Schottky-Diodes Schottky-Dioden
Scope of quality management Aufgaben des Qualitätsmanagements
Scraper conveyors Kratzerförderer
Screw (driving screw) Schraube (Bewegungsschraube)
Screw compressor water chillers Kaltwassersatz mit Schraubenverdichter
Screw compressors Schraubenverdichter
Screw conveyors Förderer mit Schnecken
Screw presses Spindelpressen
Screw thread grinding machines Schraubflächenschleifmaschinen
Sealing of the working chamber Abdichten des Arbeitsraumes
Search for solution principles Suche nach Lösungsprinzipien
Second law Zweiter Hauptsatz
Second or higher order delay element T_2/n-Glied
Secondary treatments Nachbehandlungen
Segregation Segregation
Selection of machine type Wahl der Bauweise
Selective laser sintering (SLS) Selektives Lasersintern (SLS)
Selective network protection Selektiver Netzschutz
Self-commutated converters Selbstgeführte Stromrichter
Self-commutated inverters and converters Selbstgeführte Wechselrichter und Umrichter
Self-excited vibrations Selbsterregte Schwingungen
Selflocking and partial locking Selbsthemmung und Teilhemmung
Semi-closed circuits Halboffener Kreislauf
Semi-infinite body Halbunendlicher Körper
Semi-open impeller Offenes Laufrad
Semi-similar series Halbähnliche Baureihen
Sensor technology Sensorik
Sensors Sensoren
Sensors and actuators Sensoren und Aktoren
Separation of particles out of gases Abscheiden von Partikeln aus Gasen
Separation of solid particles out of fluids Abscheiden von Feststoffpartikeln aus Flüssigkeiten
Servo valve Servoventile
Shaft seals Wellendichtungen
Shaft, cupola and blast furnace Schacht-, Kupol- und Hochöfen
Shaping and slotting machines Stoßmaschinen
Shaping of metals by casting Formgebung bei metallischen Werkstoffen durch Gießen
Shear and torsion Schub und Torsion

Shear stresses and shear centre in straight beams Schubspannungen und Schubmittelpunkt am geraden Träger
Shearing and blanking Scheren und Schneiden
Shearing and blanking machines Maschinen zum Scheren und Schneiden
Shearing machines Maschinen zum Scheren
Shell type steam generators Großwasserraumkessel
Shells Schalen
Shells under internal pressure, membrane stress theory Biegeschlaffe Rotationsschalen und Membrantheorie für Innendruck
Shingling conveyor Schuppenförderer
Ship propellers Schiffspropeller
Shock absorber Industrie-Stoßdämpfer
Shockabsorption Dämpfung
Short stroke honing machines Kurzhubhonmaschinen
Short-circuit characteristics Kurzschlussverhalten
Short-circuit currents Kurzschlussströme
Short-circuit protection Kurzschlussschutz
Shovel loaders Schaufellader
Shrouded 2 D-impeller Geschlossenes 2D-Laufrad
Shrouded 3 D-impeller Geschlossenes 3D-Laufrad
Shut-off and control valves Absperr- und Regelorgane
Shuttle Valves Sperrventile
Side-loading truck Querstapler
Sign conventions Vorzeichenregeln
Signal forming Signalbildung
Signal processing Signalverarbeitung
Similarity conditions and loading Ähnlichkeitsbeziehungen und Beanspruchung
Similarity laws Ähnlichkeitsbeziehungen
Similarity laws Ähnlichkeitsgesetze (Modellgesetze)
Similarity mechanics Ähnlichkeitsmechanik
Simulation methods Simulationsmethoden
Single phase fluid flow Einphasenströmung
Single phase transformers Einphasentransformatoren
Single point thread turning Gewindedrehen
Single shaft compressor Einwellenverdichter
Single wheel lapping machines Einscheiben-Läppmaschinen
Single-phase motors Einphasenmotoren
Size Reduction Zerkleinern
Size Reduction Equipment Zerkleinerungsmaschinen
Size selection of friction clutches Auswahl einer Kupplungsgröße
Skin effect, depth of penetration Stromverdrängung, Eindringtiefe
Slat conveyors Plattenbandförderer
Slewing cranes Drehkrane
Slewing mechanis Drehwerke
Sliding and rolling motion Gleit- und Rollbewegung
Sliding shoe sorter Schiebeschuhsorter
Software engineering Softwareentwicklung
Solar energy Solarenergie
Solar radiation Sonnenstrahlung
Soldering Weichlöten
Soldering and brazing Löten
Solid fuel furnaces Feuerungen für feste Brennstoffe
Solid fuels Feste Brennstoffe
Solid lubricants Festschmierstoffe
Solid lubricants Feststoffschmierung
Solid materials Feste Stoffe
Solids/fluid flow Feststoff/Fluidströmung
Sorting system – sorting plant – sorter Sortiersystem – Sortieranlage – Sorter
Sound absorber Schalldämpfer
Sound intensity, sound intensity level Schallintensität, Schallintensitätspegel
Sound power, sound power level Schallleistung, Schallleistungspegel
Sound, frequency, acoustic range, sound pressure, sound pressure level, sound pressure level Schall, Frequenz, Hörbereich, Schalldruck, Schalldruckpegel, Lautstärke
Source of heat Wärmequellen
Spark erosion and electrochemical erosion Funkenerosion und elektrochemisches Abtragen
Special air conditioning and cooling plants Sonderklima- und Kühlanlagen
Special blanking processes Sonderschneidverfahren

Special cases Sonderfälle
Special characteristics Besondere Eigenschaften
Special gears Sondergetriebe
Special properties of conductors Besondere Eigenschaften bei Leitern
Special purpose drilling machines Sonderbohrmaschinen
Special purpose lathes Sonderdrehmaschinen
Special purpose milling machines Sonderfräsmaschinen
Special technologies Sonderverfahren
Special-purpose design Sonderbauarten
Specific power consumption Spezifischer Energieverbrauch
Specific safety devices Spezifische Sicherheitseinrichtungen
Speed control Drehzahlregelung
Speed control Drehzahlverstellung
Speed-sensitive clutches (centrifugal clutches) Drehzahlgeschaltete Kupplungen
Spheres Kugel
Spherical lapping machines Kugelläppmaschinen
Spiral springs and helical torsion springs Spiralfedern (ebene gewundene, biegebeanspruchte Federn) und Schenkelfedern (biegebeanspruchte Schraubenfedern)
Splined joints Zahn- und Keilwellenverbindungen
Springs Federn
Spur and helical gears – gear tooth geometry Stirnräder – Verzahnungsgeometrie
Stability Standsicherheit
Stability problems Stabilitätsprobleme
Stack Schornstein
Stacking truck Schmalgangstapler
Stage design Stufen
Standard hoists Serienhebezeuge
Standard problem of linear algebra Standardaufgabe der linearen Algebra
Standard problems of linear algebra Standardaufgaben der linearen Algebra
Standardisation Normenwerk
Start-up period Anfahren
Start of baking process Anbackungen
Start up and operation Anfahren und Betrieb
Starting aids Start- und Zündhilfen
Static and dynamic capacity and computation of fatigue life Statische bzw. dynamische Tragfähigkeit und Lebensdauerberechnung
Static and fatigue strength of bolted connections Auslegung und Dauerfestigkeitsberechnung von Schraubenverbindungen
Static and sliding friction Haftung und Gleitreibung
Static contact seals Berührungsdichtungen an ruhenden Flächen
Static efficiency Statischer Wirkungsgrad
Static Kraemer system Stromrichterkaskaden
Static similarity Statische Ähnlichkeit
Static strength Statische Festigkeit
Statically indeterminate systems Statisch unbestimmte Systeme
Statics of rigid bodies Statik starrer Körper
Stationary and rotating cascades Leit- und Laufgitter
Steady flow forces acting on blades Beanspruchung der Schaufeln durch stationäre Strömungskräfte
Steady flow in open channels Stationäre Strömung durch offene Gerinne
Steady laminar flow in pipes of circular cross-section Stationäre laminare Strömung in Rohren mit Kreisquerschnitt
Steady state heat conduction Stationäre Wärmeleitung
Steady state processes Stationäre Prozesse
Steady turbulent flow in pipes of circular cross-section Stationäre turbulente Strömung in Rohren mit Kreisquerschnitt
Steady-state operation Stationärer Betrieb
Steady-state response Statisches Verhalten
Steam generator systems Dampferzeugersysteme
Steam generators Dampferzeuger
Steam power plant Dampfkraftanlage
Steam storage Dampfspeicherung
Steam turbines Dampfturbinen
Steel structures Tragwerke
Steelmaking Stahlerzeugung
Steels Stähle
Steering Lenkung
Step response and unit step response Sprungantwort und Übergangsfunktion
Stepping motors Schrittmotoren

Stereolithography (SL) Stereolithografie (SL)
Sterile filtration Sterilfiltration
Sterile operation Steriler Betrieb
Sterilization Sterilisation
Sterilization with heat Hitzesterilisation
Stoichiometry Stöchiometrie
Stokers and grates Rostfeuerungen
Storage Messwertspeicherung
Storage equipment and operation Lagereinrichtung und Lagerbedienung
Storage in silos Bunkern
Storage power stations Speicherkraftwerke
Storage systems Speichersysteme
Store Lagern
Straddle carrier, Van carrier Portalstapler, Portalhubwagen
Straddle truck Spreizenstapler
Straight bevel gears Geradzahn-Kegelräder
Strain energy Formänderungsarbeit
Strain measurement Dehnungsmesstechnik
Strained cross sectional area Spannungsbeanspruchte Querschnitte
Strains Verformungen
Strength calculations Festigkeitsberechnung
Strength calculations for welded joints Festigkeit von Schweißverbindungen
Strength of materials Festigkeitslehre
Strength of materials Festigkeitsverhalten der Werkstoffe
Strength theories Festigkeitshypothesen
Stress corrosion cracking Spannungsrisskorrosion
Stresses Beanspruchungen
Stresses Spannungen
Stresses and strains Spannungen und Verformungen
Stresses and strength of main components Beanspruchung und Festigkeit der wichtigsten Bauteile
Stresses in bars and beams Beanspruchung stabförmiger Bauteile
Stretch-forming Streckziehen
Structural integrity assessment Festigkeitsnachweis
Structure and characteristics of plastics Kunststoffe, Aufbau und Verhalten von
Structure and variables of the control loop Struktur und Größen des Regelkreises
Structure definition Strukturfestlegung
Structure intensity and structure-borne noise flow Strukturintensität und Körperschallfluss
Structure of Processing Machines Struktur von Verarbeitungsmaschinen
Structure of production Organisation der Produktion
Structure of tribological systems Struktur tribologischer Systeme
Structure representation Strukturmodellierung
Structure-borne noise function Körperschallfunktion
Structures of metrology Strukturen der Messtechnik
Submerse fermentations Submerskultivierung
Substrate limitation of growth Substratlimitiertes Wachstum
Suction throttling Saugdrosselregelung
Sun power stations Sonnenenergie, Anlagen zur Nutzung
Supercharging Aufladung von Motoren
Superheater und Reheater Überhitzer und Zwischenüberhitzer
Superplastic forming of sheet Superplastisches Umformen von Blechen
Superposition of preload and working loads Überlagerung von Vorspannkraft und Betriebslast
Support reactions Auflagerreaktionen an Körpern
Surface analysis Oberflächenanalytik
Surface coating Beschichten
Surface condensers Oberflächenkondensatoren
Surface effects Oberflächeneinflüsse
Surface fermentations Oberflächenkultivierung
Surface grinding machines Planschleifmaschinen
Surface measurement Oberflächenmesstechnik
Survey Gliederung
Suspension and dampening Federung und Dämpfung
Switchgear Schaltgeräte
Switching and control Schaltung und Regelung
Switching stations Schaltanlagen
Swivel guides Drehführungen
Synchronous linear motor Synchronlinearmotoren
Synchronous machines Synchronmaschinen

Synthetic fuels Künstliche Brenngase
Synthetic liquid fuels Künstliche flüssige Brennstoffe
Synthetic solid fuels Künstliche feste Brennstoffe
System and classification of measuring quantities Einheitensystem und Gliederung der Messgrößen der Technik
System interrelationship Systemzusammenhang
System of forces in space Kräftesystem im Raum
System parameters Angaben zum System
Systematic Systematik
Systematic approach Methodisches Vorgehen
Systematic of handling systems Einteilung von Handhabungseinrichtungen
Systematics of distribution conveyors Systematik der Verteilförderer
Systems and components of heating systems Systeme und Bauteile der Heizungstechnik
Systems for occupant protection Systeme für den Insassenschutz
Systems for simultaneous cooling- and heating-operation Systeme für gleichzeitigen Kühl- und Heizbetrieb
Systems of coplanar forces Ebene Kräftegruppe
Systems of coplanar forces Kräftesystem in der Ebene
Systems of rigid bodies Systeme starrer Körper
Systems with heat addition Systeme mit Wärmezufuhr
Systems with non-linear spring characteristics Schwinger mit nichtlinearer Federkennlinie oder Rückstellkraft
Systems with one degree of freedom (DOF) Systeme mit einem Freiheitsgrad
Systems with variable mass Systeme mit veränderlicher Masse
Systems, boundaries of systems, surroundings Systeme, Systemgrenzen, Umgebung
Tapping Gewindebohren
Task and Classification Aufgabe und Einordnung
Task, Definition Aufgabe
Tasks of assembly and disassembly Aufgaben der Montage und Demontage
TDM/PDM systems TDM-/PDM-Systeme
Technical product documentation Erstellung von Dokumenten
Technological effects Technologische Einflüsse
Technology Technologie
Temperature equalization in simple bodies Temperaturausgleich in einfachen Körpern
Temperature profile Temperaturverläufe
Temperature scales Temperaturskalen
Temperatures Temperaturen
Temperatures. Equilibria Temperaturen. Gleichgewichte
Tension and compression stress Zug- und Druckbeanspruchung
Tension test Zugversuch
Terminology definitions and overview Begriffsbestimmungen und Übersicht
Terminology, classification Benennungen
Test methods Prüfverfahren
The catenary Seil unter Eigengewicht (Kettenlinie)
The design process Konstruktionsprozess
The motion of a particle Bewegung eines Punkts
The principle of irreversibility Das Prinzip der Irreversibilität
Theoretical gas-turbine cycles Idealisierte Kreisprozesse
Theory of elasticity Elastizitätstheorie
Theory of plasticity Plastizitätstheorie
Thermal apparatus engineering and industrial furnaces Thermischer Apparatebau und Industrieöfen
Thermal equilibrium Thermisches Gleichgewicht
Thermal expansion Wärmedehnung
Thermal power plants Wärmekraftanlagen
Thermal process engineering Thermische Verfahrenstechnik
Thermal properties of gases and vapours Thermische Zustandsgrößen von Gasen und Dämpfen
Thermal quantities Thermische Messgrößen
Thermal similarity Thermische Ähnlichkeit
Thermal stresses Thermische Beanspruchung
Thermal treatments Thermische Behandlungsprozesse
Thermic overload protection Thermischer Überstromschutz

Thermodynamic and fluid dynamic design Wärme- und strömungstechnische Auslegung
Thermodynamic calculations Wärmetechnische Berechnung
Thermodynamic design of recuperators Wärmetechnische Auslegung von Rekuperatoren
Thermodynamic design of regenerators Wärmetechnische Auslegung von Regeneratoren
Thermodynamic laws Thermodynamische Gesetze
Thermodynamics Thermodynamik
Thermodynamics of substances Stoffthermodynamik
Thermosets Duroplaste
Thin-walled tubes (Bredt-Batho theory) Dünnwandige Hohlquerschnitte (Bredtsche Formeln)
Thread and gear measurement Gewinde- und Zahnradmesstechnik
Thread chasing Gewindestrehlen
Thread cutting with dies Gewindeschneiden
Thread forming Gewindefurchen
Thread grinding Gewindeschleifen
Thread locking devices Sicherung von Schraubenverbindungen
Thread milling Gewindefräsen
Thread pressing Gewindedrücken
Thread production Gewindefertigung
Thread rolling Gewindewalzen
Three phase transformers Drehstromtransformatoren
Three-dimensional and plane stresses Räumlicher und ebener Spannungszustand
Three-phase drives Drehstromantriebe
Three-phase-current Drehstrom
Throttle controlled drives Stromteilgetriebe
Throughput Durchsatz
Thyristor characteristics and data Thyristorkennlinien und Daten
Thyristors Thyristoren
Tilt tray sorter Kippschalensorter
Tin Zinn
Tires and Rims Reifen und Felgen
Titanium alloys Titanlegierungen
Tools Werkzeuge
Tools and methods Werkzeuge und Methoden
Tools for primary forming Urformwerkzeuge
Tooth errors and tolerances, backlash Verzahnungsabweichungen und -toleranzen, Flankenspiel
Tooth loads, bearing loads Zahnkräfte, Lagerkräfte
Tooth profile Zahnform
Tooth traces and tooth profiles Flankenlinien und Formen der Verzahnung
Torque converter Kennungswandler
Torque convertors Föttinger-Wandler
Torque motors Torquemotoren
Torques, powers, efficiencies Drehmomente, Leistungen, Wirkungsgrade
Torque-sensitive clutches (slip clutches) Drehmomentgeschaltete Kupplungen
Torsion Torsionsbeanspruchung
Torsion bar springs Drehstabfedern (gerade, drehbeanspruchte Federn)
Torsion with warping constraints Wölbkrafttorsion
Torsional buckling Biegedrillknicken
Torsional vibrations Drehschwingungen
Torsional vibrator with two masses Drehschwinger mit zwei Drehmassen
Torsionally stiff self-aligning couplings Drehstarre Ausgleichskupplungen
Total driving resistance Gesamtwiderstand
Total efficiency Totaler Wirkungsgrad
Tower cranes Turmdrehkrane
Traction drives Reibradgetriebe
Traction forces diagram Zugkraftdiagramm
Train driving resistance Fahrwiderstand
Transfer lines and automated production lines Transferstraßen und automatische Fertigungslinien
Transformation of Michaelis-Menten-equation Transformationen der Michaelis-Menten-Gleichung
Transformation of primary energy into useful energy Wandlung von Primärenergie in Nutzenergie
Transformation of regenerative energies Wandlung regenerativer Energien
Transformers Transformatoren und Wandler
Transient heat conduction Nichtstationäre Wärmeleitung
Transient operating characteristics Instationäres Betriebsverhalten

Transient phenomena Ausgleichsvorgänge
Transistors Transistoren
Translation Translation (Parallelverschiebung, Schiebung)
Translational motion Querbewegung
Transmission ratio, gear ratio, torque ratio Übersetzung, Zähnezahlverhältnis, Momentenverhältnis
Transmission units Getriebe
Transmission with variable displacement units Getriebe mit Verstelleinheiten
Transport units (TU) and transport aids (TA) Transporteinheiten (TE) und Transporthilfsmittel (THM)
Transportation technology Fahrzeugtechnik
Transverse shear stresses Abscherbeanspruchung
Triangular plate Gleichseitige Dreieckplatte
Tribological characteristics Tribologische Kenngrößen
Tribology Tribologie
Tribotechnic materials Tribotechnische Werkstoffe
Troughed chain conveyors Trogkettenförderer
Truck mixers Transportbetonmischer
True flow through cascades Reale Strömung durch Gitter
Tunnel furnace Tunnelwagenofen
Turbine Turbine
Turbocompressors Turboverdichter
Turbomachinery characteristics Ähnlichkeitskennfelder
Turning Drehen
Turning gear Läufer-Dreheinrichtung
Turret drilling machines Revolverbohrmaschinen
Two-position control Zweipunkt-Regelung
Type of engine, type of combustion process Arbeitsverfahren bei Verbrennungsmotoren
Type selection Auswahlgesichtspunkte
Types Ausführungen
Types Bauarten
Types and accessories Bauarten und Zubehör
Types and applications Bauarten und Anwendungsgebiete
Types and components Bauformen und Baugruppen
Types and Sizes Typen und Bauarten
Types of bolt and nut Schrauben- und Mutterarten
Types of brakes Bremsenbauarten
Types of construction Bauausführungen
Types of construction and shaft heights Bauformen und Achshöhen
Types of cost Kostenartenrechnung
Types of cranes Kranarten
Types of engineering design Konstruktionsarten
Types of equilibrium Gleichgewicht, Arten
Types of heat exchangers Bauarten von Wärmeübertragern
Types of linear controllers Lineare Regler, Arten
Types of nuclear reactors Bauarten von Kernreaktoren
Types of planar mechanisms Ebene Getriebe, Arten
Types of position data registration Positionswerterfassung, Arten
Types of semi-conductor valves Ausführungen von Halbleiterventilen
Types of signals Signalarten
Types of steam generator Ausgeführte Dampferzeuger
Types of support, the „free body" Lagerungsarten, Freimachungsprinzip
Types of thread Gewindearten
Types of tooth damage and remedies Zahnschäden und Abhilfen
Types of weld and joint Stoß- und Nahtarten
Types, applications Bauarten, Anwendungen
Types, applications Formen, Anwendungen
Types, examples Bauarten, Beispiele
Typical combinations of materials Gebräuchliche Werkstoffpaarungen
Ultrasonic processing Ultraschallverfahren
Under-carriage Fahrwerk
Unequal capacitive currents Ungleiche Kapazitätsstromverhältnisse
Uniform bars under constant axial load Stäbe mit konstantem Querschnitt und konstanter Längskraft
Universal lathes Universaldrehmaschinen
Universal milling machines Universal-Werkzeugfräsmaschinen
Universal motor Universalmotoren

Unstable operation of compressors Instabiler Betriebsbereich bei Verdichtern
Unsteady state processes Instationäre Prozesse
Upsetting Stauchen
Upsetting of cylindrical parts Stauchen zylindrischer Körper
Upsetting of square parts Stauchen rechteckiger Körper
Use of CAD/CAM CAD/CAM-Einsatz
Use of exponent-equations Anwenden von Exponentengleichungen
Use of material Materialeinsatz
Use of space Flächenverbrauch
Valuation method of determine the noise power level Abschätzverfahren zur Bestimmung des Schallleistungspegels
Valve gear Steuerorgane für den Ladungswechsel
Valve lay out Ventilauslegung
Valve location Ventileinbau
Valves Hydroventile
Valves Ventile und Klappen
Valves and fittings Armaturen
Vane compressors Rotationsverdichter
Vanetype pumps Flügelzellenpumpen
Vapours Dämpfe
Varactors Kapazitätsdioden
Variables of the control loop Größen des Regelkreises
V-belts Keilriemen
Vehicle airconditioning Fahrzeuganlagen
Vehicle electric and electronic Fahrzeugelektrik, -elektronik
Vehicle emissions Fahrzeugabgase
Vehicle gauge Fahrzeugbegrenzungsprofil
Vehicle principles Fahrzeugarten
Vehicle safety Fahrzeugsicherheit
Vehicle vehicles Kraftfahrzeuge
Velocities, loading parameters Geschwindigkeiten, Beanspruchungskennwerte
Velocity and speed measurement Geschwindigkeits- und Drehzahlmesstechnik
Ventilation Lüftung
Ventilation by roof ventilators Dachaufsatzlüftung
Ventilation by wells Schachtlüftung
Ventilation by windows Fensterlüftung
Versatile manufacturing systems Wandlungsfähige Fertigungssysteme
Vertical dynamic Vertikaldynamik
Vertical injection Quereinblasung
Vibrating conveyors Schwingförderer
Vibration of blades Schaufelschwingungen
Vibration of continuous systems Schwingungen der Kontinua
Vibration of systems with periodically varying parameters (Parametrically excited vibrations) Schwingungen mit periodischen Koeffizienten (rheolineare Schwingungen)
Vibrations Schwingungen
Vibrations of a multistage centrifugal pump Biegeschwingungen einer mehrstufigen Kreiselpumpe
Virtual product creation Virtuelle Produktentstehung
Viscosimetry Viskosimetrie
Voidage Lückengrad
Voltage induction Spannungsinduktion
Voltage transformers Spannungswandler
Volume flow, impeller diameter, speed Volumenstrom, Laufraddurchmesser, Drehzahl
Volume, flow rate, fluid velocity Volumen, Durchfluss, Strömungsgeschwindigkeit
Volumetric efficiencies Liefergrade
Volumetric losses Volumetrische Verluste
VR /AR systems VR-/AR-Systeme
Walking beam furnace Hubbalkenofen
Wall thickness Wanddicke ebener Böden mit Ausschnitten
Wall thickness of round even plain heads with inserted nuts Wanddicke verschraubter runder ebener Böden ohne Ausschnitt
Warehouse technology and material handling system technology Lager- und Systemtechnik
Water circuits Wasserkreisläufe
Water management Wasserwirtschaft
Water power Wasserenergie
Water power plant Wasserkraftanlagen
Water treatment Wasserbehandlung
Water turbines Wasserturbinen
Water wheels and pumped-storage plants Laufwasser- und Speicherkraftwerke
Wear Verschleiß
Wear initiated corrosion Korrosionsverschleiß

Wedge-shaped plate under point load Keilförmige Scheibe unter Einzelkräften
Weight Gewichte
Welding and soldering (brazing) machines Schweiß- und Lötmaschinen
Welding processes Schweißverfahren
Wheel set Radsatz
Wheel suspension Radaufhängung und Radführung
Wheel types Radbauarten
Wheel-rail-contact Rad-Schiene-Kontakt
Wheels Räder
Whole mechanism Gesamtmechanismus
Wind Wind
Wind energy Windenergie
Wind power stations Windkraftanlagen
Wing Tragflügel
Wire drawing Drahtziehen
Wood Holz
Work Arbeit
Work cycle, volumetric efficiencies and pressure losses Arbeitszyklus, Liefergrade und Druckverluste
Working cycle Arbeitszyklus
Working fluid Arbeitsfluid
Working interrelationship Wirkzusammenhang
Working principle and equivalent circuit diagram Wirkungsweise und Ersatzschaltbilder
Workpiece properties Werkstückeigenschaften
Worm gears Schneckengetriebe
Yeasts Hefen
Z-Diodes Z-Dioden
Zeroth law and empirical temperature Nullter Hauptsatz und empirische Temperatur
Zinc and zinc alloys Zink und seine Legierungen

Stichwortverzeichnis

B

botek®

E

F

H

L

N

O

P

Q

R

S

W

Z

Ihr kostenloses eBook

Vielen Dank für den Kauf dieses Buches. Sie haben die Möglichkeit, das eBook zu diesem Titel kostenlos zu nutzen. Das eBook können Sie dauerhaft in Ihrem persönlichen, digitalen Bücherregal auf **springer.com** speichern, oder es auf Ihren PC/Tablet/eReader herunterladen.

1. Gehen Sie auf **www.springer.com** und loggen Sie sich ein. Falls Sie noch kein Kundenkonto haben, registrieren Sie sich bitte auf der Webseite.
2. Geben Sie die eISBN (siehe unten) in das Suchfeld ein und klicken Sie auf den angezeigten Titel. Legen Sie im nächsten Schritt das eBook über **eBook kaufen** in Ihren Warenkorb. Klicken Sie auf **Warenkorb und zur Kasse gehen**.
3. Geben Sie in das Feld **Coupon/Token** Ihren persönlichen Coupon ein, den Sie unten auf dieser Seite finden. Der Coupon wird vom System erkannt und der Preis auf 0,00 Euro reduziert.
4. Klicken Sie auf **Weiter zur Anmeldung**. Geben Sie Ihre Adressdaten ein und klicken Sie auf **Details speichern und fortfahren**.
5. Klicken Sie nun auf **kostenfrei bestellen**.
6. Sie können das eBook nun auf der Bestätigungsseite herunterladen und auf einem Gerät Ihrer Wahl lesen. Das eBook bleibt dauerhaft in Ihrem digitalen Bücherregal gespeichert. Zudem können Sie das eBook zu jedem späteren Zeitpunkt über Ihr Bücherregal herunterladen. Das Bücherregal erreichen Sie, wenn Sie im oberen Teil der Webseite auf Ihren Namen klicken und dort **Mein Bücherregal** auswählen.

EBOOK INSIDE

eISBN á978-3-662-59713-2

Ihr persönlicher Coupon j6FqP2zZNW4X73P

Sollte der Coupon fehlen oder nicht funktionieren, senden Sie uns bitte eine E-Mail mit dem Betreff: **eBook inside** an **customerservice@springer.com**.